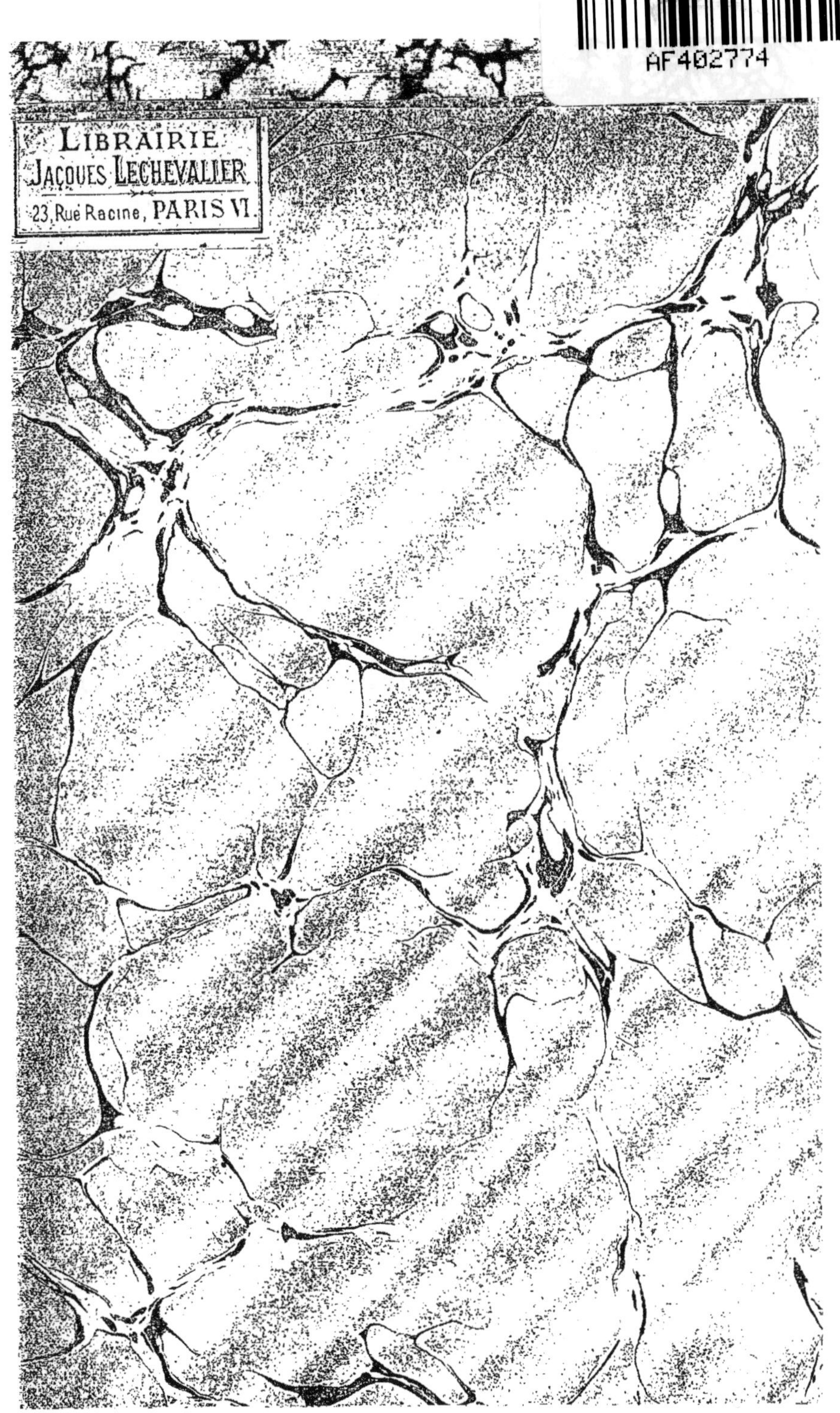
LIBRAIRIE
JACQUES LECHEVALIER
23, Rue Racine, PARIS VI.
LIBRAIRIE
JACQUES LECHEVALIER
23, Rue Racine, PARIS VI.

DEUXIÈME SUPPLÉMENT

AU

# DICTIONNAIRE DE CHIMIE

## PURE ET APPLIQUÉE

54642. — PARIS, IMPRIMERIE LAHURE
9, rue de Fleurus, 9

# DEUXIÈME SUPPLÉMENT

au

# DICTIONNAIRE DE CHIMIE

## PURE ET APPLIQUÉE

### DE AD. WURTZ

PUBLIÉ SOUS LA DIRECTION

## DE CH. FRIEDEL

Membre de l'Institut (Académie des Sciences)
Professeur à la Faculté des Sciences de Paris

### AVEC LA COLLABORATION DE MM.

P. Adam — A. Arnaud — V. Auger — A. Béhal — G. de Bechi — L. Bourgeois — L. Bouveault
E. Burcker — C. Chabrié — E. Charabot — P.-T. Cleve — Ch. Cloëz — C. Combes
A. Étard — Ad. Fauconnier — P. Freundler — H. Gall — A. Gautier — H. Gautier — G. Griner
M. Guerbet — Ph.-A. Guye — A. Haller — M. Hanriot — L. Hugounenq — G.-F. Jaubert
E. Lambling — P. Lebeau — R. Lespieau — L. Lindet — L. Maquenne — R. Marquis — J. Meunier
P. Miquel — H. Moissan — C. Moureu — E. Nœlting — F. Reverdin — Richard et Dépierre
L. Roux — O. Saint-Pierre — C. Vincent — G. Vogt — E. Willm

**J. DUPONT**, secrétaire de la Rédaction

---

## TOME QUATRIÈME

## F — G

---

## PARIS

### LIBRAIRIE HACHETTE ET C$^{\text{ie}}$
79, BOULEVARD SAINT-GERMAIN, 79

---

1901

# DICTIONNAIRE
# DE CHIMIE
## PURE ET APPLIQUÉE

---

## DEUXIÈME SUPPLÉMENT

---

# F

## FAIRFIELDITE.

**FAIRFIELDITE** (Min.) (Brush et Dana). — Phosphate hydraté de manganèse, de calcium, etc., $(PO^4)^2H^3, 2H^2O$. Même gisement que la DICKINSONITE (voyez ce mot, Suppl., 1, 640).

**FALKENHAYNITE** (Min.) (Scharizer). — Sulfantimonite cuivreux, renfermant de l'arsenic, du bismuth, du fer, du zinc,

$$[Sb, As, Bi]^2 S^6 [Cu^2, Fe, Zn]^3,$$

voisin de la wittichénite, avec dolomie et cuivre gris, trouvé au filon Fiedler, à Joachimsthal. Couleur gris-noir. Densité $= 4,83$.

**FAMATINITE** (Min.) (Stelzner). — Sulfantimoniate cuivreux ou sulfantimonite cuproso-cuprique, $SbS^4Cu^3$, avec un peu d'arsenic, de fer et de zinc. Cristaux très petits ou masses compactes d'un gris rougeâtre ou gris d'acier. De la Sierra de Famatina, province de la Rioja (République Argentine), et du Cerro de Paseo (Pérou), très arsénifère, passant à l'énargite.

*Caractères.* — Décrépite au chalumeau; donne du soufre dans le tube, et un peu de sulfure d'arsenic. Sur le charbon, réactions de l'antimoine et globule cassant. Dureté $= 3,5$. Poussière noire. Densité $= 4.57$.

*Forme cristalline.* — Prisme orthorhombique : $p\,mh^1\,g^2$. Isomorphe avec l'énargite.

**FARGITE** (Min.). — Variété de mésotype.

**FARINITE** (Min.). — Variété de bol.

**FASCICULITE** (Min.). — Variété de hornblende.

**FÈCES** (voyez Dict., 4, 1397, et Suppl., 719). — CARACTÈRES PHYSIQUES DES FÈCES. — La *couleur* des fèces dépend principalement de la nature de l'alimentation. Avec le régime herbacé, les fèces deviennent vertes, et l'alcool leur enlève de notables quantités de chlorophylle [Chautard. *C. R.*, 76, 103]. Le régime carné exclusif les rend brun-noirâtre, le régime mixte brun-jaunâtre, et dans ce cas la coloration de la masse est généralement attribuée à l'urobiline ou hydrobiliru-

## FÈCES.

bine. Quant aux pigments biliaires primitifs, la bilirubine et la biliverdine, on ne les trouve dans les excréments qu'en cas de diarrhée. Au surplus, la bile ne paraît pas jouer dans la coloration des excréments le rôle prépondérant qu'on lui attribue d'ordinaire. D'après M. Voit, la coloration grisâtre des excréments dans les cas d'ictère avec obstruction du canal cholédoque, ou chez les chiens munis de fistules biliaires, ne serait pas due à l'absence de bile, mais uniquement à la non-absorption des graisses. Si l'on épuise ces excréments par l'éther, la coloration brunâtre des selles après une alimentation de viande reparaît aussitôt. On conçoit d'ailleurs qu'il puisse y avoir dans ce cas formation d'urobiline aux dépens de l'hémoglobine ou de l'hématine fournie par le sang de la viande [*Maly's Jahresb.*, 1, 80; 4, 209].

Les préparations métalliques (fer, bismuth, etc.) colorent les excréments en noir. Après ingestion de calomel, les selles sont fréquemment vertes, et cette coloration, d'abord attribuée à la formation d'un oxysulfure vert de mercure, serait due plutôt, d'après MM. Wasilieff et Zawadzki, à l'action antiseptique du calomel, qui préserve la biliverdine de la bile de la décomposition putréfactive [Zawadzki, *Maly's Jahresb.*, 17, 289].

L'*odeur*, plus prononcée avec le régime carné, est due à un ensemble de produits volatils, phénol, indol, scatol, acides gras volatils, et parfois à de l'hydrogène sulfuré. L'odeur spéciale qui avait fait conclure jadis à la présence de la naphtylamine est celle de l'indol. Ajoutons que, depuis les recherches de MM. Nencki et Sieber, de M. Niemann, on peut considérer comme démontrée la présence d'un peu de mercaptan méthylique (voyez plus loin).

La *consistance* varie beaucoup avec l'alimentation, avec la rapidité de la progression du bol fécal. Les selles riches en graisses sont molles et le résidu de la dessiccation reste mou. Il ne devient friable que lorsqu'on a extrait les corps gras par l'éther.

La *densité* est ordinairement plus faible que celle de l'eau.

La *réaction* est très variable, et non point alcaline dans la règle, comme on l'a prétendu souvent. Il arrive, en effet, que la réaction acide du bol stomacal se maintient parfois jusqu'à l'anus, d'abord parce que l'alcalinité des sécrétions de l'intestin grêle ne l'emporte que fort tard sur l'acidité du chyme stomacal [Gley et Lambling, *Revue biol. du nord de la] France*, 1, 7; *Soc. de Biol.*, (10), 4, 185], et ensuite parce que, dans le cas d'une alimentation riche en féculents, il s'installe souvent de bonne heure des fermentations acides (butyrique, lactique), qui rétablissent promptement une réaction acide souvent très nette. Parfois aussi la réaction est neutre ou alcaline.

La *quantité* est en moyenne chez l'homme de 130 à 150 grammes d'excréments humides pour 24 heures et pour une alimentation mixte moyenne. Avec le régime végétal, les selles deviennent plus volumineuses et plus aqueuses. Avec une ration composée de pommes de terre, de lentilles et de pain, Fr. Hoffmann a vu un homme éliminer en 24 heures 116 grammes de fèces sèches, tandis qu'avec une alimentation composée de viande (390 grammes) et de graisses (126 grammes), avec une égale teneur en azote, le poids des excréments n'était que de 28 grammes [cité d'après König, *Menschl. Nahrungs- und Genussmittel*, 1, 30]. Dans une expérience de M. Rübner sur l'homme, avec alimentation exclusive de pois ou de carottes, le poids des excréments humides a été respectivement de 927 et 1092 grammes en 24 heures [Rübner, *Zeit. f. Biol.*, 15, 115; 46, 119]. Chez les grands herbivores, les excréments de 24 heures représentent une masse considérable, et ce fait est une des difficultés auxquelles on se heurte dans l'étude du bilan nutritif chez ces animaux. Dans les expériences de Valentin sur le cheval, un animal du poids de 425 kilogrammes, et qui recevait par jour 10 kilogrammes de foin et 2 kilogrammes d'avoine (renfermant 10$^{kil}$,6 de matière sèche), éliminait, à côté de 5 kilogrammes d'urine, 17 kilogrammes d'excréments (renfermant 6$^{kil}$,27 de matériaux secs) [Valentin, *Wagner's Handwörterb. Phys.*, 1, 390].

Composition des fèces. — Les substances d'ordre très varié que l'on trouve dans les excréments peuvent être rangées en trois catégories : 1° des substances d'origine alimentaire; 2° des produits de sécrétion ou de desquamation du tube digestif; 3° des produits d'excrétion intestinale.

I. Parmi les *substances d'origine alimentaire*, on trouve d'abord les parties des aliments qui sont réfractaires à l'action des sucs digestifs, en totalité ou en partie, et qui ont résisté aux putréfactions postdigestives. Tels sont les *tissus corné* et *élastique*, les *tendons*, la *mucine* et la *nucléine* (deux substances qui, en dépit de leur nature albuminoïde, paraissent résister très énergiquement à la putréfaction), des *cellules épithéliales*, des *fibres* et *cellules végétales*, la *cellulose* incrustée ou subérifiée, de la *chlorophylle*, des *gommes*, des *matières pectiques*, des *résines*, *divers sels insolubles*, tels que des sels de chaux, de magnésie, des *savons* calcaires et magnésiens, de la *silice* et des *silicates*.

A ces substances s'ajoutent des matériaux alimentaires qui, bien que digestibles, ont *échappé à la digestion ou à la résorption*. Telles sont, par exemple, les *graisses* ingérées en excès ou les *matières albuminoïdes* noyées dans une grande masse de substances réfractaires (matières albuminoïdes de la pomme de terre, de la carotte, etc.).

Pour ce qui regarde d'abord les *aliments albuminoïdes*, on constate que les fèces ne contiennent qu'exceptionnellement de l'albumine (précipitable au moyen du ferrocyanure acétique par exemple). L'azote que l'on dose dans les excréments et que l'on exprime souvent dans les recherches sur la digestibilité des aliments en « albumine non absorbée », provient presque toujours soit de matériaux azotés plus simples (leucine, tyrosine, acide choloïdique, etc.), soit des substances azotées non digestibles énumérées plus haut (nucléine, mucine, substance cornée, etc.). Les matières albuminoïdes proprement dites (albumines, globulines, etc.) et leurs peptones qui échappent à l'absorption subissent en effet dans l'extrémité inférieure de l'intestin la putréfaction postdigestive, et l'on peut prévoir ici, théoriquement, la formation des produits si nombreux déterminés par MM. A. Gautier et Étard dans leurs recherches sur la putréfaction (Suppl., 1, 1318). Pratiquement, on a isolé jusqu'à présent : 1° des composés gazeux, *acide carbonique, ammoniaque, azote, hydrogène sulfuré, méthane-thiol* (sur les principes sulfurés des excréments, voyez Nencki et Sieber, *Mon. f. Chem.*, 10, 526. — Nencki, *Maly's Jahresb.*, 22, 309. — Niemann, *ibid.*, 23, 315, et sur la production de mercaptan méthylique aux dépens d'un certain nombre d'aliments, voyez Niemann, *ibid.*, 23, 518. — Rübner, *ibid.*, 23, 520); 2° des composés volatils, *acides gras* de la série formique (acides acétique, butyrique, isobutyrique, caproïque), *phénol, indol, scatol.* On doit probablement ajouter à ces composés des corps de nature alcaloïdique, notamment l'*éthylène-diamine*, d'après M. Kulneff [*Maly's Jahresb.*, 23, 264], et d'autres substances encore inconnues qui expliqueraient la toxicité des fèces.

Les *graisses* figurent presque toujours dans l'extrait éthéré des excréments, mais sont très difficiles à séparer à l'état de pureté. Elles sont plus abondantes après une alimentation riche en corps gras, plus abondantes aussi chez l'enfant que chez l'adulte. Mais la majeure partie des graisses non absorbées paraît s'éliminer à l'état de savons, et spécialement de savons calcaires et magnésiens, parfois cristallisés en aiguilles [Hoppe-Seyler, *Physiol. Chem.*, Berlin, 1881, 337]. Ces derniers sont surtout abondants dans les fèces des nourrissons, tandis que le sucre de lait, les matières albuminoïdes, l'acide lactique ont complètement disparu [Wegschneider, *Dissert. inaug.*, Strasbourg, 1875; *Maly's Jahresb.*, 5, 182].

Pour ce qui regarde les *hydrates de carbone*, leur utilisation est en général très bonne, même pour ceux d'entre eux qui ne sont point solubles, et ce n'est que rarement que l'on trouve au microscope des grains d'amidon dans les selles. D'ailleurs le surplus non digéré des matières amylacées est rapidement décomposé par les micro-organismes, avec formation d'acides lactique et butyrique.

Parmi les matériaux apportés par le bol alimentaire, doivent rentrer encore les *organismes inférieurs*, et spécialement les *schizomycètes*, qui se multiplient très abondamment dans l'extrémité inférieure du tube digestif, à tel point qu'ils constituent une fraction sensible de la masse fécale. (On en trouvera une description complète dans l'ouvrage de M. R. von Jaksch : *Manuel de diagnostic des maladies internes par les méthodes bactériologiques*, etc., traduit par M. Moulé, Paris, 1888, 127.)

II. Les *produits de sécrétion et de desquamation* du tube digestif représentent probablement une fraction de la masse fécale beaucoup plus importante qu'on ne le croyait jadis.

L'expérience suivante de M. L. Hermann le démontre nettement. On isole chez un chien une portion d'intestin de 45 centimètres de long, que l'on sépare par deux sections du reste du tube intestinal. On rétablit d'une part la continuité du tube digestif au moyen d'une suture; d'autre part, le segment isolé, muni encore de ses connexions vasculaires, est fermé sur lui-même en forme d'anneau à l'aide d'une suture. L'animal, complètement rétabli, est sacrifié au bout de quelques semaines. A l'autopsie, on trouve l'anneau rempli d'une masse solide (60 grammes), d'un gris verdâtre, ayant absolument l'aspect et l'odeur des excréments. Comme les divers sucs digestifs sont assez pauvres en matériaux solides, et qu'une notable partie de ces matériaux est reprise par absorption, on peut conclure que la desquamation intestinale doit être assez active [L. Hermann, *Pflüger's Arch.*, 46, 93. — Blitstein et Ehrenthal, *ibid.*, 48, 74. — Bernstein, *ibid.*, 53, 52].

En ce qui concerne les résidus fournis par les sucs digestifs, on ne peut guère citer que les produits biliaires ou leurs dérivés. Ce sont la *mucine*, la *cholestérine*, les *acides biliaires*. La cholestérine peut être d'origine alimentaire, car elle est contenue en petite quantité dans presque tous les aliments végétaux ou animaux; mais, comme on la voit persister dans les excréments même après un jeûne prolongé, et qu'elle est un produit constant du méconium (voyez plus bas), il est certain qu'elle provient toujours en partie de la bile. Des deux acides biliaires, l'acide glycocholique seul persiste dans les excréments (du bœuf) d'après Hoppe-Seyler. Dans ceux du chien on ne retrouve que de l'acide cholalique. La présence de l'acide choloïdique et de la dyslysine n'a jamais été démontrée. L'acide taurocholique, beaucoup plus altérable, fait toujours défaut, mais la taurine se retrouve en petites quantités [Drechsel, *Cannstat's Jahresb.*, 1, 227]. Quant aux *matières colorantes de la bile*, elles ne sont plus représentées que par leur produit de transformation, l'*urobiline* ou *hydrobilirubine*, qui résulte de la réduction de la bilirubine ou de la biliverdine sous l'action des phénomènes de putréfaction. La *lécithine* — qui peut également provenir des aliments — ne se rencontre guère qu'à l'état de traces [Hoppe-Seyler, *Virchow's Arch.*, 24, 519; *Physiol. Chem.*, Berlin, 336].

III. Il ne faut pas perdre de vue, dans l'étude des fèces, que l'intestin est la voie d'excrétion d'un certain nombre de principes normaux ou anormaux qui circulent dans l'organisme. Ainsi, M. Bijl a observé que la chaux introduite dans l'estomac est rapidement absorbée, mais qu'elle s'élimine de nouveau par l'intestin, dont le contenu est trouvé de plus en plus riche en chaux à mesure que l'on s'éloigne de l'estomac. Le fer aussi s'élimine par le tube digestif, en petite quantité par l'intermédiaire de la bile, en plus forte proportion avec le suc gastrique. Le même phénomène a été observé pour le manganèse et le bismuth. Ce sont là des faits dont il importe de tenir compte lorsqu'on étudie les migrations de ces substances dans l'organisme, d'autant plus que cette excrétion intestinale est souvent lente. Après injection d'une quantité connue d'un sel de fer sous la peau d'un chien, M. Gottlieb a vu l'excrétion de ce métal par l'intestin se prolonger pendant 28 jours. On voit donc que *la quantité de fer contenue dans une ration alimentaire, diminuée de la quantité de fer dosée dans les excréments, ne représente pas nécessairement la quantité de métal qui a été absorbée.* On ne peut qu'indiquer ici l'intérêt de ces questions. (Pour plus de détails et pour la bibliographie

afférente, voyez Lambling, *Revue générale des sciences*, 3, 227.)

On ne citera pas ici de tableaux d'analyses complètes de fèces, la composition des excréments variant dans des limites très étendues [voyez les tableaux reproduits par M. Gorup-Besanez, *Chim. physiol.*, trad. par Schlagdenhauffen, Paris, 1880, 1, 764, et par MM. Garnier et Schlagdenhauffen, *Encyclopédie chimique : Chimie des liquides et des tissus de l'organisme*, 2ᵉ partie, 349]. On ne reproduira que quelques chiffres utiles dans la pratique courante de la chimie animale. Les fèces de l'homme renferment ordinairement environ 25 0/0 de matériaux solides, dont 3 à 4 0/0 de substances minérales. Après une alimentation exclusivement albuminoïde (viande ou œufs), M. Rübner a trouvé dans les fèces de 24 heures de 0,6 à 1,2 0/0 d'azote, quantité qui provenait évidemment des sucs digestifs et de la desquamation intestinale, puisqu'en nourrissant un homme avec un gâteau composé de sucre, d'amidon et de graisse, et qui ne contenait que 1ᵍʳ,36 d'azote dans la ration de 24 heures, le même auteur a retrouvé dans les excréments 1ᵍʳ,39 d'azote. Pour une alimentation mixte ou végétale, la teneur en azote peut être plus élevée en moyenne de 4 à 6 0/0 de la quantité d'azote ingérée. Une partie de cet azote est à l'état d'ammoniaque, environ 0,15 0/0 de la matière sèche [Brauneck, *Maly's Jahresb.*, 16, 281]. D'après M. Muzzi, les fèces normales contiennent de 9 à 10 parties de graisse pour 100 parties de matière sèche [Muzzi, *Maly's Jahresb.*, 19, 285]. On doit à M. Wegscheider [*Dissert. inaug.*, Strasbourg, 1875; *Maly's Jahresb.*, 5, 182] une série de 10 analyses de fèces de nourrissons. Pour les analyses de cendres dans des excréments de l'homme et des animaux, voyez les tableaux réunis par M. Gorup-Besanez [*loc. cit.*] et par MM. Garnier et Schlagdenhauffen [*loc. cit.*]; voyez aussi les récentes analyses de M. Grundzach [*Maly's Jahresb.*, 22, 311; 23, 316].

MÉCONIUM. — On donne ce nom au contenu de l'intestin du fœtus. C'est une masse d'un brun verdâtre, poisseuse, sans odeur fétide, à réaction ordinairement acide. Éliminée peu après la naissance, elle entre rapidement en fermentation putride. Elle est essentiellement composée de matériaux biliaires qui n'ont pas été résorbés, mélangés à des produits de desquamation de la muqueuse du tube digestif. On y trouve au microscope des *débris épithéliaux* colorés en vert, des *globules blancs*, de nombreux *globules de graisse*, des cristaux de *cholestérine*.

Le méconium contient environ 72 à 80 0/0 de matériaux solides, parmi lesquels on a trouvé de la *mucine*, de la *bilirubine*, de la *biliverdine*, les *acides glycocholique* et *taurocholique*, de la *cholestérine*, des *graisses*, des *savons calcaires* et magnésiens. Ce qui distingue profondément le méconium des fèces, c'est l'absence de produits de putréfaction. On n'y trouve point d'hydrobilirubine ou urobiline (voyez plus haut), l'acide taurocholique y persiste; on n'y peut déceler ni phénol, ni indol, ni scatol, ni aucun des acides oxyaromatiques que MM. Baumann et Salkowski ont caractérisés comme des produits précoces de la putréfaction des matières albuminoïdes [Zweifel, *Untersuch. ueb. d. Verdauungsapparat der Neugeborenen*, Berlin, 1874. — Hoppe-Seyler, *Physiol. Chem.*, Berlin, 1881, 341. — Baumann, *Maly's Jahresb.*, 10, 126. — Salkowski, *ibid.*, 9, 177. — Baginski, *ibid.*, 13, 314].

FÈCES PATHOLOGIQUES. — A l'état pathologique les fèces sont souvent mélangées de *pus* (dont la présence peut être constatée soit à l'œil nu, soit à l'aide du microscope) ou de *sang*. Dans ce dernier cas les excréments sont colorés en noir (hématine), si l'hémorragie a eu son siège dans une partie élevée du tube digestif, ou en rouge (hémoglobine), si le sang parvient en nature à l'anus. On trouve en outre dans les fèces patho-logiques de l'*albumine* (typhus, dysenterie, cho-léra, mal de Bright), de l'*urée* plus ou moins transformée en *sels ammoniacaux*, des *matières colorantes biliaires* et des *acides biliaires* (dans les cas de diarrhées, mais non dans le choléra, qui supprime l'écoulement de la bile), de l'*héma-tine* (voyez plus haut) [H. von Hösslin, *Maly's Jahresb.*, **20**, 432]. En ce qui concerne les diarrhées vertes infantiles, les unes sont vraiment bilieuses, avec selles fortement acides et riches en *biliverdine*; les autres sont d'origine bacillaire, contagieuses, engendrées par une bactérie spéciale qui sécrète la matière colorante verte. Ici les selles sont neutres ou faiblement acides. Cette bactérie ne se développe pas en milieu acide, d'où le traitement spécial par les acides, et notamment par l'acide lactique, préconisé par M. Hayem.

Dans les cas de cystinurie, les fèces contiennent des diamines, *cadavérine* ou pentaméthylène-diamine, et *putrescine* ou tétraméthylène-diamine (voyez 2ᵉ Suppl., 1, 1584, les relations qui existent entre la cystinurie, toujours accompagnée de diaminurie, et les putréfactions intestinales). M. Roos a récemment extrait ces mêmes bases des excréments de deux malades atteints l'un de malaria avec dysenterie, l'autre de gonorrhée avec cholérine [Roos, *Zeit. physiol. Chem.*, **16**, 192]. Pour l'étude bactériologique des fèces pathologi-ques, voyez l'ouvrage déjà cité de M. von Jaksch.

ANALYSE DES FÈCES. — Nous donnons ci-après la méthode d'analyse des fèces que l'on doit à Hoppe-Seyler [Hoppe-Seyler et Thierfelder, *Handb. d. physiol.- und pathol.-chemischen Analyse*, 6ᵉ édit., Berlin, 1893, 478. — Garnier et Schlag-denhauffen, *Encyclopédie chimique : Analyse chimique des liquides et tissus de l'organisme*, 257, Paris, 1888].

Les excréments sont délayés avec de l'eau en bouillie claire, et le mélange réduit par distil-lation aux deux tiers du volume. On obtient ainsi un liquide distillé A, et un liquide restant B.

Le liquide distillé A contient, outre quelques *acides gras* libres, des *phénols*, de l'*indol*, du *scatol*. On le sursature avec du carbonate de so-dium et on le distille à nouveau. Le liquide dis-tillé contient les phénols, l'indol et la scatol; le liquide restant D, les acides gras. Le liquide dis-tillé C, rendu fortement alcalin par de la potasse caustique, est soumis à une nouvelle distillation. L'indol et le scatol passent avec la vapeur d'eau. Pour la séparation de ces deux corps, voyez Hoppe-Seyler et Thierfelder [*loc. cit.*, 165]. Le liquide restant contient les phénols, que l'on isole facilement en acidifiant avec de l'acide sulfurique et en distillant. Les phénols passent avec la vapeur d'eau. Quant au liquide D qui contient les sels de sodium des acides gras, il est égale-ment acidifié par l'acide sulfurique et soumis à la distillation, et l'on recherche les acides gras dans la partie distillée.

Le liquide restant B est concentré, acidifié par de l'acide sulfurique après refroidissement, puis traité d'abord par l'alcool et ensuite par l'éther. La solution éthéro-alcoolique E contient des *acides gras*, des *graisses*, de la *cholestérine*, des *acides biliaires*, des *glucosides*, de la *chlo-rophyllane*, de l'*hématine*, tandis que la bouillie aqueuse restante F renferme de la *nucléine*, de l'*élastine*, de la *cellulose*, des *matières gom-meuses* et *amylacées*, ainsi que des *débris d'é-léments organisés* de toute nature, des *micro-organismes*, etc.

La solution éthéro-alcoolique E est sursaturée avec du carbonate de sodium ; puis, après avoir chassé l'alcool et l'éther par distillation, on divise le résidu dans une assez grande quantité d'eau et l'on épuise par l'éther, qui enlève les *graisses neutres* et la *cholestérine*. Le résidu de cette solution éthérée est saponifié par la potasse alcoolique, qui transforme les graisses en savons solubles. En reprenant par l'eau, puis épuisant ce liquide aqueux par l'éther, on a, d'une part, la cholestérine en solution éthérée et, d'autre part, les savons en solution aqueuse. Quant à la partie aqueuse (qui contient un excès de carbonate de sodium), on en chasse l'éther dissous au bain-marie, on acidifie par l'acide sul-furique, et on réduit de moitié par distillation. Le liquide distillé contient les *acides gras vo-latils* qui ont échappé à la distillation au début de l'opération. Quant au résidu, il renferme des *acides gras fixes* (*palmitique, stéarique, oléique*, etc.), qui se séparent par refroidissement en une couche huileuse ou solide; des *acides biliaires*, dont on reconnaît la présence au moyen de la réaction de Pettenkofer; des *glucosides*, que l'on recherchera au moyen de la liqueur de Barreswil et des réactions spéciales ; enfin de l'*hématine* et de la *chlorophyllane*, que l'on caractérisera au spectroscope.

La bouillie aqueuse F est chauffée jusqu'à l'ébullition, puis filtrée. Dans le liquide filtré on recherche l'*amidon* par l'iode, et la *dextrine*, la *gomme* (et l'amidon) en saccharifiant à chaud par l'acide sulfurique étendu, puis essayant à la liqueur de Fehling. Dans le magma resté sur le filtre, on recherche la *cellulose*.

La recherche de l'urobiline et de la nucléine se fait plus commodément sur autant de portions spéciales de matières fécales (souvent aussi celle de l'hématine et des acides biliaires).

Pour l'*urobiline*, on traite une portion de la masse primitive par l'alcool et quelques gouttes d'acide sulfurique. Le liquide filtré concentré à petit volume, à 45-50°, est mêlé d'un égal volume d'eau, puis épuisé par le chloroforme. Les réac-tions spectrales de cette dissolution et la belle fluorescence verte que l'on obtient en présence du chlorure de zinc et de l'ammoniaque, permet-tent de caractériser facilement l'urobiline, à moins que la présence de grandes quantités de chlorophyllane ou d'hématine ne fasse échouer la recherche. M. Méhu épuise simplement les fèces par de l'eau et précipite l'urobiline en saturant le liquide de sulfate d'ammonium, après addition de 2 grammes d'acide sulfurique par litre [Méhu, *Journ. Pharm. Chem.*, août, 1878].

Pour rechercher la *nucléine*, on épuise avec soin une portion des fèces par l'alcool, puis par l'éther acidifiés d'acide chlorhydrique. On lave ensuite longuement avec de l'eau chlorhy-drique, puis le résidu est fondu dans une capsule de platine avec du nitrate et du carbonate de sodium. La présence d'acide phosphorique dans la masse démontre la préexistence de la nu-cléine.

E. Lambling.

**FELDSPATHS** (Min.). — A ce qui a été dit dans l'article du DICTIONNAIRE (voyez **1**, 1399), on peut ajouter que l'examen microscopique a permis de reconnaître directement l'extraordi-naire diffusion des feldspaths dans la pâte na-guère indiscernable des roches plutoniques et volcaniques à structure trachytoïde. Les feldspaths se trouvent dans la pâte de ces roches à l'état de cristaux microscopiques ou *microlithes*, bien distincts des *grands cristaux* de feldspaths, visi-bles à l'œil nu, qui peuvent aussi exister dans ces roches. Les microlithes feldspathiques des roches appartiennent le plus souvent à l'orthose, à l'oligoclase ou au labrador. Les microlithes des feldspaths anorthiques sont constamment allongés suivant la zone $pg^1$.

Il convient de dire aussi quelques mots de la *loi de Tschermak* : ce savant a fait la remarque très intéressante que tous les feldspaths tricliniques calcico-sodiques autres que l'albite

$$Na\,Al\,Si^3\,O^8$$

et l'anorthite $Ca\,Al^2\,Si^2\,O^8$, peuvent être envisagés comme des mélanges isomorphes d'albite et d'anorthite, malgré la différence de formule chimique de ces deux corps. On a donc une série de corps, albite (andésine), oligoclase, labrador (bytownite), anorthite, de formes cristallines voisines et dont la composition s'exprime par la formule générale

$$m\ Na\,Al\,Si^3\,O^8 + n\ Ca\,Al^2\,Si^2\,O^8,$$
Albite.            Anorthite.

en sorte que dans tous ces feldspaths il existe une relation entre les quantités relatives de soude et de chaux d'une part, et les richesses en silice d'autre part

            L. Bourgeois.

**FELLIQUE.** — Voyez BILE.

**FELSÖBANYITE** (Min.). (vom Rath). — Sulfate basique d'aluminium hydraté,

$$2\,Al^2\,O^3\,.\,SO^3,\,10\,H^2\,O,$$

voisin de l'aluminite. Petits cristaux blancs, très tendres, groupés en sphérolites sur barytine, à Felsöbanya (Hongrie).

*Caractères.* — Insoluble dans l'eau, difficilement attaquable par l'acide sulfurique. Dans le tube, donne de l'eau. Dureté $= 1,5$. Densité $= 2.33$.

*Forme cristalline.* — Prisme orthorhombique : $mm = 112°$. Faces $pmg^1$. Clivage $p$.

**FENÈNE** (*fenchène*), $C^{10}H^{16}$. — Les conditions de formation de ce carbure en font l'analogue du camphène.

On sait que ce dernier prend naissance par déshydratation du bornéol ou par soustraction des éléments de l'acide chlorhydrique au chlorure de bornyle. On sait aussi que, inversement, le camphène peut se combiner directement aux acides acétique et formique pour fournir des éthers bornyliques.

Le fenène se produit de même par déshydratation, au moyen du bisulfate de potassium, de l'alcool fenolique $C^{10}H^{18}O$, isomère du bornéol, ou par soustraction, au moyen de l'aniline, des éléments de l'acide chlorhydrique au chlorure de fenyle.

Or, comme MM. Bouchardat et Tardy ont réussi à préparer, sous la forme d'éthers benzoïques, de l'alcool fenolique en même temps que du bornéol, en faisant agir l'acide benzoïque sur l'essence de térébenthine française et sur l'eucalyptène, il est fort à supposer que ces essences renferment un carbure $C^{10}H^{16}$ identique au fenène artificiel (voyez FENOL).

Pour préparer le fenène, on chauffe dans un appareil à reflux du chlorure de fenyle avec la quantité théorique d'aniline. Quand la réaction est terminée, on ajoute de l'acide acétique cristallisable et on fait passer un courant de vapeur d'eau. Il distille un produit volatil et il reste dans la cornue une huile épaisse qui, par refroidissement, se prend en masse. Cristallisé dans l'alcool, ce corps a été identifié avec la *fenylanilide*,

$$C^6H^5\,.\,Az\,H\,C^{10}H^{17}.$$

L'huile volatile, recueillie et desséchée sur de la potasse caustique, est constituée par du *fenène* $C^{10}H^{16}$.

Ce carbure distille de 158 à 160°, a pour densité 0,864 à 20° ; son indice $n_D = 1,469$ à 20°, d'où $M = 43,84$ (calculé pour $C^{10}H^{16}$, $\mid = 43,54$). Il est inactif. Il possède une odeur rappelant celle du camphène, mais ne se solidifie pas à basse température.

Sa solution dans l'acide acétique cristallisable absorbe le brome ; on n'a toutefois pas réussi à obtenir un *composé dibromé* $C^{10}H^{16}Br^2$ pur.

Le fenène se distingue encore des autres carbures terpéniques par la résistance qu'il offre à l'action de l'acide azotique concentré, qui ne l'attaque que lorsqu'on chauffe le mélange.

Il décolore par contre facilement le permanganate de potassium, en fournissant un *acide* $C^{10}H^{16}O^3$, qu'on obtient pur en saturant sa solution éthérée de gaz ammoniac sec et régénérant l'acide du sel ammoniacal obtenu. Cet acide fond à 137–138° et paraît être un oxyacide. Son *sel d'argent*, $C^{10}H^{15}O^3Ag$, est difficilement soluble dans l'eau [*Ann. Chem.*, **263**, 149].

Indépendamment de cet acide, M. Wallach a obtenu, dans une autre oxydation du même carbure, un *acide* $C^{10}H^{16}O^3$ isomérique avec le premier, et qui fond à 152°

Enfin, à côté de ces produits d'oxydation, l'auteur a encore caractérisé un composé oxygéné se rapprochant du camphre, qui fond à 71° et qui distille à 196–200° [Wallach, *Ann. Chem*, **284**, 332].

TÉTRAHYDROFENÈNE, $C^{10}H^{20}$. — Sous ce nom, M. Wallach a décrit un carbure qu'on obtient en réduisant, au moyen de l'acide iodhydrique et du phosphore rouge, la fenone, l'alcool fenolique et la fenylamine. On chauffe à 210-215°, pendant 10 heures, 5 grammes d'alcool fenolique avec 10 centimètres cubes d'acide iodhydrique (densité 1,96) et 1 gramme de phosphore rouge.

Purifié par lavage et distillation sur le sodium, ce corps bout de 160 à 165°, a pour densité 0,7945 à 22°, et comme indice $n_D = 1,4370$.

Il diffère notablement de celui qu'on obtient dans les mêmes conditions de réduction en partant de l'acide fenolénique. Ce dernier bout à 140° et paraît avoir pour composition $C^9H^{16}$ [*Ann. Chem.*, **269**, 341].

Le tétrahydrofenène n'est pas attaqué à froid par l'acide nitrique fumant ; il n'en est pas de même à chaud. Il ne décolore pas le permanganate à froid.

Avec le brome, il y a réaction avec dégagement d'acide bromhydrique et formation d'un *produit de substitution tribromé* $C^{10}H^{17}Br^3$, qui cristallise dans l'éther acétique en aiguilles blanches, très déliées, qui fondent de 219 à 226°.

Ce corps est différent du tétrahydropinène, qui n'est pas susceptible de donner un produit bromé cristallisé [*Ann. Chem.*, **284**, 326. — H. Lührig, *Dissert. inaug.*, Göttingen, 1892, 34].

            A. Haller.

**FENOL.** (*alcool fenolique, alcool fencholique*), $C^{10}H^{18}O$. — Cet isomère du bornéol peut exister sous les trois modifications droite, gauche et racémique, et prend naissance par réduction des fenones ou fenchones.

La fenone *droite* fournit un alcool *gauche* et la fenone *gauche* donne naissance à de l'alcool fenolique *droit*.

MM. Bouchardat et Tardy ont trouvé l'alcool fenolique droit parmi les produits de l'action, à 150°, de l'acide benzoïque sur l'essence de térébenthine française (pinène gauche). Il se forme dans ces conditions du camphène, du terpilène et des benzoates de camphénol gauche (bornéol) et de fenol droit. On saponifie ces derniers et on soumet le mélange d'alcools à une série de rectifications et de cristallisations pour séparer le bornéol de l'alcool fenolique [*C. R.*, **113**, 551].

L'alcool fenolique gauche a été isolé par MM. Bouchardat et Tardy des produits provenant de l'action, à 150°, de l'acide benzoïque sur l'eucalyptène retiré de l'essence d'*Eucalyptus globulus* de Provence. Il se forme, au sens de la rotation près, les mêmes composés qu'avec le pinène gauche, et on les traite de la même façon [*C. R.*, 120, 1417].

Pour préparer le fenol en partant de la fenone, on fait agir, sur une dissolution de 30 grammes de cette cétone dans 135 à 140 grammes d'alcool, 18 grammes de sodium. La réaction se fait dans un ballon muni d'un appareil à reflux; elle est tumultueuse au début. Quand l'hydrogène ne se dégage plus, on chauffe légèrement et on favorise même la dissolution du métal par l'addition de petites quantités d'eau. Il arrive souvent que le tout se prend en une masse, probablement constituée par de l'alcoolate de sodium.

Quand tout le métal a disparu, on étend d'eau et on sépare les deux couches qui se forment. La supérieure, constituée par le fenol, peut être séchée et distillée; mais il vaut mieux la refroidir pour la faire cristalliser. Les cristaux sont étendus sur des plaques poreuses, puis fondus, séchés sur de la potasse et finalement rectifiés. Le rendement est pour ainsi dire théorique [Wallach, *Ann. Chem.*, 263, 143].

L'alcool fenolique se présente sous la forme d'une masse blanche, insoluble dans l'eau, très soluble au contraire dans l'alcool, l'éther, l'éther de pétrole et l'éther acétique. Les vapeurs d'eau l'entraînent facilement. Il possède une odeur rappelant celle du bornéol; mais elle est plus pénétrante et fatigante.

| | Alcool droit. | Alcool gauche. | Alcool racémique. |
|---|---|---|---|
| Points de fusion....... | 40 à 45° (W.); 47° (B. T.) | 45° (B. T.) | 33-35° (W.). |
| Pouvoirs rotatoires mol. | $[\alpha]_D = +10°36'$ (W.); $+10°40'$ (B. T.) | $-10°35'$ (W.); $-10°20'$ (B. T.) | |
| Points d'ébullition..... | 200-201° (W.); 198-199° (B. T.) | 198-200 (B. T.) | |
| Densité à 50°.......... | 0,933 (W.) | | |

Ces alcools droit, gauche et inactif, soumis à l'oxydation au moyen de l'acide azotique, fournissent de la fenolone ayant un pouvoir rotatoire inverse de celui des produits primitifs. Ce pouvoir est en outre le même en quantité que celui de la fenone qui a servi à le préparer.

Ils ne se combinent pas par addition aux hydracides et au brome.

Chauffé avec du bisulfate de potassium, l'alcool fenolique fournit du fenène (fenchène) $C^{10}H^{16}$. Traité par le perchlorure, l'iodure de phosphore, ou par l'anhydride phosphorique, il donne naissance à des éthers phosphoreux et phosphorique. Chauffé pendant 10 heures à 210-215° avec de l'acide iodhydrique concentré et du phosphore rouge, il se transforme en tétrahydrofenène [Wallach, *Ann. Chem.*, 284, 332].

*Chlorure de fenyle*, $C^{10}H^{17}Cl$. — Cet isomère du chlorure de bornyle se prépare dans les mêmes conditions : 45 grammes d'alcool fenolique dissous dans 80 grammes d'éther de pétrole sec ou de chloroforme sont additionnés peu à peu de 60 grammes de perchlorure de phosphore. La réaction est très énergique; quand elle est terminée, on élimine le perchlorure de phosphore en entré en réaction et on distille dans le vide pour enlever le dissolvant et l'oxychlorure de phosphore. Le liquide restant est ensuite chauffé dans un courant de vapeur d'eau qui entraîne le chlorure. On le recueille, on le dessèche et on le rectifie dans le vide. Malgré ces précautions, on n'obtient pas un produit pur.

Ce chlorure distille de 83 à 84° sous une pression de 14 millimètres et a pour densité 0,933 à 21°.

Indépendamment de ce chlorure, M. Wallach a constaté la formation d'un autre *dérivé chloré* à odeur de camphre, fondant à 195-196°, ainsi que des éthers phosphoriques de l'alcool fenolique.

Traité à chaud par l'aniline, le chlorure de fenyle donne naissance à de la fenylphénylamine et du fenène,

$$2\,C^{10}H^{17}Cl + 3\,C^{6}H^{5}AzH^{2}$$
$$= C^{6}H^{5}.AzH\,C^{10}H^{17} + C^{10}H^{16} + 2\,AzH^{2}C^{6}H^{5}HCl$$

[Wallach, *Ann. Chem.*, 263, 148; 284, 331].

ALCOOL FENOLÉNIQUE (*alcool fencholénique*), $C^{10}H^{17}OH$. — Isomère de l'alcool fenolique, ce composé prend naissance dans la décomposition du nitrate de fenolénamine au moyen du nitrite de sodium,

$$C^{10}H^{17}AzH^{2}AzO^{3}H + AzO^{2}H$$
$$= C^{10}H^{17}OH + AzO^{3}H + Az^{2} + H^{2}O.$$

50 grammes de nitrate de fenolénamine dissous dans 100 centimètres cubes d'eau sont traités par une solution de 16 grammes d'azotite de sodium dans 300 centimètres cubes d'eau. On chauffe au réfrigérant ascendant; il se dégage de l'azote et il se forme une huile brunâtre, volatile, qu'on distille dans un courant de vapeur d'eau.

Ce produit renferme encore de l'azote provenant de la fenolénamine entraînée. On le débarrasse de cette base en y ajoutant un peu d'acide oxalique et distillant de nouveau à la vapeur d'eau. L'oxalate de fenolénamine reste dans la cornue et l'alcool distille.

L'alcool fenolénique ainsi obtenu paraît mélangé d'une petite quantité d'un hydrocarbure non étudié qui passe dans les premières portions. La majeure partie du produit distille à 96° sous une pression de 17 millimètres; elle possède une densité de 0,898 à 20° et un indice $n_D = 1,4739$ à la même température.

Ce corps a une odeur rappelant celle du terpinéol. Sa solution dans l'acide acétique cristallisable donne avec l'acide chlorhydrique une coloration violette. L'acide chromique ne paraît pas attaquer facilement ce corps, et on n'a pu jusqu'à présent le transformer en acide fenolénique [Wallach et L. Jenckel, *Ann. Chem.*, 269, 375].

ALCOOL ISOFENOLÉNIQUE (*alcool isofencholénique*), $C^{10}H^{18}O$. — Sous ce nom, M. Wallach a provisoirement décrit un alcool dont une étude ultérieure montrera peut-être l'identité avec l'alcool fenolénique. Il prend naissance, en même temps que l'acide fenolénique et la fenolénamine, quand on réduit l'isofenonoxime α (7 gr.), c'est-à-dire l'amide de l'acide fenolénique,

$$C^{9}H^{15}COAzH^{2},$$

en solution alcoolique (200 centimètres cubes) par le sodium (20 grammes). On chasse l'alcool par distillation et on fait passer un courant de vapeur d'eau dans le liquide restant. Le produit qui passe est traité par l'éther, qui enlève l'amine et l'alcool isofenolénique. Cette solution est soumise à l'action d'un courant d'acide chlorhydrique, et le chlorhydrate de la base est enlevé au moyen de l'eau. L'éther restant est évaporé et le résidu soumis à la rectification.

L'alcool isofenolénique bout à 218°, possède une odeur agréable et se comporte comme une combinaison non saturée.

Sa densité $= 0,927$ à 20° et $n_D = 1,476$, d'où $M = 47,04$, calculé pour $C^{10}H^{17}OH$, $= 47,15$.

La solution dans l'acide acétique cristallisable est colorée en rouge foncé par l'acide sulfurique.

Cet alcool décolore déjà à froid une solution de permanganate de potassium, tandis qu'il est stable vis-à-vis d'une solution d'acide chromique. Chauffé avec de l'acide sulfurique étendu (1 vol. pour 7 vol. $H^2O$), il se transforme en son isomère l'*alcool fenénolique* [O. Wallach, *Ann. Chem.*, **284**, 336].

FENÉNOL, $C^{10}H^{18}O$. — Produit de transformation isomérique de l'alcool isofenolénique. On chauffe pendant 6 ou 8 heures cet alcool avec de l'acide sulfurique à 1/8. Dès le début de la réaction, il se produit une coloration rouge qui disparaît au bout de quelque temps. On distille dans un courant de vapeur d'eau, on recueille le produit huileux, et, pour le débarrasser des traces d'alcool isofenolénique qu'il retient, on l'agite avec une solution étendue de permanganate de potassium. On distille de nouveau avec la vapeur d'eau, on dessèche le produit sur de la potasse, puis sur du sodium, et on rectifie.

Le fenénol distille de 183 à 184°, a pour densité 0,925 à 20°; $n_D = 1,46108$. Calculé pour un oxyde $C^{10}H^{18}O$ saturé, $M = 45,61$; trouvé 45,69.

L'alcool isofenolique non saturé s'est donc transformé en un isomère saturé. Le fenénol ne se combine pas à l'hydroxylamine. Bien qu'il ait un point d'ébullition plus élevé, il ressemble au cinéol, non seulement par son odeur, mais encore par la faculté de se combiner aux hydracides pour donner des combinaisons instables. Ainsi en faisant passer un courant d'acide bromhydrique sec dans une solution de fenénol dans l'éther de pétrole, on obtient un *bromhydrate* blanc et cristallisé qui se liquéfie au contact de l'air humide en un liquide d'un rouge brun.

M. Wallach donne l'interprétation suivante de la formation de cet oxyde au moyen de l'alcool isofenolénique non saturé. Il admet que cette molécule, sous l'influence de l'acide sulfurique étendu, fixe les éléments de l'eau de telle façon que le nouvel hydroxyle se trouve en position $\gamma$ ou $\delta$ par rapport à celui déjà existant, et qu'il se produit alors une élimination d'eau aux dépens de ces deux groupes OH avec formation de l'oxyde saturé [*Ann. Chem.*, **284**, 338].

FENYLAMINE, $C^{10}H^{17}AzH^2$. — La fenylamine est l'analogue de la bornylamine et s'obtient dans des conditions semblables.

Obtenu d'abord par M. Wallach, par la méthode qui a servi à M. Leuckart à préparer la bornylamine, ce corps a été l'objet d'une étude plus approfondie de la part de MM. Wallach, Griepenkerl et Lührig [*Ann. Chem.*, **263**, 140; **269**, 358].

5 grammes de fenone pure mélangés avec le même poids de formiate d'ammonium sont portés pendant 6 heures à une température de 220-230°. Le produit de la réaction renferme, indépendamment de traces de fenone, de la fenylamine, surtout de la formylfenylamine et des sels ammoniacaux. On acidule et on élimine par distillation dans la vapeur d'eau la fenone non entrée en réaction. Le résidu est saponifié par l'acide chlorhydrique bouillant pour transformer la formylfenylamine en acide formique et chlorhydrate de fenylamine, et on évapore la solution. Le résidu est enfin chauffé avec de la potasse caustique qui met la base en liberté. On la recueille, on la sèche sur de la potasse solide et on la rectifie.

On peut encore la préparer par réduction de la fenonoxime. A 20 grammes d'oxime dissoute dans 200 centimètres cubes d'alcool absolu on ajoute 25 grammes de sodium. Si l'alcool employé ne suffit pas à dissoudre tout le sodium, on en ajoute une nouvelle portion jusqu'à disparition complète du métal et on distille dans un courant de vapeur d'eau. Il passe d'abord de l'alcool, puis de l'ammoniaque, puis de la fenylamine [*Ann. Chem.*, **272**, 105].

Cette base peut être distillée à la pression ordinaire. Quand elle est active, elle bout dans ces conditions à 195°, à 110-115° sous une pression de 22 millimètres, et a pour densité 0,9095 à 22°. Son odeur rappelle celle de la pipéridine et de la bornylamine. Elle absorbe très facilement l'acide carbonique de l'air, pour donner naissance à une masse solide et blanche constituée par du fenylcarbamate de fenylamine.

La fenylamine, suivant qu'elle a été préparée avec la fenone droite ou gauche, est lévogyre ou dextrogyre, c'est-à-dire qu'elle possède un pouvoir rotatoire inverse de celui de la cétone, dont elle dérive. Pour le dérivé gauche,

$$[\alpha]_D = -20°,63.$$

*Chlorhydrate de fenylamine*,

$$C^{10}H^{17}AzH^2 . HCl.$$

— Prismes transparents qui se déposent par évaporation d'une solution alcoolique. Ce corps est soluble dans l'alcool et dans l'éther. Chauffé, il se ramollit à 284° et fond à 296-297° (H. Lührig).

*Iodhydrate de fenylamine*, $C^{10}H^{17}AzH^2, IH$. — Cristallise très bien dans l'eau et dans l'alcool. Ne fond pas encore à 296°.

L'*azotate* est également bien cristallisé. Quant au *sulfate*, il a été obtenu en aiguilles ou en tablettes pas très solubles.

*Azotite*, $C^{10}H^{17}AzH^2 . AzO^2H$. — Comme ce corps est peu soluble dans une solution concentrée d'azotite de sodium, on l'obtient le plus facilement en traitant une de ces solutions par un autre sel de fenylamine. Le nitrite se dépose sous la forme d'aiguilles d'un éclat soyeux, très stables, très solubles dans l'eau, et qui ne se décomposent que lorsqu'on chauffe la liqueur à l'ébullition. Il se décompose également quand on le porte à la température de 100-115°.

Le *chloroplatinate*, $[C^{10}H^{17}AzH^2HCl]^2 PtCl^4$, cristallise dans l'eau en longs prismes déliés renfermant de l'eau de cristallisation, qu'ils perdent quand on les expose sous une cloche à dessiccation.

Le *picrate* est facilement soluble dans l'éther, tandis que le *tartrate acide* est très difficilement soluble dans l'alcool, au point que ce dernier peut servir à précipiter le sel de ses solutions aqueuses.

*Méthylfenylamine*, $C^{10}H^{17}AzH . CH^3$. — Quand on mélange molécules égales de fenylamine et d'iodure de méthyle en solution éthérée, on obtient, au bout de quelque temps, une abondante cristallisation d'un mélange d'iodhydrate de mono- et de diméthylfenylamine, qu'on sépare par des cristallisations fractionnées dans l'eau, où le dérivé monométhylique est difficilement soluble. Pour isoler la base, on traite le sel par la potasse et on rectifie.

La monométhylfenylamine constitue un liquide incolore bouillant à 201-202°; sa densité à 20°,5 $= 0,8950$; son indice $n_D = 1.46988$.

C'est une base moins énergique que la fenylamine elle-même: elle ne possède pas en effet la propriété de se combiner avec l'acide carbonique de l'air.

Son *chlorhydrate* cristallise en aiguilles prismatiques très stables, insolubles dans l'éther.

Le *sulfate* constitue un sel déliquescent, par conséquent très soluble dans l'eau.

L'*azotate*, l'*acétate* et l'*oxalate* sont également très solubles dans l'eau.

Le *chloroplatinate*,

$$(C^{10}H^{17}AzH\,CH^3 . HCl)^2 PtCl^4,$$

se dépose de sa solution aqueuse en cristaux rouges, prismatiques, ne contenant pas d'eau de cristallisation.

En sa qualité de base secondaire, la monométhylfenylamine est susceptible de se combiner à l'acide azoteux pour donner naissance à la *nitrosométhylfenylamine*

$$C^{10}H^{17}Az \Big\langle {}^{AzO}_{CH^3}$$

qu'on obtient par double décomposition entre les solutions de chlorhydrate de fenylamine et d'azotite de sodium. Il se forme d'abord une huile jaune qui ne tarde pas à cristalliser. On la purifie par lavage à l'eau et cristallisation dans l'alcool absolu.

Cristaux fondant à 50-53°. Réduit au moyen de l'acide acétique et du zinc en poudre, ce dérivé nitrosé régénère la méthylfenylamine.

Quand on chauffe la monométhylfenylamine à 100° en tube scellé, on obtient de la diméthylfenylamine [Lührig, *Dissert. inaug.*, Göttingue, 1892. — Wallach et Lührig, *Ann. Chem.*, 269, 358].

*Benzylfenylamine*, $C^{10}H^{17}AzH . C^7H^7$. — On chauffe pendant une demi-heure, dans un appareil à reflux, molécules égales de chlorure de benzyle et de fenylamine. Par refroidissement, le chlorhydrate de benzylfenylamine, peu soluble, se dépose. On le lave avec de l'éther pour le débarrasser du chlorhydrate de fenylamine auquel il peut être mélangé, et on le décompose par un alcali.

La benzylfenylamine constitue une huile épaisse, bouillant à 191-196° sous une pression de 16 millimètres. Elle possède une odeur faiblement basique, et a pour densité 0,9735 à 20°.

Son *chlorhydrate* et son *chloroplatinate*,

$$(C^{17}H^{25}AzH\,Cl)^2 PtCl^4,$$

cristallisent très distinctement.

La *nitrosobenzylfenylamine*,

$$C^{10}H^{17}Az \Big\langle {}^{AzO}_{C^7H^7}$$

obtenue par double décomposition entre les solutions acétiques de benzylfenylamine et d'azotite de sodium, se présente d'abord sous la forme d'une huile qui cristallise au sein de l'éther ou de l'alcool en prismes fondant vers 93° [Wallach et Griepenkerl *Ann. Chem.*, 263, 362].

*Phénylfenylamine*, $C^{10}H^{17}AzH . C^6H^5$. — On l'obtient en même temps que le fenène quand on chauffe le chlorure de fenyle avec de l'aniline.

Cristallisé dans l'alcool, ce corps se présente sous la forme d'aiguilles incolores fondant à 93-94° [Wallach, *Ann. Chem.*, 263, 150].

*Formylfenylamine*, $C^{10}H^{17}AzH\,CHO$. — Se forme quand on fait agir le formiate d'ammonium sur la fenone [*Ann. Chem.*, 263, 140]. Elle prend naissance quand on mélange parties égales de chloral anhydre et de fenylamine. Au bout de quelque temps la liqueur se trouble et se prend en masse. Il suffit de faire cristalliser dans l'alcool étendu [Wallach et Lührig, *Ann. Chem.*, 269, 364] :

$$C^{10}H^{17}AzH^2 + CCl^3 . CHO$$
$$= CHCl^3 + C^{10}H^{17}AzH\,CHO.$$

Lames brillantes, fondant partiellement à 87°. Une autre portion n'entre en fusion que vers 112°. L'acide chromique l'oxyde partiellement à l'état de fenylamine (Lührig).

*Acétylfenylamine*, $C^{10}H^{17}AzH . COCH^3$. — Se prépare en chauffant pendant quelques minutes la base avec de l'anhydride acétique. On verse le produit de la réaction dans l'eau; il se forme une huile qui ne tarde pas à se prendre en masse. On fait cristalliser à plusieurs reprises dans l'éther. Ce corps fond à 98° [Wallach et Griepenkerl, *Ann. Chem.*, 269, 361].

*Propionylfenylamine*, $C^{10}H^{17}AzH . COC^2H^5$. — Préparé avec de l'anhydride propionique et l'amine, ce corps fond à 123°.

*Butyrylfenylamine*, $C^{10}H^{17}AzH . COC^3H^7$. — Fond à 77°,5. La préparation de ce composé, en partant de deux échantillons de fenylamine dont l'un a été obtenu par réduction de la fenonoxime et l'autre en partant de la fenone qu'on a traitée par le formiate d'ammonium, a permis de mettre en évidence que, quel que soit le mode de production de l'amine, elle se montre toujours identique à elle-même. Ainsi la butyrylfenylamine dérivée de la fenonoxime a le pouvoir rotatoire $[\alpha]_D = -53°,08$, tandis que pour celle obtenue par le second procédé $[\alpha]_D = -53°,14$ [Wallach et Binz, *Ann. Chem.*, 276, 317].

*Benzoylfenylamine*, $C^{10}H^{17}AzH . COC^6H^5$. — On évapore une solution éthérée d'un mélange de 4 à 5 grammes de fenylamine et de 2 grammes de chlorure de benzoyle. Le sirop restant, traité par l'eau, cède du chlorhydrate de fenylamine et devient solide. On le dissout dans l'alcool et on précipite la liqueur par une solution étendue de soude caustique qui enlève un peu d'acide benzoïque. Le produit est finalement cristallisé dans l'éther. Il fond à 133-135°, et non à 89-90°, comme on l'avait indiqué primitivement par erreur [Wallach, *Ann. Chem.*, 263, 142; 269, 361].

*Difenyloxamide*,

$$\begin{array}{l} CO - AzH\,C^{10}H^{17} \\ \,| \\ CO - AzH\,C^{10}H^{17} \end{array}$$

— Se dépose sous la forme d'une bouillie cristalline quand on ajoute 2 molécules de fenylamine à 1 molécule d'éther oxalique.

Cristallisé dans l'alcool, ce corps se présente sous la forme de longs prismes ou de tables quadratiques fondant à 188° [Wallach et Lührig, *Ann. Chem.*, 269, 365].

*Monofenylcarbamide*,

$$CO \Big\langle {}^{AzH^2}_{AzH\,C^{10}H^{17}}$$

— Se dépose quand on chauffe une solution aqueuse de 1 molécule de chlorhydrate de fenylamine et de 1 molécule de cyanate de potassium.

Cristallisé dans l'alcool étendu ou dans l'eau, il constitue de petites aiguilles fondant à 170-171° [Wallach et Griepenkerl, *Ann. Chem.*, 269, 359].

*Fenylcarbamate de fenylamine*,

$$CO \Big\langle {}^{AzH\,C^{10}H^{17}}_{O\,AzH^3 . C^{10}H^{17}}$$

— Se forme quand on fait passer un courant d'acide carbonique dans une solution alcoolique de fenylamine. Ce corps est presque insoluble dans l'eau, soluble dans l'alcool [Wallach et Lührig, *loc. cit.*].

*Monométhylfenylamine-dithiocarbamate de méthylfenylamine*,

$$CS \Big\langle {}^{AzCH^3 . C^{10}H^{17}}_{SH\,AzHC\,CH^3 . C^{10}H^{17}}$$

— Prend naissance quand on traite une solution éthérée de méthylfenylamine par le sulfure de carbone. Cristaux qui, sous l'influence de l'alcool bouillant, se scindent en acide sulfhydrique et *diméthyldifenylsulfo–urée* qui cristallise en fines aiguilles [H. Lührig, *Dissert. inaug.*, Göttingue, 1892, 41].

*Phénylfenylsulfo–urée,*

$$C^{10}H^{17} . Az H C S Az H . C^6H^5.$$

— L'isosulfocyanate de phényle se combine énergiquement avec une solution éthérée de fenylamine pour donner la sulfo-urée, dont le peu de solubilité dans l'alcool froid est un caractère de la fenylamine.

Cristallise en aiguilles incolores, brillantes, qui fondent à 153-154° [Wallach et Griepenkerl, *loc. cit.*].

La combinaison inactive fond à 169-170° [Wallach, *Ann. Chem.*, **272**, 108].

*Difenylsulfo–urée,*

$$CS \begin{cases} Az H C^{10}H^{17} \\ Az H C^{10}H^{17} \end{cases}$$

— Se produit quand on chauffe une solution alcoolique de dithiofenylcarbamate de fenylamine provenant de l'action du sulfure de carbone sur une solution éthérée de fenylamine.

Lames blanches, fondant à 210°.

La fenylamine se combine avec les aldéhydes pour donner naissance à des combinaisons qui se forment suivant l'équation

$$R . CH O + H^2 Az . C^{10}H^{17}$$
$$= R . C H = Az C^{10}H^{17} + H^2 O.$$

La *benzylidène-fenylamine,*

$$C^6H^5 . C H = Az . C^{10}H^{17},$$

se forme avec dégagement de chaleur quand on mélange, molécule à molécule, l'aldéhyde benzylique avec la fenylamine. Par refroidissement, on obtient une masse solide qui cristallise dans l'alcool méthylique en belles aiguilles fondant à 42°.

Le *chlorhydrate,* $C^{17}H^{23}AzH Cl$, est très hygroscopique et se décompose en aldéhyde benzylique et fenylamine.

Le *chloroplatinate,* $(C^{17}H^{23}AzH Cl)^2 Pt Cl^4$, constitue des aiguilles rougeâtres, facilement dé-composables [Wallach et Griepenkerl, *loc. cit.*].

La *benzylidène-fenylamine racémique* est inactive [Wallach, *Ann. Chem.*, **272**, 108].

*o–Oxybenzylidène-fenylamine (salicylidène-fenylamine),* $C^{10}H^{17} . Az = C H . C^6H^3 O H.$ — Se prépare en chauffant légèrement de l'aldéhyde salicylique avec de la fenylamine. Aiguilles jaunes, fondant à 95° [Wallach et Lührig, *loc. cit.*].

Les acides et les alcalis la scindent facilement en ses composants.

La combinaison inactive fond à 64-65°.

La *p–oxybenzylidène–fenylamine* fond à 175°.

La *m–oxybenzylidène-fenylamine* fond à 56°.

La *p–méthoxybenzylidène-fenylamine,*

$$C^{10}H^{17} Az = C H . C^6H^4 O C H^3,$$

fond à 54-55°.

La fenylamine a également été combinée à la *m–nitrobenzaldéhyde,* au *furfurol* et à l'*aldéhyde acétique.* On a obtenu des composés huileux qui se comportent comme leurs analogues. Ils se combinent en général avec l'acide chlorhydrique pour donner des produits cristallins qui se dissocient très facilement.

Avec le chloral, il se forme de la *formylfenylamine* et du chloroforme, comme il a été dit plus haut,

$$C^{10}H^{17} Az H^2 + C Cl^3 C H O$$
$$= C^{10}H^{17} . Az H C H O + C H Cl^3.$$

Enfin, l'éther acétylacétique traité par la fenylamine s'y combine avec dégagement de chaleur en donnant un composé huileux qui bout à 174-177° sous 17 millimètres et qui répond à la formule $C^{16}H^{27} Az O^3$.

Une autre préparation a fourni un liquide distillant de 178 à 182° (H = 19 millimètres).

Traité par la soude, ce liquide se transforme en un produit solide qui cristallise dans l'alcool et se présente sous la forme de prismes fondant à 30°. Ce corps possède la même composition que le liquide $C^{16}H^{27} Az O^2$ [H. Lührig, *Dissert. inaug.*].

Le pouvoir rotatoire d'un certain nombre de dérivés de la fenone a été déterminé par MM. Wallach et Binz [*Ann. Chem.*, **276**, 317, et *Zeit. Physik. Chem.*, **12**, 733]. Nous donnons dans le tableau ci-dessous les points de fusion des corps étudiés et leur pouvoir rotatoire :

| | P. fusion. | Dissolvant. | $[\alpha]_D$ | $[M]_D$ |
|---|---|---|---|---|
| Fenone droite | 5 à 6° | Alcool. | + 71°,97 | + 109°,14 |
| Fenonoxime de la fenone droite | 165° | Éther acétique. | + 52°,44 | + 87°,40 |
| Fenylamine — — | » | Id | — 24°,89 | — 38°,00 |
| Formylfenylamine | 114° | Chloroforme. | — 36°,56 | — 66°,04 |
| Acétylfenylamine | 99° | Id. | — 46°,62 | — 90°,73 |
| Propionylfenylamine | 123° | Id. | — 53°,16 | — 110°,88 |
| Butyrylfenylamine | 77°,5 | Id. | — 53°,13 | — 118°,19 |
| Benzylidène-fenylamine | 42° | Id. | + 73°,14 | + 175°,90 |
| o–Oxybenzylidène-fenylamine | 94° | Id. | + 66°,59 | + 170°,77 |
| p–Oxybenzylidène-fenylamine | 175° | Id. | + 72°,00 | + 184°,65 |
| o–Méthoxybenzylidène-fenylamine | 56° | Id. | + 59°,20 | + 160°,09 |
| p–Méthoxybenzylidène-fenylamine | 55° | Id. | + 78°05 | + 211°,07 |

(Voir aussi Arthur Binz, *Dissert. inaug.*, Göttingue, 1893.)

**FENOLÉNAMINE**, $C^9H^{15} . C H^2 . Az H^2.$ — Cette base présente avec la campholamine les mêmes rapports que la fenylamine présente vis-à-vis de la bornylamine. Toutes ces bases ont d'ailleurs la même composition, $C^{10}H^{17} Az H^2$. On la prépare en introduisant peu à peu des fragments de sodium dans une solution de 25 grammes de fenonitrile dans 125 grammes d'alcool absolu. Quand le sodium ne se dissout plus que difficilement, on ajoute de nouveau 90 grammes d'alcool absolu, puis une nouvelle quantité de sodium.

On arrive ainsi à employer environ 30 grammes de sodium. La masse devenue cristalline par refroidissement est traitée par l'eau, puis sursaturée par l'acide sulfurique, et enfin distillée dans un courant de vapeur d'eau pour éliminer le fenonitrile non réduit. Le résidu est traité par la soude qui sépare la base. Celle-ci est recueillie, séchée sur de la potasse et rectifiée. On obtient ainsi environ 78 0/0 de la quantité théorique de la fenolénamine indiquée par l'équation

$$C^9H^{15} . C Az + H^4 = C^9H^{15} - C H^2 . Az H^2,$$

le restant étant constitué par une base oxygénée

$C^{10}H^{21}AzO$, qui passe de 147 à 148° sous une pression de 21 à 24 millimètres.

La fenolénamine est un liquide incolore, très mobile, qui possède une odeur désagréable rappelant le poisson. Elle ne se solidifie pas dans un mélange de sel et de neige, et ne possède pas beaucoup d'affinité pour l'acide carbonique.

La fenolénamine active bout à 110-115° sous une pression de 22-24 millimètres, et à 205° à la pression ordinaire (tandis que la base inactive distille à 106° sous une pression de 22 millimètres), et constitue une base non saturée. Ainsi, quand on fait passer un courant d'acide chlorhydrique sec dans une solution éthérée ou méthylalcoolique de fenolénamine, on obtient un dépôt cristallin d'un *bichlorhydrate*

$$C^{10}H^{17} . H Cl . Az H^2 . H Cl.$$

Ce sel traité par l'eau perd une molécule d'acide chlorhydrique, et donne un *monochlorhydrate* en croûtes brunâtres qui, traitées par une solution de chlorure de platine, fournissent le *sel de platine* $(C^{10}H^{19}AzHCl)^2 . PtCl^4$.

Traité par de la potasse, ce bichlorhydrate fournit une base impure et chlorée.

*Nitrate de fenolénamine*, $C^{10}H^{19}Az . AzO^3H$. — On dissout 5 grammes de la base dans 11 gr. d'acide azotique (densité $= 1,105$) et on obtient de beaux cristaux qu'on purifie par cristallisation dans le double de leur poids d'eau.

Le *sulfate*, $(C^{10}H^{19}Az)^2 SO^4H^2$, est difficilement soluble dans l'eau froide, soluble dans l'eau chaude qui ne le décompose pas comme le sulfate de camphylamine. Il se dissout facilement dans l'acide sulfurique étendu et cristallise en lamelles brillantes.

L'*oxalate de fenolénamine active*,

$$C^{10}H^{19}Az(CO^2H)^2 + 0,5 H^2O,$$

est pour ainsi dire insoluble dans l'eau et fond à 145°.

L'*oxalate de fenolénamine racémique* ne diffère de l'actif que par son point de fusion qui est plus élevé, 165° [J. Schwalm, *Dissert. inaug.*, Erlangen, 1895, 35].

*Acétylfenolénamine*, $C^{10}H^{17}AzH . C^2H^5O$. — Obtenue en faisant agir à chaud l'anhydride acétique sur une solution éthérée de fenolénamine. Huile épaisse, distillant à 180° sous une pression de 21 millimètres.

L'acétylfenolénamine inactive est également incristallisable (J. Schwalm).

*Benzoylfenolénamine*, $C^{10}H^{17}AzH . C^7H^5O$. — Se produit sous la forme d'une huile se prenant en masse quand on agite une solution de soude caustique tenant en suspension la fenolénamine avec du chlorure de benzoyle.

Cristallisé dans l'alcool étendu, ce composé se présente sous la forme de cristaux prismatiques qui fondent à 88-89°.

*Furfurylfenolénamine*, $C^{10}H^{17}Az = C^5H^4O$. — Huile brunâtre, mobile, obtenue en condensant le furfurol (1 molécule) avec 1 molécule de fenolénamine. Le produit distille à 167° sous une pression de 16 millimètres.

*Monofenolénaminurée*,

$$CO \diagup \begin{matrix} AzH^2 \\ AzHC^{10}H^{17} \end{matrix}$$

— Se prépare en chauffant pendant quelques instants une solution aqueuse de nitrate de fenolénamine (1 molécule) avec du cyanate de potassium (1 molécule). On obtient de petites aiguilles fondant à 65-66°.

*Fenolène-phénylthio-urée*,

$$CS \diagup \begin{matrix} AzHC^{10}H^{17} \\ AzHC^6H^5 \end{matrix}$$

— Obtenue en faisant agir 1 molécule d'isosulfocyanate de phényle sur 1 molécule de fenolénamine. Cristallise au sein d'un mélange d'éther et de ligroïne en fibres blanches et soyeuses fondant à 57°.

Elle est soluble dans l'alcool, l'éther, le benzène et l'éther acétique, insoluble dans la ligroïne.

BASE $C^{10}H^{21}AzO$. — La seconde base $C^{10}H^{21}AzO$, obtenue dans la réduction du nitrile fenolénique, constitue une huile sirupeuse, presque sans odeur. On la sépare de la fenolénamine en la traitant par une solution étendue d'acide oxalique qui précipite la fenolénamine; on lave le précipité à l'eau et on décompose la liqueur par la soude. L'huile obtenue est rectifiée. Elle distille à 136° sous une pression de 14 millimètres.

Le *chlorhydrate*, obtenu en faisant passer un courant d'acide chlorhydrique sec dans une solution éthérée de la base, constitue une masse visqueuse qui, dissoute dans l'eau, donne un *chloroplatinate* $(C^{10}H^{21}OAz . HCl)^2 PtCl^4$.

Si l'on ne recueille pas ce chloroplatinate au moment de sa formation, il semble qu'il se convertisse en chloroplatinate de fenolénamine.

Le *sulfate*, $(C^{10}H^{21}OAz)^2 SO^4H^2$, constitue des croûtes cristallines solubles dans l'eau bouillante.

La *combinaison benzoylée*,

$$C^{10}H^{19}OAzH . C^7H^5O,$$

obtenue par la méthode de Baumann-Schotten, constitue des flocons blancs fusibles à 124°.

Enfin, en réduisant le fenonitrile au sein de l'alcool amylique par le sodium, M. Jenckel a obtenu une *base* $C^{10}H^{21}Az$, bouillant à 131° sous une pression de 11 millimètres, et qui constitue un liquide mobile, de faible odeur, donnant, comme la fenolénamine, avec l'acide oxalique un *oxalate* peu soluble. Cette base paraît avoir une grande affinité pour l'acide carbonique. L'auteur la représente par la formule

$$C^9H^{15}H^2 - CH^2 - AzH^2,$$

tandis que la base oxygénée serait

$$C^9H^{15} . (HOH) - CH^2 . AzH^2$$

[Wallach, *Ann. Chem.*, **263**, 138. — Wallach et Jenckel, *ibid.*, **269**, 369. — L. Jenckel, *Dissert. inaug.*, Göttingue, 1892].     A. Haller.

**FENONE** (*fenchone, camphre anisique, hydrure d'anéthol*), $C^{10}H^{16}O$. — Cet isomère du camphre a été isolé pour la première fois par M. Landolph, qui l'a obtenu en chauffant l'anéthol extrait de l'essence d'anis avec 6 fois son poids d'acide azotique à 13° B.

Dans ces conditions, l'anéthol brut est transformé en aldéhyde anisique, qui se combine avec le bisulfite de sodium, et il reste un composé $C^{10}H^{16}O$, que l'auteur a appelé *hydrure d'anéthol* ou *camphre anisique* [*C. R.*, **81**, 97] (voyez Dict., **1**, 148).

M. Gildemeister trouva plus tard dans l'essence de fenouil un corps bouillant à 193-194°, et qu'il considéra comme pouvant être identique à l'absinthol [F. Hartmann, *Thèse inaug.*, Bonn, 1890, 11].

Ce corps fut ensuite l'objet d'une étude approfondie de la part de MM. Wallach et Hartmann d'abord, puis de MM. Wallach, Griepenkerl, Lührig, Binz, Jenckel, Schwalm, etc. On lui donna d'abord le nom de *fenchol* (*fenol*) [*Ann. Chem.*, **259**, 330], nom qui fut changé plus tard en celui de *fenchone* (*fenone*), les relations de ce corps $C^{10}H^{16}O$ avec le produit d'hydrogénation $C^{10}H^{18}O$ étant celles d'une cétone avec un alcool [*Ann. Chem.*, **263**, 129].

Ce même composé a été trouvé, dans la proportion de 1 0/0 environ, dans l'essence d'anis de Russie [Bouchardat et Tardy, *C. R.*, **122**, 198].

Le produit ainsi isolé dévie la lumière polarisée à droite. Son isomère gauche a été extrait par M. Wallach de l'essence de *Thuya occidentalis*, où il se trouve mélangé avec la thuyone [*Ann. Chem.*, **272**, 102].

**FENONE DROITE.** — *Préparation.* — La distillation fractionnée de l'essence de fenouil ne permet pas de séparer la fenone de l'anéthol auquel elle se trouve mélangée. Pour obtenir un produit pur, on soumet à l'oxydation les portions d'essence qui passent de 190 à 195°.

M. Hartmann [*loc. cit.*] chauffe au bain-marie 10 centimètres cubes du produit brut avec 20 grammes de permanganate de potassium dissous dans 30 centimètres cubes d'eau. Au bout de 5 ou 6 heures l'oxydation est terminée. On distille à la vapeur d'eau, et l'huile qui surnage dans le récipient est recueillie, séchée sur la potasse et rectifiée.

M. Wallach conseille d'opérer de la façon suivante : 200 grammes du liquide passant de 190 à 195° sont traités dans un ballon assez volumineux par 3 fois leur poids d'acide azotique concentré. On chauffe le mélange à feu nu et, dès que le dégagement des vapeurs nitreuses se produit trop vivement, on retire le ballon du feu. On arrête l'opération quand les gaz dégagés, de rouge qu'ils étaient primitivement, deviennent incolores. Après refroidissement, la masse est versée dans l'eau froide et la couche huileuse est séparée, lavée à plusieurs reprises avec une lessive de soude et finalement distillée dans un courant de vapeur d'eau. L'huile ainsi obtenue est séchée sur de la potasse anhydre, fortement refroidie et amorcée par un cristal de fenone pure. Au bout de quelque temps le produit se solidifie en une masse de cristaux qu'on essore pour les séparer de l'huile qui les baigne [*Ann. Chem.*, **263**, 130].

**FENONE GAUCHE.** — La partie de l'essence de *Thuya occidentalis* qui passe de 190 à 195° est un mélange de thuyone et de fenone gauche, celle-ci dans la proportion de 20 à 25 0/0 seulement. Pour la séparer de son isomère, M. Wallach préconise trois procédés.

1° *Oxydation du mélange au moyen de l'acide azotique.* — 20 centimètres cubes du produit 190-195° sont introduits goutte à goutte dans un ballon soudé à un réfrigérant de Liebig et contenant 80 grammes d'acide azotique concentré et chaud. On chauffe pendant 1 heure et on distille finalement le produit dans un courant de vapeur d'eau. L'huile est recueillie, lavée à la soude et de nouveau distillée dans la vapeur d'eau. On obtient ainsi environ 20 0/0 d'un produit se prenant en masse dans un mélange réfrigérant. Les portions d'essence passant de 195 à 200° fournissent dans les mêmes conditions de 15 à 18 0/0 de fenone pure et cristallisée.

2° *Oxydation au moyen du permanganate de potassium* — 130 grammes de la portion d'essence de thuya passant de 190 à 200° sont introduits dans un flacon contenant 390 grammes de permanganate de potassium dissous dans 5 litres d'eau, et le tout est soumis à une agitation mécanique jusqu'à décoloration du permanganate. On distille ensuite dans un courant de vapeur d'eau et l'huile décantée est séchée, rectifiée et solidifiée par le froid.

Ce procédé permet d'obtenir du premier jet des quantités relativement considérables de fenone pure [*Ann. Chem.*, **272**, 202].

3° M. Wallach sépare encore la fenone de la thuyone en faisant bouillir la portion 190-200° de l'essence de thuya avec de l'acide sulfurique étendu de 2 fois son volume d'eau. Dans ces conditions, la thuyone passe à l'état d'isothuyone, dont le point d'ébullition est de 30° plus élevé que celui de la thuyone, tandis que la fenone reste inaltérée. Il suffit donc de fractionner la distillation.

Enfin les fenones droite et gauche s'obtiennent encore en chauffant les alcools fenoliques avec 3 fois leur poids d'acide azotique concentré. Le produit ainsi obtenu possède les mêmes propriétés physiques et chimiques que la fenone qui a servi à la préparation de l'alcool employé [*Ann. Chem.*, **263**, 146].

**FENONE RACÉMIQUE.** — Elle a été obtenue en mélangeant parties égales de produit droit et de produit gauche [Wallach, *Ann. Chem.*, **272**, 107].

**PROPRIÉTÉS.** — Les deux isomères possèdent les mêmes propriétés chimiques et ne diffèrent que par les pouvoirs rotatoires qui sont de signes contraires :

$$\text{Fenone droite } [\alpha]_D = -71°,97,$$
$$\text{Fenone gauche } [\alpha]_D = +66°,94.$$

L'écart observé tient à ce que la dernière n'a pas encore été obtenue dans un état de pureté suffisant.

La fenone racémique ne diffère en rien de ses isomères actifs, mais il n'en est pas de même de ses dérivés, qui possèdent des points de fusion, des formes cristallines et des solubilités qui s'écartent de ceux de leurs analogues actifs. En résumé, la fenone inactive par compensation se comporte à l'égard de ses isomères actifs comme l'acide racémique vis-à-vis des acides tartriques droit et gauche.

La fenone se présente généralement sous la forme d'une huile à odeur camphrée, bouillant à 192-193°, et possédant une densité de 0,9465 à 19°. Son indice de réfraction $n_D = 1.46306$, d'où l'on tire la réfraction moléculaire 44.33 (calculée pour une combinaison $C^{10}H^{16}O$ sans liaison éthylénique : 44,11).

Cristallisée, la fenone fond à 5-6°.

Comme son pouvoir réfringent le montre, la fenone paraît être une combinaison saturée. Elle ne se combine pas, en effet, avec l'acide bromhydrique quand on en sature une solution dans la ligroïne ou dans l'acide acétique cristallisable.

**ACTION DES DÉSHYDRATANTS.** — *Anhydride phosphorique.* — Quand on chauffe pendant une demi-heure à 115-130°, au bain de paraffine, un mélange de 20 parties de fenone et de 30 parties d'anhydride phosphorique, puis qu'on ajoute à nouveau 30 grammes de cet anhydride, on obtient, après traitement par l'eau, un métacymène qui est identique avec le méta-isopropylbenzène

$$CH^3 . C^6H^4 . CH \begin{cases} CH^3 \\ CH^3 \end{cases}$$

que M. Kelbe d'abord, M. Renard ensuite, ont isolé de l'essence de résine [Wallach, *Ann. Chem.*, **275**, 157 ; **284**, 324. — G. Holste, *Dissert inaug.*, Göttingue, 1894].

Cette réaction présente beaucoup d'analogie avec celle à laquelle donne lieu le camphre, qui, dans les mêmes conditions, fournit du paracymène.

**ACTION DES OXYDANTS.** — 1° *Acide azotique.* — La fenone se dissout dans l'acide azotique fumant en un liquide clair, d'où l'eau précipite la fenone inaltérée. On peut même chauffer pendant quelques instants sans qu'il y ait attaque. Ce n'est qu'à la longue que la fenone est oxydée en donnant une huile insoluble dans les alcalis et dans les acides.

L'attaque est plus énergique quand on chauffe le produit en tube scellé à 120°, avec 2 fois son poids d'acide azotique fumant. Il se forme dans cette opération beaucoup d'acide cyanhydrique.

*2° Permanganate de potassium.* — Quand on chauffe 100 grammes de fenone avec 6 litres d'une solution de permanganate au centième, et qu'on agite le mélange pendant toute la durée de l'oxydation, on obtient au bout de 2 heures une dissolution complète de la liqueur, qui contient alors un mélange d'acides *oxalique, acétique* et *diméthylmalonique* [Wallach, *Ann. Chem.*, 263, 134].

ACTION DES RÉDUCTEURS. — 1° *Action du sodium.* — Quand on réduit la fenone en solution alcoolique par le sodium, on la transforme en un alcool $C^{10}H^{18}O$, isomère du bornéol, auquel M. Wallach a donné le nom d'*alcool fenolique (fenchylique)* [*Ann. Chem.*, 284, 331].

Opère-t-on au sein de la ligroïne, le sodium se substitue à l'hydrogène de la fenone, comme il le fait pour le camphre [Hartmann, *Diss. inaug.*, 16].

*2° Action du phosphore et de l'acide iodhydrique.* — Chauffée pendant 15 heures à 210-215° avec du phosphore rouge et de l'acide iodhydrique (densité 1,96), la fenone se convertit en tétrahydrofenène $C^{10}H^{20}$ [*Ann. Chem.*, 284, 326. — A. Wicke, *Diss. inaug.*, Göttingue, 1894].

ACTION DES ACIDES. — Les acides chlorhydrique et sulfurique concentrés et froids dissolvent notablement la fenone, que l'eau précipite intacte de la dissolution.

ACTION DES HALOGÈNES. — Quand on ajoute goutte à goutte du brome à une solution refroidie de fenone dans la ligroïne, on obtient un précipité cristallin rouge-brique d'un *produit d'addition* extrêmement instable et qu'il a été impossible d'analyser. Ce composé, analogue à celui que forme le camphre dans des conditions semblables, se dissocie facilement en régénérant la fenone.

Quand on abandonne le mélange à lui-même, le brome finit par agir comme substituant, et il se dégage de l'acide bromhydrique [Hartmann, *Diss. inaug.*, 15. — Wallach, *Ann. Chem.*, 263, 132].

L'iode réagit sur la fenone comme sur le camphre.

Il en est de même du perchlorure et du pentasulfure de phosphore.

La fenone se combine avec l'hydroxylamine pour donner une *oxime*, $C^{10}H^{16}AzOH$ [Wallach, *loc. cit.*].

Elle se combine aussi avec la phénylhydrazine pour former une huile non étudiée (Hartmann).

Quand on la chauffe avec du formiate d'ammonium, elle donne naissance à une base, la *fenylamine* $C^{10}H^{17}AzH^2$, isomère de la bornylamine.

La fenone ne se combine pas avec les bisulfites alcalins.

Traitée par l'éther formique en présence d'éthylate de sodium, suivant la méthode de M. Claisen, la fenone paraît donner une combinaison analogue au formylcamphre, mais qu'il a été impossible d'obtenir à l'état de pureté. Comme ce dernier, cette combinaison donne une coloration rouge avec le perchlorure de fer et réduit une solution ammoniacale d'argent [G. Holste, *loc. cit.*].

FENONOXIME, $C^{10}H^{16}AzOH$. — Obtenu pour la première fois par MM. Wallach et Hartmann [*Ann. Chem.*, 259, 326], ce corps se prépare en abandonnant à lui-même un mélange de 5 grammes de fenone dans 80 centimètres cubes d'alcool absolu, auquel on ajoute une solution de 11 grammes de chlorhydrate d'hydroxylamine dans 11 grammes d'eau bouillante et 6 grammes de potasse pulvérisée. Au bout de 2 jours la solution abandonne des cristaux de l'oxime.

Pour préparer de plus grandes quantités de produit, on dissout 100 grammes de fenone dans 400 parties d'alcool absolu, et on ajoute à la liqueur une solution de 80 grammes de chlorhydrate d'hydroxylamine dans 80 grammes d'eau chaude. Le mélange est ensuite additionné d'une lessive de potasse à 50 0/0, filtré et chauffé au bain-marie pendant quelques heures. Par refroidissement, il se dépose de l'oxime [Wallach, *Ann. Chem.*, 263, 136; 272, 104].

La fenonoxime cristallise au sein de l'alcool en fines aiguilles, dans l'éther ou dans l'éther acétique en cristaux bien définis qui appartiennent au système clinorhombique :

$$a : b : c = 1,3047 : 1 : 0,55259$$

[Hinze, *Ann. Chem.*, 283, 327].

Son point de fusion est variable avec les auteurs. M. Wallach indique 148-149° d'une part et 160-161° d'autre part. MM. Wallach et Binz annoncent 165° [*Ann. Chem.*, 276, 322].

M. E. Rimini attribue également le point de fusion 165° à un produit cristallisé au sein de l'éther de pétrole [*Gazz. chim. ital.*, 26, (2), 502].

Son pouvoir rotatoire dans l'éther acétique $[\alpha]_D = +52°,28$ à $+52°,61$.

La fenonoxime est volatile avec la vapeur d'eau et bout en se décomposant partiellement vers 240°. Elle est insoluble dans les alcalis, mais se combine avec l'acide chlorhydrique quand on fait passer un courant de ce gaz dans sa solution éthérée. On obtient ainsi un précipité blanc, volumineux, cristallin, fondant à 118-119°, du corps $C^{10}H^{16}AzOH,HCl$. Cette combinaison se dissocie facilement en ses composants [Wallach et Hartmann, *loc. cit.*].

Quand on réduit la fenonoxime en solution alcoolique au moyen du sodium, il se forme de la fenylamine $C^{10}H^{17}AzH^2$, isomère avec la bornylamine qui prend naissance dans des conditions analogues en partant de la camphoroxime.

Chauffée avec de l'acide sulfurique étendu, elle perd une molécule d'eau et donne l'anhydride de la fenonoxime ou fenonitrile [Wallach et Hartmann, 259, 328].

La *fenonoxime gauche* a été préparée en partant de la fenone gauche retirée de l'essence de thuya. Elle fond à 161°, possède les mêmes propriétés que son isomère et n'en diffère que par son pouvoir rotatoire, qui est de signe contraire.

La *fenonoxime racémique* a été préparée en dissolvant dans l'éther poids égaux d'oxime droite et d'oxime gauche. Ses cristaux sont caractéristiques et diffèrent totalement de ceux de ses isomères actifs.

Le point de fusion paraît aussi être inférieur à celui des isomères, et se trouve situé entre 159 et 160° [Wallach, *Ann. Chem.*, 272, 107].

*Pernitrosofenone,* $C^{10}H^{16}Az^2O^2$. — Ce composé est l'analogue du pernitrosocamphre obtenu en traitant la camphoroxime par l'acide azoteux.

On le prépare en dissolvant 5 grammes de fenonoxime dans 20 grammes d'acide chlorhydrique pur étendu de 100 centimètres cubes d'eau et ajoutant à cette liqueur 5 grammes d'azotite de sodium dans très peu d'eau. La réaction est très énergique et on obtient un produit huileux qui ne tarde pas à se prendre en une masse blanche, qu'on fait cristalliser dans l'alcool absolu. Le corps fond à 66-67° et possède l'odeur du pernitrosocamphre.

L'acide sulfurique et le sulfate ferreux ne donnent rien.

Traité par la potasse en solution alcoolique, il se convertit en fenone $C^{10}H^{16}O$.

Une solution alcoolique d'ammoniaque lui fait subir une transformation isomérique; l'*isopernitrosofenone* obtenue, cristallisée dans l'éther de pétrole, fond à 88° et se présente sous la forme de cristaux rhomboédriques.

Soumise à l'action du chlorhydrate d'hydroxylamine et du carbonate de potassium, la pernitrosofenone régénère la fenonoxime fondant à 165°.

Traitée à la température de 0° par l'acide sulfurique concentré, la pernitrosofenone dégage du protoxyde d'azote et se transforme en une huile qui, purifiée par distillation dans un courant de vapeur d'eau, se présente sous la forme d'un liquide qui a tous les caractères de l'isocamphre $C^{10}H^{16}O$. En effet, quand on traite ce composé ainsi obtenu par du chlorhydrate d'hydroxylamine et du carbonate de potassium, on obtient une oxime fondant à 106°, et qui cristallise en fines aiguilles blanches répondant à la formule $C^{10}H^{17}AzO$.

Ce composé est identique avec l'oxime préparée avec l'isocamphre, et par conséquent le produit $C^{10}H^{16}O$ obtenu en partant de la pernitrosofenone se confond aussi avec l'isocamphre.

Enfin, quand on traite l'*isopernitrosofenone* par l'acide sulfurique concentré, on obtient le même composé $C^{10}H^{16}O$, dont l'oxime fond également à 106° [Enrico Rimini, *Gazz. chim. ital.*, **26**, (2), 502].

*Anhydride de la fenonoxime. — Fenonitrile.* $C^{9}H^{15}.CAz$. — Prend facilement naissance quand on traite l'oxime par les agents déshydratants. On la dissout, par exemple, dans l'acide sulfurique étendu, et on chauffe ensuite pendant quelque temps la solution claire. L'anhydride se dépose sous la forme d'une huile qu'on distille avec la vapeur d'eau.

Séchée sur le chlorure de calcium et rectifiée, cette huile bout à 217-218°, a pour densité 0,898 à 20° et possede le pouvoir rotatoire

$$[\alpha]_D = + 43°,31.$$

Son indice de réfraction $n_D = 1,46108$. Son odeur rappelle celle de la menthe.

Tandis que la fenone et son oxime peuvent être considérées comme des combinaisons saturées, il n'en est pas de même de l'anhydride de la fenonoxime. De même que le nitrile campholénique, le fenonitrile se combine avec le brome et avec les acides iodhydrique et bromhydrique. La combinaison avec le brome constitue une huile d'un rouge clair, incristallisable.

Le composé $C^{10}H^{15}Az.HBr$, obtenu en faisant passer un courant d'acide bromhydrique sec dans une solution acétique de fenonitrile, se présente sous la forme d'une huile qui ne tarde pas à se prendre en masse. On la purifie soit en la faisant cristalliser avec précaution dans l'alcool, soit en la redissolvant dans l'acide acétique cristallisable et précipitant la solution par l'eau. Il fond à 60°.

La combinaison $C^{10}H^{15}Az.HI$ a été obtenue dans des conditions analogues et fond à 54-55°. Elle prend d'ailleurs aussi naissance quand on traite directement la fenonoxime par l'acide iodhydrique concentré.

La *combinaison chlorhydrique*, $C^{10}H^{15}Az.HCl$, se forme quand on agite 1 partie de fenonitrile avec 10 parties d'acide chlorhydrique concentré, en ayant soin de refroidir. Cristallisé dans l'éther de pétrole, ce corps fond à 57-58°.

À l'état sec, ce chlorhydrate est plus stable que les bromhydrate et iodhydrate. Toutefois, quand on le fait bouillir avec de l'eau, il se dissocie également [Wallach, *Ann. Chem.*, **263**, 137; **269**, 330].

Le fenonitrile résiste même à 160° à l'action de l'acide sulfurique étendu. Il en est de même avec l'acide chlorhydrique.

Chauffé avec de la potasse alcoolique, il se transforme partiellement en acide fenolénique et

isoxime (ou amide de l'acide fenolénique),

$$C^{9}H^{15}.CAz + H^{2}O = C^{9}H^{15}.COAzH^{2}.$$

Quand on réduit une solution alcoolique de fenonitrile par le sodium, on obtient une base non saturée appelée *fenolénamine*,

$$C^{9}H^{15}.CH^{2}.AzH^{2}.$$

isomérique avec la fenylamine et la bornylamine, isomérique aussi, mais en outre analogue à la camphylamine [Wallach, *Ann. Chem.*, **263**, 238; Wallach et Fenkel, **269**, 369].

Toutes ces réactions prouvent que l'anhydride de la fenonoxime se comporte comme un nitrile non saturé ayant de l'analogie avec le nitrile campholénique.

α-ISOFENONOXIME (*amide de l'acide fenolénique*), $C^{9}H^{15}.COAzH^{2}$ — Analogue à l'isocamphroxime, ce composé prend naissance quand on chauffe pendant 4 ou 5 jours 30 grammes de nitrile fenolénique avec 450 centimètres cubes d'alcool absolu, 20 centimètres cubes d'eau et 130 grammes de potasse.

Dans cette réaction, par suite de la formation d'acide fenolénique, il se dégage constamment de petites quantités d'ammoniaque; mais la majeure partie du nitrile se trouve convertie en α-isofenonoxime.

La liqueur est étendue d'eau, puis distillée pour chasser l'alcool. Le résidu abandonne par refroidissement des lames cristallines jaunâtres qui, après décoloration au charbon et cristallisation dans l'alcool, fondent à 113-114°.

Ce corps est soluble dans l'éther et dans les acides, d'où les alcalis le précipitent. Il est insoluble dans l'eau froide, mais soluble dans l'eau bouillante.

Traitée par l'anhydride phosphorique, l'α-isofenonoxime perd une molécule d'eau et régénère le nitrile. Saponifiée par la potasse alcoolique, elle donne de l'acide fenolénique.

Réduite au moyen du sodium et de l'alcool, elle fournit, indépendamment de l'acide fenolénique et de la fenolénamine, de l'alcool isofenolénique.

L'α-isofenonoxime dévie la lumière polarisée à droite ou à gauche, suivant qu'elle a été préparée avec de la fenone droite ou gauche.

La combinaison *racémique*, obtenue en mélangeant parties égales du dérivé droit et du dérivé gauche, fond à 98-99° [Wallach. **272**, 108]. β-ISOFENONOXIME, $C^{10}H^{17}AzO$. — Ce composé prend naissance quand on chauffe pendant quelques heures l'α-isofenonoxime avec de l'acide sulfurique étendu, dans un appareil à reflux.

Une partie du produit entre en dissolution; on laisse refroidir et on neutralise la liqueur par un alcali. Il se précipite un corps cristallisé et blanc, qu'on purifie par une nouvelle cristallisation dans l'alcool. Ce composé fond à 137°, tandis que son isomère fond à 114°. Il est beaucoup plus soluble dans l'eau chaude que l'isomère α et peut être distillé sans se décomposer.

La β-isofenonoxime possède un caractère basique et se comporte comme une combinaison saturée. Ainsi une solution acétique de cette oxime ne décolore pas le brome, tandis que l'isomère α le décolore.

D'autre part, quand on traite sa solution éthérée par un courant d'acide chlorhydrique sec, on obtient un *chlorhydrate* $C^{10}H^{17}AzO.HCl$, fondant à 149°, et qui se dissocie au contact de l'air.

On obtient aussi un *sulfate* quand on traite la même solution éthérée par quelques gouttes d'acide sulfurique concentré. Ce sont des aiguilles soyeuses répondant à la formule

$$(2C^{10}H^{17}AzO).SO^{4}H^{2}.$$

Traitée par l'anhydride phosphorique, la β-isofenonoxime fournit une huile qui semble être du fenonitrile.

Quand on oxyde une solution sulfurique de cette isoxime (20 grammes) avec 40 grammes de permanganate de potassium dissous dans l'eau, on la transforme partiellement en acide diméthylmalonique

La β-isofenonoxime est active.

La combinaison *racémique* diffère des isomères actifs par son point de fusion, qui est de 160-161°.

Comme nous le verrons dans la suite, M. Wallach considère la β-isofenonoxime non plus comme une amide, mais comme une lactame, ou comme un composé analogue au carbostyrile [*Ann. Chem.*, **269**, 332; **284**, 335].

ACIDE FENOLÉNIQUE, $C^9H^{15}COOH$. — Cet acide se prépare en saponifiant, au moyen de la potasse alcoolique, l'anhydride de la fenonoxime (nitrile fenolénique $C^9H^{15}CAz$) ou la fenonisoxime α (amide fenolénique, $C^9H^{15}COAzH^2$).

Dans ce dernier cas, on sépare par filtration la fenonoxime α non saponifiée, on lave avec de l'éther, on décante et on concentre la liqueur alcaline jusqu'à ce qu'elle se sépare en deux couches. La couche supérieure, d'une couleur foncée, renferme le sel de l'acide fenolénique; on la soutire et, après l'avoir étendue d'eau, on la sursature par l'acide sulfurique. L'acide fenolénique est séparé au moyen de l'éther et la solution, après évaporation du dissolvant, est distillée dans un courant de vapeur d'eau.

L'acide fenolénique constitue un liquide bouillant à 260-261° à la pression ordinaire et à 147° sous une pression de 14 millimètres [J. Schwalm, *Dissert. inaug.*, Erlangen, 1895].

Sa densité $= 1,0045$ à 16°; son indice $n_D = 1,4768$, d'où $M = 47,24$ (calculé pour $C^{10}H^{16}O^2$, 47.34).

Le *sel ammoniacal*, obtenu en saturant de gaz ammoniac une solution éthérée de l'acide, constitue une poudre blanche, hygroscopique, qui, chauffée à 205-210°, donne de la fenonisoxime α.

Le *sel d'argent*, $C^{10}H^{15}O^2Ag$, est blanc, peu soluble dans l'eau et dans l'alcool.

Il n'a pas été possible d'obtenir de fenolénates alcalino-terreux caractéristiques.

L'acide fenolénique est un acide non saturé; agité avec les acides iodhydrique et chlorhydrique, il fournit des produits d'addition.

La *combinaison iodhydrique* est très instable.

La *combinaison chlorhydrique* $C^{10}H^{17}O^2Cl$, ou acide hydrochloro-fenolénique, cristallisée au sein de l'éther de pétrole, constitue de petites croûtes cristallines, dures, fondant à 97-98°.

Dans ces composés, l'élément halogéné n'est pas énergiquement combiné, car il suffit d'un traitement à l'alcali pour le séparer.

Quand on soumet le fenolénate de sodium à la distillation sèche avec de la chaux sodée, on obtient un mélange de carbures $C^9H^{16}$ et de cétones non étudiés.

L'acide fenolénique réduit à froid le permanganate de potassium en donnant un acide sirupeux.

Oxydé au moyen de l'acide chromique, ou mieux du mélange chromique (2 grammes dichromate, 5 grammes acide sulfurique, 15 grammes d'eau et 2$^{gr}$,2 d'acide fenolénique), il fournit, malgré la réduction de l'acide chromique et le départ d'acide carbonique, un acide dont le sel d'argent répond à celui de l'acide fenolénique.

L'acide sulfurique concentré transforme l'acide en carbures d'odeur spéciale, non étudiés.

L'acide sulfurique étendu est sans action sur lui [J. Schwalm, *Dissert. inaug.*, Erlangen, 1895, 32].

Chauffé pendant 8 ou 10 heures avec de l'acide iodhydrique concentré et du phosphore, l'acide fenolénique fournit un carbure distillant de 138 à 145° qui, par une série de rectifications, a finalement donné un composé répondant à la formule $C^9H^{18}$ :

$$C^9H^{15}CCOH + H^2 = CO^2 + C^9H^{18}.$$

Ce composé, appelé *dihydro-fenolène*, distille à 140-141°, a pour densité 0,79 à 20° et possède l'indice $n_D = 1,43146$, d'où $M = 41,32$ (calculé pour $C^9H^{18}$ saturé, 41,43).

Ce même carbure prend naissance quand on soumet l'anhydride de la fenonoxime à l'action du phosphore et de l'acide iodhydrique.

A l'appui du caractère saturé de ce carbure, l'auteur ajoute qu'il ne se combine pas au brome et qu'à froid il résiste à l'action du permanganate de potassium.

M. Wallach conclut enfin que, dans l'acide et le nitrile fenoléniques, il existe un noyau hydrocarboné et que ces corps ne renferment qu'une double liaison éthylénique.

Ces corps se comportent d'ailleurs comme le nitrile et l'acide campholénique [Wallach, **259**, 330; **269**, 334].

ACIDE FENONE-CARBONIQUE, $C^{11}H^{16}O^3$. — Les analogies que présente la fenone avec le camphre ont conduit M. Wallach à essayer de préparer l'acide fenone-carbonique, isomère de l'acide camphocarbonique.

10 grammes de fenone dissous dans 80 centimètres cubes d'éther anhydre sont additionnés de 2 grammes de sodium en fils, et le mélange, disposé dans un appareil à reflux, est traité par un courant de gaz carbonique sec. Quand la réaction est terminée, on lave avec de l'eau, on abandonne la solution pendant un jour pour séparer l'alcool fenolique et on sursature par l'acide acétique.

La liqueur trouble est épuisée par l'éther. La solution fournit par évaporation une masse indistincte, difficile à purifier et répondant à peu près à la formule $C^{11}H^{16}O^3$.

Le *sel de plomb*, $(C^{11}H^{15}O^3)^2Pb$, constitue un précipité poisseux.

L'acide brut fond à 77-78° et fournit à la distillation de l'acide carbonique et une huile qui se prend en masse.

Ce dernier corps constitue un acide $C^{11}H^{16}O^2$ cristallisant dans l'alcool en lames brillantes, fondant à 173-174° et distillant facilement avec la vapeur d'eau. Il dévie la lumière polarisée à gauche. Son pouvoir rotatoire pris dans l'alcool $[\alpha]_D = -22°,37$. Oxydé au moyen du permanganate de potassium, il fournit un acide $C^7H^{10}O^2$, fusible à 120° en se sublimant.

L'oxydation avec l'acide chromique donne naissance à un acide $C^{11}H^{16}O^4$, fusible à 189-190°, et qui cristallise dans l'alcool en petites lames.

L'acide $C^{11}H^{10}O^2$ se combine également au brome [G. Holste, *Dissert. inaug.*, Göttingue, 1894].

Son *sel d'argent*, $C^{11}H^{15}AgO^2$, est très soluble dans l'alcool et dans l'éther [Wallach, *Ann. Chem.*, **284**, 327].

CONSTITUTION DE LA FENONE ET DE SES DÉRIVÉS. — Les nombreuses analogies qui existent entre la fenone et le camphre ont conduit M. Wallach à adopter pour la fenone et ses dérivés des formules calquées, pour ainsi dire, sur celles de son isomère à mesure que celles-ci se modifiaient.

Nous avons vu que, ainsi que le camphre, la fenone se trouve, à l'état libre, mélangée à des terpènes et à d'autres composés de la série terpénique, dans certaines essences naturelles.

Son alcool, le fenol, comme le bornéol, alcool correspondant au camphre, prend naissance également dans les mêmes circonstances que le camphol, soit par hydrogénation du fenol, soit par addition d'eau au fenène qui existe probablement dans l'essence de térébenthine française et dans l'australène, ou qui est un produit de transformation du pinène que contiennent ces essences.

La fenone, comme le camphre, fournit une oxime qui subit une série de transformations (anhydride de la fenonoxime ou fenonitrile, isoxime, fenolénamine, etc.) analogues aux transformations auxquelles donne naissance la camphoroxime.

De plus, la fenone chauffée avec du formiate d'ammonium se convertit en fenylamine, l'analogue de la bornylamine qui se produit dans les mêmes conditions avec le camphre.

Toutefois la fenone diffère du camphre en ce qu'elle ne fournit point par oxydation un acide analogue à l'acide camphorique $C^{10}H^{16}O^4$. De plus, sous l'influence des agents déshydratants, elle donne naissance à du m-méthylisopropylbenzène, toutes réactions qui conduisent à rejeter la formule proposée primitivement pour ce corps, formule qui se trouvait en harmonie avec celle alors généralement admise pour le camphre :

```
          C3H7                      C3H7
           |                         |
           C                         C
   H2C  /     \  CH2         H2C  /     \  CO
   H2C  \     /  CO          H2C  \     /  CH2
           C                         C
           |                         |
          CH3                       CH3
        Camphre.                  Fenone.
```

Ajoutons qu'avec cette constitution le chlorure de fenyle ne différant du chlorure de bornyle que par la position qu'occupe le chlore dans la molécule, devrait donner par soustraction d'acide chlorhydrique le même camphène que le chlorure de bornyle.

```
          C3H7                      C3H7
           |                         |
           C                         C
   H2C  /     \  CH2         H2C  /     \  CHCl
   H2C  \     /  CHCl        H2C  \     /  CH2
           C                         C
           |                         |
          CH3                       CH2
```

Or il n'en est rien : le fenène qu'on obtient dans ces conditions diffère nettement du camphène.

Dans un autre mémoire, **M. Wallach** propose provisoirement une autre formule qui renferme un noyau pentagonal et un noyau à 4 atomes de carbone :

```
   CH3       CH2
    |       /  \
   CH — CH      C< CH3
    |    |         CH3
   CH2 - CH — CO
```

Une combinaison de ce genre est encore saturée. Cette formule expliquerait aussi dans une certaine mesure la résistance qu'offre la fenone à l'action de l'acide azotique, les noyaux hexyliques hydrogénés étant plus facilement attaqués par cet acide et par le brome que les noyaux à cinq chaînons. Elle permet également d'expliquer la formation de l'acide diméthylmalonique sous l'influence des agents oxydants comme le permanganate.

Les formules de certains dérivés non saturés comme le fenonitrile, l'acide fenolénique deviendraient

```
   CH3      CH2                 CH3      CH2
    |      /  \                  |      /  \
   CH — C      C(CH3)2          CH — C      C(CH3)2
    |    ||      |               |    ||      |
   CH2 - CH    C Az             CH2 - CH    COOH
     Fenonitrile.               Acide fenolénique.
```

La transformation de l'isofenonoxime α en β-isofenonoxime sous l'influence des acides pourrait se traduire en admettant que le dérivé α absorbe une molécule d'eau, qu'il perdrait ensuite comme le démontre l'équation suivante :

```
        CH3      CH2
         |      /  \
         C · C      C(CH3)2      + H2O
         |   ||      |
        H2C - CH    C
                    ||
                  O Az H2
```

```
            CH3      CH2
             |      /  \
   =        HC - CH      C(CH3)2
             |    |        |
            H2C - CHOH    CO
                          |
                        H Az H
```

```
               CH3      CH2
                |      /  \
   = H2O +     HC - CH      C(CH3)2
                |    |        |
               H2C - CH      CO
                             |
                           Az H
```

La transformation de l'alcool non saturé $C^{10}H^{18}O$ provenant de l'isomère α en fenol saturé pourrait être traduite de la même manière :

```
   CH3      CH2
    |      /  \
   CH — C      C(CH3)2   + H2O
    |    ||      |
   CH2 - CH    CH2OH
```

```
          CH3        CH2
           |        /  \
   =      CH — CH      C< CH3
           |    |         CH3
          CH2 - CHOH    CH2
                        |
                        OH
```

```
          CH3        CH2
           |        /  \
   ou     CH — CHOH      C< CH3
           |    |           CH3
          CH2 - CH2      CH2OH
```

qui devient ensuite

```
   CH3      CH2                       CH3       CH2
    |      /  \                        |       /  \
   CH — CH      C< CH3       ou       CH — CH      C< CH3
    |    |         CH3                 |    |          CH3
   CH2 - CH      CH2                  CH2 - CH2  O-CH2
            \    /
             O
                         Fenol.
```

L'alcool fenolique et le fenène deviendraient de leur côté

```
   CH3      CH2                   CH3      CH2
    |      /  \                    |      /  \
   CH — CH    C(CH3)2             CH — CH      C< CH3
    |    |      |                  |    |         CH3
   CH2 - CH — CHOH               CH2 - C ==== CH
   Alcool fenolique.                Fenène.
```

Un carbure ainsi constitué doit pouvoir donner un acide en $C^{10}H^{16}O^3$ : c'est ce qui a en effet été observé.

Enfin il reste à interpréter la formation de m-isocymène sous l'influence de l'acide phosphorique anhydre :

$$CH^3 - \overset{(1)}{C}H - \overset{(2)}{C}H - \overset{(3)}{C}H^2 - C\underset{CH^3}{\overset{CH^3}{<}}$$
$$\underset{(6)}{C}HH - \underset{(5)}{C}H - \underset{(4)}{C}O$$

Admet-on que l'oxygène cétonique se combine avec les deux atomes d'hydrogène du radical (3), et que, simultanément, il se produise des ruptures suivant les lignes pointillées en même temps qu'un déplacement d'hydrogène, on aura la molécule

$$CH^3 - C - CH - C - CH\underset{CH^3}{\overset{CH^3}{<}}$$
$$CH - CH - CH$$

[Wallach, *Ann. Chem.*, 284, 330].

M. Tiemann, pour mettre la formule de la fenone en harmonie avec celle qu'il a récemment proposée pour le camphre, admet qu'elle renferme deux noyaux pentaméthyléniques et propose le schéma

$$(H^3C)^2 - C - CH - CH^2$$
$$CH^2 \quad CH - CH^3$$
$$OC - CH$$

[*D. chem. G.*, 28, 1090].          A. Haller.

**FER.** — Le fer se volatilise à la température du four électrique (Moissan).

Les transformations moléculaires qu'éprouve le fer ont été particulièrement étudiées par M. F. Osmond, qui admet qu'il se présente sous deux modifications, désignées par α et β [*C. R.*, 103, oct. et déc. 1886 ; 104, avril 1887 ; 110, 242, 346]. Ayant laissé refroidir lentement du fer électrolytique (renfermant 0,08 0/0 de carbone), cet auteur a observé deux points critiques se manifestant par un arrêt dans l'abaissement de la température : le premier à 835°, le second, assez peu marqué, vers 730°. Le premier arrêt est attribué à la transformation du fer β en fer α ; le second paraît marquer seulement la fin de cette transformation. Enfin un troisième point critique est dû au carbone, qui, en passant de l'état de *carbone de trempe* à l'état de *carbone de recuit*, produit un dégagement de chaleur ; c'est la *récalescence* de M. Barrett. Ces points critiques ne sont pas fixes, mais dépendent de la richesse du fer en carbone. On doit également à M. F. Osmond des recherches sur l'état du silicium et de l'aluminium dans le fer [*C. R.*, 113, 474].

Les modifications moléculaires que peut éprouver le fer ont été étudiées d'autre part par M. Le Châtelier [*C. R.*, 110, 283] et M. Charpy [*C. R.*, 117, 850].

M. Walther Hempel admet que les modifications éprouvées par le fer et l'acier dans leurs propriétés, lors des passages à la filière et au laminoir, ne résultent pas directement de l'action mécanique, mais de la combinaison intime du carbone avec le fer sous l'influence de la pression [*D. chem. G.*, 21, 903].

M. W. Hempel a comparé l'action des diverses variétés de carbone sur le fer doux, dans une atmosphère d'azote. C'est le diamant qui manifeste le plus son affinité pour le fer. La carburation par son intermédiaire a lieu à partir de 1160°, température à laquelle le fer n'est pas modifié par le charbon de sucre et par le graphite, avec lesquels la carburation ne s'effectue qu'aux températures de 1385 et de 1400°. Le fer placé dans l'arc voltaïque entre deux pôles de charbon, dans une atmosphère d'azote, fond rapidement et se transforme en fonte blanche [*D. chem. G.*, 18, 998].

La cémentation du fer par le diamant a également été étudiée par M. F. Osmond. Chauffé dans une atmosphère d'hydrogène, le fer recouvert de parcelles de diamant se carbure à 1085°, ce qui concorde assez bien avec l'indication de M. Hempel. Mais, d'après M. Osmond, ce n'est pas le diamant qui produit directement la cémentation : celle-ci serait précédée de la transformation du diamant lui-même. La diffusion du carbone dans le fer est accompagnée d'une diffusion du fer dans le diamant inaltéré [*C. R.*, 112, 578].

*Passivité du fer.* — Aux causes que l'on a assignées à la passivité du fer, M. Senderens ajoute l'état allotropique sous lequel il se présente : écroui ou recuit. Dans ce dernier état, l'acide azotique ordinaire est sans action sur le métal et le rend passif pour un acide plus dilué. L'immersion dans le nitrate d'argent rend aussi le fer passif [B. Senderens, *Bull. Soc. Chim.*, (3), 15, 691].

L'acide azotique fumant paraît ne pas attaquer le fer ; mais, en réalité, celui-ci se dissout peu à peu, sans dégagement de gaz. Du fil de fer parfaitement décapé se comporte ainsi tant que la densité de l'acide n'atteint pas 1,21 ; il se forme de l'azotate de fer, de l'ammoniaque et du peroxyde d'azote, qui restent dissous. Un couple fer, platine, acide azotique a une force électromotrice qui diminue brusquement quand l'acide passe d'une densité supérieure à 1,21 à une densité inférieure ; dans ce dernier cas il y a dégagement gazeux. Mais il y a dans tous les cas dissolution du fer et la passivité du métal n'est qu'apparente [H. Gautier et G. Charpy, *C. R.*, 112, 1451].

*Propriétés chimiques.* — Le fer chauffé au rouge vif dans un courant de gaz ammoniac fixe 0,5 0/0 d'azote après 12 heures de chauffe, sans modification apparente de ses propriétés (H.-N. Warren, *Chem. News*, 55, 155).

Le fer métallique se dissout lentement dans l'eau chargée d'acide carbonique ; cette solubilité diminue avec la température.

A 24°, 1 litre d'eau saturée d'acide carbonique dissout ainsi $0^{gr},098$ de carbonate ferreux ; à 20°, $1^{gr},142$, et à 15°, $1^{gr},390$. La présence de chlorures et de sulfates augmente la stabilité de ces solutions à l'air. Les carbonates alcalins y produisent un précipité verdâtre d'hydrate ferreux, en enlevant l'anhydride carbonique [J. Ville, *C. R.*, 93, 443].

Le fer divisé se combine à l'oxyde de carbone en donnant une combinaison volatile (voyez FER-CARBONYLE).

Le fer réduit de l'oxalate brûle à 170° dans le protoxyde d'azote en donnant de l'oxyde ferrique. La tournure de fer maintenue dans du protoxyde d'azote, sur la cuve à mercure, le réduit à la longue en donnant un mélange gazeux renfermant 61 0/0 de protoxyde d'azote, 36 0/0 d'azote et 3 0/0 d'hydrogène. Le fer exerce une réduction analogue sur le bioxyde d'azote dissous dans le sulfate ferreux : il est converti en hydrate ferroso-ferrique.

Le fer réduit s'oxyde dans le bioxyde d'azote à 206°, avec incandescence, en se transformant en protoxyde de fer [P. Sabatier et Senderens, *Bull. Soc. Chim.*, (3), 7, 503 ; 13, 704, 871].

Le fer pyrophorique devient incandescent dans l'acétylène, dont une partie est convertie en benzène et autres carbures, et le reste décomposé en carbone et hydrogène [H. Moissan et Ch. Moureu, *C. R.*, **122**, 1240].

ALLIAGES. — Le fer et le nickel se pénètrent par soudure sous la forge, de manière à fournir de véritables alliages, et cela déjà à 500 ou 600° au-dessous du point de fusion. En présence du nickel, le fer se volatilise déjà au rouge : si l'on chauffe une lame de fer sur laquelle est posée une lame de nickel, il se forme à la surface inférieure de ce dernier un alliage qui, pour une lame de 1 millimètre d'épaisseur occupe une profondeur de 1/20°, avec une teneur de 24 0/0 de fer, nécessairement plus abondant (50 0/0) à la surface que dans la profondeur. Le nickel acquiert dans ces conditions un aspect argentin. Le nickel de son côté ne pénètre pas dans le fer, qui ne change pas d'aspect, si on le compare au fer chauffé seul : il a seulement perdu de poids [Th. Fleitmann, *Stahl u. Eisen*, 1889, n° 1].

*Argenture du fer.* — Les objets de fer ou d'acier, traités par la potasse et par l'acide sulfurique, puis lavés, sont immergés dans le bain suivant :

300 grammes d'acide tartrique dans 45 litres d'eau ;

60 grammes de chlorure stanneux dans 20 fois son poids d'eau ;

30 grammes environ de chlorure d'argent dissous dans l'hyposulfite de sodium.

On opère à chaud [P. de Villiers, *Pat. angl.*, 31 décembre 1881].

*Étamage.* — Avant de procéder à l'étamage par les procédés habituels, MM. Barthel et C.-J. Mueller recouvrent les objets d'une couche de fer électrolytique [*Pat. all.*, n° 44094].

CHLORURE FERREUX. — La densité de vapeur du chlorure ferreux, observée entre 1300 et 1400°, puis entre 1400 et 1500°, par MM. Nilson et Petterson, a été trouvée égale à 4,34 et à 4,29, ce qui correspond à la formule FeCl² [*C. R.*, **107**, 529]. M. V. Meyer, pour éviter une dissociation possible du chlorure ferreux d'après l'équation

$$3\,FeCl^2 = Fe^2Cl^6 + Fe,$$

a répété les expériences de MM. Nilson et Petterson, mais en opérant dans une atmosphère de gaz chlorhydrique. Les nombres qu'il a obtenus sont 6.67 et 6,38, intermédiaires entre ceux qu'exigent les formules $FeCl^2$ (4,39) et $Fe^2Cl^4$ (8.78), ce qui tend à montrer qu'à basse température la molécule est $Fe^2Cl^4$ et à haute température $FeCl^2$ [*D. chem. G.*, **17**, 1335].

Le chlorure ferreux cristallisé par refroidissement d'une solution parfaitement neutre renferme $4\,H^2O$, d'après M. Sabatier ; les cristaux perdent $2\,H^2O$ dans le vide [*Bull. Soc. Chim.*, (3), **11**, 546 ; **13**, 598]. M. Lescœur, dans les mêmes conditions, a obtenu des cristaux avec $6\,H^2O$ [*Ann. Chim. Phys.*, (7), **2**, 78 ; *Bull. Soc. Chim.*, (3), **11**, 853].

La solution saturée de chlorure ferreux est précipitée par le gaz chlorhydrique. Le sel précipité est en fines aiguilles transparentes d'un vert pâle, renfermant $FeCl^2 . 2\,H^2O$. On obtient le même sel en saturant de chlorure ferreux anhydre une solution d'acide chlorhydrique concentrée et chaude. Enfin c'est la composition du sel à $4\,H^2O$ effleuri dans le vide. La chaleur de formation de l'hydrate $FeCl^2 . 2\,H^2O$ est de 6cal,92, soit 3cal,46 par molécule d'eau. La fixation des 2 autres molécules, soit $FeCl^2 , 2\,H^2O , 2\,H^2O$, n'en dégage que 2cal,52, soit 1cal,26 par molécule [P. Sabatier, *Bull. Soc. Chim.*, (2), **36**, 197].

Le chlorure ferrique absorbe à froid le bioxyde d'azote pour donner le composé $Fe^2Cl^6 . AzO$. A chaud il se dégage d'abondantes fumées jaune-brun qui se déposent dans les parties



froides ; puis, si la température s'élève encore, il se sublime du chlorure ferreux qui, si on le laisse se refroidir dans un courant de bioxyde d'azote, se transforme en lamelles d'un beau rouge.

La poudre jaune-brun, qui est très hygroscopique, est constituée par la combinaison

$$Fe^2Cl^4 . AzO,$$

formée par l'action de AzO sur $Fe^2Cl^4$, résultant lui-même de la réaction

$$Fe^2Cl^6 + 2\,AzO = Fe^2Cl^4 + 2\,AzOCl.$$

Quant au corps rouge, qu'on peut obtenir par l'action directe de AzO sur le chlorure ferreux vers 60-100°, il a pour composition

$$5\,Fe^2Cl^4 . AzO$$

[V. Thomas, *Bull. Soc. Chim.*, (3), **13**, 947].

On obtient une autre combinaison en cristaux jaunes, renfermant $Fe^2Cl^4 . 2\,AzO , 2\,H^2O$, en saturant de bioxyde d'azote une solution éthérée de chlorure ferrique aqueux, puis évaporant dans le vide. On obtient ainsi des aiguilles noires. Mais si l'on chauffe la solution vers 60°, on obtient des cristaux jaunes de la combinaison anhydre [V. Thomas, *C. R.*, **120**, 447].

Ces trois composés n'ont pas de tension de dissociation sensible dans le vide, à la température ordinaire. Le produit $Fe^2Cl^4 . AzO$ se dissout dans l'eau sans dégagement de gaz, en donnant une solution jaune, mais non avec la couleur noire que présente la solution de AzO dans la solution d'un sel ferreux. Les solutions des trois composés étant traitées par la potasse, ne fournissent pas de dégagement gazeux, tandis que la solution noire en question abandonne lentement, dans ce cas, du protoxyde d'azote et de l'azote.

CHLORURE FERRIQUE. — *Densité de vapeur.* — MM. Grünewald et V. Meyer ont effectué une série de déterminations dans une atmosphère d'azote. Les résultats obtenus sont les suivants :

| Température. | Densité. | Observations. |
|---|---|---|
| 448° (vapᵘʳ de soufre) | 10,487 | Le chlorure ferrique sublimé est exempt de chlorure ferreux. |
| 518° (vapᵘʳ de P²S⁵) | 9,569 | 1/10 est converti en chlorure ferreux. |
| 606° (vapᵘʳ de SnCl²) | 8,383 | 1/8 est converti en chlorure ferreux. |
| 725-776° (four Perrot) | 5,530 | 1/3 est converti. |
| vers 1050° » | 5,307-4,915 | } Décomposition |
| vers 1300° » | 5,019-5,061 | } variable. |

Il est à remarquer que la densité s'abaisse brusquement entre 600 et 750° et passe de 8,38 à 5,5. En opérant dans une atmosphère de chlore, les résultats furent tout à fait comparables aux précédents [*D. chem. G.*, **21**, 687 ; *Bull. Soc. Chim.*, (2), **50**, 110].

La dissociation du chlorure ferrique en chlorure ferreux et chlore rend compte des résultats décroissants obtenus par MM. Grünewald et Meyer, et cette dissociation commence déjà vers 440° (le point d'ébullition est situé à 280-285°). Pour empêcher cette dissociation, MM. Ch. Friedel et Crafts ont déterminé la densité de vapeur dans une atmosphère de chlore, à des températures variant entre 321 et 442°. Les résultats ont été constants et voisins de 11,25, densité théorique pour $Fe^2Cl^6$ [*C. R.*, **107**, 301].

M. Biltz, par un procédé fondé sur la production du chlorure ferrique au sein même de l'appareil à densité, en présence d'un excès de chlore, est arrivé, à la température de 518°, aux nombres 9,21 à 9,66 s'accordant avec les résultats de MM. Grünewald et Meyer pour cette température

[*D. chem. G.*, **21**. 2760; *Bull. Soc. Chim.*, (3), **1**, 29].

D'après les déterminations ébullioscopiques effectuées sur la solution alcoolique et sur la solution éthérée, le poids moléculaire du chlorure ferrique est $FeCl^3$ [P.-Th. Müller, *C. R.*, **118**, 644].

*Hydrates et chlorhydrates.* — L'hydrate $Fe^2Cl^6 . 12H^2O$ s'obtient en rognons cristallins durs et déliquescents, d'un jaune citron, ou en tables rhombiques opaques, lorsqu'on évapore lentement à froid une solution concentrée. Exposé dans le vide, cet hydrate se liquéfie d'abord en perdant de l'eau, puis le liquide cristallise de nouveau en donnant des cristaux déliquescents d'un rouge foncé, du *pentahydrate* $Fe^2Cl^6 . 5H^2O$. Ainsi l'hydrate liquéfié dans le vide donne des cristaux soit par addition, soit par soustraction d'eau [P. Sabatier, *Bull. Soc. Chim.*, (2), **36**, 197]. L'hydrate à $12H^2O$ se convertit aussi en cristaux rouges à $5H^2O$ par le refroidissement après avoir été chauffé à 100° (R. Engel).

La chaleur d'hydratation $Fe^2Cl^6 , 5H^2O$ est de $14^{cal},2$, soit $2^{cal},84$ par molécule d'eau. La seconde hydratation $Fe^2Cl^6 . 5H^2O , 7H^2O$ dégage $20^{cal},72$, soit $2^{cal},96$ par molécule. Ainsi les chaleurs successives d'hydratation paraissent rester constantes (Sabatier).

M. W.-B. Roozeboom a obtenu, outre les hydrates $Fe^2Cl^6 . 12H^2O$ et $5H^2O$, pour lesquels il indique les points de fusion 37 et 56°, un hydrate à $7H^2O$ en cristaux jaune-brun, fusibles à 32°,5, et un autre à $4H^2O$ en cristaux rhomboïdaux, fusibles à 73°,5. Il a observé également la liquéfaction de l'hydrate à $12H^2O$ au début de sa déshydratation [*Zeit. physik. Chem.*, **10**, 477].

Enfin les cristaux mixtes qui se forment en présence du sel ammoniac renferment, d'après MM. Schrœder et de Kolak, l'hydrate $Fe^2Cl^6 . 8H^2O$ en cristaux réguliers [*Zeit. physik. Chem.*, **11**, 167].

Les cristaux à $5H^2O$ absorbent le gaz chlorhydrique en donnant un liquide jaune-verdâtre d'où se déposent, sous l'influence d'un mélange réfrigérant, des lamelles quadratiques transparentes, d'un brun jaunâtre, très déliquescentes, qui constituent le *chlorhydrate* $Fe^2Cl^6 . 2HCl . 4H^2O$ [P. Sabatier, *loc. cit.*]. M. R. Engel a obtenu le même chlorhydrate en lamelles jaunes, avec $5H^2O$ [*C. R.*, **104**, 1708].

On obtient facilement le chlorure ferrique en faisant agir sur l'oxyde ferrique des cendres de pyrites les gaz des fours à sulfate de sodium. L'acide chlorhydrique, même dilué dans une grande quantité d'air, est absorbé par cet oxyde de fer [A. et P. Buisine, *Bull. Soc. Chim.*, (3), **7**, 760].

*Modifications éprouvées par les solutions de chlorure ferrique.* — Les modifications qu'éprouvent les solutions diluées de chlorure ferrique sont accusées par une diminution de leur résistance électrique. Ces solutions sont le siège d'une transformation partielle en chlorure acide et oxychlorure ou hydrate ferrique. Le coefficient d'altération, mesuré d'après le changement de la résistance, tend vers une limite déterminée, variable avec la température et la dilution, ainsi que par l'addition d'acide libre. Ainsi à 100° l'altération est très rapide et la résistance électrique va en diminuant, ce qu'on pouvait prévoir, puisque les produits de la dissociation, acide chlorhydrique et hydrate ferrique, sont plus conducteurs que la quantité équivalente de chlorure ferrique. Après le refroidissement, le liquide revient très lentement vers son état initial et la résistance croît de nouveau, atteignant une certaine limite. Du reste, la solution étendue de chlorure ferrique a éprouvé déjà à froid une altération plus lente et

moins complète. La modification est d'autant plus lente que la concentration est plus faible [G. Foussereau, *C. R.*, **103**, 42].

*Combinaison avec le peroxyde d'azote,*

$$Fe^2Cl^6 . 2AzO^2.$$

— Le chlorure ferrique anhydre absorbe à froid le peroxyde d'azote bien sec en donnant une poudre jaune-brun, très déliquescente, mais stable dans l'air sec et dans le vide. Ce corps est décomposé par l'eau avec production d'acide azoteux. Il est insoluble dans le sulfure de carbone et dans le chloroforme. La chaleur le décompose [V. Thomas, *Bull. Soc. Chim.*, (3), **15**, 1001].

*Combinaison avec le bioxyde d'azote.* — Le chlorure ferrique anhydre absorbe lentement à froid le bioxyde d'azote, donnant une poudre brune qui renferme $Fe^2Cl^6 . AzO$. Si l'on opère à 50°, le produit est rouge et a pour composition $2Fe^2Cl^6 . AzO$ [V. Thomas, *C. R.*, **120**, 447].

Le bioxyde d'azote réduit le chlorure ferrique à chaud et le transforme en chlorure ferreux qui fixe l'excès de bioxyde [V. Thomas, *loc. cit.*].

*Chlorures doubles.* — M. G. Neumann a obtenu les chlorosels suivants en dissolvant à chaud un grand excès de chlorure ferrique dans l'acide chlorhydrique concentré, puis le second chlorure. Ils se déposent par le refroidissement en cristaux réguliers, décomposables par l'eau [*Ann. Chem.*, **244**, 329] :

| | | | |
|---|---|---|---|
| $Fe^2Cl^6 , 4KCl$ | $+ 2H^2O,$ | cristaux | rouge-brun. |
| $Fe^2Cl^6 , 4AzH^4Cl$ | $+ 2H^2O,$ | — | rouge-grenat. |
| $Fe^2Cl^6 , 4RbCl^2$ | $+ 2H^2O,$ | — | jaunes. |
| $Fe^2Cl^6 , 2MgCl^2$ | $+ 2H^2O,$ | — | jaune-brun. |
| $Fe^2Cl^6 , 2GlCl^2$ | $+ 2H^2O,$ | — | orangés. |

D'autre part, M. P.-T. Walden [*Z. anorg. Chem.*, **7**, 331] a fait connaître les chlorures doubles

$$Fe^2Cl^6 , 6CsCl + 2H^2O,$$
$$Fe^2Cl^6 , 4CsCl + 2H^2O,$$
$$Fe^2Cl^6 , 2CsCl + H^2O,$$
$$Fe^2Cl^6 , 4RbCl + 2H^2O,$$
$$Fe^2Cl^6 , 4KCl + 2H^2O,$$
$$Fe^2Cl^6 , 4AmCl + 2H^2O.$$

Ces deux derniers sont déliquescents. Tous ces sels sont rouge-orangé ou rouge foncé.

*Réactions du chlorure ferrique.* — L'action de l'iodure de potassium, d'après M. Carnegie, se passe suivant l'équation

$$Fe^2Cl^6 + 6KI = 2FeI^2 + I^2 + 6KCl$$

plutôt que suivant

$$Fe^2Cl^6 + 2KI = 2FeCl^2 + 2KCl + I^2$$

[*Chem. News*, **60**, 87]. Voyez plus loin, *Réactions des sels de fer*, quelques données sur le même sujet.

M. Cammerer a étudié les réactions qui se passent entre le chlorure ferrique et les sulfures métalliques [*Berg. u. Hütt. Z.*, **1891**, 203, 261] :

$$Cu^2S + Fe^2Cl^6 = CuCl^2 + 2FeCl^2 + CuS,$$
$$CuS + Fe^2Cl^6 = CuCl^2 + 2FeCl^2 + S,$$
$$Fe^2Cl^6 + FeS \text{ (ou } FeS^2) = 3FeCl^2 + S \text{ (ou } S^2),$$
$$2Fe^2Cl^6 + CuFeS^2 = 5FeCl^2 + CuCl^2 + S^2,$$
$$2Fe^2Cl^6 + SnS \text{ (ou } SnS^2) = 4FeCl^2 + SnCl^4 + S \text{ (ou } S^2),$$
$$Fe^2Cl^6 + HgS = 2FeCl^2 + S + HgCl^2 \text{ (ou chlorosulfure)},$$
$$5Fe^2Cl^6 + As^2S^3 + 5H^2O = 10FeCl^2 + As^2O^5 + S^3 + 10HCl.$$
$$3Fe^2Cl^6 + Sb^2S^3 = 6FeCl^2 + 2SbCl^3 + S^3$$

Les sulfures d'argent, de plomb, de bismuth,

de manganèse, de cobalt sont de même convertis en chlorures avec formation de chlorure ferreux et mise en liberté de soufre.

L'acide oxalique déplace en grande partie l'acide chlorhydrique de la solution du chlorure ferrique, ainsi que l'ont montré les déterminations thermiques de M. G. Lemoine [*C. R.*, **116**, 880].

L'oxydation de l'acide oxalique en acide carbonique a lieu sous l'influence de la lumière et de la chaleur. Dans l'obscurité, elle ne commence que vers 50° et augmente jusqu'à 100°.

La décomposition est plus rapide avec l'oxalate ferrique lui-même. L'addition d'acide chlorhydrique ou de chlorures ferreux ou ferrique est sans influence ; l'acide chlorhydrique concentré retarde la réaction. L'acide oxalique l'active, mais seulement jusqu'à une certaine limite, qui est atteinte lorsque la quantité d'acide correspond à la formation de l'oxalate [G. Lemoine, *Bull. Soc. Chim.*, (2), **46**, 289].

OXYCHLORURES FERRIQUES. — En chauffant à 100, puis à 150°, 12 grammes de chlorure ferrique anhydre avec 2 grammes d'eau, puis lavant la masse solide à l'eau, M. G. Rousseau a obtenu l'oxychlorure

$$Fe^2Cl^6 . 2Fe^2O^3, 3H^2O, \quad \text{soit} \quad OFe^2 \lessgtr \begin{matrix} Cl^2 \\ (OH)^2 \end{matrix}$$

en cristaux orthorhombiques très brillants, d'un rouge brun. Le même oxychlorure, mais anhydre, $Fe^2O^2Cl^2$, se produit par l'action de la vapeur d'eau sur le chlorure ferrique à 275-300°. L'eau bouillante enlève peu à peu tout le chlore à cet oxychlorure, sans modifier ses propriétés optiques et cristallographiques, en le transformant en goethite $Fe^2O^2(OH)^2$.

Le chlorure ferrique chauffé avec de l'eau (85 à 90 0/0 $Fe^2Cl^6$) fournit à 225-280° des lamelles brunes de l'oxychlorure anhydre $Fe^2O^2Cl^2$, tandis qu'à 300-340° on obtient des lamelles d'un brun noir renfermant $Fe^2Cl^6 . 3Fe^2O^3$, comme l'oxychlorure, qui résulte de l'action de la vapeur d'eau sur le chlorure ferrique à 350-400° [G. Rousseau, *C. R.*, **110**, 1032 ; **116**, 188].

CHLOROBROMURE FERRIQUE, $Fe^2Cl^4Br^2$. — Il a été préparé en chauffant pendant 48 heures, en tube scellé, 2 grammes de chlorure ferreux et 10 centimètres cubes de brome. Il se sublime en petites tables hexagonales, à reflets verts, très déliquescentes, insolubles dans le brome en excès. Il est soluble dans l'eau, l'alcool, l'éther, à peu près insoluble dans le sulfure de carbone. La chaleur le dissocie facilement : néanmoins on peut le distiller dans la vapeur de brome. On l'obtient aussi en dissolvant du brome dans une solution de chlorure ferreux, et enlevant ensuite l'excès de brome par exposition sur la soude. Sa solution renferme le fer, le chlore et le brome dans les rapports voulus. Concentrée, elle est rouge foncé ; étendue, elle est jaune [C. Lenormand, *C. R.*, **116**, 820].

BROMURE FERREUX. — M. E. Volkmann en a décrit deux *hydrates* [*Journ. Soc. chim. russe*, 1894, **1**, 239]. Une solution dans $9^{mol},5$ d'eau fournit des cristaux soyeux. Une solution dans 10,5 $H^2O$ ne cristallise pas à — 30° ; mais si l'on y projette un cristal préparé d'avance, elle donne, déjà à 0°, des cristaux du sel $FeBr^2 . 6H^2O$, plus stable et moins déliquescent que l'iodure. A 50°, il perd $2H^2O$, et l'hydrate à $4H^2O$ se sépare en petits cristaux vert clair. En chauffant plus fort, il se dégage encore de l'eau, mais ce sel ne fond pas, même à 200°.

Le bromure ferreux en solution aqueuse absorbe le bioxyde d'azote dans les rapports de

$$6FeCl^2 \text{ à } 4AzO \quad \text{au-dessous de } 10°$$
$$\text{et } 2FeCl^2 \text{ à } AzO \quad \text{au-dessus de } 10°.$$

En solution éthérée, on obtient une combinaison éthérée [V. Thomas, *C. R.*, **123**, 943].

BROMURE FERRIQUE. — On l'obtient en tables hexagonales très hygroscopiques en chauffant à 170-200° le bromure ferreux avec 2 fois son poids de brome. Il est soluble dans l'alcool et dans l'éther. Il se dissocie sous l'influence de la chaleur, ce qui permet de l'employer comme agent de bromuration [Scheufelen, *Ann. Chem.*, **231**, 152]. La solution de bromure ferrique est décomposée par l'ébullition en brome et bromure ferreux [L.-L. de Koninck, *Zeit. angew. Chem.*, 1889 (6), 149].

*Bromures ferriques doubles.* — Ces sels sont plus difficiles à obtenir que les chlorures doubles. Ils sont d'un vert foncé. M. P.-T. Walden [*loc. cit.*] a décrit les sels

$$Fe^2Br^6, 2CsBr,$$
$$Fe^2Br^6, 4CsBr + 2H^2O,$$
$$Fe^2Br^6, 4RbBr + 2H^2O.$$

Il n'a pas pu obtenir les sels de potassium et d'ammonium [P.-T. Walden, *Zeit. anorg. Ch.*, **7**, 331].

IODURE FERREUX. — Sa solution dans $10^{mol},25$ d'eau abandonne, surtout à 0°, de petites tables hexagonales, très oxydables et déliquescentes, renfermant $FeI^2 . 4H^2O$. On obtient des cristaux plus volumineux par évaporation à 12° dans le vide. Les cristaux verts deviennent noirs vers 50°, mais reprennent leur couleur à froid. Ils fondent à 90-98°.

Refroidie à — 16°, une solution dans $8^{mol},5$ d'eau se prend en une bouillie de petits cristaux renfermant $6H^2O$, déliquescents et fusibles à 8° en donnant le tétrahydrate.

Il existe un autre hydrate, avec $9H^2O$, en tables moins déliquescentes, fusibles entre 0° et 2°,5 [F. Volkmann, *Journ. Soc. chim. russe*, 1894, **1**, 239].

FLUORURE FERREUX, $FeFl^2$. — On l'obtient anhydre par l'action de l'acide fluorhydrique gazeux sur le fer chauffé au rouge vif dans un tube de platine ; il se sublime en petits cristaux ramifiés, nacrés. On ne l'obtient tout à fait incolore que si l'air a été complètement chassé au préalable par l'acide fluorhydrique sec, sans quoi il est mélangé d'oxyfluorure jaune. Il se forme aussi, mais amorphe, lorsqu'on traite à froid le chlorure ferreux par l'acide fluorhydrique ; il cristallise si on le chauffe vers 1200°. Cristallisé, il se présente en prismes clinorhombiques ayant une densité de 4,09. Il est un peu soluble dans l'eau. insoluble dans l'alcool, l'éther, le benzène, soluble dans l'acide azotique bouillant. Il est réduit au rouge sombre par l'hydrogène. La vapeur d'eau et l'hydrogène sulfuré le décomposent au rouge. Sa solution est altérable à la lumière [C. Poulenc, *C. R.*, **115**, 941].

*Fluorures ferreux doubles.* — M. R. Wagner a décrit les fluosels suivants, déjà signalés par Berzelius et Marignac :

| | |
|---|---|
| $FeFl^2, AzH^4Fl + 2H^2O,$ | octaèdres verts. |
| $FeFl^2, 2AzH^4Fl.$ | cristaux bruns. |
| $FeFl^2, KFl + 2H^2O,$ | — couleur chair. |

Il n'a pas obtenu de composé sodique [*D. chem. G.*, **19**, 896].

FLUORURE FERRIQUE. — On l'obtient cristallisé par l'action de l'acide fluorhydrique sur le fluorure amorphe, chauffé à 1000° ; il se volatilise en partie. On le prépare encore en traitant à 1000° le chlorure ferrique anhydre ou un mélange d'oxyde ferrique et de chlorure hydraté par l'acide fluorhydrique. Il est quelquefois accompagné d'un *oxyfluorure* fusible et volatil, se présentant sous la forme de prismes jaunes. Le fluorure lui-même est en petits cristaux verdâtres dont la densité $= 3,87$, légèrement solubles dans l'eau. Calciné à l'air, il se convertit en oxyde ferrique pseudomorphe. L'acide chlorhydrique le transforme en chlorure au-dessus du rouge sombre.

Le fluorure amorphe s'obtient en traitant le chlorure ferrique amorphe par le fluorure d'ammonium, ou en décomposant le fluorure double ammoniacal par la chaleur dans un gaz inerte [C. Poulenc, *loc. cit.*].

OXYDE FERREUX. — M. A. de Schulten a obtenu l'*hydrate* cristallisé, comme il a obtenu celui de cobalt en employant 200 grammes de soude, 130 grammes d'eau et 5 grammes de chlorure ferreux. La lessive se colore en vert foncé et fournit par le refroidissement, à l'abri de l'air, des prismes hexagonaux aplatis, verts, s'oxydant immédiatement au contact de l'air [C. R., **409**, 266].

OXYDE FERRIQUE. — M. A. Parnell propose pour la fabrication du *colcothar* de calciner le sulfate ferrosoferrique avec l'adjonction d'un agent réducteur en quantité convenable pour réduire l'acide sulfurique seul. La décomposition a lieu ainsi à une température beaucoup plus basse. L'agent réducteur est la pyrite (1 partie pour 10 de sel de fer au rouge clair, ou 1 pour 8 au rouge sombre), ou bien 1/30 de charbon, ou enfin l'hydrogène sulfuré [*Pat. angl.*, septembre 1881]. M. Th. Terreil, partant du même principe, fait usage du soufre (10 0/0) [*Pat. angl.*, 4 avril 1884].

L'oxyde ferrique réagit au rouge sur quelques sulfates, notamment sur le sulfate de calcium ; il y a dégagement d'anhydride sulfurique et de ses produits de dissociation, et le résidu cède de la chaux à l'acide acétique ; il y a sans doute formation intermédiaire de sulfate ferrique. En présence du fluorure ou du chlorure de calcium, la décomposition de l'acide sulfurique est empêchée, mais les creusets sont détruits. Un mélange de 175 parties de gypse, 100 parties de fluorure de calcium et 100 parties d'oxyde ferrique dégage déjà l'anhydride sulfurique sur un bec Bunsen. Les sulfates de plomb et de magnésium se comportent comme le gypse [A. Scheurer-Kestner, C. R., **99**, 876].

HYDRATES FERRIQUES. — L'hydrate $Fe^2O^3 . H^2O$ prend entre 16 et 22° après un séjour de 67 heures dans une atmosphère saturée d'humidité une quantité d'eau correspondant à l'hydrate $Fe^2(OH)^6$ ; mais l'hydratation continue jusqu'à atteindre, après 192 jours, 11 molécules $H^2O$ pour $1 Fe^2O^3$ [C.-F. Cross, *Chem. News*, 47, 239].

MM. D. Tomasi et G. Pellizzari ont suivi l'altération qu'éprouve avec le temps l'hydrate ferrique précipité. Trois portions identiques de cet hydrate ont été conservées pendant un an : 1° au soleil ; 2° à la lumière diffuse ; 3° dans l'obscurité. Ces portions ont ensuite été traitées par l'acide chlorhydrique étendu (5 parties d'acide concentré pour 100 parties d'eau) pour dissoudre l'hydrate non modifié, puis par l'eau pour dissoudre l'hydrate colloïdal. Voici les résultats observés .

| | 1 | 2 | 3 |
|---|---|---|---|
| Hydrate soluble dans l'acide . | 67,075 | 67,962 | 72,876 |
| — — l'eau .. | 0,281 | 0,281 | 0,338 |
| — insoluble ........... | 32,644 | 31,757 | 26,781 |

Ainsi la lumière n'a que peu d'influence sur la transformation [*Bull. Soc. Chim.*, (2), 37, 196].

M. D. Tomasi partage les hydrates ferriques en deux séries :

α. Hydrate précipité d'un sel ferrique par un alcali ou un carbonate alcalin. A 35-40° il constitue le dihydrate, qui se transforme en mono-

hydrate à 90° et devient anhydre à l'ébullition. Il donne par la calcination un oxyde noir, avec incandescence.

β. Hydrates obtenus par oxydation de l'hydrate ferreux, de l'hydrate ferrosoferrique ou du carbonate ferreux dans une solution chaude de chlorate de potassium. Ils sont difficilement solubles dans les acides.

Le bihydrate est encore stable à 100° et ne devient pas anhydre par l'ébullition. Sa calcination donne un oxyde rouge ou brun [*Bull. Soc. Chim.*, (2), 38, 152].

HYDRATES CRISTALLISÉS. — M. Wittstein a annoncé que l'hydrate ferrique devient cristallin lorsqu'on l'abandonne longtemps à lui-même [*V. Jahrsch. f. Pharm.*, 2, 273]. Il en serait de même d'après Z. Roussin, [*Ann. Chim. Phys.*, (3), 52, 385], de celui obtenu par l'action de la potasse concentrée et chaude sur le nitrososulfure et le nitroprussiate de potassium. Enfin, d'après M. G. Rousseau (voyez ci-dessous), on obtient des hydrates cristallisés par l'action des alcalis, des carbonates ou des chlorures alcalins en fusion sur l'hydrate précipité. M. J.-M. van Bemmelen et M. E.-A. Klobbie ayant répété ces expériences en concluent que les hydrates de MM. Wittstein et Rousseau ne sont pas cristallins, et ne constituent même pas des hydrates définis [*J. prakt. Chem.*, (2), 46, 497].

Voici d'abord les résultats obtenus par MM. G. Rousseau et J. Bernheim [C. R., 106, 1530].

En fondant 2 grammes d'hydrate ferrique séché à 100° ($Fe^2O^3 . 2H^2O$) avec 15 grammes de carbonate de sodium pendant 1 heure et demie sur un bec Bunsen, on obtient, après lavage, des lamelles ou aiguilles d'un brun rouge ayant pour composition $20 Fe^2O^3 . 32 H^2O . 3 Na^2O$, ce qui correspond assez bien à l'hydrate $3 Fe^2O^3 . 5 H^2O$.

En portant la température à 1100°, on obtient des lamelles d'un rouge violet correspondant à $Fe^2O^3 . H^2O$, une partie de l'eau étant remplacée par $Na^2O$.

Si on chauffe 2 grammes d'hydrate avec 6 grammes de soude et un peu de chlorure de sodium, il se forme des cristaux noirs renfermant de 2,9 à 2,7 0/0 $Na^2O$ et de l'eau, correspondant à l'hydrate $5 Fe^2O^3 . 7 H^2O$. Enfin en chauffant du sulfate de fer avec du chlorure de sodium, MM. Rousseau et Bernheim ont obtenu des lamelles ayant pour composition $2 Fe^2O^3 . H^2O$ avec 0,78 0/0 $Na^2O$ remplaçant une partie de l'eau.

Pour obtenir avec la potasse des combinaisons cristallisées analogues, il est nécessaire de faire intervenir le chlorure de potassium, sans quoi on n'obtient qu'un produit amorphe. De même le ferrite amorphe de Mitscherlich, obtenu par la calcination de l'oxalate ferrico-potassique, et le ferrite semi-cristallin de M. Salm Horstmar (hydrate ferrique traité par le carbonate de potassium en fusion), se transforment en petits cristaux rouges lorsqu'on les maintient au rouge vif avec du chlorure de potassium. Les cristaux renferment 84,9 $Fe^2O^3$, 11,45 $H^2O$ et 3,65 $K^2O$ ; ils sont solubles dans les acides minéraux. Chauffés à 150°, ils perdent 5,08 0/0 d'eau, puis 3,45 0/0 vers 300° et le reste au rouge. Calciné, le produit n'est plus que difficilement soluble dans l'acide chlorhydrique.

En calcinant le sulfate ferreux cristallisé avec 2 parties de chlorure de potassium, on obtient des lamelles brillantes ayant à peu près la composition ci-dessus. Si l'on chauffe jusqu'à volatilisation du chlorure de potassium, on obtient un composé stable au rouge sombre et renfermant 97,20 $Fe^2O^3$, 1,47 $H^2O$ et 1,08 $K^2O$ [G. Rousseau et J. Bernheim, C. R., 107, 240].

D'après MM. van Bemmelen et Klobbie [*loc. cit.*], l'hydrate ferrique se dissout en petite quantité dans les lessives alcalines concentrées. et donne un ferrite un peu soluble et qui cristallise si l'on continue à chauffer. Avec la potasse, on obtient des tables d'apparence rhombique; avec la soude, des prismes entrecroisés. Si l'on chauffe assez pour chasser toute l'eau, on voit dans la potasse en fusion des octaèdres réguliers, qu'on observe aussi dans le carbonate et le chlorure de potassium en fusion avec de l'hydrate ferrique. La soude, son carbonate et le chlorure donnent de même des lamelles hexagonales, des prismes ou des cristaux rhomboédriques. Ce sont les *ferrites* $Fe^2O^4K^2$ et $Fe^2O^4Na^2$. Ces cristaux sont décomposés par l'eau. qui laisse de l'oxyde ferrique pseudomorphe. Seuls les cristaux sodiques, lorsqu'ils sont en lamelles hexagonales, gardent leur transparence en se convertissant en hydrate $Fe^2O^4H^2$. qui diffère de la goethite en ce qu'il devient anhydre au-dessous de 100°, même au sein de l'eau.

L'oxychlorure $Fe^2Cl^6 . 2Fe^2O^3 . 3H^2O$ traité par l'eau bouillante se transforme en goethite [G. Rousseau, *C. R.*, **113**, 542].

HYDRATE COLLOÏDAL. — Si l'on ajoute de l'éthylate de sodium à une solution de chlorure ferrique dans l'alcool absolu, on voit se précipiter du chlorure de sodium, et la solution, d'un rouge foncé, renferme de l'éthylate de fer. Cette solution peut être évaporée au bain-marie et laisse une masse pâteuse soluble dans l'alcool, l'éther, le benzène, le chloroforme, le pétrole. Sa solution alcoolique est précipitée par l'ammoniaque, l'acide carbonique, l'hydrogène sulfuré. Un peu d'eau la coagule immédiatement, mais une grande quantité d'eau fournit une liqueur qui ne se coagule qu'après quelque temps, et qui se comporte en général comme l'hydrate colloïdal [E. Grimaux, *C. R.*, **98**, 105].

ACIDE FERRIQUE. — M. W. Foster a observé la formation du ferrate de sodium, accusée par une forte coloration rouge, lorsqu'on chauffe une solution très alcaline d'hypobromite de sodium avec du ferrocyanure de potassium ou avec quelques autres composés du fer. notamment l'hydrate ferrique récemment précipité [*Chem. Soc.*, 1879].

On met facilement en évidence la production des ferrates en ajoutant à une solution de chlorure ferrique quelques morceaux de potasse et quelques gouttes de brome, en chauffant un peu au besoin. Le magma brun foncé produit est soluble dans l'eau avec une belle couleur rouge; la solution se conserve pendant quelques heures. Elle donne avec le chlorure de baryum un précipité pourpre de ferrate de baryum. On obtient une solution de ferrate de calcium en ajoutant du chlorure ferrique à du chlorure de chaux et faisant bouillir avec de l'eau [C. L. Bloxam, *Chem. News*, **54**, 43].

C'est d'une manière analogue que M. L. Mœser prépare le ferrate de potassium [*Arch. Pharm.*, **233**. 521]. On délaye 80 ou 90 grammes d'hydrate ferrique en pâte dans 80 grammes d'eau et 50 grammes de potasse solide, puis on y ajoute à froid 50 grammes de brome et de la potasse solide jusqu'à saturation, en chauffant à 60°. On essore ensuite le ferrate de potassium déposé, on le lave à l'alcool absolu, on le dissout dans un peu d'eau et on le précipite par l'alcool.

Le sulfate de potassium se présente en cristaux roses renfermant du ferrate de potassium, lorsqu'on le fait cristalliser dans une solution de ce dernier sel. obtenue en faisant passer un courant de chlore à travers de l'hydrate ferrique délayé dans la potasse. Ces cristaux mixtes sont plus stables que la solution de ferrate seul. On en peut conclure, d'après M. W. Retgers, que le ferrate de potassium est isomorphe avec le sulfate [*Zeit. Chem.*, **10**, 529].

Le ferrate de baryum chauffé avec un mélange de baryte et de chlorure de baryum est converti en cristaux limpides d'un brun noir de *ferrite de baryum*; en l'absence de baryte on n'obtient que de l'oxyde ferrique amorphe [G. Rousseau et J. Bernheim, *C. R.*, **106**, 1276].

Lorsqu'on fait passer à chaud un rapide courant d'air à travers de l'hydrate ferrique délayé dans la soude à 34 0/0, contenue dans un vase de fer, il se dissout une certaine quantité de fer, sans qu'il y ait coloration. La lessive se colore après quelques jours en jaune, puis en rouge, et laisse déposer de l'hydrate ferrique. Cette précipitation se produit instantanément par l'addition d'eau. L'hydrogène sulfuré donne dans la solution claire une coloration rouge-cerise, puis un précipité vert-noir. que M. G. Zirnito pense être un *sulfoferrate de sodium*. Il admet aussi que la solution primitive renferme un *perferrate* $FeO^4Na(?)$ [G. Zirnito, *Chem. Zeit.*, **12**, 355].

SULFURE FERREUX. — Le soufre fondu avec un grand excès de fer fournit le protosulfure $FeS$ et non un sulfure tel que $Fe^3S$; c'est du moins ce qui paraît résulter des recherches de M. H. Warren, qui a soumis le produit à la dissolution électrolytique [*Chem. News*, **58**, 17].

Une compression de 6500 atmosphères plusieurs fois répétée détermine la combinaison du fer en limaille fine avec le soufre pulvérisé en proportions équimoléculaires. Le produit, qui est à peine entamé par la lime, offre une cassure homogène. Il se dissout dans l'acide sulfurique étendu, en dégageant régulièrement de l'hydrogène sulfuré. C'est donc le sulfure $FeS$. Avec un excès de soufre, le bloc solide obtenu est un polysulfure de fer insoluble dans les acides [W. Spring, *D. chem G.*, **16**, 1001].

Le sulfure des *météorites* ou *troïlite*, qui a été reproduit par M. Sidot, par l'action de l'hydrogène sulfuré sur l'oxyde de fer magnétique à température élevée, s'obtient bien cristallisé lorsqu'on fait passer de l'hydrogène sulfuré sur du fer chauffé au rouge sombre. Il se présente en petites tables hexagonales brillantes superposées [Rich. Lorenz, *D. chem. G.*, **24**, 1504].

Le sulfure de fer étant chauffé dans la vapeur de sel ammoniac fournit, par suite de la dissociation de celui-ci, un sublimé de chlorure ferreux et, au delà, un dépôt de sel ammoniac et de sulfure de fer amorphe, résultant de l'action inverse. Il y a en outre dégagement d'ammoniaque [R. Lorenz, *loc. cit.*].

Le sulfure de fer précipité se dissout lentement dans une solution d'un sel ammoniacal [Ph. de Clermont, *Bull. Soc. Chim.*, (2), **34**, 482].

L'hydrate ferrique fournit par l'action de l'hydrogène sulfuré, outre le sulfure ferreux et du soufre, du sesquisulfure $Fe^2S^3$, d'après la quantité de soufre mis en liberté [L.-T. Wright, *Chem. Soc.*, 1883, 156].

SULFURE DE FER, $Fe^4S^3$. — Il a été obtenu par MM. Arm. Gautier et Hallopeau, en chauffant le fer à 1300-1400° dans la vapeur de sulfure de carbone; c'est une masse cristalline, d'un gris jaunâtre, à éclat bronzé, dont la densité = 6,957. Il est recouvert d'une couche noire, sans doute de carbure de fer [*C. R.*, **108**. 806].

BISULFURE DE FER, $FeS^2$. — M. E. Glatzel l'a obtenu cristallisé en chauffant au bain de sable, puis à feu nu, dans une cornue en grès, du chlorure ferrique anhydre avec du pentasulfure de phosphore. Il se volatilise d'abord du sulfochlorure de phosphore, puis l'on trouve sur la voûte de la cornue des cristaux de pentasulfure, et comme résidu une masse d'un gris bleuâtre d'où l'on isole, par lavage et lévigation, le bisulfure en petits cristaux ayant la forme de la pyrite naturelle; ce sont de petits dodécaèdres pentagonaux ($b^{1/2}$) ou des cubes plus ou moins modifiés [*D. chem. G.*, 23, 37; *Bull. Soc. Chim.*, (3), 3, 801].

NITROSOSULFURE DE FER. — Ce composé, auquel Z. Roussin avait assigné la formule

$$Fe^3 S^5 (AzO)^4 H^2,$$

et qui s'obtient par ébullition du sulfure ferreux avec de l'azotite de sodium et du sulfate ferreux, ne se produit que si la liqueur est légèrement acide; mais trop acide il détruit le nitrososulfure formé. Il est donc nécessaire d'employer un acide faible, notamment l'acide carbonique. Voici comment procèdent MM. C. Marie et R. Marquis [*C. R.*, 122, 137] : On met en suspension 1 partie de sulfure de fer récemment précipité et bien lavé dans une solution de 3 parties d'azotite de sodium, et on chauffe le liquide au bain-marie en y faisant passer un courant de gaz carbonique. Le sulfure se dissout peu à peu; on filtre et on laisse cristalliser. Après 12 heures, le nitrososulfure se dépose en aiguilles brillantes noires, groupées en houppes soyeuses, solubles dans l'alcool, très solubles dans l'éther, insolubles dans le benzène et dans la ligroïne. Leur analyse a conduit à la formule $Fe^3 S^2 Az^5 O^6$, $1,5\,H^2O$. Chauffés à 200° en tubes scellés, les cristaux se décomposent avec formation de sulfate d'ammonium, d'oxyde ferrique et d'azote libre.

La potasse décompose le nitrososulfure de fer à l'ébullition ; il se précipite de l'hydrate ferrique et il se produit un nouveau composé nitrososulfuré.

MM. C. Marie et R. Marquis expliquent la formation du nitrososulfure de fer par l'équation

$$18\,FeS + 30\,AzO^2H$$
$$= 6\,(Fe^3 S^2 Az^5 O^6 + 1,5\,H^2O) + 2\,S^2 O^3 H^2$$
$$+ SO^4 H^2 + SO^3 H^2 + 2\,H^2O,$$

et lui assignent la formule de structure, représentant un azotite :

$$AzO^2 - Fe \big\langle {\ S - Fe(AzO)^2 \atop \ S - Fe(AzO)^2}$$

MM. L. Marchlewski et J. Sachs [*Z. anorg. Ch.*, 2, 175], en préparant le sel de Roussin d'après la méthode de M. Pawel, ont obtenu le même résultat que ce dernier, c'est-à-dire un composé homogène répondant à la formule

$$Fe^4 (AzO)^7 S^3 K, H^2O.$$

Le poids moléculaire fourni par la méthode ébullioscopique, en solution éthérée, est conforme à cette formule. Les divergences observées par les divers auteurs tiendraient à la présence d'autres composés. Dans le fait, les produits préparés d'après la méthode de Roussin et celle de Rosemberg fournissent, avec le sulfate de thallium, un sel très peu soluble, répondant dans les deux cas à la formule $Fe^4 (AzO)^7 S^3 Tl, H^2O$.

MM. K.-A. Kaufmann et O.-F. Wiede ont fait connaître d'autres combinaisons du fer analogues aux nitrososulfures, obtenues en partant des hyposulfites [*Z. anorg. Ch.*, 8, 318; 9, 295; 11, 288].

Quand on dirige un courant de bioxyde d'azote dans une solution concentrée de sulfate ferreux et d'hyposulfite de potassium, on voit se séparer des lamelles bronzées qu'on peut faire cristalliser dans l'eau à 80°, et qui, séchées dans le vide, ont pour composition $Fe(AzO)^2 S^2 O^3 K, H^2O$.

Le sel d'ammonium s'obtient de même en lames noires, peu solubles.

Le *sel de sodium* est plus soluble et cristallise dans l'alcool aqueux en aiguilles ou en lamelles renfermant $2\,H^2O$; il est moins stable que les précédents et ne se conserve que dans une atmosphère de bioxyde d'azote.

Les auteurs nomment ces sels *ferrodinitrosothiosulfates*. Par double décomposition avec le sel de sodium, on a obtenu ceux *de rubidium*, avec $1\,H^2O$, et *de césium*; ce dernier est très peu soluble.

Lorsqu'on fait bouillir le sel de sodium avec l'eau, il y a séparation d'hydrate ferrique, dégagement d'anhydride sulfureux et formation de *ferroheptanitrososulfure de sodium*. Celui-ci donne par double décomposition le *sel de rubidium*, $Fe^4 (AzO)^7 S^3 Rb, H^2O$, peu soluble, comme celui *de césium*.

On obtient le *ferroheptanitrososulfure d'ammonium* lorsqu'on fait passer du bioxyde d'azote dans du sulfure de fer délayé dans l'eau; une partie du bioxyde est convertie en ammoniaque.

*Ferrodinitrososulfure d'éthyle*,

$$[Fe(AzO)^2 S C^2 H^5]^2.$$

— Cet éther, déjà obtenu par M. Pawel dans l'action de l'iodure d'éthyle sur le sel de potassium [*D. chem. G.*, 15, 2607], s'obtient aussi lorsqu'on fait passer un courant de bioxyde d'azote dans une solution de sulfate ferreux (150 grammes) précipitée par la potasse et additionnée de mercaptan (25 grammes). Il cristallise dans l'alcool en grandes tables hexagonales noires, fusibles à 78°. Son poids moléculaire a été établi par la cryoscopie.

L'*éther phénylique*, $[Fe(AzO)^2 S C^6 H^5]^2$, s'obtient en remplaçant le mercaptan éthylique par le thiophénol; il cristallise dans le benzène et fond à 179°. On obtient le même éther en faisant agir à 0° la phénylhydrazine (7 molécules) sur le sel heptanitrosé de potassium, en solution aqueuse ou alcoolique; il se dépose des lamelles brunes et il se dégage de l'azote.

PHOSPHURES DE FER. — M. A. Granger a obtenu le *sesquiphosphure* $Fe^2 P^3$ en petits cristaux microscopiques, à éclat métallique, non magnétiques, en faisant agir au rouge dans une atmosphère d'anhydride carbonique la vapeur de phosphore sur le chlorure ferrique. Ce phosphure est insoluble dans l'eau régale. Chauffé au contact de l'air, il ne s'altère qu'au rouge [*C. R.*, 122, 936].

*Phosphure*, $Fe^4 P^3$. — Il a été obtenu en prismes brillants par l'action du trichlorure, du tribromure et du biiodure de phosphore au rouge sur le fer réduit de l'oxalate [A. Granger, *C. R.*, 123, 175].

SULFOPHOSPHURE FERREUX, $P^2 S^6 Fe^3$,

$$SP \big\langle {S \atop S} \big\rangle Fe$$
$$P \big\langle {S \atop S} \big\rangle Fe$$

— Ce composé rentre dans la série des *thiohypophosphates*, découverte par M. Friedel. On l'obtient en chauffant au rouge les quantités exigées par la formule, de fer, de soufre et de phosphore rouge. L'opération se fait dans des tubes en verre de Bohême noyés dans du sable fin qui remplit complètement un tube en fer fermé par des bouchons de liège. Ce dispositif permet au verre de ne pas se souffler sous la pression développée.

Le sulfophosphure de fer est une matière cristallisée en belles lames hexagonales brillantes, d'un gris noir, ressemblant au fer oligiste ou au graphite, flexibles comme ce dernier. Les lames sont brunes par transparence, quand elles sont très minces, et n'agissent pas sur la lumière polarisée parallèle à leur axe. Elles sont attaquées par l'acide nitrique, et encore mieux par cet acide avec addition de chlorate de potassium [Ch. Friedel, *Bull. Soc. Chim.*, (3), **11**, 1105].

En remplaçant dans cette préparation le soufre par le sélénium, MM. Friedel et Chabrié ont obtenu un *séléniophosphure* $PSe^3Fe^2$ [*Bull. Soc. Chim.*, (3), **13**, 164].

Borure de fer. — Le bore s'unit au fer par cémentation, à la manière du silicium, lorsqu'on chauffe une barre du métal sur un lit de bore, à la température de 1100 à 1200°, dans un courant d'hydrogène (H. Moissan).

Le bore déplace le carbone de la fonte [H. Moissan, *C. R.*, **119**, 1172].

M. H. Moissan a préparé le borure de fer sous l'aspect d'une masse amorphe grise par l'action d'un courant lent de chlorure de bore sur le fer au rouge sombre. On l'obtient à l'état cristallin en chauffant à 1100-1200° dans un courant d'hydrogène 100 parties de fer avec 9 parties de bore. Le produit fond vers 1500°. Avec une plus grande quantité de bore, la combinaison ne s'effectue complètement qu'à la température du four électrique. Le produit, après digestion dans l'acide chlorhydrique pour dissoudre le fer en excès, puis lavages à l'eau, à l'alcool et à l'éther, est une masse composée de cristaux brillants de plusieurs centimètres de longueur, ayant pour composition FeBo. Densité = 7,15. Ce borure s'altère à l'humidité. Il brûle avec éclat dans le chlore et dans le brome, mais non dans les vapeurs d'iode. Il brûle de même quand on le chauffe dans l'oxygène ; le soufre et le phosphore s'y combinent, et il est attaqué par le carbonate de potassium en fusion. L'acide sulfurique l'attaque à chaud ; l'acide azotique et l'eau régale l'attaquent énergiquement [*C. R.*, **120**, 173 ; *Bull. Soc. Chim.*, (3), **13**, 956].

M. H.-N. Warren a préparé un *fer boré*, renfermant 4 0/0 de bore et 1,5 0/0 de carbone, en réduisant par le charbon de bois un mélange d'oxyde ferrique et d'anhydride borique. Le fer se coule sans boursouflure ; une plus petite quantité de bore rend le fer cassant [*Chem. News*, **68**, 300].

MM. H. Moissan et G. Charpy ont étudié un acier au bore, susceptible de prendre une trempe spéciale et renfermant 0,580 0/0 de bore, 0,17 de carbone et 0,30 de manganèse [*Bull. Soc. Chim.*, (3), **13**, 953].

Siliciure de fer. — Si l'on chauffe dans un courant d'hydrogène, à une température un peu inférieure au point de fusion du métal, un barreau de fer avec du silicium pulvérulent, il fixe du silicium pour donner un produit dur, cassant, d'un blanc d'argent, renfermant du siliciure de fer cristallisé. Il y a donc combinaison de deux corps solides au-dessous du point de fusion.

On obtient la même combinaison au four électrique, soit à l'aide du fer et du silicium, soit avec l'oxyde de fer et le silicium en excès.

Le siliciure de fer, isolé par l'action de l'acide azotique, se présente en petits cristaux prismatiques, brillants, ayant une densité de 7, attaquables par l'acide fluorhydrique, par l'eau régale et par un mélange en fusion de soude et de salpêtre. Les cristaux ont pour composition $Fe^2Si$ [H. Moissan, *C. R.*, **121**, 621].

Carbure de fer. — Le carbure $Fe^3C$, dont la présence a été constatée dans la fonte par MM. Abel et Muller, se produit sous deux modifications. L'acier trempé renferme sous cette forme une plus grande partie de carbone que l'acier doux [J.-O. Arnold et A.-A. Roed, *Chem. Soc.*, **65**, 988].

M. Moissan a montré que le carbure de fer

peut être en partie déplacé par le silicium, ainsi que par le bore [*C. R.*, **119**, 1172, 1206].

Réactions des sels de fer. — M. A. Wagner a comparé la sensibilité des réactions fournies par les sels de fer. D'après lui, le ferrocyanure de potassium permet de déceler 2 milligrammes de fer par litre ; le sulfocyanate de potassium, $0^{mgr}{,}625$ et le tannin $3^{mgr}{,}3$ par litre [*Zeit. Chem.*, **20**, 349].

Le précipité produit par l'hydrogène sulfuré dans une solution de chlorure stannique contenant du fer est gris et peut renfermer environ 4 0/0 de fer, à moins qu'il n'y ait un petit excès d'acide chlorhydrique. Le précipité est soluble dans cet acide et la solution donne alors par l'hydrogène sulfuré un précipité de sulfure stannique pur. Le précipité gris est soluble à chaud dans la potasse ; la solution verdit à l'air et abandonne un précipité renfermant tout le fer.

Le sulfure de sodium dissout le sulfure stannique et laisse le sulfure de fer. Le précipité primitif est dû sans doute à la formation d'un sulfostannate de fer [L. Storch, *D. chem. G.*, **16**, 2014].

*Réduction des sels ferriques par les métaux.* — Cette réduction par le zinc, le magnésium et le fer en solution acide a été étudiée par M. T. Thorpe [*Chem. Soc.*, 1882, 287]. La quantité de sel réduit varie avec la concentration de la solution, la température, la teneur de la solution en acide libre et avec la nature du métal. M. Thorpe a fait agir équivalents égaux des trois métaux sur la solution de sulfate ferrique dans l'acide sulfurique étendu. L'intensité de la réaction est représentée par le rapport entre la quantité d'hydrogène utilisé et la quantité d'hydrogène dégagé.

Avec le zinc, entre 6 et 97°, la quantité d'hydrogène utilisée est de 22 à 33,8 0/0. Une augmentation de la surface du métal a une influence moins grande que la température.

Avec le magnésium, la quantité d'hydrogène utilisée entre 15 et 98° n'est que de 5,98 à 6,41 0/0. L'action réductrice augmente avec la diminution de l'acidité et avec la concentration du sel ferrique ; c'est ce qui a lieu aussi pour le zinc. Une solution de sel ferrique à 0,5 0/0 n'est pas sensiblement réduite.

La dissolution du fer dans le sel ferrique ne s'effectue que très lentement et son action réductrice diminue avec l'élévation de la température ; entre 20 et 35°, l'hydrogène utilisé atteint 47 0/0 et à 96° seulement 27 0/0.

La tournure de cuivre réduit facilement les sels ferriques à l'ébullition [L. Storch, *D. chem. G.*, **27**, (3), 99].

*Action de l'alumine sur les sels ferriques.* — L'alumine précipite complètement l'hydrate ferrique d'une solution neutre de sulfate ferrique, à froid ou à chaud. La vitesse de la réaction augmente avec la dilution.

Le chlorure ferrique donne avec l'alumine un liquide rouge-brun se coagulant par l'acide sulfurique étendu qui sépare un hydrate mixte ferrique et aluminique de composition variable. L'azotate ferrique se comporte comme le chlorure.

Inversement, l'hydrate ferrique donne avec le sulfate d'aluminium une solution rouge-brun et un dépôt de sulfate ferrique basique

$$SO^3 . 33 Fe^2O^3 . 3 H^2O ;$$

l'alumine reste dissoute. L'hydrate ferrique se dissout dans le chlorure ferrique à l'état colloïdal [E.-A. Schneider, *D. chem. G.*, **23**, 1349 ; *Bull. Soc. Chim.*, (3), **4**, 850].

*Action de l'iodure de potassium.* — MM. K. Seubert et A. Dorrer, Seubert et Rohrer, Seubert et H. Gaab ont étudié l'action de l'iodure de potassium sur les sels ferriques, en particulier sur le chlorure [*Z. anorg. Chem.*, **5**, 339, 411 ; **7**, 137, 392 ; **9**, 212].

La réaction avec le chlorure ferrique a lieu d'après l'équation

$$Fe\,Cl^3 + KI = Fe\,Cl^2 + I + K\,Cl,$$

avec formation intermédiaire d'un *iodochlorure* $Fe\,Cl^2 I$, qui est dissocié par l'eau, mais dont la formation s'observe lorsqu'on emploie des solutions alcooliques.

Les systèmes $Fe\,Cl^3$, $2KI$ et $Fe\,Cl^2$, $KI$, $K\,Cl$, $I$ atteignent, après un certain temps, le même état d'équilibre. Avec le sulfate ferrique, on arrive au même résultat, mais beaucoup plus lentement.

L'acétate ferrique et l'iodure de potassium ne réagissent pas l'un sur l'autre en solution neutre ou en solution acétique acide ; mais en présence d'un acide minéral il y a séparation d'iode.

L'acide iodhydrique est en partie décomposé par l'acétate ferrique ; mais à molécules égales il y a moins d'iode mis en liberté que par le sulfate ou le chlorure ferrique.

La nature de l'iodure n'a pas grande influence sur la quantité d'iode mise en liberté par les sels ferriques. Pour presque tous, il faut un excès de sel ferrique pour déplacer tout l'iode. Pour l'iodure d'aluminium seulement, la réaction est totale sans excès de sel ferrique ; il se comporte donc comme l'acide acétique.

M. E.-W. Kuester [*Z. anorg. Ch.*, **11**, 165] rend compte de ces diverses réactions par l'état de dissociation du sel ferrique.

*Réaction des sulfocyanates.* — Voyez FER (ANALYSE).

AZOTATE FERRIQUE. — Sa solution dissout l'étain (voyez ÉTAIN).

SULFATE FERREUX. — Chauffé dans le gaz ammoniac, le sulfate ferreux fournit du fer métallique ; il y a de 1 à 2 0/0 de soufre mis en liberté [W. R. Hodgkinson et Cl. Trenche, *Chem. News.*, **66**, 223].

En faisant passer un courant électrique faible à travers une solution de sulfate ferreux à 30 0/0 avec des électrodes de fer, dans l'obscurité, on observe qu'elle prend après un mois une couleur verte plus intense. Si on l'expose ensuite à la lumière, il s'y produit un précipité vert formé principalement d'hydrate ferroso-ferrique, avec un peu de sulfate de fer, et il reste en solution une combinaison, qui n'a pas été isolée, mais qui, d'après le dosage du fer et de l'acide sulfurique, renferme $SO^4 Fe \cdot Fe\,O$ [M. Tischwinski, *J. Soc. chim. russe*, 1893, 311].

L'acide sulfurique précipite la solution concentrée de sulfate ferreux (21 grammes de sel cristallisé dans 50 centimètres cubes d'eau). La précipitation est maxima pour volumes égaux d'acide et de solution ; elle atteint 99,18 0/0 du sel dissous. Avec la moitié d'acide sulfurique, elle est de 82,16 0/0 et avec cinq fois plus d'acide sulfurique elle est de 94,09 0/0. Dans les deux premiers cas, le précipité est le sulfate

$$SO^4 Fe \cdot H^2 O,$$

tandis qu'avec l'acide sulfurique en excès il est formé de flocons verdâtres et de petits cristaux brillants ayant pour composition

$$SO^4 Fe \cdot 5\,SO^4 H^2 \cdot 5 H^2 O$$

[Jeremin, *J. Soc. chim. russe*, 1888, **1**, 468].

SULFATE FERRIQUE. — L'oxyde de fer contenu dans les cendres de pyrites était considéré jusqu'à présent comme résistant à l'action des acides. Il n'en est rien, comme l'ont montré MM. A. et P. Buisine, qui préparent ainsi le sulfate ferrique : L'oxyde ferrique en poudre fine est mis en diges-
tion avec la quantité voulue d'acide sulfurique à 50 ou à 66° B. La réaction commence déjà à froid, mais n'est complète qu'à chaud, sans pourtant qu'il soit nécessaire d'atteindre 300°, température à laquelle le sulfate devient légèrement basique. Le sel ainsi obtenu est anhydre et fait prise avec l'eau à la manière du plâtre, ce qui permet de le façonner en briquettes, forme sous laquelle il a rencontré diverses applications techniques, telles que l'épuration du gaz et son emploi comme désinfectant pour l'épuration des eaux d'égouts et de certaines eaux d'industries. Il se dissout lentement, mais totalement dans l'eau [*Bull. Soc. Chim.*, (3), **7**. 760, 763].

*Sulfates basiques.* — En chauffant à 150° une solution à 25 0/0 de sulfate ferrique neutre, on obtient un sel basique jaune,

$$4\,SO^3 \cdot 3\,Fe^2 O^3 \cdot 9 H^2 O,$$

cristallisé en rhomboèdres. Avec une solution à 3 ou 4 0/0 chauffée à 275°, le sel basique produit est confusément cristallin et renferme

$$SO^3 \cdot 10\,Fe^2 O^3 \cdot H^2 O \; (?)$$

[Athanasesco, *C. R.*, **103**. 271].

L'action du fer sur le sulfate ferrique normal produit du sulfate ferreux, sans dépôt d'hydrate ferrique. Il n'en est plus de même lorsque le fer agit sur le sulfate basique contenu, à côté du sulfate de cuivre, dans les eaux de lessivage des pyrites cuivreuses grillées ; le cuivre déposé est alors accompagné d'un dépôt boueux d'hydrate formé d'après l'équation

$$6\,SO^4 \cdot Fe^2 (O\,H)^4 + Fe = 6\,SO^4 Fe + 4\,Fe^2 (O\,H)^6.$$

L'addition d'acide sulfurique à la lessive empêche la formation de ce dépôt [Essner, *Bull. Soc. Chim.*, (3), **6**, 14].

D'après l'étude des hydrates du sulfate basique $SO^3 \cdot 2\,Fe^2 O^3$, obtenus par exposition à l'air humide, à la température ordinaire, aussi bien que par l'exposition dans un courant d'air à des températures allant jusqu'à 100°, M. Umfr. Pickering est arrivé à conclure que la molécule de ce sel est non $SO^3 \cdot 2\,Fe^2 O^3$, mais plutôt $3\,SO^3 \cdot 6\,Fe^2 O^3$, soit $(SO^4)^3 Fe^2 \cdot 5\,Fe^2 O^3$. En effet, 4 hydrates seulement obéissent à la loi des proportions définies pour la formule simple, tandis qu'il y en a eu dix dans ce cas pour la formule triple. L'hydrate inférieur comportait $8 H^2 O$, l'hydrate supérieur $40 H^2 O$, pour la formule $(SO^4)^3 Fe^2 \cdot 5\,Fe^2 O^3$ [*Chem. Soc.*, 1883, 125].

SULFATES FERRIQUES DOUBLES. — On obtient différents sulfates ferrico-ammoniques cristallisés lorsqu'on traite dans diverses circonstances, comme l'ont fait MM. Marc Lachaud et Ch. Lapierre, le fer ou le sulfate ferreux par le sulfate d'ammonium [*Bull. Soc. Chim.*, (3), **7**, 356]. On projette du sulfate ferreux, de préférence hydraté, dans du sulfate acide d'ammonium en fusion, soit à 121° (mélange de sulfate neutre et d'acide sulfurique) ; on chauffe pour chasser la majeure partie de l'eau, puis on coule la masse fondue et on la fait bouillir au réfrigérant ascendant avec son poids d'alcool à 65 ou 70 0/0 qui dissout le sulfate acide d'ammonium en excès.

Si la masse a été portée à 275°, le sel obtenu constitue le *sulfate ammoniacal ferroso-ferrique* $(SO^4)^3 Fe^2 \cdot SO^4 Fe \cdot 4\,SO^4 (Az\,H^4)^2, 3 H^2 O$, qui se présente en aiguilles incolores ayant une densité de 2,02, se dissolvant peu à peu dans l'eau froide ; l'eau chaude le transforme en un sel basique.

En chauffant davantage, on obtient successivement les sulfates doubles :

$$(SO^4)^3 Fe^2, 3\,SO^4 (Az\,H^4)^2,$$

aiguilles blanches, jaunes à chaud, ayant une densité de 2,3, insolubles dans l'eau froide, décomposables par l'eau bouillante, et

$$(SO^4)^3Fe^2 . SO^4(AzH^4)^2,$$

hexagones d'un blanc rosé. jaunes à chaud, de 3,05 de densité, décomposables lentement par l'eau.

Enfin, il se produit des lamelles hexagonales jaunes, à froid comme à chaud, hygroscopiques mais peu solubles dans l'eau froide, qui constituent le sulfate ferrique normal anhydre.

Tous ces sels sont décomposés par la chaleur, en laissant un oxyde ferrique en lamelles hexagonales d'une densité de 4,95.

CHLOROBORATE FERREUX, $8Bo^2O^3 . 6FeO . FeCl^2$. — Cristaux cubiques gris, transparents, possédant les caractères optiques de la boracite. MM. G. Rousseau et H. Allaire l'obtiennent en faisant passer des vapeurs de chlorure ferrique sur un mélange de borate calcique et de fer (ce dernier pour ramener le chlorure ferrique à l'état de chlorure ferreux), lavant et dissolvant le fer dans un acide étendu.

Ils ont obtenu de même le *bromoborate*,

$$8Bo^2O^3 . 6FeO . FeBr^2,$$

sous la forme d'une poudre cristalline grise, en dirigeant des vapeurs de brome sur un mélange de boronatrocalcite et de fer [*C. R.*, **116**, 1195, 1445].

PHOSPHATES FERRIQUES. — Le phosphate précipité offre rarement une composition constante, l'eau lui enlevant de l'acide, même à froid. Les solutions des sels neutres agissent comme l'eau pure, ainsi que, *a fortiori*, les solutions alcalines. La décomposition se manifeste par la coloration brune que prend le précipité. Quant aux sels à réaction acide, comme le chlorure ferrique, ils décomposent aussi le sel en lui enlevant du fer. L'acide humique agit d'une manière analogue [B. Lachowitz, *Mon. f. Chem.*, **13**, 557].

Les sels ferriques dissolvent le phosphate tricalcique. Avec le sulfate ferrique en solution concentrée, il se sépare du sulfate de calcium, puis l'addition de beaucoup d'eau à la solution en précipite le phosphate ferrique [E.-A. Schneider, *Zeit. anorg. Chem.*, **7**, 386].

M. A. Ditte a obtenu le *fluophosphate de fer* correspondant à l'apatite fluorée en chauffant dans un creuset de platine du phosphate de fer avec du fluorure de potassium et un grand excès de chlorure de potassium comme fondant. Aiguilles vert clair, mélangées de parcelles amorphes fondues [*C. R.*, **99**, 792].

ARSÉNITES DE FER. — L'arsénite acide de potassium donne dans une solution de sulfate ferreux un précipité verdâtre, altérable à l'air, l'*arséniate ferreux*, formé d'après l'équation

$$K^2As^4O^7 + FeSO^4 = (AsO^2)^2Fe + As^2O^3 + K^2SO^4.$$

Le précipité n'est pas modifié par le cyanure de potassium. Calciné, il laisse un résidu d'arséniure de fer.

L'*arsénite ferrique*, $(AsO^3)^2Fe^2$, est un précipité jaune [C. Reichard, *D. chem. G.*, 27, 1029].

ARSÉNIATE FERRIQUE. — On obtient un arséniate ferrique identique avec la scorodite naturelle, $(AsO^4)^2Fe^2 . 4H^2O$, en chauffant pendant 8 jours en tubes scellés, à 140-150°, du fer avec une solution d'acide arsénique à 50 0/0. Il y a formation d'anhydride arsénieux cristallisé, sans dégagement d'hydrogène [Verneuil et Bourgeois, *C. R.*, 90, 223].

SULFOCARBONATE DE FER, $C^2S^7Fe(AzH^3)^6, 2H^2O$. — On obtient ce composé lorsqu'on traite l'hydrate ferrique à une douce chaleur par le sulfure de carbone et l'ammoniaque concentrée Il se présente en prismes d'apparence quadratique, peu solubles dans l'eau, qui paraît le décomposer [O.-F. Wiede et K.-A. Hofmann, *Zeit. anorg. Chem.*, **11**, 379].

**FER (ANALYSE).** — Pour transformer en sesquioxyde le fer précipité à l'état de sulfure, M. F.-W. Schmidt introduit celui-ci, filtre compris, dans un creuset taré, l'arrose d'une solution ammoniacale de cyanure de mercure, chasse le liquide par évaporation et calcine le résidu. Il y a d'abord double décomposition, volatilisation du sulfure de mercure et conversion du cyanure de fer en oxyde par la calcination à l'air. Les résultats numériques fournis à l'appui de la méthode paraissent satisfaisants [*D. chem. G.*, **27**, 236].

Pour doser l'oxyde ferreux à côté de l'oxyde ferrique, en présence des acides organiques et du sucre, M. J.-M. Eder se fonde sur la transformation en sel ferrique de l'oxalate ferroso-potassique par l'azotate d'argent en excès. Si la solution renferme de l'acide tartrique, l'argent métallique déposé est exempt d'oxalate et le poids de l'argent correspond à 1 molécule FeO pour 1 atome d'argent.

Pour effectuer cette opération, on ajoute à la solution, légèrement acide, de l'oxalate de potassium en excès, puis de l'azotate d'argent et après quelques minutes une quantité d'acide tartrique suffisante pour empêcher la précipitation par l'ammoniaque de l'hydrate ferrique contenu dans la solution, puis de l'ammoniaque et un peu de sel ammoniac, qui facilite la réunion de l'argent métallique. L'opération doit être effectuée à la lumière diffuse et dans une atmosphère d'acide carbonique si on veut être très précis [*Mon. f. Chem.*, **1**, 140; *Bull. Soc. Chim.*, (2), **34**, 615].

*Dosage volumétrique par le permanganate.* — Pour distinguer plus nettement la fin du titrage, M. C. Reichard opère en présence d'acide phosphorique; la formation de phosphate ferrique fait saisir plus facilement le changement de coloration de la solution [*Zeit. Chem.*, **13**, 323].

L'intervention du sulfate de manganèse, préconisée par M. Zimmermann pour combattre l'influence perturbatrice de l'acide chlorhydrique libre, peut être remplacée par celle du chlorure de plomb [N. Wiley Thomas, *Am. Journ.*, 4, 359]. Au reste une semblable intervention est inutile si l'on a soin d'éviter la présence d'une trop forte quantité d'acide chlorhydrique, en le remplaçant en partie par l'acide sulfurique [J. Krutwig et Alb. Cocheteux, *D. chem. G.*, 16, 1534].

La réduction du sel ferrique, nécessaire pour le dosage du fer total, s'effectue aisément à l'aide du sulfite de sodium, en ajoutant 15 ou 20 centimètres cubes d'une solution saturée de ce sel à 100 centimètres cubes environ de liqueur renfermant $0^{gr},1$ de fer et 5 ou 10 centimètres cubes d'acide chlorhydrique concentré. Il faut faire bouillir la solution jusqu'à ce que les vapeurs dégagées ne décolorent plus une goutte de permanganate [P. T. Austen et Geo. B. Hurff, *Am. Journ.*, 4, 282]. M. L. Storch recommande de faire bouillir la solution acide avec de la tournure de cuivre [*D. chem. G.*, 27, (3), 90].

*Dosage colorimétrique par le sulfocyanate de potassium.* — Ce procédé de dosage a été l'objet de critiques très sérieuses. D'après M. G. Krüss et H. Moraht, la coloration rouge n'est pas nécessairement proportionnelle à la teneur de la solution en fer; elle est maxima lorsque le fer et le sulfocyanate sont en proportions équivalentes. La coloration est due à un sulfocyanate ferrico-potassique dédoublable par l'eau; son intensité est donc fonction de la dilution et ne peut servir à apprécier la teneur en fer.

L'équation

$$Fe^2Cl^6 + 6\,C\,Az\,SK = (C\,Az\,S)^6\,Fe^2 + 6\,KCl$$

n'est pas l'expression exacte de la réaction qui correspond au maximum de coloration. Il faut en réalité 24 molécules de sulfocyanate de potassium pour 1 molécule $Fe^2Cl^6$, ce qui tend à montrer que la coloration est due à un sel double

$$(C\,Az\,S)^6\,Fe^2 \cdot 18\,C\,Az\,SK,$$

sel que les auteurs ont isolé en effet et qui cristallise avec $8\,H^2O$ en prismes hygroscopiques.

Cette combinaison est dissociée par la dilution en $12\,C\,Az\,SK$ et en sel double

$$(C\,Az\,S)^6\,Fe^2 \cdot 6\,C\,Az\,SK;$$

ce dernier cristallise en prismes hexagonaux dont la solution est beaucoup plus pâle et d'une nuance orangée. Des combinaisons analogues sont produites par les sulfocyanates d'ammonium, de sodium et de lithium [*Ann. Chem.*, 260, 193; *Bull. Soc. Chim.*, (3), 3, 159].

M. G. Magnanini est arrivé à des résultats un peu différents, mais conduisant de même à conclure à l'incertitude du procédé. Ses déterminations colorimétriques montrent que la coloration observée peut être augmentée par l'addition soit de sel ferrique, soit de sulfocyanate alcalin. Il admet un état d'équilibre exprimé par les relations

$$Fe^2Cl^6 + 6\,C\,Az\,SK \rightleftharpoons Fe^2(C\,Az\,S)^6 + 6\,KCl$$

[*Att. Acad. Linc.*, 1891, 1, 106].

De son côté, M. J. Riban a établi expérimentalement que les solutions de sulfocyanate ferrique, aussi bien que les solutions colorées d'acétate et de tartrate double alcalin, éprouvent une dissociation progressive du sel colorant dissous, et ne peuvent donc être comparées à des solutions types et par suite se prêter à un dosage même approximatif du fer [*Bull. Soc. Chim.*, (3), 6, 916].

Ces critiques ont été renouvelées à l'occasion d'un travail de M. Lapicque sur le dosage des petites quantités de fer contenues dans l'organisme animal. Ce chimiste estime que l'intensité de la coloration produite par le sel ferrique, après destruction de la matière organique, est proportionnelle à la teneur en fer lorsque les solutions sous un même volume renferment la même quantité de sulfocyanate alcalin [*Bull. Soc. Chim.*, (3), 7, 113. — Voir à ce sujet : J. Riban, *ibid.*, 7, 113. — Krüss et Moraht, *Zeit. Chem.*, 1, 399].

M. R. Tatlock effectue le titrage colorimétrique de la solution ferrique par les sulfocyanates en faisant l'essai dans un tube et agitant la solution rouge avec de l'éther. Il compare la coloration de la solution éthérée à celles obtenues dans les mêmes conditions avec des solutions ferriques types. Il applique cette méthode au dosage de petites quantités de fer [*Chem. Ind.*, 6, 276].

Les chlorures alcalino-terreux, notamment le chlorure de calcium, diminuent la coloration produite par la réaction et même la masquent entièrement dans certaines circonstances. Le chlorure de potassium et les azotates alcalino-terreux agissent de même [Herm. Werner, *Zeit. Chem.*, 22, 44].

*Dosage par le ferrocyanure de potassium.* —Cette méthode, imaginée par M. Herm. Moraht, repose sur la précipitation des sels ferriques par le ferrocyanure de potassium en présence de sulfocyanate comme indicateur. L'opération se réalise dans un flacon bouché qui reçoit l'essai avec une couche d'éther et quelques gouttes de sulfocyanate de potassium qui donne à la couche éthérée la coloration rouge de sulfocyanate ferrique. On ajoute alors goutte à goutte la solution titrée de ferrocyanure jusqu'à ce que la couche

éthérée se décolore par l'agitation. Le titrage du ferrocyanure de potassium s'effectue à l'aide d'une quantité pesée de fer qu'on dissout dans l'acide chlorhydrique et qu'on perchlorure par le chlorate de potassium. Les exemples à l'appui sont très favorables [*Zeit. Chem.*, 1, 211].

*Titrage par l'hyposulfite de sodium.* — Ce titrage peut se faire en présence de salicylate de sodium ; les solutions ne doivent pas renfermer assez d'acides pour empêcher la coloration violette du sel ferrique par le salicylate [Al. E. Haswell, *Dingl. Journ.*, 240, 309].

*Titrage par le chlorure stanneux.* — On chauffe à l'ébullition la solution renfermant le chlorure ferrique et on y verse jusqu'à décoloration complète une solution de chlorure stanneux, d'un titre arbitraire. Après un rapide refroidissement, on y verse 5 centimètres cubes d'une solution d'iodure de potassium à 20 0/0, 1 cent. cube d'empois d'amidon et 10 cent. cubes d'acide chlorhydrique étendu. On laisse alors couler dans la solution une liqueur titrée de chromate de potassium jusqu'à disparition de l'iodure d'amidon. L'iode mis en liberté convertit le chlorure stanneux en chlorure stannique. Le titre du chlorure stanneux est fixé par le même procédé. Les réactions en jeu sont les suivantes :

$$2\,CrO^4K^2 + 6\,I + 16\,HCl$$
$$= 10\,KCl + Cr^2Cl^6 + 3\,I^2 + 8\,H^2O,$$
$$Fe^2Cl^6 + Sn\,Cl^2 = Sn\,Cl^4 + 2\,Fe\,Cl^2,$$
$$Sn\,Cl^2 + I^2 + 2\,HCl = Sn\,Cl^4 + 2\,HI$$

[Crismer, *D. chem. G.*, 17, 646; *Bull. Soc. Chim.*, (2), 44, 518].

M. Namias oxyde la solution renfermant le sel ferreux par le dichromate de potassium dont il dose l'excès par une solution de chlorure stanneux en présence d'iodure de potassium et d'amidon jusqu'à décoloration de l'iodure d'amidon. Les solutions doivent être assez étendues pour permettre de bien saisir la disparition de la couleur bleue [*Gazz. chim. ital.*, 21, 473].

SÉPARATION ET DOSAGE. — *Fer et aluminium.* — Le précipité mixte d'alumine et d'hydrate ferrique est séché, puis chauffé au rouge sombre avec de la poudre de zinc pendant 5 ou 8 minutes. L'oxyde de fer est réduit et le fer est aisément dissous par l'acide sulfurique étendu qui laisse l'alumine calcinée [E. Donath et R. Jeller, *Zeit. Chem.*, 25, 360].

M. P. Vignon sépare le fer de l'alumine en se fondant sur la solubilité de l'alumine dans un grand excès de triméthylamine, avec laquelle on la laisse en contact pendant 24 heures. On pourrait sans doute séparer de même l'hydrate chromique, qui est également soluble dans cet alcali [*C. R.*, 100, 638].

Le *nitroso-β naphtol* en solution acétique donne, avec les solutions ferriques acides, un précipité tout à fait insoluble, renfermant

$$(C^{10}H^6\,O\,Az\,O)^6\,Fe^2,$$

tandis que l'alumine n'est pas précipitée, non plus que les oxydes de chrome, de manganèse, de nickel et de zinc. La solution à analyser est neutralisée par l'ammoniaque, puis sursaturée par l'acide acétique à 50 0/0 et additionnée de nitroso-β naphtol dissous dans ce même acide. Après 6 ou 8 heures, on recueille le précipité, on le lave avec de l'acide acétique faible, puis avec de l'eau, on le sèche et on le calcine dans un creuset avec addition d'un peu d'acide oxalique pour empêcher la déflagration. L'alumine reste entièrement dissoute. Le procédé n'est pas applicable en présence des phosphates [Ilenski et G. de Knorre, *D. chem. G.*, 18, 2728; *Bull. Soc. Chim.*, (2), 46, 510. — G. de

Knorre, *D. chem. G.*, **20**, 286]. La précipitation doit être faite à froid plutôt qu'à chaud [C. Meinecke, *Zeit. Chem.*, 1888, 5].

*Fer et chrome.* — M. Polek traite la solution par le peroxyde de sodium, qui précipite le fer à l'état d'hydrate ferrique, tandis que le chrome est transformé en chromate [*D. chem. G.*, **27**, 1051].

*Fer et nickel.* — La solution concentrée des deux métaux est additionnée de bicarbonate de sodium, puis de cyanure de potassium jusqu'à redissolution. On chauffe doucement pour faciliter la formation du ferrocyanure de potassium et, après refroidissement, on ajoute de la potasse à la solution, qu'on traite par un courant de chlore qui précipite le nickel à l'état de peroxyde [Th. Moore, *Chem. News*, **57**, 125].

M. Th. Moore effectue encore cette séparation en ajoutant à la solution des sulfates assez de sulfate ammonique pour produire les sulfates doubles, puis un grand excès d'acide oxalique. L'addition d'ammoniaque précipite alors le fer seul à l'état d'hydrate ferrique [*Chem. News*, **44**, 76].

*Dosage du fer dans ses minerais, les fers et les aciers.* — M. J.-W. Rothe se fonde sur la solubilité dans l'éther de la combinaison du chlorure ferrique anhydre avec l'acide chlorhydrique, tandis que les chlorures de nickel, de cobalt, de cuivre, de manganèse y sont complètement insolubles. En outre, la combinaison éthérée du chlorure ferrique acide est insoluble dans l'acide chlorhydrique ayant une densité de 1,12. La méthode exige un appareil spécial d'agitation, pourvu de robinets et de bouchons bien rodés, à cause de la tendance de la liqueur éthérée à grimper le long des parois [J.-W. Rothe, *D. chem. G.*, **25**, *Ref.* 952].

M. Hanriot a recommandé un procédé fondé sur la même propriété pour séparer le fer de l'aluminium et de divers autres métaux [*Bull. Soc. Chim.*, (3), **8**, 161].

DOSAGE ET SÉPARATION ÉLECTROLYTIQUES. — L'électrolyse de la solution chaude d'oxalate double de fer et d'ammonium, avec excès d'oxalate ammonique, fournit un dépôt de fer brillant, très adhérent, inaltérable à l'air, qu'on pèse après l'avoir lavé à l'eau, à l'alcool et à l'éther. On opère dans une capsule de platine servant d'électrode négative, avec une lame de platine au pôle positif. On active le dépôt du fer en remplaçant l'oxalate d'ammonium en partie par de l'oxalate de potassium.

Pour séparer électrolytiquement le fer du manganèse, ce dernier formant au pôle négatif un dépôt de peroxyde, il faut se mettre dans des conditions telles, que le fer se dépose au pôle négatif avant le peroxyde de manganèse, celui-ci entraînant sans cela une certaine quantité de sesquioxyde de fer; on y arrive par l'addition de phosphate de sodium ou d'un grand excès d'oxalate ammonique. On opère à chaud avec deux couples Bunsen. Il reste finalement un peu de manganèse en dissolution; pour le recouvrer, on fait bouillir la solution jusqu'à expulsion de tout le carbonate ammonique résultant de l'électrolyse de l'oxalate, on neutralise par l'acide azotique et on précipite le manganèse par le sulfure ammonique, ou bien on fait bouillir avec un excès de carbonate de sodium jusqu'à expulsion de toute l'ammoniaque et on précipite le manganèse à l'état de peroxyde par le chlorure de soude.

En général, avec deux couples Bunsen grand modèle, on obtient un dépôt de 0$^{gr}$,1 de fer après 1 heure et demie d'électrolyse. Quand tout le fer est déposé, on renforce le courant pour effectuer le dépôt du manganèse.

Pour séparer le fer de l'alumine, il est à remarquer que, bien que le fer se dépose seul, il peut arriver, notamment lorsque l'aluminium est en grand excès, que le fer emprisonne de l'alumine; il faut dans ce cas le redissoudre et recommencer l'opération.

Un mélange renfermant du fer et du chrome donne un dépôt de fer, tandis que le chrome passe à l'état d'acide chromique, qu'on décompose finalement par l'acide chlorhydrique et l'alcool [Alex. Classen et Reis, *D. chem. G.*, **14**, 1625, 2771; *Bull. Soc. Chim.*, (2), **37**, 183, 525]. Consulter en outre les notes de M. Alex. Classen en réponse aux critiques formulées par M. Wieland sur le procédé de séparation du fer, du manganèse et de l'aluminium [Wieland, *D. chem. G.*, **17**, 1611, 2931. — Alex. Classen, *ibid.*, **17**, 2351; **18**, 168].

Dans le cas où l'on a à doser le fer à côté du cobalt et du nickel, ces trois métaux se déposant ensemble par l'électrolyse de leur solution en présence d'oxalates d'ammonium et de potassium, il faut redissoudre les métaux après les avoir pesés, puis doser le fer par le permanganate de potassium. S'il y a du zinc, celui-ci se dépose d'abord.

Le cuivre, s'il y en a, se dépose seul lorsqu'on n'emploie que deux couples Bunsen associés en quantité. Le fer, le cobalt et le nickel ne se déposent ensuite que lorsqu'on augmente l'intensité du courant en groupant les couples en tension [Alex. Classen, *D. chem. G.*, **17**, 2467].

M. G. Vortmann provoque la séparation du fer en employant une dissolution tartrique avec de la soude caustique en excès. Le dépôt est mat ou brillant suivant qu'il se forme sur une électrode de platine ou d'argent. Il est exempt de carbone. On emploie un courant de 0,3 à 1 ampère pendant 2 ou 4 heures. Le zinc se dépose dans les mêmes circonstances, mais non le nickel. Seulement une petite partie de ce dernier se dépose au pôle positif à l'état de peroxyde; l'addition d'iodure de potassium empêche ce dépôt.

Pour séparer le zinc du fer, on ajoute à la solution du cyanure de potassium en excès. Le zinc est alors seul déposé par l'électrolyse, le fer ayant été transformé en ferrocyanure; M. Vortmann effectue le dépôt du zinc dans une capsule en cuivre argenté [*Mon. f. Chem.*, **14**, 536; *Bull. Soc. Chim.*, (3), **12**, 520].

M. Edg. Smith recommande pour le dosage du fer de soumettre à l'électrolyse, par un courant donnant de 6 à 15 centimètres cubes de gaz tonnant par minute, la solution de sulfate ferrosoammonique additionnée de citrate de sodium et d'un peu d'acide citrique en excès. Le dépôt de fer est compact et d'un gris d'acier. La présence de l'aluminium et du titane est sans inconvénient [*Am. Journ.*, **10**, 330].

Ed. Willm.

**FER-CARBONYLE.** — Le fer très divisé, tel qu'on l'obtient par la calcination ménagée de l'oxalate de fer dans un courant d'hydrogène, se combine à l'oxyde de carbone à la température de 45°. Le gaz sortant de l'appareil, au lieu de brûler avec la flamme bleue caractéristique de l'oxyde de carbone, donne une flamme éclairante qui, écrasée sur une plaque de porcelaine, y produit une tache grise de fer ou d'oxyde ferreux. Si l'on chauffe le tube de dégagement à 200-250°, comme dans l'appareil de Marsh, on obtient de même un anneau de fer métallique. Si la température est élevée, il se produit en outre des flocons noirs de charbon.

Au contact de l'eau aérée, le gaz laisse déposer après quelques jours des flocons d'hydrate ferrique. Ces propriétés, d'abord signalées par M. Berthelot [*C. R.*, **112**, 1343; *Bull. Soc. Chim.*, (3), **7**, 434], puis par MM. Mond et Quincke [*D. chem. G.*, **24**, 2248] quelques semaines plus tard, sont dues aux vapeurs d'une combinaison étudiée ensuite plus à fond par MM. Mond et Langer et désignée sous le nom de *fer-carbonyle* [*Chem. Soc.*, **59**, 1090; *Bull. Soc. Chim.*, (3), **8**, 294].

Ce composé volatil est soluble dans l'acide sulfurique, qui le décompose. Il est soluble aussi en petite quantité dans le pétrole, le benzène, etc. Ces solutions sont brunes et s'oxydent à l'air en laissant déposer de l'hydrate ferrique. La solution dans le pétrole lourd se décompose à 180°; de l'oxyde de carbone dégagé et du fer déposé, MM. Mond et Quincke avaient conclu aux rapports Fe(CO)⁴, comme pour le nickel-carbonyle, découvert en premier lieu par MM. Mond et Langer. Ces derniers sont arrivés à un résultat un peu différent.

Pour préparer le fer-carbonyle, d'après MM. Mond et Langer, on réduit lentement l'oxalate de fer, séché à 120°, par l'hydrogène en élevant peu à peu la température. On fait alors bouillir le fer réduit avec de l'eau, on l'essore rapidement et on le chauffe de nouveau à 300° dans un courant d'hydrogène. Après refroidissement dans le courant d'hydrogène, on remplace ce gaz par de l'oxyde de carbone, en ayant soin de ne pas laisser rentrer d'air dans l'appareil. Après 24 heures, on met le tube en communication avec un récipient refroidi à — 20° et on le chauffe à 120°, en continuant à faire passer lentement l'oxyde de carbone. La distillation terminée, on recommence à faire passer l'oxyde de carbone sur le fer restant. Une opération semblable faite sur 100 grammes de fer fournit environ 1 gramme de fer-carbonyle.

Le fer-carbonyle est un liquide d'un jaune pâle, un peu visqueux, distillant à 102°,8 sous la pression de 749 millimètres; à — 21°, il se prend en aiguilles jaunâtres. Sa vapeur se décompose à 180°. Sa densité de vapeur prise dans une atmosphère d'hydrogène, à la température d'ébullition du xylène, est de 6,45, ce qui, joint au dosage du carbone, conduit à la formule FeC⁵O⁵, qui est aussi celle du croconate de fer (densité théorique = 6,77).

Le fer-carbonyle n'est pas attaqué par les acides étendus et froids. L'acide azotique, le chlore, le brome le décomposent en donnant un composé ferrique et de l'acide carbonique. Il se dissout dans les lessives alcalines en donnant, après quelque temps, un précipité d'hydrate ferreux, et, au contact de l'air, d'hydrate ferrique. Le fer penta-carbonyle se conserve dans l'obscurité; mais, sous l'influence de la lumière, il donne un dépôt de lamelles jaune d'or ayant pour composition Fe²(CO)⁷ (Mond et Langer).

Le fer compact ne fournit pas de fer-carbonyle, au moins dans les expériences de laboratoire. Mais il doit certainement en donner dans certaines circonstances pendant les opérations métallurgiques. La formation de bulles gazeuses au sein du fer ramolli, certains transports de matière observés soit dans les caisses de cémentation, soit dans les fours Siemens, doivent, comme le fait remarquer M. Berthelot, se rattacher à l'existence de composés volatils de la nature du fer-carbonyle.

D'après Deville, le fer chauffé dans l'oxyde de carbone reste inaltéré dans les parties les plus chaudes, tandis que dans les parties moins chaudes il y a dépôt de charbon. M. Guntz explique ce fait d'après la réaction

$$Fe + CO = FeO + C,$$

qui dégage 39ᶜᵃˡ,6. Mais la chaleur dégagée décroît avec la température jusqu'à devenir nulle, de sorte que la réaction n'a pas lieu à la température la plus élevée de l'expérience.

L'oxyde de carbone dirigé à froid sur du fer provenant de la distillation de l'amalgame dans le vide, à 250°, fournit un gaz très riche en fer-carbonyle. Si l'on chauffe à 150-160°, il y a en outre formation de charbon et d'oxyde ferreux. Il y a donc réaction inverse et il doit se produire des états d'équilibre.

Le gaz d'éclairage produit à la longue sur le verre qui entoure la flamme des taches ferrugineuses que M. Guntz attribue à la présence dans le gaz de fer-carbonyle pouvant, d'après lui, se produire dans certains procédés d'épuration [*Bull. Soc. Chim.*, (3), **7**, 278, 281].

Le gaz à l'eau (oxyde de carbone et hydrogène) comprimé à 8 atmosphères dans des cylindres en acier brûle, après un mois de conservation, avec une flamme éclairante et la magnésie des becs Fahnehjelm se recouvre d'un enduit d'oxyde de fer; dirigé à travers un tube chauffé, il donne un anneau de fer. Il a évidemment dû y avoir, par suite de l'attaque du métal par l'oxyde de carbone, production de fer-carbonyle [H.-E. Roscoe et F. Scudder, [*D. chem. G.*, **24**, 3843; *Bull. Soc. Chim.*, (3), **8**, 429].

M. Jules Garnier a rendu compte d'observations relatives au transport du fer par l'oxyde de carbone. A l'allure chaude d'un haut fourneau alimenté au bois, l'oxyde de carbone brûle avec sa flamme bleue caractéristique. Mais un refroidissement un peu prolongé produit d'épaisses fumées et le gaz brûle avec une flamme blanche et un dépôt ferrugineux, ce qui doit certainement être attribué à la production de fer-carbonyle pendant l'allure froide [*C. R.*, **113**, 189].

Ed. Willm.

**FER (MÉTALLURGIE DU)** (voyez aussi SIDÉRURGIE). — Au point de vue scientifique, aussi bien qu'au point de vue industriel, à la suite et comme conséquence de l'élan donné par l'Exposition de Paris en 1878, de nombreux et intéressants progrès ont été réalisés depuis une quinzaine d'années dans la métallurgie du fer et de l'acier.

Nous avons, dans l'article qui a été publié précédemment (Suppl., 720), cherché à présenter sous la forme synthétique quel était l'état de nos connaissances sidérurgiques en 1880-1882, en ce qui concerne principalement la fabrication, les propriétés et les emplois des aciers et fers fondus. Nous nous efforcerons, dans ce nouveau Supplément, d'appeler l'attention des savants et des industriels sur les principales découvertes faites depuis cette époque (principalement au point de vue chimique), sans prétendre les citer toutes, le cadre dont nous disposons ne nous permettant pas de le faire; nous comblerons en partie ces lacunes par des notes bibliographiques aussi complètes que possible, et qui auront l'avantage de permettre au lecteur de se reporter aux mémoires originaux.

Pour faciliter les recherches, nous suivrons, dans les limites du possible, le même ordre que dans l'article précédent, savoir :

I. Matières premières employées dans la fabrication du fer et de l'acier;

II. Procédés de fabrication des aciers et fers fondus;

III. Propriétés, classification et emplois des aciers.

Des notes bibliographiques seront placées à la fin de chaque chapitre ou subdivision.

BIBLIOGRAPHIE. — Mémoires et ouvrages généraux :

BAYARD. — *La métallurgie du fer dans le Sud de la Russie*. Revue de Liège, 1894.

BELL (LOWTHIAN), traduction Hallopeau. — *Principes de la fabrication du fer et de l'acier*. Paris, Baudry, 1888.

BILLY (DE). — *Progrès de la métallurgie du fer*. Société d'Encouragement, 1895.

Bresson. — *Métallurgie de la fonte, du fer et de l'acier.* Encyclopédie chimique de Frémy.

Bresson et Gruner. — *Sidérurgie.* — Exposition universelle de 1889. Bulletin de l'industrie minérale.

Camphedon. — *L'Acier : historique, fabrication, emploi.* Paris, Bernard Tignol, 1890.

Carnot. — *Méthode d'analyse des fontes, fers et aciers.* Annales des Mines, 1895.

Fréson. — *Industrie sidérurgique aux Etats-Unis.* Revue de Liège, 1885.

Gouvy. — *Progrès de la sidérurgie en Allemagne et en Silésie.* Industrie min. de St-Etienne, 1895.

Helson. — *La sidérurgie en France et à l'étranger.*

Howe. — *Métallurgie de l'acier,* traduction Hock. Paris, Baudry, 1894.

Ledebur, traduction de Langlade et Valton. — *Traité de métallurgie.* Nombreuses notes bibliographiques, principalement pour l'allemand. Paris, Baudry, 1895.

C. Le Verrier. — *La métallurgie en France.* Paris, J.-B. Baillière, 1894.

Trasenster. — *Industrie sidérurgique aux Etats-Unis.* Revue de Liège, 1885.

De Vathaire. — *Construction et conduite des hauts fourneaux,* 2ᵉ édit. Paris, Baudry.

Wedding. — *Progrès de la métallurgie.* American Institute of Mining Engineers, octobre 1890.

Wedding. — *Exposition de Chicago.* Revue de Liège, 1895.

Revues principales à consulter : *Revue de Liège. — Génie civil. — Iron and Steel Institute. — American Institute of Mining Engineers. — Stahl und Eisen,* etc.

## I. — MATIÈRES PREMIÈRES

### EMPLOYÉES DANS LA FABRICATION DU FER ET DE L'ACIER.

#### A. Matériaux réfractaires, acides, basiques et neutres.

En ce qui concerne les matières premières employées dans la construction même des appareils métallurgiques, nous n'ajouterons rien à ce que nous avons dit des *matériaux siliceux et alumineux,* briques réfractaires ordinaires ou supérieures, briques de silice pour fours Martin, etc., qui forment la grande catégorie des matériaux acides. Nous rappellerons seulement que, pour les briques de silice en particulier, le grand point est d'employer des quartz purs, exempts d'alcalis, de cuire les briques à une très haute température et d'éviter comme agglomérant toute espèce d'argile ; de n'employer au contraire qu'un lait de chaux en très faible quantité, 1, 1,5 à 2 0/0 environ : il est nécessaire, en effet pour agglomérer la silice pure, d'introduire un peu d'impuretés ; le fait inverse se retrouve avec la magnésie pure, qui ne peut s'agglomérer seule sans addition d'un peu de silice.

L'emploi des matériaux basiques, *dolomies* et *magnésies* sous forme de pisé ou de briques, a pris un très grand développement depuis l'apparition des procédés de déphosphoration : la cuisson des matières naturelles a subi de nombreux perfectionnements, et on peut dire qu'à l'heure actuelle on est arrivé à peu près à la perfection dans la préparation des matériaux basiques employés soit à la confection des convertisseurs Thomas (pisé et briques de dolomie), soit à la construction des fours Martin basiques (pisé et briques de dolomie, pisé et briques de magnésie, etc.), qui les uns et les autres donnent de bons résultats ; l'agglomération de la dolomie se fait en général au goudron (voyez Supplément, 729), mais peut également pour les réparations se faire simplement avec de l'eau ou un lait de chaux. Nous reviendrons sur ce sujet à propos des procédés basiques de fabrication Thomas ou Martin.

Actuellement, à côté des *dolomies,* on emploie très couramment les *magnésies naturelles,* dont les principales viennent d'Eubée et de Styrie. Nous donnons dans le tableau A un certain nombre d'analyses de ces matières ; ces analyses, comme toutes celles que nous donnerons dans cet article, sauf indications contraires, représentent non pas des échantillons choisis, mais des moyennes d'analyses industrielles.

Les magnésies naturelles contiennent toujours de petites proportions de corps étrangers, qui leur permettent de se fritter à haute température sans fondre ; celle d'Eubée, par exemple, contient de 1 à 1,5 0/0 de silice, et celles de Styrie contiennent en outre de la chaux, du fer et du manganèse et deviennent noires par la calcination. Il est nécessaire, pour obtenir de bons produits, que la magnésie soit calcinée à très haute température, et non pas seulement au rouge vif, car dans ce cas la magnésie reste à l'état caustique et tend à s'hydrater comme la chaux, quoique moins rapidement.

On a essayé d'employer comme garnissage des *magnésies artificielles* extraites des sels de Stassfurt ; mais ces produits sont toujours exposés à contenir des alcalis qui les rendent fusibles, et leur emploi en métallurgie n'a donné lieu jusqu'à présent qu'à des mécomptes.

La magnésie, comme la dolomie, est employée sous la forme de pisé ou de briques : on peut l'agglomérer soit avec du goudron, soit avec 4 ou 5 0/0 d'argile quand elle est très pure par elle-même, soit mieux avec un lait de magnésie caustique. Si la cuisson a été bonne et complète, les briques une fois moulées et séchées peuvent s'employer telles quelles, et ne font plus de retrait quand elles sont exposées aux hautes températures des foyers métallurgiques.

On a essayé de les employer non seulement pour le garnissage des fours, mais également pour les voûtes : on a ainsi obtenu dans certains cas des résultats satisfaisants, mais leur emploi pour ce dernier usage n'est pas encore complètement entré dans la pratique, et les renseignements publiés à ce sujet ne sont pas assez précis ni assez concluants pour que nous en parlions ici autrement que pour mémoire.

Parmi les matériaux réfractaires que nous avons désignés sous le nom de matériaux neutres, nous devons rappeler que le *carbone,* employé sous la forme de briques ou de pisé aggloméré au goudron, par la Compagnie de Terre-Noire, pour le garnissage des creusets des hauts fourneaux destinés à la fabrication d'alliages spéciaux, tels que le ferromanganèse, n'a été employé en France que sur une petite échelle ; et, sans avoir pris dès le début toute l'extension désirable, le garnissage en carbone ou en graphite a été étudié et essayé de nouveau par les usines allemandes et américaines en particulier, à la suite de circonstances qu'il est intéressant de signaler ici.

A la suite d'un accident survenu à un haut fourneau des Aciéries d'Edgar Thomson, l'ingénieur des mines Gayley constata que c'est grâce à des dépôts charbonneux que les étalages des hauts fourneaux peuvent se conserver intacts ; et ces dépôts, qui augmentent d'épaisseur à mesure que le haut fourneau devient plus vieux, finissent par se substituer entièrement à la brique siliceuse et alumineuse, et cela surtout quand on marche en allure calcaire.

En 1890, M. Gayley fit analyser des dépôts analogues recueillis dans deux autres hauts

A. — *Analyses de castines, dolomies, magnésies, etc.*

| Provenance des minerais | Dolomie de Hoërde (Westphalie) | Dolomie employée à Rothe Erde (près Aix-la-Chapelle) | Dolomie de Ilsedeo (Hanovre) | Dolomies employées à l'usine de Tamaris et Bessèges (Gard) — Dolomie crue *a* | Dolomie crue *b* | Dolomie cuite | Dolomies de Mazenay (le Creusot) — Calcaire cru | Moyenne des dolom. crues | Dolomies des environs de Boulogne (Denain) — crue *a* | crue *b* | Chaux, castines et dolomies employées aux Aciéries de Longwy — Chaux de Ciney | Chaux de Liège | Castine de Saint-Charles | Castine de Bellevue |
|---|---|---|---|---|---|---|---|---|---|---|---|---|---|---|
| Silice | 2,02 | 0,60 | 1,35 | 4,40 | 2,00 | 4,60 | 2,40 | 4,00 | 0,50 | 0,60 | 0,80 | 1,50 | 2,50 | 4,00 |
| Protoxyde de fer | » | » | 0,26 | » | » | » | » | » | » | 0,70 | » | » | » | » |
| Peroxyde de fer / Alumine | 2,30 | 1,16 | 2,05 | 2,50 | » | 4,46 | 4,10 | 4 à 8 | 5,90 | 0,20 | 2,00 | 2,30 | 3,00 | 3,25 |
| Chaux | 51,31 | 32,45 | 30,12 | 31,00 | 30,20 | 50,30 | 54,00 | 52à28 | 32,25 | 33,00 | 96,00 | 94,00 | 52,00 | 52,00 |
| Magnésie | » | 19,15 | 19,21 | 18,25 | 18,10 | 36,00 | 1,50 | 0 à 18 | 19,70 | 19,00 | » | » | » | » |
| Carbonate de chaux | » | » | » | » | » | » | » | » | » | » | » | » | » | » |
| — de magnésie | 34,42 | » | » | » | » | » | » | » | » | » | » | » | » | » |
| Acide carbonique | » | 46,45 | 44,97 | » | » | » | » | » | » | » | » | » | » | » |
| Perte par calcination | » | » | » | 44,00 | » | 4,00 | 41,20 | » | 45,50 | 46,50 | » | » | » | » |
| Fer | » | » | » | » | » | » | » | » | 0,53 | 0,54 | » | » | » | » |
| Phosphore | » | » | » | » | » | » | » | » | 0,01 | 0,014 | » | » | » | » |

| Provenance des minerais | Chaux, castines et dolomies employées aux Aciéries de Longwy (suite) — Dolomies de Grevenmacher (Luxembourg) *a* | *b* | *c* | Dolomies de Lamart à Mauternach *a* | *b* | Dolomies de Docquier à la Mallieu *a* | *b* | *e* | Dolomies employées aux Aciéries de Dudelange (Luxembᵍ) crue | cuite | Dolomies de Reschitza (Hongrie) crue | cuite | Magnésies de Styrie crue | cuite | cuite | Magnésie de Nyustya (Hongrie septentr.) crue |
|---|---|---|---|---|---|---|---|---|---|---|---|---|---|---|---|---|
| Silice | 1,10 | 0,83 | 1,60 | 4,20 | 3,50 | 0,50 | 0,30 | 0,50 | 1,40 | 3,90 | 1,54 | 0,70 | 3,00 | 5,60 | 2,80 | 2,75 |
| Protoxyde de fer | » | » | » | » | » | » | » | » | » | » | » | » | » | » | » | » |
| Peroxyde de fer / Alumine | 2,50 | 6,40 | 1,50 | 5,90 | 5,10 | 2,80 | 2,50 | 3,30 | 1,25 | 3,86 | 1,28 | 2,58 / 0,22 | 4,00 | 7,60 | » / 3,90 | 4,30 / » |
| Chaux | 27,00 | 26,00 | 33,10 | 29,80 | 30,60 | 27,00 | 31,80 | 31,40 | 30,40 | 56,00 | » | 55,75 | 3,50 | 6,50 | 14,00 | 2,50 |
| Magnésie | 20,00 | 22,00 | 21,50 | 17,50 | 19,80 | 20,00 | 21,30 | 21,20 | 21,62 | 36,68 | » | 37,82 | 43,00 | 80,30 | 69,50 | 42,58 |
| Carbᵗ de chaux | » | » | » | » | » | » | » | » | » | » | 52,50 | » | » | » | » | » |
| — de magnésie | » | » | » | » | » | » | » | » | » | » | 44,10 | » | » | » | » | » |
| Ac. carbonique | » | » | » | » | » | » | » | » | » | » | » | 0,93 | 46,50 | » | » | 47,87 |
| Perte p' calcination | » | » | » | » | » | » | » | » | » | » | » | » | » | » | 6,00 | » |
| Fer | » | » | » | » | » | » | » | » | » | » | » | » | » | » | 1,00 | » |
| Phosphore | » | » | » | » | » | » | » | » | » | » | » | » | » | » | » | » |

fourneaux mis hors feu, et obtint les résultats suivants :

1. Fourneau A. Un seul échantillon.
2.   — A. Moyenne de deux échantillons.
3. Fourneau B. Échantillon spécial.
4.   — B. Moyenne de six échantillons.
5. Échantillon ayant l'aspect du graphite naturel, *plumbago*, et provenant d'un haut fourneau en allure de ferromanganèse.

| | 1 | 2 | 3 | 4 | 5 |
|---|---|---|---|---|---|
| Carbone | 46,62 | 28,15 | 23,79 | 35,75 | 35,71 |
| Silice | 17,50 | 22,05 | 26,57 | 24,70 | 20,90 |
| Fer | 5,12 | 2,01 | 16,40 | 4,78 | 4,50 |
| Alumine | 7,07 | 8,63 | 8,71 | 10,89 | 7,71 |
| Magnésie | 3,01 | 3,76 | 2,85 | 2,78 | 3,26 |
| Chaux | 15,78 | 27,63 | 17,96 | 14,22 | 3,12 |
| Sulfure de calcium | 2,35 | 2,89 | 3,76 | 2,85 | » |
| Baryte | » | » | » | » | 1,01 |
| Soufre | » | » | » | » | 0,24 |
| Manganèse | » | » | » | » | 17,70 |

Soit une moyenne de 33 0/0 de carbone.

À la suite de ces résultats, on se décida à faire la garniture complète du creuset et des étalages des hauts fourneaux en carbone (Terre-Noire n'avait fait que le creuset), et on fabriqua trois types de briques différents, savoir :

G. A. Briques de graphite et argile.
C. A. Briques de coke et argile.
C. G. Briques de coke et goudron,

répondant pour les briques C. A. et C. G. aux analyses suivantes :

| | Briques C. A. | | Briques C. G. |
|---|---|---|---|
| Carbone | 64,23 | .... | 87,26 |
| Silice | 21,51 | .... | » |
| Oxyde de fer | 1,41 | .... | » |
| Aluminium | 12,05 | .... | » |
| Chaux | 0,67 | .... | » |
| Magnésie | 0,29 | Cendres. | 12,74 |

Les briques de graphite, plus pures, ayant été employées pour le creuset et les briques C. A. et C. G. pour les étalages, les unes et les autres étant protégées par des refroidisseurs énergiques, les résultats obtenus ont été satisfaisants, tant au point de vue de l'allure régulière des hauts fourneaux que d'une sécurité plus grande, d'une faible consommation de combustible par tonne de fonte produite, etc., toutes conditions indispensables à une marche industrielle économique.

A côté du carbone comme *élément neutre*, il convient de citer le *fer chromé* ou *chromite*, signalé depuis longtemps par les minéralogistes comme substance infusible. Mais ce n'est que vers 1867 qu'un Anglais, M. Pochin, prit un brevet pour son emploi comme garnissage des fours métallurgiques, puis M. Audouin en 1876 ; enfin les nouvelles applications (voyez Four Martin) faites de cette matière par MM. Valton et Rémaury montrent qu'il est parfaitement établi aujourd'hui, par une expérience de dix années, que le fer chromé tel que nous l'offre la nature, sans aucune préparation spéciale, résiste non seulement à l'action de la silice libre aux plus hautes températures de nos foyers métallurgiques, mais aussi à celle des silicates riches en silice que l'on produit journellement dans les fours à garniture siliceuse ou silico-alumineuse, et qu'en même temps il n'est pas davantage attaqué, dans les mêmes conditions de température, par les bases énergiques, telles que la chaux et la magnésie, ni par les scories basiques riches en oxydes métalliques ou terreux : c'est donc bien une matière essentiellement *neutre*.

Le fer chromé, très abondant dans l'Oural par exemple, y a été employé depuis longtemps, concurremment avec les oxydes magnétiques et sans distinction pour le garnissage des fours à puddler ; mais il donnait des fers de mauvaise qualité, par suite de la présence d'oxyde de chrome non fusible interposé. Le résultat est tout autre, comme nous le verrons en parlant du procédé Martin sur sole neutre, dans son application aux fours de fusion de l'acier. Il est employé avec succès comme garnissage pour les cubilots destinés à la cuisson des dolomies, pour les fours à chaux, etc. Son application n'a pas encore été faite, que nous sachions, au convertisseur Bessemer ou Thomas. On l'a également employé sous la forme de briques dans des cas spéciaux ; mais les résultats connus ne sont pas assez concluants pour que nous en parlions ici. Le minerai naturel en gros blocs (et non pas sous forme de sables roulés), tel qu'on le rencontre en gisements considérables en Suède, dans l'Oural, en Grèce, au Caucase, en Asie Mineure, etc., donne en général satisfaction sans qu'on ait besoin de recourir à l'emploi des briques. Nous donnons dans le tableau G (voyez plus loin) un certain nombre d'analyses de minerais de fer chromé employés soit comme matière réfractaire neutre, soit comme minerai pour la fabrication du ferrochrome. Les plus riches, les moins fendillés, ceux contenant aussi peu d'éléments serpentineux que possible, auront toujours la préférence comme matière de garnissage des fours métallurgiques.

### B. minerais de fer.

Pour compléter l'étude générale des minerais de fer et de leur traitement au haut fourneau, nous donnons dans les tableaux B, C, D, un certain nombre d'analyses de minerais servant à la fabrication des fontes pures, des fontes de moulage, des fontes Thomas, etc.

Les minerais purs, tels que le Mokta, le Bilbao, commencent à s'épuiser, mais de puissants gisements existent encore en Angleterre, en Amérique, en Russie (Oural, Donetz), en Suède et Norvège, en Autriche-Hongrie, etc.

Toutefois, grâce aux nouveaux procédés de déphosphoration, les minerais inférieurs moins riches et phosphoreux prennent de jour en jour une plus grande importance : c'est pourquoi nous donnons principalement ici des analyses de ces derniers, employés principalement dans la West-

phalie, le Luxembourg et l'Est de la France. Les analyses des minerais purs ou impurs données ici représentent toutes, non pas des échantillons choisis, mais des moyennes de très nombreuses analyses industrielles sur les livraisons importantes faites aux usines pendant plusieurs années.

### C. fabrication de la fonte.

En ce qui concerne la fabrication même de la fonte, on a de plus en plus recours aux hauts fourneaux à grande production, en ne dépassant pas toutefois (en Allemagne et en Autriche par exemple), comme dimension, une hauteur de 20 mètres environ, et marchant en général à une pression élevée (1/3 d'atmosphère environ). Ces fourneaux sont munis d'appareils à air chaud des types Whitwell ou Cowper ; mais les premiers semblent avoir fait leur temps, et dans toutes les installations nouvelles on adopte les grands appareils Cowper de 18 à 20 mètres de hauteur, dont le dernier perfectionnement est l'appareil à ruches rondes. On revient là pour ainsi dire aux anciens appareils tubulaires en fonte, mais on les construit en matériaux réfractaires permettant de chauffer le vent à très haute température ; toutefois en pratique la température du vent dans ces appareils ne dépasse pas en général 700 ou 800° au maximum, car l'économie de coke par tonne de fonte produite, résultant de l'emploi du vent à une température supérieure à 800°, ne compense pas les frais d'entretien des appareils à air chaud quand on arrive à des températures plus élevées. En ce qui concerne les installations proprement dites des hauts fourneaux, des appareils à air chaud, des machines soufflantes, ainsi que les chiffres de production et de statistique, nous renverrons aux mémoires spéciaux publiés dans diverses revues européennes et américaines sur les hauts fourneaux à grande production.

En Europe, les *fontes pures* fabriquées sont :

1° La fonte Bessemer acide, principalement en Belgique, dans le Nord de la France avec les minerais de Bilbao, et spécialement dans le Cumberland avec les hématites très riches de la région ;

2° Les fontes de moulage de qualité supérieure au point de vue de la résistance, et pour lesquelles on recherche le moins de phosphore possible, contrairement aux fontes de moulage ordinaire, pour lesquelles on recherche au contraire une certaine teneur en phosphore pour leur donner de la fluidité ;

3° Les fontes d'affinage, obtenues également avec des minerais purs et toujours plus ou moins manganésées (de manière à ne pas avoir à se préoccuper du soufre), destinées soit au puddlage pour fers de qualité, soit au Martin acide et même basique ou neutre pour des produits supérieurs.

Les *fontes de qualité ordinaire* ou *impures* sont :

1° Les fontes de moulage ordinaires ;

2° Les fontes de puddlage pour fers communs ;

3° La fonte Thomas proprement dite, fabriquée sur une très grande échelle en Westphalie et dans le Luxembourg, ainsi qu'en Meurthe-et-Moselle. La fonte Thomas idéale (voyez Bessemer basique pour détails) peut être considérée comme étant à égalité de phosphore et de manganèse, soit 2 à 3 0/0 de chacun de ces éléments, et certaines usines traitent au convertisseur Thomas de véritables petits spiegels, soit en première ou même en seconde fusion, ce qui leur permet d'obtenir des produits de qualité tout à fait supérieure.

La grande difficulté pratique, pour le Thomas comme pour le Bessemer, est d'obtenir au haut fourneau des fontes régulières. Pour une bonne

B. — *Analyses industrielles de minerais de fer pour fontes pur‹*

| Provenance des minerais | Bilbao-Campanil (Société franco-belge) Pour Bessemer | | Bilbao (Rochat) Pour Bessemer | | Bilbao-Rubio Pour Bessemer | | | Briquettes de pyrites grillées Usine de Denain (moyen) | Minerais de Krivoi Rog (Donetz) Pour Bessemer | | Minerais de l'île d'Elbe — Analyses moyenne — Minerais | | |
|---|---|---|---|---|---|---|---|---|---|---|---|---|---|
| | gros | fin | gros | fin | tout venant | gros | fin | | a | b | gros | moyen | mer |
| Fer | 55,77 | 56,62 | 50,01 | 42,86 | 53,83 | 55,63 | 51,54 | » | 63,29 | 65,89 | » | » | x |
| Manganèse | 1,02 | 2,49 | 0,58 | 0,79 | 0,78 | 0,76 | 0,87 | traces | » | » | » | » | x |
| Peroxyde de fer | » | » | » | » | » | » | » | 69,16 | 90,41 | 93,30 | 84,10 | 91,25 | 81, |
| Oxyde rouge de manganèse | » | » | » | » | » | » | | FeO = 3,66 | » | » | » | » | |
| Alumine | 3,03 | 1,46 | 2,53 | 6,15 | 2,33 | 1,90 | 3,80 | 2,54 | 2,39 | 1,39 | 1,50 | 1,25 | 1 |
| Baryte | » | » | » | » | » | » | » | » | » | » | » | » | |
| Chaux | 1,40 | 1,40 | 1,20 | 0,70 | 0,50 | 0,34 | 0,37 | 14,10 | 0,45 | 0,44 | traces | traces | 0 |
| Magnésie | » | » | » | » | » | » | » | » | 0,05 | 0,05 | » | » | |
| Silice et argile insoluble dans les acides | 7,49 | 7,36 | 16,00 | 22,10 | 12,25 | 8,05 | 12,81 | 5,15 | 6,00 | 2,83 | 11,10 | 4,70 | 11 |
| Perte par calcination | » | » | » | » | » | » | » | 4,25 | » | » | 4,00 | 2,25 | 5 |
| Soufre | Donnent généralement des fontes pures, non sulfureuses, et à moins de 0,060 de phosphore. | | | | | | | 0,930 | » | » | 0,090 | ? | 0, |
| Phosphore | | | | | | | | 0,020 | 0,030 | 0,030 | Ph dans la fonte = 0, | | |

N. B. — Toutes les analyses indiquées, sauf mention spéciale, sont des analyses industrielles faites sur des quantité‹

C. — *Analyses de minerais d'Allemagne, généralement impu*

| Provenance des minerais | Minerais hématites du Nassau — Vallée de la Lahn | Vallée de la Dill | Hématites brunes de Siegen — Krupp | Giessen | Minerais des concessions de la Société du Phœnix — Adamsfund | Languebach | Rothenberg | Fichsteinstuck | Hématite brune de Schwelm entre Hagen et Elberfeld | Mine... Blackband sphérosidéri crus — Haardt près Bonn | Goetes |
|---|---|---|---|---|---|---|---|---|---|---|---|
| Fer | Ces minerais ont une teneur en fer de 40 à 42 0/0 et contiennent souvent du manganèse, ce qui porte leur teneur métallique à 45 ou 48 0/0. La gangue est calcaire, et la teneur en phosphore d'environ 6,90 0/0. | 49,60 | 42,90 | 25 à 28 | 34,05 | 48,23 | 43,49 | 39,97 | 32,68 | » | 74 |
| Carbonate de fer | | » | » | » | » | » | » | » | » | 76,11 | 2 |
| Manganèse | | 0,25 | 12,58 | 18 à 19 | 7,43 | 5,31 | 1,21 | 11,46 | 0,38 | » | |
| Carbonate de manganèse | | » | » | » | » | » | » | » | » | 3,56 | 2 |
| Peroxyde de fer | | » | » | » | » | » | » | » | 52,40 | 2,77 | 6 |
| Oxyde rouge de manganèse | | » | » | » | » | » | » | » | 0,56 | 0,56 | |
| Alumine | | 9,10 | » | » | 10,21 | 2,60 | 7,31 | 7,57 | 9,55 | 8,83 | 2 |
| Baryte | | » | » | » | » | » | » | » | 0,55 | » | |
| Chaux | | 3,91 | 1,30 | » | 1,28 | 2,45 | 3,16 | 0,72 | » | » | 2,48 |
| Carbonate de chaux | | » | » | 0,90 | » | 1,12 | 0,88 | 0,25 | 0,74 | 2,48 | 2 |
| Magnésie | | 0,53 | 0,43 | 0,90 | 0,92 | » | 0,88 | » | » | » | |
| Carbonate de magnésie | | » | » | » | » | » | » | » | » | 1,45 | 2 |
| Silice et argile insoluble dans les acides | | 15,50 | 3,30 | 6 à 8,66 | 16,20 | 6,51 | 14,06 | 8,89 | Silice libre 22,00 | 3,54 | 4 |
| Perte par calcination | | | » | » | 10,86 | 10,08 | 6,87 | 9,47 | 12,12 | » | |
| Soufre | | » | » | » | 0,030 | 0,040 | traces | traces | 0,170 | Pyrite de 1,230 | |
| Phosphore | | 0,320 | 0,090 | 0,140 | » | » | » | » | 0,030 | 0,030 | |
| Acide phosphorique | | » | » | » | 0,710 | 0,690 | 0,710 | 0,400 | » | » | |
| Carbone | | » | » | » | » | » | » | » | » | » | |

N. B. — Les mines appartiennent généralement aux usines productrices de fontes d'affinage, moulage, fontes Thoma‹
— L'hématite brune de Schwelm est un minerai très pur et qui a depuis quelques années une grande importance po‹

*t fontes d'affinage ordinaires, fontes Bessemer, etc.*

| Usine du Phœnix | Minerais de Pont-Saint-Vincent (Meurthe-et-Moselle) pour fontes d'affinage, de moulage, fontes pour fours Martin, etc. Exemple de minerais impurs. | | | | | | Minerais d'Hussigny pour fontes d'affinage et moulage | | | | | | Provenance des minerais |
|---|---|---|---|---|---|---|---|---|---|---|---|---|---|
| | Minerais | | | Teneurs extrêmes | | Échantillon spécial | Concession de la Côte Rouge | | | Concession de Godbrange | | | |
| | tout venant | gros | menu | minim. | maxim. | | tout venant | gros | menu | tout venant | gros | menu | |
| ,1,81 | 39,20 | 38,51 | 38,72 | 37,18 | 39,22 | 41,74 | 36,67 | 34,13 | 40,38 | 37,46 | 34,33 | 41,11 | Fer. |
| 0,05 | 0,30 | 0.36 | 0,32 | 0,20 | 0,43 | 0,82 | 0,50 | 0,33 | 0,34 | 0.52 | 0,30 | 0,29 | Manganèse |
| » | » | » | » | » | » | » | » | » | » | » | » | » | Peroxyde de fer. |
| » | » | » | » | » | » | » | » | » | » | » | » | » | Oxyde rouge de manganèse. |
| 3.47 | 5.08 | 5,93 | 6,29 | 3,17 | 10,37 | 6,14 | 7,09 | 5,49 | 6,58 | 8,19 | 7,11 | 6,69 | Alumine. |
| » | » | » | » | » | » | » | » | ». | » | » | » | » | Baryte. |
| 0,22 | 9,77 | 9,84 | 8,77 | 8,15 | 12,15 | 7,93 | 7,77 | 11,48 | 4,60 | 7,87 | 9,73 | 4,60 | Chaux. |
| 0,34 | » | » | » | 0,32 | 0,94 | 0,48 | » | » | » | » | » | » | Magnésie. |
| 5,97 | 8,40 | 9,31 | 10,81 | 7,80 | 11,10 | 7,66 | 15,92 | 15,30 | 15,75 | 14,52 | 14,63 | 13,83 | Silice et argile insoluble dans les acides |
| 1,86 (Eau)<br>6,10 (Oxygène) | » | » | » | 15,90 | 18,30 | 16,37 | » | » | » | » | » | » | Perte par calcination |
| .170 | » | » | » | 0,035 à 0,060 | » | » | Contiennent en général 0.25 de soufre et 0,50 de phosphore. | » | » | » | » | » | Soufre. |
| .008 | » | » | » | 0,660 à 0,870 | » | 0,640 | » | » | » | » | » | » | Phosphore. |

nerai considérables et représentent des moyennes de plusieurs années.

*iployés pour fontes d'affinage ordinaires, fontes Thomas, etc.*

| ...uillers et argileux — Mines de la Société du Phœnix | | | Minerais houillers du bassin de la Ruhr | | | | Minerais des tourbières et prairies Sterkrade | | Blackband employé à Hoerde | | Provenance des minerais |
|---|---|---|---|---|---|---|---|---|---|---|---|
| [illeg.] | Gluckauf | Sperber | Mine de Bochum | Mine Frederick | Mine Schurbank | Mine Spock lovel | a | b | Moyenne | Échantillon | |
| ,50 | 33,60 | 36,16 | » | » | » | 62,24 | » | » | 45,62 | 30,81 | Fer. |
| » | » | » | 60,15 | 77,72 | 47,24 | à 72,61 | » | » | » | » | Carbonate de fer. |
| ,60 | 2,07 | 2,86 | » | » | » | » | » | » | 1,78 | 0,79 | Manganèse. |
| » | » | » | » | 0,21 | » | » | » | » | » | » | Carbonate de manganèse. |
| » | » | » | 0,94 | 1,30 | 7,46 | » | 76,80 | 52,73 | » | 44,01 | Peroxyde de fer, |
| » | » | » | » | » | » | » | » | » | » | 0,96 | Oxyde rouge de manganèse. |
| ,22 | 10,96 | 3,64 | 6,64 | 0,77 | » | » | 1,00 | 1,33 | 10,01 | 0,12 | Alumine. |
| » | » | » | » | » | » | » | » | » | » | » | Baryte. |
| ,55 | 2,47 | 1,38 | » | » | » | » | » | » | 5,58 | 2,54 | Chaux. |
| » | » | » | 1,53 | 1,02 | » | » | » | » | » | » | Carbonate de chaux. |
| .63 | 0,56 | 2,07 | » | » | » | » | » | » | 2,52 | » | Magnésie. |
| » | » | » | 2,40 | 2,51 | 4,40 | » | » | » | » | » | Carbonate de magnésie. |
| ,60 | 24,30 | 11,50 | 1,03 | 0,93 | 0,81 | » | 6,52 | 27 39 | 12,54 | 1,66 | Silice et argile insoluble dans les acides. |
| » | » | » | Eau = 4,96 | 0,92 | 4,14 | Eau =<br>CO² = | 13,78<br>0,30 | 11,24<br>0,19 | » | 45,74 | Perte par calcination. |
| 900 | 0,120 | 0,360 | Sulfate de chaux 0,290 | 0,050 | » | » | » | » | 1,170 | » | Soufre. |
| 220 | 0,350 | 0,320 | » | » | » | » | » | » | 0,700 | 0,192 | Phosphore. |
| » | » | ». | » | » | » | » | 1,42 | 1,90 | » | 0,440 | Acide phosphorique. |
| » | » | » | 21,27 | 14,61 | 14,61 | 12 à 19 | » | » | » | » | Carbone. |

n remarquera que, pour les minerais du terrain houiller, la teneur indiquée est celle de carbonate de fer, Mn, Ca O, etc. cation des fontes pures, pour le Bessemer et le Martin acides, et surtout pour le Bessemer, vu la présence de silice libre.

*D. — Analyses de minerais plus ou moins phosphoreux employ[és]*

*Minerais exploités dans le grand-duché de Luxembou[rg]*

| Provenance des minerais | Société anonyme des Hauts fourneaux et Aciéries de Dudelange | | | Concession de Galgenberg | | | Concession de Belvau Oberkorn | | Société anonyme des Hauts fourneaux de Rumelange | | | | Ba... la M... Diffe... |
|---|---|---|---|---|---|---|---|---|---|---|---|---|---|
| | Minettes grises | Minettes rouges | Minettes jaunes | Couche grise | Couche rouge | Couche brune | Couche rouge | Couche grise | Mine grise d'Oecange | Mine grise de Rumelange | Mine jaune d'Oecange | Mine jaune de Rumelange | Mine rouge |
| Fer | 34,81 | 44,77 | 40,95 | 35,45 | 39,47 | 42,37 | 39,57 | 41,38 | 34,86 | 34,94 | 40,19 | 39,48 | 40, |
| Manganèse | » | » | » | » | » | » | » | » | » | » | » | » | » |
| Peroxyde de fer | 49,73 | 63,53 | 58,50 | 50,07 | 56,20 | 60,90 | 56,34 | 58,95 | » | » | » | » | » |
| Oxyde rouge de manganèse | » | » | » | » | » | » | » | » | » | » | » | » | » |
| Alumine | 6,68 | 5,96 | 6,69 | 3,30 | 5,75 | 5,50 | 9,75 | 5,00 | 3,95 | 4,37 | 6,02 | 4,67 | 6, |
| Baryte | » | » | » | » | » | » | » | » | 17,51 | 15,68 | 9,44 | 10,70 | 9, |
| Chaux | 15,10 | 3,68 | 8,00 | 17,70 | 9,96 | 4,30 | 6,26 | 4,25 | » | » | » | » | » |
| Magnésie | 0,83 | 0,95 | 0,85 | » | » | » | » | » | » | » | » | » | » |
| Silice et argile insoluble dans les acides | 6,62 | 10,00 | 7,22 | 6,30 | 7,70 | 13,94 | 10,60 | 14,80 | 7,92 | 7,82 | 8,59 | 8,19 | 11, |
| Perte par calcination | 20,76 | 13,63 | 17,16 | 21,31 | 18,89 | 14,05 | 15,85 | 15,77 | » | » | » | » | » |
| Soufre | » | » | » | » | » | » | » | » | » | » | » | » | » |
| Phosphore | 0,780 | 0,990 | 0,920 | » | » | » | » | » | » | » | » | » | » |
| Acide phosphorique | 1,790 | 2,270 | 2,110 | 1,320 | 1,500 | 1,300 | 1,200 | 1,270 | » | » | » | » | 0, |

marche de l'aciérie Thomas, il faut une fonte ni trop chaude, ni trop froide, contenant assez de manganèse et surtout peu de silicium. Un grand reproche est fait généralement aux fontes des pays de Longwy et du Luxembourg par exemple, qui sont généralement à teneur très variable en silicium, teneur souvent trop élevée même pour le traitement en deuxième fusion ; les usines de Westphalie, quoique traitant des minerais plus variés, mais en même temps très bien classés, obtiennent des fontes beaucoup plus régulières, et la marche des aciéries Thomas s'en ressent forcément.

Vu l'importance de la question de la déphosphoration à l'heure actuelle, nous donnerons au chapitre PROCÉDÉ THOMAS un certain nombre d'exemples choisis parmi les usines réputées pour leur bonne marche, ou que nous avons eu occasion de visiter, ou pour lesquelles nous avons pu obtenir des renseignements précis et circonstanciés sur leur marche régulière et sur les produits fabriqués. Ces données compléteront les tableaux E et F ci-après, dans lesquels nous indiquons, à titre d'exemples, quelques analyses de fontes spéciales, pures ou impures, avec la composition de quelques laitiers correspondants.

### D. ALLIAGES EMPLOYÉS DANS LA FABRICATION DE L'ACIER.

A côté du *ferromanganèse*, dont la fabrication a été réalisée au haut fourneau depuis déjà une vingtaine d'années, nous avons vu apparaître successivement de nouveaux alliages destinés à la fabrication d'aciers spéciaux : ce sont les *ferrosilicium*, *silicospiegel*, *ferrochrome*, *ferrotungstène*, *ferronickel*, etc., dont nous parlerons plus longuement aux chapitres des propriétés spéciales de ces aciers. Nous dirons seulement ici quelques mots de l'application nouvelle (que nous ne pouvons passer sous silence) du *ferrosilicium* dans la fonderie de fonte de moulage.

M. Akermann de Stockholm, dans ses études sur l'influence des corps étrangers dans les fontes fers et aciers, faisait ressortir dès 1872 que plus une fonte contient de silicium, moins le fer a le pouvoir de retenir le carbone en combinaison, et tous les auteurs qui ont écrit sur ce sujet sont d'accord pour déclarer que le silicium est nécessaire pour obtenir une fonte grise, et que c'est par suite de l'addition du silicium que le carbone se sépare à l'état de graphite.

M. Ch. Wood, de Middlesborough, en mélangeant des fontes à 4,5 0/0 de silicium et de la fonte blanche, a obtenu de bonne fonte de fonderie pour moulages.

M. Gautier, en France, appliquant ce principe, a permis aux fondeurs français de ne plus employer les fontes d'Écosse dont ils étaient tributaires jusqu'en ces dernières années, en ajoutant au cubilot, aux fontes ordinaires et vieilles fontes une certaine quantité de ferrosilicium, de manière à obtenir environ, dans l'ensemble du produit, 2 0/0 de silicium. Le problème a été résolu de la sorte, et puisque les fontes d'Écosse contiennent 2 0/0 de silicium, il suffit de les remplacer par un poids cinq fois moindre d'un alliage à 10 0/0 de silicium.

De nouvelles expériences faites en 1887 par M. Jüngt de Gleiwitz, dont les détails des essais de traction, flexion et compression ont été publiés dans le *Stahl und Eisen*, ont confirmé ces premiers résultats, et, d'après M. le professeur Ledebur, le silicium a, en outre, par son influence indirecte, un très bon résultat, en ce sens qu'il permet d'employer des fontes blanches ou ferrailles, matières plus pures (contenant moins d'éléments étrangers (Sb, As, Ti, Cr, Va, et peut-être encore des métaux alcalins et alcalino-terreux, que le spectre décèle pendant l'opération Bessemer par exemple) que les fontes grises obtenues en allure plus chaude au haut fourneau. En conséquence, si à une fonte blanche obtenue *pour fontes de moulage, affinage et fontes Thomas.*

| | | | | | | | Minerais des concessions de la Société anonyme des Aciéries de Longwy *(Exposition 1889)* | | | | | | |
|---|---|---|---|---|---|---|---|---|---|---|---|---|---|
| …sin de …deleine …dange *(Exposition 1889)* | Hauts fourneaux de Rodange | | Bassin de Esch-sur-l'Alzette | | | | | | | | | | Provenance des minerais |
| Mine grise | Mine rouge | Mine grise | Mine grise | Mine rouge | Mine brune | Échantillons de gros blocs | Mine rouge d'Hussigny | Mine fine d'Herserange | Minerai de Godbrange | Minerai de Coulmy | Mine calcaire d'Hussigny | Mine calcaire d'Herserange | |
| 41,00 | 38,57 | 39,51 | 35,45 | 39,47 | 42,37 | 34,00 | 39,00 | 38,00 | 37,00 | 42,00 | 28,00 | 26,00 | Fer. |
| » | » | » | » | » | » | » | 0,20 | 0,15 | 0,15 | 0,25 | 0,15 | 0,15 | Manganèse. |
| » | » | » | 50,07 | 56.20 | 60,90 | » | » | » | » | » | » | » | Peroxyde de fer. |
| » | » | » | » | » | » | » | » | » | » | » | » | » | Oxyde rouge de manganèse. |
| 5,00 | 8,75 | 5,20 | 3,30 | 5,75 | 5,50 | 4,00 | 7,00 | 6,00 | 7,00 | 7,00 | 5,00 | 5,00 | Alumine |
| » | » | » | » | » | » | » | » | » | » | » | » | » | Baryte. |
| 4.00 | 5,51 | 4,80 | 17,70 | 9,96 | 4,30 | 16,00 | 8,00 | 9,00 | 9,00 | 4,00 | 22,00 | 24,00 | Chaux. |
| » | » | » | » | » | » | » | » | » | » | » | » | » | Magnésie. |
| 16,00 | 11,40 | 13,50 | 6,30 | 7,70 | 13,94 | 6,00 | 12,50 | 13,00 | 15,00 | 17,00 | 10,00 | 10,00 | Silice et argile insoluble dans les acides |
| » | » | » | » | » | » | » | » | » | » | » | » | » | Perte par calcination. |
| 0,600 | » | » | 1,300 | 1,500 | 1,300 | 0,600 | 0,200 | 0,300 | » | » | 0,250 | 0,250 | Soufre. |
| » | » | » | » | » | » | » | 0,700 | 0,700 | 0,600 | 0,600 | 0,500 | 0,500 | Phosphore. |
| » | » | » | » | » | » | » | » | » | » | » | » | » | Acide phosphorique. |

à plus basse température, contenant moins d'éléments étrangers, on ajoute une certaine quantité de ferrosilicium, sans y ajouter ces corps étrangers, on obtiendra une fonte grise supérieure aux fontes de moulage provenant directement du haut fourneau.

On emploie également, comme nous l'avons indiqué. le ferrosilicium ou mieux le silicospiegel pour l'obtention des aciers sans soufflures par les procédés acides ou basiques. Ce dernier alliage contient ordinairement de 8 à 10 0/0. de silicium et de 15 à 20 0/0 de manganèse.

La fabrication au haut fourneau de tous les alliages, ferromanganèse, ferrosilicium, etc., est toujours très délicate et exige naturellement des lits de fusion bien appropriés à la réduction du manganèse, en même temps qu'à celle du silicium.

Actuellement on n'est pas encore arrivé à produire industriellement le *manganèse-métal* à l'état pur. Des essais dans cette voie ont été faits par M. Moissan au four électrique; on obtient ainsi un manganèse carburé que l'on est obligé de refondre au contact d'oxyde de manganèse pour enlever le carbone ; c'est un procédé trop coûteux. D'autre part, MM. Greene et Wale, de Philadelphie, en se basant sur l'affinité de l'aluminium pour l'oxygène, ont préparé du manganèse presque pur en partant de l'oxyde de manganèse obtenu par le traitement d'un minerai riche. On enlève le fer par une dissolution étendue d'acide sulfurique, et on réduit l'oxyde de manganèse à peu près pur à l'état de protoxyde en le portant au rouge pendant 1 heure dans un courant de gaz réducteur; le protoxyde est alors mélangé avec une certaine quantité d'aluminium, et la fusion est effectuée au rouge vif dans un creuset garni avec de la magnésie. Le produit obtenu contient.

Manganèse 96,50. Fer = 2 0/0. Silicium, 1,50 0/0.

Il ne reste pas trace d'aluminium combiné.

Dans la fabrication du *ferromanganèse* au haut fourneau, il faut pour réduire le manganèse un laitier riche en chaux. La difficulté principale est d'obtenir une fluidité suffisante des laitiers extra-calcaires. A cet effet, on a essayé d'ajouter du spath fluor; mais on a dû y renoncer, parce que les gaz du gueulard deviennent incombustibles et corrosifs; le mieux est d'avoir recours à un laitier à bases multiples, en ajoutant, par exemple, de la baryte, ou plus simplement en substituant des dolomies à la castine ordinaire.

Un laitier pour ferromanganèse ne doit guère contenir plus de 30 0/0 de silice, 10 0/0 d'alumine, 40 à 42 0/0 au moins de chaux et 10 0/0 d'autres bases terreuses, le complément étant des oxydes de fer et de manganèse.

La fabrication du ferro-manganèse se fait généralement dans des hauts fourneaux de petites dimensions : on emploie avec succès le creuset mobile porté sur chariot (voyez FABRICATION DU FERROCHROME).

Pour le *ferrosilicium*, il faut marcher en laitier alumineux contenant par exemple 30 ou 35 0/0 de silice et 20 ou 25 0/0 d'alumine, le reste étant constitué par la chaux et autres bases (baryte, magnésie, etc.).

On compte, en général, que l'on réduit environ un tiers du silicium calculé dans le lit de fusion.

La fabrication des silicospiegels est naturellement la plus délicate, puisque, d'une part, la réduction du manganèse exige une allure extra-calcaire, et que celle du silicium au contraire demande un laitier pauvre en bases fortes; on tourne cette difficulté en marchant en allure extra-chaude, mais cela au détriment du bon entretien des prises de gaz ou des appareils à air chaud.

Les fontes riches en silicium sont peu carburées et souvent phosphoreuses, par suite même de l'allure nécessitée au haut fourneau dans leur fabrication. Lorsqu'il s'agit de leur emploi à la

*E. — Analyses de fontes diverses.*

| Éléments | Fonte du Creusot pr fours Martin | Fonte Bessemer de Denain | Fonte Bessemer d'Isbergues | Fontes d'Isbergues pour fonderie n° 1 | pour fonderie n° 2 | pour fonderie n° 3 | pour fonderie n° 4 | pour fonderie n° 5 | pour forge n° 6 | pour forge n° 7 |
|---|---|---|---|---|---|---|---|---|---|---|
| Fer | » | » | » | 90,00 | 90,50 | 91,00 | 92,00 | 92,90 | 93,80 | 95,00 |
| Manganèse | 2,48 | 2,00 | 2,00 | 1,90 | 1,85 | 1,80 | 1,75 | 1,65 | 1,50 | 1,25 |
| Carbone total | » | 3 à 4 | » | 4,25 | 4,00 | 3,75 | 3,50 | 3,25 | 3,00 | 2,50 |
| Graphite | 2,40 | » | » | » | » | » | » | » | » | » |
| Carbone combiné | 0,94 | » | » | » | » | » | » | » | » | » |
| Silicium | 2,07 | 2,50 et plus | 2,50 | 3,50 | 3,25 | 3,00 | 2,50 | 2,00 | 1,50 | 0,75 |
| Soufre | 0,04 à 0,06 | *Fonte trop chaude, opérations Bessemer trop longues* | *Fonte moyenne* | 0,01 | 0,02 | 0,03 | 0,04 | 0,05 | 0,06 | 0,07 |
| Phosphore | 0,068 à 0,08 | » | » | 0,05 | 0,05 | 0,05 | 0,05 | 0,05 | 0,05 | 0,05 |
| Cuivre | » | » | » | » | » | » | » | » | » | » |

| Éléments | Fonte au bois de Nijni-Taguil normale | blanche | grise | Fontes de Longwy — Fontes fortes ALS pour moulage n° 1 | n° 2 | n° 3 | n° 4 | Fontes Thomas a blanche | b truitée | Fontes du Donetz très chaude | ordinaire |
|---|---|---|---|---|---|---|---|---|---|---|---|
| Fer | » | » | » | » | » | » | » | » | » | » | » |
| Manganèse | 1,44 | 1,15 | 1,44 | 1,30 | 1,10 | 0,90 | 0,85 | 1,50 | 2,00 | 1,50 à 2,50 | 1,50 à 2,50 |
| Carbone total | » | 3,75 | 4,24 | 3,60 | 3,55 | 3,60 | 3,80 | 3,00 | 3,20 | » | » |
| Graphite | 3,91 | » | » | 3,20 | 3,05 | 3,00 | 2,50 | » | » | » | » |
| Carbone combiné | 0,35 | » | » | 0,40 | 0,50 | 0,60 | 1,30 | » | » | » | » |
| Silicium | 0,88 | 0,11 | 0,88 | 2,70 | 2,30 | 2,00 | 1,40 | 0,20 à 0,30 | 0,35 à 0,60 | 1,50 à 2,50 | 1,50 à 2,50 |
| Soufre | 0,016 | 0,013 | 0,016 | 0,02 | 0,04 | 0,06 | 0,09 | 0,04 à 0,06 | 0,02 à 0,05 | 0,01 à 0,04 | 0,01 à 0,04 |
| Phosphore | 0,070 | 0,050 | 0,077 | 0,09 | 0,07 | 0,06 | 0,06 | 2,00 | 2,20 | 0,04 | 0,04 |
| Cuivre | 0,14 | 0,16 | 0,14 | » | » | » | » | » | » | » | » |

*F. — Analyses de laitiers correspondants.*

| Éléments | Creusot pr fours Martin | Bessemer de Denain | Bessemer d'Isbergues | Aciéries de Longwy — pr fonte de moulage ordinaire | pour fonte ALS | Laitiers Thomas vitreux | blanc calcaire | jaune | noir | du Donetz très chaude | ordinaire |
|---|---|---|---|---|---|---|---|---|---|---|---|
| Silice | 37,00 | 33 à 34 | 37,00 | 33,00 | 34,00 | 32,50 | 31,40 | 31,50 | 32,20 | 31,00 | 42,00 |
| Alumine | 7,10 | 12 à 13 | 13,00 | 17,00 | 14,00 | 16,50 | 14,40 | 14,90 | 15,00 | 13,00 | 12,00 |
| Chaux | 41,02 | 46 à 47 | 46,00 | 46,50 | 47,00 | » | » | » | » | 51,00 | 42,00 |
| Magnésie | 11,21 | » | » | » | » | » | » | » | » | » | » |
| Protoxyde de fer | 1,35 | » | » | 1,30 | 1,30 | 1,40 | 0,90 | 2,60 | 3,00 | » | » |
| Protoxyde de Mn | 1,48 | » | » | » | 1,00 | 1,60 | 1,10 | 1,50 | 2,40 | 0,60 | 0,80 |
| Soufre | 1,42 | » | » | » | » | 0,80 | 1,10 | 1,30 | 1,40 | » | » |

Donetz (Silice et Alumine) : y compris le protoxyde de fer.

fonderie de moulages en fonte, la présence du phosphore ne présente pas grand inconvénient dans la plupart des cas, puisqu'il donne de la fluidité aux fontes; mais, dans le cas de leur emploi à la fabrication de moulages d'acier, il y a lieu de rechercher pour le haut fourneau des minerais exempts de phosphore.

Actuellement on est arrivé à fabriquer à peu près couramment au haut fourneau, ou mieux au cubilot, les *alliages de fer et de chrome*, en partant du minerai très réfractaire (fer chromé ou chromite), lequel, pour une facile réduction, devra toujours être concassé en morceaux de petites dimensions; sans quoi la surface seule est réduite : il se forme un composé ferreux à très haute teneur en chrome à peu près infusible, qui empêche la réduction du noyau central si le minerai de chrome a été introduit en gros blocs dans la charge.

Le chrome, ayant peu d'affinité pour la silice,

G. — *Analyses de minerais pour fabrication de ferromanganèse, ferrochrome, et pour garnissages de fours Martin, etc.*

| Provenance des minerais | Minerais de manganèse de Groucheyka (Russie) | | | Minerais de la vallée de l'Amblève (Belgique) | | | Minerais de manganèse — Moyennes industrielles | | | |
|---|---|---|---|---|---|---|---|---|---|---|
| | a | b | c | Société des Ardennes | Société de Moët-Fontaine | Société Cockerill | Nassau | Grèce | Caucase | La Spezzia (Italie) |
| Fer | » | » | » | 20,00 | 24,00 | 23,00 | 10,00 | 34,00 | 1,00 | 2,00 |
| Manganèse | 51,23 | 53,59 | 53,77 | 15,00 | 11,00 | 12,00 | 42,00 | 18,00 | 53,00 | 46,00 |
| Chrome | » | » | » | » | » | » | » | » | » | » |
| Peroxyde de fer | 1,91 | $Fe^2O^3$, $Al^2O^3$ 3,40 | 1,23 | » | » | » | » | » | » | » |
| Oxyde rouge de manganèse | 81,03 | 84,79 | 85,07 | » | » | » | » | » | » | » |
| Sesquioxyde de chrome | » | » | » | » | » | » | » | » | » | » |
| Alumine | » | » | » | 5,00 | 5,00 | 4,00 | 2,00 | 2,00 | 1,00 | 0,50 |
| Baryte | » | » | » | » | » | » | » | » | » | » |
| Chaux | 1,95 | » | 1,36 | 2,50 | 6,00 | 3,00 | 1,50 | 5,00 | 3,00 | 5,00 |
| Magnésie | 0,85 | » | 1,08 | » | » | » | » | » | » | » |
| Silice et argile insol. dans acides | 9,33 | 10,10 | 8,11 | 33,00 | 25,00 | 33,00 | 12,00 | 5,00 | 8,00 | 21,00 |
| Perte par calcination. { Eau à 100° | 1,30 | » | 15,59 | » | » | » | » | » | » | » |
| { Eau d'hydratation | 2,26 | » | | | | | | | | |
| Soufre | 0,07 | 0.80 | 0,046 | » | » | » | » | » | » | » |
| Phosphore | 0,36 | ? | traces | » | » | » | » | » | » | » |

| Provenance des minerais | Minerai de chrome de Suède | Minerais de chrome de Vatika employés à Taguil (Oural) | | Minerais de chrome de l'Asie Mineure — Divers échantillons | | | | Minerais de chrome d'Orsova employés à Reschitza pour four Martin | |
|---|---|---|---|---|---|---|---|---|---|
| | | pour sole de four Martin | pour fabrication de ferrochrome au haut fourneau | A | B | C | D | a | b |
| Fer | 11,40 | » | » | » | » | » | » | » | » |
| Manganèse | » | » | » | » | » | » | » | » | » |
| Chrome | 28,00 | » | » | 31,50 | 23,50 | 26,95 | 27,10 | » | » |
| Peroxyde de fer | » | 15,91 | FeO = 17,55 | » | » | » | » | FeO = 16,13 | FeO = 16,25 |
| Oxyde rouge de manganèse | | MnO = 0,55 | » | » | » | » | » | » | » |
| Sesquioxyde de chrome | 40,93 | 49,50 | 44,23 | 46,00 | 34,35 | 39,40 | 39,60 | 38,95 | 33,44 |
| Alumine | 18,80 | 11,29 | » | » | » | » | » | 17,50 | 27,75 |
| Baryte | » | » | » | » | » | » | » | » | » |
| Chaux | » | 0,90 | 1,29 | » | » | » | » | 2,20 | 1,00 |
| Magnésie | 11,60 | 16,79 | 16,09 | » | » | » | » | 17,20 | 13,33 |
| Silice et argile insol. dans acides | 7,00 | 4,20 | 5,70 | » | » | » | » | 8,00 | 6,32 |
| Perte par calcination. { Eau à 100° / Eau d'hydratation | 5,00 | » | » | » | » | » | » | » | » |
| Soufre | » | » | » | » | » | » | » | » | » |
| Phosphore | » | » | » | » | » | » | » | » | » |

N. B. — Nous donnons les minerais de Russie, Grèce et Caucase comme exemples de minerais très riches et facilement réductibles, par opposition aux minerais siliceux de la Spezzia et des Ardennes belges, difficilement réductibles au haut fourneau : ces derniers sont employés par les Aciéries de Longwy et par quelques autres usines pour la fabrication des fontes Thomas. — Pour obtenir une bonne utilisation du manganèse dans ce cas, il faut marcher en allure calcaire : la moindre variation au haut fourneau a pour conséquence la non-réduction du silicate de manganèse, qui passe en totalité dans le laitier.

ne tend pas à rester dans le laitier; le grand point est de marcher en allure extra-chaude et avec des laitiers très réfractaires et chargés en alumine. La plus grande difficulté à vaincre est de couler l'alliage, très peu fusible dès que l'on arrive aux teneurs de 30 à 35 0/0 de chrome. Toutefois on peut fabriquer au haut fourneau ordinaire, avec garnissage du creuset en graphite, des alliages à 40 et 42 0/0 de chrome; mais alors le métal a beaucoup de peine à sortir par le trou de coulée et, vu sa faible fluidité, on est obligé de le tirer et pousser dans les lingotières avec un ringard. Pour obvier à cet inconvénient, on remplace le haut fourneau par une sorte de cubilot à creuset mobile porté sur un chariot. Une fois le creuset plein, on le remplace par un autre et on peut enlever à loisir le bloc de ferrochrome, qui se présente alors sous la forme d'une masse toujours plus ou moins spongieuse ; de cette manière on est arrivé à produire des alliages tenant jusqu'à 65 0/0 de chrome et au-dessus.

L'emploi du creuset mobile peut être conseillé pour toute espèce de fabrication d'alliages ; il est employé en particulier, et avec avantage, aux usines de Nijni-Taguil (Oural), pour la fabrication de ferromanganèse, ferrosilicium et silicospiegel, ferrochrome, etc., tous alliages obtenus avec des minerais généralement purs de la région et au charbon de bois. Le but poursuivi dans cette usine n'est pas de recueillir un bloc de métal plus ou moins spongieux et difficile à fondre, mais de pouvoir remplacer le creuset quand celui-ci est usé, et surtout de ne pas obtenir dans la fabrication des alliages intermédiaires inutilisables (par lavage du creuset) quand on passe d'une allure à une autre ; il suffit de bien calculer le nombre de charges devant fournir par exemple du ferromanganèse, et de changer le creuset quand, toutes ces charges étant passées au haut fourneau, les nouvelles charges de ferrochrome, par exemple, arrivent dans la zone de réduction et de fusion. C'est là, comme on voit, au point de vue industriel, un énorme avantage.

Le haut fourneau de Taguil, construit sur les indications de l'inventeur Carl Frölich, est alimenté, comme les autres hauts fourneaux de l'usine, au charbon de bois ; il comporte le creuset mobile construit en briques réfractaires. Ce dernier peut durer 3 semaines environ, à la condition de marcher un jour par semaine en fonte extra-siliceuse qui entretient le bon état du creuset ; la production est de 12 à 14 tonnes par 24 heures en fonte ordinaire, et est réduite à 5 ou 6 tonnes maxima quand on marche en ferromanganèse ou ferrosilicium.

Nous donnons dans les tableaux G, H, I, J, K, L, M ci-joints un certain nombre d'analyses de minerais de manganèse et de chrome, ainsi que des analyses d'alliages de fer, manganèse, chrome, silicium (avec quelques laitiers correspondants), provenant de diverses usines françaises et étrangères.

H. — *Exemples de laitiers de ferromanganèse et ferrosilicium.*

Moyennes d'analyses de plusieurs années. — Usine de Witkowitz (Moravie).

| | Silice | Chaux | Alumine | Protoxyde de Mn | Magnésie | Acide phosphorique | Soufre |
|---|---|---|---|---|---|---|---|
| Ferrosilicium.............. | 45,36 | 30,67 | 13,75 | 2,47 | 5,34 | 0,03 | 2,15 |
| Ferromanganèse à 80 0/0 .... | 28,00 | 33,87 | 9,80 | 24,11 | 2,70 | » | 0,95 |

I. — *Analyses de ferrochrome.*

| | Ferrochrome fabriqué aux Forges de l'Adour, usine du Boucau (Exposition 1889). | | | | | | | | | | | | Usine de Saint-Louis-lès-Marseille | Usine de Taguil (Oural) |
|---|---|---|---|---|---|---|---|---|---|---|---|---|---|---|
| | 1 | 2 | 3 | 4 | 5 | 6 | 7 | 8 | 9 | 10 | 11 | 12 | | |
| Chrome.......... | 44,80 | 51,10 | 55,50 | 57,96 | 60,35 | 62,70 | 62,20 | 63,10 | 64,00 | 64,50 | 64,80 | 65,15 | 40,80 | 51,12 |
| Fer................ | 45,00 | 39,10 | 34,20 | 30,95 | 28,10 | 25,00 | 21,90 | 25,38 | 23,40 | 24,00 | 21,80 | 22,00 | 52,17 | 34,21 |
| Manganèse......... | 0,80 | 0,40 | 0,35 | 0,50 | 0,45 | 0,43 | 0,38 | 0,42 | 0,52 | 0,40 | 0,43 | 0,52 | 0,90 | traces |
| Carbone.......... | 8,50 | 6,75 | 9,10 | 9,38 | 9,55 | 11,25 | 11,80 | 10,05 | 11,10 | 10,50 | 12,00 | 10,52 | 4,40 | » |
| Phosphore ......... | 0,06 | 0,06 | 0,06 | 0,06 | 0,06 | 0,06 | 0,06 | 0,06 | 0,06 | 0,06 | 0,06 | 0,06 | 1,20 | » |
| Silicium ........... | 0,40 | 0,32 | 0,56 | 0,45 | 0,60 | » | 0,38 | 0,04 | 0,49 | 0,40 | 0,50 | 0,55 | » | 7,24 |
| Soufre ............ | » | » | » | » | » | » | » | » | » | » | » | » | » | » |

Le ferrochrome de Taguil est fabriqué au charbon de bois, au haut fourneau à creuset mobile, et est donné pour comparaison avec le ferrochrome français, fabriqué au coke (haut fourneau ou cubilot).

Nous renverrons à la Bibliographie pour plus de détails, en particulier pour ce qui concerne la fabrication du ferromanganèse, qui est actuellement produit couramment (ainsi que le ferrosilicium et la silicospiegel) par les usines françaises, allemandes et anglaises.

J. *Ferrosilicium du commerce (allemand et anglais).*
Moyennes d'analyses industrielles.

| | Fe | Mn | C | Si | S | Ph |
|---|---|---|---|---|---|---|
| A ..... | 84,63 | 2,80 | » | 9,99 | » | 0,052 |
| B...... | 81,42 | 2,78 | » | 10,51 | » | 0,041 |
| C...... | » | 2,20 | » | 9,90 | 0,081 | 0,039 |
| D...... | 84,37 | 2,71 | 1,80 | 10,90 | » | 0,049 |

K. — Usins de Saint-Louis-lès-Marseille
(Exposition 1889).

| | Spiegel | Ferromanganese | | Ferro-silicium |
|---|---|---|---|---|
| | | A | B | |
| Fer,............ | 65,800 | 47,140 | 6,230 | 82,600 |
| Manganèse....... | 27,410 | 46,190 | 85,400 | 2,500 |
| Silicium ......... | 0,233 | 0,140 | 0,466 | 12,600 |
| Carbone combiné. | 6,000 | 5,930 | 7,100 | 2,100 |
| Graphite ......... | 0,280 | 0,142 | 0,560 | |
| Soufre............ | 0,009 | 0,005 | traces | 0,054 |
| Phosphore ........ | 0,062 | 0,095 | 0,168 | 0,088 |
| Cuivre........... | 0,019 | 0,024 | 0,060 | traces |
| | 99,813 | 99,666 | 99,984 | 99,942 |

L. — Usine de Nijni-Taguil (Oural).

—

*Ferrosilicium fabriqué au haut fourneau à creuset mobile de Carl Frœlich (au charbon de bois).*

|  | I | II | Moyennes |
|---|---|---|---|
| Fer | 80,40 | 80,12 | 80,26 |
| Manganèse | 0,76 | 0,68 | 0,72 |
| Carbone | 0,81 | 0,71 | 0,76 |
| Silicium | 18,04 | 18,17 | 18,10 |
| Cuivre | 0,09 | 0,14 | 0,11 |
|  | 100,00 | 99,82 | 99,95 |

M. — *Analyses des laitiers correspondants.*

|  | I | II | Moyennes |
|---|---|---|---|
| Silice | 41,15 | 43,95 | 42,50 |
| Protoxyde de fer | 0,39 | 0,60 | 0,50 |
| Alumine | 13,22 | 12,45 | 12,83 |
| Protoxyde de manganèse | 0,35 | 0,32 | 0,33 |
| Chaux | 44.42 | 42,50 | 43,46 |
| Magnésie | 0,94 | 0,69 | 0,81 |
|  | 100,47 | 100,51 | 100,41 |

BIBLIOGRAPHIE :

BRESSON. — *Fabrication de la fonte dans le Luxembourg et les provinces du Rhin.* Annales des Mines, 9ᵉ série, 11.

BUTTENBACH. — *Réduction du manganèse au haut fourneau.* Revue de Liège, 1885.

DE BILLY. — *Note sur la fabrication de la fonte aux États-Unis.* Annales des Mines, 9ᵉ série, 1.

DESHAYES. — *Construction et protection du creuset et des étalages des hauts fourneaux.* Génie civil 1892.

GAUTIER. — *Du silicium dans les fontes de moulage.* Iron and Steel Institute, septembre 1886.

GAUTIER. — *Fusion au cubilot de mitrailles de fer et d'acier à l'aide du ferrosilicium.* Iron and Steel Institute, mai 1888.

GAUTIER. — *Influence du silicium sur l'état du carbone dans les fontes.* Comptes rendus de l'Académie des Sciences, 1886.

GAYLEY. — *Des hauts fourneaux américains au point de vue spécial des grandes productions.* Amer. Inst. of Mining Engineers, octobre 1890.

HUNT. — *Emploi des briques de magnésie en Amérique.* Société d'Encouragement, 1890.

JORDAN. — *Grillage des minerais.* Revue de Liège, 1895.

JORDAN-JUNG. — *Industrie de la fonte dans la Sarre et la Moselle.* Revue de Liège, 1895.

KRAWTOFF. — *Progrès de la fabrication de la fonte en Allemagne.* Revue de Liège. 1895.

LEDEBUR. — *Moulages en fonte trempée.* Revue de Liège, 1891.

LENCAUCHEZ. — *Briques de magnésie d'Eubée pour voûtes de fours.* Société des Ingén. civils, 1893.

REMAURY. — *Ressources minérales et métallurgiques de Meurthe-et-Moselle.* Société des Ingénieurs civils, 1889.

POURCEL. — *Fabrication du ferromanganèse.* Génie civil, 1885.

TURNER. — *Éléments constitutifs de la fonte.* Amer. Inst. of Mining Engineers, mai 1886.

WOOD. — *De la valeur de la fonte silicieuse pour les moulages.* American Institute of Mining Engineers, septembre 1885.

## II. — PROCÉDÉS DE FABRICATION DES ACIERS ET FERS FONDUS.

—

### A. PROCÉDÉ BESSEMER ACIDE.

Après l'exposé que nous avons fait de ce procédé, nous nous bornerons ici, en ce qui concerne les études chimiques et spectroscopiques faites depuis une quinzaine d'années, à renvoyer le lecteur aux notes bibliographiques; nous donnons toutefois ci-dessous, à titre de comparaison, les recherches faites par l'ingénieur américain Howe,

*Marche de l'affinage dans une coulée Bessemer acide type américain, d'après Howe.*

(Études de Franck Julian, chimiste de l'Illinois Steel Cᵒ, South Chicago.)

|  |  | Charge initiale | | | Durée du soufflage au moment considéré | | | | | | |
|---|---|---|---|---|---|---|---|---|---|---|---|
|  |  | Métal fondu | Scraps d'acier (estimés) | Moyenne | 2 minutes | 3ᵐ 20ˢ | 6ᵐ 30ˢ | 8ᵐ 8ˢ | 9ᵐ 10ˢ | 9ᵐ 20ˢ — Spiegel | après addition du spiegel |
| Analyse du métal. | Manganèse | 0,40 | 0,97 | 0,43 | 0,09 | 0,04 | 0,03 | 0,01 | 0,01 | 14,90 | 1,15 |
|  | Carbone | 3,10 | 0,36 | 2,98 | 2,94 | 2,71 | 1,72 | 0,53 | 0,04 | 4,64 | 0,45 |
|  | Silicium | 0,98 | 0,08 | 0,94 | 0,63 | 0,33 | 0,03 | 0,03 | 0,02 | 0,33 | 0,038 |
|  | Soufre | 0,06 | 0,08 | 0,06 | 0,06 | 0,06 | 0,06 | 0,06 | 0,06 | » | 0,059 |
|  | Phosphore | 0,101 | 0,100 | » | 0,104 | 0,106 | 0,106 | 0,107 | 0,108 | 0.139 | 0,109 |
| Analyse de la scorie. | Silice | » | » | » | 42,40 | 50,26 | 62,54 | 63,56 | » | » | 62,60 |
|  | Alumine | » | » | » | 5,63 | 5,13 | 4,06 | 3,01 | » | » | 2,76 |
|  | Protoxyde de fer | » | » | » | 40,29 | 34,24 | 21,26 | 21,39 | » | » | 17,44 |
|  | Peroxyde de fer | » | » | » | 4,31 | 0,96 | 1,93 | 2,63 | » | » | 2,90 |
|  | Protoxyde de Mn | » | » | » | 6,54 | 7,90 | 8,79 | 8,88 | » | » | 13,72 |
|  | Chaux | » | » | » | 1,22 | 0,91 | 0,88 | 0,90 | » | » | 0,87 |
|  | Magnésie | » | » | » | 0,36 | 0,34 | 0,34 | 0,36 | » | » | 0,29 |
|  | Soufre | » | » | » | 0,009 | 0,009 | 0,014 | 0,008 | » | » | 0,011 |
|  | Phosphore | » | » | » | 0,008 | 0,008 | 0,010 | 0,014 | » | » | 0,010 |
| Aspect de la flamme | | ..... | ..... | ..... | Flamme de silicium, étincelles | Flamme brillante | Flamme de carbone modérée | Flamme de carbone complète | Chute de la flamme | Sursoufflage de 10 secondes | » |

en ce qui concerne l'élimination des divers éléments pendant l'opération Bessemer acide : ce sont là des études très consciencieuses et très instructives, qui sont venues compléter dans les détails les faits déjà connus.

L'étude complète de cette opération Bessemer (type américain) montre que la scorie renferme très peu de phosphore, lequel augmente à la fin du soufflage. La quantité de phosphore (lorsque l'on fait la balance des poids de matières entrées et sorties du convertisseur) qui passe dans la scorie serait de 1/10 seulement de celle qui est expulsée du métal. M. Howe explique ces différences par la présence dans le laitier acide de l'opération de scories plus ou moins chargées en oxydes de fer et en grenailles plus ou moins oxydées, scories qui, étant basiques, peuvent contenir du phosphore, ce qui ne peut avoir lieu, comme on sait, dans le cas de scories acides. Bien qu'aux analyses on commence par enlever à l'aimant les grenailles de métal, il peut se faire qu'il reste dans le laitier soumis définitivement à l'analyse des grenailles plus ou moins empâtées de scories basiques et non attirables à l'aimant : de là peuvent venir les différences trouvées.

D'autre part, les scories siliceuses paraissent retenir du phosphore dans certaines conditions, en particulier dans les opérations acides sursoufflées : cela tient sans doute à ce que la scorie devenant de plus en plus pâteuse retient davantage de grenailles ; puis par l'addition du spiegel elle retrouve sa fluidité, les grenailles en suspension deviennent moins nombreuses, et le phosphore reste dans le métal. A côté de cette explication physique, on peut expliquer chimiquement la chute du phosphore à la fin de l'opération ; en effet, la teneur en carbone et manganèse augmentant par l'addition du spiegel, le phosphore a moins tendance à se scorifier dans ces conditions et reste dans le métal. Le même fait de rephosphoration se passe dans les procédés basiques.

Au point de vue industriel, et si nous examinons en particulier les installations américaines, nous constatons que, à la suite des remarquables travaux de Holley, c'est surtout du côté mécanique que les progrès ont eu lieu depuis une vingtaine d'années, et aujourd'hui les Aciéries Bessemer du Nouveau Monde sont arrivées à un perfectionnement remarquable comme outillage et à une puissance de production colossale, grâce à l'aménagement bien compris des ateliers.

*Petits convertisseurs.* — Mais, à côté de ces usines à grande production destinées principalement à la fabrication des rails, il était nécessaire pour les petits industriels (à mesure que l'emploi de l'acier se répandait davantage) d'avoir à leur disposition, non plus des appareils fournissant 10, 15 et dans ces derniers temps 18 ou 20 tonnes de métal, mais au contraire un appareil modeste permettant de traiter seulement 1 ou 2 tonnes de métal. Dans cet ordre d'idées, un grand nombre d'ingénieurs, paraissant pour ainsi dire revenir en arrière, ont cherché à perfectionner le premier convertisseur de Bessemer, soit en le conservant fixe, soit en le rendant mobile, et au besoin transportable et manœuvrable à la main, fournissant ainsi au petit fabricant un appareil qui est (pour la fabrication des aciers moulés par exemple) au grand convertisseur ce que le cubilot de fonderie de fonte est au haut fourneau.

La conduite des opérations au petit convertisseur ne diffère que par quelques détails pratiques de celle des grands convertisseurs, et ces opérations sont généralement faites en vue de l'obtention d'aciers moulés avec addition de ferrosilicium, silicospiegel ou autres alliages.

Le soufflage est fait tantôt par le fond, tantôt sur le côté, par des tuyères diversement disposées, soit sur le pourtour, soit sur une seule paroi de l'appareil.

On a beaucoup discuté le pour et le contre de ces diverses méthodes de soufflage, bien des polémiques ont eu lieu, bien des réclames ont été faites autour de ces petits convertisseurs ; mais nous n'avons pas à discuter ici la valeur industrielle des uns et des autres (chacun ayant sa raison d'être suivant les besoins et les circonstances locales) et encore moins la question de priorité des brevets. Nous nous bornerons donc à en indiquer succinctement les principaux types.

Le *convertisseur suédois* dérive des premiers appareils de Bessemer ; il est fixe et à soufflage latéral ; les tuyères sont légèrement inclinées et on charge en moyenne 1 tonne et demie de métal.

Dans le *système Clapp et Griffiths*, l'appareil est fixe et présente trois ouvertures : une pour le chargement de la fonte en fusion, une pour la coulée du laitier et la troisième pour la coulée de l'acier. Le vent est donné par 4 ou 6 tuyères, disposées symétriquement sur le pourtour, indépendantes l'une de l'autre et pouvant être fermées par une valve. La charge ordinaire varie de 1200 à 2000 kilogrammes de fonte ; le garnissage siliceux intérieur peut faire environ 80 coulées, et les tuyères résistent en moyenne à 40 opérations.

Les *convertisseurs Hatton, Witherow*, etc., ne sont que des modifications du précédent avec fond mobile ; la charge est de 2000 kilogrammes maximum.

Le *convertisseur Davy* à fond mobile a sur les précédents l'avantage d'être transportable d'un point de l'atelier à un autre, soit à l'aide d'une grue, soit sur pont roulant ; il est très apprécié et très répandu aux États-Unis pour le coulage des aciers moulés. Contrairement aux appareils précédents, le soufflage se fait par le fond, comme dans les grands convertisseurs ; le déchet dans cet appareil est de 10 à 12 0/0 et l'opération dure en moyenne 12 minutes.

Dans le *convertisseur Walrand*, les tuyères sont inclinées vers le fond et placées latéralement d'un seul côté de l'appareil : elles présentent, comme dans les convertisseurs Dufree, Laureau, etc., une disposition telle, qu'au moment de la coulée, le convertisseur s'inclinant, elles ne soient plus en contact avec le bain de métal. La charge ne dépasse pas 1000 kilogrammes et une opération de 12 minutes de soufflage total fournit environ 900 kilogrammes d'acier. Cet appareil a subi diverses modifications, soit comme appareil lui-même, soit comme quantité de métal traité et comme conduite des opérations (convertisseur Walrand-Delattre, convertisseur Walrand-Legénissel, etc. ; voyez plus loin).

Le *convertisseur Brézol* est transportable comme celui de Davy, mais il est à soufflage latéral, destiné à la fabrication exclusive des petits objets en acier moulé ; la charge ne dépasse pas 500 kilogrammes.

Le *convertisseur Robert*, autour duquel on a fait beaucoup de bruit, est destiné spécialement, comme les précédents, à la fabrication des aciers moulés. La section générale horizontale de l'appareil a la forme d'un D, et le soufflage se fait latéralement ; les tuyères, au nombre de 6, sont placées un peu au-dessus du point d'affleurement du métal, à environ 20 centimètres du fond ; elles font avec la normale des angles de 5, 10, 15, 20, 25°, cette disposition ayant pour but de communiquer au bain métallique un mouvement giratoire, afin d'obtenir un affinage plus régulier de toute la masse et un métal plus homogène. En réglant plus ou moins l'inclinaison de l'appareil et la force du vent, on arrive à conduire l'opération comme l'on veut. Avec une charge de 1000 à 1200 kilogrammes de fonte l'opération dure 18 minutes et le déchet est de 14 0/0 : on compte que la soufflerie doit donner dans ces conditions 1 mètre cube de vent par seconde à une pression de 25 à 35 centimètres de mercure ; la durée moyenne des fonds serait de 250 coulées.

Les tableaux suivants indiquent la marche de l'affinage dans le cas du garnissage acide ou du garnissage basique.

*Marche de l'affinage au convertisseur Robert (garniture acide).*

Analyse du métal aux différents moments de l'opération.

| | Fonte avant fusion | Fonte introduite dans la cornue | Métal à l'apparition de la flamme | Métal à la chute de la flamme | Métal final |
|---|---|---|---|---|---|
| Manganèse .... | 1,400 | 1,000 | 0,750 | 0,450 | 0,200 |
| Carbone....... | 3,950 | 3,100 | 2,950 | 0,600 | 0,800 |
| Silicium...... | 2,600 | 1,900 | 0,600 | 0,550 | 0,035 |

*Marche de l'affinage au convertisseur Robert (garniture basique).*

Analyse du métal aux différents moments de l'opération.

| | Fonte avant fusion | Fonte introduite dans la cornue | Métal à l'apparition de la flamme | Métal à la chute de la flamme | Métal final |
|---|---|---|---|---|---|
| Manganèse .... | 1,300 | 0,800 | 0,400 | 0,295 | 0,200 |
| Carbone....... | 3,700 | 3,000 | 2,750 | 0,150 | 0,070 |
| Silicium...... | 0,940 | 0,906 | 0,046 | 0,040 | 0,035 |
| Soufre........ | 0,045 | 0,040 | 0,035 | 0,035 | 0,030 |
| Phosphore .... | 2,100 | 1,930 | 1,450 | 1,430 | traces |

Dans un grand convertisseur, la température du métal se maintient facilement élevée, vu la masse de métal, et peut se conserver assez longtemps lorsque l'affinage est terminé, si la fonte initiale est de composition convenable, c'est-à-dire assez chargée en silicium, sans tomber toutefois dans un excès de cet élément. Dans les petits convertisseurs où l'on traite au maximum 2 ou 3 tonnes, on peut toujours avoir à craindre un refroidissement plus rapide, surtout si cette charge est réduite à 1 tonne et même au-dessous, comme dans le convertisseur Brézol par exemple. Le *procédé Walrand-Legénissel* remédie à cet inconvénient grâce à un artifice fort simple qui consiste à réchauffer le métal avant le soufflage final par une addition de ferrosilicium ; on arrive ainsi à travailler avec des convertisseurs de dimensions restreintes et permettant de traiter 250 kilogrammes seulement de métal par opération.

Les indications fournies sur la marche de cet appareil montrent que son fonctionnement est régulier et qu'il permet l'obtention d'un métal extra-doux contenant en moyenne :

| | |
|---|---|
| Carbone.................... | 0,160 0/0 |
| Silicium................... | 0,020 — |
| Manganèse ................. | 0,180 — |

Il est à remarquer que, pour des moulages courants, il n'est pas nécessaire d'arriver à une aussi grande douceur : les auteurs affirment que,

malgré la faible charge, le métal est suffisamment chaud et les moulages peuvent être obtenus exempts de soufflures.

Dans tous ces appareils, ainsi que nous le disions en commençant, les réactions chimiques se passent comme dans les grands convertisseurs et il ne faut pas voir dans les diverses dispositions adoptées (soufflage par le fond, soufflage latéral, tuyères inclinées et excentrées, etc.) le moyen d'arriver à enlever au métal plus d'impuretés que dans le convertisseur classique à garniture acide. La seule chose qui nous paraisse devoir être retenue de tout ce qui a été dit sur les petits appareils, c'est qu'ils ont l'avantage de permettre le coulage de petites pièces et qu'il n'est pas absolument nécessaire pour marcher économiquement que l'appareil fonctionne sans intermittence comme pour les grands convertisseurs, le réchauffage d'un petit appareil étant naturellement peu coûteux. Un grand avantage des petits appareils amovibles sur grues ou ponts roulants est de pouvoir installer à demeure fixe des moulages délicats dans l'atelier, et d'y amener le convertisseur pour la coulée, au lieu de transporter les moules à la fosse de coulée, auquel cas il y a toujours à craindre pendant le trajet, ou à la nouvelle mise en place, des détériorations intérieures du moule, malgré toutes les précautions prises et les soins apportés pendant les manœuvres.

Les petits convertisseurs peuvent rendre de réels services pour la fabrication des moulages et leur existence est parfaitement justifiée par leur installation facile et peu coûteuse, ce qui permet de les employer un peu partout, non seulement dans les grandes usines toujours plus ou moins éloignées des villes, mais dans les villes mêmes, dans les ateliers de construction, à proximité des petits consommateurs de moulages d'acier, et d'autre part à proximité de petites chutes d'eau, suffisantes dans la plupart des cas pour la soufflerie, etc.

BIBLIOGRAPHIE :

BESSEMER et HARDISTY. — *Petits convertisseurs.* Iron and Steel Institute, septembre 1886. — *Études sur le spectre du Bessemer, avec photographies des spectres.* Idem, 1890.

HOWE. — *Procédé Bessemer aux Etats-Unis.* Iron and Steel Institute, octobre 1890.

POURCEL et VALTON. — *Note sur le convertisseur Robert.* Revue de Liège, 1887.

WALRAND. — *Procédé Walrand-Legénissel.* Paris.

### B. PROCÉDÉ MARTIN ACIDE.

Le procédé Martin acide exige, comme l'on sait, des matières pures, exemptes en particulier de soufre et de phosphore, de sorte que les usines remplacent peu à peu tous leurs fours Martin acides par des fours basiques ou neutres ; toutefois l'avantage restera encore longtemps à la fusion sur sole siliceuse pour la fabrication des aciers spéciaux durs et demi-durs (à la condition bien entendu de traiter des matières premières très pures) employés, par exemple, pour l'artillerie, la tréfilerie, les outils, concurremment avec les aciers au creuset. Non seulement les matières extra-pures exigées pour ces fabrications sont obtenues en partant de minerais de choix pour réaliser au haut fourneau une fonte pure toujours plus ou moins manganésée, mais en outre la fonte ainsi fabriquée est en général soumise avant fusion au four Martin à des opérations préliminaires ayant pour but d'enlever les dernières impuretés et en particulier le soufre, ou de l'amener à un degré d'affinage intermédiaire entre la fonte et l'acier : c'est ainsi que nous voyons le four Pernot, qui semble avoir fait son temps comme four de fusion proprement dit (bien qu'il en existe encore en Autriche et en Amérique) employé avec succès comme appareil épurateur. Nous verrons plus loin, en parlant de la désulfuration des fontes, le parti que l'on peut tirer comme appareil épurateur du cubilot à garniture basique, ainsi que des grands bassins mélangeurs pour l'obtention de fontes plus régulières à traiter, aussi bien aux convertisseurs acides ou basiques qu'au four Martin lui-même.

Dans son ensemble et comme construction générale, le four Martin est resté à peu près le même depuis une quinzaine d'années; la dimension des récupérateurs a été augmentée non seulement avec la capacité du four lui-même, mais aussi afin d'obtenir une plus haute température pour la fabrication des aciers extra-doux. On a réservé dans les nouvelles installations des chambres spéciales pour le dépôt des poussières, et d'un autre côté on a cherché à rendre complètement indépendants du four les régénérateurs, en les disposant sous forme de tours rondes (comme des appareils Cowper) à proximité du four (système Batho et ses imitations); mais cette nouvelle disposition, très en vogue au moment de son apparition, ne paraît pas devoir présenter tous les avantages que l'on en attendait, et l'on est revenu promptement à la disposition ancienne.

En ce qui concerne le laboratoire du four proprement dit, toutes les dispositions possibles ont été imaginées pour une bonne combustion des gaz à la sortie des carneaux, soit en admettant l'air et les gaz par des carneaux verticaux disposés parallèlement, soit en introduisant l'air par un ou plusieurs ouvertures supérieures aux carneaux d'arrivée des gaz, etc. Toutes ces dispositions ont leur valeur et on ne peut pas condamner l'une plutôt que l'autre : le grand point est de rechercher toujours à faire les arrivées d'air et de gaz plongeantes, afin d'éviter la corrosion de la voûte même du four, qu'elle soit droite, surbaissée ou bombée, et de reporter toute la température sur le bain de métal. Quant à la voûte elle-même, le dernier perfectionnement consiste à la faire par arceaux indépendants perpendiculaires au grand axe du four, de manière à pouvoir remplacer les parties usées sans être obligé de refaire la voûte en entier.

Au point de vue du chauffage, de nombreux perfectionnements ont été apportés depuis une dizaine d'années, principalement dans la construction des gazogènes. Au gazogène Siemens ancien on a substitué le *gazogène à cuve*, sorte de petit haut fourneau, employé pour la distillation de la houille (Autriche, Westphalie, etc.), ou même du bois (usines de l'Oural et autres). Le gazogène à cuve a été employé pendant un certain temps et sur une grande échelle aux usines de Witkowitz (Moravie) principalement pour la fabrication du *gaz à l'eau*, obtenu en faisant passer de la vapeur d'eau sur du coke incandescent; mais la température obtenue avec ce gaz est très élevée et donne lieu surtout à des coups de feu irréguliers nuisibles à la durée du four, et on n'a conservé finalement de ce système que le gazogène à cuve lui-même, lequel s'est répandu rapidement et donne satisfaction partout où il a été employé. L'inconvénient qui existe pour le gaz à l'eau se présente également dans les usines marchant au *gaz de bois*; ce gaz est très clair, très brillant, chargé souvent en hydrogène et exige de la part de l'ouvrier fondeur une surveillance de tous les instants pour éviter les coups de feu et la destruction de la voûte ou des parois et carneaux des fours.

Nous citerons enfin pour mémoire et comme mode de chauffage des fours Martin, l'emploi des résidus de *naphte du Caucase* en Russie; quelques usines les ont essayés aux fours Martin et les premiers résultats obtenus paraissent satisfaisants[1]; ils sont du reste déjà couramment employés en Russie dans les usines métallurgiques ou autres pour le chauffage des chaudières à vapeur; leur emploi par les bateaux à vapeur et les locomotives prend tous les jours plus d'importance et les Américains ont depuis longtemps devancé dans cette voie les usines métallurgiques européennes.

En ce qui concerne la fabrication même des aciers et des fers fondus, nous avons donné dans notre article précédent un certain nombre de variantes suivant les matières dont l'usine dispose. En général, dans des usines qui ont à leur disposition une assez grande quantité de riblons, on peut compter que l'on consomme de 25 à 30 0/0 maximum de fonte, fabriquée souvent spécialement pour le four Martin, et 75 0/0 de bons riblons généralement choisis, les matières impures ne pouvant être employées que sur sole basique ou neutre. Dans toutes les usines européennes marchant au Martin sur sole acide (France, Autriche, Allemagne, Russie), on peut dire qu'à l'heure actuelle on n'emploie que des matières généralement choisies et que le métal fabriqué est destiné à la fabrication des essieux, bandages et au matériel de l'artillerie et de la marine.

Nous compléterons ce que nous avons dit antérieurement de ces fabrications par l'étude du PROCÉDÉ AU MINERAI OU ORE PROCESS, par opposition au SCRAPS PROCESS, tel qu'il est pratiqué, par exemple, en Angleterre sur sole acide.

Le principe de *l'ore process* consiste à affiner la fonte en y introduisant du minerai, lequel couvre en partie le déchet de l'opération. L'idée primitive de Siemens était de n'employer aucun riblon de fer ou d'acier, mais exclusivement de la fonte; en réalité, on a toujours marché en Angleterre d'une façon mixte (*scraps and ore process*), le lit de fusion étant composé au plus de 75 à 80 0/0 de fonte et de 20 à 25 0/0 de scraps d'acier, le tout affiné au moyen d'une addition de minerai riche de 18 à 25 fois le poids de fonte traitée.

En 1880, par exemple, à *Landore*, la charge normale se composait de 70 0/0 de fonte, 22 0/0 de scraps d'acier, 8 0/0 de spiegel à 20 0/0 de manganèse et 20 0/0 du poids de la fonte en minerai riche de Mokta, Marbella ou île d'Elbe.

A *l'Usine de Hallside*, près Glasgow, une batterie de 12 fours Martin marchant tous en fonte et minerai consomme en moyenne 83 0/0 de fonte, 17 0/0 de scraps d'acier et environ 30 0/0 de minerai riche.

Les *Usines de Barrow-Steel Cⁿ* employaient en 1887 : 66 0/0 de fonte, 34 0/0 de scraps et 20 0/0 de minerai de Cumberland ou de l'île d'Elbe.

En 1889, à *Barrow* également, un atelier de 8 fours Martin de 20 tonnes fabriquait exclusivement par le scraps and ore process du métal doux pour tôle de construction et de chaudières; on y faisait également quelques moulages d'acier par additions de ferrosilicium et ferromanganèse à haute dose. La charge normale pour tôles dans les fours de 20 tonnes se composait de

14 000 kgr., soit 70 0/0 de fonte hématite;
6 000 — — 30 0/0 de scraps d'acier.

L'affinage se faisait à l'aide d'hématite du Cumberland seule, que l'on considère comme préférable pour cet usage au minerai de l'île d'Elbe et au Bilbao.

1. Voyez *Martin basique*, Société métallurgique de Moscou.

Le métal doux pour tôles correspond comme analyse à

| | |
|---|---|
| Carbone................. | 0,180 à 0,200 |
| Phosphore............. | 0,040 à 0,05 |
| Manganèse............. | 0,450 environ |

et fournit une résistance à la rupture de 44 kilogrammes par millimètre carré avec un allongement de 25 0/0 mesuré sur 200 millimètres.

Aux *Aciéries de Hartpoole*, près Middlesborough, une batterie de 6 fours de 25 tonnes, travaillant également pour tôles, consomme par charge

| | |
|---|---|
| 20 tonnes de fonte Cleveland n° 3, soit. | 80 0/0 |
| 5 — seulement de scraps, soit.... | 20 — |

que l'on affine avec du Bilbao Campanil.

En 1891, à *Consett*, on employait, dans de grands fours de 25 tonnes, 80 0/0 de fonte, 20 0/0 de scraps, 18 0/0 du poids de fonte en minerai de l'île d'Elbe.

En Angleterre, d'une façon générale, la fonte est chargée à froid sur la sole et les scraps au-dessus, et on a soin de maintenir dans le four une flamme fuligineuse pendant tout le temps de la fusion : c'est un tour de main très employé et qui a pour but de hâter la fusion des scraps, en même temps que de diminuer le déchet.

Quand la fusion est complète, on commence à charger le minerai par portions de 50 à 200 kilogrammes, suivant la capacité des fours. On juge que le minerai est en quantité suffisante quand l'ébullition qu'il provoque se produit bien sur toute la surface du bain, puis on laisse l'ébullition se calmer et on procède à une nouvelle addition de minerai. Dès que les bulles d'oxyde de carbone commencent à devenir plus rares, on procède aux prises d'éprouvettes de métal comme dans le procédé au riblon et on fait les additions de spiegel, ferromanganèse, etc., suivant la dureté du métal que l'on a en vue.

Sauf en Angleterre, le procédé au minerai s'est peu répandu; toutefois nous le retrouvons en Russie en 1894, appliqué depuis longtemps et sur une grande échelle aux *Usines de Hugues* (Yousovo), Donetz occidental. Cette usine, largement installée, fabrique essentiellement les rails et le matériel de chemins de fer; l'acier nécessaire à ces produits est fourni par une batterie de 8 à 10 fours Martin acide consommant en marche normale 60 0/0 de fonte, dont 57 0/0 de fonte venant directement des hauts fourneaux, et 3 0/0 de fonte manganésée; le reste de la charge comprend 25 0/0 de chutes de rails ou autres riblons de fer ou d'acier et 15 0/0 de minerai.

La fonte, au lieu d'être chargée à froid comme dans la plupart des usines anglaises et autres, vient directement à l'état liquide des hauts fourneaux : ce sont des fontes fabriquées au coke avec des minerais de Krivoï-Rog et l'affinage se fait au four Martin avec ce même minerai; de l'emploi de la fonte liquide résulte une opération plus rapide et une marche plus économique.

L'emploi de la fonte liquide a été essayé dans d'autres usines, mais on s'est souvent buté à la routine et on l'a abandonné bien à tort. Aux usines de Yousovo, on est très satisfait de cette méthode de travail, et la marche des fours est très régulière; il est vrai de dire que la fabrication en somme est simple, puisque tout l'acier provenant des fours Martin est destiné à la fabrication des rails, éclisses, crampons, etc. La production moyenne par four et par jour est de 30 à 36 tonnes; la consommation de charbon accusée est de 450 à 500 kilogrammes par tonne d'acier et la mise au 0/00 de 1088.

L'*ore process* sur sole acide a été également appliqué en Suède. On charge au four Martin une quantité de fonte à peu près égale à celle de métal, acier dur ou doux, que l'on veut obtenir, et on affine cette fonte par des charges successives de minerai de plus en plus petites à mesure que l'opération avance. Vu la nature des fontes et minerais employés, la réaction est très vive et on n'utilise par suite qu'une faible partie de la capacité réelle du four. Ainsi, par exemple, une série de coulées faites au four Martin de Hammarsby et Aukarsvenz ne comportent que 2000 à 4000 kilogrammes de métal; la quantité de minerai employé est de 14 à 30 0/0, suivant l'allure du four et le métal que l'on veut fabriquer.

A Gratz, en Styrie, également sur sole acide, on a essayé, soit l'ore process ou le scraps and ore process, soit le procédé Imperatori, qui a l'inconvénient de donner trop de scories et de réduire ainsi la capacité utile du four.

Le scraps and ore process a été appliqué dans les conditions suivantes :

| | |
|---|---|
| Fonte................. | 50 0/0 |
| Riblons fer............. | 20 — |
| — acier............. | 20 — |
| Minerai de l'Ersberg............. | 10 — |

Parmi les nombreuses variantes du procédé au minerai, nous donnons dans le tableau ci-dessous un exemple de la marche de l'affinage dans une opération pour métal dur :

*Marche de l'affinage d'une opération Martin au minerai pour métal dur.*

| Échantillons | Mn | C | Si | S | Ph |
|---|---|---|---|---|---|
| Bain initial......... | 0,660 | 2,300 | 1,300 | 0,050 | 0,190 |
| 1ᵣᵉ éprouvette, après addition du minerai. | 0,260 | 1,650 | 1,190 | 0,055 | 0,185 |
| 2ᵉ éprouvette....... | 0,200 | 1,600 | 0,280 | 0,060 | 0,190 |
| 3ᵉ — ........ | 0,080 | 1,400 | 0,074 | 0,050 | 0,190 |
| 4ᵉ — ........ | 0,060 | 0,250 | 0,057 | 0,050 | 0,155 |
| Métal final......... | 0,600 | 0,550 | 0,044 | 0,044 | 0,160 |

Dans ce tableau, on remarquera la combustion rapide du carbone avant le silicium dans la première partie de l'opération, tandis que dans la seconde c'est le contraire qui se produit; l'addition de bons riblons à la fin provoque un abaissement de la teneur en phosphore, qui est toutefois encore élevée.

Le laitier formé dans cette opération avait la composition suivante :

| | |
|---|---|
| Oxydes de fer et de manganèse.... | 51.07 |
| Silice...................... | 46.40 |
| Alumine, etc.................. | 2,60 |

La préférence à donner au procédé au riblon ou au procédé au minerai dépend évidemment des conditions locales de chaque usine (des approvisionnements possibles, et des prix relatifs des fontes et des riblons); ainsi que nous l'avons fait remarquer, les usines ayant toujours à leur disposition leurs propres déchets de fabrication ont intérêt à marcher d'une façon mixte (scraps and ore process). Nous ajouterons que, lors même que l'on a à sa disposition plus de riblons que de fonte, c'est-à-dire si l'on consomme, par exemple, 25, 30, 35 0/0 de fonte contre 70 0.0 environ de riblons de fer ou d'acier, il y a toujours intérêt à faciliter l'affinage par l'addition d'une certaine quantité de minerai : c'est un moyen très efficace pour hâter l'opération et il a en outre l'avantage, quand il s'agit d'obtenir des métaux très doux, d'arriver à une décarburation très complète du bain, à laquelle on n'arrive pas toujours, ni d'une façon aussi régulière, si on n'a pas recours au minerai.

Un inconvénient de l'emploi du minerai sur sole acide résulte de l'ébullition qu'il provoque, brassage très énergique qui a ses avantages pour l'obtention d'un métal homogène, mais aussi ses inconvénients en ce qui concerne la durée même de la sole, de la voûte et des parois du four. Aussi est-on obligé, quand on veut travailler en ore process, d'élever considérablement la voûte du four pour la protéger contre les projections de métal et de scorie. Un autre inconvénient est la grande quantité d'oxyde de fer en présence de la silice de la sole et des parois, d'où usure constante de ces parois du four. Pour obvier à cette usure, on est obligé de construire les soles très épaisses et on les confectionne en Angleterre avec un très grand soin, en *silver sand* (sable d'argent) venant de Belgique et contenant

| | |
|---|---|
| Silice....................... | 96 0/0 |
| Alumine et fer.. ............... | 2 — |
| Chaux....................... | 1 — |
| avec quelques traces d'alcali. | |

C'est un sable à grain très fin, plat, analogue à des paillettes de mica.

On commence par faire sur les plaques de sole une première garniture en briques siliceuses de Dinas, puis on met le gaz au four et on chauffe jusqu'à la température de fusion ou à peu près, c'est-à-dire au point où le sable (silver sand), jeté simplement à la pelle, adhère au bout de quelques instants aux briques de silice. A partir de ce moment, on étale le silver sand avec la pelle à sole par couches très minces, en le damant régulièrement; on laisse cuire chaque couche jusqu'à glaçage de la surface avant de recommencer une nouvelle couche. Ce travail demande beaucoup de soin de la part de l'ouvrier et une bonne surveillance de la part de l'ingénieur, car de là dépend toute la solidité du four. Une sole ainsi préparée doit avoir au moins 0$^m$,30 d'épaisseur au milieu et 0$^m$,60 sur les côtés; elle forme après cuisson un bloc très compact, sur lequel on peut sans danger travailler au minerai.

La confection d'une sole de ce genre demande de 8 à 12 jours; mais, une fois bien fait, ce garnissage peut résister assez longtemps, s'il est bien entretenu entre chaque coulée. Nous indiquerons plus loin les avantages que présentent pour la marche en ore process les soles construites en matières basiques (dolomies ou magnésies) ou neutres (fer chromé).

Comme annexe à l'ore process, nous devons citer le *Procédé Imperatori*, qui n'est qu'une variante du procédé Martin acide (rentrant en quelque sorte dans les procédés directs), et qui a pour but d'extraire des minerais riches, par une action réductrice bien mesurée, la plus grande partie du fer qu'ils contiennent, de manière à obtenir une éponge de fer entrant dans la charge du four Martin. Pour atteindre ce but, on charge directement dans le four des briquettes composées de minerai et charbon ou coke, en proportions variables suivant la richesse du minerai. Ces briquettes se composent, par exemple, avec du minerai de l'île d'Elbe, de 25 parties de coke, ou 30 à 35 parties de houille, pour 100 parties de minerai : le tout, étant malaxé mécaniquement, fournit des briquettes de 25 à 30 kil., qui sont d'abord séchées à l'air, puis près des fours de fusion pour terminer la dessiccation.

Le but poursuivi dans le procédé Imperatori est d'utiliser une certaine quantité du fer du minerai qui vient couvrir en partie le déchet de l'opération : la charge normale est, comme pour l'ore process, une charge mixte de fonte, scraps de fer ou d'acier, et minerai ; elle se compose en moyenne de 40 0/0 de fonte seulement avec 30 0/0 de riblons et on compte que le reste, 30 0/0, est le fer fourni par la réduction du minerai.

La fusion s'opérant en présence d'une quantité importante d'agent réducteur (charbon ou coke), l'oxydation du bain est faible, et la scorie qui le recouvre se rapproche des scories des opérations acides au riblon, dont le point de départ est une fonte manganésée avec addition de riblons d'acier choisis; elle est de teinte vert clair, contient peu d'oxyde de fer, contrairement à ce qui se passe dans l'ore process proprement dit, où il y a toujours à craindre une trop grande oxydation et l'obtention de métaux sur-affinés, donnant lieu à des lingots souffleux et à leurs conséquences dans les opérations subséquentes de martelage, laminage, etc.

Dans le procédé Imperatori, lorsque la fusion de la charge est complète (on conduit du reste l'opération comme à l'ordinaire), on procède aux prises d'éprouvettes qui, vu le peu d'oxydation du bain, doivent être aussi exemptes que possible de criques ou gerçures après martelage direct; on pousse l'affinage plus ou moins loin, suivant la nature de l'acier que l'on veut obtenir, et on procède aux additions finales de spiegel, ferromanganèse, etc., soit dans le four, soit dans la poche.

Nous avons cité comme exemple de variante du procédé au minerai le procédé Imperatori, qui a donné de bons résultats dans les quelques usines où il a été appliqué; d'autres variantes ont été et peuvent être imaginées dans chaque usine, suivant les conditions spéciales où l'on se trouve, et peuvent donner également de bons résultats au point de vue économique.

Le procédé Imperatori a l'inconvénient de fournir une grande quantité de scorie, mais il est avantageux au point de vue de la quantité de minerai que l'on peut consommer utilement. Il peut trouver son application non seulement sur sole acide, mais aussi sur sole basique et neutre, principalement dans les usines ayant à leur disposition des minerais purs, comme ceux de l'île d'Elbe et des Alpes.

BIBLIOGRAPHIE :

CAMPBELL. — *Etudes sur le four Martin*. Am. Inst. of Mining Engineers, septembre 1890.

CAMPREDON. — *Les moulages d'acier*. Paris, Rousset, 1892.

DE GÄCHTER. — *Le four Martin : Progrès réalisés dans la fabrication de l'acier sur sole*. Génie civil, 1891.

FRÉSON. — *Fabrication de l'acier sur sole aux Etats-Unis*. Revue de Liège, 1886.

MAHLER. — *Traits principaux de la fabrication des aciers moulés*. Génie civil, 1891.

POURCEL. — *Procédé au minerai ou ore process au four Siemens Martin*. Société des Ing. civils, 1891.

### C. PROCÉDÉ BESSEMER BASIQUE OU PROCÉDÉ THOMAS.

Actuellement le procédé Thomas, qui faisait son apparition en 1878-1880, a pris une très grande extension, et de nouvelles aciéries sont encore en création sur divers points, en particulier dans l'est de la France, pour l'application du brevet, tombé aujourd'hui dans le domaine public.

Nous avons exposé précédemment la théorie générale du procédé, et nous nous bornerons en conséquence maintenant à indiquer par un certain nombre d'exemples les progrès réalisés dans les diverses usines en Allemagne, en Autriche et dans l'Est de la France, où l'emploi des minerais phosphoreux a contribué au développement de l'industrie depuis une dizaine d'années.

Le point important, pour le procédé Thomas

comme pour le Bessemer, est d'avoir à traiter au convertisseur une fonte de composition régulière; on y arrive facilement quand on marche en seconde fusion au cubilot, comme par exemple à l'usine de Rothe-Erde, près Aix-la-Chapelle, et à celle de Hoesch à Dortmund, renommées l'une et l'autre pour la bonne qualité et la régularité de leurs produits.

Un autre moyen pour arriver à cette régularité de la composition des fontes, et qui se présente dans toutes les usines à grande production, est d'avoir à sa disposition des hauts fourneaux groupés de telle sorte (souvent dans les anciennes usines il est difficile de réaliser ce desideratum, comme à Longwy, par exemple, où les hauts fourneaux forment plusieurs groupes indépendants) que l'on puisse facilement mélanger les fontes des divers fourneaux, au nombre de quatre par exemple, comme aux Aciéries de Dudelange (Luxembourg), qui fournissent également des produits très appréciés de la clientèle, grâce à un mélange bien compris des fontes des divers fourneaux, à une classification rigoureuse des coulées au point de vue chimique et mécanique, toutes conditions essentielles pour assurer la régularité des produits livrés (sous forme de blooms, billettes, etc.) aux petits transformateurs.

Du reste, toutes les nouvelles aciéries ont compris aujourd'hui l'importance de ces conditions de fabrication, et si les unes ou les autres, au point de vue des résultats industriels et économiques, sont plus ou moins favorisées, cela tient surtout aux circonstances locales pour les approvisionnements de minerais et de bons cokes, au perfectionnement des installations au point de vue mécanique, aux dispositions adoptées pour le coulage des lingots, etc., mais rarement à l'insuffisance des études chimiques.

Grâce à un lit de fusion bien préparé pour les hauts fourneaux, et à la condition d'avoir en outre à sa disposition de bons cokes réguliers, non sulfureux et peu cendreux, on peut arriver à livrer directement des hauts fourneaux des fontes régulières aux Aciéries Thomas, et obtenir ainsi de bons produits.

Certaines usines ont à leur disposition des minerais de composition à peu près constante, ou tout au moins toujours les mêmes variétés, et en petit nombre, comme dans l'Est de la France et le Luxembourg (minerais oolithiques gris, jaunes, rouges, désignés sous le nom de *minettes*), ou comme en Bohême (minerais du terrain silurien, etc.); mais d'autres aciéries au contraire, comme celles d'Autriche (Witkowitz par exemple) et d'Allemagne (Bassin rhénan, westphalien), doivent avoir recours à des minerais très variés, venant en grande partie de l'étranger.

Nous donnons dans le tableau ci-joint, d'après M. Wedding, les analyses des diverses fontes employées en Allemagne; nous les compléterons plus loin par l'étude spéciale d'un certain nombre d'usines.

*Analyses de fontes employées en Allemagne pour la fabrication de l'acier Thomas*
(d'après Wedding).

| Usines | Manganèse | Silicium | Soufre | Phosphore |
|---|---|---|---|---|
| Peine Ilsedee, bonne qualité | 2,20 | 0,50 | 0,08 | 3,00 |
| — limite | 2,00 à 2,50 | 0,50 à 0,70 | 0,80 à 0,45 | |
| Hayange | 2,00 | 1,50 | » | 1,50 à 3,00 |
| Luxembourg lorrain (moyenne) | 1,50 | 0,75 | 0,50 | 3,20 |
| — limite | 1,00 à 1,50 | 0,10 à 0,80 | 0,13 a 0,60 | 2,00 |
| — Metz et C<sup>ie</sup> | 0,63 | 1,19 | 0,05 | 1,20 à 2,50 |
| — Rodange | 0,61 | 1,32 | 0,08 | 1,86 |
| Hoerde, C — 2,83 | 2,20 à 3,00 | 0,40 | 0,10 | 1,75 |
| | 1,03 | 1,22 | 0,08 | 1,50 à 2,50 |
| | » | 0,43 | » | 2,18 |
| Hoerde, fonte du Luxembourg | 0,52 | 0,66 | 0,29 | 1,22 |
| | 3,19 | 0,16 | 0,02 | 1,28 |
| | 2,37 | 0,30 | 0,05 | » |
| | 2,80 | 0,20 | 0,05 | 2,50 |
| Ruhrort | 0,41 | 0,56 | 0,41 | 1,99 |
| | » | 1,34 | » | 1,40 |
| Oberhausen | 2,00 | 1,00 | » | 2,09 |
| Neunkirchen | 2,00 | 0,50 | » | » |
| Rothe-Erde | 1,50 | 0,80 | » | 2,50 |
| | 1,50 | 1,20 | » | 1,75 à 2,00 |
| | | | | 2,00 |

Nous ne pouvons mieux faire, pour donner une idée de la complexité d'un lit de fusion pour fontes Thomas dans les usines westphaliennes, que d'indiquer ci-dessous, comme exemple, un mélange employé à l'*Usine de Hoerde*, renommée à juste titre par ses intéressantes études et qui a joué en Allemagne le rôle de Terre-Noire en France, en marchant toujours à la tête du progrès par ses méthodes scientifiques, et qui a été la première à appliquer en grand, dès son apparition, le procédé Thomas.

Le lit de fusion, à Hoerde, est préparé d'avance, comme dans la plupart des usines de la Westphalie (Aciéries du Rhin, Aciéries du Phénix, etc.). Les minerais sont disposés par couches tels qu'ils arrivent par wagons sans aucun cassage. Il y a souvent beaucoup de gros blocs et d'autre part des menus; mais, la répartition générale ayant lieu sur une aire de grande surface, la préparation du lit de fusion se fait assez bien, donne, au moment du chargement, une proportion de menu et de gros assez régulière pour que l'allure des hauts fourneaux soit elle-même très régulière.

Le rendement du lit de fusion n'est que de 34,36 à 38 0/0 environ; la charge de coke normale est de 3000 kilos pour un poids de minerai et fondants de 9500 à 10 000 kilos jusqu'à 12 000 kilos (voir plus loin).

La production des quatre hauts fourneaux de Hoerde est de 500 tonnes de fonte Thomas par 24 heures et la dépense en coke (à 12 0/0 de cendres) accusée est de 850 à 900 kilogrammes par tonne de fonte avec le lit de fusion mentionné ci-après.

*Lit de fusion de l'usine de Hoerde.*

| Quantités en kilogrammes par charge | Nature des minerais et scories | Analyses des minerais | | | | | | | | |
|---|---|---|---|---|---|---|---|---|---|---|
| | | Perte à la calcination | Fer | Manganèse | Alumine | Chaux | Magnésie | Silice | Soufre | Phosphore |
| 2500 | Blackband grillé............. | » | 45,62 | 1,78 | 10,01 | 5,58 | 2,52 | 12,54 | 1,17 | 0,70 |
| 1000 | —      cru.............. | 40,25 | 29,12 | 1,34 | 4,23 | 2,74 | 1,56 | 8,97 | 0,23 | 0,40 |
| 2000 | Scories de puddlage de la Ruhr. | » | 53,87 | 5,00 | » | » | » | 10,50 | » | 3,10 |
| 500 | Pailles de fer................ | » | 60,01 | » | » | » | » | 12,37 | » | 3,04 |
| 500 | Scories de Siegen ........... | » | 45,77 | 13,62 | » | » | » | 16,74 | » | 0,99 |
| 500 | —     de puddlage de la Sarre. | » | 59,56 | 1,07 | » | » | » | 8,44 | » | 4,89 |
| 500 | —     de réchauffage ........ | » | 50,23 | » | » | » | » | 32,61 | » | » |
| 750 | Hématite brune de la Lahn.... | 9,13 | 42,85 | 1,22 | 4,54 | 1,74 | 10,00 | 24,20 | » | 0,53 |
| 500 | —       rouge ............... | 25,05 | 24,15 | 0,24 | 1,23 | 31,65 | 1,11 | 5,47 | 0,02 | 0,15 |
| 1250 | Minerai de Grèce............. | 14,10 | 32,65 | 16,99 | 2,29 | 6,27 | 3,04 | 5,79 | 0,19 | 0,35 |
| 2600 | Castine..................... | 43,54 | 0,20 | » | » | 51,14 | 2,18 | 0,73 | » | » |

On remarquera la grande quantité de scories de toutes sortes consommées par rapport aux minerais proprement dits.

Disons en passant que le groupe des hauts fourneaux Hörder Hochöfen est situé à 2 kilomètres et demi de l'usine de Hermanshütte, où se trouve l'Aciérie Thomas, et que la fonte produite doit être transportée liquide directement par chemin de fer jusqu'à l'Aciérie. La durée du trajet est de 8 à 10 minutes; mais, malgré ces conditions, la fonte arrive toujours assez chaude aux convertisseurs.

La fonte normale est une fonte blanche lamellaire possédant la composition suivante :

| | |
|---|---|
| Manganèse..... | 2 à 2,50 0/0, jusqu'à 3 0/0 |
| Phosphore..... | 2,50 à 3 0/0 |
| Silicium....... | 0,400 à 0,500 |

Nous donnons à titre de comparaison l'analyse d'un laitier de fonte Thomas, dans lequel on remarquera la faible teneur en chaux et la forte teneur en manganèse :

| | | |
|---|---|---|
| Silice................. | 37,700 | |
| Alumine............... | 9,990 | |
| Chaux................. | 34,500 | |
| Protoxyde de fer........ | 0,750 | Fe.. 0,590 |
| —      de manganèse.. | 10,169 | Mn. 8,650 |
| Sulfure de manganèse.... | 2,637 | |
| Magnésie.............. | 3,750 | |
| Acide phosphorique...... | 0,200 | P.. 0,090 |
| | 99,696 | |

Les opérations Thomas en première fusion, à Hoerde, ne présentent point de particularité importante; on cherche à obtenir généralement un métal doux, moyen, manganésé à 0,600 ou 0,700 de manganèse et 0,060 de phosphore, qui est employé pour profilés divers, rails de tramways, traverses métalliques, etc.

L'usine de Hoerde marche également *en deuxième fusion*. Nous donnons ci-dessous, à titre d'exemple de seconde fusion, la composition d'une charge avec analyse du métal et du laitier correspondant :

| | |
|---|---|
| Fonte..................... | 9 540 kgr. |
| Spiegel................... | 700 — |
| Ferromanganèse............ | 40 — |
| Chaux.................... | 1 300 — |

| Échantillons | Mn | C | Si | Ph |
|---|---|---|---|---|
| Analyse de la fonte : | | | | |
| avant fusion......... | 2,73 | 2,75 | 0,29 | 2,27 |
| après   — au cubilot. | 1,23 | 2,60 | 0,15 | 1,94 |
| Spiegel avant fusion .. | 8,42 | 4,16 | 0,23 | 0,23 |
| —      après    —    au cubilot. ............. | 5,48 | 4,34 | 0,23 | 0,35 |
| Ferromanganèse ...... | 50,90 | 6,19 | 0,04 | 0,14 |
| Acier final ............ | 0,610 | 0,105 | 0,009 | 0,072 |

*Analyse du laitier du convertisseur.*

| | |
|---|---|
| Silice......................... | 4,86 |
| Protoxyde de fer................. | 12,56 |
| Peroxyde de fer.................. | 6,97 |
| Protoxyde de manganèse. ........ | 5,64 |
| Chaux....................... | 46,31 |
| Acide phosphorique.............. | 20,58 |

A l'*Usine du Phœnix*, près Laar, on traite également au Thomas des fontes fortement manganésées, ce qui est une excellente condition pour l'obtention de bons produits. L'usine a à sa disposition du très bon coke à 7 ou 8 0/0 de cendres, et comme minerais principaux les suivants :

1° Minerai jaune du Nassau, en général assez menu et contenant 35 0/0 de fer avec 3 ou 4 0/0 de manganèse;

2° Minerai spathique grillé, également manganésifère et consommé ordinairement à raison de un quart du minerai de fer total;

3° Les minerais de Diélette (Manche), oligiste micacé, et plus spécialement :

4° Les hématites brunes et rouges de Saint-Rémy (Calvados), et enfin, comme minerai de manganèse, celui de Nassau.

Nous donnons comme exemple le lit de fusion employé à la fin de juin 1889, en faisant remarquer ici, comme à Hoerde, la très grande quantité consommée de scories de puddlage, scories de fours à réchauffer, battitures de laminoirs, scories et oxydes de fer des cheminées des convertisseurs, etc.

Le rendement moyen, beaucoup plus élevé qu'à l'usine de Hoerde, varie de 48 à 53 0/0, et la dépense en bon coke à 7 ou 8 0/0 de cendres est d'environ 950 kilos par tonne de fonte. La charge en coke est de 2500 kilos, et celle de minerai toujours supérieure à 5000 kilos, c'est-à-dire moitié de celle employée dans les grands hauts fourneaux de Hoerde, Dudelange, etc.

*Lit de fusion de l'usine du Phœnix* (25 juin 1889).

| | |
|---|---|
| Scories de puddlage | 16,66 0/0 |
| Rheinerz ou minerai des prairies, jaune | 16,66 — |
| Scories, résidus de poches et cheminées | 10,00 — |
| Battitures de laminoirs | 4,00 — |
| Minerai spathique grillé | 8,44 — |
| Minerais de St-Rémy et Diélette | 20,00 — |
| Oxydes de fer provenant de fabriques d'aniline | 3 à 5 — |

D'une manière générale, on ne marche pas en allure très calcaire, et les laitiers sont généralement brunâtres et chargés en oxyde de manganèse ; le laitier normal correspond à 42 0/0 de silice, 42 0/0 de chaux et 12 0/0 d'alumine, le reste étant du fer et du manganèse, ainsi qu'un peu de magnésie apportée par les scories Thomas. Ce laitier correspond à une fonte normale contenant :

| | |
|---|---|
| Manganèse... 2,50 0/0 jusqu'à | 3 0/0 et plus. |
| Carbone | 3 — |
| Silicium | traces. |
| Phosphore | 2 à 2,50 0/0 |

C'est un petit spiegel, et l'aciérie exige, pour une bonne marche, égalité de phosphore et de manganèse. Ainsi, par exemple, les fontes ci-dessous qui seraient employées dans d'autres aciéries sont considérées au Phœnix comme de mauvaise allure, étant trop blanches, quoique siliceuses :

| | |
|---|---|
| Manganèse | 1,50 à 1,70 0/0 |
| Silicium | 0,50 à 1,00 — |
| Phosphore | 2,00 à 2,40 — |

Ce sont des fontes blanches peu lamelleuses.

En résumé, au Phœnix, dans le cas où l'on marche en première fusion, on recherche une fonte blanche cristallisée n'ayant pas de silicium, riche en phosphore ou en manganèse et qui contient souvent jusqu'à 3 0/0 de chacun de ces éléments et, si nous insistons sur ce point, c'est pour montrer la marche particulière du Phœnix, qui, grâce à la composition des fontes traitées, obtient des produits de qualité supérieure. Il est en effet nécessaire, pour marcher convenablement au Thomas, d'avoir à sa disposition des fontes manganésées (pour être à l'abri des inconvénients du soufre et de l'oxydation trop grande à la fin de l'opération), contrairement à ce qui se fait dans certaines usines, où par une économie mal placée, et au détriment de la qualité des aciers, on cherche à travailler avec des fontes peu manganésées. Cette observation est surtout applicable aux usines travaillant en première fusion dans l'Est de la France, en Belgique, etc.

Nous verrons plus loin, par opposition, les usines de Bohême travaillant en fontes à peu près exemptes de manganèse.

Les hauts fourneaux de l'usine du Phœnix ne suffisant pas à la production de l'Aciérie, on marche en partie en *seconde fusion* au cubilot ; la fonte traitée est un mélange de fontes du Luxembourg et de petits spiegels fournis par l'usine de Ilsedec (Hanovre) qui, comme on sait, dispose de minerais de fer fortement manganésés.

Nous donnons ci-dessous deux analyses de fontes qui confirment ce que nous venons de dire sur la marche spéciale des usines du Phœnix :

| | Fonte des hauts fourneaux. | Fonte des cubilots. |
|---|---|---|
| Manganèse | 3,553 | 3,518 |
| Silicium | 0,496 | 0,409 |
| Phosphore | 2,049 | 1,834 |

Les aciers obtenus sont naturellement à teneur relativement forte en manganèse, ainsi que le montrent les analyses suivantes. On remarquera que la dureté n'est pas due au carbone, mais au contraire principalement au manganèse ; ces aciers sont tous exempts de silicium, mais leur teneur en phosphore est, comme on voit, encore assez élevée, surtout pour les aciers durs (voyez plus loin CLASSIFICATION DES ACIERS pour les numéros de dureté).

*Aciers des Usines du Phœnix, près Laar.*

| Nᵒˢ des aciers | Mn | C | Si | S | Ph |
|---|---|---|---|---|---|
| Thomas, n° 4 | 0,800 | 0,220 | traces | 0,084 | 0,123 |
| — nᵒˢ 5 à 6 | 0,585 | 0,185 | id. | 0,103 | 0,067 |
| — n° 7 | 0,375 | 0,070 | id. | 0,097 | 0,052 |

Aux *Établissements de Hoesch, à Dortmund,* on travaille également en *seconde fusion* avec des fontes manganésées. On emploie principalement des fontes de Oberhausen et des fontes anglaises, qui au cubilot donnent une fonte possédant la composition moyenne suivante :

| | |
|---|---|
| Manganèse | 2,80 jusqu'à 3 0/0 |
| Carbone | 2,80 |
| Silicium | 0,30 jusqu'à 1 0/0 |

Ce sont des fontes très chaudes ; l'opération Thomas est elle-même d'allure très chaude et le sursoufflage peut être poussé très loin sans que l'on ait à craindre d'oxydation. Le but poursuivi comme fabrication est d'obtenir un métal doux à 40 kilos de résistance moyenne pour profilés divers et correspondant à

| | |
|---|---|
| Manganèse | 0,250 |
| Carbone | 0,060 |
| Phosphore | 0,040 |

Pour la fabrication des traverses métalliques, on a recours à un métal plus dur, correspondant à 0,350 de manganèse et 0,200 de carbone (voyez CLASSIFICATION DES ACIERS).

Voici du reste les analyses complètes d'aciers fabriqués aux Aciéries de Hoesch :

*Aciers des Établissements de Hoesch, à Dortmund.*

| Nᵒˢ des aciers | Mn | C | Si | S | Ph |
|---|---|---|---|---|---|
| N° 5, mi-dur | 0,890 | 0,500 | » | » | 0,104 |
| | 0,860 | 0,575 | traces | 0,090 | 0,106 |
| N° 0, flusseisen | 0,325 | 0,050 | 0,050 | 0,148 | 0,050 |

La *seconde fusion* est également pratiquée à l'*Usine de Rothe-Erde*, près d'Aix-la-Chapelle. On traite surtout au cubilot des fontes du Luxembourg, de Esch-sur-l'Alzette en particulier, qui sont en général peu manganésées et souvent trop siliceuses ; leur composition moyenne correspond à

| | |
|---|---|
| Manganèse | 1,500 |
| Silicium | 1,000 |
| Phosphore | 2,000 |

Les mélanges au cubilot sont faits d'une manière un peu différente, suivant que l'on a en vue la fabrication des aciers doux pour profilés divers et tréfilerie ou les aciers durs pour rails, éclisses, etc. On cherche à se rapprocher comme composition des chiffres ci-dessous :

|  | Fonte p<sup>r</sup> acier doux. | Fonte p<sup>r</sup> acier dur. |
|---|---|---|
| Manganèse.. | 1,300 à 1,400 | 1,790 à 1,800 |
| Silicium..... | 0,060 à 0,070 | 0,700 à 0,900 |
| Phosphore... | 1,800 à 1,900 | 1,800 à 1,900 |

Avec ces fontes, les opérations Thomas durent environ 15 minutes ; on emploie toujours le spectroscope pour constater le commencement du sursoufflage. Grâce à des dosages bien préparés, et malgré le peu de manganèse, l'usine fournit de bons produits.

Comme exemple de marche en *seconde fusion*, nous pouvons encore citer le mélange suivant, employé aux *Aciéries du Rhin* et qui, quoique siliceux et peu manganésé, donne de bons résultats :

| Fonte Cleveland................ | 50 0/0 |
|---|---|
| — Luxembourg............. | 25 — |
| — Ilsedee................. | 25 — |

correspondant, avant fusion au cubilot, à

| Manganèse..................... | 1,187 |
|---|---|
| Carbone...................... | 3,140 |
| Silicium...................... | 1,206 |
| Soufre....................... | 0,118 |
| Phosphore..................... | 1,953 |

Comme usines employant des minerais très variés, nous avons encore à citer ici les *Établissements de la Société de Witkowitz* (Moravie), qui ont à leur disposition des minerais riches et purs, en même temps que des minerais plus ou moins phosphoreux, et une très grande quantité de scories.

Les hauts fourneaux anciens de Witkowitz et ceux nouvellement installés à l'usine de Sophienhütte consomment principalement :

1° Les minerais du nord de la Hongrie (gisement du Rodobanya, qui sont des minerais carbonatés très purs, mais un peu cuivreux ; ces minerais, après grillage, contiennent en moyenne 50 0/0 de fer, un peu de sulfate de baryte

(1,50 0/0) et seulement 0,020 de phosphore. Ce minerai, qui se présente sous la forme d'un amas en couche de 40 mètres de puissance exploité à ciel ouvert, est d'une grande importance pour la Société ;

2° Les minerais de Grangenberg (Suède), contenant jusqu'à 63 0/0 de fer à l'état magnétique, sont également très purs ;

3° Les minerais de l'Innerberg (Autriche) carbonatés donnent en moyenne, après grillage, 48 0/0 de fer, 0,020 de phosphore et 0,020 de cuivre ;

Les *blue billy* ou pyrites grillées de diverses provenances à 60 0/0 de fer en moyenne, et qui, avant d'être employées aux hauts fourneaux, sont traitées à l'usine par des procédés spéciaux pour l'extraction du cuivre, de l'argent et du cobalt ;

5° Divers minerais de composition variable et plus ou moins purs ;

6° Les scories et battitures de laminoirs, comptées en moyenne à 50 0/0 de fer et 1,50 0/0 de phosphore ;

7° Les scories provenant des fours Martin basiques et contenant jusqu'à 8 0/0 de phosphore ;

8° Enfin les minerais spéciaux pour ferromanganèse, ferrosilicium, etc., que l'usine fabrique également au haut fourneau pour ses propres besoins.

Les quantités de scories et battitures que l'on consomme au haut fourneau varient de 10 à 30 0/0, et comme le reste de la charge est constitué par des minerais riches, plutôt siliceux que calcaires, on est obligé d'avoir recours à une forte proportion de castine. Le rendement moyen du lit de fusion est de 50 0/0 et, grâce à la variété des minerais et scories, l'usine de Witkowitz et celle de Sophienhütte fabriquent des fontes de composition très variable soit pour le Bessemer, ou pour le Thomas, le puddlage, le Martin, etc. Le tableau suivant donne la composition moyenne des laitiers de Witkowitz pour les différentes fontes fabriquées ; les analyses indiquées sont des moyennes industrielles et non des analyses faites sur des échantillons particuliers.

*Laitiers correspondant à diverses fontes fabriquées aux Établissements de Witkowitz.*
(Moyennes de plusieurs années.)

| Désignation des fontes fabriquées | Silice | Chaux | Alumine | Protoxyde de manganèse | Magnésie | Acide phosphorique | Soufre |
|---|---|---|---|---|---|---|---|
| Fonte Bessemer ................ | 30,80 | 40,50 | 14,77 | 10,81 | 4,63 | » | 2 0/0 |
| — Thomas................ | 30,85 | 42,50 | 12,00 | 7,00 | 4,00 | 1,42 | 1,61 |
| — pour puddlage et Martin .......... | 40,00 | 40 à 42 | 6 à 7 | 7 à 8 | 3 à 4 | » | » |
| — de moulage............ | 27,80 | 53,50 | 12,00 | 0,50 | 3,50 | 0,02 | 1,50 |
| Ferrosilicium ................ | 45,36 | 30,67 | 13,75 | 2,47 | 5,34 | 0,03 | 2,15 |
| Ferromanganèse à 80 0/0.......... | 28,00 | 33,87 | 9,80 | 24,11 | 2,70 | » | 0,95 |

Il y a lieu de faire remarquer qu'avec des minerais aussi purs que ceux dont on dispose à Witkowitz, il peut paraître extraordinaire de marcher en fonte plus ou moins phosphoreuse, 1 0/0 environ ; mais cela tient à la grande quantité de scories de toutes sortes provenant des usines mêmes de la Société et qui permettent, par des dosages bien étudiés, de fabriquer des fontes intermédiaires (qui ne sont ni des fontes pures ni des fontes Thomas proprement dites) à un prix relativement peu élevé, et qui peuvent se traiter facilement au Bessemer-Thomas, au Martin, au puddlage, etc.

Le procédé Thomas a aujourd'hui peu d'importance dans la Silésie Autrichienne, et nous rappellerons seulement que pendant un certain nombre d'années l'Aciérie Bessemer-Thomas de Witkowitz a pratiqué la méthode dite *de transvasement*, en partant de fontes ayant une composition moyenne de

| Manganèse............. | 2 à 2,50 0/0 |
|---|---|
| Silicium.... ........... | 2 à 3 — |
| Carbone............... | 3 — |
| Phosphore............. | 0,700 à 1 0/0 |

fontes grises à grain demi-serré qui, traitées en premier lieu dans un convertisseur acide, jusqu'à obtention d'un métal demi-affiné (à 0,600 ou 0,800 de carbone), sont versées ensuite dans le convertisseur basique pour l'élimination du phosphore. Cette méthode ingénieuse, mais coûteuse, n'est intéressante à citer qu'au point de vue historique, mais elle peut toutefois servir de base et de comparaison dans le cas de traitement de fontes de composition analogue soit au Thomas, soit au Martin (voyez plus loin PROCÉDÉ MARTIN à Witkowitz).

A côté des exemples de lits de fusion complexes que nous avons indiqués, nous donnons dans les tableaux ci-dessous deux types de dosages très simples qui peuvent être employés pour le traitement des minerais oolithiques phosphoreux de Meurthe-et-Moselle ; nous avons choisi comme exemple les minerais d'Hussigny,

traités par la Société des Aciéries de Longwy en prenant comme base les analyses moyennes :

| | Si. | Al. | Ca. | Fe. |
|---|---|---|---|---|
| Calcaire Hussigny.. | 9.00 | 5,00 | 20,00 | 27,00 |
| Mine — .. | 13,00 | 6,00 | 8,00 | 39,00 |

La quantité de manganèse nécessaire est introduite dans le type de dosage A par des minerais riches du Caucase, et dans le type B par du minerai pauvre en manganèse et siliceux de la vallée de l'Amblève (Ardennes belges).

*Aciéries de Longwy. — Types de dosages aux hauts fourneaux avec minerais d'Hussigny seuls.*
(Composition théorique du laitier pour fonte Thomas.)

| | Minerais | Poids par charge | o/o | Silice | Aluminium | Chaux | Fer | Manganèse |
|---|---|---|---|---|---|---|---|---|
| **Dosage A.** | Calcaire Hussigny | 5760 | 67,00 | 6,03 | 3,35 | 13,40 | 18,09 | » |
| | Mine Hussigny | 2710 | 31,50 | 4,10 | 1,89 | 2,52 | 12,29 | » |
| | Minerai du Caucase | 130 | 1,50 | 0,09 | 0,01 | 0,04 | 0,04 | 0,80 |
| | Total par charge | 8600 | 100,00 | 10,22 | 5,25 | 15,96 | 32,42 | 0,80 |
| | Coke | 3200 | Cendres | 1,50 | 1,00 | 0,10 | » | » |
| | Scories basiques | » | 2,00 | 0,22 | 0,02 | 0,98 | 0,26 | » |
| | | | | 11,94 | 6,27 | 17,04 | | |
| | | | | | 35,25 | | | |
| | Composition du laitier o/o | | | 34,09 | 17,25 | 48,25 | | |
| **Dosage B.** | Calcaire Hussigny | » | 76,00 | 6,34 | 3,80 | 15,20 | 20,52 | » |
| | Mine Hussigny | » | 18,00 | 2,34 | 1,08 | 1,44 | 7,02 | » |
| | Minerai de la vallée de l'Amblève | » | 6,00 | 1,98 | 0,12 | 0,12 | 1,32 | 0,84 |
| | Total par charge | 8700 | 100,00 | 11,16 | 5,00 | 16,76 | 28,86 | 0,84 |
| | Coke | 3200 | » | 1,50 | 1,00 | 0,10 | » | » |
| | Scories basiques | » | 2,00 | 0,22 | 0,02 | 0,98 | 0,26 | » |
| | | | | 12,88 | 6,02 | 17,84 | | |
| | | | | | 36,74 | | | |
| | Composition du laitier o/o | | | 35,20 | 16,30 | 48,50 | | |

La composition normale des lits de fusion aux Aciéries de Longwy est plus complexe que les exemples que nous donnons ci-dessus, car cette Société traite tous les minerais de ses propres concessions, et aussi des minerais des concessions voisines (voyez ANALYSES DES MINERAIS DE FER ET DE MANGANÈSE, au début de cet article).

Les analyses ci-dessous, qui sont la moyenne d'un très grand nombre, indiquent les différents types de fontes obtenues aux hauts fourneaux de cette Société, soit à Mont-Saint-Martin, soit au Prieuré. Nous donnons à titre de comparaison les analyses de fontes de moulage fabriquées par cette Société, avec du Bilbao comme base, et publiées à l'occasion de l'Exposition de 1889, ainsi qu'un certain nombre d'analyses de laitiers qui représentent également des moyennes générales de plusieurs années.

*Analyses de fontes des Aciéries de Longwy.*

| Désignations diverses | Manganèse | Carbone (graphite) | Carbone (combiné) | Silicium | Soufre | Phosphore |
|---|---|---|---|---|---|---|
| Fontes fortes OS pour moulage n° 1 | 1,30 | 3,20 | 0,40 | 2,70 | 0,02 | 0,090 |
| — — — n° 2 | 1,10 | 3,05 | 0,50 | 2,30 | 0,04 | 0,070 |
| — — — n° 3 | 0,90 | 3,00 | 0,60 | 1,80 | 0,06 | 0,060 |
| — — — n° 4 | 0,85 | 2,50 | 1,30 | 1,40 | 0,09 | 0,060 |
| Fonte forte truitée grise | 0,80 | 2,15 | 1,50 | 1,20 | 0,10 | 0,040 |
| — Thomas grise avec bords blancs | 2,50 | 3,70 | | 0,60 | 0,01 | 2,237 |
| — truitée grise | 2,15 | 3,20 | | 0,40 | 0,02 | 2,110 |
| — truitée blanche | 1,85 | 3,00 | | 0,30 | 0,03 | 2,118 |
| — blanche | 1,50 | 3,30 | | 0,20 | 0,04 | 2,009 |
| — blanche *a* | 1,50 | 3,00 | | 0,20 | 0,04 | 2,000 |
| — truitée *b* | 2,00 | 3,20 | | 0,35 | 0,02 | 2,200 |

*Analyses de laitiers des Aciéries de Longwy.*

| Désignations diverses | Silice | Alumine | Protoxyde de fer | Protoxyde de manganèse | Chaux | Soufre |
|---|---|---|---|---|---|---|
| Laitiers Thomas vitreux................ | 32,90 | 16,50 | 1,40 | 1,60 | 46,00 | 0,80 |
| — — blanc calcaire........... | 31,40 | 14,40 | 0,90 | 1,10 | 50,00 | 1,10 |
| — — jaune............... | 31,50 | 14,90 | 2,60 | 1,50 | 48,50 | 1,30 |
| — — noir............... | 32,20 | 15,00 | 3,00 | 2,40 | 45,00 | » |
| — de fonte de moulage ordinaire... | 33,00 | 17,00 | 1,30 | » | 46,50 | » |
| — de fontes OS................. | 34,00 | 14,00 | 1,30 | 1,00 | 47,00 | » |

Ainsi que le montrent ces tableaux, les fontes moyennes traitées en première fusion sont différentes de celles traitées aux usines de Hoerde et du Phœnix : leur teneur en manganèse se maintient voisine de 1,50 à 2 0/0 et dépasse bien rarement cette teneur, tandis que la teneur en phosphore est toujours supérieure à 2 0/0.

L'opération Thomas elle-même ne présente rien de bien spécial à signaler. On emploie toujours le spectroscope pour constater le point exact du commencement du sursoufflage, et l'on fabrique non seulement des métaux doux ou extra-doux pour tôles, tréfilerie, profilés divers, mais des métaux durs, des métaux pour ressorts destinés à être tréfilés, des moulages en acier, etc. Les additions finales au convertisseur varient naturellement avec le degré de dureté à obtenir et avec l'allure même des opérations, mais en général on peut admettre les proportions suivantes pour chaque numéro d'acier (voyez Classification) :

|  | Ferro Mn à 60 0/0. | Ferro Si à 10 0/0. | Spiegel à 20 0/0. |  |
|---|---|---|---|---|
| N° 1... | 0,80 | 1,90 | 8,90 | refondus au cubilot. |
| 2... | 0,90 | 1,80 | 6,75 | |
| 3... | 0,60 | 1,70 | 5,50 | |
| 4... | 0,50 | 1,60 | 3,25 | |
| 5... | 0,40 | 1,50 | 3,70 | |
| 6... | 1,00 | » | 1/2 0/0 | ajoutés en morceaux. |
| 7... | 1,00 | » |  | |
| 8... | 0,80 | » |  | |
| 9... | 0,50 | » |  | |

Pour les moulages d'acier, on ajoute en moyenne 7 0/0 de ferrosilicium, et on fait varier suivant les pièces à couler les additions de ferromanganèse et de spiegel, ce dernier étant refondu au cubilot avec le ferrosilicium.

Nous donnons ci-dessous deux exemples de charges pour ressorts, prises comme types dans cette fabrication :

|  | Opération A. | Opération B. |
|---|---|---|
| Fonte Thomas..... | 10 700 kgr. | 10 400 kgr. |
| Spiegel à 20 0/0.... | 325 — | 310 — |
| Ferro Mn à 70 0/0... | 160 — | 155 — |
| Ferro Si à 10 0/0.. | 320 — | 310 — |

Aux *Aciéries de Dudelange* (Luxembourg), que l'on peut citer comme un exemple d'installation bien étudiée, et aussi comme exemple de fabrication régulière, les fontes Thomas sont fournies par 4 hauts fourneaux de grandes dimensions, traitant les minerais dont nous avons donné ci-dessus les analyses publiées à l'occasion de l'Exposition de 1889. Les hauts fourneaux sont conduits de manière à obtenir des fontes truitées légèrement grises, et on mélange toujours les fontes des divers fourneaux pour avoir une fonte aussi régulière que possible pour le traitement au convertisseur. D'autre part, et suivant les fabrications que l'on a en vue, on fait varier légèrement la composition de la fonte et l'on choisit de préférence, pour certaines opérations, la fonte de l'un ou de l'autre des hauts fourneaux. Ainsi, par exemple, pour le métal courant pour profilés, tréfilerie ordinaire, on se contente de fonte à 1,500 de manganèse, avec 0,300 à 0,500 de silicium et 2,300 de phosphore, tandis que pour le métal destiné à la fabrication des tôles on recherche des fontes à égalité de phosphore et de manganèse comme dans les usines westphaliennes, soit environ 2 0/0 de chacun de ces éléments, sans arriver toutefois à 3,5 0/0 de manganèse, comme aux usines du Phœnix par exemple.

Voici du reste quelques analyses complètes de fontes et de laitiers correspondants :

*Analyses de fontes et laitiers Thomas des Aciéries de Dudelange.*

(Échantillons de divers fourneaux.)

| Fontes Thomas | Haut fourneau n° 1 | Haut fourneau n° 2 | Haut fourneau n° 3 | Laitiers correspondants | Haut fourneau n° 1 | Haut fourneau n° 3 |
|---|---|---|---|---|---|---|
| Manganèse............ | 1,450 | 1,900 | 0,800 | Silice,...................... | 31,80 | 30,60 |
| Silicium.............. | 0,210 | 0,650 | 0,070 | Alumine.................... | 18,90 | 17,20 |
| Soufre................ | 0,129 | 0,068 | 0,113 | Protoxyde de fer........... | 3,10 | 2,60 |
| Phosphore ........... | 1,900 | 1,956 | 1,956 | — de manganèse...... | 3,40 | 4,10 |
|  |  |  |  | Chaux .................... | 41,40 | 44,10 |

*Analyses de fontes et laitiers des Aciéries de Dudelange.*

| Fontes | | | Laitiers | | |
|---|---|---|---|---|---|
| Fer | 92,727 | 92,138 | Silice | 31,040 | 32,030 |
| Manganèse | 1,240 | 1,548 | Protoxyde de fer | 0,850 | 0,920 |
| Graphite | 0,775 | 1,659 | — de manganèse | 2,080 | 2,700 |
| | | | Alumine | 18,850 | 18,980 |
| Carbone combiné | 2,718 | 2,000 | Chaux | 41,170 | 39,660 |
| | | | Sulfure de calcium | 2,740 | 2,500 |
| Silicium | 0,327 | 0,286 | Magnésie | 3,160 | 3,240 |
| | | | Acide phosphorique | 0,050 | 0,180 |
| Soufre | 0,059 | 0,074 | Fer | 0,660 | 0,720 |
| | | | Manganèse | 1,610 | 2,090 |
| | | | Soufre | 0,020 | 0,080 |
| Phosphore | 2,154 | 2,295 | Phosphore | 1,220 | 1,110 |

La charge au convertisseur est de 9000 à 10 000 kilos, et on ajoute en général par opération de 1600 à 1700 kilos de chaux. La durée des opérations est de 12 minutes environ, et on emploie toujours le spectrocope pour constater le commencement du sursoufflage.

Pour les métaux doux courants, on ne cherche pas à descendre au-dessous de 38 à 40 kilos de résistance à la traction, ce qui correspond en moyenne à un métal contenant 0,400 ou 0,600 de manganèse, et 0,065 de carbone. Le phosphore pour les aciers doux est toujours au-dessous de 0,080, en moyenne de 0,065 ; il est un peu plus élevé pour les aciers mi-doux, ainsi que le montre l'analyse complète suivante (Exposition 1889) :

| | |
|---|---|
| Manganèse | 0,513 |
| Carbone | 0,165 |
| Silicium | traces |
| Soufre | 0,041 |
| Phosphore | 0,083 |
| Fer | 99,198 |

correspondant à

47kgr,70 de résistance,
57,50 0/0 de contraction
et 22 0/0 d'allongement mesuré sur 200 m/m (?).

L'usine fabrique également des aciers à ressorts doux par le carbone et durs par le manganèse, répondant à

| | |
|---|---|
| Manganèse | 0,800 a 1,200 0/0 |
| Carbone | 0,120 0/0 |

Nous donnons dans les deux tableaux de la page 52 les résultats d'analyses faites sur le métal et les scories de deux opérations Thomas, par comparaison avec celles que nous avons indiquées dans notre article précédent pour les opérations faites à Hœrde en 1880, c'est-à-dire au début du procédé Thomas.

Nous pouvons citer encore comme usines importantes pour la fabrication des aciers Thomas celle de Jœuf dans l'Est et celle des Aciéries de Valenciennes (Nord).

A *Jœuf*, on marche en première fusion avec des fontes à 1,50 0/0 de manganèse et 2,25 0/0 de phosphore ; on traite 10 tonnes par opération qui dure de 17 à 18 minutes, dont 3 à 4 minutes de sursoufflage, et on emploie toujours le spectroscope, comme à Dudelange et à Longwy.

Aux *Aciéries de Valenciennes*, on traite en seconde fusion des fontes de la même Société provenant des hauts fourneaux de Jarville, près

Nancy : les opérations sont de courte durée, 10 minutes, plus 2 minutes de sursoufflage.

Dans le Centre de la France, nous n'avons à citer que le *Creusot*, quoi que ce ne soit pas un centre important de fabrication d'acier Thomas.

La fonte Thomas, traitée en première fusion, est une fonte blanche (coulée en coquille), fabriquée avec les minerais de Mazenay ; elle a en moyenne la composition suivante :

| | |
|---|---|
| Manganèse | 1,500 à 2,00 0/0 |
| Silicium | 0 à 0,700 — |
| Soufre | 0,070 en moyenne. |
| Phosphore | 2,500 0/0 |

Nous donnons ci-dessous trois analyses de laitiers correspondants à ces fontes :

| | A. | B. | C. |
|---|---|---|---|
| Silice | 34,70 | 34,60 | 32,50 |
| Alumine | 11,20 | 11,60 | 11,80 |
| Chaux | 44,38 | 45,21 | 47,00 |
| Manganèse | 2,60 | 2,18 | 2,80 |
| Protoxyde de Mn | 2,41 | 2,13 | 1,70 |
| — de fer | 3,24 | 2,70 | 3,30 |
| Soufre | 1,25 | 1,21 | ? |
| Acide phosphorique | 0,12 | 0,07 | ? |

Les aciers fabriqués au Thomas sont employés pour diverses fabrications, telles que petits rails de mines, éclisses, etc.

Contrairement à ce que nous voyons en Westphalie (marche en fonte très manganésée) et en Meurthe-et-Moselle et en Luxembourg, où l'on emploie des fontes peu manganésées, certaines usines traitent au Thomas des fontes à peu près exemptes de manganèse ; mais c'est là un fait tout à fait exceptionnel et dépendant essentiellement des circonstances locales. Tel est le cas des usines de Kladno et de Teplitz en Bohême.

L'*Usine de Kladno* ne possède comme hauts fourneaux qu'une installation ancienne, et traite divers minerais de la région, en particulier des *chamoisites* exploitées en général à ciel ouvert et contenant 35 à 40 0/0 de fer et 2 0/0 de phosphore ; on passe également au haut fourneau une assez grande quantité de scories.

Les fontes fabriquées correspondent à :

| | Moyenne générale. | Échantillon. |
|---|---|---|
| Manganèse | 0,050 à 0,100 | 0,070 |
| Carbone | 2,500 | non dosé |
| Silicium | 0,200 à 0,400 | 0,190 |
| Soufre | 0,060 | 0,161 |
| Phosphore | 2,700 | 2,569 |

*Élimination des divers éléments pendant l'opération Thomas. — Aciéries de Dudelange, 1889.*
(Études de M. Vita, chimiste de la Société.)

Charge n° 12747.

| Temps écoulé depuis le commencement de l'opération : | 0ᵐ | 2ᵐ | 6ᵐ | 9ᵐ | 12ᵐ | Commencement du sursoufflage | 13ᵐ | 14ᵐ | 15ᵐ | 15ᵐ45ˢ | 15ᵐ55ˢ | Métal final |
|---|---|---|---|---|---|---|---|---|---|---|---|---|
| *Métal.* Manganèse | 1,330 | 0,880 | 0,570 | 0,620 | 0,690 | | 0,620 | 0,425 | 0,245 | 0,019 | 0,018 | 0,250 |
| Carbone | 3,627 | 3,110 | 2,090 | 0,950 | 0,084 | | 0,063 | » | » | » | » | 0,064 |
| Silicium | 0,397 | 0,004 | 0,002 | » | » | | » | » | » | » | » | » |
| Phosphore | 2,247 | 2,200 | 1,970 | 1,830 | 1,210 | | 0,710 | 0,240 | 0,080 | 0,060 | 0,049 | 0,049 |
| *Scories.* Acide phosphorique | » | » | » | » | 9,34 | | 14,02 | 18,43 | 17,15 | 16,08 | 14,59 | » |
| Silice | » | » | » | » | 4,82 | | 4,76 | 4,54 | 4,20 | 3,90 | 3,69 | » |
| Fer | » | » | » | » | 2,34 | | 2,62 | 3,47 | 3,60 | » | 3,60 | » |
| Manganèse | » | » | » | » | 4,17 | | 2,92 | 4,56 | 11,25 | 14,45 | 13,90 | » |

Charge n° 12926.

| Temps écoulé depuis le commencement de l'opération : | 0ᵐ | 2ᵐ | 4ᵐ15ˢ | 6ᵐ15ˢ | 8ᵐ45ˢ | Commᵗ du sursoufflage | 9ᵐ45ˢ | 10ᵐ45ˢ | 11ᵐ35ˢ | | | Métal final |
|---|---|---|---|---|---|---|---|---|---|---|---|---|
| *Métal.* Manganèse | 1,256 | 0,770 | 0,510 | 0,570 | 0,645 | | 0,059 | 0,050 | 0,027 | » | » | 0,368 |
| Carbone | 3,331 | 2,730 | 2,000 | 1,100 | 0,076 | | 0,060 | 0,055 | 0,053 | » | » | 0,066 |
| Silicium | 0,123 | 0,020 | » | » | » | | » | » | » | » | » | » |
| Phosphore | 2,598 | 2,430 | 2,210 | 2,100 | 1,430 | | 0,061 | 0,213 (?) | 0,094 | » | » | 0,094 |

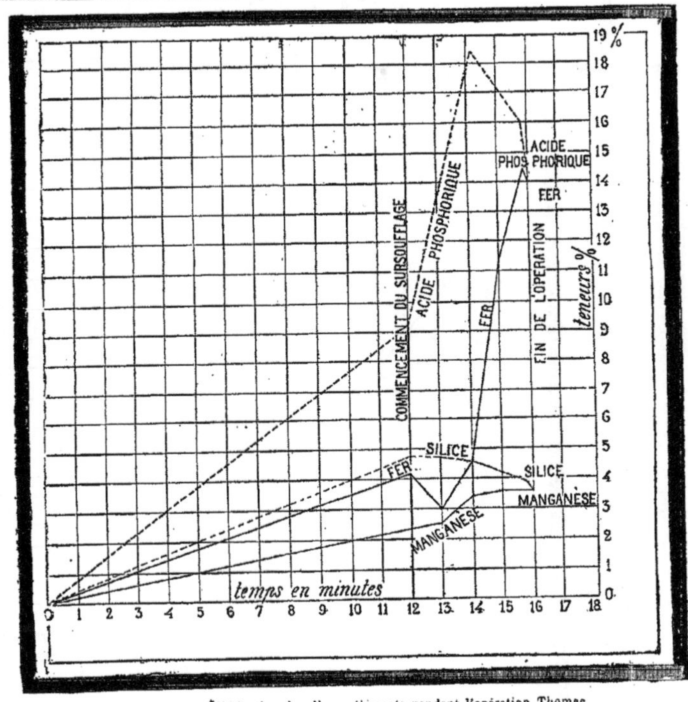


Fig. 379. — Élimination des divers éléments pendant l'opération Thomas
Charge n° 12747. — Scorie.

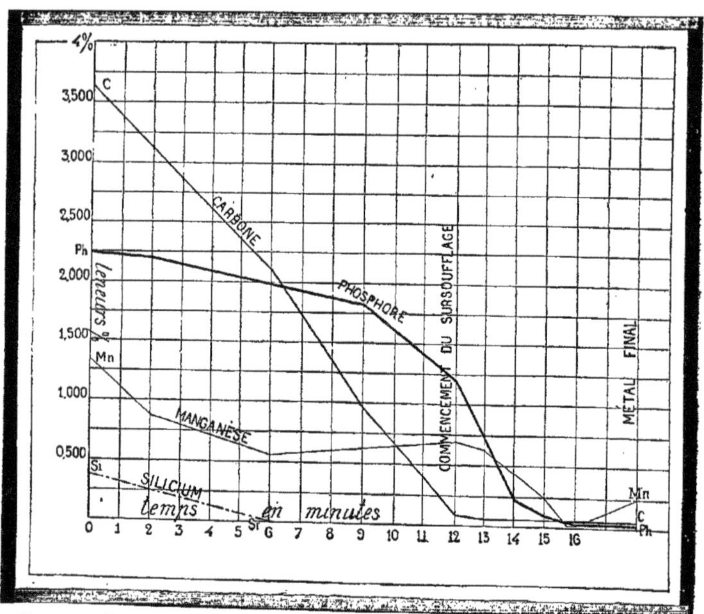


Fig. 380. — Élimination des divers éléments pendant l'opération Thomas. (Charge n° 12747. — Métal.)

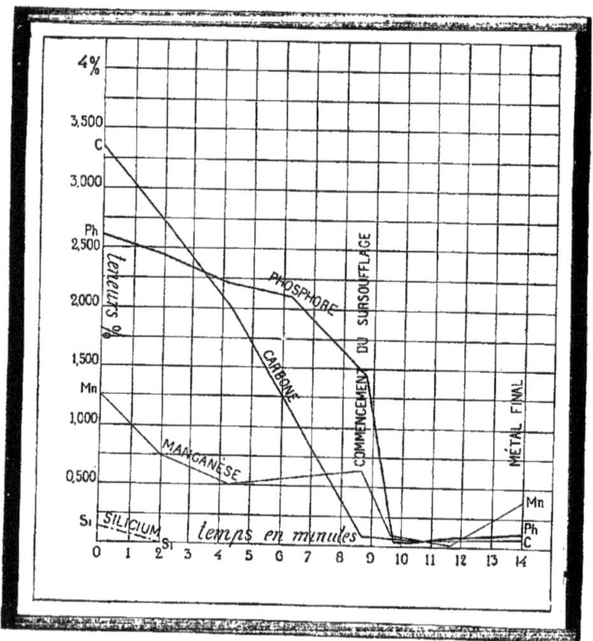


Fig. 381. — Élimination des divers éléments pendant l'opération Thomas. (Charge n° 12926. — Métal.)

L'Aciérie Thomas comprend deux convertisseurs de 13 tonnes marchant en deuxième fusion et traitant les fontes non manganésées ci-dessus, lesquelles sont refondues non plus dans des cubilots, mais dans de véritables fours Siemens-Martin. La voûte de ces fours est très bombée, construite en briques de Dinas, et on peut compter qu'un four dure deux; ans et demi. Avec trois fours de ce genre, on alimente deux convertisseurs Thomas faisant 24 charges de 13 tonnes par 24 heures, soit 100 tonnes par four.

Vu l'absence du manganèse dans la fonte, le travail à Kladno est assez spécial pour que nous donnions ici quelques détails. On a toujours à craindre un peu d'oxydation, donnant facilement un aspect nerveux aux cassures des éprouvettes, surtout pour les métaux extra-doux. On cherche du reste à obtenir cet aspect nerveux par pliages et redressages pour vaincre la routine de la clientèle, et faciliter le remplacement du fer puddlé par le fer fondu.

L'opération Thomas elle-même ne diffère guère d'allure avec les opérations classiques, mais la différence porte essentiellement sur la manière dont on procède aux additions finales. Le spectroscope est toujours employé pour constater le commencement du sursoufflage, lequel, vu la forte proportion du phosphore, qui atteint quelquefois 3 0/0, est de 3,5 à 4 minutes.

On coule en moyenne avec 1/2 0/0 de ferromanganèse et 5 0/0 de spiegel. Voici du reste la composition de deux coulées types pour rails et pour acier extra-doux :

|  | Charge pour acier. | Charge p' flusseisen. |
|---|---|---|
| Poids de fonte............ | 13 000 kgr. | 13 000 kgr. |
| Chaux à 18 0/0............ | 1 690 — | 2 800 16 0/0 |
| Fe Mn à 75 0/0. . 0,50 0/0. | 65 — | 78 0,60 0/0 |
| Spiegel à 18 0/0, 7 0/0... | 910 — | 156 1,20 0/0 |

Après sursoufflage le métal est très oxydé. On commence à le désoxyder en ajoutant dans la cornue le ferromanganèse, puis on coule le métal dans la poche à acier, mais on a soin de n'en couler que 5000 ou 6000 kilos. Arrivé à ce point, on verse le spiegel dans la poche à acier : il se produit une réaction qui complète la désoxydation du métal, et, après avoir laissé quelques instants le bouillonnement se produire, on verse la seconde partie de l'acier par-dessus le spiegel. Il se produit alors une réaction très tumultueuse et on laisse reposer l'acier au moins 5 minutes dans la poche ; pendant ce temps, la scorie s'écoule de la poche par un déversoir disposé *ad hoc* : on a soin de percer la croûte de scories pour faciliter le départ du gaz, et on ne coule le métal dans les lingotières que lorsque toute réaction est bien terminée. Malgré toutes ces précautions, le métal est mousseux, même coulé en gros lingots ; très chaud, très fluide et bulleux, il monte et descend dans les lingotières ; pour calmer cette effervescence, on jette à la surface du lingot quelques battitures de laminoirs, ou mieux des poussières provenant des cheminées de convertisseurs. On peut employer dans le même but un peu de ferrosilicium en poudre.

Le métal ainsi fabriqué est employé pour profilés, tôles, tréfilerie, rails, etc.

A l'*Usine de Teplitz*, dont la marche est analogue à celle de Kladno, on traite des fontes qui sont comptées en moyenne à

| Manganèse.................. | 0,300 |
| Silicium................... | 0 |
| Phosphore................. | 2,500 |

Elles sont refondues dans des fours Siemens chauffés au lignite.

Les opérations Thomas durent 15 minutes, dont 5 de sursoufflage. Les additions finales sont à peu près les mêmes qu'à Kladno, soit 1 0/0 de spiegel à 15 0/0 et 0,50 0/0 F.M à 80 0/0 pour le flusseisen. On prend à la coulée les mêmes précautions qu'à Kladno.

Les métaux fabriqués correspondent à

|  | Flusseisen. | Acier pour rails. |
|---|---|---|
| Manganèse. . | 0,200 à 0,250 | 0,700 à 0,800 |
| Carbone..... | 0,050 à 0,070 | 0,500 |
| Phosphore.. | 0,020 à 0,040 | 0,040 |
| Résistance par m/m². | 34 à 40 kgr. | 55 à 65 kgr |
| Contraction........ | 50 à 70 0/0 | 30 0/0 |
| Allong' sur 200 m/m. | 25 à 30 0/0 | ? |

BIBLIOGRAPHIE :

BRESSON. — *Mémoire sur la fabrication et les emplois actuels de l'acier déphosphoré.* Revue de Liège, 1888.

MUSSY. — *Procédé Thomas aux Aciéries de Longwy.* Bulletin de l'Industrie minérale de Saint-Etienne, 1888.

SCHROEDTER. — *Industrie sidérurgique du district Rhénan Westphalien.* Revue de Liège, 1892.

F. TORDEUR. — *Note sur la fabrication de l'acier par le procédé Thomas.* Revue de Liège, 1892.

### D. PROCÉDÉ MARTIN BASIQUE.

Dès l'apparition du procédé Thomas, presque toutes les aciéries possédant des fours Martin ont cherché à réaliser dans ces appareils l'opération de la déphosphoration, en employant comme garnissage, au lieu de sable siliceux, des matières basiques, et en procédant comme au Thomas à des additions de calcaires ou de chaux, ayant pour but d'opérer la déphosphoration elle-même des matières chargées, en même temps que de protéger le garnissage contre l'action corrosive de ces matières suivant leur composition. Cette protection du garnissage des fours Martin est fort importante, et entre chaque opération de fusion il est nécessaire (soit que l'on marche sur sole dolomitique, magnésienne, neutre, etc., comme nous le dirons dans le cours de cette étude) de faire ce que l'on appelle pratiquement une *fausse sole*.

On a tout d'abord employé, naturellement, comme au convertisseur Thomas, pour le garnissage des fours de fusion sur sole, les *dolomies* cuites agglomérées au goudron, soit sous forme de pisé, soit sous forme de briques, ou plus souvent en construisant partie en briques, partie en pisé, suivant la forme même du laboratoire, et en même temps en tenant compte de la nécessité d'avoir des matériaux se tenant par eux-mêmes. Il est dès lors naturel de faire la sole en pisé, pour éviter les joints par lesquels le métal en fusion pourrait s'infiltrer, et les murs et piédroits en briques, pour avoir une construction plus stable et éviter les gonflements résultant d'un pisé toujours plus liquide que les briques préparées, séchées et cuites d'avance.

Le pisé est formé de dolomie cuite agglomérée avec 8, 10 ou 12 0/0 de goudron, et les briques sont reliées entre elles à l'aide d'un pisé servant de mortier, plus liquide, et contenant jusqu'à 15, 18 et 20 0/0 de goudron.

Cette forte proportion de goudron a l'inconvénient de donner lieu à des gonflements de la sole, et on est obligé, pendant le chauffage et la cuisson de l'ensemble, de charger la sole avec des massiaux de fer ou mieux des bouts de rails posés sur le patin, pour maintenir le tout et empêcher le soulèvement de la sole par plaques ; la même précaution doit être prise pour empêcher les murs de se déverser à l'intérieur du four.

Les premiers essais dans cette voie furent faits

en 1878-1880 dans diverses usines et en particulier au Creusot, à Terre-Noire et en Allemagne. On se trouva tout de suite en présence d'une grande difficulté, dont l'étude a amené, comme nous le verrons plus loin, au garnissage neutre en fer chromé; le garnissage basique de la sole au contact des briques siliceuses de la voûte et des carneaux se détériorait rapidement par suite de la formation d'un silicate de chaux et de magnésie très fusible.

Il s'agissait de supprimer le joint ou d'interposer entre les matières basiques ou siliceuses un corps neutre.

Pour le joint on a eu recours : 1° à la *bauxite*, qui offre l'inconvénient de faire beaucoup de retrait (à moins qu'elle ne soit cuite à une température extrêmement élevée, jusqu'au point où sa dureté arrive à être égale à celle du verre, du quartz et même au-dessus, en se rapprochant de celle du corindon, cuisson qui ne peut être obtenue d'une façon régulière et économique); 2° au *coke* ou mieux au *graphite*, qui, brûlant au contact de la flamme, ne donnent que des joints très difficiles à entretenir, et 3° au *fer chromé* réduit en poudre, aggloméré au goudron et employé soit sous forme de pisé, soit sous forme de briques.

L'emploi de la *dolomie* se généralisa en France, en Belgique, en Allemagne et en Angleterre, etc., ainsi qu'en Russie aux usines d'Alexandrowky, près de Saint-Pétersbourg, et à celles de Dombrowa (Pologne russe); dans cette dernière usine, on remplaça la dolomie par du carbonate de magnésie calciné, et par une disposition spéciale des carneaux on arriva à supprimer l'inconvénient du joint.

A côté de la dolomie et concurremment avec elle, on emploie actuellement avec succès les *garnissages en magnésie*. La matière première est principalement le carbonate de magnésie de Styrie, que l'on emploie après cuisson, soit à l'état de briquettes, soit à l'état de pisé; ces matières toutes préparées sont fournies en particulier par la maison Carl Spaeter de Coblenz, en Allemagne, en Autriche et jusqu'en Russie et en Amérique.

Nous ne pouvons indiquer ici toutes les variantes de mélanges employées à la confection des briques de magnésie : chaque usine, en effet, chaque ingénieur peuvent avoir des tours de main spéciaux pour la réussite; il nous suffira de dire que la durée du garnissage dépend essentiellement d'une bonne calcination du carbonate de magnésie, et du soin apporté à la construction même du four.

L'agglomération de la matière calcinée se fait soit au goudron, soit avec un lait de chaux ou de magnésie.

La fabrication des briques de magnésie est arrivée, depuis quelques années surtout, à un grand perfectionnement, et leur emploi s'est répandu dans toute l'Europe et a donné de bons résultats.

En ce qui concerne la construction même des fours Martin basiques, nous ajouterons que, l'opération basique demandant une température plus élevée que l'opération acide, il est nécessaire de faire les récupérateurs plus grands et, en outre, de réserver des chambres pour le départ des poussières (plus abondantes que dans le procédé acide, et résultant des additions de calcaire, de chaux, de minerais, etc.), afin d'éviter la fusion des briques siliceuses ou silico-alumineuses des chambres à gaz et à air au contact de ces poussières. Nous renverrons pour les détails de construction aux mémoires spéciaux.

Actuellement les fours basiques sont construits pour des charges de 10 à 12 tonnes et atteignent même jusqu'à 20 et 25 tonnes. Nous ne pensons pas, quand on veut obtenir des produits très réguliers, qu'il y ait intérêt à exagérer la dimension des fours, car alors il est toujours plus difficile de juger de l'homogénéité du métal : au point de vue de la production, de la régularité, ainsi qu'au point de vue économique, bien des praticiens sont d'avis qu'il est préférable de faire, par exemple, par 24 heures, trois opérations de 12 à 15 tonnes, au lieu de deux de 20 à 25 tonnes.

L'*opération basique au four Martin*, que la sole soit dolomitique ou magnésienne, présente les mêmes variantes que les opérations sur sole acide, c'est-à-dire que l'on peut employer toutes espèces de proportions de fontes et riblons, et avoir également recours, pour l'affinage, au minerai.

Le garnissage magnésien n'est pas déphosphorant par lui-même, car il ne paraît pas exister de combinaison de la magnésie et du phosphore stable à haute température, et l'usure d'un four magnésien est due plus aux actions mécaniques qu'aux réactions chimiques dépendantes de la déphosphoration elle-même. Toutefois le garnissage magnésien est attaqué par la scorie et la résistance de la sole et des parois n'est pas indépendante de l'acidité du lit de fusion; c'est pourquoi on est toujours obligé, comme avec la dolomie, d'ajouter au commencement de la charge la quantité de castine nécessaire à la neutralisation du silicium de la fonte, car, contrairement à une opinion assez longtemps accréditée, la magnésie se combine avec la silice à haute température.

La durée des opérations, le bouillonnement plus ou moins intense produit par des additions de minerais, par exemple, ont une grande influence sur la durée des piédroits; mais la sole au contraire, si elle a été bien faite et bien protégée par la fausse sole faite entre chaque opération, peut durer plusieurs campagnes.

La teneur en silicium du bain a une limite pratique, parce que l'on ne peut exagérer la quantité de castine à fondre, et il y a intérêt à n'employer au Martin basique que des fontes peu siliceuses, comme la fonte Thomas, ou fabriquées spécialement pour cet usage, comme cela se pratique en Styrie et dans la Basse et la Haute-Autriche, où l'emploi de la magnésie est très répandu.

Les proportions de fontes et de riblons que l'on peut consommer au Martin basique (sans avoir recours à de fortes additions de minerais) dépendent de la teneur en carbone et en silicium des fontes : si on a à traiter des fontes peu siliceuses, on peut passer jusqu'à 60 et 70 0/0 de fonte, mais au contraire, avec des fontes grises, il faut abaisser la proportion à 30 ou 40 0/0. Dans un cas comme dans l'autre, on commence l'opération basique en garnissant la sole de calcaire brisé en petits fragments que l'on laisse cuire pendant quelques instants; la proportion de calcaire employée est fonction directe de la teneur en silicium des fontes. On charge ensuite la fonte, par exemple 5000 kilos pour une charge totale de 10 à 12 000 kilos, et aussi la plus grande partie des riblons.

Lorsque la première charge (8000 kilos par exemple) est fondue, on brasse énergiquement le bain, et on s'assure qu'il ne reste plus sur la sole de matières non fondues (fontes ou riblons empâtés dans la chaux, etc.). Lorsque le tout est bien fluide, que le bouillonnement est très régulier à la surface du bain, et suivant que l'on a en vue l'obtention d'un métal dur ou doux, on procède tout de suite dans le premier cas aux prises d'éprouvettes, ou dans le second à des additions affinantes de riblons ou de ferrailles, jusqu'à ce que le bain ne bouillonne plus.

Le phosphore s'oxyde au cours même de l'opération, et le bain, après fusion des premières charges, est surmonté d'une couche de scories contenant jusqu'à 10 et 12 0/0 d'acide phosphorique, à la condition de contenir moins de 20 0/0 de silice.

A ce moment, il faut opérer un décrassage très complet, sans quoi (réduit par l'oxyde de carbone qui se dégagera pendant la dernière période de l'affinage) l'acide phosphorique repasserait à l'état de phosphore dans le métal. Il est indispensable d'opérer cette épuration en présence d'un laitier ultra-basique contenant dès lors la presque totalité du phosphore; la réussite de l'opération, surtout quand on cherche à obtenir des métaux extra-doux exempts de phosphore, dépend essentiellement de la haute température du bain et du décrassage fait à un moment bien choisi, soit après la fusion complète des premières charges, soit vers le milieu de l'opération et avant qu'on soit arrivé à une trop grande douceur.

A partir du moment où le bain devient calme et ne bouillonne plus, on doit s'assurer que le métal est régulièrement chaud dans toute la masse, par des prises d'éprouvettes qui doivent, si la décarburation et la déphosphoration sont complètes, ne présenter ni criques, ni gerçures au martelage et peuvent être pliées à fond après trempe immédiate dans l'eau froide; il faut de plus s'assurer que la cassure ne présente plus le grain micacé caractéristique des métaux phosphoreux.

Si, au contraire, elles présentent un grain noir, terne, signe d'oxydation trop grande, si le métal est mousseux, il faut ramener le métal et, suivant l'expression consacrée *laver le bain* par des additions raisonnées de spiegel de 50, 100, 200 kilos à la fois, qu'on laisse fondre avant de prendre de nouvelles éprouvettes.

On ne peut trop recommander, pendant et surtout à la fin de l'opération, de faire écouler les scories qui se forment, afin d'éviter une rephosphoration par les dernières additions, et quand, grâce à toutes ces précautions, on a une éprouvette dans de bonnes conditions, on procède comme pour le Martin acide aux additions de spiegel, ferromanganèse, ferrosilicium, etc., suivant la dureté du métal que l'on désire.

Ces additions peuvent se faire soit dans le four même, soit dans la poche lorsqu'il s'agit d'une petite quantité de ferromanganèse. Un excellent moyen préconisé par quelques usines consiste à refondre les additions au cubilot, comme pour le Bessemer et le Thomas, couler ces additions dans la poche et verser au-dessus le métal sortant du four; le brassage énergique qui se produit ainsi dans la poche est une excellente condition au point de vue de l'homogénéité du métal; on ne coule naturellement dans les lingotières que lorsque la réaction dans la poche est bien terminée.

Nous citerons simplement quelques exemples de marche au *four Martin basique* avec fontes et riblons.

A *Hoerde*, on consomme sur sole basique en moyenne 25 0/0 de fonte hématite, 75 0/0 de bons scraps.

La fonte contient 2 0/0 de manganèse, 2 0/0 de silicium, 3,50 0/0 de carbone et 0,100 de phosphore et les scraps proviennent de l'usine même, chutes de métal Thomas, ferrailles, etc. Comme on le voit, on a affaire à des matières pures et on ne peut pas dire que l'on fait de la déphosphoration proprement dite. Le produit obtenu est extrêmement pur et ne renferme que 0,020 de phosphore.

Au *Phœnix*, ainsi que dans la plupart des usines de Westphalie et de Belgique, on ne traite comme à Hoerde, en général au four basique,

que des matières relativement pures, le but poursuivi étant surtout de faire des métaux extra-purs pour tôles de chaudières, bandages, essieux, etc.

Voici, par exemple, la composition d'une charge au Phœnix :

| | | |
|---|---:|---|
| Fonte lamellaire....... | 3 300 kgr. | |
| Chutes de lingots...... | 800 — | } soit 67 0/0 |
| Bons riblons. ......... | 7 700 — | |
| Ferromanganèse. ....... | 180 — | |
| Ferrosilicium.. ........ { | 480 — } | ajoutés |
| | 190 — } | en 2 fois |

pour métal spécial et de dureté moyenne.

Les analyses suivantes, faites sur des échantillons d'aciers du Phœnix, montrent que l'on fait au Martin basique, comme au Thomas, des métaux manganésés. Ces métaux paraissent moins purs au point de vue du phosphore que ceux de Hoerde; mais il y a lieu de remarquer que ce ne sont pas des métaux d'extrême douceur, mais seulement doux et mi-durs.

*Analyses de métaux Martin basique du Phœnix.*

| | Aciers | | | |
|---|---|---|---|---|
| | N° 3. | N° 4. | N° 5. | N° 7. |
| Manganèse.. | 0,625 | 0,520 | 0,395 | 0,295 |
| Carbone. ... | 0,345 | 0,315 | 0,230 | 0,080 |
| Silicium. ... | 0,090 | 0,190 | 0,140 | 0,050 |
| Soufre...... | 0,097 | 0,103 | 0,110 | 0,103 |
| Phosphore.. | 0,098 | 0,094 | 0,084 | 0,052 |
| Arsenic..... | » | » | » | » |

Parmi les usines faisant réellement de la déphosphoration au Martin, nous pouvons citer en particulier celle de *Witkowitz*, qui travaille sur sole magnésienne et emploie une forte proportion de fonte contenant en moyenne 0,600 à 0,700 de phosphore, jusqu'à 1 0/0, et les riblons de sa propre fabrication comptés en moyenne à 0,100 de phosphore; la fonte contient de 2 à 3 0/0 de manganèse.

La charge normale pour les petits fours est de 7000 à 8000 kilos, et on passe 2/3 de fonte contre 1/3 de bons riblons; exemple :

| | |
|---|---:|
| Fonte................. | 5 000 kgr. |
| Riblons............... | 2 000 — |
| F.M à 80 0/0.......... | 100 — |

On charge en même temps que la fonte 300 ou 400 kilos de chaux et 600 kilos de calcaire sur la sole. On ajoute 400 kilos de minerai magnétique après fusion de la fonte pour être sûr d'arriver à une bonne douceur à la fin de l'opération ; le but poursuivi n'est pas de faire de l'ore process, mais on s'en rapproche (voyez plus loin ORE PROCESS AU MARTIN BASIQUE ET NEUTRE). L'opération est continuée à l'aide de riblons, et on ajoute aussi avec avantage, pour terminer l'affinage, des oxydes provenant des cheminées du Bessemer (environ 200 kilos par opération).

Le métal obtenu est très pur et correspond à

| | |
|---|---:|
| Manganèse............. | 0,200 à 0,500 |
| Carbone............... | 0,100 à 0,200 |
| Phosphore variable suivant la douceur, mais descendant souvent à 0,020. | |

Voici du reste une analyse complète correspondant à un métal donnant 34$^k$,10 de résistance, 68 0/0 de contraction et 31,90 0/0 d'allongement mesuré sur 200 millimètres :

| | |
|---|---:|
| Manganèse................. | 0,320 |
| Carbone. ................. | 0,075 |
| Silicium. ................ | 0,050 |
| Soufre.................... | 0,097 |
| Phosphore................. | 0,031 |
| Arsenic................... | » |

Au nouvel atelier Martin de Witkowitz, récem-- ment construit, on marche également sur sole magnésienne, et la charge moyenne par opération est d'environ 12 tonnes, réparties comme suit :

Fonte...........   8 000 kgr., soit 72 0/0
Riblons.........   3 000  —   — 18 —

On consomme environ, en plus du calcaire mis pour l'entretien de la sole, 1000 kilogrammes de chaux, et en outre 1000 kilogrammes de minerai magnétique.

Le métal fabriqué, destiné à des tôles, profilés, etc., est remarquablement pur comme phosphore, et on ne cherche pas à descendre trop bas comme carbone, afin de ne pas tomber dans les métaux oxydés. Sa résistance à la rupture ne descend pas au-dessous de 37 à 38 kilogrammes par millimètre carré. Un grand nombre d'analyses donnent en moyenne :

Manganèse...........   0,400
Carbone............   0,150 maximum.
Phosphore..........   0,10 à 0,50 rarement.

Nous avons dit, en parlant de la déphosphoration au convertisseur, que l'usine de Witkowitz avait pendant quelque temps pratiqué la méthode de transvasement ; cette méthode abandonnée a été reprise ces dernières années, non plus dans deux convertisseurs successifs, mais dans un convertisseur et un four à sole.

Suivant la nature des fontes et des produits à obtenir, les quatre procédés, Bessemer acide, Thomas, Martin acide et basique, sont en usage aujourd'hui à Witkowitz.

L'idéal de la fabrication au point de vue économique et de l'entretien des appareils est de procéder au début, dans le traitement d'une fonte donnée, à une oxydation rapide (Bessemer) et lente à la fin (four à sole), pour permettre une étude plus circonstanciée du bain avant la coulée.

Ce desideratum est atteint à Witkowitz de la manière suivante : La fonte grise ou gris-blanc venant du haut fourneau contient de 0,800 à 1,200 de silicium : elle est traitée directement au convertisseur, mais comme elle est peu siliceuse, les projections sont à craindre ; c'est pourquoi on ne souffle que 4 tonnes à la fois. Le soufflage dure de 5 à 6 minutes ; les scories renferment tout le silicium de la fonte et une partie du manganèse, mais pas de phosphore, ce qui permet de les repasser au haut fourneau pour la fabrication du ferromanganèse. Cette opération de soufflage pour enlever le silicium durant peu de temps, l'entretien du convertisseur est réduit à son minimum.

Le métal demi-affiné est versé directement au four Martin basique et a l'avantage, ne contenant que peu ou point de silicium, de ne pas attaquer le garnissage dolomitique ou magnésien ; on n'a pas besoin d'employer une aussi grande quantité de chaux et par suite, la quantité de scories à fondre étant moindre, l'allure du four est plus rapide, la perte de fer est moindre, et les dépenses de combustible et de main-d'œuvre sont réduites.

Les hauts fourneaux qui produisent la fonte destinée à ce traitement mixte ne fournissant pas une quantité de fonte assez grande pour l'alimentation des fours Martin, on passe en réalité 40 0/0 de fonte froide et seulement 60 0/0 de fonte affinée liquide ; malgré cela, on est très satisfait des résultats obtenus, tant au point de vue économique qu'au point de vue de la régularité des produits.

On peut compter que la fonte initiale contient en moyenne : Mn = 1,770, C = 3.390, Si = 0,950 ; le métal affiné, Mn = 0,750, C = 3,03, Si = 0,260, à 0.

La quantité totale de fonte et de métal demi-

affiné consommés au four Martin est de 90 0/0, contre 10 0/0 de riblons. On emploie également du minerai pour compléter l'affinage.

La méthode de travail ci-dessus peut être employée avec avantage par toutes les usines ayant à leur disposition hauts fourneaux, convertisseurs et fours à sole, et il y a intérêt dans de nouvelles installations à disposer l'ensemble de l'usine pour permettre l'application en tout ou partie de ce procédé.

Le procédé basique est également appliqué en Russie dans diverses usines, par exemple aux usines de la Société métallurgique de Moscou (anciens établissements Goujon), où l'on emploie pour des fours de 20 tonnes la magnésie de Styrie sous forme de pisé et de briques.

La consommation (de fonte de l'Oural et de Mouron) est de 40 0/0, le reste en riblons et on ajoute 300 kilogrammes de minerai.

Le métal fabriqué correspond à

Manganèse..............   0,350 à 0,400
Carbone................   0,070
Phosphore. ..  ..........   0,030

Pour compléter l'étude de la marche en fonte et riblons au four Martin basique, nous donnons dans les deux tableaux suivants les *analyses de métal et de scorie* à différents moments d'une *opération moyenne*, soit 50 0/0 de fonte et 50 0/0 de riblons. Ces analyses permettent de suivre la marche de l'affinage dans ce cas particulier ; on remarquera que le métal chargé contient 3,875 d'impuretés et qu'à la fin de l'opération il n'en renferme plus que 0,280, soit une élimination de 97,70 0/0 des impuretés totales ; le phosphore en particulier est tombé de 0,300 à 0,030 ; c'est durant la première période, pendant laquelle le métal est plus ou moins froid et pâteux, que se fait la plus grande élimination des impuretés.

Dans la *première période* de l'opération, les matières chargées sont pâteuses ou demi-fluides et il est nécessaire, pour apprécier le métal et faire des prises d'essai, d'attendre la fusion complète ; à ce moment les éprouvettes de métal montrent que les trois quarts des impuretés sont éliminées dans l'ordre suivant (Si, C, Mn, Ph, S), c'est-à-dire à peu près comme au convertisseur basique.

Dans la *deuxième période*, le métal et la scorie sont bien séparés ; l'affinage et l'épuration se continuent comme pendant le sursoufflage de l'opération Thomas, mais lentement. L'étude des chiffres de la coulée ci-dessus prise comme type montre que

Pendant la 1re période 71,4 0/0 des impuretés sont
                                             éliminées ;
   —    2e    —    21,4          —

Total...........   92,7 0/0

Au four basique, l'élimination du *silicium* est, ainsi que le montrent les analyses, rapide et complète : elle se fait presque instantanément, même avant fusion complète de la première charge ; le silicium passe dans la scorie à l'état de silicate de fer et de chaux.

Le *carbone*, qui forme en poids la matière étrangère la plus importante, s'élimine moins rapidement que le silicium. Cette élimination a lieu comme au Bessemer acide ou basique et au four Martin acide après le départ du silicium ; le carbone n'a pas d'action directe sur le laitier, puisqu'il est éliminé sous forme d'oxyde de carbone ; toutefois la formation de cet oxyde de carbone réduisant à chaque instant les oxydes de fer du laitier a pour conséquence de diminuer le déchet de l'opération.

Le *manganèse*, loin d'être une impureté, agit

*Élimination des divers éléments au four Martin basique.*

(Analyses du métal et de la scorie à diverses périodes de l'opération.)

| Matières chargées | Poids de la charge | Teneurs en | | | | |
|---|---|---|---|---|---|---|
| | | Manganèse | Carbone | Silicium | Soufre | Phosphore |
| Fontes........................ | 5500 kilogr. | 1,000 | 3,300 | 1,600 | 0,200 | 1,000 |
| Ferrailles..................... | 5500 — | 0,200 | 0,100 | 0,100 | 0,050 | 0,200 |
| | Moyennes | 0,600 | 1,700 | 0,850 | 0,125 | 0,600 |
| Castine....................... | 800 kilogr. | » | » | » | » | » |

| Moments de la prise des échantillons | Analyses du métal | | | | | Analyses de la scorie | | | | | | |
|---|---|---|---|---|---|---|---|---|---|---|---|---|
| | Manganèse | Carbone | Silicium | Soufre | Phosphore | Silice | Oxyde de fer | Oxyde de mangan" | Chaux | Sulfure de calcium | Magnésie | Acide phosphorique |
| Après fusion..................... | 0,250 | 0,400 | 0,030 | 0,120 | 0,300 | 18,00 | 18,00 | 4,00 | 42,00 | 0,60 | 9,40 | 8,00 |
| 1 heure après la fusion........... | 0,150 | 0,200 | 0,030 | 0,080 | 0,100 | 16,00 | 21,00 | 5,00 | 40,00 | 0,80 | 7,20 | 10,00 |
| A l'arrêt de l'opération........... | 0,100 | 0,060 | 0,030 | 0,060 | 0,030 | 14,00 | 23,00 | 5,00 | 38,00 | 1,00 | 7,00 | 12,00 |
| Métal final (à la coulée).......... | 0,400 | 0,150 | 0,030 | 0,050 | 0,030 | 12,00 | 18,00 | 7,00 | 35,00 | 1,20 | 5,80 | 11,00 |

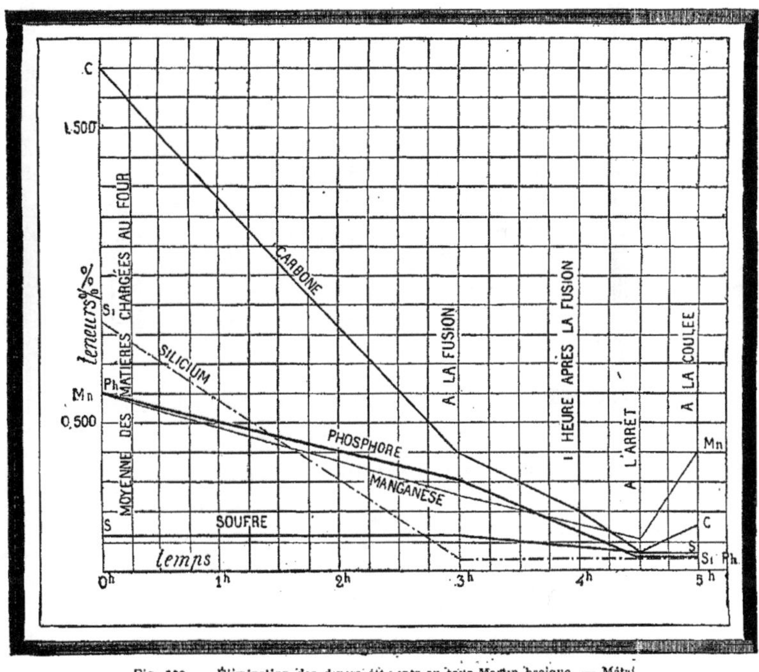


Fig. 382. — Élimination des divers éléments au four Martin basique. — Métal

comme préservatif de l'oxydation ; il y a intérêt à le conserver (par l'allure même du four) jusqu'à la fin de l'opération. La quantité de protoxyde de manganèse qui passe dans le laitier a le grand avantage de le rendre plus fluide et de faciliter sa liquation.

Le *phosphore* s'élimine pendant la première période d'une manière plus ou moins régulière dans la masse, toujours à l'état pâteux ; c'est un affinage par contact (comme dans le puddlage) des oxydes de fer qui se forment et des matières phosphoreuses de la charge : il passe dans le laitier à l'état d'acide phosphorique combiné au fer, mais est bientôt décomposé par la chaux, et finalement le fer est ramené en grande partie à l'état métallique, et le phosphore reste à l'état de phosphate de chaux dans le laitier. On doit, pour éviter toute nouvelle décomposition et

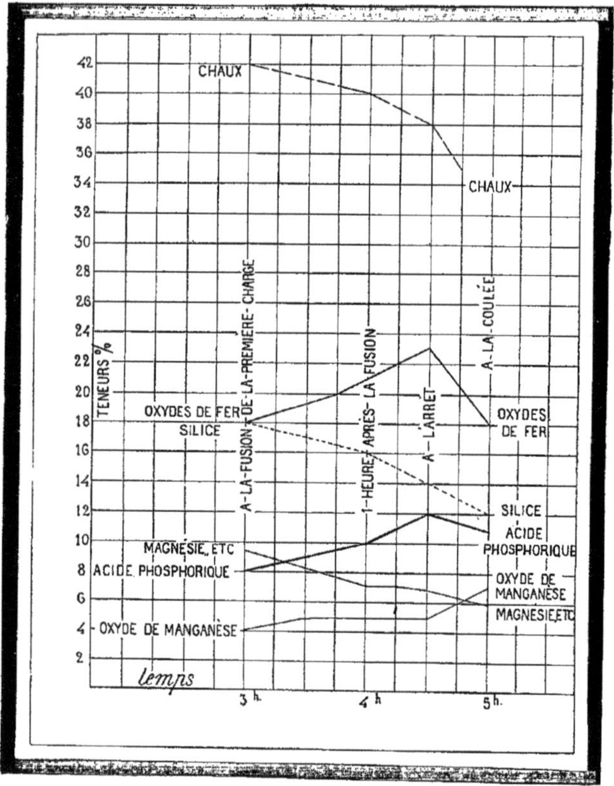


Fig. 383. — Élimination des divers éléments au four Martin basique. — Scorie.

rephosphoration du métal, faire écouler les scories du four dès le commencement de l'opération et aussi vers le milieu et la fin.

Le *soufre* s'élimine irrégulièrement en partie par grillage au début de la charge, puis plus tard à l'état de sulfure de calcium et de sulfate de chaux. Un excès de chaux et la présence du manganèse facilitent cette opération.

L'ORE PROCESS peut être pratiqué aussi bien sur sole basique que sur sole acide, et, suivant les contrées et les matières dont on dispose, il y a grand intérêt à y avoir recours pour passer une forte proportion de fonte et pour être sûr d'arriver à un affinage très complet.

En Angleterre, on recherche pour ce travail une fonte aussi régulière, aussi peu sulfureuse et siliceuse que possible ; le type généralement consommé est à cassure cristalline et contient : Mn = 2 0/0, Si = 0,50, S = 0,05, etc., jusqu'à 2,5 à 3 0/0 de phosphore et se rapproche par conséquent des fontes Thomas.

Elle est obtenue au haut fourneau avec un lit de fusion très chargé en scories de puddlage et de réchauffage, et par conséquent peut être obtenue à un prix relativement peu élevé, et le but poursuivi est d'avoir une fonte pure en soufre et silicium, sans s'inquiéter de la teneur en phosphore.

Comme pour la marche en fonte et riblons, on commence par protéger la sole dolomitique ou magnésienne (Angleterre, Allemagne, Autriche) avec une proportion de castine calculée d'après la teneur en silicium, en ayant soin de la distribuer d'abord sur le pourtour; puis on charge au milieu du four la fonte et le reste de la castine : la proportion de fonte employée en Angleterre est en général de 75 0/0 contre 25 0/0 de scraps. On charge le minerai au-dessus de la fonte, mais on n'en met au commencement qu'une partie, le reste étant ajouté ensuite (après fusion de la première charge) par portions jusqu'à affinage complet.

Les minerais employés sont des hématites peu siliceuses, et mieux calcaires : la pratique a montré que le minerai naturel chargé en même temps que la fonte risque d'endommager la sole et l'on emploie avec succès des oxydes artificiels préparés en soumettant à une fusion oxydante en tas (sorte de grillage) les mêmes scories de chauffage et de réchauffage que l'on traite au haut fourneau pour la fabrication de la fonte elle-même.

On obtient ainsi un produit dense contenant par exemple (Usine de Brymbo) de 0,50 à 1 0/0 de silice, 0,85 d'acide phosphorique et 64,00 de fer à l'état de peroxyde; il est à remarquer que c'est ce produit phosphoreux qui sert à l'affinage, et en somme à la déphosphoration.

Tous les minerais naturels grillés peuvent être employés également avec plus d'avantages à l'affinage que les minerais naturels oxydés, hématites ou autres. Nous avons eu occasion d'employer dans l'Oural des minerais magnétiques grillés qui fondent plus facilement et affinent bien plus rapidement que les mêmes minerais non grillés durs et compacts, les seuls dont on dispose dans toute la région (voyez ORE PROCESS SUR SOLE NEUTRE).

Lorsque la fusion est complète, et que le bain commence à se calmer, on procède aux prises d'éprouvettes comme à l'ordinaire, et quand on juge l'opération terminée, on ajoute le spiegel et le ferromanganèse (ce dernier le plus souvent dans la poche). On recarbure aussi quelquefois avec de la fonte hématite (Usine de Parkgate) aussi peu siliceuse que possible, pour l'obtention d'un métal doux courant destiné à la fabrication des tôles ou profilés, et donnant en moyenne 46 kilogrammes de résistance avec 22 0/0 d'allongement; ce métal correspond à la composition moyenne suivante :

| | |
|---|---|
| Manganèse | 0,600 |
| Carbone | 0,150 |
| Silicium | traces. |
| Soufre | 0,013 |
| Phosphore | 0,060 |

En général, les usines anglaises travaillant au four basique par l'ore process fabriquent un métal plus doux ne contenant guère que 0,200 de manganèse et 0,100 de carbone; leur teneur en phosphore est en moyenne de 0,050 0/0, mais arrive quelquefois à 0,080.

Aux *Aciéries de Brymbo*, la proportion de castine employée est de 25 0/0 du poids rendu en lingots; celle de l'oxyde de fer affinant, à 92 0/0 de $Fe^2O^3$, atteint en moyenne 15 0/0 de ce rendement et la consommation de chaux cuite par tonne de lingots est de 35 à 40 kilogrammes.

A l'*Usine de Parkgate*, la proportion de calcaire employé n'est que de 15 0/0 et celle de minerai de 12,5 0/0. Pour 20 tonnes de charge totale on passe environ 14 tonnes de fonte, soit 70 0/0, et 5 tonnes de scraps.

Les quelques chiffres indiqués ici montrent que la quantité de fonte consommée dans le cas de la marche en ore process sur sole basique est en Angleterre la même que sur sole acide, soit au maximum 75 0/0. Nous avons retrouvé sur le continent une proportion de 60 à 70 0/0, par exemple à Witkowitz, où le but poursuivi, comme nous l'avons dit, n'est pas de faire de l'ore process, mais d'arriver à une bonne douceur régulière du bain. En somme, c'est toujours un travail mixte (scraps and ore process).

Aux *Usines de Reschitza* (Hongrie) on a également employé l'ore process avec diverses variantes, soit en ayant recours à du minerai, soit à des oxydes artificiels. Voici, par exemple, une charge type pour scraps and ore process; le chargement est fait à froid et on a soin d'évacuer la scorie vers le milieu de l'opération :

| | |
|---|---|
| Fonte grise et mixte | 3 500 kgr. |
| Scraps divers | 4 000 — |
| Castine | 450 — |

L'affinage se fait par des additions successives de minerai ou de briquettes préparées à la main et contenant : 25 0/0 de chaux et 75 0/0 d'oxydes, battitures de pilon et de laminoirs, etc.

Comme coulée spéciale au minerai, nous citerons encore, au four basique de Reschitza, la charge suivante :

| | |
|---|---|
| Fonte d'Anina | 5 000 kgr |
| Minerai de Moravicza | 1 200 — |
| Calcaire | 650 — |
| Ferromanganèse | 25 — |

Les tableaux ci-dessous donnent l'analyse des éléments de la charge, ainsi que celle de l'acier obtenu et de la scorie :

*Fonte d'Anina.*

| | |
|---|---|
| Manganèse | 1,740 |
| Carbone | 2,940 |
| Silicium | 2,100 |
| Soufre | 0,015 |
| Phosphore | 0,062 |
| Cuivre | fortes traces |

*Minerai hématite rouge.*

| | |
|---|---|
| Silice | 8,76 |
| Alumine | 1,79 |
| Chaux | 3,80 |
| Magnésie | 0,74 |
| Soufre | traces |
| Phosphore | 0,11 |
| Cuivre | traces |
| Fer | 59,68 |
| Manganèse | 0,57 |

*Scories de l'opération.*

| | |
|---|---|
| Silice | 25,20 |
| Alumine | 2,13 |
| Chaux | 38,85 |
| Magnésie | 11,77 |
| Soufre | traces |
| Phosphore | 0,87 |
| $Fe^2O^3$ | 11,45 |
| $Mn^2O^3$ | 11,95 |
| Fer | 8,84 |

*Acier.*

| | |
|---|---|
| Manganèse | 0,360 |
| Carbone | 0,231 |
| Silicium | 0,067 |
| Phosphore | 0,0195 |
| Résistance | 35 kgr. à 34$^{kgr}$,5 |
| Contraction | 66 à 71,30 0/0 |
| Allongement | 21 à 25,00 — |

Ce n'est pas de la déphosphoration proprement dite, mais bien de l'ore process sur sole basique.

#### E. Procédé Martin sur sole neutre
#### (*Valton-Rémaury*).

Nous avons vu que la réussite de la marche sur sole dolomitique ou magnésienne dépendait essentiellement de la cuisson des magnésies, de Styrie par exemple, et des dolomies de diverses provenances, ainsi que du soin apporté à la construction même du four. D'autre part, nous avons signalé l'inconvénient de l'agglomération au goudron, lequel donne lieu à des gonflements fort nuisibles à la solidité des garnissages et finit par se brûler complètement; la matière reprend l'état pulvérulent sur la majeure partie de la sole, et ne présente plus par conséquent de résistance aux affouillements du métal en fusion; ce fait peut se constater facilement quand on procède à la réfection de la sole et des piédroits.

La suppression de l'emploi du goudron devait donc nécessairement conduire à une plus grande solidité de la sole; ce résultat a été obtenu par l'emploi de la magnésie (sous forme de briques ou de pisé, en se servant d'un lait de chaux ou de magnésie caustique pour l'agglomération) et d'autre part par l'emploi d'une matière neutre, le fer chromé, dont nous avons rappelé au commencement de cet article les propriétés comme matière réfractaire.

Le *procédé Valton – Rémaury* repose sur l'emploi du fer chromé pour la sole et les piédroits; l'agglomération ne se fait plus au goudron, mais à l'aide d'un mortier composé en volume de 2 parties de minerai de fer chromé pulvérisé et 1 partie de chaux aussi pure que possible au point de vue de la silice. On construit la sole et les piédroits comme on ferait une véritable maçonnerie à joints brouillés. On devra de préférence choisir de gros blocs de fer chromé aussi riche que possible (40 à 45 0/0 de $Cr^2O^3$). Les minerais pulvérulents naturels, en petits grains plus ou moins arrondis, s'agglomèrent mal et doivent être rejetés; il vaut mieux employer du gros minerai broyé : il y a une question d'état physique qui ne peut être négligée en pratique.

Dans le procédé neutre, le goudron n'est employé, comme agglomérant du fer chromé, que pour le bouchage et les côtés des portes de chargement. Le bouchage en particulier sera bien damé, bien protégé pendant la cuisson avec du calcaire, afin de lui permettre de se consolider, et on aura soin d'éviter de le refaire entre chaque coulée; il paraît du reste se former à la longue une combinaison stable entre le chrome et la chaux, donnant lieu à un produit extrêmement dur et ne revenant plus, comme la dolomie, à l'état pulvérulent. La cuisson de l'ensemble du four se fait très bien et on n'a plus à redouter les gonflements que l'on constate dans les fours construits en dolomies ou magnésies agglomérées au goudron.

L'entretien du four se fait entre chaque coulée avec du calcaire, et on doit pour les réparations éviter l'emploi de dolomie agglomérée au goudron; il est préférable d'employer des calcaires ou des dolomies crus ou cuits, broyés en poudre presque impalpable et mis en mortier à l'aide d'une petite quantité d'eau.

Une sole construite et entretenue comme nous l'indiquons entre chaque coulée par une *fausse sole* de calcaire ou de dolomie est d'une grande solidité et peut, pour ainsi dire, durer indéfiniment. La dépense en fer chromé est peu considérable, et si on est obligé après une campagne de refaire un four en entier, les blocs de fer chromé retirés de la sole ou des parois du four peuvent être employés de nouveau dans des conditions même meilleures que le minerai naturel primitif qui

n'a pas encore été soumis aux hautes températures. Nous renverrons pour plus de détails aux notes bibliographiques.

Le procédé, d'abord employé en France dès 1885, à Tamaris, puis à Fourchambault, Blagny, etc., en même temps qu'aux Aciéries d'Alexandrowsky près Saint-Pétersbourg (où il a remplacé les fours dolomitiques), s'est répandu successivement dans diverses usines, a été employé en particulier à la Felguera (Espagne), aux nouvelles Aciéries de Port Clarence (Angleterre), et dans ces dernières années dans l'Oural, où l'on rencontre une très grande quantité de fers chromés très riches en oxyde de chrome.

Dans les usines françaises et russes, le procédé a été d'abord employé pour la marche en fonte et riblons avec scorie basique, en employant peu ou point de minerai. En opposition à cette marche basique, nous devons signaler une autre propriété, absolument originale à priori, du garnissage en fer chromé : c'est son adaptation à la marche acide au four Martin quand on a, non plus des fontes ou riblons phosphoreux, mais des matières pures; c'est une conséquence logique de la neutralité du garnissage et cette adaptation est devenue pratique du jour où elle a été essayée (Usine de la Felguera). L'entretien de la sole se fait simplement entre chaque opération avec du sable siliceux. Ce n'est pas à dire, bien entendu, qu'il faille marcher sur sole neutre, alternativement avec des scories basiques et des scories acides; mais il est un fait bien établi, c'est que le fer chromé se prête également bien à l'une et à l'autre marche.

La sole chromée, vu sa nature, convient mieux qu'aucun autre garnissage à la marche en ore process. Nous avons fait les premiers essais dans cette voie à Tamaris dès 1886, simplement à titre de démonstration (car, vu les prix respectifs des fontes et riblons rendus à l'usine, il n'y avait pas intérêt à consommer une grande quantité de fonte). Cette étude nous a montré la possibilité de passer jusqu'à 75 et même 80 0/0 de fonte contre 20 0/0 environ de scraps au maximum, la quantité de minerai introduite formant le reste de la charge.

Le *scraps and ore process* a été appliqué sur sole neutre aux Usines de Port Clarence et a donné de bons résultats. La composition moyenne des charges était de 2/3 de fonte grise du Cleveland et 1/3 de riblons, menues ferrailles et scraps d'acier mélangés.

La silice apportée tant par le silicium de la fonte que par le sable (qu'il ne faut pas négliger en pratique) adhérent aux *gueusets* de fonte était comptée à 4 0/0 environ dans le mélange, le carbone à 2 0/0 et le phosphore à 1,200 0/0 au maximum.

La quantité de calcaire par rapport au poids de fonte était de 30 0/0 et l'affinage était fait en grande partie par des minerais ou oxydes divers à raison de 15 à 20 0/0; le minerai employé était du minerai du Cleveland cru ou grillé, des oxydules provenant du travail des lingots à la presse à forger et des fours à réchauffer dont le garnissage était fait en partie avec des scories basiques, et enfin du minerai Bilbao Campanil pour finir l'opération.

Voici du reste, à titre d'exemple, la composition d'une charge des Aciéries de Clarence :

| | | |
|---|---|---|
| Fonte du Cleveland..... | 3 000 kgr. | |
| Boccages fonte......... | 500 — | Le tout |
| Tournures de fonte..... | 500 — | chargé |
| Scraps................. | 6 000 — | à froid. |
| Castine blanche........ | 2 000 — | |
| Minerai Campanil...... | 800 — | |

puis, pour affiner, 600 kilogrammes de scories de réchauffage et diverses, et 200 kilogrammes de

Campanil pour terminer l'opération, et comme addition :

| | |
|---|---|
| Spiegel.. | 200 kgr. |
| Ferromanganèse à 70 0/0... | 112 — |
| Ferrosilicium... | 70 — |

Le but poursuivi aux Aciéries de Clarence était la fabrication du métal doux pour tôles de marine, fers à T, cornières, etc., correspondant à une charge à la rupture de 42 à 48 kilogrammes par millimètre carré.

La teneur en carbone des aciers fabriqués s'était maintenue aux environs de 0,150 à 0,200 et la teneur en phosphore en moyenne de 0,050 et souvent au-dessous. Les analyses ci-dessous de deux aciers, faites dans des laboratoires différents, montrent ce que l'on peut obtenir sur sole neutre, en partant de matières phosphoreuses. Nous ferons remarquer les différences trouvées dans la teneur en phosphore en appelant l'attention sur la quantité d'arsenic trouvée dans un des cas; il faut en effet avoir soin, pour avoir la teneur exacte en phosphore, de procéder à la séparation de ces deux éléments.

*Acier A, pour fer blanc.*

| | | |
|---|---|---|
| Manganèse. | non dosé | 0,080 |
| Carbone | 0,070 | 0,050 |
| Silicium. | non dosé | 0,050 |
| Soufre. | 0,074 | 0,129 |
| Phosphore | 0,018 | 0,042 |
| Arsenic. | 0,030 | non dosé |
| Chaux. | non dosé | » |

*Acier B. doux ordinaire.*

| | | |
|---|---|---|
| Manganèse. | 0,600 | 0,675 |
| Carbone. | 0,182 | 0,235 |
| Silicium. | non dosé | 0,070 |
| Soufre. | 0,530 (?) | 0,103 |
| Phosphore. | 0,021 | 0,033 |
| Arsenic. | ? | ? |
| Chaux. | 0,100 | » |

Un grand nombre d'essais à la traction faits à Tamaris et à Clarence montrent que le métal obtenu sur sole chromée offre une limite d'élasticité et une résistance à la rupture plus élevées que la normale, d'après la teneur des éléments, C, Mn, Ph, et ceci avec des allongements aussi considérables que pour les métaux doux obtenus sur sole basique ou magnésienne. On a mis en doute, pour expliquer ce phénomène, la présence du chrome (qui, s'il était à l'état d'oxyde interposé comme dans le cas du puddlage, serait nuisible) ; mais il paraît démontré aujourd'hui que cette augmentation de résistance est bien due à la présence dans l'acier de cet élément, qui, à la haute température de fusion des aciers doux, s'incorpore dans le métal à raison de 0,100, 0,150 et même 0,200, quand on fait servir à la réparation de la sole un mélange de calcaire (dolomitique ou non) et de fer chromé pulvérisé.

L'application du procédé *Valton-Rémaury* a a été faite, comme nous l'avons dit, en Russie aux usines d'Alexandrowsky et aux usines de l'Oural, et y a donné, comme ailleurs, de bons résultats, soit en marchant en fonte et riblons, soit en ayant recours pour l'affinage à des additions de minerai.

Aux *Aciéries d'Alexandrowsky*, on consomme un mélange de fontes de l'Oural et principalement des fontes de Cleveland. La proportion de fonte employée varie de 35 à 55 0/0, celle de bons riblons d'acier d'environ 20 à 25 0/0, le complément étant formé de riblons de fer et de battitures que l'on emploie mélangées avec de la chaux. On ne consomme point de minerai : c'est donc du scraps process à peu près absolu, bien que les battitures servent d'affinant à la fin de l'opération.

Pour une charge normale de 8000 kilogrammes de matières, on consomme 700 kilogrammes de castine, dont 400 kilogrammes sont mis sur la sole au début pour la protéger et 300 kilogrammes chargés avec la fonte.

A la fin de l'opération, on opère toujours une épuration du bain, brassage et lavage, par 200 ou 300 kilogrammes de spiegel, et on coule en général avec 0,20 à 0,25 0/0 de ferromanganèse à 80 0/0 pour métal courant ayant la composition moyenne suivante :

| | |
|---|---|
| Manganèse | 0,350 à 0,400 |
| Carbone | 0,100 |
| Phosphore | moins de 0,050 |

Nous avons eu occasion d'appliquer la sole neutre, en ces derniers temps (1894), dans les usines du prince Demidoff, à Nijni-Taguil (Oural), à la fabrication des aciers doux destinés à la construction des ponts du chemin de fer transsibérien et d'introduire en même temps dans ces usines la marche en *ore process* nécessitée par l'absence de riblons dans la région.

Encore dans ces dernières années, les usines de Taguil avaient, en effet, à leur disposition, non seulement des fontes et des ferrailles pures (vu la pureté exceptionnelle des minerais de l'Oural), mais ces matières étaient en quantités aussi considérables que l'on pouvait le désirer ; mais, par suite de la création de nombreux fours Martin (Motavilica près de Perm, Tchoussovaya, Verkisetsky, Alapaesk, etc.), les riblons deviennent, là comme ailleurs, tous les jours de plus en plus rares et l'emploi de l'ore process s'impose au plus haut degré.

L'usine de Nijni-Taguil possède actuellement trois fours Martin de 7 à 8 tonnes, dont un à garniture acide est employé spécialement à la fabrication des métaux durs et mi-doux (aciers à ressorts, etc.), et les deux autres, à garnissage neutre, destinés essentiellement à la fabrication des métaux doux et extra-doux (36 à 40 kilogrammes de résistance) pour tôles, cornières, longerons de ponts, etc.

La quantité de riblons dont on disposait il y a encore quelque temps permettait de ne consommer aux fours à sole neutre que 20, 25, 30 0/0 maximum de fonte, tout le reste consistant en riblons de bonne qualité et souvent choisis.

Le scraps and ore process est entré peu à peu dans l'usage, en consommant d'abord 40, 50 et 60 0/0 de fonte grise obtenue au charbon de bois. Il serait préférable de traiter de la fonte blanche (qui n'est produite dans les usines de Taguil que par surcharge accidentelle de minerai, la fonte grise étant recherchée pour les autres fabrications). C'est une fonte très pure à tous les points de vue, puisqu'elle est obtenue avec les seuls minerais riches, purs et magnétiques de la région ; il n'y a donc pas à se préoccuper de la déphosphoration, le seul but à poursuivre étant d'augmenter la quantité de fonte consommée par rapport au riblon. En augmentant peu à peu cette quantité, on est arrivé actuellement (1896) à passer au four Martin sur sole chromée 85 et jusqu'à 95 0/0 de fonte, une petite quantité seulement de riblons provenant de l'usine étant employée pour terminer l'opération. La quantité de minerai ajoutée soit au début, soit par petites portions pendant l'opération, est d'environ 15 à 20 0/0. Si le métal est un peu oxydé à la fin, on le ramène avec une certaine quantité de spiegel, et on coule avec du ferromanganèse riche et une petite quantité de ferrosilicium.

Au lieu d'employer comme affinant le minerai naturel du pays (magnétite), difficile à fondre, nous avons eu recours avec grand avantage à ce même minerai grillé, tel qu'il est préparé pour le chargement aux hauts fourneaux et aussi aux battitures de laminoirs, scories, etc.

Le minerai possédant après grillage une certaine porosité, son action est plus efficace pour l'affinage rapide de la fonte; grâce également à cette porosité, l'action du minerai dans le four est plus calme, le bouillonnement moindre, le déchet de fusion réduit grâce à l'utilisation de la plus grande partie du fer du minerai; enfin ce minerai, étant d'une grande pureté, remplace avantageusement le riblon. Pour toutes ces raisons, nous avons cru utile de signaler aussi la marche actuelle de l'usine de Taguil comme représentant le type de l'ore process à peu près absolu réalisé sur sole neutre. L'application du garnissage en fer chromé est actuellement faite à un nouvel atelier à Nijni-Taguil et d'autre part aux usines de Verknié-Salda, etc. L'emploi du fer chromé prend tous les jours de l'extension dans l'Oural pour la garniture des fours Martin; il a été essayé également sous la forme de pisé et de briques, mais nous considérons que le mieux est de l'employer comme à Taguil à l'état de gros blocs choisis et reliés par un mortier de chaux et chrome suivant les indications données ci-dessus. En dehors de ses avantages comme matière neutre, il a dans l'Oural plus qu'ailleurs (grâce aux gisements considérables qui s'y trouvent) sa raison d'être, de même que la magnésie est indiquée comme devant être employée de préférence en Allemagne et en Autriche, grâce à la proximité des gisements de carbonate de magnésie de Styrie.

Il paraît parfaitement établi aujourd'hui que les soles basiques (dolomie ou magnésie) ou neutres (fer chromé) remplaceront partout pour les fours Martin (sauf les cas de fabrication des métaux spéciaux déjà signalés) les soles siliceuses, de même que les soles neutres ont remplacé les soles en sable quartzeux dans les fours à puddler, et cela pour plusieurs raisons : la sole siliceuse a une action oxydante sur le fer, tandis que la sole basique retarde cette oxydation; d'où l'obtention plus facile d'un métal plus pur. D'autre part, les briques de magnésie et le chrome résistent mieux aux hautes températures nécessaires à l'obtention des aciers extra-doux et aussi à l'action destructive des scories et des oxydes de fer, qui nécessite des réparations fréquentes et coûteuses au four Martin acide, surtout quand on marche en ore process.

BIBLIOGRAPHIE :

BRESSON et GRUNER. — *Progrès récents de la déphosphoration.* — Congrès des mines et de la métallurgie, Exposition 1889.

DESHAYES. — *Aciers et fers fondus obtenus sur sole neutre.* Génie civil, 1886.

GAUTIER. — *Revêtement neutre des fours métallurgiques.* Iron and Steel Institute, mai 1886.

KUPELVIESER. — *Fabrication de l'acier basique à Witkowitz.* Iron and Steel Institute, septembre 1892.

MORO. — *Fabrication de l'acier sur sole basique et laminage des rails à Gratz.* Revue de Liège, 1889.

WALRAND. — *Déphosphoration sur sole magnésienne,* 1886.

I. EMPLOI DES SCORIES BASIQUES EN AGRICULTURE.

La fabrication de l'acier par le procédé Thomas donne lieu à un sous-produit très important, les scories de déphosphoration qui entraînent pendant le traitement au convertisseur les diverses impuretés de la fonte, et contiennent en particulier une notable proportion d'acide phosphorique qui leur donne une valeur considérable comme engrais. Cette teneur en acide phosphorique est très variable d'une usine à l'autre, se

tenant en moyenne vers ,2 à 15 0/0 dans la plupart des usines de l'Est de la France et du bassin westphalien; elle atteint jusqu'à 27 à 28 0/0 dans certains cas, comme à l'usine de Witkowitz, par exemple, lorsque l'on traite des fontes très phosphoreuses.

Les analyses que nous avons données des scories aux diverses périodes de l'opération montrent aussi la variation de cette teneur en acide phosphorique suivant que l'affinage est plus ou moins avancé : il y a donc intérêt à les écouler du convertisseur, à un moment déterminé, pour obtenir la plus grande proportion d'acide phosphorique. Toutefois il ne paraît pas y avoir intérêt pour l'agriculteur à employer des scories trop riches, tenant 22 à 25 0/0 d'acide phosphorique; elles ne jouissent pas comme engrais d'une surprime équivalente à leur teneur; elles seraient même, d'après certains auteurs, moins facilement assimilables que les scories à 16 0/0; mais il semble plus probable que la préférence donnée aux scories moins riches tient à une question de volume minimum nécessaire à appliquer sur une surface déterminée.

La forte teneur en chaux des scories de déphosphoration les recommande particulièrement pour les terres argilo-siliceuses.

Nous donnons dans le tableau ci-dessous un certain nombre d'analyses de ces scories.

Les scories brutes, telles qu'elles sortent de l'atelier des convertisseurs, sont toujours en fragments plus ou moins gros, et sous cette forme ne se prêtent guère à leur emploi par l'agriculteur, bien qu'on puisse les répandre à cet état sur le sol; mais alors leur épandage est plus difficile, demande une main-d'œuvre supplémentaire, leur action est très lente et leur effet utile n'a lieu qu'irrégulièrement et seulement au bout de plusieurs années.

Les scories brutes laissées à l'air se délitent d'elles-mêmes en raison de leur forte teneur en chaux; mais, cette désagrégation se produisant par le fait de l'absorption de l'eau et de l'acide carbonique, il en résulte que le produit désagrégé est moins riche en acide phosphorique que la scorie primitive : la teneur en acide phosphorique descend souvent à 10 0/0 et même au-dessous, tandis que les scories brutes, comme nous le disions, tiennent en général en moyenne 15 0/0 d'acide phosphorique.

Lorsque les scories brutes se sont désagrégées à l'air, on peut en séparer par un tamisage les scories les plus fines; c'est une opération peu coûteuse, qui permet de livrer à l'agriculture un produit moins riche en acide phosphorique que la scorie brute fraîche, mais aussi d'un prix moins élevé que les scories broyées.

Les auteurs qui se sont occupés de l'emploi de ces produits comme engrais, sont tous d'accord que, pour obtenir de bons résultats, il est nécessaire de les employer finement pulvérisées.

Nous donnons dans le tableau ci-dessous un certain nombre d'analyses de scories des Aciéries de Longwy à divers états, et en particulier le résultat d'un très grand nombre d'analyses (p. 64, col. 5 et 6) du tableau correspondant à une période de trois années, 1886-87-88.

Bien des appareils ont été proposés pour le broyage économique de ces scories, mais leur étude nous entraînerait hors du cadre de cet article : il nous suffira de dire qu'elles doivent être réduites en poudre impalpable, broyées immédiatement après leur enlèvement de l'atelier et mises en sacs après broyage, de manière à empêcher leur appauvrissement au contact de l'air. Dans ces conditions elles sont très appréciées de l'agriculture, en raison des résultats importants et immédiats qu'elles donnent.

*Analyses de scories basiques provenant de diverses usines.*

| Éléments | Aciéries du Rhin — Moyenne | Aciéries du Rhin — Échantillon compact | Aciéries du Phœnix — Échantillon cristallin et exceptionnel | Usine de Ruhrort — Scorie finale d'après Wedding | Usine de Hoerde — Scorie avant le sursoufflage d'après Massenez | Usine de Hoerde — Scorie finale d'après Massenez | Usine de Hoerde — Échantillon | Usine de Hoerde — Échantillon | Scories moulues de Albert frères à Ruhrort |
|---|---|---|---|---|---|---|---|---|---|
| Silice | 12,77 | 9,34 | 4,16 | 12,78 | 11,30 | 9,80 | 12,25 | 9,72 | 7,94 |
| Acide phosphorique | 16,92 | 13,75 | 4,88 | 16,08 | 12,41 | 12,80 | 12,68 | 10,88 | 14,86 |
| Alumine | 1,12 | 11,27 | 4,16 | 1,12 | 0,39 | 1,68 | 2,31 | 2,21 | 6,05 |
| Peroxyde de fer | 2,87 | 3,34 | 18,94 | 4,06 | 0,60 | 4,90 | 1,61 | 3,81 | 10,31 |
| Protoxyde de fer | 5,94 | 12,03 | 20,81 | 4,87 | 4,40 | 12,30 | 9,42 | 8,58 | 10,78 |
| — de manganèse | 4,80 | 5,80 | 6,34 | 3,35 | 1,90 | 2,00 | 5,32 | 5,93 | 5,89 |
| Chaux | 47,87 | 41,40 | 36,45 | 47,40 | 63,30 | 49,50 | 48,36 | 49,75 | 38,92 |
| Magnésie | 6,75 | 2,97 | 1,70 | 7,70 | 4,37 | 5,08 | 5,60 | 6,42 | 2,52 |
| Fer | » | 11,70 | 24,45 | » | 4,85 | 13,01 | » | » | 15,60 |
| Manganèse | » | 4,50 | 4,91 | » | 1,52 | 1,60 | » | » | 4,57 |
| Soufre | 0,05 | 0,30 | 0,24 | » | 0,37 | 0,88 | » | » | 0,17 |
| Phosphore | » | 6,00 | 2,131 | » | 5,42 | 5,50 | » | » | 6,48 |
| Sulfure de calcium | » | » | » | 0,10 | 0,83 | 1,98 | 2,34 | 2,25 | » |
| Soude et potasse | » | » | » | » | » | » | » | » | » |

| Éléments | Scorie de Meurthe-et-Moselle d'après Levat | Scories des aciéries allemandes d'après Levat | Scories de l'usine de Pottstown (États-Unis) d'après Levat | Scories des Aciéries de Longwy — Diverses analyses — A | B | C | D | Moyenne | Aciéries de Dudelange (Luxembourg) |
|---|---|---|---|---|---|---|---|---|---|
| Silice | 8,00 | 8,20 | 5,10 | 7,80 | 5,90 | 7,70 | 6,50 | 7,00 | 4,55 |
| Acide phosphorique | 17,00 | 19,02 | 21,37 | 15,35 | 17,60 | 16,40 | 15,40 | 16,19 | 17,74 |
| Alumine | 2,00 | 1,10 | 4,01 | 10,60 | 5,70 | 9,80 | 3,80 | 7,50 | traces |
| Peroxyde de fer | » | » | » | » | » | » | » | » | 2,93 |
| Protoxyde de fer | 14,00 | 8,06 | 12,00 | 6,60 | 14,90 | 12,40 | 11,50 | 11,30 | 13,16 |
| — de manganèse | 5,00 | 5,24 | 5,56 | 7,10 | 5,90 | 6,30 | 6,10 | 6,40 | 6,79 |
| Chaux | 50,00 | 49,90 | 45,26 | 45,60 | 44,80 | 46,20 | 53,80 | 47,60 | 52,04 |
| Magnésie | 4,00 | 3,40 | 5,90 | 7,50 | 3,20 | 1,90 | 2,10 | 3,70 | 2,87 |
| Fer | » | » | » | » | » | » | » | » | 12,29 |
| Manganèse | » | » | » | » | » | » | » | » | 5,26 |
| Soufre | traces | 0,60 | » | » | » | » | » | » | 0,31 |
| Phosphore | » | » | » | » | » | » | » | » | 7,75 |
| Sulfure de calcium | » | » | » | » | » | » | » | » | » |
| Soude et potasse | » | » | 0,80 | » | » | » | » | » | » |

*Scories des Aciéries de Longwy.*

| Éléments | Scories brutes | Scories grossièrement broyées | Scories finement broyées | Scories tamisées | Moyenne de trois années — Scories brutes | Moyenne de trois années — Scories broyées |
|---|---|---|---|---|---|---|
| Silice | 4,70 | 6,90 | 6,20 | 1,20 | 10,85 | 7,40 |
| Acide phosphorique | 14,95 | 12,70 | 13,60 | 11,50 | 12,20 | 13,20 |
| Alumine | 3,80 | 5,20 | 4,70 | » | 6,00 | 5,15 |
| Peroxyde de fer | » | » | » | » | 8 | » |
| Protoxyde de fer | 17,30 | 15,20 | 14,90 | 20,60 | 14,35 | 17,55 |
| — de manganèse | 6,50 | 7,30 | 7,70 | 5,70 | 7,30 | 7,35 |
| Chaux | 48,70 | 49,60 | 51,00 | 61,20 | 46,00 | 46,75 |
| Magnésie | » | » | » | » | » | » |
| Fer | 13,10 | 11,80 | 11,60 | 16,00 | 11,50 | 13,55 |
| Manganèse | 5,00 | 5,70 | 6,00 | 4,40 | 5,60 | 5,60 |
| Soufre | » | » | » | » | » | » |
| Phosphore | 6,50 | 5,50 | 5,92 | 5,04 | 5,34 | 5,75 |
| Perte au feu | » | » | » | 10,80 | » | » |

Il y a un autre intérêt à fractionner les scories provenant des ateliers Thomas (la même remarque s'applique aux procédés Martin basique ou neutre), en les enlevant un peu avant la fin de l'opération : on obtient ainsi un produit contenant facilement de 20 à 22 0/0 d'acide phosphorique, tandis que les scories qui se forment pendant la période de sursoufflage, contenant plus de fer, n'en renferment guère en général que 10 0/0.

Divers savants se sont occupés des résultats obtenus par l'emploi des scories en agriculture; il convient de citer en particulier : Grandeau en France, Stutzer en Allemagne, Wrigston en Angleterre, Peterman en Belgique, Wagner, Hogermann, etc. Nous renverrons pour plus de détails aux mémoires de ces divers auteurs, aux notes bibliographiques, et aux études spéciales sur les phosphates naturels ou artificiels (voyez 2ᵉ Suppl., Engrais).

Les quelques indications que nous donnons ici suffisent à montrer l'importance tous les jours croissante de ces scories au point de vue de l'agriculture, scories dont la vente est une source importante et non négligeable au point de vue industriel, de bénéfices pour les aciéries Thomas ou Martin basiques.

Nous terminerons ce qui est relatif à la question des scories de déphosphoration en résumant ci-dessous, en quelques mots, les études de MM. Hilgenstock, Brockman, Groddeck sur les cristaux qui se rencontrent dans les géodes de scories provenant des ateliers Thomas et refroidies lentement.

M. Hilgenstock, dès 1883, remarqua dans ces géodes des cristaux se présentant sous la forme de minces tablettes et d'apparence cornée. Une première analyse lui donna les résultats suivants :

| | |
|---|---|
| Chaux | 61,16 0/0 |
| Acide phosphorique | 34,64 — |
| Magnésie | 1,90 — |
| Protoxyde de manganèse | 1,15 |
| Silice | 0.91 |
| Fer et sulfure de calcium en faible quantité. | |

La proportion, comme on le voit, dépasse de plus d'un tiers celle du phosphate de chaux tribasique. Une deuxième analyse de cristaux choisis avec le plus grand soin donna :

| | |
|---|---|
| Chaux | 61,10 |
| Acide phosphorique | 38,14 |

et confirma l'opinion première, à savoir que ces cristaux forment un composé chimique nouveau, le *phosphate tétrabasique de chaux*, répondant à la formule $4CaO\,P^2O^5$, soit 0/0 :

| | |
|---|---|
| Chaux | 61,20 |
| Acide phosphorique | 38,20 |

Au point de vue technique, ce résultat rendrait partiellement compte de la quantité relativement grande de chaux qu'exige le procédé Thomas.

D'un autre côté, MM. Brockmann et Groddeck, en examinant les laitiers Thomas de l'usine de Peine, ont observé des cristaux en tablettes brunes rectangulaires, très minces, friables, transparents, à éclat vitreux et d'une densité de 3,5. Ils observèrent également des cristaux d'un beau bleu, ainsi que des agrégats de cristaux noirâtres en forme de touffes ou de plumes; ces cristaux étaient si petits, que leur forme n'était reconnaissable qu'au microscope. L'analyse chimique de ces divers cristaux, comparés à ceux observés par M. Hilgenstock, confirme l'existence d'un phosphate de chaux tétrabasique, diversement coloré par la présence de bases isomorphes avec la chaux.



*Analyses de cristaux provenant de géodes rencontrées dans des scories Thomas.*

| | Usine de Hoerde | | Usine de Peine | |
|---|---|---|---|---|
| | Echantillons impurs | Echantillons purs | Tablettes brunes | Prismes bleus |
| Chaux | 61,16 | 61,10 | 58,01 | 56,00 |
| Magnésie | 1,90 | » | 0,88 | » |
| Protoxyde de manganèse | 1,51 | » | » | 3,00 |
| — de fer | » | » | 2,93 | 6,00 |
| Fer | traces | » | » | » |
| Silice | 0,91 | » | » | » |
| Sulfure de calcium | traces | » | » | » |
| Acide phosphorique | 34,64 | 38,14 | 38,75 | 35,00 |
| Totaux | 100,12 | 99,24 | 100,57 | 100,00 |

Bibliographie :

Carnot. — *Composition des cristaux observés dans les scories basiques.* Annales des Mines, 1895.

Hilgenstock. — *Nouveau phosphate de calcium. — Composition des scories Thomas. — Réductibilité du phosphate de chaux tétrabasique, etc.* Revue de Liège, 1886-1887.

Levat. — *Etudes sur les phosphates.* Annales des Mines, 1895.

Mathesius. — *Composition des scories basiques.* Revue de Liège, 1887.

## II. Carburation directe.

Le procédé Thomas, en permettant de traiter au convertisseur des fontes phosphoreuses, a, du même coup, facilité l'obtention de métaux extradoux, par ce fait même que, pour arriver à une déphosphoration complète par l'opération du sursoufflage, on arrive à une décarburation complète.

Le procédé Bessemer acide ne permettait pas d'obtenir des métaux d'une telle douceur; mais par contre la fabrication des métaux à teneurs moyenne ou élevée en carbone est réalisée facilement avec une assez grande précision sur garnissage acide (soit Bessemer, soit Martin), soit que l'on arrête les opérations par l'examen des scories, soit que l'on recarbure par des additions de fontes grises ou de spiegel.

Dans le procédé Thomas, on arrive bien également à détruire l'oxydation provenant du sursoufflage par une addition de ferromanganèse ou de spiegel, soit que l'on ait traité des fontes à égalité de phosphore et de manganèse, soit des fontes peu manganésées comme à Kladno et à Teplitz; mais il est difficile, en même temps que l'on pratique cette désoxydation, d'incorporer au bain la quantité exacte de carbone nécessaire pour l'obtention d'un acier dur ou demi-dur, par suite des diverses réactions plus ou moins complexes et irrégulières qui se passent au moment des additions finales : la quantité de spiegel à ajouter est souvent considérable et la proportion de carbone incorporée très variable.

La fabrication d'un *acier dur, pauvre en phosphore*, mais à teneur élevée et régulière en carbone, devient dès lors une difficulté dans le cas de traitement de fontes phosphoreuses.

En vue de retirer du procédé Thomas tous ses avantages au point de vue de la pureté du métal final, M. John-Henry Darby, directeur des Aciéries de Brymbo (pays de Galles), chercha à recarburer directement le métal déphosphoré au moyen du carbone (graphite, charbon de bois, coke, etc.).

Depuis longtemps le fait suivant était connu : Si on coule de l'acier doux dans une lingotière où l'on a mis préalablement du charbon de bois en poudre, l'acier du lingot obtenu aura une teneur en carbone à peu près égale à celle résultant de la quantité de charbon de bois employée : en un mot, le charbon de bois en remontant à la surface s'incorpore à peu près en entier dans le métal. C'est là un moyen brutal de recarburation, mais peu pratique, car rien ne prouve (quoique dans bien des cas cela ait lieu) que la répartition du carbone se fera toujours d'une manière homogène dans un même lingot, ou dans une même série de lingots; mais cette facilité d'absorption du carbone, une fois connue, devait conduire un jour ou l'autre à un *Procédé industriel de recarburation directe*.

La méthode de M. Darby, basée sur ce fait, consiste donc en ce que l'acier doux peu carburé ou neutre se carbure si on le met à l'état fluide en contact suffisamment intime et prolongé avec du charbon de bois en fragments plus ou moins volumineux. Le premier appareil imaginé par M. Darby avait pour but de faire passer l'acier liquide d'une poche supérieure à une poche inférieure, à travers un cylindre réfractaire rempli de charbon de bois concassé; c'était une sorte de filtration, pendant laquelle la carburation avait lieu. L'expérience montra ce fait important, c'est que le contact prolongé du métal avec le charbon n'était pas nécessaire.

Le deuxième dispositif employé consiste à faire tomber le charbon contenu dans une trémie sur le jet d'acier venant de la première poche. On carbure ainsi environ un tiers de la coulée et on peut obtenir un acier à teneur régulière en carbone : l'acier obtenu de cette manière ne bouillonne pas dans les lingotières, et il est rarement nécessaire d'y ajouter du ferromanganèse ou du spiegel.

Le charbon de bois fut remplacé par du coke réduit en poudre fine, lequel, dans le cas du convertisseur Thomas, est versé directement sur le jet de métal fondu de l'appareil avant que ce jet ait atteint la poche de coulée; on a soin en même temps de retenir les scories au bec du convertisseur (jusqu'à ce que la carburation soit complète) par une valve disposée *ad hoc*; la quantité de coke est réglée à volonté par un tiroir dont est muni le récipient à coke. On peut adopter diverses variantes pour la disposition des appareils, mais le principe reste le même. Les analyses suivantes montrent que l'on peut ainsi obtenir des aciers assez carburés, ne contenant que très peu de phosphore :

| N** | Teneurs en carbone | | Teneurs en phosphore | |
|---|---|---|---|---|
| | avant la carbu-ration | après la carbu-ration | avant la carbu-ration | après la carbu-ration |
| 1 | 0,073 | 0,285 | 0,040 | 0,040 |
| 2 | 0,082 | 0,293 | 0,045 | 0,054 |
| 3 | 0,091 | 0,315 | 0,074 | 0,085 |
| 4 | 0,071 | 0,284 | 0,055 | 0,067 |

Avec une plus grande proportion de coke ajouté on obtient naturellement des aciers plus durs.

M. Darby appliqua son procédé à l'acier fabriqué sur sole basique, et obtint d'excellents aciers à 0,900 de carbone ne contenant que des traces d'impuretés.

On l'appliqua ensuite au Phœnix et à Ruhrort, aux aciers Thomas, et, après un certain nombre d'essais, on arriva dans ces usines à supprimer la poche de carburation et à remplacer le charbon par du coke, comme il est indiqué ci-dessus. Ce procédé a été appliqué successivement par un certain nombre d'usines, soit au Thomas, soit au Martin, avec diverses modifications.

Voici en quelques mots, par exemple, comment il est appliqué aux Aciéries de Dudelange :

On a recours comme recarburant à l'anthracite aussi pur que possible, que l'on emploie sous la forme de briquettes ayant la dimension d'une brique ordinaire; ces briquettes sont préparées à l'avance dans un atelier spécial et se composent d'anthracite finement pulvérisé sous des meules, aggloméré avec un 1/10 de lait de chaux, et séchées pendant plusieurs mois.

L'opération Thomas est conduite comme une opération ordinaire, c'est-à-dire jusqu'à décarburation et expulsion du phosphore; on écoule une partie de la scorie et on procède à la désoxydation du métal dans le convertisseur même par une addition de ferromanganèse d'environ 1/2 0/0 de la charge totale; on laisse bien passer la réaction.

D'autre part, on prépare dans la poche de coulée 40 kilogrammes de briquettes d'anthracite qui sont cassées en petits morceaux et réparties également sur le fond de la poche.

L'acier est alors coulé avec précaution et lentement du convertisseur dans la poche, en ayant soin de retenir les scories au bec de l'appareil : il est nécessaire de couler lentement et en même temps de remuer la poche de manière que l'acier tombe un peu sur toute la surface pour que la carburation se fasse lentement (afin d'éviter la formation trop brusque de flamme d'oxyde de carbone), et d'une manière aussi régulière que possible sans trop de bouillonnement et sans projections. Le mélange du reste se fait bien par suite même de l'effervescence; on laisse couler un peu de scorie sur la poche pour protéger le métal, et après quelques minutes de repos on coule l'acier comme à l'ordinaire.

L'acier fabriqué à Dudelange par ce procédé est employé à la fabrication des rails : c'est un métal demi-dur d'excellente qualité, et que l'on pourrait obtenir régulier en ayant recours à des additions de spiegel; obtenu par le procédé basique, on ne peut lui reprocher d'être siliceux, comme cela arrive avec les aciers obtenus au Bessemer acide.

Voici du reste l'analyse du métal obtenu à Dudelange, correspondant à une charge à la rupture de 63 kilogrammes avec 18 0/0 d'allongement :

| | |
|---|---|
| Manganèse. | 0,450 |
| Carbone. | 0,520 |
| Silicium. | » |
| Soufre. | 0,013 |
| Phosphore | 0,075 |

L'avantage du procédé Darby est, outre la régularité des aciers obtenus, une grande économie résultant du non-emploi de spiegel recarburant pour obtenir des aciers mi-durs et durs; pour des teneurs très élevées en carbone, on obtient une carburation donnée avec plus de précision que par l'emploi du spiegel; enfin, appliqué au Martin basique, le procédé de carburation directe permet d'obtenir des aciers rivalisant avec les aciers pour outils obtenus au creuset.

BIBLIOGRAPHIE :

DEMENGE. — *Fabrication de l'acier au convertisseur basique*. Génie civil, 1890.

RICHARD. — *Étude sur le procédé Darby*. Société d'Encouragement, 1891.

### III. DÉSULFURATION.

Au point de vue de l'emploi des minerais impurs, le procédé Thomas a résolu le problème de la déphosphoration ; mais, d'un autre côté, la plupart des minerais de fer contiennent du soufre et les cokes employés aux hauts fourneaux en sont bien rarement exempts ; la question de la *désulfuration* a donc également pour l'industriel une importance considérable.

Dans le traitement au haut fourneau, il est reconnu pratiquement que :

1° Il ne reste que peu ou point de soufre dans la fonte, si le lit de fusion renferme assez de chaux pour se combiner au soufre et à la silice, à la condition toutefois de marcher en allure calcaire ;

2° Si, par une cause quelconque, la température du haut fourneau s'abaisse, la teneur en soufre de la fonte augmente à mesure que celle-ci devient plus blanche, et lorsque la température s'abaisse au point où elle est juste suffisante pour la fusion, on arrive aux fontes caverneuses, qui alors contiennent la totalité du soufre du lit de fusion ;

3° La fonte sera d'autant plus exempte de soufre que le laitier sera plus basique (allure calcaire), la chaux étant en proportion aussi forte que possible, la magnésie ne paraissant pas avoir pour l'élimination du soufre une importance aussi grande que la chaux ;

4° La présence du manganèse dans le lit de fusion (surtout s'il est introduit par des minerais à gangue calcaire, et non par des silicates de manganèse) avec une allure chaude et calcaire facilite encore plus le passage du soufre dans les laitiers.

La question de l'élimination du soufre peut donc être ainsi résolue par une marche au haut fourneau en allure calcaire à haute température ; mais, au point de vue industriel, on peut objecter que cette marche est coûteuse et que, d'autre part, il est difficile de la maintenir d'une façon régulière sans risquer des engorgements et des descentes irrégulières des charges, etc. ; de sorte que, pratiquement, on obtient toujours des fontes plus ou moins sulfureuses, utilisables pour des produits courants, mais sans emploi (sauf nouvelle opération) pour la fabrication de certains fers ou aciers fins destinés au matériel de l'artillerie, de la marine, des chemins de fer (ressorts, bandages, etc.), des aciers à outils, etc.

Les procédés de désulfuration permettant une épuration complète des fontes avant leur traitement soit au Bessemer, soit au Martin, acides ou basiques, ont donc un grand intérêt au point de vue de la pratique industrielle.

Sans revenir sur les expériences anciennes relatives à ce sujet, nous rappellerons seulement pour mémoire le procédé de Bell, consistant à agiter ensemble des oxydes de fer fondus et de la fonte liquide ; celui de Krupp, basé sur les mêmes réactions en opérant dans un four rotatif, permettant l'un et l'autre d'obtenir une élimination de 60 à 80 0/0 du soufre contenu dans les fontes. Ces procédés, comme celui de M. Henderson (emploi du spath fluor en présence d'oxyde de fer), sont tous basés sur l'action des silicates basiques, en présence ou non du manganèse, et n'ont été employés que pour les fontes destinées au puddlage.

En ce qui concerne la fabrication de l'acier fondu par les procédés acides, il est parfaitement établi que, pendant la fusion et par suite du déchet de l'opération, le soufre aussi bien que le phosphore se concentre dans l'acier, que celui-ci soit obtenu au Bessemer ou au Martin.

Dans les procédés basiques, au Thomas en particulier, le soufre est éliminé en partie si l'on prolonge le sursoufflage (au delà du moment où le phosphore est éliminé en grande partie) jusqu'à la période de l'*over after blow* : il en

résulte naturellement une oxydation plus considérable du métal, un déchet plus important, et il est préférable, comme nous l'avons dit, d'employer au convertisseur basique des fontes manganésées et contenant une quantité de soufre aussi peu réduite que possible.

D'un autre côté, au Martin basique ou neutre, l'élimination du soufre est également réalisable en partie, mais elle se fait toujours d'une manière très variable, suivant l'allure même du four, et dépend non seulement du mode de chargement, de la conduite des opérations, mais aussi de la nature des combustibles employés. Il est en effet reconnu que, si l'on emploie aux gazogènes des charbons sulfureux, une partie du soufre s'incorpore dans le métal en fusion.

L'emploi de minerai de manganèse ajouté à la charge dès le début de l'opération donne de bons résultats ; il faut choisir ce minerai naturellement à gangue calcaire et l'employer simultanément avec de la chaux, du calcaire et du spath fluor, en ayant soin d'écouler la scorie après fusion de la première charge (fontes ou riblons sulfureux). On peut de cette manière obtenir une forte élimination du soufre.

Les expériences poursuivies par divers chimistes ou industriels montrent que la désulfuration, quelle qu'elle soit, doit être attribuée à l'une ou à plusieurs des causes suivantes :

1° Le manganèse ajouté au métal peut enlever à celui-ci, en ne faisant même que le traverser, une certaine quantité de soufre ;

2° Le manganèse qui se réduit de la scorie pendant la déphosphoration peut effectuer, par cela même, une élimination du soufre ;

3° Le laitier calcaire en contact avec le bain métallique à sa partie supérieure, soit au Thomas, soit au four à sole basique ou neutre, peut absorber une certaine quantité du soufre ;

4° Enfin une certaine quantité de manganèse ajouté au bain sous forme de ferromanganèse, et laissé en contact avec lui pendant un temps plus ou moins long, se sépare du bain métallique par liquation en emportant avec lui une certaine quantité de soufre. Ce fait, signalé par M. Caron, étudié par M. Howe et d'autres auteurs, résulte de ce que le sulfure de manganèse (de même que le sulfure de calcium, de baryum et autres) est moins soluble dans le fer métallique ou dans la fonte que le sulfure de fer lui-même ; il se forme dans ce cas un composé riche en soufre et en manganèse qui se sépare par liquation : la désulfuration pratiquée à Hoerde (travaux de MM. Massenez et Hilgenstock) confirment cette manière de voir (voyez plus loin APPAREILS MÉLANGEURS).

Lorsque l'on a pour but la fabrication d'aciers de qualités supérieures, l'emploi de fontes très pures au point de vue du soufre et du phosphore a une importance très considérable : on ne peut pas, en effet, compter sur une épuration ultérieure pendant la fabrication même de l'acier, car ces aciers durs et mi-durs destinés à l'artillerie, à la marine, à la fabrication des outils, etc., sont généralement obtenus, pour plus de régularité, au creuset, au four Martin et sur sole acide.

Les fontes extra-pures destinées à ces emplois sont fabriquées en particulier en France par les usines de Saint-Chamond et de Firminy, qui emploient avec succès le *Procédé de désulfuration Rollet*, dont nous avons dit déjà quelques mots antérieurement.

M. Rollet, en opérant par simple fusion au cubilot à garniture basique, en présence d'un laitier extra-basique, est parvenu à désulfurer de la façon la plus complète les fontes les plus chargées en soufre : par cette opération, on enlève également une partie du phosphore.

La soufflerie est disposée de manière à obtenir

une atmosphère réductrice, de telle sorte que l'on élimine le soufre sans brûler le carbone de la fonte, laquelle peut dès lors être employée et servir de base aux opérations pour lesquelles on a recours ordinairement aux fontes plus ou moins pures provenant des hauts fourneaux, et traitées directement sans épuration préalable.

Le cubilot employé reçoit le vent, chauffé à 400° environ, par des tuyères au nombre de 9, disposées en 3 rangées superposées et sur 3 génératrices verticales; une disposition spéciale est adoptée pour le creuset, qui est en forme de siphon de manière à faciliter la séparation du laitier de la fonte; un réservoir de fonte se trouve en contre-bas.

Le creuset est revêtu de magnésie et le cubilot est refroidi extérieurement par un courant d'eau pour assurer la conservation du garnissage.

La rangée inférieure des tuyères est très rapprochée de la sole, afin d'augmenter l'action du vent sur le métal et d'obtenir une déphosphoration partielle du métal, en même temps que l'élimination du soufre.

La charge se compose de fonte, calcaire, spath fluor et minerai : l'action de ce dernier combinée avec celle du fer lui-même donne naissance à un garnissage qui adhère le long des parois du cubilot et devient très solide au bout de 24 à 36 heures de marche; il forme ainsi un garnissage qui peut durer pour ainsi dire indéfiniment; la durée du cubilot, d'après les renseignements publiés, serait de 2 à 3 mois et la production par 24 heures de 50 à 75 tonnes de métal se présentant sous forme d'éponge (fonte blanche pure, comparable aux meilleures fontes au bois de Suède).

La quantité de spath fluor employée varie de 2,50 à 4,80 0/0, si la proportion de chaux est toujours considérable, de telle sorte que la silice du laitier ne dépasse pas 2 0/0, et la désulfuration doit être attribuée théoriquement à la chaux seule, le spath fluor n'étant employé que pour rendre les laitiers plus fusibles.

Les laitiers sont d'un blanc jaunâtre et renferment presque tout le phosphore à l'état d'acide phosphorique, mais seulement une partie du soufre à l'état de sulfure; car si la désulfuration se fait grâce à la présence d'un excès de chaux, une partie importante du soufre est oxydée et expulsée avec les gaz du gueulard.

Nous donnons dans le tableau ci-dessous les résultats obtenus dans le traitement de trois fontes impures.

*Analyses de fontes épurées par le procédé Rollet.*

| Analyse... | Fonte piquée A | | Fonte blanche B | | Fonte blanche C | |
|---|---|---|---|---|---|---|
| | avant fusion | après fusion | avant fusion | après fusion | avant fusion | après fusion |
| Manganèse ... | 1,300 | 0,815 | traces | traces | traces | traces |
| Carbone ..... | 3,500 | 3,500 | 2,900 | 3,088 | 2,550 | 2,805 |
| Silicium ..... | 0,900 | 0,380 | 0,655 | 0,060 | 0,450 | 0,120 |
| Soufre....... | 0,220 | 0,015 | 0,375 | 0,015 | 0,520 | 0,040 |
| Phosphore ... | 0,070 | 0,058 | 0,350 | (?) | 1,950 | 0,415 |

L'élimination du soufre obtenue dans une marche courante aux Aciéries de Firminy serait de 99 0/0 et celle du phosphore de 80 à 85 0/0. La fonte ainsi obtenue est employée au four Martin à sole acide pour aciers destinés à l'artillerie et à la fabrication des outils, et d'autre part aux fours à puddler pour les fers destinés à la fabrication des aciers de cémentation.

Un nouveau procédé de désulfuration a fait son apparition au meeting de l'Iron and Steel Institute en septembre 1892, et bien qu'il ne paraisse pas encore être entré dans le domaine de la pratique, ni avoir donné les résultats que l'auteur paraissait en attendre, nous devons le signaler ici.

Le *procédé [Saniter* consiste essentiellement à mettre en contact avec de la fonte ou de l'acier fondu un mélange de chlorure de calcium et de chaux, dans des conditions bien définies. On prépare un mélange en parties égales de ces deux corps aussi intime que possible; le produit obtenu est fusible à la température de fusion du fer. Après broyage, ce mélange est placé au fond de la poche qui doit recevoir la fonte; si la poche est en service d'une manière continue, elle sera suffisamment chaude par elle-même pour que le mélange y adhère naturellement en se frittant légèrement.

Dans la poche ainsi préparée, on fait couler la fonte venant du haut fourneau : le mélange de chaux et chlorure de calcium fond, traverse la fonte en remontant à la surface et lui enlève la majeure partie du soufre. D'après l'auteur, il suffirait de 12 kilogrammes de chaux et autant de chlorure de calcium par tonne de fonte traitée pour obtenir une purification presque complète.

Les résultats obtenus sont relatés dans le tableau suivant, p. 69.

La moyenne d'élimination serait donc de 73,6 0/0 du soufre contenu dans la fonte.

La scorie obtenue dans ces premiers essais correspond à

| | |
|---|---|
| Chlorure de calcium......... | 39,10 |
| Sulfure de calcium... ....... | 5,80 |
| Chaux..................... | 39,60 |
| Silice................... | 12,90 |

D'après l'auteur, ce procédé trouverait son application dans les cas suivants :

1° Purification des fontes ordinaires Thomas ou des fontes hématites non phosphoreuses;

2° Purification de l'acier dans la poche de coulée ;

3° Désulfuration au four à sole basique à l'aide d'un laitier à 50-56 0/0 de chaux ne pouvant être maintenu fluide que grâce à la présence du chlorure de calcium.

On emploie dans ce cas 100 kilogrammes de chaux, plus 10, 20 et même 25 0/0 de chlorure de calcium ajoutés vers la fin de l'opération; l'emploi du chlorure de calcium n'aurait aucun inconvénient ni pour la sole, ni pour les récupérateurs du four.

Le procédé Saniter a été appliqué spécialement au four Martin basique aux usines de la *Wigan Coal and Iron C°*, qui a fabriqué plus de 2000 tonnes d'acier répondant aux analyses indiquées dans les tableaux suivants, p. 70.

Afin d'éviter des réactions tumultueuses, on remplaça le chlorure de calcium par moitié par du fluorure de calcium et une partie de la chaux par du calcaire : avec ce nouveau mélange l'élimination du soufre serait plus considérable; et finalement on supprima complètement l'emploi du chlorure de calcium, base même du procédé Saniter.

L'étude de ce procédé a donné lieu à de longues discussions théoriques de la part de MM. Stead, Hilgenstock, etc., et quelle que soit la valeur de l'une ou de l'autre théorie, nous n'avons à retenir ici qu'un fait : c'est que la désulfuration ici, comme dans le procédé Rollet, ne semble due qu'à la présence de la chaux seule, dont l'action est rendue plus énergique par sa dissolution dans le spath fluor ou dans le chlorure de calcium, ce dernier étant le dissolvant par excellence de la chaux; grâce à cette dissolution, les surfaces moléculaires de la chaux seraient mises en contact plus intime avec celles du fer, et dans l'unité de temps la désulfuration serait beaucoup plus rapide (?).

Quoi qu'il en soit, le procédé Saniter, essayé en Angleterre, puis en Amérique, tout en ayant donné quelques résultats, encore trop souvent variables, ne paraît pas avoir pris actuellement sa place parmi les procédés réellement industriels.

Nous en dirons autant du *Procédé* proposé par *de Wathaire* et basé sur l'emploi des sels de baryum et que nous ne citons que pour mémoire.

Comme on le voit, sauf le procédé Rollet, coûteux et applicable dans des cas spéciaux, les procédés proposés pour la désulfuration ne sont pas encore entrés dans le domaine de la pratique industrielle et, comme nous le disions, le mieux au point de vue économique général est de chercher (surtout quand il s'agit de fabrications courantes et importantes par leur tonnage) à obtenir au haut fourneau l'élimination du soufre. Cela peut paraître au premier abord plus coûteux, mais la dépense faite se retrouve compensée ensuite par une marche plus régulière des Aciéries Thomas par exemple, et par l'obtention de produits commerciaux supérieurs par leur régularité.

La grande difficulté pour l'ingénieur de hauts fourneaux est de pouvoir maintenir une allure assez calcaire pour assurer le passage du soufre dans les laitiers, sans augmenter son prix de revient. Mais, quels que soient la surveillance et les soins apportés, il se produit toujours des irrégularités dans la nature chimique et physique des fontes, et cela dans des intervalles de temps souvent très rapprochés ; ces irrégularités résultent en particulier de la qualité moindre des cokes reçus à l'usine, de la variation de l'état physique des minerais et fondants, etc., *toutes causes indépendantes de la meilleure direction technique.*

*Procédé Saniter. — Analyses de fontes avant et après traitement.*

| N°ˢ | Nature de la fonte | Soufre | | Silicium | | Mélange employé |
|---|---|---|---|---|---|---|
| | | Avant | Après | Avant | Après | |
| 1 | Hématite n° 5 | 0,220 | 0,060 | 1,600 | 1,200 | |
| 2 | Fonte de forge à 1,5 Ph | 0,300 | 0,060 | 1,700 | 1,400 | |
| 3 | Fonte grise de forge | 0,070 | 0.008 | 2,200 | 1,600 | |
| 4 | Fonte Thomas | 0,197 | 0,072 | » | » | |
| 5 | — | 0,191 | 0,062 | » | » | Chlorure de calcium et chaux hydratée. |
| 6 | — | 0,109 | 0,031 | » | » | |
| 7 | — | 0,102 | 0,032 | 0,560 | 0,320 | |
| 8 | — | 0,065 | 0,026 | 0,840 | 0,460 | |
| 9 | — (De 7 à 13, les charges étaient consécutives.) | 0,093 | 0,016 | 0,320 | 0,090 | |
| 10 | — | 0,089 | 0,024 | 0,420 | 0,180 | |
| 11 | — | 0,083 | 0,020 | 0,370 | 0,090 | |
| 12 | — | 0,133 | 0,030 | 0,700 | 0,320 | |
| 13 | — | 0,091 | 0,026 | » | » | |
| 14 | — | 0,060 | 0,008 | » | » | Chlorure de calcium et calcaire. |

*Procédé Saniter. — Four à sole basique.*

| N°ˢ | Noms des usines | Analyses des fontes employées | | | | Teneur moyenne de la charge en soufre | Analyses des aciers produits | | | | |
|---|---|---|---|---|---|---|---|---|---|---|---|
| | | Mn | Si | S | Ph | | Mn | C | Si | S | Ph |
| 1 | Wigan Coal and Iron Cᵒ | 0,180 | 0,040 | 0,760 | 1,300 | 0,580 | 0,680 | 0,215 | traces | 0,081 | 0,027 |
| 2 | — — | 0,500 | 0,100 | 0,450 | 2,100 | 0,350 | 0,750 | 0,200 | » | 0,072 | 0,052 |
| 3 | — — | 0,500 | 0,100 | 0,450 | 2,100 | 0,350 | 0,590 | 0,190 | » | 0,048 | 0,054 |
| 4 | — — | 1,000 | 0,040 | 0,250 | 2,600 | 0,200 | 0,430 | 0,080 | » | 0,048 | 0,025 |
| 5 | — — | 1,000 | 0,200 | 0,230 | 2,600 | 0,190 | 0,570 | 0,170 | » | 0,048 | 0,045 |
| 6 | — — | 1,000 | 0,200 | 0,220 | 2,600 | 0,180 | 0,730 | 0,145 | » | 0,063 | 0,042 |
| 7 | — — | 1,000 | 0,200 | 0,220 | 2,600 | 0,180 | 0,610 | 0,390 | » | 0,035 | 0,045 |
| 8 | — — | 1,300 | 0,400 | 0,220 | 2,500 | 0,180 | 0,400 | 0,180 | » | 0,018 | 0,034 |
| 9 | — — | 1,200 | 0,200 | 0,170 | 2,600 | 0,140 | 0,580 | 0,150 | » | 0,038 | 0,040 |
| 10 | — — | 1,500 | 0,180 | 1,160 | 3,100 | 0,130 | 0,200 | 0,130 | » | 0,032 | 0,040 |
| 11 | — — | 1,500 | 0,440 | 0,150 | 3,500 | 0,130 | 0,600 | 0,750 | » | 0,042 | 0,040 |
| 12 | — — | 1,000 | 0,200 | 0,150 | 2,600 | 0,130 | 0,580 | 0,150 | » | 0,038 | 0,040 |
| 13 | — — | 1,500 | 0,650 | 0,130 | 3,300 | 0,110 | 0,680 | 0,155 | » | 0,025 | 0,035 |
| 14 | — — | 3,000 | 0,560 | 0,050 | 0,050 | 0,050 | 0,120 | 0,115 | » | 0,016 | 0,010 |
| 15 | Usines de Brunswick, | » | » | 0,210 | » | 0,160 | 0,630 | 0,120 | » | 0,064 | 0,050 |
| 16 | de la Patent Shaft | 0,650 | 0,340 | 0,240 | 2,700 | 0,180 | 0,560 | 0,090 | » | 0,047 | 0,070 |
| 17 | and Axletree Cᵒ | 0,650 | 0,340 | 0,240 | 2,700 | 0,180 | 0,540 | 0,120 | » | 0,037 | 0,013 |
| 18 | Wigan Coal and Iron Cᵒ | 1,700 | 0,700 | 0,130 | 3,600 | 0,120 | 0,450 | 0,020 | » | 0,039 | 0,055 |
| 19 | — — | 1,650 | 0,620 | 0,140 | 3,500 | 0,130 | 0,600 | 0,170 | » | 0,038 | 0,040 |
| 20 | — — | 1,900 | 0,450 | 0,120 | 3,500 | 0,120 | 0,250 | 0,100 | » | 0,036 | 0,032 |

*N. B.* — Le présent tableau a été composé en choisissant les fontes les plus différentes parmi toutes celles qui ont été traitées.

*Procédé Saniter. — Aciéries de la Wigan Coal and Iron C°. — Charges au four à sole basique, d'après M. Stead. — Analyses du métal et du laitier à différentes périodes.*

**CHARGE A. — 9 février 1892.**

| Désignation des métaux et laitiers | Composition calculée de la charge | Après la fusion | Après l'addition du chlorure de Ca | 1 h. 35 min. après | 1 h. 20 min. après | A la coulée |
|---|---|---|---|---|---|---|
| *Métaux.* | | | | | | |
| Manganèse | 0,460 | 0,220 | » | » | » | 0,590 |
| Carbone | 1,670 | 0,400 | 0,330 | 0,220 | 0,150 | 0,150 |
| Silicium | 0,150 | traces | » | » | » | traces |
| Soufre | 0,370 | 0,360 | 0,093 | 0,082 | 0,058 | 0,047 |
| Phosphore | 1,670 | 1,250 | 1,106 | 0,340 | 0,065 | 0,056 |
| *Laitiers.* | | | | | | |
| Silice | » | » | 10,75 | » | » | 10,20 |
| Chaux | » | 58,60 | 54,65 | » | » | 48,98 |
| Chlorure de calcium | » | » | 7,70 | » | » | 2,02 |
| Fer | » | » | 2,20 | » | » | 10,20 |
| Protoxyde de manganèse | » | » | 2,80 | » | » | 5,01 |
| Soufre | » | » | 1,25 | » | » | 0,65 |
| Acide phosphorique | » | » | 10,81 | » | » | 12,30 |

**CHARGE B. — 9 août 1892.**

| Désignation des métaux et laitiers | Après la fusion | 1 h⁰ˢ après l'addition du chlorure de Ca | A la coulée |
|---|---|---|---|
| *Métaux.* | | | |
| Manganèse | » | » | 0,650 |
| Carbone | 0,830 | 0,340 | 0,120 |
| Silicium | traces | » | » |
| Soufre | 0,170 | 0,082 | 0,055 |
| Phosphore | 1,070 | 0,650 | 0,048 |
| *Laitiers.* | | | |
| Silice | 19,45 | 14,45 | 11,75 |
| Alumine | 2,24 | 1,65 | 1,78 |
| Chaux | 42,42 | 44,34 | 47,86 |
| Chlorure de calcium | traces | 6,65 | 1,66 |
| Magnésie | 5,11 | 4,61 | 4,03 |
| Protoxyde de fer | 4,63 | 3,34 | 10,41 |
| Peroxyde de fer | 2,43 | 2,28 | 4,57 |
| Protoxyde de manganèse | 7,18 | 3,20 | 3,37 |
| Soufre | 0,28 | 0,53 | 0,57 |
| Acide phosphorique | 15,34 | 18,60 | 13,73 |

Nous avons vu, en parlant du procédé Thomas, que, pour obvier aux variations de composition des fontes, on mélangeait, pour une même opération à l'aciérie, celles provenant de plusieurs hauts fourneaux; c'est déjà là un correctif, mais ne s'appliquant qu'à une unique opération. Pour arriver à une régularité plus complète, il faut avoir recours aux appareils *mélangeurs* introduits depuis quelques années dans les usines et qui consistent en immenses convertisseurs ou sortes de tonneaux plus ou moins allongés, d'une capacité allant jusqu'à 100 tonnes et où l'on reçoit, pour les mélanger, les fontes des divers hauts fourneaux avant de les livrer à l'atelier des convertisseurs.

Cette invention est due au capitaine Jones de la *Carnegie brothers and C°* à Pittsburg (États-Unis). L'installation de cette aciérie comprend deux réservoirs en tôle garnis intérieurement de briques réfractaires et de 80 tonnes chacun de capacité; deux ouvertures sont ménagées dans les parois extrêmes des appareils pour l'entrée et l'évacuation des fontes; les appareils peuvent osciller comme les convertisseurs Bessemer sur deux tourillons pour permettre un mélange plus parfait; de plus, les deux appareils fonctionnent en même temps et fournissent de la fonte moitié par moitié pour chaque opération.

Le mélangeur installé à la *Youngstown Steel C°* (Ohio) a la forme d'un tonneau allongé, est mû par engrenages et manivelle, et l'ensemble est porté sur un piston hydraulique qui descend le mélangeur à un certain niveau pour la coulée de la fonte du haut fourneau et l'élève pour le déversement dans le convertisseur.

Ces appareils ont été perfectionnés en Europe: aux Aciéries de Hoerde, le mélangeur, d'une capacité de 70 tonnes, a le profil d'un convertisseur Bessemer et est garni intérieurement de briques réfractaires de même qualité que les briques employées pour les hauts fourneaux.

La Société Cockerill, à Seraing, a installé dernièrement une gigantesque cornue de 100 tonnes de capacité qui donne des résultats très satisfaisants au point de vue de la régularité des fontes traitées au convertisseur.

Nous citerons encore comme exemple l'appareil installé tout récemment aux nouvelles Aciéries de Briansk, près Ekaterinoslaw (Donetz), d'une capacité de 100 tonnes, permettant de mélanger les fontes de quatre hauts fourneaux produisant chacun 120 tonnes de fonte par jour; on obtient ainsi pour le Bessemer une fonte de composition moyenne, partiellement désulfurée et qui pourra aussi être envoyée aux nouveaux fours Martin en construction et installés de manière à pouvoir être alimentés avec de la fonte liquide.

Actuellement, toutes les aciéries importantes de l'Angleterre et du Continent sont desservies par des mélangeurs.

La régularité des fontes Bessemer ou Thomas traitées à l'aciérie, après leur passage aux mélangeurs, a pour résultats immédiats de réduire les déchets pendant la transformation dans la cornue, d'obtenir des aciers plus réguliers et par suite un laminage pouvant se faire dans des meilleures conditions, etc. A cela il faut ajouter que, si un dérangement quelconque se produit dans l'allure d'un haut fourneau, on peut dans la plupart des cas introduire une petite quantité de la fonte de ce fourneau dans le mélangeur sans nuire à la qualité des produits, etc., de telle sorte qu'au lieu de couler en *gueusets* les fontes un peu défectueuses, la presque totalité de la fonte fournie par les hauts fourneaux peut être traitée directement à l'aciérie, sans passer par une seconde fusion au cubilot.

En ce qui concerne en particulier les fontes Thomas, et en ajoutant en cas de besoin une certaine quantité de spiegel ou de ferromanganèse dans le mélangeur (usine de Hoerde par exemple), on améliore non seulement la qualité de la fonte pour l'aciérie par la présence du manganèse, mais il est établi aujourd'hui, en outre, que, grâce au séjour plus ou moins prolongé de fontes manganésées dans ces appareils, il se produit une véritable *désulfuration* par suite de la liquation du sulfure de manganèse, moins soluble dans le fer que le sulfure de fer, qui se liquate et passe dans les scories.

Les mélangeurs ont donc non seulement l'avantage de fournir des fontes de composition plus régulière, mais, dans les conditions de travail indiquées ci-dessus, ils peuvent être considérés comme étant *les appareils les plus industriels de désulfuration*.

BIBLIOGRAPHIE :

FONIAKOFF. — *Désulfuration des fontes dans les mélangeurs à l'usine de Briansk (Russie).* Revue de Liège, 1895.
KRAWTZOFF. — *Procédé Saniter.* Revue de Liège, 1895.
MASSENEZ. — *Élimination du soufre dans les fontes.* Iron and Steel Institute, octobre 1891.
MOULAN. — *Les mélangeurs de fonte.* Revue de Liège, 1894.
ROLLET. — *Procédé pour purifier les fontes au cubilot.* Iron and Steel Institute, mai 1890.
SANITER, STEAD, etc. — *Désulfuration.* Iron and Steel Institute, septembre 1892.
DE WATHAIRE. — *Désulfuration des fontes.* Revue de Liège, 1894.

## III. — PROPRIÉTÉS, CLASSIFICATION ET EMPLOIS DES ACIERS.

### A. PROPRIÉTÉS CHIMIQUES, PHYSIQUES ET MÉCANIQUES

Au point de vue des rapports existant entre la composition chimique et les propriétés mécaniques des aciers et fers fondus, nous avons dans le 1er Supplément indiqué par les deux formules

$$R = 30 + 18\,C + 36\,C^2 + 18\,Mn + 15\,Ph + 10\,Si,$$
$$a' = 42 - 36\,C - 5{,}5\,Mn - 6\,Si\ ^1,$$

les valeurs moyennes de la résistance à la traction et de l'allongement à la rupture mesuré sur 100 millimètres pour les aciers que nous avions étudiés à cette époque, c'est-à-dire pour les aciers et fers fondus rentrant dans la catégorie des aciers carburés ordinaires, des aciers manganésés contenant moins de 1,500 à 2 0/0 de cet élément, des aciers phosphoreux et des aciers dans lesquels le silicium n'entre que dans une assez faible proportion.

Ces formules indiquent quel était l'état de la question à la suite des travaux publiés à l'occasion de l'Exposition de Paris en 1878 : elles ne doivent être considérées que comme un guide pour le fabricant, et ne s'appliquent bien entendu qu'aux métaux moyens, et sont le résumé d'un grand nombre d'expériences (faites au point de vue industriel en même temps qu'au point de vue scientifique), dont elles représentent en quelque sorte la synthèse.

D'un autre côté, les usines du Creusot considèrent la formule

$$R = 26 + 46{,}5\,C + 21\,Mn + 65\,Ph + 11\,Si + 0.S$$

comme donnant la valeur de la résistance à la traction en fonction des divers éléments.

En ce qui concerne l'influence du carbone en particulier, de nombreuses études ont été entreprises par bien des savants, soit dans des laboratoires particuliers, soit dans les usines. Nous ne pouvons les citer toutes et nous indiquerons seulement quelques-unes des principales formules qui ont été proposées comme reliant la résistance à la teneur en carbone, par comparaison avec celles que nous avons déduites des expériences déjà citées de Terre-Noire, Reschitza, Jernkontoret, publiées en 1878, lesquelles sont applicables aux métaux recuits.

M. *Thurston* a proposé comme valeur minimum de R pour le métal non recuit :

$$R = 42{,}18 + 49{,}21\,C$$

et pour le métal recuit :

$$R = 35{,}15 + 42{,}18\,C,$$

C représentant comme toujours dans ces formules et les suivantes la teneur pour 100 en carbone, et R la résistance en kilogrammes par millimètre carré.

M. *Bauschinger* adopte pour les aciers Bessemer :

$$R = 43{,}50\,(1 + C^2).$$

M. *Weyrauch* admet, d'autre part, comme valeur minimum pour les divers aciers qu'il a étudiés :

$$R = 37\,(1 + C).$$

M. *Salom*
$$R = 31{,}64 + 70{,}3\,C.$$

M. *Gatewood* est arrivé, par une longue série d'expériences, à adopter pour la valeur de R les chiffres suivants, pour des teneurs en carbone variant de millième en millième depuis le fer fondu à 0,100 0/0 de carbone jusqu'aux aciers durs pour outils contenant de 1 0/0 à 1,200 0/0 de carbone :

| Teneurs en carbone. | Valeur moyenne de R. | |
|---|---|---|
| 0,100 à 0,200 | 45kgr,70 | par m/m² |
| 0,200 à 0,300 | 49,21 | — |
| 0,300 à 0, 00 | 53,43 | — |
| 0,400 à 0,500 | 58,45 | — |
| 0,500 à 0,600 | 63,97 | = |
| 0,600 à 0,700 | 70,30 | — |
| 0,700 à 0,800 | 76,63 | — |
| 0,800 à 0,900 | 82,26 | — |
| 0,900 à 1,000 | 82,26 | — |
| 1,000 à 1,100 | 70,30 | — |
| 1,100 à 1,200 | 42,18 | — |

On voit que le maximum a lieu pour des teneurs voisines de 1 0/0, fait déjà constaté par d'autres auteurs : les diagrammes relatifs aux expériences montrent toujours, en effet, que la courbe des résistances devient, vers 1 0/0 de carbone, asymptote à l'ordonnée sur laquelle sont portées ces résistances. A partir de ce point on passe rapidement vers 1,250 et 1,500 0/0 aux métaux intermédiaires entre la fonte et l'acier, lesquels n'offrent plus qu'une résistance minime, tandis qu'avec 1 0/0 de carbone on peut constater des valeurs de la résistance à la rupture allant jusqu'à 100 kilos par millimètre carré.

M. *Howe*, groupant et résumant les résultats très nombreux des divers expérimentateurs, propose, d'autre part, pour la valeur de l'allongement $a$, mesuré sur 200 millimètres, les deux formules empiriques suivantes :

(A) $$a = 33 - 60\,(C^2 + 0{,}1)\,;$$
(B) $$a = 12 - \overline{11{,}9}^2\,\sqrt{C - 0{,}5},$$

la formule A s'appliquant aux teneurs en carbone inférieures à 0,500 et la formule B aux teneurs supérieures. Ce sont là des formules bien complexes pour être appliquées journellement dans la pratique, mais elles sont le résumé fidèle du grand nombre d'essais examinés.

---

1. Des erreurs de virgules s'étaient glissées dans notre article FER (MÉTALLURGIE) du 1er Supplément; mais les diagrammes étaient exacts.

Les tableaux A et B donnent, d'après le même auteur, les limites extrêmes, inférieure et supérieure, pour la résistance à la traction, ainsi que pour l'allongement mesuré sur 200 millimètres.

*A. — Influence du carbone sur l'allongement.*

| Teneurs en carbone 0/0 | | 0,100 | 0,200 | 0,300 | 0,400 | 0,500 | 0,600 | 0,700 | 0,800 |
|---|---|---|---|---|---|---|---|---|---|
| Allongement : | Suivant la formule | 26,40 | 26,40 | 21,60 | 17,40 | 12,00 | 6,48 | 5,04 | 4,03 |
| | Limite supérieure ordin[re] | 29,00 | 25,20 | 23,00 | 21,00 | » | 10,00 | 7,50 | 6,00 |
| | Limite inférieure — | 17,50 | 15,00 | 12,00 | » | 7,50 | » | 2,50 | 1,50 |

*B. — Résistance à la traction pour un allongement donné.*

| Allongement 0/0 | | 4 | 6 | 8 | 10 | 12 | 14 | 16 | 18 |
|---|---|---|---|---|---|---|---|---|---|
| Limites ordinaires de la resistance à la traction en kgr par m/m² | Supérieures | 105,45 | 97,02 | 91,39 | 85,77 | 80,85 | 75,93 | 71,71 | 68,89 |
| | Inférieures | 77,33 | 71,71 | 66,08 | 59,79 | 56,24 | 52,73 | 49,21 | 45,00 |

| Allongement 0/0 | | 20 | 22 | 24 | 25 | 28 | 30 | 32 | |
|---|---|---|---|---|---|---|---|---|---|
| Limites ordinaires de la resistance à la traction en kgr par m/m² | Supérieures | 65,38 | 61,86 | 56,24 | 54,13 | 52,02 | 49,91 | 49,21 | |
| | Inférieures | 41,48 | 39,37 | 36,56 | 35,85 | 35,85 | 35,15 | 35,15 | |

Comme on le voit facilement (en construisant les diagrammes pour les formules indiquées par les divers auteurs), ces formules, tout en fournissant des résultats concentrés dans une même zone, sont souvent assez discordantes; mais cela tient certainement à ce que les auteurs n'ont pas suffisamment tenu compte, non seulement des autres éléments chimiques, mais aussi des conditions du travail de l'acier. On remarquera aussi que les formules empiriques que nous avons proposées donnent une résistance en général inférieure aux formules des autres auteurs : cela tient à ce que, pour les établir, nous avons précisément diminué la valeur de la résistance trouvée d'un acier donné du nombre de kilogrammes résultant de la teneur en manganèse, en phosphore, etc., de l'acier considéré.

Les conditions mêmes du travail de l'acier modifiant considérablement, comme nous l'avons indiqué, les propriétés mécaniques du métal en ce qui concerne en particulier les essais de traction, il est de toute nécessité, pour pouvoir faire des comparaisons ayant quelque valeur, que les épreuves soient faites sur des métaux obtenus par les mêmes procédés de fusion, ayant subi le même travail de laminage, de forge (presse ou pilon), d'écrouissage, tréfilage, etc., ayant subi enfin les mêmes épreuves de trempe et de recuit dans des conditions absolument identiques; et aujourd'hui il paraît bien démontré (et c'est la seule explication plausible pour se rendre compte des discordances trouvées) que tout ne réside dans la composition chimique que si le métal, obtenu dans les mêmes conditions de fusion, a été traité après la coulée par des procédés d'élaboration et par des opérations ultérieures identiques; et, en outre, que l'analyse élémentaire d'un métal ne suffit pas pour le définir au point de vue mécanique, pas plus que l'analyse élémentaire d'un produit organique ou d'une roche ne définit complètement ce produit ou cette roche.

Il faut tenir compte aussi de l'état spécial (au point de vue physique) dans lequel se trouvent les divers éléments constitutifs, et de là la nécessité des études micrographiques de l'acier qui ont pris une si grande importance depuis quelques années, et qui sont en quelque sorte pour la métallurgie ce que la découverte de Haüy a été, au siècle dernier, pour la minéralogie.

Ces études micrographiques, jointes à celles des transformations moléculaires des aciers à diverses températures, sont malheureusement trop délicates pour être employées journellement par l'industriel; mais elles offrent néanmoins un grand intérêt, parce que, une fois plus avancées, mieux groupées et présentées synthétiquement, elles peuvent dans un laps de temps plus ou moins éloigné, lui fournir des éléments précieux pour le guider dans les travaux de forgeage et de laminage, et principalement dans les opérations de trempe et de recuit. Ces expériences, poursuivies par divers auteurs depuis une quinzaine d'années, à la suite des remarquables travaux de M. Tchernoff, sont venues compléter heureusement l'étude des propriétés chimiques des aciers, qui était déjà un grand progrès sur la routine suivie dans les anciennes aciéries.

M. Tchernoff, en posant avec netteté les conditions du travail mécanique de l'acier, ainsi que les conditions du problème si délicat des trempes et des recuits, a fait, en quelque sorte, œuvre de génie (la synthèse précédant l'analyse), et ses successeurs, en tant qu'analystes, ont étudié avec des appareils perfectionnés, des méthodes d'investigation fort délicates, chacun des cas particuliers du problème, et, comme nous le disions tout à l'heure, il est nécessaire d'arriver à extraire de toutes ces expériences, fort remarquables du reste, une synthèse utile à l'industriel.

Avant de passer aux études micrographiques et à l'examen des transformations moléculaires de l'acier à diverses températures, nous allons compléter ce que nous avons dit sur les propriétés chimiques des aciers par l'étude d'un certain nombre d'alliages du fer avec divers éléments qui ont fait leur apparition dans la sidérurgie depuis quelques années.

L'étude de l'ensemble des propriétés des aciers peut se diviser en quatre parties :

1° La première partie serait l'étude des aciers contenant seulement du carbone : nous avons indiqué ci-dessus, et dans notre article précédent, les propriétés générales de ces aciers ;

2° Étude (déjà faite en grande partie dans l'article précédent) de l'influence des éléments se rencontrant dans les aciers ordinaires et courants, ces éléments étant principalement le manganèse et le phosphore, auxquels viennent s'adjoindre le silicium et l'aluminium, ainsi que l'arsenic, etc., tous ces éléments n'entrant qu'en faibles proportions dans la constitution des aciers fabriqués d'une façon courante par les divers procédés industriels Bessemer et Martin, acides ou basiques ;

3° Étude des alliages du fer avec des éléments ne se rencontrant pas naturellement dans l'acier (ou ne s'y rencontrant qu'accidentellement et alors en petites proportions), mais faciles à y incorporer même en fortes proportions, et fournissant alors des alliages réels, aciers à propriétés spéciales ayant fait leur apparition dans l'industrie seulement depuis quelques années : tels sont les alliages du fer avec le manganèse, le chrome, le nickel, le cuivre, etc. ;

4° Étude de l'influence de quelques éléments se rencontrant rarement dans l'acier, mais lui communiquant toutefois quelques propriétés particulières, mais sans valeur industrielle, au moins jusqu'à ce jour.

*Influence du carbone.* — D'après le professeur Rossel de Berne, l'acier doit toutes ses propriétés distinctives à la présence dans sa texture de diamants microscopiques.

L'existence de ces diamants est aujourd'hui un fait acquis ; elle a été constatée par tous les procédés de vérification en usage : combustion dans l'oxygène à plus de 1000°, microscope, rayure du rubis, poids spécifique, examen optique. Les cristaux sont des octaèdres souvent à arêtes courbes, comme dans la nature.

La découverte de M. Rossel est sortie de celle de M. Moissan, qui a obtenu la reproduction du graphite et du diamant au four électrique.

M. Rossel, frappé de l'analogie de l'expérience de M. Moissan avec ce qui se passe dans l'opération de la trempe de l'acier, et pour vérifier cette théorie, examina au microscope le résidu de la dissolution d'un acier forgé et constata dans ce résidu la présence de diamants en octaèdres.

L'acier étant en quelque sorte pétri avec de la poussière de diamant, sa dureté extraordinaire s'explique, de même que ses autres propriétés.

Le carbone n'est pas le seul corps qui donne sa

*C. — Influence du silicium sur la résistance à la traction et sur l'allongement.*

| Teneurs en silicium... | 0 à 0,050 | | 0,050 à 0,100 | | 0,100 à 0,150 | | 0,150 à 0,200 | | 0.200 à 0,300 | |
| Teneurs en carbone | Résistance | Allongem$^t$ | Résistance | Allongem$^t$ | Résistance | Allongem$^t$ | Résistance | Allongem$^t$ | Résistance | Allongem$^t$ |
|---|---|---|---|---|---|---|---|---|---|---|
| 0 à 0,100 | 41,60 | 27,00 | » | » | 35,85 | » | 32,34 | 29,00 | 38,67 | 25,00 |
| 0,100 à 0,200 | 42,62 | 26,00 | » | » | » | » | » | » | 52,02 | 24,40 |
| 0,200 a 0,300 | 49,21 | 23,00 | 48,51 | 21,00 | 56,24 | 17,00 | 48,50 | 16,00 | 47,10 | 21,00 |
| 0.300 à 0,400 | 51,32 | 16,50 | 59,47 | 15,60 | 63,83 | 19,20 | » | » | 58,63 | 19,20 |
| 0,400 a 0,500 | 57,36 | 8,60 | 58,98 | 13,30 | 49,91 | 20,00 | 68,54 | 18,00 | 73,33 | 12,30 |
| 0,500 à 0,600 | 62,22 | 3,00 | » | » | 58,85 | 20,00 | 80,71 | 6,70 | 91,39 | 14,00 |
| 0,600 à 0,700 | 70,58 | 4,00 | 82,54 | 6,70 | 85,41 | 6,30 | 77,68 | 5,70 | 76,63 | 6,00 |
| 0.700 à 0,800 | 88,58 | 4,40 | 87,46 | 4,30 | 91,53 | 4,80 | 88,29 | 3,90 | 92,30 | 3,40 |
| 0,800 à 0,900 | 104,75 | 3,00 | 83,45 | 4,50 | 86,47 | 5,00 | 88,50 | 5,60 | 97,72 | 8,00 |
| 0,900 à 1,000 | 94,20 | 2,00 | 89,50 | 3,00 | » | » | 95,75 | 7,20 | 91,39 | 5,00 |
| 1,000 à 1,100 | » | » | » | » | 69,60 | » | 86,47 | 8,00 | 67,84 | » |
| 1.100 à 1,200 | » | » | 66,78 | » | 70,30 | » | 74,52 | » | 89,63 | 8,50 |
| 1,200 à 1,300 | » | » | » | » | » | » | » | » | » | » |
| 1,300 à 1,400 | » | » | 64,68 | » | » | » | » | » | » | » |
| 1,400 à 1,500 | » | » | 64,68 | » | » | » | » | » | 94,91 | 7,00 |
|  |  |  |  |  |  |  |  |  | » | » |

| Teneurs en silicium... | 0.300 à 0,400 | | 0,400 à 0,500 | | 0,500 à 0,600 | | 0,600 à 0,700 | | 0,700 à 0,800 | |
| Teneurs en carbone | Résistance | Allongem$^t$ | Résistance | Allongem$^t$ | Résistance | Allongem$^t$ | Résistance | Allongem$^t$ | Résistance | Allongem$^t$ |
|---|---|---|---|---|---|---|---|---|---|---|
| 0 à 0,100 | » | » | » | » | » | » | » | » | » | » |
| 0,100 à 0.200 | » | » | 58,84 | 18,50 | » | » | » | » | » | » |
| 0.200 à 0,300 | 49,21 | 8,00 | » | » | 61,16 | 21,00 | » | » | 81,55 | 19,00 |
| 0.300 à 0,400 | 52,73 | 13,50 | » | » | » | » | » | » | » | » |
| 0,400 à 0,500 | 71,71 | 11,30 | 69,39 | 13,00 | » | » | » | » | » | » |
| 0,500 à 0,600 | 75,23 | 8,20 | 73,11 | 10,00 | » | » | » | » | » | » |
| 0,600 à 0,700 | » | » | » | » | 75,58 | 7,00 | » | » | » | » |
| 0,700 à 0,800 | » | » | 55,54 | 1,30 | » | » | » | » | » | » |
| 0,800 à 0,900 | 98,42 | 12,00 | 103,55 | 3,00 | » | » | » | » | » | » |
| 0,900 à 1,000 | 98,42 | 10,00 | » | » | » | » | 56,94 | 1,10 | » | » |
| 1,000 à 1,100 | 80,14 | » | » | » | » | » | » | » | » | » |
| 1,100 à 1,200 | » | » | » | » | » | » | » | » | » | » |
| 1,200 à 1,300 | 79,44 | » | » | » | » | » | » | » | » | » |
| 1,300 à 1,400 | » | » | » | » | » | » | » | » | » | » |
| 1.400 à 1,500 | » | » | » | » | » | » | » | » | » | » |

dureté à l'acier ; celui-ci renferme en effet des siliciures de carbone, etc. Des duretés très grandes peuvent être également obtenues à l'aide du bore, du chrome, du manganèse, etc.

*Influence du silicium.* — Le silicium augmente la résistance des aciers et diminue l'allongement : il paraît dans certains cas donner de la fragilité aux aciers, ce qui fait que bien des auteurs lui attribuent une mauvaise influence. D'un autre côté, les remarquables résultats obtenus par le silicium dans la fabrication des moulages d'acier coulés sans soufflures montrent au contraire que sa présence n'est pas nuisible.

Nous donnons ci-dessus, d'après M. Howe, un tableau général C montrant l'influence du silicium sur la résistance à la traction et sur l'allongement, et pour des teneurs également variables en carbone : il est difficile de tirer de tous ces chiffres une loi ayant quelque valeur. Le tableau D donne les résultats des aciers siliceux exposés en 1889 par la maison Holtzer.

Les mauvaises qualités des aciers au silicium ont été souvent attribuées à tort à la présence de cet élément ; c'est à la silice ou aux silicates en présence qu'il faut attribuer plutôt les mauvais résultats. C'est surtout pour la fabrication des rails par les procédés acides que l'on a accusé le silicium d'être nuisible, et cependant le tableau suivant E, d'après M. Howe, montre une série de rails, contenant jusqu'à 0,880, soit près de 1 0/0

D. — *Aciers-silicium* (Holtzer). Exposition de 1889.

| N° | Les analyses ne sont pas indiquées. | Métal naturel | | | | Métal trempé à l'huile au jaune clair et réchauffé légèrement | | | | Métal trempé à l'huile au jaune clair, réchauffé au rouge sombre, puis refroidi lentement | | | |
|---|---|---|---|---|---|---|---|---|---|---|---|---|---|
| | | L | R | Striction | $a$ | L | R | Striction | $a$ | L | R | Striction | $a$ |
| 1 | | 46,90 | 70,70 | 54,50 | 22,50 | 118,80 | 126,00 | 47,00 | » | 53,40 | 80,20 | 54,50 | 18,50 |
| 2 | | 54,20 | 100,00 | 19,00 | 10,80 | 125,35 | 140,00 | 10,80 | 2,30 | 103,40 | 112,30 | 31,00 | 7,80 |
| 3 | | 46,10 | 68,70 | 59,00 | 22,20 | 107,00 | 120,00 | 38,50 | 10,50 | 92,15 | 112,20 | 50,00 | 14,20 |

*Observation.* — Les allongements sont mesurés sur 200 millimètres.

E. — *Rails siliceux de qualité au moins convenable.*

| | 1 | 2 | 3 | 4 | 5 | 6 | 7 | 8 | 9 | 12 | 13 | 16 | 17 | 18 |
|---|---|---|---|---|---|---|---|---|---|---|---|---|---|---|
| | $f$ | $a$ | $a$ | $f$ | $f$ | $f$ | $f$ | $f$ | $f$ | $f$ | $f$ | $c$ | $d$ | $e$ |
| Carbone............ | 0,500 | 0,470 | -0,760 | 0,240 | 0,290 | 0,230 | 0,170 | 0,520 | 0,700 | 0,450 | » | 0,360 | 0,480 | 0,100 |
| Manganèse.......... | 1,500 | 1,480 | 1,850 | 0,780 | 0,760 | 0,910 | 1,140 | 2,080 | 1,840 | 0,750 | 1,610 | 0,570 | 0,780 | 0,220 |
| Silicium .. ........ | 0,620 | 0,840 | 0,580 | 0,520 | 0,510 | 0,790 | 0,840 | 0,870 | 0,590 | 0,760 | 0,880 | 0,470 | 0,480 | 0,830 |
| Soufre ............ | 0,025 | 0,060 | 0,010 | 0,020 | 0,060 | 0,060 | 0,020 | 0,050 | 0,020 | 0,060 | 0,019 | » | » | 0,040 |
| Phosphore.......... | 0,058 | 0,110 | 0,056 | 0,090 | 0,100 | 0,130 | 0,080 | 0,110 | 0,060 | 0,180 | 0,100 | 0,120 | 0,030 | 0,070 |

*Observations.* — $a$ = rouverin ; $c$ = rail de qualité exceptionnelle ; $d$ = bon rail souple ; $e$ = rail extrêmement souple ; $f$, notes privées de l'auteur.

de silicium, qui ont été reconnus, malgré cette forte teneur, de très bonne qualité. On pourra remarquer que les teneurs en carbone sont très variables pour ces divers aciers ; mais la teneur en silicium est partout relativement élevée, ainsi que la teneur en manganèse, qui atteint jusqu'à 2 0/0. Si le silicium devait donner de la fragilité, on ne pourrait guère s'expliquer que le rail n° 18, qui a 0,83 de silicium avec seulement 0,22 de manganèse, puisse être de bonne qualité, car cette faible teneur en manganèse ne pourrait contrebalancer la mauvaise influence du silicium.

D'après M. Muller, une série de rails ayant en moyenne la composition suivante :

| | |
|---|---|
| Manganèse............ | 0,300 à 1,000 0/0 |
| Carbone.............. | 0,100 à 0,150 — |
| Silicium............. | 0,300 à 0,600 — |
| Soufre............... | 0,030 — |
| Phosphore............ | 0,120 à 0,150 — |
| Cuivre............... | 0,05 — |

ont donné de bons résultats et présentaient une résistance variant de 50 à 65 kilogrammes par millimètre carré avec une contraction de 35 jusqu'à 69 0/0 : c'est là évidemment un bon métal pour rails, mais c'est un métal doux par le carbone et la dureté n'a pu être obtenue que grâce à une teneur en manganèse un peu élevée ; le métal est du reste phosphoreux.

Il semble probable, d'après les nombreux essais publiés par divers auteurs, que le silicium est plus nuisible avec des teneurs élevées en carbone et il faut toujours craindre, surtout dans ce cas, une certaine fragilité ; et sans être affirmatif sur ce point, il sera toujours bon, par prudence, de soumettre les aciers siliceux à des essais rigoureux au choc, qu'il s'agisse de rails ou d'autres produits.

La bonne influence que certains auteurs attribuent au silicium sur la résistance même des aciers, dépend peut-être plus de la *compacité physique* qu'il donne au métal que de sa présence même comme élément chimique constitutif, et dans le cas, par exemple, où l'on a recours au ferrosilicium et au silicospiegel pour l'obtention des aciers coulés sans soufflures, nous ne considérons pas qu'il soit nécessaire qu'il reste un excès de silicium dans le métal : il suffit d'additionner le bain d'une quantité d'alliage siliceux suffisante pour en assurer la bonne désoxydation ; et pour obtenir la résistance du métal, il vaut mieux avoir recours à un autre élément, carbone ou manganèse.

Poussant l'emploi du silicium à plus haute dose, quelques métallurgistes ont obtenu des alliages contenant jusqu'à 7 0/0 de silicium présentant les propriétés relatées dans le tableau suivant F ; mais tous ces aciers ne paraissent pas

F. — *Aciers-silicium* (d'après Howe).

| N° | Composition chimique | | | | | Ductilité | | Faculté de soudure | Observations |
|---|---|---|---|---|---|---|---|---|---|
| | Manganèse | Carbone | Silicium | Soufre | Phosphore | à froid | à chaud | | |
| 1 | » | traces | 7,400 | » | » | fragile | bonne | parfaite | Se forge facilement au blanc, et avec précaution au rouge ; durcit légèrement quand on le trempe au rouge (Mrazek). |
| 2 | 0,880 | 0,400 | 2,440 | 0,060 | 0,030 | » | » | » | Résist⁽ᵉ⁾ à la traction, 75ᵏᵍ,58 ; allongement, 3 0/0 (Snelm). |
| 3 | » | » | 2,070 | » | » | souple | très bonne | » | Donne de bons outils tranchants (Riley). |
| 4 | » | » | 2,000 | » | » | mauvaise | assez mauvaise | » | Fragile à froid, difficilement malléable (Hupfeld). |
| 5 | 0,760 | 0,180 | 1,500 | » | » | » | très bonne | » | Très résistant (Mrazek). |
| 6 | » | » | 1,500 ± | » | » | » | » | parfaite (?) | (Hadfield). |
| 7 | 0,410 | 0,840 | 1,380 | » | » | bonne | » | » | Limite d'élasticité..... 44,10 / Résist⁽ᵉ⁾ à la tract⁽ⁿ⁾ 30ᵏᵍ,30 / Allong⁽ᵗ⁾.. 8,50 0/0 — Steel for guns and projectiles (Hardisty). |
| 8 | 0,480 | 1,280 | 1,340 | 0,070 | 0,045 | » | » | » | Acier dit *au titane de Mushet*, ne renferme pas trace de titane. Bon, supporte tous les essais habituels de l'acier pour outils (Riley). |
| 9 | 0,910 | 1,200 | 1,280 | traces | 0,005 | » | » | » | Le meilleur des outils tranchants essayés par le Bureau des Etats-Unis pour l'essai des métaux (Thurston). |
| 10 | 0,004 | 0,280 | 1,020 | » | » | » | se forge au rouge | nulle | (Mrazek). |
| 11 | » | 0,260 | 0,540 | » | » | douce et souple | bonne | élevée | Se forge au rouge et au blanc, se soude facilement, bien qu'il ne renferme pas de Mn. |

avoir grand intérêt au point de vue industriel, au moins jusqu'à présent.

Nous avons, d'autre part, montré au contraire le grand intérêt que présente l'emploi des alliages de fer et de silicium à la fonderie de fonte pour l'obtention de fontes de moulage de bonne qualité, en partant de fontes blanches ou de déchets de fonderie et mitrailles de qualité inférieure.

Au point de vue de la compacité du métal, nous avons déjà indiqué sa bonne influence pour les aciers destinés à la fabrication des ressorts ; d'un autre côté, bon nombre d'usines y ont recours pour la fabrication des canons de gros calibre ou pour les canons de fusil. Dans cet ordre d'idées, le Comité suédois d'artillerie a même conclu pour les aciers à canons à une teneur en silicium de 0,250 à 0,400. Nous donnons dans le tableau G ci-dessous l'analyse de quelques aciers à canons.

*Influence du bore.* — A côté des aciers au silicium, nous devons citer les nouvelles expériences de MM. Charpy et Moissan sur les *aciers au bore*. Ces savants ont obtenu un alliage à 10 0/0 de bore en chauffant du bore amorphe pur avec du fer réduit dans un courant d'hydrogène. Ce borure a été ajouté à de l'acier extra-doux préalablement fondu.

Un alliage contenant

Bore...................... 0,580
Carbone................... 0,170
Manganèse................. 0,30
Si, Ph, S................. traces

se forge aisément au rouge sombre, mais est fragile à une température plus élevée.

L'acier au bore se comporte comme un acier au carbone, notablement plus dur ; mais, aux essais de traction, la diminution de l'allongement est moins marquée qu'avec l'acier au carbone.

La dureté à l'outil de l'acier au bore trempé est moins grande que celle des aciers au carbone, et le rôle du bore serait nettement distinct de celui du carbone. Au point de vue industriel, les aciers au bore ne sont point encore entrés dans la pratique : c'est pourquoi nous ne les citons ici que pour mémoire, en renvoyant aux travaux originaux présentés à l'Académie des Sciences.

*Influence de l'aluminium.* — Comme annexe à l'emploi des ferrosilicium et silicospiegel à la fabrication des aciers moulés, nous avons à parler ici des études faites depuis un certain nombre d'années sur l'influence et l'emploi de l'aluminium dans la fabrication des aciers.

L'idée d'employer l'aluminium a été introduite dans la pratique en 1885 par M. Wittenström.

G. — *Aciers siliceux pour canons.*

| Provenances | Carbone | Manganèse | Silicium | Soufre | Phosphore | Cuivre | Limite d'élasticité. Kil. par m/m² | Résistance à la rupture. Kil. par m/m² | Allongem¹ | Striction |
|---|---|---|---|---|---|---|---|---|---|---|
| 1. Canons de fusil forgés pour l'armée russe.................... | 0,120 | 0,530 | 0,230 | 0,020 | 0,110 | » | 30,00 | 65,40 | 18,70 | 48,30 |
| 2. Canons de fusil fabriqués, pour le gouvernement suedois, à Witten sur la Ruhr. — Acier considéré comme magnifique............. | 0,470 | 0,410 | 0,440 | 0,040 | 0,080 | » | 25,30 | 61,00 | 18,80 | 44,70 |
| 3. Aciers sur sole de Bofors, pʳ canons. | 0,450 | 0,540 | 0,350 | traces | 0,040 | » | 23,00 | 58,35 | 21,00 | 51,00 |
| 4.    —    —    —    —    . | 0,400 | 0,610 | 0,320 | 0,020 | 0,040 | » | 25,30 | 58,90 | 22,00 | 50,20 |
| 5. Composition considérée comme la plus convenable pour les canons par la Commission suédoise d'artillerie..................... | 0,350 à 0,450 | 0,040 à 0,060 | 0,250 à 0,400 | » » | 0,060 ou moins | » » | » | » | » | » |
| 6. Acier Krupp, pour canons........ | 0,600 | 0,180 | 0,190 | » | traces | 0,270 | » | » | » | » |

Son procédé avait pour but de rendre plus fluides et plus compacts les aciers par une addition de 0,200 0/0 d'aluminium, en se basant sur la désoxydation du métal par l'aluminium, et de s'opposer en même temps, comme avec le silicium, à la formation de l'oxyde de carbone, cause partielle des soufflures, en réduisant également l'action dissolvante du bain métallique pour les gaz, tels que l'hydrogène, l'azote, etc.

Pour obtenir au creuset des aciers à l'aluminium, on procède à la fusion comme à l'ordinaire et on ajoute au métal de l'aluminium aussi pur que possible.

Au moment de l'introduction de l'aluminium, on constate qu'il se produit un *éclair*, ce qui tendrait à prouver que l'acier-aluminium, comme l'acier-manganèse, est, non pas un alliage, mais une véritable combinaison chimique. Quant à la quantité d'aluminium à introduire pour obtenir des aciers très fluides, elle est fort minime, ainsi que nous le disons plus loin et il n'est pas nécessaire qu'il en reste dans le métal, ce qui du reste est difficile à obtenir, vu la grande affinité de l'aluminium pour l'oxygène. Si on veut obtenir de véritables aciers à l'aluminium, c'est-à-dire contenant en réalité une certaine proportion d'aluminium, il faut dépenser une grande quantité d'aluminium, ce qui, au point de vue industriel, augmente singulièrement le prix de revient : d'après M. Hadfield, en effet, pour obtenir un acier à 2 0/0 d'aluminium, il est nécessaire d'employer 5 0/0 de ce métal, soit une perte des 3/5 de l'aluminium consommé.

D'un autre côté, si l'on cherche seulement à employer l'aluminium comme épurateur de l'acier pour éviter les soufflures, en même temps que pour rendre cet acier plus fluide, une proportion d'environ 0,100 0/0 est suffisante.

D'après le professeur américain Langley, pour des aciers Martin contenant moins de 0,500 de carbone, il est nécessaire pour obtenir la fluidité, d'introduire seulement 0,016 à 0,030 0/0 d'aluminium, tandis que, pour les aciers obtenus par le procédé Bessemer, cette proportion doit s'élever à 0,020-0,050; ce sont là, comme on voit, des doses absolument homéopathiques et on est en droit de se demander si de si faibles proportions peuvent avoir réellement une influence sur la qualité du métal. Il paraît plus probable que l'influence de l'aluminium sur l'acier, en ce qui concerne la fluidité, se produit réellement, mais seulement dans le cas où l'on agit sur un métal déjà sain; mais que si le métal est oxydé, souffleux, plus ou moins chargé de gaz, une propor-

tion d'aluminium aussi minime n'est pas suffisante pour l'épuration.

D'après la Société de Neuhausen (Suisse), il faut en général, pour des aciers ordinaires, introduire 0,004 à 0,025 0/0, et pour le fer fondu 0,010 à 0,100 0/0; déjà pour le fer fondu la proportion à ajouter devient un peu plus appréciable, tout en étant toujours très faible et inférieure aux quantités de silicium que l'on emploie pour l'obtention des aciers sans soufflures; l'avantage resterait à l'aluminium, au point de vue de la fluidité seule, car on sait qu'une forte proportion de silicium, s'il n'est pas allié à une quantité convenable de manganèse, a l'inconvénient de donner des aciers peu fluides, gras, contrairement à ce qui paraît se produire avec l'aluminium.

Quoi qu'il en soit, et vu les faibles doses ajoutées, il est un fait constant, c'est qu'il ne reste point, en général, dans les aciers obtenus; on n'a donc point à s'en occuper au point de vue de la résistance. Il faut toutefois éviter d'introduire dans le bain un excès d'aluminium, de même qu'un excès de silicium, car les métaux obtenus par ces procédés ont alors le grave inconvénient de se solidifier en laissant à l'intérieur des moules de grands vides, et il vaut mieux, dans la pratique, réduire les additions de silicium et encore plus d'aluminium, quitte à avoir quelques petites soufflures sans importance, que de s'exposer à avoir de grandes cavités centrales (variables de forme et de position suivant la forme du moule) qui compromettraient la résistance de la pièce.

En outre, un excès d'aluminium provoque l'isolement du graphite, tout comme le fait le silicium, par exemple, quand on l'emploie à la fonderie de fonte pour obtenir, avec des fontes blanches, de bonnes fontes grises pour moulages.

Pour ces diverses raisons, il y a donc lieu d'éviter un excès d'aluminium, et en pratique on se trouve très bien de l'emploi simultané du silicium, au four ou dans la poche, et de l'aluminium, dans la poche et dans le moule lui-même, en en disposant de petits fragments dans certaines parties plus ou moins étroites du moule pour éviter que l'acier, en se solidifiant trop vite dans ces parties, ne nuise à l'alimentation du reste de la pièce.

Au point de vue de la pratique industrielle, la règle générale à suivre dans l'emploi de l'aluminium est qu'il faut l'introduire le plus tard possible, au moment de la coulée (lorsqu'il s'agit d'acier au creuset), ou mieux dans la poche (lorsqu'il s'agit d'acier obtenu au four Martin par exemple) et surtout éviter une nouvelle oxydation du métal. car alors l'aluminium serait consommé en pure perte.

Enfin, vu la faible pesanteur spécifique de l'aluminium, il faut le fixer solidement, soit dans les parties du moule où l'on désire qu'il agisse au point de vue de la fluidité, soit à une tige de fer ou d'acier quand on le met dans la poche, afin d'éviter, dans un cas comme dans l'autre, qu'il ne remonte à la surface avant d'avoir eu le temps de réagir.

L'aluminium a été employé non seulement pour les moulages d'acier, mais on y a eu recours également dans la fabrication des aciers doux pour tôles de construction ou de chaudières; c'est un moyen d'obtenir des lingots sains, sans risquer d'introduire des éléments étrangers; les essais pratiqués dans cette voie paraissent avoir donné satisfaction. Il peut être employé également dans la fabrication de gros lingots pour pièces de forge, canons, etc. Mais, ainsi que nous l'avons dit, il faut le faire agir sur un métal déjà sain par lui-même, et grâce à la fluidité qu'il communique au métal. les phénomènes qui accompagnent la solidification des lingots sont modifiés et les soufflures repoussées dans les parties supérieures des lingots; il en résulte que la portion utilisable du lingot est plus considérable. On pourrait opposer à ce dernier avantage que, le métal se maintenant plus longtemps à l'état fluide, les phénomènes de liquation sont plus intenses et que par suite le bloc d'acier sera moins homogène : de nouvelles recherches sur ce sujet méritent d'être faites, surtout en ce qui concerne les aciers contenant des éléments autres que le carbone.

Au début de l'emploi de l'aluminium dans la fonderie d'acier, on a eu recours aux alliages à 5 et 10 0/0 d'aluminium; mais, depuis les perfectionnements apportés à la fabrication en grand de ce métal, la tendance est d'employer de préférence les aluminiums de qualité inférieure, contenant de 92 à 98 0/0 d'aluminium : les seules impuretés contenues étant du fer et du silicium n'ont aucun inconvénient en métallurgie. Dans ces derniers temps, a même employé le métal presque pur à 99 ou 99,75 d'aluminium.

Le prix élevé de l'aluminium a été, et pourra être encore pendant un certain temps, une des causes pour lesquelles son emploi ne se généralisera pas d'une façon absolue, d'autant plus que son véritable rôle paraît se borner à donner à l'acier une fluidité plus grande. Au point de vue de l'obtention des métaux coulés sans soufflures, on obtient, comme on sait, d'excellents résultats avec le silicium, qui est moins cher et qui, mis sous forme d'alliages moins riches en élément désoxydant (surtout sous forme de silicospiegels), a en outre le grand avantage, par son plus grand volume, de se répartir mieux dans l'ensemble de la masse, de donner lieu à une réaction dans toutes les parties, mieux que ne peuvent le faire quelques fragments d'aluminium.

De nouvelles études faites par M. Sergius Kern à l'Usine Poutiloff à Saint-Pétersbourg, confirment cette manière de voir; l'auteur conclut en effet, d'après ses propres expériences, que le meilleur alliage à employer (le silicium étant moins cher que l'aluminium) est le silicospiegel contenant industriellement 10 0/0 environ de silicium et 12 0/0 de manganèse.

En Angleterre, M. W. Spencer, directeur du *Newburn Steel Works*, arrive à des résultats presque identiques à ceux publiés par M. Kern, à savoir que l'aluminium est un excellent réducteur et donne bien un métal sans soufflures, mais, dans certains cas. a le grave inconvénient de donner des aciers à structure cristalline défectueuse.

L'aluminium, lorsqu'il reste incorporé au métal, augmente la résistance à la rupture, mais diminue notablement l'allongement; au-dessus de 5 0/0 d'aluminium, les aciers cessent d'être malléables, mais, en revanche, ils ont un pouvoir magnétique très prononcé.

Les expériences de M. Hadfield faites sur des aciers-aluminium forgés à des teneurs en aluminium variables de 0 à 10 0/0 montrent que la malléabilité du métal cesse à partir de 5,60 0/0 : les essais de pliage se font bien jusqu'à 2,25 0/0, mais dès 5 0/0 il y a une grande diminution de résistance, que le recuit ne corrige pas.

Aux essais à la traction, l'allongement diminue à partir de 1,50 0/0 d'aluminium; d'une façon générale l'allongement pour les aciers-aluminiums paraît être à peu près le même que pour les aciers-siliciums.

D'autre part, la résistance serait plus faible et la striction plus grande pour les aciers à l'aluminium que pour les aciers siliceux.

La limite d'élasticité est peu augmentée, mais peut être très variable suivant le degré du forgeage. La trempe ne paraît pas produire d'effet si le métal n'est pas carburé.

La soudabilité des aciers à l'aluminium est nulle; leur cassure, toujours fibreuse, rappelle celle des fers puddlés de bonne qualité, mais la teinte générale est plus foncée pour l'acier-aluminium.

Au point de vue de la dureté, l'aluminium ne donne pas de dureté : il est comparable à ce point de vue au soufre, au phosphore. à l'arsenic et au cuivre, par opposition au carbone, au manganèse, au chrome, au tungstène, au nickel, qui donnent au contraire une grande dureté.

Le tableau H résume les essais à la traction faits sur les métaux étudiés par M. Hadfield.

Nous avons dit que l'emploi de l'aluminium simultanément avec celui du ferro-silicium et du silico-spiegel donnait de bons résultats, mais nous devons, d'accord avec les divers auteurs, insister sur ce point que ces résultats ne peuvent être obtenus qu'à la condition de prendre toutes les précautions usuelles au moment de la coulée de l'acier, surtout en ce qui concerne les moulages de forme complexe. Ce sont là des questions de pratique sur lesquelles nous ne pouvons nous étendre ici, mais il est nécessaire d'y appeler l'attention.

Comme on le voit, le rôle de l'aluminium est encore discuté et différentes explications ont été données de son action. Certains auteurs, comme M. Ostberg, prétendent que par son addition le point de fusion de l'acier est abaissé, d'où une plus grande fluidité et une meilleure alimentation des moulages; d'autres, comme M. Davenport, pensent que, l'aluminium s'emparant de l'oxygène, il s'opère par ce fait même une élévation de température du bain, d'où une plus grande fluidité et ses conséquences.

Il est difficile encore à l'heure actuelle de se prononcer en faveur de l'une ou de l'autre théorie, et la véritable explication du rôle de l'aluminium est peut-être encore à trouver.

*Influence du phosphore et de l'arsenic.* — Nous avons parlé longuement dans l'article précédent de l'influence du phosphore sur les propriétés mécaniques des aciers; nous n'y reviendrons pas ici, d'autant plus que, vu les progrès réalisés en déphosphoration, la question ne présente plus aujourd'hui le même intérêt; nous parlerons seulement ici de l'influence moins connue de l'*arsenic*.

Dans un mémoire lu au meeting de l'Iron and Steel Institute en mai 1888, MM. Pattinson et Stead ont résumé ce qui était connu sur l'in-

H. — *Essais à la traction sur l'acier-aluminium forgé* (d'après Hadfield).

| N⁰ˢ | Composition chimique | | | | | | Aluminium calculé | Métal non recuit | | | Métal recuit | | |
|---|---|---|---|---|---|---|---|---|---|---|---|---|---|
| | Carbone | Manganèse | Silicium | Soufre | Phosphore | Aluminium | | Résistance | Striction | Allongem* mesuré sur 50 ᵐ/ᵐ | Résistance | Striction | Allongem* mesuré sur 50 ᵐ/ᵐ |
| 1........ | 0,220 | 0,070 | 0,000 | » | » | 0,150 | 0,250 | 44,70 | 62,90 | 36,70 | 39,40 | 63,82 | 41,30 |
| 2........ | 0,150 | 0,180 | 0,180 | 0,100 | 0,040 | 0,380 | 0,500 | 47,25 | 58,18 | 37,85 | 40,95 | 60,74 | 40,35 |
| 3........ | 0,200 | 0,110 | 0,120 | » | » | 0,610 | 0,750 | 44,10 | 54,50 | 38,40 | 40,15 | 61,98 | 40,50 |
| 4........ | 0,180 | 0,140 | 0,160 | 0,090 | 0,030 | 0,660 | » | 44,70 | 49,86 | 33,85 | 42,50 | 52,14 | 33,00 |
| 5........ | 0,170 | 0,180 | 0,100 | » | » | 0,720 | 1,250 | 44,10 | 60,74 | 40,00 | 39,40 | 64,86 | 47,10 |
| 6........ | 0.260 | 0,110 | 0,150 | 0,080 | 0,040 | 1,160 | 1,500 | 51,95 | 51,46 | 32,05 | 44,70 | 53,02 | 34,40 |
| 7........ | 0,210 | 0,180 | 0,180 | » | » | 1,160 | 2,000 | 48,80 | 52,14 | 32,70 | 40,95 | 67,06 | 35,35 |
| 8........ | 0,210 | 0,180 | 0,180 | 0,090 | 0,030 | 2,200 | 2,500 | 48,80 | 27,80 | 22,75 | 44,10 | 47,12 | 34,87 |
| 9........ | 0,240 | 0,320 | 0,180 | » | » | 2,240 | 3,500 | 51,20 | 24,64 | 20,67 | 44,90 | 48,62 | 33,02 |
| 10........ | 0,220 | 0,220 | 0,200 | 0,080 | 0,030 | 5,600 | 6,000 | 59,85 | 3,96 | 3,67 | 56,70 | 6,16 | 6,45 |
| 11........ | 0,260 | 0,250 | 0,330 | 0,080 | 0,030 | 9,140 | 10,000 | » | » | » | » | » | » |

*Observations.* — *a*, on remarquera que l'allongement est mesuré sur 50 millimètres. — *b*, au travail de forgeage. les nᵒˢ 2, 8, 9 sont excellents; 1, 4, 5, 6, très bons; 3, 7, assez pailleux; le nᵒ 10 est très pailleux; le nᵒ 11 no se forge pas.

fluence de ce corps et donné quelques indications nouvelles :

Dans la fusion au creuset ou au haut fourneau, sauf dans le cas de minerai manganésifère, tout l'arsenic passe dans le métal; au convertisseur et au four Martin, que ces appareils soient acides, basiques ou neutres, il est reconnu que l'arsenic reste intégralement dans l'acier.

Les auteurs citent ce fait d'un acier doux contenant 0,200 d'arsenic qui ne laissait rien à désirer au point de vue des qualités physiques, et ils expliquent ce fait en admettant que, bien que l'arséniure de fer soit aussi fragile et aussi faible que le phosphure de fer, les différences constatées sur l'influence de ces deux composés proviennent de la manière d'être du métalloïde dans le métal. Avec l'arsenic, il n'y aurait qu'un arséniure de fer bien déterminé et bien séparé du métal et n'agissant pour ainsi dire que par sa présence comme corps étranger, tandis qu'avec le phosphore ce dernier métalloïde serait intimement uni à la masse entière du métal. Les auteurs voient la preuve de cette théorie dans la manière dont se comportent les aciers arséniés quand on les attaque par l'acide chlorhydrique ou sulfurique dilués; l'arsenic reste inattaqué sous la forme d'un résidu noir d'arséniure de fer.

MM. Harbord et Tucker, d'autre part, ont préparé des aciers doux à teneurs en arsenic variant de 0,07 à 1,20 0/0 et ont observé les faits suivants : Au laminage, l'odeur de l'arsenic commence à se percevoir à 0,19 0/0; le métal ne paraît pas rouverin, bien qu'à partir de 0,17 aucun des échantillons examinés ne fût exempt de petites criques visibles à froid.

A la forge, les essais de pliage ne se ressentent de la présence de l'arsenic qu'à partir de 0,17 0/0; le métal devient plus fragile à froid et avec 1 0/0 d'arsenic la barre casse en tombant sur un dallage métallique.

A chaud, la teneur en arsenic semble n'influencer en rien le martelage; mais dès qu'elle atteint 0,090, elle rend le soudage fort difficile, et à 0,350 il devient tout à fait impossible. Le fait est connu depuis longtemps du reste en ce qui concerne les fers puddlés provenant des minerais arsenicaux, et lorsqu'on veut obtenir de bons fers fondus, au four Martin basique ou neutre par exemple, on doit éviter l'emploi de fontes ou de riblons contenant de l'arsenic.

En ce qui concerne les épreuves mécaniques proprement dites, on observe que jusqu'à 0,920 0/0 la résistance augmente, mais qu'au-dessus elle diminue; d'autre part, l'arsenic abaisse la limite d'élasticité et diminue considérablement l'allongement et la contraction.

*Aciers manganésés et aciers-manganèse.* — En 1878, la Compagnie de Terre-Noire avait exposé, comme nous l'avons vu, des aciers manganésés, contenant jusqu'à 2,500 0/0 de manganèse; mais, en présence de la fragilité des aciers à forte teneur de cet élément, elle n'avait pas poursuivi plus loin ces essais et considérait que le métal devenait inutilisable au point de vue industriel.

Vers la même époque, M. Brustlein, poussant ses investigations plus loin, avait découvert certaines propriétés spéciales des aciers extra-manganésés, véritables alliages de fer et de manganèse, dans lesquels l'élément principal n'est plus le carbone, mais le manganèse. Malgré les résultats remarquables qu'il obtint, il renonça à les employer, à cause de la difficulté de les travailler à l'outil, particularité qu'il pensait devoir absolument interdire leur emploi au point de vue industriel : c'est pourquoi il n'a pas, à cette époque, publié les résultats de sa découverte, et c'est aux recherches plus récentes de M. Hadfield que nous devons de connaître les propriétés tout à fait spéciales des aciers au manganèse.

*L'acier-manganèse* fut signalé pour la première fois au monde industriel au mois de mai 1884, au meeting de Chicago de l'Institut des ingénieurs des mines américains, par M. Joseph Weeks, et à nouveau, deux ans et demi après, au meeting de Saint-Louis, où furent données des analyses des échantillons obtenus par M. Hadfield, ainsi que des essais mécaniques exécutés à l'arsenal de Woolwich par M. Barnaby, sur du métal chauffé au blanc et trempé dans l'eau froide, opération qui, pour le métal spécial étudié, constitue non plus une trempe, mais une sorte de recuit.

Sur 12 échantillons soumis aux épreuves la résistance a varié de

72 kgr. par m/m² avec 22 0/0 d'allongement
à 83 —   —   29 0/0   —

montrant ce fait remarquable que l'allongement augmente en même temps que la résistance. Un fait analogue se produit par le simple recuit des aciers au silicium coulés sans soufflures, non martelés. L'acier simplement coulé présente en effet une charge de rupture à peu près constante (45 à 50 kilogrammes par millimètre carré) avec peu ou point d'allongement, quelles que soient ses teneurs en carbone et en manganèse ; les opérations de recuit et de trempe décèlent seules les propriétés spéciales des aciers durs ou doux.

L'acier-manganèse essayé par M. Barnaby correspondait à la composition chimique suivante :

```
Carbone....................  0,720
Manganèse.................  9,830
Silicium...................  0,370
Soufre....................  0,000
Phosphore................  0,080
```

Enfin, M. Hadfield, au meeting des Ingénieurs civils de Londres, en février 1888, présenta un mémoire où il exposa en détail les résultats de ses propres expériences. Avant lui, on croyait que, si la proportion de manganèse dépassait 2,750 0/0, l'acier devenait trop fragile, impossible à travailler, et par suite sans emploi, considérations qui avaient, comme nous l'avons dit, arrêté les recherches des industriels français. M. Hadfield démontra au contraire qu'en élevant la proportion de manganèse jusqu'à 7 0/0 et au delà, jusqu'à 20 et 22 0/0, on obtenait un produit nouveau tout à fait différent des aciers au manganèse connus avant lui.

Ainsi, par exemple, avec 0,850 de carbone et 13,750 de manganèse le métal obtenu a donné aux essais de résistance à la traction :

```
102 kgr. par m/m² avec 50 o/o d'allongement
109      —           46 0/0    —
```

La dureté des aciers au manganèse est, comme on sait, très grande à partir de 2 0/0 de cet élément ; elle croît d'une façon constante jusqu'à une teneur de 5 à 6 0/0, où elle atteint son maximum. A partir de ce point, la dureté décroît jusqu'à environ 10 0/0 de manganèse, pour augmenter à nouveau jusqu'à 22 0/0, sans toutefois arriver à la dureté des aciers contenant 5 à 6 0/0.

D'une manière générale, on peut dire que pour l'acier-manganèse la trempe augmente la résistance à la rupture par traction, qui passe, par exemple, de 63 kilogrammes par millimètre carré pour le métal naturel à 95 kilogrammes et même 110 kilogrammes pour le métal trempé, et cela sans que sa ductilité soit diminuée, à l'inverse de ce qui se passe pour les aciers ordinaires. Ce fait, absolument remarquable, est d'autant plus accentué que l'écart entre la température de trempe du métal et la température du liquide est plus grande.

La trempe à l'acide sulfurique a fourni à M. Hadfield des résultats extraordinaires : ainsi, avec un bain composé de moitié eau et moitié acide sulfurique, on a obtenu une résistance à la traction de 102 kilogrammes avec 50,7 0/0 d'allongement mesuré sur 200 millimètres, la barre d'essai s'étant ainsi allongée de plus de 100 millimètres avant de se rompre.

La trempe agit peu sur la nature du grain, et ce serait plutôt un élargissement du grain qu'une finesse plus grande que l'on observe.

L'acier-manganèse est à peine magnétique.

Le professeur Barrett a constaté que les produits fabriqués par M. Hadfield ne donnent pas les couleurs du recuit par refroidissement, comme cela se présente pour les aciers au carbone.

A la suite de ces premières constatations,

M. Hadfield a poursuivi ses expériences et a soumis à de nombreuses épreuves de traction des métaux à teneurs variables en manganèse depuis 1 0/0 jusqu'à 22 0/0, la teneur en carbone augmentant avec la teneur en manganèse et variant de 0,200 à 2 0/0, car on ne peut employer pour obtenir ces produits que les ferromanganèses à 80 0/0 environ de manganèse, tels qu'ils sont produits actuellement par l'industrie et qui contiennent toujours au moins 6 0/0 de carbone. L'obtention à bas prix d'un alliage riche en manganèse sans carbone ou de manganèse métallique aurait un grand intérêt industriel pour la fabrication des aciers-manganèse : malheureusement les essais faits jusqu'ici dans cette voie ne paraissent pas avoir fourni jusqu'à présent le manganèse pur à un prix abordable pour l'industriel.

Dans cette nouvelle série d'expériences, M. Hadfield a opéré sur le métal forgé à l'état naturel, c'est-à-dire sans trempe ni recuit, sur le métal trempé à l'air, sur le métal trempé à l'huile et enfin sur le métal trempé à l'eau.

L'examen des résultats publiés montre que :

1° Le *métal forgé à l'état naturel* donne des résistances à la rupture variant de 50 à 70 kilogrammes (assez rarement au-dessus, bien qu'atteignant, par exemple, 80 kilogrammes pour des teneurs de 18 à 19 0/0 de manganèse). L'allongement qui, pour du métal à 0,830 de manganèse et 0,200 de carbone (c'est-à-dire un acier mi-doux ordinaire), est de 31 0/0 mesuré sur 200 millimètres, tombe de suite dès que l'on arrive aux teneurs voisines de 2,500 0/0 de manganèse, et se maintient pour toute la série des échantillons essayés entre 1 et 6 0/0 : un seul échantillon, celui à 21,69 de manganèse, a donné par exception 9 0/0 d'allongement.

2° La *trempe à l'air* donne des résultats très irréguliers comme valeur de la résistance à la rupture, ce qui tendrait à prouver que l'acier-manganèse est très susceptible, et se trouve sans doute dans un état d'équilibre plus ou moins instable, qui ne peut être rendu stable que par des opérations de trempe agissant d'une manière plus régulière que ne le fait la trempe à l'air ; toutefois, pour le métal trempé à l'air, on constate déjà une augmentation dans la valeur des allongements, qui atteignent de 15 à 20 0/0.

3° La *trempe à l'huile* fournit encore des résultats irréguliers comme valeur de la résistance, mais les allongements atteignent pour quelques échantillons 30 à 32 0/0 ;

4° La *trempe à l'eau*, et c'est là le point très important et remarquable, fournit des résultats absolument inattendus si on les compare à ce que donnent les aciers anciennement connus, dont la teneur en manganèse ne dépassait pas 1 à 2 0/0.

Nous donnons dans le tableau suivant (1) les analyses des aciers essayés par M. Hadfield, ainsi que les essais à la traction pour le métal traité de diverses manières : D'après les expériences de M. Hadfield, c'est aux environs de 12 à 14 0/0 de manganèse et 1 0/0 de carbone que les alliages aciers-manganèse paraissent être de qualité supérieure. Avec ces teneurs, on a affaire à un métal très fluide, bien que se solidifiant rapidement, faisant beaucoup de retrait et se coulant facilement sans soufflures : la rapidité avec laquelle il se refroidit fait qu'il ne paraît pas y avoir liquation du manganèse ; il y a lieu de remarquer que tous ces aciers-manganèse contiennent une certaine proportion de silicium.

Cet acier-manganèse peut se forger, mais se soude mal ; il n'a qu'une résistance moyenne et une limite élastique très basse, lorsqu'il est à l'état naturel. La trempe au rouge blanc dans

I. — *Aciers-manganèse forgés* (Hadfield).

| N°s | Composition chimique | | | Essais mécaniques | | | | | | | |
| --- | --- | --- | --- | --- | --- | --- | --- | --- | --- | --- | --- |
| | Manganèse | Carbone | Silicium | État naturel | | Refroidi à l'air | | Refroidi à l'huile | | Refroidi à l'eau | |
| | | | | R | $a$ | R | $a$ | R | $a$ | R | $a$ |
| 1 | 0,830 | 0,200 | 0,030 | 51,97 | 31,00 | » | » | » | » | » | » |
| 2 | 2,300 | 0,400 | 0,150 | 88,19 | 6,00 | » | » | » | » | » | » |
| 3 | 3,890 | 0,400 | 0,090 | 59,83 | 1,00 | » | » | » | » | » | » |
| 4 | 6,950 | 0,520 | 0,370 | 39,37 | 2,00 | 33,07 | 2,00 | 29,92 | 2,00 | 36,22 | 2,00 |
| 5 | 7,220 | 0,470 | 0,440 | 42,52 | 2,00 | 42,52 | 5,00 | 39,37 | 3,00 | 39,37 | 2,00 |
| 6 | 7,300 | » | » | 61,41 | 4,00 | » | » | » | » | » | » |
| 7 | 7,900 | 0,500 | 0,280 | » | » | 44,09 | 8,00 | 47,24 | 7,00 | » | » |
| 8 | 9,150 | 1,000 | 0,420 | » | » | » | » | 66,13 | 17,00 | » | » |
| 9 | 9,200 | » | » | 62,99 | 6,00 | » | » | » | » | » | » |
| 10 | 9,370 | 0,610 | 0,300 | 51,96 | 5,00 | 59,84 | 16,00 | 59,83 | 15,00 | 61,42 | 15,00 |
| 11 | 10,110 | 0,950 | 0,210 | 59,83 | 5,00 | 61,41 | 14,00 | 64,57 | 20,00 | » | » |
| 12 | 10,600 | 0,850 | 0,280 | 53,54 | 4,00 | 64,56 | 17,00 | 66,13 | 19,00 | 62,99 | 17,00 |
| 13 | » | » | » | » | » | » | » | » | » | (a) 72,44 | (a) 22,00 |
| 14 | 10,830 | 0,720 | 0,370 | » | » | » | » | » | » | (a) 78,74 | (a) 25,00 |
| 15 | » | » | » | » | » | » | » | » | » | (a) 83,46 | (a) 29,00 |
| 16 | » | » | » | 61,40 | 4,00 | » | » | » | » | » | » |
| 17 | » | » | » | » | » | » | » | » | » | 99,20 | 45,00 |
| 18 | 12,290 | 0,850 | 0,370 | » | » | » | » | » | » | 100,79 | 45,00 |
| 19 | » | » | » | » | » | » | » | » | » | 102,36 | 50,00 |
| 20 | 12,600 | 1,100 | 0,160 | 61,41 | 2,00 | 58,27 | 11,00 | 78,74 | 28,00 | 85,04 | 27,00 |
| 21 | 12,700 | » | » | 74,02 | 6,00 | » | » | » | » | » | » |
| 22 | 12,810 | 0,920 | 0,420 | 61,41 | 5,00 | 75,79 | 20,00 | 91,33 | 32,00 | 96,07 | 37,00 |
| 23 | » | » | » | » | » | » | » | » | » | 100,78 | 45,00 |
| 24 | 13,750 | 0,850 | 0,230 | » | » | » | » | » | » | 100,78 | 45,00 |
| 25 | » | » | » | » | » | » | » | » | » | 103,64 | 49,00 |
| 26 | » | » | » | » | » | » | » | » | » | 96,06 | 48,00 |
| 27 | 13,750 | 0,850 | 0,230 | » | » | » | » | » | » | 100,78 | 50,00 |
| 28 | » | » | » | » | » | » | » | » | » | 102,36 | 51,00 |
| 29 | 14,010 | 0,850 | 0,280 | 56,69 | 2,00 | 75,59 | 14,00 | 86,61 | 27,00 | 105,53 | (b) 44,00 |
| 30 | 14,270 | 1,150 | 0,840 | » | » | » | » | » | » | 108,66 | 46,00 |
| 31 | 14,270 | 1,150 | 0,840 | » | » | » | » | » | » | 110,23 | 40,00 |
| 32 | 14,480 | 1,100 | 0,320 | 61,41 | 1,00 | 77,17 | 5,00 | » | » | 99,21 | 37,00 |
| 33 | 15,060 | 1,240 | 0,160 | 77,17 | 2,00 | 74,03 | 2,00 | » | » | 96,07 | 31,00 |
| 34 | 18,400 | 1,540 | 0,160 | 30,31 | 1,00 | 61,41 | 1,00 | » | » | 83,46 | 10,00 |
| 35 | 18,550 | 1,830 | 0,260 | 67,71 | 1,00 | » | » | » | » | 86,61 | 5,00 |
| 36 | 19,100 | 1,600 | 0,260 | 81,90 | 1,00 | 64,57 | 1,00 | » | » | 92,91 | 4,00 |
| 37 | 19,980 | 1,900 | 0,320 | » | » | » | » | 36,22 | » | » | » |
| 38 | 21,630 | 2,100 | 0,460 | 56,69 | 9,00 | 53,54 | 12,00 | 51,97 | 11,00 | » | » |

*Observations.* — Les teneurs en phosphore de tous ces aciers oscillent autour de 0,090.

A. Le métal à l'*état naturel* est l'état où il se trouve après forgeage, c'est-à-dire lentement refroidi après que le travail de forge a cessé.

B. Le métal *refroidi à l'air* est celui qui, après refroidissement, a été réchauffé au jaune, puis refroidi lentement à l'air.

C. Le métal *refroidi à l'huile* ou *à l'eau* est celui qui, après forgeage et refroidissement, a été réchauffé au jaune, puis plongé dans l'huile ou dans l'eau.

L'allongement 0/0 est mesuré sur une longueur de 200 millimètres.

La striction des éprouvettes n'a été mesurée que dans quelques cas : on peut compter qu'elle est de 30 à 40 0/0 pour le métal trempé à l'eau.

(a). (13), (14), (15) représentent le minimum, le maximum et la moyenne de douze essais.

(b). L'éprouvette (29) n'a pas encore été cassée.

l'eau froide le rend souple, résistant et élastique au choc.

Un fait à signaler d'une façon particulière en ce qui concerne les essais à la traction, c'est que le métal s'allonge presque uniformément dans toute la longueur des barreaux d'essai, sans contraction locale importante.

L'acier-manganèse à 14 0/0 est très dur à l'état naturel et se laisse difficilement travailler à l'outil ; la trempe à l'eau, tout en le rendant plus flexible, ne modifie pas sa dureté à la pénétration.

Quand le manganèse dépasse 15 0/0, la ductilité diminue, la résistance à la rupture restant à peu près constante jusqu'à 20 0/0, après quoi elle diminue également.

Il est très difficile d'étudier l'influence exacte des fortes teneurs en manganèse, cette influence étant masquée en partie par l'augmentation même de la teneur en carbone, qu'il est impossible d'éviter, comme nous l'avons dit, par suite de l'emploi de ferromanganèse contenant toujours de 6 à 7 0/0 de carbone.

L'acier-manganèse (comme les aciers-manganésés déjà étudiés) est difficile à chauffer pour le travail de forge : il faut beaucoup de précautions et il tombe facilement en pièces si la température est trop élevée.

D'autre part, le travail à froid a une très grande influence sur l'acier-manganèse : au tréfilage en particulier, il est nécessaire, après une ou deux passes d'adoucir le métal en le plongeant au blanc dans l'eau froide. La résistance à la compression est plus faible qu'on n'est en droit de le supposer d'après la dureté.

La cassure est toujours franchement cristalline non seulement à l'état naturel, mais même après trempe, bien que la résistance et la ductilité soient, comme nous l'avons vu, augmentées par cette opération.

Les emplois de l'acier-manganèse ne sont pas encore bien définis : il paraît devoir bien convenir pour la fabrication de certaines pièces, comme les roues de wagons par exemple, demandant de la dureté sans fragilité.

Son emploi pour la fabrication des blindages n'a pas donné les résultats qu'on était en droit d'en attendre, et on l'a abandonné (au moins pour le moment, pour cet usage) par suite de la difficulté du forgeage de ce métal en grosses pièces, des fissures qui se produisent aux opérations de trempe, de la dureté à l'outil, etc. On a, en effet, dans ce cas particulier, affaire à des masses considérables et très compactes qui se comportent au travail d'élaboration et aux opérations de trempe et de recuit d'une manière toute différente de ce qui se passe quand on opère sur des barrettes d'essai ou des pièces de petites dimensions.

Pour terminer ce qui est relatif aux aciers au manganèse, nous donnons dans le tableau ci-dessous, J, les principaux résultats publiés par la maison Holtzer à l'occasion de l'Exposition de 1889.

J. — *Aciers-manganèse et aciers-silicomanganèse* (Holtzer). Exposition de 1889.

| N.os | Teneurs approximatives en manganèse | Métal forgé naturel | | | | Métal trempé à l'huile et tempéré | | | | Métal trempé à l'huile et recuit | | | |
|---|---|---|---|---|---|---|---|---|---|---|---|---|---|
| | | L | R | Striction | $a$ | L | R | Striction | $a$ | L | R | Striction | $a$ |
| 1 | 0,200 à 0,300 | 30,00 | 58,70 | 42,00 | 22,00 | 76,80 | 102,80 | 45,00 | 12,50 | 64,00 | 78,80 | 38,00 | 13,00 |
| 2 | » | 34,60 | 61,60 | » | 14,00 | 77,50 | 104,90 | 46,00 | 11,80 | 69,40 | 92,20 | 46,00 | 10,00 |
| 3 | » | 32,60 | 68,70 | 42,00 | 20,80 | 84,20 | 108,40 | 36,50 | 8,50 | 90,90 | 113,60 | 40,00 | 13,00 |
| 4 | » | 40,10 | 75,50 | 35,50 | 16,00 | 93,80 | 114,80 | 41,00 | 10,00 | 86,20 | 99,30 | 43,50 | 11,80 |
| 5 | » | 40,10 | 72,10 | 51,00 | 19,00 | 102,80 | 123,50 | 31,00 | 7,50 | 93,80 | 108,35 | 45,00 | 8,50 |
| 6 | 10 (±) | 38,70 | 69,40 | 49,20 | 23,50 | 109,60 | 124,00 | 31,00 | 8,00 | 85,50 | 104,20 | 40,00 | 11,50 |
| 7 | 12 à 14 | 41,40 | 81,30 | 26,00 | 29,00 | 43,50 | 86,00 | 28,50 | 28,00 | 37,20 | 96,40 | 36,50 | 41,50 |
| 8 | » | 27,40 | 36,00 | 73,00 | 36,00 | 44,70 | 61,40 | 76,00 | 15,00 | 36,70 | 48,20 | 72,50 | 24,50 |
| 9 | » | 33,20 | 67,90 | 21,00 | 14,00 | 13,50 | 97,80 | 42,20 | 10,50 | 70,70 | 90,20 | 46,00 | 11,20 |
| 10 | » | 31,30 | 64,00 | 42,20 | 21,50 | 83,50 | 112,18 | 38,50 | 13,00 | 73,50 | 93,80 | 46,00 | 10,50 |
| 11 | 2 (±) | 33,40 | 64,70 | 50,50 | 23,00 | 97,80 | 113,56 | 38,50 | 10,00 | 85,50 | 102,80 | 46,00 | 12,50 |

*Observations.* — (a). Les éprouvettes naturelles ont été refroidies lentement après forgeage.

(b). Les éprouvettes trempées à l'huile et tempérées sont trempées au jaune pâle et réchauffées légèrement.

(c). Les éprouvettes trempées à l'huile et recuites sont trempées au jaune pâle, réchauffées au rouge sombre, puis refroidies lentement.

(d). L'allongement est mesuré sur 200 millimètres.

(e). Il est regrettable que la composition exacte de ces aciers n'ait pas été donnée.

*Aciers chromés.* — Dès 1820, Berthier avait reconnu l'importance des aciers au chrome ; mais ce n'est que beaucoup plus tard, à la suite des études faites d'abord en Amérique, puis en France par M. Brustlein, que ce dernier en a vulgarisé l'emploi vers 1878.

Le *ferrochrome* fut fabriqué d'abord au creuset par Baur, de Brooklyn, en 1869 : la teneur en chrome de l'alliage obtenu ne dépassait pas 26 0/0, et sa méthode, suivie encore actuellement en Amérique, consiste à fondre dans des creusets en graphite du minerai de chrome finement pulvérisé et mélangé avec du charbon de bois ; le métal obtenu contient 30 0/0 de chrome et 3 0/0 de carbone.

Vers 1875, MM. Sergius Kern, de Pétersbourg, et Brustlein arrivèrent à produire au creuset des alliages à 74 0/0 de chrome, et enfin, de 1878 à 1889, les Usines de Terre-Noire d'abord, puis Tamaris, Saint-Louis, le Boucau ont obtenu au haut fourneau des alliages à 40, 45, 50 0/0 de chrome, ainsi que nous l'avons indiqué au début de cet article (voir les analyses détaillées). Dans ces derniers temps, on est arrivé à fabriquer un alliage à 84 0/0 de chrome et 11 0/0 de carbone.

L'*acier chromé* se fabrique en fondant simplement dans des creusets en graphite du ferrochrome avec du fer ou de l'acier. On peut l'obtenir également au four Martin, mais cette dernière méthode ne paraît pas encore devoir supplanter le creuset pour des aciers spéciaux.

La fabrication de l'acier chromé présente les difficultés suivantes : le chrome tend à s'oxyder à l'air, mais il ne forme pas comme le manganèse un oxyde capable, en se combinant avec la silice, de donner un silicate fusible et liquide qui, plus léger que l'acier, remonte à la surface ; il se forme au contraire un chromite de fer, avec décarburation de l'acier et oxydation du fer, qui (d'une densité plus élevée que les silicates formés avec le manganèse) reste empâté dans la masse du métal, et cet effet est d'autant plus sensible que le métal est moins carburé. Il y a donc nécessité absolue d'éviter l'oxydation, et pour cela il est indispensable d'avoir une teneur en carbone assez élevée, car un acier chromé peu carburé, vite oxydable, serait tout de suite rempli de scories. C'est pourquoi il est à peu près impossible d'obtenir des aciers chromés doux.

M. Hadfield, qui a également étudié les aciers au chrome, a constaté que le chrome jusqu'à la dose de 3 à 4 0/0 n'empêche pas les soufflures ; au delà, la forte quantité de carbone en présence empêche de tirer des conclusions certaines.

Les aciers à 16,70 0/0 de chrome et 2,12 de carbone, et à 15,20 de chrome, 1,79 de carbone, sont à la limite de la malléabilité.

Si on pouvait supprimer le carbone, on aurait

sans doute, comme pour les aciers manganésés à 22 0/0 de manganèse, des aciers plus chromés capables d'être forgés.

Martelés à faible épaisseur et essayés à l'état naturel, les aciers contenant de 3 à 10 0/0 de chrome et de 0,390 à 0,710 de carbone cassent sans prendre de flèche; mais, une fois bien recuits, ils peuvent être pliés à bloc : ils ont une grande tendance à l'écrouissage.

Au-dessous de 0,390 de carbone et 2,540 de chrome, leur cassure est noire et fibreuse, et au-dessus de ces teneurs les cassures deviennent vitreuses et même porcelaniques dans les hautes teneurs.

L'importance du recuit est considérable, car non recuits les aciers chromés possèdent une limite d'élasticité très élevée, mais pour ainsi dire artificielle, faite toute de tensions intérieures. Le recuit la ramène à sa valeur réelle.

La soudure des aciers chromés est impossible : ce sont des aciers qui se brûlent très facilement, comme les aciers très carburés, si on ne prend pas de grandes précautions au travail de forge.

M. Brustlein considère également la soudure, sinon comme impossible, du moins comme extrêmement difficile, par suite de la formation, impossible à éviter, d'une couche d'oxyde non scorifiable : la soudure paraît souvent être bien faite, mais les deux parties de métal sont simplement collées ensemble, et si on fait subir des efforts à froid sur le point de soudure, on constate facilement que le décollage se produit immédiatement; il n'y a donc pas soudure proprement dite.

D'après M. Osmond, le chrome paraît gêner et retarder la cristallisation du fer; il pense que le chrome peut exister dans le fer sous trois états :

1° En dissolution ;

2° Sous forme de globules isolés d'un composé de fer, chrome et carbone;

3° Sous forme de solution de ce même composé.

Au point de vue des propriétés physiques et

K. — *Aciers au chrome* (d'après Howe).

| Provenance des échantillons, etc. | Composition chimique | | | | | | Propriétés mécaniques | | | |
|---|---|---|---|---|---|---|---|---|---|---|
| | Manganèse | Graphite | Carbone combiné | Silicium | Chrome | Tungstène | Limite d'élasticité | Résistance à la rupture | Allongem^t 0/0 | Allongem^t par m/m |
| Unieux, non trempé (Brustlein) | » | » | 1,100 | » | 4,000 | » | 124,43 | 124,99 | 7,50 | » |
| Faraday et Stodart, très dur, extrêmement malléable | » | » | 1 0/0 ? | » | 2,90± | » | » | » | » | » |
| Unieux, non trempé (Brustlein) | » | » | 0,600 | » | 2,200 | » | 47,45 | 72,41 | 19,00 | » |
| Unieux, recuit après trempe à l'huile (Brustlein) | » | » | 0,600 | » | 2,200 | » | 139,90 | 139,90 | 3,00 | » |
| Unieux (Brustlein) | » | » | 0,340 | » | 1,200 | » | 37,47 | 62,00 | 7,00 | » |
| Faraday et Stodart, dur, se forge bien | » | » | 1 0/0 ? | » | 0,99± | » | » | » | » | » |
| Blair et Smith P | 0,030 | 0,010 à 0,030 | 0,084 à 1,190 | 1,280 | 0,450 à 0,920 | » | » | 81,50 | » | » |
| — — F | » | 0,010 à 0,020 | 0,081 à 0,990 | » | 0,220 à 0,640 | » | » | 73,65 | » | » |
| Brooklyn Adamantine (Hunt, Clapp et Howe) | 0,170 | » | 1,030 | 0,050 | 0,530 | » | » | 110,37 (a) / 81,55 (b) | 0,60 / 0,60 | 100,0 / 100,0 |
| Döhlen, Ladebur | » | » | 0,910 | » | 0,500 | » | » | 85,98 | 15,70 | » |
| Brooklyn très dur (Hunt, Clapp et Howe) | 1,890 | » | 0,900 | 0,030 | 0,380 | 0,980 | » | 94,20 | 2,00 | 100,0 |
| Blair et Smith G | 0,220 | 0,010 | 0,840 | 0,090 | 0,380 | » | » | 77,73 | » | » |
| Brooklyn-Blair | » | » | 0,940 | » | 0,380 | » | » | » | » | » |
| | » | » | 0,980 | » | 0,360 | » | » | » | » | » |
| — Hunt, Clapp et Howe | 0,150 | » | 1,320 | 0,150 | 0,290 | 0,730 | » | 87,17 (a) / 89,24 (b) | 6,00 / 9,00 | 87,5 / 87,5 |
| — 1.A. — | » | » | 0,700 | » | 0,250 | » | » | 102,22 | 5,50 | » |
| — — | » | » | 0,600 | » | » | » | » | » | » | » |
| — Blair | » | » | 0,310 | » | » | » | » | » | » | » |
| Unieux { non trempé (même barre, Barbier, Boussingault) | » | » | » | » | » | » | 60,06 | 76,42 | 15,00 | » |
| trempé au jaune | » | » | » | » | » | » | » | 134,27 | 1,20 | » |
| — au rouge cer^te clair | » | » | » | » | » | » | » | 142,70 | 2,00 | » |
| — au rouge cerise | » | » | » | » | » | » | 43,80 | 73,30 | 14,00 | » |
| — au rouge sombre | » | » | » | » | » | » | 38,67 | 70,30 | 17,00 | » |
| Brooklyn, essais de West Point, barre la plus résistante | » | » | » | » | » | » | » | 132,10 | » | » |
| Brooklyn, essais de West Point, barre la moins résistante | » | » | » | » | » | » | » | 118,65 | » | » |
| Brooklyn, essais de Kirkaldy | » | » | » | » | » | » | 61,16 | 116,95 | 7,60 | » |
| | » | » | » | » | » | » | 49,91 | 91,12 | 6,20 | » |
| | » | » | » | » | » | » | 44,29 | 89,20 | 7,20 | » |
| | » | » | » | » | » | » | 37,96 | 87,45 | 11,00 | » |
| Unieux, communication privée | » | » | » | » | » | » | » | 110,80 | » | » |
| | » | » | » | » | » | » | » | 107,00 | » | » |
| — recuit (Brustlein) | » | » | 0,70± | » | » | » | 41,69 | 71,85 | 19,50 | 75,0 |
| — trempé à l'huile et recuit (Br.) | » | » | 0,70± | » | » | » | 139,90 | 149,95 | 6,20 | 75,0 |
| Brooklyn Thurston | 0,050 | 0,010 | 0,630 | 0,150 | 1,040 | » | » | » | » | » |
| | 0,020 | 0,010 | 9,440 | 0,140 | 0,920 | » | » | » | » | » |
| | 0,030 | » | 0,460 | 0,120 | 0,610 | » | » | » | » | » |

*Observations.* — (a), tels que le fabricant les avait envoyés. — (b), après la trempe à l'huile au rouge sombre. (c), après le recuit au rouge cerise.

mécaniques, le chrome paraît élever la valeur de la résistance à la rupture par traction : c'est du moins l'opinion généralement admise ; mais quand on examine en détail les résultats des expériences, on trouve souvent de grandes anomalies difficiles à expliquer. Il peut se faire que les résistances à la rupture élevées que l'on constate soient dues plus à la présence du carbone qu'a celle du chrome, et d'autre part les aciers chromés, étant très spéciaux comme structure, demandent un travail de forge spécial; il peut également de ces deux faits résulter des variations dans les valeurs de la résistance à la rupture.

Ainsi pourraient s'expliquer les discordances observées, lesquelles dépendent sans doute bien plus du travail physique et mécanique du métal, des trempes et des recuits auxquels il est soumis, que de sa composition chimique elle-même.

Nous donnons dans le tableau K quelques résultats d'analyses et d'essais mécaniques sur des aciers chromés expérimentés par divers auteurs, et d'autre part dans le tableau L les résultats d'une série d'épreuves exposées par la maison Holtzer en 1889; malheureusement il manque pour ces derniers la composition chimique.

*. — Aciers chromés et aciers tungstochromés* (Holtzer). Exposition de 1889.

| N° | Métal naturel, c'est-à-dire refroidi lentement après forgeage | | | | Métal forgé trempé à l'huile au jaune clair, puis légèrement réchauffé | | | | Métal forgé trempé à l'huile au jaune clair, réchauffé au rouge très sombre, puis refroidi lentement | | | |
|---|---|---|---|---|---|---|---|---|---|---|---|---|
| | L | R | Striction | $a$ | L | R | Striction | $a$ | L | R | Striction | $a$ |
| 1 | » | 110,30 | 54,50 | 9,50 | 107,00 | 139,00 | 43,00 | 8,00 | 44,70 | 73,50 | 63,00 | 19,50 |
| 2 | 45,40 | 76,80 | 59,00 | 18,30 | » | 137,40 | 30,50 | 6,00 | 83,50 | 95,75 | 58,10 | 13,00 |
| 3 | 39,20 | 65,70 | 38,50 | 22,50 | » | 149,60 | » | 0,50 | 76,80 | 87,60 | 17,50 | 6,00 |
| 4 | 39,20 | 66,40 | 50,50 | 26,50 | 112,20 | 121,60 | 26,00 | 6,50 | 86,20 | 85,80 | 30,00 | 12,20 |
| 5 | 39,90 | 67,00 | 30,00 | 20,80 | 133,60 | 143,50 | 6,00 | 2,50 | 73,50 | 82,10 | 33,00 | 7,00 |
| 6 | 46,00 | 72,50 | 33,00 | 17,50 | 136,00 | 149,60 | 7,00 | 1,80 | 86,90 | 96,40 | 15,00 | 6,20 |
| 7 | 50,80 | 80,60 | 24,00 | 14,50 | 133,00 | 147,90 | » | » | 93,80 | 104,20 | 13,00 | 5,00 |

*Observations.* — (*a*), (1) à (6) sont des aciers au chrome; (5), (6), (7) renferment du chrome et du tungstène. — (*b*), l'allongement est mesuré sur 200 millimètres.

Les aciers chromés sont employés avec succès dans le matériel de guerre, en particulier pour les projectiles de rupture et de pénétration. Les remarquables essais de tir exécutés en 1882, 1883, 1884 avec des projectiles en acier chromé, forgé et trempé fournis par la maison Holtzer, ont appelé immédiatement l'attention, et dès 1884 la Marine française fit des commandes importantes de ces projectiles; elle fut bientôt suivie dans cette voie par l'Angleterre, et aujourd'hui la fabrication des projectiles en acier chromé a pris une grande extension.

Dans un autre ordre d'idées (c'est-à-dire non plus au point de vue de l'attaque, mais au point de vue de la défense), les aciers chromés sont employés également avec succès pour les plastrons de cuirasses et pour paraballes et tôles d'abri pour affûts ; ces dernières tôles n'ont que 4 millimètres d'épaisseur et doivent répondre comme conditions de recette aux chiffres suivants:

| | | |
|---|---|---|
| Limite d'élasticité..... | 70 kgr. par m/m² | |
| Charge de rupture..... | 100 — | — |
| Contraction.......... | 55 0/0 | |
| Allongement.......... | 10 — sur 200 m/m | |

Des tôles plus épaisses, 15 millimètres environ, sont également employées avec succès pour les tourelles de cuirassés et répondent aux conditions :

| | | |
|---|---|---|
| Limite d'élasticité... | 80 à 90 kgr. par m/m² | |
| Charge de rupture... | 100 à 110 — | — |
| Contraction........ | 55 à 58 0/0 | |
| Allongement........ | 10 à 12 — sur 200 m/m | |

Comme on le voit, les aciers chromés sont appelés à rendre de grands services dans l'armement : la grande difficulté de leur emploi ou pour mieux dire de leur fabrication industrielle

économique résidera toujours dans les conditions suivantes :

Fusion et coulée du métal avec la moindre oxydation possible.

Forgeage toujours délicat et d'où dépend en grande partie la valeur du métal, si celui-ci a pu être obtenu sans oxydation.

Opérations de trempe et de recuit demandant beaucoup de précautions et une grande pratique pour éviter les irrégularités, les tapures intérieures, etc., ceci s'appliquant spécialement à la fabrication des pièces de grande dimension, comme les projectiles, dont la fabrication peut devenir désastreuse, par suite des rebuts, si les opérations de trempe sont mal conduites.

En ce qui concerne au contraire les pièces de petites dimensions, ces opérations, tout en demandant encore beaucoup de soin, sont plus faciles à réussir; c'est ainsi qu'en dehors de l'emploi des aciers chromés par la marine et l'artillerie, nous devons ajouter qu'ils conviennent très bien à la fabrication des outils tranchants, ainsi qu'à celle de certaines pièces de forme complexe devant présenter une grande résistance à l'usure par frottement. Ils seraient, pour ces derniers usages, préférables aux aciers au tungstène, qui sont plus fragiles et plus chers. D'autre part, les aciers au manganèse leur sont peut-être bien supérieurs pour beaucoup d'emplois, car ils sont moins fragiles, moins traîtres, etc., parce qu'ils sont mieux étudiés et plus connus.

Les uns comme les autres peuvent avoir leur valeur réelle, et cette valeur dépend surtout des soins apportés à leur fabrication. La préférence à donner aux aciers chromés, tungstatés ou manganésés pour tel ou tel usage ne peut encore être définie d'une façon complète; il y a là, comme toujours, une question de temps, de pratique industrielle et de routine à vaincre, jusqu'à ce que les consommateurs soient eux-mêmes bien éclairés sur les différentes qualités de ces aciers, en même temps que sur la manière de les traiter pour leur emploi définitif comme outils, etc.

*Aciers au tungstène.* — L'acier au tungstène a été également étudié par Berthier, mais ce n'est que depuis une vingtaine d'années que sa fabrication pour l'obtention des aciers à outils a été réalisée. Il est obtenu, comme les aciers chromés, au creuset brasqué, en employant des alliages (ferrotungstène) obtenus également en partant du wolfram ou de la scheelite; il est nécessaire, avant d'employer ces minerais, de les soumettre à un grillage soigné, pour en chasser le soufre et l'arsenic, qui seraient nuisibles dans les aciers obtenus ultérieurement.

La fabrication du ferrotungstène a été également essayée au haut fourneau; mais, comme le minerai est en somme assez rare, que les débouchés de ce produit sont jusqu'à présent assez restreints, il n'y a pas lieu de nous en occuper longuement ici. Dans le cas du traitement du wolfram au haut fourneau aussi bien qu'au creuset, l'alliage obtenu contiendra toujours du manganèse.

D'après les faits observés, le tungstène comme le chrome élevant le point de fusion, il sera toujours difficile d'obtenir des alliages riches en tungstène, c'est-à-dire pratiquement à plus de 40 à 50 0/0.

Nous donnons ci-dessous un certain nombre d'analyses de ferrotungstène, obtenu au creuset ou au haut fourneau :

M. — *Analyses de ferrotungstène.*

| N⁰ˢ des échantillons | Fer | Tungstène | Manganèse | Carbone | Silicium | Phosphore |
|---|---|---|---|---|---|---|
| 1 | 63,00 | 37,00 | » | » | » | » |
| 2 | 16,40 | 77,80 | 5,80 | » | » | » |
| 3 | 43,40 | 53,10 | 3,50 | » | » | » |
| 4 | 67,93 | 29,12 | traces | 1,17 | 0,61 | » |
| 5 | 30,00 | 24,25 | 41,50 | 5,65 | » | 0,140 |
| 6 | 68,36 | 28,18 | 0,99 | 1,88 | 0,23 | 0,008 |

Ces alliages contiennent en général peu de manganèse, sauf le n° 5, provenant de l'usine de Terre-Noire et obtenu au haut fourneau en partant du wolfram; c'est plutôt un spiegel tungstaté qu'un véritable ferrotungstène, ou un ferro-manganèse dans lequel le manganèse a été remplacé en partie par du tungstène : cet alliage a été employé, il y a déjà une vingtaine d'années, pour la fabrication de projectiles.

Les *aciers au tungstène* sont extrêmement durs et en même temps fragiles. Le tungstène paraît, d'après les quelques essais publiés, indiqués dans le tableau M, élever la résistance à la traction, mais en diminuant la ductilité, ce qui explique sa fragilité. On ne peut en conséquence employer les aciers au tungstène pour la fabrication d'outils soumis au choc, tels que fleurets de mine, ciseaux à froid, etc., tandis que ces aciers conviennent bien pour les outils de tours, où la dureté est surtout recherchée. D'excellents résultats ont été obtenus avec les aciers au tungstène pour la fabrication des couteaux de machines à fabriquer les clous, pour lesquels la résistance à l'usure, à la compression, etc., est au point de vue économique et de l'entretien des machines de la plus grande importance; mais il faut rejeter ces aciers toutes les fois que les outils travailleront ou pourront être accidentellement soumis à des chocs.

La dureté de l'acier au tungstène est plus grande que celle des aciers chromés : certains échantillons bien martelés rayent l'acier au chrome trempé, et rayent même le quartz; grâce à cette dureté exceptionnelle, il peut être employé avec avantage pour les filières.

Au point de vue du travail mécanique à chaud, les aciers au tungstène se forgent très difficilement et demandent des précautions toutes spéciales. Contrairement à certains aciers qui exigent le forgeage à basse température, l'acier au tungstène doit être chauffé à cœur au rouge cerise clair; on doit ensuite le forger à petits coups, et le réchauffer dès que sa température est inférieure au cerise. Le palier de températures auxquelles il peut être martelé semble par conséquent restreint; ce fait semblerait prouver que l'acier au tungstène est dans un état d'équilibre instable après simple fusion, état difficile à détruire sans tomber dans un autre ordre de phénomènes se produisant à des températures plus basses que le rouge cerise et auxquelles le métal devient extrêmement fragile. De nouvelles études demandent à être faites pour compléter ces premières indications.

Lorsque l'on est arrivé par un forgeage fait dans les conditions ci-dessus à avoir la pièce désirée, on peut sans inconvénient laisser l'objet se refroidir simplement à l'air (trempe à l'air sans excès), car, vu la dureté exceptionnelle de cet acier, il n'est pas nécessaire (et il serait même dangereux) de le soumettre à des trempes à l'huile ou à l'eau. Grâce à cette dureté naturelle, l'acier au tungstène offre sur les autres aciers cet avantage, qu'un outil peut s'échauffer un peu pendant le travail sans pour cela perdre son tranchant, comme cela a lieu avec les aciers simplement carburés, qui s'émoussent au travail du tour, par exemple, s'ils ne sont pas constamment refroidis.

Nous donnons dans le tableau ci-dessous (N), d'après Howe, un certain nombre d'analyses d'aciers au tungstène avec les essais mécaniques correspondants, et d'autre part (tableau O) les résultats des épreuves exposées et publiées par la maison Holtzer à l'occasion de l'Exposition de 1889; pour ces derniers, comme pour les aciers chromés de la même usine, il est fort regrettable que la composition chimique ne soit pas indiquée.

*Influence du molybdène.* — Les aciers au molybdène présentent les mêmes propriétés que les aciers au tungstène : ils sont aussi durs, aussi malléables, mais moins cassants. On obtiendrait des aciers similaires avec une proportion de molybdène moitié moindre que celle du tungstène. Ces aciers peuvent être obtenus en introduisant dans l'acier fondu un alliage de molybdène. En grillant la molybdénite (sulfure de molybdène naturel), puis fondant l'oxyde avec du fer, on arrive à produire un alliage à 10 0/0 de molybdène, mais contenant trop de soufre pour être utilement employé à la fabrication de l'acier. D'autre part, à l'Usine de Sternberg et Deutsch de Grünau (Allemagne), on réduit le molybdate de chaux par du charbon, puis on sépare la chaux par de l'acide chlorhydrique : on arrive ainsi à préparer le molybdène à 96 0/0 de métal.

*Aciers au nickel.* — Bien que les alliages de fer et de nickel aient été étudiés depuis longtemps par divers auteurs, ce n'est que depuis quelques années que l'emploi du nickel dans la métallurgie de l'acier a fait son apparition. Les premiers essais d'acier au nickel proprement dit auraient été faits aux Usines de Montataire en 1885 et à Imphy en 1887; mais ces essais étaient peu méthodiques et portaient exclusivement sur des aciers trop carburés.

N. — *Aciers au tungstène* (d'après Howe).

| N[os] | Provenances des échantillons, etc. | Composition chimique | | | | | | Essais mécaniques | |
|---|---|---|---|---|---|---|---|---|---|
| | | Fer | Manganèse | Carbone | Silicium | Phosphore | Tungstène | Résistance à la rupture | Allongem¹ % |
| 1 | Schneider | » | 1,490 | 2,150 | 0,260 | 0,007 | 13,030 | » | » |
| 2 | Mushet dur spécial | » | 1,040 | 1,240 | 0,330 | 0,040 | 9,990 | » | » |
| 3 | — essayé par Howe | » | 0,190 | 1,990 | 0,090 | » | 7,810 | 102,92 | 0,00 |
| 4 | Anglais, Ledebur | » | 1,260 | 1,700 | 0,820 | » | 8,250 | » | » |
| 5 | « Crescent Hardenand » (Miller Meltcaf et Parkins), Pittsburg, essayé par Howe | » | 2,660 | 2,060 | 0,050 | » | 6,730 | (a) 53,50 (b) 66,08 | 0,00 |
| 6 | Imperial Pittsburg (Park, Bronn and C⁰), essayé par Howe | » | 2,110 | 1,600 | 0,160 | » | 6,380 | » | » |
| 7 | | » | » | » | » | » | » | 47,10 63,97 | 0,00 |
| 8 | Ledebur | » | 2,570 | 0,420 | 0,760 | » | 8.810 | » | » |
| 9 | | » | 2,480 | 0,380 | 0,760 | » | 8,740 | » | » |
| 10 | Styrie. Ledebur | » | 0,350 | 1,200 | 0,210 | » | 6,450 | 133,57 | 0,75 |
| 11 | Bochum Percy | 95,850 | traces | » | » | » | 3,050 | » | » |
| 12 | | 96,370 | traces | » | » | » | 2,710 | » | » |
| 13 | Bochum Ledebur | » | 0,440 | 1,430 | 0,190 | » | 1,940 | » | » |

*Observations.* — (a), tel qu'il est fourni par les fabricants. — (b), trempé à l'huile au rouge très sombre.

O. — *Aciers-tungstène* (Holtzer). Exposition de 1889.

| N[os] | Métal naturel, c'est-à-dire refroidi lentement après forgeage | | | | Métal forgé trempé à l'huile au jaune clair, puis légèrement réchauffé | | | | Métal forgé trempé à l'huile au jaune rouge clair, réchauffé au rouge très sombre, puis refroidi lentement | | | |
|---|---|---|---|---|---|---|---|---|---|---|---|---|
| | L | R | Striction | a | L | R | Striction | a | L | R | Striction | a |
| 1 | 33,40 | 48,20 | 75,50 | 23,70 | 47,50 | 58,00 | 66,00 | 17,50 | 36,70 | 53,50 | 72,30 | 19,50 |
| 2 | 35,40 | 50,00 | 60,00 | 23,50 | 34,10 | 50,00 | 6,00 | 8,20 | » | 65,40 | 59,00 | 15,00 |
| 3 | 29,30 | 54,80 | 45,10 | 23,50 | 95,00 | 126,00 | 2,50 | 2,50 | 63,40 | 82,10 | 40,00 | 10,20 |
| 4 | 33,40 | 65,40 | 33,00 | 17,00 | » | 152,00 | 4,00 | 4,50 | 73,50 | 94,50 | 24,00 | 8,50 |
| 5 | 44,00 | 74,80 | » | 9,00 | » | 150,00 | 1,00 | 2,80 | 76,80 | 99,00 | 2,00 | 8,30 |

*Observation.* — L'allongement est mesuré sur 200 millimètres.

Avant les récentes études de M. Riley de Glasgow, l'influence du nickel sur le fer était très peu connue, et l'opinion générale parmi les industriels était que le nickel, même en très faibles proportions, rendait le fer et l'acier rouverins. Toutefois on savait qu'au rouge blanc le nickel peut être soudé au fer et qu'on peut laminer le bloc obtenu ainsi par soudage en tôles très minces, sans que les deux métaux se séparent; on a fabriqué ainsi, il y a une dizaine d'années, des tôles destinées à résister à la corrosion par l'eau de mer. Ces essais avaient été faits comme suite à ce que l'on connaissait des plaquages de nickel sur cuivre, et des alliages véritables de cuivre et nickel à 50 0/0 de ces deux éléments, employés pour divers articles, instruments de physique, de chirurgie, etc.

D'un autre côté, le nickel a été employé à l'état soudé pour les clichés destinés à la fabrication des timbres-poste, billets de banque, etc.; il suffit, dans ce cas, pour obtenir des clichés très résistants, de les recouvrir d'une couche très mince de nickel (2 à 3 dixièmes de millimètre).

D'après M. Riley, de véritables alliages de fer et de nickel peuvent être obtenus sans difficulté et avec certitude, à une teneur indiquée d'avance soit au creuset, soit au four à sole; il suffit pour cela d'incorporer au bain le nickel à l'état métallique, tel qu'il nous est livré par le commerce.

Tout le nickel introduit est incorporé dans l'acier et la quantité qui passe dans la scorie peut être considérée comme insignifiante; et si l'on recueille avec soin tous les débris de coulée, on retrouve la totalité du nickel employé. C'est là, comme on le voit, un point très important au point de vue économique industriel. Nous avons vu en effet que, lorsqu'il s'agit des alliages de manganèse, silicium, etc., une notable partie du métal incorporé sert à la désoxydation et passe dans la scorie, quel que soit du reste le procédé de fabrication employé.

Dans la fabrication des aciers au nickel, l'opération au four Martin dure environ 7 heures, c'est-à-dire le temps d'une coulée ordinaire.

Il n'y a aucune précaution spéciale à prendre, soit pendant la fusion, soit au moment de la coulée.

D'autre part, le réchauffage des lingots et leur

forgeage se font comme à l'ordinaire, à la condition que la proportion de nickel ne dépasse pas 25 0/0.

Si on ne dépasse pas cette teneur, le travail de réchauffage et de forgeage se fait comme pour un acier à teneur égale en ce qui concerne le carbone et sans nickel ; mais au-dessus de 25 0/0 de nickel il faut chauffer moins et ménager le métal au martelage.

L'acier-nickel est tranquille à la coulée ; il est plus fluide que l'acier ordinaire et on obtient facilement des lingots très propres.

Quand la proportion de nickel est voisine de 1 0/0, la soudure se fait bien ; mais au-dessus de cette teneur il est difficile de souder les aciers contenant du nickel.

L'acier-nickel a toujours une texture fibreuse, mais il est malgré cela d'un beau poli et est d'autant plus blanc que la proportion de nickel est plus forte.

Sa dureté, sans être égale à celle de l'acier-manganèse, est encore très grande ; il en résulte que son travail à froid peut devenir assez coûteux. La dureté augmente surtout avec la teneur en carbone et une forte proportion de nickel ne paraît pas augmenter cette dureté par elle seule, ainsi que le montre le tableau suivant P :

P. — *Dureté de l'acier-nickel* (Riley).

| Nickel 0/0 | | Carbone 0/0 | | Se laisse travailler à l'outil ou non | |
|---|---|---|---|---|---|
| 2,00 | » | 0,90 | » | non | » |
| » | 3,00 | » | 0,60 | » | oui |
| 4,00 | » | 0,85 | » | non | » |
| » | 5,00 | » | 0,50 | » | oui |
| 10,00 | » | 0,50 | » | non | » |
| » | 25,00 | » | 0,82 | » | oui |
| | | | 0,27 | » | oui |
| » | 49,40 | » | 0,35 | » | oui |

En ce qui concerne l'influence du nickel sur la limite d'élasticité, la résistance à la rupture et l'allongement, nous donnons dans les tableaux ci-dessous les chiffres obtenus par M Riley.

Le tableau Q a trait aux essais à la traction :

1° Sur les alliages simplement fondus ;
2° Sur les alliages fondus et recuits ;
3° Sur les alliages laminés ;
4° Sur les alliages laminés et recuits.

Le tableau suivant R donne les résultats d'essai à la torsion sur métal martelé et recuit.

Les faits les plus remarquables à signaler pour les essais de traction sont :

A. Ceux obtenus avec un acier contenant

      Carbone.....................  5,220
      Nickel......................  4,710

ayant donné

      Limite d'élasticité. ...  44$^{kgr}$,10 par m/m²
      Charge de rupture. ...  63,95    —
      Contraction. .........  44,80 0/0
      Allongement. ........  20 0/0 sur 200 m/m
      —      ........  25   —    100   —

Un acier sans nickel, à même teneur en carbone, donne seulement

      Limite d'élasticité..........  25 kgr.
      Résistance.................  47 —
      Contraction................  48 0/0
      Allongement...............  23 —

B. D'un autre côté, si on examine les métaux plus carburés, on constate que le travail mécanique devient impossible pour des teneurs telles que

      Carbone....   0,900   avec nickel....   2,00
      —    ....   0,850   —    ....   4,00

C. Ou bien

      Carbone....   0,500   —    ....  10,00

Il semble qu'il y a une limite où la dureté est excessive, quoique la teneur en carbone dans ce dernier cas ne soit pas très élevée.

D. A partir de 20 0/0 de nickel, la dureté due au nickel diminue, le métal devient plus doux, plus ductile, au point de neutraliser l'influence du carbone. Ainsi un acier-nickel contenant

      Carbone....................  0,820
      Nickel.....................  25,00

donne après laminage

      Limite d'élasticité.......  34$^{kgr}$,65 par m/m²
      Charge de rupture.......  74,95    —
      Contraction. ..........  60,00 0/0
      Allongement. ........  43,50 — sur 200 m/m
      ..........  47,60 —    100   —

E. Dans les essais de traction, on observe un fait qui mérite d'attirer l'attention : c'est en général une faible contraction, malgré une ductilité très grande ; il semble que le métal présente une très grande homogénéité, puisque l'allongement se fait régulièrement sur toute la longueur des barrettes d'essai, sans présenter sur un point donné la formation d'un fuseau ou d'une cassure en sifflet au point de rupture.

Ainsi, par exemple, un acier à 0,270 de carbone et 25 0/0 de nickel donne 72 kilogrammes de résistance avec 29 0/0 d'allongement sur 200 millimètres et seulement 28 0/0 de contraction.

Cette grande homogénéité paraît assez naturelle si on se reporte aux densités respectives du fer et du nickel, et il est probable que dans les alliages de ces deux métaux les phénomènes de liquation sont nuls, ou à peu près.

La densité du nickel étant de 8,60, on a respectivement

la densité de 8,080 pour un alliage de 25 0/0 de nickel
      —      7,866      —      —      10   —
      —      7,846      —      —      5   —

celle des aciers ordinaires simplement coulés, laminés ou forgés se tenant toujours autour de 7,800.

Nous connaissons déjà des aciers donnant avec un allongement très normal par rapport à la résistance une faible contraction pour 100 : ce sont les aciers phosphoreux, dont nous avons fait connaître les propriétés dans l'article précédent. Ces aciers paraissent de bonne qualité, si on ne considère que les essais à la traction ; mais si on les soumet à des épreuves rigoureuses au choc, leur infériorité apparaît immédiatement. Nous en avons conclu que la contraction 0/0 était en relation avec la valeur de la résistance au choc.

Bien qu'à priori il paraisse évident que, si un métal s'allonge régulièrement, il présente plus d'homogénéité que le métal qui vient se rompre sur un point faible (lequel représente toujours à l'esprit un défaut d'homogénéité), il ne faut peut-être pas en conclure d'une façon absolue que l'un des métaux est supérieur à l'autre. La question est encore à l'heure actuelle très discutée, et la fragilité de certains aciers nouveaux, manganésés, chromés, tungstatés, etc. (offrant des valeurs de résistance et d'allongement très remarquables), serait à rapprocher, dans des études plus approfondies, des résultats obtenus avec les aciers phosphoreux.

Tout en considérant comme très intéressants et très importants les résultats obtenus industriellement sur les aciers nickelés et autres, il est peut-être prudent de ne pas se prononcer trop vite d'une manière définitive sur l'avantage que présentent les métaux s'allongeant uniformément dans l'essai de traction, donnant des éprouvettes ayant peu de contraction, etc., avant que des essais au choc bien comparatifs et très sérieusement faits soient venus montrer que, contrairement à ce que nous avons dit, une bonne résistance au choc peut exister sans que pour cela le métal offre à la traction une forte valeur de la contraction.

« D'autre part, d'après Howe, quand on étudie les épreuves faites sur l'acier-nickel aussi bien que sur l'acier-manganèse, l'allongement exagéré par la tendance de l'éprouvette à s'allonger sur toute sa longueur, au lieu de faire une striction locale, peut donner une idée singulièrement exagérée de la souplesse du métal et par suite de sa valeur réelle

« La striction et la résistance à la torsion (des aciers étudiés par M. Riley) sont moindres que l'allongement ne le faisait espérer : la striction 0/0 est inférieure à l'allongement dans 4 cas sur 20. Le n° 4 et l'échantillon laminé et recuit du n° 7 sont des aciers magnifiques, si l'on en juge par leur combinaison de résistance et d'allongement à la traction, mais non pas si l'on en juge par leur combinaison de résistance et de striction.

Ces faits montrent avec quelle circonspection

Q. — *Essais à la traction sur l'acier-nickel* (Riley)

| N°s | Composition chimique | | | Métal simplement coulé | | | | | Métal coulé et recuit | | | | |
|---|---|---|---|---|---|---|---|---|---|---|---|---|---|
| | Nickel | Carbone | Manganèse | L | R | Striction 0/0 | a | a' | L | R | Striction 0/0 | a | a' |
| 1 | 1,000 | 0,420 | 0,580 | (b) | (b) | (b) | » | » | 43,00 | 86,00 | 9,50 | » | 1,50 |
| 2 | 2,000 | 0,900 | 0,580 | Impossible à travailler (c) | | | | | | | | | |
| 3 | 3,000 | 0,350 | 0,570 | 31,20 | 55,00 | 5,60 | » | 2,50 | 37,80 | 55,00 | 9,00 | » | 2,50 |
| 4 | 3,000 | 0,600 | 0,260 | » | » | » | » | » | » | » | » | » | » |
| 5 | 4,000 | 0,850 | 0,500 | Impossible à travailler (d) | | | | | | | | | |
| 6 | 4,700 | 0,220 | 0,230 | » | » | » | » | » | » | » | » | » | » |
| 7 | 5,000 | 0,300 | 0,300 | » | » | » | » | » | » | » | » | » | » |
| 8 | 5,000 | 0,500 | 0,380 | » | » | » | » | » | » | » | » | » | » |
| 9 | 10,000 | 0,500 | 0,500 | Impossible à travailler (e) | | | | | | | | | |
| 10 | 25,000 | 0,270 | 0,850 | » | » | » | » | » | » | » | » | » | » |
| 11 | 25,000 | 0,820 | 0,520 | » | » | » | » | » | » | » | » | » | » |
| 12 | 49,400 | 0,350 | 0,570 | » | » | » | » | » | » | » | » | » | » |
| 13 | » | » | » | » | » | » | » | » | » | » | » | » | » |
| 14 | » | » | » | » | » | » | » | » | » | » | » | » | » |
| 15 | » | » | » | » | » | » | » | » | » | » | » | » | » |

| N°s | Composition chimique | | | Métal laminé | | | | | Métal laminé et recuit | | | | |
|---|---|---|---|---|---|---|---|---|---|---|---|---|---|
| | Nickel | Carbone | Manganèse | L | R | Striction 0/0 | a | a' | L | R | Striction 0/0 | a | a' |
| 1 | 1,000 | 0,420 | 0,580 | 50,55 | 90,70 | 24,00 | » | 11,00 | 47,40 | 86,75 | 43,00 | » | 18,70 |
| 2 | 2,000 | 0,900 | 0,580 | Impossible à travailler (c) | | | | | | | | | |
| 3 | 3,000 | 0,350 | 0,570 | 49,45 | 80,30 | 37,00 | » | 20,30 | 44,10 | 76,38 | 42,00 | » | 20,30 |
| 4 | 3,000 | 0,600 | 0,260 | 46,30 | 81,10 | 9,00 | 9,00 | 10,10 | 47,10 | 67,55 | 12,00 | 7,50 | 9,00 |
| 5 | 4,000 | 0,850 | 0,500 | Impossible à travailler (d) | | | | | | | | | |
| 6 | 4,700 | 0,220 | 0,230 | 39,50 | 63,80 | 42,00 | 17,75 | 23,40 | 44,10 | 63,90 | 44,80 | 20,00 | 25,00 |
| 7 | 5,000 | 0,300 | 0,300 | 47,20 | 73,10 | 22,50 | 10,00 | 12,50 | 44,10 | 67,10 | 18,50 | 15,00 | 17,50 |
| 8 | 5,000 | 0,500 | 0,380 | 49,00 | 81,90 | 14,00 | 14,00 | 15,60 | 51,20 | 73,70 | 17,00 | 13,50 | 14,00 |
| 9 | 10,000 | 0,500 | 0,500 | Impossible à travailler (e) | | | | | | | | | |
| 10 | 25,000 | 0,270 | 0,850 | 60,15 | 80,90 | » | 10,50 | 11,70 | 20,10 | 72,10 | 28,60 | 29,00 | 30,00 |
| 11 | 25,000 | 0,820 | 0,520 | 34,65 | 74,95 | 60,00 | 43,50 | 47,60 | 24,80 | 66,30 | 43,60 | 40,00 | 45,30 |
| 12 | 49,400 | 0,350 | 0,570 | 32,30 | 58,90 | 24,00 | » | 12,00 | 33,50 | 58,25 | 29,00 | » | 20,00 |
| 13 | » | » | » | 85,00 | 150,60 | 49,20 | » | 9,37 | » | » | » | » | » |
| 14 | » | » | » (f) | 81,90 | 154,55 | 52,40 | 7,80 (g) | » | (f) | » | » | » | » |
| 15 | » | » | » | 84,90 | 147,80 | 50,00 | 8,20 (g) | » | » | » | » | » | » |

*Observations.* — a est l'allongement mesuré sur 200 millimètres; a' sur 100 millimètres.

(b). Éprouvette défectueuse.

(c). Trop dur à travailler avec l'acier Mushet; on peut en faire de bons outils en le plongeant dans l'eau bouillante au rouge sombre.

(d). La moyenne est réduite par les résultats d'une éprouvette très faible.

(e). Trop dur à travailler; on peut en faire de bons outils tranchants par la trempe à l'air froid.

(f). Le traitement de ces éprouvettes avant l'essai n'est pas indiqué.

(g). La longueur sur laquelle l'allongement a été mesuré n'est pas indiquée.

R. — *Essais de torsion sur l'acier-nickel, comparativement à l'acier ordinaire sur sole*
(d'après M. Riley).

| | Numéros des essais de traction | Composition chimique | | | Métal martelé | | | Métal martelé et recuit | | |
|---|---|---|---|---|---|---|---|---|---|---|
| | | Nickel | Carbone | Manganèse | Charge à la limite d'élasticité en kilogr. | Charge de rupture en kilogr. | Nombre de torsions sur 75 m/m | Charge à la limite d'élasticité en kilogr. | Charge de rupture en kilogr. | Nombre de torsions sur 75 m/m |
| Aciers-nickel. | 1 | 1,000 | 0,420 | 0,530 | 389 | 838 | 1 $^7/_8$ | 316 | 820 | 1 $^7/_8$ |
| | 3 | 3,000 | 0,350 | 0,570 | 301 | 785 | 1 $^3/_4$ | » | » | » |
| | 6 | 4,700 | 0,220 | 0,230 | 282 | 677 | 1 $^7/_8$ | 296 | 655 | 2 $^5/_8$ |
| | 7 | 5,000 | 0,300 | 0,300 | 307 | 684 | 2 $^1/_8$ | 296 | 674 | 2 $^3/_8$ |
| | 10 | 25,000 | 0,270 | 0,850 | 231 | 885 | 3 | 163 | 952 | 5 |
| | » | 50,000 | 0,350 | » | 250 | 704 | 2 $^5/_8$ | » | » | » |
| Aciers ordin. sur sole. | » | » | 0,510 | » | 277 | 766 | 1 $^{13}/_{16}$ | » | » | » |
| | » | » | 0,510 | » | 277 | 769 | 1 $^9/_{16}$ | » | » | » |
| | » | » | » | » | 201 | 558 | 3 $^1/_8$ | » | » | » |

*Observation.* — Les éprouvettes avaient 25 millimètres de diamètre : elles étaient tordues au moyen d'un levier de 30 centimètres de long avec des charges indiquées ci-dessus.

on doit déterminer la valeur et les usages des aciers au nickel, qui paraissent cependant pleins d'avenir.

Il y a donc lieu d'attendre, avant de se prononcer d'une façon définitive, de plus nombreuses expériences ; toutefois, et en dehors de ces considérations théoriques, reliant les valeurs de la résistance au choc aux essais de traction, des faits fort importants sont d'ores et déjà acquis au point de vue industriel.

Sans atteindre les teneurs de 20 à 25 0/0 de nickel, les usines du Creusot ont pris plusieurs brevets pour la fabrication de l'acier au nickel à 5 0/0 environ de nickel, en combinant son action à celles du carbone, du silicium et du manganèse ; cet acier est employé pour pièces de machines à grande résistance, pour cartouches de fusils et mitrailleuses, et spécialement pour plaques de blindage.

Des épreuves comparatives entre les plaques d'acier au nickel fabriquées par le Creusot, avec des plaques en acier ordinaire et des plaques compound de la maison Cammel, ont été faites en 1890 à Annapolis (États-Unis), et ont montré une grande supériorité pour l'acier au nickel ; ces essais ont eu pour conséquence l'adoption pour la marine américaine des cuirasses en acier-nickel.

Des essais plus récents faits à Gâvres d'une part, à Indian-Head d'autre part, sur des plaques acier-nickel fabriquées à Pittsburg, sont venus confirmer les premiers résultats.

Une propriété importante de l'acier au nickel pour les plaques de blindage est la structure fibreuse qu'il présente, structure qui se rapproche de celle du fer. En y adjoignant les effets d'une bonne trempe, il paraît évident que l'on arriverait à fabriquer des plaques de blindage pouvant arrêter les projectiles les plus durs.

M. Harvey, ingénieur de l'usine de Bethléem, pour arriver au même but, c'est-à-dire à un très grand degré de dureté sans fragilité, a inventé un procédé de cémentation de plaques en acier-nickel, et les résultats obtenus avec ce mode de cémentation sont venus confirmer pratiquement ce qu'il était permis d'en espérer.

La première plaque Harvey fut essayée à Indian-Head par les officiers de la marine des États-Unis : les projectiles de qualité supérieure et provenant de la maison Holtzer ne purent pénétrer la plaque ; sur 5 projectiles tirés, les pointes de 2 projectiles pénétrèrent dans la plaque, mais rebondirent aussitôt, tandis que les 3 autres furent réduits en miettes.

A la suite de ces essais, la maison Vickers de Sheffield fit l'acquisition du procédé Harvey, et de nouveaux essais furent faits à Portsmouth le 1er novembre 1892 : 3 projectiles Holtzer entrèrent dans la plaque, mais sans la traverser et sans qu'aucune fente se produisît ; 2 projectiles Palliser furent brisés.

Peu de temps après, en décembre 1892, une nouvelle victoire de la plaque Harvey eut lieu à Ochta, au polygone d'artillerie de l'armée russe, comparativement à des plaques Cammel en acier dur et doux, à une plaque de Saint-Chamond en acier, et une plaque Compound-Tresider de John Brown. Les résultats obtenus confirmèrent les précédents : la plaque Harvey subit le choc de 4 projectiles Holtzer sans la moindre fissure, et la pénétration ne dépassa pas 0m,125 avec des projectiles de 0m,150 ; un projectile de 0m,230 fissura la plaque, mais un sixième projectile, également de 0m,230, ne parvint pas à détacher les fragments de la plaque fissurée et fut lui-même brisé. Le succès obtenu avec la plaque Harvey peut la faire considérer à l'heure actuelle comme supérieure à toutes les autres plaques mixtes en fer et acier, en aciers doux ou durs trempés ou non, etc. ; elle offre une très grande résistance à la pénétration, jointe à une absence presque complète de tendance au fendillement.

M. Riley, dans ses études sur l'acier au nickel, a constaté le durcissement considérable par la trempe ; il a observé en outre ce fait remarquable : c'est que l'acier trempé, contrairement à ce qui se passe pour l'acier non trempé, offre dans les essais de traction une valeur de la contraction 0/0 relativement élevée, ainsi que le montrent les quatre essais ci-dessous :

*Aciers-nickel trempés.*

| | a. | b. | c. | d. |
|---|---|---|---|---|
| Limite d'élasticité.. kgr. | 82,00 | 85,00 | 81,90 | 84,92 |
| Résistance......... — | 137,00 | 150,00 | 148,33 | 147,80 |
| Contraction........ 0/0 | » | 49,20 | 52,40 | 50,00 |
| Allong$^t$ s$^r$ 100 m/m.. — | » | 9,37 | 7,80 | 8,20 |

mais ces études ne s'étendaient qu'aux aciers durs.

M. Moulan, des Aciéries de Seraing, a repris l'étude de la trempe des aciers-nickel, et en ce qui concerne spécialement les métaux doux, il a fabriqué pour des usages spéciaux, exigeant une grande résistance élastique et une grande malléa-bilité, un métal, véritable alliage de fer homogène et de nickel dont les propriétés mécaniques et l'analyse sont donnés dans le tableau S ci-dessous, comparativement avec un fer fondu non nickelé, et avec un acier dur par le carbone en même temps que par le manganèse et le silicium.

S. — *Essais à la traction sur fer-homogène-nickel comparativement avec fer-homogène et avec l'acier dur ordinaire* (Moulan).

| | Fer-homogène ordinaire | | | | Fer-homogène-nickel | | | | Acier Martin dur | | | |
|---|---|---|---|---|---|---|---|---|---|---|---|---|
| **Analyses** Manganèse | 0,300 | | | | 0,350 | | | | 0,700 | | | |
| Carbone | 0,060 | | | | 0,060 | | | | 0,550 | | | |
| Silicium | 0,010 | | | | 0,010 | | | | 0,200 | | | |
| Soufre | 0,030 | | | | 0,020 | | | | 0,030 | | | |
| Phosphore | 0,052 | | | | 0,016 | | | | 0,047 | | | |
| Nickel | » | | | | 7,500 | | | | » | | | |
| | L | R | C | $a'$ | L | R | C | $a'$ | L | R | C | $a'$ |
| 1. Éprouvettes naturelles | 21,00 | 37,90 | 64,90 | 29,40 | 40,50 | 54,00 | 60,40 | 24,30 | 31,60 | 86,00 | 24,40 | 12,10 |
| 2. Éprouv. trempées à 900° à l'eau | 33,00 | 48,60 | 57,40 | 23,40 | 107,00 | 125,50 | 50,50 | 10,20 | 53,20 | 73,80 | 0,90 rupture brusque | 2,20 |
| 3. Éprouv. trempées à 900° à l'eau, recuites à 500° | 27,50 | 39,60 | 67,90 | 34,60 | 82,30 | 82,70 | 61,20 | 12,50 | 80,20 | 102,90 | 27,30 | 7,70 |
| 4. Éprouv. trempées à 900° à l'huile | 31,60 | 43,70 | 66,20 | 29,40 | 97,30 | 99,60 | 42,30 | 9,30 | 71,60 | 93,40 | 4,70 | 1,80 |
| 5. Éprouv. trempées à 900° à l'huile, recuites à 500° | 24,10 | 38,10 | 67,70 | 29,20 | 81,00 | 84,00 | 52,50 | 12,20 | 78,80 | 106,00 | 27,30 | 9,80 |

Row-label column heading: *Essais à la traction sur ronds de 200<sup>mq</sup> de section et 100<sup>mq</sup> de longueur*

*Observations.* — Les essais à la traction ont été faits à la machine Thomasset et à l'appareil Bauschinger. La valeur de L indiquée n'est pas la charge correspondante au commencement des grands allongements, mais au contraire la limite tardive d'élasticité.

Tous les résultats sont à l'avantage du ferro-nickel, et il y a lieu de remarquer en particulier l'élévation considérable de la limite d'élasticité sous l'influence des trempes à l'eau et à l'huile, qu'il conserve encore considérable après un recuit à 500°. Cette propriété est surtout appréciée pour la fabrication des plaques de blindage, du matériel d'artillerie et des armes de guerre.

Les allongements fournis par l'acier-nickel ne doivent être comparés qu'à ceux fournis par l'acier dur par le carbone et le manganèse, et non pas à ceux fournis par le fer fondu. On remarquera la valeur élevée des contractions 0/0 de l'acier-nickel par rapport aux chiffres fournis par l'acier dur par le carbone, lequel paraît plus fragile. Doit-on en conclure qu'une forte contraction indique un métal de mauvaise qualité et non homogène? Dans ce cas spécial cette conclusion serait absolument erronée, et, sans nous étendre plus longuement, nous ne pouvons que renvoyer à ce que nous avons déjà dit à ce sujet.

La cassure de l'éprouvette trempée de l'acier carburé est sèche et grenue ; la cassure de l'éprouvette correspondante du fer-homogène-nickel est soyeuse et reste semblable à celle de l'éprouvette non trempée.

Les essais de pliage sont d'accord avec les valeurs des allongements et des contractions observées à la traction : l'acier carburé trempé à l'eau et à l'huile casse brusquement, tandis que l'acier-nickel essayé dans les mêmes conditions plie à bloc.

Les résultats obtenus aux essais de flexion sont encore à l'avantage de l'acier-nickel.

En résumé, les aciers au nickel à faible ou haute teneur paraissent appelés à un grand avenir. Nous voyons que pour les plaques de blindage on a obtenu des résultats absolument remarquables; les essais de M. Moulan montrent ce que l'on peut attendre des alliages de nickel et de fer homogène, et dans le même ordre d'idées on peut conclure avec M. Riley que l'acier au nickel à moins de 5 0/0 de cet élément pourra être employé avec succès pour les chaudières, grâce aux valeurs élevées de la limite élastique et de la résistance à la rupture, sans pour cela que la ductilité soit moindre que pour les aciers doux ordinaires : de plus, les aciers au nickel résistent mieux à la corrosion que les aciers carburés.

D'autre part, M. Riley considère que les alliages à haute teneur, et en particulier l'alliage à 25 0/0 de nickel, s'emploieront avec avantage pour tout ce qui doit subir une déformation considérable, grâce à leur haute valeur de limite élastique.

Les alliages intermédiaires entre 5 et 20 0/0 de nickel, après des études plus complètes, trouveront leur emploi pour divers usages.

*Aciers au cuivre.* — Le cuivre et le fer paraissent s'allier en un grand nombre de proportions et l'on sait que, dans la pratique industrielle, on trouve souvent le fer allié au cuivre et inversement: d'où la nécessité, dans le premier cas, des opérations de raffinage dans la métallurgie du cuivre ; en ce qui concerne le second cas, nous rappellerons que, dans les districts miniers où les minerais de fer et de cuivre se trouvent côte à côte, comme dans l'Oural par exemple, les minerais de fer, oligistes ou magnétites, plus ou moins cuivreux, traités au haut fourneau, fournissent toujours des fontes cuivreuses, car, grâce à la faible affinité du cuivre pour l'oxygène, tout le cuivre du minerai est réduit et se rassemble dans le creuset à l'état métallique avec la fonte de fer : bien que, grâce à sa densité, il se sépare en grande partie par liquation, la fonte obtenue contient souvent jusqu'à 2 0/0 de cuivre. Il en résulte que les fers et les aciers fabriqués avec ces fontes contiennent eux-mêmes du cuivre.

Son influence a été étudiée par divers savants, mais les expériences méthodiques faites sur ce sujet sont encore peu concluantes.

Certains auteurs ont pensé que le rouverin attribué au cuivre était dû plutôt à l'action du sulfure de cuivre qui peut rester dans le métal quand on traite des minerais contenant des pyrites de cuivre, surtout si on ne marche pas au haut fourneau en allure assez calcaire. M. Brustlein au contraire, à la suite de nouvelles expériences, pense que le manque de malléabilité à chaud est bien dû au cuivre lui-même, et cela dès que la teneur en cuivre atteint 1 0/0.

Les aciers cuivreux exposés par la maison Holtzer en 1889 et contenant de 3 à 5 0/0 de cuivre n'ont été fabriqués que dans un but expérimental et ne sont pas considérés par M. Brustlein comme d'un grand avenir, vu la répartition inégale du cuivre dans l'acier; voici toutefois les résultats d'épreuve publiés.

T. — *Aciers au cuivre* (Holtzer). Exposition de 1889.

| N°° | Métal naturel, c'est-à-dire refroidi lentement après forgeage | | | | Métal forgé trempé à l'huile au jaune clair, puis légèrement réchauffé | | | | Métal forgé trempé à l'huile au jaune clair, réchauffé au rouge très sombre, puis refroidi lentement | | | |
|---|---|---|---|---|---|---|---|---|---|---|---|---|
| | L | R | Striction | $a$ | L | R | Striction | $a$ | L | R | Striction | $a$ |
| 1 | 30,70 | 54,80 | 51,00 | 22,50 | 66,80 | 79,80 | 60,00 | 13,00 | 70,10 | 77,50 | 59,00 | 17,50 |
| 2 | 46,00 | 59,00 | 50,00 | 18,60 | 100,00 | 122,30 | 24,00 | 6,20 | 85,10 | 115,30 | 36,50 | 11,00 |
| 3 | 30,70 | 54,80 | 51,00 | 22,50 | » | 110,00 | 3,00 | 2,00 | 66,80 | 85,50 | 50,00 | 14,50 |

*Observations.* — (a). L'allongement est mesuré sur 200 millimètres.
(b). La teneur en cuivre indiquée pour l'échantillon n° 3 est de 3 à 4 0/0.

Ces essais montrent que les aciers trempés ont une très forte valeur de la limite élastique, qui est presque égale à celle de la résistance à la rupture et cela avec un allongement considérable, se rapprochant de ce que l'on observe pour les aciers au nickel.

A côté des expériences de M. Brustlein, purement scientifiques, les Usines du Creusot ont fait breveter les aciers au cuivre, en se basant sur ce fait que le cuivre (*pur*), s'il n'existe pas dans le métal à l'état de sulfure, donne de la dureté à l'acier même à la dose de 2 à 4 0/0.

D'autre part, d'après les expériences de MM. Ball et Wingham, la résistance à la rupture par traction des aciers cuivreux varierait comme suit :

| Carbone. | Cuivre. | Résistance par m/m². |
|---|---|---|
| 0,102 | 0,846 | 29 kgr. |
| 0,217 | 2,124 | 55 — |
| 0,380 | 4,630 | 73 — |
| 0,183 | 4,100 | 66 — |
| 0,712 | 7,171 | 86 — |

On doit remarquer dans ces chiffres la faible valeur de la résistance : 29 kilogrammes par millimètre carré du métal à 0,102 de carbone. Ce métal est-il un fer fondu ou un fer puddlé de mauvaise qualité? C'est en tous cas un métal de qualité bien inférieure et dont on ne doit pas tenir compte dans les conclusions à tirer de ces expériences.

Il ressort des essais ci-dessus que la présence du cuivre augmenterait notablement la résistance (mais pour ces aciers les teneurs en manganèse, etc., ne sont malheureusement pas indiquées). Une très forte proportion de cuivre serait nécessaire pour obtenir une charge de rupture élevée, que l'on obtiendrait plus facilement à l'aide du carbone, du manganèse ou du nickel.

Les expériences faites jusqu'à ce jour sont trop peu nombreuses et trop peu concluantes pour que nous puissions formuler ici une appréciation sur la valeur probable des aciers au cuivre pour l'avenir.

Les aciers cuivreux ont été fabriqués jusqu'à ce jour en introduisant des *fontes cuivreuses* plus ou moins riches dans un *bain de métal basique*, et on les aurait employés pour la fabrication des blindages, des aciers à canons, des projectiles, etc.

*Influence de divers éléments.* — Plusieurs auteurs ont étudié l'influence des différents métaux sur les propriétés de l'acier, par exemple du zinc, du bismuth, du titane, de l'argent, etc.; mais jusqu'à présent tout cela n'est pas encore entré dans la pratique industrielle et ne présente qu'un intérêt secondaire.

B. DE LA STRUCTURE DES ACIERS ET DES MOYENS EMPLOYÉS POUR MODIFIER CETTE STRUCTURE, TREMPES, RECUITS, ETC.

A la suite des remarquables travaux de M. Tchernoff, que nous avons résumés dans le précédent article, nous avons à enregistrer ici les plus récentes études micrographiques faites par divers savants, tels que MM. Wedding, Martens, Osmond, etc.

Nous parlerons plus spécialement des travaux d'Osmond, qui ont paru dans différentes publications périodiques, auxquelles nous renverrons pour les détails : elles se rapportent à la structure même des aciers, ainsi qu'aux phénomènes de trempe et de recuit qui ont pour résultat de modifier cette structure.

Grâce à des méthodes d'investigation perfectionnées, on est arrivé dans ces dernières années à se rendre un compte plus exact de la constitution moléculaire intime des métaux fondus, ce qui a permis déjà (et nous ne pouvons savoir ce que l'avenir nous réserve) de mieux définir les conditions dans lesquelles doivent se faire les trempes et les recuits des diverses pièces d'acier, et en particulier des canons, des blindages, projectiles, etc. ; c'est en effet la fabrication de ces dernières pièces, destinées au matériel de la marine et de l'artillerie (demandant des conditions de résistance exceptionnelles, nettement définies et régulières), qui exige une connaissance plus approfondie du métal, et qui a donné lieu depuis une vingtaine d'années à tant d'études intéressantes au point de vue scientifique en même temps qu'industriel. Ces mêmes études appliquées au matériel des chemins de fer, pour les métaux destinés par exemple aux essieux et aux bandages, ainsi qu'aux métaux employés pour les chaudières, les ponts, etc., peuvent conduire également à l'obtention de métaux mieux connus, mieux appropriés aux besoins des divers consommateurs.

Étant donné un acier obtenu par les procédés modernes Bessemer, Martin, qu'ils soient acides ou basiques, il ne suffit plus pour le définir, aujourd'hui comme jadis, d'en examiner grossièrement le grain, l'aspect de la cassure faite dans certaines conditions, etc., et nous avons vu que les premiers progrès réalisés ont été obtenus par l'examen des propriétés mécaniques (essais de traction, de flexion, de choc, etc.), joint à l'analyse chimique élémentaire. Actuellement ces études, qui ont été marquées dans l'industrie, de 1870 à 1880, par de très grands perfectionnements dans la fabrication des métaux de diverses nuances, ces études, disons-nous, ne suffisent plus; et à l'analyse brutale élémentaire sont venus s'adjoindre, d'une part, les études micrographiques des aciers, et d'autre part des études chimiques plus complètes, permettant de mieux définir les états particuliers sous lesquels se présentent les éléments constituants d'un acier, simplement fondu, martelé ou laminé, recuit ou trempé, etc.

Depuis longtemps déjà, l'examen microscopique des aciers avait fait l'objet de recherches de la part de quelques savants, tant en France qu'à l'étranger; mais ces travaux, purement scientifiques, n'ayant aucun caractère industriel, ont été peu répandus : c'est ainsi que le D$^r$ Sorby, dès 1864, était arrivé à distinguer dans les aciers les constituants suivants :

1° Le fer pur;

2° Une combinaison de fer et de carbone d'*apparence perlée*;

3° Une matière extra-dure renfermant probablement beaucoup de carbone ;

4° Une matière formant *résidu*, et probablement variable ;

5° Le graphite;

6° Le silicium, sans doute cristallin ;

7° De la scorie renfermant de l'oxyde de fer fondu.

Dans ces études, il y a lieu de distinguer l'examen général même des cassures, qui peut se faire, soit simplement à l'aide d'une forte loupe, soit au microscope avec un faible grossissement. Ce premier examen, qu'il ne faut point négliger, doit avoir pour but de bien définir, par exemple, la forme des cristaux, de se faire une idée nette de l'ensemble, pour ne pas s'exposer à tirer des conclusions erronées en se lançant tout d'abord, et sans préparation, dans l'étude du détail.

Le deuxième examen se fera avec de très forts grossissements, soit sur les cassures à peu près planes, soit sur des plaques plus ou moins finement polies. La préparation de ces plaques exige le plus grand soin, et elles doivent être polies avec des matières de plus en plus fines. Une fois le poli obtenu, elles sont attaquées par exemple

par l'acide azotique, le chlorure de platine, l'acide acétique, l'acide salicylique, un mélange de teinture de noix de galle et d'acide nitrique ou d'acide chlorhydrique (Wedding et autres).

M. Osmond, dans ses dernières études, a à peu près abandonné ces différents réactifs, et se sert presque exclusivement de la teinture d'iode. Nous ne pouvons entrer ici dans les détails de préparation des plaques destinées à l'examen microscopique, détails que l'on trouvera dans les mémoires originaux des divers auteurs. D'un autre côté, il nous est impossible de reproduire ici les dessins ou photographies de cassures de plaques polies publiées par les divers auteurs, et, toute description de ces dessins étant absolument dénuée d'intérêt si on ne les a pas sous les yeux, nous devons nous borner à renvoyer également le lecteur aux mémoires originaux. Nous chercherons toutefois ici à résumer ce qui a été fait et ce qui offre dès à présent un intérêt au point de vue de la pratique industrielle.

THÉORIE CELLULAIRE. — C'est seulement à la suite des travaux de M. Tchernoff que l'étude micrographique des aciers est passée du domaine de la science pure dans celui de l'industrie : ses travaux ont eu en effet pour résultat de définir d'une façon générale les conditions de trempe et de recuit des aciers, tandis que les premières études ne poursuivaient qu'un but : analyser la structure moléculaire sans chercher les moyens de modifier cette structure.

Au point de vue de l'application à l'industrie, MM. Osmond et Werth, au laboratoire du Creusot, ont exécuté une série d'expériences très remarquables qui leur ont permis d'édifier une théorie complète de la *constitution moléculaire des aciers*. Cette théorie, développée ensuite par M. Osmond et appuyée sur des expériences nouvelles, semble devoir donner aujourd'hui les explications les plus satisfaisantes des phénomènes que l'on observe dans le travail des métaux fondus; elle répond aux besoins présents de la sidérurgie et est acceptée à peu près universellement, au moins dans ses grandes lignes, par les métallurgistes français et étrangers; elle est du reste en accord avec la théorie de M. Tchernoff.

Nous avons vu que les études des propriétés mécaniques et chimiques ont fait progresser d'une manière rapide, depuis une vingtaine d'années, la métallurgie du fer, et ont été ensuite appliquées à la métallurgie des métaux, tels que le cuivre et ses dérivés (laitons, bronzes, etc.). Il en sera sans doute de même de la *théorie cellulaire*, qui pourra provoquer par l'étude de ces derniers métaux de réels progrès dans leur fabrication; elle paraît en effet s'appliquer aussi bien à ceux-ci qu'aux aciers et fers fondus.

*Texture de l'acier.* — De même que certaines roches (suivant les conditions dans lesquelles elles se sont formées ou déposées) présentent une structure plus ou moins grossière, des cristaux plus ou moins volumineux, de même un lingot d'acier fondu présente une cassure à facettes plus ou moins larges, suivant les conditions dans lesquelles s'est effectué le refroidissement du métal, depuis le moment où il était entièrement à l'état fluide jusqu'au moment de la solidification complète.

D'une manière générale, plus le refroidissement sera lent, plus les cristaux seront volumineux, un refroidissement plus rapide resserrera le grain; c'est pourquoi des lingots coulés en sable présenteront des facettes plus larges que des lingots coulés en coquilles, et ces derniers auront dans leur cassure un aspect d'autant plus régulier que l'épaisseur de la lingotière sera plus grande, etc.

Étant donné le lingot simplement coulé, tout travail ultérieur, qu'il soit produit mécaniquement (par laminage, martelage) ou simplement par l'action de la chaleur (trempes, recuits), modifiera le grain de l'acier, et ce dernier, déjà très serré quand on examine le métal forgé, devient encore plus fin par des trempes bien appropriées, qu'elles soient faites à l'huile, à l'eau, dans des bains métalliques, etc. Dans certains cas, la cassure devient absolument unie (aciers à outils ordinaires) et même porcelanique (aciers chromés).

Voilà ce que nous apercevons à l'œil nu; mais cependant dans cette cassure si serrée les facettes n'en existent pas moins, et elles sont faciles à déceler par un examen, même rapide, au microscope.

Des études micrographiques approfondies et minutieuses de MM. Osmond et Werth, ainsi que de leurs recherches chimiques, il ressort que le grain de l'acier, les lamelles polyédriques plus ou moins développées suivant les conditions de travail du métal, ne sont en quelque sorte que la manifestation des cellules organiques qui composent le métal. Cette manière d'interpréter les faits est démontrée par des expériences d'où il résulte que l'acier non trempé est formé d'une sorte de réseau composé de carbure de fer, dans lequel apparaissent disséminés les noyaux de fer pur proprement dits.

Ces noyaux, entourés chacun d'une enveloppe protectrice de carbure de fer, sont autant de *cellules élémentaires constitutives* qui, s'agglomérant entre elles, forment alors une série de polyèdres, *cellules composées*, agrégats de cellules simples, lesquels donnent lieu au grain à facettes tel que nous pouvons le voir à l'œil nu.

L'examen microscopique montre que les cellules composées sont réunies entre elles par des surfaces de contact généralement exemptes de l'enveloppe carburée, tandis que les cellules simples la possèdent toujours; la liaison des cellules composées est ainsi moins intime, présente moins de résistance aux efforts mécaniques, etc. : il en résulte que le *réseau de moindre cohésion* coïncide avec le *réseau de moindre carburation*.

L'acier est donc loin d'être un corps amorphe; il est au contraire, à l'état naturel, absolument hétérogène : le but du martelage est d'arriver à une certaine homogénéité, en répartissant aussi uniformément que possible, dans toute la masse, les cellules composées, de manière que chacune (comme les cellules simples) ait son enveloppe de carbure de fer, de telle sorte que la cohésion soit la même dans tous les sens, en un mot que les cellules soient distribuées également dans le carbure de fer, jouant ici le rôle de *ciment*.

Ceci posé, examinons la *cellule simple* avec son enveloppe de carbure de fer et cherchons à quel état se trouve le *carbone* dans cette enveloppe.

Les méthodes de dosage du carbone dans les aciers sont des plus délicates et ne donnent pas toutes, comme on sait, les mêmes résultats : c'est ainsi que la méthode Eggertz n'accuse pas le carbone total d'un acier trempé, d'où il suit que pour un même acier, recuit ou trempé, l'acier recuit paraît toujours contenir plus de carbone.

MM. Osmond et Werth ont confirmé ce résultat et ont montré (opinion déjà émise depuis longtemps par d'autres savants) que le carbone combiné peut exister dans l'acier sous deux formes distinctes : 1° le carbone réellement combiné au fer ou *carbone de recuit*, qui domine dans l'acier recuit et où il constitue le ciment; 2° le *carbone de trempe*, dissous probablement dans le fer, mais non combiné avec lui, qui domine dans les régions périphériques des aciers trempés et qui est disséminé dans les noyaux cellulaires.

Ces deux variétés de carbone jouissent de propriétés chimiques différentes, et ont été reproduites artificiellement par les auteurs :

*a*. Le carbone de recuit correspondant à celui obtenu par la calcination du ferrocyanure d'ammonium, etc.;

*b*. Le carbone de trempe, correspondant au charbon de sucre.

Les changements d'état du carbone, qui est tantôt combiné, tantôt dissous dans le fer, s'expliquent en admettant la dissociation du carbure de fer aux hautes températures, la trempe maintenant cet état de dissociation du carbure de fer de telle sorte que dans l'acier trempé le carbone se trouve en partie à l'état de dissolution.

Le *carbone de trempe* serait ainsi simplement disséminé dans la masse de fer, dans les granulations intérieures des cellules (*carbone intra-cellulaire*), tandis que le *carbone de recuit* (*extra-cellulaire*) est localisé dans le carbure-enveloppe ou ciment.

A côté de l'influence du carbone agissant dans les phénomènes de trempe, il reste à examiner l'état dans lequel se trouve le fer et à expliquer les phénomènes d'écrouissage et de durcissement que l'on a longtemps attribués à tort au carbone, car on les observe également quand on étudie les fers doux.

On admet aujourd'hui que le fer peut se trouver dans les aciers et fers fondus sous deux états :

1° Le *fer* α, dominant dans l'acier recuit;

2° Le *fer* β, existant dans l'acier trempé d'une part, et dans les métaux écrouis d'autre part.

Cette théorie, émise par M. Tresca, a été vérifiée par MM. Osmond et Werth par une série d'expériences reposant sur la mesure des quantités de chaleur dégagées dans une même réaction sur le même acier pris dans deux états différents (voyez plus loin RECALESCENCE).

En dissolvant du fer ou de l'acier dans une solution de chlorure double de cuivre et d'ammonium, on constate que le métal écroui ou trempé renferme une quantité de chaleur latente plus grande que le métal recuit; il est naturel d'en conclure que :

*En passant de l'état* α *à l'état* β :

1° Le fer absorbe de la chaleur;

Et d'autre part on a constaté également que :

2° Le fer perd sa malléabilité;

3° La densité diminue;

4° Le coefficient de dilatation augmente;

5° Ses constantes électriques et sa conductibilité électrique diminuent;

6° Ses réactions chimiques deviennent plus énergiques;

7° Le fer passe de l'état α à l'état β par une pression produisant une déformation permanente à une température inférieure au rouge sombre;

8° Le fer passe également de l'état α à l'état β par le chauffage à une température supérieure au rouge sombre suivi d'un refroidissement brusque (trempes), et réciproquement le fer β revient à l'état α par un réchauffage suivi d'un refroidissement lent (recuits).

Le tableau suivant, dressé par MM. Osmond et Werth, résume toute la théorie cellulaire, en comparaison avec les diagrammes qui ont été donnés primitivement dans l'étude des travaux de M. Tchernoff :

Le point $a$ correspond à la température au-dessous de laquelle l'acier ne prend pas la trempe, c'est-à-dire le point où, dans la théorie cellulaire, le carbure de fer est dissocié et le fer transformé de l'état $\alpha$ en l'état $\beta$.

Du point $a$ au point $b$, le carbone s'est dissocié et est en dissolution dans le fer.

Pour un métal amené à la température entre $a$ et $b$ et refroidi brusquement, le carbone n'a pas le temps de se combiner et le fer reste à l'état $\beta$; si, au contraire, le refroidissement est lent, le carbone se combine et le fer repasse à l'état $\alpha$.

En pratique, le refroidissement n'étant pas instantané, il en résulte que le carbone et le fer se trouvent dans les aciers sous les quatre états différents, et en proportions naturellement très variables, suivant les modes de traitement auxquels les métaux ont été soumis.

La période au-dessus de $b$ s'étend jusqu'à la fusion du ciment, c'est-à-dire jusqu'à la fusion de l'acier.

Au point de vue pratique, les indications données par la théorie cellulaire sont d'accord, dans les grandes lignes, avec celles données par M. Tchernoff pour les conditions de trempe, de recuit de martelage, etc., et que nous avons exposées précédemment. Nous ne nous étendrons donc pas davantage sur cette étude, mais nous pensons qu'il est utile de reproduire ici, à côté du tableau résumant la théorie cellulaire, le diagramme de M. Tchernoff, afin de bien montrer l'analogie et la concordance de ces travaux, et en même temps faciliter les comparaisons.

Les travaux de M. Tchernoff et la théorie cellulaire de MM. Osmond et Werth nous montrent d'une façon simple et rationnelle comment on peut envisager la structure générale des aciers, et la conception des cellules élémentaires distribuées d'une façon uniforme dans le ciment (résultat obtenu par une action mécanique ou calorifique) satisfait l'esprit, au moins en partie.

Cette manière d'interpréter les phénomènes observés nous fait, en effet, mieux comprendre les conditions dans lesquelles doit se faire le travail des aciers : suffisante pour le moment au point de vue industriel, elle peut subir à l'avenir, à la suite de nouvelles études, des modifications, car elle nous montre encore l'acier comme un métal relativement homogène.

Or il est loin d'en être ainsi.

Grâce aux études microscopiques, l'anatomiste et le botaniste sont arrivés à étudier dans leurs détails et à définir les fonctions des cellules organiques des animaux et des plantes; le géologue, par la pétrographie, est arrivé à définir les roches et à analyser par le microscope les roches considérées d'abord comme simples, à en concevoir et à en expliquer la genèse, etc. De même, le métallurgiste peut arriver, grâce à la métallographie microscopique, à connaître non seulement les cellules composées d'un acier, les cellules simples, mais en quelque sorte les constituants primaires de cet acier.

Nous avons déjà cité, comme montrant la complexité de la structure des aciers, les expériences du docteur Sorby, du professeur Wedding, etc. Ces études, poussées très loin depuis quelques années, en particulier en Allemagne, par le professeur Martens de Berlin, et en France par M. Osmond, ont fourni des documents de la plus haute importance au point de vue scientifique. De nombreuses planches reproduisant, soit les dessins faits par les auteurs eux-mêmes, soit des photographies de cassures vues au microscope, accompagnent les divers mémoires publiés sur la question. L'examen de ces documents (auxquels nous renvoyons par les notes bibliographiques annexées) montre combien il est difficile, encore à l'heure actuelle, de définir et de classer à priori les divers éléments constitutifs des aciers et fers fondus et combien peu homogènes sont les divers produits de la sidérurgie.

L'examen microscopique des plaques polies, puis attaquées par des agents chimiques, permet seul de distinguer les principaux éléments constituants, qui ne sont peut-être pas eux-mêmes tous des éléments primaires; il en résulte qu'au moins, jusqu'à l'heure actuelle, toutes ces études de laboratoire, purement scientifiques, sont trop longues et trop délicates pour trouver leur application immédiate dans l'industrie.

Toutefois nous indiquerons ici quels ont été les progrès réalisés dans cette voie et quelles sont nos connaissances actuelles sur ce sujet.

Dans une récente conférence faite à la Société d'Encouragement, M. Osmond a exposé les résultats de ses dernières recherches sur la métallographie et a proposé une méthode d'analyse microscopique des aciers qui paraît susceptible d'une application pratique dans les usines.

La méthode proposée par M. Osmond comprend, en plus du polissage-plan préparatoire, trois opérations :

1° Un *polissage en bas-relief* sur parchemin avec une petite quantité de rouge d'Angleterre et de l'eau;

2° Un *polissage-attaque* sur parchemin avec le sulfate de chaux précipité et l'infusion de racine de réglisse;

3° Une *attaque par la teinture d'iode* ou *l'acide azotique.*

D'après l'auteur, ces trois opérations permettent de caractériser dans les aciers cinq constituants, dont deux étaient déjà connus et bien décrits, un troisième signalé, mais incomplètement décrit, et les deux autres nouvellement découverts. Ces cinq constituants sont :

1° La *ferrite*, c'est-à-dire le fer lui-même, sensiblement pur, qui prend par le polissage au rouge d'Angleterre un beau poli spéculaire, mais qui par le polissage-attaque (2°) prend peu à peu un aspect grenu et finit par se résoudre tout entière en grains polyédriques élémentaires;

2° La *cémentite* ou carbure de fer, répondant à la formule $Fe^3C$, et qui, pour MM. Osmond et Werth, est le carbone de recuit; il se rencontre en cristaux assez volumineux dans les aciers de cémentation; grâce à sa dureté voisine de celle du feldspath et plus grande que celle des autres constituants, elle apparaît facilement en relief par toutes les méthodes de polissage : son aspect est blanc d'argent;

3° La *perlite* ou *sorbite*, décrite par le docteur Sorby dès 1864 comme ayant un aspect nacré, et qui est considérée aujourd'hui comme bien distincte de la cémentite et de la ferrite : ce serait dans la sorbite que se trouverait localisé le carbone de trempe;

4° La *martensite*, constituant principal des aciers trempés, est formée de cristallites de fer tenant le carbone en dissolution; l'acier trempé n'est donc pas amorphe comme on l'a cru longtemps, mais au contraire composé d'éléments cristallins bien définis, qui paraissent appartenir au système cubique.

Suivant la teneur en carbone, la teinture d'iode colore les cristaux de martensite en jaune, brun ou noir, ce qui tendrait à prouver que ce constituant n'est pas réellement primaire et ne représente que l'organisation cristalline des variétés allotropiques du fer, organisation résultant de l'influence du carbone comme élément minéralisateur et variable par suite avec la proportion de cet élément

Concordance du diagramme de Tchernoff et de la théorie cellulaire d'Osmond et Werth.

| Théorie cellulaire d'Osmond et Werth | | o — a | a — b | b — c |
|---|---|---|---|---|
| Diagramme de Tchernoff | | Quand la température ne s'élève pas au-dessus de *a*, l'acier ne prend pas la trempe. | | Quand la température descend de *c* à *b*, la texture de l'acier devient cristalline. |
| | | Quand la température s'élève de *o* à *b*, la texture de l'acier est invariable | | Quand la température s'élève de *b* à *c*, la texture de l'acier devient amorphe. |
| État du ciment | | Solide et rigide | Solide, puis pâteux | Liquide. |
| État du noyau | | Non modifié si l'on part d'un acier recuit; si l'on part d'un acier trempé, le chauffage détermine un nouvel état d'équilibre entre le fer α et le fer β. | Devient de plus en plus plastique à mesure que la température s'élève. | Fond dans le ciment. |
| Transformation de la structure par le refroidissement. | lent. | Nulle | Le grain devient de plus en plus régulier; les cellules composées tendent à disparaître. | Les cellules composées se reconstituent. Métal brûlé. Le métal n'a plus de corps. |
| | brusque. | Nulle | Prend la trempe de plus en plus vive. | |
| Travail mécanique | | Difficile avec écrouissage et apparition de la schistosité. | Devient de plus en plus facile. Zone normale du travail. | Difficile, mais possible avec précautions. — Impossible. |
| Soudure | | Impossible | Apparente | Zone de soudure. — Soudure facile; mais on ne peut plus pratiquement régénérer le métal. |

Le carbure de fer est dissocié et le fer passe à l'état β.

Fusion du ciment. — Fusion de l'acier.

5°, La *troostite*, découverte par M. Osmond dans ses études sur les transformations du fer α en fer β ; cet élément, dans les aciers trempés, borde ordinairement la martensite.

Ces cinq constituants, entre lesquels on peut d'ailleurs rencontrer des formes de transition, s'associent en combinaisons multiples, binaires, ternaires, quaternaires, pour composer l'édifice complexe de la structure des aciers.

M. Osmond a examiné quatre types d'aciers à teneurs croissantes en carbone, en faisant varier dans chaque cas la température de chauffe de l'acier, la température de trempe, la vitesse du refroidissement.

« Il résulte de ces recherches que les différentes circonstances du travail mécanique de l'acier, de son traitement thermique par les trempes et les recuits, etc., laissent dans la structure du métal refroidi des indications caractéristiques qui, d'après l'auteur, seraient d'une précision suffisante pour en guider utilement la fabrication et la réception. Mais, ainsi que nous l'avons fait remarquer, et sans être sceptique pour l'avenir, ces méthodes d'investigation nous paraissent bien longues et bien délicates pour être appliquées journellement dans l'atelier : il est nécessaire pour l'industriel d'en tirer la quintessence, afin de lui mettre entre les mains des méthodes aussi sûres que possible, mais simples et rapides. L'examen microscopique des aciers, une fois rendu pratique, pourra sans doute rendre à l'industriel des services analogues à celui qu'a rendu le spectroscope d'atelier dans la fabrication des aciers au convertisseur, la lunette de Noël et Mesuré et la pile thermoélectrique de Le Chatelier, pour la mesure des hautes températures, etc.

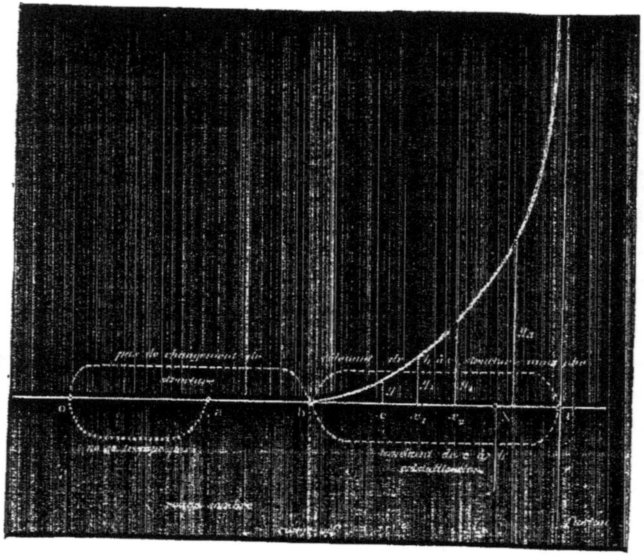

*Phénomène de la recalescence. Points critiques du fer et de l'acier aux hautes températures.* — Quand on étudie le métal plus spécialement autour du point a de Tchernoff, on constate certains phénomènes qui méritent une attention spéciale au point de vue de la connaissance des états dans lesquels se trouve le fer à ces températures. Les études poursuivies par un certain nombre d'auteurs sur les faits que l'on observe pendant le chauffage ou le refroidissement d'une barre d'acier ont montré que, pendant le chauffage par exemple, les dilatations observées restent bien proportionnelles aux élévations de température jusqu'à un certain moment vers le rouge sombre (point a de Tchernoff), où il se produit au contraire un arrêt dans la courbe représentative du phénomène et même une sorte de retrait passager : ce point est naturellement variable avec la nature des aciers soumis aux expériences.

Il est évident qu'en ce point singulier, où se produit ce phénomène spécial auquel M. Barrett, après ses études de 1873, a donné le nom de *recalescence*, la quantité de chaleur qui paraît être dépensée en pure perte doit se retrouver sous une autre forme que sous la forme *extérieure* de la dilatation du métal : elle se retrouve en effet dans la modification *interne* et intime que subit le métal à ce moment.

Le phénomène inverse se produit pendant le refroidissement d'un fil d'acier ; le fil subit un retrait continu qui s'interrompt brusquement vers le rouge sombre, et un allongement momentané se produit. En opérant dans une chambre obscure, on constate que cet allongement est accompagné sur le fil d'une augmentation subite de température suffisante pour le ramener du rouge sombre au rouge clair.

Le point singulier où se produit le phénomène varie avec la nature des métaux et on peut dire qu'en général le phénomène est plus accentué avec les métaux durs qu'avec les métaux doux ; il dépend des modifications moléculaires du fer, mais surtout des modifications moléculaires du carbone.

L'étude du phénomène de la recalescence a été repris dans ces dernières années par M. Osmond, à l'aide d'appareils de mesure perfectionnés et pour des types d'acier


Fig. 384. — Diagramme de Tchernoff.

parfaitement déterminés : ce sont des expériences scientifiques extrêmement délicates, dans le détail desquelles nous ne pouvons entrer ici, et nous renverrons pour de plus amples informations aux mémoires originaux de l'auteur, qui contiennent des tableaux et des courbes du plus grand intérêt.

Ainsi que nous le disions, les *points singuliers* ou *points critiques* où se produisent les phénomènes internes en relation avec celui de la recalescence varient avec la composition chimique des aciers, et la position même qu'ils occupent dans les diagrammes est en relation avec cette composition, de telle sorte que l'examen des courbes de dilatation peut, non pas remplacer l'analyse chimique, mais lui servir tout au moins de contrôle, surtout dans le cas des nouveaux aciers spéciaux au chrome, tungstène, nickel, cuivre, pour lesquels le dosage du carbone présente des difficultés particulières.

M. Osmond a étudié d'abord des métaux purs (ou à peu près exempts d'éléments autres que le carbone), depuis le fer électrolytique à 0,080 de carbone jusqu'à une fonte blanche à 4,100 0/0 de carbone des aciers intermédiaires contenant 0,160 — 0,290 — 0,570 et 1,250 de carbone.

Le détail des expériences montre que pour les différents métaux étudiés le point $a$ n'est pas unique, mais qu'au contraire il se présente plusieurs points critiques $a_1$, $a_2$, $a_3$, ..., compris en général entre les températures de 700 et 855°. Ce point 855° est particulièrement intéressant : Si on appelle, dit M. Osmond, β la forme moléculaire que possède le fer au-dessus de 855° dans le fer électrolytique et α celle qu'il garde au-dessous de 700°, on voit que la présence du carbone sous la forme de carbone de trempe maintient le fer à l'état β à une température d'autant plus basse que la teneur en carbone du métal est plus élevée.

D'autre part, il y a lieu de faire remarquer que les points critiques constatés varient non seulement avec la nature des aciers, mais aussi avec les conditions particulières des expériences, et dépendent par exemple des températures initiale et finale, des vitesses de refroidissement, etc. : de là, au point de vue pratique industriel, les différences que l'on constate entre les diverses espèces de trempe (trempes dures, trempes douces, recuits, etc.). Dans le cas de trempe douce par exemple, le fer peut être maintenu à l'état β jusqu'aux environs de 660°, et une partie du carbone libre peut même, de 660 à 200°, revenir à l'état de carbone de recuit intimement mélangé.

M. Osmond a également recherché quelle était l'influence des éléments autres que le carbone, tels que le chrome, le manganèse, etc., et il a observé que :

Le *manganèse* intervient en abaissant la température des diverses perturbations, recalescence et transformation du fer et du carbone; il maintient le fer β et le carbone à l'état de carbone de trempe d'autant plus longtemps qu'il est en proportion plus forte : c'est un effet analogue à celui de la trempe. Les alliages de fer à haute teneur en manganèse renferment le fer à l'état β, même aux températures ordinaires, et ils ne présentent pas de perturbations dans la courbe des dilatations; ils peuvent acquérir sans trempe une dureté qui les rapproche de l'acier carburé trempé (voyez ci-dessus ACIERS-MANGANÈSE).

Le *nickel* agit d'une manière analogue au manganèse.

Le *chrome* ne paraît pas avoir d'influence sur la modification moléculaire du fer, même à la température de recalescence.

Le *soufre* paraît neutraliser l'influence du manganèse; le *phosphore* et le *silicium* seraient sans influence.

Les variations des points critiques dues aux températures initiale et finale de chaque expérience et aux vitesses de refroidissement sont plus accentuées avec les aciers complexes qu'avec les aciers simplement carburés, etc. Nous ne pouvons indiquer ici que par ces quelques exemples tout l'intérêt que présentent les études relatives aux transformations moléculaires du fer et du carbone en présence des autres éléments qui entrent dans la constitution des aciers.

M. Tchernoff avait indiqué d'une manière générale les conditions dans lesquelles doit se faire le travail des aciers; M. Osmond, par ses études rigoureuses sur un certain nombre d'aciers pris pour types, a défini les points critiques de ces aciers dans chacun des cas particuliers qu'il a étudiés, et chaque expérimentateur apportera à son tour son contingent d'études à la connaissance plus approfondie des métaux aux hautes températures.

*Au point de vue de la pratique industrielle*, on peut dire que le forgeron de jadis connaissait par routine, et par une longue expérience, les températures auxquelles il devait travailler ou tremper les aciers spéciaux de la contrée dans laquelle il se trouvait : il connaissait pour ainsi dire ces points critiques, puisqu'il arrivait en général à tremper tel ou tel acier à une température convenable, pour obtenir, par exemple, de bons outils.

M. Tchernoff, dès 1868, a ouvert la voie à l'étude scientifique de ces points critiques, et aujourd'hui, grâce aux plus récents travaux de M. Osmond, tout maître de forges moderne, tout industriel désireux de tirer d'un métal déterminé tout le parti possible au point de vue de son emploi, doit commencer, avant de procéder aux opérations de trempe et de recuit (des blindages, canons, projectiles, par exemple), non seulement par étudier le métal au point de vue de sa composition chimique, de ses propriétés mécaniques générales, mais aussi se livrer aux recherches des points critiques du métal en ce qui concerne les transformations moléculaires: Muni, en effet, de toutes ces données expérimentales qui se complètent et se contrôlent mutuellement, il pourra alors avec connaissance de cause procéder aux opérations de martelage, de trempe, de recuit dans les conditions les plus favorables à l'obtention d'un métal de qualité supérieure pour un emploi déterminé.

Malheureusement toutes ces expériences, de même que les études microscopiques, sont fort délicates, coûteuses et difficiles à réaliser actuellement dans la plupart des laboratoires d'usines; il est nécessaire de les rendre plus pratiques, de construire des appareils enregistreurs spéciaux pour les usines et les ateliers, afin que ces travaux scientifiques fournissent à l'industriel tout ce qu'il lui est permis d'en attendre.

Pour compléter ce qui est relatif à la structure des aciers et aux moyens employés pour modifier cette structure, nous rappellerons seulement ici qu'à côté des trempes à l'eau et à l'huile, l'industriel a aujourd'hui recours à des modes de trempe spéciaux pour les blindages, les projectiles, etc.

En ce qui concerne les blindages, il s'agit en général d'obtenir le durcissement sur une seule face : on y arrive par une trempe à l'huile, en ayant soin de renouveler l'huile du côté de la face à durcir; c'est surtout au Creusot que ce procédé a été appliqué. Nous avons vu qu'on obtient ce durcissement plus pratiquement et avec d'excellents résultats par une cémentation superficielle des plaques (procédé Harvey).

Pour obtenir une trempe régulière des blindages on emploie avec succès la trempe dans *des bains métalliques* et en particulier dans le plomb fondu. Cette trempe a été introduite par M. Évrard aux Usines de Montluçon. En plongeant l'acier dans un bain de plomb fondu, on le ramène rapidement à une température qui est au moins de 350 à 400°. Par suite de la grande conductibilité du bain métallique, le refroidissement se propage jusqu'au centre d'une façon régulière sans provoquer de tapures, ce qui est toujours à craindre avec les trempes ordinaires.

M. Harmet, des Aciéries de Saint-Étienne, a proposé de tremper les frettes et les canons par immersion d'eau dans l'intérieur du tube. Les zones extérieures, se refroidissant les dernières, se trouvent ainsi, par le jeu naturel de la contraction, serrer la partie interne, et l'ensemble est dans des conditions de résistance meilleures qu'avec la trempe ordinaire.

M. Clémendot a inventé un procédé de trempe très original : c'est la *trempe à sec*, obtenue *par compression*. L'acier chauffé au rouge cerise est soumis à une pression de 2000 à 3000 atmosphères et on le laisse refroidir sous pression entre les plateaux d'une presse hydraulique. On obtient ainsi des effets analogues à ceux de la trempe proprement dite : la limite d'élasticité et la résistance augmentent, tandis que l'allongement varie fort peu. Ce procédé est surtout applicable aux aciers extra-durs, que l'on ne peut tremper à l'eau; on sait que les aciers durs sont ceux qui conviennent le mieux à la fabrication des aimants, mais, pour éviter les cassures à la trempe, on est obligé de se contenter en général de la trempe à l'huile; la trempe par compression paraît indiquée pour ce cas spécial.

Les procédés de trempe peuvent être variés à l'infini, suivant la nature et la forme des pièces à tremper; on peut combiner tel bain métallique avec un recuit dans des conditions spéciales : telle trempe à l'huile avec la trempe à l'eau pour la trempe des obus de rupture, par exemple, pour lesquels la pointe sera trempée dure et le corps doux, etc.

La plupart des usines fabriquant le matériel de l'artillerie et de la marine possèdent actuellement des presses à forger de 4000 à 5000 tonnes. Avec la presse, le travail se fait mieux et plus vite qu'avec le pilon, ce dernier conservant toutefois une certaine supériorité pour le soudage des paquets : l'expulsion se fait en effet beaucoup mieux sous les chocs répétés du pilon, tandis qu'avec la presse on enferme au contraire les scories. On peut donc dire qu'en ce qui concerne le forgeage des aciers obtenus à l'état fondu, la presse est appelée à remplacer complètement le marteau-pilon, et il est à remarquer également que la pression lente de la presse pénètre mieux jusqu'au cœur du métal.

### C. CLASSIFICATION ET EMPLOIS DES ACIERS.

Après ce que nous avons exposé dans le 1er Supplément à propos du Classement et de l'Emploi des aciers, nous croyons inutile de nous étendre sur ce sujet, et nous nous bornerons à donner dans les tableaux ci-joints la résistance à la rupture par traction (jointe à l'allongement correspondant) qui sert de base à ces classifications, qu'il s'agisse d'aciers obtenus par les procédés acides ou basiques (Bessemer, Thomas, Martin).

En ce qui concerne plus particulièrement les emplois des aciers et fers fondus par les administrations de la marine, de l'artillerie, des chemins de fer, etc., nous renverrons aux notes bibliographiques.

BIBLIOGRAPHIE :

ALLEN. — *Presses à forger.* Iron and Steel Institute, 1891.

ALLEN. — *Presses à forger.* Bulletin de la Société de l'Industrie minérale de Saint-Etienne, 1892.

ANDRÉ. — *Emploi de l'acier dans les chemins de fer.* Revue de Liège, 1894.

ANDRÉ. — *Fabrication des canons à l'usine d'Oboukoff, près Saint-Pétersbourg.* Revue de Liège, 1894.

ARNOLD. — *Influence physique de divers éléments sur le fer.* Iron and Steel Institute, 1894.

AUSCHER. — *Etude sur les aciers propres à la construction des machines.* Annales des Mines, 1895.

BACLÉ. — *Exposé de la théorie cellulaire.* Génie civil, 24.

BACLÉ. — *Trempe au plomb.* Génie civil, 14.

BACLÉ. — *Etudes sur les blindages.* Génie civil, 20, 24, 25.

BACLÉ. — *Essais de déformation jusqu'à rupture des poutres préparées avec des profilés de diverses natures de métal.* Génie civil, 1892.

BALL et WINGHAM. — *Influence du cuivre sur la résistance de l'acier à la traction.* Iron and Steel Institute, mai 1889.

BAUSCHINGER. — *Note sur les derniers travaux de Bauschinger relatifs à l'élasticité du fer et de l'acier.* Ann. des Ponts et Chaussées, 6e série, 12.

BESSEMER. — *Fabrication des tôles en fer fondu et en acier à l'aide du métal liquide.* Iron and Steel Institute, octobre 1891.

BRESSON. — *L'Industrie métallurgique dans ses rapports avec les constructions navales.* Annales des Mines, 8e série, 18.

BRESSON. — *Conditions d'épreuve et de réception des tôles de chaudières et des tôles minces.* Génie civil, 1891.

BRESSON. — *Fabrication des aciers à outils en Styrie et dans la Basse-Autriche.* Génie civil, 1895.

CAILLÉ. — *Acier à rails et durée des rails d'acier.* Société des Ingenieurs civils, 1886.

CHANDLER ROBERTS AUSTEN (W.). — *Les alliages.* Paris, Gauthier-Villars, 1890.

CHARPY. — *Transformations allotropiques du fer.* Comptes rendus de l'Académie des Sciences, 1894.

CHARPY. — *Trempe de l'acier.* Société d'Encouragement, 1895.

CHARPY et MOISSAN. — *Divers mémoires.* Académie des Sciences, 1895.

CONCLUSIONS de la Commission des méthodes d'essai des matériaux à l'Exposition de 1889. Annales des Mines, 1895.

CONGRÈS INTERNATIONAL DE ZURICH pour l'unification des méthodes d'essai. Revue de Liège, 1895.

CONSIDÈRE. — *Emploi de l'acier dans les constructions.* Annales des Ponts et Chaussées, 6e série, 9 et 11, 1885.

DE BILLY. — *Soufflures dans l'acier.* Génie civil, 20.

DEMENGE. — *Nouveau procédé de cémentation pour plaques de blindage à l'Usine de Pamiers.* Ind. min. de Saint-Etienne, Bulletin mensuel, 1895.

ÉVRARD. — *Mémoire sur la trempe au plomb.* Ind. min. de Saint-Etienne.

ÉVRARD. — *Lunette Mesuré et Nouel pour la mesure des hautes températures.* Génie civil, 1888.

FAUCAN. — *Affinage des métaux par l'aluminium.* Revue de Liège, 1894.

FRÉMONT. — *Etude sur le poinçonnage.* Académie des Sciences, 1895.

FRÉSON. — *Etirage à froid du fer et de l'acier.* Revue de Liège, 1885.

FRÉSON. — *Les roues américaines en fonte trempée.* Revue de Liège, 19, 1886.

HADFIELD. — *Alliages de fer et de silicium.* Iron and Steel Institute, septembre 1889.

HADFIELD. — *Acier-aluminium.* Iron and Steel Institute, New-York, octobre 1890.

HADFIELD. — *Alliages de fer et de chrome.* Iron and Steel Institute, octobre 1892.

HARBARD et TUCKER. — *L'arsenic dans les produits métallurgiques.* Iron and Steel Institute, mai 1888.

HARBARD et TUCKER. — *Influence de l'arsenic sur les aciers doux.* Iron and Steel Instit., mai 1888.

HENNING. — *Recuit des pièces d'acier.* Amer. Institute of Mining Engineers, San Francisco, mai 1892.

HOGG. — *Influence de l'aluminium sur l'état du carbone dans les alliages de fer et carbone.* Iron et Steel, 1894.

*Classification des aciers*

Les aciers fabriqués sont classés en quatre qualités, désignées par les lettres **A**, **B**, **D** et **T**, et correspondent aux emplois procédé ; elle est caractérisée par une dureté exceptionnelle, une ductilité remarquable, surtout dans les numéros durs, et une brusques. — La qualité **B** (première qualité), moins pure que la précédente, est susceptible, dans beaucoup de cas, des obtenus par le procédé Bessemer. — La qualité **T**, obtenue sur sole basique, possède toute la douceur et toute la malléabilité

| Numéros | ÉCHELLE DE DURETÉ | | | Qualité **A** |
|---|---|---|---|---|
| | Résistance en kilogr. par m/m carré | Allongement p. 100 mesuré sur 100 m/m | Teneur en carbone | |
| 1 *Extra-dur* | 90 à 110 | 5 à 10 | 0,80 à 1,20 | Pièces exigeant une dureté exceptionnelle. Obus de rupture en acier forgé. Limes, scies. |
| 2 *Très dur* | 75 à 90 | 10 à 15 | 0,70 à 0,80 | Obus de rupture. Buscs, scies, tranchets. Fils à câbles de 150 à 180 kilogr. de résistance. Coutellerie fine (trempe à l'eau), règles, etc. |
| 3 *Dur* | 65 a 75 | 15 à 18 | 0,60 à 0,70 | Tubes et frettes pour canons de gros calibres, bandages spéciaux supérieurs. Pointes de cœur, plaques de broyeurs, cames de dragues, segments de pistons. Ressorts supérieurs pour chemins de fer, ressorts en spirale, ressorts de filatures, etc. Marteaux, masses, massettes, taillanderies diverses, couperets, serpes, mèches. Faux, faucilles, etc. |
| 4 *Demi-dur* | 55 à 65 | 18 à 22 | 0,40 à 0,60 | Tubes et frettes pour canons de calibres ordinaires, vis, volets, fermetures de culasses. Pièces d'armes : canons de fusils, boîtes de culasses, cylindres, chiens, têtes mobiles, croisières, noix. Coutellerie (trempe à l'eau), faucilles, masses et couperets pour la pierre. Matrices, tenailles, pinces, tricoises, etc. |
| 5 *Doux* | 48 à 55 | 22 à 24 | 0,30 à 0,40 | Canons de fusils, ferrures d'affûts, arbres de tours, glissières. Tiges de pistons. Tire-bouchons, vrilles, etc. |
| 6 *Très doux* | 40 à 48 | 24 à 30 | 0,15 à 0,30 | Pièces remplaçant le fer doux pour armes : tubes de transformation, bracelets, etc. |
| 7 **T** *Extra-doux* | 35 à 40 | 30 à 35 | 0,05 à 0,15 | ACIER EXTRA-DOUX.................................... |

FIRMINY (LOIRE).

*Fondus Siemens-Martin.*

ndiqués au tableau suivant. — La qualité **A** (qualité supérieure) représente ce qu'on peut obtenir de plus parfait par ce
grande résistance au choc. Elle doit être employée pour toutes les pièces soumises à des chocs violents ou à des efforts
mêmes applications, mais avec une sécurité moindre. — La qualité **D** (ordinaire) peut avantageusement lutter avec les aciers
désirables, avec l'homogénéité que peut seule donner la fusion sur sole.

APPLICATIONS ET USAGES

| *Qualité* **B** | *Qualité* **D** |
| --- | --- |
| Sans application à cette dureté. | Sans application à cette dureté. |
| Qualité spéciale pour limes.<br>Coutellerie ordinaire (trempe à l'huile), scies.<br>Machines pour fils de parapluies, broches à tricoter, etc.<br>Pour produits mixtes (boulons de dragues, etc.).<br>Serpes et lames de sécateurs.<br>Lames dures pour cylindres de papeterie. | Mêmes usages qu'en B (qualité inférieure). |
| Machines pour fils à câbles de 120 à 150 kilogr. de résistance, ressorts pour chemins de fer et carrosserie, ressorts de marteaux-pilons, de batteuses, de coutellerie, etc.<br>Coupe-racines, lames de papeterie, hache-paille, lames de bineuses, coutellerie ordinaire (trempe à l'eau), serpettes, rogne-pieds, outils à pierre et à terre, coins de carriers, grandes scies à eau, marteaux, masses, etc.<br>Compas, coussinets, mèches à bois, arbres, tiges, transmissions, cames et paniers de dragues, outils d'agriculture : socs, versoirs. | Machines pour fils à câbles de 100 à 115 kilogr. de résistance, fils quincailliers, etc.<br>Qualité spéciale pour rails, éclisses, selles, barres d'écartement de tramways, etc.<br>Ressorts de carrosserie et de chemins de fer.<br>Outils d'agriculture, lames de papeterie communes, etc. |
| Bandages ordinaires, glissières, tiges, arbres de transmission.<br>Taillanderie, bêches, dents de râteaux, etc. | Mêmes usages qu'en B (qualité inférieure).<br>Machines pour fils à câbles de 100 à 115 kilogr. de résistance.<br>Ressorts de sommiers.<br>Rails de terrassement, etc. |
| Bandages ordinaires, essieux pour locomotives, tenders, wagons, affûts, etc.<br>Gros échantillons laminés ou martelés pour pièces de forge, pièces de forge diverses.<br>Chaînes, boulons, jumelles, équerres, clavettes, vis, clefs, etc.<br>Bêches, pièces pouvant se forger au balancier.<br>Machines pour fils à câbles de 100 kilogr. de résistance, fils à câbles (fins numéros). | Mêmes usages qu'en B (qualité inférieure). |
| Machines pour fils à câbles doux de 75 à 90 kilogr. de résistance, grillages, toiles métalliques, etc.<br>Machines pour fils devant être écrasés à froid.<br>Essieux de wagons, barres ou pièces diverses pour les arsenaux.<br>Boulons, écrous soudés, vis, tire-bouchons, feuillards doux.<br>Pelles et bêches, serfouettes, louchets, etc. | Mêmes usages qu'en B (qualité inférieure). |

*Cet acier se soude bien et peut, dans beaucoup de cas, remplacer avantageusement les fers fins de Suède.*

Fer fondu homogène, soudable ; machines pour fils carcasse, fils devant être écrasés à froid ; pièces de machines pour la
marine militaire ; pièces pour garnitures d'armes : sous-gardes, vis, plaques de couche, embouchoirs, pontets, écus-
sons, etc. ; rondelles, goupilles, clous à cheval, etc.
Machines pour fils doux, pointes fines, clous, liens à fourrage, etc.

USINES DE FIRMINY (LOIRE).

*Classification des aciers fondus au creuset.*

| N°° | Acier diabolique (au tungstène)<br>(MARQUE : SATAN) | N°° | Acier fondu, qualité supérieure<br>(MARQUE : 1 GÉNIE) |
|---|---|---|---|
| 0 | *Spécial, extra-dur.* — Ce numéro correspond au genre d'acier connu dans le commerce sous les noms d'*acier infernal*, *Mushet*, etc. — Il ne se trempe pas et ne convient qu'aux outils de formes simples pour tours, mortaiseuses, raboteuses, fraiseuses, etc. | 0 | *Extra-dur.* |
| 1 | *Tenace, très dur.* — Qualité spéciale pour outils de tours et tous autres outils à tranchant travaillant sans choc, destinés après trempe à usiner les matières de dureté tout à fait exceptionnelle. | 1<br>2<br>3<br>4 | *Très dur.*<br>*Dur.*<br>*Mi-dur.*<br>*Tenace.* — Convenable pour les mêmes usages ou emplois que l'acier fondu de qualité extra-supérieure. |

| N°° | Acier chromé (MARQUE : FIRMINY) | N°° | Acier fondu, première qualité<br>(2 MARQUES : F. F. VERDIÉ) |
|---|---|---|---|
| 1 | *Extra-dur.* — Qualité spéciale pour outils de tours pour fonte blanche et laminoirs trempés, pour outils destinés à travailler les projectiles trempés et les bandages en acier dur, convenable pour tous les usages où une dureté excessive est nécessaire. | 1 | *Dur.* — Pour marteaux de moulins, outils de tours, tranchets, tarauds, rasoirs, limes supérieures, etc. |
| 2 | *Tenace, dur.* — Convenable pour fraises, tarauds, filières, etc. | 2 | *Mi-dur.* — Pour outils de tours et de machines à raboter et à mortaiser, forets, mèches, burins, poinçons, tarauds, lames d'alésoirs, planes, ciseaux de tailleurs de pierres, raboteuses à bois, barres à mine, etc. |
|  |  | 3 | *Doux.* — Pour lames de cisailles, matrices, bouterolles, outils de forgerons, etc. |

| N°° | Acier fondu, qualité extra-supérieure<br>(MARQUE : 2 GÉNIES) | N°° | Acier fondu, qualité courante<br>(1 MARQUE : F. F. VERDIÉ) |
|---|---|---|---|
| 0 | *Extra-dur.* — Pour outils de tours, outils de rhabillages de meules, ciseaux à tailler les limes, planes, forets, rasoirs, limes à scies. | 1 | Spécial pour limes de 1re qualité, broches de filatures, etc. |
| 1 | *Très dur.* — Pour grands outils de tours et de machines à raboter et à mortaiser, marteaux de moulins, petites fraises, alésoirs, grands forets, mèches américaines, petits tarauds, poinçons, coussinets, lames à forer les canons, etc. | 2 | Spécial pour faux, scies, coutellerie, etc. |
| 2 | *Dur.* — Pour outils à charioter de grande ténacité et coupants, profilés, burins, tarauds de plus de 25 millimètres, fleurets de mines pour le granit, forts poinçons, tranches à chaud, grandes fraises, grandes mèches américaines, lames de cisailles, etc. | 3 | Spécial pour barres à mine et fleurets, gros carreaux, masses, etc. |
| 3 | *Mi-dur.* — Pour tranches à froid, lames de cisailles, fleurets de mines pour pierre mi-dure, outils de forgerons, mandrins, poinçons, étampes, marteaux, chasses à parer, outils de clouterie, petites matrices, coussinets de filières, bouchardes, massettes, bouterolles, etc. | 4 | Acier fondu doux, soudable, pour outils de forge, grandes matrices, etc., ressorts de wagons et de locomotives, etc. |
| 4 | *Tenace.* — Pour matrices, marteaux, bouterolles, rabots, fleurets de mines, outils aciérés, outils de forgerons, de mineurs, dents de trépans, pièces diverses de machines, etc. |  |  |

SOCIÉTÉ DES ACIÉRIES DE LONGWY (MEURTHE-ET-MOSELLE).

*Classification des aciers déphosphorés.*

| Échelle de dureté | Degré de trempe | Resistance en kgr. par m/m² | Allongement minim. p. 100 | Composition chimique | | | | | Emplois des aciers |
|---|---|---|---|---|---|---|---|---|---|
| | | | | C | Si | Ph | | Mn | |
| N° 1. Dur. | Trempe bien | 75 à 70 | 12 à 14 | 0,30 à 0,35 | Traces | 0,08 à 0,10 | | 0,72 | Rails grands profils, marteaux, ressorts de voitures, wagons et locomotives, fleurets de mine, broches de filature, fils durs, outils communs. |
| N° 2. Dur. | Trempe bien | 70 à 65 | 14 à 16 | 0,26 à 0,30 | | 0,08 à 0,10 | | 0,64 | |
| N° 3. ¹/₂ dur. | Trempe bien | 65 à 60 | 16 à 18 | 0,22 à 0,26 | Traces | 0,08 à 0,10 | | 0,62 | Fils pour ressorts de lits, charrues ; pioches, pelles, fourches, rails grands et petits profils. |
| N° 4. ¹/₂ dur. | Tr. ass. bien | 60 à 55 | 18 à 20 | 0,18 à 0,22 | | 0,08 à 0,10 | | 0,54 | |
| N° 5. Doux. | Tr. ass. bien | 55 à 50 | 20 à 22 | 0,15 à 0,18 | Traces | 0,07 à 0,09 | | 0,51 | Ronds pour transmissions, ronds pour vis de pressoirs, bêches; aciers pour matrices, bandages pour voitures, chariots. |
| N° 6. Doux. | Trempe peu | 50 à 46 | 22 à 24 | 0,10 à 0,12 | | 0,06 à 0,08 | | 0,56 | |
| N° 7. Très doux. | Ne trempe pas | 46 à 42 | 24 à 26 | 0,09 à 0,10 | Traces | 0,06 à 0,03 | | 0,45 | Tôles, plats et profilés pour la construction métallique des navires, ponts, charpentes, etc. ; aciers pour tréfilerie et pointerie, pour éclisses, boulons tire-fonds, clous à ferrer les chevaux, ronds pour rivets ; longerons, plaques de garde, etc. |
| N° 8. Extra-doux. | Ne trempe pas | 42 à 39 | 26 à 28 | 0,08 à 0,09 | | 0,05 à 0,08 | | 0,39 | |
| N° 9. Sp. Longwy. | Remp. le fer de Suède | — de 39 | 28 à 32 | 0,06 à 0,08 | Traces | 0,03 à 0,06 | | 0,32 | Fils fins, clous de souliers, vis à bois, objets devant être travaillés à froid. |

L'essai est fait sur un rond forgé de 100 millimètres de long et 16 millimètres de diamètre.
Les analyses sont approximatives. — Les aciers doux et extra-doux supportent la température du blanc soudant.

ACIÉRIES D'HŒSCH (DORTMUND).

*Classification des aciers Bessemer et Thomas.*

| Nᵒˢ | Résistance en kgr. par m/m² | Allongement sur 100 m/m | Teneur en carbone | Dénomination des aciers et emplois — Tous ces aciers se distinguent par une teneur élevée en manganèse. |
|---|---|---|---|---|
| 000 | 38 à 40 | 30 à 32 | 0,050 | *Thomas Flusseisen*, bien soudable et non trempant, pour fer-blanc ou tôle, rivets, tubes étirés, pointes, clous de souliers, fers façonnés de toute espèce, etc. |
| 00 | 40 à 45 | 28 à 32 | 0,080 | *Thomas Flusseisen*, bien soudable et non trempant, pour rails ou éclisses, traverses de chemins de fer, coussinets, pièces de machines, fer-blanc, fils, rivets, tubes étirés, chaînes, pioches, bêches, pelles, pointes, fils ou pieux de clôtures, clous de souliers, fers façonnés divers, etc. |
| 0 | 45 à 47,5 | 26 à 30 | 0,100 | *Fer fondu*, dit *fer homogène*, ne trempant pas, pour traverses de chemins de fer, ressorts doux, pelles, pelles à charbon, clous à cheval, etc. |
| 1 | 47,5 à 50 | 24 à 27 | 0,150 | *Fer fondu*, dit *fer homogène*, ne trempant pas, pour traverses de chemins de fer, tôles, ressorts, pelles, etc. |
| 2 | 50 à 55 | 21 à 25 | 0,200 | *Acier doux*, pour arbres, pièces de machines, fils ordinaires, canons de fusils, etc. |
| 3 | 55 à 60 | 18 à 22 | 0,250 | *Acier demi-doux*, trempant assez bien, pour pièces de machines, fils ordinaires, canons de fusils, bêches, socs de charrues, etc. |
| 4 | 60 à 70 | 16 à 20 | 0,350 | *Acier demi-dur*, trempant bien, pour bandages, ressorts, faux, lames, socs de charrues, houes, râpes, grosses limes, limes à bois, bêches, fils pour alènes, etc. |
| 5 | 70 à 80 | 14 à 18 | 0,450 | *Acier à outils*, tenace, pour marteaux-ressorts, socs de charrues, lames, fourches, etc. |
| 6 | 80 à 90 | 9 à 15 | 0,550 | *Acier à outils*, demi-dur, pour ciseaux, limes, ressorts, buscs de corsets, fils durs, fourches, etc. |
| 7 | 90 à 100 | 5 à 10 | 0,650 | *Acier à outils*, dur, pour ciseaux, limes, lames de scies, forets, pour pierres, etc. |
| 8 | 100 à 105 | 0 à 6 | 0,750 | *Acier à outils*, très dur, pour ciseaux, fils de parapluies, lames de scies dures, etc. |
| 9 | 105 à 110 | 0 | 0,800 | *Acier dur*, pour cylindres durs, fils de parapluies, aiguilles, etc. |

Howe. — *Note sur l'acier manganèse.* Revue de Liège, 1894.

Jordan-Osmond-Hadfield. — *Divers sur Si, Al, Cr.* Société d'Encouragement, 1895.

Keep. — *Le phosphore, le silicium et l'aluminium dans le fer et l'acier.* Amer. Inst. of Mining Engineers, 1889-1890.

Le Chatelier. — *Influence de la trempe sur la résistance électrique des aciers.* Comptes rendus de l'Académie des Sciences, 1891.

Ledebur-Osmond. — *Sur la dénomination des différentes formes de carbone et recherches sur la teneur en carbone des fers carburés.* Société d'Encouragement, 1893.

Le Verrier (U.). — *Métallurgie de l'aluminium et ses applications.* Paris, Baudry.

Levitzky. — *Note sur les aciers à outils de l'Usine Poutiloff, près Saint-Pétersbourg.* Revue de Liège, 1894.

Martens-Osmond. — *Microstructure de l'acier.* Société d'Encouragement, 1892.

Moulan. — *Le ferronickel.* Revue de Liège, 1894.

Moulan. — *Fabrication des plaques de blindage et des projectiles de rupture.* Revue de Liège, 1894.

Mussy. — *Note sur les diverses qualités d'acier employé pour rails.* Annales des Ponts et Chaussées, 6ᵉ série, 19.

Mussy. — *Résistance à la traction, allongement, striction et résistance élastique du matériel des chemins de fer.* Génie civil, 20.

Nouel. — *Machine à étudier la dilatation des métaux.* Génie civil, 1887.

Osmond. — *Études calorimétriques des effets de la trempe et de l'écrouissage des aciers fondus.* Société d'Encouragement, 1885.

Osmond. — *Sur les phénomènes qui se produisent pendant le chauffage et le refroidissement de l'acier fondu.* Comptes rendus de l'Académie des Sciences, 1886.

Osmond. — *Contribution à l'étude des fontes. — Transformations qui accompagnent la carburation du fer par le diamant. — Recherches calorimétriques sur l'état du silicium et de l'aluminium dans les fers fondus. — Alliages de fer et de nickel.* Comptes rendus de l'Académie des Sciences, 1888, 1891, 1892, 1894.

Osmond. — *Éléments constitutifs des aciers et nouvelle méthode d'analyse micrographique des aciers.* Société d'Encouragement, novembre 1894.

Osmond. — *Les points critiques du fer et de l'acier.* Iron and Steel Institute, mai 1890.

Osmond. — *Mémoire sur les divers modes de trempe.* Exposition de 1889. Ind. min. de Saint-Étienne.

Osmond-Sauveur. — *Application de la méthode micrographique à la fabrication des rails.* Ann. des Mines, 1895.

Osmond et Werth. — *Théorie cellulaire des propriétés de l'acier.* Annales des Mines et Revue d'Artillerie, 1885.

Pattinson et Stead. — *De l'arsenic dans les minerais et produits sidérurgiques.* Iron and Steel Institute, mai 1888.

Pattinson et Stead. — *L'arsenic dans les produits métallurgiques.* Iron and Steel Institute, mai 1888.

Richard. — *Laminage des tubes sans soudure par le procédé Mannesmann.* Société d'Encouragement, 1891.

Riley. — *Alliages de nickel et d'acier.* Iron and Steel Institute, mai 1889.

Sandberg, traduction Habats. — *Emploi des rails lourds au point de vue de la sécurité et de l'économie.* Revue de Liège, 1889.

Sergius Kern. — *Le silicium et l'aluminium dans la métallurgie de l'acier.* Revue de Liège, 1892.

Sorby. — *Étude microscopique de la fonte, du fer et de l'acier.* Iron and Steel Institute, avril 1885.

Tahon (V.). — *Le fer ou l'acier dans la construction des générateurs.* Revue de Liège, 1890.

Tetmayer. — *Sur la manière de se comporter des rails Thomas en service.* Revue de Liège, 1895.

Villon. — *Métallurgie du nickel.* Encyclopédie chimique de Fremy.

Wedding. — *Étude microscopique de la fonte, du fer et de l'acier.* Iron and Steel Institute, avril 1885.

Weeks. — *L'acier manganèse.* Amer. Inst. of Mining Engineers, Chicago, 1884.

White. — *Matières premières employées dans les constructions navales.* Iron and Steel Institute, octobre 1891.

Wickersheimer. — *Métallurgie de l'aluminium.* Encyclopédie chimique de Fremy.

V. Deshayes.

**FERMENTATIONS.** — Nous pourrions répéter, au début de cet article, ce que disait le regretté A. Henninger en commençant son étude sur les Fermentations dans le 1ᵉʳ Supplément de ce Dictionnaire. Depuis l'époque de la publication de ce travail, le nombre des recherches sur les fermentations est devenu considérable, et a porté sur des sujets si variés, qu'il est impossible de les exposer dans une vue d'ensemble. L'étude des ferments solubles ou *diastases* ayant fait l'objet d'un article spécial de ce 2ᵉ Supplément, nous nous bornerons ici à enregistrer uniquement les progrès réalisés dans la connaissance des ferments figurés, en nous plaçant surtout au point de vue chimique.

Ces progrès immenses n'ont pu se produire que grâce à l'emploi de méthodes irréprochables, d'une technique dans laquelle rien n'était laissé au hasard, dont Pasteur avait établi les premiers principes, et à laquelle nombre de savants sont venus à sa suite apporter leur contribution; en perfectionnant les procédés de travail, ils ont considérablement élargi le domaine d'une science à laquelle les savants hésitaient encore, il y a vingt ans, à accorder le droit de cité.

Le premier chapitre de notre exposé aura donc pour objet de passer en revue les progrès des méthodes, et ce n'est qu'ensuite que nous pourrons examiner les divers travaux publiés dans ces dernières années. Pour pouvoir faire cette étude avec fruit, nous rapporterons ces travaux à diverses classes, en faisant toutefois remarquer que la limitation de nos divers chapitres n'est pas aussi nette qu'on pourrait le désirer pour une classification précise, et qu'ils empiètent souvent les uns sur les autres. C'est qu'en effet, depuis quelques années, l'idée de la spécificité dans l'action chimique produite par les infiniment petits a un peu perdu de sa netteté : si chacun de ces êtres microscopiques produit de préférence une fermentation déterminée, il est aussi capable de vivre le plus souvent aux dépens d'un nombre de corps très variés et de produire des transformations très différentes, suivant la nature de ces corps et les conditions dans lesquelles on les lui offre. De sorte que, à la spécificité du ferment, et la compliquant quelquefois au point de la faire disparaître, est venue se superposer l'influence de toutes les conditions extérieures au ferment, et si la microbiologie y a gagné en ampleur, elle est par contre devenue d'une complexité qui rend des plus difficiles l'exposé méthodique de l'état actuel de cette science, même si l'on se borne, comme nous voulons le faire, à ne l'envisager que par le côté chimique.

L'étude des fermentations a été féconde en applications nombreuses et ce sont surtout les industries de fermentation qui lui doivent de précieuses réformes. C'est donc la fermentation alcoolique et l'étude des levures qui attirera surtout notre attention. Nous ferons précéder cette étude de l'exposé des progrès récents de nos connaissances sur la physiologie générale des infiniment petits, et la ferons suivre de l'examen des fermentations diverses qui leur sont dues, en consacrant un chapitre spécial à l'histoire de la nitrification, l'une des acquisitions les plus importantes de l'étude des microbes, qui a éclairé d'une vive lumière la question capitale de la rotation de l'azote dans la nature.

2. — MÉTHODES DE CULTURE DES MICROBES.

CULTURE PURE; MILIEUX SOLIDES. — L'obtention de cultures pures a été singulièrement facilitée dans ces dernières années par l'emploi des milieux de culture solides. C'est à M. R. Koch que revient l'honneur d'avoir le premier décrit la préparation d'un milieu nutritif solidifié par la gélatine [*Mittheilungen aus dem kaiserlichen Gesundheitsamte*, 1, 24]. A part quelques modifications insignifiantes, sa méthode de préparation est aujourd'hui en usage dans tous les laboratoires où on s'occupe de la culture des microbes.

500 grammes de viande de bœuf, débarrassée de graisse et finement hachée, sont mis à macérer pendant 12 heures, à température basse, dans un litre d'eau. On filtre sur un linge, on exprime le liquide contenu dans la viande, on porte à l'ébullition et on filtre sur un papier mouillé ; on ajoute ensuite 100 grammes de gélatine blanche en feuilles, puis, lorsque la gélatine est dissoute, on ajoute 15 ou 20 grammes de peptone et 5 grammes de sel marin. Après dissolution, on rend la liqueur nettement alcaline par l'addition de soude ou de carbonate de sodium ; on la maintient pendant 1 heure dans un bain-marie bouillant, et on filtre dans un entonnoir à filtration chaude. La liqueur filtrée doit être parfaitement limpide ; la limpidité ne peut quelquefois être obtenue que par un collage au blanc d'œuf.

On répartit ce bouillon gélatinisé, vulgairement appelé *gélatine* ou *gélatine nutritive*, dans des tubes à essai préalablement *flambés*, c'est-à-dire stérilisés par chauffage à 180-200°, fermés par des tampons de coton, et on le stérilise par la méthode de stérilisation dite *discontinue*, c'est-à-dire en le chauffant trois fois à 100° à 24 heures d'intervalle, pendant quelques minutes chaque fois. La stérilisation à 110-115°, dans la vapeur sous pression, est, en effet, impraticable avec cette gélatine, parce qu'il arrive fréquemment que la gélatine portée à cette température perd la propriété de se solidifier.

Le milieu ainsi obtenu se liquéfie vers 24° et peut servir à obtenir des cultures pures de microbes par diverses méthodes, dont les plus usitées sont la méthode des *plaques* et la méthode des *stries*.

Dans la première, on introduit une semence renfermant le microbe à isoler dans un tube de gélatine ; on liquéfie la gélatine au bain-marie, on répartit la semence dans toute sa masse en retournant le tube à plusieurs reprises et en évitant de faire des bulles, et on verse le liquide soit sur une plaque de verre stérilisée, placée sous une cloche, soit, ce qui vaut mieux, dans une boîte de verre munie d'un couvercle à recouvrement (connue dans le commerce sous le nom de *boîte de Petri*). On peut hâter la solidification de la gélatine en plaçant la plaque sur une boîte métallique à surface supérieure polie et horizontale dans laquelle circule de l'eau froide, au besoin glacée, ou qu'on refroidit en faisant dissoudre, par addition d'eau, du nitrate d'ammoniaque dont on a rempli la boîte au préalable. En se solidifiant, la gélatine emprisonne et immobilise les germes qu'elle renferme, et qui doivent être uniformément répartis dans toute la masse. Chacun se développe à la place qu'il occupe, donnant naissance à des *colonies* qui deviennent bientôt visibles à l'œil nu, et dont chacune a ou peut avoir pour origine une cellule unique. La certitude, à ce point de vue, n'est obtenue qu'après une série suffisamment prolongée de cultures successives sur plaques, faites en prenant la semence dans une colonie, dans chacune des plaques successives [voyez *Étude critique de J.*

Chr. Holm, *Comptes rendus du Laboratoire de Carlsberg*, 3, 1].

Dans la méthode par stries, on solidifie la gélatine en inclinant le tube qui la renferme, de manière à obtenir une grande surface, sur laquelle on porte la semence à l'aide d'un fil de platine rigide soudé au bout d'une baguette de verre ; avec ce fil on trace une série de stries successives, sans reprendre de semence, de sorte que les germes adhérents au fil s'en détachent peu à peu, deviennent de plus en plus rares, et finissent par donner, après leur développement, des colonies assez éloignées les unes des autres pour qu'on puisse aller puiser avec sécurité une semence dans l'une d'elles.

Ce milieu gélatinisé a l'inconvénient de ne pouvoir servir à la culture qu'à des températures inférieures à 24°, températures dont nombre d'organismes ne peuvent s'accommoder. Pour pouvoir opérer à une température plus élevée, on remplace la gélatine par de la gélose (ou *agar-agar*) dans la proportion de 1 à 2 0/0. Ce milieu, dont la préparation se fait d'ailleurs de la même manière que celle du bouillon gélatinisé, reste solide jusque vers 40 ou même 45° ; mais il ne peut guère être employé, à cause de son point de fusion élevé, que pour la culture par la méthode des stries. Il présente sur la gélatine un autre avantage : c'est de ne pas être liquéfié par les microbes, tandis que nombre d'entre eux liquéfient la gélatine, de sorte que leur isolement sur ce dernier milieu est impossible. La gélose généralement employée n'est que partiellement soluble dans l'eau ; M. Macé a signalé un mode de traitement qui la rend intégralement soluble [*Annales de l'Institut Pasteur*, 1, 189].

La solidification des milieux par la gélatine ou la gélose n'est pas limitée aux décoctions de viande ; on peut incorporer de la gélatine aux liquides les plus divers, pour leur communiquer les avantages des milieux solides, comme l'a fait par exemple M. Hansen pour le moût de bière, dans les recherches que nous exposerons à propos des levures [*Comptes rendus du Laboratoire de Carlsberg*, 1, 49, 159 ; 2, 13, 92, 143, 168].

D'autres milieux solides ont été également employés, tels que tranches de pommes de terre [Koch, *loc. cit.* — Roux, *Annales de l'Institut Pasteur*, 2, 28], et de divers légumes. Le meilleur dispositif pour l'emploi de la pomme de terre comme substratum solide consiste à en découper à l'aide d'un emporte-pièce spécial des demi-cylindres, qu'on place dans des tubes larges présentant à leur partie inférieure, vers le fond, un étranglement qui empêche le fragment de pomme de terre de descendre jusqu'au fond, et limite un espace qui sert de réservoir d'eau et qui maintient l'atmosphère du tube dans un état d'humidité favorable à la culture, surtout si l'on a soin, comme cela est recommandable pour toutes les cultures sur milieux solides en tubes, de coiffer le tube d'un capuchon de caoutchouc, par-dessus le tampon de coton qui le ferme. Les tubes à pomme de terre ainsi préparés sont stérilisés par une exposition prolongée à la température de 120°, dans la vapeur sous pression [1].

Certains microbes se développent très difficilement sur les milieux solidifiés par la gélatine et la gélose. On a employé pour leur culture des milieux solides, composés de sérum de sang coagulé par la chaleur, et qu'on stérilise avant coagulation par chauffage discontinu vers 55°, ou qu'on peut obtenir naturellement stérile en

1. Le chauffage doit être prolongé, parce qu'à la surface de la pomme de terre il y a constamment un bacille à spores très résistantes, connu sous le nom de *bacille de la pomme de terre.*

recueillant le sang aseptiquement [Nocard et Roux, *Sur la culture du bacille de la tuberculose : Annales de l'Institut Pasteur*, **1**, 19].

La stérilisation des milieux renfermant des matières albuminoïdes coagulables par la chaleur est singulièrement facilitée par une intéressante observation de E. Marchal [*Bulletin de la Société belge de Microscopie*, **19**, 64], qui a constaté que la présence de sulfate ferreux empêche la coagulation de l'albumine, et permet de stériliser les solutions d'albumine à 115°. Il emploie, comme milieu de culture, du blanc d'œuf dilué et filtré, auquel on ajoute autant de centimètres cubes de sulfate ferreux à 1/1000 qu'il y a de blanc d'œuf pour 100.

L'examen de l'aspect soit macroscopique, soit microscopique (à un faible grossissement) des colonies formées par les microbes sur les divers milieux solides fournit des renseignements souvent très précieux pour les caractériser ou les distinguer.

La propriété de liquéfier ou de ne pas liquéfier les milieux solidifiés par la gélatine est aussi un caractère distinctif utile à observer.

La culture sur milieux solides a été également appliquée à la séparation des anaérobies [Roux, *Annales de l'Institut Pasteur*, **1**, 49. — Esmarch, *Flügge's Zeitschr. f. Hygiene*, 1886, **1**, 293. — Vignal, *Annales de l'Institut Pasteur*, **1**, 358. — Botkin, *Zeitschr. f. Hygiene*, **9**, 383].

Parmi beaucoup d'autres milieux de culture qui ont été imaginés, et que nous ne pouvons passer en revue ici, nous ne voulons cependant pas omettre de mentionner, à cause du rôle important qu'il a joué dans l'étude de la nitrification que nous exposerons plus loin, le milieu à base de silice gélatineuse, imaginé par W. Kuhne [*Zeitschr. f. Biologie*, **17**, 172].

La stérilisation des milieux de culture liquides par filtration est entrée dans une voie nouvelle avec l'invention des filtres en porcelaine. Le plus répandu de ces filtres, le filtre Chamberland [*C. R.*, **99**, 247], a donné lieu à de nombreux examens critiques ; son emploi constant dans les laboratoires de bactériologie a consacré sa valeur [V. Miquel, *Annales de Micrographie*, **5**, 138, 185. — Guinochet, *Journal de Pharm. et de Chimie*, **28**, 399, 484, etc.]. Depuis, M. F. Garros a imaginé pour les mêmes usages un filtre en porcelaine d'amiante [Voyez *Mercure scientifique*, suppl. du *Monit. scient.*, n° 610, 147, 1892. — A. Gautier, *Rapport*, *C. R.*, **117**, 964].

La culture de nombre de micro-organismes exige des conditions spéciales de température, qui rendent nécessaire l'emploi d'étuves pouvant être réglées facilement à une température constante. Cette nécessité a inspiré à de nombreux inventeurs l'idée de régulateurs à gaz très variés et plus ou moins ingénieux. La question est résolue aujourd'hui et les laboratoires ont les moyens de maintenir indéfiniment bains-marie et étuves de toutes dimensions à température constante [d'Arsonval, *Arch. de Physiol. norm. et Pathol.*, 5° série, **2**, 83. — E. Roux, *Annales de l'Institut Pasteur*, **5**, 158].

Signalons, en terminant ce chapitre, les services rendus à l'étude des infiniment petits par la méthode de coloration de ces microbes au moyen des couleurs d'aniline. L'observation microscopique n'est pas seulement facilitée lorsqu'il s'agit de microbes de très petite dimension ; il y a en outre des microbes qui ont des propriétés électives pour certaines matières colorantes, et qui, une fois colorés, résistent à tous les procédés de décoloration, de sorte qu'il devient facile de déceler leur présence, soit lorsqu'ils sont mélangés à d'autres êtres, soit lorsqu'ils sont présents dans les tissus. La recherche du bacille de la tuberculose offre de ce fait un exemple remarquable. Mais il n'entre pas dans notre programme d'examiner ces méthodes, qui rendent surtout service au médecin et à l'hygiéniste.

## II. — PHYSIOLOGIE GÉNÉRALE DES INFINIMENT PETITS.

Lorsque par l'emploi des méthodes de culture pure, dont nous avons esquissé les progrès récents au chapitre précédent, on est arrivé à obtenir une culture d'un microbe à l'état de pureté, l'un des problèmes les plus importants qui se posent, c'est de le caractériser par ses propriétés physiologiques générales. A l'origine de l'étude des infiniment petits, on s'est beaucoup préoccupé de leur étude microscopique ; mais, à mesure qu'on en a découvert de nouveaux, on s'est peu à peu convaincu que les caractères morphologiques sont tout à fait insuffisants pour les distinguer les uns des autres. Une même espèce peut même présenter, suivant les conditions d'existence qu'on lui offre, de très grandes variations dans son aspect microscopique, aussi bien que dans l'apparence macroscopique de ses cultures, de telle sorte que, lorsqu'on n'a pas affaire à un microbe pathogène, à un de ces êtres nombreux dont l'introduction dans le corps d'un animal produit une maladie nettement caractérisée, il faut ajouter à l'étude de ses caractères morphologiques celle de ses propriétés physiologiques, c'est-à-dire de sa résistance aux divers agents de destruction, des températures qui sont les plus favorables à son développement, de la nature des changements qu'il fait éprouver aux diverses matières alimentaires qu'on peut lui offrir. Ce sont là des caractères particuliers, sur lesquels nous aurons l'occasion d'insister à propos de chacun des organismes que nous décrirons ; mais, comme nous ne pouvons ici entreprendre de les décrire tous, il nous faut passer en revue quelques-unes de leurs propriétés générales.

Nous examinerons donc successivement leur résistance aux divers agents physiques et chimiques, pour étudier ensuite leurs besoins alimentaires.

ACTION DES AGENTS PHYSIQUES. — 1°. *Chaleur.* — Nous avons vu déjà l'action de la chaleur mise en œuvre pour la stérilisation des milieux de culture et des vases qui doivent servir à opérer le transvasement de ces milieux et la culture elle-même. On se place toujours pour la pratique de ces stérilisations dans des conditions telles, que tous les organismes présents soient sûrement tués, et on s'inspire de la connaissance d'un fait d'ordre tout à fait général, à savoir que les microbes desséchés sont beaucoup plus résistants que les microbes à l'état humide. De là la nécessité de s'élever jusque vers 200° pour la stérilisation des vases à sec, ou *flambage*, tandis que pour la stérilisation des liquides la température de 115° est en général suffisante.

La résistance des infiniment petits à l'action de la chaleur est très variable suivant les espèces : les bacilles proprement dits présentent, en effet, une forme douée d'une résistance particulière, la *spore*, et c'est parmi eux qu'on rencontre les exemples de résistance les plus remarquables, tandis que les espèces qui ne forment pas de spores, comme celles qui appartiennent au genre *coccus*, sont relativement bien moins résistantes. Nous verrons, à propos des levures, les recherches récentes qui ont établi leur résistance à la chaleur. Pour les bacilles, le résultat le plus frappant, au point de vue général, des travaux de ces dernières années, c'est que les espèces pathogènes ne sont pas comprises parmi les plus résistantes, et qu'une température de 100° les détruit sûrement, et c'est naturellement au point de vue de la connaissance des maladies contagieuses que cette étude présente le plus d'intérêt.

D'après M. Yersin [*Annales de l'Institut Pasteur*, **2**, 60], le bacille de la tuberculose résiste à la température de 60° pendant 10 minutes; il périt sûrement à 70°.

D'après M. Momont [*Ibid.*, **6**, 21], la bactéridie charbonneuse dans le sang frais périt en une heure à 55-58°; dans le sang desséché et dans le vide, elle ne résiste pas plus d'une heure et demie à 92°; la bactéridie charbonneuse en filaments (sans spores), cultivée dans du bouillon, périt en une demi-heure à 86°. Les spores, en milieu humide, résistent plus de 10 minutes à 95° [Roux, *Ibid.*, **1**, 392]. À l'abri de l'air, elles résistent à un chauffage prolongé à 70°, et ces spores présentent des résistances inégales.

M. Globig [*Zeit. f. Hygiene*, **3**, 322] signale sur la pomme de terre l'existence d'un bacille dont les spores résistent à 100° pendant 5 ou 6 heures, à 109-113° pendant trois quarts d'heure, et qu'on ne peut tuer qu'en les exposant pendant 10 minutes à une température de 122-123°.

M. Duclaux [*Annales de l'Institut Agronomique*, 1882] a étudié une série de bacilles qui se développent dans le lait et dont les spores résistent à une température de 110° en milieu légèrement alcalin. Il faut, en effet, noter que la résistance des microbes à l'action de la chaleur dépend beaucoup de la réaction du milieu dans lequel on les chauffe, et qu'en général ils résistent moins en milieu acide qu'en milieu alcalin.

2° *Froid.* — Les microbes peuvent supporter des températures excessivement basses sans que leur vitalité soit détruite. Il y en a d'ailleurs qui même à 0°, et dans l'eau, peuvent se développer [Forster, *Centralbl. f. Bakteriol.*, **12**, 431]. On rencontre dans les glaces naturelles un nombre considérable de bactéries, comme l'ont montré, entre autres, les recherches de M. Prudden [*New York medical Record*, 1887; *Annales de l'Institut Pasteur*, **1**, 409]; tout au plus leur nombre peut-il être diminué par des fusions et des congélations successives. MM. R. Pictet et E. Yung [*C. R.*, **98**, 747] ont montré que les microbes restent vivants après 4 heures d'exposition à —100° et ne sont qu'en partie détruits après un séjour de 108 heures à —76° suivi d'un séjour de 20 heures à —130°.

3° *Pression.* — Les microbes résistent, sans subir aucune atteinte appréciable, aux pressions les plus élevées, ainsi que l'ont établi MM. A. Certes [*C. R.*, **99**, 385] et H. Roger [*Ibid.*, **99**, 963]; ce dernier observateur n'a constaté un commencement de destruction qu'à une pression de 2000 à 3000 kilogrammes par centimètre carré.

4° *Lumière.* — L'action de la lumière solaire est l'un des modes les plus puissants que la nature mette en jeu pour la destruction des microbes. Cette action, mise en évidence la première fois par MM. Downes et Blunt [*Proceed. Roy. Soc.*, **22**, 488; **28**, 199], a été étudiée longuement par M. Duclaux [*C. R.*, **100**, 119; **104**, 395], qui a fait agir la lumière solaire sur des bacilles ferments de la caséine, et sur des micrococcus pathogènes. Il a montré que la résistance des spores de bacilles varie avec l'espèce du bacille, et, pour un même bacille, avec la nature du liquide dans lequel il a été cultivé; que ces spores ne perdent guère leur vitalité qu'après un mois lorsqu'on les insole à sec; que les coccus sont tués plus rapidement que les spores des bacilles et résistent moins à l'état sec que dans un liquide de culture; que la

mort des microbes est d'autant plus rapide que l'insolation est plus forte. Le minimum de la résistance a été de 12 heures pour des coccus insolés en juillet, et le maximum de deux mois pour des spores de bacilles insolées à l'état sec en août et septembre.

M. Arloing, étudiant d'abord l'action de la lumière artificielle sur la bactéridie charbonneuse, ne constate qu'une diminution faible de sa vitalité [*C. R.*, **100**, 378]; il observe sa destruction et celle de ses spores sous l'influence de la lumière solaire [*Ibid.*, **101**, 511, 535; **104**, 701], mais remarque que les spores insolées dans du bouillon sont plus sensibles que la bactéridie filamenteuse, ce que M. Straus [*Soc. de Biol.*, 1886, 473] attribue à un commencement de germination des spores, donnant naissance à un bacille jeune très fragile; il confirme cette vue en montrant que dans l'eau pure la spore est plus résistante que la bactéridie filamenteuse.

Conformément aux travaux de M. Duclaux sur les oxydations chimiques provoquées par la lumière solaire, M. Roux [*Annales de l'Institut Pasteur*, **1**, 445] montre que la lumière solaire provoque une oxydation du bouillon de culture qui le rend impropre à un développement de la spore du charbon, et que, si on ensemence celle-ci dans un milieu non insolé, à différentes périodes de l'insolation on retrouve sa résistance plus grande que celle de la bactéridie filamenteuse. Il montre, de plus, que dans le vide la résistance à la lumière est beaucoup plus grande, fait confirmé par M. Momont [*Annales de l'Institut Pasteur*, **6**, 21], ce qui prouve que l'action de la lumière solaire a surtout pour effet de favoriser l'oxydation des germes.

Les phénomènes de destruction par la lumière solaire ont été observés également par M. Büchner [*Centralbl. f. Bakteriol.*, **11**, 781; **12**, 217; *Arch. f. Hygiene*, **17**, 179], et par M. Ward [*Proceed. Roy. Soc.*, **52**, 393 et **53**, 23].

M. Geisler [*Centralbl. f. Bakteriol.*, **11**, 161] a comparé l'action de la lumière électrique (1000 bougies) et de la lumière solaire sur le bacille typhique cultivé sur gélatine; il a constaté que l'action de la lumière électrique est de même ordre, quoique moins énergique, que celle de la lumière solaire, et qu'elle rend également la gélatine impropre à la culture.

Certaines bactéries colorées en rouge, *Bacterium photometricum*, *clathrocystis*, *ophidomonas*, etc., étudiées par M. Engelmann [*Botan. Zeit.*, **46**, nᵒˢ 42 et 45], présentent vis-à-vis de la lumière une sensibilité spéciale, qui est liée à la présence dans leur protoplasma d'une matière colorante particulière, la *bactériopurpurine*. Elles se dirigent vers la lumière, et particulièrement vers les régions du spectre solaire qui correspondent aux bandes d'absorption de la bactériopurpurine, qui, de même que la chlorophylle dans les végétaux supérieurs, décompose l'acide carbonique et met de l'oxygène en liberté. Cette bactériopurpurine est d'ailleurs capable de produire la même décomposition à l'obscurité, et permet ainsi aux bactéries qui la renferment de trouver de l'oxygène, lorsque ce gaz n'existe pas à l'état libre dans le milieu ambiant.

5° *Électricité.* — Les effets de l'électricité sur la vitalité des germes sont moins nettement étudiés que ceux de la lumière. On n'a pas pu, en effet, dégager l'influence du courant électrique seul de celle des produits de l'électrolyse, et il semble jusqu'ici qu'il faille attribuer à ces produits seuls l'action destructrice observée par MM. Apostoli et Laquerrière [*C. R.*, **110**, 918], qui tuent la bactéridie charbonneuse en 5 minutes par l'action d'un courant de 300 milliampères, par M. Foth

[*Wochenschr. f. Brauerei*, **7**, 51], par MM. Prochownik et Späth [*Deutsche med. Wochenschr.*, **16**, 564], par M. Fermi [*Arch. f. Hygiene*, **13**, 206] et par MM. Spilker et Gottstein [*Centralbl. f. Bakteriol.*, **9**, 77].

DURÉE DE LA VIE DES GERMES DES MICROBES; LEUR CONSERVATION. — La résistance considérable que les germes des microbes présentent vis-à-vis des causes de destruction que nous venons d'examiner, résistance qui les distingue nettement des êtres supérieurs, permet de prévoir chez eux une durée de vie remarquable. C'est, en effet, la conclusion qui résulte des travaux de M. Duclaux [*C. R.*, **100**, 119, 184; *Ann. Chim. Phys.*, (6), **5**, 5], qui a étudié la durée de la vie chez les ferments de la caséine, les divers *Tyrothrix* qu'il a découverts [*Annales de l'Institut Agronomique*, 1882] et dont l'un a été retrouvé vivant après 25 ans de séjour dans un ballon ayant servi à Pasteur, en 1860, dans ses études sur les générations spontanées. A l'état sec et dans l'obscurité, les germes des microbes aérobies se conservent vivants pendant plusieurs années; à l'état humide, ils gardent plus facilement leur vitalité dans les milieux alcalins que dans les milieux acides. Les levures peuvent également rester vivantes pendant plusieurs années, quelques-unes pendant plus de dix ans, dans les liquides qu'elles ont fait fermenter.

Il faut noter que le rajeunissement des germes vieillis exige des conditions de milieu et de température différentes de celles qui conviennent le mieux aux microbes jeunes. La température de rajeunissement est, en général, plus basse que la température de culture que nous indiquons plus loin.

Pour conserver les semences de microbes autres que les levures, M. Duclaux recommande [*Annales de l'Institut Pasteur*, **3**, 78] de les enfermer dans des ampoules de verre, préparées avec un tube de verre étiré, et fermées aux deux bouts. Les levures résistent mieux dans le liquide qui a servi à les cultiver, dans des ballons séparés de l'air extérieur par un tampon de coton.

La conservation ou la non-conservation de la vitalité des germes de microbes ne dépend pas seulement de l'action des causes destructrices d'ordre physique que nous avons examinées plus haut; elle est aussi sous la dépendance d'actions chimiques que nous allons examiner maintenant, en faisant remarquer toutefois que ces causes de destruction ne se laissent pas facilement séparer les unes des autres, et que, par exemple, ainsi que nous l'avons déjà vu, c'est à des phénomènes d'ordre chimique qu'il faut rapporter l'influence de la lumière et de l'électricité.

ACTION DES AGENTS CHIMIQUES. — L'étude de l'influence des agents chimiques sur la vitalité des germes constitue à elle seule une science à part, l'*antisepsie* et la *désinfection*. Que faut-il entendre par *antiseptique*? M. Duclaux a fort bien montré (*Microbiologie*) que dire d'une substance qu'elle est antiseptique, c'est ne pas dire grand' chose, si l'on ne spécifie pas en outre dans quelles conditions et sur quel organisme on la fait agir. Ainsi l'oxygène était un antiseptique pour le ferment butyrique dans les expériences classiques de Pasteur, puisque la plus faible dose de ce gaz arrêtait le développement du ferment. Nous verrons aussi que la question de dose joue un rôle important dans le pouvoir microbicide que peut avoir une substance pour un organisme déterminé, et c'est cette dose qui, dans des conditions bien définies, représente la valeur antiseptique de la substance.

Chaque organisme présente, au point de vue de l'action qu'un antiseptique peut avoir sur lui, deux ordres de propriétés bien distinctes : sa vitalité peut être atteinte définitivement, il peut être détruit dans des conditions déterminées; ou bien son développement peut être simplement arrêté. Pour rendre un liquide impropre à la culture des microbes, il faut toujours une dose d'antiseptique plus faible que pour stériliser ce liquide, pour y tuer les microbes lorsque ceux-ci l'ont envahi [Jalan de la Croix, *Arch. f. exper. Pathol.*, **13**, 175].

On retrouve dans l'étude des antiseptiques des faits analogues à ceux qu'on observe à propos de la résistance des microbes aux autres causes de destruction. Il faut une dose d'antiseptique plus grande pour détruire les formes de résistance, telles que les spores des bacilles, que pour détruire les microbes adultes. Il y a encore nombre d'autres faits par lesquels l'action des antiseptiques rentre dans le cadre général de l'étude des propriétés physiologiques des microbes.

Nous avons vu que les microbes sont très sensibles à l'action de l'oxygène lorsque celle-ci est aidée par l'action de la lumière. C'est, de même, à une action oxydante qu'il faut rapporter le pouvoir microbicide d'un grand nombre d'antiseptiques; et c'est parmi les désinfectants oxydants que se rangent les antiseptiques les plus puissants, tels que brome, iode, chlore et sources de chlore, permanganate de potassium, eau oxygénée, ozone, etc.

On sait aussi que la stérilisation des liquides acides exige des températures moins élevées que celle des liquides neutres ou alcalins. L'acidité du milieu, s'ajoutant à une cause de destruction, vient en augmenter la puissance; et on retrouve ce fait dans l'étude des antiseptiques : certains antiseptiques doivent surtout leur puissance à leur acidité, comme par exemple l'acide acétique, dont l'acidité seule joue un rôle dans la fabrication des conserves au vinaigre, ou comme l'acide borique [voir, au sujet de l'acide borique et du borax : E. de Cyon, *C. R.*, **99**, 147. — J.-B. Schnetzler, *C. R.*, **82**, 513; *Ann. Chim. Phys.*, (5), **4**, 543; *C. R.*, **99**, 226]. C'est pour la même raison qu'il est recommandable d'acidifier les antiseptiques dont la réaction est naturellement neutre.

Il faut aussi citer la chaleur comme l'une des causes qui favorisent le plus l'action des antiseptiques [Chamberland et E. Fernbach, *Ann. de l'Inst. Pasteur*, **7** 433].

Nous ne pouvons passer en revue ici tous les travaux, en nombre infini, auxquels l'étude des antiseptiques a donné lieu, et nous devons nous borner à dégager les faits d'ordre général qu'ils ont mis en lumière.

La sensibilité d'un microbe déterminé à l'action d'un antiseptique dépend, tout d'abord, des conditions particulières dans lesquelles ce microbe se trouve placé, et non seulement des conditions extérieures de milieu, mais encore des propriétés héréditaires que ce microbe doit à sa descendance. C'est ainsi que M. Kossiakoff [*Ann. de l'Inst. Pasteur*, **1**, 465] a établi qu'on peut habituer les microbes à des doses croissantes d'antiseptique, et leur permettre de résister à des doses qui tuent les microbes non adaptés par éducation. Il résulte même d'un travail de M. Biernacki [*Pflüger's Arch.*, **49**, 112], confirmé depuis de divers côtés, que certaines substances qui, à une dose relativement faible, sont pour un organisme déterminé des antiseptiques puissants, peuvent, à très faible dose, favoriser le développement de cet organisme; les levures alcooliques présentent de ce fait un exemple frappant. Dans cet ordre d'idées, l'un des faits les plus remarquables et les plus féconds en importantes applications industrielles, que nous retrouverons dans l'étude de la fermentation alcoolique, c'est l'adaptation des levures à l'acide fluorhydrique (Effront, Sorel), qui est doué, ainsi que les fluorures, de propriétés antiseptiques puissantes [Hewelke, *D. med. Wochenschr.*, 16, 477. — Tappeiner, *Arch. f. exp. Pathol.*, 27, 108. — Arthus et Huber, *C. R.*, 115, 839. — Voyez aussi Grancher et Chautard, *Ann. de l'Inst. Pasteur*, 2, 267.]

Les antiseptiques, en détruisant les micro-organismes, sont, pour la plupart, fixés par ceux-ci soit mécaniquement, soit chimiquement, de sorte que la dose nécessaire pour détruire les microbes contenus dans un liquide dépend du nombre d'organismes contenus dans ce liquide. C'est ce qui ressort nettement des travaux de M. Mann [*Ann. de l'Inst. Pasteur*, 8, 785] et surtout de M. H. Pottevin [*Ibid.*, 796]. M. Chairy [*C. R.* 99, 980] avait déjà signalé l'influence de la masse des bactéries, et la prédominance du caractère acide visé plus haut, sur l'action destructrice.

Parmi les désinfectants les plus usités, il y en a un grand nombre qui appartiennent à la série aromatique. Leur étude a mis en lumière la notion intéressante de l'influence de la structure chimique sur le pouvoir désinfectant. Cette influence, signalée par M. Biernacki [*loc. cit.*], a été étudiée par MM. Carnelley et Frew [*J. Chem. Soc. Transact.*, 57, 636], qui, recherchant les doses de dérivés disubstitués du benzène capables d'empêcher la gélatine de s'altérer lorsqu'on l'expose à l'air, ont reconnu que les composés *para* sont plus actifs que les composés *ortho* ou *méta*.

Après avoir passé en revue ces caractères généraux, mentionnons quelques-uns des antiseptiques qui ont donné lieu, dans ces dernières années, aux recherches les plus importantes.

MM. Gayon et Dupetit [*C. R.*, 103, 883] ont recommandé l'emploi du sous-nitrate de bismuth à la dose de 1/10000 pour protéger les fermentations alcooliques contre l'invasion par les faux ferments et, en particulier, par les bactéries.

M. Linossier [*Ann. de l'Inst. Pasteur*, 5, 170] a étudié l'action de l'acide sulfureux en solution sur quelques champignons et levures alcooliques. Il a constaté qu'une dissolution renfermant 200 centimètres cubes de gaz par litre détruit en un quart d'heure tous les organismes étudiés, sauf le champignon du muguet, qui exige une solution de 500 centimètres cubes par litre. Les levures sont moins résistantes à ce désinfectant que les autres êtres : il suffit, surtout si on prolonge l'action pendant 24 heures, d'une dose de 10 à 20 centimètres cubes par litre. A 35°, l'action toxique de l'acide sulfureux est plus grande qu'à 20°, fait déjà observé par MM. Chauveau et Arloing pour le phénol [*Bull. Acad. de Méd.*, (2), 13, 604]. La présence de doses très faibles d'un acide minéral augmente la puissance antiseptique de l'acide sulfureux.

L'acide sélénieux est doué également de propriétés antiseptiques : d'après MM. Chabrié et Lapicque [*C. R.*, 110, 1890], une dose de 2/1000 suffit pour empêcher l'altération du bouillon de viande.

Les essences présentent aussi des propriétés bactéricides marquées [Chamberland, *Ann. de l'Inst. Pasteur*, 1, 153. — Cadéac et Meunier, *ibid.*, 3, 317].

MM. Chamberland et E. Fernbach [*Ann. de l'Inst. Pasteur*, 7, 433] reconnaissent qu'il faut placer au premier rang parmi les désinfectants le chlorure de chaux; aucune spore ne résiste à l'action prolongée d'une solution à 1 0/0. M. Vincent [*ibid.*, 9, 1] arrive au même résultat pour la désinfection des cultures en bouillon; il étudie surtout la désinfection des matières fécales, et met au premier rang le lysol, le sulfate de cuivre acidulé par l'acide sulfurique, et le chlorure de chaux acidulé par l'acide chlorhydrique.

L'action désinfectante de l'acide formique, signalée par M. Schnetzler [*Arch. de Genève*, 1884], qui constate que le *Bacillus subtilis* meurt dans l'acide formique à 1/1000, et étudiée par M. Duclaux [*Ann. de l'Inst. Pasteur*, 6, 593], nous amène à signaler un antiseptique dont l'étude a donné lieu, dans ces dernières années, à des travaux très nombreux, l'*aldéhyde formique* ou *formol*. En 1892, M. Trillat [*C. R.*, 114, 1278] démontre que ce corps a des propriétés antiseptiques comparables à celles du sublimé. L'action de ses vapeurs est également très énergique [Berlioz et Trillat, *C. R.*, 115, 290]. Son obtention est devenue facile, grâce à l'emploi de brûleurs spéciaux produisant ce corps aux dépens de l'alcool méthylique [Trillat, *C. R.*, 119, 663. — Cambier et Brochet, *C. R.*, 119, 607. — Voyez aussi Miquel, *Ann. de Micrographie*, 6, 365]. Les résultats de M. Trillat sont confirmés et étendus par M. Pottevin [*Ann. de l'Inst. Pasteur*, 8, 796]; ils viennent de donner lieu à de nouveaux mémoires relatifs à la désinfection [G. Roux et Trillat, *ibid.*, 10, 283. — Bosc, *ibid.*, 10, 298]. Signalons encore sur le même sujet les mémoires suivants : Blum, *Münchener med. Wochenschr.*, 40, 601. — Lehmann, *ibid.* 597 — Stahl, *Pharm. Zeitung*, 38, 173.

L'ozone enfin a donné lieu à des travaux récents qui permettent de le considérer comme un agent de désinfection des plus précieux. Sa puissance antiseptique signalée par M. Wyssokowitch [*Mitth. aus Dr Brehmer's Heilanstalt für Lungenkrankh.*, Görbersdorf, 1890, et *Chem. Centralbl.*, 1891], étudiée par M. Ohlmüller [*Arb. aus dem Kais. Gesundheitsamte*, 8, 228], a été niée par M. J. de Christmas [*Ann. de l'Inst. Pasteur*, 7, 776], qui s'était, il est vrai, placé dans des conditions spéciales, la destruction de germes à l'état sec par de l'air faiblement ozonisé. M. Van Ermengen, étudiant plus récemment [*ibid.*, 9, 673] la stérilisation des eaux par l'ozone (procédé Tindal), a montré que le barbotage d'air chargé de 4 milligrammes d'ozone environ par litre détruit tous les germes, même les plus résistants, qui y sont contenus.

Il semble que leurs propriétés, tout à fait remarquables, réservent aux deux antiseptiques que nous venons de mentionner en dernier lieu, formol et ozone, un avenir des plus importants.

CONDITIONS D'EXISTENCE DES INFINIMENT PETITS. — *Températures de culture.* — Les micro-organismes se développent, en général, à toutes les températures comprises entre 12-15° et 35-40°. Chacun d'eux présente une température optima qui varie peu chez un même genre d'organismes; ainsi les levures supportent difficilement des températures supérieures à 28-30°, tandis que les moisissures, les bacilles, les coccus, se développent de préférence entre 30 et 35°. Il existe un certain nombre d'êtres pour lesquels la température de culture optima est exceptionnellement élevée : c'est ainsi que M. Globig [*Zeit. f. Hyg.*, 3, 1887, 294] a isolé de la terre de jardin 30 espèces de bactéries qui se développent bien entre 50 et 70°. Le bacille qui produit la fermentation forménique du fumier a pour température optima 50° environ; M. Miquel a décrit [*Ann. de Microgr.*, 1, 3] un *bacille thermophile*, qui se développe bien à 65-70°.

La température à laquelle on cultive un microbe peut avoir une influence très marquée sur certaines de ses fonctions physiologiques. Ainsi

Pasteur avait reconnu que la bactéridie charbonneuse cultivée à 42-43° dans du bouillon de poule ne donne pas de spores, et c'est sur cette propriété qu'est fondé l'un des modes de préparation du vaccin charbonneux. La modification peut porter sur la fonction chromogène, comme par exemple chez le bacille rouge de Kiel, qui, ainsi que l'a vu M. E. Laurent [*Ann. de l'Inst. Pasteur*, 4, 465], fabrique toujours sa matière colorante rouge lorsqu'on le cultive sur tranches de pomme de terre à 18-20°, tandis qu'il reste incolore à 30-35°. On peut même, en chauffant ce bacille à 56-63°, lui faire perdre d'une manière durable sa fonction chromogène. [Voyez aussi, sur les variations de la fonction chromogène, les importants mémoires de M. Gessard sur le bacille pyocyanique, *Ann. de l'Inst. Pasteur*, 4, 88 et 5, 65, et sur le bacille cyanogène, *ibid.*, 5, 737.]

Dans le même ordre d'idées, M. Raulin avait observé que l'*Aspergillus niger* ne fructifie pas au-dessous de 20°.

Rappelons, ainsi que nous l'avons dit plus haut, que, d'après les observations de M. Duclaux [*Ann. Chim. Phys.*, (6), 5, 5], la température de rajeunissement des germes vieillis est autre, et en général plus basse que la température de culture des mêmes êtres à l'état normal.

*Nutrition minérale des microbes.* — Comme les végétaux supérieurs, les micro-organismes ont besoin d'un certain nombre d'éléments minéraux, dont Raulin avait nettement montré l'influence dans son admirable étude de l'*Aspergillus niger* [*Thèse*, 1870]. Parmi ces substances minérales, l'acide phosphorique, la magnésie, les sels ammoniacaux semblent jouer le rôle le plus important, du moins pour la levure, qui seule a été étudiée soigneusement à ce point de vue, et pour laquelle M. Laurent [*Ann. de l'Inst. Pasteur*, 3, 363] recommande le liquide minéral possédant la composition suivante :

| | |
|---|---|
| Eau | 1000 cc. |
| Phosphate de potassium | 0ᵍʳ,75 |
| Sulfate de magnésium | 0ᵍʳ,10 |
| — d'ammoniaque | 5ᵍʳ,00 |

Ce liquide a surtout servi à l'étude de l'alimentation azotée de la levure, que nous examinerons plus loin.

L'importance des sels minéraux pour le développement de la levure apparaît encore dans un travail de M. Gastine [*C. R.*, 109, 479], qui a reconnu que pour obtenir une fermentation régulière du miel, qui est naturellement pauvre en éléments minéraux et en azote, il faut l'additionner de sels convenablement choisis, et en particulier de sels ammoniacaux.

*Nutrition hydrocarbonée.* — Nous n'avons que peu de chose à dire ici de l'alimentation hydrocarbonée des microbes. La plupart des hydrates de carbone peuvent servir à l'alimentation des micro-organismes ; mais c'est surtout des levures qu'ils sont les aliments de prédilection, et nous les retrouverons en étudiant la fermentation alcoolique.

Nous verrons aussi plus loin quels sont les produits fournis par ces hydrates de carbone lorsqu'ils deviennent la proie des bactéries. Les sucres donnent généralement naissance à des acides plus ou moins complexes, même avec les bactéries qui alcalinisent leur milieu de culture en l'absence de sucre, ainsi que l'a observé avec d'autres M. Th. Smith [*Centralbl. f. Bakteriol.*, 8, 389], qui propose l'addition de glucose au milieu de culture de certains êtres pour en empêcher l'alcalinisation trop forte. La formation d'acides aux dépens des sucres peut, par contrecoup, empêcher l'apparition de certaines fonctions, comme M. Laurent l'a constaté [*loc cit.*]

pour l'apparition de la fonction chromogène chez le bacille de Kiel.

Pour les moisissures, il semble que les divers aliments hydrocarbonés se comportent très différemment, suivant les conditions dans lesquelles on les offre à la plante, et en particulier suivant son âge, ainsi que M. Duclaux l'a démontré pour l'*Aspergillus niger* [*Ann. de l'Inst. Pasteur*, 3, 97]. La spore de cette mucédinée germe sur le liquide Raulin, réduit à ses seuls éléments minéraux, mais son développement est borné à la seule formation d'un tube mycélien. Si on supprime le saccharose à un stade plus avancé du développement, on constate la formation de tubes sporifères avec des spores rares ; en supprimant le sucre plus tard, la sporulation suit son cours normal. L'absence de sucre atteint surtout la fonction de reproduction. Le lactose est impropre à la construction des tissus du végétal ; mais celui-ci consomme ce sucre quand il est arrivé à l'état adulte. Il en est de même de la mannite. L'amidon cuit peut remplacer le saccharose dans le liquide Raulin normal ; l'amidon cru ne peut servir d'aliment qu'à la plante adulte. Il en est de même de l'alcool, qui ne peut être utilisé par l'*Aspergillus* pour son développement, mais est brûlé par la plante adulte (jusqu'à 6 et 8 0/0) avec formation intérimaire d'acide oxalique. Les alcools supérieurs sont toxiques à faible dose. La glycérine se comporte comme le lactose. L'acide tartrique peut donner lieu à un développement complet de la plante ; mais le mycélium est peu abondant, et, par des cultures successives, les spores sont de moins en moins colorées.

L'acide acétique et l'acide butyrique donnent lieu à des phénomènes de même ordre que ceux qu'on observe avec les alcools [voyez aussi, dans le même ordre d'idées : Pfeffer, *Jahrbücher f. Wissenschaftl. Botanik*, 28, 1895, et *Ann. de l'Inst. Pasteur*, 9, 854. — Linossier et Roux, *C. R.*, 110, 355].

Nous trouverons plus loin à diverses reprises, en particulier à propos de la fermentation alcoolique et de la fermentation lactique, quelques exemples de dédoublement de corps inactifs en corps actifs par les microbes ; nous ne nous occuperons ici que des phénomènes d'oxydation d'ordre général qu'ils peuvent provoquer en vivant aux dépens des corps hydrocarbonés.

M. A.-J. Brown [*Chem. Soc.*, 49, 172, 432 ; 51, 638], étudiant les actions chimiques produites par le *Bacterium aceti*, a reconnu d'abord que ce mycoderme peut oxyder l'alcool propylique normal, en le transformant en acide propionique, lorsqu'il vit sur l'eau de levure renfermant 3 0/0 d'alcool ; en présence de craie, il transforme le glycol et la glycérine en acides glycolique et glycérique. Avec le dextrose, il donne, comme l'avait montré M. Boutroux, de l'acide gluconique (voyez plus loin : FERMENTATION GLUCONIQUE). Sans action sur le saccharose ou l'érythrite, il transforme la mannite en lévulose qu'il respecte et ne peut oxyder. Ce lévulose est réduit par l'amalgame de sodium à l'état de mannite, identique à la mannite de la manne et à la mannite résultant de la réduction du dextrose ; on peut donc passer, par l'intermédiaire du *Mycoderma aceti*, du dextrose au lévulose.

M. A.-J. Brown a étudié un autre ferment acétique, le *Bacterium xylinum*, qui se développe très bien sur l'eau de levure additionnée de lévulose. Sur ce milieu, il forme une couche épaisse, glaireuse, essentiellement composée de cellulose. Il fabrique de la cellulose aux dépens du lévulose, et peut élaborer ce lévulose en partant de la mannite. Sur le dextrose, il donne de l'acide gluconique. La cellulose formée étant transformée par l'acide sulfurique en dextrose, le

*Bacterium xylinum* fournit un moyen de passer du lévulose au dextrose.

C'est probablement à l'aide du même organisme que M. Bertrand [*C. R.*, 122, 900] a réussi récemment à transformer la sorbite en sorbose.

L'addition de glycérine aux milieux de culture, ainsi que l'avait indiqué M. Roux, favorise singulièrement le développement du bacille de la tuberculose, et M. Bouveault [*Thèse de la Faculté de Médecine*, 1892] a reconnu qu'elle est consommée par le bacille de la tuberculose aviaire.

Tout récemment M. Péré [*Ann. de l'Inst. Pasteur*, 10, 417] a étudié le dédoublement des hydrates de carbone complexes sous l'influence des divers microbes, en particulier du *Tyrothrix tenuis*, du *Bacillus mesentericus vulgatus* et du *B. subtilis*. Ces microbes commencent par produire des hexoses; ainsi l'amidon est transformé en maltose, puis en dextrose, le saccharose en sucre interverti. Les hexoses sont ensuite attaqués : dans le cas du saccharose, c'est le lévulose qui est détruit plus rapidement que le dextrose par le *Tyrothrix tenuis* et le *Bacillus mesentericus vulgatus*, tandis que le *B. subtilis* fait de préférence l'inverse.

En dehors d'acides gras encore indéterminés, cette attaque des hexoses donne lieu à la formation d'*aldéhyde glycérique gauche*, qui passe à la distillation, que l'amalgame de sodium à 1 0/0 transforme en alcool isopropylique, glycérine, traces d'alcool allylique et d'acétone, tandis que l'oxydation ménagée par l'acide azotique très étendu fournit de l'acide glycérique droit.

Ce triose se forme à titre transitoire : lorsque le sucre générateur a disparu, le glycérose est brûlé avec formation intérimaire de traces d'aldéhyde formique.

La mannite et la glycérine fournissent ce même glycérose lévogyre. Avec la mannite, on peut retrouver, lorsqu'on a employé des sels ammoniacaux comme source d'azote nutritif, de petites quantités de sucres en $C^6$, fournissant de la glucosazone fusible vers 205°. Les solutions de ces hexoses sont dextrogyres ou lévogyres suivant qu'on les retire des cultures du *Tyrothrix tenuis* et du *Bacillus mesentericus vulgatus* ou des cultures du *Bac. subtilis*.

On voit donc qu'avant de passer, sous l'influence de ces microbes, à l'état d'eau et d'acide carbonique, les hydrates de carbone complexes et les alcools polyatomiques fournissent comme produits intérimaires des hexoses, du glycérose et de l'aldéhyde formique. Si, comme le pense M. Baeyer, ce dernier corps est utilisé par les végétaux comme premier terme de la synthèse des sucres, on trouve dans le travail de M. Péré un exemple remarquable d'une marche inverse suivie par les microbes dans leur procès de destruction, et on saisit, dans ce cas particulier, le mécanisme intime de cette destruction, qui est, comme on le sait, la contre-partie nécessaire de l'élaboration de matière organique produite par le monde des végétaux.

*Nutrition azotée.* — Nombre de micro-organismes peuvent emprunter aux sels minéraux l'azote qui leur est nécessaire. On le sait depuis les expériences de Pasteur sur la culture de la levure de bière et du ferment lactique dans des milieux purement minéraux. Mais les organismes distinguent pour la plupart entre l'azote nitrique et l'azote ammoniacal. Tandis que M. Ad. Mayer [*Untersuch. ueber die alkool. Gähr.*, 1869] considérait l'assimilation des sels ammoniacaux comme plus facile que celle des nitrates, M. Dubrunfaut [*C. R.*, 63, 263] admettait l'inverse. M. E. Laurent [*Ann. de l'Inst. Pasteur*,

3, 362] a reconnu que les levures préfèrent les sels ammoniacaux, sans doute parce qu'elles sont capables de transformer les nitrates en nitrites, qui sont toxiques pour elles dans une certaine mesure. Cette manière de voir est justifiée par les difficultés que présente, en brasserie, l'emploi d'eaux renfermant des nitrites.

Le *Cladosporium herbarum* [Laurent, *ibid.*, 2, 573], qui préfère les nitrates, ne donne de formes-levures que dans les solutions de sels ammoniacaux. De même que les levures, les bactéries préfèrent les sels ammoniacaux.

Parmi les moisissures, le *Penicillium glaucum*, le *Botrytis cinerea*, l'*Aspergillus niger*, l'*Oïdium lactis*, semblent préférer les sels ammoniacaux, tandis que l'*Alternaria tenuis*, le *Mucor racemosus*, l'*Aspergillus glaucus*, préfèrent l'azote nitrique.

Cet exposé sommaire sera complété plus loin dans l'étude de la nitrification.

Sauf de rares exceptions, la culture des infiniment petits est toujours plus facile lorsque les milieux qu'on leur offre renferment de l'azote organique. Mais la valeur de la matière azotée comme aliment dépend de sa nature propre et de l'être auquel on l'offre, et il y a lieu de distinguer entre les êtres qui sont de véritables ferments des matières albuminoïdes, et ceux qui consomment la matière azotée accessoirement à côté d'un élément hydrocarboné prédominant, et il faut naturellement ranger parmi ces derniers ceux qui n'ont point été étudiés jusqu'ici à ce point de vue.

La bactéridie charbonneuse a déjà donné lieu à quelques travaux relativement à sa nutrition azotée. C'est ainsi que M. Perdrix [*Ann. de l'Inst. Pasteur*, 2, 354] constate que la matière azotée du bouillon, du sérum et du lait est transformée par la bactéridie charbonneuse, vivant en présence de l'air, en ammoniaque.

Avec le même microbe, M. Iwanoff [*Ibid.*, 2, 131] a étudié les acides gras volatils produits dans le lait et dans des solutions de peptone à 2, 4 et 6 0/0. Dans les deux milieux, mais surtout dans le lait, il a observé la formation d'acide formique et d'acide caproïque, dont la proportion varie avec la virulence du microbe. Dans les cultures jeunes, on trouve aussi, à côté de l'acide caproïque qui est un produit constant, de l'acide acétique au lieu d'acide formique.

D'après M. Bouveault [*Thèse*, 1892], le bacille de la tuberculose aviaire consomme la créatine, la créatinine, la xanthine, l'ammoniaque et les amines du bouillon; il ne semble pas agir sur les peptones, bien qu'il peptonise la gélatine (voyez aussi plus loin : Kayser, *Fermentation lactique*).

M. Cramer [*Arch. f. Hygiene*, 16, 151] a fait vivre quatre bactéries sur des milieux renfermant de la peptone à des concentrations diverses, et a reconnu que la teneur de ces bactéries en azote est d'autant plus élevée que le milieu est lui-même plus azoté.

Parmi les ferments des matières albuminoïdes, M. Duclaux a étudié un certain nombre de bacilles qui concourent à la fabrication des fromages, qu'il a nommés du nom générique de *Tyrothrix*, et qui poussent plus ou moins loin la dégradation de la matière azotée du lait [*Ann. de l'Inst. Agronomique*, 1882]. Les uns, et ce sont surtout des aérobies, sont incapables d'attaquer le sucre de lait; ils alcalinisent le lait dans lequel ils ont vécu, en y donnant du carbonate d'ammonium et, à côté de ce sel, de l'urée, de la leucine, de la tyrosine, ainsi que les sels d'ammonium d'acides de la série grasse, acétique, butyrique et valérianique. La nature et les proportions de ces acides permettent de distinguer ces êtres les uns des autres. Les autres, anaérobies, vivent dans le lait en dégageant des gaz odorants, peuvent attaquer le sucre de lait, et acidifient, en général, le milieu de culture en produisant des acides gras comme les premiers.

Dans l'action de ces microbes sur la matière albuminoïde, celle-ci commence toujours par être peptonisée par l'intermédiaire de diastases, puis la dégradation de la matière azotée donne lieu à des acides amidés et à des acides gras, termes ultimes de son dédoublement. Les travaux de M. Miquel (voyez 1er Suppl.) ont montré combien sont nombreux les êtres qui, à leur tour, sont capables de transformer l'urée en carbonate d'ammonium.

Parmi les produits de décomposition de la matière albuminoïde, il en est un auquel on attache une grande importance pour la distinction de certaines espèces de microbes pathogènes : c'est l'indol. M. Pœhl [D. chem. G., 19, 1162] a le premier remarqué que les cultures du bacille du choléra se colorent en rouge lorsqu'on les acidifie. Cette coloration a été étudiée successivement par MM. Brieger [Deutsch. med. Wochenschr., 1878, nos 15 et 22], Bujwid [Zeit. f. Hygiene, 2, 52], Dunham [Ibid., 337]. Ce dernier remarque que tous les acides produisent la coloration, mais que l'acide chlorhydrique est celui qui la développe le plus. On obtient surtout la coloration avec les cultures sur peptone; les milieux albumineux la fournissent aussi, bien que plus lentement [Jodassohn, Breslauer aerzl. Zeitschr., 1887]. Suivant M. Bujwid [Ann. de l'Inst. Pasteur, 2, 30], la réaction exige la présence d'indol et d'acide azoteux : d'où le nom de réaction indol-nitreuse, qu'on lui a donné depuis. Seul le bacille cholérique donnerait naissance à ces deux produits, et si on a observé la coloration avec d'autres microbes, c'est que l'acide qui a été ajouté pour produire la réaction renfermait de l'acide nitreux.

L'indol a été trouvé, à côté du phénol, dans les cultures de bacille du ténanos dans le bouillon peptonisé, par MM. Kitasato et Weyl [Zeit. f. Hygiene, 8, 404]. M. Lewandowski [D. med. Wochenschr., 16, 1186] a recherché l'indol et le phénol dans les produits de la distillation du bouillon ayant servi à la culture, après acidification avec l'acide chlorhydrique.

Le phénol a été caractérisé par l'eau de brome, l'indol par l'acide sulfurique et le nitrate de sodium. Les divers bacilles cholériques donnent de l'indol et pas de phénol; entre autres microbes, le ferment lactique donne de l'indol et du phénol; la plupart des microbes pathogènes n'ont donné ni indol, ni phénol. M. Péré [Ann. de l'Inst. Pasteur, 6, 512] a constaté, en étudiant comparativement le Bacterium coli commune et le Bacille typhique, que ce dernier ne produit jamais d'indol, et que le premier ne peut en produire qu'en présence de peptone. Même en présence de ce corps, il n'en fournit qu'en l'absence de sucre fermentescible pour lui (glucose ou lactose).

### III. — FERMENTATION ALCOOLIQUE.

Dans cet aperçu des progrès de nos connaissances sur la fermentation alcoolique, nous examinerons successivement la question par ses divers côtés, à savoir : 1° les organismes capables de produire la fermentation alcoolique, c'est-à-dire avant tout les levures; 2° la matière fermentescible et la fermentation proprement dite; 3° les produits de la fermentation alcoolique.

Levures. — Leur origine. — Par levures nous entendrons les organismes qui se présentent au microscope sous l'aspect ovoïde, plus ou moins elliptique ou sphérique, qui se reproduisent par bourgeonnement et sont capables de fournir d'une manière constante de l'alcool, quand on les ensemence en profondeur dans les liquides sucrés. Il y a beaucoup d'organismes qui présentent la forme des levures sans être cependant des ferments alcooliques vrais, et d'autres qui sont des ferments alcooliques vrais sans qu'on ait pu observer chez eux la formation d'ascospores, qu'on a cependant considérée (par exemple M. Hansen) comme un caractère générique des saccharomyces.

Les travaux de Pasteur ont établi que les levures ont pour origine des formes particulières rappelant les moisissures, qu'il a rattachées aux Dematium, et qu'on trouve à la surface des fruits sucrés, particulièrement abondantes au moment de la maturité. M. Hansen a depuis [C. R. du Laboratoire de Carlsberg, passim] développé ces notions sur l'origine des levures, et M. E. Laurent [Ann. de l'Inst. Pasteur, 2, 558, 581] a nettement montré l'influence de la lumière solaire sur la transformation de diverses moisissures en cellules ayant la forme et les propriétés de levures véritables. Cette origine ne semble pas douteuse actuellement, bien que le mécanisme profond de la transformation soit loin d'être élucidé. M. Jörgensen [Centralbl. f. Bakteriol., (2), 1, 321, 823] a observé la transformation en partant de moisissures du genre Dematium et Chalara, qui, cultivées sur des grains de raisin stérilisés, ont donné des conidies avec des spores évoluant ensuite sous la forme levure. Contredite par MM. Klœcker et Schiœnning [Woch. f. Brauerei, 13, 83] et par MM. Will et Steuber [Zeitschr. Ges. Brauw., 19, 85], cette observation a été faite de nouveau récemment par M. Sorel [C. R., 121, 948], qui, en partant de l'Aspergillus orizæ, a obtenu des formes-levures, et qui pense avoir réalisé le cycle complet en revenant de la forme-levure à la moisissure primitive.

Levure pure. — Les diverses races de levure. — Les travaux de M. E.-Chr. Hansen [C. R. du Laboratoire de Carlsberg., passim, 1882 à 1888] ont attiré l'attention sur la question de la pureté des levures et sur son importance dans les pratiques industrielles. La définition donnée par Pasteur de la levure pure, levure exempte de bactéries, a été étendue et précisée par le savant danois. Grâce à l'emploi des milieux de culture solide, dans l'espèce le moût de bière gélatinisé, il lui a été possible de préparer facilement des cultures de levures issues d'une seule cellule, résultat auquel on ne pouvait arriver auparavant que par la méthode plus pénible des dilutions.

M. Hansen répartit donc dans du moût de bière gélatinisé et stérile une petite quantité de levure, étale une petite portion du mélange sur une lamelle de verre stérilisée, qui sert de couvercle à une chambre humide, et observe au microscope une cellule isolée, jusqu'à ce qu'elle ait donné, par suite de son développement, une colonie assez volumineuse pour qu'on puisse aller y chercher avec sécurité une semence. C'est là l'origine de la culture pure telle que la définit le savant danois : la culture pure ne renferme qu'une levure de race unique, issue d'une cellule unique.

Ayant ainsi obtenu une série de cultures de diverses races de levure, M. Hansen s'est préoccupé d'observer un certain nombre de caractères qui permettent de différencier ces levures. L'un des plus importants est l'étude de la formation des spores (voyez 1er Suppl.). Lorsqu'on prend les diverses levures dans des conditions aussi identiques que possible, comme le sont des cultures âgées de 24 heures, après une série de cultures successives de 24 en 24 heures dans un *même* moût de bière, on observe que chaque race forme des spores, sur bloc de plâtre, à une température déterminée, au bout d'un temps qui est toujours le même pour cette race. D'une race à l'autre, il y a des différences assez sensibles pour qu'elles permettent de distinguer ces races. Un second caractère auquel M. Hansen a attaché une très grande importance est ce qu'il a appelé la formation des *voiles*. Lorsqu'une levure a fait fermenter du moût de bière dans des conditions de pureté, à l'abri de toute infection venue de l'extérieur, et qu'on laisse le liquide abandonné à lui-même, on voit apparaître au bout de quelque temps une pellicule superficielle très mince, souvent limitée à un simple anneau localisé contre les parois du vase, à la surface du liquide, et dans ce *voile* l'aspect microscopique des cellules est différent de celui des cellules de la profondeur. Pasteur avait déjà attiré, dans ses *Études sur la bière*, l'attention sur ces formes, qu'il a appelées *levures aérobies*; elles sont en général plus rameuses que les levures du fond. M. Hansen a constaté, de même que pour la formation des spores, que la formation de ces voiles se produit toujours, pour une levure déterminée et à une température déterminée, au bout du même temps.

Ces deux observations, formation des spores et formation des voiles, constituent, avec l'étude de l'aspect microscopique des cellules, et, d'après M. Lindner, avec l'étude de l'aspect microscopique des cultures sur moût gélatinisé, des caractères distinctifs qui permettent de différencier les races de levure. Voici, d'après M. Hansen, quels sont les temps nécessaires pour la formation des spores et des voiles, pour 6 races qu'il a étudiées tout d'abord, en même temps que les caractères microscopiques de ces races.

Le *Saccharomyces cervisiæ* I, dont les cellules ont une longueur de 8 à 10 µ et une largeur de 3 à 5 µ, présente de nombreuses variétés, qui constituent les levures de brasserie, hautes et basses.

*Formation des spores.*

| | | |
|---|---|---|
| A 37°,5 C. | | néant. |
| » 36-37°. | après | 29 heures. |
| » 35°. | » | 25 » |
| » 33°,5. | » | 23 » |
| » 30°. | » | 20 » |
| » 25°. | » | 23 » |
| » 23°. | » | 27 » |
| » 17°,5. | » | 50 » |
| » 16°,5. | » | 65 » |
| » 11-12°. | » | 10 jours. |
| » 9°. | | néant. |

*Formation du voile.*

| | | |
|---|---|---|
| A 38° C. | | néant. |
| » 13-15°. | après | 15-30 jours. |
| » 6-7°. | » | 2-3 mois. |
| » 5°. | | néant. |

Les autres levures étudiées par M. Hansen sont pour la bière des ferments de maladie : lorsqu'elles se trouvent mélangées au levain en proportion notable, elles produisent dans la bière un goût amer ou vineux désagréable, ou bien donnent naissance à un trouble persistant qui empêche toute clarification. Il semble qu'il faille rapporter leur origine aux cellules qui prennent naissance sur les fruits sucrés, et c'est surtout au moment de la maturation de ces fruits que les levains de brasserie sont contaminés par ces levures, que M. Hansen a dénommées *levures sauvages*.

Le savant danois a décrit 3 races de *Saccharomyces Pastorianus*, qui présentent, comme le *Saccharomyces Pastorianus* découvert par Pasteur, des formes allongées, en boudins, et très rameuses.

Saccharomyces Pastorianus I :

*Formation des spores.*

| | | |
|---|---|---|
| A 31°,5 C. | | néant. |
| » 29°,5-30°,5 | après | 30 heures. |
| » 29°. | » | 27 » |
| » 27°,5. | » | 24 » |
| » 23°,5. | » | 26 » |
| » 18°. | » | 35 » |
| » 15°. | » | 50 » |
| » 10°. | » | 89 » |
| » 8°,5. | » | 5 jours |
| » 7°. | » | 7 » |
| » 3-4°. | » | 14 » |
| » 0°,5. | | néant. |

*Formation du voile.*

| | | |
|---|---|---|
| A 34° C. | | néant. |
| » 26-28°. | après | 7-10 jours. |
| » 20-22°. | » | 8-15 » |
| » 3-4°. | | néant. |

Saccharomyces Pastorianus II :

*Formation des spores.*

| | | |
|---|---|---|
| A 29° C. | | néant. |
| » 27-28°. | après | 34 heures. |
| » 25°. | » | 25 » |
| » 23°. | » | 27 » |
| » 16°. | » | 37 » |
| » 15°. | » | 48 » |
| » 11°,5. | » | 77 » |
| » 7°. | » | 7 jours. |
| » 3-4°. | » | 17 » |
| » 0°,5. | | néant. |

*Formation du voile.*

| | | |
|---|---|---|
| A 34° C. | | néant. |
| » 26-28°. | après | 7-10 jours. |
| » 20-22°. | » | 10-25 » |

Saccharomyces Pastorianus III :

*Formation des spores.*

| | | |
|---|---|---|
| A 29° C. | | néant. |
| » 26-28°. | après | 35 heures. |
| » 26°,5. | » | 30 » |
| » 25°. | » | 28 » |
| » 22°. | » | 29 » |
| » 17°. | » | 44 » |
| » 16°. | » | 53 » |
| » 10°,5. | » | 7 jours. |
| » 8°,5. | » | 9 » |
| » 4°. | | néant. |

*Formation du voile.*

| | | |
|---|---|---|
| A 34° C. | | néant. |
| » 26-28°. | après | 7-10 jours. |
| » 20-22°. | » | 9-12 » |
| » 2-3°. | | néant. |

Les deux levures qui suivent sont des levures de vin et président à la fermentation de cette boisson; elles produisent des troubles dans la bière.

Saccharomyces ellipsoïdeus I :

*Formation des spores.*

| | | |
|---|---|---|
| A 32°,5 C. | | néant. |
| » 30-31°5 | près | 36 heures. |
| » 29°,5. | » | 23 » |
| » 25°. | » | 21 » |
| » 18°. | » | 33 » |
| » 15°. | » | 45 » |
| » 10°,5. | » | 4,5 jours. |
| » 7°,5. | » | 12 » |
| » 4°. | | néant. |

*Formation du voile.*

| | | |
|---|---|---|
| A 38° C. | | néant. |
| » 36-38°. | après | 8-12 jours. |
| » 33-34°. | » | 4,5 » |
| » 20-23°. | » | 10-17 » |
| » 5°. | | néant. |

**Saccharomyces ellipsoïdeus II :**

*Formation des spores.*

| | |
|---|---|
| A 35° C .............. | néant. |
| » 33-34°.............. | après 31 heures. |
| » 33°.............. | » 27 » |
| » 31°,5.............. | » 23 » |
| » 29°.............. | » 22 » |
| » 25°.............. | » 27 » |
| » 18°.............. | » 42 » |
| » 11°.............. | » 5,5 jours. |
| » 8°.............. | » 9 » |
| » 4°.............. | néant. |

*Formation du voile.*

| | |
|---|---|
| A 40° C.............. | néant. |
| » 36-38°.............. | après 8-12 jours. |
| » 33-34°.............. | » 3-4 » |
| » 2-3°.............. | néant. |

Nombre d'autres levures ont été décrites depuis les premiers travaux de M. Hansen. Nous parlerons plus loin de quelques-unes d'entre elles qui se distinguent par des propriétés particulièrement intéressantes.

Les recherches de M. Hansen ont eu pour effet d'introduire dans un certain nombre de brasseries, principalement en Allemagne, l'emploi de levures pures de race unique. Dès qu'on a su, en effet, que certaines levures pouvaient contaminer les levains, et produire dans la bière des maladies, à l'égal des bactéries dont Pasteur avait démontré l'influence, il a fallu s'assurer la possibilité de remplacer un levain contaminé par une levure de pureté certaine, capable de fournir toujours le même produit. De là la pratique, qui tend à se répandre de plus en plus, de prélever dans un levain qui donne de bons résultats, et qui est toujours un mélange de plusieurs races en proportions variables, une cellule de la race de levure qui prédomine, et de faire de cette cellule le point de départ d'une culture pure, qui est ensuite introduite dans la fabrication de la même manière que les levains d'autrefois. Pour arriver à produire une quantité de levure pure suffisante pour les besoins de la pratique, on a imaginé des appareils très nombreux, dans la description desquels nous ne pouvons entrer ici.

*Action de la chaleur sur les levures.* — Les spores de la levure, qui ont été étudiées avec grand soin par M. Hansen, sont des formes de résistance, comme la spore chez le bacille. M. Kayser, qui a reconnu [*Ann. de l'Inst. Pasteur*, 3, 613] qu'elles se produisent lorsque la levure est ensemencée dans une solution de lactose additionnée d'une trace de bouillon Liebig et de craie, a démontré qu'elles sont aussi plus résistantes à l'action de la chaleur que les cellules de levure normales.

La plupart des levures périssent, à l'état humide, entre 55 et 60°, après 5 minutes de chauffage; dans les mêmes conditions, leurs spores résistent à une température de 5 à 10° plus élevée. A l'état sec, les levures périssent au bout de 5 minutes à une température de 90-105°, tandis que leurs spores exigent une température de 115 à 125°, c'est-à-dire 15 à 20° de plus en moyenne. Lorsque la levure est vieille, elle supporte mieux l'action de la chaleur que lorsqu'elle est jeune, et les spores d'une levure, chauffées à une température voisine de la température mortelle, donnent naissance à des cellules plus résistantes que celles qui n'ont pas subi cette épreuve.

M. Kayser a également observé [*Ann. de l'Inst. Pasteur*, 6, 569] que certaines levures de vin qui se développent à température relativement élevée (33-36°) peuvent fournir des spores résistant très bien à la dessiccation, et qui, ensemencées au bout de plusieurs mois dans du moût, fermentent aussi activement que les mêmes levures conservées par des cultures successives.

*Différenciation des diverses races de levure.* — Les caractères distinctifs des diverses races de levure sont jusqu'ici assez confus pour qu'on ait été obligé de multiplier les méthodes de différenciation. Il arrive pour les levures ce qui se produit pour les autres micro-organismes, à savoir que le problème qui consiste à distinguer ou à identifier deux races — et par là nous entendons deux levures authentiquement pures, issues chacune d'une cellule unique — est excessivement délicat. Le caractère de la formation des spores, sur blocs de plâtre, que nous avons indiqué d'après les travaux de M. Hansen, n'est très net que pour quelques races, et il y en a beaucoup d'autres pour lesquelles cette étude n'offre pas de caractères assez certains pour permettre une différenciation. La résistance de la levure à la chaleur, soit lorsqu'elle est à l'état sec, soit lorsqu'elle est contenue dans le milieu qu'elle a fait fermenter, peut déjà fournir des renseignements utiles. Deux autres modes de distinction des diverses races de levure méritent d'attirer l'attention. Le premier, qui n'a pas, à notre connaissance, reçu d'application générale, est dû à M. Duclaux [*Ann. de l'Inst. Pasteur*, 3, 380]; il consiste à ensemencer les diverses races à distinguer ou à identifier dans un même milieu sucré, auquel on a ajouté des quantités croissantes d'alcali ou d'acide. Il se produit entre les diverses levures une différence dans la durée de leur évolution, différence qui se retrouve toujours lorsqu'on a soin de prendre la semence dans les mêmes conditions physiologiques.

La seconde méthode, préconisée par M. Van Laer [*Trans. Inst. of Brewing*, 7, 55] pour la distinction des levures de brasserie, mais applicable aussi à d'autres levures, consiste à caractériser chaque levure par son *atténuation-limite*. Lorsqu'une levure déterminée est introduite dans un même moût de bière, elle y pousse toujours la fermentation jusqu'au même terme, elle fait toujours disparaître la même proportion de l'extrait primitif du moût, par suite de phénomènes se rattachant à la question de la *fermentation élective*, dont nous aurons à parler plus loin. La limite vers laquelle tend, avec une même levure, la diminution de la densité du moût ou l'atténuation, a donc permis de classer les levures d'après leur atténuation-limite, et ce caractère, joint à l'aspect microscopique et aux autres éléments de distinction que nous venons de signaler, rend de très grands services dans la détermination d'une levure. M. Martinand [*C. R.*, 107, 745] avait déjà fondé un mode de différenciation des levures sur des propriétés du même ordre, la différence de vitesse de la fermentation des moûts.

*Alimentation hydrocarbonée de la levure.* — Les sucres sont les aliments de prédilection de la levure; mais, dans l'étude de leur consommation et de leur transformation en alcool et acide carbonique, il y a lieu de considérer la nature du sucre et la nature de la levure.

Pour tous les sucres, on peut dire, d'une manière générale, que leur fermentescibilité est en relation étroite avec leur structure moléculaire, et M. E. Fischer [*D. chem. G.*, 23, 2114] a mis en lumière ce fait capital que les sucres renfermant 3 atomes de carbone ou des multiples de 3 sont seuls fermentescibles, tandis que les pentoses, les octoses, les heptoses ne sont pas fermentescibles. Mais même parmi les sucres qui renferment un nombre d'atomes de carbone représenté par un multiple de 3, il y en a qui, pour être transformés en alcool et acide carbonique, exigent des levures spéciales.

Les disaccharides ne sont pas directement assimilables par la levure. On ne connaît pas jusqu'ici de levure capable de faire fermenter un sucre en $C^{12}$, sans dédoublement préalable au moyen d'une diastase. Certaines levures peuvent, il est vrai, vivre à la surface de solutions renfermant un disaccharide, comme la levure décrite par M. E. Roux [*Bull. Soc. Chim.*, (2), **35**, 371]; mais alors elles vivent à la manière des moisissures, en oxydant le sucre et le brûlant intégralement. Il résulte des travaux récents de M. E. Fischer que le maltose lui-même, qu'on avait cru jusque-là directement fermentescible, est au préalable dédoublé par une diastase spéciale, la maltase de la levure, en 2 molécules de glucose [*D. chem. G.*, **27**, 2985, 3479].

Les disaccharides sont, après les sucres en $C^6$, les plus étudiés au point de vue de la fermentescibilité, et certaines levures qui font fermenter les uns ne font pas fermenter les autres.

M. Grimaux [*C. R.*, **105**, 1175] avait déjà établi que l'aldéhyde glycérique, produite par oxydation de la glycérine, peut subir la fermentation alcoolique en présence de la levure de bière.

Les sucres en $C^6$ sont ceux qui subissent le plus facilement la fermentation alcoolique : presque toutes les levures consomment le dextrose et le lévulose; il y a des sucres qu'on n'a pu jusqu'ici dédoubler par fermentation alcoolique, mais il serait prématuré de déclarer qu'ils ne sont pas fermentescibles, car on peut penser qu'on découvrira des levures capables de les consommer. Nous trouverons des exemples de ces faits à propos de la fermentation élective des sucres; mais il faut remarquer qu'on n'a vraiment recueilli des renseignements précis et certains qu'à partir du jour où on a opéré avec des cultures pures de levures composées d'une race unique.

Parmi les levures qui ont été plus spécialement étudiées dans ces dernières années, nous nous bornerons à citer celles qu'on a définies par des propriétés physiologiques particulières, et pour lesquelles on ne s'est pas borné à donner des caractères morphologiques dont, on le sait actuellement, la valeur est d'importance secondaire.

Le *Saccharomyces apiculatus* a été soigneusement étudié par M. Hansen [*C. R. du Laboratoire de Carlsberg*, **1**, 173]; il ne fait fermenter ni le saccharose, ni le maltose. Indépendamment de sa forme en citron, il présente un mode de bourgeonnement spécial et d'intéressantes variations de forme.

Le *Schizosaccharomyces octosporus* de Beyerinck [*Centralbl. f. Bakteriol.*, **16**, 49] ne fait pas fermenter le saccharose, mais agit sur le maltose; il élabore de la maltase [Fischer et Lindner, *D. chem. G.*, **28**, 984]; il en est de même du *Saccharomyces membranæfaciens* de M. Hansen [*C. R. du Lab. de Carlsberg*, **2**, 147], qui fait fermenter le dextrose et le maltose, mais est sans action sur le lactose et le saccharose.

Le *Saccharomyces marxianus* [Hansen, *ibid.*, **2**, 145] et le *Saccharomyces Ludwigii* [Hansen, *Centralbl. f. Bakteriol.*, **5**, 632] sont incapables de faire fermenter le maltose, mais agissent sur le saccharose. La première de ces levures sécrète de la sucrase, mais pas de maltase [Fischer et Lindner, *loc. cit.*].

Le sucre de lait semblait, jusqu'à ces dernières années, incapable de subir une fermentation alcoolique régulière. M. Duclaux [*Ann. de l'Inst. Pasteur*, **1**, 573] a décrit une petite levure sphérique qui produit la fermentation alcoolique du lactose, et ne brûle qu'une quantité insignifiante de ce sucre, même en un milieu fortement aéré. Cette levure est très sensible à l'acidité du milieu, et vit de préférence en milieu neutre; sa



température optima est comprise entre 28 et 32°. Ainsi que l'a démontré M. E. Fischer, la fermentation du lactose est précédée d'une hydrolyse par une diastase spéciale, la lactase.

Une seconde levure du lactose a été décrite par M. Adametz [*Centralbl. f. Bakteriol.*, **5**, 116], et M. Kayser [*Ann. de l'Inst. Pasteur*, **5**, 395] a repris l'étude comparative des levures de lactose de MM. Duclaux (*b*) et Adametz (*a*), ainsi que d'une troisième levure (*c*) qu'il a isolée lui-même. *a* meurt à 56° à l'état humide, à l'état sec elle résiste à 100°. *b* périt à 50° à l'état humide, et à 50-60° à l'état sec. *c* meurt à 55° à l'état humide, et à 90-100° à l'état sec. Les levures *a* et *c*, d'ordinaire sphériques ou elliptiques, deviennent rameuses lorsqu'on les cultive dans un milieu acide; elles sont aussi aérobies que la levure *b* de M. Duclaux, et s'affaiblissent rapidement quand on les cultive, dans une série de fermentations, sans leur donner le contact de l'air.

A ces levures du lactose, qui font fermenter péniblement le maltose, mais consomment le saccharose aussi facilement que le lactose, il convient d'ajouter le *Saccharomyces kefir*, étudié par M. Beyerinck [*Arch. néerl.*, **23**, 428].

Cette levure dédouble le lactose à l'aide d'une lactase et le fait fermenter, en contribuant, par sa symbiose avec une bactérie, à la production de la boisson nommée *kéfir*. Nous retrouverons cette bactérie en traitant de la fermentation lactique.

Parmi les trioses, le seul sucre dont la fermentation ait donné lieu à quelques travaux est le raffinose. M. Berthelot [*C. R.*, **109**, 548] constate que, sous l'influence d'une levure affaiblie (?), le raffinose donne du glucose qui fermente, et qu'il reste comme résidu un sucre non fermentescible. M. Loiseau [*ibid.*, 614] étudie la fermentation du raffinose sous l'influence de diverses levures de bière : il reconnaît que les levures de fermentation basse le font disparaître intégralement, tandis que les levures de fermentation haute n'en consomment qu'un tiers, en laissant comme résidu un sucre qui fermente après hydrolyse par les acides. C'est à une conclusion analogue qu'arrive M. A. Bau [*Zeitschrift für das gesammte Brauwesen*, **19**, 7]; il a étudié l'action sur le raffinose d'une levure de bière haute et d'une levure basse, appartenant toutes deux au type Frohberg, c'est-à-dire à forte atténuation, et a reconnu que la levure haute ne fait fermenter le mélibiose que lorsqu'il a été au préalable dédoublé en glucose et galactose par une diastase spéciale, la *mélibiase*, que la levure basse est capable d'élaborer. Il y aurait là d'après M. Bau, et aussi d'après M. Herzfeld, un moyen de déceler la présence de levure basse dans la levure haute, en admettant que ces différences dans la propriété de faire ou de ne pas faire fermenter le raffinose se retrouvent chez toutes les levures basses et hautes.

*Fermentation élective; dédoublement de corps inactifs.* — Lorsque plusieurs sucres sont mélangés, tous ne fermentent pas avec une égale vitesse. La levure consomme d'abord le sucre qui lui convient le mieux. En 1847, M. Dubrunfaut avait montré, dans l'étude de la fermentation du sucre interverti [*C. R.*, **69**, 1242], que c'est le glucose qui disparaît le plus rapidement au début de la fermentation.

M. Bourquelot [*C. R.*, **100**, 1404] a montré que la nature du sucre qui disparaît dans un mélange varie avec les conditions de l'expérience et avec le stade auquel on l'étudie. Faisant deux mélanges, l'un de maltose et lévulose, l'autre de glucose et lévulose, renfermant chacun 2 0/0 de chacun des sucres, et ajoutant 0ᵍʳ,50 de levure pour 100 centimètres cubes, il a observé que pour le premier mélange c'est le lévulose, pour le second le glucose, qui fermente le plus vite au début de la fermentation. Au bout d'un certain temps, le phénomène se renverse, et est d'ailleurs modifié par la température, la dilution, la dose d'alcool. Maintenant que l'on sait que le maltose subit l'hydrolyse avant de fermenter, le résultat fourni par le premier mélange n'a pas lieu de nous étonner.

Il semble d'ailleurs que certains sucres en $C^6$, qui sont difficilement fermentescibles, puissent fermenter intégralement par une sorte de phénomène d'entraînement lorsqu'ils sont en présence d'autres sucres facilement fermentescibles. Tel est du moins le cas observé par M. Bourquelot [*C. R.*, **106**, 283] pour le galactose, qui, seul, n'est pas fermentescible, et qui disparaît intégralement lorsqu'il est en présence de glucose, de lévulose ou de maltose.

M Van Laer a reconnu récemment [*Bull. de l'Association belge des Chimistes*, février 1896] que le même phénomène d'entraînement ne se présente pas avec les disaccharides. Ses essais ont été faits avec deux *torulas*, capables de faire fermenter toutes deux le dextrose et le lévulose, mais incapables de consommer, l'une le maltose, l'autre le maltose et le saccharose. Leur action sur des mélanges de disaccharide et d'un hexose s'arrête dès que le second de ces sucres a disparu.

MM. Gayon et Dubourg [*C. R.*, **110**, 865] ont reconnu que la plupart des levures industrielles, cultivées à l'état de pureté, et mises en présence du sucre interverti, font d'abord disparaître le dextrose, puis le lévulose. Il y a cependant des races de levure qui présentent une propriété inverse.

Ces propriétés que présente la levure de choisir parmi les sucres qu'on lui offre ont été utilisées par M. E. Fischer [*D. chem. G.*, **23**, 370, 2114] pour isoler d'une part le mannose-*l*, d'autre part le lévulose-*l*, en partant respectivement du mannose-*i* et du lévulose-*i*, et en faisant agir sur ces corps inactifs la levure de bière, qui ne consomme que la forme droite. Il avait d'ailleurs réussi également, en employant le *Penicillium glaucum*, à isoler la lactone mannonique gauche en partant du corps inactif.

On a également utilisé ces propriétés de la levure pour l'analyse des moûts de brasserie [V. Bau, *Chemiker Zeit.*, 1893, 23, 29].

*Relations de la levure avec l'oxygène.* — Pasteur a montré le premier, dans ses *Études sur la bière*, que la levure est capable de mener deux modes d'existence distincts. Dans la vie *aérobie*, lorsqu'elle vit en surface, elle joue le rôle d'un agent de combustion : elle oxyde intégralement le sucre et peut même, lorsqu'elle le large contact de l'air, oxyder des sucres qu'elle est incapable de dédoubler en alcool et en acide carbonique. Dans ce premier mode d'existence, la levure se multiplie beaucoup, et une fraction notable du poids du sucre disparu se retrouve à l'état d'être vivant, fraction qui, toutes choses égales d'ailleurs, peut varier avec la nature de la levure sur laquelle on expérimente.

Dans son second mode d'existence, la vie *anaérobie*, la levure vivant en profondeur se multiplie peu : son poids ne représente plus qu'une fraction minime du poids de sucre consommé, et le sucre est dédoublé en alcool et acide carbonique. Comme un poids déterminé de sucre fournit, par sa combustion totale, une quantité de chaleur bien supérieure à celle qu'il dégage dans son dédoublement en alcool et acide carbonique, il est clair qu'un poids déterminé de levure, vivant à l'abri de l'air, devra décomposer plus de sucre pour trouver la chaleur qui lui est

nécessaire que si elle peut le brûler directement au contact de l'air. Le *pouvoir ferment*, c'est-à-dire la quantité de sucre que l'unité de poids de levure peut décomposer dans l'unité de temps, croît donc, toutes choses égales d'ailleurs, à mesure que l'air fait défaut.

Ce sont là, brièvement, les notions qui résultent des travaux de Pasteur sur la fermentation alcoolique, et qui se sont traduites par la phrase célèbre de l'illustre maître : « La fermentation est la vie sans air ». Elles ont été étendues par des travaux récents. Lorsqu'on passe d'une race de levure à une autre, on observe une variation notable dans la facilité avec laquelle les diverses levures peuvent mener la vie aérobie ou la vie anaérobie.

La *mycolevure*, découverte par M. Duclaux [*Microbiologie*, 249], est douée de propriétés aérobies marquées, car elle ne peut vivre en profondeur et produire la fermentation alcoolique que si elle s'est au préalable développée en surface, au large contact de l'air. A l'autre extrémité de l'échelle, la levure de lactose, découverte par le même savant, est une levure très anaérobie, car elle produit autant d'alcool dans un milieu fortement aéré qu'en l'absence de l'air.

D'autre part, la valeur du pouvoir ferment est en relation avec la nature du sucre offert à la levure. C'est ainsi que M. A. J. Brown [*Chem. Soc. Trans.*, **46**, 911] a reconnu que, au début de la fermentation, le pouvoir ferment d'une levure est beaucoup plus grand si on lui donne du dextrose à consommer que si on lui donne du saccharose. On supprime, en effet, dans le premier cas le travail nécessaire à l'interversion du sucre. Le même auteur constate également que le pouvoir ferment est d'autant plus élevé que la concentration de la solution sucrée est plus grande. Il a enfin reconnu que le nombre de cellules de levure qui peuvent se former dans un liquide sucré déterminé tend vers une certaine limite qu'il ne dépasse pas, et que si on ensemence le liquide avec ce nombre de globules limité, il n'augmente pas, malgré l'aération.

*Produits de la fermentation alcoolique.* — Pasteur avait montré qu'en dehors de l'alcool et de l'acide carbonique la fermentation alcoolique donne lieu à la production de glycérine et d'acide succinique, qui sont formés aux dépens du sucre. Il y a environ 5 ou 6 0/0 du poids du sucre qui échappe à l'équation de Gay-Lussac ; mais cette proportion semble variable avec la race de levure étudiée, avec la nature du sucre qui fermente, et avec nombre d'autres causes qui n'ont pas été nettement élucidées.

M. Effront [*C. R.*, **119**, 94 ; *Moniteur scientifique*, **44**, 743] a montré que c'est surtout à la fin de la fermentation, entre la 72e et la 96e heure, que se forment la glycérine et l'acide succinique, lorsque la levure est épuisée et a perdu une partie de son activité. C'est ce que prouvent les chiffres suivants :

|  | Alcool. | Glycérine. | Acide succinique. |
|---|---|---|---|
| Après 1 jour de ferm<sup>on</sup>. | 9,4 | 0,1503 | 0,0254 |
| » 2 » | 10,8 | 0,3508 | 0,0475 |
| » 3 » | 11,1 | 0,3992 | 0,0675 |
| » 4 » | 11,5 | 0,91 | 0,0920 |

Il a, de plus, reconnu que lorsque la levure a été accoutumée à l'acide fluorhydrique, ainsi qu'on le verra dans le paragraphe que nous consacrons à l'adaptation de la levure aux antiseptiques, elle prend un pouvoir ferment tel, qu'elle se trouve à la fin de la fermentation dans les conditions où se trouve une levure ordinaire au début de la fermentation ; elle produit alors beaucoup moins de glycérine et d'acide succinique, fait que démontrent les chiffres suivants, et qui présente une importance capitale au point de vue industriel, puisqu'une levure accoutumée permet d'obtenir un rendement en alcool supérieur à celui que fournit une levure non accoutumée :

Levures accoutumées.

|  | Moût concentré. | Moût dilué. |
|---|---|---|
| Alcool pour 100 gr. de moût. | 12,7 | 10,7 |
| Glycérine » » . | 0,065 | 0,019 |
| Ac. succinique » » . | 0,011 | 0,0032 |

Levures ordinaires.

|  | Moût concentré. | Moût dilué. |
|---|---|---|
| Alcool pour 100 gr. de moût. | 12,5 | 9,3 |
| Glycérine » » . | 0,75 | 0,257 |
| Ac. succinique » » . | 0,132 | » |

MM. Mach et Portele [*Landw. Versuchsstationen*, 41. 270] ont étudié la variation de la teneur en glycérine des vins pendant la fermentation et pendant la conservation, et ont reconnu, de même que M. Effront, que c'est surtout à la fin de la fermentation qu'il se produit de la glycérine ; mais la proportion de glycérine ne semble pas augmenter, une fois la fermentation terminée. Elle est plus grande si le moût a été aéré pendant la fermentation.

Par contre, M. Rau, étudiant la variation de l'acide succinique [*Archiv. f. Hygiene*, 14, 225], trouve que l'aération est sans influence sur la formation de cet acide, et que le rapport entre l'alcool et l'acide succinique est constant d'un bout à l'autre de la fermentation.

MM. Claudon et Morin [*C. R.*, 104, 1109 ; *Bull. Soc. Chim.*, (2), 49, 178] ont fait fermenter 100 kilogrammes de sucre par une levure elliptique pure, c'est-à-dire exempte de bactéries, et ont séparé par fractionnement les divers produits de la fermentation, dont ils ont isolé les quantités suivantes :

| | |
|---|---|
| Aldéhyde | traces. |
| Alcool éthylique | 50 615 grammes. |
| Alcool propylique normal. | 2 » |
| Alcool isobutylique | 1,5 » |
| Alcool amylique | 51 » |
| Ether œnanthique | 2 » |
| Glycol isobutylénique | 158 » |
| Glycérine | 2 120 » |
| Acide acétique | 205 » |
| Acide succinique | 452 » |
| Furfurol | traces. |

Tous ces corps semblent donc être des produits constants de la fermentation alcoolique. Cependant MM. Rayman et Kruis [*Mittheilungen der Versuchsstation für Spiritusindustrie in Prag*, 1, 1891], étudiant à divers âges des bières préparées avec des levures pures, de race unique, reconnaissent entre autres faits que l'alcool éthylique est le seul alcool produit normalement dans la fermentation (voyez aussi à ce sujet Lindet, *C. R.*, 102, 102. 663].

M. Roser [*Annales de l'Institut Pasteur*. 7, 41], étudiant la fermentation de divers milieux sucrés, naturels ou artificiels, par diverses races de levure, a reconnu la production constante d'aldéhyde, dont la proportion varie avec la race de levure étudiée et avec le milieu de culture. C'est en l'absence de l'air qu'il s'en produit le moins ; la levure est capable de produire de l'aldéhyde dans des milieux alcooliques non sucrés, ce qui prouve que si l'origine de l'aldéhyde doit être rapportée à la décomposition du sucre, elle peut aussi, dans certains cas, être produite par oxydation de l'alcool, fait analogue à celui observé par MM. Linossier et Roux [*Bull. Soc. Chim.*, (3), 4, 697 ; *Annales de Micrographie*, 3, 7] pour le champignon du muguet.

Parmi les produits de la fermentation alcoolique signalés plus haut, il y a lieu d'insister particulièrement sur les acides volatils saturés de la série grasse. Dès 1865 [*Annales de l'École Normale supérieure*], M. Duclaux a signalé la formation constante de ces acides, parmi lesquels l'acide acétique est toujours prédominant. Cet acide est souvent accompagné d'une petite quantité d'acide butyrique, ainsi que M. Kayser l'a montré dans ses études sur la fermentation du cidre [*Annales de l'Institut Pasteur*, 4, 321], et la production ou la non-production de cet acide peut, dans une certaine mesure, servir à la distinction des diverses races de levure. De plus, le rapport de l'acidité volatile du liquide fermenté à son acidité totale, qui varie avec les conditions de fermentation, est aussi, pour des conditions déterminées de fermentation, un précieux élément de distinction des races de levure.

*Matériaux de réserve de la levure.* — En même temps que la levure brûle intégralement ou dédouble en alcool, acide carbonique et produits divers une partie du sucre de son milieu nutritif, elle en utilise une autre portion pour l'édification de ses tissus, et le transforme en corps plus ou moins complexes, dont quelques-uns seuls ont été étudiés. On sait depuis longtemps que la levure renferme de la cellulose, des matières grasses, des matières azotées se rapprochant plus ou moins des matières albuminoïdes. Parmi les matières hydrocarbonées renfermées dans le globule de levure, l'une des plus intéressantes est le glycogène, dont la présence a été pour la première fois nettement reconnue par M. L. Errera [*C. R.*, 101, 253]. Ce corps présente toutes les réactions du glycogène animal, avec lequel M. Clautriau [*Académie royale de Belgique*, 1895] l'a récemment identifié ; en particulier, il se colore en rouge brun par l'iode. Sa présence comme réserve alimentaire importante n'est pas limitée à la levure, car M. Errera l'a aussi retrouvé dans les champignons [*C. R.*, 101, 391].

M. Laurent [*Annales de l'Institut Pasteur*, 3, 113] a étudié la formation du glycogène chez la levure, et a constaté que ce corps pouvait se produire aux dépens des substances suivantes : lactates, acide succinique et succinate d'ammonium, acide malique et malates, glycérine, mannite, sucres en $C^6$ et en $C^{12}$, gomme arabique, dextrine, acide mucique, asparagine, glutamine, salicine, amygdaline, albumine de l'œuf, peptones. M. Laurent a observé que les meilleures conditions pour favoriser la formation de la réserve glycogénique consistent à placer la levure dans une solution nutritive (soit une infusion de radicelles d'orge) renfermant de 10 à 15 0/0 de saccharose. La quantité de glycogène renfermée dans les cellules va d'abord en augmentant pendant 24 ou 48 heures, puis en diminuant ; mais le glycogène ne disparaît complètement que s'il ne se forme pas une quantité d'alcool suffisante pour paralyser la levure. La réserve glycogénique peut représenter jusqu'à 33 0/0 du poids de la levure sèche. Elle disparaît rapidement et intégralement si la levure est plongée dans l'eau distillée.

En consommant ainsi par autophagie ses réserves hydrocarbonées, la levure fait en même temps disparaître ses réserves azotées, parmi lesquelles il faut compter les diastases diverses (voyez ce mot) qu'elle est capable d'élaborer. MM. Gayon et Dubourg [*C. R.*, 102, 978] ont observé que, sous l'influence de solutions salines concentrées, et en particulier de tartrate neutre de potassium, il y a une hypersécrétion des matières azotées contenues dans le globule de levure. Si la levure est placée dans l'eau distillée, la disparition de ses réserves est très lente, mais le globule peut, avec le temps, se réduire presque uniquement à son enveloppe cellulosique [A. Fernbach, *Annales de l'Institut Pasteur*, 4, 641].

M. Hesseland [*Zeitsch. f. Rübensuckerindustrie*, 1892, 671] a obtenu une gomme en faisant bouillir la levure fraîche avec une petite quantité de chaux, précipitant la chaux par l'oxalate d'ammonium, et traitant la liqueur par l'alcool. La rotation des gommes extraites des levures haute et basse semble indiquer qu'on a affaire à des corps identiques. Il en est de même des corps obtenus en traitant la levure par l'acide sulfurique et en précipitant par l'alcool, comme l'a fait M. Wegner [*Vereinszeitschr. f. Rübenzuckerindustrie*, 1890, 789]. Mais, tandis que M. Wegner identifie cette gomme avec le dextrane de M. Scheibler, lequel donne par oxydation ménagée de l'acide saccharique, et par une oxydation plus profonde de l'acide oxalique, M. Hesseland ne retrouve dans la gomme qu'il a obtenue qu'une petite quantité d'un corps $C^6H^{10}O^5$, qui serait, comme le dextrane, un anhydride du dextrose, et, tandis que le dextrane de M. Scheibler fournit du dextrose, la gomme de la levure donne du mannose. Les levures haute et basse renferment 6,5 0/0 de gomme. En oxydant la levure par l'acide azotique, M. Hesseland a obtenu une petite quantité d'acide mannosaccharique (métasaccharique de Kiliani), mais pas d'acide mucique, ce qui exclut la présence d'hydrates de carbone à groupement de galactose.

M. Salkowski [*Archiv. f. Physiol.*, 1890, 554] a observé que la levure, abandonnée à elle-même pendant plusieurs jours en présence d'eau chloroformée, ne subit pas de phénomènes d'autophagie. Il se forme des quantités notables d'un sucre gauche, qui est probablement du lévulose, et qui a pour origine les hydrates de carbone de la levure, parmi lesquels il faut distinguer la gomme, la cellulose, et un corps analogue au glycogène, qui peut dans certaines circonstances se former aux dépens de la cellulose. La gomme de la levure s'obtient en traitant la levure par l'eau ou l'eau alcalinisée, et précipitant la solution par la liqueur de Fehling. Lorsqu'on a épuisé la levure par une série de réactifs, en évitant d'employer les acides, qui produisent facilement un sucre dextrogyre et fermentescible, il reste de la cellulose de la levure, qui diffère de la cellulose ordinaire en ce qu'elle est facilement soluble dans les acides et se transforme très rapidement en sucre. M. Salkowski propose d'appeler ces corps cellulosiques du nom de *membranine*. Bouillie pendant longtemps avec de l'eau, la cellulose de la levure se dissout, et se transforme en un corps présentant toutes les réactions du glycogène animal, mais qui en diffère cependant, car, lorsqu'on le chauffe à 130° après l'avoir imbibé d'eau, il se transforme partiellement en cellulose.

*Propriétés réductrices de la levure.* — Lorsque la levure vit à l'abri de l'air, elle est capable d'emprunter l'oxygène à des corps oxygénés en les réduisant. M. H. Quantin [*C. R.*, 403, 888] a reconnu que, pendant la fermentation des vins renfermant du sulfate de cuivre, à la suite du traitement des vignes par les sels de cuivre, ce sulfate est réduit à l'état de sulfure.

M. Haas [*Zeitschr. f. Nahrungsmitteluntersuchung und Hygiene*, 1890] a constaté, dans la fermentation du moût de raisin, la production d'acide sulfureux provenant de la réduction des sulfates.

M. A. Nastukoff [*Annales de l'Institut Pasteur*, 9, 766] a étudié les propriétés réductrices de diverses levures cultivées à l'état de pureté dans un milieu minéral sucré, renfermant du sulfate de magnésie. La présence de sulfure est constatée à l'aide du sous-nitrate de bismuth, et la teinte obtenue permet même, avec un dispositif spécial, de doser le sulfure colorimétriquement. Les levures diverses présentent, au point de vue de leur pouvoir réducteur, des différences très nettes.

Il ne semble pas que ce pouvoir réducteur soit uniquement une propriété du protoplasma vivant. Il est dû à des substances particulières contenues dans l'intérieur du globule de levure, et que M. Rey-Pailhade désigne sous le nom provisoire de *philothion* [*Bull. Soc. Chim.*, (3), 3, 171; *C. R.*, 118, 201]. Ce corps ou cet ensemble de corps, qu'on enlève facilement à la levure de brasserie fraîche en l'épuisant par l'alcool, jouit de propriétés réductrices très énergiques. En présence du soufre, l'extrait alcoolique de levure de bière donne de l'hydrogène sulfuré. Il réduit le carmin d'indigo, et donne lieu à toute une série de phénomènes dans lesquels la diastase oxydante découverte par M. Bertrand, la laccase, joue probablement un rôle important. Cet extrait alcoolique est enfin capable d'absorber l'oxygène en dégageant de l'acide carbonique.

*Adaptation de la levure aux antiseptiques.* — On a vu plus haut, dans l'étude de la physiologie générale des infiniment petits, que ces êtres peuvent être habitués à supporter des doses croissantes d'antiseptiques. Il en est de même de la levure. Parmi les antiseptiques, un grand nombre ont été essayés; les travaux les plus intéressants dans cette voie sont dus à M. Effront, qui a préconisé l'emploi industriel des fluorures et de l'acide fluorhydrique. Il a d'abord constaté que les levures sont beaucoup moins sensibles à la présence de ces corps que les bactéries qui les accompagnent presque toujours dans les fermentations industrielles, et que dès lors l'emploi de ces antiseptiques donnait lieu à des fermentations plus pures et à des rendements en alcool plus élevés. M. Effront préconise par suite l'emploi des composés du fluor pour conserver les levures à l'état de pureté [*Bull. Soc. Chim.*, (3), 5, 149, 476, 731, 734; 6, 705, 786, et *Mon. scientifique de Quesneville*, 1890 et 1891, *passim*].

Le traitement de la levure par les composés du fluor peut avoir des effets très différents suivant la manière dont on le pratique : il influe sur deux propriétés physiologiques nettement distinctes, sur la puissance de multiplication et sur l'énergie fermentative. Lorsqu'on cultive la levure dans un moût renfermant 100 milligrammes de fluorure d'ammonium par litre, sa puissance de multiplication est affaiblie et elle devient nulle si la dose de fluorure s'élève à 300 milligrammes. Mais si, après un séjour de 48 heures dans un moût fluoré, on rapporte la levure dans un moût non fluoré, on constate que sa puissance de multiplication s'est accrue considérablement, qu'elle a été multipliée par 10. Si l'on prolonge le contact avec le moût fluoré, on peut habituer la levure à supporter des doses croissantes de fluorure, et alors elle prend une puissance de multiplication beaucoup plus faible que la normale; mais son énergie fermentative s'accroît par contre, et peut devenir 10 fois plus forte qu'à l'origine [*Moniteur scientifique de Quesneville*, 1893, 182].

Ces résultats ont été confirmés, tant au point de vue scientifique qu'au point de vue industriel, par MM. Sorel [*C. R.*, 118, 253], Maercker [*Zeitschr. f. Spiritusindustrie*, 1890, 217, et 1891, Suppl.], Heinzelmann [*Ibid.*, 247], Soxhlet

[*Zeitsch. der landw. Vereins in Bayern*, 1890], etc.

*Progrès récents de l'industrie de fermentation dus à l'étude des levures.* — On a vu, dans les lignes qui précèdent, le parti que la distillerie peut tirer de l'emploi des antiseptiques, et en particulier des composés du fluor. La brasserie a tiré d'immenses avantages des recherches récentes sur les levures. Il est presque impossible industriellement d'employer d'une manière continue un levain qui ne se contamine pas peu à peu, soit par des levures étrangères, qui, ainsi que M. Hansen l'a montré, peuvent devenir des ferments de maladie pour la bière, soit par des bactéries. Lorsqu'une brasserie possède une race de levure qui donne lieu à un produit satisfaisant, il lui est toujours possible, avec les procédés actuels de culture pure des levures, de se procurer un levain nouveau identique au levain primitif, lorsque, par suite de contaminations, celui-ci est devenu inutilisable.

La vinification a aussi réalisé, dans ces dernières années, des progrès très encourageants. Pasteur avait insisté, dans ses *Études sur la bière*, sur le bouquet spécial que les levures de vin communiquent au moût de bière lorsqu'elles le font fermenter. Dès 1884 [*C. R.*, 98, 1594, et 99, 879], M. Rommier a recommandé l'addition à la vendange de levures de vin cultivées, destinées à faciliter la fermentation et à augmenter le bouquet des vins. A la suite d'un travail sur le vin d'orge [*Bull. Soc. Chim.*, (2), 49, 674], sujet qui a été également abordé récemment par M. Kayser [*Annales de l'Institut Pasteur*, 10, 346], M. Jacquemin s'est aussi occupé du bouquet communiqué aux boissons fermentées par certaines levures de vin sélectionnées [*C. R.*, 110, 1140]. C'est là une pratique qui s'est étendue et semble devoir s'étendre de plus en plus. Elle a déjà donné lieu à un nombre de publications considérables; nous nous bornons à donner la bibliographie des plus importantes et des plus utiles à consulter.

MM. Muller-Thurgau [12ᵉ *Congrès vinicole de Worms*, 1891] — Rommier [*C. R.*, 113, 386]. — Nathan [*Gartenflora*, 1891, 267]. — Chuard [*Chronique agricole du canton de Vaud*, Lausanne, 25 juin 1892]. — Kosutany [*Landw. Versuchstat*, 40, 217[. — Mach et Portele [*Ibid.*, 41. 233]. — Wortmann [*Landw. Jahrbücher*, 901]. — Pietri [*Ann. d. Scuola Enolog. in Conegliano*, 1, 1]. — Pietri et Merescalchi [*Ibid.*, fasc. 3]. — Forti [*Staz. sperim. agrar. ital.*, 21, 241].

FERMENTATION ALCOOLIQUE PRODUITE PAR DES ORGANISMES AUTRES QUE LA LEVURE. — La levure n'est pas le seul organisme capable de produire de l'alcool aux dépens du sucre. Pasteur a démontré, dans ses *Études sur la bière*, qu'entre les moisissures qui brûlent directement le sucre et la levure qui le dédouble en alcool et acide carbonique, il y a toute une série d'êtres, appartenant en majeure partie au genre *Mucor*, qui peuvent jouer le rôle de ferment alcoolique lorsqu'ils vivent immergés dans un liquide sucré. On sait d'ailleurs que la production d'alcool aux dépens du sucre n'est pas limitée aux cellules des infiniment petits : les recherches de MM. Lechartier et Bellamy ont établi que les fruits sucrés, plongés dans l'acide carbonique, fabriquent de l'alcool aux dépens de leur sucre, fait confirmé par M. Müntz pour la plupart des champignons et des végétaux supérieurs, et établi également par M. Béchamp pour des fragments de foie.

Un grand nombre de moisissures appartenant presque toutes au genre *Mucor* sont capables, non seulement de faire fermenter alcooliquement les sucres, mais encore de transformer en alcool les matières amylacées, parce que, en se développant sur ces matières, elles sécrètent une amylase analogue à celle du malt, qui transforme l'amidon en maltose et dextrine; le premier de ces corps est fermentescible, soit directement, soit plutôt, comme on tend à le penser actuellement, après transformation en dextrose par une diastase spéciale, la maltase; le second, la dextrine, fermente aussi, par un mécanisme encore inconnu, lorsqu'il se trouve en présence d'amylase. La production d'alcool aux dépens des matières amylacées par ces moisissures est donc en relation étroite avec leur grande puissance diastasigène.

*Kôji.* — Le kôji est une masse diastasifère très employée au Japon pour la fabrication d'une bière de riz, appelée *saké*, au moyen d'un véritable brassage analogue au brassage du malt dans nos pays. La matière première de la fabrication du kôji [Atkinson, *Moniteur scientifique de Quesneville*, 24, 7] est du riz décortiqué qu'on fait cuire à la vapeur, et qu'on fait ensuite refroidir sur des nattes. On ensemence ce riz avec les spores d'une mucédinée, l'*Eurotium orizæ*, aspergillus décrit pour la première fois par M. Ahlburg, et on le porte dans une cave dont l'air est maintenu humide, à température constante, et bien ventilée. Le riz s'échauffe et se recouvre d'un feutrage blanc, formé par le mycélium de la moisissure, qui attache les grains les uns aux autres en formant un gâteau. Le riz perd dans cette opération environ 11 0/0 de sa matière sèche.

Voici la composition comparée du riz primitif et du kôji, supposés secs :

*Riz.*

| | |
|---|---|
| Amidon, sucre et dextrine | 83,20 |
| Corps gras | 1,21 |
| Matières albuminoïdes | 8,10 |
| Cellulose (par différence) | 6,58 |
| Cendres | 0,91 |
| | 100,00 |

*Kôji.*

| | | | |
|---|---|---|---|
| Dextrose | 25,02 | | |
| Dextrine (par différence) | 3,88 | 37,76 | matières solubles. |
| Matières albuminoïdes | 8.34 | | |
| Cendres solubles | 0,52 | | |
| Matières albuminoïdes | 1,50 | | |
| Cendres insolubles | 0,09 | | |
| Corps gras | 0,45 | 62,24 | matières insolubles. |
| Cellulose | 4,20 | | |
| Amidon (par différence) | 56,00 | | |
| | | 100,00 | |

En se développant ainsi à la surface du riz, la moisissure a élaboré toute une série de diastases, et elle est capable, non seulement de transformer l'amidon en maltose et dextrine, mais de transformer le maltose en glucose, et même d'hydrater la dextrine. Il s'ensuit qu'en mélangeant, comme le font les Japonais, le kôji avec du riz cuit et de l'eau (21 de kôji, 68 de riz et 72 d'eau) on obtient une masse qui, d'abord épaisse, devient de plus en plus fluide et sucrée, et qui entre en fermentation sous l'influence de cellules de levure venues de l'extérieur ou empruntées à une opération précédente. Le *saké* ainsi obtenu peut renfermer jusqu'à 13 et 14 0/0 d'alcool; il est trouble et renferme une petite quantité de dextrine et d'amidon en suspension.

*Fermentation de la dextrine et de l'amidon par le Mucor alternans.* — Le *Mucor alternans*, étudié par MM. Gayon et Dubourg [*C. R.*, 103, 885 ; *Ann. de l'Inst. Pasteur*, 1, 532], est capable, comme l'*Eurotium orizæ*, de sécréter des diastases saccharifiant l'amidon et la dextrine; mais de plus, en vivant immergé, il devient ferment alcoolique et transforme les matières sucrées que ces diastases ont produites. Ensemencé dans de l'eau de levure sucrée, le *Mucor alternans* donne un mycélium unicellulaire très ramifié, fournissant en différents points des filaments sporifères, qui poussent d'abord hors du liquide en tige droite; puis le filament se recourbe en crosse, se renfle à son extrémité et donne naissance à un sporange sphérique. En un point de la courbure naît un nouveau filament qui s'incurve du côté opposé au premier, et ainsi de suite. On peut ainsi avoir sur un même filament fructifère 10 ou 12 sporanges alternant. La columelle qui renferme les spores est incrustée de petites aiguilles cristallines. Les spores sont elliptiques et ont 5 ou 6 millièmes de millimètre de longueur sur 2 ou 3 millièmes de millimètre de largeur.

Sur les milieux sucrés avec saccharose, le *Mucor alternans*, qui ne sécrète pas de sucrase, se développe seulement en surface, à la manière des moisissures. Si l'on emploie une dissolution de glucose, le *mucor* prend la forme de grosses cellules sphériques, bourgeonnantes, qui provoquent une fermentation active.

Le *Mucor alternans* fait fermenter la dextrine en la transformant au préalable en maltose, et peut produire aux dépens de ce corps jusqu'à 4.2 0/0 d'alcool. Il fait fermenter complètement le moût de bière et peut faire fermenter la dextrine si on l'ensemence dans de la bière. On peut ainsi arriver, avec un moût fort, à produire une bière renfermant jusqu'à 9,9 0/0 d'alcool.

Le *Mucor alternans* est également capable de faire fermenter l'amidon cuit. Il commence par saccharifier l'amidon à l'aide d'une amylase analogue à celle du malt; mais il ne produit cette transformation diastasique, de même que celle de la dextrine en maltose, que lorsqu'il est sous sa forme levure.

Le *Mucor racemosus* est doué de propriétés analogues, et il semble qu'il en soit de même du *Mucor circinelloïdes*.

*Amylomyces Rouxii*. — M. Calmette [*Ann. de l'Inst. Pasteur*, 6, 604], étudiant la levure chinoise, en a isolé une moisissure qui appartient au genre *Mucor*, et qui présente des propriétés analogues à celles du *Mucor alternans*, mais plus énergiques encore.

La levure chinoise se prépare en pulvérisant des plantes aromatiques diverses, qu'on incorpore à de la farine de riz, de manière à former une pâte à laquelle on donne la forme de pains, et qu'on expose pendant 48 heures, à une température moyenne de 30°, sur des nattes couvertes d'une mince couche de balle de riz humectée d'eau. C'est cette balle de riz qui apporte les germes de la moisissure active, laquelle se développe dans la masse de la pâte. Les pains sont ensuite séchés au soleil, et vendus sous cette forme de gâteau aux distillateurs chinois, qui s'en servent comme d'un levain.

La fabrication, très imparfaite, fournit, avec 100 kilos de la variété de riz tendre appelée *nép*, 60 litres d'eau-de-vie à 36°. Le riz, d'abord cuit jusqu'à ce qu'il s'écrase facilement entre les doigts, est étalé en couches minces sur des nattes et saupoudré de levure pilée au mortier. Puis on le répartit dans des pots en terre, de 20 litres environ, à moitié remplis, qu'on ferme avec un couvercle. Au bout de 3 jours la saccharification est achevée: on remplit les pots avec de l'eau, et la fermentation alcoolique s'établit; après 2 jours on distille la masse. Il est à remarquer que le mycélium de la moisissure n'élabore de diastase en grande quantité que lorsqu'il vit dans une atmoshpère confinée. Lorsque la plante vit sur du riz cuit, il s'en produit plus que lorsqu'on la cultive sur des moûts sucrés.

Dans la levure chinoise, cette moisissure est associée à des levures, à d'autres moisissures et à des bactéries. Ce sont les levures qui produisent la fermentation alcoolique du sucre préparé par l'amylomyces; mais la moisissure elle-même est capable de jouer le rôle de ferment alcoolique lorsqu'elle vit en profondeur, et M. Calmette [*Conférence faite au Congrès de l'Association générale des Brasseurs belges*, Liège, 19 juillet 1896] a récemment préconisé pour la culture de cet amylomyces l'emploi de vinasse de distillerie. On réussit ainsi à préparer une masse mycélienne diastasifère, l'*amyl-diastase*, ou bien une levure, l'*amyl-levain*, qui peut être utilisée pour la boulangerie.

FERMENTATION PANAIRE. — Nous ne trouvons au sujet de cette fermentation qu'un très grand nombre de données contradictoires, mais aucune étude complète. Est-ce une fermentation alcoolique? M. Duclaux [*Microbiologie*, 584] affirme que non. M. Boutroux [*C. R.*, 97, 112] conclut à la symbiose de bactéries élaborant du sucre et de levures le faisant fermenter. M. Chicandard [*Ibid.*, 616] arrive à la conclusion qu'il n'y a pas fermentation alcoolique, opinion formellement contredite par M. Aimé Girard [*Ibid.*, 104, 601].

M. Boutroux, revenant sur son opinion première [*Ibid.*, 113, 203], admet, non plus une symbiose, dans laquelle les bactéries viendraient en aide à la levure en élaborant du sucre, mais une fermentation alcoolique, par la levure, du sucre préexistant dans la farine. M. Moussette [*C. R.*, 96, 1865] était arrivé à une conclusion analogue.

D'autre part, M. Popoff [*Ann. de l'Inst. Pasteur*, 4, 674] attribue le dégagement d'acide carbonique, non à la levure, mais à des bactéries.

On voit donc que la question de la fermentation panaire est loin d'être tranchée.

APPENDICE. — Nos connaissances sur le mécanisme de la fermentation alcoolique viennent de se modifier profondément à la suite d'un travail important de M. E. Buchner [*D. chem. G.*, 30, 117], qui a réussi à extraire de la levure, par pression après broyage, une substance qui est vraisemblablement une diastase, et qui est douée de la propriété remarquable de produire, en dehors de toute ingérence d'être vivant, le dédoublement du sucre en alcool et acide carbonique.

## IV. — FERMENTATIONS ET FERMENTS DIVERS.

FERMENTATION LACTIQUE. — Il est difficile actuellement de définir avec précision ce qu'il faut entendre par *ferment lactique*, car un grand nombre de micro-organismes sont capables de produire, dans certaines circonstances, des proportions notables d'acide lactique. Il faut donc convenir qu'on ne désignera sous ce nom que les êtres qui, vivant aux dépens du sucre, fournissent l'acide lactique comme produit principal.

La fermentation lactique a donné lieu, depuis le célèbre travail de Pasteur, intitulé : *Mémoire sur la fermentation lactique*, à un nombre considérable de travaux. L'étude la plus complète sur la question est due à M. E. Kayser [*Ann. de l'Inst. Pasteur*, 8, 737]; on trouvera à la fin de cet important mémoire la bibliographie complète du sujet. Nous devons nous borner ici à signaler les résultats principaux auxquels ont conduit les plus importants de ces travaux.

M. Kayser a commencé par établir qu'il y a un très grand nombre de ferments lactiques divers, qui se différencient par leur résistance à la chaleur en milieu liquide, par le temps qu'il leur faut pour cailler le même lait à diverses températures, par l'acidification qu'ils produisent dans divers milieux, par leur résistance à la dessiccation. Il y a des ferments lactiques très peu résistants, qui meurent après 5 minutes de chauffage à 60°; il y en a d'autres qui résistent pendant plus de 10 minutes à cette température.

La température optima, mesurée par la vitesse avec laquelle un ferment coagule le lait en s'y développant, est toujours comprise entre 30 et 35°; il n'y a de développement de ferment lactique ni à 10°, ni à 45°. Tous les ferments étudiés par M. Kayser résistent longtemps à la dessiccation.

Les seuls produits de la fermentation lactique sont l'acide lactique, l'acide acétique et l'acide carbonique, accompagnés quelquefois de traces d'acétone, d'alcool et d'acide formique. Ce dernier corps ne représente jamais 1 0/0 de l'acide lactique, tandis que l'alcool peut atteindre jusqu'à 3 et 4 0/0 du poids de l'acide lactique.

La quantité d'acide lactique produite dépend, pour un même ferment, de la réaction du milieu; elle est beaucoup plus élevée en milieu neutre, en particulier si on a soin de maintenir cette neutralité par l'addition de craie. Pour certains ferments, l'acidité totale croît constamment, tandis que, pour d'autres, elle décroît à partir d'une certaine limite, pour augmenter ensuite en oscillant autour de cette limite. Certains ferments sont capables de détruire peu à peu l'acide lactique qu'ils ont formé, pour ne laisser que de l'acide acétique.

Un ferment lactique maintenu dans un milieu neutre conserve longtemps ses propriétés, tandis qu'il dégénère lorsqu'on le cultive en milieu acide.

Il y a des ferments lactiques aérobies, anaérobies et indifférents; un même ferment fait d'autant plus d'acide acétique que l'aération est plus grande; en profondeur, il peut y avoir jusqu'à 95 0/0 du sucre transformé en acide lactique.

L'aliment azoté qui convient le mieux aux ferments lactiques est la peptone, qui favorise beaucoup la production d'acide lactique; et bien que la peptone seule donne de l'acide lactique, il y a en présence de ce corps et de sucre plus d'acide lactique formé qu'avec chacun d'eux séparément, ce qui montre qu'en présence de peptone le ferment lactique détruit moins de sucre pour son entretien et l'édification de ses tissus. Il peut ainsi atteindre une richesse en azote qui le rapproche de la matière albuminoïde (15 0/0).

M. Kayser a étudié la formation de l'acide lactique aux dépens d'hydrates de carbone très divers : arabinose, xylose, mannite, glucose, lévulose, galactose, maltose, lactose, saccharose, mélézitose, tréhalose, amidon. Ces études ont conduit à ce résultat important que l'acide lactique de fermentation n'est pas toujours inactif. Un même ferment peut donner divers acides avec un même sucre, et, d'autre part, il y a des ferments qui donnent le même acide avec différents sucres (gauche, droit ou inactif); un même ferment donne le même acide, qu'il soit cultivé en surface ou en profondeur; il y a enfin des ferments qui semblent attaquer le lactate de chaux inactif. Nous allons voir que des résultats analogues avaient été obtenus par divers savants : mais il faut ajouter que le mécanisme profond de la fermentation lactique, qui est le simple dédoublement de la molécule du sucre en C⁶, reste inconnu, et, comme l'a vu M. Kayser, ne saurait être rapporté à une action diastasique.

Dès l'année 1890, on savait que l'acide lactique de fermentation n'est pas un corps inactif par nature, mais un racémique. M. Linossier [*Bull.*

*Soc. Chim.*, (3), **5**, 10] avait constaté que le *Penicillium glaucum*, cultivé sur du lactate d'ammonium, donne un acide droit, à sel de zinc gauche, et arrivait à la conclusion que cette moisissure consomme de préférence l'acide gauche; mais elle ne se comporte ainsi que lorsque la végétation est languissante; et dans les cas où son développement est normal, elle fait disparaître les deux acides.

D'autre part, M. Schardinger [*Mon. f. Chem.*, **11**, 545] a décrit un bacille, *Bacillus acidi lævolactici*, qu'il a isolé d'une eau de puits, et qui a la propriété de fournir de l'acide lactique gauche aux dépens du saccharose, du glucose, du lactose et de la glycérine. Ce bacille se présente en articles courts dont la forme rappelle celle du ferment lactique de Hueppe [*Mittheil. aus dem Kaiserl. Gesundheitsamte*, **2**, 309); il ne liquéfie pas la gélatine, et donne souvent à la surface du bouillon un voile zoogléique muqueux. Les produits de la fermentation qu'il provoque sont : de l'acide carbonique et un gaz brûlant avec une flamme faiblement éclairante; une petite quantité d'alcool éthylique et de l'acide lactique gauche, dont le sel de zinc dévie le plan de la lumière polarisée à droite autant que le paralactate de zinc à gauche. En mélangeant les deux sels et chauffant le mélange inactif, on obtient le sel de zinc de l'acide lactique de fermentation.

M. Tate [*Chem. Soc.*, 63, 1263] a recueilli à la surface de poires mûres et isolé un ferment lévolactique, qui ressemble morphologiquement au *leuconostoc*, mais qui en diffère en ce qu'il est incapable de faire fermenter le saccharose et de produire des acides aux dépens de la glycérine. Cultivé dans des solutions minérales additionnées de peptone, en présence de dextrose, de mannite ou de rhamnose, il donne, avec les deux premiers corps, de l'acide lactique gauche, tandis que l'acide produit aux dépens du rhamnose est inactif. Il se forme en même temps un peu d'alcool et des acides formique, acétique, succinique. La fermentation du rhamnose ne donne lieu qu'à la production des deux derniers de ces composés accessoires de la fermentation lactique.

Les divers travaux que nous venons de passer en revue, et plusieurs de ceux que nous mentionnerons plus loin, montrent qu'il y a une très grande variété de ferments lactiques divers, et donnent à penser que le fait constant est la production d'acide lactique de fermentation ordinaire, c'est-à-dire inactif, et que l'apparition d'un acide gauche ou droit est le résultat du dédoublement de l'acide inactif primitivement élaboré, et de la consommation d'un des produits de ce dédoublement : suivant le mode de nutrition du ferment lactique et suivant sa nature, c'est l'acide gauche ou l'acide droit qui disparaît.

D'ailleurs, aux preuves données plus haut de la nature racémique de l'acide lactique de fermentation étaient venues s'en ajouter d'autres, apportées par divers savants. MM. Purdie et Walker [*Chem. Soc.*, **61**, 754] avaient dédoublé l'acide lactique de fermentation au moyen de la strychnine en acide sarcolactique et en acide gauche de Schardinger. D'autre part, MM. Frankland et Mac Gregor [*Chem. Soc.*, 1893] ont opéré ce dédoublement par un procès physiologique : ils ont découvert une bactérie qui, en se développant sur le lactate de chaux inactif, consomme l'acide gauche, et fournit l'acide sarcolactique, qu'elle peut d'ailleurs consommer ensuite.

C'était là un nouvel exemple de l'emploi des infiniment petits au dédoublement de corps inactifs, après les travaux de MM. Purdie et Walker [*Chem. Soc.*, septembre 1892], qui avaient fait vivre le *Penicillium glaucum* sur l'éthoxysuccinate d'ammonium inactif, et avaient observé qu'il y avait consommation du composé gauche et formation du composé droit, et après les travaux de MM. Le Bel et A. Combes [*Bull. Soc. Chim.*, (3), **7**, 83] qui avaient reconnu que les moisissures fournissent un corps droit aux dépens de l'éthylpropylcarbinol, comme aux dépens de l'alcool de même composition dérivé de la mannite, tandis que les méthylcarbinols donnent des corps gauches.

Au point de vue de l'alimentation minérale du ferment lactique, nous devons mentionner un travail de M. Timpe [*Arch. f. Hygiene*, **18**, 1], qui a établi que les éléments minéraux du lait seuls, ajoutés à des solutions de sucre de lait, sont insuffisants pour permettre le développement du ferment lactique. C'est ainsi que l'auteur a essayé sans succès l'emploi des phosphates de potassium et de calcium, seuls ou associés avec le chlorure de potassium et le chlorure de sodium ; même insuccès avec les cendres complètes du lait. Par contre, on arrive à produire la fermentation lactique du lactose en présence des sels ammoniacaux, parmi lesquels le moins favorable semble être le chlorure d'ammonium.

Si, en plus des sels ammoniacaux, on ajoute des phosphates polybasiques, on augmente beaucoup la production de l'acide lactique, parce qu'il se trouve neutralisé au fur et à mesure qu'il se produit, c'est-à-dire à l'état naissant, et cette neutralisation est plus facile avec ces sels solubles qu'avec la craie ou l'oxyde de zinc.

M. Timpe a observé aussi qu'en présence de caséine, de peptone ou de gélatine, il se forme une combinaison de ces corps avec l'acide lactique, de sorte qu'ils ne peuvent être utilisés sous cet état de combinaison par le ferment lactique pour son alimentation. Les résultats de M. Kayser montrent cependant que la peptone a une grande valeur alimentaire pour le ferment lactique.

M. Richet [*C. R.*, **114**, 1494] a étudié l'influence des sels métalliques sur la fermentation lactique. Certains sels, comme le sublimé, le sulfate de cuivre, sont déjà gênants à la dose de 1 milligramme par litre. Il en faut de 10 à 100 fois plus pour empêcher la fermentation ; et d'autre part, en diminuant beaucoup la dose, on atteint une proportion qui favorise la fermentation. Les doses gênantes agissent plus sur la multiplication du ferment que sur son activité. L'auteur classe les métaux en trois groupes, d'après la dose à laquelle leurs sels agissent pour retarder la fermentation lactique : *a*) 1/10ᵉ de molécule par litre : sodium, potassium, lithium, magnésium, calcium, strontium, baryum ; *b*) 1/1000ᵉ de molécule par litre : fer, manganèse, plomb, zinc, uranium, aluminium ; *c*) 1/100000ᵉ de molécule par litre : cuivre, mercure, argent, or, platine, cadmium, cobalt, nickel.

MM. Richet et Chassevant [*C. R.*, **117**, 673], reprenant l'étude de l'action des sels métalliques sur la fermentation lactique, distinguent la dose antigénétique, qui empêche la multiplication du ferment, et la dose antibiotique, qui arrête la fermentation ; ils donnent un tableau de ces doses pour les différents sels.

Nombre de ferments lactiques jouent un rôle important dans l'industrie. Parmi ces ferments, il convient de citer le *Bacillus caucasicus*, décrit par M. Beyerinck [*Arch. néerlandaises*, **23**, 428], qui produit de l'acide lactique aux dépens du lactose, saccharose, maltose et glucose, et concourt à la fabrication de la boisson connue sous le nom de *kéfir*, en vivant dans le lait en symbiose avec une levure, le *Saccharomyces kéfir*, dont il facilite le développement, grâce à l'acidification qu'il provoque. De son côté, la le-

vure dédouble le lactose à l'aide d'une diastase, la lactase, et le fait fermenter alcooliquement.

Les ferments lactiques ont été utilisés avec profit dans la fabrication du beurre, au moyen de crème préalablement acidifiée par addition de cultures de ferments déterminés. C'est ce qui ressort des publications de M. Weigmann [*Milchzeitung*, 1890 et 1892], et de M. Storch [*Ibid.*, 1890], qui a reconnu que certains ferments lactiques sont caractérisés par l'arome qu'ils communiquent au beurre fabriqué avec la crème qu'ils ont acidifiée.

Il y a des microbes dont la fonction chimique n'a pas tout d'abord attiré l'attention, parce qu'ils ont une importance particulière en pathologie, et qu'on les a primitivement trouvés dans le corps de l'homme et des animaux. Tels sont le *Bacille typhique*, dans lequel on s'accorde aujourd'hui à reconnaître la cause de la fièvre typhoïde, et le *Bacterium coli commune*, bacille qui est constamment présent dans l'intestin de l'homme et des animaux, et qui ressemble tellement au bacille typhique, que, bien qu'il soit établi qu'il n'est pas capable de produire des désordres sérieux dans l'organisme, on a dû se préoccuper, dès l'origine de l'étude du bacille typhique, de trouver des moyens de distinguer ces deux êtres, afin de ne pas être conduit à affirmer la présence du bacille typhique là où on n'avait affaire qu'au *Bacterium coli commune*. Cette recherche présentait une importance capitale dans l'examen des eaux d'alimentation, et dans celui des selles pathologiques. Dans ce cas, comme dans un grand nombre d'autres, les caractères morphologiques étaient insuffisants pour permettre une distinction, de sorte qu'on a dû chercher à déterminer certaines fonctions chimiques de ces microbes, dans l'espoir de fixer nettement quelques caractères distinctifs. C'est dans cette étude qu'on a été conduit à observer que les deux microbes en question sont capables de jouer le rôle de ferments lactiques.

L'importance même de la question a suscité un nombre considérable de travaux qui ont souvent conduit à des résultats contradictoires, que nous ne pouvons mentionner tous ici, et parmi lesquels nous nous contenterons de choisir ceux qui ont spécialement trait à la fermentation lactique provoquée par les deux microbes mentionnés plus haut.

En 1891 [*Acad. de Médecine*, (3), **26**, 490], MM. Chantemesse, Perdrix et Widal observèrent que le *Bacterium coli commune* fait fermenter tous les sucres, monoses et bioses, en particulier le lactose, tandis que le bacille typhique ne fait pas fermenter ce dernier sucre. D'autre part, M. Brieger avait observé que le bacille typhique, vivant aux dépens du glucose, forme de l'acide lactique, et M. Dubief (*Soc. de Biologie*, (9), 3] confirme ce résultat, en faisant toutefois remarquer que cette propriété est moins énergique chez le bacille typhique que chez le bacterium coli, qui produit dans les mêmes conditions environ deux fois plus d'acide.

M. Wurtz [*C. R. de la Soc. de Biologie*, (9), 3, 828 ; *Arch. de Méd. expérim.*, **4**, 85] avait constaté que le bacterium coli, cultivé sur du sucre de lait gélatinisé et coloré par le tournesol, rougissait ce milieu, par suite de la formation d'acide lactique ; avec le bacille typhique on n'observait rien de semblable.

Ces diverses observations donnèrent immédiatement lieu à un nombre considérable de travaux, à cause de l'importance qui s'attachait à la distinction de ces deux microbes ; il convient de citer les études très étendues de M. Malvoz [*Arch. de Méd. expérim.*, 3, 593), qui observe, entre autres, que le bacterium coli coagule rapidement le lait. M. Th. Smith [*Centralbl. f. Bakteriol.*, 14, 367] arrive à des résultats différents de ceux de M. Dubief, lequel avait observé que dans du bouillon lactosé les deux microbes donnent de l'alcool, de l'acide carbonique, des acides acétique, butyrique, lactique et de l'hydrogène. Pour M. Smith, ces deux êtres donnent de l'acide lactique dans le bouillon sucré avec du glucose ou du lactose, mais non aux dépens du sucre de canne ; le bacterium coli dégage un mélange de 1 volume d'anhydride carbonique et de 2 volumes d'un gaz combustible, tandis que le bacille typhique ne dégage jamais de gaz. Ce résultat relatif à la production de gaz est confirmé par M. Tavel [*Sem. médicale*, 12, n° 8], et aussi par M. Ferrati [*Arch. f. Hygiene*, 16], qui reconnaît au bacterium coli la faculté de faire fermenter le lactose (ce que ne fait pas le bacille typhique), bien que moins énergiquement que le glucose. On trouve dans un travail de M. Dunbar [*Zeit. f. Hygiene*, 11, 485] des résultats analogues : le bacterium coli produit une grande quantité d'acide dans le lait, qu'il coagule à 24-48° : il dégage des gaz, même dans le bouillon, propriétés qui le distinguent du bacille typhique.

M. Blachstein [*Arch. de l'Inst. imp. de Méd. expérim. de Saint-Pétersbourg*, 1, 199] s'est occupé le premier de la nature de l'acide lactique formé, et a reconnu que le bacille typhique, vivant aux dépens du glucose, ne produit ni alcool ni acides volatils, mais l'acide lactique gauche, comme le bacille de M. Schardinger (voyez plus haut) ; d'autre part, le bacterium coli, qui est un ferment bien plus énergique, produit, outre de l'alcool ordinaire et de l'acide acétique, de l'acide lactique droit. Voilà une distinction nette qui peut ne pas se présenter dans tous les cas, mais dont nous retrouverons plus loin les traits généraux. MM. Dzierzgowski et Rekowski [*Ibid.*, 1, 167] avaient d'ailleurs trouvé la même propriété de produire de l'acide lactique droit, en même temps que de l'acide formique, chez le bacille diphtérique vivant aux dépens du glucose.

M. Péré [*Ann. de l'Inst. Pasteur*, 6, 512], après avoir constaté que la discordance des résultats obtenus par divers savants, dans l'étude du bacterium coli et du bacille typhique, tient à la différence que présentent entre eux les bouillons de viande, s'est proposé de n'employer pour ses cultures que de l'albumine, ou les produits qui dérivent de ce corps lorsqu'on le traite par divers réactifs dans des conditions déterminées.

Il est arrivé, en suivant cette méthode, aux résultats suivants : le bacterium coli fait fermenter les glucoses et les saccharoses, ces derniers très lentement. Aux dépens du sucre de lait, il fournit de l'alcool, de l'acide acétique et de l'acide lactique, dont la production en proportion notable exige la présence de l'air. En présence de l'air, le dextrose donne de l'acide lactique droit, et le lévulose de l'acide inactif ; mais ce dernier peut être dédoublé, avec consommation de l'acide gauche, lorsque les conditions de nutrition sont difficiles, par exemple dans des solutions très étendues.

D'autre part, le bacille typhique peut élaborer de l'acide lactique aux dépens du glucose, du lévulose, du galactose (rangés par ordre de valeur décroissante) ; il n'en fait ni aux dépens du saccharose, ni aux dépens du lactose, contrairement à l'opinion de M. Büchner ; l'impossibilité de dédoubler le saccharose en présence de peptone tient à la formation d'alcali, qui arrête l'action de la sucrase.

Aux dépens du glucose le bacille typhique fait de l'acide lactique inactif ou gauche ; il peut dédoubler l'acide inactif en consommant surtout l'acide gauche.

Ainsi, les deux microbes se distinguent par les caractères suivants :

### *Bacterium coli.*

Fait fermenter les glucoses et les saccharoses ; fait de l'acide lactique droit.

### *Bacille typhique.*

Fait fermenter les glucoses, moins énergiquement que le *Bacterium coli* ; ne fait pas fermenter les saccharoses. Fait de l'acide lactique gauche et inactif.

Ces observations permettent de distinguer ces deux êtres par la culture dans une solution de peptone sucrée avec lactose ou saccharose.

Dans un second mémoire (*Sur la formation des acides lactiques isomériques aux dépens des substances hydrocarbonées*) [*Ann. de l'Inst. Pasteur*, 7, 737], M. Péré étudie comparativement quatre microbes : bacille typhique, *Bacterium coli commune l* (provenant de l'intestin de l'homme), *Bacterium coli commune d* (provenant du cheval ou du lapin), *Bacterium D* (extrait du fromage de Brie). Ces quatre êtres microscopiques font tous fermenter le glucose : ils produisent de l'indol en présence de peptone ; ils font aussi, sauf le premier, fermenter le lactose.

Aux dépens du glucose et en présence de sels ammoniacaux comme unique source d'azote, ils font tous de l'acide lactique droit, à sel de zinc gauche. M. Péré a employé les mélanges suivants :

| | | | |
|---|---|---|---|
| Glucose | 10 gr. | 10 gr. | 10 gr. |
| Phosphate d'ammoniaque. | 0,5 | 1,0 | 2,5 |
| Sulfate — . | 0,5 | 1,0 | 2,5 |

Vient-on à remplacer les sels ammoniacaux par de la peptone, on obtient les résultats suivants :

| | |
|---|---|
| Bacille typhique... | Acide lactique gauche |
| *Bacterium coli l*. | (à sel de zinc droit). |
| *Bacterium coli d*. | Acide lactique droit |
| *Bacterium D*..... | (à sel de zinc gauche). |

On peut, sans changer les résultats, remplacer une partie de la peptone par de la syntonine ou du bouillon, ou toute autre substance, pourvu qu'il y ait la même quantité d'azote albuminoïde. Mais ce changement dans l'alimentation retentit sur la quantité d'acide lactique produit. Ainsi, il se forme d'autant moins d'acide aux dépens du glucose qu'il y a plus de peptone, et on arrive ainsi à supprimer toute production d'acide lactique et de corps actif chez le *Bacterium coli l*, tandis que le bacille typhique en produit toujours, quelle que soit la dose d'azote albuminoïde. Quant aux microbes du 2e groupe, le *Bacterium D* fait toujours de l'acide droit en présence de peptone, tandis que le *Bacterium coli d* fait les deux acides, et d'autant plus de droit que les conditions de fermentation sont plus favorables ; il ne cesse de produire un corps actif que si on lui donne trop de peptone, tout comme le *Bacterium coli l*.

Si donc on envisage la manière dont ces microbes se comportent vis-à-vis du glucose, on voit qu'il y a plusieurs races de *Bacterium coli*, et que, au point de vue de la production d'acide lactique actif, ce microbe se rapproche, dans l'intestin de l'homme, du bacille typhique. On voit en outre que, parmi ces races, il y en a qui peuvent faire de l'acide gauche, tandis que d'autres, qui élaborent normalement de l'acide droit, peuvent faire de l'acide gauche dans des conditions d'existence défavorables.

La *nature du sucre* peut avoir une influence sur la nature de l'acide lactique produit, suivant qu'on considère tel ou tel microbe. Ainsi les deux microbes du 1er groupe font de l'acide gauche avec tous les sucres, en présence de peptone ou de sels ammoniacaux ; le bacille D, lorsqu'il a assez de peptone à sa disposition, fait de l'acide lactique droit avec les aldoses (dextrose, galactose, mannose) et avec les cétoses, les pentoses, les sucres en $C^{12}$, lesquels ne semblent pas être dédoublés. Le lévulose (gauche) peut fournir un acide droit, et le dextrose (droit) un acide gauche. Pour ces trois microbes, c'est la nature et la quantité de l'aliment azoté, et non la nature du sucre, qui commande le sens de la rotation du produit obtenu.

Il en est autrement du *Bacterium coli d*, qui fait fermenter les divers sucres avec une égale rapidité, en donnant :

Avec le dextrose.................. Ac. droit.
— le galactose............... — gauche.
— le mannose *d* et la mannite. — gauche.
— l'arabinose ............... — droit et gauche, le gauche prédomine.
— le lactose } sans } Ac. inactif.
— le saccharose } dédoublem¹ } — droit et gauche, avec excès de droit.

A l'inverse d'un bacille découvert par M. Frankland [*Chem. Soc.*, **43**, 1028], qui dédouble le lactate de chaux en consommant de préférence le gauche, le *bacterium coli l* consomme le lactate droit, mais avec des intensités inégales, suivant les conditions de la fermentation. En présence de peptone, l'action est nulle, et elle est d'autant plus forte en présence de sels ammoniacaux qu'il y en a moins. L'acide droit est consommé abondamment tout d'abord, mais plus tard les deux acides disparaissent aussi vite l'un que l'autre.

Le même bacille est sans action sur l'acide malique inactif : il laisse la solution inactive. Dans l'acide naturel gauche, en présence d'une petite quantité de sels ammoniacaux, il donne un peu d'acide lactique gauche.

FERMENTATION GLUCONIQUE. — En 1881, M. L. Boutroux [*Ann. de l'École Norm. supér.*, **10**, 67] a isolé d'une bière un organisme auquel il a donné le nom de *Micrococcus oblongus*, qui est constitué par des cellules ovales ou sphériques, isolées ou en chapelets sinueux, dont la dimension atteint 3 μ lorsque les cellules sont jeunes, et tombe à 1 μ lorsqu'elles sont vieilles ; à ce dernier état, les filaments formés par les chapelets sont grêles et irréguliers. Le microbe jeune périt au bout de 10 minutes à la température de 60°.

Le meilleur milieu de culture du *Micrococcus oblongus* est l'eau de levure additionnée de glucose. A la température de 30-35°, il forme sur ce milieu un voile léger, facile à disloquer ; les sels de chaux semblent favoriser la culture.

Cet organisme acidifie son milieu de culture, et si l'on a eu soin de le cultiver en présence de craie, on voit apparaître des cristaux qui remplissent peu à peu presque toute la masse du liquide. Ces cristaux sont constitués par du gluconate de chaux ; il s'est formé de l'acide gluconique, $C^6H^{12}O^7$, par oxydation du glucose. Le *Mycoderma aceti* est capable de produire la même transformation, et de son côté le *Micrococcus oblongus*, en vivant sur un liquide alcoolique, produit de l'acide acétique.

Un second organisme, morphologiquement identique à celui dont il vient d'être question [*Ann. de l'Inst. Pasteur*, **2**, 309], est capable de produire la même oxydation que le premier ; mais si la culture a lieu en présence de craie, le gluconate de chaux est transformé par une oxydation nouvelle en un sel insoluble, l'*oxygluconate*. L'acide oxygluconique est inattaquable pour l'organisme qui l'a produit, mais peut être brûlé par le *Micrococcus oblongus*.

Il a la même formule, $C^6H^{10}O^7$, que l'acide glycuronique, dont il semble être un isomère, car il est lévogyre : $[\alpha]_D = -14°,5$.

Le second ferment gluconique oxyde donc le glucose en deux temps : il transforme d'abord le groupe aldéhyde en groupe acide, pour donner de l'acide gluconique ; puis il transforme un groupe alcool en groupe aldéhyde, lorsque le milieu de culture est maintenu neutre.

FERMENTATION CITRIQUE. — M. Wehmer [*Bull. Soc. Chim.*, (3), **9**, 728 ; *C. R.*, **117**, 332 ; *Ber. der botan. Gesellschaft*, 1893, 333 ; *Sitzungsberichte der k. preuss. Akad. d. Wissensch. zu Berlin*, 1893] a découvert deux moisissures qui ressemblent beaucoup au *Penicillium glaucum* et qui fabriquent de l'acide citrique aux dépens des hydrates de carbone ; il les appelle *Citromyces pfefferianus* et *glaber*.

Le premier se rencontre fréquemment sur les fruits, en particulier sur les citrons, et sur les solutions de sucre acidifiées par l'acide citrique. Son optimum de température est situé à 15-18°. Le second a son optimum situé à 20-25°. On ne connaissait jusque-là, parmi les acides produits en quantité notable par des moisissures, que l'acide oxalique.

L'acide citrique produit peut s'élever jusqu'à 4 0/0 ; il disparaît ensuite peu à peu. En neutralisant le liquide de culture, on élève le rendement. Une température de 15-20°, la présence de sel marin et de sel ammoniac favorisent la production d'acide citrique. La présence d'oxygène libre est nécessaire à la transformation. Des traces d'acide sulfurique ou chlorhydrique sont gênantes. Le mycélium du *Citromyces* est, suivant l'auteur, facilement remplacé par d'autres moisissures, ce qui en rend la culture particulièrement délicate.

FERMENTATIONS BUTYRIQUE ET BUTYLIQUE DES HYDRATES DE CARBONE. — En 1887 [*C. R.*, **105**, 817], MM. Claudon et Morin, étudiant la fermentation de la glycérine par le *Bacillus butylicus* de Fitz (voyez 1er Suppl.), constatèrent que ce microbe produit en abondance de l'alcool butylique normal. Cet alcool avait été trouvé en proportion considérable (218 grammes par hectolitre) par M. Ordonneau dans les eaux-de-vie de vin [*C. R.*, **102**, 217]. puis par MM. Claudon et Morin [*C. R.*, **104**, 1187], qui attribuent sa présence à l'intervention du *Bacillus butylicus* pendant la fermentation alcoolique. L'intervention de ce bacille n'est pas la seule cause qui puisse expliquer la formation d'alcools supérieurs, et la question s'est trouvée considérablement élargie et éclairée à la suite d'un travail de M. L. Perdrix [*Ann. de l'Inst. Pasteur*, 287] ayant pour objet l'étude des fermentations provoquées par le *Bacille amylozyme*, et d'un travail de M. L. Grimbert [*Ibid.*, **7**, 353] sur le *Bacillus orthobutylicus*.

Le bacille amylozyme de M. Perdrix a été rencontré dans l'eau ; c'est un anaérobie mobile, d'une longueur de 1 à 3 μ et d'une largeur de 0μ,5. Aux dépens du glucose, il fournit de l'acide butyrique et de l'acide acétique, en dégageant de l'hydrogène et de l'acide carbonique. Comme il ne supporte pas l'acidification du milieu, il est nécessaire d'ajouter de la craie pour obtenir une fermentation complète. Il se forme, au début de la fermentation, surtout de l'acide acétique, et plus tard de l'acide butyrique, changement qui s'explique par le vieillissement progressif du bacille. Le saccharose fermente de même sans subir d'interversion préalable. Il en est de même du lactose. L'amidon est transformé au préalable en un sucre très voisin du dextrose et fournit, outre les produits mentionnés plus haut, une proportion notable d'alcool ordinaire et d'alcool amylique.

Le *Bacillus orthobutylicus* de M. Grimbert est également un anaérobie mobile, dont les spores périssent après 10 minutes de chauffage à 85°. Sa longueur est de 3 à 6 μ, sa largeur de 1μ,5. Il fait fermenter la glycérine, la mannite, le glucose, le sucre interverti, le saccharose, le maltose, le lactose, le galactose, l'arabinose, l'amidon, l'inuline, la dextrine, mais ne peut vivre aux dépens du tréhalose, de l'érythrite, du glycol, du tartrate et du lactate de chaux, de la gomme arabique. Il fournit de l'alcool butylique normal et un peu d'alcool isobutylique, de l'acide butyrique normal, de l'acide acétique, quelquefois un peu d'acide formique, de l'acide carbonique et de l'hydrogène.

La fermentation des sucres en $C^{12}$ se fait sans hydrolyse préalable ; celle de l'amidon est précédée d'une transformation en maltose et dextrine ; celle de la dextrine, d'une transformation en maltose.

Les équations de transformation du glucose sont les suivantes :

$$(\alpha) \quad C^6H^{12}O^6 = C^4H^{10}O + 2\,CO^2 + H^2O,$$

$$(\beta) \quad C^6H^{12}O^6 = 3\,C^2H^4O^2,$$

$$(\gamma) \quad C^6H^{12}O^6 = C^4H^8O^2 + 2\,CO^2 + 4\,H.$$

Ces diverses équations se combinent de manières différentes, suivant la période à laquelle la fermentation est étudiée, suivant la réaction du milieu (absence ou présence de craie), suivant l'âge de la semence, etc. Ainsi, pour une même fermentation, α prédomine de plus en plus, tandis que les transformations β et γ deviennent de plus en plus difficiles.

M. Beyerinck [*Verhandelingen der Akademie van Wetenschappen te Amsterdam*, 1893] a décrit, sous le nom de *granulobacter*, toute une série de bactéries qui fournissent de l'alcool butylique normal aux dépens des hydrates de carbone ; quelques-unes donnent en même temps de l'acide butyrique. [Voyez aussi Botkin, Sur un ferment butyrique, *Zeit. f. Hygiene*, 11, 421. — Duclaux, *Amylobacter butylicus et Amylobacter ethylicus*, *Ann. de l'Inst. Pasteur*, 9, 811.]

Nous omettons à dessein de mentionner les travaux dans lesquels on n'a pas opéré avec des cultures pures et dont, par là même, les conclusions sont caduques.

Fermentation du glycérate de chaux. — MM. Frankland et Frew [*Chem. Soc.*, 59, 81] ont étudié l'action sur le glycérate de chaux du *Bacillus ethaceticus*, découvert par MM. Frankland et Fox, qui a la propriété de transformer la mannite et la glycérine en alcool et en acide acétique. Aux dépens du glycérate de chaux, il fournit les mêmes produits, avec une trace d'acide succinique et d'acide formique :

$$5\,C^3H^6O^4$$
$$= C^2H^6O + 4\,C^2H^4O^2 + H^2O + 5\,CO^2 + 3\,H^2.$$

Le liquide de culture était formé, pour 2 litres, de 60 grammes de glycérate de chaux, 2 gr. de peptone, 10 gr. de craie, 200 centimètres cubes d'une solution de 1 gr. de phosphate de potassium, 0gr,2 de sulfate de magnésie et 0gr,1 de chlorure de calcium par litre. La fermentation dure de 7 à 14 jours à une température de 35-38°.

Les mêmes auteurs constatent dans un second mémoire [*Ibid.*, 59, 96] que la moitié environ de l'acide glycérique inactif reste sans être consommé, à l'état de glycérate gauche de calcium, pour lequel $[\alpha]_D = -12°,9$, correspondant à l'acide glycérique droit (nouvel exemple du dédoublement d'un corps inactif par les infiniment petits).

Fermentation de la mannite et de la dulcite. — MM. Frankland et Frew [*Chem. Soc.*, 61, 254] ont isolé d'une solution de citrate de fer ammoniacal entrée spontanément en fermentation un bacille, le *Bacillus ethacetosuccinicus*, qui fait fermenter la dulcite, ce qui le distingue du *Bacillus ethaceticus* et du *pneumococcus* de M. Friedlaender (voyez plus loin), qui font fermenter la mannite, mais non la dulcite.

En présence d'air, ce bacille fournit aux dépens de la dulcite et de la mannite de l'alcool ordinaire, de l'acide acétique et de l'acide succinique. En l'absence d'air, il fournit en outre de l'acide formique, de l'acide carbonique et de l'hydrogène ; ces deux gaz sont dans le même rapport que dans l'acide formique et semblent résulter de la décomposition de ce dernier corps. Deux molécules de dulcite et de mannite se décomposent suivant l'équation

$$C^6H^{14}O^6 = 2\,C^2H^6O + CO^2 + CH^2O^2,$$

et une molécule suivant l'équation

$$C^6H^{14}O^6 = C^4H^6O^4 + C^2H^4O^2 + 2\,H^2.$$

Sous l'influence du *Bacillus ethaceticus*, ainsi que l'ont montré MM. Frankland et Lumsden [*Chem. Soc.*, 61, 432], la mannite se décompose suivant l'équation

$$3\,C^6H^{14}O^6 + H^2O$$
$$= C^2H^4O^2 + 5\,C^2H^6O + 5\,CH^2O^2 + CO^2.$$

Il se produit en outre de l'hydrogène, provenant, avec une portion de l'acide carbonique, de la décomposition ultérieure de l'acide formique. Le *pneumococcus* de M. Friedlaender donne lieu à la même décomposition.

En agissant sur le dextrose, le *Bacillus ethaceticus* fournit les mêmes produits ; la destruction de l'acide formique est d'autant plus énergique que l'accès de l'air est plus facile. On arrive aux mêmes résultats en cultivant ce bacille en présence de l'arabinose, comme l'ont vu MM. Frankland et Mac Gregor [*Ibid.*, 61, 737].

Fermentation de divers hydrates de carbone par le pneumococcus de M. Friedlaender. — En 1883, M. Brieger [*Zeit. Physiol. Chem.*, 8, 306 ; 9, 1] obtint, en cultivant le *pneumococcus* (ou pneumobacille) de M. Friedlaender sur des solutions de glucose et de saccharose, comme produit principal de la fermentation, de l'acide acétique accompagné d'un peu d'acide formique et d'alcool éthylique ; il obtint le même résultat avec des solutions de lactate de chaux et de créatine.

MM. Frankland, Stanley et Frew ont repris l'étude des fermentations provoquées par ce microbe avec une semence provenant de l'Institut d'Hygiène de Berlin [*Chem. Soc.*, 59, 253] et ont cherché à établir les équations de ces fermentations. Ils arrivent aux conclusions suivantes : Le *pneumococcus* de M. Friedlaender fait fermenter les solutions de dextrose, saccharose, lactose, maltose, raffinose, dextrine, mannite ; il est *sans action* sur la glycérine et la dulcite. Ses produits principaux sont l'alcool éthylique et l'acide acétique avec une petite proportion d'acide formique et des traces d'acide fixe, probablement d'acide succinique. Il donne en outre de l'hydrogène et de l'acide carbonique.

Tout différent semble être le pneumobacille étudié par M. L. Grimbert [*Ann. de l'Inst. Pasteur*, 9, 840]. Les produits de la fermentation dont il provoque la formation sont : l'alcool éthylique, l'acide acétique, l'acide lactique gauche et l'acide succinique. Ces produits varient avec la nature du sucre employé. Il fait fermenter le dextrose, le galactose, l'arabinose, le saccharose, le maltose, le lactose, le raffinose, la dextrine, la mannite, et *attaque également la glycérine et la dulcite.*

Avec le glucose, le galactose, l'arabinose, la mannite, la glycérine, il n'y a comme acide fixe que de l'acide lactique gauche, et pas d'acide succinique, tandis que les deux acides sont formés dans la fermentation du saccharose, du lactose et du maltose, et que l'acide lactique fait défaut dans la fermentation de la dulcite, de la dextrine, des pommes de terre.

L'alcool éthylique, qui est le produit le moins abondant de la fermentation, fait défaut lorsque le microbe vit aux dépens de la pomme de terre ou de l'arabinose; il n'existe qu'à l'état de traces dans la fermentation du glucose, du saccharose, du maltose, et est mélangé d'une petite quantité d'alcools supérieurs dans la fermentation de la dextrine.

La mannite donne de l'acide lactique gauche, tandis que la dulcite ne donne que de l'acide succinique.

Dans un second mémoire [*Ibid.*, **10**, 708], M. L. Grimbert, poursuivant ses recherches, démontre qu'il existe un certain nombre de pneumobacilles qui diffèrent nettement par la nature des produits qu'ils fournissent aux dépens des divers hydrates de carbone, et explique ainsi la différence des résultats obtenus par lui et par M. Frankland.

Fermentation mannitique. — Il arrive souvent que les jus sucrés naturels deviennent visqueux, en laissant déposer une substance blanche qui n'est autre que de la mannite. La matière visqueuse a été appelée par M. Béchamp *viscose* [*C. R.*, **93**, 78]; elle se rapproche de la dextrine, mais on ne sait pas si sa production et la formation de mannite sont dues à un même être microscopique.

On a fréquemment observé la présence de mannite dans les vins [Carles, *C. R.*, **112**, 811. — Roos, *Journ. de Pharm. et de Chim.*, (5), 27, 405. — Portes, *ibid.*, (5), **26**, 383. — Blarez, *ibid.*, (5), 27, 150, 260. — Dandrieu, *Algérie agricole,* 1893, 340. — Dugast, *ibid.*, 1893, 696, 732. — Jegou, *ibid.*, 1893, 675. — Malbot, *ibid.*, 1893, 676, 717. — Sébastian, *ibid.*, 1893, 725].

MM. Gayon et Dubourg [*Ann. de l'Inst. Pasteur.* 8, 108] ont isolé d'un vin d'Algérie un bacille auquel est due la production de la mannite, qui se forme aux dépens du lévulose. Voici les divers matériaux obtenus aux dépens de 100 grammes de lévulose :

| | |
|---|---|
| Mannite..................... | 72,0 |
| Acide lactique............... | 10,1 |
| — acétique.... ... ..... | 15,1 |
| Matières non dosées.......... | 2,8 |

Ce bacille se développe surtout dans la vendange lorsque la température est élevée et que le ferment alcoolique se trouve gêné. Il ne peut supporter que des doses faibles d'alcool, et toutes les pratiques qui permettent à la levure d'agir énergiquement et rapidement permettent de combattre la maladie mannitique du vin.

Sulfobactéries. — Au point d'émergence des sources sulfureuses, on remarque des touffes filamenteuses, analogues à des algues, qu'on a longtemps désignées sous le nom de *barégine* ou de *glairine*, et qui sont formées par des espèces vivantes appartenant au genre *Beggiatoa.* En 1870, M. Cramer y avait découvert du soufre, et le fait avait été confirmé en 1875 par M. Cohn [*Beitraege zur Biologie der Pflanzen*]. Se fondant

sur une observation de M. Lothar Meyer [*J. prakt. Chem.*, 1864], qui avait constaté une augmentation de la quantité d'hydrogène sulfuré dans une eau thermale conservée au laboratoire et renfermant des *Beggiatoa*, M. Cohn avait attribué la formation du soufre dans ces organismes à une oxydation de l'hydrogène sulfuré, et la production de l'hydrogène sulfuré à une réduction des sulfates. Telle est aussi, malgré l'observation de M. Planchud [*C. R.*, 84, 235], qui rapporte la réduction des sulfates à l'action de ferments anaérobies, la conclusion à laquelle arrivent MM. Étard et Olivier [*C. R.*, 95, 846], qui ont vu les *Beggiatoa* et d'autres espèces de Sulfuraires se garnir de soufre dans une eau chargée de sulfate de chaux, et perdre le soufre dans l'eau pure.

Cette rotation du soufre, passant à l'état d'hydrogène sulfuré par réduction des sulfates, puis à l'état de soufre par oxydation de l'hydrogène sulfuré, exigerait qu'un même être pût à la fois être un agent de réduction et d'oxydation. M. Winogradsky [*Botanische Zeitung.*, 45, et *Ann. de l'Inst. Pasteur*, 1, 548] a montré que ce second rôle seul appartient aux *Beggiatoa*. Le phénomène de la réduction des sulfates est dû à des bactéries de la putréfaction, et les sulfobactéries utilisent l'hydrogène sulfuré produit et l'oxydent en formant du soufre lorsqu'elles sont plongées dans une eau qui renferme une dose faible d'hydrogène sulfuré. Dans une eau pure exposée à l'air, elles perdent leur soufre ; il en est de même si elles sont plongées dans une eau renfermant des sulfates, dans laquelle elles meurent rapidement s'il n'y a pas d'organismes capables de donner de l'hydrogène sulfuré.

Le soufre ainsi déposé dans les cellules des sulfobactéries constitue pour elles l'équivalent d'une réserve alimentaire, d'une source d'énergie, et lorsque ce soufre disparaît, c'est par oxydation, à l'état d'acide sulfurique. La même fonction physiologique se retrouve chez la *Monas Okenii*, le *Clathrocystis roseo-persicina*, l'*Ophimonas sanguinea.*

L'oxydation de l'hydrogène sulfuré, puis du soufre, sont deux sources de chaleur auxquelles les sulfobactéries peuvent successivement puiser, de même que le *Mycoderma aceti*, qui s'arrête au terme acide acétique dans l'oxydation de l'alcool tant qu'il a de ce dernier corps à sa disposition, oxyde l'acide acétique lorsque l'alcool lui fait défaut.

L'acide sulfurique formé par oxydation du soufre s'élimine à l'état de sulfate de chaux en présence de craie. Quant à l'origine de l'hydrogène sulfuré dont les sulfobactéries ont besoin pour produire le soufre, les recherches de M. Popoff [*Pflüger's Archiv*, 10] et celles de M. Hoppe-Seyler [*Zeit. Physiol. Chem.*, 10, 1886] nous en montrent une source dans la fermentation de la cellulose, dans laquelle le gaz des marais en présence de sulfate de chaux donne lieu à la réaction

$$CH^4 + SO^4Ca = CO^3Ca + H^2S + H^2O.$$

La sulfobactérie intervenant produit la réaction :

$$CO^3Ca + H^2S + 4O = SO^4Ca + H^2O + CO^2.$$

Fermentation des matières pectiques. — M. Winogradsky [*C. R.*, 121, 742] a reconnu, en étudiant le rouissage du lin, que la disparition des matières pectiques est due à un bacille spécifique qui est capable d'emprunter son azote aux sels ammoniacaux et qui n'attaque pas la cellulose.

Fermentation du fumier. — On trouve dans la science un grand nombre de faits contradictoires au sujet des fermentations dont le fumier peut être le siège ; ces contradictions s'expliquent dans une certaine mesure, si l'on songe que le fumier peut avoir une composition chimique et un état physique très variables, et que son mode de conservation, l'accès plus ou moins facile de l'air dans sa masse différaient certainement pour chacun des expérimentateurs qui se sont occupés de la question.

Malgré ces divergences, il est établi que la matière première qui joue le rôle principal dans la fermentation du fumier est la cellulose, laquelle subit la fermentation forménique. En 1884, M. Dehérain [*C. R.*, **98**, 377] avait attribué les températures élevées observées dans le fumier de ferme à des oxydations de la matière organique par l'oxygène libre, oxydations dont il rapportait une partie à l'action de micro-organismes ; le dégagement de formène était dû pour lui à une fermentation microbienne. Cette fermentation avait été étudiée de plus près par M. Gayon [*Ibid.*, 528, et *Soc. des Sc. phys. et nat. de Bordeaux*, 8 mars et 5 avril 1883], qui avait reconnu que, si le fumier peut être le siège d'oxydations énergiques, par contre, à l'abri de l'air, il dégage du formène et de l'acide carbonique par suite du développement d'un bacille très petit, ferment de la cellulose, qui peut dégager jusqu'à 100 litres de formène par jour et par mètre cube de fumier. Ces résultats ont été confirmés par M. Dehérain [*C. R.*, **99**, 45]. M. Hébert [*Ibid.*, **115**, 1321] a reconnu que de la paille hachée, mélangée de sels et ensemencée avec du purin, peut perdre, à 35°, jusqu'à la moitié de son poids, par suite de la disparition de la cellulose, de la gomme et de la vasculose. Le même auteur a observé que le fumier perd aussi de l'azote à l'état d'azote libre et non ammoniaque, bien que M. Schlœsing [*C. R.*, **109**, 835] eût établi qu'il n'y a pas de dégagement d'azote, mais que l'azote des combinaisons azotées passe à l'état d'ammoniaque. Dans la fermentation forménique, qui a été plus tard l'objet d'une étude plus approfondie de MM. Schlœsing père et fils [*Ann. agron.*, **18**, 5], l'eau prend part à la décomposition, son oxygène est porté sur le carbone pour donner de l'acide carbonique, et son hydrogène sur l'azote pour fournir de l'ammoniaque ; d'après ces derniers savants, l'optimum de température de la fermentation forménique serait 52°.

Il semble cependant, d'après les recherches de M. Jentys [*Bull. Acad. des Sciences de Cracovie*, 1892], que le fumier de cheval puisse dégager de l'azote libre lorsque l'aération est suffisante, et que la formation d'ammoniaque devienne seulement abondante lorsque le fumier est mélangé d'urine.

**V. — FERMENTATION DES MATIÉRES AZOTÉES. NITRIFICATION ET FORMES DIVERSES DE MIGRATION DE L'AZOTE.**

Les microbes que nous avons vus jusqu'ici à l'œuvre, dans la destruction des matières organiques hydrocarbonées, sont des agents non moins puissants de décomposition de la matière azotée. Après avoir dédoublé la matière albuminoïde en corps de plus en plus simples, ils amènent finalement son carbone à l'état d'acide carbonique, son hydrogène à l'état d'eau, son azote à l'état d'ammoniaque. Lorsque cet azote est arrivé à l'état d'ammoniaque, il peut encore subir une transformation nouvelle, qui est nécessaire pour qu'il puisse être utilisé par le monde des végétaux supérieurs : il passe à l'état d'acide nitrique. Il est non moins indispensable qu'une portion de cet azote puisse retourner à l'atmosphère à l'état libre, sous l'influence directe ou indirecte des micro-organismes, puisque, ainsi

que nous le verrons, certains végétaux ont la possibilité de fixer directement l'azote libre de l'atmosphère, soit par eux-mêmes, soit avec l'aide des microbes, et que ce mode spécial d'organisation de l'azote aurait pour effet un appauvrissement de plus en plus marqué de l'atmosphère en azote, s'il n'était contrebalancé par une restitution d'azote équivalente.

Nous aurons donc à examiner successivement dans ce chapitre la formation d'ammoniaque, la nitrification, la dénitrification et la formation d'azote libre, la fixation de l'azote libre de l'atmosphère.

FERMENTATION DES MATIÈRES AZOTÉES ; FORMATION D'AMMONIAQUE. — La décomposition microbienne de la matière albuminoïde a été étudiée par un grand nombre de savants. Il nous suffira, après avoir rappelé les recherches, que nous avons déjà mentionnées, de M. Duclaux sur les ferments de la caséine qui amènent en partie ce corps au terme ultime de sels ammoniacaux des acides butyrique et valérianique, de citer les travaux de MM. A. Gautier et Étard [*C. R.*, **97**, 263, 325], qui observent, dans la fermentation bactérienne de la matière albuminoïde, la production de leucines, de leucoprotéines, d'acides butyrique, palmitique, crotonique, glycolique, succinique, carbonique. Nous avons déjà vu, dans les pages qui précèdent, que tous ces corps hydrocarbonés sont justiciables des ferments que nous avons successivement passés en revue.

La formation d'ammoniaque a été observée par un grand nombre d'expérimentateurs ; nous avons déjà cité les recherches de M. Perdrix sur la bactéridie charbonneuse, et l'on connaît les travaux de M. Van Tieghem et de M. Miquel sur la fermentation ammoniacale de l'urée. MM. F. et L. Sestini [*Gazz. chim. ital.*, **20**, 133] ont observé la transformation de l'acide urique en carbonate d'ammonium par un bacille mal défini, suivant l'équation

$$C^5 H^4 Az^4 O^3 + 8 H^2 O + 3 O$$
$$= 4 (Az H^4 . H C O^3) + C O^2.$$

M. Ladureau [*C. R.*, **99**, 877] a étudié un ferment abondant dans le sol, anaérobie facultatif, qui transforme l'urée en ammoniaque, et est pour les fumiers (voyez FERMENTATION DU FUMIER) une cause importante de perte d'azote.

M. Marchal, [*Bull. de la Soc. belge de Microscopie*, 1893] a constaté que les moisissures, en vivant sur l'albumine, produisent de l'ammoniaque, et que, malgré leur pouvoir oxydant énergique, elles sont incapables de produire des nitrates. Le même savant, étudiant la production d'ammoniaque dans le sol par les microbes [*Bull. de l'Acad. roy. de Belgique*, (3), **25**, n° 6], a reconnu que la plupart des bactéries les plus répandues dans le sol font de l'ammoniaque avec la matière albuminoïde, par un mécanisme analogue à celui qui permet aux sulfobactéries de faire du soufre avec l'hydrogène sulfuré. Le *Bacillus mycoïdes*, en particulier, décompose la matière albuminoïde, en portant l'oxygène sur le carbone pour faire de l'acide carbonique, sur le soufre pour faire de l'acide sulfurique, sur l'hydrogène pour faire de l'eau, et fait passer l'azote à l'état d'ammoniaque. Cette action, qui se produit à la température de 30°, exige une aération abondante, une réaction faiblement alcaline, et une faible concentration du milieu de culture. MM. Müntz et Coudon [*C. R.*, **116**, 395] sont arrivés à des résultats analogues.

C'est par un mécanisme analogue que M. Müntz [*C. R.*, **110**, 1206] explique la décomposition des engrais organiques azotés dans le sol ; la transformation en ammoniaque se produit, même dans les sols où la nitrification est possible. Nous verrons d'ailleurs, en étudiant la nitrification, que la présence de matière organique gêne la nitrification ou la rend même impossible.

NITRIFICATION. — Les recherches de MM. Schlœsing et Müntz [voyez 1er Suppl., 827] ont établi les conditions de la nitrification : température convenable, aération suffisante, présence d'ammoniaque et d'une faible quantité de matière organique. M. Schlœsing a étudié depuis [*C. R.*, 109, 423 ; et *Ibid. passim*] les conditions de nitrification dans la terre arable. M. Müntz a reconnu d'autre part que les organismes de la nitrification sont capables d'oxyder l'iode et de transformer les iodures en iodates [*C. R.*, 100, 1136] et d'oxyder également les bromures [*Ibid.*, 101, 248] ; il attribue à l'oxydation des matières organiques par le ferment nitrique l'origine de l'azote dans les gisements de nitrate de soude [*Ibid.*, 101, 1265], lesquels seraient dus à une double décomposition entre le nitrate de calcium ainsi formé et le sel de l'eau de mer. Suivant M. Müntz [*Ibid.*, 111, 1370], les organismes nitrifiants jouent un rôle important dans la décomposition des roches et la formation de la terre arable ; ils trouvent dans l'air du carbonate d'ammonium [*Ibid.*, 112, 499], auquel ils empruntent leur carbone et leur azote.

Les notions les plus précises sur la nature et le mode de fonctionnement des organismes nitrifiants ont été établies par les belles recherches de M. Winogradsky [*Ann. de l'Inst. Pasteur*, 5, 213, 257, 760 ; 4, 92, 577 ; *C. R.*, 110, 1013 ; 113, 89 ; *Arch. de l'Inst. imp. de Méd. expér. de Saint-Pétersbourg*, 1, 87]. La première constatation de M. Winogradsky a été que les organismes de la nitrification sont incapables de se développer sur le bouillon gélatinisé ordinaire. Il a fallu dès lors instituer pour leur isolement des méthodes spéciales. Tout d'abord M. Winogradsky constitue un milieu favorable à la nitrification et y fait des cultures successives jusqu'à ce que, en vertu de la concurrence vitale, sa population microbienne soit devenue constante. Il a opéré avec l'eau du lac de Zurich, dont 100 centimètres cubes sont étendus à 1 litre, et additionnés de 1 gramme de sulfate d'ammonium, 1 gramme de phosphate de potassium et un excès de carbonate de magnésium. Après 3 mois de cultures nitrifiantes successives dans ce milieu, on isole, à côté d'organismes non nitrifiants, une forme en fuseau, qui apparaît d'une manière passagère, rend le carbonate de magnésium déposé au fond du vase grisâtre ou gélatineux, en le recouvrant d'une masse zoogléique qui nitrifie activement. En ensemençant une portion de cette masse sur gélatine, et prélevant les fragments qui ne donnent lieu à aucun développement, on arrive à obtenir, dans des milieux parfaitement exempts de matière organique, un développement de cellules douées à certains moments de mouvements agiles, elliptiques, ayant de 0,9 à 1 µ de largeur sur 1,1 à 1µ,8 de longueur.

Cet organisme utilise les carbonates comme source de carbone, et arrive à produire une nitrification plus active que celles observées par M. Schlœsing dans la terre [*C. R.*, 109, 423]. Cette observation a déjà été faite par M. Heraeus [*Zeit. f. Hygiene*, 1, 193], qui a constaté les besoins en carbone, sans matière organique, des cultures nitrifiantes, et par M. Hueppe [*Schilling's Journal*, 1887], qui indique encore plus nettement que ces êtres organisent sans chlorophylle le carbone des carbonates. Mais M. Winogradsky fait justement observer que si cette action est comparable à l'action chlorophyllienne, il y a de l'oxygène mis en liberté, et l'oxydation de l'am-

moniaque devient possible à l'abri de l'air, ce qui n'est pas.

Il y a une relation constante, dans un milieu parfaitement privé de matière organique, entre l'azote oxydé et le carbone assimilé (35 milligrammes d'azote pour l'assimilation de 1 milligramme carbone), ce qui explique le développement lent de l'organisme nitrifiant, que M. Winogradsky appelle *nitromonas*. Ce savant pense que l'assimilation du carbone se fait sous la forme d'amide, et que le premier terme de la synthèse produite est l'urée ; la nitromonas puise son énergie dans l'oxydation de l'ammoniaque, ce qui la rapproche des sulfobactéries (voyez plus haut). Fait singulier, le produit ultime de la nitrification n'est pas l'acide nitrique, mais l'acide *nitreux* ; cette observation est confirmée par M. Warington [*Chem. News*, 61, n° 1582] et par M. P. et mademoiselle G. Frankland [*Proc. Roy. Soc.*, 47, 296], lesquels ont certainement opéré avec des organismes différents de celui de M. Winogradsky. La présence d'une grande quantité d'oxygène active la nitrification, mais ne la pousse pas plus loin que le terme acide nitreux.

Les recherches ultérieures de l'auteur ont expliqué ce fait. A l'aide d'un milieu de culture spécial, dont nous décrirons plus loin la préparation, il est arrivé à isoler plusieurs sortes d'organismes nitrifiants, en partant de terres d'origines très diverses. Il y a des organismes producteurs d'acide nitreux (*nitrosomonas* ou *nitrosococcus*) et des organismes producteurs d'acide nitrique (*nitrobacter*) ; les premiers ne peuvent pousser l'oxydation plus loin que l'acide nitreux, se développent activement et ont besoin de beaucoup d'oxygène ; les seconds ne peuvent oxyder que l'acide nitreux, et leur développement est lent : de sorte que, dans des cultures successives qui ont la terre pour origine, la nitrosomonas étouffe peu à peu le nitrobacter, et on ne retrouve plus ce dernier organisme si on n'a soin d'attendre que la formation d'acide nitreux soit terminée, et que la formation d'acide nitrique ait pu commencer. Certaines terres, comme la terre de Quito, renferment toujours des nitrobacters assez actifs pour qu'avec elles on arrive toujours à produire de l'acide nitrique. Lorsque dans un sol stérilisé on ensemence les deux sortes d'êtres, la nitrification suit son cours naturel.

M. Müntz a donné du phénomène que nous venons d'exposer une autre explication qui n'est pas admise par M. Winogradsky. M. Müntz [*C. R.*, 112, 1182] suppose que dans la terre il se forme des nitrites comme dans les cultures, mais que ces nitrites sont oxydés chimiquement, par suite de la décomposition du nitrite de calcium par l'acide carbonique, et de l'oxydation de l'acide nitreux par l'oxygène.

Quant à la morphologie des microbes nitrifiants, elle varie avec leur origine. En voici les traits généraux : Les ferments nitreux se présentent sous deux formes, la forme zoogléique immobile, et la forme *monas* mobile ; cette dernière oxyde plus énergiquement, et peut être maintenue si l'on alimente constamment la culture d'ammoniaque. Les ferments nitriques forment au fond du vase de culture un voile gélatineux.

Voici maintenant la préparation du milieu qui a servi à M. Winogradsky à isoler ces divers organismes. Sa base est la silice gélatineuse. 100 centimètres cubes de silicate de potasse soluble, d'une densité de 1,06, sont additionnés de 100 centimètres cubes d'acide chlorhydrique de densité 1,1. On dialyse pendant 2 jours dans l'eau courante, et pendant 1 jour dans l'eau distillée ; au bout de ce temps on a éliminé le chlore. On concentre par ébullition au cinquième du volume primitif, et on ajoute de 2 à 2,5 pour 1000 de sulfate d'ammonium, 4 pour 1000 de soude, et une petite quantité de sels nutritifs. On mélange avec une goutte de semence, on verse dans une boîte de verre stérile, et on coagule la silice lentement par addition de 3 à 4 gouttes de sel marin saturé. La coagulation doit se faire en 10 heures environ.

On obtient sur ce milieu des colonies caractéristiques, qui sont d'un brun noirâtre, très résistantes et élastiques à l'origine, et deviennent plus tard muqueuses. Lorsqu'une colonie est pure, elle laisse le bouillon ordinaire ensemencé avec elle limpide pendant 10 jours à la température de 30°.

Des résultats analogues à ceux de M. Winogradsky ont été obtenus par M. Warington [*Journ. Chem. Soc. Transact.*, **59**, 484; *Chem. News*, **41**, n° 1582; *ibid.*, **48**, 175].

M. P. et mademoiselle G. Frankland [*Proc. of the Roy. Soc.*, **47**, 296; *Philos. Transact. of the Roy. Soc. of London*, **181**, 107] ont isolé par la méthode des dilutions, dans un milieu privé de matière organique, un bacillococcus immobile, producteur d'acide nitreux, qui ne se développe pas sur gélatine. Ce microbe se développe dans le bouillon, en s'allongeant; il revient à la forme primitive lorsqu'on le cultive dans des solutions de sels ammoniacaux. En passant dans le bouillon, il prend la propriété de se développer sur gélatine. La nitrification est moins active que dans les expériences de M. Winogradsky.

M. Godlewski [*Anzeiger der Akad. der Wissensch. in Krakau*, 1892 et 1895] a observé que l'acide carbonique de l'air est nécessaire pour mettre une nitrification en route, alors que celui que fournissent les carbonates semble suffire à la nitromonas au cours de la nitrification. De plus, il y aurait suivant l'auteur un dégagement d'azote gazeux, qui est vraisemblablement dû à l'action de l'acide nitreux naissant sur l'ammoniaque.

Quant à la nitrification dans le sol, elle a fait l'objet d'un nombre considérable de mémoires. M. Leone [*Gazz. chim. ital.*, 1890] constate que dans la terre de jardin l'oxydation va jusqu'au terme acide nitrique si l'aération est énergique, mais qu'en présence d'engrais elle est remplacée par la formation d'ammoniaque.

Voyez aussi sur ce sujet : Dehérain. *C. R.*, **116**, 1091; **117**, 1041. — Chuard, *Ibid.*, **114**, 181. — Dumont et Crochetelle, *Ibid.*, **117**, 670.

DÉNITRIFICATION ET PRODUCTION D'AZOTE LIBRE. — MM. Dehérain et Maquenne [*C. R.*, **95**, 691, 732, 854] ont constaté que les nitrates sont réduits dans la terre arable. En présence de chloroforme, la terre perd cette propriété; elle la perd également lorsqu'elle a été chauffée, et l'addition de terre normale fait réapparaître la réduction des nitrates. Cette réduction s'accompagne d'un dégagement de gaz, dont la composition est variable avec les conditions de l'expérience, mais qui peuvent renfermer du protoxyde d'azote, de l'azote, de l'acide carbonique et de l'hydrogène; elle semble due à un bacille voisin du *Bacillus amylobacter* de M. Van Tieghem, et donne lieu à la production d'acide butyrique, qui a évidemment pour origine les matières organiques de la terre.

MM. Gayon et Dupetit [*C. R.*, **95**, 644, 1365] ont étudié une série de bacilles dénitrifiants qui provoquent la transformation des nitrates en nitrites; les uns sont aérobies, les autres anaérobies. Ils se développent bien entre 35 et 40° dans du bouillon de poule additionné de 5 0/0 d'azotate de potassium; le sucre, l'alcool, l'alcool propylique peuvent leur servir d'aliment organique; ils peuvent même faire disparaître l'acide phénique et l'acide salicylique. Les gaz dégagés, lorsqu'il s'en produit, ce qui n'est pas le cas pour tous ces bacilles, sont formés par de l'azote pur.

M. E. Laurent [*Ann. de l'Inst. Past.* **3**, 371; **4**, 722] a observé la réduction des nitrates par quelques moisissures et, après MM. Frankland et Warington, par quelques bactéries.

M. Bréal [*C. R.*, **114**, 681] a constaté que la paille s'appauvrit en nitrates lorsqu'on la maintient sous l'eau, par suite du développement de microbes qui adhèrent fortement à la paille même. Le seul gaz dégagé est de l'azote; mais il y a une portion de l'azote des nitrates qui est transformée en matière organique.

MM. Giltay et Aberson [*Archives néerlandaises*, **25**, 341] ont isolé de la terre de Wageningen un bacille anaérobie liquéfiant la gélatine, mobile, qui ne produit ni acide azotique, ni acide azoteux, ni ammoniaque, et dégage de l'azote pur. Ils ont employé un milieu de culture composé de la manière suivante : On dissout dans 250 centimètres cubes d'eau 2 grammes d'azotate de potassium et 1 gramme d'asparagine; d'autre part, on dissout dans 500 centimètres cubes d'eau 2 grammes de sulfate de magnésium, 5 grammes d'acide citrique, 2 grammes de phosphate monopotassique, 0gr,2 de chlorure de calcium; on ajoute quelques gouttes de chlorure ferrique, on neutralise par la potasse, on mélange les deux solutions et on amène à 1 litre. On stérilise en présence de craie. On peut remplacer l'asparagine par le glucose.

FIXATION DE L'AZOTE LIBRE. — C'est un fait connu depuis longtemps que les légumineuses enrichissent en azote le sol qui les a portées. Ces légumineuses présentent en outre une particularité intéressante, celle de porter sur leurs racines des nodosités, qui ont fait dans ces dernières années l'objet d'un très grand nombre de travaux, dès que leur importance physiologique a été connue. On avait cependant déjà étudié morphologiquement ces nodosités; M. Prillieux [*C. R.*, **111**, 926] a rappelé qu'il en avait décrit la structure en 1879 (*Société botanique*), et M. F. Cohn [*Centralbl. f. Bakteriol.*, **10**, 190] a attiré l'attention sur un mémoire de M. Lachmann (1858) dans lequel les nodosités sont étudiées avec beaucoup de soin [mémoire reproduit textuellement en 1891 *in Biedermann's Centralbl.*, **20**, 837].

Le seul point de la morphologie des nodosités que nous voulons retenir ici, c'est qu'on y trouve des corps particuliers, désignés sous le nom de *bactéroïdes*, affectant souvent la forme en Y, et qui sont, ainsi que le démontrent plusieurs des mémoires que nous passerons en revue, des formes particulières d'un micro-organisme qui joue dans l'économie du globe un rôle des plus importants.

MM. Hellriegel et Wilfarth [59e et 60e *Congrès des naturalistes allemands à Wiesbaden*, 1886 et 1887; *Zeitschr. des Vereins für Rübenzuckerindustrie*, nov. 1888] ont les premiers établi nettement le rôle physiologique des nodosités. Dans un sol stérile auquel on n'ajoute pas de nitrates, toutes les plantes, graminées et légumineuses, souffrent et s'arrêtent dans leur développement; mais les légumineuses redeviennent florissantes si on ajoute au sol de la délayure de terre, et des nodosités apparaissent sur leurs racines. L'addition de délayure reste sans effet si au préalable elle a été chauffée.

Une intéressante expérience de M. Bréal [*Ann. Agronom.*, **14**, 481] avait démontré que l'on peut provoquer la formation de nodosités par inoculation en piquant une racine de lupin avec une aiguille trempée dans la masse d'une nodosité. MM. Hellriegel et Wilfarth démontrent que, si deux racines d'une même plante, placées dans des vases différents, sont arrosées, l'une avec de la délayure de terre, l'autre avec la même délayure chauffée, la première présente seule des nodosités. Ils ont vu de plus qu'une légumineuse cultivée dans une atmosphère limitée sur un sol, non plus stérile, comme l'avait fait Boussingault, mais additionné après stérilisation de délayure de terre, subit un gain notable d'azote. Ils arrivent donc à cette importante conclusion que les légumineuses prennent de l'azote à l'air, mais ont besoin pour cela du concours de microbes dont le développement semble en relation étroite avec la formation des nodosités radicales.

Nous pouvons remarquer tout de suite que cette organisation de l'azote est un phénomène endothermique, et que pour le produire les microbes ont besoin de détruire une certaine quantité de matière hydrocarbonée, que la plante leur fournit, de sorte que celle-ci passe, au moment de l'apparition des nodosités, par une période de souffrance nettement visible.

Ce travail fondamental de MM. Hellriegel et Wilfarth a été immédiatement suivi par une foule de travaux destinés à en vérifier ou à contredire les conclusions. Personne ne songe plus à l'heure actuelle à en mettre les résultats en doute : mais les travaux mêmes de ceux qui se sont refusés à admettre l'exactitude de ces résultats ont apporté des notions importantes sur les nodosités, le mécanisme de leur apparition et leur signification physiologique.

M. Beyerinck, le] premier [*Bot. Zeitung*, **46**, 725]. a cultivé sur un milieu artificiel la bactérie rencontrée dans les nodosités ; il a constaté la relation qui existe entre la bactérie et les bactéroïdes [*Ibid.*, **48**, 837], car on ne trouve la première que là où on rencontre les seconds. Cette bactérie, qu'il a appelée *Bacillus radicicola*, ne fixe pas, suivant lui, d'azote libre en dehors des légumineuses ; il lui faut [*Versl. en med. der K. Akad. van Wetensch. te Amsterdam, Naturkunde*, 1891] une source de carbone et une source d'azote différentes : elle peut emprunter son carbone au glucose ou au saccharose, et son azote à l'asparagine, au sulfate d'ammoniaque, à des nitrates. Elle se développe de 2 à 12° sur une décoction de germes de haricots (100 grammes par litre). M. Beyerinck a également observé des différences nettes entre les bactéries provenant de diverses légumineuses.

Tous les résultats que nous venons de signaler sont confirmés par M. Prazmowski [*Landwirthsch. Versuchsstat.*, 37 et 38], qui constate en outre que l'infection des légumineuses se produit seulement sur des racines en voie de croissance, et qui a cultivé les bactéries sur des infusions de feuilles de pois gélatinisées. Sur ce milieu, le bacille produit des points blancs, nacrés, ressemblant à des taches de bougie ; dans les milieux liquides, il ne tarde pas à donner des zooglées caséeuses, sans spores.

Au point de vue de la fixation de l'azote libre, il convient de signaler les travaux de M. Bréal [*C. R.*, **109**, 670 ; *Ann. Agronom.*, **15**, 529], qui a observé une fixation considérable par les légumineuses cultivées sur milieu liquide, aussi bien que sur du sable, après infection par des cultures de bactéries des nodosités.

M. Frank [*Landw. Jahrbücher*, **19**, 523 ; *Ber. botan. Gesellsch.*, **8**, 292] donne au microbe des nodosités le nom de *Rhizobium leguminosarum* ; au milieu d'une somme considérable de faits intéressants, il émet l'idée que toutes les plantes peuvent absorber l'azote libre, idée que confirment MM. Frank et Otto [*Ber. botan. Gesellsch.*, **8**, 331], et qui sont réfutées par M. Hellriegel [*Congrès de Vienne*, 1890] et par M. Wilfarth [*Congrès de Brême*, 1890].

Les résultats de ces deux derniers expérimentateurs sont confirmés par MM. Lawes et Gilbert [*Proc. Roy. Soc. London*, **47**, 85]. M. Nobbe [*Congrès de Brême*, 1890] revient sur les différences entre les bactéries des nodosités de diverses origines, qui se confirment dans ses expériences faites avec MM. Schmid, Hiltner et Hotter [*Landwirchsch. Versuchsstat.*, 39, 327].

M. E. Laurent [*C. R.*, **111**, 754 ; *Ann. de l'Inst. Pasteur*, 5] a fait une étude très soigneuse des nodosités et de l'organisme qui les produit. Il a d'abord obtenu sur le pois la formation de nodosités à la suite de l'inoculation du contenu des nodosités de plus de 30 espèces de légumineuses, ce qui démontrait que, contrairement à ce qu'ont pensé divers auteurs, la nodosité est transmissible d'une espèce de légumineuse à une autre ; il faut cependant ajouter qu'au point de vue morphologique la nodosité semble différente suivant l'origine de la semence qui a servi à la produire.

M. E. Laurent a constaté que la plante qui porte les nodosités n'est florissante que si les nodosités ont le libre accès de l'air. Il a étudié l'organisme des nodosités, pour lequel il adopte le nom de *Rhizobium*, et qu'il classe, à cause de son mode de reproduction, parmi les *Pasteuriacées*. Sur une décoction de pois ou de lupin, cet organisme donne une culture glaireuse, dans laquelle on retrouve les formes des bactéroïdes, et dont l'inoculation produit les nodosités. On peut aussi cultiver le rhizobium dans un milieu purement minéral renfermant un hydrate de carbone (saccharose, maltose, lactose, dextrine, mannite, glycérine).

Les expériences de MM. Hellriegel et Wilfarth n'avaient pas exclu absolument la possibilité de l'absorption d'azote combiné par les légumineuses. MM. Th. Schloesing fils et E. Laurent [*C. R.*, **111**, 750] ont démontré d'une manière irréfutable l'assimilation de l'azote libre, en cultivant des pois en vase clos, dans un milieu stérile, en présence d'une atmosphère de composition connue, dont ils déterminaient directement l'azote disparu à la fin de l'expérience. La perte de l'atmosphère en azote était contrôlée par le dosage de l'azote dans le sol et dans la semence au début de l'expérience, et dans la récolte à la fin.

Mais le rhizobium, en produisant des nodosités sur les racines des légumineuses et leur permettant de fixer l'azote de l'atmosphère, ne représente qu'une petite partie du mécanisme par lequel l'azote libre s'organise. MM. Schloesing fils et Laurent [*C. R.*, **113**, 776 ; **115**, 659, 732 ; *Ann. de l'Inst. Past.*, 6, 65, 824], après avoir constaté à nouveau que les pois cultivés dans un sol sans azote, stérilisé par la chaleur, et ensemencé de microbes des nodosités, empruntent l'azote libre à l'air, alors que dans le même sol, sans microbes, il n'y a aucune fixation d'azote, ont découvert un second mode de fixation de l'azote libre ; cette fixation peut être produite par les algues vertes. Ils ont constaté par des expériences précises que des plantes autres que les légumineuses ne fixent pas d'azote sur un sol qui ne porte aucune végétation d'algues, dans des conditions où les légumineuses fixent l'azote ; ils ont également démontré que les sols nus, sans végétation, ne fixent pas l'azote.

Cette fixation d'azote par les algues vertes a été confirmée par M. Petermann [*Bull. de l'Acad. roy. de Belgique*, (3), **25**, n° 3] et par MM. Koch et Kossowitch [*Bot. Zeit.*, **54**, (2), 321].

Voir également au sujet des nodosités des légumineuses : Schneider, *Bull. of the Torrey Bot. Club*, juillet 1892. — Gilbert, *Congrès de Halle*, 1891. — Atwater et Woods, *Am. Chem. Journ.*, **13**, 42. — Kossowitch, *Bot. Zeit.*, **50**, *passim.* —

Frank, *Ber. der botan. Gesellsch.*, 1892, 170, 271, 390; *Landwirthschaftl. Jahrb.*, **21**, 1; *Bot. Zeit.*, 1893, **1**, 139. — Moeller, *Ber. der bot. Gesellsch.*, 1892, 201, 205. — Nobbe et Hiltner, *Landwirthschaftl. Versuchsstat.*, **42**, 459]. — Au point de vue de l'utilisation agricole des nodosités fixatrices d'azote [Gain, *C. R.*, **116**, 1394. — Salfeld, *Deutsche landwirthschaftl. Presse*, **18**, 1033. — Fruwirth, *ibid.*, **19**, 6. — Fleischer, *Chem. Zeit.*, 1893, n⁴ 50].

La fixation d'azote libre par les légumineuses est donc actuellement un fait indiscutablement démontré. En vertu de quel mécanisme, sous quelle forme le rhizobium fixe-t-il l'azote? Nous sommes peu renseignés à ce sujet; la plupart des expérimentateurs qui ont étudié la fixation d'azote par ce microbe en cultures artificielles n'ont observé que des gains tellement faibles, qu'ils pouvaient sembler douteux. Tout récemment [*Ann. de l'Inst. Past.*, **11**, 44], M. Mazé a démontré qu'en fournissant au rhizobium une quantité de sucre suffisante, on observe, en cultures artificielles, des gains d'azote libre très notables. Le rapport du sucre consommé à l'azote fixé peut être évalué à 100, ce qui explique pourquoi on n'avait pas jusque-là, en fournissant trop peu de sucre au microbe, observé de gain d'azote sensible : la source d'énergie qu'on lui fournissait était insuffisante.

Les mécanismes divers, que nous venons de passer en revue, par lesquels se fixe l'azote gazeux de l'atmosphère, ne sont certainement pas les seuls qui entrent en jeu dans la nature. M. Berthelot a annoncé en 1885 [*C. R.*, **101**, 775] que certains sols argileux peuvent fixer directement l'azote atmosphérique. Cette fixation a été niée par M. Schlœsing, et les discussions de ces savants ont donné lieu à un très grand nombre de mémoires [*C. R.*, depuis 1885, *passim*]. M. Berthelot [*C. R.*, **116**, 842] a affirmé en dernier lieu la fixation de l'azote par les bactéries sans chlorophylle du sol, à la condition que ces êtres aient à leur disposition des hydrates de carbone et une petite quantité d'azote combiné.

M. Immendorf [*Landwirthschaftl. Jahrb.*, **21**, 281] a observé aussi un enrichissement en azote de sols sans algues. [Voyez aussi Gautier et Drouin, *C. R.*, **114**, 19; *Bull. Soc. Chim.*, (3), **7**, 53.]

La seule explication que l'on puisse donner des contradictions qu'on trouve dans la science au sujet de la fixation ou de la non-fixation de l'azote par la terre, c'est que les conditions d'expérimentation ont varié d'un savant à l'autre, et on ne saurait assigner des lois immuables pour un phénomène dont on ignore le mécanisme profond.

La connaissance de ce mécanisme a fait un grand pas récemment, grâce aux travaux de M. Winogradsky [*Arch. de l'Inst. Imp. de Méd. expérim. de Saint-Pétersbourg*, **4**, 297; *C. R.*, **116**, 1385; **118**, 353]. Ce savant, ensemençant de la terre dans un milieu purement minéral, additionné de dextrose pur, en couche mince, et parcouru par de l'air filtré et purifié, a observé, à la suite de cultures successives longtemps poursuivies, un gain notable d'azote, qui semblait produit par un bacille ressemblant beaucoup au *Bacillus butylicus* de M. Fitz. Il a réussi à obtenir dans le vide, par cultures sur tranches de carotte, ce bacille à l'état de pureté. Il le désigne sous le nom de *Clostridium Pasteurianum*. C'est un anaérobie qui se développe bien dans un liquide minéral, sans azote combiné, sucré avec du dextrose, en présence d'une atmosphère d'azote pur. Pour fixer de 25 à 28 milligrammes d'azote, ce microbe consomme 20 grammes de dextrose; les produits principaux de la fermentation de ce sucre sont l'hydrogène, l'acide carbonique, les acides butyrique et acétique. Le *Clostridium Pasteu-*



*rianum* ne se développe ni sur le bouillon ordinaire, ni sur le bouillon gélatinisé. Il fixe l'azote dans un milieu aéré, et probablement aussi dans la terre, lorsqu'il vit en symbiose avec des êtres avides d'oxygène, qui lui permettent ainsi de mener la vie anaérobie.                    A. Fernbach.

**FERROGOSLARITE** (Min.) (H.-A. Wheeler). — Variété de goslarite renfermant 5 0/0 environ de sulfate ferreux, soit $SO^4[Zn,Fe], 7H^2O$. Croûtes cristallines sur blende, à Weeb City, comté de Jasper (Missouri).

**FERRONATRITE** (Min.) (J.-B. Mackintosh) [Syn. *Gordaïte*]. — Sulfate sodico-ferrique,

$$3SO^4Na^2 . (SO^4)^3Fe^2, 6H^2O.$$

Masses blanches ou gris-verdâtre, globulaires radiées, clivables suivant les faces d'un prisme hexagonal régulier, ayant l'aspect de la wavellite, solubles dans l'eau, trouvées avec coquimbite, copiapite, sidéronatrite, à la sierra de Gorda, province de Tocapilla (Chili). Dureté = 2,5. Densité = 2,55 à 2,58.

*Forme cristalline.* — Rhomboèdre : $a : c = 1 : 055278$. Faces $e^2d^1a^1pe^{1/2}a^4$. Clivages, $e^2$ parfait, $d^1$ moins parfait.

**FERROSTIBIANE** (Min.) (Igelström). — Antimoniate de manganèse et de fer hydraté, fortement basique, $10RO.Sb^2O^5, 10R(OH)^2$. Cristaux noirs, à éclat semi-métallique, probablement clinorhombiques, avec faces $pg^1h^1$, clivables suivant 2 ou 3 directions, cassure grenue, faiblement magnétiques, transparents, en lames très minces, avec coloration rouge sang, trouvés avec rhodonite à la mine de Sjö, Vermland (Suède). Dureté = 4. Poussière noir-brunâtre. Inattaquable aux acides. Au chalumeau, les bords seuls des très petits éclats fondent, en donnant une scorie rougeâtre. Caractères du manganèse, du fer et de l'antimoine.

**FÉRULIQUE** (ACIDE) [Syn. *Méthylcaféique, méthyldioxycinnamique, méthoxy 3-phénol 4-propényloïque*],

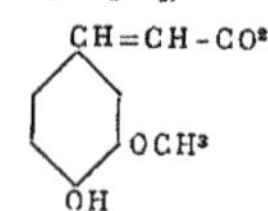

(voyez Suppl., **1**, 828). — L'acide méthylaminocoumarique, traité par le nitrite de sodium, donne un dérivé diazoïque qui, porté à l'ébullition avec de l'eau, se transforme en acide férulique (Ulrich, voyez 2° Suppl., **1**, 1392).

L'acide férulique est presque insoluble dans l'eau froide; il se dissout assez bien dans l'eau bouillante, mieux encore dans l'alcool froid, peu dans l'éther.

L'*alcool* correspondant à l'acide férulique serait l'alcool coniférylique [2° Suppl., **1**, 1373].

L'*aldéhyde férulique* n'est connue.

**FÉRULIQUE** (ALDÉHYDE) [Syn. *Méthoxy 3-phénol 4-propénylal*],

$$CH=CH-CHO$$

$$OCH^3$$

$$OH$$

— On traite à 30 ou 40°, pendant 3 jours, l'aldéhyde glucoférulique (voyez ce mot) par l'émulsine (de 2 à 5 0/0). L'aldéhyde glucoférulique se dédouble. On agite le produit de la réaction avec de l'éther, on prépare la combinaison bisulfitique, on la lave à l'alcool et on la décompose par l'acide sulfurique étendu.

On obtient finalement des aiguilles d'un jaune clair, fondant à 84°, peu solubles dans l'eau froide, solubles dans l'alcool, l'éther, le benzène, insolubles dans la ligroïne.

La solution aqueuse donne avec le perchlorure de fer une coloration bleu-verdâtre; si l'on chauffe le mélange, il se développe une odeur intense de vanilline, puis il se dépose un composé cristallin qui paraît être de la déhydrovanilline [Tiemann, *D. chem. G.*, **18**, 3481; *Bull. Soc. Chim.*, (2), **46**, 610].  Paul Adam.

**FIBRINE ET FIBRINOGÈNE** (voyez Dict., **1**, 1459 et **2**, 1419; 1er Suppl., 62). — Le fibrinogène est une matière albuminoïde appartenant à la classe des *globulines*, qui, sous l'influence du *ferment de la fibrine* et en présence des *sels de calcium*, se dédouble en une *matière albuminoïde soluble* qui est une globuline, et un composé calcique insoluble, la *fibrine*. Les récentes recherches de M. Arthus ont démontré que la fibrine possède également les propriétés générales des globulines et que, dans cette classe des globulines, elle forme avec le fibrinogène la famille naturelle, la *famille des fibrines*. L'étude de ces deux substances pouvait donc utilement être réunie ici [Arthus, *Thèse de la Faculté des Sciences de Paris*, 1893, 53].

### FIBRINE.

Lorsqu'on soumet à un lavage prolongé le caillot sanguin, tel qu'il se produit spontanément, ou la fibrine impure obtenue par battage du sang, on obtient finalement une masse blanche, plus ou moins filamenteuse et élastique qui, épuisée par l'alcool et l'éther, a été souvent analysée comme fibrine pure. Ce produit renferme en réalité des stromas de globules rouges et des globules blancs. Soumis à l'action de la pepsine chlorhydrique, il laisse un résidu insoluble, formé de nucléine, et qui constitue la *dyspeptone* des anciens auteurs. Les produits décrits par Denis, sous les noms de *fibrine concrète, fibrine modifiée, fibrine concrète globuline, fibrine concrète pure*, sont des mélanges de fibrine pure avec diverses impuretés, et notamment des globules blancs, de la sérum-globuline, etc. Avec des mélanges convenables, M. Hammarsten a pu reproduire ces diverses globulines, et vérifier l'exactitude des indications de Denis [Hammarsten, *Pflüger's Arch.*, 30, 437, 1883].

*Préparation.* — La fibrine (de sang de cheval, par exemple) obtenue par battage, puis exprimée, hachée et lavée à grande eau jusqu'à ce qu'elle soit devenue parfaitement blanche, suffit pour la plupart des expériences courantes. Il ne faut pas oublier qu'une telle fibrine contient toujours des résidus globulaires, et notamment de la nucléine, résidus d'autant moins abondants que la fibrine a été préparée avec plus de soin.

On n'obtient de fibrine tout à fait pure qu'en s'adressant à des liquides débarrassés d'éléments cellulaires par filtration ou à l'aide de la force centrifuge, et dont on provoque ensuite la coagulation (voyez SANG). Le caillot obtenu est lavé à l'eau, puis avec de l'eau salée à 5 0/0 qui enlève les globulines, puis encore avec de l'eau, et enfin avec de l'alcool et de l'éther. Il est plus sûr encore de coaguler une dissolution de fibrinogène pur (voyez plus haut) par addition de ferment de la fibrine et d'un sel de calcium. On peut obtenir ainsi, en petites quantités il est vrai, de la fibrine tout à fait pure.

M. Dastre a construit récemment un appareil permettant de préparer de la fibrine fraîche exempte de microbes. Le sang est recueilli et défibriné d'une manière aseptique; le sang défibriné est éliminé dans les mêmes conditions et la fibrine est lavée avec de l'eau stérilisée, dans l'appareil même [Dastre, *Arch. de Physiol.*, (5), 7, 584].

*Propriétés.* — La fibrine obtenue par battage est une masse blanche (grisâtre ou jaunâtre si elle est impure), constituée par des filaments ou amas élastiques. Mais elle n'a pas toujours cet aspect filamenteux qui lui a fait donner son nom. Celle du caillot sanguin est gélatineuse, et, en partant du plasma sanguin, M. Arthus a réussi par certains artifices à produire la coagulation en gelée ou en flocons, ou au contraire en filaments. Le plasma oxalaté de MM. Arthus et Pagès, non spontanément coagulable, mais dont on provoque à volonté la coagulation par l'addition d'un sel de calcium, se prête très facilement à ces expériences [Arthus, *loc. cit.*, 59. — Arthus et Pagès, *Arch. de Physiol.*, 22, 739].

La fibrine est complètement insoluble dans l'eau, l'alcool, l'éther. Les acides étendus, et surtout l'acide chlorhydrique à 1.3 gr. pour 1000, gonflent considérablement la fibrine de battage et la transforment en une gelée molle et transparente, mais ils ne la dissolvent pas, ou tout au moins ne la dissolvent que très lentement. Au contraire, la fibrine en flocons se dissout rapidement et sans se gonfler dans les solutions acides étendues. Il se produit de l'acide-albumine. Les alcalis étendus gonflent également la fibrine et la dissolvent peu à peu à l'état d'alcali-albumine.

L'action des dissolutions salines sur la fibrine a été étudiée par de nombreux observateurs, et notamment par Denis [*Essai sur l'application de la chimie à l'étude physiologique du sang de l'homme*, Paris, 1838, 70], par M. Kühne [*Lehrb. d. phys. Chem.*, 1868, 162], par M. Gamgee [*Text-book of phys. Chem.*, 1880, 34], par M. Green [*Journ. of Phys.*, 8, 372] et par M. A. Gautier [*Cours de Chimie*, 3, 147]. (Pour la bibliographie complète de cette question, voyez la thèse de M. Arthus.) La fibrine se dissout dans les solutions salines neutres assez fortement salées. Cette dissolution se fait en dehors de tout phénomène de putréfaction [Limbourg, *Zeit. phys. Chem.*, 13, 450]. Les solutions obtenues présentent les propriétés des globulines, en ce sens qu'elles sont coagulées par la chaleur, précipitées par les dialyses, par la dilution (aidée ou non par l'action du gaz carbonique), précipitées par le chlorure de sodium à saturation, et totalement précipitées par le sulfate de magnésium. Ces réactions seraient dues à deux globulines, l'une coagulable à 55°, l'autre vers 70°.

Cette dissolution de la fibrine par les solutions salines a été très soigneusement étudiée récemment par M. Arthus, à l'aide du fluorure de sodium, et ces recherches, en même temps qu'elles ont élucidé complètement le phénomène en question, font rentrer définitivement la fibrine dans la classe des globulines.

Le fluorure de sodium en solution aqueuse à 1 0/0 a la propriété de dissoudre la fibrine lentement à 15°, rapidement et abondamment (de 1 gramme à 1gr,25 de matière albuminoïde pour 100 centimètres cubes) à 40°. Il est à remarquer que les sels neutres ne dissolvent en général la fibrine que s'ils contiennent une assez forte proportion de sel (10 0/0 de chlorure de sodium par exemple, dans les expériences de M. Green). Le fluorure de sodium la dissout abondamment à la dose de 1 0/0, c'est-à-dire à la dose communément employée pour dissoudre les globulines, lorsque le sel employé est le chlorure de sodium.

Ces solutions sont complètement aseptiques, et M. Arthus a montré d'autre part que l'hypothèse d'un ferment soluble protéolytique, par lequel on pourrait expliquer ce phénomène de dissolution, doit être écartée [Arthus, *loc. cit.*, 77].

Ces solutions sont précipitées par la dialyse; elles sont précipitées encore par la dilution, ou par la dilution aidée d'un courant d'acide carbonique. Cette précipitation est toujours incomplète — tout comme dans le cas des globulines — et le précipité est rapidement soluble dans les solutions salines étendues. Le chlorure de sodium et le sulfate de magnésium à saturation précipitent ces dissolutions, le premier incomplètement, le second en totalité.

Toutes ces réactions font nettement rentrer la fibrine dans le groupe des globulines.

On pourrait objecter, à la vérité, que beaucoup d'auteurs ont trouvé la fibrine insoluble dans le sel marin à 1 0/0, et soluble seulement dans les dissolutions de sel assez concentrées (10-15 0/0), tandis que les autres globulines sont solubles dans les dissolutions salines *étendues*. Mais on peut répondre avec M. Arthus qu'à 40°, et au bout de 5 ou 6 heures, la solution de sel marin à 1 0/0 (avec addition de thymol) dissout en réalité des quantités sensibles de fibrine; que d'ailleurs le fluorure de sodium à 1 0/0, c'est-à-dire un sel neutre en solution étendue, la dissout abondamment; qu'une autre globuline, la myosine, se comporte vis-à-vis du sel ammoniac exactement comme la fibrine à l'égard des solutions de sel marin, et qu'en dernière analyse tous les faits de solubilité des globulines, en comprenant parmi ces dernières la fibrine, peuvent être ramenés à cette formule : Les globulines, insolubles dans l'eau distillée, peuvent être dissoutes en présence d'une quantité convenable de chlorure de sodium; elles présentent un maximum de solubilité dans ces solutions pour une teneur en sel moindre que celle qui correspond à la saturation.

*La fibrine rentre donc dans le groupe des globulines.* Au surplus, cette démonstration avait déjà été faite implicitement par divers auteurs, et notamment par M. Hasebroek, qui a trouvé deux *globulines*, l'une coagulable à 65°, l'autre au-dessus de 70° (voyez plus bas), parmi les premiers produits de la digestion gastrique ou pancréatique de la fibrine fraîche. Or il s'agissait en réalité d'une simple dissolution d'une partie de la fibrine dans les protéoses résultant de la digestion, ainsi que l'ont montré MM. Arthus et Huber, en dissolvant de la fibrine dans des dissolutions de peptone de Witte [Otto, *Zeit. physiol. Chem.*, 8, 129. — Hasebroek, *ibid.*, 11, 348. — Herrmann, *ibid.*; 11, 508. — Arthus et Huber, *Arch. de Physiol.*, 25, 447].

Le caillot de fibrine est également soluble dans le sérum sanguin (*fibrinolyse* de M. Dastre). Lorsque le sang coagulé est abandonné à lui-même pendant 18 heures, on peut constater que le liquide a redissous de 3,6 à 44 0/0 (en moyenne 8,8 0/0) de la fibrine primitivement coagulée [Dastre, *Arch. de Physiol.*, (5), 5, 661].

Enfin, M. Dastre a montré récemment que l'action des solutions salines, même étendues (NaCl à 12-14 0/00, par exemple), ne s'arrête pas à cette simple dissolution, mais qu'il se produit au bout de quelques jours des propeptones (protéoses) et même des peptones véritables. La fibrine cuite est inattaquable dans ces conditions [Dastre, *Arch. de Physiol.*, (5), 6, 464, 919]. M. Dastre s'est assuré que l'hypothèse d'une action de ferments solubles (pepsine, trypsine) apportés par la fibrine, ou d'une intervention bactérienne, doit être écartée.

La fibrine présente en outre une réaction de dédoublement qui lui est commune avec le fibrinogène, et qui distingue nettement ces deux substances des autres globulines.

Les solutions fluorées de fibrine sont coagulables par la chaleur à une température qui varie un peu selon la richesse de la dissolution en matière albuminoïde et en fluorure, mais qui s'étend ordinairement entre 52 et 56°. Le caillot obtenu est insoluble dans les solutions salines neutres (chlorure de sodium, fluorure de sodium). Cette coagulation n'est pas totale, car, de même que pour le fibrinogène, il y a dédoublement. La liqueur débarrassée du caillot reste limpide jusqu'à 64°, puis elle louchit, et à 75° la coagulation est achevée. La matière albuminoïde coagulable au-dessus de 64° est une globuline, partiellement précipitable par le sel marin à saturation. Le rapport entre le poids du coagulum à 56° et le poids de la fibrine totale dissoute varie suivant que la solution est plus ou moins riche en substances dissoutes, ce qui prouve qu'il y a dédoublement et non mélange primitif de deux substances (voyez FIBRINOGÈNE).

La fibrine solide, telle qu'on l'extrait du sang par battage, présente, chose remarquable, la même propriété. Fraîche, ou bien chauffée à une température ne dépassant pas 45 ou 50°, elle reste soluble dans le fluorure de sodium, avec les caractères que l'on vient de décrire. Chauffée dans l'eau à 56°, elle ne devient que partiellement insoluble dans le fluorure à 1 0/0, mais elle se dissout néanmoins en quantité suffisante pour donner des liqueurs à réactions très nettes. Chauffée à une température supérieure à 64°, elle se dissout d'autant moins que la température est plus élevée. Enfin, chauffée à 75°, elle est rendue totalement insoluble dans le fluorure de sodium à 1 0/0.

La fibrine chauffée préalablement [illegible] dissout encore dans une dissolution de peptone de Witte (voyez plus haut), mais la dissolution ne présente plus que le deuxième point de coagulation; au contraire, la fibrine-colle (ou fibrine coagulée par l'alcool) y est tout à fait insoluble [Arthus, *loc. cit.*, 67. — Arthus et Huber, *Arch. de Physiol.*, 25, 447].

Dans la *classe des globulines*, on peut donc avec M. Arthus distinguer une *famille* naturelle, la *famille des fibrines*, qui comprend le *fibrinogène* et la *fibrine*, et qui est caractérisée par la propriété qu'ont ces corps de se dédoubler à 56° en deux substances, l'une coagulable à cette température, et l'autre coagulable à une température plus élevée, de 64 à 75°.

## FIBRINOGÈNE.

Le fibrinogène se rencontre dans le plasma sanguin (mais non dans le sérum); on le trouve encore dans d'autres liquides spontanément ou non spontanément coagulables, tels que la lymphe, le chyle, dans les transsudats ou exsudats, tels que le liquide du péricarde, de l'hydrocèle, la sérosité ascitaire, etc.

*Préparation.* — On s'adresse au plasma sanguin, qui contient un mélange de sérum-globuline (paraglobuline, substance fibrino-plastique) et de *fibrinogène*, et on les sépare en mettant à profit l'inégale solubilité de ces deux globulines dans l'eau salée. M. Hammarsten a montré en effet que des solutions de sérum-globuline (0.6-0.8 0/0) ne sont pas troublées par addition de 16 à 20 0/0 de sel marin, tandis qu'à égale concentration le fibrinogène est précipité par 12 ou 16 0/0 de ce sel. On substitue aujourd'hui avec avantage au mode opératoire de M. Hammarsten le procédé de M. Arthus [Hammarsten, *Jahresb.*; *Zeit. physiol. Chem.*, Wiesbaden, 1891, 47. — Arthus, *loc. cit.*, 67].

Dans un vase contenant 250 centimètres cubes d'une solution saturée d'oxalate neutre de sodium (destiné à supprimer le phénomène de la coagulation), on reçoit directement, au sortir du vaisseau, 10 litres de sang de cheval. Au bout de 2 heures de repos, on décante le plasma (qui s'est séparé très nettement de la couche des globules), on le filtre sur papier et on l'additionne peu à peu, et en agitant constamment et énergiquement, de sel marin finement pulvérisé, à raison de 150 grammes par litre de plasma. Les flocons de fibrinogène qui se séparent sont enlevés à la main, exprimés autant que possible dans un linge très fin, puis mis en suspension et battus fortement dans une solution de chlorure de sodium à 15 0/0, contenant 1 millième d'oxalate neutre de sodium (pour empêcher toute transformation du fibrinogène en fibrine). On exprime ensuite le produit et on recommence cette opération à trois ou quatre reprises. La masse gluante de fibrinogène est alors broyée dans un mortier contenant de l'eau additionnée de 0,001 d'oxalate de sodium. On obtient ainsi une solution encore colorée en jaune. Pour la purifier, on précipite de nouveau par le sel marin en poudre (15 0/0), on lave dans la solution salée à 15 0/0 et oxalatée à 0,001, et l'on redissout aussi vite que possible dans l'eau oxalatée. La solution ainsi obtenue ne contient plus que du fibrinogène. Traitée par le sel marin, elle abandonne des flocons de fibrinogène absolument blancs, qui, lavés et redissous dans l'eau faiblement oxalatée, donnent une solution tout à fait incolore et très faiblement opaline de fibrinogène pur.

*Propriétés.* — Lorsqu'on précipite le fibrinogène du plasma oxalaté ou magnésien à l'aide du sel marin en poudre, il se sépare en flocons volumineux, gluants au toucher, muqueux, et qu'il est difficile de séparer par expression du liquide qui les imbibe. Le produit ainsi obtenu se distingue facilement de la fibrine, qui est en filaments secs, faciles à exprimer et nullement collants. Mais lorsque, au contraire, on ajoute de l'eau distillée à une solution faiblement saline de fibrinogène, il se produit un trouble, et si l'on transvase le liquide à ce moment, on constate qu'il s'écoule comme une gelée à demi solidifiée, dans laquelle l'agitation avec une baguette détermine assez brusquement la formation d'un réseau filamenteux, semblable à celui que fournit le battage du sang frais.

Le fibrinogène est une globuline, c'est-à-dire une matière albuminoïde insoluble dans l'eau distillée, soluble dans les solutions étendues de sels neutres (chlorure de sodium, sulfate de magnésium, etc.). Il est également soluble dans une solution de fluorure de sodium à 1 0/0 (Arthus). Ces solutions dévient à gauche le plan de polarisation, mais moins fortement que ne le fait la sérum-globuline. Elles sont coagulables par la chaleur; elles sont précipitées par la dilution, par l'acide carbonique, par la dialyse, par le sel marin ou par le sulfate de magnésium ajoutés à saturation.

Les réactions qui distinguent le fibrinogène des autres globulines sont : 1° la précipitation totale par le chlorure de sodium à saturation; 2° la coagulation à 56°, avec dédoublement; 3° la transformation du fibrinogène en fibrine sous l'action du ferment de la fibrine et en présence des sels de calcium.

1° En ajoutant aux liqueurs qui contiennent du fibrinogène environ 15 0/0 de sel marin, ou, ce qui revient au même, en mélangeant ces liqueurs avec un égal volume d'une solution saturée à froid de chlorure de sodium, on détermine une précipitation abondante, mais non totale de cette substance [Hammarsten, *Pflüger's Arch.*, **19**,

563]. Mais si l'on sature de sel marin le plasma sanguin, les transsudats ou les solutions pures de fibrinogène, on en précipite totalement cette matière albuminoïde [Al. Schmidt, *Pflüger's Arch.*, **11**, 291, et *Die Lehre von den fermentativen Gerinnungserscheinungen*, etc., Dorpat, 1877. — Hammarsten, *loc. cit.*]. La sérum-globuline au contraire n'est qu'incomplètement précipitée par le sel marin à saturation [Lewith, *Arch. f. exp. Path.*, **24**, 1].

2° La coagulation du fibrinogène à chaud a été étudiée sur le plasma sanguin et sur les dissolutions salines de ce corps. M. Frédéricq a montré que le plasma de sang de cheval, préparé et conservé dans la jugulaire même, d'après le procédé de M. Glénard (voyez 1er Suppl., 2, 1415), est coagulé à 56°, et que la substance coagulée à cette température est la *plasmine* de Denis ou *fibrinogène* de M. Al. Schmidt [Frédéricq, *Recherches sur la constitution du plasma sanguin*, Paris, 1878].

L'étude du plasma oxalaté a fourni à M. Arthus des renseignements analogues. On reçoit directement 40 volumes de sang de cheval dans 1 partie d'une solution d'oxalate neutre de sodium à 4 0/0 environ. Les globules se déposent très rapidement et le plasma, décanté et filtré au papier, est chauffé progressivement au bain-marie. À 53°, le liquide commence à louchir; à 54°, apparaissent des flocons qui augmentent rapidement jusqu'à 56°. Maintenu pendant quelque temps à cette température, le plasma donne par filtration un liquide qui ne se trouble plus avant 64°. La coagulation (vers 56°) s'achève donc dans un intervalle de quelques degrés, tandis que celles de la sérum-albumine et de la sérum-globuline se font dans des limites de température beaucoup plus étendues [Arthus, *loc. cit.*, 54].

Le liquide de l'hydrocèle ne se coagule pas, en général, avant 60°. Mais ce retard ne doit pas être considéré comme prouvant une différence de nature entre le fibrinogène du plasma et celui du liquide de l'hydrocèle. M. Hammarsten a montré en effet que le fibrinogène extrait d'un liquide d'hydrocèle, ne se coagulant pas avant 60°, se coagule à 55-57° lorsqu'on a soin de le purifier, puis de le dissoudre dans de l'eau faiblement salée. Inversement, une solution faiblement salée de fibrinogène du plasma, coagulable à 56°, ne se coagule plus qu'à 60° lorsqu'elle a été mélangée à un liquide d'hydrocèle se coagulant à cette température [Hammarsten, *Pflüger's Arch.*, 19, 563]. On sait au surplus que l'addition de sels au plasma abaisse, que l'addition d'alcali relève la température de coagulation [Frédéricq, *loc. cit.*, 25].

Pour les solutions de fibrinogène pur dans l'eau faiblement salée, M. Hammarsten a trouvé que la coagulation se fait de 52 à 55° [Hammarsten, *Maly's Jahresb.*, 6, 19, 1876].

La coagulation du fibrinogène à 56° est incomplète, en ce sens que le liquide séparé du coagulum contient encore une matière albuminoïde qui n'est pas coagulable avant 64°. M. Hammarsten a montré que cette substance, qui est une globuline, doit être considérée comme un *produit de dédoublement du fibrinogène à 56°*, et non comme une impureté préexistant dans le plasma et qui aurait été entraînée par le fibrinogène. En effet, le rapport entre le poids du coagulum à 56° et le poids total du fibrinogène précipitable par le sulfate de magnésium varie suivant la richesse de la solution en fibrinogène et en sel dissolvant. On comprend qu'un dédoublement d'une substance puisse se faire différemment selon la nature du liquide dans lequel elle est dissoute, tandis qu'on s'expliquerait difficilement la non-constance du rapport en question.

s'il n'y avait que simple coagulation d'une substance dans un mélange de deux substances distinctes [Hammarsten, *Pflüger's Arch.*, **22**, 431].

3° Le fibrinogène peut se transformer en fibrine, c'est-à-dire en une matière albuminoïde insoluble, ou, plus exactement, moins soluble que le fibrinogène lui-même dans les solutions salines. M. Al. Schmidt a démontré que cette transformation s'opère sous l'action d'une substance qui agit à la manière des ferments solubles, et qu'il a appelée *ferment de la fibrine (fibrinferment)*. Il admettait de plus que la sérum-globuline (ou substance fibrino-plastique) contribue avec le fibrinogène à la formation de la fibrine. Mais M. Hammarsten a démontré que la sérum-globuline n'intervient pas dans le phénomène, et de plus que le fibrinogène subit au contraire dans l'action du ferment un dédoublement en fibrine, qui se concrète, et en une globuline soluble, coagulable à 64°. Enfin MM. Arthus et Pagès ont fait voir que ce dédoublement ne se produit qu'en présence des sels de calcium et que la fibrine est une combinaison calcique. On ne peut qu'indiquer ici ces faits, dont la démonstration est intimement liée à l'étude de la coagulation du sang (voyez Sang).

Notons encore que le fibrinogène, comme toutes les globulines, devient rapidement peu soluble dans ses dissolvants salins. Déjà au bout de 15 heures de contact avec l'eau salée à 15 0/0, le fibrinogène pur, préparé comme il a été dit plus haut, devient dur comme le blanc d'œuf cuit; sa consistance devient élastique et il a perdu son toucher muqueux et collant. Si on le broie dans un mortier avec un peu d'eau salée faible, on n'en dissout que fort peu, mais la solution reste coagulable à 56° et le sel marin à saturation la précipite totalement. A 40°, on obtient avec le sel marin à 1 0/0 ou le fluorure de sodium à 1 0/0 des solutions plus chargées, et la substance dissoute est encore coagulable à 56°, avec production d'une matière albuminoïde soluble, non coagulable au-dessous de 64° [Arthus, *loc. cit.*, 58].

Le fibrinogène décompose énergiquement l'eau oxygénée.

(Pour de plus amples détails sur le fibrinogène, consulter principalement les deux mémoires de M. Hammarsten, *Pflüger's Arch.*, **19**, 563 et **22**, 431, et le travail de M. Arthus, *Thèse de la Faculté des Sciences de Paris*, 1893.)

E. Lambling.

**FIBROÏNE** (voyez 2ᵉ Suppl., **1**, 138). — L'étude de la fibroïne a été reprise par M. Léo Vignon. Il la prépare en faisant bouillir la soie grège avec des solutions aqueuses à 10 0/0 de savon blanc neutre, à deux reprises, pendant 30 et 20 minutes. La soie est ensuite essorée, rincée à l'eau distillée bouillante, puis à l'eau tiède, puis avec de l'eau froide renfermant par litre 10 centimètres cubes d'acide chlorhydrique pur à 22° B. Finalement on rince à l'eau distillée et on termine par deux lavages à l'alcool à 90°. On obtient ainsi, avec un rendement moyen de 75 0/0, une matière très blanche, très brillante, souple, tenace et élastique, que M. Vignon considère comme la fibroïne pure.

Cette matière possède une densité de 1,34; elle renferme, en moyenne, environ 0,01 0/0 de matières minérales.

En précipitant par l'alcool à 95° une solution chlorhydrique de cette fibroïne, M. Vignon obtient une masse gélatineuse qui prend par la dessication l'apparence de l'albumine sèche. En cet état, elle a perdu son éclat, mais sa composition, sa densité, son action sur la lumière polarisée et son pouvoir absorbant pour les matières colo-

rantes restent les mêmes. Cette matière est évidemment identique à la *séricoïne* de M. Weyl (2ᵉ Suppl., **1**, 138]. Les chiffres fournis par l'analyse élémentaire sont concordants, le produit de M. Vignon étant toutefois plus riche en azote :

| | Séricoïne (Weyl). | Fibroïne (Vignon). |
|---|---|---|
| C | 48 | 48.3 |
| H | 6,61–6,72 | 6,5 |
| Az | 16,12–16,53 | 19,2 |

M. Vignon a observé que la fibroïne, de même que le grès de soie, exerce une action intense sur le plan de polarisation de la lumière. Ces deux substances sont fortement lévogyres. Pour la fibroïne dissoute dans l'acide chlorhydrique, le pouvoir rotatoire spécifique est en moyenne $[\alpha]_D = -40°$.

L'acide chlorhydrique concentré exerce sur la fibroïne une véritable *décoagulation*. Si, à une certaine quantité d'acide à 22° B., on ajoute de la fibroïne, on constate qu'il y a d'abord dissolution rapide à froid; puis, si l'on augmente progressivement la quantité de fibroïne, on obtient peu à peu une masse visqueuse, transparente, tout à fait semblable à la soie telle qu'elle existe dans la glande du ver [Léo Vignon, *Bull. Soc. Chim.*, (3), **7**, 771, 798].

J. Dupont.

**FICHTÉLITE**, $C^{18}H^{32}$. — La description minéralogique de la fichtélite a été donnée (Dict., **4**, 1463). Ce carbure avait été extrait pour la première fois par MM. Fikentscher et Bromeis [*Ann. Chem.*, **37**, 304] de troncs de pins enfouis dans des tourbières à Redwitz (Fichtelgebirge). Depuis, M. Bamberger en a retiré d'un gisement tout semblable dans les marais tourbeux de Kalbermoor, près Rosenheim (Haute-Bavière), et M. J.-W. Mallet l'avait observé [*Chem. News*, **26**, 159] sous la forme de croûtes cristallines presque incolores, dans des fissures entre les couches d'accroissement d'une souche de *Pinus australis* originaire de l'Alabama. Quelle que soit du reste sa provenance, la fichtélite est toujours accompagnée de rétène, et l'on verra plus loin, par les liens de parenté qui unissent ces deux carbures, que cette rencontre n'est pas fortuite. M. Alb. Schmidt (cité par M. C. Hell) fait remarquer que, dans les gisements d'Allemagne, la fichtélite ne se montre pas dans les troncs du *Pinus silvestris* L., espèce la plus commune, mais dans ceux du *P. uliginosa* N., dont les individus, bien plus rares, sont disséminés au milieu [de ceux de l'espèce précédente.

*Préparation.* — Le bois réduit en poudre est épuisé par l'éther, puis, après qu'on a chassé ce dissolvant par distillation, on reprend le résidu par l'alcool. La solution est précipitée par l'acétate de plomb, filtrée, traitée par l'acide sulfhydrique, filtrée de nouveau et enfin refroidie à 0°; la fichtélite se dépose alors à l'état cristallin [Clarke, *Ann. Chem.*, **103**, 237].

D'après M. C. Hell [*D. chem. G.*, **22**, 498; *Bull. Soc. Chim.*, (3), **2**, 168], la fichtélite brute est reprise par un mélange d'alcool et d'éther; par évaporation spontanée de l'éther, le carbure, bien moins soluble dans l'alcool, s'isole en beaux cristaux prismatiques. Les eaux mères étant concentrées fournissent de nouvelles quantités de fichtélite, mais cette fois accompagnée de rétène en lamelles micacées. Les dernières eaux mères exhalent une odeur marquée de vanille, provenant du dédoublement de la coniférine préexistant dans les troncs de pins. Par des cristallisations répétées, on obtient la fichtélite tout à fait pure.

A cette préparation, M. Eug. Bamberger en a substitué une beaucoup plus simple [*D. chem. G.*,

22, 635; *Bull. Soc. Chim.*, (3), **2**, 170] : il suffit d'épuiser à l'aide d'essence de pétrole le bois pulvérisé et d'abandonner la liqueur à l'évaporation spontanée; on obtient ainsi du premier coup des cristaux atteignant parfois plusieurs grammes et beaucoup plus beaux que ceux qui se déposent dans l'alcool.

*Propriétés.* — La fichtélite cristallise en prismes clinorhombiques; elle est moins dense que l'eau, fusible à 46°, présente le phénomène de la surfusion, distille sans altération à 355°,2 sous la pression de 719 millimètres et à 233°,6-235°,6 sous la pression de 42-43 millimètres. Sa densité de vapeur qui, prise dans l'air à 440°, paraît être de 7,37-7,6-7,77, est en réalité plus élevée d'après MM. Eug. Bamberger et L. Strasser [*D. chem. G.*, **22**, 3361; *Bull. Soc. Chim.*, (3), **3**, 954] ; ceux-ci, l'ayant mesurée en opérant dans une atmosphère d'azote parfaitement pur et sec, l'ont trouvée égale à 8,66-8,72 (calculée pour $C^{18}H^{32}$ : 8,58). La fichtélite est très peu soluble dans l'alcool absolu, surtout à froid, très soluble dans l'éther, dans l'essence de pétrole, etc.

La formule de la fichtélite a donné lieu à des discussions nombreuses. On a d'abord admis la composition $C^4H^7$; depuis, Clarke, en se fondant sur l'analyse des dérivés halogénés, a proposé $C^{10}H^{70}$. M. Hell, d'après la densité de vapeur 7,6 environ, hésite entre les formules $C^{18}H^{20}$ et $C^{18}H^{28}$ (ce qui en ferait un hydrure de sesquiterpène); les analyses s'accorderaient le mieux avec $C^{18}H^{27}$. Enfin MM. Bamberger et Strasser [*loc. cit.*] adoptent la formule $C^{18}H^{32}$, qui cadre avec leurs analyses et leurs nouvelles déterminations de densité de vapeur et, de plus, avec la formation de déhydrofichtélite (voyez plus bas), par déshydrogénation de la fichtélite, ces deux carbures étant eux-mêmes des hydrures du rétène $C^{18}H^{18}$.

La fichtélite offre une remarquable résistance aux réactifs, et, dans le cas où une action se manifeste, ce n'est qu'exceptionnellement qu'on a réussi à retirer de la masse un produit défini. Ainsi, chauffée avec de l'acide sulfurique concentré ou même fumant, elle ne fournit point de dérivés sulfoniques, mais distille inaltérée. Elle ne subit pas non plus de modification chimique lorsque sa vapeur est dirigée sur de la litharge chauffée au rouge. La fichtélite est vivement attaquée à chaud par l'acide azotique fumant; il s'engendre de l'acide oxalique et une huile rouge. L'anhydride chromique en solution dans l'acide acétique cristallisable la brûle complètement en donnant de l'anhydride carbonique. Si l'on chauffe à sec de la fichtélite avec du soufre, on voit se dégager de l'acide sulfhydrique, mais on n'a pu retirer aucun principe défini de la masse résultante. Le chlore ou le brome secs, dirigés dans de la fichtélite en fusion, réagissent en donnant des produits de substitution sous la forme de matières huileuses, rouges dans le cas des dérivés bromés. M. Clarke a décrit les composés bichloré, tétrachloré, monobromé et bibromé (en admettant pour la fichtélite la formule $C^{40}H^{70}$). Depuis, M. Hell a reconnu que ces substances ne sont que des mélanges renfermant beaucoup de fichtélite inaltérée.

La seule réaction qui ait donné naissance à un produit bien déterminé en partant de la fichtélite est la suivante, due à M. Bamberger : le carbure soumis à l'action de l'iode à chaud perd 2 atomes d'hydrogène et engendre la déhydrofichtélite.

Déhydrofichtélite, $C^{18}H^{30}$. — On chauffe graduellement à 120°, puis à 150° au réfrigérant ascendant, un mélange de 27 grammes d'iode avec 25 grammes de fichtélite; il se dégage des torrents d'acide iodhydrique. Lorsque, ayant chauffé à 150°, on voit cesser le dégagement, on pousse la température jusqu'à 200° pendant quelques instants. On trouve alors dans le ballon une huile brun jaunâtre foncé, douée d'une fluorescence verte; on l'agite avec une lessive de soude, puis avec de l'éther. On distille ce dernier, on sèche le résidu sur du chlorure de calcium et l'on rectifie sous pression réduite; la portion principale est la déhydrofichtélite.

La déhydrofichtélite est une huile limpide, incolore lorsqu'elle n'est pas altérée, inodore, de consistance un peu visqueuse, possédant une magnifique fluorescence bleu vif. Elle bout à 224-225° sous la pression 38 millimètres, à 290-295° sous la pression de 270 millimètres, et à 344-348° sous la pression de 714 millimètres; elle s'altère du reste par distillation dans l'air à la pression ordinaire. Elle est peu soluble dans l'alcool et dans l'acide acétique cristallisable; très soluble dans l'éther, le benzène, le chloroforme, le sulfure de carbone. Sa densité de vapeur prise dans l'azote à 440° est de 8,59-8,85 (calculée pour $C^{18}H^{30}$, 8,51). Traitée par le brome à froid, la déhydrofichtélite donne un produit d'addition cristallisé en beaux prismes.

La déhydrofichtélite est identique avec le *dodécahydrure de rétène* (voyez RÉTÈNE), obtenu par MM. Liebermann et Spiegel dans l'action de l'acide iodhydrique sur le rétène en présence de phosphore rouge [*D. chem. G.*, **22**, 780; *Bull. Soc. Chim.*, (3), **2**, 561], ce qui fait de la fichtélite un *perhydrure de rétène* (1 molécule de rétène, plus 14 atomes d'hydrogène).

MM. Bamberger et Strasser n'ont pas réussi à revenir de la déhydrofichtélite au rétène. D'autre part, M. L. Spiegel [*D. chem. G.*, **22**, 3369; *Bull. Soc. Chim.*, (3), **3**, 955], ayant chauffé du dodécahydrure de rétène (déhydrofichtélite), ou même du rétène avec de l'acide iodhydrique et du phosphore, soumis à la congélation le produit brut et essoré les cristaux formés, a recueilli une substance fusible à 48°, sans doute identique avec la fichtélite.

*Constitution de la fichtélite.* — La fichtélite étant un perhydrure de rétène, MM. Bamberger et Strasser, se fondant sur la constitution admise pour le rétène, adoptent pour la fichtélite la formule suivante (en n'écrivant pas les atomes de carbone situés à chaque sommet des hexagones) :

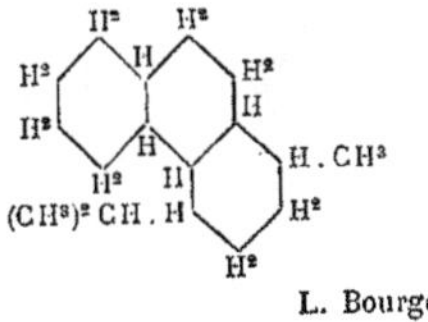

$$H^2 \quad H^2$$
$$H^2 \diagdown \diagup H \diagdown \diagup H^2$$
$$H^2 \qquad\qquad H$$
$$H \qquad H.CH^3$$
$$(CH^3)^2 CH.H \qquad H^2$$
$$H^2$$

L. Bourgeois.

**FIEDLERITE** (Min.) (vom Rath). — Probablement oxychlorure de plomb. Cristaux en tables rectangulaires, ayant le même gisement que la laurionite (voyez ce mot).

*Forme cristalline.* — Prisme clinorhombique : $a : b : c = 0,8192 : 1 : 0,8915$; $\beta = 77°20'$. Faces : $h^1$ prédominante, $p\ a^{5/5}\ a^{3/5}\ m\ h^{11}\ d^{1/2}$ et diverses faces de la zone $h^1 d^{1/2}$. Clivage $p$.

**FILICIQUE** (ACIDE) (Dict., **1**, 1462). — M. Daccomo [*D. chem. G.*, **21**, 2962; *Gazz. chim. ital.*, **24**, (1), 512] a repris l'étude de l'acide filicique. Il le prépare en agitant l'extrait officinal de racine de fougère mâle avec un mélange de 2 volumes d'alcool à 95° et 1 volume d'éther, mélange où l'acide est insoluble. Le résidu est alors repris à chaud par l'éther. Par le refroidissement on obtient des lames microscopiques appartenant au système rhombique, fusibles à 184°,5, insolubles dans l'eau, presque insolubles dans l'alcool absolu, assez solubles dans l'acide acétique, l'éther, l'alcool amylique, le toluène ; très solubles dans le chloroforme, le sulfure de carbone, le benzène. Chauffés au-dessus de 100°, ces cristaux prennent une couleur d'un jaune d'or. L'analyse conduit à leur attribuer la formule $C^{14}H^{16}O^5$.

L'acide filicique réduit la solution de nitrate d'argent ammoniacal avec formation d'un miroir. Il réduit également la liqueur de Fehling, et donne avec la solution de fuchsine décolorée par l'acide sulfureux la réaction des aldéhydes.

Le *sel d'ammonium* est une poudre amorphe qui perd lentement son ammoniaque à l'air.

Le *sel de cuivre*, $Cu(C^{10}H^{15}O^5)^2$ (à 100°), est une poudre cristalline verte, qu'on obtient en agitant une solution éthérée d'acide avec une solution d'acétate de cuivre à 2 0/0.

Malgré sa solubilité dans les liqueurs alcalines, l'acide filicique n'est pas attaqué par le sodium en solution éthérée, même après une ébullition prolongée.

En chauffant l'acide avec les iodures alcooliques en présence de potasse alcoolique, on obtient les éthers correspondants :

L'*éther éthylique*, $C^{14}H^{15}O^5.C^2H^5$, est une poudre rouge-brique fusible à 142°, insoluble dans l'eau, soluble dans l'alcool, très soluble dans l'éther et dans le benzène ; l'*éther propylique* fond à 158°.

Avec le bromure d'éthylène on obtient l'*éther éthylénique* $(C^{14}H^5O^5)^2.C^2H^4$, cristaux rouges, fusibles à 165°.

Les chlorures d'acétyle et de propionyle sont sans action sur l'acide filicique ; le chlorure de benzoyle fournit un *dérivé benzoylé* $C^{14}H^{15}O^5.C^7H^5O$, cristallisant dans l'alcool, fusible à 123°.

Le chlore gazeux réagissant à chaud sur l'acide fournit un *acide monochlorofilicique* $C^{14}H^{15}ClO^5$, poudre amorphe, d'un jaune brun, insoluble dans l'eau, soluble dans l'alcool, l'éther et le sulfure de carbone, donnant un *sel de plomb*

$$Pb(C^{14}H^{14}ClO^5)^2.$$

Un excès de chlore réagissant sur l'acide en suspension dans l'eau fournit un *acide trichlorofilicique* $C^{14}H^{13}Cl^3O^5$, amorphe, insoluble dans l'eau, soluble dans l'alcool et dans l'éther.

Le brome réagit en solution acétique : l'*acide monobromofilicique*, $C^{14}H^{15}BrO^5$, cristallise dans l'alcool en prismes rouges, fusibles à 122°.

En chauffant avec de l'aniline une solution acétique d'acide filicique, on obtient l'*acide anilidofilicique*, $C^{14}H^{15}O^4.AzHC^6H^5$, cristaux de rouge violet, fusibles à 104°, solubles dans l'alcool, l'éther et le benzène.

L'acide filicique se combine avec l'hydroxylamine. Il réagit en solution éthérée sur 4 molécules de phénylhydrazine ; l'*acide phénylhydrazine-filicique*, $C^{14}H^{16}O(C^6H^5Az^2H)^4$, cristallise par évaporation de sa solution éthérée en aiguilles rouges, fusibles à 198°.

Chauffé en vase clos avec de l'eau à 170-190°, ou à 150-160° avec de l'acide chlorhydrique, l'acide filicique fournit de l'acide isobutyrique. On obtient en même temps une masse résineuse d'où l'on peut extraire un nouvel acide sous la forme d'une poudre rouge amorphe, très difficilement soluble dans l'eau, soluble dans l'alcool et dans l'éther, soluble dans les alcalis avec une couleur rouge. L'analyse lui assigne la formule $C^{20}H^{18}O^7$. Le dédoublement sous l'action de l'eau aurait donc lieu suivant l'équation

$$C^{14}H^{16}O^5 + H^2O = C^{10}H^{10}O^4 + C^4H^8O^2.$$

Deux molécules du corps $C^{10}H^{10}O^4$ se souderaient ensuite avec élimination d'une molécule d'eau :

$$2\,C^{10}H^{10}O^4 = H^2O + C^{20}H^{18}O^7.$$

L'acide chromique brûle complètement l'acide filicique. L'action du permanganate de potassium à 2 0/0, en solution alcaline, fournit un mélange d'acides isobutyrique et oxalique. L'acide nitrique $(d = 1,4)$ à chaud donne les mêmes produits ; agissant sur le corps $C^{20}H^{18}O^7$, il fournit de l'acide phtalique, fusible à 198-202°.

Par l'action de la poudre de zinc en solution alcaline, on obtient de l'acide isobutyrique et un acide $C^{14}H^{22}O^{11}$, liquide jaunâtre qui se colore en un rouge intense au contact de l'air.

Une solution alcaline d'acide filicique traitée par l'eau oxygénée fournit un acide $C^{14}H^{16}O^6$, sous la forme d'une poudre amorphe de couleur chair, exhalant une odeur butyrique, presque insoluble dans l'eau, très soluble dans l'alcool et dans l'éther, en leur communiquant une forte réaction acide.

La solution ammoniacale neutre de cet acide précipite les solutions métalliques ; elle ne réduit pas le nitrate d'argent.

Son seul composé relativement stable est le *sel de potassium* $C^{14}H^{15}KO^6$, poudre cristalline d'un rouge orangé, très soluble dans l'eau et dans l'alcool absolu.

Les eaux mères qui ont abandonné le corps précédent renferment de l'acide isobutyrique et un acide bibasique $C^5H^8O^4$, fusible à 185-187° avec décomposition, tout à fait semblable à l'acide diméthylmalonique. Cet acide prend encore naissance dans l'oxydation au moyen du permanganate, du brome et de l'iode en solution alcaline, de l'acide nitrique en solution éthérée.

L'oxydation par le brome fournit les mêmes produits, et en plus du bromoforme.

*Constitution de l'acide filicique.* — Elle ne semble pas encore établie avec certitude. D'après les produits fournis par l'action de la potasse en fusion, Grabowsky avait pensé que la constitution de l'acide filicique était celle d'une dibutyrylphloroglucine (Dict., 1, 1462). Cependant l'action du chlorure de butyryle sur la phloroglucine lui fournit un produit différant de l'acide filicique.

M. Daccomo, pour interpréter les faits qu'il a observés, a proposé la formule d'un *éther isobutylique de la dioxynaphtoquinone*

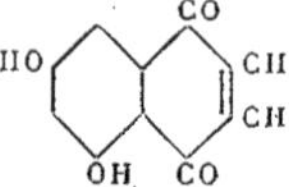


l'existence d'un groupement naphto-quinonique expliquant la formation d'acide phtalique par une oxydation profonde de la molécule.

Cette manière de voir n'a pas été acceptée par MM. H. Schiff et Paterno.

M. Paterno [*D. chem. G.*, **22**, 463] fait remarquer que la formule d'un éther butylique de la naphtoquinone serait $C^{14}H^{12}O^4$, tandis que M. Daccomo lui-même admet pour l'acide filicique la formule $C^{14}H^{16}O^5$, que, de plus, un pareil éther ne posséderait pas de propriétés acides, et ne se combinerait pas avec 4 molécules de phénylhydrazine.

M. H. Schiff [*Ann. Chem.*, **253**, 336] conteste également les conclusions de M. Daccomo, et interprète les faits observés par les différents auteurs qui se sont occupés de l'acide filicique en

-proposant la formule d'une *butyrylphloroglucyl-allylcétone* :

$$\text{HO}\bigcirc \begin{array}{l} \text{O–CH}^3\text{–CH} < {}^{\text{CH}^3}_{\text{CH}^3} \\ \text{CO–CH}^2\text{–CH=CH}^2 \end{array}$$

Il n'apporte du reste aucun fait nouveau à l'appui de sa thèse. La question reste ouverte jusqu'à la production d'expériences décisives.

J. Dupont.

**FILLOWITE** (Min.) (Brush et Dana). — Phosphate ferroso-calcique hydraté,

$$3(PO^4)^2[Fe, Ca, Na^2]^3, H^2O,$$

en petits grains cristallins jaune de miel, à éclat gras, rarement en cristaux bien formés, à Branchville (Connecticut). Dureté $= 4,5$. Densité $= 3,43$. Prisme clinorhombique : $\beta = 89°5'$. Faces

$$b^{1/2}o^{1/2}p,$$

simulant un rhomboèdre.

**FILTRATION.** — Nous décrirons ici quelques dispositifs pratiques, fruits du perfectionnement de l'outillage des laboratoires accompli depuis la publication de l'article de G. Salet (Dict., 1, 1462).

FILTRATION SOUS LA PRESSION NORMALE. — *Filtration des précipités ténus.* — On peut employer, pour recueillir ces précipités, le procédé indiqué par M. Lecoq de Boisbaudran [*C. R.*, 97, 625]. Du papier à filtrer ordinaire est porté à l'ébullition avec de l'eau régale jusqu'à ce que la masse se soit fluidifiée; on verse alors dans une grande quantité d'eau et on lave à fond le précipité blanc qui prend naissance. On remplit le filtre sur lequel on doit filtrer avec cette matière délayée dans l'eau, et on fait égoutter. Un filtre ainsi préparé retient facilement les précipités que l'on ne peut filtrer sur un filtre ordinaire.

*Papier renforcé.* — Sous ce nom, M. E.-E.-H. Francis a décrit [*Chem. Soc.*, 47, 183] un papier à filtrer obtenu en mouillant du papier ordinaire avec de l'acide nitrique d'une densité de 1,42. Après quelques instants on lave à l'eau : le papier a acquis par ce traitement une résistance comparable à celle du papier parchemin, sans que ses propriétés filtrantes soient notablement diminuées. Il a perdu environ un dixième de son diamètre, son poids a diminué, ainsi que les cendres. Dans ce traitement il n'y a pas formation de pyroxyle.

Ce papier renforcé possède une résistance à la traction décuple de celle du papier ordinaire : il peut être lavé et brossé dans l'eau comme du linge. Il convient donc parfaitement pour les filtrations où le précipité doit être détaché humide du filtre; il se prête également bien aux filtrations à la trompe, évitant alors l'emploi du cône de platine. Enfin ces filtres se nettoient aisément et peuvent servir plusieurs fois. On les trouve actuellement dans le commerce.

*Filtres en nitrocellulose.* — Ces filtres sont employés avec avantage pour recueillir les précipités difficiles à incinérer. On les prépare avec des papiers purs qu'on lave à l'acide fluorhydrique et qu'on introduit, secs, dans un mélange à volumes égaux d'acide nitrique (D $= 1,54$) et d'acide sulfurique ordinaire. Au bout de 5 minutes, on les lave soigneusement et on les sèche. Comme ils sont très hygroscopiques, on doit les conserver dans des flacons bouchés.

Ces filtres retiennent les précipités les plus ténus; ils filtrent plus rapidement que le papier ordinaire. Ils brûlent presque instantanément et ne laissent pas de cendres.

FILTRATION SOUS PRESSION RÉDUITE. — L'usage de la trompe à eau, avec laquelle on obtient rapidement des pressions très réduites, permet d'abréger considérablement les filtrations. Le dispositif le plus usité consiste en un entonnoir dont la douille pénètre dans un bouchon de caoutchouc qui ferme une fiole conique, en verre épais. Cette fiole porte à la partie supérieure une tubulure latérale à laquelle vient s'adapter le caoutchouc qui la relie à la trompe (fig. 385).

Une autre disposition consiste à employer une cloche à douille reposant sur une plaque de verre rodée. La communication avec la trompe est établie par une tubulure latérale. La douille porte un bouchon dans lequel s'engage l'entonnoir. Le liquide filtré est recueilli dans un vase disposé convenablement au-dessous de l'entonnoir.

L'entonnoir est garni soit d'un filtre en papier, dont la pointe est soutenue par un petit cône de platine, soit d'un filtre en papier renforcé décrit plus haut, soit d'un disque en porcelaine percé de petits trous.

Fig. 385. — Filtration sous pression réduite.

Ce disque est recouvert avec deux rondelles de papier à filtre ordinaire, dont la première a exactement le même diamètre que lui, l'autre un diamètre un peu supérieur (de 2 à 3 millimètres).

La trompe étant mise en action, on humecte les rondelles avec le liquide qu'il s'agit de filtrer, on applique sur le disque la première, puis la seconde, en les pressant avec les doigts de façon à boucher les interstices existant entre le bord du disque et la paroi de l'entonnoir. On obtient ainsi une fermeture qui permet à la dépression de s'établir dans la fiole. On verse alors la matière à filtrer. La filtration est très rapide, sauf dans le cas de précipités gélatineux qui bouchent les trous du papier. Elle devient alors souvent impossible.

On construit depuis quelques années des entonnoirs en porcelaine présentant une cloison transversale percée de trous qui fait corps avec la paroi. On n'a qu'à placer sur cette cloison une rondelle de papier à filtre.

FILTRATION SOUS PRESSION. — Lorsqu'on a besoin de filtrer de grands volumes de liquides, on emploie des appareils qui sont des réductions des filtres-presses qu'utilise l'industrie. La substance filtrante n'est plus alors le papier, mais est constituée par des tissus plus résistants, tels que le molleton, la laine. La figure 386 représente un de ces appareils, disposé avec une pompe spéciale pour le lavage du tourteau ; on en comprend aisément le fonctionnement à la simple inspection de la figure.

On emploie également pour essorer les précipités cristallins des essoreuses mues à la main, analogues quant aux autres dispositions aux appareils dont on trouvera la description dans l'article suivant.

J. Dupont.

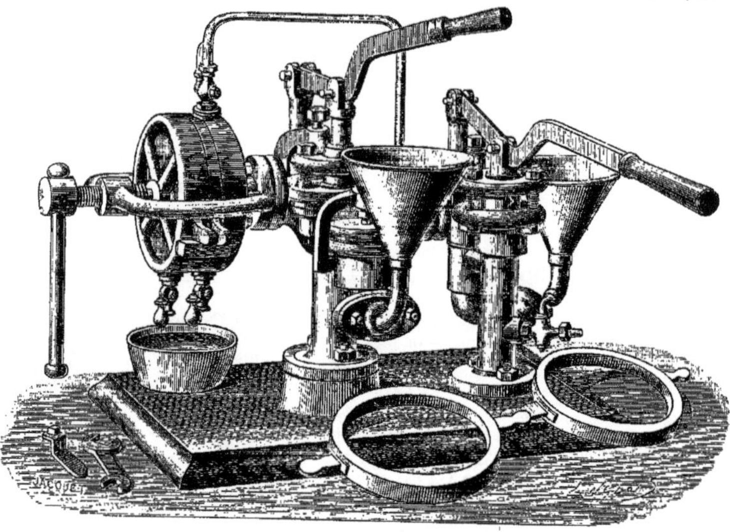

Fig. 386. — Filtre-presse de laboratoire.

**FILTRATION INDUSTRIELLE.** — La filtration constitue une des opérations les plus importantes de la chimie appliquée ; il est peu d'industries qui n'y aient recours. Il ne paraîtra donc pas inutile de décrire d'une manière générale les appareils qui servent à effectuer en grand la séparation des liquides et des solides.

Les cas les plus variés peuvent se présenter, suivant la nature du mélange ; nous en distinguerons trois principaux, en nous plaçant au point de vue de la consistance de la masse à filtrer, et nous examinerons les divers appareils utilisés dans chaque cas :

1° Il s'agit de séparer une grande quantité de solide imprégné de peu de liquide ;

2° Les quantités relatives de solide et de liquide sont variables, mais la quantité de liquide est au moins équivalente à celle du corps solide ;

3° Il s'agit de clarifier des liquides tenant en suspension une petite quantité de matière solide.

Cette classification n'a naturellement rien de rigoureux et les trois cas empiètent souvent les uns sur les autres.

Avant d'entrer dans le détail des opérations et de décrire les appareils, nous dirons quelques mots de la filtration en général.

La couche filtrante peut être de nature très diverse. Le cas le plus simple est celui dans lequel l'un des composants du mélange qu'il s'agit de séparer sert de couche filtrante ; ce cas se présente dans l'essorage des corps obtenus par cristallisation, ainsi que nous le verrons plus loin.

Les substances les plus diverses ont été mises à contribution pour servir de couche filtrante ; nous citerons parmi les matériaux non cohérents : les cailloux, la ponce, le coke, les scories, le mâchefer, le grès pulvérisé, le sable ; parmi les matériaux fibreux non agglomérés : la laine, le coton cardé, le coton de verre, la fibre de bois, la pâte à papier, l'amiante ; parmi les matériaux durs agglomérés : la terre cuite, la porcelaine, les grès filtrants, la porcelaine d'amiante ; et enfin comme matériaux fibreux agglomérés, les divers tissus de coton, de laine, d'amiante, de ramie, etc.

Un filtre, qu'il soit composé de matériaux incohérents ou agglomérés, de matériaux durs ou de matières élastiques, agit sur le liquide à filtrer de plusieurs façons : par tamisage ; par décantation, chocs ou changements de direction ; par masse. Ces diverses actions interviennent dans une proportion plus ou moins grande, suivant le genre de filtre. C'est ainsi que dans les filtres à sable, par exemple, l'action de masse est très considérable ; dans les filtres en feutre ou en tissu l'action de masse est faible, tandis que l'action du tamisage est prépondérante.

Les considérations qui vont suivre s'appliquent principalement au cas des liquides troubles à clarifier ; mais elles conservent leur valeur lorsque la quantité relative de matière solide du mélange est plus grande.

*Action du tamisage.* — Les matières filtrantes forment, de par leur texture même, un réseau présentant des orifices plus petits que certaines matières tenues en suspension dans les liquides à filtrer ; ces matières s'arrêtent devant les orifices de ce réseau, viennent s'y grouper, s'y agglomérer et produisent ainsi un rétrécissement des pertuis, de manière à former un réseau plus fin. Il en résulte qu'au bout d'un certain temps le tissu filtrant est devenu beaucoup plus serré, et retient les matières plus ténues qui passaient auparavant au travers. En d'autres termes, l'efficacité du filtre va en augmentant, en même temps que son débit diminue.

La pression en arrière de la matière filtrante venant à augmenter, les matières qui forment réseau peuvent céder en rétablissant l'écartement primitif des orifices; ces matières peuvent également se déformer sous l'action d'une pression élevée et pénétrer à travers le réseau.

Cette rupture de l'équilibre peut surtout se produire par l'établissement brusque d'une pression supérieure.

Si le support est résistant, le dépôt successif des matières solides constitue une couche filtrante qui devient le véritable agent de clarification; le nettoyage du filtre ne tarde pas à devenir nécessaire, par suite de l'arrêt du débit ou par une diminution incompatible avec une marche normale des appareils.

On peut prolonger l'action du filtre en le composant d'éléments de grosseur décroissante; il se fait alors un classement des dépôts par ordre de grosseur, ce qui constitue un tamisage méthodique.

L'examen microscopique des tissus conduit à des conclusions intéressantes pour le mode d'action de ces derniers employés comme couche filtrante; cet examen démontre en effet que les fils formant la chaîne et la trame sont hérissés de fibres presque microscopiques qui s'enchevêtrent les unes dans les autres et forment une sorte de feutre; la chaîne et la trame portent en quelque sorte une chevelure qui arrête les matières au passage. Il y a de ce fait deux classements des matières en suspension : un premier classement par la chaîne et la trame proprement dites, et un second classement par le chevelu qui forme un réseau plus fin, quoique plus élastique, la vitesse de passage étant ralentie.

Ces considérations expliquent pourquoi, dans les filtres à tissus surtout, la filtration à faible pression donne des résultats de limpidité remarquables et pourquoi les tissus les plus pelucheux, les plus chevelus, tels que les tissus de laine, donnent des résultats supérieurs, alors que le lin et la ramie, qui ont des fibres relativement lisses, agissent peu par feutrage.

La *charge* de certains tissus filtrants, exécutée au moyen de fibrilles fines, comme l'amiante, la pâte de bois, etc., a pour but d'opérer un feutrage en augmentant le chevelu, circonstance favorable à une bonne filtration.

Des filtres ainsi constitués ne sauraient supporter une grande pression de filtration, et surtout des changements brusques de pression qui donnent lieu à des chocs, car le chevelu serait détruit rapidement et laisserait, en s'écartant, passer avec facilité les matières à retenir. Dans les tissus métalliques où le chevelu n'existe pas, les numéros les plus fins ne peuvent rivaliser comme obtention de la limpidité avec un tissu de coton ou de laine, même grossier.

De même, il est aisé de se rendre compte que, lorsque certains tissus ont fonctionné longtemps, et que les fréquents nettoyages à la brosse ou par battage ont enlevé le chevelu, la filtration devient tellement défectueuse, qu'on se trouve dans l'obligation de renouveler la couche filtrante. La nécessité de respecter le chevelu du tissu conduit à opérer les nettoyages avec le plus de précaution possible en évitant les actions mécaniques violentes, brosses, etc.

Il y a donc dans un tissu un premier squelette formant tamis dégrossisseur, et derrière lui un feutre élastique achevant la filtration; la régularité des fils des matières textiles et du tissage permet d'obtenir un tamis aussi régulier que par l'emploi des tissus métalliques.

Certaines matières, telles que les pierres poreuses, le grès, les terres cuites, agissant principalement par tamisage, opèrent dès leur mise en fonctionnement une filtration parfaite, parce que leurs pores sont très fins et qu'il n'est pas nécessaire de former au moyen des matières retenues un réseau superficiel; mais, en revanche, ces surfaces, présentant des pores très fins, se bouchent rapidement, et leur nettoyage s'impose après une courte durée.

Ces surfaces rigides et résistantes ont, d'un autre côté, un avantage sur les tissus : c'est que la forme des pores est invariable et que, sous l'action de pressions même élevées, elles ne se déforment nullement; seules les matières retenues se déforment à la façon d'un corps sphérique élastique qui peut pénétrer dans un orifice de diamètre très inférieur à son diamètre propre.

*Action de la décantation, des chocs, des changements de vitesse et de direction.* — Un liquide arrivant dans un filtre quelconque subit au contact de la surface filtrante un ralentissement considérable de vitesse; ce ralentissement de la vitesse détermine la chute au sein du liquide des matières les plus lourdes.

Lorsque l'action de la gravité est plus intense que l'action de la vitesse imprimée au liquide, les matières se déposent suivant la résultante de ces deux forces : il y a dépôt.

Plus la différence de densité entre le liquide et le solide à séparer est grande, plus ce dépôt se forme facilement, l'accélération de chute due à la gravité augmentant avec la masse de la matière. Dans le cas de matières de faible densité, on multiplie les chicanes qui, en annulant la force vive des particules qui viennent les frapper, facilitent l'action de la pesanteur; ces chicanes sont en outre disposées de façon à changer la direction du courant de liquide, et à faciliter ainsi la décantation.

*Action de masse.* — L'action de grandes masses de matière filtrante (par exemple, dans un filtre à sable) est très appréciable dans les liquides animés d'une faible vitesse. Cette action se fait surtout sentir lorsque les particules à retenir ont une densité sensiblement égale à celle du liquide dans lequel elles flottent.

Dans les filtres à sable ou à gravier cette action est très importante, alors qu'elle est faible dans les filtres à tissus. À première vue elle peut même paraître nulle dans ce dernier cas; mais cela n'est pas exact. En effet, dans un filtre à tissus le tamisage détermine un premier groupement de matière solide; ce groupement une fois formé exerce à son tour une action de masse qui tend à agglomérer les matières. Au surplus toutes ces actions, tamisage, choc, masse, jouent un rôle dans un seul et même filtre, avec prédominance tantôt de l'une ou de l'autre de ces actions qui concourent à un but commun.

Les tissus, les terres poreuses agissent principalement par tamisage : c'est pourquoi les constructeurs se sont ingéniés à donner dans ces appareils à tissus une surface aussi grande que possible au support filtrant.

Le sable, le gravier et autres matériaux semblables agissent par chocs et par masse; ils donnent à surface filtrante égale des débits beaucoup plus considérables.

Les fibres jouent un rôle intermédiaire entre celui des étoffes et celui du sable.

1. APPAREILS DE FILTRATION POUR MÉLANGES
RICHES EN MATIÈRES SOLIDES.

La séparation de petites quantités de liquide du sein d'une matière solide s'effectue à l'aide d'une pression plus ou moins énergique.

On emploie dans ce cas la presse hydraulique ou l'essoreuse, qui agit par la pression développée par la force centrifuge.

La presse hydraulique s'emploie principalement pour les précipités amorphes, qu'on a intérêt à débarrasser le plus complètement possible du liquide qui les imprègne.

Pour les corps cristallisés, on donne généralement la préférence à l'essoreuse, qui respecte davantage la forme de la matière.

Enfin, on peut employer pour cela le filtre à vide; dans ce cas, la pression exercée sur la matière dont on veut éliminer le liquide est limitée par la pression atmosphérique; en réalité, cette pression n'est même jamais atteinte, car il est pratiquement impossible de maintenir un vide parfait au-dessous de la matière à filtrer. En moyenne, la pression exercée qui produit l'élimination du liquide ne dépasse guère 5 ou 600 grammes par centimètre carré.

Nous ne parlerons dans ce chapitre que de la presse hydraulique et des essoreuses.

On connaît le principe sur lequel repose la presse hydraulique. Lorsqu'on emploie un certain nombre de ces appareils, ce qui est généralement le cas pour des applications de quelque importance, on se sert, pour régulariser les pressions transmises, d'accumulateurs hydrauliques mis en action par des pompes conjuguées. La figure 320, 2ᵉ Suppl. 2, 729, donne une idée de la construction d'une presse hydraulique.

On est amené quelquefois à opérer la pression à chaud, par exemple dans les stéarineries; dans ce cas on emploie des plateaux superposés chauffés à la vapeur, entre lesquels se place le mélange à séparer.

ESSOREUSES. — Comme nous l'avons dit plus haut, l'emploi de l'essoreuse est surtout avantageux pour l'élimination des eaux mères des corps obtenus par cristallisation, surtout lorsque les cristaux sont de petites dimensions.

La partie principale de l'essoreuse est le récipient ou panier qui reçoit la matière à essorer. Ce récipient reçoit, par un mécanisme approprié, un rapide mouvement de rotation : la force centrifuge suffit pour séparer le liquide de la matière solide.

Le mouvement peut être communiqué à l'essoreuse à la partie supérieure ou à la partie inférieure de l'appareil. Comme moteur on peut employer un moteur-vapeur direct, un moteur électrique ou agir par une transmission.

La figure 387 représente une essoreuse à moteur électrique situé au-dessous de l'appareil; la figure 388 une essoreuse à transmission mue par un moteur à vapeur indépendant. Ces deux types d'essoreuses sont à mouvement inférieur, qui tend à être exclusivement adopté dans l'industrie. En effet, l'essoreuse à mouvement en dessus présente de nombreux inconvénients : l'intérieur du panier traversé par l'arbre de rotation est moins accessible, ce qui constitue une gêne sérieuse pour la vidange de la matière essorée; en outre, une négligence lors du graissage du coussinet supérieur peut amener de l'huile dans le panier et souiller ainsi la matière.

Suivant la nature de la matière à essorer, on emploie un panier construit en matériaux les plus divers.

Il est nécessaire que les liquides provenant de l'essorage n'attaquent ni le panier ni l'enveloppe de l'essoreuse.

D'autre part, on doit employer des matériaux assez résistants pour supporter les efforts considérables mis en œuvre par la force centrifuge. Il n'est pas rare, en effet, de rencontrer des essoreuses dont la vitesse périphérique dépasse 50 mètres à la seconde.

L'essoreuse est un appareil délicat, qui demande un entretien très soigné. Une essoreuse mal entretenue peut donner lieu à de terribles accidents. De même sa construction doit être irréprochable et les matériaux employés d'excellente qualité.

La figure 387 représente une essoreuse construite par la Compagnie de Fives-Lille, et destinée à l'essorage du sucre cristallisé. Cette essoreuse se compose du moteur électrique B à courant triphasé, dont l'arbre C prolongé constitue l'arbre de l'essoreuse elle-même. Le panier F, en tôle

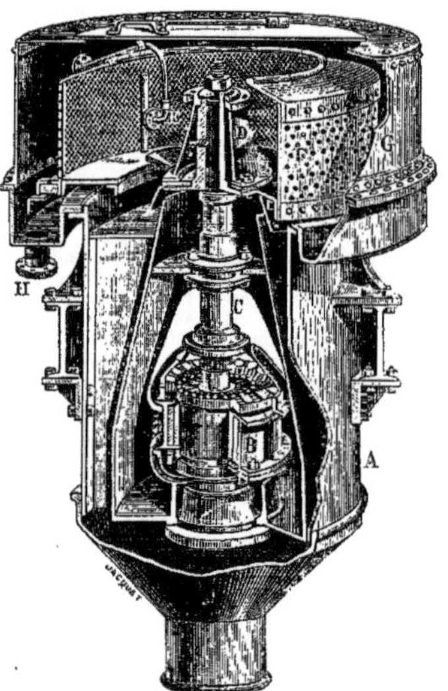

Fig. 387. — Essoreuse à moteur électrique.

A, enveloppe protectrice du moteur; — B, moteur électrique; — C, arbre du moteur et de la turbine; — D, crapaudine; — E, tube coudé servant au clairçage; — F, panier recevant la matière à essorer; — G, enveloppe protectrice; — H, orifice d'évacuation du liquide.

perforée, est garni à l'intérieur d'une toile métallique qui retient les cristaux en laissant passer le liquide. Un tube coudé E fixé sur l'enveloppe G sert à amener de l'eau sous pression; cette eau est distribuée par la partie verticale du tube qui est perforée de petits trous.

Lorsque l'essorage est achevé et que le liquide cesse de couler en H, on fait arriver de l'eau par E en maintenant le panier F en rotation rapide; l'eau se distribue dans toute la masse d'une façon parfaite, et déplace l'eau mère sans dissoudre beaucoup de sucre. Les liquides projetés sont recueillis dans l'enveloppe G, s'écoulent dans la rainure et sont évacués par le tube H.

Cette essoreuse se monte sur un plancher par l'intermédiaire de fers à T, ainsi que l'indique la figure; le moteur se trouve à l'étage au-dessous et est facilement accessible. Cet appareil peut servir toutes les fois qu'on a essorer des cris-

.taux et à purifier par clairçage le produit cristallisé. La production par appareil est très élevée et le produit sort presque sec de l'essoreuse.

On ne dispose pas toujours de courant électrique dans les usines. Dans ce cas, on peut employer des essoreuses à moteur direct à vapeur, ou des essoreuses à transmission.

Les premières présentent certains avantages. En effet, il est d'abord très facile de régler leur vitesse et de l'approprier à la matière qu'on se propose d'essorer, tandis qu'il est difficile de faire varier à chaque instant la vitesse d'une transmission d'atelier, qui a généralement de nombreux appareils à conduire.

De plus, la mise en marche à l'aide d'un moteur spécial est plus douce. En revanche, l'essoreuse à moteur est plus coûteuse comme entretien et comme prix d'achat. Son moteur, qui est nécessairement à très grande vitesse et sans condensation, consomme énormément de vapeur, dont on a rarement l'utilisation. Les frais d'exploitation sont donc plus grands. En résumé, pour un travail régulier et constant avec une même matière, l'essoreuse à transmission est préférable; l'essoreuse à moteur autonome doit être adoptée lorsque le travail est varié.

Dans l'essoreuse décrite ci-dessus (fig. 387), le déchargement se fait à la main, en puisant la matière essorée à la pelle dans le panier F. Ce mode de vidange n'est pas sans présenter des inconvénients; il exige d'abord beaucoup de temps, et si la matière essorée attaque l'épiderme, ce qui peut arriver fréquemment, il est difficile d'éviter le contact des mains de l'ouvrier avec le produit.

La figure 388 représente une essoreuse perfec-

Fig. 388. — Essoreuse à vidange mécanique du panier.

A, enveloppe mobile autour de l'axe E; — B, crochet fixant l'enveloppe A sur le bâti; — C, plateau recevant le panier H; DD, crochets fixant le panier H au plateau C; — F, moteur à vapeur; — G, console supportant les rails guidant le panier H à la décharge; — I, levier de renversement.

tionnée, à vidange mécanique du panier, construite par MM. Heine frères à Viersen.

Le plateau C, qui est relié à l'arbre moteur actionné par une courroie, porte une série de crochets DD fixés sur des tirants en fer filetés, qui peuvent se visser plus ou moins dans des fourreaux munis de pas de vis. Un volant permet d'éloigner ou de rapprocher les tirants de la plaque C. Lorsque l'essorage est achevé, on éloigne les crochets DD qui retenaient le panier H de l'essoreuse; l'enveloppe A, mobile autour de la charnière E, est soulevée par une chaîne reliée à des contrepoids. On peut alors faire glisser le panier H sur des rails disposés à cet effet; un levier I permet de faire basculer le panier et de vider son contenu dans un wagonnet ou dans tout autre récipient; la figure montre le panier en vidange.

Pour recharger l'appareil, on ramène le panier à sa position primitive, on le remplit d'une nouvelle quantité du produit à essorer et on le replace sur le plateau C; en vissant les tirants, les crochets DD se relèvent et relient solidement le panier au plateau.

## II. APPAREILS DE FILTRATION POUR DES MÉLANGES RENFERMANT DES QUANTITÉS NOTABLES DE LIQUIDE.

Lorsque la quantité de liquide à séparer de la matière solide est notable, on emploie des filtres-presses ou des filtres à vide.

L'emploi de filtres-presses dans l'industrie chimique est relativement récent. Ces appareils jouent actuellement un rôle des plus importants pour les filtrations.

Les filtres à vide sont moins répandus. Toutefois, dans certains cas, ils remplacent avec avantage les filtres-presses, tant au point de vue des frais de manipulation que de ceux de premier établissement.

FILTRES-PRESSES. — Un filtre-presse se compose d'une série de plateaux formant des chambres dans lesquelles se rend la matière à filtrer; ces plateaux sont maintenus, comme l'indique la figure 389, par deux plaques de tôle très solides, dont l'une est mobile et reliée à une robuste vis. On dispose entre les plateaux des toiles filtrantes et on produit, à l'aide de la vis centrale, une pression énergique qui assure l'étanchéité de l'ensemble.

Dans le modèle représenté par la figure 389, cette pression s'effectue à l'aide d'une petite presse hydraulique.

Le filtre-presse constitue dans cet état une série de chambres communiquant entre elles et qui reçoivent le liquide à filtrer. Sous l'influence de la pression, le liquide traverse les toiles en se clarifiant et le liquide clair s'écoule au dehors par un canal approprié. Au bout d'un certain temps les chambres sont remplies de matière

Fig. 389. — Filtre-presse.
A B C D, bâti de la presse; — E, cylindre hydraulique; — F, manomètre; — G, volant de la vis de pression; H, soupape de sûreté.

solide plus ou moins agglomérée par la pression. A ce moment on procède à un lavage s'il est nécessaire, ou on fait arriver à la place du liquide un courant d'air comprimé qui chasse une grande partie du liquide qui imprègne les tourteaux.

On ramène alors la plaque de tête en arrière et on enlève mécaniquement la matière filtrée qui tombe dans une caisse située sous le bâti.

Le liquide à filtrer peut être chassé de diverses manières à travers le filtre-presse : on peut l'ac-

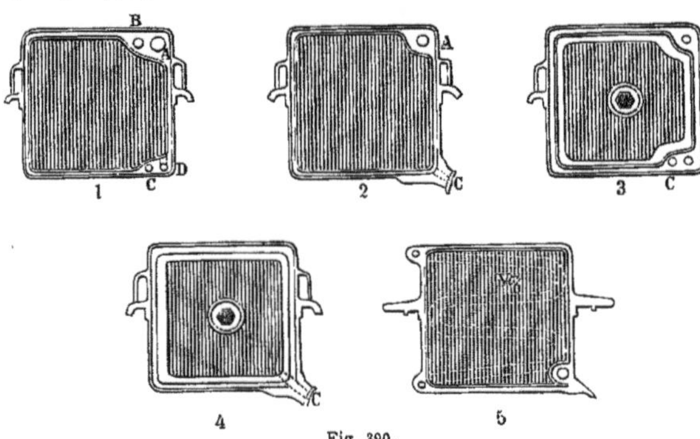

Fig. 390.
1. Plateau de filtre-presse à cadres et à lavage complet.
2. Plateau de filtre-presse à cadre, sans lavage.
3. Plateau de filtre-presse à chambre, à lavage complet : A, arrivée du liquide à filtrer; — B, entrée du liquide de lavage; — C, sortie du liquide filtré; — D, sortie du liquide de lavage.
4. Plateau de filtre-presse à chambre sans lavage.
5. Plateau de filtre-presse chauffé par un serpentin V$\alpha$.

cumuler dans un réservoir en charge, de manière que la pression soit donnée par le poids de la colonne de liquide elle-même; on peut faire arriver le liquide d'un monte-jus à vapeur ou à air comprimé ; enfin on peut employer des pompes foulantes.

On peut distinguer deux principaux systèmes de filtres-presses, *à chambres* et *à cadres*.

Les presses à chambres portent des plateaux évidés; la réunion de deux plateaux constitue la chambre dans laquelle se forme le tourteau.

Les presses à cadres renferment alternativement un cadre et un plateau filtrant, de sorte que le tourteau peut être enlevé avec le cadre.

Dans les filtres-presses à chambres, l'introduction de la matière à filtrer a lieu par le centre; dans les presses à cadres, cette introduction a lieu latéralement. Le figure 390 montre les détails de l'introduction et de la sortie des liquides dans les principaux systèmes. Le liquide à filtrer arrive en A et le liquide filtré sort en C. Le liquide de lavage entre en B et sort en D. Dans les plateaux représentés figures 1 et 3 le lavage est complet, et les liquides filtrés s'écoulent, à l'abri de l'air, à l'intérieur du filtre-presse. Les figures 2 et 4 représentent les plateaux de filtres-presses sans lavage, avec écoulement à l'extérieur par les robinets dont chaque plateau est muni.

L'épaisseur des tourteaux est très variable, suivant la nature de la matière à filtrer; on peut adopter une épaisseur d'autant plus forte que la matière solide est plus facile à filtrer et par conséquent à laver; cette épaisseur varie de 10 à 40 millimètres. Selon la facilité de filtration, on emploie une pression plus ou moins forte; on ne dépasse généralement guère 4 ou 5 kilogrammes par centimètre carré; toutefois, pour certains produits d'une filtration difficile, tels que les kaolins et les argiles grasses, on va jusqu'à 12 kilogrammes dans des presses robustes et construites avec soin, de manière à éviter les fuites.

Lorsqu'on désire effectuer un clairçage des tourteaux, de manière à recueillir le plus complètement possible le liquide qui les imprègne, on munit chaque plateau de deux canaux pour l'entrée et la sortie du liquide de lavage. Ce dernier entre derrière le tissu filtrant, traverse successivement le tissu, le tourteau de matière solide et le second tissu filtrant, et s'écoule par le canal de sortie.

Dans certains cas, il faut filtrer à chaud, par

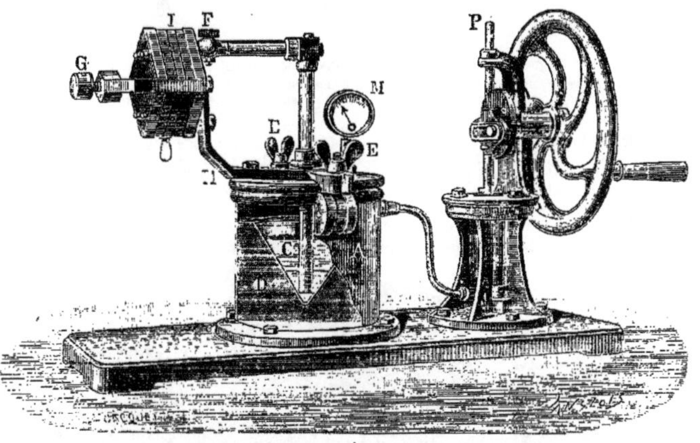


Fig. 391. — Filtre-presse analytique Dubois.

A, réservoir d'air comprimé par la pompe P; — C, tube en ébonite; — D, bloc en bois évidé; — E, écrous de serrage; — F, robinet; — G, vis de serrage des plateaux I; — H, tige en fer supportant le filtre-presse; — M, manomètre.

exemple pour la cire, la cérésine ou pour les dissolutions salines qui cristalliseraient pendant le refroidissement.

On emploie alors des plateaux chauffés par circulation d'eau chaude ou de vapeur (fig. 390, 5), dans un serpentin métallique approprié.

Les matériaux de construction des plateaux et des cadres varient suivant les produits à filtrer. On emploie généralement la fonte ou le bois, plus rarement le bronze, qui augmente énormément le coût de l'appareil. Pour les liquides chauds et très acides, on peut employer le plomb antimonié.

Il arrive fréquemment que l'on ait à filtrer des liquides volatils et d'une certaine valeur, alcool, éther, benzène. Dans ce cas, force est d'employer un appareil clos. On munit alors le filtre-presse d'un couvercle à joint hydraulique et on supprime aux chambres tous robinets de sortie des liquides filtrés. Ce liquide s'écoule au bout du filtre-presse, à l'abri de l'air. Pour éviter d'une façon certaine toutes pertes, on produit dans la caisse une légère dépression à l'aide d'un aspirateur quelconque, et on fait passer les vapeurs dans un condenseur approprié.

Comme nous venons de le voir, le liquide arrive dans le filtre-presse à l'intérieur de l'espace clos formé par les plateaux et les toiles filtrantes; les dépôts sont donc obligés de se produire à l'intérieur. Ces dépôts diminuent l'efficacité de la surface filtrante et conduisent à employer des pressions considérables qui appliquent fortement le tissu contre le support en diminuant ainsi son pouvoir filtrant. Pour que les tourteaux se produisent facilement, il est nécessaire que la matière en suspension dans le liquide soit de grain assez gros ou assez poreux pour permettre le passage du liquide à filtrer à travers une certaine couche de dépôts formés. Si ces dépôts contiennent des matières visqueuses ou grasses, il ne tarde pas à se former un réseau impénétrable aux liquides, et la filtration s'arrête sans qu'on puisse arriver à obtenir un tourteau sec.

C'est ainsi, par exemple, que lorsque le tourteau de sucrerie de betterave provient de jus insuffisamment chaulés, qui renferment beaucoup de matières pectiques, il n'est pas possible de l'obtenir sec; on retire des filtres-presses des dépôts boueux, quelle que soit la pression de filtration employée. Si au contraire les jus renferment une quantité suffisante de carbonate de calcium, l'épaisseur du tourteau peut atteindre 4 et 5 centimètres et posséder une cohésion suffisante.

Il est souvent utile de déterminer à l'avance la nature physique du tourteau à obtenir avec un liquide donné. Un petit appareil imaginé par M. Dubois permet de se rendre compte des propriétés des liquides et des précipités au point de vue de la formation des tourteaux et de leur passage dans un filtre-presse.

Cet appareil, représenté par les figures 391 et 392, se compose d'une pompe P servant à comprimer l'air dans le réservoir A. Ce réservoir, muni d'un manomètre M, renferme un bloc en bois évidé, qui reçoit un entonnoir en verre dont on a coupé

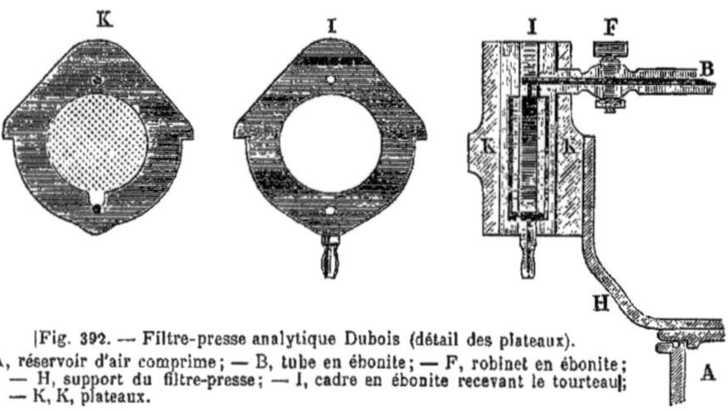

|Fig. 392. — Filtre-presse analytique Dubois (détail des plateaux).
A, réservoir d'air comprimé ; — B, tube en ébonite ; — F, robinet en ébonite ;
— H, support du filtre-presse ; — I, cadre en ébonite recevant le tourteau ;
— K, K, plateaux.

la douille. On introduit dans cet entonnoir un poids déterminé du liquide à filtrer. Ce liquide, chassé par l'air comprimé se rend par un tube en ébonite C dans le petit filtre-presse à cadre I. Le volume du tourteau est exactement de 20 centimètres cubes. Toutes les parties de l'appareil en contact avec le liquide sont en verre ou en ébonite, c'est-à-dire inattaquables aux acides. L'opération étant achevée, on ferme le robinet F, on enlève le cadre, on détache le tourteau et on le pèse. Un dosage d'eau indique la quantité de matière solide contenue dans le tourteau. D'autre part, pour con-

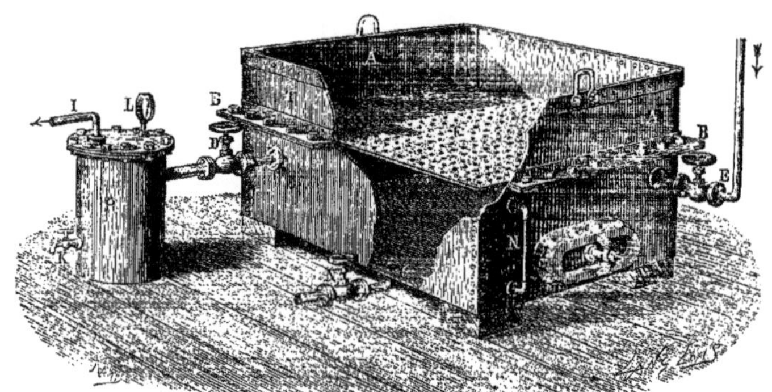

Fig. 393. — Filtre à vide simple.
AA, cadre formant cuvette et recevant la matière à filtrer ; — BB, joints du cadre avec la caisse C qui reçoit le
liquide filtré ; — D, robinet relié à la pompe à vide ; — E, robinet de rentrée d'air ; — F, tôle perforée
recevant le tissu filtrant ; — H, vase de sûreté ; — I, tube de communication avec la pompe à vide.

naître la quantité exacte de liquide qui a donné naissance à ce tourteau, on fait écouler par le robinet F dans un récipient approprié l'excédent de liquide de l'entonnoir et on le pèse.

On a ainsi toutes les données nécessaires pour calculer la grandeur du filtre-presse, et on peut sans tâtonnements faire passer les opérations du laboratoire à l'atelier, du moins en ce qui concerne la filtration.

FILTRES A VIDE. — Un filtre à vide se compose de deux parties principales : l'espace supérieur qui reçoit la matière à filtrer et le récipient inférieur dans lequel on fait le vide. Une cloison horizontale de séparation sert de support à la matière à filtrer. Les deux parties du filtre sont solidement assemblées par des boulons et munies d'un joint élastique qui s'oppose à toute rentrée d'air.

La figure 393 représente un filtre à vide simple. Cet appareil se compose d'une cuve en tôle C assemblée à un cadre AA par des boulons ; une tôle perforée F reçoit un tissu filtrant approprié, sur lequel on fait arriver la matière à filtrer.

La caisse C est munie d'un niveau N et d'un robinet de vidange N' ; elle communique par l'intermédiaire du robinet D et du vase de sûreté H avec un appareil à faire le vide (pompe, éjecteur à vapeur, trompe à eau, etc.).

Le vase de sûreté est destiné à recueillir le liquide qui pourrait être entraîné; il est muni d'un manomètre indicateur de vide.

Dans le cas où le liquide filtré a une tendance à former des dépôts qui viennent encrasser la caisse C, on opère de temps en temps un nettoyage par le trou d'homme.

Le filtre décrit ci-dessus est fixe; la vidange de la matière essorée se fait à la pelle, ce qui n'est pas sans présenter quelques inconvénients. On construit des filtres à vide à renversement qui économisent beaucoup de main-d'œuvre. La figure 394 représente un filtre de ce genre, construit par M. Polysius.

Fig. 394. — Filtre à vide à renversement.

A, cuve recevant la matière à filtrer; — BB, cuve recevant le liquide filtré; — D, tôle perforée soutenant le tissu filtrant; — E, tube perforé; — F, tôle protégeant le tube de vide E contre l'introduction accidentelle de liquide; — G, robinet de rentrée d'air; — HH, galets de roulement; — I, robinet de vide; — K, manivelle actionnant les engrenages de renversement L.

Cet appareil est constitué par une cuve en

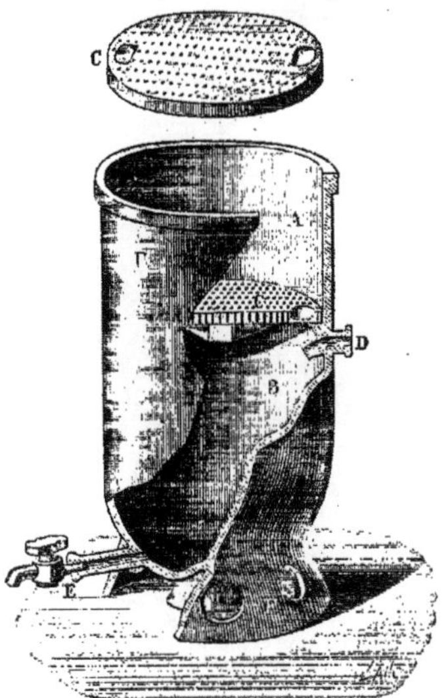

Fig. 395 — Filtre à vide en grès.

A, partie supérieure du cylindre en grès recevant la matière à filtrer; — B, partie inférieure recevant le liquide filtré; — C, cloison perforée en grès; — D, tube communiquant avec la source de vide; — F, F, cylindre en grès; — E, robinet d'évacuation des liquides.

fonte, doublée ou non de plomb, suivant le pro-

duit qu'on se propose de filtrer, divisée en deux parties A et B par une cloison horizontale perforée D qui reçoit un tissu filtrant en toile, feutre, amiante, etc.

La partie inférieure de la cuve B est à fond bombé et munie de segments circulaires qui roulent sur des galets H. Le filtre est mobile autour d'un axe creux qui communique par le robinet I avec la pompe à vide. Le renversement du filtre s'effectue par la manivelle K et le train d'engrenages L.

La cuve B porte sur le prolongement de l'axe creux un tube perforé E, protégé par une tôle F contre l'introduction accidentelle du liquide à filtrer.

Le liquide filtré s'écoule par un robinet situé à la partie inférieure de la cuve, et mis en action par une manivelle et un engrenage.

Pour pouvoir vider le liquide, il est nécessaire de fermer le robinet I et d'ouvrir le robinet de prise d'air G.

La partie supérieure de la cuve, à laquelle on donne généralement une hauteur de 15 à 20 centimètres, est réunie à la partie inférieure au moyen de robustes boulons qui permettent un démontage de l'appareil pour les nettoyages. Le tissu filtrant est maintenu tendu sur la plaque filtrante à l'aide de coins prismatiques, tels que celui figuré sur la droite du dessin.

Les trous de la plaque sont coniques, leur diamètre est plus grand à l'intérieur, ce qui facilite le nettoyage.

Pour ne pas être obligé de démonter l'appareil pour le nettoyage, on le munit d'un trou d'homme (non visible sur la figure).

La cuve B porte également un indicateur de vide.

Les filtres que nous venons de décrire sont en tôle, ils ne peuvent être employés que pour la filtration de matières qui n'attaquent pas le fer. Pour filtrer des matières acides, on peut les doubler en plomb; mais alors surgit une autre difficulté : le support des tissus et de la matière à filtrer ne présente pas une résistance suffisante avec un métal aussi mou que le plomb, même allié à l'antimoine.

Dans ce cas, on le soutient par un sommier en barres de fer recouvertes de plomb.

Si la matière à filtrer contient des acides qui attaquent même le plomb, on emploie des filtres en grès, tels qu'ils sont représentés par la figure 395. Le cylindre en grès FF est divisé en deux parties par la cloison perforée C. La partie A reçoit la matière à filtrer, la partie B le liquide filtré ; on fait le vide par D et le liquide filtré s'écoule par le robinet E.

Avant d'introduire dans l'espace A le produit à filtrer, on dispose sur la toile filtrante, qui est généralement en amiante, un anneau de caoutchouc souple qui entre à frottement dans la partie cylindrique. La pression atmosphérique l'applique sur la toile et s'oppose à ce que le liquide à filtrer passe latéralement sans traverser le tissu filtrant.

L'inconvénient de l'emploi de filtres en grès réside uniquement dans les dimensions restreintes que supporte la matière dont ils sont composés. Lorsque les quantités à filtrer sont de quelque importance, il faut nécessairement employer un grand nombre de ces appareils. Dans ce cas on les réunit ensemble par les orifices de sortie E, et on recueille le liquide acide dans un vase en fonte émaillée de plus grandes dimensions ; on relie également tous les robinets D à un réservoir de vide commun.

Lorsqu'on opère la filtration dans le vide, on remarque souvent que, lorsque la matière commence à se dessécher, il se produit des crevasses dans la substance qui reste sur le filtre ; l'air aspiré pénètre par ces crevasses et le but poursuivi n'est pas atteint.

On remédie à cet inconvénient en mouillant constamment les surfaces, de manière à empêcher la formation de crevasses. MM. Neumann et Esser construisent des filtres à vide mécaniques basés sur ce principe : le filtre Neumann et Esser est constitué par une caisse en tôle rectangulaire, à fond bombé, afin de mieux résister à la pression atmosphérique ; le fond de la cuve est garni de tubes perforés destinés à recueillir le liquide filtré et à l'évacuer au dehors ; l'intervalle entre les tubes et les parois est rempli de coke ou de cailloux de la grosseur du poing. Cette couche ne recouvre que la moitié des tubes ; on y superpose une deuxième couche de cailloux de la grosseur d'une noix, jusqu'à recouvrement complet des tubes, et enfin on recouvre le tout d'une couche de 3 ou 4 centimètres de grains de 2 à 3 millimètres. C'est sur cette dernière couche qu'on place la toile filtrante, qui fait joint avec les parois, grâce à des coins élastiques appropriés.

Pour éviter la formation de crevasses à la surface du tourteau de matière filtrée, on emploie un agitateur porté sur un wagonnet qui est animé d'un mouvement de va-et-vient, et qui circule sur des rails situés à l'intérieur de la cuve. L'agitateur est mobile. On règle sa hauteur suivant la hauteur de la matière à filtrer, de manière à malaxer constamment la couche supérieure ; dès qu'il se forme une crevasse, elle est immédiatement remplie par le produit délayé par l'agitateur, et dont la consistance est moindre que celle de la masse sous-jacente. La première couche est donc une sorte de ciment liquide qui vient consolider la matière à filtrer, et permet à l'air aspiré de traverser régulièrement la couche entière.

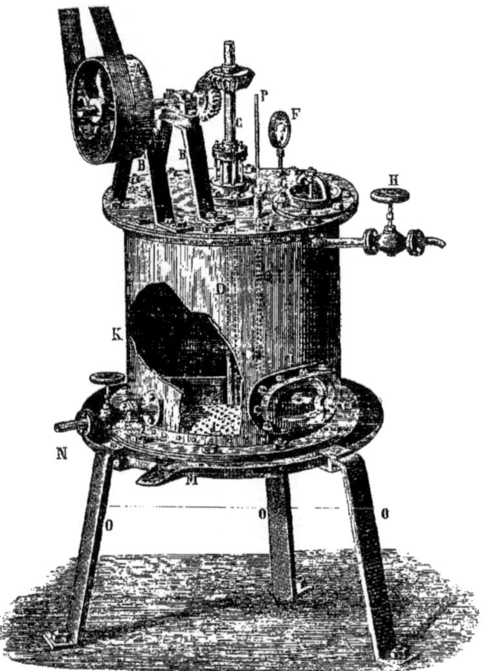

Fig. 396. — Filtre à pression à agitateur.

BB, châssis supportant l'arbre de transmission de l'agitateur ; — CD, arbre de l'agitateur ; — E, agitateur ; — F, manomètre ; — GI, trou d'homme ; — H, robinet d'arrivée de la vapeur ; — K, cuve en tôle recevant la matière à filtrer ; — L, fond en tôle perforée recevant le tissu filtrant ; — M, cuvette circulaire recevant le liquide filtré ; — N, robinet d'évacuation des boues ; — OO, support du filtre ; — PQ, thermomètre.

Lorsque le lavage est terminé, on relève complètement l'agitateur, les ouvriers pénètrent dans la cuve et vident à la pelle la matière filtrée.

Ce filtre rend de bons services dans la filtration des lessives caustiques obtenues à la décarbonatation. Il produit un travail rapide et régulier.

Ce qui caractérise le filtre à vide comparé au filtre-presse, c'est la simplicité de ses organes et le peu de main-d'œuvre qu'il nécessite. Les frais d'entretien sont également réduits au minimum. C'est en revanche un appareil moins puissant, car il ne met en jeu que la pression atmosphérique, tandis qu'on opère au filtre-presse sous des pressions qui peuvent atteindre 12 atmosphères. Il faut tenir compte également des hauteurs de la matière à filtrer; car, comme on peut aisément le concevoir, la filtration par le vide s'effectue d'autant plus difficilement que la couche de matière à filtrer est plus épaisse.

Le lavage des précipités est également plus facile avec le filtre à vide lorsqu'on veut effectuer ce lavage avec le minimum d'eau; c'est le cas lorsqu'il s'agit de séparer d'un précipité insoluble une solution saline qui doit aller ensuite à l'atelier de cristallisation. Un essai préalable effectué sur une petite échelle, en faisant varier la hauteur de la matière à filtrer, donnera de bons renseignements sur le mode opératoire à adopter en grand; la quantité de liquide filtré étant proportionnelle à la surface, on peut calculer à l'avance, pour une même hauteur de matière, les dimensions à donner au filtre industriel, en se basant sur les essais de laboratoire. En général, il est préférable d'employer des filtres de grande surface et de diminuer la hauteur de la couche à filtrer, la vidange du tourteau essoré se faisant alors plus rapidement.

Filtres a pression. — Dans certains cas, notamment lorsque la filtration au vide d'un liquide chaud est trop lente, on peut remplacer avec avantage le filtre à vide par le filtre à pression de vapeur s'il s'agit d'une solution aqueuse. La figure 396 représente un filtre à pression de vapeur à agitateur. Notons que, dans la plupart des cas, l'agitateur peut être supprimé sans inconvénient, à moins que l'on n'ait affaire à un corps solide, visqueux, d'assez grande densité, et qui tend à obstruer rapidement le tissu filtrant.

Ce filtre se compose d'une cuve metallique en tôle de fer ou de cuivre, dans laquelle on introduit la matière par un tube muni d'un robinet, situé derrière le tube d'arrivée de la vapeur H, et non visible sur la figure. Lorsque la matière à filtrer est très épaisse, on peut l'introduire par le trou d'homme G.

Un manomètre F permet de déterminer la pression de la vapeur. Il va sans dire que le tube H peut aussi bien servir a l'adduction d'air comprimé que de vapeur. Le fond de la cuve L est formé par une tôle perforée recouverte d'un tissu filtrant; on dispose sur la circonférence un anneau plat en caoutchouc de 3 millimètres d'épaisseur, entrant à léger frottement dans la cuve; on le dispose régulièrement à la main, de manière a faire joint, par le trou d'homme I.

Le liquide étant introduit dans l'appareil, on fait arriver de la vapeur par H. Grâce à la pression, le liquide filtré à travers le tissu s'écoule par la tôle perforée et est recueilli dans le plateau circulaire M. Ce plateau est muni d'un bec et légèrement incliné, de manière à amener l'écoulement immédiat du liquide filtré. Un thermomètre P permet de prendre la température du liquide.

Il peut se faire que le liquide à filtrer s'altère à l'air; dans ce cas on remplace le plateau collecteur M par une caisse métallique, boulonnée sur la cuve filtrante et munie d'un tube pour la sortie du liquide.

Le robinet K sert à l'évacuation du résidu si sa consistance le permet. Sinon on le retire à la pelle par le trou d'homme I.

### III. Appareils de clarification.

Nous avons envisagé dans les pages précédentes différents cas de filtration industrielle, dans lesquels la matière solide formait une partie notable de la masse à filtrer. Il nous reste à parler de la séparation de petites quantités de matières solides au milieu de liquides. Dans la plupart des cas se rattachant à cette catégorie, il s'agit surtout de clarifier un liquide trouble en sacrifiant le résidu solide. Quelquefois pourtant le problème est plus complexe. On peut vouloir obtenir à la fois des résidus à l'état sec et un liquide très limpide. Dans ce cas on emploie deux appareils : en tête on met un filtre-presse qui fournit un tourteau sec, et on envoie le liquide achever sa clarification dans un des appareils décrits ci-dessous. On peut aussi mettre en tête l'appareil à clarifier et envoyer les boues par une pompe ou par un monte-jus au filtre-presse.

Fig. 397. — Filtre Philippe.

A, cuve métallique; — B, arrivée du liquide à filtrer; — C, poche filtrante en tissu; — D, robinet d'évacuation des boues; — E, couvercle du filtre; — F F, tubes d'écoulement en verre; — I, collecteur du liquide filtré; — K, nochère collectrice; — L L, couvercles des éléments filtrants; — M, chariot à roulettes; — S, ouvertures par lesquelles pénètrent les éléments filtrants; — T, trou d'homme.

Si on ne tient pas à recueillir la partie solide du mélange, on n'emploie qu'un filtre clarificateur et on évacue les boues par rinçage à l'eau. Une application des plus importantes de ce mode de purification réside dans la filtration des eaux potables et l'épuration des eaux industrielles. Nous parlerons de ce sujet à la fin de notre article. Nous décrirons d'abord les principaux appareils employés pour la clarification de liquides quelconques.

*Filtre Philippe.* — Dans cet appareil, qui est représenté par la figure 397, la surface filtrante est très grande, et la surface de soutien peut être très légère, n'étant pas appelée à supporter des pressions élevées. La pression étant très faible, il en résulte que le tissu ne supporte pas une tension de ses mailles au delà de la résistance des fibrilles constituant le chevelu ; le pouvoir filtrant du tissu est mieux utilisé, et on arrive à une limpidité bien plus grande.

Les surfaces de soutien peuvent affecter des formes gauches telles que le tissu ne puisse les épouser ; il n'en résulte ainsi que quelques points de contact et la diminution de la surface filtrante effective est réduite au minimum.

La figure 397 montre l'aspect extérieur d'un filtre Philippe avec filtration à l'abri de l'air ; la figure 398 deux coupes verticales à angle droit d'un filtre Philippe, avec sortie à l'air des liquides filtrés.

Ce filtre se compose d'une cuve métallique A, fermée par un couvercle fixe B, dans lequel sont ménagées une série de fentes parallèles longues et étroites dont le pourtour est dressé et calibré. Chaque ouverture correspond à un élément filtrant. Ceux-ci sont composés d'une poche plate C (fig. 397), sorte de sac en tissu approprié, portant à la partie ouverte un ourlet dans lequel est serti un bourrelet en matière souple, caoutchouc, coton, corde, etc. Ce bourrelet déborde aux extrémités du sac pour former deux oreilles destinées à l'enlèvement facile des poches, et aussi pour assurer la parfaite étanchéité du joint aux extrémités des fentes.

Dans cette poche se place un cadre métallique en grillage, entouré d'une bordure emboutie à angles arrondis.

Ces cadres ont pour but de livrer passage au liquide filtré, tout en assurant l'écartement des parois de la poche qui tendraient à se coller sous l'action de la pression. Chaque élément pend verticalement dans la cuve par les ouvertures S, et est maintenu en place par le bourrelet H, qui s'appuie sur la partie dressée entourant les ouvertures. La partie supérieure des poches est fermée par un chapeau métallique. Ce chapeau porte à une de ses extrémités un tuyau à bec débouchant librement dans une nochère collectrice ouverte K, ou se raccordant hermétiquement avec un collecteur clos. Dans ce dernier cas, à chaque bec correspond un tube transparent, qui permet d'apercevoir l'écoulement de chaque élément.

Chaque chapeau G est maintenu en place à l'aide de boulons qui, par l'intermédiaire de traverses s'appuyant sur deux chapeaux à la fois, serrent le bourrelet et forment ainsi un joint parfait entre les poches et les chapeaux.

Le liquide à filtrer arrive par B (fig. 397),

perd de sa vitesse, traverse les tissus en s'épurant, puis, montant par l'intérieur des poches, pénètre dans les chapeaux, et de là s'écoule extérieurement dans la nochère ou dans le collecteur clos. Presque toutes les pièces du filtre sont interchangeables, ce qui facilite beaucoup les réparations.

Le filtre Philippe s'alimente le mieux par un réservoir en charge ; la pression hydrostatique varie de 1 à 5 mètres, suivant la nature du liquide à filtrer. Le débit varie énormément, suivant la nature des liquides : tandis qu'il n'est que de 30 à 40 litres par mètre carré et par heure pour les huiles, par exemple, il atteint 400 ou 500 litres pour des jus sucrés chauds.

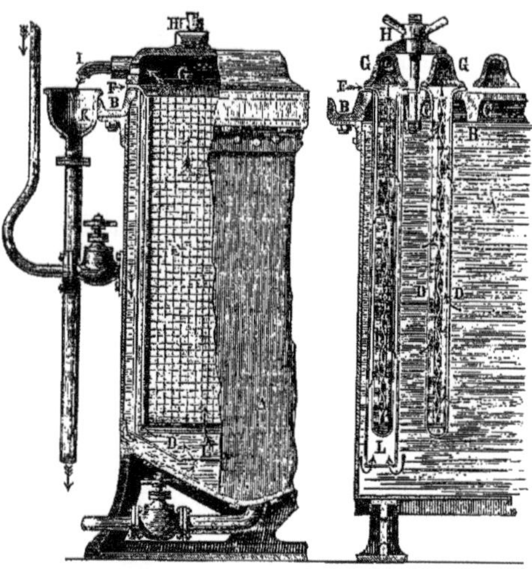

Fig. 398. — Filtre Philippe (coupes verticales).

A, cuve métallique recevant le liquide à filtrer ; — BB, couvercle de la cuve dans lequel sont pratiquées les ouvertures C destinées à l'introduction des éléments filtrants dans le réservoir A ; — DD, poches en tissus filtrants ; — F, pièce souple formant joint extérieur à la poche ; — G, chapeaux mobiles portant les tubulures I de sortie du liquide filtré ; — H, écrous et traverses de serrage des chapeaux sur les rebords des têtes de poche. — K, nochère collectrice du liquide filtré ; — L, gaine métallique employée pour extraire filtrée la totalité du liquide non filtré contenu dans le réservoir A.

Il va sans dire que la nature du métal constituant les diverses parties de l'appareil varie suivant les applications.

*Filtre escargot.* — Cet appareil, imaginé par MM. Bride et Lachaume, est destiné à la clarification des liquides troubles les plus divers, tels que jus sucrés, vins, bières, etc. Il est caractérisé, comme le montre la figure 399, par la disposition en forme d'escargot de la surface filtrante, ce qui réduit au minimum le volume occupé par l'appareil.

Le filtre escargot se compose : 1° d'une poche en forme de sac sans fond, en tissu de coton ou de toute autre matière, sans couture sur les côtés ; cette poche est rétrécie à l'une des extrémités pour faciliter sa ligature sur une tubulure ; 2° d'une ou plusieurs ossatures flexibles à claire-voie, destinées à séparer les parois opposées de la poche filtrante, et les spires de l'escargot qui constituent chaque élément filtrant.

Le filtre escargot effectue la filtration à l'air libre ou en vase clos par pression ou succion. Cette filtration s'opère, soit du dedans en dehors

Fig. 399. — Filtre escargot Bride et Lachaume.

de la surface filtrante, soit du dehors en dedans, en faisant varier le groupement des organes.

Lorsqu'on filtre de dehors en dedans, on dispose l'ossature flexible à l'intérieur de la poche,

*Filtre à pression Bride et Lachaume.* — Ce filtre, destiné à la clarification des eaux résiduaires en général, est représenté par la figure 400. A représente le filtre en élévation, B est une coupe indiquant la disposition des organes intérieurs, et C représente un filtre du même genre, muni d'un appareil à nettoyer la surface filtrante.

Ce filtre est formé d'un corps cylindrique en tôle pleine $a$, qui peut être galvanisée, étamée ou émaillée, suivant la nature des liquides à filtrer, à la partie inférieure duquel est rivée une cornière $a'$ assujettie sur une tubulure en bronze ou en fonte $h$ conformée de manière à servir de siège à une soupape $k$ et de cuvette pour recevoir et évacuer les liquides filtrés. A la partie supérieure du corps $a$ est rivée sur la cornière $a'$ une autre tubulure $c$ à bride qui sert de siège au tampon de fermeture $d$ du filtre et de point d'appui à l'étrier $s$ qui sert à assujettir le tampon $d$ sur le filtre. A l'intérieur du corps cylindrique $a$ se trouve une paroi cylindrique ou prismatique concentrique $b$ en tôle perforée ou en tissu métallique, et de préférence en tissu métallique vissé et laminé; cette paroi s'appuie en haut et en bas sur les bords $c'$ et $h'$ des tubulures $c$ et $h$, où elle forme un joint à peu près étanche. Contre la paroi interne de ce corps perforé ou perméable $b$, on dispose, suivant la nature des liquides à filtrer, un sac ou conduit $t$ en tissu filtrant convenable, qu'on assujettit contre les parois des tubulures $c$ et $h$ au moyen de bagues ou anneaux légèrement coniques $l$ et $l'$, qui ont pour but d'appliquer le sac contre la paroi perméable $b$.

Le filtre est fermé à sa partie supérieure par un tampon amovible $d$ qui est appliqué fortement contre la bride de la tubulure $c$ au moyen de la vis $v'$ que manœuvre le volant $v$ et qui tourne dans une partie taraudée $s^2$ ménagée au sommet d'un étrier $s$ attaché d'une manière mobile par les boulons $s'$ sur la bride $c$; la poignée $s^3$ de cet étrier permet de le dégager de la bride et de dégager le tampon.

La tubulure inférieure $h$ est pourvue d'un tuyau $i$ d'arrivée du liquide à filtrer, qui peut se raccorder sur la bride $i'$ avec un conduit amenant le dit liquide. La partie de cette tubulure $h$ qui fait suite à la capacité centrale $y$ du filtre est ouverte. On ferme cette ouverture, pendant le fonctionnement du filtre, au moyen d'une soupape $k$ pourvue d'une bague en caoutchouc $l$ qui vient porter sur la bride $h^2$ de la tubulure $h$; cette soupape est munie d'un levier $e$, tourillonné en $o$, sur lequel peut glisser un contrepoids $e'$ qui permet d'équilibrer le poids de la soupape $k$ de la charge qu'elle peut avoir à supporter lorsqu'on vide le filtre. Pendant la marche du filtre, la soupape $k$ est maintenue sur son siège au moyen des écrous à oreilles $k^2$ qui prennent appui sur la bride de la tubulure $h$.

Le filtre repose sur des longrines ou des fers en U parallèles $r$, par l'intermédiaire des oreilles

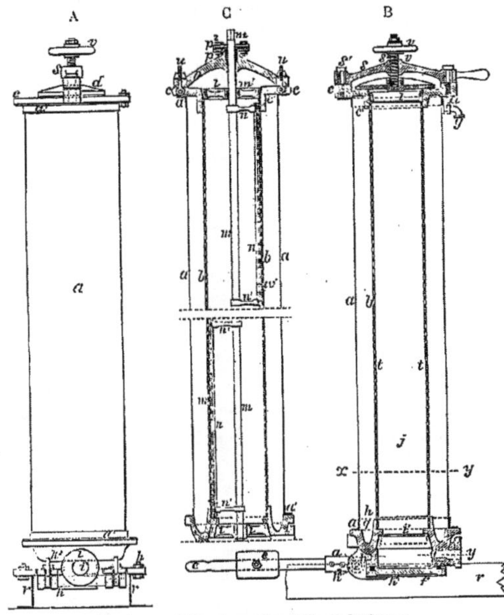

Fig. 400. — Filtre à pression Bride et Lachaume.
A, élévation; — B, coupe; — C, filtre avec nettoyeur mécanique.

et on maintient un écartement régulier entre les spires à l'aide de bourrelets flexibles, composés d'un boudin métallique à deux fils. L'ossature flexible peut être en bois, jonc, rotin. On emploie généralement un treillage métallique articulé, genre garniture de turbine.

La tubulure indiquée sur la figure 399 sert à l'entrée ou à la sortie du liquide, suivant le sens adopté pour la filtration; la figure représente un élément filtrant de l'intérieur à l'extérieur.

$h^4$, venues de fonte avec la tubulure $h$, boulonnées sur ces longrines.

On peut grouper une série d'éléments de filtre du même genre en les disposant les uns à la suite des autres sur les longrines $r$ maintenues invariablement écartées.

La paroi perméable $b$ en métal perforé ou en tissu métallique qui sert à la filtration, ou même le sac ou la poche textile qui revêt cette paroi perméable $b$, a besoin d'être nettoyé de temps en temps. Pour effectuer le nettoyage sur place, on frictionne la surface interne, d'abord avec un racloir ou râteau, puis simplement avec une brosse. A cet effet, on dispose dans l'axe de l'appareil un arbre $m$ tourillonné dans une crapaudine $m'$, ménagée au centre de la bague inférieure ajourée $l'$, et guidé dans le moyeu $m'$ de la bague supérieure $l$. Cet arbre traverse un presse-étoupes $p'$ installé sur le sommet du couvercle étanche $p$, lequel est assujetti sur la tubulure $c$ par des écrous à ailettes $u$. La partie supérieure $m^2$ de cet arbre $m$ est pourvue d'un carré dans lequel on peut engager une clé ou une béquille de manœuvre. L'arbre $m$ sert de point d'appui à des bras $n'$ qui supportent à leur extrémité libre une règle $n$ qui se trouve ainsi placée parallèlement et très près de la paroi perméable $b$. Ces règles $n$ servent, l'une de support à une lame en caoutchouc ou en cuir $w$ qui joue le rôle de racloir et l'autre constitue la monture d'une brosse $w'$. Les règles $n$ peuvent être placées verticalement en prolongement l'une de l'autre parallèlement à la même génératrice de la paroi $b$, ou bien elles peuvent être disposées verticalement aux extrémités opposées d'un même diamètre, comme le représente la figure C.

On peut remplacer ces brosses ou racloirs rectilignes par une brosse ou écouvillon circulaire dont la tige verticale se logerait à la place de l'arbre $m$ et pourrait, en glissant dans le presse-étoupes $p'$, promener la partie circulaire de la brosse dans toute la hauteur de la paroi perméable $b$. La paroi perméable $b$ peut être tronconique au lieu d'être cylindrique, notamment dans le cas où on doit filtrer des liquides très troubles, comme des eaux fortement argileuses, des ciments, etc.

Cet appareil, qui est applicable à la filtration de toutes sortes de liquides troubles, permet de clarifier d'une manière complète les jus verts et les vins ou moûts de distilleries.

Le liquide à clarifier pénètre dans la tubulure $i$, s'élève dans la chambre $j$ et se débarrasse de ses dépôts contre les parois filtrantes $t$; le liquide s'échappe clair dans la capacité existant entre la paroi externe $a$ et la paroi perméable $b$ et il s'écoule par la tubulure $q$ vers un réservoir ou dans un autre filtre. Lorsqu'on juge que la paroi filtrante est engagée par les dépôts, on promène sur cette paroi le racloir $w$ et la brosse $w'$; on peut également envoyer de l'eau dans la double enveloppe $j'$ par le robinet $g$ pour faciliter ce nettoyage.

Lorsque l'on veut filtrer des produits attaquant fortement les matières textiles, on remplace le sac $c$ par une chemise en laiton finement perforée, ou par un tissu de laiton articulé, auquel on a fait subir au préalable un léger laminage.

FILTRATION DES EAUX.

La filtration des eaux destinées soit à l'alimentation, soit à l'industrie, rentre dans le cadre des filtrations par clarification. En effet, la quantité de résidu solide à éliminer ne forme qu'une très faible fraction de l'ensemble du liquide, et ce résidu est généralement sans valeur.

Les appareils pour la filtration des eaux se distinguent surtout par leur puissance, les quantités de liquide à filtrer étant toujours très grandes.

On peut distinguer deux cas :

1° La filtration des eaux s'effectue avant leur emploi. C'est le cas de l'eau destinée à l'alimentation, et de celle employée dans les générateurs et dans les usines de produits chimiques.

2° Cette filtration s'effectue sur des eaux polluées par des résidus de fabrication, qu'il est impossible de faire couler telles quelles dans les cours d'eau.

La filtration des eaux avant leur emploi comme boisson ou dans l'industrie est souvent précédée d'un traitement chimique, qui a pour but d'éliminer certaines impuretés et de faciliter le dépôt des matières en suspension. Cette purification chimique s'applique rarement aux eaux potables.

Elle est suivie, dans la plupart des cas, d'une filtration, qui sert à retenir les matières en suspension existant à l'origine, et celles qui se sont formées par la réaction chimique.

Nous ne traiterons ici de la purification chimique qu'en passant, et nous nous attacherons simplement à illustrer par quelques exemples la filtration des eaux telle qu'elle se pratique actuellement.

Nous parlerons en premier lieu de la filtration des eaux destinées à l'alimentation.

*Puits filtrants.* — La méthode de filtration la plus anciennement employée pour les besoins

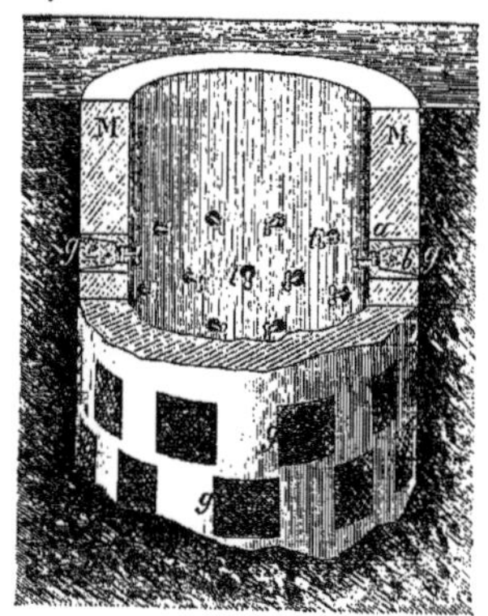

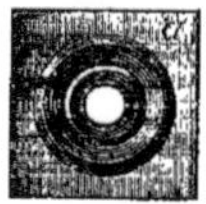

Fig. 401. — Puits filtrant Lefort.

Fig. 401 *bis.* — Détail des barbacanes.

M, maçonnerie du puits; — $g\,g$, grillage métallique des barbacanes; — $a$, bloc de ciment; — $b$, pierres; — $g$, grillage métallique; — $t$, tige du tampon de fermeture.

des villes est la filtration des eaux à travers le sol. Elle est encore employée lorsque l'on ne dispose pas de sources naturelles plus ou moins éloignées des centres de consommation, et que l'on est obligé de capter à grands frais.

Nous citerons ici comme exemple de puits filtrants celui qu'a établi M. Lefort dans l'île Beau-lieu, située sur la Loire, en amont de Nantes. Le puits est au milieu de l'île, dont la masse sert de matière filtrante. La grève traversée par l'eau est formée d'un sable à grain moyen, recouvert d'une couche de vase compacte qui se trouve à $2^m$,30 au-dessous des basses eaux.

Le puits Lefort est représenté par la figure 401. Il a un diamètre de 2 mètres, et est établi sur un caisson en tôle.

Le puits est formé de maçonnerie hourdée au mortier de chaux hydraulique et cimenté. Il est entouré à la partie supérieure d'un remblai en sable pur, recouvert d'un perré de $0^m$,40 d'épaisseur et d'un enrochement granitique.

L'eau entre dans le puits après avoir traversé la grève par 66 barbacanes, représentées en détail par la figure 401 *bis*, et dont le rang inférieur se trouve à $1^m$,53 au-dessous du niveau des plus basses eaux. Chaque barbacane est formée d'un bloc de ciment de 0,50 de long sur $0,40 \times 0,40$, évidé et rempli de petites pierres maintenues à l'avant et à l'arrière par un grillage métallique à mailles de 4 millimètres. La partie postérieure de l'évidement reçoit des tampons en bois que l'on peut enlever ou replacer de l'intérieur du puits desservi par un escalier à vis. La hauteur totale du puits est de $7^m$,44; il est enfoncé de $4^m$,70 au-dessous de la grève. Ce puits a donné, avec les trois rangs de barbacanes inférieurs, 2000 mètres cubes d'eau potable en 24 heures. L'eau sortant du puits est limpide et fraîche. Le nombre de bactéries à l'origine étant de 24 000 par centimètre cube, il tombe à 150 dans l'eau sortant du filtre.

*Filtre Delhôtel et Moride.* — Le filtre imaginé par MM. Delhôtel et Moride rentre dans la catégorie des filtres à sable à grand débit. La partie délicate de ce genre d'appareils, c'est-à-dire le nettoyage du sable encrassé, se fait dans ce filtre d'une manière simple et sans l'emploi d'aucun mécanisme.

En outre, MM. Delhôtel et Moride ont eu l'heureuse idée d'appliquer à leur filtre un *distributeur de réactifs épurants*, ce qui dispense de l'emploi d'un bac de purification; l'eau chargée du réactif se mélange à l'eau brute, agit sur celle-ci comme agent chimique épurant, et l'eau troublée par la réaction est clarifiée dans le filtre.

La figure 402 représente le filtre Delhôtel et Moride muni de son distributeur.

Ce filtre se compose d'une cuve en tôle A, dans laquelle se trouve une masse filtrante formée de silex pulvérisé fin, de grosseur régulière S. L'eau arrive dans le filtre par le robinet 1, puis dans un tube annulaire D, d'où elle sort par des ajutages; elle traverse le sable et passe dans le collecteur, dans la tubulure *b* et va dans la conduite d'eau filtrée C.

Le collecteur est composé d'une pièce en fonte, sur laquelle est posée une tôle perforée et, par-dessus, une toile métallique fine. Des bagues de fer maintiennent, au moyen de boulons, ces différentes pièces. Le tout forme un ensemble démontable, permettant de changer à volonté la toile métallique.

Le collecteur porte, à sa partie inférieure, une tubulure qui entre à frottement dans la tubulure correspondante de la conduite *b*.

A l'intérieur du collecteur se trouve une pièce annulaire qui répartit l'eau amenée par le courant inverse et soutient la tôle perforée. Cet anneau recouvre l'orifice de la tubulure *b*.

Le collecteur est mobile, il est posé simplement sur deux équerres rivées au filtre, sa tubulure entrant à frottement dans le tuyau *b*.

Au centre du filtre se trouve un tuyau T terminé à sa partie inférieure par une bride boulonnée sur le fond du filtre. Sur ce tuyau est monté à frottement un entonnoir E. L'entonnoir et le tube communiquent avec le robinet 4 et servent à l'évacuation des boues.

Le nettoyage du filtre est très simple et très facile : il se fait en tournant le robinet à trois voies 1, de façon à envoyer l'eau brute (eau à filtrer) dans la conduite V. Le robinet 3 doit être fermé alors; l'eau passe dans la tubulure *b*, entre dans le collecteur sous l'anneau *g*, se répartit dans le collecteur, soulève le sable, le lave et entraîne les impuretés dans l'entonnoir E et de là au dehors.

Le couvercle du filtre porte un robinet d'évacuation d'air V et un bouchon fileté et le fond de l'appareil est muni d'un robinet X qui sert à évacuer complètement l'eau, si le filtre doit rester quelque temps sans fonctionner. Ce robinet est recouvert d'une toile métallique qui empêche le sable d'y passer. Il permet de purger toute la partie située au-dessous du collecteur, partie remplie de sable qui resterait imprégnée d'eau quand on viderait le filtre par le robinet de purge 2.

L'eau de crue de certaines rivières ne peut être clarifiée en grandes masses qu'en employant l'alun ou le sulfate d'aluminium. De très petites quantités de l'un ou de l'autre de ces réactifs suffisent pour englober les impuretés fines dans un précipité floconneux. L'eau est ainsi débarrassée des limons en suspension par un passage à travers le sable fin. L'emploi du sulfate d'aluminium est préférable à celui de l'alun, qui laisse des sels de potassium solubles dans l'eau épurée. A prix égal, sa puissance épurante est également supérieure.

Le distributeur de réactifs se compose d'un vase en fonte H résistant à la pression, que l'on peut facilement ouvrir, et dans lequel on place un seau chargeur I, rempli des substances que l'on veut faire agir sur l'eau. Au moyen d'un dispositif spécial on peut faire passer la plus grande partie du courant d'eau dans le vase H, sans que cette eau dissolve de réactifs.

Une autre partie de l'eau à traiter vient lécher la surface de la substance épurante contenue dans le seau chargeur, dissout une certaine quantité de ce réactif et rejoint l'eau brute en M. Le mélange se rend dans le filtre.

La dissolution se fait toujours de la même façon grâce à un tuyautage souple L, qui suit le réactif au fur et à mesure que sa dissolution s'opère et que son volume diminue.

On règle le courant d'eau destiné à dissoudre le réactif épurant au moyen d'un clapet mobile K placé en face de l'ajutage J, amenant l'eau brute. Ce clapet termine le tuyautage souple L. Il est suspendu à une lame-ressort, portée elle-même par une pièce N que l'on peut avancer ou reculer à volonté au moyen d'une vis O. En serrant plus ou moins le clapet sur l'ajutage, on peut envoyer une plus ou moins grande partie de l'eau brute sur le réactif.

La tension du ressort peut être modifiée au moyen d'une crémaillère et d'un pignon porté sur une tige qui traverse un presse-étoupes. La tige est munie d'un carré et d'une clef, comme celle de la vis qui meut le clapet.

En réglant convenablement l'écartement du clapet et la longueur du ressort, on obtient un débit de réactif proportionnel à la quantité d'eau qui passe dans l'appareil, quel que soit le débit total. Si l'arrivée d'eau s'arrête, la dissolution du réactif s'arrête également. Elle ne reprend que lorsque l'eau brute arrive de nouveau. Le distributeur porte un robinet d'arrêt R, qui permet de l'isoler de la conduite d'arrivée d'eau, quand on doit l'ouvrir pour remplacer le réactif.

La durée de la charge de réactif épurant varie

tout naturellement avec la nature de ce réactif, avec la quantité d'eau à traiter et la nature de l'eau ; elle n'est jamais inférieure à 2 jours de 12 heures, et peut durer, dans des cas fréquents, jusqu'à 7 jours.

L'ouverture du distributeur et le remplissage du seau chargeur ne durent que quelques minutes.

Le réglage du distributeur une fois fait, il n'y a plus à y toucher, à moins que l'on ne veuille changer les proportions du réactif épurant.

La distribution de la substance épurante est rendue ainsi aussi simple que possible. Elle est absolument automatique et n'exige aucune surveillance.

L'expérience a prouvé que l'addition d'une petite quantité de sulfate d'aluminium à l'eau de Seine et le passage à travers le filtre à sable permettent de purifier l'eau au point de vue de

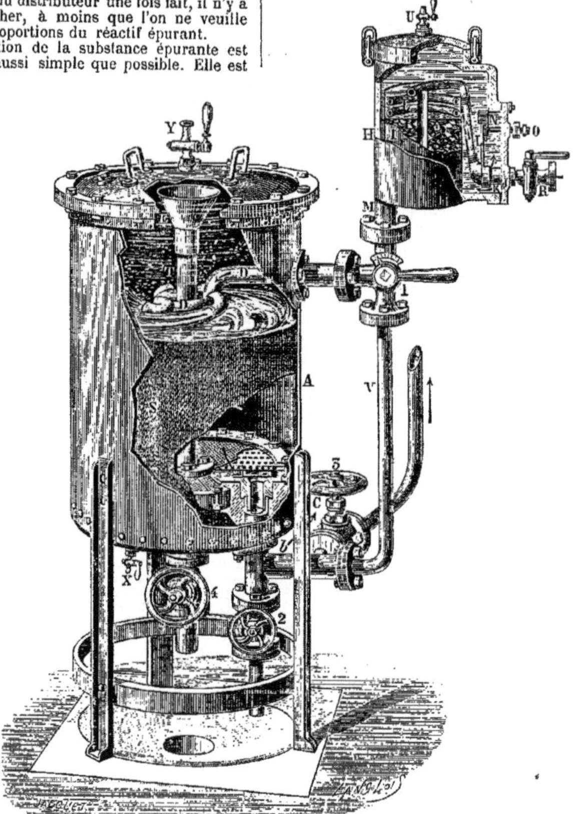

Fig. 402. — Filtre Delhôtel et Moride.

A, cuve en tôle contenant la matière filtrante ; — C, conduite d'eau filtrée ; — D, tube distributeur de l'eau à filtrer ; — E, entonnoir pour l'évacuation des boues ; — H, vase en fonte ; — I, seau chargeur ; — K, clapet de réglage ; — L, tuyau souple ; — M, sortie du liquide du distributeur ; — J, arrivée de l'eau brute au distributeur ; — N, pièce supportant la lame de ressort reliée au clapet K ; — O, vis de réglage ; — R, robinet d'arrêt du distributeur ; — S, sable filtrant ; — T, tuyau d'évacuation des boues ; — U, robinet d'évacuation d'air ; — V, conduite pour le nettoyage du filtre ; — X, robinet de vidange ; — Y, robinet d'évacuation d'air. 1, robinet à trois voies amenant l'eau au filtre ; — 2, robinet de purge ; — 3, robinet d'eau filtrée ; — 4, robinet d'évacuation des boues.

son odeur et de sa teneur en matière organique. En même temps, on constate l'élimination des 9/10 des bactéries. Mais si on veut obtenir des eaux absolument exemptes de micro-organismes, il faut avoir recours à leur filtration à travers la porcelaine poreuse. La bougie Chamberland, que nous jugeons inutile de décrire, est le type le plus connu de ce genre d'appareils.

*Filtre Chamberland à grand débit.* — La figure 403 représente un filtre Chamberland de 100 bougies, qui filtre. sous la dépression relativement faible de $1^m,50$, de 500 à 600 litres par 24 heures.

Avec certaines eaux très chargées en matières glaireuses, il se forme très rapidement un dépôt sur les bougies, ce qui occasionne une rapide diminution du débit du filtre. Dans ce cas, il est préférable d'employer un appareil dégrossisseur, tel que, par exemple, le filtre Delhôtel et Moride, et de ne laisser au filtre à bougies que le soin de retenir les bactéries qui ont échappé à l'action du sulfate d'aluminium.

Dans ce cas, le débit se maintient longtemps, et on évite l'opération toujours délicate du nettoyage.

Lorsque les bougies sont encrassées, la meilleure manière de les nettoyer consiste en un passage au four à reverbère. La matière organique est ainsi brûlée, et on conçoit que la bougie reprenne toutes ses qualités primitives.

Avant de monter un filtre à bougies, il faut

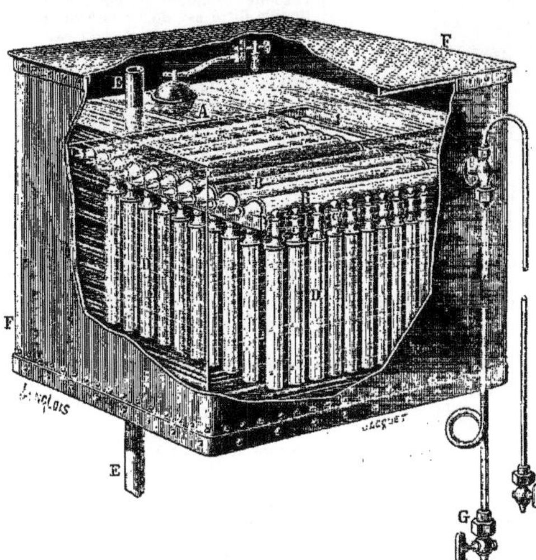

Fig. 403. — Filtre Chamberland industriel.

A, cadre recevant les collecteurs ; — BB, collecteurs en porcelaine ; — CC, raccords en caoutchouc ; — DD, bougies filtrantes ; — EE, tubes de rentrée d'air ; — FF, cuve métallique recevant le liquide à filtrer ; — G, robinet pour l'écoulement du liquide filtré.

s'assurer que chaque élément ne contient pas de fêlures ou de pores trop volumineux, qui laisseraient passer les bactéries. Pour cela, on plonge la bougie dans l'eau après l'avoir réunie, à l'aide d'une tubulure appropriée, à un réservoir d'air comprimé à 1 kilogramme environ. S'il ne se dégage pas de bulles au sein de l'eau, la bougie est bonne.

Notons en passant que le filtre Chamberland peut être employé à la filtration de liquides autres que l'eau potable. Il rend notamment de bons services pour la filtration des vins, dont il augmente la stabilité par la suppression de tous les micro-organismes susceptibles de les altérer.

Nous venons de passer rapidement en revue les principaux types d'appareils employés pour la filtration des eaux potables. Il nous reste à dire quelques mots de la filtration des eaux destinées soit à l'alimentation des générateurs, soit aux usines de produits chimiques.

En général, dans la fabrication des produits chimiques par voie humide, on a le plus grand intérêt à avoir une eau aussi pure que possible ;

dans certains cas, notamment pour la production de précipités obtenus par double décomposition, tels que les couleurs minérales, jaune de chrome, céruse de Clichy, etc., la clarification de l'eau est indispensable si on veut obtenir des nuances pures et régulières.

D'autre part, pour être propre à alimenter les générateurs, l'eau doit renfermer le moins possible de matières en suspension et en dissolution, afin d'éviter la formation du tartre dans les chaudières. Ici on doit faire précéder la filtration d'une épuration chimique, qui a pour but d'insolubiliser surtout la chaux contenue dans l'eau à l'état de bicarbonate ou de sulfate. Cette épuration s'exécute généralement par addition de chaux et de carbonate de sodium. La chaux transforme le bicarbonate soluble en carbonate neutre, et le carbonate de sodium donne du sulfate de sodium et du carbonate de calcium. La presque totalité de la chaux est donc séparée à l'état insoluble, et il ne reste en dissolution que $0^{gr},03$ de carbonate de calcium par litre, ce qui est insignifiant. Le liquide ainsi obtenu est trouble et peut être aisément clarifié par un passage au filtre à sable ou par une décantation.

*Filtres de la Compagnie du Nord.* — L'alimentation en eau pure des chaudières de locomotives est d'une importance capitale pour l'exploitation économique des chemins de fer. Il est rare qu'il n'y ait pas avantage à filtrer les eaux d'alimentation, dont les réservoirs doivent être placés sur les points les plus divers des réseaux.

Nous décrirons brièvement, à titre d'exemple, l'installation adoptée par le Nord français.

Les eaux sont purifiées d'abord par la chaux et, si elles sont séléniteuses, par le carbonate de sodium.

L'eau ainsi traitée entre dans des réservoirs où elle séjourne pendant 6 heures. Elle s'y débarrasse par décantation de la majeure partie des matières en suspension, et se rend ensuite à une batterie de filtres.

Le filtre adopté par la Compagnie du Nord est représenté par la figure 404. Les substances filtrantes sont des éponges communes de Bahama, employées quand on veut filtrer de grandes quantités d'eau, et des copeaux fibreux très fins, employés communément aux emballages, quand on n'a à filtrer que de petites quantités d'eau qui passent lentement dans les filtres. On lave périodiquement les éponges à l'eau claire et, quand elles commencent à durcir, on les décrasse à l'acide chlorhydrique étendu.

L'eau circule de bas en haut dans ces filtres, abandonnant dans le fond du récipient et sous les filtres la majeure partie de ses impuretés en suspension. On lave par une chasse de quelques secondes par courant inverse, en ouvrant le robinet de vidange et fermant la vanne d'arrivée de l'eau.

Pour donner une idée de l'importance que présente cette question de la purification des eaux destinées à l'alimentation des locomotives, nous citerons ce fait que les économies réalisées par la Compagnie du Nord sur les frais d'entretien des chaudières, et sans tenir compte de la

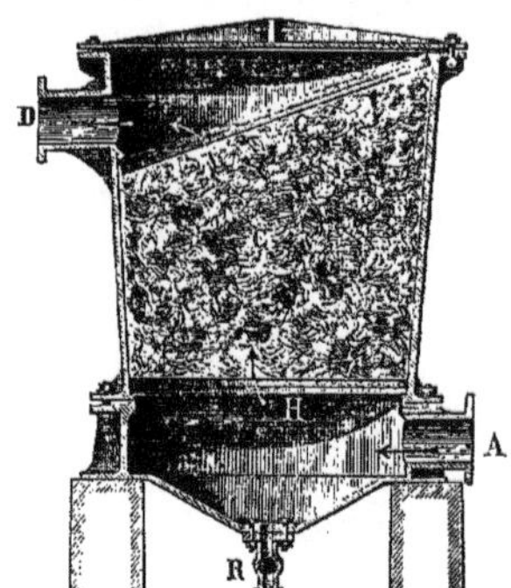

Fig. 404. — Filtre de la Compagnie du Nord.

A, arrivée de l'eau à filtrer; — C, éponges filtrantes; — D, sortie du liquide filtré; — G, grille maintenant la matière filtrante; — H, grille supportant la matière filtrante; — R, évacuation des boues.

moindre dépense de charbon, s'élèvent, pour une année, à 480 000 francs.

FILTRATION DES EAUX RÉSIDUELLES. — Nous ne dirons que quelques mots de la filtration des eaux résiduelles. En effet, dans la plupart des cas, cette filtration est accompagnée de difficultés telles, que l'on se voit forcé d'y renoncer. Généralement la purification des eaux résiduelles se fait à l'aide d'agents chimiques; elle sort donc du cadre de cet article.

Les boues ainsi obtenues sont séparées par décantation et d'une manière toujours imparfaite.

Il est des cas où la clarification peut s'effectuer avec une facilité relative: c'est surtout lorsque l'eau résiduelle est peu chargée en matière organique et n'encrasse pas trop les filtres. Dans ce cas, avant de faire couler les eaux à la rivière, on leur fait traverser d'abord des bassins de décantation, puis un filtre à grand débit, par exemple un filtre Philippe, et on élimine de temps en temps les boues.

On peut également employer des filtres-presses et tous les genres d'appareils servant à filtrer de grands volumes, qui se trouvent décrits dans les pages précédentes. G. de Bechi.

**FISCIQUE (ACIDE).** — On l'extrait du *Fiscia parietina* par l'alcool bouillant. L'extrait alcoolique noir est épuisé par l'éther, puis repris par le benzène bouillant, d'où le nouvel acide se dépose en petits cristaux rouge-brun. On redissout ceux-ci dans la potasse, on précipite la solution par l'acide chlorhydrique et on fait cristalliser le précipité dans l'alcool.

L'acide fiscique est en aiguilles jaune-serin, fusibles à 200°, et assez semblables à l'acide chrysophanique. Il renferme 67,5 de carbone et 4,9 0/0 d'hydrogène. Distillé avec la poudre de zinc, il fournit un carbure qui n'est ni de l'anthracène, ni du méthylanthracène [E. Paterno, *Gazz. chim. ital.*, 1882, 231; *D. chem. G.*, **15**, 2241; *Bull. Soc. Chim.*, (2), **39**, 188].

**FISÉTINE** (voyez Dict., **1**, 1463; Suppl., **1**, 830]. — La fisétine n'est pas identique avec la quercétine, comme le croyait M. Bolley; elle ne représente pas davantage l'aldéhyde de l'acide

quercétique (J. Koch). Mais la quercétine renfermant $C^{15}H^{10}O^7$ (voyez à la fin du présent article), la formule brute de la fisétine est $C^{15}H^{10}O^6$ et non point $C^{23}H^{16}O^6$, comme l'avait admis M. J. Schmid [Schmid, *D. chem. G.*, **19**, 1734; *Bull. Soc. Chim.*, (2), **47**, 469. — J. Herzig, *Mon. f. Chem.*, **12**, 177; *Bull. Soc. Chim.*, (3), **6**, 940. — St. von Kostanecki et Tambor, *D. chem. G.*, **28**, 2302].

La fisétine paraît exister dans le bois de fustet sous la forme d'un *tannide* spécial, combinaison d'un glucoside avec un tannin. Pour le préparer, on épuise par l'eau 10 kilogrammes de bois de fustet râpé; on précipite incomplètement par l'acétate de plomb qui élimine les impuretés; le liquide filtré est débarrassé du plomb par l'hydrogène sulfuré, et le nouveau liquide filtré, concentré au bain-marie, est saturé de sel marin qui précipite du tannin. On filtre et on épuise par l'éther acétique, qui, abandonné à l'évaporation spontanée, fournit le tannide cristallisé en aiguilles jaunes, solubles dans l'eau, l'alcool et l'éther, et que l'acide acétique scinde en *glucoside* et en *acide tannique* [J. Schmid, *D. chem. G.*, **19**, 1734; *Bull. Soc. Chim.*, (2), **47**, 469].

Le glucoside, que M. Schmid appelle *fustine*, se sépare en flocons blancs cristallins, que l'on purifie par cristallisation dans l'eau bouillante. On obtient ainsi de fines aiguilles blanches, à éclat argentin, fusibles avec décomposition à 218-219°. Ce corps est soluble dans l'eau bouillante, dans l'alcool et dans les alcalis étendus, peu soluble dans l'éther. L'acétate de plomb le précipite en jaune, l'acétate de cuivre en jaune brun. Le chlorure ferrique colore ses solutions en vert. L'acide sulfurique étendu scinde lentement la fustine à 100° en *fisétine* et en un sucre qui paraît être l'*isodulcite*.

*Préparation de la fisétine.* — M. Schmid prépare la fisétine à l'aide de la *cotinine*, extrait de bois de fustet préparé de la manière suivante par la maison Nowak et Benda de Prague : On épuise le bois par une dissolution très étendue de carbonate de sodium, et on évapore à une densité de 1,041. Par le refroidissement le liquide se trouble, et c'est ce précipité, qui, desséché, constitue, sous la forme d'une poudre vert-brun, la cotinine du commerce.

Pour isoler la fisétine, on épuise la cotinine par l'alcool bouillant additionné d'acide acétique, on filtre, on distille une partie de l'alcool, et on ajoute alternativement une dissolution alcoolique d'acétate de plomb et de l'acide acétique cristallisable. Les impuretés sont ainsi précipitées à l'état de combinaisons plombiques insolubles dans l'acide acétique, tandis que la laque plombique de la fisétine est soluble dans cet acide. Lorsqu'une prise d'essai commence à donner avec l'acétate plombique un précipité rouge-orangé, on laisse reposer le liquide pendant quelque temps, puis on filtre. Le liquide, débarrassé du plomb par l'hydrogène sulfuré et filtré, est concentré de moitié, puis additionné à chaud de 2 volumes d'eau bouillante. La solution encore chaude laisse précipiter la matière colorante en flocons jaunes que l'on lave sur filtre avec de l'eau chaude, et que l'on purifie par des traitements répétés à l'alcool et addition d'eau bouillante à la solution alcoolique. Finalement on fait cristalliser le produit dans l'alcool à 70 0/0 bouillant [Schmid, *loc. cit.*]. D'après M. J. Herzig, le précipité plombique entraîne toujours une certaine quantité de fisétine, que l'on peut récupérer en décomposant par l'hydrogène sulfuré le précipité plombique mis en suspension dans de l'alcool, ou en faisant agir le gaz sur le précipité délayé dans l'eau et épuisant ensuite par l'alcool la masse de sulfure de plomb recueillie. La purification s'achève comme plus haut [Herzig, *loc. cit.*].

*Propriétés.* — La fisétine cristallise dans l'alcool étendu en fines aiguilles d'un jaune citron, et dans l'acide acétique en prismes d'un jaune franc contenant, d'après M. Schmid, 20,17 0/0 d'eau de cristallisation, ce qui donne avec la formule de M. Herzig $C^{15}H^{10}O^{6}, 4H^{2}O$. Elle est presque insoluble dans l'eau froide, très peu soluble dans l'eau bouillante, soluble dans l'alcool, l'acétone, l'éther acétique, peu soluble dans l'éther, le benzène, l'éther de pétrole, le chloroforme. Elle perd son eau à 110°, brunit à 270° et ne fond pas encore à 360°.

Chauffée avec précaution, elle se sublime en fines aiguilles microscopiques et se décompose en partie. En solution alcoolique, elle donne avec l'acétate de plomb et le chlorure stanneux un précipité rouge-orangé, avec l'acétate de cuivre un précipité brun. Le chlorure ferrique la colore en vert noirâtre ; l'addition d'ammoniaque donne un précipité noir, qu'un excès de réactif redissout en rouge. La solution alcoolique, faiblement colorée en jaune, devient d'un jaune franc par addition d'acides concentrés ou d'ammoniaque.

L'acide nitrique fumant transforme la fisétine en acides picrique et oxalique ; l'acide sulfurique fumant, en un acide sulfoné peu soluble. Les sels barytique, calcique et plombique sont également peu solubles.

La solution alcoolique de fisétine, additionnée avec précaution de potasse caustique, se colore en rouge brun foncé et prend une fluorescence d'un vert foncé ; puis le liquide s'éclaircit, la fluorescence disparaît et il se produit un précipité jaune. La fisétine réduit la liqueur de Fehling avec formation d'oxydule de cuivre et le nitrate d'argent avec production d'un miroir métallique.

La fisétine contient 4 oxhydryles éthérifiables, comme le démontre l'existence des dérivés suivants.

La *tétracétylfisétine*, $C^{15}H^{6}O^{2}(OC^{2}H^{3}O)^{4}$, obtenue en traitant la fisétine par l'anhydride acétique en présence d'acétate de sodium, cristallise dans l'acide acétique ou l'acétate d'éthyle en aiguilles blanches et brillantes, peu solubles dans l'alcool et fusibles à 196-199°.

La *tétraméthylfisétine*, $C^{15}H^{6}O^{2}(OCH^{3})^{4}$, s'obtient en chauffant au réfrigérant à reflux pendant 4 heures une dissolution alcoolique concentrée de fisétine avec de la potasse caustique et un excès d'iodure de méthyle. Elle cristallise en longues aiguilles blanches (et non pas jaunes) et brillantes, fusibles à 151-153°.

La *tétréthylfisétine*, $C^{15}H^{6}O^{2}(OC^{2}H^{5})^{4}$, qui s'obtient d'une manière analogue, est en aiguilles blanches, brillantes, fusibles à 106-108°. Traitée avec précaution par l'acide iodhydrique, elle régénère la fisétine. L'anhydride acétique est sans action sur elle, de même que sur la tétraméthylfisétine.

La *fisétine sodique* se prépare en faisant bouillir la fisétine avec une dissolution saturée à froid de carbonate de sodium. Le sel sodique, qui cristallise par refroidissement, est peu stable et se colore en vert foncé par la dessiccation.

PRODUITS DE DÉDOUBLEMENT DE LA FISÉTINE. — La fisétine est très altérable par oxydation. M. Herzig a cependant réussi, par l'action de l'air sur les solutions alcalines de fisétine, à dédoubler ce corps en *résorcine* et *acide protocatéchique*, tandis que, dans les mêmes conditions, la quercétine fournit de la phloroglucine et de l'acide protocatéchique.

Les alcoylfisétines, beaucoup plus stables, se prêtent mieux à l'étude des dédoublements de la fisétine [Herzig, *loc. cit.* — Herzig et Smolukowski, *Mon. f. Chem.*, **14**, 39 ; *Bull. Soc. Chim.*, (3), **10**, 610].

La tétréthylfisétine se dédouble à chaud, en présence de la potasse alcoolique, en *acide diéthylprotocatéchique* et en *diéthylfisétol*,

$$C^{8}H^{6}O^{2}(OC^{2}H^{5})^{2},$$

qui cristallise dans l'éther en longues et fines aiguilles blanches, très solubles dans l'alcool. Ce corps se colore faiblement en rouge par le perchlorure de fer, se dissout dans la potasse, d'où l'acide carbonique le reprécipite, et ne donne pas la réaction du copeau de bois de pin. Ce corps contient encore un troisième oxhydryle éthérifiable, car, chauffé avec de l'iodure d'éthyle et de la potasse, il fournit un *éther triéthylique*,

$$C^{8}H^{5}O(OC^{2}H^{5})^{3},$$

insoluble dans la potasse, et qui cristallise dans l'alcool étendu en longues aiguilles, fusibles à 66-68°.

La tétraméthylfisétine fournit la même série de produits. Le *diméthylfisétol*, $C^{8}H^{6}O^{2}(OCH^{3})^{2}$, est en petites aiguilles blanches, crayeuses, fusibles à 66-68° ; il donne un *éther méthylique*, $C^{8}H^{5}O(OCH^{3})^{3}$, qui cristallise dans l'alcool étendu en petites aiguilles blanches, fusibles à 62-63°, et un *éther éthylique*, $C^{8}H^{5}O(OCH^{3})^{2}(OC^{2}H^{5})$, qui est en aiguilles molles et brillantes, fusibles à 60-62°.

Le quatrième et dernier atome d'oxygène du fisétol est contenu dans la molécule à l'état de carbonyle, car le méthylfisétol se combine avec la phénylhydrazine quand on chauffe au réfrigérant ascendant le mélange des deux substances en solution alcoolique. L'*hydrazone* qui prend naissance forme des lamelles jaunes, fusibles à 55-57°. L'éthylfisétol se combine aussi avec l'hydroxylamine ; son *oxime*, $C^{8}H^{5}(OC^{2}H^{5})^{2}(OH)(AzOH)$, est en aiguilles incolores fondant à 105-107°.

Oxydé par le permanganate de potassium en solution alcaline, l'éthylfisétol (qui reste en partie inaltéré) fournit un mélange de deux acides, que l'on a pu séparer par cristallisation dans le benzène et dans l'eau bouillante. Le plus soluble des deux est l'*acide monéthylrésorcylglyoxylique*, $C^{10}H^{10}O^{5}$ ; le moins soluble est l'*acide monéthylrésorcylique*, $C^{9}H^{10}O^{4}$. Quand on emploie pour oxyder l'éthylfisétol une fois et demie son poids de permanganate, on obtient un mélange de deux acides dans lequel l'acide monéthylrésorcylique ne compte que pour un dixième ; en employant le double de permanganate, on n'obtient plus que ce dernier acide, mais en faible quantité (17 0/0 de la quantité théorique).

L'acide *monéthylrésorcylglyoxylique*,

$$C^{6}H^{3}(OC^{2}H^{5})(OH)-CO-CO^{2}H,$$

est en paillettes fusibles à 65-68°. Ce corps réagit sur l'hydroxylamine. Traité par la potasse et l'iodure d'éthyle, il donne un composé huileux qui est l'*éther éthylique* de l'acide diéthylrésorcylglyoxylique,

$$C^{6}H^{3}(OC^{2}H^{5})^{2}-CO-CO^{2}C^{2}H^{5}.$$

Si l'on traite ce corps par la potasse alcoolique, laquelle saponifie, comme on sait, les éthers d'acides sans toucher aux éthers phénoliques, on obtient l'*acide diéthylrésorcylglyoxylique*,

$$C^{6}H^{5}(OC^{2}H^{5})^{2}-CO-CO^{2}H,$$

qui cristallise dans le benzène en aiguilles blanches fusibles à 128-130°, et dans lequel on a pu démontrer la présence de deux groupes éthoxyle au moyen de l'acide iodhydrique.

L'*acide monéthylrésorcylique*,

$$C^{6}H^{3}(OC^{2}H^{5})(OH)-CO^{2}H,$$

est en aiguilles fusibles à 152-154°. M. Herzig n'a pu réussir à y remplacer l'oxhydryle par un éthoxyle.

Les alcoylfisétols fondus avec la potasse donnent de la résorcine [Herzig et Smolukowski, *Mon. f. Chem.*, **14**, 39; *Bull. Soc. Chim.*, (3), **10**, 611].

CONSTITUTION DE LA FISÉTINE ET DE SES DÉRIVÉS. — L'éthylfisétol contenant deux groupes éthoxyle et étant capable de fournir encore un éther éthylique, on peut conclure de là qu'il renferme 3 oxhydryles. La réaction de l'éthylfisétol avec la phénylhydrazine indique en outre l'existence d'un groupe carbonyle. Enfin la formation de résorcine par fusion des alcoylfisétols avec la potasse et le dédoublement de la fisétine elle-même avec production de résorcine permettent de rapporter le *fisétol* à l'un des trois schémas suivants :

I.

$$C^6H^3 \lessgtr \frac{(OH)^2_{(1.3)}}{CO-CH^2OH}$$

II.

$$C^6H^3 \lessgtr \frac{(OH)^2}{CHOH-COH}$$

III.

$$C^6H^2 \lessgtr \frac{(OH)^2}{COH} \atop CH^2OH$$

Comme l'oxydation des alcoylfisétols n'a jamais donné que des acides monocarboniques, on peut éliminer la troisième formule. D'autre part, l'absence absolue d'acide alcoylrésorcylglycolique parmi les produits d'oxydation permet d'écarter également la formule II. Avec la formule I, l'*éthylfisétol* deviendrait par suite

$$C^6H^3 \lessgtr \genfrac{}{}{0pt}{}{O\,C^2H^5}{OH} \atop CO-CH^2O.C^2H^5$$

En effet, des deux groupes éthoxyle qui existent dans l'éthylfisétol, un seul se retrouve dans les *acides monéthylrésorcylglyoxylique* et *monéthylrésorcylique*; il est donc très probable que dans l'éthylfisétol un seul des éthoxyles était rattaché au noyau et l'autre à la chaîne latérale. La formation du *diéthylrésorcylglyoxylate d'éthyle* et de l'*acide diéthylrésorcylglyoxylique* confirme d'ailleurs cette conclusion.

Reste à déterminer la position des trois groupes éthoxyle, oxhydryle et carbonyle dans le noyau benzénique. Comme dans l'*acide éthylrésorcylique* on n'a pu remplacer l'oxhydryle par un éthoxyle, M. Herzig en conclut que cet oxhydryle est en position ortho par rapport au carbonyle. On sait, en effet, que l'oxhydryle de l'acide salicylique ne peut être éthérifié au moyen de la potasse alcoolique et des iodures alcooliques.

L'oxhydryle et le carbonyle sont donc fixés à deux sommets voisins. Quant à l'éthoxyle, on va voir qu'il est en position *para* par rapport au carbonyle.

En réunissant, en effet, ces données, et en se basant d'autre part sur les analogies qui existent entre la chrysine, dont il avait antérieurement étudié la constitution, la quercétine et la fisétine (voyez plus loin), M. St. von Kostanecki a établi avec M. Tambor la formule de constitution suivante : les trois matières colorantes dériveraient d'une substance mère commune, la β-*phénylphéno-γ-pyrone*,

La fisétine serait alors

Cette formule rend compte du dédoublement de la tétréthylfisétine, qui par rupture du noyau pyronique donne

Diéthylfisétol.  Acide diéthylprotocatéchique.

Reste à justifier la position (4) donnée à l'oxhydryle du noyau benzénique dans la fisétine, ou à l'éthoxyle du noyau dans le diéthylfisétol. Cet oxhydryle ne saurait être placé en (2), c'est-à-dire en position *ortho* par rapport au carbonyle. MM. Dreher et St. v. Kostanecki ont montré que dans les *oxyxanthones*

(type auquel appartiennent la *gentisine* de la gentiane et la *datiscétine*), l'oxhydryle qui se trouve dans le noyau benzénique en position *ortho* (1) par rapport au carbonyle ne peut être éthérifié. La *quercétine* et la *chrysine*, qui possèdent un oxhydryle en position ortho par rapport au carbonyle, ne donnent que des éthers partiellement méthylés. Si donc dans la fisétine l'oxhydryle du noyau benzénique était en (1), il resterait inattaqué et l'on ne devrait obtenir qu'une trialcoylfisétine. Or MM. Schmid et Herzig ont obtenu tous deux des tétralcoylfisétines [Dreher et St. von Kostanecki, *D. chem. G.*, **26**, 71; *Bull. Soc. Chim.*, (3), **10**, 371].

On remarquera de plus que le fisétol représente une résacétophénone hydroxylée dans la chaîne latérale. Or, en oxydant la *monéthylrésacétophénone*,

$$C^6H^3(OC^2H^5)_{(1)}(OH)_{(3)}(CO.CH^3)_{(4)},$$

dans les conditions où s'était placé M. Herzig pour l'oxydation du diéthylfisétol, MM. St. v. Kostanecki et Tambor ont obtenu un acide *éthyl-β-résorcylique*,

$$C^6H^3(OC^2H^5)_{(1)}(OH)_{(3)}(CO^2H)_{(4)},$$

identique à l'acide éthylrésorcylique obtenu par M. Herzig, et à l'acide que l'on obtient en traitant l'acide β-résorcylique par l'iodure d'éthyle et la potasse.

Quant aux analogies de la fisétine avec la chrysine et la quercétine, elles sont clairement exprimées par les trois équations de dédoublement suivantes :

$$C^{15}H^{10}O^4 + 3H^2O$$
Chrysine.

$$= C^6H^3(OH)^3 + C^6H^5CO^2H + CH^3.CO^2H$$
Phloroglucine.  Acide benzoïque.  Acide acétique.

$$C^{15}H^{10}O^6 + 3H^2O$$
Fisétine.

$$= C^6H^4(OH)^2 + C^6H^3(OH)^2CO^2H + CH^2OH.CO^2H$$
Résorcine.     Acide     Acide
protocatéchique.     glycolique.

$$C^{15}H^{10}O^7 + 3H^2O$$
Quercétine.

$$= C^6H^3(OH)^3 + C^6H^3(OH)^2CO^2H + CH^2OH.CO^2H$$
Phloroglucine.     Acide     Acide
protocatéchique.     glycolique.

Le parallélisme n'est en réalité pas absolu, puisque pour la fisétine le reste d'acide glycolique ne se sépare pas de la résorcine, avec laquelle il forme le fisétol. Il est vrai que M. Herzig a étudié ce dédoublement sur la tétréthylfisétine et non sur la fisétine elle-même.     E. Lambling.

**FLAVANILINE.** — Voyez FLAVOLINE.

**FLAVAURINE.** — Matière colorante jaune, constituée par le sel ammoniacal de l'acide dinitrophénol p-sulfonique,

$$C^6H^2(AzO^2)^2(SO^3AzH^4)(OH).$$

On l'obtient par l'action de l'acide nitrique sur l'acide mononitrophénol-p-sulfonique.

Cette matière colorante ne se trouve plus dans le commerce [Beyer et Kegel; Brevet allemand n° 27271].

**FLAVÉANIQUE (ACIDE).** — Voyez CYANOGÈNE, Dict., 1, 1076; Suppl., 2, 1558.

**FLAVÉNOL.** — Voyez FLAVOLINE.

**FLAVINDULINE.** — La flavinduline est une matière colorante jaune, que l'on obtient par l'action de la phénanthrène-quinone sur une dissolution d'o-aminodiphénylamine dans l'acide acétique cristallisable. La formule de structure de la flavinduline est la suivante :

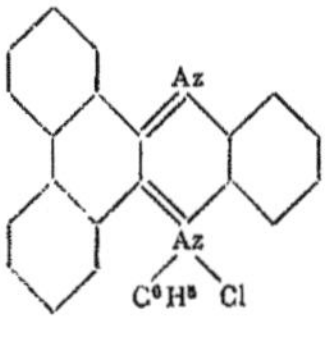

La flavinduline est une poudre orangée soluble dans l'eau; cette solution est précipitée en jaune par addition de soude caustique. Elle se dissout en rouge violet dans l'acide sulfurique concentré.

La flavinduline teint en jaune le coton mordancé au tannin. Elle est employée surtout dans l'impression des tissus.

**FLAVOL** (*dioxyanthracène*). — Voyez 2° Suppl., 1, 299.

**FLAVOLINE,**

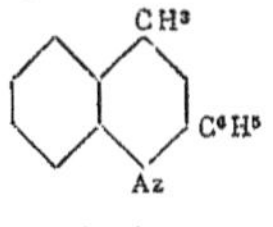

— La flavoline prend naissance par l'action de la soude caustique sur une dissolution d'o-aminométhylbenzoyle et de méthylbenzoyle dans l'alcool étendu :

$$C^6H^4 \big\langle {}^{CO.CH^3}_{AzH^2} + CH^3 - CO - C^6H^5$$
$$= 2H^2O + C^6H^4 \big\langle {}^{C(CH^3)=CH}_{Az=\!\!=\!C-C^6H^5}$$

Cette condensation a lieu à la température du bain-marie, en présence d'une petite quantité de soude caustique qui joue le rôle d'agent de condensation. On évapore l'alcool au bain-marie, on reprend par l'éther et on traite la dissolution éthérée par l'acide chlorhydrique; le chlorhydrate de flavoline, peu soluble, est facile à séparer du chlorhydrate d'o-aminométhylbenzoyle non entré en réaction [O. Fischer, *D. chem. G.*, 19, 1037].

La flavoline se forme également par la distillation sèche du flavénol (oxyflavoline) avec le zinc en poudre. Cette opération, qui ne donne qu'un rendement peu élevé, doit s'exécuter par portions de 2 à 4 grammes de flavénol à la fois, que l'on mélange avec 20 ou 40 grammes de poudre de zinc. La distillation s'exécute à la température du rouge sombre dans des tubes en verre peu fusibles; le liquide distillé est traité par la soude caustique, qui enlève le flavénol inaltéré, et épuisé par l'éther; la dissolution éthérée est séchée sur la potasse caustique et distillée. La flavoline distille au-dessus de 360°; on la purifie par des cristallisations répétées dans l'éther de pétrole [Fischer et Rudolph, *D. chem. G.*, 15, 1501].

La flavoline cristallise en lamelles quadratiques fusibles à 64-65° et bouillant sans décomposition à 373-375° [Bernthsen et Hess, *D. chem. G.*, 18, 34]; son odeur rappelle celle de la quinoléine; sa stabilité est très grande : elle résiste parfaitement à l'action oxydante du mélange chromique; toutefois le permanganate de potassium en liqueur alcaline l'oxyde rapidement.

SELS DE LA FLAVOLINE. — La flavoline donne des sels bien cristallisés, généralement peu solubles.

Le *picrate* se dépose en belles lamelles jaunes lorsqu'on mélange les dissolutions alcooliques bouillantes des composants. Ce sel est très peu soluble dans l'alcool, même à l'ébullition.

Le *chromate* forme un précipité rouge-jaune très peu soluble.

Le *chlorhydrate*, $C^{16}H^{13}AzHCl.2H^2O$, s'obtient en traitant la flavoline par l'acide chlorhydrique concentré. Il cristallise en longs prismes incolores, solubles dans l'eau.

Le *chloroplatinate*, $(C^{16}H^{13}AzHCl)^2PtCl^4$, cristallise en aiguilles jaune-rougeâtre, très peu solubles dans l'eau.

*Iodométhylate*, $C^{16}H^{13}Az.CH^3I.$ — Ce corps prend naissance quand on chauffe en vase clos, à la température du bain-marie, de la flavoline avec de l'iodure de méthyle en excès. Par cristallisation dans l'alcool, on l'obtient en prismes rhombiques brillants, d'un jaune foncé, solubles à chaud dans l'eau et dans l'alcool, peu solubles dans l'eau froide et fusibles à 185° en se décomposant.

*Hydrate de méthylflavolinium*,

$$C^{16}H^{13}Az(CH^3OH).$$

— On prépare ce corps en ajoutant une lessive de potasse caustique à une dissolution aqueuse de l'iodométhylate surmontée d'une couche d'éther; si on agite, la base quaternaire se dissout dans l'éther en le colorant légèrement. La base libre est très instable et n'a pas été obtenue à l'état de pureté. Elle forme un *chloroplatinate*,

$$(C^{16}H^{13}AzCH^3Cl)^2PtCl^4.$$

qui cristallise en aiguilles jaunâtres, peu solubles dans l'eau bouillante (Bernthsen et Hess).

*Nitroflavoline,*

$$C^6H^4 \diagup \overset{C(CH^3)=CH}{\underset{Az = C - C^6H^4 - AzO^2}{\big|}}$$

— En nitrant la flavoline, on obtient plusieurs dérivés nitrés ; un seul a été étudié et caractérisé par sa transformation en flavaniline (voyez plus loin). On le prépare comme suit : On dissout 1 partie de flavoline dans 10 parties d'acide nitrique fumant, et on fait digérer cette dissolution à 50-60°, jusqu'à ce qu'une prise d'essai précipite en jaune par neutralisation avec un alcali ; on étend d'eau, on sursature à l'aide de soude caustique et on traite le précipité à froid par l'acide chlorhydrique ; la mononitroflavoline qui jouit de propriétés basiques faibles se dissout, on filtre et on précipite la nitroflavoline par addition d'un alcali [Besthorn et Fischer, *D. chem. G.*, 16, 68].

La nitroflavoline cristallise en petites aiguilles jaunes, douées d'une forte odeur de musc. Traitée par le zinc et l'acide acétique, elle se transforme en flavaniline.

*Flavaniline,*

$$C^6H^4 \diagup \overset{C(CH^3)=CH}{\underset{Az = C_{(1)} - C^6H^4 - AzH^2_{(4)}}{\big|}}$$

— La flavaniline est le dérivé p-aminé de la flavoline ; elle constitue en outre la meilleure matière première pour la préparation des dérivés de la flavoline. En effet, on l'obtient assez simplement par l'action du chlorure de zinc sur l'acétanilide à une température élevée [Fischer et Rudolph, *D. chem. G.*, 15, 1500].

La flavaniline prend naissance également par l'action du chlorure de zinc sur l'o-aminométhylbenzoyle chauffé à 250°. Dans ce cas il y a une transposition moléculaire, le groupe AzH² venant occuper la position para dans la deuxième molécule [Besthorn et Fischer, *D. chem. G.*, 16, 73].

La formation de la flavaniline a lieu d'une manière beaucoup plus nette si on opère la condensation avec un mélange de méthylbenzoyle ortho- et p-aminé. Il suffit, dans ce cas, de chauffer le mélange avec son poids de chlorure de zinc vers 90-100°, pendant quelques heures ; la formation de flavaniline commence déjà à 40-50°. Le rendement ici est bien plus satisfaisant que par l'emploi d'o-aminométhylbenzoyle seul, car on obtient, en partant de 10 parties de mélange des méthylbenzoyles aminés, environ 5 parties de flavaniline [O. Fischer, *D. chem. G.*, 19, 1038].

Toutefois le moyen le plus commode pour se procurer de la flavaniline consiste à chauffer à 250-270° l'acétanilide $C^6H^5AzH.CO.CH^3$ avec du chlorure de zinc.

Le produit de la réaction est épuisé par une dissolution bouillante d'acide chlorhydrique, la liqueur est additionnée d'acétate de sodium et de sel marin, qui précipite la flavaniline à l'état de chlorhydrate ; on redissout le précipité dans l'eau bouillante et on additionne la dissolution d'ammoniaque : au bout de quelque temps, il se dépose des aiguilles incolores qu'on purifie par cristallisation dans le benzène.

La flavaniline se présente en prismes de plusieurs centimètres de longueur, très peu solubles dans l'eau, solubles dans l'alcool et dans le benzène. Elle fond à 97° et peut être distillée sans décomposition à une température élevée.

La flavaniline est très stable ; les réducteurs puissants, tels que l'étain et l'acide chlorhydrique, ne l'altèrent pas. C'est une base énergique, qui forme deux séries de sels. L'acide nitreux la transforme en un *dérivé diazoïque*, que l'eau bouillante transforme en *flavénol*.

*Monochlorhydrate,* $C^{16}H^{14}Az^2.HCl,1,5H^2O$.

— On l'obtient en précipitant par le sel marin la dissolution aqueuse de flavaniline dans l'acide chlorhydrique. Il cristallise en beaux prismes d'un rouge jaune, à reflets bleuâtres, qui se dissolvent en jaune dans l'eau ; la dissolution présente une fluorescence très marquée d'un vert mousse. Le monochlorhydrate de flavaniline a été employé pendant un certain temps en teinture comme matière colorante jaune, sous le nom de *flavaniline*.

On a préparé également un dérivé sulfoné de la flavaniline. Ce corps transformé en sel sodique était désigné sous le nom de *flavaniline S*, et teignait la laine en bain acide en nuances jaune-vert.

Ni la flavaniline, ni la flavaniline S n'ont joué un rôle important en teinture. On ne les trouve plus dans le commerce [Brevet Farbwerke de Höchst, n° 19766).

*Dichlorhydrate,* $C^{16}H^{14}Az^2.2HCl$. — On l'obtient en versant une dissolution aqueuse du monochlorhydrate dans de l'acide chlorhydrique concentré. Au bout de quelque temps, le dichlorhydrate se sépare en aiguilles incolores, peu solubles dans l'acide chlorhydrique concentré et décomposables par l'eau, qui en régénère le sel monacide.

*Chloroplatinate,* $C^{16}H^{14}Az^2.2HCl.PtCl^4$. — On l'obtient en ajoutant une dissolution de flavaniline dans l'acide chlorhydrique concentré et bouillant à une dissolution bouillante de chlorure platinique.

Ce sel est un précipité cristallin, légèrement coloré en jaune.

*Éthylflavaniline,* $C^{16}H^{13}Az^2(C^2H^5)$. — On l'obtient sous la forme d'une résine incolore, en ajoutant de l'ammoniaque à la solution aqueuse de l'iodhydrate.

Ses sels sont plus rouges que les sels correspondants de la flavaniline ; ils teignent la soie en orangé.

*Iodhydrate d'éthylflavaniline,*

$$C^{16}H^{13}Az^2(C^2H^5)HI.$$

— On le prépare en chauffant en vase clos à 110° une dissolution alcoolique de flavaniline avec l'iodure d'éthyle. Les cristaux formés sont purifiés par cristallisation dans l'acide iodhydrique étendu.

L'iodhydrate d'éthylflavaniline cristallise en longues aiguilles d'un rouge rubis.

*Phénylflavaniline,* $C^{16}H^{13}Az^2(C^6H^5)$. — Ce corps prend naissance quand on chauffe de la flavaniline avec de l'aniline en excès à 170°, en présence d'une petite quantité d'acide benzoïque.

La phénylflavaniline est en beaux cristaux ; ses sels sont colorés en jaune.

*Flavénol (p-oxyflavoline),*

$$C^6H^4 \diagup \overset{C(CH^3)=CH}{\underset{Az = C_{(1)} - C^6H^4 - OH_{(4)}}{\big|}}$$

— Le flavénol prend naissance dans l'action de l'eau bouillante sur le dérivé diazoïque de la flavaniline. Voici comment il convient d'opérer : On dissout la flavaniline dans un excès d'acide sulfurique étendu, on refroidit avec de la glace et on ajoute avec précaution une dissolution de nitrite de sodium en léger excès ; on chasse l'excès d'acide nitreux par un courant d'air énergique et on porte rapidement le liquide à l'ébullition ; il se dégage de l'azote et le liquide prend une teinte d'un rouge foncé. Lorsque le dégagement d'azote a cessé, on précipite à chaud par l'ammoniaque ; il se forme un précipité volumineux que l'on filtre, qu'on lave à l'eau et qu'on purifie par cristallisation dans l'alcool bouillant en présence de noir animal.

On peut opérer d'une manière un peu différente, en additionnant d'un excès d'acide chlorhydrique concentré la liqueur d'où l'azote a cessé de se dégager ; il se dépose par le refroidissement des aiguilles de chlorhydrate de flavénol ; on les redissout dans l'eau, on fait bouillir avec du noir animal et on précipite le liquide filtré par l'ammoniaque. Enfin, le précipité est purifié par cristallisation dans l'alcool. Le rendement en flavénol dépasse 80 0/0 du rendement théorique.

Le flavénol forme des lamelles irisées incolores, fusibles à 238°, solubles dans la soude caustique étendue, insolubles dans l'ammoniaque. Il peut être sublimé sans décomposition. Il est doué de propriétés à la fois acides et basiques. Il se dissout difficilement dans l'alcool, l'éther, le benzène et l'éther de pétrole.

Le *chlorhydrate de flavénol*, $C^{16}H^{13}AzO$ . $HCl$, cristallise en bouppes formées d'aiguilles soyeuses solubles dans l'eau, peu solubles dans l'acide chlorhydrique.

Le *sulfate* cristallise en aiguilles incolores.

Le *chloroplatinate* se dépose des dissolutions aqueuses bouillantes en petites aiguilles jaunes.

Le flavénol chauffé avec du zinc en poudre se transforme en flavoline. Oxydé par une dissolution alcaline de permanganate de potassium, il donne successivement de l'*acide lépidine-carbonique* $C^{11}H^9AzO^2$, de l'*acide picoline-tricarbonique* $C^9H^7AzO^6$, et finalement de l'*acide pyridine-tétracarbonique* $C^9H^5AzO^8$.

*Acétylflavénol*, $C^{16}H^{12}AzO(COCH^3)$. — On prépare ce corps en faisant bouillir pendant 1 heure du flavénol avec de l'anhydride acétique en excès, on étend d'eau et on neutralise par un alcali ; l'acétylflavénol se dépose en flocons que l'on purifie par cristallisation dans l'alcool. L'acétylflavénol forme de longues aiguilles et parfois des lamelles étroites fusibles à 128° et pouvant être distillées sans décomposition.

ISOFLAVANILINE,

$$C^6H^4 \diagup C(CH^3)=CH \qquad \diagdown Az = C_{(1)}-C^6H^4-AzH^2_{(2)}$$

— Le dérivé formylique de cette base prend naissance quand on chauffe au réfrigérant à reflux, pendant 5 ou 6 heures, 1 partie d'o-aminométhylbenzoyle $AzH^2-C^6H^4-CO-CH^3$ avec 3 ou 4 parties d'acide formique ; on neutralise avec le carbonate de sodium, on lave à l'eau le liquide épais qui se sépare, on le reprend par l'alcool bouillant et on abandonne à la cristallisation.

La formylisoflavaniline,

$$C^6H^4 \diagup C(CH^3)=CH \qquad \diagdown Az = C-C^6H^4-AzH-COH$$

forme des aiguilles courtes, de couleur chamois, fusibles à 107°, solubles dans l'alcool, le chloroforme et le benzène, à peine solubles dans l'éther ou l'éther de pétrole.

*Chlorhydrate d'isoflavaniline*,

$$C^{16}H^{14}Az . 2HCl.$$

— On prépare ce sel en dissolvant la formylisoflavaniline dans l'acide chlorhydrique concentré et froid ; le groupe $COH$ est éliminé et le chlorhydrate, peu soluble dans l'acide chlorhydrique, se précipite sous la forme d'une poudre cristalline rosée, qui se décompose sans fondre lorsqu'on la chauffe. Ce sel est très soluble dans l'eau et dans l'alcool, il donne une dissolution jaune. Il est insoluble dans l'éther, le benzène et le chloroforme [Bischler et Burkart, *D. chem. G.*, 26, 1353].

PSEUDOFLAVOLINE,

$$C^6H^4 \diagup CH=CH \qquad \diagdown Az = C-C^6H^4-CH^3$$

— Cet isomère de la flavoline n'en diffère que par la position du groupe méthyle, qui est relié directement à l'un des noyaux benzéniques. On le prépare par réduction du pseudoflavénol correspondant. On distille un mélange de 1 partie de pseudoflavénol et de 30 parties de zinc en poudre, dans un courant d'hydrogène ; le liquide distillé est repris par l'acide chlorhydrique et épuisé par l'éther qui enlève l'o-crésylol formé dans la réaction. La dissolution acide est saturée par un alcali et traitée par un courant de vapeur d'eau qui entraîne la quinoléine ; le résidu est épuisé à froid par l'éther. Par évaporation du dissolvant, on obtient la pseudoflavoline, qu'on purifie par distillation et par cristallisation dans un mélange de benzène et d'éther de pétrole [Weidel et Bamberger, *Mon. f. Chem.*, 9, 108].

La pseudoflavoline forme des aiguilles soyeuses incolores, fusibles à 77° et pouvant être distillées sans décomposition. L'acide chromique la transforme en acide quinoléique.

Le *chloroplatinate*, $(C^{16}H^{13}Az . HCl)^2 PtCl^4$, cristallise en petites tables brillantes de couleur jaune-orangé.

PSEUDOFLAVANILINE,

$$C^6H^4 \diagup CH=CH \qquad \diagdown Az = C-C^6H^3 \diagdown \diagup \begin{matrix} AzH^2 \\ CH^3 \end{matrix}$$

— On prépare ce corps en faisant agir l'oxygène sur un mélange à parties égales de quinoléine et de chlorhydrate d'o-toluidine en présence d'amiante platinée. On chauffe d'abord à 180-190° et on élève ensuite la température à 200-205° en l'y maintenant pendant quelques heures.

On reprend le produit de la réaction par l'acide chlorhydrique, on filtre et on sature le liquide par un alcali ; à l'aide d'un courant de vapeur d'eau, on élimine la quinoléine et la toluidine non entrées en réaction.

Le résidu non volatil se présente sous la forme d'une résine que l'on purifie en la dissolvant dans l'acide chlorhydrique et par des précipitations fractionnées au moyen du sel marin ; le chlorhydrate ainsi purifié, traité par l'ammoniaque, fournit la pseudoflavaniline, dont on achève la purification par des cristallisations répétées dans l'eau bouillante.

La pseudoflavaniline forme des aiguilles très déliées presque incolores, fusibles à 112°, et pouvant être distillées dans le vide sans se décomposer. Elle est très peu soluble dans l'eau bouillante, très soluble dans les dissolvants organiques usuels.

*Dichlorhydrate de pseudoflavaniline*,

$$C^{16}H^{14}Az^2 . 2HCl.$$

— On prépare ce sel en dissolvant à chaud la pseudoflavaniline dans l'acide chlorhydrique concentré ; par le refroidissement, le dichlorhydrate cristallise en longues aiguilles soyeuses, blanches, décomposables par l'eau.

Le *chloroplatinate*,

$$C^{16}H^{14}Az^2 . 2HCl . PtCl^4, 3H^2O,$$

forme des aiguilles orangées assez stables; l'eau bouillante est sans action sur ce sel.

*Monochlorhydrate de pseudoflavaniline,*

$$C^{16}H^{14}Az^2 . HCl, 2H^2O.$$

— Le dichlorhydrate, dissous dans l'eau bouillante, donne un liquide jaune qui, par le refroidissement, laisse déposer des aiguilles d'un jaune rougeâtre du sel monacide. Ce corps est soluble dans l'eau bouillante, peu soluble dans l'eau froide; il teint la laine en jaune comme le chlorhydrate de flavaniline.

*Acétylpseudoflavaniline,* $C^{16}H^{13}Az^2 . COCH^3$. — On prépare l'acétylpseudoflavaline par l'action de l'anhydride acétique à l'ébullition; après refroidissement on filtre et on purifie la matière insoluble par cristallisation dans l'alcool.

L'acétylpseudoflavaniline forme des lamelles incolores brillantes, fusibles à 176-177°, solubles dans l'alcool, l'éther, le benzène et le chloroforme.

PSEUDOFLAVÉNOL,

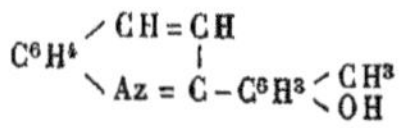

$$C^6H^4 \begin{cases} CH=CH \\ \quad | \\ Az=C-C^6H^3 \begin{cases} CH^3 \\ OH \end{cases} \end{cases}$$

— Pour préparer le pseudoflavénol, on dissout la pseudoflavaniline dans l'acide chlorhydrique et l'on ajoute à la dissolution refroidie avec de la glace la quantité calculée de nitrite de sodium.

Si l'on soumet le liquide à une ébullition prolongée, on décompose le dérivé diazoïque avec dégagement d'azote et il se forme un mélange de trois corps : du pseudoflavénol, de l'oxypseudoflavénol et du nitropseudoflavénol.

On additionne le liquide de potasse en excès; l'oxypseudoflavénol se sépare et on l'extrait par l'éther; dans le liquide décanté, on fait passer à chaud un courant d'anhydride carbonique qui précipite le pseudoflavénol. Le nitropseudoflavénol reste dans la liqueur filtrée. On peut l'isoler en le précipitant au moyen de l'acide acétique.

Le précipité de pseudoflavénol est purifié par des cristallisations répétées dans l'alcool.

Le pseudoflavénol cristallise en petites lamelles brillantes, incolores, rhombiques, fusibles à 195-196°, solubles dans l'alcool bouillant, dans le benzène et dans le chloroforme, peu solubles dans l'éther. Il se dissout dans les alcalis et les acides étendus, mais non dans les carbonates alcalins. Il ne peut pas être distillé sans décomposition.

Le pseudoflavénol est transformé par le zinc en poudre en pseudoflavoline, crésylol et quinoléine (voyez plus haut); le mélange chromique le transforme en acide quinaldique.

*Chlorhydrate de pseudoflavénol,*

$$C^{16}H^{13}AzO . HCl, 2H^2O.$$

— Ce corps cristallise dans l'eau bouillante en fines aiguilles enchevétrées, d'un jaune citron, non décomposables par l'eau bouillante; elles se dissolvent avec facilité.

Il s'unit au chlorure de platine pour former un *chloroplatinate* $(C^{16}H^{13}AzO . HCl)^2 PtCl^4$, qui constitue une poudre cristalline d'un jaune clair, formée d'aiguilles microscopiques.

*Acétylpseudoflavénol,* $C^{16}H^{12}AzO(COCH^3)$. — On fait bouillir du pseudoflavénol avec de l'anhydride acétique et de l'acétate de sodium; on reprend par l'eau pour éliminer les sels solubles et l'acide acétique, et on fait cristalliser le résidu à plusieurs reprises dans l'alcool bouillant.

L'acétylpseudoflavénol forme des tables douées d'un éclat vitreux, fusibles à 106°.

*Oxypseudoflavénol,* $C^{16}H^{13}AzO^2$. — Ce corps, dont on a indiqué plus haut le mode de formation, s'obtient à l'état de pureté en reprenant le dépôt insoluble dans la potasse par une petite quantité de benzène, évaporant la dissolution et soumettant le résidu à la [distillation sèche. Le produit distillé est purifié par quelques cristallisations dans l'alcool.

L'oxypseudoflavénol forme des petites lamelles incolores, brillantes, fusibles à 89°, insolubles dans l'eau, les acides et les alcalis.

*Nitropseudoflavénol,* $C^{16}H^{13}AzO(AzO^2)$. — Ce corps se forme en petite quantité, en même temps que le pseudoflavénol, par décomposition du dérivé diazoïque de la pseudoflavaniline.

On l'obtient à l'état pur par des cristallisations répétées dans l'alcool bouillant.

Le nitropseudoflavénol cristallise en petites aiguilles soyeuses, fusibles à 160°. Il se dissout dans le carbonate de sodium en donnant un *sel sodique* de couleur rose foncé.

*Hydropseudoflavénol,* $C^{16}H^{17}AzO$. — On obtient ce corps en traitant par la quantité calculée d'étain métallique une dissolution de pseudoflavénol dans l'acide chlorhydrique étendu. Si l'on concentre la dissolution, on voit se déposer l'hydropseudoflavénol, peu soluble dans l'acide chlorhydrique, sous la forme d'une poudre sableuse jaunâtre.

L'hydropseudoflavénol est soluble dans l'eau; il est coloré en rouge sang par le chlorure ferrique et par l'acide nitrique concentré. La potasse caustique en fusion le transforme en un mélange d'acide α-oxy-isophtalique, p-oxybenzoïque et salicylique. G. de Bechi.

**FLAVONE.** — M. de Kostanecki a donné le nom de *flavone* à une substance ayant pour formule $C^{15}H^{10}O^2$, d'où dérivent les matières colorantes du quercitron, ainsi que la chrysine et la tectochrysine (méthylchrysine) des bourgeons de peuplier (voyez Suppl., 493), et peut-être la lutéoline et la morine.

La flavone et ses dérivés ont été récemment obtenus par synthèse, par M. Friedlaender et ses collaborateurs. Ces corps prennent naissance dans l'action de l'aldéhyde benzylique et de ses homologues sur les alcools-phénols dérivés des méthylbenzoyles, sur leurs anhydrides ou sur leurs éthers chlorhydriques ou bromhydriques. La réaction générale peut être exprimée par l'équation suivante :

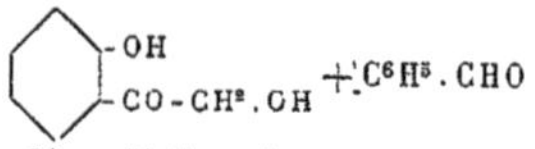

$$C^6H^4 \begin{cases} OH \\ CO-CH^2 . OH \end{cases} + C^6H^5 . CHO$$

Dioxyméthylbenzoyle.

$$= C^6H^4 \begin{cases} O-C-C^6H^5 \\ \quad \| \\ CO-CH \end{cases} + 2H^2O.$$

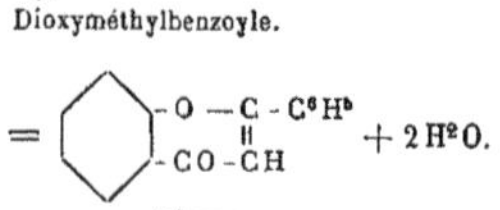

Flavone.

Les corps ainsi obtenus sont colorés en jaune et, lorsqu'ils renferment deux groupes OH en position ortho, ils constituent des matières colorantes teignant avec intensité les fibres mordancées.

On prépare la flavone en faisant agir l'anhydride du dioxyméthylbenzoyle ou *cétocoumarane*

$$C^6H^4 \begin{cases} O \\ CO \end{cases} CH^2$$

sur l'aldéhyde benzylique en présence d'acide chlorhydrique concentré [Friedlaender et Neudörfer, *D. chem. G.*, **30**, 1062].

La flavone cristallise dans l'alcool étendu en

aiguilles jaunâtres, fusibles à 108°, insolubles dans l'eau et dans les alcalis, solubles dans les dissolvants organiques usuels. La dissolution dans l'acide sulfurique concentré est jaune-orangé. La soude caustique la dissout partiellement à chaud en la décomposant.

*Oxyflavone,*

$$C^6H^3(OH) \diagup \begin{matrix} O - C - C^6H^5 \\ \parallel \\ CO - CH \end{matrix}$$

— Ce corps prend naissance par l'action du dioxyméthylbenzoyle bromé

$$C^6H^3(OH)^2{}_{(1.3)}\,COCH^2Br$$

sur l'aldéhyde benzylique, en présence d'un alcali.

L'oxyflavone est jaune pâle, soluble en jaune dans les alcalis, et beaucoup moins fortement colorée que la dioxyflavone, qui a été mieux étudiée et qui se trouve décrite ci-dessous. Elle ne teint pas les tissus mordancés.

*Méthoxyflavone,*

$$C^6H^3(OCH^3) \diagup \begin{matrix} O - C - C^6H^5 \\ \parallel \\ CO - CH \end{matrix}$$

— On l'obtient d'une manière analogue en remplaçant le dioxyméthylbenzoyle bromé par le bromopéonol $C^6H^3(OCH^3)(OH)(COCH^2Br)$.

La méthoxyflavone cristallise dans l'alcool en lamelles incolores, fusibles à 143°,5, insolubles dans les alcalis, solubles en jaune dans l'acide sulfurique concentré. Elle ne teint pas les tissus mordancés.

*Méthoxyflavone dérivée du pipéronal,*

$$C^6H^3(OCH^3) \diagup \begin{matrix} O - C - C^6H^3O^2 . CH^2 \\ \parallel \\ CO \quad CH \end{matrix}$$

— Ce corps se prépare au moyen du pipéronal et du bromopéonol ; il cristallise dans l'alcool en lamelles jaunes brillantes, fusibles à 275°, insolubles dans les alcalis, solubles en rouge éosine dans l'acide sulfurique concentré

On obtient un *dérivé bromé* de ce corps en remplaçant le bromopéonol par un dérivé plus riche en brome.

Par cristallisation dans l'acide acétique, on obtient un corps dont la composition se rapproche de celle d'un dérivé monobromé

$$C^{17}H^{11}BrO^5.$$

Il se présente sous la forme d'aiguilles d'un jaune intense, fusibles à 240-241° [Brüll et Friedlaender, *D. chem. G.*, 30, 302).

*Dioxyflavone,*

$$\begin{matrix} OH \\ OH - \bigcirc - \begin{matrix} O - C - C^6H^5 \\ \parallel \\ CO - CH \end{matrix} \end{matrix}$$

— On prépare ce corps en dissolvant des quantités équimoléculaires d'aldéhyde benzylique et de gallochlorométhylbenzoyle,

$$C^6H^2(OH)^3 - CH^2Cl,$$

dans la quantité nécessaire d'alcool à 50 0/0, et additionnant cette dissolution d'une lessive concentrée de potasse caustique jusqu'à réaction alcaline. Le liquide, primitivement d'un jaune foncé, vire rapidement au violet-rouge ; on acidifie, on élimine par distillation ; enfin on purifie le résidu l'alcool et l'excès d'aldéhyde benzylique de la distillation par cristallisation dans l'eau alcoolisée.

La dioxyflavone prend naissance encore quand on fait bouillir avec du carbonate de calcium une dissolution alcoolique de gallochlorométhylbenzoyle et d'aldéhyde benzylique.

On l'obtient, en outre, en dissolvant dans l'alcool étendu des quantités équimoléculaires d'anhydroglycopyrogallol

$$C^6H^4(OH)^2 \diagup \begin{matrix} O \\ CO \end{matrix} \diagdown CH^2$$

et d'aldéhyde benzylique et chauffant la dissolution avec un excès d'acide chlorhydrique ou sulfurique.

La dioxyflavone cristallise en lamelles d'un jaune d'or, fusibles à 221°, renfermant 1 molécule d'eau de cristallisation. Elle est insoluble dans l'eau froide, soluble dans les dissolvants organiques usuels, sauf le benzène et l'éther de pétrole ; elle se dissout dans l'acide sulfurique concentré en donnant une liqueur rouge-orangé.

Les carbonates alcalins et l'ammoniaque dissolvent la dioxyflavone en rouge jaune, qui vire au violet rouge par addition de lessive de potasse concentrée.

Chauffée en vase clos à 180-200° avec une lessive de soude caustique, elle donne une quantité notable de méthylbenzoyle.

La dioxyflavone teint les tissus mordancés en alumine en jaune orangé ; le mordant de chrome donne des teintes brunes. Ces colorations sont stables ; elles résistent bien à la lumière et aux lavages.

D'après M. Friedlaender, la dioxyflavone doit être envisagée comme un isomère de la chrysine, ainsi qu'il ressort des formules suivantes :

$$OH - \bigcirc - \begin{matrix} O - C - C^6H^5 \\ \parallel \\ CO - CH \end{matrix} \quad (OH)$$

Chrysine.

$$\begin{matrix} OH \\ OH - \bigcirc - \begin{matrix} O - C - C^6H^5 \\ \parallel \\ CO - CH \end{matrix} \end{matrix}$$

Dioxyflavone.

MM. Kesselkaul et de Kostanecki n'admettent point cette formule pour la dioxyflavone, qu'ils nomment *benzalanhydroglycogallol,* et à laquelle ils attribuent la constitution

$$\begin{matrix} OH \\ OH - \bigcirc \begin{matrix} - O \\ - CO \end{matrix} \diagdown\!\!\diagup C = CH - C^6H^5. \end{matrix}$$

Toutefois la formation de méthylbenzoyle en partant de la dioxyflavone semble parler en faveur de la première formule.

*Sels de la dioxyflavone.* — La dioxyflavone se combine avec les acides et les bases énergiques. Les sels formés avec les acides sont toutefois peu stables et décomposables par l'eau. Si l'on additionne d'acide chlorhydrique concentré une dissolution alcoolique de dioxyflavone, on observe une coloration rouge, et il ne tarde pas à se déposer de belles aiguilles rouges qui paraissent être constituées par le sel $C^{15}H^{10}O^4 . HCl$ ; ce sel perd de l'acide chlorhydrique lorsqu'on essaye de le dessécher.

Le *sel de plomb* de la dioxyflavone est amorphe et d'un rouge brun ; le *sel ferrique* est amorphe et brun foncé : le *sel d'aluminium* cristallise en aiguilles d'un rouge orangé.

Le *sel barytique*, $(C^{15}H^9O^4)^2Ba$, se prépare en ajoutant de l'eau de baryte à une dissolution chaude de dioxyflavone dans l'alcool étendu ; il constitue des aiguilles d'un violet foncé.

*Diacétyldioxyflavone,*

$$C^6H^2(O.COCH^3)^2 \underset{\diagdown\ CO-CH}{\overset{\diagup O - C - C^6H^5}{\phantom{x}}}$$

— On la prépare en chauffant la dioxyflavone avec l'anhydride acétique en présence d'acétate de sodium.

Elle cristallise dans l'acide acétique en aiguilles incolores, fusibles à 201°.

*Dibenzoyldioxyflavone,*

$$C^6H^2(O.COC^6H^5)^2 \underset{\diagdown\ CO-CH}{\overset{\diagup O - C - C^6H^5}{\phantom{x}}}$$

— On la prépare en agitant une dissolution alcaline froide de dioxyflavone avec du chlorure de benzoyle ; le dérivé benzoylé se dépose ; on le purifie par cristallisation dans l'acide acétique. Il forme des aiguilles incolores fusibles à 192°,5-194°.

*Monométhyldioxyflavone,* $C^{15}H^9O^4.CH^3$. — Se prépare en chauffant au bain-marie une dissolution méthylalcoolique de dioxyflavone avec les quantités calculées d'iodure de méthyle et de potasse caustique.

Ce corps cristallise dans l'alcool en aiguilles d'un jaune clair, solubles en brun jaune dans les alcalis et en orangé dans l'acide sulfurique concentré.

*Diméthyldioxyflavone.* — Se prépare comme la précédente en employant un excès d'iodure de méthyle et en chauffant le mélange en vase clos à 100-120°. Ce corps cristallise dans l'alcool en aiguilles d'un jaune clair, fusibles à 148-149°,5, insolubles dans les alcalis.

*Diéthyldioxyflavone,* $C^{15}H^8O^4(C^2H^5)^2$. — Se prépare comme la précédente en remplaçant l'iodure de méthyle par l'iodure d'éthyle, et en chauffant au bain-marie ; on évapore, on épuise le résidu par la soude caustique qui ne dissout pas l'éther diéthylique, et on fait cristalliser le résidu dans l'alcool.

La diéthyldioxyflavone forme de longues aiguilles jaunes, solubles en orangé dans l'acide sulfurique concentré et fusibles à 115°. Elle peut être distillée sans décomposition.

M-DIOXYFLAVONE,

$$C^6H^3(OH) \underset{\diagdown\ CO-CH}{\overset{\diagup O - C - C^6H^4.OH}{\phantom{x}}}$$

— Cette dioxyflavone isomérique s'obtient par l'action de l'aldéhyde m-oxybenzylique sur la *m-oxycétocoumarane,*

$$OH-C^6H^3 \overset{\diagup O \diagdown}{\underset{\diagdown CO \diagup}{\phantom{x}}} CH^2.$$

Elle cristallise dans l'eau en petites aiguilles jaunes. fusibles avec décomposition à 240°, solubles en jaune dans les alcalis et dans l'acide sulfurique concentré [Brüll et Friedlaender, *D. chem. G.*, **30**. 300].

DIOXYFLAVONE,

$$C^6H^4 \underset{\diagdown\ CO-CH}{\overset{\diagup O - C_{(1)} - C^6H^3(OH)_{(3)}(OH)_{(4)}}{\phantom{x}}}$$

— Ce troisième isomère s'obtient en faisant agir la cétocoumarane sur l'aldéhyde protocatéchique en présence d'acide chlorhydrique concentré



[Friedlaender et Neudörfer, *D. chem. G.*, **30**, 1082].

Il se forme d'abord un chlorhydrate qui est dissocié complètement à chaud.

Cette dioxyflavone cristallise dans l'alcool étendu en petites aiguilles d'un brun jaune, fusibles à 244°, solubles en rouge brun dans le carbonate de sodium et dans une lessive étendue de soude caustique ; cette dissolution devient d'un violet bleu intense en présence d'un excès de soude caustique en dissolution concentrée.

La dioxyflavone se dissout en orangé dans l'acide sulfurique concentré.

Elle constitue une matière colorante intense qui teint en orangé les tissus mordancés en alumine, et en brun les tissus mordancés au fer ou au chrome.

Son *dérivé acétylé* cristallise en petites aiguilles incolores, fusibles à 134°.

*Méthylène-dioxyflavone,*

$$C^6H^4 \underset{\diagdown CO\quad CH}{\overset{\diagup O - C - C^6H^3}{\phantom{x}}} \overset{\diagup O \diagdown}{\underset{\diagdown O \diagup}{\phantom{x}}} CH^2.$$

— On obtient ce corps en faisant agir le pipéronal sur la cétocoumarane en présence de soude caustique. Il cristallise dans l'acide acétique en petites aiguilles d'un jaune intense, fusibles à 192°, insolubles dans les alcalis, solubles en rouge éosine dans l'acide sulfurique concentré (Friedlaender et Neudörfer).

o-TRIOXYFLAVONE,

$$OH \diagdown \phantom{xxx} OH \phantom{xxxxxxxx}$$
$$\phantom{x}\underset{\phantom{x}}{\bigcirc} \begin{matrix} -O - C_{(1)} - C^6H^4.OH_{(2)} \\ \quad\quad \| \\ -CO-CH \end{matrix}$$

— Ce corps se prépare comme la dioxyflavone, en remplaçant l'aldéhyde benzylique par l'aldéhyde salicylique. Il cristallise dans l'alcool étendu en aiguilles jaunes, fusibles à 214-216°, insolubles dans l'eau, l'éther et le benzène. La soude caustique le dissout en rouge violet, le carbonate de sodium en rouge cerise et l'acide sulfurique concentré en orangé. Son dérivé *triacétylé* cristallise en aiguilles blanches soyeuses, fusibles à 160°.

M-TRIOXYFLAVONE,

$$C^6H^3(OH)^2 \underset{\diagdown\ CO-CH}{\overset{\diagup O - C_{(1)} - C^6H^4 - OH_{(3)}}{\phantom{x}}}$$

— Ce corps dérive de l'aldéhyde m-oxybenzylique. Il cristallise dans l'alcool en aiguilles jaunes, fusibles à 221-223°.

Son dérivé *triacétylé* forme des aiguilles blanches soyeuses, fusibles à 166-167°. Le *dérivé tribenzoylé* fond à 173° ; il se présente sous la forme d'aiguilles blanches, presque insolubles dans l'alcool, plus solubles dans l'acide acétique cristallisable.

p-TRIOXYFLAVONE,

$$C^6H^3(OH)^2 \underset{\diagdown\ CO-CH}{\overset{\diagup O - C_{(1)} - C^6H^4 - OH_{(4)}}{\phantom{x}}}$$

— La condensation s'effectue plus difficilement avec l'aldéhyde p-oxybenzylique qu'avec les autres isomères. La trioxyflavone 1,4 forme des cristaux rhomboédriques jaunes, fusibles à 220° ; le *dérivé triacétylé* se présente en aiguilles blanches, fusibles à 199-201°.

Trioxyflavone,

$$OH - C^6H^2 \diagup \begin{matrix} O - C - C^6H^3(OH)^2 \\ \| \\ CO - CH \end{matrix}$$

— On mélange des dissolutions alcooliques concentrées d'oxycétocoumarane et d'aldéhyde protocatéchique, et on additionne cette dissolution d'un excès d'acide chlorhydrique fumant; en chauffant on voit se séparer des flocons rouges constitués par le *chlorhydrate de trioxyflavone*.

Ce corps est dissocié par l'eau; par cristallisation du produit dans l'eau bouillante ou dans l'alcool étendu, on obtient la trioxyflavone en fines aiguilles d'un jaune clair.

La trioxyflavone se dissout en violet rouge dans la soude caustique, et en rouge orangé dans l'acide sulfurique concentré; l'addition d'eau à la dissolution sulfurique fait virer la couleur au jaune.

La trioxyflavone possède les propriétés d'une matière colorante: elle teint les tissus mordancés à l'alumine en jaune orangé, et donne avec les mordants de fer et de chrome des teintes brunes.

La *triacétyltrioxyflavone*, obtenue par l'action de l'anhydride acétique, cristallise en aiguilles incolores, fusibles à 168° [Brüll et Friedlaender, *D. chem. G.*, 30, 299].

*m-Nitrodioxyflavone*,

$$C^6H^3(OH)^2 \diagup \begin{matrix} O - C_{(1)} - C^6H^4 Az O^2_{(3)} \\ \| \\ CO - CH \end{matrix}$$

— Le produit de condensation obtenu au moyen de l'aldéhyde m-nitrobenzylique et du gallochlorométhylbenzoyle cristallise très facilement en aiguilles d'un jaune rouge, fusibles à 219-221°; le *dérivé acétylé* forme des aiguilles blanches soyeuses, fusibles en se décomposant et en devenant jaunes à 218-219°.

*Diméthyl-p-aminodioxyflavone*,

$$C^6H^2(OH)^2 \diagup \begin{matrix} O - C_{(1)} - C^6H^4 Az_{(4)}(CH^3)^2 \\ \| \\ CO - CH \end{matrix}$$

— On l'obtient en partant de l'aldéhyde diméthyl-p-aminobenzylique. On précipite le liquide alcalin par l'acide acétique; la diméthyl-p-aminodioxyflavone se sépare sous la forme de petites lamelles rhomboédriques brillantes, d'un rouge foncé, très peu solubles dans les dissolvants organiques usuels et fusibles à 203°. Ce corps se dissout dans les acides et dans les alcalis. Il donne un *dérivé diacétylé* qui cristallise en aiguilles soyeuses, de couleur rouge clair, fusibles à 182°.

*Dichlorodioxyflavone*,

$$C^6H^3(OH)^2 \diagup \begin{matrix} O - C - C^6H^3 Cl^2 \\ \| \\ CO - CH \end{matrix}$$

— Obtenue avec l'aldéhyde benzylique dichlorée, cette substance se présente sous la forme d'aiguilles jaunes, fusibles à 210° en se décomposant.

Son *dérivé acétylé* est incolore et fond à 189-191° en se décomposant.

Dérivés du pipéronal. — On a préparé deux dérivés de condensation du pipéronal se rattachant à la flavone.

L'un, ayant pour formule

$$CH^3O - C^6H^3 \diagup \begin{matrix} O - C - C^6H^3O^2 . CH^2 \\ \| \\ CO - CH \end{matrix}$$

s'obtient avec le bromopéonol

$$C^6H^3(OCH^3)_{(4)}(OH)_{(3)}(COCH^2Br)_{(1)}$$

et le pipéronal. Il forme des cristaux faiblement colorés en jaune, fusibles à 175°.

Un autre produit de condensation obtenu avec le pipéronal et le chlorodioxyméthylbenzoyle cristallise en magnifiques aiguilles d'un jaune rouge, fusibles à 221°, ayant pour formule

$$C^6H^2(OH)^2 \diagup \begin{matrix} O - C - C^6H^3O^2 . CH^2 \\ \| \\ CO - CH \end{matrix}$$

Ce corps est très peu soluble dans les dissolvants usuels. Il se dissout dans l'acide sulfurique concentré, en donnant un liquide d'un rouge fuchsine.

Son *dérivé diacétylé* cristallise en aiguilles jaunes.

Le *dérivé dibenzoylé* fond à 178° [Friedlaender et Rüdt, *D. chem. G.*, 29, 878, 1751. — Kesselkaul et de Kostanecki, *ibid.*, 29, 1886. — Friedlaender et Löwy, *ibid.*, 29, 2430].

G. de Bechi.

**FLAVOPHÉNINE** [Syn. *Chrysamine G*]. — La flavophénine s'obtient en combinant le dérivé diazoïque de la benzidine avec le salicylate de sodium. Elle a pour formule

$$C^6H^4 - Az = Az_{(4)} - C^6H^3(OH)_{(1)}(COONa)_{(3)}$$
$$C^6H^4 - Az = Az_{(4)} - C^6H^3(OH)_{(1)}(COONa)_{(3)}$$

C'est une poudre d'un brun jaune, très peu soluble dans l'eau; les dissolutions aqueuses donnent avec les acides étendus un précipité brun.

La flavophénine se dissout dans l'acide sulfurique concentré en une liqueur d'un violet rouge, qui précipite en brun par addition d'eau. Elle teint le coton sur bain de savon en un beau jaune, résistant très bien à la lumière [Farbenfabriken-Bayer. Brevet allemand n° 31658].

**FLAVOPURPURINE** (voyez 2° Suppl., 4, 332). — La flavopurpurine ou trioxyanthraquinone a été l'objet dans ces dernières années de nombreuses études au point de vue industriel. Tout comme l'alizarine et les autres oxyanthraquinones (voyez Matières colorantes, 2° Suppl., 4, 1333), elle a pu être transformée en matières colorantes de nuances variées, se rattachant à la série des oxyanthraquinones ou de l'anthraquinone-quinoléine. L'étude scientifique de ces dérivés n'a pas encore été entreprise, tandis que leurs méthodes de préparation paraissent avoir atteint un degré élevé de perfection. Ces produits jouent un rôle important dans l'industrie de la teinture [Friedlaender, *Fortschritte der Theerfarbenfabrikation*, 1890, 1894].

**FLAVOQUINOLÉINE**, $C^{19}H^{14}Az^2$. — On la prépare en chauffant un mélange de 10 parties de flavaniline, 5 parties de nitrobenzène, 30 parties de glycérine et 30 parties d'acide sulfurique concentré; la réaction est très énergique. Lorsqu'elle s'est calmée, on maintient pendant 3 heures une douce ébullition, on ajoute de l'eau et on fait passer à travers la masse un courant de vapeur d'eau qui élimine le nitrobenzène non entré en réaction. Le résidu est additionné de soude caustique; la flavoquinoléine se sépare sous la forme d'une résine qu'on purifie par distillation à l'aide de la vapeur d'eau en présence de soude caustique concentrée, en chauffant vers 300° le récipient contenant la matière à distiller. La base distillée est purifiée par des cristallisations répétées dans l'alcool.

La flavoquinoléine cristallise en rhombes presque incolores, fusibles à 138°. Sa formule de structure est la suivante :

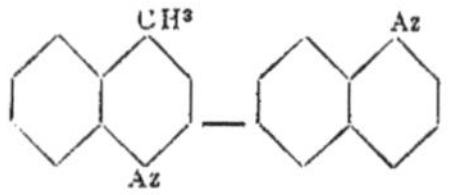

$$CH^3 \quad\quad Az$$

Az

C'est une base énergique, dont les sels présentent en dissolution étendue une magnifique fluorescence bleue.

Traitée à 100° par l'iodure de méthyle, elle se transforme en un *iodométhylate* $C^{19}H^{14}Az^2 . CH^3I$, qui cristallise en fines aiguilles jaunâtres, solubles dans l'eau et dans l'alcool. G. de Bechi.

**FLEGMES** (voyez aussi ALCOOLS (INDUSTRIE) et DISTILLATION.

On donne le nom de *flegmes* aux liquides alcooliques provenant d'une distillation directe, n'ayant pas subi la rectification, et renfermant par conséquent à côté de l'alcool toutes les impuretés volatiles nées de la fermentation.

Cette définition du mot *flegmes*, et bien que le commerce ne leur donne pas ce nom, s'étend industriellement aux eaux-de-vie, rhums, kirschs, etc., qui sont produits par une simple distillation et dont on pourrait, par rectification, extraire de l'alcool pur.

Nous allons, dans cet article, passer en revue d'abord tous les corps étrangers qui accompagnent l'alcool dans les produits distillés, en même temps que nous signalerons les procédés indiqués pour leur dosage; puis nous décrirons les méthodes employées pour purifier ces flegmes et enfin, pour compléter nos précédents articles (ALCOOLS, DISTILLATION), nous signalerons quelques faits nouveaux, acquis depuis l'époque où ils ont été écrits.

### I. COMPOSITION ET ANALYSE DES FLEGMES.

A. ALDÉHYDES. — Les aldéhydes, et spécialement l'aldéhyde éthylique, sont des produits directs de la fermentation. Sans doute l'oxydation de l'alcool peut, au cours de la fermentation, donner naissance à de l'aldéhyde; mais, comme l'a montré récemment M. Rœser [*Ann. Inst. Pasteur*, 7, 41], l'aldéhyde provient de l'élaboration vitale de la cellule de levure, non seulement en présence des sucres, mais aussi en présence de l'alcool. D'autres ferments, comme le champignon du muguet, peuvent fournir de l'aldéhyde [Linossier, *C. R.*, 110, 868].

Les doses d'aldéhyde que renferment les différents liquides alcooliques sont très variables, comme l'indique le tableau suivant :

|  | Par litre d'alcool supposé à 100°. |  |
|---|---|---|
| Eau-de-vie (Charentes).... | 0gr,078 à 0gr,200 | (Rocques) |
| — (Armagnac).... | 0gr,095 à 0gr,160 | ( Id. ) |
| — (Midi, 3/6) .... | 0gr,110 à 0gr,630 | ( Id. ) |
| Eaux-de-vie de cidre ou de poire.................. | 0gr,080 à 0gr,630 | (Riche) |
| Eaux-de-vie de marcs..... | 1gr,400 à 5gr,900 | ( Id. ) |
| — de prunes .... | 1gr,480 à 2gr,500 | ( Id. ) |
| Kirsch.................. | 0gr,100 à 0gr,120 | (Rocques) |
| Rhum.................. | 0gr,180 à 0gr,300 | ( Id. ) |
| Flegme de betteraves ..... | 0gr,200 à 5gr,000 | (Lindet) |
| — de pommes de terre | 0gr,140 | ( Id. ) |
| — de grains (par le malt)........ | 0gr,170 | ( Id. ) |
| — de grains (par les acides)...... | 2gr,000 | ( Id. ) |
| — de mélasses ...... | 10gr,000 | ( Id. ) |

Les réactifs qui permettent de déceler l'aldé-

hyde, et même de la doser colorimétriquement, sont extrêmement nombreux.

*Bisulfite de rosaniline* (réactif de Schiff ou de Gayon [*C. R.*, 105, 1182]). — D'après ce dernier auteur, on prépare le réactif en dissolvant 1 gramme de fuschine dans un litre d'eau et en ajoutant 20 grammes de bisulfite de sodium, puis 10 grammes d'acide chlorhydrique concentré. Le réactif, qui est incolore, est mélangé au liquide alcoolique et donne une coloration rouge-violacé, qui augmente progressivement avec le temps, et dont l'intensité mesure la teneur en aldéhyde du liquide considéré. D'après M. Mohler, il permet de reconnaître 0gr,01 d'aldéhyde dans 100 centimètres cubes d'alcool [*C. R.*, 111, 187]. D'après M. Villiers, le bisulfite de rosaniline n'est pas sensible aux acétones. Ce réactif est le plus communément employé.

*Diazosulfanilate de sodium.* — On mélange 5 grammes de sulfanilate de sodium dissous dans 14 centimètres cubes d'eau avec 2 grammes d'azotite de sodium dissous dans 2 centimètres cubes d'eau, et l'on verse le mélange dans 35 centimètres cubes d'eau renfermant 25 0/0 d'acide chlorhydrique. On redissout l'acide diazosulfanilique dans la soude. Ce réactif ne se conserve pas. Il produit avec les aldéhydes une coloration rouge.

*Chlorhydrate de métaphénylène - diamine* (réactif de Windisch) [*Moniteur Quesneville*, 1887, 769]. — Ce réactif donne avec l'aldéhyde une coloration jaune ou orangée, et dans certains cas une fluorescence verte.

*Nitrate d'argent ammoniacal. — Nitroprussiate de sodium. — Solution alcaline d'iodure de mercure et de potassium. — Acide diazobenzène-sulfonique. — Potasse. — Acide sulfurique, etc.*

B. ACIDES LIBRES ET ÉTHÉRIFIÉS. — Depuis la publication du tome 1 du Dictionnaire, l'origine des acides volatils, et par conséquent des éthers, dans les produits alcooliques, dont la plus grosse masse est formée par de l'acide acétique et de l'éther acétique, n'est plus mise en doute et doit être, après les travaux de MM. Schutzenberger et Destrem, de M. Béchamp, de M. Duclaux, etc., rapportée, en grande partie du moins, comme celle de l'aldéhyde, à la vie normale de la levure.

Le tableau suivant (p. 164) montre les quantités d'acides libres et combinés que l'on rencontre dans un litre de flegmes ou d'eau-de-vie, supposés à 100°.

On voit par l'examen de ce tableau que les flegmes industriels, provenant de moûts ensemencés et toujours acidifiés, sont notablement plus pauvres en acides et en éthers que les eaux-de-vie naturelles. D'ailleurs M. Lindet a montré que les moûts, préservés par l'acide fluorhydrique des fermentations secondaires, fournissent des flegmes plus pauvres en acides et en éthers que ceux qui n'ont pas été acidifiés [*C. R.*, 117, 122].

Les acides sont dosés au moyen d'une liqueur alcalimétrique, après que l'on a étendu d'eau l'alcool soumis à l'analyse.

Quant aux éthers, ils sont en général dosés en faisant bouillir l'alcool en présence d'une quantité déterminée de soude titrée, puis en ajoutant, quand la saponification est jugée complète, une solution titrée d'acide sulfurique. On soustrait de la quantité d'acide fixé par la soude pendant la saponification celle qui a été dosée directement, et la différence est transformée par le calcul en acétate d'éthyle.

M. Lindet a conseillé de saponifier les éthers au moyen d'une solution de baryte; les acides libres et combinés forment des sels solubles, dont on estime la quantité en ajoutant à la liqueur, préalablement carbonatée et débarrassée d'al-

| | Par litre d'alcool supposé à 100° | |
| --- | --- | --- |
| | Acides libres. | Éthers. |
| Eau-de-vie (Charentes)..................... | 0gr,550 à 1gr,170 | 0gr,670 à 1gr,160 (Rocques) |
| — (Armagnac)..................... | 0gr,250 à 0gr,970 | 0gr,740 à 0gr,960 ( Id. ) |
| — (Midi, 3/6)..................... | 0gr,120 à 0gr,140 | 0gr,710 à 3gr,300 ( Id. ) |
| Eaux-de-vie de cidre et de poiré........... | 0gr,520 à 6gr,400 | 1gr,200 à 5gr,200 (Riche) |
| — de marcs.................... | 0gr,200 à 1gr,600 | 0gr,880 à 4gr,370 (Rocques) |
| — de prunes.................... | 0gr,640 à 1gr,100 | 1gr,210 à 2gr,510 (Riche) |
| Kirsch..................................... | 0gr,190 à 2gr,200 | 0gr,740 à 2gr,260 (Rocques) |
| Rhum...................................... | 1gr,890 à 2gr,950 | 1gr,530 à 3gr,820 ( Id. ) |
| Flegme de betteraves..................... | 0gr,32 | 0gr,350 (Lindet) |
| — de pommes de terre............... | 0gr,27 | 0gr,130 ( Id. ) |
| — de grains (par la diastase)......... | 0gr,42 | 0gr,190 ( Id. ) |
| — — (par les acides).......... | 0gr,30 | 0gr,210 ( Id. ) |
| — de mélasses..................... | 0gr,35 | 0gr,250 ( Id. ) |

cool. de l'acide sulfurique et en pesant le sulfate de baryte [*Bull. des Chimistes de sucrerie et de distillerie*, 1893-1894, 191]. Il faut encore du chiffre trouvé déduire le chiffre qui représente l'acidité libre.

C. ALCOOLS SUPÉRIEURS. — Les alcools supérieurs que l'on trouve dans les flegmes et eaux-de-vie sont l'alcool propylique, l'alcool isobutylique et l'alcool amylique. L'alcool butylique normal, que M. Ordonneau a rencontré dans une eau-de-vie [*Bull. Soc. Chim.*, (2), 45, 335], paraît, d'après MM. Morin et Claudon, provenir du développement du bacille *butylicus* [*C. R.*, 104, 1187].

La présence de ces alcools supérieurs dans les moûts fermentés semble inévitable, et paraît encore résulter de l'activité fonctionnelle de la levure. M. Morin, en distillant un liquide provenant de la fermentation du sucre pur sous l'action de la levure elliptique pure, a obtenu un alcool qui renfermait par hectolitre 2 grammes d'alcool propylique, 1gr,5 d'alcool isobutylique et 51 grammes d'alcool amylique [*C. R.*, 104, 1109].

Néanmoins la présence d'une partie des alcools supérieurs que l'on rencontre dans les flegmes doit être attribuée à des fermentations secondaires et au développement d'organismes étrangers à la levure.

M. Lindet a en effet montré que vers la fin de la fermentation, alors que la levure a terminé son œuvre, d'autres ferments entrent en jeu, qui produisent de grandes quantités d'alcool amylique [*C. R.*, 112, 102] :

| | Alcool amylique 0/0 de l'alcool formé. |
| --- | --- |
| Pendant les 14 premières heures........ | 0,36 |
| Entre la 14e et la 20e heure............. | 0,54 |
| Entre la 20e et la 38e heure (fermentation terminée)...................... | 0,88 |
| 24 heures après la fermentation terminée. | 15,07 |

C'est à une conclusion identique qu'a été conduit encore M. Lindet en dosant les alcools supérieurs dans des moûts dont la fermentation avait eu lieu dans des conditions différentes d'activité [*C. R.*, 112, 663].

Chaque fois que la fermentation a été spécialement active, dans le cas, par exemple, où l'on a commencé la cuve avec une grande quantité de levure, dans le cas où l'on a ajouté au moût de la drêche, dans le but de produire une aération continuelle de la levure, on a vu la teneur normale en alcools supérieurs diminuer dans une notable proportion. Or cette activité, communiquée artificiellement au moût qui fermente, correspond à un développement plus énergique de la levure vraie et à un dépérissement des organismes étrangers :

| | Alcools supérieurs formés par litre d'alcool. |
| --- | --- |
| Fermentation de moût clair avec quantité suffisante de levure.......... | 5,29 cc. |
| Fermentation de moût clair avec quantité exagérée de levure........... | 3,96 cc. |
| Fermentation de moût clair additionné de drêche, avec quantité suffisante de levure...................... | 4,70 cc. |

M. Lindet a reconnu en outre que les alcools supérieurs se forment en quantité d'autant plus faible que la température de fermentation est plus basse [*C. R.*, 107, 182].

Ces organismes étrangers, peut-être même ces levures étrangères au *Saccharomyces* prédominant, qui sécrètent la grande quantité d'alcools supérieurs que l'on trouve dans les moûts fermentés, sont encore à découvrir. La question a déjà fait un grand pas : M. Perdrix a, en effet, décrit récemment une bactérie (le bacille amylozyme) qui a la propriété singulière d'attaquer l'amidon et de produire aux dépens de celui-ci une quantité d'alcool amylique qui représente 50 0/0 du produit décomposé [*Ann. Inst. Pasteur*, 5, 287].

M. Grimbert a étudié également un bacille (*orthobutylicus*) qui fournit de hauts rendements en alcools supérieurs [*Ann. Inst. Pasteur*, 7, 353].

Les quantités d'alcool amylique trouvées dans les différents flegmes sont les suivantes :

| | Par litre d'alcool supposé à 100°. |
| --- | --- |
| Vin de Chablis.................. | 0cc,21 (Le Bel) |
| Bière de Strasbourg............. | 0cc,23 ( Id. ) |
| Eau-de-vie (Surgères)............ | 0cc,43 (Morin) |
| — (Cognac)............ | 0cc,68 (Ordonneau) |
| Flegme de betteraves........... | 0cc,05 (Lindet) |
| — de pommes de terre...... | 0cc,15 ( Id. ) |
| — de grains (par la diastase). | 0cc,53 ( Id. ) |
| — de mélasses.............. | 0cc,34 (Mobler) |

Pour doser l'alcool amylique, qui dans la plupart des cas représente la majeure partie des alcools supérieurs, le procédé le plus exact consiste à recourir à la distillation fractionnée. Les résultats cités plus haut ont tous été d'ailleurs obtenus par ce procédé. Les fractions qui passent au-dessus du point d'ébullition de l'alcool sont déshydratées au carbonate de potassium et repassées à la distillation autant de fois qu'on le juge nécessaire pour en produire l'épuisement. Dans chaque cas, la distillation est poussée jusqu'à ce qu'on voie dans les tubes ruisseler des gouttelettes insolubles ; le résidu est alors précipité par l'eau, et l'eau de précipitation est traitée par le carbonate de potassium sec ; l'alcool surnageant qu'elle renfermait rentre dans le travail de distillation. M. Lindet a indiqué [*Bull. des Chimistes de sucrerie et de distillerie*, 1893-1894, 191] la marche qu'il convient de suivre quand on a une dizaine de litres de flegmes à sa disposition. Les résidus insolubles de toutes les précipitations sont réunis et distillés ; on recueille la portion qui passe à 128-130° et on rectifie de nouveau, s'il y a lieu, les portions qui distillent au-dessous de cette température.

Ce procédé est long et exige un grand volume de liquide ; aussi a-t-on cherché, soit dans les propriétés physiques, soit dans les propriétés chimiques de ces alcools ou de leurs dérivés, des différences qui permettent d'en apprécier la quantité.

1. *Capillarimètre de M. Traube.* — M. Traube a montré que l'addition d'une quantité, même faible, d'alcool amylique à de l'alcool ordinaire modifie sa tension capillaire, et que l'on peut, en réduisant à un degré déterminé l'alcool étudié, estimer sa teneur en alcool supérieur d'après la hauteur à laquelle, à une température donnée, il s'élève dans un tube capillaire [*Mon. scient.*, 1887, 145].

2 *Compte-gouttes de M. Duclaux.* — C'est également sur les lois de la capillarité que repose le procédé imaginé par M. Duclaux [*Ann. Inst. Pasteur*, 9, 575] : les différents alcools ont des tensions superficielles différentes, et fournissent, en s'écoulant d'une pipette effilée, et pour un volume déterminé, un nombre de gouttes assez différent pour que l'on puisse déduire de leur numération la nature du liquide qu'elles représentent.

Le procédé est d'autant plus sensible que la liqueur est plus étendue, et les tables que M. Duclaux a dressées pour les mélanges d'alcool éthylique avec l'alcool butylique ou l'alcool amylique, se rapportent au cas où le mélange alcoolique marque 5° Gay-Lussac.

Nous donnons ci-dessous, à titre d'exemple, un tableau indiquant le nombre de gouttes fournies par 5 centimètres cubes d'alcool à 5° G.-L. renfermant des doses croissantes d'alcool amylique :

| Alcool éthylique 0/0 | Alcool amylique 0/0 | Nombre de gouttes. |
|---|---|---|
| 5,0 | 0,00 | 129 |
| 5,0 | 0,13 | 137 |
| 5,0 | 0,25 | 145 |
| 4,9 | 0,38 | 153 |
| 4,9 | 0,51 | 159 |
| 4,9 | 0,76 | 173 |
| 4,8 | 1,01 | 185 |
| 4,7 | 1,26 | 197 |
| 4,6 | 1,52 | 209 |
| 4,3 | 1,77 | 221 |
| 3,9 | 2,03 | 232 |
| 3,6 | 2,28 | 244 |
| 3,2 | 2,53 | 255 |

Comme on le voit, les différences sont assez sensibles pour que l'on puisse déduire la proportion d'alcool amylique renfermée dans un alcool impur. M. Duclaux a recommandé d'opérer autant que possible à 15° environ, et il a dressé des tables de correction pour le cas où l'on s'écarterait de cette température. Le procédé ne peut s'appliquer qu'au cas du mélange de deux alcools ; quand il y en a trois, il ne peut donner aucune certitude.

Le stalagmomètre de M. Traube repose sur le même principe.

3. *Homéotrope de M. Gossart.* — M. Gossart, se basant encore sur les phénomènes de capillarité, a montré que deux mélanges liquides, semblables qualitativement, mais différents quantitativement, tombant de 1 millimètre de haut sur un ménisque en pente plane, roulent l'un sur l'autre quand ils se rapprochent de l'identité de composition, mais font le plongeon l'un dans l'autre quand ils s'éloignent suffisamment de cette identité, et il a appliqué ce principe au dosage des alcools supérieurs dans les alcools commerciaux (*C. R.*, 116, 797].

4. *Réfractomètre de MM. Amagat et Ferd. Jean.* — MM. Amagat et Ferdinand Jean ont appliqué à l'étude des mélanges d'alcools le réfractomètre imaginé et gradué pour l'analyse des corps gras. Les déviations de la lumière traversant des mélanges alcooliques dont la teneur en alcool amylique varie de 1 à 16 0/0, augmentent de 1° à 23° [*Mon. scient.*, 1890, 348].

5. *Procédé de M. Rœse.* — Ce procédé repose sur la facilité relative avec laquelle les alcools supérieurs sont, en comparaison de l'alcool ordinaire, absorbés par le chloroforme, en sorte que, si l'on agite au contact d'un alcool impur, amené à un certain degré de dilution, et à une température déterminée, une certaine quantité de chloroforme, la hauteur de la couche que forme celui-ci après repos, mesure la quantité d'alcools supérieurs contenue dans le mélange. Ce procédé a été successivement modifié par MM. Stutzer et Reitmayr, par MM. Delbrück et Selt, par M. Herzfeld, par M. Keltchevsky, et enfin par M. Bardy. Celui-ci conseille d'opérer avec l'alcool dilué à 30 0/0, à 15° centigrades et en présence de 20 0/0 de chloroforme. Le volume du chloroforme augmente de 1ᶜᶜ,55 quand on augmente la teneur d'un alcool pur de 0 à 1 0/0 d'alcool amylique [Bardy, *Recherche et dosage des impuretés des alcools*. 1888, 30]. Enfin M. Koutchéroff [*Bull. Soc. Chim.*, (3), 16, 134] a proposé d'ajouter à l'alcool, préalablement saturé de sel, une quantité déterminée d'alcool amylique ; sachant le volume qui se sépare lorsque, toutes les conditions restant les mêmes, on emploie de l'alcool éthylique pur, la quantité d'alcool amylique s'obtient par différence.

6. *Procédé de M. Bardy.* — L'alcool est d'abord mélangé avec de l'eau salée saturée et du sulfure de carbone. Dans ces conditions, les alcools supérieurs étant plus solubles dans le sulfure de carbone que l'alcool ordinaire, on parvient, après deux ou trois traitements, à en loger la totalité dans ce réactif. Les liquides sulfocarboniques sont traités à plusieurs reprises par l'acide sulfurique concentré qui dissout les alcools supérieurs ; on les débarrasse par décantation du sulfure de carbone et on chasse les dernières traces du dissolvant par un chauffage à 50-60°. On chauffe alors pendant un quart d'heure la solution des alcools supérieurs dans l'acide sulfurique avec de l'acide acétique cristallisable. Le produit éthérifié est repris par l'eau saturée de sel ; les éthers acétiques surnagent et leur volume est mesuré à 15° C. [*C. R.*, 114, 1201].

7. *Procédé de M. Bang.* — Ce procédé consiste à faire absorber les alcools supérieurs par le pétrole léger, que l'on a purifié préalablement par l'acide sulfurique, jusqu'à ce qu'une nouvelle addition d'acide ne produise plus la moindre coloration du pétrole. Quand, après plusieurs épuisements, tous les alcools supérieurs sont logés dans l'hydrocarbure, on décante celui-ci, on le traite par l'acide sulfurique concentré, et l'on estime la quantité d'alcools supérieurs contenue d'après l'intensité de teinte, jaune, orangée ou brune, que produit la réaction de l'acide.

8. *Emploi de l'acide sulfurique. Procédés Savalle, Saglier, Godefroy, Charles Girard et Rocques.* — Quand on chauffe de l'alcool avec son volume d'acide sulfurique, il se colore d'autant plus qu'il renferme plus d'impuretés. On peut donc, en comparant la teinte produite avec celle de solutions de perchlorure de fer, ou bien

avec des verres teintés (diaphanomètre Savalle), se rendre compte, en bloc, des impuretés renfermées dans un mélange alcoolique. Mais le procédé ne saurait faire connaître la nature de ces impuretés. M. Mohler a dressé un tableau indiquant les limites de sensibilité du réactif pour les différentes impuretés que l'on rencontre dans les liquides alcooliques [*C. R.*, 111, 187], et il a montré que l'acide sulfurique produit avec l'aldéhyde une coloration quatre fois plus intense qu'avec l'alcool amylique, et avec le furfurol une coloration dix fois plus intense qu'avec l'aldéhyde.

M. l'abbé Godefroy a reconnu qu'on accentuait la réaction de l'acide sulfurique en additionnant l'alcool à essayer d'une goutte de benzène cristallisable; on peut même, si le liquide se colore à froid, conclure à la présence des aldéhydes, et à celle des alcools supérieurs s'il ne se colore qu'à chaud [*C. R.*, 106, 1018].

M. Saglier a proposé, dans le même but d'augmenter la sensibilité de la réaction, l'emploi de quantités très faibles de furfurol. MM. Charles Girard et Rocques ont fait voir qu'il est nécessaire, quand on veut déterminer la dose d'alcools supérieurs par l'emploi de l'acide sulfurique, d'éliminer les aldéhydes par une distillation de l'alcool en présence de métaphénylène-diamine [*C. R.*, 107, 1158].

9. *Emploi du permanganate. Procédés Barbet, Lang, etc.* — À ce procédé d'estimation des impuretés en bloc se rattachent les procédés au permanganate de potassium. Celui-ci en effet se décolore au bout d'un temps variable avec la nature et les quantités d'impuretés. 2 centimètres cubes d'une solution à 0,200 de permanganate par litre se décolorent au bout de 1 à 5 minutes en présence des aldéhydes, au bout de 10 minutes en présence de l'alcool propylique et de l'alcool isobutylique, au bout de 20 minutes en présence de l'alcool amylique, et reste coloré plus longtemps encore en présence d'alcool éthylique pur [Journal *l'Alcool et le Sucre*, 1893, 67].

10. *Procédé Marquardt.* — Ce procédé consiste à oxyder l'alcool et à saturer les acides provenant de cette oxydation par la baryte. Le dosage de baryte dans le sol desséché indique la proportion relative d'acide acétique et d'acide valérianique renfermée dans le mélange [*D. chem. G.*, 15, 1370, 1661].

D. BASES AZOTÉES. — On peut rencontrer, dans les flegmes de l'ammoniaque saline, des amides, des amines et des bases azotées que MM. Kræmer et Pinner, d'une part [*D. chem. G.*, 2, 401; 3, 75], et M. Ordonneau, d'autre part [*Bull. Soc. Chim.*, (2), 44, 333], avaient rattachées à la série pyridique, et qui, d'après M. Morin [*C. R.*, 106, 360], constituent une série particulière. M. Morin a isolé trois de ces bases, l'une bouillant à 155-160°, l'autre à 171-172°, l'autre enfin à 185-190°. La seconde de ces bases a été étudiée par lui d'une façon complète; elle possède une odeur nauséabonde et a pour densité 0,983; elle est soluble dans l'eau, l'alcool, l'éther, forme un chlorhydrate cristallisé en fines aiguilles, s'unit à l'iodure d'éthyle, au chlorure de platine, etc. Il a montré que l'iodomercurate de potassium, le bichlorure de mercure, l'acide phosphotungstique, l'acide phosphomolybdique permettent de caractériser et même de doser ces bases.

Ces bases paraissent exister dans tous les produits alcooliques; mais leur proportion, ainsi que l'indique le tableau suivant, est d'autant plus grande que la matière première est déjà ensemencée de bactéries (flegmes de mélasses, rhums), ou que la fermentation est moins pure (eaux-de-vie, kirschs, betteraves). La plus grosse partie des bases contenues dans les alcools paraît donc être due à des accidents de fabrication :

|  | Par litre d'alcool. | | |
| --- | --- | --- | --- |
| Eaux-de-vie (Cognac)........ | 4 | à 5$^{mmg}$ | (Lindet) |
| — de cidre........ | | 6 | ( Id. ) |
| — de marcs........ | | 6 | ( Id. ) |
| Kirsch.............. | | 36 | (Rocques) |
| Rhums.............. | 10 | à 22 | (Lindet) |
| Flegme de betteraves........ | 4 | à 12 | ( Id. ) |
| — de topinambours.... | | 4 | ( Id. ) |
| — de grains (au malt).. | 2 | à 4 | ( Id. ) |
| — — (à l'acide).. | 2 | à 3 | ( Id. ) |
| — de mélasses......... | 68 | à 98 | ( Id. ) |

M. Lindet a indiqué une méthode qui permet de doser en bloc tous les produits azotés, dont ces bases forment la majeure partie; cette méthode n'est que l'application du procédé Kjeldahl : elle consiste à fixer les produits azotés au moyen de l'acide sulfurique, à chasser l'alcool et l'eau, à détruire les composés organiques par le chauffage de l'acide restant, et à doser l'ammoniaque comme à l'ordinaire [*C. R.*, 106, 280]. Si le liquide à examiner contient des matières extractives, comme les eaux-de-vie, il est nécessaire de procéder à une distillation préalable.

M. Mohler a conseillé d'utiliser la réaction de Nessler pour doser l'ammoniaque dégagée d'abord par une solution de carbonate de sodium, dégagée ensuite par une solution de potasse et de permanganate de potassium. Le premier essai fournit l'ammoniaque saline et les amides; le second fournit les alcaloïdes et les bases.

Du dosage d'ammoniaque on peut déduire le poids de bases que le liquide renferme : M. Lindet a trouvé que la seconde des bases de M. Morin, celle qui bout à 178-180°, fournit au procédé Kjeldahl 23,5 0/0 d'ammoniaque.

E. GLYCOL ISOBUTYLÉNIQUE. — La présence du glycol isobutylénique a été signalée par Henninger (1$^{er}$ Suppl., 817).

Dans une eau-de-vie de Surgères, M. Morin en a constaté 2$^{gr}$,19 par hectolitre.

On n'a indiqué aucune réaction pour déceler cette impureté, et le seul moyen de la reconnaître est de recourir à la distillation fractionnée.

F. FURFUROL. — Le furfurol ne fait pas partie des produits nés de la fermentation; comme l'a démontré M. Lindet, on le rencontre quand le liquide distillé a été soumis à une torréfaction (eaux-de-vie, kirschs, etc.), tandis que les flegmes obtenus par une distillation à la vapeur (betteraves, pommes de terre, etc.) n'en renferment pas trace. On trouve encore du furfurol dans les flegmes provenant de moûts où les grains ont été mis en contact avec des acides (mélasses, grains saccharifiés à l'acide) :

|  | Par litre d'alcool supposé à 100°. | | |
| --- | --- | --- | --- |
| Eau-de-vie (Charentes)........ | 6 | à 29$^{mmg}$ | (Rocques) |
| — (Montpellier)........ | | traces | ( Id. ) |
| — de cidre........... | 7 | à 15 | (Riche) |
| — de marcs.......... | 8 | à 14 | (Rocques) |
| Kirschs.............. | 8 | à 12 | ( Id. ) |
| Rhums.............. | 8 | à 70 | ( Id. ) |
| Flegme de grains (par les acides) | 60 | à 100 | (Lindet) |
| — — (par le malt).. | | traces | ( Id. ) |
| — de betteraves, de topinambours, de pommes de terre | | 0 | ( Id. ) |

Le furfurol est très facile à caractériser, et peut être même dosé colorimétriquement au moyen de la réaction de Jorrissen, qui consiste à faire agir sur 10 ou 15 centimètres cubes d'alcool 1 centimètre cube d'acide acétique et 1 centimètre cube d'aniline (acétate de furfurodianiline).

M. Bergé a proposé de remplacer l'acide acétique, qui souvent renferme lui-même du furfurol, par l'acide salicylique.

M. Uffelmann conseille l'emploi du diaminoben-
zène pour reconnaître la présence du furfurol.

### II. ÉPURATION DES FLEGMES.

Le meilleur procédé d'épuration des flegmes, le
seul qui soit universellement répandu, repose sur
la distillation fractionnée; cette distillation fractionnée, qui porte industriellement le nom de
*rectification*, a été traitée dans l'article DISTILLA-
TION, et nous n'y reviendrons pas.

À côté de ce procédé général, et qu'il faut employer dans tous les cas pour extraire du flegme
l'alcool éthylique pur, d'autres procédés ont été
proposés pour préparer la rectification, et passer
à la colonne un flegme déjà purifié.

Nous citerons tout d'abord les procédés élec-
trolytiques déjà anciens de M. Naudin [*Bull. Soc.
Chim.*, (2), 39, 626], repris plus tard par M. l'abbé
Godefroy.

Nous citerons encore le procédé de M. Traube,
qui consiste à traiter les flegmes par des sels (potasse, sulfate d'ammonium, sulfate de magnésium) en présence desquels les *huiles*, c'est-à-
dire les alcools supérieurs, sont moins solubles
dans l'alcool [*Mon. scient.*, 1880, 1418].

Nous citerons enfin les procédés qui reposent
sur l'oxydation ménagée des impuretés de l'alcool. M. Kassner a proposé le plombate de chaux,
et M. Maumené, plus récemment, a montré le
parti que l'on pouvait tirer de l'emploi du permanganate de potassium [*Bull. Soc. d'Encouragement*, 1895, 65, 228].

La filtration à travers des couches de charbon
de bois est encore considérée comme avantageuse
et a été, depuis la publication du Dictionnaire,
installée dans plusieurs usines. M. Barbet, pour
supprimer la perte d'alcool qu'entraîne la revivification du charbon, a conseillé de laver le charbon qui a servi et d'utiliser les eaux de lavage,
qui ne possèdent aucune odeur, à diluer les flegmes que l'on destine à la filtration.

En 1887, MM. Bang et Rufin ont imaginé un
procédé ingénieux qui repose sur l'absorption par
les hydrocarbures de pétrole, bouillant vers 240°
(d = 0,900), des impuretés contenues dans les
flegmes. L'hydrocarbure chargé d'aldéhyde, et
surtout d'alcools supérieurs et d'éthers, est régénéré par un traitement à l'acide sulfurique concentré, qui dissout les impuretés et purifie le
pétrole. Dans le procédé primitif, le flegme était
étendu à 28° G.-L. (d = 0,970), alcalinisé au
moyen d'un lait de chaux pour polymériser les
aldéhydes et saturer les acides, puis agité pendant 24 heures. Le flegme était ensuite soumis à
froid à l'action du pétrole, traversant de bas en
haut, à l'état de gouttelettes divisées, la cuve qui
le contenait. Le pétrole, après avoir dissous les
impuretés, remontait à la surface de la cuve et se
dirigeait vers la revivification. Il traversait une
série de cuves disposées en étages où il rencon-
trait d'abord de l'eau destinée à enlever l'alcool
en excès, puis de l'acide sulfurique, puis de la
soude, et enfin de l'eau.

La Société des Alcools purs, qui exploite encore
aujourd'hui ce brevet, a perfectionné le mode opératoire. Le flegme est encore étendu à 28° G.-L.,
mais il est, pendant tout le temps que dure le
*boulingage*, chauffé à 50° C. Le chauffage du
liquide permet une purification plus complète et
plus rapide, et dispense du traitement préalable
à la chaux. Le pétrole employé aujourd'hui a une
densité de 0,820; il est employé méthodiquement,
c'est-à-dire qu'il traverse successivement trois
cuves remplies de flegmes à des degrés différents
de purification. Il est, après passage à travers le
flegme chaud, régénéré dans les mêmes conditions qu'autrefois. La perte de pétrole représente
à la fin de l'année 15 0/0 de la quantité employée.
La quantité d'acide sulfurique nécessaire à la
revivification est de 100 kilogrammes par 100 hectolitres d'alcool purifié.

### III. PROCÉDÉS NOUVEAUX APPORTÉS A LA DIS-TILLERIE DEPUIS LA PUBLICATION DE L'AR-TICLE « ALCOOLS » DU 2° SUPPLÉMENT.

**A. *Distillerie de betteraves, extraction du jus par diffusion*.** — Dès l'apparition en sucrerie
du procédé d'extraction des jus par diffusion, on
songea, en distillerie, à substituer ce procédé aux
procédés d'extraction du jus par macération ou
pressurage.

Mais une difficulté se présentait : il fallait renoncer à l'emploi de la vinasse pour épuiser les
cossettes, et se servir d'eau, comme en sucrerie.
Or la vinasse a l'avantage de ne pas enlever à la
cossette les matières azotées et salines, qui restent au bétail, et elle forme en outre, pour la
levure, un excellent bouillon de culture. L'eau,
au contraire, délaye la cossette et ne fournit pas
une solution assez concentrée en sels et en matières azotées pour nourrir la levure. Cette nécessité de rejeter les vinasses du travail de la distillerie vient de ce que ces vinasses sont acides et
attaquent la tôle dont les diffuseurs sont d'ordinaire construits. De plus, si l'on épuise à l'eau,
on évite difficilement, dans la batterie, les fermentations lactique et butyrique. Ces fermenta-
tations, qui n'ont en sucrerie d'autre inconvénient que de diminuer d'une façon insensible le
rendement, présentent en distillerie un véritable
danger, en ce sens qu'elles entravent la fermentation alcoolique. Il faut donc aciduler l'eau ou la
cossette au moyen d'un acide minéral pour arrêter les ferments lactique et butyrique, et l'on voit
alors, comme dans le premier cas, les jus acides
attaquer les diffuseurs.

M. Boullenger, distillateur, a eu l'idée de substituer aux diffuseurs en tôle des diffuseurs construits en fonte ; celle-ci est en effet inattaquable
aux acides de la vinasse, et grâce à cette découverte fort simple, la distillerie de betteraves par
diffusion a pris dans ces derniers temps une importance qu'elle ne possédait pas il y a quelques
années.

Les cossettes sont mieux épuisées que dans le
procédé par macération ; la main-d'œuvre est
moins considérable pour une même quantité de
betteraves traitées ; enfin le procédé permet de
travailler des betteraves riches qui n'auraient pu
s'épuiser dans les cuves de macération, et y eussent été atteintes par la fermentation gommeuse
ou pectique.

**B. *Emploi de la levure pure*.** — La première
idée qui vient à l'esprit de tout distillateur qui a
suivi le développement des théories microbio-
logiques modernes est que, pour obtenir le
meilleur rendement en alcool, il faut stériliser
les moûts, les ensemencer d'une levure pure
et les faire fermenter à l'abri de toute contami-
nation.

Bien que le travail à la levure pure doive être
considéré comme le plus rationnel et le plus
scientifique, il ne présente pas en distillerie assez
d'avantages et assez de sécurité pour que nos
industriels l'aient adopté. Il n'est pas d'usage, en
distillerie, de stériliser les moûts, opération coûteuse qu'entraîne nécessairement l'emploi de la
levure pure. D'ailleurs, dans le travail des grains
ou des pommes de terre, cette stérilisation ne
saurait se faire sans détruire la diastase, sur laquelle on compte pour saccharifier les dextrines
pendant la fermentation. Le seul avantage de
l'emploi de la levure pure est d'apporter à la
cuve une levure jeune et active, capable de para-

lyser les ferments étrangers qui tendent à se développer à côté d'elle.

M. Delbrück a peut-être été le plus ardent à préconiser l'emploi de la levure pure en distillerie; il a montré [*Journ. Dist. franç.*, 1892, 514] que le rendement en alcool pouvait, de ce fait, augmenter de 10 0/0. D'autres, M. Martinand [*Journ. Dist. franç.*, 1894, 527], M. Jacquemin [*Bull. Ass. des Chimistes de sucrerie et de distillerie*, 1895-96, 31], MM. Rivière et Bailhache [*Journ. Dist. franç.*, 1891, 158], ont fait voir les avantages que le distillateur peut retirer du travail à la levure pure.

C. *Emploi de l'acide fluorhydrique en distillerie.* — Pour obtenir le même résultat, les distillateurs se sont adressés aux antiseptiques, en recherchant ceux qui agissent avec le plus d'énergie sur les ferments de maladie, et même sur les levures étrangères, que sur les levures dont on veut favoriser le développement, et en fixant la quantité d'antiseptique capable de ralentir la marche des premiers sans nuire aux seconds.

Déjà en 1886, M. U. Gayon [*C. R.*, **103**, 883] avait eu l'idée d'ajouter au moût une certaine quantité de sous-nitrate de bismuth, et il avait vu, de ce fait, le rendement alcoolique augmenter dans la proportion de 2 à 12 0/0 de l'alcool formé.

Depuis longtemps également, on avait remarqué que les moûts acides donnaient de meilleures fermentations; de là l'emploi de l'acide sulfurique dans la distillerie de betteraves, de l'acide chlorhydrique dans la distillerie de maïs, de l'acide lactique, provenant de l'acidification naturelle du moût, dans la distillerie de grains.

C'est en s'inspirant de ces idées que M. Effront a étudié l'action de l'acide fluorhydrique et des fluorures alcalins.

Il fallait tout d'abord se préoccuper de savoir si l'acide fluorhydrique et les fluorures n'altéreraient pas l'action de la diastase, qui, comme nous l'avons dit plus haut, évolue même pendant la fermentation. M. Delbrück avait déjà montré que les acides minéraux, pris à une dose déterminée, activent l'énergie saccharifiante de la diastase. M. Effront a recherché les doses d'acide fluorhydrique capables de conserver la diastase sans altération, et il a fait voir le parti que l'on peut tirer de l'emploi de cet antiseptique pendant la saccharification chaude. L'acide agit alors, comme il agit pendant la saccharification froide qui accompagne la fermentation, en empêchant le développement des ferments lactiques et butyriques, dont les produits de sécrétion altéreraient la diastase [*Mon. scientifique*, 1890, 455, 790].

Ce point de vue écarté, les travaux de M. Effront devaient se porter uniquement sur le rôle antiseptique de l'acide fluorhydrique et des fluorures pendant la fermentation.

Il a d'abord montré que l'acide fluorhydrique présente de sérieux avantages sur les acides minéraux ordinairement employés, qu'il arrête la fermentation lactique sous une dose huit fois plus faible que l'acide chlorhydrique et douze fois plus faible que l'acide sulfurique; il a montré ensuite qu'il agit mieux sur les ferments butyriques que sur les ferments lactiques; or ce sont les premiers surtout qu'il faut éviter dans la fermentation [*Ibid*, 1890, 449].

M. Effront a attribué encore à l'acide fluorhydrique un rôle qui, sans être essentiellement indépendant de son rôle d'antiseptique, mérite d'être signalé spécialement. Il a fait voir que la cellule de levure vivant en dehors du contact des cellules étrangères prend, sous l'influence de l'acide fluorhydrique, plus de vigueur, elle prolifie avec plus de lenteur, il est vrai, mais chaque cellule devient plus active. Les cellules, dans une fermentation, s'apprécient moins par leur nombre que par l'activité de chacune d'elles [*C. R.*, **117**, 559]. Aussi l'effet de l'acide fluorhydrique se fait-il d'autant plus sentir que la levure se trouve, dans le moût, en plus petite quantité; d'autant plus sentir également que le moût est plus nutritif et que la levure y trouve les éléments dont elle a besoin pour satisfaire sa suractivité [*Mon. scientifique*, 1890, 254; 1892, 82; 1893, 179].

L'influence de l'acide fluorhydrique ne se produit pas avec la même intensité pour toutes les races de levure; son action revivifiante est insignifiante pour le *S. Pastorianus* I, relativement faible pour la levure Carlsberg, très énergique pour le *S. Cerevisiæ*. De plus, chaque race de levure supporte une dose d'antiseptique au delà de laquelle elle ne peut se développer [*Ibid.*, 1890, 1137].

Mais on peut, et c'est là une des découvertes les plus originales de M. Effront, habituer chacune de ces races à la présence de l'acide fluorhydrique; quand on transplante successivement une même levure dans des milieux nutritifs contenant des doses de plus en plus fortes d'acide fluorhydrique ou de fluorure, on est étonné de voir que celle-ci est capable de résister à des doses d'antiseptique dix et vingt fois plus fortes que celles qui arrêtaient au début son développement [*C. R.*, **117**, 559].

Mais une levure accoutumée à l'acide fluorhydrique ne donne de bons résultats, au point de vue fermentatif, qu'à la condition d'être transportée dans un milieu fluorhydrique, et, comme l'a montré M. Cluss, elle éprouverait, dans un moût exempt d'antiseptique, la même gêne qu'une levure ordinaire éprouverait si elle était transplantée brusquement dans un milieu fluorhydrique un peu concentré. Il semble, en effet, qu'il y ait là une modification importante dans l'organisation de la cellule, puisque, dans un cas comme dans l'autre, elle se trouve paralysée par l'effet d'un milieu auquel elle n'est pas habituée [*Journ. Dist. franç.*, 1894, 408].

Ce fait de l'accoutumance de la levure à l'acide fluorhydrique et de la suractivité qu'elle détermine a été dernièrement vérifié par M. Sorel. Celui-ci a montré qu'une levure cultivée dans des moûts fluorhydriques donne des cellules d'autant plus actives que le milieu primitif est plus chargé de matière antiseptique. Il a montré également qu'une levure habituée aux hautes doses d'acide fluorhydrique conserve, après huit ensemencements successifs dans des milieux également chargés d'antiseptique, l'énergie fermentative qu'elle avait le premier jour [*C. R.*, **118**, 253].

M. Delbrück, qui ne s'est jamais montré partisan de l'emploi de l'acide fluorhydrique, a fait, à propos de ces dernières constatations, une objection qui ne manque pas d'une certaine valeur. Ne faut-il pas craindre que, dans les ensemencements successifs, une levure étrangère ou un ferment de maladie ne s'accoutume, lui aussi, à l'acide fluorhydrique et ne prenne une activité qu'il n'avait pas au début? Le fait est peu probable, étant donnée la prédominance de la levure vraie dans les premiers levains; si un ferment étranger vient, dans l'une des transplantations, à s'introduire dans le moût, il se trouve brusquement au contact d'une solution fluorée dans laquelle il ne peut s'acclimater.

Ce principe d'acclimatation a permis à M. Effront d'augmenter la dose d'acide fluorhydrique nécessaire à la fabrication de ce que l'on nomme le *pied de cuve*, et d'éviter ainsi l'emploi, à cette fabrication, de l'acide lactique, jugé jusqu'ici indispensable [*Journ. Dist. franç.*, 1894, 381, 408, 429, 443].

La levure se conservant pure, on peut fabriquer des levains en y introduisant, non plus de la levure fraiche, mais une partie du levain précédent. Quand le moût de pommes de terre ou de grains saccharifié a été refroidi à 30°, on prélève 4 litres de moût par hectolitre. Ces 4 litres sont additionnés de la dose calculée d'acide fluorhydrique et d'un litre de levure mère. Quand ce levain est en pleine fermentation, on le divise : une partie (1 litre) est mise de côté pour constituer la levure mère du levain suivant, une autre (4 litres) sert à ensemencer un hectolitre de moût. La fermentation est donc continue, en ce sens que la même levure rentre constamment en travail. Naturellement (et ceci relève de ce que nous avons dit précédemment), le moût dans lequel on introduit le levain fluorhydrique doit être fluorhydrique également. La quantité d'acide dans le moût ne doit être ni supérieure à celle contenue dans le levain, ni inférieure à la moitié ; en général, elle en représente la moitié, c'est-à-dire que, si l'on a mis de 10 à 20 grammes d'acide fluorhydrique par hectolitre de levain, on doit en mettre de 5 à 10 grammes dans le moût.

Le D<sup>r</sup> Cluss a publié récemment [*Journ. Dist. franç.*, 1895, 262] les résultats obtenus à la distillerie de Buir (Allemagne) en suivant ce procédé dit *sans acidification préalable*. Le travail a été rendu plus facile et plus régulier ; il a fourni plus d'alcool que le travail avec acidification ; les drèches ne s'acidifient pas et la levure se conserve bien.

L'augmentation de rendement du fait de l'emploi de l'acide fluorhydrique est incontestable, et cette augmentation tient à deux causes : ensemencée dans un milieu fluoré, la levure consomme seule le sucre et fournit plus d'alcool ; dans les expériences de M. Effront [*Mon. scient.*, 1890, 1013], cette augmentation s'est élevée à 5 et même à 10 0/0 de l'alcool produit, et les distillateurs qui font usage du procédé ont pu constater que ce chiffre n'a rien d'exagéré. En outre, la levure acclimatée à l'acide fluorhydrique, ayant une plus grande activité, dédouble la molécule sucrée en fournissant un pourcentage d'alcool plus considérable que dans les conditions ordinaires [*C. R.*, **118**, 1420].

Le travail chimique, qui aboutit à la dislocation de la molécule sucrée, est de ce fait tellement modifié, que la levure acclimatée donne moins de glycérine et d'acide succinique que la levure qui n'a pas encore subi l'action de l'acide fluorhydrique [*loc. cit.*]. M. Effront a même remarqué que c'était à la fin de la fermentation, surtout quand la levure a épuisé les matériaux nutritifs qui contribuent à produire sa suractivité, que se forment la glycérine et l'acide succinique [*loc. cit.*, **119**, 92].

L'acide fluorhydrique a été employé en France, dans ces dernières années, en distillerie de betteraves. Les résultats ont été d'autant meilleurs que la distillerie présentait, avant l'introduction du procédé, un travail plus imparfait. Mais l'acide fluorhydrique a quand même, chez un certain nombre de distillateurs connus pour la bonne marche de leur travail, permis d'améliorer le rendement et d'abaisser l'acidité des moûts fermentés de 0<sup>gr</sup>,5-0<sup>gr</sup>,6 à 0<sup>gr</sup>,1-0<sup>gr</sup>,2. D'autres distillateurs ont quelque peu abandonné le procédé, ayant reconnu qu'un travail soigné, qu'un renouvellement fréquent de la levure, et que l'emploi de pieds de cuves spécialement préparés avec du malt surchauffé et de la levure, produisent sensiblement les mêmes résultats. Le procédé Effront semble devoir s'appliquer mieux encore aux distilleries de grains et aux distilleries de pommes de terre.

D. *Emploi de l'aldéhyde formique*. — M. Trillat a étudié récemment les propriétés antiseptiques de l'aldéhyde méthylique (formaldéhyde, formol, etc.), en même temps qu'il dotait l'industrie d'un procédé économique de préparation de ce corps. M. Boulet (brevet 242595) a proposé de substituer, dans la préparation et la fermentation des moûts, cette aldéhyde à l'acide fluorhydrique. Les résultats obtenus par cette nouvelle méthode ont été, au mois de juillet dernier, communiqués à l'Association des Chimistes de sucrerie et de distillerie par M. Woussen, directeur de la distillerie de Bapaume (Seine-Inférieure).

L'addition de 2/10 000 de formol au moût a permis d'obtenir un rendement de 6,25 0/0 d'alcool, tandis qu'un moût non additionné ne donnait que 5,23 0/0.

D'après M. Sorel, qui a suivi les essais de M. Woussen à la distillerie de Quiberon, le formol a, dans le travail de la distillation, la même valeur que l'acide fluorhydrique. La levure peut s'acclimater à supporter de fortes doses de formol, et la diastase n'est pas gênée par la présence de cet antiseptique.

E. *Amélioration du pouvoir fermentatif des mélasses. Fabrication de levure avec la mélasse*. — M. Effront [*Mon. scient.*, 1894, 161] a montré qu'il faut attribuer à la présence des bactéries vivant dans les mélasses la difficulté que l'on éprouve à faire fermenter ces liquides ; la chaleur de l'ébullition qu'on leur fait subir au dénitrage est insuffisante pour les stériliser ; l'acide fluorhydrique, employé à la dose jugée nécessaire pour ne pas gêner l'action de la levure, est également impuissant. M. Effront a proposé d'ajouter aux mélasses une certaine quantité de blancs d'œufs qui, au moment de l'ébullition, se coagulent et emprisonnent les bactéries. On peut alors ensemencer de levure cette mélasse purifiée, l'additionner d'acide fluorhydrique et obtenir une fermentation régulière.

La découverte de M. Effront se trouve en contradiction avec les expériences de M. Neale et de M. Mœrker, qui attribuent la non-fermentescibilité de certaines mélasses à la présence d'acides volatils. M. Neale propose de saturer les mélasses non plus avec des acides minéraux, mais avec de l'acide tartrique, qui ne met pas les acides organiques en liberté. M. Mœrker conseille de faire bouillir les mélasses avec un excès d'acide sulfurique, de façon à chasser les acides volatils, pour saturer ensuite l'excès d'acide par de la craie. M. Greger [*Journ. Dist. franç.*, 1893, 505-612] a repris dernièrement la même idée : il chauffe les mélasses à 60-75°, en présence de l'acide sulfurique en excès, puis il les filtre à l'état concentré ou dilué.

M. Deubler [*Ibid.*, 1894, 73] préconise l'addition, tant au moût de grains employé comme pied de cuve qu'à la mélasse diluée, d'une certaine quantité d'eau de touraillon, qui, comme on le sait, constitue pour la levure un excellent bouillon de culture. C'est le même principe qui a conduit M. Jacquemin [*Bull. de l'Association des Chimistes de sucrerie et de distillerie*, 1895-1896, 31] à ajouter de la peptone aux moûts de mélasses stérilisés et destinés à subir l'action de la levure pure.

M. Francke et M. Nycander de Berlin [*Journ. Dist. franç.*, 1893, 108] se sont préoccupés d'obtenir de la levure pendant la fermentation du moût de mélasse. Celui-ci est acidulé, additionné de son de seigle ou de germes de malt, et aussi d'acide lactique. La mélasse se décolore partiellement, et on peut obtenir de la levure presque blanche. M. Schudi [*Ibid*, 1893, 154] a fait remarquer que l'emploi de l'acide lactique offre encore l'avantage d'augmenter le rendement en alcool et de diminuer la production d'acide.

L. Lindet.

**FLINKITE** (Min.) (Hamberg). — Arséniate manganoso-manganique hydraté,

$$4 MnO \mid . Mn^2 O^3 . As^2 O^5 , 4 H^2 O,$$

voisin de la synadelphite. Cristaux brun-verdâtre, avec sarkinite, sur caryopilite, à la mine Harstigen, Pajsberg (Vermland, Suède), attaquables par les acides chlorhydrique ou sulfurique, inattaquables par l'acide azotique. Dureté = 4,5. Densité = 3,87. Prisme orthorhombique avec les faces $p\, a^1 b^1 m g^1$.

**FLUOFLAVINES.** — Les fluoflavines, découvertes par M. Hinsberg en 1896, prennent naissance par condensation de l'$\alpha\beta$-dichloroquinoxaline avec l'o-phénylène-diamine. Elles se rattachent à la quinoxaline de M. Hinsberg. La fluoflavine la plus simple possède la constitution

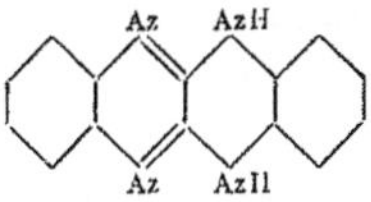

Fluoflavine.

La fluoflavine est un homologue inférieur de la fluorindine :

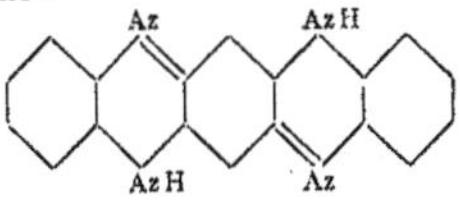

Fluorindine.

$\alpha\beta$-*Dichloroquinoxaline*. — Pour obtenir ce dérivé, qui est le point de départ pour la préparation de la fluoflavine, on fait réagir l'acide oxalique en excès sur l'o-phénylène-diamine. On obtient ainsi la dioxyquinoxaline, que l'on transforme en dérivé chloré au moyen du perchlorure de phosphore :

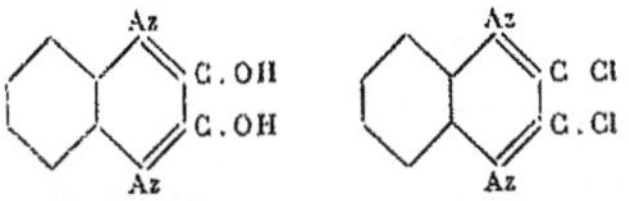

[voyez Hinsberg, *Ann. Chem.*, **237**, 347. — Bladin, *D. chem. G.*, **18**, 674. — Hinsberg et Pollak, *D. chem. G.*, **29**, 784].

Pour effectuer cette transformation en dérivé chloré, on mélange intimement 1 molécule de dioxyquinoxaline bien sèche avec 2 molécules de perchlorure de phosphore, et on chauffe au bain d'huile à 160°.

La dioxyquinoxaline cristallise dans l'alcool en prismes incolores fusibles à 150°, facilement solubles dans l'alcool, le chloroforme, l'acide acétique chaud, et insolubles dans l'eau.

*Fluoflavine.* — On chauffe au bain d'huile, à 120-130°, un mélange de 1 molécule de dichloroquinoxaline et de 2 molécules d'o-phénylène-diamine. On ajoute un peu de sel marin en poudre fine pour diluer. La réaction est la suivante :

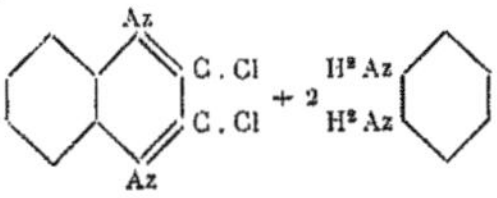

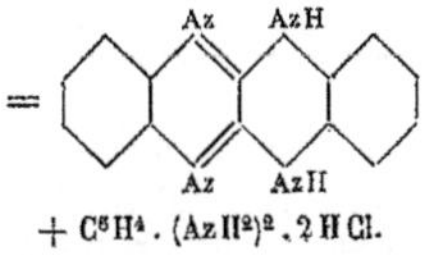

$$+ C^6 H^4 . (Az H^2)^2 . 2 H Cl.$$

On lave le produit brut de la réaction d'abord à l'eau, puis à l'alcool et à l'acide acétique pour enlever une petite quantité de fluorindine qui se forme accessoirement. On obtient ainsi des aiguilles fortement colorées en jaune, insolubles dans presque tous les solvants, excepté dans l'acide acétique cristallisable bouillant. Cette solution dans l'acide acétique est fortement colorée en jaune et possède une forte fluorescence verte.

La soude caustique à l'ébullition dissout la fluoflavine en donnant préalablement le sel

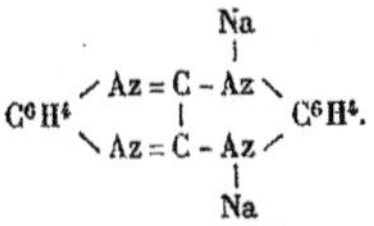

La fluoflavine se laisse difficilement réduire ; l'anhydride acétique, à l'ébullition, ne donne aucun dérivé acétylé.

On peut obtenir aussi la fluoflavine sans passer par le dérivé chloré, en chauffant directement la dioxyquinoxaline avec l'o-phénylène-diamine ; mais dans ce dernier cas le rendement descend à 50 0/0 de la théorie.

La dioxyquinoxaline réagit de la manière suivante :

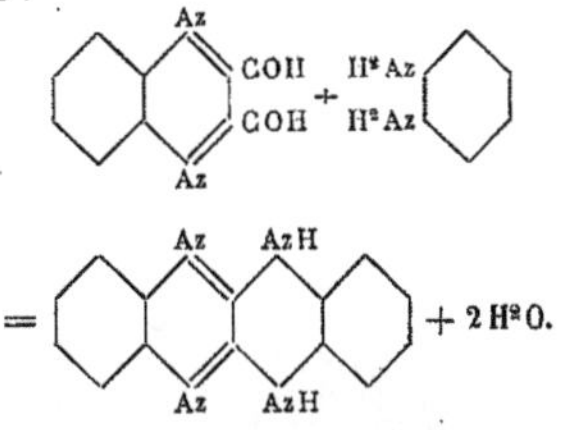

$$+ 2 H^2 O.$$

On mélange 1 molécule de dioxyquinoxaline avec 1 molécule d'o-phénylène-diamine et on chauffe à 240°.

On peut encore simplifier cette réaction, et chauffer simplement 1 molécule d'acide oxalique anhydre avec 2 molécules d'o-phénylène-diamine. Au bout d'une demi-heure, la réaction est terminée, mais dans ces deux cas le rendement est peu satisfaisant.

Le *chlorhydrate de fluoflavine*,

$$C^{14} H^{10} . Az^4 . 2 H Cl,$$

s'obtient par la simple action de l'acide chlorhydrique sur la fluoflavine.

QUINOXALOPHÉNAZINE,

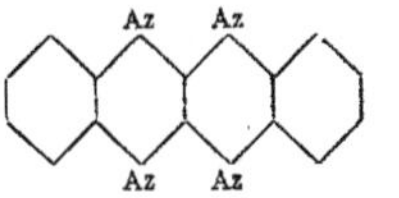

— Ce dérivé est le produit d'oxydation de la fluoflavine.

On l'obtient en oxydant la fluoflavine, en suspension dans environ 5 ou 10 fois son poids d'acide acétique, par la quantité théorique de dichromate de potassium à chaud. On sépare la nouvelle azine par addition d'eau et on la fait cristalliser dans l'alcool et dans le chloroforme.

La quinoxalophénazine cristallise dans le chloroforme en aiguilles rouges, brillantes, fusibles au-dessus de 370°, difficilement solubles dans l'alcool, l'acide acétique et l'éther.

La quinoxalophénazine par réduction fournit avec la plus grande facilité la fluoflavine. On observe le mieux ce phénomène en faisant bouillir une solution alcoolique d'hydroquinone avec de la quinoxalophénazine. En même temps que cette dernière est transformée en fluoflavine, l'hydroquinone donne peu à peu de la quinone :

$$C^{14}H^{8}Az^{4} + C^{6}H^{4} {<}^{OH}_{OH} = C^{14}H^{10}Az^{4} + C^{6}H^{4} {\lessgtr}^{O}_{O}$$

*Monochlorofluoflavine.* — Comme toutes les quinones, la quinoxalophénazine se combine avec l'acide chlorhydrique pour donner le dérivé monochloré de sa combinaison hydrogénée. Cette réaction se fait en traitant simplement à froid la quinoxalophénazine par l'acide chlorhydrique concentré :

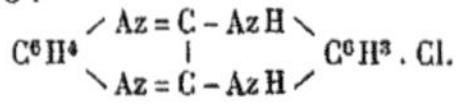

$$C^{6}H^{4} {<}^{Az=C-AzH}_{Az=C-AzH}{>} C^{6}H^{3} . Cl.$$

La réaction est donc une simple addition :

$$C^{14}H^{8}Az^{4} + HCl = C^{14}H^{9}ClAz^{4}.$$

La monochlorofluoflavine cristallise dans l'acide acétique en cristaux jaunes, fusibles au-dessus de 360°. Par oxydation, elle se transforme en monochlorazine.

*Phénylfluoflavylsulfone,*

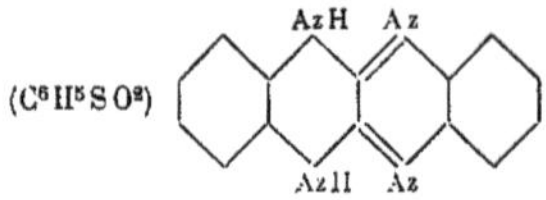

$$(C^{6}H^{5}SO^{2})$$

— Ce dérivé s'obtient en faisant réagir 1 molécule d'acide benzène-sulfinique sur 1 molécule de quinoxalophénazine en suspension dans l'acide acétique. Par addition d'eau, la sulfone se dépose sous la forme de cristaux jaunes, fusibles au-dessus de 340°.

Ces différentes réactions conduisent à admettre pour la quinoxalophénazine la formule ortho-quinoïde suivante :

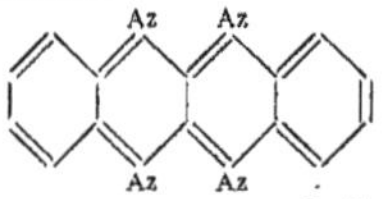

G.-F. Jaubert.

**FLUOR.** — Peu de recherches ont autant passionné les savants que celle de l'isolement du fluor. Les expériences vainement tentées pour cela par Davy, les frères Knox, Louyet, Frémy, Gore, Ketermann, etc., ont été décrites dans le Dictionnaire. Leur nombre, leur variété, l'habileté des savants qui les ont exécutées témoignent de la délicatesse et des difficultés de cette recherche, qui fut abandonnée jusqu'en 1883. Les beaux travaux de M. Moissan, plus heureux que ses devanciers, nous permettent aujourd'hui d'en expliquer l'insuccès.

Le fluor, dans quelques-unes de ces expériences infructueuses, a sans aucun doute été séparé; mais il s'est combiné aussitôt avec l'hydrogène, avec le carbone, avec la silice des divers matériaux dont étaient formés les appareils qui servirent aux premières recherches; avec le platine même, dans les essais d'électrolyse des fluorures fondus tentés par Frémy.

Dans l'électrolyse de l'acide fluorhydrique, plusieurs fois reprise sans résultat, Davy et plusieurs savants après lui se sont heurtés à la résistance électrique presque absolue de l'acide anhydre.

Après trois années de pénibles et délicates recherches, de 1883 à 1886, M. Moissan réussit à vaincre ces difficultés. Les raisons du succès de ses recherches, en dehors des questions de détail, très importantes aussi dans des travaux de cet ordre, peuvent se ramener à deux :

1° Il sut rendre conducteur l'acide fluorhydrique anhydre, en le combinant à un fluorure métallique, celui de potassium, formant ainsi une combinaison électrolysable, fusible à très basse température, un polyfluorhydrate de fluorure de potassium [*C. R.*, **106**, 547].

2° Il diminua considérablement l'action destructive du fluor sur le platine dont étaient fabriqués ses appareils, en effectuant l'électrolyse de cette combinaison à très basse température, à —50°, évitant aussi par ce moyen la vaporisation de l'acide fluorhydrique, dont avaient tant souffert Davy, Knox et Louyet.

RECHERCHES PRÉLIMINAIRES [H. Moissan, *C. R.*, **99**, 970; *Ann. Chim. Phys.*, (6), **12**, 472]. — Avant d'entrer dans le détail de l'expérience qui a permis l'isolement du nouvel élément, nous devons dire quelques mots des recherches antérieures effectuées par M. Moissan, et qui l'ont en quelque sorte préparée. Ces recherches ont porté toutes sur les dérivés fluorés des métalloïdes. Elles se divisent en quatre séries.

1° *Action de l'étincelle d'induction sur divers gaz fluorés* (dispositif de M. Berthelot). — Le fluorure de silicium, de même que celui de bore, est demeuré indifférent à cette action.

Le trifluorure de phosphore soumis à l'action de l'étincelle abandonne du phosphore et se transforme en pentafluorure. Mélangé d'oxygène, il se transforme en oxyfluorure de phosphore (Davy avait voulu tenter cette combustion, espérant brûler le phosphore et libérer le fluor) [H. Moissan, *C. R.*, **102**, 1245].

Le pentafluorure de phosphore, indifférent aux étincelles faibles, se dédouble sous l'effort d'étincelles plus puissantes en trifluorure et en fluor qui attaque le verre de la cloche et le mercure, pour donner du fluorure de silicium et du fluorure de mercure.

Le fluorure d'arsenic est détruit par l'étincelle électrique; le fluor attaque le verre, et l'arsenic est oxydé par l'oxygène provenant de cette attaque. Le gaz qui demeure est surtout formé de fluorure de silicium, mais il agit quelque peu sur l'iodure de potassium en mettant de l'iode en liberté.

Ces diverses expériences ne pouvaient donc conduire à l'isolement du fluor : la petite quantité de ce gaz qui prenait naissance dans quelques-unes se combinait avec le verre ou était noyée dans un excès du gaz primitif.

2° *Action du platine sur les fluorures de phosphore ou de silicium à haute température* [H. Moissan, *C. R.*, **102**, 763]. Le platine décompose le fluorure de phosphore; il retient le phosphore, mais aussi une certaine quantité de fluor, formant un corps facilement fusible. Si l'on opère avec un tube de platine, celui-ci est rapidement percé, le gaz qu'on peut extraire au début agit sur l'iodure de potassium, en mettant l'iode en liberté; mais le fluor est dilué dans un grand excès de fluorure de phosphore.

Le fluorure de silicium n'est pas détruit dans les mêmes conditions.

3° *Électrolyse du fluorure d'arsenic.* — Le fluorure d'arsenic pur et sec soumis à un courant de plus de 100 volts est décomposé : il y a mise en liberté d'arsenic; mais le fluor semble se porter sur le trifluorure pour donner une combinaison plus fluorée. M. Moissan n'a pu recueillir de gaz dans cette expérience.

4° *Électrolyse de l'acide fluorhydrique* [H. Moissan, *C. R.*, 102, 1543]. — M. Moissan fut alors amené à reprendre l'électrolyse de l'acide fluorhydrique plusieurs fois tentée par ses devanciers. Il constata comme eux que l'acide fluorhydrique n'est conducteur que lorsqu'il renferme de l'eau, et que tout courant est arrêté par l'acide anhydre.

Guidé par ses recherches sur l'électrolyse du fluorure d'arsenic, il songea alors à rendre l'acide anhydre conducteur en y introduisant un fluorure métallique. Il put constater que l'addition de fluorhydrate de fluorure de potassium rendait électrolysable l'acide fluorhydrique anhydre; les deux corps se combinent avec un grand dégagement de chaleur, et les polyfluorhydrates ainsi formés opposent au passage du courant une résistance d'autant moindre que la proportion du fluorure métallique combinée avec l'acide anhydre est plus considérable.

C'est grâce à cette découverte qu'après de longs et patients perfectionnements, dans le détail desquels nous ne saurions entrer ici, M. Moissan parvint enfin à isoler le fluor au moyen des dispositions suivantes [H. Moissan, *C. R.*, 103, 202; *Ann. Chim. Phys.*, (6), 12, 472].

Le premier appareil qui a permis d'isoler le fluor se composait d'un tube de platine deux fois recourbé à angle droit, de 1cm,5 de diamètre et d'une hauteur de 9cm,5 (fig. 405). Les deux extré-

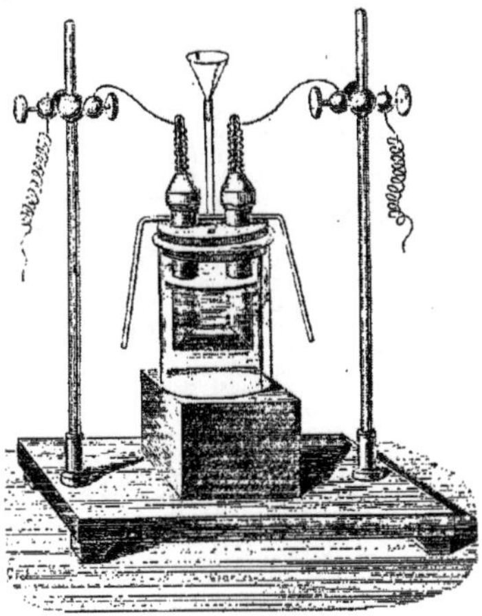

Fig. 405. — Premier appareil ayant servi à l'isolement du fluor.

mités étaient fermées par des bouchons à vis, formés d'un cylindre de fluorine serti dans un cylindre creux de platine portant au pas de vis

extérieur très fin sur une hauteur de 12 millimètres. Ces bouchons se vissaient très exactement à l'intérieur du tube de platine. Le but de M. Moissan était de former ainsi entre les spires un long canal étroit plein d'air et qui devait protéger le masticage externe contre l'action du fluor. Chaque cylindre de fluorine laissait passer suivant son axe une tige carrée de platine (iridié à 10 0/0), ayant 2 millimètres de côté et 12 centimètres de longueur, s'arrêtant quand l'appareil était monté à 3 millimètres du fond du tube. Ces tiges étaient destinées à amener le courant nécessaire à l'électrolyse.

Deux tubes de dégagement en platine étaient soudés chacun à l'une des branches de l'appareil à une faible distance des bouchons.

Cet appareil étant soigneusement séché par un séjour prolongé à l'étuve à 120°, on en mastiquait les bouchons, vissés à fond, en les recouvrant de gomme laque fondue.

*Charge de l'appareil.* — L'acide fluorhydrique anhydre était préparé en décomposant le fluorhydrate de fluorure de potassium, parfaitement pur et sec, par la chaleur dans un alambic de platine réuni à un récipient de même métal refroidi dans un mélange de glace et de sel. La charge de l'appareil était de 15 à 16 grammes d'acide anhydre provenant de la décomposition de 60 à 70 grammes de fluorhydrate.

Cet acide était additionné de 6 à 7 grammes de fluorhydrate pur et sec, en ayant soin de refroidir, à cause de la grande quantité de chaleur dégagée dans cette opération. Pour introduire ce liquide dans l'appareil, on y plongeait un des tubes de dégagement de celui-ci, et on réunissait l'autre branche à un aspirateur à mercure.

Pendant toutes ces manipulations, les plus grandes précautions étaient prises pour éviter toute absorption d'humidité par l'appareil ou les liquides.

L'appareil était alors plongé dans un vase de verre, où il était maintenu par un bouchon de liège, muni en outre de deux tubes de verre. On faisait arriver par l'un d'eux dans l'enveloppe de verre du chlorure de méthyle liquéfié; afin d'abaisser davantage la température du tube de platine, on faisait barboter dans le chlorure de méthyle liquide un courant d'air sec et froid, qui l'amenait au voisinage de — 50° par une évaporation plus rapide.

Les tiges de platine iridié étaient alors réunies à deux bornes métalliques isolées sur deux supports de verre et qui permettaient d'amener à l'appareil le courant d'une pile variant de 20 à 30 éléments Bunsen; un ampèremètre, un voltmètre et un interrupteur complétaient l'installation. On faisait varier le voltage aux bornes, la résistance du liquide variant du commencement à la fin de l'expérience, et on le réglait pour maintenir un courant de 4 à 5 ampères.

Un dégagement gazeux régulier se manifestait aux deux tubes de dégagement. Du côté de l'électrode négative, on pouvait recueillir de l'hydrogène. Du côté du pôle positif, un gaz incolore se dégageait, doué d'une extrême énergie chimique, se combinant à froid, avec incandescence, à l'iode, au soufre, au silicium cristallisé et au carbone, carbonisant et enflammant le liège et la plupart des matières organiques, se combinant à la plupart des métaux pour donner des fluorures identiques à ceux déjà obtenus par une autre voie.

Nous donnons plus loin les principales réactions fournies par ce gaz et qui forment l'objet du second mémoire de M. Moissan sur ce corps.

*Discussion de l'expérience.* — M. Moissan démontra de la façon suivante la nature élémentaire du nouveau gaz ainsi obtenu au pôle positif :

Après avoir démontré expérimentalement que les propriétés caractéristiques de celui-ci ne pouvaient s'expliquer par l'existence d'un mélange d'ozone et d'acide fluorhydrique, une seule hypothèse restait soutenable en dehors de l'existence même du fluor : celle d'un composé hydrogéné plus riche en fluor, un difluorure d'hydrogène, $HFl^2$.

La décomposition de l'eau par le gaz était la suivante dans les deux hypothèses :

1° Si l'on avait affaire au fluor,

$$2\,Fl^2 + 2\,H^2O = 4\,HFl + O^2;$$
$$\text{4 vol.} \qquad\qquad \text{2 vol.}$$

2° Si l'on était en présence de bifluorure d'hydrogène,

$$4\,HFl^2 + 2\,H^2O = 8\,HFl + O^2.$$
$$\text{8 vol.} \qquad\qquad \text{2 vol.}$$

Dans le second cas, la quantité d'acide fluorhydrique formée pour un même volume d'oxygène mis en liberté est double de celle qui prend naissance dans le cas du fluor.

M. Moissan démontra par deux moyens que le gaz qui se dégageait au pôle positif était bien le fluor, et non une de ses combinaisons avec l'hydrogène.

1re *Expérience.* Il fit plonger en même temps les deux tubes de dégagement de l'appareil très refroidi dans deux capsules de platine contenant de l'eau, en ayant soin de recueillir les gaz dégagés de chaque côté dans des cloches de verre vernies préalablement à l'intérieur et à l'extérieur à l'aide de vernis à la gomme laque.

Après avoir arrêté au même moment l'expérience des deux côtés, on fit la lecture des volumes gazeux d'hydrogène et d'oxygène, et le titrage de l'acide fluorhydrique dans chaque capsule.

L'acide fluorhydrique recueilli au pôle négatif représentait l'acide entraîné par l'hydrogène : on pouvait admettre que cette quantité était la même pour le fluor, ce qui permettait, en la retranchant de la quantité trouvée du côté du pôle positif, de connaître le poids d'acide fluorhydrique formé par le gaz au contact de l'eau. Le volume d'hydrogène recueilli au pôle négatif donnait le volume de fluor formé au pôle positif et permettait de calculer suivant les deux hypothèses la quantité d'acide fluorhydrique qui devait prendre naissance. M. Moissan obtint ainsi pour l'acide fluorhydrique un nombre très voisin de celui qui correspond à l'hypothèse de l'existence du fluor.

2° *Expérience.* Pour démontrer d'une façon plus complète que le gaz dégagé au pôle positif ne renferme pas d'hydrogène, M. Moissan institua l'expérience suivante : Il adapta au tube de dégagement du fluor un tube de platine renfermant du fluorure de potassium sec destiné à retenir l'acide fluorhydrique entraîné par le gaz, puis, à la suite, un second tube de même métal renfermant des fils de fer pur et qu'on avait taré. A la suite de ce tube, un tube de verre amenait les gaz au haut d'une éprouvette de verre reliée d'autre part à un flacon renversé.

L'autre tube de l'appareil était relié à un ensemble analogue d'une éprouvette et d'un flacon.

Ceux-ci de chaque côté étaient soigneusement remplis d'anhydride carbonique avant d'être reliés à l'appareil. On chauffait au rouge sombre le tube contenant le fer et l'on mettait l'appareil en marche en y faisant passer un courant modéré. Le fer se combinait au fluor pour donner du fluorure de fer ; si le gaz renfermait de l'hydrogène, celui-ci devait se retrouver dans l'acide carbonique de l'éprouvette et du flacon, et l'ab-

sorption de celui-ci devait permettre de le constater. De plus, l'augmentation de poids du tube à fer donnait le poids de fluor combiné.

Le volume d'hydrogène dégagé au pôle négatif et qu'on pouvait mesurer après absorption de l'anhydride carbonique de l'éprouvette et du flacon, permettait de comparer ces deux produits de l'électrolyse de l'acide fluorhydrique.

Plusieurs expériences ainsi exécutées démontrèrent que le gaz dégagé au pôle positif ne renferme aucune trace d'hydrogène, et de plus que le poids dont a augmenté le fer correspond bien au poids de fluor que le volume de l'hydrogène recueilli au côté de l'appareil permet de calculer.

Le gaz actif formé au pôle positif est donc bien le fluor. D'ailleurs, la densité de ce gaz et les produits de son action sur les métalloïdes et les métaux, qui furent ensuite déterminés par M. Moissan, ne laissent plus aucun doute sur la nature élémentaire de ce gaz.

PRÉPARATION DU FLUOR [H. Moissan, *C. R.*, 109, 861 ; *Ann. Chim. Phys.*, (6), 24, 224]. — Ce premier appareil ne permettait d'obtenir que de faibles quantités de gaz. En vue de déterminer diverses constantes physiques de cet élément et ses principales réactions, M. Moissan a été amené à modifier son premier appareil et à y joindre divers accessoires pour obtenir ce corps à l'état de pureté.

La figure 406 représente ces dispositions.

L'appareil producteur de fluor diffère peu du premier modèle ; il est seulement de plus grandes dimensions : il peut contenir 100 centimètres cubes d'acide fluorhydrique.

Afin de diminuer la résistance de l'électrolyte, on a augmenté la section du tube qui réunit les deux branches verticales, et on a rapproché ces branches autant que possible. L'extrémité des électrodes qui plonge dans le liquide est en forme de massue, pour donner une surface plus grande.

Afin de retenir les vapeurs d'acide fluorhydrique qu'entraîne le fluor, on a disposé à la suite du tube de dégagement d'abord un récipient de platine formé d'un cylindre et d'un tube enroulé en spirale, puis à la suite deux tubes horizontaux en platine renfermant du fluorure de sodium fondu et divisé en petits fragments. Ces tubes et le récipient sont réunis entre eux et au tube de dégagement du fluor au moyen de joints à écrous, avec interposition de rondelles de plomb ou de mousse d'or. La figure 407 représente ce dispositif. Le récipient de platine est plongé, lui aussi, dans un bain de chlorure de méthyle en ébullition tranquille. La majeure partie de l'acide entraîné s'y condense ; la petite quantité qui peut s'en échapper est retenue par le fluorure de sodium, qui se transforme en fluorhydrate de fluorure.

Voici comment M. Moissan interprète la marche de l'électrolyse :

Le fluorure de potassium combiné avec l'acide fluorhydrique anhydre est dédoublé. Le potassium se rend au pôle négatif, y décompose l'acide fluorhydrique pour reformer du fluorure de potassium, en même temps que l'hydrogène se dégage. Le fluor se rend au pôle positif : il s'y dégage en partie à l'état de liberté ; une partie néanmoins attaque le platine de l'électrode pour former du fluorure de platine. En effet, on constate, après quelque temps de marche, que seule l'électrode positive a été fortement corrodée.

De plus, le liquide renferme une certaine quantité de fluorure de platine et on trouve au fond de l'appareil une boue noire qui renferme à la fois du platine, du fluor et du potassium. M. Moissan attribue à la combinaison des fluorures de platine et de potassium un rôle dans l'électrolyse, à laquelle elle donnerait plus de régularité.

Les rendements en fluor sont toujours assez faibles. Ce fait est dû à la conductibilité des parois de l'appareil, dont l'inconvénient est d'établir sur ces parois, du côté de l'électrode négative, un dégagement de fluor, et sur celles qui entourent l'électrode positive, un dégagement d'hydrogène.

Or, comme le fluor et l'hydrogène se recombinent à froid même dans l'obscurité, il se reforme dans chaque branche de l'acide fluorhydrique, et la quantité de fluor et d'hydrogène qui sort de l'appareil ne représente que la différence des volumes gazeux dégagés sur l'électrode et sur la paroi dans chaque branche.

M. Moissan a constaté que, lorsque les parois de platine sont fortement refroidies, il s'y dépose une combinaison cristalline d'un fluorhydrate de fluorure qui sert en partie d'isolant, et améliore les rendements en diminuant la conductibilité des parois.

*État naturel.* — Malgré son extrême activité, le fluor semble exister parfois à l'état de liberté

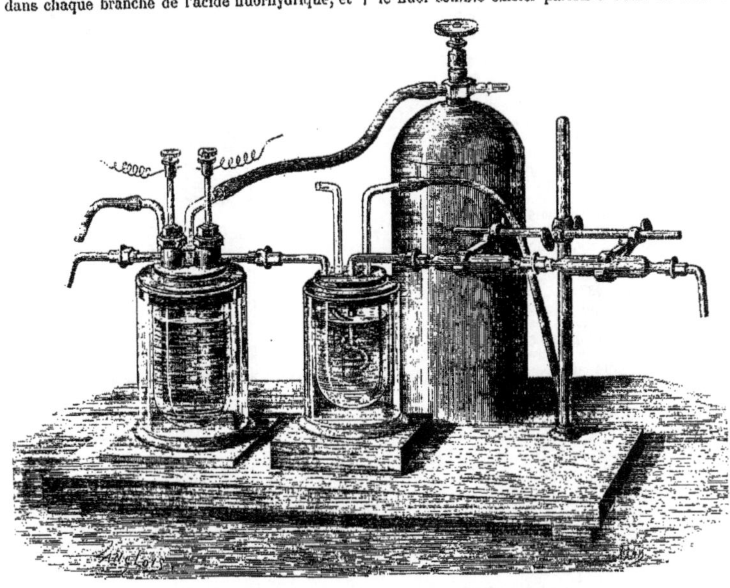

Fig. 406. — Appareil pour la préparation du fluor.

dans la nature; mais alors il se trouve enfermé dans des corps solides (fluorures).

MM. Moissan et Becquerel ont démontré la présence de fluor libre dans la fluorine de Quincié [*C. R.*, 111, 669]. Quand on pulvérise ce minéral, le fluor se dégage et, en agissant sur l'humidité de l'air, donne de l'acide fluorhydrique et de l'ozone.

Quand on broie cette fluorine en présence d'iodure de potassium et d'empois d'amidon, on voit apparaître la teinte bleue résultant de la mise en liberté d'iode par le fluor.

Broyée avec du chlorure de sodium parfaitement sec, elle donne un dégagement de chlore, qu'on peut déceler au moyen de nitrate d'argent. Broyée seule, elle ne donne pas de chlorure d'argent.

Calcinée, la fluorine se brise, et après refroidissement ne donne plus ces réactions du fluor. Mais, portée seulement à 250° pendant 1 heure (température suffisante pour détruire l'ozone, si ce corps existait formé dans le minéral), elle fournit après refroidissement les mêmes réactions qui permettent d'affirmer la présence du fluor.

D'autre part, réduite en petits fragments et chauffée légèrement dans un petit tube de verre, la fluorine de Quincié dépolit le verre. Broyée avec du silicium cristallisé et chauffée légèrement, elle donne du fluorure de silicium.

Abandonnée dans de l'eau distillée, elle rend celle-ci, neutre au début, lentement acide.

Ces faits semblent démontrer dans ce minéral l'existence du fluor gazeux occlus.

M. P. Lebeau [*C. R.*, 121, 603] a de même constaté la présence du fluor libre dans un échantillon d'émeraude de Limoges.

*Autres modes de formation du fluor.* — M. Moissan a montré que divers fluorures, aisément dissociables, en particulier ceux de platine et d'or, soumis à l'action de la chaleur, donnent un dégagement de fluor et un résidu métallique [H. Moissan, *C. R.*, 109, 861; *Ann. Chim. Phys.*, (6), 24, 225].

M. Brauner [*Chem. Soc. Trans.*, 65, 393] a indiqué que les fluoplombates, dont on trouvera la préparation détaillée à l'article FLUOSELS, soumis à l'action de la chaleur, donneraient également du fluor gazeux. Le sel $3KFl, HFl, PbFl^4$, chauffé jusqu'à 110°, ne perd pas de son poids.

Entre 200 et 250°, il abandonne de l'acide fluorhy-
drique. Chauffé davantage,
il laisse dégager, avant le
rouge, un gaz ayant l'odeur
du fluor, qui décompose
l'iodure de potassium avec
mise en liberté d'iode, et
attaque le silicium cristallisé avec incandescence. Le
résidu est formé d'oxyde de
plomb mélangé de fluorure
de potassium. 1 volume de ce
sel dégagerait 47 centièmes
de fluor.

PROPRIÉTÉS PHYSIQUES.
— Le fluor est un gaz dont
l'odeur rappelle à la fois
celle de l'ozone et celle de
l'acide hypochloreux ; sa
couleur, examinée par comparaison avec celle du chlore, dans un tube de pla-
tine de 1 mètre de longueur,
fermé par des lames de fluorine transparente, est plus
faible que celle de ce gaz ;
elle est d'un jaune verdâtre,
plus jaune que celle du
chlore [H. Moissan, *C. R.*,
**109**, 937 ; *Ann. Chim.
Phys.*, (6), **24**, 224].

Le fluor, examiné au
spectroscope sous une épaisseur de 1 mètre, n'a pas
présenté de bandes d'ab-
sorption.

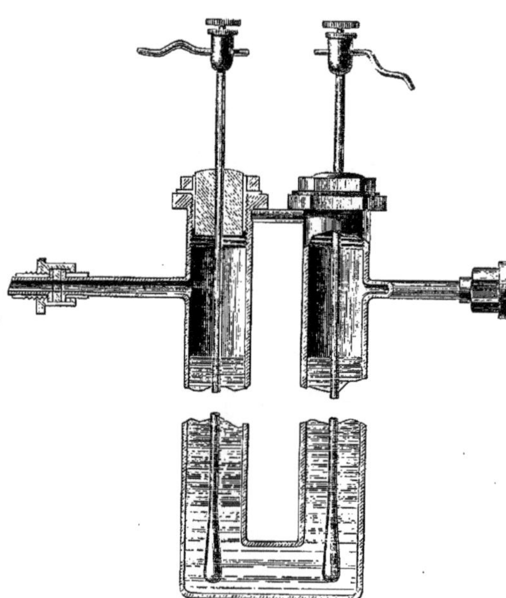

Fig. 407. — Détails de l'électrolyseur.

*Spectre du fluor* [H. Moissan, *C. R.*, **109**, 937 ; *Ann. Chim.
Phys.*, (6), 24, 224]. — M. Salet, en comparant les spectres du
chlorure et du fluorure de silicium, a déterminé un certain
nombre de raies appartenant au fluor ; ce sont :

*Spectre de lignes.*

$$Fl\alpha \begin{cases} 1 \dots\dots\dots\dots 692 \\ 2 \dots\dots\dots\dots 686 \\ 3 \dots\dots\dots\dots 672 \end{cases} \text{environ.}$$

$$Fl\beta \dots\dots\dots\dots 640$$
$$Fl\gamma \dots\dots\dots\dots 623$$

M. Moissan a cherché à déterminer les raies du fluor en
comparant le spectre fourni par l'étincelle éclatant dans une
atmosphère de fluor ou dans divers composés fluorés gazeux :
acide fluorhydrique, fluorure de silicium, tétrafluorure de carbone, trifluorure et pentafluorure de phosphore.

Pour ceux de ces corps qui n'attaquent pas le verre, il opérait dans des tubes de Salet. Pour le fluor, l'acide fluorhydrique,
il employait l'appareil représenté par la figure 408. Cet appareil se compose d'un tube de platine fermé aux deux bouts par
des cylindres de fluorine, laissant passer les électrodes métalliques en platine ou en or, s'arrêtant à l'intérieur du tube à
quelques millimètres l'une de l'autre, devant un tube latéral,
fermé lui aussi par une lame de fluorine transparente, permettant d'observer l'étincelle au spectroscope. Deux tubes étroits
soudés à cet appareil permettaient de le remplir de fluor par
déplacement, après en avoir chassé l'air par un courant prolongé d'azote.

Les tableaux qui suivent donnent les résultats obtenus,
exprimés en longueurs d'onde : d'abord pour l'azote avec électrodes d'or, puis de platine, et ensuite avec le fluor, l'acide
fluorhydrique, le fluorure de silicium, les deux fluorures de
phosphore, et enfin le tétrafluorure de carbone.

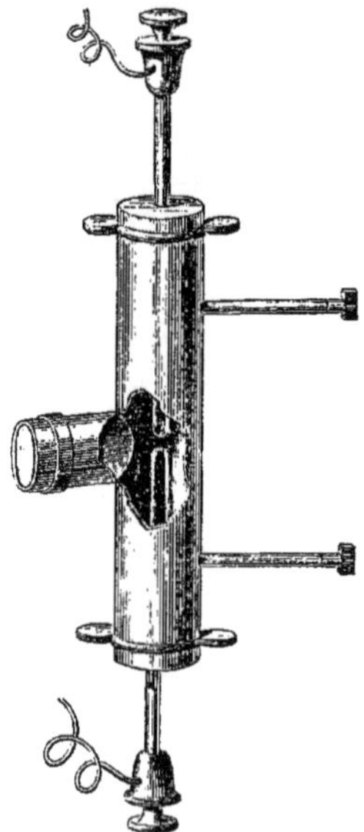

Fig. 408. — Appareil pour l'étude
du spectre du fluor.

APPAREIL EN PLATINE.

—

*Électrodes de platine; dans :*

| Azote | Fluor | | HFl |
|---|---|---|---|
| » | $\lambda = 744$ | fluor | » |
| » | 740 | — | » |
| » | 734 | — | » |
| » | 714 | — | » |
| » | 704 | — | $\lambda = 704$ fluor |
| $\lambda = 660.2$ azote | 691 | — | » |
| » | 687,5 | — | » |
| » | 685,5 | — | » |
| » | 683,5 | — | » |
| » | 677 | — | » |
| $\lambda = 656,2$ hydrog. | 656,2 hydrog. | | 656,2 hydrog. |
| » | 640,5 fluor | | 652,2 platine |
| » | 634 | — | 640 fluor |
| » | 623 | — | 634 — |

*Électrodes d'or; dans :*

| Azote | Fluor | | HFl |
|---|---|---|---|
| » | » | | » |
| » | » | | » |
| » | 734 | fluor | » |
| » | 714 | — | » |
| 660,2 azote | 704 | — | » |
| » | 691 | — | » |
| » | 687,5 | — | » |
| » | 685,5 | — | » |
| » | 683,5 | — | » |
| » | 677 | — | » |
| » | » | | » |
| 656,2 hydrog. | 640,5 | — | » |
| 648 azote | 634 | — | » |
| » | 623 | — | 623 fluor |
| 627,5 or | » | | 596,3 platine |
| » | » | | 565,5 — |
| » | » | | 583,7 — |
| 596 or | » | | 580,6 — |
| 595,5 — | » | | » |
| 595 — | » | | » |
| 594 azote | » | | » |
| 593 — | » | | » |
| 583 or | » | | » |
| 571 azote | » | | » |
| 568 — | » | | » |
| 567,5 — | » | | » |
| 566 — | » | | » |
| 523 or | » | | » |

APPAREIL EN VERRE.

—

*Électrodes de platine; dans :*

| Fluorure de silicium | | Trifluorure de phosphore | | Pentafluorure de phosphore | | Tétrafluorure de carbone | |
|---|---|---|---|---|---|---|---|
| | | | | | | $\lambda =$ | |
| » | | » | | » | | 744 | Fl |
| » | | 740 | Fl | » | | 640 | — |
| 734 | Fl | » | | » | | 734 | — |
| 714 | — | 714 | — | » | | 714 | — |
| | | 704 | — | 704 | Fl | 704 | — |
| 691 | — | 691 | — | 691 | — | 691 | — |
| 687,5 | — | » | | » | | 687,5 | — |
| 685,5 | — | 685,5 | — | 685,5 | — | 685,5 | — |
| 683,5 | — | » | | » | | 683,5 | — |
| 677 | — | 677 | — | » | | 677 | — |
| 656,2 | H | 650,6 | Ph | 650,6 | Ph | | » |
| | | 646,3 | — | 646,3 | — | | |
| 640,5 | Fl | 640,5 | Fl | 640,5 | Fl | 640,5 | — |
| 634 | — | 634 | — | 634 | — | 634 | — |
| | | 623 | — | 623 | — | 623 | — |
| 623 | — | 604,6 | | | | | |
| | | 703,5 | Ph | » | | » | |
| | | 602,5 | | | | | |
| 598 fluorure de Si | | 549,8 | Ph | » | | 596,3 | Pt |
| | | 546,1 | | » | | » | |
| | | 545,2 | Pt | » | | » | |

D'après ces deux séries d'expériences, les raies du fluor sont les suivantes, au nombre de treize, dans le rouge :

$\lambda = 744$
740   } très faibles.
734

714
704   } faibles.
691
687,5

$\lambda = 685,5$
683,5   } faibles.

677
640,5
634   } fortes.
623

*Densité* [H. Moissan, *C. R.*, **109**, 861; *Ann. Chim. Phys.*, (6), **24**, 224]. — La densité du fluor a été déterminée par M. Moissan au moyen d'un flacon semblable au ballon de Chancel, mais entièrement en platine. La figure 409 en montre la disposition. C'est un flacon dont le col porte un ajutage latéral que le bouchon, également en platine et rodé, permet d'ouvrir et de fermer par coïncidence d'un orifice ménagé dans sa paroi.

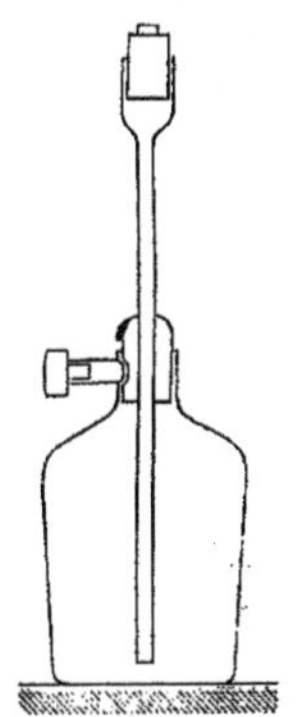

Fig. 409. — Flacon à densité.

Le tube qui plonge au fond du flacon, et qui est soudé sur ce même bouchon, sert à amener le gaz; un bouchon de platine, rodé dans sa partie élargie, permet de l'obturer.

Le flacon, d'abord rempli d'azote, était ensuite rempli de fluor par déplacement, pesé, puis retourné sur l'eau. Celle-ci absorbait le fluor, en donnant de l'acide fluorhydrique et de l'oxygène. Le gaz était mesuré, puis traité par le pyrogallate de potassium pour absorber l'oxygène et mesuré de nouveau pour connaître le volume d'azote demeuré avec le gaz. Le volume de l'appareil étant déterminé ainsi que son poids plein d'air, on obtient pour la densité du fluor par les calculs habituels les chiffres suivants :

$$1{,}264, \quad 1{,}262, \quad 1{,}265, \quad 1{,}270,$$

soit en moyenne 1,265 pour la densité du fluor.

*Liquéfaction du fluor.* — Les premiers essais de liquéfaction du fluor tentés par M. Moissan ont montré que cet élément ne présentait aucun indice de liquéfaction à la température de — 95° [H. Moissan, *Nouvelles recherches sur le fluor*, *Ann. Chim. Phys.*, (6), **24**, 224]. Ce résultat négatif peut s'expliquer assez facilement si l'on compare les points de liquéfaction des composés chlorés et fluorés. Alors que les chlorures de bore et de silicium sont liquides à la température ordinaire, les fluorures correspondants sont gazeux et bien éloignés de leur point de liquéfaction. On constate une différence du même ordre dans les composés organiques :

|  | Point d'ébullition. |
| --- | --- |
| Chlorure d'éthyle | + 12° |
| — de propyle | + 45° |
| Fluorure d'éthyle | — 32° |
| — de propyle | — 2° |

MM. H. Moissan et J. Dewar ont pu récemment liquéfier le fluor, en utilisant l'abaissement considérable de température que peut produire l'évaporation rapide de l'air ou de l'oxygène liquide.

Ces savants utilisèrent le dispositif suivant : Le fluor, préparé comme il a été dit plus haut, était purifié par son passage à travers un serpentin de platine refroidi dans un mélange d'acide carbonique solide et d'alcool, et dans deux tubes en platine remplis de fluorure de sodium pur et sec. Un tube de platine flexible, directement soudé à l'appareil dans lequel devait s'opérer la liquéfaction, servait au dégagement du fluor.

L'appareil à liquéfaction était formé de deux tubes de platine concentriques : le tube intérieur était soudé au tube à dégagement de l'appareil à fluor ; le tube extérieur, qui pouvait être mis en communication avec l'air extérieur, portait à sa base une ampoule de verre. Le gaz fluor arrivait par le tube central, passait dans l'ampoule et sortait par l'espace annulaire.

L'ampoule et environ les deux tiers de l'appareil en platine plongeaient dans de l'oxygène liquide contenu dans un vase de verre à double paroi. A la température d'ébullition tranquille de l'oxygène, —183°, le fluor passe dans l'ampoule sans présenter trace de liquéfaction ; mais si l'on abaisse la température en diminuant la pression à la surface du liquide, le fluor se liquéfie et se convertit en un liquide jaune pâle sans action sur le verre. Le point d'ébullition de ce liquide serait voisin de — 185°.

Si l'on retire l'appareil de l'oxygène, l'ébullition se produit rapidement, et l'on constate un abondant dégagement de fluor, facilement caractérisé par les réactions énergiques de cet élément.

A une température voisine de son point de liquéfaction, le fluor est sans action sur le silicium, le bore, le carbone, le soufre, le phosphore, le fer, etc. Les seuls corps présentant encore une affinité très grande pour le fluor sont les composés hydrogénés du carbone : le benzène, l'essence de térébenthine sont encore enflammés. MM. Moissan et J. Dewar ont, en outre, observé dans l'action du fluor sur l'oxygène liquide la production d'un composé blanc très détonant, qui est vraisemblablement un composé oxygéné du fluor.

*Poids atomique du fluor* [H. Moissan, *C. R.*, **111**, 570 ; *Bull. Soc. Chim.*, (3), 5, 152]. — M. Moissan a déterminé le poids atomique du fluor dans trois séries d'expériences, en décomposant les fluorures de sodium, de calcium, de baryum par l'acide sulfurique, dans un alambic de platine.

1° La première série d'expériences a porté sur le fluorure de sodium pur. Elle a fourni des chiffres oscillant pour le poids atomique du fluor entre 19,04 et 19,08, en prenant

$$Na = 23,05, \quad S = 32,078, \quad O = 16.$$

2° La deuxième a été exécutée avec le fluorure de calcium artificiel cristallisé [H. Moissan, *Bull. Soc. Chim.*, (3), 5, 152], obtenu en précipitant une solution au 1/10 de chlorure de calcium par une solution au 1/2000 de fluorure de potassium.



Elle a fourni des chiffres compris entre 19,02 et 19,08.

3° La troisième, avec le fluorure de baryum cristallisé artificiel [H. Moissan, *ibid.*], obtenu en ajoutant une solution de 18 grammes de chlorure de baryum dans 500 centimètres cubes d'eau à une solution au 1/100 de fluorure de potassium. Les chiffres obtenus sont compris entre 19,05 et 19,09.

M. Moissan prend pour le poids atomique du fluor le chiffre moyen, 19,05.

PROPRIÉTÉS CHIMIQUES [H. Moissan, *Ann. Chim. Phys.*, (6), **12** et **24**]. — L'action du fluor sur les divers corps simples ou composés a été étudiée par M. Moissan au moyen de dispositifs qui varient suivant l'état physique du corps essayé et celui des produits de la réaction.

Le fluor est conduit par un tube étroit en platine.

Les corps, s'ils sont solides et s'ils donnent des combinaisons solides avec le fluor, sont simplement exposés, sur une lame de platine à l'ouverture de ce tube, à l'action du gaz.

Si les produits formés sont volatils, les corps à essayer sont enfermés dans un tube semblable aux tubes à fluorure de sodium qui servent à la purification du fluor, et un tube de platine conduit ces produits volatils soit dans un récipient refroidi, ou bien, s'ils sont gazeux, directement sur la cuve à eau ou à mercure. Dans le cas particulier où les corps mis en expérience attaquent le platine, ou doivent être expérimentés à une température élevée à laquelle le fluor attaquerait le platine, on substitue au tube de platine un tube en fluorine muni aux extrémités d'ajutages de platine semblables à ceux des tubes à fluorure de sodium.

Les corps liquides sont placés, suivant les cas, dans de petits tubes à essais de verre ou de platine, ou encore dans les tubes qui viennent d'être décrits pour les solides.

Pour étudier l'action du fluor sur les gaz, on peut, pour de simples essais, les placer dans des tubes à essais, dans lesquels on plonge ensuite le tube de dégagement du fluor.

Pour une étude plus complète, M. Moissan employait un petit appareil composé d'un tube de platine de 15 centimètres de longueur fermé par deux plaques de fluorine transparente, et qui porte en son milieu deux petits tubes de platine, soudés à la paroi, qui pénètrent à l'intérieur et débouchent à quelques millimètres l'un de l'autre. Ces deux tubes servent à l'arrivée du fluor et du gaz à étudier. Les lames de fluorine permettent d'observer leur réaction, et un troisième tube de platine situé à une des extrémités permet de recueillir les produits de la réaction.

ACTION DU FLUOR SUR LES CORPS SIMPLES.

MÉTALLOÏDES. — *Hydrogène.* — L'hydrogène se combine à froid avec le fluor, même à l'abri de la lumière : c'est le premier exemple de la combinaison de deux corps simples gazeux sans l'intervention d'une énergie étrangère.

Lorsqu'on fait pénétrer le tube de dégagement du fluor, redressé verticalement, dans une éprouvette pleine d'hydrogène, il se produit une flamme à la sortie du tube : il y a formation d'acide fluorhydrique.

La chaleur de combinaison du fluor avec l'hydrogène a été déterminée par MM. Berthelot et H. Moissan [*C. R.*, **109**, 209] :

$$H + Fl \text{ gaz} = HFl \text{ gaz} \quad + 37^{cal},6,$$
$$H + Fl \text{ eau} = HFl \text{ dissous} + 49^{cal},4.$$

*Chlore.* — Le fluor est sans action sur le chlore à froid.

*Brome.* — Le brome au contraire se combine à froid avec le fluor. Si le brome est en vapeur, il y a dégagement de lumière; si le fluor est amené dans le brome liquide, la combinaison a lieu sans flamme.

*Iode.* — L'iode est attaqué par le fluor à froid, avec production d'une flamme pâle. Il ne se forme pas de produit gazeux ; on recueille un liquide très dense, incolore, fumant à l'air, qui attaque rapidement le verre et décompose l'eau avec beaucoup d'énergie. Ce corps rappelle par ses propriétés le fluorure d'iode, préparé par M. Gore en faisant agir l'iode sur le fluorure d'argent.

*Oxygène.* — A froid, le fluor est sans action sur l'oxygène. Il en est de même à 500°.

*Soufre.* — Le fluor attaque le soufre à froid. Le soufre fond, une flamme accompagne la réaction, et il se forme un fluorure de soufre gazeux qui, mélangé d'air ou d'oxygène, ne brûle pas au contact d'une flamme.

*Sélénium.* — A la température ordinaire, le fluor agit avec énergie sur le sélénium en donnant un composé blanc, cristallin, décomposable par l'eau et soluble dans l'acide fluorhydrique.

*Tellure.* — De même le tellure se combine avec le fluor avec incandescence ; il se forme un fluorure cristallisé, faiblement volatil et très hygroscopique, semblable à celui qu'a décrit M. Margottet.

*Azote.* — Le fluor n'agit pas sur l'azote.

*Phosphore.* — Le phosphore au contraire s'y combine avec dégagement de chaleur et de lumière.

En effectuant la réaction dans un tube de fluorine, on peut recueillir, si l'on emploie un excès de fluor, le pentafluorure de phosphore, et si le phosphore est en excès, du trifluorure de phosphore mélangé de pentafluorure. Mais cette réaction est différente de celle du chlore, car, même avec un grand excès de phosphore, on n'obtient que peu de trifluorure.

Le phosphore rouge donne lieu à la même réaction que le phosphore blanc.

*Arsenic.* — L'arsenic se combine avec le fluor à la température ordinaire avec incandescence, en donnant du trifluorure d'arsenic. Mais celui-ci paraît mélangé d'un corps plus riche en fluor, peut-être le pentafluorure : sous l'action de l'eau, il donne de l'acide arsénieux et de l'acide arsénique.

*Antimoine.* — L'antimoine s'enflamme de même dans le courant de fluor : il se forme du fluorure d'antimoine solide, blanc.

*Bismuth.* — Le bismuth ne se combine pas à froid avec le fluor ; au rouge sombre l'attaque est seulement superficielle : il se forme un enduit de couleur foncée.

*Bore.* — Le bore pur se combine avec incandescence avec le fluor dès la température ordinaire : il se forme du fluorure de bore.

*Silicium.* — Le silicium, amorphe ou cristallin, est attaqué avec une grande énergie dès la température ordinaire. Il y a incandescence et fusion du métalloïde. Du fluorure de silicium prend naissance.

*Carbone.* — Les différentes variétés de carbone sont attaquées inégalement par le fluor, et cette différence permet de les distinguer les unes des autres.

Le noir de fumée, purifié par calcination dans le chlore, devient incandescent dans un courant de fluor.

Le charbon de bois léger se comporte de même : il y a d'abord absorption du fluor, puis combinaison avec une légère explosion.

Le charbon de bois plus dense exige, pour se combiner avec le fluor, une température de 50 à 60°. La réaction une fois amorcée continue seule.

Le graphite de la fonte exige pour se combiner avec le fluor d'être porté au voisinage du rouge sombre.

Le graphite de Ceylan ne devient incandescent qu'à une température un peu plus élevée.

Le charbon de cornue ne se combine qu'au rouge. Enfin, le diamant peut être maintenu au rouge dans un courant de fluor sans perdre de son poids.

Les diverses variétés de carbone donnent, par leur action sur le fluor, naissance à des fluorures de carbone gazeux. Ces réactions sont particulièrement caractéristiques du fluor.

*Métaux.* — *Potassium, sodium.* — Ces métaux se combinent avec incandescence avec le fluor à la température ordinaire, pour donner les fluorures alcalins.

*Thallium.* — Le thallium agit de même, avec une moindre énergie.

*Calcium.* — Le calcium donne de même du fluorure de calcium, parfois cristallisé.

*Fer, magnésium, aluminium.* — Ces métaux en poudre sont transformés avec incandescence en fluorures, surtout s'ils sont chauffés légèrement. En lames, ils se recouvrent d'une mince couche de fluorure qui protège le reste contre l'attaque ultérieure.

*Chrome, manganèse, zinc, étain.* — Ces métaux pulvérisés ne se combinent avec le fluor que s'ils sont chauffés vers 200°. La réaction a lieu alors avec incandescence.

*Plomb.* — Le plomb est attaqué rapidement à chaud ; à froid l'attaque est lente ; il se forme du fluorure de plomb blanc.

*Cuivre.* — Le cuivre ne se combine avec le fluor qu'au rouge sombre ; l'attaque est faible.

*Mercure.* — Le mercure est transformé à froid en fluorure de mercure jaune.

*Argent.* — L'argent se recouvre, dès 100°, d'une couche jaune clair de fluorure d'argent ; pour l'argent pulvérisé et maintenu au rouge, la combinaison a lieu avec incandescence.

*Or.* — L'or n'est attaqué qu'au rouge sombre ; il se forme un fluorure d'or jaune clair, hygroscopique, qui, sous l'influence d'une température plus élevée, se dédouble en or et en fluor.

*Platine.* — Le platine est de même transformé au rouge sombre en deux fluorures de platine que l'action de la chaleur détruit en mettant le fluor en liberté.

*Palladium, iridium, ruthénium.* — Ces métaux sont de même transformés en fluorures au rouge sombre.

#### ACTION DU FLUOR SUR LES COMPOSÉS DES MÉTALLOÏDES.

*Hydracides.* — Le fluor décompose avec production de lumière les hydracides gazeux, en s'emparant de l'hydrogène pour donner de l'acide fluorhydrique, et en mettant l'élément halogène en liberté. Avec l'acide chlorhydrique, le chlore demeure libre ; le fluor se combine au contraire avec l'iode et avec le brome des acides iodhydrique et bromhydrique, pour donner des fluorures d'iode ou de brome.

Avec les hydracides dissous dans l'eau, la réaction est violente, et se complique de celle du fluor sur ce liquide.

*Eau.* — L'action du fluor sur l'eau est très

vive : il y a formation d'acide fluorhydrique et d'oxygène plus ou moins riche en ozone. M. Moissan, en emplissant de fluor un tube de platine, fermé aux deux bouts par des lames de fluorine, et en y introduisant une goutte d'eau, a pu constater la formation de l'ozone par la teinte bleue caractéristique de ce gaz. M. Moissan pense que, dans cette expérience, l'excès du fluor agit sur l'ozone formé et qu'il se forme une combinaison oxygénée du fluor, aisément détruite par un excès d'eau et par la chaleur.

*Composés du soufre.* — L'hydrogène sulfuré à l'état gazeux est détruit par le fluor, avec production de lumière et formation d'acide fluorhydrique et de fluorure de soufre.

Le fluor brûle dans une atmosphère d'acide sulfureux ; il attaque de même l'acide sulfurique, sans doute en donnant des oxyfluorures de soufre.

Le fluor réagit avec incandescence sur le gaz ammoniac, sur l'acide azotique, sur le trichlorure et le pentachlorure de phosphore ; avec ces deux derniers corps, il se forme du chlore et du pentafluorure de phosphore.

Il est sans action sur le pentafluorure et l'oxyfluorure de phosphore, mais il se combine avec flamme avec le trifluorure de phosphore gazeux, qu'il transforme en pentafluorure.

Le chlorure d'arsenic, sous l'influence du fluor, perd son chlore et donne du fluorure d'arsenic.

Le fluor est absorbé par le trifluorure d'arsenic avec dégagement de chaleur, ce qui semble indiquer la formation d'une combinaison plus riche en fluor.

L'acide arsénieux est attaqué avec production de fluorure d'arsenic.

Le fluor décompose le chlorure de bore avec flamme : il se forme du chlore et du fluorure de bore.

L'anhydride borique donne de même, avec incandescence, du fluorure de bore et de l'oxygène.

Le chlorure de silicium, refroidi à —23°, n'est pas décomposé par le fluor ; mais à +40° il se produit une flamme faible et du fluorure de silicium se forme, mélangé de chlore.

La silice sèche est attaquée à froid par le fluor avec incandescence. Il y a formation de fluorure de silicium et d'oxygène.

Ni l'oxyde de carbone, ni l'acide carbonique ne donnent à froid de réaction avec le fluor.

Le sulfure de carbone au contraire, liquide ou en vapeurs, est décomposé avec lumière et formation de fluorures de soufre et de carbone.

Le fluor n'agit guère sur le tétrachlorure de carbone au-dessous de 15°. Mais, vers 30°, il y a substitution du fluor au chlore, et on obtient du tétrafluorure de carbone.

Le fluor détruit de même le cyanogène, avec production d'une flamme blanche.

#### ACTION SUR LES COMPOSÉS MÉTALLIQUES.

*Chlorures.* — Le fluor déplace à froid le chlore des chlorures alcalins et alcalino-terreux, des chlorures d'argent et d'antimoine, qu'il transforme en fluorures. Ceux de chrome et de mercure sont décomposés sous l'influence de la chaleur.

*Bromures.* — Les bromures sont de même décomposés, avec incandescence ; en même temps il y a formation de fluorure de brome. Les bromures de chrome et de zinc ne sont attaqués qu'au rouge.

*Iodures.* — Dès que l'iodure de potassium est au contact du fluor, l'iode est mis en liberté et se combine avec flamme avec le fluor. Il en est de même des iodures alcalino-terreux, de l'iodure de mercure. L'iodure de plomb est attaqué également à froid ; celui de cuivre, au rouge sombre seulement.

*Cyanures.* — La plupart des cyanures, ferrocyanures, sulfocyanures, sont attaqués par le fluor à froid ; le cyanure de potassium cependant ne réagit que s'il est chauffé.

*Oxydes.* — La potasse fondue est attaquée par le fluor, avec formation de fluorure et mise en liberté d'oxygène ozoné.

La chaux anhydre est portée à l'incandescence ; il se dégage de l'oxygène et il y a formation de fluorure de calcium.

La baryte, l'alumine, agissent de même.

Les oxydes de fer ne sont décomposés qu'avec le concours de la chaleur ; il se forme un fluorure blanc de fer.

Les oxydes de nickel, au contraire, sont transformés à froid.

Les divers oxydes de plomb, sauf l'oxyde puce qui est attaqué à froid, l'oxyde de zinc, les oxydes de cuivre et de mercure, donnent, à chaud seulement, naissance à un fluorure.

*Sulfures.* — Les sulfures alcalins et alcalino-terreux, le sulfure d'antimoine sont transformés à froid en fluorures, avec formation accessoire de fluorure de soufre.

D'autres sulfures, tels que ceux de fer, exigent le concours de la chaleur.

*Azotures.* — Les azotures de bore et de titane sont décomposés avec incandescence. Pour le premier, la réaction a lieu à froid, avec formation de fluorure de bore.

*Phosphures.* — Les phosphures métalliques sont détruits par le fluor, avec formation de fluorure métallique et dégagement de pentafluorure de phosphore. Certains donnent cette réaction dès la température ordinaire, comme le phosphure de calcium. D'autres à 100°, comme le phosphure de cuivre ; d'autres à température plus élevée, comme le phosphure de zinc.

*Sulfates.* — Les sulfates sont décomposés par le fluor avec formation de fluorure métallique et formation de corps volatils, sans doute d'oxyfluorures de soufre. Mais cette réaction ne s'effectue généralement pas à froid ; il est nécessaire de porter le sel au rouge : c'est le cas des sulfates de potassium, de manganèse, de cuivre.

*Azotates.* — Les azotates résistent davantage à l'action du fluor. L'azotate d'argent ne donne du fluorure d'argent qu'au rouge sombre. Il en est de même de l'azotate de plomb, et la réaction est faible. L'azotate de potassium ne réagit pas, même au rouge sombre.

*Phosphates.* — Les phosphates sont plus aisément attaqués, à cause de la combinaison accessoire du phosphore et du fluor (oxyfluorure de phosphore sans doute).

Le phosphate de calcium est décomposé à froid, avec incandescence et formation de fluorure de calcium. Avec les phosphates de sodium, de manganèse, de zinc, il est nécessaire de chauffer au rouge sombre.

*Carbonates.* — Les carbonates fournissent, même à froid, avec le fluor une réaction très énergique qui les porte à l'incandescence : il se produit un dégagement de gaz parmi lesquels on constate la présence de l'oxygène et il y a formation d'un fluorure métallique. Le carbonate de sodium en particulier donne une réaction très énergique ; le bicarbonate au contraire serait sans action.

*Borates.* — Les borates sont de même attaqués par le fluor : soit à froid, borate de cuivre ; soit au rouge, borates de sodium et de zinc.

#### ACTION SUR QUELQUES COMPOSÉS ORGANIQUES.

L'action du fluor sur les composés organiques

est très violente : les corps sont généralement portés à l'incandescence ; le fluor s'empare d'abord de l'hydrogène, puis du carbone mis à nu et le transforme en fluorure de carbone.

*Carbures d'hydrogène.* — Le fluor, amené par un tube de platine dans une atmosphère de formène ou d'éthylène, y produit une flamme : il se forme de l'acide fluorhydrique et du charbon se dépose ; une partie du carbone est transformée en divers fluorures de carbone ; il ne se forme qu'en petite proportion du tétrafluorure de carbone.

Si le fluor se dégage dans un liquide, tel que le benzène, chaque bulle gazeuse paraît incandescente. Les carbures solides sont détruits de même, avec dépôt de charbon.

La paraffine n'est attaquée que lentement à froid ; légèrement chauffée, elle s'enflamme.

*Dérivés halogénés.* — Le fluor détruit les dérivés halogénés (chlorure de méthyle, iodure d'éthyle, chloroforme, etc.) en mettant l'halogène en liberté, puis s'emparant de l'hydrogène et parfois du carbone pour donner de l'acide fluorhydrique et des fluorures de carbone.

Les *alcools*, les *aldéhydes*, les *acides*, les *éthers*, donnent lieu aux mêmes réactions que les carbures : destruction de la molécule, formation d'acide fluorhydrique et de fluorures de carbone.

L'action du fluor semble diminuer toutefois avec l'accumulation des fonctions oxygénées dans la molécule. Ainsi la glucose, la mannite, et surtout la saccharose, résistent à froid à l'action du fluor, tandis que les alcools méthylique ou éthylique, l'aldéhyde, etc., sont rapidement détruits. De même, l'acide citrique, l'acide tartrique, résistent à cette action, tandis que l'acide acétique est décomposé avec flamme.

Les acides benzoïque, salicylique, gallique, sont immédiatement détruits. L'acide picrique résiste au contraire d'une façon particulière.

Les alcaloïdes sont également détruits à froid, sauf la strychnine.

*Place du fluor dans les classifications des corps simples.* — Par l'ensemble de ses propriétés, le fluor se place nettement en tête de la famille : fluor, chlore, brome, iode. Il est coloré comme le chlore, le brome et l'iode, moins cependant que le premier de ceux-ci. Il est plus difficilement liquéfiable aussi, et moins dense que lui.

Comme ces métalloïdes, il se combine avec l'hydrogène, volume à volume, pour donner un volume double du sien d'acide fluorhydrique, comparable lui aussi, sauf pour la volatilité, aux trois autres hydracides fournis par les corps de cette famille.

Il forme avec le silicium, le bore, le phosphore des combinaisons gazeuses qui offrent avec les dérivés chlorés de ces mêmes corps les plus grandes analogies.

Les fluorures métalliques sont souvent isomorphes des chlorures.

Il est à remarquer que si les composés formés par le fluor avec les métalloïdes sont plus volatils que les combinaisons analogues où entre le chlore, les fluorures métalliques sont plus difficilement fusibles que les chlorures correspondants. Il convient de rappeler d'assez nombreux écarts de propriétés entre les chlorures et les fluorures, qui dans certains cas se rapprochent plus des oxydes. Tels sont les fluorures de calcium, d'argent, d'aluminium, qui offrent des propriétés physiques très différentes de celles des chlorures correspondants.

Mais les propriétés des combinaisons fournies par le fluor avec le carbone et celles des fluorures des radicaux organiques tendent aussi à faire placer le fluor en tête de la famille du chlore. **M. Meslans.**

**FLUOR (ANALYSE).** — Les caractères analytiques du fluor ont été indiqués sommairement dans le Dictionnaire (voyez Dict., 1, 1471 et 1er Suppl., 830), ainsi que les caractères microchimiques (voyez 2e Suppl., 1, 266) et quelques procédés de dosage. Depuis quelques années, plusieurs méthodes de dosage de cet élément ont été imaginées, et ont permis la recherche et la détermination du fluor dans un très grand nombre de minéraux. Nous examinerons les principales d'entre elles, et aussi le dosage du fluor dans les composés organiques fluorés.

### DOSAGE DU FLUOR DANS LES SUBSTANCES MINÉRALES.

*Dosage dans les fluorures solubles.* — Le fluor est généralement dosé dans les combinaisons solubles par précipitation à l'état de fluorure de calcium, de baryum ou de plomb. Le dosage à l'état de fluorure de calcium est le plus souvent employé [voy. Dict., *loc. cit.*].

*Dosage du fluor dans les composés attaquables par l'acide sulfurique.* — Lorsque le composé fluoré est attaquable par l'acide sulfurique, il est facile d'en dégager le fluor sous forme d'acide fluorhydrique ou, si l'on opère en présence de silice, sous la forme de fluorure de silicium. La plupart des procédés de dosage sont basés sur l'une ou l'autre de ces réactions.

*Procédé Fresenius.* — Fresenius conseille de traiter le fluorure à analyser par l'acide sulfurique monohydraté à la température de 150-160°. Le fluorure de silicium est décomposé par l'eau, et le dispositif employé est tel, que les produits de la décomposition sont retenus dans une série de tubes tarés, dont l'augmentation de poids donne la quantité de fluor. La substance soumise à l'analyse doit être exempte de carbonates (on peut au préalable chasser l'acide carbonique par l'acide tartrique ou l'acide citrique). L'appareil employé se compose d'une fiole à fond plat, fermée par un bouchon de caoutchouc à deux trous donnant passage à deux tubes de verre, dont l'un plonge jusqu'au fond et est relié avec un sécheur permettant de faire traverser l'appareil par un courant d'air sec et privé d'acide carbonique ; l'autre, servant de tube à dégagement, est relié à une série de tubes en U comprenant 1 tube vide, 1 tube rempli de chlorure de calcium fondu et 3 tubes tarés destinés à l'absorption du fluorure de silicium (un premier tube, renfermant, séparés par des tampons de coton, de la ponce imbibée d'eau, de la chaux sodée et du chlorure de calcium fondu, le second contient de la chaux sodée et du chlorure de calcium, et le troisième du verre arrosé d'acide sulfurique), enfin un dernier tube témoin renfermant de la chaux sodée et du chlorure de calcium. Le fluorure de silicium et l'acide carbonique, que l'acide hydrofluosilicique pourrait libérer de la chaux sodée, se trouvent ainsi totalement absorbés.

L'appareil étant bien étanche, on met dans le ballon un poids déterminé de la substance finement pulvérisée et additionnée de 10 à 15 fois son poids de silice (quartz en poudre calciné à l'air), et de 40 à 50 centimètres cubes d'acide sulfurique. On fait arriver un courant d'air modéré et l'on chauffe jusqu'à 150-160°. L'opération dure de 1 heure à 3 heures, suivant la quantité de matière introduite. On cesse de chauffer et on interrompt le courant d'air ; on pèse les tubes à absorption, on remonte l'appareil, on chauffe de nouveau à 150-160° et l'on fait une nouvelle pesée. Une légère erreur est due à la formation d'un peu d'acide sulfureux et d'acide carbonique, provenant de l'action de l'acide sulfurique sur le caoutchouc. On peut faire une correction en retranchant de l'accroissement de poids 0gr,001 pour chaque heure pendant laquelle passé le courant d'air. Cette méthode est très employée et fournit des résultats satisfaisants [Fresenius, *Traité de Chimie analytique*; *Zeit. analyt. Chem.*, **5**, 190].

*Procédé Carnot.* — M. A. Carnot fait dégager le fluor sous la forme de fluorure de silicium et reçoit ce gaz dans une solution de fluorure de potassium concentrée et pure. Il se forme un précipité de fluosilicate dont le poids permet de calculer le fluor et, s'il y a lieu, le silicium. La réaction est exprimée par la formule

$$SiFl^4 + 2KFl = SiFl^6K^2.$$

L'appareil (fig. 410) comporte une petite fiole A de 150 centimètres cubes de capacité, fermée au moyen d'un bouchon à deux trous laissant passer

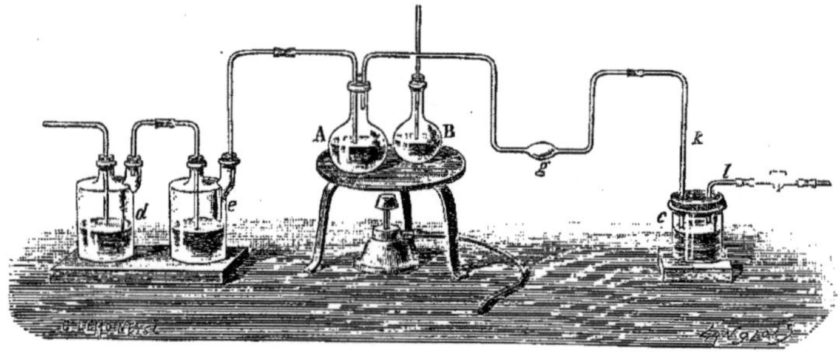

Fig. 410. — Appareil de M. Carnot.

un premier tube destiné à amener un courant d'air ou d'acide carbonique parfaitement sec; le second, deux fois recourbé, amène les gaz au fond d'un vase c, dans lequel on a versé un peu de mercure et 20 centimètres cubes de la solution de fluorure de potassium pur; l'extrémité de ce tube est recourbée et plonge sous le mercure. Un aspirateur relié en *l* permet de régler le courant gazeux. Le tube coudé porte une ampoule vide g destinée à retenir l'acide sulfurique entraîné. Si la matière à analyser renferme des chlorures, il est nécessaire d'intercaler entre la fiole et le flacon un tube à ponce imprégnée de sulfate de cuivre déshydraté pour arrêter l'acide chlorhydrique. Ce dernier agissant sur le fluorure de potassium aurait l'inconvénient de mettre en liberté de l'acide fluorhydrique qui attaquerait les parois du flacon. L'appareil doit être parfaitement desséché.

On prend de la substance à doser un poids tel qu'il ne renferme pas plus de 0gr,100 de fluor, et on le mélange au mortier d'agate avec de la silice dans les proportions de 10 parties de silice pour 1 partie de fluor.

Dans le cas où la teneur en fluor est inférieure à 5 ou 6 0/0, on augmente un peu la quantité de silice. La matière est introduite dans la fiole avec 40 centimètres cubes d'acide sulfurique concentré, on fait passer le courant d'air ou d'acide carbonique et l'on chauffe la fiole sur une plaque de fer sous laquelle on allume un brûleur; on dispose un autre récipient identique, placé à égale distance du brûleur, dans lequel on verse 40 centimètres cubes d'acide sulfurique et on y place un thermomètre. On règle le brûleur de manière à maintenir la température vers 160° sans jamais dépasser ce point. On agite de temps en temps pour faire dégager toutes les bulles gazeuses. L'opération dure de 1 heure et demie à 2 heures.

On décante alors immédiatement le liquide surnageant le mercure, et on lave le flacon et le mercure à plusieurs reprises avec un peu d'eau. On réunit les liquides, dont le volume total ne doit pas dépasser 100 centimètres cubes; on ajoute un volume égal d'alcool à 90° et on laisse déposer. Le précipité une fois rassemblé, on décante sur filtre taré et on ajoute de l'alcool étendu, on fait tomber le dépôt sur le filtre et on continue de laver avec de l'alcool additionné de son volume d'eau, jusqu'à ce que le liquide ne se trouble plus par le chlorure de baryum. On sèche à 100° et on pèse jusqu'à poids constant :

Pour 1 de $SiFl^4 . 2KFl$, $Fl^4 = 0,34511$.

L'acide sulfurique employé doit être au préalable chauffé vers son point d'ébullition, et le quartz essayé en vue de la recherche du fluor. La solution de fluorure de potassium additionnée de son volume d'alcool ne doit pas fournir de précipité.

Cette méthode donne de bons résultats, et a permis à M. Carnot de déterminer la quantité de fluor contenue dans un grand nombre de minéraux, notamment dans les apatites, les phosphorites et les phosphates sédimentaires. Il a également pu doser le fluor renfermé dans les os modernes et fossiles, et établir les relations existant entre leurs teneurs en fluor à diverses périodes géologiques [Carnot, *Bull. Soc. Chim.*, (3), **9**, 75].

*Procédé H. Lasne.* — Le fluor est dégagé à l'état de fluorure de silicium, et ce dernier est recueilli dans une solution de soude caustique. Le dégagement terminé, la solution est portée à l'ébullition, de façon à transformer le fluosilicate formé en un mélange de fluorure et de silicate dans lequel on dose le fluor par les procédés connus.

L'appareil employé pour dégager et recueillir le fluorure de silicium se compose d'un ballon à fond plat, muni d'un bouchon traversé de deux tubes, le tout bien desséché; on y verse 50 centimètres cubes d'acide sulfurique aussi concentré que possible et 10 grammes de sable pur, puis la matière à analyser, en quantité telle qu'elle puisse fournir 0gr,2 de fluorure de calcium. On met aussitôt en communication avec l'appareil à absorption, composé de deux flacons laveurs. Le tube plongeur du premier doit être élargi à 15 millimètres environ, afin d'éviter l'obstruction par le dépôt de silice. Le premier flacon renferme 2$^{gr}$,5 de soude caustique en solution dans 25 centimètres cubes d'eau, le second 0$^{gr}$,5 dans le même volume d'eau. On fait arriver dans le ballon un courant d'air sec et on chauffe au bain de sable à 180-200°.

On agite de temps en temps le ballon; au bout d'une heure l'opération est terminée. On laisse refroidir en maintenant le courant d'air, puis on réunit les liquides des deux flacons ainsi que les eaux de lavage dans une fiole jaugée de 125 centimètres cubes, que l'on remplit incomplètement.

La liqueur doit être alcaline; on la chauffe à l'ébullition pendant un quart d'heure, on y ajoute quelques gouttes d'une solution de phtaléine à 1/2000, et on fait passer un courant d'acide carbonique jusqu'à décoloration.

La solution est ensuite maintenue vers 50° pendant une demi-heure, et additionnée de temps à autre de carbonate d'ammonium, afin de séparer complètement la silice. On refroidit vivement; on complète le volume à 125 centimètres cubes, on filtre sur un grand filtre à plis sur un entonnoir et un verre secs, on prélève 100 centimètres cubes, sur lesquels on continue le dosage : on évite ainsi le lavage de la silice gélatineuse.

L'erreur commise en ne tenant pas compte du volume du précipité est absolument négligeable. Si la silice n'était pas complètement séparée, on additionnerait les 100 centimètres cubes prélevés d'une petite quantité de solution ammoniacale d'oxyde de zinc, et on ferait bouillir ensuite pour chasser l'ammoniaque. Il est bon de faire passer un courant d'air pour éviter les soubresauts. On filtre et on lave.

La liqueur est alors additionnée de quelques gouttes d'une solution à 1/2000 de tropéoline 00, puis d'acide chlorhydrique pur étendu jusqu'à neutralisation, point qu'il ne faut pas dépasser afin d'éviter l'attaque du verre. On ajoute aussitôt une solution de carbonate de sodium représentant 0$^{gr}$,5 de carbonate anhydre pour ne pas avoir, par la suite, des précipités trop volumineux. On porte à l'ébullition pour chasser l'excès d'acide carbonique, puis on ajoute un léger excès de chlorure de calcium. On recueille le précipité formé d'un mélange de carbonate et de fluorure, on lave et on calcine. On ajoute de l'acide acétique et on évapore à sec; on reprend par l'eau, on jette sur filtre, on sèche, on calcine et l'on pèse le fluorure de calcium [H. Lasne, *Bull. Soc. Chim.*, (2), **50**, 167].

*Procédé H. Offermann.* — La substance à analyser, qui peut renfermer des carbonates, des chlorures ou des matières organiques, est mélangée avec 15 parties de quartz pulvérisé et calciné, et placée dans un flacon de 200 centimètres cubes muni de deux tubes pour l'admission de l'air et l'échappement des gaz, ainsi que pour l'introduction de l'acide sulfurique. L'air débarrassé d'acide carbonique et séché doit traverser l'appareil avec une vitesse de 2 bulles par seconde. L'attaque de la matière se fait à la température de 150-160°. Le mélange de fluorure de silicium et d'air traverse un tube en U vide, puis un tube à chlorure de calcium fondu, et un autre à ponce imprégnée de sulfate de cuivre anhydre, enfin un tube débouchant sous le mercure dans un vase renfermant 150 centimètres cubes d'eau. Quand la décomposition est complète, on titre la liqueur acide en présence d'un peu de teinture de cochenille. 1 centimètre cube d'alcali normal correspond à 0,19 de fluor [*Zeit. Anal. Chem.*, **29**, 615].

*Procédé Chapmann.* — Ce procédé s'applique surtout au dosage du fluor dans les phosphates du commerce.

L'acétate d'ammoniaque acide ou la solution ammoniacale du commerce saturée par l'acide acétique en excès, ajoutés à une solution acide de fluorure de calcium, précipitent complètement ce dernier, mais non le phosphate de calcium. Cette réaction est appliquée par l'auteur au dosage du fluor dans les phosphates : 2$^{gr}$,5 de phosphate sont calcinés pendant quelques instants dans un creuset de platine, et traités ensuite par l'acide chlorhydrique étendu. Dans ces conditions, le phosphate de fer et le phosphate d'alumine n'entrent pas en solution. Le résidu insoluble est mélangé au mortier avec une petite quantité d'acide chlorhydrique étendu à 10 0/0. La liqueur est jetée sur filtre, et après lavage les liquides sont réunis et amenés au volume de 250 centimètres cubes. On prélève 100 centimètres cubes et on précipite le fluorure de calcium par addition d'acétate d'ammoniaque acide. On jette sur filtre, on lave, et on termine le dosage en prenant les précautions usitées [A. Chapmann, *Chem. News*, **54**, 287].

*Procédé Jannasch et A. Röttgen.* — Le fluor est dégagé à l'état de fluorure de silicium par attaque de la substance au moyen de l'acide sulfurique dans un appareil en platine.

Cet appareil se compose d'un petit vase à distiller A d'une capacité de 75 centimètres cubes (fig. 411). Le col a 11 centimètres de longueur

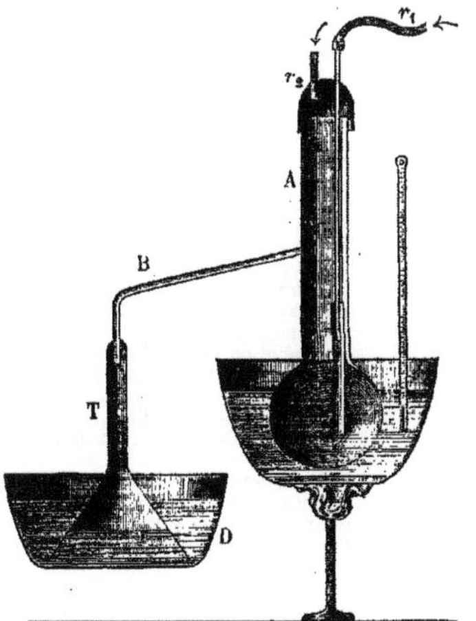


Fig. 411. — Appareil de MM. Jannasch et Röttgen.

A, ballon à distiller.
B, tube à dégagement.
T, entonnoir.

sur 1$^{cm}$,9 de diamètre, et porte latéralement un tube de 22 centimètres de long s'engageant dans un entonnoir T en platine. Le ballon est fermé par un capuchon de platine traversé par deux tubes $r_2$, $r_1$, dont l'un plonge au fond du ballon. Avant l'opération, on place le bout du tube B dans l'entonnoir renversé, qui est lui-même placé dans une capsule de platine D de 400 centimètres cubes, dans laquelle se trouve une dissolution renfermant 4 grammes de soude chimiquement pure. On prend environ 0gr,5 de fluorure, que l'on introduit dans le récipient; on ajoute au moyen d'un long entonnoir 50 centimètres cubes d'acide sulfurique, on bouche l'appareil et on ferme tous les joints avec une solution de gutta-percha.

On fait arriver par le tube $r_2$ un courant lent d'acide carbonique, et par le tube $r_1$ un courant d'air plus rapide. L'appareil étant bien sec et parfaitement étanche, on chauffe le ballon vers 150-160°, au moyen d'un bain d'une solution concentrée d'acide phosphorique. L'acide fluorhydrique se rend dans la capsule renfermant la solution alcaline. Il est bon de recouvrir cette capsule d'un verre de montre perforé qui doit rester poli.

Après 5 ou 6 heures, on cesse de chauffer, et on vérifie que l'acide sulfurique ne renferme plus de fluor et qu'il ne reste pas de fluorure inattaqué.

On lave l'entonnoir et le verre de montre, et on sature l'excès de soude par un courant d'air contenant de l'acide carbonique. On ajoute à chaud une solution de chlorure de calcium à 25 0/0, et on laisse déposer pendant 1 ou 2 heures; on filtre, on lave à l'eau chaude et on calcine dans une capsule de platine; on reprend par l'acide acétique étendu, et l'on continue le dosage comme à l'ordinaire [*Zeit. anorg. Chem.*, 9, 267].

*Procédé H. Ost.* — Ce procédé a été appliqué par l'auteur au dosage du fluor dans les cendres des plantes. On prend de 15 à 25 grammes de la plante desséchée et réduite en poudre grossière, on incinère et on ajoute aux cendres une fois et demie environ leur poids de silice. Le tout est attaqué au creuset de platine par 5 grammes de carbonate sodico-potassique, en chauffant d'abord sur le bec Bunsen, puis pendant 5 minutes à la lampe d'émailleur. On épuise la masse par l'eau chaude et à la liqueur filtrée on ajoute du carbonate d'ammonium; on chauffe, on laisse de nouveau déposer pendant 24 heures et on filtre à froid; on lave à l'eau contenant un peu de carbonate d'ammonium. Il reste sur le filtre de la silice, de l'alumine et d'autres oxydes. La liqueur est concentrée à chaud, et quand elle ne renferme plus d'ammonium, on la verse dans une capsule de platine et on l'additionne d'une goutte de solution de phtaléine du phénol. Après quoi on ajoute de l'acide azotique de façon à laisser à la liqueur une très faible alcalinité; on verse alors une solution ammoniacale d'oxyde de zinc et on évapore à sec.

On reprend par l'eau, on filtre le liquide qui renferme tout le fluor à l'état de fluorure de sodium exempt de silice. On neutralise à peine par l'acide azotique et on précipite par le chlorure de calcium. Le précipité recueilli sur filtre est placé dans une capsule de platine et on l'arrose d'acide azotique. Ce dernier acide est chassé par évaporation, le résidu formé de fluorure et de phosphate de calcium est repris par l'eau; c'est sur lui que l'acide fluorhydrique est dosé par la corrosion d'une lame de verre.

On prend comme terme de comparaison du fluorure de calcium pur, qu'on chauffe dans un creuset de platine avec quelques gouttes d'acide sulfurique à 60 0/0. On chauffe au bain de sable à 100-150° pendant 8 heures, puis finalement jusqu'à apparition des vapeurs d'acide sulfurique.

La lame de verre ayant été pesée avant l'opération, on la pèse après, et on trouve qu'à 1 milligramme de fluorure de calcium correspond une perte de poids de 8 à 9 milligrammes.

Ce procédé a permis de déceler dans les cendres des plantes 0,1 0/0 de fluor [*D. chem. G.*, 26, 151].

*Procédé G. Nivière et A. Hubert.* — Les auteurs avaient en vue de doser le fluor dans les vins; ils opèrent de la façon suivante : On prend 100 ou 200 centimètres cubes de vin dans le cas d'une recherche qualitative, 1 litre pour le dosage, et on ajoute du carbonate de sodium jusqu'à réaction alcaline; on verse 2 ou 3 centimètres cubes d'une solution de chlorure de calcium à 10 0/0, et on fait bouillir pendant quelques minutes. On jette sur un filtre sans plis et on calcine. Les cendres obtenues sont intimement mélangées avec un tiers de leur poids de silice précipitée, et le mélange est introduit dans un tube à essai avec 1 demi-centimètre cube d'un mélange d'acide sulfurique à 66° et d'acide de Nordhausen à parties égales. On adapte au tube à essai une ampoule de 7 à 10 millimètres en verre aminci, et on place dans la boule du milieu une goutte d'eau; s'il y a du fluor, on voit se former un dépôt de silice. On reprend par l'eau le contenu du tube, on lave soigneusement et on ajoute une solution d'acétate de potassium dans l'alcool très dilué; on recueille le précipité de fluosilicate formé et on pèse.

On doit au préalable faire un essai à blanc avec les cendres du filtre et employer toujours de la silice précipitée calcinée; enfin prendre un mélange d'acide sulfurique à 66° et d'acide de Nordhausen, afin d'éviter la décomposition d'une partie du fluorure de silicium. Ce procédé permet de déceler 1 gramme de fluorure dans un hectolitre de vin.

*Dosage volumétrique.* — MM. T. Haga et Y. Osaka ont recherché quels étaient les meilleurs indicateurs pour le dosage acidimétrique de l'acide fluorhydrique. Leurs essais leur ont montré que le méthylorange devait être rejeté; la phénacétoline, la cochenille et le bois du Brésil donnent de meilleurs résultats, mais il est préférable d'employer le tournesol, le lacmoïde, l'acide rosolique ou le curcuma, et surtout la phtaléine du phénol quand la neutralisation a lieu par l'ammoniaque.

M. Moissan préfère l'emploi de la phtaléine du phénol.

*Procédé Félix Œttel. Fluoromètre.* — Dans ce procédé, le composé fluoré est décomposé par l'acide sulfurique concentré en présence du quartz, et le fluorure de silicium produit est mesuré dans un appareil analogue à celui de Scheibler pour le dosage de l'acide carbonique.

L'appareil dans lequel se fait l'opération est désigné par l'auteur sous le nom de *fluoromètre* (fig. 412). Il comprend trois parties : un vase à dégagement A, un tube gradué B et un tube de niveau C.

On évite dans la construction de cet appareil le liège et le caoutchouc, qui pourraient introduire des causes d'erreur.

Le petit vase A est muni d'un tube de verre $a$ de 8 à 10 millimètres de large, qui est soudé d'un côté au ballon $b$ de 100 centimètres cubes environ; l'autre extrémité porte un renflement $e$ fermé par un bouchon à l'émeri. A la moitié de $a$, un tube recourbé $e$ s'ajuste à la partie supérieure d'une burette graduée B; en $f$ se trouve une fermeture analogue à celle qui est en $c$; l'entonnoir entourant le bouchon est destiné à recevoir du mercure pour assurer un joint parfait. La burette B est d'une capacité de 150 centimètres et est divisée en cinquièmes de centimètre cube. Un trait opaque est tracé en $g$, le zéro de la division est un peu plus bas, de 7 à 10 centimètres au-dessous. La burette est reliée au vase de niveau C par un tube de caoutchouc épais.

On opère comme suit : On lève le vase C pour remplir la burette de mercure jusqu'au zéro, on ferme la pince *h* et on verse de l'acide sulfurique concentré jusqu'en *g*. On place alors le vase A bien sec après y avoir introduit la substance pulvérisée et mélangée de 20 parties de quartz calciné. On met en *f* assez de mercure pour recouvrir le bouchon, et on abandonne l'appareil à lui-même pendant un quart d'heure pour l'amener à la température de la chambre. On note la température et la pression et on

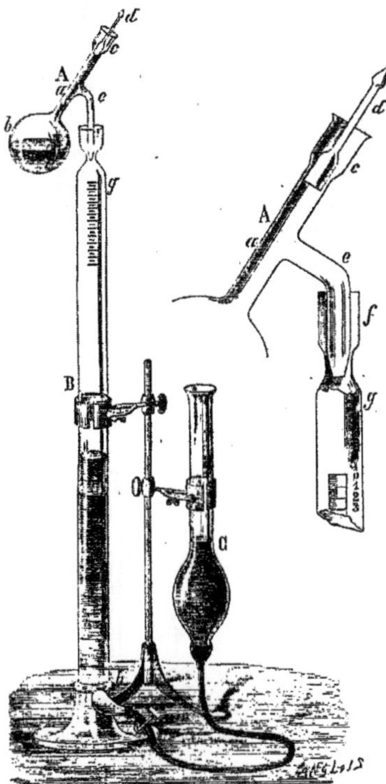

Fig. 412. — Fluoromètre de M. Félix Œttel.

A, vase à dégagement.
B, tube gradué.
C, tube de niveau.

laisse ensuite couler en A, au moyen d'une pipette, 50 centimètres cubes d'acide sulfurique concentré ; le bouchon *d* est mis en place et recouvert de mercure. Quand l'appareil est ainsi préparé, on procède au dégagement du fluorure de silicium. On ouvre la pince en *h* pour faire le vide en A, et on chauffe doucement le ballon jusqu'au commencement d'ébullition de l'acide sulfurique. Au bout de 20 ou 25 minutes le dégagement est terminé, la paroi de verre est légèrement mouillée, l'acide ne mousse plus et le quartz tombe rapidement au fond. On abandonne l'appareil à lui-même pendant 2 heures, et on rétablit de temps en temps la pression au

moyen du vase de niveau C. On fait les lectures en mettant les deux niveaux de mercure dans le même plan. Si au début le ménisque était au zéro, on a immédiatement le volume. On note la hauteur de l'acide sulfurique pour la déduire de la pression barométrique, et on réduit à 0° et 760 millimètres. Si la température et la pression ont varié pendant la durée de l'expérience, la correction doit porter théoriquement, non sur le fluorure de silicium, mais sur le mélange de fluorure de silicium et d'air ; la correction totale ne comportant rarement pas plus de quelques centièmes de centimètre cube, il est inutile de connaître le volume de l'air. Le chiffre obtenu directement est trop faible par suite de la solubilité du fluorure de silicium dans l'acide sulfurique : pour le volume d'acide sulfurique employé, il faut ajouter $1^{cm3},4$ au volume de gaz réduit à 0° et 760 millimètres.

1 centimètre cube de fluorure de silicium mesuré à 0° et 760 millimètres contient $3^{mgr},4361$ de fluor.

On doit employer de l'acide sulfurique préalablement chauffé avec de la fleur de soufre jusqu'à commencement d'ébullition, décanté et concentré aux 2/3 du volume primitif. Cette précaution est indispensable, car l'acide du commerce contient de l'eau qui décompose une partie du fluorure de silicium.

Cette méthode s'applique à toutes les substances qui ne dégagent aucun autre gaz que le fluorure de silicium.

L'exactitude est comparable à celle du procédé de Fresenius : l'avantage réside surtout dans l'économie de temps ; un dosage dure 3 heures, mais n'occupe l'expérimentateur que pendant 1 demi-heure. En plongeant l'appareil dans l'eau froide, on peut réduire la durée à 1 heure.

Cette méthode s'applique très bien au dosage du spath fluor et de la cryolithe. [*Zeit. anal. Chem.*, **25**, 505].

SÉPARATION DU FLUOR D'AVEC LE SILICIUM. — La séparation du fluor et du silicium présentant toujours quelques difficultés, nous avons cru devoir donner ici les procédés susceptibles de fournir de bons résultats.

Berzélius fondait la substance avec de la soude, reprenait la masse par l'eau et dosait la silice dans la dissolution et dans le résidu.

MM. Fresenius et Hintz décomposent la substance par l'acide sulfurique concentré dans un vase de plomb traversé par un courant d'air sec, et absorbent l'acide fluorhydrique et le fluorure de silicium par l'ammoniaque. Le contenu du tube de plomb est repris par l'eau et le résidu insoluble est traité en suivant le procédé de Berzélius.

*Procédé de W. Hampe.* — Ce procédé permet de doser la silice et le fluor dans les minéraux qui ne sont pas attaqués par la soude ou l'acide sulfurique. Pour obtenir une attaque complète, l'auteur fond la substance à analyser avec du borax dans un creuset en platine. On prend de $0^{gr},5$ à 1 gramme de matière et on commence par la fondre avec 8 ou 10 fois le poids de borax exempt de silice. On chauffe pendant 20 minutes environ. On met ensuite le creuset et le couvercle dans une capsule de platine et on dissout dans l'eau chaude, on ajoute un poids de sel ammoniac égal à la moitié du poids du borax et on continue à chauffer de façon à chasser complètement l'ammoniaque. On filtre dans un entonnoir de platine ou de caoutchouc.

La silice reste en partie sur le filtre ; on évapore le liquide à sec, et on reprend par l'eau. La solution, qui est légèrement acidulée par l'acide borique et une petite quantité d'acide chlorhydrique provenant de la dissociation du sel ammoniacal, est additionnée de carbonate d'ammonium jusqu'à réaction alcaline et le précipité formé est séparé. On recommence avec la liqueur filtrée la même série d'opérations jusqu'à ce que le carbonate d'ammonium ne fournisse plus de précipité. Les précipités rassemblés contiennent la totalité de la silice; on les réunit et on les traite par 4 grammes de soude en fusion; après reprise par l'acide chlorhydrique et insolubilisation de la silice, on pèse cette dernière et on en vérifie la pureté par l'action de l'acide fluorhydrique qui ne doit pas laisser de résidu [W. Hampe, *Zeit. anal. Chem.*, **31**, 322].

*Procédé Hurtz et Weber.* — Cette méthode s'applique plus particulièrement au dosage du silicium et du fluor dans le fluorure de sodium du commerce.

On dissout de 2 à 3 grammes du fluorure dans de l'eau chaude placée dans une capsule de platine assez large. On ajoute du carbonate d'ammonium et on continue à chauffer en additionnant de temps en temps de carbonate d'ammonium. Le précipité formé est jeté sur filtre et lavé avec une solution étendue de carbonate d'ammonium. Au liquide filtré on ajoute un peu de carbonate de sodium et une solution d'oxyde de zinc dans l'ammoniaque, on concentre dans une capsule de platine jusqu'à expulsion de l'ammoniaque, on filtre : le liquide recueilli servira au dosage du fluor.

Le précipité de silicate et d'hydrate de zinc est traité par l'acide nitrique et la solution obtenue est évaporée à sec. Le résidu, après reprise par l'acide nitrique étendu, est constitué par de la silice. On réunira cette silice à celle que l'on a obtenue précédemment, et on fera le dosage par les procédés courants.

Le fluor peut être précipité dans le liquide filtré à l'état de fluorure de calcium. Ce dernier sera séparé du carbonate de calcium par l'acide acétique.



*Combustion des composés fluorés.* — Pour doser le carbone et l'hydrogène dans les fluorures organiques, M. Moissan a dû modifier la méthode ordinaire d'analyse des composés organiques. Les corps organiques fluorés chauffés dans du verre fournissent, en effet, du fluorure de silicium, et ce gaz n'est pas détruit par l'oxyde de cuivre maintenu au rouge sombre; de plus, si l'on fait passer à chaud des vapeurs d'acide fluorhydrique dans un tube de métal rempli d'oxyde de cuivre, tout l'acide n'est pas décomposé et l'eau obtenue attaque le verre et rougit fortement le papier de tournesol.

Pour éviter ces inconvénients, on effectue la combustion du composé organique dans un tube métallique, au moyen d'un mélange d'oxyde de cuivre et d'oxyde de plomb. Ce dernier corps retient tout le fluor à l'état d'oxyfluorure, et la vapeur d'eau et l'acide carbonique sont recueillis comme d'habitude dans des tubes de verre pesés au préalable.

Dans le cas de l'analyse d'un composé gazeux, l'appareil est disposé de la façon suivante : Un tube de cuivre rouge renferme le mélange d'oxyde de cuivre et de litharge, cette dernière étant à peu près dans la proportion de 20 0/0. Deux tubes de plomb, enroulés en spirale et traversés par un courant d'eau, permettent de refroidir les extrémités du tube de cuivre, dont le milieu est porté au rouge. Deux bouchons de liège ferment le tube et le mettent en communication, d'un côté avec les appareils pesés, de l'autre avec un appareil abducteur qui laisse passer le gaz fluoré. Ce dernier est déplacé lentement, d'un flacon taré, par du mercure sec, et passe au travers du mélange d'oxyde de cuivre et d'oxyde de plomb maintenu au rouge sombre. Un courant d'oxygène pur et sec balaye ensuite tout l'appareil pendant environ 45 minutes. Enfin, après détermination de la pression atmosphérique, au début et à la fin de l'analyse, on note la température du gaz et le poids du mercure qui a rempli le flacon. On ramène le volume du gaz à 0° et à 760, on en calcule le poids, et il est facile ensuite de déterminer le carbone et l'hydrogène, d'après les quantités d'eau et d'acide carbonique obtenues.

Il est très important, pour établir les résultats, de s'assurer de la pureté du gaz employé. Pour cela, avant l'analyse, on en prélève sur la cuve à mercure un échantillon de quelques centimètres cubes, qui sert à doser la petite quantité d'air qu'il peut contenir.

Ce procédé de dosage fournit toujours des résultats comparables.

*Dosage du fluor dans les gaz combustibles. Procédé Meslans.* — Au cours de ses recherches sur les fluorures organiques de la série grasse, M. Meslans a été amené à imaginer un procédé rapide et précis de dosage du fluor dans ces composés.

Les éthers fluorhydriques gazeux sont combustibles. Ils brûlent en produisant un mélange d'acide carbonique, de vapeur d'eau et d'acide fluorhydrique. Tout le fluor est transformé en acide fluorhydrique.

M. Meslans a basé sur cette réaction un procédé très élégant de dosage du fluor dans ces composés gazeux. L'appareil (fig. 413) se com-

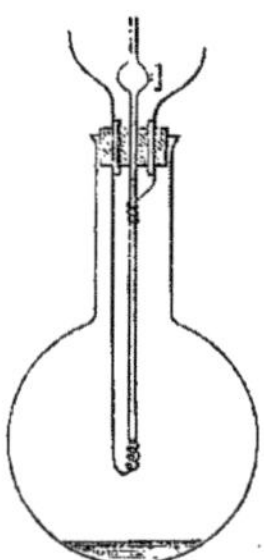

Fig. 413. — Appareil de M. Meslans.

pose d'un ballon de verre de 500 centimètres cubes, à parois un peu épaisses, fermé à l'aide d'un bouchon de caoutchouc percé de trois orifices. L'un d'eux livre passage au tube d'un robinet de verre, dans lequel est mastiqué un tube de platine qui descend jusqu'au centre du ballon. Les deux autres laissent passer deux tubes de verre dans lesquels sont mastiqués deux gros fils de platine qui les dépassent des deux bouts. A l'intérieur du ballon, l'un de ces fils s'enroule autour du tube de platine, l'autre descend parallèlement à lui et s'arrête à la même hauteur. Un fil de platine plus mince est enroulé autour du tube et les spires se continuent dans son prolongement, formant ainsi une sorte de tube à claire-voie. L'extrémité de ce fil est fixée sur le second conducteur.

Lorsqu'on réunit les extrémités extérieures des fils aux pôles d'une pile de quatre éléments Bunsen, la spirale rougit, à la sortie du tube de platine, sur une longueur de 1 centimètre environ.

On place dans le ballon 50 centimètres cubes

de liqueur titrée de potasse contenant environ 12 grammes d'alcali par litre. On fait ensuite le vide dans le ballon en se servant de la trompe à eau. On mesure sur le mercure, dans une cloche à robinet, 350 centimètres cubes d'oxygène environ, qu'on fait passer dans le ballon au moyen d'un tube de caoutchouc à vide.

On enferme alors dans la cloche un volume mesuré du gaz à étudier, environ 50 centimètres cubes. Les deux conducteurs de platine sont réunis aux deux pôles de la pile et, lorsque la spirale est rouge, on ouvre le robinet de la cloche, puis, lentement, celui du ballon. Le gaz pénètre dans celui-ci, rencontre, à la sortie du tube de platine, la spirale incandescente et s'enflamme aussitôt. En tenant le ballon dans la main, le col presque horizontal, on lui donne un mouvement qui fait tourner le liquide à l'intérieur et lui fait mouiller continuellement les parois; l'acide fluorhydrique qui prend naissance est aussitôt absorbé. Lorsque le mercure a rempli la cloche, on ferme un instant le robinet et, après avoir fait passer dans celle-ci une petite quantité d'air sous le mercure, on ouvre le robinet et l'on chasse, au moyen de cet air, le gaz contenu dans le tube de caoutchouc. Au bout de quelques instants, on interrompt le courant, on laisse rentrer l'air dans l'appareil, qu'on agite encore un certain temps pour absorber l'acide fluorhydrique formé. Il ne reste plus qu'à titrer l'alcali demeuré libre. La liqueur est chargée d'acide carbonique qui provient, comme l'acide fluorhydrique, de la combustion du fluorure; on ajoute à la liqueur, au moyen d'une burette graduée, un certain volume d'acide sulfurique à 10 grammes pour 1000 centimètres cubes, de façon à rendre le liquide légèrement acide; on chauffe avec soin dans une capsule de platine, pour chasser l'acide carbonique, et après refroidissement on titre l'excès d'acide en présence de la phtaléine. Des trois chiffres on déduit la quantité d'acide fluorhydrique.

Le chiffre théorique est donné par la formule

$$p = \frac{0,001293\,d}{(1 + a\,t)\,760}\; H \times V,$$

dans laquelle $d$ est la densité gazeuse de l'acide fluorhydrique, $H$ la pression, $t$ la température et $V$ le volume du gaz employé. Pour les éthers fluorhydriques qui ne renferment qu'un atome de fluor, le poids d'acide fluorhydrique est indépendant de la formule du gaz et identique pour un même volume de chacun d'eux. Son volume est, en effet, toujours égal au volume du gaz brûlé.

L'avantage de cette méthode de détermination est d'être très rapide et de n'exiger qu'une faible quantité de gaz; on écarte aisément l'erreur due à la présence du verre. On a pu faire dans le même ballon quinze expériences sans que celui-ci portât trace d'altération.

On a dosé le fluor à l'état de fluorure de calcium en remplaçant dans cette expérience la solution titrée alcaline par un lait de chaux pure; mais il est préférable de peser le gaz dans le ballon, comme on l'a indiqué déjà pour le dosage du carbone et de l'hydrogène. Le tube latéral du ballon est muni d'un tube coudé qui plonge dans le mercure. On opère avec ce ballon comme avec la cloche; le gaz, à mesure qu'il est aspiré dans le ballon à combustion, est remplacé par le mercure. A la fin de l'opération, on sépare le tube de caoutchouc du ballon, et l'air, en pénétrant dans le ballon à combustion, y entraîne le gaz contenu dans le tube.

La chaux, mélangée de fluorure et de carbonate de calcium, est versée dans une capsule de platine dans laquelle on réunit aussi les eaux de lavage. Après évaporation à sec, on calcine pour faciliter la filtration du fluorure de calcium. On reprend par l'acide acétique, on évapore à sec au bain-marie et, après avoir épuisé le fluorure de calcium par l'eau bouillante, on le filtre, on le calcine et on le pèse [*Ann. Chim. Phys.*, (7), 1, 359].

*Procédé Gasselin.* — Ce procédé a été appliqué à des composés renfermant du fluor et du bore et décomposables par l'eau.

Le liquide à analyser est mis dans une ampoule de verre que l'on introduit dans un flacon paraffiné intérieurement et bouché à l'émeri. On brise cette ampoule en agitant le flacon et l'eau qu'il contient, de manière à décomposer le corps.

La solution aqueuse est additionnée d'ammoniaque et filtrée sur filtre mouillé dans un entonnoir enduit de paraffine, afin de séparer les débris de verre. On y ajoute ensuite de l'azotate de calcium exempt de fer et d'alumine et l'on porte à l'ébullition. Le fluorure de calcium se dépose, on laisse le tout au bain-marie à 100° et on filtre la liqueur refroidie.

L'opération est notablement abrégée si l'on a soin de précipiter une petite quantité de carbonate de calcium au moyen du carbonate d'ammonium.

Il reste généralement, d'après l'auteur, de 1 à 3 0/0 de fluor dans la liqueur filtrée, ce qui fait que l'on est obligé d'ajouter de nouveau un peu de carbonate d'ammonium et de porter à l'ébullition.

On recueille ainsi du carbonate de calcium et un peu de fluorure. Ces deux filtres sont incinérés après dessiccation, broyés en poudre fine et mis à digérer avec de l'acide acétique à 100°; on chauffe jusqu'à disparition d'odeur et on évapore à siccité, l'acide acétique dissolvant toujours un peu de fluorure de calcium; on reprend par l'eau, on filtre et on pèse le fluorure de calcium. On peut contrôler en transformant le fluorure en sulfate [Gasselin, *Ann. Chim. Phys.*, (7), 3, 75].

Paul Lebeau.

**FLUORANTHÈNE.** — On admet généralement l'identité du fluoranthène et de l'idryle. Les composés décrits à l'article IDRYLE, au 1er Suppl., 940, appartiennent donc au fluoranthène (1er Sup., 830).

**FLUORAZÉINE.** — On désigne sous ce nom des matières colorantes dérivées de la résorcine et découvertes en 1887 par MM. Bernthsen et Mettegang. Elles prennent naissance par l'action de l'anhydride de l'acide quinolinique

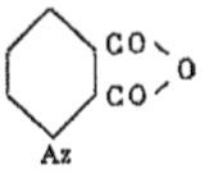

sur la résorcine, et répondent à la formule générale

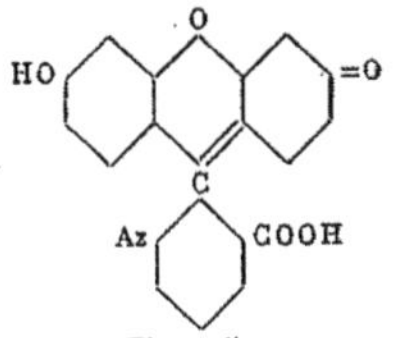

Fluorazéine.

La fluorazéine possède les caractères généraux de la fluorescéine; elle donne, comme cette dernière, un dérivé tétrabromé.

L'anhydride de l'acide quinolinique nécessaire à cette réaction est préparé par oxydation au moyen de l'acide nitrique du *bleu indigo d'alizarine*

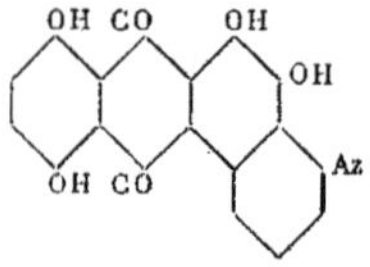

qui se scinde, avec destruction partielle, en acide quinolinique qui se transforme tout de suite en anhydride.

La fluorazéine est obtenue en chauffant à 180° des quantités équimoléculaires de résorcine et d'anhydride quinolinique [*D. Chem. G.*, 20, 1208].

M. Nœlting a préparé des matières colorantes analogues, mais appartenant au groupe de la rhodamine, en chauffant l'anhydride quinolinique avec le diéthylmétaminophénol. Cette matière colorante possède la constitution

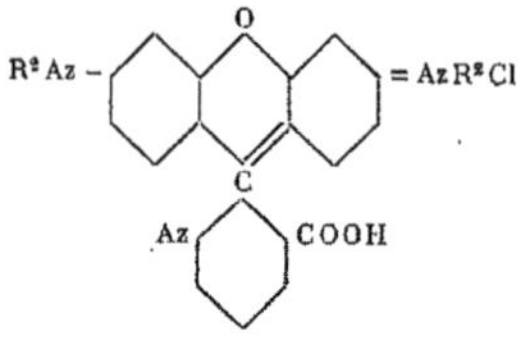

mais élimine facilement, sous la seule influence de la chaleur, le groupe carboxylique ($CO_2H$) en se transformant ainsi en un dérivé de la pyronine. G.-F. Jaubert.

**FLUORÈNE** [Syn. *Diphénylène-méthane*],

$$C^6H^4 \diagdown \atop C^6H^4 \diagup CH^2.$$

— Voyez 1er Suppl., 832, et 2e Suppl., 1, 728, Biphénylène-méthane.

*Constitution du fluorène.* — On admet généralement que le carbone du chaînon $CH^2$ est attaché en ortho à chacun des deux noyaux aromatiques. Cette manière de voir, qui se présente tout d'abord à l'esprit, n'a pour ainsi dire jamais été discutée, et a été acceptée sans contestation. Elle aurait néanmoins besoin d'être démontrée, et n'est pas évidente d'elle-même.

On connaît aujourd'hui beaucoup de composés où la liaison ne se fait pas aux sommets les plus rapprochés, et l'existence de plusieurs biphénylène-méthanes montre indubitablement que dans cette série le groupement en di-ortho (2-2') n'est pas le seul possible.

Le fluorène découvert par M. Berthelot dans le goudron de houille a été le premier connu. On lui a attribué tout naturellement la constitution en di-ortho. MM. Fittig et Schmitz se sont bornés à démontrer que les biphénylène-méthanes obtenus par réduction de la biphénylène-cétone et par pyrogénation du diphénylméthane étaient identiques entre eux et avec le fluorène [*Ann. Chem.*, 193, 134; *Bull. Soc. Chim.*, (2), 32, 237].

Si on admet que la biphénylène-cétone a la constitution

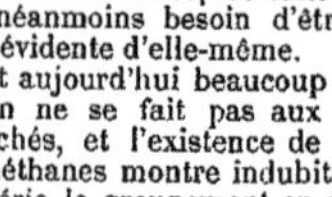

il s'ensuit que le fluorène a une constitution analogue. Mais il n'est pas prouvé que telle soit bien la constitution de la cétone. Car, si on l'obtient en partant de l'acide diphénique,

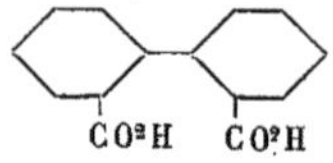

on la produit aussi au moyen de l'acide isodiphénique

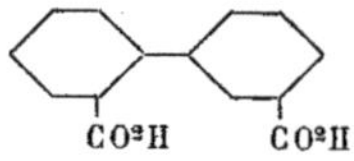

comme l'ont montré MM. Fittig et Liepmann [*D. chem. G.*, 12, 163; *Bull. Soc. Chim.*, (2), 32, 601].

On peut dire que, dans la condensation intérieure, le reste $CO$ ne s'attache pas nécessairement à la place occupée précédemment par l'autre groupement $CO_2H$. Donc la constitution de la cétone n'est pas absolument établie.

De ce fait que cette cétone donne par l'action de la potasse fondante l'acide phénylbenzoïque de M. Fittig

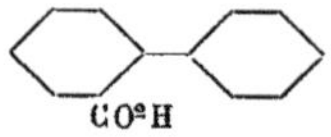

on peut conclure *tout au plus* que le groupe $CO$ est en ortho *dans un* des noyaux aromatiques. Et encore peut-on objecter que la fusion avec la potasse est une opération brutale qui amène souvent des transpositions moléculaires.

Rappelons que la biphénylène-cétone n'a jamais pu être oxydée régulièrement, ce qui eût renseigné tout au moins sur un des modes d'attache du groupe $CO$.

L'hypothèse de M. Carnelley, qui attribuait au fluorène la constitution *ortho-méta* ou *ortho-para*, n'est donc pas irrecevable [*Chem. Soc.*, 37, 701; *Bull. Soc. Chim.*, (2), 37, 153]. Elle serait même corroborée par la synthèse du fluorène au moyen du chlorure de méthylène et du chlorure d'aluminium, ce réactif provoquant si fréquemment des substitutions en méta.

En résumé, s'il est prouvé que le fluorène soit un biphénylène-méthane, la place exacte du groupe $CH^2$ n'est pas absolument certaine. On a cru l'établir en étudiant celle du groupe $CO$ dans la biphénylène-cétone; or la constitution de celle-ci n'est pas incontestable : 1° parce qu'on l'obtient indifféremment par l'action de la chaux sur les acides diphénique ou isodiphénique ; 2° parce qu'on n'a pu la transformer par oxydation en l'un des acides phtaliques.

En définitive, la formule

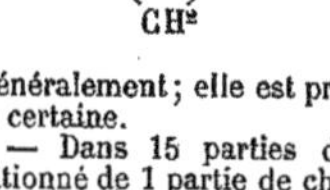

est admise généralement; elle est probable, mais elle n'est pas certaine.

*Synthèse.* — Dans 15 parties de biphényle fondu et additionné de 1 partie de chlorure d'aluminium, on fait tomber goutte à goutte 10 parties de chlorure de méthylène pur. La réaction se termine sans qu'il soit nécessaire de chauffer. Quand tout le chlorure de méthylène est ajouté, on chauffe à 40° jusqu'à ce qu'il ne se dégage plus d'acide chlorhydrique. La masse est projetée dans l'eau, dissoute dans le benzène, séchée et distillée : on retrouve une grande partie du biphényle, puis le thermomètre monte rapidement vers 300°. La fraction 300-310°, simplement lavée à l'alcool, fournit un corps parfaitement blanc, qui présente tous les caractères du fluorène pur. Dans les fractions supérieures se trouve du dibiphénylméthane, $(C^6H^5 - C^6H^4)^2 CH^2$.

Si l'on opère en présence de sulfure de carbone, il ne se fait pas de fluorène, mais seulement du dibiphénylméthane [Adam, *Bull. Soc. Chim.*, (2), 47, 686].

*Mode de production.* — Aux nombreux modes de production déjà signalés, ajoutons celui-ci : L'acide biphénylène-cétone-carbonique

$$C^6H^4 > CO$$
$$C^6H^3 - CO^2H$$

réduit par l'acide iodhydrique donne du fluorène, et il se dégage de l'anhydride carbonique [Graebe et Aubin, *Ann. Chem.*, 242, 257; *Bull. Soc. Chim.*, (3), 1, 819].

*Recherche de petites quantités de fluorène en présence de phénanthrène et d'anthracène.* — On prend 15 grammes du mélange de carbures, et on le traite par le dichromate de potassium et l'acide sulfurique. Après avoir chauffé pendant 6 heures au réfrigérant ascendant, on filtre et on distille dans la vapeur d'eau. Le produit de la distillation, dissous dans l'alcool, donne les hydrocarbures qui n'ont pas été oxydés et des cristaux compacts de biphénylène-cétone [Anschütz, *D. chem. G.*, 11, 1216].

PRODUITS D'ADDITION. — *Hydrures.* — On chauffe le fluorène en tube scellé pendant 16 heures à 250-260° avec son poids de phosphore rouge et 5 ou 6 fois son poids d'acide iodhydrique (densité 1,7); on obtient un *perhydrure* $C^{13}H^{10}, H^{12}$, liquide, bouillant à 230° [Liebermann et Spiegel, *D. chem. G.*, 22, 779; *Bull. Soc. Chim.*, (3), 2, 561].

En employant des proportions moindres d'acide iodhydrique, M. Ph.-A. Guye a obtenu des produits d'hydrogénation moins avancée. Il chauffe pendant 7 ou 8 heures en tubes scellés à 250-260° les proportions suivantes par tube : 3gr,6 de fluorène, 3 grammes de phosphore rouge, 9 grammes de solution iodhydrique (d = 1,7). Le fluorène se transforme en un liquide représentant 85 0/0 de son poids. On extrait par l'éther, et on distille sur le sodium. On a pu séparer : 1° un *décahydrure* $C^{13}H^{10}, H^{10}$ plus léger que l'eau, soluble dans l'éther et dans le benzène, possédant une odeur voisine de celle du diphénylméthane, un peu fluorescent, encore liquide à — 15°, se solidifiant à —73° dans l'acide carbonique solide. Cet hydrure est oxydable à l'air libre, mais moins que les hydrures du naphtalène.

2° Un *octohydrure*, liquide, bouillant de 272 à 275° [*Bull. Soc. Chim.*, (3), 4, 266].

PRODUITS DE SUBSTITUTION. — *Action du chlore, du brome et du soufre sur le fluorène.* — — MM. Graebe et B. von Mantz ont cherché à obtenir des dérivés de substitution dans le chaînon $CH^2$ du carbure, en opérant à 113° ou à 150°, mais la substitution du chlore et du brome s'effectue dans les noyaux aromatiques. A une température plus élevée (200-300°) il y a condensation et on obtient le dibiphénylène-éthène (2e Suppl., 2, 160),

$$C^6H^4 > C = C < C^6H^4$$
$$C^6H^4 > \qquad < C^6H^4$$

A 113 comme à 150°, le brome donne le *bro-*

*mofluorène* fondant à 101°, et le *dibromofluorène* fusible à 166°.

L'action du chlore est comparable à celle du brome.

Chauffé avec du soufre (0gr,6), le fluorène (5 grammes) se transforme en dibiphénylène-éthane,

$$C^6H^4 > CH - CH < C^6H^4$$
$$C^6H^4 > \qquad < C^6H^4$$

fondant à 236°. Avec deux fois plus de soufre, c'est le dibiphénylène-éthène qui prend naissance [*Ann. Chem.*, 290, 328; *Bull. Soc. Chim.*, (3), 16, 1036].

*Dichlorofluorène.* — Le fluorène du goudron de houille, fondant à 118° — peut-être le γ-biphénylène-méthane (2e Suppl., 1, 728) — dissous dans le chloroforme, est traité par le chlore. On obtient ainsi des cristaux fondant à 128°, sublimables. L'acide chromique les transforme en dichlorodiphénylène-cétone (2e Suppl., 1, 726).

En faisant passer le chlore dans une solution de carbure dans le tétrachlorure de carbone additionnée d'un peu d'iode, on obtient un composé cristallisé $C^{13}H^5 Cl^7$, transformable par la potasse alcoolique en un dérivé fondant à 110° [Hodgkinson et Matthews, *Chem. Soc.*, 43, 170].

*Trichlorofluorène*, $C^{13}H^7Cl^3$. — On traite par le chlore le fluorène dissous dans le sulfure de carbone. Ce sont des lamelles blanches fondant à 147°, peu solubles dans l'alcool ou dans l'éther (Holm, *D. chem. G.*, 16, 1081; *Bull. Soc. Chim.*, (2), 40, 491).

*Monobromofluorène,*

$$C^6H^3Br > CH^2$$
$$C^6H^4 >$$

— Ce corps, obtenu par MM. Hodgkinson et Matthews dans les mêmes conditions que le dérivé dichloré, fond à 101-102°. Il est très soluble dans le chloroforme. L'oxydation le transforme en cétone monobromée.

*Dibromofluorène.* — Le dibromofluorène de M. Barbier, oxydé par l'acide chromique en solution acétique, se transforme en α-dibromodiphénylcétone.

Si l'on emploie un excès d'acide chromique, ou si l'on oxyde le tribromofluorène de M. Barbier, on obtient la β-dibromobiphénylène-cétone (Holm).

DÉRIVÉS NITRÉS ET AMINÉS. — Il se fait un peu de *diaminofluorène* dans la distillation du diaminodiphénate de calcium. Cette base $C^{13}H^{12}Az^2$, fondant à 157°, cristallise dans l'eau en longues aiguilles, beaucoup moins solubles que la benzidine qui l'accompagne. L'acide azoteux la transforme en fluorène, et elle est identique au produit obtenu en réduisant le dinitrofluorène de M. Barbier [Schultz, *Ann. Chem.*, 203, 95; *Bull. Soc. Chim.*, (2), 35, 393]. Le *dérivé acétylé* se décompose vers 250° sans fondre.

De même, en distillant sur la chaux la combinaison chlorhydrique de l'acide p-aminodiphénique,

$$C^6H^4 - CO^2H$$
$$C^6H^3 (AzH^2, HCl)_{(4)} - CO^2H$$

on obtient le p-aminofluorène, fondant à 124-125°. On produit le même corps en réduisant par l'étain et l'acide chlorhydrique le paranitrofluorène (voyez plus bas).

Le *dérivé acétylé*, $C^{13}H^9 AzH - COCH^3$, fond à 187-188° [Strasburger, *D. chem. G.*, 16, 2346; 17, 107; *Bull. Soc. Chim.*, (2), 42, 604; 43, 341].

Dans les dérivés précédents, le groupement

$AzH^2$ était substitué dans le biphénylène; on connaît le dérivé

$$\begin{array}{c} C^6H^4 \\ | \\ C^6H^4 \end{array}\!\!>\!\! CH.AzH^2$$

obtenu en réduisant par le zinc et l'acide acétique la diphénylène-carboxime (2e Suppl., **2**, 726).

Cette amine, insoluble dans l'eau, soluble dans l'alcool et dans l'éther, fond entre 50 et 60°.

Le *chlorhydrate* cristallise et est soluble dans l'eau [Wegerhoff, *Ann. Chem.*, **252**, 37; *Bull. Soc. Chim.*, (3), **3**, 917].

*p-Nitrofluorène.* — A une solution saturée à froid de fluorène dans l'acide acétique, on ajoute de l'acide azotique (densité 1,4), on porte à l'ébullition. Par le refroidissement, le liquide se prend en une masse cristalline; on filtre, et on purifie le produit par cristallisation dans l'alcool. On obtient des aiguilles jaunâtres, fondant à 150°. Ce corps, oxydé par l'acide chromique en solution acétique, se transforme en p-nitrobiphénylène-cétone, fondant à 217-218° (Strasburger).

PRODUITS DE CONDENSATION. — On a condensé le fluorène avec plusieurs chaînes carbonées.

En chauffant du fluorène, du chlorure de benzyle et de la poudre de zinc, et distillant, on obtient le *benzylfluorène*,

$$\begin{array}{c} C^6H^5-CH^2-C^6H^3 \\ | \\ C^6H^4 \end{array}\!\!>\!\! CH^2,$$

fondant à 102°, qu'on purifie par cristallisation dans l'alcool [Goldschmiedt, *Mon. f. Chem.*, **2**, 432; *Bull. Soc. Chim.*, (2), **36**, 622].

En faisant agir le chlorure $C^6H^5-CH^2-COCl$ sur le fluorène, on obtient le *fluorylbenzylcarbonyle* $C^6H^5-CH^2-CO-C^{13}H^9$, petites tables fondant à 156°, peu solubles dans l'alcool froid et dans l'éther. Par l'éthylate de sodium et le chlorure de benzoyle on obtient un *dérivé benzoylé* fondant à 150° [Päpcke, *D. chem. G.*, **21**, 1331; *Bull. Soc. Chim.*, (3), **1**, 121].

Si on chauffe le chlorure de la benzophénone et le fluorène lentement jusqu'à 330°, on observe un dégagement d'acide chlorhydrique, et il se fait du *biphénylène-diphényléthène*, incolore, fondant à 229°,5,

$$\begin{array}{c} C^6H^4 \\ | \\ C^6H^4 \end{array}\!\!>\!\! CH^2 + Cl^2C\!\!<\!\!\begin{array}{c} C^6H^5 \\ \\ C^6H^5 \end{array}$$

$$=\begin{array}{c} C^6H^4 \\ | \\ C^6H^4 \end{array}\!\!>\!\! C = C\!\!<\!\!\begin{array}{c} C^6H^5 \\ \\ C^6H^5 \end{array} + 2HCl$$

[V. Kaufmann, *D. chem. G.*, **29**, 73; *Bull. Soc. Chim.*, (3), **16**, 686]. Paul Adam.

**FLUORÈNE-CARBONIQUE (ACIDE).** — Voyez ACIDE FLUORÉNIQUE.

**FLUORÈNE-DICARBONIQUE (ACIDE)** [Syn. *Fluorène-diméthyloïque*],

$$\begin{array}{ccc} CH^2 & & CO^2H \\ & & | \end{array}$$

$$CO^2H$$

— On traite une solution faiblement alcaline d'acide biphénylène-cétone dicarbonique (2e Suppl., 2, 728) par l'amalgame de sodium. On obtient une poudre cristalline, peu soluble dans l'alcool et dans l'éther, soluble dans l'acide acétique cris-

tallisable. Distillé sur de la chaux, ce corps se scinde en fluorène et acide carbonique.

Le *sel d'argent* est un précipité lourd [Bamberger et Hooker, *D. chem. G.*, **18**, 1024; *Bull. Soc. Chim.*, (2), **46**, 131].

**FLUORÈNE-HEPTOLMÉTHYLOÏQUE (ACIDE),**

$$\begin{array}{c} C^6H(OH)^3 \\ | \\ C^6(OH)^3 \end{array}\!\!>\!\! CH.OH$$
$$C^6(OH)^3\,CO^2H$$

— C'est un des produits de réduction de l'acide ellagique par l'amalgame de sodium. Cet acide est en fines aiguilles, colorables en rouge vineux par l'acide sulfurique. Il est insoluble dans l'eau.

Ce corps est accompagné d'un autre produit de réduction, l'*acide glaucohydroellagique*,

$$\begin{array}{c} C^6H(OH)^3 \\ | \\ C^6(OH)^2 \end{array}\!\!>\!\! CH^2$$
$$C^6(OH)^2\,CO^2H$$

qu'on peut séparer, grâce à sa solubilité relative dans l'eau. Cet acide est en aiguilles soyeuses, solubles dans l'alcool. Il se colore par le perchlorure de fer en bleu d'abord, puis en vert. Le sulfate ferreux le colore en bleu [Reinbold, *D. chem. G.*, **8**, 1494; *Bull. Soc. Chim.*, (2), **26**, 302. — Cobenz, *Mon. f. Chem.*, **1**, 670; *Bull. Soc. Chim.*, (2), **36**, 117; voyez aussi 1er Suppl., 677].
Paul Adam.

**FLUORÈNE-MÉTHYLOÏQUE (ACIDE).** — Voyez ACIDE FLUORÉNIQUE.

**FLUORÉNIQUE (ACIDE).** — On connaît trois acides auxquels a été attribué ce nom :

1° L'acide fluorénique proprement dit, de MM. Fittig et Liepmann (voyez 1er Suppl., 832);

2° L'acide fluorène-carbonique de MM. Graebe et Aubin (voyez plus loin);

3° L'acide biphénylène-acétique de M. Friedländer (voyez 1er Suppl., 1163, et 2e Suppl., 1, 725).

ACIDE FLUORÈNE-CARBONIQUE ou *fluorène-méthyloïque.*

$$\begin{array}{c} CH^2 \\ \\ CO^2H \end{array}$$

— On réduit par le zinc et l'acide acétique le trichlorure de l'acide biphénylène-cétone carbonique (2e Suppl., **1**, 727). L'acide obtenu est soluble dans l'eau bouillante, l'alcool, l'éther, l'acide acétique cristallisable; il fond à 175°. Il se dissout sans coloration dans l'acide sulfurique.

L'*éther méthylique* fond à 64°.

L'*alcool correspondant* (*acide fluorénol-méthyloïque*)

$$\begin{array}{c} CH.OH \\ \\ CO^2H \end{array}$$

s'obtient en chauffant 10 grammes d'acide biphénylène-cétone-carbonique dissous dans 80 centimètres cubes d'ammoniaque à 10 0/0, et ajoutant peu à peu 20 grammes de poudre de zinc. Quand la dissolution est devenue incolore, on filtre, on précipite par l'acide chlorhydrique, et on fait cristalliser le produit dans le benzène ou dans l'eau bouillante.

Cet acide fond à 203°. Presque insoluble dans l'eau froide, il se dissout assez bien dans l'eau chaude, l'alcool, l'éther, le chloroforme, le benzène. L'acide sulfurique concentré le colore en un vert intense. Les solutions alcalines sont transformées par le permanganate en biphénylène-cétone-carbonate. L'acide iodhydrique et le phosphore le transforment en fluorène [Graebe et Aubin, *Ann. Chem.*, 247, 237 ; *Bull. Soc. Chim.*, (3), 1, 817].

L'*amide*,

$$C^6H^3 \diagdown \begin{array}{l} CH.OH \\ C^6H^4 \\ COAzH^2 \end{array}$$

s'obtient en réduisant par le zinc et l'acide acétique l'amide de l'acide biphénylène-cétone-carbonique (2e Suppl., 1, 726]. Elle fond à 206-210° ; elle est sublimable.

L'alcool et l'acide acétique la dissolvent facilement.

L'acide sulfurique concentré la dissout en la colorant en vert (Wegerhoff).   Paul Adam.

**FLUORÉNIQUE (ALCOOL).** — Voyez 1er Suppl., 834.

**FLUORÉNOL-MÉTHYLOÏQUE (ACIDE).** — Voyez ACIDE FLUORÉNIQUE.

**FLUORÉNONE.** — Voyez BIPHÉNYLÈNE-CÉTONE, 2e Suppl., 1, 725.

**FLUORESCÉINES** (Dict., 2, 1010 ; 1er Suppl., 834, 1264, 1266 ; 2e Suppl., 1, 1276) — Pendant fort longtemps, on a admis que les fluorescéines, qui résultent de l'action à 180° de l'anhydride phtalique sur les diphénols ou les aminophénols, et appartiennent à la grande classe des phtaléines découvertes par M. Baeyer en 1871, renfermaient les chromogènes suivants (Nœlting, 2e Suppl., 1, 1276) :

$$C \diagdown \begin{array}{l} C^6H^3-OH \\ >O \\ C^6H^3-OH \\ C^6H^4-CO \\ O \end{array} \quad et \quad C \diagdown \begin{array}{l} C^6H^3-AzH^2 \\ >O \\ C^6H^3-AzH^2 \\ C^6H^4-CO \\ O \end{array}$$

Chromogène de la fluorescéine.   Chromogène de la rhodamine.

En réalité, les chromogènes des fluorescéines ne sont pas des anhydrides, mais des sels ou des acides libres, et la liaison existant avec le carbone central ne se fait pas par le groupe COOH, mais de la manière suivante :

$$C \diagdown \begin{array}{l} C^6H^3=O \\ >O \\ C^6H^3-OH \\ C^6H^4-COOH \end{array}$$

Cette nouvelle formule de la fluorescéine, qui en fait un dérivé quinonique, explique très bien ses propriétés :

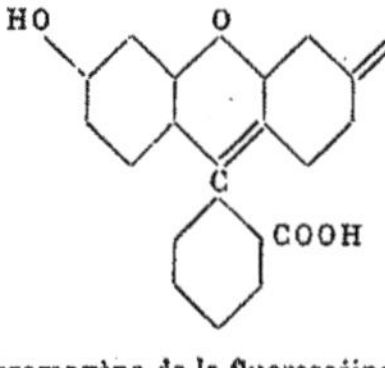

de phtaléines proprement dites : dans ce cas il se forme des *anhydrides*. Les recherches de MM. R. Meyer et Hofmeyer [*loc. cit.*] ont montré que ces anhydrides résultent d'une condensation en ortho ; ils les ont appelés *fluoranes*. Le p-crésol, par exemple, donne un corps de ce genre :

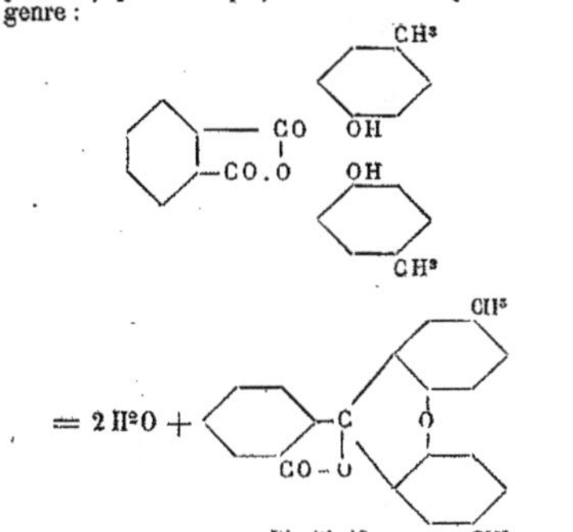

Diméthylfluorane.   CH³

Dans la réaction de l'anhydride phtalique sur le phénol, le corps insoluble dans les alcalis qui se produit à côté de la phtaléine est un dérivé fluoranique, qui prend naissance par suite d'une condensation en *ortho* ; de telle sorte que l'équation complète de cette réaction est

$$2\,C^6H^4 \diagdown \begin{array}{l} CO \\ CO \end{array} \diagup O + 4\,C^6H^5-OH$$

$$= 3\,H^2O + HO-C^6H^4-C-C^6H^4-OH$$

Phénolphtaléine.

$$+ \quad C^6H^4-C \diagdown \begin{array}{l} C^6H^4 \\ >O \\ C^6H^4 \end{array}$$

Fluorane.

La détermination de la constitution du fluorane de MM. R. Meyer et Hofmeyer résulte de ce que, distillé avec de la chaux, il fournit de la xanthone et de l'acide benzoïque :

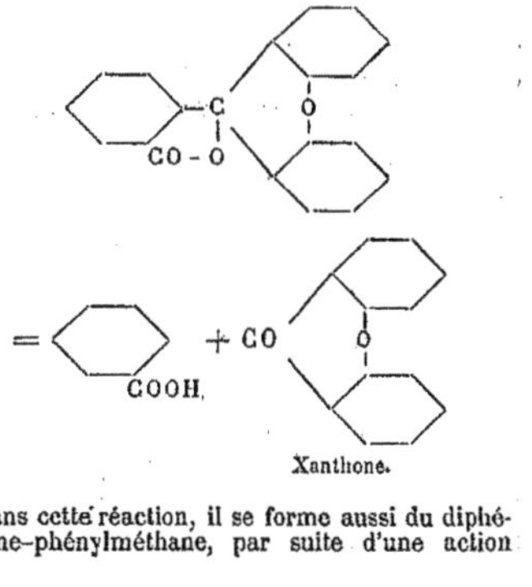

Xanthone.

Dans cette réaction, il se forme aussi du diphénylène-phénylméthane, par suite d'une action

Si le chromogène de la fluorescéine est un acide libre, il n'en est pas ainsi de la substance mère du groupe des phtaléines, le *fluorane* de MM. R. Meyer et Hofmeyer [*D. chem. G.*, 25, 1385]. On sait que les phénols substitués en para (p-crésol, hydroquinone, etc.) ne peuvent donner

plus profonde :

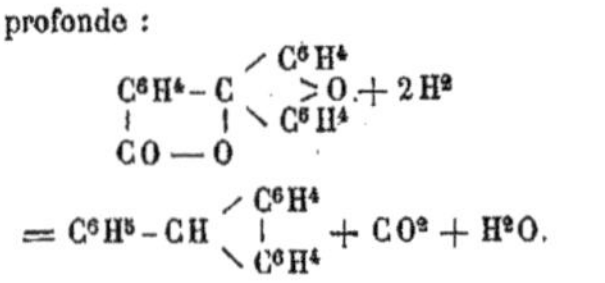

$$C^6H^4 - C \begin{array}{c} \diagup C^6H^4 \\ \\ \diagdown C^6H^4 \end{array} O + 2 H^2$$
$$\begin{array}{c} | \\ CO - O \end{array}$$

$$= C^6H^5 - CH \begin{array}{c} \diagup C^6H^4 \\ | \\ \diagdown C^6H^4 \end{array} + CO^2 + H^2O.$$

La fluorescéine a été rattachée au fluorane de la façon suivante : Traitée par le pentabromure de phosphore, elle fournit un tribromofluorane $C^{20}H^{19}Br^3O^3$, dans lequel 2Br se sont substitués aux 2OH et qui, réduit par le zinc en solution alcoolique, remplace les 3 atomes de brome par 3 atomes d'hydrogène et donne le même produit de réduction, $C^{20}H^{14}O^3$, que l'on obtient en réduisant le fluorane lui-même.

Quant à la position des oxhydryles dans la fluorescéine, on a admis, par analogie avec la phénolphtaléine, qu'ils sont en position para par rapport au carbone central, ce qui est d'ailleurs conforme à ce que nous connaissons sur la constitution des couleurs du triphénylméthane, qui toutes ont des groupes salifiables en para avec carbone central. M. Graebe [*D. chem. G.*, **28**, 28], s'appuyant sur la non-transformation en oxyanthraquinone de la monorésorcine-phtaléine obtenue par fusion de la fluorescéine avec la potasse, avait supposé que dans ce corps les oxhydryles ne sont pas en para par rapport au carbone central :

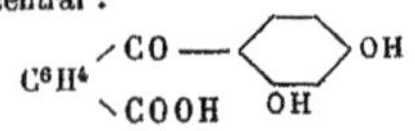

Monorésorcine-phtaléine de M. Cohn.

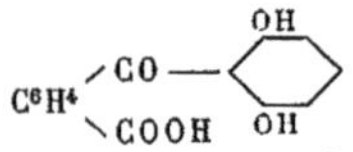

Monorésorcine-phtaléine de M. Graebe.

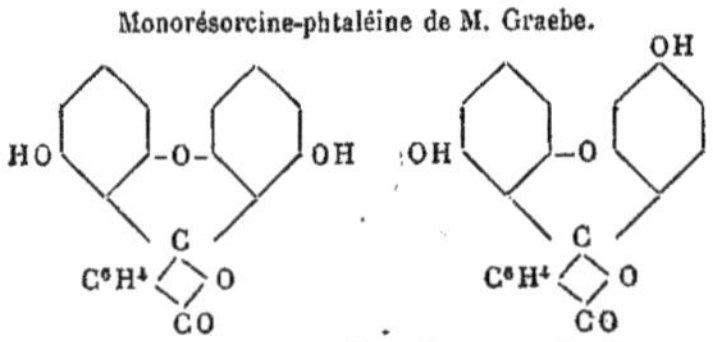

Formules de la fluorescéine d'après M. Graebe.

Mais M. Heller [*D. chem. G.*, **28**, 312] a fait voir que, si l'on n'est pas parvenu à transformer la monorésorcine-phtaléine en dérivé anthracénique, son dérivé dibromé

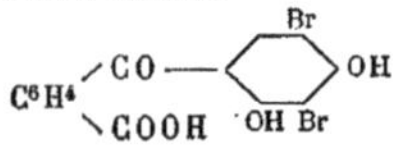

obtenu par fusion de l'éosine avec la potasse caustique, donne par l'action de l'acide sulfurique fumant la dibromoxanthopurpurine de M. Plath :

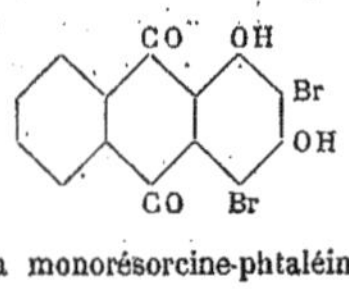

Et comme la monorésorcine-phtaléine dibromée

est identique à l'acide dibromodioxybenzoylbenzoïque obtenu par bromuration directe de l'acide dioxybenzoylbenzoïque, la constitution de l'éosine se trouve du même coup établie ·

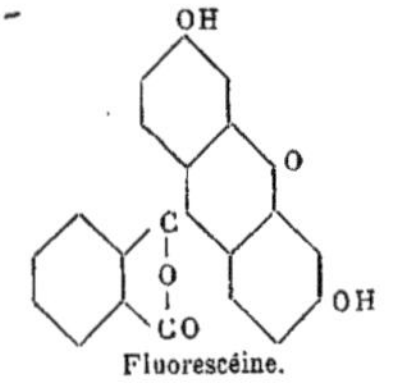

Fluorescéine.

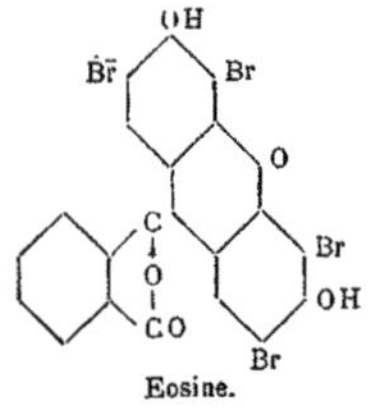

Eosine.

Il résulte de ces quelques considérations théoriques que les fluorescéines ne sont autre chose que des dérivés substitués du chromogène suivant :

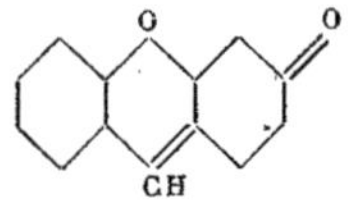

En 1887, M. Cérésole découvrit les *rhodamines*, qui résultent de l'action à 180° de l'anhydride phtalique sur les m-aminophénols substitués ; ces corps se rattachent directement aux fluorescéines, car ils dérivent du chromogène suivant :

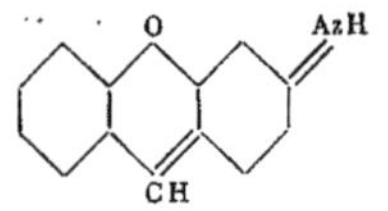

La *cyclamine* de M. P. Monnet et le *rouge méthylène* de M. Geigy (DRP, 65739, T. Sandmeyer), sont des bases sulfurées qui possèdent le chromogène

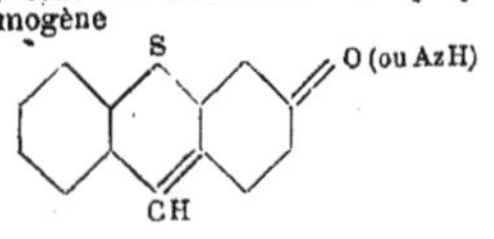

La constitution du noyau fondamental et la position respective des groupes hydroxyles établies, il reste encore à déterminer la nature des groupes salifiables de la résorcine. Sont-ce deux groupes oxhydryles, ou bien un groupe oxhydryle et un groupe cétonique ?

Les rhodamines, qui ont une formule analogue à celle de la fluorescéine, soumises à une nouvelle alcoylation, se transforment en couleurs plus alcoylées, appelées *anisolines* [P. Monnet, *Bull. Soc. Chim.*, (3), **7**, 523], auxquelles on a attribué, à tort (2ᵉ Suppl., **1**, 1352), la formule suivante :

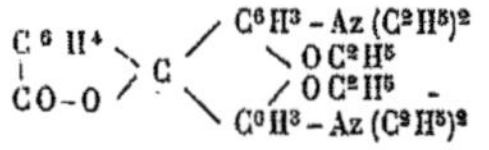

$$\begin{array}{c} C^6\,H^4 \\ | \\ CO-O \end{array} \Big\rangle C \Big\langle \begin{array}{l} C^6H^3 - Az\,(C^2H^5)^2 \\ O\,C^2H^5 \\ O\,C^2H^5 \\ C^6H^3 - Az\,(C^2H^5)^2 \end{array}$$

en faisant ainsi des dérivés de l'anisol, d'où le nom d'*anisolines*.

Pour expliquer la formation de ces dérivés, on a supposé que, sous l'influence de l'alcali, la liaison olidique s'ouvrait et que le radical alcoolique se fixait sur le groupe carboxyle ainsi formé. M. Bernthsen [*Chem. Zeit.*, décembre 1892] a donné un appui à cette théorie en faisant voir que la *pyronine*

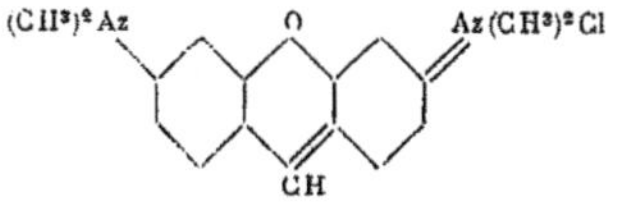

$$(CH^3)^2 Az \qquad O \qquad Az\,(CH^3)^2 Cl$$
$$CH$$

qui ne diffère de la rhodamine que par l'absence du groupe phénylique carboxylé, ne s'alcoyle plus. La réaction qui donne naissance aux anisolines serait, d'après M. Bernthsen, la suivante :

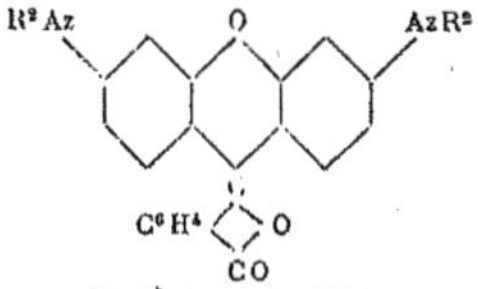

$$R^2 Az \qquad O \qquad Az R^2$$
$$C^6 H^4 \Big\langle \begin{array}{l} \\ O \end{array}$$
$$CO$$

Rhodamine (anhydride).

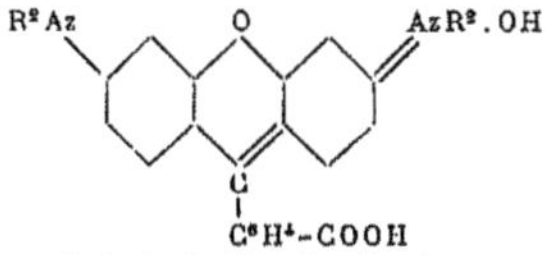

$$R^2 Az \qquad O \qquad Az R^2 . OH$$
$$C$$
$$C^6 H^4 - COOH$$

Rhodamine (acide carboxylique).

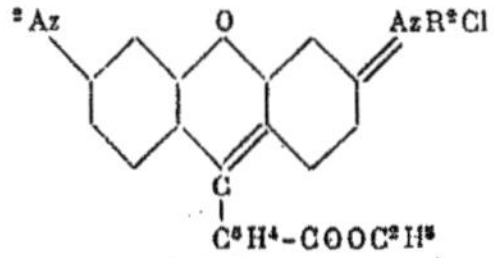

$$^2 Az \qquad O \qquad Az R^2 Cl$$
$$C$$
$$C^6 H^4 - COO C^2 H^5$$

Anisoline.

La formule quinonique admise par M. Nietzki, et qui fait de toutes les matières colorantes des corps quinoniques, est ainsi appliquée aussi aux colorants de la série de la fluorescéine. Il est donc très probable que la fluorescéine, qui à l'état libre possède une formule olidique, à par contre une formule quinonique en solution alcaline.

M. P. Friedlaender [*D. chem. G.*, **26**, 172, 2258] a apporté un appui à cette façon de voir en préparant l'oxime de la phénolphtaléine. Cette oxime, poudre cristalline jaune, fusible à 212°, est soluble dans les alcalis et forme deux séries de sels différentes. Traitée à chaud par l'acide sulfurique étendu, elle se scinde quantitativement en acide p-oxy-o-benzoylbenzoïque et p-amino-

phénol :

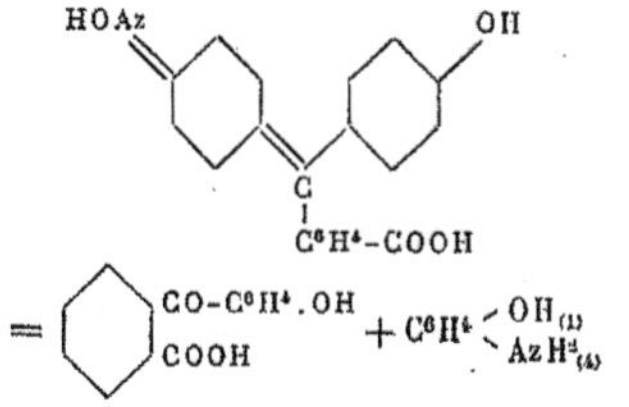

$$HO Az \qquad OH$$
$$C$$
$$C^6 H^4 - COOH$$

$$= \begin{array}{l} CO-C^6H^4 . OH \\ COOH \end{array} + C^6 H^4 \Big\langle \begin{array}{l} OH_{(1)} \\ Az H^2_{(4)} \end{array}$$

Dans cette scission, il se forme tout d'abord un dérivé de la phénylhydroxylamine, qui se transpose en p-aminophénol [Friedlaender et Stange, *D. chem. G.*, 26, 2258]

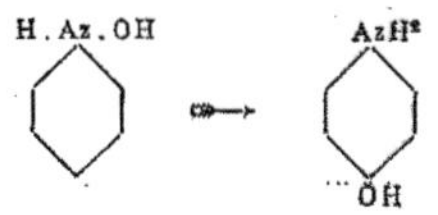

$$H . Az . OH \qquad \longrightarrow \qquad Az H^2$$
$$OH$$

Le dérivé tétrabromé de la phénolphtaléine et l'o–crésolphtaléine fournissent aussi des oximes. Mais la formule quinonique seule n'expliquant pas ce fait que la fluorescéine et ses dérivés bromés, les éosines, donnent des éthers colorés et d'autres incolores, on a été conduit à donner aux phtaléines des formules tautomériques représentant les différentes formes sous lesquelles elles entrent en réaction. Les deux états colorés ou incolores correspondraient aux deux formules :

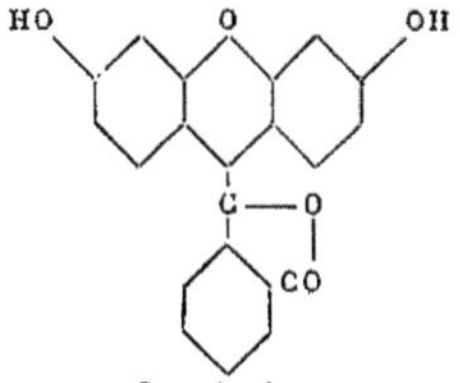

$$HO \qquad O \qquad OH$$
$$C - O$$
$$CO$$

Corps incolore.

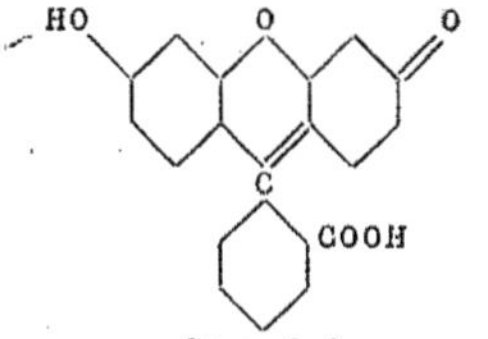

$$HO \qquad O \qquad O$$
$$C$$
$$COOH$$

Corps coloré.

MM. Haller et Guyot [*C. R.*, 6 mars 1893; 11 février 1895] ont combattu les formules de MM. Bernthsen et Friedlaender. Ils ont traité la phénolphtaléine par 2 molécules d'isocyanate de phényle, et ont obtenu un diphénylcarbonate de phénolphtaléine.

Ils ont également préparé une dibenzylphénolphtaléine qui ne renferme pas de groupement quinonique (elle ne se combine pas avec l'hydroxylamine), et qui est en feuillets nacrés d'un bleu pur. De plus, ils ont identifié le dérivé diéthylé, préparé par l'action du bromure d'éthyle sur une solution alcoolique de phénolphtaléine avec celui qu'ils ont obtenu en faisant réagir le phénéthol sur le chlorure de phtalyle en présence de chlorure d'aluminium. Cet éther ne donne pas d'oxime. Or, d'après ces auteurs, la formule quinonique. fait prévoir deux diéthers isomériques. En effet, M. Nietzki en alcoylant la fluorescéine a obtenu plusieurs dérivés isomériques que nous étudierons plus bas. Enfin, des expériences ébullioscopiques ont montré à MM. Haller et Müller que la rhodamine B (dérivé tétréthylé) ne se comporte pas comme une base ammonium du genre du chlorhydrate de nitrosodiméthylaniline, ce qui devrait être, si la formule de M. Bernthsen était vérifiée.

NOMENCLATURE. — Nous adopterons la nomenclature proposée par M. Lefèvre [*Matières colorantes*, 2, 1152. — Fischer et Hepp, *D. chem. G*, 27, 2790]. Se basant sur les dernières formules tautomériques proposées pour les phtaléines, il divise celles-ci en trois groupes : les *leucophtaléines* incolores correspondant à la formule de M. Baeyer : ce sont la phtalophénone, la phtaléine de la diméthylaniline, les anilides des phtaléines; les *phtaléines quinoïdes* colorées, ainsi que leurs produits de substitution : par exemple la fluorescéine, la galléine ; les *tautophtaléines* incolores, mais donnant des sels colorés, comme la phtaléine, la rhodamine, l'orcine-phtaléine, etc.

M. Lefèvre pense que l'on peut diviser les phtaléines en deux classes bien nettes et douées de propriétés bien différentes. La première comprend les phtaléines qui dérivent de la phtalophénone; ce sont en général des corps *incolores* n'ayant aucune propriété tinctoriale. Dans la seconde classe, il range les phtaléines que de récents travaux font dériver du fluorane, qui est un oxyde de la phtalophénone. Ces corps sont colorés et doués d'un pouvoir tinctorial remarquable. Il subdivise ces deux classes selon la nature des groupes salifiables placés en para par rapport au carbone central, d'où les dérivés aminés et hydroxylés rangés d'après le nombre des $CH$ ou des $AzH^2$ en para.

Voici la nomenclature de M. Lefèvre :

1ʳᵉ CLASSE. — PHTALÉINES DE LA PHTALOPHÉNONE.

I. *Dérivés p-aminés.*
(a) p-aminés (inconnus).
(b) p-diaminés; type :

$$-C \Big\rangle \; AzR^2 \;\; AzR^2 \quad (CO-O)$$

(c) p-triaminés (inconnus).

II. *Dérivés p-hydroxylés.*
(a) p-hydroxylés; type :

$$-C \Big\rangle \; OH \quad (CO-O)$$

(b) p-dihydroxylés; type :

$$-C \Big\rangle \; OH \;\; OH \quad (CO-O)$$

(c) p-trihydroxylés (inconnus).

III. *Dérivés p-amino-p-hydroxylés* (inconnus).

2ᵉ CLASSE. — PHTALÉINES DU FLUORANE.

I. — *Dérivés p-aminés.*
(a) p-aminés (inconnus).



(b) p-diaminés; type :

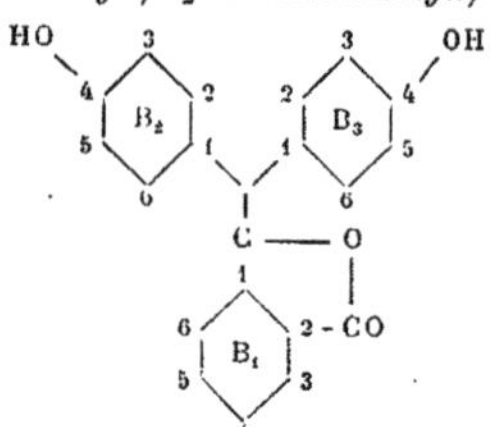


(c) p-triaminés (inconnus).

II. *Dérivés p-hydroxylés.*
(a) p-hydroxylés (inconnus).
(b) p-dihydroxylés, type :

$$-C \Big\rangle \; OH \;\; OH \quad (CO-O) \qquad \text{(Fluorescéines).}$$

(c) p-trihydroxylés (inconnus).

III. *Dérivés p-amino-p-hydroxylés* (Rhodaminols).

Le tableau suivant (p. 194) présente les principaux corps connus et permettra de se rendre compte de la classification adoptée.

Pour écrire le nom des phtaléines, M. Lefèvre [*Mat. col.*, 2, 1156] les considère comme des dérivés des deux groupements dont elles dérivent : nous désignerons avec lui la *phénolphtaléine* par *phtalophénone* B₂ 4 *hydroxylée*, B₃ 4 *hydroxylée*; la *fluorescéine* par *fluorane* B₁ 4 *hydroxylé*, B₂ 4 *hydroxylé*; la *rhodamine* par *fluorane* B₁ 4 *aminodiméthylé*, B₂ 4 *aminodiméthylé*, etc. .

Phénolphtaléine.

Fluorescéine.

Rhodamine.

TABLEAU DES DÉRIVÉS DE LA FLUORESCÉINE.

| MODE DE FORMATION | FORMULES | ASPECT | COULEURS DES SOLUTIONS | | DÉRIVÉS TÉTRABROMÉS | |
| --- | --- | --- | --- | --- | --- | --- |
| | | | alcalines | acides | Aspect | Solution alcaline |

**1re classe. — Phtaléines de la phtalophénone.**

I. Dérivés aminés. — § 1er. *p-aminés* (pas de dérivés connus).

§ 2. *p-diaminés.*

| MODE DE FORMATION | FORMULES | ASPECT | alcalines | acides | Aspect | Solution alcaline |
| --- | --- | --- | --- | --- | --- | --- |
| Chlorure de phtalyle + benzène [*Ann. Chim. Phys.*, (6), 1, 523. — *Ann. Chem.* 202, 50]. | 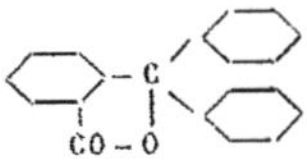 $C$, $CO-O$ | Aiguilles blanches F.179° | » | » | » | » |
| Nitration de la phtalophénone, puis réduction [*Ann. Chem.*, 202, 66]. | 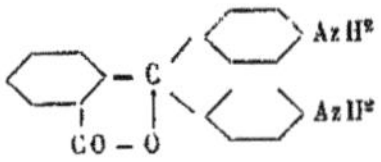 $AzH^2$, $AzH^2$, $CO-O$ | » F.179° | » | Incolore dans HCl Violet-rouge dans acide acétique | ? | » |
| Anhydride phtalique + diméthylaniline [*Ann. Chem.*, 206, 92]. | 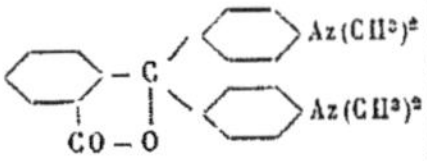 $Az(CH^3)^2$, $Az(CH^3)^2$, $CO-O$ | Prismes incolores F.190° | » | Incolore | » | » |
| α-Naphtylamine.............. | 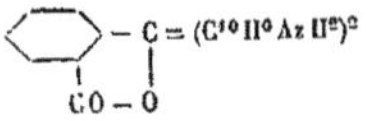 $C = (C^{10}H^6 AzH^2)^2$, $CO-O$ | Lamelles F.166° | » | » | » | » |

§ 3. *p-triaminés* (pas de dérivés connus).

II. Dérivés p-hydroxylés. — § 1er. *p-hydroxylés.*

| MODE DE FORMATION | FORMULES | ASPECT | alcalines | acides | Aspect | Solution alcaline |
| --- | --- | --- | --- | --- | --- | --- |
| Acide orthobenzoylbenzoïque sur phénol [*D. chem. G.*, 13, 1608]. | 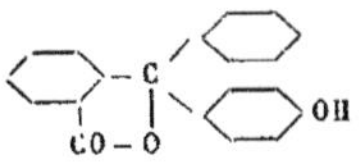 $OH$, $CO-O$ | Lames incolores F.155° | Violet (disparaît par chaleur ou excès d'alcali) | » | Dibromé aiguilles F.196° | Bleu violacé fugace |
| Résorcine [*D. chem. G.*, 14, 1860]. | 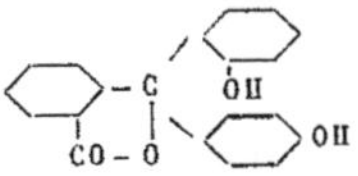 $OH$, $OH$, $CO-O$ | Prismes brillants F.175-176° | Vert | Bleu-vert | » | » |
| Pyrogallol [*D. chem. G.*, 14, 1891]. | 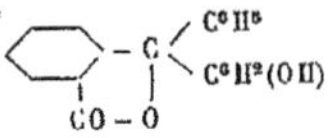 $C^6H^5$, $C^6H^2(OH)$, $CO-O$ | Lamelles brillantes F.189-190° | » | » | » | » |

§ 2. *p-dihydroxylés.*

| MODE DE FORMATION | FORMULES | ASPECT | alcalines | acides | Aspect | Solution alcaline |
| --- | --- | --- | --- | --- | --- | --- |
| Anhydride phtalique sur phénol [*Ann. Chem.*, 202, 68]. | 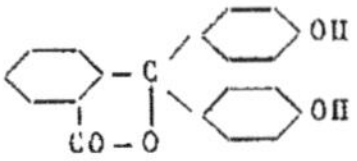 $OH$, $OH$, $CO-O$ | Cristaux incolores F.250° | Rouge-violet | Incolore | » | » |
| Pyrocatéchine.............. | 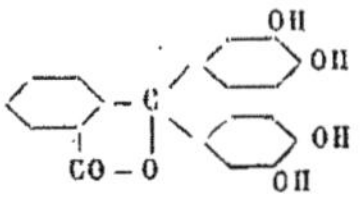 $OH$, $OH$, $OH$, $OH$, $CO-O$ | Incrist. | Bleu | » | » | » |

| MODE DE FORMATION | FORMULES | ASPECT | COULEURS DES SOLUTIONS | | DÉRIVÉS TÉTRABROMÉS | |
|---|---|---|---|---|---|---|
| | | | alcalines | acides | Aspect | Solution alcaline |
| | § 2. *p-dihydroxylés* (suite). | | | | | |
| o-Crésol [*Ann. Chem.*, 202, 153] | [formule] $-C$, $CO-O$, noyaux avec $CH^3$, $OH$, $OH$, $CH^3$ | Croûtes cristallines roses F. 213° | Violet (disparaît avec excès d'alcali) | » | » | » |
| α-Naphtol [*D. chem. G.*, 8, 725]. | [formule] $-C$, $CO-O$, $C^{10}H^6.OH$, $C^{10}H^6.OH$ | Cristaux bruns | Bleu | » | » | » |
| | § 3. *p-trihydroxylés* (pas de dérivés connus). | | | | | |

### 2° classe. — Phtaléines des fluoranes.

FLUORANES

| MODE DE FORMATION | FORMULES | ASPECT | COULEURS DES SOLUTIONS | | DÉRIVÉS TÉTRABROMÉS | |
|---|---|---|---|---|---|---|
| | | | alcalines | acides | Aspect | Solution alcaline |
| Chlorure de phtalyle ou anhydride phtalique sur phénol [*Ann. Chem.*, 212, 340]. | [formule] $-C$, $CO-O$, $O$ | Aiguilles incolores F. 175° | Insoluble | Insoluble. | Dibromé F. 255° | » |
| p Crésol [*Ann. Chem.*, 212, 340] | [formule] $-C$, $CO-O$, $CH^3$, $O$, $CH^3$ | Lamelles F. 246° | » | » | » | » |
| α-Naphtol [*D. chem. G.*, 4, 725]. | [formule] $-C$, $CO-O$, $C^{10}H^6$, $C^{10}H^6$, $O$ | Aiguilles | » | » | » | » |
| β-Naphtol.................. | [formule] $-C$, $CO-O$, $C^{10}H^6$, $C^{10}H^6$, $O$ | Incolore F. 293° | » | » | » | » |

I. DÉRIVÉS P-AMINÉS. — § 1er. *p-aminés* (pas de dérivés connus).

§ 2. *p-diaminés* (RHODAMINES).

| MODE DE FORMATION | FORMULES | ASPECT | COULEURS DES SOLUTIONS | | DÉRIVÉS TÉTRABROMÉS | |
|---|---|---|---|---|---|---|
| | | | alcalines | acides | Aspect | Solution alcaline |
| m-Aminophénol ............. | [formule] $-C$, $CO-O$, $AzH^2$, $O$, $AzH^2$ | | » | » | Rouge-jaune | » | Rouge |
| Diméthyl-m-aminophénol...... | [formule] $-C$, $CO$ $O$, $Az(CH^3)^2$, $O$, $Az(CH^3)^2$ | | » | » | Rouge-violacé | » | Rouge |
| Diéthyl-m-aminophénol........ | [formule] $-C$, $CO-O$, $Az(C^2H^5)^2$, $O$, $Az(C^2H^5)^2$ | | » | » | » | » | » |

| MODE DE FORMATION | FORMULES | ASPECT | COULEURS DES SOLUTIONS | | DÉRIVÉS TÉTRABROMÉS | |
|---|---|---|---|---|---|---|
| | | | alcalines | acides | Aspect | Solution alcaline |
| | | | | | | |

§ 3. *p-triaminés* (pas de dérivés connus).

II. Dérivés hydroxylés. — § 1er. *p-hydroxylés* (pas de dérivés connus).

§ 2. *p-dihydroxylés* (FLUORESCÉINES).

| MODE DE FORMATION | FORMULES | ASPECT | alcalines | acides | Aspect (tétrabromés) | Solution alcaline |
|---|---|---|---|---|---|---|
| Résorcine et anhydride phtalique [*Ann. Chem.*, 209, 261]. | structure (C; CO—O; OH, O, OH) | Poudre cristalline | Jaune très fluorescent | Jaune peu fluorescent | Rouge | Rouge fluorescent |
| Phloroglucine [*D. chem. G.*, 13, 1652]. | structure ($CH^3$; C; CO—O; OH, O, OH; $CH^3$) | Cristaux bruns à reflets verts | Rouge | » | » | Brune, fluorescence verdâtre |
| Orcine, crésorcine.......... | structure ($CH^3$; C; CO—O; OH, O, OH; $CH^3$) | » | Rouge, jaune fluorescent | » | Rouge | Rouge fluorescent |

§ 3. *p-trihydroxylés* (pas de dérivés connus).

III. Dérivés p-amino-p-hydroxylés (RHODAMINOLS).

FLUORESCÉINE. — La fluorescéine est le type de la couleur fluorescente. Si son pouvoir tinctorial est relativement faible, s'il a même passé inaperçu, sa fluorescence est très forte. D'après M. Durand [*Monit. scient.*, 1876, 698; 1878, 1124], elle serait encore très visible au 45 *millionième*.

Les halogènes introduits dans le noyau phtalique de la fluorescéine ont peu d'influence sur sa nuance, qui devient un peu plus orangée ; mais leur présence dans les noyaux résorciniques rehausse la couleur de la fluorescéine et la fait passer au rouge, moins jaune avec le brome qu'avec le chlore et plus violacée avec l'iode qu'avec le brome. Les nuances les plus violacées sont produites par l'introduction des halogènes à la fois dans les noyaux phtalique et résorcinique.

L'alcoylation de la fluorescéine et de ses dérivés halogénés donne des éthers isomériques, dont les uns sont colorés et les autres incolores. On a cherché à expliquer cette anomalie en admettant pour la fluorescéine une formule tautomère. Le groupe phényle ne remplace pas les oxhydryles, comme on aurait pu le supposer, en donnant des rhodamines phényliques. Ainsi, quand on chauffe la fluorescéine avec l'aniline ou une autre amine primaire aromatique, il se produit des corps considérés comme des anilides. Cette réaction est générale.

M. Knecht [*D. chem. G.*, 15, 298, 1068] a émis l'idée que seules les résorcines ayant une place libre en méta par rapport aux oxhydryles donnent des phtaléines fluorescentes, et en effet les méthylrésorcines semblent lui donner raison :

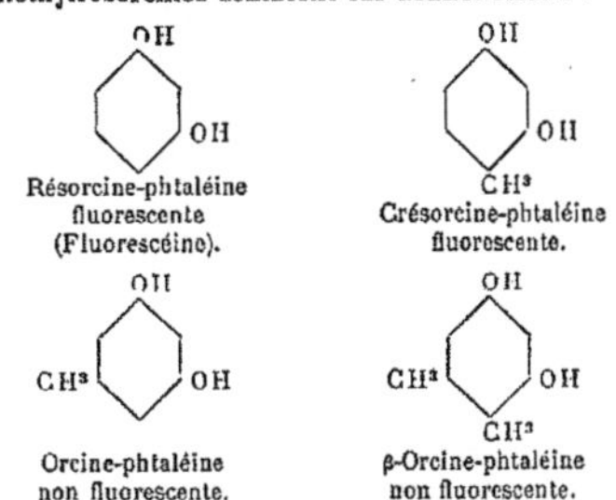


Outre que ces exemples sont peu nombreux, ils n'expliquent pas la fluorescence intense de la tétrabromo-orcine-phtaléine, ni pourquoi les dérivés bromés de la fluorescéine sont fluorescents, tandis que les dérivés iodés ne le sont pas [Lefèvre, *loc. cit.*].

*Résistance à la lumière et aux agents chimiques*. — Les couleurs du groupe de la fluorescéine sont peu solides à la lumière ; la méthylation d'un groupe hydroxyle leur donne un peu plus de stabilité. L'*aurotine* sur laine chromée possède une meilleure résistance. Il en est de même des rhodamines méthylées, qui offrent une bonne résistance à la lumière, surtout sur laine. La *galléine* sur laine chromée est beaucoup plus solide que les couleurs précédentes. Sur coton, la résistance des couleurs du groupe de l'éosine à la lumière est un peu plus grande que sur laine, mais elles ne tiennent pas au savon.

Au contraire, sur laine les *cyanosines*, les *phloxines*, les *roses bengale* sont très solides aux alcalis et au foulon. La *rhodamine* résiste assez bien au savon, mais pas au foulon [*Soc. Chim. ind.*, **7**, 560; *Journ. Soc. of Arts*, **39**, 535].

*Action des réactifs.* — Le chlore n'agit pas sur la fluorescéine sèche ; mais en solution alcaline il forme un précipité jaune, soluble dans l'alcool, l'acétone et sans fluorescence dans les alcalis [v. Baeyer, *Ann. Chem.*, 1883, 1]. L'hypochlorite donne avec la fluorescéine des couleurs rouge-orangé appelées *auréosines* (DRP, 2618). Le chlore dans ce cas entre dans les noyaux résorciniques. Des isomères de ces corps ont été préparés en condensant des acides di- et tétrachlorophtaliques avec la résorcine [Graebe, *Ann. Chem.*, **238**, 318. — Le Royer, *Ann. Chem.*, **238**, 350]. Leurs dérivés bromés ont été préparés par MM. Monnet, Noelting et Gnehm.

La fluorescéine n'est pas attaquée par le trichlorure de phosphore même à l'ébullition ; mais, si on la chauffe à 100° avec 2 molécules de pentachlorure de phosphore jusqu'à ce qu'il ne se dégage plus d'acide chlorhydrique et que l'on lave à l'eau bouillante, puis à la soude étendue, puis que l'on dissolve dans le toluène bouillant et précipite par l'alcool, on obtient un *dérivé dichloré* fusible à 252° :

$$C^6H^4 - C \begin{cases} C^6H^4 - Cl \\ C^6H^4 - Cl \end{cases}$$
$$CO — O$$

Les dérivés bromés de la fluorescéine se comportent de la même façon avec le pentachlorure de phosphore.

Le brome s'unit à froid aux fluorescéines ; il en est de même pour l'iode.

Les réducteurs (poudre de zinc en solution alcaline) transforment la fluorescéine et ses dérivés en leucobases incolores (*phtaline* de v. Baeyer). L'amalgame de sodium en solution acétique donne les *phtalols* :

$$C^6H^4 \begin{cases} CH \begin{cases} C^6H^3 \\ C^6H^3 \end{cases} O \\ CH^2OH \end{cases} \begin{matrix} OH \\ \\ OH \end{matrix}$$

Phtalol de la fluorescéine.

Les oxydants faibles, comme l'acide nitrique dilué ou le ferricyanure de potassium, n'attaquent pas la fluorescéine, même à chaud ; les rhodamines paraissent subir une modification et donnent des nuances plus jaunes (DRP, 65180).

*Éthers méthyliques.* — MM. Fischer et Hepp [*D. chem. G.*, **28**, 396] ont préparé un *éther diméthylique* coloré, fusible à 208°, par l'action de l'iodure de méthyle sur la fluorescéine potassique ; il ne se forme pas l'isomère incolore fusible à 198° que les mêmes auteurs [*D. chem. G.*, **27**, 2790] ont obtenu par saponification de l'éther diméthylique de la fluorescéine anilide :

CH³O     O     OCH³

C⁶H⁴   O

C = Az . C⁶H⁵

Cet éther diméthylique coloré se transforme en *éther monométhylique* incolore, soluble en jaune dans les alcalis, par ébullition avec les alcalis étendus.

On explique facilement ces réactions en admettant pour les éthers colorés la formule quinonique

CH³O     O     OCH³

C⁶H⁴   O

Éther diméthylique incolore.

CH³O     O     O

C⁶H⁴   C   CO.OCH³

Éther diméthylique coloré.

CH³O     O     OH

C⁶H⁴   O

Éther monométhylique incolore.

CH³O     O     O

C⁶H⁴   CO.ONa

Éther monométhylique coloré.

*Éthers éthyliques.* — MM. Nietzki et Schröter [*D. chem. G.*, **28**, 44], en vue d'apporter quelques nouveaux éclaircissements sur la constitution des phtaléines, ont étudié les éthers éthyliques de la fluorescéine. — Ils ont préparé deux *éthers monoéthyliques*. Le premier en oxydant par le ferricyanure l'éther éthylique de la *fluorescine* (produit de réduction de la fluorescéine) décrit par M. Herzig [*Mon. f. Chem.*, **13**, 422]. C'est donc un éther carboxylique. Il fond à 247°, est soluble dans les alcalis et donne un dérivé tétrabromé qui constitue l'*érythrine* ou *éosine à l'alcool*. Traité par l'éthylate de sodium et le bromure d'éthyle, il se transforme en deux éthers diéthyliques, l'un coloré, l'autre incolore. Le diéther coloré, saponifié par la soude alcoolique, donne un monoéther en cristaux presque incolores, fusibles à 251° et fournissant avec le brome un dérivé incolore n'ayant aucune analogie avec les éosines. Les deux monoéthers répondent aux formules

HO     O     O

C   COOC²H⁵

Éther coloré (fusible à 247°) soluble dans les alcalis.

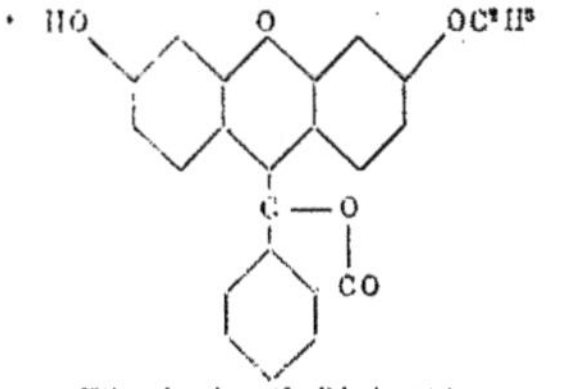

$$\text{HO} \qquad \text{O} \qquad \text{OC}^2\text{H}^5$$
$$\text{C—O}$$
$$\text{CO}$$

Éther incolore (fusible à 251°).

Ces *éthers* prennent aussi naissance dans l'action du bromure d'éthyle sur le sel potassique de la fluorescéine, en même temps qu'il se forme deux éthers diéthyliques, l'un coloré correspondant au monoéther, l'autre incolore identique au diéther de M. Baeyer :

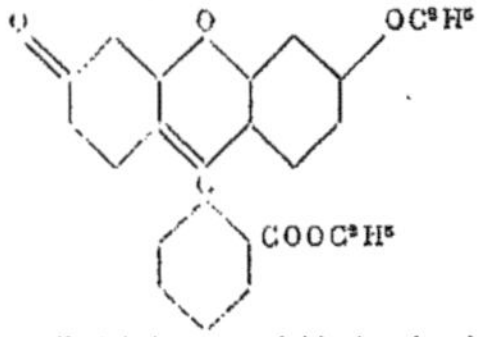

$$\text{O} \qquad \text{O} \qquad \text{OC}^2\text{H}^5$$
$$\text{C}$$
$$\text{COOC}^2\text{H}^5$$

Diéther coloré (fusible à 159°), soluble dans les alcalis.

$$\text{C}^2\text{H}^5\text{O} \qquad \text{O} \qquad \text{OC}^2\text{H}^5$$
$$\text{C—O}$$
$$\text{CO}$$

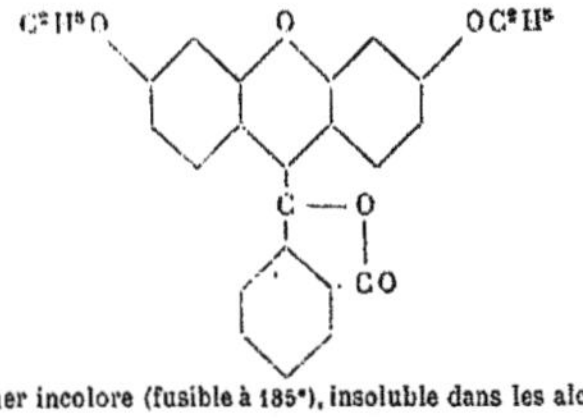

Diéther incolore (fusible à 185°), insoluble dans les alcalis.

Le *diéther incolore* se combine avec l'acide chlorhydrique, comme la fluorescéine elle-même, et donne un composé fortement coloré en jaune et fluorescent, que MM. Nietzki et Rosenstiehl représentent chacun par une formule différente :

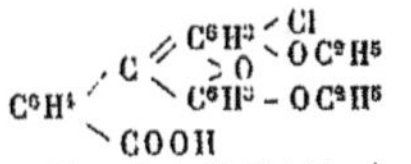

$$C^6H^4 - C \begin{cases} C^6H^3 \begin{cases} Cl \\ OC^2H^5 \end{cases} \\ >O \\ C^6H^3 - OC^2H^5 \\ COOH \end{cases}$$

Formule de M. Nietzki.

$$C^6H^4 \begin{array}{l} Cl \\ | \\ C \end{array} \begin{cases} C^6H^3 - OC^2H^5 \\ >O \\ C^6H^3 - OC^2H^5 \\ COOH \end{cases}$$

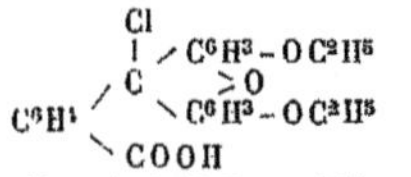

Formule de M. Rosenstiehl.

L'éther de la fluorescine de M. Herzig, traité par 2 molécules d'éthylate de sodium et un excès de bromure d'éthyle, donne une triéthylfluorescine qui, saponifiée par la potasse alcoolique, fournit un éther diéthylique de la fluorescine identique à celui que l'on obtient par réduction de la diéthylfluorescéine incolore. Ce dernier produit, éthérifié par l'alcool et l'acide chlorhydrique, fournit la triéthylfluorescéine fusible à 110°.

*Éthers de la fluorescéine anilide.* — MM. Fischer et Hepp [*D. chem. G.*, 26, 2236; 27, 290]

ont montré que, lorsque l'on chauffe vers l'ébullition 1 partie de fluorescéine, 4 parties d'aniline et 2 parties de chlorhydrate d'aniline, on obtient une anilide incolore :

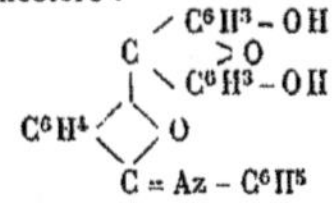

$$C^6H^4 - C \begin{cases} C^6H^3 - OH \\ >O \\ C^6H^3 - OH \\ O \\ C = Az - C^6H^5 \end{cases}$$

Ce composé donne un éther diméthylé et un éther diéthylé qui, chauffés à 150-160° avec un mélange d'acide chlorhydrique concentré et d'acide acétique cristallisable, donnent des éthers incolores de la fluorescéine avec perte d'aniline; en particulier la diéthylfluorescéine-anilide fournit l'éther diéthylique incolore fusible à 181-182° (Fischer et Hepp), ou 185° (Nietzki et Schröter). Comme, dans cette saponification, il se forme toujours de la fluorescéine, MM. Fischer et Hepp l'expriment par l'équation suivante :

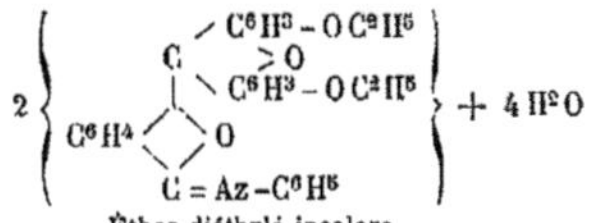

$$2 \left\{ C^6H^4 - C \begin{cases} C^6H^3 - OC^2H^5 \\ >O \\ C^6H^3 - OC^2H^5 \\ O \\ C = Az - C^6H^5 \end{cases} \right\} + 4\,H^2O$$

Éther diéthylé incolore de la fluorescéine-anilide.

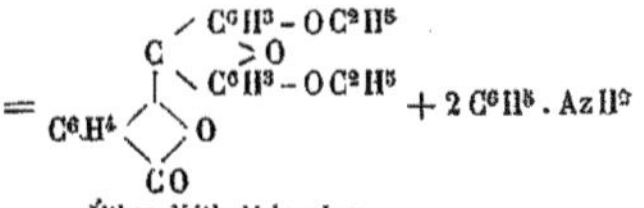

$$= C^6H^4 - C \begin{cases} C^6H^3 - OC^2H^5 \\ >O \\ C^6H^3 - OC^2H^5 \\ O \\ CO \end{cases} + 2\,C^6H^5 . AzH^2$$

Éther diéthylé incolore de la fluorescéine.

$$+ 2\,C^2H^5 . OH + \text{fluorescéine.}$$

*Éthers de l'éosine.* — L'éosine, dérivé tétrabromé de la fluorescéine, donne un éther monoéthylique incolore, un éther monoéthylique coloré et un éther diéthylique incolore, quand on traite son sel d'argent par l'iodure d'éthyle (Baeyer). MM. Nietzki et Schröter ont essayé sans succès de transformer par saponification le diéther en monoéther incolore. On peut donc représenter les trois éthers de M. Baeyer par les formules suivantes :

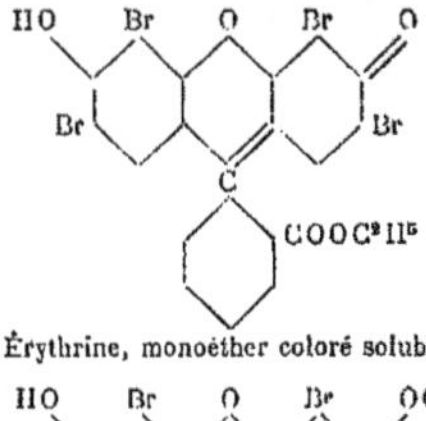

$$\text{HO} \quad \text{Br} \quad \text{O} \quad \text{Br} \quad \text{O}$$
$$\text{Br} \qquad\qquad \text{Br}$$
$$\text{C}$$
$$\text{COOC}^2\text{H}^5$$

Érythrine, monoéther coloré soluble.

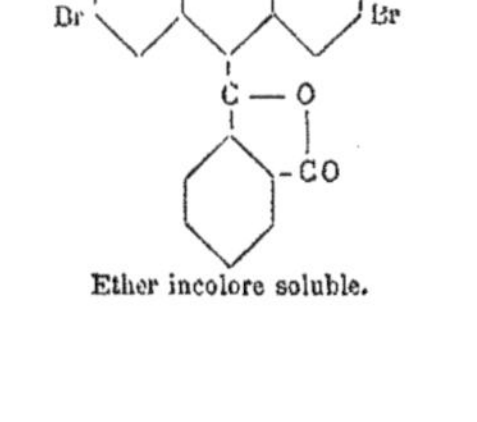

$$\text{HO} \quad \text{Br} \quad \text{O} \quad \text{Br} \quad \text{OC}^2\text{H}^5$$
$$\text{Br} \qquad\qquad \text{Br}$$
$$\text{C—O}$$
$$\text{CO}$$

Éther incolore soluble.

$$C^2H^5O \quad Br \quad O \quad Br \quad OC^2H^5$$
$$Br \qquad\qquad Br$$
$$C - O$$
$$| \quad\quad$$
$$CO$$

Diéther incolore insoluble.

FLUORESCÉINES DES ACIDES CITRIQUE, TARTRIQUE, MALÉIQUE, SUCCINIQUE, etc. (voyez *Dict.*, CITRACONÉINE).

MALÉINE. — L'anhydride maléique fournit avec le phénol un corps soluble dans les alcalis avec une fluorescence jaune-rouge ; avec la résorcine on obtient une fluorescéine possédant la constitution suivante :

$$HO \qquad\qquad O \qquad\qquad OH$$
$$C - O$$
$$| \quad\quad |$$
$$H^2C^2 - CO$$

soluble dans les alcalis en jaune avec fluorescence verte, dans l'alcool en jaune rouge avec fluorescence verte ; par addition d'alcali la couleur passe au rouge fuchsine avec fluorescence verte. Elle se décompose sans fondre au-dessus de 240° et donne des laques avec facilité.

CITRACONÉINE (*fluorescéine citraconique*). — S'obtient en chauffant au bain-marie 10 parties d'anhydride citraconique, 20 parties de résorcine et 5 parties d'acide sulfurique concentré.

La fluorescéine citraconique fond à 70-75°, elle perd 2 molécules d'eau à 100°, puis se décompose à 109°.

On connaît également des matières colorantes résultant de l'action des phénols sur l'anhydride o-sulfobenzoïque.

$$C^6H^4 < {CO \atop SO^3} > O$$

Anhydride o-sulfobenzoïque.

Ces composés présentent les plus grandes analogies avec les phtaléines ; ils ont été étudiés particulièrement par M. Ira Remsen et ses élèves :

$$C^6H^4 < {SO^2 \atop CO} > O + 2\,C^6H^4(OH)^2$$
$$= C^6H^4 < \begin{matrix} C < {C^6H^3 - OH \atop {>O \atop C^6H^3 - OH}} \\ O \\ SO^2 \end{matrix}$$

Sulfuréine résorcinique.

On obtient ce même composé en traitant la saccharine par la résorcine et l'acide sulfurique à 180°. Le corps obtenu est une matière colorante analogue à la fluorescéine, présentant en solution alcaline une magnifique fluorescence verte ; elle donne un dérivé tétrabromé teignant la soie comme l'éosine. Cette réaction a été appliquée par M. Bornstein à la recherche de la saccharine dans les aliments ; elle est d'une grande sensibilité :

$$C^6H^4 < {CO \atop SO^2} > AzH + 2\,C^6H^4(OH)$$
$$= C^6H^4 < \begin{matrix} C < {C^6H^3 - OH \atop {>O \atop C^6H^3 - OH}} \\ O \\ SO^2 \end{matrix} + AzH^3 + H^2O$$

Sulfuréine résorcinique.

NAPHTALÉINE. — L'anhydride naphtalique

$$O$$
$$OC \qquad CO$$

préparé par oxydation de l'acénaphtène (Graebe, Jaubert), chauffé avec 3 parties de résorcine à 270°, donne une couleur soluble en rouge brun dans la soude, avec une fluorescence verte. Elle cristallise dans l'éther en prismes jaunes et répond à la formule

$$C^{10}H^6 < \begin{matrix} C < {C^6H^3 - OH \atop {>O \atop C^6H^3 - OH}} \\ O \\ CO \end{matrix}$$

Naphtal-fluorescéine.

M. Terrisse [*Ann. Chem.*, **227**, 133] n'a pu obtenir qu'un *dérivé monoacétylé* fondant à 191°. Le brome donne un *dérivé tétrabromé* cristallisant dans l'alcool en aiguilles, et fusible à 310°.

GALLÉINE. — Cette matière colorante, qui appartient au groupe de la fluorescéine, a été découverte par M. Baeyer en 1871, en faisant agir l'anhydride phtalique à chaud sur le pyrogallol. M. Baeyer lui avait attribué la formule $C^{20}H^{12}O^8$, et la considérait comme un anhydride de la formule

$$OC - C^6H^4 - CO < {C^6H^2(OH)^2 \atop {>O \atop C^6H^2(OH)^2}}$$

M. Baeyer s'appuyait pour cela sur l'existence des dérivés tétracétylés et tétrabenzoylés [*D. chem. G.*, **18**, 555, 658]. Mais M. Buchka [*Ann. Chem.*, **209**, 249], en étudiant l'action des réducteurs sur la galléine, a été amené à lui donner la formule $C^{20}H^{10}O^7$. En effet, réduite à froid, elle fixe 2 atomes d'hydrogène et fournit un corps que l'acide sulfurique n'altère plus et qui donne un dérivé tétracétylé. Par une réduction plus énergique, il y a nouvelle fixation de 2 atomes d'hydrogène et formation d'un produit fortement acide qui est transformé déjà, à froid, en phtalidine correspondant, et qui n'est autre chose que la céruléine, dérivé anthracénique. M. v. Buchka explique ces réactions en admettant la formation d'un lien quinonique entre les deux groupes pyrogalliques, de telle sorte que les formules de la galléine et des corps précédents seraient (Lefèvre, *Matières colorantes*) :

$$O^2C - H^4C^6 - C < {C^6H^2 < {OH \atop O} \atop {>O \atop C^6H^2 < {O \atop OH}}} + H^2$$

Galléine.

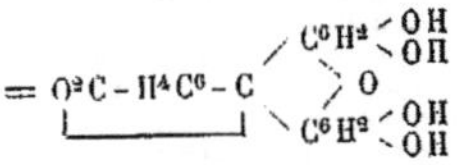

$$= O^2C - H^4C^6 - C \begin{matrix} C^6H^2 < {}^{OH}_{OH} \\ > O \\ C^6H^2 < {}^{OH}_{OH} \end{matrix}$$

Hydrogalléine.

Celle-ci, fixant $H^2$, donne

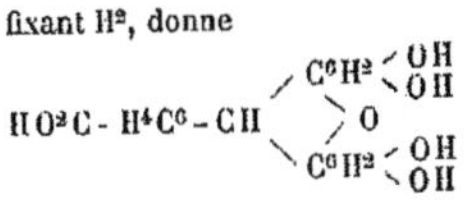

$$HO^2C - H^4C^6 - CH \begin{matrix} C^6H^2 < {}^{OH}_{OH} \\ > O \\ C^6H^2 < {}^{OH}_{OH} \end{matrix}$$

Galline.

qui, fixant encore $H^2$, donne

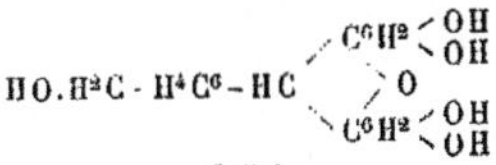

$$HO.H^2C - H^4C^6 - HC \begin{matrix} C^6H^2 < {}^{OH}_{OH} \\ > O \\ C^6H^2 < {}^{OH}_{OH} \end{matrix}$$

Gallol.

La formation d'une galléine tétracétylée s'expliquerait de la même façon que celle de la diacétylhydroquinone avec la quinone et l'anhydride acétique [Sarauw, *D. chem. G.*, 12, 686], par la scission du groupe quinonique.

L'action de l'acide sulfurique sur la galline pour transformer cette dernière en dérivé anthracénique se passe de la même façon que pour la phénolphtaléine. Le produit que l'on obtient, la *céruléine*, donne aussi un dérivé tétracétylé :

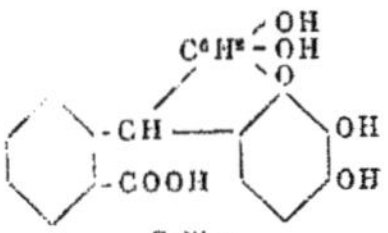

Galline.

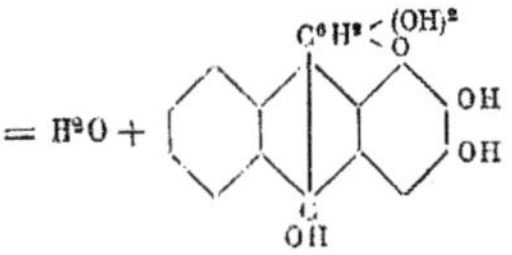

$$= H^2O +$$

Céruline.

Quant à la transformation de la céruline en céruléine par oxydation, elle s'effectue, d'après M. von Buchka, avec anhydrisation, selon l'équation

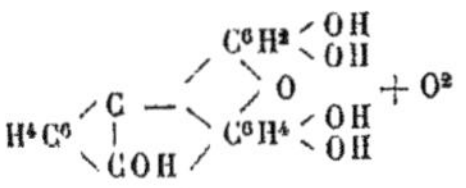

Céruline.

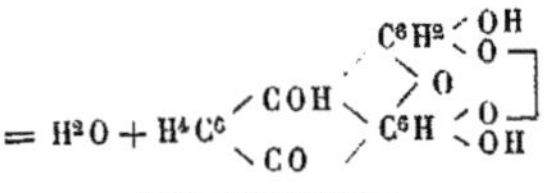

$$= H^2O + H^4C^6 \ldots$$

Terme intermédiaire.

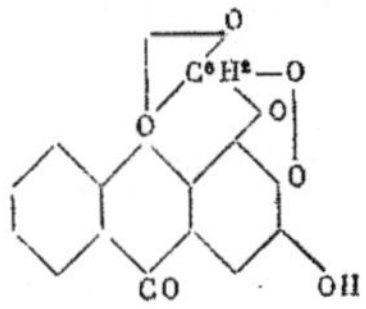

Céruléine.

La céruléine fournit un *dérivé triacétylé*, et par distillation sur la poudre de zinc donne du phénylanthracène :

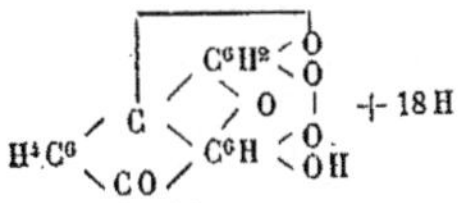

Céruléine.  $+ 18\,H$

$$= 6\,H^2O +$$

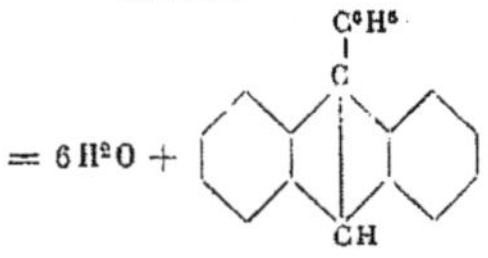

Phénylanthracène.

*Préparation de la galléine.* — La galléine s'obtient en chauffant pendant quelques heures à 190-200° une partie d'anhydride phtalique et deux parties de pyrogallol. La masse dissoute dans l'alcool est précipitée par l'eau. Après avoir répété plusieurs fois cette opération, on prépare le dérivé tétracétylé, lamelles incolores, fusibles à 217°, et on le saponifie par l'eau ou les alcalis.

La galléine est en petits cristaux verts qui, séchés à 180°, répondent à la formule $C^{20}H^{10}O^7$ ; elle est très peu soluble dans l'eau bouillante et presque insoluble à froid; l'alcool la dissout en rouge foncé, ainsi que les alcalis.

L'acide nitrique la décompose à froid sans donner de dérivé nitré; l'acide sulfurique la dissout à froid sans l'altérer; à 190-200°, il la transforme en céruléine. Le brome fournit une *dibromogalléine* soluble dans les alcalis en un bleu devenant rougeâtre par dilution; les solutions concentrées deviennent rapidement brunes au contact de l'air. La galléine ne réagit sur le perchlorure de phosphore qu'à la température de 70°, en donnant des produits très complexes. Par fusion avec de la potasse caustique, elle se scinde en acide benzoïque et en cétone pyrogallique (tétroxybenzophénonoxyde) :

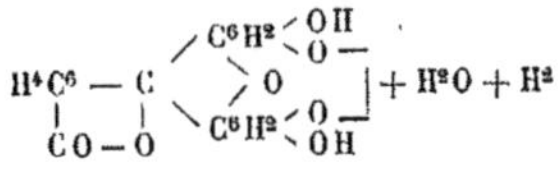

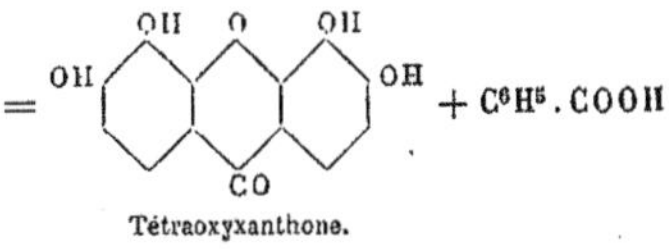

$$H^4C^6 - C \begin{matrix} C^6H^2 < {}^{OH}_{O-} \\ > O \\ C^6H^2 < {}^{O-}_{OH} \end{matrix} + H^2O + H^2$$
$$CO-O$$

$$= \ldots OH \ldots OH + C^6H^5.COOH$$

Tétraoxyxanthone.

La constitution de cette xanthone n'est pas encore déterminée avec certitude.

La galléine s'emploie sur mordant de chrome, principalement pour la teinture de la laine en bourre ; elle est le point de départ de la fabrication de la céruléine (vert d'alizarine).

*Tétrachlorogalléine*, $C^{20}H^{16}Cl^4O^7$.—On chauffe à 180-200° un mélange de pyrogallol et d'anhydride tétrachlorophtalique.

La matière colorante cristallisée dans l'alcool se présente sous la forme d'une poudre cristalline violette, renfermant $2H^2O$ qu'elle perd à 180°. Son *dérivé tétracétylé* est incolore.

CÉRULÉINE [Syn. *Vert d'alizarine, vert d'anthracène*], $C^{20}H^{18}O^6$. — Elle dérive de la galléine par élimination d'eau. M. von Baeyer la prépare en chauffant la galléine avec 20 parties d'acide sulfurique concentré à 195-200°, puis précipitant par l'eau, lavant et laissant sous forme de pâte. La céruléine à l'état sec se présente sous la forme d'une poudre cristalline noire à reflets verts, insoluble dans l'eau, l'éther et l'alcool ; les alcalis et l'acide acétique la dissolvent en vert. Elle se dissout dans les bisulfites alcalins (Durand, Huguenin et C°) ; cette combinaison, soluble en vert olive dans l'eau, se trouve dans le commerce sous le nom de *céruléine S*. A chaud la céruléine colore l'aniline en bleu. Si l'on chauffe ce mélange avec de l'acide chlorhydrique et que l'on reprenne par l'eau bouillante, il reste une couleur soluble dans l'alcool en jaune d'or avec fluorescence verte, en bleu dans les bisulfites et l'ammoniaque, teignant en vert bleu les mordants de fer et en bleu les mordants d'alumine. Le *dérivé acétylé* de la céruléine est peu stable.

La céruléine donne avec les mordants métalliques des nuances vertes très solides, et cette matière colorante est très employée, surtout pour l'impression du coton et la teinture de la laine en bourre ou en pièces.

RHODAMINES. — Les rhodamines, dont le premier représentant a été découvert en 1887 par M. Cérésole (DRP, 44002), sont des fluoranes p-diaminés ; la rhodamine la plus simple répond à la formule suivante

$$H^2Az \qquad O \qquad AzH^2$$
$$C - O$$
$$-CO.$$

en employant la nomenclature proposée par M. Lefèvre, c'est-à-dire un *fluorane $B_1$ 4 aminé, $B_2$ 4 aminé.*

Les rhodamines sont de nuance orangée, l'alcoylation les fait passer au rouge cramoisi avec une très forte fluorescence jaune. Leurs dérivés bromés sont des colorants. Une alcoylation plus profonde, obtenue par l'action de l'acide chlorhydrique gazeux sur une solution alcoolique de rhodamine, les transforme en *anisolines*, colorants de nuance un peu plus violette que la rhodamine qui a servi à leur préparation. La puissance colorante des rhodamines est considérable et bien plus intense que celle de la fluorescéine ; ces couleurs présentent en effet un éclat incomparable et une solidité bien supérieure à celle des éosines.

L'introduction dans les rhodamines des groupes phényliques simples ou substitués fait passer leur couleur au rouge violet et même au bleu rougeâtre et les rend insolubles. La sulfonation solubilise ces nouvelles couleurs et pousse leur nuance vers le rouge : ce sont les *violamines*, les *violets acides solides*, etc. Les *violamines*, et en général les rhodamines phénylées sulfonées, teignent la soie et la laine en un violet plus ou moins rouge ; elles présentent une grande solidité à la lumière, aux acides et au lavage. MM. Seyewetz et Sisley expriment ce fait sous forme de loi : *Les dérivés phénylés sont plus solides à la lumière que les dérivés méthylés ou éthylés ; la sulfonation agit dans le même sens* [Seyewetz et Sisley, *Mat. color.*, 455].

Les rhodamines teignent la soie et la laine avec la plus grande facilité ; elles unissent très bien ; elles s'appliquent aussi en impression. Les nuances obtenues sont assez solides à la lumière et résistent parfaitement bien aux acides. Le coton se teint facilement sur mordant de tannin et d'émétique. La *rhodamine S*, qui est un dérivé de l'anhydride succinique, possède même une certaine affinité pour le coton non mordancé, qu'elle teint en un rose magnifique.

L'introduction du chlore dans le noyau phtalique, contrairement à ce qui se passe pour la fluorescéine, a une grande influence sur la couleur des rhodamines ; elles deviennent plus violettes et insolubles.

La *tétraméthylrhodamine* préparée avec l'acide dichlorophtalique est très peu soluble, et teint la soie en lilas.

La *tétraméthylrhodamine* préparée avec l'acide tétrachlorophtalique est insoluble et teint la soie en violet rouge.

La *diphénylrhodamine* préparée avec l'acide dichlorophtalique teint la soie en bleu, mais est insoluble.

La *diphénylrhodamine* préparée au moyen de l'acide tétrachlorophtalique est insoluble et teint la soie en gris (Lefèvre).

Toutes ces couleurs sont très fluorescentes.

L'introduction des halogènes dans les deux autres noyaux ne paraît pas avoir cette influence.

*Rhodamine B*, tétréthylrhodamine. — Voyez Suppl., 1, 1353. — Friedlaender, 2, 68 ; consultez aussi les brevets DRP, 40002, 45263.

*Rhodamine S*. — Cette matière colorante est un dérivé de l'acide succinique, trouvé par M. Gnehm en 1889 ; elle répond à la formule

$$(C^2H^5)^2Az \qquad O \qquad Az(C^2H^5)^2Cl$$
$$C$$
$$C^2H^4 - COOH$$

*Préparation de la rhodamine S*. — Voyez 2e Suppl., 1, 1354.

*Diphénylrhodamine*. — La diphénylrhodamine prend naissance dans la réaction de l'anhydride phtalique sur la m-oxydiphénylamine de M. Calm :

$$AzH . C^6H^5$$
$$OH$$

Cette matière colorante, insoluble dans l'eau, mais soluble dans l'alcool, donne par sulfonation les colorants connus sous les noms de *violamines, violet acide solide R, violet acide solide B*, etc. Ces dérivés sulfoniques ont une grande importance en teinture ; aussi entrerons-nous dans quelques détails sur leur préparation (voyez DRP, 45263].

On mélange dans une marmite émaillée 15 kilogrammes de monophénylmétaminophénol (m-oxydiphénylamine de M. Calm [*D. chem. G.*, 1883, 1786], 10 kilogrammes d'anhydride phtalique et 10 kilogrammes de chlorure de zinc. On évite l'accès de l'air et on laisse monter la température à 160-170°, tout en ayant soin de remuer constamment. Au bout de 4 ou 5 heures, la réaction est terminée; on laisse refroidir, puis on concasse la masse et on la débarrasse, par digestion avec de l'ammoniaque, du chlorure de zinc et de l'excès d'anhydride phtalique qu'elle contient.

La diphénylrhodamine obtenue d'après ce procédé est insoluble dans l'eau, même bouillante; elle est difficilement soluble dans l'éther et dans le benzène; la solution benzénique incolore laisse déposer la rhodamine sous la forme de flocons bleus si on l'additionne de ligroïne. L'alcool dissout facilement la rhodamine à chaud, l'addition d'acide chlorhydrique amène une coloration violette très intense. L'acide sulfurique concentré dissout la rhodamine en se colorant en rouge vineux. Les solutions alcooliques ammoniacales sont rapidement décolorées par la poudre de zinc, mais la leucobase qui se forme reprend sa coloration primitive par l'addition de ferricyanure de potassium.

*Sulfonation de la diphénylrhodamine* (DRP, 46807). — La diphénylrhodamine symétrique

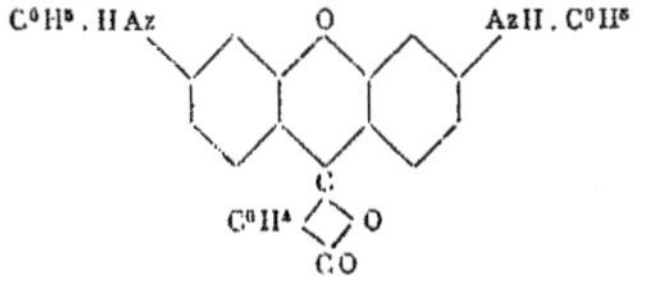

$$C^6H^5 . HAz \qquad O \qquad AzH . C^6H^5$$
$$C^6H^4 \quad O$$
$$CO$$

est insoluble dans l'eau, comme nous venons de le voir; mais par un traitement à l'anhydride sulfurique elle se transforme en *acide sulfonique* soluble : On introduit 1 kilogramme de diphénylrhodamine séchée dans 3 ou 4 kilogrammes d'acide sulfurique contenant de 20 à 30 0/0 d'acide anhydre, en évitant une élévation de température. Puis on brasse à la température ordinaire jusqu'à ce qu'un échantillon se dissolve facilement dans l'eau alcaline. Ce point atteint, on verse dans l'eau, on neutralise par de la chaux éteinte, on filtre la solution colorée, et on transforme en sel de soude par addition ménagée de carbonate de soude.

Le *sel de soude* de la diphénylrhodamine se dissout facilement dans l'eau froide avec une couleur rouge-violet; par addition d'acide chlorhydrique dilué, l'acide sulfonique est presque complètement précipité. La nouvelle matière colorante teint la soie en violet avec forte fluorescence, et en tons beaucoup plus rougeâtres que ne le fait la rhodamine non sulfonée. Les teintures obtenues sont particulièrement solides à l'air, à la lumière et au lavage.

*Di-p-tolylrhodamine symétrique,*

$$CH^3 - C^6H^4 - AzH \qquad O \qquad HAz - C^6H^4 - CH^3$$
$$C - O$$
$$CO$$

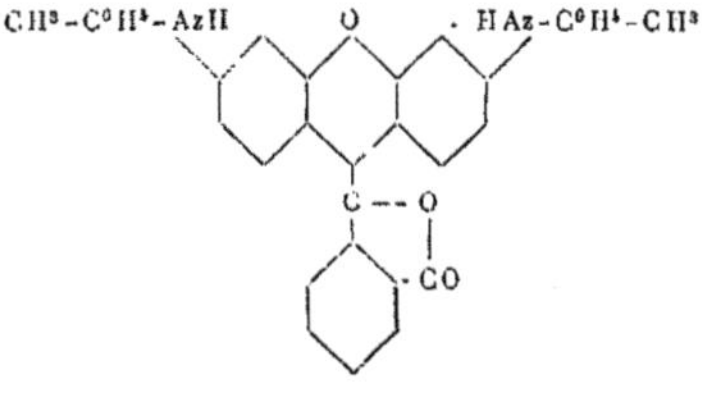

— Cette matière colorante se prépare au moyen de la m-oxyphényl-p-tolylamine de MM. Hasschek et Zega [*J. prakt. Chem.*, (2), **33**, 209],

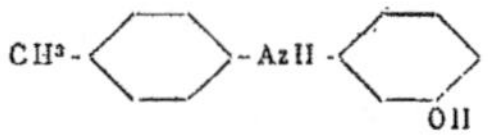

$$CH^3 - \langle \quad \rangle - AzH - \langle \quad \rangle$$
$$OH$$

que l'on obtient en chauffant sous pression la résorcine avec la p-toluidine.

On mélange intimement 20 kilogrammes de m-oxyphényl-p-tolylamine, 8 kilogrammes d'anhydride phtalique et 14 kilogrammes de chlorure de zinc, puis on chauffe le tout pendant 4 heures à 161-170°. La cuite présente des reflets métalliques, et après refroidissement se présente sous la forme d'une masse dure et compacte, que l'on pulvérise et que l'on traite à l'ébullition par l'acide chlorhydrique étendu pour séparer la m-oxyphényl-p-tolylamine non attaquée et les sels de zinc. On lave ensuite à l'eau alcaline, puis enfin à l'eau bouillante.

Le nouveau colorant se présente sous la forme d'une poudre cristalline à reflets cuivrés, soluble dans l'alcool avec une coloration violet-bleu et une fluorescence rougeâtre; il est insoluble dans l'eau, les alcalis et les acides, de même que dans l'éther et dans le benzène.

Les teintures sur soie sont beaucoup plus bleuâtres que celles que l'on obtient avec le dérivé diphénylé décrit plus haut.

On a préparé aussi les colorants dérivés de la m-oxyphényl-o-tolylamine. Ils teignent en nuances un peu plus rouges que ceux de la m-oxyphényl-p-tolylamine (DRP, 47451).

Toute une série de colorants analogues ont été préparés par les Farbwerke vorm. Meister Lucius et Brüning, à Hoechst (DRP, 48367 et 49057), par l'action directe du chlorure de fluorescéine de M. Baeyer

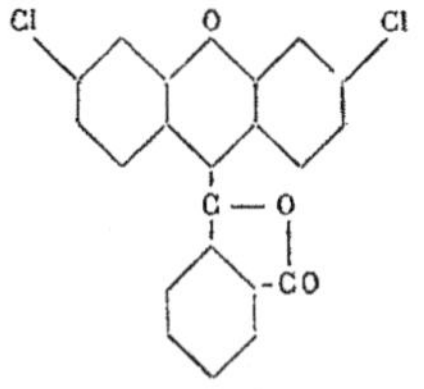

$$Cl \qquad O \qquad Cl$$
$$C - O$$
$$CO$$

sur l'aniline, l'ortho et la p-toluidine, les xylidines, la pseudocumidine, l'α et la β-naphtylamine, la m-phénylène-diamine, la phénylhydrazine, etc. Les mêmes brevets revendiquent aussi la condensation des amines ci-dessus avec les chlorures de dichloro- et tétrachlorofluorescéine, et avec le chlorure d'éosine :

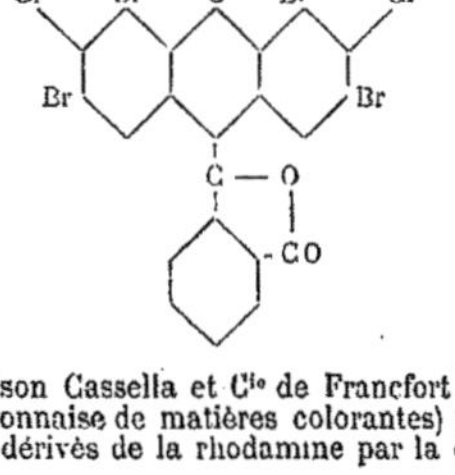

$$Cl \quad Br \qquad O \qquad Br \quad Cl$$
$$Br \qquad\qquad Br$$
$$C - O$$
$$CO$$

La maison Cassella et Cⁱᵉ de Francfort (Manufacture lyonnaise de matières colorantes) prépare aussi des dérivés de la rhodamine par la condensation de la fluorescéine avec la diméthylamine, sans passer par le chlorure, comme le font les Farbwerke de Hoechst :

$$C^6H^4 \diamondsuit \begin{array}{c} C \big< \substack{C^6H^3-OH \\ >O \\ C^6H^3-OH} \\ CO \end{array} + \begin{array}{c} H.Az(CH^3)^2 \\ H.Az(CH^3)^2 \end{array}$$

Diméthylamine.

Fluorescéine.

$$= 2 H^2O + C^6H^4 \diamondsuit \begin{array}{c} C \big< \substack{C^6H^3-Az(CH^3)^2 \\ >O \\ C^6H^3-Az(CH^3)^2} \\ CO \end{array}$$

Rhodamine.

Les Farbenfabriken vorm Fr. Bayer d'Elberfeld préparent encore des rhodamines en scindant d'abord la fluorescéine au moyen de la soude caustique en acide dioxybenzoylbenzoïque

$$\langle\rangle \begin{array}{c} -CO-C^6H^3 \big< \substack{OH \\ OH} \\ -COOH \end{array}$$

et condensant ce dernier avec le m-aminophénol. On obtient dans cette condensation des colorants mixtes possédant la formule suivante :

$$C^6H^4 \big< \substack{CO-C^6H^3(OH)^2 \\ COOH} + C^6H^4 \big< \substack{OH \\ AzX^2}$$

$$= C^6H^4 \diamondsuit \begin{array}{c} C \big< \substack{C^6H^3 \cdot OH \\ >O \\ C^6H^3-AzX^2} \\ C=O \end{array} + 2 H^2O.$$

Ces matières colorantes sont donc des produits intermédiaires entre les fluorescéines et les rhodamines :

$$C^{20}H^{10}O^3 (OH)^2 = \text{Fluorescéine.}$$
$$C^{20}H^{10}O^3 \left( \substack{OH \\ AzX^2} \right) = \text{Produit intermédiaire.}$$
$$C^{20}H^{10}O^3 (AzX^2) = \text{Rhodamine.}$$

La Badische Anilin und Sodafabrik, dans son brevet DRP, 54684, transforme en rhodamine le produit intermédiaire au moyen de l'artifice suivant :

$$C^{20}H^{10}O^3 \big< \substack{AzX^2 \\ OH} \longrightarrow C^{20}H^{10}O^3 \big< \substack{Cl \\ AzX^2}$$

$$\longrightarrow C^{20}H^{10}O^3 (AzX^2)^2.$$

Les colorants mixtes ou produits intermédiaires dont nous venons de parler possèdent des propriétés particulières qui les différencient nettement de la rhodamine et de la fluorescéine. Nous ne donnerons qu'un exemple de leur préparation.

*Condensation de l'acide dioxybenzoylbenzoïque avec le diméthyl-m-aminophénol.* — On mélange intimement 25 kilogrammes d'acide dioxybenzoylbenzoïque, 14 kilogrammes de diméthyl-m-aminophénol et 30 kilogrammes de chlorure de zinc, puis on chauffe la masse à 140-160° pendant 5 heures. Après refroidissement, on pulvérise, on lave à l'eau, puis on dissout dans de la soude caustique étendue et on précipite par un acide. On transforme ensuite en sel de soude ou de potasse. La nouvelle matière colorante teint en rouge orangé.

Si l'on traite cette matière colorante, qui appartient à la classe des *rhodols*, par le pentachlorure de phosphore, on obtient le corps suivant,

$$C^6H^4 \diamondsuit \begin{array}{c} C \big< \substack{C^6H^3-Az(CH^3)^2 \\ >O \\ C^6H^3-Cl} \\ CO \end{array}$$

qui, sous l'action de la diméthylamine, se transforme en tétraméthylrhodamine. En employant les dérivés bromés de l'acide benzoylbenzoïque, ces colorants sont plus bleuâtres.

ANISOLINES. — Quand on fait réagir l'iodure de méthyle sur la rhodamine, en solution alcaline, il se forme un dérivé pentaméthylé, auquel M. Monnet a donné le nom d'*anisoline*, supposant qu'il dérivait d'une phtaléine d'un anisol, formée par rupture de la chaîne du fluorane :

M. Bernthsen a démontré, de même que MM. J. Schmidt et Friedlaender, que cette hypothèse est fausse. Il y a rupture de la chaîne lactonique, et l'anisoline se forme avec production d'un éthersel et d'un hydrate de diméthylimine :

Pentaméthylrhodamine ou anisoline.

L'anisoline, en effet, peut être préparée par éthérification en solution alcoolique par un courant d'acide chlorhydrique.

L'anisoline possède une couleur beaucoup plus bleue que la rhodamine. Les propriétés acides du groupe COOH étant bloquées, le colorant possède des propriétés basiques énergiques, ce qui le fait employer pour la teinture du coton mordancé au tannin.

*Préparation de la rhodamine 3 B (anisoline).* — On dissout 10 kilogrammes de tétraéthylrhodamine dans 50 litres d'eau bouillante; la solution filtrée est traitée par 5 kilogr. de potasse caustique dans 20 litres d'eau bouillante, ce qui transforme la rhodamine en une base qui se dépose à l'état cristallin et que l'on sépare à chaud, car elle est plus soluble à froid qu'à l'ébullition. On chauffe ensuite 6 kilogr. de cette base avec 3 à 6 kilogr. de chlorure d'éthyle et 20 kilogr. d'alcool éthylique dans un autoclave, à la température de 120°. Au bout de 4 à 10 heures la réaction est terminée; on chasse l'alcool et le chlorure d'éthyle en excès, et on précipite par le sel.

L'anisoline se présente sous la forme d'une poudre cristalline à reflets verdâtres, facilement soluble dans l'eau; elle teint le coton, la laine et la soie en nuances rouges superbes.

L'anisoline peut aussi être préparée à la température du bain-marie, par les moyens employés ordinairement pour l'éthérification d'un groupe carboxylique.

1 kilogr. de rhodamine B est dissous dans 2 kilogr. d'alcool et $1^{kg},5$ d'acide sulfurique concentré. On chauffe le tout au bain-marie pendant 8 heures, puis on verse dans 20 litres d'eau, on neutralise l'acide sulfurique par addition de soude et on précipite le colorant par le sel marin.

L'éthérification peut même être faite à froid : 1 kilogr. de rhodamine S (succinéine) est dissous dans 5 kilogr. d'alcool méthylique, puis la solution refroidie à 0° et saturée par un courant d'acide chlorhydrique sec. Au bout de quelques jours on chauffe au bain-marie pour éliminer l'alcool et on dissout dans l'eau.

Cette éthérification donne aux colorants une beaucoup plus grande affinité pour la fibre, particulièrement pour le coton non mordancé.

Rhodaminols et rhodols. — Ces corps s'obtiennent en chauffant pendant 4-5 heures à 150-160° 25 parties d'acide dioxybenzoylbenzoïque (monorésorcine-phtaléine), 14 parties de diéthyl-m-aminophénol et 30 parties de chlorure de zinc anhydre.

On reprend le tout par un mélange d'alcool et d'acide acétique, puis on dissout la matière colorante dans une solution alcaline et on précipite par le sel. Le précipité est redissous dans de l'eau bouillante, qui laisse des impuretés; on le réunit à l'eau mère salée et on précipite par un acide (DRP, 54085, Lefèvre, *Matières colorantes*, 1195).

Le rhodaminol se forme aussi à côté de la rhodamine quand on fait agir la diéthylamine $AzH(C^2H^5)^2$ sur la fluorescéine (DRP, 56293).

Le rhodaminol donne des sels alcalins, solubles dans l'eau et dans l'alcool en rouge avec fluorescence vert-jaune, teignant la soie de la même façon, et la laine sur bain acide en ponceau.

Le rhodaminol, chauffé avec la diéthylamine directement (DRP, 56293), ou au préalable traité par le perchlorure de phosphore (DRP, 54085, 54684), se transforme en rhodamine. Ces matières colorantes (rhodamines, rhodols) n'ont aucune valeur industrielle. G.-F. Jaubert.

**FLUORESCENCE.** — Voyez Phosphorescence.

**FLUORESCENT (BLEU).** — Sous le nom de *bleu fluorescent* on trouve dans le commerce le *sel ammoniacal de la tétrabromorésorufine*,

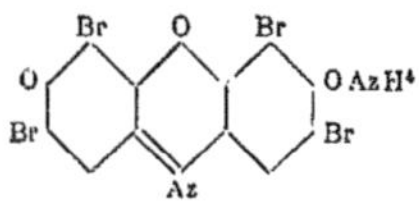


On obtient le bleu fluorescent en combinant la nitrosorésorcine avec la résorcine, et en bromant le produit de condensation (résorufine) ainsi obtenu.

Le produit commercial se présente sous la forme d'une pâte d'un rouge brun contenant des petits cristaux verts; elle se dissout en rouge violet dans l'eau bouillante; la dissolution présente une fluorescence verte.

Le bleu fluorescent teint la soie en jolies nuances d'un bleu violet avec fluorescence brune. Sa stabilité est médiocre et son emploi assez restreint.

**FLUORHYDRIQUE (ACIDE).** — *Purification de l'acide du commerce.* — M. Gore précipite les métaux lourds, principalement le plomb, par l'hydrogène sulfuré, la silice par le carbonate de potassium et il se débarrasse ensuite de l'hydrogène sulfuré par le carbonate d'argent. Après filtration, l'acide est distillé dans un appareil en plomb muni d'un réfrigérant de platine [Gore, *Chem. Soc.*, (2), **7**, 368].

MM. Thorpe et Hambly laissent l'acide commercial en contact avec du permanganate de potassium et transforment ensuite l'acide en fluorhydrate de fluorure de potassium au moyen du carbonate de potassium ou de la potasse. Ce sel desséché est ensuite décomposé dans un appareil en platine [Thorpe et Hambly, *Chem. Soc.*, **55**, 163].

M. Hamilton conseille, pour obtenir l'acide fluorhydrique exempt d'acide hydrofluosilicique, d'abandonner le mélange d'acide sulfurique et de fluorure de calcium pendant quelques jours avant de le soumettre à la distillation [Hamilton, *Chem. News*, **60**, 252].

M. Hempel purifie l'acide fluorhydrique en le transformant d'abord en fluorhydrate de fluorure d'ammonium et décomposant ensuite ce dernier par l'acide sulfurique [Hempel, *Zeit. Anal. Chem.*, **26**, 73].

*Propriétés physiques.* — Le point d'ébullition de l'acide fluorhydrique anhydre a été déterminé par Fremy + 19°,5 et par M. H. Moissan + 19°,4. D'après M. Olszewski, il se solidifie à — 102° en une masse cristalline transparente qui devient opaque par un abaissement plus grand de température. Son point de fusion est à — 92°,3 [Olszewski, *Mon. f. Chem.*, **7**, 371]. Sa densité à 12°,78 est de 0,9879 [Gore, *Chem. Soc.*, **7**, 368].

La chaleur de dissolution de l'acide fluorhydrique gazeux, déterminée par M. Guntz, est de $+ 11^{c},8$ [*Bull. Soc. Chim.*, (2), **40**, 55].

MM. Berthelot et Moissan ont déterminé la chaleur de formation de l'acide fluorhydrique.

Cette détermination a pu être faite en faisant réagir le fluor sur une solution titrée de sulfite de potassium renfermant un excès d'alcali. Il se forme dans cette réaction du sulfate de potassium et du fluorure de potassium. Pour évaluer la quantité de fluor absorbée, l'acide sulfureux était titré au moyen d'une liqueur d'iode. La perte de titre est proportionnelle au poids de fluor, et il en est de même de la chaleur dégagée. Les auteurs ont publié les résultats suivants :

$$H + Fl \text{ gaz} = HFl \text{ gaz} + 38^{cal},6,$$
$$H + Fl + \text{eau} = HFl \text{ dissous} + 50^{cal},4.$$

*Hydrate d'acide fluorhydrique*, $HFl.H^2O$. — Un mélange d'eau et d'acide anhydre dans la proportion de 70 0/0, refroidi à — 70°, ne se solidifie pas par additions d'eau successives; on voit se former vers — 45° de petites masses opalines qui envahissent peu à peu le vase. La concentration de l'acide est alors voisine de celle de l'acide du commerce, soit environ 45 0/0. Cette expérience a permis à l'auteur de conclure à l'existence d'un ou de plusieurs hydrates.

En soumettant à un refroidissement lent jusqu'à — 45° de l'acide à 55 0/0 d'acide anhydre, M. Metzner a pu observer la formation de houppes cristallines formées de petits cristaux tronqués au sommet, tombant peu à peu au fond du liquide ; au bout d'un quart d'heure, il restait encore du liquide non congelé. Les cristaux ont été extraits et séchés entre des plaques de mousse de platine. L'analyse en a été faite en les faisant tomber dans un poids connu d'eau, et dosant ensuite le fluor par les méthodes connues. On reconnaît qu'ils contiennent 52,3 pour 100 d'acide anhydre, ce qui correspond à la formule $HFl.H^2O$ Cet hydrate fond avec une fixité remarquable à — 35°. Il est très soluble dans l'acide concentré et froid, ce qui explique l'impossibilité de l'obtenir avec cet acide. Les cristaux d'hydrate fument à l'air, et leur densité est supérieure à 1,15.

M. Metzner n'a pu obtenir l'hydrate $HFl.2H^2O$, et les essais qu'il a faits dans ce but tendent à faire croire à la non-existence de ce composé [Metzner, *C. R.*, 119, 682].    P. Lebeau.

**FLUORINDINES** (voyez Dict., et 2ᵉ Suppl., 2, 136). — Cette classe de matières colorantes découvertes par H. Caro, puis presque simultanément par M. O.-N. Witt [*D. chem. G.*, 26, 1538], a été étudiée tout particulièrement en ces derniers temps par MM. Otto Fischer et Ed. Hepp, ainsi que par M. F. Kehrmann et ses élèves. Nous adopterons pour cet article la nomenclature de M. Bouveault, qui fait des fluorindines les produits de la copulation d'un noyau benzénique avec 2 noyaux de γ-diazine :

Ce noyau est la phéno-di-γ-diazine ; mais chacun des noyaux diaziniques peut être copulé à son tour avec un nouveau noyau benzénique. Le noyau complexe ainsi formé

constitue la fluorindine la plus simple, quand il est hydrogéné comme l'indique le schéma sui - vant :

2-3 βα 5-6 β'α' phéno-di (phéno-γ-diazine).

M. H. Caro a obtenu le premier la fluorindine en traitant l'o-phénylène-diamine par son produit d'oxydation :

La fluorindine est une matière colorante bleue à magnifique fluorescence rouge. On remarque ce phénomène très caractéristique quand on ajoute une goutte d'acide chlorhydrique à une solution alcoolique neutre de fluorindine.

La couleur passe du bleu pur au bleu vert, avec fluorescence rouge-brique.

On remarquera que, dans la préparation de la fluorindine par le procédé de M. Caro, il y a transposition moléculaire [*D. chem. G.*, 23, 2789]

La fluorindine se forme, en outre, chaque fois que l'on essaye de faire de l'induline en chauffant un mélange d'aniline, de chlorhydrate d'aniline et d'aminoazobenzène. On sait (Fischer et Hepp) qu'il se forme dans une première phase de l'azophénine. C'est cette dernière qui se transforme en induline, ainsi que M. O.-N. Witt l'a montré en chauffant de l'azophénine à 360° dans un dissolvant approprié (naphtalène). Il se fait en même temps de l'aniline et une matière colorante violette qui n'a pas été déterminée. Cette réaction peut se représenter par le schéma

Azophénine (1ʳᵉ phase).

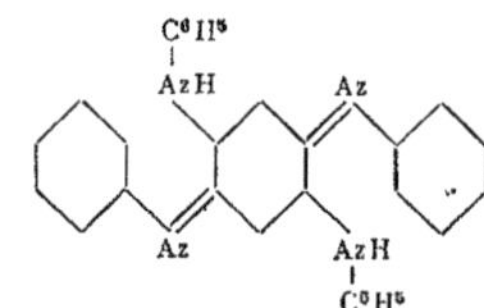

Diphénylfluorindine (2ᵉ phase).

MM. Fischer et Hepp donnent à ce corps le nom d'*homofluorindine*.

On a obtenu également des dérivés oxygénés de ce même noyau ; ils peuvent être rangés parmi les représentants des p-quinones ou des oxazines ; nous allons y revenir.

Il est probable aussi que l'indazine, les bleus de Bâle, etc., de même que le violet de toluylène et le « noir solide », qui prend naissance par l'action de la nitrosodiméthylaniline sur la m-oxydiphénylamine, appartiennent à la classe des fluorindines, et feraient de cette dernière le point de départ d'un nouveau chapitre du domaine des matières colorantes trouvant un emploi industriel :

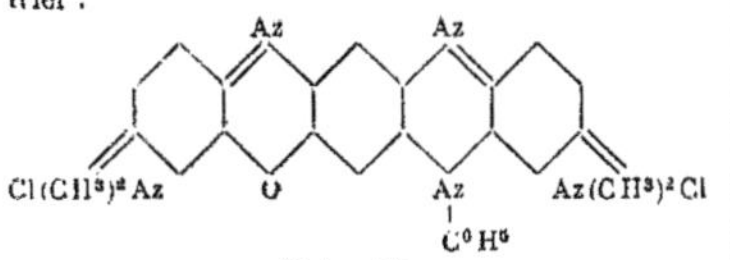

$$Cl(CH^3)^2 Az \cdots Az \cdots Az \cdots Az(CH^3)^2 Cl$$

Noir solide.

Nous allons d'abord étudier les dérivés non oxygénés de la fluorindine, qui sont de beaucoup les plus importants. Citons encore, avant d'y revenir plus longuement, la synthèse élégante qu'en a faite M. Kehrmann, au moyen de dérivés de l'o-quinone :

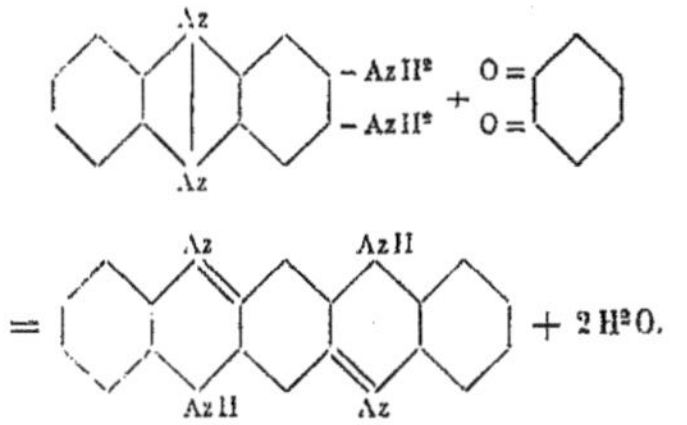

$$\cdots \quad - Az H^2 \quad O = \quad + \quad \cdots$$
$$\cdots \quad - Az H^2 \quad O =$$

$$= \cdots \quad + 2 H^2 O.$$

**FLUORINDINE DE M. H. CARO.** — Cette réaction, comme nous l'avons dit, est accessoire de celle qui donne naissance aux indulines découvertes par M. Caro vers 1860; elle est basée sur la transformation de l'azophénine. L'azophénine se transforme elle-même sous l'action de la poudre de zinc à chaud en donnant une fluorindine diphénylée dont la base cristallise en aiguilles brillantes, qui se subliment à haute température sans fondre, et sont presque insolubles dans tous les solvants. La solution alcoolique, d'un violet rouge, possède une belle fluorescence rouge, rappelant celle du rose de naphtalène (rouge de Magdala). Par addition d'acide cette solution devient bleu-gris avec une fluorescence brun-rouge. Ni l'acide chlorhydrique à la température de 250°, ni l'acide iodhydrique n'ont d'action sur cette matière colorante.

**FLUORINDINE DE M. O.-N. WITT** [*D. chem. G.*, **20**, 1538]. — M. Witt a trouvé aussi de son côté la préparation de la fluorindine. Après avoir isolé l'azophénine parmi les produits de la fusion indulinique, il la transpose en la chauffant pendant 2 ou 3 heures à 360°, et il obtient de l'aniline, puis la fluorindine de M. Caro, bien cristallisée en prismes bleus, dont les solutions possèdent une magnifique fluorescence rouge et un spectre d'absorption très caractéristique. Il prépare de même un *acide sulfonique* de la fluorindine en chauffant cette base dans une solution d'acide sulfurique concentré, à la température de 300°.

**FLUORINDINES DE MM. O. FISCHER ET ED. HEPP** [*D. chem. G.*, **23**, 2789]. — Ces deux savants sont les premiers qui aient fait une étude systématique de ces nouveaux composés. Ils ont montré tout d'abord que, si l'on chauffe les diverses sortes d'indulines, en $C^{24}H^{18}Az^4$ et $C^{36}H^{27}Az^5$, au-dessus de leur point de fusion, il se forme des fluorindines ou leurs homologues.

**I. FLUORINDINE DE L'AZOPHÉNINE**, $C^{30}H^{20}Az^4$. — Son *sel d'or* répond à la formule

$$C^{30}H^{20}Az^4, Au Cl^3, H^2 O.$$

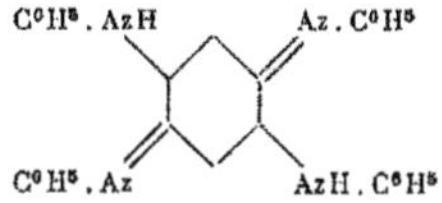

Azophénine.

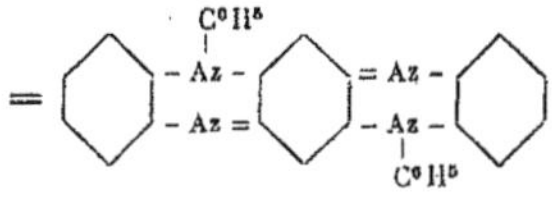

Diphénylfluorindine.

Dans cette préparation, il se forme toujours une seconde matière colorante violette, à laquelle les auteurs assignent la constitution

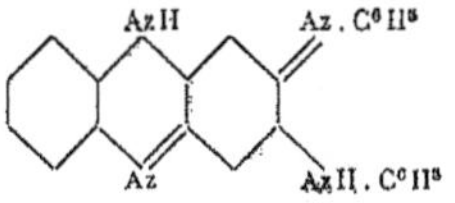

**II. FLUORINDINE DE LA DIAMINOPHÉNAZINE.** — Comme nous l'avons dit, M. H. Caro a trouvé que si l'on chauffe le chlorhydrate d'o-phénylène-diamine avec son produit d'oxydation, il se forme de la fluorindine.

On mélange intimement 4 parties de chlorhydrate de diaminophénazine (produit rouge résultant de l'oxydation de l'o-phénylène-diamine) avec 3 parties d'o-phénylène-diamine, puis on plonge le mélange dans un bain d'huile chauffé à 170°, et on élève la température jusqu'à 200-210° pendant 10 ou 15 minutes. On laisse refroidir, on concasse et on fait digérer avec de l'eau d'abord, puis avec de l'acide sulfurique dilué qui transforme le tout en sulfate de fluorindine, poudre verte insoluble. On transforme en base au moyen de l'ammoniaque alcoolique. Poudre d'un brun violet presque insoluble dans tous les solvants. Les auteurs désignent cette substance sous le nom d'*homofluorindine* :

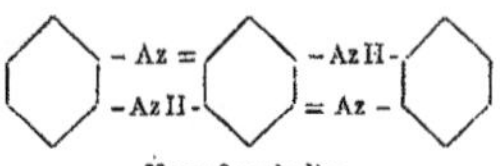

Homofluorindine.

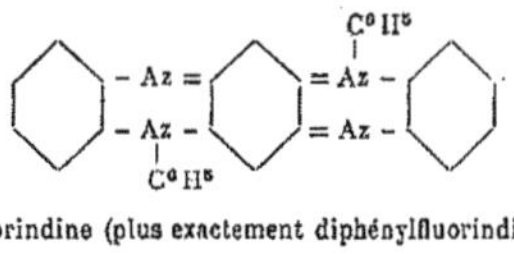

Fluorindine (plus exactement diphénylfluorindine).

**III. FLUORINDINE DES P-QUINONES.** — M. James Leicester [*D. chem. G.*, **23**, 2793], sous la direction de M. O. Fischer, a repris l'étude de la préparation de la fluorindine au moyen des dérivés de l'azophénine (synthèse par fermeture de chaîne).

On sait que l'aniline agit sur la p-benzoquinone en donnant la quinone-anilide; en employant l'o-phénylène-diamine au lieu de l'aniline, on était en droit de s'attendre à la formation de l'un

des produits

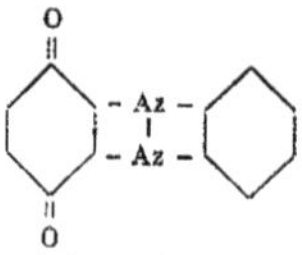

$$O$$
Quinone-phénazine.

ou

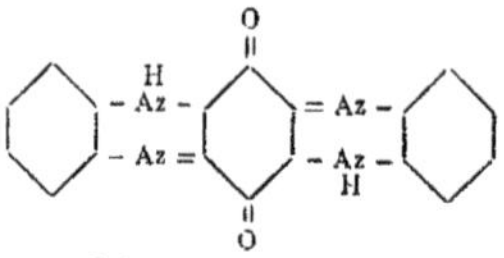

Quinone homofluorindine.

La réaction a lieu en effet, mais il se forme
des produits secondaires, et il est préférable de
prendre, à la place d'o-phénylène-diamine, l'o-
nitraniline et de réduire après condensation avec
la quinone.

*Quinone-o-dinitranilide.* — On chauffe pendant 2 heures à l'ébullition une solution acétique
de 3 parties de quinone et de 1ᵖ,5 d'o-nitraniline.
Par refroidissement, la dinitranilide cristallise en
aiguilles rouges fusibles à 301°, et possédant la
constitution suivante, analogue à celle de la quinone-dianilide :

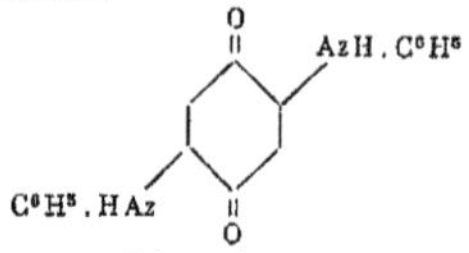

Quinone-dianilide.

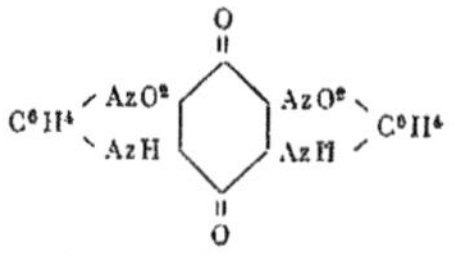

Quinone-di-o-nitranilide.

*Quinone-homofluorindine.* — On l'obtient en
chauffant à 100°, sous pression, la quinone-o-dinitranilide, avec une solution alcoolique de sulfure
d'ammonium. On obtient ainsi des cristaux incolores qui constituent le dérivé aminé; ils se colorent instantanément à l'air comme une cuve
d'indigo, en donnant le dérivé de la fluorindine
cherchée :

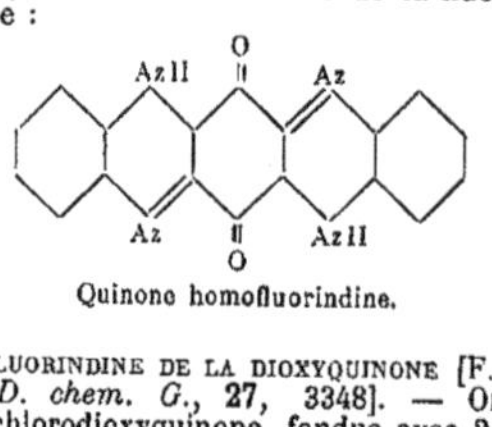

Quinone homofluorindine.

IV. Fluorindine de la dioxyquinone [F. Kehrmann, *D. chem. G.*, 27, 3348]. — On sait
que la chlorodioxyquinone, fondue avec 2 molécules d'o-phénylène-diamine, donne une fluorindine chlorée. M. Kehrmann a réalisé cette syn-

thèse élégante au moyen de la dioxyquinone,
suivant le schéma

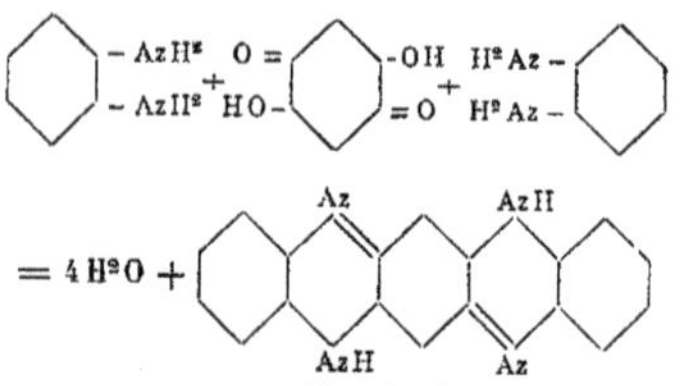

Homofluorindine.

Cette synthèse est générale, en ce sens qu'elle
permet, en prenant des o-diamines substituées,
de réaliser toutes les synthèses possibles :

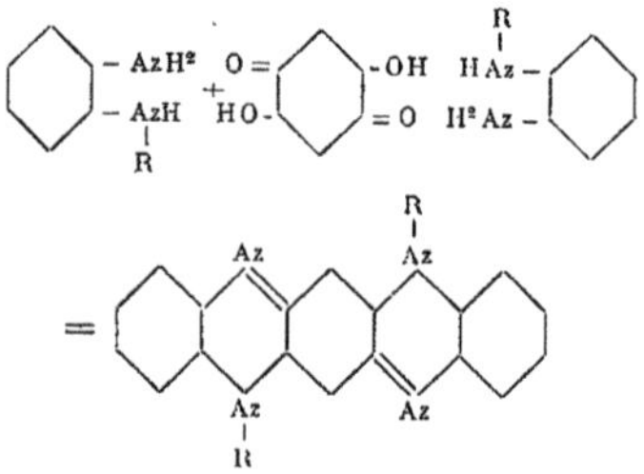

(R indique un radical gras ou aromatique.)

Il va sans dire que les produits de condensation
d'une molécule de dioxyquinone et d'une molécule d'o-diamine,

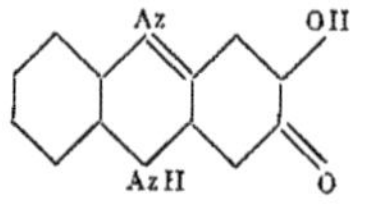

donnent les mêmes fluorindines par une seconde
condensation avec une molécule d'o-diamine [*D.
chem. G.*, 23, 2247; 24, 584, 2167; 24, 1337].
MM. Otto Fischer et Ed. Hepp [*D. chem. G.*,
28, 293] ont repris l'étude que nous avons mentionnée plus haut et ont proposé la nomenclature
suivante, qui a été l'objet de vives discussions
avec MM. Nietzki et Kehrmann [*Chem. der orga-
nischen Farbstoffen*, 2, 230] :

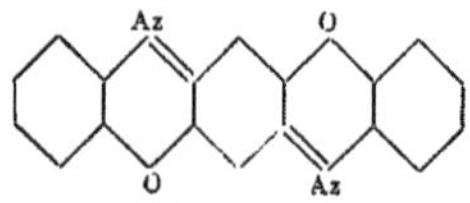

Triphénodioxazine.

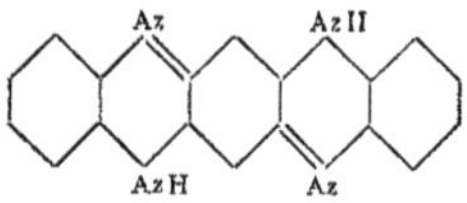

Homofluorindine.

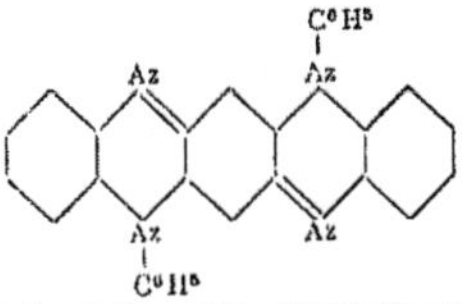

C⁶H⁵ — Az — ... — Az — C⁶H⁵

Fluorindine de l'azophénine (diphénylfluorindine).

Il va sans dire que l'*homofluorindine* n'est pas encore la fluorindine la plus simple; aussi MM. Fischer et Hepp ont-ils tenté, par condensation de la dioxybenzoquinone avec l'éthylène-diamine ou l'oxyéthylène-diamine, d'arriver aux deux produits primordiaux suivants :

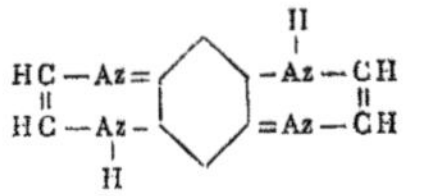

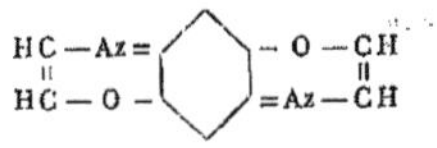

M. Nietzki objecte en outre à MM Fischer et Hepp que l'homofluorindine, devant être regardée comme le produit hydrogéné de la triphéno-diazine, devrait par oxydation donner ce dérivé encore inconnu :

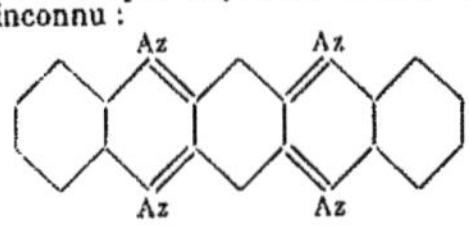

M. Kehrmann a déjà montré [*D. chem. G.*, 27, 3348] le peu de chances qu'il y a d'obtenir ces dérivés quinoniques. MM. Fischer et Hepp ont essayé en effet, et sans aucun résultat, de préparer par oxydation les dérivés diquinoniques suivants :

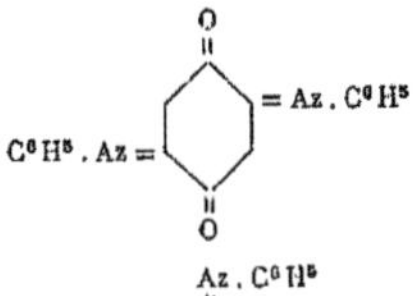

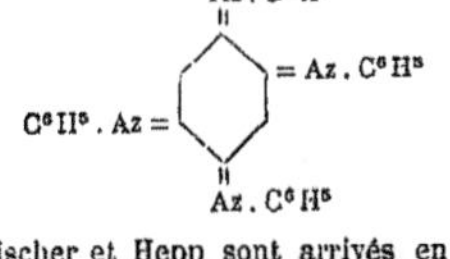

MM. Fischer et Hepp sont arrivés en outre à préparer les dérivés méthylés de la fluorindine.

*Préparation de la triphénodioxazine.* — MM. O. Fischer et Jonas ont démontré [*D. chem. G.*, 27, 2784] que, dans l'oxydation de l'o-aminophénol par l'oxyde de mercure, il se forme une substance rouge qui possède la constitution

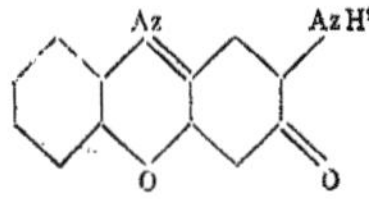

Cette substance est la même que celle qu'obtinrent MM. Zincke et Hebebrand [*Ann. Chem.*, 226, 61] par oxydation de l'o-aminophénol au moyen de la quinone; elle fond à 249°.

Pour la transformer en triphénodioxazine, on en mélange intimement 3 grammes avec 2 grammes de chlorhydrate d'o-aminophénol, puis on chauffe le tout à 150-180° au bain d'huile. La masse est ensuite concassée, extraite par l'eau, puis sublimée d'après le procédé de M. P. Seidel. Les vapeurs vertes qui se dégagent se condensent en aiguilles rouges, qui se dissolvent dans l'acide sulfurique concentré en bleu indigo. En solution acétique, l'acide nitrique donne un dérivé nitré. En solution alcoolique, on observe une superbe fluorescence verte.

*Triphénazinoxazine.* — On mélange intimement 2 grammes du produit d'oxydation de l'o-aminophénol décrit ci-dessus avec 5 grammes de chlorhydrate d'o-phénylène-diamine, puis on chauffe environ 15 minutes à 170°, puis encore pendant un instant à 200°. On concasse la masse refroidie et on l'extrait plusieurs fois avec de l'eau et de l'acide chlorhydrique dilué. Ce résidu constitue le chlorhydrate de triphénazine-oxazine. On transforme en base par ébullition avec un mélange d'ammoniaque alcoolique et de benzène. Cette fluorindine possède la constitution suivante :

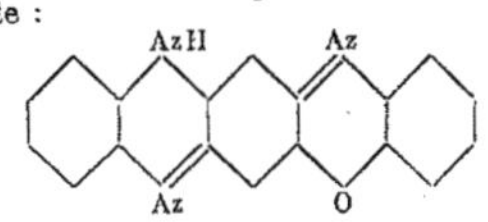

et prend naissance suivant l'équation

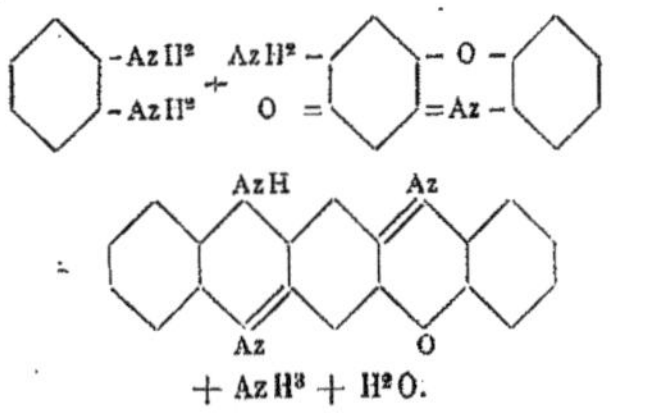

$+ \, AzH^3 + H^2O.$

MM. Fischer et Hepp ont démontré la justesse de ces formules en faisant la synthèse de ces dérivés au moyen de la dioxyphénazine symétrique, que l'on obtient facilement en partant de la diamino-phénazine [*D. chem. G.*, 23, 845], en la fondant avec du chlorhydrate d'o-aminophénol :

Dioxyphénazine.

$= \qquad + \, 2\,H^2O.$

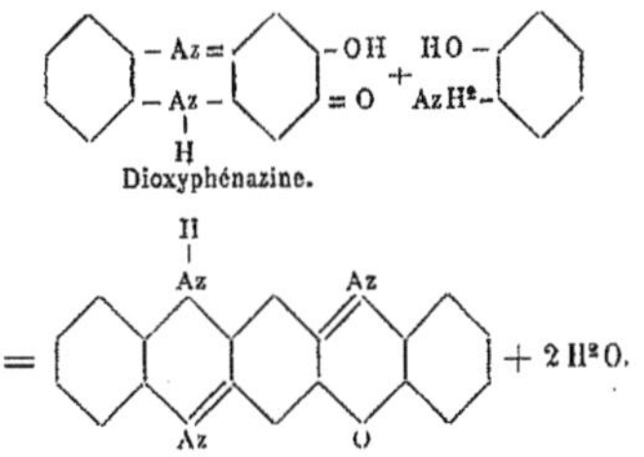

Triphénazine-oxazine.

Les auteurs ont encore préparé la diphénylfluorindine en partant de la phénylinduline : On dissout 1 gramme de phénylinduline [*Ann.*

*Chem.*, **262**, 260] dans 30 ou 40 grammes de nitrobenzène, puis on porte à l'ébullition et on ajoute
de l'oxyde jaune de mercure jusqu'à ce que la
solution soit devenue violette; au bout de 10 minutes on filtre, et par refroidissement on obtient
des cristaux de fluorindine (10 0/0) dont le sel
d'or est caractéristique [*D. chem. G.*, **23**, 2790].

Les auteurs ont appliqué cette méthode d'oxydation à la préparation de la fluorindine de
l'azophénine : On dissout 1 gramme d'azophénine
dans 40 grammes de nitrobenzène, puis on
ajoute, à l'ébullition, de l'oxyde jaune de mercure;
au bout de 5 minutes la solution devient rouge-
fuchsine, et, au bout de 20 minutes, on filtre et
on laisse cristalliser. Le rendement est excellent.

Concernant encore la polémique Fischer et
Hepp contre Nietzki, voyez *D. chem. G.*, **28**, 1357.

M. Kehrman [*D. chem. G.*, **28**, 1543] a entrepris l'étude des dérivés chlorés de la fluorindine, et a préparé, en collaboration avec M. Füh-
ner, la chlorophénylfluorindine :

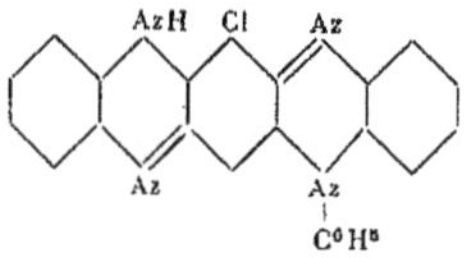

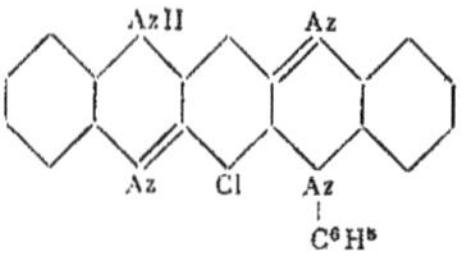

On obtient cette fluorindine d'après le procédé
suivant : On condense d'abord [*D. chem. G.*, **24**,
589] la phényl-o-phénylène-diamine avec la chlorodioxyquinone :

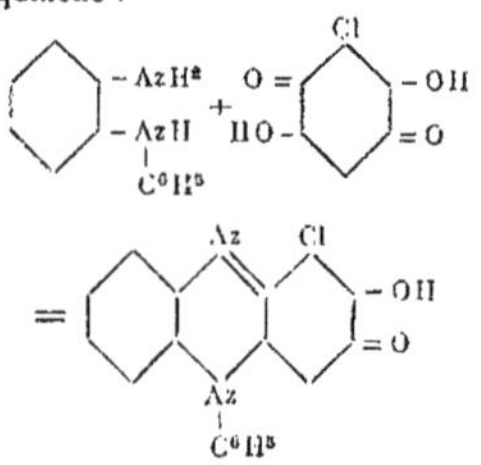

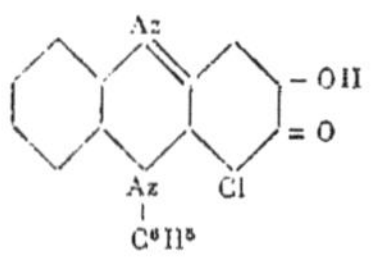

La chloro-oxysafranone formée est mélangée
avec 3 molécules de chlorhydrate d'o-phénylène-
diamine et 10 fois son poids d'acide benzoïque
pur, puis le tout est chauffé au bain d'huile jusqu'à fusion de l'acide benzoïque. La masse fondue
est dissoute après refroidissement dans l'alcool
chaud, et par addition d'acide chlorhydrique
le chlorhydrate de chlorophénylfluorindine se
sépare.



Cette fluorindine diffère totalement par ses propriétés de l'homofluorindine (phénofluorindine de
M. Kehrmann). Le chlorhydrate est insoluble,
même dans l'alcool bouillant; les traces qui se
dissolvent colorent l'alcool en bleu foncé avec
fluorescence d'un rouge violet. La base cristallise en cristaux verts brillants, fusibles à 120-130°.

*Méthylphénylfluorindine,*

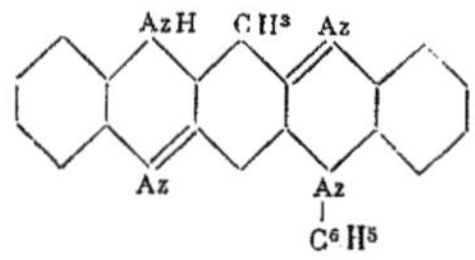

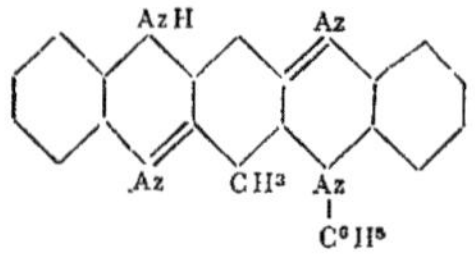

— C'est de toutes les fluorindines la plus soluble
et celle qui cristallise le mieux.

Pour la préparer, on condense d'abord la dioxytoluquinone avec la phényl-o-phénylène-diamine :

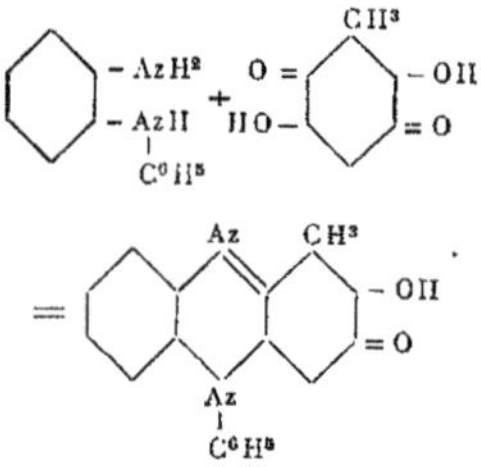

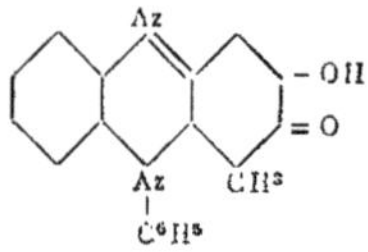

On traite ensuite, par le procédé décrit plus
haut, cette méthyl-oxy-safranone par le chlorhydrate d'o-phénylène-diamine en solution dans
l'acide benzoïque.

On obtient un rendement théorique.

MM. O. Fischer et Hepp [*D. chem. G.*, **29**, 367]
ont réalisé une élégante synthèse des dérivés de
la fluorindine en partant de la phénosafranine.
Cette dernière, sous l'action de l'acide nitreux et
de l'alcool, élimine un radical aminogène pour
donner l'aposafranine :

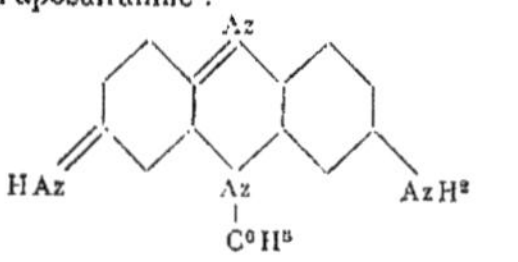

Phénosafranine.

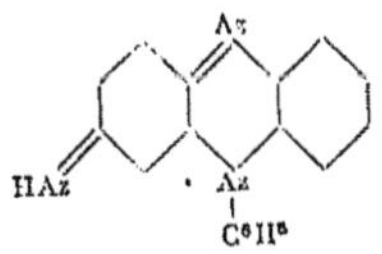

Aposafranine.

Ce dernier produit donne, par condensation avec l'o-phénylène-diamine, la monophénylfluorindine. On dissout dans 200 centimètres cubes d'alcool 10 grammes de chlorhydrate d'aposafranine, 5 grammes d'o-phénylène-diamine et 10 grammes de chlorhydrate d'o-phénylène-diamine, puis on chauffe le tout au réfrigérant ascendant pendant 5 ou 6 heures. Le chlorhydrate de fluorindine se dépose déjà à chaud et plus encore par le refroidissement; on le lave à l'eau, à l'acide chlorhydrique faible et enfin à l'alcool absolu, et on le fait cristalliser dans le benzoate d'éthyle.

Cette synthèse a lieu d'après le schéma suivant :

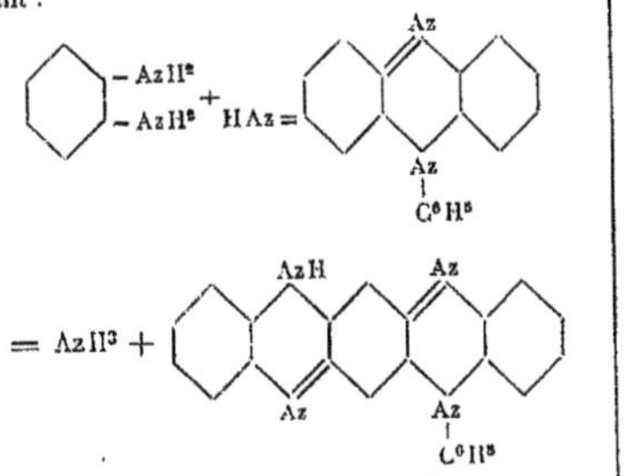

Phénylfluorindine.

MM. Kehrmann et Bürgin [*D. chem. G.*, **29**, 1246] ont étudié les dérivés alcoylés acidyliques de la fluorindine. Ils les dénomment en se servant du schéma suivant pour le noyau de la fluorindine :

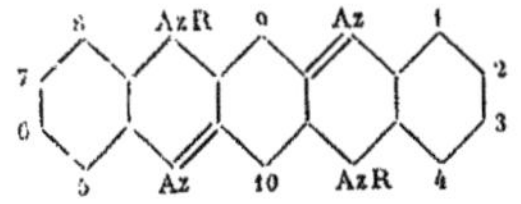

9 ou 10 méthylphénylphénofluorindine
(déjà décrite plus haut).

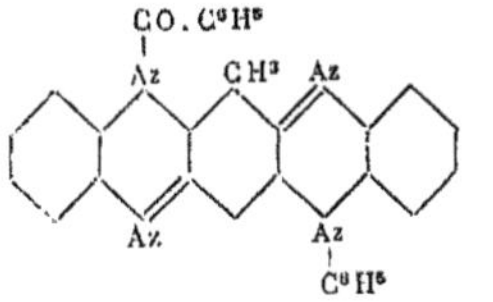

*Dérivé benzoylé.* — On le prépare par simple cristallisation de la fluorindine dans le benzoate d'éthyle. C'est du reste une propriété générale de toutes les monoalcoylfluorindines de se transformer plus ou moins vite en dérivé benzoylé par une simple cristallisation dans le benzoate d'éthyle.

*Phénylphénofluorindine,*

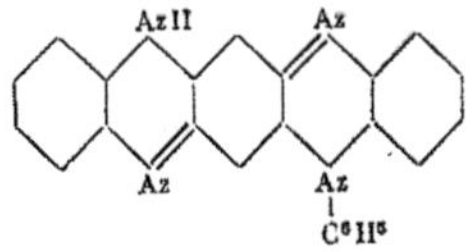

— La monophénylfluorindine a été préparée de plusieurs façons : soit par condensation de la 2-oxyphénylphénazone [*Ann. Chem.*, **290**, 301] avec l'o-phénylène-diamine :

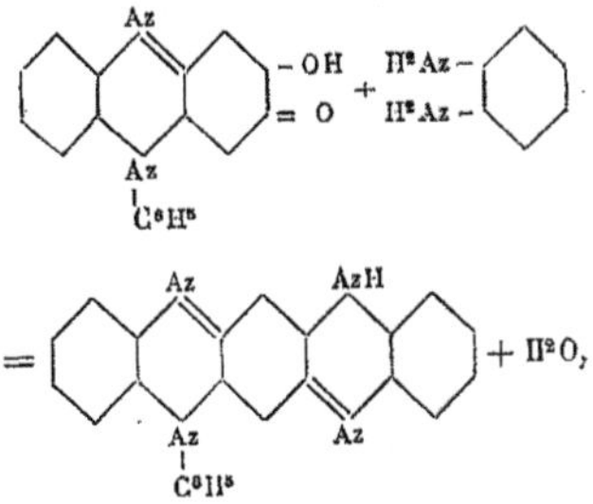

soit par condensation de l'amino-anilido-aposafranine avec l'o-phénylène-diamine :

$+ C^6H^5AzH^2 . HCl + AzH^4Cl.$

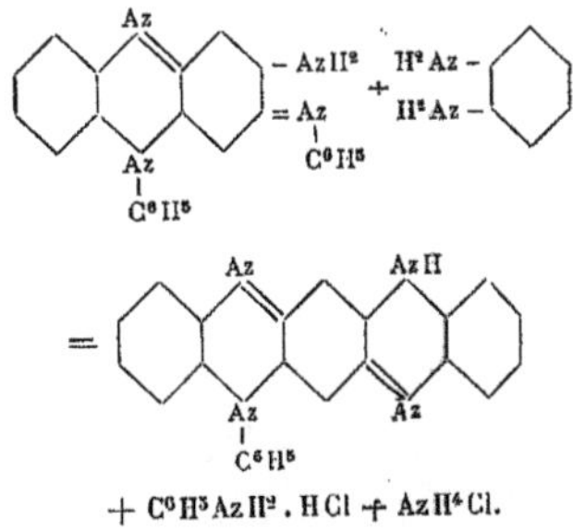

*Préparation au moyen de l'oxyphénylphénazone.* — On chauffe un mélange de 0$^{gr}$,4 de 2-oxyphénylphénazone avec 0$^{gr}$,7 de chlorhydrate d'o-phénylène-diamine et 10 grammes d'acide benzoïque jusqu'à ce que la masse ait pris une couleur d'un bleu pur, puis on concasse et on chauffe avec 50 centimètres cubes d'alcool; on sépare le chlorhydrate de fluorindine au moyen de l'acide chlorhydrique. On obtient ainsi 0$^{gr}$,3 de chlorhydrate pur pour l'analyse.

*Préparation au moyen du produit d'oxydation de l'o-aminodiphénylamine.* — On chauffe à 250° un mélange de 2$^{gr}$.3 du produit d'oxydation, 2$^{gr}$,1 de chlorhydrate d'o-phénylène-diamine et 0$^{gr}$,6 d'o-phénylène-diamine. On chauffe aussi longtemps que la couleur rouge n'a pas passé au bleu pur. On traite la masse concassée par le procédé déjà décrit. Le rendement est de 2 grammes, soit environ 80 0/0 de la théorie.

Le dérivé benzoylé a été préparé par ébullition avec le benzoate de méthyle.

*Diphénylfluorindine,*

$$Az \quad C^6H^5 \quad Az$$
$$Az \quad C^6H^5 \quad Az$$

— Comme nous l'avons vu, ce dérivé est le plus anciennement connu. Il a d'abord été étudié par MM. Fischer et Hepp, et obtenu par transformation de l'azophénine ; puis, par ces ·mêmes savants :

1° Par condensation du produit d'oxydation de l'o-aminodiphénylamine avec l'o-phénylène-diamine ;

2° Par oxydation de l'azophénine au moyen de l'oxyde de mercure ;

3° Enfin par distillation sèche de l'anilidophénylaposafranine.

MM. Kehrmann et Bürgin [*loc. cit.*] ont montré que la première de ces méthodes ne mène pas à un dérivé diphénylé, mais à un dérivé monophé·nylé. Ils ont obtenu la diphénylfluorindine par condensation du produit d'oxydation de l'o-aminodiphénylamine avec le produit d'oxydation de la même, d'après le schéma suivant :

$$- AzH^2 \quad HAz - $$
$$= Az.C^6H^5 \quad + \quad H^2Az - $$

$$= \quad + \quad C^6H^5 . AzH^2 + AzH^3.$$

La substance obtenue dans cette réaction est identique avec celle que MM. Fischer et Hepp ont préparée par oxydation de l'azophénine au moyen de l'oxyde jaune de mercure. Voici comment on procède : On chauffe au bain de paraffine 1 gramme de chlorhydrate du produit d'oxydation de l'o-aminodiphénylamine, 1ᵍʳ,1 d'o-aminodiphénylamine et 16 grammes d'acide benzoïque pur. Dès que la cuite a pris une couleur bleu pur, on la met refroidir, puis on la concasse et on la dissout dans 200 centimètres cubes d'alcool en neutralisant avec l'ammoniaque la plus grande partie de l'acide benzoïque. On obtient ainsi 0ᵍʳ,8 de cristaux, qui se déposent et constituent la base de la matière colorante (soit 73 0/0 de la théorie).

Pour la transformer en chlorhydrate, on la dissout ou on la met en suspension dans 50 centimètres cubes d'alcool, puis on ajoute quelques gouttes d'acide chlorhydrique. Tout se dissout et l'adjonction d'une plus grande quantité d'acide chlorhydrique précipite le chlorhydrate.

Ce chlorhydrate est un *dichlorhydrate* ; il est assez soluble dans l'alcool, avec une couleur rouge et une fluorescence bleue. L'addition d'ammoniaque précipite la base sous la forme de cristaux violets. Cette dernière se dissout à peine

dans l'alcool bouillant ; elle se dissout bien dans le nitrobenzène et dans le benzoate d'éthyle.

*Méthylphénylfluorindine.* — Elle a été préparée par le procédé suivant :

$$- AzH^2 \quad H^2Az - $$
$$= Az \quad H^2 \quad + \quad H^2Az - $$

$$= $$

$$+ AzH^3 + AzH^2 . CH^3.$$

On mélange 3ᵍʳ,8 du produit d'oxydation de la monométhyl-o-phénylène-diamine avec 7ᵍʳ,8 de chlorhydrate d'o-phénylène-diamine et 100 grammes d'acide benzoïque, puis on chauffe le tout à 260° jusqu'à coloration bleu pur. Après refroidissement, on concasse et on met à digérer pendant 12 heures avec 500 grammes d'alcool et un peu d'acide chlorhydrique. Au bout de ce temps le chlorhydrate s'est déposé en fines aiguilles. Il est un peu soluble dans l'eau bouillante sans dissociation.

MM. Fischer et Hepp ont obtenu probablement la même fluorindine en condensant l'o-diaminophénazine avec la monométhyl-o-phénylène-diamine :

$$- AzH^2 \quad AzH^2 - $$
$$= AzH \quad + \quad ;AzH - $$
$$CH^3$$

$$+ AzH^3$$

[*D. chem. G.*, **29**, 1254].

Dans un mémoire plus récent [*D. chem. G.*, **29**, 1607], MM. Fischer et Hepp répondent aux critiques de MM. Kehrmann et Bürgin, et montrent que, pour la préparation de la fluorindine, il est parfaitement inutile de chauffer à une température très élevée (Kehrmann et Bürgin indiquent la température de 250°).

MM. Fischer et Hepp opèrent de la façon suivante : Ils chauffent en tube scellé à 170°, pendant 2 ou 3 heures, 1 partie d'anilidoaposafranine ou d'anilidoaposafranone, 1 partie d'o-phénylène-diamine, 1 partie de chlorhydrate d'o-phénylène-diamine dans 10 ou 15 centimètres cubes d'alcool.

Par refroidissement, la fluorindine cristallise.

MM. Kehrmann et Bürgin [*D. chem. G.*, **29**, 1830] ont préparé un corps isomère du chlorhydrate de diphénylfluorindine, et cet isomère se comporte comme une base azonium. On l'obtient, à côté du chlorhydrate de diphénylfluorindine, lorsque l'on fond, en solvant benzoïque, un mélange du produit rouge d'oxydation de l'o-aminodiphénylamine et de chlorhydrate de cette dernière base :

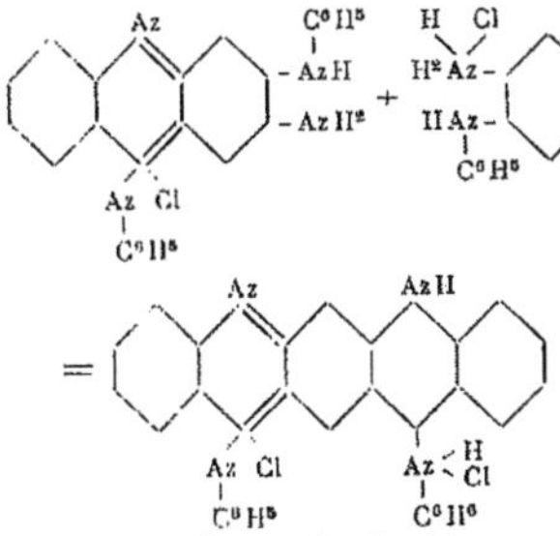

Fluorindine-azonium isomérique.

$$+ AzH^3 + AzH^2 . C^6H^5.$$

On mélange, tous deux à l'état de chlorhydrates, $3^{gr},5$ du produit d'oxydation et $3^{gr},8$ d'o-amino-diphénylamine avec 75 grammes d'acide benzoïque. On chauffe à 260° jusqu'au bleu pur, et on traite par l'alcool et l'acide chlorhydrique.

Le chlorhydrate que l'on obtient possède la composition centésimale du chlorhydrate de diphénylfluorindine, mais, par contre, ses propriétés sont tout à fait différentes : il se dissout dans l'eau bouillante sans hydrolyse, avec une belle couleur bleue, ainsi que dans l'alcool, et ces solutions ne présentent *aucune fluorescence*.

MM. Kehrmann et Bürgin ont étendu leurs recherches aux dérivés oxygénés (triphénodioxazines), et ont réalisé la synthèse d'un certain nombre de ces substances, qui se rapprochent beaucoup, comme on le voit par les deux formules ci-dessous, des fluorindines :

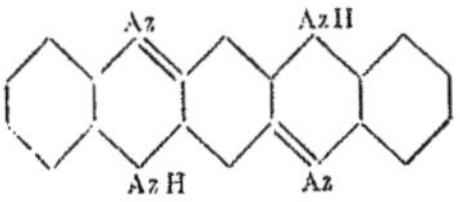

Fluorindine.

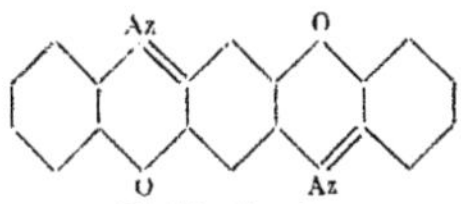

Triphénodioxazine.

Ces dérivés ont été reproduits synthétiquement en se servant d'un procédé analogue à celui étudié par MM. Kehrmann et Messinger, c'est-à-dire la condensation des o-quinones avec les o-diamines, en condensant l'o-aminophénol avec l'oxyquinone :

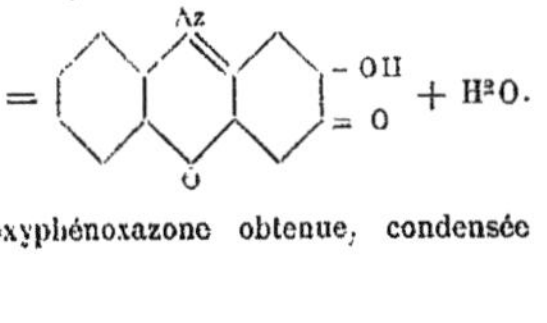

$$= \quad \ldots \quad + H^2O.$$

L'oxyphénoxazone obtenue, condensée elle-

même avec une seconde molécule d'o-amino-phénol, donne le dérivé de la triphénoxazone cherché :

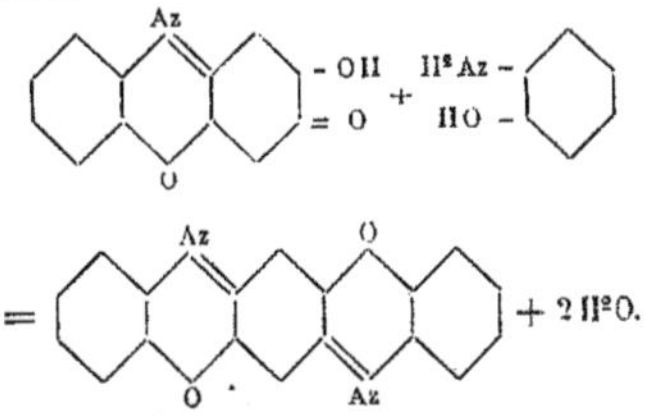

$$= \quad \ldots \quad + 2H^2O.$$

Les auteurs se sont servis pour leurs essais, non pas de la dioxyquinone, mais de la dioxytoluquinone, qui peut être préparée facilement, et en grande quantité, par le procédé de MM. Zincke et Hagen [*D. chem. G.*, 16, 1555]. Cette dioxytoluquinone donne très facilement, par condensation avec une molécule d'o-aminophénol, l'oxytoluphénoxazone, qui, par fusion avec l'o-aminophénol et l'acide benzoïque, donne la méthyltriphénodioxazine :

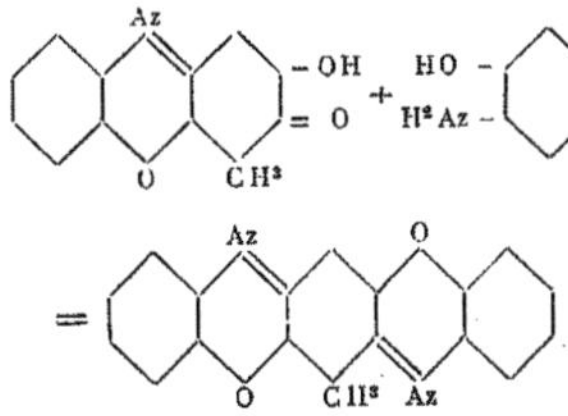

*Oxytoluphénoxazone.* — On dissout 2 grammes de dioxytoluquinone dans l'eau bouillante, puis on ajoute 5 grammes de chlorhydrate d'o-aminophénol et on chauffe pendant une demi-heure au bain-marie. On obtient bientôt un précipité de longues aiguilles brunes, que l'on fait cristalliser dans le benzène. Elles sont fusibles à 215-216° et se dissolvent dans l'acide sulfurique concentré avec une belle couleur brune. Les solutions acétique, benzénique et alcoolique sont rouges sans fluorescence.

Le rendement en produit pur est de 80-90 0/0 de la théorie.

L'oxytoluphénoxazone peut avoir les deux formules

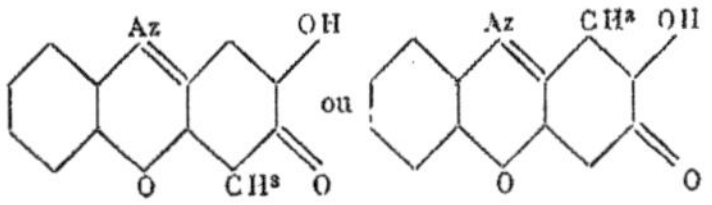

*Méthyltriphénodioxazine.* — On mélange 1 gramme d'oxytoluphénoxazone, 2 grammes de chlorhydrate d'o-aminophénol et 20 grammes d'acide benzoïque, que l'on chauffe rapidement à l'ébullition au bain de paraffine. Après refroidissement, on dissout dans l'alcool et on précipite par l'eau et l'ammoniaque; on obtient ainsi un précipité que l'on fait cristalliser dans le toluène.

La méthyltriphénodioxazine est beaucoup plus soluble dans les divers solvants (benzène, toluène, nitrobenzène, acide acétique cristallisable, etc.) que la triphénodioxazine.

La méthyltriphénodioxazine possède la constitution suivante :

Az O

O Cⁱⁱ³ Az

G.-F. Jaubert.

**FLUORURES INORGANIQUES.** — FLUO-
RURE D'ALUMINIUM. — Le fluorure d'aluminium a
été obtenu à l'état cristallisé par Henri Sainte-
Claire Deville [*Ann. Chim. Phys.*, (3), **49**, 79;
Dict., **1**, 173]. M. Hautefeuille l'a obtenu également cristallisé, mais mélangé de corindon, par
l'action de l'acide fluorhydrique gazeux sur l'alumine [*Ann. Chim. Phys.*, (4), **4**, 29]. M. Friedel
l'a reproduit en chauffant un mélange de sulfate
d'aluminium et de fluorure de calcium. MM. Cossa
et Pecile le préparent au moyen du sulfate
d'aluminium et du fluorure de magnésium [*D.
chem. G.*, **10**, 1099].

L'aluminium, chauffé vers 1000° dans un courant d'acide fluorhydrique anhydre, donne du fluorure d'aluminium qui se volatilise et se condense
en trémies incolores appartenant au système triclinique. On doit employer une nacelle de charbon
pour supporter le métal, car l'aluminium donne
avec le platine un alliage fusible [C. Poulenc,
*Ann. Chim. Phys.*, (7), **11**, 66].

La préparation industrielle du fluorure d'aluminium par le procédé Grabau a été indiquée dans
le 2ᵉ Suppl., **1**, 187.

Densité du fluorure d'aluminium : 3,065 à
3.13.

*Fluorure d'aluminium et de potassium,*

Al²Fl⁶ . 6 K Fl.

— En chauffant un mélange intime d'alumine
calcinée et de fluorhydrate de fluorure de potassium. d'abord lentement, puis peu à peu jusqu'à
fusion complète, et en laissant refroidir lentement,
on obtient un culot qui, repris par l'eau, donne
un produit homogène dont la formule correspond
à celle de la cryolithe potassique Al²Fl⁶ . 6 K Fl.
En refondant ce produit avec du chlorure de potassium, on le transforme en cristaux plus clairs.

Ce fluorure double paraît faiblement soluble
dans l'eau bouillante; il se dissout dans une solution moyennement concentrée et chaude de
potasse caustique.

Les cristaux sont allongés, groupés à angle
droit et terminés par un pointement à 45°. Ces
cristaux élémentaires s'éteignent longitudinale-
ment ; leur biréfringence est 0,004. Le signe
d'allongement est négatif [Duboin, *C. R.*, **114**,
1362].

*Fluorure double d'aluminium et d'ammo-
nium,* Al²Fl⁶ . 6 Az H⁴ Fl. — M. Helmolt a étudié
ce composé, déjà signalé par Berzélius. Poudre
blanche cristalline, assez facilement soluble dans
l'eau. Isomorphe avec les sels correspondants de
fer et de chrome.

L'aluminium n'est pas précipité de sa solution
aqueuse par l'ammoniaque [*Zeit. anorg. Chem.*,
1895, 3].

Ce composé a également été préparé et étudié
par M. Petersen [*J. prakt. Chem.*, (2), **40**, 55].

FLUORURE D'ANTIMOINE. — Voyez 2ᵉ Suppl.,
**1**, 342.

FLUORURES D'ARGENT. — *Sous-fluorure d'argent.* — Lorsqu'on chauffe à l'ébullition une solution de fluorure d'argent dans une capsule
d'argent, il se forme sur les parois du vase un
dépôt jaune, que Pfaundler considérait comme
un oxyfluorure AgO . AgFl . H²O. M. Guntz a

repris l'étude de ce composé, qui n'est autre qu'un
sous-fluorure d'argent Ag²Fl. Ce corps se produit
dans l'électrolyse d'une solution saturée de fluorure d'argent par un courant intense, ou mieux
dans l'action de l'argent très divisé sur la solution de fluorure d'argent. On fait agir l'argent en
poudre sur une solution de fluorure d'argent, à
une température comprise entre 50 et 90°. On
dessèche les cristaux jaunes obtenus sur des
doubles de papier à filtre, à l'air, pendant quelques heures. Le sous-fluorure d'argent est une
poudre cristalline ressemblant à la limaille de
bronze. Il est inaltérable à l'air sec et ne se
décompose que très lentement à l'air humide.
L'eau le décompose en argent et fluorure d'argent. Chaleur de formation :

$$\text{Ag sol.} + \text{Ag Fl sol.} = \text{Ag²Fl sol.} - 0^{\text{cal}},7$$

[Guntz, *C. R.*, **110**, 1337]. M. Henri Moissan a
également constaté la formation de ce sous-fluorure dans l'action lente d'une lame d'argent sur
une solution concentrée de fluorure [Moissan,
*Bull. Soc. Chim.*, (3), **5**, 457].

*Fluorure d'argent.* — M. Guntz prépare le
fluorure d'argent anhydre de la façon suivante :
On fait cristalliser une solution sursaturée de
fluorure d'argent en y projetant un cristal de
fluorure d'argent hydraté, et on agite constamment la solution légèrement refroidie. On obtient
une bouillie cristalline, que l'on abandonne
dans le vide sec. Au bout d'une heure, la masse
est jaune et s'agglutine; on la pulvérise rapidement avec un écraseur en argent ou en platine,
et on la place à nouveau dans le vide. En renouvelant cette opération et plaçant le fluorure dans
le vide à 10 millimètres, on obtient le fluorure
anhydre pur en 3 ou 4 jours [Guntz, *Ann. Chim.
Phys.*, (6), **3**, 5].

M. Henri Moissan donne le procédé de préparation qui suit : On prépare du carbonate d'argent
en précipitant une solution d'azotate d'argent par
le bicarbonate de sodium, que l'on doit préférer
au bicarbonate de potassium qui fournit facilement des sels doubles; on lave par décantation à
l'eau distillée, et le magma épais restant, placé
dans une capsule de platine, est additionné d'acide
fluorhydrique bien exempt de silice.

Le liquide résultant est concentré d'abord à feu
nu, puis au bain de sable lorsque la cristallisation
commence; on agite constamment et l'on obtient
une matière noire, pulvérulente ou grenue, présentant tous les caractères du fluorure d'argent
décrit par M. Gore.

En reprenant par l'eau et évaporant la solution
limpide produite, on obtient une substance fusible
donnant une masse jaune clair difficile à casser,
ayant l'élasticité de la corne, ce qui la rapproche
du chlorure d'argent [H. Moissan, *Bull. Soc.
Chim.*, (3), **5**, 457].

Le point de fusion du fluorure d'argent anhydre
est 435° [Moissan, *loc. cit.*]. Sa densité est de
5,852 à 15°,5 (Gore).

Le fluorure d'argent réagit avec énergie sur les
chlorures des métalloïdes.

*Fluorure d'argent hydraté,* Ag Fl . 2 H²O. —
Pour obtenir ce composé bien cristallisé, on évapore une solution neutre de fluorure d'argent,
jusqu'à ce que le liquide soit recouvert d'une
couche de fluorure anhydre. On décante le liquide
qui est sursaturé et on y projette un cristal de
fluorure hydraté. Pour l'obtenir pur, on redissout
ces cristaux dans le moins d'eau possible et on
évapore dans le vide [Guntz, *Ann. Chim. Phys.*,
(6), **3**, 45]. La chaleur de dissolution de ce composé vers 10° = — 1ᶜᵃˡ,42 à — 1ᶜᵃˡ,5.

La chaleur d'hydratation du fluorure anhydre
dans l'eau liquide = + 4ᶜᵃˡ,9.

*Fluorhydrates de fluorure d'argent.*

1° AgFl.3HFl. — Il s'obtient en projetant dans de l'acide fluorhydrique liquide du fluorure d'argent anhydre. La masse s'échauffe, on refroidit au moyen de chlorure de méthyle : il se dépose des cristaux blancs, fumant à l'air, répondant à cette formule. On peut substituer au fluorure d'argent le sous-fluorure anhydre; dans ce cas il se dépose de l'argent métallique.

La tension de dissociation de ce composé est considérable.

2° AgFl.HFl. — En desséchant le composé AgFl.3HFl dans un courant d'air parfaitement sec jusqu'à ce que la matière prenne une légère teinte jaune, on obtient le composé AgFl.HFl. Ce composé est formé avec un dégagement de chaleur voisin de + 2 calories [Guntz, *Bull. Soc. Chim.*, (3), 13, 115].

*Fluoroiodure d'argent.* — En faisant réagir les iodures alcooliques sur le fluorure d'argent anhydre, et notamment en chauffant l'iodure de propyle avec le fluorure d'argent en tube scellé à 180°, M. Meslans a obtenu du fluorure de propyle et un résidu rouge facilement fusible en un liquide rouge de sang. Ce corps fondu se pulvérise en fournissant une poussière rouge-brique cristalline. Il répond sensiblement à la formule $Ag^2FlI$. Il fond à 180° [Meslans, *Ann. Chim. Phys.*, (7), 4, 364].

FLUOR ET ARGON. — M. Moissan n'a pu combiner ces deux gaz à la température ordinaire, ni sous l'action de l'étincelle électrique [H. Moissan, *C. R.*, 120, 906].

FLUORURES D'ARSENIC. — Le *trifluorure d'arsenic* a été étudié par Dumas, Mac Ivor et plus récemment par M. Henri Moissan, qui l'a préparé à l'état de pureté et a fait l'étude de ses principales propriétés [voyez 2ᵉ Suppl., 1, 367; *C. R.*, 99, 874].

Le trifluorure d'arsenic, $AsFl^3$, se combine avec le gaz ammoniac en donnant une poudre blanche décomposable par l'eau. M. Besson a déterminé la formule de ce composé, qui serait $2AsFl^3.5AzH^3$ [Besson, *C. R.*, 110, 1258].

*Pentafluorure d'arsenic.* — Le fluor est absorbé avec dégagement de chaleur par le trifluorure d'arsenic, ce qui semble indiquer l'existence d'un pentafluorure d'arsenic [Moissan, *Ann. Chim. Phys.*, (6), 12, 472].

FLUOR ET AZOTE. — On ne connaît pas de combinaison de fluor et d'azote.

FLUORURE DE BARYUM. — On obtient le fluorure de baryum en cristaux microscopiques en versant lentement dans une solution bouillante de fluorure de potassium au 1/100 une autre solution de 18 grammes de chlorure de baryum dans 500 grammes d'eau. On maintient à l'ébullition dans une capsule de platine pendant une demi-heure et on lave ensuite à l'eau distillée : le fluorure se présente en cristaux très petits, transparents [Moissan, *Bull. Soc. Chim.*, (3), 5, 152].

Le fluorure de baryum a été obtenu en très beaux cristaux par M. Camille Poulenc [*Ann. Chim. Phys.*, (7), 2, 27] : 1° dans l'action du fluorhydrate de fluorure de potassium sur un mélange de chlorure de potassium et de fluorure amorphe; 2° dans l'action du chlorure de baryum sur le fluorhydrate de fluorure de potassium.

Ce fluorure se présente sous la forme d'octaèdres réguliers, attaquables par l'acide sulfurique.

Sa chaleur de formation a été déterminée par M. Guntz. Elle est égale à + 35ᶜᵃˡ,7 en partant de l'acide fluorhydrique anhydre et de la baryte hydratée [Guntz, *Ann. Chim. Phys.*, (6), 3, 36].

FLUORURE DE BISMUTH. — Voyez Dict., 2ᵉ Suppl., 1, 746.

FLUORURE DE BORE. — Voyez Dict., 2ᵉ Suppl., 1, 784.

M. Gasselin [*Ann. Chim. Phys.*, (7), 3, 9] indique le procédé suivant pour la préparation du fluorure de bore pur : L'acide sulfurique à 66° et l'anhydride borique sont mélangés à chaud; on ajoute à la dissolution de la fluorine cristallisée aussi pure que possible et finement pulvérisée. De cette façon l'attaque est facile et régulière. On arrête l'opération lorsqu'il commence à se dégager des vapeurs acides provenant de l'hydratation du fluorure de bore.

FLUORURE DE BROME. — Le fluor et la vapeur de brome se combinent avec une flamme éclairante. Si le gaz fluor arrive au sein du brome liquide bien sec, la combinaison est immédiate et se produit sans flamme [H. Moissan, *Ann. Chim. Phys.*, (6), 12, 472].

FLUORURE DE CADMIUM. — Le fluorure de cadmium préparé par Berzélius n'est pas un produit homogène : il paraît formé de deux substances, dont l'une polarise fortement la lumière, tandis que l'autre est sans action. L'analyse montre qu'on ne peut lui attribuer une formule définie.

M. C. Poulenc n'a pu obtenir ce fluorure anhydre à l'état cristallisé. Les méthodes qu'il a employées pour la cristallisation des autres fluorures ne lui ont donné dans tous les cas qu'un produit fondu, transparent, mais nullement cristallin.

Le fluorure présente l'aspect d'une masse craquelée, incolore, qui se fragmente au moindre choc. Les fragments ont une cassure conchoïdale et ne présentent aucun caractère cristallographique, quoiqu'ils aient l'aspect de cristaux. Il n'est pas volatil à 1200°.

Le fluorure de cadmium fond à 602° (Carnelley). Sa densité serait de 5,99 (Landolt et Bornstein).

Le fluorure de cadmium est plus soluble dans l'eau que le fluorure de zinc. Il est insoluble dans l'alcool.

Il est attaquable par les acides azotique et chlorhydrique à l'ébullition. L'acide sulfurique le transforme en sulfate de cadmium qui se dissout dans un excès d'acide et abandonne par évaporation des cristaux de sulfate de cadmium anhydre (C. Poulenc).

L'hydrogène le réduit au rouge; l'hydrogène sulfuré le transforme en sulfure.

*Fluorure double de cadmium et de potassium*, $CdFl^2.2KFl$. — Ce fluorure a été préparé par M. C. Poulenc, en faisant réagir le fluorhydrate de fluorure de potassium sur le chlorure ou le fluorure de cadmium amorphe.

Il cristallise en petites tables incolores et identiques à celles du fluorure double de zinc et de potassium, appartenant aussi au système quadratique. Il est soluble dans l'eau, mais insoluble dans l'alcool à 90°. Il est facilement attaqué par les acides [C. Poulenc, *Ann. Chim. Phys.*, (7), 2, 39].

*Fluorure double de cadmium et d'ammonium*, $CdFl^2.AzH^4Fl$.

FLUORURE DE CALCIUM. — Le fluorure de calcium cristallisé a été obtenu par voie humide en cristaux d'assez grandes dimensions par M. Becquerel [*C. R.*, 79, 86], en utilisant les phénomènes capillaires. Il opérait avec une dissolution de fluorure d'ammonium et une dissolution de chlorure de calcium.

M. H. Moissan a obtenu le fluorure de calcium en cristaux microscopiques limpides en ajoutant une solution de chlorure de calcium au 1/10 à une solution bouillante de fluorure de potassium au 1/200 [H. Moissan, *Bull. Soc. Chim.*, (3), 5, 152].

Les procédés employés par MM. Scheerer et Drechsel pour faire cristalliser les fluorures alcalino-terreux par fusion du fluorure amorphe avec les chlorures alcalins ont été étudiés de plus près par M. Camille Poulenc, qui a constaté dans cette réaction la formation d'un fluochlorure de calcium cristallin, constitué par de petites aiguilles restant longtemps en suspension lorsqu'on reprend par l'eau le mélange des fluorures et des chlorures fondus : ce qui permet de le séparer du fluorure.

Ce chimiste a en outre obtenu le fluorure cristallisé en cubes bien définis : 1° par l'action d'un mélange de fluorhydrate de fluorure de potassium et de chlorure de potassium sur le fluorure de calcium amorphe; 2° par l'action du chlorure de calcium sur le fluorhydrate de fluorure de potassium [C. Poulenc, *Ann. Chim. Phys.*, (7), 2, 25]. Le point de fusion du fluorure de calcium est 902° (Moissan). Sa chaleur de formation hypothétique à partir des éléments serait $+ 108^{cal},5$ [Guntz, *Ann. Chim. Phys.*, (6), 3, 39].

**FLUORURES DE CARBONE.** — *Tétrafluorure*, $CFl^4$. — La formation du tétrafluorure de carbone a été signalée pour la première fois par M. Henri Moissan, dans l'action du fluor sur les diverses variétés de carbone. Ce composé prend encore naissance dans l'action du fluorure d'argent sur le tétrachlorure de carbone [Moissan, *Bull. Soc. Chim.*, (3), 3, 242; *C. R.*, 110, 951. — Chabrié, *Bull. Soc. Chim.*, (3), 3, 241; *C. R.*, 110, 279].

M. Moissan l'a obtenu en outre par l'action du fluor sur le chloroforme, sur le tétrachlorure de carbone et sur le formène. Le mode de préparation le plus commode consiste dans l'emploi du fluorure d'argent. Ce composé est placé dans un tube en U en laiton, portant deux tubes latéraux permettant l'entrée des vapeurs de tétrachlorure de carbone et la sortie des vapeurs de tétrafluorure. Le tube à fluorure d'argent est chauffé vers 195-220°. A la suite du tube de dégagement se trouve un petit serpentin refroidi à — 23°, qui permet au tétrachlorure de carbone entraîné de se liquéfier et le ramène sur le fluorure d'argent; le gaz séjourne ensuite sur du caoutchouc sec qui retient les dernières traces de tétrachlorure. Le gaz ainsi obtenu ne renferme pas de fluorure de silicium, mais une certaine quantité d'un fluorure de carbone plus dense. Pour le purifier, on le dissout dans l'alcool absolu et on le régénère en faisant bouillir la solution.

Le fluorure de carbone a une densité de 3,09, la densité théorique étant 3,03. Il est liquide à — 15° à la pression ordinaire et à + 20° sous 4 atmosphères.

Il est peu soluble dans l'eau, soluble dans l'alcool, l'éther et surtout dans l'alcool anhydre. Chauffé dans une cloche courbe au contact du verre, il donne du fluorure de silicium et de l'acide carbonique. Le sodium le décompose en se transformant en fluorure et en donnant un dépôt de charbon. Il est décomposé par la potasse alcoolique.

L'hydrate de tétrafluorure de carbone préparé par M. Villard [*C. R.*, 111, 302] est stable jusqu'à + 20°,4.

*Bifluorure de carbone.* — Il se produit dans l'action du chlorure $C^2Cl^4$ sur le fluorure d'argent. $D = 3,43$. Densité théorique, 3,46 [Chabrié, *C. R.*, 110, 281].

L'hydrate de bifluorure est stable jusqu'à 10°,5 [Villard, *loc. cit.*].

**FLUORURES DE CÉRIUM.** — *Fluorure* $CeFl^3$. — Ce fluorure prend naissance lorsque l'on chauffe légèrement le fluorure $CeFl^4$ [Brauner, *Mon. f. Chem.*, 3, 486].

$CeFl^4$. — S'obtient en dissolvant l'hydrate de cérium dans l'acide fluorhydrique et évaporant la solution au bain-marie. Il forme une masse jaune-brun, cassante. Par l'action de la chaleur, il donne de l'acide fluorhydrique, de l'eau et un gaz qui, d'après M. Brauner, serait probablement du fluor.

*Fluorure double de cérium et de potassium*, $CeFl^4 3KFl . H^2O$. — Il s'obtient par digestion de l'hydrate de cérium précédemment précipité avec une solution de fluorhydrate de fluorure de potassium. Poudre blanche cristalline, formée de cubes et d'octaèdres. Peu soluble dans l'eau. Par l'action de la chaleur, il se dégagerait du fluor (?) [Brauner, *loc. cit.*].

**FLUORURE DE CÉSIUM.** — On ne connaît pas de combinaison du césium et du fluor.

**FLUOR ET CHLORE.** — On ne constate pas de réaction sensible lorsque l'on fait arriver un courant de fluor dans le chlore. Il ne semble pas se former de composé lorsqu'on opère à la température ordinaire.

**FLUORURES DE CHROME.** — Le sesquifluorure de chrome anhydre a été préparé par H. Sainte-Claire Deville. M. Poulenc a pu préparer les fluorures chromeux et chromique à l'état cristallin.

*Fluorure chromeux.* — Le fluorure chromeux peut s'obtenir très pur en faisant réagir l'acide fluorhydrique gazeux sur le chrome métallique, préparé par le procédé de M. Moissan. L'acide fluorhydrique attaque ce métal au-dessus du rouge. Le fluorure chromeux qui prend naissance fond en un liquide vert clair qui, par refroidissement, se prend en une masse transparente.

On peut substituer au chrome le chlorure chromeux obtenu par réduction du sesquichlorure : la réaction a lieu dès la température ordinaire.

Le protofluorure de chrome constitue une masse vert-bleuâtre, transparente, à éclat nacré, cristallisée en masse et présentant des clivages faciles. Sa cassure est lamelleuse et brillante. Il appartient au système clinorhombique. Sa densité est 4,11. Il n'est pas volatil à 1200°.

Il est soluble dans l'eau, insoluble dans l'alcool. L'acide chlorhydrique bouillant le dissout complètement. Les acides azotique et sulfurique l'attaquent difficilement.

Chauffé avec de l'eau, il donne du sesquioxyde de chrome. L'hydrogène le réduit à partir du rouge sombre, mais la réduction complète est difficile à obtenir. La vapeur d'eau, l'hydrogène sulfuré le décomposent au rouge.

Il est également attaqué par les azotates et les carbonates alcalins en fusion.

*Sesquifluorure de chrome*, $Cr^2Fl^6$. — Ce fluorure s'obtient facilement en faisant réagir l'acide fluorhydrique gazeux sur le fluorure amorphe, le chlorure, l'oxyde ou le fluorure hydraté. Au-dessous de 1000°, le composé que l'on obtient est amorphe; au-dessus de cette température, une partie du fluorure se volatilise sous la forme de fines aiguilles très légères, dont la couleur verte varie d'intensité avec les dimensions.

Lorsqu'on fait réagir l'acide fluorhydrique gazeux sur le sesquifluorure, il reste en outre dans la nacelle une masse fondue cristalline, tapissée de petits cristaux verts très brillants et de beaux prismes verts transparents. Ces trois corps ont la même composition et répondent à la formule $Cr^2Fl^6$.

Le fluorure chromique se présente donc tantôt en fines aiguilles verdâtres, tantôt en petits prismes raccourcis, appartenant probablement au système anorthique. Sa densité est de 3,78.

Il est insoluble dans l'eau et dans l'alcool. Il est très difficilement attaqué par les acides, même à leur température d'ébullition. Calciné à l'air, il se transforme en oxyde, tout en conservant sa forme cristalline. L'hydrogène le réduit à partir du rouge sombre, mais, comme dans le cas du fluorure chromeux, la réduction est difficilement complète. La vapeur d'eau et l'hydrogène sulfuré le décomposent vers 500°.

L'acide chlorhydrique donne du sesquichlorure. Les azotates et les carbonates alcalins fondus l'attaquent facilement.

*Fluorure chromique hydraté*, $Cr^2Fl^6 . 7H^2O$
— M. C. Poulenc prépare ce composé en versant une solution concentrée de fluorure chromique dans de l'alcool chaud. On décante et on lave à l'alcool : on a ainsi une poudre verte cristalline, entièrement soluble dans l'eau. Dans le cas où la diffusion s'effectue très lentement entre les deux liqueurs, il se forme de petits cristaux verts, prismatiques, quelquefois maclés.

Soluble dans l'eau, mais insoluble dans l'alcool à 95°. Calciné à l'air, il laisse un résidu de sesquioxyde de chrome [*loc. cit.*].

*Fluorure double de chrome et de potassium.*
— Ce corps, déjà obtenu par M. Christensen sous la forme de poudre cristalline [*J. prakt. Chem.*, (2), **35**, 161], a été préparé à nouveau par M. C. Poulenc, en faisant réagir sur le sesquioxyde de chrome le fluorhydrate de fluorure de potassium mélangé d'un peu de chlorure de potassium. La présence du chlorure de potassium permet d'obtenir ce composé en cristaux définis.

*Fluorure double de chrome et d'ammonium*, $Cr^2Fl^6 . 6AzH^4Fl$. — Il se prépare en dissolvant l'hydrate d'oxyde de chrome dans une solution chaude de fluorure d'ammonium.

Poudre cristalline vert foncé, devenant vert clair par la dessiccation, soluble dans l'eau chaude. Les cristaux sont des octaèdres [Helmolt, *Zeit. f. Chem.*, 1895, **3**, 125].

FLUORURE DE COBALT, $CoFl^2$. — M. C. Poulenc prépare ce corps par l'action de l'acide fluorhydrique gazeux sur le fluorure de cobalt amorphe, le chlorure de cobalt anhydre, l'oxyde et le fluorure de cobalt hydraté. Pour l'obtenir cristallisé par volatilisation, il est nécessaire d'élever la température vers 1200°.

Le fluorure de cobalt cristallise en prismes ramifiés, d'un beau rose, qui appartiennent au système clinorhombique.

Sa densité est de 4,42.

Un peu plus soluble dans l'eau que le fluorure de nickel, il est insoluble également dans l'alcool et dans l'éther.

Calciné à l'air, il se transforme en oxyde.

L'hydrogène le réduit vers 700-800°.

La vapeur d'eau, l'hydrogène sulfuré, le gaz chlorhydrique le décomposent facilement.

*Fluorure double de cobalt et de potassium*, $CoFl^2 . 2KFl$. — Ce composé prend naissance dans l'action du chlorure de potassium sur le fluorure de cobalt amorphe; on l'obtient plus pur en faisant réagir le fluorhydrate de fluorure de potassium sur le fluorure de cobalt amorphe ou sur le chlorure de cobalt. Il se présente en lamelles roses appartenant au système quadratique. Sa densité est de 3,22.

Il est assez soluble dans l'eau, peu soluble dans l'alcool et dans l'éther, et insoluble dans le benzène et dans l'essence de térébenthine. La solution d'ammoniaque au contact du fluorure et à l'abri de l'air se colore peu à peu en rouge. Fondu avec les carbonates alcalins, il se transforme en oxyde de cobalt et fluorure alcalin.

*Fluorure double de cobalt et d'ammonium*, $CoFl^2 . 2AzH^4Fl$. — Ce composé peut être obtenu :

1° Par l'action du chlorure de cobalt sur le fluorure d'ammonium fondu;

2° Par l'action du fluorure de cobalt hydraté sur le fluorure d'ammonium.

Le fluorure d'ammonium en excès est enlevé par l'alcool bouillant.

Il constitue une poudre violacée cristalline, soluble dans l'eau et insoluble dans l'alcool.

Sous l'action de la chaleur, il se dissocie en fluorure de cobalt amorphe et fluorure d'ammonium. Les acides chlorhydrique, azotique et fluorhydrique le dissolvent facilement.

*Fluorhydrate lutéocobaltique,*

$$[Co(AzH^3)^6] Fl^6H^3.$$

— Ce composé s'obtient en faisant réagir le fluorure d'argent sur le chlorure cobaltique de M. Jörgensen, ou en dissolvant le carbonate lutéocobaltique dans l'acide fluorhydrique. Le sel est précipité de sa solution par l'alcool. Ce fluorure peut être obtenu sous la forme de petits cristaux prismatiques de couleur jaune-orangé. Il est stable à 100°, mais perd 3 molécules d'acide fluorhydrique à 105°.

Sa conductibilité électrique est voisine de celle du fluorhydrate de potassium. Il donne des fluosels et des fluoxysels presque tous insolubles [Miolati et Rossi, *Rendic. dei Lincei*, 1896, **2**, 183; *Bull. Soc Chim.*, (3), **17**, 535].

FLUORURES DE CUIVRE. — Berzélius a indiqué la préparation des fluorures cuivreux et cuivrique. M. C. Poulenc, reprenant l'étude de ces composés, a montré que les corps ainsi obtenus ne correspondaient pas à une formule définie. Il a pu préparer les deux fluorures de cuivre par ses méthodes de voie sèche.

*Fluorure cuivreux.* — S'obtient en chauffant le chlorure cuivreux vers 1100-1200° dans un courant d'acide fluorhydrique. Il est nécessaire d'atteindre cette température, afin de volatiliser le fluorure à mesure qu'il se forme, sans quoi le fluorure fondu recouvre le chlorure et limite la réaction.

Le fluorure cuivreux ainsi préparé forme une masse transparente à cassure cristalline, d'un rouge rubis. Volatil à haute température, il se condense en une poussière rouge foncé, très légère. Au contact de l'eau, il se transforme peu à peu en fluorure cuivrique.

Il est insoluble dans l'alcool à 90°. L'acide chlorhydrique bouillant le dissout, et cette solution n'est pas précipitée par addition d'eau.

Il s'attaque facilement par l'acide azotique, difficilement par l'acide sulfurique. Calciné à l'air, il fournit de l'oxyde cuivrique. La vapeur d'eau à 400° le transforme en oxyde cuivrique, avec formation d'acide fluorhydrique ; l'hydrogène sulfuré donne du sulfure noir et de l'acide fluorhydrique.

*Fluorure cuivrique*, $CuFl^2$. — Le fluorure cuivrique se produit dans l'action de l'acide fluorhydrique gazeux sur le chlorure cuivrique, ou sur le fluorure amorphe anhydre obtenu par dissociation du fluorure ammoniacal, ou bien encore sur l'oxyde ou le fluorure hydraté.

Poudre blanche cristalline, se colorant à l'air en vert par suite de l'hydratation. Il ressemble au sulfate anhydre et, comme ce dernier, bleuit dans l'alcool ou dans l'éther renfermant une petite quantité d'eau. Il est attaquable par les acides. Chauffé à l'air, il se transforme en oxyde. A l'abri de l'air, il se dissocie en fluorure cuivreux et fluor; mais cette dissociation est lente même à 600-700°, et l'attaque du vase de platine dans lequel se fait l'opération empêche de pouvoir préparer ainsi le fluor.

Le fluorure cuivrique est réduit facilement par l'hydrogène. La vapeur d'eau et l'hydrogène sulfuré l'attaquent à basse température.

FLUORURE DE DIDYME. — Voyez Dict. et 2° Suppl., 4, 181.

FLUORURE D'ERBIUM. — La formule du fluorure d'erbium serait $ErFl^3$ [Hœglund, *Dissertation sur les terres d'erbium*].

FLUORURE D'ÉTAIN. — Voyez Dict. et FLUOSELS.

FLUORURES DE FER. — Les composés fluorés du fer connus antérieurement comprennent : le fluorure ferrique anhydre $Fe^2Fl^6$, et les fluorures hydratés $FeFl^2 . 8H^2O$ et $Fe^2Fl^6 . 9H^2O$.

M. Camille Poulenc a heureusement complété l'histoire de ces fluorures. Il a préparé le fluorure ferreux anhydre et cristallisé $FeFl^2$ et son hydrate $FeFl^2 . 4 H^2O$.

*Fluorure ferreux*, $FeFl^2$. — Ce composé anhydre s'obtient par l'action de l'acide fluorhydrique gazeux sur le fer réduit et le chlorure ferreux anhydre.

L'acide fluorhydrique gazeux attaque le fer au rouge et donne le fluorure fondu; si l'on élève la température vers 1100°, il se colore et se condense sous la forme de petits prismes blancs ramifiés, appartenant au système clinorhombique. $D = 4,09$.

Il est soluble dans l'eau; cette solution s'oxyde rapidement en abandonnant des flocons d'hydrate ferrique, insoluble dans le benzène et l'essence de térébenthine.

L'acide chlorhydrique et l'acide fluorhydrique l'attaquent partiellement; l'acide nitrique le dissout à froid (C. Poulenc).

*Fluorure ferreux hydraté*, $FeFl^2 . 4 H^2O$. — Se dépose sous la forme de petits cristaux blancs de la solution obtenue en dissolvant le fer dans l'acide fluorhydrique aqueux. On les sépare et on les sèche rapidement. Sa solution présente les caractères des sels ferreux. Calciné, il laisse un résidu de sesquioxyde de fer (C. Poulenc).

*Fluorure ferrique*, $Fe^2Fl^6$. — Signalé par H. Sainte-Claire Deville (Dict., **1**, 1408). M. C. Poulenc le prépare très facilement par l'action du gaz fluorhydrique sur le fluorure ferrique amorphe, sur le chlorure ferrique anhydre ou bien encore sur l'oxyde ferrique $Fe^2O^3$. Il est nécessaire d'élever la température à 1000°.

C'est une poudre cristalline verdâtre, formée de petits cristaux transparents bien définis qui sont des pseudorhomboèdres, et qui appartiennent au système triclinique.

Densité, 3,18. A peine soluble dans l'eau bouillante, et difficilement attaqué par les acides chlorhydrique, azotique ou sulfurique à leur température d'ébullition. Calciné à l'air ou dans la vapeur d'eau, il laisse un sesquioxyde cristallisé qui a conservé sa forme cristalline et son apparence (C. Poulenc).

*Fluorure double de fer et d'ammonium*,

$$Fe^2Fl^6 . 6 Az H^4Fl.$$

— Quand on dissout l'oxyde de fer hydraté fraîchement précipité dans une solution neutre chaude de fluorure d'ammonium, on obtient d'abord un liquide presque incolore. En continuant l'addition d'oxyde et en concentrant par évaporation, on obtient un précipité cristallin brun-jaunâtre, qui est le fluorure $Fe^2Fl^6 . 6 Az H^4Fl$. Le liquide restant est incolore et contient très peu de fer en solution.

Ce sel est une poudre cristalline, soluble dans les acides, très peu soluble dans l'eau [Helmolt, *Zeit. f. Chem.*, 1895, **5**, 123].

FLUORURES DE GERMANIUM. — Les combinaisons fluorées du germanium sont particulièrement intéressantes. Elles semblent être un argument de plus en faveur de la classification périodique des éléments.

Le fluorure $GeFl^4$ se rapproche par ses propriétés des fluorures de silicium, de titane et de zirconium. On connaît des combinaisons doubles de ce fluorure analogues aux combinaisons que donnent les fluorures des éléments cités plus haut. L'acide $GeFl^6H^2$ est connu en solution.

$GeFl^4$. — Ce fluorure se produit lorsque l'on chauffe l'hydrate, ou dans la distillation de l'oxyde $GeO^2$ avec le fluorure de calcium et l'acide sulfurique. On l'obtient encore par l'action de l'acide sulfurique sur le fluorure double de germanium et de zirconium. Corps volatil, analogue au fluorure de silicium.

$GeFl^4 . 3 H^2O$. — Résulte de l'action de la dissolution d'acide fluorhydrique de 20 à 40 0/0 sur l'oxyde $GeO^2$. Gros cristaux, fondant dans leur eau de cristallisation. Chauffé, il perd de l'acide fluorhydrique, puis du fluorure de germanium, et laisse un résidu d'oxyde $GeO^2$. (Voyez FLUOSELS.)

FLUORURE DE GLUCINIUM. — MM. Cossa et Pecille ont préparé le fluorure de glucinium en décomposant le sulfate de glucinium par le fluorure de magnésium.

M. Petersen a mesuré la chaleur de neutralisation par décomposition du chlorure de glucinium par le fluorure d'argent. Il a trouvé $19^{cal},683$.

*Fluorure double de glucinium et d'ammonium*, $GlFl^2 . 2 Az H^4Fl$. — Sel déjà préparé par Marignac, obtenu depuis par M. Helmolt dans l'action de l'hydrate de glucinium sur le fluorure d'ammonium. Très soluble dans l'eau. La solution ne précipite pas par l'ammoniaque. Cristaux prismatiques.

FLUOR ET HÉLIUM. — L'action du fluor sur l'hélium n'a pas été étudiée.

FLUOR ET HYDROGÈNE. — Voyez ACIDE FLUORHYDRIQUE.

FLUORURE D'IODE, $IFl^5$. — M. Gore a indiqué la formation d'un pentafluorure d'iode dans l'action du fluorure d'argent. Ses principales propriétés ont été décrites (voyez Suppl., **1**, 952). M. Mac Ivor a également préparé ce composé par ce procédé [*Chem. News*, **32**, 232]. M. Moissan a obtenu un liquide très dense, incolore, en faisant agir le fluor sur l'iode. Ce corps se rapproche par ses propriétés du fluorure décrit par M. Gore [Moissan, *lcc. cit.*].

FLUORURE D'IRIDIUM. — Le fluor est sans action sur l'iridium à froid; au rouge sombre, il donne d'abondantes fumées de couleur foncée [Moissan, *loc. cit.*].

FLUORURE DE LANTHANE. — Voyez Dict. et 1er Suppl.

FLUORURE DE LITHIUM, $LiFl$. — Le fluorure cristallisé s'obtient très facilement soit sous la forme de petites paillettes nacrées, soit sous la forme de cristallites formées d'octaèdres réguliers, en faisant réagir sur le fluorure amorphe un mélange de 4 parties de fluorhydrate de fluorure de potassium et de 1 partie de chlorure de potassium.

Le fluorhydrate de fluorure de potassium employé seul comme fondant donne exclusivement des lamelles nacrées; le chlorure de potassium fournit seulement des cristallites.

Le fluorure de lithium est un peu soluble dans l'eau, mais insoluble dans l'alcool à 95°. Chauffé dans un courant d'acide fluorhydrique gazeux, il fond vers 1000°.

Il ne se volatilise partiellement qu'à 1100 ou 1200°. Il se présente alors avec l'aspect d'une masse fondue transparente non cristallisée [C. Poulenc, *Ann. Chim. Phys.*, (7), **2**, 22].

FLUORURE DE MAGNÉSIUM. — [M. Rœder prépare le fluorure de magnésium par fusion du chlorure de magnésium avec le fluorure de sodium [Rœder, *Dissert. Gœttingen*, 1863]. M. Feldmann [DRP, 41717] fond le chlorure de magnésium avec le fluorure de calcium et lessive avec de l'eau chargée d'acide fluorhydrique.

FLUORURE DE MANGANÈSE, $Mn^2Fl^6 . 6 H^2O$. — M. Christensen a décrit la préparation et les propriétés de ce fluorure hydraté, déjà signalé par Berzélius [*J. prakt. Chem.*, (2), **35**, 70].

FLUORURES DE MERCURE. — Le fluorure mercureux et les combinaisons fluorées ammoniécs du mercure ont été étudiés par M. Finkener en 1860 [voyez Dict., **2**, 345 et 359. — Fremy, 1861].

M. C. Poulenc n'a pu obtenir les fluorures

anhydres par les méthodes que nous avons indiquées, et qui lui ont fourni d'excellents résultats dans la plupart des cas. Les chlorures de mercure sont volatilisés sans décomposition dans l'acide fluorhydrique gazeux. Projetés dans le fluorure d'ammonium fondu, ils n'éprouvent aucun changement, et se retrouvent intacts après volatilisation de ce composé. L'iodure mercurique se comporte de même [C. Poulenc, *Ann. Chim. Phys.*, (7), 2, 73].

FLUORURE DE MOLYBDÈNE. — M. Gladstone a obtenu un précipité renfermant du molybdène, du fluor et du chlore en traitant une dissolution chlorhydrique d'oxyde de molybdène, $MoO^2$, par l'acide fluorhydrique [*Chem. News*, 2].

FLUORURE DE NICKEL. — Le fluorure de nickel anhydre a été obtenu et décrit par M. Poulenc.

Le fluorure amorphe s'obtient par dédoublement du fluorure double ammoniacal dans l'acide carbonique sec.

En chauffant le fluorure amorphe au-dessus de 1000° dans un courant d'acide fluorhydrique, on le voit se sublimer en fournissant des aiguilles jaunes, transparentes. Ce composé présente la propriété de se volatiliser sans fondre.

On l'obtient encore en faisant réagir l'acide fluorhydrique gazeux sur le chlorure de nickel, sur l'oxyde ou le fluorure de nickel hydraté.

Le fluorure de nickel anhydre et cristallisé se présente sous la forme de prismes d'un jaune verdâtre, très transparents, appartenant au système clinorhombique.

Sa densité est 4,63.

Il est presque insoluble dans l'eau et complètement insoluble dans l'éther. Il est difficilement attaqué par les acides, même à l'ébullition.

Chauffé à l'air, il se transforme en oxyde. En présence du soufre en fusion, il donne du sulfure noir de nickel. La vapeur d'eau le décompose avec production d'oxyde noir et d'acide fluorhydrique; à haute température, il se produit de l'oxyde vert cristallisé.

Le gaz chlorhydrique vers 600° fournit du chlorure et de l'acide fluorhydrique. Avec les chlorures alcalins fondus, il se forme des fluorures doubles :

$$2\,NiFl^2 + KCl \text{ en excès}$$
$$= NiFl^2 . 2\,KFl + NiCl^2 + KCl.$$

*Fluorure double de nickel et de potassium*, $NiFl^2 . 2\,KFl$. — Il s'obtient : 1° par l'action du fluorure de nickel sur le fluorhydrate de fluorure de potassium; 2° par l'action du chlorure de nickel anhydre sur le fluorhydrate de fluorure de potassium vers 800°.

Ce composé se présente en belles lames vertes ayant près de $0^m,01$ de côté et appartenant au système quadratique. Sa densité $= 3,27$.

Peu soluble dans l'eau et dans l'alcool. Attaquable par l'acide fluorhydrique, l'acide sulfurique, les carbonates et les bisulfates alcalins. La chaleur le décompose en donnant, avec le concours de l'air, d'abord de l'oxyde noir, puis de l'oxyde vert de nickel cristallisé [Poulenc, *loc. cit.*].

*Fluorure double de nickel et d'ammonium*, $NiFl^2 . 2\,AzH^4Fl$. — Ce fluorure se prépare en faisant réagir le chlorure de nickel anhydre sur le fluorure d'ammonium, ou encore dans l'action du fluorure de nickel hydraté sur le fluorure d'ammonium.

Poudre jaune, cristalline, soluble dans l'eau, insoluble dans l'alcool à 95° [Poulenc, *loc. cit*].

*Fluorure double de nickel et d'ammonium hydraté*, $NiFl^2 . 2\,AzH^4Fl . 2\,H^2O$. — M. Helmolt le prépare en dissolvant l'hydrate de nickel dans une dissolution de fluorure d'ammonium [*Zeit. anal. Chem.*, 3, 135].

FLUORURE DE NIOBIUM. — Voy. Dict. et 1er Suppl.

FLUORURE D'OR. — Le fluor est sans action sur l'or à la température ordinaire. Au rouge sombre, il se forme un composé jaune-chamois très hygroscopique. Ce fluorure est très volatil et se décompose, à une température un peu supérieure à celle de sa volatilisation, en fluor et or métallique [Moissan, *Ann. Chim. Phys.*, (6), 12, 524].

FLUOR ET OSMIUM. — Les combinaisons de fluor et d'osmium n'ont pas été étudiées.

FLUOR ET OXYGÈNE. — Le fluor donne dans l'oxygène un précipité blanc, très détonant, qui paraît être un composé oxygéné. Ce corps n'est stable qu'à très basse température. Dans l'oxygène liquide, privé d'humidité, ce corps ne se produit pas. Peut-être n'est-il qu'un hydrate de fluor [Moissan, *C. R.*, 124].

FLUORURE DE PALLADIUM. — Le palladium n'est pas attaqué à froid par le fluor. Vers le rouge sombre, il se forme un fluorure de couleur foncée décomposable au rouge en laissant un résidu de métal [Moissan, *loc. cit.*].

FLUORURES DE PHOSPHORE. — *Trifluorure de phosphore*, $PFl^3$. — Le trifluorure de phosphore a été obtenu pour la première fois par M. Henri Moissan. Il le préparait au début en chauffant dans un tube de verre un fragment de phosphore recouvert de fluorure de plomb. Le gaz obtenu était traité par l'eau, qui enlevait le fluorure de silicium et laissait un gaz absorbable lentement par l'eau, rapidement par la potasse, qui était le trifluorure de phosphore.

Voici à quels procédés ce savant s'est arrêté :

1° On fait réagir en proportions équimoléculaires le fluorure de plomb sur le phosphure de cuivre.

Un tube de laiton de $0^m,25$ de longueur et $0^m,02$ de diamètre est fermé par un bouchon de liège laissant passer un tube adducteur en plomb (fig. 413), qui conduit le gaz dans un appareil laveur en verre de petite dimension ne renfermant que quelques centimètres cubes d'eau et destiné à retenir les traces d'acide fluorhydrique et de pentafluorure qui peuvent se former. Le gaz se rend ensuite dans un tube à ponce sulfurique et est recueilli sur le mercure sec.

Le fluorure de plomb employé doit être préparé de la façon suivante : On prend un volume connu d'acide fluorhydrique et on en neutralise le quart au moyen d'une solution de potasse à l'alcool; on mélange avec les trois quarts restants et on distille à 120° au bain d'huile. On recueille l'hydrate $HFl . 4\,H^2O$ exempt de silice. Cet hydrate est placé dans une capsule de platine et additionné de céruse préparée par le procédé hollandais et ne renfermant pas de silice. On laisse environ un dixième d'acide libre. Une fois l'effervescence terminée, on maintient au bain-marie pendant 24 heures et on sèche au bain de sable; la matière granuleuse obtenue est additionnée d'un peu d'acide fluorhydrique et séchée à nouveau, puis fondue rapidement dans un creuset de platine fermé. La masse fondue est ensuite pulvérisée et placée sous une cloche au-dessus de l'acide sulfurique.

Le phosphure de cuivre est produit par l'action du cuivre sur la vapeur de phosphore. On prend un ballon rempli de tournure de cuivre et on adapte au col un tube effilé renfermant à la partie inférieure des fragments de chlorure de calcium fondu et à la partie supérieure des bâtons de phosphore (fig. 414).

L'appareil est traversé par un courant d'anhydride carbonique sec. On élève la température du ballon jusqu'à 150°, de façon à dessécher complètement l'appareil. On porte ensuite le

cuivre au rouge sombre, puis on chauffe doucement le phosphore, qui se dessèche sur le
chlorure de calcium et arrive ensuite au contact
du cuivre, qu'il transforme en phosphure.

2° On peut faire réagir le phosphore rouge sur
le fluorure de plomb. Le dégagement gazeux est
moins régulier que dans le procédé précédent.

3° On fait réagir le fluorure d'arsenic sur le

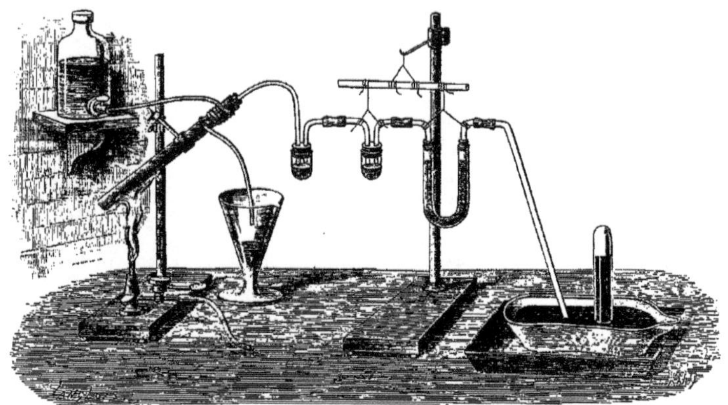

Fig. 413. — Préparation du trifluorure de phosphore par le fluorure de plomb et le phosphure de cuivre.

trifluorure de phosphore. Le fluorure d'arsenic
tombe goutte à goutte sur du trichlorure de
phosphore placé dans un petit ballon de verre
(fig. 415). Le gaz est lavé avec une petite quantité d'eau pour le débarrasser des traces de chlorure de phosphore et de fluorure d'arsenic entraînées.

Le trifluorure de phosphore est un gaz incolore,
ne fumant pas à l'air. Il ne se liquéfie pas à
+ 24° sous la pression de 180 atmosphères dans

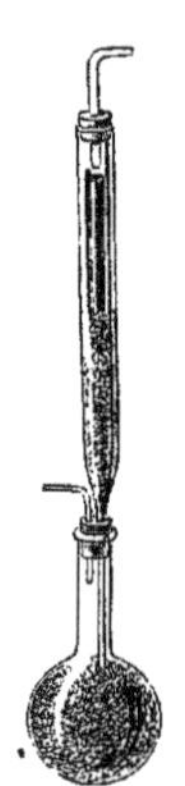

Fig. 414. — Préparation
du fluorure de cuivre.

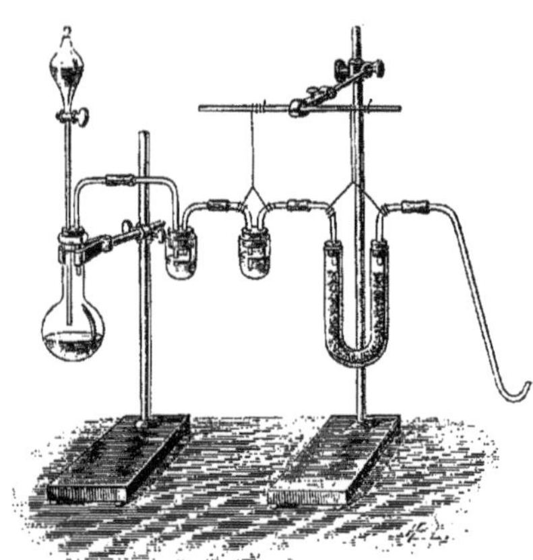

Fig. 415. — Préparation du trifluorure de phosphore par le fluorure d'arsenic.

l'appareil de M. Cailletet; mais en détendant à
50 atmosphères on voit se former des stries et le
liquide se rassemble sur le mercure. A — 10° sous
40 atmosphères, il reste liquide d'une façon permanente. Maintenu à — 20° sous 200 atmosphères

et détendu, il se solidifie. Sa densité est 3,022,
la densité théorique étant 3,0775.

Sous l'action de la chaleur, il se décompose en
phosphore et fluor, qui donne du fluorure de
silicium, si l'on opère dans une cloche de verre.

Sous l'action de l'étincelle d'induction, il donne du phosphore et du pentafluorure,

$$5\,PFl^3 = 3\,PFl^5 + 2\,P.$$

L'eau decompose lentement le trifluorure de phosphore en donnant un liquide acide doué de propriétés réductrices. Il paraît se former un acide fluophosphoreux.

L'hydrogène et le trifluorure de phosphore, chauffés dans une cloche courbe, donnent un mélange d'hydrogène phosphoré et d'acide fluorhydrique. Additionné d'oxygène et soumis à l'action de l'étincelle électrique, le trifluorure donne un oxyfluorure $PFl^3O$ :

$$\frac{PFl^3}{4\,\text{vol.}} + \frac{O}{2\,\text{vol.}} = \frac{PFl^3O}{4\,\text{vol.}}$$

Le soufre paraît sans action jusqu'à 440°.

Le chlore, le brome et l'iode s'y combinent, en donnant des composés que nous décrirons plus loin.

L'arsenic est sans action.

Le bore fournit du phosphore et du fluorure de bore. Le silicium donne de même du phosphore et du fluorure de silicium.

Le sodium se combine à la fois avec le fluor et avec le phosphore; la réaction a lieu avec incandescence; le gaz est complètement absorbé.

Le gaz ammoniac donne une matière laineuse blanche, très légère, disparaissant au contact de l'eau.

L'action du trifluorure de phosphore sur le platine a été étudiée par M. H. Moissan. Il y a fixation du phosphore sur le métal et mise en liberté de fluor; mais une grande partie de ce dernier est fixée par le platine. L'attaque rapide des vases empêche d'obtenir pratiquement du fluor dans cette réaction.

*Pentafluorure de phosphore*, $PFl^5$. — Ce gaz a été préparé pour la première fois par M. Thorpe, en faisant réagir le trifluorure d'arsenic sur le pentachlorure de phosphore [*Chem. News*, 32. 232; *Bull. Soc. Chim.*, (2), 25, 548]. Ce procédé ne permet pas d'obtenir un gaz rigoureusement pur, à cause de l'entraînement notable des vapeurs de chlorure et de fluorure d'arsenic.

M. H. Moissan a obtenu ce composé dans un grand état de pureté en utilisant la décomposition du pentafluobromure.

Le pentafluorure de phosphore est un gaz incombustible, fumant à l'air, absorbable par l'eau. Densité = 4,48 à 4.50. Il se liquéfie à + 16° sous 46 atmosphères. Par la détente, il se solidifie [Moissan, *C. R.*, 101, 1490].

Le pentafluorure de phosphore est très stable. L'étincelle électrique ne le décompose que très difficilement en trifluorure et fluor. Il est nécessaire d'employer de très fortes étincelles d'induction (0ᵐ,15 à 0ᵐ,20). Chauffé dans une cloche courbe en présence de phosphore, il donne du trifluorure. Il n'est pas décomposé au contact de la vapeur de soufre. En présence d'une trace d'eau, il attaque le verre en donnant du fluorure de silicium et de l'oxyfluorure de phosphore. Une partie des bases du verre est transformée en fluophosphates [Moissan, *C. R.*, 103, 1257].

Le pentafluorure de phosphore est décomposé par la mousse de platine au rouge vif, et si le courant de pentafluorure est assez rapide, on obtient un gaz renfermant du fluor libre, dont il est facile de mettre la présence en évidence par ses réactions énergiques [Moissan, *C. R.*, 102, 763].

En présence de l'acide hypoazotique, le pentafluorure de phosphore fournit une combinaison cristalline qui a été étudiée par M. Tassel [Tassel,

*C. R.*, 110, 1265]. Pour préparer cette combinaison, on fait passer le gaz dans des tubes en U refroidis à — 10°, dans lesquels on fait couler lentement de l'acide hypoazotique refroidi. On obtient des cristaux blancs allongés, fumant à l'air, que l'on prive de l'excès d'acide hypoazotique en les soumettant pendant quelques instants à un vide partiel. Ces cristaux ont pour formule $PFl^5 . Az^3O^4$. Ils se décomposent au contact de l'eau. L'acide sulfurique les détruit également.

*Trifluodichlorure de phosphore*. — L'existence de ce composé a été signalée par M. Henri Moissan [*Ann. Chim. Phys.*, (6), 6, 433]. M. Camille Poulenc en a fait une étude complète [*C. R.*, 123, 175]. Sa formation a lieu suivant l'équation

$$\underset{\text{2 vol.}}{PFl^3} + \underset{\text{2 vol.}}{Cl^2} = \underset{\text{2 vol.}}{PFl^3Cl^2}.$$

Ce gaz se prépare de la façon suivante : Deux flacons d'égale capacité, environ 500 centimètres cubes, sont munis d'un bouchon à deux trous laissant passer des tubes de verre à robinet, dont l'un arrive jusqu'au fond du flacon et l'autre affleure à la partie supérieure. L'un des flacons est rempli de chlore et l'autre de trifluorure de phosphore (fig. 416). On les réunit de telle façon que le mercure provenant d'un récipient spécial chasse le trifluorure et le comprime dans le flacon de chlore qui se décolore peu à peu. La contraction étant de moitié, la réaction est terminée lorsque le flacon de trifluorure est plein de mercure. Un robinet placé entre les deux flacons permet de temps à autre d'interrompre l'arrivée du gaz trifluorure, de façon à éviter une trop grande élévation de température.

Le trifluodichlorure de phosphore est un gaz incolore, répandant à l'air d'abondantes fumées blanches. Il est absorbé complètement par l'eau bouillie, les solutions alcalines, l'eau de baryte, l'eau de chaux. Il n'attaque pas le verre lorsqu'il est sec. Il se liquéfie vers — 8° à la pression ordinaire. Sa densité = 5,39 à 5,42 (densité théorique, 5,46).

Chauffé vers 200° dans une cloche courbe, il se transforme en un mélange de $PFl^5$ et de $PCl^5$ qui forme un dépôt blanc sur les parois de la cloche :

$$\underset{\text{10 vol.}}{5\,PFl^3Cl^2} = \underset{\text{6 vol.}}{3\,PFl^5} + 2\,PCl^5.$$

L'action de l'étincelle fournit les mêmes produits. A 250°, l'hydrogène fournit du trifluorure et de l'acide fluorhydrique. Le soufre vers 111-115° donne un composé paraissant répondre à la formule $PFl^3S$. Ce composé prend encore naissance dans l'action du sulfure d'antimoine.

Le phosphore donne du trifluorure de phosphore gazeux et du trichlorure liquide.

Les métaux sont pour la plupart attaqués par ce gaz. Le sodium produit une décomposition totale, avec formation de chlorure, de fluorure et de phosphore alcalins. Le magnésium, le plomb, l'aluminium, le fer, l'étain, forment des chlorures et laissent du trifluorure de phosphore.

L'eau agit différemment, suivant que l'on opère avec un excès ou avec une petite quantité d'eau. Si l'on ajoute très peu d'eau au gaz trifluodichlorure, le volume gazeux augmente et il se forme de l'oxyfluorure de phosphore et de l'acide chlorhydrique :

$$PFl^3Cl^2 + H^2O = PFl^3O + 2\,HCl.$$

Un excès d'eau absorbe entièrement ces deux gaz. L'ammoniaque fournit au contact du gaz pentafluochlorure d'abondantes fumées blanches formant un dépôt blanc sur les parois de l'éprouvctte ; cette substance est la *fluorophospha-mide* :

$$PFl^3Cl^2 + 4\,AzH^3 = PFl^3\,(AzH^2)^2 + 2\,AzH^4Cl.$$

L'alcool anhydre absorbe totalement le tri-fluodichlorure de phosphore.

*Trifluodibromure de phosphore*, $PFl^3Br^2$. — M. H. Moissan a obtenu ce composé par l'action directe du brome sur le trifluorure de phosphore. Pour le préparer, on prend du brome desséché avec soin sur l'acide sulfurique, et on le place dans un tube de verre disposé dans un mélange réfrigérant. Le trifluorure de phosphore est amené dans ce tube par un tube de verre effilé ; l'absorption est complète et le brome ne tarde pas à se décolorer ; on obtient un liquide mobile, de couleur légèrement ambrée, fumant énergiquement à l'air.

Refroidi à — 20°, ce liquide donne de petits cristaux jaune pâle qui fondent aussitôt qu'on les sort du mélange réfrigérant.

Ce composé répond à la formule $PFl^3Br^2$.

Ce corps présente une propriété très intéressante : abandonné dans un tube scellé, il se transforme en donnant des cristaux jaunes de pentabromure de phosphore et du pentafluorure.

L'action prolongée du brome sur le trifluorure peut être résumée en ces deux équations :

$$PFl^3 + Br^2 = PFl^3Br^2,$$

$$5\,PFl^3Br^2 = 3\,PFl^5 + 2\,PBr^5$$

[Moissan, *loc. cit.*].

*Trifluodiiodure de phosphore*, $PFl^3I^2$. — L'iode fournit avec le trifluorure de phosphore vers 300 ou 400° un corps solide jaune. Le tube dans lequel se fait la réaction est fortement attaqué, et l'étude de ce composé est rendue ainsi difficile [Moissan, *loc. cit.*].

*Oxyfluorure de phosphore*, $PFl^3O$. — Ce nouveau gaz a été découvert par M. H. Moissan [*C. R.*, **102**, 1245]. Il se produit lorsque l'on fait détoner un mélange de 4 volumes de trifluorure et de 2 volumes d'oxygène. On l'obtient encore en faisant passer un mélange de trifluorure et d'oxygène sur la mousse de platine.

L'oxyfluorure de phosphore est un gaz incolore possédant une odeur piquante, absorbable par l'eau. Il fume abondamment à l'air. Bien sec, il n'attaque pas le verre.

Il se liquéfie à + 16° sous 15 atmosphères. Comprimé à —50° et soumis à la détente, il se solidifie. Densité = 3.68 à 3,75. Il est absorbé par l'alcool anhydre, l'acide chromique, les solutions alcalines.

*Sulfofluorure de phosphore*, $PFl^3S$. — Il se produit dans l'action du fluochlorure sur le soufre ou sur le sulfure d'antimoine [C. Poulenc, *loc. cit.*].

Ce composé a été préparé également par MM. Thorpe et Rodge [*Chem. News*, 59, 236] en faisant réagir le sulfure de phosphore sur le fluorure d'arsenic, ou bien encore les fluorures d'arsenic, de plomb, ou le sulfochlorure de phosphore.

Ce corps réagit sur l'eau suivant l'équation

$$PSFl^3 + 4\,H^2O = PO^4H^3 + H^2S + 3\,HFl.$$

La soude donne lieu à la réaction suivante :

$$PSFl^3 + 6\,NaOH = PSO^3Na^3 + 3\,NaFl + 3\,H^2O.$$

Le gaz ammoniac donne du fluorure d'ammonium et le composé $PSFl(AzH^2)^2$.

Le sulfure de carbone ne l'altère point. Il en est de même du mercure.

FLUORURES DE PLATINE. — L'étude de l'action du fluor sur le platine a permis à M. Moissan de préparer le fluorure de platine $PtFl^2$.

La difficulté de manier un gaz aussi actif que le fluor nous engage à décrire le dispositif employé par ce savant dans l'étude de l'action du fluor sur les métaux. Il se servait de tubes en fluorine faits au tour dans des morceaux de fluorine blanche aussi homogène que possible. Leur longueur était de $0^m,20$ et leurs extrémités étaient ajustées à des montures en platine. Pour les porter au rouge, on les entourait d'un gros fil de cuivre

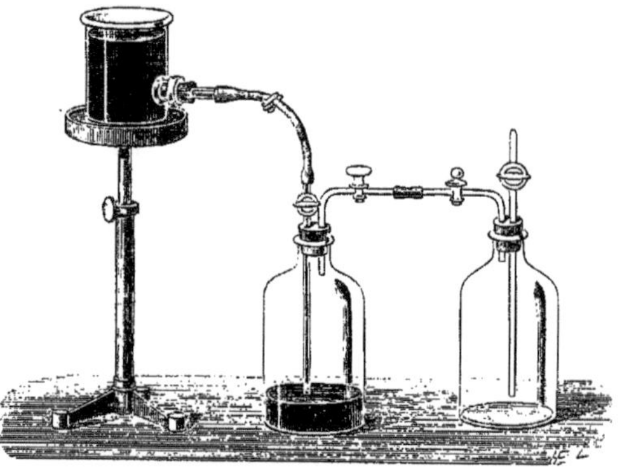

Fig. 416. — Préparation du trifluodichlorure de phosphore.

qui formait sur leur surface extérieure des spires très rapprochées, et l'on élevait la température lentement au moyen d'un brûleur Bunsen.

Un faisceau de fils de platine étant placé dans l'un de ces tubes, on faisait arriver un courant rapide de fluor, et on maintenait la température au rouge sombre. Aussitôt qu'il s'était formé du fluorure de platine, le faisceau de fil métallique était retiré de l'appareil et introduit dans un tube de verre bien sec.

Le fluorure de platine se présente en masses fondues d'un rouge foncé, ou en petits cristaux jaune-chamois. Ce sel est volatil ; à chaud, il attaque le verre avec énergie, en donnant du fluorure de silicium et du platine.

En présence de l'eau, il se dissout, mais la solution de couleur jaune produite est très instable et se décompose à froid, ou plus rapidement à chaud, en donnant de l'oxyde platinique et de l'acide fluorhydrique. Cette décomposition par l'eau explique l'insuccès des efforts tentés en vue de préparer ce composé par voie humide.

Le trifluorure de platine peut s'unir aux fluorures de phosphore et aux chlorures de phosphore pour donner des corps cristallisés.

Sous l'action de la chaleur rouge, il présente une réaction importante : il se décompose en platine et fluor.

M. C. Poulenc a essayé d'obtenir par voie indirecte les fluorures de platine.

Les chlorures de platine chauffés dans l'acide fluorhydrique gazeux ne sont pas décomposés.

A 200°, le chlorure platinique reste sous la forme d'une poudre brun foncé qui constitue le chlorure anhydre; à 220°, il se transforme en chlorure platineux avec dégagement de chlore.

Le fluorhydrate de fluorure de potassium réagit sur le chlorure platinique, mais il tend à s'établir un équilibre par suite de la formation de chlorure double de platine et d'ammonium et de fluorure double de platine et d'ammonium. La séparation de ces deux composés n'a pu être réalisée (C. Poulenc).

*Fluorure double de platine et d'ammonium.* — En faisant réagir l'oxyde platinique de Fremy sur le fluorure d'ammonium, on obtient un composé double non décomposable à 300° dans l'acide fluorhydrique gazeux. Au delà de cette température, il se dissocie en donnant naissance à une petite quantité de fluorure platineux et à du platine métallique.

Fluorure de plomb. — Fremy a préparé le fluorure de plomb cristallisé en faisant arriver un courant d'acide fluorhydrique dans de l'eau contenant de la céruse en suspension. Ce corps a été reproduit par voie sèche par M. C. Poulenc [*Ann. Chim. Phys.*, (7), **2**, 67] en faisant réagir le fluorhydrate de fluorure de potassium sur le fluorure de plomb amorphe. L'acide fluorhydrique agissant sur le métal donne un fluorure amorphe. Si l'on substitue au fluorure de plomb le chlorure de plomb, le fluorhydrate de fluorure donne un fluochlorure.

*Fluochlorure de plomb*, PbFlCl. — Ce sel, préparé amorphe par Berzélius, a été obtenu cristallisé par M. H. Fonzes-Diacon [*Bull. Soc. Chim.*, (3), **17**, 350].

Il prend naissance lorsque l'on fait bouillir une solution concentrée de chlorure d'ammonium avec du fluorure de plomb. Par refroidissement lent, il se dépose en lamelles quadratiques.

*Fluobromure de plomb*, PbFlBr. — Une dissolution concentrée bouillante de bromure d'ammonium dissout du fluorure de plomb, et le liquide clair étendu d'eau laisse déposer une poudre blanche répondant à la formule PbFlBr [H. Fonzes Diacon, *loc. cit.*, 352].

Fluorure de potassium. — Le point de fusion donné par M. Carnelley est 789° [*Chem. Soc.*, **33**, 273].

Densité des solutions de fluorure de potassium à 18°,2 :

K Fl o/o

| | |
|---|---|
| 5 | 1,041 |
| 10 | 1,084 |
| 20 | 1,176 |
| 30 | 1,272 |
| 40 | 1,378 |

*Fluorhydrates de fluorure de potassium.* — 1° KFl.HFl. — Sa chaleur de formation a été mesurée par M. Guntz :

$$\text{K Fl sol.} + \text{H Fl gaz} = \text{K Fl H Fl} + 21^{cal},1.$$

2° KFl.2HFl et KFl.3HFl. — Ces deux sels ont été obtenus par M. Moissan [*C. R.*, **106**, 347].

Lorsqu'on projette du fluorhydrate de fluorure de potassium dans l'acide fluorhydrique anhydre, on constate un échauffement notable. Le mélange refroidi à 23° laisse déposer des cristaux blancs, que l'on essore rapidement entre des doubles de papier. Ces cristaux ont pour formule KFl.3HFl.

Ce sel acide peut encore s'obtenir en ajoutant à un poids déterminé de fluorhydrate la quantité d'acide correspondant à la formule précédente.

On mélange avec précaution dans un creuset de platine, et on chauffe au bain d'huile jusqu'à 85°. Il ne se dégage pas de vapeurs acides, et on obtient un liquide commençant à cristalliser à 68°, qui ne tarde pas à former à froid une masse de cristaux enchevêtrés répondant à la formule ci-dessus.

En variant les proportions de fluorhydrate et d'acide, on peut préparer le composé KFl.2HFl, fusible vers 105°.

La chaleur de formation de ces composés a été déterminée par M. Guntz :

$$\text{K Fl sol.} + 3\,\text{H Fl gaz} = \text{K Fl}.3\,\text{H Fl} + 47^{cal},1,$$
$$\text{K Fl sol.} + 2\,\text{H Fl gaz} = \text{K Fl}.2\,\text{H Fl} + 35^{cal},2.$$

En rapportant à l'acide liquide, on trouve pour la fixation de chaque molécule de HFl :

$$\text{K Fl sol.} + \text{H Fl liq.} = \text{K Fl}.\text{H Fl} + 13^{cal},9,$$
$$\text{K Fl sol.} + 2\,\text{H Fl liq.} = \text{K Fl}.2\,\text{H Fl} + 6^{cal},5,$$
$$\text{K Fl sol.} + 3\,\text{H Fl liq.} = \text{K Fl}.3\,\text{H Fl} + 5^{cal},1.$$

Ces chiffres montrent que la stabilité de ces composés va en décroissant.

En déterminant l'abaissement moléculaire par la méthode de M. Raoult, M. Guntz a également montré que la solution de ces sels est presque entièrement dissociée par l'eau.

Fluorure de rhodium. — On ne connaît pas de composé fluoré du rhodium.

Fluorure de silicium. — Le fluorure de silicium a été solidifié par M. Olszewsky à —102° dans un tube de verre. Masse blanche, amorphe, s'évaporant lentement sans se liquéfier [*Mon. f. Chem.*, **5**, 127].

Fluorures de soufre. — Dans une lettre écrite à Arago, Dumas a signalé la formation d'un fluorure de soufre par l'action du fluorure de plomb sur le soufre [*Ann. Chim. Phys.*, (2), **31**, 433].

M. Gore, en faisant réagir le fluorure d'argent sur le soufre, a obtenu une vapeur lourde, incolore, non condensable à 0°, qui attaque le verre et fume à l'air. La composition de ce composé n'a pas été établie [*Chem. News*, **24**, 291].

M. Meslans a entrepris récemment l'étude des composés fluorés du soufre. Il les obtient par l'action directe du fluor sur le soufre et ses oxydes et par la double décomposition des chlorures avec divers fluorures métalliques, et plus particulièrement le fluorure de zinc anhydre. Quelques-uns de ces composés sont gazeux [*Bull. Soc. Chim.*, (3), **15**, 391].

Fluorure de thionyle, SOFl². — Gaz incolore, non liquéfiable vers —30°. Densité = 2,9. Odeur suffocante très pénible, rappelant celle de l'oxychlorure de carbone. Sec et pur, il n'attaque ni le verre, ni le mercure. L'eau le détruit lentement en donnant un mélange d'acide sulfureux et d'acide fluorhydrique. Le gaz ammoniac réagit tout de suite en donnant un mélange de *thionamide* SO(AzH²)² et de fluorure d'ammonium [Meslans, *loc. cit.*].

Fluorure de sodium. — M. Guntz a déterminé la chaleur de formation de ce sel, soit + 109^{cal},3, calculée en partant des éléments Na sol. + Fl gaz.

*Fluorhydrate de fluorure.* — Il s'obtient pur si on a soin de le faire cristalliser dans un liquide rendu acide par l'acide fluorhydrique. Après deux cristallisations, il perd de l'acide fluorhydrique.

Chaleur de dissolution vers 12°, — 6^{cal},18 à — 6^{cal},2. Chaleur de formation, + 17^{cal},1 [Guntz, *Ann. Chim. Phys.*].

M. José Casarès a trouvé de notables quantités

de fluorure de sodium dans certaines eaux minérales, l'eau de Guitiziz, celle de Luys :

|  | NaFl par litre |
|---|---|
| Eau de Guitiziz ..........} | 0,02344 |
|  | 0,02806 |
|  | 0,02277 |
| Eau de Luys............. | 0,0249 |

La présence du fluorure de sodium est très générale, mais on le trouve rarement en quantités aussi appréciables [José Casarès, *Zeit. anal. Chem.*, **34**, 346].

FLUORURE DE STRONTIUM. — Ce fluorure a été obtenu à l'état cristallin par M. C. Poulenc, a l'aide des procédés indiqués pour la préparation des fluorures de baryum et de calcium.

Le fluorure de strontium cristallise en octaèdres réguliers quelquefois isolés, mais le plus souvent réunis en files ramifiées suivant la direction des axes quaternaires du cube.

Sa densité est 2,44. Son point de fusion = 902° (Moissan).

Il est insoluble dans l'eau froide et à peine soluble dans l'eau bouillante. Il se dissout complètement dans l'acide chlorhydrique chaud, difficilement dans l'acide nitrique.

Calciné à l'air, ce fluorure n'éprouve aucun changement jusqu'à 1000°; au-dessus de cette température, il se transforme partiellement en strontiane. Il n'est pas décomposé par la vapeur d'eau et l'hydrogène sulfuré au rouge. L'acide chlorhydrique gazeux le décompose facilement dans les mêmes conditions.

FLUORURE DE TANTALE. — Voyez Dict. et 1er Suppl., TANTALE.

FLUORURE DE TELLURE. — Lorsque l'on dissout l'acide tellureux dans une solution d'acide fluorhydrique à 40 ou 50 0/0, on obtient un liquide sirupeux qui, évaporé à sec, laisse une masse cristallisée transparente. Cette masse reprise par l'acide fluorhydrique donne une solution qui, refroidie fortement, abandonne d'abord l'oxyfluorure de tellure, $2\,TeFl^5 . 3\,TeO^2 . 6\,H^2O$, puis $TeFl^4 . TeO^2 . 2\,H^2O$.

La liqueur donnant naissance à ce dernier sel, saturée de gaz acide fluorhydrique et refroidie à — 70°, laisse déposer des cristaux de fluorure de tellure. Il ne paraît pas exister de fluorhydrate de fluorure à cette température [R. Metzner, *C. R.*, **125**, 26].

FLUORURE DE THALLIUM. — Voyez Dict. et 1er Suppl., THALLIUM.

FLUORURE DE THORIUM. — Voyez Dict., THORIUM.

FLUORURE DE TITANE. — Voyez Dict. et 1er Suppl., TITANE.

FLUORURE DE TUNGSTÈNE. — Voyez Dict., TUNGSTÈNE.

FLUORURE D'URANIUM. — Voyez Dict. et 1er Suppl., URANIUM.

FLUORURE DE VANADIUM. — Voyez Dict. et 1er Suppl., VANADIUM.

FLUOR ET YTTERBIUM. — Pas de combinaison connue.

FLUORURE D'YTTRIUM. — Le fluorure d'yttrium a été obtenu en traitant l'azotate d'yttrium par l'acide fluorhydrique. C'est un précipité gélatineux, qui s'agglomère par l'action de la chaleur. Anhydre à 120°, il contient encore une molécule d'eau à 100° [Clève, *Bull. Soc. Chim.*, (2), **21**, 344].

FLUORURE DE ZINC, $ZnFl^2$. — Le fluorure anhydre, amorphe, s'obtient en déshydratant le fluorure $ZnFl^2 . 4\,H^2O$ à 100°. On peut le faire cristalliser en le chauffant vers 700 ou 800° dans un courant d'acide fluorhydrique gazeux. On l'obtient en outre en chauffant à cette même température le zinc métallique, l'oxyde de zinc ou le chlorure dans un courant d'acide fluorhydrique anhydre.

Ce fluorure cristallise en fines aiguilles incolores et transparentes qui appartiennent au système orthorhombique. Sa densité = 4,84.

Il est peu soluble dans l'eau froide; sa solubilité augmente avec la température. Il est insoluble dans l'alcool. Il est attaquable par les acides. Calciné à l'air, il fournit de l'oxyde. L'hydrogène le réduit [C. Poulenc, *Ann. Chem.*, (7), **11**, 33].

*Fluorure double de zinc et de potassium*, $ZnFl^2 . 2\,KFl$. — Ce fluorure a été préparé à l'état cristallin par l'action du chlorure de zinc sur le fluorhydrate de fluorure fondu. On l'isole en reprenant la masse par l'alcool fort bouillant.

Il se présente en tables hexagonales appartenant au système quadratique. L'eau le décompose partiellement; l'alcool fort ne le dissout pas.

*Fluorure double de zinc et d'ammonium*,

$$ZnFl^2 . 2\,AzH^4Fl.$$

— Lorsque l'on fait agir le fluorure d'ammonium fondu sur le fluorure de zinc amorphe ou sur le chlorure, on obtient, en reprenant par l'alcool, une poudre blanche amorphe correspondant à la formule $ZnFl^2 . 2\,AzH^4Fl$. Chauffé à 300° dans un courant d'acide carbonique, le fluorure d'ammonium est entraîné et le fluorure de zinc amorphe reste comme résidu.

*Fluorure double de zinc et d'ammonium hydraté*, $ZnFl^2 . 2\,AzH^4Fl . 2\,H^2O$. — Ce sel, déjà obtenu par Wagner, a été de nouveau préparé par M. Hans von Helmolt [*Zeit. anorg. Chem.*, **3**, 124]. Précipité blanc, ténu, très cristallin.

FLUORURE DE ZIRCONIUM. — MM. Deville et Caron ont préparé le fluorure de zirconium en faisant passer de l'acide fluorhydrique sur la zircone chauffée à haute température. Ils ont employé ce fluorure pour préparer la zircone cristallisée [*Ann. Chim. Phys.*, (4), **5**, 109]. — Voyez FLUOSELS. P. Lebeau.

**FLUORURES ORGANIQUES.** — Nous adopterons pour l'étude des préparations et des propriétés des composés organiques fluorés l'ordre suivant :

1° *Éthers fluorhydriques proprement dits*;
2° *Fluorure de méthylène et homologues, fluoroforme*;
3° *Fluorures d'acides*;
4° *Composés fluorés mixtes.*

*Historique.* — Les premiers essais mentionnés d'éthérification par l'acide fluorhydrique remontent à 1782, où Scheele essaya l'action du gaz fluorique sur l'esprit-de-vin. Gehlen et Remset étudièrent l'action de l'acide fluorhydrique sur l'alcool, mais ils ne parvinrent pas à préparer l'éther fluorhydrique.

Dumas et Peligot ont les premiers préparé l'éther méthylfluorhydrique en faisant réagir l'acide méthylsulfurique sur le fluorure de potassium [*Ann. Chim. Phys.*, (2), **59**, 193].

Fremy observa la formation de fluorure d'éthyle dans l'action du fluorhydrate de fluorure de potassium sur l'éthylsulfate de potassium [*Ann. Chim. Phys.*, (3), **47**, 5].

M. Sydney Young essaya de préparer les éthers fluorés en faisant réagir le fluorure d'argent sur les iodures alcooliques. L'emploi qu'il fit d'un fluorure d'argent hydraté explique son insuccès [Young, *Chem. Soc.*, **39**, 489].

En 1888, M. Henri Moissan utilisa le premier la réaction du fluorure d'argent anhydre sur les chlorures, bromures et iodures alcooliques. Il employa également l'action d'autres fluorures, notamment du fluorure d'arsenic. M. Meslans a également préparé un certain nombre de dérivés fluorés par l'action des fluorures métalliques et métalloïdiques sur les chlorures alcooliques ou les chlorures d'acides. Enfin, vers la même époque, M. Chabrié a obtenu, par l'action du fluorure d'argent en tube scellé sur les composés chlorés organiques, les dérivés fluorés correspondants.

Les composés fluorés se rattachant à la série aromatique ont été étudiés vers 1870 par MM. Schmidt et Gehren, qui indiquèrent l'existence d'un acide m-fluobenzoïque [*J. prakt. Chem.*, 1, 395].

En 1879, M. W. Lenz prépara l'acide fluoben-

acide fluohippurique [*Gazz. Chim. ital.*, 13, 521]. Des recherches plus étendues sur les dérivés fluorés de la série aromatique furent entreprises en 1886 par M. O. Wallach, qui prépara avec facilité le fluobenzène, le fluonitrobenzène, la fluoraniline et ses sels [Wallach, *Ann. Chem.*, 235, 255]. Un nouveau mémoire, paru en 1887, de MM. Wallach et Henssler [*Ann. Chem.*, 243, 219] comprend une nouvelle étude du fluobenzène, de la fluoraniline et de quelques dérivés plus complexes : la fluobenzène-diazopipéridine, le difluobenzène, le fluochlorobenzène, le fluophénol, etc. Depuis, M. Guenez a préparé le fluorure de benzoyle, obtenu ensuite par M. Meslans dans l'action du fluorure de zinc sur le chlorure de benzoyle.

Enfin, en dehors de ces dérivés fluorés de la série grasse et de la série aromatique, un certain nombre de corps renfermant à la fois du bore et du fluor ont été préparés par M. Landolph en 1878 et 1879, par M. Patein en 1891, et plus récemment par M. Gasselin en 1894. Bien que ces composés se rattachent plus ou moins aux éthers fluorhydriques, nous en traiterons dans ce chapitre à cause de leur mode de formation : action du fluorure de bore sur les alcools, les phénols, etc.

### GÉNÉRALITÉS.

*Éthérification de l'acide fluorhydrique.* — M. Maurice Meslans a publié sur ce sujet un important mémoire, que nous allons résumer ici. Nous adopterons le plan suivi par ce chimiste, en insistant également sur le mode expérimental, qui présente des difficultés toutes spéciales. L'auteur s'est proposé de déterminer les vitesses d'éthérification de l'acide fluorhydrique pour divers systèmes et dans différentes conditions, et d'en comparer les résultats avec ceux fournis par les autres hydracides.

Les limites d'éthérification n'ont pas été déterminées encore, à cause de la longue durée des expériences.

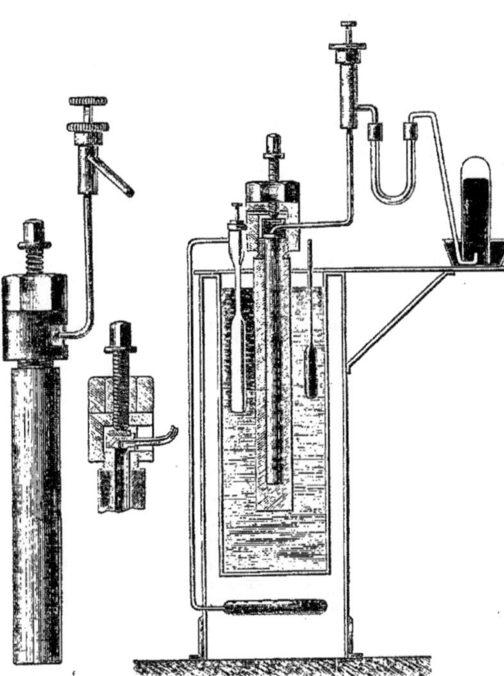

Fig. 417. — Appareil pour l'étude de l'éthérification par l'acide fluorhydrique.

zène-sulfonique [*D. chem. G.*, 12, 581]. MM. Paterno et Oliveri publièrent, en 1882, un mémoire sur les trois acides fluobenzoïques isomériques et sur les acides fluotoluiques et fluoanisiques [*Gazz. Chim. ital.*, 12, 85]. L'année suivante, ils indiquèrent dans un second mémoire la préparation des fluobenzène et fluotoluène, qu'ils obtenaient en chauffant en tubes scellés l'acide fluorhydrique avec les acides diazobenzène-sulfonique et diazotoluène-sulfonique [*Gazz. Chim. ital.*, 13, 533]. La même année, M. Coppola étudia l'absorption de ces acides fluobenzoïques par les animaux, et démontra que, de même que l'acide benzoïque se transforme en acide hippurique, l'acide fluobenzoïque donne un

La méthode employée consiste à faire des mélanges d'acide fluorhydrique et d'alcool en proportions déterminées exactement ; à évaluer la quantité d'acide contenue dans le mélange, et à soumettre une certaine quantité de ce dernier à l'action de la chaleur à des températures fixes et pendant des temps déterminés ; enfin, à titrer la quantité d'acide restant dans le mélange. La différence entre les quantités d'acide initiales et finales représente le poids d'acide éthérifié. Le rapport de ce poids à celui de l'acide qui était susceptible de se combiner théoriquement à l'alcool mis en jeu, multiplié par 100, fournit le coefficient d'éthérification, ainsi que l'ont défini MM. Berthelot et Péan de Saint-Gilles.

*Préparation des mélanges à éthérifier.* — L'acide fluorhydrique anhydre provenant de la décomposition par la chaleur du fluorhydrate de fluorure de potassium sec est recueilli dans une petite bouteille en platine tarée, munie d'un bouchon rodé de même métal. On ajoute à un poids déterminé d'acide une quantité d'alcool absolu, calculée de manière à réaliser le système que l'on veut mettre en expérience. On refroidit fortement les deux liquides avant de les mélanger et on effectue le mélange en versant l'alcool goutte à goutte et en refroidissant continuellement.

Pour obtenir les systèmes alcool, acide et eau, on peut utiliser une solution titrée d'acide pur hydraté, ou ajouter de l'eau à une liqueur mère d'alcool et d'acide fluorhydrique en proportions connues. Le mélange correspondant à la formule $C^2H^6O.4HFl$ convient parfaitement.

On verse ensuite une quantité pesée du mélange dans l'appareil à éthérifier, et une autre partie sert à en contrôler la composition.

*Dispositions expérimentales.* — L'emploi du verre a été naturellement évité, et l'appareil employé est complètement métallique. Il se compose d'un tube d'acier foré (fig. 417), percé d'une cavité cylindrique dans laquelle s'engage un tube de cuivre fermé par un bout, et dont l'intérieur renferme un fourreau en platine soudé à l'or fin. Ce fourreau doit être essayé avec le plus grand soin, car, une fois soumis à l'action de la pression, il adhère au cuivre et les fentes deviennent très difficiles à réparer. Ce tube est fermé par un bouchon d'acier, portant à la face qui doit s'appliquer sur le tube une lame de platine parfaitement polie ; ce bouchon laisse passer un tube de platine communiquant avec un tube de cuivre par l'intermédiaire d'un robinet à pointeau. Un second bouchon d'acier, disposé de façon à livrer passage au tube de platine est vissé sur le tube d'acier, et permet de fermer l'appareil. La figure 417 montre le détail de ce dispositif. Enfin une vis de pression assure la fermeture hermétique. Les liquides placés dans l'appareil ne sont en contact qu'avec le cuivre et l'or.

On dispose l'appareil dans un bain d'huile vertical, muni d'un régulateur de température et d'un thermomètre. Le robinet est terminé par un tube de dégagement se rendant sur la cuve à mercure. Lorsque l'expérience est terminée, l'appareil est enlevé du bain d'huile et soumis à un refroidissement brusque.

Plusieurs des éthers fluorhydriques étant gazeux, pour ouvrir l'appareil, il est nécessaire de laisser dégager le gaz : il y a dans ce cas entraînement d'acide fluorhydrique. On évalue l'acide entraîné en le retenant dans un tube en U taré rempli de fluorure de sodium, qui donne facilement du fluorhydrate, ou bien encore en l'absorbant par une solution de potasse titrée. Lorsque le dégagement gazeux a cessé, le tube est ouvert, son contenu est versé dans une capsule de platine tarée, et on procède au titrage de l'acide non éthérifié. Il est alors facile de calculer le coefficient d'éthérification.

Les causes d'erreur qui se présentent dans ces expériences résultent :

1° De la difficulté d'avoir un fourreau intérieur de platine parfaitement étanche ;

2° De la difficulté d'évaluation du temps de chauffe, l'appareil mettant un temps relativement long à se mettre en équilibre de température avec le bain ;

3° De la difficulté de déterminer exactement les quantités d'acide fluorhydrique ;

4° Des perturbations apportées par l'existence de niveaux différents du liquide dans l'appareil.

M. Meslans a su éviter, à peu près complète-ment, toutes ces causes d'erreur, et a pu arriver à des résultats très satisfaisants.

CONDITIONS QUI INFLUENT SUR L'ÉTHÉRIFICATION.

*Influence de la durée.* — Il n'a pu être fait de détermination au-dessous de 100°, à cause de la lenteur de l'éthérification à ces températures. Le tableau ci-dessous donne les résultats obtenus avec des mélanges formés de 1 molécule d'alcool absolu et de 2 molécules d'acide fluorhydrique anhydre, à une température voisine de 185° :

*Composition du mélange :* $C^2H^6O.2HFl.$

| Durée. h. m. | Température. — | Coefficient d'éthé-rification. | Nouvelle portion éthérifiée en une demi-heure. |
|---|---|---|---|
| 0,30 | 186° | 7,3 | » |
| 1,00 | 188 | 18,0 | 10,7 |
| 1,30 | 188 | 25,3 | 7.5 |
| 2,00 | 186 | 29,0 | 3,5 |
| 3,00 | 187 | 34,1 | 2,5 |
| 4,00 | 190 | 36,2 | 1,05 |
| 5,00 | 186 | 38,0 | 0,9 |
| 8,00 | 187 | 40,4 | 0,4 |
| 10,00 | 186 | 41,2 | 0,2 |

L'éthérification, notable au début, diminue rapidement, et après 10 heures le coefficient d'éthérification n'augmente que très peu. La limite du système semble être peu supérieure à 43 0/0. Ce fait, assez singulier si on le compare avec les résultats fournis par les autres hydracides, peut s'expliquer par la production d'une forte proportion d'éther-oxyde, ce qui rapproche la manière d'agir de l'acide fluorhydrique de celle de l'acide sulfurique, et l'on peut admettre que la formation d'éther-oxyde a lieu aux dépens de l'éther fluorhydrique déjà formé sous l'influence de l'alcool, avec régénération d'une partie équivalente de l'acide, suivant l'équation

$$C^2H^5Fl + C^2H^5OH = C^2H^5.O.C^2H^5 + HFl.$$

*Influence de la température :*

*Composition du mélange :* $C^2H^6O.2HFl.$

| Température. — | Durée en heures. | Coefficient d'éthérification |
|---|---|---|
| 100° | 6 | » |
| 140 | 4 | 1,8 |
| 170 | 4 | 18,0 |
| 190 | 4 | 36,2 |

*Composition du mélange :* $C^2H^6O.4HFl.$

| Température. — | Durée en heures. | Coefficient d'éthérification. |
|---|---|---|
| 185° | 1 | 42,3 |
| 220 | 1 | 60,1 |

A la température ordinaire et au voisinage de 100°, l'éthérification est à peu près nulle, ce qui pourrait résulter de l'existence de combinaisons moléculaires stables de l'alcool et de l'acide fluorhydrique.

*Influence d'un excès d'alcool.* — Le résultat est complètement différent de celui que l'on observe avec les autres hydracides. On sait que, dans le cas d'un excès d'alcool, on peut arriver à éthérifier 99 0/0 de l'acide. Avec l'acide fluorhydrique toute éthérification cesse ; il ne se forme que de l'éther ordinaire.

*Influence d'un excès d'acide :*

*Mélange de 1 molécule de $C^2H^6O$ et de n molécules de HFl.*

| Valeur de n. — | Température. — | Durée en heures. | Coefficient d'éthérification. |
|---|---|---|---|
| 0,5 | 170° | 3 | » |
| 1,4 | 170 | 3 | 4,5 |
| 2,5 | 170 | 4 | 18,0 |
| 0,5 | 185 | 2 | » |

| Valeur de $n$. | Température. | Durée en heures. | Coefficient d'éthérification. |
|---|---|---|---|
| 2,0 | 185 | 1 | 18,0 |
| 2,0 | 185 | 8 | 40,4 |
| 4,0 | 185 | 1 | 42,3 |
| 4,0 | 186 | 8 | 52,1 |
| 1,0 | 225 | 1,30 | 1,5 |
| 2,0 | 220 | 1 | 60,0 |

Il est facile, en examinant ce tableau, de se rendre compte de l'influence considérable produite sur l'éthérification par un excès d'acide. M. Meslans explique ce fait en admettant la formation d'un alcoolate stable $C^2H^6O.4HFl$, qui immobiliserait l'alcool et l'empêcherait de réagir sur l'éther fluorhydrique formé.

L'existence de cet alcoolate paraît bien probable; on constate en effet un grand dégagement de chaleur lorsque l'on mélange l'acide fluorhydrique et l'alcool jusqu'à ce que l'on ait atteint la composition $C^2H^6O.4HFl$. Après quoi l'addition d'acide ne produit plus un échauffement sensible.

*Influence de l'eau.* — L'acide fluorhydrique présente, comme cela a été démontré par M. Villiers pour les autres acides minéraux, une limite de dilution à partir de laquelle l'éthérification ne se fait plus. Cette limite paraît inférieure à celle des autres acides. Le tableau suivant donne les résultats d'expériences faites à 220° :

*Composition du mélange :* $C^2H^6O.4(HFl.nH^2O)$.

| Valeur de $n$. | Température. | Durée en heures. | Coefficient d'éthérification. |
|---|---|---|---|
| 0 | 220° | 1 | 60 |
| 2 | 220 | 4 | 18 |
| 3 | 220 | 3 | 5 |
| 10 | 220 | 10 | » |

*Influence de la nature de l'alcool.* — M. M. Meslans a étudié l'éthérification par l'acide fluorhydrique d'un certain nombre d'alcools monatomiques et de la glycérine. Pour plusieurs de ces alcools, les phénomènes de décomposition que produit l'acide fluorhydrique sous l'influence de la chaleur compliquent les résultats.

L'auteur donne à la fin de son mémoire les conclusions que nous reproduisons ici :

1° A température constante, l'éthérification, rapide au début, du moins au voisinage de 180°, se ralentit bientôt à mesure que la quantité éthérifiée augmente, et celle-ci paraît tendre vers une limite inférieure à celle des autres hydracides dans les mêmes conditions de température.

2° Les vitesses d'éthérification croissent très rapidement avec la température; ainsi, en passant de 140 à 170°, c'est-à-dire pour une élévation de température de 30°, la vitesse est décuplée.

3° En présence d'un excès d'alcool sur celui que doit représenter la réaction suivante :

$$C^2H^6O + HFl = C^2H^5Fl + H^2O,$$

l'éthérification devient nulle, et l'on constate la formation de notables quantités d'oxyde d'éthyle. Elle croît au contraire avec un excès d'acide, la formation d'éther-oxyde diminuant dans ce cas, pour devenir nulle quand le système est formé de 1 molécule d'alcool et de 4 molécules d'acide fluorhydrique.

Nous avons expliqué ces faits en admettant la réaction de l'alcool sur l'éther fluorhydrique et l'existence d'un alcoolate stable d'acide fluorhydrique $C^2H^6O.4HFl$, dont l'existence semble confirmée par les phénomènes calorifiques qui se manifestent quand on mélange l'alcool et l'acide fluorhydrique.

4° Dans le cas d'un excès d'alcool, tout l'acide fluorhydrique se trouve immobilisé à cet état d'alcoolate, et l'excès d'alcool agit librement sur l'éther fluorhydrique au moment de sa formation pour le transformer en oxyde d'éthyle avec régénération d'acide fluorhydrique.

Au contraire, dans le cas d'un suffisant excès d'acide, l'alcool, étant tout entier retenu à l'état d'alcoolate $C^2H^6O.4HFl$, ne peut agir sur l'éther qui prend naissance, et il ne se forme pas d'oxyde d'éthyle, ainsi qu'on l'a constaté.

5° La présence de l'eau diminue la vitesse d'éthérification par suite de la formation d'hydrate stable d'acide fluorhydrique. Comme pour les autres hydracides, l'éthérification cesse à partir d'une certaine dilution. En résumé, l'action de l'acide fluorhydrique sur les alcools, tout en reliant ce composé aux autres hydracides, lui constitue cependant un caractère particulier, dû à la stabilité de ses combinaisons avec l'eau et les alcools, et paraît le rapprocher par certains côtés de l'acide sulfurique.

M. Victor Meyer a démontré que les acides benzoïques de la formule générale

$$\underset{R}{\overset{COOH}{\bighexagon}}R$$

sont difficilement éthérifiables si R représente un groupe $CH^3$, et ne sont plus éthérifiables si $R = Cl, Br, AzO^2$. Cette loi a été étendue aux dérivés étudiés par M. Rupp.

MM. Victor Meyer et Van Loon [*D. chem. G.*, 28, 3146] ont étendu leurs recherches aux dérivés du fluor et ont montré que le fluor se comporte d'une manière différente du brome et du chlore et se rapproche des radicaux hydroxyle et méthyle. Ces faits viennent à l'appui de l'hypothèse suivante, émise par M. V. Meyer : Plus le poids moléculaire du radical R est élevé et plus le radical est électronégatif, d'autant plus difficile sera l'éthérification.

Malgré les conditions un peu différentes de l'éthérification par l'acide fluorhydrique, les éthers fluorés ont des propriétés générales qui les rapprochent le plus souvent des éthers chlorés. Toutefois les composés fluorés présentent une stabilité plus grande et leur point d'ébullition est inférieur.

MM. J.-H. Gladstone et C. Gladstone [*Phil. Mag.*, (5), 31, 1] ont étudié la réfraction et la dispersion du fluorobenzène et de quelques composés analogues.

La table suivante contient l'indice de réfraction du fluorobenzène déterminé pour les raies principales du spectre solaire, ainsi que les valeurs optico-chimiques habituelles qu'on déduit de ces nombres. La température d'observation était 22°,8.

| | A | C | D |
|---|---|---|---|
| Indice de réfraction... | 1,4563 | 1,4606 | 1,4646 |
| Réfraction molécul™.. | 42,92 | 43,33 | 43,70 |
| Réfr. atom. du fluor. | 0,63 | 0,63 | 0,53 |

| | F | G | H |
|---|---|---|---|
| Indice de réfraction... | 1,4751 | 1,4849 | 1,4933 |
| Réfraction molécul™.. | 44,68 | 45,61 | 46,40 |
| Réfr. atom. du fluor. | 0,48 | 0,44 | 0,35 |

On voit donc que la réfraction atomique du fluor dans les composés organiques est très faible, comparée à celle du chlore, du brome et de l'iode, dont les nombres respectifs sont 10,00, 15,23 et 25,20 pour la raie A. La dispersion du fluor est aussi anormale, la réfraction étant moindre à l'extrémité bleue du spectre qu'à l'extrémité rouge.

ÉTHERS FLUORHYDRIQUES PROPREMENT DITS.

FLUORURE DE MÉTHYLE, $CH^3Fl$. — Ce composé a été signalé par Dumas et Peligot dans leurs recherches sur l'alcool méthylique [*Mémoire sur un nouvel alcool et sur les divers composés éthérés qui en proviennent*, par MM. J. Dumas et E. Peligot, *Ann. Chim. Phys.*, (2), 64, 193]. Ces savants le préparaient en faisant réagir l'acide méthylsulfurique sur le fluorure de potassium. MM. H. Moissan et M. Meslans reprirent cette préparation et constatèrent que le gaz obtenu renferme, outre un dérivé fluoré, une proportion variable d'oxyde de méthyle. En faisant réagir l'iodure de méthyle sur le fluorure d'argent dans un appareil en laiton, semblable à celui qui sera décrit plus loin pour la préparation du fluorure d'éthyle, ils purent préparer ce gaz à l'état de pureté. Le seul inconvénient de ce procédé est l'entraînement de vapeurs d'iodure de méthyle qui nécessite une purification, consistant à faire passer le gaz plusieurs fois d'abord dans un serpentin de plomb, puis dans deux tubes de verre remplis de fluorure d'argent et chauffés à 90°.

Le fluorure de méthyle ainsi préparé a une densité de 1,22 (densité théorique, 1,19). C'est un composé très stable. Chauffé en tubes scellés à 120° en présence d'eau, il ne se saponifie que difficilement [H. Moissan et M. Meslans, *C. R.*, 107, 1155].

M. Collie prépare le fluorure de méthyle en décomposant le fluorure de tétraméthylammonium par la chaleur [Collie, *Chem. Soc.*, 53, 624].

FLUORURE D'ÉTHYLE, $C^2H^5Fl$. — Reinsch avait indiqué un mode de préparation de cet éther, consistant à faire réagir sur l'alcool les vapeurs d'acide fluorhydrique produit par l'action de l'acide sulfurique sur le fluorure de calcium. Le liquide ainsi obtenu était distillé dans un appareil en platine, et le quart seulement était recueilli. Par addition d'eau à cette portion, il précipitait un liquide mobile, qu'il envisageait comme étant l'éther éthylfluorhydrique. M. Moissan a répété cette expérience et n'a pu obtenir de corps se séparant de l'alcool par l'addition d'eau. Fremy a obtenu un corps gazeux, qu'il considérait comme étant du fluorure d'éthyle, en chauffant dans un appareil de platine de l'éthylsulfate de potassium et du fluorhydrate de fluorure de potassium.

M. Moissan a utilisé, pour préparer l'éther éthylfluorhydrique, la réaction du fluorure d'argent sur l'iodure d'éthyle.

Le fluorure d'argent anhydre, projeté dans un excès d'iodure d'éthyle froid, donne lieu à un dégagement de gaz, en même temps qu'il se forme de l'iodure d'argent. Pour obtenir commodément le fluorure d'éthyle, le fluorure d'argent est placé dans un petit tube de laiton, auquel on adapte un bouchon de liège (fig. 418) donnant passage à un tube de plomb terminé en forme de serpentin, et

à un tube à brome permettant l'introduction de l'iodure d'éthyle. Le serpentin de plomb formant réfrigérant ascendant est relié à deux tubes en U, remplis de fluorure d'argent sec et maintenus à + 40°. Le serpentin est plongé dans du chlorure de méthyle qui le maintient à — 23°.

Le fluorure d'éthyle est un gaz incolore, doué d'une odeur éthérée agréable, liquéfiable à — 32° sous la pression normale. A 19° il se liquéfie dans l'appareil de M. Cailletet, sous une pression de 8 atmosphères. C'est alors un liquide incolore n'attaquant pas le verre sec, et dissolvant en petites quantités le soufre, le phosphore et les corps gras. En augmentant la pression et produisant ensuite la détente, on le fait passer de l'état liquide à l'état solide, mais la neige blanche que l'on obtient ne persiste que pendant quelques instants.

Densité de vapeur trouvée, 1,70.

Densité théorique, 1,68.

L'eau dissout une certaine quantité de fluorure d'éthyle à la température ordinaire.

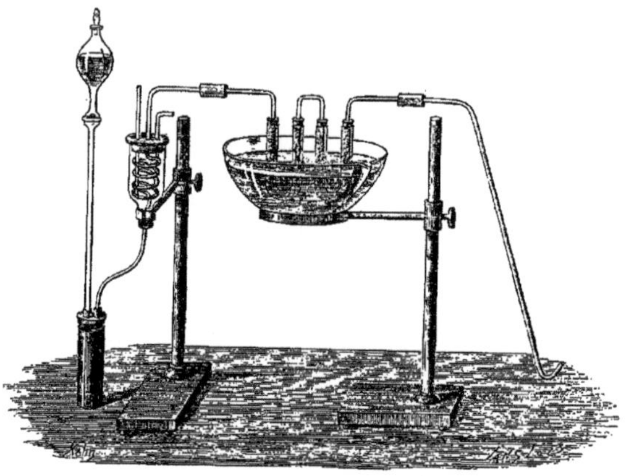

Fig. 418. — Préparation du fluorure d'éthyle.

100 centimètres cubes d'eau absorbent à 14° 198 centimètres cubes de gaz.

Le fluorure d'éthyle se dissout dans le bromure d'éthyle, l'éther ordinaire, l'alcool anhydre, l'iodure d'éthyle (100 centimètres cubes absorbent 1480 centimètres cubes de gaz $C^2H^5Fl$). L'acide sulfurique bouilli l'absorbe aussi par agitation.

Sous l'action de la chaleur au contact du verre, le fluorure d'éthyle a donné au rouge sombre, après plusieurs heures, un mélange complexe de carbures ne renfermant que peu de fluorure de silicium.

En déplaçant le gaz par du mercure et lui faisant traverser un tube de platine chauffé au rouge sombre, on obtient de l'acide fluorhydrique et des carbures d'hydrogène en partie absorbables par l'acide sulfurique bouilli. Le tube renferme une petite quantité de carbone peu adhérent, destructible par le mélange de chlorate de potassium et d'acide azotique.

Le fluorure d'éthyle brûle avec une flamme bleue, en donnant d'abondantes fumées d'acide fluorhydrique.

A 100°, en tube scellé, une solution de potasse très étendue fournit un fluorure alcalin, de l'alcool et surtout de l'éther ordinaire. Il est à remarquer que chaque fois que le fluorure d'éthyle, au moment de sa production, s'est trouvé en présence de composés hydratés, il s'est décomposé en fluorure et oxyde d'éthyle : ce qui explique l'insuccès de l'éthérification directe.

Alors que le fluor déplace facilement le chlore du chlorure d'éthyle, le chlore est sans action sur le fluorure.

*Action toxique du fluorure d'éthyle.* — L'action du fluorure d'éthyle sur les animaux semble être différente de celle du chlorure d'éthyle. Ce dernier, qui dès 1831 a été indiqué par Herot et Lenz comme pouvant produire l'anesthésie, a été employé en 1878 par M. Steffen, une vingtaine de fois, pour amener l'anesthésie chez l'homme. On lui a reproché de produire des convulsions et l'arrêt de la respiration, et son usage s'est restreint à l'anesthésie locale.

M. Moissan a comparé l'action du chlorure et du fluorure de méthyle. Pour cela, il a disposé deux appareils identiques, formés par une cloche de 7 litres et demi, dans laquelle il faisait arriver lentement, en le déplaçant par du mercure, un volume déterminé de gaz, chlorure ou fluorure d'éthyle.

« 1re *cloche.* — Cobaye femelle de 350 grammes. On fait passer lentement le fluorure d'éthyle; dès le début, agitation, respiration plus rapide, poils hérissés. Après 30 minutes, l'atmosphère contenant 3,30 0/0 de fluorure, l'animal semble excité, puis, la teneur augmentant, il se produit des secousses convulsives, une respiration saccadée et de la paraplégie du train antérieur. L'animal tombe ensuite sur le côté, et lorsque la proportion atteint le chiffre de 6 à 7 0/0, les mouvements du thorax s'arrêtent. La cloche est ouverte et, malgré un essai de respiration artificielle, le cobaye n'a plus donné signe de vie. A l'autopsie, les poumons étaient rosés, le sang d'une belle couleur rouge, les ventricules du

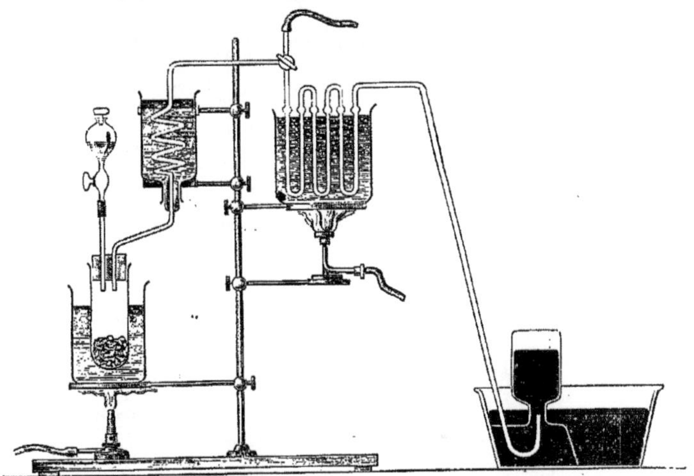

Fig. 419. — Préparation du fluorure de propyle.

cœur étaient contractés et les oreillettes battaient encore 1 heure et demie après la mort apparente.

« 2e *cloche.* — Cobaye femelle de 355 grammes. Le gaz chlorure d'éthyle a été déplacé peu à peu par du mercure, et l'anesthésie s'est produite lorsque la cloche renfermait 8 0/0 de chlorure. L'animal ayant été retiré de l'appareil, le réveil a été rapide; on a constaté ensuite un peu de parésie du train postérieur. »

Deux autres expériences faites avec le fluorure d'éthyle ont fourni les mêmes résultats. Lorsque la dose n'atteint pas 6 ou 7 0/0, l'animal peut être retiré de la cloche sans présenter autre chose que de l'agitation et quelques phénomènes de paraplégie.

D'après ces premières expériences, le fluorure d'éthyle ne paraît pas posséder de propriétés anesthésiques; cependant chez un lapin auquel on a fait respirer, au moyen d'une muselière, un mélange d'air et de fluorure d'éthyle, on a pu, pendant quelques instants très courts, toucher la cornée avec un fragment d'allumette sans produire le mouvement des paupières.

L'animal rendu à lui-même a continué à se bien porter, tout en présentant pendant plusieurs jours une très grande agitation.

En résumé, si le fluorure d'éthyle a des propriétés anesthésiques, la zone maniable doit être très peu étendue et, si la quantité augmente, ce gaz devient rapidement toxique [H. Moissan, *C. R.*, 107, 260, 992].

FLUORURE DE PROPYLE NORMAL,

$$CH^2Fl - CH^2 - CH^3.$$

— Le fluorure de propyle prend naissance dans l'action du fluorure d'argent sur le chlorure, le bromure ou l'iodure de propyle. La réaction avec l'iodure de propyle se manifeste dès la température ordinaire et même à 0°.

Lorsqu'on fait réagir sur une molécule de fluorure d'argent une molécule d'iodure de propyle bien sec, ce mélange s'échauffe et un composé gazeux prend naissance; son volume est un peu inférieur à la moitié du volume exigé par la formule

$$C^3H^7I + AgFl = C^3H^7Fl + AgI.$$

Si l'on chauffe, l'excès d'iodure distille sans altération. En opérant en tube scellé, le résultat est le même, c'est-à-dire que le rendement est environ la moitié du rendement théorique. Ce résultat est dû à la formation d'un fluoiodure d'argent (voyez FLUORURES INORGANIQUES), et la réaction doit être exprimée par la formule

$$C^3H^7I + 2\,AgFl = C^3H^7Fl + Ag^2FlI.$$

Il est donc nécessaire d'employer 2 molécules d'iodure pour 1 de fluorure d'argent.

Pour obtenir ce gaz commodément et à l'état de pureté, on place le fluorure d'argent dans un tube de cuivre (fig. 419) fermé par un bouchon de caoutchouc à deux trous : l'un des orifices laisse passer un tube à brome permettant de faire arriver l'iodure de propyle ; l'autre porte un tube communiquant avec un réfrigérant ascendant constitué par un serpentin de plomb, à la suite duquel se trouvent de petits tubes en U remplis de fluorure d'argent anhydre. Enfin un tube de dégagement se rend sur la cuve à mercure. Un robinet à trois voies permet de faire le vide, afin d'éviter une perte de gaz en purgeant l'appareil.

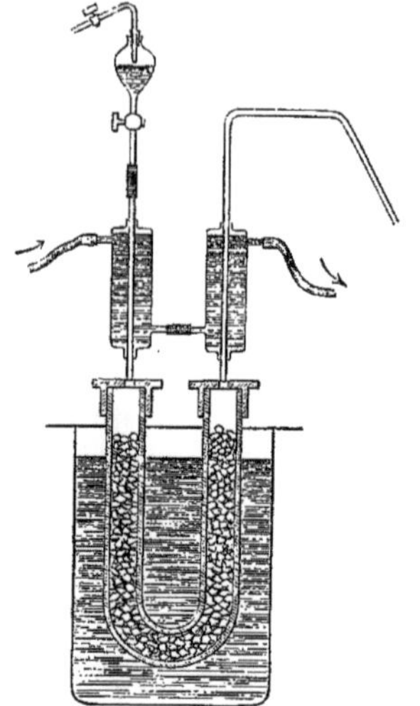

Fig. 420. — Préparation du fluorure de propyle.

En opérant en tube scellé, on peut substituer à l'iodure le bromure ou le chlorure de propyle. Si l'on veut opérer à la pression ordinaire, on place le fluorure d'argent dans un tube de cuivre en U, et on chauffe au bain de nitrate à la température de 250°. Les ouvertures du tube sont fermées à l'aide de bouchons métalliques à vis, munis de tubes plus étroits (fig. 420). L'un de ces tubes, relié à un tube à brome, permet de faire arriver le chlorure ou le bromure de propyle, l'autre sert de tube de dégagement. Ces deux tubes sont refroidis sur une partie de leur longueur par un courant d'eau froide.

Le fluorure de propyle est un gaz incolore, doué d'une odeur éthérée rappelant celle du chlorure.

Il brûle avec une flamme éclairante. Liquéfiable à — 3° sous une pression de 758 millimètres en

un liquide incolore mobile, n'attaquant pas le verre.

À —23°, sa tension de vapeur est voisine de 300 millimètres.

Il est très soluble dans l'éther, le benzène, les chlorures, bromures et iodures alcooliques. L'eau en dissout 60 volumes.

Chauffé dans une cloche de verre, il se décompose vers le rouge sombre ; le verre est attaqué, et il se forme un dépôt de charbon, en même temps que des carbures pyrogénés liquides se déposent dans la partie froide. Le gaz résiduaire est en grande partie formé de méthane ; il s'est produit un peu de fluorure de silicium.

Les métaux ne réagissent qu'à une température élevée.

Chauffé pendant 40 heures à 100° avec une solution de potasse étendue, le fluorure de propyle n'a pas été modifié [Meslans, *Ann. Chim. Phys.*, (7), 1, 363].

FLUORURE D'ISOPROPYLE, $CH^3 - CHFl - CH^3$. — Cet éther se prépare au moyen du bromure ou du chlorure d'isopropyle, que l'on chauffe en tube scellé à 180° avec du fluorure d'argent, ou en faisant arriver sur ce dernier corps chauffé à 250° les vapeurs de chlorure ou de bromure d'isopropyle. On peut encore opérer à froid en employant l'iodure d'isopropyle.

Gaz incolore ; odeur et saveur rappelant celle du fluorure de propyle. Brûle avec une flamme éclairante, avec production d'acide carbonique, de vapeur d'eau et d'acide fluorhydrique.

Il devient liquide à + 14° sous une pression de 3 atmosphères. A 6°, il reste liquide sous $2^{\text{atm}},5$. Il paraît bouillir vers — 11° à la pression atmosphérique.

Peu soluble dans l'eau : 100 volumes d'eau à 15° dissolvent 140 volumes de gaz.

Très soluble dans le benzène, l'éther, les iodures alcooliques. L'iodure d'isopropyle en dissout 80 fois son volume, l'alcool 30 volumes.

Chauffé dans le verre, il se décompose vers le rouge sombre en donnant une notable proportion de méthane.

Il est très stable, et résiste, de même que le fluorure de propyle, à l'action de la potasse aqueuse à chaud. L'acide sulfurique l'absorbe en le décomposant [Meslans, *C. R.*, 108, 353].

FLUORURE D'ISOBUTYLE, $C^4H^9Fl$. — Préparé pour la première fois par MM. H. Moissan et M. Meslans, en faisant réagir le fluorure d'argent sur l'iodure d'isobutyle. La réaction commence à froid, puis se ralentit par suite de la formation d'un fluoiodure d'argent. La transformation du fluorure d'argent est complète à 50° en présence d'une nouvelle quantité d'iodure d'isobutyle.

L'iodure d'isobutyle peut être manié gazeux. Il se liquéfie à + 16° à la pression ordinaire. Parfaitement sec, il n'attaque pas le verre. Il brûle avec facilité au contact d'une flamme, en donnant un dépôt de noir de fumée et des vapeurs d'acide fluorhydrique.

Sa densité à + 21° est 2,58. Densité théorique, 2,66. Il est très soluble dans les différents alcools et dans les autres éthers.

Au-dessous de + 16°, c'est un liquide incolore très mobile, d'odeur peu agréable, n'attaquant pas le verre et dissolvant en petite quantité le soufre et le phosphore [H. Moissan et M. Meslans, *C. R.*, 107, 1157].

FLUORURE D'ALLYLE, $C^3H^5Fl$. — Découvert par M. Meslans, ce composé se forme dans l'action du fluorure d'argent sur l'iodure d'allyle pur et sec ; on emploie 2 molécules de fluorure d'argent pour 1 molécule d'iodure d'allyle. On utilise un appareil analogue à celui qui a été décrit pour le fluorure de propyle (fig. 419). Densité trouvée, 2,07 à 2,08. Densité théorique, 2,072.

La combustion eudiométrique en a été faite et a fourni les résultats suivants :

$$\frac{C^3H^5Fl}{2\ vol.} + \frac{O^8}{8\ vol.} = \frac{3\,CO^2}{6\ vol.} + \frac{2\,H^2O + HFl}{liquide}.$$

Le fluorure d'allyle est un gaz incolore, possédant une odeur à la fois éthérée et alliacée, une saveur sucrée et brûlante. Il n'attaque pas le verre à la température ordinaire. Il brûle aisément avec une flamme fuligineuse, en répandant des vapeurs d'acide fluorhydrique.

Solubilité dans l'eau, 2,8 à 13°.

L'alcool en dissout 60 volumes et l'éther plus de 90 volumes. Il est très soluble dans l'iodure d'allyle. Le chlorure cuivreux ammoniacal en dissout de 8 à 10 volumes. Le chlorure cuivreux acide l'absorbe immédiatement. Dans ce cas, il y a réaction et double décomposition : il se forme du chlorure d'allyle.

Chauffé dans un tube de verre, le fluorure d'allyle est décomposé : il se forme du fluorure de silicium et un mélange gazeux de méthane et d'une petite quantité de carbures éthyléniques. L'étincelle le décompose également : le résidu gazeux renferme une forte proportion d'acétylène.

Le fluor réagit avec violence sur le fluorure d'allyle : la molécule est complètement détruite.

Le chlore s'y combine avec dégagement de chaleur, et production d'un liquide incolore qui est une fluodichlorhydrine de la glycérine.

Le brome donne un dérivé bromé analogue. L'iode paraît sans action.

Le mélange d'oxygène et de fluorure d'allyle, dans les proportions répondant à l'équation ci-dessous, détone violemment sous l'action de l'étincelle :

$$C^3H^5Fl + O^8 = 3\,CO^2 + HFl + 2\,H^2O.$$

Le phosphore est sans action. Le sodium chauffé devient incandescent et se recouvre de charbon. L'acide sulfurique absorbe et décompose rapidement le fluorure d'allyle.

L'acide chlorhydrique gazeux donne lentement à la lumière diffuse un fluochlorure de propylène répondant à la formule brute $C^3H^6FlCl$. Liquide bouillant vers 40-50°.

La potasse fondue est sans action à chaud. La chaux décompose au contraire le fluorure d'allyle en laissant un résidu gazeux renfermant de l'acétylène et surtout du méthane.

Un certain nombre de chlorures métalliques, tels que le chlorure cuivreux acide, le chlorure antimonieux, donnent des fluorures métalliques et du chlorure d'allyle [Meslans, *Ann. Chim. Phys.*, *loc. cit.*].

*Dichlorhydrofluorhydrine*, $C^3H^5FlCl^2$. — On remplit un flacon de gaz fluorure d'allyle et l'on fait arriver ensuite un courant lent de chlore ; il se forme rapidement un liquide incolore. Pour préparer une certaine quantité de ce liquide, on fait arriver les deux gaz d'une façon continue dans un flacon maintenu dans un bain-marie tiède.

Ce liquide bout entre 118° et 119°. Sa densité à 18° est 1,327. Sa densité de vapeur a été trouvée de 4,487 et 4,495. Densité théorique, 4,51.

*Dibromhydrofluorhydrine*, $C^3H^5FlBr^2$. — On la prépare en faisant passer dans du brome un courant lent de fluorure d'allyle jusqu'à décoloration complète.

Liquide incolore, distillant de 158 à 159°. Densité à 18° = 2,09. Densité de vapeur trouvée = 7,64 et 7,17. Densité théorique, 7,61.

ÉTHERS DE LA SÉRIE AROMATIQUE. — Les composés fluorés du benzène ont été décrits à l'article BENZÈNE (voyez 2° Suppl., 1, 427].

En dehors des travaux de MM. Paterno, Oliveri et O. Wallach, peu de recherches ont été faites sur les composés fluorés de la série aromatique.

**FLUORURE DE MÉTHYLÈNE,**

$CH^2Fl^2$.

Le fluorure de méthylène a été préparé pour la première fois par M. Chabrié, en chauffant à 180° en tube scellé, pendant une demi-heure, $1^{gr},7$ de chlorure de méthylène avec $5^{gr},08$ de fluorure d'argent.

La densité du gaz a été trouvée = 1,82, la densité calculée étant 1,81. Ce gaz est absorbé par la potasse alcoolique [*C. R.*, 110, 1202].

M. Chabrié a montré que le fluorure de méthylène est antiseptique et non irritant, qu'il détruit le bacille de la tuberculose et la bactérie pyogène urinaire [*C. R.*, 111, 748].

Le FLUORURE D'ÉTHYLÈNE a été décrit à l'article ÉTHYLÈNE, 2° Suppl., 2, 612.

**FLUOROFORME,**

$CHFl^3$.

Ce composé prend naissance dans l'action du fluorure d'argent sur le chloroforme, le bromoforme ou l'iodoforme. M. Chabrié a signalé sa formation dans l'action du fluorure d'argent sur le chloroforme [*Bull. Soc. Chim.*, (3), 3, 244]. M. Maurice Meslans a indiqué le mode de préparation en partant de l'iodoforme, et publié une étude complète des propriétés de ce gaz [*C. R.*, 110, 717].

Lorsque l'on mélange du fluorure d'argent sec, finement pulvérisé, avec de l'iodoforme préalablement séché et pulvérisé, une réaction vive se produit et peut même donner lieu à une vive incandescence. Il se dégage dans ces conditions, des vapeurs d'iode, d'iodoforme, d'iodure de méthylène et un gaz qui brûle difficilement. En employant un mélange plus grossièrement pulvérisé et on refroidissant dans l'eau le ballon qui le renferme, on peut recueillir sur le mercure un gaz incolore, ne fumant pas à l'air et insoluble dans l'eau. Cette réaction ne permettant pas d'obtenir un dégagement régulier de gaz si l'on opère sur une quantité notable de matière, M. Meslans a adopté le procédé suivant :

On mélange rapidement 75 grammes d'iodoforme avec 75 grammes d'iodure d'argent, et on jette le mélange dans un petit ballon de verre dans lequel on a mis 40 grammes de chloroforme. On a soin de refroidir le ballon dans l'eau glacée.

Le ballon est muni d'un bouchon que traverse l'extrémité inférieure d'un serpentin de plomb d'environ 1 mètre de longueur et entouré de chlorure de méthyle qui le maintient à —23°. Ce serpentin est suivi d'un tube en U contenant de petits fragments de fluorure d'argent, et que l'on maintient à 150° dans un bain d'huile. Un tube de dégagement terminant l'appareil se rend sur la cuve à mercure. En laissant le ballon revenir à la température ordinaire, on voit la réaction se déclarer ; on la modère et on la régularise en refroidissant plus ou moins le ballon.

Le gaz doit subir un certain nombre de purifications :

1° Contact prolongé avec du caoutchouc pur et sec, ou traitement par la potasse alcoolique pour enlever le chloroforme ;

2° Lavage au chlorure cuivreux en solution chlorhydrique pour absorber l'oxyde de carbone, et dessiccation sur la potasse fondue ;

3° Passage du gaz ainsi traité sur le fluorure d'argent à 150°.

Le fluoroforme est un gaz incolore, d'odeur faible, de saveur brûlante.

Densité trouvée, de 2,416 à 2,427. Densité calculée, 2,44.

Il ne s'enflamme pas, mais, injecté dans une flamme, il brûle avec une coloration bleue, en produisant une grande quantité d'acide carbonique.

Très peu soluble dans l'eau, qui n'en dissout que 3/4 de son volume. Le chloroforme et le benzène n'en dissolvent que fort peu. L'alcool en dissout 5 fois son volume.

Comprimé dans l'appareil Cailletet, il se liquéfie aux températures et aux pressions indiquées dans le tableau suivant :

| Températures. | Pressions en atmosphères. |
|---|---|
| — 2 | 20 |
| 0 | 22 |
| + 8 | 25 |
| + 10 | 28 |
| + 13 | 30 |
| + 20 | 40 |

Il demeure gazeux à —60° sous la pression ordinaire.

Le fluoroforme chauffé dans le verre ne commence à se décomposer qu'au rouge sombre.

Le fluor le transforme en fluorure de carbone, avec production d'une flamme à l'extrémité du tube amenant le fluor.

Le sodium décompose le fluoroforme avant le rouge sombre. La plupart des métaux ne le décomposent que difficilement.

L'eau est sans action à 140°. La potasse aqueuse ne réagit pas non plus. La potasse alcoolique réagit lentement à froid, et même à 100°.

La chaux anhydre le décompose à chaud, en donnant du fluorure de calcium et un mélange gazeux formé d'oxyde de carbone, de formène et d'hydrogène [M. Meslans, $C. R.$, **110**, 717].

### FLUORURES D'ACIDES.

Les fluorures d'acides préparés jusqu'ici sont encore peu nombreux. M. Meslans a appliqué à la préparation de ces composés les procédés employés déjà par M. Moissan et par lui à la préparation des éthers fluorés proprement dits. Il semble de préférence s'arrêter à l'emploi du fluorure de zinc.

M. Albert Colson [$C. R.$, **122**, 243] prépare ces dérivés fluorés en appliquant la méthode qu'il a indiquée pour la préparation des chlorures et bromures d'acides, méthode qui consiste à faire réagir l'hydracide sur un acide en présence d'un corps avide d'eau, tel qu'un nitrile par exemple. Dans ce cas particulier, il traite l'anhydride d'acide, qui joue le rôle de déshydratant, par l'acide fluorhydrique. On peut, au lieu de gaz fluorhydrique sec, employer le fluorhydrate de fluorure de potassium mélangé d'anhydride, auquel on ajoute de l'acide sulfurique.

Nous décrivons ici les principaux fluorures d'acides, en commençant par les dérivés de la série grasse.

FLUORURE D'ACÉTYLE, $CH^3COFl$. — Le fluorure d'acétyle a été préparé pour la première fois par M. Maurice Meslans [$C. R.$, **114**, 1030], qui a indiqué plusieurs procédés pratiques de préparation de ce composé. Nous décrirons les méthodes suivies avec quelques détails, en raison même de l'importance de ce composé, qui est le type des fluorures d'acides.

1° *Préparation par le fluorure d'argent et le chlorure d'acétyle.* — A froid, le fluorure d'argent est sans action sur le chlorure d'acétyle, et même à la température d'ébulition de ce dernier aucune réaction ne se produit.

En tube scellé à 150°, le chlorure et le bromure d'acétyle sont attaqués, et l'on obtient un liquide et une certaine quantité de gaz en chauffant légèrement le tube. Le fluorure d'acétyle se forme également lorsqu'on fait passer la vapeur de chlorure d'acétyle sur le fluorure d'argent chauffé à 300°. Il est important d'opérer à l'abri de toute trace d'humidité. Les rendements ne sont pas satisfaisants.

2° *Préparation par le fluorure d'arsenic.* — Le fluorure d'arsenic mis en contact avec le chlorure d'acétyle réagit énergiquement avec dégagement gazeux dès la température ordinaire. Cette réaction peut être utilisée pour préparer le fluorure d'acétyle. On doit opérer dans un appareil en métal, cuivre ou plomb, en évitant soigneusement le liège et même le caoutchouc, quoique ce dernier puisse à la rigueur être employé après avoir été desséché à 120°.

L'appareil (fig. 421) se compose d'un récipient cylindrique en cuivre qui porte deux tubes latéraux de même métal. L'un de ces tubes est relié à un tube à brome renfermant le fluorure d'arsenic; l'autre est soudé à un réfrigérant ascendant en plomb dont l'extrémité libre est reliée à un tube de cuivre en U renfermant du fluorure d'argent, et maintenu à la température de 300° au moyen d'un bain de nitrate fondu. Ce tube en U est enfin relié à un tube de verre courbé se rendant soit sur la cuve à mercure, soit dans un matras de cuivre entouré d'un mélange réfrigérant où le fluorure d'acétyle se condense.

On verse dans le tube cylindrique en cuivre 100 grammes de chlorure d'acétyle et on le maintient dans un courant d'eau à 30°. On fait arriver le fluorure d'arsenic goutte à goutte, de manière à régulariser la réaction. A cette température, le fluorure d'acétyle ne peut se dissoudre dans l'excès de chlorure d'acétyle. Il est débarrassé du chlorure

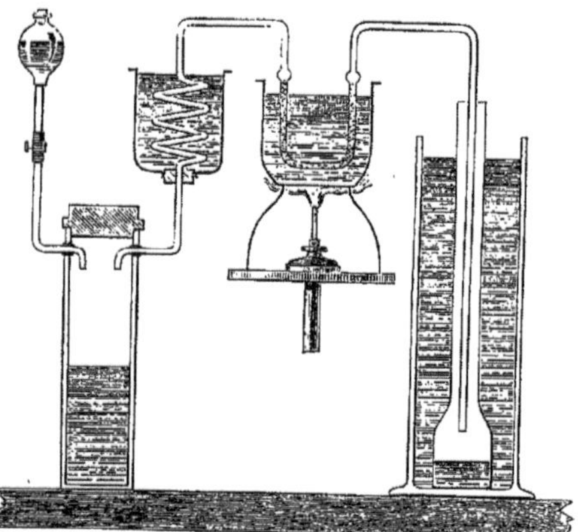

Fig. 421. — Préparation du fluorure d'acétyle.

d'acétyle entraîné par son passage à travers le serpentin de plomb et le tube à fluorure d'argent. Le fluorure recueilli dans le matras est ensuite purifié par distillation au-dessous de 35°. La réaction se passe suivant l'équation

$$3\,CH^3COCl + AsFl^3 = AsCl^3 + 3\,CH^3COFl.$$

Ce procédé donne de bons rendements, mais il est difficile d'obtenir un produit exempt de chlore et d'arsenic.

3° *Préparation par le fluorure d'antimoine.* — On met le fluorure d'antimoine dans un petit ballon de verre muni d'un bouchon à deux trous, dont l'un laisse passer un tube à brome servant à l'introduction du chlorure d'acétyle, l'autre un tube de dégagement relié à un réfrigérant ascendant en plomb que l'on refroidit fortement. On évite un excès de fluorure d'antimoine. Lorsque l'addition de chlorure d'acétyle est terminée, on maintient pendant quelque temps le ballon à + 35° pour achever la réaction, puis on le refroidit, on renverse le réfrigérant et on distille, en chauffant légèrement, le fluorure d'acétyle.

4° *Préparation par le fluorure de zinc.* — On emploie du fluorure de zinc obtenu en dissolvant le carbonate de zinc précipité dans l'acide fluorhydrique exempt de silice et évaporant au bain-marie la solution en présence d'un excès d'acide. Le résidu est desséché dans le vide sec, à 250°, dans une enceinte métallique. On place dans un matras de verre bien sec 150 grammes de chlorure d'acétyle, et on ferme à l'aide d'un bouchon de caoutchouc séché à l'étuve; on plonge le matras dans un mélange de glace et de sel, et on y introduit 100 grammes de fluorure de zinc par portions de 10 grammes, en agitant après chaque charge. On scelle le matras et on le porte dans un bain d'eau que l'on élève graduellement à la température de 50°. Après quelques minutes, la réaction est terminée. On refroidit de nouveau le matras, on l'ouvre et on met en communication avec un réfrigérant ascendant. En chauffant légèrement, on fait distiller le fluorure d'acétyle; on peut le recueillir et le condenser dans le verre, en ayant soin d'éviter toute trace d'eau.

M. Albert Colson [*loc. cit.*] prépare le fluorure d'acétyle en faisant réagir l'acide fluorhydrique anhydre sur l'anhydride acétique,

$$(C^2H^3O)^2O + HFl = C^2H^3OFl + C^2H^3OOH.$$

La réaction se fait avec dégagement de chaleur et il est nécessaire de refroidir énergiquement.

*Propriétés.* — Le fluorure d'acétyle est gazeux au-dessus de 20°. C'est alors un gaz incolore, ne fumant pas à l'air. Sa densité trouvée est de 2,15 à 2,17. Densité théorique, 2,14.

L'alcool, l'éther, le benzène, le chloroforme, l'acide acétique cristallisable, l'essence de térébenthine, l'alcool amylique dissolvent abondamment le gaz fluorure d'acétyle.

L'eau en dissout 20 fois son volume, mais la décomposition se produit rapidement.

Il s'enflamme facilement et brûle avec une flamme bleue, en donnant un mélange de vapeur d'eau, d'acide carbonique et d'acide fluorhydrique.

Au-dessous de 20°, le fluorure d'acétyle constitue un liquide incolore très mobile et réfringent. Densité à 0° = 1,032 (Meslans), 1,0369 à 15° (Colson), 1,092 à — 60°. Point d'ébullition sous 770 millimètres, 20°,8 (A. Colson). A — 60°, il n'est pas solidifié. Il est miscible à l'alcool, à l'essence de térébenthine, au chloroforme, etc. L'eau et le sulfure de carbone n'en dissolvent que de petites quantités.

L'eau décompose lentement le fluorure d'acétyle, d'après l'équation

$$CH^3COFl + H^2O = CH^3COOH + HFl.$$

Les alcalis le décomposent rapidement, avec formation d'acétates.

Le gaz ammoniac produit dans le fluorure d'acétyle liquide un dépôt blanc qui augmente rapidement, et dans lequel on distingue au microscope deux corps distincts. L'un, soluble dans l'éther, est l'acétamide; l'autre est le fluorure d'ammonium. En opérant avec les gaz, il est facile de vérifier que la réaction a lieu suivant l'équation

$$\underbrace{CH^3COFl}_{\text{1 vol.}} + \underbrace{2\,AzH^3}_{\text{2 vol.}} = \underbrace{CH^3COAzH^2 + AzH^4Fl.}_{\text{Solides.}}$$

L'aniline fournit de l'acétanilide et de l'acide fluorhydrique :

$$CH^3COFl + C^6H^5AzH^2$$
$$= C^2H^3COAzHC^6H^5 + HFl.$$

L'alcool éthylique donne, au bout de quelques heures de contact, de l'éther acétique et de l'acide fluorhydrique :

$$CH^3COFl + C^2H^5OH = CH^3COOC^2H^5 + HFl.$$

L'alcool amylique fournit de l'acétate d'amyle.

Les acétates alcalins réagissent difficilement, même à 100°, et ne produisent que peu d'anhydride acétique.

Le sodium détruit le fluorure d'acétyle au rouge sombre, avec incandescence et dépôt de charbon.

FLUORURE DE PROPIONYLE, $CH^3 - CH^2 - COFl$. — M. Meslans le prépare en faisant réagir le fluorure d'antimoine ou mieux le fluorure de zinc sur le chlorure de propionyle [Meslans, *C. R.*, 122, 240].

On fait réagir, dans un ballon de verre bien sec, 150 grammes de chlorure de propionyle sur 125 grammes de fluorure de zinc sec. La réaction commence à froid; la masse s'échauffe et il est bon de refroidir au début. Il suffit ensuite de chauffer légèrement pour distiller le fluorure de propionyle. La réaction a lieu suivant l'équation

$$2\,CH^3 - CH^2 - COCl + ZnFl^2$$
$$= 2\,CH^3 - CH^2 - COFl + ZnCl^2.$$

En faisant arriver du gaz fluorhydrique dans de l'anhydride propionique, M. A. Colson a également obtenu ce composé :

$$(C^3H^5O)^2O + HFl = C^3H^5OFl + C^3H^5O \cdot OH$$

[Colson, *C. R.*, 122, 243].

Liquide incolore, bouillant à 44° (Meslans), à 43°,5 sous une pression de 765 millimètres (Colson). Densité à 15° = 0,972 (Meslans), 0,974 (Colson).

Lentement décomposé par l'eau pure, il est décomposé très rapidement au contact des solutions alcalines.

Il réagit sur les alcools pour donner l'éther propionique et l'acide fluorhydrique.

Le gaz ammoniac le transforme immédiatement en un mélange de fluorure d'ammonium et de propionamide [Meslans, *loc. cit.*] :

$$C^2H^5COFl + 2\,AzH^3 = C^2H^5COAzH^2 + AzH^4Fl.$$

FLUORURE DE BUTYRYLE NORMAL. — Préparé par MM. Meslans et Girardet, par le procédé suivi pour les fluorures d'acétyle et de propionyle.

Liquide bouillant à + 65°. Densité à 12°, 0,945.

FLUORURE D'ISOVALÉRYLE (Meslans et Guardet). — Liquide bouillant à 82°. Densité à 13°, 0,917. Exhale une forte odeur de valériane. Très stable.

**Fluorure de benzoyle**, $C^6H^5COFl$. — M Guenez a obtenu ce composé en chauffant un mélange équimoléculaire de fluorure d'argent et de chlorure de benzoyle dans un tube scellé en verre vert épais, à la température de 190° environ pendant 5 ou 6 heures. Le tube une fois refroidi, on l'ouvre pour laisser partir une certaine quantité de fluorure de silicium qui a pu se former ; on l'étire et on le courbe de manière à pouvoir distiller son contenu. On obtient ainsi du fluorure de benzoyle, qui renferme encore un peu de chlorure ; on le purifie en le chauffant en tube scellé avec une nouvelle quantité de fluorure d'argent.

Par l'action du fluorure de zinc sur le chlorure de benzoyle, M. Meslans a obtenu également ce composé. Les rendements sont excellents si l'on emploie des produits bien secs [Meslans, *C. R.*, **122**, 242].

Le fluorure de benzoyle est un liquide incolore au moment où il vient d'être distillé. Son odeur rappelle celle du chlorure de benzoyle, mais est encore plus irritante, et sa vapeur provoque le larmoiement.

Il bout à 145° (Guenez), 154° (Meslans) ; il brûle facilement, avec une flamme fuligineuse bordée de bleu.

Il est plus dense que l'eau, qui le décompose lentement à froid, suivant l'équation

$$C^6H^5COFl + H^2O = C^6H^5CO^2H + HFl.$$

Les solutions alcalines le dédoublent facilement en fluorure et benzoate :

$$C^6H^5COFl + 2KOH = C^6H^5CO^2K + KFl.$$

Le verre est assez rapidement attaqué ; il se forme de l'anhydride benzoïque :

$$6\,C^6H^5COFl + SiO^3K^2$$
$$= SiFl^4 + 2\,KFl + 3\,(C^6H^5CO)^2O$$

[Guenez, *C. R.*, **111**, 681].

Le gaz ammoniac donne du fluorure d'ammonium et de la benzamide, caractérisée par son point de fusion, 125° [Meslans, *C. R.*, **122**, 242].

#### COMPOSÉS FLUOBORÉS.

Ces composés peuvent prendre naissance dans l'action du fluorure de bore sur les composés organiques. Le fluorure de bore peut se comporter de diverses façons : ou bien agir comme agent de polymérisation, ou bien former des combinaisons moléculaires, ou encore former des produits de substitution.

Les recherches de M. Berthelot [*Ann. Chim. Phys.*, (3), **38**, 41] et de M. Gasselin [*Ibid.*, (7), 3] ont nettement établi le rôle polymérisant du fluorure de bore.

Un certain nombre de chimistes ont décrit des combinaisons moléculaires de fluorure de bore et des combinaisons organiques ; notamment, M. Patein [*C. R.*, **113**, 85] a établi que le fluorure de bore se combine en proportions définies, molécule à molécule, avec les nitriles des séries grasse et aromatique.

Nous ne décrirons ici que les composés où le fluor fait partie constituante de la molécule et dont M. Gasselin a indiqué la préparation et les propriétés [M. Gasselin, *loc. cit.*].

**Difluométhyline borique**,

$$Bo \underset{\textstyle OCH^3}{\overset{\textstyle Fl^2}{\lessgtr}}$$

— Ce composé prend naissance lorsque l'on fait réagir le fluorure de bore sur l'alcool méthylique.

L'alcool méthylique convenablement purifié est placé dans un ballon refroidi par de l'eau glacée et est saturé complètement de fluorure de bore. On obtient un liquide mobile, fumant à l'air. On constate que, pour une molécule d'alcool, il y a une molécule de fluorure de bore fixée. Le liquide est soumis à la distillation et on recueille les produits passant de 80 à 120°. Par fractionnement au tube Henninger-Le Bel, on isole un liquide incolore, bouillant à 87°, solide à la température ordinaire et cristallisé en prismes. Densité de vapeur = 2,72. Densité calculée = 2,77.

Ce composé fume abondamment à l'air, en répandant des vapeurs suffocantes, qui cessent d'être désagréables si elles sont suffisamment mélangées d'air.

L'eau décompose énergiquement la difluométhyline borique, en donnant un précipité cristallin qui se dissout par agitation. La solution renferme de l'acide borique et de l'acide fluorhydrique, et on obtient en distillant, après neutralisation par la chaux, un liquide bouillant à 66° et ayant les propriétés de l'alcool méthylique.

La difluométhyline borique fond à 41°,5 et bout à 87°. Elle cristallise facilement en prismes incolores, insolubles dans les hydrocarbures, solubles en toute proportion dans l'alcool méthylique, l'alcool éthylique, etc. L'eau et les alcools réagissent énergiquement sur ce composé. L'action de l'eau peut être représentée ainsi :

$$2\left(Bo \underset{\textstyle OCH^3}{\overset{\textstyle Fl^2}{\lessgtr}}\right) + 3\,H^2O$$
$$= 2\,(CH^3OH) + Bo \equiv (OH)^3 + BoFl^4H.$$

**Fluodiméthyline borique**,

$$Bo \underset{\textstyle (OCH^3)^2}{\overset{\textstyle Fl}{\lessgtr}}$$

— On l'obtient en faisant réagir le méthylate de sodium sur la difluométhyline borique, molécule à molécule :

$$Bo \underset{\textstyle OCH^3}{\overset{\textstyle Fl^2}{\lessgtr}} + CH^3ONa = Bo \underset{\textstyle (OCH^3)^2}{\overset{\textstyle Fl}{\lessgtr}} + NaFl.$$

Le méthylate de sodium est placé dans un ballon entouré d'un mélange réfrigérant et mis en communication avec un réfrigérant ascendant destiné à condenser les vapeurs dégagées dans la réaction. Au moyen d'un entonnoir à robinet, on fait couler lentement la difluométhyline liquéfiée. On laisse le ballon revenir à la température ordinaire en l'agitant pour faciliter le mélange des deux corps, puis on termine la réaction en chauffant au bain-marie de façon à décomposer tout le méthylate de sodium. On distille et on rectifie. On obtient ainsi un liquide bouillant à 53°.

La fluodiméthyline borique est un liquide incolore, très mobile, fumant à l'air et brûlant avec une belle flamme verte en donnant d'épaisses fumées blanches.

Densité à 0° = 1,053. Densité de vapeur = 3,24. Densité calculée = 3,19.

Ce corps ne cristallise pas par refroidissement. Il est insoluble dans les hydrocarbures.

L'eau et les alcalis le décomposent énergiquement, avec production d'alcool méthylique et d'acides fluorhydrique et borique.

**Difluoéthyline borique**,

$$Bo \underset{\textstyle OC^2H^5}{\overset{\textstyle Fl^2}{\lessgtr}}$$

— L'alcool éthylique fixe, comme l'alcool méthylique, une molécule de fluorure de bore pour une molécule d'alcool. En rectifiant le liquide obtenu par saturation de l'alcool au moyen du fluorure de bore, on isole la difluoéthyline borique, bouillant à 82° et se solidifiant à 23°

Densité de vapeur $=$ 3,16-3,26. Densité calculée $=$ 3,26.

L'eau et les alcalis décomposent ce corps. L'éthylate de sodium le transforme en borate triéthylique, dont la densité $=$ 0,887 à 0°; point d'ébullition, 119° :

$$Bo \lessgtr {}^{Fl^2}_{O\,C^2H^5} + 2\,(C^2H^5O\,Na)$$

$$= Bo \equiv (O\,C^2H^5)^3 + 2\,Na\,Fl.$$

Si les proportions employées répondent à l'équation ci-dessous, on obtient la fluodiéthyline borique :

$$Bo \lessgtr {}^{Fl^2}_{O\,C^2H^5} + C^2H^5O\,Na$$

$$= Na\,Fl + Bo \lessgtr {}^{Fl}_{(O\,C^2H^5)^2}$$

Fluodiéthyline borique,

$$Bo \lessgtr {}^{Fl}_{(O\,C^2H^5)^2}$$

— Ce corps s'obtient par l'action du fluorure de bore sur le borate triéthylique ou de l'éthylate de sodium sur la difluoéthyline.

C'est un liquide incolore, très mobile, incristallisable par refroidissement, fumant à l'air et bouillant à 78°.

Densité à 0° $=$ 1,054. Densité de vapeur $=$ 4,1. Densité calculée $=$ 4,16.

Il se décompose à l'air humide :

$$Bo \lessgtr {}^{Fl}_{(O\,C^2H^5)^2} + 3\,H^2O$$

$$= 2\,(C^2H^5O\,H) + H\,Fl + Bo\,(O\,H)^3.$$

Le fluorure de bore en réagissant sur lui donne de la difluoéthyline borique. P. Lebeau.

**FLUOSELS**. — Fluoantimoniates et fluoxyantimoniates. — Voyez Dict., 1, 353, 1473.

FLUOARSÉNIATES. — M. Ditte a préparé un certain nombre de fluoarséniates qui se rapprochent comme constitution des apatites ou fluophosphates, dont il a d'ailleurs effectué aussi la synthèse et que nous décrirons plus loin. Ces apatites fluoarséniées s'obtiennent en chauffant un poids déterminé d'un arséniate métallique avec le triple environ de son poids de fluorure neutre de potassium et un grand excès de chlorure, ou bien en chauffant un mélange en proportions convenables d'acide arsénique ou d'arséniate d'ammonium et de fluorure de la base dont on veut former l'apatite, le tout avec un excès de chlorure de potassium. Ce savant recommande de ne pas opérer dans un creuset de platine lorsque l'on emploie l'arséniate d'ammonium : le creuset serait attaqué par suite de la production d'arsenic; d'ailleurs les vases de porcelaine sont peu attaqués et conviennent parfaitement.

*Fluoarséniate de calcium*, $Ca^5(As\,O^4)^3Fl$. — Il s'obtient par l'un ou l'autre des procédés indiqués ci-dessus. Il constitue des prismes hexagonaux réguliers, terminés par des pyramides dont les faces sont striées parallèlement aux arêtes des bases. Ces cristaux sont très brillants et transparents; ils se dissolvent dans les acides étendus et dégagent des vapeurs d'acide fluorhydrique lorsqu'on les met en contact à froid avec l'acide sulfurique.

*Fluoarséniate de magnésium*, $Mg^5(As\,O^4)^3Fl$. — Il se présente en cristaux nets, brillants, provenant de l'action de 1 partie de fluorure de magnésium sur 3 parties d'arséniate d'ammonium en présence d'un excès de chlorure de potassium. Même forme cristalline que le fluoarséniate de calcium.

*Fluoarséniate de strontium*, $Sr^5(As\,O^4)^3Fl$. — Il se forme lorsque l'on chauffe 2 parties de fluorure de strontium avec 3 parties d'arséniate d'ammonium et du chlorure de potassium en excès. Belles aiguilles semblables à celles du fluoarséniate de calcium, mais plus fines [A. Ditte, *Ann. Chim. Phys.*, (6), 8, 537].

FLUOBORATES. — Voyez Fluosels, Dict., 1, 1474, et 1er Suppl., 836.

*Fluoborate de césium*. — 100 parties d'eau à 20° dissolvent 0,92 de fluoborate de césium et 0,04 à 100° [Godefroy, *Bull. Soc. Chim.*, (2), 27, 562].

*Fluoborate lutéocobaltique*,

$$Co\,(Az\,H^3)^6Fl^3 \,.\, 3\,Bo\,Fl^3H\,Fl.$$

— On l'obtient en mélangeant une solution de carbonate lutéocobaltique avec un excès d'une dissolution fluorhydrique d'acide borique. Le sel cristallise dans l'eau acidulée par l'acide fluorhydrique [Miolati et Rossi, *C. R. Acad. dei Lincei*, (1896), 2].

*Fluoborate de potassium*. — D'après M. C. Monte Martini, le fluoborate de potassium peut être obtenu sous deux formes cristallines.

En dissolvant dans l'eau bouillante le sel gélatineux séché à 100°, on obtient par refroidissement brusque de petits octaèdres réguliers. Le refroidissement lent ou l'évaporation d'une solution moyennement concentrée à chaud fournirait des cristaux très nets, brillants, appartenant au système rhomboédrique [C. Monte Martini, *Gazz. chim. ital.*, 24, 478]. La solubilité dans 100 parties d'eau à 2° est de 1p,43 [Godefroy, *loc. cit.*].

*Fluoborate de rubidium*. — Ce sel se dissout dans les proportions de 0,55 0/0 d'eau à 20° et 1 0/0 d'eau à 100° [Godefroy, *loc. cit.*].

ACIDE FLUOGERMANIQUE, $Ge\,Fl^6H^2$. — Les vapeurs de fluorure de germanium sont absorbées par l'eau et donnent un liquide incolore, limpide, à réaction acide, sans qu'il y ait séparation d'oxyde. Si l'on soumet ce liquide à l'évaporation spontanée, on obtient une liqueur épaisse, très acide, d'où se séparent de petits cristaux en aiguilles d'oxyde $GeO^2$. Le point d'ébullition du composé liquide restant, qui est un acide fluogermanique répondant à la formule $Ge\,Fl^6H^2$, est plus élevé que celui du fluorure. L'ammoniaque y fournit un précipité d'oxyde. Les sels de potassium donnent des composés doubles.

*Fluogermanate de potassium*, $Ge\,Fl^6K^2$. — On l'obtient en ajoutant à une dissolution de 2 parties d'oxyde $GeO^2$ dans 12 parties d'acide fluorhydrique à 20 0/0 une solution concentrée de 3 parties de chlorure de potassium. Il se forme au début une masse gélatineuse épaisse, transparente, qui perd bientôt sa consistance et se transforme en une pâte cristalline [Winkler, *J. prakt. Chem.*, (2), 36, 177. — G. Krüss et Nilson, *D. chem. G.*, 20, 1699]. Cette pâte est formée de cristaux hexagonaux, isomorphes avec le fluosilicate d'ammonium. Ils ne sont pas hygroscopiques. Ils se dissolvent facilement dans l'eau chaude, sont peu solubles dans l'eau froide et insolubles dans l'alcool.

1 partie de sel exige pour se dissoudre :

| T. 18°.. | 173,89 parties d'eau (Winkler), |
| | 184,61 — (Krüss et Nilson). |
| T. 100°. | 34,07 — (Winkler). |
| | 38,76 — (Krüss et Nilson). |

La chaleur ne décompose pas ce sel au rouge; il fond en donnant un liquide clair qui se décompose partiellement si l'on continue à chauffer.

Chauffé dans un courant d'hydrogène, il donne d'abord un dégagement d'acide fluorhydrique, puis de fluorure de germanium et laisse un résidu de germanium. Au-dessus du rouge, l'aluminium et le sodium le décomposent avec production de germanium. Ce dernier ne cristallise pas dans l'aluminium.

FLUOXYIODATES. — La solution aqueuse de gaz fluorhydrique à 50 0/0 réagit sur les iodates alcalins, et une partie de l'oxygène est remplacée par du fluor pour donner une nouvelle classe de sels.

*Difluoroxyiodate d'ammonium*, $IO^2Fl^2AzH^4$. — Cristallise comme le sel de potassium.

*Difluoroxyiodate de potassium*, $IO^2Fl^2K$. — Prismes peu colorés, se décomposant à l'air humide en donnant de l'iodate et de l'acide fluorhydrique.

*Difluoroxyiodate de sodium*, $IO^2Fl^2Na$. — Cristaux minces hexagonaux [F. Weinland et O. Lauenstein, *D. chem. G.*, 30, 866].

FLUOXYMOLYBDATES. — FLUOXYMOLYBDATES D'AMMONIUM :

*Fluoxyhypomolybdate d'ammonium normal.* — Ce composé s'obtient en dissolvant le bioxyde de molybdène hydraté dans l'acide fluorhydrique et versant peu à peu dans la solution de l'ammoniaque aqueuse jusqu'à ce que la solution, de vert foncé, devienne rouge-brun. Si on ajoute alors une même quantité de solution fluorhydrique, la liqueur redevient verte et par concentration laisse déposer des cristaux de fluoxyhypomolybdate d'ammonium normal. Cette substance cristallise très bien et très facilement. En moins d'une heure, on obtient des cristaux très gros et bien déterminés.

On peut encore obtenir ce composé par électrolyse d'une solution de fluoxymolybdate ammonique normal ou triammonique. Dans les deux cas, la solution doit être fortement acidifiée par l'acide fluorhydrique. L'appareil est le même que celui qui sera décrit plus loin à propos du fluoxyhypomolybdate de potassium.

Les cristaux sont transparents, d'un bleu céleste, parfois verdâtres, présentent une cassure vitreuse. À l'air, ils deviennent opaques et prennent une coloration d'un bleu intense ; par leur aspect cristallin, ils rappellent les composés analogues de niobium, de tungstène, de molybdène. Ils se présentent comme eux en cristaux tabulaires prismatiques. L'examen cristallographique montre que ce sel est isomorphe avec les composés de molybdène, tungstène et niobium ; la substitution d'un atome de fluor à l'oxygène n'a pas changé l'édifice cristallin.

*Fluoxyhypomolybdate d'ammonium hexagonal*, $3MoOFl^3.5AzH^4Fl.H^2O$. — On dissout à chaud dans l'acide fluorhydrique le fluoxyhypomolybdate normal, on concentre la solution, et le composé répondant à la formule ci-dessus se dépose en petits cristaux aciculaires sur lesquels il n'a pas été possible de faire de déterminations goniométriques. Au microscope, ils se présentent sous la forme de prismes hexagonaux et ont une direction d'extinction optique suivant l'axe principal. Ce sel ressemble beaucoup au fluoxyhypomolybdate de potassium, $3MoOFl^3.5KFl.H^2O$, au fluoxyniobate, $3NbOFl^3.5KFl H^2O$, et au fluoxyniobate ammonique,

$$3NbOFl^3.5AzH^4Fl.H^2O.$$

Les cristaux isolés sont transparents, de couleur bleu céleste, d'aspect vitreux. À l'air, ils s'altèrent et deviennent d'un bleu intense.

Ce composé est détruit par l'eau et possède des propriétés réductrices. Il est difficile de l'obtenir pur ; il cristallise généralement avec le fluoxymolybdate hexagonal qui prend naissance en même temps [François Mauro, *Gazz. chim. ital.*, (1889), 179].

*Fluoxymolybdate monammonique*,

$$MoO^2Fl^2.AzH^4Fl.$$

— On l'obtient en dissolvant le fluoxymolybdate ammonique hexagonal dans l'acide fluorhydrique. La solution est abandonnée dans un dessiccateur en plomb sur l'acide sulfurique. Il se dépose peu à peu des cristaux plus ou moins gros, monocliniques, transparents et à éclat vitreux.

Ce sel se dissout dans l'eau en lui communiquant une réaction acide.

Chauffé entre 100 et 120°, il ne perd pas de son poids ; au delà de 120°, il se décompose [Mauro, *Gazz. chim. ital.*, 20, 109].

M. Ugo Alvisi [*Gazz. chim. ital.*, 24, 523] a également obtenu ce composé en additionnant une solution d'acide fluorhydrique à 30 0/0 de phosphomolybdate d'ammonium et en chauffant au bain-marie ; la substance devient bleu-verdâtre et se dissout par agitation en donnant une solution incolore qui abandonne par concentration de petits cristaux blancs répondant à la formule $MoO^2Fl^2.AzH^4Fl$.

*Fluoxymolybdate diammonique*,

$$MoO^2Fl^2.2AzH^4Fl.$$

— Il est obtenu par l'évaporation spontanée d'une solution aqueuse acidifiée par l'acide fluorhydrique du composé $MoO^2Fl^2.2AzH^4Fl$.

Ce sel forme des cristaux transparents, à éclat vitreux, en tablettes rectangulaires prismatiques ou en prismes aciculaires. Le fluoxytungstate ammonique normal se présente de la même façon quand on le fait cristalliser en présence d'acide fluorhydrique. Les cristaux sont du système orthorhombique ; ils sont solubles dans l'eau et ne perdent pas de leur poids à 100°. Au bain d'huile, ils se décomposent avec production d'acide fluorhydrique, de fluorure d'ammonium, et laissent un résidu de $MoO^3$ [Mauro, *Gazz. chim. ital.*, 18, 120].

En agitant une solution aqueuse de 6 grammes de fluorure d'ammonium pour 30 centimètres cubes d'eau, avec une solution de 10 grammes d'acide phosphomolybdique dans 25 centimètres cubes d'eau, on obtient à froid une substance pulvérulente jaune devenant blanche, peu soluble, qui n'est autre que le composé

$$MoO^2Fl^2.2AzH^4Fl$$

[Ugo Alvisi, *loc. cit.*].

*Fluoxymolybdate triammonique*,

$$MoO^2Fl^2.3AzH^4Fl.$$

— M. V. Mauro le prépare en évaporant au bain-marie une solution de molybdate d'ammonium ordinaire dissous dans une solution de fluorure d'ammonium en excès acidifiée par l'acide fluorhydrique.

Cristaux prismatiques du système orthorhombique, transparents et d'éclat vitreux. Ce composé se distingue par sa forme cristalline d'autres corps de composition analogue, mais cristallisant en cubes ou en octaèdres.

Le fluoxymolybdate triammonique se dissout dans l'eau en lui communiquant une réaction acide. Il n'est pas altéré à 100°. Au-dessus de cette température, il se décompose en donnant des fumées blanches et laissant un résidu d'anhydride molybdique [F. Mauro, *Gazz. chim. ital.*, 18, 120].

*Fluoxymolybdate ammonique hexagonal*, $3MoO^2Fl^2.5AzH^4Fl.H^2O$. — Il se produit chaque fois que l'on dissout dans l'acide fluorhydrique le fluoxymolybdate ammonique laminaire ou le composé $MoO^3.2AzH^4Fl$. Il se présente en cristaux aciculaires très petits, ressemblant à ceux des sels de la série $MoX^5$ et à ceux de niobium, tels que

$$3\,MoOFl^3 . 5\,AzH^4Fl . H^2O,$$
$$3\,MoOFl^3 . 5\,KFl . H^2O,$$
$$3\,NbOFl^3 . 5\,AzH^4Fl . H^2O$$
$$3\,NbOFl^3 . 5\,KFl . H^2O.$$

Les cristaux ont la forme de prismes hexagonaux. Ils sont solubles dans l'eau et donnent une solution à réaction acide. A 100° ils perdent leur eau et se décomposent complètement à plus haute température [F. Mauro, *Gazz. chim. ital.*, 20, 109].

*Combinaison de fluoxymolybdate d'ammonium et de molybdate d'ammonium,*

$$Mo\,O^2Fl^2 . 4\,AzH^4Fl\,(AzH^4)^2\,Mo\,O^4.$$

— S'obtient cristallisé lorsque l'on évapore à l'air ou sur l'acide sulfurique une solution ammoniacale de fluoxymolybdate triammonique. Cristaux octaédriques transparents ; à l'air, ils deviennent opaques et verts au bout de plusieurs jours. Ils sont solubles dans l'eau, mais ne donnent pas par évaporation le même composé [F. Mauro, *Gazz. chim. ital.*, 20, 109].

*Combinaison d'anhydride molybdique et de fluorure d'ammonium.* — Lorsque l'on précipite par l'ammoniaque une solution de fluoxymolybdate triammonique, on obtient une poudre blanche cristalline qui peut se dissoudre à chaud dans une solution de fluorure d'ammonium et donner par refroidissement des cristaux plus gros répondant à la formule $MoO^3 . 2\,AzH^4Fl$ [F. Mauro, *Gazz. chim. ital.*, 18, 120].

M. Ugo Alvisi a également obtenu ce composé en agitant une solution aqueuse de fluorure d'ammonium à 5,7 0/0 tenant en suspension 10 0/0 de phosphomolybdate ammonique ordinaire. Il se forme ainsi à froid une substance pulvérulente insoluble dans l'eau, répondant à la formule ci-dessus [Ugo Alvisi, *Gazz. chim. ital.*, 24, 523].

FLUOXYMOLYBDATE LUTÉOCOBALTIQUE,

$$Co\,(AzH^3)^6Fl^3 . 2\,MoO^2Fl^2.$$

— On dissout l'acide molybdique dans l'acide fluorhydrique et on ajoute du fluorhydrate lutéocobaltique [Miolati et Rossi, *C. R. Accad. dei Lincei*, 2, 283].

FLUOXYMOLYBDATES DE POTASSIUM. — *Fluoxyhypomolybdate potassique normal,*

$$MoOFl^3 . 2\,KFl . H^2O.$$

— Ce sel peut être obtenu par trois procédés différents :

1° En versant du pentachlorure de molybdène dans une solution de fluorhydrate potassique. Ce procédé est assez long, car il faut partir du molybdène métallique pur pour préparer le pentachlorure.

2° En dissolvant à chaud dans l'acide fluorhydrique le bioxyde de molybdène hydraté et ajoutant à la solution de couleur vert foncé du fluorhydrate potassique. Par refroidissement, le fluoxyhypomolybdate normal se sépare, et dans les eaux mères concentrées de couleur pourpre on obtient une substance cristalline de couleur pourpre aussi, qui par sa composition se rattache au groupe $MoO^3 . n\,A$.

3° On peut encore le préparer facilement par électrolyse de la façon suivante : On dissout dans l'acide fluorhydrique un peu étendu le fluoxymolybdate potassique normal $MoO^2Fl^2 . 2\,KFl . H^2O$ et on verse la solution dans un creuset de platine qui sert d'électrode négative. On suspend dans le liquide un disque de platine que l'on met en communication avec le pôle positif de la pile. Par le passage du courant, le liquide se colore rapidement en bleu céleste, ce qui indique la transformation du composé de la forme $MoX^6$ en composé $MoX^5$. En faisant passer le courant pendant plusieurs heures, on obtient une solution suffisamment concentrée pour laisser déposer des cristaux laminaires d'un bleu céleste. Le courant est fourni par une batterie de 20 éléments.

Le sel bleu se dépose de sa solution étendue dans l'acide fluorhydrique sous la forme de lamelles très fragiles qui ressemblent aux fluoxytungstate, fluoxyniobate, fluoxymolybdate ou fluoxytitanate de potassium. Pour avoir des cristaux mesurables, il est nécessaire de préparer une solution très fluorhydrique. L'auteur a recherché si ce composé présentait des relations cristallographiques avec les composés analogues du molybdène, $MoO^2Fl^2 . 2\,KFl . H^2O$, du tungstène, $TuO^2Fl^2 . 2\,KFl . H^2O$, du niobium,

$$NbOFl^3 . 2\,KFl . H^2O,$$

et du titane, $TiFl^4 . 2\,KFl . H^2O$. Un examen minutieux des cristaux a été fait dans ce but et a établi qu'il y avait beaucoup de ressemblance dans l'édifice cristallin de ces composés que l'on pouvait regarder comme géométriquement isomorphes. La substitution d'un atome de fluor à un atome d'oxygène ne change pas sensiblement l'édifice moléculaire.

Le fluoxyhypomolybdate de potassium normal ne s'altère que très peu à l'air et ne prend qu'au bout de quelques jours une coloration bleu-turquoise intense. Dans l'air sec sur le chlorure de calcium, il perd la plus grande partie de son eau de cristallisation, et se déshydrate complètement à 100° en devenant vert. Calciné longtemps à l'air, il perd de l'acide fluorhydrique et se transforme en molybdate neutre de potassium.

Il se dissout dans l'eau en se décomposant ; la solution est rouge-brun. Pour empêcher cette décomposition, il faut ajouter à l'eau une certaine quantité d'acide fluorhydrique qui dissout à chaud beaucoup de fluoxyhypomolybdate et le laisse déposer par refroidissement. C'est un réducteur ; il réduit les sels d'or, d'argent, etc. Sa solution chlorhydrique est de couleur rose-brun, et laisse déposer du chlorure de potassium.

*Fluoxyhypomolybdate potassique hexagonal,* $3\,MoOFl^3 . 5\,KFl , H^2O.$ — Lorsque l'on dissout le sel précédent dans l'acide fluorhydrique et que l'on concentre la solution, on voit se déposer par refroidissement de petits cristaux aciculaires, qui au microscope se présentent sous la forme de prismes à section hexagonale, ayant une direction optique d'extinction hexagonale suivant l'axe du prisme. Ces cristaux ont une couleur bleu-céleste, plus intense à l'extrémité des prismes. Ils ont une composition répondant à la formule ci-dessus.

Il est à remarquer que le niobium forme un sel de composition analogue, $3\,NbOFl^3 . 5\,KFl . H^2O$, qui cristallise pur en prismes hexagonaux. L'isomorphisme n'a pas été démontré, à cause de la petitesse des cristaux obtenus, qui n'ont pu être examinés au goniomètre [F. Mauro, *Gazz. Chim. ital.*, 19, 179].

*Fluoxymolybdate de potassium,*

$$MoO^2Fl^2 . 2\,KFl . H^2O.$$

— Ce sel, préparé par M. Delafontaine, a été obtenu de nouveau par M. Ugo Alvisi, en ajoutant à une solution d'acide phosphomolybdique à 15,34 0/0 une solution aqueuse de fluorhydrate de potassium à 20 0/0. Le précipité jaune formé d'abord devient par agitation brun et cristallin.

Les cristaux ressemblent à ceux de l'acide borique [Ugo Alvisi, *Gazz. Chim. ital.*, 24, 523].

FLUOXYHYPOMOLYBDATE DE THALLIUM,

$$Mo\,O\,Fl^2 \,.\, 2\,T\,Fl.$$

— Se prépare en électrolysant une solution d'anhydride molybdique et d'oxyde de thallium dans l'acide fluorhydrique. Le sel se dépose en prismes orthorhombiques verts :

$$a : b : c = 0,86595 : 1 : 1,02952$$

[*R. Accad. dei Lincei*, 1893, 382].

*Fluoxymolybdate monothallique,*

$$Mo\,O^2\,Fl^2 \,.\, Tl\,Fl.$$

— Ce composé se dépose lorsque l'on évapore sur l'acide sulfurique la solution fluorhydrique du fluoxymolybdate de thallium. Il se présente en cristaux jaunes laminaires monocliniques, qui se décomposent à 240° :

$$a : b : c = 0,61985 : 1 : 1,39755.$$

$$\beta = 86° 7'$$

[M. Fr. Mauro, *R. Accad. dei Lincei*, 1893, 382].

FLUONIOBATES. — FLUONIOBATE DE CADMIUM,

$$\genfrac{}{}{0pt}{}{Cd^5}{H^5} \!\!> Fl^{30}\,Nb^3 \,.\, 28\,H^2O.$$

— On dissout équivalents égaux de carbonate de cadmium et d'acide niobique dans l'acide fluorhydrique concentré. Il cristallise en prismes allongés et transparents, qui deviennent bientôt opaques en perdant de l'acide fluorhydrique.

Il est insoluble dans l'eau [M. Birger Santesson, *Bull. Soc. Chim.*, (2), 24, 53].

FLUONIOBATE DE COBALT,

$$\genfrac{}{}{0pt}{}{Co^5}{H^5} \!\!> Fl^{30}\,Nb^3 \,.\, 28\,H^2O.$$

— S'obtient comme le précédent. Cristaux prismatiques d'un rouge sombre [Santesson, *loc. cit.*].

FLUONIOBATE DE CUIVRE,

$$\genfrac{}{}{0pt}{}{Cu^2}{H} \!\!> Fl^{10}\,Nb \,.\, 9\,H^2O.$$

— On l'obtient en dissolvant le carbonate de cuivre et l'acide niobique dans l'acide fluorhydrique. Il forme des cristaux larges et aplatis d'un bleu foncé. L'eau le décompose en' laissant une poudre blanche [Santesson, *loc. cit*].

FLUONIOBATE DE FER,

$$\genfrac{}{}{0pt}{}{Fe^3}{H^4} \!\!> Fl^{20}\,Nb^2 \,.\, 19\,H^2O.$$

— Ce sel a été obtenu par la dissolution du fer métallique et d'une quantité équivalente d'acide niobique dans l'acide fluorhydrique. Prismes minces d'un jaune verdâtre [Santesson, *loc. cit.*].

FLUONIOBATE DE MANGANÈSE,

$$\genfrac{}{}{0pt}{}{Mn^5}{H^5} \!\!> Fl^{30}\,Nb^3 \,.\, 28\,H^2O.$$

— Se prépare en dissolvant équivalents égaux d'acide niobique et de carbonate de manganèse dans l'acide fluorhydrique. Grands prismes allongés à 6 pans de couleur rosée. Il perd de l'acide fluorhydrique à l'air.

FLUONIOBATE DE MERCURE, $Hg^3 Fl^{11} Nb \,.\, 8\,H^2O.$
— On dissout quantités égales d'acide niobique et d'oxyde mercurique dans l'acide fluorhydrique. Il se dépose d'abord du fluorure mercurique, puis une masse blanche, et enfin, lorsque la solution est concentrée, des masses sphériques composées de cristaux prismatiques courts. L'eau décompose le sel en donnant à froid un précipité jaune, à chaud une poudre blanche [Santesson, *loc. cit.*].

FLUONIOBATES DE NICKEL,

$$1° \qquad \genfrac{}{}{0pt}{}{Ni^3}{H^4} \!\!> Fl^{20}\,Nb^2 \,.\, 19\,H^2O.$$

— Ce sel a été obtenu par la dissolution d'équivalents égaux d'acide niobique et de carbonate de nickel dans l'acide fluorhydrique. Il cristallise en aiguilles minces d'une couleur verdâtre. Il perd de l'acide fluorhydrique à l'air ; il est insoluble dans l'eau froide et se décompose par l'eau bouillante.

$$2° \qquad \genfrac{}{}{0pt}{}{Ni^5}{H^5} \!\!> Fl^{30}\,Nb^3 \,.\, 28\,H^2O.$$

— Se dépose des eaux mères du sel précédent. Il forme des prismes courts et aplatis d'un vert foncé [Santesson, *loc. cit.*].

FLUOXYNIOBATE DE POTASSIUM, $2\,K\,Fl \,.\, 3\,M\,O^2Fl.$
— Ce sel a été obtenu par MM. Krüss et Nilson, dans un traitement de fergusonite. C'est une poudre blanche que l'on peut chauffer sans altération dans l'air à 110° ; au microscope on voit de très petits cristaux agrégés [Krüss et Nilson, *D. chem. G.*, 20, 1676].

FLUONIOBATE DE ZINC,

$$\genfrac{}{}{0pt}{}{Zn^5}{H^5} \!\!> Fl^{30}\,Nb^3 \,.\, 28\,H^2O.$$

— On dissout équivalents égaux de carbonate de zinc et d'acide niobique dans l'acide fluorhydrique concentré. Il cristallise par évaporation de la solution des prismes allongés à 6 pans très bien formés.

Il dégage à l'air de l'acide fluorhydrique ; il est insoluble dans l'eau froide ; l'eau bouillante le décompose [Santesson, *loc. cit.*].

FLUOPHOSPHATES. — Un certain nombre de fluophosphates se rattachant directement au type de l'apatite ont été obtenus très bien cristallisés par M. Ditte. Ce savant a pu préparer les mêmes composés bromés ou iodés et également substituer au phosphore l'arsenic ou le vanadium [A. Ditte, *Ann. Chim. Phys.*, (6), 8, 533].

FLUOPHOSPHATE DE CALCIUM (*apatite*),

$$Ca^5 (P\,O^4)^3 Fl.$$

— S'obtient en chauffant au rouge dans un creuset de platine une certaine quantité de phosphate de calcium avec 3 fois son poids de fluorure de potassium et un grand excès de chlorure de potassium.

La masse refroidie, reprise par l'eau, laisse déposer de belles aiguilles ayant la forme de l'apatite. Les cristaux sont très brillants lorsqu'ils sont volumineux, et se présentent surtout en aiguilles striées parallèlement aux autres, tantôt en prismes courts terminés par des pyramides à 6 faces, et souvent groupés entre eux. Attaquables seulement par les acides nitrique et sulfurique.

FLUOPHOSPHATE DE CALCIUM ET DE GLUCINIUM, $P\,O^4\,Ca\,Gl\,Fl.$ — Ce composé constitue un minéral trouvé à Stoncharw (Maine). L'analyse lui attribue la composition suivante :

| | |
|---|---|
| CaO | 33,21 |
| GlO | 15,76 |
| $P^2O^5$ | 41,31 |
| Fl | 11,32 |

Toutes les propriétés et réactions de ce minéral l'identifient avec l'herderite, que l'on aurait regardée à tort comme formée d'un fluophosphate de calcium et d'alumine [J.-B. Mackintosh, *Bull. Soc. Chim.*, (2), 44, 647].

Fluophosphate de baryum, $Ba^5(PO^4)^3Fl$. — Pour préparer ce corps, il est nécessaire de chauffer au rouge pendant assez longtemps un mélange de phosphate de baryum, de fluorure de baryum et de chlorure de potassium additionné de fluorure.

Cristaux identiques au composé du calcium et du glucinium, mais plus petits.

Fluophosphate de fer. — Lorsqu'on chauffe un mélange de phosphate d'ammonium, de fluorure de fer et de chlorure de potassium, on obtient des aiguilles nettes ayant la forme des cristaux d'apatite. Ce composé n'a pas été analysé.

Fluophosphate de magnésium, $Mg^5(PO^4)^3Fl$. — Petits cristaux transparents, incolores et très brillants. Prismes hexagonaux pyramidés.

Fluophosphate de strontium, $Sr^5(PO^4)^3Fl$. — Se prépare comme le composé de calcium et offre la même forme cristalline, à cela près que le sommet des pyramides terminales est remplacé par une facette parallèle à la base [A. Ditte, loc. cit.].

FLUOPLOMBATES. — Acide fluoplombique. —

On obtient une solution d'acide fluoplombique en dissolvant le tétracétate de plomb dans l'acide fluorhydrique concentré. L'addition de fluorures solubles à cette solution donne les fluoplombates correspondants.

On ne peut évaporer sans décomposition la solution d'acide fluoplombique à siccité, même à la température ordinaire; il y a dépôt de bioxyde brun de plomb.

Pour obtenir le tétrafluorure de plomb anhydre, on commence par pulvériser le fluoplombate de potassium dans un mortier de platine et on verse le sel pulvérisé à la surface de l'acide sulfurique froid et concentré. L'acide fluorhydrique se dégage abondamment, et on a une solution jaune pâle ayant la couleur caractéristique du tétrachlorure de plomb. Des fumées blanches, d'odeur extrêmement piquante, s'élèvent, ressemblant à celles de l'acide hypochloreux. Ces vapeurs semblent renfermer du tétrafluorure de plomb gazeux. Quand le sel est complètement dissous dans l'acide, le liquide jaune clair se trouble, et après une demi-heure forme une épaisse gelée. On chauffe à 100-110° : il se dégage de l'acide fluor-

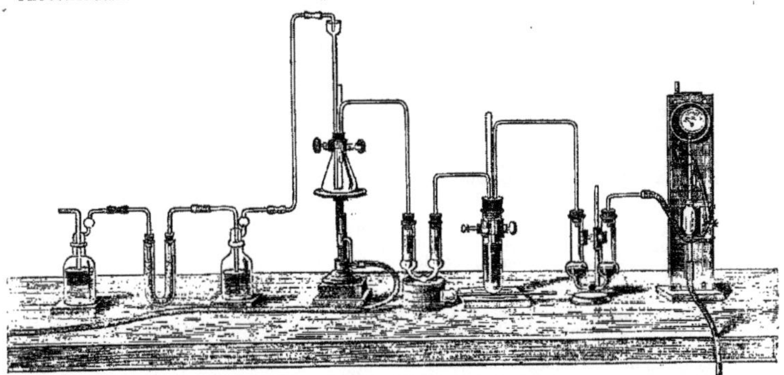

Fig. 422. — Analyse du fluoplombate de potassium.

hydrique et une poudre jaune se dépose. On décante l'acide sulfurique, qui ne contient pas de plomb, d'après M. Brauner; on ajoute de nouveau de l'acide sulfurique, on agite et on chauffe à 100°; pendant un jour ou deux, on n'observe aucun changement. Après une nouvelle décantation, on lave encore à l'acide sulfurique pour éliminer le composé $KFl.HFl$. Le tétrafluorure n'a pu être isolé à l'état de pureté, à cause de la difficulté d'éliminer l'acide sulfurique sans le décomposer.

Fluoplombate de potassium,

$$3KFl.HFl.PbFl^4.$$

— Ce sel, découvert par M. Brauner, peut être obtenu par plusieurs procédés :

1° En traitant l'oxyde $Pb^5O^7.3H^2O$ récemment précipité par un mélange de fluorhydrate de fluorure de potassium et d'acide fluorhydrique. La préparation de cet oxyde a été indiquée par M. Brauner en 1885 [Soc. roy. de Bohême, 295].

2° En substituant le fluor à l'oxygène dans les plombates de Fremy. Pour cela, l'oxyde de plomb $PbO^2$ est fondu avec la potasse dans un creuset d'argent dans la proportion de $3KOH$ pour $PbO^2$. La masse obtenue est brune quand la fusion a lieu à basse température, et jaune à haute température. Dans ce dernier cas, la masse

contient, non seulement du plombate de potassium, mais aussi une grande quantité de peroxyde de potassium qui se dissout dans l'acide fluorhydrique avec libération d'oxygène. La matière est humectée d'eau et additionnée peu à peu d'un grand excès d'acide fluorhydrique pur. Au début, la pâte brune se dissout avec une réaction violente; mais, à mesure que l'acide s'affaiblit, un peu de bioxyde de plomb se sépare avec d'autres impuretés. La solution est filtrée et concentrée par évaporation spontanée dans un fort courant d'air à une chaleur très douce. Dès que les cristaux commencent à se former, la solution est placée dans un dessiccateur, où après quelque temps le fluoplombate se sépare en longues aiguilles. Une quantité notable de sel pur peut être obtenue de la sorte sans trop de difficultés.

3° On peut encore déplacer l'acide acétique par le fluor dans le tétracétate de plomb. Pour cela on dissout 3 molécules de fluorhydrate de fluorure de potassium (soit 234,3 parties) dans un excès d'acide fluorhydrique, et on ajoute 1 molécule de tétracétate de plomb (soit 442,9 parties). S'il se forme un peu de fluorure, on le sépare par filtration. En évaporant la solution, on obtient des cristaux de fluoplombate. Ces évaporations ne doivent pas être faites dans des appareils en verre.

Le sel obtenu par l'une ou l'autre de ces méthodes a pour formule $3\,KFl\,.\,HFl\,.\,PbFl^4$. L'analyse de ce composé a été faite avec le plus grand soin. Nous ne résumerons ici que le procédé un peu spécial employé pour le dosage du fluor.

Le fluor a été déterminé par la méthode Penfield, mais, la présence du plomb pouvant ralentir l'attaque du sel par l'acide sulfurique, cette attaque a été prolongée toute une journée. L'appareil employé est représenté par la figure 422. Les deux flacons laveurs situés à l'une des extrémités de l'appareil renfermant de la potasse, le tube en U renferme de la potasse. Le deuxième flacon communique avec le vase dans lequel doit se faire l'attaque, lequel est un vase de Bohême conique fermé par un bouchon à trois trous : l'un de ces trous donne passage à un tube à entonnoir qui sert à l'introduction de l'acide sulfurique et qui laisse passer en son centre le tube venant du deuxième flacon laveur ; dans un autre trou passe un tube pour le départ des gaz, et le troisième sert au passage d'un thermomètre que l'on protège contre l'action des vapeurs acides en le plaçant dans un tube de verre fermé à la partie inférieure et rempli de mercure.

Le tube de départ des gaz communique avec la première branche d'un tube en U vide et parfaitement sec, l'autre branche étant reliée à un deuxième tube fermé par un bouchon à trois trous, dans lesquels passent les tubes d'arrivée et de départ des gaz, et un troisième tube qui sert à introduire dans l'appareil du mercure, puis une solution de chlorure de potassium. Ce dernier tube est ensuite fermé. Enfin, un tube en U relié à une trompe termine l'appareil. Ce tube contient un peu de teinture de tournesol neutre, et servira de tube témoin.

L'attaque de la substance se fait au moyen d'un mélange de quartz et d'acide sulfurique, et l'opération est conduite comme dans les procédés de dosages décrits à propos de l'analyse du fluor.

L'examen cristallographique du fluoplombate de potassium a été fait par M. Urba. Les cristaux sont en forme d'aiguilles et ont une épaisseur d'environ un tiers de millimètre sur une longueur de 10 millimètres. Ils sont généralement rayonnés. Les faces des prismes comme celles des pyramides sont inégales, convexes, striées et corrodées. La plupart des faces donnent difficilement une image réfléchie. Malgré l'incertitude des mesures, il semble que la forme de ce sel est semblable à celle du fluostannate analogue obtenu par Marignac.

Les éléments seraient à peu près

$$a : b : c = 0,6223 : 1 : 0,4888,$$
$$\beta = 86° \; 41'.$$

Le fluoplombate de potassium est stable à l'air, mais il se décompose à l'air humide. L'action de la chaleur sur ce sel est particulièrement intéressante. Elle a été décrite à l'article Fluor [Bohuslav Brauner, *Chem. Soc.*, 1894, **65**, 393].

FLUOSILICATES. — Fluosilicate d'ammonium. — M. Stolba prépare le fluosilicate d'ammonium de la façon suivante : Il fait digérer l'acide fluosilicique du commerce avec du fil de fer, puis évapore la solution jusqu'à ce qu'elle dépose des cristaux par refroidissement. La solution bouillante est alors additionnée de 1/5 environ de son poids d'une solution saturée et bouillante de sel ammoniac. On laisse refroidir, on recueille les cristaux déposés, on les lave avec un peu d'eau froide et on les soumet à une nouvelle cristallisation.

Le fluosilicate d'ammonium se dissout dans 1$^p$,8 d'eau bouillante et 5$^p$,4 d'eau froide [Fr. Stolba, *Arch. der. Pharm.*, (3), **9**, 166].

Fluosilicate d'argent, $SiFl^6Ag^2$. — Précipité gris obtenu par l'addition de $SiFl^4H^2$ à une solution d'azotate d'argent. Si ce dernier sel est en solution alcoolique, le précipité est plus foncé [S. Kern, *Chem. News*, **33**, 35].

Fluosilicate de cobalt, $SiFl^6Co\,.\,6,5\,H^2O$. — Se prépare par dissolution du carbonate de cobalt dans l'acide fluosilicique, ou par l'action du fluosilicate de baryum sur le sulfate de cobalt à l'ébullition.

Ce sel, déjà décrit par Marignac, cristallise par l'évaporation de sa solution en prismes hexagonaux.

Densité 2,1211 à 2,1135 à 19°.

Ce sel est très soluble et sa solution est fortement colorée.

La solution saturée à 21°,5 renferme 54,14 0/0 de sel cristallisé, et a pour densité 1,4344. 1 partie de sel se dissout donc à 21°,5 dans 0$^p$,847 d'eau [Stolba, *Chem. Centralblatt.*, **7**, 241].

Fluosilicate lutéocobaltique,

$$Co\,(Az\,H^3)\,Fl\,.\,2\,Si\,Fl^4.$$

— On traite une dissolution de fluorure ou de carbonate lutéocobaltique par l'acide hydrofluosilicique. Ce sel, presque insoluble dans l'eau froide, cristallise dans l'eau bouillante [Miolati et Rossi, *R. Accad. dei Lincei*, 1896].

Fluosilicate ferreux, $SiFl^6Fe\,.\,6,5\,H^2O$. — Le fluosilicate ferreux se prépare facilement par dissolution du fer métallique dans l'acide fluosilicique et concentration de la solution dans une capsule de platine, au bain-marie. Il se produit aussi par double décomposition entre le fluorure ferreux et le fluorure de baryum, avec addition d'un peu d'acide fluosilicique. Le fluosilicate ferreux cristallise en longs cristaux d'un vert bleuâtre donnant une poudre blanche.

Prismes hexagonaux, terminés en général par les faces d'un rhomboèdre irrégulièrement développé.

Densité du sel pulvérisé $= 1,96115$ à 17$^u$,5.

Très soluble dans l'eau, et presque autant à froid qu'à chaud. Sa solution saturée à 17°,5 a pour densité 1,4010 et renferme 55$^p$,9 de sel cristallisé. Il est peu soluble dans l'alcool, il exige pour se dissoudre 62$^p$,6 d'alcool à 56°, et 1273 parties d'alcool à 76°.

A l'air humide les cristaux s'altèrent en s'oxydant [F. Stolba, *Chem. Centralblatt*, **7**, 241].

Fluosilicate de potassium, $SiFl^6K^2$. — M. Cossa a signalé la présence de ce sel sous la forme de petits cristaux cubiques ou octaédriques dans les fumerolles de Vulcano (îles Lipari). Il a donné à ce minéral nouveau le nom de *hiératite* [Alph. Cossa, *Bull. Soc. Min.*, **5**, 61].

Acide fluosulfonique. — D'après M. Gore, l'acide fluorhydrique réagit sur l'anhydride sulfurique. En opérant le mélange à basse température, on obtient un liquide incolore très mobile [Thorpe et Walter Kirman, *Chem. Soc.*, 1892].

L'anhydride sulfurique était préparé par l'action de l'anhydride phosphorique sur l'acide sulfurique. On le recueillait dans un flacon taré, que l'on adaptait à une cornue de platine renfermant du fluorhydrate de fluorure de potassium. On refroidissait le tube à condensation au moyen d'un mélange de glace et de chlorure de calcium. La quantité de fluorhydrate de fluorure de potassium employée était calculée de façon à avoir un léger excès d'acide fluorhydrique par rapport à la formule $SO^2OHFl$. L'excès d'acide fluorhydrique était ensuite enlevé par un courant d'acide carbonique, le récipient étant maintenu à 25-35°. L'analyse de l'acide fluorhydrique a été rendue difficile, à cause de l'affinité de ce corps pour l'eau, qui réagit d'une façon violente.

On opérait de la façon suivante : Environ 1 centimètre cube de liquide était placé dans un petit tube en platine pouvant être mis dans un flacon de même métal contenant de l'eau distillée, et disposé de telle sorte que la partie ouverte fût au-dessus du niveau de l'eau quand le flacon était dans la position verticale ; on refroidissait ensuite fortement et, après avoir bouché avec un bouchon de caoutchouc, on retournait le flacon. L'acidité était déterminée au moyen d'une liqueur titrée de soude, puis l'acide sulfurique dosé à l'état de sulfate de baryum.

Le point d'ébullition de l'acide fluosulfonique a été déterminé de la façon suivante : Une petite cornue de platine était adaptée au tube à condensation de l'appareil. Un petit tube de platine mince fermé par un bouchon, et dans lequel plonge un thermomètre, descend dans la cornue. Lorsque l'on distillait de l'eau sous la pression de 764 millimètres, le point d'ébullition était 99°,3. Le véritable point d'ébullition étant 100°,2, la correction était de 0,9. Dans les mêmes conditions on a trouvé 160° environ pour l'acide fluosulfonique. Une moyenne de déterminations a donné le nombre 162°,6. Il se produit une légère décomposition pendant la distillation. Le liquide redistillé passe à 163°,6.

L'acide fluosulfonique est un liquide clair, incolore, fumant à l'air et bouillant vers 162°,6 en se décomposant légèrement. Il a une odeur piquante, et il produit sur la peau sèche une faible action. Il attaque lentement le verre, et agit rapidement sur le plomb pour donner du sulfate de plomb et du fluorure.

**FLUOXYTANTALATES.** — Fluoxytantalate d'ammonium, $TaOFl^3 . 2AzH^4Fl$. — M. Joly a préparé ce sel en dissolvant l'acide tantalique hydraté dans une solution concentrée de fluorure d'ammonium.

Ce sel est très soluble dans l'eau pure ; mais la dissolution se trouble au bout de peu de temps, surtout à chaud, et donne alors par concentration de larges lames rectangulaires bisautées de fluotantalate d'ammonium, mêlé d'un excès de fluoxytantalate non décomposé.

Fluoxytantalate d'ammonium,

$$TaOFl^3 . 3AzH^4Fl . HFl.$$

— Se forme lorsque l'on traite le fluoxytantalate précédent par l'acide fluorhydrique [A. Joly, *C. R.*, 81, 1266].

**FLUOTITANATES.** — Les fluosels renfermant du titane ont été décrits antérieurement (voyez Dict., Fluosels, et 1er Suppl., Titane).

M. A. Piccini, à qui l'on doit d'importantes recherches sur les fluosels de titane, a depuis publié un certain nombre de mémoires où il décrit de nouveaux composés. Ce savant a cherché à obtenir des fluosels de la forme $TiOX^2$

Fluoxyhypotitanate de titane,

$$3(TiFl^4 . 2AzH^4Fl) 2TiO^2 . 3AzH^4Fl$$

ou $Ti^3O^4Fl^{21}(AzH^4)^9$. — En étudiant le fluoxyhypertitanate barytique $TiO^2Fl^2BaFl^2$ [*Gazz. chim. ital.*, 1887], M. A. Piccini a constaté que ce sel se décompose dans le vide en donnant de l'oxygène et laissant un résidu formé du corps $TiOFl^2BaFl^2$. Le sel barytique ne se prêtant pas à une étude très complète de ces composés du type $TiOX^2$, il a essayé de préparer des fluosels solubles de constitution identique. A cet effet, il a repris l'étude de l'action de l'ammoniaque sur les solutions de fluotitanate d'ammonium,

$$TiFl^4 2AzH^4Fl.$$

On ajoute à la solution chaude de ce dernier sel de l'ammoniaque goutte à goutte, jusqu'au moment où il se forme un léger trouble permanent. Quand on cesse d'ajouter l'ammoniaque, on voit se former un précipité cristallin, et si la quantité d'ammoniaque a été très petite, on obtient des cristaux assez longs, mais sur lesquels on ne peut faire de mesures goniométriques.

Le nouveau composé, recueilli sur un filtre, est pressé dans des doubles de papier. C'est une masse blanche, formée de petites aiguilles groupées par faisceaux. Il perd très peu de son poids à 100° (à peine 1 0/0).

Fluotinanate lutéocobaltique,

$$2Co(AzH^3)^6Fl^3 . 3TiFl^4 . 2HFl.$$

— Prend naissance lorsqu'on mélange une dissolution fluorhydrique d'acide titanique avec une solution de fluorure ou de carbonate lutéocobaltique [Miolati et G. Rossi, *loc. cit.*].

Fluoxypertitanate d'ammonium,

$$m TiO^2Fl^2 . n AzH^4Fl.$$

— Ce sel s'obtient en traitant le fluotitanate

$$TiFl^4 . 2AzH^4Fl$$

par l'eau oxygénée, neutralisant par l'ammoniaque et ajoutant du fluorure d'ammonium. C'est une poudre cristalline jaune, soluble dans l'eau pure, et qui cristallise en octaèdres jaunes réguliers, transparents, correspondant à la formule

$$TiO^2Fl^2 . 3AzH^4Fl.$$

M. Piccini a également obtenu cette combinaison :

1° En traitant une solution sulfurique d'acide titanique par le peroxyde de baryum jusqu'à ce que la solution donne la réaction de Barreswil, ajoutant de l'ammoniaque jusqu'à ce que le précipité formé tout d'abord ne se dissolve plus, précipitant la solution par le fluorure d'ammonium neutre et séparant du précipité cristallin jaune ;

2° En préparant d'abord le fluotitanate d'ammonium $TiFl^3 . 3AzH^4Fl$, lavant à l'eau, puis avec une solution concentrée de fluorure d'ammonium, séchant à l'alcool et abandonnant à l'air. La coloration violette qui se forme d'abord pâlit peu à peu, puis devient jaune sale, et finalement jaune vif. La substance ainsi obtenue est soluble dans l'eau. On obtient par la concentration des octaèdres jaunes analogues à ceux décrits plus haut, et une petite quantité d'aiguilles jaunes possédant la formule $2TiO^2Fl^2 . 3AzH^4Fl$. Si, au lieu d'évaporer, on ajoute un excès de fluorure d'ammonium, on obtient un précipité cristallin formé uniquement de $TiO^2Fl^2 . 3AzH^4Fl$. Cette oxydation spontanée du titane est remarquable [Piccini, *loc. cit.*, 439].

Fluoxypertitanate de potassium,

$$TiO^2Fl^2 . 2KFl.$$

— En additionnant le fluotitanate normal de potassium $TiFl^4 2KFl . H^2O$ d'eau oxygénée à chaud, on obtient une solution jaune, d'où se précipite un mélange également jaune de fluotitanate et de fluoxypertitanate ; si on dissout le produit dans l'eau oxygénée et qu'on neutralise avec du peroxyde de sodium l'acide fluorhydrique libéré, suivant l'équation

$$TiFl^4 + H^2O^2 = TiO^2Fl^2 + 2HFl,$$

on obtient une cristallisation plus riche en fluoxypertitanate. Si on recommence cette réaction et que l'on dose dans chacun des produits obtenus l'eau, l'ozone et le fluor, on trouve qu'ils se composent d'un mélange de fluoxypertitanate et de fluotitanate normal de potassium. La diminution graduelle de la teneur en eau montre que le fluoxypertitanate de potassium cristallise anhydre dans les conditions qui viennent d'être indiquées. L'auteur a établi précédemment que ce sel se produit aussi dans l'action du chlorure de potassium sur le sel d'ammonium correspondant, sous la forme d'un précipité jaune cristallin, anhydre, tandis qu'avec le fluotitanate normal d'ammonium on obtient à froid des petites lamelles blanches très solubles renfermant 6,95 0/0 d'eau.

Ce sel s'obtient donc difficilement à l'état de pureté dans l'action de l'eau oxygénée sur le fluotitanate de potassium normal [Piccini, *Zeit. f. Chem.*, **10**. 438].

FLUOXYTUNGSTATE LUTÉOCOBALTIQUE,

$$\text{Co}(\text{Az H}^3)^6 \text{Fl}^3 2 \text{Tu}^2 \text{Fl}^3$$

[Miolati et Rossi, *loc. cit.*].

FLUOXYURANATE LUTÉOCOBALTIQUE,

$$\text{Co}(\text{Az H}^3)^6 \text{Fl}^3 \text{Ur O}^2 \text{Fl}^2.$$

— Précipité jaune pulvérulent, se formant lorsqu'on verse une solution de fluorhydrate lutéocobaltique dans une solution de fluoxyuranate d'ammonium [Miolati et Rossi, *loc. cit.*].

FLUOVANADATES ET FLUOXYVANADATES. — L'histoire des fluosels du vanadium s'est beaucoup enrichie dans ces dernières années. MM. A. Ditte, A. Piccini, Giorgis et Petersen ont préparé un très grand nombre de composés fluorés du vanadium, très bien cristallisés et parfaitement définis, dont l'étude d'ensemble est très intéressante à cause des rapprochements qu'elle permet de faire entre le vanadium et les métaux du même groupe. Le cadre de cet article ne nous permet pas de nous étendre sur ce sujet, et nous renverrons aux mémoires originaux de ces savants; nous nous contenterons de faire la monographie des composés qu'ils ont obtenus, en commençant par les fluosels proprement dits et terminant par les fluoxysels.

FLUOVANADITES. — Ces composés se rattachent au trifluorure de vanadium hydraté V Fl³.3 H²O (Piccini et Giorgis), ou V²Fl⁶.6 H²O (Petersen), obtenu par M. Petersen. Nous décrirons ce composé et nous indiquerons sa préparation, car nous pouvons le considérer comme l'*acide fluovanadeux*.

M. Petersen l'obtient en dissolvant l'acide V²O³ dans l'acide fluorhydrique, et concentrant la dissolution au bain-marie. Après refroidissement, on obtient au fond du vase une couche de cristaux. Ce sont des rhomboèdres dont les angles sont presque droits. Ces cristaux sont très solubles dans l'eau; à chaud leur solution est acide. Ils peuvent cristalliser dans l'eau renfermant de l'acide fluorhydrique. Dans l'eau pure, il se forme un précipité gris-vert, probablement constitué par un sel basique Ils sont insolubles dans l'alcool, qui les précipite de leur solution aqueuse. Ils s'altèrent très vite à l'air, en perdant de l'eau. A 100°, ils perdent 1 molécule d'eau et à 130° la déshydratation est complète.

La solution de V Fl³.3 H²O réduit les sels d'argent; le cyanure de potassium y fournit un précipité gris-bleuté, soluble dans un excès de réactif avec une coloration bleu foncé; cette solution précipite également par le ferrocyanure de potassium, le chromate de potassium, le phosphate et le pyrophosphate de sodium, etc.

La solution de trifluorure de vanadium fournit avec les solutions de fluorures métalliques des sels parfaitement cristallisés [Petersen, *D. chem. G.*, **21**, 3257].

2° SUPPL.

*Fluovanadites d'ammonium.* — M. Petersen a pu préparer les trois sels suivants :

$$\text{V}^2\text{Fl}^6 . 6 \text{Az H}^4\text{Fl},$$
$$\text{V}^2\text{Fl}^6 . 4 \text{Az H}^4\text{Fl} . 2 \text{H}^2\text{O},$$
$$\text{V}^2\text{Fl}^6 . 2 \text{Az H}^4\text{Fl} . 4 \text{H}^2\text{O}.$$

1° *Fluovanadite*, V²Fl⁶. 6 Az H⁴Fl. — S'obtient en dissolvant le sesquifluorure de vanadium dans une solution concentrée de fluorure d'ammonium.

Il se présente en petits cristaux d'un beau vert, que l'on obtient très beaux en opérant la cristallisation en solutions étendues ou acides. Ce sont des octaèdres réguliers très purs.

Ce sel est facilement soluble dans l'eau, plus difficilement dans les acides étendus; il est insoluble dans l'alcool et dans les fluorures alcalins. Maintenu pendant quelques instants à 100°, il ne perd pas sensiblement de son poids. A 170° il perd 15,4 0/0 de son poids et fixe de l'oxygène.

Ce sel a la forme cristalline des composés de même formule de fer, de chrome et de titane :

$$\text{V}^2\text{Fl}^6 . 6 \text{Az H}^4\text{Fl},$$
$$\text{Fe}^2\text{Fl}^6 . 6 \text{Az H}^4\text{Fl},$$
$$\text{Cr}^2\text{Fl}^6 . 6 \text{Az H}^4\text{Fl},$$
$$\text{T}^2\text{Fl}^6 . 6 \text{Az H}^4\text{Fl}.$$

2° *Fluovanadite*, V²Fl⁶.4 Az H⁴Fl . 2 H²O. — Pour l'obtenir pur, on mélange une quantité déterminée du sel précédent avec du fluorure d'ammonium et du sesquifluorure de vanadium en quantités voulues, et la solution de ces sels est évaporée au bain-marie. Il se dépose des cristaux plus foncés que ceux du sel V²Fl⁶.6 Az H⁴Fl, d'apparence octaédrique, mais agissant sur la lumière polarisée dans l'eau.

Ce sel est facilement soluble, et on peut le faire cristalliser sans qu'il perde d'ammoniaque. Il perd son eau à 100° en devenant gris, sans absorption d'oxygène ou perte d'ammoniaque. M. Wagner a obtenu un sel de chrome formant des octaèdres verts et ayant même formule

$$4 \text{Az H}^4\text{Fl} . \text{Cr}^2\text{Fl}^6 . 2 \text{H}^2\text{O}.$$

*Fluovanadite*, V²Fl⁶.2 Az H⁴Fl.4 H²O. — S'obtient comme le sel précédent, forme un agrégat lamelleux d'un vert plus foncé. Il possède des propriétés identiques. Il perd son eau à 100°.

*Fluovanadite de cadmium,*

$$\text{V}^2\text{Fl}^6 . 2 \text{Cd Fl}^2 . 14 \text{H}^2\text{O}.$$

— Ce sel a été préparé par MM. Piccini et Giorgis [*Gazz. chim. ital.*, **22**, 55] en réduisant par le courant électrique une solution fluorhydrique d'acide vanadique et d'oxyde de cadmium. On laisse passer le courant jusqu'à ce que le liquide devienne vert. Il se dépose une croûte de cristaux d'une belle couleur vert-émeraude. Il est peu soluble dans l'eau et sa solution s'oxyde lentement à l'air.

Chauffé à 100°, il perd de l'eau en s'oxydant.

*Fluovanadite de cobalt,* V²Fl⁶.2 Co Fl².14 H²O. — Si l'on ajoute du sesquifluorure de vanadium à une solution fluorhydrique de carbonate de cobalt, la liqueur prend une coloration d'un gris brun sombre. Par une légère concentration, il se forme un dépôt cristallin.

Le fluovanadite de cobalt est vert.foncé lorsqu'il est humide, et brunâtre lorsqu'il est.sec.

Il peut cristalliser dans l'eau en très petits cristaux. Il peut être dissous à chaud dans l'acide fluorhydrique étendu, d'où par refroidissement lent il se dépose en cristaux mesurables. Les angles des bases sont très voisins de 90°. On connaît un sesquifluorure de chrome et de cobalt isomorphe, Cr²Fl⁶.2 Co Fl².14 H²O.

Le fluovanadite de cobalt est stable à 100°; à 170° il se déshydrate [Petersen, *loc. cit.*].

*Fluovanadite de nickel*, $V^2Fl^6.2NiFl^2.14H^2O$.

— Se prépare comme celui de cobalt. Il forme des prismes verts ayant même aspect et mêmes propriétés que le sel précédent. On connait également un composé double de chrome et de nickel isomorphe, $Cr^2Fl^6.2NiFl^2.14H^2O$.

*Fluovanadite de potassium*,

$$V^2Fl^6.4KFl.2H^2O.$$

— Ce sel se prépare en ajoutant une solution concentrée de fluorure de vanadium $V^2Fl^6$ à une solution concentrée de fluorure de potassium. Il se forme immédiatement un dépôt vert cristallin et la solution se décolore. Pour le purifier, on le dissout dans l'eau et on le précipite par addition d'acide fluorhydrique, on lave à l'eau chargée d'acide fluorhydrique et on sèche à l'air.

Ce sel se dissout un peu dans l'eau, assez facilement dans les acides étendus. Il est insoluble dans la solution de fluorure de potassium. Il ne change pas de poids à 100°. Il se déshydrate à partir de 130° et complètement à 170° en devenant gris-brun et absorbant de l'oxygène [Petersen, *loc. cit.*].

*Fluovanadite de sodium*, $V^2Fl^6.5NaFl.H^2O$.

— C'est une poudre cristalline verte que l'on obtient en additionnant la solution de $V^2Fl^6$ d'un excès d'une solution de fluorure de sodium. On lave le sel à l'acide fluorhydrique chaud étendu.

*Fluovanadite de zinc*, $V^2Fl^6.2ZnFl^2.14H^2O$.

— Ce sel a été obtenu par MM. Piccini et Giorgis [*loc. cit.*] en électrolysant une solution d'acide vanadique et d'oxyde de zinc dans l'acide fluorhydrique. Le liquide bleu devient vert, et il peut même y avoir dépôt de zinc métallique. Le liquide vert laisse déposer une croûte cristalline ou des petits cristaux brillants d'une belle couleur vert-émeraude. Ces cristaux se dissolvent peu à peu dans l'eau, en donnant un liquide bleu-céleste qui devient de plus en plus foncé. Avec l'eau chaude ils se décomposent en s'oxydant; en liqueur fluorhydrique la décomposition est plus lente.

Le pouvoir réducteur de ce sel peut être facilement déterminé par le permanganate de potassium. A 100°, la plus grande partie de l'eau est éliminée. L'acide azotique oxyde ce composé en dégageant du bioxyde d'azote [Piccini et Giorgis, *Gazz. chim. ital.*, (1892), 1, 55].

FLUOVANADATES. — Nous placerons à part un groupe de composés obtenus par M. A. Ditte [*Ann. Chim. Phys.*, (6), 8, 539] et qui ne sont que des apatites fluovanadiées.

Ces composés s'obtiennent en chauffant le fluorure métallique avec de l'acide vanadique et du chlorure de potassium. Les rendements sont inférieurs à ceux que l'on obtient avec les fluophosphates et les fluoarséniates qui peuvent être préparés par un procédé analogue. Une partie du vanadium se dissout dans les eaux de lavage.

*Fluovanadate de calcium*, $(VO^4)^3FlCa^5$. — Belles aiguilles incolores et transparentes, ayant la même forme cristalline que les autres apatites. On peut l'obtenir encore en fondant d'abord 1 molécule d'acide vanadique avec 3 demi-molécules de chaux, puis en chauffant le vanadate ainsi obtenu avec du chlorure de potassium renfermant une très faible proportion de spath fluor. Le vanadate de calcium ne se dissout que très lentement et il faut maintenir la masse en fusion pendant un grand nombre d'heures pour arriver à une transformation totale.

*Fluovanadate de strontium*, $(VO^4)^3FlSr^5$. — Aiguilles d'apatite vanadiée mélangée de fluorures.

Les composés de baryum et de magnesium n'ont pu être obtenus.

FLUOXYHYPOVANADATES. — *Fluoxyhypovanadate d'ammonium octaédrique*,

$$VOFl^2.3AzH^4Fl.$$

— Ce sel a été décrit pour la première fois par MM. Piccini et G. Giorgis [*Gazz. chim. ital.*, 22, 55]. On peut le préparer par les procédés suivants :

1° En réduisant par le courant électrique une solution fluorhydrique de métavanadate d'ammonium. Au bout de quelques heures, le liquide se colore en bleu et laisse déposer une poudre cristalline bleue.

2° En réduisant la solution fluorhydrique d'acide vanadique par l'alcool et en y ajoutant un peu de fluorure d'ammonium. S'il est en fort excès, on a un précipité immédiat cristallin bleu; s'il est un peu supérieur à ce qu'exige le rapport 1 V pour 3 AzH⁴, le liquide se maintient limpide, mais par évaporation spontanée laisse déposer l'hypofluoxyvanadate octaédrique en cristaux bien définis. Les cristaux qui se déposent au commencement sont bleu-céleste, un peu verts. L'eau mère devient d'un vert de plus en plus clair et enfin jaune. Alors se sépare le fluoxyvanadate ammonique octaédrique déjà décrit.

3° En dissolvant dans l'acide fluorhydrique étendu le métavanadate ammonique, réduisant par l'acide sulfureux, neutralisant par l'ammoniaque le liquide bleu et ajoutant du fluorure d'ammonium.

Dans l'un quelconque de ces procédés, le produit est recueilli sur filtre, lavé avec très peu d'eau, exprimé fortement dans du papier buvard et dissous de nouveau. Dans la solution, se séparent d'abord des prismes monocliniques (sel de Baker), puis se forment de tout petits cristaux d'une splendide couleur bleue, qui ont la forme d'octaèdres réguliers, toutefois modifiés par les faces du cube, solubles dans l'eau, insolubles dans la solution de fluorure d'ammonium. A 100° ils sont inaltérables, mais chauffés fortement ils se décomposent en donnant des fumées et laissant un résidu brun.

*Fluoxyhypovanadate de cobalt*,

$$VOFl^2.CoFl^2.7H^2O.$$

— On dissout à froid l'anhydride vanadique dans l'acide fluorhydrique, on ajoute au liquide une quantité de carbonate de cobalt un peu inférieure au rapport V : Co, et on filtre. On réduit la solution avec le pôle — de la pile, et quand elle est devenue d'un bleu intense, on la filtre de nouveau et on concentre jusqu'à cristallisation. On obtient ainsi de beaux cristaux prismatiques qui ont le même aspect que ceux du fluoxyhypovanadate de zinc; ils sont vert-bouteille par transparence, violets par réflexion; leur poudre fine est rosée; la solution dans l'eau acidulée par l'acide fluorhydrique est d'un bleu intense, la solution dans l'eau pure tire sur le rose. A 60° il n'a pas perdu de son poids, à 80° il commence à perdre son eau jusqu'à 160°, où il devient anhydre et complètement brun [Piccini et Giorgis, *loc. cit.*].

*Fluoxyhypovanadate de nickel*,

$$VOFl^2.NiFl^2.7H^2O.$$

— Il s'obtient de la même façon en beaux cristaux verts. Sa solution dans l'acide fluorhydrique est vert-céleste. Soumis à l'action de la chaleur, il se comporte comme le composé cobaltique.

Le sel de nickel et celui de cobalt sont isomorphes et peuvent cristalliser mélangés dans la même solution.

*Fluoxyhypovanadate potassique,*

$$VOFl^2 . 2KFl.$$

— En traitant par le fluorure de potassium la solution de métavanadate ammonique réduite par l'acide sulfureux, on obtient par évaporation du liquide bleu des croûtes cristallines bleu-céleste. La purification n'est pas facile; c'est pourquoi les analyses n'ont donné que des chiffres approchés.

Ce sel se produit encore lorsque l'on réduit par le courant la solution de métavanadate d'ammonium dans l'acide fluorhydrique et que l'on y ajoute du fluorhydrate de potassium.

M. Petersen a décrit un fluoxyhypovanadate répondant à la formule $7KFl.3VOFl^2$, qu'il obtient en ajoutant un excès de fluorure de potassium à une solution fluorhydrique de bioxyde de vanadium. En ajoutant au contraire du fluorure de potassium à une solution contenant un excès de fluorure de vanadium, il obtient un autre composé auquel il attribue la formule $VOFl^2 . 2KFl$, et celui-ci, par tous ses caractères, coïncide parfaitement avec le composé décrit par MM. Piccini et Giorgis.

M. Petersen décrit aussi un *fluoxyhypovanadate de sodium* $8NaFl . 3VOFl^2 . 2H^2O$, qu'il prépare comme le sel de potassium, auquel il ressemble. En traitant par le fluorure de sodium en excès la solution de fluorure de vanadium, MM. Piccini et Giorgis ont obtenu des croûtes cristallines dont la composition oscillait assez.

*Fluoxyhypovanadate de zinc,*

$$VOFl^2 . ZnFl^2 . 7H^2O.$$

— Ce composé a été préparé pour la première fois par MM. Piccini et Giorgis en réduisant par le pôle — de la pile une solution fluorhydrique d'acide vanadique et d'oxyde de zinc dans le rapport V : Zn. Le liquide, jaune d'abord, devient vert par réduction, puis bleu et, s'il est suffisamment concentré, il dépose des cristaux prismatiques de forme semblable à celle du fluoxyvanadate de zinc, transparents et d'une belle couleur bleue. Ceux-ci sont solubles dans l'eau à froid; à l'ébullition, ils se décomposent partiellement; la présence de l'acide fluorhydrique empêche cette décomposition, ce qui permet la purification par cristallisation dans l'acide étendu. Les solutions sont bleues et s'oxydent à l'air, mais très lentement. Acidifiées avec l'acide sulfurique, elles réduisent le permanganate. Les cristaux chauffés à 100° ne perdent pas complètement leur eau. En perdant son eau, le sel se décolore, et quand on le remet à nouveau en présence de l'eau, il s'y combine en reprenant sa couleur et dégageant de la chaleur. Traité par l'acide azotique, il se dissout en s'oxydant et dégageant du bioxyde d'azote. En chauffant le liquide à sec, on élimine tout le fluor et il reste comme résidu les éléments du pyrovanadate de zinc ($V^2O^5 . 2ZnO$).

Le *fluoxyhypovanadate de cadmium* se prépare de la même manière et paraît avoir des propriétés identiques.

FLUOXYVANADATES. — *Fluoxyvanadates d'ammonium.* — 1° *Fluoxyvanadate octaédrique,* $VO^2Fl . 3AzH^4Fl.$ — Ce composé peut s'obtenir de différentes façons :

1° Par oxydation spontanée de la solution de fluoxyhypovanadate ammonique octaédrique

$$VOFl^2 . 3AzH^4Fl,$$

qui a été décrit plus haut.

2° Par addition de fluorure d'ammonium à la solution du fluoxyvanadate ammonique lamellaire $2VO^2Fl . 3AzH^4Fl.$

3° En traitant l'acide vanadique par un excès d'acide fluorhydrique et neutralisant par l'ammoniaque quand le liquide est encore chaud. Par refroidissement on obtient, à moins que le liquide ne soit trop dilué, des cristaux octaédriques. L'ammoniaque ne doit pas être ajoutée en excès, autrement il se sépare, en même temps que des cristaux jaunes, une poudre cristalline blanche; l'excès d'ammoniaque décompose les cristaux déjà formés en donnant du métavanadate d'ammonium, rendu presque insoluble par la présence du fluorure d'ammonium.

L'action de l'ammoniaque peut se représenter ainsi :

$$VO^2Fl + 2AzH^3 + H^2O = AzH^4VO^3 + AzH^4Fl.$$

Les cristaux octaédriques jaunes contiennent du vanadium, du fluor, de l'ammoniaque et de l'oxygène. Ils sont solubles dans l'eau et, si on évapore, non à chaud, mais dans le vide sur l'acide sulfurique, on peut l'obtenir très pur. La solubilité dans l'eau est bien diminuée par la présence du fluorure d'ammonium, comme il arrive, en général, pour tous les fluosels contenant 3 molécules de fluorure d'ammonium pour 1 molécule de fluoanhydride.

Chauffé à l'étuve à eau bouillante et séché parfaitement au papier, il ne subit qu'une perte insignifiante de poids. $0^{gr},5828$, traités de cette façon à cette température, pendant 5 heures, ont perdu $0^{gr},002$, soit 0,34 0/0. A mesure que l'on élève la température, la décomposition devient plus forte, la masse brunit, il se répand des fumées blanches qui entraînent du vanadium, et il reste finalement un résidu brun formé d'anhydride vanadique mélangé à des oxydes inférieurs en proportions diverses, selon la rapidité avec laquelle on a chauffé le produit.

2° *Fluoxyvanadate lamellaire,*

$$2VO^2Fl . 3AzH^4Fl.$$

— Ce composé s'obtient en dissolvant l'anhydride vanadique dans une quantité pas trop forte d'acide fluorhydrique, et en ajoutant du fluorure d'ammonium dans une proportion n'excédant pas beaucoup celle indiquée par le rapport $(1,5 V$ pour $1 AzH^4)$. Par la concentration du liquide au bain-marie, il se forme de petites lamelles que l'on obtient plus facilement, en partant directement du métavanadate ammonique, en le dissolvant dans l'acide fluorhydrique étendu et en ajoutant la quantité voulue de fluorure d'ammonium. Avec l'une quelconque des trois méthodes, on obtient des lamelles qui ont les mêmes caractères et la même composition.

Elles sont d'un blanc jaunâtre et brillant; au moment où elles se séparent du liquide, elles semblent occuper un volume beaucoup plus grand qu'une fois desséchées. Elles se dissolvent bien dans l'eau en donnant un liquide jaune, et on peut les faire cristalliser de leur dissolution aqueuse sans altération. Elles se dissolvent dans l'acide fluorhydrique concentré en donnant un liquide beaucoup moins jaune que dans l'acide fluorhydrique étendu, mais cette dernière solution donne un produit différent.

La substance recueillie sur filtre, lavée à l'eau pure et séchée complètement sur du papier buvard, subit à 100° une légère perte de poids; chauffée rapidement à une température de près de 300°, elle émet des fumées blanches contenant du vanadium. Chauffée au contraire peu à peu au bain d'huile, elle se décompose graduellement et laisse enfin un résidu d'anhydride vanadique que l'on purifie par un traitement à l'acide nitrique.

3° *Fluoxyvanadate aciculaire,*

$$2VOFl^3 . 3AzH^4Fl . H^2O.$$

— Ce composé se prépare en dissolvant le fluoxyvanadate octaédrique dans l'acide fluorhydrique à 10 0/0, évaporant doucement au bain-marie et laissant refroidir lentement.

Il cristallise en prismes aciculaires de couleur à peine jaunâtre, qui, lorsqu'ils sont secs, ont un aspect cerise; il attaque le verre immédiatement et sent fortement l'acide fluorhydrique; il est décomposé rapidement par l'acide sulfurique. L'eau pure le dissout, mais la solution aqueuse ne renferme pas la même substance. L'acide fluorhydrique le dissout, mais de cette solution se séparent des produits d'autant plus pauvres en vanadium que l'acide est plus concentré. Cette propriété permet de comprendre la difficulté qu'il y a d'obtenir un corps de composition constante. On y arrive en utilisant la propriété que possède ce sel de grimper le long de la paroi des vases. Les fluoxyvanadates ammoniques ont en effet une singulière tendance à ramper le long des parois des récipients qui contiennent leurs solutions concentrées, et plus que tout autre celui qui nous occupe.

En abandonnant à elle-même une capsule de platine contenant la solution fluorhydrique de fluoxyvanadate ammonique octaédrique, on voit la substance dissoute grimper le long des parois, à mesure que le liquide s'évapore, jusqu'à arriver aux bords, où elle commence à former des efflorescences jaunâtres en forme de petites sphères très légères et constituées par de minuscules cristaux aciculaires disposés radialement. En enlevant ces cristaux au fur et à mesure qu'ils se forment, et en les comprimant entre deux feuilles de papier buvard, sans les laver avec aucun dissolvant, on obtient un produit qui donne à l'analyse des chiffres assez constants.

Le produit, desséché à 100°, perd graduellement un peu de son poids (plus que celui de l'eau correspondante) et subit une décomposition profonde, en abandonnant une partie de son fluor. Chauffé au bain d'huile avec précaution, il laisse un résidu d'anhydride vanadique.

*Fluoxyvanadates de potassium.* — *Fluoxyvanadate de potassium lamellaire,* $2VO^3Fl.3KFl$. — MM. Piccini et Georgis ont préparé ce composé en dissolvant à chaud l'anhydride vanadique dans une solution de fluorhydrate de fluorure de potassium en présence d'une petite quantité d'acide fluorhydrique. Le dépôt cristallin est recueilli, et on le fait de nouveau cristalliser dans l'eau. Il se présente en lamelles jaunes brillantes, solubles dans l'eau en un jaune intense. Il attaque peu le verre et est difficilement décomposé par l'acide sulfurique. Il ne perd pas de son poids à 100°. Au rouge sombre, il fond et perd de l'acide fluorhydrique; chauffé avec de l'acide azotique au bain d'air, il laisse un résidu de vanadate de potassium.

*Fluoxyvanadate de potassium aciculaire.* — Lorsque l'on dissout à chaud dans l'acide fluorhydrique distillé le fluoxyvanadate $2VO^2Fl.3KFl$, on obtient par refroidissement un sel aciculaire dont la composition n'a pu être nettement établie [Piccini et Georgis, *loc. cit.*].

*Fluoxyvanadate de sodium,*

$$VOFl^3.VO^2Fl.3NaFl.H^2O.$$

— M. Petersen n'a pu obtenir ce composé en ajoutant à une solution de fluorure de sodium une solution fluorhydrique d'acide vanadique, ou en neutralisant par la soude caustique une solution d'anhydride vanadique dans l'acide fluorhydrique en excès.

MM. Piccini et Georgis ont préparé ce sel de la façon suivante : On dissout dans l'acide fluorhydrique distillé du carbonate de sodium et de l'anhydride vanadique dans le rapport $2V : 3Na$,

et l'on évapore la solution au bain-marie jusqu'à ce que 10 grammes d'anhydride vanadique se trouvent en présence de 100 centimètres cubes de liquide et on abandonne au repos. A la température ambiante, on obtient une plus ou moins grande quantité de substance qui se sépare sous la forme d'une poudre cristalline dont, après quelques jours, on sépare le liquide par décantation, et que l'on abandonne de nouveau à elle-même. Il se forme alors, avec le temps, des prismes tabulaires assez volumineux, d'un blanc jaunâtre. Ceux-ci, extraits du liquide et séchés rapidement au papier buvard, pulvérisés et remis de nouveau sur du buvard jusqu'à complète dessiccation peuvent servir à l'analyse. On doit noter que pendant la dessiccation la substance s'altère et prend une couleur verdâtre, tandis qu'apparaît l'odeur de l'acide fluorhydrique. Il n'est pas certain que le fluoxysel obtenu soit bien défini, car sa rapide altérabilité empêche d'obtenir des échantillons donnant à l'analyse des résultats rigoureux. P. Lebeau.

**FOLGÉRITE** (Min.). — Voyez PENTLANDITE, Dict., 2, 778.

**FOOTÉITE** (Min.) (Kœnig). — Oxychlorure cuivrique hydraté, $CuCl^2.8Cu(OH)^2.4O^2H$. Aiguilles microscopiques d'un beau bleu indigo, avec paramélaconite, cuprite et limonite, à la mine Copper Queen (Arizona). Caractères de l'atacamite.

*Forme cristalline.* — Prisme clinorhombique : $mm = 131°$, $d^{1/2}d^{1/2} = 133°30'$, $b^{1/2}b^{1/2} = 147°$. Faces : $mg^1e^1b^{1/2}d^{1/2}o^1$. Macles semblables à celles de l'harmotome.

**FORMAZYLIQUES (COMPOSÉS).** — MM. von Pechmann et Bamberger ont donné le nom de *formazyle* au groupement

$$-C \lessgtr \begin{matrix} Az - AzH - \\ Az = Az - \end{matrix}$$

La synthèse des corps qui renferment ce noyau offre un grand intérêt. Ils prennent naissance lorsqu'on fait réagir les diazoïques aromatiques sur les composés cétoniques et aldéhydiques dont la molécule renferme le groupement $-CH^2-CO-$.

Les dérivés formazyliques peuvent s'obtenir par d'autres procédés. M. Pinner en a préparé un certain nombre par oxydation des *hydrazidines* correspondantes; aussi leur a-t-il donné le nom d'*azidines*, qui a été attribué par erreur aux hydrazidines dans un article du 2ᵉ Supplément (1, 388).

ACTION DES DIAZOÏQUES SUR LES COMPOSÉS CÉTONIQUES ET ALDÉHYDIQUES. — Toutes les cétones et les aldéhydes réagissent sur les chlorures de diazobenzène, de diazotoluène, etc.; la combinaison s'effectue molécule à molécule et donne naissance à des sortes d'hydrazones :

$$C^6H^5.Az=Az'.Cl + CH^3.CO.CH^2.CO^2C^2H^5$$

$$= C^6H^5.AzH.Az=\overset{\textstyle CO-CH^3}{\underset{\textstyle CO^2C^2H^5}{C}} + HCl.$$

Ces hydrazones ont été prises pendant longtemps pour des dérivés azoïques; on leur assignait en effet la formule

$$C^6H^5.Az=Az-CH \lessgtr \begin{matrix} CO.CH^3 \\ CO^2C^2H^5 \end{matrix}$$

(2ᵉ Suppl., 1, 392).

Toutes les cétones et aldéhydes qui renferment le groupement $-CH^2-CO-$ sont susceptibles de réagir sur de nouvelles quantités du diazoïque pour donner naissance aux dérivés formazyliques.

MM. Bamberger et Müller ont vérifié cette règle sur un assez grand nombre de corps. Ainsi, ni l'aldéhyde formique $H.CHO$, ni l'aldéhyde iso-butyrique $(CH^3)^2 = CH - CHO$, ni l'aldéhyde ben-zoïque $C^6H^5.CHO$, etc., ne fournissent de combinaisons formazyliques, tandis qu'on en obtient avec l'aldéhyde acétique $H.CH^2.CHO$ et ses homologues linéaires, avec l'acétone

$$H.CH^2.CO.CH^2.H,$$

avec l'acide pyruvique $HCH^2.CO.CO^2H$, avec l'éther acétylacétique, etc. [*D. chem. G.*, **27**, 147].

La condition qui vient d'être énoncée est nécessaire, mais non suffisante; car, si les composés formazyliques prennent toujours naissance lorsqu'on fait agir pendant longtemps le diazoïque en excès sur le composé cétonique en présence d'un alcali libre, on ne les obtient pas toujours lorsqu'on opère en solution acide ou neutre.

La préparation des dérivés formazyliques peut être comparée, dans une certaine mesure, aux synthèses effectuées au moyen de l'acide malonique et de l'éther acétylacétique.

En traitant l'éther acétylacétique monosodé par l'iodure de méthyle, par exemple, on obtient l'éther méthylacétylacétique,

$$CH^3 - CO - CH - CO^2C^2H^5.$$
$$|$$
$$CH^3$$

Si l'on saponifie ce composé par un acide, on obtient de l'alcool, de l'anhydride carbonique et de la méthyléthylcétone; les alcalis le dédoublent au contraire en acide acétique et acide propionique.

Il se passe quelque chose d'analogue dans le cas des dérivés formazyliques : la première molécule du diazoïque se fixe sur le carbone méthylénique en donnant naissance à une hydrazone, puis une deuxième molécule saponifie l'hydrazone en se substituant au groupement qui est éliminé. Suivant la nature de ce groupement, et selon que le milieu sera neutre ou alcalin, on obtiendra l'un ou l'autre des dérivés suivants :

$$CH^3.CO.C - CO^2C^2H^3$$
$$\|\qquad\qquad + C^6H^5.Az = Az.OH$$
$$Az - AzH.C^6H^5$$

$$= \quad C^6H^5.Az = Az - C - CO^2C^2H^5$$
$$\|\qquad\qquad + CH^3.CO^2H,$$
$$Az.AzH - C^6H^5$$

$$CH^3.CO.C - CO^2C^2H^5$$
$$\|\qquad\qquad + C^6H^5.Az = Az.OH$$
$$Az - AzH.C^6H^5$$

$$= \quad CH^3.CO \cdot C - Az = Az.C^6H^5$$
$$\|$$
$$Az - AzH.C^6H^5$$
$$+ CO^2 + C^2H^5.OH.$$

La réaction peut aller encore plus loin, au moins dans certaines conditions. Un troisième résidu diazoïque peut se substituer au radical carboxéthyle ou acétyle pour donner du *formazylazobenzène*, suivant les équations

$$C^6H^5.Az = Az.C - CO^2C^2H^5$$
$$\|\qquad\qquad + C^6H^5.Az = Az.OH$$
$$Az.AzH.C^6H^5$$

$$= \quad C^6H^5.Az = Az.C.Az = Az.C^6H^5$$
$$\|$$
$$Az.AzH.C^6H^5$$
$$+ C^2H^5.OH + CO^2,$$

$$CH^3 \quad CO.C.Az = Az.C^6H^5$$
$$\|\qquad\qquad + C^6H^5.Az = Az.OH$$
$$Az - AzH.C^6H^5$$

$$= \quad C^6H^5.Az = Az.C.Az = Az.C^6H^5$$
$$\|\qquad\qquad + CH^3.CO^2H.$$
$$Az.AzH.C^6H^5$$

Si cette manière d'envisager la réaction est conforme à la réalité, on devra obtenir le même dérivé formazylique à partir de l'acide malonique et de l'acide acétylacétique, par exemple. C'est en effet ce que l'on constate : dans le premier cas il se dégage de l'anhydride carbonique, et dans le second de l'acide acétique :

$$CO^2H.CH^2.CO^2H + 2 C^6H^5.Az = Az.OH$$
$$= 2 CO^2 + \quad H.C - Az = Az.C^6H^5$$
$$\|\qquad\qquad + 2 H^2O,$$
$$Az - AzH.C^6H^5$$

$$CH^3.CO.CH^2.CO^2H + 2 C^6H^5.Az = Az.OH$$
$$= CH^3.CO^2H + \quad H.C - Az = Az.C^6H^5$$
$$\|$$
$$Az - AzH.C^6H^5$$
$$+ CO^2 + H^2O.$$

Les conditions dans lesquelles ces substitutions se font ont été déterminées d'une façon très précise par MM. von Pechmann et K. Jennisch [*D. chem. G.*, **24**, 3255]. Elles peuvent être résumées ainsi :

Le groupement diazoïque $R - Az = Az -$ peut être substitué à un atome d'hydrogène du groupement $- CH^2.CO -$, en solution acétique; on n'obtient jamais qu'une hydrazone, quel que soit l'excès de diazoïque qu'on emploie.

En présence des carbonates alcalins, le radical diazoïque se substitue au carboxyle libre $CO^2H$, à l'acétyle, au propionyle, et même à un atome d'hydrogène dans certains cas, mais jamais au carboxéthyle ni au benzoyle.

Ces deux dernières substitutions s'effectuent seulement en présence d'un alcali libre, et au bout d'un certain temps.

Ainsi, en traitant l'acide benzoylacétique par un excès de chlorure de diazobenzène en solution acétique, on obtient l'*hydrazone benzoylglyoxylique*,

$$C^6H^5.CO.CH^2.CO^2H + n.C^6H^5.Az = Az.Cl$$
$$= \quad C^6H^5.CO.C.CO^2H + (n-1) C^6H^5.Az = Az.Cl$$
$$\|$$
$$Az - AzH.C^6H^5$$
$$+ HCl.$$

En présence d'un carbonate alcalin, on obtient la *formazylbenzoylcétone*,

$$C^6H^5.CO.CH^2.CO^2H + n C^6H^5.Az = Az.OH$$
$$= \quad C^6H^5.CO.C.Az = Az.C^6H^5$$
$$\|\qquad\qquad + CO^2 + 2 H^2O$$
$$Az - AzH.C^6H^5$$
$$+ (n - 2) C^6H^5.Az = Az.OH.$$

Enfin, en présence de potasse caustique, et après un certain temps, il se forme le *phénylazoformazyle* ou *formazylazobenzène*,

$$C^6H^5.CO.CH^2.CO^2H + 3 C^6H^5Az = Az.OH$$
$$= \quad C^6H^5.Az = Az.C.Az = Az.C^6H^5$$
$$\|\qquad\qquad + C^6H^5.CO^2H$$
$$Az - AzH.C^6H^5$$
$$+ CO^2 + 2 H^2O.$$

D'après M. von Pechmann, la substitution du groupe diazoïque au carboxéthyle et au benzoyle ne s'effectue pas immédiatement en solution alcaline diluée.

Dans les équations précédentes, le réactif diazoïque a été écrit sous la forme de l'hydrate $C^6H^5 . Az = Az . OH$, afin de montrer que la réaction a lieu en solution alcaline.

Malgré la vraisemblance de la théorie de MM. von Pechmann et Bamberger, il reste à éclaircir un point qui paraît être en désaccord avec la constitution des dérivés formazyliques adoptée par ces auteurs. Lorsqu'on prépare le formazylazobenzène à partir de l'hydrazone de l'éther acétylacétique, par exemple,

$$CH^3 . CO . C . CO^2H$$
$$\|$$
$$Az - AzH . C^6H^5$$

l'atome d'hydrogène du résidu hydrazinique ne paraît pas prendre part à la réaction; on devrait par conséquent pouvoir préparer des dérivés formazyliques à partir des hydrazones substituées, telles que les suivantes :

$$CH^3 . CO . C . CO^2H$$
$$\|$$
$$Az . Az \big\langle \begin{matrix} CH^3 \\ C^6H^5 \end{matrix}$$

$$CH^3 . CO . C . CO^2H$$
$$\|$$
$$Az . Az \big\langle \begin{matrix} CO . C^6H^5 \\ C^6H^5 \end{matrix}$$

Or les hydrazones du premier type *ne réagissent pas* sur les diazoïques; celles du deuxième type sont d'abord saponifiées, et fournissent alors les mêmes dérivés que les hydrazones primaires dont elles dérivent.

Il y a donc là une lacune que les travaux de M. von Pechmann n'ont encore pu combler.

L'action des diazoïques sur les composés cétoniques en solution alcaline permet de préparer des dérivés formazyliques mixtes, tels que le suivant :

$$C^6H^5 . Az = Az - C \big\langle \begin{matrix} Az = Az . C^6H^5 \\ Az - AzH . C^6H^4CH^3 \end{matrix}$$

Ces dérivés présentent des phénomènes de tautomérie très remarquables.

AUTRES MODES DE PRÉPARATION DES DÉRIVÉS FORMAZYLIQUES. — 1° Les premiers corps de cette classe ont été obtenus par M. Pinner en oxydant les hydrazidines correspondantes (voyez ce mot) :

$$R - C \big\langle \begin{matrix} AzH - AzH . R_{(1)} \\ Az - AzH . R_{(2)} \end{matrix} + O$$

$$= H^2O + R - C \big\langle \begin{matrix} Az = Az . R_{(1)} \\ Az - AzH . R_{(2)} \end{matrix}$$

[*D. chem. G.*, **17**, 183, 1002].

2° M. von Pechmann a préparé l'hydrure de diphénylformazyle en chauffant un mélange de formiate d'éthyle et de phénylhydrazine. On peut admettre la formation intermédiaire d'une phénylhydrazide :

$$C^6H^5 . AzH . AzH^2 + HCO^2C^2H^5$$

$$= C^2H^5OH + HC \big\langle \begin{matrix} AzH . AzH . C^6H^5 \\ O \end{matrix}$$

$$H . C \big\langle \begin{matrix} AzH . AzH . C^6H^5 \\ O \end{matrix} + C^6H^5 . AzH . AzH^2 + O$$

$$= H . C \big\langle \begin{matrix} Az = Az . C^6H^5 \\ Az - AzH . C^6H^5 \end{matrix} + 2H^2O$$

[*D. chem. G.*, **25**, 3175].

3° M. Bamberger a obtenu du *diphénylformazylbenzène* en chauffant la benzénylamidoxime

avec la phénylhydrazine; il se forme en même temps de la benzoylphénylhydrazine :

$$C^6H^5 . C \big\langle \begin{matrix} AzH^2 \\ Az(OH) \end{matrix} + 2 C^6H^5 . HAz . AzH^2$$

$$= C^6H^5 . C \big\langle \begin{matrix} Az = Az . C^6H^5 \\ Az - AzH . C^6H^5 \end{matrix} + 2 AzH^3 + H^2O.$$

Ce mode de synthèse a été signalé par M. Pinner.

4° Certains dérivés formazyliques peuvent encore être obtenus en faisant réagir la phénylhydrazine sur les phénylhydrazones; c'est ainsi qu'avec la chlorométhylbenzène-phénylhydrazone, M. von Pechmann a obtenu du *diphénylformazylbenzène* :

$$C^6H^5 . CCl = Az . AzH . C^6H^5 + C^6H^5 . HAz . AzH^2 + O$$

$$= HCl + C^6H^5 . C \big\langle \begin{matrix} Az - AzH . C^6H^5 \\ Az = Az . C^6H^5 \end{matrix} + H^2O.$$

Mais le procédé le plus pratique est celui qui a été indiqué en premier lieu, et qui consiste à faire réagir en solution alcaline les diazoïques sur les hydrazones primaires.

NOMENCLATURE. — Le radical

$$- C \big\langle \begin{matrix} Az - AzH - \\ Az = Az - \end{matrix}$$

étant désigné sous le nom de *formazyle*, les dérivés seront appelés très simplement en faisant précéder ce nom de ceux des noyaux rattachés aux atomes d'azote, en ajoutant les lettres *h* (hydrazine) et *a* (azoïque) pour préciser la place de la substitution. Quant au reste, on suivra les règles de la nomenclature habituelle.

Ainsi le composé

$$CO^2H . C \big\langle \begin{matrix} Az - AzH . C^6H^4 . CH^3 \, (p) \\ Az = Az - C^6H^4 . AzO^2 \, (m) \end{matrix}$$

s'appellera *acide p-tolyle-h-m-nitrophényle-formazylformique*; les composés

$$CH^3 . CO . C \big\langle \begin{matrix} Az - AzH - C^6H^5 \\ Az = Az - C^6H^5 \end{matrix}$$

et

$$H . C \big\langle \begin{matrix} Az - AzH - C^7H^7 \\ Az = Az - C^7H^7 \end{matrix}$$

recevront les noms respectifs de *diphénylformazyl-méthylcétone* et d'*hydrure de ditolylformazyle*.

Les hydrazines du type

$$R - C \big\langle \begin{matrix} Az - AzH . R_{(1)} \\ AzH - AzH . R_{(2)} \end{matrix}$$

ont été décrites sous le nom d'*azidines*, qui devrait peut-être leur être réservé définitivement, tandis qu'on conserverait le nom d'*hydrazidines* pour les composés tels que le suivant :

$$C^6H^5 . C \big\langle \begin{matrix} AzH \\ AzH - AzH . R \end{matrix} \quad \text{ou} \quad C^6H^5 . C \big\langle \begin{matrix} AzH^2 \\ Az - AzH . R \end{matrix}$$

On supprimerait alors le nom d'*amidrazone*, qui a été proposé par M. Bamberger.

PROPRIÉTÉS GÉNÉRALES DES COMPOSÉS FORMAZYLIQUES. — Les composés formazyliques sont bien cristallisés et doués d'une coloration intense qui varie du rouge orangé au rouge violacé. Ils sont insolubles dans l'eau, mais ils se dissolvent assez facilement dans la plupart des dissolvants organiques.

Le noyau formazylique contient un groupement imidé AzH, dont l'hydrogène peut être remplacé par un atome métallique. Ainsi, une solution alcoolique d'un dérivé formazylique qui est colorée en jaune orangé, vire au pourpre lorsqu'on l'additionne d'un alcali, par suite de la formation d'un sel. Toutefois ces solutions sont dissociées par un excès d'eau, qui précipite le dérivé formazylique inaltéré.

Il en est de même des solutions de ces dérivés dans les acides minéraux concentrés. Ainsi, tous les composés formazyliques se dissolvent dans l'acide sulfurique concentré avec une coloration bleu-violet qui passe d'abord au rouge et qui finit par disparaître lorsqu'on étend d'eau la solution.

Les composés formazyliques fournissent des dérivés acétylés lorsqu'on les chauffe avec de l'anhydride acétique et du chlorure de zinc.

Les acides minéraux transforment les dérivés formazyliques en triazines, en leur enlevant une molécule d'aniline (ou de toluidine) :

$$CH^3 . C \underset{Az = Az . C^6H^5}{\overset{Az - Az H . C^6H^5}{<}}$$

$$= CH^3 . C \left[ \text{Az} \cdots \text{Az} \cdots \text{Az (triazine)} \right] + Az H^2 C^6 H^5.$$

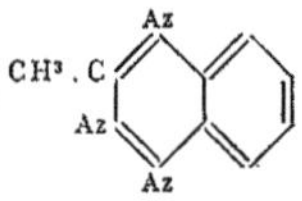

Les réducteurs peuvent agir de deux façons différentes :

En solution acide, c'est-à-dire avec la poudre de zinc et l'acide acétique ou sulfurique, les dérivés formazyliques se dédoublent en phényl-hydrazine et hydrazide :

$$R . C \underset{Az = Az . C^6H^5}{\overset{Az - Az H . C^6H^5}{<}} + H^2 + H^2O$$

$$= H^2Az . Az H . C^6H^5 + R . CO . Az H . Az H . C^6H^5$$

[H. von Pechmann].

Si l'on emploie le sulfure d'ammonium en solution alcoolique, on obtient de l'aniline et une hydrazidine (ou amidrazone). L'hydrogénation porte alors sur le radical diazoïque :

$$R . C \underset{Az = Az . C^6H^5}{\overset{Az - Az H . C^6H^5}{<}} + 2 H^2$$

$$= R . C \underset{Az H^2}{\overset{Az - Az H . C^6H^5}{<}} + C^6 H^5 . Az H^2$$

(E. Bamberger et P. de Gruyter).

Les oxydants (oxyde jaune de mercure, permanganate de potassium, etc.) transforment les dérivés formazyliques en dérivés du tétrazolium. Cette réaction peut s'expliquer en admettant que l'atome d'hydrogène du groupement imidé passe à l'état d'oxhydryle, et qu'il subit alors une migration moléculaire en même temps que la chaîne se ferme :

$$R . C \underset{Az = Az . C^6H^5}{\overset{Az - Az H . C^6H^5}{<}} + O$$

$$= R . C \underset{Az = Az - C^6H^5}{\overset{Az - Az \underset{OH}{\overset{C^6H^5}{<}}}{<}}$$

$$= R . C \underset{Az = Az \underset{C^6H^5}{\overset{OH}{<}}}{\overset{Az - Az - C^6H^5}{<}}$$

Ces composés du tétrazolium constituent des bases fortes ; il a été impossible de les transformer en tétrazol, car, lorsqu'on cherche à leur enlever une molécule de phénol, on les décompose complètement et l'on n'obtient que de l'azobenzène.

Tout récemment cependant, MM. von Pechmann et Wedekind ont réussi à effectuer cette transformation en partant, non pas du triphényl-

tétrazolium, mais des dérivés du diphénoxytétrazolium

$$R . C \underset{Az = Az \underset{Cl}{\overset{C^6H^4 . OH}{<}}}{\overset{Az - Az - C^6H^4 . OH}{<}}$$

qui seront décrits plus loin.

DÉRIVÉS DU DIPHÉNYLFORMAZYLE.

HYDRURE DE DIPHÉNYLFORMAZYLE,

$$H . C \underset{Az = Az . C^6H^5}{\overset{Az - Az H . C^6H^5}{<}}$$

— Ce composé s'obtient de plusieurs façons :

1° Lorsqu'on fait agir le formiate d'éthyle sur la phénylhydrazine, le produit principal de la réaction est constitué par de la formylphénylhydrazine, mais il se forme aussi de l'hydrure de diphénylformazyle (40 0/0). Les proportions à employer sont les suivantes : 1 partie de formiate, 3 parties de phénylhydrazine et 8 parties d'alcool ; on chauffe le tout au bain-marie pendant 24 heures, on filtre et on précipite l'hydrure par l'eau (von Pechmann).

M. R. Walter a montré qu'on pouvait substituer dans cette préparation l'orthoformiate d'éthyle au formiate [*J. prakt. Chem.*, (2), 53, 472].

2° On obtient de l'hydrure en maintenant pendant quelque temps l'acide diphénylformazylformique au-dessus de son point de fusion :

$$CO^2H . C \underset{Az = Az . C^6H^5}{\overset{Az - Az H . C^6H^5}{<}}$$

$$= H . C \underset{Az = Az . C^6H^5}{\overset{Az - Az H . C^6H^5}{<}} + CO^2.$$

On peut également faire agir la potasse sur l'acide diphénylformazylformique (Bamberger).

3° Le procédé le plus pratique pour préparer l'hydrure de diphénylformazyle consiste à faire agir l'acétate de diazobenzène (1 mol.) sur une solution aqueuse d'acide malonique (1 mol.) refroidie à 0° et additionnée d'acétate de sodium (2 mol.). Il se précipite une certaine quantité d'hydrure, qu'on filtre ; la liqueur est additionnée d'une nouvelle portion de diazoïque (0mol,5), ce qui occasionne un nouveau précipité, et ainsi de suite, jusqu'à ce qu'on n'obtienne plus rien. On réduit chaque fois de moitié la proportion du diazoïque : sans cela il se forme du phénylazo-diphénylformazyle.

L'action du diazobenzène sur l'acide malonique peut être représentée par l'équation suivante :

$$CO^2H - CH^2 - CO^2H + 2 C^6H^5 . Az = Az . OH$$

$$= H . C \underset{Az = Az . C^6H^5}{\overset{Az - Az H . C^6H^5}{<}} + 2 CO^2 + 2 H^2O$$

(von Pechmann).

Pour purifier l'hydrure de diphénylformazyle, on le fait cristalliser dans un mélange de benzène et de ligroïne.

Ce composé se présente sous la forme d'aiguilles rouges douées d'un reflet violet, qui se ramollissent vers 100° et qui fondent vers 119°. Il se dissout dans la plupart des dissolvants organiques, à l'exception de la ligroïne, et dans les acides minéraux avec une coloration d'un bleu intense qui passe au rouge par addition d'eau ; il est peu soluble dans l'eau. Les alcalis colorent en un rouge intense sa solution alcoolique en formant des sels qui sont dissociés par l'eau.

Si l'on additionne d'azotate d'argent une solution alcoolique d'hydrure de diphénylformazyle, on obtient un précipité rouge-brique, peu soluble dans l'alcool froid, qui est réduit par l'alcool bouillant, et qui répond sensiblement à la formule

$$H.C \underset{Az=Az \cdot C^6H^5}{\overset{Az-AzH \cdot C^6H^5}{\lessgtr}} + AgAzO^3.$$

Le *dérivé acétylé* de l'hydrure de diphénylformazyle peut être obtenu de deux façons :

1° En chauffant pendant une demi-heure au bain-marie un mélange d'acide formazylformique (1 partie) et d'anhydride acétique :

$$CO^2H.C \underset{Az=Az \cdot C^6H^5}{\overset{Az-AzH \cdot C^6H^5}{\lessgtr}} + (CH^3CO)^2O$$

$$= CO^2 + H.C \underset{Az=Az \cdot C^6H^5}{\overset{Az-Az(COCH^3) \cdot C^6H^5}{\lessgtr}}$$

$$+ CH^3.CO^2H.$$

2° En chauffant l'hydrure avec un mélange d'acide et d'anhydride acétique en présence de chlorure de zinc, jusqu'à ce que la coloration rouge vire au brun. On précipite ensuite par l'eau.

L'acétate ainsi obtenu cristallise en aiguilles orangées, fusibles à 188-189°, solubles dans l'alcool, l'acétone, le chloroforme, le benzène, l'acide acétique et l'éther chaud. Il se dissout aussi dans l'acide sulfurique concentré avec une coloration bleu foncé; la soude alcoolique le saponifie facilement.

Lorsqu'on chauffe l'hydrure de diphénylformazyle (1 partie) avec un mélange d'anhydride acétique (3-4 parties) et de zinc en poudre (0⁹,5) jusqu'à décoloration complète, on obtient le *dérivé diacétylé de l'azidine correspondante*,

$$HC \underset{Az^2H(COCH^3) \cdot C^6H^5}{\overset{Az-Az(COCH^3) \cdot C^6H^5}{\lessgtr}}$$

sous la forme de paillettes rhombiques, fusibles à 197°, solubles dans l'alcool, insolubles dans l'eau. Ce composé se dissout dans l'acide sulfurique concentré sans donner de coloration au premier moment, mais la teinte finit par virer au bleu. La dissolution alcoolique est colorée en rouge par les alcalis.

La constitution de ce dérivé acétylé est démontrée par le fait qu'on peut l'obtenir aussi en chauffant le dérivé acétylé de l'hydrure avec du zinc et de l'acide acétique.

Si l'on opère en solution benzénique, on obtient un *monoacétate*

$$H.C \underset{Az^2H(COCH^3) \cdot C^6H^5}{\overset{Az-AzH \cdot C^6H^5}{\lessgtr}}$$

qui n'est pas coloré par le chlorure ferrique, et qui ne doit, par conséquent, plus renfermer le résidu phénylhydrazinique $-HAz-AzH.C^6H^5$. Ce monoacétate peut être transformé facilement en le diacétate déjà décrit, lorsqu'on le chauffe avec de l'anhydride acétique [H. von Pechmann, *D. chem. G.*, **25**, 3175].

*Produits d'oxydation de l'hydrure de diphénylformazyle.* — L'oxydation de l'hydrure de diphénylformazyle donne naissance aux *sels de diphényltétrazolium*. Cette oxydation peut être effectuée de plusieurs manières : la plus avantageuse consiste à mélanger à froid 1 molécule d'hydrure avec un excès d'alcool et 2 molécules de nitrite d'amyle; on ajoute ensuite en refroidissant une solution alcoolique de gaz chlorhydrique renfermant environ 1ᵐᵒˡ,5 de ce dernier, et l'on chauffe ensuite pendant 2 ou 3 heures pour terminer la réaction. On étend d'eau, on chasse l'alcool par distillation, on évapore à sec, on reprend le résidu avec l'alcool et l'on précipite ensuite par l'éther.

La réaction peut se représenter de la façon suivante :

$$H.C \underset{Az=Az \cdot C^6H^5}{\overset{Az \quad AzH \cdot C^6H^5}{\lessgtr}} + HCl + O$$

$$= H.C \underset{Az=Az \cdot \underset{C^6H^5}{\overset{Cl}{\diagdown}}}{\overset{Az-Az-C^6H^5}{\diagup}} + H^2O.$$

Le *chlorure de diphényltétrazolium* s'obtient aussi, avec un bon rendement (85 0/0), en chauffant le chlorhydrate de l'éther diphényltétrazolium-carbonique (voyez plus loin) avec de l'acide chlorhydrique concentré.

On peut enfin le préparer en chauffant à 160-180° le chlorhydrate de l'acide diphényltétrazolium-carbonique avec de l'alcool ou avec de l'acide chlorhydrique dilué :

$$CO^2H.C \overset{Az-Az-C^6H^5}{\underset{Az=Az \overset{C^6H^5}{\underset{Cl}{\diagdown}}}{\diagup}}$$

$$= CO^2 + H.C \overset{Az-Az-C^6H^5}{\underset{Az=Az \overset{Cl}{\underset{C^6H^5}{\diagdown}}}{\diagup}}$$

Le chlorure de diphényltétrazolium cristallise en aiguilles brillantes, qui fondent vers 268° en se décomposant et qui jaunissent à la lumière. Il ne se dissout que dans l'eau, l'alcool et l'acétone.

Ses solutions aqueuses ne sont pas précipitées par les bromures ni par les carbonates alcalins; avec les nitrates, les nitrites, les sulfates, les chromates et les phosphates, on obtient, après quelque temps, des dépôts cristallins. L'iodure de potassium fournit un précipité jaune, le permanganate un précipité violet, et l'acide picrique un précipité jaune.

Le chlorure de diphényltétrazolium s'unit à l'iodure de potassium ioduré en donnant un *produit d'addition iodé*, qui cristallise dans l'alcool en paillettes brunes douées d'un reflet violet, fusibles à 167°.

L'oxyde d'argent décompose le chlorure en mettant en liberté une base d'ammonium quaternaire qui précipite les sels métalliques tout comme les alcalis fixes.

La potasse alcoolique réduit le chlorure de diphényltétrazolium en le colorant en rouge; le sulfure d'ammonium le transforme en hydrure de diphénylformazyle.

Le *chloroplatinate*, $(C^{13}H^{11}Az^4Cl)^2 PtCl^4$, cristallise en prismes orangés, solubles dans l'eau bouillante.

Le *chloraurate*, $C^{13}H^{11}Az^4Cl.AuCl^3$, se présente sous la forme de prismes d'un jaune d'or, solubles dans l'alcool, fusibles vers 209° en se décomposant.

L'*iodure*, $C^{13}H^{11}Az^4.I$, s'obtient en précipitant une solution du chlorure au moyen de l'iodure de potassium; il cristallise en aiguilles jaunes, solubles dans l'eau, qui fondent à 237° en se décomposant.

L'*azotate*, $C^{13}H^{11}Az^4.AzO^3$, se prépare d'une façon analogue, ou en chauffant le nitrate de l'acide diphényltétrazolium-carbonique avec de l'alcool; il se présente sous la forme d'aiguilles incolores, solubles dans un mélange d'alcool et d'éther.

Tous ces sels se décomposent à la distillation sèche en donnant de l'azobenzène [H. von Pechmann et P. Runge].

*Produits de réduction de l'hydrure de diphénylformazyle.* — L'hydrure, comme tous les autres dérivés formazyliques, donne naissance à des produits de réduction très différents, selon qu'on emploie le zinc et les acides, ou le sulfure d'ammonium.

1° Dans le premier cas, la réduction se passe comme avec une hydrazone quelconque, c'est-à-dire que l'on obtient de la phénylhydrazine et la phénylhydrazide correspondante :

$$H.C\begin{cases} Az-AzH.C^6H^5 \\ Az=Az.C^6H^5 \end{cases} + H^2O + H^2$$
$$= H^2Az.AzH.C^6H^5 + HCO.HAz.AzH.C^6H^5.$$

Il y a donc fixation d'eau en même temps qu'hydrogénation et la première précède certainement la seconde, car les dérivés formazyliques mixtes fournissent un mélange de 4 corps, ce qui ne peut s'expliquer si l'on admet que l'hydrogénation précède l'hydratation (voyez plus loin).

Pour réduire l'hydrure de diphénylformazyle, on ajoute à sa solution alcoolique refroidie de la poudre de zinc, puis de l'acide sulfurique à 10 0/0. par petites portions, jusqu'à ce que la liqueur soit complètement décolorée. On termine la réaction en chauffant au bain-marie pendant quelques minutes, puis on filtre, on étend d'eau et l'on épuise la solution au moyen de l'éther. Celui-ci dissout la *formylphénylhydrazine* qui s'est formée, et qui cristallise par évaporation en paillettes brillantes, fusibles à 145°, solubles dans les alcalis, l'alcool et le benzène. Les eaux mères acides renferment de la phénylhydrazine.

Si l'on traite le dérivé acétylé de l'hydrure de diphénylformazyle par le zinc et l'acide sulfurique, on obtient un mélange de formylphénylhydrazine et d'acétylphénylhydrazine :

$$H.C\begin{cases} Az-Az(COCH^3).C^6H^5 \\ Az=Az.C^6H^5 \end{cases} + H^2O + H^2$$
$$= HCO.HAz.AzH.C^6H^5 + H^2Az.Az(COCH^3).C^6H^5.$$

Cette dernière base cristallise en tables quadratiques ou en prismes fusibles à 125-126°, solubles dans les dissolvants organiques et dans l'eau, insolubles dans les alcalis. Elle forme des sels très déliquescents, et n'est pas colorée par le chlorure ferrique. Elle s'unit à l'aldéhyde benzylique pour donner la *benzylidène–acétylphénylhydrazone* $C^6H^5.CH=Az.Az(COCH^3).C^6H^5$ de M. Schröder [*D. chem. G.*, 17, 209].

Lorsqu'on réduit le même dérivé acétylé par le zinc et un acide faible, tel que l'acide formique, on obtient de petites quantités d'acétanilide (von Pechmann et Runge).

2° La réduction de l'hydrure de diphénylformazyle par le sulfure d'ammonium donne naissance à la *phénylhydrazidine*, d'après MM. Bamberger et Lorenzen :

$$H.C\begin{cases} Az=Az.C^6H^5 \\ Az-AzH.C^6H^5 \end{cases} + 2H^2$$
$$= H.C\begin{cases} AzH^2 \\ Az-AzH.C^6H^5 \end{cases} + C^6H^5.AzH^2.$$

L'hydrure de diphénylformazyle est susceptible de réagir sur le chlorure de diazobenzène en solution alcaline en donnant naissance au *phénylazodiphénylformazyle*,

$$H.C\begin{cases} Az=Az.C^6H^5 \\ Az-AzH.C^6H^5 \end{cases} + C^6H^5.Az=Az.OH$$
$$= C^6H^5.Az=Az.C\begin{cases} Az=Az.C^6H^5 \\ Az-AzH.C^6H^5 \end{cases} + H^2O.$$

MÉTHYLDIPHÉNYLFORMAZYLE (*diphénylformazylméthane*),

$$CH^3.C\begin{cases} Az-AzH.C^6H^5 \\ Az=Az.C^6H^5 \end{cases}$$

— Ce composé s'obtient, avec un rendement de 87 0/0, en faisant réagir en solution alcaline le chlorure de diazobenzène sur la phénylhydrazone de l'acide pyruvique :

$$\begin{array}{c} CH^3-C-CO^2H \\ \| \\ Az-AzH.C^6H^5 \end{array} + C^6H^5.Az=Az.OH$$
$$= \begin{array}{c} CH^3.C-Az=Az.C^6H^5 \\ \| \\ Az-AzH.C^6H^5 \end{array} + CO^2 + H^2O.$$

Le méthyldiphénylformazyle cristallise en longues aiguilles orangées, douées d'un reflet bleuâtre, fusibles vers 120-121°. Il est soluble dans l'alcool bouillant, le benzène, le chloroforme et l'acétone; il est peu soluble dans la ligroïne et insoluble dans l'eau. L'acide sulfurique concentré le dissout avec une coloration bleu-verdâtre, qui vire au rouge par addition d'eau.

Le méthyldiphénylformazyle possède des propriétés à la fois acides et basiques. Il donne avec l'azotate d'argent en solution alcoolique un précipité blanc très altérable; il est donc bien moins stable que l'hydrure correspondant ; d'ailleurs ses solutions alcooliques se décomposent spontanément, en donnant naissance à des produits résineux et à de l'acétamide. La même transformation s'effectue plus lentement lorsqu'on conserve du méthyldiphénylformazyle sec pendant quelques mois.

Ce composé a été obtenu en petite quantité en traitant par le chlorure de diazobenzène en solution alcaline, soit l'*hydrazone du biacétyle*,

$$\begin{array}{c} CH^3.CO.C.CH^3 \\ \| \\ Az-AzH.C^6H^5 \end{array} + C^6H^5.Az^2OH$$
$$= \begin{array}{c} CH^3.C-Az=Az.C^6H^5 \\ \| \\ Az-Az.C^6H^5 \end{array} + CH^3 CO^2H,$$

soit l'*acide méthylacétylacétique*,

$$CH^3.CO.CH\begin{cases} CH^3 \\ CO^2H \end{cases} + 2C^6H^5.Az^2OH$$
$$= CH^3.CO^2H + CO^2 + H^2O + C^6H^5Az^2.C\begin{cases} CH^3 \\ Az^2H.C^6H^5 \end{cases}$$

[Eug. Bamberger et Jens Müller].

PHÉNYLDIPHÉNYLFORMAZYLE (*diphénylformazylbenzène*),

$$C^6H^5.C\begin{cases} Az-AzH.C^6H^5 \\ Az=Az.C^6H^5 \end{cases}$$

— Ce composé a été préparé pour la première fois par M. Wislicenus en faisant réagir le chlorure de diazobenzène sur une solution alcoolique bien refroidie de benzylidène-hydrazone à laquelle on a ajouté la quantité équimoléculaire d'éthylate de sodium. La réaction est représentée par l'équation

$$C^6H^5.CH=Az.AzH.C^6H^5 + C^6H^5.Az=Az.Cl$$
$$= C^6H^5.C\begin{cases} Az-AzH.C^6H^5 \\ Az=Az.C^6H^5 \end{cases} + HCl$$

[*D. chem. G.*, 25, 3456].

M. E. Bamberger a obtenu un mélange de phényldiphénylformazyle et de benzoylphénylhydrazine en chauffant au réfrigérant ascendant pendant une demi-heure un mélange de benzénylamidoxime (6 gr.), d'acide acétique à 10 0/0 (40 gr.) et de phénylhydrazine (6 gr.) :

$$C^6H^5.C\begin{cases} AzH^2 \\ Az.OH \end{cases} + 2C^6H^3.HAz-AzH^2$$
$$= C^6H^5.C\begin{cases} Az=Az.C^6H^5 \\ Az.AzH.C^6H^5 \end{cases} + 2AzH^3 + H^2O.$$

Le phényldiphénylformazyle se précipite sous la forme d'une poudre rouge qu'on sépare par filtration et qu'on fait cristalliser dans l'alcool bouillant. Les eaux mères renferment de la benzoylphénylhydrazine.

D'après M. Bamberger, la réaction s'effectue en plusieurs phases ; la benzénylamidoxime réagit sur une molécule d'hydrazine en donnant naissance à la phénylhydrazidine :

$$C^6H^3 . C{\Big<}{\begin{array}{l}AzH^2\\ AzOH\end{array}} + C^6H^5 . AzH . AzH^2$$
$$= C^6H^5 . C{\Big<}{\begin{array}{l}AzH^2\\ Az-AzH . C^6H^5\end{array}} + AzH^2OH\,;$$

celle-ci se transforme en benzoylphénylhydrazine :

$$C^6H^5 . C{\Big<}{\begin{array}{l}AzH^2\\ Az-AzH . C^6H^5\end{array}} + H^2O$$
$$= C^6H^5 . C{\Big<}{\begin{array}{l}O\\ AzH-AzH . C^6H^5\end{array}} + AzH^3,$$

et la benzoylphénylhydrazine réagit sur une nouvelle molécule de phénylhydrazine en donnant naissance à l'azidine, qui s'oxyde ensuite aux dépens de l'hydroxylamine pour former le composé formazylique

$$C^6H^3 . C{\Big<}{\begin{array}{l}AzH^2\\ Az-AzH . C^6H^5\end{array}} + C^6H^5 . HAz . AzH^2$$
$$= C^6H^5 . C{\Big<}{\begin{array}{l}AzH-AzH . C^6H^5\\ Az-AzH . C^6H^5\end{array}} + AzH^3,$$
$$C^6H^5 . C{\Big<}{\begin{array}{l}AzH-AzH . C^6H^5\\ Az-AzH . C^6H^5\end{array}} + AzH^2OH$$
$$= AzH^3 + H^2O + C^6H^5 . C{\Big<}{\begin{array}{l}Az=Az . C^6H^5\\ Az-AzH . C^6H^5\end{array}}$$

[D. chem. G., 27, 161].

On obtient également du phényldiphénylformazyle en faisant réagir le chlorure de diazobenzène (1gr,5) sur une solution aqueuse très diluée de nitroformazyle (2gr,7) et de potasse alcoolique (4 gr. de potasse dissous dans 40 cent. cubes d'alcool absolu). Il se dépose d'abord une certaine quantité de benzène-azodiphénylformazyle, qu'on sépare par filtration, puis du phényldiphénylformazyle à peu près pur. Les rendements sont assez mauvais.

La réaction peut s'écrire de la façon suivante :

$$AzO^2 . C{\Big<}{\begin{array}{l}Az-AzH . C^6H^5\\ Az=Az . C^6H^5\end{array}} + C^6H^5 . Az=AzOH$$
$$= C^6H^5 . C{\Big<}{\begin{array}{l}Az-AzH . C^6H^5\\ Az=Az . C^6H^5\end{array}} + Az^2 + AzO^3H$$

[E. Bamberger].

M. von Pechmann a préparé le diphénylformazylbenzène en faisant réagir la phénylhydrazine sur *l'hydrazone du chlorure de benzoyle,*

$$C^6H^5 . CCl=Az-AzH-C^6H^5.$$

Celle-ci s'obtient, avec divers produits secondaires, en traitant la benzoylphénylhydrazine par le perchlorure de phosphore. Elle cristallise en prismes fusibles à 131°, insolubles dans l'eau, solubles dans l'alcool et dans l'acétone, et se comporte dans beaucoup de cas comme un chlorure d'acide.

On la transforme en diphénylformazylbenzène en mélangeant sa solution alcoolique froide avec un excès de phénylhydrazine, et en laissant reposer le tout pendant 24 heures.

La réaction est représentée par l'équation suivante :

$$C^6H^5 . CCl=Az-AzH . C^6H^5 + C^6H^5 . HAz . AzH^2 + O$$
$$= C^6H^5 . C{\Big<}{\begin{array}{l}Az-AzH . C^6H^5\\ Az=Az . C^6H^5\end{array}} + HCl + H^2O$$

[D. chem. G. 27, 320].

Pratiquement, le diphénylformazylbenzène peut être obtenu de deux façons :

1° On mélange une solution alcoolique de benzylidène-hydrazone (40 grammes dans 2 litres d'alcool) avec une solution de chlorure de diazobenzène préparée avec les quantités suivantes : 18gr,6 d'aniline, 150 grammes d'alcool, 20 grammes d'acide chlorhydrique fumant et 14 ou 15 grammes de nitrite dissous dans très peu d'eau. Le mélange est versé par petites portions dans une dissolution de 56 grammes de potasse dans 250 grammes d'alcool ; on maintient la température entre 20 et 30°. Au bout de quelque temps la majeure partie du diphénylformazylbenzène s'est déposée : on filtre, on neutralise la liqueur avec de l'acide acétique et on concentre ; on obtient ainsi une nouvelle quantité de produit, qu'on purifie par cristallisation dans l'alcool ou dans l'acétone.

2° On dissout dans 2 litres d'eau 48 parties d'hydrazone phénylglyoxylique et 110 ou 120 parties de carbonate de sodium cristallisé, et l'on y ajoute une solution de chlorure de diazobenzène préparée avec 19 grammes d'aniline. La purification s'effectue comme dans la méthode précédente.

La réaction s'écrira de la façon suivante :

$$\begin{array}{l}C^6H^5 . C-CO^2H\\ \quad\;\; \|\\ Az-AzH . C^6H^3\end{array} + Az^2OH . C^6H^3$$
$$= \begin{array}{l}C^6H^5 \;\; C-Az=Az . C^6H^5\\ \qquad \|\\ \quad Az-Az . C^6H^5\end{array} + CO^2 + H^2O.$$

M. Pinner a indiqué autrefois un procédé de préparation des dérivés formazyliques (et en particulier du phényl-diphénylformazyle) : ce procédé consiste à laisser en contact pendant quelque temps des solutions alcooliques de phénylhydrazine et de chlorhydrate d'imido-éther :

$$C^6H^5 . C{\Big<}{\begin{array}{l}AzH . HCl\\ OC^2H^5\end{array}} + 2C^6H^5 . AzH . AzH^2 + O$$
$$= AzH^4Cl + C^2H^5OH + H^2O$$
$$+ C^6H^5 . C{\Big<}{\begin{array}{l}Az-AzH . C^6H^5\\ AzH=AzH . C^6H^5\end{array}}$$

[D. chem. G., 17, 182; voyez aussi 2e Suppl., 1, 388].

Le diphénylformazylbenzène cristallise en paillettes d'un violet rouge, qui sont douées d'un éclat bronzé et qui fondent vers 174-175°. Il est insoluble dans l'eau et dans les alcalis, mais se dissout dans les dissolvants organiques (sauf la ligroïne) avec une coloration rouge, dans l'acide chlorhydrique concentré avec une coloration violette et dans l'acide sulfurique concentré avec une teinte bleu-verdâtre qui passe au rouge par addition d'eau [W. Wislicenus, D. chem. G., 25, 3456].

Si l'on traite une solution alcoolique de diphénylformazylbenzène par l'azotate d'argent, en présence d'une trace d'ammoniaque, on obtient un précipité violet qui constitue le *sel d'argent*

$$C^6H^5 . C{\Big<}{\begin{array}{l}Az-AzAg . C^6H^5\\ Az=Az . C^6H^5\end{array}}$$

Ce sel est réduit lorsqu'on le chauffe avec de l'alcool (Bamberger).

*Oxydation du diphénylformazylbenzène.* — Cette oxydation donne naissance aux *sels de triphényltétrazolium* :

$$C^6H^5 . C \underset{Az = Az . C^6H^5}{\overset{Az - Az H . C^6H^5}{\lessgtr}} + O$$

$$= C^6H^5 . C \underset{Az = Az}{\overset{Az - Az - C^6H^5}{\lessgtr}} \mid \underset{C^6H^5}{\overset{O H}{\lessgtr}}$$

On peut l'effectuer au moyen du nitrite d'amyle, comme il a été indiqué à propos de l'hydrure, ou au moyen de l'oxyde jaune de mercure. Dans ce dernier cas, on chauffe au bain-marie, pendant quelques minutes, un mélange de diphénylformazylbenzène (10 parties), d'alcool méthylique (100 parties), et d'oxyde de mercure (30 parties); on filtre ensuite, on neutralise la liqueur avec de l'acide bromhydrique et on la concentre par évaporation.

On obtient ainsi le *bromure*

$$C^6H^5 . C \underset{Az = Az}{\overset{Az - Az - C^6H^5}{\lessgtr}} \mid \underset{C^6H^5}{\overset{Br}{\lessgtr}} + 1,5 H^2O$$

sous la forme de prismes fusibles avec décomposition vers 255°. Ce sel est anhydre lorsqu'il se dépose d'une solution aqueuse saturée bouillante; il renferme une molécule d'alcool lorsqu'on le précipite de sa solution alcoolique au moyen de l'éther.

Le *chlorure* cristallise dans le chloroforme, dans l'alcool et dans l'eau en aiguilles qui retiennent une molécule de dissolvant. Il fond à 243° en se décomposant. Sa solution aqueuse donne les réactions suivantes : avec l'iodure et le chromate de potassium et avec l'acide picrique, précipités jaunes; avec les carbonates, les azotates, les nitrites et les sulfates alcalins, en solution concentrée, précipités cristallins du sel correspondant; avec le permanganate de potassium, précipité violet.

Le chlorure de triphényltétrazolium s'unit à l'iodure de potassium ioduré en donnant naissance à un produit d'addition qui cristallise dans l'alcool en prismes d'un rouge noirâtre, et qui fond à 137°,5 en se décomposant.

Le zinc (en solution neutre ou acétique) et le sulfure d'ammonium réduisent le chlorure de triphényltétrazolium en régénérant le diphénylformazylbenzène.

Le *chloroplatinate*, $(C^{19}H^{15}Az^4Cl)^2 . PtCl^4$, cristallise en paillettes jaunes, fusibles à 237°.

Lorsqu'on traite le chlorure par de l'oxyde d'argent humide, on met en liberté la *base quaternaire* correspondante qui n'est stable qu'en solution, et qui possède une saveur amère. Cette base brunit le papier de curcuma et précipite les sels métalliques à l'état d'hydrates [H. von Pechmann et P. Runge, *D. chem. G.*, 27, 323, 2920].

*Action des acides sur le diphénylformazylbenzène.* — Le diphénylformazylbenzène se dissout dans l'acide sulfurique concentré (4 parties) en se transformant en dérivé triazinique :

$$C^6H^5 . C \underset{Az = Az . C^6H^5}{\overset{Az - Az H . C^6H^5}{\lessgtr}}$$

$$= C^6H^5 . C \underset{Az}{\overset{Az}{\Big\langle \bigcirc\bigcirc \Big\rangle}} + C^6H^5 . Az H^2.$$

La réaction est instantanée; pour isoler le produit, on précipite par l'eau et on essore. La *phénephényltriazine* cristallise en prismes jaunes fusibles à 123°, insolubles dans l'eau, solubles dans la plupart des dissolvants organiques.

Acide diphénylformazylformique,

$$CO^2H . C \underset{Az = Az . C^6H^5}{\overset{Az - Az H . C^6H^5}{\lessgtr}}$$

— Cet acide résulte de la saponification des éthers correspondants; mais on peut aussi l'obtenir directement en faisant réagir le chlorure de diazobenzène en solution alcaline sur l'acide malonique [H. von Pechmann, *D. chem. G.*, 18, 962; 25, 3175]. Il se forme dans ces conditions un mélange d'acide diphénylformazylformique et de mésoxalylphénylhydrazone [R. Meyer, *D. chem. G.*, 21, 118; 24, 1241] :

$$CO^2H . CH^2 . CO^2H + C^6H^5 . Az^2OH$$

$$= \underset{Az - Az H . C^6H^5}{\overset{CO^2H . C . CO^2H}{\Vert}} + H^2O,$$

$$CO^2H . CH^2 . CO^2H + 2 C^6H^5 . Az^2OH$$

$$= \underset{Az - Az . C^6H^5}{\overset{CO^2H . C . Az = Az . C^6H^5}{\Vert}} + 2 H^2O.$$

La constitution admise pour cet acide est démontrée par le fait qu'il fournit un dérivé acétylé, et qu'il perd facilement une molécule d'acide carbonique pour donner l'hydrure de diphénylformazyle. De plus, il réagit sur une nouvelle molécule de diazobenzène pour donner du phénylazodiphénylformazyle.

Pour préparer l'acide à partir des éthers, on chauffe ceux-ci (1 partie) avec de l'alcool (10 parties) et de la soude à 12 0/0 (3 parties) pendant 5 minutes à l'ébullition, et on acidifie après refroidissement.

L'acide diphénylformazylformique cristallise en aiguilles rouges douées d'un reflet bleuâtre, qui fondent à 164° en se décomposant. Il se dissout facilement dans le benzène et dans le chloroforme, mais il est peu soluble dans l'alcool et dans l'éther, et est insoluble dans l'eau.

Il se dissout dans l'acide sulfurique concentré avec une coloration bleue, qui vire au rouge par addition d'eau.

Les *sels* de l'acide diphénylformazylformique sont assez peu solubles dans l'eau.

Celui *de potassium*, $C^{14}H^{11}Az^4O^2K$, cristallise en paillettes bronzées à reflets bleuâtres, qui fondent à 189° en se décomposant, et qui sont solubles dans l'eau bouillante et dans l'alcool.

Le *sel de sodium* s'obtient en précipitant le précédent par une solution saturée de chlorure de sodium. Il est encore moins soluble dans l'eau, et cristallise en aiguilles rougeâtres, douées d'un reflet violet, qui fondent vers 200-201° en se décomposant.

Le *sel d'argent* est un précipité violet, cristallin, presque insoluble dans l'eau bouillante, qui détone lorsqu'on le chauffe.

Le *sel d'ammonium* cristallise en aiguilles brunes à reflets métalliques, solubles dans l'eau.

Les *sels de baryum* et *de calcium* se présentent sous la forme d'aiguilles bronzées, solubles dans l'eau chaude.

Les *sels de zinc, de plomb* et *de cuivre* sont des précipités floconneux, rougeâtres, solubles dans un grand excès d'eau bouillante.

Les sels mercuriques ne précipitent pas les diphénylformazylformiates alcalins, mais la liqueur devient fluorescente, probablement par suite de la formation d'un sel double.

*Oxydation de l'acide diphénylformazylformique.* — Cette oxydation donne naissance, comme dans les autres cas, au *chlorure de l'acide diphényltétrazolium-formique,*

$$CO^2H \cdot C {<}^{Az - Az - C^6H^5}_{Az = Az <^{Cl}_{C^6H^5}}$$

Pour obtenir ce composé, on mélange l'acide diphénylformazylformique (1 molécule) avec 5 fois son poids d'alcool et du nitrite d'amyle (2 molécules), puis on ajoute, en refroidissant, une solution de gaz chlorhydrique (1,5 molécule) dans l'alcool absolu. On laisse reposer le tout pendant 12 heures, puis on chauffe pour terminer la réaction et l'on précipite par l'éther.

Il est préférable de préparer l'acide en chauffant une solution aqueuse concentrée de l'éther avec de l'acide chlorhydrique concentré, jusqu'à ce qu'on obtienne un précipité compact d'aiguilles blanches, qu'on purifie par cristallisation dans l'acide chlorhydrique dilué bouillant.

Le chlorure de l'acide diphényltétrazolium-formique cristallise en aiguilles peu solubles dans l'eau, qui fondent à 256-257° en se décomposant. Lorsqu'on le chauffe avec de l'eau ou du carbonate de sodium, il se transforme dans son *anhydride,*

$$C {<}^{Az - Az \cdot C^6H^3}_{Az = Az \cdot C^6H^5} \atop {|} \atop CO \text{———} O$$

qui cristallise en prismes rhombiques fusibles à 161°, peu solubles dans l'eau. Cette bétaïne régénère les sels de l'acide diphényltétrazolium-formique lorsqu'on la chauffe avec les acides correspondants. Les alcalis dilués la résinifient à chaud. L'acide sulfurique la transforme en acide diphénylformazylformique. En soumettant cette bétaïne à la distillation sèche, on obtient de l'azobenzène.

Le *nitrate* de l'acide diphényltétrazolium-formique peut s'obtenir en oxydant l'acide diphénylformazylformique par le nitrite d'amyle seul ou en présence d'acide azotique, ou en dissolvant la bétaïne précédente dans l'acide azotique dilué. Il cristallise en tables incolores fusibles à 207°, qui possèdent les mêmes propriétés que le chlorure.

Lorsqu'on chauffe les deux sels avec de l'alcool, on les décompose en acide carbonique et dérivés du diphényltétrazolium,

$$HC {<}^{Az = Az <^{C^6H^5}_{Cl}}_{Az - Az - C^6H^5}$$

[H. von Pechmann et P. Runge, *loc. cit.*].

*Éthers de l'acide diphénylformazylformique.* — Ces éthers s'obtiennent soit en chauffant le sel d'argent de l'acide avec les iodures alcooliques, soit directement, en faisant réagir le chlorure de diazobenzène sur l'éther malonique ou l'éther acétylacétique en solution alcaline.

Le *diphénylformazylformiate de méthyle* se prépare en traitant l'hydrazone du mésoxalate acide de méthyle par le chlorure de diazobenzène :

$$CH^3 \cdot CO^2 \underset{\underset{Az - AzH \cdot C^6H^5}{\|}}{C} \cdot CO^2H \quad + Az^2OH \cdot C^6H^5$$

$$= CH^3 \cdot CO^2 \cdot C {<}^{Az - AzH \cdot C^6H^5}_{Az - AzH \cdot C^6H^5} + CO^2 + H^2O,$$

ou en faisant agir le chlorure diazoïque sur un mélange d'éther malonique sodé (1 molécule) et d'alcool méthylique sodé (1 molécule).

Il cristallise en aiguilles rouges à reflets bleus, fusibles à 134-135°, solubles dans la plupart des dissolvants organiques (H. von Pechmann).

Le *diphénylformazylformiate d'éthyle* a été obtenu par M. von Pechmann, en faisant agir le chlorure de diazobenzène sur le malonate d'éthyle ou sur l'hydrazone du mésoxalate acide d'éthyle, ou encore en traitant l'éther malonique sodé par une solution alcoolique froide de chlorure de diazobenzène.

MM. E. Bamberger et E. Wheelwright ont préparé le même composé à partir du chlorure de diazobenzène et de l'éther acétylacétique ou de l'hydrazone de ce dernier :

$$CH^3 \cdot CO \cdot CH^2 \cdot CO^2C^2H^5 + 2 C^6H^5 \cdot Az^2OH$$

$$= CH^3 \cdot CO^2H + C^2H^5 \cdot CO^2 \cdot C {<}^{Az - AzH \cdot C^6H^5}_{Az = Az \cdot C^6H^5}$$

$$+ H^2O.$$

D'après MM. W. Wislicenus et Andreas Jensen, le diphénylformazylformiate d'éthyle s'obtient en même temps que l'hydrazone

$$C^6H^5 \cdot AzH \cdot Az = C - CO^2C^2H^5 \atop {|} \atop CO \cdot CO^2C^2H^5$$

en traitant l'éther oxalacétique par le chlorure de diazobenzène en solution faiblement alcaline :

$$CH^2 \cdot CO^2C^2H^5 \atop {|} \atop CO \cdot CO^2C^2H^5 \quad + 2 C^6H^5 \cdot Az^2OH$$

$$= C^2H^5 \cdot CO^2 \cdot C {<}^{Az - AzH \cdot C^6H^5}_{Az = Az \cdot C^6H^5} + {CO^2H \atop {|} \atop CO^2H}$$

$$+ C^2H^5 \cdot OH$$

[*D. chem. G.*, 25, 3448].

Le même éther a été obtenu récemment par M. von Pechmann, en traitant par le chlorure de diazobenzène (2 molécules) une solution alcaline, refroidie à 0°, de *la combinaison bisulfitique de l'éther diazoacétique*

$$2 C^6H^5 \cdot Az^2OH + C^2H^5 \cdot CO^2 \cdot CH {<}^{/ AzH}_{Az \cdot SO^3K}$$

$$= C^2H^5 \cdot CO^2 \cdot C {<}^{Az - AzH \cdot C^6H^5}_{Az = Az \cdot C^6H^5} + Az^2$$

$$+ H^2O + SO^4KH$$

[*D. chem. G.*, 29, 2162].

Le diphénylformazylformiate d'éthyle cristallise en paillettes bronzées (lorsqu'on refroidit brusquement ses solutions dans l'alcool ou dans l'éther) ou en prismes rouges à reflets bleus qui fondent à 117°.

Il est insoluble dans l'eau et dans les alcalis, mais il se dissout à chaud dans la plupart des dissolvants organiques, ainsi que dans les acides minéraux concentrés. Sa solution dans l'acide sulfurique est bleue; elle vire au rouge par addition d'eau, et au vert sale par addition de chlorure ferrique.

Le *dérivé argentique,*

$$C^2H^5 \cdot CO^2 \cdot C {<}^{Az - Az Ag \cdot C^6H^5}_{Az = Az \cdot C^6H^5}$$

est un précipité brun-rouge, à reflets verts, que l'alcool bouillant dissout en le réduisant.

En chauffant l'éther avec de l'anhydride acétique et du chlorure de zinc, on obtient un *dérivé acétylé* qui cristallise en aiguilles jaunes. Les acides minéraux bouillants transforment les éthers diphénylformazylformiques en un mélange d'aniline, de *phénazine*

$$C^6H^4 \underset{Az}{\overset{Az}{\diagdown\diagup}} C^6H^4,$$

fusible à 171° et de l'*α-phène-triazine* de M. Bischler

En oxydant le diphénylformazylformiate d'éthyle au moyen du nitrite d'amyle comme il a été indiqué à propos de l'acide, on obtient le *chlorure de l'éther diphényltétrazolium-formique*

$$C^2H^5 . CO^2 . C \underset{Az = Az}{\overset{Az - Az - C^6H^3}{\diagup\diagdown}} \underset{\diagdown Cl}{\overset{\diagup C^6H^5}{|}}$$

sous la forme de prismes blancs, qui renferment 1 molécule d'alcool et qui deviennent anhydres à 105°.

Ce sel fond à 195-198° en se décomposant; il est soluble dans l'alcool et dans l'eau, peu soluble dans l'acétone et insoluble dans les autres dissolvants organiques.

Lorsqu'on le traite par l'oxyde d'argent, on obtient une solution qui renferme de la base quaternaire et de la bétaïne.

La solution aqueuse du chlorure fournit des précipités cristallins blancs constituant les sels correspondants avec les bromures, les nitrates, les nitrites et les phosphates alcalins; avec les iodures et les chromates alcalins et avec l'acide picrique, on obtient des précipités jaunes.

Lorsqu'on chauffe à 105-110°, en tube scellé, le chlorure de l'éther diphényltétrazolium-formique avec l'acide chlorhydrique concentré, ou avec l'eau, on obtient le chlorhydrate de l'acide diphényltétrazolium-formique. À une température plus élevée la saponification est plus complète et donne naissance au chlorure de diphényltétrazolium.

Les réducteurs, tels que la poudre de zinc et le sulfure d'ammonium, transforment ce chlorure, comme tous les autres dérivés du tétrazolium, en composés formazyliques.

La distillation sèche du même chlorure fournit de l'azobenzène, ainsi que d'autres produits qui n'ont pas été étudiés [H. von Pechmann et P. Runge, *loc. cit.*].

*Nitrile diphénylformazylformique*,

$$C Az . C \underset{Az = Az . C^6H^5}{\overset{Az - Az H . C^6H^5}{\diagup\diagdown}}$$

— Ce nitrile aurait été obtenu par M. R. von Rothenburg en faisant réagir le chlorure de diazobenzène sur une solution alcaline d'un éther cyanacétique :

$$C Az . CH^2 . CO^2 C^2H^5 + 2 C^6H^5 . Az^2OH$$
$$= C Az . C \underset{Az - Az . C^6H^5}{\overset{Az - Az H . C^6H^3}{\diagup\diagdown}} + C^2H^5 . OH$$
$$+ CO^2 + H^2O.$$

Il cristallise en prismes rouges fusibles à 156°, solubles dans l'alcool [*D. chem. G.*, **27**, 685].

*Nitrodiphénylformazyle*,

$$Az O^2 . C \underset{Az = Az . C^6H^5}{\overset{Az - Az H . C^6H^5}{\diagup\diagdown}}$$

— Ce composé a été obtenu par M. Friese, qui lui a attribué faussement la constitution d'un phénylazonitrométhane :

$$C^6H^5 . Az = Az . Az O^2 + C H^2Na . Az O^2$$
$$= Az O^3Na + C^6H^5 . Az = Az . CH^2Az O^2$$

[*D. chem. G.*, **8**, 751].

M. Bamberger a montré récemment que le produit de l'action du nitrate de diazobenzène sur une quantité équimoléculaire de nitrométhane dissous dans un excès de potasse est constitué uniquement par du nitroformazyle, qui se précipite lorsqu'on ajoute de l'acide sulfurique.

La réaction s'effectue aussi en solution acétique, en présence d'acétate de sodium, tandis qu'en présence d'acide chlorhydrique on obtient l'hydrazone de la nitroformaldéhyde (voyez FORMIQUE [ALDÉHYDE]).

La synthèse du nitroformazyle peut être représentée par l'équation

$$C H^3 . Az O^2 + 2 C^6H^5 . Az^2OH$$
$$= Az O^2 . C \underset{Az = Az . C^6H^3}{\overset{Az - Az H . C^6H^5}{\diagup\diagdown}} + 2 H^2O.$$

Le nitroformazyle cristallise en paillettes orangées fusibles à 161°, solubles dans le chloroforme, l'alcool, l'acide acétique et dans les alcalis. Il est doué de propriétés très acides, ce qui le distingue de la formazylphénylcétone, à laquelle il ressemble par toutes ses autres propriétés [Eug. Bamberger, *D. chem. G.*, **27**, 155].

ACIDE DIPHÉNYLFORMAZYLGLYOXYLIQUE,

$$CO^2H . CO . C \underset{Az = Az . C^6H^5}{\overset{Az - Az H . C^6H^3}{\diagup\diagdown}}$$

— Cet acide constitue le produit principal de l'action du chlorure de diazobenzène sur l'acide pyruvique ou sur le pyruvate d'éthyle en solution alcaline; comme on ne peut pas modérer suffisamment la réaction, il se forme en outre une petite quantité de diphénylformazylazobenzène :

$$CH^3 . CO . CO^2H + 2 C^6H^5 . Az^2OH$$
$$= CO^2H . CO . C \underset{Az = Az . C^6H^5}{\overset{Az - Az H . C^6H^3}{\diagup\diagdown}} + 2 H^2O,$$

$$CO^2H . CO . C \underset{Az = Az . C^6H^5}{\overset{Az - Az H . C^6H^3}{\diagup\diagdown}} + C^6H^5 . Az^2OH$$
$$= C^6H^5 . Az = Az . C \underset{Az = Az . C^6H^5}{\overset{Az - Az H . C^6H^5}{\diagup\diagdown}} + \underset{CO^2H}{\overset{CO^2H}{|}}$$

L'acide diphénylformazylglyoxylique cristallise en aiguilles d'un rouge ponceau, qui sont douées d'un éclat adamantin, et qui fondent à 166°. Il est très soluble dans l'alcool bouillant, le chloroforme, l'éther et le benzène, peu soluble dans l'eau, la ligroïne et l'acide acétique froids. Les alcalis dissolvent cet acide avec une coloration orangée, et les acides minéraux concentrés avec une coloration violette, qui disparaît par addition d'eau (formation de composés salins).

En précipitant une solution alcaline de l'acide par l'azotate d'argent, on obtient un *sel diargentique*

$$CO^2Ag . CO . C \underset{Az = Az . C^6H^5}{\overset{Az - Az Ag . C^6H^5}{\diagup\diagdown}}$$

sous la forme d'un précipité noir à reflets verdâtres qui détone à chaud.

Le *sel de cuivre* fait également explosion lorsqu'on le chauffe ou qu'on le traite par l'acide azotique fumant; il possède la constitution suivante :

$$\left( \underset{C^6H^5 . Az = Az}{\overset{C^6H^5 . Cu Az - Az}{\diagdown\diagup}} C . CO . CO^2 \right)^2 Cu \ (?).$$

On obtient d'autres sels de cuivre et d'argent en opérant la précipitation en solution alcoolique. Ce sont des poudres verdâtres ou rougeâtres.

Les éthers de l'acide diphénylformazylglyoxylique se préparent en traitant le sel d'argent par les iodures alcooliques à froid.

L'*éther méthylique* cristallise en aiguilles d'un rouge vif, qui fondent vers 125° et qui sont très solubles dans le benzène, mais peu solubles dans l'alcool. Cet éther fournit un *dérivé argentique*

$$CH^3.CO^2.CO.C \lessgtr \begin{matrix} Az-Az\,Ag.C^6H^5 \\ Az=Az.C^6H^5 \end{matrix}$$

sous la forme d'un précipité rougeâtre, soluble dans l'éther, qui détone lorsqu'on le chauffe fortement.

L'*éther éthylique* cristallise en cubes ou en paillettes d'un rouge rubis, fusibles à 105-106°, solubles dans l'alcool et dans le benzène.

Il n'est pas possible d'obtenir de dérivé acétylé ou benzoylé de l'acide diphénylformazylglyoxylique; lorsqu'on chauffe celui-ci avec de l'anhydride acétique et du chlorure de zinc, on le transforme en un composé isomérique, l'acide *isodiphénylformazylglyoxylique* (voyez plus loin).

L'acide diphénylformazylglyoxylique fournit une *hydrazone*

$$CO^2H.C.C \lessgtr \begin{matrix} Az-Az\,H.C^6H^5 \\ Az=Az.C^6H^5 \end{matrix}$$
$$\|$$
$$Az-Az\,H.C^6H^5$$

qui se présente sous la forme d'une poudre brunâtre, soluble dans les dissolvants organiques à l'exception de la ligroïne.

En chauffant une solution de cette hydrazone dans l'acide acétique, on obtient deux nouvelles substances qu'il est facile de séparer au moyen de l'ammoniaque, et qui sont l'une la *phénylhydrazone d'un phénylcétopyrazolone-azobenzène*, et l'autre un *acide benzène-azophénylosotriazol-carbonique*. Les réactions qui ont donné naissance à ces deux substances sont les suivantes :

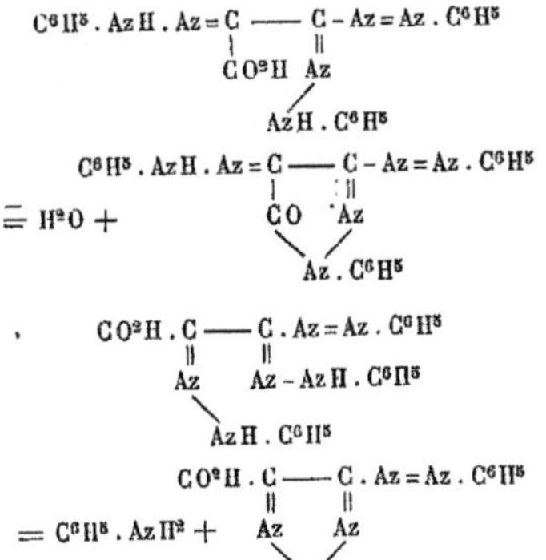

$$C^6H^5.Az\,H.Az=C\!\!-\!\!-\!\!-\!\!-\!\!C-Az=Az.C^6H^5$$
$$\qquad\qquad\qquad |\qquad\quad \| $$
$$\qquad\qquad\qquad CO^2H\quad Az$$
$$\qquad\qquad\qquad\qquad\quad \diagup$$
$$\qquad\qquad\qquad\qquad Az\,H.C^6H^5$$

$$= H^2O +\; C^6H^5.Az\,H.Az=C\!\!-\!\!-\!\!-\!\!C-Az=Az.C^6H^5$$
$$\qquad\qquad\qquad\qquad\quad |\qquad\quad \|$$
$$\qquad\qquad\qquad\qquad\; CO\qquad Az$$
$$\qquad\qquad\qquad\qquad\qquad \diagdown\quad \diagup$$
$$\qquad\qquad\qquad\qquad\qquad\; Az.C^6H^5$$

$$CO^2H.C\!\!-\!\!-\!\!-\!\!C.Az=Az.C^6H^5$$
$$\qquad\quad \|\qquad\quad \|$$
$$\qquad\quad Az\qquad Az-Az\,H.C^6H^5$$
$$\qquad\qquad \diagdown$$
$$\qquad\qquad\; Az\,H.C^6H^5$$

$$= C^6H^5.Az\,H^2 +\; CO^2H.C\!\!-\!\!-\!\!-\!\!C.Az=Az.C^6H^5$$
$$\qquad\qquad\qquad\qquad\qquad \|\qquad\quad \|$$
$$\qquad\qquad\qquad\qquad\; Az\qquad Az$$
$$\qquad\qquad\qquad\qquad\qquad \diagdown\; \diagup$$
$$\qquad\qquad\qquad\qquad\qquad Az.C^6H^5$$

L'*hydrazone* cristallise en aiguilles d'un rouge ponceau, fusibles à 217°, qui sont presque insolubles dans la ligroïne, mais très solubles dans les autres dissolvants organiques. L'acide sulfurique concentré la dissout avec une coloration violette, et l'abandonne de nouveau par addition d'eau.

L'*acide benzène-azophénylosotriazol-carbo-*

*nique* cristallise en paillettes orangées, fusibles à 195-196°, insolubles dans l'eau et dans la ligroïne, solubles dans les autres dissolvants organiques. Il se dissout dans l'acide sulfurique concentré avec une coloration brune, et se précipite de nouveau par addition d'eau.

Le *sel d'argent*, $C^{15}H^{10}Az^5O^2Ag$, est un précipité jaunâtre, insoluble dans l'eau, qui détone lorsqu'on le chauffe.

Le *sel de baryum* cristallise en paillettes jaunes.

Les *sels mercureux, plombique* et *zincique* sont des précipités jaunâtres, peu solubles dans l'eau bouillante.

Celui *de cuivre* est verdâtre.

L'acide diphénylformazylglyoxylique est très sensible à l'action des agents déshydratants (chlorure de zinc, chlorure de phosphore, etc.). L'acide chlorhydrique bouillant le transforme en un mélange de divers produits, parmi lesquels se trouvent l'aniline et la phénazine.

ACIDE ISODIPHÉNYLFORMAZYLGLYOXYLIQUE. — Cet isomère de l'acide précédent s'obtient en faisant agir avec ménagement le chlorure de zinc sur une solution acétique de l'acide diphénylformazylglyoxylique.

Il cristallise en aiguilles jaune d'or, fusibles vers 162°, solubles dans la plupart des dissolvants organiques, dans les alcalis avec une coloration orange, et dans l'acide sulfurique concentré avec une coloration verte qui passe lentement au violet.

Si l'on dilue immédiatement cette dernière solution, l'acide isodiphénylformazylglyoxylique se précipite sans altération, tandis qu'au bout de quelques heures on n'obtient plus que de l'acide diphénylformazylglyoxylique ordinaire. Cette facile transformation des deux acides l'un dans l'autre a suggéré à M. Bamberger l'idée que leur isomérie était d'ordre stéréochimique, et que les deux modifications correspondaient aux configurations suivantes :

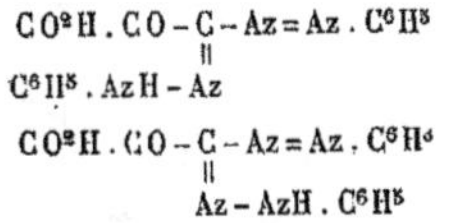

$$CO^2H.CO-C-Az=Az.C^6H^5$$
$$\qquad\qquad\qquad \|$$
$$C^6H^5.Az\,H-Az$$

$$CO^2H.CO-C-Az=Az.C^6H^4$$
$$\qquad\qquad\qquad \|$$
$$\qquad\qquad\quad Az-Az\,H.C^6H^5$$

Le *sel d'argent* de l'acide isodiphénylformazylglyoxylique est un précipité brun foncé qui répond à la formule $C^{15}H^{11}Az^4O^3Ag$.

L'*éther méthylique* cristallise en fines aiguilles jaunes, fusibles à 109-111° [Eug. Bamberger et Jens Müller, *D. chem. G.*, **27**, 147. — C. Jagerspacher, *ibid.*, **28**, 1283].

ACIDE DIPHÉNYLFORMAZYLSULFONIQUE,

$$SO^3H.C \lessgtr \begin{matrix} Az-Az\,H.C^6H^5 \\ Az=Az.C^6H^5 \end{matrix}$$

— Ce composé a été obtenu en traitant le diazobenzène-phénylhydrazone-méthane-disulfonate de potassium par une solution alcoolique de gaz chlorhydrique :

$$C^6H^5.Az=Az.Az.C^6H^5.Az=C.(SO^3H)^2 + H^2O$$
$$= SO^3H.C \lessgtr \begin{matrix} Az-Az\,H.C^6H^5 \\ Az-Az.C^6H^5 \end{matrix} + SO^4H^2.$$

L'acide diphénylformazylsulfonique cristallise dans l'éther acétique en paillettes violettes fusibles à 192°, qui sont peu solubles dans les dissolvants organiques. Il se dissout dans l'acide sulfurique concentré avec une coloration bleue, qui vire au violet par l'addition d'un peu d'acide azotique.

Les acides dilués bouillants décomposent complètement cette substance, en donnant de la phénylhydrazine et de l'acide sulfureux. Les agents réducteurs (zinc et acides dilués) les dédoublent en aniline, phénylhydrazine et acide phénylhydrazone-méthane-disulfonique :

$$SO^3H . C \lessgtr{}^{Az-AzH \,. \, C^6H^5}_{Az=Az \,. \, C^6H^5} + H^2 + H^2O$$

$$= SO^3H.CO.HAz.AzH.C^6H^5 + C^6H^5.HAz.AzH^2,$$

$$SO^3H.CO.HAz.AzH.C^6H^5 + H^2O$$
$$= SO^3H^2 + CO^2 + C^6H^5.HAz.AzH^2,$$

$$SO^3H.CO.HAz.AzH.C^6H^5 + SO^3H^2$$
$$= (SO^3H)^2.C=Az.AzH.C^6H^5 + H^2O.$$

Le *diphénylformazylsulfonate de potassium*,

$$SO^3K . C \lessgtr{}^{Az-AzH \,. \, C^6H^5}_{Az=Az \,. \, C^6H^5}$$

s'obtient en mélangeant des solutions de l'acide et d'acétate de potassium. Il cristallise en aiguilles rouges douées d'un reflet bronzé, qui se dissolvent difficilement dans l'eau et dans l'alcool bouillant.

*Acide a-p-bromodiphénylformazylsulfonique*,

$$SO^3H . C \lessgtr{}^{Az-AzH \,. \, C^6H^5}_{Az=Az \,. \, C^6H^4Br}$$

— Cet acide s'obtient d'une façon analogue au précédent, en traitant le p-bromodiazobenzène-phénylhydrazone-méthane-disulfonate de potassium par le gaz chlorhydrique en solution alcoolique :

$$C^6H^4.Br.Az=Az.Az(C^6H^5)Az=C.(SO^3H)^2 + H^2O$$
$$= SO^3H . C \lessgtr{}^{Az-AzH \,. \, C^6H^5}_{Az=Az \,. \, C^6H^4Br} + SO^4H^2.$$

Il cristallise dans l'éther acétique en paillettes violettes qui fondent vers 196°.

Diphénylformazylméthylcétone,

$$CH^3 . CO . C \lessgtr{}^{Az-AzH \,. \, C^6H^5}_{Az=Az \,. \, C^6H^5}$$

— Il existe un assez grand nombre de procédés de préparation de ce composé, qu'on connaît depuis longtemps, mais qui avait été considéré comme la dihydrazone de l'aldéhyde mésoxalique,

$$C^6H^5.AzH.Az=CH.CO.CH=Az.AzH.C^6H^5.$$

M. Claisen le premier a démêlé sa véritable constitution.

La diphénylformazylcétone a été obtenue comme produit secondaire, à raison de 3 0/0, dans la préparation de l'hydrazone pyruvique au moyen du chlorure de diazobenzène (1 molécule) et de l'éther acétylacétique (1 molécule). Le rendement augmente si l'on opère en présence d'un excès d'alcali; mais il se forme alors une certaine quantité de benzène-azodiphénylformazyle [Japp et Klingemann, *Ann. Chem.*, 247, 217. — E. Bamberger, *D. chem. G.*, 24, 3260].

MM. E. Bamberger et P. Wulz préparent la diphénylformazylméthylcétone en mélangeant à froid de l'acétone (12 gr.) avec de la soude à 20 0/0 (200 gr.), et du chlorure de diazobenzène (préparé à partir de 18<sup>gr</sup>,6 d'aniline). Lorsque la réaction est terminée, on précipite le produit par l'eau [*D. chem. G.*, 24, 2793].

Le même composé a été obtenu par M. Claisen en faisant réagir le chlorure de diazobenzène sur l'hydrazone de l'acétylacétone [*D. chem. G.*, 25, 746], et par MM. von Pechmann et K. Jenisch en traitant l'acide acétone-dicarbonique par le chlorure de diazobenzène en présence d'acétate de sodium :

$$CH^3 . CO . CH(CO^2H)^2 + 2 C^6H^5.Az^2OH$$

$$= CH^3.CO.C \lessgtr{}^{Az-AzH \,. \, C^6H^5}_{Az=Az \,. \, C^6H^5} + 2CO^2 + 2H^2O$$

[*D. chem. G.*, 24, 3255].

Pratiquement, on prépare la diphénylformazylméthylcétone en traitant l'hydrazone pyruvique (34 gr.) dissoute dans l'alcool (500 gr.) par une solution concentrée de chlorure de diazobenzène préparée avec 18 grammes d'aniline, en présence de carbonate de sodium (100 grammes dans 2 litres d'eau). On obtient ainsi un précipité résineux, qui devient peu à peu cristallin et qui pèse 38 grammes. Par ce procédé, on n'obtient pas de benzène-azodiphénylformazyle.

Cette réaction peut s'écrire de la façon suivante :

$$CH^3 . CO . CH=Az.AzH.C^6H^5 + C^6H^5.Az^3OH$$

$$= CH^3 . CO . C \lessgtr{}^{Az-AzH \,. \, C^6H^5}_{Az=Az \,. \, C^6H^5} + H^2O.$$

On peut aussi partir directement de l'éther acétylacétique, mais ici la réaction peut se passer de deux façons :

En dissolvant l'éther acétylacétique dans la soude froide et diluée, et en ajoutant immédiatement le diazoïque, la saponification du groupe $CO^2C^2H^5$ n'a pas le temps de s'effectuer, et l'on obtient du diphénylformazylformiate d'éthyle [E. Bamberger, *D. chem. G.*, 25, 3547].

Pour préparer la cétone, il faut dissoudre l'éther acétylacétique (1 molécule) dans de la potasse à 4 0/0, et laisser reposer le mélange à la température de 0°. On ajoute ensuite le diazoïque (1 molécule) avec un grand excès de carbonate de sodium à 20 0/0. On obtient ainsi 80 grammes de cétone à partir de 100 grammes d'éther [Bamberger et Lorenzen, *D. chem. G.*, 25, 3539].

La constitution de la diphénylformazylméthylcétone est démontrée par le fait de sa formation à partir de l'hydrazone pyruvique. De plus, cette cétone fournit du benzène-azodiphénylformazyle lorsqu'on la traite par un excès de chlorure de diazobenzène en présence d'un alcali.

La diphénylformazylcétone cristallise en paillettes rouges, fusibles à 134-135°, solubles dans les dissolvants organiques, insolubles dans l'eau et dans les alcalis.

Elle fournit un *dérivé sodé* qui cristallise dans l'alcool en prismes rouges renfermant 1 molécule du dissolvant.

Le *sel de potassium* est tout à fait semblable au précédent. Tous deux sont décomposés par l'eau.

Les *sels d'argent* et *de cuivre* sont des précipités noirs; on les obtient en traitant une solution alcoolique de la cétone par l'azotate d'argent ammoniacal et par l'acétate de cuivre.

En dissolvant la diphénylformazylméthylcétone dans l'acide sulfurique concentré, et précipitant au bout de quelques heures par l'eau glacée, on obtient un *acide sulfonique* qui teint la laine et la soie de la même façon que la vésuvine.

Les *sels alcalins* de cet acide sont solubles dans l'eau, mais non dans les alcalis [E. Bamberger et P. Wulz, *loc. cit.*].

Les acides minéraux concentrés transforment

la cétone en β-*phène-triazine-méthylcétone*,

$$CH^3 . CO . C \overset{Az}{\underset{Az}{|\!|}} \text{(naphtyl-triazine)}$$

Ce composé cristallise en aiguilles d'un jaune d'or, fusibles à 121,5-122°,5, solubles dans l'eau chaude, les dissolvants organiques et les acides minéraux concentrés. Il fournit une *hydrazone* qui fond à 202° [Bamberger et Lorenzen].

En chauffant la diphénylformazylméthylcétone avec l'anhydride acétique, MM. von Pechmann et K. Jenisch ont obtenu un dérivé du pyrazol cristallisant en paillettes dorées fusibles à 125°.

En traitant la formazylméthylcétone par le chlorure stanneux et l'acide chlorhydrique, les mêmes auteurs ont obtenu de l'aniline.

La phénylhydrazine réagit de plusieurs façons sur la diphénylformazylméthylcétone : en solution acétique, à froid, on obtient une *hydrazone*

$$CH^3 . C - C \overset{Az-AzH . C^6H^5}{\underset{Az=Az . C^6H^5}{<}}$$
$$\overset{|\!|}{Az-AzH . C^6H^5}$$

qui cristallise en aiguilles ou en paillettes hexagonales noires douées d'un reflet bleu, solubles dans les dissolvants organiques, et dans l'acide sulfurique avec une coloration verte; elle fond à 165° et se décompose vers 160-180° en donnant du *benzèneazo-méthylphénylosotriazol* et de l'aniline :

$$CH^3 . C - C \overset{Az-AzH . C^6H^5}{\underset{Az=Az . C^6H^5}{<}}$$
$$\overset{|\!|}{Az-AzH . C^6H^5}$$

$$= CH^3 - C \underset{Az}{\overset{|\!|}{}} \underline{\quad} C - Az = Az . C^6H^5 \underset{Az}{\overset{|\!|}{}} + AzH^2 . C^6H^5.$$
$$Az . C^6H^5$$

Le même produit s'obtient lorsqu'on traite l'hydrazone par l'acide acétique bouillant, ou qu'on chauffe un mélange de phénylhydrazine, de diphénylformazylméthylcétone et d'acide acétique. Il cristallise en prismes d'un jaune d'or, fusibles à 122°, insolubles dans l'eau, solubles dans les dissolvants organiques et dans les acides minéraux.

Si l'on chauffe au bain-marie un mélange de phénylhydrazine et de cétone, sans employer de dissolvant, on voit se dégager de l'azote, et deux produits prennent naissance : l'un cristallise en aiguilles incolores et n'a pas été étudié; l'autre se prépare également en réduisant la cétone par le sulfure d'ammonium.

*Réduction de la diphénylformazylméthylcétone.* — En traitant la diphénylformazylméthylcétone par une solution alcoolique de sulfure d'ammonium, MM. Bamberger et Lorenzen ont obtenu une base fusible à 183° à laquelle ils ont donné le nom d'*acétylamidrazone*. Cette base est en réalité l'*acétylphénylhydrazidine* [Pinner, *loc. cit.*]; elle prend naissance suivant l'équation

$$CH^3 . CO . C \overset{Az-AzH . C^6H^5}{\underset{Az=Az . C^6H^5}{<}} + 4H$$

$$= CH^3 . CO . C \overset{Az-AzH . C^6H^5}{\underset{AzH^2}{<}} + C^6H^5 . AzH^2.$$

Le dérivé acétylé de cette hydrazidine, qui sera

décrite dans un article spécial, se transforme très facilement en un dérivé du triazol :

$$CH^3 \cdot CO . C \underline{\quad\quad} AzH$$
$$\quad \overset{|\!|}{Az} \qquad \overset{|}{CO . CH^3}$$
$$\qquad\qquad Az \qquad C^6H^5$$

$$= \quad CH^3 . CO . C \underline{\quad\quad} Az$$
$$\qquad\quad \overset{|\!|}{Az} \qquad \overset{|\!|}{C . CH^3} + H^2O$$
$$\qquad\qquad Az . C^6H^5$$

[Bamberger et Lorenzen, *D. chem. G.*, **25**, 3541. — Bamberger et P. de Gruyter, *ibid.*, **26**, 2385, 2783. — C. Jagerspacher, *ibid.*, **28**, 1283].

DIPHÉNYLFORMAZYLPHÉNYLCÉTONE,

$$[C^6H^5 . CO . C \overset{Az-AzH . C^6H^5}{\underset{Az=Az . C^6H^5}{<}}$$

— Ce composé prend naissance lorsqu'on fait agir en solution alcaline le chlorure de diazobenzène sur la benzoylacétone :

$$C^6H^5 . CO . CH^2 . CO . CH^3 + C^6H^5 . Az^2OH$$
$$= \quad C^6H^5 . CO . C - CO . CH^3 + H^2O,$$
$$\qquad\quad \overset{|\!|}{Az - AzH . C^6H^5}$$

$$C^6H^5 . CO . C - CO . CH^3 + C^6H^5 . Az^2OH$$
$$\qquad\quad \overset{|\!|}{Az - AzH . C^6H^5}$$
$$= C^6H^5 . CO . C \overset{Az-AzH . C^6H^5}{\underset{Az=Az . C^6H^5}{<}} + CH^3 . CO^2H.$$

Pour éviter la formation de produits résineux, il faut employer des quantités équimoléculaires de cétone et de diazoïque; dans ces conditions, on obtient un mélange du dérivé formazylique (2/3) et d'hydrazone (1/3) [Claisen, *D. chem. G.*, **24**, 1705. — Bamberger et Witter, *ibid.*, **26**, 2786].

La diphénylformazylphénylcétone peut être préparée plus facilement en faisant réagir le chlorure de diazobenzène sur l'acide benzoylacétique.

Si la réaction s'opère en solution acétique, on obtient exclusivement l'hydrazone de la phénylméthylcétone :

$$C^6H^5 . CO . CH^2 . CO^2H + C^6H^5 . Az^2Cl$$
$$= \quad \overset{C^6H^5 . CO . CH}{\underset{Az-AzH . C^6H^5}{|\!|}} + HCl + CO^2.$$

Cette hydrazone se transforme en diphénylformazylphénylcétone lorsqu'on traite sa dissolution alcoolique par une nouvelle quantité du diazoïque en présence d'un excès de carbonate de sodium.

Si l'on traite l'acide benzoylacétique par la quantité théorique de chlorure de diazobenzène en solution très alcaline (2 molécules), on obtient directement la diphénylformazylphénylcétone. Un excès de diazoïque n'a pas d'effet immédiat, à condition que la liqueur soit diluée et maintenue à 0°.

L'éther benzoylacétique ne fournit dans les mêmes conditions que l'hydrazone correspondante :

$$\overset{C^6H^5 . CO . C - CO^2C^2H^5}{\underset{Az-AzH . C^6H^5}{|\!|}}$$

Il résulte de là que l'hydrate de diazobenzène

est impuissant à saponifier les radicaux $CO^2C^2H^5$ et $COC^6H^5$, même en solution alcaline.

Pour transformer soit cette hydrazone, soit la diphénylformazylphénylcétone en benzène-azodiphénylformazyle, il est nécessaire de laisser les deux corps en contact avec la potasse alcoolique pendant un temps assez long, et encore la réaction n'est-elle jamais complète [E. Bamberger, *D. chem. G.*, **18**, 2564 ; **25**, 3547].

La diphénylformazylphénylcétone cristallise en aiguilles d'un rouge rubis, douées d'un éclat métallique et fusibles à 141–142°. Elle se dissout dans la plupart des dissolvants organiques et dans les acides minéraux concentrés, avec une coloration violette qui dénote la formation de composés salins.

Le *sel de sodium* s'obtient en précipitant par l'éther une dissolution de la cétone dans la soude alcoolique. C'est un précipité brunâtre, peu stable.

Le *sel d'argent*,

$$C^6H^5 . CO . C \lessgtr \begin{matrix} Az - Az\,Ag . C^6H^5 \\ Az = Az . C^6H^5 \end{matrix}$$

se précipite sous la forme d'une poudre de couleur chocolat lorsqu'on mélange des solutions alcooliques de la cétone et d'azotate d'argent ammoniacal. Il détone à chaud.

La diphénylformazylphénylcétone fournit un *dérivé acétylé*

$$C^6H^5 . CO . C \lessgtr \begin{matrix} Az - Az(CO.CH^3) . C^6H^5 \\ Az = Az . C^6H^5 \end{matrix}$$

lorsqu'on la chauffe avec de l'anhydride acétique et du chlorure de zinc.

Ce dérivé cristallise en aiguilles orangées, fusibles à 154°, solubles dans l'alcool chaud, dans le chloroforme et dans le benzène, peu solubles dans la ligroïne et dans l'éther. Il se dissout dans les acides minéraux avec une coloration violette et dans la soude alcoolique avec une coloration rouge. Les agents réducteurs le dédoublent en donnant de l'acétanilide.

La diphénylformazylphénylcétone se combine en solution acétique avec la phénylhydrazine en donnant une *hydrazone*, qui se présente sous la forme d'une poudre d'un brun chocolat.

Les acides minéraux concentrés dédoublent la diphénylformazylphénylcétone en *α-phène-triazine-phénylcétone* et aniline :

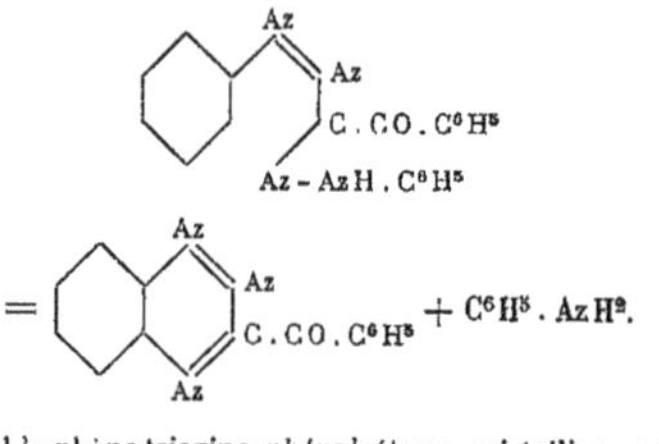

$$\text{Az} \quad \text{Az}$$
$$\bigcirc\!\!-\!\!\text{C.CO.C}^6\text{H}^5$$
$$\text{Az} - \text{Az}\,\text{H} . \text{C}^6\text{H}^5$$

$$= \quad \bigcirc\!\!\bigcirc\!\!-\text{C.CO.C}^6\text{H}^5 + \text{C}^6\text{H}^5 . \text{Az}\,\text{H}^2.$$

L'α-phène-triazine-phénylcétone cristallise en aiguilles soyeuses, d'un jaune d'or, fusibles à 114°. Elle se dissout dans l'eau, dans les dissolvants organiques et dans les acides minéraux concentrés.

Elle fournit une *hydrazone* qui se présente sous la forme d'aiguilles violacées, fusibles à 185°, solubles dans le benzène, l'alcool, le chloroforme et dans l'éther bouillant.

La réduction de la diphénylformazylphénylcétone par le sulfure d'ammonium en solution alcoolique donne naissance à un mélange d'aniline et de *benzoylphénylhydrazidine*; celle-ci



cristallise en paillettes jaune d'or fusibles à 152° :

$$C^6H^5 . CO . C \lessgtr \begin{matrix} Az - Az\,H . C^6H^5 \\ Az = Az . C^6H^5 \end{matrix} + 4\,H$$

$$= C^6H^5 . CO . C \lessgtr \begin{matrix} Az\,H^2 \\ Az - Az\,H . C^6H^5 \end{matrix} + C^6H^5 . Az\,H^2$$

(voyez Hydrazidine) [E. Bamberger et H. Witter, *D. chem. G.*, **26**, 2786].

Benzène-azo-diphénylformazyle,

$$C^6H^5 . Az = Az . C \lessgtr \begin{matrix} Az - Az\,H . C^6H^5 \\ Az = Az . C^6H^5 \end{matrix}$$

— Ce composé constitue le produit final de l'action du chlorure de diazobenzène sur l'aldéhyde acétique, l'acétone, l'acide malonique, l'acide pyruvique, sur l'acide acétylacétique, l'acide acétone-dicarbonique et sur tous les produits intermédiaires qui ont été déjà décrits (hydrazone pyruvique, diphénylformazylméthylcétone, acide diphénylformazylformique). On peut donc représenter d'une façon générale sa formation par l'équation suivante :

$$R . C (R_{(1)})^2 . R_{(2)} + 3\,C^6H^5 . Az^2 . OH$$

$$= C^6H^5 . Az = Az . C \lessgtr \begin{matrix} Az - Az\,H . C^6H^5 \\ Az = Az . C^6H^5 \end{matrix} + (R_{(1)})^2 O$$

$$+ R . OH + R_{(2)} OH,$$

en admettant que $(R_{(1)})^2$ représente 2 atomes d'hydrogène ou un résidu hydrazinique, et que R et $R_{(2)}$ représentent chacun l'un des groupements $H . CO^2H$ ou $CH^3 . CO$.

En pratique, on fait réagir le chlorure de diazobenzène (3 molécules) sur l'acide malonique, sur l'acide formazylcarbonique, ou sur l'aldéhyde acétique en solution alcaline à 0° :

$$CH^3 . COH + 3\,C^6H^5 . Az^2 . OH$$

$$= C^6H^5 . Az = Az . C \lessgtr \begin{matrix} Az - Az\,H . C^6H^5 \\ Az = Az . C^6H^5 \end{matrix} + H . CO^2H$$

$$+ 2\,H^2O$$

[H. von Pechmann, *D. chem G.*, **25**, 3175. — E. Bamberger et Wheelwright, *ibid.*, **25**, 3201, 3547. — E. Bamberger et Jens Müller, *ibid.*, **27**, 147].

Le benzène-azodiphénylformazyle cristallise en aiguilles d'un rouge rubis ou en paillettes bronzées, fusibles à 162-163°, solubles dans le chloroforme, l'acétone et le benzène, peu solubles dans les autres dissolvants. Il se dissout dans l'acide sulfurique concentré avec une coloration bleue, qui vire au rouge par addition d'eau.

En précipitant par l'azotate d'argent une solution alcoolique de ce composé, on obtient un *sel d'argent* $(C^6H^5Az^2)^2 = C . Az^2Ag . C^6H^5$, sous la forme d'un précipité noir à reflets métalliques verts, qui détone lorsqu'on le chauffe.

Le *sel cuivreux*, obtenu d'une façon analogue, constitue une poudre d'un vert foncé.

Les solutions alcooliques de benzène-azodiphénylformazyle sont d'abord colorées en violet par le nitrate mercurique, puis laissent déposer un précipité noirâtre. Avec l'azotate mercureux, on obtient un précipité indigo qui est doué de reflets bronzés.

Le *benzène-azo-acétyldiphénylformazyle*,

$$C^6H^5 . Az = Az . C \lessgtr \begin{matrix} Az - Az(CO . CH^3) . C^6H^5 \\ Az = Az . C^6H^5 \end{matrix}$$

prend naissance lorsqu'on traite le benzène-azodiphénylformazyle par l'anhydride acétique et le chlorure de zinc. Il se présente sous la forme d'une poudre jaune clair, soluble dans les dissolvants organiques (sauf dans la ligroïne) et dans la potasse, avec une coloration rouge. Il fond vers 190° [E. Bamberger et Jens Müller [*loc. cit.*].

En oxydant le benzène-azo-diphénylformazyle au moyen du nitrite d'amyle et de l'acide chlorhydrique, on obtient le *chlorure de benzène-azo–diphényltétrazolium*,

$$C^6H^5 . Az - Az . C \begin{cases} Az - Az - C^6H^5 \\ \quad | \quad \diagup Cl \\ Az = Az \diagdown C^6H^5 \end{cases}$$

Ce sel cristallise en prismes bruns à reflets violets, qui fondent à 249° en se décomposant. Il est soluble dans l'eau et dans l'alcool, et se comporte vis-à-vis des sels métalliques comme les autres dérivés du tétrazolium [H. von Pechmann et P. Runge, *D. chem. G.*, 27, 2920].

BIS-DIPHÉNYLFORMAZYLE,

$$\begin{matrix} C^6H^5 . AzH - Az \\ C^6H^5 . Az = Az \end{matrix} > C - C < \begin{matrix} Az - AzH . C^6H^5 \\ Az = Az . C^6H^5 \end{matrix}$$

— Ce composé a été obtenu en traitant par le chlorure de diazobenzène une solution alcaline d'acide lévulique ou d'acide hydrochélidonique, ou encore de tartrazine :

$$CH^3 . CO . CH^2 . CH^2 . CO^2H + 4 C^6H^5 . Az^2OH$$

$$= CH^3 . CO^2H + CO^2 + 3 H^2O$$

$$+ \begin{matrix} C^6H^5 . AzH - Az \\ C^6H^5 . Az = Az \end{matrix} > C - C < \begin{matrix} Az - AzH . C^6H^5 \\ Az = Az . C^6H^5 \end{matrix}$$

$$\begin{matrix} CO^2H & CO^2H \\ | & | \\ CH^2 - CH^2 - CO - CH^2 - CH^2 \end{matrix} + 4 C^6H^5 . Az^2OH$$

$$= \begin{matrix} CH^2 - CO^2H \\ | \\ CH^2 - CO^2H \end{matrix} + 3 H^2O$$

$$+ \begin{matrix} C^6H^5 . AzH - Az \\ C^6H^5 . Az = Az \end{matrix} > C - C < \begin{matrix} Az - AzH . C^6H^5 \\ Az = Az . C^6H^5 \end{matrix}$$

$$\begin{matrix} CO^2H & CO^2H \\ | & | \\ C & \text{———} & C \\ || & || \\ Az^2H . C^6H^5 & Az^2H . C^6H^5 \end{matrix} + 2 C^6H^5 . Az^2OH$$

$$= 2 CO^2 + 2 H^2O$$

$$+ \begin{matrix} C^6H^5 . AzH - Az \\ C^6H^5 . Az = Az \end{matrix} > C - C < \begin{matrix} Az - AzH . C^6H^5 \\ Az = Az . C^6H^5 \end{matrix}$$

Le bis-diphénylformazyle cristallise en paillettes rouges douées d'un reflet vert, qui fondent vers 226°. Il se dissout avec une coloration rouge dans la plupart des dissolvants organiques, à l'exception de la ligroïne, et dans l'acide sulfurique concentré avec une coloration bleu foncé.

Le bis-diphénylformazyle possède les propriétés d'une base forte. Ses sels sont solubles dans l'eau, mais peu solubles dans les acides dilués.

Le *sulfate*, $C^{26}H^{22}Az^8 , H^2SO^4$, se présente sous la forme de paillettes orangées qui se décomposent vers 116°, et se dissolvent facilement dans l'eau, l'alcool et le chloroforme.

Le *chlorhydrate*, $C^{26}H^{22}Az^8 , HCl$, se décompose à 248°, et possède les mêmes propriétés que le sulfate.

Le *sel neutre* se présente sous la forme de paillettes rouges.

L'*acétate* cristallise en paillettes d'un jaune d'or, solubles dans l'acide acétique bouillant, peu solubles dans les autres dissolvants organiques. Il se décompose vers 276-280°.

Lorsqu'on traite ce bis-diphénylformazyle, à froid, par une solution alcoolique de sulfure d'ammonium, on le transforme en la diamidra-

zone (bis-phénylhydrazidine) de M. Senf :

$$\begin{matrix} C^6H^5 . AzH - Az \\ C^6H^5 . Az = Az \end{matrix} > C - C < \begin{matrix} Az - AzH . C^6H^5 \\ Az = Az . C^6H^5 \end{matrix} + 4 H^2$$

$$= \begin{matrix} C^6H^5 . AzH - Az \\ H^2Az \end{matrix} > C = C < \begin{matrix} Az - AzH . C^6H^5 \\ AzH^2 \end{matrix}$$

$$+ 2 C^6H^5 . AzH^2.$$

Cette diamidrazone cristallise en paillettes nacrées fusibles à 226° (voyez HYDRAZIDINE) [E. Bamberger et F. Kuhlemann, *D. chem. G.*, 26, 2978].

DÉRIVÉS DU DINITRODIPHÉNYLFORMAZYLE. — *Hydrure de di-p-nitrodiphénylformazyle*,

$$HC < \begin{matrix} Az - AzH . C^6H^4 - AzO^2 \\ Az = Az . C^6H^4 - AzO^2 \end{matrix}$$

— Ce composé prend naissance lorsqu'on fait agir le chlorure de p-nitrodiazobenzène sur l'acide malonique en solution alcaline. On opère comme dans le cas de l'hydrure de diphénylformazyle.

Le dérivé nitré cristallise en aiguilles d'un brun rougeâtre, qui sont insolubles dans l'eau.

*Hydrure de di-m-nitrodiphénylformazyle.* — Cet hydrure s'obtient comme le précédent et possède le même aspect et les mêmes propriétés.

*Di-m-nitrodiphénylformazylformiate d'éthyle*,

$$C^2H^5 . CO^2 . C < \begin{matrix} Az - AzH . C^6H^4 . AzO^2 \\ Az = Az . C^6H^4 . AzO^2 \end{matrix}$$

— On obtient ce composé lorsqu'on fait agir le chlorure de m-nitrodiazobenzène (2 molécules) sur une solution alcoolique d'éther acétylacétique :

$$C^2H^5 . CO^2 . CH^2 . CO . CH^3 + 2 AzO^2 . C^6H^4 . Az^2OH$$

$$= C^2H^5 . CO^2 . C < \begin{matrix} Az - AzH . C^6H^4 . AzO^2 \\ Az = Az . C^6H^4 . AzO^2 \end{matrix}$$

$$+ CH^3 . CO^2H + H^2O.$$

Il se présente sous la forme d'aiguilles rouges, solubles dans l'alcool et dans l'acide acétique, fusibles vers 217°.

Si l'on oxyde cet éther au moyen du nitrite d'amyle et de l'acide chlorhydrique, comme il a été dit à propos de l'éther diphénylformazylformique, on obtient le *chlorure de l'éther di-m-nitrodiphényltétrazolium-carbonique* :

$$C^2H^5 . CO^2 . C \begin{cases} Az - Az . C^6H^4 . AzO^2 \\ \quad | \quad \diagup Cl \\ Az = Az \diagdown C^6H^4 . AzO^2 \end{cases}$$

Ce chlorure cristallise en aiguilles incolores, fusibles à 175-176°, solubles dans l'alcool et dans l'éther [H. von Pechmann et Edgar Wedekind, *D. chem. G.*, 28, 1695].

DÉRIVÉS DU DITOLYLFORMAZYLE ET DU DINAPHTYLFORMAZYLE. — *Di-p-tolylformazylméthylcétone*,

$$CH^3 . CO . C < \begin{matrix} Az - AzH . C^6H^4 . CH^3 \\ Az = Az . C^6H^4 . CH^3 \end{matrix}$$

— Ce composé a été obtenu en traitant l'acétylacétate de potassium par le chlorure de p-diazotoluène en présence de potasse caustique.

Il cristallise en aiguilles soyeuses d'un rouge brique, qui sont douées de reflets verts et fondent vers 153-154°. Il est soluble dans le chloroforme, l'acétone et le benzène, peu soluble dans l'éther et dans l'alcool froids. L'acide sulfurique concentré le dissout avec une coloration bleue.

La *di-α-naphtylformazylméthylcétone*,

$$CH^3 . CO . C < \begin{matrix} Az - AzH . C^{10}H^7 \\ Az = Az . C^{10}H^7 \end{matrix}$$

se prépare en traitant l'acétylacétate de potassium par le diazonaphtalène en présence d'acétate de sodium. Elle cristallise en aiguilles d'un noir verdâtre, fusibles à 174°,5-175°, solubles en rouge dans l'alcool, l'éther, le chloroforme et dans le benzène bouillant, en bleu dans l'acide sulfurique concentré [E. Bamberger et J. Lorenzen, *D. chem. G.*, **25**, 3539].

DÉRIVÉS FORMAZYLIQUES MIXTES. — Les dérivés formazyliques mixtes du type

$$R.HAz.Az=C\underset{Az=Az.C^7H^7}{\overset{Az=Az.C^6H^5}{<}}$$

peuvent s'obtenir en faisant agir sur l'hydrazone mésoxalique, par exemple, successivement le chlorure de diazobenzène et celui de diazotoluène.

Le produit final est identique, quel que soit l'ordre dans lequel ces deux substitutions aient été faites.

Ce fait est absolument d'accord avec la constitution attribuée aux dérivés formazyliques.

Mais ces dérivés mixtes présentent un phénomène d'isomérie ou de tautomérie absolument remarquable ; les deux formules suivantes :

$$R.C\underset{Az=Az.C^7H^7}{\overset{Az-AzH\ C^6H^5}{<}} \qquad R.C\underset{Az=Az.C^6H^5}{\overset{Az-AzH.C^7H^7}{<}}$$

devraient correspondre à deux séries d'isomères parfaitement distincts, qu'on préparerait les uns à partir de la phénylhydrazone mésoxalique et les autres à partir de la tolylhydrazone. Or ces isomères se trouvent être identiques, non seulement par leurs propriétés physiques, mais aussi par leurs propriétés chimiques. On peut s'en rendre compte en comparant les points de fusion de ces dérivés :

| | Points de fusion. |
|---|---|
| Hydrure de h-phényle-a-tolylformazyle, $HC\underset{Az=Az.C^7H^7}{\overset{Az-AzH.C^6H^5}{<}}$ | 116-117° |
| Hydrure de b-tolyle-a-phénylformazyle, $HC\underset{Az=Az.C^6H^5}{\overset{Az-AzH.C^7H^7}{<}}$ | 116-117° |
| Acide h-phényle-a-tolylformazylformique... | 164-165° |
| Acide b-tolyle-a-phénylformazylformique... | 165-166° |
| Benzène azo-h-phényle-a-tolylformazyle..... | 174-175° |
| Benzène azo-b-tolyle-a-phénylformazyle..... | 173-174° |

M. Marckwald a confirmé récemment l'identité de ces composés [*Ann. Chem.*, **286**, 343].

Cette identité a été vérifiée sur les propriétés chimiques :

1° Les deux séries fournissent respectivement les mêmes produits de condensation sous l'action des acides minéraux concentrés ;

2° Elles donnent naissance aux mêmes produits de réduction sous l'action du zinc et de l'acide sulfurique ;

3° Les deux séries fournissent non pas des dérivés acétylés isomériques, mais un mélange identique de deux dérivés acétylés distincts.

En saponifiant ces dérivés acétylés, on retombe sur un composé unique, identique à celui qui a servi de point de départ. Si on les réduit par le zinc et l'acide acétique, on obtient, à partir de chacun, deux produits bien définis qui permettent de fixer leur constitution.

Ainsi, lorsqu'on traite par l'acide sulfurique concentré le produit de l'action du chlorure de diazotoluène sur la phénylhydrazone phénylglyoxylique,

$$\overset{C^6H^5.C.CO^2H}{\underset{Az-AzH.C^6H^5}{\|}} + C^7H^7.Az^2OH$$

$$= C^6H^5.C\underset{Az=Az.C^7H^7}{\overset{Az-AzH.C^6H^5}{<}} + H^2O + CO^2,$$

on obtient de la méthylphène-phényltriazine et de l'aniline, tandis qu'on devrait obtenir de la phène-phényltriazine et de la toluidine :

$$C^6H^5\underset{Az=Az.C^7H^7}{\overset{Az}{\diagup}}\overset{Az}{\diagdown}C.C^6H^5 + 4H$$

$$= C^6H^4\underset{Az=C.C^6H^5}{\overset{Az=Az}{<}} + C^7H^7.AzH^2.$$

Les mêmes produits prennent naissance lorsqu'on traite par l'acide sulfurique le composé

$$C^6H^5.C\underset{Az=AzH.C^6H^5}{\overset{Az-Az.C^7H^7}{<}}$$

obtenu en faisant agir la phénylhydrazone-phénylglyoxylique sur le chlorure de diazobenzène. Dans ce cas, la réaction s'effectue normalement :

$$C^7H^7\underset{Az=Az-C^6H^5}{\overset{Az}{\diagup}}\overset{Az}{\diagdown}C.C^6H^5 + 4H$$

$$= C^7H^6\underset{Az=C.C^6H^5}{\overset{Az=Az}{<}} + C^6H^5.AzH^2.$$

En chauffant avec de l'anhydride acétique les acides h-phényl-a-tolylformazylformique et h-tolyl-a-phénylformazylformique

$$CO^2H\underset{Az=Az.C^7H^7}{\overset{Az-AzH.C^6H^5}{<}} \qquad CO^2H\underset{Az=Az.C^6H^5}{\overset{Az-AzH.C^7H^7}{<}}$$

qui ne diffèrent que par la marche suivie dans leur préparation, on obtient dans les deux cas un même mélange de deux *dérivés acétylés* des hydrures, dont l'un cristallise en prismes fusibles à 157°,5 et l'autre en aiguilles fusibles à 161°.

Le premier de ces dérivés fournit, par réduction au moyen du zinc et de l'acide sulfurique, un mélange d'acétylphénylhydrazine-*aa* et de formyltolylhydrazine-*ab*[1]. Sa constitution s'en déduit immédiatement :

$$HC\underset{Az=Az-C^7H^7}{\overset{Az-Az<\substack{CO.CH^3\\C^6H^5}}{\diagup}} + H^2 + H^2O$$

$$= AzH^2.Az\underset{C^6H^5}{\overset{CO.CH^3}{<}}$$

$$+ HCO.HAz.AzH.C^7H^7.$$

L'autre dérivé acétylé se dédouble dans les mêmes conditions en donnant de l'acétyltolylhydrazine-*aa* et de la formylphénylhydrazine-*ab* :

$$HC\underset{Az=Az-C^6H^5}{\overset{Az-Az<\substack{CO.CH^3\\C^7H^7}}{\diagup}} + H^2 + H^2O$$

$$= AzH^2.Az\underset{C^7H^7}{\overset{CO.CH^3}{<}}$$

$$+ HCO.HAz.AzH.C^6H^5.$$

Ces deux dérivés acétylés devraient fournir par saponification deux composés formazyliques distincts. Or on retombe sur le même produit. Il faut en conclure que les dérivés formazyliques mixtes présentent des phénomènes de tautomérie analogues à ceux que l'on a constatés dans le cas

1. On désigne par *aa* le dérivé phénylhydrazinique où le groupement substitué à un atome d'hydrogène est attaché au même atome d'azote que le phényle, et par *ab* celui où la substitution est faite à l'azote non lié au phényle.

de certains dérivés diazoaminés du phénylméthyl-pyrazol 1.3 ou 1.5.

DÉRIVÉS MIXTES DE L'HYDRURE DE FORMAZYLE. — L'*hydrure de phényltolylformazyle*

$$HC \lessgtr \begin{matrix} Az - Az\,H . C^6H^5 \\ Az = Az . C^7H^7 \end{matrix} \quad \text{ou} \quad HC \lessgtr \begin{matrix} Az - Az\,H . C^7H^7 \\ Az = Az . C^6H^5 \end{matrix}$$

s'obtient indifféremment par saponification de l'un ou de l'autre des deux dérivés acétylés isomériques qui viennent d'être mentionnés.

Il cristallise dans l'alcool en paillettes d'un rouge rubis, qui fondent à 116-117° et qui possèdent toutes les propriétés de l'hydrure de diphénylformazyle.

Lorsqu'on le chauffe avec de l'anhydride acétique et du chlorure de zinc, on obtient un mélange de *deux dérivés acétylés*.

On prépare également ces derniers en chauffant l'acide phényltolylformazylformique

$$CO^2H \lessgtr \begin{matrix} Az - Az\,H . C^6H^5 \\ Az = Az . C^7H^7 \end{matrix}$$

ou

$$CO^2H \lessgtr \begin{matrix} Az - Az\,H . C^7H^7 \\ Az = Az . C^6H^5 \end{matrix}$$

(5 gr.) avec l'anhydride acétique (25 gr.) au bain-marie, pendant quelques minutes, jusqu'à ce que la coloration de la solution ait passé du rouge au jaune. On précipite ensuite par l'eau, et on fait cristalliser le produit dans l'acétone ou dans l'alcool bouillant.

La séparation des deux isomères s'effectue au moyen de cristallisations fractionnées dans l'alcool bouillant.

Le *dérivé prismatique*

$$HC \lessgtr \begin{matrix} Az - Az \diagdown \begin{matrix} CO . CH^3 \\ C^6H^5 \end{matrix} \\ Az = Az - C^6H^4 . CH^3 \end{matrix}$$

se dépose le premier; puis on obtient un mélange de prismes et d'aiguilles, d'où on sépare les dernières par des épuisements à l'éther. Chaque isomère est ensuite cristallisé plusieurs fois.

L'*hydrure d'h-acétylphényl-a-p-tolylformazyle* cristallise en prismes orangés fusibles à 157°,5, qui se dissolvent dans l'acide sulfurique concentré avec une coloration brune.

La réduction de ce composé par le zinc et l'acide sulfurique fournit un mélange de *formyl-p-tolylhydrazidine-ab*

$$HCO . H\,Az - Az\,H . C^7H^7$$

et d'*acétylphénylhydrazine-aa*

$$Az\,H^2 . Az \diagdown \begin{matrix} CO . CH^3 \\ C^6H^5 \end{matrix}$$

L'*hydrure d'h-acétyl-p-tolyl-a-phénylformazyle*

$$HC \lessgtr \begin{matrix} Az - Az \diagdown \begin{matrix} CO . CH^3 \\ C^6H^4 . CH^3 \end{matrix} \\ Az = Az - C^6H^5 \end{matrix}$$

cristallise en aiguilles fusibles à 161°, qui se dissolvent dans l'acide sulfurique concentré avec une coloration bleue, et qui sont plus solubles dans l'alcool et dans l'éther que le composé isomérique.

La réduction de ce dérivé acétylé au moyen du zinc et de l'acide sulfurique a fourni un mélange de *formylphénylhydrazine-ab*

$$CHO . H\,Az . Az\,H . C^6H^5$$

et d'*acétyl-p-tolylhydrazine-aa*

$$H^2Az . Az \diagdown \begin{matrix} CO . CH^3 \\ C^7H^7 \end{matrix}$$

Cette dernière cristallise en paillettes incolores

fusibles à 122°, solubles dans le benzène, insolubles dans la ligroïne. Sa combinaison avec l'aldéhyde benzylique

$$C^6H^5 . CH = Az - Az \diagdown \begin{matrix} CO . CH^3 \\ C^7H^7 \end{matrix}$$

se présente sous la forme d'aiguilles fusibles à 132°,5.

DÉRIVÉS MIXTES DE L'ACIDE FORMAZYLFORMIQUE. — L'*acide phényltolylformazylformique*

$$CO^2H . C \lessgtr \begin{matrix} Az - Az\,H . C^6H^5 \\ Az = Az . C^7H^7 \end{matrix}$$

ou

$$CO^2H . C \lessgtr \begin{matrix} Az - Az\,H . C^7H^7 \\ Az = Az . C^6H^5 \end{matrix}$$

a été obtenu en saponifiant les éthers éthylique ou méthylique correspondants par la soude alcoolique bouillante; on sature ensuite la liqueur par un courant d'acide carbonique, on filtre pour éliminer les produits résineux et on précipite au moyen de l'acide acétique.

L'acide phényltolylformazylformique cristallise dans l'alcool en paillettes rougeâtres, fusibles à 164-165°, solubles dans l'éther, l'acétone, le chloroforme et le benzène, insolubles dans l'eau. Il a une grande analogie avec l'acide diphénylformazylformique.

Cet acide peut être obtenu indifféremment à partir de l'un des deux éthers qui vont être décrits.

Le *h-p-tolyl-a-phénylformazylformiate de méthyle*

$$CH^3 . CO^2 . C \lessgtr \begin{matrix} Az - Az\,H . C^7H^7 \\ Az = Az . C^6H^5 \end{matrix}$$

prend naissance lorsqu'on fait réagir le chlorure de diazobenzène en solution alcaline sur la *tolylhydrazone de l'éther acétylacétique* dissoute dans un peu d'alcool :

$$CH^3 . CO^2 . C \lessgtr \begin{matrix} Az - Az\,H . C^7H^7 \\ CO . CH^3 \end{matrix} + C^6H^5 . Az^2OH$$

$$= CH^3 . CO^2H + CH^3CO^2 . C \lessgtr \begin{matrix} Az - Az\,H . C^7H^7 \\ Az = Az . C^6H^5 \end{matrix}$$

Cette tolylhydrazone a été préparée à partir de l'acétylacétate de méthyle et du chlorure de diazobenzène. Elle cristallise en fines aiguilles jaunes, fusibles à 100°, solubles dans l'alcool.

Le *tolylphénylformazylformiate de méthyle* se présente sous la forme d'aiguilles rouges, fusibles à 98°, solubles dans les dissolvants organiques, insolubles dans l'eau. Il fournit par saponification le même acide que le *h-phényl-a-p-tolylformazylformiate d'éthyle*

$$C^2H^5CO^2 . C \lessgtr \begin{matrix} Az - Az\,H . C^6H^5 \\ Az = Az . C^7H^7 \end{matrix}$$

qui a été préparé par l'un des deux procédés suivants :

1° 5 parties de l'hydrazone du mésoxalate acide d'éthyle sont dissoutes dans 100 parties d'eau et additionnées de carbonate de sodium (10 parties), puis de chlorure de diazotoluène (préparé avec 2,2 parties de toluidine).

L'éther se précipite sous la forme de flocons rougeâtres, qu'on essore et qu'on fait cristalliser dans l'alcool bouillant.

2° On dissout 46gr,8 de phénylhydrazone α-acétylacétique dans un excès d'alcool à 96 0/0 (400 gr.), on y ajoute une solution de chlorure de diazotoluène (préparée avec 21gr,4 de toluidine), et on introduit le mélange dans une dissolution à 10 0/0 de potasse caustique (112 gr.). Après quelques heures, on extrait le produit au moyen de l'éther, et on le fait cristalliser dans l'alcool.

Cet éther éthylique cristallise en prismes grenat, fusibles à 85°, qui possèdent toutes les propriétés du diphénylformazylformiate d'éthyle.

L'acide h-p-tolyl-a-phénylformazylformique a été également préparé par M. Runge, en faisant agir le chlorure de diazobenzène sur une solution alcaline de *tolylhydrazone-mésoxalate acide d'éthyle,*

$$CH^3 . C^6H^4 . HAz . Az = C \begin{array}{c} CO^2H \\ | \\ CO^2C^2H^5 \end{array}$$

Ce composé cristallise en fines aiguilles jaunes fusibles à 139°,5, solubles dans l'alcool. On le prépare comme la phénylhydrazone correspondante.

DÉRIVÉS MIXTES DE LA FORMAZYLMÉTHYLCÉTONE. — La *a-p-nitrophényl-h-phénylformasylméthylcétone*

$$CH^3 . CO . C \begin{array}{c} Az - AzH . C^6H^5 \\ Az = Az . C^6H^4 . AzO^2 \end{array}$$

a été obtenue par MM. Bamberger et Lorenzen, en traitant une solution alcoolique de l'hydrazone pyruvique par le p-nitrodiazotoluène, en présence de carbonate de sodium.

Elle cristallise en aiguilles d'un rouge rubis à reflets bleus, qui fondent à 180° et qui sont douées d'un éclat adamantin. Elle est très soluble dans le toluène et dans le chloroforme, mais peu soluble dans l'alcool et dans l'éther. Elle se dissout avec une coloration violette dans l'acide sulfurique concentré.

L'*a-p-tolyl-h-phénylformazylméthylcétone*

$$CH^3 . CO . C \begin{array}{c} Az - AzH . C^6H^5 \\ Az = Az . C^7H^7 \end{array}$$

se prépare d'une façon analogue, au moyen du chlorure de p-diazotoluène. Elle se présente sous la forme de paillettes grenat, à reflets métalliques, fusibles à 126°, solubles dans l'éther, le chloroforme, le benzène, l'alcool chaud et dans l'acide sulfurique concentré avec une coloration violette [*D. chem. G.*, 25, 3539].

DÉRIVÉS MIXTES DU FORMAZYLE-BENZÈNE. — Le *phényltolylformazylbenzène*

$$C^6H^5 . C \begin{array}{c} Az - AzH . C^6H^5 \\ Az = Az . C^7H^7 \end{array}$$

ou

$$C^6H^5 . C \begin{array}{c} Az - AzH . C^7H^7 \\ Az = Az . C^6H^5 \end{array}$$

s'obtient indifféremment en traitant la benzylidène-hydrazone par le p-diazotoluène, ou inversement la benzylidène-tolylhydrazone par le chlorure de diazobenzène.

Il cristallise dans les deux cas en aiguilles d'un noir rougeâtre, à reflets verts, qui fondent à 155-155°,5 et sont solubles dans l'alcool et dans l'acétone.

Si l'on traite ce composé par la poudre de zinc et l'acide sulfurique, on obtient un mélange de phénylhydrazine, de tolylhydrazine, de benzoylphénylhydrazine-*ab*, fusible à 164-165°, et de *benzoyl-p-tolylhydrazine-ab*

$$C^6H^5 . CO . HAz . AzH . C^6H^4 . CH^3.$$

Celle-ci cristallise en aiguilles incolores fusibles à 146°, qui ne sont pas colorées par le chlorure ferrique.

Les acides minéraux concentrés (acide sulfurique) dédoublent le phényltolylformazylbenzène, quelle que soit sa provenance, en aniline et *méthylphène-phényltriazine* :

$$CH^3 \begin{array}{c} Az \\ Az \\ C . C^6H^5 \\ Az \end{array}$$

Ce composé cristallise en aiguilles jaunes, fusibles à 95-96°, solubles dans l'alcool et dans la ligroïne. Il est difficilement volatil avec la vapeur d'eau, et se dissout avec une coloration brune dans l'acide sulfurique concentré.

Dans aucun cas, il ne s'est formé la moindre trace de p-toluidine.

L'oxydation du phényltolylformazylbenzène au moyen du nitrite d'amyle et de l'acide chlorhydrique donne naissance au *chlorure de diphényl-p-tolyltétrazolium,*

$$C^6H^5 . C \begin{array}{c} Az - Az - C^6H^5 \\ | \\ Az = Az \begin{array}{c} C^7H^7 \\ Cl \end{array} \end{array}$$

Ce composé cristallise dans l'alcool avec une molécule de dissolvant, qu'il perd à 105°. Il fond à 229° et possède toutes les propriétés des autres sels de tétrazolium.

Le *di-p-tolylformazylbenzène*

$$C^6H^5 . C \begin{array}{c} Az - AzH . C^7H^7 \\ Az = Az . C^7H^7 \end{array}$$

s'obtient en traitant en solution alcaline la p-tolylhydrazone de l'aldéhyde benzylique par le chlorure de p-diazotoluène. Il fond à 166° et cristallise en paillettes d'un rouge foncé.

DÉRIVÉS MIXTES DU BENZÈNE-AZO-FORMAZYLE. — Le *benzène-azo-h-phényl-a-p-tolylformazyle*

$$C^6H^5 . Az = Az . C \begin{array}{c} Az - AzH . C^6H^5 \\ Az = Az . C^7H^7 \end{array}$$

a été obtenu en traitant une solution alcaline d'acide diphénylformazylformique par le chlorure de p-diazotoluène, ou en faisant agir dans les mêmes conditions le chlorure de diazobenzène sur l'acide h-phényl-a-p-tolylformazylformique. Il est identique au produit de l'action du même diazoïque sur l'acide h-p-tolyl-a-phénylformazylformique, qui devrait avoir la constitution

$$C^6H^5 . Az = Az . C \begin{array}{c} Az - AzH . C^7H^7 \\ Az = Az . C^6H^5 \end{array}$$

Dans les deux cas, le produit de la réaction est dissous dans le chloroforme et précipité par un excès d'alcool bouillant. Il cristallise en paillettes d'un rouge foncé douées de reflets bronzés, qui fondent vers 174-175°, et sont solubles dans l'alcool et dans l'acétone [H. von Pechmann et P. Runge, *D. chem. G.*, 27, 323, 1679, 2920].

DÉRIVÉS DU PHÉNYLPHÉNYLOLFORMAZYLE. — *Phényl-p-phénylolformazylbenzène*

$$C^6H^5 . C \begin{array}{c} Az - AzH . C^6H^5 \\ Az = Az . C^6H^4 . OH \end{array}$$

— Ce composé a été obtenu par M. Edgar Wedekind en réduisant le chlorure de monoxytriphényltétrazolium (diphénylphényloltétrazolium) qui sera décrit plus loin :

$$C^6H^5 . C \begin{array}{c} Az - AzH . C^6H^5 \\ | \\ Az = Az \begin{array}{c} Cl \\ C^6H^4 . OH \end{array} \end{array} + H^2$$

$$= C^6H^5 . C \begin{array}{c} Az - AzH . C^6H^5 \\ Az = Az . C^6H^4 . OH \end{array} + HCl.$$

A cet effet, on dissout le chlorure (5 grammes) dans un excès d'eau tiède (300 grammes) additionnée d'ammoniaque, et l'on ajoute du sulfure d'ammonium jusqu'à ce que l'odeur de ce dernier persiste nettement. On acidule ensuite, on filtre le précipité, on le dissout dans l'alcool et on précipite par l'eau.

Le phényl-p-phénylolformazylbenzène se présente sous la forme d'une masse amorphe, rougeâtre, qui se ramollit vers 110° et fond vers 153-155°. Il se dissout dans les alcalis, dans l'ammoniaque et dans l'acide sulfurique concentré avec une coloration verdâtre [*D. chem. G.*, **29**, 1851].

*Chlorure de p-monoxytriphényltétrazolium (diphénylphényloltétrazolium)*,

$$C^6H^5 . C \underset{\diagdown\; Az = Az}{\overset{\diagup\; Az - Az . C^6H^5}{<}} \underset{C^6H^4 . OH}{\overset{Cl}{<}}$$

— Pour préparer ce composé, on peut se servir du chlorure de p-monométhoxytriphényltétrazolium brut (voyez plus loin). On chauffe ce chlorure (4 grammes) en tube scellé, à 150-160°, pendant 4 heures, avec de l'acide chlorhydrique concentré (30 grammes). Après refroidissement, on broie le contenu du tube avec de l'eau froide, et on reprend le résidu par l'eau bouillante, ou bien on le dissout dans une solution de carbonate de potassium et on le précipite par l'acide chlorhydrique.

Le chlorure de p-diphénylphényloltétrazolium cristallise en aiguilles brillantes, solubles dans l'eau bouillante et dans l'alcool en présence d'une trace d'acide, insolubles dans l'éther et dans la ligroïne. Il fond en brunissant vers 243-244°.

Ce composé offre une analogie très remarquable avec le phénol : il donne un précipité d'un jaune orangé avec l'eau de brome, même lorsque la solution est très diluée.

L'acide azotique concentré le transforme à chaud en un *dérivé nitré* qui cristallise dans l'alcool en aiguilles jaunes, fusibles à 110-112°. Ce dérivé nitré est réduit par l'amalgame de sodium ; sa solution prend alors une coloration rouge qui vire au violet lorsqu'on acidule.

Le chlorure de diphénylphényloltétrazolium se dissout en rouge orangé dans les alcalis fixes ou volatils et dans les carbonates alcalins. Lorsqu'on additionne sa solution d'acide azotique, on obtient un précipité blanc très peu soluble dans l'eau, qui constitue le *nitrate* correspondant. Ce sel se dissout dans l'ammoniaque avec une coloration rouge et se précipite de nouveau lorsqu'on sursature par l'acide azotique.

Les propriétés physiologiques du chlorure de p-diphénylphényloltétrazolium sont sensiblement les mêmes que celles du phénol. Une injection sous-cutanée de ce composé provoque chez le lapin et chez la grenouille une paralysie des nerfs moteurs et un arrêt de la respiration. La dose mortelle est de 0gr,16 par kilogramme d'animal.

En oxydant par le permanganate de potassium (9 à 10 grammes) une solution acide de nitrate de p-diphénylphényloltétrazolium, on obtient un *diphényltétrazol*

$$C^6H^5 . C \underset{\diagdown\; Az = Az}{\overset{\diagup\; Az - Az . C^6H^5}{<}}$$

fusible à 105-106°.

Le groupement $C^6H^4 . OH$ a seul été oxydé ; cela explique pourquoi il est impossible de revenir du chlorure de triphényltétrazolium

$$C^6H^5 . C \underset{\diagdown\; Az = Az}{\overset{\diagup\; Az - Az . C^6H^5}{<}} \underset{C^6H^5}{\overset{Cl}{<}}$$

au phényltétrazol correspondant [Edgar Wedekind, *D. chem. G.*, **29**, 1846].

*Phényl-p-anisylformazylbenzène*,

$$C^6H^5 . C \underset{Az = Az . C^6H^4 . OCH^3}{\overset{Az - AzH . C^6H^5}{<}}$$

— Pour préparer cette substance, on procède de la façon suivante :

On prépare : 1° une solution alcoolique de benzylidène-phénylhydrazone, renfermant 21gr,2 d'aldéhyde benzylique et 21gr,6 de phénylhydrazine dissous dans 2 litres d'alcool ;

2° Une solution de chlorure de p-diazoanisol (préparée avec 24gr,6 d'anisidine, 53 grammes d'acide chlorhydrique à 33,8 0/0, 180 grammes d'alcool, 20 grammes de nitrite de sodium et 20 grammes d'eau) ;

3° Une solution de potasse alcoolique renfermant 60 grammes de potasse et 300 grammes d'alcool à 96 0/0.

On laisse couler peu à peu et simultanément les deux premières solutions dans la troisième, en agitant continuellement et en maintenant la température entre 25 et 35°. Au bout de quelques heures, on acidule avec l'acide acétique, on essore le précipité, et on le fait cristalliser dans un mélange de chloroforme et d'alcool.

La réaction peut être représentée par l'équation suivante :

$$C^6H^5 . CH = Az . AzH . C^6H^5 + OH . Az^2 . C^6H^4 . OCH^3$$
$$= C^6H^5 . C \underset{Az = Az . C^6H^4 . OCH^3}{\overset{Az - AzH . C^6H^5}{<}} + H^2O.$$

Le phényl-p-anisylformazylbenzène cristallise en prismes fusibles à 154°, doués d'un éclat métallique, se dissolvant avec une coloration rouge dans tous les dissolvants organiques, à l'exception de l'alcool.

L'acide chlorhydrique fumant le colore en violet.

*Chlorure de p-monométhoxytriphényltétrazolium*,

$$C^6H^5 . C \underset{\diagdown\; Az = Az}{\overset{\diagup\; Az - Az . C^6H^5}{<}} \underset{C^6H^4 . OCH^3}{\overset{Cl}{<}}$$

— Ce composé s'obtient en faisant couler goutte à goutte une solution alcoolique à 35 0/0 de gaz chlorhydrique (10 grammes) dans un mélange de phényl-p-anisylformazylbenzène (14 grammes), d'alcool (70 grammes) et de nitrite d'amyle (12 grammes). On laisse reposer pendant 24 heures, puis on précipite par l'eau bouillante, on chauffe pour chasser l'alcool, et l'on évapore la liqueur filtrée au bain-marie jusqu'à siccité.

Le chlorure s'obtient ainsi sous la forme d'une masse vitreuse, qui cristallise difficilement dans un mélange de chloroforme et d'éther, sous la forme d'aiguilles incolores. Il se résinifie très facilement.

En traitant une solution aqueuse concentrée de ce sel par l'iodure de potassium, on obtient l'iodure correspondant

$$C^6H^5 . C \underset{\diagdown\; Az = Az}{\overset{\diagup\; Az - Az . C^6H^5}{<}} \underset{C^6H^4 . OCH^3}{\overset{I}{<}}$$

sous la forme d'un précipité jaune qui cristallise dans l'eau bouillante ou dans l'alcool à 50 0/0 en prismes jaunes, solubles dans le chloroforme, peu solubles dans l'eau, dans l'éther et dans la ligroïne. Cet iodure se ramollit vers 90° et fond vers 135-140°. Il fournit des précipités caractéristiques avec les chlorures d'or et de platine et avec l'acide picrique.

DÉRIVÉS DU DI-P-PHÉNYLOLFORMAZYLE. — *Acide di-p-phénylolformazylformique*,

$$CO^2H . C \underset{Az = Az . C^6H^4 OH}{\overset{Az - AzH . C^6H^4 . OH}{<}}$$

— Ce composé a été obtenu par MM. H. von Pechmann et Edgar Wedekind, en réduisant par l'amalgame de sodium la bétaïne de l'acide diphényloltétrazolium-carbonique qui sera décrite plus loin. Il cristallise dans l'acide acétique en tables verdâtres fusibles à 186°, et se dissout dans l'acide sulfurique concentré avec une coloration bleu foncé.

*Hydrure de di-p-anisylformazyle,*

$$H \; C \begin{cases} Az - AzH . C^6H^4 . OCH^3 \\ Az = Az . C^6H^4 . OCH^3 \end{cases}$$

— MM. von Pechmann et Wedekind ont préparé cet hydrure en faisant réagir l'acétate de p-diazoanisol sur l'acide malonique, en solution alcaline :

$$CH^2 \begin{cases} CO^2H \\ CO^2H \end{cases} + 2 Az^2OH . C^6H^4 . OCH^3$$

$$= 2CO^2 + 2H^2O + HC \begin{cases} Az - AzH . C^6H^4 . OCH^3 \\ Az = Az . C^6H^4 . OCH^3 \end{cases}$$

L'hydrure cristallise dans l'alcool en prismes rouges qui fondent à 88° [*D. chem. G.*, 28, 1695].

*Acide di-p-phénoxéthylformazylformique,*

$$CO^2H . C \begin{cases} Az - Az . C^6H^4 . OC^2H^5 \\ Az = Az . C^6H^4 . OC^2H^5 \end{cases}$$

— On obtient cet acide en saponifiant l'éther correspondant par la soude alcoolique bouillante ; on fait ensuite cristalliser le produit dans l'alcool méthylique.

L'acide di p-phénoxéthylformazylformique se présente sous la forme de prismes noirâtres ou d'aiguilles rouges douées d'un reflet bleu, qui fondent vers 145-146°. Il se dissout facilement dans l'alcool. Ses sels alcalins sont peu solubles dans l'eau ; les sels des métaux lourds constituent des précipités diversement colorés.

*Di-p-phénoxéthylformazylformiate d'éthyle.* — Pour préparer ce composé, on procède de la façon suivante : On laisse couler peu à peu une solution de chlorure de diazophénéthol (préparée à partir de 50 grammes de p-phénéthidine) dans une lessive de soude à 24 0/0 (2 000 grammes), renfermant 75 grammes d'éther acétylacétique. La température doit être maintenue au-dessous de 0°. Le produit se précipite sous la forme d'une masse résineuse qu'on fait cristalliser dans l'alcool bouillant. La réaction doit s'écrire :

$$CH^3 . CO . CH^2 . CO^2C^2H^5 + 2 Az^2OH . C^6H^4 . OC^2H^5$$

$$= CH^3 . CO^2H + CO^2C^2H^5 . C \begin{cases} Az-AzH . C^6H^4 . OC^2H^5 \\ Az = Az . C^6H^4 . OC^2H^5 \end{cases}$$

$$+ H^2O.$$

Les proportions indiquées ici correspondent à $3^{mol},5$ d'éther acétylacétique pour 2 molécules de diazoïque. Si l'on emploie une moindre quantité d'éther, on obtient uniquement des produits résineux, et dans certains cas une petite quantité d'*acide éthoxybensène-azoacétylacétique,*

$$CH^3 . CO . C . CO^2H$$
$$\|$$
$$Az - AzH \quad C^6H^4 . OC^2H^5$$

Ce composé est beaucoup moins soluble dans l'alcool que l'éther formazylique. Il cristallise en prismes jaunes fusibles à 172-173°, solubles dans les alcalis et dans les carbonates alcalins.

Le *di-p-phénéthylformazylformiate d'éthyle* se présente sous la forme de paillettes ou d'aiguilles d'un rouge foncé, douées d'un reflet bleu ; il fond à 127-128°, et se dissout facilement dans le benzène et dans le chloroforme, moins facilement dans l'alcool, l'éther et l'acétone. L'acide sulfurique le dissout avec une coloration bleu-verdâtre.

Ce composé offre un intérêt tout particulier, en ce sens qu'on a pu le convertir par oxydation ménagée en dérivé du diphénoxytétrazolium, qu'une oxydation plus énergique a transformé dans le tétrazol de M. Bladin :

$$CH \begin{cases} Az - AzH \\ \phantom{Az} | \\ Az = Az \end{cases}$$

Cette réaction n'avait pu être effectuée avec les dérivés du diphényltétrazolium ; elle fixe d'une façon définitive la constitution de cette classe de corps.

*Acide di-p-phénéthyltétrazolium-carbonique.* — L'*éther* de cet acide,

$$C^2H^5 . CO^2 . C \begin{cases} Az - Az . C^6H^4 . OC^2H^5 \\ Az = Az \begin{cases} Cl \\ C^6H^4 . OC^2H^5 \end{cases} \end{cases}$$

s'obtient assez difficilement à l'état pur. On le prépare en saturant de vapeurs nitreuses une solution alcoolique de gaz chlorhydrique renfermant du diphénéthylformazylformiate d'éthyle. On fait cristalliser le précipité qui s'est formé dans un mélange de chloroforme et de ligroïne.

Le chlorure se présente sous la forme de prismes incolores, fusibles à 187°. Lorsqu'on le chauffe avec de l'acide chlorhydrique, on le transforme dans la bétaïne de l'acide correspondant.

L'*acide diphénéthyltétrazolium-formique*

$$CO^2H . C \begin{cases} Az - AzH . C^6H^4 . OC^2H^5 \\ Az = Az \begin{cases} Cl \\ C^6H^4 . OC^2H^5 \end{cases} \end{cases}$$

peut être préparé directement à partir du diphénétylformazylformiate d'éthyle.

On traite ce dernier (50 grammes) par le nitrite d'amyle (50 grammes) en présence d'une solution alcoolique de gaz chlorhydrique à 40 0/0. La liqueur filtrée est ensuite diluée et portée à l'ébullition, puis concentrée autant que possible, et le résidu chauffé avec de l'acide chlorhydrique concentré. On purifie le produit en le faisant cristalliser dans l'acide chlorhydrique bouillant ou dans l'alcool saturé de gaz chlorhydrique.

Le chlorure de l'acide di-p-phénéthyltétrazolium-carbonique se présente sous la forme de prismes qui fondent en brunissant vers 194-195°. Il est dissocié instantanément par l'eau en acide chlorhydrique et bétaïne.

Cette *bétaïne*

$$C \begin{cases} Az - Az . C^6H^4 . OC^2H^5 \\ \phantom{Az} | \\ Az = Az . C^6H^4 . OC^2H^5 \\ CO ---- O \end{cases}$$

s'obtient plus facilement en dissolvant le chlorure précédent dans un carbonate alcalin, et en évaporant la solution. Elle cristallise en tables hexagonales orangées qui fondent à 113° et qui renferment 2 molécules d'eau.

Lorsqu'on chauffe le chlorure de l'acide diphénéthyltétrazolium-carbonique (5 grammes) avec de l'acide chlorhydrique fumant (50 grammes), en tube scellé, à 140-145°, pendant 3 heures, on le dédouble en chlorure d'éthyle et *bétaïne de l'acide diphényloltétrazolium-carbonique,*

$$C \begin{cases} Az - Az . C^6H^4 . OH \\ \phantom{Az} | \\ Az = Az . C^6H^4 . OH \\ CO ---- O \end{cases}$$

On peut remplacer dans cette réaction l'acide chlorhydrique par l'acide bromhydrique.

Pour isoler cette bétaïne, on dilue le contenu

du tube, on le neutralise par l'ammoniaque et on concentre la liqueur filtrée.

La bétaïne cristallise en paillettes hexagonales incolores, peu solubles dans l'eau, qui répondent à la formule $C^{14}H^{10}Az^4O^4,3,5H^2O$. Elle fond vers 178-179° en se décomposant, et se dissout dans les alcalis avec une coloration rougeâtre.

Cette bétaïne peut être facilement transformée en tétrazol fusible à 155° :

$$CH \begin{cases} Az-AzH \\ \quad\;\;| \\ Az=Az \end{cases}$$

On en dissout 5 grammes dans de la soude diluée (1500 centimètres cubes), on neutralise par l'acide azotique, on ajoute 20 grammes d'acide azotique concentré, et on oxyde la liqueur au moyen du permanganate à 25 0/0 (22 grammes). La température ne doit pas dépasser 25°. La liqueur filtrée est ensuite concentrée, puis traitée par l'azotate d'argent La *combinaison argentique* du tétrazol se précipite sous la forme d'aiguilles qu'il est facile d'isoler. Le rendement est d'environ 99 0/0.

Cette réaction fixe d'une façon définitive la constitution du noyau tétrazolium. Elle paraît appartenir exclusivement aux dérivés hydroxylés, car il a été impossible d'oxyder les dérivés nitrés ou sulfonés du diphényltétrazolium [H. von Pechmann et Edgar Wedekind, *D. chem. G.*, **28**, 1688).

### DÉRIVÉS DU CYCLODIPHÉNYLFORMAZYLE.

Le chlorure de tétrazodiphényle agit sur l'éther acétylacétique, sur l'acide malonique, etc., en donnant naissance aux dérivés du *cyclodiphénylformazyle*

$$R-C \begin{cases} Az-AzH-C^6H^4 \\ \qquad\qquad\;\;| \\ Az=Az-C^6H^4 \end{cases}$$

qui se rapprochent par leurs propriétés des dérivés formazyliques précédemment décrits.

*Cyclodiphénylformazylformiate d'éthyle.* — Ce composé s'obtient en faisant agir le chlorure de tétrazodiphényle (préparé à partir de 20 gr. de benzidine) à 0° sur de l'éther acétylacétique ($14^{gr},3$) dissous dans une lessive de potasse à 10 0/0, renfermant 28 grammes de potasse solide. La réaction est la suivante :

$$\begin{matrix} CH^3 \\ | \\ CO \\ | \\ CH^2 \\ | \\ CO^2C^2H^5 \end{matrix} + \begin{matrix} HOAz^2-C^6H^4 \\ | \\ HOAz^2-C^6H^4 \end{matrix} = CH^3.CO^2H$$

$$+ 2H^2O + C^2H^5CO^2-C \begin{cases} Az-AzH.C^6H^4 \\ \qquad\qquad| \\ Az=Az-C^6H^4 \end{cases}$$

L'éther formazylique se précipite immédiatement sous la forme d'une poudre rouge qu'on essore ; on le purifie en le dissolvant dans du chloroforme (20 parties) et en le précipitant par de la ligroïne.

Si l'on fait réagir un excès d'éther acétylacétique sur le chlorure de tétrazodiphényle, on obtient un autre composé qui cristallise en aiguilles jaunes, fusibles à 198°, et qui possède vraisemblablement la constitution suivante :

$$\begin{matrix} CH^3 \\ | \\ CO \\ | \\ C=Az-AzH-C^6H^4-C^6H^4 \\ | \\ CO^2C^2H^5 \end{matrix} \qquad \begin{matrix} CH^3 \\ | \\ CO \\ | \\ AzH-Az=C \\ | \\ CO^2C^2H^5 \end{matrix}$$

Le cyclodiphénylformazylformiate d'éthyle se

présente sous la forme d'une poudre rougeâtre, amorphe, qui fond de 200 à 250° en se décomposant graduellement. Il se dissout facilement dans le chloroforme et dans le sulfure de carbone, et difficilement dans le benzène et dans l'acétone ; il est insoluble dans la ligroïne et dans l'eau. L'acide chlorhydrique, l'acide sulfurique concentré et les alcalis le dissolvent avec une coloration verdâtre.

*Chlorure de l'éther cyclodiphényltétrazolium-carbonique,*

$$C^2H^5.CO^2.C \begin{cases} Az-Az-C^6H^4 \\ \qquad\quad|\qquad| \\ Az=Az \begin{cases} C^6H^4 \\ Cl \end{cases} \end{cases}$$

— Ce composé s'obtient en saturant de vapeurs nitreuses une solution refroidie de l'éther précédent (20 gr.) dans du chloroforme (300 gr.) auquel on a ajouté au préalable une solution alcoolique de gaz chlorhydrique à 15 0/0 (5 gr.). La réaction est terminée lorsque la liqueur est décolorée. On filtre, on évapore et on fait cristalliser le résidu dans de l'alcool renfermant un peu d'acide chlorhydrique.

Le chlorure du cyclodiphényltétrazolium-carbonate d'éthyle se présente sous la forme de prismes jaunâtres qui fondent vers 206-216°. Il se dissout dans l'alcool bouillant, l'acétone, l'acide acétique, le chloroforme et le benzène, mais il est insoluble dans l'éther, la ligroïne et l'eau. Les acides sont sans action sur ce sel, mais les alcalis le décomposent à chaud. L'ammoniaque en particulier le transforme en une masse brune que les acides colorent en rouge orangé et qui se dissout alors facilement dans le chloroforme.

La solution alcoolique du chlorure est précipitée en jaune par l'acide picrique et le chlorure d'or, et en blanc par l'azotate d'argent. L'acide sulfurique concentré dissout le sel avec une coloration rouge ; il l'abandonne sous la forme d'un précipité jaune lorsqu'on étend d'eau la solution. L'acide azotique donne également une coloration rouge.

Les agents de réduction (amalgame de sodium, sulfure d'ammonium, etc.) transforment le chlorure en éther cyclodiphénylformazylformique.

L'action du chlorure de tétrazodiphényle sur l'acide malonique, en présence d'acétate de sodium, donne naissance à un précipité d'un rouge brun qu'il est impossible de purifier [Edgar Wedekind, *Ann. Chem.*, **295**, 324].

### DÉRIVÉS GUANAZYLIQUES.

*Généralités.* — M. E. Wedekind a donné le nom de *dérivés guanazyliques* à des dérivés formazyliques dans lesquels le groupement substitué en position $h$ est le radical $C \begin{cases} AzH \\ AzH^2 \end{cases}$ :

$$C^6H^5.C \begin{cases} Az-AzH.C \begin{cases} AzH \\ AzH^2 \end{cases} \\ Az=Az.C^6H^5 \end{cases}$$
Guanazylbenzène.

Ce composé peut être considéré également comme une hydrazidine, dans laquelle l'atome d'hydrogène serait remplacé par le radical de la guanidine.

PRÉPARATION ET PROPRIÉTÉS GÉNÉRALES. — Les dérivés guanazyliques s'obtiennent d'une façon analogue aux dérivés formazyliques ; on fait réagir un chlorure diazoïque sur une aminoguanidine aromatique :

$$C^6H^5.C=Az.AzH.C \begin{cases} AzH \\ AzH^2 \end{cases} + ClAz^2.C^6H^5$$

$$= C^6H^5.C \begin{cases} Az-AzH.C \begin{cases} AzH \\ AzH^2 \end{cases} \\ Az=Az.C^6H^5 \end{cases} + HCl,$$

Les aminoguanidines étant des bases assez fortes, il n'est plus nécessaire d'opérer en solution alcaline comme dans le cas des hydrazones.

Les dérivés guanazyliques sont colorés en rouge orangé. Ils sont beaucoup plus stables que les dérivés formazyliques correspondants et résistent assez bien à l'action du permanganate. Ce sont des corps neutres qui ne forment pas de sels. L'acide azoteux et l'acide azotique à chaud les transforment en tétrazols.

Les chlorures de diazoïques réagissent aussi sur les aminoguanidines substituées, en donnant, par exemple, des dérivés nitrés dans le noyau aromatique. Ceux-ci jouissent de la faculté remarquable de pouvoir être réduits directement (les dérivés formazyliques ne possèdent pas cette propriété), en donnant naissance à des dérivés aminés qu'on peut ensuite diazoter et copuler avec des phénols ou des amines aromatiques.

Ces dérivés aminés sont facilement oxydés par le permanganate de potassium; dans ce cas, le noyau aromatique substitué est complètement détruit :

$$AzH^2 . C^6H^4 . C \Big\langle \begin{matrix} Az-AzH . C \big\langle \begin{smallmatrix} AzH \\ AzH^2 \end{smallmatrix} \\ Az=Az . C^6H^5 \end{matrix} + 13\,O$$

$$= AzH^3 + 5\,CO^2 + H^2O$$

$$+ CO^2H . C \Big\langle \begin{matrix} Az\cdots AzH . C \big\langle \begin{smallmatrix} AzH \\ AzH^2 \end{smallmatrix} \\ Az=Az . C^6H^5 \end{matrix}$$

GUANAZYLBENZÈNE,

$$C^6H^5 . C \Big\langle \begin{matrix} Az-AzH . C \big\langle \begin{smallmatrix} AzH \\ AzH^2 \end{smallmatrix} \\ Az=Az . C^6H^5 \end{matrix}$$

— Pour préparer ce composé, on procède de la façon suivante : On dissout 10 parties de benzylidène-aminoguanidine dans 150 centimètres cubes d'alcool à 60 0/0, et l'on introduit dans cette liqueur, refroidie à — 10°, une solution aqueuse de chlorure de diazobenzène préparée avec $5^{gr},5$ d'aniline. Le guanazylbenzène se précipite sous la forme d'une poudre rougeâtre, qu'on fait cristalliser dans un mélange de chloroforme et de ligroïne.

Les eaux mères renferment encore des proportions notables de guanazylbenzène, qu'on peut précipiter par le carbonate de sodium.

Le guanazylbenzène se présente sous la forme de prismes orangés fusibles à 199°, solubles dans les dissolvants organiques à l'exception de l'éther et de la ligroïne, insolubles dans l'eau et dans les alcalis.

L'acide sulfurique concentré dissout le guanazylbenzène avec une coloration rouge, qui vire au violet, puis au vert olive et au brun sale lorsqu'on chauffe la solution. L'addition d'eau décolore la liqueur. Les alcalis bouillants et le permanganate n'attaquent que très lentement le guanazylbenzène.

*Transformation du guanazylbenzène en diphényltétrazol,*

$$C^6H^5 . C \Big\langle \begin{matrix} Az=Az \\ | \\ Az-Az . C^6H^5 \end{matrix}$$

— Cette oxydation peut être effectuée de deux façons :

1° On sature de vapeurs nitreuses une solution chloroformique de guanazylbenzène, jusqu'à ce que celle-ci soit complètement décolorée. On évapore ensuite la solution et on fait cristalliser le résidu.

2° On chauffe le guanazylbenzène (1 partie) avec de l'acide azotique concentré (20 parties). Vers 50° la réaction s'effectue brusquement, et la masse s'échauffe notablement. Il faut maintenir la température au-dessous de 80°, sans cela on obtient un mélange de diphényltétrazol et de *p-nitrodiphényltétrazol,*

$$AzO^2 . C^6H^4 . C \Big\langle \begin{matrix} Az=Az \\ | \\ Az\ \ Az . C^6H^5 \end{matrix}$$

fusible à 198-199°.

Le diphényltétrazol cristallise en aiguilles blanches, fusibles à 106°, solubles dans l'alcool et dans l'eau [Edgar Wedekind, *D. chem. G.*, **30**, 449].

M-A-NITROGUANAZYLBENZÈNE,

$$C^6H^5 . C \Big\langle \begin{matrix} Az-AzH . C \big\langle \begin{smallmatrix} AzH \\ AzH^2 \end{smallmatrix} \\ Az=Az . C^6H^4 . AzO^2 \end{matrix}$$

— Ce composé s'obtient, comme le guanazylbenzène, en faisant réagir une solution aqueuse de chlorure de m-nitrodiazobenzène (préparée à partir de $10^{gr},5$ de m-nitraniline) sur une solution alcoolique de benzylidène-aminoguanidine :

$$C^6H^5 . CH = Az . AzH . C \big\langle \begin{smallmatrix} AzH \\ AzH^2 \end{smallmatrix} + Cl . Az^2 . C^6H^4 . AzO^2$$

$$= C^6H^5 . C \Big\langle \begin{matrix} Az-AzH . C \big\langle \begin{smallmatrix} AzH \\ AzH^2 \end{smallmatrix} \\ Az=Az . C^6H^4 . AzO^2 \end{matrix} + HCl.$$

Le nitroguanazylbenzène cristallise dans l'alcool en aiguilles rouges fusibles à 206°, solubles dans les dissolvants organiques, à l'exception de la ligroïne, insolubles dans l'eau et dans les alcalis. L'acide sulfurique concentré le dissout avec une coloration rouge, qui passe au brun lorsqu'on chauffe la solution.

M-A-AMINOGUANAZYLBENZÈNE,

$$C^6H^5 . C \Big\langle \begin{matrix} Az-AzH . C \big\langle \begin{smallmatrix} AzH \\ AzH^2 \end{smallmatrix} \\ Az=Az . C^6H^4 . AzH^2 \end{matrix}$$

— On réduit facilement le nitroguanazylbenzène en le traitant par le chlorure stanneux et par l'acide chlorhydrique concentré.

L'aminoguanazylbenzène cristallise en aiguilles brunes fusibles à 193°, solubles dans les dissolvants organiques, sauf dans la ligroïne, insolubles dans l'alcool et dans les alcalis. L'acide sulfurique concentré le dissout avec une coloration rouge.

Son *chlorhydrate* cristallise dans un mélange d'alcool et d'éther sous la forme d'aiguilles incolores, solubles dans l'eau. En traitant une solution aqueuse de ce sel par le nitrite de sodium, on obtient un diazoïque qui s'unit au naphtionate de sodium en solution alcaline, pour donner naissance à un colorant azoïque violet; ce colorant teint directement la soie et la laine en rouge foncé, en solution alcaline.

P-NITROGUANAZYLBENZÈNE,

$$AzO^2 . C^6H^4 . C \Big\langle \begin{matrix} Az-AzH . C \big\langle \begin{smallmatrix} AzH \\ AzH^2 \end{smallmatrix} \\ Az=Az . C^6H^5 \end{matrix}$$

— Ce composé s'obtient en traitant une solution alcoolique de p-nitrobenzylidène-aminoguanidine $(4^{gr},5)$ par le chlorure de diazobenzène (préparé avec $2^{gr},2$ d'aniline). Il se précipite sous la forme de flocons blancs qu'on purifie par des cristallisations dans un mélange de chloroforme et de ligroïne.

Le p-nitroguanazylbenzène constitue une poudre cristalline blanche, fusible à 209°, insoluble dans les alcalis; l'acide sulfurique concentré le dissout avec une coloration jaune qui devient bleue, puis violette, et enfin rouge à chaud.

La réduction de ce dérivé nitré au moyen du

chlorure stanneux et de l'acide chlorhydrique donne naissance au *p-aminoguanazylbenzène*. Ce dernier est oxydé facilement par le permanganate, qui le transforme en *acide guanazylformique*

$$CO^2H \cdot C \Big\langle {}^{Az-AzH \cdot C \langle {}^{AzH}_{AzH^2}}_{Az=Az \cdot C^6H^5}$$

Cet acide cristallise en aiguilles jaunes, solubles dans l'éther.

En traitant le p-nitroguanazylbenzène par l'acide azoteux en solution chloroformique, on obtient le nitrodiphényltétrazol fusible à 198-199°, qui a été décrit plus haut.

P-NITROBENZYLIDÈNE-AMINOGUANIDINE,

$$Az O^2 \cdot C^6H^4 \cdot CH = Az \cdot AzH \cdot C \langle {}^{AzH}_{AzH^2}$$

— Pour préparer ce composé, on chauffe un mélange de nitrate d'aminoguanidine (10 grammes) et d'aldéhyde p-nitrobenzoïque (11 grammes) en solution dans l'alcool dilué, avec de la potasse concentrée.

Le précipité qui se forme est recristallisé ensuite dans l'alcool.

Le nitrobenzylidène-aminoguanidine se présente sous la forme de prismes d'un rouge vif fusibles à 206°, qui se dissolvent dans l'acide sulfurique concentré avec une coloration jaune, devenant orangée à chaud; elle forme des sels incolores, solubles dans l'eau.

DI-P-M-H-NITROGUANAZYLBENZÈNE. — Ce composé a été obtenu en faisant réagir le chlorure de m-nitrodiazobenzène sur une solution alcoolique de p-nitrobenzylidène-aminoguanidine :

$$AzO^2 \cdot C^6H^4 \cdot CH = Az \cdot AzH \cdot C \langle {}^{AzH}_{AzH^2} + ClAz^2 \cdot C^6H^4 \cdot AzO^2$$

$$= Az O^2 \cdot C^6H^4 \quad C \Big\langle {}^{Az-AzH \cdot C \langle {}^{AzH}_{AzH^2}}_{Az=Az \cdot C^6H^4 \cdot Az O^2} + HCl$$

[Edgar Wedekind, *D. chem. G.*, 30, 444].

P. Freundler.

**FORMIMIDOÉTHERS.** — Voyez IMIDO-ÉTHERS.

**FORMIQUE (ACIDE).** — Voyez Dict., 1,1489; 1er Suppl., 838.

*Modes de préparation et de formation.* — 1° M. Seekamp a obtenu un mélange d'acide carbonique et d'acide formique en exposant pendant quelque temps à la lumière solaire une solution aqueuse d'acide oxalique additionnée de sels d'uranium [*Ann. Chem.*, 122, 113]. La décomposition de l'acide oxalique par la lumière en présence d'un sel d'uranium est un fait connu depuis longtemps.

2° Lorsqu'on introduit du zinc métallique et du carbonate de zinc dans de la potasse bouillante, on réduit une partie du carbonate à l'état de formiate [Maly, *Bull. Soc. Chim.*, (2), 6, 59].

3° M. Royer a obtenu de l'acide formique en électrolysant de l'eau dans laquelle il faisait passer un courant d'anhydride carbonique [*Bull. Soc. Chim.*, (2), 14, 226].

4° Plus récemment, MM. Cazeneuve et Haddon ont constaté qu'en chauffant vers 100-130° soit du lait, soit de la lactose additionnée de phosphate neutre de sodium, on obtenait une quantité notable d'acide formique. La production de ce dernier est due à l'oxydation de la lactose et suffit à faire coaguler le lait [*Bull. Soc. Chim.*, (3), 13, 738].

5° L'alcool méthylique se transforme en un mélange d'aldéhyde formique et de formiate de potassium lorsqu'on le chauffe à 240° avec un excès de liqueur de Fehling. Si l'on renverse les proportions, et si l'on maintient la température à 120°, il ne se forme que de l'acide carbonique et de l'acide formique [F. Gaud, *C. R.*, 119, 862].

6° L'acide formique prend encore naissance lorsqu'on fait agir les amalgames de sodium, de potassium ou de baryum sur une solution aqueuse d'acide carbonique, ou l'amalgame de sodium sur des solutions alcooliques d'acide carbonique, ou sur des solutions aqueuses du même gaz en présence d'un acide. Les autres réducteurs (amalgame d'aluminium, zinc, magnésium) n'agissent qu'en présence de sels alcalins [Lieben, *Mon. f. Chem.*, 16, 211].

L'auteur conclut de là que l'anhydride carbonique n'est pas réductible par l'hydrogène naissant, que seuls les carbonates ou les bicarbonates le sont, et que le produit de la réaction est toujours un formiate.

7° M. de Lambilly, à Nantes, a pris en novembre 1893 un brevet pour la préparation du formiate d'ammonium [D. R. P., 78573]. Son procédé consiste à faire passer un mélange d'oxyde de carbone et de vapeurs d'ammoniaque à travers des tubes remplis de corps poreux et chauffés à des températures variant de 80 à 150°. Le formiate d'ammonium est entraîné mécaniquement et peut servir ensuite à la préparation des cyanures.

8° L'acide formique prend naissance dans l'oxydation de presque tous les composés organiques à chaîne longue au moyen du permanganate de potassium en solution neutre [L. Perdrix, *C. R.*, 123, 945].

9° Les éthers formiques des alcools chlorés ont été obtenus en chauffant ces derniers à 210° avec du nitrométhane [Pfungst, *J. prakt. Chem.*, (2), 34, 40].

Pour obtenir une solution concentrée d'acide formique, on peut distiller l'acide commercial dans le vide, à la température de 75°, après l'avoir additionné d'acide sulfurique de manière que celui-ci n'atteigne pas la concentration exprimée par la formule $SO^4H^2, H^2O$ [Maquenne, *Bull. Soc. Chim.*, (2), 50, 662].

PROPRIÉTÉS PHYSIQUES. — Les constantes physiques de l'acide formique ont été déterminées un grand nombre de fois, et les résultats fournis par les divers auteurs ne sont guère concordants.

D'après M. Pettersson, l'acide formique anhydre fondrait à 8°,43 [*J. prakt. Chem.*, (2), 24, 296]. C'est le plus haut point de fusion qui ait été obtenu.

L'acide formique distille à 31° sous 50 millimètres; à 63°,1 sous 200 millimètres; à 78°,8 sous 360 millimètres; à 89°,5 sous 500 millimètres; à 96°,7 sous 650 millimètres; à 101°,1 sous 750 millimètres [Zander, *Ann. Chem.*, 224, 59. — Richardson, *Chem. Soc.*, 49, 756].

La tension de vapeur de l'acide formique a été déterminée aux différentes températures par M. Konowaloff [*Pogg. Ann.*, (2), 14, 44].

Cette tension est égale à $29^{mm},1$ à 17°,5; à $85^{mm},5$ à 40°,5; à $187^{mm},8$ à 59°,7, et à $280^{mm},2$ à 70°,1.

L'acide formique possède une densité égale à 1,24482 à 0°; à 1,2308 à 11°,4; à 1,2256 à 15°,13; à 1,2201 à 19°,83; à 1,2095 à 27°,83; à 1,2029 à 32°,83, et à 1,1170 à 100°,3 [Pettersson, *loc. cit.* — R. Schiff, *D. chem. G.*, 49, 561].

Le coefficient de dilatation de l'acide formique à une température $t$ est donné par la formule

$$\alpha = 1 + 0,00092965 \, t + 0,0_{(6)}9314 \, t^2 + 0,0_{(8)}45464 \, t^3$$

[Richardson, Zander, *loc. cit.*].

Sa chaleur spécifique entre 0° et 100° est égale à $0^{cal},519$ (Pettersson), et sa chaleur spécifique moyenne entre deux températures $t$ et $t'$ est donnée par la formule

$$C = 0,4996 + 0,0_{(3)}354(t + t')$$

[Schiff, *Ann. Chem*, **234**, 324].

Sa chaleur latente de fusion moléculaire à 7°.45 est égale à 2639 calories (Pettersson).

D'après M. Berthelot, la chaleur de combustion de l'acide formique est de $62^{cal}.8$ (à volume constant [*Bull. Soc. Chim.*, (3), **7**, 426].

MM. Stohmann, Kleber, Langbein et Offenhauer ont obtenu le chiffre de 59 calories [*Ber. der Königl. Sächsischen Akad. der Wissenschaften*, 1893, 604].

La conductibilité électrique de l'acide formique purifié par congélation est sensiblement nulle [V. Saposchnikoff, *Journ. de la Soc. russe de Phys. et de Chim.*, 1893, 9]. M. Hartwig avait publié un résultat contraire [*Wied. Ann.*, 1893, 33].

*Solutions aqueuses d'acide formique.* — L'acide formique forme un certain nombre d'hydrates définis (voyez Dict., **1**, 1489; 1er Suppl., 838].

Lorsqu'on conserve pendant quelque temps au-dessus de l'acide sulfurique une solution aqueuse d'acide formique, elle finit par ne plus renfermer que 37 0/0 d'eau, et contient alors l'hydrate $2CH^2O^2, 3H^2O$ [Lorin, *Bull. Soc. Chim.*, (2), **25**, 417].

Pour les constantes physiques des solutions d'acide formique, nous renverrons aux mémoires originaux :

Détermination des conductibilités électriques [Ostwald, *Journ. Phys. Chem.*, **3**, 174].

Poids spécifique des solutions d'acide formique [Fresenius, *Zeit. Anal. Chem.*, **27**, 303. — Lüdecking, *Jahresb.*, 1886, 216. — G. Richardson et Pierre Aflaire, *Am. Journ.*, **19**, 149].

Chaleur spécifique et chaleur d'hydratation de l'acide formique aqueux [Lüdecking, *loc. cit*].

Viscosité spécifique de l'acide formique [Traube, *D. chem. G.*, **19**, 884].

Électrolyse des solutions d'acide formique [Bourgoin, *Ann. Chim. Phys.*, (4), **14**, 181; **28**, 122. — Bunge, *Journ. de la Soc. russe de Phys. et de Chim.*, **12**, 415].

L'électrolyse d'une solution d'acide formique donne lieu à la production d'hydrogène et d'acide carbonique. Il en est de même dans le cas des formiates alcalins (Bourgoin).

PROPRIÉTÉS CHIMIQUES — La formule développée de l'acide formique permet de le considérer comme une aldéhyde,

$$HO - C \lessgtr {}^H_O$$

C'est à ce fait qu'on peut attribuer d'une part les propriétés réductrices de l'acide formique, et de l'autre la facilité de condensation qu'il partage avec ses éthers. Plusieurs de ces réactions ont été déjà mentionnées (Dict. et Suppl., *loc. cit.*).

M. Goldschmidt (de Köpenick) propose d'utiliser l'acide formique pour préparer les nitrites. Il chauffe à une assez basse température un mélange de nitrate de sodium, de formiate et de soude caustique :

$$NaAzO^3 + CO^2HNa + NaOH$$
$$= NaAzO^2 + Na^2CO^3 + H^2O$$

[D. R. P.. 83546].

Lorsqu'on fait bouillir une solution d'un sulfite avec de l'acide formique, on le transforme en hyposulfite [H. von Pechmann et P. Manck, *D. chem. G.*. **28**, 2877].

M. Moureu a reconnu que, lorsqu'on fait agir le chlorure de thionyle bouillant sur l'acide formique, ce dernier se décompose suivant l'équation

$$SOCl^2 + HCO^2H = SO^2 + CO + 2HCl$$

[*Bull. Soc. Chim.*, (3), **11**, 1067].

L'acide azotique transforme l'acide formique d'abord en acide oxalique, puis en acide carbonique [Ballo, *D. chem. G.*, **17**, 9].

L'acide formique réduit la plupart des sels métalliques, ainsi que les composés organiques.

Lorsqu'on le chauffe avec de la poudre de zinc, on le dédouble en oxyde de carbone et hydrogène [Jahn, *Mon. f. Chem.*, **1**, 679].

Les formiates alcalins se décomposent vers 400° en donnant un mélange d'oxalates et de carbonates ; les formiates de magnésium, de calcium et de baryum ne fournissent que des carbonates, en même temps que des traces d'alcool et d'aldéhyde méthyliques [Merz et Weith, *D. chem. G.*, **15**, 1507]. A une plus haute température, on obtient de l'hydrogène et des carbonates.

M. Riban a chauffé plusieurs formiates avec de l'eau, en tube scellé, à des températures variant entre 100 et 175°. Dans le cas des formiates alcalins ou alcalino-terreux, il a obtenu de l'oxyde de carbone, de l'acide carbonique et de l'hydrogène, les métaux restant à l'état de carbonates ou d'oxydes. Les sels de cuivre, d'argent et des autres métaux réductibles ne fournissent presque pas d'hydrogène [Riban, *Bull. Soc. Chim.*, (2), **38**, 103].

L'acide formique anhydre est susceptible de fixer le brome en solution dans le sulfure de carbone ; mais le produit d'addition ainsi obtenu se décompose déjà à froid en acide bromhydrique et anhydride carbonique [Hell et Mülhäuser, *D. chem. G.*, **11**, 245].

Pour les condensations, on emploie généralement les éthers formiques plutôt que les sels ou l'acide ; toutefois M. Baumann a obtenu de la *méthyl 4-glyoxalidine* impure en distillant du chlorhydrate de propylène-diamine sur du formiate de sodium [*D. chem. G.*, **28**, 1179].

Le formiate d'éthyle s'unit en solution éthérée à l'acide succinique en présence d'éthylate de sodium pour donner le dérivé sodé du *succinylformiate d'éthyle*,

$$C^2H^5.CO^2.CO.CH^2.CH^2.CO^2C^2H^5$$

(voyez SUCCINIQUE) [F. Anderlini et E. Bovici, *Gazz. chim. ital.*, **22**, 439]. Cette condensation s'effectue encore mieux sous l'influence du sodium métallique [Rothenburg, *D. chem. G.*, **26**, 2061].

L'acide formique peut, dans certains cas, jouer le rôle d'un agent de polymérisation. MM. Bouchardat et Oliviero ont abandonné pendant un temps assez long des mélanges à proportions variables de térébenthène et d'acide formique aqueux, et cela dans une atmosphère d'acide carbonique. Ils ont constaté que le pouvoir rotatoire du carbure disparaissait peu à peu, et que le térébenthène finissait par être remplacé par du *formiate de terpinéol* et de la *terpine*, puis par du *diterpilène*. Ce phénomène permet d'expliquer la présence de la terpine dans les essences hydratées, car celles-ci renferment toujours de l'acide formique [*Bull. Soc. Chim.*, (3), **9**, 366].

*Dosage de l'acide formique.* — Lorsque l'acide formique n'est pas accompagné d'autres acides organiques, on peut le doser au moyen du permanganate. M. Lieben a remarqué que le dosage volumétrique n'est exact qu'en solution neutre, ou même en présence d'un excès de carbonate alcalin [*Mon. f. Chem.*, **14**. 746].

L'équation de la réaction est la suivante :

$$3CO^2KH + 2KMnO^4$$
$$= 2MnO^2 + 2K^2CO^3 + KHCO^3 + H^2O.$$

M. Harry C. Jones neutralise la liqueur par le carbonate de potassium, puis il ajoute un excès de permanganate et titre cet excès après coup au moyen de l'acide oxalique [*Am. Jour.*, 17, 539].

Si l'acide formique est accompagné d'acide acétique ou d'acide butyrique, on peut le doser au moyen du chlorure mercurique (voyez Dict., 1, *loc. cit.*). M. Scala propose de remplacer la titration du chlorure mercurique non réduit (Portes et Ruyssen) par la pesée du calomel précipité et séché à 200°. La précipitation doit être effectuée en liqueur neutre [*Gazz. chim. ital.*, 20, 393].

FORMIATES MÉTALLIQUES. — Voyez Dict. et Suppl., *loc. cit.*

*Description* : Voss [*Ann. Chem*, 266, 33]; Souchay et Groll [*J. prakt. Chem.*, 76, 470; *Répertoire de Chimie pure*, 1858, 559].

*Mesures cristallographiques* : Haenssen [*Jahresb.*, 1851, 434]; Handl, Zepharovich, Hauer [*Jahresb.*, 1861, 430].

*Densités* : Clarke [*D. chem. G.*, 12, 1399]; Schröder [*D. chem. G.*, 14, 21].

*Chaleurs de formation et de dissolution* : Berthelot [*Ann. Chim. Phys.*, (5), 6, 326].

*Indices de réfraction* : Gladstone [*Jahresb.*, 1868, 119]; Kanonnikoff [*J. prakt. Chem.*, (2), 34, 350].

*Conductibilité électrique* : Ostwald [*Journ. Phys. Chem.*, 1, 103].

La plupart des formiates ont été décrits; on se reportera donc au Dictionnaire et au Supplément [*loc. cit.*]. Nous complétons ici ces données.

Le *formiate d'ammonium*. $HCO^2.AzH^4$, fond à 114-116°; sa densité est égale à 1,266.

Le *formiate de baryum* anhydre possède une densité égale à 3,212; sa solubilité dans l'eau à $t°$ est donnée par la formule .

$$S = 277744 + (t-1)\,0,0236743$$
$$+ (t-1)^2\,0,0063622 = (t-1)^3\,0,0_{(4)}060122.$$

M. Ingenhoes a décrit un *azotoformiate de baryum* $AzO^3.HCO^2.Ba, 2H^2O$, qu'il a obtenu en saturant de nitrate de baryum une solution aqueuse, concentrée et bouillante, de formiate de baryum [*D. chem. G.*, 12, 1680].

D'après M. Berthelot, on obtient une combinaison d'alcool et de formiate de baryum en faisant passer un courant d'oxyde de carbone dans une dissolution alcoolique de baryte caustique. Cette combinaison répondrait à la formule $Ba(HCO^2)^2, 2C^2H^6O$ [*Bull. Soc. Chim.*, (2), 6, 1].

Le *formiate de cadmium*, $Cd(HCO^2)^2, 2H^2O$, possède une densité égale à 2,429 à 20° [Clarke, *loc. cit.*].

Il existe un *sel double de cadmium et de baryum*, $Ba(HCO^2)^2, Cd(HCO^2)^2, 2H^2O$ (Voss), qui cristallise en prismes clinorhombiques [Brio, *Jahresb.*, 1862, 299], et dont la densité est égale à 2,724 à 12° (Clarke).

Le *formiate de calcium*, $Ca(HCO^2)^2$, cristallise en prismes rhombiques, insolubles dans l'alcool, dont la densité est égale à 2,015 (Haeusser). 100 parties d'eau à $t°$ dissolvent S parties de sel anhydre, S étant donné par la formule

$$S = 16,29784 + (t-0,8)\,0,03229$$
$$+ (t-0,8)\,0,0_{(5)}1254$$

[Krasnicki, *Mon. f. Chem.*, 8, 596].

Le *formiate de cobalt*, $Co(HCO^2)^2, 2H^2O$, possède une densité égale à 2,1286 à 22° [Stallo, *D. chem. G.*, 11, 1505]. 100 parties d'eau dissolvent 5°,3 de sel anhydre (Voss).

Il existe un *sel double de cobalt et de ba-*

*ryum* qui cristallise en prismes tricliniques violets, et répond à la formule

$$2Ba(HCO^2)^2, Co(HCO^2)^2, 4H^2O \quad (Voss).$$

Le *formiate de cuivre*, $Cu(HCO^2)^2$, cristallise avec 4 molécules d'eau à la température ordinaire, et avec 2 molécules à 50-60° (tables clinorhombiques); à 75-85° il est anhydre et possède une densité égale à 1,831 (Voss).

Si l'on chauffe pendant quelque temps ce sel avec de l'eau, on obtient un *sel basique*

$$Cu(HCO^2)^2, 2Cu(OH)^2,$$

qui se précipite sous la forme d'une poudre vert pâle, insoluble dans l'eau [Riban, *Bull. Soc. Chim.*, (2), 38, 112].

Le *formiate double de cuivre et de strontium*, $2Sr(HCO^2)^2, Cu(HCO^2)^2, 8H^2O$, cristallise en prismes tricliniques [Zepharovich, Haeusser, Voss, Friedländer, *Zeit. f. Krist.*, 3, 182].

Le *sel double de cuivre et de baryum*,

$$2Ba(HCO^2)^2, Cu(HCO^2)^2, 4H^2O,$$

se présente sous la forme de tables tricliniques bleues, dont la densité est égale à 2,747 (Voss).

MM. Th.-W. Richards et A. Whitridge ont obtenu un *chloroformiate de cuivre et d'ammonium*, $Cu(AzH^4)^2Cl(HCO^2)$, en dissolvant dans l'alcool du formiate de cuivre cristallisé (3 gr.), ajoutant du chlorure d'ammonium (2 gr.), puis un excès d'ammoniaque, et chauffant le tout à l'ébullition. Par refroidissement le sel se dépose sous la forme de prismes bleus [*Am. Journ.*, 17, 145].

Le *formiate de décipium*, $Dp(HCO^2)^2$, est une poudre amorphe, soluble dans 2 à 3 parties d'eau [Delafontaine, *Arch. Sc. phys. et nat.*, (3), 3, 250].

Le *formiate de didyme*, $Di(HCO^2)^3$, est une poudre violette, peu soluble dans l'eau, et dont la densité est égale à 3,43 [Clève, *Bull. Soc. Chim.*, (2), 43, 365].

Le *formiate ferrique*, $Fe(HCO^2)^3$, est une poudre soluble dans l'eau. En faisant bouillir cette dissolution, on précipite tout le fer à l'état d'hydrate [Ludwig, *Jahresb.*, 1861, 433].

Le *formiate d'hydrazine*, $AzH^4, 2CH^2O^2$, cristallise en petites aiguilles fusibles à 128° avec décomposition. Il est très soluble dans l'eau et insoluble dans l'alcool [Curtius et Jay, *J. prakt. Chem.*, (2), 39, 40].

Le *formiate de lithium* possède une densité égale à 1,435.

Le *formiate de magnésium* répond à la formule $(HCO^2)^2Mg, 2H^2O$.

La *formiate de manganèse*,

$$Mn(HCO^2)^2, 2H^2O,$$

cristallise en prismes clinorhombiques. La densité du sel hydraté est égale à 1,953; celle du sel anhydre à 2,205.

Le *formiate de nickel*, $Ni(HCO^2)^2, 2H^2O$, se présente sous la forme d'aiguilles vertes dont la densité à 20°,2 est égale à 2,1647 [Stallo, *loc. cit.*].

Le *sel double*,

$$2Ba(HCO^2)^2, Ni(HCO^2)^2, 4H^2O,$$

est vert-pomme (Voss).

Le *formiate neutre de plomb* est insoluble dans l'alcool. Il se dissout dans 63 parties d'eau à 16° et dans 5°,5 d'eau à 100° [Barfoed, *Zeit. f. Chem.*, 1870, 270].

Lorsqu'on fait bouillir une solution aqueuse de formiate de plomb, on lui fait perdre de l'acide formique. Le sel sec ne se décompose qu'à 190°, suivant l'équation

$$(HCO^2)^2Pb = Pb + H^2 + 2CO^2$$

[Heintz, *Jahresb.*, 1856, 556].

En chauffant le formiate neutre de plomb avec l'oxyde de plomb, Barfoed a obtenu plusieurs formiates basiques :

1° Un sel répondant à la formule

$$Pb(HCO^2)^2, PbO,$$

qui cristallise en prismes solubles dans 58$^p$,5 d'eau froide ;

2° Le sel Pb(HCO²)², 2PbO, qui se présente sous la forme de fines aiguilles solubles dans 25$^p$,5 d'eau froide et dans 7$^p$,5 d'eau bouillante ; ces solutions ont une réaction alcaline ;

3° Un *formiate tribasique*, Pb(HCO²)², 3PbO, soluble dans 90 parties d'eau froide.

Lucius a décrit un *sel double* répondant à la formule 3Pb(HCO²)², Pb(AzO³)², 2H²O , qui cristallise en tables rhombiques, peu solubles dans l'eau [*Ann. Chem.*, 103, 115].

Le *formiate de potassium*, HCO²K, est peu soluble dans l'alcool ; il a pour densité 1,908.

Le *formiate de samarium*, Sm(HCO²)³, se présente sous la forme d'une poudre peu soluble dans l'eau, dont la densité est égale à 3,733 [Clève, *Bull. Soc. Chim.*, (2), 43, 171].

Le *formiate de sodium*, HCO²Na, cristallise avec une molécule d'eau [Fock, *Jahresb.*, 1882, 814] ou en prismes clinorhombiques anhydres qui fondent à 200°, et dont la densité est égale à 1,919. Ce sel a été électrolysé par M. Jahn [*Pogg. Ann.*, (2), 37, 408].

Il existe d'autres sels de sodium (Dict., *loc. cit.*].

Le *formiate de strontium* cristallise avec 2 molécules d'eau. La densité du sel hydraté est égale à 2,250 et celle du sel anhydre à 2,667.

Le *formiate de thallium*, Tl(HCO²)⁴, 4H²O, se présente sous la forme de tables [Chydenius, *Jahresb.*, 1863, 197].

Le *formiate d'ytterbium*, Yb²(HCO²)³, 4H²O, a été décrit par Marignac [*Ann. Chim. Phys.*, (5), 14, 247].

Le *formiate de zinc*, (HCO²)²Zn , 2H²O, possède une densité égale à 2,1575 (Clarke). La densité du sel anhydre est égale à 2,368 (Schmidt).

M. Haeusser a décrit un *sel double de zinc et de baryum* dont la formule serait assez complexe, (Ba 1/7 Zn 6/7 . (HCO²)², 2H²O), et qui cristalliserait en prismes tricliniques [Haeusser, *loc. cit.*].

D'après M. Friedländer, il existerait un *sel double* de la formule

$$2Ba(HCO^2)^2, Zn(HCO^2)^2, 4H^2O$$

[*Zeit. f. Krist.*, 3, 184].

ÉTHERS DE L'ACIDE FORMIQUE. — Voyez Dict., 1, 1489 ; 1er Suppl., 838

FORMIATE DE MÉTHYLE. — Cet éther a été préparé par M. Thomsen en traitant un mélange équimoléculaire d'acide formique et d'alcool méthylique par le chlorure de calcium anhydre (0$^{mol}$,33) [*Thermochem. Unters.*, 4, 201].

On l'obtient aussi par digestion de l'alcool méthylique avec de l'acide formique d'une densité de 1,22.

Le formiate de méthyle existe dans l'esprit de bois non rectifié [Mabery, *Am. Journ.*, 5, 250].

Il bout à 32°,3 sous 760 millimètres [Schumann, *Pogg. Ann.*, (2), 12, 4]. Sa densité est égale à 0,99839 à 40°, à 0,9797 à 15°, et à 0,9566 à 32°,3 [Elsässer, *Ann. Chem.*, 218, 312. — Grodzki et Krämer, *D. chem. G.*, 9, 1928. — Schiff, *Ann. Chem.*, 220, 106].

La chaleur de combustion moléculaire du for-

miate de méthyle est égale à 238$^{cal}$,7, à pression constante [Berthelot et Ogier, *Ann. Chim. Phys.*, (5), 23, 204].

FORMIATE D'ÉTHYLE. — Cet éther distille à 53°,4-53°,6 sous 754$^{mm}$,5. Sa densité est égale à 0,9445 à 0° et à 0,87305 à 53°,4 [Elsässer, Schiff, *loc. cit.* — Gartenmeister, *Ann. Chem.*, 234, 251].

La constante de capillarité de l'éther formique à son point d'ébullition est égale à $a^2 = 4,528$ [Schiff, *Ann. Chem.*, 223, 75]. Son indice de réfraction $n_D$ est égal à 28,05 [Kanonnikoff, *J. prakt. Chem.*, (2), 34, 361].

Sa chaleur de combustion moléculaire à l'état gazeux et à pression constante est égale à 388 calories [Berthelot et Ogier, *loc. cit.*]. Sa chaleur latente de vaporisation serait égale à 92$^{cal}$,2 d'après M. Schiff [*Ann. Chem.*, 234, 343], et à 113$^{cal}$,2 d'après M. H. Jahn [*Zeit. Phys. Chem.*, 11, 787].

Les densités et les tensions de vapeur du formiate d'éthyle ont été déterminées à différentes températures par MM. Naccari et Paglioni [*Jahresb.*, 1882, 64].

Le formiate d'éthyle se dissout dans 9 fois son poids d'eau à 18°. Lorsqu'on le chauffe avec du sodium ou avec de l'alcool sodé, il se décompose en oxyde de carbone et alcool [Geuther, *Zeit. f. Chem.*, 1868, 655].

Lorsqu'on traite par le sodium une solution éthérée de formiate d'éthyle, on la décompose immédiatement en oxyde de carbone et éthylate de sodium :

$$H . CO^2 C^2H^5 + Na = NaCO^2 . C^2H^5 + H,$$
$$NaCO^2 . C^2H^5 = C^2H^5ONa + CO.$$

La réaction s'effectue réellement en deux phases, car si l'on remplace le formiate d'éthyle par celui d'amyle, on observe d'abord un dégagement d'hydrogène qui est remplacé peu à peu par de l'oxyde de carbone [P. C. Freer et Sherman, *Am. Journ.*, 18, 562].

FORMIATE DE PROPYLE NORMAL, HCO² . C³H⁷. — Cet éther distille à 81° sous 760 millimètres, à 82°,5-83° sous 763 millimètres [Schumann, *Pogg. Ann.*, (2), 12, 4. — Elsässer, *loc. cit.*]. Sa densité est égale à 0,91838 à 0° et à 0,8075 à 82°,5 [Schiff, *Ann. Chem.*, 220, 106 — Pierre et Puchot, *Ann. Chem.*, 153, 262 ; 163, 271].

La constante capillaire du formiate de propyle, à son point d'ébullition, est égale à $a^2 = 4,486$ [Schiff, *Ann. Chem.*, 223, 75]. Sa chaleur latente de vaporisation est égale à 105$^{cal}$,4 d'après H. Jahn [*loc. cit.*], et à 85$^{cal}$,2 d'après M. Schiff [*Ann. Chem.*, 234, 342]

Le formiate de propyle se dissout dans 46 fois son poids d'eau à 22° [Traube, *D. chem. G.*, 17, 2304].

FORMIATE D'ISOPROPYLE. — Le formiate d'isopropyle, HCO² . CH(CH³)², bout à 68-71° sous 750$^{mm}$,9 ; sa densité est égale à 0,8826 à 0° [Pribram et Handl, *Mon. f. Chem.*, 2, 685].

Le *formiate β-dichlorisopropylique*,

$$HCO^2 . CH(CH^2Cl)^2,$$

a été obtenu par M. Pfungst en chauffant pendant 20 heures à 220° une molécule d'alcool dichlorisopropylique CHOH(CH²Cl)² avec du nitrométhane [*J. prakt. Chem.*, (2), 34, 28].

C'est un liquide qui bout à 152° sous 25 millimètres. La potasse alcoolique le saponifie facilement ; l'acétate d'argent à 150° le transforme en éther acétique, et le chlorure de benzoyle en éther benzoïque.

FORMIATES DE BUTYLE. — Le *formiate de butyle normal*, HCO² . C⁴H⁹, bout à 106°,9 ; sa densité est égale à 0,9108 à 0°, et son coefficient de dilatation est donné par la formule

$$\alpha = 1 + 0,0010982\, t + 0,0_{(3)}16213\, t^2 + 0,0_{(6)}53409\, t^3$$

[Gartenmeister, *loc. cit.*].
Le *formiate d'isobutyle*,

$$HCO^2 . CH^2 . CH(CH^3)^2,$$

bout à 98-99° sous 759$^{mm}$,8. Sa densité à 0° est égale à 0,88543 d'après M. Schumann [*loc. cit.*] et à 0,90495 d'après M. Schiff [*Ann. Chem.*, 234, 309]. Le coefficient de dilatation de cet éther a été déterminé par MM. Elsässer et Pierre et Puchot [*loc. cit.*].

La constante capillaire au point d'ébullition est égale à $a^2 = 4,149$, et la chaleur latente de volatilisation à 77 calories [Schiff, *Ann. Chem.*, 223, 76; 234, 309].

Une partie de formiate d'isobutyle se dissout dans 99 parties d'eau à 22° [Traube, *D. chem. G.*, 17, 2304].

FORMIATES D'AMYLE. — Le *formiate d'amyle normal*, $HCO^2 . C^5H^{11}$, bout à 130°,4 et possède une densité égale à 0,9018 à 0°. Son coefficient de dilatation est donné par la formule

$$\alpha = 1 + 0,0_{(3)}10583\, t + 0,0_{(6)}16498\, t^2 + 0,0_{(8)}28471\, t^3$$

[Gartenmeister, *Ann. Chem.*, 233, 251].

Cet éther a été obtenu, comme les précédents, par éthérification au moyen de l'acide chlorhydrique.

Le *formiate d'isoamyle* a été préparé par Lorin en chauffant un mélange de glycérine et d'acide oxalique avec des alcools de queue. Il possède une odeur de fruits et distille à 123°,5 sous 760 millimètres. Sa densité est égale à 0,89437 à 0° et à 0,7554 à 123°,5 [Schumann et Elsässer, *loc. cit.* — Schiff, *Ann. Chem.*, 220, 106].

La constante de capillarité du formiate d'isoamyle à son point d'ébullition est égale à $a^2 = 4,064$ et sa chaleur latente de vaporisation à 71°,7 [Schiff, *Ann. Chem.*, 223, 76; 234, 309].

Le formiate d'isoamyle se dissout dans 325 fois son poids d'eau à 22° [Traube, *loc. cit.*].

FORMIATE D'HEXYLE, $HCO^2 . C^6H^{13}$. — Cet éther est doué d'une odeur de pomme et distille à 153°,6; sa densité est égale à 0,8977 à 0°, et son coefficient de dilatation est donné par la formule

$$\alpha = 1 + 0,0_{(3)}10511\, t + 0,0_{(6)}10118\, t^2 + 0,0_{(8)}39025\, t^3$$

[Frenzel, *D. chem. G.*, 16, 745. — Gartenmeister, *Ann. Chem.*, 233, 255].

FORMIATE D'HEPTYLE. — Le *formiate d'heptyle normal* bout à 176°,7 et possède une densité égale à 0,8937 à 0°. Son coefficient de dilatation est égal à

$$\alpha = 1 + 0,0_{(3)}96196\, t + 0,0_{(5)}12910\, t^2 + 0,0_{(8)}22887\, t^3$$

[Gartenmeister, *loc. cit.*].

FORMIATE D'OCTYLE. — Le *formiate d'octyle normal* distille à 198°,1; sa densité est égale à 0,8929 à 0°, et son coefficient de dilatation est donné par la formule

$$\alpha = 1 + 0,0_{(3)}9514\, t + 0,0_{(6)}9663\, t^2 + 0,8_{(8)}2742\, t^3$$

[Gartenmeister, *loc. cit.*].

FORMIATE D'ALLYLE (voyez Dict.; Suppl., *loc. cit.*). — Cet éther bout à 83°,6 sous 768 millimètres; sa densité est égale à 0,948 à 18° [Thomsen, *Thermochem. Unters.*, *loc. cit.*].

FORMINES. — On a donné plus particulièrement le nom de *formines* aux éthers formiques des alcools polyatomiques.

*Formines du glycol* (voyez GLYCOL, 1$^{er}$ Suppl., 880). — M. Pfungst a obtenu l'*éther formique de la monochlorhydrine du glycol diéthylénique*,

$$HCO^2 . CH^2 . CH^2 . O . CH^2 . CH^2Cl,$$

en chauffant à 200° un mélange de nitrométhane et d'alcool éthylique chloré. C'est un liquide peu stable, qui bout vers 145-155° sous 25 millimètres [*J. prakt. Chem.*, (2), 34, 37].

Le même auteur a préparé la *diformine du propylglycol monochloré*,

$$CH^2Cl . CH(HCO^2) . CH^2(HCO^2),$$

en chauffant ce glycol (2 molécules) à 180° pendant 20 heures avec du nitrométhane (1 molécule). Cette diformine bout à 185-191° sous 20-25 millimètres de pression.

*Formines de la glycérine.* — La *monoformine* a été décrite en partie (Dict., 1, 1583). — On l'a obtenue aussi en faisant agir la monochlorhydrine de la glycérine sur le formiate de sodium chauffé à 160° [Van Romburgh, *Rec. Pays-Bas*, 1, 186].

La *diformine* (voyez 1$^{er}$ Suppl., 873) se décompose en acide carbonique et acide formique lorsqu'on la chauffe avec de l'acide oxalique. On obtient de l'oxyde de carbone, de l'acide carbonique et de l'alcool allylique lorsqu'on la chauffe à 220° avec 5 parties de glycérine.

*Formines de l'érythrite.* — Voyez ce mot, 2$^e$ Suppl., 2, 482.

*Formines de la mannite.* — Voyez MANNITE.

M. Fauconnier a obtenu une *diformine de l'isomannide* $C^6H^8O^2(HCO^2)^2$ en chauffant pendant 8 heures 1 partie d'isomannide avec 3 parties d'acide formique, et en distillant le produit de la réaction dans le vide. Cette diformine cristallise en paillettes fusibles à 115°, solubles dans l'éther et dans l'alcool bouillant, peu solubles dans l'eau; elle bout à 166° sous 18 millimètres. Lorsqu'on cherche à la distiller sous la pression normale, on la décompose en oxyde de carbone et isomannide [*Bull. Soc. Chim.*, (2), 44, 119].

### FORMAMIDES.

FORMAMIDE, $HCO.AzH^2$ (voyez Dict., 1, 1486). — La formamide se prépare très simplement en distillant à la pression ordinaire un mélange intime de formiate de sodium sec et de chlorure d'ammonium. Il passe un mélange d'eau et de formamide qu'on sépare par fractionnement dans le vide.

Si l'on effectue la distillation sous pression réduite, on n'obtient que du formiate d'ammonium.

La formamide bout vers 155-160° sous 30-35 millimètres. Le perchlorure de phosphore la décompose en oxyde de carbone et acide cyanhydrique [*Bull. Soc. Chim.*, (3), 9, 691].

En traitant une molécule de formamide par une molécule de brome dissoute dans la soude à 10 0/0, Hofmann a obtenu une combinaison cristalline répondant à la formule $HCO.AzHBr$. Ce composé est peu stable; il se dissout dans l'éther et se décompose spontanément en donnant de l'acide bromhydrique et de l'acide cyanhydrique [*D. chem. G.*, 15, 752].

La fusion de la formamide avec le chloral butyrique donne naissance à deux combinaisons cristallisées qui fondent, l'une à 125°, l'autre à 132°, et qui répondent toutes deux à la formule $C^5H^8Cl^3AzO^2$ [R. Schiff, *D. chem. G.*, 25, 1690].

La formamide forme également deux combinaisons avec le chloral. La première a été obtenue par M. Moscheles en traitant le chloral-ammoniaque par l'acide formique. Elle a pour formule $CCl^3.CHOH.AzH.CHO$. Le chlorure de benzoyle en présence de soude la transforme en son anhydride $CCl^3.CH=Az.CHO$, qui fond à 193° [*D. chem. G.*, 24, 1803].

La seconde combinaison du chloral avec la formamide a déjà été décrite (voyez CHLORAL).

En chauffant parties égales de formamide et d'aldéhyde benzylique au bain-marie, M. K. Bulow a obtenu la *benzylidène-diformamide*,

$$C^7H^6(AzH.CHO)^2,$$

sous la forme d'aiguilles soyeuses, fusibles à 150°, solubles dans l'alcool et dans l'eau, insolubles dans l'éther.

La benzylidène-diformamide réduit l'azotate d'argent ammoniacal. Elle est dédoublée en formamide et aldéhyde benzylique par l'eau à 100° ou par l'acide chlorhydrique au millième à la température ordinaire.

Si l'on chauffe un mélange d'aldéhyde benzylique et de formamide à une température élevée, on obtient deux corps : 1° de la tétraphénylpyrazine, fusible à 246-247° (Japp et Wilson); 2° une poudre blanche fusible au-dessus de 300°, soluble seulement dans l'acide acétique bouillant, qui n'a pas été étudiée [K. Bulow, *D. chem. G.*, 26, 1972].

La formamide se condense à chaud avec l'éther dicarboxyglutaconique, en donnant naissance au dinicotianate d'éthyle [S. Ruhemann et A.-P. Sedzwick, *D. chem. G.*, 28, 822].

En chauffant vers 179° un mélange de formamide et de chloracétone, M. M. Léwy n'a obtenu que du chlorure d'ammonium et des matières résineuses [*D. chem. G.*, 21, 2192].

La condensation de la formamide avec la paraldéhyde donne naissance à de la méthyléthylpyridine [Béhal, *Bull. Soc. Chim.*, (3), 5, 370].

La formamide est susceptible de fournir des *dérivés sodés et argentiques*. Le premier a pour formule $HCOAzHNa$; c'est un précipité cristallin, qui se décompose à l'air humide en donnant du bicarbonate de sodium et de l'ammoniaque :

$$HCOAzHNa + H^2O + O = CO^3NaH + AzH^3.$$

Le dérivé argentique constitue une poudre grisâtre altérable à la lumière [P.-C. Freer et Schermann, *Am. Journ.*, 18, 562].

La formamide est employée en médecine à l'état de *dérivé mercurique*,

$$Hg\diagdown\begin{matrix}OH\\AzH.OCH\end{matrix}$$

Ce dernier a été préparé en saturant la formamide par l'oxyde jaune de mercure et en précipitant la liqueur par l'alcool à 95 0/0. C'est une poudre blanche, qui se décompose déjà à froid en dégageant de l'ammoniaque, tandis que du mercure est mis en liberté.

La formamide mercurique est soluble dans une solution aqueuse de formamide et dans l'acide chlorhydrique, et insoluble dans l'eau, l'alcool et les alcalis.

Elle forme un *chlorhydrate*,

$$2Hg\diagdown\begin{matrix}OH\\AzH.OCH\end{matrix}\cdot 3HCl,$$

qui cristallise en aiguilles, et dont la solution aqueuse précipite l'albumine, pourvu qu'il n'y ait pas de chlorure de sodium en présence.

Si l'on verse lentement une solution concentrée de formamide mercurique dans l'acide chlorhydrique, on obtient un autre sel qui cristallise en aiguilles peu solubles dans l'eau et qui répond à la formule

$$2Hg\diagdown\begin{matrix}OH\\AzH.CHO\end{matrix}\cdot HCl$$

[B. Fischer et B. Grützner, *Arch. Pharm.*, 232, 329].

MÉTHYLFORMAMIDES. — La *méthylformamide* $HCO.AzH.CH^3$ (Dict., 1, 1486) s'obtient en distillant le formiate de méthylamine. Sa densité à 19° est égale à 1,011 [Linnemann, *Jahresb.*, 1869, 601].

La *diméthylformamide*, $HCO.Az(CH^3)^2$, a été préparée en distillant un mélange de formiate de sodium sec et de chlorhydrate de diméthylamine. C'est un liquide incolore qui bout à 155°, et dont la densité est égale à 0,968 à 20° [*Bull. Soc. Chim.*, (3), 9, 692.

Il existe un dérivé chloré de cette diméthylformamide : on l'obtient en faisant passer un courant de diméthylamine dans du benzène saturé d'oxychlorure de carbone. Cette *diméthylchloroformamide* répond à la formule

$$ClCO.Az(CH^3)^2.$$

Elle se présente sous la forme d'un liquide doué d'une odeur particulière, qui bout à 165° et qui se dissout facilement dans l'éther, le benzène et le sulfure de carbone. L'eau la décompose peu à peu en acide chlorhydrique, acide carbonique et diméthylamine. La diméthylamine la transforme en tétraméthylurée.

ÉTHYLFORMAMIDES. — L'*éthylformamide*,

$$HCO.AzHC^2H^5$$

(voyez Dict., 1, 1486), a été préparée par distillation du formiate d'éthylamine. Elle possède une densité égale à 0,952 à 21° [Linnemann, *Jahresb.*, 1869, 602].

La *diéthylformamide*, $HCO.Az(C^2H^5)^2$, a été obtenue de deux façons :

1° En distillant le formiate de diéthylamine [Linnemann, *ibid.*];

2° En chauffant l'acide diéthyloxamique; celui-ci se décompose quantitativement en acide carbonique et diéthylformamide :

$$Az(C^2H^5)^2.CO.CO^2H = CO^2 + HCO.Az(C^2H^5)^2$$

[Wallach, *Ann. Chem.*, 214, 271].

La diéthylformamide est un liquide dont la densité est égale à 0,908 à 19° et qui bout à 177-179°. Elle est soluble dans les dissolvants organiques et dans l'eau, mais non pas dans les alcalis ni dans les carbonates alcalins.

Le *chlorhydrate* de diéthylformamide n'a pas été isolé.

Le *chloroplatinate*, $(C^5H^{11}AzO,HCl)^2.PtCl^4$, cristallise en prismes solubles dans l'eau et dans l'alcool, qui renferment parfois 2 molécules d'eau. On obtient ce sel en saturant de gaz chlorhydrique une solution éthérée de diéthylformamide et en ajoutant ensuite du chlorure de platine [Wallach et Lehmann, *Ann. Chem.*, 237, 240].

M. Wallach a étudié spécialement l'action du perchlorure de phosphore à froid sur la diéthylformamide en solution chloroformique.

Lorsqu'on a débarrassé le produit de la réaction du chloroforme et de l'oxychlorure de phosphore, on obtient une masse jaune amorphe qui possède la composition correspondant à la formule $C^{10}H^{19}ClAz^2$. Cette substance est une base, car elle fournit un *chloroplatinate*,

$$(C^{10}H^{19}ClAz^2.HCl)^2.PtCl^4,$$

qui se présente sous la forme d'une poudre jaune clair. Elle se décompose à la distillation en donnant du pyrrol.

Si on chauffe le produit brut de la réaction précédente au bain-marie pendant quelques heures, on voit se dégager du chlorure d'éthyle, et on obtient une nouvelle base $C^8H^{14}Az^2$ qu'il est impossible d'isoler, mais dont on peut préparer le *chloroplatinate*, $(C^8H^{14}Az^2, HCl)^2 . PtCl^4$. Celui-ci se présente sous la forme d'une poudre jaunâtre, soluble dans l'eau, insoluble dans l'alcool. La soude bouillante décompose ce sel en mettant en liberté de la diéthylamine et de la diéthylformamide [Wallach et Lehmann, *Ann. Chem.*, 214, 240 ; 237, 237].

La *diéthylchloroformamide*, $ClCO.Az(C^2H^5)^2$, a été préparée par M. Wallach en distillant un mélange de perchlorure de phosphore et d'acide diéthyloxamique :

$$Az(C^2H^5)^2 . CO . CO^2H + PCl^5$$
$$= Az(C^2H^5)^2 . COCl + CO + POCl^3 + HCl.$$

C'est un liquide insoluble dans l'eau, qui bout vers 190-193°. L'eau bouillante la décompose en acide carbonique et chlorhydrate de diéthylamine. Lorsqu'on chauffe un mélange de cette dernière base et de diéthylchloroformamide, on obtient de la tétréthylurée [*C. R.*, 67, 723].

L'*isopropylformamide*,

$$HCO.AzH.CH(CH^3)^2,$$

a été obtenue par M. Gautier en traitant l'isopropylcarbylamine par l'acide chlorhydrique. C'est un liquide qui bout à 220° [*C. R.*, 67, 723].

La *diformyléthylène-diamine*,

$$HCO.AzH.CH^2.CH^2.AzH.COH,$$

est liquide. Les acides et les alcalis la dédoublent facilement en acide formique et éthylènediamine. Elle prend naissance lorsqu'on traite cette dernière base par le chloral. La réaction est assez énergique [Hofmann, *D. chem. G.*, 5, 247].

La *formylhydrazine*, $HCO.HAz.AzH^2$, a été obtenue par MM. G. Schöpfer et N. Schwan en mélangeant de l'hydrate d'hydrazine et du formiate d'éthyle. Elle cristallise en tables hygroscopiques qui fondent à 54°, et s'unit à l'aldéhyde benzylique, à l'aldéhyde p-oxybenzylique et à l'éther acétylacétique pour donner des produits de condensation bien cristallisés, qui fondent respectivement à 134, à 243 et à 91° Si l'on fait réagir à 100-130° un excès de formiate d'éthyle sur l'hydrate d'hydrazine, on obtient la *diformylhydrazine* $HCO.HAz.AzH.COH$, qui cristallise en grands prismes fusibles à 159-160°. Cette diformylhydrazine prend aussi naissance lorsqu'on oxyde la monoformylhydrazine par l'iode. Elle se combine plus avec les aldéhydes ; lorsqu'on la chauffe avec la phénylhydrazine, on obtient de la diformylphénylhydrazine.

Lorsqu'on chauffe graduellement jusqu'à 100° un mélange équimoléculaire de formylhydrazine et de formamide, on obtient du triazol, tandis qu'il se dégage de l'ammoniaque et de l'eau :

$$HCO.AzH^2 + HCO.HAz.AzH^2$$

$$= 2H^2O + \begin{array}{c} AzH \\ \text{Az} \diagup \diagdown CH \\ HC \diagdown \diagup Az \end{array}$$

Dans cette réaction, on peut aussi remplacer la formylhydrazine par une quantité moitié moindre de chlorhydrate d'hydrazine, et substituer à la formamide du formiate d'ammonium. Toutefois les réactions secondaires prédominent, et il se forme plus d'ammoniaque que dans le premier cas [G. Pellizari, *Gazz. chim. ital.*, 24, 222].

Formanilide et homologues. — Voyez Phénylamine, Crésylamine, etc.

Formylphénylhydrazine. — Voyez Phénylhydrazine.

### DÉRIVÉS CHLORÉS DE L'ACIDE FORMIQUE.

Les éthers de l'acide chlorocarbonique

$$CO \diagup \begin{array}{l} OH \\ Cl \end{array}$$

peuvent être considérés comme les dérivés d'un acide chloroformique $Cl.CO^2H$. Ils ont été décrits à l'article Carbone, 2° Suppl.

### DÉRIVÉS SULFURÉS DE L'ACIDE FORMIQUE.

Acide thioformique, $H.CSOH$. — Cet acide a été préparé par Wöhler en faisant passer un courant d'hydrogène sulfuré sec sur du formiate de plomb chauffé à 250-300° environ [*Ann. Chem.*, 91, 125]. Il ne s'en forme pas, comme on pourrait le croire, lorsqu'on traite l'acide formique par le pentasulfure de phosphore [Hurst, *Ann. Chem.*, 126, 69].

L'acide thioformique cristallise en fines aiguilles fusibles à 120°, solubles dans l'alcool bouillant, insolubles dans l'eau. Il se sublime sans altération et ne paraît être attaqué ni par les acides, ni par les alcalis.

*Thioformamide*, $H.CS.AzH^2$. — Ce composé a été préparé par Hofmann en traitant la formamide (2 parties) par le pentasulfure de phosphore (1 partie). En épuisant le produit de la réaction au moyen de l'éther, on obtient une huile jaunâtre qui précipite les sels de plomb en blanc. Cette thioformamide est dédoublée par les acides et par les alcalis en acide formique, hydrogène sulfuré et ammoniaque [*D. chem. G.*, 11, 340].

L'*éthylthioformamide*, $H.CS.AzH.C^2H^5$, s'obtient, d'après M. J. U. Nef, en faisant agir l'hydrogène sulfuré sur l'isocyanate d'éthyle. Elle se présente sous la forme d'un liquide qui bout à 128° sous 14 millimètres de pression [*Ann. Chem.*, 280, 291].

Acide chlorothioformique, $Cl.CSOH$. — On ne connaît que l'*éther éthylique* de cet acide. Cet éther a été obtenu par M. Salomon en faisant agir l'oxychlorure de carbone sur le mercaptan éthylique en solution dans le benzène [*J. prakt. Chem.*, (2), 7, 252]. C'est un liquide incolore, qui bout à 136° et qui est doué d'une odeur désagréable. Sa densité est égale à 1,84 à 16°.

Lorsqu'on chauffe cet éther avec la potasse alcoolique, on le transforme en *thiocarbonate d'éthyle*,

$$CO \diagup \begin{array}{l} SC^2H^5 \\ OC^2H^5 \end{array}$$

En saturant de gaz ammoniac sa solution alcoolique, on obtient du *thiocarbamate d'éthyle*,

$$CO \diagup \begin{array}{l} AzH^2 \\ SC^2H^5 \end{array}$$

M. Klason a préparé un isomère de cet éther chlorothioformique en chauffant sous pression le sulfochlorure de carbone avec l'alcool :

$$CSCl^2 + C^2H^5OH = HCl + CS \diagup \begin{array}{l} Cl \\ OC^2H^5 \end{array}$$

Il se forme en même temps de l'oxysulfure de carbone (voyez 2° Suppl., 1, 1005).

Le *chlorothioformiate d'isoamyle*,

$$CO \diagup \begin{array}{l} Cl \\ SC^5H^{11} \end{array}$$

a été préparé par M. H. Schöne par la même méthode que le dérivé éthylique. Il bout à 193° et possède une densité égale à 1,078 à 17°,5 [*J. prakt. Chem.*, (2), 30, 416; 32, 243]. Cet éther réagit sur l'ammoniaque à froid pour donner le *thiocarbamate d'isoamyle* Az H³ . CO . SC⁵H¹¹. Il se combine à l'urée en donnant l'*uréidothiocarbamate d'isoamyle* Az H² . CO . Az H . COS . C⁵H¹¹.

*Perchloroformiate de méthyle.* — Voyez SulFOCHLORURE DE CARBONE.

ACIDE CHLORODITHIOFORMIQUE. — Le *chlorodithioformiate d'éthyle,*

$$CI . CS . SC²H⁵,$$

a été préparé par M. Klason en faisant réagir le sulfochlorure de carbone sur une dissolution de mercaptan éthylique dans le sulfure de carbone [Klason, *loc. cit.*]. Ce composé se présente sous la forme d'un liquide jaunâtre qui bout à 100° dans le vide, mais qui se décompose complètement lorsqu'on cherche à le distiller sous la pression ordinaire. Il est doué d'une odeur alliacée et possède une densité égale à 1,1408 à 16°.

### DÉRIVÉS CYANÉS DE L'ACIDE FORMIQUE.

ACIDE CYANOFORMIQUE, C Az . CO²H. — On ne connaît que les éthers de cet acide; ils ont été préparés et étudiés par M. Weddige [*J. prakt. Chem.*, (2), 10, 194].

Le *cyanoformiate de méthyle*, C Az . CO²CH³, s'obtient en déshydratant l'oxamate de méthyle, par distillation sur l'anhydride phosphorique :

$$Az H² . CO . CO²CH³ = C Az . CO²CH³ + H²O.$$

C'est un liquide doué d'une odeur piquante, qui bout à 100-101°. Il fixe directement l'acide sulfhydrique, en donnant naissance à un dérivé sulfuré qui n'a pas été étudié. L'eau bouillante le décompose en alcool méthylique, acide cyanhydrique et acide carbonique.

Le *cyanoformiate d'éthyle*, C Az . CO²C²H⁵, peut être préparé par le même procédé que l'éther méthylique. On l'obtient aussi en chauffant un mélange équimoléculaire d'oxamate de méthyle et de perchlorure de phosphore et en précipitant ensuite par un excès de ligroïne. Le précipité, qui répond à la formule C Cl²(Az H²). CO²C²H⁵, est ensuite séché à l'étuve, puis distillé [Wallach, *Ann. Chem.*, 184, 12]. Le cyanoformiate d'éthyle bout à 115-116°; sa densité est égale à 1,0139 [Henry, *Bull. Soc. Chim.*, (2), 46, 62]. L'eau le décompose lentement, les alcalis plus rapidement, en acide cyanhydrique, acide carbonique et alcool. L'acide chlorhydrique concentré le dédouble en acide oxalique, alcool et chlorure d'ammonium. L'ammoniaque réagit vivement sur le cyanoformiate d'éthyle, en donnant du cyanure d'ammonium et de l'uréthane :

$$C Az . CO²C²H⁵ + 2 Az H³$$
$$= C Az . Az H⁴ + Az H² . CO²C²H⁵.$$

Les bases organiques se comportent d'une façon analogue.

Si l'on traite une solution alcoolique de cet éther par le zinc et quelques gouttes d'acide chlorhydrique, on obtient de l'acide aminoacétique.

Lorsqu'on sature le cyanoformiate d'éthyle de gaz chlorhydrique sec, ou qu'on le traite par le brome et qu'on chauffe ensuite le produit de la réaction à 100° en tube scellé, on le transforme en son polymère, l'*éther paracyanoformique* (voyez plus loin).

Le *cyanoformiate d'isobutyle*, C Az.CO²C⁴H⁹, bout à 146° et possède les mêmes propriétés que les dérivés précédents.

Le *cyanoformiate d'allyle*, C Az . CO²C³H⁵,



aurait été obtenu par MM. Wagner et Tollens en traitant le cyanure d'allyle par l'acide chlorhydrique concentré froid. Il bout à 135°. Un excès d'acide chlorhydrique le dédouble en oxamide et chlorure d'allyle.

La *cyanoformamide*, C Az . CO Az H², a été décrite (voyez CYANOGÈNE, 1ᵉʳ Suppl., 585). Elle cristallise en tables fusibles à 60°, solubles dans l'eau, l'alcool et l'éther. Chauffée à 120°, elle se dédouble en acide cyanhydrique et acide cyanurique :

$$3 C² Az² H² O = 3 C Az H + C³H³ Az³ O³.$$

L'acide chlorhydrique concentré la transforme peu à peu en oxamide.

La *diéthylcyanoformamide,*

$$C Az . CO Az (C²H⁵)²,$$

a été préparée par M. Wallach en distillant la diéthyloxamide dissymétrique sur de l'anhydride phosphorique :

$$Az H² . CO . CO Az (C²H⁵)²$$
$$= H²O + C Az . CO Az (C²H⁵)².$$

C'est un liquide peu soluble dans l'eau, bouillant à 219-220°.

ACIDE PARACYANOFORMIQUE, (C Az . CO²H)ⁿ. — La préparation de l'éther éthylique de cet acide a été indiquée plus haut. Pour obtenir l'acide, on saponifie l'éther par la potasse à froid et on sursature ensuite par l'acide chlorhydrique.

L'acide paracyanoformique se présente sous la forme d'une poudre cristalline peu soluble dans l'eau, qui fond vers 250° en se décomposant et qui se dédouble en ammoniaque et acide oxalique lorsqu'on la chauffe avec de l'eau. L'acide paracyanoformique décompose les carbonates.

Le *sel de potassium*, (C Az . CO²K)ⁿ, cristallise en longues aiguilles; il précipite la plupart des sels métalliques et est décomposé par l'eau bouillante.

Le *sel d'argent* est un précipité jaune, soluble dans l'ammoniaque, insoluble dans l'acide azotique.

Le *paracyanoformiate de méthyle,*

$$(C Az . CO²CH³)ⁿ,$$

s'obtient en chauffant le sel d'argent avec l'iodure de méthyle ou en polymérisant le cyanoformiate de méthyle par l'action du gaz chlorhydrique.

Le *paracyanoformiate d'éthyle,*

$$(C Az . CO²C²H⁵)ⁿ,$$

cristallise en petites aiguilles ou en prismes hexagonaux, fusibles à 165°, solubles dans l'alcool chaud et dans l'eau acidulée, presque insolubles dans l'alcool froid, dans l'éther et dans l'eau pure. On ne peut ni le distiller ni le sublimer. Lorsqu'on chauffe cet éther avec un excès de perchlorure de phosphore, on obtient un polymère du trichloracétonitrile. Les acides minéraux concentrés et les alcalis bouillants dédoublent le paracyanoformiate d'éthyle en alcool, acide oxalique et ammoniaque.

Le *paracyanoformiate d'isobutyle,*

$$(C Az . CO²C⁴H⁹)ⁿ,$$

cristallise en fines aiguilles fusibles à 158° [Weddige, *J. prakt. Chem.*, (2), 10, 208].

La *paracyanoformamide*, (C Az . CO . Az H²)ⁿ, prend naissance lorsqu'on chauffe le paracyanoformiate d'éthyle avec l'ammoniaque alcoolique. C'est une poudre amorphe, insoluble dans l'eau, qui se décompose sans fondre lorsqu'on la chauffe, et que les alcalis ou les acides bouillants dédoublent en acide oxalique et ammoniaque.

La *méthylparacyanoformamide*,

$$(CAz.CO.AzHCH^3)^a,$$

s'obtient d'une façon analogue, en chauffant le paracyanoformiate d'éthyle avec une solution alcoolique de méthylamine. Elle cristallise en aiguilles solubles dans l'alcool et dans l'eau bouillante, qui fondent vers 280° en se décomposant [Weddige, *loc. cit.*].

ACIDE FLAVÉANHYDRIQUE OU ACIDE CYANOTHIOFORMIQUE, $CAz.CS.AzH^2$. — Ce composé a été préparé en mélangeant des solutions alcooliques saturées d'hydrogène sulfuré et de cyanogène (en excès) :

$$2CAz + H2S = CAz.CS.AzH^2.$$

(2ᵉ Suppl., 1, 1558).                         P. Freundler.

**FORMIQUE (ALDÉHYDE)** [Syn. *Formol, formaline, oxyde de méthylène, méthanal*], $CH^2O$ (Dict., 1, 1493; 1ᵉʳ Suppl., 839). — L'aldéhyde formique est actuellement un des composés chimiques qui offrent le plus d'intérêt, tant au point de vue purement théorique qu'au point de vue de l'industrie et de la physiologie végétale.

L'aldéhyde formique est doublement active, en ce sens qu'elle peut donner naissance à deux sortes de condensations, en tant qu'aldéhyde d'une part, et en tant que dérivé méthylénique de l'autre.

L'aldéhyde formique est en second lieu un produit intermédiaire entre l'acide carbonique et des composés à molécule plus complexe. Aussi joue-t-elle un rôle important dans la constitution des tissus végétaux.

Enfin l'aldéhyde formique possède des propriétés antiseptiques précieuses, qui la font utiliser pour la conservation de certaines matières organisées, ou pour la désinfection des locaux contaminés.

On conçoit donc que, malgré son peu d'ancienneté, l'histoire de l'aldéhyde formique soit extrêmement étendue, et il est utile, pour donner plus de clarté au présent article, d'indiquer les subdivisions qu'il comporte :

I. *Préparation de l'aldéhyde formique.*
II. *Propriétés physiques. Polymères.*
III. *Propriétés chimiques et réactions.*
IV. *Dérivés de l'aldéhyde formique :*
    A. Dérivés azotés,
    B. Dérivés sulfurés,
    C. Produits de l'action sur les alcools,
    D. Produits de l'action sur les aldéhydes et les cétones,
    E. Produits de l'action sur les carbures nitrés,
    F. Produits de condensation avec l'antipyrine et les alcaloïdes.
V. *Condensations effectuées au moyen de l'aldéhyde formique.*
VI. *Action sur les matières albuminoïdes et sur les ferments.*
VII. *Propriétés antiseptiques et microbicides.*
VIII. *Recherche et dosage de l'aldéhyde formique.*
IX. *Applications.*
X. *Rôle de l'aldéhyde formique dans la physiologie végétale.*

I. PRÉPARATION DE L'ALDÉHYDE FORMIQUE.

Le seul procédé pratique pour préparer l'aldéhyde formique consiste à oxyder incomplètement l'alcool méthylique ; mais il existe un grand nombre de synthèses de ce composé, qu'on peut obtenir à partir des éléments, ou par décomposition de substances plus complexes.

*Synthèses à partir des éléments.* — M. Brodie a préparé l'aldéhyde formique en soumettant un mélange d'acide carbonique et d'hydrogène à l'action des décharges obscures [Suppl., *loc. cit.* — Voyez aussi S. M. Losanitch et M. J. Jovitchitch, *D. chem. G.*, 30, 155].

Lorsqu'on fait passer un mélange d'hydrogène et d'oxyde de carbone sur de la mousse de palladium, ces deux gaz se combinent partiellement en produisant de petites quantités d'aldéhyde formique [K. Jahn, *D. chem. G.*, 22, 989].

L'acide carbonique se transforme en aldéhyde formique en présence des sels d'uranium, sous l'influence de la lumière solaire :

$$CO^2 + H^2O = CH^2O + O^2.$$

Cette expérience très intéressante a été effectuée par M. Bach de la façon suivante : Trois flacons bouchés contenant de l'acétate d'uranium et une certaine quantité du réactif de M. Trillat pour l'aldéhyde formique (voyez plus loin) sont remplis, l'un d'air, les deux autres d'acide carbonique ; l'un de ceux-ci est de plus entouré de papier gris. Les trois flacons sont ensuite exposés au soleil. Au bout d'un certain temps, les deux flacons d'acide carbonique renfermaient de notables quantités de tétraméthyldiaminodiphénylméthane, celui qui était entouré de papier en bien moins grande quantité. Le flacon plein d'air n'en contenait pas du tout [*C. R.*, 116, 1145, 1389].

L'auteur conclut de ses expériences que le même phénomène se passe dans les végétaux.

M. Maquenne a obtenu une petite quantité d'aldéhyde formique avec un excès d'acide formique en faisant agir l'ozone sur le gaz d'éclairage, ou en soumettant à l'action de l'étincelle électrique un mélange de méthane et d'oxygène [Maquenne, *Bull. Soc. Chim.*, (2), 37, 298].

*Préparation par décomposition de produits plus complexes.* — L'aldéhyde formique prend naissance :

1° Dans la distillation sèche de l'acide éthylglycolique [Heintz, voyez Dict., *loc. cit.*].

2° Dans la décomposition du formiate de méthyle [Volhard, Suppl., *loc. cit.*].

3° Dans la combustion incomplète de l'azotate d'éthyle [Pratesi, *Gazz. chim. ital.*, 14, 221].

4° La calcination du formiate de calcium fournit un mélange d'alcool méthylique et d'aldéhyde formique [Mulder, *Ann. Chem.*, 158, 366].

5° L'oxyde de méthyle monochloré se dédouble, par l'action de l'eau, en aldéhyde formique, alcool méthylique et acide chlorhydrique [C. Friedel, *C. R.*, 84, 247].

6° M. Michael a obtenu de l'aldéhyde formique en chauffant à 100° pendant environ une heure, en vase clos, un mélange d'acétate de méthyle chloré $CH^3.CO^2CH^2Cl$ (110 gr.) et d'eau (55 gr.) [*Am. Journ.*, 1, 419].

7° La formaldéhyde constitue avec l'acide formique, l'oxyde de carbone et l'acide carbonique, la majeure partie des produits de l'électrolyse de certains sels organiques. MM. von Miller et J. Hofer en ont obtenu en électrolysant des solutions concentrées de glycolate de sodium, de méthylglycolate de sodium, de tartrate de potassium et de glycérate de potassium [*D. chem. G.*, 27, 467].

8° Boutleroff a préparé l'aldéhyde formique en faisant réagir l'oxyde ou l'oxalate d'argent sur l'iodure de méthylène, ou l'oxyde de plomb sur l'acétate d'éthyle [Dict., 1, 1493].

9° M. Carstanjeff en a obtenu en oxydant la méthylamine par le permanganate de potassium (Dict., *loc. cit.*).

10° Il se forme encore de l'aldéhyde formique lorsqu'on chauffe vers 400° un mélange d'oxygène et d'éthylène, ce dernier gaz étant en excès [Schützenberger, *Bull. Soc. Chim.*, (2), **31**, 482].

*Préparation par oxydation de l'alcool méthylique.* — Le procédé industriel de préparation de l'aldéhyde formique n'est qu'un perfectionnement de l'ancienne méthode d'Hofmann, qui consistait à faire passer un courant d'air chargé de vapeurs d'alcool méthylique dans un tube de platine vide ou garni de fils du même métal et chauffé au rouge sombre (*Dict.*, **1**, 1493; 1er Suppl., 417). Les produits qui s'échappent du tube sont recueillis dans une série de récipients dont les derniers sont remplis d'eau. Ce procédé fournit une solution de formaldéhyde dans l'alcool méthylique, dont la teneur est d'environ 1 0/0. Cette méthode a subi peu à peu une série de perfectionnements qui l'ont rendue plus pratique.

M. Kablukoff a proposé de remplacer le tube et les fils de platine par un tube en verre vert rempli d'amiante platiné et chauffé sur une grille à combustion. De plus, il chauffe le premier flacon récepteur et refroidit le second avec de la glace [*Journ. Phys. Chim. russe*, **1**, 194].

M. Tollens conserve les lames et les fils de platine employés par Hofmann, tout en se servant d'un tube de verre. Il dispose ses appareils récepteurs à peu près comme M. Kablukoff, et obtient ainsi dans le premier flacon une solution de formaldéhyde à 2-3 0/0, tandis que le second ne renferme qu'une solution à 1 0/0. Toutefois ces rendements sont influencés par une série de conditions. L'alcool méthylique à oxyder est contenu dans un ballon qu'on chauffe au bain-marie, et dans lequel on fait passer un courant d'air destiné à entraîner l'alcool. Si celui-ci est chauffé trop fortement, le platine se refroidit, et l'oxydation ne se fait pas; si au contraire le platine est chauffé trop fortement, ou si l'alcool ne l'est pas assez, l'oxydation est trop complète. Dans les deux cas, les rendements peuvent s'abaisser jusqu'à devenir nuls [Tollens, *D. chem. G.*, **15**, 1629; **16**, 917].

M. O. Löw a introduit un nouveau perfectionnement dans la préparation de l'aldéhyde formique en substituant au platine une spirale de cuivre oxydée superficiellement (ou même de l'oxyde ferrique); en outre, le courant d'air est produit par aspiration, et non par refoulement. Si l'on chauffe modérément la spirale de cuivre, et

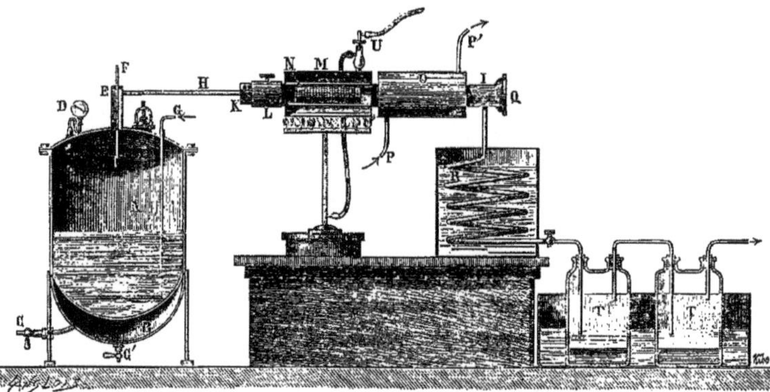

Fig. 423. — Appareil schématique pour la fabrication industrielle de la formaldéhyde.

si le courant d'air est suffisamment rapide, il n'y a pas de danger d'explosion, et l'on obtient une solution de formaldéhyde à 15-20 0/0 [O. Löw, *J. prakt. Chem.*, (2), **33**, 321; *D. chem. G.*, **20**, 141, 144].

D'après M. Tollens, le procédé de M. Löw ne donne de bons résultats que si l'on chauffe fortement la spirale de cuivre, et si l'alcool méthylique est maintenu à la température de 50°. Lorsque la température du bain-marie est de 28 à 32°, la solution de formaldéhyde obtenue a une concentration de 17,9 0/0, tandis qu'en chauffant l'alcool à 45-50° on obtient une solution à 42.9 0/0 [*D. chem. G.*, **19**, 2133].

Le procédé de M. Löw ainsi modifié peut être employé dans les laboratoires pour préparer de petites quantités de produit. Il présente toutefois quelque danger, car il arrive fréquemment que le mélange d'air et de vapeurs d'alcool méthylique fait explosion au contact du cuivre chauffé au rouge.

M. Trillat a rendu ce procédé pratique en lui adjoignant les perfectionnements suivants :

1° Substitution d'un tube en cuivre au tube en verre;

2° Entraînement mécanique de l'air par la vapeur d'alcool méthylique surchauffée et sortant par un orifice conique ;

3° Substitution du charbon de cornue, du coke, etc., au cuivre, pour l'oxydation de l'alcool.

La figure 423 est un schéma de l'appareil industriel de M. Trillat. A est une chaudière à double fond dans laquelle on place l'alcool méthylique. Les vapeurs d'alcool sont entraînées par l'air comprimé dans l'appareil à oxydation M, chauffé extérieurement, et où l'oxydation se produit au contact d'un rouleau de toile métallique. Les produits de l'oxydation arrivent en O, où ils sont refroidis par un courant d'eau circulant extérieurement. La condensation s'opère en R et en T.

Au lieu d'entraîner l'alcool par un courant d'air, on peut le chauffer vers 50° au moyen du double fond; en K se trouve un régulateur à virole qui permet l'accès de la quantité d'air nécessaire pour l'oxydation. Enfin en Q se trouve une lunette par laquelle on peut se rendre compte du degré d'incandescence de la toile métallique.

On obtient ainsi un mélange d'eau, d'alcool méthylique, d'aldéhyde formique, ainsi que des traces d'acide acétique et formique. Cette solution brute renferme environ 40 0/0 de formaldéhyde.

De nombreux brevets ont été pris à propos de

la préparation de l'aldéhyde formique (formol, formaline). Ces brevets ont été indiqués dans la brochure de M. Trillat sur la formaldéhyde et sur ses applications [Paris, 1896].

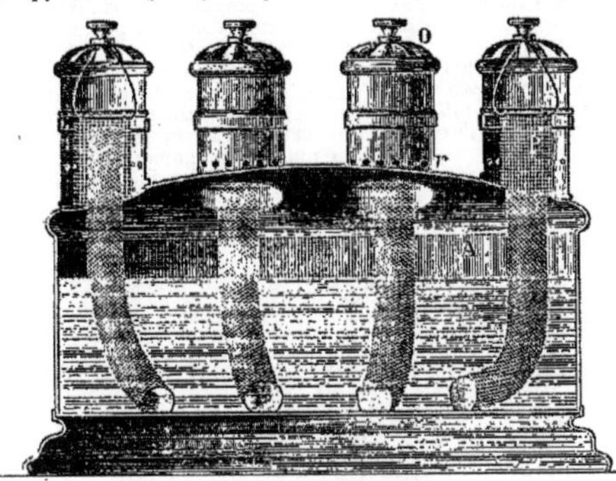

Fig. 424. — Lampe formogène.

M. Tollens emploie comme appareil de cours, pour montrer la production de l'aldéhyde formique, une lampe à alcool méthylique dont la mèche est surmontée d'une toile de platine ; on allume la lampe, puis on l'éteint, mais la toile continue à rester incandescente [D. chem. G., 28, 261]. Cet appareil a été décrit autrefois par Volhard [Ann. Chem., 174, 28].

L'aldéhyde formique s'obtient encore par oxydation de l'alcool méthylique au moyen du chlore [A. Brochet, Bull. Soc. Chim., (3), 13, 681]. Lorsqu'on fait passer un courant de chlore dans de l'alcool méthylique à 99,5 0/0, en refroidissant soigneusement, on obtient un mélange de formaldéhyde, d'acide chlorhydrique, d'eau et d'oxyde de méthyle dichloré. Il se dégage en même temps de l'oxyde de carbone. La réaction paraît suivre la progression suivante : il se forme d'abord de l'oxyde de méthyle, puis de l'oxyde chloré, qui se décompose en présence de l'eau en aldéhyde formique et acide chlorhydrique.

Enfin M. Titschenko, et plus tard M. Wohl, ont obtenu de l'aldéhyde formique en mélangeant à froid 1 volume de diméthylformal $CH^2(OCH^3)^2$ avec 2 volumes d'acide sulfurique concentré, puis en ajoutant 2 volumes d'eau et distillant le tout.

CONCENTRATION ET PURIFICATION DE L'ALDÉHYDE FORMIQUE. — M. Tollens a remarqué le premier que, lorsqu'on distille un mélange d'alcool méthylique et d'aldéhyde formique, on obtient une concentration de celle-ci dans le résidu. Ainsi, en distillant 250 centimètres cubes de formol brut à 2-3 0/0, et en ne conservant que le dernier cinquième, il a obtenu une solution renfermant jusqu'à 11 0/0 d'aldéhyde formique. Cette opération doit être faite dans le vide, à aussi basse température et avec des liquides aussi concentrés que possible [Tollens, D. chem. G., 15, 1629 ; 16, 917 ; 19, 2133]. Le résidu peut être encore concentré sur l'acide sulfurique. M. Tollens a décrit d'ailleurs un appareil spécial destiné à effectuer cette concentration.

D'après MM. W. Eschweiler et G. Grossmann, on peut, par des distillations fractionnées, chasser complètement l'alcool méthylique d'une solution de formol brut, de façon à obtenir une solution aqueuse. Celle-ci peut ensuite être concentrée au moyen du sulfate de cuivre ou de l'acétate de sodium anhydre, mais jusqu'à une

certaine limite seulement, car lorsqu'elle renferme plus de 52 0/0 d'aldéhyde formique, elle se polymérise.

L'hydrate, $CH^2(OH)^2$, qui renfermerait 62 0/0 d'aldéhyde pure, ne paraît donc pas susceptible d'existence [Ann. Chem., 258, 95].

La formaldéhyde chimiquement pure ne peut être préparée qu'en chauffant un de ses polymères soigneusement desséché [Kekulé, D. chem. G., 25, 2435]. Mais, dans la plupart des cas, la solution commerciale à 40 0/0 est suffisamment pure pour les applications auxquelles elle donne lieu.

PRODUCTION DES VAPEURS D'ALDÉHYDE FORMIQUE. — Depuis les recherches de M. Trillat, on se sert dans bien des cas des vapeurs d'aldéhyde formique pour désinfecter les salles des hôpitaux, de même que pour conserver les pièces anatomiques, les cadavres, la viande, etc.

M. Trillat a proposé successivement trois types d'appareils pour produire pratiquement les vapeurs de formaldéhyde. Ces appareils sont les suivants :

Appareil à capillarité ou lampe formogène. — Le principe de cet appareil est celui de la lampe de Volhard et de Tollens (fig. 424).

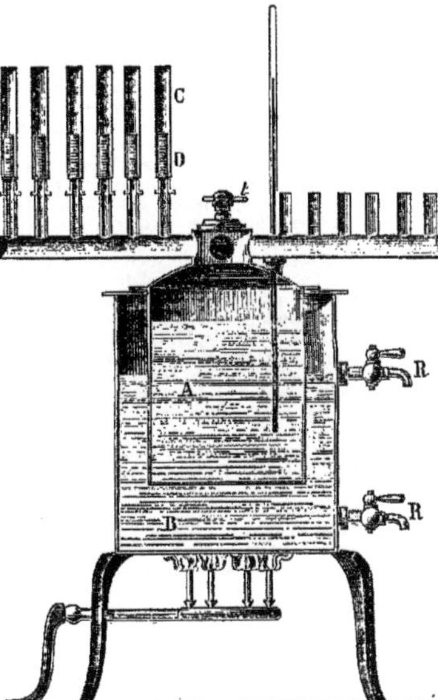

Fig. 425. — Appareil formogène à projection.

Un récipient en cuivre A, de 40 centimètres de côté et de 6 centimètres de hauteur, est perforé à sa partie supérieure de 8 à 16 orifices par lesquels passent des mèches surmontées chacune d'une toile de platine de 5 centimètres. Chaque toile est fixée sur un cylindre de cuivre ou de nickel qui l'entoure et dont la partie supérieure est percée d'un certain nombre d'orifices $v$. Pour permettre l'accès de l'air, le bas du cylindre est également muni d'ouvertures $r$.

Le récipient étant rempli d'alcool méthylique, on allume les mèches, puis on les recouvre avec les cylindres. La flamme s'éteint, mais la toile de platine reste incandescente par suite de l'oxydation continue de l'alcool.

Cet appareil est peu pratique, car la production des vapeurs de formaldéhyde est lente, surtout si la température extérieure est basse; aussi ne peut-on l'employer que pour désinfecter des locaux de peu d'étendue.

*Appareil formogène à projection.* — Cet appareil (fig. 425) est basé sur le même principe que celui qui sert à la préparation industrielle des solutions de formol.

Il se compose d'un récipient en cuivre d'une dizaine de litres, qu'on remplit d'alcool méthylique et qu'on chauffe au bain-marie. La partie supérieure de ce récipient porte un certain nombre de tubes, également en cuivre, fermés à leur extrémité extérieure, qui sont percés d'orifices capillaires. Ces tubes ont un diamètre moyen de 8 millimètres; chacun d'eux est entouré d'un autre cylindre ouvert, muni d'un régulateur à air (virole ou autre système) et dont la partie moyenne est occupée par la substance destinée à favoriser l'oxydation de l'alcool méthylique. Cette substance est constituée en pratique par des spirales de toile de cuivre, enfermées elles-mêmes dans un cylindre de charbon de cornue D.

Le récipient étant rempli aux trois quarts d'alcool méthylique, on porte celui-ci à une légère ébullition. Les vapeurs d'alcool s'échappent par les orifices capillaires des tubes internes et entraînent mécaniquement de l'air par l'ouverture du régulateur. On allume le jet d'alcool en fermant à moitié la virole, puis on ouvre celle-ci de façon à permettre l'accès complet de l'air. La flamme s'éteint alors, mais les spirales de cuivre restent incandescentes tant que les vapeurs d'alcool sortent par les ouvertures du tube interne.

On peut aussi mettre en communication le récipient à alcool avec un réservoir d'air comprimé. Dans ce cas, l'air entraîne l'alcool, qu'il n'est plus nécessaire de chauffer. Les résultats sont aussi bons qu'avec le système précédent et il n'y a pas davantage de danger d'explosion.

*Appareil à régénération par la vapeur d'eau.* — Il est difficile de produire des vapeurs de formaldéhyde par simple évaporation ou ébullition d'une solution de ce composé, à cause de la polymérisation qui s'effectue dès que la concentration dépasse 40 0/0.

On peut à la rigueur entraîner les vapeurs d'aldéhyde formique en faisant passer un courant de vapeur surchauffée dans la solution commerciale renfermant un sel neutre en dissolution. Mais ce procédé a l'inconvénient de provoquer la formation de produits de condensation doués d'une odeur désagréable qui restent adhérents aux parois des locaux qu'on désinfecte.

On obtient par contre de bons résultats en chauffant dans un autoclave, sous une pression

de 3 à 4 atmosphères, une solution d'aldéhyde renfermant un sel dissous. Dans ce cas, les vapeurs de formaldéhyde qui se dégagent sont sèches et exemptes de produits polymérisés.

L'appareil construit par M. Trillat pour régénérer la formaldéhyde de ses solutions est composé d'un autoclave allongé, en cuivre, dont les parois ont environ 12 millimètres d'épaisseur et dont l'intérieur est doublé d'argent. Le couvercle est maintenu au moyen de boulons articulés; il est muni d'un manomètre M, d'une soupape de sûreté, d'une gaine métallique G destinée à rece-

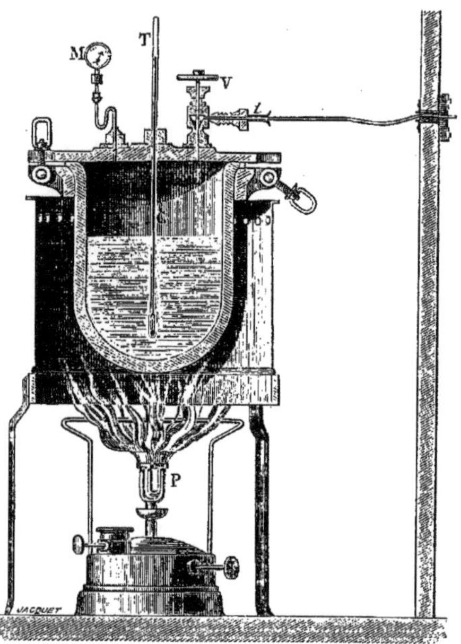

Fig. 426.<br>Autoclave formogène à régénération de l'aldéhyde formique.

voir un thermomètre T, d'une ouverture pour l'introduction du liquide et d'un tube de dégagement horizontal $t$ de 50 centimètres de longueur et de 4 millimètres de diamètre interne. Ce tube est pourvu d'une vanne V.

On introduit dans l'appareil un mélange de 200 grammes de chlorure de calcium broyé et dissous dans 200 grammes d'eau et de 1 kilogramme de la solution de formol à 4 0/0. On peut aussi dissoudre directement le chlorure de calcium dans la solution de formol en chauffant légèrement celle-ci. Le chlorure de calcium peut être remplacé par du sel marin.

On chauffe ensuite l'appareil au moyen du gaz ou du pétrole et on ouvre le robinet lorsque la pression a atteint 3 atmosphères. La formaldéhyde se dégage sous la forme de vapeurs blanches absolument sèches, qui disparaissent complètement et sans se polymériser après une ventilation énergique.

Postérieurement, MM. Miquel et Brochet ont décrit un appareil où le trioxyméthylène est dépolymérisé par un courant d'air chaud à sec, qui entraîne mécaniquement l'aldéhyde régénérée.

### II. PROPRIÉTÉS PHYSIQUES. — POLYMÈRES.

La formaldéhyde $CH^2O$ n'est susceptible d'exister qu'à l'état gazeux, à l'état de solution diluée et à l'état liquide au-dessous de — 21°.

Ses solutions peuvent être concentrées au moyen du sulfate de cuivre ou de l'acétate de sodium anhydres, mais jusqu'à une certaine limite seulement. Cette limite est d'environ 52 0/0. Si l'on cherche à pousser la concentration plus loin, l'aldéhyde se polymérise [Eschweiler et Grossmann, *Ann. Chem.*, 258, 95].

Kekulé a réussi à liquéfier l'aldéhyde formique au moyen du mélange de neige carbonique et d'éther. Il a obtenu ainsi un liquide mobile bouillant à — 21° et dont la densité est égale à 0.9172 à — 80° et à 0,8153 à — 20°. Le coefficient de dilatation moyen de l'aldéhyde formique entre ces deux températures est égal à 0,0020833 ; il a donc une valeur considérable, comme dans le cas des gaz liquéfiés.

L'aldéhyde formique liquide se polymérise très facilement, pour peu que la température s'élève au-dessus de 21°. Si on laisse la température s'élever, la polymérisation s'effectue avec explosion. On obtient par ce procédé du trioxyméthylène absolument sec [D. chem. G., 25, 2435].

L'aldéhyde formique est douée d'une odeur piquante et de propriétés antiseptiques.

TRIOXYMÉTHYLÈNE. — Le produit de la polymérisation de l'aldéhyde formique, dans n'importe quelle condition, est le *trioxyméthylène*, auquel on a assigné la formule $(CH^2O)^3$, en se basant plutôt sur ses rapports avec d'autres dérivés analogues (paraldéhyde) que sur des preuves directes (Dict., 2, 416).

Le trioxyméthylène ainsi obtenu est une masse blanche cristalline, qui fond à 171-172° lorsqu'elle est absolument pure et qui se sublime déjà au-dessous de 100°. Il est absolument insoluble dans l'alcool et dans l'éther. Il ne se dissout dans l'eau qu'à chaud et sous pression, et il se dissocie alors en régénérant l'aldéhyde formique. Si l'on opère en tube scellé et qu'on laisse refroidir lentement celui-ci, on voit une partie du trioxyméthylène se déposer à l'état cristallisé.

Le trioxyméthylène se décompose également en aldéhyde formique lorsqu'on cherche à le volatiliser [Hofmann, Dict., 2, 420].

Le trioxyméthylène ne serait pas, paraît-il, le seul polymère de l'aldéhyde formique. Lorsqu'on évapore une dissolution d'aldéhyde formique, à froid, sur de l'acide sulfurique, on voit se déposer peu à peu des flocons blancs qui diffèrent du trioxyméthylène en ce qu'ils se redissolvent dans l'eau lorsqu'on vient de les isoler de leur eau mère. Si l'on cryoscope immédiatement la solution ainsi obtenue, on obtient pour le poids moléculaire un chiffre voisin de 60, ce qui indiquerait que la liqueur renferme le composé $(CH^2O)^2$. Celui-ci est d'ailleurs instable, car à l'état solide il se transforme en trioxyméthylène et, en solution, il se dissocie rapidement en régénérant l'aldéhyde formique. En effet, plus ces solutions sont anciennes, plus elles fournissent des chiffres cryoscopiques voisins de 30. En résumé, les solutions préparées à froid peuvent renfermer un mélange d'aldéhyde et de polymères, tandis que celles qu'on obtient à chaud ne renferment que de la formaldéhyde. Celle-ci ne se polymérise jamais en solution diluée [B. Tollens et F. Mayer, D. chem. G., 21, 350. — W. Eschweiler et Grossmann, *Ann. Chem.*, 258, 95].

Dans un mémoire récent, M. Delépine a montré que le produit qui se dépose lorsqu'on évapore lentement une solution d'aldéhyde formique est constitué par un *hydrate* répondant à la formule $6 CH^2O, H^2O$ [Bull. Soc. Chim., (3), 17].

D'après M. Pratesi, on obtiendrait un polymère de l'aldéhyde formique différent du trioxyméthylène en chauffant ce dernier en tube scellé à 115° avec une trace d'acide sulfurique concentré. En maintenant le tube verticalement et en refroidissant la partie supérieure, on obtient un sublimé d'aiguilles blanches fusibles vers 60-61°, solubles dans l'eau, dans l'alcool et dans l'éther ; la densité de vapeur de cette substance correspondrait à une molécule triple $(CH^2O)^3$. M. Pratesi a donné à ce polymère le nom d'*α-trioxyméthylène* ; il suppose que le trioxyméthylène ordinaire possède une constitution beaucoup plus complexe [Gazz. chim. ital., 14, 139].

Le trioxyméthylène a été appelé fréquemment *oxyde de méthylène* ou encore *paraformaldéhyde*.

Par contre, M. Lösekann a donné le nom de *paraformaldéhyde* à un *hydrate* $6 CH^2O . H^2O$ ou

$$CH^2OH-O-CH^2-O-CH^2-O-CH^2-O-CH^2-O-CH^2OH,$$

qu'il aurait obtenu en broyant avec de l'alcool, puis avec de l'éther, le produit de l'évaporation d'une solution aqueuse de formaldéhyde. Cette paraformaldéhyde (ou *hexaoxyméthylène*) se transforme en trioxyméthylène quand on la chauffe doucement [Chem. Zeit., 14, 1408].

*Constitution du trioxyméthylène.* — La constitution adoptée habituellement pour le trioxyméthylène est la suivante :

$$\begin{array}{ccc}
 & CH^2 & \\
O & & O \\
H^2C & & CH^2 \\
 & O & \\
\end{array}$$

D'après ce qui précède, on voit qu'elle doit être rejetée, et cela pour plusieurs raisons :

1° Une constitution aussi simple que celle qui correspondrait à la formule $(CH^2O)^3$, paraît incompatible avec les propriétés physiques du corps : *insolubilité complète dans tous les dissolvants ; impossibilité de le distiller sans le décomposer* ;

2° Il existe un *polymère* de l'aldéhyde formique qui répond à la formule $(CH^2O)^3$, qui est cristallisé et qui se dissout avec la plus grande facilité dans l'alcool et dans l'eau ; de plus, ce polymère existe encore comme tel dans les dissolutions, tandis que le trioxyméthylène se dissocie avant de se dissoudre (Lösekann) ;

3° Le *composé sulfuré* correspondant, la trithioformaldéhyde $(CH^2S)^3$, possède des propriétés absolument semblables à celles du polymère de M. Pratesi, et non pas à celles du trioxyméthylène ordinaire. Or la formule de cette trithioformaldéhyde est absolument établie.

Il faut donc rejeter pour le trioxyméthylène la constitution hexagonale, et lui attribuer une formule moléculaire plus complexe, $(CH^2O)^n$, $n$ étant probablement un chiffre très élevé.

### III. PROPRIÉTÉS CHIMIQUES.

L'aldéhyde formique, tout en étant un composé assez stable, jouit d'une activité chimique remarquable et réagit à peu près sur toutes les classes de corps. Elle se comporte tantôt comme une aldéhyde, tantôt comme un glycol,

$$CH^2\!\!<^{OH}_{OH}$$

tantôt comme un acide faible et tantôt comme une base faible ; elle peut être remplacée par le trioxyméthylène dans la plupart des réactions qui s'effectuent à chaud.

L'action des agents réducteurs sur l'aldéhyde formique ne paraît pas avoir été étudiée. Il est probable qu'on obtiendrait de l'alcool méthylique.

*Action des oxydants.* — L'aldéhyde formique est douée de propriétés réductrices très actives. Elle réduit la plupart des sels des métaux lourds, en donnant un mélange de formiates et de carbonates (sels de plomb), ou en mettant le métal en liberté (sels de cuivre et d'argent).

En mélangeant des dissolutions d'aldéhyde formique et d'azotate d'argent ammoniacal, on obtiendrait, d'après M. Goldschmidt, une combinaison cristallisée en longues aiguilles blanches, solubles dans l'ammoniaque [*D. chem. G.*, **11**, 1198].

L'acide azotique oxyde l'aldéhyde formique en donnant de l'acide carbonique et de l'eau.

Le trioxyméthylène lui-même s'oxyde peu à peu à l'air en se transformant en un mélange d'acide formique, d'acide oxalique, d'acide carbonique et d'eau.

*Action des halogènes.* — Le chlore agit à la lumière diffuse sur le trioxyméthylène à une faible chaleur, en donnant de l'acide chlorhydrique et de l'oxyde de carbone. Au soleil, la réaction a lieu à froid et donne naissance en plus à de l'oxychlorure de carbone. La formation de ce dernier est favorisée par un excès de chlore. Le brome se comporte d'une façon analogue [Tichtchenko, *Journ. Soc. Phys. Chim. russe*, **19.** 470 ; A. Brochet, *C. R.*, **121**, 1156].

En chauffant à 100°, en vase clos, un mélange de brome et de trioxyméthylène, M. Tichtchenko a obtenu de l'acide carbonique, de l'acide bromhydrique et de petites quantités d'oxyde de carbone, de bromure de méthyle, d'oxyde de méthyle dibromé $(CH^2Br)^2O$, de bromure de carbonyle et d'acide formique.

L'iode réagit à 120-125° sur le trioxyméthylène en donnant un mélange d'oxyde de carbone, d'acide iodhydrique, d'iodure de méthyle et d'acide formique [Tichtchenko, *Journ. Soc. Phys. Chim. russe*, **19**, 479].

*Action de l'eau.* — L'action de l'eau sous pression sur le trioxyméthylène varie suivant la température.

A 100°, il y a simplement dissociation ; à 130-140°, il se forme de l'acide carbonique, et le contenu du tube possède une réaction acide et une odeur éthérée.

Enfin, après 10 heures de chauffe à 200°, le trioxyméthylène est dédoublé en alcool méthylique, acide formique, acide carbonique et oxyde de carbone. On peut représenter cette décomposition par les équations suivantes :

$$2\,CH^2O + H^2O = CH^2O^2 + CH^3OH,$$

$$3\,CH^2O + H^2O = CO^2 + 2\,CH^3OH,$$

$$CH^2O^2 = CO + H^2O$$

[M. Delépine, *C. R.*, **123**, 120].

*Action des acides.* — L'acide sulfurique modérément concentré ne paraît pas réagir sur l'aldéhyde formique. Cependant, lorsqu'on distille une solution d'aldéhyde additionnée d'acide sulfurique, il se forme des traces d'acide formique.

Vis-à-vis des hydracides, la formaldéhyde se comporte comme un glycol ou comme une base faible ; mais jamais on n'obtient de produits de condensation, tels que ceux qui se forment dans le cas des autres aldéhydes.

M. Kopp a obtenu uniquement du trioxyméthylène en abandonnant pendant longtemps à lui-même un mélange d'aldéhyde formique et d'acide chlorhydrique [*Bull. Soc. Chim.*, (2), **31**, 434].

Le trioxyméthylène sec absorbe lentement le gaz chlorhydrique en se transformant en oxyde de méthyle bichloré $(CH^2Cl)^2O$.

En saturant de gaz chlorhydrique une solution aqueuse de formaldéhyde, on obtient un mélange d'alcool méthylique chloré

$$CH^2 <^{OH}_{\ Cl}$$

et de son produit de condensation

$$CH^2Cl - O - CH^2OH,$$

qu'on sépare par distillation fractionnée dans un courant de gaz chlorhydrique. MM. Mercklin et Lösekann ont fait breveter cette réaction et l'utilisent pour préparer un certain nombre de produits (matières colorantes, etc.) [D. R. P., 57621].

En chauffant en vase clos à 100° un mélange d'acide chlorhydrique concentré et de trioxyméthylène, M. Tichtchenko a obtenu du chlorure de méthyle et de l'acide formique :

$$2\,C^3H^6O^3 + 3\,HCl = 3\,CH^3Cl + 3\,CH^2O^2$$

[*Journ. Soc. Phys. Chim. russe*, **15**, 321].

Le gaz bromhydrique sec est absorbé avec énergie par le trioxyméthylène. Celui-ci se transforme en un liquide rougeâtre sur lequel surnage une solution concentrée d'acide bromhydrique, et qui est constitué par de l'oxyde de méthyle dibromé $(CH^2Br)^2O$.

Ce composé se présente sous la forme d'une masse écailleuse, douée d'une odeur piquante, fusible vers 35-40° ; à l'état fondu, il possède une densité égale à 2,2013. Il bout à 154-155° et réagit violemment sur les alcools et les phénols. L'acide sulfurique ne l'attaque pas à la température ordinaire.

En saturant de gaz bromhydrique une solution de formaldéhyde à 40 0/0, on obtient de l'*alcool méthylique bromé* $CH^2.Br.OH$. Ce composé est un liquide incolore, qui jaunit à l'air en perdant de l'acide bromhydrique et en se transformant peu à peu en trioxyméthylène. Sa densité est égale à 1,9214 à 12°,5. Il se solidifie dans un mélange de neige carbonique et d'éther et fond alors à — 72°. La chaleur le décompose en acide bromhydrique et oxybromure de méthylène $(CH^2)^2OBr^2$ ; l'eau le dédouble en acide bromhydrique et acide formique, et les alcools le transforment en un mélange d'eau, de bromure alcoolique et de formal. Cette dernière réaction s'effectue en deux phases :

$$CH^2<^{OH}_{\ Br} + HO.C^2H^5 = CH^2<^{OC^2H^5}_{\ Br} + H^2O,$$

$$CH^2<^{OC^2H^5}_{\ Br} + 2\,HO.C^2H^5$$

$$= H^2O + C^2H^5Br + CH^2(OC^2H^5)^2.$$

Ce procédé permet d'obtenir des formals mixtes du type

$$CH^2<^{OCH^3}_{OC^2H^5}$$

[L. Henry, *Bull. Acad. roy. Belg.* (3), **26**, 615].

L'acide bromhydrique concentré se comporte comme l'acide chlorhydrique ; lorsqu'on le chauffe à 100° en vase clos avec du trioxyméthylène, il dédouble ce dernier en acide formique, alcool méthylique et bromure de méthyle. Il en est de même de l'acide iodhydrique [Tichtchenko, *loc. cit.*].

*Action des métaux.* — Les solutions aqueuses

d'aldéhyde formique attaquent à chaud presque tous les métaux. La coloration bleuâtre du formol commercial est due à une petite quantité de cuivre qui a été enlevée aux appareils à oxydation par la solution bouillante d'aldéhyde.

*Action des alcalis, des terres alcalines et des oxydes métalliques.* — Les alcalis fixes (soude et potasse) agissent à froid, en solution concentrée, sur l'aldéhyde formique en solution comme sur l'aldéhyde benzoïque. Ils la dédoublent en alcool méthylique et acide formique :

$$2\,C\,H^2 O + NaO\,H = C\,H^4 O + H\,C\,O^2 Na.$$

A la température ordinaire, il ne se dégage pas d'hydrogène ; mais, si l'on ajoute une petite quantité d'oxyde cuivreux, on observe un abondant dégagement gazeux, et la liqueur s'échauffe sensiblement. La réaction est alors représentée par l'équation

$$C\,H^2 O + NaO\,H = H\,C\,O^2 Na + H^2.$$

Dans les mêmes conditions, les autres oxydes métalliques sont réduits sans qu'il se produise d'hydrogène.

Le cuivre précipité par le zinc et le noir de platine agissent comme l'oxyde cuivreux, mais beaucoup plus lentement [Löw, *D. chem. G.*, 20, 144].

Un mélange d'eau de chaux et de carbonate de sodium transforme partiellement l'aldéhyde formique en acide formique [Löw, *D. chem. G.*, 22, 470].

A chaud, la potasse et la soude oxydent rapidement et complètement l'aldéhyde formique en donnant le formiate correspondant (voy. *Dosage*).

Les terres alcalines agissent de deux façons très différentes sur la formaldéhyde. Dans certaines conditions, elles se comportent simplement comme les alcalis concentrés ; dans d'autres, elles donnent naissance à des produits de condensation complexes qui se rapprochent des sucres et qui seront décrits à l'article FORMOSE.

Ainsi la chaux, la baryte dans une certaine mesure, et la magnésie lorsqu'elle résulte de la décomposition du sulfate de magnésium par l'oxyde de plomb, transforment l'aldéhyde formique en formose ou en pseudoformose.

Avec la magnésie calcinée, au contraire, on n'observe jamais de condensation.

La chaux et la baryte ne sont pas seules susceptibles de donner de la formose. Les alcalis dilués, les sels alcalins à réaction alcaline (silicates, sulfites et carbonates), les carbonates alcalino-terreux, l'oxyde d'étain, l'oxyde et l'acétate de plomb à la température du bain-marie, et les hydrates des bases quaternaires, ont la même propriété.

Les sels neutres ne la possèdent pas, mais certains d'entre eux (chlorure de sodium) peuvent accélérer la condensation, tandis que d'autres la retardent (acétate de sodium, nitrate de potassium) [Löw, *D. chem. G.*, 21, 270].

Lorsqu'on recouvre d'alcool un mélange de bisulfite de sodium et de trioxyméthylène, on obtient un mélange de deux sels de sodium d'un *acide formolsulfureux*,

$$H\,.\,C \underset{\diagdown\,O\,H}{\overset{\diagup\,O\,S\,O^2 H}{-\,H}}$$

Le premier de ces sels cristallise en tables clinorhombiques ; il répond à la formule

$$C\,H^2 O\,.\,S\,O^3 NaH\,.\,H^2 O\,;$$

le second se présente sous la forme d'aiguilles ; il possède la composition

$$(C\,H^2 O\,.\,S\,O^3 Na\,H)^2\,H^2 O.]$$

Si l'on chauffe ces sels avec de la pipéridine, on les transforme en *méthylène - pipéridine*, $C^{11} H^{22} Az^2$ ; en les traitant par un mélange de nitrile benzoïque et d'acide sulfurique concentré, on obtient de la *méthylène-dibenzamide*, fusible à 221° [Eschweiler et G. Grossmann, *Ann. Chem.*, 258, 95].

IV. DÉRIVÉS DE L'ALDÉHYDE FORMIQUE.

A. DÉRIVÉS AZOTÉS.

HEXAMÉTHYLÈNE – TÉTRAMINE, $C^6 H^{12} Az^4$. — Boutleroff a décrit le premier la combinaison d'aldéhyde formique et d'ammoniaque qu'on obtient en chauffant une solution aqueuse de ces deux substances, ou en faisant passer un courant de gaz ammoniac sur du trioxyméthylène en poudre [*Dict.*, 2, 420].

L'hexaméthylène–tétramine s'obtient aussi en faisant passer dans un tube chauffé au rouge un courant d'hydrogène chargé de vapeurs de triméthylamine ; dans cette réaction, il se forme en même temps un mélange d'ammoniaque, d'acide cyanhydrique et de carbures appartenant à la série du méthane [J. Romeny, *D. chem. G.*, 11, 836].

M. Tollens prépare l'hexaméthylène-tétramine en faisant réagir l'ammoniaque sur une solution de formol brut, à 30-40° ou à 100° en vase clos. Il emploie 11 parties de formol à 30 0/0 pour 2 parties d'ammoniaque (densité 0,96) [*D. chem. G.*, 17, 653].

M. Legler a obtenu de l'hexaméthylène-tétramine en soumettant le peroxyde d'hexaoxyméthylène à l'action des vapeurs ammoniacales [*D. chem. G.*, 18, 3343].

M. Wohl prépare ce même composé en faisant arriver des vapeurs d'aldéhyde formique dans de l'ammoniaque concentrée ; ces vapeurs aldéhydiques sont entraînées par un courant de vapeur ; elles proviennent de la décomposition du diméthylformal par l'acide sulfurique à 50 0/0.

La solution d'hexaméthylène-tétramine est d'abord distillée jusqu'à 100°, afin d'enlever l'aldéhyde non décomposée ; on l'évapore ensuite en ajoutant de temps en temps de l'ammoniaque et on reprend le résidu par l'alcool. On obtient par ce procédé 15 grammes de produit en partant de 175 grammes d'aldéhyde, dont 47 grammes sont récupérés [Wohl, *D. chem. G.*, 19, 1840].

L'hexaméthylène-tétramine s'obtient encore en faisant réagir le chlorobromure de méthylène (1 molécule) sur une solution d'ammoniaque (2 molécules) dans l'alcool méthylique. La réaction s'effectue très lentement à froid ; elle est terminée au bout de 2 heures à 100° ; on peut la représenter par l'équation

$$6\,C\,H^2 Cl\,Br + 15\,Az\,H^3$$
$$= C^6 H^{12} Az^4\,.\,H\,Br + 6\,Az\,H^4 Cl + 5\,Az\,H^4 Br$$

[Delépine, *Bull. Soc. Chim.*, (3), 11, 549].

On peut remplacer le chlorobromure de méthylène par le chlorure, mais il faut alors maintenir la température à 125° pendant 24 heures [Höland, *Ann. Chem.*, 240, 225], ou à 100° pendant 8 heures [Delépine, *Bull. Soc. Chim.*, (3), 11, 556].

Enfin, l'hexaméthylène–tétramine prend naissance toutes les fois qu'on fait agir l'aldéhyde formique sur un sel ammoniacal en solution neutre ou alcaline.

*Propriétés physiques de l'hexaméthylène-tétramine.* — L'hexaméthylène-tétramine cristallise dans l'alcool en pseudo-dodécaèdres rhomboïdaux, appartenant en réalité au système hexagonal [Delépine, *Bull. Soc. Chim.*, (3), 13, 352]. Elle se décompose lorsqu'on la chauffe. On peut toutefois la sublimer par petites portions dans le vide, en la maintenant vers 230-270°.

L'hexaméthylène-tétramine est assez soluble dans l'eau, le chloroforme, le sulfure de carbone et l'alcool ; elle est presque insoluble dans l'éther. Une partie d'hexaméthylène-tétramine se dissout dans 7 parties d'alcool froid et dans 14 parties d'alcool bouillant [Tollens, *D. chem. G.*, **17**, 653]. D'après M. Delépine, l'eau à 12° en dissout 81,3 0/0, l'alcool absolu 3,22 0/0 et le chloroforme 8,09 0/0 [*Bull. Soc. Chim.*, (3), **13**, 352].

Le poids moléculaire de l'hexaméthylène-tétramine a été déterminé par MM. B. Tollens et F. Mayer, en solution aqueuse à 6-8 0/0 [*D. chem. G.*, **24**, 1566], puis par M. Delépine en solution acétique [*Bull. Soc. Chim.*, (3), **13**, 128]. Les résultats ont été les mêmes dans les deux cas : le poids moléculaire obtenu est intermédiaire entre ceux qui correspondent aux formules $C^6 H^{12} Az^4$ et $C^3 H^6 Az^2$. Il faut toutefois tenir compte de la décomposition que subit l'hexaméthylène-tétramine sous l'influence de l'eau et des acides : la première formule paraît alors la plus probable.

La chaleur de combustion moléculaire de l'hexaméthylène-tétramine est de $1005^{cal},85$ (à volume constant) ; sa chaleur de formation de $—26^{cal},73$, et sa chaleur de dissolution dans l'eau à 15°, de $5^{cal},8$ [M. Delépine, *Bull. Soc. Chim.*, (3), **15**, 1199].

M. Delépine a déterminé également les chaleurs de saturation de l'hexaméthylène-tétramine par les acides chlorhydrique, sulfurique, etc. (voyez *Sels*).

*Propriétés chimiques.* — L'hexaméthylène-tétramine n'est stable en solution qu'en présence des alcalis. L'ébullition avec une solution moyennement concentrée de potasse ne l'altère pas. Elle est décomposée par contre avec la plus grande facilité par les acides, et elle se dissocie déjà partiellement lorsqu'on distille sa solution aqueuse sous pression réduite, en régénérant de l'ammoniaque et de l'aldéhyde formique :

$$C^6 H^{12} Az^4 + 6 H^2 O = 6 C H^2 O + 4 Az H^3$$

[Wohl, *D. chem. G.*, **19**, 1840].

Les acides dilués (acides sulfurique, chlorhydrique, azotique, azoteux et acétique) dédoublent l'hexaméthylène-tétramine en donnant de l'ammoniaque, de l'aldéhyde formique et de petites quantités de méthylamine [L. Hartung, *J. prakt. Chem.*, (2), **43**, 597]. Il en résulte que les solutions d'hexaméthylène-tétramine ne réduisent l'azotate d'argent ammoniacal qu'après avoir été chauffées avec un acide [Tollens, *D. chem. G.*, **19**, 553].

Le permanganate de potassium oxyde l'hexaméthylène-tétramine en donnant de l'acide formique et de l'ammoniaque (Moschatos et Tollens).

D'après M. Hartung, l'acide azotique concentré oxyde complètement l'hexaméthylène-amine en donnant de l'acide carbonique, de l'eau, de l'oxygène et du bioxyde d'azote [*J. prakt. Chem.*, (2), **46**, 1].

En chauffant à 100-120° en vase clos l'hexaméthylène-tétramine avec un acide, MM. R. Cambier et A. Brochet ont obtenu de la méthylamine, de l'acide carbonique et des traces seulement de chlorhydrate d'ammoniaque. La réaction serait représentée par l'équation

$$C^6 H^{12} Az^4 + 4 H Cl + 4 H^2 O$$
$$= 4 (C H^3 . Az H^2 . H Cl) + 2 C O^2$$

[*Bull. Soc. Chim.*, (3), **13**, 392].

D'après M. Trillat, au contraire, il ne se forme de la méthylamine qu'en présence d'agents réducteurs.

L'aldéhyde formique en excès réagit à chaud comme l'acide chlorhydrique, en donnant de la méthylamine et de l'acide carbonique.

L'action des agents de réduction sur l'hexaméthylène-tétramine a été étudiée par MM. Delépine, Trillat, Cambier et Brochet. Il paraît résulter des discussions de ces chimistes que la nature des produits de la réaction dépend essentiellement du milieu dans lequel celle-ci s'opère.

Ainsi, MM. Trillat et Fayollat ont obtenu uniquement de l'ammoniaque et de la monométhylamine en opérant de la façon suivante : 100 grammes de formaldéhyde à 33 0/0 et 125 grammes d'ammoniaque ordinaire sont mélangés et dilués de façon à obtenir 2 litres de liquide. On ajoute 200 grammes de limaille de zinc et la quantité d'acide chlorhydrique exactement nécessaire pour dissoudre le métal (750 gr.). La réaction s'effectue lentement à froid ; on l'achève en chauffant pendant quelque temps au bain-marie, puis on sursature par la soude ou par la potasse et l'on entraîne les bases par un violent courant de vapeur. L'ammoniaque passe d'abord, suivie de la méthylamine qu'il est difficile d'isoler complètement. On reçoit le produit de l'entraînement dans de l'eau acidulée, on évapore la solution, et on sépare les chlorhydrates des deux bases au moyen de l'alcool absolu.

La réaction s'effectue d'après les auteurs en deux phases distinctes : dans la première, l'hexaméthylène-tétramine fixe de l'hydrogène en se transformant en méthylène-diamino-méthane ; dans la deuxième phase, le méthylène-diamino-diméthane se dédouble en aldéhyde formique et méthylamine :

$$C^6 H^{12} Az^4 + 8 H = 2 C H^2 {\textstyle <} {Az H . C H^3 \atop Az H . C H^3}$$

$$C H^2 {\textstyle <} {Az H . C H^3 \atop Az H . C H^3} + H^2 O = C H^2 O + 2 Az H^2 . C H^3$$

[*Bull. Soc. Chim.*, (3), **11**, 22].

M. Delépine a hydrogéné l'hexaméthylène-tétramine à froid par le zinc et l'acide chlorhydrique ou l'acide acétique, et il a obtenu de l'ammoniaque et de la triméthylamine. Ces deux bases résulteraient également de la décomposition de l'hexaméthylène-tétramine par la chaleur [*Bull. Soc. Chim.*, (3), **13**, 135, 163].

Cette divergence de résultats paraît assez singulière. D'après MM. R. Cambier et A. Brochet, on obtient bien de la méthylamine lorsqu'on opère dans les conditions indiquées par M. Trillat ; la triméthylamine ne se formerait qu'avec des réducteurs alcalins (amalgame de sodium ou sodium et alcool, poudre de zinc ou d'aluminium et potasse) ; dans ce cas, on n'obtient en effet pas la moindre trace de méthylamine.

On ne pourrait expliquer les résultats obtenus par M. Delépine qu'en admettant que ce chimiste a employé une quantité d'acide insuffisante pour neutraliser l'ammoniaque formée ; la triméthylamine résulterait alors de l'action de l'aldéhyde formique sur le chlorhydrate d'ammoniaque.

MM. Cambier et Brochet ont constaté que la présence d'un agent réducteur n'est pas nécessaire pour l'obtention des méthylamines. Celles-ci résultent d'un *dédoublement* et non pas d'une *réduction* de l'hexaméthylène-tétramine ; en effet, ils ont obtenu de la méthylamine en substituant à l'acide chlorhydrique l'acide chromique ou l'acide azotique. L'hydrogène naissant favorise donc tout au plus la réaction [*Bull. Soc. Chim.*, (3), **13**, 209].

*Dérivés de l'hexaméthylène-tétramine.* — L'hexaméthylène-tétramine se comporte vis-à-vis des acides comme une base monacide faible ; elle neutralise une molécule d'alcali au méthylorange, mais pas à la phtaléine, au tournesol et au bleu Poirrier [W. Eschweiler, *D. chem. G*, 22, 1929].

En abandonnant à 0° une dissolution aqueuse d'hexaméthylène-tétramine, on obtient un *hydrate* répondant à la formule $C^6 H^{12} Az^4$, $6 H^2 O$, qui cristallise en prismes clinorhombiques très allongés et striés dans le sens de la longueur. Ces cristaux s'effleurissent à l'air et fondent à 15° en se dissociant. L'existence de cet hydrate est confirmée par plusieurs faits : l'hexaméthylène-tétramine se dissout dans l'eau en produisant une élévation de température; sa solubilité est plus faible à chaud qu'à froid.

La chaleur de dissolution de cet hydrate est de $- 5^{cal},1$ (à $+ 5°$), et sa chaleur de formation de $+ 9^{cal},9$.

Lorsqu'on refroidit vers 0° une solution sursaturée d'hexaméthylène-tétramine, la solidification se produit brusquement, tandis que la température remonte vers 13° [R. Cambier et A. Brochet, *Bull. Soc. Chim.*, (3), 13, 392. — Delépine, *ibid.*, (3), 13, 352].

L'hexaméthylène-tétramine forme en général des sels neutres, ayant pour formule générale $C^6 H^{12} Az^4$ . R H. Il existe toutefois un certain nombre de sels acides.

M. Delépine a déterminé d'une façon minutieuse l'intensité des formations basiques de l'hexaméthylène-tétramine, en étudiant la chaleur de saturation de cette base par les *acides chlorhydrique, sulfurique, azotique* et *acétique*. Les résultats obtenus par ce chimiste sont consignés dans le tableau suivant :

| 1 molécule de base | HCl | $AzO^3H$ | $0,5 SO^4H^2$ | $C^2H^4O^2$ |
|---|---|---|---|---|
| pour $0^{mol},5$ | $1^{cal},13$ | $1^{cal},15$ | $2^{cal},11$ | $0^{cal},53$ |
| — 1 mol. | $2^{cal},13$ | $2^{cal},19$ | $4^{cal},40$ | $0^{cal},81$ |
| — 2 — | $2^{cal},32$ | $2^{cal},37$ | $3^{cal},51$ | $1^{cal},06$ |

On voit que l'addition d'une deuxième molécule d'acide au sel neutre ne produit presque pas de dégagement de chaleur; l'hexaméthylène-tétramine peut donc être considérée comme une base monacide assez forte, et possédant une deuxième basicité beaucoup plus faible.

Le *chlorhydrate*, $C^6 H^{12} Az^4$ . H Cl, a été décrit par Boutleroff; il est acide au tournesol. Sa chaleur de dissolution est égale à $- 3^{cal},94$, et sa chaleur de formation à l'état solide à $+ 28^{cal},17$.

Le *chloroplatinate* correspondant a pour formule $(C^6 H^{12} Az^4, H Cl)^2 Pt Cl^4, 4 H^2 O$ : il se présente sous la forme d'octaèdres jaunes, insolubles dans l'alcool et dans l'éther, qui deviennent anhydres vers 85° et se décomposent à 100° (Tollens).

MM. Cambier et Brochet ont préparé un *chlorhydrate acide*, $C^6 H^{12} Az^4, 2 H Cl$, en mélangeant des solutions d'hexaméthylène-tétramine et d'acide chlorhydrique (2 molécules) dans l'alcool à 96 0/0. Ce sel paraît toutefois être une simple combinaison moléculaire, car on n'a pas pu préparer le chloroplatinate correspondant.

Le *bromhydrate neutre*, $C^6 H^{12} Az^4$, H Br, cristallise en prismes brillants, constitués par des rhomboèdres modifiés par des facettes scalénoédriques (Delépine).

Le *sulfate anhydre*, $S O^4 H^2 (C^6 H^{12} Az^4)^2$, se précipite sous la forme d'une poudre cristalline, lorsqu'on mélange des dissolutions alcooliques froides d'hexaméthylène-tétramine et d'acide sulfurique. Ce sel est acide à la phtaléine et neutre au méthylorange.

Sa chaleur de dissolution est de $+ 0^{cal},91$ et sa chaleur de formation à l'état solide de $+ 16^{cal},08$.

Si l'on ajoute un excès d'acide, on obtient le *sel acide* $(C^6 H^{12} Az^4) S O^4 H^2$; ce sel est décomposé déjà à froid par l'eau et par l'alcool avec production d'aldéhyde formique, de diéthylformal et

d'ammoniaque (Cambier et Brochet). Il ne fond pas à 135°.

D'après M. Delépine, le *sulfate acide hydraté*, $C^6 H^{12} Az^4$, $S O^4 H^2$, $H^2 O$, s'obtiendrait en ajoutant goutte à goutte de l'acide sulfurique à une solution d'hexaméthylène-tétramine dans l'alcool à 98 0/0. C'est une poudre blanche, cristalline, insoluble dans l'alcool et dans l'éther, qui fond vers 108° et perd son eau de cristallisation vers 130-140° pour fondre de nouveau à 188°.

Sa chaleur de formation à l'état solide est égale à $3^{cal},11$ et sa chaleur de dissolution à $4^{cal},71$. Celles du sulfate anhydre sont respectivement de $+ 26^{cal},11$ et $- 1^{cal},60$.

L'acide azotique s'unit à l'hexaméthylène-tétramine pour donner un *azotate acide*,

$$C^6 H^{12} Az^4, 2 Az O^3 H.$$

Ce sel se forme à froid lorsqu'on emploie de l'acide concentré. Il cristallise en prismes blancs

Sa chaleur moléculaire de combustion est égale à $957^{cal},8$, sa chaleur de formation à $34^{cal},63$ et sa chaleur de dissolution à $- 14^{cal},26$.

Le *sel neutre*, $C^6 H^{12} Az^4$ . $Az O^3 H$, a été obtenu par MM. Cambier et Brochet en ajoutant peu à peu de l'acide azotique à une solution alcoolique de la base. Il est peu stable.

Les chaleurs de formation de ce sel à l'état solide et à l'état dissous sont respectivement de $+ 19^{cal},09$ et $- 5^{cal},50$ [M. Delépine, *Bull. Soc. chim.*, (3), 17, 110].

L'acide phosphorique se combine avec l'hexaméthylène-tétramine en formant un *phosphate* complexe qui répond à la formule

$$5 C^6 H^{12} Az^4 . 6 P O^4 H^3, 10 H^2 O.$$

Ce sel se présente sous la forme d'aiguilles nacrées qui sont douées d'une saveur très acide et qui fondent vers 188° en se décomposant (Delépine; Moschatos et Tollens).

L'acide chromique précipite l'hexaméthylène-tétramine de sa solution aqueuse à l'état de *dichromate* $Cr^2 O^7 H^2 (C^6 H^{12} Az^4)^2$ ; ce sel constitue une poudre jaune clair qui brunit peu à peu, et qui est décomposée par les acides. Il est explosif.

En ajoutant un excès d'acide chromique, ou en introduisant l'hexaméthylène-tétramine dans une solution concentrée de l'acide, on obtient un précipité cristallin de *tétrachromate*,

$$Cr^4 O^{13} H^2 (C^6 H^{12} Az^4)^2.$$

Ce sel brunit vers 40-50° et détone par le choc ou lorsqu'on le chauffe à 125-130°; parmi les produits de la décomposition on trouve de l'oxyde de chrome, de l'eau et des traces de carbylamine (Cambier et Brochet).

Le *tartrate* d'hexaméthylène-tétramine est un précipité cristallin soluble dans l'eau, qu'on prépare en mélangeant des solutions alcooliques de l'acide et de la base. Il est décomposé par l'eau bouillante. Le *citrate* et l'*oxalate* correspondants n'ont pas été obtenus à l'état cristallisé (Moschatos et Tollens).

Le *picrate* d'hexaméthylène-tétramine,

$$C^6 H^{12} Az^4 . C^6 H^2 (O H) (Az O^2)^3,$$

cristallise en aiguilles jaunes, solubles dans l'eau, peu solubles dans l'alcool et insolubles dans l'éther (Wohl).

*Sels doubles.* — L'hexaméthylène-tétramine se combine avec un grand nombre de sels métalliques, pour former des sels doubles.

Une solution aqueuse d'azotate d'argent additionnée d'hexaméthylène-tétramine donne immédiatement un précipité du composé

$$C^6 H^{12} Az^4 . Az O^3 Ag.$$

Ce sel cristallise en tables rectangulaires, solubles dans l'acide azotique et dans l'ammoniaque. Il est décomposé par la potasse en hexaméthylène-tétramine et oxyde d'argent. Sa dissolution ammoniacale se réduit rapidement lorsqu'on la porte à l'ébullition.

Si l'on sursature cette solution ammoniacale par l'acide chlorhydrique, on obtient un précipité d'un blanc grisâtre qui cristallise dans l'ammoniaque en prismes durs, répondant à la formule $C^6H^{12}Az^4 . 4AgCl$. Ce dernier sel se prépare aussi en ajoutant de l'azotate d'argent à une solution fraîche de chlorhydrate d'hexaméthylène-tétramine, et en faisant cristalliser le précipité dans l'ammoniaque.

En évaporant une dissolution ammoniacale d'oxyde d'argent et d'hexaméthylène-tétramine, on n'obtient que des produits mal définis. Mais si l'on sature préalablement la liqueur par un courant d'acide carbonique, il se dépose des prismes brillants dont la composition est exprimée par la formule $3CO^3Ag^2 . 5C^6H^{12}Az^4, 15H^2O$. Ce sel est décomposé par l'acide azotique à chaud, avec production d'aldéhyde formique. Il est insoluble dans l'eau, mais il se dissout dans l'ammoniaque et dans le carbonate d'ammonium. Il devient anhydre à 100°. L'eau bouillante le décompose en le réduisant [M. Delépine, *Bull. Soc. Chim.*, (3), **13**, 73].

M. Pratesi aurait préparé un *sel double* répondant à la formule $2C^6H^{12}Az^4, 3AgAzO^3$, en ajoutant de l'azotate d'argent à une solution aqueuse d'hexaméthylène-tétramine [*Gazz. chim. ital.*, **13**, 437].

En mélangeant des solutions aqueuses d'azotate mercureux et d'hexaméthylène-tétramine, on obtient un précipité blanc peu soluble dans l'eau qui répond à la formule

$$(C^6H^{12}Az^4)^4 . (HgAzO^3 . OH)^3, 10H^2O$$

(Moschatos et Tollens).

Le *chloromercurate*, $C^6H^{12}Az^4 . 2HgCl^2, H^2O$, se précipite sous la forme d'aiguilles soyeuses lorsqu'on traite une dissolution aqueuse froide d'hexaméthylène-tétramine par le chlorure mercurique. Il fond vers 208° en brunissant et fixe le brome à la température ordinaire en se transformant en une poudre jaunâtre dont la composition est exprimée par la formule

$$C^6H^{12}Az^4 \ Br^2 . 2HgCl^2 . H^2O.$$

Il existe un second *chloromercurate*,

$$C^6H^{12}Az^4 . HCl . 2HgCl^2 . H^2O,$$

qu'on prépare comme le précédent, mais en solution chlorhydrique. Il cristallise en aiguilles blanches soyeuses qui fondent à 165°, en perdant leur eau de cristallisation, et qui fondent de nouveau à 210°. Ce sel fixe également le brome.

M. Delépine a obtenu un *chloromercurate double d'hexaméthylène-tétramine et d'ammonium*,

$$(C^6H^{12}Az^4 . 2HgCl^2, H^2O)^2, (AzH^4Cl . HgCl^2, H^2O),$$

en ajoutant une solution concentrée de chlorure mercurique renfermant du chlorure d'ammonium à une solution bouillante d'hexaméthylène-tétramine et de chlorure d'ammonium. Ce sel cristallise par refroidissement sous la forme de prismes durs qui brunissent sans fondre vers 200° et qui fixent le brome à froid pour donner le composé

$$(C^6H^{12}Az^4, Br^2 . 2HgCl^2, H^2O)^2, (AzH^4Cl . HgCl^2, H^2O).$$

Lorsqu'on chauffe le même chloromercurate à 100° avec de l'eau, il se décompose, en donnant de l'aldéhyde formique, de l'oxyde mercurique et du chlorure d'ammonium. Cette décomposition peut être représentée par l'équation

$$C^6H^{12}Az^4, 2HgCl^2 + 8H^2O$$
$$= 6CH^2O + 2HgO + 4AzH^4Cl.$$

L'*iodomercurate d'hexaméthylène-tétramine*, $C^6H^{12}Az^4 . 2HgI^2, H^2O$, s'obtient en précipitant à chaud une solution aqueuse de la base par de l'iodomercurate de potassium additionné d'acide acétique. Il se présente sous la forme de paillettes d'un jaune d'or, qui fondent vers 165° en un liquide rougeâtre [Delépine, *Bull. Soc. Chim.*, (3), **13**, 494].

MM. Moschatos et Tollens ont préparé un *chloraurate* $C^6H^{12}Az^4, AuCl^3$ en précipitant une solution aqueuse d'hexaméthylène-tétramine par le chlorure d'or. Ce sel cristallise en paillettes orangées, insolubles dans l'eau, solubles dans l'acide chlorhydrique dilué ; il se décompose facilement en perdant de l'aldéhyde formique.

L'hexaméthylène-tétramine forme quatre combinaisons bien définies avec l'iodure de bismuth.

Lorsqu'on ajoute une solution froide d'iodobismuthate de potassium à 5 0/0 à une solution d'hexaméthylène-tétramine à 20 0/0, on obtient un précipité orangé, insoluble dans l'alcool, qui répond à la formule $3(C^6H^{12}Az^4, HI), BiI^3$. Ce sel se forme aussi lorsqu'on ajoute une quantité insuffisante d'iodobismuthate à une solution alcoolique d'iodhydrate d'hexaméthylène-tétramine. On peut le faire cristalliser en le chauffant avec de l'alcool et de l'acide chlorhydrique. Il se présente alors sous la forme de paillettes hexagonales d'un rouge cinabre, qui fondent vers 189-190° en se décomposant.

Dans cette réaction, une partie du sel se transforme en un nouveau composé qui cristallise en prismes orangés, et dont la composition est exprimée par la formule $2(C^6H^{12}Az^4, HI)BiI^3$. Ce dernier sel se forme aussi lorsqu'on laisse l'iodobismuthate précédent en contact avec les eaux mères de sa préparation. Le précipité devient d'abord vert-olive ; on le purifie en le lavant avec de l'alcool.

Le troisième iodobismuthate,

$$C^6H^{12}Az^4 . HI . BiI^3,$$

prend naissance lorsqu'on chauffe le premier avec un excès d'iodobismuthate de potassium. Il cristallise en paillettes pourpres appartenant au système hexagonal [H. Ley, *Ann. Chem.*, **278**, 58].

M. Delépine a obtenu un *iodobismuthate* différent des précédents, en versant une solution aqueuse d'hexaméthylène-tétramine dans la liqueur obtenue par double décomposition du sulfate acide de bismuth et de l'iodure de potassium. On chauffe ensuite à 50-60°, et l'on abandonne le tout en flacon bouché pendant plusieurs mois. Il se dépose peu à peu de petits cubes orangés qui répondent à la formule

$$5(C^6H^{12}Az^4 . HI) 3(BiI^3 . HI), 12H^2O.$$

Si l'on chauffe doucement ce composé, il devient de plus en plus rouge en perdant de l'eau. Le sel déshydraté reprend peu à peu son eau de cristallisation à l'air humide [Delépine, *Bull. Soc. Chim.*, (3), **13**, 351].

Les solutions concentrées d'hexaméthylène-tétramine précipitent les sels *de cuivre, de plomb* et *de zinc* à l'état de sels basiques. Ainsi, avec le sulfate de cuivre, on obtient un précipité verdâtre, soluble dans l'eau, qui a pour formule

$$8CuO, 2SO^3, 7H^2O,$$

et avec l'azotate de plomb l'*azotate basique*

Pb Az O$^3$ . O H, sous la forme d'une poudre blanche. Les sels de magnésium et de cadmium ne sont pas précipités par l'hexaméthylène-tétramine [Moschatos et Tollens].

*Bromures et iodures d'hexaméthylène-tétramine.* — L'hexaméthylène-tétramine est susceptible de fixer 2 ou 4 atomes de brome ou d'iode ; mais les produits d'addition ainsi obtenus sont peu stables, ce qui tendrait à prouver que la fixation se fait, au moins partiellement, sur les atomes d'azote.

Le *tétrabromure*, $C^6H^{12}Az^4Br^4$, s'obtient en traitant une solution aqueuse de la base par le brome ou par l'eau bromée, ou encore en faisant agir les vapeurs de brome sur l'hexaméthylène-tétramine sèche. Le meilleur procédé consiste à placer les deux substances dans des capsules de porcelaine recouvertes d'une même cloche. La base rougit peu à peu, se liquéfie, et finit par se prendre en une masse cristalline qu'on lave à l'éther. Ce tétrabromure se présente sous la forme d'une poudre rouge-brique, qui se décompose lorsqu'on la traite par l'acétone ou par l'eau bouillante. Il se dissocie d'ailleurs à l'air humide ou en présence de potasse caustique, en perdant 2 atomes de brome et en se transformant en un *dibromure* $C^6H^{12}Az^4 . Br^2$. Ce dernier cristallise en prismes très durs, insolubles dans la plupart des dissolvants usuels ; il fond en se décomposant vers 196-200° (Horton). Il aurait été obtenu aussi par l'action directe de l'eau de brome sur l'hexaméthylène-tétramine. Les alcalis le décomposent avec formation de méthylamine [L. Hartung, *J. prakt. Chem.*, (2), **46**, 1].

M. Delépine a préparé le même dibromure en traitant par le brome le produit de l'action du chlorobromure de méthylène sur l'ammoniaque.

Le brome peut être employé comme réactif de l'hexaméthylène-tétramine, concurremment avec l'iodobismuthate de potassium. Le précipité orangé qui se forme dans ces conditions est déjà perceptible au 1/5000 (Delépine).

Les *iodures* d'hexaméthylène-tétramine s'obtiennent en traitant une solution aqueuse de la base par une dissolution d'iode dans l'alcool ou dans l'iodure de potassium. Suivant les proportions employées, on a le diiodure ou le tétraiodure.

Le *diiodure*, $C^6H^{12}Az^4 . I^2$, est un précipité cristallin, verdâtre, très peu soluble dans l'alcool, insoluble dans l'éther.

Le *tétraiodure*, $C^6H^{12}Az^4 . I^4$, se présente sous la forme de lamelles rhombiques d'un jaune rougeâtre, solubles dans l'acétone, le chloroforme et le sulfure de carbone. Il est décomposé par l'eau bouillante.

Le chlore semble se fixer aussi sur l'hexaméthylène-amine en solution aqueuse, mais les produits de la réaction n'ont pu être étudiés, à cause de leur instabilité [H.-E.-L. Horton, *D. chem. G.*, **21**, 1999].

*Action de l'anhydride sulfureux sur l'hexaméthylène-tétramine.* — Lorsqu'on sature d'anhydride sulfureux une solution alcoolique chaude d'hexaméthylène-tétramine, on obtient un précipité blanc qui répond à la formule $C^5H^{11}Az^3SO^3$. Cette substance se dissout difficilement dans l'eau, et sa dissolution possède une réaction acide. Elle est décomposée par la chaleur et par l'acide sulfurique avec dégagement d'anhydride sulfureux, et par la potasse avec dégagement d'ammoniaque.

La réaction précédente s'effectue aussi bien en solution dans l'alcool isopropylique ou isobutylique que dans l'alcool éthylique ; mais si l'on emploie l'alcool méthylique, on obtient un composé amorphe, rougeâtre, très instable, dont la composition est sensiblement exprimée par la formule $C^6H^{22}Az^4S^2O^{10}$.

En faisant agir l'anhydride sulfureux sur une solution benzénique bouillante d'hexaméthylène-tétramine, on obtient un dépôt blanc, cristallin, soluble dans le benzène chaud, dans l'eau et dans l'alcool, qui se décompose vers 60° et possède la formule $C^6H^{12}Az^4SO^2$ [Hartung, *loc. cit.*].

*Dérivés nitrosés.* — Les vapeurs nitreuses décomposent complètement l'hexaméthylène-tétramine en solution dans l'acide acétique. Il se forme un précipité amorphe, que la potasse détruit en donnant de la méthylamine, et d'où l'acide sulfurique déplace une certaine quantité d'acide azotique. On observe en outre un dégagement d'azote, de bioxyde d'azote et d'anhydride carbonique [L. Hartung, *J. prakt. Chem.*, (2), **46**, 1].

Il n'existe, à proprement parler, pas de dérivés nitrosés de l'hexaméthylène-tétramine. Cependant on connaît deux composés de cette classe, qui se rattachent de très près à la base en question.

Le premier a été préparé par MM. P. Griess et G. Harrow, en mélangeant des solutions aqueuses d'azotite de sodium et d'azotate d'hexaméthylène-tétramine renfermant une petite quantité d'acide azotique libre. On peut aussi ajouter la base au nitrite, et verser ensuite l'acide azotique jusqu'à ce qu'il se dégage des vapeurs nitreuses. On obtient ainsi un précipité cristallin, qu'on lave à l'eau froide et qu'on fait cristalliser dans de l'alcool bouillant. Ce dérivé nitrosé se présente sous la forme de prismes aciculaires solubles dans le chloroforme, dans l'alcool bouillant et dans l'eau chaude qui le décompose partiellement. Il répond à la formule $C^5H^{10}(AzO)^2Az^4$, d'où son nom de *dinitrosopentaméthylène-tétramine*. Son mode de formation peut être représenté par l'équation

$$C^6H^{12}Az^4 + 2 Az^2O^3$$
$$C^5H^{10}(AzO)^2Az^4 + CO^2 + Az^2O + H^2O.$$

La dinitrosopentaméthylène-tétramine fond à 207° en se décomposant en méthylamine et aldéhyde formique. Elle possède une réaction neutre et une saveur amère ; les acides minéraux bouillants la dédoublent en aldéhyde formique, azote et ammoniaque :

$$C^5H^{10}Az^6O^2 + 3 H^2O = 5 CH^2O + 4 Az + 2 AzH^3$$

[Griess et Harrow, *D. chem. G.*, **21**, 2737].

Lorsqu'on fait agir un excès de nitrite de sodium sur l'hexaméthylène-tétramine, on obtient un composé tout différent, la *triméthylène-trinitrosamine* $C^3H^6Az^6O^3$.

Pour préparer ce composé, M. Friedrich Mayer procède de la façon suivante : On dissout 1 partie d'hexaméthylène-tétramine dans 40 parties d'eau renfermant 1$^p$,5 de gaz chlorhydrique ; on refroidit à 0° et on ajoute en une fois 2$^p$,5 de nitrite dissous dans très peu d'eau. Il se forme tout de suite un précipité cristallin, qu'on lave à l'eau et qu'on fait cristalliser dans l'alcool absolu.

Cette triméthylène-trinitrosamine se présente sous la forme de prismes jaunes ou d'aiguilles soyeuses, fusibles à 105-106°, solubles dans l'acétone, l'alcool et l'acide acétique, peu solubles dans le benzène bouillant, le chloroforme et l'éther, insolubles dans la ligroïne.

Elle se décompose à l'air humide ou au contact de l'eau froide en dégageant de l'azote ; elle fond sous l'eau bouillante en se transformant en une huile jaune qui se dédouble en aldéhyde formique et azote :

$$2 C^3H^6Az^6O^3 = 6 CH^2O + 6 Az^2.$$

Les acides dilués chauds ont la même action.

Lorsqu'on chauffe la triméthylène-nitrosamine ou qu'on la traite par un acide concentré, on observe un dégagement de vapeurs nitreuses. On peut même la faire détoner sur une lame de platine rougie.

La formation de la triméthylène-trinitrosamine (qui n'a lieu qu'en solution diluée et en présence d'un excès de nitrite) peut être représentée par l'équation suivante :

$$3\,C^6H^{12}Az^4 + 6\,Az^2O^3 = 4\,C^3H^6Az^6O^3 + 6\,CH^2O.$$

En réalité la réaction est plus complexe, car il se forme du chlorhydrate d'ammoniaque [Friedrich Mayer, *D. chem. G.*, **21**, 2883].

La dinitrosopentaméthylène-tétramine est susceptible de fixer 1 atome d'iode; lorsqu'on la broie avec une solution concentrée d'iode dans l'iodure de potassium, on obtient des cristaux rougebrique insolubles dans l'eau et qui répondent sensiblement à la formule $C^5H^{10}(AzO)^2Az^4 . I$. Ce composé s'altère à la longue en perdant de l'aldéhyde formique; il détone par le choc ou lorsqu'on le chauffe à 66°, ou qu'on le traite par un acide concentré. Dans ce dernier cas, il se dégage de l'azote et l'iode est mis en liberté :

$$C^5H^{10}(AzO)^2Az^4 . I + 3\,H^2O$$
$$= 5\,CH^2O + 2\,AzH^3 + 2\,Az^2 + I.$$

On a obtenu également un *diiodure*

$$C^5H^{10}Az^6O^2 . I^2,$$

ainsi qu'un *bromure* jaune; tous deux sont extrêmement explosifs.

L'acide chlorhydrique (ou mieux l'acide acétique) dilué, froid, dédouble la dinitrosopentaméthylène-tétramine en azote, hexaméthylène-tétramine et aldéhyde formique :

$$2\,C^5H^{10}(AzO)^2Az^4 = C^6H^{12}Az^4 + 4\,CH^2O + 4\,Az^2$$

[Delépine, *Bull. Soc. Chim*, (3), **13**, 128].

Ces deux dérivés nitrosés sont susceptibles d'hydrogénation, et se dédoublent alors en *bases hydraziniques*, puis en hydrazine et aldéhyde formique.

Lorsqu'on broie de la dinitrosopentaméthylène-tétramine (1 partie) avec un excès d'eau (20 parties), et qu'on ajoute peu à peu de l'amalgame de sodium à 4 0/0 (20 parties), le dérivé nitrosé se dissout, et la liqueur acquiert la propriété de réduire la liqueur de Fehling; elle renferme en effet une base diaminée qui n'a pas pu être isolée, mais qui se combine facilement à l'aldéhyde benzylique, à la température du bain-marie, pour donner la *dibenzylidène-diaminopentaméthylène-tétramine*,

$$C^5H^{10} . Az^2 \lessgtr \begin{matrix} Az-Az=CH . C^6H^5 \\ Az-Az=CH . C^6H^5 \end{matrix}$$

Ce composé cristallise dans l'alcool en longues aiguilles soyeuses, insolubles dans l'eau, qui fondent à 226-227°, et qui se dissolvent facilement dans l'éther, le chloroforme et le benzène. Il résiste bien à l'action des alcalis, mais les acides dilués le dédoublent suivant l'équation :

$$C^5H^{10} . Az^2 \lessgtr \begin{matrix} Az-Az=CH . C^6H^5 \\ Az-Az=CH . C^6H^5 \end{matrix} + 7\,H^2O$$
$$= 5\,CH^2O + 2\,C^6H^5 . CHO + 2\,Az^2H^4 + 2\,AzH^3.$$

La réduction de la dinitrosopentaméthylène-tétramine peut donc être représentée par l'équation

$$C^5H^{10}(AzO)^2Az^4 + 4\,H^2$$
$$= 2\,H^2O + C^5H^{10}Az^4(AzH^2)^2.$$

Cette base diaminée se combine aussi avec l'aldéhyde salicylique, en donnant naissance à la *di-*

o-*oxybenzylidène-diamino-pentaméthylène-té-tramine*, $C^5H^{10}Az^2(Az^2CH . C^6H^4 . OH)^2$, qui cristallise dans un mélange de chloroforme et d'éther en aiguilles fusibles à 213°. Cette substance se dissout dans les alcalis avec une coloration jaune; elle peut être précipitée de cette solution par un courant d'acide carbonique.

Des combinaisons analogues ont été obtenues avec l'*aldéhyde-m-nitrobenzylique* et avec l'*aldéhyde cinnamique*. La première a pour formule $C^5H^{10}Az^2(Az^2=CH . C^6H^4 . AzO^2)$, et se présente sous la forme d'aiguilles d'un jaune d'or, qui fondent à 136°. La seconde cristallise en lamelles fusibles à 207°, qui sont solubles dans le chloroforme, mais peu solubles dans l'éther et dans l'alcool.

La réduction de la *trinitrosotriméthylène-triamine* peut être effectuée au moyen de l'amalgame de sodium, mais il est préférable de mélanger le dérivé nitrosé avec du zinc et de l'eau, et d'introduire le tout dans une lessive de soude à 20 0/0, maintenue à la température de 100°. Il se forme dans ces conditions un peu d'hydrazine, et principalement de la *triméthylène-triamino-triamine*,

$$C^3H^6Az^3(AzO)^3 + 6\,H^2$$
$$= 3\,H^2O + C^3H^6Az^3 . (AzH^2)^3.$$

Cette triamine n'a pu être isolée que sous la forme d'une *combinaison avec l'aldéhyde salicylique*, qui répond à la formule

$$C^3H^6Az^3(Az=CH . C^6H^4 . OH)^3$$

et qui cristallise en aiguilles fusibles à 139-140°, solubles dans les dissolvants organiques, à l'exception de l'éther. Cette combinaison est décomposée par les acides dilués en aldéhyde salicylique, aldéhyde formique et hydrazine [P. Duden et M. Scharff, *Ann. Chem.*, **288**, 218].

La chaleur de combustion moléculaire de la dinitrosopentaméthylène-tétramine est égale à $873^{cal}$,14, et sa chaleur de formation à $-55^{cal}$,74. La chaleur de combustion de la triméthylène-trinitrosamine est égale à $747^{cal}$,24, et sa chaleur de formation à $91^{cal}$,76. Ces combinaisons sont de plus en plus endothermiques à mesure que le nombre des groupements AzO augmente dans la molécule [M. Delépine, *Bull. Soc. Chim.*, (3), **15**, 1199].

*Action des diazoïques sur l'hexaméthylène-tétramine*. — Lorsqu'on traite par le chlorure de diazobenzène une solution aqueuse froide d'hexaméthylène-tétramine, on obtient un mélange de phénol-bis-diazobenzène, fusible à 131°, et de *bis-diazobenzène-pentaméthylène-tétramine*,

$$C^5H^{10}Az^2 \lessgtr \begin{matrix} Az-Az=Az . C^6H^5 \\ Az-Az=Az . C^6H^5 \end{matrix}$$

Ce dernier cristallise en lamelles brunâtres fusibles à 228° avec décomposition, solubles dans l'alcool et insolubles dans l'éther. Les acides minéraux le décomposent en donnant de l'aniline, de l'ammoniaque, de l'azote et de l'aldéhyde formique. Le radical diazoïque se comporte donc sensiblement comme l'acide azoteux vis-à-vis de l'hexaméthylène-tétramine.

Avec le *chlorure de p-nitrodiazobenzène*, on obtient une combinaison analogue, qui répond à la formule

$$C^5H^{10}Az^2 \lessgtr \begin{matrix} Az-Az=Az . C^6H^4 . AzO^2 \\ Az-Az=Az . C^6H^4 . AzO^2 \end{matrix}$$

et qui cristallise en aiguilles jaunes. Elle fond vers 244° en se décomposant, et se dissout facilement dans les dissolvants organiques. Les alcalis ne l'attaquent pas, mais les acides la dédoublent en aldéhyde formique, azote, ammoniaque et p-nitraniline.

Le *composé isomérique*, préparé avec le chlorure de m-nitrodiazobenzène, cristallise en tables jaunâtres, solubles dans le chloroforme et dans le benzène, peu solubles dans l'alcool et dans l'éther. Il fond en se décomposant vers 184°.

En mélangeant des solutions concentrées d'hexaméthylène-tétramine, d'acide diazobenzène-sulfonique et d'acétate de sodium, on obtient le *sel de sodium de l'acide pentaméthylène-tétramine-bis-diazobenzène-sulfonique*,

$$C^5 H^{10} Az^2 \lessgtr \begin{array}{l} Az - Az = Az \cdot C^6 H^4 \cdot S O^3 Na \\ Az - Az = Az \cdot C^6 H^4 \cdot S O^3 Na \end{array}, 6 H^2 O.$$

Ce sel cristallise en tables blanches insolubles dans l'eau froide. Celui *de baryum*,

$$C^{17} H^{18} Az^8 (S O^3)^2 Ba, 3 H^2 O,$$

se présente sous la forme d'aiguilles. Les *sels de cuivre* et *de nickel* sont microcristallins, et celui *d'argent* est amorphe [Duden et Scharff, *loc. cit.*].

*Action du chlorure de benzoyle sur l'hexaméthylène-tétramine*. — Lorsqu'on fait agir le chlorure de benzoyle sur une solution alcaline d'hexaméthylène-tétramine, on obtient un mélange de plusieurs produits qu'on peut séparer par des extractions au chloroforme et à l'éther. La portion insoluble dans le chloroforme est constituée par un produit chloré qui n'a pas été étudié, tandis que la solution chloroformique renferme deux dérivés benzoylés. L'un de ceux-ci répond à la formule $C^3 H^6 Az^3 (CO C^6 H^5)^3$ : c'est la *tribenzoyltriméthylène-triamine*, qui cristallise en octaèdres fusibles à 221°; l'autre constitue la *tribenzoyldiaminodiméthylamine*, fusible à 266° :

$$C^6 H^5 \cdot CO \cdot Az \begin{array}{l} C H^2 - Az H \cdot CO C^6 H^5 \\ C H^2 - Az H \cdot CO C^6 H^5 \end{array}$$

Il cristallise en rhomboèdres peu solubles dans l'éther, l'alcool chaud, le bromure d'éthylène et le chloroforme.

La tribenzoyltriméthylène-triamine a été obtenue également en faisant agir le chlorure de benzoyle sur une solution alcaline renfermant un mélange équimoléculaire de formaldéhyde et d'ammoniaque. Le poids moléculaire de ce composé a été déterminé en solution dans le bromure d'éthylène. Il correspond bien à la formule $C^3 H^6 Az^3 (CO C^6 H^5)^3$.

Cette réaction a conduit MM. Duden et Scharff à admettre que le produit immédiat de l'action de l'ammoniaque sur l'aldéhyde formique est la *triméthylène-triamine* $(C H^2)^3 Az^3$ (voyez plus loin).

Les deux dérivés benzoylés précédents sont dédoublés par les acides minéraux en acide benzoïque, aldéhyde formique et ammoniaque [P. Duden et M. Scharff, *D. chem. G.*, 28, 936].

*Action des iodures alcooliques sur l'hexaméthylène-tétramine*. — L'hexaméthylène-tétramine se comporte comme une base tertiaire; elle ne fixe jamais qu'une seule molécule d'un iodure alcoolique.

L'*iodométhylate* d'hexaméthylène-tétramine, $C^6 H^{12} Az^4 \cdot C H^3 I$, s'obtient en mélangeant des solutions froides d'hexaméthylène-tétramine et d'iodure de méthyle. On peut chauffer légèrement pour accélérer la réaction, mais l'action prolongée de la chaleur a pour effet de décomposer l'iodométhylate. Celui-ci cristallise en aiguilles solubles dans l'eau, peu solubles dans l'alcool et insolubles dans l'éther, le chloroforme et le sulfure de carbone, fusibles vers 190° avec décomposition. L'iodométhylate précipité par l'azotate d'argent. Le chlorure d'argent le transforme en *chlorométhylate*, mais celui-ci ne peut être isolé, car il se décompose lorsqu'on évapore sa solution.

Le *chloroplatinate* correspondant se présente sous la forme d'une poudre jaune clair, fusible à 205°, presque insoluble dans l'eau, dans l'alcool et dans l'éther.

L'iodométhylate d'hexaméthylène-tétramine est dédoublé par l'acide sulfurique dilué et chaud en eau, sulfate d'ammonium et sulfate d'une amine primaire. Sa solution alcoolique ou aqueuse devient alcaline lorsqu'on la traite par l'oxyde d'argent, et il se forme de la méthylamine et de l'hexaméthylène-tétramine. La soude et la potasse agissent de la même façon (Wohl).

En chauffant l'iodométhylate avec un grand excès d'acide chlorhydrique à 10 0/0 pendant 20 minutes, on obtient de la méthylamine et de l'aldéhyde formique. Comme l'hexaméthylène-tétramine ne donne rien dans les mêmes conditions, on est conduit à admettre que la molécule de l'iodométhylate renferme le groupement $C H^3 - Az$ (Delépine).

Lorsqu'on précipite une solution aqueuse d'iodométhylate par une solution d'iode dans l'iodure de potassium, on obtient un *triiodure*,

$$C^6 H^{12} Az^4 \cdot C H^3 I, I^2,$$

sous la forme d'aiguilles vertes fusibles à 144° (Delépine).

Si l'on essaye de fixer plus d'une molécule d'iodure de méthyle sur l'hexaméthylène-tétramine en chauffant cette base avec l'iodure de méthyle, on n'obtient que des produits de décomposition gazeux et goudronneux [Tollens, *D. chem. G.*, 17, 653].

L'*iodéthylate d'hexaméthylène-tétramine*,

$$C^6 H^{12} Az^4 \cdot C^2 H^5 I,$$

se prépare comme l'iodométhylate, à froid ou à chaud. Il cristallise en aiguilles blanches solubles dans l'alcool absolu, qui fondent à 133° en se décomposant et qui possèdent les mêmes propriétés que l'iodométhylate (Wohl).

En broyant ce composé avec une solution concentrée d'iodure de potassium ioduré, on obtient un *tétraiodure* $C^6 H^{12} Az^4 \cdot C^2 H^5 I \cdot I^4, 6 H^2 O$, qui fond à 67° en se déshydratant (Delépine).

L'*iodallylate d'hexaméthylène-tétramine*, $C^6 H^{12} Az^4, C^3 H^5 I$, se prépare de la façon suivante : On délaye une molécule d'hexaméthylène-tétramine pulvérisée dans 3-4 parties de chloroforme, puis l'on ajoute une molécule d'iodure d'allyle, et l'on chauffe très doucement pendant 20 minutes. Au bout de ce temps, on essore l'iodallylate qui a cristallisé et on le lave avec un peu de chloroforme froid. Le rendement est théorique.

Cet iodallylate se présente sous la forme de prismes orthorhombiques, solubles dans l'alcool et dans l'eau, insolubles dans l'éther et dans le chloroforme. Il fond vers 148° en se décomposant et présente toutes les réactions des autres sels d'hexaméthylène-tétramine.

L'*iodamylate*, $C^6 H^{12} Az^4 \cdot C^5 H^{11} I$, s'obtient en chauffant une solution alcoolique ou chloroformique de la base avec de l'iodure d'amyle (1°,25-1°,5). Il cristallise en lamelles nacrées, solubles dans l'eau, peu solubles dans l'éther, dans le chloroforme et dans l'alcool, qui fondent vers 156° en se décomposant. Ses solutions sont douées d'une saveur amère.

La réaction qui fournit l'iodamylate donne naissance en même temps à des produits basiques qui bouillent, les uns à 95°, les autres à 250-260°.

En précipitant une solution aqueuse d'iodamylate par une solution concentrée d'iodure de potassium ioduré, on obtient un précipité de cristaux d'un vert foncé, peu solubles dans l'eau froide, qui constituent le *triiodure* $C^6 H^{12} Az^4 \cdot C^5 H^{11} I \cdot I^2$.

Ce composé se ramollit vers 117° et fond à 127°.

Le *chlorobenzylate d'hexaméthylène-tétramine*, $C^6H^{12}Az^4$, $C^6H^5.CH^2Cl$, se prépare par le même procédé que l'iodallylate. Il est doué d'une saveur très amère et fond vers 192° en se décomposant.

Son *chloroplatinate*, $(C^6H^{12}Az^4.C^7H^7Cl)^2 PtCl^4$, se présente sous la forme d'une poudre jaune pâle, très peu soluble dans l'eau.

L'acide chlorhydrique étendu dédouble les iodalcoylates d'hexaméthylène-tétramine en donnant de l'aldéhyde formique, du chlorure d'ammonium et l'iodure de la base primaire correspondante :

$$C^6H^{12}Az^4 . RI + 3HCl + 6H^2O$$
$$= 6CH^2O + 3AzH^4Cl + AzH^3 . RI.$$

On possède donc là un procédé de préparation des amines primaires [Delépine, *Bull. Soc. Chim.*, (3), 13, 355].

M. Delépine a perfectionné récemment ce procédé en effectuant la décomposition en présence d'alcool, et avec les proportions indiquées par l'équation suivante :

$$C^6H^{12}Az^4 . C^3H^5I + 3HCl + 12C^2H^5.OH$$
$$= 6CH^2(OC^2H^5)^2 + 3AzH^4Cl + AzH^2.C^3H^5.HI.$$

Voici quelques détails sur le mode opératoire : On introduit dans un appareil distillatoire les quantités théoriques d'iodalcoylate, d'acide chlorhydrique pur et d'alcool à 95°, et l'on chauffe doucement jusqu'à ce que le liquide soit nettement séparé en deux couches. On distille alors le formal qui surnage, on filtre la couche inférieure pour séparer la plus grande partie du chlorure d'ammonium qui a cristallisé, et on traite la liqueur par de nouvelles quantités d'acide chlorhydrique et d'alcool, comme précédemment (un tiers des quantités primitives). Un troisième traitement suffit pour compléter la réaction. Le résidu qui cristallise par refroidissement est ensuite traité par la potasse, et les bases sont rectifiées ou transformées en chlorhydrates.

Les rendements sont d'environ 85-90 0/0.

En réalité, la décomposition des iodalcoylates se passe en deux phases : dans la première, il se forme un *dérivé méthylénique* de l'amine :

$$C^6H^{12}Az^4 . C^7H^7Cl + 2HCl + 10C^2H^6O$$
$$= 5CH^2(OC^2H^5)^2 + 3AzH^4Cl + CH^2 = Az.C^7H^7.$$

Dans la deuxième phase, cette méthylène-amine est décomposée par les nouvelles quantités d'acide et d'alcool qu'on ajoute :

$$CH^2 = Az.C^7H^7 + HCl + 2C^2H^6O$$
$$= CH^2(OC^2H^5)^2 + AzH^2.C^7H^7, HCl.$$

Dans le cas du chlorobenzylate, on peut isoler la méthylène-amine en traitant par un alcali le résidu de la distillation. Il se sépare dans ces conditions une huile incolore, insoluble dans l'eau, soluble dans l'éther, qui constitue un *hydrate* et qui bout vers 300° presque sans décomposition. En traitant cette base séparément par l'alcool et par l'acide chlorhydrique, on obtient respectivement du formal et de la benzylamine [Delépine, *Bull. Soc. Chim.*, (3), 17, 290].

L'iodure de méthyle réagit sur l'hexaméthylène-tétramine lorsqu'on chauffe les deux substances avec du chloroforme en vase clos à 100° pendant 2 heures. On obtient ainsi le composé $(C^6H^{12}Az^4)^2 . CH^2I^2$ sous la forme d'aiguilles blanches, fusibles à 165°, solubles dans l'eau, peu solubles dans l'alcool, insolubles dans l'éther, dans le chloroforme et dans le sulfure de carbone [Wohl, *D. chem. G.*, 19, 1840].

MM. A. Eichengrünn (à Bonn) et L.-C. Marquart (à Beuel-Bonn) ont fait breveter une *combinaison moléculaire d'hexaméthylène-tétramine et d'iodoforme*, qu'ils obtiennent en broyant ces deux substances seules ou avec certains dissolvants, ou en mélangeant leurs dissolutions. Ce composé répond à la formule $C^6H^{12}Az^4.CHI^3$; il se présente sous la forme d'aiguilles incolores, solubles dans l'acétate d'amyle, peu solubles dans les autres dissolvants; il se décompose violemment vers 178°. Il n'est pas précipité par l'azotate d'argent, mais il est dissocié assez rapidement par les alcalis, par les acides et même par l'eau. On l'utilise comme antiseptique.

L'iodoforme a tellement d'affinité pour l'hexaméthylène-tétramine, qu'il enlève celle-ci à ses combinaisons avec les phénols, les chlorures d'acides et les aldéhydes, pour former avec elle la combinaison moléculaire qui vient d'être décrite (D. R. P., 87812).

Dans un brevet ultérieur, MM. Eichengrünn et Marquart substituent à l'hexaméthylène-tétramine les combinaisons de cette base avec les bromures et iodures alcooliques ou éthyléniques; ils font réagir, par exemple, l'iodoforme sur l'iodométhylate d'hexaméthylène-tétramine en présence d'acétate d'amyle [Brevet additionnel n° 89243].

Le *chlorure d'acétyle* s'unit à l'hexaméthylène-tétramine pour donner une combinaison moléculaire amorphe, instable.

Le *chloracétate d'éthyle* réagit à 110° sur l'hexaméthylène-tétramine sèche en donnant naissance à un produit solide, blanc, soluble dans l'eau et dans l'alcool, insoluble dans le benzène et dans l'éther. Cette substance a pour formule $C^{14}H^{25}ClAz^8O$; elle fournit un *chloroplatinate*, $C^{14}H^{25}ClAz^8O . HCl, PtCl^4, H^2O$, sous la forme d'une poudre rouge amorphe.

Ce composé prend aussi naissance en même temps qu'une certaine quantité de chlorhydrate d'hexaméthylène-tétramine lorsqu'on effectue la réaction indiquée ci-dessus en solution alcoolique bouillante. On l'isole en précipitant par l'éther les eaux mères du chlorhydrate. On l'obtient dans ce cas sous la forme d'aiguilles blanches, déliquescentes [L. Hartung, *J. prakt. Chem.*, (2), 46, 1].

Lorsqu'on chauffe au bain d'huile à 150° un mélange d'aniline et d'hexaméthylène-tétramine, on obtient de l'*anhydroformaldéhyde-aniline* (voyez plus loin).

L'hexaméthylène-tétramine réagit à froid sur une solution aqueuse de chlorhydrate de phénylhydrazine en donnant l'*anhydroformaldéhyde-phénylhydrazine* (voyez plus loin); la réaction s'effectue plus rapidement à 60-70°; elle peut être représentée par l'équation

$$C^6H^{12}Az^4 + 4C^6H^5.Az^2H^3.HCl$$
$$= 2(C^6H^5Az^2)^2 . (CH^2)^3 + 4AzH^4Cl.$$

Il se peut que l'hexaméthylène-tétramine se décompose d'abord en aldéhyde formique et ammoniaque, et que le produit de la réaction résulte de l'action de l'aldéhyde sur la phénylhydrazine [Delépine, *Bull. Soc. Chim.*, (3), 13, 492].

*Combinaisons avec les phénols.* — MM. H. Moschatos et B. Tollens ont préparé un certain nombre de combinaisons moléculaires de l'hexaméthylène-tétramine avec les phénols; ces composés s'obtiennent en mélangeant à froid des solutions aqueuses de la base et du phénol correspondant. Ils sont pour la plupart très peu stables et ne peuvent être obtenus cristallisés.

La combinaison de l'hexaméthylène-tétramine et du *phénol*, $C^6H^{12}Az^4 . 3C^6H^6O$, se présente sous la forme d'aiguilles solubles dans l'eau; elle se décompose vers 115-124° ou lorsqu'on la chauffe avec de l'acide sulfurique, en donnant du phénol, de l'ammoniaque et de l'aldéhyde formique.

La combinaison avec la *pyrocatéchine* a pour formule $C^6H^{12}Az^4 . 2 C^6H^4(OH)^2$ ; elle cristallise dans l'eau bouillante en aiguilles brillantes, qui se décomposent sans fondre vers 140°.

Avec la *résorcine*, on obtient le composé $C^6H^{12}Az^4 . C^6H^4(OH)^2$, sous la forme d'aiguilles rosées, peu solubles dans l'eau, l'alcool et l'éther, qui se décomposent vers 190-200°.

La combinaison d'hexaméthylène-tétramine et d'*hydroquinone*, $C^6H^{12}Az^4 . C^6H^4(OH)^2$, cristallise en prismes insolubles dans l'eau et dans l'éther.

Avec le *pyrogallol*, on obtient des paillettes répondant à la formule $C^6H^{12}Az^4 . 2 C^6H^3(OH)^3$, qu'on peut faire cristalliser dans l'eau et qui se décomposent vers 160-170°.

Avec la *phloroglucine*, il se forme une combinaison peu stable, $C^6H^{12}Az^4 . C^6H^3(OH)^3$, qui cristallise en aiguilles insolubles dans l'eau et dans l'éther, et qui se décompose à chaud.

L'*eugénol* se combine également à l'hexaméthylène-tétramine pour donner un composé cristallisé, fusible à 80-85°, insoluble dans l'eau, qui répond à la formule $C^6H^{12}Az^4 . C^{10}H^{12}O^2$.

Avec les crésols, le gaïacol, l'orcine et le thymol, on n'a rien obtenu [H. Moschatos et C. Tollens, *Ann. Chem.*, 272, 271].

*Action sur l'acide cyanhydrique.* — L'hexaméthylène-tétramine s'unit à l'acide cyanhydrique en solution aqueuse, en présence d'une trace d'acide chlorhydrique ou d'acide sulfurique, pour donner un mélange d'*iminoacétonitrile* et d'*aminoacétonitrile*, ce dernier en moins grande quantité. La réaction peut être représentée par l'équation

$$C^6H^{12}Az^4 + 6 CAzH = 3 AzH(CH^2CAz)^2 + AzH^3.$$

L'iminoacétonitrile cristallise dans l'éther en paillettes fusibles à 75° ; l'eau de baryte bouillante le transforme en *acide aminodiglycolique* $AzH(CH^2CO^2H)^2$, fusible à 225°.

Si, dans la réaction précédente, on emploie une plus grande quantité d'acide chlorhydrique (12 0/0), on obtient le *nitriloacétonitrile* $Az(CH^2.CAz)^3$ sous la forme de paillettes fusibles à 126°, solubles dans l'eau et dans l'alcool ; la baryte saponifie ce nitrile en le transformant en *acide aminotriglycolique* ; l'acide chlorhydrique bouillant le dédouble en un mélange d'acide glycolique, d'acide aminodiglycolique et d'acide aminotriglycolique.

L'iminoacétonitrile peut être obtenu également en chauffant un mélange de nitrile malonique et d'ammoniaque en solution dans l'eau. Un excès de nitrile malonique fournit du nitriloacétonitrile.

Ce dernier s'obtient encore en traitant le cyanure de potassium par un mélange de formaldéhyde et d'acide chlorhydrique.

L'aldéhyde formique réagit également sur un mélange de cyanure de potassium et de sulfate d'ammonium. La saponification du produit de la réaction fournit en effet du glycocolle [W. Eschweiler, *Ann. Chem.*, 278, 229].

*Constitution de l'hexaméthylène-tétramine.* — Cette constitution a été l'objet d'une longue discussion entre MM. Trillat, Delépine, Duden et Scharff et Cambier et Brochet.

M. Trillat admet que l'hexaméthylène-tétramine possède la formule $C^3H^6Az^2$, en se basant sur le fait que l'hydrogénation de cette base fournit de la méthylamine.

Il paraît exister en effet un composé répondant à cette formule simple. On l'obtiendrait en mé-

langeant une solution alcoolique de formaldéhyde avec une solution de gaz ammoniac dans l'éther [Trillat, *Bull. Soc. Chim.*, (3), 9, 294].

En traitant la formaldéhyde par l'ammoniaque à —20°, et en enlevant l'eau, autant que possible, au moyen du carbonate de potassium, MM. R. Cambier et A. Brochet ont obtenu un liquide visc eux qui finit par se transformer en hexaméthylène-tétramine, et qui paraît renfermer un produit moins polymérisé [*Bull. Soc. Chim.*, (3), 13, 392].

Les résultats des déterminations cryoscopiques sont peu précis ; on obtient des poids moléculaires intermédiaires entre 70 et 140, mais plus voisins de ce dernier chiffre. Il faut également tenir compte de la décomposition ou de la dissociation assez rapide de l'hexaméthylène-tétramine en solution aqueuse ou acétique, de sorte que la formule $C^6H^{12}Az^4$ doit être adoptée de préférence

L'hexaméthylène-tétramine est une base monoacide qui forme dans la plupart des cas des sels du type $C^6H^{12}Az^4 . HR$ ; elle ne se combine qu'à *une* molécule d'iodure alcoolique. Il faut donc que la molécule renferme un atome d'azote différent des autres.

En second lieu, il est impossible d'obtenir un dérivé nitrosé de l'hexaméthylène-tétramine ; tous les atomes d'azote sont donc tertiaires.

Enfin la formation de produits d'addition bromés et iodés implique l'existence de doubles liaisons.

Les trois constitutions actuellement proposées sont celle de MM. Duden et Scharff :

$$
\begin{array}{c}
Az \\
| \\
CH^2 \quad CH^2 \quad CH^2 \\
Az - CH^2 \cdot Az - CH^2 - Az \\
CH^2
\end{array}
$$

celle de M. Delépine :

$$
\begin{array}{c}
Az \!\!-\!\! CH^2 \!\!-\!\! Az \\
CH^2 \diagup \diagdown CH^2 \qquad CH^2 \diagup \diagdown CH^2, \\
Az \!\!-\!\! CH^2 \!\!-\!\! Az
\end{array}
$$

et celle de M. Lösekann et de MM. Cambier et Brochet :

$$
\begin{array}{c}
\diagup CH^2 - Az = CH^2 \\
Az - CH^2 - Az = CH^2 \\
\diagdown CH^2 - Az = CH^2
\end{array}
$$

Les deux premières rendent difficile l'explication de la formation des dibromures et tétrabromures, et surtout elles présentent l'inconvénient d'avoir 4 atomes d'azote identiques.

La troisième constitution paraît plus probable, quoiqu'on puisse aussi lui opposer la non-existence de produits d'addition hexabromés ou hexaiodés.

Quant à la réduction de l'hexaméthylène-tétramine, elle peut être interprétée aussi bien dans une hypothèse que dans l'autre.

Si l'on admet la formule de M. Lösekann, on en déduira pour les *dérivés nitrosés* les constitutions suivantes :

$$
\begin{array}{c}
\diagup CH^2 - Az(AzO) - H^2C \diagdown \\
Az - CH^2 - Az \\
\diagdown CH^2 - Az(AzO) - H^2C \diagup
\end{array}
$$

Dinitrosopentaméthylène-tétramine.

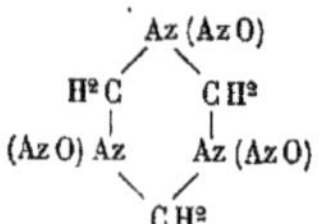

$$H^2C \quad\quad CH^2$$
$$Az(AzO)$$
$$(AzO)Az \quad\quad Az(AzO)$$
$$CH^2$$

Triméthylène-trinitrosamine.

[Delépine, *Bull. Soc. Chim.*, (3), **13**, 98, 128. — Duden et Scharff, *Ann. Chem.*, **288**, 218. — Cambier et Brochet, *Bull. Soc. Chim.*, (3), **13**, 99, 209].

*Application de l'hexaméthylène-tétramine.* — M. Trillat, de concert avec la Société Meister Lucius et Brünning (Höchst-am-Mein), a fait breveter la réduction de l'hexaméthylène-tétramine ou du simple mélange de formol et d'ammoniaque par la poudre de zinc et l'acide chlorhydrique. Elle utilise ce procédé pour préparer les amines grasses [D. R. P., 73812, 230714].

ACTION DE L'ALDÉHYDE FORMIQUE SUR LES SELS AMMONIACAUX. — M. J. Plöchl a remarqué le premier que, lorsqu'on fait agir l'aldéhyde formique sur une dissolution d'un sel ammoniacal, à la température ordinaire, cette dissolution prend une réaction acide. Si on la chauffe, il se dégage de l'acide carbonique, et la liqueur renferme alors un mélange de triméthylamine et de méthylène-méthylamine à l'état de sels [*D. chem. G.*, **21**, 2117].

D'après M. Plöchl, la réaction s'effectue en plusieurs phases, qu'on peut représenter par les équations suivantes :

$$SO^4(AzH^4)^2 + 3CH^2O$$
$$= SO^4(AzH^3 . CH^3)^2 + CO^2 + H^2O,$$

$$SO^4(AzH^3 . CH^3)^2 + 3CH^2O$$
$$= SO^4[AzH^2(CH^3)^2]^2 + CO^2 + H^4O,$$

$$SO^4[AzH^2(CH^3)^2]^2 + 3CH^2O$$
$$= SO^4[AzH(CH^3)^3]^2 + CO^2 + H^2O.$$

Si l'on emploie une quantité insuffisante d'aldéhyde formique, on peut précipiter la méthylène-méthylamine $CH^3 . Az = CH^2$ par l'acide picrique. De plus, la méthylène-méthylamine et la méthylène-diméthylamine réagissent comme les sels ammoniacaux sur l'aldéhyde formique à la température du bain-marie.

Le *chloroplatinate* de méthylène-diméthylamine cristallise en prismes solubles dans l'alcool aqueux ; il est décomposé par l'eau bouillante.

L'action de la formaldéhyde sur les sels ammoniacaux a été aussi étudiée par M. Trillat et par MM. R. Cambier et A. Brochet. Elle dépend de plusieurs facteurs, qui sont : la nature de l'acide, la proportion des corps qui entrent en réaction, la réaction du milieu (acide ou alcalin) et la température. Il résulte de là que cette action est réversible et qu'elle aboutit à un certain état d'équilibre qui varie dans de larges limites avec les conditions dans lesquelles on opère.

Lorsqu'on traite une solution de chlorure d'ammonium à froid par un excès d'aldéhyde formique, le liquide devient acide au méthylorange, mais non pas au tournesol : ce qui montre que l'acide chlorhydrique n'est pas libre, mais qu'il est combiné à une base faible.

Si l'on introduit dans la liqueur du carbonate de calcium, celui-ci se dissout peu à peu, et le produit final de la réaction est l'hexaméthylène-tétramine, qui n'est stable qu'en milieu alcalin.

Si, au contraire, on ajoute de l'acide chlorhydrique au mélange d'aldéhyde formique et de



chlorure d'ammonium, ce dernier se reforme intégralement.

Entre le chlorure d'ammonium et l'hexaméthylène-tétramine, il doit y avoir un produit intermédiaire doué de propriétés faiblement basiques. Cette base est la *triméthylène-triamine*,

$$(CH^2 = AzH)^3.$$

En effet, on a pu en isoler le *chloroplatinate* en précipitant le mélange primitif par le chlorure de platine. Ce sel se présente sous la forme d'une poudre jaune, qui se décompose au-dessous de 100° en perdant de l'aldéhyde formique.

Si l'on mélange des quantités équivalentes d'aldéhyde formique et de chlorure d'ammonium, ou même si l'on emploie un excès de ce sel, il reste toujours de l'aldéhyde non combinée ; la liqueur renferme de la triméthylène-triamine combinée à l'acide chlorhydrique, et une partie de l'hexaméthylène-triamine formée se dissocie dans la liqueur, qui reste neutre.

Lorsqu'on chauffe un mélange de chlorure d'ammonium et d'aldéhyde formique, on obtient un mélange de méthylamine, de triméthylamine et d'acide carbonique. La proportion de triméthylamine croît avec celle de l'aldéhyde formique employée.

Ces réactions peuvent être représentées par les trois séries d'équations suivantes :

1°
$$3AzH^4Cl + 3CH^2O$$
$$= (CH^2 = AzH . HCl)^3 + 3H^2O,$$
$$2(CH^2 = AzH . HCl)^3 + 3CH^2O + 3H^2O$$
$$= 6CH^3 . AzH^2 . HCl + 3CO^2;$$

2°
$$3CH^3 . AzH^2 . HCl + 3CH^2O$$
$$= (CH^2 = Az . CH^3 . HCl)^3 + 3H^2O,$$
$$2(CH^2 = Az . CH^3 . HCl)^3 + 3CH^2O + 3H^2O$$
$$= 6(CH^3)^2AzH . HCl + 3CO^2;$$

3°
$$2(CH^3)^2AzH . HCl + CH^2O$$
$$= CH^2[Az . (CH^3)^2 HCl]^2 + H^2O,$$
$$CH^2[Az(CH^3)^2 . HCl]^2 + CH^2O + H^2O$$
$$= 2Az . (CH^3)^3 . HCl + CO^2.$$

En chauffant du sulfate d'ammonium avec de l'aldéhyde formique, MM. Cambier et Brochet ont obtenu de la triméthylamine.

Le carbonate d'ammonium se décompose peu à peu dans les mêmes conditions, en dégageant de l'acide carbonique, et le produit final est l'hexaméthylène-tétramine.

En chauffant le benzoate d'ammonium avec l'aldéhyde, on obtient de la méthylamine, et l'acide benzoïque se précipite. Avec l'azotate et le chromate d'ammonium, il se forme également de la méthylamine [R. Cambier et A. Brochet, *Bull. Soc. Chim.*, (3), 13, 392].

Le cyanure d'ammonium se comporte d'une façon tout à fait spéciale vis-à-vis de l'aldéhyde formique.

Lorsqu'on traite des solutions aqueuses équimoléculaires de cyanure de potassium et de chlorure d'ammonium par un excès de formaldéhyde (2 molécules), et que l'on acidule au bout de quelque temps par l'acide acétique, on obtient le *méthylène-aminoacétonitrile* sous la forme de prismes brillants, fusibles à 129°,5. L'équation qui représente la réaction est la suivante :

$$CAz . AzH^4 + 2CH^2O$$
$$= CH^2 = Az . CH^2 . CAz + 2H^2O.$$

Ce nitrile ne peut pas être distillé sans se décomposer légèrement. Il est soluble dans l'alcool, l'eau bouillante, l'éther, le benzène et les acides minéraux dilués ; mais ceux-ci le dédoublent peu à peu en aldéhyde formique et *aminoacétonitrile*. Cette décomposition s'effectue plus rapidement avec une dissolution alcoolique d'acide chlorhydrique :

$$CH^2 = Az.CH^2.CAz + HCl + H^2O$$
$$= HCl.AzH^2.CH^2.CAz + CH^2O.$$

Le *chlorhydrate* de l'aminoacétonitrile cristallise en tables brillantes hygroscopiques, peu solubles dans l'alcool froid ; les acides dilués le dédoublent en chlorhydrate de glycocolle et chlorure d'ammonium.

Si l'on dissout le méthylène–aminoacétonitrile dans un mélange d'acide chlorhydrique et d'alcool, et qu'on chauffe tout à l'ébullition, le précipité de chlorhydrate d'aminoacétonitrile qui s'est formé d'abord se redissout ; il se dépose du chlorure d'ammonium, et le liquide filtré abandonne peu à peu des cristaux du *chlorhydrate* $HCl.AzH^2.CH^2.CO^2C^2H^5$, fusibles à 144°.

L'aminoacétonitrile lui-même s'obtient en décomposant son chlorhydrate par l'oxyde d'argent. C'est une huile jaunâtre, qui ne distille pas sans décomposition.

En traitant par le nitrite de sodium (1 molécule) une dissolution de chlorhydrate d'aminoacétonitrile dans l'eau, ou de méthylène-aminoacétonitrile dans l'acide acétique, on obtient un liquide jaune d'or, doué d'une odeur cyanée, qu'on extrait par l'éther et qui paraît être le *nitrile diazoacétique* $Az^2 = CH.CAz$. Ce composé ne se solidifie pas à — 20°. Il se détruit partiellement lorsqu'on le distille dans le vide. L'iode le décompose à froid en solution éthérée, en mettant de l'azote en liberté. Le sulfate ferreux et la soude le réduisent en donnant de l'hydrogène [R. Jay et Th. Curtius, *D. chem. G.*, 27, 59].

Peroxyde d'hexaoxyméthylène. — Ce composé, qui se rattache de très près à l'hexaméthylène-tétramine par sa constitution et par ses dérivés, a été isolé par M. Legler parmi les produits de la combustion lente de l'éther [*D. chem. G.*, 14, 602].

M. Legler s'est servi d'abord d'un appareil assez compliqué, auquel il a substitué plus tard le dispositif suivant : Les vapeurs d'éther sont amenées dans une grosse ampoule de verre entourée d'eau froide ; cette ampoule est traversée par une spirale de platine qu'on porte au rouge au moyen d'un courant électrique.

Les produits de la combustion sont entraînés par aspiration dans une série de récipients refroidis. Ils sont constitués par un mélange d'acide carbonique, d'eau, d'aldéhydes formique et acétique, d'acides formique et acétique et de peroxyde d'hexaoxyméthylène.

Ce dernier cristallise par évaporation du liquide condensé en prismes rhombiques ou en aiguilles. Il est très stable en solution aqueuse diluée. Il répond à la formule $(CH^2O)^6O^3, 3H^2O$.

La soude diluée le décompose en acide formique, aldéhyde formique et hydrogène :

$$(CH^2O)^6O^3.3H^2O = 6CO^2H^2 + 6H.$$

Il se forme d'autant moins d'aldéhyde que la lessive est plus concentrée.

Cette réaction peut s'expliquer en admettant que le peroxyde décompose l'eau ; l'oxygène mis en liberté transforme l'aldéhyde formique en acide ; et le reste de l'aldéhyde formique réagit sur la soude en dégageant de l'hydrogène :

$$(CH^2O)^6O^3.3H^2O = 6CH^2O + 3H^2O + O^3,$$
$$3CH^2O + O^3 = 3CH^2O^2,$$
$$CH^2O + KOH = HCO^2K + H^2.$$

Les acides dilués décomposent le peroxyde d'hexaoxyméthylène en donnant un mélange d'acide et d'aldéhyde formiques :

$$(CH^2O)^6O^3.3H^2O$$
$$= 3CH^2O^2 + 3CH^2O + 3H^2O.$$

Avec l'ammoniaque, on obtient un mélange d'hexaméthylène-tétramine, de formiate d'ammonium et d'un composé cristallisé en prismes ou en cubes, qui répond à la formule $(CH^2O)^6Az^2$ et auquel M. Legler a donné le nom d'*hexaoxyméthylène-diamine*. Cette réaction est représentée par l'équation suivante :

$$5[(CH^2O)^6O^3.3H^2O] + 20AzH^3$$
$$= (CH^2O)^6Az^2 + 3(CH^2O)^6.Az^4 + 6CO^2HAzH^4$$
$$+ 36H^2O + 6O.$$

Cette hexaoxyméthylène-diamine se décompose avec explosion lorsqu'on la chauffe ou qu'on la traite par l'acide azotique. Elle est peu soluble dans l'eau, l'alcool, l'éther et les alcalis ; les acides dilués chauds la dissolvent en lui enlevant de l'ammoniaque et en régénérant le peroxyde :

$$(CH^2O)^6Az^2 + 6H^2O$$
$$= 2AzH^3 + (CH^2O)^6O^3 + 3H^2O.$$

Un excès d'ammoniaque transforme l'hexaoxyméthylène-diamine en un mélange d'hexaméthylène-tétramine et de formiate d'ammonium :

$$2(CH^2O)^6Az^2 + 6AzH^3$$
$$= (CH^2)^6Az^4 + 6HCO^2AzH^4.$$

Les alcalis la décomposent en donnant un formiate et de l'hydrogène :

$$(CH^2O)^6Az^2 + 4KOH + 2H^2O$$
$$= 2CH^2O^2AzH^4 + 4HCO^2K + 3H^2.$$

En chauffant sa solution aqueuse avec de l'acide chlorhydrique, on obtient une quantité de chlorure d'ammonium correspondant exactement à la quantité d'azote renfermée dans la molécule $(CH^2O)^6Az^2$ :

$$(CH^2O)^6Az^2 + 3H^2O + 2HCl$$
$$= (CH^2O^6)O^3 + 2AzH^4Cl.$$

Ce fait vient confirmer la constitution attribuée à ces composés.

Le peroxyde d'hexaoxyméthylène jouit de propriétés oxydantes énergiques ; il déplace l'iode d'une solution d'iodure de potassium, et la quantité d'iode libérée correspond exactement à 3 atomes d'oxygène, lorsqu'on opère en solution sulfurique ; il donne avec un sel de plomb ammoniacal un précipité de peroxyde.

Un excès d'ammoniaque le transforme en un mélange d'hexaméthylène-tétramine et de formiate d'ammonium [Legler, *D. chem. G.*, 18, 3343].

Action de l'aldéhyde formique sur l'hydroxylamine. — L'existence de la formaldoxime $H^2C = AzOH$ est problématique. MM. W.-R. Dunstan et A.-L. Bossi prétendent l'avoir obtenue sous la forme d'un liquide réfringent, incongelable, doué d'une odeur particulière, qui bout à 84-85° et qui se polymérise facilement à froid, en mélangeant des solutions aqueuses équimoléculaires de formaldéhyde et d'hydroxylamine, et en extrayant le produit par l'éther.

L'acide chlorhydrique concentré froid dédouble cette substance en aldéhyde formique et hydroxylamine ; l'acide dilué chaud fournit en outre de l'ammoniaque. Les alcalis dilués la décomposent en acide cyanhydrique et eau.

La formaldoxime de MM. Dunstan et Bossi forme un *dérivé sodé* qui est explosif; elle réduit à chaud les solutions ammoniacales des sels d'argent, d'or, de cuivre et de mercure.

Le *chlorhydrate*, $(H^2C = Az\,OH)^3 . HCl$, s'obtient en saturant de gaz chlorhydrique sec une solution éthérée de formaldoxime. Ce sel cristallise dans un mélange d'alcool et d'éther en prismes fusibles à 136°.

Le *bromhydrate* correspondant fond à 120°.

L'*iodhydrate* a également été préparé.

En mélangeant une solution éthérée de l'oxime avec de l'anhydride acétique, et en évaporant le produit, on obtient le *dérivé acétylé* du polymère triple $(H^2C = Az\,O . COCH^3)^3$, sous la forme d'aiguilles fusibles à 133°, solubles dans l'acide acétique.

Le *dérivé benzoylé* est cristallisé et fond à 168°,5 [Dunstan et Bossi, *Proc. Chem. Soc.*, 1894, 55].

En chauffant une solution alcoolique ou éthérée de formaldoxime avec de l'iodure de méthyle, les mêmes auteurs ont obtenu un *iodométhylate* cristallisé, répondant à la formule

$$(H^2C = Az - OH)^3 . CH^3I$$

Si l'on hydrolyse ce sel par un acide, et qu'on réduise ensuite les produits, on obtient 1 molécule de chlorhydrate de méthylamine, 2 molécules de chlorure d'ammonium et 2 molécules de formaldoxime. MM. Dunstan et Goulding ont conclu de là qu'il fallait attribuer à cet iodométhylate la constitution suivante :

$$(H^2C = Az . OH)^2 . CH^2 = Az {\overset{\displaystyle OH}{\underset{\displaystyle I}{- CH^3}}}$$

Le *bromométhylate* correspondant s'obtient d'une façon analogue [Windham, R. Dunstan et Ernest Goulding, *Proc. Chem. Soc.*, 1896, 76].

MM. Cambier et Brochet ont constaté que lorsqu'on mélange des solutions neutres d'aldéhyde formique et de chlorhydrate d'hydroxylamine, la liqueur devient acide et qu'il se forme un polymère de la formaldoxime :

$$3\,Az\,H^2OH . HCl + 3\,CH^2O$$
$$= (H^2C = Az\,OH)^3 + 3\,H^2O + 3\,HCl.$$

L'acide chlorhydrique peut être titré au moyen du méthylorange. Si l'on chauffe cette solution telle quelle ou après l'avoir sursaturée, elle se décompose suivant l'équation

$$(H^2C = Az\,OH)^3 = 3\,CAzH + 3\,H^2O.$$

Cette réaction est si sensible, qu'elle peut être employée pour reconnaître l'aldéhyde formique [*Bull. Soc. Chim.*, (3), **13**, 392].

D'après M. Scholl, la formaldoxime n'existe qu'en solution ou à l'état de vapeur [*D. chem. G.*, 24, 573].

On l'obtient en traitant une solution de formaldéhyde à 40 0/0 par le chlorhydrate d'hydroxylamine additionné de la quantité nécessaire de carbonate de sodium et en épuisant la liqueur par l'éther. La formaldoxime se polymérise immédiatement lorsqu'on évapore la solution éthérée.

Si l'on verse une solution concentrée d'hydroxylamine dans de la formaldéhyde à 40 0/0, la liqueur se solidifie brusquement en une masse blanche qu'on purifie en l'essorant et en la lavant avec de l'eau et de l'alcool tièdes, puis avec de l'éther. Cette substance répond à la formule $C^3H^9Az^3O^3$. Elle est insoluble dans tous les dissolvants, sauf dans les acides minéraux dilués et dans les alcalis concentrés. Elle bout vers 132-134°, tout en commençant à se volatiliser vers 100°.

M. Scholl attribue à ce composé le nom de *trioximidométhylène* et la constitution suivante :

$$\begin{array}{ccc} & CH^2 & \\ HOAz & \hexagon & AzOH \\ H^2C & & CH^2 \\ & AzOH & \end{array}$$

Lorsqu'on chauffe le trioximidométhylène vers 134°, il se dissocie en formaldoxime, mais il se reforme par le refroidissement. Si l'élévation de température est brusque, il se décompose partiellement en eau et acide cyanhydrique :

$$H^2C = Az\,OH = H^2O + CAzH;$$

si elle est lente ou si l'on opère sous pression, on peut obtenir de l'oxime liquide, mais celle-ci se polymérise très rapidement.

Le trioximidométhylène ne se dissout pas lorsqu'on le chauffe avec de l'alcool ou de l'éther, même sous pression. La dissolution s'effectue par contre lorsqu'on opère avec de l'eau sous pression ou simplement avec un liquide dont le point d'ébullition est supérieur à 135°.

Ces dissolutions renferment de la formoxime; on peut s'en assurer par des déterminations cryoscopiques ou ébullioscopiques. Lorsqu'on les chauffe, elles se décomposent en aldéhyde formique et hydroxylamine.

M. Scholl n'a pu préparer aucun sel du trioximidométhylène. En réduisant une solution alcoolique à 5 0/0 de ce dernier par l'amalgame de sodium et l'acide acétique à froid, il a obtenu de la méthylamine.

La formoxime en solution à 5 0/0 réduit l'azotate d'argent et les sels mercuriques en solution alcaline; elle décolore l'eau de brome et fait virer la liqueur de Fehling au vert, puis au brun; à chaud on obtient un précipité d'oxyde cuivreux [Scholl, *D. chem. G.*, **24**, 573].

Lorsqu'on mélange des solutions équimoléculaires d'aldéhyde formique et de chlorhydrate de phénylhydroxylamine, il se forme au premier moment un précipité de *phénylformaldoxime*; mais celle-ci se transforme presque immédiatement en une poudre rouge-brique qui constitue le chlorhydrate d'un polymère anhydre de l'*alcool p-hydroxylamine-benzylique*.

Des combinaisons analogues s'obtiennent en condensant l'aldéhyde formique en solution acide avec des hydroxylamines aromatiques qui ne sont pas substituées en position para.

C'est le cas de l'*o-tolylhydroxylamine*, qui fournit un *alcool p-hydroxylamine-m-crésylique* :

$$\begin{array}{ccc} HC.Az\ddot{O}H & & HC.AzOH \\ \hexagon CH^2 & + CH^2O = & \hexagon CH^3 \\ & & CH^2OH \end{array}$$

La formaldéhyde réagit sur ces composés comme sur les phénols (voyez plus loin).

MM. Halle et $C^{ie}$ (Biebrich s/ Rhin) ont fait breveter ces produits de condensation, qu'ils utilisent pour préparer des bases du triphénylméthane. L'alcool p-hydroxylamine-benzylique, par exemple, réagit sur un mélange d'aniline et de chlorhydrate d'aniline pour donner de la p-leucaniline [D. R. P., 87972].

ACTION DE LA FORMALDÉHYDE SUR L'HYDRAZINE. — M. Pulvermacher a obtenu la *formalazine*,

$$CH^2 {\overset{\displaystyle Az}{\underset{\displaystyle Az}{<\ \ >}}} CH^2,$$

ou son produit de polymérisation en traitant à froid l'aldéhyde formique à 40 0/0 par une solution concentrée d'hydrazine ou d'hydrate d'hydrazine, de telle façon que la réaction devienne légèrement alcaline.

La formalazine se précipite alors sous la forme d'une poudre blanche qu'on lave à l'eau, à l'alcool et à l'éther.

Il faut employer deux molécules d'aldéhyde pour une d'hydrazine :

$$2\,CH^2O + \begin{matrix} Az\,H^2 \\ | \\ Az\,H^2 \end{matrix} = CH^2 \!<\! \begin{matrix} Az\,H \\ Az\,H \end{matrix} \!>\! CH^2 + 2\,H^2O.$$

Ainsi obtenue, la formalazine doit être polymérisée, car elle est insoluble dans les dissolvants usuels. Elle se décompose à 100° en perdant de l'ammoniaque, mais elle n'est pas altérée par l'eau bouillante, ni par la potasse, ni par la liqueur de Fehling. Les acides dilués froids la dissolvent sans altération ; si on chauffe ces solutions, elles se décomposent en régénérant l'hydrazine et l'aldéhyde formique. On peut précipiter la formalazine de ses dissolutions acides au moyen d'un alcali bouillant.

M. Pulvermacher a obtenu un *chlorhydrate* répondant à la formule $(C^2H^4Az^2)^2 . HCl$ en dissolvant la formalazine dans l'acide chlorhydrique dilué, froid, et en précipitant ensuite par l'alcool. Ce sel se présente sous la forme d'aiguilles blanches, solubles dans l'eau. Sa solution aqueuse réduit l'azotate d'argent et la liqueur de Fehling, mais à chaud seulement ; cette réduction est en effet précédée d'une décomposition en hydrazine et aldéhyde formique.

Le chlorure de platine fournit avec une solution aqueuse du chlorhydrate un précipité jaune clair, pulvérulent, insoluble dans l'eau, dans l'alcool et dans l'éther, qui répond à la formule

$$(C^2H^4Az^2)^6 . 2\,HCl , PtCl^4$$

et qui est décomposé par l'eau chaude.

Les agents réducteurs dédoublent la formalazine en ammoniaque et méthylamine. Le brome en solution dans l'acide acétique la transforme en un *dérivé bromé*, orangé, instable [G. Pulvermacher, *D. chem. G.*, 26, 2360].

ACTION DE L'ALDÉHYDE FORMIQUE SUR LES AMINES GRASSES. — D'une façon générale, l'aldéhyde formique réagit sur les amines primaires et secondaires en substituant le radical méthylénique à 2 atomes d'hydrogène. On obtiendra donc deux produits bien différents, selon la nature de l'amine :

$$R . Az\,H^2 + CH^2O = R . Az = CH^2 + H^2O,$$

$$2\,\begin{matrix} R \\ R' \end{matrix}\!>\!Az\,H + CH^2O$$

$$= \begin{matrix} R \\ R' \end{matrix}\!>\!Az - CH^2 - Az\!<\!\begin{matrix} R \\ R' \end{matrix} + H^2O.$$

Ces composés sont en général polymérisés ; ils se présentent sous la forme de poudre ou de cristaux mal définis dont le point de fusion est peu net ; quelquefois ils sont liquides. Les acides et les alcalis bouillants les décomposent [Trillat, *Bull. Soc. Chim.*, (3), 9, 562].

M. L. Henry a montré que l'aldéhyde formique pouvait réagir d'une autre façon sur les amines grasses substituées, en se comportant alors comme un glycol $CH^2(OH)^2$. Dans ce cas, il y a formation d'un dérivé de l'*alcool aminométhylique*

$$CH^2\!<\!\begin{matrix} OH \\ Az\,HR \end{matrix}$$

Lorsqu'on fait agir un excès d'aldéhyde for-

mique sur une solution de chlorhydrate de méthylamine, le liquide devient acide à la phtaléine tout en restant neutre au méthylorange ; l'acide chlorhydrique reste donc uni à une base faible. On se trouve ici en présence d'un état d'équilibre comme dans le cas des sels ammoniacaux [Cambier et Brochet, *Bull. Soc. Chim.*, (3), 13, 392].

Cette base faible est la *triméthyltriméthylène-amine* $(CH^2 = Az . CH^3)^3$, à laquelle MM. Duden et Scharff ont attribué la constitution suivante :

$$\begin{matrix} & & Az\,CH^3 & & \\ H^2C & & & & CH^2 \\ CH^2\,Az & & & & Az\,CH^2 \\ & & CH^2 & & \end{matrix}$$

On l'obtient directement en faisant réagir l'aldéhyde formique à froid sur une solution aqueuse de méthylamine, et en séparant le produit par la potasse.

La triméthyltriméthylène-amine se présente sous la forme d'un liquide mobile, incolore, soluble dans l'eau, qui bout à 166°. Elle se solidifie dans un mélange de neige carbonique et d'éther, et fond alors à — 27°. Sa densité à 18°,7 est égale à 0,9215 [L. Henry, *Bull. Acad. Roy. de Belgique*, (3), 8, 200].

M. Henry avait attribué à cette base la formule simple $CH^2 = Az . CH^3$, mais les chiffres cryoscopiques montrent qu'elle possède la formule triple. Son point d'ébullition est d'ailleurs trop élevé pour une molécule aussi simple (Cambier et Brochet).

La triméthyltriméthylène-amine est une base tertiaire ; elle se combine avec énergie aux iodures alcooliques ; elle ne fournit pas de dérivés nitrosés et ne réagit plus sur l'aldéhyde formique.

Ses sels sont très solubles dans l'eau et dans l'alcool.

Le *chlorhydrate* s'obtient sous la forme d'aiguilles déliquescentes fusibles à 120°, en saturant de gaz chlorhydrique une solution benzénique de la base.

Le *chloroplatinate* a pour formule

$$[(CH^3 . Az . CH^2 . HCl)^2 . PtCl^4]^3 .$$

On ne peut pas l'obtenir en précipitant directement par le chlorure de platine un mélange équimoléculaire d'ammoniaque et d'aldéhyde formique, car il se forme dans ces conditions du chloroplatinate d'ammoniaque et d'hexaméthylène-tétramine.

Le *picrate*, $(CH^2 = Az\,CH^3)^3 . C^6H^3Az^3O^7$, cristallise en prismes fusibles à 127-128°, solubles dans l'eau froide, dans l'éther et le chloroforme. L'eau bouillante le décompose en donnant du picrate de méthylamine et de l'aldéhyde formique.

Le *benzoate* n'a pas pu être préparé. Lorsqu'on fait réagir le chlorure de benzoyle en présence de la soude sur la triméthyltriméthylène-amine, ou sur un mélange de chlorure d'ammonium (6gr,3), de soude et de formaldéhyde à 40 0/0 (7gr,5), on obtient un précipité blanc amorphe, peu soluble dans l'alcool, qui cristallise dans un mélange d'éther et de chloroforme en petits octaèdres fusibles à 220-221°.

Ce composé répond sensiblement à la formule $(CH^2 = Az . COC^6H^5)^3$ : c'est donc le *tribenzoate de triméthylène-amine*. Son poids moléculaire a été déterminé en solution dans le bromure d'éthylène.

Les acides minéraux bouillants dédoublent ce composé en donnant un mélange d'acide benzoïque, d'aldéhyde formique et d'ammoniaque. Il se forme aussi une petite quantité de méthylène-dibenzamide [P. Duden et M. Scharff, *D. chem. G.*, **28**, 936].

*Action de l'hydrogène sulfuré sur la triméthyltriméthylène-triamine.* — Lorsqu'on sature de gaz sulfhydrique sec de la triméthyltriméthylène-triamine, le liquide se sépare en deux couches, dont la supérieure constitue simplement du sulfhydrate de méthylamine, tandis que la couche inférieure renferme de la méthylthioformaldine fusible à 65° (voyez p. 303). On peut donc représenter cette réaction par l'équation suivante :

$$(CH^2 = Az . CH^3)^3 + 3 H^2S$$
$$= (CH^2)^3 S^2 . Az CH^3 + (Az H^2 C H^3)^2 , H^2 S.$$

*Action du sulfure de carbone.* — Le sulfure de carbone réagit très vivement sur la triméthyltriméthylène-amine, en donnant naissance à de la *diméthylformocarbothialdine* :

$$3 CS^2 + 2 (CH^2 = Az - CH^3)^3$$
$$= 3 CS^2 . (CH^2 = Az - CH^3)^2.$$

Celle-ci cristallise dans l'alcool absolu en fines aiguilles blanches qui fondent à 96°. L'acide chlorhydrique la dédouble en aldéhyde formique, méthylamine et sulfure de carbone; si l'on opère en présence d'alcool, il se forme en outre du diéthylformal. Le permanganate l'oxyde complètement.

Lorsqu'on chauffe cette diméthylformocarbothialdine avec de l'alcool absolu et de l'iodure de méthyle, on la transforme en un composé blanc cristallisé qui répond à la formule $C^4 H^{10} Az S^2 I$ :

$$CS^2 (CH^2 = Az \quad CH^3)^2 + 2 CH^3 I + 4 C^2 H^5 . OH$$
$$= C^4 H^9 Az S^2 . HI + CH^3 - Az H^2 , HI$$
$$+ 2 CH^2 (O C^2 H^5)^2.$$

Ce nouveau corps constitue l'*iodhydrate* d'une *base* $C^4 H^9 Az S^2$. Il fond à 142° et se dissout facilement dans l'eau et dans l'alcool chaud.

La base elle-même peut être obtenue en décomposant l'iodhydrate par la soude. Elle se présente sous la forme d'un liquide dense, très peu soluble dans l'eau chaude et insoluble dans l'eau froide. Elle bout à 192° et possède une odeur de choux cuit.

Le *chlorhydrate* est déliquescent.

Le *chloroplatinate*, $(C^4 H^9 Az S^2 . HCl)^2 Pt Cl^4$, cristallise en paillettes jaunes.

Le *chloromercurate* constitue un précipité blanc cristallisé qui fond à 153-154°, et qui peut être sublimé.

M. Delépine a attribué à cette base la constitution

$$CH^3 Az = C \diagdown \genfrac{}{}{0pt}{}{SCH^3}{SCH^3}$$

L'action de l'ammoniaque donne lieu à la formation de carbonate et de sulfocyanate d'ammonium et de mercaptan méthylique.

D'autre part, l'acide chlorhydrique décompose la même base vers 150-160° en vase clos, en donnant un mélange d'acide carbonique, de mercaptan et de méthylamine. Cette réaction s'explique fort bien de la façon suivante :

$$CH^3 Az = C \diagdown \genfrac{}{}{0pt}{}{SCH^3}{SCH^3} + 2 H^2O$$
$$= CO^2 + 2 CH^3 SH + Az H^2 . CH^3.$$

De plus, la stabilité du soufre dans la molécule est très grande, et ce fait vient à l'appui de la constitution admise par M. Delépine.

Quant à la diméthylformocarbothialdine, ce chimiste lui attribue la formule suivante :

$$S = C \diagup\diagdown \genfrac{}{}{0pt}{}{-Az - < \genfrac{}{}{0pt}{}{CH^3}{CH^2}}{S - Az - \genfrac{}{}{0pt}{}{CH^3}{CH^2}}$$

qui rend assez bien compte des propriétés du corps, et de sa transformation en la base

$$CH^3 Az = C (SCH^3)^2.$$

Cette transformation peut être en effet représentée de la façon suivante :

$$S = C \diagup\diagdown \genfrac{}{}{0pt}{}{-Az - < \genfrac{}{}{0pt}{}{CH^3}{CH^2}}{S - Az - \genfrac{}{}{0pt}{}{CH^3}{CH^2}} + 4 C^2 H^5 OH + 2 CH^3 I$$
$$= \genfrac{}{}{0pt}{}{CH^3}{I} \diagdown S = C \diagdown \genfrac{}{}{0pt}{}{AzH . CH^3}{SCH^3} CH^3 + 2 CH^2 (O C^2 H^5)^2$$
$$+ CH^3 . Az H^2 . HI$$

$$\genfrac{}{}{0pt}{}{CH^3}{I} \diagdown S = C \diagdown \genfrac{}{}{0pt}{}{AzH . CH^3}{S . CH^3}$$
$$= CH^3 . S = C \diagdown \genfrac{}{}{0pt}{}{Az . CH^3}{S . CH^3} , HI$$

[Marcel Delépine, *Bull. Soc. Chim.*, (3), **15**, 889, 891].

La *triéthyltriméthylène-amine*,

$$(C^2 H^5 . Az = CH^2)^3,$$

a été préparée comme le composé précédent, en traitant l'éthylamine par l'aldéhyde formique ou par le trioxyméthylène à froid (Henry), ou en vase clos à 100° (Kolotow). C'est un liquide incolore, mobile, qui bout vers 207-208°, et dont la densité est égale à 0,8923 à 18°,7.

La triéthyltriméthylène-amine se solidifie dans un mélange de neige carbonique et d'éther; elle fond alors vers — 45°. Elle est soluble dans l'eau froide; mais non pas dans l'eau chaude. L'acide chlorhydrique la dédouble à chaud en aldéhyde formique et éthylamine. Elle forme un *hydrate* qui bout vers 115°.

Son *chloroplatinate*,

$$[(C^2 H^5 Az = CH^2 . HCl)^2 . Pt Cl^4]^3,$$

est un précipité jaune clair qui s'obtient en traitant la solution alcoolique de la base par un mélange d'acide chlorhydrique et de chlorure de platine.

L'*iodométhylate* a pour formule

$$(C^2 H^5 . Az . CH^2 . CH^3 I)^3$$

[S. Kolotow, *Journ. russ. Phys. Chim.*, **1**, 229]. La triéthyltriméthylène-amine réagit sur le sulfure de carbone comme son homologue inférieur, en donnant naissance à la *diéthylformocarbothialdine*,

$$S = C \diagup\diagdown \genfrac{}{}{0pt}{}{-Az - < \genfrac{}{}{0pt}{}{C^2H^5}{CH^2}}{S - Az - \genfrac{}{}{0pt}{}{C^2H^5}{CH^2}}$$

qui se présente sous la forme de prismes blancs, solubles dans l'alcool absolu, fusibles à 75°.

Cette thialdine s'unit à l'iodure de méthyle pour donner l'iodhydrate d'une *base*

$$C^2 H^5 . Az = C \diagdown \genfrac{}{}{0pt}{}{SCH^3}{SCH^3}$$

qui bout au-dessus de 200° [Marcel Delépine, *Bull. Soc. Chim.*, (3), **15**, 899].

La *tripropyltriméthylène-amine*,

$$(C^3H^7 . Az = CH^2)^3,$$

est un liquide insoluble dans l'eau, qui bout à 248° et ne se solidifie pas à — 75°. Sa densité est égale à 0,880 à 18°,7.

L'aldéhyde formique réagit violemment sur une solution aqueuse de diméthylamine en donnant la *tétraméthylméthylène-diamine*,

$$CH^2 < {Az(CH^3)^2 \atop Az(CH^3)^2}$$

Celle-ci se présente sous la forme d'un liquide incolore, mobile, soluble dans l'eau; elle est douée d'une odeur assez piquante; sa densité est égale à 0,7491 à 18°,7. Elle bout à 85° et ne se solidifie pas dans un mélange de neige carbonique et d'éther (Henry).

La *tétréthylméthylène-diamine*,

$$CH^2 < {Az(C^2H^5)^2 \atop Az(C^2H^5)^2}$$

s'obtient d'une façon analogue; c'est un liquide incolore, inodore, peu soluble dans l'eau, qui bout à 168° et dont la densité est égale à 0,8105 à 18°.

Cette base est décomposée par les acides; elle ne réagit plus sur l'aldéhyde formique, mais elle se combine avec énergie à l'iodure de méthyle en donnant un *iodométhylate* cristallisé (Kolotow).

La *tétrapropylméthylène-diamine*,

$$CH^2 < {Az(C^3H^7)^2 \atop Az(C^3H^7)^2}$$

bout vers 225-230° en se décomposant légèrement.

Sa densité à 18° est égale à 0,8014.

La *n-diamylméthylène-diamine*,

$$CH^2 < {Az(C^5H^{11})^2 \atop Az(C^5H^{11})^2}$$

bout vers 237-238°. Comme les bases précédentes, elle est insoluble dans les liqueurs fortement alcalines, et elle fixe facilement 1 molécule d'eau en régénérant l'aldéhyde formique et l'amine primitive (Henry).

M. W. Eschweiler a fait breveter l'action de l'aldéhyde formique et celle du trioxyméthylène (avec ou sans eau) sur les diamines et les sels de diamines à chaud.

Il obtient par ce procédé des méthylène-amines, qui se décomposent vers 130-160° en perdant de l'acide carbonique et en se transformant en combinaisons méthylées à l'azote [Hanovre, *D. R. P.*, n° 80520].

*Séparation des amines primaires, secondaires et tertiaires au moyen de l'aldéhyde formique.* — M. Delépine s'est servi, pour séparer les amines primaires, secondaires et tertiaires, de leurs combinaisons avec l'aldéhyde formique, car les points d'ébullition de celles-ci sont bien plus éloignés les uns des autres que ceux des bases elles-mêmes. Ainsi la méthylamine donne avec la formaldéhyde la *triméthyltriméthylène-amine*, $(CH^2 = Az . CH^3)^3$, bouillant à 160°; la diméthylamine donne naissance à la *tétraméthylméthylène-diamine*,

$$CH^2 < {Az(CH^3)^2 \atop Az(CH^3)^2}$$

bouillant à 85°; enfin la *triméthylamine* ne s'unit pas à l'aldéhyde formique et bout à 90°.

Le procédé employé pour séparer ces amines est le suivant : Après avoir éliminé autant que possible l'ammoniaque à l'état de chlorhydrate [Vincent, *Bull. Soc. Chim.*, (2), 27, 148], on déplace les trois bases par la soude solide, et on les recueille dans un ou deux flacons contenant de la formaldéhyde commerciale et refroidis soigneusement.

Le liquide ainsi obtenu renferme les deux méthylène-amines, de la triméthylamine, de l'aldéhyde formique et des traces d'hexaméthylène-tétramine. On traite ce mélange par la potasse solide, en condensant les vapeurs au moyen d'un réfrigérant et en recueillant les gaz (triméthylamine) dans un flacon de Woulf. Pour chasser les dernières traces de triméthylamine, on distillera jusqu'à 20°, en condensant la base dans des matras refroidis à 5°.

Le résidu est ensuite fractionné. On obtient en général deux portions : l'une bout vers 67-68° et constitue une *combinaison moléculaire* de tétraméthylméthylène-diamine et d'alcool méthylique, à laquelle l'auteur assigne la constitution suivante :

$$[(CH^3)^2Az]^2 CH^2 + CH^3OH + 1/3\ H^2O\ ;$$

l'autre bout à 166° : c'est de la triméthyltriméthylène-amine.

Pour régénérer la diméthylamine et la monométhylamine de leurs combinaisons, on peut se servir de trois procédés :

1° On sature d'acide picrique les solutions aqueuses de ces combinaisons. Par évaporation, les picrates des bases correspondantes se déposent à l'état cristallisé.

2° On traite les bases méthyléniques par un mélange d'alcool et d'acide chlorhydrique, et l'on fait bouillir. Les méthylène-amines sont dédoublées en formaldéhyde et amines, dont les chlorhydrates cristallisent par refroidissement.

3° On régénérera facilement la monométhylamine en traitant sa combinaison méthylénique par une solution aqueuse chaude d'iodobismuthate de potassium en présence d'acide chlorhydrique. La méthylamine est précipitée et peut être séparée ainsi de l'ammoniaque provenant de l'hexaméthylène-tétramine.

Un procédé analogue peut être appliqué aux éthylamines [M. Delépine, *Bull. Soc. Chim.*, (3), 15, 701].

L'aldéhyde formique en excès réagit à la température ordinaire, en solution aqueuse, sur les amines substituées, en donnant des *dérivés de l'alcool aminométhylique*,

$$CH^2O + AzH^2R = CH^2 < {OH \atop AzHR}$$

Ces composés sont des liquides plus ou moins solubles dans l'eau. On peut les isoler au moyen du carbonate de potassium. Tous se décomposent lorsqu'on cherche à les distiller. Ils sont peu réfringents, et possèdent une odeur piquante. L'action de la potasse solide et des amines substituées les transforme en méthylène-diamines :

$$CH^2 < {OH \atop AzR^2} + AzHR^2 = CH^2(AzR^2)^2 + H^2O.$$

Ils se combinent avec l'acide cyanhydrique pour former des *nitriles* :

$$CH^2 < {OH \atop AzHR} + CAzH = {CAz \atop CH^2 - AzHR} + H^2O.$$

L'*alcool méthylaminométhylique*,

$$CH^2OH - AzH . CH^3,$$

est un liquide incolore, mobile, doué d'une odeur piquante, et dont la densité est égale à 0,9524 à 11°,6. La potasse solide transforme cet alcool en triméthyltriméthylène-amine ; la dibenzylamine forme avec lui une combinaison cristallisée répondant à la formule

$$CH^2 < \begin{matrix} AzH \cdot CH^3 \\ Az(CH^2 - C^6H^5)^2 \end{matrix}$$

*L'alcool éthylaminométhylique,*

$$CH^2 < \begin{matrix} OH \\ AzH\,C^2H^5 \end{matrix}$$

s'obtient comme le précédent. Les rendements sont théoriques. Il constitue un liquide soluble dans l'eau, et possède une densité égale à 0,9091 a 11°,6.

*L'alcool propylaminométhylique,*

$$CH^2 < \begin{matrix} OH \\ AzH\,C^3H^7 \end{matrix}$$

est un liquide incolore, peu soluble dans l'eau, dont la densité est égale à 0,8903 à 11°,6.

*L'alcool isobutylaminométhylique,*

$$CH^2 < \begin{matrix} OH \\ AzH\,C^4H^9 \end{matrix}$$

est insoluble dans l'eau; sa densité est égale à 0,8651 à 11°,6; celle de *l'alcool isoamylaminométhylique* est égale à 0,8922 à la même température.

*L'alcool diméthylaminométhylique*

$$CH^2 < \begin{matrix} OH \\ Az(CH^3)^2 \end{matrix}$$

s'obtient en traitant l'aldéhyde formique par la diméthylamine. La réaction est si vive, qu'on est obligé de refroidir. Cet alcool se présente sous la forme d'un liquide mobile, doué d'une odeur piquante, qui ne se solidifie pas à — 75° et dont la densité est égale à 0,8170 à 11°,6.

Le sodium le transforme en un *dérivé sodé,* $NaO \cdot CH^2 \cdot Az(CH^3)^2$, qui constitue une poudre blanche.

La diméthylamine réagit sur l'alcool diméthylaminométhylique en donnant de la tétraméthylméthylène-diamine :

$$CH^2 < \begin{matrix} OH \\ Az(CH^3)^2 \end{matrix} + AzH(CH^3)^2$$
$$= CH^2 < \begin{matrix} Az(CH^3)^2 \\ Az(CH^3)^2 \end{matrix} + H^2O.$$

La potasse caustique solide conduit au même résultat.

Le cyanure de potassium réagit sur une solution aqueuse de l'alcool en donnant le nitrile du diméthylglycocolle. Ce nitrile est liquide; il est soluble dans l'eau, dont on peut le séparer au moyen du carbonate de potassium.

L'aldéhyde formique se combine également avec la diéthylamine, la dipropylamine et la diisobutylamine en donnant naissance à des composés analogues [L. Henry, *Bull. Acad. Roy. de Belgique*, (3), **29**, 255].

Action de l'aldéhyde formique sur les amines aromatiques. — L'aldéhyde formique se comporte de deux façons différentes vis-à-vis des amines aromatiques, suivant la nature de celles-ci : tantôt elle donne naissance à des dérivés méthyléniques, comme dans le cas des amines grasses, par substitution d'un radical $CH^2$ à 2 atomes d'hydrogène, ces 2 atomes pouvant appartenir à 1 ou à 2 molécules d'amine; tantôt l'aldéhyde formique réagit comme un glycol ou comme le chlorure de méthylène, et donne naissance à des produits de condensation plus complexes, qui renferment 2 noyaux aromatiques reliés entre eux par le groupement $CH^2$, c'est-à-dire aux dérivés du diphénylméthane.

Le premier cas est plus rare; on en a signalé quelques exemples fournis par les amines primaires, principalement par les rosanilines.

*Anhydroformaldéhyde-aniline* [Syn. *Phénylimino-méthane*]. — Ce nom a été donné à la combinaison d'aniline et d'aldéhyde formique,

$$C^6H^5 \cdot Az = CH^2 \quad \text{ou plutôt} \quad (C^6H^5 \cdot Az = CH^2)^3,$$

qui a été obtenue pour la première fois par M. Tollens, en mélangeant les deux composants à la température ordinaire, et en faisant cristalliser le produit dans le toluène. Les proportions employées étaient : aldéhyde formique (à 1,2 0/0), 500 centimètres cubes; aniline pure, 25 grammes [*D. chem. G.*, **17**, 653; **18**, 3300]. La réaction est la suivante :

$$3\,C^6H^5 \cdot AzH^2 + 3\,CH^2O$$
$$= 3\,H^2O + (C^6H^5Az = CH^2)^3.$$

Plus récemment, M. Kolotow a préparé l'anhydroformaldéhyde-aniline en chauffant au bain-marie un mélange de trioxyméthylène, d'aniline et d'alcool. Il obtient en même temps un produit plus polymérisé qui fond vers 200° [*Journ. russ. Phys. Chim.*, **17**, 229].

M. Pratesi a isolé trois produits différents dans l'action de l'aldéhyde formique sur l'aniline en solution très diluée. Ces trois substances sont :

1° La *méthylène-diphényldiamine,*

$$CH^2 < \begin{matrix} AzH \cdot C^6H^5 \\ AzH \cdot C^6H^5 \end{matrix}$$

qui cristallise en tables fusibles vers 48-49°, et qui se dissout dans l'alcool en se transformant en un mélange d'une huile et de cristaux fusibles à 140°. Le *chloroplatinate* de cette base a pour formule $C^{13}H^{14}Az^2 \cdot 2HCl \cdot PtCl^4$.

2° L'*anhydroformaldéhyde-aniline,* fusible vers 140°, et dont la formule serait, d'après M. Pratesi,

$$CH^2 \begin{matrix} Az\,C^6H^5 \\ \diagdown \diagup \\ Az\,C^6H^5 \end{matrix} CH^2.$$

3° Une substance basique peu soluble dans l'alcool qui constituerait un *polymère* du composé précédent [L. Pratesi, *Gazz. chim. ital.*, **14**, 351].

MM. von Miller et Plöchl ont également obtenu, par l'action de la formaldéhyde sur l'aniline en solution aqueuse, un mélange d'anhydroformaldéhyde-aniline et d'un autre produit plus polymérisé, insoluble dans les dissolvants organiques [*D. chem. G.*, **25**, 2020].

L'anhydroformaldéhyde-aniline cristallise en paillettes blanches ou en tables insolubles dans l'eau, peu solubles dans l'alcool bouillant qui la décompose, solubles dans l'éther, le chloroforme, le benzène et le toluène. Elle fond vers 140°, en se transformant, d'après M. Kolotow, en un produit fusible à plus haute température.

Elle se dissout dans l'acide chlorhydrique, l'acide acétique et dans une solution alcoolique d'acide oxalique, en se décomposant partiellement. Si l'on évapore ces dissolutions, on obtient une certaine quantité d'aiguilles d'un rouge bleuâtre, qui prennent naissance également lorsqu'on broie le trioxyméthylène avec du chlorhydrate d'aniline.

L'eau bouillante sous pression dédouble l'anhydroformaldéhyde-aniline en aldéhyde formique et aniline. Le permanganate l'oxyde en donnant une certaine quantité de carbylamine :

$$(C^6H^5Az = CH^2)^3 + 3\,O = 3\,H^2O + 3\,C^6H^5 \cdot Az = C.$$

L'anhydroformaldéhyde-aniline (ou *triphényl-*

*triméthylène-amine*) possède la formule triple en solution benzénique. On peut donc lui attribuer la constitution

$$\mathrm{AzC^6H^5}\quad \mathrm{CH^2} \bigcirc \mathrm{CH^2} \quad \mathrm{C^6H^5Az} \quad \mathrm{AzC^6H^5} \quad \mathrm{CH^2}$$

Elle ne forme pas de sels bien définis. Elle se combine cependant à l'iodure de méthyle, et fournit un chlorhydrate gélatineux [Gambier et Brochet, *Bull. Soc. Chim.*, (3), **13**, 392].

Elle se dissout peu à peu dans son poids d'acide cyanhydrique anhydre, à froid, en donnant naissance au *nitrile phénylaminoacétique*,

$$(\mathrm{C^6H^5Az=CH^2}) + 3\,\mathrm{CAzH}$$
$$= 3\,(\mathrm{C^6H^5 . AzH . CH^2 . CAz}).$$

Celui-ci cristallise par évaporation sous la forme de paillettes fusibles à 43°, solubles dans l'alcool, l'éther et le benzène, peu solubles dans la ligroïne et dans l'eau. L'acide chlorhydrique le saponifie en donnant du phénylglycocolle.

En saturant d'hydrogène sulfuré une solution benzénique d'anhydroformaldéhyde-aniline, on obtient un produit d'addition fusible à 93°, qui répond à la formule $(\mathrm{C^6H^5 . AzH . CH^2})^2\mathrm{S}$.

Il se forme en même temps un autre composé bien cristallisé, qui fond vers 112-117°.

La réduction de l'anhydroformaldéhyde-aniline par le zinc et l'acide chlorhydrique fournit de la méthylaniline avec des traces d'indol [W. von Miller et J. Plöchl, *D. chem. G.*, **25**, 2020].

D'après MM. C. Eberhardt et Ad. Welter, la formaldéhyde réagit d'une façon spéciale sur l'aniline en solution alcaline. En chauffant un mélange d'aniline (186 gr.), de potasse (30 à 60 gr.), d'alcool (50 gr.) et de formaldéhyde à 40 0/0 (77 gr.), on obtient un mélange d'anhydroformaldéhyde-aniline et de *méthylène-diphényldiamine*; ce dernier composé se forme suivant l'équation

$$\mathrm{CH^2O} + 2\,\mathrm{AzH^2 . C^6H^5}$$
$$= \mathrm{CH^2} {\Large\langle} {\mathrm{AzH . C^6H^5} \atop \mathrm{AzH . C^6H^5}} + \mathrm{H^2O}.$$

On peut le préparer aussi en chauffant 1 molécule d'anhydroformaldéhyde-aniline avec 1 molécule d'aniline et de l'alcool, ou encore en faisant réagir l'aldéhyde formique sur une solution concentrée de formanilide.

La méthylène-diphényldiamine (ou diphényldiamino-méthane) cristallise en tables quadratiques fusibles vers 63°, solubles dans l'éther et dans l'alcool froid. Elle se décompose partiellement à la distillation (vers 209-210°) en donnant de l'anhydroformaldéhyde-aniline. L'alcool bouillant provoque la même réaction. L'acide sulfurique dilué la dédouble en aldéhyde formique et aniline.

En chauffant la méthylène-diphényldiamine avec du chlorhydrate d'aniline et de l'aniline, on obtient une matière colorante bleue (diaminodiphénylméthane) [C. Eberhardt et Ad. Welter, *D. chem. G.*, **27**, 1804].

L'anhydroformaldéhyde-aniline est une des formes sous lesquelles on peut reconnaître et doser l'aldéhyde formique (voyez *Dosage*).

L'aldéhyde formique se combine aux toluidines en donnant naissance à des composés analogues.

Ainsi, en chauffant un mélange d'o-toluidine (204 gr.), d'aldéhyde formique (77 gr.), d'alcool (50 à 60 gr.) et de potasse (30 à 50 gr.),

MM. Eberhardt et Welter ont obtenu un mélange de *méthylène-di-o-tolyldiamine*,

$$\mathrm{CH^2} {\Large\langle} {\mathrm{AzH . C^6H^4 . CH^3} \atop \mathrm{AzH . C^6H^4 . CH^3}}$$

sous la forme d'aiguilles prismatiques fusibles à 52°, solubles dans les dissolvants usuels, et d'*anhydroformaldéhyde-o-toluidine*,

$$(\mathrm{CH^2=Az . C^6H^4 . CH^3})^2,$$

fusible à 100°.

Cette dernière base a été préparée par MM. Wellington et Tollens en combinant directement l'o-toluidine avec l'aldéhyde formique à 1,2 0/0. Elle cristallise en paillettes brillantes.

La p-toluidine fournit deux combinaisons analogues; l'une l'*anhydroformaldéhyde-p-toluidine*, $(\mathrm{CH^2=Az . C^6H^4 . CH^3})^3$, s'obtient en chauffant un mélange de p-toluidine (34gr,5) et de formaldéhyde à 40 0/0 (25 cent. cubes) avec un peu d'alcool et quelques gouttes d'acide chlorhydrique. Elle se présente sous la forme de cristaux peu solubles dans l'éther, solubles dans le benzène et dans le toluène. Lorsqu'on la fait cristalliser dans ce dernier dissolvant, on peut la fractionner en deux portions, dont l'une est beaucoup moins soluble que l'autre.

Cette dernière portion fond en se décomposant vers 205-208°; l'acide sulfurique dilué la scinde en aldéhyde formique et toluidine, mais la réaction n'est pas quantitative.

L'acide chlorhydrique agit de même; il est donc impossible d'en préparer le chloroplatinate. L'analyse conduit à attribuer à cette substance la formule brute $(\mathrm{C^7H^7 . Az=CH^2})^n$.

La portion la plus soluble dans le toluène est constituée par l'anhydroformaldéhyde-p-toluidine. Elle fond vers 125-136° [Wellington et Tollens].

En chauffant un mélange de p-toluidine (214 gr.), d'alcool (50 gr.), de potasse (30 à 50 gr.) et de formaldéhyde à 40 0/0 (77 gr.), MM. Eberhardt et Welter ont obtenu une certaine quantité de cette anhydroformaldéhyde-p-toluidine; mais la majeure partie du produit de la réaction est constituée par de la *méthylène-di-p-tolyldiamine*,

$$\mathrm{CH^2} {\Large\langle} {\mathrm{AzH . C^6H^4 . CH^3} \atop \mathrm{AzH . C^6H^4 . CH^3}}$$

qui se présente sous la forme de paillettes argentées fusibles à 86°, solubles dans les dissolvants organiques et dans les acides minéraux dilués.

Ce composé présente, de même que son isomère ortho et que son homologue inférieur, la méthylène-diphényldiamine, la remarquable propriété de subir une transposition moléculaire sous l'influence de l'acide chlorhydrique, de l'aniline ou du chlorhydrate d'aniline à l'ébullition, et de se transformer en dérivés du diphénylméthane. Le radical méthylénique se fixe en position para, ou, si celle-ci est occupée, en position ortho, par rapport aux groupements aminés. C'est ainsi que l'on obtient respectivement, à partir de la méthylène-diphényldiamine, de la méthylène-di-o-tolyldiamine et de la méthylène-di-p-tolyldiamine, le *diaminodiphénylméthane*, le *diamino-di-o-tolylméthane* et le *diamino-di-p-tolylméthane*:

$$\bigcirc \bigcirc \;=\; \bigcirc {\mathrm{CH^2} \atop } \bigcirc$$

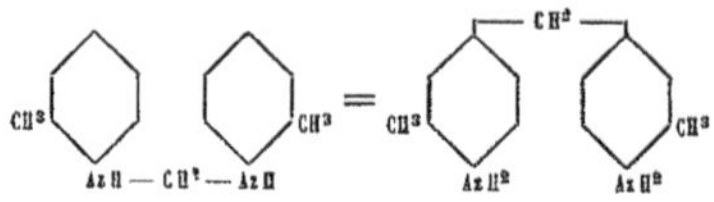

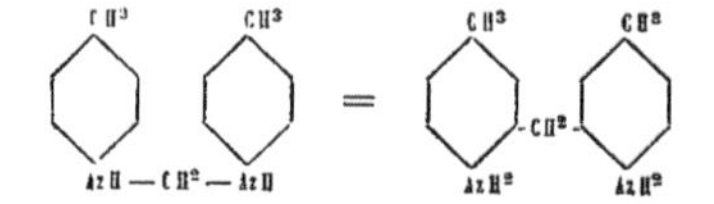

[Eberhardt et Welter, *D. chem. G.*, **27**, 271].

Cette transposition moléculaire s'effectue dans bien des cas directement, c'est-à-dire qu'il suffit de chauffer un mélange d'aldéhyde formique et d'une amine aromatique avec un agent de condensation, tel que l'acide chlorhydrique concentré, le chlorure de zinc ou l'acide sulfurique, pour obtenir un dérivé du diphénylméthane.

D'après MM. Meister Lucius et Brüning, cette réaction s'effectue bien plus difficilement dans le cas des amines substituées en position para : elle permet donc de séparer ces dernières de leurs isomères, en faisant réagir l'aldéhyde formique sur le mélange des chlorhydrates, et en entraînant ensuite par un courant de vapeur la base qui n'a pas réagi [D. R. P., 87615].

L'aldéhyde formique se combine avec la pipéridine en solution aqueuse, à chaud, en donnant naissance à la *tripipéridotriméthylène-triamine* $(CH^2 = Az . C^5H^9)^3$. Celle-ci se présente sous la forme d'un liquide un peu visqueux, insoluble dans l'eau, dont la densité est égale à 0,9148 à 18°,7. Elle cristallise à basse température en petites aiguilles qui fondent à − 2°.

On obtient également, en opérant à la température ordinaire, l'*alcool pipéridoaminométhylique*, $C^5H^{10}Az . CH^2 . OH$, sous la forme d'un liquide dont la densité est égale à 0,9091. En traitant cet alcool par un excès de pipéridine, on le transforme dans la méthylène-diamine correspondante,

$$CH^2 \underset{\diagdown Az\, C^5H^{10}}{\overset{\diagup Az\, C^5H^{10}}{}}$$

qui bout vers 237-238° [Henry, *Bull. Acad. Roy. de Belgique*, (3), **28**, 200; **29**, 255].

L'aldéhyde formique s'unit encore à un grand nombre de bases aromatiques pour donner les méthylène-amines correspondantes. Ces combinaisons seront simplement signalées ici ; leur description détaillée sera renvoyée aux articles concernant les bases elles-mêmes.

MM. Wellington et Tollens ont obtenu les combinaisons de l'aldéhyde formique avec les α- et β-naphtylamines sous la forme d'aiguilles ; celle qui se forme avec la xylidine est liquide [*D. chem. G.*, **18**, 3300].

La formaldéhyde se combine à 100° avec la quinaldine, en solution aqueuse, pour donner naissance à la *base* $C^9H^6Az . CH^2 . CH^2OH$, qui fond à 94-95°. Si l'on opère en présence de l'acide sulfurique, on obtient la vinylquinoléine [Th. Methner, *D. chem. G.*, **27**, 2689].

M. A. Schuftan a condensé l'aldéhyde formique avec le diméthylthiazol en chauffant ces deux substances à 160° pendant 12 heures. Il a obtenu une base répondant à la formule $C^6H^9AzSO$, qu'il a purifiée par un entraînement à la vapeur d'eau, et qui fournit un chlorhydrate, un chloraurate et un chloroplatinate bien cristallisés [*D. chem. G.*, **27**, 1009].

L'aldéhyde formique à 40 0/0 réagit sur les solutions alcooliques diluées bouillantes des trois nitranilines, en donnant naissance respectivement aux *méthylène-dinitranilines* correspondantes :

$$CH^2O + 2\,C^6H^4\,(AzO^2)\,AzH^2$$
$$= H^2O + CH^2\,(AzH . C^6H^4 . AzO^2)^2.$$

L'isomère *ortho* cristallise en aiguilles d'un jaune d'or fusibles à 195°, et l'isomère *méta* en aiguilles orangées fusibles à 213° ; l'isomère *para* fond à 232° [G. Pulvermacher, *D. chem. G.*, **25**, 2762; **26**, 955].

En traitant une solution concentrée de benzamidine par l'aldéhyde formique à 40 0/0, on obtient un mélange de cyaphénine et de *méthylène-dibenzamide* :

$$CH^2O + 2\,AzH^2\,(C\,AzH)\,C^6H^5$$
$$= CH^2\,(AzH . CO . C^6H^5)^2 + H^2O + AzH^3$$

[A. Pinner, *D. chem. G.*, **23**, 3820].

ACTION SUR LES DIAMINES. — Les diamines se combinent avec l'aldéhyde formique en solution alcoolique ou chlorhydrique en donnant naissance aux *imidazols* de M. Ladenburg.

Ainsi, on obtient la *méthylméthényltoluylène-diamine* bouillant à 278-280°, à partir de la toluylène-diamine (1.3.4) :

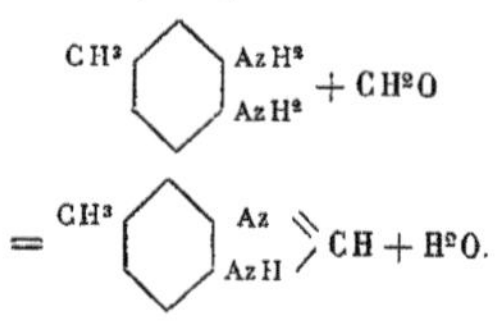

On prépare de même avec l'o-phénylène-diamine la *méthylméthénylphénylène-diamine* 1.2.3, qui fond à 33° et bout à 278°, et l'*éthyl-p-tolylméthénylnaphtylène-diamine* fusible à 200° à partir de l'α-éthyl-p-tolylnaphtylène-diamine [Otto Fischer et Hugo Wreszinski, *D. chem. G.*, **25**, 2711].

La seule exception à cette règle est fournie par l'*α-éthyl-β-phénylnaphtylamine*, qui se combine avec l'aldéhyde formique en présence d'alcool méthylique, en donnant le composé suivant :

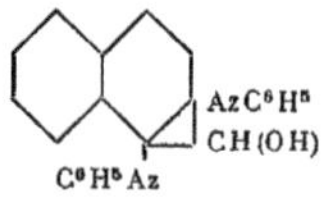

La condensation est accompagnée dans ce cas d'une oxydation plus avancée [Otto Fischer, *D. chem. G.*, **27**, 2773].

En solution neutre, la réaction se passe autrement : 4 molécules d'aldéhyde s'unissent, par exemple, à 2 molécules d'o-phénylène-diamine en présence d'alcool absolu bouillant pour donner la combinaison suivante :

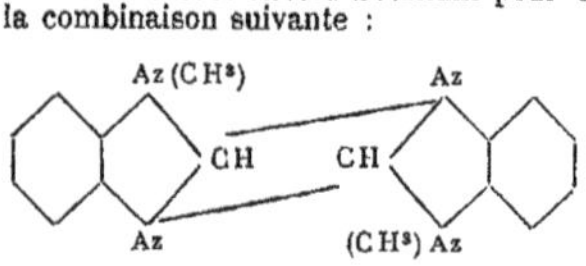

qui fond à 144°.

La toluylène-diamine (1.2.4) et l'o-naphtylène-diamine fournissent des combinaisons analogues qui fondent respectivement à 222° et à 105° [O. Fischer et Wreszinski, *loc. cit.*].

MM. L. Durand et Huguenin ont fait breveter les produits de condensation de la benzidine et de ses homologues avec l'aldéhyde formique. Ces composés s'obtiennent en chauffant le chlorhydrate de la base avec de l'alcool et de la formaldéhyde vers 90-100°. Ils ont, d'après les auteurs, une constitution analogue à celle-ci :

$$CH^2 \begin{cases} AzH . C^6H^4 . C^6H^4 . AzH^2 \\ AzH . C^6H^4 . C^6H^4 . AzH^2 \end{cases}$$

On peut les diazoter et les copuler avec différentes substances, telles que les acides naphtioniques ; on prépare ainsi des colorants bleus qui teignent le coton.

Le produit de condensation de la *benzidine* fond vers 84° ; il est soluble dans les acides dilués et dans l'alcool, et insoluble dans les alcalis ; celui de la *tolidine* fond à 85-90°, et celui de la *dianisidine* vers 75°.

En chauffant un mélange de formaldéhyde (1 mol.), de tolidine (1 mol.) et de chlorhydrate d'aniline (1 mol.), on obtient une *base mixte*, fusible à 50-55°, qui répond à la formule

$$CH^2 \begin{cases} C^6H^4 . AzH^2 \\ AzH . C^7H^6 . C^7H^6 . AzH^2 \end{cases}$$

La dianisidine fournit un composé analogue [L. Durand et Huguenin à Huningue (Alsace), D. R. P., 66737, 68920, 72431, 73123].

D'après M. Hugo Schiff, en chauffant vers 70-80° une solution chlorhydrique de benzidine avec de l'aldéhyde formique, on obtient un précipité d'aiguilles rouges qui sont dissociées par l'eau, et qui constituent le chlorhydrate d'une base

$$C^{16}H^{14}Az^2O.$$

à laquelle l'auteur assigne la constitution

$$O \begin{cases} CH^2 - C^6H^3 . Az = CH^2 \\ CH^2 - C^6H^3 . Az = CH^2 \end{cases}$$

Cette *oxyméthylène – benzidine* se présente sous la forme d'une poudre jaune, insoluble dans l'eau, soluble dans l'alcool bouillant, que l'eau chaude décompose en formaldéhyde et benzidine.

M. Schiff a obtenu des combinaisons analogues avec la tolidine, l'acide sulfanilique et les acides naphtioniques [D. chem. G., 25, 1936].

M. Trillat a décrit sous le nom de *couleurs transformées* un certain nombre de combinaisons qu'il a obtenues en chauffant les colorants aminés avec l'aldéhyde formique, et qui résultent du remplacement partiel ou total des atomes d'hydrogène des radicaux $AzH^2$ par des groupements méthyléniques.

Ces couleurs transformées sont généralement moins stables que leur point de départ. Elles n'ont donc qu'un intérêt théorique.

La *p-leucaniline transformée* est un produit de substitution incomplète qui répond à la formule $C^{10}H^{15}Az^3(CH^2)^2$, et qui se présente sous la forme d'une poudre blanche amorphe, bleuissant à l'air et soluble dans les acides.

La *rosaniline transformée* (violet à l'aldéhyde formique)

$$OHC \begin{cases} C^6H^4Az . CH^2 \\ C^6H^4Az . CH^2 \\ C^6H^4Az . H^2 \end{cases}$$

est une poudre brune, instable à la lumière, qui teint en un bleu violacé.

Les *rosanilines sulfonées* fournissent des dérivés méthyléniques d'un rouge violet.

La *safranine* et la *chrysaniline transformées* teignent en rouge brique :



la *β-aminoalizarine* et la *chrysoïdine transformées* en rouge bleuâtre :



$$C^6H^5 . Az = Az . C^6H^3 \begin{cases} Az = CH^2 \\ Az = CH^2 \end{cases}$$

les *indulines* en bleu foncé et le *rouge Congo transformé* en jaune vif :

$$C^6H^4 = Az . C^{10}H^5 \begin{cases} SO^3Na \\ Az = CH^2 \end{cases}$$
$$|$$
$$C^6H^4 = Az . C^{10}H^5 \begin{cases} Az = CH^2 \\ SO^3Na \end{cases}$$

[Trillat, *Bull. Soc. Chim.*, (3), 9, 562, 565].

Dans certains cas, la formaldéhyde réagit sur les amines aromatiques comme agent de réduction et de condensation à la fois. Ainsi, en chauffant au bain-marie 1 partie de nitrosodiméthylaniline avec 2 parties de formaldéhyde à 40 0/0, on obtient une certaine quantité de *formyl-p-aminodiméthylaniline*,

$$CHO . AzH . C^6H^4 . Az(CH^3)^2,$$

fusible à 108° [Joh. Pinnoff et G. Pistor, *D. chem. G.*, 26, 1313].

Cette réaction peut s'écrire de la façon suivante :

$$2 AzO . C^6H^4 . Az(CH^3)^2 + 3 CH^2O$$
$$= CO^2 + H^2O + 2 CHO . AzH . C^6H^4 . Az(CH^3)^2.$$

En général, 1 molécule de formaldéhyde s'unit à 2 molécules d'amine avec ou sans agent de condensation, pour donner un dérivé aminé du diphénylméthane. C'est le cas surtout pour les amines secondaires et tertiaires, et pour les diamines non substituées en position para. On admet en général que le radical méthylénique se fixe d'abord sur les groupements aminés et qu'il subit ensuite une transposition.

On a préparé ainsi :

Le *tétraméthyldiaminodiphénylméthane*, en condensant la diméthylaniline avec l'aldéhyde formique et le chlorure de zinc ou l'acide acétique [Otto Fischer, *D. chem. G.*, 12, 1689. — Joh. Pinnow, *ibid.*, 27, 3161]. Cette réaction peut être utilisée pour reconnaître l'aldéhyde formique (voyez DOSAGE).

Le *tétraméthyldiaminoditolylméthane*,

$$CH^2 \begin{cases} C^6H^3(CH^3) . Az(CH^3)^2 \\ C^6H^3(CH^3) . Az(CH^3)^2 \end{cases}$$

à partir de la diméthyltoluidine [Hans Alexander, *D. chem. G.*, 25, 2408].

Le *diphényldiaminodiphénylméthane*, au moyen de la diphénylamine [Meister Lucius et Brüning, Hœchst s/Mein. D. R. P., 61146, 67013].

Le *diaminodiéthoxydiphénylméthane*, en condensant la phénéthidine avec la formaldéhyde en présence d'acide sulfurique concentré [Meister Lucius et Brüning, Hœchst s/ Mein. D. R. P., 53937, 70402,].

Le *tétraméthyldiaminoazoxybenzène*, en chauffant un mélange de trioxyméthylène et de nitrosodiméthylaniline avec de l'alcool [Joh. Pinnoff et G. Pistor. *D. chem. G.*, 26, 1313; 27, 607].

La *phényldihydro-β-naphtotriazine*, en chauffant à 140° en vase clos une solution alcoolique de benzène-azo-β-naphtylamine avec du formol à 40 0/0 [Heinrich Goldschmidt et August Poltzer, *D. chem. G.*, 24, 1000].

Enfin l'aldéhyde formique se condense avec les diamines en présence d'un oxydant, en donnant naissance également à des colorants dérivés du diphénylméthane et de ses homologues. Comme oxydants, on peut employer le chlorure ferrique, l'acide azotique, le dichromate de potassium, ou même l'oxygène de l'air. La condensation s'effectue en solution alcoolique sous pression ou à une haute température, en présence d'un acide minéral [Hugo Schiff, *D. chem. G.*, 24, 2127. — A. Leonhardt et C^{ie}, Mühlheim. D. R. P., 52324, 59003, 59179].

D'après M. J. Tröger, on peut remplacer dans toutes ces réactions la formaldéhyde par le diméthylformal, en ajoutant toujours de l'acide chlorhydrique concentré [*J. prakt. Chem.*, (2), 36, 225].

Action de l'aldéhyde formique sur la phénylhydrazine. — La formaldéhyde s'unit à la phénylhydrazine pour former plusieurs combinaisons. L'une de celles-ci a été obtenue par MM. Wellington et Tollens, en employant 726 centimètres cubes de formaldéhyde à 1-2 0/0 et 18^{gr},4 de phénylhydrazine. Au bout de quelques heures, il se précipite une poudre jaunâtre qui fond à 183-184°, et qui cristallise dans un mélange d'alcool et de toluène sous la forme de tables rhombiques.

La réaction peut être exprimée par l'équation

$$3\,CH^2O + 2\,C^6H^5.HAz.AzH^2$$
$$= C^{15}H^{16}Az^4 + 3\,H^2O.$$

Cette combinaison est décomposée par l'acide chlorhydrique; on ne peut donc pas en préparer le chloroplatinate. M. Tollens lui a donné le nom d'*anhydroformaldéhyde-phénylhydrazine*, quoique sa constitution ne se rapproche certainement pas de celle de l'anhydroformaldéhyde-aniline [Wellington et Tollens. *D. chem. G.*, 18, 3300].

M. Carl Goldschmidt a préparé une combinaison différente de la précédente en laissant reposer pendant quelque temps un mélange de chlorhydrate de phénylhydrazine et de diméthylformal. Si on emploie un excès de sel, afin d'éviter la résinification, on obtient des cristaux fusibles à 112°, solubles dans la ligroïne, qui répondent à la formule $CH^3[Az(C^6H^5)Az=CH^2]^2$.

L'action de l'aldéhyde formique sur une solution chaude de chlorhydrate de phénylhydrazine donne naissance à un composé oxygéné qui cristallise en tables rhombiques fusibles à 128°, solubles dans l'alcool, la ligroïne et l'éther, insolubles dans l'eau. Cette substance est colorée en violet par l'acide chlorhydrique et par le chlorure ferrique; l'acide chlorhydrique bouillant la résinifie. Le gaz chlorhydrique sec précipite de sa dissolution dans l'éther anhydre un *chlorhydrate* peu stable, qui se présente sous la forme de fines aiguilles jaunâtres.

D'après M. J. Walker, le produit de l'action de l'aldéhyde formique sur la phénylhydrazine est extrêmement variable.

Lorsqu'on emploie un grand excès d'aldéhyde formique, on obtient le composé $C^{15}H^{16}Az^4$, décrit par MM. Wellington et Tollens.

Si l'on prend 4 ou 5 molécules de chlorhydrate de phénylhydrazine pour 1 molécule de formaldéhyde, c'est l'isomère fusible à 112° qui prend naissance.

1 molécule d'aldéhyde formique et 2 molécules de phénylhydrazine se combinent en solution acétique pour donner l'*hydrazone de l'aldéhyde formique*, $C^6H^5Az.Az=CH^2$, fusible à 250°; mais celle-ci se polymérise très rapidement, surtout lorsqu'on la chauffe avec de l'aniline ou avec de l'éthylate de sodium, et l'on obtient alors un *dimère* $(C^7H^8Az^2)^2$, qui fond à 210-212°.

Lorsqu'on traite l'hydrazone formique par un excès d'aldéhyde formique à froid ou à chaud, on la transforme en un *composé oxygéné*, le même qui a été déjà obtenu par M. Goldschmidt, et qui fond après purification à 139-140°. M. Walker attribue à cette substance la constitution suivante :

$$\begin{array}{ccc}
C^6H^5-Az-CH^2-O-CH^2-Az-C^6H^5 \\
\;\;\;\;\;\;\;\;\;| \qquad\qquad\qquad\qquad\;\;\; | \\
CH^2=Az \qquad\qquad\qquad\qquad Az=CH^2
\end{array}$$

L'action de l'aldéhyde formique sur la *benzylidène-hydrazone*, à froid, donne naissance au composé suivant :

$$\begin{array}{c}
C^6H^5-Az-Az=CH^2.C^6H^5 \\
| \\
CH^2 \\
| \\
C^6H^5-Az-Az=CH^2.C^6H^5
\end{array}$$

qui cristallise en aiguilles fusibles à 139-140°; et qui est dédoublé par l'acide chlorhydrique concentré en aldéhyde benzoïque, aldéhyde formique et phénylhydrazine.

L'*hydrazone de l'acétophénone* s'unit également à l'aldéhyde formique (2 molécules) à la température ordinaire, en donnant naissance à deux composés, dont l'un est identique au produit de l'action de la formaldéhyde sur l'hydrazone formique, qui a été décrit plus haut; l'autre possède vraisemblablement la constitution

$$\begin{array}{ccc}
C^6H^5-Az-CH^2-O-CH^2-Az-C^6H^5 \\
\;\;\;\;\;\;\;\;\;| \qquad\qquad\qquad\qquad\;\;\;\;\; | \\
Az=CH^2 \qquad\qquad\qquad\qquad Az=C(CH^3).C^6H^5
\end{array}$$

Il fond vers 185° [J. Wallace Walker, *Chem. Soc.*, 69, 1280].

Ce composé aurait, d'après M. Goldschmidt, la constitution suivante :

$$CH^2\begin{cases} \diagup Az(C^6H^5).Az \diagup CH^3 \\ \qquad\qquad\qquad\quad\diagdown CO \\ \diagdown Az(C^6H^5).Az \diagdown CH^3 \end{cases}$$

[*D. chem. G.*, 29, 1361].

L'aldéhyde formique agit sur une solution de chlorhydrate de méthylphénylhydrazine en formant un précipité blanc, qui verdit et se décompose rapidement à chaud. Cette réaction peut servir à distinguer la formaldéhyde des autres aldéhydes grasses qui ne la présentent pas.

En dissolvant dans l'acide chlorhydrique un mélange de diméthylformal (3 parties) et de méthylphénylhydrazine *aa* (2 parties), on obtient une combinaison verdâtre fusible à 217°, qu'on purifie par des cristallisations dans l'alcool. Ces aiguilles possèdent la formule

$$CH^2[C^6H^4Az(CH^3)Az=CH^2]^2.$$

Elles sont solubles dans l'eau chaude, l'acide acétique et l'alcool, et insolubles dans l'éther.

La soude précipite des eaux mères alcooliques une base jaunâtre peu stable, dont le *chlorhy-*

*drate* a pour formule $C^{17}H^{18}AzHCl$ [Carl Goldschmidt, *D. chem. G.*, **29**, 1473].

M. E. Bamberger a décrit la *phénylhydrazone d'une nitroformaldéhyde* $AzO^2.CH.Az^2H.C^6H^5$, qu'il a obtenue en faisant réagir le chlorure de diazobenzène sur le nitrométhane dissous dans la quantité d'alcali nécessaire. C'est une poudre orangée, qui cristallise dans l'alcool en aiguilles brillantes, fusibles à 84-85°, solubles dans l'eau et dans les dissolvants organiques, sauf dans la ligroïne. Elle se dissout en rouge dans les alcalis. Les acides la précipitent de ses solutions. M Bamberger en a préparé le *dérivé argentique* en précipitant une solution alcoolique de phénylhydrazone par l'azotate d'argent ammoniacal [*D. chem. G.*, **27**, 156].

ACTION SUR LES AMIDES. — L'aldéhyde formique ne réagit pas sur les amides des acides gras ou des acides bibasiques, telles que l'acétamide et l'oxamide. Il n'en est pas de même avec l'urée et avec les amides aromatiques.

*Méthylène-urée.* — En traitant l'urée directement par un excès d'aldéhyde formique, M. Hölzer a obtenu la méthylène-urée,

$$CO<\begin{matrix}Az=CH^2\\AzH^2\end{matrix} \quad ou \quad CO<\begin{matrix}AzH\\AzH\end{matrix}>CH^2,$$

sous la forme d'une poudre blanche amorphe, insoluble ou très peu soluble dans les dissolvants usuels [*D. chem. G.*, **17**, 659; **18**, 3302].

Ce composé a été obtenu plus tard par M. Ernst Lüdy en traitant l'urée par le chloracétate de méthylène, mais les rendements sont moins bons par ce procédé. M. Lüdy a constaté que la méthylène-urée ne se formait qu'en solution concentrée; il a proposé de doser sous cette forme l'urée dans l'urine [*Mon. f. Chem.*, **10**, 295].

D'après M. Goldschmidt, l'action de l'aldéhyde formique en excès sur une solution d'urée dans l'acide chlorhydrique dilué fournit un précipité blanc, granuleux, insoluble dans tous les dissolvants, et qui aurait une formule plus complexe que la méthylène-urée. Ce composé se formerait suivant l'équation

$$2\,CO<\begin{matrix}AzH^2\\AzH^2\end{matrix}+3\,CH^2O=2\,H^2O$$

$$+AzH^2.CO.AzH.CH^2.CO.CH^2.AzH.CO.AzH^2.$$

Il est décomposé par les acides concentrés, mais non pas par les alcalis [Carl Goldschmidt, *D. chem. G.*, **29**, 2438].

L'aldéhyde formique réagit également sur la thio-urée, en donnant la *méthylène-thio-urée*,

$$CS<\begin{matrix}AzH\\AzH\end{matrix}>CH^2$$

(Lüdy). Cette combinaison a été préparée à l'état de pureté par M. Fr. von Hemmelmayr en faisant agir l'alcool chlorométhylique sur la thio-urée. Elle se présente sous la forme d'une poudre blanche, amorphe, insoluble dans les dissolvants usuels; les acides minéraux la décomposent en formaldéhyde et thio-urée.

La méthylène-urée peut s'obtenir par le même procédé [*Mon. f. Chem.*, **12**, 89].

L'insolubilité de ces composés conduirait à admettre qu'ils sont polymérisés.

La formaldéhyde à 40 0/0 réagit à 100° en vase clos sur la phtalamide en la transformant en *acide méthylène-phtalamique* :

$$C^6H^4<\begin{matrix}CO.Az=CH^2\\CO^2H\end{matrix}$$

[G. Pulvermacher, *D. chem. G.*, **26**, 955].

En évaporant au bain-marie un mélange de benzène-sulfamide en solution alcoolique, de formaldéhyde à 40 0/0 en excès et d'acide chlorhydrique, M. A. Magnus-Lévy a obtenu deux produits bien définis. L'un fond à 217°, il est insoluble dans les alcalis; l'acide chlorhydrique concentré le dédouble en acide benzène-sulfonique et formaldéhyde. Ce composé possède la formule

$$(CH^2=Az.SO^2.C^6H^5)^3.$$

Le second produit cristallise en aiguilles fusibles dans les alcalis; il répond à la formule $(C^7H^7AzSO^3)^2$ [*D. chem. G.*, **26**, 2148].

L'aldéhyde formique forme avec la benzamide un composé assez caractéristique, la *méthylène-dibenzamide*, qu'on a appelée aussi *hippoparaffine*, car elle a été préparée pour la première fois par Schwarz en oxydant l'acide hippurique par l'acide azotique [*Ann. Chem.*, **75**, 201].

Ce composé a été obtenu par MM. E. Hepp et G. Spiess en faisant réagir à froid l'acide sulfurique concentré sur un mélange de formaldéhyde (1 molécule) et de nitrile benzoïque (2 molécules) dissous dans son volume de chloroforme. Le produit de la réaction est traité par l'eau, qui précipite une poudre blanche qu'on lave avec de l'ammoniaque et qu'on fait cristalliser dans l'alcool [*D. chem. G.*, **9**, 1427].

On peut aussi faire réagir une solution bouillante de trioxyméthylène sur le nitrile benzoïque dissous dans un mélange d'acide acétique et d'acide sulfurique [H. Thiesing, *J. prakt. Chem.*, (2), **44**, 570].

Enfin la *méthylène-dibenzamide*

$$CH^2<\begin{matrix}AzH.CO.C^6H^5\\AzH.CO.C^6H^5\end{matrix}$$

est un des produits de l'action de l'aldéhyde formique sur la benzamidine en solution concentrée [A. Pinner, *D. chem. G.*, **23**, 3820].

Elle cristallise en longues aiguilles fusibles vers 222°, peu solubles dans l'eau, solubles dans le chloroforme, l'éther, l'alcool, l'acétone et le sulfure de carbone. Elle se sublime un peu au-dessus de son point de fusion.

L'acide sulfurique dilué (30 0/0) et l'eau sous pression, à 180°, dédoublent la méthylène-dibenzamide en aldéhyde formique et benzamide [Kraut et York Schwartz, *Ann. Chem.*, **223**, 40].

La *méthylène-dinitrobenzamide* fond à 214°, la *méthylène-di-o-toluylamide* à 199°, la *méthylène-di-p-toluylamide* à 207° et la *méthylène-di-α-toluylamide* à 211°. Ces quatre corps ont été préparés par M. Thiesing au moyen du trioxyméthylène et des nitriles correspondants [*loc. cit.*].

ACTION SUR LES NITRILES, SUR LES IODURES ALCOOLIQUES ET SUR LES RADICAUX ORGANO-MÉTALLIQUES. — M. L. Henry a obtenu du nitrile glycolique en chauffant au bain-marie pendant plusieurs heures un mélange équimoléculaire de formaldéhyde à 40 0/0 et d'acide cyanhydrique à 16 0/0. La réaction peut s'écrire de la façon suivante :

$$CH^2O+CAzH=CH^2OH.CAz$$

[*C. R.*, **110**, 759].

L'aldéhyde formique se combine avec le nitrile succinique en présence d'acide acétique et d'acide sulfurique, pour donner naissance à la *méthylène-disuccinimide*,

$$2\;\begin{matrix}CH^2-CAz\\|\\CH^2-CAz\end{matrix}+CH^2O+3\,H^2O$$

$$=\begin{matrix}CH^2-CO\\|\\CH^2-CO\end{matrix}\!\!>Az-CH^2-Az<\!\!\begin{matrix}CO-CH^2\\|\\CO-CH^2\end{matrix}+AzH^3$$

qui fond au-dessus de 200° [C. Bechert, *J. prakt. Chem.*, (2), **50**, 1].

M. G. Wagner a obtenu l'alcool primaire dérivé du *butène* 1, $CH^2 = CH . CH^2 . CH^2OH$, en abandonnant pendant plusieurs mois un mélange de formaldéhyde (400 grammes) et d'iodure d'allyle (400 gr.) avec du zinc granulé [*D. chem. G.*, 27, 2436]. La réaction peut être représentée par l'équation

$$CH^2 {<}^{OH}_{OH} + CH^2I . CH = CH^2$$

$$= CH^2OH . CH^2 . CH = CH^2 + H^2O + HI.$$

Le trioxyméthylène réagit sur le zinc-éthyle et sur le zinc-propyle en donnant respectivement de l'alcool propylique normal et de l'alcool butylique normal [Tichtchenko, *loc. cit.*].

### B. DÉRIVÉS SULFURÉS.

Hofmann a obtenu une thioformaldéhyde en faisant réagir l'acide sulfhydrique sur l'aldéhyde formique. Ce composé a été préparé plus tard par M. Girard en partant du sulfure de carbone (Dict., 1, 1493).

M. Husemann a décrit une substance analogue comme produit de la réaction de l'iodure de méthylène sur le sulfure de sodium.

La réduction de l'acide sulfocyanique par l'hydrogène naissant fournit une thioformaldéhyde [Hofmann, *Zeit. f. Chem.*, (2), 4, 689].

Enfin, M. Renard a obtenu un corps cireux, fusible à 82° et répondant à la formule

$$(C^3H^6S^2O)^2, H^2O,$$

en saturant d'acide sulfhydrique une solution aqueuse de formaldéhyde [*Ann. Chim. Phys.*, (5), 17, 307].

Aucun des composés précédents n'a été décrit avec suffisamment de détails pour qu'on puisse tirer une conclusion quelconque relativement à leur constitution.

Les travaux de M. Wohl et ceux de MM. Baumann et Fromm ont éclairci depuis lors la constitution de la thioformaldéhyde et de ses dérivés.

L'action de l'hydrogène sulfuré sur l'aldéhyde formique ou sur l'hexaméthylène-tétramine donne naissance :

1° A la trithioformaldéhyde, $C^3H^6S^3$;

2° A un polymère de la précédente, $(C^3H^6S^3)^n$;

3° A une combinaison de thioformaldéhyde et d'aldéhyde formique;

4° Au dithioglycol méthylénique et à ses produits de condensation.

TRITHIOFORMALDÉHYDE, $C^3H^6S^3$. — Ce composé se forme lorsqu'on évapore dans le vide une solution d'hexaméthylène–tétramine saturée de gaz sulfhydrique [A. Wohl, *D. chem, G.*, 19, 2344].

On le prépare plus facilement en faisant passer un courant d'hydrogène sulfuré dans de la formaldéhyde commerciale (1 vol.) et en ajoutant ensuite à cette liqueur 2 ou 3 volumes d'acide chlorhydrique. On chauffe légèrement, et la thioformaldéhyde se précipite sous la forme d'une poudre blanche qu'on purifie par des cristallisations dans le benzène.

La trithioformaldéhyde pure est inodore ; elle cristallise en prismes quadratiques fusibles à 216°, solubles dans la plupart des dissolvants organiques [E. Baumann et E. Fromm, *D. chem. G.*, 24, 1457].

*Métathioformaldéhyde*, $(C^3H^6S^3)^n$. — Ce polymère de la thioformaldéhyde s'obtiendrait, d'après M. Wohl, en chauffant au bain-marie une solution alcoolique d'aldéhyde formique et d'ammoniaque ou d'hexaméthylène-tétramine en présence d'un grand excès d'ammoniaque. Il se précipite sous la forme d'une poudre blanche, amorphe, qu'on

purifie par des lavages à l'eau, à l'acide acétique et à l'alcool bouillant.

La métathioformaldéhyde se décompose déjà au-dessous de 200°. Elle est insoluble dans les dissolvants usuels, à l'exception de l'acide sulfurique qui l'oxyde rapidement [A. Wohl, *D. chem. G.*, 19, 2344].

*Combinaison de thioformaldéhyde et d'aldéhyde formique.* — Lorsqu'on épuise par l'éther une solution de formaldéhyde qui a été saturée de gaz sulfhydrique pendant 10 heures, on obtient une substance cristalline, peu soluble dans l'eau, soluble dans l'alcool, l'éther, le benzène et la soude, qui constitue probablement un mélange de plusieurs dérivés sulfurés.

Les acides précipitent ce corps de ses dissolutions alcalines. Une solution aqueuse ou alcoolique additionnée d'acétate de plomb fournit un précipité jaune qui se décompose rapidement avec formation de sulfure de plomb. L'acide chlorhydrique concentré et l'alcool transforment ce composé en trithioformaldéhyde.

Une matière analogue s'obtient en saturant d'acide sulfhydrique un mélange de formaldéhyde à 40 0/0 (1 partie) et d'acide chlorhydrique à 4-5 0/0 (3 parties); elle se précipite sous la forme d'une poudre blanche, cristalline, fusible vers 97-103°, qui répond sensiblement à la formule

$$C^3H^6SO^3, CH^2O.$$

Cette combinaison diffère nettement de la trithioformaldéhyde. Elle est presque insoluble dans l'eau, mais elle se dissout facilement dans l'alcool, dans l'éther et dans les alcalis. Elle se décompose un peu au-dessus de 100°, en perdant de l'aldéhyde formique. L'eau bouillante la dédouble en aldéhyde formique et hydrogène sulfuré. L'acide sulfurique la détruit complètement. Sa solution alcoolique est oxydée par l'iode avec formation de sulfures; elle précipite les sels de plomb et de cuivre en formant des *mercaptides* qui sont décomposés instantanément par les alcalis.

Cette substance paraît être un polymère du *glycol thiométhylénique*

$$CH^2 {<}^{OH}_{SH}$$

ou un produit de condensation de ce polymère.

*Dithioglycol méthylénique.* — M. Baumann suppose que la solution d'aldéhyde formique saturée d'hydrogène sulfuré renferme des mercaptans, qui sont en réalité des produits de condensation du *dithioglycol méthylénique* :

$$CH^2 {<}^{SH}_{SH} \qquad CH^2 {>}^{SH}_{S}{<}^{}_{}CH^2 {<}^{}_{SH} \qquad CH^2 {<}^{S-CH^2SH}_{S-CH^2SH}$$

Ces composés sont trop altérables pour pouvoir être isolés ; le dernier a pu cependant être obtenu sous la forme de *sulfure* :

$$CH^2 {<}^{S-CH^2-S}_{S-CH^2-S}{|}$$

Ce *tétrasulfure de triméthylène* se prépare de la façon suivante : On sature à basse température une solution neutre de formaldéhyde par l'acide sulfhydrique, puis on chauffe; il se précipite un mélange de mercaptans et d'oxymercaptans, qu'on traite par une solution alcoolique d'iode, puis par l'alcool bouillant.

On obtient ainsi une poudre cristalline fusible à 83-84°, qui est constituée par du tétrasulfure de triméthylène. Celui-ci cristallise en aiguilles insolubles dans l'eau, solubles dans l'alcool, dans l'éther, dans le chloroforme et dans le benzène. Il ne se volatilise pas sans décomposition. La soude bouillante lui enlève du soufre en le transformant en une substance amorphe, insoluble dans tous les dissolvants.

Ce tétrasulfure ne précipite pas par l'acétate de plomb, mais il fournit avec l'azotate d'argent un précipité blanc assez stable. Le zinc et l'acide chlorhydrique le réduisent en solution alcoolique en donnant de l'hydrogène sulfuré et un corps doué d'une odeur alliacée. L'acide azotique l'oxyde avec violence; le permanganate le transforme en *triméthylène-tétrasulfone*.

Les eaux mères alcooliques de cette tétrasulfone renferment une masse résineuse insoluble dans tous les dissolvants, qui fond vers 135-137° et qui paraît être un mélange de sulfure et de composés oxygénés.

Lorsqu'on épuise par l'éther une solution de formaldéhyde saturée d'acide sulfhydrique, et qu'on traite la substance cristalline ainsi isolée par la soude et l'iodure de méthyle, on obtient un mélange de *thioéthers* qui ne sont pas volatils sans décomposition, mais dont une partie peut être entraînée par un courant de vapeur.

Si l'on oxyde cette même substance par le permanganate de potassium en solution acide, en chauffant légèrement pour terminer la réaction, on obtient deux produits :

Le premier cristallise en prismes fusibles à 184-185°, solubles dans l'eau chaude, peu solubles dans l'alcool, l'éther, le benzène et l'acide acétique. Il n'est pas volatil sans décomposition. C'est la *diméthyldiméthylène trisulfone* :

$$SO^2 \Big\langle \begin{array}{l} CH^2 - SO^2 - CH^3 \\ CH^2 - SO^2 - CH^3 \end{array}$$

En traitant cette sulfone par le brome en solution aqueuse, on obtient le *dérivé bromé* correspondant, $C^4H^6Br^4S^3O^6$, sous la forme de paillettes insolubles dans l'eau, fusibles en se décomposant vers 190°.

La trisulfone se dissout dans les alcalis en formant des *sels* solubles bien cristallisés qui se décomposent lentement à l'ébullition. Ces sels répondent à la formule générale $C^3H^5S^3O^6M$; on a obtenu ceux *de potassium, de sodium, de baryum, de magnésium* et *d'argent* à l'état cristallisé.

Il a été impossible d'introduire des groupements méthylés dans la molécule de la trisulfone.

Les eaux mères de la diméthyldiméthylène-trisulfone sont neutralisées par le carbonate de sodium et évaporées à sec, et le résidu est épuisé par l'alcool, qui dissout une certaine quantité de *méthylène-diméthylsulfone*

$$CH^2 \Big\langle \begin{array}{l} SO^2 - CH^3 \\ SO^2 - CH^3 \end{array}$$

fusible à 141°.

En faisant réagir le bromure ou l'iodure d'éthyle sur une solution de formaldéhyde saturée d'acide sulfhydrique et en oxydant ensuite le produit par le permanganate en solution acide, on obtient un mélange de *diéthyldiméthylène-trisulfone*

$$SO^2 \Big\langle \begin{array}{l} CH^2 - SO^2 - C^2H^5 \\ CH^2 - SO^2 - C^2H^5 \end{array}$$

sous la forme de paillettes fusibles à 149°, peu solubles dans l'eau, et de *méthylène-diéthylsulfone*

$$CH^2 \Big\langle \begin{array}{l} SO^2 - C^2H^5 \\ SO^2 - C^2H^5 \end{array}$$

fusible à 103° [E. Baumann, *Hoppe-Seyler's Zeit. Physiol. Chem.*, 14, 55; *D. chem. G.*, 19, 2811; 23, 1869].

Une solution de formaldéhyde saturée d'hydrogène sulfuré renferme donc au moins du thioglycol méthylénique et du mercaptan dithiotriméthylénique.

L'oxydation de l'aldéhyde trithioformique par le permanganate fournit un mélange de *triméthylène-trisulfone* et de *thiotriméthylène-disulfone*.

Pour préparer ces deux substances, on agite une certaine quantité de trithioformaldéhyde pulvérisée avec de l'acide sulfurique à 5 0/0 et un excès d'une solution de permanganate de potassium, également à 5 0/0. On termine la réaction en chauffant pendant quelque temps au bain-marie. L'excès de permanganate ayant été détruit au moyen de quelques bulles d'anhydride sulfureux, on sursature par la soude, on filtre et on précipite en acidulant. Le précipité est ensuite redissous dans de la potasse bouillante à 10 0/0.

Cette solution laisse déposer par le refroidissement le *sel de potassium* de la trisulfone, qu'on décompose ensuite par un acide.

La *triméthylène-trisulfone*,

$$\begin{array}{c} CH^2 - SO^2 - CH^2 \\ | \qquad\qquad | \\ SO^2 - CH^2 - SO^2 \end{array}$$

se présente sous la forme d'une poudre cristalline ou d'aiguilles qui fondent au-dessus de 340° et qu'on peut sublimer sans décomposition. Elle est insoluble dans l'eau, l'alcool, l'éther, le chloroforme, l'acide acétique et les acides minéraux dilués; elle se dissout dans les alcalis, dans le carbonate de sodium et dans l'acide sulfurique concentré. L'acide azotique fumant ne l'attaque pas.

Elle forme des sels bien cristallisés :

Le *sel de lithium*, $LiC^3H^5S^3O^6$, $4H^2O$, cristallise en fines aiguilles solubles dans l'eau.

Le *sel de sodium*, $NaC^3H^5S^3O^6$, $H^2O$, se présente sous la forme de tables.

Le *sel de potassium*, $KC^3H^5S^3O^6$, cristallise en petits prismes peu solubles dans l'eau.

Le *sel de baryum*, $Ba(C^3H^5S^3O^6)^2$, $4H^2O$, cristallise en fines aiguilles assez solubles.

Le *sel d'argent*, $AgC^3H^5S^3O^6$, est un précipité d'aiguilles microscopiques très peu solubles dans l'eau bouillante.

En traitant par l'alcool méthylique et l'iodure de méthyle une solution de triméthylène-trisulfone dans la soude à 10 0/0, on obtient au bout de quelques heures un dépôt d'aiguilles fusibles à 302°, qui constituent l'*hexaméthyltriméthylène-trisulfone* $C^3S^3O^6(CH^3)^6$. La réaction est exprimée par l'équation suivante :

$$C^3H^6O^6S^3 + 6CH^3I + 6NaOH$$
$$= C^3S^3O^6(CH^3)^6 + 6NaI + 6H^2O.$$

On peut remplacer une partie seulement des atomes d'hydrogène par des groupes méthyle. Ainsi, en chauffant 1 gramme de trisulfone dissoute dans 10 centimètres cubes de soude à 5 0/0, avec son volume d'une solution d'iodure de méthyle dans l'alcool méthylique, on obtient un *dérivé diméthylé* $C^3H^4(CH^3)^2S^3O^6$, qui cristallise en aiguilles brillantes et qui fond vers 330-340° en se décomposant.

En faisant agir un courant de chlore sur la triméthylène-trisulfone mise en suspension dans l'eau et exposée à la lumière solaire, M. Camps a obtenu un *dérivé hexachloré* $C^3Cl^6(SO^2)^3$, qui cristallise en prismes brillants, solubles dans l'acide acétique, fusibles avec décomposition vers 252°.

Le *dérivé hexabromé*, $C^3Br^6(SO^2)^3$, s'obtient d'une façon analogue; il se présente sous la forme de prismes ou d'aiguilles brillantes, fusibles à 146°, solubles dans l'éther, le chloroforme, l'acide acétique, l'acétone et le benzène.

Le second produit de l'oxydation de la trithioformaldéhyde est la *thiotriméthylène-disulfone*,

$$CH^2 - S - CH^2$$
$$SO^2 - CH^2 - SO^2$$

On la sépare facilement de la trisulfone, grâce à sa solubilité dans l'eau bouillante. Elle cristallise en fines aiguilles, peu solubles dans l'acide acétique bouillant, l'alcool et le benzène, solubles dans les alcalis froids. Elle ne fond pas à 340°. Les alcalis bouillants dédoublent cette disulfone en donnant un mélange de sulfites et de sulfates. L'acide sulfurique concentré et chaud lui enlève de l'anhydride sulfureux et du soufre.

En faisant agir le brome sur une solution acétique bouillante de disulfone, M. Camps a obtenu un *dérivé dibromé* $C^3H^4Br^2S^3O^4$, qui cristallise en prismes vitreux, solubles dans l'acide acétique chaud, peu solubles dans l'éther et dans le benzène, fusibles au-dessus de 330°.

Le *dérivé hexabromé*, $C^3Br^6S^3O^4$, prend naissance lorsqu'on fait agir un excès de brome sur une solution aqueuse saturée de la disulfone. Il cristallise en paillettes nacrées jaunâtres, fusibles à 132°, solubles dans l'acide acétique et dans le benzène ; il se transforme en dibromothiotriméthylène-disulfone lorsqu'on le chauffe pendant quelque temps avec de l'acide acétique [Baumann et Camps, *D. chem. G.*, 23, 1870. — Camps, *ibid.*, 25, 234].

La trithioformaldéhyde ne se combine pas avec l'acétamide lorsqu'on chauffe ces deux substances en solution aqueuse, au réfrigérant ascendant.

Si l'on fait réagir à 100° le dérivé mercurique de l'acétamide sur un léger excès de trithioformaldéhyde, la combinaison se fait violemment : il se dégage des vapeurs qui contiennent de l'acétonitrile et qui brûlent avec une flamme violette, et le produit de la réaction renferme de la *méthylène-diacétamide*, qu'on extrait par l'eau bouillante et qui cristallise dans l'alcool en prismes quadratiques incolores, fusibles à 196°.

La méthylène-diacétamide,

$$CH^2 < {AzH \cdot COCH^3 \atop AzH \cdot COCH^3}$$

est soluble dans l'alcool et dans l'eau, peu soluble dans la ligroïne, le chloroforme et le benzène ; elle est insoluble dans l'éther.

Son *chloraurate*,

$$CH^2(AzH \cdot CO CH^3)^2 \cdot HCl \cdot AuCl^3,$$

cristallise en prismes hexagonaux, solubles dans l'eau et dans l'alcool, insolubles dans l'éther.

L'acide chlorhydrique dilué et la soude décomposent la méthylène-diacétamide en donnant de l'aldéhyde formique, de l'ammoniaque et de l'acide acétique, suivant l'équation

$$CH^2(AzH \cdot CO \cdot CH^3)^2 + 3H^2O$$
$$= CH^2O + 2AzH^3 + 2CH^3CO^2H.$$

Le gaz chlorhydrique sec la transforme en un nouveau composé auquel on a attribué la composition suivante :

$$CH^2 < {Az \atop AzH} > C \cdot CH^3.$$

La méthylène-diacétamide se décompose vers 288° en donnant de l'acétonitrile :

$$CH^2(AzH \cdot CO \cdot CH^3)^2$$
$$= CH^2O + H^2O + 2CH^3CAz.$$

C'est ce qui explique la présence de ce nitrile

parmi les produits volatils de l'action de la thioformaldéhyde sur l'acétamide mercurique.

En chauffant la méthylène-diacétamide (1 mol.) avec du pentasulfure de phosphore (1 mol.) et du benzène au bain-marie pendant 2 heures, et en évaporant la liqueur filtrée, on obtient la *méthylène-dithioacétamide* $CH^2(AzH \cdot CS \cdot CH^3)^2$ sous la forme d'aiguilles blanches, inodores, fusibles à 145-146°, solubles dans l'eau, l'alcool, l'éther, le chloroforme, le benzène et les alcalis.

La solution aqueuse de ce composé fournit avec le chlorure mercurique un précipité jaune amorphe, qui se réduit à chaud en régénérant l'acétamide.

La méthylène-dithioacétamide se dédouble en acide acétique, aldéhyde formique, ammoniaque et hydrogène sulfuré, lorsqu'on la traite par les alcalis ou par les acides à chaud, ou encore par une dissolution alcoolique d'acide chlorhydrique à froid.

L'iodure de méthyle réagit sur une solution chloroformique de méthylène-dithioacétamide en donnant naissance à un composé neutre, peu stable, qui est décomposé par les dissolvants organiques avec formation d'un produit doué d'une odeur de mercaptan.

La thioformaldéhyde réagit à 200° sur le dérivé mercurique de la benzamide, en donnant principalement de la méthylène-dibenzamide fusible à 209°, avec une petite quantité de nitrile benzoïque [G. Pulvermacher, *D. chem. G.*, 25, 304].

THIOFORMALDINE. — L'action de l'ammoniaque sur une solution de formaldéhyde saturée d'hydrogène sulfuré devrait donner de la thioformaldine; toutefois il a été impossible d'en obtenir par ce procédé.

La *méthylthioformaldine*, $(CH^2)^3S^2AzCH^3$, par contre, s'obtient de la façon suivante : On sature d'acide sulfhydrique une solution de formaldéhyde à 20 0/0 (50 centimètres cubes) additionnée de son volume d'eau, puis on ajoute 20 centimètres cubes d'une solution aqueuse de méthylamine à 32 0/0, et l'on sature de nouveau par l'acide sulfhydrique. On obtient ainsi un précipité blanc qu'on lave à l'eau et qui cristallise dans l'éther en aiguilles fusibles à 65°.

Cette méthylthioformaldine est douée d'une odeur désagréable; elle est soluble dans les acides minéraux dilués, l'alcool et l'acide acétique, et insoluble dans l'eau. Elle est volatile avec la vapeur d'eau et distille vers 185° en se transformant pour la majeure partie en une nouvelle substance qui fond vers 130-140°.

Les solutions alcooliques de méthylthioformaldine précipitent en jaune par l'azotate d'argent et en blanc par le chlorure mercurique; traitées par l'acide chlorhydrique, elles fournissent un *chlorhydrate* qui cristallise en aiguilles solubles dans l'eau, peu solubles dans l'alcool, insolubles dans l'éther, et qui fond vers 188° en se décomposant.

Le *chloroplatinate* correspondant est un précipité jaune, amorphe, peu stable ; il a pour formule $[(CH^2)^3S^2Az \cdot CH^3 \cdot HCl]^2PtCl^4$.

La méthylthioformaldine est une base tertiaire ; en effet, elle fixe une molécule d'iodure de méthyle en solution éthérée pour donner un *iodométhylate* $(CH^2)^3 \cdot S^2Az(CH^3)^2I$, qui cristallise en aiguilles brillantes assez stables, fusibles à 161-163°, solubles dans l'eau, peu solubles dans l'alcool, insolubles dans l'éther.

Le chlorure d'argent transforme cet iodométhylate en un *chlorométhylate* qui cristallise en aiguilles et qui donne un précipité jaune avec l'azotate d'argent.

Le *chloroplatinate*,

$$[(CH^2)^3SAz(CH^3)^2Cl]^2PtCl^4,$$

est un précipité cristallin, d'un jaune clair, insoluble dans l'alcool et dans l'eau, qui ne se décompose pas à 100°.

L'*iodométhylate* n'est pas décomposé par la potasse; l'oxyde d'argent précipite l'iode à l'ébullition, et la liqueur devient alcaline; par évaporation, on n'obtient cependant qu'une huile neutre.

L'ammoniaque et les amines réagissent en solution concentrée sur la formaldéhyde saturée d'hydrogène sulfuré, en donnant naissance à des polymères des thioformaldines qui renferment des groupements aldéhydiques.

Si l'on opère en solution moyennement concentrée, avec un excès de formaldéhyde ou d'acide sulfhydrique, on obtient des produits liquides, sulfurés et azotés, qui sont volatils avec la vapeur d'eau [A. Wohl, *D. chem. G.*, 19, 2344].

L'aldéhyde formique se condense avec le mercaptan isobutylique (2 molécules) en présence d'acide chlorhydrique, en donnant un *mercaptal* insoluble dans l'eau.

Si l'on oxyde ce mercaptal par le permanganate de potassium en solution acide, il se transforme en *diisobutylsulfone-méthane*,

$$CH^2(SO^2C^4H^9)^2,$$

fusible à 85° [Ernst Stuffer, *D. chem. G.*, 23, 3231].

C. PRODUITS DE L'ACTION SUR LES ALCOOLS.

Vis-à-vis des alcools, la formaldéhyde se comporte comme un glycol

$$CH^2<^{OH}_{OH}$$

dont les oxhydryles seraient doués de propriétés acides. Ainsi, lorsqu'on sature d'acide chlorhydrique un mélange d'alcool et d'aldéhyde formique, on obtient d'abord un *éther chloré* du type

$$CH^2<^{Cl}_{OR}$$

et si l'on fait réagir cet éther chloré sur un excès d'alcool, on obtient l'éther disubstitué

$$CH^2<^{OR}_{OR}$$

qui est en réalité un éther oxyde du glycol méthylénique, et auquel on a donné le nom générique de *dialcoylformal*, par analogie avec les acétals.

L'oxyde de méthyle chloré de M. Friedel,

$$CH^2Cl.O.CH^3,$$

s'obtient en mélangeant une solution aqueuse modérément concentrée de formaldéhyde avec de l'alcool méthylique, et en saturant la liqueur bien refroidie par un courant de gaz chlorhydrique sec. C'est un liquide mobile, qui bout à 59°, et dont la densité est égale à 1,0623 à 10°. Lorsqu'on le chauffe avec de l'alcool méthylique ou du méthylate de sodium, on le transforme en diméthylformal.

L'acide bromhydrique agit de même sur un mélange de formaldéhyde et d'alcool méthylique en donnant naissance à l'*oxyde de méthyle bromé*

$$CH^2<^{Br}_{OCH^3}$$

qui s'obtient aussi directement à partir de l'acide bromhydrique et de la formaldéhyde.

Avec l'acide iodhydrique, on obtient un mélange d'iodure de méthyle et d'*oxyde de méthyle iodé* $CH^2I.O.CH^3$. Ce dernier est liquide;

il distille vers 123-125°, et possède une densité égale à 2,0249 à 15°. Il se décompose à la longue en donnant de l'iodure de méthyle et de l'aldéhyde formique.

L'*oxyde de méthyle diiodé*, $CH^2I.O.CH^2I$, se prépare en traitant l'aldéhyde formique par l'acide iodhydrique.

Les alcools saturés $C^nH^{2n+2}O$ se comportent comme l'alcool méthylique vis-à-vis de la formaldéhyde [L. Henry, *Bull. Acad. roy. de Belgique*, (3), 25, 439].

M. C. Favre a préparé par ce procédé un certain nombre d'éthers chlorés, qui se présentent sous la forme de liquides fumant à l'air, et qui sont décomposés par l'eau, suivant l'équation

$$CH^2<^{Cl}_{OR} + H^2O = CH^2O + R.OH + HCl.$$

La décomposition est d'autant plus rapide que le radical substitué est plus petit. L'acide chlorhydrique concentré n'a pas d'action à froid.

L'*oxyde de méthylpropyle chloré*

$$CH^2<^{Cl}_{OC^3H^7}$$

bout à 112°,5; sa densité est égale à 0,985 à 15°, et son indice de réfraction à 1,369.

L'*oxyde de méthylbutyle chloré*

$$CH^2<^{Cl}_{OC^4H^9}$$

distille à 131°; il possède une densité égale à 0,947 à 15°, et un indice de réfraction $n_D$ égal à 1,410.

L'*oxyde de méthylamyle chloré*

$$CH^2<^{Cl}_{OC^5H^{11}}$$

bout à 154°, sa densité est égale à 1,055 à 15°, et son indice de réfraction à 1,425 [*Bull. Soc. Chim.*, (3), 11, 879].

M. Henry a étudié les produits de l'action du gaz chlorhydrique sur un mélange équimoléculaire d'aldéhyde formique et de monochlorhydrine de glycol. Cette action donne naissance à trois produits, qui sont :

1° Une substance peu volatile qui résulte de l'action de l'hydracide sur la monochlorhydrine, et qui constitue probablement un produit de condensation assez complexe.

2° De l'*oxyde de dichlorométhyléthyle*,

$$CH^2<^{OC^2H^4Cl}_{Cl}$$

qui s'est formé suivant l'équation

$$CH^2O + HCl + \underset{\underset{CH^2Cl}{|}}{CH^2OH}$$

$$= H^2O + CH^2<^{Cl}_{OCH^2.CH^2Cl}$$

3° Du *dichlorodiéthylformal*, résultant de l'action d'une molécule de monochlorhydrine sur le composé précédent :

$$CH^2<^{OCH^2.CH^2Cl}_{Cl} + \underset{\underset{CH^2.OH}{|}}{CH^2Cl}$$

$$= HCl + CH^2<^{OCH^2.CH^2Cl}_{OCH^2.CH^2Cl}$$

Ces produits peuvent être séparés les uns des autres par la distillation fractionnée.

L'*oxyde de dichlorométhyléthyle* est un liquide mobile, doué d'une odeur et d'une saveur piquantes, qui bout à 153-154°, et dont la densité à 12° est égale à 1,2662. Il est décomposé par l'eau avec production d'aldéhyde formique et de monochlorhydrine. Il réagit sur les alcools à la température ordinaire, en donnant naissance à des composés du type

$$CH^2 <{OCH^2 . CH^2Cl \atop OR}$$

Le *dichlorodiéthylformal* est un liquide doué d'une odeur agréable, qui bout vers 218-219°; sa densité est égale à 1,2406 à 10°,5. Il est stable vis-à-vis de l'eau et des alcools.

En saturant de gaz chlorhydrique un mélange d'aldéhyde formique et de monochlorhydrine du β-propylglycol, M. Henry a obtenu un mélange d'*oxyde de dichlorométhylpropyle*

$$CH^2 <{Cl \atop OCH^2 . CH^2 . CH^2Cl}$$

et de *dichlorodipropylformal*

$$CH^2 <{OCH^2 . CH^2 . CH^2Cl \atop OCH^2 . CH^2 . CH^2Cl}$$

sous la forme d'un liquide incolore, visqueux, qui bout vers 255-258°, et dont la densité à 3° est égale à 1,1631 [L. Henry, *Bull. Acad. roy. de Belgique*, (3), **29**, 223].

FORMALS. — Les *formals* sont les éthers-oxydes du glycol méthylénique

$$CH^2 <{OR \atop OR}$$

On les prépare par plusieurs procédés :

1° En distillant un mélange de trioxyméthylène et d'acide sulfurique en présence d'un excès d'alcool, et en rectifiant le produit sur du chlorure de calcium, puis sur de la potasse [Pratesi, *Gazz. chim. ital.*, **13**, 313].

2° En faisant réagir des quantités équivalentes de chlorure de méthylène et de soude sur un excès d'alcool [W. H. Greene, *Chem. News*, **50**, 75].

3° En faisant réagir un alcool sur l'alcool méthylique bromé. Ce procédé permet d'obtenir des éthers mixtes, car la réaction s'effectue en deux phases :

$$CH^2 <{OH \atop Br} + R . OH = CH^2 <{OR \atop Br} + H^2O,$$

$$CH^2 <{OR \atop Br} + R'. OH = CH^2 <{OR \atop OR'} + HBr$$

[L. Henry, *Bull. Acad. roy. de Belgique*, (3), **26**, 615].

4° En chauffant les éthers chlorés du type

$$CH^2 <{OR \atop Cl}$$

avec l'alcool correspondant. Cette méthode n'est qu'une variante de la précédente [C. Favre, *Bull. Soc. Chim.*, (3), **11**, 879].

5° En chauffant avec un excès d'alcool le produit de l'action du méthylate de sodium sur l'oxyde de méthyle dichloré. M. de Sonay a préparé par ce procédé le *diméthylformal*,

$$O <{CH^2 . OCH^3 \atop CH^2 . OCH^3} + 2 CH^3 . OH$$

$$= H^2O + 2 CH^2 (OCH^3)^2$$

[*Bull. Acad. roy. de Belgique*, (3), **26**, 629].

6° MM. Trillat et Cambier préparent les homo· logues supérieurs du méthylformal en traitant les



alcools correspondants par le trioxyméthylène en présence de perchlorure de fer :

$$(CH^2O)^n + 6 n ROH = n CH^2 <{OR \atop OR} + 3 n H^2O.$$

Le mélange de trioxyméthylène et d'alcool, en proportions théoriques, est additionné de 1 à 4 grammes de chlorure ferrique, et chauffé au réfrigérant ascendant pendant un temps variant de 2 à 10 heures. Le trioxyméthylène ne se dissout qu'en présence du perchlorure.

Pour isoler le produit, on précipite par l'eau, on décante et on rectifie.

Les formals sont tous des liquides incolores, doués d'une odeur de fruit, solubles dans l'alcool, et insolubles dans l'eau pour la plupart. Ils sont moins denses que l'eau et bouillent sans décomposition.

Lorsqu'on les chauffe avec de l'eau, ils forment des hydrates qui ne se dissocient pas à la distillation. Les termes supérieurs dissolvent facilement le soufre.

Tous sont décomposés, déjà à froid, par les acides, en régénérant le trioxyméthylène. Les alcalis caustiques ou carbonatés ne les attaquent pas. Les agents d'oxydation les transforment en composés aldéhydiques. Le chlore et le brome les attaquent avec violence en donnant des hydracides et du chlorure ou du bromure alcoolique. Ces composés sont d'autant plus stables que les groupements alcooliques substitués sont plus lourds [Trillat et Cambier, *Bull. Soc. Chim.*, (3), **11**, 749].

MM. Trillat et Cambier ont préparé par ce procédé le premier terme de la série, le *diméthylformal* $CH^2(OCH^3)^2$, en chauffant le mélange d'alcool et d'aldéhyde pendant 8 ou 10 heures, et en employant 3 0/0 de chlorure ferrique. Ce composé a été obtenu également par M. Renard, en électrolysant un mélange de 100 parties d'alcool méthylique et de 5 parties d'acide sulfurique dilué au cinquième [*Ann. Chim. Phys.*, (5), **17**, 291]. M. Arnhold l'a aussi préparé en chauffant en vase clos un mélange de chlorure de méthylène et de méthylate de sodium pur et sec [*Ann. Chem.*, **240**, 198].

Le diméthylformal constitue un liquide mobile, soluble dans 3 parties d'eau, bouillant vers 42°. Sa densité est égale à 0,8551 à 17° et à 0,8604 à 20° [Brühl, *Ann. Chem.*, **203**, 12]. Sa température critique est 223°,6 [Pawlewski, *D. chem. G.*, **16**, 2633], et sa chaleur de combustion moléculaire à pression constante et rapportée à l'état gazeux est égale à 440<sup>cal</sup>,7 [Berthelot et Ogier, *Ann. Chim. Phys.*, (5), **23**, 201].

En saturant de chlore à froid une solution de diméthylformal dans l'alcool méthylique, M. A. de Sonay a obtenu le *dichlorodiméthylformal*

$$CH^2 <{OCH^2Cl \atop OCH^2Cl}$$

L'action prolongée du chlore transforme ce composé en un mélange de *diméthylformals trichloré* et *tétrachloré*.

Le *trichlorodiméthylformal*

$$CH^2 <{OCHCl^2 \atop OCH^2Cl}$$

est un liquide incolore, fumant à l'air, doué d'une odeur piquante; il est insoluble dans l'eau, mais il se dissout dans l'alcool, l'éther, le sulfure de carbone, le benzène et le chloroforme. Il bout à 143-145° sous 752 millimètres; sa densité est égale à 1,5675 à 12°,9; il ne se solidifie pas dans un mélange de neige carbonique et d'éther.

Le *tétrachlorodiméthylformal*

$$CH^2\Big\langle{}^{O\,CHCl^2}_{O\,CHCl^2}\quad \text{ou}\quad CH^2\Big\langle{}^{O\,CCl^3}_{O\,CH^2Cl}$$

cristallise en aiguilles fusibles à 67-68°, et distille vers 185° sous 752 millimètres. Il possède une odeur piquante et une saveur brûlante; il est soluble dans l'éther, le sulfure de carbone, le chloroforme et le benzène, insoluble dans l'eau.

L'eau bouillante sous pression le dédouble en un mélange d'acide et d'aldéhyde formiques et d'hexachlorure de carbone [A. de Sonay, *Bull. Acad. roy. de Belgique*, (3), **28**, 102].

Le *diéthylformal*, $CH^2(OC^2H^5)^2$, a été préparé par M. Pratesi, en chauffant le trioxyméthylène avec de l'acide sulfurique et de l'alcool; le produit de la réaction est précipité par l'eau, séché sur du chlorure de calcium et chauffé à 100° avec de la potasse. MM. Cambier et Trillat l'ont obtenu également par le procédé au chlorure ferrique.

Le diéthylformal bout à 88-89°; sa densité est égale à 0,8404 à 0°, et son indice de réfraction à 1,369; il se dissout dans 11 volumes d'eau à 0° et dans 15 volumes d'eau à 30°.

L'*hydrate*,

$$CH^2\Big\langle{}^{O\,C^2H^5}_{O\,C^2H^5} + H^2O,$$

est un liquide incolore, doué d'une odeur aromatique, qui bout à 74-75° sous 757 millimètres; sa densité est égale à 0,8338 à 15°. Il se dissout dans 15 parties d'eau à 20°, et il est très soluble dans l'alcool, l'éther, le chloroforme, le benzène et le toluène. Les acides sulfurique et chlorhydrique le transforment en trioxyméthylène; l'acide azotique l'oxyde violemment en dégageant des vapeurs nitreuses. Le dichromate de potassium et l'acide sulfurique le transforment en aldéhyde acétique.

Le *dipropylformal*, $CH^2(OC^3H^7)^2$, est un liquide incolore, doué d'une odeur d'ananas, qui bout vers 137°, et dont la densité est égale à 0,8419 à 14° et à 0,8345 à 20°. Son indice de réfraction $n_D = 1,391$. Ce composé a été préparé par M. Arnhold en faisant réagir le chlorure de méthylène sur l'alcool propylique sodé [*Ann. Chim.*, **240**, 199].

Lorsqu'on le chauffe avec de l'eau, il forme un *hydrate* insoluble dans l'eau, qui bout à 90° et dont la densité est égale à 0,8661 à 14° [Trillat et Cambier, *loc. cit*].

Le *diisopropylformal* possède les mêmes propriétés que son isomère; il est peu soluble dans l'eau; son odeur est très agréable. Il bout à 139° d'après M. Trillat, et à 118°,5 d'après M. Arnhold. Sa densité est égale à 0,831 à 20°.

Son *hydrate* bout à 79-80°.

Le *diisobutylformal*, $CH^2(OC^4H^9)^2$, s'obtient en chauffant pendant 5 ou 6 heures du trioxyméthylène avec de l'alcool isobutylique et 2 0/0 de chlorure ferrique. Il possède une odeur très agréable. Sa densité = 0,830 et son indice de réfraction $n_D = 1,400$. Il bout vers 164° et se dissout dans 1000 fois son volume d'eau. L'acide sulfurique chaud le décompose facilement [Gorboff et Kessler, *Journ. russe Phys. Chim.*, **19**, 455]. Le diisobutylformal dissout très facilement l'iode et le soufre. Lorsqu'on le chauffe avec de l'eau, il forme un *hydrate* qui bout à 96° et dont la densité est de 0,8491 à 14°.

Le *diisoamylformal*, $CH^2(OC^5H^{11})^2$, bout à 207°,5 et possède une densité de 0,839 à 20°. Son indice de réfraction est égal à 1,412. Il est soluble dans 2000 parties d'eau.

L'acide sulfurique carbonise ce composé, en donnant de l'acide sulfureux. Le brome le transforme en un dérivé bromé plus lourd que l'eau.

L'*hydrate* bout à 98°; sa densité est égale à 0,8491 à 14°.

Le *dihexylformal*, $CH^2(OC^6H^{13})^2$, fournit un *hydrate* qui bout à 174-175° et dont la densité est égale à 0,8223 à 15°.

Le *dioctylformal*, $CH^2(OC^8H^{17})^2$, bout vers 260°; sa densité = 0,846 à 20° (Arnhold).

L'*hydrate* correspondant bout à 189° et possède une densité égale à 0,8477 à 15°. Il est inodore.

Le *diallylformal*, $CH^2(OC^3H^5)^2$, a été obtenu par MM. Trillat et Cambier en chauffant pendant 4 heures un mélange de trioxyméthylène et d'alcool allylique avec 2 0/0 de chlorure ferrique. C'est un liquide incolore, qui bout à 138-139°, et dont la densité est égale à 0,8948 à 14°. Il forme également un *hydrate*, et fixe 4 atomes de brome pour donner un *dibromure* plus lourd que l'eau.

Il existe aussi des formals dérivés des alcools polyatomiques et des acides-alcools.

En chauffant au bain-marie un mélange de trioxyméthylène, de glycol et de chlorure ferrique (2 0/0), MM. Trillat et Cambier ont obtenu un composé éthéré, doué d'une odeur poivrée, légèrement soluble dans l'eau, qui bout à 74-75°. Ils ont assigné à ce corps la constitution suivante :

$$CH^2\Big\langle{}^{O-CH^2-CH^2OH}_{O-CH^2-CH^2OH}$$

D'après M. L. Henry, le produit obtenu par ces chimistes renferme une petite quantité du corps

$$CH^2\Big\langle{}^{OCH^2-CH^2OH}_{OH}$$

mais la majeure partie est constituée par le *formal du glycol*

$$\begin{matrix}CH^2O\,\diagdown\\ |\qquad\;\;CH^2,\\ CH^2O\,\diagup\end{matrix}$$

qui se présente sous la forme d'un liquide mobile soluble dans l'eau en toutes proportions; ce formal bout à 78° sous 750 millimètres, il est doué d'une odeur piquante, et sa densité est égale à 1,0828 à 10° et à 1,0534 à 25°. Le perchlorure de phosphore et le brome l'attaquent avec énergie.

Soumis à des distillations répétées, il se dédouble en aldéhyde formique et oxyde d'éthylène [L. Henry, *C. R.*, **120**, 107].

Le trioxyméthylène réagit sur le propylglycol en présence de chlorure ferrique, en donnant naissance au *formal propylénique*,

$$\begin{matrix}CH^2-O\,\diagdown\\ |\qquad\quad CH^2\\ CH-O\,\diagup\\ |\\ CH^3\end{matrix}$$

qui bout vers 90°, et qui possède une odeur poivrée [Henry, *loc. cit.* — Trillat et Cambier, *Bull. Soc. Chim.*, (3), **11**, 752].

En chauffant au bain-marie des proportions équimoléculaires de trioxyméthylène et de *glycérine* ou de *monochlorhydrine de la glycérine*, M. Henry a obtenu les composés suivants, qui bouillent respectivement à 197 et à 150° :

$$\begin{matrix}CH^2OH\\ |\\ CH-O\,\diagdown\\ \qquad\quad CH^2\\ CH^2-O\,\diagup\end{matrix}\qquad\qquad\begin{matrix}CH^2Cl\\ |\\ CH-O\,\diagdown\\ \qquad\quad CH^2\\ CH^2-O\,\diagup\end{matrix}$$

On obtient de la même façon une *combinaison*

*mixte d'aldéhyde formique et d'acide α-lac-tique*, qui répond à la formule

$$CH_2 \begin{cases} O-OC \\ \ \ | \\ O-CH-CH_3 \end{cases}$$

Ce composé constitue un liquide incolore, doué d'une odeur piquante, bouillant vers 153-154° sous 754 millimètres, et se solidifiant dans un mélange de neige carbonique et d'éther. Il fond alors à — 28°. Sa densité est égale à 1,1974 à 25°; il est insoluble dans l'eau, qui le dédouble à chaud en acide lactique et aldéhyde formique. Le brome ne s'y combine pas. L'ammoniaque aqueuse et les amines primaires ou secondaires le décomposent rapidement [Louis Henry, *C. R.*, **120**, 333].

Les formals dérivés des alcools polyatomiques sont très caractéristiques; on les obtient en chauffant des poids égaux de formaldéhyde à 40 0/0 et d'alcool avec de l'acide chlorhydrique concentré pendant 1 ou 2 heures au bain-marie. Ils cristallisent peu à peu par refroidissement.

Le *triformal de la mannite*,

$$CH_2O \begin{matrix} CH_2 & CH_2 & CH_2 \\ \diagup \diagdown & \diagup \diagdown & \diagup \diagdown \\ -CHO-CHO-CHO-CHO- \end{matrix} CH_2O,$$

cristallise en aiguilles fusibles à 227°, peu solubles dans l'eau, l'alcool et l'éther, très solubles dans le chloroforme. Il est fortement dextrogyre. L'acide sulfurique dilué (5 0/0) le dédouble lentement à 100° et rapidement à 115°. On peut le sublimer sans décomposition.

Le *triformal de la sorbite* fond à 206°; il est lévogyre et possède les mêmes propriétés que le précédent, sauf qu'il est en général plus soluble.

Le *diformal de l'adonite*, $C^5H^7O^4(CH_2)_2OH$, est encore plus soluble que ceux de la sorbite et de la mannite. Il se sublime facilement dans le vide, et fond à 145°. Son *éther benzoïque* cristallise en aiguilles fusibles à 104°. Il est inactif comme l'adonite elle-même.

Le *diformal de la penta-érythrite*,

$$CH_2 \begin{matrix} \diagup O\,CH_2 \diagdown \\ \diagdown O\,CH_2 \diagup \end{matrix} C \begin{matrix} \diagup CH_2O \diagdown \\ \diagdown CH_2O \diagup \end{matrix} CH_2,$$

se présente sous la forme de grands cristaux fusibles à 50°, solubles dans l'eau.

Le *diformal de l'érythrite*, $C^6H^{10}O^4$, est inactif. Il cristallise en fines aiguilles fusibles à 98°, très solubles dans l'eau [M. Schulz et B. Tollens, *D. chem. G.*, **27**, 1892].

En chauffant au bain-marie un mélange de glycérine (500 gr.), de formaldéhyde à 40 0/0 (75 gr.) et d'acide chlorhydrique concentré (60 gr.), on obtient un formal qu'on peut extraire au moyen de l'éther. Ce formal fournit un *benzoate* liquide.

Si, au contraire, on sature de gaz chlorhydrique un mélange de formaldéhyde et de glycérine, le formal qui prend naissance dans ce cas paraît identique à celui de M. Henry; il distille à 191-193° et son *benzoate* cristallise en aiguilles solubles dans l'éther, peu solubles dans l'eau (Schulz et Tollens).

MM. W. Henneberg et B. Tollens ont préparé les formals des acides saccharique et gluconique. En chauffant à 110° un mélange de saccharate de potassium (20 parties), de formaldéhyde à 40 0/0 (30 parties) et d'acide chlorhydrique (densité 1,18), ces chimistes ont obtenu un *acide mono-méthylène saccharique* $C^6H^8(CH_2)O^8$, fusible à

176-178°, dont ils ont préparé de nombreux sels et éthers [*Ann. Chem.*, **292**, 40].

En chauffant en vase clos, à 150°, un mélange d'acide tartrique, d'acide chlorhydrique et d'aldéhyde formique, les mêmes auteurs ont obtenu un *acide méthylène-tartrique*,

$$CO_2H-CHO \begin{matrix} CH_2 \\ \diagup \diagdown \end{matrix} CHO-CO_2H + 0,5\,H_2O$$

qui cristallise en aiguilles fusibles à 138-140°, solubles dans l'eau et dans l'éther. Cet acide ne précipite pas par le chlorure de calcium.

Les acides mucique et isosaccharique et le glucose ne donnent pas de formals, au moins dans les mêmes conditions [W. Henneberg et B. Tollens, *Ann. Chem.*, **292**, 40].

Il existe des formals aromatiques.

Le β-*dinaphtylformal*,

$$CH_2 \begin{cases} O\,C^{10}H^7 \\ O\,C^{10}H^7 \end{cases}$$

s'obtient en chauffant à 100°, en vase clos, un mélange d'iodure de méthylène, d'alcool méthylique et de β-naphtol dissous dans la soude caustique. Il cristallise en aiguilles soyeuses, fusibles à 133-134° [O. Kœlle, *D. chem. G.*, **13**, 1953].

L'aldéhyde formique ou son hydrate, le glycol méthylénique, est susceptible de se combiner avec les acides minéraux et organiques pour donner des éthers-sels. Ces composés ont été décrits.

L'*acétochlorhydrine*,

$$CH_2 \begin{cases} Cl \\ OCOCH_3 \end{cases}$$

jouit de la propriété de se combiner avec divers alcaloïdes, tels que la morphine, la codéine, la codoéthyline, etc., en donnant naissance à des bases qui se dissolvent dans l'acide sulfurique concentré avec une coloration pourpre [E. Grimaux, *C. R.*, **93**, 217].

Parmi les dérivés du glycol méthylénique, on peut comprendre l'*iodure de méthylène-hexa-phénylphosphonium*, $CH_2[(P.C^6H^5)^3I]_2$, qui s'obtient en évaporant un mélange de triéthylphosphine (2 molécules) et d'iodure de méthylène (1 molécule), et qui cristallise en aiguilles brillantes, fusibles avec décomposition vers 230° [A. Michaelis et L. Gleichmann, *D. chem. G.*, **15**, 804].

#### D. PRODUITS DE L'ACTION SUR LES ALDÉHYDES ET SUR LES ACÉTONES.

On sait que l'aldéhyde formique jouit de la faculté de se condenser avec elle-même pour donner naissance à des combinaisons qui se rattachent au groupe des hydrates de carbone. Cette condensation s'effectue en présence de divers agents, dont le plus actif est la chaux. Elle peut se faire également entre une ou plusieurs molécules de formaldéhyde et d'une autre aldéhyde grasse, ou même d'une acétone ou d'un acide acétonique.

Ces réactions donnent naissance à des alcools polyatomiques bien définis, qui ont été étudiés par M. Tollens et par ses élèves.

Le mécanisme en est fort simple :

1° La formaldéhyde réagit sous la forme de son hydrate $HO.CH_2.OH$, et le radical $CH_2.OH$ se substitue à tous les atomes d'hydrogène qui sont reliés aux atomes de carbone immédiatement voisins du groupement acétonique ou aldéhydique.

2° Ces groupements eux-mêmes sont réduits à l'état de fonction alcool primaire et secondaire.

La vérification de cette règle est bien facile à faire : un composé tel que l'acide pyruvique

$CH^3 . CO . CO^2H$ devra fournir, si on l'applique, une combinaison qui sera 3 fois alcool primaire, 1 fois alcool secondaire. On obtient en réalité l'olide d'un *acide diméthylol 2.2-butane-ol 1-oïque 4* :

$$
\begin{array}{l}
CH^2OH \\
| \\
HO.H^2C - CH^3 \\
| \quad\quad\ | \\
CHOH \ | \\
| \quad\quad | \\
CO - O
\end{array}
$$

De même, l'aldéhyde propionique donne naissance à une pentaglycérine (*diméthylol 2.2-propanol-1*).

La condensation de la formaldéhyde et des composés cétoniques ou aldéhydiques s'effectue en général de la façon suivante : On laisse les deux substances en contact avec un lait de chaux, extrêmement dilué, pendant des temps variables, puis on termine la réaction en chauffant au bain-marie; on filtre, on précipite exactement la chaux par l'acide oxalique, on filtre de nouveau, on évapore la liqueur et on la concentre par distillation sous pression réduite. Quelquefois elle cristallise spontanément et la purification du produit devient beaucoup plus facile.

La *pentaérythrite*,

$$
\begin{array}{l}
CH^2OH \\
| \\
OH.H^2C - C - CH^2OH, \\
| \\
CH^2OH
\end{array}
$$

se prépare en laissant reposer pendant quelques mois un mélange de formaldéhyde (200 parties), d'aldéhyde acétique (60 parties), de chaux (160 parties) et d'eau (9000 parties). On la purifie par le procédé qui vient d'être indiqué. L'équation qui représente la réaction s'écrira de la façon suivante :

$$3 CH^2O + CH^3 . CHO + H^2 = C^5H^{12}O^4.$$

Le produit cristallise en prismes quadratiques, fusibles à 250-255°, qui présentent les faces $m$, $h^1$ et $p$, et qui se subliment assez difficilement. 1 partie de pentaérythrite se dissout dans 18 parties d'eau à 15°.

Ce composé est inactif, même lorsqu'on additionne sa solution concentrée de borax; on devait d'ailleurs s'y attendre à cause de sa constitution absolument symétrique. Il n'est pas attaqué sensiblement par la soude ni par l'iode.

Si, dans la préparation de la pentaérythrite, on emploie un grand excès d'aldéhyde acétique, on obtient un produit impur qui fond à 220° et qui renferme les acides formique, acétique et valérianique.

En chauffant la pentaérythrite (4 grammes) avec du phosphore rouge ($1^{gr}$,5) et de l'acide iodhydrique d'une densité de 1,656 (25 centimètres cubes), on obtient presque uniquement de la *diiodhydrine*, $C(CH^2I)^3(CH^2OH)^2$, qui cristallise en aiguilles fusibles à 130°, peu solubles dans l'eau, solubles dans l'alcool.

La *triiodhydrine*, $C(CH^2I)^3 . CH^2OH$, s'obtient en chauffant en tube scellé pendant 4 heures, à 150°, puis à 190°, un mélange de pentaérythrite (2 grammes), d'acide iodhydrique d'une densité de 1,96 (5 centim. cubes) et de phosphore rouge ($0^{gr}$,7). Le produit de la réaction est broyé avec de l'eau, puis avec de l'alcool qui dissout la triiodhydrine en laissant un faible résidu de tétraiodhydrine.

La triiodhydrine cristallise en aiguilles ou en tables rhomboïdales, fusibles vers 62-70°, insolubles dans l'eau. Le zinc en poudre et l'acide acétique la réduisent en donnant un mélange de dérivés amyliques non saturés.

La *tétraiodhydrine*, $C(CH^2I)^4$, cristallise en paillettes ou en aiguilles blanches, fusibles à 225°, solubles dans le toluène et dans le benzène bouillant, insolubles dans l'alcool et dans l'eau.

Les chlorhydrines correspondantes n'ont pas pu être préparées, car l'acide chlorhydrique n'attaque pas la pentaérythrite et le perchlorure de phosphore la transforme en produits sirupeux.

La *tribromhydrine* a été obtenue avec une certaine quantité de tétrabromhydrine en chauffant en vase clos à 100°, puis à 150°, un mélange de pentaérythrite (3 grammes) et de tribromure de phosphore (24 grammes). Le produit de la réaction est lavé à l'eau, puis à l'alcool froid, et recristallisé dans l'alcool bouillant.

La *tétrabromhydrine*, $C(CH^2Br)^4$, se dépose d'abord sous la forme de paillettes fusibles à 154-156°, qui sont moins solubles dans l'alcool que la tribromhydrine; celle-ci fond à 60°.

La *tribromhydrine* se forme seule lorsqu'on ne dépasse pas la température de 130°. Elle donne naissance, par réduction au moyen du zinc et de l'acide acétique, à un *alcool non saturé* $C^5H^9OH$ qui fond à 120-121°; on aurait pu s'attendre à obtenir l'alcool triméthyléthylique de M. Tissier.

Les *monobromhydrine* et *dibromhydrine* n'ont pas été préparées.

L'acide azotique (densité 1,15) oxyde la pentaérythrite en donnant naissance à un produit gélatineux qui répond sensiblement à la formule $C^5H^8O^4$ et qui possède des propriétés aldéhydiques. Ce produit est peu soluble dans l'eau, mais il se dissout dans les alcalis. On obtient également de l'acide oxalique. L'emploi d'un acide plus concentré fournit un mélange d'acides glycolique et oxalique.

Si l'on dissout à chaud de la pentaérythrite dans l'acide azotique (densité 1,13), qu'on neutralise par le carbonate de chaux, et qu'on ajoute ensuite de la phénylhydrazine, on obtient d'abord une matière résineuse, puis un précipité jaune, floconneux, fusible à 108°, qui constitue la *dihydrazone d'une aldéhyde diglycolique*, $CHO - CH^2O - CH^2 - CHO$.

Le mélange chromique oxyde complètement la pentaérythrite en donnant de l'acide formique et de l'acide carbonique, mais pas d'acide acétique ni d'oxyde de carbone. Le fait qu'on n'obtient jamais d'acide acétique dans l'oxydation de la pentaérythrite démontre que la molécule de celle-ci ne renferme pas de groupe méthyle.

La pentaérythrite fournit un *dérivé tétracétylé* $C(CH^2O . COCH^3)^4$, qui cristallise en aiguilles brillantes, fusibles à 84°, solubles dans l'eau et dans l'alcool.

Le *tétrabenzoate*, $C(CH^2O . COC^6H^5)^4$, préparé au moyen du chlorure de benzoyle et de la soude à 20 0/0, cristallise en aiguilles fusibles à 99-101°, solubles dans l'alcool.

La pentaérythrite se combine avec 2 molécules d'aldéhyde benzylique pour donner la *dibenzylidène-pentaérythrite*, $C[(CH^2)^2 . CH . C^6H^5]^2$. Ce composé s'obtient en dissolvant 5 parties de l'érythrite dans 20 parties d'acide sulfurique à 50 0/0 et en ajoutant 10 parties d'aldéhyde benzylique. C'est un précipité cristallin, fusible à 160°, insoluble dans l'eau, dans l'éther et dans l'alcool, soluble dans le chloroforme [Tollens et Wigand, *Ann. Chem.*, **265**. 316. — Tollens, *ibid.*, **276**, 58, 87. — Hosaeus, *ibid.*, **276**, 67. — Apel et Tollens, *ibid.*, **289**, 34].

La *pentaglycérine*,

$$
\begin{array}{l}
CH^3 \\
| \\
OH.H^2C - C - CH^2OH, \\
| \\
CH^2OH
\end{array}
$$

s'obtient en chauffant à une douce température le mélange suivant : aldéhyde propionique, 20 grammes ; formaldéhyde à 40 0/0, 80 grammes ; chaux vive, 50 grammes ; eau, 1100 grammes. La réaction peut s'écrire de la façon suivante :

$$CH^3 . CH^2 . CHO + 2 CH^2O + H^2$$
$$= CH^3 . C . (CH^2OH)^2 . CH^2OH.$$

La pentaglycérine cristallise en aiguilles blanches, fusibles à 199°, solubles dans l'eau, l'alcool et l'acide acétique, insolubles dans l'éther. On peut la sublimer.

Lorsqu'on la chauffe avec de l'anhydride acétique et de l'acétate de sodium anhydre, on obtient un *triacétate* visqueux, soluble dans l'éther, qui bout vers 165°.

Le *tribenzoate*, $CH^3 . C(CH^2O.COC^6H^5)^3$, cristallise en aiguilles solubles dans l'alcool dilué.

L'oxydation de la pentaglycérine par le mélange chromique à chaud fournit de l'acide formique et de l'acide acétique [H. Hosaeus, *Ann. Chem.*, **276**, 75].

La condensation de l'aldéhyde formique avec l'aldéhyde isobutyrique donne naissance au *pentaglycol* (*méthyl 2-méthylol 2-propanol 3*) :

$$(CH^3)^2 . CH . CHO + CH^2O + H^2$$

$$= CH^3 - \overset{\displaystyle CH^3}{\underset{\displaystyle . CH^2OH}{|\atop\underset{|}{C}}} - CH^2OH.$$

MM. Apel et Tollens emploient les proportions suivantes : aldéhyde isobutyrique, 50 grammes ; aldéhyde formique à 40 0/0. 220 grammes ; eau, 250 grammes ; chaux, 75 grammes. Ils opèrent, quant au reste, de la façon qui a été indiquée plus haut.

Ce pentaglycol a été obtenu également par M. A. Just en condensant un mélange des deux aldéhydes par la potasse alcoolique [*Mon. f. Chem.*, **17**, 76].

Il cristallise dans le benzène en aiguilles fusibles à 127-129°, très hygroscopiques, très solubles dans l'eau, et bout à 125-130° sous 15 millimètres et à 206° sous 747 millimètres. On peut l'obtenir également à l'état amorphe. Il possède une saveur brûlante et une odeur assez faible ; il est volatil avec la vapeur d'eau.

L'*éther diacétique*,

$$(CH^3)^2 . C . (CH^2O.COCH^3)^2,$$

s'obtient en chauffant le pentaglycol avec de l'anhydride acétique et de l'acétate de sodium anhydre. Il est insoluble dans l'eau et bout à 108° sous 20 millimètres et à 212° sous 740 millimètres.

Le *dibenzoate* cristallise en aiguilles fusibles à 53°, solubles dans l'alcool, insolubles dans l'eau.

L'oxydation du pentaglycol par le permanganate de potassium fournit de l'*acide diméthylmalonique* ; avec le mélange chromique bouillant on obtient de l'acide formique et de l'acide acétique.

L'acide azotique tiède (densité 1,15) transforme le pentaglycol en un *éther nitreux*, liquide, qui distille vers 190-200° en se décomposant.

La *monoiodhydrine*,

$$(CH^3)^2 . C < {CH^2I \atop CH^2OH}$$

se forme lorsqu'on chauffe le glycol (5 grammes) avec de l'acide iodhydrique d'une densité de 1,656 (35 centimètres cubes) et du phosphore rouge (2 grammes) en vase clos à 125°. Elle bout à 60° sous 25 millimètres de pression.

Si on emploie de l'acide iodhydrique ayant une densité de 1,96 et qu'on chauffe à 150°, on obtient de la *diiodhydrine* impure sous la forme d'un liquide qui bout vers 270° et qui est entraîné par la vapeur d'eau.

La formaldéhyde réagit sur le pentaglycol en présence d'acide chlorhydrique concentré, et à la température du bain-marie, en donnant le *formal* correspondant,

$$CH^3 \atop CH^3 > C < {CH^2 - O \atop CH^2 - O} > CH^2,$$

sous la forme d'un liquide soluble dans l'éther, qui bout vers 126° [Apel et B. Tollens, *Ann. Chem.*, **289**, 36].

Le produit de condensation de l'acétone avec la formaldéhyde est, conformément à la règle posée plus haut, un alcool heptatomique en $C^9$, ou plutôt un anhydride interne de cet alcool, qui a reçu le nom d'*anhydro-ennéaheptite* et dont la formation peut être représentée de la façon suivante :

$$\begin{matrix} CH^3 & & 3CH^2O & & C(CH^2OH)^3 \\ | & & & & | \\ CO & + & H^2 & = & CHOH \\ | & & & & | \\ CH^3 & & 3CH^2O & & C(CH^2OH)^3 \end{matrix}$$

$$= \begin{matrix} CH^2 - C(CH^2OH)^2 \\ |\qquad\quad | \\ O\qquad CHOH \\ |\qquad\quad | \\ CH^2 - C(CH^2OH)^2 \end{matrix} + H^2O.$$

Pour préparer ce corps, on mélange 60 parties d'acétone avec 200 parties de formaldéhyde à 40 0/0, 6000 parties d'eau et 65 parties de chaux, et on abandonne le tout pendant 4 semaines à la température de 35°. On élimine ensuite la chaux, on filtre et on évapore la liqueur.

L'anhydro-ennéaheptite se dépose sous la forme de cristaux mal définis qui sont solubles dans l'alcool aqueux. Elle ne fournit pas d'acide acétique lorsqu'on l'oxyde par le mélange chromique à 100°.

Son *dérivé pentacétylé*, $C^9H^{11}O(O.COCH^3)^5$, s'obtient en chauffant l'alcool avec l'anhydride acétique et l'acétate de sodium anhydre. Il est soluble dans l'alcool et fond à 84°.

Le *pentabenzoate* n'a pu être obtenu.

Le *tétrabenzoate* cristallise en aiguilles fusibles à 153-154°, solubles dans l'alcool.

On n'obtient pas de produits définis en chauffant l'anhydro-ennéaheptite avec de l'acide azotique ou avec de l'acide iodhydrique.

La formaldéhyde à 40 0/0 réagit à chaud sur une dissolution d'anhydro-ennéaheptite dans l'acide chlorhydrique concentré, en donnant naissance à deux *diformals isomériques* $C^9H^{14}O^6 (CH^2)^2$, qu'il est très difficile de séparer et qui ne se transforment pas l'un dans l'autre. Le premier cristallise en aiguilles fusibles à 165° et le second en tables fusibles à 206° Ils fournissent tous deux le même *dérivé acétylé*, $C^9H^{13}O^5(CH^2)^2.C^2H^3O^2$, qui fond à 107° et qui est soluble dans l'alcool, l'éther et le chloroforme [M. Apel et B. Tollens, *Ann. Chem.*, **289**, 46. — M. Apel et O. Witt, *ibid.*, **290**, 153].

La formaldéhyde se condense également avec l'acide pyruvique en donnant naissance à l'*olide de l'acide diméthylol 3.3-butane-diol 2.4-oïque* 1,

$$\begin{matrix} CH^2 \text{———} O \\ |\qquad\qquad | \\ CH^2OH - C - CHOH - CO, \\ | \\ CH^2OH \end{matrix}$$

qu'on obtient en chauffant au bain-marie un mélange de 27 grammes d'acide pyruvique, 90 grammes de formaldéhyde à 40 0/0, 1200 gr. d'eau et 70 grammes de chaux délayée dans 250 grammes d'eau.

On obtient ainsi un sirop qui cristallise peu à peu en prismes fusibles à 184°, solubles dans l'eau et dans l'alcool, et qui répond à la formule $C^6H^{10}O^5$.

Cette olide se dissout à chaud dans les alcalis en formant des sels ; le sel *de sodium* cristallise mal ; celui *de calcium* est microcristallin : on l'obtient en chauffant l'olide avec un lait de chaux et en précipitant l'excès de chaux par un courant d'acide carbonique.

L'olide ne réagit pas sur les iodates, ni sur la phénylhydrazine [H. Hosaeus, *Ann. Chem.*, 276, 79].

La combinaison d'aldéhyde formique et d'acide lévulique s'obtient en mélangeant 50 grammes d'acide avec 250 grammes de formaldéhyde à 40 0/0, 200 grammes d'hydrate de baryte cristallisé et 5 litres d'eau. On laisse reposer pendant quelques semaines, puis on chauffe, on précipite la baryte et on évapore la liqueur filtrée, qui laisse déposer peu à peu des tables rhombiques, fusibles à 174-176°, répondant à la formule $C^{10}H^{16}O^6$.

Ce composé paraît être une *oxyolide* du produit de condensation normal ; il se serait formé suivant l'équation

$$CH^3.CO.CH^2.CH^2.CO^2H + 5CH^2O + H^2$$

$$= 2H^2O + CH^2OH - \overset{\displaystyle CH^2OH}{\underset{\displaystyle CH^2OH}{C}} - \overset{\displaystyle \overbrace{\qquad\qquad}^{O}}{CH - C - CH^2 - CO}\; \underset{\displaystyle O}{\overset{}{CH^2\;\; CH^2}}$$

Cette constitution n'a du reste rien de définitif.

Cette olide est douée d'une saveur amère ; elle n'est pas attaquée par le carbonate de sodium bouillant, ni par la liqueur de Fehling, les iodates, le nitroprussiate ou la phénylhydrazine. Elle s'unit à une molécule de soude à froid ; l'acide oxalique la déplace de ses sels.

En chauffant cette olide (3 grammes) avec de l'acétate de sodium anhydre (3 grammes) et de l'anhydride acétique (12 grammes), on obtient un *triacétate*. $C^{10}H^{13}O^3(CO^2CH^3)^3$, qui cristallise en aiguilles fusibles à 161°, solubles dans l'alcool dilué [B. Tollens, *Ann. Chem.*, 276, 69].

On voit que, dans toutes ces condensations, on emploie un excès d'aldéhyde formique équivalent à 1 molécule. Cette molécule est employée exclusivement à réduire le groupement cétonique ou aldéhydique, tandis que les autres se substituent aux atomes d'hydrogène des carbones voisins.

### E. PRODUITS DE L'ACTION SUR LES CARBURES NITRÉS.

Cette action se rapproche beaucoup de celle de la formaldéhyde sur les aldéhydes et sur les composés cétoniques, en ce sens que le radical $CH^2.OH$ se substitue aux atomes d'hydrogène fixés au carbone du groupement $\equiv C\,AzO^2$, en donnant naissance à des alcools nitrés.

Lorsqu'on mélange une molécule de nitrométhane avec 3 molécules de formaldéhyde et qu'on ajoute quelques fragments de carbonate de potassium, une réaction assez violente se déclare, et l'on obtient un *nitro 3-diméthylol 2.2-propanol 1* sous la forme d'aiguilles ou de prismes blancs, fusibles à 158-159°, solubles dans l'eau,

l'alcool et l'acétone. La réaction est exprimée par l'équation suivante :

$$CH^3.AzO^2 + 3CH^2O = AzO^2 - \overset{\displaystyle CH^2.OH}{\underset{\displaystyle CH^2.OH}{C}} - CH^2.OH.$$

Deux molécules de formaldéhyde réagissent sur une molécule de nitréthane en donnant du *nitro 1-diméthylol 2.2-propane* :

$$AzO^2 - \overset{\displaystyle CH^2.OH}{\underset{\displaystyle CH^2.OH}{C}} - CH^3.$$

Ce composé est cristallisé ; il fond à 139-140° et possède une saveur amère ; il est soluble dans l'eau, l'alcool et l'acétone, et peu soluble dans l'éther.

Avec une molécule de nitropropane secondaire et une molécule de formaldéhyde, on obtient l'*alcool nitro-isobutylique*, qui cristallise en aiguilles fusibles à 80°, solubles dans l'éther, l'alcool, l'acétone et l'eau, douées d'une saveur amère. L'équation de la réaction est la suivante :

$$CH^3.CHAzO^2.CH^3 + CH^2O$$

$$= CH^3.\overset{\displaystyle CH^2OH}{C(AzO^2)}.CH^3.$$

Avec le nitropropane primaire, le produit de la réaction est constitué par le *nitro 2-butanol 1*,

$$CH^2OH.CHAzO^2.CH^2.CH^3.$$

Dans ce cas, la substitution est incomplète.

Deux molécules d'aldéhyde formique réagissent sur une molécule de *nitro 1-propanol 2*, en donnant le *nitro 2-méthylol 2-butane-diol 1.3* :

$$CH^2AzO^2.CHOH.CH^3 + 2CH^2O$$

$$= CH^2OH - \overset{\displaystyle CH^2OH}{C(AzO^2)} - CHOH - CH^3.$$

Ce dernier cristallise en longues aiguilles blanches, fusibles à 125-126°, solubles dans l'alcool et dans l'eau, presque insolubles dans l'éther. Il est doué d'une saveur fraîche.

Le *nitro 2-méthylol 2-pentane-diol 1.3*,

$$CH^2OH - \overset{\displaystyle CH^2OH}{C(AzO^2)} - CHOH - CH^2 - CH^3,$$

s'obtient pareillement en mélangeant 2 molécules de formaldéhyde et 1 molécule de nitro 1-butanol 2 en présence de carbonate de potassium. Il fond à 112°,

Enfin l'aldéhyde formique réagit sur le nitro 2-butanol 3 en donnant naissance au *nitro 2-méthylol 2-butanol 3*,

$$CH^3 - \overset{\displaystyle CH^2OH}{C(AzO^2)} - CHOH - CH^3,$$

qui fond à 78° et qui est soluble dans l'éther [L. Henry, *C. R.*, 120, 1265 ; 121, 210 ; *Bull. Acad. roy. de Belgique*, (3), 32, 17].

### F. PRODUITS DE CONDENSATION AVEC L'ANTIPYRINE ET AVEC LES ALCALOÏDES.

MÉTHYLÈNE-ANTIPYRINE. — Cette combinaison s'obtient en mélangeant à froid de la formaldéhyde à 40 0/0 avec une solution aqueuse d'antipyrine à 33 0/0. Il se dépose peu à peu un précipité cristallin, soluble dans l'alcool, qui répond à la formule $C^{12}H^{14}Az^2O^2$.

Cette méthylène-antipyrine ou *formopyrine* se présente sous la forme de prismes clinorhombiques, fusibles à 142°, qui se dissocient à 110° dans le vide sec, et qui se décomposent vers 200° à l'air libre en donnant du pyrrol.

La méthylène-antipyrine est soluble dans le chloroforme, l'acide acétique, l'alcool, l'eau bouillante et les acides minéraux; elle est peu soluble dans l'eau froide et insoluble dans l'éther et dans le benzène.

L'acide sulfurique et l'acide oxalique colorent ses solutions en jaune; l'oxalate de potassium la précipite à l'état de sel acide. Les autres réactions de la formopyrine sont aussi celles de l'antipyrine.

M. Marcourt attribue à ce composé la constitution suivante :

$$\begin{array}{c} HC \rule{0pt}{0pt} \quad CO \\ CH^3.C \quad\quad Az.C^6H^5 \\ Az.CH^3 \\ O \quad\quad CH^2 \end{array}$$

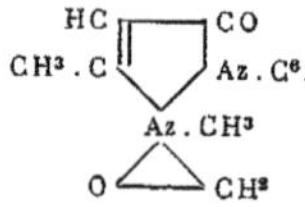

Les sels de la méthylène-antipyrine peuvent être préparés directement; ils sont doués d'une saveur extrêmement amère et acide en même temps; ils sont solubles dans l'eau et insolubles dans les alcalis; ils résistent à l'action des acides.

Le *chlorhydrate* cristallise en prismes ou en aiguilles tricliniques, altérables à la lumière; il se dissocie peu à peu en solution aqueuse.

Le *sulfate neutre*, obtenu avec de l'acide dilué, répond à la formule $(C^{12}H^{14}Az^2O^2)^2SO^4H^2$. Il se présente sous la forme de fines aiguilles solubles dans l'eau.

En employant de l'acide sulfurique concentré, on obtient des cristaux roses du *sel acide*,

$$(C^{12}H^{14}Az^2O^2).SO^4H^2.$$

L'*azotate*, $C^{12}H^{14}Az^2O^2.2AzO^3H$, cristallise en fines aiguilles jaunâtres, peu stables.

Le *phosphate*, $C^{12}H^{14}Az^2O^2.PO^4H^3$, se prépare avec de l'acide phosphorique en solution concentrée; il se présente sous la forme de fines aiguilles blanches.

L'*oxalate acide* est un précipité microcristallin, insoluble dans l'eau [E. Marcourt, *Bull. Soc. Chim.*, (3), **15**, 520].

En chauffant à 120° en vase clos, pendant 6 heures, un mélange d'antipyrine (5 parties) et d'aldéhyde formique à 40 0/0 (4 parties), M. A. Schuftan a obtenu une autre combinaison, la *méthylène-diantipyrine*, à laquelle il attribue la constitution suivante :

$$\begin{array}{cc} C^6H^5.Az & Az.C^6H^5 \\ CH^3.Az \quad CO \quad OC \quad Az.CH^3 \\ CH^3.C = C-CH^2-C = C.CH^3 \end{array}$$

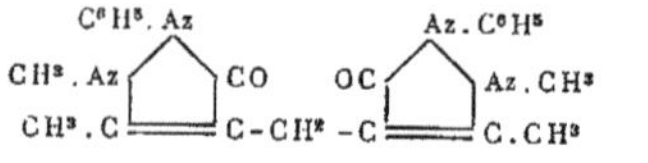

Ce même produit se forme également lorsqu'on chauffe la benzylidène-antipyrine de M. Knorr (1 partie) avec de l'aldéhyde formique (2 parties) et du chlorure de zinc à 120°, en vase clos, pendant 6 heures. Le radical méthylénique se substitue simplement au groupement $C^6H^5.CH=$.

La méthylène-diantipyrine cristallise en paillettes brillantes, fusibles à 177°, solubles dans l'eau bouillante, le benzène et l'alcool.

Ses sels se préparent directement.

Le *chlorhydrate* cristallise en aiguilles incolores, solubles dans l'eau.

Le *sulfate* se présente sous la forme d'aiguilles solubles dans l'eau, l'alcool et l'éther.

Le *chloroplatinate*,

$$C^{23}H^{24}Az^4O^2, 2HCl, PtCl^4,$$

cristallise en aiguilles d'un jaune rougeâtre, qui noircissent vers 200° et qui sont solubles dans un mélange d'alcool et d'acide chlorhydrique.

Le *chloraurate* s'obtient sous la forme de tables d'un rouge orangé, qui fondent vers 179° en se décomposant et qui sont à peine solubles l'acide chlorhydrique concentré.

Le *picrate*, $C^{23}H^{24}Az^4O^2, C^6H^2(AzO^2)^3.OH$, cristallise dans l'alcool en aiguilles jaunes, fusibles à 185°, qui sont presque insolubles dans dans l'eau bouillante.

La méthylène-diantipyrine fixe le brome en solution aqueuse en donnant un *tétrabromure* qui cristallise en aiguilles jaunes, solubles dans l'alcool et dans le chloroforme, qui fondent en se décomposant vers 140° [A. Schuftan, *D. chem. G.*, **28**, 1181]. Ce composé a été étudié également par M. Pollizari, qui admet que la formopyrine de M. Marcourt n'est que de la méthylène diantipyrine impure [*Gazz. chim. ital.*, **26**, 407].

Condensation de la formaldéhyde avec les alcaloïdes. — MM. Meister Lucius et Brüning, à Hoechst-sur-Mein, ont fait breveter deux produits de condensation qu'ils obtiennent en mélangeant des solutions acides de formaldéhyde et de *codéine* ou de *morphine*. Lorsque la liqueur a pris une teinte bleuâtre, on la sursature par le carbonate de sodium, et on lave avec de l'eau le précipité gélatineux qui s'est formé. Les inventeurs admettent qu'il s'est formé une combinaison d'une molécule d'aldéhyde formique et de deux molécules d'alcaloïde, en même temps que s'élimine une molécule d'eau. Ces deux produits ont reçu les noms de *dicodéylméthane* et de *dimorphylméthane*. Le premier fond vers 140° en se décomposant; il est soluble dans l'eau et dans l'alcool. Le dimorphylméthane est amorphe et fond à 270°; il se dissout facilement dans l'alcool, dans les alcalis et dans les carbonates alcalins, mais il est presque insoluble dans l'eau. Ces deux substances peuvent être employées en médecine [D. R. P., 89963 et 20207].

### V. CONDENSATIONS EFFECTUÉES AU MOYEN DE L'ALDÉHYDE FORMIQUE.

La formaldéhyde a servi à effectuer un nombre très grand de condensations, grâce à la faculté qu'elle possède de perdre son atome d'oxygène et de saturer ses deux affinités, ainsi laissées libres, par deux noyaux aromatiques ou par deux molécules d'éthers maloniques ou d'éthers acétylacétiques.

Les composés ainsi obtenus seront simplement énumérés ici, et leur description complète se trouvera renvoyée aux articles qui concernent spécialement chaque corps.

*Condensations avec les éthers cétoniques et les éthers maloniques.* — La formaldéhyde réagit en solution aqueuse sur l'éther acétylacétique en présence d'un agent de condensation, tel que l'acétate de sodium fondu, en donnant l'*éther méthylène-acétylacétique*

$$CH^2 = C\begin{cases} CO^2C^2H^5 \\ CO.CH^3 \end{cases}$$

sous la forme d'une huile visqueuse, soluble dans l'alcool, qui est colorée en violet par le chlorure ferrique [A. Wülfing, Elberfeld, D. R. P., 80216].

M. E. Knœvenagel a obtenu par le même procédé l'*éther méthylène - diacétylacétique* [*D. chem. G.*, 26, 1090].

En chauffant pendant quelque temps un mélange d'éther acétylacétique (3 parties), de formaldéhyde à 40 0/0 (1 partie) et d'ammoniaque alcoolique à 10 0/0, MM. R. Schiff et R. Prosio ont obtenu l'*éther dihydrolutidine-carbonique*,

$$2\,C^6H^{10}O^3 + CH^2O + AzH^3 + 3\,H^2O$$
$$= C^{13}H^{19}AzO^4.$$

Ce composé s'obtient aussi en traitant par l'acide chlorhydrique dilué un mélange d'éther acétylacétique (2 molécules), d'ammoniaque (1 mol.) et d'aldéhyde formique [*Gazz. chim. ital.*, 25, 65].

L'aldéhyde formique réagit sur les éthers cétoniques (2 mol.) en présence d'une trace d'amine primaire ou secondaire (1/10 à 1/100 mol.), en donnant naissance à des produits de condensation du type

$$R.CO.CH.CO^2C^2H^5$$
$$|$$
$$CH^2$$
$$|$$
$$R.CO.CH.CO^2C^2H^5$$

M. E. Knœvenagel a fait breveter cette réaction [Heidelberg, *D. R. P.*, 74885].

En chauffant à 120° en vase clos, pendant 5 ou 8 heures, un mélange de méthylène-urée, d'éther acétylacétique et d'alcool, M. P. Biginelli a obtenu l'*éther formuramidocrotonique* sous la forme d'aiguilles fusibles à 260° [*Gazz. chim. ital.*, 23, 360].

Le trioxyméthylène (30 grammes) réagit sur un mélange d'acide pyruvique (40 grammes) et d'acide sulfurique concentré (60 cent. cubes), à la température de 60°, en donnant naissance à un *acide tétraméthylène-dioxalique* 1.3 :

$$2\,CO^2H.CO.CH^3 + 2\,CH^2O$$
$$= CO^2H.CO.CH\underset{CH^3}{\overset{CH^2}{<}}{>}CH.CO.CO^2H$$

[O. Kaltwasser, *D. chem. G.*, 29, 2273].

L'aldéhyde formique se condense à froid avec 2 molécules d'éther malonique, en présence d'une trace de pipéridine ou de diéthylamine, pour donner l'*acide méthylène-dimalonique*,

$$CO^2H - CH - CO^2H$$
$$|$$
$$CH^2$$
$$|$$
$$CO^2H - CH - CO^2H$$

[E. Knœvenagel, *D. chem. G.*, 27, 2345].

Le même produit a été obtenu par M. W.-H. Perkin en traitant le trioxyméthylène par l'anhydride acétique [*D. chem. G.*, 19, 1053].

*Condensation avec les carbures aromatiques.* — M. von Baeyer a fait la synthèse du diphénylméthane, du ditolylméthane, du dinaphtylméthane, etc., en condensant l'aldéhyde formique avec le benzène, le toluène, le naphtalène, etc., en présence d'acide sulfurique concentré (voyez Dict., 2, 417).

*Condensation avec les phénols.* — La condensation de l'aldéhyde formique et des phénols s'effectue à froid en présence de la potasse, de la soude, des carbonates de potassium ou de sodium, de la chaux, de la baryte, des oxydes de cuivre, de zinc et de plomb, de la poudre de zinc, de l'acétate ou du cyanure de potassium. Elle donne naissance à des *alcools-phénols* substitués en position ortho ou para, suivant l'agent de condensation employé.

Ainsi le phénol fournit un mélange d'o- et de p-méthylol-phénols, fusibles à 82° et à 110° :

On a préparé également par ce procédé : l'*alcool o-méthoxybenzylique*, fusible à 110°, et son *isomère méta*, qui fond à 187°; deux *alcools para-méthoxybenzyliques*, fusibles à 107° et 133°; l'*alcool oxyméthylpropylbenzylique* 1.6.2, fusible à 86°; l'*alcool oxyméthoxyallylbenzylique* 1.2.4, fusible à 37°; l'*alcool vanillique*, fusible à 115°; l'*homosaligénine*, fusible à 105°; deux *alcools méthyloxybenzyliques*, fusibles à 110 et 118°, et l'*alcool thymotique*,

fusible à 120-121° [O. Manasse, *D. chem. G.*, 27, 2409. — Lederer, *J. prakt. Chem.*, (2), 50, 223]. MM. Fr. Bayer et C^{ie} (Elberfeld) ont fait breveter ce procédé de préparation des phénols-alcools aromatiques [*D. R. P.*, 85588].

Lorsqu'on opère la condensation de l'aldéhyde formique et des phénols en présence d'agents de condensation très violents (acide sulfurique concentré, etc.), on obtient en général des produits amorphes, résineux, qui sont insolubles dans tous les réactifs, et dont quelques-uns ont l'apparence de la cellulose (Trillat).

*Condensation avec les polyphénols.* — L'aldéhyde formique se condense avec les polyphénols en présence d'acide sulfurique dilué (33 0/0) en donnant naissance aux *méthylène-diphénols* correspondants. On a obtenu ainsi la *méthylène-dirésorcine* et la *méthylène-diorcine* [Richard Möhlau et P. Koch, *D. chem. G.*, 27, 2887. — Joachim Biehringer, *ibid.*, 27, 3301].

M. Kleeberg s'est servi d'acide chlorhydrique concentré pour effectuer la condensation; il a obtenu en général des produits insolubles difficiles à purifier.

L'acide gallique, dans ces conditions, fournit un acide amorphe qui répond à la formule $C^{16}H^{12}O^{11}$ et qui forme des sels d'ammonium et de phénylhydrazine bien cristallisés [*Ann. Chem.*, 263, 283].

*Condensation avec les phénols et les naphtols aminés, nitrés et sulfonés.* — L'aldéhyde formique (1 molécule) réagit sur le β-naphtol en solution chlorhydrique ou acétique pour donner le *dinaphtolméthane*, $CH^2(C^{10}H^6(OH))^2$, fusible à 194°.

On obtient de même en partant du naphtalène-diol 2.4 (2 parties) le *dinaphtolméthane*,

$$CH^2[C^{10}H^5(OH^2)]^2,$$

en aiguilles blanches, qui fondent vers 252° en se décomposant [Wolff, *D. chem. G.*, 26, 84. — J. Abel, *ibid.*, 25, 3477].

L'acide β-oxynaphtoïque et l'aldéhyde formique s'unissent à chaud, en présence d'une trace d'acide sulfurique, pour donner l'*acide méthylène-di-β-oxynaphtoïque*, $C^{23}H^{16}O^6$, qui se décompose à 280° [H. Hosaeus, *D. chem. G.*, 25, 3213].

Dans la condensation de l'aldéhyde formique avec les *nitrophénols*, le groupement $CH^2$ se fixe en général en position méta par rapport au radical $AzO^2$, ou à défaut en position ortho. Ces réactions s'effectuent en présence d'acide sulfurique, à une température d'environ 50-60°.

Ainsi, le p-nitrophénol fournit du *dinitro-diphénylolméthane*,

$$AzO^2 \underset{\diagdown\ CH^2\ \diagup}{\overset{OH\qquad OH}{\bigcirc\qquad\bigcirc}} AzO^2$$

Les groupements $OH$ et $CO^2H$ influent aussi sur la place où se fait la substitution [M. Schöpf. *D. chem. G.*, **27**, 2321. — Meister Lucius et Brüning, D. R. P., 72490. 73946 et 73951].

L'aldéhyde formique réagit sur les aminophénols. en donnant tantôt des *méthylène-aminophénols* $OH . C^6H^4 . Az = CH^2$ [Richard et Möhlau, *loc. cit.*], tantôt des dérivés du *tétraméthyldiaminodiphénylméthane* [Leonhardt et C$^{ie}$, Mühlheim, D. R. P., 58955, 63081]. Cette dernière condensation s'effectue à froid en présence d'acides minéraux ou de sels alcalins; elle se fait également bien avec les aminocrésols [D. R. P., 75372].

*Condensation avec les amines.* — Cette réaction est employée sur une grande échelle dans la fabrication des matières colorantes. Elle a été décrite à propos de l'action de l'aldéhyde formique sur les amines aromatiques.

*Condensation avec les dérivés nitrés et avec les acides.* — L'aldéhyde formique réagit sur les carbures nitrés, tels que le nitrobenzène, en présence d'acide sulfurique, en donnant naissance à des composés du type du *m-dinitrodiphénylméthane* [Fr. Bayer et C$^{ie}$, D.R.P., 67001].

Avec la m-nitrodiméthylaniline, on obtient le *diaminodinitrodiphénylméthane*, fusible à 171°, et avec l'acide benzoïque l'*acide diphénylméthane-dicarbonique*,

$$CO^2H \underset{\diagdown\ CH^2\ \diagup}{\bigcirc\qquad\bigcirc} CO^2H$$

fusible à 225° [M. Schöpf, *loc. cit.*].

MM. J.-R. Geigy et C$^{ie}$ (Bâle) préparent l'*acide diphényldiamino – diphénylméthane – disulfonique* en condensant l'acide diphénylamine-sulfonique avec l'aldéhyde formique en solution faiblement acide et très diluée [D. R. P., 73092 et 77328].

L'*acide $\alpha_1 \alpha_1$-diamino-$\alpha_2 \alpha_2$-dinaphtylméthane-$\beta_2 \beta_2$-disulfonique* s'obtient eu chauffant un mélange d'acide naphtylamine-sulfonique et de formaldéhyde [Meister Lucius et Brüning, D. R. P.. 84379].

La condensation de l'acide éthylbenzylaniline-sulfonique avec la formaldéhyde fournit un *acide diéthyldibenzyldiamino-diphénylméthane-disulfonique* [J.-R. Geigy et C$^{ie}$ (Bâle), D. R. P., 59811].

Les *acides diphénylolméthane-dicarbonique* et *ditolylolméthane-dicarbonique* s'obtiennent en chauffant au bain-marie un mélange d'acide salicylique ou d'acide o-crésotique (2 parties) avec de la formaldéhyde à 30 0/0 (1 partie) et la quantité équivalente de diméthylformal, et de l'acide chlorhydrique (8 parties). Ces deux acides fondent respectivement à 238 et à 290° [J.-R. Geigy et C$^{ie}$ (Bâle), D.R.P., 51407].

En chauffant l'acide résorcylique (3 parties) avec de la formaldéhyde à 30 0/0 (1 partie) et de l'acide chlorhydrique dilué, M. N. Caro a obtenu l'*acide diphène-diol-méthane-dicarbonique*.

Il prépare de la même façon l'acide méthylène-digallique, le méthylène-dipyrogallol et un certain nombre de méthylène-diphénols [*D. chem. G.*, **25**, 939].

*Condensation avec les tannins.* — M. Merck a tenté de substituer aux tannins les combinaisons que ceux-ci forment avec l'aldéhyde formique, afin d'obtenir des médicaments doués d'une saveur moins styptique. Il a breveté un certain nombre de ces substances.

Une solution d'*aloïne* se combine à la formaldéhyde en présence d'acide sulfurique en donnant naissance à un précipité jaune, amorphe, soluble dans la soude, insoluble dans les acides. Cette *méthylène-aloïne*, $CH^2 . C^{17}H^{16}O^7$, ne possède pas la saveur amère de l'aloïne [D. R. P., 86449].

L'*acide méthylène-digallique*, $C^{15}H^{12}O^{10}$, qu'on obtient en condensant l'acide gallique avec l'aldéhyde formique en présence d'acide chlorhydrique, forme un *sel de bismuth* qui peut être employé en médecine à la place du sous-nitrate D. R. P., 87099].

La combinaison de l'aldéhyde formique avec le *tannin* se présente sous la forme d'une poudre rougeâtre, soluble dans l'alcool et dans les alcalis, insoluble dans l'eau et dans les acides; elle se décompose vers 230°. On l'applique utilement contre le catarrhe intestinal.

Si l'on remplace le tannin par le myrobolan, le bois de quebracho, l'écorce de chêne, de ratanhia, de pin, ou par le cachou, on obtient des produits amorphes qu'on peut employer en médecine [E. Merck (Darmstadt), D. R. P., 88082, 88841].

*Condensation avec l'acide dinitrotartrique, avec les biazolines et avec le carbazol.* — En saponifiant l'éther dinitrotartrique par un excès d'ammoniaque en présence d'une certaine quantité d'aldéhyde formique, M. L. Maquenne a obtenu un *acide $\beta$-pyrazol 4.5-dicarbonique* sous la forme d'une poudre microcristalline, peu soluble dans l'eau [*C. R.*, **111**, 113].

L'aldéhyde formique à 40 0/0 réagit à 50° sur le phénylsulfocarbazinate de potassium en donnant le *sulfhydrate de phénylthiobiazoline*,

$$C^6H^5 . AzH . AzH . CS . SH + CH^2O$$
$$= H^2O + C^6H^5 Az - Az$$
$$\underset{\diagdown\ S\ \diagup}{\overset{|\qquad\ \|}{H^2C\qquad C . SH}}$$

L'éther méthylique s'obtient d'une façon analogue à partir du phénylsulfocarbazinate de méthyle [M. Busch, *D. chem, G.*, **28**, 2638].

M. Pulvermacher a préparé le *méthylène-carbazol*,

$$CH^2 \Big\langle \begin{matrix} Az\,C^{12}H^8 \\ Az\,C^{12}H^8 \end{matrix}$$

en chauffant à 100° en vase clos, pendant 10 heures, un mélange d'aldéhyde formique à 40 0/0 ou de trioxyméthylène et de carbazol.

Ce composé cristallise en aiguilles blanches, fusibles à 280° [G. Pulvermacher et W. Loeb, *D. chem. G.*, **25**, 2766].

### VI. ACTION DE LA FORMALDÉHYDE SUR LES MATIÈRES ALBUMINOÏDES ET SUR LES FERMENTS.

L'aldéhyde formique jouit de la propriété remarquable de coaguler instantanément l'*albumine* et la *gélatine*, en les transformant (sans changement dans leur apparence extérieure), en des matières insolubles dans l'eau et dans la plupart des réactifs. Les matières albuminoïdes ainsi modifiées ont conservé toutes leurs propriétés physiques, à l'exception de la solubilité. Ainsi la gélatine se gonfle encore au contact de l'eau.

Cette transformation est effectuée non seulement par les solutions d'aldéhyde formique, mais encore par ses vapeurs. Il suffit, par exemple, de disposer sous une cloche deux capsules renfermant l'une du blanc d'œuf frais et l'autre un peu de formaldéhyde commerciale; au bout d'un instant, l'albumine prend un aspect vitreux et durcit superficiellement. La pénétration des vapeurs de formaldéhyde dans l'intérieur de la masse est, il est vrai, assez lente.

La formaldéhyde coagule aussi le sérum du sang, mais cette transformation affecte si peu l'aspect extérieur du sérum, que si l'on porte à la température de 70° deux échantillons du même sang, dont l'un a été additionné de formaldéhyde, celui-ci semblera ne pas être altéré, tandis que l'autre se coagulera nettement [K. Walter, F. Berlioz et A. Trillat, *C. R.*, **115**, 290].

*Action de la formaldéhyde sur les ferments.* — M. Trillat a montré que l'aldéhyde formique entrave complètement les fermentations lactique, butyrique et acétique lorsqu'on l'emploie à la dose de 1/50 000. Elle empêche également l'inversion du sucre.

Ces propriétés appartiennent aussi bien aux vapeurs d'aldéhyde formique qu'aux solutions. On peut s'en convaincre en plaçant sous une cloche des flacons renfermant du lait ou du moût de bière, de raisin, etc., et ensemencés avec les ferments mentionnés plus haut; à côté de ces flacons on placera une capsule renfermant un peu de formaldéhyde à 40 0/0. Au bout de 20 jours, on constatera que l'acidité du lait et des moûts n'a pas augmenté.

D'autre part, la diastase et le ferment alcoolique ne sont pas altérés par la formaldéhyde au 1/20 000. Malgré cela, on n'a pas encore réussi à utiliser l'aldéhyde formique dans la sucrerie et dans la distillerie

Les *ferments solubles* (diastase, pepsine, peptone, pancréatine, etc.) sont modifiés complètement par la formaldéhyde, lorsque celle-ci est employée en solution suffisamment concentrée. La diastase ainsi transformée ne semble plus se coaguler à chaud; la pepsine et la pancréatine ne présentent plus les réactions colorées usuelles avec le réactif de Millon et avec l'acide sulfurique concentré.

### VII. PROPRIÉTÉS ANTISEPTIQUES ET MICROBICIDES DE L'ALDÉHYDE FORMIQUE.

Les propriétés antiseptiques de la formaldéhyde sont depuis longtemps connues, mais c'est à M. Trillat qu'on doit de les avoir utilisées pratiquement.

M. Trillat a reconnu que l'aldéhyde formique possède un pouvoir désinfectant sensiblement double de celui du sublimé.

Elle est d'autre part fort peu toxique; une injection de 0$^{gr}$,30 par kilogramme est inoffensive chez un lapin, tandis que le cobaye peut supporter la dose de 0$^{gr}$,66.

Aussi emploie-t-on l'aldéhyde formique pour conserver le lait. MM. Béchamp et Trillat ont montré qu'on peut additionner un litre de lait de 0$^{gr}$,03 à 0$^{gr}$,04 de formaldéhyde sans que ce lait se coagule, même au bout d'un mois [*Bull. Soc. Chim.*, (3), **7**, 466].

A des doses variant entre 0$^{gr}$,0005 et 0$^{gr}$,01 0/0, l'aldéhyde formique assure la conservation des matières alimentaires, telles que le vin, la bière, le cidre, la confiture, etc. [Jablin-Gonnet, *Journ. de Pharm. Chim.*, (5), **26**, 367].

La viande peut aussi être conservée pendant plusieurs jours à une température de ·25 à 30° lorsqu'elle a été immergée dans une solution de formaldéhyde pendant un temps variant de 5 à 60 minutes. La durée de conservation augmente du simple au double lorsqu'on utilise de la formaldéhyde au 1/250.

On arrive à des résultats encore meilleurs en soumettant la viande aux vapeurs d'aldéhyde formique. La force de pénétration de celles-ci est énorme : si l'on fait passer un courant d'air chargé de ces vapeurs dans un tube rempli de déchets de peau, par exemple, l'air qui sort à l'autre extrémité du tube ne renferme plus la *moindre trace* de formaldéhyde.

Il n'est malheureusement pas possible d'utiliser la formaldéhyde pour la conservation des matières alimentaires solides, car la coagulation des albuminoïdes rend ces matières absolument impropres à l'assimilation.

Certains chimistes ont proposé d'employer comme antiseptiques, à la place de la formaldéhyde, des *combinaisons d'aldéhyde formique et d'amidon* (amyloforme, glutol). De ces combinaisons, les unes sont très stables et ne colorent pas la fuchsine décolorée par une trace d'acide sulfureux. D'autres, telles que l'amyloforme, se dédoublent sous l'influence des agents les plus faibles [Classen, *Therap. Mon.*, **11**, 33. — A. Gottstein, *ibid.*, **11**, 95. — C.-L. Schleich, *ibid.*, **11**, 97].

Les propriétés microbicides de la formaldéhyde sont excessivement intenses; à la dose de 1/50 000, elle ralentit le développement des cultures, et elle l'arrête complètement à la dose de 1/11 000. Le *Bacillus anthracis*, par exemple, ne se développe pas dans un bouillon qui renferme 1/25 000 de formaldéhyde. Pour les bacilles de la salive et ceux des eaux d'égout, les doses infertilisantes sont respectivement de 1/50 000 et de 1/20 000.

Les vapeurs de formaldéhyde empêchent aussi le développement des bacilles. Ainsi, lorsqu'on soumet à l'action d'un courant d'air qui a passé dans une solution à 5 0/0 des morceaux de toile de 1 centimètre carré imbibés de cultures de bacilles d'Eberth et de bactéridies charbonneuses, on constate que celles-ci sont tuées en 20 minutes, et les premiers en 25 minutes (Berlioz et Trillat).

Des expériences analogues ont été effectuées par M. Blum, par M. Vanderlinden, etc. On les trouvera consignées soit dans la brochure de M. Trillat (Paris, juin 1896), soit dans les thèses de doctorat en médecine de M. G. Pinet (Lyon, 1897) et de M. P. Fayollat (Paris, 1885).

Malgré les propriétés microbicides de l'aldéhyde formique, certains de ses dérivés peuvent servir de nourriture à des bactéries. M. Bokorny a réussi à faire prospérer un micrococoque dans des solutions renfermant soit de l'aldéhyde formique et du sulfate de sodium, soit du diméthylformal (1 0/0), soit encore de l'hexaméthylène-tétramine [*Pflüger's Arch.*, **66**, 114].

### VIII. RÉACTIONS QUALITATIVES ET DOSAGE DE L'ALDÉHYDE FORMIQUE.

RECHERCHE QUALITATIVE. — Pour reconnaître la présence de l'aldéhyde formique dans un liquide, on peut procéder de deux façons :

1° On chauffe une certaine quantité de ce liquide avec un demi-centimètre cube de diméthylaniline et quelques gouttes d'acide sulfurique, au bain-marie pendant une demi-heure. On sursature ensuite et on chasse l'excès de diméthylaniline par un courant de vapeur. Le résidu est filtré pour recueillir le tétraméthyldiaminodiphénylméthane formé; on jette le filtre dans une capsule en porcelaine, on l'humecte d'acide acétique, on ajoute une trace de peroxyde de plomb et on chauffe. Si le liquide renferme de la formaldéhyde, le filtre se colore en bleu intense, grâce à la formation du tétraméthyldiaminobenzhydrol.

2° On prend quelques centimètres cubes d'une solution aqueuse d'aniline très étendue (3 grammes par litre) et on y ajoute un volume égal du liquide à examiner. L'anhydroformaldéhyde-aniline se précipite sous la forme de flocons blancs.

Cette réaction est sensible au 1/20 000, mais le nuage n'apparaît alors qu'au bout de quelques jours.

Il faut remarquer que l'aldéhyde acétique fournit aussi cette réaction [Trillat, *C. R.*, **116**, 891].

*Recherche dans les matières alimentaires.* — La recherche de l'aldéhyde formique dans les aliments est plus délicate. Les produits liquides sont décolorés, filtrés et traités comme il vient d'être dit. Les matières solides seront traitées par l'eau bouillante sous pression pour dissoudre le trioxyméthylène.

La *viande formolée* présente sous le microscope un aspect de peau tannée qui est très caractéristique et qui facilitera la recherche de l'aldéhyde formique, recherche qui est rendue difficile par l'existence des combinaisons stables que cette dernière forme avec les matières organiques [Trillat, *Bull. Soc. Chim.*, (3), **9**, 306].

M. R.-T. Thompson emploie le procédé suivant pour reconnaître la présence de l'aldéhyde formique dans le *lait* : Il distille 100 centimètres cubes de lait en recueillant les 20 premiers centimètres cubes, qu'il introduit dans un flacon bouché renfermant déjà 5 gouttes d'azotate d'argent ammoniacal à 2 0/0 sans excès d'ammoniaque, puis il abandonne le flacon dans l'obscurité pendant quelque temps; la présence de l'aldéhyde formique est décelée par un précipité noir ou simplement par une coloration [*Chem. News*, **71**, 247].

M. Farnsteiner a constaté que le lait formolé réduit les chlorures de fer, de platine et de mercure, lorsqu'on l'additionne d'un peu d'acide sulfurique concentré. Il est préférable, d'après cet auteur, de soumettre préalablement le lait à l'action d'un courant de vapeur. Le liquide distillé sera acidulé et traité ensuite par l'azotate d'argent et la soude, ou par un réactif analogue.

Dans le cas du vin, de la bière et des boissons alcooliques, on pourra opérer de la même façon.

La formaldéhyde donne avec la peptone et avec le chlorure ferrique une réaction bleue extrêmement sensible, qui pourra être utilisée pour des dosages colorimétriques. On opérera de la façon suivante : 5 centimètres cubes du liquide à étudier sont additionnés de 0cc,1 d'une solution de peptone, de 2 centimètres cubes d'acide sulfurique à 94 0/0 et d'une goutte de chlorure ferrique. A la dose de 0mgr,05 par litre, la formaldéhyde colorera la liqueur en violet [Farnsteiner, *Forsch.-Ber. über Lebensmit.*, Hambourg, **3**, 363; *ibid.*, **4**, 8].

M. Lebbin propose de caractériser l'aldéhyde formique, en l'absence de matières albuminoïdes, au moyen d'une solution alcaline de résorcine à 5 0/0. En chauffant à l'ébullition, on constate une coloration rouge très intense, qui est encore perceptible au 1/10 000 000. Le chloroforme présente la même particularité. Si la liqueur à examiner renferme des albuminoïdes, la sensibilité de la réaction diminue considérablement.

Cette méthode peut être employée comme dosage colorimétrique de l'aldéhyde formique [*Pharm. Zeit.*, **42**, 18].

D'après M. F.-S. Hyde, l'aldéhyde formique donne une coloration d'un jaune foncé avec le nitroprussiate de potassium [*Journ. Am. Chem. Soc.*, **19**, 23].

DOSAGE DE L'ALDÉHYDE FORMIQUE. — M. B. Tollens a proposé de doser la formaldéhyde en pesant l'argent qu'elle est susceptible de précipiter en solution alcaline.

Lorsqu'on opère dans certaines conditions, 1 *molécule de formaldéhyde précipite exactement 2 atomes d'argent.* Les proportions à employer sont les suivantes :

*Liqueur d'argent.* — On précipite 1 partie d'azotate d'argent dissous dans 10 parties d'eau par 1 partie de soude dissoute également dans 10 parties d'eau, et on ajoute la quantité d'ammoniaque exactement nécessaire pour redissoudre l'oxyde d'argent.

On mélange de 30 à 50 centimètres cubes de cette solution avec une quantité de la dissolution de formaldéhyde renfermant environ 0gr,5 à 1 gramme de cette dernière. On laisse en repos pendant 1 jour, on filtre, on lave avec de l'ammoniaque, puis avec de l'eau et on calcine.

M. Tollens a remarqué qu'un excès de solution d'argent augmente le poids du précipité; d'autre part, une partie de l'aldéhyde est polymérisée par les alcalis. Ces deux erreurs se compensent sensiblement.

Le même auteur a proposé aussi de doser l'aldéhyde formique à l'état de trithioformaldéhyde, mais ce procédé fournit de mauvais résultats [*D. chem. G.*, **15**, 1828; **16**, 917].

M. Legler dose volumétriquement l'aldéhyde formique au moyen de l'ammoniaque titrée, en se basant sur le fait de la formation de l'hexaméthylène-tétramine.

Il emploie également la méthode suivante : Il introduit dans un flacon bouché une certaine quantité de formaldéhyde avec un excès de soude, puis il chauffe pendant quelque temps et il titre l'excès de soude par l'acide sulfurique; l'aldéhyde formique est transformée en formiate suivant l'équation

$$2\,CH^2O + NaOH = CHO^2Na + CH^3OH.$$

Enfin M. Legler propose de peser le précipité d'hexaméthylène-tétramine obtenu avec un excès d'ammoniaque et de déduire de ce poids la quantité de formaldéhyde.

Si l'aldéhyde formique se trouve mélangée à de l'acide formique et à de l'acide acétique, on dose d'abord l'acidité totale, puis on distille avec de l'acide sulfurique et l'on titre de nouveau; la différence correspond à la quantité de formaldéhyde.

On peut aussi titrer à froid par la soude, chauffer la liqueur avec un alcali pour transformer l'aldéhyde formique en acide, puis titrer de nouveau [Legler, *D. chem. G.*, **16**, 1333].

M. Lösekann a fait remarquer que M. Legler ne tient pas compte dans ses dosages de l'alcalinité de l'hexaméthylène-tétramine; cette alcalinité varie d'ailleurs avec l'indicateur qu'on emploie [*D. chem. G.*, **22**, 1929]. De plus, la formaldéhyde du commerce a une réaction acide. En conséquence, M. Trillat propose de titrer d'abord l'acidité du liquide par la soude normale en présence de phtaléine, et de traiter ensuite 10 centimètres cubes étendus préalablement à 500 centimètres cubes par une solution titrée d'ammoniaque. On fait alors passer dans la solution un courant de vapeur qui enlève l'excès d'ammoniaque. Cet excès est recueilli dans de l'eau et titré après coup par l'acide sulfurique.

D'après l'auteur, ce procédé n'est pas tout à fait sans reproche, car une petite partie de l'hexaméthylène-tétramine est entraînée ou dissociée.

M. Trillat dose également l'aldéhyde formique en pesant le précipité d'anhydroformaldéhyde-aniline qu'on obtient en mélangeant la liqueur à analyser avec une solution aqueuse d'aniline à 3 0/00. Ici encore le procédé laisse à désirer, car la composition du précipité n'est pas rigoureusement constante.

M. Brochet a proposé de doser l'aldéhyde formique au moyen du chlorhydrate d'hydroxylamine. On a vu que, dans ces conditions, la quantité d'acide chlorhydrique mise en liberté correspond exactement à celle qui est donnée par l'équation

$$CH^2O + AzOH^3, HCl$$
$$= CH^2 = AzOH + H^2O + HCl.$$

M. B. Grützner a constaté que, lorsqu'on mélange des solutions d'aldéhyde formique, d'azotate d'argent et de chlorate de potassium, il se précipite une quantité de chlorure d'argent qui est donnée par l'équation suivante :

$$ClO^3H + 3CH^2O + AgAzO^3$$
$$= 3H.CO^2H + AgCl + AzO^3H.$$

Le mode opératoire est le suivant : On introduit dans un flacon hermétiquement bouché, 5 centimètres cubes de la solution à analyser, 1 gramme de chlorate de potassium, quelques grammes d'acide azotique et environ 50 centimètres cubes d'une solution décinormale d'azotate d'argent. On chauffe le tout au bain-marie, en agitant fréquemment, jusqu'à ce que le précipité de chlorure d'argent n'augmente plus. On laisse alors refroidir, et l'on titre l'excès d'azotate d'argent au moyen d'une solution décinormale de sulfocyanate d'ammonium.

Si l'on n'ajoute pas d'acide azotique, le chlorate est réduit incomplètement.

Cette réaction peut servir inversement à titrer le chlorate de potasse.

Au lieu de chlorate de potasse, on peut employer le bromate, mais non pas l'iodate de potassium.

Le perchlorate est réduit faiblement par l'aldéhyde formique, tandis que l'acide périodique est transformé rapidement et quantitativement en acide iodhydrique [Lebbin, *Arch. Pharm.*, 234, 634].

On a proposé de doser l'aldéhyde formique au moyen du permanganate de potassium en solution alcaline; mais ce procédé est peu commode, et n'est applicable qu'à des liqueurs qui renferment plus de 0gr,01 d'aldéhyde [Harry Smith et Ronald Orchard, *Analyst*, 22, 4].

M. G. Romijn a proposé récemment deux nouvelles méthodes de dosage de la formaldéhyde, qui sont applicables en présence d'autres aldéhydes.

La première consiste à traiter la solution d'aldéhyde formique par un excès d'iode (dans l'iodure de potassium), puis à ajouter de la soude jusqu'à ce que la liqueur soit à peu près décolorée. On laisse reposer le tout pendant 2 minutes, puis on sursature par l'acide chlorhydrique, et l'on titre l'excès d'iode (au moyen de l'hyposulfite s'il n'y a pas d'autres aldéhydes).

La deuxième méthode est d'un emploi plus général. Lorsqu'on mélange des solutions concentrées de cyanure de potassium (à 96 0/0) et d'aldéhyde formique, il se forme un produit d'addition auquel l'auteur attribue la formule $CAz - CH^2OK$, et qui est doué de la propriété de réduire à froid les solutions ammoniacales d'azotate d'argent. Si l'on opère en solution azotique, cette réduction n'a pas lieu, et une molécule d'aldéhyde formique fixe exactement une molécule

de cyanure. On traitera donc la solution de formaldéhyde par un excès de cyanure de potassium titré, on introduira le tout dans une solution d'azotate d'argent titrée et acidulée par l'acide azotique, et l'on filtrera le cyanure d'argent formé; on déterminera dans la liqueur l'excès d'argent au moyen du sulfocyanure d'ammonium. La quantité de cyanure renfermée dans le précipité sera déterminée par différence; elle sera soustraite de la quantité totale de cyanure ajouté, et la différence correspondra à une quantité équimoléculaire d'aldéhyde formique [G. Romijn, *Ann. Chem.*, 37, 18].

IX APPLICATIONS DE LA FORMALDÉHYDE.

Les principales applications de l'aldéhyde formique sont les suivantes :

*Préparation des dérivés du groupe du diphénylméthane;*

*Conservation des pièces anatomiques;*

*Application à l'analyse des vins, à la photographie;*

*Application à la désinfection.*

*Application de l'aldéhyde formique à la fabrication des matières colorantes.* — Cet emploi de la formaldéhyde a pris aujourd'hui une extension considérable. L'aldéhyde formique sert à préparer à peu près tous les dérivés du diphénylméthane et les colorants qui s'y rattachent. L'exposé de ces condensations a été fait plus haut (voy. p. 311).

*Application à la conservation des pièces anatomiques.* — M. Blum a constaté, en 1893, que lorsqu'on immerge une pièce anatomique dans une solution diluée de formaldéhyde, cet objet peut être conservé indéfiniment sans qu'il se racornisse, ni que l'aspect des tissus soit modifié d'une façon quelconque, quelle que soit leur sensibilité. Il a proposé par conséquent d'employer l'aldéhyde formique pour conserver les pièces anatomiques.

Il suffit pour cela d'immerger l'objet pendant 8 ou 15 jours dans une solution renfermant 1 volume de formol du commerce pour 10 à 20 volumes d'eau, suivant la délicatesse des tissus.

Des essais effectués avec des embryons humains de dix mois, des yeux, des liquides organiques, des coupes microscopiques animales ou végétales, ont montré que la formaldéhyde n'altère ni la forme ni la couleur des cellules, et qu'elle pénètre rapidement jusqu'aux couches les plus profondes, en les durcissant et en les rendant inaltérables. Certains objets peuvent même être conservés indéfiniment dans le formol comme dans l'alcool.

*Applications diverses.* — M. Richter, à Hambourg, préconise l'emploi d'une solution aqueuse de formaldéhyde additionnée d'alcool et de sels d'acides gras, pour certains lavages chimiques [D.R.P., 84338].

Les solutions ont quelquefois une action nuisible sur les plantes; M. T. Wägener propose de soumettre celles-ci successivement aux vapeurs d'aldéhyde et d'ammoniaque. L'hexaméthylène-tétramine paraît au contraire avoir une influence favorable, et la formaldéhyde a eu le temps nécessaire pour agir et pour débarrasser les plantes de leurs parasites [Neustadt, D.R.P., 83058].

M. Trillat a constaté qu'une petite quantité d'aldéhyde formique décolore le vin naturel, lentement à froid, plus vite à chaud. Les colorants de la houille passent dans les mêmes conditions du rouge au violet; on pourrait donc reconnaître, au moyen de l'aldéhyde formique, si un vin a été coloré artificiellement [*Bull. Soc. Chim.*, (3), 7, 468].

M. O. Loew s'est servi de l'aldéhyde formique

pour préparer une mousse de platine très active. A cet effet, il dissout 50 parties de chlorure de platine dans 60 centimètres cubes d'eau, puis il ajoute 70 centimètres cubes d'aldéhyde à 40 0/0 et 50 grammes de soude dissoute dans un poids égal d'eau, en refroidissant. Il se précipite immédiatement une substance noire qu'on filtre et qu'on lave, et qui constitue une combinaison organo-métallique; en effet, cette poudre se dissout peu à peu dans l'eau, en formant une solution noire: de plus elle déflagre à chaud, en dégageant de l'acide carbonique et de la vapeur d'eau [*D. chem. G.*, **23**, 289].

MM. J. Schwartz et H. Mercklin se servent de l'aldéhyde formique, du trioxyméthylène, de ses combinaisons avec l'acide sulfureux, avec les sulfites alcalins ou les sulfites d'hydroxylamine, de fer, d'argent, etc., pour préparer des couches minces destinées à renforcer les épreuves photographiques.

*Application à la désinfection.* — Le principal emploi de l'aldéhyde formique est celui qu'on a tenté pour assainir et désinfecter les locaux contaminés.

L'entraînement de l'aldéhyde formique par un courant de vapeur d'eau fournit de mauvais résultats, car, lorsque les gouttelettes de la solution de formol s'évaporent sur les murs et sur le plancher, elles laissent un résidu de trioxyméthylène dont l'odeur est très désagréable et très persistante.

On obtient au contraire de très bons résultats en employant la vapeur sèche de formaldéhyde produite avec l'un des trois appareils qui ont été décrits au commencement de cet article.

De très nombreuses expériences, qu'il est impossible de relater ici, ont été effectuées dans une série de villes, en particulier à Paris, au Val-de-Grâce. Elles ont toutes conduit au résultat suivant :

L'autoclave formogène de M. Trillat est l'appareil le plus parfait lorsqu'il s'agit de désinfecter des surfaces. Il suffit en effet de 5 heures environ pour assainir complètement une salle d'hôpital de grandeur moyenne, et une ventilation énergique parvient rapidement à faire disparaître ensuite toute odeur désagréable. Toutefois l'appareil de M. Trillat n'a pas une action aussi complète lorsqu'il s'agit d'étoffes ou de vêtements, car les vapeurs de formaldéhyde ne pénètrent que très lentement dans l'intérieur des tissus.

MM. R. Cambier et A. Brochet ont fait quelques expériences dans cette direction, en collaboration avec M. le docteur Miquel, en employant la formaldéhyde à l'état de vapeur. Ces vapeurs résultent de la dépolymérisation du trioxyméthylène par un courant d'air chaud [*C. R.*, **119**, 607].

M. Raoul Pictet (à Fribourg) a fait breveter un procédé de préparation des vapeurs de formaldéhyde pure, qui est basé sensiblement sur le même procédé [*D. R. P.*, 88 394].

M. E. Pfuhl a employé pour le même objet une lampe analogue à celle de M. Trillat [*Zeit. f. Hygyène*, **22**, 339].

La formaldéhyde à l'état de vapeur paraît donc être le plus puissant agent antiseptique actuellement connu. Elle a de plus les deux avantages suivants : de n'être toxique qu'à haute dose, et de ne faire explosion dans aucune circonstance [voyez la brochure de M. A. Trillat, *La Formaldéhyde et ses applications.* Paris, 1896].

### X. RÔLE DE LA FORMALDÉHYDE DANS LA PHYSIOLOGIE VÉGÉTALE.

Les divers auteurs ne sont pas d'accord sur l'existence de la formaldéhyde dans les cellules végétales, et sur ses rapports avec la chlorophylle.

Ainsi M. Heintz a annoncé avoir obtenu de l'aldéhyde formique en distillant le suc des parties vertes des végétaux après l'avoir neutralisé avec du carbonate de sodium.

MM. Loew et Bokorny ont remarqué que les cellules de *spirogyra*, qui sont privées de chlorophylle, jouissent de la propriété de réduire une solution alcaline de nitrate d'argent au 1/100 000. Ces cellules perdent cette faculté lorsqu'on les plonge dans certaines solutions de sels métalliques ou dans l'éther. Les sels de strychnine ne produisent pas cet effet [*Ber. der Deutsch. bot. Gesells*, **9**, 103].

D'après M. Reinke, on n'obtient jamais de liquide réducteur lorsqu'on distille des plantes privées de chlorophylle.

Si l'on se rappelle que l'aldéhyde formique se fixe avec la plus grande facilité sur les matières albuminoïdes en donnant des combinaisons insolubles, on comprendra facilement que cette aldéhyde formique n'est qu'un produit de condensation intermédiaire qui ne se forme que sous l'influence de la lumière et dans les parties vertes des plantes, aux dépens de l'acide carbonique de l'air. A peine formée, cette aldéhyde se condense avec elle-même ou avec d'autres substances, pour donner naissance à des hydrates de carbone, à des albuminoïdes trans formés. Qu'on vienne maintenant à placer des cellules végétales quelconques dans une solution alcaline, les combinaisons précédentes vont se dédoubler en régénérant de l'aldéhyde, et on pourra par suite constater qu'il y a réduction.

Les sels métalliques agiront dans un sens opposé, c'est-à-dire qu'ils précipiteront les albuminoïdes transformés, à l'état de combinaisons insolubles. La strychnine n'aura aucune action, puisqu'il ne s'agit plus de parties vivantes.

Les parties vertes des végétaux seules pourront fournir de l'aldéhyde formique par simple distillation, puisqu'elles en produisent continuellement.

D'après M. Trillat, l'existence de l'aldéhyde formique dans les plantes pourrait expliquer la formation des méthylamines dans les vinasses de betteraves. Lors de la fermentation de ces vinasses, les combinaisons de la formaldéhyde et des albuminoïdes se dédoublent, et la première se trouve en présence de sels ammoniacaux, sur lesquels elle réagit comme on l'a vu, en donnant naissance à des méthylamines dans certaines conditions. M. Trillat n'a, du reste, émis cette hypothèse que sous toutes réserves.

Il est à peu près certain que la formaldéhyde joue un grand rôle dans la vie des plantes : c'est le terme intermédiaire entre l'acide carbonique et les matières grasses et sucrées.

P. Freundler.

**FORMIQUES (ÉTHERS ORTHO-).** — On a donné le nom d'*éthers orthoformiques* aux dérivés alcoylés d'un alcool hypothétique $CH(OH)^3$. Le premier orthoformiate connu a été préparé par MM. Williamson et Kay en faisant réagir l'alcool sodé sur le chloroforme (voyez Dict., **1**, 877).

Ce procédé de préparation a été étendu depuis par M. Deutsch aux éthers triméthylique, tripropylique, triisobutylique et triisoamylique. Il ne permet d'obtenir que des éthers dans lesquels les trois radicaux alcooliques substitués sont les mêmes.

M. Pinner a préparé un certain nombre d'éthers mixtes, tels que l'orthoformiate diéthylpropylique

$$CH < \begin{matrix} (OC^2H^5)^2 \\ OC^3H^7 \end{matrix}$$

en faisant réagir l'alcool éthylique sur le chlorhydrate de l'éther formimidopropylique :

$$CH \lessgtr {}^{AzH \,.\, HCl}_{O\,C^3H^7} + 2\,C^2H^5OH$$

$$= AzH^4Cl + CH \lessgtr {}^{(O\,C^2H^5)^2}_{O\,C^3H^7}$$

Il suffit en général de dissoudre le chlorhydrate dans l'alcool absolu et d'abandonner la liqueur à elle-même pendant 24 heures. La réaction provoque une notable élévation de température. On filtre ensuite le chlorure d'ammonium et on distille le liquide filtré.

Il est assez rare que la réaction se passe aussi simplement que l'indique l'équation ci-dessus. On obtient en général un mélange de plusieurs éthers par suite de la substitution des radicaux alcooliques les uns aux autres. Ainsi, en traitant l'éther formimidoéthylique par l'alcool méthylique, on obtient les orthoformiates triméthylique, triéthylique, diméthyléthylique et diéthylméthylique. Les points d'ébullition de ces différents composés sont assez rapprochés, ce qui rend leur séparation difficile.

Les orthoformiates sont des liquides mobiles, doués d'une odeur assez agréable, qui bouillent sans décomposition. Ils sont décomposés par l'acide acétique bouillant, qui les transforme en acétates et en formiates. L'éthylate de sodium les dédouble également en formiates. Le brome les décompose déjà à froid, en donnant un mélange d'éthers formiques et carboniques et de bromures alcooliques.

L'*orthoformiate de méthyle*, $CH(OCH^3)^3$, a été décrit par Deutsch (Suppl., **1**, 838]. M. Pinner l'a reproduit en traitant l'éther formimidométhylique par l'alcool méthylique.

L'*orthoformiate d'éthyle*, $CH(OC^2H^5)^3$, préparé par Williamson et Kay (Dict., **1**, 877), puis par Deutsch (Suppl., *loc. cit.*), a été obtenu aussi par M. Arnhold en chauffant au bain-marie un mélange de chloroforme et d'éther anhydre avec de l'éthylate de sodium desséché préalablement à 180° dans un courant d'hydrogène. Après refroidissement, on précipite par l'eau, on décante la couche éthérée, on la sèche sur du chlorure de calcium et on la rectifie [Stupff, *Zeit. f. Chem.*, 1871, 186. — Arnhold, *Ann. Chem.*, **240**, 193].

M. Pinner a préparé l'orthoformiate d'éthyle en faisant réagir l'alcool éthylique sur l'éther formimidoéthylique [*D. chem. G.*, **16**, 356].

L'orthoformiate d'éthyle ne se solidifie pas à —18°; il bout vers 145-146°. Sa densité est égale à 0,8964. Il est très peu soluble dans l'eau. Lorsqu'on le chauffe avec de l'acide ou de l'anhydride acétique, on obtient un mélange d'acétate et de formiate d'éthyle :

$$CH(OC^2H^5)^3 + 2\,CH^3 .\, CO^2H$$

$$= H\,.\,CO^2C^2H^5 + 2\,CH^3 .\, CO^2C^2H^5 + H^2O.$$

En traitant l'orthoformiate d'éthyle par l'anhydride borique à 100°, M. Bassett a obtenu du formiate d'éthyle, du borate d'éthyle et de l'éther [*Jahresb.*, 1863, 484].

L'éthylate de sodium ne réagit pas sur l'orthoformiate triéthylique [Hollemann, *Rec. Pays-Bas*, **8**, 387]; le brome le décompose déjà à froid, en donnant du bromure d'éthyle, du formiate d'éthyle et du carbonate d'éthyle :

$$2\,CH(OC^2H^5)^3 + 2\,Br$$

$$= 2\,C^2H^5Br + HCO^2 .\, C^2H^5 + CO^3(C^2H^5)^2$$

$$+ C^2H^5OH$$

[Ladenburg et Wichelhaus, *Ann. Chem.*, **152**, 164].

L'acide chlorhydrique gazeux dédouble l'ortho-

formiate d'éthyle en formiate et chlorure d'éthyle; le trichlorure de phosphore le transforme en un mélange de chlorure d'éthyle, de formiate d'éthyle et de phosphite triéthylique, tandis que l'action des vapeurs nitreuses fournit du nitrate d'éthyle et du formiate d'éthyle [Arnhold, *loc. cit.*].

*Orthoformiate diméthyléthylique,*

$$CH \lessgtr {}^{(O\,CH^3)^2}_{O\,C^2H^5}$$

Cet éther a été obtenu par M. Pinner en traitant l'éther formimidoéthylique par l'alcool méthylique. Il est liquide, et bout vers 115-120°.

Dans cette préparation, comme dans celle des dérivés analogues, il est absolument nécessaire que le chlorhydrate de l'éther formimidé soit sec, sans cela on n'obtient qu'un mélange de formiates (Pinner, *D. chem. G.*, **16**, 1645).

L'*orthoformiate tripropylique*, $CH(OC^3H^8)^3$, a été préparé par Deutsch (Suppl., *loc. cit.*), puis par M. Pinner au moyen de l'alcool propylique et du chlorhydrate de l'éther formimidopropylique. Il bout à 196° et possède une densité égale à 0,879 à 23°.

L'*orthoformiate diméthylpropylique,*

$$CH \lessgtr {}^{(O\,CH^3)^2}_{O\,C^3H^7}$$

résulte de l'action de l'alcool méthylique sur l'éther formimidopropylique. Il bout vers 150-155°. On obtient en même temps l'*orthoformiate dipropylméthylique,*

$$CH \lessgtr {}^{(O\,C^3H^7)^2}_{O\,CH^3}$$

qu'on peut séparer par fractionnement et qui bout à 180-182°.

De même, en traitant le chlorhydrate de l'éther formimidoéthylique par l'alcool propylique, M. Pinner a obtenu un mélange d'*orthoformiate diéthylpropylique,*

$$CH \lessgtr {}^{(O\,C^2H^5)^2}_{O\,C^3H^7}$$

bouillant à 165-170°, et d'*orthoformiate dipropyléthylique,*

$$CH \lessgtr {}^{(O\,C^3H^7)^2}_{O\,C^2H^5}$$

qui distille vers 185-187°.

L'*orthoformiate triisobutylique*, $CH(OC^4H^9)^3$, a été décrit par Deutsch (Suppl., *loc. cit.*). Il bout à 220-222° et possède une densité égale à 0,861 à 23°.

En traitant le chlorhydrate de l'éther formimidométhylique par l'alcool isobutylique, M. Pinner a obtenu un liquide bouillant vers 214-216°, qui renfermait de l'orthoformiate méthyldiisobutylique et de l'orthoformiate triisobutylique. Il lui a été impossible de séparer ces deux substances.

L'*orthoformiate éthyldiisobutylique,*

$$CH \lessgtr {}^{(O\,C^4H^9)^2}_{O\,C^2H^5}$$

bout à 207-208°, et l'*orthoformiate propyldiisobutylique*

$$CH \lessgtr {}^{(O\,C^4H^9)^2}_{O\,C^3H^7}$$

à 212-214°. Ils ont été obtenus en faisant agir l'alcool isobutylique sur les chlorhydrates des éthers formimidoéthylique et formimidopropylique.

L'*orthoformiate triisoamylique*, $CH(OC^5H^{11})^3$, bout en se décomposant légèrement vers 260-265°. Sa densité est égale à 0,864 à 23°. Il a été obtenu par Williamson et Kay, puis par Deutsch et par M. Pinner au moyen de l'alcool amylique et du chlorhydrate de l'éther formimido-isoamylique.

L'action de l'alcool isoamylique sur l'éther formimidométhylique donne lieu à des réactions secondaires semblables à celles qui ont été signalées à propos de l'alcool isobutylique, c'est-à-dire qu'on obtient un mélange d'orthoformiates méthyldiisoamylique et triisoamylique, qui bout vers 234-240°, et qu'il est impossible de fractionner.

En traitant le chlorhydrate de l'éther formimido-isoamylique par les alcools méthylique, propylique et isobutylique, M. Pinner a obtenu respectivement :

L'*orthoformiate diméthylisoamylique*,

$$CH \lessgtr \begin{array}{l}(OCH^3)^2\\OC^5H^{11}\end{array}$$

bouillant à 234-240° ;

L'*orthoformiate dipropylisoamylique*,

$$CH \lessgtr \begin{array}{l}(OC^3H^7)^2\\OC^5H^{11}\end{array}$$

qui bout vers 222-230° ;

Et l'*orthoformiate diisobutylisoamylique*,

$$CH \lessgtr \begin{array}{l}(OC^4H^9)^2\\OC^5H^{11}\end{array}$$

bouillant à 230-235°.

L'*orthoformiate éthyldiisoamylique*,

$$CH \lessgtr \begin{array}{l}(OC^5H^{11})^2\\OC^2H^5\end{array}$$

distille vers 255°, et l'*orthoformiate propyldiisoamylique*,

$$CH \lessgtr \begin{array}{l}(OC^5H^{11})^2\\OC^3H^7\end{array}$$

vers 255°. Ces deux composés ont été obtenus respectivement en faisant réagir l'alcool isoamylique sur les chlorhydrates des éthers formimido-éthylique et formimidopropylique [Pinner, *loc. cit.*].

L'*orthoformiate triallylique*, $CH(OC^3H^5)^3$, a été préparé par MM. Beilstein et Wiegand en introduisant peu à peu du sodium métallique (16 grammes) dans un mélange d'alcool allylique (35 gr.) et de chloroforme (24 gr.), additionné du double de son volume de ligroïne. On chauffe ensuite le tout pendant quelque temps, on filtre et on distille le liquide filtré.

L'orthoformiate d'allyle bout vers 196-205°.

MM. Beilstein et Wiegand ont remarqué que si l'on fait agir la potasse (140 gr. d'alcali dans 200 gr. d'eau) sur un mélange d'alcool allylique (20 gr.) et de chloroforme (55 gr.), on n'obtient que de l'acide formique et de l'oxyde de carbone :

$$CHCl^3 + 3KHO = CO + 3KCl + 2H^2O,$$
$$CHCl^3 + 4KHO = CHO^2K + 3KCl + 2H^2O$$

[Beilstein et Wiegand, *D. chem. G.*, **18**, 482].

RÉACTIONS GÉNÉRALES DES ÉTHERS ORTHOFORMIQUES. — *Action des orthoformiates sur les amines primaires.* — Lorsqu'on chauffe au bain-marie. ou qu'on laisse en contact pendant quelque temps, à la température ordinaire, un mélange d'un orthoformiate et d'une amine primaire aromatique, on obtient les *amidines* correspondantes :

$$CH(OC^2H^5)^3 + C^6H^5AzH^2$$
$$= CH \lessgtr \begin{array}{l}Az-C^6H^5\\AzH.C^6H^5\end{array} + 3C^2H^5OH$$

[Claisen, *Ann. Chem.*, **287**, 366. — Walter, *J. prakt. Chem.*, (2), **53**, 472].

M. Walter a préparé par ce procédé les amidines suivantes : la *méthényldiphényldiamine*, fusible à 139° ; la *méthényl-di-o-tolylamidine*, fusible à 149° ; et l'*isomère para*, qui fond à 141° ; la *méthényl-di-m-nitrophénylamidine*, fusible à 200°, et le *dérivé para*, qui fond à 200° ; la *méthényl-di-p-bromophénylamidine*, fusible à 135° ; l'*hydrure de formazyle*

$$CH \lessgtr \begin{array}{l}Az-AzH.C^6H^5\\Az=Az.C^6H^5\end{array}$$

en partant de la phénylhydrazine [voy. FORMAZYLIQUES (COMPOSÉS)]. M. Walter a obtenu encore les amidines correspondant à l'aminoazobenzène, à la benzidine et à l'acide picramique ; cette dernière fond à 183°.

*Condensation des orthoformiates avec les composés aldéhydiques et cétoniques.* — M. Claisen a montré que les orthoformiates étaient susceptibles de se combiner avec les composés cétoniques et aldéhydiques, pour donner naissance tantôt à des *dérivés oxyméthyléniques*, tantôt à des *oxyacides non saturés*. Ainsi, avec l'éther acétylacétique, on obtiendra d'une part de l'*éther éthyloxyméthylène-acétylacétique*,

$$CH^3.CO.CH^2.CO^2C^2H^5 + CH(OC^2H^5)^3$$
$$= CH^3.CO.C \lessgtr \begin{array}{l}CH.OC^2H^5\\CO^2C^2H^5\end{array} + 2C^2H^5.OH,$$

et d'autre part, en opérant à la température ordinaire, de l'*éther éthoxycrotonique*,

$$CH^3.CO.CH^2.CO^2C^2H^5 + CH(OC^2H^5)^3$$
$$= CH^3.C(OC^2H^5)^3$$
$$= CH.CO^2C^2H^5 + C^2H^5OH + HCO^2C^2H^5.$$

Cette dernière réaction a été appliquée avec succès à d'autres composés cétoniques. M. Claisen a obtenu ainsi l'*éther éthoxy-3 pentène-2 dioïque-1.5*,

$$C^2H^5CO^2.CH=C(OC^2H^5).CH^2.CO^2C^2H^5,$$

à partir de l'éther acétone-dicarbonique ; l'*éther α-éthoxycinnamique*,

$$C^6H^5.C(OC^2H^5)=CH.CO^2C^2H^5,$$

et l'*éthoxy-iso-acétophénone*,

$$C^6H^5.C(OC^2H^5)=CH^2,$$

au moyen de l'éther benzoylacétique ; le *diéthoxypropane-2.2*,

$$\begin{array}{l}CH^3\\CH^3\end{array} > C(OC^2H^5)^2,$$

à partir de l'acétone, etc.

L'acétophénone fait exception à cette règle. Elle ne réagit ni à froid ni à chaud sur les éthers o-formiques.

Les aldéhydes grasses ou aromatiques s'unissent à l'éther o-formique pour donner les acétates correspondants :

$$C^6H^5.CHO + CH(OC^2H^5)^3$$
$$= C^6H^5.CH(OC^2H^5)^2 + HCO^2C^2H^5.$$

Cette réaction peut avoir une grande importance en ce qui concerne la série aromatique [Claisen, *D. chem. G.*, 26, 2729 ; 29, 1005].

ACIDE ORTHOTHIOFORMIQUE, $CH(SH)^3$. — L'éther triéthylique de cet acide a été obtenu en chauffant une solution aqueuse d'éthyle-mercaptide de sodium avec du chloroforme,

$$3C^2H^5SNa + CHCl^3 = CH(SC^2H^5)^3 + 3NaCl.$$

On purifie ensuite le produit par entraînement dans un courant de vapeur.

L'*orthothioformiate triéthylique* se présente sous la forme d'un liquide mobile, jaunâtre, doué d'une odeur désagréable, qui bout en se décomposant vers 240-260°.

L'acide chlorhydrique fumant dédouble ce composé en mercaptan éthylique et acide formique, tandis que l'acide azotique le transforme en acide éthane-sulfonique [S. Gabriel, *D. chem. G.*, 10, 185; J. Claesson, *J. prakt. Chem.*, (2), 15, 176].

L'*orthothioformiate de phényle*, $CH(SC^6H^5)^3$, s'obtient en chauffant une solution aqueuse de thiophénol sodé avec du chloroforme. Il cristallise en prismes fusibles à 39°,5 et se dissout facilement dans les dissolvants organiques. Les agents d'oxydation modérés transforment le composé en disulfure de phényle [Gabriel, *loc. cit.*].

La soude n'attaque pas cet éther, même à 120°, tandis que l'acide chlorhydrique fumant le dédouble à 100° en vase clos, suivant l'équation

$$CH(SC^6H^5)^3 + 2H^2O = CH^2O^2 + 3C^3H^6SH.$$

Les oxydants (acide chromique, acide azotique, permanganate, etc.) transforment l'orthoformiate de phényle en sulfure de phényle.

L'*éther tribenzylique*, $CH(S . CH^2 . C^6H^5)^3$, se prépare par un procédé analogue. Il se présente sous la forme de cristaux rhombiques, solubles dans l'éther, le chloroforme et l'alcool bouillant. Il fond à 98° et possède des propriétés analogues aux éthers thioformiques déjà décrits. Il s'unit au chlorure de platine pour former une combinaison répondant à la formule $CH(S.CH^2.C^6H^5)^3, 3PtCl^4$; celle-ci constitue une poudre rouge [Dennstedt, *D. chem. G.*, 11, 2265; 13, 238].

P. Freundler.

**FORMOSE**, $C^6H^{12}O^6$. — La formose est un sucre de synthèse, isomère des glucoses, qui prend naissance, d'après M. Löw, par polymérisation, lorsqu'on fait agir les alcalis à froid sur l'aldéhyde méthylique.

On sait que Boutleroff a déjà obtenu, dans une réaction du même ordre, une substance neutre possédant la formule $C^6H^{10}O^5$, qui a reçu le nom de *méthylénitane*. La méthylénitane est certainement en rapport étroit avec la formose : M. Löw la considère comme un anhydride comparable à la saccharine de Peligot.

Pour obtenir la formose, on ajoute un excès de lait de chaux à une solution d'aldéhyde formique étendue de manière à contenir environ 3,5 0/0 de substance active, et, après une demi-heure d'agitation, on filtre; on abandonne alors le liquide alcalin à lui-même pendant 5 ou 6 jours : l'odeur piquante de l'aldéhyde disparaît peu à peu, et le liquide réduit bientôt abondamment la liqueur de Fehling.

On neutralise alors par l'acide oxalique, on filtre, on evapore jusqu'à consistance sirupeuse et on reprend par l'alcool fort, qui détermine le dépôt d'une certaine quantité de formiate de calcium. On filtre et on évapore de nouveau, enfin on répète le même traitement à plusieurs reprises de manière à séparer la totalité du formiate. Finalement, on obtient un sirop incolore, incristallisable, fortement sucré et inactif. Son pouvoir réducteur est environ les 9 dixièmes de celui de la dextrose [Löw, *J. prakt. Chem.*, 33, 321].

La baryte agit moins bien que la chaux et ne saurait remplacer celle-ci dans la préparation de la formose, mais la potasse et la soude paraissent avoir sensiblement la même influence.

La magnésie seule est incapable de polymériser l'aldéhyde formique; en présence de sulfate de magnésium et de plomb, elle réagit aisément et donne alors une variété de formose, la *méthose*, qui fermente au contact de la levure et

vraisemblablement renferme une certaine quantité d'acrose[1] [Löw, *D. chem. G.*, 22, 470].

La formose, préparée au moyen de la chaux, n'est pas fermentescible, mais les moisissures l'attaquent lentement et lui communiquent un léger pouvoir rotatoire vers la droite. Abandonnée avec une infusion de foin et des matières nutritives, la formose subit une fermentation très lente, avec production d'acide lactique et d'acide succinique.

Maintenue à 120° pendant plusieurs jours, elle perd $H^2O$ et se transforme en une substance amère qui ne semble plus pouvoir régénérer la formose par hydratation.

Les acides étendus n'agissent pas sur la formose ; les acides concentrés donnent des matières ulmiques et un peu de furfurol, sans acide lévulique.

Les alcalis font apparaître une coloration brune, plus facilement encore qu'avec les glucoses naturels.

L'acétate de plomb précipite la formose en présence d'ammoniaque; l'alcoolate de baryte fournit un composé $C^6H^{12}O^6BaO$.

Avec le sel marin, la formose donne une combinaison cristallisée semblable à celle que fournit la dextrose.

Le ferricyanure de potassium est ramené à l'état de ferrocyanure; les sels ferriques sont transformés en sels ferreux ; les sels d'or, de palladium, les solutions ammoniacales d'argent et l'iodo-mercurate de potassium sont réduits à l'état métallique.

En présence de soude, la formose décolore l'indigo.

L'acide picrique donne, comme avec les autres glucoses, une coloration rouge ; chauffée avec une solution de résorcine ou de pyrogallol et un peu d'acide chlorhydrique, la formose donne une coloration rouge-rubis; avec le chlorhydrate de diphénylamine, en solution acide, une coloration brun-violacé.

L'anhydride acétique donne un *dérivé acétylé* peu soluble dans l'eau, d'une saveur très amère.

L'acide nitrique et le brome transforment la formose en acide oxalique, sans donner de composé défini en $C^6$.

L'hydrogène naissant ne paraît pas réagir.

D'après M. Wehmer [*D. chem. G.*, 20, 2614], les feuilles vertes sont incapables de transformer la formose en amidon.

*Osazones.* — Avec l'acétate de phénylhydrazine, la formose donne une osazone que M. Löw a d'abord représentée par la formule $C^{18}H^{22}Az^4O^3$. M. Fischer a montré que ce produit est un mélange de trois ou quatre osazones distinctes, que l'on peut séparer par l'éther et l'acétate d'éthyle. La plus soluble cristallise de ses solutions aqueuses chaudes en fines aiguilles jaunes, fusibles vers 144°; elle renferme $C^{18}H^{22}Az^4O^4$ comme les osazones glucosiques, et a reçu le nom de *phénylformosazone*.

Le résidu, peu soluble dans l'éther, fond, après purification, vers 200°; il donne à l'analyse des nombres intermédiaires entre ceux qui correspondent aux formules $C^{18}H^{22}Az^4O^4$ et $C^{18}H^{22}Az^4O^3$; il est vraisemblable, d'après cela, qu'il constitue un mélange.

Enfin, lorsqu'on traite l'osazone brute par l'eau bouillante et l'alcool, il reste un troisième produit isomérique de la phénylformosazone et qui fond vers 204°. Ce corps paraît être identique à la phénylglucosazone inactive.

La méthylénitane de Boutleroff donne aussi de la phénylformosazone avec l'acétate de phé-

---

[1]. L'alcool produit a été caractérisé par la réaction de l'iodoforme et par sa transformation en aldéhyde sous l'influence du mélange chromique.

nylhydrazine, mais seulement en très faible proportion [Fischer, *D. chem. G.*, 21, 989 ; 22, 359].

Pseudoformose ou β-formose. — En chauffant pendant 5 heures, à l'ébullition, une dissolution d'aldéhyde formique au millième avec un grand excès d'étain métallique, M. Löw a obtenu une variété de formose qui paraît plus stable que le produit précédent ; sa solution alcoolique, en présence d'acide chlorhydrique, se colore en rouge avec la résorcine et en bleu avec la diphénylamine. Ce corps réduit la liqueur de Fehling comme les glucoses ; il se combine plus facilement encore que la formose avec la phénylhydrazine ; enfin il brunit quand on le chauffe avec la potasse et donne des matières ulmiques avec les acides [Löw, *J. prakt. Chem.*, (2), 34, 54 ; *D. chem. G.*, 21, 274].

*Constitution.* — L'ensemble des propriétés de la formose rapproche évidemment ce corps des sucres réducteurs et tend à le faire considérer comme un alcool-acétone. M. Löw a même proposé pour cette substance une formule qui en fait un isomère stéréochimique de la lévulose [*D. chem. G.*, 22, 473]; mais, d'autre part, MM. Tollens et Wehmer se refusent à ranger la formose parmi les matières sucrées [*D. chem. G.*, 19, 2573 ; 20, 2614].

Les raisons que donnent ces derniers auteurs ne nous semblent pas suffisantes pour établir leur manière de voir, et la formose de M. Löw nous paraît être un véritable sucre synthétique au même titre que l'acrose de M. Fischer.

D'ailleurs les produits désignés sous le nom de formose et de pseudoformose sont des mélanges, et il faut attendre que les différents isomères qui les constituent aient été séparés pour se faire une idée exacte de leur véritable nature.

L. Maquenne.

**FORMYLACÉTIQUE (ACIDE)** [Syn. *Oxyacrylique*],

$$HCO.CH^2.CO^2H \quad \text{ou} \quad CH(OH)=CH.CO^2H.$$

*Préparation et propriétés.* — Le *dérivé sodé* de l'éther formylacétique,

$$CHONa=CH.CO^2C^2H^5,$$

a été obtenu par M. Piutti et par M. Wislicenus en faisant tomber goutte à goutte un mélange équimoléculaire d'acétate d'éthyle et de formiate d'éthyle sur du sodium recouvert d'éther [*D. chem. G.*, 20, 2930].

En décomposant par l'acide sulfurique dilué le précipité jaunâtre qui s'est formé, on obtient un liquide incolore, peu stable, que le chlorure ferrique colore en violet, et qui se transforme rapidement en acide trimésique.

Le dérivé sodé préparé par M. Wislicenus renferme 70 0/0 de sel pur. Lorsqu'on traite sa solution aqueuse par l'acétate de cuivre, en présence de quelques gouttes d'ammoniaque, on obtient le *sel de cuivre* $Cu(CHO=CH.CO^2C^2H^5)^2$, sous la forme d'aiguilles ou de paillettes verdâtres, fusibles à 168°, solubles dans l'alcool et dans le benzène.

L'éther formylacétique libre se dissout dans l'alcool, les alcalis et les carbonates alcalins. L'acide sulfurique le transforme en acide coumalique ; il s'unit à la résorcine pour donner de l'ombelliférone [H. von Pechmann, *Ann. Chem.*, 264, 261].

*Constitution.* — On admet aujourd'hui que l'éther acétylacétique possède une formule cétonique. Les propriétés du formylacétate d'éthyle feraient attribuer au contraire à ce dernier la formule alcoolique.

En effet, si d'une part les deux composés présentent la même réaction avec l'anhydride acétique et avec les chloroformiates, d'autre part ils diffèrent nettement par les points suivants :

On peut introduire dans l'éther acétylacétique successivement deux radicaux acides ; le dérivé monosubstitué est encore doué de propriétés acides. La substitution porte donc sur le groupement $CH^2$.

Dans l'éther formylacétique, on ne peut introduire qu'un radical acide, et le dérivé qui en résulte a perdu toutes propriétés acides. La molécule renferme par conséquent le groupement $CH(OH)=CH$, et c'est l'oxhydryle qui est éthérifié.

Cette constitution attribuée à l'éther formylacétique est en outre confirmée par les propriétés suivantes :

On peut acétyler et benzoyler directement, non pas l'éther lui-même, parce qu'il se transforme en éther trimésique, mais ses dérivés propyliques ou phényliques, $CH(OH)=C(C^3H^7).CO^2C^2H^5$.

L'éther formylacétique et ses dérivés éthérés fixent le brome, ce que ne fait pas l'acétylacétate d'éthyle.

Une ou deux molécules d'éther formylacétique peuvent s'unir à une molécule d'aniline ou de toluidine en donnant naissance aux *anilido-* ou *toluidoacrylates d'éthyle* ou à l'*anilidodiacrylate d'éthyle* :

$$C^6H^5.AzH.CH=CH.CO^2C^2H^5$$

$$C^6H^5.Az(CH=CH.CO^2C^2H^5)^2$$

La constitution de ces produits de condensation est établie, car on a pu en faire la synthèse à partir du β-chloracrylate d'éthyle.

Enfin, en oxydant les homologues propylique ou phénylique du formylacétate d'éthyle par le permanganate de potassium, par l'azotate d'argent ammoniacal ou par l'acide azotique, on obtient, non pas un dérivé malonique, mais un acide glyoxylique substitué :

$$CH(OH)=C(C^6H^5).CO^2C^2H^5 + 3O$$

$$= C^6H^5.CO.CO^2C^2H^5 + CO^2 + H^2O.$$

*Dérivés de l'éther formylacétique.* — L'acétate, $CH^3.CO^2.CH=CH.CO^2C^2H^5$, s'obtient en faisant réagir l'anhydride acétique ou le chlorure d'acétyle sur une solution alcaline d'éther formylacétique, ou sur le dérivé sodé maintenu en suspension dans l'éther anhydre. Il se forme en même temps de l'éther trimésique.

En employant 100 parties de sel de sodium, 400 parties d'éther et 57 parties de chlorure d'acétyle, on obtient 25 parties d'acétate.

Celui-ci bout à 126° sous 50 millimètres. Il se présente sous la forme d'un liquide incolore, insoluble dans l'eau et dans les alcalis, est doué d'une odeur éthérée. Il ne fournit pas de dérivé cuivrique et n'est pas coloré par le perchlorure de fer. Il fixe le brome en solution chloroformique en donnant un *dibromure*,

$$CH^3.CO^2.CHBr-CHBr.CO^2C^2H^5,$$

qui bout à 153–154° sous 34 millimètres. C'est un liquide visqueux, qui se décompose assez vite.

Lorsqu'on chauffe l'éther formylacétique ou son dérivé sodé avec du chlorure de benzoyle, on n'obtient que de l'éther trimésique.

Pour préparer le *benzoate*,

$$C^6H^5.CO^2.CH=CH.CO^2C^2H^5,$$

on dissout 50 parties d'éther formylacétique sodé dans 150 parties d'eau et 30 parties de soude à 15 0/0, et l'on ajoute du chlorure de benzoyle (10 parties) en agitant jusqu'à ce que l'odeur de ce dernier ait disparu. On refroidit ensuite la liqueur et on extrait le benzoate au moyen de l'éther.

Le benzoate de l'éther formylacétique se présente sous la forme d'une masse cristalline, fusible à 35°; il est doué d'une odeur éthérée. Il bout vers 205-210° sous 50 millimètres, mais ne distille pas sans décomposition sous la pression normale. Il est insoluble dans les alcalis, qui le saponifient lentement à chaud. Ses solutions alcooliques ne sont pas colorées par le chlorure ferrique et ne donnent pas de précipité avec l'acétate de cuivre.

Ce benzoate en solution dans le chloroforme ou dans le sulfure de carbone fixe 2 atomes de brome, en se transformant en un *dibromure*

$$C^6H^5CO^2 . CHBr - CHBr . CO^2C^2H^5,$$

qu'on lave avec une solution de soude et d'acide sulfureux. Ce dibromure est peu stable. Il se décompose à la distillation en donnant du bromure de benzoyle et de l'éther oxybromacrylique :

$$C^6H^5 . CO^2 . CHBr . CHBr . CO^2C^2H^5$$
$$= C^6H^5 . COBr + CH(OH) = CBr . CO^2C^2H^5.$$

L'éther formylacétique réagit sur l'aniline, comme nous l'avons dit plus haut, en donnant naissance à l'*anilidoacrylate d'éthyle*,

$$CH(OH) = CH . CO^2C^2H^5 + C^6H^5 . AzH^2$$
$$= H^2O + C^6H^5 . AzH . CH=CH . CO^2C^2H^5.$$

Pour obtenir ce composé, on dissout 7 parties d'aniline dans 40 parties d'acide acétique dilué et 160 parties d'eau, puis on ajoute en refroidissant une solution de formylacétate d'éthyle sodé (10 parties) dans 100 parties d'eau. L'anilidoacrylate d'éthyle se précipite sous la forme de paillettes blanches, fusibles à 106°, insolubles dans l'eau et dans la ligroïne, solubles dans les autres dissolvants organiques. Il se dissout dans l'acide chlorhydrique, pour se précipiter de nouveau lorsqu'on étend la liqueur; il est insoluble dans les alcalis.

Ce composé paraît différent de celui que M. Reissert a préparé à partir de l'acide dibromosuccinique [D. chem. G., 20, 3108]. Le chlorure ferrique colore en rouge sa solution dans l'alcool. La potasse alcoolique froide le dissout en le transformant en une substance cristallisée en paillettes blanches, qui fond à 136°, et qu'on peut précipiter par l'eau. La potasse alcoolique bouillante saponifie complètement l'anilidoacrylate d'éthyle.

Le *p-toluido-β-acrylate d'éthyle*,

$$C^6H^4(CH^3) . AzH . CH = CH . CO^2C^2H^5,$$

s'obtient de la même façon que le dérivé anilidé. Il se présente sous la forme de paillettes jaunâtres, fusibles à 116°; la potasse alcoolique le transforme en une nouvelle substance, peut-être un isomère stéréochimique, qui fond à 136°. L'anhydride acétique le décompose en formant de l'acétyltoluidine.

Si l'on chauffe pendant quelque temps au bain-marie un mélange équimoléculaire du composé précédent et de formylacétate d'éthyle sodé en présence d'éther, on obtient du *p-toluido-β diacrylate d'éthyle*,

$$CH^3 . C^6H^4 . Az(CH = CH . CO^2C^2H^5)^2,$$

sous la forme d'aiguilles soyeuses ou de prismes d'un jaune de soufre, solubles dans l'alcool, qui fondent à 73°.

Le même corps peut s'obtenir en chauffant un mélange d'éther formylacétique (4 parties) et de p-toluidine (1 partie), ou en faisant réagir la toluidine (3 parties) à la température du bain-marie sur le β-chloracrylate d'éthyle (3p,5). On peut encore chauffer ensemble des poids égaux de p-toluidine et de benzoate de l'éther formylacétique. Dans ce dernier cas, on précipite au moyen de la ligroïne la benzoyltoluidine qui s'est formée, et l'on évapore la liqueur filtrée [H. von Pechmann, D. chem. G., 25, 1040. — Claisen, ibid., 25, 1776].

L'éther formylacétique sodé réagit sur le chlorocarbonate d'éthyle en donnant naissance au *carbéthoxyacrylate d'éthyle*,

$$C^2H^5CO^2 . COH = CH . CO^2C^2H^5.$$

Celui-ci se présente sous la forme d'un liquide épais, qui bout à 135° sous 25 millimètres. Son dibromure bout à 156-157° sous 13 millimètres [J.-U. Nef, *Ann. Chem.*, 276, 200].

Lorsqu'on traite l'éther formylacétique par l'hydrate d'hydrazine, on obtient la *trihydrazide de l'acide trimésique* $C^6H^3(COAzH . AzH^2)^3$ [R. von Rothenburg, D. chem. G., 25, 3441].

La condensation de l'éther formylacétique avec la phénylhydrazine donne naissance, non pas à la phényl 1-pyrazolone 5, comme on pourrait s'y attendre,

$$C^2H^5\,CO^2 \atop CH = CH(OH) \quad + \quad {C^6H^5 \atop AzH} \diagdown AzH^2$$

$$= C^2H^5 . OH + \underset{H^2C \rule{1cm}{0.4pt} CH}{\overset{Az.C^6H^5}{CO \diagup \diagdown Az}} + H^2O,$$

mais à un composé plus complexe qui résulte de l'union de 2 molécules de phénylhydrazine avec 3 molécules d'éther formylacétique

$$\begin{array}{ccccc}
C^6H^5 & & CO^2C^2H^5 & & C^6H^5 \\
AzH & & & & AzH \\
AzH^2 \quad CO^2C^2H^5 & CH & C^2H^5CO^2 & AzH^2 \\
CH(OH)=CH & CH(OH) & CH=CH(OH) \\
C^6H^5 & CO^2C^2H^5 & C^6H^5 \\
Az & CH^2 & Az \\
Az \diagup\diagdown CO & CO \diagup\diagdown Az \\
CH \rule{1cm}{0.4pt} CH - CH - CH \rule{1cm}{0.4pt} CH \\
+ 3H^2O + 2C^2H^5OH
\end{array}$$

[R. von Rothenburg, *D. chem. G.*, 25, 3441. — Fr. Stolz, *ibid.*, 28, 624].

L'éther formylacétique sodé s'unit à l'isocyanate de phényle en donnant naissance à un *produit d'addition* fusible à 51-52°, auquel M. Michael attribue la constitution suivante :

$$CHO . CH \diagdown{\!\!\!\diagup} \; {CO^2C^2H^5 \atop COAzH . C^6H^5}$$

Ce composé fournit une *hydrazone* fusible à 136-137° [*D. chem. G.*, 29, 1794].    P. Freundler.

**FORMYLACÉTOPHÉNONE** [ Syn. *Formylméthylphénylcétone, aldéhyde benzoylacétique propylonal-phène*], $C^6H^5 . CO . CH^2 . CHO$. — Ce composé a été obtenu par M. Claisen en faisant réagir un mélange d'acétylbenzène et de formiate d'éthyle sur de l'alcoolate de sodium sec ou sur du sodium, en présence d'éther anhydre :

$$C^6H^5 . CO . CH^3 + H . CO^2C^2H^5 + C^2H^5ONa$$
$$= 2C^2H^5OH + C^6H^5 CO.CHNa.CHO.$$

La réaction s'effectue à froid. On laisse reposer la masse pendant quelque temps, puis on lave avec de l'alcool et avec de l'éther le *dérivé sodé* qui s'est précipité, et on le décompose par l'acide acétique. Le rendement est de 90 0/0 de l'acétophénone employée.

Le produit se présente sous la forme d'un liquide jaunâtre peu stable, qui distille sans décomposition dans le vide et qui s'unit au bisulfite de sodium en donnant une combinaison cristallisée. MM. Meister Lucius et Brüning (à Höchst) ont fait breveter ce produit, qui peut être employé en médecine [D. R. P., 40747 et 43847].

Le dérivé sodé de la formylacétophénone est assez stable lorsqu'il est sec. Il se dissout dans l'eau, qui le décompose à 100° en acide formique et acétylbenzène. Ses solutions aqueuses sont colorées en rouge par le chlorure ferrique en présence d'alcool et d'acide acétique. Avec le sulfate ferreux et l'alcool, on obtient d'abord une coloration violette qui passe au rouge vineux; il se produit ensuite un précipité cristallin.

Les solutions aqueuses concentrées du sel de sodium sont précipitées en blanc par les sels de calcium, de strontium, de magnésium (le chlorure de baryum ne donne pas de précipité); en blanc jaunâtre par le chlorure mercurique; en noir par l'azotate mercureux; en blanc par les sels de zinc, de cadmium et de plomb; en vert par le sulfate de nickel; en rouge par celui de cobalt; en jaune par les sels de manganèse; en rouge-brique par les sels ferriques, et en blanc par l'azotate d'argent : ce dernier précipité noircit à la lumière.

En traitant une solution alcoolique diluée du sel de sodium par l'acétate de cuivre, on obtient un *sel cuivrique*

$$Cu\left(C<\begin{matrix}CHO\\CO.C^6H^5\end{matrix}\right)^2$$

sous la forme de prismes d'un vert olive, qui se décomposent au bout de quelque temps.

Le dérivé sodé réagit sur les sels des amines aromatiques en donnant naissance à des combinaisons cristallisées, insolubles dans les acides et dans les alcalis. M. Claisen attribue à ces composés la formule générale suivant

$$C^6H^5.CO.CH^2.CH=AzR.$$

On ne peut pas les transformer par déshydratation en dérivés quinoléiques.

L'*anilide*, $C^6H^5.CO.CH^2.CH=AzC^6H^5$, cristallise dans l'alcool en paillettes jaunes, fusibles à 140-141°, solubles dans l'éther.

La *p-toluide*,

$$C^6H^5.CO.CH^2.CH=Az.C^6H^4.CH^3,$$

se présente sous la forme de prismes jaunâtres, fusibles à 160-162°, solubles dans l'acide acétique bouillant.

La β-*naphtalide* fond à 180-182°. Elle est peu soluble dans la plupart des dissolvants organiques.

La *méthylanilide*, $C^9H^7O.Az(CH^3).C^6H^5$, possède forcément une constitution différente de la toluide. On l'obtient en faisant réagir l'acétate de méthylaniline sur le dérivé sodé de la formylacétophénone dissous dans l'alcool aqueux. Elle cristallise en paillettes fusibles à 103°.

La *benzylanilide*, $C^9H^7O.Az(C^7H^7).C^6H^5$, se prépare d'une façon analogue. Elle se présente sous la forme de cristaux jaunâtres, qui fondent à 130° [L. Claisen et L. Fischer, D. chem. G., 20, 2191; 21, 1144].

Lorsqu'on fait réagir sur une solution éthérée de formylacétophénone de l'acétate d'ammonium additionné d'acide acétique, on obtient une combinaison cristalline qui répond à la formule $C^{18}H^{15}O^2Az$ et qui a pris naissance d'après l'équation

$$2C^9H^8O^3 + AzH^3 = C^{18}H^{15}O^2Az + 2H^2O.$$

Cette substance, dont la nature n'a pas été déterminée, cristallise en prismes jaunâtres, fusibles à 219-220°, solubles dans le toluène.

Le dérivé sodé de la formylacétophénone réagit sur le chlorure de diazobenzène en donnant naissance à un *dérivé azoïque*,

$$C^6H^5.Az=Az.CH<\begin{matrix}CHO\\COC^6H^5\end{matrix}$$

qui cristallise en prismes rouges, fusibles à 103° [L. Claisen et N. Stylos, D. chem. G., 21, 1144].

Si l'on traite une solution aqueuse à 15 0/0 du dérivé sodé par le chlorhydrate d'hydroxylamine, en maintenant la température à 0°, on obtient l'*oxime*,

$$C^6H^5.CO.CH^2.CH=AzOH,$$

sous la forme de prismes incolores, fusibles à 86-87°. Cette oxime est peu soluble dans le sulfure de carbone et dans la ligroïne, mais elle se dissout facilement dans les autres dissolvants organiques, ainsi que dans l'eau, les alcalis et les carbonates alcalins. Ces dernières solutions ont une couleur jaune et sont précipitées par l'anhydride carbonique.

Le chlorure ferrique colore en vert foncé les solutions alcooliques de l'oxime; la teinte passe au bleu par addition d'acétate de sodium.

Si l'on traite cette oxime par l'anhydride acétique, ou si l'on fait réagir le chlorhydrate d'hydroxylamine sur le dérivé sodé, à chaud et en présence de soude, on obtient la *cyanacétophénone* de M. Haller, $C^9H^5.CO.CH^2.CAz$.

En traitant l'oxime par le chlorure d'acétyle, on obtient par contre du *phénylisoxazol*, fusible à 22° :

$$C^6H^5.C\underset{HC}{\overset{O}{\diagup\diagdown}}\underset{CH}{\overset{Az}{}}$$

Enfin, si l'on chauffe pendant 6 ou 8 heures au bain-marie un mélange du dérivé sodé (1 molécule), de chlorhydrate d'hydroxylamine (1 mol.) et d'eau (6 parties), on obtient une combinaison qui répond à la formule $C^{18}H^{17}Az^3O^3$ et qui cristallise dans l'acétate d'amyle en aiguilles fusibles à 197-198°, insolubles dans les autres dissolvants [L. Claisen et R. Stock, D. chem. G., 24, 130].

Pour expliquer la différence d'action de l'anhydride acétique et du chlorure d'acétyle sur l'oxime, M. Hantzsch admet que la configuration la plus stable

$$C^6H^5.CO.CH^2-\underset{\underset{Az-OH}{\|}}{C}-H$$

devient la moins stable en présence de chlorure d'acétyle. Cette théorie manque malheureusement de point d'appui, comme toutes les conceptions analogues [D. chem. G., 24, 506].

La formylacétophénone réagit violemment sur l'hydrate d'hydrazine, soit à sec, soit en solution éthérée, en solution alcaline ou en solution alcoolique; mais les auteurs ne sont pas d'accord sur la nature du produit de la réaction.

D'après M. von Rothenburg, on obtiendrait un mélange du phénylpyrazol de M. Buchner, fusible à 228°, et d'un isomère plus facilement fusible [D. chem. G., 27, 789].

D'après M. Knorr, on n'obtient jamais que du phényl 3-pyrazol, fusible à 78°,

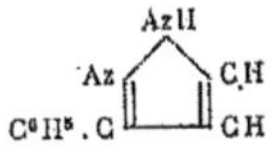

$$Az\text{-}CH \quad Az\!\!<\!\!\overset{AzH}{\underset{C^6H^5.C}{}}\!\!>\!\!\overset{C.H}{\underset{CH}{}}$$

quelles que soient les conditions dans lesquelles on opère [*D. chem. G.*, 28, 696].

La formylacétophénone se combine également à la phénylhydrazine en solution éthérée en donnant naissance à une *hydrazide*,

$$C^6H^5.CO.CH^2.CH = Az.AzH.C^6H^5,$$

qui fond à 118-120°.

Lorsqu'on chauffe cette hydrazide, ou plus simplement le mélange de phénylhydrazine et de formylacétophénone, on obtient le diphényl 1.3-pyrazol,

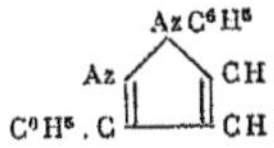

$$Az\!\!<\!\!\overset{AzC^6H^5}{\underset{C^6H^5.C}{}}\!\!>\!\!\overset{CH}{\underset{CH}{}}$$

qui bout à 335° [L. Knorr et P. Duden, *loc. cit.* — Claisen et Stylos, *D. chem. G.*, 21, 1144].
P. Freundler.

**FORMYLANTHRANILIQUE (ACIDE).** — L'acide formylanthranilique,

$$\left( C^6H^4 <\!\!\overset{AzH-COH}{\underset{CO^2H}{}} \right)^2$$

se prépare en faisant bouillir pendant quelques heures un mélange à parties égales d'acide formique et d'acide anthranilcarbonique,

$$C^6H^4 <\!\!\overset{CO}{\underset{Az-CO^2H}{}}$$

(2e Suppl., 1, 539).

On élimine l'excès d'acide formique par évaporation au bain-marie et on épuise le résidu par l'éther bouillant; l'acide formylanthranilique se dissout; on évapore la dissolution éthérée et on fait cristalliser le résidu dans le chloroforme.

L'acide formylanthranilique se forme également quand on chauffe l'acide anthranilique (acide o-aminobenzoïque) avec l'acide formique.

L'acide formylanthranilique cristallise en fines aiguilles, fusibles à 168°, solubles dans l'alcool, peu solubles dans le benzène à froid; il se dissout avec facilité dans l'acide chlorhydrique; si l'on chauffe, le corps est décomposé en acide formique et chlorhydrate d'acide anthranilique; l'eau exerce, quoique avec plus de lenteur, la même action décomposante.

Sous pression, à une température de 130-140°, l'eau fait subir à l'acide formylanthranilique une décomposition plus profonde; il se produit de l'acide formique, de l'anhydride carbonique et de l'aniline.

Le sel ammoniacal chauffé fournit de la phéno-α-oxyniazine $C^8H^6Az^2O$.

Dans la préparation de l'acide formylanthranilique, il se forme, lors du traitement à l'éther, une matière insoluble dont la formule empirique est $C^{31}H^{20}Az^4O^6$. On obtient ce corps à l'état pur en le dissolvant à chaud dans une petite quantité d'acide chlorhydrique concentré, précipitant la dissolution par l'eau et faisant ensuite cristalliser dans l'alcool.

Il se produit ainsi des rhomboèdres fusibles à 280° en se décomposant, insolubles dans l'eau et presque insolubles dans les dissolvants organiques usuels. Ce corps se combine avec l'acide chlorhydrique; le sel obtenu est dissociable par l'eau;

par l'action de l'acide chlorhydrique à 140°, on obtient de l'aniline et les acides formique, anthranilique et carbonique.

Par l'action du perchlorure de phosphore on obtient un *chlorure* que l'alcool méthylique et l'alcool éthylique transforment en éthers correspondants.

Le *dérivé méthylique* $C^{16}H^{16}Az^2O^5$ cristallise en petites aiguilles fusibles à 210°; le *dérivé éthylique* $C^{17}H^{18}Az^2O^5$ fond à 170° [Meyer et Bellmann, *J. prakt. Chem.*, (2), 33, 23]. G. de Bechi.

**FORMYLCUMIDES.** — Voyez CUMIDINES.

**FORMYLDÉSOXYBENZOÏNE** [Syn. *Méthylal 1-diphényléthanone*],

$$C^6H^5.CO.\underset{|}{\overset{}{C}}H.CHO.$$
$$C^6H^5$$

— La formyldésoxybenzoïne a été obtenue par MM. Claisen et Meyerowitz en faisant réagir des quantités équimoléculaires de désoxybenzoïne et de formiate d'éthyle sur de l'éthylate de sodium maintenu en suspension dans l'éther anhydre.

Cette substance cristallise en aiguilles jaunâtres, fusibles à 110°, solubles dans les alcalis et dans les carbonates alcalins. Le chlorure ferrique la colore en violet et l'acétate de cuivre précipite de ses solutions une poudre cristalline d'un vert clair.

**FORMYLDICHLORACÉTIQUE (ÉTHER)** $HCO.CCl^2.CO^2C^2H^5.$ — Ce composé aurait été obtenu par M. K. Loewy parmi les produits de l'action du chlore sur le dioxyquinone-téréphtalate d'éthyle en présence de l'eau :

$$C^{12}H^{12}O^8 + 4Cl^2 + 2H^2O$$
$$= 2C^5H^6Cl^2O^3 + 2CO^2 + 4HCl.$$

Il cristallise dans l'alcool bouillant en prismes verdâtres qui fondent à 93°; il bout vers 250° en se décomposant et en dégageant de l'acide chlorhydrique. Il se dissout dans l'alcool et dans l'éther, mais non dans l'eau, et réduit lentement l'azotate d'argent ammoniacal.

Lorsqu'on chauffe ce formyldichloracétate d'éthyle avec la potasse alcoolique, on le transforme en un autre composé chloré qui répond à la formule $C^{10}H^{13}K^5O^9$, et qui cristallise en paillettes blanches, très hygroscopiques; cette dernière substance est soluble dans l'eau, elle est neutre au tournesol. Les acides la décomposent en donnant de l'acide carbonique et de l'acide oxalique [K. Loewy, *D. chem. G.*, 19, 2385]. P. Freundler.

**FORMYLDIÉTHYLCÉTONE** [Syn. *Méthylal 2-pentanone 3*],

$$C^2H^5.CO.\underset{|}{\overset{}{C}}H.CH^3.$$
$$CHO$$

— Ce composé a été obtenu par MM. Claisen et Meyerowitz en faisant réagir à froid un mélange de diéthylcétone (13 parties) et de formiate d'éthyle (11 parties) sur de l'éthylate de sodium pulvérisé (10p,5) en présence d'éther anhydre (105 parties). La liqueur se prend rapidement en une masse cristalline, qu'on essore, qu'on dissout dans un peu d'eau et qu'on traite par l'acide chlorhydrique dilué.

La formyldiéthylcétone est extraite au moyen de l'éther et purifiée par des fractionnements dans le vide. Elle distille vers 75-85° sous la pression de 45-50 millimètres, et à 164-166° sous la pression normale; elle cristallise en tables fusibles à 40°, et possède une odeur intermédiaire entre celle de l'éther acétylacétique et celle de l'aldéhyde propionique.

La formyldiéthylcétone est déliquescente et brunit rapidement à l'air; elle se dissout facilement dans tous les dissolvants usuels. Le chlorure ferrique la colore en violet.

Lorsqu'on sature de gaz ammoniac sec une solution éthérée de formyldiéthylcétone, on obtient un *dérivé ammoniacal* qui répond à la formule $C^6H^9O^2(AzH^4)$ et qui cristallise en aiguilles blanches déliquescentes.

Le *dérivé cuprique*, $(C^6H^9O^2)^2Cu$, se prépare en traitant une solution alcoolique de formyldiéthylcétone par l'acétate de cuivre; il se présente sous la forme d'aiguilles vertes, fusibles à 167-168°, solubles dans l'alcool et dans le benzène, insolubles dans la ligroïne.

La phénylhydrazine se combine à la formyldiéthylcétone pour donner un *phényléthylméthylpyrazol* liquide, qui bout à 282-284°, et dont la densité est égale à 1,0476 à 15° :

$$C^2H^5-CO \atop CH^3.CH.CHO \quad + \quad {C^6H^5 \atop AzH \atop AzH^3}$$

$$= \ C^2H^5-C \diamond Az \ ({\rm AzC^6H^3}) \quad + \ 2H^2O$$
$$\qquad\quad CH^3-C \diamond CH$$

[L. Claisen et L. Meyerowitz, *D. chem. G.*, **22**, 3273].     P. Freundler.

**FORMYLDIMÉTHYLCÉTONE** [Syn. *Formylacétone*, *aldéhyde acétylacétique*, *butanone 3-al 1*],

$$CH^3.CO.CH^2.CHO.$$

— Ce composé a été obtenu sous la forme de *dérivé sodique*, $CH^3.CO.CHNa.CHO$, en traitant un mélange équimoléculaire d'acétone et de formiate d'éthyle par la quantité correspondante d'éthylate de sodium exempt d'alcool, en présence d'éther anhydre :

$$CH^3.CO.CH^3 + NaOC^2H^5 + HCO^2C^2H^5$$
$$= CH^3.CO.CHNa.CHO + 2C^2H^5OH.$$

La réaction s'effectue à froid. Au bout d'un certain temps, la liqueur se prend en une masse cristalline, qu'on essore, qu'on lave avec de l'éther et qu'on dessèche dans le vide [L. Claisen et N. Stylos, *D. chem. G.*, **24**, 1144].

58 grammes d'acétone fournissent 50 grammes de dérivé sodé.

Ce sel est déliquescent et très soluble dans l'eau. L'acide chlorhydrique et l'acide acétique ne précipitent pas ses solutions; mais si l'on cherche à décomposer le sel sec par l'acide acétique, on obtient du *triacétylbenzène* symétrique fusible à 162° :

$$CH^3 \atop CO \atop CH^2$$
$$CHO \quad CHO$$
$$CH^3.CO.CH^2 \quad CH^2.CO.CH^3$$
$$CHO$$

$$= 3H^2O + {CH^3.CO.C \diamond C.CO.CH^3}$$

La formylacétone n'est donc pas stable à l'état libre.

Le *sel de sodium* se colore en violet lorsqu'on le traite par le chlorure ferrique, en présence d'alcool et d'acide acétique.

Le *sel de cuivre*, $(C^4H^5O^2)^2Cu$, s'obtient en précipitant par l'acétate de cuivre une solution aqueuse concentrée du sel de sodium. Il cristallise en aiguilles bleues, solubles dans le benzène et dans l'éther, peu solubles dans la ligroïne.

La formylacétone s'unit aux bases aromatiques (aniline, toluidine, naphtylamine, etc.) pour donner naissance à des combinaisons analogues à celles qui ont été obtenues avec la formylacétophénone.

Le *dérivé azoïque*,

$$C^6H^5.Az=Az.CH {\textstyle< {CHO \atop CO.CH^3}}$$

cristallise en aiguilles fusibles à 117-118°.

La formylacétone ne fournit pas d'oxime. Lorsqu'on traite son dérivé sodé dissous dans un peu d'eau par le chlorhydrate d'hydroxylamine, on obtient une combinaison qui répond à la formule $C^8H^{13}Az^3O^3$, et qui a pris naissance suivant l'équation

$$2C^4H^6O^2 + 3AzH^3O = C^8H^{13}Az^3O^3 + 4H^2O.$$

Cette substance paraît se rapprocher par ses propriétés de la polycyanacétone de M. Glutz (*J. prakt. Chem.*, (2), **4**, 39). Elle cristallise dans l'alcool bouillant en aiguilles blanches fusibles à 172°, qui sont peu solubles dans les dissolvants usuels [L. Claisen et E. Hori, *D. chem. G.*, **24**, 139].

La formylacétone se combine avec les hydrazines pour donner naissance aux dérivés pyrazoliques correspondants.

Ainsi, en traitant une solution aqueuse du sel de sodium par l'acétate d'hydrazine en présence d'un peu d'alcool, MM. L. Knorr et Macdonald et M. von Rothenburg ont obtenu le *méthyl 5-pyrazol*, qui bout à 200-202° :

$$CH^3.CO \atop CH^2-CHO \quad + \ {AzH^2 \atop AzH^2}$$

$$= CH^3.C \diamond Az \ ({\rm AzH}) \quad + \ 2H^2O$$
$$\qquad\ CH \diamond CH$$

[L. Knorr et J. Macdonald, *Ann. Chem.*, **279**, 188; D. R. P., 74619. — R. von Rothenburg, *D. chem. G.*, **27**, 789, 955].

MM. Claisen, Stylos et Roosen ont obtenu les deux *phénylméthylpyrazols* 1.5 et 1.3 en faisant réagir l'acétate de phénylhydrazine à froid sur le dérivé sodé de la formylacétone, en présence d'acide acétique :

$$CH^3.CO \atop CH^2-CHO \quad + \ {C^6H^5 \atop AzH \atop AzH^2}$$

$$= 2H^2O + CH^3.C \diamond Az \ ({\rm Az.C^6H^5}) $$
$$\qquad\qquad\qquad CH \diamond CH$$

$$\begin{array}{c} C^6H^5 \\ | \\ CHO \qquad\qquad AzH \\ | \qquad\qquad \backslash \\ CH^2-CO.CH^3 \quad + \quad AzH^2 \end{array}$$

$$= \; CH\underset{CH}{\overset{Az.C^2H^5}{\bigwedge}}\underset{C.CH^3}{Az} \; + \; 2H^2O.$$

Le premier de ces composés fond à 37° et bout à 254-256°; le second est liquide et distille également vers 254-255° [*D. chem. G.*, 21, 1144 ; 24, 1388].

La formylacétone se distingue de ses homologues supérieurs en ce qu'elle ne se combine pas avec la benzamidine pour donner naissance à une *pyrimidine*. Les produits de la réaction ne renferment que du glycolate de benzamidine [A. Pinner, *D. chem. G.*, 26, 2124].

MM. Claisen et Stylos ont préparé les dérivés sodés de quelques autres formylcétones de la série grasse.

Celui de la *formyléthylméthylcétone*,

$$C^2H^5.CO.CHNa.CHO,$$

s'obtient comme celui de la formylacétone. Lorsqu'on le traite par l'acétate de phénylhydrazine, il fournit un *phényléthylpyrazol* qui distille à 273-275°.

Le *dérivé cuprique de la formylpropylméthylcétone*,

$$\left(\underset{CHO}{\overset{C^3H^7.CO}{\phantom{x}}}\!\!\!>\!CH\right)^2\!\!Cu,$$

cristallise en prismes verdâtres, solubles dans l'alcool, peu solubles dans l'eau.

La condensation du *dérivé sodé* correspondant avec la phénylhydrazine donne naissance à un *phénylpropylpyrazol* qui bout vers 279-281°.

Le *phénylhexylpyrazol*, obtenu à partir de la *formylhexylméthylcétone*,

$$C^6H^{13}.CO.CH^2.CHO,$$

est un liquide incolore qui bout vers 318-320° [*D. chem. G.*, 21, 1144]. P. Freundler.

**FORMYLÉTHYLPHÉNYLCÉTONE,**

$$C^6H^5.CO.\underset{\underset{CHO}{|}}{CH}.CH^3$$

— Ce composé a été préparé par MM. Claisen et Meyerowitz en faisant agir le formiate d'éthyle sur l'éthylphénylcétone en présence d'éthylate de sodium (voyez FORMYLDIÉTHYLCÉTONE).

Il cristallise dans l'alcool dilué en fines aiguilles fusibles à 118-119°, qui se dissolvent dans l'eau chaude et dans les dissolvants organiques usuels, à l'exception de la ligroïne.

La formyléthylphénylcétone est colorée en violet par le chlorure ferrique et donne un précipité d'un vert olive avec l'acétate de cuivre. Elle se dissout facilement dans les alcalis et dans les carbonates alcalins.

Lorsqu'on la chauffe avec l'aniline, en quantité équimoléculaire, à 150°, on obtient une combinaison qui répond à la formule

$$C^6H^5.CO.\underset{\underset{CH^3}{|}}{CH}.CH.Az = C^6H^5$$

Cette substance cristallise dans l'alcool en aiguilles fusibles à 132°, solubles dans l'éther, insolubles dans l'eau et dans la ligroïne [*D. chem. G.*, 22, 3273]. P. Freundler.

**FORMYLGLUTACONIQUE (ACIDE)** [Syn. *Pentène 3-dioïque-méthylal 4*],

$$CO^2H.CH=CH.\underset{\underset{CHO}{|}}{CH}-CO^2H.$$

— Cet acide s'obtient en chauffant avec de l'eau de baryte le sel de magnésium de l'acide coumalique, qui est son anhydride interne :

$$\underset{\underset{\underset{O}{\diagup}}{CO}}{\overset{CH}{\underset{|}{CH}}}\!\!\!\overset{G.CO^2H}{\underset{CH}{\phantom{x}}} + H^2O = \underset{CO^2H}{\overset{CH}{CH}}\!\!\!\overset{CH}{\underset{CHO}{\phantom{x}}}\!\!CH.CO^2H$$

L'acide formylglutaconique n'est d'ailleurs pas stable et se dédouble très rapidement sous l'influence de la baryte en un mélange d'acide formique et d'acide glutaconique :

$$CO^2H.CH=CH.\underset{\underset{CHO}{|}}{CH}.CO^2H + H^2O$$

$$= CO^2H.CH=CH.CH^2.CO^2H + CH^2O^2$$

[H. von Pechmann, *Ann. Chem.*, 264, 261].

**FORMYLMÉSIDINE.** — Voyez MÉSIDINE.

**FORMYLMÉTHYLACÉTIQUE (ÉTHER)** [Syn. *Formylpropionique*],

$$CH(OH)=C(CH^3).CO^2C^2H^5.$$

— Ce composé s'obtient en faisant réagir un mélange équimoléculaire de formiate d'éthyle et de propionate d'éthyle sur de l'éthylate de sodium ou sur du sodium recouvert d'éther. Il se présente sous la forme d'un liquide incolore, doué d'une odeur agréable, qui bout à 160-162° sous la pression normale. Il est coloré en violet par le chlorure ferrique et se combine avec la phénylhydrazine en donnant naissance à une *phényl 1-méthyl 4-pyrazolone* 5 :

$$\underset{Az H^2}{\overset{AzH.C^6H^5}{\diagup}} + \underset{CH(OH)=\underset{\underset{CO^2C^2H^5}{|}}{C}(CH^3)}{\phantom{x}}$$

$$= \underset{HC}{\overset{AzC^6H^5}{Az}}\!\!\!\bigwedge\!\!\!\underset{C.CH^3}{\overset{CO}{\phantom{x}}} + C^2H^5OH + H^2O$$

[W. Wislicenus, *D. chem. G.*, 20, 2930].

En chauffant cet éther avec de l'anhydride acétique à 140°, on obtient l'*acétate*

$$CH^3.CO^2.CH=CH.CH^2.CO^2C^2H^5$$

sous la forme d'un liquide incolore qui bout à 130° sous 46 millimètres, et qui est doué d'une odeur éthérée. Ce produit est insoluble dans les alcalis; il n'est pas coloré par le chlorure ferrique.

Le *benzoate* s'obtient en traitant une solution alcaline d'éther formylpropionique par le chlorure de benzoyle. Il cristallise en aiguilles soyeuses, fusibles à 55°, insolubles dans les alcalis, dans l'eau et dans la ligroïne, solubles dans les autres dissolvants organiques. Il n'est pas coloré par le chlorure ferrique [H. von Pechmann, *D. chem. G.*, 25, 1040]. P. Freundler.

**FORMYLPENTAMÉTHYLAMINOBENZÈNE** [Syn. *Pentaméthylformylaminobenzène*], $C^6(CH^3)^5AzH.COH.$ — Ce corps cristallise dans l'alcool étendu en longues aiguilles soyeuses, fusibles à 217°.

**FORMYLPHÉNACYLANTHRANILIQUE (ACIDE),**

$$CO^2H - C^6H^4 - Az \diagup \begin{matrix} COH \\ CH^2 - CO - C^6H^5 \end{matrix}$$

— Ce corps se prépare en ajoutant peu à peu une dissolution de 16 parties de permanganate de potassium dans 600 parties d'eau à une dissolution refroidie de 10 parties de *bromure de phénacylquinoléine*,

$$C^9H^7 - Az \diagup \begin{matrix} Br \\ CH^2 - CO - C^6H^5 \end{matrix}$$

dans 1200 parties d'eau. L'oxydation est rapide au début, mais elle ne tarde pas à se ralentir et n'est achevée qu'au bout de 12 heures ; la majeure partie du bromure est décomposée en quinoléine et acide benzoïque provenant de l'oxydation de la chaîne latérale du méthylbenzoyle bromé, de sorte que le rendement en dérivé formylique est des plus médiocres.

L'acide formylphénacylanthranilique est isolé de la manière suivante : On filtre, on épuise par l'eau bouillante le précipité de peroxyde de manganèse hydraté, et on évapore le liquide filtré provenant de l'oxydation de 50 grammes du dérivé quinoléique jusqu'à un volume de 2 litres à 2 litres et demi. On ajoute un acide minéral et on abandonne la liqueur à elle-même pendant 24 heures dans un endroit froid ; les cristaux qui se séparent sont purifiés par une cristallisation dans l'eau bouillante en présence de noir animal, suivie d'une deuxième cristallisation dans l'alcool étendu.

L'acide formylphénacylanthranilique cristallise en petites tables soyeuses d'un blanc d'argent, fusibles à 184°, solubles dans l'alcool, peu solubles dans l'eau froide. Porté à l'ébullition avec de l'acide sulfurique étendu, il fournit de l'acide formique et de l'acide phénacylanthranilique [Bamberger, *D. chem. G.*, 20, 3342].

G. de Bechi.

**FORMYLPHÉNYLACÉTIQUE (ÉTHER),**
$CH(OH) = C(C^6H^4) . CO^2C^2H^5$. — Ce composé se prépare en traitant un mélange équimoléculaire de formiate d'éthyle et de phénylacétate d'éthyle par de l'éthylate de sodium exempt d'alcool et maintenu en suspension dans l'éther anhydre. La réaction n'est terminée qu'au bout de quelques jours. Le *dérivé sodé* de l'éther se dépose sous la forme d'un précipité jaune, qu'on lave à l'éther et qu'on décompose ensuite par un acide.

L'éther obtenu en décomposant ce dérivé sodé bout à 144-145° sous la pression de 16 millimètres. Il est coloré en violet par le chlorure ferrique. La soude le décompose, en donnant de l'acide formique et de l'acide phénylacétique.

M. Wislicenus a remarqué que cet éther formylphénylacétique se présente sous deux modifications qu'on peut transformer l'une dans l'autre.

L'une, l'éther α, est liquide ; elle est douée de propriétés très faiblement acides, et le chlorure ferrique colore sa solution alcoolique en violet foncé.

L'autre, le dérivé β, est solide ; il fond à 69-70°, et n'est pas coloré par le chlorure ferrique lorsqu'il est tout à fait pur.

Au point de vue chimique, les deux isomères se comportent sensiblement de la même façon ; ils fournissent le même benzoate, le même acétate, la même pyrazolone ; mais à chacun d'eux correspond un dérivé sodé et un dérivé cuivrique distinct.

L'éther liquide α est insoluble dans le carbonate de sodium au premier moment, tandis que l'éther β s'y dissout facilement.

M. Claisen représente ces deux composés par les formules tautomériques suivantes :

$$CH(OH) = C(C^6H^5) . CO^2C^2H^5$$
Dérivé α.

$$CHO . CH(C^6H^5) . CO^2C^2H^5$$
Dérivé β.

[*D. chem. G.*, 27, 114].

Les deux modifications se transforment spontanément l'une dans l'autre, non seulement en solution, mais encore à l'état libre, de telle sorte qu'il existe une sorte d'état d'équilibre qui varie avec la température et avec le milieu ambiant.

A la température ordinaire, l'isomère β se transforme dans le dérivé liquide, mais la réaction inverse a lieu aussi : l'éther liquide se remplit peu à peu de petits cristaux sans devenir jamais complètement solide.

A basse température, la transformation s'accentue dans ce dernier sens.

A chaud, au contraire, l'éther solide est instable et l'on peut obtenir le dérivé liquide absolument pur en le distillant deux ou trois fois.

Si l'on traite cet éther liquide par le carbonate de sodium, on remarque que la dissolution ne s'effectue que lentement et incomplètement, et si l'on acidule la liqueur filtrée, on obtient un précipité cristallin de la modification β. L'éther liquide ne s'est donc dissous qu'en s'isomérisant.

Pour préparer l'éther solide à l'état de pureté, on peut se servir d'une réaction curieuse qui vient appuyer fortement l'hypothèse de M. Claisen : Lorsqu'on dissout dans l'eau le sel de sodium de l'éther α et qu'on sature la solution d'anhydride carbonique, on précipite l'éther liquide, tandis qu'en employant l'acide sulfurique dilué on n'obtient que de l'éther solide.

Les deux modifications se transforment donc facilement l'une dans l'autre au sein des solutions, et leur stabilité respective dépend non seulement de l'acidité du milieu, mais encore de la dilution.

Cette dernière assertion est facile à vérifier dans le cas des dissolvants organiques. Lorsqu'on dissout l'éther solide dans l'alcool, on remarque que la densité de la solution diminue avec le temps, tandis que la coloration que donne le perchlorure de fer à cette solution devient de moins en moins violette. Plus la solution est concentrée, plus ces variations sont rapides. La dilution est donc favorable à l'existence de la modification β.

Dans le chloroforme, la modification solide existe seule, car on n'observe aucun changement et le chlorure ferrique colore la liqueur en violet foncé. Entre ces deux dissolvants, chloroforme et alcool, se placent dans un ordre bien déterminé l'éther, le sulfure de carbone, le diméthylformal, l'acétone et le benzène.

Des expériences analogues ont été faites avec l'éther acétylacétique. M. Traube a obtenu la même suite, mais dans l'ordre inverse, c'est-à-dire que la coloration atteint son maximum en solution alcoolique et qu'elle est nulle dans le benzène et dans le chloroforme. Il en a conclu que l'éther acétylacétique présentait en solution un phénomène de tautomérie tout à fait analogue [Wislicenus, *D. chem. G.*, 29, 742. — J. Traube, *ibid.*, 29, 1715].

Les deux modifications de l'éther formylphénylacétique fournissent des chiffres cryoscopiques normaux ; mais elles possèdent des constantes thermiques et optiques distinctes, comme le montre le tableau suivant :

|  | Éther α. | Éther β. |
|---|---|---|
| Chaleur moléculaire de combustion à volume constant... ......... | 1318$^{cal}$,7 | 1315$^{cal}$,5 |
| Réfraction moléculaire magnétique......... | 51,73 | 51,50 |
| Rotation moléculaire.. | 19,322 | 16,544 |

Les dérivés de la modification α paraissent être les seuls stables.

Le *sel de sodium* α,

$$CH(ONa) = CH . C(C^6H^5) . CO^2C^2H^5,$$

s'obtient en faisant agir le sodium sur une dissolution de formylphénylacétate d'éthyle liquide dans l'éther anhydre. Il se présente sous la forme d'agrégats cristallins qui régénèrent l'éther α lorsqu'on les traite par un acide dilué; si on les dissout dans l'eau, ils se transforment partiellement dans le sel β. Celui-ci n'a d'ailleurs pas été isolé.

Le *sel de cuivre* α,

$$Cu[CHO = CH . C(C^6H^5) . CO^2C^2H^3)^2 + 2C^2H^5OH,$$

cristallise en aiguilles vertes fusibles à 171-173°, solubles dans l'alcool. On le prépare en précipitant par l'acétate de cuivre une solution alcoolique fraîchement préparée de l'éther correspondant.

Si l'on opère de même avec la modification β, on obtient un précipité d'un bleu verdâtre, qui est insoluble dans l'alcool, et qui s'isomérise rapidement à la température ordinaire, surtout lorsqu'il est sec. Ce précipité constitue le *sel de cuivre* β à l'état impur, car on peut en régénérer l'éther solide lorsqu'il est fraîchement préparé.

Les autres dérivés du formylphénylacétate d'éthyle peuvent être préparés indifféremment à partir de l'une ou de l'autre des deux modifications.

L'anhydride acétique réagit vers 160° sur l'éther formylphénylacétique pour donner l'*acétate* $CH^3 . CO^2 . CH = C(C^6H^5) CO^2C^2H^5$ sous la forme d'un liquide qui bout à 184° sous 18 millimètres. Cet acétate fixe facilement le brome en solution chloroformique en se transformant en un *dibromure*,

$$CH^3 . CO^2 . CHBr - CBr(C^6H^5) . CO^2C^2H^5,$$

qui cristallise en prismes fusibles à 67°.

Le *benzoate*, $C^7H^5O^2 . CH = C(C^6H^5) CO^2C^2H^5$, obtenu au moyen du chlorure de benzoyle, se présente sous la forme de prismes appartenant au système rhomboédrique, fusibles à 87-88°.

L'isocyanate de phényle ne réagit pas à la température ordinaire sur l'éther solide, tandis qu'il transforme lentement l'éther liquide en un *dérivé carbanilique*,

$$C^6H^5 . AzH . CO^2 . CH = C(C^6H^5) CO^2C^2H^5.$$

Celui-ci cristallise en paillettes fusibles à 116° [W. Wislicenus, *Ann. Chem.*, **291**, 147].

L'action de la phénylhydrazine, à chaud, sur les deux éthers formylphénylacétiques donne naissance à un même produit de condensation qui est la *diphényl* 1.4-*pyrazolone* 5; fusible à 195-196° :

$$\begin{array}{c} AzH - C^6H^5 \\ \diagup \\ AzH^2 \qquad CO^2C^2H^5 \\ + \quad | \\ CH(OH) = C(C^6H^5) \end{array}$$

$$= Az \underset{HC \quad \quad CH . C^6H^5}{\overset{Az . C^6H^5}{\diagup\diagdown}} CO + C^2H^5OH + H^2O.$$

Si l'on opère en solution dans l'alcool ou dans l'éther, et à froid, on obtient trois produits différents, qui sont :

1° La *diphényl* 1.4-*pyrazolone*.

2° La *phénylhydrazone de l'éther formylphénylacétique*,

$$C^6H^5 . AzH . Az = CH = C(C^6H^5) . CO^2C^2H^5,$$

qui cristallise dans l'alcool en paillettes fusibles à 63-64°, et qui se transforme en pyrazolone lorsqu'on la chauffe à 180° ou qu'on traite sa solution alcoolique par le gaz chlorhydrique. Cette hydrazone se dissout dans l'acide sulfurique concentré avec une coloration rouge-cerise, qui passe au brun foncé par addition de chlorure ferrique.

3° La *phénylhydrazide de l'acide formylphénylacétique*,

$$CHO . CH(C^6H^5) . CO . AzH . AzH . C^6H^5,$$

qui se trouve en petite quantité dans les eaux mères de l'hydrazone. Elle cristallise en aiguilles jaunes, fusibles à 91-93°, solubles dans l'alcool. Sa solution dans l'acide sulfurique concentré est rougeâtre et passe au brun par addition de chlorure ferrique.

Ces trois produits s'obtiennent à partir des deux éthers, mais le dérivé β fournit dans les mêmes conditions plus d'hydrazone et moins d'hydrazide que l'isomère α [W. Wislicenus, *D. chem. G.*, **28**, 767].

L'oxydation de l'éther formylphénylacétique en solution alcaline au moyen du permanganate à 4,5 0/0 fournit l'*acide benzoylformique*,

$$CH(OH) = C(C^6H^5) . CO^2C^2H^5 + 3O$$
$$= CO^2 + H^2O + C^6H^5 . CO . CO^2C^2H^5$$

[H. von Pechmann, *D. chem. G.*, **25**, 1040].
P. Freundler.

**FORMYLPROPYLPHÉNYLCÉTONE**,
[Syn. *Méthylal* 1²-*butylone-benzène*],

$$\underset{\overset{|}{CHO}}{C^6H^5 . CO . CH . C^2H^5.}$$

— Cette cétone s'obtient d'une façon analogue à celle qui a été décrite pour la formyléthylphénylcétone. Elle cristallise en paillettes blanches, fusibles à 86-87°, solubles dans l'alcool, possédant toutes les propriétés du composé précédent.

La *combinaison de la formylpropylphénylcétone et de l'aniline*,

$$\underset{\overset{|}{C^2H^5}}{C^6H^5 . CO . CH . CH = Az . C^6H^5}$$

se présente sous la forme de fines aiguilles blanches, fusibles à 120°.

L'isopropylphénylcétone ne paraît pas susceptible de réagir sur le formiate d'éthyle pour donner naissance à un composé analogue [Claisen et Meyerowitz, *D. chem. G.*, **22**, 3273].

**FORMYLSUCCINIQUE (ÉTHER)**,

$$CO^2C^2H^5 . C(CHOH) . CH^2 . CO^2C^2H^5.$$

— Ce composé a été obtenu simultanément par MM. Wislicenus et Hainlein [*D. chem. G.*, **27**, 3186] et par MM. Anderlini et Bovisi [*Atti d. R. Acc. dei Lincei*, 1892, 253]. Ces auteurs le préparent en faisant réagir un mélange de succinate et de formiate d'éthyle sur de l'éthylate de sodium maintenu en suspension dans l'éther anhydre. Ils décomposent ensuite par un acide le dérivé sodé qui s'est formé et purifient l'éther en le transformant en *sel de cuivre*, $(C^9H^{13}O^5)^2Cu$;

celui-ci cristallise dans l'alcool bouillant en aiguilles fusibles à 134-136°.

La constitution de l'éther formylsuccinique peut être représentée par l'une des deux formules suivantes :

$$\begin{array}{l} H.CO-CH-CO^2C^2H^5 \\ \phantom{H.CO-}| \\ \phantom{H.CO-}CH^2-CO^2C^2H^5 \end{array}$$

$$\begin{array}{l} H.C(OH)=C.CO^2C^2H^5 \\ \phantom{H.C(OH)=}| \\ \phantom{H.C(OH)=}CH^2.CO^2C^2H^5 \end{array}$$

La seconde répond mieux aux propriétés du corps (voyez FORMYLACÉTIQUE).

Les alcalis et l'acide sulfurique dilué décomposent le formylsuccinate d'éthyle en donnant de l'alcool, de l'acide formique et de l'acide succinique. Le chlorure ferrique le colore en rouge foncé. Les réducteurs le transforment en acide itamalique.

L'acide formylsuccinique paraît prendre naissance lorsqu'on traite l'acide aconique par une solution alcoolique de gaz chlorhydrique :

$$\begin{array}{c} H.C=C.CO^2H \\ |\phantom{xxx}| \\ O\phantom{xx}CH \qquad +H^2O \\ \diagdown\phantom{x}\diagup \\ CO \end{array}$$

$$= HC.(OH)=C-CO^2H$$
$$\phantom{= HC.(OH)=C}\underset{\textstyle CH^2-CO^2H}{|}$$

P. Freundler.

**FORMYLTÉTRAMÉTHYLAMINOBENZÈNE**, $C^6H.CH^3_{(1)}CH^3_{(2)}CH^3_{(3)}CH^3_{(4)}AzHCOH_{(5)}$ [Syn. *Tétraméthylformylaminobenzène*] — Ce corps cristallise dans l'eau en aiguilles soyeuses, fusibles à 143-144° (Limpach). Un isomère obtenu par méthylation de la pseudocumidine cristallise en longues aiguilles soyeuses, fusibles à 183°.

**FORMYLTOLUIDE.** — Voyez TOLUIDINES.

**FORMYLTRICARBONIQUE (ACIDE)** [Syn. *Méthane-tricarbonique, méthényltricarbonique. propane-dioïque 1.3-méthyloïque 2*], $CH(CO^2H)^3$. — L'acide formyltricarbonique n'est connu qu'à l'état d'*éther triéthylique*,

$$CH(CO^2C^2H^5)^3.$$

Ce dernier s'obtient en chauffant un mélange de chloroformiate d'éthyle, de benzène et d'éther malonique sodé :

$$(CO^2C^2H^5)^3.CHNa + Cl.CO^2C^2H^5$$
$$= NaCl + CH(CO^2C^2H^5)^3.$$

On le purifie en le fractionnant sous pression réduite [Conrad et Guthzeit, *Ann. Chem.*, 214, 32]. Le formyltricarbonate d'éthyle cristallise en aiguilles prismatiques, fusibles à 29°; il bout à 137-138° sous la pression de 17 millimètres, à 149-150° sous 27 millimètres, et à 253° sous la pression normale. Sa densité à l'état surfondu est égale à 1,10 à 19°.

Cet éther est soluble dans les alcalis dilués et dans le carbonate de sodium; la potasse concentrée et les acides minéraux le décomposent facilement en donnant de l'alcool, de l'anhydride carbonique et de l'acide malonique :

$$CH(CO^2C^2H^5)^3 + 3H^2O$$
$$= CH^2(CO^2H)^3 + 3C^2H^5OH + CO^2.$$

L'éthylate de sodium le transforme en un *dérivé sodé* qui a pour formule $CNa(CO^2C^2H^5)^3$; le chlore se substitue facilement à l'atome d'hydrogène pour donner naissance au *chloroformyltricarbonate d'éthyle*, $CCl(CO^2C^2H^5)^3$. Ce dernier se présente sous la forme d'un liquide qui bout à 210° sous la pression de 140 millimètres [Conrad, *D. chem. G.*, 14, 618].

Lorsqu'on dissout le formyltricarbonate d'éthyle dans l'acide azotique fumant, on le transforme en un *dérivé nitré*, $CAzO^2(CO^2C^2H^5)^3$, qui est liquide et qui est décomposé par la baryte avec mise en liberté d'anhydride carbonique [Michael, *J. prakt. Chem.*, (2), 37, 476. — Franchimont et Klobbie, *Rec. Trav. chim. Pays-Bas*, 9, 221].

M. Pfankuch prétend avoir obtenu l'acide formyltricarbonique à l'état cristallisé en faisant agir l'acide chlorhydrique sur le cyanoforme [*J. prakt. Chem.*, (2), 6, 99]. Il décrit même le sel de sodium et celui d'argent, $Ag^3.C^4HO^6$; Toutefois l'existence du cyanoforme a été si vivement contestée, que les résultats obtenus par M. Pfankuch doivent être considérés comme fort douteux.

P. Freundler.

**FORMYLURÉE** [Syn. *Formyluréide*],

$$CO\begin{cases} AzH.CHO \\ AzH^2 \end{cases}$$

— Ce composé a été obtenu par MM. Geuther, Marsh et Scheitz en chauffant l'urée avec de l'acide formique très concentré [*Zeit. f. Chem.*, 1868, 300].

Il cristallise dans l'alcool absolu en aiguilles blanches fusibles à 169°, qui sont solubles dans l'acide acétique; l'eau chaude le dédouble en acide formique et urée. Lorsqu'on chauffe cette formylurée, on la décompose en ammoniaque et acide cyanhydrique, tandis qu'il reste un résidu de charbon et d'acide cyanurique.

La chaleur moléculaire de combustion de la formylurée est égale à 207 calories [Matignon, *Ann. Chim. Phys.*, (6), 28. 92].

DÉRIVÉS DE LA FORMYLURÉE. — M. Th. von Gorski a montré que la formylurée était susceptible de se condenser avec une série d'acides bibasiques, en donnant naissance à des acides du type suivant :

$$CO\begin{cases} AzH.CHO \\ AzH.CO.R.CO^2H \end{cases}$$

Ainsi, en chauffant au bain-marie pendant 9 heures un mélange équimoléculaire de formylurée et d'acide malonique, il a obtenu de l'*acide formylmalonurique*,

$$CO\begin{cases} AzH.CHO \\ AzH^2 \end{cases} + CO^2H.CH^2.CO^2H$$
$$= CO\begin{cases} AzH.CHO \\ AzH.CO.CH^2.CO^2H \end{cases} + H^2O.$$

Cet acide cristallise en paillettes argentées qui sont solubles dans l'eau, l'acide acétique et l'alcool. Il fond en se décomposant vers 189°. La potasse bouillante le dédouble en acide malonique, acide formique et urée.

Le *sel de baryum*, $(C^5H^5Az^2O^5)^2Ba$, se précipite sous la forme d'une poudre blanche lorsqu'on traite une solution ammoniacale de l'acide par le chlorure de baryum.

Le *sel d'argent*, $C^5H^5Az^2O^5Ag$, constitue une poudre cristalline blanche assez stable, qui est soluble dans l'eau et dans l'alcool.

L'*acide formylsuccinurique*,

$$CO\begin{cases} AzH.CHO \\ AzH.CO.CH^2.CH^2CO^2H \end{cases}$$

se prépare comme l'acide précédent, au moyen de l'acide succinique. Il fond à 136-138° et se dissout facilement dans l'eau et dans l'alcool chaud.

Le *sel d'argent*, $C^6H^7Az^2O^5Ag$, se présente sous la forme d'un précipité blanc cristallin, soluble dans l'eau.

Lorsqu'on chauffe ce sel à 100°, pendant 6 h., avec de l'iodure de méthyle et de l'alcool méthylique, on obtient le *formylsuccinurate de méthyle* $C^6H^7Az^2O^5 . CH^3$, sous la forme d'aiguilles blanches, solubles dans l'éther, qui fondent à 63-65°.

L'*acide formyloxalurique*,

$$CO \Big\langle {{AzH . CHO} \atop {AzH . CO . CO^2H}} , 3H^2O,$$

s'obtient de la même façon, au moyen de l'acide oxalique. Il cristallise en aiguilles solubles dans l'eau, peu solubles dans l'alcool. Il devient anhydre à 120° et se décompose en fondant vers 175°.

Le *sel de baryum*,

$$CO \Big\langle {{AzH . CHO} \atop {Az - CO . CO^2,}} \atop {Ba}$$

constitue une poudre blanche, peu soluble dans l'eau.

Le *sel d'argent*, $C^4Az^2H^3O^5Ag$, détone vers 60-65°.

Lorsqu'on chauffe l'acide formyloxalurique vers 120-150°, il perd de l'acide carbonique et se transforme en acide cyanurique,

$$3CO \Big\langle {{AzH . CHO} \atop {AzH . CO . CO^2H}}$$
$$= 2 C^3Az^3O^3H^3 + 6CO + 3H^2O.$$

Lorsqu'on condense la formylurée avec l'acide malique, on obtient le *sel d'ammonium de l'acide formylmalurique*,

$$CO \Big\langle {{AzH . CHO} \atop {AzH . CO . CH(OH) . CH^2 . CO^2AzH^4}} , H^2O.$$

Ce sel se présente sous la forme de tables solubles dans l'eau bouillante, qui fondent vers 128-130°.

Le *sel d'argent correspondant*, $C^6H^7Az^2O^6Ag$, s'obtient en précipitant le sel d'ammonium par l'azotate d'argent. Il ne s'altère pas à la lumière. En décomposant une solution aqueuse ou alcoolique de ce sel par l'acide sulfhydrique, on obtient l'*acide formylmalurique libre*, sous la forme d'un liquide visqueux extrêmement soluble dans l'eau.

L'*acide formylracémurique*,

$$CO \Big\langle {{AzH . CHO} \atop {AzH . CO . CHOH . CHOH . CO^2H}} , H^2O,$$

a été préparé par la même méthode que les acides précédents. Il cristallise en tables brillantes, solubles dans l'eau chaude, qui fondent vers 256° en se décomposant [Th. von Gorski, *D. chem. G.*, 29, 2046].    P. Freundler.

**FORMYLXYLIDES.** — Voyez XYLIDINES.

**FOUQUÉITE** (Min.) (Lacroix). — Silicate ayant exactement la composition de la zoïsite, mais s'en distinguant par sa forme cristalline. Grains cristallins de 1 millimètre au plus, incolores ou jaune-citron, trouvés avec anorthite, corindon, etc., dans des gneiss de Salem (Ceylan).

*Caractères.* — Ceux de la zoïsite. Inattaquable aux acides. Très difficilement fusible. Densité = 2,76.

*Forme cristalline.* — Prisme clinorhombique, d'après les propriétés optiques. Macles $h^1$. Clivage *p*.

**FRACTIONNEMENT PAR LA DISTILLATION** (voyez Dict., 4, 1183 et 1185; 1er Suppl., 662; 2e Suppl., 3, 310). — Au point de vue de leur fractionnement par distillation, les liquides peuvent être classés en trois groupes (Regnault) :

1° Liquides qui se dissolvent réciproquement en toutes proportions ;

2° Liquides dont la dissolution mutuelle présente une limite ;

3° Liquides mutuellement insolubles.

Nous avons peu de chose à ajouter à ce qu'ont dit MM. Le Bel et Henninger, dans leur article sur la Distillation (1er Suppl.), au sujet de la dernière classe de liquides, si ce n'est que la méthode de détermination des poids moléculaires basée sur la *distillation* des liquides qui ne se dissolvent pas mutuellement, est nécessairement inexacte.

En effet, d'une part, une vapeur dans le vide n'a pas rigoureusement la même tension que lorsqu'elle est mélangée avec une autre vapeur. En considérant la tension du mélange comme égale à la somme des tensions des composants, on introduit une erreur qui est d'autant plus grande qu'il est impossible d'affirmer l'existence de liquides mutuellement insolubles en toute rigueur[1].

D'autre part, on introduit une erreur considérable en acceptant comme normale la densité de la vapeur d'eau (on emploie généralement l'eau comme l'un des composants) au voisinage immédiat de son point d'ébullition.

LIQUIDES MISCIBLES. — Les facteurs qui déterminent la tension de vapeur d'une dissolution liquide (mélange homogène de deux ou plusieurs liquides) sont :

1° Les tensions des composants à l'état libre ;

2° L'influence mutuelle des composants ;

3° La composition du mélange.

L'influence mutuelle de liquides miscibles est généralement une fonction tantôt croissante, tantôt décroissante de la température.

Cette influence peut être représentée numériquement par l'expression

$$\mu = \frac{P}{P_0},$$

où P représente la tension du mélange et $P_0$ la somme des tensions des composants à l'état libre. Il est évident que si la tension partielle d'un liquide dans un mélange n'est pas égale à la tension de ce même liquide isolé, elle ne peut être qu'inférieure à cette dernière ; car si elle était plus grande, la vapeur serait sursaturée et se condenserait, puis se formerait de nouveau et se condenserait encore, et ainsi de suite. On aurait réalisé ainsi un mouvement perpétuel, ce qui est impossible[2].

Le tableau suivant montre la variation de $\mu$ avec la température, pour des mélanges d'eau et

1. L'influence qu'une très faible quantité d'une substance étrangère peut exercer sur la tension de vapeur d'un liquide est souvent très grande. Ainsi la présence de 1/10 000 de benzène dans l'eau ou d'eau dans l'éther modifie considérablement les tensions de ces liquides [Tammann, *Wied. Ann.*, 32, 683, 1887].

2. D'après les considérations théoriques de Kirchhoff [*Pogg. Ann.*, 104, 1856; *Ges. Abhand.*, 492] et les mesurés de M. Tammann [*Mém. de l'Acad. de Saint-Pétersbourg*, 35, n° 9, 1887], il résulte que, si la chaleur produite par le mélange des composants est positive, l'abaissement relatif $\dfrac{P_0 - P}{P_0}$ de la tension de chaque composant diminue, et que si la chaleur dégagée est négative, l'abaissement relatif de la tension augmente quand la température s'élève [voyez ci-dessous; voyez aussi *Am. Chem. Journ.*, 17, 1895].

de quelques acides de la série grasse [Konowaloff, *Wied. Ann.*, 14, 34, 1881] :

| Acide formique | | Acide acétique | |
|---|---|---|---|
| $t$ | $\mu$ | $t$ | $\mu$ |
| 17°,0 | 0,28 | 16°,45 | 0,45 |
| 31°,8 | 0,32 | 50°,0 | 0,54 |
| 54°,9 | 0,37 | 80°,2 | 0,58 |
| 80°,5 | 0,40 | 100°,0 | 0,61 |
| 100°,0 | 0,42 | » | » |

| Acide propionique | | Acide butyrique | |
|---|---|---|---|
| $t$ | $\mu$ | $t$ | $\mu$ |
| 16°,0 | 0,63 | 15°,0 | 0,75 |
| 46°,3 | 0,725 | 31°,25 | 0,79 |
| 64°,0 | 0,76 | 52°,25 | 0,87 |
| 81°,5 | 0,80 | 79°,6 | 0,87 |
| 99°,5 | 0,79 | 99°,0 | 0,89 |

$\mu$ est une constante pour des mélanges d'alcool éthylique et d'eau [Wullner, *Pogg. Ann.*, 129, 356, 1886].

D'autre part, la tension de vapeur de mélanges est généralement loin d'être une propriété additive (c'est-à-dire que les tensions partielles des composants ne sont pas proportionnelles aux quantités relatives des composants dans les mélanges), et les déviations de « l'additivité » varient avec la température. Dans les cas où ces déviations augmentent avec la température, elles devront passer par un maximum, puis diminuer pour devenir nulles au point critique [1]. Il serait peut-être intéressant de comparer les maxima correspondant aux mélanges de différents liquides.

Si, dans le cours d'une distillation à température constante, la *tension de vapeur du mélange* varie, elle *doit nécessairement s'abaisser*, si aucune décomposition chimique n'intervient. Si la distillation est conduite sous une pression extérieure constante, le point d'ébullition doit s'élever.

En effet, supposons que le mélange soit contenu dans un vase cylindrique fermé par un piston mobile sans frottement; il est évident que si la tension augmentait au fur et à mesure que l'évaporation se produit, il ne pourrait pas exister de point d'équilibre entre la pression extérieure de l'atmosphère et la pression intérieure de la vapeur, car la différence de ces deux pressions devrait s'accroître encore lors d'un abaissement ou d'un soulèvement du piston résultant de l'inégalité des pressions intérieure et extérieure à un moment donné.

Soient A et B les proportions des composants dans le mélange, $n$ la quantité pour cent du premier composant, $p$ la tension du mélange.

Si, en augmentant la quantité pour cent du premier composant, la tension du mélange s'accroît, une émission de vapeurs produira une *diminution* du composant dans le mélange que l'on distille, et par conséquent un accroissement relatif de l'autre; car, ainsi que nous venons de le voir, la tension du mélange doit diminuer.

---

1 La température critique $\theta$ d'un mélange liquide est représentée par la relation suivante :

$$\theta = \frac{n\theta_1 + (100 - n)\theta_2}{100},$$

où $n$ est la quantité pour cent de l'un des composants, $\theta_1$ et $\theta_2$ les températures critiques des composants à l'état libre [Pawlewski, *D. chem. G.*, 16, 2633. — Schmidt, *Ann. Chem.*, 266, 266].

On aura donc, $a$ étant le poids de la vapeur du premier composant et $b$ le poids de la vapeur du second,

$$\frac{A}{B} > \frac{A - a}{B - b} \qquad \text{si} \qquad \frac{dp}{dn} > 0;$$

d'où

$$\frac{a}{b} > \frac{A}{B}.$$

On aura de même

$$\frac{a}{b} < \frac{A}{B} \qquad \text{si} \qquad \frac{dp}{dn} < 0,$$

et finalement, pour un maximum ou un minimum de $p = f(n)$,

$$\frac{dp}{dn} = 0 \qquad \text{et} \qquad \frac{a}{b} = \frac{A}{B}.$$

M. Konowaloff, qui a établi ces relations, a étudié des mélanges de quelques premiers termes des séries homologues des alcools et des acides gras. Il a construit un certain nombre de courbes isothermiques de tensions de vapeurs en opérant comme il suit. L'appareil dont il se sert est l'appareil de Magnus, un peu modifié [*Pogg. Ann.*, 61, 225, 1844].

L'appareil (fig. 427) se compose d'un tube de verre de 15 millimètres de diamètre, coudé comme le représente la figure. La branche courte $a$ est

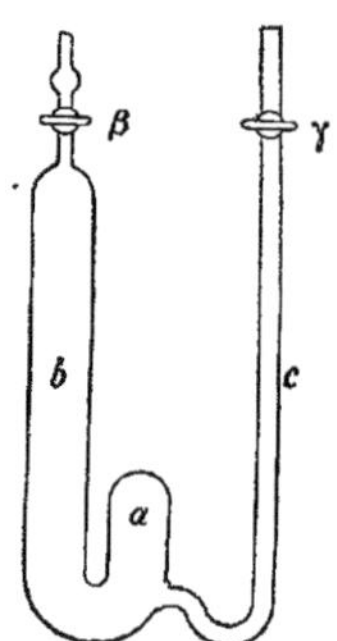

Fig. 427. — Appareil de M. Konowaloff.

fermée, et l'autre branche plus longue $b$ est munie à son extrémité d'un robinet $\beta$. Un tube étroit $c$, également muni d'un robinet $\gamma$, est soudé au premier.

Les deux branches du tube large sont graduées. On introduit par le tube $c$ du mercure, en quantité suffisante pour remplir $a$ et une petite partie de $b$. On sèche alors le mercure au moyen d'un courant d'air sec, puis on introduit dans la branche $a$ la quantité de liquide nécessaire. On fait communiquer ensuite, à l'aide d'un tube en forme de T, la branche $b$ avec la trompe à mercure et avec un manomètre ouvert, de manière à maintenir une faible différence (de 3 à 5 millimètres) entre les niveaux liquides dans les branches $a$ et $b$.

On plonge à demi l'appareil dans un bain-marie maintenu à la température désirée. En observant dans les deux branches de l'appareil et dans celles du manomètre les différences de hauteur des colonnes de mercure, on calcule la tension du mélange des vapeurs.

En mélangeant deux liquides A et B, on peut observer les cas suivants (fig. 428) :

1° La vapeur de A est soluble dans B et la vapeur de B est soluble dans A. Dans ce cas, on

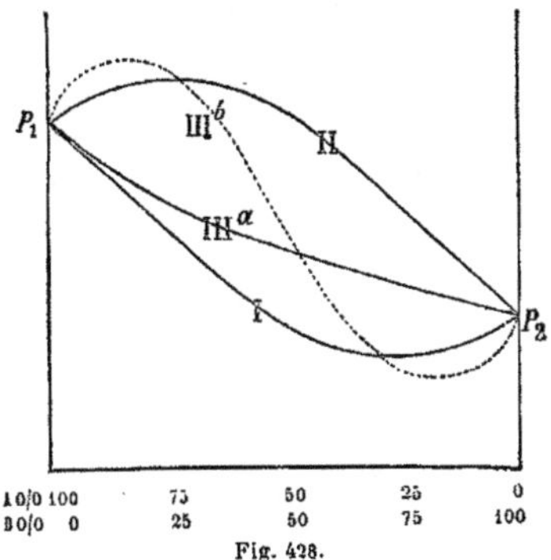


Fig. 428.

trouve qu'une dissolution très étendue de l'un des composants dans l'autre a une tension inférieure à celle du dissolvant pur[1].

La courbe I, qui représente ce cas, aura donc un minimum.

2° La vapeur de A est peu soluble dans B et la vapeur de B est peu soluble dans A. Dans ce cas, la présence d'une faible quantité de l'un des composants dans l'autre produira un accroissement de la tension.

La courbe II aura un maximum.

3° (a). La vapeur de A, *qui à l'état libre possède une plus grande tension que* B, est insoluble dans B, mais la vapeur de B est soluble dans A. Dans ce cas, la présence d'une faible quantité de B dans A diminuera la tension, mais la présence d'une faible quantité de A dans B l'augmentera.

Les tensions de tous les mélanges de A et de B seront inférieures à la tension de B et supérieures à celle de A isolés (courbe III^a).

(b). La vapeur de A, qui à l'état libre possède, nous le répétons, également une plus grande tension que B, est soluble dans B, mais la vapeur de B est insoluble dans A. Dans ce cas, la présence d'une faible quantité de B dans A produira un accroissement de tension, et la présence de A dans B une diminution.

La courbe III^b aura un maximum et un minimum.

Ce dernier cas, indiqué par M. Nernst, n'a pas été réalisé jusqu'ici.

Voici quelques courbes déterminées par M. Konowaloff [*loc. cit.*].

*Mélanges d'alcool méthylique et d'eau* (fig. 429). — Les courbes coïncident sensiblement avec les droites dont les ordonnées extrêmes représentent les tensions de l'eau et de l'alcool à l'état libre. Aux basses températures, les courbes sont au-dessous de ces droites, et partiellement au-dessus aux températures élevées.

Les tensions sont toutes supérieures à celle de l'eau pure et inférieures à celle de l'alcool.

1. Car l'absorption de la vapeur par le dissolvant produit un abaissement considérable de la tension de ce dernier ; tandis que, plus la vapeur est soluble, plus est faible sa tension partielle dans la dissolution.

*Mélanges d'alcool éthylique et d'eau* (fig. 430).

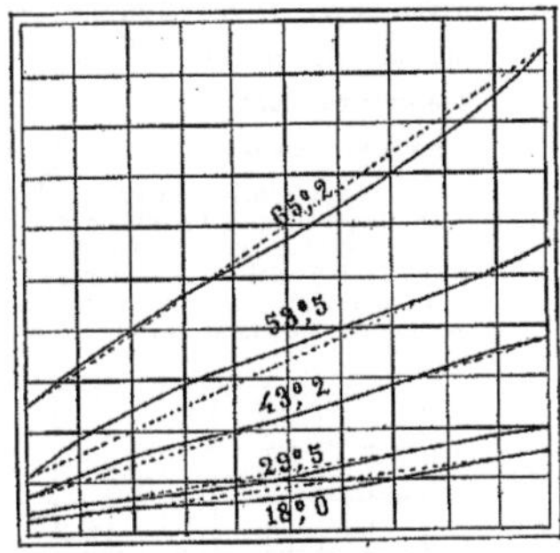


Fig. 429.

— Les courbes sont toutes au-dessus des droites qui joignent les tensions de l'eau et de l'alcool isolés. Dans ce cas encore, les tensions

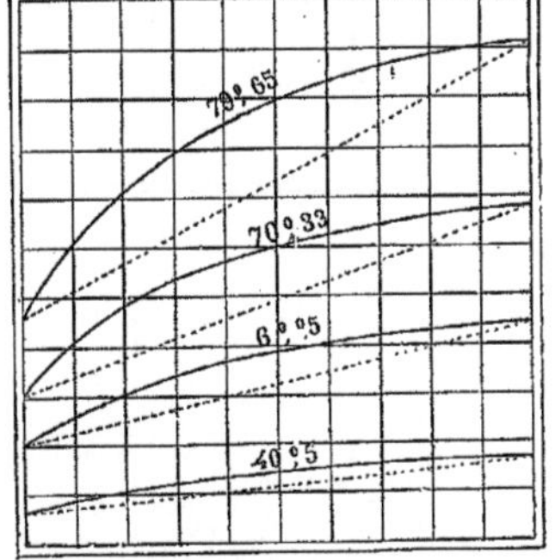


Fig. 430.

sont toutes supérieures à celle de l'eau pure et inférieures à celle de l'alcool absolu.

*Mélanges d'alcool propylique et d'eau* (fig. 431). — Les tensions sont pour la plupart

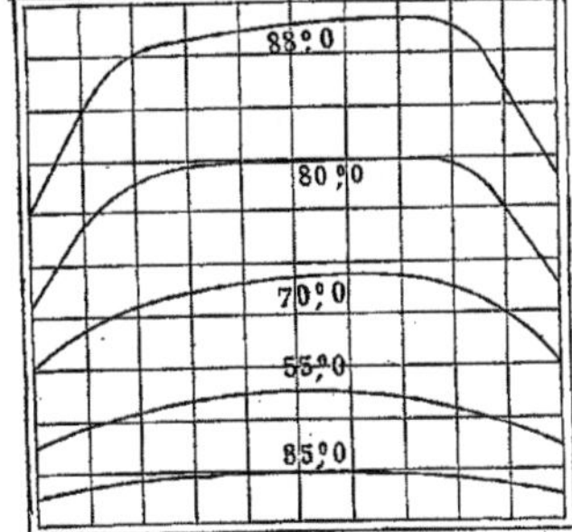


Fig. 431.

supérieures à celles de l'eau et de l'alcool isolés. Les maxima correspondent à des mélanges contenant environ 75 0/0 d'alcool. Vers la partie moyenne de la courbe, $\frac{dp}{dn}$ est très petit et à peu près constant.

Nous verrons plus loin que $\frac{dp}{dn} = 0$ à la partie moyenne des courbes de l'alcool butylique.

*Mélanges d'acide formique et d'eau* (fig. 432). — Les tensions sont inférieures à celles de l'eau et de l'acide isolés. Les courbes présentent un minimum bien accentué, correspondant à des mélanges renfermant environ 70 0/0 d'acide.

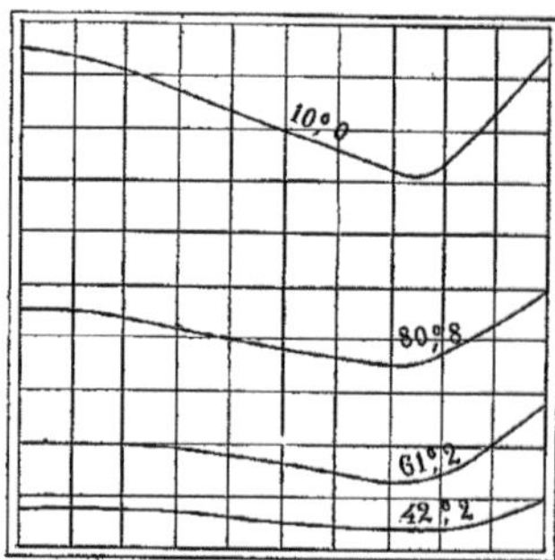


Fig. 432.

Nous sommes maintenant en mesure de prévoir, d'une manière générale, les résultats du fractionnement de mélanges de deux liquides mutuellement solubles en toutes proportions, la pression extérieure demeurant constante.

Le point d'ébullition s'élève à mesure que la composition du mélange se modifie.

Dans les trois cas caractéristiques décrits précédemment, on obtiendra les résultats suivants :

1er *cas.* — La vapeur de chacun des composants est soluble dans l'autre composant (acide formique et eau, par exemple).

Au bout d'un nombre suffisant de distillations, on obtiendra à l'état de pureté, dans la portion distillée, le composant qui dominait dans le mélange, et comme résidu un mélange à point d'ébullition maximum et par conséquent constant.

2e *cas.* — La vapeur de chacun des composants est insoluble dans l'autre composant (alcool propylique et eau, par exemple).

Après une série de distillations, le liquide distillé sera un mélange à point d'ébullition minimum ; le résidu sera une partie du composant qui dominait dans le mélange.

3e *cas.* — La vapeur de l'un des composants est soluble dans l'autre composant, tandis que la vapeur du second est insoluble dans le premier (alcool méthylique et eau).

Après un nombre suffisant de distillations, on aura à l'état de pureté dans le liquide distillé le composant dont le point d'ébullition est le plus faible. Le résidu sera l'autre composant également pur.

Les mélanges dont le point d'ébullition est un maximum ou un minimum ne peuvent être séparés par des distillations multipliées à la pression où ils ont été obtenus.

La constance de leur point d'ébullition les a fait prendre pour des espèces chimiques définies.

Ainsi Bineau [*Ann. Chim. Phys.*, (3), **7**, 257] a décrit des « hydrates » d'acide chlorhydrique :

$$HCl,16H^3O, \qquad HCl,12H^2O, \qquad etc....$$

Il fait observer cependant que « la vapeur produite pendant leur ébullition ne doit être qu'un simple mélange de vapeur aqueuse et de gaz acide ;... pendant leur distillation, il y a scission momentanée entre l'acide et l'eau, puis recomposition immédiate lors de la condensation ».

Peu de temps après la publication de Bineau, MM. Roscoe et Dittmar [*Ann. Chem.*, **112**, 317 ; **116**, 203] établirent que l'on devait attribuer à un pur hasard l'existence d'un nombre entier de molécules d'eau dans ces combinaisons, et que leur composition variait d'une façon continue avec la pression extérieure.

On verra qu'à priori la constance de composition d'un liquide, même sous pression variable, ne peut pas servir à définir rigoureusement un composé chimique, car on peut imaginer un mélange liquide dont les maxima ou minima de tension de vapeur entre certaines limites de température correspondraient à une même composition. Un tel mélange distillerait sans changement de composition, même si la pression extérieure variait entre des limites correspondantes.

Voici quelques mélanges qui peuvent bouillir à température constante :

|  | Points d'ébullition. |
|---|---|
| Acide chlorhydrique et eau | 110° |
| — bromhydrique et eau | 126° |
| — iodhydrique et eau | 127° |
| — azotique et eau | 120°,5 |
| — chlorhydrique et oxyde de méthyle [1] | — 2° |
| — formique et eau | 107,1 |
| Alcool propylique et eau | 85°,5 |
| Bromure d'éthylène et bromure de propylène [2] | 134° |
| Alcool éthylique et sulfure de carbone [3]. | 43-44° |

Un mélange d'alcool éthylique et d'acétonitrile et, d'après M. Le Bel [*C. R.*, **88**, 912], un mélange d'alcool éthylique et d'eau contenant environ 97 0/0 d'alcool, distillent à température constante.

Les courbes correspondantes de M. Konowaloff ne permettent évidemment pas de se rendre compte de ce dernier fait.

On a cherché à établir une relation entre les variations de tension de vapeur et d'autres phénomènes qui se produisent lorsqu'on mélange des liquides.

Ainsi une équation établie par Kirchhoff (*loc. cit.*) donne le rapport

$$\frac{P_0}{P},$$

$P_0$ étant la tension de vapeur d'un liquide à l'état libre, P sa tension partielle dans un mélange, en fonction de la chaleur Q produite en le mélangeant à la température T avec un autre liquide ; on peut déduire cette équation de la façon suivante : Le travail extérieur produit en évaporant une molécule-gramme du liquide isolé est

$$P_0 V_0 = RT.$$

Le nouveau travail produit en dilatant la vapeur jusqu'à ce que sa pression devienne égale à P est

$$RT \log_e \frac{P_0}{P}.$$


1. Friedel, *Bull. Soc. Chim.*, (2), 24, 160.
2. *Ann. Spl.*, 1, 250.
3. Berthelot, *C. R.*, 67, 430.

En condensant finalement la vapeur dans une grande quantité du mélange sous pression constante P, le travail extérieur produit est

$$- PV = - P_0 V_0 = - RT.$$

Si W représente le travail extérieur fourni par le système, on a donc

$$W = RT \log_e \frac{P_0}{P}.$$

Toutes les transformations étant isothermiques et réversibles, le système fournit un maximum de travail extérieur. On a donc, U représentant la variation d'énergie totale,

$$W - U = T \frac{dW}{dT};$$

d'où l'on tire, pour $x$ molécules-grammes de liquide,

$$(1) \qquad U = - x RT^2 \frac{d}{dT} \left( \log_e \frac{P_0}{P} \right).$$

D'autre part, si l'on mélange simplement les deux liquides, le changement de volume, et par conséquent le travail extérieur étant négligeable, on a, d'après le principe de l'équivalence,

$$U = Q;$$

d'où, en substituant dans (1), et en différentiant par rapport à $x$,

$$\frac{\partial Q}{\partial x} = - RT^2 \frac{d}{dT} \left( \log_e \frac{P_0}{P} \right).$$

Cette équation a permis à Kirchhoff de calculer les courbes de tension de vapeur de mélanges d'acide sulfurique et d'eau, et ses résultats concordent assez bien avec les mesures de Regnault.

Une méthode permettant de calculer les tensions de mélanges ne contenant qu'une quantité relativement faible d'un des composants a été proposée par M. Nernst [*Zeit. physik. Chem.*, 8, 124].

Il admet d'abord que l'abaissement de la tension du dissolvant (composant présent en excès), qui se produit lorsqu'on y ajoute un autre liquide, est proportionnel à la concentration de la *dissolution* ainsi obtenue. C'est-à-dire, N étant le nombre de molécules-grammes du dissolvant contenant $n$ molécules-grammes du liquide dissous,

$$\frac{P_0 - P}{P_0} = \frac{n}{N + n},$$

ou

$$P = P_0 \frac{N}{N + n}.$$

Il admet d'autre part que la tension partielle du liquide dissous est également proportionnelle à la concentration, et applique la loi de Henry, d'après laquelle, comme l'on sait, un gaz se dissout dans un liquide proportionnellement à la pression. On a donc

$$cp = \frac{n}{N + n},$$

où $c$ est un facteur de proportionnalité analogue au coefficient d'absorption des gaz[1].

La somme

$$\pi = P + p$$

représente la tension totale du mélange.

1. Si l'état moléculaire du liquide dissous n'est pas le même dans la vapeur et dans la dissolution, ce principe s'applique aux produits de différentes grandeurs séparément.

La quantité de chacun des composants dans la vapeur mélangée étant proportionnelle à la pression partielle de ce composant, on a

$$\frac{n'}{N' + n'} = \frac{p}{\pi},$$

où $n'$, $N'$ représentent les nombres de molécules-grammes des composants dans la vapeur.

Les résultats ainsi obtenus concordent très bien avec l'expérience.

COMPOSITION DE LA VAPEUR EN GÉNÉRAL. — D'après M. Wanklyn [*Proc. Roy. Soc.*, 12, 534] et M. Berthelot [*C. R.*, 57, 430], la relation qui permet de calculer la *composition du liquide distillé* d'un mélange de liquides non miscibles, est également applicable aux autres groupes de liquides. C'est-à-dire que, quelles que soient la nature et l'influence mutuelle des liquides mélangés, on aura toujours

$$\frac{q}{Q} = \frac{pd}{PD},$$

où $q$ et $Q$ représentent les quantités de chacun des composants dans le liquide distillé; $p$ et P, les tensions des composants; $d$ et D, leurs densités de vapeur (1er Suppl., 662).

M. Brown [*Chem. Soc.*, 1879, 550; 1880, 49 et 304; 1881, 517], qui a fait sur ce sujet une série de recherches, a montré que cette loi était complètement inapplicable aux mélanges dont le point d'ébullition s'élève d'une façon continue dans le cours d'une distillation.

Il établit la relation suivante :

$$\frac{d\xi}{d\eta} = \frac{P_1}{P_2} \cdot \frac{\xi}{\eta},$$

où $d\xi$ et $d\eta$ représentent les quantités des composants dans la vapeur au moment où les poids des deux liquides dans le mélange sont $\xi$ et $\eta$, et $P_1$ et $P_2$ sont les tensions de vapeur des composants isolés à la température d'ébullition du mélange. Le rapport $\frac{P_1}{P_2}$ variant très peu avec la température, on peut le remplacer sans erreur appréciable par sa valeur moyenne $c$.

On a donc par intégration, K étant une constante,

$$(1) \qquad \log_e \xi = \log_e \eta^c + \log_e K.$$

Si $m$ et $n$ (supposons $m + n = 1$) sont les poids des liquides dans le mélange initial, on a

$$(2) \qquad \log_e m = \log_e n^c + \log_e K,$$

et, en retranchant membre à membre les équations (1) et (2),

$$\log_e \frac{m}{\xi} = \log_e \left( \frac{n}{\eta} \right)^c$$

ou

$$(A) \qquad \frac{m}{\xi} = \left( \frac{n}{\eta} \right)^c.$$

D'autre part, soit $y$ la quantité du composant le plus volatil par unité de poids de la vapeur qui passe au moment où $x$ est le poids du liquide distillé, on a

$$y = \frac{d\xi}{d\xi + d\eta};$$

mais, comme

$$\frac{d\xi}{d\eta} = c \frac{\xi}{\eta},$$

on tire

$$(B) \qquad y = \frac{c\xi}{c\xi + \eta}$$

D'autre part,

(C)   $\xi + \eta = m + n - x = 1 - x$.

Si l'on remplace $\xi$ et $\eta$ dans l'équation (A) par leurs valeurs en fonction de $x$ et $y$, obtenues des équations (B) et (C), on a

$$\frac{n^c}{m}\, y\, [c + y\, (1 - c)]^{c-1} = c^c\, (1 - x)^{c-1}\, (1 - y)^c.$$

MM. Barrell, Thomas et Young [*Phil. Mag.*, 1894, 8; *Trans. Chem. Soc.*, **63**, 1194] ont appliqué le principe de Brown au cas de mélanges de trois liquides.

Soient $\xi$, $\eta$, $\zeta$ les quantités variables des composants dans le mélange et $m$, $n$, $r$ (supposons $m + n + r = 1$) les quantités primitives de ces liquides. On a

$$\frac{d\xi}{a\xi} = \frac{d\eta}{b\eta} = \frac{d\zeta}{c\zeta},$$

où $a$, $b$, $c$ représentent les rapports des tensions de vapeur; d'où, par intégration et soustraction, on tire

(1)   $\left(\dfrac{\xi}{m}\right)^{\frac{1}{a}} = \left(\dfrac{\eta}{n}\right)^{\frac{1}{b}} = \left(\dfrac{\zeta}{r}\right)^{\frac{1}{c}}$.

Soient d'autre part $y_1$, $y_2$, $y_3$ les quantités des composants par unité de poids de la vapeur qui passe au moment où $x$ est le poids du liquide distillé, on a

(2)   $\begin{cases} y_1 = \dfrac{d\xi}{d\xi + d\eta + d\zeta} = \dfrac{a\xi}{a\xi + b\eta + c\zeta}, \\[2ex] y_2 = \dfrac{b\eta}{a\xi + b\eta + c\zeta}, \quad y_3 = \dfrac{c\zeta}{a\xi + b\eta + c\zeta}. \end{cases}$

D'autre part,

(3).   $\xi + \eta + \zeta = m + n + r - x = 1 - x$,

d'où l'on peut tirer pour chacun des composants une équation contenant $x$ et $y$; mais il est plus commode de procéder de la façon suivante :

Soit $\dfrac{\xi}{\eta} = z$; on a par les équations (1)

$$\xi = m z^{\frac{a}{c}}, \qquad \eta = n z^{\frac{b}{c}}, \qquad \zeta = rz,$$

et, par substitution de ces valeurs dans les équations (2),

(4)   $\begin{cases} y_1 = \dfrac{a m z^{\frac{a}{c} - 1}}{a m z^{\frac{a}{c} - 1} + b n z^{\frac{b}{c} - 1} + cr}, \\[3ex] y_2 = \dfrac{b n z^{\frac{b}{c} - 1}}{a m z^{\frac{a}{c} - 1} + b n z^{\frac{b}{c} - 1} + cr}, \\[3ex] y_3 = \dfrac{cr}{a m z^{\frac{a}{c} - 1} + b n z^{\frac{b}{c} - 1} + cr}. \end{cases}$

L'équation (3) devient

(5)   $x = 1 - m z^{\frac{a}{c}} - n z^{\frac{b}{c}} - rz$

On considère $z$ comme variable indépendante. Les valeurs de $x$ ainsi obtenues donnent les abscisses, et les valeurs de $y_1$, $y_2$, $y_3$ les ordonnées des courbes correspondantes, qui montrent la variation de la composition du liquide distillé pendant la distillation.

Pour des mélanges des alcools $C^n H^{2n+2}O$ et d'eau, M. Duclaux trouve

$$\frac{\alpha}{\varepsilon} = m\,\frac{a}{a + e},$$

et pour des mélanges des acides formique et acétique et d'eau,

$$\frac{\alpha}{\varepsilon} = m\,\frac{a}{e},$$

où $a$, $e$ représentent les volumes des composants dans le liquide distillé; $\alpha$, $\varepsilon$ les volumes dans le mélange que l'on distille; $m$ est une constante qui augmente avec le poids moléculaire de l'alcool ou de l'acide (*C. R.*, **86**, 592).

Enfin, lorsque, dans une distillation, la vapeur traverse un réfrigérant à température constante, la composition du liquide distillé reste également constante et généralement identique avec la composition de la vapeur dégagée par un mélange bouillant à la température du réfrigérant. Cela a été observé pour les mélanges suivants : tétrachlorure de carbone et sulfure de carbone, benzène et sulfure de carbone, alcool éthylique et sulfure de carbone, benzène et bromure d'éthylène. Pour des mélanges d'eau et d'alcool éthylique, la composition du liquide distillé reste bien constante, mais ne correspond pas cependant à la température du réfrigérant.

LIQUIDES DONT LA DISSOLUTION MUTUELLE A UNE LIMITE [1]. — Considérons maintenant le cas de deux ou plusieurs liquides, qui se dissolvent mutuellement à un degré limité, donnant deux couches superposées.

Si l'on imagine un tel mélange renfermé dans un vase circulaire (fig. 433), il est évident que

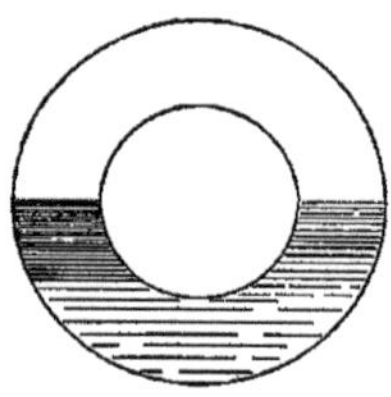

Fig. 433.

*les deux solutions ne peuvent avoir que la même tension*; car, si leurs tensions n'étaient pas égales, la vapeur dégagée de la dissolution ayant la plus grande tension se condenserait à la surface de l'autre; ensuite la composition primitive des deux couches se rétablirait par diffusion des liquides (puisque cette composition ne dépend que des solubilités des composants l'un dans l'autre, et est par conséquent constante), puis la distillation recommencerait, et ainsi de suite, et l'on aurait un mouvement perpétuel.

Soit A et B les quantités totales des deux liquides qui se trouvent dans le mélange et soient $m$ et $n$ les rapports des quantités des composants dans les deux couches.

Puisque la tension du mélange est indépendante de la quantité absolue de l'une ou de

1. D'après M. van der Waals, tous les liquides doivent être miscibles en toutes proportions à des pressions suffisamment élevées. Mais il paraît résulter des travaux expérimentaux d'Alexejeff, de Kowalski, etc., que la déduction de M. van der Waals manque des facteurs limitants.

l'autre dissolution, elle ne changera pas si l'on augmente la couche supérieure en y ajoutant une quantité quelconque d'une dissolution identique contenant $x$ du second et par conséquent $mx$ du premier composant, c'est-à-dire si le rapport $\frac{A}{B}$ devient

$$\frac{A + mx}{B + x} = \frac{\frac{A}{x} + m}{\frac{B}{x} + 1}.$$

Pour $x = \infty$ on a

$$\frac{A}{B} = m.$$

Par un raisonnement semblable appliqué à la seconde couche, on verrait que la tension du mélange ne change pas si le rapport $\frac{A}{B}$ devient

$$\frac{A}{B} = n.$$

Donc la tension du mélange restera constante entre les limites de composition exprimées par les rapports $m$ et $n$, et par conséquent identique avec la tension correspondant à ces rapports. C'est-à-dire que *la tension du mélange restera constante tant qu'il y aura deux couches.*

En effet, Isidore Pierre et Édouard Puchot ont observé ce phénomène pour des mélanges d'eau et d'alcool amylique, alcool butylique, valérate d'amyle, iodure de butyle, iodure d'éthyle, butyrate de butyle, propionate de propyle.

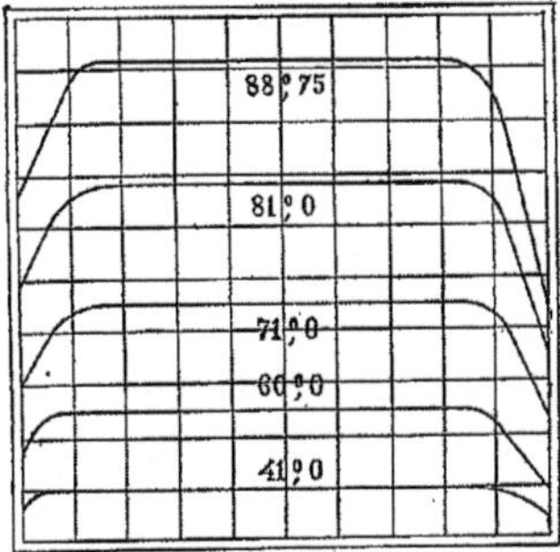

Fig. 434.

La figure 434 représente les courbes de tensions de vapeur à différentes températures obtenues par M. Konowaloff pour des mélanges d'eau et d'alcool isobutylique (*loc. cit.*).

Entre les limites de 10 et 90 0/0 d'alcool dans le mélange, la courbe des tensions est une ligne droite parallèle à l'axe des abscisses. L'ordonnée de cette ligne est presque égale à la somme des ordonnées, qui correspondent aux composants purs, et les points de saturation des deux dissolutions correspondent aux points où la ligne droite devient courbe.

La tension du mélange est ordinairement plus grande que celle de chaque composant à l'état libre. Le seul autre cas possible est celui où la tension du mélange serait plus grande que celle d'un des composants et moindre que celle de l'autre [Rozeboom, *Rec. Pays-Bas*, **3**, 38].

En effet, le cas où la tension du mélange serait inférieure à celle de chaque composant est impossible; car, si ce cas était réalisé par deux corps L et L'. on aurait (fig. 435)

$$\frac{A}{B} > \frac{A'}{B'}.$$

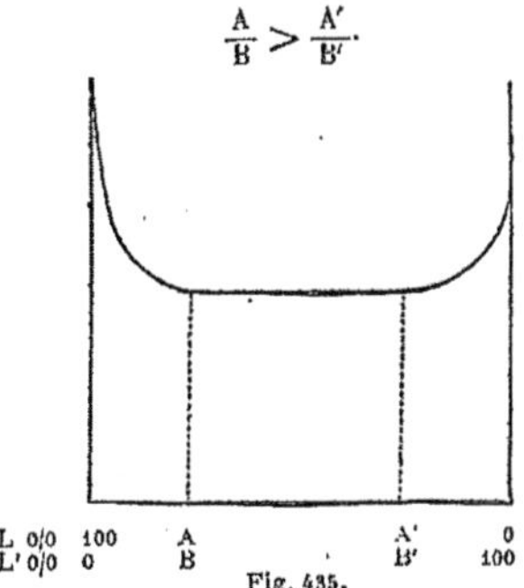


Fig. 435.

Mais, d'après les principes exposés ci-dessus, on a

$$\frac{a}{b} > \frac{A}{B} \quad \text{et} \quad \frac{a'}{b'} < \frac{A'}{B'},$$

et, la composition de la vapeur aux points considérés étant la même,

$$\frac{a}{b} = \frac{a'}{b'} \quad \text{et} \quad \frac{A}{B} < \frac{A'}{B'};$$

le cas exigerait donc que le rapport $\frac{A}{B}$ fût en même temps plus grand et moindre que le rapport $\frac{A'}{B'}$.

Lorsqu'on a *trois* corps miscibles à un degré limité et donnant deux couches liquides, soient $a, b, c$ les quantités totales des corps, $x, y, z$ les quantités contenues dans la couche supérieure et $x', y', z'$ celles contenues dans la couche inférieure. On a d'abord

$$x + x' = a,$$
$$y + y' = b,$$
$$z + z' = c.$$

Ensuite, soient $m, m', n, n'$, les rapports des composants dans les deux couches :

$$\frac{x}{y} = m, \qquad \frac{x}{z} = n,$$
$$\frac{x'}{y'} = m', \qquad \frac{x'}{z'} = n'.$$

On a ainsi sept équations, qui contiennent six inconnues; donc, contrairement à ce qui a été vu pour un mélange de deux liquides, une variation des proportions $(a, b, c)$ des liquides produira une variation correspondante des quantités $m, n, m', n'$ (c'est-à-dire de la composition des couches), et par conséquent une *variation de la tension de vapeur du mélange.*

C'est ce qui avait déjà été observé par Is. Pierre et Puchot pour les mélanges suivants : eau, alcool amylique et alcool butylique; eau, alcool amylique et valérate amylique; eau salée et alcool amylique.

Il est évident que, bien que la valeur absolue de la tension d'un tel mélange ternaire varie avec le rapport qui existe entre les quantités totales des composants, les tensions des deux couches restent toujours égales entre elles. Le tableau suivant donne quelques chiffres obtenus par M. Konowaloff (*loc. cit.*) :

| Composants | Température | Tension de la couche supérieure | Tension de la couche inférieure |
|---|---|---|---|
| Éther, alcool méthylique et eau.............. | 15°,6 | 359,1 | 358,5 |
| Éther, alcool éthylique et eau.............. | 18°,8 | 366,8 | 365,0 |
| Éther, alcool propylique et eau.............. | 15°,7 | 242,3 | 244,2 |
| Sulfure de carbone, alcool méthylique et eau | 16°,9 | 327,0 | 328,5 |
| Alcool méthylique, potasse et eau.......... | 18°,2 | 59,8 | 59,6 |
| Alcool éthylique, potasse et eau......... | 16°,7 | 32,35 | 32,5 |

Les petites différences observées viennent de ce que la composition change très rapidement avec la température.

Nous citerons en finissant une observation intéressante faite par M. Hecht [*Ann. Chem.*, **209**, 321]. Lorsqu'on distille un mélange d'acide acétique (point d'ébullition 119°), d'acide butyrique (point d'ébullition 163°) et d'acide œnanthique (point d'ébullition 223°) avec un excès d'eau, l'acide œnanthique passe le premier, ensuite l'acide butyrique et enfin l'acide acétique. Il faut remarquer que l'acide œnanthique est insoluble dans l'eau ; l'acide butyrique s'y dissout sans dégagement de chaleur ; l'acide acétique dégage de la chaleur en se dissolvant dans l'eau.

Martin A. Rosenberg.

**FRAGARIANINE.** — M. Phipson [*Chem. News*, **38**, 135] a donné ce nom à un glucoside qu'il a extrait de la racine de fraisier (*Fragaria vesca*). Ce corps est un peu soluble dans l'eau, l'alcool et l'éther. Par la distillation sèche, il fournit de la pyrocatéchine, et par la fusion avec les alcalis de l'acide protocatéchique. Chauffé avec l'acide chlorhydrique, il se dédouble en glucose et en une matière rouge, amorphe, qui a reçu le nom de *fragarine*.

**FRANCÉINES.** — M. Istrati a donné le nom de *francéine* à une matière colorante, qu'il a préparée par l'action prolongée à 150-200° de l'acide sulfurique fumant sur le pentachlorobenzène. 300 grammes de ce corps, bouillant à 277°, ont été chauffés pendant 15 jours avec 2 litres d'acide de Nordhausen. Il s'est dégagé de l'eau tenant en dissolution de l'acide chlorhydrique et de l'anhydride sulfureux. Après 15 jours, l'acide sulfurique a été décanté, remplacé par un égal volume d'acide neuf, et la chauffe prolongée pendant 15 autres jours. Au bout de ce temps, presque tout le corps chloré avait disparu ; la masse acide, d'une belle couleur rouge foncé, a été projetée avec précaution dans l'eau. Un abondant précipité rouge-marron s'est formé, tandis que le liquide surnageant restait incolore.

Le précipité recueilli, bien lavé à l'eau, se dissout dans les alcalis en donnant une solution rouge. La matière colorante est précipitée par addition d'acide sulfurique ou chlorhydrique à cette solution.

Desséchée à l'étuve à 60°, elle se présente sous la forme d'une masse à éclat métallique vert foncé.

Elle est insoluble dans l'eau bouillante, peu soluble dans l'éther, le chloroforme et le sulfure de carbone, très soluble dans l'alcool, surtout à chaud.



Cette matière est constituée très probablement par un mélange d'isomères. Son pouvoir colorant est très intense : elle teint la soie en rouge clair. Appliquée aux préparations histologiques, elle a donné de bons résultats ; elle paraît réunir les qualités électives de l'éosine et de l'hématoxyline.

L'analyse de la matière, purifiée par dissolution dans les alcalis et précipitation par un acide, a indiqué une teneur en chlore de 36,82 0/0. Son *sel de potassium* est brun foncé, à reflets métalliques ; il est très facilement soluble dans l'eau, à laquelle il communique une coloration rouge ; par double décomposition, on obtient les sels des métaux lourds. Cette francéine paraît donc posséder une fonction acide ou phénolique.

On obtient à peu près le même résultat en remplaçant dans la préparation l'acide de Nordhausen par l'acide sulfurique concentré ordinaire. Il y a en même temps production d'une autre matière colorante rouge, soluble dans l'eau chaude. Il ne se forme pas non plus de dérivé sulfoné.

Avec le benzène tétrachloré 1.2.4.5, bouillant à 243-246°, M. Istrati a obtenu des matières colorantes analogues aux précédentes [*Bull. Soc. Chim.*, (2), **48**, 36].

MM. Georgesco et Mincou ont préparé la francéine dérivée du tétrachlorobenzène 1.3.4.5, fusible à 35°, bouillant à 246°. Ils ont obtenu une matière colorante rouge, peu soluble dans l'alcool. D'après les résultats de l'analyse, il semble qu'on doive la représenter par la formule

$$C^{16}H^4O^6Cl^3 ;$$

la composition du sel d'argent répondrait à la formule $C^{16}Ag^4O^6Cl^3$ [*Bull. Soc. Chim.*, (2), **50**, 623].

M. Istrati a constaté la formation de francéines dans l'action de l'acide sulfurique sur les benzènes bromés, iodés, sulfonés [*Bull. Soc. Chim.*, (3), **1**, 481] ; M. Georgesco en a obtenu avec le phénol tribromé [*Ibid.*, (3), **3**. 193]. La teneur en chlore de ces différents produits varie selon la teneur en chlore de la matière première et selon la température de la réaction.

Appliquée aux dérivés chlorés du naphtalène, la réaction découverte par M. Istrati a donné des matières colorantes susceptibles d'applications.

M. R. Bohn (D. R. P., 66 611) a obtenu, en partant du perchloronaphtalène

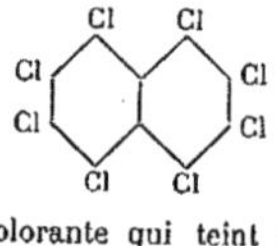

une matière colorante qui teint en rouge Bordeaux les mordants d'alumine.

10 kilogrammes de perchloronaphtalène sont chauffés pendant 48 heures à 40-50° avec 100 kilogrammes d'acide sulfurique fumant (à 70 0/0 d'anhydride). La chauffe terminée, on étend avec 200 kilogrammes d'acide sulfurique concentré et on chauffe à 180-200°. On laisse refroidir et on verse dans l'eau glacée. Le nouveau colorant se dépose sous la forme d'une poudre noire à reflets brillants.

Il se dissout dans le carbonate de sodium avec une coloration d'un violet rouge, dans la soude caustique en violet bleu, dans l'acide sulfurique en rouge-fuchsine. La laine mordancée à l'alun est teinte en rouge Bordeaux, la laine chromée en brun noir. L'impression sur coton donne des lilas avec l'alun et des gris-bleus avec le chrome.

Le mécanisme de cette action de l'acide sulfurique de haute concentration sur les dérivés halogénés et nitrés du benzène, du naphtalène et de l'anthracène a été élucidé par les travaux de MM. R. Bohn, Schmidt et Gattermann. Il y a transformation profonde des corps et production de dérivés quinoniques et oxyquinoniques.

Ainsi un groupe nitré donne, sous l'action de l'acide à 70 0/0 d'anhydride, un *éther sulfonique*

$$R - AzO^3 (SO^3).$$

Ce dernier, traité à 200° par l'acide à 66° B., réagit sur 2 molécules d'eau :

$$R - AzO^2 (SO^3) + 2H^2O$$

$$= SO^4H^2 + H^2O + O = R \lessgtr {Az\,H \atop O\,H}$$

Par exemple, dans le cas de la dinitroanthraquinone, on obtient les deux produits intermédiaires

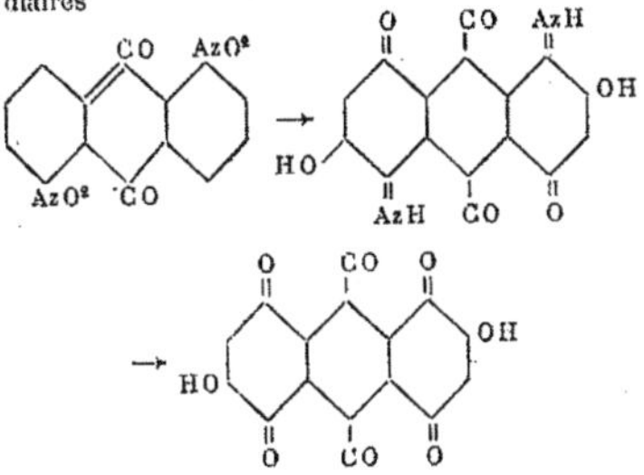

Cette matière oxyquinonique est le *bleu d'anthracène*.

L'anhydride sulfureux qui prend naissance dans la réaction réduit le dérivé précédent et donne un *dérivé hexahydroxylé*

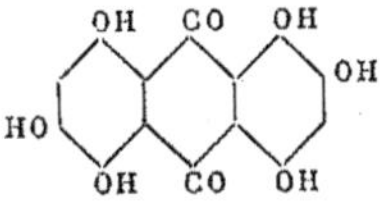

Les Farbenfabriken vorm. Fr. Baeyer ont pris un brevet de perfectionnement de cette réaction. L'addition de fleur de soufre à l'anhydride sulfurique améliore les rendements. On admet qu'il se forme un sesquioxyde de soufre

$$SO^3 + S = S^2O^3$$

qui réagit avec plus de facilité que l'anhydride sulfurique. J. Dupont.

**FRANCKÉITE** (Min.) (Stelzner). — Sulfure d'antimoine, d'étain et de plomb,

$$5\,PbS . 2\,SnS^r . Sb^2S^3,$$

renfermant environ 0,1 0/0 de germanium, du district minier de Animas, au S.-O. de Chocaya, province de Chichas, département de Potosi (Bolivie). Masses gris-noirâtre, clivables, douces au toucher et laissant une trace sur le papier. Dureté = 2,5-3. Densité = 5,55. Dans le tube, donne un anneau brun-rouge de sulfure de germanium.

**FRANGULINE**. — Voyez Dict., 1, 1494; 1er Suppl., 840.

*Extraction*. — Pour extraire la franguline de l'écorce de bourdaine, on commence par épuiser celle-ci au moyen de l'éther de pétrole; on la débarrasse ainsi de la chlorophylle et des ma-

tières grasses. Le résidu de cet épuisement est alors traité par l'alcool méthylique jusqu'à ce que le liquide d'épuisement s'écoule incolore. On distille la plus grande partie de l'alcool au bain-marie, on incorpore à la masse liquide du sable sec ou du sulfate de baryum, on évapore à sec et on reprend par l'éther. L'éther est ensuite chassé par distillation; il reste un résidu coloré, auquel on ajoute de l'alcool. La plus grande partie de la franguline se dépose; la liqueur filtrée abandonnée au repos en abandonne de nouvelles quantités.

La franguline brute ainsi obtenue est purifiée par des cristallisations fractionnées dans l'alcool méthylique bouillant. Les portions moyennes fournissent des cristaux microscopiques brillants que l'on peut considérer comme formés de franguline pure [Thorpe et Robinson, *Chem. Soc.*, 57, 38. — Thorpe et Miller, *ibid.*, 61, 1].

M. Schwabe a proposé d'attribuer à la franguline la composition $C^{21}H^{20}O^9$ et la constitution d'un glucoside. Par hydrolyse, elle se dédoublerait suivant l'équation

$$C^{21}H^{20}O^9 + H^2O = C^{15}H^{10}O^5 + C^6H^{12}O^5.$$

La première substance, l'*acide frangulique* $C^{14}H^8O^4$ de Faust (voyez 1er Suppl., 840), est pour M. Schwabe identique à l'*émodine* de la racine de rhubarbe (*Ibid.*, 678); la seconde est la *rhamnodulcite* [Schwabe, *Arch. Pharm.*, (3), 26, 560].

Les travaux de M. Thorpe et de ses collaborateurs ont vérifié l'exactitude des vues de M. Schwabe. L'hydrolyse de la franguline par ébullition de la solution alcoolique avec l'acide chlorhydrique leur a fourni un corps insoluble dans l'eau, identique avec l'émodine de la rhubarbe, et un sucre présentant tous les caractères du rhamnose. J. Dupont.

**FRAXÉTINE** (voyez Dict., 2, 1495). — L'étude de la fraxétine a été reprise par MM. Kœrner et Biginelli. Ces savants ont vérifié les propriétés signalées antérieurement. Elle fond à 227°; sa composition élémentaire est exprimée par la formule $C^{10}H^8O^5$.

Par l'ensemble de ses propriétés physiques, la fraxétine se rapproche de la daphnétine et de l'esculétine. La synthèse de la daphnétine a été réalisée par MM. von Pechmann et Cohen (2e Suppl., 2, 1), en même temps que sa formule de constitution a été fixée : c'est la *dioxycoumarine*

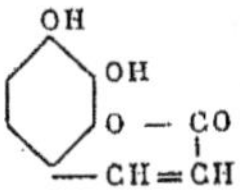

Pour l'esculétine, isomère de la daphnétine, la position des groupes substitués n'est pas encore déterminée.

La formule brute de la fraxétine renferme, en plus de celle de la daphnétine et de l'esculétine, $OCH^3$. L'expérience a montré qu'il y avait bien un groupement *méthoxyle*. Par addition de soude ou de potasse à sa solution alcoolique, la fraxétine fournit des *dérivés sodique* et *potassique* qui s'altèrent au contact de l'air avec la plus grande facilité; sa solution est colorée par le chlorure ferrique. Elle doit donc renfermer dans sa molécule un ou plusieurs oxhydryles phénoliques.

*Fraxétine diméthylée*. — En effet, en chauffant 2 grammes de fraxétine avec une solution méthylalcoolique de potasse (1er,1) et un excès (3 grammes) d'iodure de méthyle, MM. Kœrner et

Biginelli ont obtenu un *dérivé diméthylé*, cristallisé en petites tables rhombiques transparentes, assez solubles dans l'alcool, fusibles à 103-104°.

La fraxétine présente donc deux oxhydryles phénoliques et un méthoxyle ; sa constitution doit être représentée par la formule

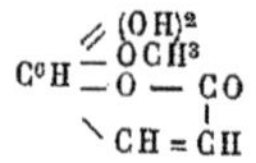

$$C^6H \begin{cases} (OH)^2 \\ OCH^3 \\ O - CO \\ CH = CH \end{cases}$$

dans laquelle les positions respectives des groupes substitués restent à déterminer. En effet, quatre isomères peuvent être prévus possédant cette formule.

M. Biginelli a tenté de réaliser la synthèse de la fraxétine en partant de la diméthoxylhydroquinone

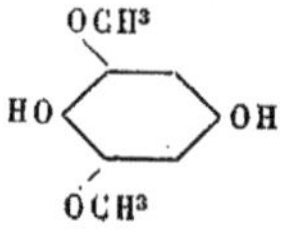

$$HO - \underset{OCH^3}{\overset{OCH^3}{\bigcirc}} - OH$$

de M. Will [*D. chem. G.*, **21**, 608]. Ce composé s'obtient aisément en réduisant la diméthoxyquinone, obtenue elle-même dans l'oxydation du triméthylpyrogallol.

La diméthoxylhydroquinone fond à 159-160°. Condensée avec l'éther acétylacétique à l'aide de l'acide sulfurique, elle a donné une *β-méthyl-diméthoxyle-oxycoumarine*,

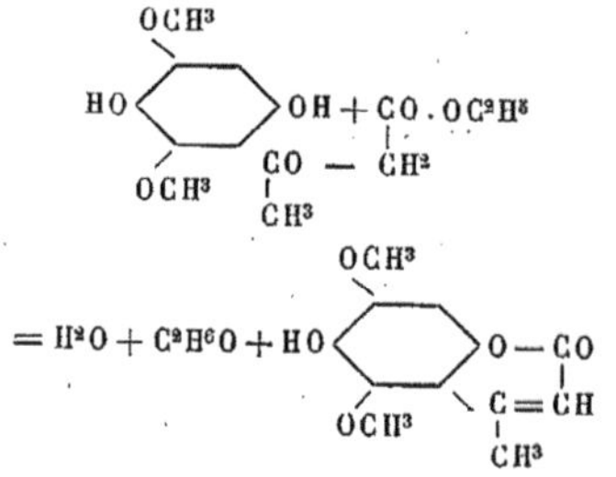

$$HO - \underset{OCH^3}{\overset{OCH^3}{\bigcirc}} - OH + CO.OC^2H^5 \underset{CH^3}{\overset{CO - CH^2}{|}}$$

$$= H^2O + C^2H^6O + HO - \underset{OCH^3}{\overset{OCH^3}{\bigcirc}} - O - CO,\ C = CH,\ CH^3$$

Cette condensation s'opère également bien sous l'influence du chlorure stannique. La nouvelle coumarine cristallise en tables rhombiques, fusibles à 191-191°,5. Sa solution dans la potasse est jaune. Dans certaines conditions d'alcalinité et de dilution, cette solution acquiert une fluorescence d'un vert azuré.

Traitée par l'iodure de méthyle et la potasse, elle fournit un *dérivé triméthoxylé*. Ce corps jouit de la propriété de s'unir à l'iodure de potassium en donnant un *composé* $(C^{13}H^{14}O^5)^2KI$, soluble dans l'alcool bouillant, dédoublé par l'eau bouillante et par les acides en ses constituants.

La β-méthyltriméthoxycoumarine fond vers 222° en se décomposant partiellement. Traitée par une solution concentrée d'acide iodhydrique, elle fournit la *méthyltrioxycoumarine*

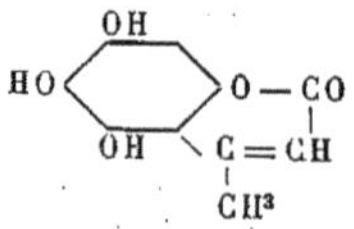

$$HO - \underset{OH}{\overset{OH}{\bigcirc}} - O - CO,\ C = CH,\ CH^3$$

cristallisant dans l'alcool bouillant en petites paillettes presque blanches, brillantes, fusibles à 244-246°.

La β-méthyltriméthoxycoumarine, chauffée en tube scellé à 90-100° pendant deux jours avec un excès d'iodure de méthyle et de potasse, a donné un mélange de deux *éthers méthyliques de l'acide β-méthyltétroxycinnamique*,

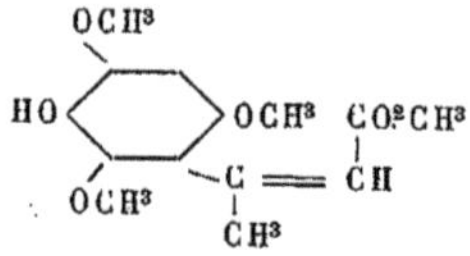

$$HO - \underset{OCH^3}{\overset{OCH^3}{\bigcirc}} - OCH^3,\quad \underset{CH^3}{\overset{CO^2CH^3}{|}}\ C = CH$$

séparables par cristallisation fractionnée dans l'éther de pétrole, fusibles respectivement à 77°,5-78° et à 68-69°. Les acides correspondants fondent à 148-149° et à 132-133°.

En appliquant cette nouvelle méthode de synthèse des coumarines à l'éther oxalacétique, M. Biginelli a obtenu un isomère de la diméthyl-fraxétine [*Gazz. chim. ital.*, **25**, (2), 365].

La diméthoxylhydroquinone (5 grammes) est dissoute dans l'éther oxalacétique (20 grammes) ; on chauffe, puis on verse dans 40 grammes d'acide sulfurique concentré. Le liquide se colore en rouge, on le verse sur de la glace et on laisse reposer pendant 24 heures. Le nouveau dérivé s'est déposé ; on le fait cristalliser dans l'alcool. La condensation est représentée par l'équation

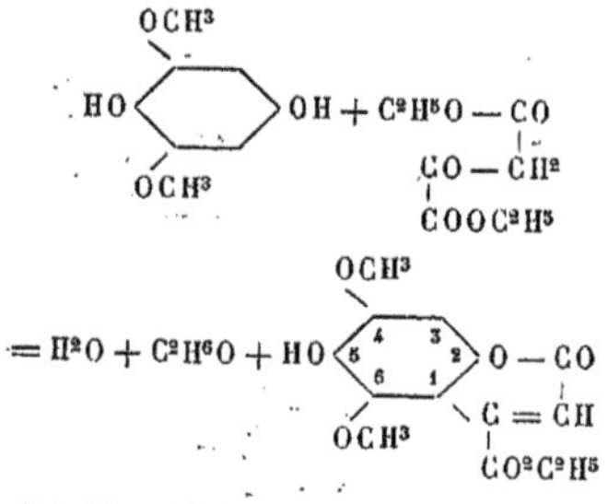

$$HO - \underset{OCH^3}{\overset{OCH^3}{\bigcirc}} - OH + C^2H^5O - CO,\ CO - CH^2,\ COOC^2H^5$$

$$= H^2O + C^2H^6O + HO - \underset{OCH^3}{\overset{OCH^3}{\bigcirc}} - O - CO,\ C = CH,\ CO^2C^2H^5$$

Cet *éther éthylique de la diméthoxy-oxy-coumarine-carboxylée* (*éther méthylique-olide 1.1³ de l'acide phène-tétrol 2.4.5.6-diméthyle 4.6-méthyloïque 1¹*) cristallise en prismes fusibles à 199-200°. Il est insoluble dans les carbonates alcalins, soluble dans les alcalis caustiques dilués ; cette solution est rose-carmin. L'éther n'en est pas précipité ni altéré par l'action d'un courant d'anhydride carbonique.

L'acide chlorhydrique ajouté à la solution alcaline provoque le dépôt de petites aiguilles, tandis que la solution devient jaune clair. L'acide ainsi obtenu cristallise dans l'eau en aiguilles jaunes qui fondent à 248-250° en se décomposant.

Par l'action de l'iodure de méthyle et de la potasse, le dérivé précédent est transformé en *l'éther triméthoxylé*,

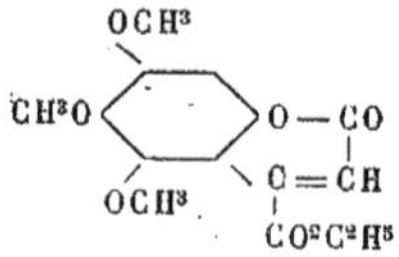

$$CH^3O - \underset{OCH^3}{\overset{OCH^3}{\bigcirc}} - O - CO,\ C = CH,\ CO^2C^2H^5$$

cristallisant dans l'alcool en prismes blancs, fusibles à 105-106°. Par saponification, on obtient *l'acide*

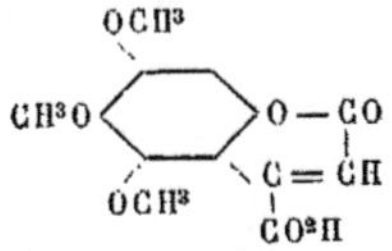

$$OCH^3$$

$$CH^3O \diamond O-CO$$

sous la forme de paillettes fusibles à 209°.

En distillant cet acide sur de la poudre de fer fraîchement calcinée, vers 250-260°, on obtient une huile qui possède une faible odeur de coumarine. Cette substance cristallise dans l'alcool en aiguilles fusibles à 74-75°. Elle est soluble dans la soude et dans la potasse; l'action d'un courant d'anhydride carbonique la précipite inaltérée de ces solutions. D'après son mode de formation, on doit lui attribuer la formule d'une *triméthoxycoumarine*,

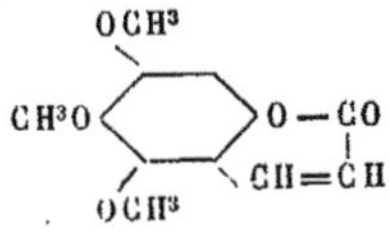

$$OCH^3$$

C'est donc un isomère de la fraxétine. Il reste pour cette dernière à décider entre une des trois formules possibles

I          II

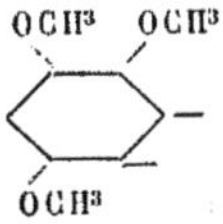

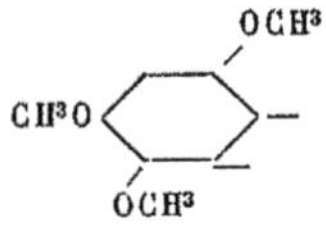

III

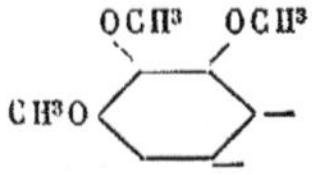

J. Dupont.

**FRÉDRICITE** (Min.). — Variété de tennantite.

**FRIGIDITE** (Min.). — Variété de panabase.

**FUCHSIA.** — Le *fuchsia* et le *giroflé* sont deux matières colorantes artificielles appartenant au groupe azinique (safranines). Le *fuchsia* correspondant à la soi-disant α-diméthylphénosafranine de M. Nietzki. Cette matière colorante, découverte par M. Bindschedler [D. chem. G., 16, 864], prend naissance par oxydation d'une molécule de diméthyl-p-phénylène-diamine avec 2 molécules d'aniline :

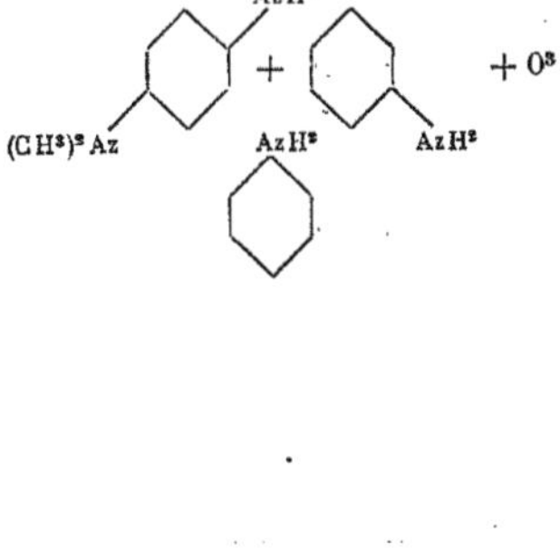

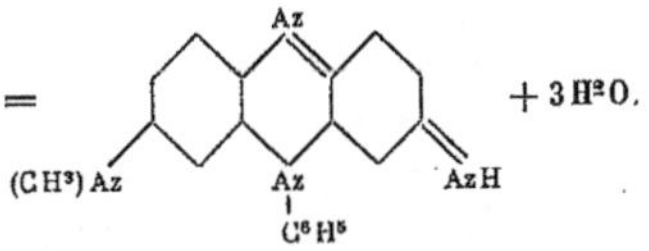

La préparation du fuchsia est identique à celle des différentes safranines. Son chlorhydrate se présente sous la forme de cristaux brillants, moins solubles dans l'eau et dans l'alcool que celui de tétraméthylphénosafranine (Bindschedler). Il répond à la formule $C^{20}H^{18}Az^4 . HCl$.

Le *nitrate*, très peu soluble, répond à la formule $C^{20}H^{18}Az^4 . HAzO^3$. Il se présente sous la forme d'aiguilles vertes à reflets brillants.

M. Bindschedler a préparé encore un *sel de platine*, $(C^{20}H^{18}Az^4 . HCl)^2 PtCl^4$ [voyez aussi Barbier et Vignon, *Bull. Soc. Chim.*, (2), 48, 636].

Le *fuchsia* du commerce est un sel double de zinc, se dissolvant facilement dans l'eau avec une couleur rouge-fuchsine. Cette matière colorante est d'un emploi fort répandu dans l'impression et la teinture du coton, car elle donne sur mordant de tannin et d'émétique une laque très résistante à l'action de la lumière et des lavages.

Un homologue de cette matière colorante est le *giroflé* de Durand, Huguenin et Cie, qui est préparé par l'action du chlorhydrate de nitroso-diméthylaniline sur la xylidine commerciale.

Ces différentes matières colorantes contiennent un groupe amidogène qui se laisse facilement diazoter sous l'action de l'acide azoteux. Le diazoïque obtenu se copule avec le β-naphtol en donnant un colorant azoïque bleu, le *bleu indoïne* du commerce, possédant la constitution

$$Cl\,(CH^3)^2Az = C^6H^3 \underset{Az}{\overset{Az}{\lessgtr}} C^6H^3 - Az = Az - C^{10}H^6 . OH\,(\beta)$$

$$C^6H^5$$

Cette matière colorante est employée sur une grande échelle pour la teinture du coton et fait concurrence à l'indigo, soit au point de vue du bon marché, soit au point de vue de la solidité.

Le diazoïque du *fuchsia*, versé dans une solution de potasse caustique concentrée, subit une transposition moléculaire et donne le sel de nitrosamine correspondant,

$$OH . (CH^3)^2Az = C^6H^3 \underset{Az}{\overset{Az}{\lessgtr}} C^6H^3 . Az \underset{AzO}{\overset{K}{\lessgtr}}$$

$$C^6H^5$$

Cette nitrosamine est facilement isolée par saturation de la solution potassique par le chlorure de potassium (Jaubert). La nitrosamine, sous l'influence d'un acide même faible, régénère avec la plus grande facilité le diazoïque primitif.

G.-F. Jaubert.

**FUCHSINE SYNTHÉTIQUE** [Syn. *Fuchsine nouvelle, fuchsine M. L. B.* — La fuchsine a été fabriquée pendant environ trente-cinq ans par deux uniques procédés : celui de Vergnin à l'acide arsénique (Medlock) et celui de Coupier au nitrobenzène.

Depuis quelques années, plusieurs procédés tendent à prendre pied industriellement, en particulier le procédé à l'aldéhyde formique, breveté par les Farbwerke vorm. Meister Lucius et Bruning, à Höchst-sur-Mein [D. R. P., 61146].

Ces nouveaux procédés synthétiques sont basés sur le fait suivant : L'aldéhyde formique, réagissant sur les amines primaires, engendre des dérivés méthyléniques. L'aniline donne par exemple l'*anhydroformaniline*,

$$C^6H^5 - AzH^2 + CH^2O = H^2O + C^6H^5 - Az = CH^2.$$

Lorsqu'on chauffe ces dérivés méthyléniques avec de l'aniline en excès, il se produit une transposition moléculaire, et l'on obtient le diaminodiphénylméthane, qui, oxydé en présence d'aniline au moyen du nitrobenzène, du chlorure ferrique, de l'acide arsénique ou du peroxyde de manganèse, par exemple, se transforme en para rosaniline

$$C^6H^5 - Az = CH^2 + C^6H^5 . AzH^2$$

$$= CH^2 \underset{\diagdown}{\overset{\diagup}{<}} \begin{array}{l} C^6H^4 - AzH^2 \\ C^6H^4 - AzH^2 \end{array}$$

$$C^6H^5 - AzH^2 + CH^2 \underset{\diagdown}{\overset{\diagup}{<}} \begin{array}{l} C^6H^4 - AzH^2 \\ C^6H^4 - AzH^2 \end{array} + O^2$$

$$= C \begin{array}{l} \diagup\, C^6H^4 - AzH^2 \\ -\; C^6H^4 - AzH^2 \\ \diagdown\, C^6H^4 = AzH^2 . OH \end{array} + H^2O.$$

Pararosaniline synthétique.

*Historique.* — L'emploi de la formaldéhyde dans la préparation des colorants artificiels fut découvert par M. J.-R. Geigy en 1889 (invention de T. Sandmeyer, brevet du *violet au chrome*) et plus tard par les Farbwerke Höchst, qui avaient trouvé que la formaldéhydaniline de M. Tollens, que l'on obtient facilement en partant de la formaldéhyde et de l'aniline, se condense aisément avec une seconde molécule d'aniline pour donner du diaminodiphénylméthane. Ce dernier, par condensation avec une troisième molécule d'aniline, donne du triaminotriphénylméthane, c'est-à-dire la leucobase de la fuchsine.

Toutefois l'idée d'oxyder un dérivé aminé du diphénylméthane en commun avec une amine aromatique se trouve déjà mentionnée dans un pli cacheté de M. Weinmann, chimiste de la maison Geigy (1888), et la synthèse de la fuchsine et d'autres matières colorantes de la série du triphénylméthane au moyen de l'aldéhyde formique se trouve décrite dans un autre pli cacheté, déposé en 1887 à la Société industrielle de Mulhouse par M. Walter, directeur de la fabrique de couleurs d'aniline de MM. J.-R. Geigy et Cⁱᵉ [*Bull. de la Soc. industr. de Mulhouse*, février-mars 1895].

M. Prosper Monnet avait aussi indiqué dans le brevet français n° 173232 du 30 décembre 1885, et dans un certificat d'addition, la possibilité de préparer de nouveaux colorants au moyen de la formaldéhyde (Zimmermann). Le procédé ne paraît pas avoir été exploité industriellement.

Si l'on remplace, dans la préparation du diaminodiphénylméthane, l'aniline par le phénol, on arrive de même au dioxydiphénylméthane.

*Préparation.* — La préparation de la fuchsine synthétique se fait en trois phases : 1° préparation du diaminodiphénylméthane; 2° sa transformation en triaminotriphénylméthane; 3° l'oxydation et la transformation en fuchsine.

1° PRÉPARATION DU DIAMINODIPHÉNYLMÉTHANE (D. R. P., 53937). — On mélange 50 kilogr. d'anhydroformaldéhydaniline avec 70 kilogr. de chlorhydrate d'aniline et un excès d'aniline. On chauffe au bain-marie en remuant et l'on constate que la masse devient bientôt sirupeuse. Après 12 heures, on alcalinise et on chasse l'aniline en excès par un courant de vapeur d'eau. Il reste dans la cornue une huile jaunâtre qui cristallise par refroidissement et constitue le diaminodiphénylméthane. On le purifie par cristallisation dans le benzène, car il est en général coloré par des traces de fuchsine. Le diaminodiphénylméthane

se présente sous la forme de gros prismes jaunâtres fusibles à 87°. Le sulfate de diaminodiphénylméthane est assez soluble dans l'eau, mais moins dans l'alcool.

On peut aussi réunir toutes les opérations en une seule : on dirige dans de l'aniline un courant de vapeurs de formol, puis on ajoute de l'acide chlorhydrique et de l'aniline en excès, enfin on chauffe au bain-marie.

On peut remplacer dans les différentes réactions l'anhydroformaldéhyde-aniline par la combinaison homologue préparée au moyen de la p-toluidine, de la xylidine; etc. (Brevet français n° 202769; D. R. P., 53937; certificat d'addition du 16 novembre 1889).

On mélange :

100 kilogr. d'anhydroformaldéhyde-paratoluidine,
250 — de chlorhydrate d'aniline,
800 — d'aniline.

On opère comme ci-dessus et l'on obtient, après avoir éliminé l'excès d'aniline et de p-toluidine formé pendant la réaction, un résidu de diaminodiphénylméthane.

On voit par ces réactions que, dans l'anhydroformaldéhydaniline, le résidu phénylique n'entre pas en réaction, mais ne sert que de support au groupe $CH^2$.

2° PRÉPARATION DU DIAMINODITOLYLMÉTHANE. — On mélange :

100 kilogr. d'anhydroformaldéhyde-aniline,
250 — de chlorhydrate d'orthotoluidine,
500 — d'orthotoluidine.

On opère comme dans l'exemple I. Le diaminoditolylméthane cristallise dans l'eau ou dans l'alcool en feuillets fusibles à 149°.

3° PRÉPARATION DU DIAMINOPHÉNYLTOLYLMÉTHANE. — On mélange :

100 kilogr. d'anhydroformaldéhyde-orthotoluidine,
250 — de chlorhydrate d'aniline,
500 — d'aniline.

On opère comme dans les différents exemples cités ci-dessus, et après avoir éliminé l'excès des bases aromatiques (aniline et orthotoluidine), on obtient une huile faisant bientôt prise et que l'on purifie par des cristallisations dans l'eau ou dans l'alcool.

La base asymétrique obtenue se présente sous la forme de feuillets brillants, fusibles à 129°. Son chlorhydrate et son sulfate sont facilement solubles dans l'eau (Brevet français n° 202769).

4° PRÉPARATION AU MOYEN DES BASES AMINOBENZYLÉES. — Les Farbenfabriken vorm. Fr. Baeyer et Cⁱᵉ, à Elberfeld, ont trouvé que le chlorhydrate d'aminobenzylaniline,

$$C^6H^5 - AzH - CH^2 C^6H^4 - AzH^2 , HCl,$$

se transforme sous l'action d'une température relativement peu élevée (160-250°) en dérivé du diphénylméthane :

$$\begin{array}{l} C^6H^5 - AzH \\ \qquad | \\ CH^2 - C^6H^4 - AzH^2 \end{array} = CH^2 \underset{\diagdown}{\overset{\diagup}{<}} \begin{array}{l} C^6H^4 - AzH^2 \\ C^6H^4 - AzH^2 \end{array}$$

P-aminobenzylaniline.   Diaminodiphénylméthane.

On opère comme suit : On chauffe à 180-220° pendant 8 à 12 heures, dans un autoclave, 10 kilogr. de chlorhydrate d'aminobenzylaniline. La masse obtenue est concassée et purifiée de la façon suivante : ou bien on la dissout dans 5 ou 10 litres d'eau et la précipite sous la forme de chlorhydrate par addition de 15-20 kilogr. d'acide chlorhydrique concentré, ou bien on la dissout dans l'alcool et on la précipite sous la forme de sulfate par addition de 5 kilogr. d'acide sulfurique concentré. On a préparé par ce moyen les bases suivantes :

Diaminodiphénylméthane,
Aminophényl-o-aminotolylméthane,
Aminophénylamino-m-xylylméthane,
Aminophényldiaminodiphénylméthane,
Aminophényl-o-méthoxyaminophénylméthane,
Aminophényldiaminoditolylméthane.

5° Préparation de la fuchsine nouvelle. — a. *Oxydation au moyen de l'acide arsénique.* — On mélange 10 kilogr. de diaminodiphénylméthane avec un grand excès d'aniline et 100 kilogr. de chlorhydrate d'aniline, on ajoute 13 kilogr. d'acide arsénique à 80 0/0 et l'on chauffe pendant 1 heure ou 1 heure et demie à 195-200°. La cuite est dissoute dans l'eau et la parafuchsine précipitée par le sel marin. La matière colorante est purifiée par cristallisation dans l'eau.

b. *Oxydation au moyen de l'azobenzène.* — On mélange 50 kilogr. de diaminodiphénylméthane avec un grand excès d'aniline et de chlorhydrate d'aniline, puis on ajoute environ 100 kilogr. d'azobenzène et l'on chauffe à 160°. Au bout de quelque temps, la masse devient épaisse et fait prise par refroidissement ; on la concasse, on la dissout dans l'eau bouillante et on précipite la parafuchsine par addition de sel marin.

c. *Oxydation au moyen du nitrobenzène.* — On mélange :

50 kilogr. d'anhydroformaldéhyde-aniline,
Un excès d'aniline,
Un excès de chlorhydrate d'aniline,
Du chlorure ferreux,
100 kilogr. de nitrobenzène.

On chauffe le tout à 170° jusqu'à ce que la cuite soit parfaite et on traite après refroidissement comme dans les exemples précédents.

On peut employer dans cette réaction, à la place du nitrobenzène, d'autres corps nitrés, comme le nitrophénol, le nitrotoluène, le nitroxylène, le nitronaphtalène, etc.

d. *Préparation de la fuchsine en $C^{22}$.* — On mélange :

10 kilogr. d'anhydroformaldéhyde-orthotoluidine,
50 — de chlorhydrate d'orthotoluidine,
10 — d'orthotoluidine,
12 — de nitrobenzène,
3 — de chlorure ferreux (ou 1 kilogr. de limaille de fer).

On chauffe le tout pendant 3 heures à 170°. Le reste de l'opération se fait comme dans les exemples a, b et c.

Cette fuchsine en $C^{22}$ peut être obtenue en partant du ditolylméthane diaminé. On chauffe :

10 kilogr. de diaminoditolylméthane,
30 — de chlorhydrate d'orthotoluidine,
15 — d'orthotoluidine,
12 — de nitrobenzène,
5 — de chlorure ferreux.

Le reste de l'opération se fait comme ci-dessus. La leucobase de la fuchsine en $C^{22}$ fond à 162° [D. R. P., 59775 ; 61146].

e. *Préparation de la triphényl p-fuchsine* [D. R. P., 67013].

1° On dissout :

100 kilogr. de diphénylamine
dans 200 litres d'alcool chaud ;

puis on ajoute

22,2 kilogr. d'aldéhyde formique (40 0/0).

On chauffe alors à 60° et on ajoute :

5 kilogr. HCl à 20 0/0.

La réaction est très vive et au bout de peu de temps le diphényldiaminodiphénylméthane se dépose sous la forme de masse cristalline.

2° On mélange :

10 kilogr. de diphényldiaminodiphénylméthane,
50 — de chlorhydrate de diphénylamine,
20 — de diphénylamine,
5 — d'orthonitrotoluène,
3 — de chlorure ferreux.

et on chauffe à 170° pendant 3 heures. Après refroidissement, on concasse la masse et on la dissout dans l'alcool.

Le chlorhydrate de triphényl-p-fuchsine cristallise par refroidissement à l'état de pureté [D. R. P., 67013].

3° *Préparation du dérivé sulfoné* [D. R. P., 73092 ; J.-R. Geigy et Cⁱᵉ]. — On fait une solution de 8ᵏᵍ,1 de diphénylamine-monosulfonate de soude,

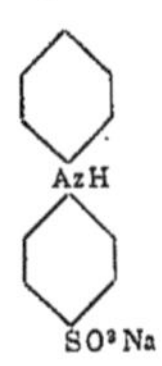

$$AzH$$
$$SO^3 Na$$

[voyez Merz et Weith, D. chem. G., 6, 1512] dans 180 litres d'eau, puis on ajoute 10 litres d'acide chlorhydrique concentré et 0ᵏᵍ,75 d'aldéhyde formique à 40 0/0. On porte à l'ébullition, on maintient celle-ci pendant une heure, puis on ajoute lentement 16 kilogr. d'une solution de chlorure ferrique contenant 47 0/0 de $Fe^2 Cl^6$. Dès que la formation du colorant est terminée, on laisse refroidir et on sépare la couleur par filtration.

Le dérivé triphénylé et trisulfoné de la p-fuchsine possède la constitution suivante :

$$C \begin{cases} C^6 H^4 - AzH - C^6 H^4 - SO^3 Na \\ C^6 H^4 - AzH - C^6 H^4 - SO^3 Na \\ C^6 H^4 = Az - C^6 H^4 - SO^3 Na \end{cases}$$

Il se trouve dans le commerce sous le nom de *bleu Helvétia*.

6° *Oxydation.* — Dans les divers exemples donnés ci-dessus, l'oxydation a toujours été faite simultanément avec la fixation du troisième radical phénylique sur le carbone central. Dans ce cas, l'oxydation a lieu avec la plus grande facilité. Il n'en est plus de même si l'on prépare la leucobase de la fuchsine, puis que l'on veuille transformer cette dernière en colorant. L'oxydation des bases tertiaires marche théoriquement, celle des bases primaires ne marche pas :

$$H - C \begin{cases} C^6 H^4 - Az(CH^3)^2 \\ C^6 H^4 - Az(CH^3)^2 \\ C^6 H^4 - Az(CH^3)^2 \end{cases}$$

Leucobase du violet hexaméthylé
(oxydation facile).

$$H - C \begin{cases} C^6 H^4 - AzH^2 \\ C^6 H^4 - AzH^2 \\ C^6 H^4 - AzH^2 \end{cases}$$

Leucobase de la p-fuchsine
(oxydation très difficile).

Pour les bases secondaires, les Farbenfabriken ont trouvé un moyen terme, qui consiste à bloquer la fonction amine secondaire au moyen du groupe AzO, c'est-à-dire que l'on transforme la leucobase secondaire en nitrosamine :

$$OH - C \begin{cases} C^6H^4 - AzH.CH^3 \\ C^6H^4 - AzH.CH^3 \\ C^6H^4 - AzH.CH^3 \end{cases}$$

$$\longrightarrow OH - C \begin{cases} C^6H^4 - Az\!\!<^{AzO}_{CH^3} \\ C^6H^4 - Az\!\!<^{AzO}_{CH^3} \\ C^6H^4 - Az\!\!<^{AzO}_{CH^3} \end{cases}$$

Cette nitrosamine peut être facilement oxydée par les oxydants ordinaires ; l'oxydation terminée, on élimine le groupe $AzO$.

Les Farbwerke vorm. Meister Lucius et Brüning ont trouvé un moyen pour oxyder les bases primaires et l'ont appliqué à la préparation de la parafuchsine. Ce procédé consiste à oxyder la leucobase dissoute dans de l'acétone contenant une petite quantité de sel marin en dissolution. Le sel marin a pour but de précipiter le colorant aussitôt après sa formation et de le soustraire à une action ultérieure de l'oxydant qui pourrait le détruire. Ce procédé a été appliqué aux leucobases suivantes :

Triaminotriphénylméthane,
Triaminodiphényltolylméthane,
Triaminoditolylphénylméthane,
Triaminotritolylméthane.

On dissout :

10 kilogr. de triaminotriphénylméthane
dans 15 kilogr. d'acétone ;

puis on ajoute :

10-12 kilogr. d'acide acétique dilué,
10 litres de solution saturée de sel marin,
2 kilogr. de sel marin.

On ajoute alors la quantité théorique de bioxyde de manganèse, soit sous la forme de poudre fine, soit sous la forme de résidu du procédé Weldon (manganèse régénéré). On agite pendant une heure à froid, puis on distille l'acétone et on extrait le colorant par l'eau bouillante.

On obtient des résultats presque théoriques [D. R. P., 70 905].

Dans un certificat d'addition [D. R. P., 72 032], les auteurs revendiquent encore l'emploi de la méthyléthylcétone, de l'alcool méthylique et de l'alcool éthylique comme solvants.

On a cherché à remplacer dans ces diverses réactions l'aldéhyde formique par une substance différente pouvant fournir avec facilité le carbone central nécessaire à la formation des colorants du triphénylméthane. On y a réussi dans une certaine mesure :

1° La Société des matières colorantes de Saint-Denis a proposé l'emploi du monoformiate de glycérine

$$\begin{array}{l} CH^2 - OH \\ | \\ CH - OH \\ | \\ CH^2 - O - COH \end{array}$$

que l'on obtient facilement en chauffant un mélange par parties égales de glycérine et d'acide oxalique. La réaction a même été étendue aux formiates du glycol, de la glycérine, de l'érythrite et de la mannite [D. R. P., 61 815].

2° M. Heumann a proposé l'emploi du tétrachlorure de carbone en présence de chlorure d'aluminium. On sait que cette réaction avait déjà été étudiée par A. W. Hofmann dès 1858 [D. R. P., 66 511 ; 68 976].

3° L'Actiengesellschaft für Anilinfabrikation a proposé l'emploi du chlorure de méthyle [D. R. R., 66 125].

4° M. Cassella et C° ont proposé l'emploi de l'acide méthylsulfurique, $CH^3 - CH^2 - O - SO^3H$.

5° La même fabrique a breveté en outre l'action des alcools méthylique et éthylique sur les bases aromatiques en présence d'oxydants.

De tous ces procédés, un seul a réussi à s'implanter dans la technique des matières colorantes : c'est le procédé à l'aldéhyde formique, qui sert à préparer la *fuchsine synthétique*.

G.-F. Jaubert.

**FUCOSE**, $C^6H^{12}O^5$. — Ce sucre, méthylpentose isomère de la rhamnose, se retire de certaines algues marines. Pour l'obtenir sous forme de cristaux [Günther et Tollens, *Ann. Chem.*, 271, 86], il est nécessaire d'avoir recours à l'intermédiaire de son hydrazone.

*Préparation*. — On fait digérer à froid, pendant 2 jours, 1 kilogramme de fucus d'Heligoland avec de l'acide chlorhydrique (à 4 0/0) ; on lave à l'eau, puis on chauffe au bain-marie pendant 12 heures avec de l'acide sulfurique (à 3 0/0). On neutralise avec du carbonate de baryum le liquide jaune clair obtenu par essorage, on filtre et on concentre au bain-marie jusqu'au tiers du volume.

En ajoutant au liquide son volume d'alcool à 93 0/0, on précipite des matières gommeuses ; mais la liqueur ne cristallise pas par évaporation, même lorsqu'on répète plusieurs fois cette opération.

Le sirop est alors traité comme l'ont indiqué MM. Fischer et Tafel pour la rhamnose, afin d'isoler l'hydrazone : on mélange à froid le sirop (2 parties) avec de la phénylhydrazine (1 partie) et de l'eau (1 partie). Le mélange ne tarde pas à se prendre en une masse brun clair qu'on broie avec de l'alcool et qu'on lave à l'éther.

Après cristallisation dans l'alcool, l'hydrazone fond à 170-173°.

Pour en régénérer le sucre, on traite alors cette hydrazone par la méthode employée à propos de la mannose par MM. Fischer et Hirschberger. On projette 18 grammes de l'hydrazone dans 72 grammes d'acide chlorhydrique (D = 1,19) refroidi à — 10° ; il se sépare du chlorhydrate de phénylhydrazine. On essore la masse refroidie davantage et on filtre le nouveau dépôt de chlorhydrate qui se forme dans la liqueur filtrée additionnée d'un peu d'eau. La liqueur obtenue alors est additionnée de son volume d'eau et traitée par le carbonate de plomb ; on filtre le chlorure de plomb, on alcalinise avec de l'eau de baryte et on extrait à l'éther la phénylhydrazine et les matières colorantes dissoutes dans la liqueur. L'excès de baryte est éliminé par un courant de gaz carbonique ; d'autre part, on filtre sur du noir animal et on réduit la liqueur de moitié par évaporation.

On ajoute alors à la liqueur deux fois son volume d'alcool absolu et un peu d'éther ; puis on projette du sulfate d'argent finement pulvérisé, on agite fortement, on filtre et on évapore jusqu'à consistance sirupeuse.

L'éther précipite de la solution alcoolique de ce sirop le sucre, sous la forme d'une masse blanche amorphe, qu'on peut faire cristalliser dans l'alcool absolu.

*Pouvoir rotatoire*. — La fucose est très fortement lévogyre et présente le phénomène de la multirotation.

$1^{gr},8275$ de fucose pure séchée à 65° a été dissous dans l'eau, puis le tout amené à occuper 20 centimètres cubes, et examiné dans un tube de 20 centimètres : $[\alpha]_D = -75°,96$.

Dans une seconde opération faite en vue de déterminer le pouvoir rotatoire immédiatement après la solution, on a trouvé :

| | | | | |
|---|---|---|---|---|
| 11 minutes après la dissolution. | $[\alpha]_D =$ | $-111°,8$ | | |
| 56 — | — | — | $[\alpha]_D =$ | $- 81°,3$ |
| 146 — | — | — | $[\alpha]_D =$ | $- 76°,8$ |
| Le lendemain.............. | | | $[\alpha]_D =$ | $- 77°,0$ |

Le point de fusion de cette substance varie selon les portions de 116 à 140°.

La fucose pure fournit la même hydrazone fusible à 172-173° que le sirop brut d'où on la retire.

L'osazone obtenue par la méthode habituelle fond à 158-159°.

La fucose présente les réactions habituelles des sucres réducteurs : elle réduit la liqueur de Fehling, jaunit avec une solution de soude; elle fournit avec l'α-naphtol et l'acide sulfurique une coloration rouge-violacé, avec le thymol et l'acide sulfurique une coloration rouge clair.

La phloroglucine et l'orcine produisent une coloration jaune sans bandes d'absorption; la résorcine et l'acide chlorhydrique, une coloration jaune.

*Pouvoir réducteur.* — La fucose a un pouvoir réducteur voisin de celui de la glucose, mais plus faible : 1 centimètre cube de liqueur de Fehling exige de 6 à 7 milligrammes de fucose pour être réduit ($6^{mg},12$, $6^{mg},92$).

Par distillation avec l'acide chlorhydrique, la fucose fournit du méthylfurfurol, que l'on peut caractériser soit par la réaction de l'acétate d'aniline, soit par celle de M. Maquenne (coloration verte avec l'alcool et l'acide sulfurique).

La fucose est donc un sucre; c'est une méthylpentose isomérique avec la rhamnose, mais qui s'en distingue nettement par un certain nombre de propriétés (cristallisation difficile, pouvoir rotatoire, hydrazone et osazone).        L. Simon.

**FUCUSOL** (voyez Dict., 1, 1506; Suppl., 841). — Le composé décrit par M. Stenhouse, sous le nom de *fucusol*, comme un isomère du furfurol, est un mélange de furfurol et de méthylfurfurol bouillant à 182-184° [Bieler et Tollens, *D. chem. G.*, 22, 3062; *Bull. Soc. Chim.*, (3), 3, 648. — Maquenne, *C. R.*, 109, 571].

**FUGGERITE** (Min.) (Weinschenk). — Silicate d'aluminium (et d'un peu d'oxyde ferrique), de césium, un peu de magnésium et de sodium, ayant une composition correspondant à 10 molécules de gehlénite et 3 molécules d'akermanite, sorte de gehlénite décrite par L.-J. Vogt. Tables carrées vert-pomme, épaisses, clivables suivant leur base, avec calcite dans un hornfels au contact de la monzonite dans la vallée de Fassa. Très attaquable aux acides même étendus, avec dépôt de silice pulvérulente; décomposée même par l'eau pure après un contact prolongé. Densité = 3,175-3,18. Vraisemblablement prisme quadratique, mais à peine biréfringent.

**FULLONITE** (Min.). — Variété de Gœthite.

**FULMINIQUE (ACIDE)**, $C = AzOH$ (voyez Dict., 1, 1499; 1er Suppl., 1, 841). — Depuis l'article de M. Armand Gautier, on a continué à étudier l'acide fulminique et les fulminates, afin d'arriver à en connaître la constitution. Aux formules proposées plus anciennement et relatées dans cet article, sont venues s'en substituer d'autres plus en accord avec les nouveaux faits d'observation, dont le plus saillant était la production d'hydroxylamine dans l'action de l'acide chlorhydrique sur le fulminate de mercure, mais renfermant toujours $(CAzOH)^2$, à cause de l'hypothèse admise depuis Gay-Lussac et Liebig de l'existence de 2 atomes d'hydrogène fonctionnant différemment.

Nous citerons les formules de M. Steiner,

$$\begin{array}{c} C = AzOH \\ \| \\ C = AzOH \end{array}$$

de M. Divers,

$$\begin{array}{c} HO.C = Az \\ | \phantom{HO.C = Az} \Big\rangle O, \\ HC = Az \end{array}$$

et de M. R. Scholl,

$$\begin{array}{c} H-C=Az-O \\ | \phantom{H-C=Az} | \\ H-C=Az-O \end{array} \quad \text{ou} \quad HO.Az \Big\langle \begin{array}{c} C \\ \| \\ C \end{array} \Big\rangle Az \; OH.$$

Dans toutes ces formules, 2 atomes de carbone se trouvent soudés l'un à l'autre. Cette supposition est en désaccord avec les résultats de l'expérience. L'action des divers réactifs sur les fulminates n'engendre jamais que des composés à un seul atome de carbone. Ainsi le chlore, comme on le sait depuis longtemps, fournit du chlorure de cyanogène et de la chloropicrine :

$$(CAzOAg)^2 + 6\,Cl$$
$$= CAzCl + C(AzO^2)Cl^3 + 2\,AgCl.$$

Dans les produits de décomposition, on trouve de l'acide formique et jamais d'acide oxalique.

M. Steiner a bien annoncé qu'il avait obtenu de l'acide oxalique en décomposant le fulminate de mercure par l'hydrogène sulfuré; mais ce résultat a été contesté depuis par MM. Divers et Kawakita [*Chem. Soc.*, 47, 69].

Aussi doit-on admettre la formule simple proposée par M. J.-U. Nef, qui fait de l'acide fulminique l'oxime de l'oxyde de carbone ou *carbyloxime* $C = AzOH$, formule renfermant un carbone divalent dont la présence explique les propriétés spéciales de ces composés. Elle découle de l'étude de l'action de l'acide chlorhydrique sur les fulminates et de l'action du chlorure mercurique sur le nitrométhane sodé.

Action des acides sur les fulminates. — Chloroformoxime. — La connaissance des produits de cette action est la clef de la constitution de l'acide fulminique et de ses sels. Dès l'origine de son histoire, l'obscurité s'est faite sur la véritable nature des produits multiples qu'on en peut dériver suivant les conditions expérimentales. C'est ainsi que, depuis Gay-Lussac et Liebig, on a admis et enseigné que l'acide cyanhydrique était un produit constant de l'action des acides. Ces savants avaient cependant fait remarquer qu'il leur avait été impossible de le caractériser par ses réactions bien connues. En réalité, il ne se forme pas d'acide cyanhydrique dans la réaction. L'odeur que l'on perçoit est celle de la carbyloxime. Ce n'est que récemment que M. J.-U Nef a su se placer dans les conditions favorables à la production et à l'isolement du produit principal, et en démêler la véritable nature.

Avant lui, divers expérimentateurs l'avaient entrevu, notamment MM. Carstanjen et Ehrenberg, Steiner, Divers et Kawakita [*Chem. Soc.*, 45, 13].

M. Ehrenberg [*J. prakt. Chem.*, (2), 30, 38] constata qu'en traitant le fulminate de mercure en présence d'eau, par l'acide chlorhydrique, on obtenait de l'*acide formique* et de l'*hydroxylamine* :

$$(CAzO)^2Hg + 2\,HCl + 4\,H^2O$$
$$= 2\,CH^2O^2 + 2\,AzH^2OH + HgCl^2.$$

MM. Divers et Kawakita observèrent que la production du corps à odeur d'acide cyanhydrique n'avait lieu que lorsqu'on employait l'acide étendu.

En faisant agir le gaz chlorhydrique parfaitement desséché sur le fulminate de mercure en suspension dans l'éther et refroidi à 0°, M. Ehrenberg espérait obtenir l'acide fulminique libre. Il observa bien la précipitation de chlorure mercurique. La solution éthérée filtrée fut évaporée au bain-marie. Quelques cristaux se déposèrent d'abord, puis le résidu se décomposa brusquement avec explosion. Le même résultat fut obtenu en évaporant l'éther dans le vide.

La solution éthérée, additionnée à 0° d'ammoniaque aqueuse, se colora en jaune et laissa déposer une matière amorphe jaune, puis au bout de quelque temps des cristaux blancs, légèrement jaunâtres, qui, après cristallisation dans l'eau bouillante, présentaient, d'après M. Ehrenberg, la composition $C^3 H^4 Az^4 O^2$.

M. R. Scholl, en faisant agir sur le fulminate de mercure l'acide chlorhydrique concentré, obtint aussi de l'acide formique et du chlorhydrate d'hydroxylamine. Il observa également la formation d'un composé intermédiaire instable, cristallisant en belles aiguilles, soluble dans l'éther. Il lui attribua la formule d'un sel de l'acide fulminique $(CHAzOH, HCl)^2$.

C'est ce produit, déjà aperçu par MM. Ehrenberg et Scholl, que M. Nef a étudié et caractérisé comme la *chloroformoxime*,

$$\begin{array}{c} Cl \\ H \end{array}\!\!\!>\!C = AzOH.$$

La chloroformoxime, oxime du chlorure de formyle hypothétique

$$\begin{array}{c} Cl \\ H \end{array}\!\!\!>\!CO,$$

se prépare aisément au moyen du fulminate de sodium. Du fulminate de mercure est mis en suspension dans l'eau et traité par un peu plus que la quantité correspondante d'amalgame de sodium à 8 0/0, d'abord dans un ballon refroidi, puis dans un flacon bouché; on agite jusqu'à ce que la liqueur ne contienne plus de mercure. La solution ainsi obtenue est refroidie à 0°, et on y ajoute, par petites portions, de l'acide chlorhydrique étendu de son volume d'eau et refroidi également à 0°. On extrait à plusieurs reprises à l'éther, on distille le tiers du dissolvant à 40° dans un courant d'air, on concentre ensuite sous pression réduite, et enfin on abandonne par petites portions sous des dessiccateurs dans le vide. La solution concentrée doit toujours être maintenue à 0° [J.-U. Nef, *Ann. Chem.*, 280, 291].

M. R. Scholl traite la solution de fulminate de sodium (1 partie) par la quantité calculée (2 parties) d'acide chlorhydrique d'une densité de 1,183. Il filtre ensuite, épuise la liqueur par l'éther et évapore dans un fort courant d'air. Le produit cristallise en longues aiguilles qu'on lave à l'éther de pétrole et qu'on conserve à l'abri de l'humidité et à basse température.

M. Nef a également obtenu la chloroformoxime par l'action de l'acide chlorhydrique sur le fulminate d'argent.

Elle se présente sous la forme de belles aiguilles de plusieurs centimètres de long. Elle est très volatile et peut être sublimée. Chauffée brusquement, elle brûle avec une flamme pourpre. Elle est soluble dans l'éther, l'eau, l'alcool, insoluble dans la ligroïne.

Ce produit est très vénéneux; l'inhalation de ses vapeurs provoque des nausées, même des congestions. En solution étendue, son odeur rappelle celle de l'acide cyanhydrique. Il y a dissociation en acide chlorhydrique et carbyloxime :

$$\begin{array}{c} Cl \\ H \end{array}\!\!\!>\!C = AzOH = HCl + C = AzOH.$$

Cette solution provoque les mêmes effets physiologiques que celle d'acide cyanhydrique. Elle exerce sur la peau une action des plus corrosives.

La chloroformoxime possède une grande activité chimique. A l'état solide ou en solution concentrée, elle peut être conservée pendant quelques heures à 0°. Abandonnée par petites portions à la température ordinaire, elle se vaporise lentement et complètement. Si la quantité en expérience atteint seulement quelques décigrammes, elle se colore en vert et se décompose entièrement en dégageant une énorme quantité de chaleur. La même décomposition s'observe à 40° dans le vide.

La chloroformoxime peut être rapprochée de la *chlorobenzényléthoxime* de MM. Tiemann et Krüger :

$$\begin{array}{c} Cl \\ H \end{array}\!\!\!>\!C = AzOH, \qquad \begin{array}{c} Cl \\ C^6H^5 \end{array}\!\!\!>\!C = AzOC^2H^5.$$

Chloroformoxime.  Chlorobenzényléthoxime.

Traitée par un excès de soude caustique à 7 0/0, elle régénère, avec un rendement de 86 0/0 de la quantité calculée, le fulminate de sodium :

$$\begin{array}{c} Cl \\ H \end{array}\!\!\!>\!C = AzOH + 2NaOH$$

$$= NaCl + 2H^2O + C = AzONa.$$

Par un processus analogue, on obtient le fulminate d'argent en la traitant par le nitrate d'argent :

$$\begin{array}{c} Cl \\ H \end{array}\!\!\!>\!C = AzOH + 2AzO^3Ag$$

$$= AgCl + 2AzO^3H + C = AzOAg.$$

C'est là un nouvel exemple de la tendance que montrent à se dédoubler les corps du type du chlorure de formyle :

$$\begin{array}{c} Cl \\ H \end{array}\!\!\!>\!CO = CO + HCl.$$

La chloroformoxime en solution est additionnée d'une solution de nitrate d'argent. On l'abandonne ensuite pendant quelque temps en digestion avec une solution étendue d'acide phosphorique et on filtre pour séparer le chlorure d'argent. Le précipité est lavé avec une solution de chlorure de potassium et le mélange abandonné à lui-même. Par refroidissement ou évaporation, il se dépose le beau *sel double*

$$C = AzOAg, C = AzOK$$

en longues aiguilles plates et incolores. C'est ce sel double que Gay-Lussac et Liebig avaient pris d'abord pour l'acide fulminique, pensant qu'il y avait eu double décomposition entre le chlorure de potassium et le fulminate d'argent. En le dissolvant dans l'eau chaude et ajoutant un excès d'acide nitrique, on voit se déposer de fines aiguilles de fulminate d'argent pur.

La formule attribuée à la chloroformoxime est confirmée par l'étude des produits de son action sur l'aniline et sur l'ammoniaque.

Traitée par l'aniline, elle donne d'abord un produit d'addition,

$$\begin{array}{c} Cl \\ H \end{array}\!\!\!>\!C = AzOH + C^6H^5AzH^2 = Cl \begin{array}{c} AzH.C^6H^5 \\ | \\ C - AzHOH, \\ | \\ H \end{array}$$

qui, agissant à son tour sur une seconde molécule d'aniline, fournit la *phénylisurétine*,

$$\overset{\displaystyle AzH\cdot.C^6H^5}{\underset{\displaystyle H}{Cl-C-AzOH}} + C^6H^5AzH^2$$

$$= C^6H^5AzH^2, HCl + HC \lessgtr {Az\,C^6H^5 \atop AzHOH}$$

Phénylisurétine.

L'isurétine est le produit d'addition de l'hydroxylamine à l'acide cyanhydrique :

$$HC \lessgtr {Az.OH \atop AzH^2} \quad ou \quad HC \lessgtr {AzH \atop AzH.OH}$$

La phénylisurétine ainsi obtenue et celle que fournit l'action du chlorhydrate d'aniline sur l'isurétine fondent toutes deux à 138° et sont par ailleurs parfaitement identiques.

On pourrait supposer que l'ammoniaque, réagissant sur la chloroformoxime, se comportera d'une façon analogue à l'aniline et fournira l'isurétine. La réaction est en réalité plus complexe : elle conduit à une substance possédant des propriétés acides, à laquelle l'analyse assigne la composition $C^3H^3Az^3O^3$, $0,5H^2O$, et que M. Nef nomme *acide cyanisonitroso - acéthydroxamique*,

$$\underset{\displaystyle HO-C=AzOH}{\overset{\displaystyle CAz}{\overset{\displaystyle |}{CAzOH}}}$$

Sa formation peut s'expliquer ainsi : La chloroformoxime commence par réagir sur l'ammoniaque en donnant du fulminate d'ammonium :

$${Cl \atop H} \gtrdot C=AzOH + 2AzH^3$$
$$= C=AzOAzH^4 + AzH^4Cl.$$

Puis une molécule de chloroformoxime s'additionne à ce fulminate :

$${Cl \atop H} \gtrdot C=AzOH + C=AzOAzH^4 = \overset{\displaystyle H}{\underset{\displaystyle Cl-C=AzOAzH^4}{C=AzOH}}$$

Le composé formé perd une molécule d'eau :

$$\underset{\displaystyle Cl-C=AzOAzH^4}{\overset{\displaystyle H-C=AzOH}{}} = H^2O + \underset{\displaystyle Cl-C=AzOAzH^4}{\overset{\displaystyle C\equiv Az}{}}$$

Le corps ainsi obtenu réagit à son tour sur une molécule de fulminate d'ammonium,

$$C=AzOAzH^4 + \underset{\displaystyle Cl-C=AzOAzH^4}{\overset{\displaystyle C\equiv Az}{}}$$
$$= \underset{\displaystyle Cl-C=AzOAzH^4}{\overset{\displaystyle CAz}{\overset{\displaystyle |}{C=AzOAzH^4}}}$$

et ce produit, fixant $H^2O$, perdant $HCl$, donne enfin le *cyanisonitroso-acéthydroxamate d'ammonium*,

$$\underset{\displaystyle Cl-C=AzOAzH^4}{\overset{\displaystyle CAz}{\overset{\displaystyle |}{C=AzOAzH^4}}} + H^2O$$

$$= HCl + \underset{\displaystyle HO-C=AzOAzH^4}{\overset{\displaystyle CAz}{\overset{\displaystyle |}{C=AzOAzH^4}}}$$

La chloroformoxime, dans les mêmes conditions, réagit sur le fulminate de sodium en donnant le sel de sodium correspondant.

L'acide libre fond à 117-118° en se décomposant; il donne deux séries de sels renfermant 1 et 2 atomes d'un métal monovalent. Sa solution aqueuse se colore en rouge de sang par le perchlorure de fer.

Les formules de la chloroformoxime, et par suite des fulminates et de l'acide fulminique, sont donc clairement établies par ces réactions. Nous signalerons encore quelques autres propriétés de la chloroformoxime, étudiées par M. Nef.

On conçoit aisément que le carbone divalent du fulminate d'argent, $C=AzOAg$, puisse fixer par simple addition une molécule d'acide chlorhydrique sans que le métal soit éliminé. Il en résultera le *dérivé argentique* de la chloroformoxime,

$${Cl \atop H} \gtrdot C=AzOAg ;$$

c'est ce qui arrive lorsqu'on ajoute à du fulminate d'argent, en suspension dans beaucoup d'eau, de l'acide chlorhydrique étendu. Il y a production simultanée de chloroformoxime et de son dérivé argentique. La première est extraite au moyen de l'éther, le second reste en suspension dans l'eau. On a ici un exemple d'un fait analogue à celui qu'on observe avec les dérivés de l'éther sodacétylacétique, $CH^3-CO(ONa)=CH-COOR$, sur lesquels peuvent réagir les iodures alcooliques et les chlorures d'acides sans que le sodium soit éliminé.

Un produit d'addition analogue prend naissance dans l'action de l'hydrogène sulfuré sur le fulminate d'argent. En ajoutant à de l'eau tenant en suspension du fulminate une dissolution d'hydrogène sulfuré, on perçoit une forte odeur cyanhydrique; la liqueur reste claire et possède à la fois les réactions du soufre et celles de l'argent. Le nitrate d'argent y fournit un précipité brun de fulminate et de sulfure d'argent; l'acide chlorhydrique y précipite du chlorure et du sulfure d'argent. Il y a eu formation d'un produit d'addition

$${H \atop HS} \gtrdot C=AzOAg,$$

le *thioformylhydroxamate d'argent*, soluble dans l'eau comme le dérivé argentique de la chloroformoxime. Par une action plus profonde de l'hydrogène sulfuré, ce produit se décompose en sulfure d'argent et *acide thioformylhydroxamique*,

$${H \atop HS} \gtrdot C=AzOH.$$

Cette propriété des fulminates de pouvoir s'additionner les acides explique certains faits observés antérieurement. Ainsi M. Scholvien, en traitant par l'acide sulfurique une solution de fulminate de sodium, obtint par extraction à l'éther une solution qui, au contact du nitrate d'argent, donnait du fulminate d'argent. Il pensait avoir obtenu une solution d'acide fulminique libre. En réalité il avait entre les mains le *sulfate de formoxime*,

$${SO^4H \atop H} \gtrdot C=AzOH,$$

formé d'après l'équation

$$C=AzONa + SO^4H^2 = {SO^4H \atop H} \gtrdot C=AzONa,$$

$$2 \left[ {SO^4H \atop H} \gtrdot C=AzONa \right] + SO^4H^2$$

$$= 2 \left[ {SO^4H \atop H} \gtrdot C-AzOH \right] + SO^4Na^2.$$

Le sulfate de formoxime est moins stable encore que le chlorure. Il se dissocie plus facilement que lui en acide sulfurique et carbyloxime. Traité par le nitrate d'argent, il régénère le fulminate d'argent.

SYNTHÈSE DES FULMINATES A PARTIR DU NITROMÉTHANE. — V. Meyer et M. Rilliet ont décrit un *mercure–nitrométhane* [C H² (Az O)]² Hg, comme une poudre jaune, insoluble dans l'eau, douée de propriétés explosives puissantes, obtenue dans l'action du chlorure mercurique sur le nitrométhane sodé. Pour justifier ses vues sur la constitution du nitrométhane, M. Nef reprit l'étude de cette réaction. Il constata que le corps en question ne contenait pas d'hydrogène. La formule de V. Meyer était donc inadmissible.

Parmi les produits très complexes de la réaction, il isola un corps cristallisant dans l'eau bouillante, identique avec le fulminate de mercure. La formation de ce composé se comprend aisément. Il se forme bien dans le premier temps le *mercure–nitrométhane*

$$\mathrm{C\,H^2 = Az - O\,Na} + \mathrm{hg\,Cl} = \mathrm{Na\,Cl} + \mathrm{C\,H^2 = Az - O\,hg}$$
$$\underset{\mathrm{O}}{\overset{\shortparallel}{\phantom{.}}} \qquad\qquad\qquad \underset{\mathrm{O}}{\overset{\shortparallel}{\phantom{.}}}$$

(pour simplifier l'écriture des formules, nous représentons par le symbole hg le demi-atome de mercure univalent). Mais celui-ci, par une déshydratation interne, se transforme immédiatement en *fulminate de mercure,*

$$\underset{\mathrm{O}}{\overset{\shortparallel}{\mathrm{C\,H^2}}} = \mathrm{Az - O\,hg} = \mathrm{H^2 O} + \mathrm{C = Az\,O\,hg}.$$

On n'obtient ainsi qu'une faible quantité de fulminate. On conçoit que ce corps contenant un carbone à demi saturé possède une énorme aptitude de réaction. Il fixe de l'oxygène naissant en donnant un corps jaune, insoluble dans l'eau, qui se forme constamment dans cette réaction et qui serait l'*oxime mercurique du carbonate de mercure* :

$$\mathrm{Hg} \genfrac{<}{>}{0pt}{}{\mathrm{O}}{\mathrm{O}} \mathrm{C = Az\,O\,hg}.$$

Cet oxygène est enlevé au mercure nitrométhane qui se transforme en *mercure-formoxime* :

$$\underset{\mathrm{O}}{\overset{\shortparallel}{\mathrm{C\,H^2}}} = \mathrm{Az - O\,hg} = \mathrm{O} + \mathrm{H^2 C = Az\,O\,hg}.$$

On conçoit la difficulté qu'il y a à isoler ces divers produits à l'état de pureté. Il doit se former, en outre, un composé répondant à la formule

$$\mathrm{O = C = Az\,O\,hg}.$$

Les chiffres trouvés à l'analyse correspondent à un mélange de mercure–dioxycarboxime et du dernier composé, qui y prédominerait.

D'autres considérations viennent à l'appui de la formule proposée par M. Nef.

L'action physiologique de l'acide fulminique C = Az O H est tout à fait comparable à celle de l'acide cyanhydrique C = Az H.

Cette remarque avait été faite déjà par M. Chichkoff.

L'existence du sel double C = Az O Ag, C = Az O K (voyez plus haut) n'a pas besoin, pour être expliquée, de l'hypothèse de Gay-Lussac et de Liebig, de la présence dans la molécule de deux atomes d'hydrogène fonctionnant différemment. Ce sel est tout simplement l'analogue du cyanure double d'argent et de potassium, C = Az Ag, C = Az K, comme lui soluble dans l'eau et décomposable par l'acide nitrique avec mise en liberté de cyanure d'argent. La même remarque s'applique aux nombreux sels doubles préparés par Davy avec le fulminate de zinc.

L'analogie se poursuit plus loin : il existe un *ferrofulminate de sodium* analogue au ferrocyanure.

FERROFULMINATE DE SODIUM,

$$\mathrm{(C = Az\,O)^6\,Fe\,Na^4,\ 18\,H^2\,O}.$$

— Ce sel se forme lorsqu'on ajoute à une solution de fulminate de sodium, contenant un petit excès d'alcali, une solution de sulfate de fer.

La liqueur jaune que l'on obtient ne présente plus les réactions du fer; les alcalis, l'acide sulfhydrique n'y précipitent rien. Abandonnée à l'évaporation spontanée, elle laisse déposer de longues aiguilles jaunes, assez solubles dans l'eau froide. La solution fournit avec le perchlorure de fer une coloration d'un rouge pourpre, très sensible. Elle est décomposée par l'ébullition avec la soude ou le sulfure d'ammonium; il se produit de l'hydrate ou du sulfure.

Le sel cristallisé abandonné dans le vide perd une partie de son eau de cristallisation; il devient blanc, puis rouge. On a alors un mélange très explosif de fulminate de sodium et de fulminate de fer. En le dissolvant dans l'eau, on régénère le ferrofulminate.

Les essais d'oxydation pour obtenir le ferrifulminate sont restés jusqu'à présent infructueux.

FULMINATES (Dict., 1, 1499). — Nous avons, dans ce qui précède, exposé un certain nombre de points de l'histoire des fulminates. Nous compléterons ici ces renseignements.

*Fulminate d'argent.* — D'après Liebig, il se déposerait du fulminate d'argent lorsqu'on fait agir, à froid, l'acide nitreux sur une solution alcoolique de nitrate d'argent (Dict., 1, 1500). MM. Divers et Kawakita [*Chem. Soc.,* 45, 276] ont fait passer des vapeurs nitreuses dans une solution saturée de nitrate d'argent dans l'alcool (D = 0,830), en présence d'un excès de sel solide. Le liquide s'est échauffé peu à peu et l'excès de sel s'est dissous; du nitrite d'éthyle s'est dégagé, et il s'est déposé de petites aiguilles. Celles-ci ne constituent qu'un mélange de nitrate d'argent avec un sel organique d'argent. La formation de fulminate ne s'effectue qu'à la température de 60°; la liqueur renferme alors de l'acide nitrique.

D'après les mêmes savants [*Chem. Soc.,* 47, 69], l'acide chlorhydrique réagit sur le fulminate d'argent plus énergiquement que sur le fulminate de mercure. Ils ont constaté qu'il se formait dans cette action un corps instable, « identique sans doute avec le composé azoté et chloré déjà signalé par Gay-Lussac » et qui n'est autre que la chloroformoxime. Ils ont vu également que la proportion de chlorhydrate d'hydroxylamine obtenue ultérieurement s'élève à 30 0/0, correspondant aux deux tiers de l'azote total, avec 20 0/0 d'acide formique, correspondant aux deux tiers du carbone total lorsqu'on emploie l'acide concentré; avec l'acide dilué, la proportion de ces produits correspond aux neuf dixièmes du fulminate employé. Il ne se forme alors que des traces d'ammoniaque. La réaction est exprimée par l'équation

$$2\,(\mathrm{C = Az\,O\,Ag}) + 4\,\mathrm{H\,Cl} + 4\,\mathrm{H^2\,O}$$
$$= 2\,\mathrm{C\,H^2\,O^2} + 2\,\mathrm{Az\,H^4\,O\,Cl} + 2\,\mathrm{Ag\,Cl}.$$

L'acide carbonique et l'ammoniaque résultent d'une réaction secondaire :

$$\mathrm{C\,H^2\,O^2} + \mathrm{Az\,H^4\,O\,Cl} = \mathrm{C\,O^2} + \mathrm{Az\,H^4\,Cl}.$$

Contrairement aux indications de M. Steiner, ils n'ont pas observé la formation d'acide oxalique.

*Fulminate de cuivre.* — MM. Divers et Kawakita (*loc. cit.*) n'ont pas réussi à obtenir ce sel par les procédés qui servent à préparer ceux de mercure et d'argent. En faisant passer de l'acide azoteux dans une solution alcoolique d'azotate de cuivre, ils n'ont obtenu qu'un abondant précipité d'oxalate de cuivre.

M. Warren [*Chem. News*, **64**, 28] aurait préparé le fulminate de cuivre en faisant digérer de la limaille de cuivre avec une solution de fulminate d'argent dans l'eau chaude.

Un excès d'ammoniaque ajouté à la solution obtenue a donné le *fulminate de cuivre ammoniacal*, qui, décomposé par l'hydrogène sulfuré, a fourni de l'urée et du sulfocyanate d'ammonium.

*Fulminate de mercure.* — La préparation du fulminate de mercure a été l'objet d'observations de MM. Beckmann et Lobry de Bruyn.

M. Beckmann [*D. chem. G.*, **19**, 933] conseille d'ajouter graduellement l'alcool à la solution refroidie de nitrate de mercure dans l'acide nitrique. D'après M. Lobry de Bruyn [*D. chem. G.*, **19**, 1370], ce mode opératoire est défectueux. On est exposé à voir la réaction devenir tumultueuse, une explosion est à craindre, et l'opération en tout cas est manquée. Il est préférable d'opérer de la façon inverse. Dans un grand ballon ou une grande cornue, on place à l'avance la quantité totale d'alcool, puis on y ajoute peu à peu la solution nitrique de nitrate de mercure, en agitant constamment. En opérant ainsi, on peut préparer dans une opération plusieurs centaines de grammes de fulminate. A aucun moment on ne voit apparaître de vapeurs rutilantes; le mélange reste limpide et incolore. Au cas où la réaction ne commencerait pas spontanément, on chaufferait doucement au bain-marie jusqu'à ce que l'on voie apparaître des bulles gazeuses. La réaction ainsi amorcée se poursuit d'elle-même assez vivement, mais sans dégagement de vapeurs nitreuses. On voit le fulminate se déposer tout d'un coup.

On se rend compte aisément des raisons qui font opérer ainsi. Si on ajoute peu à peu de l'acide nitrique à de l'alcool en excès, on n'observe pas de réaction violente, et surtout pas de dégagement de vapeurs nitreuses. Le produit principal de la réaction est l'éther azotique. Si au contraire l'acide est en excès, on observe un dégagement tumultueux de vapeurs et il se forme uniquement de l'éther nitreux.

On devra donc, dans cette préparation, éviter la formation de vapeurs nitreuses. Pour plus de sûreté, on pourra introduire dans la cornue un peu d'urée ou de nitrate d'urée, comme dans la préparation de l'éther nitrique.

L'étude des propriétés explosives du fulminate de mercure a été faite par MM. Berthelot et Vieille [*Ann. Chim. Phys.*, (5), **21**, 564]. D'après ces savants, la densité de ce corps est de 4,42. L'analyse a indiqué qu'il renfermait un peu de mercure libre interposé mécaniquement. L'étude des gaz dégagés par l'explosion en vase clos, dans une atmosphère d'azote, a montré qu'elle se faisait d'après l'équation simple

$$(C\,Az\,O)^2\,Hg = 2\,CO + 2\,Az + Hg.$$

La *chaleur dégagée* dans cette explosion est de $+ 116$ calories à volume constant ou $+ 114^{cal},5$ à pression constante. Cette quantité de chaleur serait capable de porter les produits, tous amenés à l'état gazeux, jusque vers 4200°.

La *chaleur de formation* à partir des éléments, déduite de la mesure précédente, est donc

$$C^2\ (\text{diamant}) + Az^2\,O^2 + Hg\ (\text{liq.}) = C^2\,Az^2\,O^2\,Hg$$

$$\text{absorbe } 114^{cal},5 - 51^{cal},6 = 62^{cal},9.$$

La formation du fulminate de mercure à partir du nitrométhane sodé et quelques-unes de ses réactions ont été signalées à propos de l'acide fulminique. Nous complétons ici son étude.

Le fulminate de mercure humide, traité à froid par l'acide chlorhydrique concentré, fournit de l'hydroxylamine. On introduit le fulminate par petites portions dans l'acide; après dissolution complète, on évapore à sec, on reprend par l'eau et on élimine le mercure par l'hydrogène sulfuré. En concentrant le liquide jusqu'à cristallisation, on obtient du chlorhydrate d'hydroxylamine parfaitement pur [Steiner, *D. chem. G.*, **16**, 1484]. Ce résultat avait conduit M. Steiner à proposer la formule

$$\begin{array}{c} C = Az\,O\,H \\ \| \\ C = Az\,O\,H \end{array}$$

pour l'acide fulminique.

M. Ehrenberg a signalé en outre, dans cette réaction, la formation de traces d'oxyde de carbone.

L'action de l'acide chlorhydrique sec, gazeux, sur le fulminate en suspension dans l'éther lui a donné une solution de chloroformoxime (voyez plus haut).

Le même auteur a étudié l'action de l'acide sulfocyanique sur le fulminate de mercure. Il y a dissolution du sel avec dégagement d'anhydride carbonique; la solution renferme des sulfocyanures de mercure et d'ammonium et une combinaison de ces deux sels décrite anciennement par Fleischer [*Ann. Chem.*, **179**, 226] et par Philipp [*Ibid.*, **180**, 341] :

$$Az\,H^2\,Hg\,.\,C\,Az\,S + Hg\,O.$$

L'équation de la réaction serait la suivante :

$$2\,(C = Az\,O)\,Hg + 4\,C\,S\,Az\,H + 2\,H^2\,O$$
$$= 2\,C\,O^2 + Hg\,(C\,Az\,S)^2 + 2\,Az\,H^4\,.\,C\,Az\,S.$$

Le fulminate, traité à 60° par une solution de sulfocyanure d'ammonium, dégage de l'anhydride carbonique et de l'ammoniaque; la solution filtrée abandonne par évaporation une masse hygroscopique formée de sulfocyanure de mercure et de fulminurate d'ammonium :

$$2\,[(C = Az\,O)^2\,Hg] + 2\,H^2\,O + 2\,C\,Az\,S\,.\,Az\,H^4$$
$$= Hg\,O + C\,O^2 + 2\,Az\,H^3 + Hg\,(C\,Az\,S)^2$$
$$+ C^3\,H^2\,Az^3\,O^3\,.\,Az\,H^4$$

[Ehrenberg, *J. prakt. Chem.*, (2), **30**, 62].

Le fulminate de mercure étant chauffé en tube scellé à 100° avec du sulfure d'éthyle, en présence d'eau ou d'alcool, puis le produit porté à l'ébullition avec de l'eau, donne du sulfure de mercure et du fulminate d'ammonium.

Le sulfure de carbone donne les mêmes produits dans les mêmes conditions [Ehrenberg, *ibid.*, (2), **28**, 56].

M. R. Scholl a fait réagir le chlorure d'acétyle, par petites portions, sur le fulminate de mercure en suspension dans l'éther de pétrole. Il se déclare une vive réaction, et le mélange entre peu à peu en ébullition. On perçoit l'odeur d'acide cyanhydrique et on obtient un peu d'acide isocyanique, caractérisé par sa transformation en uréthane; il se dépose un peu d'acétylurée et de diacétylurée, ainsi que du chlorure mercurique. La solution renferme un composé doué d'une odeur piquante, qui est l'*acide acétylisocyanique* $C\,H^3\,C\,O\,.\,Az\,C\,O$. Ce corps n'a pu être isolé ainsi; mais, en additionnant sa solution d'alcool absolu, on a obtenu un précipité blanc, cristallin, fusible à 76–78°, qui est l'*acétyluréthane*,

$$CO \!\!\begin{array}{c} \diagup Az\,H\,.\,CO\,CH^3 \\ \diagdown O\,C^2\,H^5 \end{array}$$

comme le montre son dédoublement par l'éthylate de sodium en acide acétique et uréthane. Un courant de gaz ammoniac sec passant dans la solution donne de l'acétylurée fusible à 211-212°. Traitée par l'eau, la solution donne d'abord de l'acétamide et de l'acide carbonique :

$$CH^3COAzCO + H^2O = CO^2 + AzH^2-CO-CH^3;$$

l'acétamide formée, réagissant sur une nouvelle quantité d'acide acétylisocyanique, fournit de la *diacétylurée symétrique*, fusible à 152-153°.

En opérant la réaction en solution dans le nitrobenzène et rectifiant, on obtient entre 78 et 80°, sous la pression de 720 millimètres, l'acide acétylisocyanique libre, souillé d'un peu d'acétonitrile.

Ces faits viennent à l'appui de l'existence du groupement C=AzO dans la formule de l'acide fulminique [*D. chem. G.*, **23**, 3505].

M. Hollemann, en faisant agir à froid le chlorure de benzoyle sur le fulminate de mercure, a obtenu de la *dibenzoylurée symétrique*,

$$CO \begin{cases} AzH - COC^6H^5 \\ AzH - COC^6H^5 \end{cases}$$

fusible à 197°.

Le brome à l'état de vapeur, agissant sur le fulminate sec, lui a donné un corps fusible à 50°, semblable au *dibromoacétonitrile*, mais qu'on devrait représenter par la formule

$$\begin{array}{c} Br - C = Az O \\ | \qquad | \\ Br - C = Az O \end{array}$$

[*Rec. Pays-Bas*, **10**, 65; *D. chem. G.*, **26**, 1403].

Traité par l'amalgame de sodium, le fulminate de mercure fournit le fulminate de sodium.

*Fulminate de sodium.* — M. Ehrenberg l'a obtenu en faisant réagir l'amalgame de sodium sur le fulminate de mercure en présence de l'eau. On emploie un petit excès d'amalgame à 8 0/0. On obtient un liquide incolore que l'on abandonne à l'évaporation sous une cloche, à côté de chaux et d'acide sulfurique. Il se dépose de grands prismes incolores, brillants. Ce corps détone par le frottement et par le chauffage; il fait explosion parfois spontanément pendant la dessiccation. Lavé à l'alcool absolu et séché sur du papier, il présente la composition

$$C = AzONa , H^2O.$$

Par une longue exposition à l'air sec, il abandonne son eau de cristallisation en perdant son éclat.

Si l'on évapore sa solution aqueuse au bain-marie, on la voit se colorer en jaune, puis en rouge brun. Il se forme du carbonate de sodium et une matière jaune qui n'a pas été isolée à l'état de pureté.

En électrolysant la solution, on obtient au pôle négatif de l'hydrogène et de la soude, au pôle positif du carbonate et du cyanure d'ammonium, ainsi que des flocons bruns qui paraissent être des produits d'oxydation, en même temps qu'un mélange gazeux renfermant de l'oxygène, de l'oxyde de carbone, de l'azote et du protoxyde d'azote, de l'acide carbonique avec des traces d'un corps à odeur d'acide cyanhydrique.

L'acide chlorhydrique étendu et froid donne avec le fulminate de sodium la chloroformoxime (voyez plus haut).

L'eau oxygénée à 3 0/0 agit sur le fulminate de sodium en donnant de l'ammoniaque, de l'acide carbonique et le même corps à odeur d'acide cyanhydrique.

Si, dans la préparation du fulminate de sodium, on emploie une quantité insuffisante d'amalgame et qu'on en arrête l'addition aussitôt que le fulminate de mercure a disparu, on obtient par évaporation de grandes lamelles, très solubles dans l'eau, du *fulminate double*

$$2(CAzONa), (CAzO)^2Hg , 4H^2O.$$

Par une dessiccation prolongée, ce corps perd toute son eau de cristallisation. L'action de l'acide chlorhydrique dilué fournit du chlorure de sodium, du chlorure d'ammonium, du fulminate de mercure, du chlorhydrate d'hydroxylamine et de la chloroformoxime.

J. Dupont.

**FULMINURIQUE (ACIDE)** [Syn. *Acide isocyanurique, acide tricyanique*], $C^3H^3Az^3O^3$. — Voyez Dict., **2**, 138.

Aux modes de formation signalés dans l'article du Dictionnaire, il convient d'ajouter deux observations de MM. Steiner et Ehrenberg.

Le fulminate de mercure, chauffé en tube scellé à 80° avec de l'ammoniaque alcoolique, fournit de l'acide fulminurique [Steiner, *D. chem. G.*, **9**, 781].

Il s'en forme également par une longue ébullition du fulminate de mercure avec l'eau [Ehrenberg, *J. prakt. Chem.*, (2), **32**, 98].

Lorsqu'on chauffe pendant quelques heures à 110°, en tube scellé, un mélange de fulminurate d'argent (10 parties) et d'acide chlorhydrique concentré (30 parties), on observe à l'ouverture des tubes un abondant dégagement d'anhydride carbonique renfermant des traces d'oxyde de carbone. En filtrant pour éliminer le chlorure d'argent et évaporant à sec, on obtient une masse cristalline constituée par un mélange de chlorure d'ammonium et de chlorhydrate d'hydroxylamine [Ehrenberg, *loc. cit.*].

Les mêmes produits prennent naissance si on effectue la réaction en vase ouvert, à la température du bain-marie.

A la température ordinaire, la même décomposition s'effectue lentement. Il se forme à côté de l'hydroxylamine un corps azoté, insoluble dans l'alcool, qui paraît posséder les réactions d'un acide.

De cette observation, M. Ehrenberg conclut que la molécule de l'acide fulminurique renferme un groupement oximidique = Az . OH et que la formule suivante représente sa constitution :

$$(HO) Az = C \begin{cases} O - C = AzH \\ | \\ O - C = AzH \end{cases}$$

Chauffé avec la chaux sodée, l'acide fulminurique dégage une quantité d'ammoniaque correspondant aux deux tiers seulement de l'azote qu'il renferme.

L'étude de l'action de l'acide sulfurique a été reprise par M. Steiner [*D. chem. G.*, **9**, 782]. En chauffant le fulminate d'ammonium avec 5 ou 6 fois son poids d'acide sulfurique, on obtient du *nitro-acétonitrile* $CH^2(AzO^2)CAz$, cristallisé, fusible un peu au-dessus de 40°, facilement soluble dans l'alcool.

En abandonnant pendant quelque temps le mélange de fulminate d'ammonium et d'acide sulfurique, on obtient un *polymère* du nitro-acétonitrile, insoluble dans l'eau froide, l'alcool et l'éther, soluble dans l'eau bouillante, l'acide sulfurique et l'acide nitrique concentré. Ce corps fond à 216° en se décomposant; sa réaction est acide.

M. Holleman [*D. chem. G.*, **23**, 2998] a étudié les produits de l'action du chlorure de benzoyle sur les fulminurates de mercure et de potassium.

Avec le premier de ces composés, il a obtenu une masse grisâtre, que l'eau décompose en dégageant de l'anhydride carbonique, et donnant de la *dibenzoylurée* fusible à 197°, en même temps qu'un autre composé soluble dans l'eau bouillante, fusible vers 107°, ne contenant ni chlore ni mercure.

Le fulminurate de potassium, à 100°, a fourni un autre corps cristallisant dans l'acide acétique, fusible à 197°, qui est pour l'auteur un *anhydride mixte* des acides benzoïque et fulminurique,

$$C^6H^5 . CO \diagdown O.$$
$$C^3H^2Az^3O^2 \diagup$$

**FULMINURATES.** — *Fulminurate d'ammonium* (voyez Dict., 2, 139). — En introduisant du fulminate de mercure dans une solution aqueuse chauffée à 60° de sulfocyanure d'ammonium, M. Ehrenberg a obtenu une combinaison cristallisée de fulminurate d'ammonium et de sulfocyanure de mercure,

$$2 (C^3H^2Az^3O^3, AzH^4) , 3 Hg (SCAz)^2,$$

fusible à 150°. Si on fait cristalliser ce composé dans l'eau, il reste du sulfocyanure de mercure insoluble, et on obtient un *nouveau corps* fusible à 171°, répondant à la formule

$$C^3H^2Az^3O^3, AzH^4, Hg (SCAz)^2.$$

Par une nouvelle cristallisation dans l'eau, on sépare une nouvelle quantité de sulfocyanure de mercure, et on obtient un nouveau composé, $3 (C^3H^2Az^3O^3, AzH^4) , 2 Hg (SCAz)^2$, fusible à 156° [Ehrenberg, *J. prakt. Chem.*, (2), **30**, 64].

Le *fulminurate de magnésium*,

$$(C^3H^2Az^3O^3)^2 Mg , 5 H^2O,$$

cristallise en aiguilles solubles dans l'alcool (Steiner).

Le *sel de zinc* cristallise également avec $5 H^2O$ en longues aiguilles, facilement solubles dans l'eau et dans l'alcool chaud (Steiner).

Le *sel de mercure*, $(C^3H^2Az^3O^3)^2 Hg$, est une poudre cristalline ; le *sel* $(C^3H^2Az^3O^3)^2 Hg , Hg O$ est insoluble.

Le *sel de plomb*, $(C^3H^2Az^3O^3)^2 Pb , 2 H^2O$, est en longues aiguilles, très peu solubles dans l'eau froide, facilement solubles dans l'eau chaude (Steiner).

Le *sel de cuivre*, $(C^3H^2Az^3O^3)^2 Cu , 4 H^2O$, cristallise en prismes (Steiner).

**ACIDE CHLOROFULMINURIQUE,** $C^3H^2ClAz^3O^3$. — Ce composé a été obtenu en dirigeant, en refroidissant, un courant de chlore dans de l'éther tenant en suspension du fulminate d'argent. Quand le gaz ne s'absorbe plus, on filtre pour éliminer le chlorure d'argent, et on évapore rapidement, à froid, l'éther dans un courant d'air sec. On obtient ainsi des cristaux très solubles dans l'alcool, l'éther, le chloroforme ; insolubles dans l'éther de pétrole, le benzène, le sulfure de carbone. L'eau froide les dissout également, mais la solution ne tarde pas à se décomposer, en dégageant un gaz doué de l'odeur du nitrométhane.

En ajoutant à la solution alcoolique de cet acide une quantité équivalente de nitrate d'argent, on obtient le composé $C^3HClAgAz^3O^3$ sous la forme d'un précipité cristallin blanc ; avec un excès de nitrate d'argent, le précipité obtenu possède la formule $C^3ClAg^2Az^3O^3$.

Avec la solution aqueuse d'acide et le chlorure de cuivre ammoniacal, on obtient de longues aiguilles d'un rouge violacé de *fulminurate cuprammonique*.

L'ammoniaque ajoutée à la solution refroidie à 0° fournit le *sel ammoniacal* ; à la température ordinaire, il y a décomposition.

L'acide monochlorofulminurique réagit sur le nitrométhane sodé et sur le sodacétylacétate d'éthyle en donnant des composés cristallisés non encore définis.

**ACIDE BROMOFULMINURIQUE,** $C^3H^2BrAz^3O^3$. — Il se prépare par un procédé analogue. C'est une masse cristalline soluble dans l'alcool et dans l'éther, insoluble dans l'éther de pétrole, le benzène et le sulfure de carbone. Il est décomposé par l'eau tiède en dégageant de l'anhydride carbonique.

En faisant passer un courant de gaz chlorhydrique dans de l'alcool tenant en suspension du fulminurate de potassium, M. Ehrenberg [*loc. cit.*] a constaté la formation, outre des chlorures de potassium et d'ammonium, d'un corps huileux qui ne peut être purifié par distillation, même sous pression réduite.

Entraîné avec la vapeur d'eau, puis mis en solution dans l'éther, ce liquide indistillable, traité par l'ammoniaque alcoolique, a fourni un corps cristallisé en lamelles blanches, fusibles à 152°, ayant une composition exprimée par la formule $C^6H^{14}Az^2O^5$. Abandonné dans l'air sec au-dessus d'acide sulfurique, ce composé perd de l'ammoniaque et régénère le corps primitif.

L'aniline, dans les mêmes conditions, fournit un dérivé cristallisé en aiguilles fusibles à 81°, répondant à la formule $C^{12}H^{18}Az^2O^5$. La méthylamine et l'éthylamine ont fourni également des dérivés cristallisés.

La formule du produit de l'action de l'acide chlorhydrique sur le fulminurate de potassium et l'alcool serait, d'après ces réactions.

$$C^4H^6AzO^5 . C^2H^5.$$

Le *sel d'argent*, $C^3Ag^2BrAz^3O^3$, traité en présence de l'éther par une solution éthérée d'iode, donne par évaporation une masse cristalline qui n'a pas été obtenue à l'état de pureté [Ehrenberg, *J. prakt. Chem.*, (2), **32**, 111].

**FULMINURATES D'ÉTHYLE.** — L'action de l'iodure d'éthyle sur le fulminate d'argent a fourni à M. Seidel deux éthers isomériques.

Le premier se forme quand on chauffe le mélange des deux substances à 80-90°, en tube scellé, pendant quelques minutes. Il se présente sous la forme de lames fusibles à 130°, très difficilement solubles dans l'alcool, l'éther, le benzène, l'éther de pétrole, l'iodure d'éthyle, assez solubles dans l'eau chaude, très solubles dans l'acétone. Les acides concentrés le dissolvent et l'eau le précipite inaltéré de cette solution.

Le deuxième éther se forme en petite quantité à côté du premier. Pour l'obtenir, on maintient le mélange pendant longtemps en tube scellé. On reprend ensuite le contenu du tube par l'eau bouillante. Tandis que le premier éther est décomposé en donnant l'acide désoxyfulminurique (voyez plus bas), le second reste complètement inaltéré et cristallise. Il se présente sous la forme de longues aiguilles, fusibles à 155°.

Il semble, d'après leurs réactions, que dans l'éther fusible à 133° le groupement $O(C^2H^5)$ soit fixé à l'oxygène, tandis que dans l'isomère fusible à 155° il le serait à l'azote.

Tous deux sont détruits à 120° par l'acide chlorhydrique : il se forme du chlorure d'ammonium, de l'hydroxylamine, du chlorure d'éthyle et de l'acide carbonique.

Les produits de l'action du gaz ammoniac, soit sec, soit en solution chloroformique, sont différents : l'éther fusible à 133° fournit du *désoxyfulminurate d'ammonium* ; son isomère fournit l'amide $C^3H^2AzH^2O^3Az^3$.

*Fulminuramide.* — Ce produit, obtenu comme

il vient d'être dit, constitue des lamelles cristallisant par refroidissement de leur solution aqueuse bouillante. Elle fond au-dessus de 250° en se décomposant. Elle est insoluble dans l'alcool et dans les autres solvants organiques [Seidel, *D. chem. G.*, **25**, 431, 2756].

ACIDE DÉSOXYFULMINURIQUE, $C^3 H^3 Az^3 O^2$. — Cet acide, découvert par M. Seidel, prend naissance quand on traite par l'eau bouillante ou l'alcool bouillant le fulminurate d'éthyle fusible à 133°. Il se dégage en même temps de l'aldéhyde. La réaction peut être ainsi formulée :

$$C^3 H^2 Az^3 O^2 (O C^2 H^5) = C^3 H^3 Az^3 O^2 + C^2 H^4 O.$$

L'acide désoxyfulminurique cristallise dans l'eau en longues aiguilles fusibles à 184°, renfermant une molécule d'eau de cristallisation. Il est très soluble dans l'eau, l'alcool et l'acétone. C'est un acide monobasique; ses sels sont tous colorés. Il a été impossible de le transformer en acide fulminurique par oxydation.

Traité par l'acide chlorhydrique à 120°, il fournit du chlorhydrate d'hydroxylamine, du chlorure d'ammonium et de l'anhydride carbonique.

Son *sel d'argent*, $C^3 H^2 Ag Az^3 O^2$, est un précipité anhydre [Seidel, *D. chem. G.*, **25**, 432, 2757].

ACIDE ISOFULMINURIQUE. — M. Ehrenberg [*J. prakt. Chem.*, (2), **30**, 55] a décrit sous ce nom un des produits de l'action de l'ammoniaque aqueuse sur la solution éthérée de chloroformoxime obtenue en traitant par le gaz chlorhydrique le fulminate de mercure en suspension dans l'éther anhydre, solution que M. Ehrenberg considérait comme renfermant l'acide fulminique libre. Il isola ainsi un corps répondant à la formule $C^3 H^4 Az^4 O^2$, qu'il nomma *fulminuramide*, puis un acide $C^3 H^3 Az^3 O^3$, l'acide isofulminurique.

Nous verrons plus loin que ces composés doivent être envisagés comme des dérivés de *l'acide isonitrosocyanacéthydroxamique.*

ACIDE MÉTAFULMINURIQUE. — M. Scholvien [*J. prakt. Chem.*, (2), **32**, 464] a donné ce nom à un produit qu'il a obtenu en faisant agir l'acide sulfurique étendu sur le fulminate de sodium. Nous avons vu à propos de l'acide fulminique que cette action engendrait le sulfate de formoxime.

D'après M. Scholvien, l'acide métafulminurique $C^3 H^3 Az^3 O^3$, $3 H^2 O$ cristalliserait en aiguilles fusibles à 81°, solubles dans l'alcool et dans le benzène, très difficilement solubles dans l'eau froide et dans l'éther, décomposables par la chaleur au-dessus de leur point de fusion.

Abandonné au-dessus de l'acide sulfurique, il perd son eau de cristallisation et cristallise alors anhydre dans l'éther. A cet état, il fait explosion à une température de 106°. Chauffé avec l'acide chlorhydrique concentré, il se décompose en donnant de l'hydroxylamine. Enfin, il se transforme à la longue en un nouvel acide, l'*acide β-métafulminurique*, $C^3 H^3 Az^3 O^3$, $2,5 H^2 O$, en aiguilles qui fondent à 188° en se déshydratant.

A côté de l'acide fulminurique se forme l'*acide isocyanilique* $C Az H O$, cristallisant dans l'eau chaude en aiguilles brillantes, décomposables par la chaleur.

La composition de ces produits aurait besoin d'être élucidée.

CONSTITUTION DE L'ACIDE FULMINURIQUE ET DE SES DÉRIVÉS. — M. Steiner [*D. chem. G.*, **9**, 784] a proposé pour l'acide fulminurique l'une des deux formules suivantes :

$$\begin{array}{cc} Az C - C H = Az O^2 & C H - Az O^2 \\ | & || \\ O = C - Az H^2 & C Az - C O . Az H^2 \end{array}$$

La première fait de l'acide fulminurique la *nitrocyanacétamide*. Elle s'accorde bien avec la formation de nitro-acétonitrile (Steiner) et de trinitro-acétonitrile [Chichkoff, Dict., *loc. cit.*].

M. Nef l'écrit sous la forme

$$\begin{array}{c} Az C - C H - Az O^2 \\ | \\ H O - C = Az H \end{array}$$

et cette manière de voir prend un grand caractère de vraisemblance si nous considérons comme démontrée la formule donnée par M. Nef à l'acide fulminique. Nous pouvons envisager ainsi les réactions qui conduisent du fulminate de mercure au fulminurate d'ammonium :

Le fulminate de mercure donne avec le chlorure d'ammonium de la *mercure-chloroformoxime*

$$\begin{array}{c} Cl \\ H \end{array} \Big\rangle C = Az O hg,$$

qui s'unit à une nouvelle molécule de fulminate :

$$\begin{array}{c} Cl - C = Az O hg \\ | \\ H - C = Az O hg \end{array}$$

Mais la mercure-chloroformoxime, oxydant énergique, cède de l'oxygène et se transforme en cyanure de mercure,

$$\begin{array}{c} Cl \\ H \end{array} \Big\rangle C = Az O hg = O + H Cl + C = Az hg,$$

lequel s'unit avec le produit d'addition :

$$\begin{array}{c} Cl - C = Az hg \\ | \\ C = Az O hg \\ | \\ H C = Az O hg \end{array}$$

Ce nouveau corps, oxydé, devient

$$\begin{array}{cc} Cl - C = Az hg \\ | \\ hg O - Az =\!\!=\!\!= C \\ || \quad\quad | \\ O \quad\quad C H = Az O hg \end{array}$$

lequel, avec l'ammoniaque, donne enfin le fulminurate d'ammonium

$$\begin{array}{cc} Az H^4 O - Az =\!\!=\!\!= C - C Az \\ || \quad\quad\quad | \\ O \quad\quad H O - C = Az H \end{array}$$

Traité par l'iodure d'éthyle, ce composé fournit l'éther fusible à 139° :

$$\begin{array}{cc} C^2 H^5 O - Az =\!\!=\!\!= C - C Az \\ || \quad\quad\quad | \\ O \quad\quad H O - C = Az H \end{array}$$

Celui-ci, par ébullition avec l'eau, donne l'*acide désoxyfulminurique*,

$$\begin{array}{c} (H O) Az = C - C Az \\ | \\ H O - C = Az H \end{array}$$

M. Nef a reproduit directement l'acide désoxyfulminurique à partir de l'éther isonitroso-cyanacétique de M. Muller, en le chauffant pendant 4 heures à 100° avec de l'ammoniaque alcoolique. Il se forme un abondant dépôt jaune qui, par cristallisation dans l'eau bouillante, fournit des tables fusibles à 184°, tout à fait identiques avec l'acide désoxyfulminurique de M. Seidel.

On sait (2° Suppl., **1**, 1507) que l'acide isonitroso-cyanacétique traité par la potasse est décomposé et se transforme en isonitrosomalonate de potassium. Dans les mêmes conditions, l'acide désoxyfulminurique s'est scindé en isonitrosocyanacétate et isonitrosomalonate de sodium, provenant d'une action plus profonde de l'alcali sur le premier de ces deux acides. Ce fait vient affirmer le caractère de vraisemblance de ces formules.

A propos de l'acide fulminique, nous avons décrit l'acide isonitroso-cyanacéthydroxamique,

$$C\,Az - C = Az\,O\,H$$
$$|$$
$$H\,O - C = Az\,O\,H$$

Cet acide perd facilement une molécule d'eau en se transformant en dérivé du furazane,

$$C\,Az - C = Az \diagdown$$
$$| \qquad\qquad O$$
$$H\,O - C = Az \diagup$$

Il est probable que la fulminuramide de M. Ehrenberg correspond à la formule

$$O \diagup\begin{matrix} Az = C - C \lessgtr \begin{matrix}Az\,H\\Az\,H^2\end{matrix}\\ Az = C - O\,H\end{matrix}$$

et que l'*acide isofulminurique* du même auteur est l'*amide de l'acide oxyfurazane-carbonique*,

$$O \diagup\begin{matrix} Az = C - C \lessgtr \begin{matrix}O\,H\\Az\,H\end{matrix}\\ Az = C - O\,H\end{matrix}$$

J. Dupont.

**FUMARINE** (voyez Dict., **1**, 1501). — Aux méthodes de préparation données par M. Peschier [*Journ. de Trommsdorff*, **17**, 2 et 80; **20**, 2 et 16], par M. Haunou [*Journ. de Chim. médic.*, (3), **8**, 1705] et par M. Preuss [*Zeit. für Chem.*, (2), **2**, 414; *Bull. Soc. Chim.*, (3), **7**, 453], il faut ajouter celle de M. Battandier [*Bull. Soc. Chim.*, (3), **15**, 541], qui retire la fumarine de l'écorce du bois de *Bocconia frutescens*.

La fumarine se présente sous la forme de prismes du type rhomboédrique à 6 pans, fusibles à 199°.

*Solubilité :* 1 partie de fumarine se dissout à 18°,5 dans 11$^p$,2 de chloroforme, 78$^p$,7 de benzène, 822$^p$,9 d'éther absolu, 829 parties d'alcool absolu, 3183 parties d'eau distillée.

La fumarine est presque insoluble dans la ligroïne; elle se dissout dans l'acide sulfurique concentré avec une couleur violette.

Le chloroplatinate, le chloraurate et l'iodomercurate ont été étudiés.

*Chloroplatinate.* — Ce sel répond à la formule $(C^{21}H^{19}AzO^4 . HCl)^2 PtCl^4$ (à 110°). C'est une poudre amorphe.

*Chloraurate.* — Ce sel répond à la formule $C^{21}H^{19}AzO^4 . HCl . AuCl^3$ (à 110°). C'est une poudre brune amorphe.

*Iodomercurate.* — Ce sel se présente sous la forme d'une poudre amorphe foncée, répondant à la formule $C^{21}H^{19}AzO^4 . HI . HgI^2$.

M. Reichwald a publié en 1889 un mémoire relatif à la fumarine [Reichwald, *Jahresb.*, 1889, 2010].

G.-F. Jaubert.

**FUMARIQUE (ACIDE)** [Syn. *Acide éthylène-dicarbonique*, *butène-dioïque*, *anti-éthylène-dicarbonique*] (voyez Dict., **1**, 1501; 1$^{er}$ Suppl., 841). — Grâce à l'impulsion donnée par les travaux de MM. Le Bel, van 't Hoff et Wislicenus, l'acide fumarique et son isomère l'acide maléique sont devenus, au point de vue stéréochimique, les objets de l'étude de chimistes nombreux. Un grand nombre de travaux ont paru au cours de ces dernières années et ont éclairci le problème de la constitution et des isoméries des acides éthylène-dicarboniques; aussi est-il devenu difficile, pour ne pas dire impossible, de séparer l'étude de ces deux acides, qui ne diffèrent que par une isomérie de position, l'acide fumarique représentant l'isomérie *anti* et l'acide maléique l'isomérie *peri*. Nous réunirons donc dans cet article l'étude des deux acides éthylène-dicarboniques et celle de leurs nombreux dérivés.

### ACIDES FUMARIQUE ET MALÉIQUE. — THÉORIE STÉRÉOCHIMIQUE.

C'est en 1877 que les deux formules suivantes furent proposées par M. van 't Hoff pour expliquer l'isomérie de ces deux acides :

$$\begin{matrix} H - C - COOH & \qquad & H - C - COOH \\ \| & & \| \\ COOH - CH & & H - C - COOH \end{matrix}$$

Acide fumarique.      Acide maléique.

En 1882, M. Le Bel [*Bull. Soc. Chim.*, (2), **37**, 300] appuya la justesse de cette hypothèse en montrant la transformation du premier en acide racémique et celle du second en acide tartrique inactif (mésotartrique).

M. Le Bel proposa pour ces deux acides les formules géométriques suivantes :

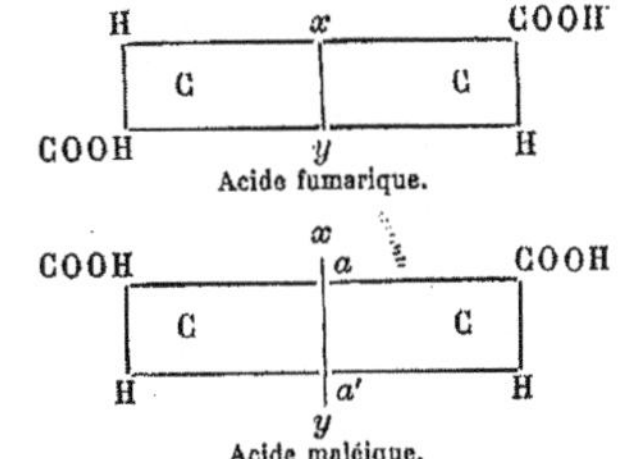


trouvant dans la transformation de l'acide maléique en acide tartrique inactif la démonstration de la seconde formule.

Cette figure est en effet symétrique par rapport à l'axe vertical $xy$.

Il en est de même quand les groupes OH viennent se fixer au point $a$ :

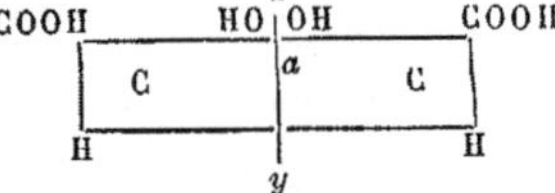


Les deux côtés de la figure sont symétriques et le produit obtenu est inactif sur la lumière polarisée.

M. Van 't Hoff publia peu après, en 1884, ses *Etudes de dynamique chimique* (Amsterdam, Frédéric Müller et C°, 1884) et y reprit l'étude des isoméries des acides éthylène-dicarboniques, en insistant particulièrement sur les points suivants :

1° La grande facilité avec laquelle l'acide maléique se combine avec le brome et avec l'acide bromhydrique;

2° La grande facilité avec laquelle on peut éthérifier cet acide;

3° La faculté de former un anhydride;

4° Les rapports existant entre l'acide maléique et l'acide tartrique;

5° L'égalité du coefficient de réfraction moléculaire.

M. van 't Hoff s'appuyait encore sur la possibilité de préparer l'acide bromomaléique au moyen de l'acide fumarique, et l'acide bromofumarique au moyen de l'acide maléique.

L'acide maléique et le brome donnent l'acide dibromosuccinique inactif :

$$\frac{COOH.H}{COOH.H} \rightarrow \frac{COOH.Br.H}{COOH.Br.H} \text{ ou } \frac{BrH.COOH}{COOH.BrH}.$$

Si cette dernière combinaison perd de l'acide bromhydrique, il se forme de l'acide bromofumarique :

$$\frac{Br.COOH}{COOH.H}.$$

M. Wunderlich, peu après, en 1886, acceptait les formules de M. van 't Hoff, et M. Wislicenus, en 1887, expliquait par un simple mécanisme d'addition la transformation de l'acide maléique en acide fumarique ; il examinait en même temps les rapports avec les acides tartrique et paratartrique d'après la théorie de M. Le Bel et expliquait la transposition de l'acide maléique en acide fumarique par un simple changement de place entre H et COOH. M. Anschütz [*Ann. Chem.*, **239**, 61] examine de son côté la possibilité d'expliquer l'isomérie des acides maléique et fumarique par d'autres raisons que la différence de structure. — M. Roser [*Ann. Chem.*, **240**, 133] en fait autant, ainsi que M. Michael [*J. prakt. Chem.*, (2), **38**, 21], qui critique la théorie des transpositions et des migrations moléculaires proposée par M. Wislicenus. — M. Wislicenus répond à ces critiques [*Ann. Chem.*, **246**, 92] et montre les rapports qui existent entre les acides maléique et fumarique et l'acide malique.

M. Anschütz [*Ann. Chem.*, **254**, 168] discute peu après la possibilité de représenter l'acide maléique comme une dilactone, et M. Bischoff [*D. chem. G.*, **23**, 1926] applique sa théorie de *l'action de contact* à l'explication des transpositions moléculaires dans les substances non saturées, en particulier dans le cas des acides fumarique et maléique.

En 1890, M. Wislicenus étudie l'action de la température et de sa durée sur la transformation de l'acide maléique en acide fumarique. — M. Tanatar [*Journ. Soc. chim. russe*, **22**, 310] critique les observations de M. Wislicenus et présente des faits qui sont en contradiction avec sa théorie. — M. Skraup [*Mon. f. Chem.*, **12**, 107], de son côté, trouve de nouvelles transformations des acides éthylène-dicarboniques et propose une nouvelle théorie des doubles liaisons, ainsi qu'une nouvelle application de la théorie de *l'action de contact*.

M. Wislicenus admettant que, dans la transformation de l'acide maléique en acide fumarique, il se forme transitoirement de l'acide malique, M. Delisle [*Ann. Chem.*, **269**, 76] reprend ces recherches sans arriver à résoudre la question. — D'un autre côté, M. Tanatar [*Ann. Chem.*, **273**, 31] critique la nouvelle théorie de M. Skraup en se basant sur ses propres recherches.

Quoi qu'il en soit, les formules des acides fumarique et maléique, telles que nous les avons admises, peuvent être considérées comme suffisamment établies.

### ACIDE FUMARIQUE.

L'acide fumarique, comme nous venons de le voir, est le représentant de l'isomérie *anti*; nous pouvons le formuler de la façon suivante :

$$\begin{array}{c} HOOC-CH \\ \parallel \\ HC \quad COOH \end{array}$$

Aux méthodes de préparation déjà décrites

(voyez Dict., *loc. cit.*) sont venues s'ajouter les suivantes :

1° MM. Michael et Schulthess (*J. prakt. Chem.*, (2), **43**, 591] font agir le zinc en copeaux sur l'acide dibromosuccinique ou sur l'acide iso-dibromosuccinique :

$$\begin{array}{c} CHBr-COOH \\ | \\ CHBr-COOH \end{array} + Zn = ZnBr_2 + \begin{array}{c} CH.COOH \\ \parallel \\ CH.COOH \end{array}$$

On emploie dans ce cas l'éther diéthylique de l'acide dibromosuccinique, que l'on dissout dans l'éther légèrement aqueux.

2° MM. Curtius et Koch [*J. prakt. Chem.*, (2), **38**, 477] traitent l'acide diazosuccinique par l'eau bouillante; il y a dégagement d'azote et formation d'acide fumarique :

$$\begin{array}{c} Az\diagdown \\ \parallel \quad C-COOH \\ Az\diagup \; | \\ CH_2-COOH \end{array} + H_2O$$

$$= Az_2 + H_2O + \begin{array}{c} CH-COOH \\ \parallel \\ CH-COOH \end{array}$$

3° M. Komnenos [*Ann. Chem.*, **218**, 169] a obtenu l'acide fumarique en faisant agir le malonate d'argent sur l'acide dichloracétique en présence d'une petite quantité d'eau :

$$AgOOC-CH_2-COOAg + Cl_2CH-COOH$$

$$= 2AgCl + CO_2 + \begin{array}{c} CH-COOH \\ \parallel \\ CH-COOH \end{array}$$

4° MM. Körner et Menozzi [*Gazz. chim. ital.*, **13**, 352] traitent l'asparagine par l'iodure de méthyle en présence de potasse caustique :

$$\begin{array}{c} CH_2-COOH \\ | \\ CH-COAzH_2 + ICH_3 + NaOH \\ | \\ AzH_2 \end{array}$$

$$= CH_3-AzH_2 + NaI + CO_2 + \begin{array}{c} CH-COOH \\ \parallel \\ CH-COOH \end{array}$$

5° M. Kauder [*J. prakt. Chem.*, (2), **34**, 24] prépare l'acide fumarique, ou plutôt son chlorure, par l'action déshydrogénante du chlore sur le chlorure de succinyle :

$$\begin{array}{c} CH_2-CO.Cl \\ | \\ CH_2-CO.Cl \end{array} + Cl_2 = 2HCl + \begin{array}{c} CH-CO.Cl \\ \parallel \\ CH-CO.Cl \end{array}$$

6° M. Bischoff [*Ann. Chem.*, **214**, 46] traite par l'acide chlorhydrique l'éther de l'acide chloréthényle-tricarbonique :

$$\begin{array}{c} CH_2-COOC_2H_5 \\ | \\ Cl.C-COOC_2H_5 + 3H_2O \\ | \\ COOC_2H_5 \end{array}$$

$$= 3C_2H_5OH + CO_2 + HCl + \begin{array}{c} CH-COOH \\ \parallel \\ CH-COOH \end{array}$$

7° M. Kaiser [*Amer. Journ.*, **12**, 101] a préparé le nitrile de l'acide fumarique en faisant réagir le diiodure d'acétylène sur le cyanure de potassium :

$$\begin{array}{c} CHI \\ \parallel \\ CHI \end{array} + 2KCAz = 2KI + \begin{array}{c} CH-CAz \\ \parallel \\ CH-CAz \end{array}$$

8° MM. Tanatar [*Journ. de la Soc. russe*, **22**.

310] et Skraup [*Mon. f. Chem.*, **12**, 112] ont transformé l'acide *peri-éthylène-dicarbonique* (acide maléique) en combinaison *anti* par simple chauffage en tube scellé, ou en chauffant à 210° la solution aqueuse.

Les meilleurs moyens de préparation de l'acide fumarique dans le laboratoire sont les suivants :

1° On chauffe 50 grammes d'acide malique pendant 40 heures à 140-150° dans un vase émaillé, ouvert, chauffé par un bain d'huile. L'opération terminée, on laisse refroidir, on concasse la masse, on la dissout dans l'eau bouillante, on filtre et on laisse cristalliser [Baeyer, *D. chem. G.*, **18**, 676. — Jungfleisch, *Bull. Soc. Chim.*, (2), **30**, 147].

2° On traite le bromure d'acide succinique bromé par l'eau bouillante :

$$CHBr\text{-}COBr \atop CH^2\text{—}COBr} + 2H^2O = 3HBr + {CH\text{-}COOH \atop CH\text{-}COOH}$$

On mélange 100 grammes de bromure d'acide succinique bromé avec 200 centimètres cubes d'eau, on porte à l'ébullition pendant un quart d'heure, puis on ajoute assez d'eau pour tout dissoudre, on filtre et on laisse cristalliser [Volhardt, *Ann. Chem.*, **242**, 158; **268**, 256].

Ces deux méthodes donnent des rendements à peu près semblables; elles sont en effet basées sur des réactions analogues : celle de M. Volhardt sur l'élimination d'une molécule d'acide bromhydrique, celle de MM. Baeyer et Jungfleisch sur l'élimination d'une molécule d'eau :

$$\begin{matrix} COOH \\ CH^2 \\ CH.OH \\ COOH \end{matrix} - H^2O = \begin{matrix} HOOC\text{-}CH \\ CH.COOH \end{matrix}$$

Acide malique.      Acide fumarique.

PROPRIÉTÉS PHYSIQUES. — L'acide fumarique se sublime à 200° sans fondre et presque sans se décomposer. En chauffant fortement, on provoque l'isomérisation et il se forme de l'anhydride maléique :

$$\begin{matrix} CH\text{-}CO \\ CH\text{-}CO \end{matrix} \Large\rangle O.$$

Son poids spécifique = 1,625 [Tanatar et Tchelbijeff, *Journ. de la Soc. russe*, **22**, 549].

100 grammes d'acide se dissolvent dans 148°,5 d'eau à 16°,5, ainsi que dans 21 parties d'alcool à 76 0/0 à froid [Carius, *Ann. Chem.*, **142**, 153].

Sa chaleur de neutralisation par la soude caustique = + 26$^{cal}$,597 [Gal et Werner, *Bull. Soc. Chim.*, (2), **47**, 159].

Sa chaleur de dissolution = — 5$^{cal}$,901 [Gal et Werner, *Bull. Soc. Chim.*, (2), **47**, 159].

Sa réfraction moléculaire mesurée sur le sel de sodium = 47,08 [Kannonikoff, *J. prakt. Chem.*, (2), **31**, 347].

*Conductibilité électrique*. — Voyez Ostwald, *Physik. Chem.*, **3**, 380.

Sa chaleur de combustion = 319$^{cal}$,178 [Louguinine, *Ann. Chim. Phys.*, (6), **23**, 186]; 320$^{cal}$,7 [Stohmann, *J. prakt. Chem.*, (2), **40**, 256].

PROPRIÉTÉS CHIMIQUES. — L'anhydride maléique, dont nous avons donné la formule plus haut, traité par le perchlorure de phosphore, ne donne pas le chlorure de l'acide maléique, mais se trans-

forme en *chlorure de l'acide fumarique* :

$$\begin{matrix} Cl.OC\text{-}CH \\ HC\text{-}CO.Cl \end{matrix}$$

L'acide fumarique est transformé, sous l'action de réducteurs puissants, comme l'acide iodhydrique concentré et l'amalgame de sodium, en acide succinique. On arrive au même résultat en employant le zinc et la potasse caustique.

Le fumarate de sodium est dissocié sous l'action du courant électrique et donne au pôle positif un mélange d'acétylène et d'anhydride carbonique, tandis qu'au pôle négatif il se forme du succinate de sodium (Kekulé).

L'acide fumarique, grâce à sa double liaison éthylénique, donne facilement des produits d'addition avec les éléments halogènes et les acides halogénés. Ainsi il donne avec facilité en présence de brome, à froid, l'acide dibromosuccinique :

$$\begin{matrix} CH\text{-}COOH \\ CH\text{-}COOH \end{matrix} + Br^2 = \begin{matrix} CHBr\text{-}COOH \\ CHBr\text{-}COOH \end{matrix}$$

Il se combine de même avec le bisulfite de potassium à 100°, en donnant l'acide sulfosuccinique :

$$\begin{matrix} CH\text{-}COOH \\ CH\text{-}COOH \end{matrix} + SO^3KH = \begin{matrix} CH^2\text{-}COOH \\ KO^3S\text{-}CH\text{-}COOH \end{matrix}$$

MM. Michael et Schulthess [*J. prakt. Chem.*, (2), **45**, 56] ont montré que l'éther diéthylique de l'acide fumarique se combine avec le sel sodique de l'éther diéthylmalonique en présence de potasse aqueuse :

$$\begin{matrix} COOC^2H^5 \\ CH^2 \\ COOC^2H^5 \end{matrix} + \begin{matrix} CH\text{-}COOC^2H^5 \\ CH\text{-}COOC^2H^5 \end{matrix} + H^2O$$

$$= C^2H^5OOC\text{-}CH\Big\langle{CH^2\text{-}COOC^2H^5 \atop CH^2\text{-}COOC^2H^5}$$

$$+ CO^2 + C^2H^5.OH.$$

Éther triéthylique de l'acide tricarballylique.

On distingue très facilement l'acide fumarique de son isomère l'acide maléique en le faisant bouillir avec de l'aniline. L'acide maléique donne une anilide, et l'acide fumarique n'en donne pas [Michael, *D. chem. G.*, **19**, 1373].

*Anhydride fumarique*. — L'anhydride fumarique,

$$\begin{matrix} CH\text{-}CO \\ CH\text{-}CO \end{matrix} \Large\rangle O,$$

n'existe pas. On le comprend du reste en admettant l'hypothèse de M. Wislicenus qui fait de l'acide fumarique la combinaison *anti* :

$$\begin{matrix} HOOC\text{-}CH \\ HC\text{-}COOH \end{matrix}$$

Les deux groupes carboxyliques se trouvant sur des côtés opposés, l'élimination d'une molécule d'eau n'est pas possible.

L'acide maléique donne par contre un anhydride, ce qui confirme l'hypothèse de M. Wislicenus :

$$\begin{matrix} CH.COOH \\ CH.COOH \end{matrix} - H^2O = \begin{matrix} CH\text{-}CO \\ CH\text{-}CO \end{matrix} \Large\rangle O.$$

Acide-peri-éthylène-dicarbonique.    Anhydride maléique.

De nombreux essais ont été faits en vue de l'obtention de l'anhydride fumarique, et tous ont échoué, confirmant ainsi la théorie.

M. Liapine [*Journ. Soc. Chim. russe*, **13**, 140] a fait agir le chlorure d'acétyle sur le fumarate d'argent. Il a obtenu non pas l'anhydride fumarique, mais de l'acide fumarique et de l'anhydride acétique.

M. Anschütz [*D. chem. G.*, **14**, 2792] a montré que le chlorure d'acétyle absolument pur détruit l'acide fumarique à haute température, tandis qu'un mélange de chlorure d'acétyle et d'acide acétique le transforme en un produit donnant de *l'anhydride maléique* par distillation. Il y a donc eu transposition.

M. Perkin [*D. chem. G.*, **15**, 1073] a obtenu dans les mêmes conditions, avec du chlorure d'acétyle pur, de l'anhydride maléique et un peu d'anhydride chlorosuccinique.

L'acide fumarique se distingue nettement de l'acide maléique par la réaction que nous avons donnée plus haut (anilide), puis par une beaucoup moins grande solubilité dans l'eau. Une solution aqueuse de fumarate de sodium est précipitée par l'addition d'acide chlorhydrique, tandis qu'une solution de maléate de sodium ne l'est pas dans les mêmes conditions. L'acide maléique est précipité de ses solutions par l'eau de baryte, tandis que l'acide fumarique n'est pas précipité.

SELS DE L'ACIDE FUMARIQUE. — Voyez Dict., *loc. cit.*; voyez aussi Carius, *Ann. Chem.*, **142**, 153; Rieckher, *Ann. Chem.*, **49**, 31.

CHLORURE FUMARIQUE,

$$Cl-OC-CH$$
$$\|$$
$$HC-CO-Cl$$

— Il se forme par l'action du perchlorure de phosphore sur l'acide malique, l'acide maléique et l'acide fumarique [Kekulé, *Ann. Chem.*, Suppl. 2, 86. — Perkin et Duppa, *Ann. Chem.*, **112**, 26. — Perkin, *D. chem. G.*, **14**, 2548].

Point d'ébullition : 160° sous 760 millimètres (Perkin); 60° sous 14 millimètres [Anschütz et Wirtz, *D. chem. G.*, **13**, 1947].

Densité : 1,4202 à 15°; 1,4095 à 25° [Perkin, *Chem. Soc.*, **53**, 575].

Le chlorure fumarique donne, par transposition, par l'action du fumarate argentique, l'anhydride maléique [Perkin, *D. chem. G.*, **14**, 2545].

DÉRIVÉS HALOGÉNÉS DE L'ACIDE FUMARIQUE.

*Acide monochlorofumarique,*

$$HOOC-CCl$$
$$\|$$
$$HC-COOH$$

— M. Perkin [*Chem. Soc.*, **53**, 695] a modifié l'ancienne méthode de Perkin et Duppa [*Ann. Chem.*, **115**, 105] et chauffe l'acide tartrique avec 5ᵍʳ,5 de perchlorure de phosphore, transformant ainsi l'acide tartrique en chlorure monochlorofumarique et élimine l'oxychlorure de phosphore formé en chauffant à 120° dans un courant d'air. La réaction peut être représentée par les équations

$$\text{I.} \quad \begin{array}{c} CH.OH-COOH \\ | \\ CH.OH-COOH \end{array} + 4\,PCl^5$$

Acide tartrique.

$$= \begin{array}{c} CH.Cl-COCl \\ | \\ CH.Cl-COCl \end{array} + 4\,POCl^3 + 4\,HCl;$$

$$\text{II.} \quad \begin{array}{c} CHCl-CO.Cl \\ | \\ CHCl-CO.Cl \end{array} = HCl + \begin{array}{c} C.Cl-CO.Cl \\ \| \\ CH.CO.Cl \end{array}$$

Chlorure dichlorosuccinique.    Chlorure monochlorofumarique.

M. Kauder [*J. prakt. Chem.*, (2), **31**, 28] a préparé encore le chlorure monochlorofumarique en faisant agir un courant de chlore sur du chlorure de succinyle bouillant.

MM. Hill et Jackson [Beilstein (3), **1**, 699] arrivent au même résultat en faisant agir l'acide nitrique sur les acides β-chloropyromucique et β.δ ou x-dichloropyromucique.

L'acide monochlorofumarique cristallise sous la forme de petits mamelons fusibles à 161°, se sublimant sans aucune décomposition; il ne donne pas d'anhydride. A l'encontre de l'acide fumarique, il est très soluble dans l'eau, l'alcool et l'éther, mais presque insoluble dans le benzène et dans l'éther de pétrole. M. Perkin l'a transformé en acide succinique par réduction au moyen de l'amalgame de sodium :

$$\begin{array}{c} C.Cl-COOH \\ \| \\ CH-COOH \end{array} + 2H^2 = HCl + \begin{array}{c} CH^2-COOH \\ | \\ CH^2-COOH \end{array}$$

Si l'on chauffe le chlorure monochlorofumarique avec du perchlorure de phosphore et qu'on laisse monter la température jusqu'à 230°, on obtient les deux chlorures

$$\begin{array}{c} C-Cl-CCl^2 \\ \| \\ C-Cl-CO \end{array} \!\!\! > Cl^2 \quad \text{et} \quad \begin{array}{c} CCl-CCl^2 \\ \| \\ CCl-CCl^2 \end{array} \!\!\! > O$$

Chlorure α.        Chlorure β.

la modification β prédominant.

Si l'on chauffe l'acide monochlorofumarique avec de l'aniline, on produit du chlorhydrate d'aniline et l'anilide de l'acide maléinanilique ou de son anhydride :

$$\begin{array}{c} C^6H^5-AzH-C \; - \; CO \\ \| \\ CH-CO \end{array} \!\!\! > Az-C^6H^5.$$

*Sels de l'acide monochlorofumarique.* — Voyez Kauder [*J. prakt. Chem.*, (2), **31**, 30] et Mushman [*Chem. Soc.*, **53**, 699]; Perkin [*Ibid.*, **53**, 699]; Ussing [*Ibid*, **53**, 698].

*Chlorure monochlorofumarique,*

$$ClOC-C.Cl$$
$$\|$$
$$HC-COCl$$

— Liquide bouillant à 184°,5-187°,5 sous 760 millimètres, à 142-144° sous 210 millimètres.

Densité : à 4° = 1,5890; à 15° = 1,5731; à 25° = 1,5623 [Perkin, *Chem. Soc.*, **53**, 696].

*Acide monobromofumarique,*

$$HOOC-CBr$$
$$\|$$
$$HC-COOH$$

— MM. Demuth et Meyer [*D. chem. G.*, **21**, 267] ont transformé l'ancienne méthode de préparation de Kekulé [*Ann. Chem.*, Suppl., 2, 91] et traitent l'acide isodibromosuccinique par l'oxyde d'argent à froid :

$$\begin{array}{c} HOOC-CHBr \\ | \\ BrHC-COOH \end{array} + AgOH$$

$$= AgBr + H^2O + \begin{array}{c} HOOC-CBr \\ \| \\ HC-COOH \end{array}$$

On peut aussi simplement chauffer l'acide isodibromosuccinique à 180° (Kekulé) ou avec de l'eau

(Bandrowski). MM. Anschütz et Petri ont encore transformé l'acide dibromosuccinique au moyen de l'acide bromhydrique concentré.

M. Bandrowski [*D. chem. G.*, **15**, 2697] additionne directement à froid l'acide bromhydrique à l'acide acétylène-dicarbonique :

$$C-COOH \quad Br \quad HOOC.-CBr$$
$$C-COOH \quad + \quad H \quad = \quad HC-COOH$$

Récemment MM. Hill et Sanger [*Ann. Chem.*, **232**, 64] ont obtenu l'acide monobromofumarique en oxydant au moyen de l'acide nitrique dilué et chaud les acides β-bromopyromucique et β δ-dibromopyromucique.

L'acide monobromofumarique se présente sous la forme de lamelles fusibles à 177-178°, solubles dans l'eau, très solubles dans l'alcool et dans l'éther. Il se transforme par simple distillation en anhydride monobromomaléique :

$$BrC-CO \diagdown$$
$$\quad\quad\quad\quad O.$$
$$HC-CO \diagup$$

Traité par le brome, il fournit le même acide tribromosuccinique que donne l'acide bromomaléique dans les mêmes conditions.

*Sels de l'acide monobromofumarique.* — Voyez Wislicenus [*Ann. Chem.*, **242**, 56]; Kekulé [*Ibid.*, **130**, 8]; Michaël [*J. prakt. Chem.*, (2), **46**, 215].

*Acide dibromofumarique,*

$$COOH-CBr$$
$$\quad\quad\quad\quad\parallel$$
$$BrC-COOH$$

— M. Bandrowsky [*D. chem. G.*, **12**, 2213] l'a préparé en faisant agir 2 atomes de brome sur l'acide acétylène-dicarbonique :

$$C-COOH \quad Br \quad COOH-CBr$$
$$C-COOH \quad + \quad Br \quad = \quad BrC-COOH$$

Il cristallise dans l'eau en longues aiguilles fusibles à 219-220°. Par distillation, il se transforme en acide dibromomaléique.

On distingue facilement ces deux acides en ajoutant quelques gouttes d'acétate de plomb à leur solution aqueuse : l'acide dibromofumarique n'est pas précipité, tandis que l'acide dibromomaléique l'est complètement.

Pour les sels de l'acide dibromofumarique, consulter les travaux de MM. Wislicenus, Michaël, etc., cités plus haut.

DÉRIVÉS AMINÉS DE L'ACIDE FUMARIQUE. — *Amide fumarique* [Syn. *Acide fumaraminique, acide amino-buténoïque*],

$$HOOC-CH$$
$$\quad\quad\quad\parallel$$
$$HC-CO.AzH^2$$

À l'ancienne méthode de préparation de Griess [*D. chem. G.*, **12**, 2118], qui consistait à faire réagir l'iodure de méthyle sur une solution méthylalcoolique d'asparagine en présence de potasse caustique,

$$COOH$$
$$\;|$$
$$CH^2 \qquad + \; 4I\,CH^3 + 3KOH$$
$$\;|$$
$$H^2Az-CH$$
$$\;|$$
$$CO\,AzH^2$$

$$= Az(CH^3)^4I + 3H^2O + 3KI + \begin{array}{c} COOH \\ | \\ CH \\ \parallel \\ CH \\ | \\ CO\,AzH^2 \end{array}$$

sont venues s'ajouter les méthodes de MM. Curtius et Koch [*J. prakt. Chem.*, (2), **38**, 481]. Ces savants font réagir une solution étendue et froide d'acide sulfureux sur l'éther éthylique de l'acide diazosuccinaminique. Il se forme dans cette réaction les éthers fumaraminique et maléinaminique.

L'amide fumarique se présente sous la forme de feuillets brillants, fusibles à 217° [Michaël et Wing, *Amer. Chem. Soc.*, **6**, 420]. Elle est difficilement soluble dans l'eau froide, presque insoluble dans l'éther, et possède une saveur très acide.

Par ébullition avec les alcalis, elle se transforme en acide fumarique avec dégagement d'ammoniaque.

*Sels.* — Voyez Griess [*loc. cit.*].

*Éther méthylique,*

$$CH-COOCH^3$$
$$\quad\quad\parallel$$
$$CH-COAzH^2$$

[voyez Curtius et Koch, *J. prakt. Chem.*, (2), **38**, 481]. — Il cristallise dans l'eau en petites aiguilles et se sublime sans décomposition. Il est difficilement soluble dans l'eau froide, facilement dans l'alcool, et fond à 160-162°.

L'*éther éthylique* fond à 105°.

*Préparation.* — Voyez Curtius et Koch [*loc. cit.*].

*Acide méthylfumaraminique,*

$$HOOC-CH$$
$$\quad\quad\quad\parallel$$
$$HC-O.AzH.CH^3$$

— Dérivé obtenu par M. Giustiniani [*Gazz. chim. ital.*, **22**, I, 171] en dissolvant à froid la méthylfumarimide dans une solution alcaline. Feuillets difficilement solubles dans l'éther, fusibles à 149°.

*Acide éthylfumaraminique,*

$$HOOC-CH=CH-CO.AzH.C^2H^5.$$

— Obtenu par M. Piutti [*Gazz. chim. ital.*, **18**, 485] en faisant agir à chaud la potasse caustique sur l'éthylfumarimide. Feuillets nacrés, fusibles à 125-126°, en se transformant de nouveau en dérivé imidé avec élimination d'une molécule d'eau.

ÉTHERS FUMARIQUES.

1° On prépare les éthers de l'acide fumarique en le traitant par un mélange d'alcool et d'acide sulfurique concentré. Si l'on remplace dans cette réaction l'acide sulfurique concentré par l'acide chlorhydrique, il se forme des éthers dérivant de l'acide chlorosuccinique.

2° M. Purdie a montré que les éthers de l'acide fumarique, traités par l'alcoolate de sodium, ont une réaction générale [*Chem. Soc.*, **39**, 356] :

$$HC-CO.OC^2H^5$$
$$\quad\quad\parallel \qquad\qquad + NaC^2H^5O$$
$$C^2H^5O.OC-CH$$

$$= \begin{array}{c} C^2H^5O-HC-CO.OC^2H^5 \\ | \\ C^2H^5O.OC-CHNa \end{array}$$

Éther triéthylique sodé de l'acide malique.

Et comme cette réaction n'a lieu qu'en présence d'alcool, il se forme dans une seconde phase de l'alcoolate de sodium et l'éther triéthylique de l'acide oxysuccinique :

$$C^2H^5O-HC-CO.OC^2H^5$$
$$C^2H^3O.OC-CHNa \qquad + C^2H^5OH$$
$$= C^2H^5ONa + \begin{array}{c} C^2H^5O-HC-CO.OC^2H^5 \\ C^2H^5O-OC.CH^2 \end{array}$$

Éther triéthylma'ique.

3° M. Anschütz a démontré que les éthers de l'acide maléique, chauffés en présence d'une petite quantité d'iode, sont transformés par transposition moléculaire en éthers de l'acide fumarique.

4° Les éthers de l'acide fumarique. mis en présence de méthylamine ou d'ammoniaque, se comportent exactement comme les éthers de l'acide maléique (voyez plus bas).

5° Les éthers fumariques des phénols aromatiques se décomposent par la distillation sèche en anhydride carbonique et dérivés de l'acide cinnamique :

$$C^6H^5O-OC-CH$$
$$HC-CO.OC^6H^5$$
$$= CO^2 + C^6H^5-CH=CH-CO.OC^6H^5.$$

Si l'on élève plus haut la température, une seconde molécule d'anhydride carbonique se dégage et il se forme du stilbène :

$$C^6H^5-CH=CH-CO.OC^6H^5 = CO^2 + \begin{array}{c} C^6H^5-CH \\ C^6H^5-CH \end{array}$$

Cinnamate de phényle.     Stilbène.

[Anschütz et Wirtz, *D. chem. G.*, **18**, 1948].

*Fumarate diméthylique,*

$$CH^3O.OC-CH$$
$$HC-CO.OCH^3$$

— M. Ossipoff l'a préparé par l'action d'un mélange d'alcool et d'acide chlorhydrique sur l'acide fumarique ou l'acide maléique [*Journ. Soc. russe,* **11**, 288].

MM. Curtius et Koch [*J. prakt. Chem.*, (2), **38**, 477] ont indiqué comme procédé donnant un rendement satisfaisant la décomposition par l'eau de l'acide diazosuccinique diméthylé :

$$\begin{array}{c} Az \\ \| \\ Az \end{array} \Big\rangle \begin{array}{c} C-CO.OCH^3 \\ CH^2-CO.OCH^3 \end{array}$$

Acide diazosuccinique diméthylé.

$$= Az^2 + \begin{array}{c} CH^3O.OC-CH \\ HC-CO.OCH^3 \end{array}$$

Fumarate diméthylique.

Le fumarate diméthylique se présente sous la forme de prismes tricliniques [Bodewig, *Jahresb.*, 1881. 717], fusibles à 102° et bouillant à 192° [Anschütz, *D. chem. G.*, **12**, 2282], très solubles dans l'alcool et dans l'éther à froid. MM. Purdie et Marshall [*Chem. Soc.*, **59**, 472] l'ont soumis à l'action de l'alcoolate de sodium (voyez plus haut) et l'ont transformé en une substance $C^{11}H^{12}O^7$ (?).

*Fumarate monoéthylique* (voyez 1er Suppl.). — Nous nous contenterons d'indiquer le mode de préparation employé par M. Schields [*Chem. Soc.*, **59**, 738], qui donne d'excellents rendements : On fait une solution de 50 grammes de fumarate diéthylique dans 150 grammes d'alcool absolu, puis on mélange cette solution, en ayant soin d'agiter, avec une solution de 17gr,5 de potasse caustique

dans 500 grammes d'alcool absolu. On agite. on filtre et on évapore le liquide filtré, que l'on extrait ensuite à l'éther après l'avoir dissous dans l'eau. La solution aqueuse est alors. acidulée par l'acide chlorhydrique et extraite par l'éther. Par évaporation de l'éther, on obtient de petits cristaux tabulaires fusibles à 70° et répondant à la formule

$$HOOC-CH$$
$$HC-COOCH^3$$

Ils sont peu solubles dans l'eau, mais très solubles dans l'alcool et dans l'éther. M. Walker a mesuré la conductibilité électrique de cet acide-éther [Walker, *Chem. Soc.*, **61**. 714].

Le *sel de potassium* est cristallisé en houppes facilement solubles dans l'alcool.

Le *sel d'argent,*

$$AgOOC-CH$$
$$HC.COOCH^3$$

est un précipité cristallin.

Solubilité : 435 parties d'eau à 8°,9; 331 parties à 12°,1.

*Fumarate diéthylique.* — M. Anschütz a indiqué [*D. chem. G.*, **11**, 1644; **12**, 2282] pour remplacer le procédé de Laubenheimer, qui consistait à faire agir le perchlorure de phosphore sur l'éther diéthylique de l'acide malique, l'action de l'iodure d'éthyle sur le fumarate argentique. Plus récemment, MM. Gorodetzky et Hell [*D. chem. G.*, **21**, 1801] ont simplifié cette méthode et fait agir l'argent finement divisé sur l'éther diéthylique de l'acide dibromosuccinique :

$$\begin{array}{c} C^2H^5O.OC-CHBr \\ C^2H^5O.OC-CHBr \end{array} + Ag^2$$
$$= 2AgBr + \begin{array}{c} C^2H^5O.OC-CH \\ HC.CO.OC^2H^5 \end{array}$$

Le fumarate diéthylique est un liquide bouillant à 218°,5 (Laubenheimer). Son poids spécifique $= 1,0626$ à 10°; 1,0496 à 25°; à $t°$ :

$$1,07399 - 0,00113\,t + 0,0_3151\,t^2$$

[Knops, *Ann. Chem.*, **248**, 190].

M. Knops a déterminé aussi les coefficients de réfraction et de dispersion, et M. Ossipoff la chaleur de combustion : 665cal, 25 [Ossipof, *Ann. Chim. Phys.*, (6), **20**, 390].

Le fumarate diéthylique, sous l'action du méthylate de sodium, se transforme en fumarate diméthylique. Si la proportion de méthylate s'élève, il se forme du triméthylmalate :

$$CH^3O.C^4H^4O^4(CH^3)^2.$$

MM. Körner et Menozzi [*Gazz. chim. ital.*, **17**, 227] ont démontré que l'ammoniaque alcoolique transforme le fumarate diéthylique en éther diéthylique de l'acide aspartique et en imide aspartique.

*Fumarate diisopropylique,*

$$C^4H^2O^4 \Big\langle \begin{array}{c} C^3H^7 \\ C^3H^7 \end{array}$$

— Ce dérivé a été préparé par M. Ossipoff [*Journ. Soc. chim. russe*, **20**, 256]; il bout en se décomposant à 225-226°.

M. Knops a mesuré son poids spécifique. qui répond à la formule

$$D_t = 1,04047 - 0,0_39101\,t - 0,0_659\,t^2.$$

Les coefficients de réfraction et de dispersion ont aussi été déterminés.

*Fumarate diisobutylique,*

$$C^4H^2O^4 \Big\langle {C^4H^9 \atop C^4H^9}$$

— Ce dérivé a été préparé par M. Purdie [*Chem. Soc.*, **39**, 354]; c'est un liquide bouillant à 170° sous la pression de 160 millimètres. Par l'action de l'isobutylate de sodium, il se transforme en acide isobutyl-oxysuccinique.

ÉTHERS DES DÉRIVÉS HALOGÉNÉS. — *Fumarate diméthylique monochloré,*

$$CH^3O \cdot OC - C \cdot Cl$$
$$\overset{\shortparallel}{HC} - CO \cdot OCH^3$$

— Ce dérivé a été préparé par M. Kauder [*J. prakt. Chem.*, (2), **34**, 32]; c'est un liquide bouillant à 224°.

*Fumarate diéthylique monochloré,*

$$C^2H^5O \cdot OC - C \cdot Cl$$
$$\overset{\shortparallel}{HC} - CO \cdot OC^2H^5$$

— M. Henry obtint le premier cette substance par l'action du perchlorure de phosphore sur l'éther diéthylique de l'acide tartrique. M. Perkin [*Chem. Soc.*, **53**, 701] la prépare par l'action de l'alcool éthylique sur le chlorure de chlorofumaryle. Voici comment on opère : On fait couler lentement de l'alcool absolu sur du chlorure d'acide monochlorofumarique, puis on précipite par beaucoup d'eau et on extrait par l'éther.

Le fumarate diéthylique monochloré est un liquide bouillant à 250°, en se décomposant partiellement. Il bout sous pression réduite (210 millimètres) à 202-203°.

Poids spécifique : 1,20480 à 4°; 1,19372 à 15°; 1,18490 à 25° [Perkin, *Chem. Soc.*, **53**, 701. — Claus. *Ann. Chem.*, **191**, 80].

Le fumarate diéthylique monochloré est très sensible à l'action de l'ammoniaque :

1° L'ammoniaque étendue le transforme en

$$H^2Az - OC - C \cdot Cl$$
$$\overset{\shortparallel}{HC} \cdot CO \cdot OC^2H^5$$

2° L'ammoniaque concentrée élimine l'atome de chlore ainsi que les deux groupes alcooliques, en donnant

$$H^2Az - OC - C - AzH^2$$
$$\overset{\shortparallel}{HC} - CO - AzH^2$$

M. Claus [*loc. cit.*] a étudié l'action du cyanure de potassium sur le fumarate diéthylique monochloré, mais sans isoler les produits intermédiaires. Il est probable qu'il se forme tout d'abord des produits de substitution; mais, en ajoutant à la masse en réaction de la potasse ou de l'acide chlorhydrique et faisant bouillir, on obtient de l'acide succinique, d'après les équations

$$C^2H^5O - OC - C - Cl \atop \underset{HC - CO - OC^2H^5}{\overset{\shortparallel}{\phantom{x}}} + HCAz$$

$$= HCl + {C^2H^5O \; OC - C \cdot CAz \atop \underset{HC - CO \cdot OC^2H^5}{\overset{\shortparallel}{\phantom{x}}}}$$

$$C^2H^5O - OC - C \cdot CAz \atop \underset{HC - CO \cdot OC^2H^5}{\overset{\shortparallel}{\phantom{x}}} + HCAz$$

$$= {AzC - HC - CO \cdot OC^2H^5 \atop AzC - HC - CO \cdot OC^2H^5}$$

$$\begin{aligned}&AzC - HC - CO \cdot OC^2H^5 \\ &AzC - HC - CO \cdot OC^2H^5\end{aligned} + 6H^2O$$

$$= 2CO^2 + 2AzH^3 + 2C^2H^5OH + {CH^2 - COOH \atop CH^2 - COOH}$$

*Fumarate diméthylique monobromé.* — MM. Hill et Palmer [*Amer. Journ.*, **9**, 152] l'ont préparé par l'action de l'iodure de méthyle sur le sel d'argent en suspension dans l'éther anhydre.

M. Anschütz [*D. chem. G.*, **12**, 2284] l'a obtenu aussi par transposition moléculaire de l'éther diméthylique de l'acide monobromomaléique (au moyen de l'iode).

C'est un liquide épais, peu volatil. D'après M. Anschütz, il serait soluble et fusible à 30°.

*Fumarate monoéthylique monobromé,*

$$C^2H^5OOC - CBr$$
$$\overset{\shortparallel}{HC} - COOH$$

— MM. Hill et Palmer [*loc. cit.*] l'ont préparé de la même façon que l'éther diméthylique. Dans cette préparation, il est inutile d'employer de l'éther anhydre, l'éther ordinaire suffisant parfaitement.

Le fumarate monoéthylique monobromé se présente sous la forme de petits prismes fusibles à 88-89°. Il est facilement soluble dans l'alcool, l'éther, le chloroforme et le benzène bouillant; moins soluble par contre dans la ligroïne et dans le sulfure de carbone.

*Fumarate diéthylique monobromé,*

$$C^2H^5O \cdot OC - CBr$$
$$\overset{\shortparallel}{HC} - CO \cdot OC^2H^5$$

— MM. Hill et Palmer [*loc. cit.*] l'ont préparé au moyen du sel d'argent et de l'iodure d'éthyle. C'est un liquide épais, non volatil.

*Fumarate diéthylique dibromé,*

$$C^2H^5O \cdot OC - CBr$$
$$\overset{\shortparallel}{BrC} - CO \cdot OC^2H^5$$

— Ce dérivé a été préparé par M. Michael [*J. prakt. Chem.*, (2), **46**, 215]. Il cristallise dans la ligroïne sous la forme de prismes fusibles à 67-68°. Sous l'action de la poudre de zinc en suspension dans l'éther humide, les deux atomes de brome sont éliminés avec formation d'éther diéthylique de l'acide acétylène-dicarbonique :

$$C^2H^5O \cdot OC - CBr \atop \underset{BrC - CO \cdot OC^2H^5}{\overset{\shortparallel}{\phantom{x}}} + Zn$$

$$= {C - CO \cdot OC^2H^5 \atop \underset{C - CO \cdot OC^2H^5}{\overset{\shortmid\shortmid\shortmid}{\phantom{x}}}} + ZnBr^2.$$

Acétylène-dicarbonate d'éthyle.

*Acide fumaranilique (phényl-amino-butène-oïque),* $C^{10}H^9AzO^3$. — Cet acide-éther se prépare par saponification du chlorure correspondant avec la soude caustique très étendue, comme l'a démontré récemment M. Anschütz [*Ann. Chem.*, **259**, 141] :

$$C^6H^5 - AzH - OC - CH \atop \underset{HC - COCl}{\overset{\shortparallel}{\phantom{x}}} + H^2O$$

Chlorure fumaranilique.

$$= {C^6H^5 - AzH - OC - CH \atop \underset{HC - COOH}{\overset{\shortparallel}{\phantom{x}}}}$$

Acide fumaranilique.

M. Bischoff [*D. chem. G.*, 24, 2003] est arrivé au même résultat par saponification de la fumaranilide avec deux molécules de potasse en solution alcoolique.

L'acide fumaranilique se présente sous la forme de cristaux fusibles à 230-231°.

Le *chlorure*, $C^{10}H^8Cl.AzO^2$, dont la formule développée se trouve ci-dessus, a été préparé par M. Anschütz [*loc. cit.*] en faisant réagir une petite quantité d'aniline sur un grand excès de chlorure de fumaryle.

Le chlorure de l'acide fumaranilique se présente sous la forme de prismes jaune de soufre, fusibles à 119-120°.

*Acide fumarméthylanilique*, $C^{11}H^{11}AzO^3$. — Ce dérivé se prépare, d'après M. Piutti [*Gazz. chim. ital.*, 6, 24], en faisant agir à chaud l'acide maléique ou l'acide fumarique sur la monométhylaniline. Il est fusible à 128° et possède la constitution suivante :

$$\begin{array}{c} C^6H^5 \\ \phantom{}_{\diagdown} \\ CH^3 \diagup Az - OC - CH \\ \phantom{xxxxxxx} \| \\ \phantom{xxxxxxx} HC - COOH \end{array}$$

Acide fumarméthylanilique.

*Fumaranilide*,

$$C^6H^5.AzH - OC - CH$$
$$\phantom{xxxxxx} \| $$
$$\phantom{xxxxxx} HC - CO - AzH.C^6H^5.$$

— MM. Anschütz et Wirtz [*Ann. Chem.*, 239, 138] ont préparé la fumaranilide en faisant réagir l'aniline en excès sur le chlorure de fumaryle.

M. Bischoff [*D. chem. G.*, 23, 2041; 24, 2002] a transformé l'acide malique en anilide, puis en dianilide, et cette dernière, sous l'influence de l'anhydride acétique, donne la fumaranilide, d'après les équations suivantes :

$$\begin{array}{ccc} COOH & & CO - AzH.C^6H^5 \\ | & & | \\ CH^2 & & CH^2 \\ | & \longrightarrow & | \\ CH.OH & & CH.OH \\ | & & | \\ COOH & & CO - AzH.C^6H^5 \\ \text{Acide malique.} & & \text{Dianilide.} \end{array}$$

$$\longrightarrow \quad \begin{array}{c} C^6H^5 - AzH.CO - CH \\ \| \\ HC \; CO - AzH.C^6H^5 \end{array}$$

Fumaranilide.

Cette réaction est très générale et a permis à M. Bischoff de préparer les toluides, les xylides, etc.

La fumaranilide cristallise dans l'acide acétique en petits cristaux fusibles à 313-314°.

*Fumartoluide*, $C^{18}H^{18}Az^2O^2$,

$$CH^3 - C^6H^4 - AzH - OC - CH$$
$$\phantom{xxxxxxx} \| $$
$$\phantom{xxxxxx} HC - CO - AzH - C^6H^4 - CH^3.$$

— La fumartoluide a été préparée par M. Bischoff [*loc. cit.*] en chauffant à 160° un mélange de toluide malique et d'anhydride acétique [voyez aussi Bischoff et Nastvogel, *D. chem. G.*, 23, 2045]. M. Bischoff l'a préparée également en faisant agir directement la paratoluidine sur le chlorure de fumaryle.

Par cristallisation dans l'aniline, elle donne de petits cristaux, infusibles même à 360°.

*Fumarnaphtalide*, $C^{24}H^{18}Az^2O^2$. — Se prépare par l'action de l'anhydride acétique sur l'α-toluide de l'acide malique [Bischoff, *D. chem. G.*, 24, 2005]. N'est soluble que dans l'aniline, ne fond pas encore à 300°.

*Fumarméthylphénylamide*. $C^{18}H^{18}Az^2O^2$,

$$\begin{array}{c} H.C - CO \\ \phantom{}_{\diagdown} \\ \| \phantom{xxxx} O \\ H.C - C \diagup \\ \phantom{xxx}\left[ \begin{array}{c} \| \\ Az \end{array} \diagdown \begin{array}{c} CH^3 \\ C^6H^5 \end{array} \right]^2 \end{array}$$

— M. Piutti [*Gazz. chim. ital.*, 16, 24] a obtenu ce dérivé en chauffant à 240° un mélange de 15 grammes d'acide phtalylaspartique et de 20 grammes de monométhylaniline. La réaction est la suivante :

$$C^6H^4 \diagdown \begin{array}{c} CO \\ CO \end{array} \diagup Az - CH \begin{array}{c} CH^2 - COOH \\ | \\ - COOH \end{array} + 2\,C^6H^5 - Az \diagdown \begin{array}{c} CH^3 \\ H \end{array}$$

$$= C^6H^4 \diagdown \begin{array}{c} CO \\ CO \end{array} \diagdown AzH + 2H^2O + \begin{array}{c} HC - CO \\ \| \phantom{x} \diagdown O \\ HC - C \end{array} = \left( Az \diagdown \begin{array}{c} CH^3 \\ C^6H^5 \end{array} \right)^2$$

Le mélange encore chaud est traité par l'alcool, puis refroidi. La phtalimide se dépose, tandis que l'anilide reste en solution. La fumarméthylphénylamide cristallise dans l'alcool, elle est fusible à 187°,5, soluble dans l'éther. Si on la traite à 180° en tube scellé par l'acide chlorhydrique concentré, elle se scinde en monométhylaniline d'une part, et acide fumarique d'autre part.

*Fumardibromométhylphénylamide*

$$C^{18}H^{16}Br^2Az^2O^2.$$

— M. Piutti [*loc. cit.*] a préparé cette substance par bromuration directe. On dissout la fumarméthylphénylamide dans du chloroforme et on ajoute la quantité calculée de brome, dissoute également dans le chloroforme. Le dérivé dibromé que l'on obtient cristallise dans l'alcool en cristaux tabulaires, fusibles à 206-207° avec décomposition; ils sont peu solubles dans l'éther, davantage dans l'alcool. Une ébullition prolongée avec l'alcool ne les décompose pas.

*Fumardiphénylamide*, $C^{28}H^{22}Az^2O^2$. — M. Piutti [*loc. cit.*] a préparé la fumardiphénylamide en chauffant directement l'acide fumarique avec la diphénylamine. Il l'a préparée encore en chauffant à 121°, seul ou avec de l'ammoniaque alcoolique, l'acide α- ou l'acide β-phtalyldiphénylaspartique :

$$C^8H^4O^2 = Az - C^2H^3 \diagdown\diagup \begin{array}{c} C[Az(C^6H^5)^2]^2 \\ O \\ CO \end{array}$$

$$= C^{28}H^{22}Az^2O^2 + C^4H^8O^2AzH.$$

Elle cristallise dans l'alcool en aiguilles brillantes, fusibles à 275-276°. Par saponification avec la potasse caustique concentrée, elle fournit de la diphénylamine et de l'acide fumarique.

*Acide fumardiiodo-anilique*, $C^{16}H^{11}I^2Az^2O^2$. — M. Bruck [*D. chem. G.*, 26, 848] l'a préparé en faisant réagir le chlorure de l'acide diiodofumarique sur un excès d'aniline. Ce dérivé possède la constitution suivante :

$$C^6H^5.AzH - OC - CI$$
$$\phantom{xxxxx} \| $$
$$\phantom{xxxx} IC - CO - AzH.C^6H^5.$$

Il cristallise dans l'alcool et fond à 230° en se décomposant. Il est peu soluble dans l'alcool, insoluble dans le chloroforme et dans le benzène.

*Éther fumardiphénylique*, $C^{16}H^{12}O^4$. — Ce dérivé, préparé par MM. Anschütz et Wirtz [*D. chem. G.*, 18, 1948] en faisant agir le chlorure de fumaryle sur le phénol, possède la constitution suivante :

$$C^6H^5O . OC-CH$$
$$\| $$
$$HC-CO . OC^6H^5.$$

Il cristallise en aiguilles fusibles à 160-161° et distille en se décomposant partiellement. La distillation lente le décompose d'abord en acides cinnamique et carbonique, puis en stilbène :

I.
$$C^6H^5 . O-OC-CH$$
$$\|$$
$$HC-CO . OC^6H^5$$
$$= CO^2 + C^6H^5-CH=CH-CO . OC^6H^5.$$
Cinnamate de phényle.

II.
$$C^6H^5-CH=CH-CO . OC^6H^5$$
$$= CO^2 + \begin{array}{l} CH-C^6H^5 \\ \| \\ CH-C^6H^5 \end{array}$$
Stilbène.

L'éther fumardiphénylique est difficilement soluble dans l'alcool.

*Éther diiodofumardiphénylique*, $C^{16}H^{14}O^4$,

$$C^6H^5O . OC-CI$$
$$\|$$
$$IC-CO . OC^6H^5$$

— M. Bruck [*loc. cit.*] a préparé ce dérivé en faisant agir le chlorure de l'acide diiodofumarique sur le phénol. Il cristallise dans l'alcool en aiguilles soyeuses, fusibles à 127°.

*Éther fumardicrésylique*, $C^{18}H^{16}O^4$,

$$CH^3 . C^6H^4 . O-OC-CH$$
$$\|$$
$$HC-CO-O . C^6H^4 . CH^3.$$

— MM. Anschütz et Wirtz [*D. chem. G.*, 18, 1948] l'ont préparé en faisant agir le chlorure de fumaryle sur le para-crésol. Il se présente sous la forme de cristaux brillants, fusibles à 162°, peu solubles dans l'alcool et donnant par distillation de l'anhydride carbonique et du p-diméthylstilbène :

$$CH-.C^6H^4-CH^3$$
$$\|$$
$$CH-C^6H^4-CH^3$$
p-Diméthylstilbène.

### ACIDE MALÉIQUE
(*Acide butène-peri-dioïque*),

$$HC-COOH$$
$$\|$$
$$HC-COOH$$

— On a substitué aux anciens modes de préparation de Lassaigne et Pelouze (voyez Dict. et 1er Suppl.), qui consistaient à distiller à sec l'acide malique ou l'acide fumarique, l'action du chlorure d'acétyle sur l'acide fumarique ou du chlorure de fumaryle sur le fumarate d'argent [Perkin, *D. chem. G.*, 14, 2545] :

$$\begin{array}{l} AgOOC-CH \\ \| \\ HC-COOAg \end{array} + \begin{array}{l} ClOC-CH \\ \| \\ HC-COCl \end{array}$$
$$= 2 AgCl + 2 \begin{array}{l} HC-CO \\ \| \\ HC-CO \end{array}\!\!> O.$$
Anhydride maléique.

MM. Anschütz et Bennert [*D. chem. G.*, 15, 643]

ont démontré plus tard que les dérivés monohalogénés (Cl ou Br) de l'anhydride succinique se transforment par distillation sèche en acide halogéné et anhydride maléique :

$$\begin{array}{l} CHBr-CO \\ | \\ CH^2-CO \end{array}\!\!> O = HBr + \begin{array}{l} CH\ CO \\ \| \\ CH-CO \end{array}\!\!> O.$$
Anhydride monobromo-      Anhydride
succinique.          maléique.

M. Bourgoin [*Bull. Soc. Chim.*, (2), 20, 70] a obtenu l'acide maléique par distillation du succinate d'argent en présence de sable et de charbon.

L'acide maléique a été préparé aussi par fermeture de chaîne, c'est-à-dire par l'action du sodium sur l'éther acétique dichloré :

$$\begin{array}{l} Cl^2CH-COOC^2H^5 \\ \\ Cl^2CH-COOC^2H^5 \end{array} + 2Na$$
$$= \begin{array}{l} CH-COOC^2H^5 \\ \| \\ CH-COOC^2H^5 \end{array} + 2NaCl.$$

L'éther obtenu est saponifié par la baryte, et l'acide maléique purifié par sa transformation en anhydride.

Kékulé et Strecker [*Ann. Chem.*, 223, 185] ont indiqué l'action de l'eau bouillante sur l'acide trichlorophénomalique :

$$C^5H^3Cl^3O^3 + H^2O = CHCl^3 + \begin{array}{l} H . C . COOH \\ \| \\ H . C . COOH \end{array}$$

Les deux modes actuels de préparation sont les suivants :

1° On distille de l'acide malique en faisant monter la température rapidement à 220°. Le liquide distillé est traité par le chlorure d'acétyle pour être transformé en anhydride, puis cet anhydride distillé. On le fait cristalliser dans le chloroforme ou dans l'acide acétique et on le transforme ensuite en acide maléique par ébullition avec l'eau.

2° On verse avec précaution un excès de chlorure d'acétyle sur de l'acide malique, puis on distille et on fractionne aussitôt que le dégagement d'acide chlorhydrique a cessé [Anschütz, *D. chem. G.*, 14, 2791. — Perkin, *ibid.*, 14, 2547].

PROPRIÉTÉS PHYSIQUES (voyez 1er Suppl., 2, 992). — L'acide maléique se présente sous la forme de prismes clinorhombiques [Bodewig, *Jahresb.* 1881, 716], fusibles à 130°, dont MM. Tanatar et Tchelebijeff [*Journ. Soc. chim. russe*, 22, 549] ont déterminé le poids spécifique égal à 1,590.

L'acide maléique est soluble dans 2 parties d'eau à 10°, et sa chaleur de neutralisation par la soude est de 26cal,620, tandis que sa chaleur de dissolution est négative, soit —4cal,438 [Gal et Werner, *Bull. Soc. Chim.*, (2), 47, 158]. La chaleur de combustion moléculaire a été déterminée ; elle est égale à 327cal, 480 [Louguinine, *Ann. Chim. Phys.*, (6), 23, 189. — Stohmann, *J. prakt. Chem.*, (2), 31, 347].

M. Ostwald [*Physik. Chem.*, 3, 380] a déterminé la conductibilité électrique de l'acide maléique.

L'acide maléique chauffé au bain-marie à 100° dans le vide se décompose totalement en eau et anhydride maléique [Reicher, *Rec. Trav. chim.*, 2, 312].

Si on le distille à la pression ordinaire, il passe à 160° en se décomposant en eau et anhydride ; mais la réaction inverse a lieu presque aussitôt dans le tube du réfrigérant, et, pour arriver à transformer totalement l'acide maléique en anhydride, il faut chauffer pendant plusieurs heures à une température supérieure à 100°. Si l'on chauffe par contre en tube scellé, à 200°, une solution aqueuse contenant 30 0/0 d'acide maléique, on provoque une transposition moléculaire et la transformation intégrale en acide fumarique.

L'acide maléique, soumis à l'action des réducteurs, tels que l'amalgame de sodium, se comporte d'une façon analogue à l'acide fumarique, de même qu'en présence de bisulfite de sodium qu'il s'additionne :

$$SO^3NaH + \begin{matrix} HC.COOH \\ \| \\ HC.COOH \end{matrix} = \begin{matrix} H^2.C - COOH \\ | \\ NaO^3S - CH - COOH \end{matrix}$$

Acide sulfosuccinique.

M. Petri a démontré que, sous l'action du brome, l'acide maléique se transforme partiellement en acide isodibromosuccinique et acide fumarique.

Kekulé et M. Strecker [*Ann. Chem.*, **223**, 186] ont démontré la transposition de l'acide maléique en acide fumarique sous l'influence de l'acide iodhydrique, de l'acide nitrique et de l'acide chlorhydrique à chaud.

M. Fittig avait déjà étudié [*Ann. Chem*, **188**, 91] l'action de l'acide bromhydrique, en solution saturée à 0°, sur l'acide ou l'anhydride maléique, et avait montré la formation de quantités équivalentes d'acide fumarique et d'acide monobromosuccinique.

Les acides suivants, orthophosphorique, métaphosphorique, sulfurique, arsénique et oxalique, provoquent encore cette transposition. Il en est de même de l'anhydride sulfureux et de l'acide sulfhydrique, qui, agissant simultanément, provoquent la transposition et, agissant séparément, sont sans action.

M. Skraup [*Mon. f. Chem.*, **12**, 119, 133] a démontré plus récemment qu'en décomposant par un courant d'hydrogène sulfuré les maléates de plomb, de cadmium ou de cuivre, on régénère non pas l'acide maléique, mais bien l'acide fumarique. Par l'action du permanganate de potassium, l'acide maléique se transforme en acide tartrique inactif.

M. Michaël [*D. chem. G.*, **19**, 1373] a transformé l'acide maléique en anilide par ébullition avec l'aniline (voyez plus bas).

L'acide maléique se distingue facilement de l'acide fumarique, tout d'abord par sa beaucoup plus grande solubilité dans l'eau. C'est ainsi que les solutions de maléates alcalins ne sont pas précipitées par l'addition d'un acide. Par contre l'acide maléique est précipité par une solution de baryte, tandis que l'acide fumarique n'est pas précipité.

Sels de l'acide maléique. — Voyez Dict., 2, 28.

*Sel monosodique*, $C^4H^3O^4Na$, $3H^2O$. — Cristaux tricliniques [Bodevig, *Jahresb.*, 1881, 716].

*Sel disodique*, $C^4H^2O^4Na^2$, $0,5H^2O$.

Le *sel monopotassique*, $C^4H^3O^4K$, $0,5H^2O$, et le *sel dipotassique*, $C^4H^2O^4K^2$, $0,5H^2O$, perdent $0,5H^2O$ à 100°.

*Sel de manganèse*, $(C^4H^3O^4)^2Mg$, $6H^2O$.

*Sel de magnésium*, $C^4H^2O^4Mg$, $4H^2O$. — M. Walden a déterminé la conductibilité électrique de ce sel [*Physik. Chem.*, **1**, 538].

*Sel de calcium*,

$(C^4H^3O^4)^2Ca$, $5H^2O$ et $C^4H^2O^4Ca$ (à 100°).

— Le sel de calcium est facilement soluble dans l'eau, mais non dans l'alcool.

*Sels de strontium*,

$(C^4H^3O^4)^2Sr$, $8H^2O$ et $C^4H^2O^4Sr$, $5H^2O$.

— Ce sel perd $4H^2O$ à 100°.

*Sels de baryum*,

$(C^4H^3O^4)^2Ba$, $5H^2O$ et $C^4H^2O^4Ba$, $2H^2O$.

— Quand on neutralise une solution concentrée d'acide maléique par l'eau de baryte, il se forme une gelée qui se transforme peu à peu en un précipité cristallin (moyen de différencier l'acide fumarique de l'acide maléique) [voyez Anschütz, *D. chem. G.*, **12**, 2283].

D'après M. Hintze [*Jahresb.*, 1884, 463], les cristaux de sel barytique appartiendraient au système clinorhombique; M. Büchner les a obtenus en aiguilles prismatiques.

*Sels de zinc, de plomb, de cuivre, d'argent*, etc. — Voyez Dict., 2, 281.

Chlorure de maléyle,

$$\begin{matrix} HC - COCl \\ \| \\ HC - COCl \end{matrix}$$

— Le chlorure de l'acide maléique n'a pas encore été préparé avec certitude. M. Anschütz et M. Wirtz estiment que, dans l'action du perchlorure de phosphore sur l'anhydride maléique, le chlorure maléique prend naissance, et qu'on peut l'isoler en distillant le produit de la réaction dans le vide. Le chlorure de maléyle distillerait à 70° sous 11 millimètres de pression, mais il se transposerait avec la plus grande facilité, partiellement ou même totalement, en chlorure de fumaryle.

Anhydride maléique,

$$\begin{matrix} HC - CO \\ \| \qquad \diagdown O. \\ HC - CO \diagup \end{matrix}$$

— M. Tanatar l'a préparé en distillant simplement parties égales d'acide fumarique et d'anhydride phosphorique [Tanatar, *Journ. Soc. chim. russe*, **22**, 312]. M. Volhard [*Ann. Chem.*, **268**, 255] distille l'acide fumarique avec un tiers de molécule de perchlorure de phosphore ou une demi-molécule d'oxychlorure de phosphore.

L'anhydride maléique se présente sous la forme de cristaux prismatiques [Bodewig, *Jahresb.*, 1885, 716].

Point de fusion : 60° [Fittig, *Ann. Chem.*, **188**, 87]; 53° [Anschütz, *D. chem. G.*, **12**, 2281].

Point d'ébullition : 196° [Kekulé, *Ann. Chem.*, Suppl. 2, 88]; 202° [Anschütz, *loc. cit.*]; 82° sous 14 millimètres [Anschütz, *D. chem. G.*, **14**, 2701].

M. Ossipoff [*Physik. Chem.*, **4**, 484] a déterminé la chaleur de combustion de l'anhydride maléique, qui est égale à 336cal,9.

Dérivés halogénés de l'acide maléique.

*Acide monochloromaléique* (dérivé $\alpha$),

$$\begin{matrix} C.Cl.COOH \\ \| \\ CH - COOH \end{matrix}$$

— Il a été obtenu par M. Perkin en chauffant avec l'eau l'anhydride correspondant [Perkin, *Chem. Soc.*, 53, 706]. Cet acide se présente sous la forme de cristaux tabulaires microscopiques. Évaporé avec de l'acide chlorhydrique concentré, il se transforme en acide monochlorofumarique. Les *sels* suivants :

$$2\,Na\,C^4H^2ClO^4, 3H^2O,$$
$$K\,C^4H^2ClO^4, \qquad Ag^2C^4HClO^4,$$

ont été préparés, ainsi que l'éther diéthylique obtenu par M. Perkin au moyen du monochloromaléate d'argent et du chlorure d'éthyle [Perkin, *Chem. Soc.*, 53, 708]. Cet éther diéthylique est un liquide distillant à 235°, avec une légère décomposition, sous une pression de 210 millimètres, il bout à 189°.5-190°.5.

Densité à 15° $= 1,1821$; à 25° $= 1,1740$.

L'*anhydride*,

$$\begin{array}{l} CCl . CO \searrow \\ \quad \| \qquad\quad O, \\ CH . CO \nearrow \end{array}$$

s'obtient en distillant rapidement l'acide mono-chlorofumarique ou en chauffant à 125° l'acide chlorofumarique avec du chlorure de chlorofumaryle [*Chem. Soc.*, 53, 703]. Les meilleurs rendements sont obtenus en employant le chlorure d'acétyle et en le faisant agir sur l'acide chlorofumarique. L'anhydride fond à 34°,5 et bout à 196°,3. Sous 210 millimètres, il bout à 150-151°.

Densité : 1,5664 à 4°; 1,5526 à 15°; 1,5421 à 25°.

*Acide monochloromaléique* (dérivé β). — Substance peu étudiée, fusible à 170-171°, donnant un anhydride par distillation [Carius, *Ann. Chem.*, 142, 139; Kekulé et O. Strecker, *ibid.*, 223, 183; Carius, *ibid.*, 155, 217].

*Acide monochloromaléique* (dérivé γ). — S'obtient, d'après M. Bandrowski [*D. chem. G.*, 15, 2695], par l'action de l'acide chlorhydrique sur l'acide acétylène-dicarbonique :

$$\begin{array}{l} C - COOH \qquad H \qquad CH - COOH \\ \quad \| \! \| \qquad\quad + \; \| \quad = \quad \| \\ C - COOH \qquad Cl \qquad CCl - COOH \end{array}$$

Petits cristaux, fusibles à 178° et distillant à 190° en se décomposant.

Différents sels ont été étudiés.

*Acide dichloromaléique*,

$$\begin{array}{l} C . Cl . COOH \\ \quad \| \\ C . Cl . COOH \end{array}$$

— Cet acide se prépare par des moyens détournés. MM. Ciamician et Silber [*D. chem. G.*, 16, 2395] partent de l'octochlorure du perchloropyrocolle. Ce dernier, traité par l'eau bouillante, donne l'imide de l'acide dichloromaléique :

$$\begin{array}{l} C . Cl - CO \searrow \\ \quad \| \qquad\qquad AzH. \\ C . Cl - CO \nearrow \end{array}$$

Cette dernière, traitée par la potasse caustique, se transforme en acide dichloromaléique. On l'isole en acidifiant par l'acide sulfurique et en extrayant par l'éther.

MM. Ciamician et Silber [*D. chem. G.*, 17, 1744] ont préparé d'une autre manière encore l'acide dichloromaléique en partant du pyrrol, transformant ce dernier en dérivé tétrachloré, puis oxydant ce dérivé chloré par l'hypochlorite de sodium. On a ainsi les transformations successives suivantes :

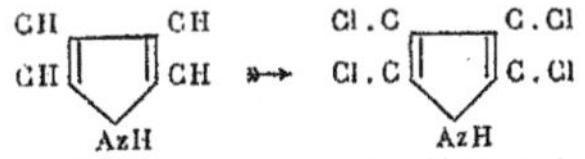

$$\begin{array}{ll} CH \quad CH & Cl . C \quad C . Cl \\ \phantom{x} & \phantom{x} \\ CH \quad\quad CH \; \longrightarrow & Cl . C \quad\quad C . Cl \\ \phantom{x} & \phantom{x} \\ \quad AzH & \quad AzH \\ \quad \text{Pyrrol.} & \quad \text{Tétrachloropyrrol.} \end{array}$$

$$\longrightarrow \begin{array}{l} Cl . C = C . Cl \\ \quad | \qquad\quad | \\ \quad COOH \quad COOH \end{array}$$

Acide dichloromaléique.

M. Kauder [*J. prakt. Chem.*, (2), 34, 3] a préparé l'anhydride de l'acide dichloromaléique en chauffant avec de l'acide sulfurique les deux chlorures suivants :

$$\begin{array}{ll} Cl - C - C . Cl^2 \searrow & Cl - C - C . Cl^2 \searrow \\ \quad \| \qqu\quad Cl^2 & \quad \| \qquad\quad O. \\ Cl - C - CO \nearrow & Cl - C - C . Cl^2 \nearrow \\ \quad \text{Chlorure } \alpha. & \quad \text{Chlorure } \beta. \end{array}$$

MM. Hill et Jackson [Beilstein, *Org. Chem.*, 1, 703] ont obtenu le même acide dichloré en oxydant au moyen de l'acide nitrique les acides dichloro- et trichloro-pyromuciques.

Le dichlorure de l'acide dichloromaléique se forme encore, suivant les recherches de M. Kauder [*J. prakt. Chem.*, (2), 31, 27], quand on fait passer un courant de chlore sec dans du chlorure de succinyle bouillant :

$$\begin{array}{l} CH^2 - CO . Cl \\ \quad | \qquad\qquad + 3\,Cl^2 = 4\,HCl + \\ CH^2 - CO . Cl \end{array} \begin{array}{l} Cl - C - CO . Cl \\ \quad \| \\ Cl - C - CO . Cl \end{array}$$

Nous avons vu plus haut la formation de l'acide dichloromaléique en partant d'une chaîne fermée de 5 atomes; MM. Zincke et Fuchs [*Ann. Chem.*, 267, 20] arrivent au même résultat en partant du benzène, soit d'une chaîne fermée de 6 atomes. Les transformations sont les suivantes :

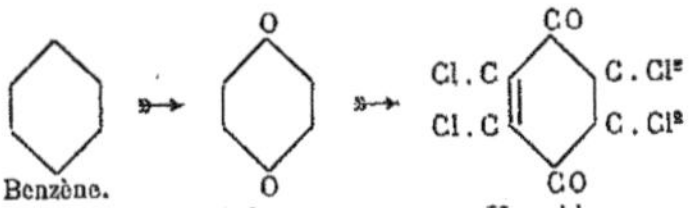

$$\begin{array}{ccc} \bigcirc & \rightarrow \;\; \overset{O}{\underset{O}{\bigcirc}} \;\; \rightarrow & \overset{CO}{\underset{CO}{\overset{Cl . C}{\underset{Cl . C}{\bigcirc}}}}{}^{C . Cl^2}_{C . Cl^2} \\ \text{Benzène.} & \text{Quinone.} & \begin{array}{c}\text{Hexachloro-.}\\ \text{paradicétohexène.}\end{array} \end{array}$$

$$\longrightarrow \begin{array}{l} Cl . C - COOH \\ \quad \| \qquad\qquad + C^2 H Cl^3 + HCl. \\ Cl . C - COOH \end{array}$$

M. Zincke, plus récemment [*D. chem. G.*, 25, 2230], a dédoublé par l'action de la soude caustique l'acide perchloracétacrylique en chloroforme et acide dichloromaléique :

$$\begin{array}{l} Cl - C - COOH \\ \quad \| \qquad\qquad\qquad + H^2 O \\ Cl - C - CO . CCl^3 \end{array}$$

$$= \begin{array}{l} Cl - C - COOH \\ \quad \| \qquad\qquad + CHCl^3 \\ Cl - C - COOH \end{array}$$

L'acide dichloromaléique cristallise en fines aiguilles dans un mélange d'éther et d'éther de pétrole; il est très soluble dans l'eau, l'éther, l'alcool, mais insoluble dans le benzène et dans l'éther de pétrole. Sous l'action de la chaleur, l'acide dichloromaléique perd une molécule d'eau et se transforme en un anhydride que nous étudierons plus bas.

*Dichloromaléates*. — Sel de *baryum*,

$$\begin{array}{l} Cl - C - CO^2 \searrow \\ \quad \| \qquad\qquad Ba , 2,5\,H^2 O. \\ Cl - C - CO^2 \nearrow \end{array}$$

— Petits feuillets brillants [Zincke, *D. chem. G.*, 25, 2230].

Le *sel d'argent* cristallise anhydre; il se présente sous la forme de fines aiguilles déflagrant lorsqu'on les chauffe.

*Anhydride dichloromaléique*,

$$\begin{array}{l} Cl - C - CO \searrow \\ \quad \| \qquad\qquad O. \\ Cl - C - CO \nearrow \end{array}$$

— MM. Ciamician et Silber [*D. chem. G.*, 16, 2396] l'ont préparé par distillation de l'acide correspondant. L'anhydride dichloromaléique se sublime en donnant de petits cristaux tabulaires fusibles à 119-120°; ils sont très solubles dans l'alcool, l'éther, le sulfure de carbone et le benzène.

*Chlorure de l'acide dichloromaléique*,

$$\begin{array}{l} Cl - C - CO . Cl \\ \quad \| \\ Cl - C - CO . Cl \end{array}$$

— Le chlorure répondant à cette formule n'est pas connu; M. Kauder, en chauffant le chlorure de succinyle avec du perchlorure de phosphore, à la température de 230°, a obtenu par contre deux autres chlorures isomériques $C^4Cl^6O$ [Kauder, *J. prakt. Chem.*, (2), **34**, 33] :

$$C^4H^4O^2Cl^2 + 4PCl^5$$
$$= C^4Cl^6O + 4HCl + POCl^3 + 3PCl^3.$$

La même réaction s'observe, mais avec formation du dérivé β en excès, quand on fait agir le perchlorure de phosphore sur l'acide tartrique. Il se forme d'abord, dans une première phase, de l'acide dichlorofumarique, qui se transforme en dichlorure sous l'action d'une température de 230° [Kauder, *J. prakt. Chem.*, (2), **34**, 33].

On mélange 1 molécule d'acide succinique avec 2 molécules de perchlorure de phosphore et l'on distille en rejetant toute la portion passant au-dessous de 130°. La portion passant au-dessus de 130° est divisée en quantités de 30 grammes, que l'on mélange avec 45 grammes de perchlorure de phosphore; on met le tout en tube scellé et l'on chauffe à 230°. Tous les produits sont ensuite réunis et fractionnés, en recueillant la portion passant de 125° à 215°. Ce produit est alors versé dans l'eau et l'huile qui se sépare distillée à nouveau; dans cette dernière distillation, il passe d'abord le chlorure α qui est liquide, puis le dérivé β qui est solide.

*Dérivé* α,

$$\begin{matrix} C.Cl - CCl^2 \searrow \\ \qquad\qquad\quad Cl^2. \\ C.Cl - CO \nearrow \end{matrix}$$

— Substance liquide bouillant à 200°, passant sans décomposition avec la vapeur d'eau, mais se décomposant en présence d'eau à 130° ou par l'action de lessives alcalines faibles en donnant de l'acide dichloromaléique. Cette transformation a lieu presque instantanément si l'on chauffe le chlorure α avec de la soude caustique alcoolique ou avec de l'acide sulfurique concentré.

Malgré sa double liaison, le chlorure α ne donne aucun produit d'addition avec le chlore, le brome ou l'iode. Les réducteurs le transforment en acide succinique; on arrive à ce résultat au moyen de la poudre de zinc et de l'acide acétique, ou mieux encore au moyen de l'amalgame de sodium en solution alcoolique.

Par l'action de l'ammoniaque ou des amines grasses ou aromatiques, le chlorure α perd une partie de son chlore. Ainsi avec l'ammoniaque il se forme immédiatement un dépôt de chlorhydrate d'ammoniaque; avec l'aniline, il se forme une combinaison cristallisée fusible à 196°. En chauffant le chlorure α avec du perchlorure de phosphore à 240 – 270°, on le transforme partiellement en chlorure β et partiellement en éthane hexachloré :

$$\begin{matrix} Cl \searrow & & \nearrow Cl \\ Cl - C & - & C - Cl \\ Cl \nearrow & & \searrow Cl \end{matrix}$$

*Dérivé* β,

$$\begin{matrix} C.Cl - C.Cl^2 \searrow \\ \qquad\qquad\quad O. \\ C.Cl - C.Cl^2 \nearrow \end{matrix}$$

— Il se forme, comme nous l'avons dit plus haut, en même temps que le dérivé α. Il est solide et se présente sous la forme de feuillets fusibles à 41° et distillant à 209°. Il possède l'odeur du camphre et se dissout très facilement dans l'alcool, l'éther, le sulfure de carbone et le benzène; il se sublime avec beaucoup de facilité en donnant de longues aiguilles.

Le dérivé β est beaucoup plus stable vis-à-vis de l'eau à haute température que le dérivé α; à 130° en tube scellé, il est à peine décomposé, mais par l'action de l'acide sulfurique concentré il se transforme en anhydride dichloromaléique. L'ammoniaque en solution alcoolique, même à 130°, ne provoque pas de décomposition, pas plus que l'aniline.

*Acide monobromomaléique*, $C^4H^3BrO^4$,

$$\begin{matrix} H.C - COOH \\ \| \\ Br.C - COOH \end{matrix}$$

— Kekulé [*Ann. Chem.*, **130**, 1], en chauffant de l'acide succinique avec du brome et de l'eau, a obtenu un mélange des acides suivants :
Acide monobromomaléique,
— dibromosuccinique,
— isodibromosuccinique,
— isobromomaléique,
— dibromomaléique.

Kekulé a démontré de même qu'en faisant bouillir une solution aqueuse de dibromosuccinate de baryum, on voit se déposer du pyrotartrate de baryum, tandis que la solution contient alors du bromure de baryum, et le sel acide du bromomaléate barytique [Kekulé, *Ann. Chem.*; Suppl., **1**, 367], suivant l'équation

$$\begin{matrix} CHBr - COO \searrow \\ | \qquad\qquad\quad Ba = \\ CHBr - COO \nearrow \end{matrix} \begin{matrix} Br - C - COO \searrow \\ \| \qquad\qquad\quad Ba + HBr. \\ H - C - COO \nearrow \end{matrix}$$

D'après Carius [*Ann. Chem.*, **149**, 264], on obtient ce même acide monobromé, mais mélangé aux acides isomonobromomaléique et dibromosuccinique, en faisant agir deux atomes de brome sur une molécule d'acide fumarique et 20 parties d'eau à 100°, en tube scellé. On extrait les acides par l'éther, on concentre l'extrait éthéré et on le met à cristalliser sous un dessiccateur à acide sulfurique concentré. Il se dépose tout d'abord des croûtes cristallines d'acide isobromomaléique, puis enfin de l'acide bromomaléique.

On peut encore obtenir le bromure de l'acide monobromomaléique

$$\begin{matrix} CBr - COBr \\ \| \\ CH - COBr \end{matrix}$$

en faisant agir le brome en présence d'eau sur l'acide β-dibromopyromucique [Hill et Sanger, *D. chem. G.*, **16**, 1761].

Cet acide β-dibromopyromucique prend lui-même naissance par décomposition du tétrabromure de l'acide pyromucique [Hill et Sanger, *loc. cit.*].

La transformation en dérivé maléique a lieu suivant l'équation

$$\underset{\substack{\text{Acide β-dibromo-}\\ \text{pyromucique.}}}{C^5H^2Br^2O^3} + 2Br^2 + H^2O$$

$$= CO^2 + 3HBr + \underset{\substack{\text{Dibromure de l'acide}\\ \text{monobromomaléique.}}}{\begin{matrix} BrC - COBr \\ \| \\ HC - COBr \end{matrix}}$$

MM. Hill et Palmer [*Amer. Soc.*, **10**, 421], continuant leurs recherches dans la série pyromucique, ont encore préparé l'acide monobromomaléique en faisant agir l'acide sulfurique fumant et chaud sur l'acide βδ-dibromopyromucique. D'un autre côté, M. Prem [*Mon. f. Chem.*, **9**, 446] a montré que l'éther diéthylique de l'acide maléique monobromé prend naissance lorsqu'on fait agir une molécule d'éthylate de sodium sur une molécule d'acide dibromosuccinique diéthylé :

$$CHBr-COOC^2H^5$$
$$|$$
$$CHBr-COOC^2H^5$$ $$+ C^2H^5ONa$$

$$= NaBr + C^2H^5OH + \begin{array}{l} BrC-COOC^2H^5 \\ \| \\ HC-COOC^2H^5 \end{array}$$

M. Petri [*Ann. Chem.*, **195**, 62] indique le mode de préparation suivant : On prend 100 grammes d'acide dibromosuccinique, que l'on fait bouillir avec 2 litres d'eau pendant 2 ou 3 heures, jusqu'à ce que l'acide bromhydrique soit entièrement dégagé, puis on laisse refroidir et on extrait par l'éther.

L'acide monobromomaléique se présente sous la forme d'aiguilles ou de prismes étoilés, fusibles à 128°. Son pouvoir conducteur électrique a été mesuré par M. Ostwald [*Zeit. Phys. Chem.*, **3**, 381].

L'acide monobromomaléique est très soluble dans l'eau, l'alcool et l'éther. Il est très hygroscopique et tombe en déliquescence dans l'air humide. Si l'on essaye de le distiller, il perd une molécule d'eau et donne un *anhydride* :

$$\begin{array}{l} BrC-COOH \\ \| \\ HC-COOH \end{array} = H^2O + \begin{array}{l} BrC-CO \\ \| \qquad\quad \rangle O. \\ HC-CO \end{array}$$

M. Petri, par réduction au moyen de l'amalgame de sodium, a transformé l'acide monobromomaléique en acide fumarique, puis en acide succinique :

$$\begin{array}{l} BrC-COOH \\ \| \\ HC-COOH \end{array} + H^2$$
Acide monobromomaléique.

$$= HBr + \begin{array}{l} COOH-CH \\ \qquad\quad \| \\ HC-COOH \end{array} + H^2$$
Acide fumarique.

$$= \begin{array}{l} CH^2-COOH \\ | \\ CH^2-COOH \end{array}$$
Acide succinique.

Kekulé le premier [*Ann. Chem.*, **131**, 87] a étudié la décomposition électrolytique de l'acide monobromomaléique sodé et montré qu'il se forme au pôle positif un mélange d'acide bromhydrique et d'oxyde de carbone, suivant l'équation de décomposition

$$\begin{array}{l} Br-C-COONa \\ \| \\ HC-COONa \end{array} = Na^2 + 4CO + HBr.$$

L'acide monobromomaléique est stable vis-à-vis des alcalis caustiques faibles, même à la température de l'ébullition : ainsi, en faisant bouillir de l'acide monobromomaléique avec l'eau de baryte faible, on n'observe aucune décomposition. Si l'on emploie, par contre, une solution de baryte concentrée, il y a dégagement d'acide bromhydrique, et l'acide acétylène-dicarbonique qui prend naissance temporairement est décomposé en acide acétique et acide oxalique (Carius).

En faisant bouillir un mélange d'acide monobromomaléique et d'aniline, on obtient le *dérivé anilidé* de l'acide maléique :

$$\begin{array}{l} H.C-CO.AzH.C^6H^5 \\ \| \\ H.C-CO.AzH.C^6H^5 \end{array}$$

Ce même dérivé se forme indistinctement, que

l'on chauffe avec l'aniline soit l'acide monobromomaléique, soit l'acide monochlorofumarique, soit l'acide monobromofumarique.

M. Petri [*loc. cit.*] a démontré que, si l'on traite à froid l'acide monobromomaléique par l'acide bromhydrique concentré, il se forme un mélange d'acides dibromosuccinique et isobromomaléique. Le dérivé succinique prend naissance suivant l'équation

$$\begin{array}{l} Br.C-COOH \\ \| \\ HC-COOH \end{array} + \begin{array}{l} H \\ | \\ Br \end{array} = \begin{array}{l} CHBr-COOH \\ | \\ CHBr-COOH \end{array}$$
Acide monobromomaléique.    Acide dibromosuccinique.

Si l'on fait réagir l'éther diéthylique de l'acide malonique sodé sur l'éther diéthylique de l'acide monobromomaléique, il se forme l'éther tétraéthylique de l'acide propargyle-tétracarbonique :

$$\begin{array}{l} C^2H^6O.CO \\ \qquad\qquad \rangle CH-C=CH-COOC^2H^5. \\ C^2H^5O.CO \end{array}$$
$$COOC^2H^5$$

Kekulé [*loc. cit.*] a déjà étudié anciennement les sels de l'acide monobromosuccinique : aussi n'y reviendrons-nous pas. Plus récemment, Kekulé [*Ann. Chem.*, **227**, 234] et M. Wislicenus [*Ibid.*, **246**, 58] ont repris l'étude de différents sels, dont nous nous contenterons de donner les formules :

$CaC^4HBrO^4, 2H^2O$ (perd $1 H^2O$ sur l'acide sulfurique).
$CaC^4HBrO^4, Na^2C^4HBrO^4, 4H^2O$.
$Ba(C^4H^2BrO^4)^2$ à 100°.
$BaC^4HBrO^4, 2,5H^2O$ (cristallise dans l'eau).
$Pb.C^4HBrO^4$.
$Ag^2C^4HBrO^4$ (précipité caséeux).

*Anhydride monobromomaléique,*

$$\begin{array}{l} Br-C-CO \\ \| \qquad\quad \rangle O. \\ H-C-CO \end{array}$$

Kekulé [*loc. cit.*] a montré le premier sa formation par simple distillation de l'acide bromomaléique. Il s'obtient aussi en chauffant à 180° en tube scellé l'anhydride dibromosuccinique. Il y a simplement élimination d'une molécule d'acide bromhydrique :

$$\begin{array}{l} CHBr-CO \\ \qquad\qquad \rangle O = HBr + \\ CHBr-CO \end{array} \begin{array}{l} CBr-CO \\ \| \qquad\quad \rangle O. \\ CH-CO \end{array}$$

M. Anschütz [*D. chem G.*, **10**, 1884] a montré que l'on arrive à de meilleurs résultats en chauffant à 120-130° un mélange d'anhydride acétique et d'acide dibromosuccinique.

L'anhydride monobromomaléique bout à 255°. Il se combine à froid avec l'acide bromhydrique en donnant de l'acide dibromosuccinique, mais il se forme en outre une petite quantité d'acide isobromomaléique.

*Bromure de l'acide monobromomaléique,*

$$\begin{array}{l} Br-C-CO.Br \\ \| \\ H-C-CO.Br \end{array}$$

— Ce dérivé s'obtient en partant de l'acide pyromucique (voyez plus haut).

*Acide dibromomaléique,*

$$\begin{array}{l} Br-C-COOH \\ \| \\ Br-C-COOH \end{array}$$

— Cet acide dibromé prend naissance dans la

bromuration de l'acide succinique. Il est un peu volatil avec la vapeur d'eau, mais très volatil avec les vapeurs d'acide bromhydrique ; aussi se sert-on de cette propriété pour le séparer de l'acide monobromomaléique, qui se forme en même temps que lui. Le liquide distillé que l'on obtient est simplement mis à cristalliser à la température ordinaire [Kekulé, *Ann. Chem.*, **130**, 2]. Ce même acide dibromé prend naissance quand on fait agir le brome sur l'acide pyromucique :

$$CH — CH$$
$$CH \quad C.COOH$$
$$\diagdown O \diagup$$

On arrive au même résultat en faisant agir des oxydants, comme l'acide nitrique, l'oxyde d'argent, le brome, etc., sur l'acide mucique dibromé [Hill, *D. chem. G.*, **13**, 734. — Limpricht, *Ann. Chem.*, **165**, 294]. M. Hill a démontré dernièrement [*Ann. Chem.*, **232**, 90] que l'acide maléique dibromé prend naissance lorsqu'on fait agir l'acide nitrique dilué sur l'acide $\alpha$-dibromopyromucique et sur l'acide tribromopyromucique.

MM. Ciamician et Silber ont obtenu une petite quantité d'acide dibromomaléique en faisant agir le brome sur le pyrrol [Ciamician et Silber, *D. chem. G.*, **18**, 1765].

On arrive au même produit en chauffant avec l'acide sulfurique concentré le dibromodinitropyrrol :

$$BrC — CBr$$
$$AzO^2-C \quad C-AzO^2 \quad + 2H^2O$$
$$\diagdown \diagup$$
$$AzH$$

Dibromodinitropyrrol.

$$= AzH^3 + 2AzO + \begin{matrix} Br-C \cdot COOH \\ Br-C-COOH \end{matrix}$$

Acide dibromomaléique.

MM. Angeli et Ciamician [*D. chem. G.*, **24**, 76] ont étendu cette réaction au thiophène tétrabromé :

$$Br-C — C.Br$$
$$Br.C \quad C.Br$$
$$\diagdown S \diagup$$

Ils oxydent ce produit en dissolvant 1 partie de tétrabromothiophène dans 10 parties d'acide nitrique concentré (densité = 1,52), en ayant soin de refroidir à — 18°.

M. Wislicenus [*Ann. Chem.*, **246**, 85] a effectué une synthèse intéressante de l'acide dibromomaléique en fixant directement deux atomes de brome sur l'acide acétylène-dicarbonique. La triple liaison se transforme en double liaison :

$$\begin{matrix} Br \\ + \\ Br \end{matrix} \begin{matrix} C-COOH \\ \vert\vert\vert \\ C-COOH \end{matrix} = \begin{matrix} Br-C-COOH \\ \vert\vert \\ Br-C-COOH \end{matrix}$$

M. Hendrixson [*Am. Journ.*, **12**, 326] indique le procédé de préparation suivant : On mélange de l'acide mucique bromé avec de l'acide nitrique fumant et on abandonne le tout pendant quelques jours. La masse entière se prend par l'évaporation en donnant une espèce de pâte que l'on sèche au bain-marie et qu'on distille ensuite.

L'acide dibromomaléique se présente sous la forme de cristaux aciculaires, fusibles à 123°,3 [Ciamician et Silber, *D. chem. G.*, **17**, 558]. Ils sont très solubles dans l'eau, l'alcool, l'éther ; in-

solubles dans le benzène, le sulfure de carbone, le chloroforme, la ligroïne.

L'acide dibromomaléique est peu stable, car, à la température ordinaire, il se transforme déjà, par perte d'une molécule d'eau, en *anhydride*,

$$\begin{matrix} Br-C-CO \\ \vert\vert \\ Br-C-CO \end{matrix} \diagdown O.$$

Différents sels de l'acide dibromomaléique ont été étudiés ; nous en donnerons simplement les formules :

$BaC^4Br^2O^4$, $2H^2O$ [Hill, *loc. cit.*].
$BaC^4Br^2O^4$, $3H^2O$ [Wislicenus, *loc. cit.*].
$PbC^4Br^2O^4$, $H^2O$ [Michaël, *J. prakt. Chem.*, (2), **46**, 215].
$Ag^2C^4Br^2O^4$ [Hendrixson, *loc. cit.*]. — Poudre cristalline très explosible, soit par le choc, soit par l'élévation de la température.

Le sel d'argent, chauffé à 150° avec de l'eau, se décompose en bromure d'argent et acide acétique,

$$\begin{matrix} Br-C-COOAg \\ \vert\vert \\ Br-C-COOAg \end{matrix} + 2H^2O$$
$$= 2AgBr + 2CO^2 + CH^3COOH.$$

*Anhydride dibromomaléique*,

$$\begin{matrix} Br-C-CO \\ \vert\vert \\ Br-C-CO \end{matrix} \diagdown O.$$

— Cette substance a été particulièrement étudiée par M. Hill [*D. chem. G.*, **13**, 736] et MM. Ciamician et Angeli [*D. chem. G.*, **24**, 1347].

M. Hill (*loc. cit.*) la prépare en distillant simplement l'acide dibromomaléique dans un courant d'anhydride carbonique.

L'anhydride dibromomaléique se sublime en larges aiguilles, fusibles à 114-115°. MM. Ciamician et Angeli indiquent 117-118°.

L'anhydride dibromomaléique est facilement soluble dans l'alcool, l'éther, le chloroforme, le sulfure de carbone, le benzène et l'éther de pétrole.

*Acide monoiodomaléique*,

$$\begin{matrix} I-C-COOH \\ \vert\vert \\ H-C-COOH \end{matrix}$$

— M. Bandrowsky [*D. chem.*, *G.*, **15**, 2697] l'a préparé en faisant réagir l'acide iodhydrique sur l'acide acétylène-dicarbonique :

$$\begin{matrix} C-COOH \\ \vert\vert\vert \\ C-COOH \end{matrix} + HI = \begin{matrix} I-C-COOH \\ \vert\vert \\ H-C-COOH \end{matrix}$$

On emploie pour cette préparation une solution d'acide iodhydrique très concentrée, dont la saturation a été effectuée à 0°.

Petites aiguilles brillantes, fusibles à 182-184°, très facilement solubles dans l'eau, l'alcool et l'éther.

Les *sels de potassium, d'argent* et *de plomb* ont été préparés.

*Acide diiodomaléique*,

$$\begin{matrix} I-C-COOH \\ \vert\vert \\ I-C-COOH \end{matrix}$$

— Cet acide, aussi appelé improprement *acide diiodoacétylène-dicarbonique*, se prépare en

faisant agir l'iode libre sur l'acide acétylène-dicarbonique :

$$\begin{array}{c}C-COOH\\ \|\|\| \\ C-COOH\end{array} + \begin{array}{c}I\\ |\\ I\end{array} = \begin{array}{c}I-C-COOH\\ \|\| \\ I-C-COOH\end{array}$$

M. Bruck [*D. chem. G.*, **24**, 4118] chauffe à 100° en tube scellé une solution alcoolique contenant des quantités équimoléculaires d'acide acétylène-dicarbonique et d'iode. L'opération dure de 5 à 6 heures.

L'acide diiodomaléique cristallise dans un mélange d'éther et de benzène en fines aiguilles fusibles à 192° avec décomposition. Ces aiguilles sont facilement solubles dans l'eau, l'alcool et l'éther, et insolubles dans le benzène, ce qui permet de les purifier facilement.

M. Bruck a préparé les deux sels suivants :

$$Ba\,C^4I^2O^4,\ 3H^2O, \qquad Ag^2C^4I^2O^4 \ \text{(anhydre)}.$$

ÉTHERS MALÉIQUES. — Dans la préparation des éthers des acides maléiques simples ou substitués, il faut faire grande attention d'éliminer toute trace d'iode libre, car l'iode, d'après M. Anschütz [*D. chem. G.*, **12**, 2282], transforme intégralement les dérivés maléiques (éthers) en éthers de l'acide fumarique.

Les éthers de l'acide maléique se préparent par la méthode générale, en traitant le maléate d'argent par un iodure alcoolique.

Les éthers maléiques ne présentent pas de réactions bien caractéristiques. Avec l'ammoniaque alcoolique, le maléate diéthylique se transforme en éther de l'acide aspartique inactif; avec la méthylamine, il fournit l'éther de l'acide méthylaspartique et l'amide suivante :

$$\begin{array}{c}CH^3.AzH-CH-CO.AzH.CH^3\\ |\\ CH^2-CO.AzH.CH^3\end{array}$$

*Maléate diméthylique,*

$$\begin{array}{c}CH-CO.OCH^3\\ \|\\ CH-CO.OCH^3\end{array}$$

— On le prépare d'après le procédé décrit ci-dessus. C'est un liquide bouillant à 205°, dont la densité $= 1{,}1529$ à 14°; sa densité à $t°$ est donnée par l'équation suivante :

$$D_t = 1{,}17309 - 0{,}001093\,t + 0{,}00000122\,t^2$$

[Knops, *Ann. Chem.*, **248**, 192].

M. Knops a déterminé de même le coefficient de réfraction, le coefficient de dispersion et le pouvoir réfringent moléculaire. M. Ossipoff [*Physik. Chem.*, **4**, 484] a mesuré la chaleur de combustion, et le coefficient thermochimique est égal à 669$^{\text{cal}}$,6.

Si l'on traite le maléate diméthylique par la vapeur de brome, on le transforme peu à peu en dérivé fumarique, puis, par addition de molécules de brome, on obtient l'éther succinique dibromé.

Le maléate diméthylique traité par le méthylate de sodium donne de l'éther méthoxysuccinique :

$$\begin{array}{c}CH-CO.OCH^3\\ \|\\ CH-CO.OCH^3\end{array} + NaOCH^3$$
$$= \begin{array}{c}CH^3O-CH-CO.OCH^3\\ |\\ Na\,CH-CO.OCH^3\end{array}$$

*Maléate monoéthylique,*

$$\begin{array}{c}CH-COOC^2H^5\\ \|\\ CH-COOH\end{array}$$

— M. Ossipoff [*Journ. Soc. russe*, **20**, 263] a préparé ce dérivé en faisant agir une molécule d'iodure d'éthyle sur le sel monoargentique de l'acide maléique.

M. Schields [*Chem. Soc.*, **59**, 740] l'a préparé en faisant agir l'alcool absolu sur l'anhydride maléique :

$$\begin{array}{c}CH-CO\\ \|\\ CH-CO\end{array}\!\!>\!O + C^2H^5OH = \begin{array}{c}CHCO.OC^2H^5\\ \|\\ CH-COOH\end{array}$$

L'éther monoéthylique a la consistance d'un sirop; sa conductibilité électrique a été étudiée par M. Walker [*Chem. Soc.*, **64**, 714] et ses sels de sodium et de potassium par M. Ossipoff [*loc. cit.*].

*Maléate diéthylique,*

$$\begin{array}{c}HC-COOC^2H^5\\ \|\\ HC-COOC^2H^5\end{array}$$

— Ce dérivé a été préparé par M. Anschütz [*loc. cit.*]; c'est un liquide bouillant à 225°. M. Perkin, qui l'a étudié aussi, indique les constantes suivantes [*Chem. Soc.*, **53**, 573 et 710] : Point d'ébullition, 223° sous 760 millimètres de pression; 180°, 5 sous 212 millimètres. Densité $= 1{,}0780$ à 10°, 1,0740 à 15°, 1,0658 à 25°.

$$D_t = 1{,}08972 - 0{,}001071\,t + 0{,}00000217\,t^2.$$

M. Knops [*Ann. Chem.*, **248**, 193] a déterminé ses propriétés optiques.

Le maléate diéthylique se combine avec l'éther malonique sodé pour donner le dérivé tétracarbonique suivant :

$$\begin{array}{c}C^2H^5O.CO-CH-CH<\begin{array}{l}COOC^2H^5\\ COOC^2H^5\end{array}\\ |\\ C^2H^5O.CO-CH^2\end{array}$$

*Maléate diisopropylique,*

$$\begin{array}{c}HC-CO.OC^3H^7\\ \|\\ HC-CO.OC^3H^7\end{array}$$

— Ce dérivé a été préparé par M. Ossipoff [*loc. cit.*]. C'est un liquide qui bout à 232-235° sans décomposition.

M. Knops [*loc. cit.*] a déterminé ses constantes physiques et sa densité à $t°$, qui est donnée par l'expression :

$$D_t = 1{,}04778 - 0{,}000\,9467\,t + 0{,}000\,000\,35\,t^2.$$

ÉTHERS DES ACIDES MALÉIQUES HALOGÉNÉS. — *Monochloromaléate diéthylique,*

$$\begin{array}{c}Cl-C-COOC^2H^5\\ \|\\ HC-COOC^2H^5\end{array}$$

— Il se prépare au moyen du sel d'argent correspondant et de l'iodure d'éthyle [Perkin, *Chem. Soc.*, **53**, 708]. C'est un liquide qui bout avec une légère décomposition à 235°. Sous une pression de 210 millimètres, il bout à 189°,5–190°,5. Densité : 1,1821 à 15°; 1,1740 à 25°.

*Dichloromaléate diméthylique,*

$$\begin{array}{c}Cl-C-CO.OCH^3\\ \|\\ Cl-C-CO.OCH^3\end{array}$$

— C'est un liquide bouillant à 225°. M. Kauder [*J. prakt. Chem.*, (2), **34**, 5] l'a préparé en faisant agir l'alcool méthylique absolu sur l'anhydride dichloromaléique en présence d'acide chlorhydrique.

*Monobromomaléate diméthylique,*

$$Br - C - CO . OCH^3$$
$$\|$$
$$H - C - CO . OCH^3$$

— M. Anschütz a préparé ce dérivé en faisant agir l'iodure de méthyle sur le sel d'argent [*D. chem. G.*, **12**, 2284]. C'est un liquide bouillant à 237-238° sous 760 millimètres. Sous pression réduite (30-40 millimètres), il bout à 126-129°. L'iode le transforme intégralement en dérivé fumarique.

*Monobromomaléate diéthylique.* — M. Anschütz [*loc. cit.*] l'a préparé sous la forme d'un liquide bouillant à 256° sous 760 millimètres, à 143° sous 30-40 millimètres.

Densité = 1,4095 à 17°.

*Dibromomaléate diméthylique,*

$$Br \quad C - CO . OCH^3$$
$$\|$$
$$Br - C - CO . OCH^3$$

— Liquide bouillant à 158° sous 20 millimètres de pression [Pum, *Mon. f. Chem.*, **9**, 451].

*Dibromomaléate diéthylique.* — M. Pum [*loc. cit.*] l'a préparé en faisant agir le brome sur une solution chloroformique d'éther diéthylique de l'acide acétylène-dicarbonique :

$$C - CO . OC^2H^5 \quad \quad Br - C - CO . OC^2H^5$$
$$\||| \quad + Br^2 = \quad \|$$
$$C - CO . OC^2H^5 \quad \quad Br - C - CO . OC^2H^5$$

— C'est un liquide bouillant avec une légère décomposition à 170-175° sous une pression de 15 millimètres.

M. Michaël [*loc. cit.*], qui l'a préparé aussi, lui attribue un point d'ébullition situé à 162-164° sous 20 millimètres.

Il donne, en présence de deux molécules d'éther malonique sodé, le dérivé hexacarboxylique suivant

$$C^2H^5O - CO - C - CH \begin{cases} CO . OC^2H^5 \\ CO . OC^2H^5 \end{cases}$$
$$\|$$
$$C^2H^5O - CO - C - CH \begin{cases} CO . OC^2H^5 \\ CO . OC^2H^5 \end{cases}$$

ACIDE MALÉINANILIQUE,

$$H . C - CO - AzH . C^6H^5$$
$$\|$$
$$H . C - COOH$$

— L'acide maléinanilique s'obtient par la saponification partielle de la maléinanilide. MM. Anschütz et Wirtz [*Ann. Chem.*, **239**, 140] opèrent en tube scellé avec l'eau de baryte et chauffent à 130-140°. On obtient ainsi le *sel barytique*

$$CH - CO . AzH . C^6H^5$$
$$\|$$
$$CH - COOba^1$$

que l'on décompose par un acide minéral.

M. Anschütz [*D. chem. G.*, **20**, 3215] a préparé l'acide maléinanilique en faisant agir directement l'aniline sur l'anhydride maléique en solution dans l'éther absolu

L'acide maléinanilique cristallise dans l'alcool sous la forme de prismes jaunes, fusibles à 187°-187°.5 ; ils sont à peine solubles dans l'eau. Par l'action des alcalis caustiques à chaud, il est décomposé en aniline et fumarate alcalin.

*Acide monobromomaléinanilique,*

$$BrC - CO . AzH . C^6H^5$$
$$\|$$
$$HC - COOH$$

1. ba = 1/2 Ba.

— M. Michaël [*Am. Chem. Soc.*, **9**, 185] a préparé ce dérivé en abandonnant pendant un certain temps une solution acide de monobromomaléate d'aniline. Cristaux prismatiques insolubles dans l'acide chlorhydrique.

MALÉINANILIDE, MALÉINANILE, $C^{10}H^7AzO^2$,

$$HC - CO \diagdown$$
$$\| \qquad\qquad Az . C^6H^5.$$
$$HC - CO \diagup$$

— MM. Michaël et Wing [*Amer. Chem. Soc.*, **7**, 280] ont préparé le maléinanile en distillant le malate acide d'aniline :

$$CH^2 - COO - AzH^2 . C^6H^5$$
$$\|$$
$$CH(OH) - COOH$$

$$= 2H^2O + \begin{matrix} CH - CO \diagdown \\ \| \qquad\qquad Az . C^6H^5. \\ CH - CO \diagup \end{matrix}$$

MM. Anschütz et Wirtz ont montré que cette réaction s'effectue mieux encore sous pression réduite [*Ann. Chem.*, **239**, 140]. Le maléinanile se forme aussi par distillation du maléate acide d'aniline [Anschütz et Wirtz, *loc. cit.*].

Le maléinanile cristallise dans un mélange de benzène et de ligroïne sous la forme d'aiguilles jaunes, fusibles à 90-91° et distillable à 162,1-162°,3 sous 12 millimètres de pression. Il est difficilement soluble dans l'eau chaude, le sulfure de carbone, la ligroïne, facilement soluble dans l'alcool, l'éther, le chloroforme et le benzène. Les alcalis le transforment avec facilité en acide maléinanilique. Le maléinanile chauffé à 100° avec l'aniline se transforme en *phénylasparaginanile*

$$HC - CO \diagdown$$
$$\| \qquad\qquad\qquad Az . C^6H^5.$$
$$C^6H^5 - AzH - CH - CO \diagup$$

*Dichloromaléinanile,*

$$ClC - CO \diagdown$$
$$\| \qquad\qquad Az . C^6H^5.$$
$$ClC - CO \diagup$$

— M. Kauder [*J. prakt. Chem.*, (2), **31**, 17] a préparé ce dérivé en faisant agir le perchlorure de phosphore sur le succinylanile :

$$H^2 - C - CO \diagdown$$
$$\| \qquad\qquad Az . C^6H^5 + Cl^4$$
$$H^2 - C - CO \diagup$$

$$= 4HCl + \begin{matrix} ClC - CO \diagdown \\ \| \qquad\qquad Az \quad C^6H^5. \\ ClC - CO \diagup \end{matrix}$$

On élimine par distillation le trichlorure de phosphore formé et on rectifie en recueillant la portion passant au-dessus de 130° et on la fait bouillir avec l'alcool. On obtient ainsi un précipité blanc cristallisé, formant des feuillets fusibles à 201° ; ils se subliment facilement et sont solubles dans la soude caustique étendue et froide.

*Chlorure de dichloromaléinanile,*

$$C^{10}H^{15}Cl^4AzO.$$

— MM. Anschütz et Beavis [*Ann. Chem.*, **263**, 158] ont préparé ce dérivé en faisant agir à 130° le perchlorure de phosphore sur le succinanile :

$$CH^2 - CO \diagdown$$
$$| \qquad\qquad Az . C^6H^5 + 4PCl^5$$
$$CH^2 - CO \diagup$$

$$= POCl^3 + 3PCl^3 + 4HCl$$

$$+ \begin{matrix} Cl . C - CCl^2 \diagdown \\ \| \qquad\qquad Az C^6H^5. \\ Cl . C - CO \diagup \end{matrix}$$

Ce dichlorure cristallise dans la ligroïne en prismes fusibles à 123-124°. Sous 11 millimètres de pression, il distille à 179°; il est très facilement soluble dans le chloroforme, le sulfure de carbone et l'acétone. L'eau bouillante le transforme peu à peu en dichloromaléinanile. L'alcool méthylique, dans les mêmes conditions, donne un *éther diméthylique*.

*Éther diméthylique de la dichloromaléinanilide*, $C^{12}H^{11}Cl^2AzO^3$. — MM. Anschütz et Beavis [*Ann. Chem.*, 203, 161] ont préparé ce dérivé par la méthode décrite plus haut; il possède la constitution suivante :

$$Cl.C - C(OCH^3)^2 \diagdown \atop Cl.C \text{———} CO \diagup Az - C^6H^5.$$

Il cristallise dans l'alcool méthylique en aiguilles fusibles à 110°. Une ébullition prolongée avec une solution méthylalcoolique d'acide chlorhydrique, provoque la saponification et le retour au dichloromaléinanile.

*Éther diéthylique de la dichloromaléinanilide*, $C^{14}H^{15}Cl^2AzO^3$,

$$Cl - C - C(OC^2H^5)^2 \diagdown \atop Cl - C \text{———} CO \diagup Az.C^6H^5.$$

— Il se prépare comme le dérivé méthylique [voyez Anschütz et Beavis, *loc. cit.*] et cristallise dans l'alcool en prismes brillants, fusibles à 96-97°.

MALÉINANILIDE, $C^{16}H^{14}Az^2O^2$. — Ce dérivé se forme en même temps que la maléinanile par distillation du malate acide d'aniline [Anschütz et Wirtz, *Ann. Chem.*, 239, 140]. Pour séparer ces deux substances, on traite par l'alcool le liquide distillé, l'anilide y étant insoluble.

M. Michael [*Am. Chem. Soc.*, 9, 183] le prépare en chauffant au bain-marie, pendant une heure, un mélange de 8 grammes d'anhydride maléique. $7^{gr},4$ d'aniline et 100 grammes d'eau.

On fait cristalliser dans l'alcool, et l'on obtient la maléinanilide sous la forme de longues aiguilles difficilement solubles dans l'eau froide et fusibles à 211-212°. La maléinanilide possède la constitution suivante :

$$H.C - CO - AzH.C^6H^5 \atop H.C - CO - AzH.C^6H^5$$

*Dibromomaléinanilide*, $C^{16}H^{12}Br^2Az^2O^2$. — M. Michael [*Am. Chem. Soc.*, 9, 189] a préparé ce dérivé dibromé en laissant digérer pendant un certain temps une solution aqueuse de dibromomaléate d'aniline. Cristaux tabulaires, fusibles à 138-140° et possédant la constitution suivante :

$$Br - C - CO.AzH.C^6H^5 \atop Br - C - CO.AzH.C^6H^5$$

*Combinaison de l'anhydride maléique avec la résorcine (maléine-fluorescéine)* :

$$\text{Maléine-fluorescéine.}$$

MM. Lunge et Burckhardt [*D. chem. G.*, 17,

1598] ont préparé ce dérivé en chauffant pendant deux heures, à 150°, 1 molécule d'anhydride maléique et 2 molécules de résorcine. La maléine-fluorescéine cristallise avec 1 molécule d'eau; aussi pourrait-elle posséder la formule suivante, qui en ferait un véritable acide monobasique :

$$HO - C^6H^3 \atop O \diagdown \diagup C.(OH) - CH = CH - COOH. \atop HO - C^6H^3$$

Cette combinaison de l'anhydride maléique avec la résorcine se décompose vers 240° sans fondre; elle est difficilement soluble dans l'eau, plus facilement soluble dans l'alcool. La solution alcoolique est rougeâtre et possède une fluorescence jaune. L'addition d'acétate de plomb amène la formation d'un précipité brun répondant à la formule $C^{16}H^8O^5Pb$.

La maléine-fluorescéine donne un *éther diméthylique* par l'action de l'iodure de méthyle en présence de potasse caustique [Burckhardt, *D. chem. G.*, 18, 2864].

Cet éther diméthylique se présente sous la forme de petites aiguilles rouges répondant à la formule

$$CH^3.O \quad \diagup O \diagdown \quad O.CH^3 \atop HC - C - OH \atop HC - COOH$$

M. Burckhardt [*loc. cit.*] a préparé de même un *dérivé diacétylé* en faisant agir le chlorure d'acétyle sur la maléine-fluorescéine. Il cristallise dans l'acide acétique sous la forme d'aiguilles jaunes, fusibles à 157°, insolubles dans l'eau, le chloroforme, le benzène, et un peu solubles dans l'alcool. G.-F. Jaubert.

**FUNKITE** (Min.). — Variété de diopside.

**FURAZINES**. — Nous avons proposé (voyez article CHAÎNES FERMÉES (NOMENCLATURE DES) de représenter à l'aide du préfixe *furo* le noyau résultant du remplacement d'un des chaînons carbonés par un atome d'oxygène. Cette convention, appliquée à la pyridine ou *azine*, conduira donc à la *furazine*. Mais le remplacement des chaînons carbonés de la pyridine par un atome d'oxygène peut donner naissance à trois corps différents que l'on distinguera à l'aide des lettres α, β et γ, dont le choix dépendra de la position de l'atome d'oxygène par rapport à l'atome d'azote :

On remarquera que, l'atome d'oxygène étant divalent, ne peut pas remplacer un des groupements CH de la pyridine; aussi les furazines dérivent-elles en réalité, non pas de la pyridine elle-même, mais de diverses dihydropyridines, dont l'un des $CH^2$ est alors remplacé par un atome d'oxygène; il en résulte que les diverses furazines ne contiennent que deux doubles liaisons.

### α FURAZINE.

On ne connaît pas de dérivés de ce noyau. M. L. Knorr [*D. chem. G.*, 18, 1569; *Bull. Soc.*

*Chim.*, (2), **46**, 467], en faisant réagir l'hydroxylamine sur l'éther acétosuccinique, a obtenu un produit qu'il pensa d'abord pouvoir classer dans cette série :

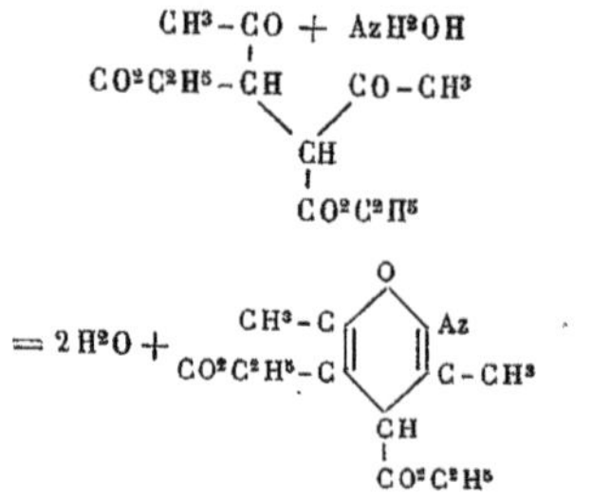

$$CH^3-CO + AzH^2OH$$
$$CO^2C^2H^5-CH \quad CO-CH^3$$
$$CH$$
$$CO^2C^2H^5$$

$$= 2H^2O + \quad CH^3-C \quad Az$$
$$CO^2C^2H^5-C \quad C-CH^3$$
$$CH$$
$$CO^2C^2H^5$$

mais une étude plus approfondie lui montra que ce produit était un dérivé du *v*-hydroxypyrrol :

$$+ AzH^2OH$$
$$CH^3-CO \quad CO-CH^3$$
$$CO^2C^2H^5-CH \longrightarrow CH-CO^2C^2H^5$$

$$Az(OH)$$
$$= 2H^2O + \quad CH^3-C \quad C-CH^3$$
$$CO^2C^2H^5-C \quad C-CO^2C^2H^5$$

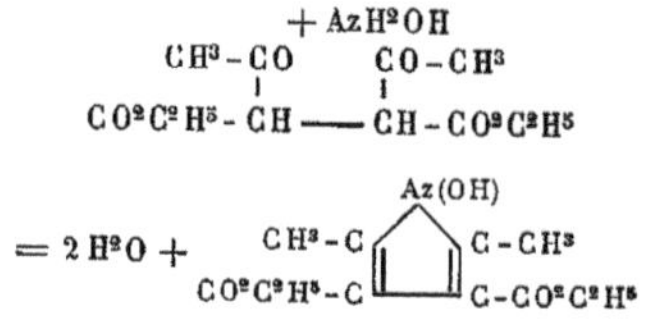

[*Ann. Chem.*, **236**, 290; *Bull. Soc. Chim.*, (2), **47**, 811].

### β FURAZINE.

Les dérivés de ce noyau qui sont actuellement connus ont été découverts par M. Gabriel et ses élèves. Ce savant, en faisant réagir le bromure de triméthylène et ses homologues sur la phtalimide potassée, a pu obtenir des amines grasses bromées, telles que la γ-bromopropylamine

$$CH^2Br-CH^2-CH^2-AzH^2$$

et la γ-bromobutylamine

$$CH^3-CHBr-CH^2-CH^2-AzH^2.$$

Ces bases sont susceptibles de se condenser avec l'acide cyanique en donnant des pseudo-urées, qui ferment leur chaîne avec départ d'acide bromhydrique :

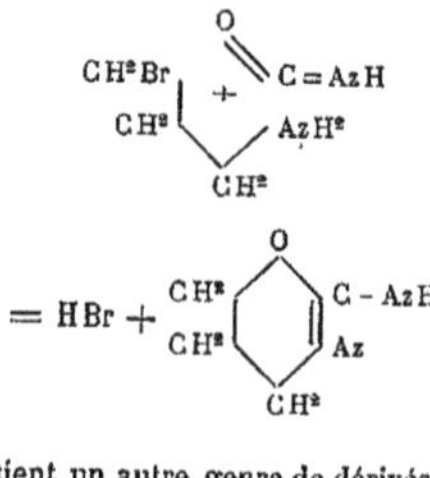

$$CH^2Br \quad C=AzH$$
$$CH^2 \quad AzH^2$$
$$CH^2$$

$$= HBr + \quad CH^2 \quad C-AzH^2$$
$$CH^2 \quad Az$$
$$CH^2$$

On obtient un autre genre de dérivés du même noyau, en condensant les bases avec des chlorures



d'acides :

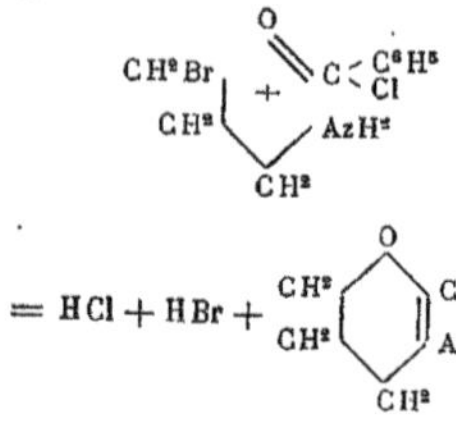

$$CH^2Br \quad C<{C^6H^5 \atop Cl}$$
$$CH^2 \quad AzH^2$$
$$CH^2$$

$$= HCl + HBr + \quad CH^2 \quad C-C^6H^5$$
$$CH^2 \quad Az$$
$$CH^2$$

Ces derniers corps sont susceptibles de deux transformations très curieuses et qui paraissent assez générales. Si l'on évapore au bain-marie leur solution dans un excès d'acide chlorhydrique ou bromhydrique, elles fixent une molécule d'acide en donnant une amide γ-chloro- ou bromo-alcoylée :

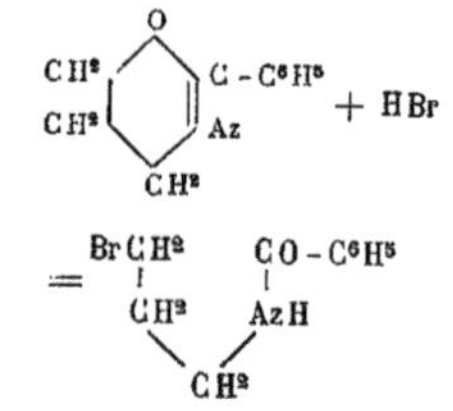

$$CH^2 \quad C-C^6H^5$$
$$CH^2 \quad Az \quad + HBr$$
$$CH^2$$

$$= \quad BrCH^2 \quad CO-C^6H^5$$
$$CH^2 \quad AzH$$
$$CH^2$$

Si, au contraire, on maintient pendant quelque temps à l'ébullition la solution aqueuse de leur chlorhydrate ou de leur bromhydrate en évitant tout excès d'acide, on obtient le sel correspondant d'un *éther d'un γ-amino-alcool* :

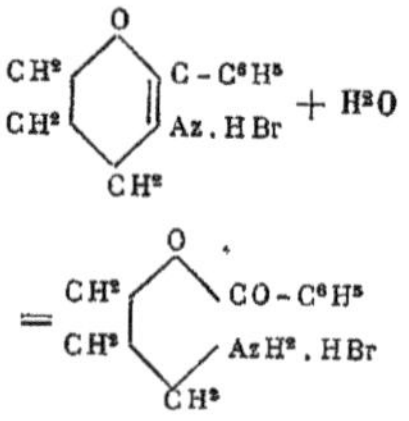

$$CH^2 \quad C-C^6H^5$$
$$CH^2 \quad Az.HBr \quad + H^2O$$
$$CH^2$$

$$= \quad CH^2 \quad CO-C^6H^5$$
$$CH^2 \quad AzH^2.HBr$$
$$CH^2$$

α *Amino-dihydro-β furazine* (*triméthylène-pseudo-urée*). — Le bromhydrate de cette base prend naissance quand on traite le bromhydrate de γ-bromopropylamine par la quantité correspondante d'une solution d'isocyanate de potassium. La base libre est une huile épaisse, possédant une alcalinité puissante, attirant l'acide carbonique de l'air.

Son *picrate* est en longues aiguilles jaunes, qui se ramollissent à 190° et fondent à 200° [S. Gabriel et W. Lauer, *D. chem. G.*, **23**, 95; *Bull. Soc. Chim.*, (3), **3**, 81].

α *Phényldihydro-β furazine* (*μ-phénylpent-oxazoline*). — Si l'on traite une solution froide de bromhydrate de γ-bromopropylamine par la quantité correspondante de soude étendue (2 mol.) et de chlorure de benzoyle (1 mol.), on obtient la γ-*bromopropylbenzamide*,

$$C^6H^5-CO-AzH-CH^2-CH^2-CH^2Br.$$

Cette amide, qui est insoluble dans l'eau froide

et forme des aiguilles blanches fondant à 62°, se transforme isomériquement, dans l'espace de quelques semaines, en *bromhydrate* de la base en question, sel très soluble dans l'eau :

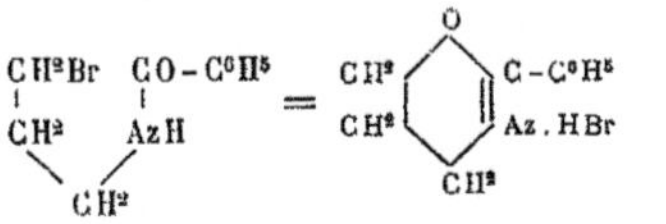

$$CH^2Br \quad CO-C^6H^5 \qquad\qquad CH^2 \diagup\!\!\!\overset{O}{\diagdown}\!\!\!\diagup C-C^6H^5$$
$$\quad | \qquad\qquad | \qquad\qquad\qquad = \qquad CH^2 \diagdown\!\!\!\diagup\!\!\!\diagdown Az.HBr$$
$$CH^2 \qquad AzH \qquad\qquad\qquad\qquad CH^2$$
$$\diagdown\;CH^2\;\diagup$$

La base est purifiée par distillation avec la vapeur d'eau; c'est une huile jaune, insoluble dans l'eau froide, soluble dans l'eau chaude; elle ne bout pas sans décomposition à la pression ordinaire.

Son *picrate* est en aiguilles jaunes, fondant à 151°; son *chloroplatinate* est en longues aiguilles anhydres, très solubles dans l'eau chaude et fondant à 185° en se décomposant.

Le *dichromate* se précipite sous forme huileuse, mais ne tarde pas à cristalliser.

L'acide chlorhydrique en excès transforme la *phényldihydro-β furazine* en *γ-chloropropyl-benzamide*, qui cristallise en aiguilles fondant à 56-57°.

Au contraire, l'ébullition de la solution aqueuse de bromhydrate de μ-phénylpentoxazoline fournit le *bromhydrate du benzoate de l'alcool γ-amino-propylique*. Ce sel cristallise dans un mélange d'acide et d'éther acétique en cristaux très solubles dans l'eau, fusibles à 134-135°.

La base correspondante est huileuse, mais son *picrate* forme des aiguilles jaunes fondant à 177-178° [S. Gabriel et P. Elfeldt, *D. chem. G.*, **24**, 3213; *Bull. Soc. Chim.*, (3), **8**, 158].

*α-m-nitrophényldihydro-β furazine* (μ-*m-nitrophénylpentoxazoline*). — Si, dans les expériences précédentes, on remplace le chlorure de benzoyle par celui du m-nitrobenzoyle, on obtient la *γ-bromopropyl-m-nitrobenzamide*, qui cristallise dans le benzène ou dans le chloroforme en cristaux fusibles à 89-90°; ceux-ci, traités par la potasse aqueuse, mettent en liberté une base peu volatile avec la vapeur d'eau, cristallisant dans l'alcool étendu en lamelles soyeuses, fondant à 93-94°.

Le *picrate* est anhydre et fond à 123-124°.

Le *chloroplatinate* forme un précipité orangé, fondant à 196°.

*α benzyldihydro-β furazine* (μ-*benzylpentoxazoline*). — Le chlorure de phénylacétyle transforme la γ-bromopropylamine en *γ-bromopropylphénylacétamide*,

$$C^6H^5-CH^2-CO-AzH-CH^2-CH^2-CH^2Br,$$

qui cristallise en aiguilles fusibles à 43-44° et se transforme en bromhydrate de μ-*benzylpentoxazoline*,

$$CH^2 \diagup\!\!\!\overset{O}{\diagdown}\!\!\!\diagup C-CH^2-C^6H^5$$
$$CH^2 \diagdown\!\!\!\diagup\!\!\!\diagdown Az$$
$$CH^2$$

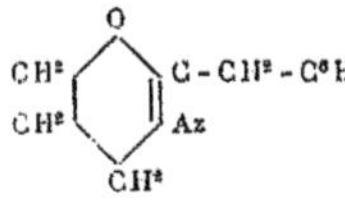

La base libre constitue une huile peu odorante, dont le *picrate* fond à 139-140°.

*α Cinnaményldihydro-β furazine* (μ-*cinnaménylpentoxazoline*). — On obtient de même, avec le chlorure de cinnamyle, la γ *bromopropylcinnamylamide*,

$$C^6H^5-CH=CH-CO-AzH-CH^2-CH^2-CH^2Br,$$

qui forme des lamelles hexagonales fusibles à 74°,

que l'ébullition avec les alcalis transforme en μ-*cinnaménylpentoxazoline*, laquelle se dépose de sa solution dans la ligroïne bouillante en fines aiguilles fusibles à 55-56°.

Son *picrate*, peu soluble, fond à 196°; son *chloroplatinate* est en aiguilles orangées fondant à 192-193° [P. Elfeldt, *D. chem. G.*, **24**, 3218; *Bull. Soc. Chim.*, (3), **8**, 158].

*α Phényl-α' méthyldihydro-β furazine* (μ-β-*phénylméthylpentoxazoline*). — Le chlorure d'allyle réagit en solution alcoolique sur le cyanure de potassium en donnant le *β-éthoxybutyronitrile*,

$$CH^2=CH-CH^2Cl + KCAz + C^2H^6O$$
$$= KCl + CH^3-CH-CH^2-CAz$$
$$\qquad\qquad\qquad | $$
$$\qquad\qquad\qquad OC^2H^5$$

Ce dernier, réduit par le sodium et l'alcool, se transforme en γ-éthoxybutylamine,

$$CH^3-CH-CH^2-CH^2-AzH^2$$
$$\qquad | $$
$$\qquad OC^2H^5$$

que l'acide chlorhydrique transforme dans la base chlorée correspondante. Cette dernière se condense avec le chlorure de benzoyle en fournissant la *γ-chlorobutylbenzamide*,

$$C^6H^5-CO-AzH-CH^2-CH^2-CHCl-CH^3,$$

qui est huileuse, mais cristallise dans un mélange réfrigérant et est transformée par la potasse en μ-β-*phénylméthylpentoxazoline*,

$$CH^3-CH \diagup\!\!\!\overset{O}{\diagdown}\!\!\!\diagup C-C^6H^5$$
$$CH^2 \diagdown\!\!\!\diagup\!\!\!\diagdown Az$$
$$CH^2$$

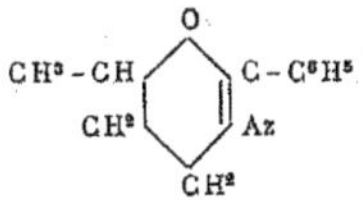

dont le *picrate* forme de fines aiguilles jaunes, qui se ramollissent à 141° et fondent à 146-148° [A. Luchmann, *D. chem. G.*, **29**, 1429; *Bull. Soc. Chim.*, (3), **16**, 1646].

### γ FURAZINE.

La γ *furazine* n'est pas connue elle-même, mais on a préparé plusieurs produits de substitution de son dérivé tétrahydrogéné

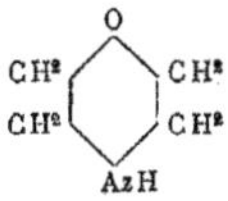

$$CH^2 \diagup\!\!\!\overset{O}{\diagdown}\!\!\!\diagup CH^2$$
$$CH^2 \diagdown\!\!\!\diagup\!\!\!\diagdown CH^2$$
$$AzH$$

que M. Knorr a nommé *morpholine*.

De plus, le noyau γ furazine, en se copulant avec deux noyaux benzéniques, donne la *diphéno-γ furazine* (voyez ce mot) que nous avons déjà décrite, et qui est un corps d'une grande importance.

Les travaux de M. Knorr sur la morphine [*D. chem. G.*, **22**, 181, 1113 et 2081; *Bull. Soc. Chim.*, (3), **2**, 188; **3**, 845] ont donné beaucoup d'intérêt à la morpholine, car ils ont montré que cet alcaloïde contient, à côté de son noyau phénanthrénique déjà connu, un noyau de méthylmorpholine, ces deux noyaux ayant ensemble les mêmes rapports que le noyau benzénique et le

noyau pyridique dans la molécule de la quinoléine :

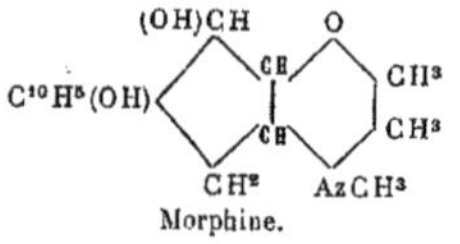

$$(OH)CH \quad O$$
$$C^{10}H^5(OH) \diagup CH \diagdown CH^3$$
$$CH \quad CH^3$$
$$CH^2 \quad AzCH^3$$

*Morphine.*

Comme amorce à la synthèse de la morphine,
M. Knorr a réalisé la préparation d'un corps à
noyau composé, qu'il appelle la *phénomorpholine*, dans lequel un noyau benzénique occupe la
place du noyau phénanthrénique de la morphine.
La *phénomorpholine*

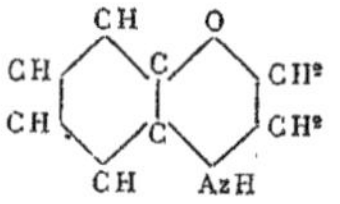

$$CH \quad O$$
$$CH \diagup C \diagdown CH^2$$
$$CH \quad CH^2$$
$$CH \quad AzH$$

qui n'est autre que la *dihydrophéno-γ furazine*,
sera décrite, ainsi que ses dérivés, à l'article
Phéno-γ furazine.

*Tétrahydro-γ furazine (morpholine).* — Cette
base a été obtenue par M. Knorr, en traitant la
*di-oxyéthylamine* de Wurtz par l'acide chlorhydrique concentré, en tube scellé à 160°. Le
produit de la réaction est ensuite traité par la
potasse bouillante. La réaction se passe en deux
phases :

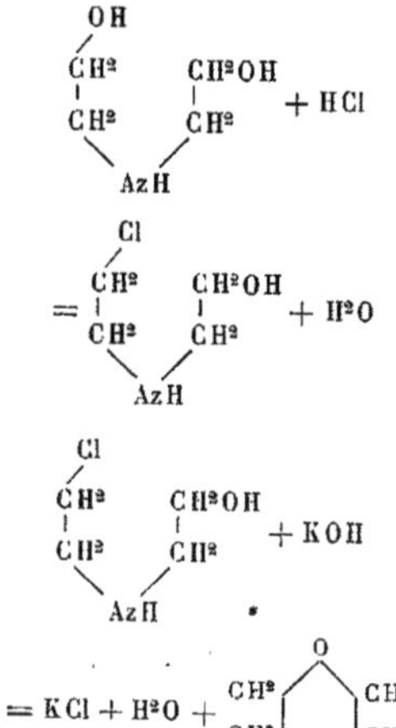

$$OH$$
$$CH^2 \quad CH^2OH$$
$$CH^2 \quad CH^2 \quad + HCl$$
$$AzH$$

$$Cl$$
$$= CH^2 \quad CH^2OH$$
$$CH^2 \quad CH^2 \quad + H^2O$$
$$AzH$$

$$Cl$$
$$CH^2 \quad CH^2OH$$
$$CH^2 \quad CH^2 \quad + KOH$$
$$AzH$$

$$= KCl + H^2O + \begin{array}{c} O \\ CH^2 \quad CH^2 \\ CH^2 \quad CH^2 \\ AzH \end{array}$$

L'auteur n'a obtenu cette base qu'en très petite
quantité, mais il a pu préparer plus aisément
plusieurs bases tertiaires qui s'y rattachent.

ν *Méthyltétrahydro-γ furazine (méthylmorpholine).* — On chauffe pendant 12 heures à 160°
la *dioxyéthylméthylamine* avec de l'acide chlorhydrique fumant. La liqueur acide est sursaturée
par la potasse, puis soumise à l'entraînement par
la vapeur d'eau. La liqueur distillée, acidifiée par
l'acide chlorhydrique et évaporée, fournit le
*chlorhydrate de méthylmorpholine*, masse.cris-

talline déliquescente que l'on décompose par la
potasse solide.

La base libre bout à 117° quand elle est parfaitement desséchée. Elle ressemble par ses propriétés organoleptiques à la méthylpipéridine. Elle
se mélange à l'eau, à l'alcool et à l'éther, et donne
des sels bien cristallisés.

Le *chlorhydrate* fond à 305°; le *chloroplatinate* est très soluble dans l'eau; il cristallise
dans l'alcool étendu en aiguilles fondant à 199°.

Le *chloraurate* cristallise dans l'eau bouillante en fines aiguilles fondant à 183°.

L'*iodométhylate* se forme aisément et cristallise dans l'alcool absolu; le *chloroplatinate* et
le *chlorométhylate* sont très solubles, tandis que
le *chloraurate* correspondant est peu soluble.

L'*iodométhylate*, traité par l'oxyde d'argent,
fournit un hydrate qui, soumis à la distillation, se
décompose en aldéhyde et oxyéthyldiméthyl-
amine :

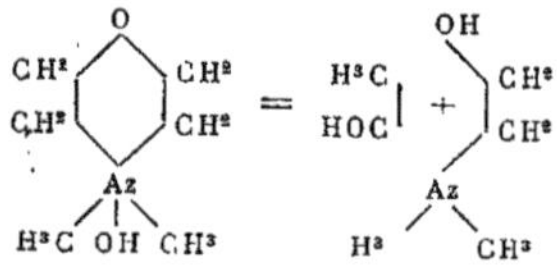

$$\begin{array}{c} O \\ CH^2 \quad CH^2 \\ CH^2 \quad CH^2 \\ Az \\ H^3C \ OH \ CH^3 \end{array} = \begin{array}{c} H^3C \\ HOC \end{array} + \begin{array}{c} OH \\ CH^2 \\ CH^2 \\ Az \\ H^3 \quad CH^3 \end{array}$$

ν *Phényltétrahydro-γ furazine* (*phénylmor-
pholine*). — Cette base est obtenue en chauffant
avec l'acide chlorhydrique, à 160-180°, la di-oxy-
éthylaniline. Elle est séparée par entraînement à
la vapeur d'eau.

Elle bout sans décomposition à 270°, cristallise
et fond à 53°; elle est insoluble dans l'eau, très
soluble dans l'alcool et dans l'éther.

Son *chlorhydrate* distille de 240 à 270° sous
la forme d'une huile qui cristallise au contact de
l'éther, et peut être alors purifié par dissolution
dans l'alcool et précipitation par l'éther. Il se
forme suivant le schéma :

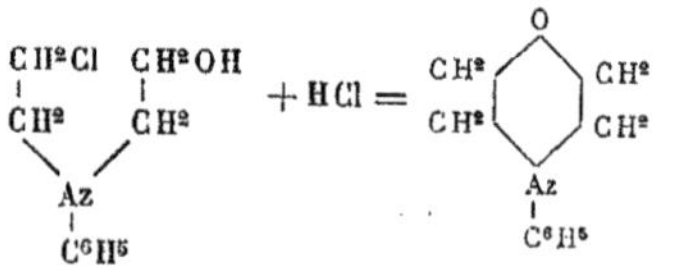

$$\begin{array}{c} CH^2Cl \quad CH^2OH \\ CH^2 \quad CH^2 \\ Az \\ C^6H^5 \end{array} + HCl = \begin{array}{c} O \\ CH^2 \quad CH^2 \\ CH^2 \quad CH^2 \\ Az \\ C^6H^5 \end{array}$$

La potasse le décompose aisément en mettant
la base en liberté.

ν *Phényldicétotétrahydro-γ furazine* (*anhy-
droglycolylphénylglycocolle*). — M. Abenius a
obtenu cette dicétophénylmorpholine

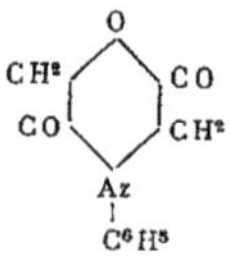

$$\begin{array}{c} O \\ CH^2 \quad CO \\ CO \quad CH^2 \\ Az \\ C^6H^5 \end{array}$$

en chauffant à 160° le glycolylphénylglycocolle

$$\begin{array}{c} CH^2OH \quad CO^2H \\ CH^2 \quad CH^2 \\ Az \\ C^6H^5 \end{array}$$

préparé lui-même par l'action de la soude concentrée sur le chloroacétylglycocolle.

Le nouveau produit forme de longues aiguilles soyeuses, fusibles à 169°.

Son homologue supérieur, la *ν-o-crésyldicéto-tétrahydro-γ furazine (anhydroglycolyl-o-crésylglycocolle)*, est obtenu par un procédé analogue et fond à 108-109° [P. Abenius, *Journ. prakt. Chem.*, (2), **40**, 498; *Bull. Soc. Chim.*, (3), **4**, 52].

*ν Benzyltétrahydro-γ furazine (benzylmorpholine)*. — Cette base prend naissance quand on chauffe le chlorhydrate de β-chloréthylbenzylamine, $C^6H^5-CH^2-AzH-CH^2-CH^2Cl.HCl$, avec de l'acide sulfurique concentré ou du chlorure de zinc [G. Goldschmidt et R. Jahoda, *Mon. f. Chem.*, **22**, 81; *Bull. Soc. Chim.*, (3), **6**, 871].

Elle se forme également quand on traite la di-oxyéthylbenzylamine par l'acide bromhydrique [S. Gabriel et R. Stelzner, *D chem. G.*, **29**, 2386]. Elle constitue un liquide à odeur de benzylamine, bouillant à 260-261° (corr.)

Le *chlorhydrate* cristallise dans l'alcool en lamelles rhombiques incolores, fondant à 244-245° (G. et J. 200°).

Son *chloroplatinate* forme de beaux rhomboèdres orangés, fusibles à 211° (G. et J. 192°).

Le *picrate* est en aiguilles jaunes, fondant à 184-185°; le *chloraurate*, peu soluble, fond à 202-203°.

L. Bouveault.

α **FURAZOL** [Syn. *Isoxazol*]. — L'α*furazol*,

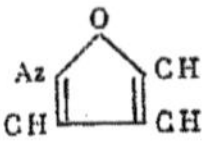

ne diffère du furfurane que par la substitution d'un atome d'azote à un des groupes CH du furfurane voisin de l'atome d'oxygène; il y a de nombreuses ressemblances entre ce noyau et l'α*thiazol* et l'α*pyrazol (pyrazol)*,

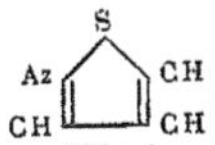

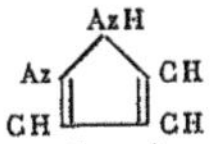

qui se rattachent de la même manière au thiophène et au pyrrol.

Tous les dérivés de l'αfurazol sont plus ou moins directement des produits de condensation de l'hydroxylamine; si, dans la réaction qui leur donne naissance, on remplace l'hydroxylamine par la phénylhydrazine, on obtient le dérivé correspondant du *ν-phényl-α pyrazol* :

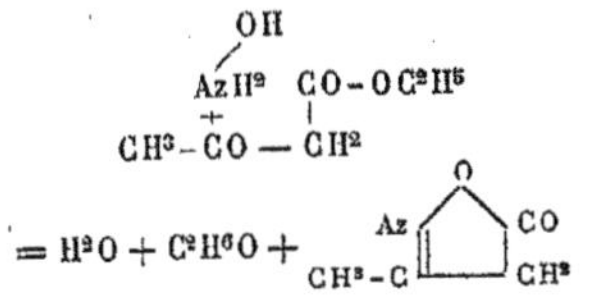

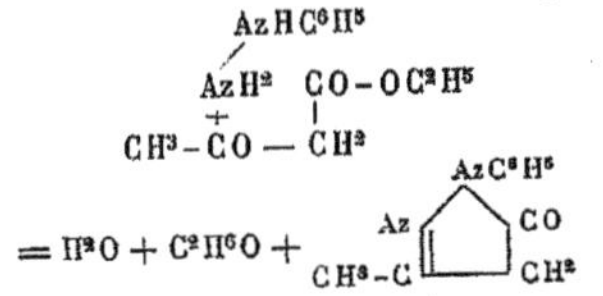

C'est ce qui fait que l'étude de ces deux noyaux a toujours marché parallèlement dans l'une et l'autre série.

La première réaction connue donnant naissance à un dérivé de l'α furazol a été celle de l'éther acétylacétique sur l'hydroxylamine; elle a été découverte par M. B. Westenberger [*D. chem. G.*, **16**, 2996; *Bull. Soc. Chim.*, (2), **42**, 445), qui ne sut pas séparer à l'état de pureté les différents corps qui prennent naissance et méconnut leur nature. C'est seulement depuis les travaux de MM. L. Claisen et O. Lowmann [*D. chem. G.*, **24**, 1149; *Bull. Soc. Chim.*, (3), **1**, 331] que l'existence du noyau α furazol est établie, et qu'on connaît avec certitude les conditions de sa formation.

*Modes de synthèse du noyau α furazol.* — Les nombreux dérivés de l'α furazol se rattachent presque tous à deux corps principaux dont ils sont des produits de subtitution. Ces deux corps sont l'α furazol et l'α furazolone,

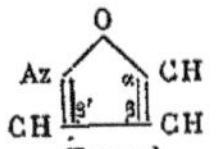

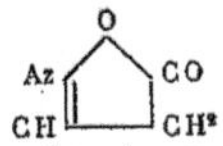

qui correspondent, dans la série du pyrazol, au pyrazol et à la pyrazolone.

Nous étudierons donc successivement les modes généraux de formation des produits de subtitution de l'α furazol, et ceux qui conduisent aux dérivés de l'α furazolone.

D'une manière très générale, les divers corps contenant le groupement des β-dicétones

$$-CO-CH^2-CO-$$

se condensent avec l'hydroxylamine pour fournir un dérivé de l'α furazol :

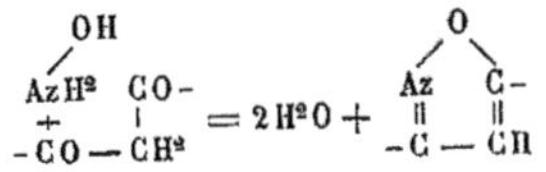

1° En particulier les diverses β-dicétones

$$R-CO-CH^2-CO-R'$$

fournissent les divers αβ'-α furazols [L. Claisen et O. Lowmann, *loc. cit.*] :

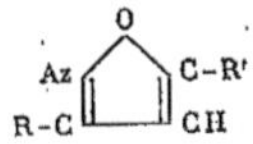

2° Les α-cétoaldéhydes donnent un mélange de l'α- et du β'-α furazol correspondant. La réaction se fait en effet simultanément suivant les deux schémas

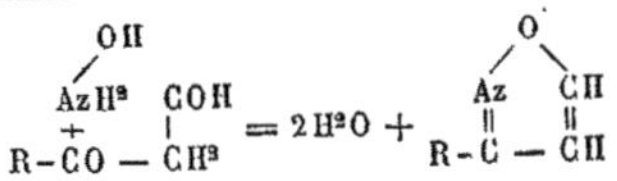

et

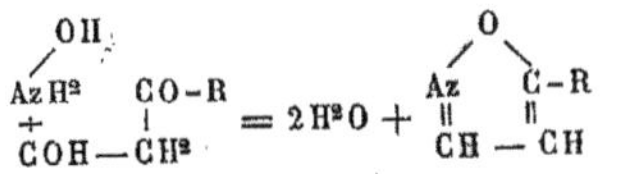

[L. Claisen, *D. chem. G.*, **28**, 1788; *Bull. Soc. Chim.*, (3), **10**, 111].

Les oxyméthylène-cétones, leurs tautomères, se comportent de même.

3° Les divers éthers β-cétoniques obtenus par la méthode de M. Claisen en condensant l'éther oxalique avec les acétones, se prêtent à la même condensation avec l'hydroxylamine et fournissent des dérivés de l'α furazol, dans lesquels 1 ou 2 atomes d'hydrogène sont remplacés par le groupement $CO^2R$ :

$$AzH^2 + CO - CO^2C^2H^5,\ R - CO - CH^2 \ (OH) = 2H^2O + \text{[furazol]}\ Az\langle C - CO^2C^2H^5,\ R\cdot C\ |\ CH\rangle$$

(L. Claisen).

4° L'action des alcalis étendus et bouillants sur les hydrocarbures nitrés de la série grasse fournit des α furazols αββ' trisubstitués :

$$AzO^2,\ R - CH^2,\ CH^2 - R,\ CH^2 - R,\ AzO^2 + R - CH^2 - AzO^2$$
$$= Az\langle C - R,\ R - C\ |\ C - R\rangle + RCAz + 2AzO^2H + 3H^2O$$

[W. Dunstan et T. Dymond, *Chem. Soc.*, 1891, **1**, 410].

Les éthers des acides β-cétoniques qui contiennent le groupement $-CO - CH^2 - CO^2R$, réagissent suivant le schéma

$$AzH^2 + COOR,\ -CO - CH^2\ (OH) = H^2O + ROH + Az\langle CO,\ -C\ |\ CH^2\rangle$$

et fournissant des α furazolones :

1° En particulier les éthers β-cétoniques simples fournissent des α furazolones β'-substituées.

2° Les éthers plus complexes provenant de la condensation de l'éther oxalique avec les éthers des acides gras se comportent de même :

$$AzH^2 + CO^2C^2H^5,\ CO^2C^2H^5 - CO - CH - R\ (OH) = H^2O + C^2H^6O + Az\langle CO,\ CO^2C^2H^5 - C\ |\ CH - R\rangle$$

3° Ces condensations se passent en deux temps : il y a d'abord formation de l'acide β-oximé, dont la furazolone est l'anhydride interne. Si cet acide peut prendre naissance dans d'autres conditions, la même réaction aura cependant lieu; or on sait que ces acides oximés prennent souvent

naissance sous l'influence de l'acide nitreux :

$$AzO^2H + CH^3 - CO - CH^2 - CH^2 - CO^2H$$
$$= CH^3 - CO - C\langle OH,\ Az \|,\ CO^2H \rangle - CH^2$$
$$= H^2O + \text{[furazol]}\ CH^3 - CO - C\langle Az,\ CO,\ CH^2\rangle$$

4° L'éther acétone-dicarbonique fournit une réaction de ce genre avec l'acide nitreux, qui de plus joue le rôle d'oxydant :

$$AzO^2H + CH^2 - CO^2C^2H^5,\ CO^2C^2H^5 - CH^2 - CO$$
$$= H^2O + CO^2C^2H^5 - C\langle AzOH,\ CH^2 - CO^2C^2H^5\rangle - CO$$
$$= CO^2C^2H^5 - C\langle OH,\ Az,\ CH - CO^2C^2H^5\rangle - C(OH) + O$$
$$= H^2O + \text{[furazol]}\ CO^2C^2H^5 - C\langle Az,\ C - CO^2C^2H^5,\ C(OH)\rangle$$

[H. von Pechmann, *D. chem. G.*, **24**, 857; *Bull. Soc. Chim.*, (3), **6**, 686].

5° Les nitriles des acides β-cétoniques subissent, au contact de l'hydroxylamine, une très curieuse condensation :

$$AzH^2 + C \equiv Az,\ R - CO - CH - R' \ (OH) = H^2O + Az\langle C - AzH^2,\ R - C\ |\ C - R'\rangle \ (O)$$

qui conduit à un α *amino*-α *furazol* [M. Hanriot, *C. R.*, **112**, 796].

Dans certains cas, il semble que ce soit la forme tautomère qui prenne naissance :

$$Az\langle C = AzH,\ R - C\ |\ CH - R'\rangle$$

α Imino-α furazolone.

[R. Walther, *J. prakt. Chem.*, (2), **55**, 137].

*Propriétés des α furazols.* — Les α furazols à poids moléculaire peu élevé sont des liquides très volatils avec la vapeur d'eau et très stables.

Les dérivés qui ne sont pas substitués en β' jouissent de la propriété de s'isomériser sous l'influence de l'éthylate de sodium, en donnant une acétone cyanée :

$$Az\langle C - R,\ CH - C - R'\rangle = Az\langle CO - R,\ C - CH - R'\rangle$$

[L. Claisen, *D. chem. G.*, **25**, 1786; *Bull. Soc. Chim.*, (3), **10**, 111].

Les α furazolones sont, au contraire, des corps

moins stables et qui, en général, ne distillent pas sans décomposition.

### DÉRIVÉS GRAS DE L'α FURAZOL.

α Furazol (*isoxazol*). — L'*isoxazol*, corps fondamental de cette série, n'a pas encore été obtenu à l'état de pureté; il semble se former en même temps que de l'acide cyanhydrique et de l'acide nitreux, quand on chauffe en tube scellé le nitrométhane avec de l'ammoniaque aqueuse :

$$4\,CH^3AzO^2$$
$$= C^3H^3AzO + HCAz + 2\,AzO^2H + 3\,H^2O$$

[W. Dunstan et T. Dymond, *Chem. Soc.*, 59, 410].

β Méthyl-α furazol (*α-méthylisoxazol*). — Ce composé prend naissance quand on traite le sel de sodium de l'oxyméthylène-acétone par le chlorhydrate d'hydroxylamine. Il constitue un liquide limpide, doué d'une odeur pyridique intense, bouillant à 122°. L'éthylate de sodium en solution alcoolique le transforme, déjà à froid, dans le sel de sodium de la cyanacétone [L. Claisen, *D. chem. G.*, 25, 1786; *Bull. Soc. Chim.*, (3), 10, 111].

---

β' Méthyl-α furazol (*γ-méthylisoxazol*). — Ce corps prend naissance en même temps que le précédent; il bout à 118° et possède des propriétés physiques analogues, mais ne s'isomérise pas comme lui [Claisen, *loc. cit.*].

β' *Méthyl-α furazol-α one* ( *méthylisoxazolone*). — Ce composé est le produit principal de l'action de l'hydroxylamine sur l'éther acétylacétique en présence de lessive de soude. L'acide chlorhydrique précipite le nouveau corps sous la forme de cristaux, qu'on purifie par cristallisation dans l'eau; ou mieux, on traite la solution aqueuse par le carbonate de baryum et on décompose par l'acide chlorhydrique étendu le sel de baryum soluble qui prend naissance.

La méthylisoxazolone fond à 169-170° en se décomposant; elle est très peu soluble dans l'eau froide et dans l'éther, très soluble dans l'eau chaude et dans l'alcool qui l'abandonnent en fines aiguilles soyeuses. Elle se comporte comme une base faible vis-à-vis des acides forts; ses sels sont décomposés par l'eau. Elle donne des sels non seulement avec les hydrates, mais encore avec les carbonates, et ces sels sont ceux de l'*acide β-oximidobutyrique* qui provient de son hydratation.

Quand on la traite par l'anhydride acétique ou le chlorure d'acétyle, elle fournit un corps compliqué, en lamelles fusibles à 135-136° et possédant la composition $C^{10}H^{10}Az^2O^4$, que l'auteur représente par le schéma

$$\text{schéma développé: } Az,\ CH^3\!-\!C \cdots C - C \cdots C\!-\!CH^3,\ CH,\ C,\ Az,\ C^2H^3O^2,\ O$$

L'hydroxylamine, réagissant en solution neutre sur l'éther acétylacétique, donne naissance à un produit de constitution complexe, répondant à la formule $C^{20}H^{26}Az^4O^7$, et qui semble formé à partir du β-oximidobutyrate d'éthyle, suivant l'équation

$$4\,C^6H^{11}AzO^3 = C^{20}H^{36}Az^4O^7 + 2\,C^2H^6O + 3\,H^2O.$$

Quoique la constitution de ce corps, qui jouit de propriétés acides et se décompose à 140°, soit encore inconnue, il est vraisemblable qu'il se rattache à la série de l'isoxazol [G. Hantzsch, *D*

chem *G.*, 24, 495; *Bull. Soc. Chim.*, (3), 6, 337]. Ces résultats contredisent ceux précédemment fournis par M. B. Westenberger [*D. chem. G.*, 16, 2996; *Bull. Soc. Chim.*, (2), 42, 445].

En faisant agir l'éther acétylacétique sur le chlorhydrate d'hydroxylamine, molécule à molécule, et mettant l'hydroxylamine en liberté par la quantité correspondante d'aniline, on obtient très aisément le β-isonitrosobutyrate d'éthyle [R. Schiff, *D. chem. G.*, 28, 2731; *Bull. Soc. Chim.*, (3), 6, 749]. Cette oxime est le produit intermédiaire de la formation de la β'-*méthyl-α furazol-α one* (*γ-méthylisoxazolone*).

β *Céto-β' méthyl-α furazol-α one* (*cétométhylisoxazolone*),

$$Az,\ CH^3\!-\!C \diagup\!\!\!\diagdown O \diagdown\!\!\!\diagup CO,\ CO$$

— Cette acétone n'est connue qu'à l'état d'oxime ou de phénylhydrazone; quand on tente de décomposer ces dérivés par les acides, la chaîne s'ouvre et la molécule est plus ou moins détruite. En revanche, l'*oxime* est un corps important, qui a été obtenu par divers procédés.

β *Oximido-β' méthyl-α furazol-α one* (*isonitrosométhylisoxazolone*),

$$Az,\ CH^3\!-\!C \diagup\!\!\!\diagdown O \diagdown\!\!\!\diagup CO,\ C\!=\!AzOH$$

— Ce corps a été obtenu pour la première fois, mais à l'état impur, par MM. Ceresole et P. Kœckert [*D. chem. G.*, 17, 821; *Bull. Soc. Chim.*, (2), 43, 568], dans l'action de l'hydroxylamine sur l'éther isonitrosoacétylacétique :

$$\begin{array}{c}
OH\\
AzH^2 \quad \diagup \quad CO-OC^2H^5\\
+ \qquad |\\
CH^3\!-\!CO \;-\; C\!=\!AzOH
\end{array}$$

$$= C^2H^6O + H^2O + \quad Az,\ CH^3\!-\!C\diagup\!\!\!\diagdown O \diagdown\!\!\!\diagup CO,\ C\!=\!AzOH$$

Le travail a été repris et complété par M. G. Nussberger [*D. chem. G.*, 25, 2142; *Bull. Soc. Chim.*, (3), 10, 825]. Il se fait d'abord l'αβ-*diisonitrosobutyrate d'éthyle*

$$\begin{array}{ccc}
CH^3\!-\!C & - & C\!-\!CO^2C^2H^5\\
\| & & \|\\
HOAz & & AzOH
\end{array}$$

ou *méthylglyoxime-carbonate d'éthyle*, dont l'acide correspondant est assez stable et fond à 120-121°. Le corps à chaîne fermée constitue une sorte de lactone de cet acide, dont il fournit très aisément les sels; c'est ce qui explique pourquoi l'action des acides étendus sur cette oxime de la cétométhylisoxazolone ne leur donne pas naissance.

L'oximidométhyl-α furazolone cristallise en lamelles contenant une demi-molécule d'eau, et fondant à 132°; elle est très soluble dans l'eau, l'alcool et l'éther, peu soluble dans le benzène, la ligroïne et le chloroforme. Elle jouit des propriétés d'un acide faible et fournit des sels d'où on peut la régénérer. Ces sels sont colorés en rouge; si on les traite par un excès d'un alcali étendu, leur solution se décolore par suite de l'hydratation de l'isoxazolone et de sa transformation en un acide diisonitrosobutyrique qui se trouve être différent de celui qu'on obtient dans la saponification de l'éther dont nous avons parlé plus haut. L'auteur explique cette isomérie en l'appuyant sur les théories de M. Hantszch [G. Nussberger, *loc. cit.*].

Cette *oxime* fournit un sel d'argent cristallisé, d'un rouge cinabre, qui, dissous à chaud dans l'acide nitrique concentré, s'oxyde ; il y a successivement hydratation et oxydation :

$$\underset{CH^3-C \diagdown\diagup C(AzOH)}{\overset{O}{\diagup\diagdown}\;\;Az\quad CO} \;+\; H^2O$$

$$=\;\underset{CH^3-C\;—\;C-CO^2H}{\overset{HOAz\quad AzOH}{\overset{\|}{\phantom{.}}\quad\overset{\|}{\phantom{.}}}}$$

$$\underset{CH^3\;C\;—\;CO^2H}{\overset{HOAz\quad AzOH}{\overset{\|}{\phantom{.}}\quad\overset{\|}{\phantom{.}}}}\;+\;O$$

$$=\;H^2O\;+\;\underset{CH^3-C\;—\;C-CO^2H}{\overset{O-O}{\overset{|\quad|}{Az\quad Az}\;\overset{\|}{\phantom{.}}\;\overset{\|}{\phantom{.}}}}$$

[M. Jovitchich, *D. chem. G.*, **28**, 2675 ; *Bull. Soc. Chim.*, (3), **16**, 750].

Si l'on soumet à l'action oxydante de l'acide nitrique froid, non pas le sel d'argent, mais l'oxime elle-même, on la transforme en β-*nitro-β′ méthyl-α furazol-α one*,

$$\underset{CH^3-C \diagdown\diagup C=AzOH}{\overset{O}{\diagup\diagdown}\;\;Az\quad CO} \;+\; O$$

$$=\;\underset{CH^3-C \diagdown\diagup CH\text{-}AzO^2}{\overset{O}{\diagup\diagdown}\;\;.Az\quad CO}$$

Ce corps fond à 123° et cristallise aisément dans l'alcool ; son *dérivé argentique* cristallise en aiguilles brillantes, solubles dans l'eau chaude, inaltérables à la lumière ; son *sel de sodium*,

$$C^4H^3Az^2O^4Na, 2H^2O,$$

fond à 75° et se décompose à 115° ; le *sel de potassium* est anhydre ; celui d'*ammonium* est anhydre ; ceux *de calcium et de baryum* sont solubles dans l'eau.

La nitrométhyl-α furazolone donne, également des sels avec les bases organiques : avec l'*aniline*, la combinaison $C^4H^4Az^2O^4 . C^6H^7Az$ en aiguilles jaunes, peu solubles dans l'eau et dans l'éther, très solubles dans l'alcool ; avec la *phénylhydrazine*, la combinaison $C^4H^4Az^2O^4 . C^6H^8Az^2$, en aiguilles jaunes, solubles dans l'eau et dans l'alcool.

La potasse concentrée et froide fournit la *nitroacétoxime*

$$\underset{AzOH}{\overset{\|}{\phantom{.}}}\;CH^3-C-CH^2-AzO^2$$

huile jaune, dont le *sel d'argent* est peu stable.

Le brome à froid, en solution aqueuse, donne un *dérivé dibromé*, en aiguilles solubles dans l'alcool et dans l'éther, insolubles dans l'eau, fusibles à 86°, auxquelles on attribue la formule

$$CH^3-C(AzOH)-CBr^2-AzO^2 ;$$

il perd spontanément HBr en donnant le *dérivé*

*bromonitré*

$$\underset{Az-O}{\overset{\|}{\phantom{.}}\;\overset{|}{\phantom{.}}}\;CH^3-C-CBr-AzO^2$$

fondant à 62°.

*β′ Éthyl-β nitro-β′ méthyl-α furazol-α one.* — Cette *éthylnitrométhylisoxazolone* se forme quand on traite le *sel d'argent* du corps précédent par l'iodure d'éthyle ; elle est presque insoluble dans l'eau et dans l'éther, et fond, après cristallisation dans l'alcool, à 68° [M. Jovitchich, *D. chem. G.*, **28**, 2093 ; *Bull. Soc. Chim.*, (3), **14**, 1517].

*Hydrazone de la β céto-β′ méthyl-α furazol-α one.* — Cette hydrazone prend naissance quand on traite l'oxime de l'éther acétylacétique par le chlorure de diazobenzène :

$$\underset{CH^3-C\;—\;CH^2}{\overset{OH}{\diagup}\;\overset{|}{\phantom{.}}\;\;Az\quad CO-OC^2H^5\atop\overset{\|}{\phantom{.}}} \;+\; ClAz=Az-C^6H^5$$

$$=\;C^2H^6O\;+\;HCl\;+\;\underset{CH^3-C \diagdown\diagup C=Az-AzH\,C^6H^5}{\overset{O}{\diagup\diagdown}\;\;Az\quad CO}$$

Cette oxime prenant naissance en présence de chlorhydrate d'aniline, il suffit d'ajouter à la solution du nitrite de sodium et de l'acide chlorhydrique.

L'hydrazone forme des lamelles d'un jaune rouge fusibles à 189-190° ; elle prend aussi naissance dans l'action du chlorure de diazobenzène sur la méthylisoxazolone [L. Knorr et K. Reuter, *D. chem. G.*, **27**, 1169 ; *Bull. Soc. Chim.*, (3), **12**, 1304. — R. Schiff, *D. chem. G.*, **28**, 2731 ; *Bull. Soc. Chim.*, (3), **16**, 749].

*β′ Méthyl-α furazol-α one-imide (méthylisoxazolone-imide)*,

$$\underset{CH^3-C \diagdown\diagup CH^2}{\overset{O}{\diagup\diagdown}\;\;Az\quad C=AzH}$$

— En traitant le diacétonitrile par l'hydroxylamine, on obtient l'*oxime de la cyanacétone*,

$$CH^3-C(AzH)-CH^2-CAz\;+\;AzH^2OH$$
$$=\;AzH^3\;+\;CH^3-C(AzOH)-CH^2-CAz,$$

qui fond à 96°. Cette oxime se dissout dans l'eau bouillante, mais en s'isomérisant suivant le schéma

$$\underset{CH^3-C\;—\;CH^2}{\overset{OH}{\diagup}\;\;Az\quad CAz\atop\overset{\|}{\phantom{.}}\;\;\overset{|}{\phantom{.}}}\;=\;\underset{CH^3-C\;—\;CH^2}{\overset{O}{\diagup\diagdown}\;\;Az\quad C=AzH\atop\overset{\|}{\phantom{.}}\;\;\overset{|}{\phantom{.}}}$$

La *méthylisoxazolone-imide* est très soluble dans l'eau, l'alcool, l'éther et le benzène chaud ; elle se dépose de ce dissolvant en cristaux fusibles à 84°. Elle se distingue de son isomère, qui est décomposé par l'acide chlorhydrique, en ce qu'elle s'y combine pour donner un *chlorhydrate* cristallisé fondant à 84°.

Son *dérivé acétylé* fond à 169° [P. Burns, *J. prakt. Chem.*, (2), **47**, 121 ; *Bull. Soc. Chim.*, (3), **10**, 693].

La *méthylisoxazolone-imide*, traitée par le chlorure de diazobenzène, fournit une *hydrazone* en aiguilles jaunes, solubles dans l'alcool et fondant à 119°, possédant la constitution

$$\underset{CH^3-C \diagdown\diagup C=Az\cdot\cdot AzH\,C^6H^5}{\overset{O}{\diagup\diagdown}\;\;Az\quad C=AzH}$$

L'acide chlorhydrique leur enlève 1 molécule d'ammoniaque, en donnant le dérivé correspondant de la méthylisoxazolone, qui se trouve en effet être identique au produit fusible à 189-190°, obtenu par MM. Knorr et Reuter (voyez plus haut).

Cette transformation établit le mécanisme de la condensation de la cyanacétoxime, qui s'est bien faite suivant le schéma indiqué plus haut [E. von Meyer, *J. prakt. Chem.*, (2), **52**, 96; *Bull. Soc. Chim.*, (3), **11**, 120].

Nous avons vu, dans les préliminaires, que l'homologue bi-supérieur de la cyanacétoxime se condense suivant un schéma légèrement différent :

$$\underset{C^2H^5-\overset{\|}{C}\ -\ \overset{|}{C}H-CH^3}{\overset{\overset{OH}{\diagup}}{\underset{Az}{}\quad \underset{C\,Az}{}}} = \underset{C^2H^5-\overset{\|}{C}\ -\ \overset{\|}{C}-CH^3}{\overset{\overset{O}{\diagup\diagdown}}{\underset{Az}{}\quad \underset{C-AzH^2}{}}}$$

Cette différence tient sans doute à la présence du groupe $CH^2$ en α existant dans la cynacétoxime et remplacé dans son homologue par le groupement $CH-CH^3$.

*Acide α furazol-α one-β' carbonique (isoxazolone-carbonique).* — L'hydroxylamine réagit en liqueur ammoniacale sur l'éther oxalacétique en donnant d'abord la réaction normale :

$$\underset{CO^2C^2H^5-CO \ ——\ CH^2}{AzH^2OH \quad \overset{|}{CO^2C^2H^5}}$$

$$= H^2O + C^2H^6O + \underset{CO^2C^2H^5-C}{\overset{O}{\diagup\diagdown}}{}^{CO}_{CH^2}$$

Mais cet éther n'est pas stable en présence de l'ammoniaque et de l'hydroxylamine ; il se transforme en *sel ammoniacal de l'acide hydroxamique* correspondant :

$$\underset{AzH^3-HO.\overset{}{C}——\overset{}{C}}{OH\,Az \quad \overset{O}{\diagup\diagdown}Az}{}^{CO}_{CH^2}$$

Ce sel forme de longs prismes incolores, qui fondent en se décomposant à 156-160° ; il est très soluble dans l'eau, insoluble dans l'alcool. Sa solution aqueuse, qui est neutre, colore en un violet intense le perchlorure de fer.

L'acide libre n'a pas été obtenu à l'état cristallisé. Traité par l'acide nitreux, il se transforme en acide cyanoximido-acétique. Il se fait d'abord le *dérivé isonitrosé*

$$\underset{OHC——C}{OH\,Az \quad \overset{O}{\diagup\diagdown}Az}{}^{CO}_{C=AzOH}$$

que l'hydratation transforme en hydroxylamine et acide dioximidosuccinique

$$\underset{CO^2H-\overset{\|}{C}\ —\ \overset{\|}{C}-CO^2H}{OH\,Az \quad Az\,OH}$$

lequel perd de l'acide carbonique et de l'eau en fournissant l'acide cyanoximidoacétique.

L'isoxazolone-hydroxamate d'ammonium subit, sous l'influence des alcalis, une transformation remarquable : il se fait le sel alcalin d'un acide isomérique très stable, par simple hydrata-

tion suivie de déshydratation :

$$\underset{OHC—O}{OH\,Az \ \underset{Az}{\overset{O}{\diagup\diagdown}}}{}^{CO}_{CH^2} + H^2O$$

$$= \underset{OHC — C-CH^2-CO^2H}{OH\,Az \quad Az\,OH}$$

$$\underset{OHC — C-CH^2-CO^2H}{OH\,Az \quad Az\,OH}$$

$$= H^2O + \underset{OHC \ \underset{}{\overset{O}{\diagup\diagdown}}}{Az \qquad Az}{}^{}_{C-CH^2-CO^2H}$$

Ce nouvel acide est l'*acide β' oxy-αα' furodiazol-β acétique (oxyfurazonacétique)* [A. Hantzsch et J. Urbahn, *D. chem. G.*, **28**, 753; *Bull. Soc. Chim.*, (3), **14**, 1482].

αβ' DIMÉTHYL-α FURAZOL ( αγ *diméthylisoxazol*). — Ce composé se forme dans la réaction de l'hydroxylamine sur l'acétylacétone [W. Jedel, *D. chem. G.*, **24**, 2178; *Bull. Soc. Chim.*, (3), **4**, 331], ou sur le produit de condensation de cette dicétone avec l'ammoniaque. L'ammoniaque est alors remise en liberté [A. et C. Combes, *Bull. Soc. Chim.*, (3), **7**, 781].

Le *diméthylisoxazol* est une huile limpide, insoluble dans l'eau, bouillant à 141-142° et possédant une forte odeur alcaloïdique ($d_{15} = 0,985$).

Le sodium en solution dans l'alcool amylique fixe 1 molécule d'hydrogène sur le diméthylisoxazol ; mais, au lieu de se transformer en oxazoline correspondante, celui-ci subit une transposition et se transforme, par ouverture de la chaîne, en dérivé imidé de l'acétylacétone, dérivé qui bout à 208-212° et fond à 37-39° :

$$\underset{CH^3-CH\ —\ CH}{\overset{\overset{O}{\diagup\diagdown}}{AzH}\quad \overset{\|}{C}-CH^3} = \underset{CH^3-\overset{|}{C}\ —\ CH^2}{AzH \quad CO-CH^3}$$

[L. Claisen, *D. chem. G.*, **24**, 3915; *Bull. Soc. Chim.*, (3), **8**, 1010].

β' *Acétyl-α furazol-α one (acétylisoxazolone)*,

$$\underset{CH^2-CO-C}{\overset{O}{\diagup\diagdown}Az}{}^{CO}_{CH^2}$$

— Ce composé n'a été obtenu qu'à l'état d'*oxime* en traitant par l'hydroxylamine l'acide isonitroso-lévulique provenant de l'action de l'acide nitreux, soit sur l'acide lévulique, soit sur l'acide acéto-succinique ; il se fait primitivement la dioxime

$$CH^3 - C(AzOH) - C(AzOH) - CH^2 - CO^2H,$$

qui perd ensuite 1 molécule d'eau.

Cette *oxime* est très soluble dans l'eau, l'alcool, l'éther et le chloroforme, qui l'abandonnent sous la forme de belles lamelles fondant à 85° [K. Thal, *D. chem G.*, **25**, 1727; *Bull. Soc. Chim.*, (3), **8**, 1304].

αββ' TRIMÉTHYL-α FURAZOL (*triméthylisoxazol*). — Ce produit prend naissance quand on chauffe en tube scellé, à 180°, le nitréthane avec de l'ammoniaque étendue ou du carbonate de potassium.

On a obtenu le même corps, ce qui établit sa constitution, en condensant avec l'hydroxylamine la méthylacétylacétone de A. Combes. C'est un liquide huileux incolore, d'odeur aromatique et basique, bouillant à 171°; $d_{15} = 0,986$. Il possède des propriétés basiques et se combine avec le chlorure mercurique et avec le chlorure d'or pour donner des combinaisons cristallisées.

Ce corps fixe $H^2$ à la manière du diméthyl-α furazol, en donnant le *dérivé imidé de la diméthylacétylcétone*, qui bout à 225° et fond à 110°, et que l'eau dédouble en ammoniaque et méthylacétylacétone [W. Dunstan et T. Dymond, *Chem. Soc.*, 1891, **59**, 410; L. Claisen, *D. chem. G.*, 24, 3914; *Bull. Soc. Chim.*, (3), **8**, 1020].

*α Amino-β méthyl-β′ éthyl-α furazol (aminométhyl-éthylisoxazol).* — Ce produit s'obtient en condensant le propionylpropionitrile avec l'hydroxylamine sous l'influence de la potasse. Il forme de longues aiguilles incolores fondant à 44° et restant aisément surfondues, bouillant à 180° sous une pression de 20 millimètres. Sous une pression plus forte, il se déclare une vive réaction qui donne naissance à un *polymère* presque insoluble dans les dissolvants organiques, fondant vers 280°.

Son *chlorhydrate* peut être obtenu en saturant d'acide chlorhydrique sa solution éthérée; il forme de longues aiguilles solubles dans l'eau et dans l'alcool, insolubles dans l'éther.

Le *dérivé acétylé* est en lames incolores fondant à 161°, peu solubles dans l'eau, insolubles dans l'éther, solubles dans l'alcool et dans l'acétone.

Les oxydants, tels que le permanganate de potassium, et mieux le nitrite de sodium, transforment l'aminométhyléthylisoxazol en un dérivé oxyazoïque correspondant :

$$C^2H^5-C \underset{\displaystyle C-CH^3}{\overset{\displaystyle Az\diagup O\diagdown C}{\big|\big|}} \quad O \quad CH^3-C \underset{\displaystyle C-C^5H^2}{\overset{\displaystyle Az\diagup O\diagdown Az}{\big|\big|}}$$

qui forme de magnifiques cristaux jaunes fondant à 65–66°, détonant à une température plus élevée, solubles dans l'alcool et dans l'éther. Ce corps n'est pas soluble dans les acides, mais bien dans les alcalis, qu'il colore en rouge; le brome est sans action sur lui. Le sulfhydrate d'ammoniaque en solution alcoolique le réduit à l'état de *dérivé hydrazoïque*, qui cristallise dans l'eau bouillante en aiguilles feutrées fondant vers 150°. Ce dérivé, traité par le brome et l'eau, régénère le *dérivé oxyazoïque*.

Le brome s'unit molécule à molécule avec l'aminométhyléthylisoxazol; le produit qui prend naissance, très instable, est décomposé par l'eau en bromhydrate d'ammonium et *bromométhyléthylisoxazolone,*

$$C^2H^5-C \underset{\displaystyle CBr-CH^3}{\overset{\displaystyle Az\diagup O\diagdown C<^{AzH^2}_{Br}}{\big|\big|}} + H^2O$$

$$= AzH^4Br + C^2H^5-C \underset{\displaystyle CBr-CH^3}{\overset{\displaystyle Az\diagup O\diagdown CO}{\big|\big|}}$$

qui forme des cristaux volumineux, incolores, fondant à 41°.

La *chlorométhyléthylisoxazolone*, obtenue d'une manière analogue, bout à 123° sous 30 millimètres.

L'une et l'autre, soumises à la réduction, se transforment en *méthyléthylisoxazolone*, corps très stable, fusible à 195°, qui n'est attaqué ni par le perchlorure de phosphore, ni par la potasse bouillante.

La *bromométhyléthylisoxazolone* est au contraire attaquée à froid par la potasse, en donnant un acide $C^6H^4AzO^3$, qui perd aisément 1 molécule d'acide carbonique en laissant un produit cristallisé.

En même temps que la bromométhyléthylisoxazolone, il se fait un composé $C^{12}H^{10}Az^3BrO^2$, dérivant de 2 molécules et fondant à 92° [M. Hanriot, *C. R.*, **112**, 796; *Bull. Soc. Chim.*, (3), **5**, 713; **6**, 209].

La nitrosation du β-méthylacétosuccinate d'éthyle fournit un dérivé isonitrosé qui se condense en donnant un anhydride qui constitue la *β′ acétyl-β méthyl-α furazol-α one*

$$CH^5-CO-\underset{\displaystyle \underset{\displaystyle CO^2C^2H^5}{|}}{\overset{\displaystyle \overset{\displaystyle CO^2C^2H^5}{|}}{C}H} - CH-CH^3 + AzO^2H$$

$$= CH^3-CO-\underset{}{\overset{\displaystyle \overset{OHAz}{\|}}{C}} - \underset{}{\overset{\displaystyle \overset{CO^2C^2H^5}{|}}{C}H} - CH^3 + CO^2 + C^2H^6O$$

$$= C^2H^6O + CH^3-CO-C \underset{\displaystyle CH-CH^3}{\overset{\displaystyle Az\diagup O\diagdown CO}{\big|\big|}}$$

Ce corps forme de petits cristaux fusibles à 129–130°, solubles en jaune dans les alcalis [K. Thal, *D. chem. G.*, **25**, 1727; *Bull. Soc. Chim.*, (3), **8**, 1304]

*αββ′ Triéthyl-α furazol (triéthylisoxazol).* — Ce composé prend naissance dans l'action des alcalis faibles sur le nitropropane; il bout à 214°; sa densité à 15° $= 0,9382$; il ne semble pas se combiner avec le chlorure mercurique ni avec le chlorure d'or [Dunstan et Dymond, *loc. cit.*].

*α Phényl-α furazol (α phénylisoxazol).* — Si l'on traite le sel de sodium de la benzoylaldéhyde par le chlorhydrate d'hydroxylamine, on obtient exclusivement l'oxime

$$C^6H^5-CO-CH^2-CH=AzOH.$$

Si l'on opère en présence d'un excès de soude, on obtient le sel sodique de la cyanacétophénone :

$$C^6H^5-CO-CH^2-CH=AzOH$$
$$= H^2O + C^6H^5-CO-CH^2-CAz.$$

Si l'on traite l'oxime précédente par le chlorure d'acétyle ou l'anhydride acétique, on la déshydrate suivant le schéma

$$\underset{\displaystyle \underset{CH-CH^2}{}}{\overset{\displaystyle \overset{OH}{\diagup}}{Az}}\overset{CO-C^6H^5}{\underset{|}{}} = H^2O + \underset{\displaystyle CH-CH}{\overset{\displaystyle Az\diagup O\diagdown C-C^6H^5}{\big\|}}$$

Le *phénylisoxazol* se différencie de son isomère la cyanacétophénone en ce qu'il distille sans décomposition à 246-248°, et forme des cristaux fondant à 22-23°. Son odeur est semblable à celle du benzonitrile. Il est incolore, soluble dans l'alcool et dans les dissolvants neutres, et ne colore pas les solutions de chlorure ferrique.

Quand on le maintient pendant quelque temps à 100° avec une solution alcaline, il se transforme intégralement en sel correspondant de la cyanacétophénone :

$$\begin{array}{ccc} & O & \\ Az & C\text{-}C^6H^5 & Az \quad CO\text{-}C^6H^5 \\ \| & | & = \quad \||| \quad | \\ CH & - CH & C \quad - \quad CH^2 \end{array}$$

Quand on fait réagir le sel de sodium de la benzoylaldéhyde sur le chlorhydrate d'hydroxylamine à la température du bain-marie longtemps maintenue, on obtient un produit de polymérisation suivant l'équation

$$2\,C^9H^8O^2 + 3\,AzH^3O = 4\,H^2O + C^{18}H^{17}Az^3O^3.$$

Cette substance, presque insoluble dans les dissolvants usuels, se dépose de sa solution dans l'acétate d'amyle bouillant en longues aiguilles blanches, fusibles à 197-198°, insolubles dans la soude, dont la constitution n'a pas été déterminée [L. Claisen et R. Stock, *D. chem. G.*, 24, 130; *Bull. Soc. Chim.*, (3), 8, 244].

β' *Phényl-α furazol-α one* (*phénylisoxazolone*). — Ce composé prend naissance quand on traite par l'hydroxylamine l'éther benzoylacétique en solution neutre (Claisen et Zedel), ou mieux en solution faiblement alcaline (Hantzsch).

On l'obtient également quand on décompose par l'acide chlorhydrique le composé obtenu par M. Obrégia [*Ann. Chem.*, 266, 224; *Bull. Soc. Chim.*, (3), 10, 375] dans l'action de l'hydroxylamine sur la cyanoacétophénone, composé qui constitue l'imide correspondante :

$$\begin{array}{c} O H \\ AzH^2 \quad CAz \\ + \quad | \\ C^6H^5\text{-}CO - CH^2 \end{array}$$

$$= H^2O + \begin{array}{c} O \\ Az \diagup\diagdown C=AzH \\ C^6H^5\text{-}C \quad CH^2 \end{array}$$

$$\begin{array}{c} O \\ Az \diagup\diagdown C=AzH \\ C^6H^5\text{-}C \quad CH^2 \end{array} + H^2O + HCl$$

$$= AzH^4Cl + \begin{array}{c} O \\ Az \diagup\diagdown CO \\ C^6H^5\text{-}C \quad CH^2 \end{array}$$

[R. von Rothenburg, *D. chem. G.*, 27, 1095; *Bull. Soc. Chim.* (3), 12, 1130].

La *phénylisoxazolone* forme de petits cristaux blancs ou faiblement colorés en jaune, très peu solubles dans l'eau, même bouillante; elle est beaucoup plus soluble dans l'alcool à chaud qu'à froid et fond à 147°.

Ses propriétés acides sont plus marquées que ses propriétés alcalines. Sa solution dans l'ammoniaque laisse déposer des cristaux d'un *sel* $C^9H^7AzO^2 \cdot AzH^3$ qui fondent à 167-168°, et sont décomposés par l'acide acétique avec mise en liberté de l'isoxazolone.

La *phényl-α furazolone* est peu stable en solution dans les acides. Si on la chauffe à 120° avec de l'acide chlorhydrique concentré, sa chaîne s'ouvre, il se dégage de l'acide carbonique et il se fait de l'acétophénone-oxime :

$$\begin{array}{c} O \\ Az \diagup\diagdown CO \\ C^6H^5\text{-}C \quad CH^2 \end{array} + H^2O$$

$$= \begin{array}{c} OHAz \quad CO^2H \\ \| \quad | \\ C^6H^5\text{-}C - CH^2 \end{array} = CO^2 + \begin{array}{c} AzOH \\ \| \\ C^6H^5\text{-}C\text{-}CH^3 \end{array}$$

Si l'on opère en solution dans l'acide sulfurique concentré, la réaction va plus loin : l'oxime qui a pris naissance subit l'isomérisation de M. Beckmann et l'on obtient, outre l'acide carbonique, de l'acide acétique et de l'acide sulfanilique [A. Hantzsch, *D. chem. G.*, 24, 502; *Bull. Soc. Chim.*, (3), 6, 337].

*Imide de la* β' *phényl-α furazol-α one* (*phénylisoxazolone-imide*). — Ce composé prend naissance dans l'action de l'hydroxylamine sur la cyanacétophénone [Obrégia, *loc. cit.*]; il se forme également quand on traite par l'hydroxylamine l'imidobenzoylacétonitrile,

$$C^6H^5\text{-}CAzH - CH^2 - CAz$$

[P. Burns, *J. prakt. Chem.*, (2), 47, 123; *Bull. Soc. Chim.*, (3), 10, 693]. Il cristallise dans le benzène chaud ou dans la ligroïne en fines aiguilles fondant à 110°; il est soluble dans l'eau, l'alcool et l'éther.

Son *chlorhydrate*, obtenu par saturation de sa solution éthérée, forme de fines aiguilles très solubles dans l'alcool. L'acide chlorhydrique aqueux concentré le transforme en chlorhydrate d'ammoniaque et phénylisoxazolone.

L'*anhydride acétique* fournit un *dérivé acétylé* sous la forme de flocons blancs très solubles dans l'eau bouillante, l'alcool et le benzène, presque insolubles dans l'eau froide et fondant à 164°.

Ce composé fournit avec le brome une réaction analogue à celle observée par M. Hanriot (voyez plus haut). On obtient un produit d'addition $C^9H^8Az^2OBr^2$ fondant à 128-130°, que l'eau décompose en bromhydrate d'ammoniaque et β *bromo*-β' *phényl-α furazol-α one* (*bromophénylisoxazolone*), fusible à 134°.

β *Oximido*-β' *phényl-α furazol-α one* (*isonitrosophénylisoxazolone*). — Ce produit prend naissance par l'action de l'acide nitreux sur le composé précédent; il cristallise dans l'eau bouillante, d'où il se dépose en fines aiguilles blanches fusibles à 143°, très solubles dans l'alcool, l'éther et l'acide acétique [L. Claisen et W. Zedel, *D. chem. G.*, 24, 140; *Bull. Soc. Chim.*, (3), 8, 246].

Le même produit se forme également dans l'action de l'hydroxylamine sur l'éther oximidobenzoylacétique.

Ses solutions dans les alcalis ou les carbonates alcalins sont colorées en rose vif; mais si on les chauffe avec un excès d'alcali, elles se décolorent, parce qu'il y a hydratation et formation d'un *acide dioximidé*,

$$\begin{array}{c} O \\ Az \diagup\diagdown CO \\ C^6H^5\text{-}C \quad C=AzOH \end{array} + H^2O$$

$$= C^6H^5\text{-}C(AzOH)\text{-}C(AzOH)\text{-}CO^2H,$$

dont les sels sont incolores. Cet acide est lui-même peu stable à l'état de liberté; chauffé avec l'acide chlorhydrique concentré, il se transforme à son tour en anhydride en donnant l'acide β *phényl-αα furodiazol-β' carbonique* (*phényl-furazane-carbonique*, *phénylazoxazolcarbonique*),

$$\underset{C^6H^5-C}{} \overset{O}{\underset{Az\diagup\diagdown Az}{\bigtriangleup}} \underset{C-CO^2H}{}$$

qui forme des tables rhomboïdales fondant à 110° [G. Nussberger, *D. chem. G.*, 25, 2142, *Bull. Soc. Chim.*, (3), 10, 825).

β *Phénylhydrazone de la* β *céto-β' phényl-α furazol-α one* (*benzoylazophénylisoxazolone*). — Ce composé, qui est la phénylhydrazone correspondant à l'oxime que nous venons de décrire, prend naissance quand on traite la phénylisoxazolone en solution alcaline par le chlorure de diazobenzène. Il cristallise dans l'alcool bouillant en fins prismes orangés, fusibles à 166°; il est soluble dans les alcalis et les acides le précipitent inaltéré de ces solutions [Claisen, *loc. cit.*].

α *Méthyle-β' phényle-α furazol* (*phénylmé-thylisoxazol*). — Ce composé a été obtenu pour la première fois par M. Ceresole dans l'action de l'hydroxylamine sur le dérivé sodé de la benzoyl-acétone [M. Ceresole, *D. chem. G.*, 27, 812; *Bull. Soc. Chim.*, (2), 44, 525]; sa constitution a été établie par M. Claisen et O. Lowmann [*D. chem. G.*, 21, 1149; *Bull. Soc. Chim.*, (3), 1, 104].
Il distille sans décomposition à 262-264° et abandonne par refroidissement des cristaux incolores qui, après cristallisation dans la ligroïne, fondent à 67-68°.

α *Phényle-α' méthyle-α furazol.* — Un corps qui doit être un isomère du précédent a été obtenu par M. C. Goldschmidt [*D. chem. G.*, 28, 1532; *Bull. Soc. Chim.*, (3), 14, 1368], en traitant par la soude l'oxime de la monochlorobenzyli-dène-acétone:

$$\underset{CH^3}{\overset{AzOH}{\|}}\ \underset{C}{\overset{Cl\ \ C-C^6H^5}{\underset{|}{\|}}} \underset{CH}{}$$

$$= HCl + \underset{CH^3-C}{}\overset{O}{\underset{Az\diagup\diagdown}{\bigtriangleup}}\underset{CH}{\overset{C-C^6H^5}{}}$$

Il forme des cristaux blancs fondant à 65°.
β *Benzylidène-β' méthyl-α furazol-α one* (*ben-zylidène-méthylisoxazolone*). — Ce composé se forme quand on fait réagir l'aldéhyde benzylique sur l'oxime de l'éther acétylacétique [R. Schiff, *D. chem. G.*, 28, 2731; *Bull. Soc. Chim.*, (3), 16, 749], ou, ce qui revient au même, en traitant par l'hydroxylamine l'éther benzylidène-acétylacé-tique.
Le nouveau produit forme des aiguilles jaunes qui, après cristallisation dans le chloroforme, fondent à 142°.
Son *chlorhydrate* fond à 133-134°; il est très soluble dans l'alcool, l'éther, le chloroforme, le benzène et l'acide acétique cristallisable; il est presque insoluble dans l'eau et dans la ligroïne; il constitue donc, non pas un sel, mais un produit d'addition

$$\underset{CH^3-C}{}\overset{O}{\underset{Az\diagup\diagdown}{\bigtriangleup}}\underset{CCl-CH^2-C^6H^5}{\overset{CO}{}}$$

Traité par la soude étendue, ce produit d'addi-tion ouvre sa chaîne et se transforme en *acide oximidobenzylidène-acétylacétique* [E. Knœve-

nagel et W. Renner, *D. chem. G.*, 28, 2994; *Bull. Soc. Chim.*, (3), 16, 531]

αβ' *Diphényle-α furazol* (*diphénylisoxazol*). — Ce nouveau produit prend naissance dans l'action de l'hydroxylamine sur le produit d'addition du chlore et de la benzylidène-acétophénone:

$$\underset{C^6H^5-CO}{\overset{OHAzH^2}{+}}\ \underset{CHCl}{\overset{CHCl-C^6H^5}{\underset{|}{}}}$$

$$= H^2O + 2HCl + \underset{C^6H^5-C}{}\overset{O}{\underset{Az\diagup\diagdown}{\bigtriangleup}}\underset{CH}{\overset{C-C^6H^5}{}}$$

[C. Goldschmidt, *D. chem. G.*, 28, 2540; *Bull. Soc. Chim.*, (3), 16, 189].
Il se forme également par l'oxydation de son dérivé dihydrogéné (voir plus loin) [A. Claisen, *J. prakt. Chem.*, (2), 54, 408; *Bull. Soc. Chim.*, (3), 18, 350].
Ce diphénylisoxazol forme de belles lamelles nacrées, fusibles à 141°, peu solubles dans l'éther, très solubles dans le benzène. Il ne jouit de pro-priétés ni acides, ni basiques.

αβ *Dihydro-αβ' diphényl-α furazol* (*diphényl-dihydro-isoxazol*). — Ce composé se forme dans la réaction de l'hydroxylamine sur la chlorobenzyl-acétophénone $C^6H^5-CO-CH^2-CHCl-C^6H^5$ [H. Rupe et F. Schneider, *D. chem. G.*, 28, 965], ou plus simplement sur la benzylidène-acétophé-none [Claus, *loc. cit.*]. Il cristallise dans l'alcool en lamelles fondant à 73°.

α *Phényle-β'-p-éthoxyphényle-αβ dihydro-α furazol.* — Ce produit a été obtenu dans l'action de l'hydroxylamine sur le cinnamyl-p-phénétol (benzylidène-acéto-phénétone); il fond à 107-108° [F. Stockhausen et L. Gattermann, *D. chem. G.*, 25, 3536; *Bull. Soc. Chim.*, (3), 10, 730].
α *Benzoyle-β' phényle-β céto-αβ dihydro-α fu-razol*,

$$\underset{C^6H^5-C}{}\overset{O}{\underset{Az\diagup\diagdown}{\bigtriangleup}}\underset{CO}{\overset{CH-CO-C^6H^5}{}}$$

Quand on fait réagir l'hydroxylamine sur la benzoylformoïne,

$$C^6H^5-CO-CH(OH)-CO-CO-C^6H^5,$$

on obtient, à côté d'autres produits (voyez plus loin), l'*anhydride interne d'une monoxime*, qui constitue ce corps:

$$\underset{C^6H^5-CO}{\overset{(OH)AzH^2}{+}}\ \underset{CO}{\overset{CH(OH)-CO-C^6H^5}{\underset{|}{}}}$$

$$= 2H^2O + \underset{C^6H^5-C}{}\overset{O}{\underset{Az\diagup\diagdown}{\bigtriangleup}}\underset{CO}{\overset{CH-CO-C^6H^5}{}}$$

Il est assez soluble dans l'éther et dans l'alcool chauds, très soluble dans le benzène chaud, qui l'abandonne en belles houppes brillantes, fondant à 175°.
Il est accompagné de son *oxime*,

$$\underset{C^6H^5-C}{}\overset{O}{\underset{Az\diagup\diagdown}{\bigtriangleup}}\underset{CO}{\overset{CH-C(AzOH)-C^6H^5}{}}$$

qui constitue l'anhydride de la dioxime

$$C^6H^5 - C(AzOH) - CH(OH) - CO - (C(AzOH) - C^6H^5$$

et qui cristallise dans l'alcool bouillant en rhomboèdres jaunes fondant à 291° [P. Abenius et H. Söderbaum [D. chem. G., 25, 3471; Bull. Soc. Chim., (3), 10, 730].

———

αββ′ TRIPHÉNYLE-α FURAZOL (*triphénylisoxazol*). — La benzylidène-désoxybenzoïne se combine avec l'hydroxylamine en donnant un corps qui ne possède aucune des propriétés des oximes, est insoluble dans les acides et les alcalis et fond à 208-209° :

$$\begin{array}{cc} AzOH & CH - C^6H^5 \\ \| & \| \\ C^6H^5 - C &\!\!\!\!\!\!- C - C^6H^5 \end{array}$$

$$= \underset{C^6H^5 - C}{\overset{O}{Az}} \big\langle \!\!\! \begin{array}{c} C - C^6H^5 \\ C - C^6H^5 \end{array}$$

[E. Knœvenagel et R. Weiszberger, D. chem. G., 26, 441; Bull. Soc. Chim., (3), 10, 732].

α PYRIDYLE-β′ MÉTHYLE-α FURAZOL. — L'acétacétylpyridine, $C^5H^4Az - CO - CH^2 - CO - CH^3$, donne avec l'hydroxylamine une *monoxime* fusible à 78°. Si on traite cette oxime par l'acide acétique saturé d'acide chlorhydrique, elle se condense en perdant 1 molécule d'eau, et donnant le dérivé de l'α furazol qui forme de petits prismes fondant à 48°. Cette combinaison est insoluble dans l'eau, peu soluble dans l'éther de pétrole, très soluble dans les autres dissolvants neutres. Elle fournit un *chlorhydrate* déliquescent [K. Micko, Mon. f. Chem., 17, 452].

*Acide a′ thiényl-α furazol-β carbonique* (*thiénylisoxazolcarbonique*). — L'acétothiénone en se condensant avec l'éther oxalique fournit l'éther acétothiénone-oxalique; ce dernier se condense à chaud avec l'hydroxylamine pour donner l'éther d'un *acide thiényle-α furazolcarbonique*, qui peut avoir l'une des deux constitutions

$$\underset{CO^2C^2H^5 - C}{\overset{O}{Az}} \big\langle \!\!\! \begin{array}{c} C - C^4H^3S \\ CH \end{array}$$

ou

$$\underset{C^4H^3S - C}{\overset{O}{Az}} \big\langle \!\!\! \begin{array}{c} C - CO^2C^2H^5 \\ CH \end{array}$$

L'acide correspondant est peu soluble dans l'eau et fond à 177°. La solution de son sel ammoniacal précipite les sels solubles *d'argent, de cuivre, de plomb, de mercure, de baryum*, mais non ceux *de zinc*, ni *de magnésium*. Sa constitution répond au premier schéma, car, chauffé à sec, il se décompose en acide carbonique et *cyanacétothiénone* :

$$\underset{CO^2H - C}{\overset{O}{Az}} \big\langle \!\!\! \begin{array}{c} C - C^4H^3S \\ CH \end{array}$$

$$= CO^2 + \underset{C - CH^2}{\overset{Az}{\|\|}} \begin{array}{c} CO - C^4H^3S \end{array}$$

qui cristallise dans l'alcool en houppes blanches fondant à 137° [A. Angeli, D. chem. G., 24, 232; Bull. Soc. Chim., (3), 6, 452. — G. Salvatori, Gazz. chim. ital., 21, 2, 268].

ACIDE α PYRROYL-α FURAZOL-β′ CARBONIQUE. — Ce produit prend naissance d'une manière analogue à partir de l'acétylpyrrol et de l'éther pyrrolpyruvique qui en dérive. L'α *pyrroyl-α furazol-β′ carbonate d'éthyle* constitue de petites aiguilles blanches fondant à 123-124°.

L'acide correspondant cristallise en longues aiguilles blanches fusibles à 179°. Sa solution ammoniacale précipite les sels *d'argent, de cuivre, de mercure, de zinc et de plomb*; les deux derniers précipités sont solubles à chaud [A. Angeli, D. chem. G., 23, 1793 et 2158; Bull. Soc. Chim., (3), 6, 335].

BIS-α METHYL-α FURAZOL-α ONE (*bis-méthylisoxazolone*). — L'éther isocarbopyrotritarique, se condensant avec 2 molécules de phénylhydrazine, donne un produit qui a été reconnu identique à la bis-méthylphénylpyrazolone; il se comporte avec l'hydroxylamine d'une manière tout à fait analogue : le produit obtenu est donc la *bis-méthylisoxazolone*,

$$\underset{CH^3 - C}{\overset{O}{Az}} \big\langle \!\!\! \begin{array}{c} CO \\ CH \end{array} - \underset{C - CH^3}{\overset{O}{\overset{}{}}} \begin{array}{c} CO \\ Az \end{array}$$

qui forme de fines aiguilles fusibles à 190° [L. Knorr, Ann. Chem., 236, 298; D. chem. G., 22, 158; Bull. Soc. Chim., (3), 1, 804].

THIODIMÉTHYLE-α FURAZOL. — Le chlorure de soufre donne avec l'acétylacétone la thioacétylacétone,

$$\begin{array}{ccc} CH^3 - CO - CH - S - CH - CO - CH^3 \\ | & | \\ CO & CO \\ | & | \\ CH^3 & CH^3 \end{array}$$

qui se condense avec l'hydroxylamine en fournissant le thiodiméthyle-α furazol,

$$\underset{CH^3 - C}{\overset{O}{Az}} \big\langle \!\!\! \begin{array}{c} C - CH^3 \\ C \end{array} - S - \underset{C - CH^3}{\overset{O}{\overset{}{}}} \begin{array}{c} CH^3 - C \\ Az \end{array}$$

en lamelles fusibles à 127-128°.

*Trithiodiméthyle-α furazol.* — La trithioacétylacétone,

$$2 \left[ \begin{array}{c} CH^3 - CO - CH \\ | \\ CO \\ | \\ CH^3 \end{array} \right] S^3$$

fournit dans les mêmes conditions un produit de condensation qui, après cristallisation dans l'éther de pétrole, fond à 65-66° [A. Angeli et Magnani, Gazz. chim. ital., 24, 1, 342].

*Produits de condensation de constitution inconnue, mais contenant probablement le noyau α furazol.* — Quand on traite par le chlorhydrate d'hydroxylamine la solution du dérivé sodé de l'acétylacétaldéhyde, on obtient un produit de condensation $C^8H^{12}Az^3O^3$, qui forme de petites aiguilles blanches fusibles à 174°, peu solubles dans l'eau, l'éther, le benzène, le chloroforme et la ligroïne [L. Claisen et E. Hori, D. chem. G., 24, 139; Bull. Soc. Chim., (3), 8, 246].

Quand on chauffe au bain-marie pendant 6 ou 8 heures la combinaison sodée de l'aldéhyde benzoylacétique avec le chlorhydrate d'hydroxyl-

amine, molécule à molécule, on obtient, à côté
du *phényl-α furazol*, un produit de condensation, suivant l'équatio

$$2 C^9 H^8 O^2 + 3 Az H^3 O = 4 H^2 O + C^{18} H^{17} Az^3 O^3.$$

Ce produit, presque insoluble dans les dissolvants usuels, cristallise, dans l'acétate d'amyle
bouillant en petites aiguilles fondant à 197-198°
[L. Claisen et Stock, *D. chem. G.*, **24**, 137;
*Bull. Soc. Chim.*, (3), **8**, 244]. L. Bouveault.

**β FURAZOL.** [Syn. *Oxazol*]. — Ce noyau azoté
est un de ceux dont on a préparé des dérivés
depuis le plus longtemps. Laurent, en traitant le
benzile dissous dans l'alcool par un courant de
gaz ammoniac sec, a obtenu trois composés qu'il
a nommés *imabenzile*, *benzilimide* et *benzilam*,
dont les deux derniers sont certainement, et le
premier probablement, des dérivés du β furazol.
Laurent n'a sans doute pas obtenu ces composés à l'état de pureté parfaite, car les formules
qu'il leur a données ont dû être modifiées [*Ann.
Chim. Phys.*, (3), **39**, 402; *Rev. scient.*, **10**, 22
et **19**, 440].

Assez longtemps après, Zinine, en faisant
réagir l'ammoniaque aqueuse et chaude sur une
solution alcoolique de benzile, obtint à l'état de
pureté le benzilam $C^{21} H^{18} Az O$ [Zinine, *Bull.
Acad. Pétersbourg*, **3**, 68; *Ann. Chem.*, **34**,
190]; il le nomma *azobenzile*, car il ne vit pas
son identité avec le benzilam.

Cette identité fut constatée simultanément par
M. T. Zincke [*D. chem. G.*, **16**, 891] et par
M. F. Japp [*D. chem. G.*, **16**, 2631], qui de plus
confirma la formule de Zinine et, aidé de ses élèves, établit la constitution des dérivés ammoniacaux du benzile et l'existence du noyau β furazol.

En faisant réagir la phénanthrène-quinone sur
l'aldéhyde benzylique en présence d'ammoniaque,
MM. F. Japp et E. Wilcok [*Chem. Soc.*. **37**, 661;
*Bull. Soc. Chim.*, (2), **38**, 521] constatèrent une
condensation très curieuse, qu'ils représentèrent
par le schéma

$$C^6H^4 - CO \qquad COH - C^6H^5$$
$$C^6H^4 - CO + AzH^3$$

$$= 2 H^2 O + \begin{array}{c} O \\ C^6H^4 - C \diagup \diagdown C - C^6H^5 \\ \| \qquad \| \\ C^6H^4 - C - Az \end{array}$$

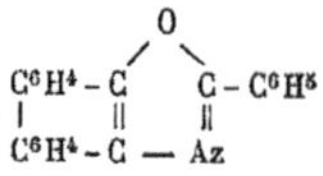

La très grande stabilité du corps qui prenait
naissance s'accordait bien avec l'hypothèse d'une
chaîne fermée. Ils constatèrent de plus qu'une
condensation analogue avait encore lieu quand
on remplaçait l'aldéhyde benzylique par une autre
aldéhyde aromatique ou par le furfurol [*Chem.
Soc.*, **39**, 225; *Bull. Soc. Chim.*, (2), **38**, 521].
Cette condensation n'était pas non plus spéciale
à la phénanthrène-quinone, d'autres α-dicétones,
entre autres la chrysoquinone, étant capables de
la fournir également [F. Japp et F. Streatfield,
*Chem. Soc.*, **44**, 146, 157].

Cette réaction semblant caractéristique des
α-dicétones, il parut vraisemblable à M. Japp
que le benzile devait se comporter de même dans
ses réactions sur l'ammoniaque. Il fallait admettre
pour cela que le benzile fournit, par un dédoublement, de l'aldéhyde benzylique; l'azobenzile se
serait alors formé suivant le schéma

$$C^6H^5 - CO \qquad COH - C^6H^5$$
$$C^6H^5 - CO + AzH^3$$

$$= 2 H^2 O + \begin{array}{c} O \\ C^6H^5 - C \diagup \diagdown C - C^6H^5 \\ \| \qquad \| \\ C^6H^5 - C - Az \end{array}$$

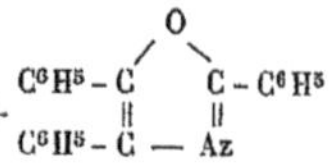

On n'a pas retrouvé l'aldéhyde benzylique dans
les produits de condensation de l'ammoniaque
avec le benzile, parce qu'elle se condense aussitôt;
mais on y a rencontré de l'acide benzoïque, ce
qui indique bien le dédoublement partiel du benzile, suivant l'équation

$$C^6H^5 - CO - CO - C^6H^5 + H^2O$$
$$= C^6H^5 - CO^2H + COH - C^6H^5$$

[F. Japp, *D. chem. G.*, **16**, 2631; *Bull. Soc.
Chim.*, (2), **42**, 475].

D'ailleurs la formation synthétique d'un oxy-
azobenzile par condensation de l'aldéhyde salicylique avec le benzile et l'ammoniaque [F. Japp
et S. Hooker, *D. chem. G.*, **17**, 2402; *Bull. Soc.
Chim.*, (2), **44**, 311] est venue confirmer ces vues
théoriques.

M. Japp a donc, le premier, établi l'existence
du noyau β furazol et montré son mode de formation, soit seul, soit associé à un noyau phénanthrénique. Depuis, l'étude de ce noyau a été beaucoup approfondie, ses dérivés sont devenus très
nombreux, grâce surtout aux travaux de
MM. M. Lewy [*D. chem. G.*, **20**, 2576; *Bull. Soc.
Chim.*, (2), **49**, 283] et S. Gabriel [*D. chem. G.*,
**22**, 1139; *Bull. Soc. Chim.*, (3), **3**, 105].

*Modes de synthèse du noyau.* — Les corps
connus se rattachant au noyau β furazol sont des
produits de substitution des trois composés-
types

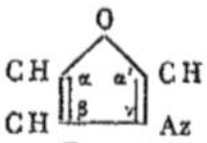

$$\begin{array}{c} O \\ CH \diagup^{\alpha \ \alpha'}\diagdown CH \\ CH \diagdown_{\beta \ \gamma} Az \\ \text{β Furazol.} \end{array} \qquad \begin{array}{c} O \\ CH^2 \diagup^{\alpha \ \alpha'}\diagdown CH \\ CH^2 \diagdown_{\beta \ \gamma} Az \\ \text{β Furazoline} \\ \text{ou α β-Dihydro-β furazol.} \end{array}$$

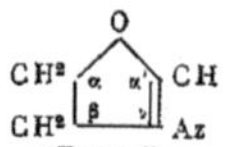

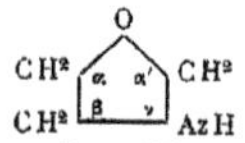

et

$$\begin{array}{c} O \\ CH^2 \diagup^{\alpha \ \alpha'}\diagdown CH^2 \\ CH^2 \diagdown_{\beta \ \gamma} AzH \\ \text{β Furazolidine} \\ \text{ou tétrahydro-β furazol.} \end{array}$$

dont les divers atomes d'hydrogène sont remplacés par des radicaux alcooliques ou des
groupes AzH². Ils se rattachent donc à trois
séries particulières, dont les modes de synthèse
sont différents les uns des autres.

*β furazols substitués.* — On obtient ces composés à l'aide de deux méthodes principales:
1° *Action des acétones α-halogénées sur les
amides.*
Cette réaction a été découverte par M. F. Blümlein [*D. chem. G.*, **17**, 2578; *Bull. Soc. Chim.*,
(2), **44**, 634], qui assigna aux produits obtenus
leur vraie composition, mais une constitution
inexacte. M. M. Lewy, qui ensuite s'occupa de
cette réaction, reconnut bien que les corps obtenus
appartenaient à la série du β furazol (oxazol),
mais il formula la réaction de la manière suivante:

$$R - CO \qquad CO - R'$$
$$CH^2Br + AzH^2$$

$$= HBr + H^2O + \begin{array}{c} O \\ R - C \diagup \diagdown C - R' \\ \| \qquad \| \\ CH - Az \end{array}$$

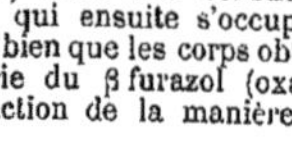

[M. Lewy, *D. chem. G.*, 20, 2576; *Bull. Soc. Chim.*, (2), 49, 283]. M. Hantzsch, au contraire, exprime la même réaction par cet autre schéma :

$$CH^2Br \quad CO-R'$$
$$R-CO + AzH^2$$

$$= HBr + H^2O + \begin{matrix} & O & \\ CH & & C-R' \\ \| & & \| \\ R-C & - & Az \end{matrix}$$

[A. Hantzsch, *D. chem. G.*, 21, 944; *Bull. Soc. Chim.*, (2), 50, 489].

On voit que les deux corps représentés par les deux schémas sont isomériques et non pas identiques. M. E. Fischer [*D. chem. G.*, 29, 205; *Bull. Soc. Chim.*, (3), 16, 984] a démontré que l'explication de M. Hantzsch était la bonne. Il a obtenu en effet un *diphényl-β furazol* dont il a pu établir par l'étude de ses propriétés la constitution,

$$C^6H^5-C \diagdown \diagup C-C^6H^5$$
$$CH \quad Az$$

et ce diphényl-β furazol est différent de celui qu'ont obtenu MM. F. Blümlein et Lewy dans l'action de la benzamide sur le bromure de phénacyle; il faut donc que ce dernier ait pour constitution

$$CH \diagdown \diagup C-C^6H^5$$
$$C^6H^5-C \quad Az$$

suivant le schéma de M. Hantzsch. Nous devons ajouter que le troisième diphényl-β furazol possible

$$C^6H^5-C \diagdown \diagup CH$$
$$C^6H^5-C \quad Az$$

est aussi connu, et que sa synthèse à l'aide de la benzoïne ne laisse aucun doute sur sa constitution.

Les acétones α-hydroxylées, comme la benzoïne, jouissent de propriétés analogues à celles des acétones α-halogénées; elles ne se condensent cependant pas avec les amides, mais bien avec leurs produits de déshydratation, les nitriles. Cette synthèse doit donc être rattachée à la précédente et représentée par le schéma

$$C^6H^5-CHOH \quad C-R$$
$$C^6H^5-CO + Az$$

$$= H^2O + \begin{matrix} & O & \\ C^6H^5-C & & C-R \\ \| & & \| \\ C^6H^5-C & - & Az \end{matrix}$$

[F. Japp et T. Murray, *Chem. Soc.*, 63, 469; *D. chem. G.*, 26, *Ref.*, 496]. Elle permet d'éclaircir la condensation assez inattendue, découverte par M. Japp, des α-dicétones avec les aldéhydes en présence d'ammoniaque :

$$R-CO \quad COH-R''$$
$$R'-CO + AzH^3$$

$$= \begin{matrix} & O & \\ R-C & & C-R'' \\ \| & & \| \\ R'-C & - & Az \end{matrix} + 2H^2O.$$

En effet, les α-dicétones ne diffèrent des α-oxycétones que par 1 atome d'oxygène en plus, tandis que les aldéhydes-ammoniaques ne diffèrent des amides que par 1 atome d'oxygène en moins. On sait de plus que les α-dicétones sont aisément réductibles en α-oxycétones; l'atome d'oxygène provenant de cette réduction sert alors à oxyder le mélange d'aldéhyde et d'ammoniaque, et à lui faire jouer le rôle d'amide ou, par déshydratation, de nitrile.

2° *Condensation des aldéhydes et de l'acide cyanhydrique sous l'influence de l'acide chlorhydrique* [S. Minovici, *D. chem. G.*, 29, 2097; *Bull. Soc. Chim.*, (3), 16, 1925] :

$$R-COH \quad COH-R' \qquad R-C \diagdown \diagup C-R'$$
$$+ \qquad + \qquad = \qquad \| \qquad \|$$
$$HC \equiv Az \qquad\qquad HC - Az$$

— On arrive au même résultat en condensant d'abord l'une des aldéhydes avec l'acide cyanhydrique, puis faisant réagir sur une autre aldéhyde le produit de condensation formé [E. Fischer, *D. chem. G.*, 29, 205; *Bull. Soc. Chim.*, (3), 16, 984]. Ce procédé permet de préparer une très grande variété de β furazols substitués.

Les β furazols substitués sont des corps extrêmement stables, résistant à la distillation, même avec la poudre de zinc. Les étroites relations qu'ils présentent avec les dérivés correspondants de β pyrazol sont mises en évidence par leur transformation en ces derniers sous l'action de l'ammoniaque alcoolique à température plus ou moins élevée :

$$\begin{matrix} & O & \\ R-C & & C-R'' \\ \| & & \| \\ R'-C & - & Az \end{matrix} + AzH^3$$

$$= H^2O + \begin{matrix} & AzH & \\ R-C & & C-R'' \\ \| & & \| \\ R'-C & - & Az \end{matrix}$$

Leurs relations avec le β thiazol sont manifestées par la synthèse de ces derniers, que l'on obtient en remplaçant, dans la synthèse des β furazols, les amides par les thioamides :

$$CH^2Br \quad CS-R'$$
$$R-CO + AzH^2$$

$$= HBr + H^2O + \begin{matrix} & S & \\ CH & & C-R' \\ \| & & \| \\ R-C & - & Az \end{matrix}$$

*Synthèse des α' amino-β furazols.* — On peut obtenir directement des dérivés du β furazol où l'atome d'hydrogène en α' est remplacé, non pas par un radical alcoolique, mais par un groupement AzH². La condensation qui leur donne naissance ne diffère de celles que nous venons d'étudier que par le remplacement de l'amide par l'urée :

$$R-CO + CO-AzH^2$$
$$R'-CHBr \quad AzH^2$$

$$= H^2O + \begin{array}{c} O \\ R-C \diagdown C-AzH^2 \\ \| \quad \| \\ R'-C - Az \end{array} + HBr$$

$$R-CH(OH) \quad CO-AzH^2$$
$$R-CO + AzH^2$$

$$= \begin{array}{c} O \\ R-C \diagdown C-AzH^2 \\ \| \quad \| \\ R-C - Az \end{array} + H^2O$$

[R. Anschütz et H. Geldermann, *Ann. Chem.*, **261**, 129; *Bull. Soc. Chim.*, (3), **8**, 216].

*Synthèse des β furazolines.* — Les β furazolines sont des produits de condensation des amides β-oxy- ou β-halogéno-alcoylées :

$$R-CHOH \quad CO-R'' = H^2O + \begin{array}{c} O \\ R-CH \diagdown C-R'' \\ \cdot | \quad \| \\ R'-CH - Az \end{array}$$
$$R'-CH - AzH$$

$$R-CHCl \quad CO-R'' = HCl + \begin{array}{c} O \\ R-CH \diagdown C-R'' \\ | \quad \| \\ R'-CH - Az \end{array}$$
$$R'-CH - AzH$$

[S. Gabriel et T. Heymann, *D. chem. G.*, **23**, 2493; *Bull. Soc. Chim.*, (3), **6**, 475].

Les amides β-chlorées et β-bromées, en particulier, sont très peu stables, et souvent elles se transforment spontanément en chlorhydrate ou bromhydrate de la β furazoline correspondante. La condensation se réalise dans tous les cas par chauffage avec la potasse alcoolique.

Cette faible stabilité des amides β-halogénées explique qu'on puisse obtenir directement les β furazolines dans l'action des chlorures ou des anhydrides d'acides sur les amines β-halogénées [S. Gabriel. *D. chem. G.*, **22**, 2220; *Bull. Soc. Chim.*, (3), **3**, 809].

On arrive aussi au même résultat en condensant par l'acide sulfurique les vinyl- ou allyl-amides :

$$CH^3=CH \quad CO-R = \begin{array}{c} O \\ CH^3-CH \diagdown C-R \\ | \quad \| \\ CH^2 - Az \end{array}$$
$$CH^2 - AzH$$

$$\begin{array}{c} CH^2 \quad CO-R \\ \| \quad | \\ CH - AzH \end{array} = \begin{array}{c} O \\ CH^2 \diagdown C-R \\ | \quad \| \\ CH^2 - Az \end{array}$$

[S. Gabriel et R. Stelzner, *D. chem. G.*, **28**, 2934; *Bull. Soc. Chim.*, (3), **16**, 748. — P. Kay, *D. chem. G.*, **26**, 2848; *Bull. Soc. Chim.*, (3), **12**, 241].

La réaction des monochlorhydrines d'αβ-glycols sur les nitriles en présence d'acide chlorhydrique conduit également à une synthèse des β furazolines. Il se fait, par le groupement alcoolique de la monochlorhydrine, un chlorhydrate d'éther imidé :

$$R-CHOH \quad C-R' + HCl$$
$$CH^2Cl \quad Az$$

$$= \begin{array}{c} O \\ R-CH \diagdown C-R' \\ | \quad \| \\ CH^2Cl \quad AzH.HCl \end{array}$$

Ce dernier, traité par une solution de carbonate de sodium, fournit l'éther imidé lui-même, qui, traité par un alcali, se transforme en β furazoline :

$$\begin{array}{c} O \\ R-CH \diagdown C-R' \\ | \quad \| \\ CH^2Cl \quad AzH \end{array} = HCl + \begin{array}{c} O \\ R-CH \diagdown C-R' \\ | \quad \| \\ CH^2 - Az \end{array}$$

Abandonné à lui-même, l'éther imidé se transforme isomériquement en amide β-halogénée :

$$\begin{array}{c} O \\ R-CH \diagdown C-R' \\ | \quad \| \\ CH^2Cl \quad AzH \end{array} = \begin{array}{c} R-CHCl \quad CO-R' \\ | \quad | \\ CH^2 - AzH \end{array}$$

[S. Gabriel et A. Neumann, *D. chem. G.*, **25**, 1389; *Bull. Soc. Chim.*, (3), **8**, 1252].

Les β furazolines sont des corps instables, à molécule très mobile. Leurs sels halogénés subissent des transformations isomériques très curieuses. Si on les traite par les acides halogénés en excès, la chaîne s'ouvre, fixe l'acide halogéné et on régénère l'amide halogénée primitive.

Si, au contraire, on traite les β furazolines à chaud par la quantité moléculaire d'acide halogéné, au lieu de fixer cet acide, elles fixent une molécule d'eau et donnent naissance à un *éthersel d'alcool-β aminé* :

$$\begin{array}{c} O \\ R-CH \diagdown C-R' \\ | \quad \| \\ CH^2 - Az \end{array} + H^2O = \begin{array}{c} O \\ R-CH \diagdown CO-R' \\ | \\ CH^2 - AzH^2 \end{array}$$

C'est là une transformation très curieuse et fournissant des produits qu'on ne saurait obtenir par aucune autre méthode [S. Gabriel et T. Heymann, *D. chem. G.*, **23**, 2493; *Bull. Soc. Chim.*, (3). **6**, 475].

*Synthèse des α'amino-β furazolines.* — Les α'amino-β furazolines proviennent de la condensation des urées α-halogéno-alcoylées ou α-hydroxyalcoylées :

$$R-CHCl \quad CO-AzH^2$$
$$CH^2 - Az$$

$$= HCl + \begin{array}{c} O \\ R-CH \diagdown C-AzH^2 \\ | \quad \| \\ CH^2 - Az \end{array}$$

Quant à ces urées elles-mêmes, on peut les obtenir par l'action du cyanate de potassium sur le chlorhydrate des amines-α-chlorées,

$$\begin{array}{c} R-CHCl \quad CO-AzH \\ | \quad + \\ CH^2 - AzH^2 \end{array} = \begin{array}{c} R-CHCl \quad CO-AzH^2 \\ | \quad | \\ CH^2 - AzH \end{array}$$

[S. Gabriel, *D. chem. G.*, 22, 1139; *Bull. Soc. Chim.*, (3), 3, 105], ou des amines α-hydroxylées,

$$C^6H^5-CHOH \quad CO-AzH$$
$$| \qquad\qquad +$$
$$C^6H^5-CH \underline{\quad\quad} AzH^2$$

$$= \quad C^6H^5-CHOH \quad CO-AzH^2$$
$$| \qquad\qquad |$$
$$CH^2 \underline{\quad} AzH$$

[S. Gabriel et R. Stelzner, *D. chem. G.*, 28, 2934; *Bull. Soc. Chim.*, (3), 16, 748], ou bien encore par hydratation des urées substituées par des radicaux allyliques ou vinyliques,

$$CH^2=CH \quad CO-AzH^2$$
$$| \qquad\qquad | \qquad + H^2O$$
$$CH^2 \underline{\quad} AzH$$

$$= \quad CH^3-CHOH \quad CO-AzH^2$$
$$| \qquad\qquad |$$
$$CH^2 \underline{\quad} AzH$$

[S. Gabriel, *D. chem. G.*, 22, 2984; *Bull. Soc. Chim.*, (3), 3, 530].

Quant aux β furazolines α'-hydroxylées ou α'-sulfhydroxylées, on les obtient par la condensation des α-hydroxylamines avec l'oxychlorure ou le sulfure de carbone,

$$R-CHOH \quad COCl^2 \qquad\qquad\qquad R-CH \overset{O}{\diagup\diagdown} C(OH)$$
$$| \qquad\qquad + \qquad = 2HCl + \qquad | \qquad\qquad ||$$
$$R'-CH \underline{\quad} AzH^2 \qquad\qquad\qquad R'-CH \underline{\quad} Az$$

$$R-CHOH \quad CS^2$$
$$| \qquad\qquad +$$
$$R'-CH \underline{\quad} AzH^2$$

$$= H^2S + \quad R-CH \overset{O}{\diagup\diagdown} C(SH) \quad + H^2O$$
$$| \qquad\qquad ||$$
$$R'-CH \underline{\quad} Az$$

[H. Söderbaum, *D. chem. G.*, 29, 1210; *Bull. Soc. Chim.*, (3), 16, 1376].

*Synthèse des dérivés de la β furazolidine.* — Les seuls dérivés connus de la β furazolidine sont des *β céto-α' imino-β furazolidines-α substituées*

$$R-CH \overset{O}{\diagup\diagdown} C=Az$$
$$CO \underline{\qquad\qquad} AzH$$

qu'on obtient par isomération des diverses hydantoïnes substituées, au moyen de la potasse alcoolique froide,

$$R-CH \overset{AzH}{\diagup\diagdown} CO \qquad R-CH \overset{O}{\diagup\diagdown} C=AzH$$
$$| \qquad\qquad | \qquad = \qquad | \qquad\qquad |$$
$$CO \underline{\quad} AzH \qquad\qquad CO \underline{\quad} AzH$$

Les deux isomères se comportent différemment au contact de l'eau de baryte bouillante : tandis que les *hydantoïnes vraies* fournissent les acides hydantoïques correspondants,

$$R-CH \overset{AzH}{\diagup\diagdown} CO \qquad R-CH \overset{AzH}{\diagup\diagdown} CO$$
$$| \qquad\qquad | \quad + H^2O = \qquad | \qquad\qquad |$$
$$CO \underline{\quad} AzH \qquad\qquad CO^2H \quad AzH^2$$

les *pseudohydantoïnes* ou *céto-imino-β furazo-* lidines fournissent des acides glycoliques substitués,

$$R-CH \overset{O}{\diagup\diagdown} C=AzH \quad + 3H^2O$$
$$| \qquad\qquad |$$
$$CO \underline{\quad} AzH$$

$$= \quad R-CH \overset{OH}{|} \quad CO^2 \quad + AzH^3$$
$$CO^2H + AzH^3$$

[A. Pinner, *D. chem. G.*, 21, 2320; *Bull. Soc. Chim.*, (3), 1, 441].

DÉRIVÉS GRAS DU β FURAZOL.

**β FURAZOL.** — Le β *furazol* lui-même n'est pas connu; mais M. Gabriel en a obtenu un dérivé aminé et dihydrogéné, l'α amino-β furazoline ou amino-oxazoline, dans l'action du cyanate de potassium sur le bromhydrate de brométhyl- amine,

$$CH^2Br \quad CO=AzH \qquad\qquad CH^2 \overset{O}{\diagup\diagdown} C=AzH$$
$$| \qquad\qquad + \qquad = HBr + \qquad | \qquad\qquad |$$
$$CH^2 \underline{\quad} AzH^2 \qquad\qquad\qquad CH^2 \underline{\quad} AzH$$

ou

$$CH^2 \overset{O}{\diagup\diagdown} C-AzH^2$$
$$|| \qquad\qquad$$
$$CH^2 \underline{\quad} Az$$

Son *picrate* fond à 186-188°; son *chloroplatinate* forme des aiguilles jaunes; son *chloraurate* des lamelles de même couleur [S. Gabriel, *D. chem. G.*, 22, 1139; *Bull. Soc. Chim.*, (3), 3, 105].

----

**α MÉTHYL-β FURAZOL** (*méthyloxazol*). — Ce corps a été obtenu, mais pas à l'état de pureté, en chauffant au réfrigérant ascendant un mélange de formiamide et d'acétone monochlorée [M. Lewy, *D. chem. G.*, 21, 2193; *Bull. Soc. Chim.*, (3), 1, 151].

**α *Méthyl-α' amino-β furazol*.** — Cette base se prépare par isomérisation de l'allylurée au moyen de l'acide bromhydrique concentré, à la température de 100°. Son *picrate* cristallise en longues aiguilles fusibles à 185-186° [S. Gabriel, *D. chem. G.*, 22, 2990; *Bull. Soc. Chim.*, (3), 530].

Elle est obtenue également par l'action du cyanate de potassium sur le bromhydrate de bromopropylamine. Son *chloroplatinate* est peu soluble dans l'alcool [P. Hirsch, *D. chem. G.*, 23, 966].

**α'MÉTHYL-β FURAZOL.** — On ne connait qu'un dérivé hydrogéné de ce composé, l'*α' méthyl-dihydro-β furazoline*, qui prend naissance, avec un très mauvais rendement, quand on traite la brométhylamine par l'anhydride acétique et l'acétate de sodium. La base libre possède une odeur assez douce, rappelant celle de la quinoléine; son *picrate*, peu soluble dans l'alcool, forme de longues aiguilles fondant à 147-149°. Par l'ébullition avec l'eau, ce picrate en fixe les éléments et se transforme en un nouveau composé, le *picrate de l'acétate d'aminoéthyle*, fondant à 167-169°,

$$CH^2 \overset{O}{\diagup\diagdown} C-CH^3 \quad + H^2O = \quad CH^2 \overset{O}{\diagup\diagdown} CO-CH^3$$
$$| \qquad\qquad || \qquad\qquad\qquad\qquad\qquad | \qquad\qquad$$
$$CH^2 \underline{\quad} Az \qquad\qquad\qquad CH^2 \underline{\quad} AzH^2$$

[S. Gabriel, *D. chem. G.*, **22**, 2220; *Bull. Soc. Chim.*, (3), **3**, 809. — S. Gabriel et T. Heymann, *D. chem. G.*, **23**, 2502; *Bull. Soc. Chim.*, (3), **6**, 475].

αα′ DIMÉTHYL - β FURAZOL (*diméthyloxazol*). — Ce composé, qui n'a pu être obtenu à l'état de pureté par M. Lewy dans l'action de l'acétone monochlorée sur l'acétamide [*D. chem. G.*, **21**, 2193; *Bull. Soc. Chim.*, (3), **1**, 131], a été préparé par M. A. Schuftan [*D. chem. G.*, **28**, 3070; *Bull. Soc. Chim.*, (3), **16**, 761] en chauffant en tube scellé le mélange des deux réactifs. Le contenu des tubes, repris par l'acide chlorhydrique, est entraîné avec la vapeur d'eau pour le débarrasser de l'acétone monochlorée en excès, puis sursaturé de potasse et distillé de nouveau : la nouvelle base est entraînée et se dissout dans le liquide distillé, mais elle se précipite à nouveau quand on dissout dans ce liquide une grande quantité de potasse solide. On sépare l'huile, on la sèche sur de la potasse et on la rectifie; elle bout à 108°. Elle est très soluble dans l'eau, l'alcool et l'éther et possède une odeur pyridique.

Le *chlorhydrate* est en cristaux plumeux, très solubles.

Le *chloroplatinate*, $2(C^5H^7AzO \cdot HCl)PtCl^4$, est très soluble dans l'eau et forme des tables rhombiques qui fondent à 196° en dégageant des gaz.

Le *chloraurate* est très soluble dans l'eau, l'alcool et l'éther.

Le *chloromercurate* forme de longues aiguilles très solubles dans l'eau, peu solubles dans l'alcool; il fond à 82-90° [A. Schuftan, *loc. cit.*].

### DÉRIVÉS AROMATIQUES.

α′ PHÉNYL-β FURAZOL. — Ce corps n'est connu qu'à l'état de dérivé dihydrogéné.

L'α′ *phényldihydro-β furazol* (μ *phényloxyazoline*) est obtenu en enlevant de l'acide bromhydrique à la brométhylbenzamide. On l'obtient également en saturant d'acide chlorhydrique sec un mélange de benzonitrile et de monochlorhydrine du glycol; l'éther imidé qui prend naissance se condense ensuite avec perte d'acide chlorhydrique. On n'en peut obtenir de sels halogénés; il est volatil avec la vapeur d'eau.

Son *picrate*, peu soluble, fond à 177°; son *chloroplatinate* est en aiguilles orangées; son *chloraurate* et son *ferrocyanate* sont insolubles dans l'eau.

L'acide chlorhydrique en excès le transforme en *chloréthylbenzamide*,

$$C^6H^5 - CO - AzH - CH^2 - CH^2Cl,$$

fondant à 102°; l'acide bromhydrique en *brométhylbenzamide* fondant à 142-143°. L'un et l'autre de ces acides, agissant en quantité moléculaire et à chaud sur cette base, fixent une molécule d'eau et la transforment en *benzoate d'aminoéthyle* $C^6H^5-CO-O-CH^2-CH^2-AzH^2$, que l'acide nitreux transforme à son tour en *monobenzoïne du glycol* [S. Gabriel et T. Heymann, *D. chem. G.*, **23**, 2498; *Bull. Soc. Chim.*, (3), **6**, 475. — S. Gabriel et A. Neumann, *D. chem. G.*, **25**, 2385; *Bull. Soc. Chim.*, (3), **8**, 1252].

La réduction par le sodium et l'alcool amylique transforme cette base en *oxyéthylbenzylamine*,

$$\begin{array}{ccc} & O & \\ CH^2 & C-C^6H^5 & \\ | & \| & +H^4 = \\ CH^2 & Az & \end{array} \quad \begin{array}{cc} OH & \\ CH^2 & CH^2-C^6H^5 \\ | & | \\ CH^2 & AzH \end{array}$$

Cette nouvelle base bout à 180-182° sous 40 millimètres; son *chloraurate* fond à 105°; son *picrate* à 135-136° [S. Gabriel et R. Stelzner, *D. chem. G.*, **29**, 2381].

α′ (*M-nitrophényl*) *-dihydro-β furazol* (μ *m-nitrophényl-oxazoline*. — Ce produit s'obtient en traitant par la potasse alcoolique la β-*brométhyl-m-nitrobenzamide* fusible à 116-117°. Il est difficilement entraînable par la vapeur d'eau et cristallise dans l'alcool en lamelles jaunes, fusibles à 118°,5-119°,5.

Son *picrate* fond à 145-146°; son *chloroplatinate* est en aiguilles orangées, fusibles avec décomposition à 195° [P. Elfeldt, *D. chem. G.*, **24**, 3218; *Bull. Soc. Chem.*, (3), **8**, 158].

α′ (*O-crésyl*)-β *furazoline* (μ *o-crésyloxazoline*). — C'est une huile incolore, bouillant à 254-255°, obtenue dans l'action de la potasse sur la *brométhyl-o-toluylamide* fusible à 70-71°.

Son *picrate* est en aiguilles jaunes fondant à 144-145°; le *chloroplatinate* est une poudre microcristalline fondant à 188-189° en se décomposant.

L'acide chlorhydrique en excès le transforme en β *chloréthyl-o-toluylamide* fondant à 72-73°; l'acide bromhydrique employé sans excès fournit le *bromhydrate de l'o-toluate d'aminoéthyle*,

$$CH^3 - C^6H^4 - CO - O - C^2H^4 - AzH^2 \cdot HBr,$$

qui fond à 155-156°. Son picrate fond à 187-188° [A. Salomon, *D. chem. G.*, **26**, 1321; *Bull. Soc. Chim.*, (3), **12**, 44].

α′ (*p-Crésyl*) -β *furazoline* (μ *p-crésyloxazoline*). — La β *brométhyl-p-toluylamide*, fusible à 128-129°, se transforme très aisément et même spontanément en *bromhydrate de p-crésyl-β furazoline*. La base libre forme de belles aiguilles blanches fondant à 66° et bouillant à 264-265°.

Son *picrate* fond à 187-188°; son *chloroplatinate* est en aiguilles orangées fondant à 185-186°.

Le bromhydrate de cette oxazoline, évaporé avec de l'eau, se transforme en *bromhydrate du p-toluate d'aminoéthyle*, qui cristallise dans l'alcool amylique en tables rhombiques fusibles à 167°, très solubles dans l'eau; son picrate fond à 180°.

L'acide chlorhydrique en excès fournit la β *chloréthyl-p-toluamide*, qui fond à 121-122° [A. Salomon, *loc. cit.*].

α PHÉNYL-β FURAZOL. — Ce composé prend naissance dans l'action du bromure de phénacyle sur la formiamide; on chauffe à 130-140° le mélange des deux produits. Il constitue une huile incolore, d'odeur spéciale, se colorant en jaune à l'air; il cristallise dans un mélange réfrigérant et fond alors à 6°.

Son *chlorhydrate* est formé de lamelles blanches peu solubles, fusibles à 80°.

Son *chloroplatinate*,

$$(C^9H^7AzO \cdot HCl)^2PtCl^4, 2H^2O,$$

est peu soluble [F. Blümlein, *D. chem. G.*, **17**, 2573; *Bull. Soc. Chim.*, (2), **44**, 283. — M. Lewy, *D. chem. G.*, **20**, 2576; *Bull. Soc. Chem.*, (2), **49**, 283].

α *Phényl-β céto-α′ iminotétrahydro-β furazol* (*pseudophénylhydantoïne*),

$$\begin{array}{c} O' \\ C^6H^5 - CH \diagup \diagdown C = AzH \\ CO \underline{\qquad} AzH \end{array}$$

— Cet isomère de la phénylhydantoïne prend naissance quand on traite celle-ci par un excès de potasse alcoolique froide; il est soluble dans l'eau et constitue un corps blanc, se décomposant aux environs de 300° sans avoir fondu.

La potasse alcoolique chaude le saponifie en ammoniaque, acide carbonique et acide phénylglycolique, tandis que son isomère, la phénylhydantoïne, fusible à 178°, fournit dans les mêmes conditions l'acide phénylhydantoïque.

Son *éther éthylique* se forme quand on abandonne pendant quelque temps à lui-même l'éther correspondant à la phénylhydantoïne; il est infusible. Les deux éthers isomériques possèdent donc également des modes de décomposition différents [A. Pinner et A. Spilker, *D. chem. G.*, 21, 2327; *Bull. Soc. Chim.*, (2), 1, 441].

β PHÉNYL-α′ MÉTHYL-β FURAZOL *(phénylméthyl-oxazol)*,

$$HC \diagup \!\!\!^{O}\!\!\!\diagdown\ C\text{-}CH^3$$
$$C^6H^5\text{-}C \quad\quad Az$$

— Ce composé a d'abord été obtenu par M. F. Blümlein, qui en a méconnu la constitution, dans la réaction de l'acétamide sur la bromacétophénone [*D. chem. G.*, 17, 2573; *Bull. Soc. Chim.*, (2), 44, 684].

Son étude a été reprise par M. Lewy [*D. chem. G.*, 20, 2576; 21, 924; *Bull. Soc. Chim.*, (2), 49, 283; (3), 1, 131]. On chauffe au bain d'huile le mélange des deux corps à 120-130°. Le produit obtenu est soumis à l'entraînement par la vapeur d'eau, puis à la rectification; il forme de longues aiguilles incolores, fondant à 45° et bouillant sans décomposition à 241-242°; il est très soluble dans l'alcool, dans l'éther et possède de faibles propriétés basiques.

Le *chlorhydrate* forme de fines aiguilles, qui prennent naissance quand on sature d'acide chlorhydrique la solution benzénique de la base. Le *chloroplatinate*, $(C^{10}H^9AzO . HCl)^2 PtCl^4, 2H^2O$, est en fines aiguilles orangées, qui fondent à 130-140° en se décomposant.

Le *sulfate*, $(C^{10}H^9AzO)^2SO^4H^2$, s'obtient par dissolution du produit dans l'acide étendu et chaud; il cristallise par refroidissement.

Le *picrate* est en aiguilles jaune-citron, fondant à 133-134°.

L'oxydation transforme le *méthylphényl-β furazol* en acide benzoïque.

L'acide nitrique fumant fournit un *dérivé p-nitré* dans le noyau phénylique, cristallisé en aiguilles jaunes, fusibles à 156-157°. Son oxydation fournit en effet de l'acide p-nitrobenzoïque.

La réduction par l'étain et l'acide chlorhydrique transforme ce dérivé *p-nitré* en *dérivé p-aminé*, longues aiguilles incolores, fusibles à 114-115°, solubles dans l'eau bouillante, l'alcool et l'éther.

La poudre de zinc en solution acétique, ainsi que l'amalgame de sodium, sont pour ainsi dire sans action sur les méthylphényl-β furazols; mais le sodium et l'alcool leur font fixer 4 atomes d'hydrogène.

Le *dérivé tétrahydrogéné* constitue une huile incolore, bouillant à 248-251°, dont le *dérivé dibensoylé* cristallise en longues aiguilles fondant à 140°, peu solubles dans l'alcool froid, très solubles dans l'alcool chaud, le benzène et l'éther.

L'acide iodhydrique bouillant à 127° et le phosphore rouge, réagissant à 200° en tube scellé, transforment le β furazol en un hydrocarbure liquide $C^{16}H^{18}$, qui bout à 270-280°.

Le *dérivé dihydrogéné* de l'α *méthyl-α′phényl-β furazol* ou α *méthyl-α′phényl-β furazoline* se forme par enlèvement d'acide bromhydrique à la β *bromopropylbenzamide* [S. Gabriel et T. Heymann, *D. chem. G.*, 23, 2493; *Bull.*

*Soc. Chim.*, (3), 6, 475], ou par isomérisation de l'allylbenzamide [P. Ko], *D. chem. G.*, 26, 2848; *Bull. Soc. Chim.*, (3), 12, 241].

Elle forme une huile incolore à odeur de quinoléine, bouillant à 124° sous 14 millimètres et à 243-244° sous la pression ordinaire.

Son *chloroplatinate*, $(C^{10}H^{11}AzO . HCl)^2 PtCl^4$, est orangé; son *picrate* fond à 167°.

L'acide chlorhydrique concentré la transforme en β-*chloropropylbenzamide*, aiguilles incolores, fondant sous 132-133°.

L'acide bromhydrique chaud, en quantité moléculaire, fournit le *bromhydrate du benzoate de* β *aminopropyle*,

$$C^6H^5\ CO\text{-}O\text{-}CH\text{-}CH^2\text{-}AzH^2\text{-}HBr.$$
$$|$$
$$CH^3$$

— Le *picrate* correspondant fond à 188-189°, et le *chloroplatinate* cristallise dans l'eau bouillante en aiguilles jaunes.

β MÉTHYL-α′ PHÉNYL-β FURAZOL *(méthyl-μ phényl-oxazol)*,

$$CH \diagup \!\!\!^{O}\!\!\!\diagdown\ C\text{-}C^6H^5$$
$$CH^3\text{-}C \quad\quad Az$$

— Ce composé prend naissance quand on chauffe à feu nu l'acétone monochlorée avec un excès de benzamide. La masse noire est entraînée à la vapeur d'eau, et l'huile jaune qui distille est rectifiée; elle bout à 238-241° et n'est pas solidifiée à —16°.

Son *chloroplatinate* est en fines aiguilles,

$$(C^{10}H^9AzO . HCl)^2 PtCl^4, 2H^2O,$$

fusibles à 170°.

L'ammoniaque aqueuse concentrée agissant à 210-220°, en tube scellé, transforme ce composé en *méthylphénylglyoxaline*,

$$\begin{array}{c} O \\ \diagup\ \diagdown \\ CH \quad\ C\text{-}C^6H^3 \\ \| \quad\quad \| \qquad + AzH^3 \\ CH^3\text{-}C\ -\ Az \end{array}$$

$$= H^2O + \begin{array}{c} AzH \\ \diagup\ \diagdown \\ CH \quad\ C\text{-}C^6H^5 \\ \| \quad\quad \| \\ CH^3\text{-}C\ -\ Az \end{array}$$

longues aiguilles blanches, fusibles à 158-159°.

α MÉTHYL-α′ (O-CRÉSYL)-β FURAZOLINE-(β *méthyl-μ o-crésyl-oxazoline*). — Cette base est obtenue en traitant par la potasse alcoolique la β-bromopropylamide de l'acide o-toluique. Elle constitue une huile incolore bouillant à 257-258°.

Son *picrate* fond à 128-129°, et son *chloroplatinate* forme des lamelles rhombiques, fusibles à 180-181°. Son *dichromate* est huileux.

Son bromhydrate sans excès d'acide se transforme dans celui de l'*o-toluate de* β-*aminopropyle*, qui cristallise dans le benzène en aiguilles fondant à 139-140°. Le *picrate* correspondant fond à 191-192°, le *chloroplatinate* à 213-214°.

L'acide chlorhydrique en excès donne la β-*chloropropyl-o-toluamide*, en aiguilles blanches fondant à 84° [A. Salomon, *D. chem. G.*, 26, 1321; *Bull. Soc. Chim.*, (3), 12, 44].

α *Méthyl-α′-p-crésyl-β furazoline* (β-*méthyl-μ p-crésyl-oxazoline*). — Cette base s'obtient en enlevant une molécule d'acide bromhydrique à l'amide β bromopropylique de l'acide p-toluique. Elle bout à 264-265°; son *picrate* fond à 182-183°; son *chloroplatinate* est en lamelles orangées fondant à 183-184°.

Elle est aisément transformée en *bromhydrate du p-toluate de β-aminopropyle*, dont le *picrate* fond à 185-186°.

L'acide chlorhydrique en excès donne la β *chloropropylamide de l'acide p-toluique*, fusible à 77-78° [A. Salomon, *loc. cit.*].

———

α Styryl-β céto-α′ imino-β furazolidine *(styryl-pseudohydantoïne)*,

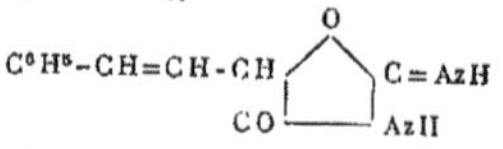

$$C^6H^5-CH=CH-CH \overbrace{\underset{CO \quad\quad AzH}{\phantom{xxxx}}}^{O} C=AzH$$

— On obtient ce composé en isomérisant la styrylhydantoïne par chauffage avec un excès de potasse alcoolique. Elle forme de petites aiguilles soyeuses, très peu solubles dans l'acide acétique et dans l'alcool, presque insolubles dans l'éther, complètement insolubles dans l'eau et dans les acides étendus, soluble dans les alcalis. Elle se décompose sans fondre au-dessus de 300°.

Son *éther éthylique*, insoluble dans l'eau, presque insoluble dans l'éther, le benzène et le chloroforme, très peu soluble dans l'alcool, l'acide acétique cristallisable et l'alcool amylique, fond à 280° sans trop se décomposer. Il est décomposé par la baryte en acide carbonique, éthylamine, ammoniaque et acide styryloxyacétique,

$$C^6H^5-CH=CH-CH(OH)-CO^2H$$

[A. Pinner et A. Spilker, *D. chem. G.*, **22**, 685].

α′ *Styryl-β furazoline-(μ cinnaménylowazoline)*,

$$\underset{CH^2 \quad CH^2}{O} \quad C-CH=CH-C^6H^5 \quad Az$$

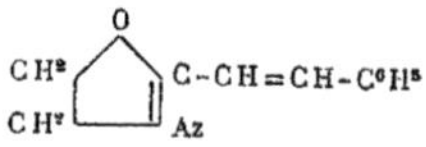

— Cette base s'obtient en décomposant par la potasse alcoolique la β-bromoéthylamide de l'acide cinnamique fusible à 90-91°. Elle cristallise dans la ligroïne en cristaux fondant à 52-53°.

Son *picrate* est en aiguilles jaunes, fondant à 188-189°; son *chloroplatinate* forme une poudre cristalline orangée, fondant à 193-194°; son *di chromate* est en aiguilles orangées [P. Elfeldt, *D. chem. G.*, **24**, 3224; *Bull. Soc. Chim.*, (3), **8**, 158].

α *Méthyl-α′ styryl-β furazoline (β méthyl-μ cinnaményloxazoline)*. — Cette base se prépare en enlevant par la potasse alcoolique une molécule d'acide bromhydrique à la β-bromopropylamide de l'acide cinnamique, qui forme des aiguilles transparentes, fusibles à 79-80°.

Elle constitue de beaux cristaux transparents, fondant à 80-81°.

Son *picrate* fond à 182-183°, son *chloroplatinate* à 197-198°. Son *dichromate* est en aiguilles rouges [P. Elfeldt, *loc. cit.*].

———

Diphényl-β furazols. — On connaît les trois isomères possibles possédant cette constitution :

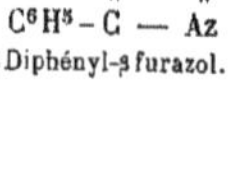

αβ Diphényl-β furazol. 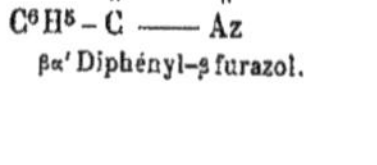　　βα′ Diphényl-β furazol.

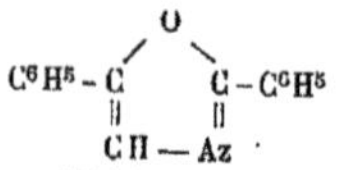

αα′ Diphényl-β furazol.

αβ Diphényl-β furazol (αβ *diphényloxazol*). — Ce composé prend naissance dans la condensation de la benzoïne avec l'acide cyanhydrique, sous l'influence condensante de l'acide sulfurique concentré et froid. Il fond à 44° et bout à 192-195° sous 15 millimètres. C'est un corps extrêmement stable [F. Japp et T. Murray, *Chem. Soc.*, **63**, 469].

L'α′α′ *amino-αβ diphényl-β furazol* (αβ *diphényl-μ amino-oxazol*) s'obtient en chauffant à 165° un mélange de benzoïne et d'urée; il forme de fines aiguilles blanches fondant au-dessus de 260° [R. Anschütz et H. Geldermann, *Ann. Chem.*, **261**, 136; *Bull. Soc. Chim.*, (3), **8**, 217].

α′ *Céto-αβ diphényl-β furazolidine* (4.5 *diphényldihydro-2-aci-1.3 azoxol*),

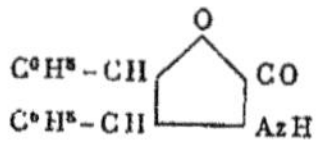

$$\underset{C^6H^5-CH}{\underset{C^6H^5-CH}{\phantom{x}}} \quad \overset{O}{\underset{AzH}{\phantom{xx}}} \quad \underset{CO}{\phantom{x}}$$

— Cette substance prend naissance dans la condensation de l'oxychlorure de carbone avec la diphénylhydroxyéthylamine (benzoïnamine) :

$$C^6H^5-CHOH-CH-C^6H^5$$
$$|$$
$$AzH^2$$

Elle cristallise dans l'alcool en longues aiguilles blanches fondant à 189-189°,5, très solubles dans l'alcool, le benzène, l'acétone et l'acide acétique, moins solubles dans l'éther, très peu solubles dans la ligroïne [H. Söderbaum, *D. chem. G.*, **29**, 1210; *Bull. Soc. Chim.*, (3), **16**, 1376].

Si l'on remplace dans cette réaction l'oxychlorure par le sulfure de carbone en solution alcoolique, on obtient l'α′ *hydroxy-αβ diphényl-β furazoline* (4.5 *diphényldihydro-2 thio-1.1 azoxol*),

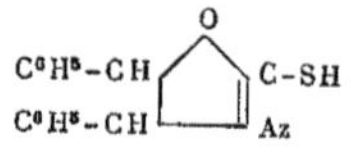

$$\underset{C^6H^5-CH}{\underset{C^6H^5-CH}{\phantom{x}}} \quad \overset{O}{\underset{Az}{\phantom{xx}}} \quad \underset{C-SH}{\phantom{x}}$$

— Cette substance cristallise dans l'eau en aiguilles microscopiques qui fondent à 185°. Elle possède des propriétés acides [H. Söderbaum, *loc. cit.*].

αβ *Diphényl-α′ méthyl-β furazol* (αβ *diphényl-μ méthyl-oxazol*). — Ce produit prend naissance par condensation de la benzoïne avec l'acétonitrile en présence d'acide sulfurique concentré et froid. Il bout à 214° sous 17 millimètres et fond à 28°.

L'αβ *diphényl-μ éthyl-β furazol* (αβ *diphényl-μ éthyl-oxazol*) s'obtient en remplaçant dans la réaction précédente l'acétonitrile par le propionitrile. Il fond à 32° [F. Japp et T. Murray, *Chem. Soc.*, **63**, 463].

βα′ Diphényl-β furazol (*diphényloxazol*). — Ce corps prend naissance quand on maintient à 140-150° un mélange de benzamide et de bromure de phénacyle. Il cristallise dans l'alcool en grandes lamelles incolores, fondant à 102-103° et bouillant à 338-340°. Il se dissout aisément dans l'alcool chaud, le benzène et l'éther.

Son *chlorhydrate* se dépose de sa solution chlorhydrique chaude en fines aiguilles, partiellement dissociées par l'eau [F. Blümlein, *D. chem.*

*G.*, **17**, 2578; *Bull. Soc. Chim.*, (2), **44**, 634. — M. Lewy, *D. chem. G.*, **20**, 2576; *Bull. Soc. Chim.*, (2), **49**, 283].

αα′ DIPHÉNYL-β FURAZOL (βμ *diphényloxazol*). — Des quantités moléculaires de cyanhydrine de l'aldéhyde benzylique et d'aldéhyde benzylique sont dissoutes dans un excès d'éther et saturées d'acide chlorhydrique sec, en refroidissant à 0°. Il se produit un abondant dépôt de cristaux constitués par le chlorhydrate de diphényl-β furazol. Les eaux mères contiennent le *dérivé benzylidénique de l'amide phénylglycolique,*

$$C^6H^5 - CHOH - CO \cdot Az = CH - C^6H^5.$$

Le chlorhydrate est purifié par cristallisation dans l'alcool chlorhydrique, et fond à 160-165°.

La base libre fond à 74° et bout un peu au-dessus de 360° sans la moindre décomposition. Elle est très soluble dans l'alcool et dans l'éther, peu soluble dans la ligroïne froide.

L'*iodométhylate*, $C^{15}H^{11}AzO \cdot CH^3I$, fond à 201° (corr.).

Ce composé est oxydé très vivement par l'acide chromique ; il se forme la *benzoylamide de l'acide phénylglyoxylique,*

$$
\begin{array}{c}
O \\
C^6H^5 - C \diagup \quad \diagdown C - C^6H^5 \quad + O^2 \\
\| \quad\quad \| \\
CH - Az \\
\\
= \quad C^6H^5 - CO \quad\quad CO - C^6H^5 \\
\quad | \quad\quad\quad | \\
CO - AzH
\end{array}
$$

Ce composé fond à 146°; il se dissout dans les alcalis étendus en se décomposant en acides benzoïque, phénylglyoxylique et ammoniaque.

La réduction du diphényloxazol par le sodium et l'alcool fournit la *benzylphényloxéthylamine,*

$$C^6H^5 - CHOH - CH^2 - AzH - CH^2 - C^6H^5.$$

Cette base fond à 104° et distille par petites quantités sans se décomposer.

Son *chlorhydrate* est en lamelles incolores fusibles à 220°.

Son *dérivé nitrosé* cristallise en aiguilles fondant à 93°, très solubles dans l'alcool, l'éther, l'acétone et l'éther acétique.

Si l'on opère la réduction par l'acide iodhydrique, elle va jusqu'à la *benzylphényloéthylamine*, $C^6H^5 - CH^2 - CH^2 - AzH - CH^2 - C^6H^5$.

La *base libre* est une huile incolore bouillant à 327-328°. On la purifie en la transformant en *iodhydrate* peu soluble et fondant à 233° (corr.); le *chlorhydrate* fond à 264-266°, le *sulfate* a 191-192° (corr.).

La synthèse de ce diphényloxazol a encore été effectuée en faisant réagir la benzamide sur l'aldéhyde phényléthylique bromée :

$$
\begin{array}{c}
C^6H^5 - CHBr \quad\quad CO - C^6H^5 \\
\quad | \quad\quad\quad\quad | \\
CO H \; + \; AzH^2 \\
\\
O \\
\diagup \quad \diagdown \\
C^6H^5 - C \quad\quad C - C^6H^5 \\
\| \quad\quad \| \\
= HBr + \quad\quad CH - Az
\end{array}
$$

[E. Fischer, *D. chem. G.*, **29**, 205; *Bull. Soc. Chim.*, (3), **16**, 984].

α *Phényl-*α′ (*p-méthoxyphényl*) - β *furazol* (β *phényl-μ méthoxyphényloxazol*). — Ce composé, se forme dans la réaction de la cyanhydrine de l'aldéhyde benzylique sur l'aldéhyde anisique. Il fond à 99° et distille à 360°. Son *chlorhy-*

drate fond à 173-174°, son *picrate*, peu soluble dans l'alcool, à 195°, son *sulfate* à 225° et son *nitrate* à 116°. Il se fait en même temps le *dérivé p-méthoxybenzylidénique de l'amide phénylglycolique,*

$$C^6H^5 - CHOH - CO - Az = CH - C^6H^4 - OCH^3,$$

qui fond à 182°.

α (*p-Méthoxyphényl*)-α′*phényl-*β *furazol* (β *méthoxyphényl-μ phényloxazol*). — Obtenu à partir de la cyanhydrine de l'aldéhyde anisique et de l'aldéhyde benzylique, ce corps fond à 84-85°; il est peu soluble dans la ligroïne. Son *chlorhydrate* fond à 195°.

Le *dérivé benzylidénique de l'amide de l'acide p-méthoxyphénylglycolique,*

$$CH^3O - C^6H^4 - CHOH - CO - Az = CH - C^6H^5,$$

cristallise dans l'alcool en cristaux fusibles à 183°.

αα′ *Di-*(β *méthoxyphényl*)-β *furazol* (βμ *diméthoxyphényloxazol*). — Cyanhydrine de l'aldéhyde anisique et aldéhyde anisique. — Ce nouveau corps est peu soluble dans la ligroïne et fond à 145°; son *chlorhydrate* fond à 195°.

α *Phényl-*α′ *propylphényl-*β *furazol* (β *phényl-μ propylphényloxazol*. — Cyanhydrine de l'aldéhyde benzylique et cuminal. — Ce corps fond à 50° et distille au-dessus de 360°; son *chlorhydrate* fond à 152°.

α (*p-Méthoxyphényl*)-α′ *propylphényl-*β *furazol*. — Cyanhydrine de l'aldéhyde anisique et cuminal. — Ce corps cristallise en aiguilles fondant à 55°; son *chlorhydrate* fond à 160°.

α *Phényl-*α′ *cinnaményl-*β *furazol*. — Cyanhydrine de l'aldéhyde benzylique et aldéhyde cinnamique. — Ce corps fond à 62°, son *chlorhydrate* est en petites aiguilles fondant à 125°.

α (*p-Méthoxyphényl*)-α′ *cinnaményl-*β *furazol*. — Cyanhydrine de l'aldéhyde anisique et aldéhyde cinnamique. — La base libre fond à 99-100°, son *chlorhydrate* à 175° [S. Minovici, *D. chem. G.*, **27**, 2097; *Bull. Soc. Chim.*, (3), **16**, 1925].

TRIPHÉNYL-β FURAZOL (*benzilam*, *azobenzile*, *triphényloxazol*),

$$
\begin{array}{c}
O \\
C^6H^5 - C \diagup\quad\diagdown C - C^6H^5 \\
\| \quad\quad\quad\quad \| \\
C^6H^5 - C \underline{\quad\quad\quad} Az
\end{array}
$$

— Nous avons exposé, dans l'historique de cet article, comment a été établie la constitution de ce composé, le premier en date et le plus intéressant des dérivés du β furazol. Ces données résultent d'une assez longue polémique, dont voici la bibliographie [Laurent, *Ann. Chim. Phys.*, **59**, 402; *Rev. scient.*, **10**, 22; **19**, 440. — Zinine, *Ann. Chem.*, **34**, 190; *Bull. Acad. Pétersb.*, **3**, 68. — F. Japp et E. Willcock, *Chem. Soc.*, **37**, 661 et **39**, 225; *Bull. Soc. Chim.*, (2), **37**, 175 et **38**, 521. — M. Henius, *Dissert. inaug.*, Marbourg, 1881. — F. Japp et F. Streatfield, *Chem. Soc.*, **41**, 146 et 157, *D. chem. G.*, **15**, 1452 et 1451. — F. Japp et H. Robinson, *Chem. Soc.*, **41**, 149; *Bull. Soc. Chim.*, (2), **38**, 628. — B. Radziszewsky, *D. chem. G.*, **15**, 1493; *Bull. Soc. Chim.*, (2), **38**, 629. — F. Japp, *D. chem. G.*, **15**, 2410; *Bull. Soc. Chim.*, (2), **39**, 463; *Chem. Soc.*, **43**, 12. — T. Zincke, *D. chem. G.*, **16**, 891. — F. Japp, *D. chem. G.*, **16**, 2631; *Bull. Soc. Chim.*, (2), **42**, 475. — F. Japp et S. Hooker, *D. chem. G.*, **17**, 2402; *Bull. Soc. Chim.*, (2), **44**, 311. — M. Henius, *Ann. Chem.*, **228**, 339; *Bull. Soc. Chim.*, (3), **45**, 918. — F. Japp et W. Wynne, *Chem. Soc.*, **49**, 462 et 473; *Bull. Soc. Chim.*, (2), **48**, 194].

Les produits de l'action de l'ammoniaque sur le benzile ont été récemment décrits dans ce

2ᵉ Suppl., à l'article Benzile (**1**, 500). Nous renvoyons à cet article pour les préparations et les constantes physiques de ces corps. Nous voulons seulement donner ici quelques éclaircissements sur le mécanisme de la formation de ces différents corps.

Le premier produit de l'action de benzile sur l'ammoniaque hydroalcoolique est l'*imabenzile*, qui provient de la condensation de 3 molécules de benzile et de 2 molécules d'ammoniaque avec départ d'eau et d'acide benzoïque. Il est vraisemblable qu'il y a d'abord condensation totale des 5 molécules, avec formation d'un dérivé instable, puis fermeture de la chaîne avec départ d'eau et d'acide benzoïque :

$$
\begin{array}{l}
\hspace{3cm} Az = C \big\langle \begin{smallmatrix} C^6H^5 \\ CO - C^6H^5 \end{smallmatrix} \\
\hspace{3cm} | \\
C^6H^5 - CO \hspace{1.2cm} C \big\langle \begin{smallmatrix} C^6H^5 \\ CO - C^6H^5 \end{smallmatrix} \\
\hspace{1.1cm} | \hspace{2.7cm} | \\
C^6H^5 - C(OH) - AzH
\end{array}
$$

$$
= C^6H^5 - CO^2H + \begin{array}{c} O \quad Az = C \big\langle \begin{smallmatrix} C - C^6H^5 \\ CO - C^6H^5 \end{smallmatrix} \\ \diagup \diagdown \quad | \\ C^6H^5 - C \hspace{1cm} C - C^6H^5 \\ \| \hspace{1.6cm} | \\ C \hspace{0.6cm} - \hspace{0.6cm} AzH \end{array}
$$

Telle est sans doute la formule de l'imabenzile, car ce produit, maintenu à l'ébullition avec de l'acide acétique ou simplement de l'alcool, se dédouble en benzile, ammoniaque et *benzilimide* :

$$
\begin{array}{c}
O \quad Az = C \big\langle \begin{smallmatrix} C^6H^5 \\ CO - C^6H^5 \end{smallmatrix} \\
\diagup \diagdown \quad | \\
C^6H^5 - C \hspace{1cm} C - C^6H^5 \\
\| \hspace{1.6cm} | \\
C^6H^5 - C \hspace{0.3cm} - \hspace{0.3cm} AzH
\end{array} \quad + 2\,H^2O
$$

$$
= AzH^3 + (C^6H^5 - CO)^2 + \begin{array}{c} O \\ \diagup \diagdown \\ C^6H^5 - C \hspace{1cm} C(OH) - C^6H^5 \\ \| \hspace{1.6cm} | \\ C^6H^5 - C \hspace{0.3cm} - \hspace{0.3cm} AzH \end{array}
$$

Benzilimide.

On voit que, grâce à la formation d'acide benzoïque, la condensation qui donne naissance à l'imabenzile se fait en réalité entre 2 molécules de benzile, 2 molécules d'ammoniaque et 1 d'aldéhyde benzylique. La décomposition de l'imabenzile fournissant 1 molécule de benzile et 1 d'ammoniaque, la benzilimide résulte finalement de la condensation d'une molécule de benzile, d'une d'ammoniaque et d'une d'aldéhyde benzylique.

La benzilimide, à son tour, perd aisément 1 molécule d'eau, en partie spontanément, totalement par traitement à l'acide sulfurique concentré, et donne le *triphényl-β furazol* :

$$
\begin{array}{c}
O \\
\diagup \diagdown \\
C^6H^5 - C \hspace{1cm} C(OH) - C^6H^5 \\
\| \hspace{1.6cm} | \\
C^6H^5 - C \hspace{0.3cm} - \hspace{0.3cm} AzH
\end{array}
$$

$$
= H^2O + \begin{array}{c} O \\ \diagup \diagdown \\ C^6H^5 - C \hspace{1cm} C - C^6H^5 \\ \| \hspace{1.6cm} \| \\ C^6H^5 - C \hspace{0.3cm} - \hspace{0.3cm} Az \end{array}
$$

Si, au contraire, les diverses réactions dont nous venons d'étudier le mécanisme se passent au sein de l'ammoniaque alcoolique, cette dernière réagit soit sur la benzilimide, soit sur le triphényl-β furazol naissant, et donne la *lophine*

ou *triphényl-β pyrazol* (*triphénylglyoxaline*) :

$$
\begin{array}{c}
O \\
\diagup \diagdown \\
C^6H^5 - C \hspace{1cm} C(OH) - C^6H^5 \\
\| \hspace{1.6cm} | \\
C^6H^5 - C \hspace{0.3cm} - \hspace{0.3cm} AzH
\end{array} \quad + AzH^3
$$

$$
= 2\,H^2O + \begin{array}{c} AzH \\ \diagup \diagdown \\ C^6H^5 - C \hspace{1cm} C - C^6H^5 \\ \| \hspace{1.6cm} \| \\ C^6H^5 - C \hspace{0.3cm} - \hspace{0.3cm} Az \end{array}
$$

La *lophine* est, en effet, le produit ultime de l'action de l'ammoniaque en excès sur le benzile.

Dans les cas de la condensation du benzile avec les aldéhydes grasses, le furfurol ou l'aldéhyde cinnamique, l'action de l'ammoniaque ne s'arrête qu'après s'être épuisée, et l'on obtient principalement des dérivés du β pyrazol. Ces divers produits ont déjà été décrits à l'article Benzile.

L. Bouveault.

**FURFURACROLÉINE.** — Voyez Furfuracrylique (Aldéhyde).

**FURFURACRYLIQUE (ACIDE),**

$$C^4H^3O - CH = CH - CO^2H$$

(voyez 1ᵉʳ Suppl., 843). — L'acide furfuracrylique, préparé par l'action de l'acétate de sodium et de l'anhydride acétique sur le furfurol, est très soluble dans l'éther, le benzène et l'acide acétique, moins soluble dans l'eau bouillante ou dans l'alcool, et à peu près insoluble dans le sulfure de carbone et dans la ligroïne. 1 partie d'acide se dissout dans 500 parties d'eau froide et dans 77 parties de benzène. Il fond à 140° et bout à 286°, mais se sublime déjà vers 100°. La chaleur de combustion moléculaire de l'acide furfuracrylique est égale à 757ᶜᵃˡ,3, et sa conductibilité électrique $K = 0,00000325$ [Stohmann, *D. chem. G.*, **28**, 134]. Par fusion avec la potasse, il donne les acides acétique et pyruvique. L'amalgame de sodium le transforme en acide furfuropropionique.

En traitant par l'acide chlorhydrique gazeux une solution alcoolique bouillante d'acide furfuracrylique, on obtient une huile jaunâtre, bouillant à 286°, qui est l'*éther diéthylique de l'acide propione-dicarbonique* (*heptane-one 4-dioïque 1.7*),

$$CO^2H - CH^2 - CH^2 - CO - CH^2 - CH^2 - CO^2H.$$

Cet éther se combine avec la phénylhydrazine en donnant un dérivé fusible à 66° ; réduit par l'acide iodhydrique et le phosphore, il fournit de l'acide pimélique normal, $CO^2H(CH^2)^5CO^2H$, ce qui établit sa constitution [W. Marckwald, *D. chem. G.*, **20**, 1811 ; **21**, 1398 ; *Bull. Soc. Chim.*, (2), **49**, 824 ; (3), **1**, 129].

Le *sel d'argent* de l'acide furfuracrylique ; $C^7H^5O^3Ag$, constitue un précipité blanc presque insoluble dans l'eau. Celui *de baryum* se dissout facilement dans l'alcool et dans l'eau [Jaffé et Cohn, *D. chem. G.*, **20**, 2315].

L'*éther méthylique* a été obtenu par l'action de l'iodure de méthyle sur le furfuracrylate d'argent. Il fond à 27°, bout sans décomposition à 227-228° ($H = 774$), et se dissout aisément dans l'alcool, l'éther, le benzène et la ligroïne. Chauffé en tube scellé à 100° avec une solution aqueuse concentrée d'ammoniaque, il donne la *furfuracrylamide*, qui cristallise dans l'eau chaude en lamelles fusibles à 168-169°.

L'*éther éthylique* s'obtient en faisant agir l'acide sulfurique concentré sur une solution alcoolique d'acide furfuracrylique (Marckwald), ou en ajoutant du sodium en fil fin à de l'éther acétique refroidi à 0°, puis goutte à goutte du furfurol en évitant tout échauffement. La liqueur abandonnée à elle-même est ensuite additionnée d'acide acétique et d'eau, et il ne reste plus qu'à rectifier la couche huileuse qui se sépare. Il bout à 233-235° [A. Claisen, *D. chem. G.*, 24, 143; *Bull. Soc. Chim.*, (3), 3, 247].

En traitant par le brome (2 molécules) l'acide furfuracrylique en suspension dans le sulfure de carbone, on obtient, par évaporation de la solution, l'*acide bromofurfurdibromopropionique*, $C^7H^5Br^3O^3$.

Cet acide est peu stable. Chauffé vers 130°, il perd de l'acide bromhydrique en donnant l'acide *bromofurfurbromacrylique*,

$$C^4H^2BrO-CH=CBr-CO^2H,$$

qui est presque insoluble dans l'eau et cristallise dans l'alcool ou dans l'éther.

Il fond à 179-180° et donne des sels difficilement solubles. Celui *de potassium* est anhydre, celui *de baryum* cristallise avec 2 molécules d'eau. L'*éther* correspondant fond à 55-56°. Il cristallise en aiguilles blanches solubles dans l'alcool.

L'*acide bromofurfuracrylique* s'obtient en réduisant par le zinc en poudre une solution alcoolique de l'acide bromofurfurdibromopropionique et cristallise en longs prismes fusibles à 175-177°, facilement solubles à froid dans l'alcool et dans l'éther, et à chaud dans l'eau, le benzène et le chloroforme. Le *sel de sodium* correspondant est anhydre, soluble dans l'eau, celui *de baryum* renferme 1 molécule d'eau, celui *de calcium* en renferme 3. L'*éther éthylique*, obtenu par l'action de l'acide sulfurique sur une solution alcoolique de l'acide chauffée au bain-marie, bout à 161° et se prend par refroidissement en une masse fusible à 42°, aisément soluble dans les solvants organiques [Gibson et Kahnweiler, *Am. Chem. Journ.*, 12, 314; *Bull. Soc. Chim.*, (3), 4, 735].

*Acide furfurcyanacrylique*,

$$C^4H^3O.CH=C{<}{C\,Az \atop CO^2H}$$

— On prépare l'éther correspondant en condensant par l'anhydride acétique, ou mieux par l'éthylate de sodium, le furfurol et l'éther cyanacétique. Cet éther fond à 94°. On ne peut le saponifier sans le décomposer en même temps.

L'acide libre peut être obtenu de même, en partant de l'acide acétique lui-même. Il cristallise en aiguilles d'un jaune d'or, solubles dans l'alcool, fusibles à 218°; à une température plus élevée, il perd de l'acide carbonique en donnant du furfurcyanéthylène.

Chauffé avec l'anhydride acétique, il donne un *dérivé acétylé* qui fond à 87° et se solidifie à une température plus élevée pour fondre de nouveau à 160°.

L'éther furfurcyanacrylique, projeté par petites portions dans l'acide nitrique fumant froid, donne un *dérivé nitré* qui cristallise dans l'acide acétique étendu en lamelles jaunes, fusibles à 153°, solubles dans l'alcool, le benzène et le chloroforme. Ce dérivé ne peut être saponifié sans décomposition, mais l'acide furfurcyanacrylique peut également subir la nitration. L'acide nitré fond à 250° sans décomposition. Son *sel d'argent* est amorphe [R. Heuck, *D. chem. G.*, 27, 2624 et 28, 2256; *Bull. Soc. Chim.*, (3), 14, 391].

Le *chlorure de l'acide furfurcyanacrylique*, $C^4H^3O.CH=C(CAz).COCl$, s'obtient en faisant agir le perchlorure de phosphore sur une solution benzénique de l'acide. Il cristallise en aiguilles fusibles à 79°, solubles dans la plupart des dissolvants organiques.

Le chlorure réagit sur l'ammoniaque pour donner l'*amide* correspondante, mais celle-ci s'obtient aussi en condensant le furfurol avec la cyanacétamide au moyen de l'éthylate de sodium. Elle cristallise en aiguilles brillantes, fusibles à 156°, peu solubles dans l'eau, le benzène et le chloroforme, insolubles dans l'éther. Le perchlorure de phosphore la transforme en nitrile furfuralmalonique.

Si l'on chauffe cette amide à 55° avec de la potasse, on la transforme en un composé isomérique, $C^8H^6Az^2O^2$, qui est soluble dans les alcalis et qui cristallise en aiguilles fusibles à 150°. Cette amide régénère l'isomère primitif lorsqu'on la chauffe à 160° [Heuck, *D. chem. G.*, 28, 2256].

*Acide allofurfuracrylique*. — L'acide furfuracrylique étant un dérivé non saturé, on conçoit l'existence d'un isomère stéréochimique, comme pour les acides fumarique et maléique.

Cet isomère se produit en même temps que l'acide furfuracrylique fusible à 141°, lorsque l'on chauffe pendant quelques minutes avec de l'anhydride acétique l'acide furfuralmalonique. On peut les séparer l'un de l'autre par l'action de la ligroïne, dans laquelle l'acide allofurfuracrylique est plus soluble que son isomère.

La séparation s'effectue plus aisément de la façon suivante: On transforme le mélange des acides en sels de pipéridine, et l'on fait cristalliser ceux-ci dans le benzène. Le sel de l'acide allofurfuracrylique est moins soluble, et se dépose sous la forme de prismes fusibles à 130°. On le décompose ensuite par l'acide chlorhydrique pour obtenir l'acide correspondant; celui-ci cristallise en tables clinorhombiques fusibles à 103°. Il se dissout dans 17 parties de benzène froid.

*Acide furfuro-β bromocyanacrylique*,

$$C^4H^3O.CBr=C(CAz).CO^2H.$$

— L'éther éthylique s'obtient en faisant agir le brome sur une solution acétique de furfurcyanacrylate d'éthyle. Il se présente sous la forme d'aiguilles d'un jaune d'or, fusibles à 111°, solubles dans l'alcool [Bechert, *J. prakt. Chem.*, (2), 50, 18].

Cet acide allofurfuracrylique est peu stable et se transforme en son isomère par l'action de la chaleur. La lumière produit la même transformation sur une solution benzénique de l'acide, surtout en présence d'une trace d'iode. Cette réaction est presque intégrale en 5 minutes en plein soleil et n'a pas lieu dans l'obscurité, même après 48 heures. Les lumières artificielles (arc électrique, bec Auer) produisent la même transformation, mais d'une façon beaucoup plus lente [C. Liebermann, *D. chem. G.*, 27, 283; 28, 129 et 1443; *Bull. Soc. Chim.*, (3), 12, 572, 14, 798 et 1460. — Fock, *D. chem. G.*, 28, 1443].

O. Saint-Pierre.

**FURFURACRYLIQUE (ALDÉHYDE).** [Syn. *Furfuracroléine*] (voyez 1er Suppl., 843). — L'aldéhyde *furfur-α-chloracrylique*,

$$C^4H^3O-CH=CCl-CHO,$$

s'obtient en ajoutant peu à peu de l'aldéhyde monochlorée (2 molécules), en solution à 2,5 0/0, à une solution aqueuse de furfurol au 1/200°, chauffée vers 50° et maintenue alcaline. Après avoir porté à l'ébullition pour achever la réaction, on acidule et on distille dans un courant de vapeur d'eau. L'aldéhyde furfur-α-chloracrylique est entraînée et se sépare sous la forme de fines aiguilles que l'on purifie par cristallisation dans l'éther.

Elle fond à 79° et se dissout dans l'eau chaude et dans les solvants organiques. Elle réduit la liqueur de Fehling et le nitrate d'argent en solution ammoniacale. Elle donne une *hydrazone* fusible avec décomposition vers 157°, et une *oxime* qui cristallise dans l'alcool en aiguilles fondant à 164-165°. L'oxyde d'argent la transforme en *acide furfurchloracrylique*, fusible à 142°.

Traitée par l'acétate de sodium et l'anhydride acétique, elle donne un *acide γ-chlorofurfur-pentadiénique*, $C^4H^3O - CH = CCl - CH = CH - CO^2H$, qui fond à 168° et se dissout dans l'eau bouillante, l'alcool, l'éther, le chloroforme et le benzène, mais non dans la ligroïne [Mehne, *D. chem. G.*, 21, 423; *Bull. Soc. Chim.*, (2), **49**, 1014].

O. Saint-Pierre.

**FURFURALLÉVULIQUE (ACIDE).** — Le furfurol peut se condenser avec l'acide lévulique en donnant des produits différents, suivant les conditions de la préparation. Si l'on opère la condensation en chauffant au réfrigérant à reflux avec de l'acétate de sodium fondu, on obtient, en reprenant le produit par l'eau et la soude et précipitant par l'acide chlorhydrique, un acide β-furfurallévulique, dont la constitution est représentée par la formule

$$C^4H^3O \cdot CH = C < ^{CO \cdot CH^3}_{CH^2 \cdot CO^2H}$$

Cet acide se sépare sous la forme de gouttelettes huileuses qui se solidifient bientôt et que l'on purifie par lavage avec le benzène et cristallisation dans l'alcool. Il fond à 153° et se dissout dans l'acide sulfurique concentré avec une coloration verte. L'*hydrazone* correspondante fond à 168°.

Par l'action de la chaleur, il perd de l'eau et de l'acide carbonique en donnant une cétone de la formule

$$C^4H^3O \cdot CH = C(CH^3)CO \cdot CH^3,$$

ainsi que de l'acétoxycoumarone,

$$\begin{array}{c}C(OH)\\ CH \underline{\quad\quad} C \diagup \quad \diagdown CH\\ CH \diagdown \quad \diagup C \cdot CO \cdot CH^3\\ C\\ O \quad CH\end{array}$$

fusible à 190°.

En opérant la condensation du furfurol et de l'acide lévulique en solution alcaline, on produit un acide isomérique, l'*acide δ-furfurallévulique*,

$$C^4H^3O \cdot CH = CH - CO - CH^2 - CH^2 - CO^2H,$$

qui fond à 113°, ainsi que de l'acide difurfural-lévulique,

$$C^4H^3O \cdot CH = CHCO - \underset{\underset{C^4H^3O}{\overset{\mid}{CH^2}}}{\overset{\parallel}{C}} - CH^2 - CO^2H$$

Ce dernier fond à 143° et se dissout dans l'acide sulfurique concentré avec une coloration violette.

Ces trois acides sont facilement réduits par l'amalgame de sodium, avec production des *acides furfuryllévuliques* correspondants; l'acide β fond à 100-101°, l'*acide δ* à 98° et l'*acide ββ difurfuryllévulique* à 71-72° [Ludwig et Kehrer, *D. chem. G.*, 24, 2776; *Bull. Soc. Chim.*, (3), **8**, 326. — Erdmann, *D. chem. G.*, 24, 3201; *Bull. Soc. Chim.*, (3), **8**, 808. — Kehrer et Kleberg, *D. chem. G.*, 26, 345; *Bull. Soc. Chim.*, (3), **10**, 631].

O. Saint-Pierre.

**FURFURALMALONIQUE (ACIDE),**

$$C^4H^3O - CH = C(CO^2H)^2$$

— On prépare cet acide en chauffant pendant 10 heures, au bain-marie, un mélange à molécules égales de furfurol et d'acide malonique avec de l'acide acétique cristallisable. Par le refroidissement, il se dépose un précipité cristallin noirâtre, qu'on essore à la trompe en le lavant avec le chloroforme. Il n'y a plus qu'à le faire cristalliser dans l'eau bouillante en présence de noir animal. Cet acide cristallise par refroidissement sous la forme d'une poudre jaunâtre qui fond à 205° en se décomposant et se dissout aisément dans le benzène (différence avec l'acide furfuracrylique qui se produit en même temps en petites quantités). Le *sel d'argent* se présente sous la forme d'un précipité gélatineux [Liebermann, *D. chem. G.*, 27, 283; *Bull. Soc. Chim.*, (3), **12**, 572].

L'*éther diéthylique* s'obtient de même en partant de l'éther malonique et en présence d'anhydride acétique. Il bout vers 293° en se décomposant partiellement et est insoluble dans l'eau. Par ébullition prolongée avec une solution alcoolique de potasse, il est complètement saponifié. Si, au contraire, on effectue cette saponification rapidement, et à une température peu élevée, on obtient l'éther monoéthylique, qui cristallise en prismes fusibles à 102°,5 et est peu soluble dans l'eau froide. Par la distillation, cet éther se transforme en éther furfuracrylique.

Par l'action d'une solution aqueuse concentrée d'ammoniaque, l'éther furfuralmalonique fournit l'*amide*, que l'on peut obtenir aussi par condensation directe du furfurol avec l'amide malonique en présence d'un peu d'éthylate de sodium. Elle fond à 200° et est un peu soluble dans l'eau, insoluble dans le benzène, l'éther, le chloroforme et la ligroïne. Sa solution aqueuse possède une odeur agréable de fruits [W. Marckwald, *D. chem. G.*, 21, 1080; *Bull. Soc. Chim.*, (3), **1**, 127. — R. Heuck, *D. chem. G.*, 28, 2251].

L'oxychlorure de phosphore la transforme en *nitrile furfuralmalonique*, fusible à 76°. L'éther et le nitrile furfuralmalonique peuvent être convertis en *dérivés nitrés* quand on les traite avec précaution par l'acide nitrique fumant (d = 1,48) convenablement refroidi. L'éther nitrofurfuralmalonique fond à 108°, le nitrile à 179°. On n'a pu obtenir jusqu'ici de dérivés aminés correspondants [R. Heuck, *D. chem. G.*, 28. 2256].

L'éther furfuralmalonique, en solution dans l'alcool absolu, se combine à froid avec l'aniline, en donnant un composé répondant à la formule

$$C^4H^3O - \underset{\underset{AzHC^6H^5}{\overset{\mid}{}}}{CH} - CH - (CO^2C^2H^5)^2$$

que l'on isole en refroidissant fortement le produit de la réaction. Ce dérivé cristallise dans l'alcool en prismes brillants, fusibles à 72-73° [I. Goldstein, *D. chem. G.*, 28, 1450].

L'éther furfuralmalonique en solution dans l'éther anhydre, additionné d'une solution concentrée d'éthylate de sodium, en fixe de même 1 molécule. Le sel de sodium de l'*éther β-éthoxy-furfurylmalonique* ainsi obtenu,

$$C^4H^3O \cdot CH(OC^2H^5) - CNa(CO^2C^2H^5)^2,$$

est décomposé par l'eau avec production de l'éther correspondant [C. Liebermann, *D. chem. G.*, 26, 1876].

L'acide furfuralmalonique en solution aqueuse est réduit par l'amalgame de sodium. On obtient ainsi l'*acide furfurylmalonique*,

$$C^4H^3O \cdot CH^2 - CH^2(CO^2H)^2,$$

qui fond à 125°, se dissout facilement dans l'eau, l'alcool, l'éther et l'acide acétique, et est insoluble dans le benzène, le chloroforme et la

ligroïne. Son *sel d'argent* est un précipité gélatineux. Par la distillation, il se dédouble en anhydride carbonique et acide furfuropropionique
[W. Markwald, *loc. cit.*].  O. Saint-Pierre.

**FURFURAMIDINE,**

$$C^4H^3O . C \lessgtr \begin{matrix} AzH \\ AzH^2 \end{matrix}$$

— On obtient le chlorhydrate de cette base en
traitant par une solution alcoolique d'ammoniaque le chlorhydrate de l'éther imidé correspondant au nitrile pyromucique,

$$C^4H^3O . C \lessgtr \begin{matrix} AzH \\ OC^2H^5 \end{matrix}$$

Il cristallise avec 1 molécule d'eau et fond à
72° en se déshydratant. Les alcalis ne mettent
pas la base en liberté, car il se forme uniquement de la pyromucamide.

Le chlorhydrate de furfuramidine, chauffé avec
de l'anhydride acétique et de l'acétate de sodium,
se transforme en *difurfurméthylcyamidine*,

$$C^4H^3O . C \lessgtr \begin{matrix} Az - C - C^4H^3O \\ Az = C - CH^3 \end{matrix} \gtrless Az$$

composé fusible à 138°, peu soluble dans l'eau,
très soluble dans l'alcool et dans l'acide acétique.

Avec l'éther acétylacétique, il fournit la *furfur-
méthyloxypyrimidine*,

$$C^4H^3O . C \lessgtr \begin{matrix} Az = C - CH^3 \\ Az - COH \end{matrix} \gtrless CH$$

fusible à 225°, et réagit de même sur les éthers
β cétoniques.

La furfuramidine, traitée par l'éther oxalacétique, donne une *éthoxalylacétylfurfuramidine*,

$$C^4H^3O . C \lessgtr \begin{matrix} AzH \\ AzH . CO . CH^2 . CO . CO^2C^2H^5 \end{matrix}$$

ainsi que l'acide correspondant.

Par l'action de l'oxychlorure de carbone en
solution dans le toluène, elle se convertit en
*difurfuroxycyamidine*,

$$C^4H^3O . C \lessgtr \begin{matrix} C = Az - C - C^4H^3O \\ Az - COH \end{matrix} \gtrless Az$$

qui fond au-dessus de 250° [A. Pinner, *D. chem.
G.*, 25, 1414; *Bull. Soc. Chim.*, (3), 8, 1189].
*Furfurylhydrazidine.* — Le furfurimino-
éther se combine avec le sulfate d'hydrazine en
solution alcaline, en donnant de la *furfurylhydrazidine*,

$$C^4H^3O . C \lessgtr \begin{matrix} AzH \\ AzH - AzH^2 \end{matrix}$$

de la *difurfurylhydrazidine*,

$$C^4H^3O . C \lessgtr \begin{matrix} AzH \\ AzH - AzH \end{matrix} HAz \gtrless C . C^4H^3O$$

qui fond à 185°, et de la *difurfuryldihydrotétrazine*,

$$C^4H^3O . C \lessgtr \begin{matrix} Az —— Az \\ AzH - AzH \end{matrix} \gtrless C . C^4H^3O,$$

fusible à 208°.

En faisant agir l'acide nitreux sur la furfurylhydrazidine, on la convertit en *acide furfuryl-
tétrazotique*,

$$C^4H^3O . C \lessgtr \begin{matrix} Az — Az \\ AzH - Az \end{matrix}$$

composé cristallisé, soluble dans l'eau chaude et

qui fond à 199° en se décomposant, tandis que
dans les mêmes conditions la difurfurylhydrazidine fournit une *furfurylfuroxylhydrazidine*,

$$C^4H^3O - C \lessgtr \begin{matrix} AzH \\ AzH - AzH \end{matrix} \begin{matrix} O \\ \end{matrix} \gtrless C - C^4H^3O,$$

et, par ébullition avec l'acide acétique, du *difur-
furyltriazol*,

$$C^4H^3O . C \lessgtr \begin{matrix} = Az — \\ AzH - Az \end{matrix} \gtrless C . C^4H^3O.$$

aiguilles blanches fondant à 185°.

Quant à la difurfuryldihydrotétrazine, chauffée
avec de l'anhydride acétique et de l'acétate de
sodium, elle donne un *dérivé diacétylé* qui fond à
197°. Si on la fait bouillir avec 10 parties d'acide
chlorhydrique, on la transforme en une *base isomérique* fusible à 245°, et qui paraît avoir pour
formule

$$C^4H^3O . C \lessgtr \begin{matrix} Az - AzH \\ AzH - Az \end{matrix} \gtrless C . C^4H^3O.$$

Si, dans la préparation de la difurfuryldihydrotétrazine, on fait réagir un excès d'hydrazine, on
obtient, au bout de plusieurs semaines, un précipité de *difurfurylimidine*,

$$C^4H^3O . C \lessgtr \begin{matrix} AzH \\ AzH \end{matrix} HAz \gtrless C . C^4H^3O.$$

Cette base cristallise dans l'alcool en longues
aiguilles, fusibles à 200° [A. Pinner et N. Caro,
*D. chem. G.*, 28, 465; *Bull. Soc. Chim.*, (3),
14, 1109].  O. Saint-Pierre.

**FURFURANE** [Syn. *Furane*],

$$\begin{matrix} CH & CH \\ CH & CH \\ & O & \end{matrix}$$

(voyez 1er Suppl., 844). — Ce composé, d'abord
obtenu par M. Limpricht en distillant le pyromu-
cate de baryum, se produit quand on traite par le
perchlorure de phosphore le dihydrofurfurane
[A. Henninger, *C. R.*, 98, 149; *Ann. Chim.
Phys.*, (6), 7, 209]. Il a été obtenu également par
M. Przibyteck, en chauffant pendant plusieurs
jours à 200° avec de la baryte anhydre le
dioxyde d'érythrène,

$$\begin{matrix} CH^2 - CH = CH - CH^2 \\ O \qquad\qquad O \end{matrix}$$

[*Bull. Soc. Chim.*, (2), 46, 823].

On obtient un rendement bien meilleur en
chauffant simplement l'acide pyromucique à 270°,
en vase clos, pendant quelques heures. 5 grammes d'acide fournissent de 2 grammes à 2gr,5 de
furfurane [P. Freundler, *Bull. Soc. Chim.*, (3),
17, 613].

C'est un liquide bouillant à 31°,4 (H = 756 millimètres), dont la densité à 0° est 0,9644 et à 15°
0,944. Il est insoluble dans l'eau, soluble dans
l'alcool et dans l'éther.

L'acide chlorhydrique concentré le transforme
peu à peu en un produit noirâtre, mais sans
donner de rouge de pyrrol comme l'avait annoncé
M. Limpricht. Il est sans action sur le sodium et
sur la potasse et ne se combine ni avec l'aniline
ni avec l'hydroxylamine. Ses vapeurs colorent en
vert-émeraude un copeau de bois de sapin imprégné d'acide chlorhydrique. Il donne par l'action du brome un mélange de *dérivés mono-* et
*dibromés*.

Les relations que possède le furfurane avec le

groupe du pyrrol, et par suite sa formule de constitution, sont confirmées par ce fait que l'acide pyromucique, chauffé avec le chlorure de zinc ammoniacal, donne un mélange de furfurane et de pyrrol, et avec le chlorure de zinc et l'aniline de l'α-naphtylamine [Canzoneri et Oliveri, *Gazz. chim. ital.*, **18**, 486].

DIHYDROFURFURANE. — En chauffant à l'ébullition, pendant 6 heures, de l'érythrite avec 2 parties d'acide formique (d = 1,185), Henninger a obtenu un mélange de formines qui se décomposent à la distillation en dégageant de l'acide carbonique, de l'oxyde de carbone et de l'hydrogène. Le liquide distillé renferme du crotonylène, un glycol non saturé, l'erythrol, de l'aldéhyde crotonique et du dihydrofurfurane, formé suivant l'équation

$$C^4H^6(OH)^2(OCHO)^2$$
$$= CO^2 + CO + 2H^2O + C^4H^6O.$$

Ce composé, séché sur la potasse, bout à 67° (H = 766 millimètres). Il est très stable et n'est ni attaqué ni polymérisé par la potasse à 180°. L'anhydride acétique est également sans action sur lui, même à 200°, ainsi que l'amalgame de sodium. L'acide iodhydrique concentré et le phosphore le convertissent en iodure de butyle secondaire. Le perchlorure de phosphore le transforme en furfurane.

Traité par le brome en solution dans le chlorure de carbone, il donne un *dibromure* qui distille dans le vide à 95° sous la pression de 20 millimètres et se solidifie dans un mélange réfrigérant. Ce dérivé fond à 12°.

DÉRIVÉS BROMÉS. — Les deux *dérivés monobromés* prévus par la théorie ont été obtenus en distillant avec de la chaux les acides bromopyromuciques correspondants. L'*α-bromofurfurane* correspond à l'acide fusible à 183-184°, le β-*bromofurfurane* à l'acide fusible à 128-129°. C'est un liquide plus lourd que l'eau et bouillant à 103° [F. Canzoneri et V. Oliveri, *Gazz. chim. ital.*, **17**, 42; *Bull. Soc. Chim.*, (3), **1**, 439].

*Dibromofurfurane.* — Par l'action du brome sur l'acide bromopyromucique fusible à 183°, en solution alcaline, on obtient un dibromofurfurane qui, séché et distillé sous pression réduite dans un courant d'acide carbonique, bout à 62-63° (H = 15 millimètres). A la pression ordinaire, il bout vers 164° et se solidifie à 8-9°. Au contact de l'air, il jaunit, prend une réaction acide et se transforme en un *polymère* amorphe. L'eau le convertit au contact de l'air en acide bromhydrique et acide maléique. De même, l'acide nitrique étendu l'oxyde en donnant à froid de l'acide maléique, et à chaud de l'acide fumarique. Sa constitution est exprimée par la formule

CH     CH<br>
CBr     CBr<br>
O

Il peut fixer 2 atomes de brome en donnant un *tétrabromure* fusible à 110-111°, qui se produit également lorsque l'on traite par le brome en excès une solution alcaline d'acide bromopyromucique. Il se produit en même temps un *isomère* fusible à 55°.

Par ébullition avec l'eau, le tétrabromure fusible à 110° donne les acides bromomaléique et bromofumarique. L'acide nitrique fumant le transforme à froid en acide isodibromosuccinique, tandis que dans les mêmes conditions son isomère donne de l'acide dibromosuccinique [Hill et Hartshorn, *D. chem. G.*, **18**, 448; *Bull. Soc. Chim.*, (2), **45**, 660].

Le tétrabromure de dibromofurfurane fusible à 110° se produit aussi quand on traite par le brome une solution acétique d'acide pyromucique.

La potasse alcoolique le convertit en tétrabromofurfurane fondant à 63° [Hill, *D. chem. G.*, **16**, 1130; *Bull. Soc. Chim.*, (2), **41**, 508].

Le dibromo (ββ') furfurane a été obtenu en chauffant à 200°, avec de l'hydrate de chaux, l'acide dibromopyromucique. C'est un liquide bouillant à 165-167° [Canzoneri et Oliveri, *Gazz. chim. ital.*, **15**, 113; *Bull. Soc. Chim.*, (2), **47**, 72].

*Tribromofurfurane.* — Il s'obtient en même temps que des dérivés mono- et dibromés par l'action de la potasse alcoolique sur le tétrabromure de l'acide pyromucique ou sur celui de l'acide α-bromopyromucique. C'est, par suite, le dérivé αββ' [Hill et Sanger, *Ann. Chem.*, **232**, 42; *Bull. Soc. Chim.*, (2), **47**, 139].

*Tétrabromofurfurane.* — Pour le préparer, on fait passer un courant d'air chargé de vapeurs de brome dans de l'eau tenant en suspension de l'acide ββ'-dibromopyromucique fusible à 192°; on l'obtient également par l'action de l'eau de brome sur l'acide tribromopyromucique.

Ce composé cristallise facilement dans l'alcool et fond à 63-64° [Hill et Sanger, *D. chem. G.*, **17**, 1759; *Bull. Soc. Chim.*, (2), **46**, 198].

Le brome le convertit à froid en un *dibromure* fusible à 122-123°, soluble dans l'éther et dans le chloroforme, moins soluble dans l'alcool et dans le benzène, et insoluble dans le sulfure de carbone et dans la ligroïne.

Par ébullition avec l'eau, il fournit de l'acide dibromomaléique, tandis que le tétrabromofurfurane, oxydé à chaud par l'acide azotique, fournit de l'acide bromomaléique [Hill et Hartshorn, *loc. cit.*].

*Dibromodinitrofurfurane.* — Ce composé se produit en même temps que l'acide dibromodinitropyromucique lorsque l'on fait agir l'acide nitrique fumant sur l'acide ββ'-dibromopyromucique sulfuré. Il est peu soluble dans l'alcool et dans l'eau chaude, où il cristallise en prismes jaunes, fusibles à 150-151°. Il est très soluble dans le benzène et cristallise avec 1 molécule de ce dernier dissolvant [Hill et Palmer, *Amer. Chem. Journ.*, **10**, 391].

L'action du brome sur une solution aqueuse d'acide trichloropyromucique donne naissance à un *trichlorobromofurfurane*, $C^4Cl^3BrO$, qui cristallise dans l'alcool en tables fusibles à 75-76°, insolubles dans les alcalis [Hill, *loc. cit.*].

O. Saint-Pierre.

**FURFURINE**, $C^{15}H^{12}Az^2O^3$ (voyez Dict., **1**, 1505; 1er Suppl., 844). — Cette base, isomère de la furfuramide, s'obtient aisément en faisant bouillir celle-ci pendant un quart d'heure avec une solution étendue de potasse. On la purifie en la transformant en oxalate, qu'on fait cristalliser et qu'on décompose par l'ammoniaque. Elle fond à 116°.

Traitée par le chlorure d'acétyle en solution éthérée, elle fournit de l'*acétylfurfurine*, fusible à 248°, et un produit cristallisé très instable que l'alcool décompose en régénérant le chlorhydrate de furfurine.

Le chlorure de benzoyle donne une réaction analogue, et on a pu isoler en outre une *oxéthylbenzoylfurfurine*,

$$C^{15}H^{10}Az^2O^3 < {}^{C^7H^5O}_{OC^2H^5}$$

qui cristallise en fines aiguilles insolubles dans l'eau, l'alcool et l'éther, solubles à chaud dans l'acide acétique et dans le chloroforme.

L'éther chlorocarbonique fournit de même un précipité cristallin fusible à 124°, répondant à la formule $C^{16}H^{11}Az^2O^3CO^2C^2H^5$ [R. Bahrmann, *J. prakt. Chem*, (2), 27, 295 ; *Bull. Soc. Chim.*, (2), 41, 39].

La furfurine, réduite par le sodium en solution alcoolique, fournit une substance qui cristallise dans l'alcool en lamelles jaunes fusibles à 147°, et répond à la formule

$$C^4H^3O \cdot CH \cdot Az = CH \cdot C^4H^3O$$
$$|$$
$$C^4H^3O \cdot CH \cdot Az = CH \cdot C^4H^3O$$

L'acide sulfurique étendu la décompose à l'ébullition en régénérant le furfurol [G. Grossmann, *D. chem. G.*, 22, 2305 ; *Bull. Soc. Chim.*, (3), 2. 813]. Toutes ces réactions de la furfurine sont identiques à celles que donne l'amarine. Il semblerait donc à propos de donner à la furfurine une constitution analogue, exprimée par le schéma

$$C^4H^3O = CH - AzH \diagdown$$
$$| \qquad\qquad CH - C^4H^3O.$$
$$C^4H^3O = CH - AzH \diagup$$

O. Saint-Pierre.

**FURFUROBUTYLÈNE,**

$$C^4H^3O - CH = C = (CH^3)^2.$$

— Ce composé s'obtient par l'action de l'anhydride isobutyrique et de l'acétate de sodium fondu sur le furfurol à 170°.

C'est un liquide incolore, bouillant à 153° et dont la densité à 14°,5 = 0,9509. Il s'altère peu à peu spontanément et se convertit en une masse brune épaisse.

Lorsqu'on additionne d'azotite de sodium une solution acétique de furfurobutylène, le liquide devient vert, puis brun, et donne, par neutralisation avec le carbonate de sodium, un précipité cristallin jaunâtre répondant à la formule

$$C^8H^{10}O \cdot Az^2O^3,$$

fusible à 94°, après cristallisation dans le benzène. Ce composé, réduit par l'étain et l'acide chlorhydrique, donne naissance à deux dérivés. L'un est un liquide *neutre* sans action sur l'anhydride acétique, l'amalgame de sodium, l'hydroxylamine et le bisulfite de soude ; il a pour formule

$$C^4H^3O - CH - C = (CH^3)^2$$
$$\diagdown \quad \diagup$$
$$O$$

et distille avec la vapeur d'eau. L'autre est une *base* dont le chlorhydrate et le chloroplatinate cristallisent très bien dans l'eau bouillante. Elle bout vers 215°, en se décomposant partiellement, et a pour formule

$$C^4H^3O - C(AzH^2) - C = (CH^3)^2.$$
$$\diagdown \quad \diagup$$
$$O$$

Son *dérivé acétylé* fond à 153° et bout à 305-310°. Réduite par l'étain et l'acide chlorhydrique, à l'ébullition, elle perd de l'ammoniaque en donnant le dérivé précédent. En la distillant à plusieurs reprises, on lui enlève 1 molécule d'eau ; elle se transforme alors en une base tertiaire cristallisée de la formule

$$C^4H^3O - C \quad - \quad C = (CH^3)^2,$$
$$\diagdown\diagdown \quad \diagup$$
$$Az$$

qui fond à 142° et bout à 300-310°. Le chlorhydrate de cette base est facilement dissociable, et le chloroplatinate cristallise aisément [P. Toennies et A. Staub, *D. chem. G.*, 17, 850 ; *Bull. Soc. Chim.*, (2), 43, 484].

O. Saint-Pierre.

**FURFUROL,**

$$\begin{array}{c} CH \quad\quad CH \\ CH \diagdown\diagdown\quad\diagup C \cdot CHO \\ O \end{array}$$

— Le furfurol se produit dans l'action de l'acide sulfurique étendu de son volume d'eau, et possédant encore une température élevée, sur tous les hydrates de carbone (amidon, glucose, sucre, cellulose, gomme arabique, etc.). On le trouve aussi abondamment dans l'acide pyroligneux, d'où on peut le retirer en épuisant ce produit brut avec 25 centimètres cubes de benzène par litre et distillant la solution benzénique [A. Guyard, *Bull. Soc. Chim.*, (2), 41, 289].

Toutefois la proportion de furfurol que peuvent fournir ces composés est très variable. Ainsi, en distillant avec de l'acide chlorhydrique étendu (d = 1,06) le son de blé, on obtient de 6,83 à 7,13 0/0 de furfurol, tandis que, dans les mêmes conditions, la gomme qui se trouve dans l'épi de maïs en fournit de 48,6 à 51,8 0/0 [Stone, *D. chem. G.*, 24, 3019 ; *Bull. Soc. Chim.*, (3), 8, 542].

Bien qu'il soit extrèmement répandu dans les alcools industriels, le furfurol n'est pas un produit normal de la fermentation. Il provient seulement de l'action de la chaleur sur les moûts (surtout quand on opère la distillation à feu nu) ou de l'action des acides employés à la saccharification sur les enveloppes des grains [Lindet, *Bull. Soc. Chim.*, (3), 5, 20].

Le furfurol, traité à froid par la potasse en solution aqueuse à 50 0/0, donne de l'alcool furfurylique et de l'acide pyromucique en quantité théorique. Oxydé par le permanganate de potassium en solution alcaline, il se convertit de même en acide pyromucique avec un rendement de 90 0/0 [H. Schiff et S. Volhard, *Ann. Chem.*, 254, 254, 379 ; *Bull. Soc. Chim.*, (3), 8, 47].

Le furfurol en solution alcoolique refroidie à — 5°, additionné d'acide chlorhydrique et soumis à l'action prolongée d'un courant d'hydrogène sulfuré, donne un précipité cristallin formé de deux *trithiofurfurols* isomériques $(C^4H^3OCSH)^3$. On les sépare en dissolvant le produit brut dans le benzène ou le chloroforme, et précipitant par l'alcool. Le précipité, repris par le benzène ou le chloroforme et décoloré par le noir animal, donne par évaporation de sa solution une masse cristalline fusible à 229°, insoluble dans l'alcool. Dans les eaux mères de la première précipitation se trouve un composé isomérique que l'on purifie par le noir animal et par cristallisation dans l'alcool, où il est un peu soluble. Il fond à 128° et se transforme en trithiofurfurol fusible à 229°, lorsqu'on le traite par l'iodure d'éthyle renfermant une petite quantité d'iode.

Ces deux dérivés sont décomposés par la distillation avec dégagement d'hydrogène sulfuré. Il se forme alors un petite quantité un produit sublimable qui fond à 101°, et que l'on a improprement dénommé *furfurostilbène*, d'après sa formule $C^4H^3O \cdot CH = CH \cdot C^4H^3O$.

Par l'action du sulfhydrate d'ammoniaque en solution dans l'alcool absolu, le furfurol fournit un autre polymère déjà obtenu par Cahours en faisant agir l'hydrogène sulfuré sur la furfuramide. Il fond à 90-91° et est insoluble dans l'alcool. La chaleur le décompose en donnant le même produit que les composés précédents [E. Baumann et E. Fromm, *D. chem. G.*, 24, 3591 ; *Bull. Soc. Chim.*, (3), 8, 950].

Le furfurol traité par le perchlorure de phosphore se transforme en une huile verdâtre qui s'altère spontanément en donnant une masse noirâtre insoluble, paraissant répondre à la formule $C^{10}H^6O^3$ [H. Schiff, *D. chem. G.*, **19**, 2154; *Bull. Soc. Chim.*, (2), **47**, 645].

Lorsque l'on abandonne à froid le furfurol additionné de zinc-éthyle, on obtient, en distillant dans un courant de vapeur le produit de la réaction, de l'*éthylfurfurcarbinol*,

$$C^4H^3O - CHOH - C^2H^5.$$

Ce composé, séché sur le carbonate de potassium, distille vers 170-180°, et a pour densité 1,066 à la température de 0°. L'anhydride acétique le décompose à chaud sans fournir un éther acétique correspondant [H. Pawlinoff et G. Wagner, *D. chem. G.*, **17**, 197; *Bull. Soc. Chim.*, (2), **44**, 387].

En faisant passer un courant de gaz ammoniac dans une solution alcoolique chaude de furfurol et de benzile, on obtient un produit de condensation, $C^{24}H^{20}Az^2O^4$, sous la forme d'une poudre blanche insoluble dans l'alcool et fusible au-dessus de 300°. La solution alcoolique renferme un composé isomérique qui cristallise en aiguilles fondant à 246° [F. Japp et S. Hooker, *D. chem. G.*, **17**, 2402; *Bull. Soc. Chim.*, (2), **44**, 313].

Le furfurol, chauffé avec de l'acide pyruvique et de l'eau de baryte, donne de l'acide *furfurisophtalique*, $C^6H^3(C^4H^2O)_2(CO^2H)^2$, mais avec un très faible rendement. Le sel de baryum est soluble dans l'eau chaude.

L'acide libre cristallise dans l'acétone en grandes aiguilles brillantes, qui fondent à 290° en se décomposant. Il est peu soluble dans l'eau, mais se dissout facilement dans les liquides organiques. Cet acide, distillé avec de la chaux, se décompose profondément sans donner de furfurobenzène, $C^4H^3O.C^6H^3$; mais si l'on chauffe le sel d'argent avec celui de plomb, on obtient une huile jaunâtre, possédant une odeur analogue à celle du biphényle, qui semble être le furfurobenzène [O. Dœbner, *D. chem. G.*, **24**, 1746].

Lorsque l'on fait réagir le nitrométhane sur le furfurol en solution alcaline, on obtient comme produit de condensation le *furfurnitroéthylène*, $C^6H^3O - CH = CHAzO^2$. Ce composé, purifié par cristallisation dans le benzène, forme de grands prismes jaunes, fusibles à 74-75° et volatils dans un courant de vapeur. Traité par l'acide nitrique fumant, il donne un *dérivé nitré*,

$$C^4H^2OAz O^2CH = CHAzO^2,$$

qui fond à 14° en se décomposant, et fixe 1 molécule de brome en donnant un *dibromure* fusible à 110-111°.

Ce dérivé dinitré, oxydé par le dichromate de potassium et l'acide sulfurique, se convertit en acide nitropyromucique fusible à 184°, ce qui fixe sa constitution [B. Priebs, *D. chem. G.*, **18**, 1362; *Bull. Soc. Chim.*, (2), **45**, 768].

Le furfurol, traité par l'éther dinitrotartrique et l'ammoniaque, ne donne pas, comme les aldéhydes de la série grasse, un acide β-pyrazoldicarbonique, mais un acide *difurfuraminodioxytartrique*

$$CO^2H - C(OH).Az = CH.C^4H^3O$$
$$CO^2H - C(OH).Az = CH.C^4H^3O$$

[L. Maquenne, *C. R.*, **111**, 740].

En chauffant à 150° du furfurol avec de l'éther acétylacétique et de l'anhydride acétique, on obtient un produit de condensation, l'*éther furacétylacétique*,

$$CH^3CO.C{<}{}^{CO^2C^2H^5}_{CH.C^4H^3O}$$

Cet éther distille dans le vide à 188-189° ($H = 30$ millimètres), et cristallise en tables orthorhombiques fusibles à 62-65°, solubles dans l'alcool, le benzène et le chloroforme, peu solubles dans l'éther [L. Claisen et F.-S. Matthews, *Ann. Chem.*, **218**, 170; *Bull. Soc. Chim.*, (2), **40**, 473].

Le cyanure de benzyle se condense avec le furfurol en présence de l'éthylate de sodium. Il se produit ainsi du *nitrile α-phénylfurfuracrylique*,

$$C^4H^3O - CH = C{<}^{CAz}_{C^6H^5}$$

qui fond à 42-43°, et donne avec le brome un produit d'addition cristallisé en tables hexagonales orangées, fusibles à 113-114°. Avec le cyanure de p-bromobenzyle, on obtient de même un nitrile bromophénylfurfuracrylique fusible à 65°, et un dibromure qui fond à 212° [Howard et Frost, *Ann. Chem.*, **250**, 156].

La condensation du cyanure de p-nitrobenzyle avec le furfurol et l'éthylate de sodium donne également naissance au *nitrile furfuro-α.p-nitrophénylacrylique*,

$$C^4H^3O.CH = C[C^6H^4(AzO^2)]CAz.$$

Celui-ci cristallise en fines aiguilles fusibles à 171-173°, peu solubles dans l'alcool, l'éther et le benzène.

Le *nitrile furfuro-α.p-aminophénylacrylique*, obtenu d'une façon analogue, fond à 112°. Son *dérivé acétylé* se présente sous la forme d'une poudre cristalline jaune, fusible à 203-204°.

On connaît également les composés

$$C^4H^3O.CH = C(CAz).C^6H^4.AzH.CS.AzH.C^6H^5$$

et $$C^4H^3O.CH = C(CAz).C^6H^4.AzH.CS.AzH.C^6H^5,$$

qui fondent respectivement à 206-208° et à 159-160° [Freund et Immerwahr, *D. chem. G.*, **23**, 2855].

L'*éther furfuralbenzoylacétique*,

$$C^{14}H^9O^4.C^2H^5,$$

a été obtenu en chauffant à 150° un mélange de benzoylacétate d'éthyle, de furfurol et d'anhydride acétique. Il se présente sous la forme de tables brillantes, fusibles à 68°, solubles dans l'alcool et dans le benzène, peu solubles dans la ligroïne [Perkin et Stenhouse, *Chem. Soc.*, **59**, 1011].

Le furfurol, chauffé avec un excès d'urée et quelques gouttes d'éther acétique, fournit une poudre jaune insoluble dans les liquides usuels, et qui fond à 168-169°. Elle présente la composition d'une *difurfurtriuréide* :

$$C^4H^3O - CH{<}^{AzH.CO.AzH^2}_{AzH{>}CO}$$
$$C^4H^3O - CH{<}^{AzH{<}CO}_{AzH.CO.AzH^2}$$

Ce composé, par l'action de l'acide acétique et de l'éther acétylacétique, se transforme en *éther furfuraminocrotonique*,

$$CO{<}^{AzH - C(CH^3) = C - CO^2C^2H^5}_{AzH \underline{\quad\quad} CH.C^4H^3O}$$

qui cristallise en prismes tricliniques fusibles à 208-209° [Biginelli, *Gazz. chim. ital.*, **23**, 360].

Le furfurol se combine non seulement avec 2 molécules d'amines pour donner les matières colorantes basiques décrites par MM. Schiff et Stenhouse, mais aussi avec une seule. Il se forme alors des bases incolores qui rougissent à l'air.

C'est ainsi que le furfurol donne avec l'aniline un produit de condensation $C^4H^3OCH = AzC^6H^5$, qui distille à 163° (H = 19 millimètres) et qui fond à 58° après cristallisation dans l'éther. Le dérivé de l'o-toluidine fond à 54-55° et bout à 171-172°, celui de la p-toluidine fond à 44°. Avec la benzylamine et la pipéridine, il donne des produits huileux bouillant respectivement à 155° (H = 11 millimètres) et à 157-158° (H = 14 millimètres) [G. de Chalmot. *Ann. Chem.*, **271**, 11; *Bull. Soc. Chim.*, (3), **10**, 549].

Il s'unit à la β-naphtylamine pour donner l'*hydrate de furfuro-β-naphtyline*,

$$C^4H^3OCH = AzC^{10}H^7.$$

La *base* libre cristallise dans l'alcool en lamelles incolores, fusibles à 85°. Le *chlorhydrate*

$$C^{15}H^{11}AzOHCl$$

forme des aiguilles jaune d'or, qui se dissolvent dans l'alcool avec une coloration rouge foncé.

Les bases secondaires se combinent avec lui dans le rapport de 2 molécules pour 1 de furfurol. C'est ainsi que la méthylaniline donne une *base* dont le *chlorhydrate*

$$C^5H^4O^2 . 2(C^6H^5AzHCH^3)HCl$$

forme de magnifiques cristaux violets, fusibles à 94°.

Quant aux bases aromatiques tertiaires, elles ne se condensent avec le furfurol que sous l'influence d'un déshydratant, comme le chlorure de zinc.

Le furfurol réagit, non sur l'acide picramique, mais sur son sel ammoniacal en solution alcoolique, en donnant des aiguilles jaune d'or de la formule $C^5H^4O^2C^6H^2(AzH^2)(AzO^2)^2OAzH^4$. Elles se décomposent sans fondre au delà de 185° et sont dédoublées en leurs composants par les acides étendus [H. Schiff, *D. chem. G.*, **19**, 847; *Bull. Soc. Chim.*, (2), **47**, 351].

Le furfurol se combine avec la phénylhydrazine en donnant une huile jaunâtre qui cristallise peu à peu et fond à 97-98°. On purifie le produit en précipitant par la ligroïne sa solution dans l'éther. Cette réaction est sensible, même avec une solution renfermant 1/1000 de furfurol [E. Fischer, *D. chem. G.*, **17**, 572; *Bull. Soc. Chim.*, (2), **43**, 674].

Il s'unit de même à la diphénylhydrazine,

$$H^2Az - Az(C^6H^5)^2,$$

en donnant un corps cristallisé en aiguilles jaunes, solubles dans l'alcool et fusibles à 90° [Stahel, *Ann. Chem.*, **258**, 242; *Bull. Soc. Chim.*, (3), **5**, 905]. Avec l'hydrazobenzène, il donne la furfurhydrazoïne,

$$C^4H^3O.CH \diagdown \begin{array}{l} Az.C^6H^5 \\ | \\ Az.C^6H^5 \end{array}$$

qui fond à 59° [Cornélius et Homolka, *D. chem. G.*, **19**, 2239; *Bull. Soc. Chim.*, (2), **47**, 336].

*Action de l'hydroxylamine. — Furfuraldoxime.* — Le furfurol donne avec l'hydroxylamine deux composés stéréochimiquement isomériques, obtenus par M. Odenheimer [*D. chem. G.*, **16**, 2988; *Bull. Soc. Chim.*, (2), **42**, 447], mais non à l'état de pureté, l'un des deux fondant entre 45 et 56°, et se transformant par l'action du chlorhydrate d'hydroxylamine en solution alcoolique, à chaud, en son isomère fusible à 89°. MM. Goldschmidt et E. Zanoli ont récemment repris cette étude [*D. chem. G.*, **25**, 2573; *Bull. Soc. Chim.*, (3), **10**, 904] et spécifié les conditions qui permettent de les obtenir l'un ou l'autre à l'état de pureté.

La *furfursynaldoxime*

$$\begin{array}{l} C^4H^3O.C.H \\ \phantom{C^4H^3O.C}\| \\ \phantom{C^4H^3O.C}Az.OH \end{array}$$

se produit quand on traite le furfurol par le chlorhydrate d'hydroxylamine en neutralisant exactement par la soude.

Purifiée par cristallisation dans la ligroïne, elle fond à 89° et bout vers 201-202° en se décomposant partiellement. Son *chlorhydrate* est très soluble dans l'eau et dans l'alcool et se dissocie lentement à l'air. Elle donne par l'éthylate de sodium un sel sodique cristallisé en aiguilles blanches, solubles dans l'alcool.

Ce dérivé sodé, traité par l'iodure de méthyle, fournit un *éther méthylique* où le groupement méthyle est relié à l'azote. Il fond à 56° et cristallise, même dans le benzène, l'éther ou le chloroforme, en aiguilles renfermant 1 molécule d'eau, qu'il peut perdre dans le vide sec. Il cristallise alors dans le chloroforme en lames carrées qui fondent à 91-92°.

L'*éther benzylique* obtenu par M. A. Werner [*D. chem. G.*, **23**, 2336; *Bull. Soc. Chim.*, (3), **5**, 628], et qui fond à 88°, est également un azote-éther, car l'acide iodhydrique le dédouble en donnant de la benzylamine. Quant au composé fusible à 65°, que M. Werner avait obtenu en même temps, c'est l'hydrate de celui-ci.

La furfuraldoxime en solution dans un mélange d'alcool et d'acide acétique, réduite par l'amalgame de sodium, donne facilement la furfurylamine; l'anhydride acétique la convertit en nitrile pyromucique.

Le cyanate de phényle réagit sur la synaldoxime du furfurol en donnant une *carbanilidofurfursynaldoxime*

$$\begin{array}{l} C^4H^3.O.C.H \\ \phantom{C^4H^3.O.C}| \\ \phantom{C^4H^3.O.C}AzO.CO.AzC^6H^5 \end{array}$$

qui fond vers 65-72° et se décompose spontanément en diphénylurée et furfuronitrile.

L'alcool la transforme peu à peu en un isomère fusible à 138°, qui n'est autre que le dérivé correspondant de la furfurantioxime, est beaucoup plus stable, et peut être également obtenu en partant de la furfurantioxime.

La *furfurantialdoxime*

$$\begin{array}{l} C^4H^3O - C - H \\ \phantom{C^4H^3O - C}\| \\ \phantom{C^4H^3O -}HO - Az \end{array}$$

se produit lorsque l'on effectue la réaction du chlorhydrate d'hydroxylamine sur le furfurol en solution fortement alcaline. Purifiée par de nombreuses cristallisations dans la ligroïne, elle fond à 73-76°. Lorsque l'on fait passer un courant d'acide chlorhydrique dans sa solution éthérée et que l'on décompose par la soude le chlorhydrate précipité, on reproduit la furfursynaldoxime.

La furfurantialdoxime, traitée par le méthylate de sodium et l'iodure de méthyle, donne un peu de l'éther $C^4H^3O.CH = Az(OCH^3)$, et surtout l'éther

$$C^4H^3O.CH.Az.CH^3, \diagdown\diagup O$$

à l'inverse de ce qui se produit en général pour les antioximes. Cet éther est le même que celui de la synaldoxime, comme on pouvait le prévoir, les azotes-éthers des synaldoximes et des antioximes ne présentant pas d'isomérie stéréochimique.

DOSAGE DU FURFUROL. — Le réactif le plus sensible permettant de caractériser le furfurol est la m-xylidine en solution acétique ; cette base donne une coloration rouge avec des traces infinitésimales de furfurol. On peut ainsi montrer qu'il se produit du furfurol dans la distillation sèche de tous les glucosides ou hydrates de carbone. Cette réaction est même sensible en partant de $0^{mgr},05$ de sucre.

On peut constater de cette façon que le furfurol se produit dans une foule d'opérations culinaires (panification, torréfaction du café et du cacao), ainsi que dans la fumée de tabac [H. Schiff, *D. chem. G.*, **20**, 540; *Bull. Soc. Chim.*, (2), **48**, 76].

Pour doser le furfurol dans une solution, on peut le précipiter par l'ammoniaque à l'état de furfuramide et peser celle-ci, ou plus simplement le précipiter par une solution titrée de phénylhydrazine, en se servant d'acétate d'aniline comme indicateur pour voir la fin de la réaction. Cette méthode permet de doser le furfurol à 1 ou 2 0/0 près [A. Gauthier et B. Tollens, *D. chem. G.*, **23**, 175; *Bull. Soc. Chim.*, (3), **5**, 357].

Toutefois MM. R. Flint et B. Tollens ont montré que, si l'on dose ainsi le furfurol dans les produits de distillation des végétaux avec l'acide chlorhydrique, on obtient des chiffres très élevés, parce qu'il se produit en même temps d'autres composés combinables à la phénylhydrazine. Il est préférable de recueillir et de peser l'hydrazone précipitée, celle du furfurol étant seule complètement insoluble dans l'eau. Il faut en outre que la liqueur neutralisée par la soude renferme toujours la même proportion de chlorure de sodium ($81^{gr},5$ pour 500 centimètres cubes) [*D. chem. G.*, **25**, 2912; *Bull. Soc. Chim.*, (3), **10**, 331].

MM. Kerp et Unger ont également proposé de doser le furfurol à l'état de semi-oxamazone [*D. chem. G.*, **30**, 590].

ACTION DU FURFUROL SUR L'ORGANISME ANIMAL. — Le furfurol peut être absorbé par le chien à dose assez considérable (5 à 6 grammes par jour) sans inconvénient, mais non par le lapin, qu'il empoisonne.

Il s'élimine à l'état d'acide pyromucique libre ou combiné avec le glycocolle et l'urée, et à l'état d'*acide furfuracrylurique*. Cet acide forme des aiguilles incolores, solubles dans l'alcool et peu solubles dans l'eau ou dans l'éther.

Il fond en se décomposant à 213-215°. Par ébullition prolongée avec de l'eau de baryte, il se dédouble en glycocolle et acide furfuracrylique $C^9H^9AzO^4$. Le sel d'argent correspondant cristallise en aiguilles microscopiques inaltérables à la lumière [W. Jaffé et R. Cohn, *D. chem. G.*, **20**, 2311; *Bull. Soc. Chim.*, (2), **49**, 390].

O. Saint-Pierre.

**FURFURPROPIONIQUE (ACIDE),**

$$C^4H^3O \cdot CH^2 \cdot CH^2 \cdot CO^2H.$$

— Cet acide s'obtient en hydrogénant l'acide furfuracrylique par l'amalgame de sodium. Il fond à 50-51°, bout à 229° et est soluble dans l'eau et dans l'éther. Il donne avec l'acide chlorhydrique une coloration jaune.

Le sel d'ammonium chauffé à 220° en tube scellé se convertit en *furfurpropionamide*, qui fond à 98° et bout à 270°. Elle est très soluble dans l'eau, l'alcool, l'éther et le benzène, mais non dans la ligroïne [W. Marckwald, *D. chem. G.*, **20**, 1811; *Bull. Soc. Chim.*, (2), **49**, 824].

*Acide bromofurfurdibromopropionique.* — Cet acide s'obtient en traitant par le brome l'acide furfuracrylique en suspension dans le sulfure de carbone. Il est peu stable et se décompose par l'action de la chaleur en perdant de l'acide bromhydrique. L'eau le décompose également ment en lui enlevant de l'acide bromhydrique et de l'acide carbonique et donnant du *bromofurfurbromoéthylène*, qui, traité par la potasse alcoolique, perd encore de l'acide bromhydrique et se transforme en bromofurfuracétylène.

Le dérivé cuivreux correspondant est explosif. Oxydé par le ferricyanure de potassium en solution aqueuse, il fournit du dibromodifurfurdiacétylène,

$$C^4H^2BrO - C \equiv C - C \equiv C - C^4H^2BrO,$$

composé fusible à 126°, peu soluble dans l'alcool [Gibson et Kahnweiler, *Amer. Chem. Journ.*, **12**, 314; *Bull. Soc. Chim.*, (3), **4**, 736].

O. Saint-Pierre.

**FURFURYLAMINE,**

$$\begin{array}{c} CH \quad\quad CH \\ CH \quad\quad C-CH^2 \cdot AzH^2 \\ O \end{array}$$

— Cette base s'obtient aisément en réduisant par l'amalgame de sodium à 2,5 0/0 une solution alcoolique de furfuraldoxime ou de phénylfurfurhydrazone acidifiée par l'acide acétique et refroidie à 0°. Pour isoler la furfurylamine de l'aniline formée en même temps, on distille d'abord les deux bases dans un courant de vapeur, et la solution des chlorhydrates additionnée d'une quantité insuffisante de potasse est épuisée à l'éther, qui enlève d'abord l'aniline.

La furfurylamine bout à 145° (H=754 millimètres).

Elle donne un *chlorhydrate* soluble dans l'acide chlorhydrique concentré. Le *sulfate neutre* est insoluble dans l'alcool, mais s'y dissout en présence d'un excès d'acide sulfurique. Le sel le plus facile à purifier est l'*oxalate*, que l'on obtient en ajoutant la base à une solution alcoolique d'acide oxalique. Il est peu soluble dans l'alcool bouillant et cristallise avec 1/2 molécule d'eau. Le *picrate* est également bien cristallisé et peu soluble dans l'éther. Il se décompose vers 150° sans fondre.

La furfurylamine libre absorbe l'acide carbonique de l'air en donnant un *carbonate* fusible à 75° qui, à une température plus élevée, se dédouble en anhydride carbonique et furfurylamine [H. Goldschmidt, *D. chem. G.*, **20**, 728; *Bull. Soc. Chim.*, (2), **48**, 519. — J. Tafel, *D. chem. G.*, **20**, 398; *Bull. Soc. Chim.*, (2), **47**, 807].

La furfurylamine en solution aqueuse, traitée par une solution benzénique d'oxychlorure de carbone en présence d'une petite quantité d'alcali, donne en quantité théorique la *difurfurylurée* $CO(AzHCH^2C^4H^3O)^2$, qui cristallise dans le benzène bouillant en lamelles brillantes fusibles à 128°.

Traitée de même par l'éther chlorocarbonique, elle fournit la *furfuryluréthane*,

$$C^2H^5CO^2AzHCH^2C^4H^3O,$$

liquide d'odeur agréable, qui distille vers 240° en se décomposant [W. Marckwald, *D. chem. G.*, **23**, 3207; *Bull. Soc. Chim.*, (3), **5**, 314].

O. Saint-Pierre.

**FURFURYLIQUE (ALCOOL)** [Syn. *Alcool furfurolique, furfurique*),

$$\begin{array}{c} CH \quad\quad CH \\ CH \quad\quad C-CH^2 \cdot OH \\ O \end{array}$$

(voy. 1er Suppl., 846). — On le prépare facilement en chauffant le furfurol avec une solution aqueuse de potasse caustique. Pour le séparer du pyro-mucate de potassium et du furfurol inattaqué, on traite le produit de la réaction par le bisulfite de sodium, et le liquide filtré et additionné de carbonate de potassium est distillé dans un courant de vapeur.

C'est un liquide soluble dans l'eau, mais que l'on peut séparer de cette solution par le carbonate de potassium. Sa densité à 20° est de 1,1355.

Les acides minéraux le résinifient. Il ne donne pas de réactions colorées avec l'acide aminobenzoïque ou la β-naphtylamine, mais se combine avec l'aniline d'après l'équation

$$C^6H^6O^2 + C^6H^5AzH^2 = H^2O + C^{11}H^{11}AzO,$$

en donnant un composé jaunâtre, soluble dans l'alcool. La solution alcoolique de ce composé, additionnée de chlorhydrate d'aniline, fournit un produit d'addition sous la forme de cristaux rouges à reflets verts, d'où l'on ne peut régénérer ni l'alcool furfurylique ni l'aniline.

Traité à froid par la potasse solide et les iodures alcooliques, l'alcool furfurylique donne des éthers oxydes.

L'*oxyde de furfuryle et de méthyle* bout à 134-136° ($d_{20} = 1,032$); celui *d'éthyle* bout à 148-150° ($d_{20} = 0,989$). L'*éther propylique normal* bout à 164-168° ($d_{20} = 0,972$); l'*éther amylique* bout à 196-198°.

Le *benzoate de furfuryle*, obtenu par le chlorure de benzoyle et la soude, est un liquide distillant à 270-272° ($d_{20} = 1,176$); l'*acétate* se produit par l'action de l'anhydride acétique, il bout à 175-177° et a pour densité 1,1175 [H. Schiff, *D. chem. G.*, 19, 2154; *Bull. Soc. Chim.*, (2), 47, 645. — L. von Wissel et B. Tollens, *Ann. Chem.*, 272, 291; *Bull. Soc. Chim.*, (3), 10, 984].

L'*éther nitreux*, qui ne peut être produit directement, s'obtient par l'action du nitrite de glycérine sur l'alcool furfurylique à la température de 0°. C'est un liquide insoluble dans l'eau et très instable, car il se décompose lentement, même à la température de 0°. Chauffé vers 126°, il entre en ébullition et se détruit complètement. Les acides minéraux le décomposent aussi en le charbonnant. Traité par l'alcool méthylique, il donne du nitrite de méthyle et régénère l'alcool furfurylique [G. Bertoni, *Gazz. chim. ital.*, 24, 20].

O. Saint-Pierre.

**FURILE**, $C^4H^3O.CO.CO.C^4H^3O$ (voyez 1er Suppl., 847]. — Le furile en suspension dans l'alcool, additionné à froid de cyanure de potassium, se dédouble en furfurol et éther pyromucique, d'après l'équation

$$C^4H^3O.CO.CO.C^4H^3O + C^2H^5OH$$
$$= C^4H^3O.CHO + C^4H^2O.CO^2C^2H^5.$$

Il se produit en même temps de la furoïne par une action secondaire du cyanure de potassium sur le furfurol mis en liberté [F. Jourdan, *D. chem. G.*, 16, 659].

De même que le benzile, avec lequel il offre une analogie de constitution, le furile peut donner avec l'hydroxylamine plusieurs oximes isomériques.

En faisant agir à froid pendant quelques jours le chlorhydrate d'hydroxylamine (1 molécule) sur une solution alcoolique de furile, on obtient la *monoxime* α

$$C^4H^3O.C=AzOH$$
$$|$$
$$C^4H^3O.C=O$$

que l'on sépare en additionnant d'eau et chassant l'alcool par la chaleur; elle cristallise par refroidissement en aiguilles fusibles à 106°, peu solubles dans l'eau et dans la ligroïne.

Dans les eaux mères on trouve une β-monoxime, qui provient sans doute de l'action de la chaleur sur la précédente. Elle se produit d'ailleurs en quantité plus considérable si on opère à chaud la réaction du chlorhydrate d'hydroxylamine sur le furile, et cristallise en prismes fusibles à 96-98°.

Si l'on emploie 2 molécules de chlorhydrate d'hydroxylamine pour 1 de furile, on obtient de même deux *dioximes*

$$C^4H^3O.C=AzOH$$
$$|$$
$$C^4H^3O.C=AzOH$$

L'α-dioxime cristallise avec 1 molécule d'eau, qu'elle perd à 100° après fusion aqueuse et fond ensuite à 166-168°. Elle est très soluble dans l'alcool et dans l'éther, peu dans l'eau et dans le benzène. Chauffée vers 150° avec de l'alcool absolu, elle se transforme en β-dioxime, qui fond à 188-190° et est peu soluble dans l'éther.

La *furile-phénylhydrazone*,

$$C^4H^3O.C=Az.AzHC^6H^5$$
$$|$$
$$C^4H^3O.CO$$

s'obtient par l'action d'une molécule de phénylhydrazine sur le furile; elle cristallise dans la ligroïne chaude en aiguilles fusibles à 82-83°, solubles dans l'alcool, l'éther et le benzène.

La *dihydrazone*, préparée de même par l'action de 2 molécules de phénylhydrazine, cristallise dans l'alcool en aiguilles jaunes, fusibles à 181° [S. Macnair, *Ann. Chem.*, 258, 220; *Bull. Soc. Chim.*, (3), 5, 814].

La furile, en solution dans l'acide acétique cristallisable, donne, avec l'acide diamidobenzoïque $C^6H^3CO^2H_{(1)}(AzH^2)^2_{(3.4)}$, un *acide difurfurquinoxaline-m-carbonique*,

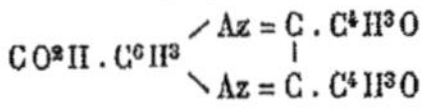

$$CO^2H.C^6H^3 \begin{array}{c} \diagup Az=C.C^4H^3O \\ | \\ \diagdown Az=C.C^4H^3O \end{array}$$

qui cristallise en aiguilles jaune clair, insolubles dans l'eau, solubles dans l'alcool avec une belle fluorescence verte. Il se dissout dans l'acide sulfurique concentré avec une coloration rouge-cerise et fond à 245° en se décomposant avec perte de $CO^2$ [A. Zehra, *D. chem. G.*, 23, 3625; *Bull. Soc. Chim.*, (3), 5, 592].     O. Saint-Pierre.

**FURODIAZINES.** — αα′ FURODIAZINE,

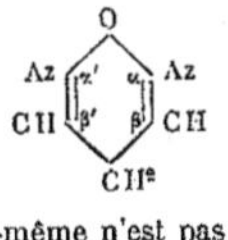

$$\begin{array}{c} O \\ Az \diagup \alpha' \quad \alpha \diagdown Az \\ CH \; | \; \beta' \quad \beta \; | \; CH \\ \diagdown \quad \diagup \\ CH^2 \end{array}$$

— Ce noyau lui-même n'est pas connu; il serait constitué par l'anhydride de la dioxime de la dialdéhyde malonique,

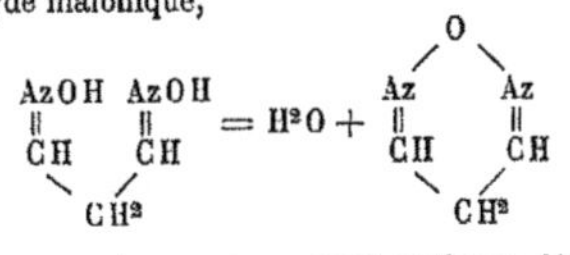

$$\begin{array}{cc} AzOH \quad AzOH \\ || \qquad || \\ CH \qquad CH \\ \diagdown \quad \diagup \\ CH^2 \end{array} = H^2O + \begin{array}{c} O \\ Az \diagup \quad \diagdown Az \\ || \qquad || \\ CH \qquad CH \\ \diagdown \quad \diagup \\ CH^2 \end{array}$$

En revanche, on en connaît quelques dérivés assez complexes qui prennent naissance dans une réaction encore peu élucidée.

Quand on fait réagir l'acide nitreux sur l'acide acétone-dicarbonique, il se fait de la diisonitroso-acétone avec départ d'acide carbonique; si on remplace l'acide par l'éther acétone-dicarbonique, on obtient un *éther monoisonitrosé* qui peut se condenser en un dérivé de l'α furazol :

```
                    OH
                   /
          Az      CH² - CO²C²H⁵
          ‖        |
 CO²C²H⁵ - C  —  CO
                   \
                    O
                   / \
          Az         C - CO²C²H⁵
   =      ‖          ‖
 CO²C²H⁵ - C  —  C (OH)
```

Si l'on fait agir l'acide nitreux à l'état de dissolution dans l'acide nitrique fumant, on fixe 2 atomes d'azote et l'on obtient le produit d'oxydation d'une dioxime, ce qu'on appelle un *superoxyde* :

```
              O — O
             /     \
          Az         Az
          ‖          ‖
 CO²C²H⁵ - C          C - CO²C²H⁵
             \       /
               CO
```

Ce corps jouit bien des propriétés des superoxydes, mais il est beaucoup moins stable qu'ils ne le sont d'habitude, ce qui peut tenir à ce que les superoxydes connus jusqu'ici possèdent un noyau hexagonal, tandis que le noyau de celui qui nous occupe est heptagonal.

Les alcalis décomposent ce superoxyde, qui se présente sous la forme de lamelles d'un jaune de soufre, fondant à 117-118°, très solubles dans les dissolvants neutres usuels, sauf dans l'eau et dans la ligroïne. Il perd alors 1 molécule d'acide nitreux et donne le dérivé de l'α furazol dont nous avons déjà expliqué la formation.

Les agents réducteurs le transforment d'une manière curieuse en un dérivé de l'αα' furodiazine. Il est probable qu'il se fait d'abord la dioxime, puis son anhydride, qui se réduit alors suivant le schéma

```
              O
             / \
          Az     Az
          ‖      ‖
 CO²C²H⁵ - C      C - CO²C²H⁵     + H²
             \   /
              CO

              O
             / \
          Az     AzH
   =      ‖      |
 CO²C²H⁵ - C      C - CO²C²H⁵
             \  //
              COH
```

Le corps qui prend naissance possède en effet quelques-unes des propriétés des phénols. Il se forme dans l'action de l'acide sulfureux et du chlorure stanneux, même par l'action des acides iodhydrique ou bromhydrique concentrés et froids.

Il forme des aiguilles soyeuses fusibles à 169°. sublimables, mais non distillables. Il est très soluble dans l'acétone, peu soluble dans l'éther et dans le benzène ; il se dissout dans les alcalis et les carbonates alcalins étendus et se colore en violet au contact du perchlorure de fer [P. Henry et H. von Pechmann, *D. chem. G.*, 26, 997; *Bull. Soc. Chim.*, (3), 10, 916].

Les auteurs nomment ce composé *oxyazoxazine-dicarbonate d'éthyle*; il sera pour nous le γ oxy-αα' furodiazine-ββ' dicarbonate d'éthyle.

On obtient un dérivé *monacétylé* dans lequel le groupe acétyle est lié à l'azote, sous la forme d'aiguilles soyeuses, sublimables, fusibles à 93°, et contenant encore l'oxhydryle phénolique, comme le montre l'action sur le chlorure ferrique.

On peut obtenir aisément un *sel d'argent* gélatineux que l'iodure d'éthyle transforme en *dérivé v éthylé*,

```
              O
             / \
          Az     Az - C²H⁵
          ‖      |
 CO²C²H⁵ - C      C - CO²C²H⁵
             \   /
              C (OH)
```

fusible à 74° et distillable par petites portions. Ce corps est très soluble dans l'alcool, l'acétone, le benzène, peu soluble dans l'éther, insoluble dans la ligroïne et dans l'eau; il est coloré en rouge par le chlorure ferrique.

Son oxhydryle est éthérifié par le chlorure de benzoyle à l'aide de la méthode Schotten-Baumann; on obtient alors de belles aiguilles blanches

```
              O
             / \
          Az     Az - C²H⁵
          ‖      |
 CO²C²H⁵ - C      C - CO²C²H⁵
             \  //
              C - O - CO . C⁶H⁵
```

qui fondent à 69°, sont solubles dans la plupart des dissolvants neutres et sans action sur le chlorure ferrique.

On ne peut obtenir directement l'*éther diéthylique* à l'aide du *dérivé di-argentique*

```
              O
             / \
          Az     Az - Ag
          ‖      |
 CO²C²H⁵ - C      C - CO²C²H⁵
             \   /
              C - O - Ag
```

trop peu stable, mais on peut le préparer aisément avec le *dérivé argentique* du *dérivé monoéthylé*; il forme de fines aiguilles fondant à 92°, insolubles dans les alcalis et sans action sur le perchlorure de fer.

On peut faire réagir les alcalis sur le dérivé diéthylé pour saponifier les carboxéthyles sans détruire le reste de la molécule. L'*acide α éthyl-γ éthoxy-αα' furodiazine-ββ' dicarbonique (diéthyl-oxyazoxazine-dicarbonique)* cristallise dans l'acide chlorhydrique étendu ou dans l'eau bouillante en lamelles incolores, fondant à 186°,5.

La distillation sèche lui fait perdre d'abord une, puis deux molécules d'acide carbonique.

L'*acide diéthyl-oxyazoxazine-monocarbonique* est soluble dans l'eau et fond à 109°; il se décompose à son tour en fournissant la *diéthyloxazoxazine (α éthyl-γ éthoxyl-αα' furodiazine)*,

```
              O
             / \
          Az     Az - C²H⁵
          ‖      |
          CH     CH
             \   /
              C - OC²H⁵
```

huile incolore, d'odeur caractéristique, bouillant à 130°,5 sous 32 millimètres et à 215° sous 720 millimètres. Elle n'est ni acide, ni basique, ne se dissout pas dans l'acide chlorhydrique concentré;

l'acide nitrique fumant la transforme en un *dérivé mononitré*, qu'on obtient plus aisément à l'aide de l'acide monocarbonique. Ce *dérivé nitré* constitue des aiguilles incolores et brillantes, fondant à 69°, insolubles dans l'eau, solubles dans les dissolvants organiques neutres ; il est réduit par le chlorure stanneux.

### αγ FURODIAZINE.

On a obtenu une seule sorte de dérivés de ce noyau dans la condensation de la benzénylamidoxime avec les éthers des acides α halogénés de la série grasse :

$$\begin{array}{c} OH \\ Az \qquad CH^2Br \\ \| \qquad + \\ C^6H^5 - C \qquad CO^2C^2H^5 \\ AzH^2 \end{array}$$

$$= HBr + \begin{array}{c} O \\ Az \qquad CH^2 \\ \| \qquad | \\ C^6H^5 - C \qquad CO^2C^2H^5 \\ AzH^2 \end{array}$$

Les acides correspondant à ces éthers complexes perdent aisément 1 molécule d'eau en fournissant un dérivé du nouveau noyau :

$$\begin{array}{c} O \\ Az \qquad CH^2 \\ \| \qquad | \\ C^6H^5 - C \qquad CO^2H \\ AzH^2 \end{array}$$

$$= H^2O + \begin{array}{c} O \\ Az \qquad CH^2 \\ \| \qquad | \\ C^6H^5 - C \qquad CO \\ AzH \end{array}$$

[F. Tiemann et H. Koch, *D. chem. G.*, **22**, 3124 et 3161 ; *Bull. Soc. Chim.*, (3), **4**, 210 et 216]. La méthode a été ensuite étendue aux homologues de l'acide acétique par MM. A. Werner et E. Sonnenfeld [*D. chem. G.*, **27**, 3350 ; *Bull. Soc. Chim.*, (3), **14**, 1281], et par MM. A. Werner R. Falck [*D. chem. G.*, **29**, 2654].

β *Céto-β' phényldihydro αγ furodiazine (anhydride de l'acide benzénylamidoxime glycolique).* — Ce produit prend naissance lorsqu'on fait bouillir pendant longtemps la solution chlorhydrique de l'*acide benzénylamidoxime-glycolique* fusible à 123-124° ou qu'on la maintient pendant plusieurs heures à 130-140°. Cet anhydride interne est peu soluble dans l'eau froide, plus soluble dans l'eau bouillante, qui ne l'hydrate pas ; il est très soluble dans l'alcool, l'éther et l'acide acétique et fond à 148°. Il possède encore des propriétés fortement acides ; il se dissout dans les alcalis et dans l'ammoniaque et est précipité de ces solutions par les acides. Sa solution ammoniacale neutre précipite les sels d'argent, de cuivre, de plomb. Cette substance est très stable ; elle résiste à l'eau de brome et aux nitrates d'éthyle et d'amyle ; le permanganate met du benzonitrile en liberté [H. Koch, *loc. cit.*].

β *Céto-αméthyl-β' phényldihydro-αγ furodia*zine (anhydride interne de l'acide benzényl-amidoxime-propionique),

$$\begin{array}{c} O \\ Az \qquad CH-CH^3 \\ \| \qquad | \\ C^6H^5 - C \qquad CO \\ AzH \end{array}$$

— Son nom indique sa préparation ; il forme des aiguilles soyeuses fondant à 129°, possédant des solubilités analogues à celles de son homologue inférieur [A. Werner et E. Sonnenfeld, *loc. cit.*].

β *Céto-α éthyl-β' phényl-dihydro-αγ furodiazine (anhydride interne de l'acide benzényl-amidoxime butyrique).* — Ce produit prend naissance dans l'action de la benzénylamidoxime sur l'α butyrate d'éthyle ; il forme des prismes incolores fondant à 106° [A. Werner et R. Falck, *loc. cit.*]. L. Bouveault.

**FURODIAZOLS.** — Les quatre furodiazols dont on peut imaginer l'existence sont tous connus, sinon eux-mêmes, au moins leurs dérivés :

$$\begin{array}{cc} O & O \\ Az \quad Az & CH \quad Az \\ CH \quad CH & CH \quad Az \\ \alpha\alpha' \text{ Furodiazol.} & \alpha\beta \text{ Furodiazol.} \end{array}$$

$$\begin{array}{cc} O & O \\ CH \quad Az & CH \quad CH \\ Az \quad CH & Az \quad Az \\ \alpha\beta' \text{ Furodiazol.} & \beta\beta' \text{ Furodiazol.} \end{array}$$

Nous les décrirons successivement, suivis de leurs dérivés. L'αβ furodiazol n'a été obtenu jusqu'ici qu'associé avec des noyaux aromatiques, constituant des noyaux complexes, comme le phéno-αβ furodiazol ou le naphto-αβ furodiazol :

Ces noyaux seront décrits à leur place alphabétique, et nous n'aurons pas d'article αβ furodiazol. L. Bouveault.

αα' **FURODIAZOL** (*furazane, azoxazol*),

$$\begin{array}{c} O \\ Az \qquad Az \\ CH \qquad CH \end{array}$$

— Ce corps est lui-même inconnu, mais on connaît d'une manière très certaine un assez grand nombre de ses dérivés ; le premier a été découvert par M. H. Goldschmidt, qui a établi sa constitution [*D. chem. G.*, **16**, 2179 ; *Bull. Soc. Chim.*, (2), **41**, 529].

*Modes de synthèse du noyau.* — On voit à première vue que les dérivés de l'αα' furodiazol peuvent être considérés comme les anhydrides des dioximes des α dicétones :

$$\begin{array}{c} OH \quad OH \\ Az \qquad Az \\ \| \qquad \| \\ R-C \text{——} C-R' \end{array} = H^2O + \begin{array}{c} O \\ Az \quad Az \\ \| \quad \| \\ R-C — C-R' \end{array}$$

Les différents modes de synthèse de ce noyau

se ramènent, en effet, tous à la déshydratation de ces dioximes; mais les différences, qui sont souvent importantes, portent, soit sur le mode de déshydratation, soit sur le mode d'obtention des dioximes. De plus, la déshydratation des dioximes ne donne pas toujours les dérivés attendus.

Les procédés de déshydratation fournissent des résultats différents, suivant qu'on les applique à des corps devant donner naissance à des furazanes disubstitués, monosubstitués, ou au furazane lui-même.

Le furazane n'a pu être obtenu ni par déshydratation ni autrement; il serait sans doute un corps très instable.

Les furazanes monosubstitués sont peu stables et ont tendance à se transformer isomériquement en nitriles oximidés :

$$\underset{C^6H^5-C \;-\; CH}{\overset{\overset{\displaystyle O}{/\;\;\backslash}}{\overset{\|\qquad\|}{Az\quad Az}}} = \underset{C^6H^5-C \;-\; CAz}{\overset{\overset{\displaystyle OH}{/}}{\overset{\|}{Az}}}$$

aussi faut-il éviter dans leur préparation l'emploi des déshydratants violents.

Au contraire, les furazanes disubstitués sont des corps extrêmement stables, qui peuvent être obtenus par déshydratation sans grandes difficultés; mais il est prudent d'éviter dans leur préparation l'emploi de l'acide sulfurique concentré et du pentachlorure de phosphore, à cause des propriétés isomérisantes de ces deux corps, propriétés qui agissent, non pas sur les furodiazols eux-mêmes, mais bien sur les dioximes qui leur donnent naissance. Ce qui arrive dans la préparation du *diphényl-αα′ furodiazol*, par déshydratation des dioximes du benzile au moyen de l'acide sulfurique concentré, est particulièrement curieux. Des deux fonctions oximes, si l'une seulement subit l'isomérisation de M. Beckmann, on obtient un produit déterminé; si les deux la subissent, on en obtient un second, et ces deux produits prennent en effet naissance concurremment avec le *diphényl-αα′ furodiazol*.

L'isomérisation d'une seule des fonctions oxime donne

$$\underset{C^6H^5-C \;——\; C-C^6H^5}{\overset{\overset{AzOH}{\|}\quad\overset{AzOH}{\|}}{}}$$

$$= C^6H^5-CO-\underset{\overset{AzOH}{\|}}{AzH}-C-C^6H^5$$

$$= H^2O + \underset{Az \;—\; C-C^6H^5}{\overset{C^6H^5-C \quad Az}{\overset{/\;\;\backslash}{\overset{\|}{}}}}$$

Diphényl-αβ′ furodiazol.

L'isomérisation des deux fournit a :

$$\underset{C^6H^5-C \;——\; C-C^6H^3}{\overset{\overset{AzOH}{\|}\quad\overset{AzOH}{\|}}{}}$$

$$= \underset{AzH \;—\; AzH}{\overset{C^6H^5-CO \quad CO-C^6H^5}{\overset{|\qquad\quad|}{}}}$$

$$= H^2O + \underset{Az \;—\; Az}{\overset{C^6H^5-C \quad C-C^6H^5}{\overset{/\;\;\backslash}{\overset{\|\qquad\|}{}}}}$$

Diphényl-ββ′ furodiazol.



[E. Beckmann, *D. chem. G.*, **20**, 1510; *Bull. Soc. Chim.*, (2), **48**, 357. — E. Günther, *D. chem. G.*, **21**, 516; *Bull. Soc. Chim.*, (2), **49**, 998. — F. Dodge, *Ann. Chem.*, **264**, 178; *Bull. Soc. Chim.*, (3), **8**, 488].

La déshydratation des oximes s'opère soit par l'action de la chaleur, soit par l'emploi de l'anhydride acétique, soit même dans certains cas par dissolution dans la potasse et précipitation par un courant d'acide carbonique, soit aussi par l'emploi de l'isocyanate de phényle [K. Auwers et V. Meyer, *D. chem. G.*, **21**, 809; *Bull. Soc. Chim.*, (2), **50**, 262. — H. Goldschmidt, *D. chem. G.*, **16**, 2179; **21**, 3107; *Bull. Soc. Chim.*, (2), **41**, 529; (3), **4**, 219. — F. Dodge, *loc. cit.* — L. Wolf, *D. chem. G.*, **28**, 69; *Bull. Soc. Chim.*, (3), **14**, 760].

Les α dioximes ne prennent pas seulement naissance dans l'action de l'hydroxylamine sur les α dicétones; elles peuvent aussi s'obtenir dans l'action de l'acide nitreux sur les dérivés isoallyliques de la série aromatique.

Tandis, en effet, que les dérivés allyliques, comme le safrol, sont sans action sur l'acide nitreux, les dérivés isoallyliques, comme l'isosafrol, s'y combinent pour donner un nitrite,

$$C^6H^3(CH^2O^2) - CH = CH - CH^3, Az^2O^3,$$

qui perd spontanément 1 molécule d'eau en donnant un *peroxyde de dioxime*,

$$\underset{\overset{|\qquad\;|}{O \;—\; O}}{\overset{C^6H^3(CH^2O^2)-C \;-\; C-CH^3}{\overset{\|\qquad\;\|}{Az\quad Az}}}$$

que la réduction par le chlorure stanneux transforme aisément en un dérivé correspondant de l'α furodiazol,

$$\underset{\overset{|\quad|}{O \;—\; O}}{\overset{C^6H^3(CH^2O^2)-C \;-\; C-CH^3 + H^2}{\overset{\|\quad\|}{Az\quad Az}}}$$

$$= \underset{\overset{O}{}}{\overset{C^6H^3(CH^2O^2)-C \;-\; C-CH^3 + H^2O}{\overset{\|\quad\|}{Az\quad Az}}}$$

[A. Angeli, *D. chem. G.*, **24**, 3994; **25**, 1962; *Bull. Soc. Chim.*, (3), **8**, 814, 1176].

On obtient également des α dioximes d'une espèce particulière dans l'action de l'acide nitrique fumant sur les cétones de la série aromatique :

$$R-CO-CH^3 + 2AzO^3H + CH^3-CO-R$$

$$= 4H^2O + \underset{\overset{|\quad|}{O \;—\; O}}{\overset{R-CO-C \;-\; C-CO-R}{\overset{\|\quad\|}{Az\quad Az}}}$$

Le peroxyde formé par la réaction, soumis à la réduction par le chlorure stanneux, perd 1 atome d'oxygène et fournit le dérivé du furazane

$$R-CO-C \underset{}{\overset{\overset{\displaystyle O}{\overset{/\;\backslash}{Az\quad Az}}}{\boxed{\phantom{xx}}}} C-CO-R$$

[A. Hollemann, *D. chem. G.*, **20**, 3359; **21**, 860, 2835; *Bull. Soc. Chim.*, (2), **50**, 115; (3), **1**, 99. — A. Angeli, *D. chem. G.*, **26**, 527; *Bull. Soc. Chim.*, (3), **16**, 823].

Enfin, on obtient des dérivés du β *oxy-*αα′*furodiazol* par un procédé détourné assez curieux. L'oxalacétate d'éthyle réagit sur l'hydroxylamine à la manière des éthers β cétoniques, en fournissant un dérivé de l'isoxazolone :

$$\begin{array}{c} OH \\ \diagup \\ AzH^2 \qquad CO^2C^2H^5 \\ + \qquad | \\ CO^2C^2H^5 - CO —— CH^2 \end{array}$$

$$= H^2O + C^2H^6O + \begin{array}{c} O \\ \diagup\ \diagdown \\ Az \quad CO \\ \| \qquad | \\ CO^2C^2H^5 - C — CH^2 \end{array}$$

mais si la réaction se fait en présence d'un excès d'hydroxylamine et d'ammoniaque, le groupement $CO^2C^2H^5$ est transformé en sel ammoniacal d'un groupement hydroxamique :

$$\begin{array}{c} O \\ \diagup\ \diagdown \\ Az \quad CO \\ \| \qquad | \\ CO^2C^2H^5 - C — CH^2 \end{array} + AzH^3 + AzH^3O$$

$$= AzH^3 . HO - \begin{array}{c} AzOH \quad Az \quad CO \\ \| \qquad \| \qquad | \\ C —— C — CH^2 \end{array} + C^2H^6O.$$

Cet hydroxamate est assez stable, mais non pas l'acide correspondant. Quand on traite le sel par la potasse en excès et chaude, l'ammoniaque se dégage, mais en même temps le noyau isoxazolique est ouvert et fournit le composé

$$\begin{array}{c} HO \quad OH \\ | \qquad | \\ Az \quad Az \quad CO^2H \\ \| \qquad \| \qquad | \\ KO - C — C — CH^2 \end{array}$$

Or on sait que ces α dioximes ont tendance, en solution alcaline, à perdre 1 molécule d'eau en donnant un dérivé de l'αα′ furodiazol; c'est en effet ce qui arrive :

$$\begin{array}{c} HO \quad OH \\ | \qquad | \\ Az \quad Az \\ \| \qquad \| \\ KO - C — C - CH^2 - CO^2K \end{array}$$

$$= H^2O + \begin{array}{c} O \\ \diagup\ \diagdown \\ Az \quad Az \\ \| \qquad \| \\ KO - C — C - CH^2 - CO^2K \end{array}$$

[A. Hantzsch et T. Urbahn, *D. chem. G.*, 28, 753; *Bull. Soc. Chim.*, (3), 14, 1483].

*Réactions générales.* — Les dérivés de l'αα′ furodiazol sont bien des corps à chaîne fermée, mais possédant une chaîne fermée toute particulière, dans laquelle l'accumulation de l'azote et de l'oxygène diminue évidemment la solidité. Aussi ne faut-il pas s'attendre à trouver dans cette série la stabilité des dérivés de la pyridine.

L'expérience a montré que cette stabilité augmentait avec la substitution des 2 atomes d'hydrogène restant dans le noyau furazanique. Le corps non substitué est tellement instable, qu'il n'a pu être obtenu. Ses dérivés monosubstitués sont suffisamment stables pour pouvoir exister; quant à ses dérivés disubstitués, certains sont très stables. Chose singulière, le remplacement d'un des atomes d'hydrogène par un oxhydryle augmente beaucoup la stabilité du noyau, tandis qu'au contraire le remplacement par un carboxyle l'augmente peu; cette anomalie s'explique par l'étude des produits de décomposition.

L'ouverture de la chaîne des dérivés monosubstitués se fait par une hydratation suivie de déshydratation :

$$\begin{array}{c} O \\ \diagup\ \diagdown \\ Az \quad Az \\ \| \qquad \| \\ R - C — CH \end{array} + H^2O = \begin{array}{c} AzOH \quad AzOH \\ \| \qquad \| \\ R \cdot C —— CH \end{array}$$

mais un corps ainsi construit aura plus de tendance à donner un nitrile oximidé,

$$\begin{array}{c} AzOH \\ \| \\ R - C - CAz, \end{array}$$

qu'à retourner au noyau primitif.

On conçoit que, la présence de l'oxhydryle fournissant le groupement

$$- C \begin{array}{c} \diagup AzOH \\ \diagdown OH \end{array}$$

qui n'a pas tendance à perdre d'eau, la déshydratation se fait de manière à régénérer le produit primitif.

Les produits dans lesquels l'atome d'hydrogène est remplacé par un carboxyle fournissent par hydratation le composé

$$\begin{array}{c} AzOH \quad AzOH \\ \| \qquad \| \\ R - C —— C - CO^2H \end{array}$$

qui a la plus grande tendance à se décomposer en

$$\begin{array}{c} AzOH \\ \| \\ R - C - CAz + H^2O + CO^2 \end{array}$$

[L. Wolf, *Ann. Chem.*, 260, 79; *Bull. Soc. Chim.*, (3), 5, 966. — L. Wolff et P. Gans, *D. chem. G.*, 24, 1165; *Bull. Soc. Chim.*, (3), 6, 464. — H. Söderbaum, *D. chem. G.*, 24, 1215; 1988; *Bull. Soc. Chim.*, (3), 8, 444. — A. Russanoff, *D. chem. G.*, 24, 3497; *Bull. Soc. Chim.*, (3), 8, 694. — G. Nussberger, *D. chem. G.*, 25, 2163; *Bull. Soc. Chim.*, (3), 10, 825].

### DÉRIVÉS GRAS DE L'αα′ FURODIAZOL.

*Acide* αα′ *furodiazol-*β *carbonique (furazone-carbonique).* — Cet acide s'obtient dans l'oxydation par le permanganate de l'acide αα′ *furodiazolpropionique (furazane-propionique)* (voy. plus loin) dissous dans l'acide sulfurique. Il est très soluble dans l'eau, l'alcool et l'éther, assez soluble dans le chloroforme et dans le benzène bouillants, peu soluble dans le sulfure de carbone et dans la ligroïne. Il forme de grandes lamelles blanches fondant à 107° en un liquide incolore.

Il se dissout dans les alcalis en donnant une solution colorée qui contient, non pas le sel correspondant, mais celui d'un acide isomérique à chaîne ouverte.

Sa solution aqueuse fournit avec le carbonate de calcium l'αα′ *furodiazolcarbonate de calcium*, $(C^3HAz^2O^3)^2Ca, H^2O$, qui est très soluble et bien cristallisé.

Le *sel d'argent*, $C^3HAz^2O^3Ag$, est en aiguilles brillantes, peu solubles dans l'eau.

Comme nous l'avons déjà indiqué, cet acide se

transforme, sous l'action des alcalis, en acide *cyanisonitrosoacétique*,

$$AzOH$$
$$\|$$
$$C\,Az - C \cdots CO^2H,$$

qui cristallise avec 1 molécule d'eau et fond, anhydre, à 129° [L. Wolff et P. Gans, *loc. cit.*]. M. H. Söderbaum [*loc. cit.*], en traitant l'acide dioximidosuccinique par les alcalis, avait cru avoir l'acide furazane-carbonique ; mais il a obtenu en réalité l'acide cyanisonitrosoacétique isomérique :

$$AzOH \quad AzOH$$
$$\| \qquad \|$$
$$CO^2H - C \longrightarrow C - CO^2H$$
$$AzOH$$
$$\|$$
$$= CO^2H - C - C\,Az + H^2O + CO^2.$$

Il a été en effet démontré que l'acide furazane-dicarbonique, qui aurait dû prendre naissance dans la réaction, n'est stable qu'en solution acide et se dédouble en solution alcaline suivant l'équation

$$\begin{array}{c} O \\ \diagup \ \diagdown \\ Az \quad Az \qquad\qquad\qquad AzOH \\ \| \quad\ \| \qquad\qquad\qquad\ \| \\ CO^2H - C - C - CO^2H = CO^2H - C - C\,Az + CO^2 \end{array}$$

[L. Wolff, *D. chem. G.*, **28**, 69 ; *Bull. Soc. Chim.*, (3). **14**, 760].

*Acide β oxy-αα′ furodiazol-β carbonique (oxy-furazane-carbonique)*,

$$\begin{array}{c} O \\ Az \diagup\!\diagdown Az \\ OHC \ \underline{\qquad}\ C-CO^2H \end{array}$$

— Cet acide prend naissance par oxydation permanganique en solution alcaline de l'*acide oxy-furazane-acétique* (voyez plus loin). Il est extrait de sa solution aqueuse par agitation avec l'éther ; il est très soluble dans l'eau, l'alcool et l'éther et forme des cristaux hygroscopiques fusibles à 175°.

Cet acide est très stable vis-à-vis de l'acide chlorhydrique concentré. La solution éthérée fournit avec le gaz ammoniac sec un *sel ammoniacal* cristallisé, fondant à 195°. Le *sel de baryum*, très peu soluble, est anhydre. Le *sel d'argent*, peu soluble également, noircit à la lumière et fait explosion quand on le chauffe [A. Hantzsch et T. Urbahn, *D. chem. G.*, **28**, 753 ; *Bull. Soc. Chim.*, (3), **14**, 1483].

*Acide oxy-αα′ furodiazolacétique (oxyfurazane-acétique)*. — On dissout 20 grammes de chlorhydrate d'hydroxylamine dans 50 centimètres cubes d'eau, on neutralise avec du carbonate de sodium et on ajoute, en agitant, 20 grammes d'oxalacétate d'éthyle. Le liquide est ensuite porté pendant 1 heure à l'ébullition, puis, après refroidissement, saturé de gaz ammoniac. Il se dépose peu à peu des cristaux d'*α′ furazolone-hydroxamate d'ammoniaque* (*isoxazolone-hydroxamate*), que l'on recueille et qu'on traite par la soude étendue et chaude, tant qu'il se dégage du gaz ammoniac. L'acide libre est extrait à l'éther et cristallisé dans l'eau bouillante qui l'abandonne sous la forme de beaux prismes fondant à 158°. Cet acide est très soluble dans l'eau, l'alcool et l'éther, à peine soluble dans le chloroforme et dans le benzène. Il est très stable et ses solutions aqueuses n'ont aucune réaction sur le chlorure ferrique. Le voisinage de l'azote et de l'oxygène exalte les propriétés acides de l'oxhydryle

phénolique, car cet acide se comporte comme bibasique, quoique ne contenant qu'un carboxyle.

Le *sel ammoniacal*, $C^4H^4Az^2O^4 \cdot 2AzH^3$, a une réaction neutre ; il est très soluble et forme de courts prismes fusibles à 174°.

Le *sel de calcium*, $C^4H^2CaAz^2O^4, H^2O$, est peu soluble dans l'eau ; il perd à 150° sa molécule d'eau de cristallisation.

Le *sel d'argent*, $C^4H^2Ag^2Az^2O^4$, est insoluble et explosif [A. Hantzsch et F. Urbahn, *loc. cit.*].

*Diméthyl-αα′ furodiazol (diméthylfurazane)*. — Cette substance se prépare par ébullition de la solution alcaline de la diméthylglyoxime au réfrigérant ascendant, ou mieux par chauffage à 160-170°, en tube scellé, de la diméthylglyoxime avec de l'eau ou une solution ammoniacale.

Le *diméthylfurazane* bout sans décomposition à 156°, d = 1,054 à 15° ; refroidi avec un mélange de glace et de sel, il se prend en une masse de cristaux rayonnés fondant à — 7°. Il est très soluble dans l'alcool et dans l'éther, peu soluble dans l'eau ; il est très stable vis-à-vis des acides et des alcalis.

L'oxydation par le permanganate en solution sulfurique le transforme sans difficulté en *acides méthyl-αα′ furodiazolcarbonique* et *αα′ furodiazoldicarbonique*.

*Acide β méthyl-αα′ furodiazolcarbonique (méthylfurazane-carbonique)*. — Le résultat de l'oxydation est, après filtration, agité à plusieurs reprises avec l'éther et le résidu de l'évaporation de l'éther abandonné pendant plusieurs jours dans le vide où il cristallise, puis cristallisé dans le benzène bouillant, qui l'abandonne en cristaux fondant à 74°. La solution aqueuse abandonne des cristaux fondant à 39° et contenant 1 molécule d'eau.

L'acide anhydre est très soluble dans l'eau, l'alcool, l'éther, le chloroforme, le benzène chaud, peu soluble dans le sulfure de carbone et dans la ligroïne.

Cet acide est volatil avec la vapeur d'eau et il n'est pas modifié par les alcalis, le groupement $CH^3$ lui donnant de la stabilité.

Le *sel de calcium* est en lamelles brillantes très solubles dans l'eau ; le *sel d'argent*,

$$C^4H^3Az^2O^3Ag,$$

cristallisé dans l'eau bouillante est explosif.

*Acide αα′ furodiazoldicarbonique (furazane-dicarbonique)*. — Cet acide s'obtient par l'oxydation du précédent ou du diméthylfurazane au moyen du permanganate en solution sulfurique. Purifié par cristallisation dans le benzène, il fond à 178°. Il se dissout dans l'eau, l'alcool et l'éther, peu dans le chloroforme et dans le benzène ; il est hygroscopique. Les alcalis le transforment aisément en acide cyanoximidoacétique.

Le *sel de calcium* est en aiguilles soyeuses très solubles dans l'eau ; le *sel d'argent*,

$$C^4H^2Az^2O^5Ag^2,$$

constitue une poudre cristalline très peu soluble et explosive [L. Wolff, *D. chem. G.*, **28**, 72 ; *Bull. Soc. Chim.*, (3), **14**, 760].

*Acide αα′ furodiazol-β propionique (furazane-propionique)*. — L'acide dibromolévulique, obtenu par bromuration de l'acide lévulique, se convertit par hydratation en un acide

$$COH - CO - CH^2 - CH^2 - CO^2H.$$

Ce dernier, traité par l'hydroxylamine en excès, fournit l'acide γ δ diisonitrosovalérianique

$$AzOH \quad AzOH$$
$$\| \qquad\ \|$$
$$CH - C - CH^2 - CH^2 - CO^2H$$

Celui-ci, chauffé à 70° avec de l'acide sulfurique concentré, perd 1 molécule d'eau et se transforme en acide furazane-propionique. On l'extrait par agitation avec l'éther et on le purifie par cristallisation dans l'eau bouillante, d'où il se sépare en lamelles solubles dans l'eau froide, le sulfure de carbone, la ligroïne; il se ramollit à 84° et fond à 86°.

Le *sel de calcium*, $(C^5H^5Az^2O^3)^2Ca, H^2O$, forme des aiguilles brillantes, fusibles à 100°, et ne perdant leur eau de cristallisation qu'à 110°.

Le *sel d'argent*, $C^5H^5Az^2O^3Ag$, cristallise dans l'eau bouillante en petites aiguilles.

L'acide furodiazolpropionique est très stable vis-à-vis des acides; l'anhydride acétique fournit l'*anhydride* $(C^5H^5Az^2O^2)^2O$, qui cristallise dans le chloroforme en lamelles blanches fusibles à 87°, peu solubles dans l'eau, l'alcool, l'éther, solubles dans le benzène bouillant.

Les alcalis, même les plus faibles, isomérisent l'acide furazane-propionique avec la plus grande facilité; il se fait, toujours par le même mécanisme, de l'*acide cyanisonitrosobutyrique* :

$$\overset{\displaystyle O}{\underset{\displaystyle CH - \overset{Az}{C} - CH^2 - CH^2 - CO^2H}{\overbrace{\phantom{xxxxx}}^{Az}}}$$

$$= CAz - \overset{AzOH}{C} - CH^2 - CH^2 - CO^2H,$$

qui cristallise dans un mélange d'éther et de benzène en cristaux fusibles à 87°.

L'hydroxylamine agit comme les alcalis, mais se fixe dans le groupement CAz en donnant l'*amidoxime*

$$H^2Az - \overset{AzOH}{C} \underline{\phantom{xxx}} \overset{AzOH}{C} - CH^2 - CH^2 - CO^2H$$

qui fond à 158°.

Si l'on fait réagir les alcalis, non pas à froid, mais à chaud, le groupe CAz est saponifié et l'on obtient l'*acide α oximidoglutarique*,

$$CO^2H - \underset{AzOH}{C} - CH^2 - CH^2 - CO^2H$$

qui fond à 152° en perdant de l'acide carbonique [L. Wolff, *Ann. Chem.*, **260**, 79; *Bull. Soc. Chim.*, (3), **5**, 968].

*Méthyléthyl-αα′furodiazol* (*méthyléthylfurazane*),

$$\underset{CH^3-C \underline{\phantom{xx}} C-C^2H^5}{\overset{\displaystyle O}{Az \diagup\diagdown Az}}$$

— Ce corps s'obtient par la déshydratation de la méthyléthylglyoxime; comme son homologue inférieur, il possède une odeur douce, rappelant celle du chloroforme et bout à 107°,5. Il ne se solidifie pas dans un mélange réfrigérant.

DÉRIVÉS AROMATIQUES.

β *Phényl-αα′furodiazol* (*phénylfurazane, phénylazoxazol*). — Si l'on applique la théorie de M. Hantzsch à la phénylglyoxime, on admettra que ce corps peut exister sous quatre formes stéréo-isomériques :

$$\overset{Az-OH}{\underset{C^6H^5-C}{\|}} \underline{\phantom{xxxx}} \overset{HO-Az}{\underset{CH}{\|}} \qquad \overset{HOAz}{\underset{C^6H^5-C}{\|}} \underline{\phantom{xx}} \overset{HO-Az}{\underset{CH}{\|}}$$

Phénylsynglyoxime.　　　Synphényl-amphi-<br>glyoxime.

$$\overset{AzOH}{\underset{C^6H^5-C}{\|}} \underline{\phantom{xx}} \overset{AzOH}{\underset{CH}{\|}} \qquad \overset{HOAz}{\underset{C^6H^5-C}{}} \underline{\phantom{xx}} \overset{AzOH}{\underset{CH}{\|}}$$

Antiphényl-amphiglyoxime.　　Phényl-antiglyoxime.

De ces quatre formes, la première seule peut donner naissance par déshydratation au *phénylfurodiazol*.

Quand on traite par l'hydroxylamine la benzoylformoxime, on obtient une phénylglyoxime fondant à 168°, que l'anhydride acétique transforme, non pas en phénylfurazane, mais en un *diacétate* fusible à 92°. Cette glyoxime, qui est stable et qui n'est pas la synglyoxime, est transformée par l'acide chlorhydrique sec en un isomère fondant à 180°, qui est l'antiglyoxime, et que l'action de l'anhydride acétique transforme dans le même *diacétate* fondant à 92°. Cette seconde phénylglyoxime peut aussi être obtenue par l'action du chlorhydrate d'hydroxylamine sur l'isonitrosoacétophénone. Ce qui montre bien qu'elle constitue l'isomère anti, c'est sa facile transformation dans la première, fondant à 168° par simple cristallisation dans l'eau bouillante. L'éther seul la dissout sans l'altérer.

Si l'on traite ce *diacétate* fondant à 92° par une solution de carbonate de sodium, on obtient du phénylfurazane. On prépare ce même corps en dissolvant l'une des phénylglyoximes dans la soude, ce qui a pour effet de la transformer en synglyoxime; la solution, neutralisée par un courant d'acide carbonique, fournit une certaine quantité de phénylfurodiazol, qu'on sépare d'une certaine quantité de glyoxime par un traitement au chloroforme dans lequel cette dernière est insoluble. La synglyoxime est donc très instable et se transforme, dès qu'elle est libre, partiellement en son anhydride, partiellement en ses isomères. En revanche, elle est stable en solution alcaline. En opérant la précipitation par l'acide carbonique à — 10°, on a obtenu une glyoxime qui, une fois débarrassée par le chloroforme du phénylfurazane, fondait à 148-154° et qui devait constituer la synphénylglyoxime un peu impure, car, chauffée avec de l'eau, elle se transformait abondamment en phénylfurazane.

De ce que la synphénylglyoxime constitue l'isomère stable en liqueur alcaline, il ne faudrait pas en conclure que le phénylfurazane, traité par les alcalis, redonne cette glyoxime; le phénylfurazane subit dans ces conditions l'isomérisation commune à tous les furazanes monosubstitués, et fournit l'*oxime du cyanure de benzoyle*,

$$\overset{AzOH}{\underset{C^6H^5-C-CAz}{\|}}$$

Cette isomérisation se fait déjà en partie sous l'action du carbonate de sodium, car on trouve toujours cet isomère dans les préparations du β*phényl-αα′furodiazol*.

Le *phénylfurazane* fond à 30°; il possède une odeur de cannelle et se volatilise facilement; il est très stable vis-à-vis des acides.

Son produit d'isomérisation par les alcalis, le *cyanure d'oximidobenzyle*, fond à 128° [A. Rumann, *D. chem. G.*, **24**, 3497; *Bull. Soc. Chim.*, (3), **8**, 995].

*Acide* β *phényl-αα′furodiazol-β′carbonique* (*acide phénylfurazane-carbonique, phénylazoxazolcarbonique*). — L'*oximidophényl-αfurazolone*.

$$\underset{C^6H^5-C \underline{\phantom{xx}} C=AzOH}{\overset{\displaystyle O}{Az \diagup\diagdown CO}}$$

peut être obtenu, soit par nitrosation de la phényl-α furazolone (phénylisoxazolone), soit par l'action de l'hydroxylamine sur l'éther oximido-benzoylacétique. Le carbonate de sodium le dissout en ouvrant sa molécule, mais on ne peut obtenir à l'état de pureté l'acide dioximidé qui prend naissance,

$$C^6H^5 - \overset{\overset{AzOH}{\|}}{C} - \overset{\overset{AzOH}{\|}}{C} - CO^2H \; ;$$

si l'on fait tomber la solution alcaline dans un excès d'acide sulfurique étendu, on obtient l'anhydride de cet acide, c'est-à-dire l'*acide phényl-furazane-carbonique*.

Cet acide, enlevé par agitation avec l'éther, est cristallisé dans ce dissolvant, qui l'abandonne en cristaux blancs fondant à 110°. Il est soluble dans l'eau, l'alcool, l'éther, très peu soluble dans le benzène ; il se laisse sublimer par petites quantités ; il possède des réactions fortement acides et est stable vis-à-vis des alcalis et des carbonates alcalins [G. Nussberger, *D. chem. G*, **25**, 2163; *Bull. Soc. Chim.*, (3), **10**, 825].

β*Méthyl-β′ anisyl-αα′ furodiazol* (*diisonitro-soanétholanhydride*). — L'anéthol se combine avec l'acide nitreux en fournissant le peroxyde d'une α dioxime,

$$O - CH^3 - C^6H^4 - \overset{\overset{Az}{\|}}{\underset{\underset{O}{|}}{C}} - \overset{\overset{Az}{\|}}{\underset{\underset{O}{|}}{C}} - CH^3$$

qui fond à 97° et qui, réduit par le zinc et l'acide acétique, donne l'*α dioxime* elle-même, soluble dans l'alcool et fusible à 125°. Son *dérivé diacétylé*, fusible à 89°, se transforme par ébullition avec l'alcool en une anhydride de cette dioxime ou *anisylméthyl-furazane*. On obtient ce même produit si l'on réduit le peroxyde de la dioxime par le zinc et l'acide chlorhydrique concentré et chaud.

Le *méthyl-p-méthoxyphényl-αα′ furodiazol* cristallise dans l'alcool ou le benzène en longues aiguilles fondant à 63°. Il est très stable et se laisse aisément transformer en un *dérivé nitré* fondant à 98-99°, et en un *dérivé bromé* fondant à 73-74° [G. Bœris, *Gazz. chim. ital.*, **23**, 165; *D. chem. G.*, **26**, *Ref.*, 891.].

*Méthyl-méthylène-dioxyphényl-αα′ furodiazol.* — En faisant réagir l'acide nitreux sur l'isosafrol, on obtient un peroxyde de dioxime,

$$C^{10}H^8Az^2O^4,$$

qui fond à 124°, et que l'acide chlorhydrique et l'étain réduisent à l'état de dérivé du furazane

$$CH^2\overset{O}{\underset{O}{<}}C^6H^3 - \overset{\overset{Az}{\|}}{C} - \overset{\overset{Az}{\|}}{C} - CH^3$$

Ce corps cristallise dans l'alcool en aiguilles incolores fondant à 86° [A. Angeli, *D. chem. G.*, **24**, 3994, et **25**, 1962; *Bull. Soc. Chim.*, (3), **8**, 814, 1176].

ββ′*Diphényl-αα′ furodiazol* (*diphénylfurazane*). — Ce produit prend naissance dans la déshydratation des dioximes du benzile ; le meilleur procédé consiste à chauffer ces dioximes à 200° avec de l'eau en tube scellé. Le produit de la réaction est ensuite cristallisé dans l'alcool en présence de noir animal. Il faut éviter l'emploi de l'acide sulfurique ou du perchlorure de phosphore, sans quoi on n'obtient que des isomères provenant de l'isomérisation de l'oxime.

Le *diphényl-αα′ furodiazol* forme des prismes rhombiques fusibles à 94°. Distillé en petite quantité, il passe sans décomposition ; en grand, il se dédouble en isocyanate de phényle et benzonitrile, tandis qu'une portion est transformée en son isomère, le *diphényl-αβ′ furodiazol* (*dibenzénylazoxime*),

$$C^6H^5 - \overset{\overset{Az}{\|}}{C} - \overset{\overset{Az}{\|}}{C} - C^6H^5 \;=\; C^6H^5 - \overset{\overset{Az}{\|}}{C} - \overset{\overset{C - C^6H^5}{\|}}{Az}$$

La potasse est sans action sur lui. Le mélange sulfonitrique le transforme en un mélange d'un *dérivé mononitré* fondant à 132° et d'un *dérivé dinitré* fondant à 218-220° [K. Auwers et V. Meyer, *D. chem. G.*, **21**, 809; *Bull. Soc. Chim.*, (2), **50**, 262. — F. Dodge, *Ann. Chem.*, **264**, 178; *Bull. Soc. Chim.*, (3), **8**, 488].

*Dibenzoyl-αα′ furodiazol* (*dibenzoylfurazane*). — Cette combinaison prend naissance dans la réduction du peroxyde correspondant, obtenu par M. A. Hollemann dans l'action de l'acide nitrique fumant sur l'acétophénone [*D. chem. G.*, **20**, 3359; **24**, 860, 2835, *Bull. Soc. Chim.*, (2), **50**, 115; (3), **1**, 99].

Ce peroxyde, réduit par la poudre de zinc en solution alcoolique, se transforme en *dibenzoylglyoxime*,

$$C^6H^5 - CO - \overset{\overset{}{}}{\underset{\underset{AzOH}{\|}}{C}} - \overset{\overset{}{}}{\underset{\underset{AzOH}{\|}}{C}} - CO - C^6H^5,$$

aiguilles brillantes, fondant à 168°. L'ébullition prolongée de la solution alcoolique de cette dernière, ou son traitement par l'anhydride acétique, fournissent le *dibenzoyl-αα′ furodiazol* (*dibenzoylazoxazol*), qui cristallise dans l'alcool, où il est peu soluble, en prismes incolores fondant à 118°.

La *dioxime* cristallise dans le benzène en aiguilles blanches, fondant à 179°.

La *diphénylhydrazone* constitue des aiguilles jaunes fondant à 172° [A. Angeli, *D. chem. G.*, **26**, 527; *Bull. Soc. Chim.*, (3), **10**, 823].

L. Bouveault.

**αβ′ FURODIAZOL** (*méthénylazoxime-méthényle*). — Les très nombreux corps dérivés de ce noyau sont dus presque tous aux travaux de M. Tiemann et de ses élèves. Les réactions générales qui y conduisent sont peu nombreuses, mais chacune d'elles a été appliquée dans un très grand nombre de cas particuliers.

Les groupements fonctionnels qui modifient le noyau αβ′ furodiazol dans ses dérivés sont jusqu'ici peu nombreux ; c'est pourquoi l'on peut considérer tous les dérivés de ce noyau comme des produits de substitution, par des résidus alcooliques ou phénoliques, des corps-types suivants :

αβ′ Furodiazol.     αβ′ Furodiazoline α.

α Amino-αβ′ furodiazoline α.

αβ′ Furodiazolone α.     αβ′ Furodiazol-thione α.

qui se comportent souvent comme le corps tautomère

$$\text{Az} \diagup^{\text{O}}\diagdown \text{C(SH)} \qquad \text{CH} \,|\!|\!_\!|\!| \, \text{Az}$$

αβ′ Furodiazol-thiol α.

Cette remarque rendra compréhensible, sans
plus d'explication, la nomenclature que nous emploierons pour les dérivés de l'αβ′furodiazol.

Nous allons étudier successivement les procédés
généraux qui conduisent à la synthèse des dérivés de chacun de ces corps-types.

αβ′ *Furodiazols substitués*. — Le corps-type
n'est pas connu, pas plus que ses dérivés α ou β′
monosubstitués, tandis qu'on connaît un très
grand nombre de ses dérivés αβ′disubstitués.

D'une manière très générale, on peut dire qu'on
obtient les αβ′furodiazols disubstitués par la
condensation interne, avec perte d'une molécule
d'eau, des amidoximes acidylées :

$$\begin{matrix} \text{OH} & & & & \text{O} \\ \diagup & & & & \diagup\;\diagdown \\ \text{Az} & \text{C O} - \text{R}' & & & \text{Az} \quad \text{C} - \text{R}' \\ |\!| & | & = \text{H}^2\text{O} + & & |\!| \qquad |\!| \\ \text{R} - \text{C} - \text{Az H} & & & & \text{R} - \text{C} - \text{Az} \end{matrix}$$

[F. Tiemann et P. Krüger, *D. chem. G.*, 17, 1685;
*Bull. Soc. Chim.*, (2), 44, 390].

Les acidylamidoximes prenant généralement
naissance en présence des déshydratants, se déshydratent souvent au moment de leur formation,
et l'on obtient directement l'αβ′furodiazol correspondant. M. Tiemann avait donné à ces corps
le nom générique d'*azoximes*.

Les acidylamidoximes (et par suite aussi les
azoximes) prennent naissance quand on traite les
amidoximes par les anhydrides, les chlorures
d'acides, les chloroformes substitués et même,
moins complètement, par les acides aromatiques.

Les acidylamidoximes se forment aussi dans
l'isomérisation incomplète des dioximes des α dicétones aromatiques :

$$\begin{matrix} \text{OH} \quad \text{OH} & & \text{OH} \\ \diagup \quad \diagup & & \diagup \\ \text{Az} \quad \text{Az} & & \text{Az} \quad \text{C O} - \text{R} \\ |\!| \quad |\!| & = & |\!| \qquad | \\ \text{R} - \text{C} - \text{C} - \text{R} & & \text{R} - \text{C} - \text{Az H} \end{matrix}$$

[E. Beckmann, *D. chem. G.*, 20, 1510; *Bull. Soc.
Chim.*, (2), 48, 357. — E. Günther, *D. chem. G.*,
21, 516; *Ann. Chem.*, 252, 44; *Bull. Soc.
Chim.*, (2), 49, 998; (3), 3, 917. — F. Dodge,
*Am. Chem.*, 264, 178; *Bull. Soc. Chim.*, (3),
8, 488. — E. Beckmann et A. Kœster, *Ann.
Chem.*, 274, 1; *Bull. Soc. Chim.*, (3), 10, 995.
— A. Angeli et G. Malagnini, *Gazz. chim. ital.*,
24, 2, 131; *Atti Lincei*, 1894, 2, 37; *Bull. Soc.
Chim.*, (3), 16, 1298.

Un autre procédé, qui se rapproche du précédent, consiste à oxyder par le permanganate
étendu en solution sulfurique les αβ*furodiazolines* α (voyez plus loin), qui prennent naissance dans l'action des aldéhydes sur les amidoximes.

La condensation des acidylamidoximes est un
procédé très général, qui conduit à des αβ′furodiazols dont les 2 atomes d'hydrogène sont remplacés par deux groupements alcooliques ou
phénoliques, identiques ou différents; il en existe
un autre assez curieux qui ne conduit qu'à des
dérivés disubstitués où les groupements substituants sont identiques.

Quand on chauffe une amidoxime avec un acide
aromatique, il se fait un dérivé acidylé de cette
amidoxime, et par suite l'azoxime correspondante; mais si l'on fait réagir un acide gras sur
une amidoxime aromatique, au lieu d'obtenir une
azoxime mixte, on obtient un dérivé de l'αβ′furodiazol substitué par le radical aromatique de
l'amidoxime. La réaction se fait suivant l'équation
suivante :

$$2\left[ \begin{matrix} \text{OH} \\ \diagup \\ \text{Az} \\ |\!| \\ \text{R} - \text{C} - \text{Az H}^2 \end{matrix} \right]$$
$$= \begin{matrix} \text{O} \\ \diagup\;\diagdown \\ \text{Az} \quad \text{C} - \text{R} \\ |\!| \qquad |\!| \\ \text{R} - \text{C} - \text{Az} \end{matrix} + \text{Az H}^3\text{O} + \text{Az H}^3.$$

Il y a donc, en réalité, condensation *interne* de
l'amidoxime seule, avec départ d'ammoniaque et
d'hydroxylamine. Tout se passe comme s'il
y avait condensation entre 1 molécule de l'amidoxime et 1 molécule du nitrile qui leur a donné
naissance avec départ d'ammoniaque; on n'a
d'ailleurs pas encore trouvé le moyen de le réaliser directement.

L'étude plus approfondie de cette curieuse
réaction a montré que la formation de l'azoxime
symétrique était précédée de celle d'un dérivé de
l'α amino-αβ′ *furodiazoline-α*, suivant l'équation

$$2\left[ \begin{matrix} \text{OH} \\ \diagup \\ \text{Az} \\ |\!| \\ \text{R} - \text{C} - \text{Az H}^2 \end{matrix} \right]$$
$$= \begin{matrix} \text{O} \\ \diagup\;\diagdown \\ \text{Az} \quad \text{C} \diagup^{\text{C}-\text{R}}_{\text{Az H}^2} \\ |\!| \qquad | \\ \text{R} - \text{C} - \text{Az H} \end{matrix} + \text{Az H}^3\text{O}.$$

Or ce dérivé aminé est assez peu stable; il suffit
de faire bouillir sa solution dans les acides organiques, ou celle de son chlorhydrate dans l'alcool,
pour le dédoubler en ammoniaque et azoxime
correspondante. Nous étudierons plus loin les
deux procédés qui permettent d'obtenir les
α amino-αβ′*furodiazolines-α* [O. Schulz, *D.
chem. G.*, 48, 1080; *Bull. Soc. Chim.*, (2), 45,
829. — J. Stieglitz, *D. chem. G.*, 22, 3148; *Bull.
Soc. Chim.*, (3), 4, 215. — H. Krümmel, *D.
chem. G.*, 28, 2227; *Bull. Soc. Chim.*, (3), 14,
1519].

Les αβ′furodiazols disubstitués sont des corps
extrêmement stables vis-à-vis de la chaleur, la
plupart distillables sans décomposition à des températures élevées. Ce sont des corps ne jouissant
de propriétés ni acides, ni basiques, insolubles
dans les bases et les acides étendus. La réduction par l'étain et l'acide chlorhydrique les transforme en nitriles :

$$\begin{matrix} \text{O} \\ \diagup\;\diagdown \\ \text{Az} \quad \text{C} - \text{R}' \\ |\!| \qquad |\!| \\ \text{R} - \text{C} - \text{Az} \end{matrix} + \text{H}^2 = \text{H}^2\text{O} + \text{R C Az} + \text{R}'\text{C Az}.$$

La condensation des amidoximes avec les chlorures d'acides et les anhydrides fournit un
certain nombre de cas particuliers intéressants.

1° Le chlorure d'éthyloxalyle se condense avec
les amidoximes en donnant des αβ′ furodiazols

dont l'atome d'hydrogène α est remplacé par le groupement carboxéthyle :

$$\begin{array}{c} OH \\ Az \diagup \quad COCl - CO^2C^2H^5 \\ \| \quad + \\ R - C \, - \, AzH^2 \end{array}$$

$$= HCl + H^2O + \begin{array}{c} O \\ \diagup \; \diagdown \\ Az \quad C - CO^2C^2H^5 \\ \| \quad \| \\ R - C \, - \, Az \end{array}$$

[F. Tiemann, *D. chem. G.*, **22**, 3124; *Bull. Soc. Chim.*, (3), **4**, 210. — A. Wurm, *D. chem. G.*, **22**, 3130; *Bull. Soc. Chim.*, (3), **4**, 212].

2° Les anhydrides des acides bibasiques réagissent sur les mêmes amidoximes en donnant naissance à des acides monobasiques. En particulier, l'anhydride succinique donne lieu à la réaction suivante :

$$\begin{array}{c} OH \\ Az \diagup \quad CO \diagup O - CO \\ \| \quad + \quad \diagdown CH^2 - CH^2 \\ R - C \, - \, AzH^2 \end{array}$$

$$= \begin{array}{c} O \\ \diagup \; \diagdown \\ Az \quad C - CH^2 - CH^2 - CO^2H \\ \| \quad \| \\ R - C \, - \, Az \end{array} + H^2O$$

[O. Schulz, *D. chem. G.*, **18**, 2458, *Bull. Soc. Chim.*, (2), **46**, 598].

3° L'éther acétylacétique réagit également sur les amidoximes, et, ce qui est assez étonnant, il ne réagit que par son carboxéthyle, en donnant un dérivé α acétonylé :

$$\begin{array}{c} OH \\ Az \diagup \quad CO^2C^2H^5 - CH^2 \quad CO - CH^3 \\ \| \quad + \\ R - C \, - \, AzH^2 \end{array}$$

$$= H^2O + C^2H^6O + \begin{array}{c} O \\ \diagup \; \diagdown \\ Az \quad C \quad CH^2 - CO - CH^3 \\ \| \quad \| \\ R - C \, - \, Az \end{array}$$

[F. Tiemann, *D. chem. G*, **22**, 2412; *Bull. Soc. Chim.*, (3), **3**, 926].

Ces dérivés acétonylés jouissent des propriétés des acides faibles; ils donnent des sels assez mal définis et décomposables par l'eau; mais, chauffés avec les alcalis, ils se dédoublent en acétates et en dérivés α méthylés : -

$$\begin{array}{c} O \\ \diagup \; \diagdown \\ Az \quad C - CH^2 - CO - CH^3 \\ \| \quad \| \\ R - C \, - \, Az \end{array} + KOH$$

$$= C^2H^3O^2K + \begin{array}{c} O \\ \diagup \; \diagdown \\ Az \quad C - CH^3 \\ \| \quad \| \\ R - C \, - \, Az \end{array}$$

Ils jouissent des propriétés des acétones et se combinent notamment avec l'hydroxylamine et avec la phénylhydrazine.

*αβ′ Furodiazines α.* — On obtient ces produits par la condensation des amidoximes avec les aldéhydes. La réaction a tellement tendance à se faire, qu'elle a lieu en solution aqueuse en liqueur tiède :

$$\begin{array}{c} OH \\ Az \diagup \quad COH - R' \\ \| \quad + \\ R - C \, - \, AzH^2 \end{array} = H^2O + \begin{array}{c} O \\ \diagup \; \diagdown \\ Az \quad CH - R' \\ \| \quad \| \\ R - C \, - \, AzH \end{array}$$

Ces composés, qui constituent les dérivés dihydrogénés de ceux dont nous venons de nous occuper, possèdent des propriétés très différentes. Comme eux, ils sont stables sous l'action de la chaleur, mais ils constituent des bases assez énergiques, se dissolvant aisément dans les acides étendus. Nous avons vu que les oxydants, et en particulier le permanganate de potassium en solution sulfurique, les transforment aisément dans les αβ′ furodiazols correspondants [F. Tiemann, *loc. cit.*].

*α Amino-αβ′ furodiazolines α.* — Nous avons déjà eu occasion de nous occuper de ces composés en parlant de leur facile transformation en dérivés de l'αβ′ furodiazol par départ d'une molécule d'ammoniaque. Nous avons vu que les dérivés α disubstitués symétriques se rapportant à ce type prennent naissance dans la condensation de 2 molécules d'une amidoxime avec formation d'une molécule d'hydroxylamine. On comprend que cette réaction aura d'autant plus de chance de se faire, que le milieu dans lequel on opérera aura plus d'affinité pour l'hydroxylamine . c'est ce qui explique pourquoi cette réaction se passe surtout en présence des réactifs oxydants, qui transforment en protoxyde d'azote l'hydroxylamine naissante.

La réaction se fait surtout bien quand on traite les amidoximes par le chlorure du diazobenzène; elle s'opère alors suivant l'équation

$$2 \left( \begin{array}{c} AzOH \\ \| \\ R - C - AzH^2 \end{array} \right) + 2 \, (C^6H^5 - Az = AzCl)$$

$$= \begin{array}{c} O \\ \diagup \; \diagdown \\ Az \quad C \diagup R \\ \| \quad | \diagdown AzH^2 \\ R - C \, - \, AzH \end{array} + Az^2O + 2HCl$$

$$+ \; C^6H^3 - Az = Az - AzHC^6H^5$$

En réalité, dans cette réaction, le chlorure de diazobenzène se comporte pour la moitié comme le mélange de chlorhydrate d'aniline et d'acide nitreux qui lui a donné naissance. L'aniline réagit sur la seconde molécule du chlorure diazoïque, tandis que l'acide nitreux est employé à transformer en protoxyde d'azote l'hydroxylamine provenant de la condensation des 2 molécules d'amidoxime. Ce qui montre la justesse de cette explication, c'est qu'effectivement l'acide nitreux seul suffit à réaliser cette réaction; [mais les rendements sont moins bons.

Les autres oxydants faibles, tels que le ferricyanure de potassium, et surtout le chlore et le brome, fournissent la même réaction et donnent également naissance à du protoxyde d'azote :

$$4 \left( \begin{array}{c} OH \\ Az \diagup \\ \| \\ R - C - AzH^2 \end{array} \right) + 2 \, Cl^2$$

$$= 2 \left[ \begin{array}{c} O \\ \diagup \; \diagdown \\ Az \quad C \diagup R \\ \| \quad | \diagdown AzH^2 . HCl \\ R - C \, - \, AzH \end{array} \right] + Az^2O$$

$$+ \; 2HCl + H^2O.$$

Ces dérivés aminés, quoique possédant une certaine stabilité, sont cependant aisément décomposables. Chauffés à sec, ils se décomposent en amidoximes et nitriles :

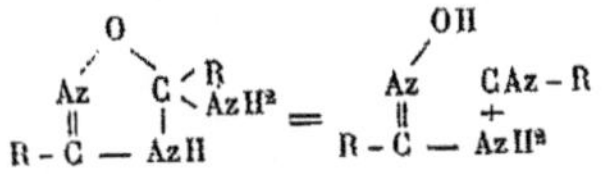

$$
\begin{array}{ccc}
 & O & \\
Az & C{<}^{R}_{AzH^2} & \\
R-C & -AzH &
\end{array}
\;=\;
\begin{array}{ccc}
 & OH & \\
Az & CAz-R & \\
R-C & -AzH^2 &
\end{array}
$$

Traités au contraire par les acides minéraux, ou à l'état de sels minéraux par les acides organiques, ils perdent des sels ammoniacaux et fournissent les azoximes correspondantes [J. Stieglitz, *D. chem. G.*, 22, 3148 ; *Bull. Soc. Chim.*, (3), 4, 215. — H. Krümmel, *D. chem. G.*, 28, 227 ; *Bull. Soc. Chim.*, (3), 14, 1519].

**αβ′Furodiazolones α.** — Ces composés prennent naissance quand on traite les amidoximes par l'oxychlorure de carbone ou mieux par l'éther chlorocarbonique :

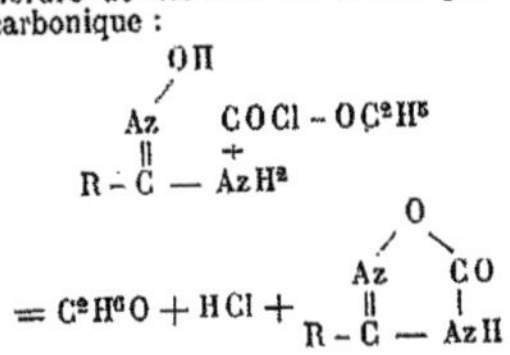

$$
\begin{array}{cc}
 & OH \\
Az & COCl-OC^2H^5 \\
R-C & -AzH^2
\end{array}
$$

$$
=\; C^2H^6O + HCl +
\begin{array}{cc}
 & O \\
Az & CO \\
R-C & -AzH
\end{array}
$$

On pourrait écrire ces composés sous la forme tautomère

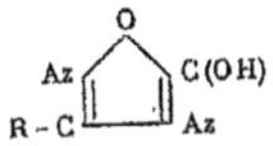

$$
\begin{array}{cc}
 & O \\
Az & C(OH) \\
R-C & Az
\end{array}
$$

qui s'accorderait avec leurs propriétés faiblement acides ; mais les éthers que l'on en obtient contiennent leurs groupes substituants reliés à l'azote. En remplaçant dans leur préparation les amidoximes par des anilidoximes, on obtient directement les dérivés phénylés des αβ′ furodiazolones α :

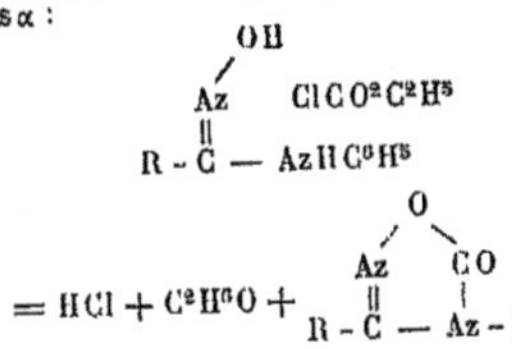

$$
\begin{array}{cc}
 & OH \\
Az & ClCO^2C^2H^5 \\
R-C & -AzHC^6H^5
\end{array}
$$

$$
=\; HCl + C^2H^6O +
\begin{array}{cc}
 & O \\
Az & CO \\
R-C & -Az-C^6H^5
\end{array}
$$

[E. Falck, *D. chem. G.*, 18, 2467 ; *Bull. Soc. Chim.*, (2), 46, 596. — F. Tiemann, *D. chem. G.*, 19, 1668 ; *Bull. Soc. Chim.*, (2), 46, 723].

**αβ′ Furodiazol-thiones α.** — Ces produits se forment comme les précédents, en remplaçant l'oxychlorure par le sulfochlorure de carbone ; le groupement SH y semble plus caractérisé que l'oxhydryle dans les précédents ; aussi préfère-t-on en faire des dérivés de l'αβ′ furodiazol-thiol α [H. Krümmel, *loc. cit.*].

### DÉRIVÉS GRAS DE L'αβ FURODIAZOL.

Les amidoximes de la série grasse ne se combinent pas avec les anhydrides ou les chlorures des acides gras pour donner les azoximes correspondantes. Ce fait, qui semble certain pour l'éthénylamidoxime [E. Nordmann, *D. chem. G.*, 17, 2746 ; *Bull. Soc. Chim.*, (2), 45, 33], est établi pour l'amidoxime dérivée du nitrile de l'acide ca-

proïque normal [O. Jacoby, *D. chem. G.*, 19, 1500 ; *Bull. Soc. Chim.*, (2), 46, 666].

En revanche, les amidoximes de la série grasse se condensent aisément avec les chlorures ou les anhydrides d'acides aromatiques, pour fournir des azoximes mixtes.

On a pu cependant obtenir, dans deux cas particuliers, des produits de substitution de l'αβ′ furodiazol par deux groupes substituants gras l'un et l'autre.

*Anilidoxime de l'acide αβ′ furodiazol-α méthyl-β′ carbonique (oxalène-amidoxime-azoximéthényle),*

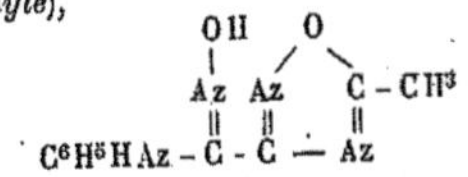

$$
\begin{array}{cccc}
 & OH & O & \\
Az & Az & C-CH^3 & \\
C^6H^5HAz-C & -C & -Az &
\end{array}
$$

— Quand on traite le produit de l'action du cyanogène sur l'aniline, la cyanoformo-phénylamidine (cyananiline),

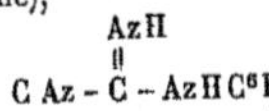

$$
\begin{array}{c}
AzH \\
CAz-C-AzHC^6H^5
\end{array}
$$

par un excès d'hydroxylamine, il y a fixation de 2 molécules de cette dernière, départ d'une molécule d'ammoniaque, et il se forme le composé suivant

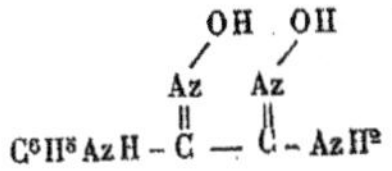

$$
\begin{array}{ccc}
 & OH & OH \\
Az & Az & \\
C^6H^5AzH-C & -C & -AzH^2
\end{array}
$$

*l'oxalène-monophénylamidoxime.* Or les anilidoximes ne se condensent pas avec les anhydrides d'acides pour donner des azoximes ; un côté seulement de la molécule se condense donc :

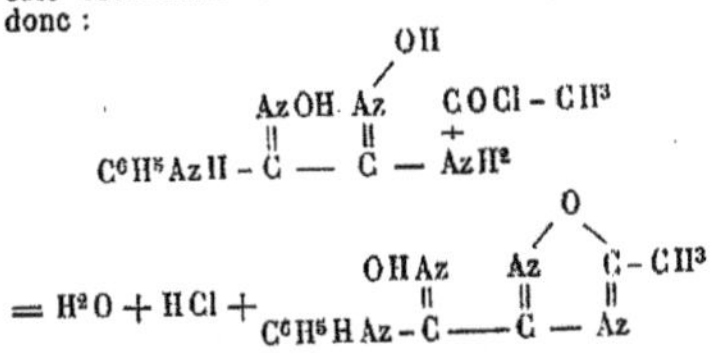

$$
\begin{array}{cccc}
 & & OH & \\
AzOH & Az & COCl-CH^3 & \\
C^6H^5AzH-C & -C & -AzH^2 &
\end{array}
$$

$$
=\; H^2O + HCl +
\begin{array}{cccc}
 & OH Az & Az & O \\
 & & & C-CH^3 \\
C^6H^5HAz-C & -C & -Az &
\end{array}
$$

Ce corps cristallisé dans l'alcool aqueux bouillant est en fines aiguilles, fondant à 172°. Il est presque insoluble dans l'eau froide, peu soluble dans l'eau bouillante, très soluble dans l'alcool, l'éther et le benzène ; il n'est pas très stable [W. Zinkeisen, *D. chem. G.*, 22, 2957 ; *Bull. Soc. Chim.*, (3), 4, 206. — F. Tiemann, *D. chem. G.*, 22, 2942 ; *Bull. Soc. Chim.*, (3), 4, 205].

*αβ′ Furodiazol-α méthyl-β′ (éthyl-oxy 1 trichloro 2) (β trichloro-α oxypropényl azoximéthényle),*

$$
\begin{array}{cc}
 & O \\
Az & C-CH^3 \\
Cl^3C-CH(OH)-C & -Az
\end{array}
$$

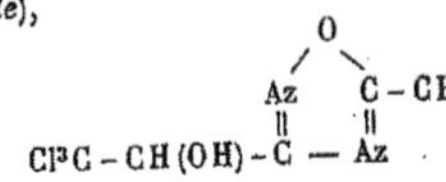

— On obtient ce produit en traitant par l'anhydride acétique l'amidoxime dérivée de l'α oxy β trichloropropionitrile (cyanhydrate du chloral). Il cristallise dans l'eau bouillante en longues aiguilles fondant à 160-161°, très solubles dans l'alcool et dans l'éther, peu solubles dans le benzène [F. Tiemann, *D. chem. G.*, 24, 3648 ; *Bull. Soc. Chim.*, (3), 8, 988. — E. Richter, *D. chem. G.*, 24, 3676 ; *Bull. Soc. Chim.*, (3), 8, 811].

DÉRIVÉS AROMATIQUES MIXTES

Nous avons vu que les dérivés de l'αβ′ furodiazol (azoximes), dont les 2 atomes d'hydrogène de α et β′ sont remplacés par des restes gras, étaient très rares. Au contraire, ceux dans lesquels l'un de ces atomes est remplacé par un groupement aromatique et l'autre par un groupement gras, sont très nombreux ; nous les appellerons dérivés aromatiques mixtes de l'αβ′ furodiazol.

Pour mettre de l'ordre dans la description de ces différents produits, nous décrirons ensemble tous ceux qui possèdent le même groupement aromatique substitué à la même place dans le noyau. Nous formerons ainsi de véritables groupes et, dans chacun de ces groupes, les corps seront rangés dans l'ordre de complication croissante. Par exemple, nous mettrons d'abord tous les dérivés de l'α phényl-αβ′ furodiazol, puis ceux du β′ phényl-αβ′ furodiazol, puis ceux de l'o-crésyle, du m-crésyle, etc. Pour sérier les dérivés du β′ phényl-αβ′ furodiazol, par exemple, nous décrirons d'abord le composé α méthylé et ses dérivés, le composé éthylé et ses dérivés, et ainsi de suite. Nous ne donnons pas aux substitutions rattachées aux atomes d'azote l'importance des substitutions par l'intermédiaire d'un atome de carbone ; aussi chaque corps ayant subi une substitution dans un groupe AzH sera-t-il décrit aussitôt après le corps dont il dérive.

Cette manière de faire permettra de retrouver immédiatement, dans la nombreuse suite de corps que nous allons énumérer, celui qu'on recherche. Elle a, de plus, l'avantage de rassembler ensemble tous ceux qui dans leur préparation ont au moins une matière première commune. Ainsi tous les dérivés du β′ phényl-αβ′ furodiazol sont obtenus en faisant réagir divers réactifs sur la benzénylamidoxime ou l'un de ses dérivés immédiats.

### DÉRIVÉS DE L'α PHÉNYL-αβ′ FURODIAZOL.

*β′ Méthyl-α phényl - αβ′ furodiazol (éthényl-azoxime-benzényle),*

$$\text{Az} \diagup\!\!\diagdown \text{C-C}^6\text{H}^5$$
$$\text{CH}^3\text{-C} \underline{\qquad} \text{Az}$$

— On obtient ce corps en traitant le chlorhydrate d'éthénylamidoxime par le chlorure de benzoyle. Il forme de longues aiguilles blanches fondant à 57° et se sublimant déjà vers 70-80° ; il est facilement volatil avec la vapeur d'eau. Il est très soluble dans l'alcool, l'éther, le chloroforme et le benzène, peu soluble dans l'eau froide, insoluble dans la ligroïne. C'est un corps neutre, soluble sans altération dans l'acide sulfurique concentré [F. Tiemann et P. Krüger, *D. chem. G.,* **17**, 1685 ; *Bull. Soc. Chim.,* (2), **44**, 390. — E. Nordmann. *D. chem. G.,* **17**, 2755 ; *Bull. Soc. Chim.,* (2), **45**, 33].

### DÉRIVÉS DU β′ PHÉNYL-αβ′ FURODIAZOL.

*α (p — Crésylamino) - β′ phényl - αβ′ furodiazol (benzénylazoxime-carbo-o-toluide),*

$$\text{Az} \diagup\!\!\diagdown \text{C - AzH}_{(1)} - \text{C}^6\text{H}^4 - \text{CH}^3_{(4)}$$
$$\text{C}^6\text{H}^3\text{-C} \underline{\qquad} \text{Az}$$

— On fond la benzénylamidoxime et le p-crésylsénévol ; on obtient des cristaux fondant à 135°,

très stables, solubles dans les dissolvants organiques, sauf la ligroïne [H. Koch, *D. chem. G.,* **24**, 398 ; *Bull. Soc. Chim.,* (3), **6**, 469].

*β′ Phényl-αβ′ furodiazol-α one (benzénylazoxime-carbinol, benzénylimidoxime-carbonyle),*

$$\text{Az} \diagup\!\!\diagdown \text{CO}$$
$$\text{C}^6\text{H}^5\text{-C} \underline{\qquad} \text{AzH}$$

— Ce composé se forme par la condensation spontanée du produit

$$\overset{\displaystyle \text{AzH}^2}{\underset{}{|}}$$
$$\text{C}^6\text{H}^5 - \text{C} = \text{Az} - \text{O} - \text{CO}^2\text{C}^2\text{H}^5,$$

qui prend naissance dans la réaction du chlorocarbonate d'éthyle sur la benzénylamidoxime. Il forme des cristaux fondant à 198°, peu solubles dans l'eau froide, plus solubles dans l'eau bouillante, solubles dans l'alcool, l'éther, le chloroforme et le benzène. Ce composé possède des propriétés fortement acides ; il se dissout dans les alcalis et décompose les carbonates ; il fournit un *sel de cuivre* $(\text{C}^8\text{H}^5\text{Az}^2\text{O}^2)\text{Cu}$ et un *sel argentique,* qui, chauffé avec de l'iodure d'éthyle, fournit la *β éthyl-β′ phényl-αβ′ furodiazol-α one (benzényléthylimidoxime-carbonyle),* qui fond à 35-36° et est très soluble dans les dissolvants neutres [E. Falck, *D. chem. G.,* **18**, 2467 et **19**, 1681 ; *Bull. Soc. Chim.,* (2), **46**, 596, 719].

*ββ′ Diphényl-αβ′ furodiazol-α one (benzényl-phénylimidoxime-carbonyle).* — Ce produit prend naissance dans l'action du chlorure de carbonyle sur la benzénylanilidoxime :

$$\underset{\text{C}^6\text{H}^5 - \text{C} \underline{\quad\quad} \text{AzH C}^6\text{H}^5}{\overset{\text{AzOH}\qquad \text{COCl}^2}{\overset{\|\qquad\quad +}{}}}$$

$$= 2\,\text{HCl} + \quad \underset{\text{C}^6\text{H}^5 - \text{C} \underline{\quad} \text{Az C}^6\text{H}^5}{\overset{\text{O}}{\overset{\diagup\diagdown}{\underset{\text{Az}\quad\ \text{CO}}{\overset{\|\quad\ |}{}}}}}$$

Il cristallise dans le benzène en aiguilles blanches, fondant à 166-167°.

Le même réactif, réagissant sur la benzényl-p-toluidoxime, fournit le *β p-crésyl-β′ phényl-αβ′ furodiazol-α one (benzényl-p-crésylimidoxime-carbonyle),* qui cristallise dans l'alcool étendu en aiguilles jaunes, fondant à 163° [H. Müller, *D. chem. G.,* **22**, 2401, *Bull. Soc. Chim.,* (3), **3**, 925].

*β′ Phényl - αβ′ furodiazol - α thiol (benzénylazoxime-thiocarbinol).* — Le thiophosgène réagit sur la benzénylamidoxime en donnant la *thiocarbonyldibenzénylamidoxime,*

$$\underset{\text{Az}\,\text{H}^2 \qquad\qquad\qquad\qquad\qquad\qquad\ \text{Az}\,\text{H}^2}{\overset{}{\underset{}{|\qquad\qquad\qquad\qquad\qquad\qquad\qquad |}}}$$
$$\text{H}^5\text{C}^6 - \text{C} = \text{Az} - \text{O} - \text{CS} - \text{O} - \text{Az} = \text{C} - \text{C}^6\text{H}^5$$

qui, bouillie avec la potasse, se dissout. La solution alcaline, décomposée par un acide, fournit le *benzénylamidoxime-thiocarbinol* en cristaux blancs, fondant à 131°, solubles dans l'alcool, l'éther, le benzène et le chloroforme [H. Krümmel, *D. chem. G.,* **28**, 2227 ; *Bull. Soc. Chim.,* (3), **14**, 1519].

*α Méthyl-β′ phényl-αβ′ furodiazol (benzénylazoxime-éthényle)*

$$\text{Az} \diagup\!\!\diagdown \text{C-CH}^3$$
$$\text{C}^6\text{H}^5\text{-C} \underline{\qquad} \text{Az}$$

— Ce composé prend naissance dans l'action de l'anhydride acétique sur la benzénylamidoxime à 150°. C'est une substance très stable, se sublimant dès la température ordinaire en beaux prismes possédant une odeur particulière et fondant à 41°. Ce corps est très peu soluble dans l'eau, soluble au contraire dans l'alcool et dans le benzène [F. Tiemann et P. Krüger, *D. chem. G.*, 17, 1697; *Bull. Soc. Chim.*, (2), 44, 390].

α *Méthyl-β′ phényl-αβ′ furodiazoline α (éthylidène–benzénylamidoxime, benzénylhydrazoximéthényle).* — L'aldéhyde acétique réagit en solution aqueuse sur la benzénylamidoxime pour fournir ce produit, qui se dépose en prismes rhombiques blancs, fondant à 82°, insolubles dans l'eau froide, un peu solubles dans l'eau chaude, très solubles dans l'alcool, l'acétone, l'éther et le benzène.

Son *chlorhydrate* est obtenu par saturation de la solution du produit dans l'éther absolu; le *chloroplatinate*, $(C^9 H^{10} Az^2 O \cdot HCl)^2 Pt Cl^2$, n'est pas dissocié par l'alcool, mais l'est par l'eau.

L'oxydation de cette hydrazoxime par le permanganate en solution sulfurique fournit l'*α méthyl-β′ phényl-αβ′ furodiazol* [F. Tiemann, *D. chem. G.*, 22, 2415; *Bull. Soc. Chim.*, (2), 3, 926].

*Acide β′ phényl-αβ′ furodiazol-α carbonique (benzénylazoxime-méthénylcarbonique).* — L'éther éthylique de cet acide prend naissance dans l'action du chlorure d'éthyloxalyle sur la benzénylamidoxime.

L'acide, obtenu par saponification de l'éther au moyen d'une lessive aqueuse de potasse et précipitation par un acide minéral, est cristallisé dans l'eau bouillante. Cet acide, soluble dans l'eau bouillante, peu soluble dans l'eau froide, se dissout aisément dans l'éther et dans l'alcool, mais peu dans le chloroforme et pas dans la ligroïne. Il n'est pas volatil avec la vapeur d'eau et forme des aiguilles blanches, fondant à 98° et se charbonnant à une température plus élevée.

Le *sel de potassium* est anhydre et très soluble; le *sel de calcium*, $(C^9 H^5 Az^2 O^3)^2 Ca$, $H^2 O$, est peu soluble; le *sel d'argent*, qui est anhydre, noircit à la lumière; le *sel de cuivre*,

$$(C^9 H^5 Az^2 O^3)^2 Cu,$$

forme une poudre verte. Les sels de plomb donnent un *sel basique* insoluble, $C^9 H^5 Az^2 O^3 Pb O H$.

L'*éther méthylique* cristallise dans l'alcool méthylique en aiguilles soyeuses, fondant à 38°; il est insoluble dans l'eau, l'éther, l'alcool, le chloroforme, le benzène et la ligroïne; il bout à 216°.

L'*éther éthylique* est en belles et longues aiguilles fondant à 51°.

L'*éther benzylique* est en longues aiguilles fondant à 105° et bouillant au-dessus de 300°.

Tous ces éthers, traités par l'ammoniaque alcoolique, donnent naissance à l'*amide*, qui cristallise dans l'alcool en longues aiguilles transparentes, fondant à 173° sans se décomposer, insolubles dans l'eau, solubles dans l'alcool, l'éther, le benzène et le chloroforme.

Le *chlorure d'acide*, obtenu par l'action de l'oxychlorure de phosphore sur le sel de potassium, est liquide et distille à 153-155°. Il réagit à son tour sur la benzénylamidoxime pour donner une combinaison que nous retrouverons plus loin, le -ββ′ *diphénylbi-(αβ′ furodiazyle)* ou *dibenzényldiazoxime-oxalène*,

$$C^6H^5 - \underset{\underset{Az}{\|}}{C} - Az \qquad Az - \underset{\underset{Az}{\|}}{C} - C^6H^5$$

[A. Wurm, *D. chem. G.*, 22, 3130; *Bull. Soc. Chim.*, (3), 4, 212. — F. Tiemann, *D. chem. G.*, 22, 3124; *Bull. Soc. Chim.*, (3), 4, 210].

α *Éthyl- β′ phényl-αβ′ furodiazol (benzénylazoxime-propényle).* — Ce composé, obtenu dans l'action du chlorure de propionyle sur la benzénylamidoxime, constitue une huile incolore, d'odeur aromatique, bouillant à 255°.

α *Éthyl- β′ phényl-αβ′ furodiazol-α ine (benzénylhydrazoxime-propylidène).* — Benzénylamidoxime et aldéhyde propionique. —Cristallise dans l'eau bouillante en cristaux fondant à 64°, peu solubles dans l'eau froide, très solubles dans l'alcool, l'éther, le chloroforme, le benzène et la ligroïne. L'oxydation transforme ce corps dans le précédent [H. Zimmer, *D. chem. G.*, 22, 3142; *Bull. Soc. Chim.*, (3), 4, 213].

α *Propyl-β′ phényl-αβ′ furodiazol (benzénylazoxime-butényle).* — Benzénylamidoxime et anhydride butyrique. — C'est une huile bouillant à 265° [O. Schulz, *D. chem. G.*, 18, 1084; *Bull. Soc. Chim.*, (2), 45, 829].

α *Acétonyl-β′ phényl-αβ′ furodiazol (benzénylazoxime-acététhényle),*

$$C^6H^5 - \underset{\underset{Az}{\|}}{C} - Az \qquad C - CH^2 - CO - CH^3$$

— Ce corps prend naissance par le simple mélange de la benzénylamidoxime et de l'éther acétylacétique. Il cristallise dans l'eau bouillante en prismes courts fondant à 86°, très solubles dans l'alcool, l'éther et le benzène, peu solubles dans la ligroïne. Il jouit de propriétés faiblement acides analogues à celles de l'éther acétylacétique, et est décomposé par les alcalis chauds en acétates et *méthylphénylfurodiazol* fondant à 41° (voyez plus haut) [F. Tiemann, *D. chem. G.*, 22, 2415; *Bull. Soc. Chim.*, (3), 3, 926].

*Acide β′ phényl-αβ′ furodiazol-α propionique (benzénylazoxime-propényl-ω carbonique).* — Cet acide prend naissance quand on traite la benzénylamidoxime par l'anhydride succinique à la température de 100°. Cristallisé dans l'eau bouillante, cet acide fond à 120°; il se dissout aisément dans l'alcool, le chloroforme, l'éther et le benzène; il est peu soluble dans la ligroïne.

Les *sels alcalins* sont très solubles dans l'eau. Le *sel de calcium*, plus soluble à froid qu'à chaud, forme de longues aiguilles,

$$(C^{11} H^9 Az^2 O^3)^2 Ca + 3,5 \, H^2 O.$$

Le *sel de baryum*, soluble, cristallise avec une molécule d'eau; les *sels de cuivre* et *d'argent* sont anhydres et insolubles, le *sel de plomb*,

$$C^{11} H^9 Az^2 O^3 Pb O H,$$

est insoluble et basique.

L'*éther éthylique* forme une huile d'une odeur aromatique qui bout à 255° en se décomposant partiellement.

Le *chlorure d'acide* n'a pu être obtenu à l'état de pureté; l'*amide* au contraire cristallise dans l'alcool étendu en longues aiguilles fondant à 108° [O. Schulz, *D. chem. G.*, 18, 2463; *Bull. Soc. Chim.*, (2), 46, 598].

α *Isopropyl-β′ phényl-αβ′ furodiazol (benzénylazoximinobutényle).* — Ce corps est obtenu par oxydation permanganique de l'*α isopropyl-β′ phényl-αβ′ furodiazol-α ine* (voyez plus loin); c'est une huile bouillant à 253-255°.

α *Isopropyl-β′ phényl-αβ′ furodiazol-α ine (benzénylhydrazoxime-isobutylidène).* — Benzénylamidoxime et aldéhyde isobutylique. — Ce corps cristallise dans l'eau bouillante en aiguilles soyeuses fondant à 96°, solubles dans l'alcool, l'éther, le chloroforme et le benzène, insolubles dans la ligroïne et dans l'eau froide.

α *Isobutyl-β′ phényl-αβ′ furodiazol (benzényl-azoxime-isoaményle)*. — Oxydation manganique de l'α *isobutyl-β phényl-αβ′ furodiazol-α ine* (voyez plus loin). — Huile incolore, d'odeur aromatique, bouillant à 253°.

α *Isobutyl-β′ phényl-β′ furodiazol-α ine (benzénylhydrazoxime-isoamylidène)*. — Benzénylamidoxime et aldéhyde isovalérique. — Ce corps forme des aiguilles fondant à 83°, de solubilité analogue à celles des autres hydrazoximes [H. Zimmer, *D. chem. G.*, 22, 3148; *Bull. Soc. Chim.*, (3), 4, 213].

α *Méthyl β′ (o-oxyphényl) αβ′ furodiazol (salicénylazoximéthényle)*. — Quand on chauffe l'amidoxime correspondant au nitrile salicylique avec la quantité correspondante d'anhydride acétique, on obtient un *dérivé acétylé* fondant à 117° qui, chauffé à 125°, perd une molécule d'eau et se transforme en dérivé du furodiazol.

Ce composé cristallise dans l'alcool en aiguilles soyeuses, fondant à 77°, solubles dans l'alcool, l'éther, le chloroforme, le benzène et les alcalis.

En préparant le sel de sodium de ce phénol et le chauffant avec du chlorure d'acétyle, on obtient son *dérivé acétylé*

$$CH^3 - CO - O - C^6H^4 - C \overset{Az}{\underset{\parallel}{=}} \overset{C - CH^3}{\underset{\parallel}{O}} Az$$

qui fond à 74°, est extrêmement soluble dans tous les dissolvants neutres, ne se dissout plus dans les alcalis et ne colore pas le perchlorure de fer [A. Spilker, *D. chem. G.*, 22, 2784; *Bull. Soc. Chim.*, (3), 5, 110].

*Acide β′ (o-oxyphényl)-αβ′ furodiazol-α propionique (salicénylazoxime-propényl-ω carbonique)*. — Salicénylamidoxime et anhydride propionique. — Cet acide forme de beaux cristaux fondant à 116-117°, solubles dans l'alcool, l'éther et le chloroforme, moins solubles dans le benzène [J.-A. Miller. *D. chem. G.*, 22, 2800; *Bull. Soc. Chim.*, (3), 5, 274].

α *Méthyl- β′-(m- nitrophényl) - αβ′ furodiazol (m-nitrobenzénylazoxyméthényle)*. — m -Nitrobenzénylamidoxime et anhydride acétique. — Aiguilles blanches fondant à 109°, solubles dans l'alcool et dans l'éther [M. Schöpff, *D. chem. G.*, 18, 1067; *Bull. Soc. Chim.*, (2), 45, 832].

α *Méthyl-β′-(m-oxyphényl)-αβ′ furodiazol (m-oxybenzénylazoximéthényle)*. — m-Oxybenzénylamidoxime et anhydride acétique. — Cristallise dans l'alcool aqueux en belles lamelles, fondant à 117°.

*Acide β′-(m-oxyphényl)-αβ′ furodiazol-α propionique (m-oxybenzénylazoxime-propionyl-ω carbonique)*. — m-Oxybenzénylamidoxime et anhydride succinique. — Cet acide forme des lamelles incolores fondant à 123°, solubles dans l'alcool, le chloroforme, le benzène et l'éther chauds, moins solubles dans les dissolvants froids [A. Clemm. *D. chem. G.*, 24, 833; *Bull. Soc. Chim.*, (3), 8, 253].

β′ *(p-Nitrophényl)-αβ′ furodiazol-α one (p-nitrobenzénylimidoxime-carbonyle)*. — Ce composé se forme dans l'action de l'éther chlorocarbonique sur la p-nitrobenzénylamidoxime; il forme de petites aiguilles d'un jaune d'or, solubles dans l'alcool et dans le benzène, fondant à 286° [F. Weise, *D. chem. G.*, 22, 2422; *Bull. Soc. Chim.*, (3), 3, 926].

α *Méthyl-β′ (p-nitrophényl)-αβ′ furodiazol (p-nitrobenzénylazoxime-éthényle)*. — p-Nitrobenzényle-amidoxime et anhydride acétique. — Lamelles soyeuses, insolubles dans l'eau, très solubles dans l'alcool, l'éther et le benzène, fondant à 144°.

α *Méthyl-β′(p-nitrophényl)-αβ′ furodiazoline α (éthylidène-p-nitrobenzénylamidoxime)*. — p-Nitrobenzénylamidoxime et aldéhyde éthylique. — Ce corps est insoluble dans l'eau froide, très peu soluble dans l'eau chaude, soluble dans l'alcool, l'éther et le chloroforme, insoluble dans la ligroïne; il fond à 153°.

α *Chlorométhyl-β′ (p-nitrophényl)-αβ′ furodiazoline-α (monochloréthylidène-p-nitrobenzénylamidoxime)*. — p-Nitrobenzénylamidoxime et éther dichloré, agissant par hydratation comme l'aldéhyde monochlorée. — Ce corps forme des lamelles brillantes fondant à 176°, un peu solubles dans l'eau, très solubles dans l'alcool, moins dans le benzène et dans l'éther, insolubles dans la ligroïne.

α *Acétonyl - β′ (p-nitrophényl) - αβ′ furodiazol (p-nitrobenzénylazoxime-acététhényle)*. — p-Nitrobenzénylamidoxime et éther acétylacétique. — Cristallise dans l'alcool étendu en belles aiguilles d'un jaune d'or, fondant à 140°, très solubles dans l'alcool absolu, moins solubles dans le benzène, insolubles dans la ligroïne.

α *Méthyl-β′ (p-oxyphényl)-αβ′ furodiazol (p-oxybenzénylazoxime-éthényle)*. — p-Oxybenzénaldoxime et anhydride acétique.—Aiguilles blanches fondant à 185°, solubles dans l'alcool, l'éther, le chloroforme et les alcalis, moins solubles dans le benzène et dans l'eau bouillante.

*Acide β′(p-oxyphényl)-αβ′ furodiazol-α propionique (p-oxybenzénylazoxime-propényl-ω carbonique)*. — p-Oxybenzénaldoxime et anhydride succinique. — Cet acide, soluble dans l'alcool et dans l'éther, moins soluble dans le benzène, peu soluble dans le chloroforme, fond à 176° [W. Krone, *D. chem. G.*, 24, 840; *Bull. Soc. Chim.*, (3), 6, 470].

β′(p-Méthoxyphényl)-αβ′ furodiazol-α one (anisénylimidoxime-carbonyle). — Condensation de l'éther chlorocarbonique et de l'anisénylamidoxime. — Cristaux blancs, fondant à 208°, solubles dans l'alcool, l'éther et le chloroforme, moins solubles dans le benzène et dans la ligroïne.

α′ *Méthyl-β′ (p-méthoxyphényl)-αβ′ furodiazol (anisénylazoxime-éthényle)*. — Anisénylamidoxime et anhydride acétique. — Combinaison très soluble dans l'alcool, l'éther, le chloroforme et le benzène, moins soluble dans la ligroïne; aiguilles blanches, fondant à 68°.

α *Méthyl-β′ (p-méthoxyphényl)-αβ′ furodiazoline α (éthylidène-anisénylamidoxime)*. — Anisénylamidoxime et aldéhyde acétique en solution aqueuse. — Aiguilles blanches fondant à 127°,5, solubles dans l'alcool, l'éther, le benzène et le chloroforme, peu solubles dans la ligroïne.

*Acide β′ (p-méthoxyphényl)-αβ′ furodiazol-α propionique (anisénylazoxine - propényl-ω carbonique)*. — Anisénylamidoxime et anhydride succinique. — Cet acide forme des aiguilles jaunes fondant à 140-141°, très solubles dans l'alcool, l'éther et le chloroforme, moins solubles dans le benzène, insolubles dans la ligroïne [F. Miller. *D. chem. G.*, 22, 2794; *Bull. Soc. Chim.*, (3), 5, 274].

α *Méthyl-β′ (méthylène-o-dioxyphényl-3.4)-αβ′ furodiazol (pipéronénylazoxime-éthényle)*. — On l'obtient en faisant réagir l'anhydride acétique sur l'amidoxime dérivée du nitrile pipéronylique. Il fond à 110° et se dissout aisément dans l'alcool, l'éther et le benzène [E. Marcus, *D. chem. G.*, 24, 3650; *Bull. Soc. Chim.*, (3), 8, 808]

### DÉRIVÉS DU β′BENZYL-αβ′ FURODIAZOL.

*α Méthyl-β′ benzyl-αβ′ furodiazol (phényléthé-nylazoxime-éthényle).* — Phényléthénylamidoxime et anhydride acétique. — Huile d'un jaune d'or, bouillant à 262° [P. Knudsen, *D. chem. G.*, **18**, 1071; *Bull. Soc. Chim.*, (2), **45**, 825].

*Acide β′ benzyl-αβ′ furodiazol-α propionique (phényléthénylazoxime - propényl - ω carboni-que).* — Phényléthénylamidoxime et anhydride succinique. — C'est un acide fort, cristallisant en prismes fusibles à 59-60°, très solubles dans l'alcool et dans l'éther, assez solubles dans l'eau chaude [P. Knudsen, *D. chem. G.*, **18**, 2484; *Bull. Soc. Chim.*, (2), **46**, 595].

### DÉRIVÉS DES β′CRÉSYL-αβ′ FURODIAZOLS.

*α Méthyl-β′ (oxy-m-crésyl 3.4) - αβ′ furodiazol (o-homo-p-oxybenzénylazoxime-éthényle),*

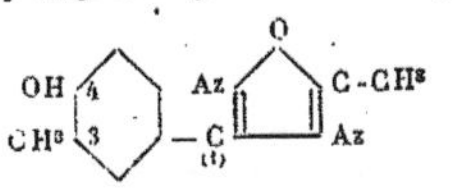

$$\text{OH}\!-\!\underset{4}{\phantom{.}}\quad\underset{3}{\phantom{.}}\!-\!\text{CH}^3\ \text{(noyau)}\ -\ \text{C}_{(1)}\ ;\quad \text{Az}\ /\overset{O}{\diagup}\diagdown\ \text{C-CH}^3\ ,\ \text{Az}$$

— Oxy-m-tolénylamidoxime (3.4) et anhydride acétique. — Fines aiguilles blanches fondant à 89°, insolubles dans l'eau et dans la ligroïne, très solubles dans l'alcool, l'éther, le benzène et le chloroforme [E. Paschen, *D. chem. G.*, **24**, 3675; *Bull. Soc. Chim.*, (3), **8**, 800].

*α Méthyl - α′ (oxy-m-crésyl 3.6) αβ′ furodiazol (p-homosalicénylazoxime-éthényle),*

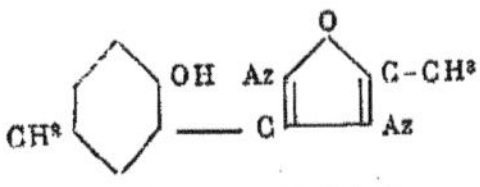

$$\text{CH}^3\ \text{(noyau)}\ \text{OH}\ -\ \text{C}\ ;\quad \text{Az}\ /\overset{O}{\diagup}\diagdown\ \text{C-CH}^3\ ,\ \text{Az}$$

—Oxy-m-tolénylamidoxime (3.6) (p-homosalicényl-amidoxime) et anhydride acétique. — Cristaux très solubles dans les alcalis, l'éther, l'alcool, le benzène et le chloroforme, fondant à 45°.

*Acide β′ (oxy-m - crésyl 3.6) αβ′ furodiazol-α propionique (p-homosalicénylazoxime-pro-pényl - ω carbonique).* — Oxy-m-tolénylami-doxime 3.6 et anhydride succinique. — Cristaux fondant à 103°, très solubles dans l'alcool, l'éther, le benzène et l'eau chaude, moins solubles dans le chloroforme et dans l'eau froide, insolubles dans la ligroïne [O. Goldbeck, *D. chem. G.*, **24**, 3666; *Bull. Soc. Chim.*, (3), **8**, 809].

*Acide α méthyl-ββ′ furodiazol-β′ (m-benzoïque) (acide m-carbonique du benzénylazoxime-éthé-nyle),*

$$\text{CO}^2\text{H}_{(3)} - \text{C}^6\text{H}^4 - \text{C}_{(1)} - \text{Az}\ ;\quad \text{Az}\ /\overset{O}{\diagup}\diagdown\ \text{C - CH}^3$$

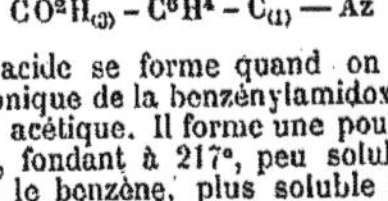

— Cet acide se forme quand on traite l'acide m-carbonique de la benzénylamidoxime par l'an-hydride acétique. Il forme une poudre cristalline blanche, fondant à 217°, peu soluble dans l'eau et dans le benzène, plus soluble dans l'alcool, l'éther et le chloroforme.

*Acide ββ′ furodiazol-α propionique-β′ (m-ben-zoïque), (m-benzényl-ω propényldicarbonique du benzénylazoxime-propionyle).* — Acide benzé-nylamidoxime-m-carbonique et anhydride succi-nique. — Cristallise dans l'eau bouillante en petites aiguilles fondant à 213°, peu solubles dans le benzène, très solubles dans l'alcool, l'éther et le chloroforme.

*β′ p-Crésyl-αβ′ furodiazol-α one (p-homoben-zényl-imidoxime-carbonyle).* — p-Tolénylami-doxime et chlorocarbonate.d'éthyle. — Aiguilles blanches, solubles dans l'eau bouillante et dans les alcalis étendus, fondant à 220°.

*α Méthyl-β′ p-crésyl-αβ′ furodiazol (p-homo-benzénylazoxime-éthényle).* — p-Tolénylami-doxime et anhydride acétique. — Prismes blancs fondant à 80°.

*α Méthyl-β′ p-crésyl-αβ′ furodiazol-α ine (éthy-lidène-p-homobenzénylamidoxime).* — p-Tolé-nylamidoxime et aldéhyde acétique. — Cristaux fondant à 127°,5, solubles dans l'eau chaude, l'alcool, l'éther et le benzène, peu solubles dans la ligroïne.

*α Acétonyl-β′ p-crésyl - αβ′ furodiazol (p-ho-mobenzénylazoxime-acététhényle).* — p-Tolényl-amidoxime et éther acétylacétique. — Cristaux blancs, fondant à 97°, solubles dans l'alcool, l'éther et le benzène.

*Acide β′ p - crésyl - αβ′ furodiazol - α propio-nique (p-homobenzénylamidoxime-propényl-ω carbonique).* — p-Tolénylamidoxime et anhy-dride succinique. — Fines aiguilles blanches, très solubles dans l'alcool, l'éther, le chloroforme et le benzène, insolubles dans la ligroïne [L. Schu-bart, *D. chem. G.*, **22**, 2433; *Bull. Soc. Chim.*, (3), **3**, 928].

*Acide α méthyl-αβ′ furodiazol-β′ (p-benzoïque) (acide p-carbonique du benzénylazoxime-éthé-nyle).* — Acide benzénylamidoxime-p-carbonique et anhydride acétique. — N'a pas été obtenu pur.

*Acide αβ′ furodiazol-α propionique-β′ (p-ben-zoïque) (acide p-benzényl-ω propényldicarbo-nique du benzénylazoxime-propényle).* — Fu-sion de l'acide benzénylamidoxime-p-carbonique et de l'anhydride succinique. — Poudre cristalline peu soluble dans l'eau et dans l'éther, assez soluble dans l'alcool, se charbonnant sans fondre [G. Miller, *D. chem. G.*, **19**, 1493; *Bull. Soc. Chim.*, (2), **46**, 716].

### DÉRIVÉS MIXTES PLUS COMPLIQUÉS.

*α Méthyl-β′ phényléthényl-αβ′ furodiazol (phé-nylallénylazoxime-éthényle),*

$$\text{C}^6\text{H}^5 - \text{CH} = \text{CH} - \text{C} - \text{Az}\ ;\quad \text{Az}\ /\overset{O}{\diagup}\diagdown\ \text{C - CH}^3$$

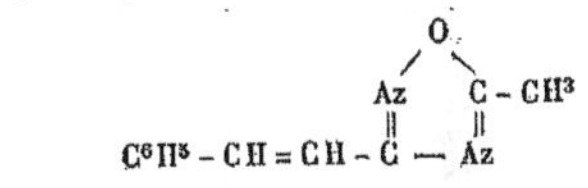

— Cinnaménylamidoxime et anhydride acétique. — Fond à 78° et se sublime aisément.

*Acide β′ phényléthényl-αβ′ furodiazol-α pro-pionique (phénylallénylazoxime - propényl-ω carbonique).* — Cinnaménylamidoxime et anhy-dride succinique. — Acide très soluble fondant à 114°, très soluble dans l'alcool et dans le chloro-forme, moins soluble dans l'éther, le benzène et l'eau chaude [H. Wolff, *D. chem. G.*, **19**, 1511; *Bull. Soc. Chim.*, (2), **46**, 715].

*α Méthyl-β′ (m-xylyl 2.4) αβ′ furodiazol (xyl-énylazoxime-éthényle).* — Diméthylbenzényl-amidoxime 2.4 et anhydride acétique. — Cristaux solubles dans l'alcool et dans l'éther, fondant à 89°.

*Acide β′ (m-xylyl 2.4)-αβ′ furodiazol-α propio-nique (xylénylazoxime-propényl ωcarbonique).* — Diméthylbenzénylamidoxime 2.4 et anhydride propionique. — Acide énergique fondant à 112°, cristallisant en aiguilles blanches solubles dans l'eau chaude, l'alcool, le chloroforme, l'éther et le benzène, insolubles dans la ligroïne [E. Oppenhei-mer, *D. chem. G.*, **22**, 2446; *Bull. Soc. Chim.*, (3), **3**, 929]

### DÉRIVÉS DISUBSTITUÉS AROMATIQUES.

*αβ′ Diphényl-αβ′ furodiazol (dibenzényl-azo-xime).* — Ce corps prend naissance dans l'action de la chaleur sur la benzoylbenzénylamidoxime [F. Tiemann et P. Krüger, *D. chem. G.*, **17**, 1695; *Bull. Soc. Chim.*, (2), **44**, 390].

Il se forme également dans l'action des isomérisants déshydratants sur les dioximes du benzile [E. Beckmann, *D. chem. G.*, **20**, 1510; *Bull. Soc. Chim.*, (2), **48**, 357. — E. Günther, *D. chem. G.*, **21**, 516; *Ann. Chem.*, **252**, 44; *Bull. Soc. Chim.*, (2), **49**, 998; (3), **3**, 917. — F. Dodge, *Ann. Chem.*, **264**, 178; *Bull. Soc. Chim.*, (3), **8**, 488. — E. Beckmann et A. Kœster, *Ann. Chem.*, **274**, 1; *Bull. Soc. Chim.*, (3), **10**, 995. — A. Angeli et G. Malagnini, *Gazz. chim. ital.*, **24**, (2), 131. — *Atti Lincei*, 1894, **2**, 37; *Bull. Soc. Chim.*, (3), **16**, 1298].

Ce composé est presque insoluble dans l'eau, très soluble dans l'alcool, l'éther et le benzène. Il se sublime en longues aiguilles blanches, fondant à 108° et bouillant sans altération à 290° [F. Tiemann et P. Krüger, *loc. cit.*].

*α Amino-αβ′ diphényl-αβ′ furodiazol-α ine (benzénylhydrazoxime-aminobenzylidène),*

$$\text{Az} \overset{O}{\diagdown} \; \text{C} < \frac{C^6 H^5}{Az H^2}$$
$$C^6 H^5 - C \underline{\qquad} Az H$$

— Ce composé se forme dans l'action sur la benzénylamidoxime du chlorure de diazobenzène, de l'acide nitreux, du ferrocyanure de potassium, du chlore et du brome; nous avons exposé dans les généralités de cet article le mécanisme de sa formation.

Son meilleur mode de préparation consiste à faire tomber du brome goutte à goutte dans une solution acétique de benzénylamidoxime; le bromhydrate qui se dépose est ensuite décomposé par l'ammoniaque.

L'α amino - αβ′ diphényl - αβ′ furodiazol - α ine cristallise en tables rhombiques fondant à 124-125°, insolubles dans l'eau, peu solubles dans l'éther, plus solubles dans l'alcool, le benzène et le chloroforme, presque insolubles dans la ligroïne.

Ce corps est peu stable; au-dessus de son point de fusion, il se décompose en benzonitrile et benzénylamidoxime. Il possède les propriétés d'une base faible : ses sels sont dissociables par l'eau.

Le *chlorhydrate*, obtenu par saturation de la solution chloroformique, fond à 144-145°. Le *chloroplatinate* semble amorphe et fond à 125°,5; il a pour formule [C¹⁴H¹³Az³O²HCl]²PtCl⁴, 2H²O.

Le *bromhydrate*, obtenu, comme nous l'avons vu plus haut, dans l'action du brome sur la benzénylamidoxime, fond à 132°.

Le chlorhydrate ou le bromhydrate, chauffés en solution alcoolique avec l'acide acétique cristallisable, se dédoublent en sel ammoniacal correspondant et αβ′ *diphényl-αβ′ furodiazol* (voyez plus haut) [F. Stieglitz, *D. chem. G.*, **22**, 3148; *Bull. Soc. Chim.*, (3), **4**, 215. — H. Krümmel, *D. chem. G.*, **28**, 2227; *Bull. Soc. Chim.*, (3), **14**, 1519].

*α Phényl-β′ (o-oxyphényl)-αβ′furodiazol (salicénylazoxime-benzényle).* — Se prépare avec la salicénylamidoxime et le chlorure de benzoyle à chaud, et aussi par déshydratation spontanée de la benzoylsalicénylamidoxime. La transformation est intégrale quand on chauffe le corps pendant quelque temps à 180°.

Le nouveau corps cristallise en aiguilles blanches fusibles à 128°, solubles dans les alcalis, insolubles dans l'eau, très solubles dans l'alcool, l'éther, le chloroforme et le benzène. Ce corps donne avec le chlorure ferrique une intense coloration violette [A. Spilker, *D. chem. G.*, **22**, 2781; *Bull. Soc. Chim.*, (3), **5**, 110].

*α Phényl-β′ (m-nitrophényl)-αβ′ furodiazol (m-nitrobenzénylazoxime-benzényle).* — m-Nitrobenzénylamidoxime et chlorure de benzoyle. — Aiguilles blanches fondant à 160°, sublimables, solubles dans l'alcool, l'éther, le benzène, insolubles dans la ligroïne [M. Schöpf, *D. chem. G.*, **18**, 1067; *Bull. Soc. Chim.*, (2), **45**, 832].

*α Phényl-β′ (m-aminophényl)-αβ′ furodiazol (m-aminobenzénylamidoxime-benzényle).* — Ce corps est obtenu par réduction du précédent au moyen du sulfure d'ammonium en solution alcoolique. Il est sublimable, fond à 143°, est soluble dans l'alcool, l'éther, le benzène et le chloroforme, insoluble dans la ligroïne, l'eau et les alcalis, soluble dans les acides minéraux, avec lesquels il donne des sels peu solubles.

Le *chlorhydrate* est très peu soluble, même dans l'eau chaude; le *chloroplatinate* a pour formule (C¹⁴H¹¹Az³O . HCl)²PtCl⁴.

Le *dérivé benzoylé* cristallise en aiguilles fondant à 213°, insolubles dans les liqueurs aqueuses, solubles dans les dissolvants organiques neutres, sauf dans la ligroïne.

*α Phényl-β′ (m-oxyphényl)-αβ′ furodiazol (m-oxybenzénylazoxime-benzényle).* — Ce composé prend naissance dans l'action du nitrite de sodium sur le précédent [M. Schöpf, *D. chem. G.*, **18**, 2475; *Bull. Soc. Chim.*, (2), **46**, 595], ou dans l'action du chlorure de benzoyle sur la m-oxybenzénylamidoxime [A. Clemm, *D. chem. G.*, **24**, 831; *Bull. Soc. Chim.*, (3), **8**, 253]. Il forme des aiguilles jaunes, fondant à 163°, très solubles dans l'alcool, l'éther, le benzène et le chloroforme, insolubles dans la ligroïne.

Son *éther éthylique*, obtenu par l'action de l'iodure d'éthyle sur le sel potassique, forme une masse cristalline, fondant à 71°, insoluble dans les alcalis [M. Schöpff, *loc. cit.*].

Son *dérivé benzoylé* est en petites aiguilles, peu solubles dans l'éther et fondant à 146° [A. Clemm, *loc. cit.*].

*αβ′ Di-(m-nitrophényl)-αβ′furodiazol (m-nitrobenzénylazoxime-m-nitrobenzényle).* — Ce composé prend naissance dans l'action du chlorure de m-nitrobenzoyle sur la m-nitrobenzénylamidoxime, ou lorsqu'on traite par l'acide acétique bouillant le *bromhydrate d'α amino-αβ′ di-(m-nitrophényl)-αβ′ furodiazol-α ine*, obtenu dans l'action du brome sur la m-nitrobenzénylamidoxime. Ce corps se sublime en fines aiguilles, peu solubles dans l'alcool froid, l'éther, le benzène et le chloroforme, solubles dans l'alcool chaud et dans l'acide acétique bouillant.

La *β aminofurodiazoline* correspondante, mise en liberté de son bromhydrate, obtenue par l'action du diazobenzène-sulfonate de sodium sur la m-nitrobenzénylamidoxime, est peu soluble dans les dissolvants et fond à 150-151° [F. Stieglitz, *D. chem. G.*, **22**, 3152; *Bull. Soc. Chim.*, (3), **4**, 215].

*α Phényl-β′ (p-nitrophényl)-αβ′ furodiazol (p-nitrobenzénylazoxime-benzényle).* — Par la p-nitrobenzénylamidoxime et le chlorure de benzoyle. — Petits cristaux blancs, aiguilles fondant à 198°, insolubles dans l'eau et dans la ligroïne, peu solubles dans l'alcool froid, assez solubles dans l'éther, le benzène et l'acide acétique [F. Weise, *D. chem. G.*, **22**, 2421; *Bull. Soc. Chim.*, (3), **3**, 926].

*α Phényl-β′ (p-oxyphényl) αβ′furodiazol (p-oxybenzénylazoxime-benzényle).* — p-Nitrobenzénylamidoxime et chlorure de benzoyle. — Lamelles blanches fondant à 183°, solubles dans l'alcool, l'éther et les alcalis.

Son *dérivé benzoylé* fond à 140°; il est très soluble dans l'éther, le chloroforme et le benzène [W. Krone, *D. chem. G.*, 24, 837; *Bull. Soc. Chim.*, (3), 6, 470].

α *Phényl-β′ (p-méthoxyphényl)-αβ′ furodiazol (anisénylazoxime-benzényle).* — Anisénylamidoxime et chlorure de benzoyle. — Lamelles blanches fondant à 102°,5, très solubles dans l'alcool, l'éther, le chloroforme et le benzène [J. Miller, *D. chem. G.*, 22, 2795; *Bull. Soc. Chim.*, (3), 5, 274].

α *Phényl-β′ benzyl-αβ′ furodiazol (phényléthénylazoxime-benzényle).* — Phényléthénylamidoxime et chlorure de benzoyle. — Cristallisé dans l'alcool en belles aiguilles blanches fondant à 82° [P. Knudsen, *D. chem. G.*, 18, 1071; *Bull. Soc. Chim.*, (2), 45, 825].

α *Benzyl - β′ phényl - αβ′ furodiazol (benzénylamidoxime-phényléthényle).* — Par oxydation de son dérivé hydrogéné, obtenu lui-même dans l'action de l'aldéhyde phénylacétique sur la benzénylamidoxime. — Il fond à 118°, est très soluble dans l'alcool et dans le chloroforme, peu soluble dans l'éther et le benzène.

La *furodiazoline* correspondante fond à 136°, est peu soluble dans l'eau bouillante, très soluble dans l'éther, le chloroforme et le benzène [H. Zimmer, *D. chem. G.*, 22, 3140; *Bull. Soc. Chim.*, (3), 4, 213].

α *Phényl-β′ (o-crésyl)-αβ′ furodiazol (o-homobenzénylazoxime-benzényle).* — o-Tolénylamidoxime et chlorure de benzoyle. — Ce corps fond à 80° et est en aiguilles blanches très solubles dans les dissolvants organiques [L. Schubart, *D. chem. G.*, 22, 2440; *Bull. Soc. Chim.*, (3), 3, 928].

*Acide α phényl-αβ′ furodiazol-β′ (phényl-o-carbonique) (benzénylazoxime-benzényl-o-carbonique).* — Benzénylamidoxime et anhydride phtalique. — Cristallise dans l'alcool en aiguilles fondant à 151°, très solubles dans le chloroforme, l'alcool et l'éther, moins solubles dans le benzène et dans la ligroïne, insolubles dans l'eau.

Les *sels alcalins* sont très solubles, le *sel de baryum* ($C^{18} H^9 Az^2 O^3)^2 Ba$, 4 $H^2O$ assez soluble, le *sel de calcium* très soluble; les *sels de cuivre*, *d'argent*, le *sel basique de plomb* sont insolubles.

L'*éther éthylique* est huileux et n'a pu être distillé, même dans le vide.

L'*amide* est en aiguilles microscopiques fondant à 160° [O. Schulz, *D. chem. G.*, 18, 2464; *Bull. Soc. Chim.*, (2), 46, 598].

α *Phényl - β′ (m - oxycrésyl 3.2)-αβ′ furodiazol (o-homosalicénylazoxime-benzényle),*

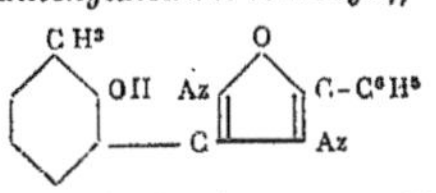

$$CH^3 \quad\quad O$$
$$\text{OH—} \langle \text{benzène} \rangle \text{—C—} \langle \text{Az—C — C—C}^6H^5 \text{—Az} \rangle$$

— Oxy-m-tolénylamidoxime 3.2 et chlorure de benzoyle. — Aiguilles blanches, fondant à 150°, solubles dans l'eau bouillante, l'alcool, l'éther, le benzène et le chloroforme [E. Paschen, *D. chem. G.*, 24, 3671; *Bull. Soc. Chim.*, (3), 8, 811].

α *Phényl- β′ (oxy-m-crésyl 3.4)-αβ′ furodiazol (p-homosalicénylazoxime-benzényle),*

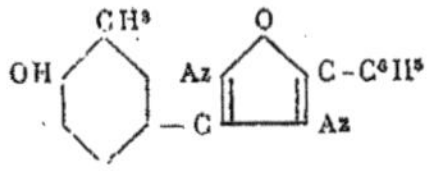

$$CH^3 \quad\quad O$$
$$\text{OH—} \langle \text{benzène} \rangle \text{—C—} \langle \text{Az — C—C}^6H^5 \text{—Az} \rangle$$

— Condensation du dérivé benzoylé de l'oxy-m-tolénylamidoxime 3.4. — Cristaux fondant à 151°, solubles dans l'alcool, l'éther, le chloroforme, le benzène et la ligroïne [O. Goldbeck, *D. chem. G.*, 24, 3665; *Bull. Soc. Chim.*, (3), 8, 809].

*Acide α phényl- αβ′ furodiazol - β′ phényl-m-carbonique (acide m-carbonique de la benzénylazoxime-benzényle).* — Acide benzénylamidoxime-m-carbonique et chlorure de benzoyle. — Poudre cristalline fondant à 218°, soluble dans l'acide acétique cristallisable, l'alcool et l'éther, insoluble dans l'eau, le benzène et le chloroforme [L. Schubart, *D. chem. G.*, 19, 1497; *Bull. Soc. Chim.*, (2), 46, 719].

α *Phényl-β′ (p-crésyl)-αβ′ furodiazol (p-homobenzénylazoxime-benzényle).* — p-Toluénylamidoxime et chlorure de benzoyle. — Fines aiguilles blanches, fondant à 103°, solubles dans l'éther, le benzène et le chloroforme [L. Schubart, *loc. cit.*].

*Acide α phényl-αβ′ furodiazol-β′ (phényl-p-carbonique).* — Acide benzénylamidoxime-p-carbonique et chlorure de benzoyle. — Cet acide n'a pu être séparé complètement de l'acide benzoïque qui l'accompagne (L. Schubart).

α *Phényl - β′ (phényléthényl) - αβ′ furodiazol (phénylallénylazoxime-benzényle).* — Cinnaménylamidoxime et chlorure de benzoyle. — Fond à 102°; aiguilles blanches très solubles dans les dissolvants organiques [H. Wolff, *D. chem. G.*, 19, 1509; *Bull. Soc. Chim.*, (2), 46, 715].

αβ′ *Di-(o-crésyl)-αβ′ furodiazol (di-o-homobenzénylazoxime).* — o-Toluénylamidoxime et chlorure d'o-toluyle. — Fines aiguilles fondant à 58-59° et très solubles dans les dissolvants organiques.

α *Amino - di - (o-crésyl) - αβ′ furodiazol - α ine (o-benzénylhydrazoxime-amino-o-homobenzylidène).* — o-Toluénylamidoxime et diazobenzènesulfonate de sodium. — Beaux cristaux fondant à 109-110°, très solubles dans les dissolvants organiques et dans l'eau bouillante [F. Stieglitz, *D. chem. G.*, 22, 3155; *Bull. Soc. Chim.*, (3), 4, 215].

*Di-p-crésyl-αβ′ furodiazol (di-homobenzénylazoxime).* — Action de l'acide acétique cristallisable bouillant sur la p-toluénylamidoxime. Longues aiguilles blanches fondant à 135°, insolubles dans l'eau, très solubles dans les dissolvants organiques usuels [L. Schubart, *D. chem. G.*, 24, 2437; *Bull. Soc. Chim.*, (3), 3, 928].

α *Phényl - β′ (p - cyanobenzyl) - αβ′ furodiazol (p cyanophényléthénylazoxime-benzényle).* — Condensation du dérivé benzoylé de la p-cyanophényléthénylamidoxime. — Ce corps fond à 105° et se dissout dans les dissolvants neutres, sauf dans la ligroïne [E. Rosenthal, *D. chem. G.*, 22, 2984; *Bull. Soc. Chim.*, (3), 4, 209].

α *Phényl-β′ (m-xylyl 2.4)-αβ′ furodiazol (xylényl-azoxime-benzényle).* — m-Xylénylamidoxime-2.4 et chlorure de benzoyle. — Cristaux blancs fondant à 158°, très solubles dans les dissolvants organiques, sauf dans la ligroïne [E. Oppenheimer, *D. chem. G.*, 22, 2445; *Bull. Soc. Chim.*, (3), 3, 929].

DÉRIVÉS NAPHTALIQUES. — β′ (α *Naphtyl)-αβ′ furodiazol - α one (α naphténylimidoxime-carbonyle).* — α Naphténylamidoxime et chlorocarbonate d'éthyle. — Aiguilles blanches fusibles à 189°, insolubles dans l'eau et dans la ligroïne, peu solubles dans l'éther, le benzène, le chloroforme, très solubles dans l'alcool.

β′ (β *Naphtyl)-αβ′ furodiazol-α one (β-naphté-*

nylimidoxime-carbonyle). — β Naphténylamidoxime et chlorocarbonate d'éthyle. — Elle cristallise dans le benzène en aiguilles blanches fondant à 216°.

α *Méthyl-β′ (β naphtyl)-αβ′ furodiazol* (β *naphténylazoxime - benzényle*). — β Naphténylamidoxime et anhydride acétique. — Lamelles blanches fondant à 116°, très solubles dans les dissolvants organiques.

α *Méthyl - β′ (β naphtyl) - αβ′ furodiazol-α ine* (*éthylidène-β naphténylamidoxime*). — β Naphténylamidoxime et aldéhyde éthylique. — Cristallise dans l'eau bouillante en aiguilles concentriques fondant à 121-122°, très solubles dans les dissolvants organiques.

α *Acétonyl-β′ (β naphtyl)-αβ′ furodiazol* (β *naphténylazoxime-acététhényle*). — β Naphténylamidoxime et éther acétylacétique. — Lamelles blanches fondant à 108-109°, très solubles dans les dissolvants organiques, sauf dans la ligroïne [E. Richter, *D. chem. G.*, 22, 2457; *Bull. Soc. Chim.*, (3), 3, 931].

α *Phényl-β′ (naphtyl)-αβ′ furodiazol* (β *naphtylène-azoxime-benzényle*). — La β naphtylène-azoxime benzoylée chauffée au-dessus de son point de fusion fournit ce nouveau corps, cristallisé en lamelles blanches fondant à 116°, solubles dans tous les dissolvants organiques [E. Richter, *loc. cit.*].

DÉRIVÉS PYRIDIQUES. — α *Méthyl-β′ (β phényl)-αβ′ furodiazol* (*nicoténylazoxime-éthényle*). — La nicoténylamidoxime se laisse facilement acétyler. Le *dérivé acétylé* qui fond à 143°, chauffé avec précaution, perd une molécule d'eau. Le nouveau corps fond à 109°; il est soluble dans l'eau, les acides et les dissolvants organiques.

*Acide* β′ (β *pyridyl*)-αβ′ *furodiazol-α propionique* (*nicoténylazoxime - propényl - ω carbonique*). — Nicoténylazoxime et anhydride succinique. — Cet acide fond à 178°; il est soluble dans l'eau et dans les dissolvants organiques, sauf la ligroïne. Il est soluble dans les acides étendus et dans l'ammoniaque.

α *Phényl-β′,(β pyridyl)-αβ′ furodiazol* (*nicoténylazoxime-benzényle*). — On fait chauffer pendant quelque temps avec de l'eau la benzylnicoténylamidoxime. Composé fondant à 139°, soluble dans les acides, insoluble dans l'eau et dans les bases, soluble dans les dissolvants organiques [L. Michaelis, *D. chem. G.*, 24, 3441; *Bull. Soc. Chim.*, (3), 8, 985].

β′ (*p-quinoléyl*)-αβ′ *furodiazol-α one* (*quinoléine-p-méthénylimidoxime-carbonyle*). — La p-cyanoquinoléine fournit une amidoxime, la p-quinoléylméthénylamidoxime, qui réagit sur le chlorocarbonate d'éthyle en donnant des aiguilles blanches fondant à 155°, très peu solubles dans l'eau bouillante, assez solubles dans l'alcool, l'éther, le chloroforme et le benzène bouillant.

α *Méthyl-β′ (p-quinoléyl)-αβ furodiazol* (*quinoléine-p-méthénylazoxime-éthényle*). — p-Quinoléylméthénylamidoxime et anhydride acétique. — Aiguilles soyeuses, fondant à 175°, solubles dans les dissolvants organiques.

β′ (*p-quinoléyl*) - αβ′ *furodiazol-α* (*phényl-o-carbonique*) (*quinoléine-p-méthénylazoxime-benzényl-o-carbonique*). — p-Quinoléylméthénylamidoxime et anhydride phtalique. — Aiguilles blanches fondant à 203° [F. Biedermann, *D. chem. G.*, 22, 2761; *Bull. Soc. Chim.*, (3), 4, 203].

DÉRIVÉS DE NOYAUX DIVERS. — α *Méthyl-β′ (ν phényl-β′ méthyl-αβ′ pyrrodiazyle)-αβ′ fu-*rodiazol (*phénylméthyltriazénylazoxime benzényle*),

```
                          O
                         / \
        Az C⁶H⁵   Az      C - CH³
        / \       ||       ||
      Az    C  —  C  —  Az
      ||    ||
CH³ - C  —  Az
```

— Le phénylméthylcyano-αβ′ pyrrodiazol fournit une amidoxime qui se condense avec l'anhydride acétique en donnant le corps en question, cristallisant aisément et fondant à 105°,5; il est très soluble dans les dissolvants organiques.

α *Phényl-β′ (ν phényl-β′ méthyl-αβ′ pyrrodiazyle)-αβ′ furodiazol* (*phénylméthyltriazénylazoxime-benzényle*). — La même amidoxime se condense avec le chlorure de benzoyle; le produit obtenu est cristallisé et fond à 166-167°.

α *Méthyl-β′ (νβ′ diphényl-αβ′ pyrrodiazyle) αβ′ furodiazol* ( *diphényltriazénylazoxime - éthényle*),

```
                          O
                         / \
        Az C⁶H⁵   Az      C - CH³
        / \       ||       ||
      Az    C  —  C  —  Az
      ||    ||
C⁶H⁵ - C  —  Az
```

— Le diphénylcyano-αβ′ furodiazol fournit de même une amidoxime qui se condense avec l'anhydride acétique; le produit obtenu, insoluble dans l'eau, très soluble dans l'alcool, est peu soluble dans l'éther; il fond sans décomposition à 152-153°.

α *Phényl - β′ (νβ′ diphényl - αβ′ pyrrodiazyle-furodiazol*) (*diphényltriazénylazoxime-benzényle*). — La même amidoxime fournit un dérivé benzoylé qui se condense; le produit obtenu forme des aiguilles blanches, fondant à 205°,5-206°, solubles dans l'alcool.

Le ν phényl - α cyano - αββ′ pyrrotriazol donne une amidoxime qui fournit elle-même des dérivés acétylés et benzoylés :

```
                       O
                      / \
    Az C⁶H⁵  Az       CO - CH³
    / \      ||
  Az     C — C — Az H²
  ||     ||
  Az  —  Az
```

et

```
                        O
                       / \
    Az C⁶H⁵  Az        CO - C⁶H⁵
    / \      ||
  Az     C — C — Az H²
  ||     ||
  Az  —  Az
```

mais on n'a pu les transformer en azoximes correspondantes [F. Bladin, *D. chem. G.*, 22, 1750].

DÉRIVÉS CONTENANT PLUSIEURS NOYAUX
αβ′ FURODIAZOL.

*Bi-β′ (α méthyl-αβ′ furodiazyle)* (*oxalène-diazoxime-diéthényle*). — L'oxalène-diamidoxime dérivée du cyanogène, traitée par l'anhydride acétique, se condense de la manière habituelle :

```
        HO           OH
         \           /
CH³ - COCl   Az    Az    COCl - CH³
   +         ‖      ‖        +
  AzH²  —    C  —   C  —   AzH²

              O          O
             / \        / \
     CH³ · C   Az     Az   C - CH³
= 2 HCl +  ‖    ‖      ‖    ‖
          Az — C  —   C — Az
```

Ce composé cristallise en aiguilles blanches fondant à 164-165°, presque insolubles dans l'eau, même bouillante, solubles dans l'alcool et dans le chloroforme, peu solubles dans le benzène, presque insolubles dans l'éther et dans la ligroïne [W. Zinkeisen, *D. chem. G.*, 22, 2950; *Bull. Soc. Chim.*, (3), 4, 206].

*Bi-β′(α méthyl-αβ′furodiazo-αinyle) (oxalène-dihydrazoxime-diéthylidène).* — Obtenu dans la réaction de l'aldéhyde éthylique sur l'oxalène-diamidoxime. Fines aiguilles blanches fondant à 198°, solubles dans l'eau bouillante, le chloroforme et l'alcool, peu solubles dans l'éther, insolubles dans la ligroïne et dans l'eau.

L'oxydation par le permanganate transforme aisément ce corps dans le précédent [D. Vorländer, *D. chem. G.*, 24, 814; *Bull. Soc. Chim.*, (3), 6, 432].

*Acide bi-β′ (αβ′furodiazyl-αpropionique) (oxalène-diazoxime-dipropényle-di-ωcarbonique),*

```
                  O          O
                 / \        / \
CO²H-CH²-CH²-C   Az   Az   C-CH²-CH²-CO²H
             ‖    ‖    ‖    ‖
            Az - C  - C - Az
```

— On chauffe à 140-150° un mélange d'oxalène-diamidoxime et d'anhydride succinique. Cet acide forme de longues et fines aiguilles jaunes fondant vers 200°, très solubles dans l'alcool et dans le chloroforme, insolubles dans l'éther, le benzène et la ligroïne.

*Bi-β′ (α phényl-αβ′furodiazyle) (oxalène-diazoxime-dibenzényle),*

```
                 O          O
                / \        / \
   C⁶H⁵ - C   Az   Az   C - C⁶H⁵
          ‖    ‖    ‖    ‖
         Az — C  - C — Az
```

— Oxalène-diamidoxime et chlorure de benzoyle en excès. — Aiguilles blanches fondant à 246°, très stables, insolubles dans l'eau, l'alcool et l'éther, solubles dans le benzène et dans le chloroforme [W. Zinkeisen, *loc. cit.*].

Un isomère de ce corps, le *bi-α(β′phényl-αβ′ furodiazyle) (dibenzényldiazoximoxalène)*, prend naissance dans l'action de la benzénylamidoxime sur le chlorure de l'*acide β′phényl-αβ′furodiazol-αcarbonique*,

```
           O H              O
          /               / \
      Az    COCl - C    Az
      ‖       +      ‖    ‖
 C⁶H⁵ - C — AzH²   Az — C - C⁶H⁵
```

Il forme de petites lamelles d'un jaune clair fondant à 142°, très solubles dans l'éther, l'alcool et la ligroïne, peu solubles dans le chloroforme, insolubles dans le benzène [A. Wurm, *D. chem. G.*, 22, 3139; *Bull. Soc. Chim.*, (2), 4, 212].

---

*Di-β′(α méthyl-αβ′ furodiazyle-méthane) (malonène-diazoxime-diéthényle).* — On chauffe à 160° le dérivé diacétylé de la malonène-diamidoxime préparée à l'aide du nitrile malonique. Ce corps forme de petites tables hexagonales incolores, qui se ramollissent à 92° et fondent à 99°; il est soluble dans l'eau, l'alcool, le chloroforme, le benzène, moins soluble dans l'éther et la ligroïne.

*Di-β′ (α phényl-αβ′furodiazyle)-méthane (malonène-diazoxime-dibenzényle),*

```
            O                O
           / \              / \
  C⁶H⁵ - C   Az          Az   C - C⁶H⁵
         ‖    ‖            ‖    ‖
        Az — C - CH² - C — Az
```

— On l'obtient en chauffant avec de la soude à 10 0/0 la dibenzoylmalonène-diamidoxime; il fond à 175° et est très soluble dans les dissolvants organiques [H. Schmidtmann, *D. chem. G.*, 25, 1170; *Bull. Soc. Chim.*, (3), 16, 1354].

*Di-β′ (α phényl-αβ′ furodiazyle)-méthane-1.2 (succinène-diazoxime-dibenzényle).* — On chauffe en tube scellé à 150-160°, pendant 5 heures, la dibenzoylsuccinène-diamidoxime avec de l'eau. Le nouveau corps fond à 158-159°; il est soluble dans le benzène et dans l'alcool chauds, insoluble dans l'eau, l'alcool froid, la ligroïne et le chloroforme [F. Sembritzki, *D. chem. G.*, 22, 2960; *Bull. Soc. Chim.*, (3), 5, 207].

*Di-β′ (α méthyl-αβ′ furodiazyle)-propane-1.3 (glutacène-diazoxime-diéthényle).* — Action de l'anhydride acétique sur la glutacène-diamidoxime provenant du cyanure de triméthylène. — Petites aiguilles fondant à 138°-139°, très solubles dans l'alcool et dans le benzène chauds, insolubles dans la ligroïne et dans le chloroforme [F. Biedermann, *D. chem. G.*, 22, 2972; *Bull. Soc. Chim.*, (3), 4, 208].

---

*Di-β′ (α méthyl-αβ′ furodiazyle)-toluène-1′.4 (homotéréphtalène-diazoxime-diéthényle),*

```
           O                          O
          / \                        / \
 CH³ · C   Az                      Az   C · CH³
       ‖    ‖       /==\            ‖    ‖
      Az ·  C     (      ) - CH² - C — Az
                   \==/
```

— S'obtient en traitant par l'eau bouillante le dérivé diacétylé de l'homotéréphtalène-diamidoxime, obtenue elle-même à l'aide du cyanure de p-cyanobenzyle. Ce corps fond à 111°,5, se dissout dans l'eau bouillante et les dissolvants organiques, sauf la ligroïne.

*Di-β′ (α phényl-αβ′ furodiazyle)-toluène-1′4 (homotéréphtalène-diazoxime-dibenzényle).* — On chauffe à 150° en tube scellé avec de l'eau le dérivé benzoylé correspondant. Le nouveau corps est en fines aiguilles, fondant à 179°,5, solubles dans les dissolvants organiques, sauf la ligroïne [E. Rosenthal, *D. chem. G.*, 22, 2977; *Bull. Soc. Chim.*, (3), 4, 209].    L. Bouveault.

**ββ′ FURODIAZOL** [Syn. *Biazol*],

```
         O
        / \
   CH        CH
    ‖        ‖
   Az ——————— Az
```

— En traitant la *phénylsulfosemicarbazide (sulfocarbamo-b-phénylhydrazide)* par l'acide chlorhydrique en tube scellé, on lui fait perdre 1 molécule d'ammoniaque :

$$C^6H^5 - AzH - AzH = AzH^3 + C^6H^5 - Az - AzH$$
$$AzH^2 - CS \qquad\qquad CS$$

Le nouveau corps a été désigné par MM. E. Fischer et E. Besthorn [*Ann. Chem.*, **212**, 317; *Bull. Soc. Chim.*, (2), **39**, 80] sous le nom de *phénylsulfocarbizine*, impliquant les noms de *sulfocarbizine* et de *carbizine* pour les corps hypothétiques

$$AzH - AzH \qquad\text{et}\qquad AzH - AzH$$
$$CS \qquad\qquad CO$$

MM. Freund et B. Goldsmith, en faisant réagir l'oxychlorure et le sulfochlorure de carbone sur des amides de la phénylhydrazine [*D. chem. G.*, **24**, 1240, 2456; *Bull. Soc. Chim.*, (3), **1**, 262], pensèrent avoir ainsi obtenu diverses carbizines et sulfocarbizines :

$$R - CO - AzH - AzH - C^6H^5$$
$$+$$
$$COCl^2$$

$$= 2HCl + \quad R - CO - Az - Az - C^6H^5$$
$$CO$$

mais un examen plus approfondi leur fit voir que cette réaction donnait naissance à des dérivés d'un nouveau noyau qu'ils nomment le *biazol* et qui est pour nous le β β′ *furodiazol* :

$$R - CO \qquad COCl^2$$
$$+$$
$$AzH - AzH - C^6H^5$$

$$O$$
$$= 2HCl + \quad R - C \qquad CO$$
$$Az - Az - C^6H^5$$

*Modes de synthèse des dérivés du* β β′ *furodiazol.* — Les dérivés connus de ce noyau se rattachent à un nombre de types assez restreint et peuvent être considérés comme des produits de substitution des corps suivants :

β β′ Furodiazol.

β β′ Furodiazoline.

β β′ Furodiazol-α one.

β β′ Furodiazol-α thione.

α Amino-β β′ furodiazol-α one.

α Amino-β β′ furodiazol-α thione.

α Imino-β β′ furodiazoline.

Chacun de ces groupes de corps possède des modes généraux de formation et des propriétés



générales que nous étudierons successivement.

*Furodiazols.* — Quand on traite les α dioximes de la série aromatique par le perchlorure de phosphore, le dérivé dichloré qui prend naissance s'isomérise, comme M. Beckmann l'a indiqué pour les monoximes :

$$AzCl \quad AzCl$$
$$\| \qquad \|$$
$$R - C \!-\!-\! C - R = R - CCl \quad CCl - R;$$
$$\| \qquad \|$$
$$Az - Az$$

puis, au contact de l'eau, fournit un β β′ *furodiazol disubstitué* :

$$R - CCl \quad CCl - R + H^2O$$
$$\| \qquad \|$$
$$Az - Az$$

$$O$$
$$= 2HCl + R - C \qquad C - R$$
$$\| \qquad \|$$
$$Az - Az$$

[E. Beckmann, *D. chem. G.*, **20**, 1510; *Bull. Soc. Chim.*, (2), **48**, 357. — E. Günther, *D. chem. G.*, **21**, 516; *Ann. Chem.*, **252**, 60; *Bull. Soc. Chim.*, (2), **49**, 998 et (3), **3**, 917. — F. Dodge, *Ann. Chem.*, **264**, 178; *Bull. Soc. Chim.*, (3), **8**, 488].

En traitant les éthers imidés par l'hydrate d'hydrazine, on obtient, en employant un excès d'éther imidé, une hydrazidine, corps à fonction à la fois hydrazine et amidine :

$$2R - C \!\!<^{AzH}_{OC^2H^5} + Az^2H^4$$

$$= 2C^2H^6O + R - C \!\!<^{AzH}_{AzH} \quad ^{AzH}_{AzH}\!\!> C - R.$$

Ce produit, traité par l'acide nitreux en solution chlorhydrique, se transforme en un dérivé du β β′ furodiazol :

$$R - C \!\!<^{AzH}_{AzH} \quad ^{AzH}_{AzH}\!\!> C - R + 2AzO^2H$$

$$O$$
$$= 3H^2O + 2Az^2 + \quad R - C \qquad C - R$$
$$\| \qquad \|$$
$$Az - Az$$

Le même corps, traité par l'acide chlorhydrique concentré, est transformé en un dérivé du pyrrodiazol :

$$R - C \!\!<^{AzH}_{AzH} \quad ^{AzH}_{AzH}\!\!> C - R + HCl$$

$$= AzH^4Cl + R - C \!\!<^{=\,Az}_{AzH - Az}\!\!> C - R$$

[A. Pinner, *D. chem. G.*, **27**, 984; *Bull. Soc. Chim.*, (3), **12**, 965].

Si, dans la même réaction, on emploie l'hydrazine en excès, il se fait une autre hydrazidine :

$$R - C \!\!<^{AzH}_{AzH - AzH^2}$$

dont les dérivés acidylés se transforment aisément par action de l'acide nitreux en dérivés du β β′ furodiazol :

$$R - C \!\!<^{AzH}_{AzH - AzH}\!\!\!\diagdown CO - R' + AzO^2H$$

$$O$$
$$= \quad R - C \qquad C - R'$$
$$\| \qquad \|$$
$$Az - Az \qquad + Az^2 + 2H^2O$$

[A. Pinner et N. Caro, *D. chem. G.*, 27, 3275 ; *Bull. Soc. Chim.*, (3), 14, 323].

Dans la même réaction, il se fait, provenant de l'action de l'hydrazine en excès sur l'hydrazidine qui prend d'abord naissance, un corps se rattachant à une autre chaîne fermée, la *tétrazine*,

$$R - C \underset{AzH - AzH}{\overset{AzH \quad AzH}{\lessgtr}} C - R + Az^2H^4$$

$$= 2 AzH^3 + R - C \underset{AzH - AzH}{\overset{Az \text{——} Az}{\lessgtr}} C - R.$$

Cette *dihydrotétrazine*, traitée à chaud par l'acide chlorhydrique, ou même par la potasse alcoolique à froid, donne le même ββ′ furodiazol :

$$R - C \underset{Az \text{——} Az}{\overset{AzH - AzH}{\lessgtr}} C - R + H^2O + 2 HCl$$

$$= Az^2H^4 , 2HCl + \quad \overset{\textstyle O}{\underset{Az \text{——} Az}{R-C \diagup \diagdown C-R}}$$

Les divers ββ′ furodiazols connus sont des corps extrêmement stables, distillant sans décomposition, même quand ils bouillent au-dessus de 300°. Ceux qui sont actuellement connus ont leurs 2 atomes d'hydrogène remplacés par des groupements aromatiques.

*ββ′Furodiazolines.* — Ces produits proviennent de la réduction par l'étain et l'acide chlorhydrique des composés obtenus dans la réaction du pentachlorure de phosphore sur les ββ′ furodiazol-α ones correspondantes [M. Freund et F. Kuh, *D. chem. G.*, 23, 2821 ; *Bull. Soc. Chim.*, (3), 6, 477].

*ββ′ Furodiazol-α ones (oxybiazolones).* — Ces corps, qui sont les plus nombreux de la série, sont les ci-devant carbizines, qui prennent naissance dans l'action de l'oxychlorure de carbone sur les acidylhydrazines :

$$\begin{matrix} R - CO & COCl^2 \\ | & + \\ AzH \text{——} & AzH - R' \end{matrix} = 2 HCl + \overset{\textstyle O}{\underset{Az \text{——} Az - R'}{R-C \diagup \diagdown CO}}$$

Si l'on emploie une hydrazine acidylée par le résidu $-CO-CO^2C^2H^5$, on obtient un composé contenant de plus la fonction carboxéthyle :

$$\begin{matrix} C^2H^5CO^2 - CO & COCl^2 \\ | & + \\ AzH \text{——} & Az - R' \end{matrix}$$

$$= 2 HCl + C^2H^5CO^2 - \overset{\textstyle O}{\underset{Az \text{——} Az - R'}{C \diagup \diagdown CO}}$$

[H. Wolff, *D. chem. G.*, 24, 4200 ; *Bull. Soc. Chim.*, (2), 8, 1016].

Ces composés sont assez stables ; certains d'entre eux distillent. La potasse à chaud les hydrate, suivant le schéma

$$\overset{\textstyle O}{\underset{Az \text{——} Az - R'}{R-C \diagup \diagdown CO}} + 2 H^2O$$

$$= R - CO^2H + CO^2 + AzH^2 \text{——} AzH - R'.$$

Le pentachlorure de phosphore y remplace CO par CCl² [M. Freund et B. Goldsmith, *D. chem.*

G., 24, 1240, 2456 ; *Bull. Soc. Chim.*, (3), 1, 262].

*ββ′ Furodiazol-α thiones.* — Ces corps, qui ne diffèrent des précédents que par le remplacement de O par S, se forment quand on remplace, dans la préparation susénoncée, l'oxychlorure par le chlorosulfure de carbone.

*α Amino-ββ′ furodiazol-α ones.* — Ces dérivés s'obtiennent en faisant réagir sur le chlorure de carbonyle les semicarbazides plus ou moins substituées. En remplaçant ces dernières par les carbazides, on obtient des dérivés α hydrazidés :

$$\begin{matrix} R - HAz - CO & COCl^2 \\ | & + \\ AzH \text{——} & AzH - R' \end{matrix}$$

$$= 2HCl + \overset{\textstyle O}{\underset{Az \text{——} Az - R'}{R-HAz-C \diagup \diagdown CO}}$$

$$\begin{matrix} R \quad HAz - AzH^2 - CO & COCl^2 \\ | & + \\ AzH \text{——} & AzH - R' \end{matrix}$$

$$= 2HCl + \overset{\textstyle O}{\underset{Az \text{——} Az - R'}{R-HAz-AzH-C \diagup \diagdown CO}}$$

[M. Freund et F. Kuh, *D. chem. G.*, 23, 2821 ; *Bull. Soc. Chim.*, (3), 6, 477].

*α Amino-ββ′ furodiazol-α thiones.* — Il suffit, pour avoir ces dérivés, de remplacer dans la préparation précédente l'oxychlorure par le sulfochlorure de carbone.

*α Imino-ββ′ furodiazolines.* — L'action du chlore sur l'isocyanate de phényle fournit le composé $CCl^2AzC^6H^5$, qui ne diffère du chlorure de carbonyle que par la substitution de $AzC^6H^5$ à O. En faisant réagir ce produit sur les acidylhydrazines, on obtient les *phénylimidoxybiazolones* :

$$\begin{matrix} R - CO & CCl^2 = AzC^6H^5 \\ | & + \\ AzH \text{——} & AzH - R' \end{matrix}$$

$$= 2HCl + \overset{\textstyle O}{\underset{Az \text{——} Az - R'}{R-C \diagup \diagdown C = AzC^6H^5}}$$

[M. Freund et E. König, *D. chem. G.*, 26, 2869 ; *Bull. Soc. Chim.*, (3), 12, 983].

*Classification.* — Nous décrirons les divers dérivés du ββ′ furodiazol par ordre de complication croissante des groupes substituants attachés au carbone. Dans le cas où ces substitutions seraient identiques, et par suite incapables de fixer l'ordre à employer, nous appliquerons la même règle aux substitutions des atomes d'azote du noyau. Ainsi le composé

$$\overset{\textstyle O}{\underset{Az \text{——} Az - C^6H^4 - CH^3}{CH-C \diagup \diagdown CO}}$$

sera décrit avant le composé

$$\overset{\textstyle O}{\underset{Az \text{——} Az - C^6H^5}{C^2H^5 - C \diagup \diagdown CO}}$$

qui sera décrit lui-même avant

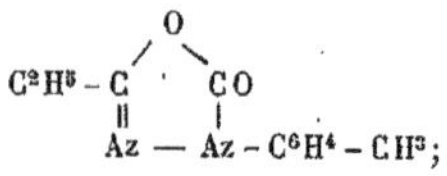

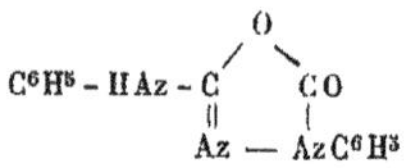

$$O$$
$$C^2H^5 - C \quad CO$$
$$\| \quad |$$
$$Az — Az - C^6H^4 - CH^3 ;$$

$$O$$
$$C^6H^5 - HAz - C \quad CO$$
$$\| \quad |$$
$$Az — AzC^6H^3$$

sera décrit avant

$$O$$
$$H^2Az - C \quad CO$$
$$\| \quad |$$
$$Az — Az - C^6H^4 - CH^3$$

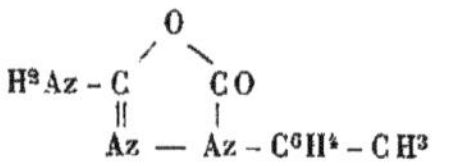

### DÉRIVÉS DU ββ′FURODIAZOL

β *Phényl-ββ′ furodiazol-αone* (*phénylbiazolone*),

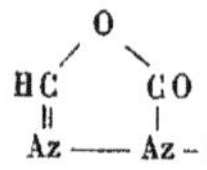

$$O$$
$$HC \quad CO$$
$$\| \quad |$$
$$Az —— Az - C^6H^5$$

— La formylphénylhydrazine est chauffée pendant
2 ou 3 heures à 100° en tube scellé avec une solution à 20 0/0 de gaz phosgène dans le benzène.
Quand on a chassé le benzène, il reste une huile
qui ne tarde pas à cristalliser. On la dissout
dans l'alcool et l'on ajoute de l'eau jusqu'à commencement de trouble ; il se dépose d'abord des
gouttes huileuses noires, plus tard de belles
aiguilles qu'on fait cristalliser dans le sulfure
de carbone. Cette substance fond à 73° et bout à
255-256° ; elle est très soluble dans l'alcool, le
chloroforme, l'éther, le benzène et l'acide acétique cristallisable, peu soluble dans le sulfure
de carbone.

L'ébullition avec une solution de carbonate de
sodium la décompose en acide carbonique et formylphénylhydrazine [M. Freund et B. Goldsmith,
*D. chem. G.*, **21**, 2456 ; *Bull. Soc. Chim.*, (3),
**1**, 562].

β *Phényl-ββ′ furodiazol-α thione* (*phénylpseudothiobiazolone*),

$$O$$
$$HC \quad CS$$
$$\| \quad |$$
$$Az —— Az - C^6H^5$$

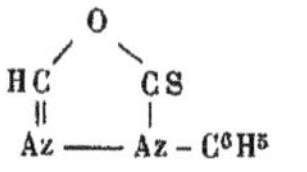

— Obtenue dans l'action du chlorosulfure de carbone sur la phénylhydrazine, elle fond aux environs de 40° (M. Freund et B. Goldsmith (*loc.
cit.*).

α *Phénylimino — β phényl - ββ′ furodiazoline*
(*ν phényl-phénylimido-oxydiazoline*),

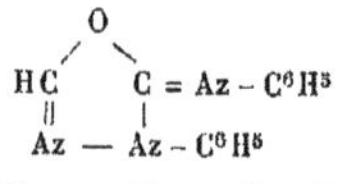

$$O$$
$$HC \quad C = Az - C^6H^5$$
$$\| \quad |$$
$$Az — Az - C^6H^5$$

— On chauffe un mélange de solutions chloroformiques de formylphénylhydrazine et de chlorure de phénylcarbylamine, $CCl^2 - AzC^6H^5$.
Cette substance forme des aiguilles fondant à
99°, solubles dans l'alcool, l'éther, le chloroforme et le benzène, peu solubles dans la
ligroïne, insolubles dans l'eau.

Son *chlorhydrate*, obtenu en mélangeant des
solutions alcooliques de l'acide et de la base, est
dissocié par l'eau ; il fond à 185-186° [M. Freund
et E. König, *D. chem. G.*, **26**, 2870 ; *Bull. Soc.
Chim.*, (3), **12**, 983].

α′ *Amino-β phényl-β β′ furodiazol-αone* (*phé-
nylaminobiazolone*),

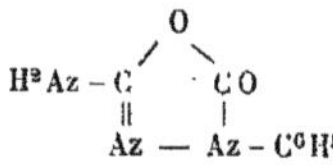

$$O$$
$$H^2Az - C \quad CO$$
$$\| \quad |$$
$$Az — Az - C^6H^5$$

— La phénylsemicarbazide pulvérisée est mise
à digérer à froid avec une solution benzénique de gaz phosgène ; on laisse évaporer ensuite le benzène sans chauffer, on traite le produit par l'eau bouillante et on le fait cristalliser
dans l'alcool. Le nouveau corps forme de belles
aiguilles fondant à 166-167°.

α *Phénylamino - β phényl - β β′ furodiazol-
αone* (*anilidophénylbiazolone*). — On obtient
ce produit en remplaçant la phénylsemicarbazide
par la carbanilido-b-phénylhydrazide ou diphé-
nylsemicarbazide,

$$C^6H^5 - AzH - CO - AzH - AzH - C^6H^3.$$

Ce corps, très peu soluble dans l'alcool, cristallise dans l'acide acétique cristallisable sous la
forme d'aiguilles fondant à 173°.

α′ *Phénylhydrazino-β phényl-β β′ furodiazol-
αone* (*phénylhydrazophénylbiazolone*),

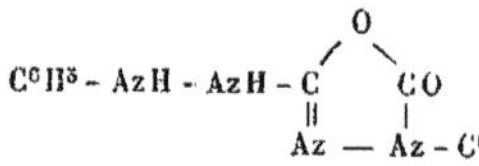

$$O$$
$$C^6H^3 - AzH - AzH - C \quad CO$$
$$\| \quad |$$
$$Az — Az - C^6H^3$$

— Obtenu dans l'action du phosgène sur la diphénylcarbazide en tube scellé à 100°, ce composé, cristallisé dans l'alcool ou dans l'acide
acétique cristallisable, fond à 180-181°. Il est
insoluble dans le benzène et dans le toluène,
soluble dans l'éther et dans le chloroforme.

Dissous dans l'alcool et additionné d'une solution de chlorure ferrique, ce composé hydrazoïque s'oxyde et se transforme en dérivé
azoïque correspondant, l'α′ *phénylazo-β phényl-
β β′ furodiazol - αone* (*phénylazophénylbiazo-
lone*), qui forme de beaux petits cristaux jaunes,
peu solubles dans l'alcool froid, très solubles
dans l'éther et dans le chloroforme, fusibles à
198-200°.

Au contraire, l'action de l'étain et de l'acide
chlorhydrique dédouble cette hydrazine complexe
en aniline et α′ *amino-β phényl-β β′ furodiazol-
αone* fondant à 166-167° et décrite plus haut.

α′ *Phénylazo-β phényl-β β′ furodiazol-α thione*
(*phénylazo - phénylpseudothiobiazolone*). —
Quand on fait réagir le chlorosulfure de carbone
sur la diphénylcarbazide, il y a en même temps
une oxydation qui entraîne le départ de $H^2$. Le
nouveau corps forme, après cristallisation dans
l'acide acétique cristallisable, de petits cristaux
d'un jaune rouge, qui fondent à 170° en se décomposant partiellement [M. Freund et F. Kuh,
*loc. cit.*].

α′ *Amino-β o-crésyl-β β′ furodiazol-αone* (*ν o-
crésylamidoxybiazolone*). — Action du gaz phosgène sur l'o-crésylsemicarbazide (*carbamo-b-o-
crésylhydrazide*). — Cristallise dans un mélange
de chloroforme et de ligroïne en aiguilles fondant
à 131° [E. König, *D. chem. G.*, **26**, 2876 ; *Bull.
Soc. Chim.*, (3), **12**, 638].

α′p-Crésylazo-β p-crésyl-β β′ furodiazol-α thione
(*p-crésylazo-p-crésylpseudothiobiazolone*). —

S'obtient dans l'action du chlorosulfure de carbone sur la p-crésylcarbazide ; forme des aiguilles jaunes, solubles dans l'alcool et dans le benzène et fondant à 215° [J. Thilo, *D. chem. G.*, 24, 4194 ; *Bull. Soc. Chim.*, (3), **8**, 1015].

*α′ Amino-β (α naphtyl)-β β′ furodiazol-α one (α naphtylamidoxybiazolone).* — Ce corps est obtenu dans l'action du gaz phosgène sur la carbamo-b-α naphtylhydrazide ; il forme de petits cristaux blancs, très solubles dans l'alcool et dans l'acétone, peu solubles dans l'alcool aqueux, très peu solubles dans le benzène et dans l'éther, fondant à 212°.

En remplaçant dans la préparation précédente l'oxychlorure par le sulfochlorure de carbone, on obtient l'*α′ amino-β (α naphtyl)-β β′ furodiazol-α thione (α naphtylamidopseudothiobiazolone)*, qui forme des aiguilles jaunes, microscopiques, fondant à 218°, très peu solubles dans l'alcool, insolubles dans l'eau, l'éther et le sulfure de carbone [G. Schuftan, *D. chem. G.*, 24, 4183 ; *Bull. Soc. Chim.*, (3), **8**, 1013].

*α′ Amino-β (β naphtyl)-β β′ furodiazol-α one (β naphtylamidoxybiazolone).* — β naphtylsemicarbazide et gaz phosgène. — Forme des aiguilles prismatiques fondant à 227°, très solubles dans l'alcool, peu solubles dans l'éther et dans le benzène [A. Hillinghaus, *D. chem. G.*, 24, 4181 ; *Bull. Soc. Chim.*, (3), **8**, 1012].

---

*β Phényl-α′ méthyl-β β′ furodiazoline (phénylméthylbiazoline),*

$$\begin{array}{ccc} & O & \\ & \diagup \quad \diagdown & \\ CH^3-C & & CH^2 \\ \| & & | \\ Az & -\!\!\!- \ Az & - \ C^6H^5 \end{array}$$

— Cette substance s'obtient en réduisant par l'étain et l'acide chlorhydrique son *dérivé dichloré* (voyez plus loin). Elle forme des lamelles d'un jaune clair, fondant à 140°, très solubles dans l'alcool. Elle ne semble pas être dédoublée par les alcalis.

*α Dichloro-β phényl-α′ méthyl-β β′ furodiazoline (phénylméthyldichlorobiazoline).* — Ce composé provient de l'action du pentachlorure de phosphore sur la *β phényl-α′ méthyl-β β′ furodiazol-α one* (voyez plus loin). On chauffe le mélange des deux corps dissous dans l'oxychlorure de phosphore à 250° en tube scellé. Après s'être débarrassé de l'oxychlorure par distillation dans le vide, on reprend le résidu par l'éther sec. On obtient des aiguilles blanches fondant à 120-122°, peu solubles dans l'éther, très solubles dans le benzène, le chloroforme et la ligroïne.

L'hydrogène sulfuré transforme ce produit en β *phényl-α′ méthyl-β β′ furodiazol-α thione* (voyez plus loin). L'ammoniaque est sans action [M. Freund et F. Kuh, *loc. cit.*].

*β Phényl-α′ méthyl-β β′ furodiazol-α one (méthylphénylbiazolone).* — Ce corps se forme dans l'action du phosgène sur l'acétylphénylhydrazine ; il cristallise dans l'alcool étendu en belles aiguilles blanches, fondant à 93-94°, distillant sans décomposition. Ses cristaux sont clinorhombiques :

$$a : b : c = 1,2095 : 1 : 1,5566.$$
$$\beta = 73°23'.$$

L'ébullition avec le carbonate de sodium le décompose en acide carbonique et acétylphénylhydrazine ; avec la potasse, on obtient de la phénylhydrazine, de l'acide acétique et de l'acide carbonique [M. Freund et B. Goldsmith, *D. chem. G.*, 21, 1240, 2456 ; *Bull. Soc. Chim.*, (3), **1**, 502].

Si l'on dissout ce composé dans l'acide nitrique fumant bien refroidi, on obtient seulement un dérivé p-nitré, la β-*p-nitrophényl-α′ méthyl-β β′ furodiazol-α one (p-nitrophénylméthyloxybiazolone),* qui forme de fines aiguilles jaunes fondant à 124°, insolubles dans l'eau, solubles dans l'alcool, le chloroforme, l'acide acétique cristallisable et l'acide chlorhydrique.

Ce dérivé nitré, traité à froid par la potasse concentrée, se dédouble en donnant la p-nitrophénylhydrazine fusible à 157°.

Réduit au contraire par l'acide chlorhydrique et l'étain, il se transforme en *dérivé p-aminé,* qui cristallise dans l'alcool chaud en aiguilles fondant à 125°.

Son *chlorhydrate,* $C^9H^9Az^3O^2.HCl$, est en lamelles fondant à 220°.

Son *chloroplatinate,* $(C^9H^9Az^3O^2.HCl)^2PtCl^4$, est très soluble et forme des prismes d'un jaune d'or fondant au-dessus de 300°.

Le *sulfate,* $C^9H^9Az^3O^2.SO^4H^2$, peu soluble dans l'alcool étendu, se décompose à 250°.

Le *nitrate,* $C^9H^9Az^3O^2.AzO^3H$, cristallise dans un mélange d'alcool et d'éther ; il fond à 180°.

L'*oxalate,* $C^9H^9Az^3O^2.C^2O^4H^2$, forme des aiguilles groupées en rosettes.

Le *dérivé acétylé* est en aiguilles incolores fondant à 194°.

Le *dérivé benzoylé* fond à 207-208°.

Le cyanate de potassium transforme cette base en une urée,

$$\begin{array}{cc} & O \\ & \diagup \ \diagdown \\ CH^3-C & CO \\ \| & | \\ Az -\!\!\!- Az & - C^6H^4 - AzH - CO - AzH^2 \end{array}$$

qui fond à 193° ; c'est la β *(p-uréophényl)-α′ méthyl-β β′ furodiazol-α one (mono-p-phénylméthyloxybiazolone-carbamide).* On obtient de même, avec le sulfocyanate, la β *(p-sulfo-uréophényl)-α′ méthyl-β β′ furodiazol-α one (mono-p-méthylphényloxybiazolone-thiocarbamide),* aiguilles fondant à 203° ; avec l'isosulfocyanate de phényle, il se forme la β *p-sulfophényluréo-phényl-α′ méthyl-β β′ furodiazol-α one (sym. monophényl-mono-p-phénylméthyloxybiazolone-thiocarbamide)* qui fond à 170°.

Le phosgène réagit sur cette base en donnant l'*urée symétrique* correspondante qui fond à 290°, de même que le sulfure de carbone fournit la *sulfo-urée symétrique (sym. di-p-phénylméthyloxybiazolone-thiocarbamide),* qui cristallise en lamelles jaunâtres fondant à 208°.

La *p-aminophénylméthylfurodiazolone,* décomposée par l'eau de baryte à l'ébullition, fournit la *p-aminophénylacétylhydrazine,*

$$H^2Az - C^6H^4 - AzH - AzH - CO - CH^3$$

qui fond à 146°.

Le même corps, traité par l'acide nitreux, puis par le bisulfite de sodium et enfin par l'acide chlorhydrique concentré, est transformé en *chlorhydrate de* β*(p-hydrazidophényl)-α′ méthyl-β β′ furodiazol-α one (p-hydrazidophénylméthyloxybiazolone,*

$$\begin{array}{cc} & O \\ & \diagup \ \diagdown \\ CH^3-C & CO \\ \| & | \\ Az -\!\!\!- Az & - C^6H^4 - AzH - AzH^2.HCl \end{array}$$

qui fond à 220° [M. Freund et H. Haase, *D. chem. G.*, 26, 1315 ; *Bull. Soc. Chim.*, (3), **12**, 96].

*β Phényl-α′ méthyl-β β′ furodiazol-α thione (méthylphénylpseudothiobiazolone).* — Ce produit prend naissance dans la réaction du chlorosulfure de carbone sur l'acétylphénylhydrazine ; il forme de belles aiguilles fondant à 73-74°, bouillant sans décomposition à 275°, très solubles dans l'éther, le chloroforme, le benzène, le sulfure de carbone et l'acétone. Ce composé, comme toutes les α thiones de cette série, est aisément désulfuré par l'oxyde mercurique en présence de l'eau bouillante [M. Freund et G. Goldsmith, *loc. cit.*].

Il cristallise dans le système clinorhombique :

$$a : b : c = 0{,}9674 : 1 : 0{,}3722.$$
$$\beta = 82°58'.$$

*α Phénylimino-β phényl-α′ méthyl-ββ′ furodiazoline* (*v phénylméthylphénylimido-oxybiazoline*). — Ce corps se forme par la condensation de l'acétylphénylhydrazide avec le chlorure de phénylcarbylamine. Il forme des aiguilles blanches fondant à 75°, solubles dans l'alcool, l'éther, le benzène, peu solubles dans la ligroïne, insolubles dans l'eau.

Si la réaction se fait en présence de l'humidité, il se fixe une molécule d'eau en même temps que la chaîne s'ouvre :

$$
\begin{array}{c}
\qquad\qquad O \\
\qquad\swarrow\qquad\searrow \\
CH^3 - C \qquad\quad C = Az\,C^6H^5 \\
\quad\parallel\qquad\qquad\mid\qquad\qquad\quad + H^2O \\
\quad Az \;—\; Az - C^6H^5 \\
\\
=\quad CH^3 - CO \qquad CO - AzH\,C^6H^5 \\
\qquad\qquad\mid\qquad\qquad\quad\mid \\
\qquad\quad AzH \;—\; Az - C^6H^5
\end{array}
$$

On obtient ainsi la *b-carbanilido-a-acétyl b-phénylhydrazine* (*acétylamido-diphénylurée?*) qui fond à 181° [M. Freund et E. König, *D. chem. G.*, 26, 2872 ; *Bull. Soc. Chim.*, (3), 12, 983].

*β(α naphtyl)-α′ méthyl-ββ′ furodiazol-α one* (*α naphtylméthyloxybiazolone*). — Action du phosgène sur l'acétyl-α naphtylhydrazide. — Ce corps cristallise dans l'alcool chaud en aiguilles incolores fondant à 89°.

Le remplacement du phosgène par le sulfophosgène donne la *β(α naphtyl)-α′ méthyl-ββ′ furodiazol-α thione* (*α naphtylméthyl-pseudothiobiazolone*), qui fond à 86°, est très soluble dans l'alcool, le chloroforme et le benzène, peu soluble dans l'éther, insoluble dans la ligroïne et dans l'eau [G. Schuftan, *D. chem. G.*, 24, 4183 ; *Bull. Soc. Chim.*, (3), 8, 1013].

*β(β Naphtyl)-α′ méthyl-ββ′ furodiazol-α one* (*β naphtylméthyloxybiazolone*). — Phosgène et acétyl-β naphtylhydrazide. — Ce corps est en aiguilles soyeuses, solubles dans l'alcool, l'éther, le benzène et le chloroforme ; il fond à 125°.

Le produit analogue obtenu avec le thiophosgène, la *β(β naphtyl)-α′ méthyl-ββ′ furodiazol-α thione* (*β naphtylméthylpseudothiobiazolone*), présente des solubilités voisines et fond à 109° [A. Hillinghaus, *D. chem. G.*, 24, 4179 ; *Bull. Soc. Chim.*, (3), 8, 1012].

*β Phényl-ββ′ furodiazol-α one-α′ carbonate d'éthyle* (*phénylbiazolone-carbonate d'éthyle*),

$$
\begin{array}{c}
\qquad\qquad O \\
\qquad\swarrow\qquad\searrow \\
CO^2C^2H^5 - C \qquad CO \\
\qquad\quad\parallel\qquad\qquad\mid \\
\qquad\quad Az \;—\; Az - C^6H^5
\end{array}
$$

— Le phénylhydrazido-oxalate d'éthyle se condense avec le phosgène en donnant cet éther, qui cristallise dans l'alcool absolu en aiguilles fondant à 87°.

Le p-crésylhydrazidoxalate d'éthyle se comporte de même, et fournit le *β p-crésyl-ββ′ furodiazol-α one-α′ carbonate d'éthyle*, qui fond à 83°

[F. Thilo, *D. chem. G.*, 24, 4198 ; *Bull. Soc. Chim.*, (3), 8, 1015].

*v Phényl-α′ éthyl-ββ′ furodiazol-α one* (*phényléthyloxybiazolone*). — Se forme par la condensation du phosgène avec la propionylphénylhydrazide, cristallise dans l'alcool en aiguilles blanches fondant à 62-63° [M. Freund et B. Goldsmith, *loc. cit.*]

*v Phényl-α′ phényl-ββ′ furodiazol-α one* (*diphényloxybiazolone*). Phosgène et benzoylphénylhydrazide. — Aiguilles soyeuses, solubles dans l'acide acétique cristallisable bouillant, fondant à 113-114°.

Le thiophosgène donne de même la *vα′ diphényl-ββ′ furodiazol-α thione* (*diphénylpseudothiobiazolone*), qui, après cristallisation dans l'alcool, forme de fines aiguilles blanches fondant à 110°, solubles dans l'éther, le chloroforme et le benzène [M. Freund et B. Goldsmith, *loc. cit.*].

*α Phénylimino-vα′ diphényl-ββ′ furodiazoline* (*v phényl-phényl-phénylimido-oxybiazoline*). — Se forme dans l'action du chlorure de phénylcarbylamine sur la benzoylphénylhydrazide ; cristallise dans l'alcool en aiguilles blanches se ramollissant à 102° et fondant à 106°, solubles dans le chloroforme, l'éther, le benzène et l'alcool, peu solubles dans la ligroïne [M. Freund et E. König, *loc. cit.*].

*β o-Crésyl-α′ phényl-ββ′ furodiazol-α one* (*vo-crésylphényloxybiazolone*). — Action du phosgène sur la benzoyl-o-crésylhydrazide, fond à 120° ; le thiophosgène fournit la *β o-crésyl-α′ phényl-ββ′ furodiazol-α thione* (*v o-crésylphényl-pseudothiobiazolone*), qui fond à 96° [E. König, *D. chem. G.*, 26, 2876, *Bull. Soc. Chim.*, (3), 12, 983].

*β(α naphtyl)-α′ phényl-ββ′furodiazol-α one* (*α naphtylphényloxybiazolone*). Phosgène et benzoyl-α naphtylhydrazide. — Fines aiguilles fondant à 136°, solubles dans l'alcool, le benzène, l'éther, la ligroïne et l'acétone.

La *β(α naphtyl)-α′ phényl-ββ′ furodiazol-α thione* (*α naphtylphénylpseudothiobiazolone*), dérivée du sulfophosgène, est en aiguilles incolores fondant à 164°. Il se fait dans la même réaction de l'*α naphtylsulfocarbazine*,

$$
CS \Big\langle \begin{array}{l} AzH \\ Az - C^{10}H^7 \end{array}
$$

[G. Schuftan, *D. chem. G.*, 24, 4181 ; *Bull. Soc. Chim.*, (3), 8, 1013].

*αα′ Diphényl-ββ′ furodiazol* (*dibenzénylisazoxime, diphénylbiazoxol*),

$$
\begin{array}{c}
\qquad\qquad O \\
\qquad\swarrow\qquad\searrow \\
C^6H^5 - C \qquad C - C^6H^5 \\
\qquad\parallel\qquad\qquad\parallel \\
\qquad\quad Az \;—\; Az
\end{array}
$$

— Ce corps prend naissance :

1° Par l'isomérisation et la déshydratation des dioximes du benzile [E. Beckmann, *D. chem. G.*, 20, 1510 ; *Bull. Soc. Chim.*, (2), 48, 357. — E. Günther, *D. chem. G.*, 21, 516 ; *Ann. Chem.*, 252, 60 ; *Bull. Soc. Chim.*, (2), 49, 998 ; (3), 3, 917. — F. Dodge, *Ann. Chem.*, 264, 178 ; *Bull. Soc. Chim.*, (3), 9, 488) ;

2° Par l'action de l'acide nitreux sur la dibenzénylhydrazidine et la benzoylbenzénylhydrazidine ;

3° Par l'action de l'acide chlorhydrique ou de la potasse alcoolique sur la diphényldihydrotétrazine [A. Pinner, *D. chem. G.*, 26, 2130; 27, 995; *Bull. Soc. Chim.*, (3), 12, 486, 965].

Le *diphénylfurodiazol* cristallise dans l'alcool aqueux en lamelles irisées qui retiennent une molécule d'eau de cristallisation. Les cristaux hydratés fondent à 80° en bouillonnant et s'effleurissent rapidement. La substance anhydre fond à 140° et bout sans décomposition au-dessus de 360°. Elle est assez soluble dans l'alcool, le benzène, le chloroforme et l'acétone, moins soluble dans la ligroïne, insoluble dans l'eau, les acides et les alcalis étendus.

La solution alcoolique fournit avec le nitrate d'argent une combinaison moléculaire,

$$C^{14}H^{10}Az^2O, AzO^3Ag,$$

cristallisée en longues aiguilles soyeuses, fondant à 275° [A. Pinner, *loc. cit.*].

αα′*Di-p-crésyl-ββ′furodiazol* (*di-p-crésylbiazoxol di-p-tolénylisazoxime*). — Ce corps se prépare par des procédés analogues à ceux qui fournissent un homologue inférieur, en remplaçant le cyanure de phényle par le cyanure de p-crésyle, c'est-à-dire en employant des dérivés de la p-tolénylhydrazidine.

On le purifie par dissolution dans l'alcool et précipitation par l'éther.

Il forme des aiguilles incolores très brillantes, insolubles dans l'eau, les acides et les alcalis, peu solubles dans l'alcool et dans l'acétone, formant aisément des solutions saturées; il fond à 233-234°.

Sa combinaison avec le nitrate d'argent fond à 280° [A. Pinner et N. Caro, *D. chem. G.*, 27, 3275; *Bull. Soc. Chim.*, (3), 14, 323].

Une tentative pour répéter la préparation du même corps à partir de la pyromucénylhydrazidine n'a pas fourni de difurfuryl-ββ′ furodiazol [A. Pinner et N. Caro, *D. chem. G.*, 28, 471].

ββ*Diphényl-bi-α-ββ′furodiazyle-αα dione*. — Ce composé prend naissance dans l'action du phosgène en solution benzénique sur l'oxalyldiphénylhydrazide à 150°, en tube scellé :

$$\begin{array}{cc} COCl^2 & COCl^2 \\ + \quad CO-CO \quad + \\ C^6H^5-AzH-AzH \quad AzH-AzH-C^6H^5 \end{array}$$

$$= 2HCl + \begin{array}{c} O \qquad O \\ OC^{\diagup}\diagdown C-C^{\diagup}\diagdown CO \\ C^6H^5-Az-Az \quad Az-Az-C^6H^5 \end{array}$$

Ce produit fond et distille au-dessous de 300°; il forme de petites aiguilles microscopiques sur lesquelles les acides et les alcalis sont sans action.

*Di-α′[β phényl-ββ′furodiazyle-α one]-méthane*. — Ce produit prend naissance quand on traite par le chlorure de carbonyle la malonyldiphénylhydrazide :

$$\begin{array}{cc} COCl^2 & COCl^2 \\ + \quad CO-CH^2-CO \quad + \\ C^6H^5-AzH-AzH \qquad AzH-AzH-C^6H^5 \end{array}$$

$$= 2HCl + \begin{array}{c} O \qquad O \\ CO^{\diagup}\diagdown C-CH^2-C^{\diagup}\diagdown CO \\ C^6H^5-Az-Az \quad Az-Az-C^6H^5 \end{array}$$

Il forme des lamelles jaunâtres fondant à 205°, insolubles dans l'eau, presque insolubles dans l'alcool, très peu solubles dans le benzène.

*Éthyl-di-α′[β phényl-ββ′furodiazyle-α one]-méthane*. — Chlorure de carbonyle et diphényl-

hydrazide de l'acide éthylmalonique. — Ce corps forme des aiguilles blanches insolubles dans l'eau, presque insolubles dans l'alcool [M. Freund et B. Goldsmith, *D. chem. G.*, 21, 1240].

Le sym. *di-α′[β phényl-ββ′furodiazyle-α one]-éthane* s'obtient par digestion de la succinyldiphénylhydrazide avec le phosgène en solution benzénique. — Ce corps fond à 225° [M. Freund et B. Goldsmith, *D. chem. G.*, 21, 2460; *Bull. Soc. Chim.*, (3), 1, 262].

Sym. *di-α′[β phényl-ββ′ furodiazyle-α one]-éthanol*,

$$\begin{array}{c} O \qquad\qquad O \\ CO^{\diagup}\diagdown C-CH(OH)-CH^2-C^{\diagup}\diagdown CO \\ C^6H^5-Az-Az \qquad\qquad Az-Az-C^6H^5 \end{array}$$

— Ce corps prend naissance dans l'action du phosgène sur la diphénylhydrazide de l'acide malique; il est lentement et peu soluble dans l'alcool, peu soluble dans le benzène, soluble dans l'acide acétique cristallisable; il fond à 199°.

Sym. *di-α′[β phényl-ββ′furodiazyle-α one]-éthane-diol*,

$$\begin{array}{c} O \qquad\qquad O \\ CO^{\diagup}\diagdown C-CH(OH)-CH(OH)-C^{\diagup}\diagdown CO \\ C^6H^5-Az-Az \qquad\qquad Az-Az-C^6H^5 \end{array}$$

— Se forme dans l'action du phosgène sur la diphénylhydrazine de l'acide tartrique; il constitue de petites aiguilles microscopiques, solubles dans l'alcool absolu, peu solubles dans la ligroïne, insolubles dans l'eau, l'alcool aqueux et le benzène, fondant à 182°. L. Bouveault.

**FUROÏNE**,

$$C^4H^3O-CO-CHOH-C^4H^3O$$

(voyez 1ᵉʳ Suppl.). — La furoïne en solution dans l'alcool donne, avec l'acétate de phénylhydrazine un précipité d'*hydrazone*. Ce composé fond à 79-81° et se décompose vers 190°. On le purifie par cristallisation dans un mélange de benzène et de ligroïne.

L'*oxime* de la furoïne s'obtient lorsque l'on additionne de chlorhydrate d'hydroxylamine et d'un excès de soude une solution alcoolique de furoïne chauffée au bain-marie. On l'isole en épuisant le produit brut par l'éther et faisant cristalliser dans l'alcool le résidu de l'évaporation. Elle cristallise en petits prismes fusibles à 150-151° [S. Macnair, *Ann. Chem.*, 258, 220; *Bull. Soc. Chim.*, (3), 5, 814].

La furoïne chauffée en tube scellé avec de l'o-phénylène-diamine, à molécules égales, donne de la *difurfurquinoxaline*, et non un dérivé de la dihydroquinoxaline. Cette base,

$$\begin{array}{c} Az \\ \diagdown \\ \quad C.C^4H^3O \\ \quad C.C^4H^3O \\ \diagup \\ Az \end{array}$$

cristallise en aiguilles jaunes fusibles à 134°, peu solubles dans la ligroïne, très solubles dans le benzène, l'éther et le chloroforme. Avec l'αβ-naphtylène-diamine, on obtient de même la *difurfurnaphtoquinoxaline* qui fond à 147°, et avec l'o-crésylène-diamine la *difurfurtoluquinoxaline*, fusible à 176° [E. Fischer, *D. chem. G.*, 25, 2834; *Bull. Soc. Chim.*, (3), 8, 1288].

La furoïne, réduite en solution alcoolique par l'étain et l'acide chlorhydrique gazeux jusqu'à ce que la soude ne donne plus de coloration verte, se transforme en *désoxyfuroïne*,

$$C^4H^3O-CH^2-CO-C^4H^3O,$$

qu'on isole en épuisant à l'éther la solution aqueuse, et distillant dans un courant de vapeur d'eau le résidu de l'évaporation.

C'est un liquide épais, qui se congèle dans un mélange réfrigérant et qui distille en se décomposant particllement vers 250-260°. Elle est extrêmement soluble dans tous les liquides organiques et n'a pu en être isolée à l'état cristallisé. Elle se colore en brun à l'air et ne paraît pas se combiner avec l'hydroxylamine ou avec la phénylhydrazine, bien que M. Macnair [*loc. cit.*] ait décrit une oxime fusible à 94-96° [A. Bader, *Chem. Zeit.*, 19, 1941].

O. Saint-Pierre.

**FUSCITE** (Min.). — Synonyme de wernérite.

**FUSTEL.** — Le *fustel*, *fustet* ou *fustic*, souvent nommé encore *fustel jaune*, *bois jaune de Hongrie* ou *du Tyrol*, est un arbrisseau du genre des sumacs (*Rhus cotinus*), qui croît à la Jamaïque, à Tabago, dans les autres Antilles et dans les parties méridionales de l'Europe et de la France.

Le bois colorant, dépouillé d'écorce, connu sous ces diverses dénominations, provient d'un arbuste de la famille des Térébenthacées (sumac à perruque).

Cet arbrisseau s'élève à 3 ou 4 mètres; ses tiges sont faibles, l'écorce en est lisse et le bois jaunâtre. On le cultive dans les jardins, à cause de l'élégance de son feuillage et des houppes capillaires qui succèdent ordinairement à ses fleurs à la place des fruits qui avortent. Il est connu, à cause de son aspect, sous le nom d'*arbre à perruque*.

On le cultive aux Antilles, dans le Levant, en Espagne, en Italie, en Hongrie, dans le Tyrol, en Provence, etc.

Le bois de fustel est dur, compact, d'un beau jaune; c'est ce dernier que l'on utilise dans la teinture.

Tel que le commerce l'envoie, ce bois est formé de souches et de branches tortueuses de 27 millimètres de diamètre environ. Il est pourvu d'un aubier blanc poreux, que les vers attaquent facilement, et d'un cœur assez dur, d'un jaune foncé, à la fois brunâtre et verdâtre. Les grosses souches, sciées et polies, offrent, comme la racine de buis, des dessins et des couleurs variés qui les font rechercher des tourneurs et des tabletiers. Le tronc et la souche ne font quelquefois qu'un seul morceau, ce qui indiquerait qu'il est plutôt arraché que coupé.

On trouve aussi du fustel provenant de troncs cylindriques et réguliers, dépourvus d'aubier et ayant cependant encore 54 millimètres de diamètre; mais il est moins riche en principes colorants que le précédent.

Le fustel arrive en paquets de baguettes, en branches refendues dépouillées de leur écorce; quelquefois, mais rarement, en tiges tortueuses un peu grosses.

Il faut le choisir sec, d'un beau jaune et dépouillé de son écorce.

Le fustel d'Amérique est préféré au fustel d'Italie.

*Constitution chimique.* — Le bois de fustel, ou plutôt sa décoction, contient :

1° Une matière colorante jaune cristallisable;

2° Une matière rouge;

3° Une substance brune;

4° Un principe astringent.

La matière jaune, nommée *fustine* par Chevreul, est cristallisable, soluble dans l'eau, l'alcool et l'éther. Les alcalis lui donnent immédia-

tement une belle couleur rouge, et seule au contact de l'air elle se colore rapidement en s'oxygénant. M. Bolley la considère comme identique à la quercétine.

Bolley [*Bull. Soc. Chim.*, 2, 479] a isolé la matière colorante du fustel de la façon suivante : On évapore à sec la décoction aqueuse du bois. Le résidu est épuisé par l'alcool; la partie insoluble dans ce dissolvant retient le composé rouge; sa solution concentrée et additionnée d'eau laisse déposer le corps jaune en croûtes cristallines. Celles-ci, lavées à l'eau froide, exprimées, dissoutes dans l'alcool et précipitées par l'eau, fournissent le produit pur.

La matière colorante de Bolley, quelque rapprochée qu'elle soit de la quercétine, en diffère cependant en quelques points (voir plus bas). Ainsi, avec le protochlorure d'étain, elle donne un précipité orangé et non jaune; ses solutions alcalines se colorent en rouge. Bolley attribuait ces phénomènes à la présence d'une petite quantité de matière colorante rouge.

Quoi qu'il en soit, l'identité de la matière colorante du fustel et de la quercétine ne peut être définitivement admise depuis les nouvelles vérifications de M. Jacob Schmid.

Le rouge de fustel n'a été soumis à aucun examen sérieux; il est probable qu'il dérive d'une altération du principe jaune.

*Caractères distinctifs de la solution de fustel.* — La décoction de fustel, qui a une teinte jaune-orangé foncé, se comporte ainsi qu'il suit avec les différents réactifs.

Une solution de bois de fustel additionnée de :

| | |
|---|---|
| Potasse caustique. | La fait passer à un très beau rouge sans précipiter. |
| Ammoniaque..... | — — — |
| Eau de chaux ou de baryte. | Même coloration, mais il se forme un précipité. |
| Sel d'étain. ...... | Précipite en flocons d'un brun rougeâtre. |
| Alun. ........... | En affaiblit la couleur et la précipite légèrement. |
| Acétate de plomb. | Précipite en flocons d'un rouge orangé. |
| Acétate de cuivre. | — — — |
| Sulfate ferrique... | La fait passer au vert olive et précipite des flocons bruns. |
| Acides minéraux.. | Trouble léger; la couleur passe au jaune verdâtre. |
| Gélatine ......... | Précipité floconneux roux. |
| Chlorure de baryum. | Flocons roux-verdâtre, peu solubles dans l'acide azotique. |
| Azotate d'argent.. | Précipité d'un roux brun, peu soluble dans l'acide azotique. |
| Chlore........... | Précipité et décoloration partielle. |

Le fustel sert surtout à la teinture des laines, des peaux et des cuirs, et au tannage des cuirs. Il communique aux mordants d'alumine une nuance jaune-orangé, aux mordants d'étain une couleur rouge-orange. Ces nuances sont fugaces et virent sous l'influence des alcalis et du savon. M. Koch, le premier, en 1882 [*D. chem. G.*, 15, 285], montra par des analyses exactes et nombreuses que la matière colorante du bois de fustel (fisétine de Schmid) n'a aucun rapport avec la quercétine. M. Schmid démontra plus tard que le fustel ne contient qu'une seule et même matière colorante [Jacob Schmid, *D. chem. G.*, 19, 1735].

*Emploi du bois de fustel.* — On emploie le fustel dans la teinture des laines, comme nous l'avons vu plus haut; mais la belle couleur orange qu'il donne soit avec les mordants d'alumine, soit avec les mordants d'écarlate, est malheureusement très fugace. Dans les ateliers où l'on tient à faire de bonnes teintures, il faut bannir le fustel, ou du moins ne l'employer que concurremment avec des ingrédients de grand teint, tels que la cochenille, la garance, la gaude, et toujours en faibles proportions.

Associé à la cochenille, il sert à faire des écarlates jaunes, des aurores, des capucines, des orangés qui ont beaucoup de feu, mais qui passent au rose sous l'action de la lumière, et au rouge par les alcalis et le savon.

Il n'est utilisé que fort rarement pour la teinture du coton. Avec le mordant d'alumine, il donne des nuances jaune-orangé et des bruns avec l'acétate (pyrolignite) de fer. Avec ces deux mordants mélangés, il fournit, suivant les proportions, le gris rougeâtre, le carmélite, la terre d'ombre, etc. Ce sont surtout les peaussiers et les fabricants d'indiennes qui en font usage, ces derniers pour le genre vapeur.

M. Bancroff estime qu'il faut 4 parties de fustel pour équivaloir à 1 partie de quercitron.

En Turquie et dans le Tyrol, on emploie le bois de fustel pour tanner les cuirs fins, et principalement ceux qui doivent être teints en jaune ou en rouge.

Ouvrages a consulter : *Leçons de Chimie appliquée aux arts industriels*, par M. J. Girardin ; Paris, 1882. — *Traité des Matières colorantes appliquées à la teinture et à l'impression*, par M. P. Schützenberger ; Paris, 1867.
G.-F. Jaubert.

**FUSTINE BREVETÉE** (*jaune pour laine*). — La *fustine brevetée* est un colorant azoïque pour laine, dû à M. Ch.-E. Bedford ; on le trouve dans le commerce sous deux marques, O et G. Il est préparé par l'action d'un diazoïque sur le *bois jaune* de différentes provenances (Cuba, Tampico, Corintho, Maracaïbo, Vera-Cruz, Jamaïque) ou sur l'extrait de bois d'acajou.

Le bois jaune du commerce est le tronc dépouillé d'écorce d'un arbre de la famille des Urticées (*Morus tinctoria*) ; il est dur, léger, cassant et d'un jaune citron pâle. Son principal constituant est l'acide morintannique,

$$C^{15}H^{10}O^7, 2H^2O,$$

lequel, copulé avec un diazoïque (diazobenzène, diazotoluène, diazoxylène, diazonaphtalène), donne la *fustine brevetée*.

L'acide morintannique possède la constitution suivante :

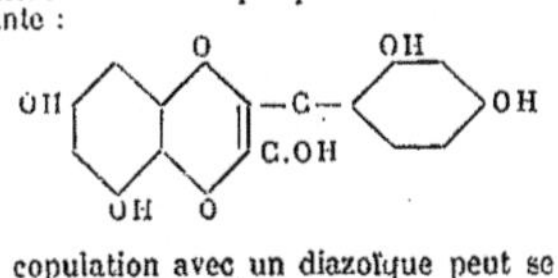

La copulation avec un diazoïque peut se faire de la manière suivante :

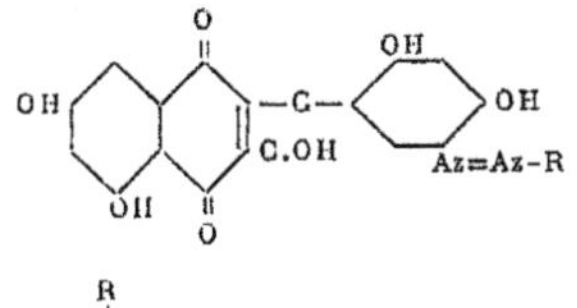

ou

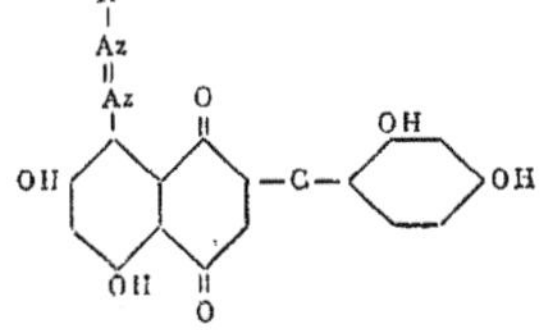

Nous donnerons, d'après le brevet D. R. P. n° 47274, du 2 mai 1888 [voyez Friedlænder, *Fortschritte der Theerfarbenfabrikation*, 2, 494], le mode de préparation de la fustine brevetée : On prend 500 kilogrammes de *bois jaune* de la Jamaïque que l'on réduit en copeaux par rabotage ou que l'on râpe en poudre fine. On met le tout dans une grande bâche munie d'un double fond chauffé à la vapeur, et on extrait deux fois au bouillon par une solution de carbonate de soude à 3 0/0. On peut employer aussi de l'acide chlorhydrique. Si l'on se sert d'une solution de soude trop concentrée, la matière colorante azoïque que l'on obtient plus tard perd une partie de son brillant et de sa vivacité.

En général, au bout de six extractions le bois jaune a cédé toute sa matière colorante. On réunit alors toutes ces solutions dans une bâche à copulation plus grande, munie d'un agitateur mécanique et d'un serpentin à circulation de liquide réfrigérant (solution de chlorure de calcium à — 20°), et l'on refroidit à + 16°.

Dans un réservoir placé au-dessus de la bâche à copulation, on fait le mélange suivant :

25 kilogrammes d'aniline,
26,5 — d'acide sulfurique concentré,
1200 litres d'eau froide.

On refroidit cette solution et on y ajoute lentement, en évitant toute élévation de température, une solution aqueuse de 20 kilogrammes de nitrite de soude à 90 0/0.

On met alors l'agitateur en marche, on ajoute encore 50 kilogrammes de carbonate de soude cristallisé, puis on laisse couler lentement la solution de sulfate de diazobenzène en ayant soin de refroidir au moyen du serpentin à chlorure de calcium.

Le colorant azoïque se dépose de lui-même ; au moyen d'un monte-jus on le fait passer dans un filtre-presse et l'on obtient ainsi 62 kilogrammes de pâte presque sèche. On peut employer cette pâte telle quelle pour la teinture, ou la mélanger à la quantité nécessaire d'alcali, de façon qu'elle soit soluble dans l'eau, et la faire sécher.

On opère exactement de même pour préparer les azoïques dérivant de la toluidine et de la xylidine. Pour le colorant dérivé de l'α naphtylamine, on opère un peu différemment ; on fait une dissolution à l'ébullition de

33 kilogrammes d'α naphtylamine,
1000 litres d'eau,
96 kilogrammes d'acide chlorhydrique.

Après refroidissement, on ajoute 2000 litres d'eau et on diazote avec 25 kilogrammes de nitrite de soude. Le reste de l'opération se fait comme ci-dessus.

Dans le tableau suivant, nous donnons la teinte des colorants azoïques obtenus en faisant varier le diazoïque servant à la copulation :

Bois jaune combiné avec le diazoïque de :

| | |
|---|---|
| Aniline (chlorhydrate, sulfate ou nitrate)................................... | Jaune-orange. |
| Acide aniline - sulfonique, toluidine (chlorhydrate)............................ | Jaune-brun. |
| Toluidine (sulfate et nitrate), xylidine (sulfate et nitrate).................... | Orange vif. |
| Xylidine (chlorhydrate), acide toluidine-sulfonique....................... | Brun-jaunâtre. |
| Acide xylidine - sulfonique, naphtylamine α (chlorhydrate, sulfate ou nitrate), acide α-naphtylamine-sulfonique)............................ | Brun foncé. |

La fustine brevetée peut être préparée aussi sur la fibre même en imprégnant cette dernière d'extrait de bois jaune, puis en la passant dans un bain contenant le diazoïque convenable. Il faut rattacher à la fustine brevetée les colorants brevetés par MM. Kalle et C°, D. R. P. n° 55 837, du 21 février 1890, qui s'obtiennent par l'action d'un diazoïque sur les fibres textiles traitées à l'avance par une solution de tannin, de sumac, de cachou, etc.

Ce procédé a un certain intérêt pour la teinture du cuir en brun. On procède comme suit : On fait un mélange de

9,3 kilogrammes d'aniline,
24 — d'acide chlorhydrique,
100 à 1000 litres d'eau,

et on diazote avec une solution contenant 7 kilogrammes de nitrite de soude.

La solution diazoïque ainsi obtenue est mise à réagir sur du cuir tanné imprégné d'acétate de soude; on obtient aussitôt une belle coloration jaune analogue à celle de la fustine brevetée. On arrive au même résultat en imprégnant le cuir tout d'abord avec la solution d'aniline et diazotant après coup.

Les mêmes colorants jaunes peuvent être obtenus sur soie, sur coton, sur jute, etc., à condition de les imprégner au préalable d'une solution de tannin.

La fustine brevetée trouve un grand emploi dans l'industrie de la teinture, car les nuances obtenues au moyen de ce colorant sont très solides.                                  G.-F. Jaubert.

# G

**GADININE.** — M. Brieger a donné ce nom à une base qu'il a trouvée parmi les produits de la putréfaction de la chair de morue (*gadus*), au bout de cinq jours, et que M. Bocklisch paraît avoir retrouvée dans des conditions analogues. Le chloroplatinate de cette base est en paillettes jaunâtres et répond à la formule

$$(C^7 H^{13} Az O^2) Pt Cl^6.$$

Le chlorhydrate est en aiguilles épaisses, incolores, insolubles dans l'alcool. La base ne donne pas de combinaison aurique; elle est précipitée à l'état de cristaux par les acides phosphomolybdique et phosphotungstique et par l'acide picrique [Brieger, *Ueber Ptomaïne*, Berlin, 1885. — Bocklisch, *D. chem. G.*, 18, 1927].

**GADOLINIUM.** — L'élément $y\alpha$, découvert par Marignac, a reçu définitivement le nom de *gadolinium* [*C. R.*, 102, 902]. M. Crookes [*Adress to the chemical section of the British Association*, 1886] a émis la supposition que le gadolinium serait un mélange d'yttrium et de samarium. D'un autre côté, M. Lecoq de Boisbaudran [*C. R.*, 108, 165] a examiné le $y'\alpha$ de Marignac et a trouvé qu'il consiste en un oxyde propre, avec environ 10 0/0 d'autres terres. Il a aussi examiné le spectre à étincelle [*C. R.*, 111, 472] d'une solution de chlorure et trouvé un nombre considérable de raies. D'autre part, M. Thalén n'a pu obtenir un spectre à étincelle entre des pôles d'aluminium avec du chlorure de gadolinium séparé par M. Cleve. M. Bettendorff [*Ann. Chem.*, 270, 376] n'a pas été plus heureux. Le poids atomique du métal $y'\alpha$ a été trouvé par Marignac égal à 156,75, par M. Lecoq de Boisbaudran à 155,9, par M. Cleve à 155 [*C. R.*, 111, 409], par M. Bettendorff à 156,33.

Récemment, M. Demarçay [*C. R.*, 122, 728] a réussi, par un fractionnement du nitrate dans l'acide azotique concentré, à séparer du gadolinium un autre élément $\Sigma$, remarquable par son azotate plus soluble dans l'acide azotique que l'azotate de gadolinium, mais moins soluble que l'azotate de samarium. Les sels sont incolores, sans bandes d'absorption. Parmi les raies caractéristiques de $\Sigma$, M. Demarçay indique les suivantes : $1 = 4228,1$; 4205,4; 4128,5; 3972,2; 3930,8; 3819,9.

Les raies du gadolinium sont : $1 = 4263,1$; 4178,2; 4098,6; 4063,4; 4049,9; 3959,9; 3958,1; 3916,7; 3852,6; 3850,9; 3549,3; 3545,7.

Avec l'oxyde de gadolinium, M. Nordenskiöld [*C. R.*, 103,795] comprend les mélanges du groupe d'yttria, qu'on trouve dans les divers minéraux, et qui ont, d'après lui, le poids moléculaire 261,9. La constance de ce nombre a été contestée par plusieurs savants [Marignac, *Arch. et Bibl. univ. de Genève*, (3), 18, 385. — Rammelsberg, *Sitzungsb. der Ac. d. Berlin*, 31, 649. — Blomstrand, *Lunds Universitets Arsskrift*, 20 ,4. — Nordenskiöld, *Ofvers of K. Sw. Vet. Akad. Förh.*, 1887, n° 7, 463].                P.-T. Cleve.

**GAÏAC (RÉSINE DE)** (voyez Dict., 1, 1508). — L'analyse d'une résine provenant de Gehe a fourni :

Acide gaïarétique ......................... 11,15 0/0
— gaïaconique............................ 50,00 —
— gaïcinique (résine β de Hadelich).. 11,75 —
Résidu insoluble dans l'éther............ 25,00 —
(cendres 2,1 0/0, gomme 9,64 0/0).
Perte.................................... 2,10 —

Ces acides ont été extraits de la solution alcoolique de la résine : L'acide gaïarétique, précipité par la potasse alcoolique à l'état de sel potassique, et l'acide gaïacinique, séparé de l'acide gaïaconique par l'éther, dans lequel il est insoluble. Il a été impossible d'obtenir l'acide gaïacique de Thierry. On a trouvé, en traitant la résine par le carbonate de sodium, précipitant les acides par le gaz carbonique et extrayant la liqueur à l'éther, une *essence de gaïac*, d'odeur aromatique, formant environ 0,7 0/0 de la résine.

On extrait encore de la résine le *jaune de gaïac*, matière cristallisée jaune pâle, soluble dans les alcalis en jaune, soluble dans l'eau chaude, l'alcool, l'éther, le sulfure de carbone, soluble en bleu dans l'acide sulfurique concentré, répondant à la formule $C^{30} H^{30} O^7$. Cette substance fond à 115° [O. Döbner et E. Lucker, *Arch. Pharm.*, 234, 590].

**GAÏACINIQUE (ACIDE)**, $C^{21} H^{22} O^7$ ? — M. Döbner l'a obtenu sous la forme d'une poudre brun clair peu soluble dans l'eau, insoluble dans le benzène et dans les autres solvants neutres, fusible à 200° environ. Sa solution donne avec le perchlorure de fer alcoolique une coloration vert-bleu instable. Cet acide fournit à la distillation sèche de l'aldéhyde tiglique, du créosol, et des huiles à point d'ébullition élevé. On en a obtenu un *dérivé tribenzoylé*,

$$C^{21}H^{10}O^7(C^7H^5O)^3?$$

sous la forme d'une poudre incolore cristalline, fusible à 155-158°; cet acide posséderait donc 3 hydroxyles éthérifiables.

**GAÏACOL** (Dict., 1, 1509; 1ᵉʳ Suppl., 536, 899). — Nous étudierons d'abord la créosote, source principale du gaïacol, dont la composition, jusqu'ici mal connue, a été complètement élucidée par les travaux de MM. Béhal et Choay [*C. R.*, 116, 197-200; *Bull. Soc. Chim.*, (3), 9, 147; 11, 698, 939].

L'origine des créosotes est très variable : à côté de la créosote de hêtre, la plus importante, se rangent les créosotes de chêne, de pin, etc., et même de lignites.

La valeur d'une créosote dépend surtout de la quantité de gaïacol qu'elle contient.

La séparation des substances contenues dans la créosote a été opérée de la manière suivante :

On commence par purifier la matière par un traitement à l'acide chlorhydrique aqueux, pour la débarrasser des alcaloïdes; un traitement à la soude enlève les phénols; l'huile insoluble est traitée à la vapeur d'eau tant qu'elle garde une odeur forte. La solution alcaline, épuisée à l'éther, puis acidulée, fournit les phénols libres.

La créosote purifiée est alors traitée en autoclave à 180° pendant 4 ou 5 heures par une solution saturée à 0° d'acide chlorhydrique aqueux qui produit la déméthylation des phénols. On recueille du chlorure de méthyle et on extrait les monophénols formés par un courant de vapeur d'eau qui les chasse de la solution sans entraîner les diphénols.

Les monophénols sont ensuite fractionnés à l'appareil Le Bel-Henninger; les fractions obtenues, transformées en benzoates, sont soumises à un nouveau fractionnement et enfin saponi-

Créosote de hêtre.... Densité 0,985. Bouillant à 200-210°.
    —    chêne ..   —    1,063.    —    200-210°.
    —    pin. ...       —               200-210°.

| | Monophénol. | Gaïacol. | Créosol et homologues. | Perte. |
|---|---|---|---|---|
| Créosote de hêtre | 39 | 26,5 | 32,14 | 2,36 |
| chêne | 55 | 14 | 31 | » |
| pin | 40 | 20,4 | 37,5 | 2,2 |

[Renard, *C. R.*, 149, 1276].

Les monophénols obtenus avec la créosote de hêtre se divisent comme suit :

| | |
|---|---|
| Phénol | 5,20 |
| o-Crésylol | 10,4 |
| m- et p-Crésylols | 11,6 |
| o-Éthylphénol | 3,6 |
| m-Xylénol 1.3.4 | 2 |
| m-Xylénol 1.3.5 | 1 |
| Phénols non separes | 5,2 |
| | 39,0 |

Bien entendu, tous ces phénols se trouvent à l'état d'éthers méthyliques.

Les créosotes bouillant de 210 à 220° ne contiennent pas de gaïacol.

*Préparation, purification.* — La créosote fournit de grandes quantités de gaïacol pur. On sépare les diphénols de la créosote en les précipitant par divers sels ou oxydes métalliques : la strontiane (Béhal et Choay), la baryte (Riehm, von Heyden), la magnésie (Kumpf), la solution ammoniacale de chlorure de calcium (Böttinger). Les sels d'éthers de diphénols ainsi précipités sont ensuite décomposés par l'acide chlorhydrique, et le gaïacol, séparé de ses homologues par distillation fractionnée, est purifié par cristallisation.

Le gaïacol pur est obtenu synthétiquement par

fiées. Les phénols ainsi séparés sont : le phénol, le m- et le p-crésylol, l'o-éthylphénol et les m-xylénols 1, 3, 4 et 1, 3, 5.

Quant à l'isolement des éthers des diphénols, il s'opère comme suit : on agite la créosote avec un excès de lait de strontiane, et on laisse en contact pendant 24 heures. Le précipité est lavé à l'eau, puis enfin à l'alcool méthylique, décomposé par l'acide chlorhydrique et fractionné.

Le gaïacol, isolé par distillation fractionnée et cristallisation, est enfin transformé en carbonate, fusible à 86°.

La seconde fraction contient le créosol ou homogaïacol (méthyl 1-oxyméthyl 3-phénol 4), bouillant à 219-220°. Le carbonate de cette substance fond à 143°, et le créosol qu'on en régénère bout alors à l'état pur à 221-222°; il possède une odeur de vanille.

Il passe ensuite, à 229-232°, l'éthylgaïacol (1 éthyl-3 oxyméthyl-phénol 4) à odeur de girofle, et dont le carbonate, à peu près insoluble dans l'éther, fond à 108°.

On trouve encore, mais en quantité trop faible pour permettre une étude complète, des dérivés sulfurés et une substance analogue à l'orcéine.

Lorsqu'on se propose, dans une analyse moins complète, de déterminer combien une créosote contient d'éthers de monophénols, de gaïacol et de créosol, on procède, sur 100 grammes de créosote, aux opérations suivantes :

1° Déméthylation de la créosote additionnée de 15 grammes d'eau, par un courant de gaz bromhydrique agissant pendant 1 heure à 100°;

2° Entraînement par la vapeur d'eau des monophénols formés, et leur extraction à l'éther dans la partie distillée;

3° Extraction par l'éther des polyphénols qui ne sont pas entraînables par la vapeur d'eau, et séparation de la pyrocatéchine peu soluble dans le benzène, de l'homopyrocatéchine très soluble dans ce solvant.

Voici les résultats analytiques concernant les principales créosotes :

méthylation de la pyrocatéchine sodée. On opère à 120-130° avec l'iodure de méthyle, et en solution méthylique. Le gaïacol formé est séparé au moyen de la soude du vératrol insoluble, et cristallisé dans le chloroforme, à basse température (Béhal et Choay).

Le vératrol ou diméthylpyrocatéchine se laisse facilement saponifier par les alcalis aqueux ou alcooliques. Le produit de la réaction, acidulé et entraîné par la vapeur d'eau, fournit du gaïacol avec un rendement presque quantitatif [Merck, D. R. P., 78 910]. Enfin la décomposition, à haute température et en présence d'un fort excès d'acide sulfurique, du sulfate de diazo-ortho-anisidine fournit aussi du gaïacol.

*Propriétés.* — Cristaux rhomboédriques en prismes à 12 pans, fusibles à 28°,5, restant facilement en surfusion. Densité liquide à 15° : 1,143 ; à 0° : 1,1534. Bouillant à 205°,1, solubles dans l'éther de pétrole et dans la glycérine pure, solubles à moins de 1 0/0 dans la glycérine officinale. Goût astringent, mais non caustique.

En présence d'acide sulfurique concentré et d'une trace de chélidonine, il se développe une couleur rouge-carmin caractéristique [Battandier, *C. R.*, 120, 270].

Traité par les acides chlorhydrique, bromhydrique ou iodhydrique, le gaïacol perd son groupe méthyle en donnant de la pyrocatéchine. Le chlorure d'aluminium à 210°, au bain d'huile, provoque aussi la complète déméthylation [C. Hartmann et L. Gattermann, *D. chem. G.*, 24, 3632].

Mélangé à l'acide acétique et traité par un mélange à parties égales de chlorure de zinc et de chlorure d'aluminium, le gaïacol donne de *l'acéto-vanillone* fusible à 115° [Th. Otto, *D. chem. G.*, 24, 2869].

Une solution de gaïacol et de chloroforme dans l'alcool, additionnée peu à peu de potasse alcoolique, donne, avec formation minime de résines, beaucoup de *vanilline*, en même temps qu'un peu *d'aldéhyde m-méthoxysalicylique* [C. Traub, D. R. P., 80195].

Un mélange équimoléculaire de gaïacol, de formaldéhyde en solution aqueuse et de soude, laissé en repos jusqu'à disparition d'odeur d'aldéhyde formique, fournit *l'alcool vanillique*, fusible à 115°. En présence d'un excès d'aldéhyde, il se produit une *combinaison moléculaire* d'alcool et d'aldéhyde fusible à 110°, décomposable par la chaleur ou l'ammoniaque aqueuse.

### COMPOSÉS D'ADDITION.

*Picrate de gaïacol,*

$$C^7H^8O^2, C^6H^2(OH)(AzO^2)^3.$$

— Aiguilles orangées, fusibles à 86° [R. von Gœdicke, *D. chem. G.*, 26, 3044].

*Gaïacol-antipyrine.* — Le gaïacol se combine molécule à molécule avec l'antipyrine par chauffage à 100° pendant 15 heures [G. Patein et E. Dufau, *C. R.*, 121. 532].

*Gaïacol-pipéridine,* $C^5H^{11}Az . C^7H^8O^2$. — Aiguilles ou lamelles fusibles à 79-80°, solubles à 3 0/0 dans l'eau. On l'a proposé, à cause de sa solubilité dans l'eau, pour remplacer le gaïacol ou son carbonate dans les emplois médicaux.

### ÉTHERS-SELS.

*Phosphate de gaïacol,* $PO \equiv (C^7H^7O^2)^3$. — Obtenu sous la forme de prismes fusibles à 91°, solubles dans l'alcool, par l'action du perchlorure de phosphore sur le gaïacol en solution dans le benzène.

*Méthylsulfate, éthylsulfate, isobutylsulfate de gaïacol.* — Substances obtenues par l'action du chlorure sulfovinique correspondant sur le gaïacol, en présence d'un alcali.

L'éthylsulfate est liquide, bout à 200° avec une légère décomposition, et distille avec les vapeurs d'eau [F. Baeyer, D. R. P., 75456 et 73165].

*Éthers des acides gras* (F. von Heyden, D. R. P., 71446]. — On a préparé, par les méthodes usuelles, sous la forme d'huiles à point d'ébullition élevé, sans odeur ni goût caustique, les éthers des acides suivants : acide caproïque, caprylique, décylique, laurique, myristique, palmitique, stéarique, arachique, cérotique, oléique, ricinoléique, linoléique, érucique, sébacique.

*Chloracétate de gaïacol,*

$$CH^2Cl - CO^2 - C^6H^4OCH^3.$$

— Prismes rhomboïdaux fusibles à 50°, bouillant à 258°. On l'obtient par l'action de l'oxychlorure de phosphore sur le mélange des composants. Cet éther, insoluble dans l'eau, n'est pas coloré par le chlorure ferrique, en solution alcoolique [Dzierzgowski, *J. Soc. russ. phys. chim.*, 1, 154].

*Carbonate de gaïacol,* $CO(OC^6H^4OCH^3)^2$ [Béhal et Choay, *loc. cit.* — Cazeneuve, *Bull. Soc. Chim.*, (3), 16, 714. — Cazeneuve et Moreau, *C. R.*, 122, 1131. — Von Heyden, D. R. P. 58,129]. — Cet éther est préparé en faisant passer

un courant de gaz phosgène dans une solution alcaline de gaïacol. C'est un composé fusible à 86°, insoluble dans l'eau, soluble dans l'alcool.

L'ammoniaque fournit avec cet éther de l'urée pure :

$$CO(OC^6H^4.OCH^3)^2 + 2AzH^3$$
$$= CO(AzH^2)^2 + 2HO.C^6H^4.OCH^3.$$

L'aniline fournit de même la diphénylurée absolument pure. L'o- et la p-toluidine fournissent les composés correspondants purs.

*Carbamate de gaïacol,*

$$CO \underset{AzH^2}{\overset{OC^6H^4.OCH^3}{<}}$$

— Aiguilles fusibles à 127°, solubles dans l'eau et dans l'alcool. On l'obtient par l'action du chlorure d'urée,

$$CO \underset{AzH^2}{\overset{Cl}{<}}$$

sur une solution alcaline de gaïacol, ou par l'action du phosgène sur 1 molécule de gaïacol sodé et 1 molécule d'ammoniaque (von Heyden).

*Uréthane gaïacolique de pipéridine,*

$$CO \underset{OC^6H^4.OCH^3}{\overset{AzC^5H^{10}}{<}}$$

[Cazeneuve et Moreau, *Bull. Soc. Chim.*, (3), 19, 80]. — Le carbonate de gaïacol se dissout dans 2 molécules de pipéridine avec élévation de température. Le produit solide obtenu est ensuite cristallisé dans l'alcool à 60°. Il fond à 44° et bout à 330°. Il se laisse facilement saponifier.

*Benzoate de gaïacol* ou *benzosol,*

$$C^6H^5.CO.O - C^6H^4 - OCH^3.$$

— Cristaux incolores, fusibles à 52-53°, obtenus par l'action du chlorure ou de l'anhydride benzoïque sur le gaïacol. Ce composé insipide est facilement saponifié par les sucs stomacaux (Meister Lucius et Brüning, D. R. P., 55280).

*p-Nitrobenzoate,*

$$AzO^2 - C^6H^4 - COO - C^6H^4.OCH^3.$$

— Fusible à 101-102°.

*p-Aminobenzoate,*

$$AzH^2 - C^6H^4 - COO - C^6H^4.OCH^3.$$

— Fusible à 145°.

*Acétyl-p-aminobenzoate,*

$$CH^3 - COAzH.C^6H^4 - COO - C^6H^4.OCH^3.$$

— Fusible à 179° (J.-D. Riedel. D. R. P. 67923).

*Cinnamate de gaïacol* ou *styracol,*

$$C^6H^5 - CH = CH - COO - C^6H^4 - OCH^3.$$

— Cette substance, préparée comme le benzoate, cristallise dans l'alcool et fond à 130°. Elle a été proposée comme succédanée des baumes de tolu et du Pérou (Knoll, D. R. P., 62176).

On a encore préparé les éthers suivants par l'action de l'oxychlorure de phosphore sur les composants, à 120-130° :

*o-, m-* et *p-Crésotinate, p-oxybenzoate, benzoate, anisate, p-éthoxybenzoate.* — Ces substances sont solides, insolubles dans l'eau, solubles dans l'alcool, facilement saponifiables (Nencki et F. von Heyden, D. R. P., 38973 et 57941).

*Salicylate de gaïacol* ou *salol du gaïacol.* —Aiguilles insipides, inodores, peu solubles dans l'eau, solubles dans l'alcool, fusibles à 65°.

DÉRIVÉS HALOGÉNÉS.

*Tétrachlorogaïacol*, $C^6Cl^4(OH)(OCH^3)$. — On obtient ce composé en chauffant avec un excès d'acide sulfurique concentré le tétrachlorovératrol. Cristaux solubles dans l'eau, fusibles à 185-188° (F. Bruggemann).

*Iodogaïacol*. — L'iode agissant sur la solution alcaline de gaïacol fournit un précipité brun de café, fusible à 125-130°, et contenant un léger excès d'iode sur la formule d'un produit monoiodé [S. Messinger et G. Vortmann, *D. chem. G.*, 89, 2320].

DÉRIVÉS NITRÉS, AMINÉS, AZOÏQUES.

*Nitrosogaïacol.*

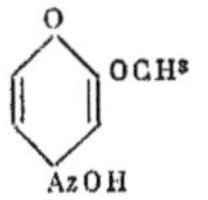

— On obtient ce dérivé en faisant bouillir avec la soude diluée l'o‑nitrosométhylanisidine. La solution étant acidulée avec l'acide sulfurique et le produit extrait à l'éther, ce solvant fournit par évaporation des prismes jaunâtres peu solubles dans l'eau et détonant à 150° environ.

On peut encore chauffer au bain‑marie, en tube scellé, une solution de gaïacol sodé dans l'alcool méthylique avec 1 molécule d'azotite d'éthyle, ou traiter le gaïacol par l'acide azoteux, en solution alcoolique, à — 2°. Ce corps est soluble dans les alcalis.

Le *sel de potassium* est peu soluble. Oxydé par le ferrocyanure en solution alcaline, il donne le nitrogaïacol. Réduit par l'étain et l'acide chlorhydrique, il fournit l'aminogaïacol.

Chauffé avec du chlorure et de l'acétate d'ammonium, il fournit la p-nitroso-o-anisidine fusible à 107°.

On a préparé, par les méthodes usuelles :
Le *dérivé acétylé*,

$$C^6H^3(OCOCH^3)(OCH^3)(AzO),$$

fusible à 156-158°.

L'*éther éthylique*, $C^6H^3(OC^2H^5)(OCH^3)(AzO)$, fusible à 105-106°.

*Dioxime*, $C^6H^3(AzOH)^2(OCH^3)$. — Aiguilles soyeuses, jaunâtres, fusibles à 249-251° [Th. T. Best, *Ann. Chem.*, 255, 176. — H. Rupe, *D. chem. G.*, 30, 2444. — A. Pfob, *Mon. f. Chem.*, 18, 467].

*Nitrogaïacol,*

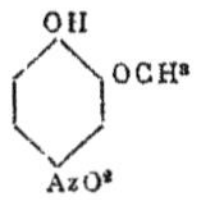

— Obtenu, comme on l'a vu plus haut, par oxydation du nitrosogaïacol, ce composé cristallise en longues aiguilles jaunâtres fusibles à 103-104°, douées d'une faible odeur de vanille, et solubles dans les alcalis avec une couleur pourpre [Rupe, *loc. cit.*].

*Dinitrogaïacol,*

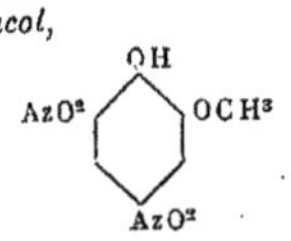

— Aiguilles jaune d'or, fusibles à 122°. On obtient ce dérivé par nitration directe de l'acétylgaïacol en solution acétique, ou par l'action de l'acide azotique sur le nitrosogaïacol. L'acide azoteux agissant sur la solution éthérée de gaïacol fournit du dinitrogaïacol, en même temps que de l'acide carboxytartronique, $C^4H^4O^7$.

L'acide gaïaconique, dans les mêmes conditions, donne aussi du dérivé dinitré. La diméthyl-o-anisidine, soumise à la nitration, fournit un dérivé

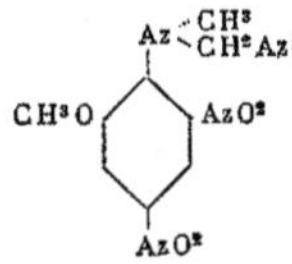

fusible à 135° qui, soumis à l'ébullition avec la potasse à 10 0,0, donne du dinitrogaïacol.

La position des groupes nitrés a été fixée par l'étude des produits de réduction. MM. Grimaux et Lefèvre ont obtenu une diamine dont les caractères chimiques sont ceux d'une métadiamine, et MM. Woolcoot et Wray, réduisant le dérivé dinitré par le sulfure d'ammonium, ont obtenu un *aminonitrogaïacol* fusible à 182° qui, par l'action de l'acide azoteux, a fourni un *diazoxynitrogaïacol* explosible à 170° et cristallisant avec $0,5H^2O$. La formation de ce dérivé fixe la position de l'un des $AzO^2$ :

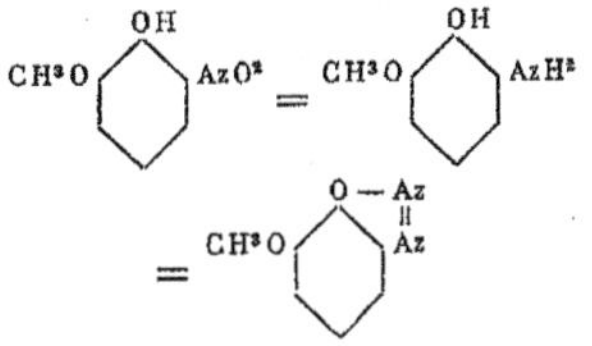

l'autre est en méta, d'après ce que nous avons déjà vu plus haut [Grimaux et Lefèvre, *Bull. Soc. Chim.*, (3), 6, 417. — Ph. Woolcoot et Wray, *Chem. Soc.*, 69, 1321. — Herzig, *Mon. f. Chem.*, 3, 825].

*p-Aminogaïacol,*

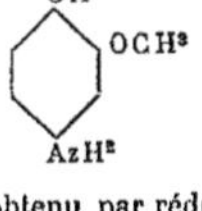

— Ce composé, obtenu par réduction du p-nitrogaïacol (Rupe), est peu soluble dans l'eau et dans l'alcool; il cristallise en prismes fusibles à 176-177°. Son dérivé chlorhydrique constitue des tables jaune clair. L'anhydride acétique donne un *dérivé triacétylé* fusible à 101° (Pfob). La base se laisse facilement diazoter : le sel diazoïque fournit, par l'action du cyanure cuivreux, un *gaïacol p-cyané* fusible à 89-90°, et possédant une odeur de vanille assez développée.

*o-Amino-p-nitrogaïacol.* — Voyez plus haut, au *Dinitrogaïacol.*

*m-Diaminogaïacol.* — Cette m-diamine n'a pas été obtenue à l'état de pureté. M. Herzig en a décrit un *sel d'étain* $A,2HCl,SnCl^2,H^2O$.

La solution de la base additionnée de brome, fournit de notables quantités d'hexabromacétone.

*Diazoxynitrogaïacol.* — Voyez *Dinitrogaïacol.*

*Benzène-azogaïacol,*

$$\left.\begin{array}{l} CH^3O \\ HO_{(\omega)} \end{array}\right> C^6H^3 - Az = Az - C^6H^5.$$

— Si l'on fait réagir un sel de diazobenzène sur une solution de gaïacol sodé maintenu à 0°, on obtient environ 85 0/0 de ce produit, en même temps qu'une petite quantité de gaïacol-bisazobenzène. La séparation de ces deux corps est assez délicate. On profite de la faible solubilité du dernier dans l'alcool aqueux et dans la soude faible.

Prismes rouges fusibles à 71°, solubles dans la ligroïne, donnant un sel de sodium rouge, cristallisant en lamelles ; peu soluble dans la soude concentrée, et précipité de sa solution aqueuse par l'acide carbonique.

*Gaïacol bisazobenzène,*

$$CH^3O \cdot \underset{\diagdown\; Az = Az - C^6H^5}{\overset{OH \quad \diagup\; Az = Az - C^6H^5}{\bigodot}}$$

— Aiguilles grises à reflet violet, fusibles à 150°, à peine solubles dans la ligroïne [P. Jacobsen, M. Jænicke, F. Meyer, *D. chem. G.*, **29**, 2685].

### MÉTHYLGAÏACOL OU VÉRATROL,

$$C^6H^4(OCH^3)^2.$$

— Le vératrol a été proposé comme un excellent solvant pour la cryoscopie. Son point de fusion à l'état pur est 22°,53, sa dépression moléculaire 64 (Paterno). Cet éther se comporte souvent comme un carbure : ainsi, lorsqu'on le traite, en solution sulfocarbonique, par l'anhydride phtalique et le chlorure d'aluminium, il fournit l'acide 3.4-diméthoxy-o-benzoylbenzoïque, fusible à 233° [K. Lagodzinski, *D. chem. G.*, **28**, 118].

De même, avec le chlorure d'aluminium et le chlorure d'éthyloxalyle, il fournit le vératroylglyoxylate d'éthyle, bouillant à 205° sous 10 millimètres [Bouveault, *C. R.*, **122**, 1543].

Le sulfocyanate de phényle fournit aussi, en présence du chlorure d'aluminium, la thioanilide de l'acide vératrique, fusible à 159° [F. Bruggemann, *J. prakt. Chem.*, (2), **53**, 250].

*Bromovératrol.* — Liquide bouillant à 255°, obtenu en entraînant par un courant d'air des vapeurs de brome (1 mol.) dans une solution acétique de vératrol [A. de Gaspari, *Gazz. chim. ital.*, **26**, (2), 230].

La vératrylamine diazotée fournit aussi, par la réaction de Sandmeyer, le bromovératrol. L'atome de brome se trouve donc en para par rapport au méthoxyle (Moureu).

*Dibromovératrol.* — Obtenu par l'action du brome sur le vératrol. Cristaux fusibles à 92-93°.

*Tétrabromovératrol.* — Obtenu comme le précédent, ou mieux en faisant tomber le brome dans une solution sulfurique de vératrol. Il cristallise dans l'éther en aiguilles fusibles à 118°.

*Tétrachlorovératrol.* — On l'obtient en dirigeant un courant de chlore dans une solution de vératrol dans le chlorure de carbone. Aiguilles blanches, fusibles à 88°. Distille à 180-200° dans le vide.

*Diiodovératrol.* — Une solution alcoolique d'iode, mélangée à du vératrol et additionnée d'oxyde d'argent, fournit ce produit, cristallisable en aiguilles blanches, fusibles à 125° [F. Bruggemann, *loc. cit.*].

*Sulfovératrol.* — On chauffe au bain-marie le vératrol avec de l'acide sulfurique concentré.

Les *sels de baryum* et *de plomb* cristallisent avec $3\,H^2O$ en lamelles tricliniques.

L'*acide libre* cristallise dans l'alcool aqueux avec $2\,H^2O$.

Le *sulfochlorure* a été obtenu par l'action du perchlorure de phosphore sur l'acide ; il donne par l'action de l'ammoniaque une *sulfamide* fusible à 136°,5 et cristallisant avec $2\,H^2O$.

Le *dérivé acétylé* de la sulfamide cristallise dans l'alcool dilué en aiguilles fusibles à 140-141°.

La *sulfanilide* cristallise avec $2\,H^2O$ et fond à 131° (A. de Gaspari).

*Nitrovératrol,*

$$\underset{OCH^3}{\overset{AzO^2}{\bigodot}}_{OCH^3}$$

— Ce corps, obtenu d'abord par M. Merck, puis par MM. Tiemann et Matsmoto, a été étudié dans ses dérivés par M. Moureu [*Bull. Soc. Chim.*, (3), **15**, 646].

On l'obtient facilement par la nitration du vératrol au moyen de l'acide azotique étendu de son volume d'eau ; il cristallise en aiguilles fusibles à 95-96°.

*o-Dinitrovératrol.* — Ce dérivé a été obtenu en dissolvant à 0° le vératrol dans l'acide azotique fumant (Moureu), ou dans un mélange d'acide sulfurique et azotique (F. Bruggemann). Il cristallise dans l'alcool en aiguilles jaune-chamois, fusibles à 127-128° (F. B.), 129-130° (M.).

*Modification β.* — M. E. Merck a décrit un dinitrovératrol fusible à 127° et cristallisant en aiguilles jaunes, dont la solubilité dans l'alcool diffère du corps dinitré déjà décrit. Il l'obtient en traitant le vératrol, à la température ordinaire, par un excès d'acide azotique.

M. Bruggemann, en traitant en tube scellé le mononitrogaïacol par l'acide azotique, a obtenu ce même dinitrovératrol β.

*Nitrobromovératrol.* — Le bromovératrol, traité par l'acide azotique, fournit ce dérivé cristallisable en aiguilles fusibles à 125° et faciles à sublimer.

*Dinitrobromovératrol.* — Obtenu comme le précédent, en opérant la nitration en présence d'acide sulfurique. Aiguilles fusibles à 113-114° (A. de Gaspari).

*Vératrylamine,*

$$C^6H^3 \begin{array}{l} \diagup\; OCH^3_{(1)} \\ -\; OCH^3_{(2)} \\ \diagdown\; AzH^2_{(4)} \end{array}$$

— Cette base, obtenue par réduction du mononitrovératrol, cristallise en paillettes fusibles à 85-86° ; elle distille à 175° sous 22 millimètres.

Son *chloroplatinate* fond à 220°.

Son *dérivé benzoylé* cristallise en aiguilles fusibles à 177°.

En transformant par les méthodes classiques cette base en nitrile, puis en acide, on obtient l'acide vératrique, ce qui fixe la position du groupe $AzO^2$ dans le nitrovératrol [Moureu, *Bull. Soc. Chim.*, (3), **15**, 646].

*o-Vératrylène-diamine,*

$$\underset{AzH^2}{\overset{OCH^3}{\bigodot}}_{OCH^3}^{\;H^2Az} \quad ou \quad \underset{AzH^2}{\overset{OCH^3}{\bigodot}}_{AzH^2}^{OCH^3}$$

— On obtient cette diamine par réduction du

dinitrovératrol ($\alpha$?). Elle cristallise en prismes fusibles à 131-132°. La position ortho des deux groupes $AzH^2$ a été démontrée par l'étude de quelques dérivés caractéristiques :

La phénanthrène-quinone fournit une *vératryl-phénanthrazine*,

$$C^6H^2 - Az = C - C^6H^4 \quad // (OCH^3)^2$$
$$\diagdown Az = C - C^6H^4$$

aiguilles jaunes, fusibles à 255°, solubles en violet dans l'acide sulfurique concentré.

L'acide acétique donne l'*éthényle-vératrylène-amidine*,

$$C^6H^2 - Az \gtrless C - CH^3 \quad // (OCH^3)^2$$
$$H \diagup$$

fusible à 170°, et donnant un *chloroplatinate* et un *picrate* bien définis.

L'aldéhyde benzoïque en excès, agissant sur le chlorhydrate de la base, fournit la *vératrylbenzaldéhydine*,

$$C^6H^2 - Az \diagdown C . C^6H^5 \quad // (OCH^3)^2$$
$$\diagdown Az \diagdown CH^2 . C^6H^5$$

fusible à 134-135° [Moureu, *C. R.*, **125**, 31].

*Benzène-azovératrol*,

$$C^6H^5 - Az = Az - C^6H^3 (OCH^3)^2.$$

— On a obtenu cette substance en traitant le benzène-azogaïacol sodé par l'iodure de méthyle en solution alcoolique. Il cristallise dans la ligroïne en aiguilles rouge pâle, fusibles à 44°,5-45°. Par réduction au moyen de l'étain, on obtient trois substances. D'abord un *aminovératrol* identique à celui de M. Moureu; puis, en quantité prépondérante, une *o-semidine*, l'*amino 2-diméthoxy 3.4-diphénylamine*, feuilles colorées en violet pâle fusibles à 151°, donnant avec l'acide formique un *dérivé méthylénique* fusible à 106-107°.

Enfin cette réduction donne également naissance à une benzidine : le *diamino 4.4-méthoxyl 2-diphényle* fusible à 104° [P. Jacobsen, M. Jœnicke et F. Meyer, *loc. cit.*].

### DÉRIVÉS DIVERS.

*Méthylène-digaïacol*, $CH^2 = (OC^6H^4OCH^3)^2$.
— On obtient ce corps en traitant en autoclave, à 150°, par l'iodure de méthylène, le gaïacol sodé. C'est un produit fusible à 79°, à odeur de vanille, peu soluble dans la ligroïne, distillable à 217° sous 10 millimètres [L. Bouveault, *Bull. Soc. Chim.*, (3), **17**, 949].

*Éthylène-digaïacol*,

$$CH^3O . C^6H^4O - CH^2 - CH^2 - OC^6H^4 . OCH^3.$$

— On fait réagir le bromure d'éthylène sur le gaïacol sodé. Aiguilles fusibles à 138-139°, peu solubles dans l'eau, facilement solubles dans l'alcool (E. Merck, D. R. P., 83,148). M. di Boscogrande décrit cette même substance et lui attribue le point de fusion 130°.

*Brométhyle-gaïacol*,

$$Br - CH^2 - CH^2 - O . C^6H^4 . OCH^3.$$

— Il suffit de faire réagir une solution alcoolique de gaïacol sodé sur un excès de bromure d'éthylène pour obtenir ce produit. Aiguilles fusibles à 49°. Facilement entraînable par la vapeur d'eau. L'acide azotique donne un *dérivé trinitré*

cristallisé en aiguilles jaunes et fusible à 120° [di Boscogrande, *Accad. d. Lincei*, **1**, 6; 2, 33].

*Triméthylène-digaïacol*,

$$CH^3O . C^6H^4 - OCH^2 - CH^2 - CH^2O - C^6H^4 . OCH^3.$$

— Substance fusible à 116-118°, qu'on a obtenu en partant du gaïacol sodé et du bromure de triméthylène [*Ann. Merck*, 1895].

*Phényloxyéthylène-gaïacol*,

$$C^6H^5OCH^2 - CH^2 - OC^6H^4 . OCH^3.$$

— Cristaux fusibles à 75°, qu'on obtient en faisant réagir le phénate de sodium sur le bromo-éthylgaïacol.

*Picrylgaïacol*, $C^6H^2(AzO^2)^3 - OC^6H^4 . OCH^3$. — M. Bouveault a obtenu ce composé en traitant le gaïacol sodé par le chlorure de picryle. Il cristallise en aiguilles jaunes, fusibles à 117-118°. Traité par le chlorure d'éthyloxalyle et le chlorure d'aluminium, il fournit un isomère de l'acide vanilloylcarbonique.

*o-Nitrophénylgaïacol*,

$$AzO^2 - C^6H^4 - OC^6H^4 - OCH^3.$$

— L'o-nitrobromobenzène, traité au bain-marie par une solution alcoolique de gaïacol potassé, fournit ce dérivé. Il cristallise en aiguilles jaune clair, fusibles à 55° et distillables à 213° sous 10 millimètres.

*p-Nitrophénylgaïacol*. — La formation de ce produit exige une température de 140° maintenue pendant 5 heures. Aiguilles jaune-chamois fusibles à 103-104°, et bouillant à 216° sous 10 millimètres.

*Acide gaïacolglycolique*,

$$CH^3O . C^6H^4 - OCH^2 - CO^2H.$$

— Cet acide a été obtenu en traitant le gaïacol mélangé à l'acide monochloracétique par la soude à 20 0/0; la solution obtenue, précipitée par l'acide chlorhydrique, fournit l'acide libre, qu'on fait cristalliser dans l'eau bouillante. Il se présente en aiguilles fusibles à 120-121°. Son *sel de baryum* cristallise avec $3H^2O$ en aiguilles peu solubles.

Le *sel d'argent* forme des aiguilles peu solubles dans l'eau [A. Cutolo, *Gazz. chim. ital.*, **26**, (1), 63].

Le *gaïacolglycolate d'éthyle*, obtenu par l'action de l'éther chloracétique sur le gaïacol sodé alcoolique, est une huile bouillant à 175-179° sous 27 millimètres.

L'*amide*, $CH^3O . C^6H^4 - OCH^2 - CO AzH^2$, cristallise en aiguilles soyeuses, fusibles à 138°.

*Gaïacol-glucoside*, $CH^3O . C^6H^4 - OC^6H^{11}O^5$.
— On obtient ce dérivé en traitant à froid une solution de gaïacol potassique dans l'alcool absolu par l'acétochlorhydrose :

$$CH^3O . C^6H^4 OK + C^6H^7ClO^5(C^2H^3O)^4 + 4C^2H^6O$$
$$= CH^3O . C^6H^4 - OC^6H^{11}O^5 + KCl$$
$$+ 4CH^3 . CO^2C^2H^5.$$

Il forme de fines aiguilles réunies en agrégats sphériques, solubles dans l'eau, fusibles à 157°. Son goût est très amer; les acides et les alcalis le saponifient avec facilité. **V. Auger.**

**GAÏACONIQUE (ACIDE)**, $C^{20}H^{24}O^5$ [Dict., **1**, 1509]. — C'est une poudre blanche amorphe, fusible à 74-76°, soluble dans les alcalis aqueux ou en solution alcoolique, insoluble dans les carbonates alcalins. Cet acide doit contenir deux groupes hydroxyle; en effet, il fournit facilement un *dérivé diacétylé*, fusible à 61-63°; un *dérivé dibenzoylé*, $C^{20}H^{22}O^5(C^7H^5O)^2$, fusible à 81-83°.

L'acide gaïaconique se dissout en rouge de sang dans l'acide sulfurique concentré ; sous l'influence de l'ozone et des autres oxydants, il donne une matière colorante bleue bien connue et caractéristique de la résine de gaïac. On obtient facilement et avec d'excellents rendements ce *bleu de gaïac* en versant 100 centimètres cubes de solution à 1 0/0 d'acide dans l'alcool à 95°, dans 200 centimètres cubes d'une solution aqueuse de 1 gramme de chlorure ferrique. Les flocons bleus obtenus sont filtrés, lavés à l'eau bouillante et séchés dans le vide à l'abri de la lumière ; on débarrasse ce bleu d'un peu d'acide gaïaconique en extrayant ce dernier au benzène. Il est avantageux, lorsqu'on veut obtenir très nettement la coloration bleue avec l'ozone, le sang, etc..., d'employer, au lieu d'extrait alcoolique de gaïac, une solution fraîchement préparée de 1 gramme d'acide gaïaconique dans 400 parties d'alcool à 50 0/0.

Distillé, l'acide gaïaconique fournit de l'acide carbonique, du méthane, de l'aldéhyde tiglique, du gaïacol et de la *pyrogaïacine*, $C^{19}H^{24}O^3$. Cette dernière substance cristallise en paillettes brillantes, fusibles à 181°, se sublimant avec une légère décomposition. La potasse fondante décompose l'acide gaïaconique en fournissant les acides protocatéchique, acétique, formique (?) et un phénol, qui est probablement la pyrocatéchine.

Par condensation de l'aldéhyde tiglique avec un mélange équimoléculaire de gaïacol et de l'éther diméthylique du pyrogallol, on a obtenu une résine dont la formule brute est la même que celle de l'acide gaïaconique. Cette résine se dissout bien dans l'acide sulfurique concentré en le colorant en rouge de sang, mais elle ne donne pas de bleu de gaïac par l'action des oxydants.

M. Döbner (*loc. cit.*) attribue à l'acide gaïaconique la formule

$$CH^3 - CH = \underset{\underset{CH^3}{|}}{C} - CH \begin{cases} C^6H^2(OH)(OCH^3)^2 \\ C^6H^3(OCH^3)(OH) \end{cases}$$

et au bleu de gaïac la formule

$$CH^3 - CH = \underset{\underset{CH^3}{|}}{C} - CH \begin{cases} C^6H^2 \\ | \\ C^6H \end{cases} \begin{matrix} OCH^3 \\ O \\ O \\ (OCH^3)^2 \end{matrix}$$

V. Auger.

**GAÏARÉTIQUE (ACIDE)**, $C^{20}H^{26}O^4$ (Hlasiwetz), $C^{20}H^{24}O^4$ (Döbner et Lücker). — L'acide gaïarétique fond, d'après Hlasiwetz, à 75–80°, et d'après M. Döbner à 86°. Il cristallise en feuillets par précipitation de sa solution acétique bouillante par l'eau bouillante ; il possède une faible odeur de vanille. Les carbonates alcalins ne le dissolvent pas ; le perchlorure de fer le colore en vert. A la distillation sèche, il fournit du gaïacol, de la pyrogaïacine et de l'aldéhyde tiglique (gaïol). M. Döbner en a obtenu un *dérivé benzoylé*, $C^{20}H^{23}O^4(C^7H^5O)$, fusible à 131°. D'après cela, cet acide ne contiendrait qu'un groupe OH. Par contre, MM. Herzig et Schiff [*D. chem. G.*, 30, 378] ont obtenu un *dérivé diacétylé*,

$$C^{18}H^{18}(OCH^3)^2(OCOCH^3)^2,$$

ce qui fait supposer la présence de deux hydroxyles.

M. O. Döbner a essayé de préparer synthétiquement cet acide en faisant réagir au bain-marie, en présence d'acide chlorhydrique, des solutions acétiques de gaïacol, de créosol et d'aldéhyde tiglique : il a obtenu une résine, isomère

de l'acide gaïarétique, à laquelle il attribue la constitution

$$CH^3 - CH = \underset{\underset{CH^3}{|}}{C} - CH \begin{cases} C^6H^3(OH)(OCH^3) \\ C^6H^2(OH)(OCH^3)(CH^3) \end{cases}$$

V. Auger.

**GAÏOL OU GAYOL**. — Ce mot se trouve actuellement employé pour désigner deux composés distincts, extraits tous deux de la résine de gaïac. Le produit obtenu par Völckel [*Ann. Chem.*, 89, 346] dans la distillation sèche de la résine, et désigné sous ce nom, a été identifié par M. Herzig [*Mon. f. Chem.*, 3, 120] avec l'*aldéhyde tiglique* (méthyl 2-butène 2-al),

$$CH^3 - CH = C(CH^3) - CHO.$$

Plus récemment, les chimistes du laboratoire Schimmel ont donné ce même nom à une substance qu'ils extraient de l'essence de résine de gaïac, et qui semble identique avec le *champacol* extrait par M. Merck d'une essence dite *de champaca*, qui n'est évidemment pas l'essence de *Michelia champaca* L., mais bien l'essence de gaïac [Schimmel, *Bulletin semestriel*, 1892, 1893, 1894].

MM. Wallach et Tuttle ont entrepris l'étude de ce gaïol. M. Merck avait attribué à son champacol le point de fusion 86-88° et la formule $C^{17}H^{30}O$. MM. Wallach et Tuttle [*Ann. Chem.*, 279, 391] ont pris la fraction de l'essence de gaïac bouillant vers 155-165° sous 13 millimètres et l'ont débarrassée du liquide sirupeux qui imprégnait les cristaux en l'additionnant d'éther et l'abandonnant sur des plaques poreuses. Après cristallisation dans l'alcool, le produit fond à 91° et répond à la formule $C^{15}H^{26}O$. C'est donc un alcool sesquiterpénique. Il est inodore. Ses propriétés physiques le rapprochent du caryophyllénol obtenu par les mêmes auteurs en hydratant le caryophyllène de l'essence de clous de girofle.

En solution dans le chloroforme, le gaïol dévie vers la gauche le plan de polarisation de la lumière.

Traité à l'ébullition par l'anhydride acétique, il se transforme en *éther acétique*, bouillant à 155° sous 10 millimètres et régénérant l'alcool par saponification.

Traité par l'anhydride phosphorique, il se résinifie en grande partie et prend une coloration rouge intense. En le traitant par le chlorure de zinc à 180° et entraînant ensuite par un courant de vapeur d'eau, on obtient une huile bleue distillant à 124-128° sous 13 millimètres, répondant à peu près à la formule $C^{15}H^{24}$. La coloration bleue paraît due à des traces d'un composé oxygéné ; elle disparaît en effet par l'action prolongée du sodium métallique à l'abri de l'air.

J. Dupont.

**GALACTANES**, $(C^6H^{10}O^5)^n$. — Les galactanes sont des substances gommeuses capables de fournir du galactose à l'interversion et, par suite, de l'acide mucique à l'oxydation. On connaît plusieurs produits de ce genre, que l'on distingue les uns des autres par les lettres α, β, γ, δ.

α *galactane* (galactine). — Ce corps a été extrait par M. Müntz des graines de luzerne, et en particulier du testa de ces semences, qui peut en renfermer jusqu'à 42 0/0 (voyez 1ᵉʳ Suppl., 887).

β *galactane*. — Obtenue d'abord à l'état impur par M. Beyer [*Landw. Vers. Stat.*, 9, 177 ; 14, 164] et M. Eichhorn [*Ibid.*, 9, 275], cette substance a été étudiée surtout par MM. Schulze et Steiger [*D. chem. G.*, 19, 827 ; 20, 290], puis par M. Schulze [*Ibid.*, 25, 2213].

Pour la préparer, on traite la farine de lupin

par l'alcool à 80° bouillant, on ajoute de l'hydrate de plomb pour éliminer les acides libres, et on distille le liquide filtré pour en séparer l'alcool; on précipite alors par le tannin, puis par l'acétate de plomb; enfin on enlève par l'hydrogène sulfuré l'excès de plomb resté dissous; on neutralise par la soude, on concentre fortement et on précipite par l'alcool. On purifie la β galactane en la traitant par l'acide phosphotungstique qui précipite quelques substances azotées; l'excès du réactif est enlevé par la baryte.

Ultérieurement, M. Schulze a légèrement modifié le procédé; il extrait à l'eau et précipite par l'alcool; quant au reste, il suit la marche précédente.

Préparée par l'un ou l'autre des procédés, la β galactane est une poudre blanche hygroscopique, soluble en toutes proportions dans l'eau, insoluble dans l'alcool absolu et dans l'éther; elle n'est pas attaquée par la diastase et ne se colore pas par l'iode. C'est un corps amorphe et distinct de la stachyose, qui a à peu près la même composition centésimale.

Fortement dextrogyre, son pouvoir rotatoire est $[\alpha]_D = 148°,7$.

Deux déterminations plus récentes ont donné $[\alpha]_D = +138°$ pour une solution aqueuse à 5 0/0 de galactane séchée à 100° dans un courant d'hydrogène et $[\alpha]_D = +150°$ pour un échantillon séché à 110-115°.

L'acide nitrique bouillant l'oxyde et donne de l'acide mucique, en quantité à peu près indépendante des échantillons soumis à l'expérience; de cette réaction, on peut conclure que le galactose entre pour la moitié environ dans les glucoses provenant de l'hydrolyse de la β galactane.

L'hydrolyse peut être produite par l'acide sulfurique ou l'acide chlorhydrique à l'ébullition; la β galactane exige pour l'inversion complète un acide plus concentré que ne l'exige le sucre de canne; le rendement en glucoses est maximum quand on fait bouillir la galactane pendant 1 heure et demie avec de l'acide chlorhydrique au cinquième. On n'obtient dans ces conditions que les quatre cinquièmes de la quantité théorique de glucoses, parce que le lévulose est en partie détruit. Ces glucoses renferment essentiellement du galactose, du lévulose, et un troisième glucose dont l'existence est affirmée par le pouvoir rotatoire du mélange interverti; on a essayé inutilement de caractériser le mannose ou un pentose.

D'après cela, la β galactane serait un triose dont la formule serait $(C^{12}H^{22}O^{11})^n$.

D'après M. Steiger, il aurait pour formule $C^6H^{10}O^5$, et donnerait avec l'anhydride acétique un *dérivé acétylé* $C^6H^7O^5(C^2H^3O)^3$.

La différence des formules s'expliquerait en admettant que, dans la dessiccation à 115° de son produit, M. Steiger l'a légèrement décomposé avec perte d'eau et formation d'anhydride; ce fait a déjà été observé pour le maltose, le stachyose, le raffinose.

La β galactane ne cristallise pas lorsqu'on la fait bouillir avec un excès d'alcool, ce qui la distingue de la lactosine de M. Meyer.

*Paragalactane.* — A côté de la β galactane, se trouve dans les graines du *Lupinus luteus* une autre substance, capable aussi de donner du galactose par ébullition avec les acides, mais insoluble dans tous les réactifs neutres.

L'existence de la paragalactane est établie par l'expérience suivante : On épuise des graines de lupin, décortiquées et réduites en poudre fine, d'abord par l'éther, puis par une lessive de potasse à 1 pour 100, de manière à séparer toutes les matières grasses et les albuminoïdes, ainsi que les principes solubles dans l'eau. Il reste

après ce traitement une masse gélatineuse qui se dissout peu à peu dans l'acide sulfurique étendu bouillant. La dissolution ainsi obtenue réduit abondamment la liqueur de Fehling et dépose des cristaux de galactose lorsqu'on l'abandonne à elle-même, après l'avoir neutralisée par le carbonate de baryum.

La diastase n'exerce aucune action sur la paragalactane.

Cette substance se dissout dans les lessives alcalines concentrées et chaudes; si on ajoute alors de l'alcool, on obtient un précipité gélatineux qui paraît être une combinaison potassique. L'anhydride acétique la transforme en un composé insoluble renfermant $C^6H^7O^5(C^2H^3O)^3$, qui diffère de la triacétyl-β galactane en ce qu'il est insoluble dans tous les réactifs et se décompose vers 225° sans fondre [Schulze et Steiger, *loc. cit.*].

γ *galactane.* — Substance extraite par M. von Lippmann des eaux de lavage des écumes de défécation, préalablement dépouillées de chaux par l'acide oxalique.

La γ galactane est une gomme facilement soluble dans l'eau bouillante, très lentement soluble dans l'eau froide, qui la gonfle.

Fortement dextrogyre, elle se rapproche des dextrines par son pouvoir rotatoire $[\alpha]_D = 238°$.

Ses solutions ne réduisent pas la liqueur de Fehling; elle est précipitée par l'alcool et par le sous-acétate de plomb, mais seulement en dissolution concentrée; l'acide sulfurique étendu donne à l'ébullition du galactose et l'acide azotique de l'acide mucique; ce dernier caractère suffit à distinguer la γ galactane de la dextrane et de la lévulane [*D. chem. G.*, 20, 1001].

δ *galactane.* — On désigne quelquefois ainsi les mucilages végétaux, tels que la gélose, qui donnent, comme les corps précédents, du galactose à l'interversion; mais aucun de ces produits n'a été encore obtenu à un état de pureté suffisant pour qu'il soit possible de les différencier avec certitude des autres espèces de gommes [V. Bauer, *J. prakt. Chem.*, (2), 30, 382. — Greenish, *D. chem. G.*, 15, 2253. — Schulze et Steiger, *Landw. Versuchsst.*, 36, 9. — Maxwell, *Ibid.*, 36, 15].

L. Simon.

**GALACTITE.** — M. Ritthausen a donné ce nom à un corps bien cristallisé qu'il a extrait des graines de lupin jaune. Les graines pulvérisées sont épuisées au moyen de l'alcool à 80 0/0. L'extrait évaporé est repris par l'éther, qui dissout les matières grasses, puis traité par la potasse caustique. Après ce traitement, on épuise à l'éther de pétrole, qui dissout la lupinine et la lupinidine. La liqueur alcaline est acidifiée par l'acide sulfurique; en ajoutant de l'alcool, on précipite le sulfate de potassium, on filtre, on distille l'alcool, on reprend le résidu par l'alcool à 96° et on recommence le traitement sur l'extrait obtenu. On obtient ainsi au bout de quelque temps de belles lames incolores, solubles dans l'eau et dans l'alcool, insolubles dans l'éther. Le rendement a été de 1,05 0/0 du poids des graines.

Ce composé fond à 140°; il est dénué du pouvoir rotatoire.

Soumise à l'hydrolyse par l'acide sulfurique à 5 0/0, la galactite se transforme, avec un rendement de plus de 60 0/0, en un corps cristallisé présentant toutes les propriétés du galactose.

**GALACTITE** (Min.) (Haidinger). — Variété de mésotype renfermant environ 4 0/0 de chaux, de Kilpatrick, Glenfang et Bishopton (Écosse).

**GALACTONIQUE (ACIDE)**, $C^6H^{12}O^7$. — Voyez 1er Suppl., 850.

*Préparation.* — On fait dissoudre 100 grammes de lactose dans 400 grammes d'acide sulfurique à 5 pour 100; on chauffe à l'ébullition pendant

4 heures. on sature par le carbonate de baryum, puis on filtre et on concentre jusqu'au volume de 300 centimètres cubes. On laisse alors le liquide se refroidir jusque vers 35°, on ajoute 200 grammes de brome et on agite fortement : le brome se dissout avec un vif dégagement de chaleur et la réaction est terminée après une heure ou deux.

On chauffe alors de manière à éliminer l'excès de brome libre; on étend d'eau; on dose le brome restant à l'état d'acide bromhydrique dans une fraction connue du liquide et on ajoute au reste la quantité de carbonate de plomb équivalente, de manière à saturer l'acide bromhydrique. Après 24 heures de repos, on filtre, on sépare par un peu d'oxyde d'argent le bromure de plomb qui reste en dissolution, on filtre de nouveau et on traite par l'hydrogène sulfuré.

Le liquide ainsi obtenu ne renferme plus que de l'acide galactonique mélangé d'acide gluconique; on sature alors, à l'ébullition, par du carbonate de cadmium et on évapore jusqu'à pellicule. Le galactonate de cadmium, peu soluble, se sépare en grande partie par le refroidissement.

Les eaux mères concentrées de cette première cristallisation donnent encore un peu du même sel; le rendement total est de 50 grammes environ pour les proportions indiquées, soit 70 0/0 du rendement théorique.

L'acide galactonique libre s'extrait aisément de son sel de cadmium par l'hydrogène sulfuré.

Ses dissolutions aqueuses cristallisent difficilement quand on les évapore à chaud; dans le vide sec, au contraire, elles laissent déposer bientôt de petites aiguilles blanches qui, après dessiccation complète, à froid, répondent à la formule

$$C^6 H^{12} O^7.$$

A 100°, ces cristaux perdent exactement une molécule d'eau, et le résidu ne présente plus alors aucune réaction acide; sous cette forme, il représente l'olide de l'acide galactonique, que Barth et Hlasiwetz avaient prise autrefois pour l'acide lui-même.

Ce fait explique pourquoi tous les galactonates décrits par les auteurs précédents renfermaient de l'eau de cristallisation en excès.

Le *sel d'ammonium*, $C^6 H^{11} O^7 Az H^4$, se décompose rapidement à 106° et se colore en jaune.

Le *sel de calcium*, $(C^6 H^{11} O^7)^2 Ca, 5 H^2 O$, perd 4 molécules d'eau à 100°; il ne devient anhydre qu'à 120°, en se décomposant.

Le *sel de cadmium*, $(C^6 H^{11} O^7)^2 Cd, H^2 O$, cristallise en fines aiguilles très peu solubles dans l'eau froide [Kiliani, *D. chem. G.*, 18, 1551].

*Action de l'acide et de l'olide d-galactonique sur la lumière polarisée.* — Le sel de calcium, $(C^6 H^{11} O^7)^2 Ca, 5 H^2 O$, perd toute son eau de cristallisation lorsqu'on le chauffe dans un courant d'air sec en faisant croître la température peu à peu; 0,76 du sel de calcium se dissolvent dans 100 parties d'eau à 15°; la solution est faiblement dextrogyre : $[\alpha]_D = 2°,85$.

En décomposant le sel de calcium par l'acide oxalique, on obtient des cristaux qui fondent à 123-125°; les eaux mères, après évaporation, fournissent un magma de cristaux plus compact fondant à 64°-65°. Ces derniers, séchés dans un courant d'air sec, perdent de l'eau et ne fondent plus qu'à 90-92°.

Ces deux sortes de cristaux n'ont aucune propriété acide; le corps fondant à 65° a la composition $C^6 H^{12} O^7$, qui est celle de l'acide galactonique; celui qui fond à 90°-92° a la composition $C^6 H^{10} O^6$ de l'olide galactonique.

De la manière de se comporter vis-à-vis des liqueurs titrées, il résulterait que la première combinaison (65°) est non pas l'acide galactonique, mais un hydrate de la lactone (90-92°).



Quant à la substance fondant à 123-125°, peut-être est-ce l'acide galactonique.

La combinaison $C^6 H^{12} O^7$ a un pouvoir rotatoire lévogyre fort élevé, $[\alpha]_D = -64°$ environ, et ne subit pas avec le temps et avec la concentration de variations notables.

L'acide galactonique mis en liberté par l'action de l'acide chlorhydrique sur une quantité équivalente de sel de calcium se comporte tout autrement :

| Au bout de 10 à 15 minutes... | $[\alpha]_D = -10°,56$ |
|---|---|
| — 5 heures........ | $[\alpha]_D = -13°,77$ |
| — 6 jours.......... | $[\alpha]_D = -39°,24$ |
| — 15 — ........ | $[\alpha]_D = -45°,90$ |

La même solution portée en tube scellé à l'ébullition pendant une demi-heure, rapidement refroidie ensuite et portée au polarimètre a fourni le nombre $[\alpha]_D = -59°,07$, qui s'est abaissé au bout de 14 jours à $[\alpha]_D = -53°$ [Schnelle et Tollens, *Ann. Chem.*, 271, 83].

L'acide galactonique, chauffé au bain-marie avec un excès d'acétate de phénylhydrazine, donne une *hydrazide*, $C^{12} H^{18} Az^2 O^6$, qui cristallise dans l'alcool en aiguilles incolores; l'acide chlorhydrique froid dissout ce composé; à chaud, il en précipite du chlorhydrate de phénylhydrazine, en même temps que l'acide galactonique est régénéré. La phénylhydrazide galactonique fond à 208-209° [Fischer et Passmore, *D. chem. G.*, 22, 2728].

L'acide iodhydrique et le phosphore rouge, au réfrigérant ascendant, réduisent l'acide galactonique de la même manière que l'acide gluconique, en donnant la caprolide normale, $C^6 H^{10} O^2$ [Kiliani, *loc. cit.*].

L'amalgame de sodium réduit facilement l'olide galactonique à l'état de *d*-galactose [Fischer, *D. chem. G.*, 23, 935].

*Constitution de l'acide d-galactonique.* — L'acide *d*-galactonique est acide monobasique et penta-alcool; par oxydation, il donne l'acide mucique et par réduction le *l*-galactose; sa formule stéréochimique est donc (voyez GLUCOSES, Stéréochimie)

$$CH^2OH - \overset{\displaystyle H}{\underset{\displaystyle OH}{C}} - \overset{\displaystyle OH}{\underset{\displaystyle H}{C}} - \overset{\displaystyle OH}{\underset{\displaystyle H}{C}} - \overset{\displaystyle H}{\underset{\displaystyle OH}{C}} - CO^2H.$$

SYNTHÈSES A PARTIR DE L'ACIDE D-GALACTONIQUE.

I. D'une manière générale, les acides du groupe des sucres sont transformés en acides stéréo-isomériques lorsqu'on les chauffe à 140-150° avec une base ne donnant pas d'amide, la pyridine ou la quinoléine par exemple.

Traité de la sorte, l'acide *d*-galactonique se transforme partiellement en un isomère, l'acide *d*-talonique (voyez ce mot), qui ne diffère du premier que par la disposition de l'hydroxyle et de l'atome d'hydrogène autour de l'atome de carbone asymétrique voisin du carboxyle :

$$CH^2OH - \overset{\displaystyle H}{\underset{\displaystyle OH}{C}} - \overset{\displaystyle OH}{\underset{\displaystyle H}{C}} - \overset{\displaystyle OH}{\underset{\displaystyle H}{C}} - \overset{\displaystyle H}{\underset{\displaystyle OH}{C}} - CO^2H,$$

Acide *d*-galactonique.

$$CH^2OH - \overset{\displaystyle H}{\underset{\displaystyle OH}{C}} - \overset{\displaystyle OH}{\underset{\displaystyle H}{C}} - \overset{\displaystyle OH}{\underset{\displaystyle H}{C}} - \overset{\displaystyle OH}{\underset{\displaystyle H}{C}} - CO^2H.$$

Acide *d*-talonique.

Dans cette opération, il se forme simultanément un autre acide, identique à l'acide oxyméthylpyromucique de MM. Hill et Jennings; cette réaction s'explique par le schéma

$$CH^2OH - \overset{H}{\underset{OH}{C}} - \overset{OH}{\underset{H}{C}} - \overset{OH}{\underset{H}{C}} - \overset{H}{\underset{OH}{C}} - CO^2H$$

$$= 3 H^2O + CH^2OH - C \overset{CH - CH}{\underset{O}{\diagdown \diagup}} C - CO^2H$$

et correspond à la formation de l'acide dihydromucique à partir de l'acide mucique ou à la transformation des pentoses en furfurol. On voit d'ailleurs que la disposition autour des atomes de carbone asymétrique 2, 3 d'une part, 4, 5 de l'autre, semble favoriser le départ d'eau. Y a-t-il là plus qu'une coïncidence fortuite?

II. Le galactose ou l'acide $d$-galactonique donnent, par oxydation, l'acide mucique à structure symétrique :

$$CO^2H - \overset{H}{\underset{OH}{C}} - \overset{OH}{\underset{H}{C}} - \overset{OH}{\underset{H}{C}} - \overset{H}{\underset{OH}{C}} - CO^2H$$

La réduction de celui-ci conduit à un mélange *inactif* par compensation des acides $d$- et $l$-galactoniques; celui-ci se trouve donc préparé à partir du premier. C'est la voie suivie pour préparer le $l$-galactose isomère du $d$-galactose naturel.

L'acide mucique n'est pas réduit par l'amalgame de sodium; son éther diéthylique l'est, mais le rendement en acide monobasique est faible : il convient d'opérer la réduction de la manière suivante : On chauffe 150 grammes d'acide mucique avec 60 fois son poids d'eau jusqu'à dissolution complète, et on réduit par évaporation la solution jusqu'à ce qu'elle occupe un volume d'un litre et demi. On laisse refroidir et on filtre l'acide mucique cristallisé. A cette solution d'olide, on ajoute 100 grammes d'amalgame de sodium à 2 1/2 0/0 et on accélère la réduction par une agitation continue. Dès que cette portion d'amalgame a été utilisée, on en ajoute une quantité égale, en ayant soin de maintenir la solution *acide* à 0°. On a soin de maintenir la *réaction acide* par addition de petites quantités d'acide sulfurique étendu. La réduction conduit, dans une première phase, à l'acide aldéhydique, $CO^2H$-$(CHOH)^4$-$CHO$, qu'on peut caractériser en suivant la marche de l'opération à l'aide de la liqueur de Fehling. Le pouvoir réducteur passe par son maximum après addition d'environ 800 grammes d'amalgame. A partir de ce moment, on continue la réduction en liqueur légèrement alcaline, ce qu'on réalise en neutralisant presque complètement l'alcali au fur et à mesure de l'opération. On s'arrête lorsque le liquide ne réduit plus sensiblement la liqueur de Fehling, pratiquement lorsqu'il faut 12 centimètres cubes du liquide pour réduire 1 centimètre cube de la solution cupropotassique; pour cela, il faut employer de 2 kilogr. à 2<sup>k</sup>,5 d'amalgame.

A ce moment, on décante le mercure, on neutralise à l'aide d'acide sulfurique et on évapore jusqu'à cristallisation du sulfate de sodium, puis on traite la liqueur par une nouvelle quantité d'acide destinée à mettre en liberté les acides organiques, et on la précipite dans sept fois son poids d'alcool. On élimine par filtration le sulfate de sodium et l'acide mucique. Puis un traitement au carbonate de baryum élimine l'excès d'acide sulfurique et d'acide mucique. Il reste une solution d'$i$-galactonate de baryum qui se prend par masse par refroidissement. (Rendement : 36 0/0 de l'acide mucique employé.)

Du sel de baryum on peut passer facilement à l'olide $i$-galactonique. Elle fond à 122-125° sans

décomposition, possède une réaction neutre et n'agit pas sur la lumière polarisée; l'acide azotique la transforme en acide mucique.

On peut caractériser l'acide au moyen de ses sels de baryum, de calcium, de cadmium et de sa phénylhydrazide.

Le *sel de baryum*, $(C^6H^{11}O^7)^2Ba$, $2,5H^2O$, est préparé par ébullition de l'olide avec le carbonate de baryum; il cristallise par refroidissement de sa solution aqueuse moyennement étendue en aiguilles très fines, flexibles.

Le *sel de calcium*, $(C^6H^{11}O^7)^2Ca$, $2,5H^2O$, se forme comme le précédent; une fois isolé, il est très difficilement soluble dans l'eau chaude.

Le *sel de cadmium*, $(C^6H^{11}O^7)^2Cd$, $H^2O$, obtenu par ébullition de l'olide avec l'hydrate de cadmium, est très peu soluble dans l'eau froide, assez soluble dans l'eau chaude.

La *phénylhydrazide*, $C^{12}H^{18}Az^2O$, s'obtient en chauffant au bain-marie, pendant 1 heure, l'olide en solution aqueuse au cinquième avec un poids égal de phénylhydrazine. Elle se présente après purification sous la forme d'aiguilles incolores, fondant à 205° en se décomposant, très semblable à la phénylhydrazide de l'acide $d$-galactonique.

Par une réduction plus complète l'acide $i$-galactonique fournit l'$i$ galactose (voyez ce mot).

*Dédoublement de l'acide $i$-galactonique.* — On peut dédoubler l'olide $i$-galactonique au moyen des sels de strychnine, le $d$-galactonate de strychnine usuel étant beaucoup moins soluble que son isomère. Les sels actifs une fois séparés restent souillés d'un peu de sel inactif; pour l'éliminer, on passe par l'intermédiaire des sels de calcium, le galactonate inactif étant beaucoup moins soluble que les isomères actifs.

L'acide $l$-galactonique a été caractérisé par ses sels de calcium et de cadmium et par sa phénylhydrazide, qui ressemblent à s'y méprendre aux combinaisons de la série $d$.

Ni l'acide, dont la formule stéréochimique est

$$CH^2OH - \overset{OH}{\underset{H}{C}} - \overset{H}{\underset{OH}{C}} - \overset{H}{\underset{OH}{C}} - \overset{OH}{\underset{H}{C}} - CO^2H,$$

ni son olide n'ont cependant été isolés.

Le $l$-galactose n'a pas été obtenu directement par oxydation de l'acide $l$-galactonique; mais on l'a isolé en faisant fermenter l'$i$-galactose (voyez ce nom).

L. Simon.

**GALACTOSE.** — Voyez 1<sup>er</sup> Suppl., 850.

*Préparation.* — On fait bouillir pendant 2 heures, au réfrigérant ascendant, 1 kilogramme de lactose avec 3 litres d'eau acidulée par l'acide sulfurique à 3 0/0; on neutralise par la craie, on filtre, on ajoute au liquide refroidi un petit excès d'eau de baryte, on sursature par l'acide carbonique, on porte à l'ébullition; enfin on filtre, on décolore par le noir et on concentre jusqu'à consistance de sirop très épais.

Le sirop est délayé dans deux fois son volume d'alcool méthylique rectifié et additionné d'un gramme ou deux de galactose cristallisé provenant d'une opération antérieure. La cristallisation commence presque immédiatement et est sensiblement terminée après trois jours; on essore alors la masse à la trompe et on lave les cristaux avec de l'alcool méthylique jusqu'à décoloration complète.

On obtient ainsi en quelques jours un rendement en galactose qui correspond à 16 0/0 environ du lactose employé, soit un tiers du rendement théorique.

M. Bourquelot conseille, pour obtenir une interversion complète, de chauffer à 105-106° pendant 1 heure, dans des bouteilles hermétiquement bouchées, 100 grammes de lactose avec 9 grammes d'acide sulfurique à 66°, et une quantité d'eau suffisante pour former un volume total de 575 cent'mètres cubes [*Journ. d'Anat. et de Phys.*,1886].

On fait bouillir du lait pendant 6 heures avec de l'acide sulfurique à 2 0/0; le dédoublement est plus régulier et plus complet qu'avec l'acide sulfurique à 5 0/0 (Soxhlet).

L'hydrolyse se produit encore plus rapidement en solution plus étendue, par exemple en chauffant au bain-marie pendant 4 heures le sucre avec 10 fois son poids d'acide sulfurique à 2 0/0 [*D. chem. G.*, 23, 3006].

La mousse de Caragheen, l'agar-agar, les gommes, les matières pectiques et mucilagineuses d'origine végétale, les galactanes et le mélitose donnent également du galactose à l'interversion [Müntz, *C. R.*, 104, 566. — Hœdicke, Bauer et Tollens, *Ann. Chem.*, 238, 302. — Bauer, *J. prakt. Chem.*, (2), 30, 367].

La gomme d'orge se dédouble en xylose et galactose, qu'on a caractérisés par leurs osazones [Lintner et Düll, *Zeit. f. angewandt. Chem.*, 1891, 538-539].

La tourbe renferme également du galactose [H. von Falitzen et B. Tollens, *D. chem. G.*, 30, 2575].

Le galactose a été identifié avec le cérébrose de la cérébrine; le pouvoir rotatoire, le pouvoir réducteur et les combinaisons avec la phénylhydrazine sont très analogues [Brown et Morris, *Chem. Soc.*, 1890, 1, 57-69. — H. Thierfelder, *Zeit. Physiol. Chem.*, 15, 209-216); le nom de *cérébrose* est donc à rayer de la littérature chimique.

Enfin le galactose prend naissance dans la réduction de l'olide galactonique au moyen de l'amalgame de sodium [Fischer, *D. chem. G.*, 28, 935].

Propriétés physiques. — Le galactose pur fond à 162-163°. M. Müntz avait donné 161°, M. A. Meyer pour le galactose de la lactosine 166°, M. O. von Lippmann 168°. M. E. Fischer a trouvé 162-163° et, sans mettre en doute le nombre de M. von Lippmann, pense qu'il est très difficile d'obtenir le sucre à un état de pureté où il fonde à cette température [Fischer et Hertz, *D. chem. G.*, 24, 1247].

Le galactose naturel est dextrogyre; son pouvoir rotatoire en solution varie avec le moment de l'observation pour devenir constant; il présente le phénomène de la multirotation.

Finement pulvérisé et dissous rapidement, il a fourni les nombres suivants :

$$\text{Au bout de 7 minutes} \dots \dots [\alpha]_D^{20} = 117°,48$$
$$\text{— 7 heures} \dots \dots [\alpha]_D^{20} = 80°,27$$

A partir de ce moment le pouvoir rotatoire n'a plus varié [Parcus et Tollens, *Ann. Chem.*, 257, 168].

La cryoscopie du galactose a fourni le nombre 177, voisin du nombre théorique (calculé pour $C^6H^{12}O^6$ : 180) [Brown et Morris, *Proc. Chem. Soc.*, 1889, 96].

D'après M. Bourquelot, le galactose pur ne fermente pas au contact de la levure à 15°; mais un mélange de galactose et de dextrose, de lévulose ou de maltose, fermente d'une façon complète par suite d'une sorte d'entraînement [*C. R.*, 106, 283]. MM. Tollens et Stone ont observé en outre que, lorsqu'on ajoute au galactose une certaine quantité de matières nutritives, telles que de l'eau de levure, la fermentation se produit même en l'absence d'aucune autre espèce de sucre. On sait d'ailleurs qu'une semblable addition favorise aussi beaucoup la fermentation du dextrose [*D. chem. G.*, 21, 1572].

D'après M. Fischer, le *d*-galactose fermente sous l'influence d'un grand nombre de ferments, peut-être un peu moins vivement que ses isomères le glucose, le mannose, le fructose : il y aurait là une circonstance en rapport avec la structure stéréochimique de ce corps [*D. chem. G.*, 27, 2030].

Propriétés chimiques. — Le galactose, comme le glucose, précipite le sulfate de cuivre ammoniacal, pourvu que le réactif ne soit employé ni concentré, ni en excès; le sucre de canne et le sucre de lait ne précipitent pas dans les mêmes conditions [*C. R.*, 109, 528].

Oxydé par l'hydrate de cuivre en solution neutre, le galactose donne de l'acide carbonique, de l'acide formique, de très petites quantités d'acide glycolique et beaucoup d'acide lactique [Habermann et Hönig, *Mon. f. Chem.*, 5, 208].

L'acide azotique oxyde le galactose à l'état d'acide mucique et en fournit environ 77 0/0 de son poids [Kent et Tollens, *D. chem. G.*, 17, 668. — Rischbiet et Tollens, *Ann. Chem.*, 232, 187].

L'acide chlorhydrique, à l'ébullition, attaque le galactose de la même manière que le sucre de canne, en formant des substances ulmiques, de l'acide lévulique et de l'acide formique.

En distillant dans le vide du galactose avec de l'acide chlorhydrique concentré, M. Grimaux a obtenu une dextrine qui paraît être différente de celle que le dextrose donne dans les mêmes circonstances [*Bull. Soc. Chim.*, (2), 46, 241].

La réduction fournit de la dulcite inactive.

L'acide cyanhydrique s'unit au galactose et en précipite, après quelque temps, l'amide de l'acide galaheptonique,

$$CH^2OH-(CHOH)^5-CO \cdot AzH^2.$$

*Action des alcalis.* — L'action des alcalis ou des oxydes alcalino-terreux sur les hydrates de carbone a fait l'objet de nombreuses recherches. Le fait que les lessives caustiques colorent en jaune et en brun un grand nombre de sucres est connu de tout chimiste. On sait également que quelques sucres, et en particulier le lactose, se transforment notamment en acide lactique sous l'influence des alcalis concentrés; intermédiairement, il se fait des acides sacchariniques et leurs anhydrides les saccharines (Peligot, Scheibler, Kiliani). Ces transformations paraissent être accompagnées de transpositions moléculaires plus compliquées.

L'action d'alcali plus étendu est différente; elle est complexe. D'abord la potasse diluée exerce la même action que l'on a observée pour l'ammoniaque [Urech, *D. chem. G.*, 15, 2132. — Schulze et Tollens, *Ann. Chem.*, 271, 49], qui engendre immédiatement la rotation normale chez des corps multirotatoires. Mais l'action ne s'arrête pas là et continue à modifier le pouvoir rotatoire pour le diminuer considérablement dans les cas observés.

Il semble que, dans ces conditions, un sucre donne naissance à un certain nombre de ses isomères stéréochimiques, et en particulier à ceux que la méthode de M. Fischer à la quinoléine permet d'en dériver. Le *d*-galactose doit donc donner dans ces conditions le *d*-talose, ou des pentoses, tels que le *l*-ribose, le xylose ordinaire, et en outre aussi des cétoses du même groupe [Lobry de Bruyn, *Rec. Pays-Bas*, 14, 156; Lobry de Bruyn et Alberda van Eckenstein, *ibid.*, 14, 203].

L'oxyde de plomb a également une action sur le pouvoir rotatoire du galactose et des autres sucres, mais elle ne paraît pas identique à celle des alcalis forts, ou du moins il semble que la formation des cétoses est exagérée dans ce cas [Lobry de Bruyn, *Rec. Pays-Bas*, 15, 92].

A cette action se rattache celle de l'acétate basique de plomb) [Svobodan, *Zeitschr. des Ver. der Rubenz Ind.*, 1896, 107], qui abaisse notablement le pouvoir rotatoire des sucres.

*Action de la chaux.* — Le galactose dissous dans dix fois son poids d'eau, et mélangé avec la moitié de son poids d'hydrate de chaux récemment préparé, est transformé peu à peu en un mélange de sels de calcium : lactate, métasaccharate et un isomère de celui-ci, auquel MM. Kiliani et Louda [*D. chem. G.*, 26, 1649] donnent le nom d'*acide parasaccharique* et l'une des formules

$$
\begin{array}{cc}
CH^2OH \quad CH^2OH & CH^2OH \quad CH^2OH \\
\mid \qquad\qquad \mid & \mid \qquad\qquad \mid \\
CHOH \quad CHOH & CH^2 \qquad CHOH \\
\diagdown \quad\diagup & \diagdown \qquad\diagup \\
CH & C(OH) \\
\mid & \mid \\
CO^2H & CO^2H
\end{array}
$$

*Action de l'ammoniaque sur le galactose.* — L'ammoniaque peut donner naissance à trois combinaisons avec le galactose.

1° 100 centimètres cubes d'une solution saturée d'ammoniaque dans l'alcool méthylique dissolvent environ 7 grammes de galactose. Au bout de quelques jours, de petites aiguilles commencent à se déposer, qui en grandissant se transforment peu à peu en rosettes. Quinze jours après, on décante la solution et on lave avec de l'alcool méthylique légèrement ammoniacal, puis on fait sécher sous un dessiccateur à potasse, dans une atmosphère ammoniacale. Enfin on place les cristaux pendant une heure ou deux dans un dessiccateur à acide sulfurique, pour les débarrasser de l'ammoniaque absorbée.

Le corps ainsi obtenu fond à 113°-114° en se décomposant ; il résulte de l'élimination d'une molécule d'eau entre deux molécules de gaz ammoniac et une de sucre, et on lui donne le nom de *galactosamine-ammoniaque* :

$$C^6H^{12}O^6 + 2AzH^3 = H^2O + C^6H^{10}O^5 . 2AzH^3.$$

La détermination cryoscopique en solution aqueuse montre que dans ces conditions le corps est en état de dissociation ; cela s'accorde avec l'examen polarimétrique : pour une concentration donnée, le pouvoir rotatoire varie, puis prend au bout de quelques jours une valeur fixe, qui ne correspond pas d'ailleurs au pouvoir rotatoire du galactose seul dans les mêmes conditions ; si, au contraire, on opère en présence d'acide, le nombre limite correspond bien au galactose libre.

2° Outre le produit précédent, la solution d'ammoniaque dans l'alcool méthylique laisse déposer au bout de quelques jours un autre produit provenant de l'élimination d'une molécule d'eau entre une molécule de galactose et une d'ammoniaque.

Ce corps, $C^6H^{13}AzO^3$, isomère par conséquent de la chitosamine, de l'isoglucosamine et de l'acrosamine, fond à 141° en se décomposant ; son pouvoir rotatoire, variable avec la durée de la dissolution, s'abaisse jusqu'à prendre une valeur fixe, qui est identique avec celle que prendrait la galactosamine-ammoniaque dans les mêmes proportions.

La galactosamine se produit d'une façon prépondérante au détriment du premier produit plus ammoniacal, si l'on opère la préparation en présence d'une petite quantité d'eau.

3° Enfin, si l'on fait bouillir 3 grammes de galactosamine avec 50 centimètres cubes d'alcool méthylique absolu, une partie de l'ammoniaque se sépare et la solution, refroidie et additionnée d'éther sec, fournit un dépôt cristallin. Ces cristaux ont une composition identique à celle du dérivé de la mannose. Ils résultent vraisemblablement de l'élimination de deux molécules d'eau entre une molécule d'ammoniaque et deux de sucre,

$$2(C^6H^{12}O^6) + AzH^3 = 2H^2O + C^{12}H^{23}AzO^{10},$$

ou de l'élimination d'une molécule d'ammoniaque entre deux molécules de galactosamine

$$2(C^6H^{11}AzO^5) = AzH^3 + C^{12}H^{23}AzO^{10}$$

[Lobry de Bruyn et Van Leent, *Rec. Pays-Bas*, 14, 142 ; 15, 183].

*Pentacétylgalactose*, $C^6H^7O(C^2H^3O^2)^5$. — On obtient ce produit en chauffant avec précaution 2 parties de galactose avec 1 partie d'acétate de sodium fondu et 1 partie d'anhydride acétique ; il se déclare une réaction tumultueuse, qui se calme bientôt. On porte alors à l'ébullition pendant 10 minutes au réfrigérant ascendant, puis on évapore le liquide dans une capsule, en ajoutant de temps en temps de l'alcool pour chasser l'excès d'anhydride acétique. Le résidu est lavé à l'eau, repris par l'alcool bouillant et décoloré par le noir. La dissolution ainsi obtenue cristallise par refroidissement ; le rendement est considérable.

Le pentacétylgalactose forme des tables rhombiques incolores et transparentes à éclat vitreux, qui fondent à 142° ; peu soluble dans l'alcool froid, il se dissout mieux dans l'alcool chaud, l'éther, l'eau bouillante et surtout le chloroforme, le benzène, l'acide acétique et l'acétate d'éthyle.

La dissolution chloroformique de ce corps est dextrogyre.

L'acide sulfurique étendu et bouillant en sépare l'acide acétique et régénère le galactose.

Bien que réduisant la liqueur de Fehling à l'ébullition, le pentacétylgalactose n'est pas oxydé par le brome en présence de l'eau.

Le perchlorure de phosphore agit à peine ; les oxydants énergiques, comme l'acide chromique et le permanganate de potassium, donnent lieu à une combustion complète du produit.

Le pentacétylgalactose ne se combine ni à l'hydroxylamine ni à la phénylhydrazine ; les auteurs concluent de cette observation que le galactose a perdu sa fonction d'aldéhyde en se combinant à l'acide acétique et, admettant dans le pentacétylgalactose l'existence d'un noyau hydrofurfurique, ils proposent pour ce corps l'une des formules

$$
\begin{array}{c}
(C^2H^3O^2)CH - CH(C^2H^3O^2) \\
\mid \qquad\qquad\qquad \mid \\
(CH^4)(C^2H^3O^2)CH(C^2H^3O^2)CH \quad CH(C^2H^3O^2) \\
\diagdown\qquad\diagup \\
O
\end{array}
$$

$$
\begin{array}{c}
(C^2H^3O^2)CH - CH(C^2H^3O^2) \\
\mid \qquad\qquad \mid \\
CH^2 \quad CH - CH(C^2H^3O^2)CH(C^2H^3O^2) \\
\diagdown\;\diagup \\
O
\end{array}
$$

d'après lesquelles le galactose lui-même serait un hydrate d'aldéhyde renfermant à l'extrémité de sa chaîne le groupe $CH(OH)^2$ [Erwig et Kœnigs, *D. chem. G.*, 22, 2207].

*Pentabenzoylgalactose*, $C^6H^7O(C^7H^5O^2)^5$. — Pour préparer ce corps, on dissout 2 grammes de galactose dans 6 grammes d'eau et on agite, d'après la méthode de Baumann, avec 12 grammes de chlorure de benzoyle et 84 centimètres cubes de lessive de soude : il se forme un dépôt résineux que l'on dissout dans l'éther et que l'on purifie par cristallisation dans l'alcool.

Le pentabenzoylgalactose cristallise en aiguilles

microscopiques fusibles vers 165° [Skraup, *Mon. f. Chem.*, **10**, 397].

D'autre part, M. Panormoff [*Journ. Phys. Chem. russe*, fasc. 6, 387, 382; *Bull. Soc. Chim.*, (3), **8**, 722] obtient par la même méthode un éther penta-benzoïque, sous la forme d'une poudre amorphe fondant entre 78 et 82°, voir aussi Kueny [*Zeit. Physiol. Chem.*, **14**, 330, 371].

*Galactosanilide*, $C^6H^7(OH)^5(Az\,C^6H^5)$. — On l'obtient en chauffant à l'ébullition 10 grammes de galactose avec une dissolution de 26 grammes d'aniline dans 150 centimètres cubes d'alcool à 98°. Lorsque la moitié du liquide est évaporée, on laisse refroidir et on ajoute de l'éther; l'anilide se dépose à l'état cristallin.

L'anilide du galactose cristallise en longs prismes tricliniques solubles dans l'alcool; les dissolutions sont lévogyres [Sorokine, *Journ. russe Phys. Chim.*, 1887, 377].

L'anilide s'unit à l'acide cyanhydrique lorsqu'on chauffe en tube scellé, pour donner une combinaison cristallisée fondant à 188°, insoluble dans l'éther, le pétrole, le benzène, le chloroforme, peu soluble dans l'eau et l'alcool froids, assez soluble dans ces dissolvants chauds [W. v. Miller et J. Plöchl, *D. chem. G.*, **27**, 1184].

Avec la paratoluidine, le galactose forme une combinaison cristallisée semblable à la précédente, et s'unissant comme elle avec l'acide cyanhydrique pour donner une combinaison cristallisée fondant à 145-146°.

*Galacto-o-diaminobenzène*,

$$C^6H^4 <^{Az\,H}_{Az\,H}> C^6H^{10}O^5.$$

— Il se forme par l'action lente de l'o-phénylène-diamine (1 molécule) sur le galactose (2 molécules) en solution neutre ou légèrement acétique.

Ce corps cristallise en petites aiguilles blanches, groupées, d'une saveur amère et brûlante, fusibles en se décomposant vers 246°; il est peu soluble dans l'eau, moins soluble encore dans l'alcool, tout à fait insoluble dans l'éther; il ne réduit pas la liqueur de Fehling.

Le *chlorhydrate* de galacto-o-aminobenzène, $C^{12}H^{16}Az^2O^5.HCl,1,5H^2O$, cristallise très aisément dans l'eau sous la forme d'aiguilles incolores; l'acide chlorhydrique concentré le précipite de ses solutions aqueuses.

Le *bromhydrate* correspondant est anhydre.

*Acide galacto-o-m-diaminobenzoïque*,

$$CO^2H - C^6H^3 <^{Az\,H}_{Az\,H}> C^6H^{10} + H^2O.$$

— Ce corps prend naissance dans l'action de l'acide o-m-diaminobenzoïque sur le galactose; il cristallise en fines aiguilles groupées et devient anhydre à 110°. Doué d'une réaction légèrement acide, il ne réduit pas la liqueur de Fehling [Griess et Harow, *D. chem. G.*, **20**, 3116].

*Isonitrosogalactose (galactosoxime)*,

$$C^6H^{13}Az\,O^6 . CH^2OH - (CHOH)^4 . CH . Az(OH).$$

— On prépare cette substance en abandonnant à lui-même un mélange de 1 gramme de galactose, 0$^{gr}$,4 de chlorhydrate d'hydroxylamine et 0$^{gr}$.65 de carbonate de sodium dissous dans une petite quantité d'eau. L'oxime se précipite peu à peu, on la purifie par cristallisation dans l'eau. Le rendement est presque théorique.

D'après MM. A. Wohl et E. List [*D. chem. G.*, **30**. 3101], il convient d'opérer comme il suit : On dissout à chaud 35$^{gr}$,5 de chlorhydrate d'hydroxylamine dans 17$^{cc}$,5 d'eau; d'autre part, on dissout 11$^{gr}$,5 de sodium dans 200 centimètres cubes d'alcool absolu commercial, et on mélange les deux solutions : le sel marin se précipite; on l'essore et on le lave avec de l'alcool; on titre iodométriquement dans la liqueur filtrée l'hydroxylamine et on en ajoute la quantité calculée à une solution de 50 grammes de galactose dans 35 centimètres cubes d'eau; on maintient le mélange pendant 2 heures au bain-marie à 70°. L'oxime se précipite par refroidissement sous la forme d'une poudre cristalline.

L'isonitrosogalactose est à peu près insoluble dans l'alcool absolu et dans l'éther; elle se dissout assez bien dans l'eau ou l'alcool faible chauds et fond vers 175° en se colorant en brun [Rischbieth, *D. chem. G.*, **20**, 2673].

L'oxime présente, comme les autres oximes du groupe des glucoses, le phénomène de la multirotation; elle est peu soluble dans l'eau : aussi ne peut-on employer que des dissolutions à 5 0/0 environ.

On a observé au bout de 10 minutes, 2°,15; au bout de 20 heures, 1°,51; d'où $[\alpha]_D^{20} = 14°,5$ [Jacobi, *D. chem. G.*, **24**, 698].

La galactosoxime, soumise à l'action d'acétate de sodium sec, fraîchement fondu et pulvérisé, en présence d'anhydride acétique, est transformée en un dérivé intéressant, le *nitrile pentacétyl-galactonique* [*D. chem. G.*, **30**, 3104].

$$CH^2OH - (CH.OCOCH^3)^4 - C\,Az,$$

d'où l'on peut passer au pentose correspondant, le *lyxose*,

$$CH^2OH - \overset{H}{\underset{OH}{C}} - \overset{OH}{\underset{H}{C}} - \overset{OH}{\underset{H}{C}} - \overset{H}{\underset{OH}{C}} - CHO,$$
*d*-Galactose.

$$CH^2OH - \overset{H}{\underset{OH}{C}} - \overset{OH}{\underset{H}{C}} - \overset{OH}{\underset{H}{C}} - CHO.$$
Lyxose.

*Galactose-phénylhydrazone*, $C^{12}H^{18}Az^2O^5$. — Le galactose s'unit à la phénylhydrazine et à ses dérivés de substitution. Pour obtenir la phénylhydrazone proprement dite, on dissout 5 grammes de galactose pur dans 3 grammes d'eau chaude et, après refroidissement, on ajoute 5 grammes de phénylhydrazine. Dans l'espace de quelques heures tout le liquide se solidifie. On traite alors par l'éther pour séparer l'excès de phénylhydrazine et on redissout le résidu dans l'alcool bouillant, d'où l'hydrazone se sépare bientôt sous la forme d'aiguilles incolores, fusibles à 158°.

Très soluble dans l'eau, soluble dans 10 parties d'alcool à chaud, la galactose-hydrazone est insoluble dans l'éther.

Ses solutions aqueuses sont lévogyres; le pouvoir rotatoire est $[\alpha]_D^{20} = -21°,6$; on n'a pas observé de multirotation [Jacobi, *Ann. Chem.*, **272**, 173].

M. Jacobi a utilisé cette donnée pour juger si la réaction de formation de l'hydrazone est ou non quantitative. Au bout de 2 heures et demie, le pouvoir rotatoire observé est — 1°,68, d'où l'on peut calculer $[\alpha]_D^{20} = -19°,2$; la réaction n'est donc pas complète, mais la limite est très rapidement atteinte avec une solution de sucre fraîchement préparée.

L'acide chlorhydrique décompose l'hydrazone en régénérant le galactose; l'acétate de phénylhydrazine, à 100°, la transforme en phénylgalactosazone.

On a également étudié l'action sur le galactose d'un certain nombre d'hydrazines substituées :

MM. Alberda van Eckenstein et Lobry de Bruyn [*Rec. Pays-Bas*, **15**, 97] ont étudié l'action des méthyl-, éthyl-, amyl-, allyl-, benzylphénylhydrazines et des naphthylhydrazines. Ces auteurs préconisent surtout l'emploi de la méthylphényl-hydrazine pour séparer et isoler le galactose.

M. Stahel [*Ann. Chem.*, **258**, 246] a préparé la *diphénylhydrazone*, $C^6H^{12}O^6 = Az — Az(C^6H^5)^2$. On mélange une solution aqueuse de galactose et une solution alcoolique de diphénylhydrazine et on chauffe soit en tube scellé, soit au réfrigérant ascendant, pendant 2 heures au bain-marie; puis on chasse la plus grande partie de l'alcool et on précipite par l'éther.

La diphénylhydrazone fond à 157°; elle est très soluble dans l'eau et dans l'alcool chaud, presque insoluble dans l'éther, le benzène, le chloroforme. Elle réduit à l'ébullition la liqueur de Fehling; l'acide chlorhydrique concentré la dédouble en sucre et diphénylhydrazine. Elle ne se prête pas à l'isolement ou à la séparation du galactose d'un mélange de sucres.

Enfin, M. Hermann Müller [*D. chem. G.*, **27**, 3108] a préparé la combinaison du galactose avec la p–hydrazine-biphényle,

$$C^6H^5 - C^6H^4 - AzH - AzH^2.$$

C'est un corps cristallisé en amas étoilé d'aiguilles fondant à 157-158° avec décomposition. Il est peu soluble dans l'eau chaude.

*Phénylgalactosazone*, $C^{18}H^{22}Az^4O^4$. — On la prépare comme les autres dihydrazones, en chauffant au bain-marie une solution de galactose avec un excès d'acétate de phénylhydrazine.

Très analogue à la phénylglucosazone, cette substance cristallise en aiguilles jaunes très fines, à peine solubles dans l'eau froide, l'éther, le benzène et le chloroforme; elle se dissout un peu dans l'eau bouillante, plus facilement dans l'alcool ou l'acétone à chaud; son meilleur dissolvant est l'alcool à 60°.

Par une chauffe très lente, la phénylgalactosazone commence à fondre en brunissant et en dégageant des gaz vers 185°; quand on la chauffe rapidement, elle ne fond plus qu'à 193-194° (Fischer).

Il règne encore quelque incertitude au sujet du point de fusion de l'osazone; en montrant l'identité du cérébrose et du galactose, MM. Brown et Morris (*loc. cit.*) ont trouvé pour les deux osazones les points de fusion 142 et 146°, et ils expliquent l'écart de ces nombres avec celui de M. Thierfelder en supposant la formation de divers composés hydraziniques.

La poudre de zinc et l'acide acétique réduisent la dihydrazone et la transforment en une base incristallisable, correspondant à l'isoglucosamine [Fischer, *D. chem. G.*, **20**, 825].

COMBINAISONS DU GALACTOSE AVEC LES ALCOOLS.

*Méthylgalactoside*, $C^6H^{11}O^6 . CH^3$. — On l'obtient en traitant le galactose par une solution de gaz chlorhydrique dans l'alcool méthylique. La combinaison cristallise avec une molécule d'eau, qu'elle perd à 85-90° dans le vide au-dessus d'anhydride phosphorique.

On peut faire cristalliser la combinaison par refroidissement de sa solution dans l'alcool chaud en fines aiguilles, ou par évaporation lente en prismes plus gros. Elle est très soluble dans l'eau, très peu dans l'alcool et presque insoluble dans l'éther; elle possède une saveur sucrée.

Le corps commence à fondre vers 105° lorsqu'il est hydraté, à 111-112° lorsqu'il est anhydre.

Son pouvoir rotatoire est $[\alpha]_D^{20} = 163°,4$; il ne présente pas la multirotation.

La liqueur de Fehling est réduite par une ébullition prolongée; les acides étendus dédoublent le galactoside en galactose et alcool.

La levure de Frohberg, l'invertine ne la dédoublent pas.

*Éthylgalactoside*, $C^6H^{11}O^5 . C^2H^5$. — Il se présente en fines aiguilles fondant à 135-136°,

$$[\alpha]_D^{20} = 178°,75.$$

*Acide galactoside-gluconique*,

$$C^6H^{11}O^6 . C^6H^{11}O^6$$

[Fischer, *D. chem. G.*, **27**, 2480].

COMBINAISON DU GALACTOSE AVEC LE MERCAPTAN ÉTHYLIQUE.

*Galactose-éthylmercaptal*, $C^6H^{12}O^5(SC^2H^5)^2$. — Cette combinaison n'est pas l'analogue des combinaisons avec les alcools, mais est bien plutôt une sorte d'acétal sulfuré.

Pour l'obtenir, on dissout le sucre à chaud dans l'acide chlorhydrique concentré, et on y ajoute après refroidissement le mercaptan éthylique par petites portions, en agitant. Au bout de quelques minutes d'agitation, il se produit une vive réaction. Le mélange est alors abandonné à lui-même jusqu'à ce qu'il soit complètement pris en masse; la cristallisation se produit plus rapidement par l'addition d'un germe préparé d'avance. Le rendement est presque quantitatif. Le mercaptal fond à 140-142° et a une saveur amère. Il est soluble dans l'alcool froid et dans l'eau chaude, très peu soluble dans l'eau froide. (Pour ses autres propriétés, voyez GLUCOSE-ÉTHYLMERCAPTAL) [E. Fischer, *D. chem. G.*, **27**, 677].

COMBINAISONS DU GALACTOSE AVEC LES PHÉNOLS POLYATOMIQUES. — MM. E. Fischer et W. Jennings [*D. chem. G.*, **27**, 1355] ont étudié les combinaisons du galactose avec la résorcine, la pyrocatéchine, l'orcine et le pyrogallol.

M. C. Councler [*D. chem. G.*, **28**, 24] a étudié en outre l'action de la phloroglucine. En opérant à froid avec un courant lent de gaz chlorhydrique comme agent de condensation, il a obtenu un produit solide rouge-brique, très peu soluble dans l'alcool, même étendu, qui brunit à 190° et se décompose à 210°. Ce corps se forme d'après l'équation

$$3(C^6H^{12}O^6) + 3(C^6H^6O^3) = C^{36}H^{38}O^{19} + 8H^2O.$$

CONSTITUTION DU GALACTOSE. — La fixation de la formule de constitution du galactose repose sur les considérations suivantes : il fournit par une oxydation ménagée au moyen de l'eau de brome un acide monobasique, l'acide galactonique, $C^6H^{12}O^7$, et par une oxydation plus complète au moyen de l'acide azotique, un acide bibasique, l'acide mucique $C^6H^{10}O^8$; il donne par réduction un alcool hexatomique, la dulcite $C^6H^{14}O^6$; c'est un alcool pentatomique capable de donner des dérivés pentacétylé et pentabenzoylé.

C'est une aldéhyde, comme il résulte :

1° De ses propriétés réductrices et de ses produits d'oxydation;

2° De son action sur les phénylhydrazines, l'hydroxylamine, l'aniline, etc.;

3° De son union avec l'acide cyanhydrique pour former un dérivé heptylique normal, l'acide galaheptonique.

Ces propriétés sont parfaitement d'accord avec les formules :

$$CH^2OH - (CHOH)^4 - CHO,$$
Galactose.

$$CH^2OH - (CHOH)^4 - CO^2H,$$
Acide galactonique.

$$CO^2H - (CHOH)^4 - CO^2H,$$
Acide mucique.

$$CH^2OH - (CHOH)^4 - CH^2OH,$$
Dulcite.

$$CH^2OH - (CHOH)^5 - CO^2H.$$
Acide galaheptonique.

Ces formules sont identiques avec les formules par lesquelles on représente le glucose et ses dérivés, le mannose et ses dérivés. C'est qu'en effet l'isomérie respective de ces diverses matières est d'ordre stéréochimique. Dans un article spécial (GLUCOSES, *stéréochimie*) on verra comment l'on a été amené à attribuer aux corps cités les formules stéréochimiques suivantes :

$$CH^2OH - \overset{H}{\underset{OH}{C}} - \overset{OH}{\underset{H}{C}} - \overset{OH}{\underset{H}{C}} - \overset{H}{\underset{OH}{C}} - CHO,$$
*d*-galactose.

$$CH^2OH - \overset{H}{\underset{OH}{C}} - \overset{OH}{\underset{H}{C}} - \overset{OH}{\underset{H}{C}} - \overset{H}{\underset{OH}{C}} - CO^2H,$$
Acide *d*-galactonique.

$$CO^2H - \overset{H}{\underset{OH}{C}} - \overset{OH}{\underset{H}{C}} - \overset{OH}{\underset{H}{C}} - \overset{H}{\underset{OH}{C}} - CO^2H,$$
Acide mucique.

$$CH^2OH - \overset{H}{\underset{OH}{C}} - \overset{OH}{\underset{H}{C}} - \overset{OH}{\underset{H}{C}} - \overset{H}{\underset{OH}{C}} - CH^2OH.$$
Dulcite.

Comme on le voit, les deux dernières formules ont un plan de symétrie et correspondent à des substances inactives au point de vue optique : c'est bien ce que l'on sait sur l'acide mucique et la dulcite.

*l*-GALACTOSE. — Au contraire, les molécules représentées par les deux premiers schémas sont actives, et leurs inverses optiques seraient représentés par les schémas représentatifs :

$$CH^2OH - \overset{OH}{\underset{H}{C}} - \overset{H}{\underset{OH}{C}} - \overset{H}{\underset{OH}{C}} - \overset{OH}{\underset{H}{C}} - CHO,$$
*l*-galactose.

$$CH^2OH - \overset{OH}{\underset{H}{C}} - \overset{H}{\underset{OH}{C}} - \overset{H}{\underset{OH}{C}} - \overset{OH}{\underset{H}{C}} - CO^2H.$$
Acide *l*-galactonique.

M. E. Fischer a donné un corps à ces spéculations en isolant les composés correspondants : le *l-galactose*, opposé optique du galactose dextrogyre naturel, et l'acide *l*-galactonique auquel il correspond par réduction.

La réduction de l'acide mucique fournit (voyez ACIDE GALACTONIQUE) l'acide et l'olide *i*-galactonique, mélange équimoléculaire, inactif par conséquent, des deux produits actifs droit et gauche. On passe de cette olide au galactose inactif par compensation de la manière suivante : On traite l'olide pure, en solution aqueuse froide à 10 0/0, par de l'amalgame de sodium, en neutralisant constamment au moyen d'acide sulfurique étendu, de façon à maintenir une réaction légèrement acide ; l'opération est interrompue dès qu'on a employé 9 parties d'amalgame de sodium. La solution est alors séparée du mercure, filtrée et saturée par une solution de soude pour transformer complètement l'olide inaltérée, et au bout d'un quart d'heure neutralisée exactement au moyen d'acide sulfurique.

On précipite alors les sels de sodium dans la solution chaude par l'alcool, de manière qu'il y ait 85 0/0 de celui-ci, et on filtre après refroidissement. Par évaporation, la liqueur alcoolique abandonne un sirop qui renferme le sucre souillé de sels de sodium. Au bout de quelques jours, l'*i*-galactose se sépare en cristaux fins ; pour les séparer du sirop, on broie le mélange avec de l'alcool méthylique, on filtre et on lave avec le même solvant. Le corps est encore purifié par cristallisation dans l'alcool absolu bouillant.

L'*i*-galactose fond entre 140 et 142°, c'est-à-dire notablement plus bas que son isomère actif ; il est absolument sans action sur la lumière polarisée et ses cristaux n'ont rien de caractéristique.

La phénylhydrazone ressemble beaucoup à celle du *d*-galactose habituel ; elle se sépare au bout de quelque temps sous la forme d'une bouillie cristalline d'un mélange de phénylhydrazine et d'une solution aqueuse concentrée de galactose. Elle est très soluble dans l'eau chaude, peu soluble dans l'eau froide ; elle se présente sous la forme de lamelles brillantes, incolores, fondant vers 158-160° en se décomposant.

La phénylosazone préparée au moyen d'acétate de phénylhydrazine ressemble également à la *d*-phénylgalactosazone ; son point de fusion 206° est d'environ 11° plus élevé que celui de son isomère. Cette osazone est identique avec celle obtenue à partir du produit d'oxydation de la dulcite [Fischer et Tafel, *D. chem. G.*, **20**, 3390].

Le galactose inactif a pu servir à préparer le *l*-galactose ; en effet, il fermente sous l'influence de la levure de bière, et dans cette fermentation la combinaison dextrogyre disparaît comme on le sait déjà.

On peut d'ailleurs soumettre à cette fermentation le sirop alcoolique brut, provenant de la réduction de la lactone *i*-galactonique.

On l'additionne de 10 parties d'eau et de levure de bière bien fraîche, lavée et bien active. On met le mélange à l'étuve à 30° ; le dégagement de gaz carbonique commence au bout de 1 ou 2 heures. La fermentation est habituellement terminée après 5 ou 6 jours.

La solution est alors filtrée, bouillie avec du noir animal pour la purifier, filtrée de nouveau et évaporée à consistance de sirop.

Elle abandonne, en 12 ou 15 heures, la plus grande partie du *l*-galactose sous la forme de petits cristaux. Le produit est séparé du sirop brunâtre dans lequel il baigne par un essorage, puis on le lave soigneusement à l'alcool méthylique et on le traite en solution aqueuse par du noir animal. L'évaporation de la solution fournit enfin un sirop incolore, qui se prend bientôt en une masse cristalline. On purifie davantage le produit en le lavant à l'alcool méthylique et le faisant cristalliser dans l'alcool absolu bouillant.

Le corps, soigneusement purifié, fond à 162-163° comme son isomère ; il a une rotation lévogyre, $[\alpha]_D^{20} = -120°$ dans les premiers instants, mais il présente également le phénomène de la multirotation, et la valeur finale est $[\alpha]_D^{20} = -73°,6$. Cette valeur s'élève légèrement, $-74°,7$, pour un produit purifié encore. Ces nombres approximatifs sont voisins de ceux que l'on connaît pour le galactose dextrogyre :

$$[\alpha]_D^{20} = +130\text{-}140° \quad \text{au bout de quelques minutes.}$$

$$[\alpha]_D^{20} = +81°,5 \quad \text{nombre limite.}$$

La *phénylhydrazone*, assez peu soluble dans l'eau froide, fond à 158-160° comme la phénylhydrazone du *d*-galactose, et elle a un pouvoir rotatoire dextrogyre égal au pouvoir rotatoire lévogyre de celui-ci.

La *phénylosazone* est également identique à son isomère; elle fond comme l'autre à 192-195° en se décomposant.

Le *l*-galactose s'oxyde sous l'action de l'acide azotique en donnant un acide mucique identique à celui que donne le *d*-galactose, et le rendement est le même (75 0/0).

Cette production d'un acide mucique inactif et identique à celui que l'on connaît est conforme à la théorie.

De plus, la formation d'acide mucique dans les expériences sur des hydrates de carbone compliqués ne pourra plus être spécifique de la présence du *d*-galactose. Elle pourra être due à la présence de *l*-galactose, qui peut se distinguer du premier soit par son pouvoir rotatoire, soit par son infermentescibilité.

Enfin, le *l*-galactose, par réduction au moyen d'amalgame de sodium, fournit avec un bon rendement (50 0/0) la dulcite, identique à celle que forme la *d*-galactose, et inactive comme celle-ci, comme l'indique la théorie.          L. Simon.

**GALACTOSE-CARBONIQUE (ACIDE). —** — Voyez ACIDE GALAHEPTONIQUE.

**GALACTOSE-CARBONIQUE (AMIDE).** Voyez AMIDE GALAHEPTONIQUE.

**GALACTOSONE**, $C^6H^{10}O^6$. — La galactosone est un produit d'oxydation du galactose, qui se forme par l'action de l'acide chlorhydrique sur la phénylgalactosazone. Pour la préparer, on dissout la phénylgalactosazone à froid dans 10 fois son poids d'acide chlorhydrique fumant; on obtient ainsi un liquide rouge-brun, qui bientôt laisse déposer des cristaux de chlorhydrate de phénylhydrazine.

Après une demi-heure environ, on filtre le liquide, refroidi par un mélange réfrigérant, on étend d'eau, on sature par le carbonate de plomb et on filtre de nouveau.

Le produit brut ainsi obtenu correspond à 40 0/0 de la galactosone employée.

La galactosone reproduit immédiatement la phénylgalactosazone primitive au contact de l'acétate de phénylhydrazine; il est vraisemblable d'après cela qu'elle renferme le même groupement $-CO-CHO$ que la glucosone [Ém. Fischer, *D. chem. G.*, 22, 96].          L. Simon.

**GALAHEPTONIQUE (ACIDE),**

$$CH^2OH-(CHOH)^5-CO^2H.$$

— Ce corps est un isomère de l'acide formoglucosique de Schützenberger; il résulte comme lui de l'action de l'acide cyanhydrique sur un sucre réducteur, qui est ici le galactose.

Pour l'obtenir, on décompose le galaheptonate de baryum (voyez AMIDE GALAHEPTONIQUE), en solution tiède, par la quantité juste suffisante d'acide sulfurique; on s'aperçoit d'ailleurs aisément que la décomposition est complète, à ce que le précipité de sulfate de baryum devient grenu, au lieu de rester en émulsion dans la masse du liquide. On évapore le produit ainsi obtenu dans le vide, à froid, et en présence d'acide sulfurique. Les cristaux qui se séparent sont essorés à la trompe, lavés à l'alcool et finalement séchés dans le vide, d'abord à la température ordinaire, puis à 100° [Maquenne, *C. R.*, 106, 286].

M. Kiliani conseille de décomposer l'amide galaheptonique par un excès de lait de chaux, à l'ébullition; on obtient ainsi une bouillie cristalline d'un sel de calcium basique, que l'on décompose à froid par l'acide oxalique. Le liquide filtré est concentré jusqu'à cristallisation, comme ci-dessus, dans le vide sec. Le produit qu'on obtient de cette manière est un peu coloré; on le

purifie par un traitement au noir et une seconde cristallisation [*D. chem. G.*, 24, 915].

Lorsqu'on veut préparer des quantités notables d'acide galaheptonique, il est préférable d'opérer autrement : On fait bouillir avec un excès de lait de chaux le produit brut de la réaction de l'acide cyanhydrique sur le galactose, jusqu'à ce qu'il ne se dégage plus d'ammoniaque, puis on précipite la chaux dissoute par l'acide oxalique à la température ordinaire, et on sature le liquide filtré par le carbonate de plomb : on obtient ainsi une dissolution de galaheptonate de plomb qui cristallise lorsque, après concentration, on y ajoute un peu du même sel préparé à l'avance. On purifie ce corps par une nouvelle cristallisation en présence de noir animal, enfin on le décompose par l'hydrogène sulfuré [Kiliani, *D. chem. G.*, 22, 521].

L'acide galaheptonique cristallise en fines aiguilles blanches, fort solubles dans l'eau, très peu solubles dans l'alcool, complètement insolubles dans l'éther; desséché à l'air, il retient énergiquement de 10 à 15 0/0 de son poids d'eau hygrométrique. Ses solutions aqueuses à 5 0/0 ont paru inactives; elles possèdent une saveur fortement acide.

L'acide galaheptonique fond à 145° en perdant 2 molécules d'eau; il devient alors neutre aux réactifs, ce qui indique la formation d'une olide.

La même transformation a lieu, plus lentement, lorsqu'on chauffe une dissolution d'acide galaheptonique; on constate alors que l'acidité diminue et le produit ainsi altéré ne cristallise plus que très difficilement par l'évaporation.

L'olide galaheptonique fond à 149-150° [Fischer, *D. chem. G.*, 23, 936]. L'addition d'une base la transforme de nouveau en acide galaheptonique.

Le *sel de potassium*, $C^7H^{13}O^8K,0,5H^2O$, cristallise en prismes incolores ou en aiguilles très solubles; à 110° il devient anhydre et entre en fusion.

Le *sel de calcium* est amorphe, d'apparence gommeuse.

Le *sel de baryum*, $(C^7H^{13}O^8)^2Ba$, forme, quand on évapore ses dissolutions au bain-marie, de très fines aiguilles blanches qui ne se dissolvent que lentement dans l'eau chaude; les solutions de ce sel sont légèrement dextrogyres; on a trouvé pour un liquide renfermant 12$^{gr}$,01 0/0 de galaheptonate de baryum $[\alpha]_D = 5°30'$ environ.

Ce sel brûle difficilement et se gonfle pendant la combustion presque à la manière du sulfocyanate mercurique [Maquenne, *loc. cit.*]. Le *galaheptonate de plomb* cristallise en très fines aiguilles renfermant une molécule d'eau de cristallisation; il est beaucoup plus soluble a chaud qu'à froid.

Chauffé au bain-marie avec une molécule de chlorhydrate de phénylhydrazine et d'acétate de sodium, l'acide galaheptonique donne une *hydraside* cristalline et fort peu soluble, répondant à la formule $C^{13}H^{20}Az^2O^7$. Ce corps ne donne que très faiblement la réaction de Bülow (coloration rouge) avec l'acide sulfurique et le perchlorure de fer [Maquenne, *Observ. inéd.*].

L'acide iodhydrique (16 parties) et le phosphore rouge (1 partie) réduisent l'acide galaheptonique à la température de l'ébullition, et le transforment en grande partie en olide γ-oxyheptylique normale, bouillant à 231°, identique à celle qui se forme pendant la réduction de l'acide glucoheptonique (dextrose-carbonique). Il se produit aussi, dans cette réaction, une petite quantité d'acide œnanthylique normal, qui a été caractérisé par son sel de calcium [Kiliani, *loc. cit.*].

L'acide azotique à 50° transforme l'acide galaheptonique d'abord en acide aldéhydique,

$$CHO - (CH^2OH)^3 - CO^2H,$$

puis en acide pentoxypimélique (carboxygalactonique) $CO^2H - (CHOH)^5 - CO^2H$ [Kiliani, *D. chem. G.*, **22**, 521, 1385].

L'amalgame de sodium réduit l'olide galaheptonique en *galaheptose*,

$$CH^2OH - (CHOH)^5 - CHO,$$

dont l'*hydrazone* est peu soluble et fond vers 199° en se décomposant [Fischer, *D. chem. G.*, **23**, 936].

*Constitution.* — Elle résulte de celle du *d*-galactose,

$$CH^2OH - \overset{H}{\underset{OH}{C}} - \overset{OH}{\underset{H}{C}} - \overset{OH}{\underset{H}{C}} - \overset{H}{\underset{OH}{C}} - CHO.$$

D'après les idées stéréochimiques, la fixation d'acide cyanhydrique peut conduire aux nitriles des deux acides stéréo-isomériques.

$$CH^2OH - \overset{H}{\underset{OH}{C}} - \overset{OH}{\underset{H}{C}} - \overset{OH}{\underset{H}{C}} - \overset{H}{\underset{OH}{C}} - \overset{H}{\underset{OH}{C}} - CO^2H,$$

$$CH^2OH - \overset{H}{\underset{OH}{C}} - \overset{OH}{\underset{H}{C}} - \overset{OH}{\underset{H}{C}} - \overset{H}{\underset{OH}{C}} - \overset{OH}{\underset{H}{C}} - CO^2H.$$

On n'a pas encore précisé celle des deux formules qui revient au composé actuel; le second isomère a été isolé récemment par M. Fischer, à côté du premier, dans la même réaction; mais ses recherches ne sont pas encore publiées. Cependant il a déjà mis en évidence une des vérifications théoriques qui en ressortent.

Les deux acides pentoxypiméliques, résultant de l'oxydation des deux acides galaheptoniques, agissent sur la lumière polarisée, ce qui est d'accord avec la dissymétrie de leurs molécules qu'expriment les schémas :

$$CO^2H - \overset{H}{\underset{OH}{C}} - \overset{OH}{\underset{H}{C}} - \overset{OH}{\underset{H}{C}} - \overset{H}{\underset{OH}{C}} - \overset{H}{\underset{OH}{C}} - CO^2H,$$

$$CO^2H - \overset{H}{\underset{OH}{C}} - \overset{OH}{\underset{H}{C}} - \overset{OH}{\underset{H}{C}} - \overset{H}{\underset{OH}{C}} - \overset{OH}{\underset{H}{C}} - CO^2H$$

[Fischer, *D. chem. G.*, **27**, 3211]. L. Simon.

**GALAHEPTONIQUE (AMIDE),**

$$CH^2OH - (CHOH)^5 - CO\,Az\,H^2.$$

— Pour préparer ce corps, on délaye 30 grammes de galactose pulvérisé dans 60 centimètres cubes d'eau, on ajoute une quantité équivalente d'acide cyanhydrique sous la forme de solution aqueuse à 50 0/0, puis une goutte d'ammoniaque, et on enferme le tout dans un flacon bien bouché. Après quelques heures, le mélange devient jaune, le galactose se dissout et la température s'élève; il se dépose alors des aiguilles blanches qui envahissent bientôt tout le liquide. Le lendemain, on délaye dans l'eau et on essore pour séparer les eaux mères fortement colorées en brun. On obtient ainsi un rendement de 40 à 50 0/0 en amide galaheptonique brute.

Pour la purifier, on la dissout dans l'acide acétique bouillant en présence de noir animal et on abandonne le liquide à lui-même : l'amide se dépose peu à peu sous la forme de cristaux microscopiques, qu'on essore à la trompe et qu'on lave à l'alcool.

L'amide galaheptonique est incolore, peu soluble dans l'eau et dans l'acide acétique à froid;
à chaud les mêmes réactifs la dissolvent aisément; elle est insoluble dans l'alcool et dans l'éther.

Ce corps fond à 192-194° en se décomposant; les alcalis en dégagent de l'ammoniaque à l'ébullition, et le transforment en galaheptonates [Maquenne, Kiliani, *loc. cit.*].

*Constitution.* — D'après la formule des acides galaheptoniques, les amides ont pour formules :

$$CH^2OH - \overset{H}{\underset{OH}{C}} - \overset{OH}{\underset{H}{C}} - \overset{OH}{\underset{H}{C}} - \overset{H}{\underset{OH}{C}} - \overset{H}{\underset{OH}{C}} - CO\,Az\,H^2,$$

$$CH^2OH - \overset{H}{\underset{OH}{C}} - \overset{OH}{\underset{H}{C}} - \overset{OH}{\underset{H}{C}} - \overset{H}{\underset{OH}{C}} - \overset{OH}{\underset{H}{C}} - CO\,Az\,H^2.$$

L'amide actuelle a l'une de ces deux formules : il n'est pas encore possible d'affirmer laquelle.

L. Simon.

**GALANGINE**, $C^{15}H^{10}O^5$. — M. Jahns [*D. chem. G.*, **14**, 2385, 2807] a constaté que la kaempféride, retirée par Brandes de la racine de galanga, pouvait être scindée en plusieurs principes par cristallisation dans l'alcool. A l'un de ces principes, le moins soluble, M. Jahns a conservé le nom de *kaempféride*; les deux autres ont été appelés *galangine* et *alpinine*.

Pour isoler la galangine, on opère de la façon suivante : On épuise au moyen de l'éther l'extrait alcoolique de la racine de galanga, on évapore le dissolvant et on abandonne à lui-même le résidu, qui, au bout de quelques jours, se prend en une bouillie cristalline. La cristallisation est facilitée par l'addition d'un peu d'eau. Le magma cristallin est jeté sur un filtre et lavé avec du chloroforme qui enlève les produits résineux sans dissoudre les cristaux. On exprime ceux-ci et on les lave avec un peu d'alcool étendu. Ils sont constitués par un mélange de kaempféride, de galangine et d'alpinine. Si l'on dissout ces cristaux dans 30-40 parties d'alcool à 75 0/0, bouillant, et qu'on laisse refroidir, la solution abandonne des aiguilles jaunes de kaempféride. Il suffit alors de séparer ces cristaux et d'additionner la liqueur alcoolique du cinquième de son poids d'eau pour obtenir par refroidissement un mélange de galangine et d'alpinine. On filtre et on concentre le liquide filtré : la galangine cristallise. Enfin, par une série de cristallisations fractionnées, on arrive à séparer la galangine de l'alpinine. Ce dernier produit, qui répond à la formule $C^{17}H^{12}O^6$, et qui est plus soluble que la galangine, ne peut s'obtenir que très difficilement à l'état de pureté.

La galangine a pour formule $C^{15}H^{10}O^5$. Elle cristallise dans l'alcool en tables hexagonales étroites, d'un jaune d'or, renfermant une demi-molécule d'alcool de cristallisation qu'elles abandonnent à l'air. La fait-on cristalliser dans l'alcool étendu, on obtient des aiguilles stables à l'air, renfermant une molécule d'eau. Elle fond à 214-215°, est presque insoluble dans l'eau, peu soluble dans le benzène et dans le chloroforme, soluble dans l'éther, soluble aussi dans 34 parties d'alcool absolu.

Ses réactions sont celles de la kaempféride (voyez ce mot); cependant sa solution sulfurique ne présente aucune fluorescence; en outre, tandis que l'acide fumant dissout la kaempféride avec une coloration verte, on obtient dans les mêmes conditions avec la galangine une solution jaune.

Si l'on additionne d'acétate de plomb une solution alcoolique bouillante de galangine, on obtient un précipité amorphe, jaune, renfermant le composé $C^{15}H^8O^5Pb$.

Traitée par l'amalgame de sodium, la galangine se transforme en un corps amorphe, rouge, précipitable par les acides.

L'acide nitrique d'une densité de 1,18 l'oxyde avec formation d'acide benzoïque, d'acide oxalique et de faibles quantités d'un corps jaune. On obtient les mêmes acides par l'action de la potasse; mais il paraît se former en même temps un composé phénolique qui se colore en violet sale lorsqu'on le traite par le chlorure ferrique.

*Triacétylgalangine*, $C^{15}H^7O^5(CO.CH^3)^3$. — En chauffant des poids égaux de galangine sèche et d'acétate de sodium anhydre avec un excès d'anhydride acétique, on obtient, après addition d'eau, un produit qui cristallise dans l'alcool absolu en aiguilles incolores, fusibles à 140-142°. C'est la triacétylgalangine. Ce corps est insoluble à froid dans la potasse, qui le saponifie à chaud.

La formation d'un dérivé triacétylé de la galangine montre qu'il s'agit d'un composé renfermant trois groupements OH.

*Dibromogalangine*, $C^{15}H^8Br^2O^5$. — Lorsqu'on traite 2 parties de galangine en solution acétique par 1 partie de brome, on obtient un dépôt d'aiguilles jaunes insolubles dans l'eau, peu solubles dans l'alcool. Eug. Charabot.

**GALÉNOBISMUTHITE** (Min.) (Sjögren). — Sulfobismuthite (méta-) de plomb,

$$Pb Bi^2 S^4 = Pb S, Bi^2 S^3.$$

Masses compactes, ayant l'éclat de l'argent, de Ko (Vermland, Suède).

*Caractères.* — Difficilement soluble dans l'acide chlorhydrique, attaquable par l'acide nitrique.

Dureté = 3,5. Densité = 6,88.

Sans doute isomorphe avec la zinkénite.

**GALIPÈNE**, $C^{15}H^{24}$. — Nom que donnent MM. H. Beckurts et J. Trœger à un sesquiterpène qu'ils ont isolé dans les portions lévogyres de l'essence d'écorces de racines d'angusture (*Cusparia trifoliata* Engler; *Galipea officinalis* Haucock) qui distillent de 250 à 280°. Ces portions renferment, outre ce sesquiterpène, un alcool galipénique qui, traité en tubes scellés par l'anhydride acétique à une température de 170°, fournit également le même sesquiterpène $C^{15}H^{24}$ :

$$C^{15}H^{26}O = H^2O + C^{15}H^{24}.$$

Le carbure obtenu constitue une huile jaunâtre, bouillant entre 258 et 260°, possédant à 20° le pouvoir rotatoire $+18°$ à $+20°$ pour une longueur de 100 millimètres. Sa densité à 20° est de 0,9110, son indice $n_D = 1,50374$.

Sa *combinaison chlorhydrique*, $C^{15}H^{24}, 2HCl$, s'obtient en dissolvant le carbure dans l'acide acétique cristallisable saturé de gaz chlorhydrique. Le mélange se colore en violet, et laisse déposer au bout de quelques jours des aiguilles cristallines qu'on recueille et qu'on lave avec de l'acide acétique cristallisable jusqu'à ce qu'elles soient incolores. Après un dernier lavage à l'éther acétique, on obtient des prismes transparents bien définis qui fondent à 114-115°.

La *combinaison bromhydrique*, $C^{15}H^{24}, 2HBr$, s'obtient dans des conditions analogues, en dissolvant la portion d'essence distillant de 256 à 260° dans de l'acide acétique cristallisable saturé d'acide bromhydrique. On agite souvent le mélange pour le rendre homogène ; au bout de quelques jours, il se produit un dépôt d'aiguilles cristallines qu'on purifie comme celles obtenues avec l'acide chlorhydrique.

Aiguilles transparentes, prismatiques, fondant à 123°.

Un essai en vue de la préparation d'une combinaison avec l'acide iodhydrique n'a pas donné de résultat. On a obtenu un produit huileux, incristallisable et d'un noir foncé.

Ce sesquiterpène a été comparé à tous les carbures isomériques connus jusqu'à présent.

Il se rapproche dans une certaine mesure du caryophyllène, carbure qu'on obtient par distillation fractionnée de l'essence de girofle, mais il s'en distingue par la propriété qu'il possède de donner des combinaisons cristallines avec les acides chlorhydrique et bromhydrique. Celles que fournit dans les mêmes conditions le caryophyllène sont huileuses.

Quand on traite la portion de l'essence d'angusture qui distille de 250 à 260° par l'anhydride phosphorique, et qu'on chauffe le mélange au bain-marie pendant une journée, on obtient de nouveau un sesquiterpène dont le point d'ébullition ne s'écarte guère de celui du carbure obtenu plus haut, mais qui dévie la lumière polarisée à gauche d'environ — 10° ($l = 100$ millimètres). Ce carbure ne donne pas de combinaisons cristallines avec les hydracides.

Enfin, les auteurs ont encore obtenu un sesquiterpène inactif, en chauffant avec de l'anhydride phosphorique le produit distillant entre 260-270°.

Des essais tentés pour transformer la modification droite du galipène en alcool $C^{15}H^{26}O$, en employant la méthode de MM. Wallach et Walter, c'est-à-dire en chauffant pendant plusieurs heures au bain-marie un mélange de 25 grammes de sesquiterpène, 1000 grammes d'acide acétique cristallisable, 40 grammes d'eau et 20 grammes d'acide sulfurique concentré, n'ont pas abouti. On n'obtint que du sesquiterpène inaltéré, mais dont le pouvoir rotatoire avait totalement disparu.

En résumé, d'après les auteurs, l'essence d'angusture renferme, dans les portions fortement lévogyres qui distillent de 255 à 265°, un sesquiterpène lévogyre dont ils ont réussi à préparer directement le bromhydrate fondant à 123°. Ce bromhydrate, traité par l'aniline, régénère le sesquiterpène lévogyre. Ces mêmes portions, traitées par l'anhydride acétique, donnent naissance à un sesquiterpène dextrogyre dont il a été question plus haut. Quand, par contre, on les soumet à l'action de l'anhydride phosphorique, elles fournissent un sesquiterpène inactif [1] [H. Beckurts et J. Trœger, *Arch. Pharm.*, **235**, 518, 634].

**GALIPÉNIQUE (ALCOOL)**, $C^{15}H^{25}OH$. — Alcool qui accompagne le galipène dans l'essence d'angusture. On l'obtient par distillation fractionnée des portions de l'huile qui passent de 260 à 270°.

Il constitue une huile jaunâtre ou jaune brun, qui ne possède plus l'odeur spéciale de l'essence et qui bout de 264 à 265° à la pression ordinaire, en se décomposant partiellement en eau et sesquiterpène. Aussi cet alcool est-il très difficile à obtenir pur. Sa densité à 20° est égale à 0,9270, son indice $n_D = 1,50624$. Il est sans action sur la lumière polarisée et donne, quand on le chauffe à 170° avec de l'anhydride acétique, un sesquiterpène dextrogyre (galipène) fournissant un bromhydrate solide fondant à 123°, tandis que, chauffé au bain-marie avec de l'anhydride phosphorique, il donne naissance à un sesquiterpène inactif, qui n'est pas susceptible de fournir avec l'acide bromhydrique une combinaison cristallisable [H. Beckurts et J. Trœger, *loc. cit.*].

A. Haller.

**GALIPIDINE**, $C^{19}H^{19}AzO^3$. — Alcaloïde trouvé dans l'écorce de racines d'angusture (*Cusparia trifoliata* Engler, *Galipea officinalis* Haucock) par MM. Beckurts et Nehring

---

1. Depuis l'impression de cet article, le galipène a été identifié avec le *cadinène*.

[*Arch. Pharm.*, **229**, 591; **233**, 410; *Bull. Soc. Chim.*, (3), **8**, 852], à côté de la *galipine*, de la *cusparine*, de la *cusparidine*, d'un principe amer, l'*angusturine*, d'un glucoside non encore étudié et d'une huile essentielle.

L'extraction de ces alcaloïdes se fait de la façon suivante : L'écorce, grossièrement pulvérisée, est épuisée par de l'éther, qui dissout la majeure partie des alcaloïdes. On évapore, et on agite l'extrait obtenu avec une solution d'acide sulfurique ; on filtre et on précipite les alcaloïdes au moyen d'une liqueur de carbonate de sodium. On épuise la masse d'un rouge brun qui se forme à l'éther de pétrole ; celui-ci, par évaporation, fournit, sous une forme cristalline, une certaine quantité des alcaloïdes.

Après une série de cristallisations, on arrive à isoler la cusparine, la galipine, la galipidine, la cusparidine, qu'on purifie en les transformant en sulfates qu'on fait cristalliser.

Une autre portion des mêmes alcaloïdes est obtenue en épuisant par l'alcool le résidu du traitement à l'éther.

La galipidine se présente sous la forme de lamelles rhombiques, blanches et soyeuses, fusibles à 111°, solubles dans l'alcool, l'éther, le benzène, l'éther acétique et le chloroforme. La solution chlorhydrique à 1 0/0 précipite : en blanc jaunâtre, par les acides phosphomolybdique et phosphotungstique, le tannin, le ferrocyanure de potassium, le sublimé, l'iodure double de cadmium et de potassium ; en jaune, par l'acide picrique, le chromate de potassium, le chlorure de platine ; en brun, par l'iodobismuthate de potassium et le chlorure d'or. Tous les acides dissolvent cette base en jaune ; la solution sulfurique d'acide titanique donne une coloration rouge brun, qui passe au jaune par addition d'eau.

Le *chlorhydrate*, $C^{19}H^{19}AzO^3, HCl, 3H^2O$, cristallise en aiguilles jaunâtres, solubles dans l'eau chaude.

Le *bromhydrate*, $C^{19}H^{19}AzO^3, HBr$, forme des flocons jaunâtres, volumineux, composés d'aiguilles microscopiques, solubles dans l'alcool et dans l'eau.

*Chloraurate*, $C^{19}H^{19}AzO^3, HCl. AuCl^3$. — Poudre brune, microcristalline, fusible à 167°, presque insoluble dans l'alcool et dans l'eau.

*Chloroplatinate*, $[C^{19}H^{29}AzO^3, HCl]^2PtCl^4$. — Volumineux précipité, fusible à 182°, presque insoluble dans l'eau.

L'*iodométhylate*, $C^{19}H^{19}AzO^3, CH^3I$, constitue une poudre microcristalline jaune, fusible à 142°, douée d'une saveur très amère ; il est très soluble dans l'eau bouillante et dans l'alcool.

A. Haller.

**GALIPINE**, $C^{20}H^{21}AzO^3$. — Alcaloïde extrait pour la première fois par MM. Körner et Böhringer, de l'écorce de racines d'angusture, et auquel les auteurs ont donné le nom de *galipéine* [*Gazz. chim. ital.*, **13**, 363 ; *Bull. Soc. Chim.*, (2), **42**, 62]. Son étude a été reprise par MM. Beckurts et P. Nehring [*Arch. Pharm.*, **229**, 519 ; *Bull. Soc. Chim.*, (3), **8**, 852], qui l'ont baptisé du nom de *galipine*. Pour son extraction, voir l'article GALIPIDINE.

La galipine cristallise au sein de l'éther de pétrole en aiguilles soyeuses blanches, fusibles à 115°,5, très solubles dans l'alcool, le chloroforme, l'acétone, le benzène et l'éther, peu solubles dans l'éther de pétrole. Sa solution chlorhydrique à 1 0/0 précipite : en jaune par l'acide phosphomolybdique, l'iodomercurate de potassium, le tannin, le chlorure mercurique, l'acide phosphotungstique, le chlorure de platine, l'acide picrique, le chromate de potassium ; en brun, par l'iodobismuthate de potassium, le chlorure d'or et l'iodure de potassium ioduré ; en blanc bleuâtre, par le ferrocyanure de potassium. Tous les acides dissolvent la galipine en jaune. Cet alcaloïde donne avec un mélange d'acide sulfurique et de dichromate de potassium une coloration violacée, qui passe bientôt au jaune verdâtre.

*Chlorhydrate*, $C^{20}H^{21}AzO^3. HCl, 4H^2O$. — Belles lamelles jaunes, brillantes, peu solubles à froid, très solubles à chaud dans l'eau et dans l'alcool, et perdant à 105° leur eau de cristallisation.

*Bromhydrate*, $C^{20}H^{21}AzO^3. HBr$. — Aiguilles brillantes, d'un jaune foncé, très solubles dans l'eau et dans l'alcool.

*Sulfate*, $C^{20}H^{21}AzO^3. SO^4H^2$. — Petites aiguilles brillantes, jaunes, groupées en mamelons, qui dans l'air sec perdent leur éclat et tombent en poussière en se déshydratant.

*Chloraurate*, $C^{20}H^{21}AzO^3. HCl. AuCl^3$. — Précipité rouge brun, insoluble dans l'alcool et dans l'eau, formé d'aiguilles microscopiques, fusibles après dessiccation à 175-176°.

*Chloroplatinate*, $(C^{20}H^{21}AzO^3, HCl)^2PtCl^4$. — Fines aiguilles jaunes, anhydres, fusibles à 174-175°, insolubles dans l'eau et dans l'alcool, même à l'ébullition.

L'*iodométhylate*, $C^{20}H^{21}AzO^3, CH^3I$, se forme en chauffant la galipine en tube scellé avec de l'iodure de méthyle. Aiguilles jaunes, fusibles à 146°, très solubles dans l'alcool et dans l'eau chaude, insolubles dans l'éther.

La cusparine ayant été l'objet de nouvelles études depuis la publication du premier article du 2e Suppl., **1**, 1501, et ni la cusparidine ni l'angusturine n'ayant encore été mentionnées, nous croyons devoir faire l'histoire de ces corps à la suite de celle de la galipine.

CUSPARIDINE, $C^{19}H^{17}AzO^3$. — Cet alcaloïde a été l'objet de minutieuses recherches de la part de MM. Beckurts et P. Nehring [*Arch. Pharm.*, **229**, 591 ; *Bull. Soc. Chim.*, (3), **8**, 854]. Pour son extraction, voir l'article GALIPIDINE.

La cusparidine se présente sous la forme d'une poudre blanche, formée d'aiguilles microscopiques, fusibles à 78°, solubles dans le chloroforme, l'alcool, l'éther, l'éther acétique, moins solubles dans la ligroïne et dans l'éther de pétrole. Elle donne avec les réactifs des alcaloïdes des précipités et des colorations qui varient avec la nature du réactif.

Le *chlorhydrate*, $C^{19}H^{17}AzO^3, HCl, 3H^2O$, forme de fines lamelles blanches, peu solubles dans l'eau, plus solubles dans l'alcool, douées d'une saveur amère.

Le *bromhydrate*, $C^{19}H^{17}AzO^3, HBr$, se présente en cristaux prismatiques, très peu solubles dans l'eau, plus solubles dans l'alcool, également douées d'une saveur amère.

Le *sulfate*, $(C^{19}H^{17}AzO^3)^2SO^4H^2, 3H^2O$, cristallise en aiguilles pointues, assez solubles dans l'eau et plus encore dans l'alcool.

*Chloraurate*, $C^{19}H^{17}AzO^3, HCl. AuCl^3$. — Poudre brun-chocolat, formée d'aiguilles microscopiques ; il fond à 167° et est presque insoluble dans l'alcool et dans l'eau.

*Chloroplatinate*, $(C^{19}H^{17}AzO^3, HCl)^2PtCl^4$. — Poudre microcristalline, d'un jaune clair, presque insoluble dans l'alcool et dans l'eau, fusible à 182°.

*Iodométhylate*, $C^{19}H^{17}AzO^3, CH^3I$. — Poudre cristalline d'un jaune clair, soluble dans l'eau et dans l'alcool, insoluble dans l'éther, fusible à 149°.

CUSPARINE, $C^{20}H^{19}AzO^3$. — Étudié d'abord par MM. Kœrner et Böhringer qui lui assignèrent la formule $C^{19}H^{17}AzO^3$, qui revient à la cusparidine [*Bull. Soc. Chim.*, (2), **42**, 62 ; *Gazz. chim. ital.*, **13**, 363], cet alcaloïde a été l'objet de nouvelles recherches de la part de MM. Beckurts et P. Nehring d'abord (*loc. cit.*), et de M. Beckurts ensuite [*Arch. Pharm.*, **233**, 410]. Son extraction de l'écorce d'angusture s'effectue en même temps que celle de la galipine, de la galipidine et de la cusparidine. Par suite de la difficulté avec laquelle elle se dissout dans les solvants usuels, on la sépare assez facilement des autres alcaloïdes qui l'accompagnent. La cusparine cristallise au sein de l'éther de pétrole en groupes compacts, formés de larges aiguilles qui fondent à 89° (MM. Kœrner et Böhringer ont donné le point de fusion 92°). Elle est très soluble dans l'alcool, le chloroforme, l'acétone, le benzène, l'éther, peu soluble dans la ligroïne et dans l'éther de pétrole. Elle fournit avec les réactifs des alcaloïdes des précipités et des colorations variables. Ses sels sont blancs.

*Chlorhydrate*, $C^{20}H^{19}AzO^3, HCl, 3H^2O$. — Aiguilles blanches, longues et fines, très peu solubles dans l'eau, très solubles dans l'alcool et qui se déshydratent à 105°.

*Bromhydrate*, $C^{20}H^{19}AzO^3, HBr$. — Longues aiguilles, très peu solubles dans l'eau.

*Bromhydrate de bromure*,

$$C^{20}H^{19}AzO^3HBr . Br^2.$$

— Obtenu par action de l'eau bromée sur le sel précédent, ce corps forme une poudre amorphe d'un jaune pâle, fondant à 117°; quand on le dissout dans l'alcool, on obtient des aiguilles prismatiques jaunes qui fondent à 236°, et qui sont probablement constituées par le *dibromure* de cusparine, $C^{20}H^{19}AzO^3 . Br^2$.

*Sulfate*, $C^{20}H^{19}AzO^3 . SO^4H^2, 7H^2O$. — Aiguilles prismatiques blanches, peu solubles dans l'eau, plus solubles dans l'alcool.

*Chloraurate*, $C^{20}H^{19}AzO^3 . HCl . AuCl^3$. — Poudre volumineuse, microcristalline, d'un brun clair, fondant à 165°.

*Chloroplatinate*,

$$(C^{20}H^{19}AzO^3, HCl)^2PtCl^4 , 6H^2O.$$

— Aiguilles jaunes microscopiques, fusibles à 179°.

La cusparine est une base tertiaire, car elle forme avec l'iodure de méthyle un *iodométhylate*, $C^{20}H^{18}AzO^3CH^3I$, qui se présente en aiguilles jaunes, brillantes, fusibles à 186°.

Le *chlorométhylate* correspondant,

$$C^{20}H^{18}AzO^3 . CH^3Cl,$$

fond à 190°.

Le *chloroplatinate*,

$$(C^{20}H^{18}AzO^3 . CH^3Cl)^2PtCl^4,$$

cristallise en aiguilles d'un jaune d'or fondant à 210°.

Le *chloraurate*,

$$C^{20}H^{19}AzO^3 . CH^3Cl . AuCl^3,$$

est fusible à 152-153°.

La *méthylcusparine*,

$$C^{20}H^{18}AzO^3CH^3, 0,5H^2O,$$

préparée par l'action de la potasse ou de l'oxyde d'argent sur l'iodométhylate, cristallise au sein de l'alcool en aiguilles incolores fondant à 190°.

Le *chlorhydrate*, $C^{21}H^{21}AzO^3 . HCl, 2,5H^2O$, constitue des aiguilles étoilées et dures.

Le *bromhydrate* cristallise avec $10H^2O$ et se présente en tables d'un vert jaunâtre.

Le *chloroplatinate*, $(C^{21}H^{21}AzO^3 . HCl)^2PtCl^4$, constitue des aiguilles ou des tables jaunes fondant à 210°.

Chauffe-t-on de nouveau la méthylcusparine avec de l'iodure de méthyle, on obtient la combinaison $C^{21}H^{21}AzO^3 . CH^3I$, qui se présente sous la forme d'aiguilles jaunâtres, fusibles à 185°, et ayant une saveur très amère.

L'*iodéthylate*, $C^{20}H^{18}AzO^3 . C^2H^5I$, obtenu comme l'homologue inférieur, fond à 201°.

Le *chloréthylate* cristallise en aiguilles jaune-citron fondant à 156°.

*Chloroplatinate*,

$$(C^{20}H^{18}AzO^3 . C^2H^5Cl)^2PtCl^4.$$

— Prismes rhombiques d'un jaune d'or, fusibles à 178°.

L'*éthylcusparine*, $C^{20}H^{18}AzO^3C^2H^5$, obtenue en traitant l'iodure par la soude, cristallise en prismes transparents incolores, fondant à 190-191°. On obtient la même base en employant l'oxyde d'argent, mais alors elle renferme 1 molécule d'eau de cristallisation. Le produit

$$C^{20}H^{18}AzO^3 . C^2H^5, H^2O$$

fond à 114-115°.

*Substance amère de l'écorce d'angusture.* — Quand on traite par l'alcool les écorces épuisées au préalable avec de l'éther, on obtient, outre les alcaloïdes mentionnés plus haut, une poudre microcristalline, d'un jaune brun, qu'on purifie par dissolution dans l'acide acétique et précipitation par l'éther. L'*angusturine* se dissout facilement dans l'eau, l'alcool et l'éther, fond à 58°, et répond à la formule simple $C^9H^{12}O^5$ ou à un multiple de cette formule.

*Glucoside de l'écorce d'angusture.* — L'écorce, successivement épuisée par l'éther et par l'alcool, cède à l'eau un glucoside qui n'a pas été isolé à l'état de pureté, mais dont les produits de dédoublement, sous l'influence de l'acide sulfurique étendu et bouillant, sont un glucose réducteur et un acide cristallisable, $C^8H^{12}O^6$, précipitable par l'acétate de plomb, avec lequel il donne un sel jaune, cristallin, ayant pour composition

$$(C^8H^{11}O^6)^2Pb, 4H^2O.$$

A. Haller.

**GALIPOT** [Syn. *Barras*] (Dict., 3, 319). — Résine jaunâtre, qui se présente ordinairement sous la forme de masses mamelonnées, semi-opaques, solides, sèches, possédant une odeur de térébenthine et une saveur amère.

Laurent y a trouvé l'acide pimarique [*Ann. Chim. Phys.*, (2), 72, 383 ; (3), 22, 459]. Siewert, Maly, Duvernoy l'étudièrent à leur tour, et confirmèrent en partie les résultats de Laurent.

M. G. Bruylants a repris l'étude du galipot et est arrivé aux conclusions suivantes, quant à la nature complexe de ce produit :

I. Le galipot est un mélange en diverses proportions, suivant l'âge, d'essence de térébenthine, d'une résine oxygénée neutre et d'acides résineux.

II. Les deux acides résineux dérivent directement de l'essence de térébenthine par oxygénation et polymérisation. Ils sont isomères entre eux : l'un, l'acide pimarique, est cristallin ; l'autre, l'acide pinique, est amorphe.

III. Ces deux acides ont pour formule $C^{20}H^{30}O^2$ et sont formés de deux molécules d'essence de térébenthine soudées entre elles ; dans une de ces molécules, le radical propyle $C^3H^7$ est transformé en propionyle $C^3H^5O$ [*Bull. Acad. roy. de Belgique* (2), 41, 539 ; 42, août 1876].

Voir aussi les travaux de M. Liebermann [*D. chem. G.*, 17, 1885], de M. S. Haller [*ibid.*, 18, 2166], de M. L. Valente [*ibid.*, 18, 190], sur les acides sylvique et pimarique ; de M. A. Verterberg [*ibid.*, 18, 3331 ; 20, 3250], sur les acides dextro-et lévopimarique.

A. Haller.

**GALIQUE (ACIDE)**, $C^{14}H^{12}O^{13}$. (?) — Cet

acide est le produit principal de l'oxydation de l'acide gallique par les solutions alcalines de cuivre. On l'obtient en faisant bouillir pendant une demi-heure 150 grammes d'acide gallique dissous dans 1 litre d'eau bouillante, avec $1^{k}$,5 de sulfate de cuivre dissous dans 3 litres d'eau chaude et additionné de 1800 centimètres cubes de lessive de soude d'une densité de 1,28. Lorsqu'on acidule par l'acide chlorhydrique, le produit se précipite amorphe. Il est assez soluble dans l'eau chaude, à peine soluble à froid, insoluble dans l'éther et dans le chloroforme. A 100°, il perd une molécule d'eau et une seconde molécule à 180°. L'acide azotique le détruit en fournissant de l'acide oxalique. Le brome précipite de sa solution aqueuse un dérivé brun, $C^{14}H^{8}Br^{2}O^{12}, 4H^{2}O$; ce réactif en excès fournit un *dérivé tétrabromé* $C^{14}H^{6}Br^{4}O^{13}$.

*Sels.* — $Ba^{3}(C^{14}H^{9}O^{12})^{2}, 4H^{2}O$ (à 100°), précipité brun. $Pb^{3}(C^{14}H^{9}O^{12})^{2}, 7H^{2}O$, précipité insoluble [Böttinger, *Ann. Chem.*, 260, 338].

**GALLACÉTOBENZOPHÉNONE,**

$$(OH)^{3} . C^{6}H \underset{CO-C^{6}H^{5}}{\overset{CO-CH^{3}}{\LARGE<}}$$

— Pour préparer cette dicétone, on verse 10 gr. d'oxychlorure de phosphore dans un mélange bouillant de 10 gr. de gallobenzophénone, 40 gr. d'acide acétique et 15 gr. de chlorure de zinc. Il se produit d'abord un *acétate* qui cristallise dans l'alcool en aiguilles fusibles à 165°. Cet acétate est saponifié par l'action à 100° de 20 parties d'acide sulfurique à 70 0/0, et l'on obtient la dicétone libre [Nencki, *Journ. Soc. Chim. russe*, 25, 115].

**GALLACÉTONINE.** — On additionne de quelques gouttes d'oxychlorure de phosphore un mélange de 2 parties de pyrogallol et 1 partie d'acétone pure; le tout entre en ébullition, puis se prend en masse. Le produit cristallisé dans l'alcool se charbonne sans fondre à 250°; il est très soluble dans l'alcool et dans l'éther, insoluble dans l'eau froide; il fournit avec le chlorure ferrique une coloration pourpre; il réduit le nitrate d'argent et donne avec les alcalis des solutions qui absorbent l'oxygène de l'air en noircissant.

Ce composé a pour formule $C^{9}H^{10}O^{3}$; il donne avec l'anhydride acétique un *dérivé monacétylé*. Sa constitution est probablement représentée par la formule

$$\overset{CH^{3}}{\underset{CH^{3}}{\Large>}} C \overset{O}{\underset{O}{\Large<}} \Large> C^{6}H^{3}(OH)$$

[M. Wittemberg, *J. prakt. Chem.*, (2), 26, 66; *Bull. Soc. Chim.*, (2), 39, 73]. L. Bouveault.

**GALLACÉTOPHÉNONE,** (*trioxyacétophénone*),

$$(OH)^{3} . C^{6}H^{3} . CO . CH^{3}.$$

— Voyez 2e Suppl., 1, 79, 1334.

Le *picrate*, $2C^{6}H^{8}O^{4} . C^{6}H^{3}Az^{3}O^{7}$, cristallise en aiguilles jaunes, fusibles à 133° [Gœdicke, *D. chem. G.*, 26, 3046].

*Diméthogallacétophénone,*

$$(CH^{3}O)^{2} . C^{6}H^{2} \overset{OH}{\underset{COCH^{3}}{\Large<}}$$

— Ce produit, cristallisé en aiguilles fusibles à 77-78°, est préparé avec la cétone et l'iodure de méthyle en présence d'éthylate de sodium [Perkin, *Chem. Soc.*, 67, 997].

*Triacétylgallacétophénone,*

$$(C^{2}H^{3}O^{2})^{3} . C^{6}H^{2} . CO . CH^{3}.$$

— Ce produit est fusible à 85°. Il a été préparé par la méthode ordinaire d'acétylation [Crépieux. *Bull. Soc. Chim.*, (3), 6, 159. — R. Löwy, *D. chem. G.*, 30, 1465].

*Oxime,*

$$(OH)^{3} . C^{6}H^{2} . C \overset{AzOH}{\underset{CH^{3}}{\Large<}}$$

— M. Perkin (*loc. cit.*) l'a obtenue en aiguilles fusibles à 163°. Soumise à l'ébullition avec l'anhydride acétique, elle fournit un *acétate* cristallisé dans l'acide acétique en aiguilles fusibles à 165° en se décomposant.

*Gallochloracétophénone,*

$$(OH)^{3} . C^{6}H^{2} . CO . CH^{2}Cl.$$

— En chauffant au bain-marie 40 gr. d'acide monochloracétique avec 50 gr. de pyrogallol et 40 gr. d'oxychlorure de phosphore, on effectue la condensation cétonique. Le produit cristallise bien dans l'eau bouillante, fond à 167-168° et se dissout facilement dans l'alcool.

Soumis à l'ébullition avec de l'eau et du carbonate de calcium, il fournit l'*anhydroglycopyrogallol* $C^{8}H^{6}O^{4}$, produit soluble dans l'eau et fusible à 224° en se décomposant.

La cétone chlorée se condense facilement avec l'aldéhyde benzylique, en présence de potasse, et fournit la dioxyflavone $C^{15}H^{10}O^{4}$ [Nencki, *J. Soc. Chim. russe*, 25, 122. — Friedländer et Löwy, *D. chem. G.*, 29, 2431. — L. Cassella et $C^{ie}$, D. R. P., 89609].

*Triacétylgallobromacétophénone,*

$$(C^{2}H^{3}O^{2})^{3} . C^{6}H^{2} . CO . CH^{2}Br.$$

— La triacétylgallacétophénone se brome avec la quantité calculée du réactif. Le produit obtenu cristallise dans l'alcool et fond à 103°; il se condense avec l'aldéhyde benzylique en fournissant des dérivés de la dioxyflavone [Löwy, *loc. cit.*].

*Gallodiméthylaminoacétophénone,*

$$(OH)^{3} . C^{6}H^{2} . CO . CH^{2} . Az(CH^{3})^{2}.$$

— Cette base a été obtenue par l'action de la diméthylamine sur la gallochloracétophénone. Son *oxalate*, peu soluble dans l'eau froide, cristallise en prismes fusibles à 190° [Dzerzgowski, *Journ. Soc. Chim. russe*, 25, 278].

*Gallophénylaminoacétophénone,*

$$(OH)^{3} . C^{6}H^{2} . CO . CH^{2} . AzHC^{6}H^{5}.$$

— Feuillets fusibles à 132°, obtenus par ébullition d'une solution alcoolique de gallochloracétophénone et d'aniline (Nencki).

*Gallométhylphénylaminoacétophénone,*

$$(OH)^{3} . C^{6}H^{2} . CO . CH^{2} . Az \overset{CH^{3}}{\underset{C^{6}H^{5}}{\Large<}}$$

— Base fusible à 168°, obtenue avec la méthylaniline (Dzerzgowski).

*Chlorhydrate de gallodiméthylphénylaminoacétophénone,*

$$(OH)^{3} . C^{6}H^{2} . CO . CH^{2} . Az \overset{(CH^{3})^{2}}{\underset{Cl}{\overset{}{\Large-} C^{6}H^{5}}}$$

— Aiguilles prismatiques obtenues avec la diméthylaniline (Dzerzgowski).

*Gallophénétholaminoacétophénone,*

$$(OH)^{3} . C^{6}H^{2} . CO . CH^{2} . AzH . C^{6}H^{4} . OC^{2}H^{5}.$$

— Ce produit cristallise dans l'eau en lamelles d'un jaune-brun. Il a été obtenu par l'action de la p-phénétidine sur la gallacétophénone (Dzerzgowski). Il fond à 144°.

*Éther sulfocyanique du glycopyrogallol,*

$$(OH)^{3} . C^{6}H^{2} . CO . CH^{2} . SCAz.$$

— Produit de condensation du sulfocyanure d'ammonium avec la gallochloracétophénone. Aiguilles fusibles à 196° [Dzerzgowski, *D. chem. G.*, 27, 1987].

V. Auger.

**GALLAMINE (BLEU).** — Le bleu gallamine est une matière colorante de la série des oxazines. Elle a été obtenue par M. Geigy en 1889, en condensant la nitrosodiméthylaniline ou son chlorhydrate avec l'acide gallamique; on obtient ainsi une matière colorante bleue, bien cristallisée, à propriétés caractéristiques, et que l'on peut envisager comme l'amide de la gallocyanine de MM. Kœchlin et O.-N. Witt :

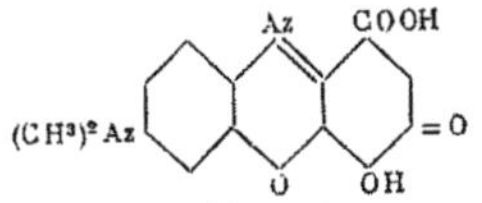

$$(CH^3)^2Az \quad \overset{Az \quad\quad COOH}{\underset{O \quad\quad OH}{\bigcirc\!\bigcirc\!\bigcirc}} = O$$

Gallocyanine.

$$(CH^3)^2Az \quad \overset{Az \quad\quad CO.AzH^2}{\underset{O \quad\quad HO}{\bigcirc\!\bigcirc\!\bigcirc}} = O$$

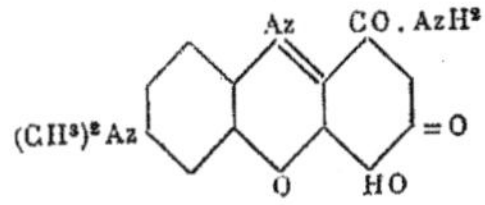

Bleu gallamine.

L'acide gallamique, que l'on obtient en faisant agir l'ammoniaque sur l'acide gallique, et qui possède la constitution suivante,

$$\overset{CO.AzH^2}{\underset{OH}{HO\!\bigcirc\!OH}}$$

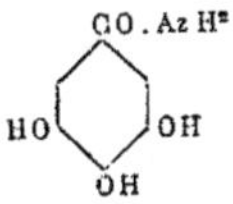

Acide gallamique.

se condense très facilement avec la nitrosodiméthylaniline ou ses sels, soit en solution aqueuse, soit en solution alcoolique ou acétique. On procède comme suit : On mélange 200 grammes d'acide gallamique sec avec 300 grammes de chlorhydrate de nitrosodiméthylaniline séché à 60°, et l'on ajoute un dissolvant quelconque : eau, alcool, acide acétique cristallisable ou même étendu, glycérine.... On chauffe au bain-marie jusqu'au moment où une augmentation dans l'intensité de la matière colorante ne s'observe plus, c'est-à-dire pendant de 2 à 4 heures.

Par refroidissement, la matière colorante cristallise en petits feuillets brillants à reflets verdâtres. On les filtre et on les sèche.

Les réactions du bleu gallamine sont les suivantes : Il se dissout dans l'eau avec une couleur violette, dans les acides minéraux concentrés avec une couleur rouge, et dans la soude caustique concentrée avec une teinte violet-rouge.

Cette dissolution alcaline concentrée est dissociée par une grande quantité d'eau; en effet, si on la verse dans de l'eau, la base de la matière colorante se sépare instantanément et d'une façon complète en flocons d'un rouge-violet, et, par filtration, on obtient un liquide tout à fait incolore. Dans les mêmes conditions, la gallocyanine et son éther méthylique (*prune du commerce*) restent en solution [D. R. P., 48 996 du 19 février 1889, et brevet français n° 196 146].

Le bleu gallamine sert en teinture et donne sur mordant de chrome des nuances bleues très solides et analogues à celles que l'on obtient avec la gallocyanine.

Pour l'impression du coton, on emploie la combinaison bisulfitique du bleu gallamine, qui très probablement possède la constitution suivante :

$$(CH^3)^2Az \quad \overset{Az \quad\quad CO.AzH^2}{\underset{O \quad\quad HO}{\bigcirc\!\bigcirc\!\bigcirc}} = {<}^{OH}_{SO^3Na}$$

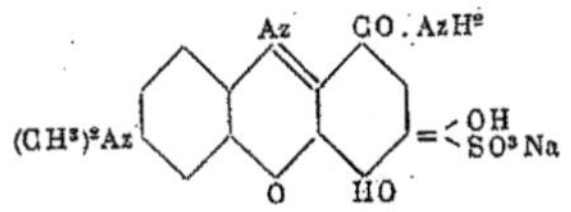

Bleu gallamine bisulfitique.

Le bleu gallamine, de même que la gallocyanine (voyez COULEURS GALLANILIQUES), avec laquelle il présente la plus grande analogie, se combine avec les amines grasses et aromatiques pour donner de nouvelles matières colorantes bleues teignant la laine mordancée au chrome en nuances particulièrement résistantes au foulon et à la lumière.

Ces nouvelles matières colorantes possèdent l'une des deux formules de constitution suivantes, selon que l'action de l'amine est plus ou moins prolongée :

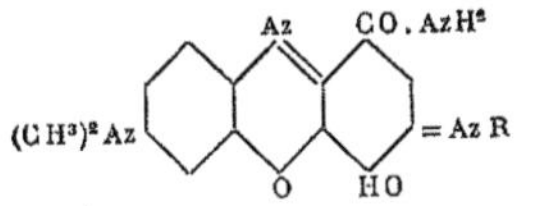

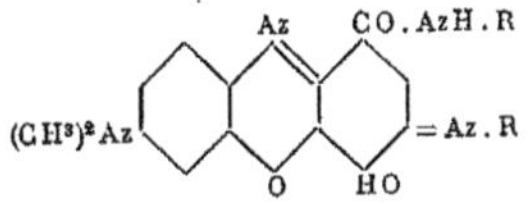

$$(CH^3)^2Az \quad \overset{Az \quad\quad CO.AzH^2}{\underset{O \quad\quad HO}{\bigcirc\!\bigcirc\!\bigcirc}} = Az\,R$$

$$(CH^3)^2Az \quad \overset{Az \quad\quad CO.AzH.R}{\underset{O \quad\quad HO}{\bigcirc\!\bigcirc\!\bigcirc}} = Az.R$$

Ces matières colorantes sont insolubles dans l'eau froide, mais très solubles à chaud. Pour les rendre solubles à froid, on les transforme en acides sulfoniques.

*Exemple.* — Condensation du bleu gallamine avec l'aniline, ou l'ortho- ou la paratoluidine, ou la métaxylidine : On mélange 10 kilogrammes de bleu gallamine avec 30 kilogrammes d'aniline (ou d'une des amines mentionnées ci-dessus), puis on chauffe à 150° pendant une demi-heure. Le bleu gallamine se dissout d'abord dans l'aniline, puis au bout d'un instant le produit de condensation commence à se déposer en cristaux brillants. Au bout d'une demi-heure, on laisse refroidir et on lave le magma cristallin avec de l'acide acétique étendu et bouillant pour le débarrasser de l'excès d'aniline. On obtient ainsi la matière colorante à l'état pur; elle se présente sous la forme de cristaux à reflets dorés, insolubles dans l'eau froide, mais un peu solubles à chaud avec une magnifique couleur bleue. Cette matière colorante est aussi insoluble dans les alcalis étendus. Pour la rendre soluble dans l'eau froide, ce qui est presque indispensable pour un emploi en teinture, on la transforme en acide sulfonique.

On mélange à froid 1 kilogramme du produit de condensation du bleu gallamine avec l'aniline et 4 kilogrammes d'acide sulfurique concentré, puis on chauffe à 100° pendant une heure environ, c'est-à-dire jusqu'à ce que le colorant soit soluble dans l'ammoniaque étendue. On verse alors la masse encore chaude dans l'eau froide, et l'acide sulfonique se sépare. On le filtre, on le lave à l'eau froide et on l'évapore à sec au bain-marie après l'avoir mélangé à un excès d'ammoniaque. On obtient ainsi un sel ammoniacal facilement soluble dans l'eau froide ou chaude et dans les alcalis étendus. Si l'on ajoute un acide minéral à une solution aqueuse du sel ammoniacal décrit ci-dessus, il se sépare un précipité qui représente l'acide sulfonique à l'état libre.

Ces matières colorantes ont un emploi très étendu dans la teinture de la laine.

G.-F. Jaubert.

**GALLANILIQUES (COULEURS).** — Les couleurs gallaniliques, dont la teinte varie du violet rouge au vert pur, sont des oxazines, dont le premier représentant, le *violet gallanilique*, fut trouvé en 1889 par M. Mohler [voyez Brevet français n° 199850 (1889); D.R.P., 50998; *Americ. Pat.*, 420164; *Engl. Pat.*, 1184. — Voyez aussi 2e Suppl., **2**, 259].

Les couleurs gallaniliques peuvent être basiques; dans ce cas, elles prennent naissance soit dans l'action du chlorhydrate de nitrosodiméthylaniline sur le gallanol (anilide gallique), soit dans l'action d'un corps aminoazoïque, comme le diméthylaminoazobenzène

$$C^6H^5 - Az = Az_{(1)} - C^6H^4 - Az_{(4)}(CH^3)^2,$$

sur la même anilide.

Dans le premier cas, il y a condensation avec simple élimination d'eau, tandis que dans le second cas la moitié seulement du corps aminoazoïque entre en réaction, une partie étant éliminée sous la forme d'aniline.

Les schémas suivants rendent compte des deux sortes de condensations :

I

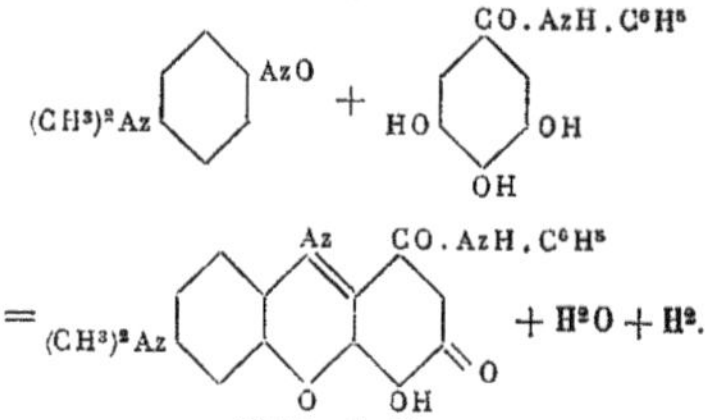

$$(CH^3)^2Az \diagdown AzO + HO \diagdown OH \diagdown CO.AzH.C^6H^5 \diagdown OH$$

$$= (CH^3)^2Az \diagdown \diagup CO.AzH.C^6H^5 \diagup O \diagup OH \diagup O + H^2O + H^2.$$

Violet gallanilique.

II

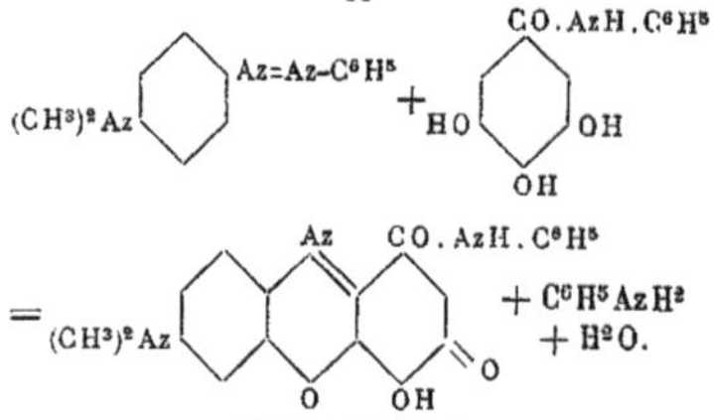

$$(CH^3)^2Az \diagdown Az=Az-C^6H^5 + HO \diagdown OH \diagdown CO.AzH.C^6H^5 \diagdown OH$$

$$= (CH^3)^2Az \diagdown \diagup CO.AzH.C^6H^5 \diagup O \diagup OH \diagup O + C^6H^5AzH^2 + H^2O.$$

Violet gallanilique.

Les couleurs gallaniliques peuvent être acides aussi; dans ce cas, elles prennent naissance par l'action sur le gallanol d'un corps aminoazoïque sulfoné, comme, par exemple, celui que l'on obtient en faisant agir le diazobenzène sur la diméthylaniline m-sulfonée, et qui possède la constitution suivante :

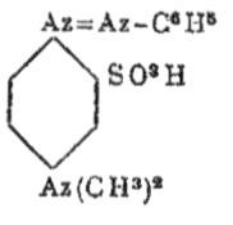

$$\diagdown \begin{array}{c} Az=Az-C^6H^5 \\ SO^3H \\ Az(CH^3)^2 \end{array}$$

Cet aminoazoïque, condensé avec le gallanol, donne, par élimination d'une molécule d'aniline et d'une molécule d'eau, le colorant suivant :

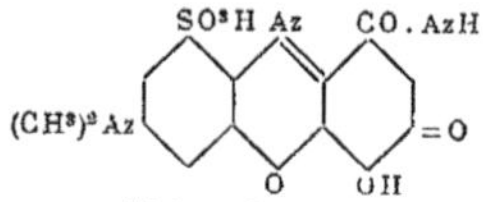

$$(CH^3)^2Az \diagdown \begin{array}{c} SO^3H \ Az \quad CO.AzH.C^6H^5 \end{array} = O \diagup O \quad OH$$

Violet gallanilique acide.

Les couleurs gallaniliques sont toutes caractérisées par la présence du groupe o-oxyquinonique :

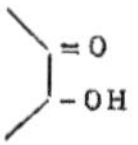

$$\diagdown \begin{array}{c} =O \\ -OH \end{array}$$

La présence de ce groupement leur donne la faculté de former avec le fer, le chrome, l'alumine, etc., des laques colorées insolubles; aussi ces matières colorantes sont-elles employées presque exclusivement pour la teinture des laines mordancées au chrome, et pour la teinture et l'impression du coton mordancé.

Les couleurs gallaniliques les plus importantes sont au nombre de quatre, savoir :

Le violet gallanilique,
Le bleu gallanilique,
L'indigo gallanilique,
Le vert gallanilique.

*Violet gallanilique.* — M. Hugo Schiff, le premier [*D. chem. G.*, **15**, 2591], a constaté que l'aniline et le tannin s'unissaient pour donner un corps cristallisé appelé dans l'industrie *gallanol* ou *gallol*, et qui, d'après M. Cazeneuve [*Bull. Soc. Chim.*, (3), **9**, 847; **11**, 85], n'est autre chose que l'anilide de l'acide gallique :

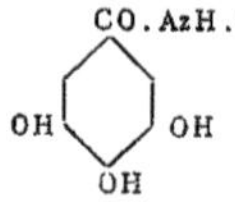

$$\diagdown \begin{array}{c} CO.AzH.C^6H^5 \\ OH \quad OH \\ OH \end{array}$$

Cette anilide réagit sur le chlorhydrate de nitrosodiméthylaniline, et donne un bleu insoluble dans l'eau et dans les alcalis, ce qui le distingue de la *gallocyanine* et du *prune*. Cette couleur violâtre a reçu le nom de *violet gallanilique*. Comme nous l'avons vu, on peut la préparer de plusieurs façons.

Elle se dissout en bleu violet dans l'acide sulfurique concentré, et, par dilution, il se forme un précipité violet (D. R. P., 50998).

Le violet gallanilique rendu soluble, soit par sulfonation avec de l'acide sulfurique fumant à 24 0/0 d'anhydride, soit par l'action du bisulfite de sodium, teint la laine en violet.

Le violet gallanilique paraît se former aussi quand on traite à froid la gallocyanine par l'aniline et que l'on sulfone ensuite [Nietzki et Bossi, D. chem. G.. **25**, 2994].

Avec la gallonaphtylamide, on obtient des colorants analogues à ceux de la gallanilide. Ainsi M. Cazeneuve [*Bull. Soc. Chim.*, (3), **11**, 85] remplace dans l'opération précédente l'anilide par la p-toluide de l'acide gallique (D. R. P., 57453). On sulfone ce produit en le chauffant pendant 2 heures à 100° avec 4 parties d'acide sulfurique à 60° B., ou à froid avec de l'acide sulfurique fumant à 24 0/0 d'anhydride.

Dans ces diverses réactions, on peut remplacer la nitrosodiméthylaniline par un corps aminoazoïque alcoylé comme les dialcoylaminoazobenzènes, ou par leurs dérivés sulfonés dans le noyau contenant le radical aminodialcoylé. Dans le premier cas, on obtient les mêmes dérivés qu'avec la nitrosodiméthylaniline; dans le second, on arrive à des dérivés sulfonés qu'on ne peut obtenir autrement. C'est ainsi que se prépare la *gallocyanine sulfonée*, trouvée en 1894 par M. Bierer, de la maison Durand, Huguenin et C$^{ie}$ [*Americ. Pat.*, 10 333], colorant soluble dans l'eau sans bisulfitation, et teignant la laine chromée en nuances violettes. Cette même réaction a été appliquée à la préparation des *coréines*. On peut remplacer aussi les amino-azoïques alcoylés ou la nitrosodiméthylaniline par d'autres dérivés nitrosés d'amines secondaires ou tertiaires, tels que la nitrosoéthylbenzylaniline sulfonée :

$$Az\,O_{(1)} - C^6H^4 - Az_{(4)} \Big\langle {}^{C^2H^5}_{CH^2_{(1)}} - C^6H^4 - SO^3H_{(4)}.$$

*Bleu gallanilique.* — Les oxazines, sous l'influence des amines grasses ou aromatiques, se transforment en nouveaux colorants. Cette réaction a été observée pour la première fois en 1887 par M. O.-N. Witt, et a conduit à la préparation du *nouveau bleu méthylène GG* et de la *cyanamine*. Si l'on remplace l'amine grasse ou aromatique par une solution alcoolique de potasse, on obtient une réaction analogue. Si nous prenons comme exemple le *bleu de Meldola*, sous l'influence de l'aniline *à froid* et en présence de l'oxygène atmosphérique, la réaction suivante se produit :

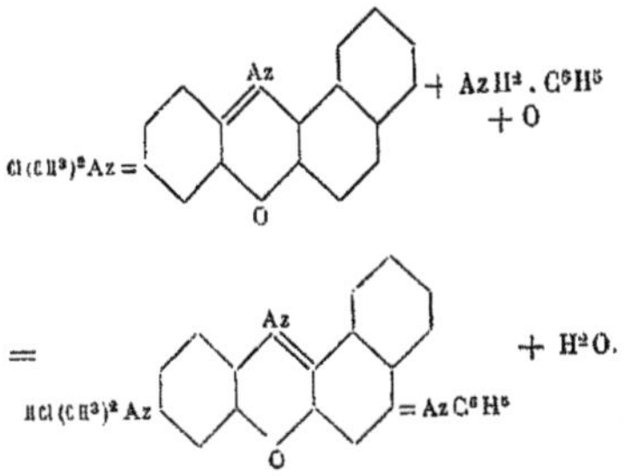

Avec la potasse alcoolique, il y a également transformation complète :

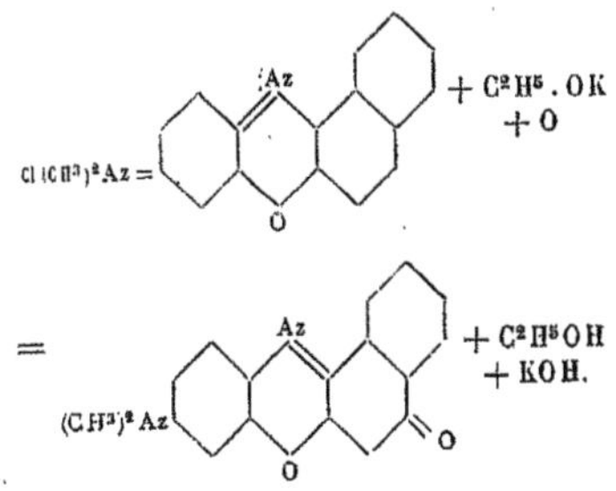

Cette réaction, appliquée au violet gallanilique,

donne le *bleu gallanilique* trouvé en 1890 par MM. Mohler et C. Mayer [D. R. P., 56 991, 1890; *Americ. Pat.*, 444 538; *Engl. Pat.*, 583, 1890].

L'aniline, comme nous l'avons vu plus haut en parlant du violet gallanilique, réagit à froid pour donner avec la gallocyanine un produit d'addition. Quand on chauffe, il se dégage de l'anhydride carbonique et de l'oxygène, et il se forme une nouvelle matière colorante bleue qui, d'après MM. Nietzki et Bossi [*loc. cit.*], renferme le résidu de l'aniline à la place du groupe carboxylique. En effet, dans l'action des amines sur les oxazines, le groupe amine tend à occuper la place *para* par rapport à l'azote central, et comme dans le cas présent cette place est occupée, on comprend que l'aniline se place en *ortho* en éliminant le groupe carboxylique peu stable. Si l'aniline agit à froid, il se forme le violet gallanilique, puis le bleu gallanilique, probablement d'après les réactions suivantes :

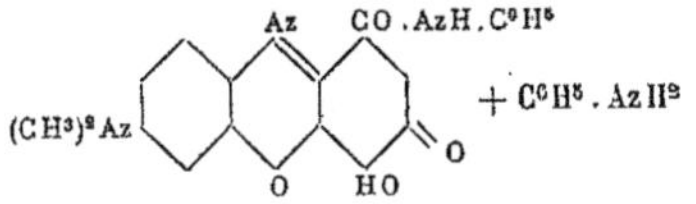

D'après le brevet français n° 199 850, l'indigo gallanilique est préparé de la manière suivante :

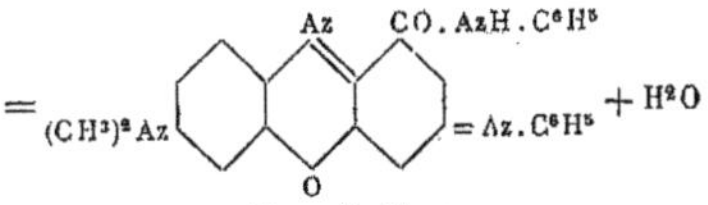

On chauffe à 140-150°, pendant 1 heure, un mélange de 1 kilogr. de violet gallanilique et de 2 kilogr. d'aniline. La masse, d'abord très épaisse, devient tout à fait fluide et par refroidissement se prend en un magma de cristaux bronzés qu'on lave à l'alcool jusqu'à élimination de tout l'excès d'aniline. Ces cristaux, seuls solubles, sont le *bleu gallanilique*, qui se distingue très nettement du violet gallanilique par les réactions suivantes : Le violet gallanilique se dissout dans l'acide sulfurique concentré avec une couleur bleu pur, alors que le bleu gallanilique, dans les mêmes conditions, donne une coloration rouge-cerise. En outre, le violet gallanilique cristallise en aiguilles vertes, tandis que le bleu gallanilique se dépose sous la forme de feuillets bronzés.

*Indigo gallanilique.* — L'indigo gallanilique n'est autre chose que le dérivé sulfoné du bleu gallanilique dont la préparation a été décrite ci-dessus.

On fait la sulfonation de la manière suivante :

*a.* On mélange 1 partie de bleu gallanilique cristallisé avec 4 parties d'acide sulfurique fumant à 25 0/0 d'anhydride, en ayant soin d'éviter toute élévation de température. Au bout d'une demi-heure la sulfonation est terminée; on verse alors dans l'eau, on neutralise l'excès d'acide par la chaux et on transforme en sel de sodium.

*b.* On mélange 1 partie de bleu gallanilique avec 4 parties d'acide sulfurique concentré ordinaire, contenant au moins 90 0/0 de $H^2SO^4$, puis on chauffe le tout au bain-marie jusqu'à ce qu'un échantillon se dissolve entièrement dans le carbonate de sodium, ce qui a lieu en général au bout de 10 à 15 minutes. On verse alors dans l'eau et on transforme en sel de sodium.

L'acide sulfonique obtenu par ce dernier procédé est différent de celui que l'on obtient dans l'exemple *a* ; c'est probablement un acide monosulfonique : il est beaucoup moins soluble que l'acide de l'exemple *b*, qui est probablement un acide disulfonique.

Les colorants sulfonés se trouvent dans le commerce sous le nom d'*indigo gallanilique PS* ; ils teignent la laine en bleu vif, et la laine chromée en un bleu verdâtre se rapprochant beaucoup des bleus obtenus avec le carmin d'indigo. La température lors de l'action de l'aniline sur le violet gallanilique a peu d'importance ; que l'on opère à 100 ou 150°, on obtient des colorants possédant la même nuance. Par contre, le degré de concentration de l'acide sulfurique lors de la sulfonation a une grande importance. Ainsi, avec l'acide sulfurique monohydraté, on obtient des couleurs d'un bleu pur, tandis qu'avec l'acide sulfurique fumant, on obtient un bleu vert.

*Vert gallanilique.* — Le vert gallanilique n'est autre chose que l'indigo gallanilique nitré ; il est fort probable que dans la nitration de l'indigo gallanilique les groupes nitrés entrent, non pas dans le noyau oxazinique même, mais dans le résidu $C^6H^5$, comme l'indique le schéma suivant :

$$SO^3H\ Az \qquad CO.AzH.C^6H^5$$
$$(CH^3)^2Az \qquad\qquad Az \qquad\qquad AzO^2$$
$$O \quad OH \qquad\qquad AzO^2$$

Vert gallanilique.

Le vert gallanilique a été découvert en 1891 par M. Mack (Brevet français n° 251 086 et Certificats d'addition ; D. R. P., 86 415) ; il se trouve dans le commerce sous la forme d'une pâte d'un aspect brun noirâtre, teignant la laine chromée en nuances vertes très solides, plus belles même que celles que donne la céruléine dans les mêmes conditions.                                          G.-F. Jaubert.

**GALLANOL**. — L'anilide de l'acide gallique, connue à l'état impur dans l'industrie sous le nom de *gallol*, une fois purifiée pour l'usage médicinal, a reçu le nom de *gallanol*. Dans la thérapeutique, on emploie un produit cristallisé contenant deux molécules d'eau de cristallisation et répondant à la formule

$$CO-AzH-C^6H^5$$
$$OH \qquad\qquad OH \qquad + 2H^2O$$
$$OH$$

Le gallanol est un corps réducteur. D'après l'étude que M. Cazeneuve [*Bull. Soc. Chim.*, (3), 9, 847] en a faite, il possède trois hydroxyles phénoliques comme l'acide pyrogallique, et, comme ce dernier, des propriétés réductrices. Grâce à cette fonction phénolique, le gallanol jouit de propriétés antiseptiques que nous étudierons plus bas. Comme l'acétanilide, le gallanol possède le groupement anilide

$$R - CO - AzH - C^6H^5,$$

de là probablement ses propriétés antithermiques locales, dignes d'attention. On obtient le gallanol (voyez GALLIQUE) en faisant bouillir un mélange de tannin ou acide gallotannique avec de l'aniline, suivant le mode général de préparation des amides. La réaction a lieu en deux



phases. Dans la première, il se forme du gallanol et du gallate d'aniline :

$$C^6H^2 \begin{cases} COOH \\ OH \\ OH \\ >O \end{cases}$$
$$C^6H^2 \begin{cases} OH \\ OH \\ COOH \end{cases} + 2C^6H^5AzH^2$$

Aniline.

Tannin.

$$= C^6H^2 \begin{cases} CO.AzH.C^6H^5 \\ OH \\ OH \\ OH \end{cases}$$

Gallanol.

$$+ C^6H^2 \begin{cases} COOH,C^6H^5.AzH^2 \\ OH \\ OH \\ OH \end{cases}$$

Gallate d'aniline.

Dans la seconde phase, il y a élimination d'eau et transformation du gallate d'aniline en gallanol.

On reprend ensuite par l'acide chlorhydrique étendu, puis on fait cristalliser dans l'alcool aqueux. Au bout d'un grand nombre de cristallisations, on obtient des cristaux lamellaires.

Le gallanol employé en thérapeutique est blanc et cristallisé ; il possède une saveur légèrement amère. Séché à 100°, il perd ses deux molécules d'eau de cristallisation ; à 205°, il fond sans se décomposer, en se colorant à peine et sans aucun dégagement gazeux, ce qui le différencie du gallate d'aniline, lequel se décompose dès 110°. Le gallanol est très peu soluble dans l'eau froide : un litre en dissout à peine 1 gramme ; mais il est très soluble dans l'eau bouillante : cette solution aqueuse colore en bleu le perchlorure de fer. Le gallanol se dissout dans l'alcool à 73°, assez bien dans l'éther à 65° ; il est insoluble dans le chloroforme, le benzène et l'éther de pétrole. Il se dissout facilement dans les alcalis, qui ne le décomposent pas sensiblement, mais le colorent en brun.

Bouilli avec une lessive de soude pendant 10 minutes, le gallanol a été retrouvé sensiblement inaltéré. Les acides chlorhydrique et sulfurique étendus l'altèrent lentement. Chauffé à 150° pendant 1 heure avec le double de son poids d'acide chlorhydrique concentré, il s'hydrate et se dédouble en acide gallique et aniline.

Le gallanol pharmaceutique se distingue par sa blancheur et son point de fusion constant du gallol industriel, qui est noirâtre et renferme des impuretés (excès d'aniline, gallate d'aniline, etc.) qui doivent le faire rejeter comme médicament.

*Toxicologie.* — Le gallanol a été expérimenté au point de vue de son action toxique par injection dans l'appareil circulatoire, par injections sous-cutanées et enfin par ingestion stomacale.

M. Lépine, de Lyon, a constaté que le gallanol injecté dans le sang à la dose de $0^{gr},50$ par kilogramme du poids de l'animal détermine la mort. Une dose plus faible est peut-être suffisante pour tuer l'animal, car des expériences méthodiques et graduées n'ont pas été faites pour préciser la dose mortelle. Toujours est-il que le gallanol agit comme tous les réducteurs injectés dans le sang ; beaucoup moins énergique que l'acide pyrogallique expérimenté par Claude Bernard, il agit néanmoins dans le même sens.

Injecté sous la peau, c'est-à-dire soumis à une absorption graduée, le gallanol est très peu toxique.

Un chien de 10 kilogr. en a supporté 5 gr., injectés par quatre points différents du corps dans le tissu cellulaire sous-cutané. Dans cette expérience, le gallanol a été injecté à l'état de gallanol bisodique pour le rendre soluble. Cet état de combinaison, qui augmente son pouvoir réducteur, ne pouvait d'ailleurs qu'augmenter son pouvoir toxique; l'expérience démontre donc précisément que le gallanol est relativement peu toxique, même dans ces conditions.

Pris par la voie stomacale, le gallanol n'a déterminé, même à haute dose, aucun phénomène sensible. Des doses de 5 et 6 grammes chez des malades atteints de fièvre typhoïde n'ont donné lieu à aucun phénomène physiologique. L'insolubilité de ce corps explique, dans ces conditions, son action nulle, du moins au point de vue des phénomènes physiologiques généraux.

*Action thérapeutique.* — Le gallanol, en raison de sa fonction chimique, est un médicament qui doit figurer dans le nombre des dermatiques réducteurs, c'est-à-dire agissant par la soustraction lente ou plus ou moins rapide de l'oxygène aux éléments des diverses couches de la peau. La caractéristique générale de ces dermatiques est de resserrer, d'être générateurs de l'épiderme, de kératiniser et de réunir sans cicatrice. Les dermatiques réducteurs comme le gallanol ont en outre une action antiparasitaire double:

1° Une action parasiticide, due exclusivement ou partiellement à la soustraction de l'oxygène;

2° Une action parisitifuge, par suite de la chute de l'épiderme, le parasite partant avec ce dernier.

En plus de ses propriétés réductrices, le gallanol possède aussi des propriétés antiseptiques et microbicides. M. Cazeneuve a essayé l'action du gallanol sur les cinq microbes suivants :

1° Microbe du charbon,
2° Staphylococcus aureus,
3° Microbe pyocyanique,
4° Bacille d'Eberth,
5° Bacillus coli communis.

Dans le tableau suivant nous résumerons les résultats obtenus par M. Cazeneuve. Les animaux témoins ont été injectés avec la culture ordinaire des bacilles dénommés plus haut, les autres avec la même culture mélangée de gallanol. Dans le tableau ci-dessous, le signe + indique les animaux qui ont survécu et le signe — ceux qui sont morts; le signe ± indique les cas douteux. On peut ainsi se rendre facilement compte de l'ensemble des résultats :

| | Gallanol en excès. | | Gallanol en sol⁰ⁿ à 2 0/00 | |
|---|---|---|---|---|
| | témoin. | gallanol. | témoin. | gallanol. |
| Eberth........ | — | + | — | + |
| Coli.......... | — | + | — | + |
| Charbon...... | — | + | — | + |
| Pyocyanique... { | — | + | ± | ± |
| Aureus........ { | — | + | + | — |
| | | | — | + |

En résumé, M. Cazeneuve déduit de ces expériences que :

1° Le gallanol en excès arrête complètement la vie des micro-organismes.

2° Le gallanol en solution relativement concentrée, à 1 p. 1000, arrête ou diminue la végétabilité de quelques microbes, en laissant d'autres évoluer avec toute leur vigueur.

3° Le gallanol en solution faible (2 p. 1000) n'arrête pas du tout la végétabilité des micro-organismes, mais anéantit presque complètement leur pouvoir pathogène.

Ces faits ont pu avoir des applications intéressantes en thérapeutique, car, le gallanol n'étant pas toxique, on a pu en faire absorber à certains malades des quantités assez grandes pour se trouver dans le cas de notre première conclusion et arrêter ainsi le développement de la maladie. En outre, la solution, même très faible, de gallanol annihilant le pouvoir pathogène des micro-organismes, son administration a pu rendre de grands services dans le cas de maladies générales infectieuses.

En somme, le gallanol est un antiseptique et un microbicide. Médicament réducteur de la peau, il est actif, mais non toxique comme l'acide pyrogallique. Il s'emploie soit en poudre, soit en mélange avec de la vaseline, à 0,50, 1, 2, 3 grammes p. 30, soit encore en mélange avec la traumaticine. Il agit moins vite que l'acide chrysophanique et surtout que l'iodochlorure de mercure, mais offre sur ces médicaments l'avantage de ne pas être toxique.     G.-F. Jaubert.

**GALLAZINES.** — Les gallazines sont des matières colorantes appartenant à la série des oxazines. Découvertes par M. Ch. de la Harpe, elles prennent naissance par une condensation particulière et non encore expliquée des phénols avec les matières colorantes oxaziniques.

A l'article COULEURS GALLANILIQUES, nous avons étudié la condensation des amines grasses ou aromatiques avec les oxazines; cette condensation, analogue à celle qui donne naissance aux gallazines, pouvait être exprimée par l'équation suivante :

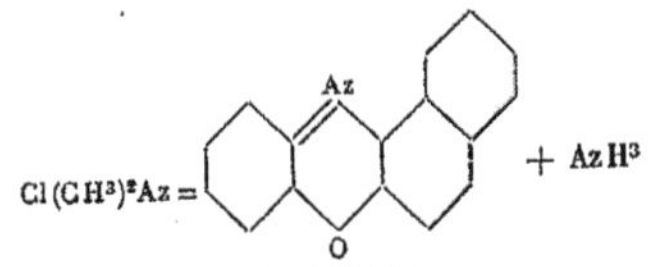

$$Cl(CH^3)^2Az = \quad\quad + AzH^3$$

Bleu de Meldola.

$$= H^2 + \quad HCl(CH^3)^2Az \quad\quad = AzH$$

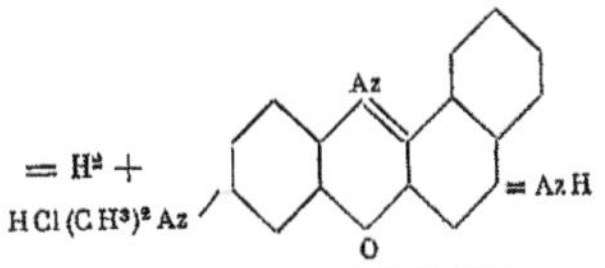

Cyanamine de M. O.-N. Witt.

En remplaçant dans cette réaction l'ammoniaque par un phénol mono- ou plurivalent, un naphtol ou son acide sulfonique, ou même le tétraméthyldiaminobenzhydrol, on obtient des produits de condensation bien définis, sur la constitution desquels on n'est pas absolument d'accord. Voici l'une des formules qui expliquent le mieux la constitution du produit de condensation (leucobase) de la gallocyanine avec la résorcine :

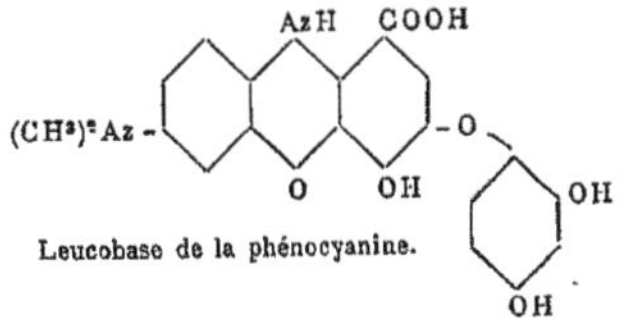

$$(CH^2)^2Az - \quad AzH \quad COOH \quad\quad O \quad OH$$

Leucobase de la phénocyanine.

Quant au produit résultant de l'union d'une molécule de tétraméthyldiaminobenzhydrol avec le bleu de Meldola, il ne peut guère être représenté que par la formule suivante :

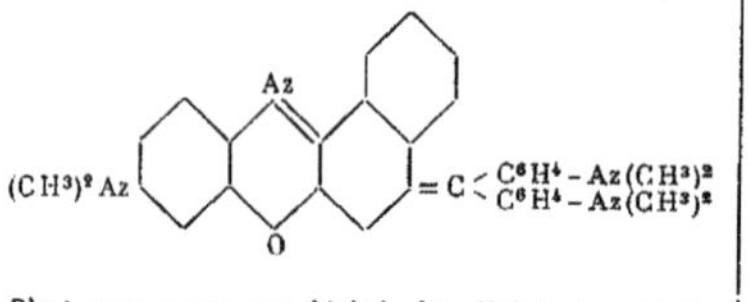

$$(CH^3)^2 Az \ \underset{O}{\overset{Az}{\diagup\diagdown}} \ = C < \begin{matrix} C^6H^4 - Az(CH^3)^2 \\ C^6H^4 - Az(CH^3)^2 \end{matrix}$$

C'est en somme un dérivé du diphénylnaphtylméthane.

Tous ces nouveaux colorants, qui teignent en nuances allant du bleu au bleu-vert, sont désignés dans le commerce sous les noms de *gallazines* et de *phénocyanines*.

Les gallazines sont obtenues par condensation des gallocyanines avec les phénols sulfonés et oxydation subséquente.

Les phénocyanines résultent de l'union d'un phénol avec une gallocyanine, et sont surtout intéressantes pour l'impression du coton par oxydation sur la fibre même.

Nous voyons que, d'une façon générale, les gallocyanines se combinent avec les phénols par union directe, donnant des leucodérivés qui, par oxydation, forment des couleurs plus bleues et plus vives que les gallocyanines. On les prépare soit en partant d'un phénol sulfoné, soit de la gallocyanine sulfonée, soit encore en sulfonant le produit de l'action de la gallocyanine sur un phénol.

Les nuances produites par les gallazines sont extrêmement solides sur mordant de chrome, et, comme solidité au foulon et à la lumière, surpassent les bleus d'alizarine.

Avant de passer à l'examen des divers brevets concernant cette classe de matières colorantes, disons encore que les gallazines ont été trouvées par l'effet du hasard.

En effet, la découverte de ces colorants est due à la constatation suivante : L'adjonction de résorcine à un bain de gallocyanine bleuit la nuance de cette dernière. On ne comprend le rôle de la résorcine qu'en supposant qu'elle puisse donner lieu à la formation d'une nouvelle matière colorante. Celle-ci prend naissance en effet, et dans ce cas particulier la condensation gallazinique a lieu en solution aqueuse.

L'auteur de cet article (communication inédite) a étudié dès 1895 ce genre de condensation appliqué aux corps aziniques, et a trouvé que le *bleu neutre* de la Manufacture lyonnaise de matières colorantes donne lieu à des condensations tout à fait analogues :

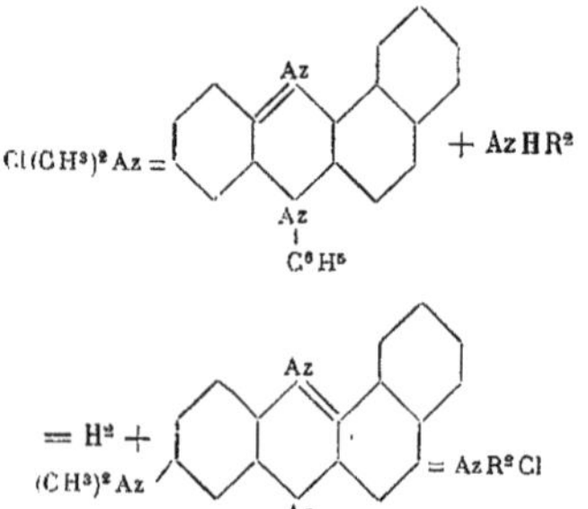

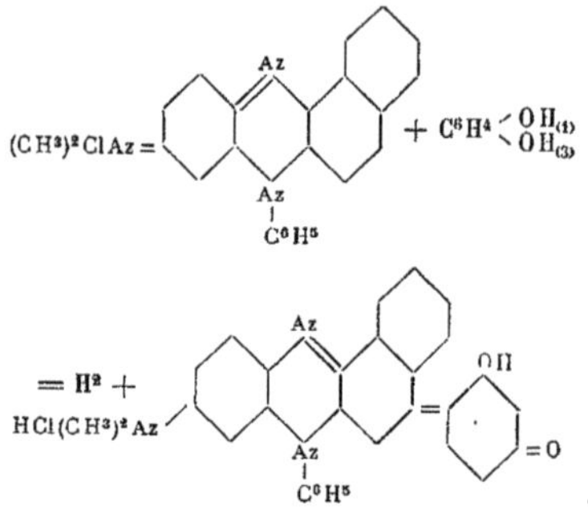

$$Cl(CH^3)^2 Az \ = \ \overset{Az}{\underset{\underset{C^6H^5}{|}}{Az}} \ + \ AzHR^2$$

$$= H^2 + (CH^3)^2 Az \ \overset{Az}{\underset{\underset{C^6H^5}{|}}{Az}} \ = AzR^2Cl$$

*Procédé de préparation des couleurs bleues du groupe de la gallocyanine* (brevet allemand nᵒ 77 452). — Le procédé revendiqué consiste dans la condensation de l'acide β naphtolsulfonique de Schäffer,

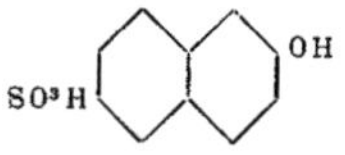

$$SO^3H \ \diagup\diagdown \ OH$$

avec la gallocyanine dérivée de la nitrosodiméthylaniline et de l'acide gallamique (bleu gallamine). La nouvelle matière colorante possède très probablement la constitution suivante :

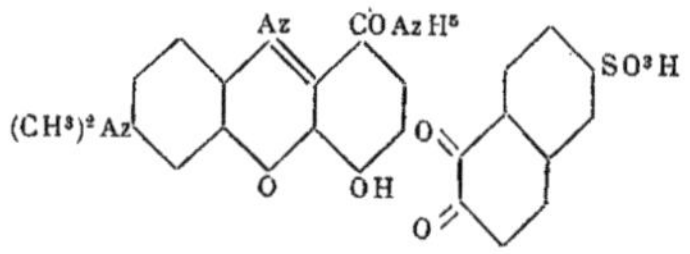

$$(CH^3)^2 Az \ \overset{Az \quad CO\,AzH^5}{\underset{O \quad OH}{\diagup\diagdown}} \ \overset{SO^3H}{\underset{O}{\diagup\diagdown}}$$

La leucobase formée est soluble en vert jaune dans l'eau, surtout à chaud ; elle se dissout en outre dans l'alcool et dans l'acide acétique cristallisable. La solution aqueuse est précipitée par l'addition d'un acide ou de sel. La solution alcaline est d'un jaune brun-vert, passant au vert, puis au bleu par oxydation à l'air (on peut effectuer cette oxydation par l'adjonction d'une goutte d'acide nitrique). La solution sulfurique est brun-verdâtre ; l'acide nitrique la colore également en bleu. Une plus grande quantité d'acide fait passer la couleur au rouge, puis à l'orangé.

*Procédé de préparation d'une matière colorante bleue dérivée du bleu gallamine* (brevet allemand nᵒ 79 839). — D'après M. Lefèvre, la phénocyanine est surtout intéressante pour l'impression sur coton par oxydation sur la fibre même. La couleur mère pour nuance foncée se prépare en faisant cuire 100 parties de phénocyanine VS, 120 parties d'épaississant (amidon ou gomme adragante), 1 partie d'huile d'olives, 420 parties d'eau et 20 parties d'acide acétique. Après refroidissement, on incorpore 20 parties d'acétate de chrome à 19ᵒ B. et 8 parties de chlorate de chrome à 10ᵒ B., que l'on remplace, quand les couleurs adjointes ne le supportent pas, par du chlorate de sodium. On imprime, on vaporise pendant 1 heure et demie, on lave et on savonne. Pour les nuances moins foncées, on coupe cette couleur.     G.-F. Jaubert.

**GALLÉINE** (voyez Dict., **2.** 1009 ; 1ᵉʳ Suppl., 1266 ; 2ᵉ Suppl., **4**, 1352). — La galléine fondue avec la potasse fournit l'anhydride d'une cétone pyrogallique,

$$CO \Big\langle {}^{C^6H^2 \ll {}^{(OH)^2}_{O}}_{C^6H^2 \ll {}^{O}_{(OH)^2}}$$

*Tétrachlorogalléine*, $C^{20}H^6Cl^4O^7, 2H^3O$ (à 100°). — On l'obtient comme la galléine, mais en employant l'anhydride tétrachlorophtalique. C'est une poudre cristalline violette. Elle fournit un *dérivé tétracétylé* [Græbe, *Ann. Chem.*, **238**, 337].

*Galléine-anilide*,

$$C^6H^4 \Big\langle {}^{C = [C^6H^2(OH)]^2O^3}_{CO.Az.C^6H^5}$$

— On obtient ce dérivé en paillettes brillantes, fusibles au-dessus de 300°, en faisant bouillir pendant 12 heures un mélange formé de 5 gr. de galléine, 30 gr. d'aniline et 10 gr. de chlorhydrate d'aniline [Albert, *D. chem. G.*, 27, 2794].

L'*éther diméthylique* de cet anilide,

$$C^{26}H^{13}AzO^6(CH^3)^2,$$

s'obtient en chauffant à 100° l'anilide avec de l'iodure de méthyle. Il cristallise dans l'alcool en fines aiguilles fusibles à 205° (A).

*Dibenzène-sulfonate de galléine*,

$$C^{20}H^8O^3(OH)^2(SO^3C^6H^5)^2.$$

— Ce produit est obtenu en faisant réagir le chlorure benzène-sulfonique, $C^6H^5SO^2Cl$, sur une dissolution alcaline de galléine. On sépare le produit de la galléine en excès en le dissolvant dans le chloroforme. Il est amorphe et soluble dans les alcalis [Georgescu, *Bulet. Ruman.*, 1, 215].

*Tétrabenzène-sulfonate de galléine*,

$$C^{20}H^8O^3(SO^3C^6H^5)^4.$$

— Ce composé est cristallisé et fusible à 187-188°, soluble dans le chloroforme, insoluble dans la soude. On l'obtient, comme le précédent, en employant un excès de chlorure acide.

**GALLINE**,

$$O \Big\langle {}^{C^6H^2 \ll {}^{(OH)^2}_{}}_{C^6H^2 \ll {}_{(OH)^2}} {}^{CH - C^6H^4 - CO^2H}$$

[Buchka, *Ann. Chem.*, **209**, 268] (voyez Dict., **2**, 1010). — La galline est un produit de réduction de la galléine. On l'obtient en soumettant cette dernière à une longue ébullition avec l'ammoniaque et la poudre de zinc. La solution obtenue est acidulée par l'acide sulfurique et la galline extraite à l'éther. Elle cristallise, par évaporation du solvant, en fines aiguilles très solubles dans l'alcool et dans l'acide acétique, assez solubles dans l'eau, se colorant facilement en rouge sous l'action de l'air.

Les acides minéraux dilués dissolvent la galline; l'acide sulfurique concentré la transforme en *céruline*, $C^{20}H^{12}O^6$. En solution acide, la poudre de zinc réduit la galline et la transforme en *gallol*, $C^{20}H^{16}O^6$.

*Triacétylgalline*, $C^{20}H^{13}O^3(C^2H^3O^2)^4$. — On obtient directement ce produit par l'ébullition de la galline avec l'anhydride acétique. Elle cristallise en petits feuillets fusibles à 220°, facilement solubles dans les solvants neutres, alcool, benzène, etc.

**GALLIQUE (ACIDE)** (*acide phène-triol-3.4.5-méthanoïque*). — Voyez Dict., 1513, et 1er Suppl., 850.

*État naturel*. — On a trouvé l'acide gallique dans le thé chinois, dans les feuilles de l'*Arctostaphylos uva ursi*, dans le dividivi, dans certains vins rouges, dans l'huile d'olives de Pouille possédant un goût amer.

*Formation*. — Le travail de M. Lautemann (voyez Dict.) relatif à la fusion de l'acide diiodosalicylique avec la potasse n'a pas été confirmé par de nouvelles recherches de M. Demole [*D. chem. G.*, 7, 1441].

L'acide bromovératrique fondu avec la potasse donne de l'acide gallique [Matsmoto, *D. chem. G.*, 11, 140].

La résine kino en fournit aussi lorsqu'on la traite à 120° par l'acide chlorhydrique [Etti, *D. chem. G.*, 11, 1882].

PROPRIÉTÉS CHIMIQUES. — La chaleur de combustion moléculaire de l'acide gallique a été trouvée de 634$^{cal}$,1. Sa chaleur de dissolution $= -7^{cal}$,1. Cet acide, neutralisé successivement par 5 molécules d'alcali, soude ou potasse, dégage successivement

$$3^{cal},2 + 7^{cal},25 + 6^{cal},04 + 2^{cal},65 + 1^{cal},01,$$

au total $30^{cal}$,07 [Berthelot, *Ann. Chim. Phys.*, (6), **17**, 176].

L'acide gallique, chauffé avec 2 parties d'aniline, se décompose déjà par ébullition du mélange en anhydride carbonique et pyrogallol [Cazeneuve, *Bull. Soc. Chim.*, (3), 7, 549]. En solution alcaline, cet acide fournit, par absorption ménagée de l'oxygène de l'air, la *galloflavine*.

Soumis à l'action du chlorate de potassium et de l'acide chlorhydrique, l'acide gallique se transforme en *acide trichloroglycérique*, $C^3H^3Cl^3O^4$. Le brome en excès, à chaud, fournit du *tribromopyrogallol*.

L'acide gallique réduit la liqueur de Fehling très facilement. Soumis à l'ébullition avec une solution de sulfate de cuivre additionnée de soude caustique, il donne naissance aux acides gallique $C^{14}H^{12}O^{13}$, lagique $C^4H^4O^3$, et, en petite quantité, aux acides oxalique, acétique et pyruvique [Böttinger, *Ann. Chem.*, **260**, 337].

L'action du mélange réducteur poudre de zinc et ammoniaque remplace les hydroxyles par l'hydrogène avec formation des acides salicylique et benzoïque [Guignet, *Bull. Soc. Chim.*, (3), 7, 153].

L'acide pyrogallique fondu avec peu de soude fournit du pyrogallol et un corps en $C^{12}H^4(OH)^6$, l'hexoxy-biphényle (?). Si on emploie beaucoup de soude (10 parties environ), on obtient seulement du pyrogallol et de la phloroglucine [Barth et Schröder, *D. chem. G.*, 12, 1259].

L'oxychlorure de phosphore condense 2 molécules d'acide gallique avec élimination d'eau et formation d'acide digallique $C^{14}H^{10}O^9$. L'aldéhyde formique fournit des produits de condensation nombreux (voyez MÉTHYLÈNE–DIGALLIQUE, p. 455).

L'acide cinnamique se condense en présence d'acide sulfurique avec une molécule d'acide gallique, en fournissant l'anhydride orthodioxyanthracoumarique.

Par le chauffage en tube scellé avec un excès de carbonate d'ammoniaque, on obtient l'acide gallocarbonique, $C^8H^6O^7$.

Parmi les réactions qui servent à déceler l'acide gallique, nous citerons l'action du cyanure de potassium, qui fournit en solution aqueuse une couleur rouge fugace qui réapparaît par agitation à l'air [Young, *Zeit. Anal. Chem.*, 23, 227]. Le tannin ne donne pas cette réaction. L'iode fournit, en présence de sels alcalins tels que le sulfate de sodium, dans la solution aqueuse ou alcoolique d'acide tannique, une coloration rouge-pourpre très fugace [Nasse, *D. chem. G.*, 17, 1166].

Le réactif de Hübl fournit des indices d'iode très variables, suivant la concentration des solutions et le temps d'action.

On a condensé l'acide gallique avec différentes substances aminées pour produire des matières colorantes, thionines et oxazines. Ainsi l'acide gallique, traité molécule à molécule en présence d'acide sulfurique à 85-90° par l'o-nitrosonaphtol, ou le 1.2-aminonaphtol, ou le 2.1-aminonaphtol, donne naissance à une oxazine teignant les mordants, et particulièrement ceux de chrome, en un rouge brun aussi beau que le brun d'alizarine [Ashworth, D. R. P., 75 634. — Ashworth et Sandoz, D. R. P., 75 633].

Si l'on remplace l'acide gallique par le tannin, on obtient une couleur presque identique, mais qui semble moins brillante.

GALLATES. — Aux gallates déjà décrits nous ajouterons les suivants :

*Gallate de baryum*, $Ba^2 C^7 H^2 O^5 . 5 H^2 O$. — Obtenu en précipitant le gallate neutre de baryum par l'eau de baryte.

*Gallate d'aluminium*, $Al^4 (C^7 H^2 O^5)^3 , 4 H^2 O$ (?). — Précipité volumineux, peu soluble dans l'eau.

*Gallate de bismuth*. — Ce sel important, connu dans la thérapeutique sous le nom de *dermatol*, peut être obtenu cristallisé en suivant les indications de M. Causse [*Bull. Soc. Chim.*, (3), 9, 704]. On dissout 200 grammes de sous-nitrate de bismuth dans l'acide azotique ; on y ajoute 500 centimètres cubes d'une solution saturée de nitrate de potassium, puis on neutralise l'excès d'acide azotique par du sous-nitrate de bismuth. On ajoute alors à la solution 125 centimètres cubes d'acide acétique, puis une solution saturée de 125 grammes d'acide gallique, additionnée d'acide acétique en quantité suffisante pour empêcher la précipitation par addition de la solution de nitrate de potassium. On précipite enfin le sel par dilution avec 15 à 20 volumes d'eau. On obtient ainsi un précipité jaune-citron, cristallin, insoluble dans l'eau, répondant à la formule $Bi C^7 H^3 O^5 , 2 H^2 O$.

*Gallate d'urée*, $C H^4 Az^2 O , C^7 H^6 O^5$. — On l'obtient en prismes clinorhombiques, par mélange des solutions [Loschmidt, *Jahresb.*, 1865, 658].

*Gallate d'aniline*, $C^6 H^7 Az , C^7 H^6 O^5$. — Ce sel cristallise en gros prismes, fusibles à 168° en se décomposant [H. Schiff, *Ann. Chem.*, 272, 237].

ÉTHERS-SELS.

*Gallate de méthyle*,

$$(O H)^3 C^6 H^2 . C O^2 C H^3 , 3 H^2 O.$$

— Cet éther est préparé comme l'éther éthylique (voyez Dict., 1, 1515). Il fond à 195° en se décomposant [Will, *D. chem. G.*, 21, 2022], à 112° [Biétrix, *Bull. Soc. Chim.*, (3), 7, 624] ; il est insoluble dans l'eau froide et dans le chloroforme.

*Sel de bismuth*, $C^6 H^5 O^3 (O H)^2 , Bi O (O H)^2$. — M. Biétrix l'a obtenu en cristaux jaune-citron [*Bull. Soc. Chim.*, (3), 9, 692).

*Gallate d'éthyle*. — La préparation de cet éther, indiquée par M. Grimaux (Dict., *loc. cit.*), est modifiée comme suit par M. Schiff [*Ann. Chem.*, 163, 217] : La solution alcoolique saturée de gaz chlorhydrique est évaporée jusqu'à consistance sirupeuse et saturée par le carbonate de baryum. La masse se solidifie par refroidissement. On la divise et on l'épuise par l'éther absolu. Le gallate d'éthyle cristallisé dans l'eau possède $2.5 H^2 O$ qui s'éliminent à 100° ; il fond à 90°. On l'obtient anhydre par cristallisation de la solution chloroformique ; il fond alors à 141° d'après les uns, de 150 à 158° d'après d'autres.

Par distillation sèche, il fournit de l'alcool et du pyrogallol.

*Sel de plomb*, $Pb^3 (C^9 H^7 O^5)^2$. — C'est un précipité blanc, pulvérulent, qu'on obtient en précipitant la solution de l'éther par un excès d'acétate de plomb (Schiff).

ÉTHERS-OXYDES.

*Acide diméthoxygallique (acide syringique)*,

$$_{(3.5)}(C H^3 O)^2 \gtrless C^6 H^2 . C O^2 H_{(1)} .$$
$$_{(4)}O H$$

— On l'a obtenu en scindant l'acide glycosyringique par l'émulsine ou l'acide sulfurique dilué. Petits cristaux très peu solubles dans l'eau froide, assez solubles dans l'alcool, fusibles à 202°.

*Sel de baryum*, $(C^9 H^{10} O^5)^2 Ba , 3 H^2 O$. — Tables quadratiques. Ce sel, soumis à la distillation sèche, fournit du diméthylpyrogallol [Körner, *Gazz. chim. ital.*, 18, 215].

*Diméthoxygallate de méthyle*,

$$(C H^3 O)^2 \gtrless C^6 H^2 . C O^2 . C H^3 .$$
$$O H$$

— On obtient ce composé par éthérification du produit précédent. Il se sépare de la solution éthérée en petits cristaux fusibles à 83°,5, facilement solubles dans l'eau (Körner).

*Acide triméthoxygallique*,

$$(C H^3 O)^3 . C^6 H^2 . C O^2 H.$$

— Cet acide se prépare en oxydant par le permanganate de potassium l'éther triméthylique du propylpyrogallol, $C^3 H^7 . C^6 H^2 . (O C H^3)^3$ [Will, *D. chem. G.*, 21, 2022], ou avec l'éther correspondant du méthylpyrogallol, ou enfin en oxydant l'acide méthyliridique [de Laire et Tiemann, *D. chem. G.*, 26, 2019]. Enfin l'acide diméthylgallique le fournit par éthérification avec la potasse et l'iodure de méthyle. En partant du nitroeugénol potassique, on arrive, par méthylation et oxydation au permanganate, à obtenir un acide nitrovératrique qui, par réduction, diazotation et ébullition avec l'alcool méthylique, fournit aussi le même éther triméthylgallique [Th. Zincke et Francke, *Ann. Chem.*, 293, 175]. Cet acide forme de fines aiguilles solubles dans l'eau. Il fond à 167°.

Le *sel de calcium*, $(C^{10} H^{11} O^5)^2 Ca , 1,5 H^2 O$, fournit, par distillation sèche, du triméthylgallate de méthyle, en même temps qu'un peu de pyrogallol triméthylé [Arnstein, *Mon. f. Chem.*, 15, 297].

*Triméthoxygallate de méthyle*,

$$(C H^3 O)^3 . C^6 H^2 . C O^2 C H^3 .$$

— Cet éther s'obtient facilement en chauffant le gallate de méthyle avec de la potasse et de l'iodure de méthyle [Will, *loc. cit.*]. Il est insoluble à froid dans la potasse diluée, fond à 81° et bout à 275°.

*Acide triéthoxygallique*, $(C^2 H^5 O)^3 . C^6 H^2 . C O^2 H$.
— Cet acide, fusible à 122°, s'obtient par saponification de son éther. On en a préparé un *sel de baryum* facilement soluble dans l'eau, et un *sel d'argent* qui se décompose au-dessus de 200° en fournissant le pyrogallol triéthylé.

*Triéthoxygallate d'éthyle*,

$$(C^2 H^5 O)^3 . C^6 H^2 . C O^2 C^2 H^5 .$$

— Le gallate d'éthyle, traité par la potasse et l'iodure d'éthyle, fournit un éther très soluble dans l'alcool, cristallisant en belles aiguilles fusibles à 51° [Will et Albrecht, *D. chem. G.*, 17, 2099].

*Acide méthylénométhoxygallique (acide myristicine),*

$$CH^2 < {O \atop O} > C^6H^2 < {OCH^3 \atop CO^2H}$$

— Cet acide prend naissance par oxydation de la myristicine au moyen du permanganate [Semmler, *D. chem. G.*, 24, 3820]. Il se forme aussi lorsqu'on enlève une molécule d'acide carbonique à l'acide cotarnique,

$$CH^2 < {O \atop O} > C^6H^2 < {OCH^3 \atop (CO^2H)^2}$$

en le chauffant à 100° avec de l'acide chlorhydrique [Roser, *Ann. Chem.*, 254, 348]. Le produit cristallise de sa solution aqueuse en longues aiguilles fusibles à 208-210°, bouillant vers 300° en se décomposant. Le brome en solution acétique fournit du tribromopyrogallol-méthylène-méthylique. On a décrit de cet acide les *sels d'argent, de baryum et de calcium.*

*Gallacétol,*

$$(OH)^3 . C^6H^2 . CO^2 . CH^2 . CO . CH^3 , 3H^2O.$$

— Ce composé a été obtenu en faisant réagir la chloracétone sur le gallate de sodium. Il cristallise des solutions aqueuses avec $3H^2O$. A l'état anhydre, il fond à 293°. Lorsqu'on le dessèche, puis qu'on le laisse pendant 24 heures en contact avec un excès d'acide sulfurique, il fournit la trioxy 2.3.4 méthyl 4-isocoumarine,

[Fritsch, *D. chem. G.*, 26, 419].
Chauffé avec de l'ammoniaque, il fournit un dérivé du groupe des isoquinoléines, fusible au-dessus de 300° [Fritsch, *D. R. P.*, 73700].
Le gallacétol introduit dans l'organisme se transforme en fournissant un éther sulfurique et des dérivés de l'acide glycuronique.

DÉRIVÉS ACIDES.

*Acide diacétylgallique,*

$$(C^2H^3O^2)^2 . C^6H^2 < {OH \atop CO^2H} , 0,5 H^2O.$$

— M. Sisley a obtenu ce composé en désacétylant partiellement l'acide triacétylé par ébullition avec l'eau. Il forme des aiguilles prismatiques, perd son eau à 100° et fond à 162°.

*Acide triacétylgallique,*

$$(C^2H^3O^2)^3 . C^6H^2 . CO^2H.$$

— Il suffit, pour l'obtenir, de faire bouillir pendant longtemps l'acide gallique avec l'anhydride acétique [Sisley, *Bull. Soc. Chim.*, (3), 11, 565]. Il est insoluble dans l'eau froide et cristallise dans le toluène en aiguilles prismatiques, fusibles à 151°.
M. Causse (*loc. cit.*) a préparé son *sel de bismuth,* $C^{13}H^9O^8BiO.$
D'après M. Böttinger, l'anhydride acétique réagissant sur l'acide gallique hydraté donnerait un acide triacétylgallique soluble dans l'eau, cristallisé en aiguilles, fusible à 165-166°, tandis que l'acide gallique anhydre fournirait, dans les mêmes conditions, de notables quantités de *tannin pentacétylé,* fusible à 151° et insoluble dans le carbonate de sodium [*D. chem. G.*, 17, 1503; *Ann. Chem.*, 246, 125].

*Triacétylgallate d'éthyle,*

$$(C^2H^3O^2)^3 . C^6H^2 . CO^2C^2H^5.$$

— M. Schiff l'a obtenu par ébullition du gallate d'éthyle avec l'anhydride acétique [*Ann. Chem.*, 163, 210]. Il forme des cristaux insolubles dans l'eau.
*Acide bromacétylgallique.* — Ce composé aurait été obtenu en traitant l'acide gallique par le bromure de bromacétyle. Il est résineux, insoluble dans l'eau [Privoznik, *D. chem. G.*, 3, 644].
*Acide tribenzoylgallique.* — Cet acide, résineux et insoluble dans l'eau, est obtenu par l'action du chlorure de benzoyle [Schiff, *loc. cit*].

AMIDES.

*Gallamide. Acide gallamique* (voyez Dict., 1, 1515). — La gallamide, traitée par les mercaptans ou les disulfures de paradiamines, et oxydée avec ces corps en solution alcaline, fournit, après ébullition subséquente avec l'acide sulfurique dilué, des thionines de belle couleur bleue [Nietzki, *D. R. P.*, 73556 et 76923].
Soumise à l'ébullition, en solution alcoolique ou acétique, avec un aminoazobenzène dialcoylé, elle fournit des oxazines qui teignent sur tissu mordancé, et qui sont susceptibles d'être employées en dissolution à l'état de combinaisons bisulfitiques [L. Durand et Huguenin, *D. R. P.*, 73937].
*Triméthoxygallamide,* $(CH^3O)^3 . C^6H^2 . COAzH^2.$
— Cet éther est obtenu en traitant la gallamide par l'iodure de méthyle et la potasse en solution méthylique [Marx, *Ann. Chem.*, 263, 250]. Il cristallise dans l'alcool en aiguilles soyeuses, fusibles à 176°. Ses produits de réduction par l'amalgame de sodium sont l'*alcool gallique triméthylé* $(CH^3O)^3 - C^6H^2 - CH^2OH$ et l'*hexaméthoxybenzyle*

$$(CH^3O)^3 - C^6H^2 - CO - CO - C^6H^2 - (OCH^3)^3.$$

*Triacétylgallamide,*

$$(C^2H^3O^2)^3 - C^6H^2 - COAzH^2.$$

— Ce dérivé se produit, en même temps que la tétracétylgallamide, par ébullition de la gallamide avec l'anhydride acétique. Les produits sont séparés par l'eau, dans laquelle le dérivé triacétylé est soluble, et où il cristallise en prismes fusibles à 163° [Marx, *loc. cit.*].

*Tétracétylgallamide,*

$$(C^2H^3O^2)^3 . C^6H^2 . COAzH(C^2H^3O).$$

— Ce dérivé fond à 210°. Il est insoluble dans l'eau et peu soluble dans l'alcool.
*Gallanilide,* $(OH)^3 . C^6H^2 . COAzHC^6H^5, 2H^2O.$
— On l'obtient en faisant passer pendant 3 heures un courant de gaz sulfureux dans un mélange de 20 grammes d'aniline et 150 centimètres cubes d'eau, ajoutant 25 grammes de tannin, puis chauffant pendant 12 heures à 90-120° [Schiff, *Ann. Chem.*, 272, 234. — Cazeneuve, *Bull. Soc. Chim.*, (3), 9, 847]. Il cristallise en feuillets brillants par cristallisation dans l'eau chargée de gaz sulfureux. Il fond à 207°. Sa solubilité dans l'eau est faible à froid. On en a préparé des *sels de zinc, de plomb, de bismuth, d'aniline* (Cazeneuve).
*Triacétylgallanilide,*

$$(C^2H^3O^2)^3 . C^6H^2 . COAzH . C^6H^5.$$

— Ce produit est préparé comme les dérivés acétylés précédents. Il cristallise en aiguilles et fond à 181° (Cazeneuve).

*Tribenzoylgallanilide,*

$$(C^7H^5O^2)^3 . C^6H^2 . CO\,Az\,H . C^6H^5.$$

— Aiguilles fusibles à 181° (Cazeneuve).

*Gallo-p-toluide,*

$$(OH)^3 . C^6H^2 . CO\,Az\,H . C^6H^4 . CH^3, 2H^2O.$$

— On a préparé cette substance comme la gallanilide. Elle fond à 211° [Cazeneuve, *Bull. Soc. Chim.*, (3), **11**, 83].

*Triacétylgallo-p-toluide,*

$$(C^2H^3O^2)^3 . C^6H^2 . CO\,Az\,H . C^6H^4 . CH^3.$$

— Ce dérivé cristallise en aiguilles (Cazeneuve).

*Phénylhydrazide gallique,*

$$(OH)^3 C^6H^2 - CO\,H\,Az - Az\,H\,C^6H^5.$$

— On obtient ce composé en faisant réagir l'acide gallique dissous dans l'alcool méthylique sur une solution éthérée de phénylhydrazine. Le produit se précipite en cristaux fusibles à 138-139° en se décomposant.

La solution éthéro-alcoolique mère, par addition de chloroforme, précipite un *dérivé*

$$(C^6H^5 - H\,Az - Az\,H)^3 . C^6H^2 . CO\,Az\,H . Az\,H\,C^6H^5$$

[Biétrix, *Bull. Soc. Chim.*, (3), **15**, 783].

#### DÉRIVÉS HALOGÉNÉS.

*Acide dichlorogallique,* $(OH)^3 . C^6Cl^2 . CO^2H.$
— Le chlore, agissant sur une solution aqueuse d'acide gallique, ne fournit que de l'acide oxalique. En solution alcoolique, on ne saisit aucun produit de la réaction. Par contre, en faisant passer un courant de chlore dans l'acide gallique en suspension dans du chloroforme, on obtient le dérivé dichloré, qui cristallise bien dans l'eau chargée d'acide sulfureux en prismes blancs, fusibles à 190° en se décomposant. Il se produit en même temps, dans cette chloruration, du *trichloropyrogallol* fusible à 178° [Biétrix, *C. R.*, **122**, 1545].

*Acide bromogallique,*

$$(OH)^3 . C^6H\,Br . CO^2H, 3H^2O$$

(voy. Dict., 1515). — M. Biétrix préfère laisser agir le brome sur l'acide gallique en solution chloroformique [*Bull. Soc. Chim.*, (3), **9**, 241]. On a préparé un *sel d'ammonium* et un *sel de plomb*. Le *dérivé triacétylé* fond à 96°.

*Acide dibromogallique,*

$$(OH)^3 . C^6Br^2 . CO^2H, H^2O.$$

— On le prépare comme le précédent. Cet acide se décompose, lorsqu'on le traite par l'oxyde d'argent humide, en donnant du pyrogallol, de l'acide carbonique et de l'acide bromhydrique. L'aniline, ou le cyanure double de potassium et d'argent, régénèrent l'acide gallique [Privoznik, *loc. cit.*]. M. Biétrix [*Bull. Soc. Chim.*, (3), **7**, 412] en a décrit les *sels d'ammonium, de sodium, de baryum, de zinc, de plomb*, ainsi que l'*éther méthylique*, fusible à 139°, le *sel de plomb* et l'*éther éthylique*, fusible à 137°.

L'acide dibromogallique est employé en thérapeutique sous le nom de *gallobromol* (voyez ce mot).

*Dibromogallanilide,*

$$(OH)^3 . C^6Br^2 - CO\,Az\,H . C^6H^5, 3H^2O.$$

— On le prépare en laissant en contact pendant un jour 24$^{gr}$,5 d'anilide gallique, 32$^{gr}$,5 de brome et 100 grammes de chloroforme. Il cristallise bien, mais fond en se décomposant. Sa solution dans l'alcool aqueux précipite en bleu par l'acé-

tate de zinc. Ce précipité s'oxyde à l'air en passant à la nuance indigo. Il possède alors la formule $C^{13}H^7O^6Br^2Az . Zn$ [Cazeneuve, *Bull. Soc. Chim.*, (3), **11**, 497].

*Acide triméthoxydibromogallique,*

$$(CH^3O)^3 . C^6Br^2 . CO^2H.$$

— Cet acide a été préparé par bromuration de l'acide correspondant en solution acétique. L'oxydation, par l'acide azotique, de l'acide méthyliridique dibromé en fournit aussi. Il cristallise en aiguilles fusibles à 143° [de Laire et Tiemann, *D. chem. G.*, **26**, 2023].

*Acide triéthoxydibromogallique,*

$$(C^2H^5O)^3 C^6Br^2 CO^2H.$$

— On l'obtient en bromurant l'éther correspondant en solution dans le sulfure de carbone. Ce composé fond à 107°. Il cristallise dans le benzène avec une molécule de solvant. L'acide azotique concentré le transforme en nitro-5-pyrogallol triéthylé [Schiffer, *D. chem. G.*, **25**, 722].

*Acide triacétyldibromogallique,*

$$(C^2H^3O^2)^3 C^6Br^2 CO^2H.$$

— On acétyle le produit correspondant par le chlorure d'acétyle. Il se présente en aiguilles fusibles à 168°. Son *éther méthylique* fond à 150° [Biétrix, *Bull. Soc. Chim.*, (3), **9**, 696].

*Triacétyldibromogallanilide,*

$$(C^2H^3O^2)^3 C^6Br^2 CO\,Az\,H\,C^6H^5.$$

— M. Cazeneuve a obtenu ce dérivé cristallisé par acétylation de l'anilide correspondante.

*Acide tribenzoyldibromogallique,*

$$(C^7H^5O^2)^3 C^6Br^2 CO^2H.$$

— Produit amorphe fusible à 95°.

#### DÉRIVÉS NITRÉ ET AMINÉ.

*Acide triéthoxynitro ?-gallique,*

$$(C^2H^5O)^3 . C^6H\,Az\,O^2 - CO^2H.$$

— Le triéthoxygallate d'éthyle, dissous dans l'acide acétique et traité par l'acide azotique, fournit ce composé, cristallisé en fines aiguilles fusibles à 104°, solubles à chaud dans l'eau. En laissant l'acide azotique agir à froid sur ce corps, on élimine de l'acide carbonique et l'on obtient le dinitropyrogallol triéthylé [Schiffer, *loc. cit.*].

*Acide triéthoxyamino ?-gallique,*

$$(C^2H^5O)^3 - C^6H\,Az\,H^2 . CO^2H.$$

— Le produit précédent, réduit par l'étain et l'acide chlorhydrique, donne le dérivé aminé fusible à 111°.

#### DÉRIVÉ SULFONÉ.

*Acide gallosulfurique.* — On connaît seulement le *sel de potassium* de cet acide,

$$OH^2 . C^6H^2 \begin{cases} SO^4K \\ CO^2K \end{cases}$$

On l'a obtenu en faisant réagir une solution alcaline d'acide gallique sur le pyrosulfate de potassium. Il cristallise en aiguilles solubles dans l'eau.

#### ACIDES MÉTHYLÈNE-GALLIQUES.

L'aldéhyde formique se condense avec l'acide gallique en présence d'acide sulfurique en donnant un acide $C^{15}H^{12}O^{10}$ dont le *sel de bismuth* a été proposé pour la thérapeutique (E. Merck, *D. R. P.* 87 099).

En soumettant à l'ébullition un mélange de 2 molécules d'acide gallique et 1 molécule de formaldéhyde avec 3 parties d'acide chlorhydrique concentré dilué dans 12 parties d'eau, on obtient un produit $C^{15}H^{12}O^{10}$ sous la forme d'une poudre cristalline peu soluble dans l'alcool [Caro, *D. chem. G*, **25**, 546. — Baeyer, *D. chem. G.*, **5**, 1096. — Kleeberg, *Ann. Chem.*, **263**, 285]. L'étude de cette réaction a été faite en détail par MM. Möhlau et Kahl [*D. chem. G.*, **31**, 259]. Ces auteurs ont obtenu et séparé quatre produits possédant la formule $C^{15}H^{12}O^{10}$. En voici les caractères :

*Acide I, peu soluble, cristallisé.* — Il se présente en aiguilles qui fondent en se décomposant. L'acide chlorhydrique dilué bouillant le transforme en acide III, probablement par suite d'une polymérisation. L'acide sulfurique nitreux chaud le transforme en acide trioxyfluorone-dicarbonique. L'ébullition prolongée avec l'eau le transforme facilement en acide II.

*Anhydride I*, $C^{15}H^{10}O^{9}$. — Il suffit pour l'obtenir de chauffer ensemble à 105° l'acide I avec 5 parties d'alcool à 95°. Il cristallise dans l'alcool en cristaux rhombiques qui se décomposent sans fondre.

*Acide II, très soluble, cristallisé.* — Il cristallise en aiguilles. Chauffé à 110° avec de l'eau pendant 3 heures, il donne un *anhydride* $C^{30}H^{22}O^{19}$, en gros cristaux rhombiques insolubles dans l'eau.

*Acide III, très soluble, amorphe.* — Il se produit par la transformation de l'acide II laissé en contact avec de l'acide chlorhydrique dilué pendant plusieurs mois. Une longue ébullition avec l'alcool le transforme en *anhydride* $C^{15}H^{10}O^{9}$, cristaux prismatiques insolubles dans l'eau, solubles dans les alcalis.

*Acide IV, peu soluble, amorphe.* — C'est le produit obtenu par MM. Baeyer, Caro et Kleeberg [*loc. cit.*]. Il se produit toujours lorsqu'on chauffe les acides II ou III avec de l'acide chlorhydrique ou de la formaldéhyde. Chauffé doucement, il donne un *anhydride* $C^{30}H^{22}O^{19}$, cristallisé en petites aiguilles.

Les acides I, III et IV traités par l'acide sulfurique nitreux se colorent fortement. La soude en excès fait virer la nuance au bleu vert, puis au jaune.

L'acide II donne, dans les mêmes conditions, une teinte noir-bleu, puis verte, tournant au jaune.

Ces colorations sont probablement dues à la formation de fluorones.

ANHYDRIDES GALLIQUES.

*Acide α-digallique,*

$$(OH)^3 . C^6H^2 . CO^2 . C^6H^2 \lessgtr {(OH)^3 \atop CO^2H}$$

— Cet acide est peut-être identique avec le tannin, dont il possède toutes les réactions. Il a été obtenu par M. Schiff en chauffant plusieurs heures l'acide gallique avec l'oxychlorure de phosphore, ou mieux en évaporant une solution aqueuse d'acide gallique avec un peu d'acide arsénique. Une polémique s'est élevée à ce sujet entre MM. Schiff et Freda. Ce dernier prétend que M. Schiff n'a jamais pu obtenir cette substance à un état convenable de pureté, car la première préparation fournirait un produit contenant beaucoup de phosphore, et la seconde une substance fortement arsénifère. De plus, en enlevant l'arsenic à la solution au moyen de l'hydrogène sulfuré, on obtiendrait, à mesure que l'arsenic disparaît de la liqueur, une substance dont les propriétés se rapprochent de plus en plus de celles de l'acide gallique dont l'arsenic masquerait les réactions. A cela M. Schiff répond que M. Freda, en faisant passer pendant de longues heures un courant d'hydrogène sulfuré dans la solution chaude d'acide digallique, saponifie celui-ci, qui fournit naturellement l'acide gallique. Il a d'ailleurs constaté, en collaboration avec M. Pons, que son acide digallique, chauffé avec de l'ammoniaque, fournit une molécule de gallamide et une molécule de gallate d'ammonium, ce qui est une réaction nette d'anhydride d'acide. [Schiff, *Ann. Chem.*, **170**, 49; *D. chem. G.*, **12**, 33; **13**, 455; **15**, 2591. — Freda, *D. chem. G.*, **11**, 2033; **12**, 1576.]

*Acide β-digallique*, $C^{14}H^5O^4(OH)^5$, $2H^2O$. — Ce produit est obtenu en chauffant ensemble au bain-marie, pendant une demi-heure, 5 grammes de gallate d'éthyle, 4 grammes d'acide glyoxylique ou d'acide pyruvique et 20 grammes d'acide sulfurique concentré. Le produit formé est dissous dans l'eau froide et la solution épuisée à l'éther acétique. C'est une masse amorphe très facilement soluble dans l'eau, fusible à 100° en perdant ses 2 molécules d'eau. Le perchlorure de fer produit dans sa solution aqueuse une coloration bleue, qui se transforme ensuite en un précipité noir-bleu. En fort excès, ce réactif fournit une coloration verte. En somme, ce produit, tout en ayant beaucoup d'analogie avec le tannin, s'en distingue nettement par sa stabilité vis-à-vis de l'acide sulfurique dilué [Böttinger, *D. chem. G.*, **17**, 1476].

*Dérivé pentacétylé*, $C^{14}H^5O^4(C^2H^3O^2)^5$. — L'anhydride acétique agit à 100° sur l'acide β-digallique. Le produit cristallin obtenu est soluble dans l'alcool (Böttinger).

*Anhydride mixte gallique-salicylique* (?) $C^{14}H^{10}O^7$. — On obtient, par l'action de l'oxychlorure de phosphore sur un mélange équimoléculaire des deux acides, une poudre amorphe insoluble dans l'eau, l'éther et le chloroforme, soluble dans les alcalis, qu'on a nommée *salitannol*. Ce composé fond vers 210° en se décomposant. Il serait efficace pour le pansement des blessures (Dœbner, D. R. P. 94 281).

V. Auger.

**GALLIQUE (ALCOOL)** (*phène-triol 3.4.5-méthanol*), $(OH)^3C^6H^2.CH^2OH$. — On ne connaît pas cet alcool, mais bien son *éther triméthylique*, $(CH^3O)^3C^6H^2.CH^2OH$.

Celui-ci se forme par réduction de la triméthoxygallamide en solution dans l'alcool étendu, au moyen de l'amalgame de sodium. On emploie une solution de l'éther dans 2 litres d'eau froide et 600 centimètres cubes d'alcool. Après avoir fortement acidulé par l'acide sulfurique, on verse peu à peu 1 kilogramme d'amalgame de sodium à 2,5 0/0, en ayant soin de maintenir toujours la solution très acide. On évapore la solution, on épuise à l'éther et on distille enfin le produit dans le vide. Il distille alors à 228° sous 25 millimètres. C'est une huile difficilement soluble dans l'eau, plus soluble dans l'alcool ; elle se colore en rouge par l'acide sulfurique concentré [Marx, *Ann. Chem.*, **263**, 252].

**GALLISINE**. — MM. Schmidt et A. Cohenzl [*D. chem. G.*, **17**, 1000] ont donné le nom de *gallisine* à une substance réductrice, non fermentescible, très voisine de la dextrine, qui existe dans les vins soumis à la *gallisation*. On sait que le *gallisage* consiste à ajouter aux moûts peu sucrés la quantité de solution de glucose nécessaire pour ramener leur acidité et leur teneur en sucre aux chiffres normaux. Or la gallisine existe dans ces solutions de glucoses ; elle se retrouve après que la fermentation alcoolique a détruit le glucose.

Antérieurement, Pasteur et M. Béchamp avaient extrait du vin des *gommes* réductrices ; Neubauer, Hoppe-Seyler y avaient signalé l'existence d'une *dextrine* spéciale (voyez l'article Vin, de M. A. Gautier, Dict., 3, 687).

Pour préparer la gallisine, MM. Schmidt et Cobenzl font fermenter pendant 5 ou 6 jours une solution à 20 0/0 de glucose pur. La liqueur résultante est amenée à consistance sirupeuse, puis ce sirop est épuisé plusieurs fois à l'éther absolu. Il reste une masse grise formée de grumeaux qu'on broie rapidement, en évitant le contact de l'air, avec de l'alcool additionné de son volume d'éther anhydre. Le résidu, lavé à l'alcool et à l'éther, est desséché sur l'acide sulfurique, dans le vide. On obtient une poudre grise qu'on dissout dans l'eau, qu'on décolore par le noir. On précipite de nouveau la solution décolorée par l'alcool et l'éther, on lave le précipité à l'alcool et à l'éther, et enfin on le dessèche. On obtient ainsi la gallisine sous la forme d'une poudre blanche, ressemblant à de la poudre d'amidon.

Pour extraire cette matière du vin qui a été gallisé, on évapore le vin, on lave le résidu à l'alcool méthylique, on le dissout dans l'eau, et, après avoir décoloré cette solution par le noir, on y verse de l'alcool absolu en grand excès. Le précipité floconneux formé est dissous dans une petite quantité d'eau, puis la solution obtenue est versée dans un mélange à parties égales d'alcool et d'éther. La gallisine est précipitée, comme plus haut, sous la forme d'une poudre blanche.

C'est un corps amorphe, excessivement déliquescent, plus que le chlorure de calcium fondu. Elle est insoluble dans l'éther anhydre, le chloroforme, les hydrocarbures ; très peu soluble dans l'alcool absolu, un peu plus soluble dans l'alcool méthylique et dans l'acide acétique. Le mélange bouillant à parties égales d'alcool absolu et d'acide acétique la dissout. Par addition d'éther, elle est précipitée sous la forme de flocons, qui deviennent rapidement pulvérulents et durs. Mais en présence d'une trace d'eau le précipité est gommeux.

La solution aqueuse de gallisine a une réaction acide ; elle n'est pas précipitée par l'acétate et le sous-acétate de plomb, le chlorure et l'azotate mercuriques, le chlorure ferrique, l'iode, les chlorures de calcium et de baryum. La baryte fournit un léger précipité blanc en solution concentrée ou par addition d'alcool. L'azotate d'argent ammoniacal est réduit à chaud.

La gallisine est fortement dextrogyre, beaucoup moins que la dextrine, la maltodextrine et les corps analogues. Son pouvoir rotatoire moléculaire pour une solution renfermant une quantité $q$ de dissolvant est

$$[\alpha]_{\scriptscriptstyle D} = 68°,036 + 0°,171481\ q.$$

Son action réductrice sur la liqueur de Fehling est deux fois plus faible que celle du glucose, $2^{gr},1956$ équivalant à 1 gramme de glucose.

Sa saveur, d'abord légèrement sucrée, semble ensuite fade. Elle ne paraît pas avoir d'action physiologique.

D'après les résultats de leurs analyses, MM. Schmidt et Cobenzl attribuent à la gallisine la formule $C^{12}H^{24}O^{10}$. M. Tollens (*Hydrates de carbone*, traduction Bourgeois, 189) pense que la véritable formule est $C^{12}H^{20}O^{10}$ ou $(C^5H^{10}O^5)^n$. L'excès d'hydrogène trouvé par MM. Schmidt et Cobenzl s'expliquerait par la présence d'un peu d'eau, d'alcool ou d'éther dans leur produit.

Le *gallisinate de baryum*,

$$C^{12}H^{22}O^{10}Ba, 3H^2O.$$

est une poudre amorphe à réaction alcaline et réduisant la liqueur de Fehling. L'acide carbonique de l'air la décompose.

Le *gallisinate de potassium*, $C^{12}H^{23}O^{10}K$, se forme lorsqu'on saponifie à froid par la potasse l'hexacétylgallisine en solution dans l'alcool absolu. C'est une poudre jaunâtre, moins déliquescente que la gallisine. Sa solution aqueuse a une réaction alcaline.

Le *gallisinate de plomb*, $C^{12}H^{22}O^{10}Pb, PbO$, est une poudre blanche très soluble dans l'eau, qu'on obtient en traitant une solution aqueuse concentrée du sel précédent par une solution alcoolique d'acétate de plomb, en présence d'un excès d'alcool.

*Hexacétylgallisine*, $C^{12}H^{18}O^4(C^2H^3O)^6$. — En chauffant la gallisine sous pression pendant 2 ou 3 heures à 140°, avec 3 fois son poids d'anhydride acétique, on obtient une masse brune qui, traitée par l'eau, laisse déposer des flocons qu'on dissout dans l'alcool. Après avoir décoloré par le noir, on obtient, par évaporation de la solution alcoolique dans le vide, une masse vitreuse, incolore, insoluble dans l'eau, très soluble dans l'alcool et dans l'éther.

Les acides minéraux faibles ou l'acide oxalique transforment à 100° la gallisine en dextrose.

La gallisine ne fermente pas sous l'influence de la levure de bière ou du ferment lactique ; mais ses solutions aqueuses étendues s'altèrent rapidement par suite du développement de mucédinées. Si elle a été soumise au préalable à l'action de la diastase pancréatique, elle fermente en donnant une quantité notable d'alcool.

L'oxydation par l'acide nitrique concentré fournit un acide bibasique, $C^8H^{10}O^8$, que les auteurs considèrent comme l'acide saccharique ou un de ses isomères.

Le traitement par le brome et l'eau en tube scellé, puis par l'oxyde d'argent, fournit un acide sirupeux, dextrogyre, doué de propriétés réductrices.

La gallisine se dissout dans l'acide chlorosulfurique, avec dégagement de gaz chlorhydrique, en donnant un liquide sirupeux, incristallisable. C'est un *acide sulfoconjugué*, qui donne des *sels amorphes*. Le *sel de baryum* paraît répondre à la formule $C^6H^8O^{13}S^4Ba^2, 5H^2O$.

Il est probable que cet acide est identique à l'acide glucoso-tétrasulfonique de M. Claësson [Schmidt et Rosenhek, *D. chem. G.*, 17, 2456].

Les auteurs attirent l'attention sur l'importance qu'il y aurait, pour les analyses, à déterminer la quantité de gallisine contenue dans les sucres d'amidon. Il suffirait pour cela de faire une première détermination du pouvoir réducteur, de faire fermenter pour détruire le glucose, puis de déterminer de nouveau le pouvoir réducteur. La différence entre les deux chiffres correspond évidemment au glucose réel.　　　　J. Dupont.

**GALLIUM.** — MM. Hartley et Ramage ont trouvé du gallium dans 68 sur 168 échantillons divers de minéraux essayés, et surtout dans la clay-ironstone de Cleveland [*Proced. Chem. Soc.*, 173].

L'oxyde de gallium est réduit lorsqu'on le chauffe avec du magnésium [Winkler, *D. chem. G.*, 23, 788].

Les alliages de gallium et d'indium ont été examinés par M. Lecoq de Boisbaudran [*C. R.*, 100, 701]. L'alliage $In^2Ga$ fond à 75 ou 80°, $In Ga$ à 60 ou 80°, $In Ga^2$ à 50°.

La densité de la vapeur du dichlorure $Ga\,Cl^2$ est à 1000° ou 1100° de 4,82 (calculée 4,86), mais elle s'abaisse à 1300° ou 1400°, pour devenir 3.56 (Nilson et Pettersson). La densité de la vapeur du trichlorure est à 237 ou 273° de 12,2, correspondant à la formule $(Ga\,Cl^3)^2$ ; mais au-dessus de 300° elle s'abaisse et devient, à 307°, de 10,6 ; à

440° de 7,8 [Friedel et Crafts, *C. R.*, **107**, 306]. D'après MM. Nilson et Pettersson [*C. R.*, **107**, 527], la densité de la vapeur du tétrachlorure devient normale, égale à 6,08 à 440° ; au-dessus de cette température, la dissociation commence.

Pour l'extraction technique du gallium, voyez Kunert [*Chem. Zeit.*, **9**, 1820]. Pour la séparation du gallium d'avec d'autres éléments, voyez Lecoq de Boisbaudran [*C. R.*, **94**, 1439; **95**. 703, 1192, 1332; **96**, 152; 1696; 1838 ; **97** ; 66, 142, 295, 521, 623, 730, 1463; **98**, 711, 781].

Le spectre de fluorescence que donne dans le vide l'oxyde de gallium contenant du chrome est remarquable par une bande de longueur d'onde 689,7 à 689,8 [Lecoq de Boisbaudran, *C. R.*, **104**, 1584].

Une solution de chlorure de gallium, évaporée à siccité, donne un résidu qui, à 100° ou au-dessus de cette température, émet des vapeurs contenant du gallium [Lecoq de Boisbaudran, *Ann. Chim. Phys.*, (6), **11**, 29]. P.-T. Cleve.

**GALLOBROMOL**, $C^6Br^2(OH)^3 COOH$. — Le gallobromol est l'acide dibromogallique spécialement purifié pour l'usage médicinal. Le produit cristallisé employé en thérapeutique possède donc la constitution suivante :

$$COOH$$

Gallobromol.

Le gallobromol se présente sous l'aspect de petites aiguilles blanches (quelquefois légèrement jaunâtres). Elles sont solubles dans l'eau : 1 gramme de gallobromol se dissout facilement dans 10 grammes d'eau tiède. La solution de gallobromol s'oxyde rapidement à l'air, ou en présence de corps organiques; la solution incolore vire au rouge brunâtre, puis au vert. Il est probable que cette coloration est due à la formation d'un dérivé de l'orthoquinone possédant peut-être la constitution suivante :

$$COOH$$

On sait en effet que la formation d'orthoquinone benzénique ne se rencontre que dans les dérivés du benzène dont tous les atomes d'hydrogène sont substitués. Ainsi la tétrabromopyrocatéchine donne avec facilité la tétrabromo-orthoquinone

Tétrabromopyrocatéchine.     Tetrabromo-orthoquinone.

Le gallobromol, comme toutes les hydroquinones, est un corps éminemment oxydable : aussi l'utilise-t-on en thérapeutique comme *dermatique réducteur*; c'est en même temps un microbicide et un antiseptique. Son action médicinale peut se comparer à celle du bromure de potassium, dont il n'a pas toutefois l'action déprimante. Il est en

effet fort probable que le gallobromol, introduit dans l'économie animale, dégage du brome libre ou de l'acide bromhydrique, comme le font les bromures alcalins dans les mêmes conditions.

Le gallobromol en excès, et même sous une grande dilution (1/100), arrête complètement la vitalité des micro-organismes. La faible toxicité de cette substance permet, à la dose de 1/100 en solution aqueuse, de l'utiliser sans crainte pour des lavages antiseptiques. Aussi M. Cazeneuve utilise-t-il le gallobromol pour le traitement de la blennorragie, et dans ce cas son action est fort remarquable à tous les points de vue. En injections on peut faire usage de solutions au dixième ou au vingtième.

Contenant la moitié de son poids de brome, le gallobromol agit comme sédatif, et possède une action très marquée sur la douleur. La guérison se produit très vite et est toujours plus rapide avec les lavages sans sonde. On doit toujours employer des solutions fraîchement préparées ou conservées dans des flacons soigneusement bouchés à l'émeri, car nous avons vu plus haut que le gallobromol, très stable à l'état sec, ne se conserve pas en solution au contact de l'air.
G.-F. Jaubert.

**GALLOCARBONIQUE (ACIDE)** (*Acide phène-triol* 3.4.5-*diméthanoïque* 1.2),

$$(OH)^3 C^6 H (CO^2 H)^2 , 3 H^2 O$$

[Senhofer et Brunner, *Mon. f. Chem.*, **1**, 468]. — L'acide pyrogallique ou l'acide gallique fournissent, lorsqu'on les traite à 130° par le carbonate d'ammonium, l'acide gallocarbonique en même temps que de l'acide pyrogallol carbonique. Le produit brut acidulé, traité par l'éther, lui abandonne ces deux acides; on les transforme en sels de baryum, qu'on sépare en profitant de la faible solubilité du gallocarbonate. L'acide libre, isolé du sel de baryum, cristallise dans l'eau en fines aiguilles. Chauffé, il perd ses $3H^2O$ à 180°, et fond vers 275° en perdant de l'acide carbonique. Il est à peu près insoluble dans l'eau froide, facilement soluble dans l'éther et dans l'alcool. Le chlorure ferrique dilué le colore en violet; plus concentré, il fournit une solution vert-brun.

*Sels.* — $K^2 C^8 H^4 O^7$, $2 H^2 O$. Aiguilles.

$Ca C^8 H^4 O^7$, $6 H^2 O$. Prismes rougeâtres, presque insolubles dans l'eau froide.

$Ba C^8 H^4 O^7$, $H^2 O$. Aiguilles microscopiques, très peu solubles dans l'eau bouillante.

$Ag^2 C^8 H^4 O^7$. Précipité blanc amorphe, très altérable à la lumière.

**GALLOCYANINE**. — Voyez DIPHÉNO-γ FURO-DIHYDRAZINE, 2ᵉ Suppl., **2**, 265.

**GALLODIACÉTOPHÉNONE**,

$$(OH)^3 . C^6 H . (COCH^3)^2.$$

— En chauffant un mélange de 1 partie de gallacétophénone, 5 parties d'acide acétique, 2 parties de chlorure de zinc et 1 partie d'oxychlorure de phosphore pendant une demi-heure à 140-150°, on obtient un *dérivé acétylé* fusible à 207-209°. Par saponification, celui-ci donne la dicétone, qu'on fait cristalliser dans l'alcool. Elle est alors en longues aiguilles fusibles à 188-189° [Crépieux, *Bull. Soc. Chim.*, (3), **6**, 154].

**GALLOFLAVINE**, $C^{13} H^6 O^9$. — Voyez Dict., 2ᵉ Suppl., **1**, 1334.

Le *sel potassique*, peu soluble dans l'eau froide, est insoluble dans l'alcool. L'eau bouillante le dissocie et précipite la galloflavine [Bohn et Græbe, *D. chem. G.*, **20**, 2328].

*Tétracétylgalloflavine*, $C^{13} H^2 O^5 (C^2 H^3 O^2)^4$. — Aiguilles fusibles à 230° [B. et G., *loc. cit.*].

*Tétrachloracétylgalloflavine,*

$$C^{13}H^2O^5(C^2H^2ClO^2)^4.$$

— Aiguilles fusibles à 210-212° (B. et G.).

**GALLOL,**

$$O \underset{C^6H^2}{\overset{C^6H^2}{<}} \begin{matrix} (OH)^2 \\ CH.C^6H^4.CH^2OH \\ (OH)^2 \end{matrix}$$

[Buchka, *Ann. Chem.*, **209**, 268]. — La galléine ou la galline, chauffées pendant longtemps avec de la poudre de zinc en présence d'acide sulfurique dilué, se réduisent en fournissant l'alcool-anhydride, le gallol. On l'extrait à l'éther, d'où il cristallise en gros prismes brillants très altérables à l'air, au contact duquel ils se transforment en une poudre rougeâtre. Le gallol est difficilement soluble dans l'eau, mais devient très soluble dans une solution aqueuse concentrée chaude d'acide pyrogallique; il cristallise en beaux rhomboèdres par refroidissement de cette solution.

*Pentacétylgallol,* $C^{20}H^{11}O(C^2H^3O^3)^5$. — Feuillets obtenus par l'action de l'anhydride acétique sur le gallol. Il fond à 230°.

**GALLOTHIONINES.** — La gallothionine découverte par M. Nietzki en 1893, est le type d'une nouvelle classe de matières colorantes : *les bleus méthylène tirant sur mordants.* Ces matières colorantes sont caractérisées par la présence d'au moins deux groupes hydroxyles situés en ortho.

La gallothionine, comme son nom l'indique, est un dérivé thiazinique de l'acide gallique ; mais elle n'est pas le colorant de cette classe qui ait trouvé le plus grand emploi industriel. Le colorant le plus répandu est un dérivé de la naphtohydroquinone, qui, vu sa grande solidité, a été dénommé du nom fantaisiste de *bleu brillant d'alizarine,* quoiqu'il n'ait aucun rapport avec cette dernière.

Les colorants thiaziniques prennent théoriquement naissance (nous verrons qu'industriellement on les prépare un peu différemment) quand on soumet à la réaction de Lauth (oxydation en présence de l'hydrogène sulfuré) un mélange équimoléculaire d'une paradiamine aromatique et d'un orthopolyphénol (acide gallique, β-naphtohydroquinone, etc.).

Ces colorants possèdent donc la constitution suivante :

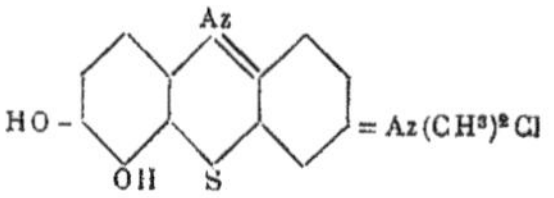

$$HO- \;\;\underset{OH\;\;S}{\diamond\!\diamond\!\diamond}\; = Az(CH^3)^2Cl$$

ou

$$O=\;\;\underset{OH\;\;S}{\diamond\!\diamond\!\diamond}\; -Az(CH^3)^2HCl$$

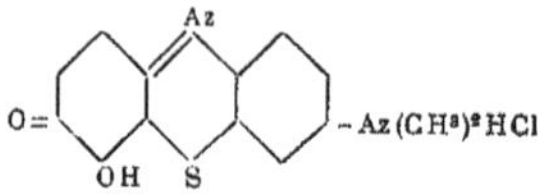

et les types spéciaux, comme la gallothionine et le bleu brillant d'alizarine, peuvent être représentés par les schémas ci-dessous ·

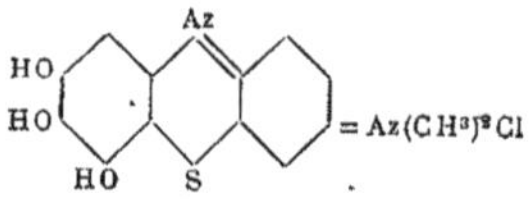

$$\begin{matrix}HO\\HO\\HO\;\;\;S\end{matrix}\;\underset{}{\diamond\!\diamond\!\diamond}\; = Az(CH^3)^2Cl$$

Gallothionine.

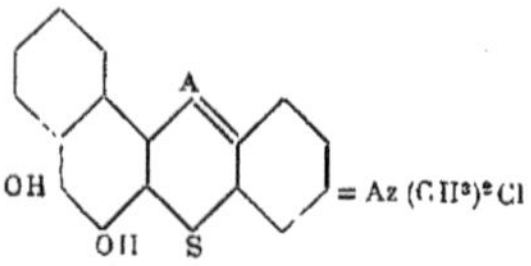

$$OH\;\;\underset{OH\;\;S}{\diamond\!\diamond\!\diamond}\; = Az(CH^3)^2Cl$$

Bleu brillant d'alizarine.

*Gallothionine.* — La gallothionine prend naissance, comme nous l'avons vu plus haut, quand on remplace, dans la réaction de Lauth, la paradiamine aromatique par un mélange de paradiamine et d'acide gallique. Ce procédé donne de mauvais rendements ; il est préférable de remplacer la paradiamine par son acide thiosulfonique, son mercaptan ou son disulfure.

L'acide thiosulfonique de la p-aminodiméthylaniline s'obtient facilement par oxydation au moyen d'une solution chromique d'un mélange d'hyposulfite de soude et de p-aminodiméthylaniline. On arrive au même résultat en faisant bouillir une solution faiblement acétique de chlorhydrate de nitrosodiméthylaniline avec de l'hyposulfite de soude. Dans ce cas, c'est le groupe $Az\,O$ qui est réduit. L'acide thiosulfonique de la p-aminodiméthylaniline se transforme facilement, sous l'action des alcalis, en mercaptan et en disulfure :

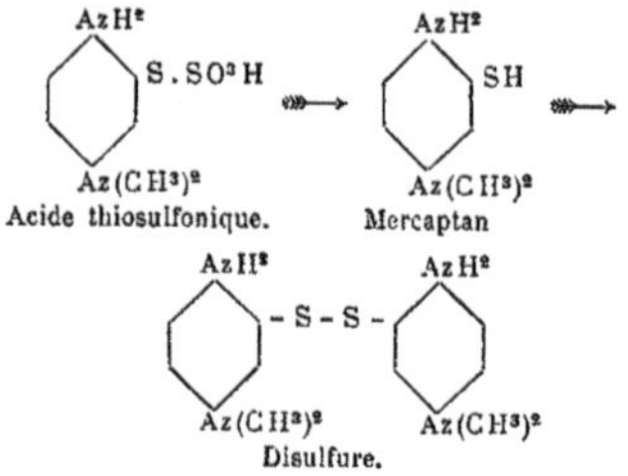

$$\underset{Az(CH^3)^2}{\overset{AzH^2}{\bigcirc}}\!S.SO^3H \;\longrightarrow\; \underset{Az(CH^3)^2}{\overset{AzH^2}{\bigcirc}}\!SH \;\longrightarrow$$

Acide thiosulfonique.     Mercaptan.

$$\underset{Az(CH^3)^2}{\overset{AzH^2}{\bigcirc}}-S-S-\underset{Az(CH^3)^2}{\overset{AzH^2}{\bigcirc}}$$

Disulfure.

L'un quelconque de ces trois corps, mélangé en quantité moléculaire avec une solution alcaline d'acide gallique, se condense avec ce dernier sous la seule influence de l'oxygène de l'air :

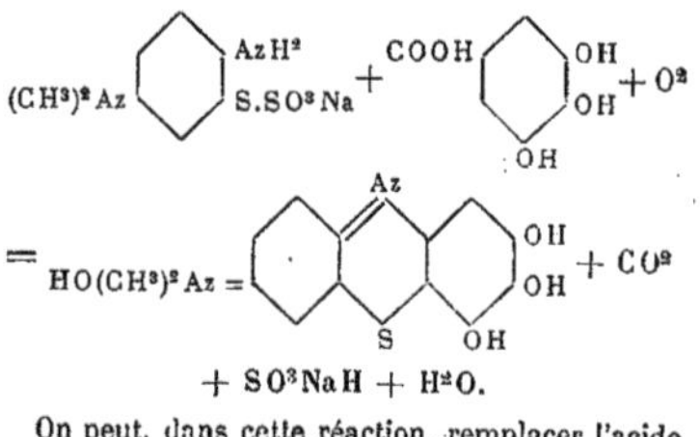

$$(CH^3)^2Az\,\underset{S.SO^3Na}{\overset{AzH^2}{\bigcirc}} + \overset{COOH}{\underset{OH}{\bigcirc}}\!\!\begin{matrix}OH\\OH\end{matrix} + O^2$$

$$= HO(CH^3)^2Az = \underset{S\;\;\;OH}{\overset{Az}{\diamond\!\diamond\!\diamond}}\!\begin{matrix}OH\\OH\end{matrix} + CO^2$$

$$+ SO^3NaH + H^2O.$$

On peut, dans cette réaction, remplacer l'acide gallique par son éther méthylique, son éther éthylique ou son amide (acide gallamique). Dans tous les cas, on obtient *le même colorant* ; il semble donc que le groupe carboxylique soit éliminé. Il en est de même si l'on emploie le tannin.

Quant à l'oxydant, on peut remplacer l'oxygène de l'air par une solution d'hypochlorite de calcium ou de sodium; mais il est plus commode d'insuffler de l'air dans le liquide et d'activer son action par l'adjonction de sulfate de cuivre dissous dans un excès d'ammoniaque.

TABLEAU RÉSUMANT LES DIVERSES RÉACTIONS DES GALLOTHIONINES.

| GALLOTHIONINE formée par la condensation de : | Couleur de la gallothionine à l'état solide | Couleur de la solution aqueuse. (Toutes les gallothionines sont peu solubles dans l'eau.) | Action de l'acide chlorhydrique dilué | Action de l'acide chlorhydrique après addition d'ammoniaque | Action de l'acide sulfurique concentré | Action de l'acide sulfurique concentré après dilution avec de l'eau | Propriétés tinctoriales |
|---|---|---|---|---|---|---|---|
| Paraphénylène-diamine + acide gallique. | Brun-violet. | Violet. | Sel brunâtre peu soluble. | Violet-rouge. | Toutes les gallothionines, sans exception, se dissolvent dans l'acide sulfurique concentré avec une couleur violette tirant sur le brun. | La coloration des solutions sulfuriques des gallothionines préparées au moyen des p-diamines alcoylées est à peu près la même que celle des solutions dans l'acide chlorhydrique étendu. — La solution dans l'acide sulfurique concentré des gallothionines préparées au moyen de la p-phénylène-diamine est précipitée par l'addition de beaucoup d'eau sous la forme de flocons bruns. | La couleur de la laque de chrome fixée sur le coton ou la laine varie, suivant la composition de la gallothionine, du violet rouge au bleu indigo. La gallothionine préparée au moyen de la p-phénylène-diamine présente la couleur la plus rougeâtre, et celle préparée au moyen de la diéthyl-p-phénylène-diamine la couleur la plus bleuâtre. |
| Diméthyl-paraphénylène-diamine + acide gallique. | Violet foncé. | Violet-bleu. | Facilement soluble en brun. | Précipité violet. | | | |
| Diéthyl-paraphénylène-diamine + acide gallique. | Cristaux verdâtres. | Bleu-rougeâtre. | Facilement soluble en brun. | Précipité violet. | | | |
| Monoéthyl-paraphénylène-diamine + acide gallique. | Violet-brun. | Violet. | Id. | Id. | | | |
| Monoéthyl-paratoluylène-diamine + acide gallique. | Violet-noir. | Id. | Id. | Id. | | | |
| Paraphénylène-diamine + gallate de méthyle. | Bleu-noir. | Id. | Presque insoluble. | Violet-rouge. | | | |
| Diméthyl-paraphénylène-diamine + gallate de méthyle. | Violet foncé. | Violet-bleu | Facilement soluble en brun. | Précipité violet. | | | |
| Diéthyl-paraphénylène-diamine + gallate de méthyle. | Violet foncé. | Bleu-rougeâtre. | Id. | Id. | | | |
| Monoéthyl-paraphénylène-diamine + gallate de méthyle. | Violet foncé avec reflets métalliques. | Violet. | Facilement soluble en brun. | Id. | | | |
| Monoéthyl-paratoluylène-diamine + gallate de méthyle. | Violet-brun. | Violet. | Id. | Id. | | | |
| Paraphénylène-diamine + gallate d'éthyle. | Noir. | Violet-rouge. | Même coloration, mais peu soluble. | Violet-rouge. | | | |
| Diméthyl-paraphénylène-diamine + gallate d'éthyle. | Violet foncé. | Violet-bleu. | Id. mais plus soluble | Précipité violet. | | | |
| Diéthylparaphénylène-diamine + gallate d'éthyle. | Id. | Bleu. | Id. | Id. | | | |

TABLEAU RÉSUMANT LES DIVERSES RÉACTIONS DES GALLOTHIONINES (*suite*).

| GALLOTHIONINE formée par la condensation de : | Couleur de la gallothionine à l'état solide | Couleur de la solution aqueuse. (Toutes les gallothionines sont peu solubles dans l'eau.) | Action de l'acide chlorhydrique dilué | Action de l'acide chlorhydrique après addition d'ammoniaque | Action de l'acide sulfurique concentré | Action de l'acide sulfurique concentré après dilution avec de l'eau | Propriétés tinctoriales |
|---|---|---|---|---|---|---|---|
| Monoéthyl-paraphénylène-diamine + gallate d'éthyle. | Violet foncé. | Violet. | Facilement soluble en brun | Précipité violet. | Toutes les gallothionines, sans exception, se dissolvent dans l'acide sulfurique concentré avec une couleur violette tirant sur le brun. | La coloration des solutions sulfuriques des gallothionines préparées au moyen des p-diamines alcoylées est à peu près la même que celle des solutions dans l'acide chlorhydrique étendu. — La solution dans l'acide sulfurique concentré des gallothionines préparées au moyen de la p-phénylène-diamine est précipitée par l'addition de beaucoup d'eau sous la forme de flocons bruns. | La couleur de la laque de chrome fixée sur le coton ou la laine varie, suivant la composition de la gallothionine, du violet rouge au bleu indigo. La gallothionine préparée au moyen de la p-phénylène-diamine présente la couleur la plus rougeâtre, et celle préparée au moyen de la diéthyl-p-phénylène-diamine la couleur la plus bleuâtre. |
| Monoéthyl-paratoluylène-diamine + gallate d'éthyle. | Noir-violet. | Violet. | Id. | Id. | | | |
| Paraphénylène-diamine + acide gallamique. | Violet-brun. | Violet-rouge. | Difficilement soluble. | Violet-rouge. | | | |
| Diméthyl-paraphénylène-diamine + acide gallamique. | Violet foncé. | Violet-bleu. | Facilement soluble en brun violet. | Précipité violet. | | | |
| Diéthyl-paraphénylène-diamine + acide gallamique. | Cristaux violets à reflets verts. | Presque bleu. | Id. | Id. | | | |
| Monoéthyl-paraphénylène-diamine + acide gallamique. | Violet-brun. | Violet. | Id. | Id. | | | |
| Monoéthyl-paratoluylène-diamine + acide gallamique. | Noir. | Violet. | Id. | Id. | | | |
| Paraphénylène-diamine + tannin. | Brun-violet. | Violet-rouge. | Presque insoluble. | Violet-rouge. | | | |
| Diméthyl-paraphénylène-diamine + tannin. | Violet-noir. | Violet-bleu. | Facilement soluble en brun violet. | Précipité violet. | | | |
| Diéthyl-paraphénylène-diamine + tannin. | Violet-brun. | Bleu. | Id. | Id. | | | |
| Monoéthyl-paraphénylène-diamine + tannin. | Violet foncé, | Violet. | Id. | Id. | | | |
| Monoéthyl-paratoluylène-diamine + tannin. | Violet foncé. | Violet. | Id. | Id. | | | |

L'oxydation terminée, la gallothionine est précipitée à l'état de sel alcalin par l'addition de sel marin.

Les gallothionines possèdent toutes, à peu de chose près, les mêmes propriétés et la même nuance; elles ont à la fois un caractère acide, ou plutôt phénolique, et un caractère alcalin, c'est-à-dire qu'elles se dissolvent aussi bien dans les alcalis que dans les acides, et donnent un chlorhydrate et un sel de sodium. L'adjonction d'acétate de sodium à une solution chlorhydrique de gallothionine, ou l'adjonction d'acide acétique à une solution sodique de gallothionine, amènent la formation d'un précipité de gallothionine libre, qui se présente sous la forme d'aiguilles bronzées, peu solubles dans l'eau.

Les gallothionines donnent en teinture sur mordant d'alumine des couleurs violettes et bleu-violet. Les laques de chrome sont particulièrement solides à la lumière, au savon et au foulon.

Le tableau ci-dessus réunit les propriétés des principales gallothionines.

*Bleu brillant d'alizarine.* — Cette couleur, fort improprement dénommée, n'est autre qu'une thionine de la formule suivante :

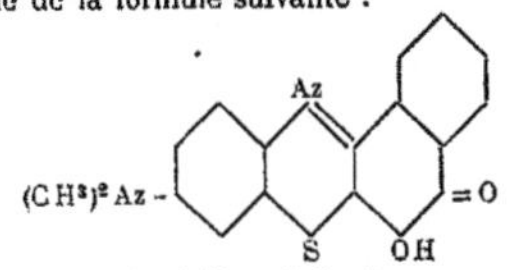

$$(CH^3)^2 Az - \quad \overset{Az}{=} \quad = O \quad (S, OH)$$

Bleu brillant d'alizarine.

Le premier représentant de cette classe de matières colorantes a été découvert par M. Heymann en 1893; depuis lors on en a préparé toute une série par les procédés les plus divers.

1° Le procédé original de M. Heymann consiste dans l'action de la nitrosodiméthylaniline, sous la forme de chlorhydrate, sur l'acide β-naphtoquinone-sulfonique, en présence d'une solution d'un thiosulfate. Il se passa un assez long temps avant que l'on arrivât à comprendre le mécanisme de la réaction compliquée qui donne naissance à la thionine. La chose est pourtant simple, si l'on tient compte des faits suivants :

A. La β-naphtoquinone se dissout dans le bisulfite de soude, et l'addition de chlorure de potassium précipite, non pas de la β-naphtoquinone. mais le sel de potassium de l'acide β-naphtohydroquinone-sulfonique :

$$= O + SO^3NaH = \quad (OH, OH, SO^3Na)$$

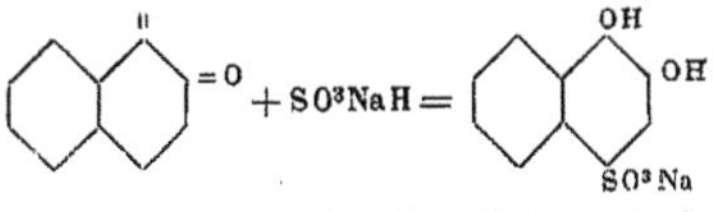

Ce dernier, dissous dans l'eau légèrement acidulée, et traité par une solution de nitrite de sodium, se transforme par oxydation en acide β-naphtoquinone-sulfonique :

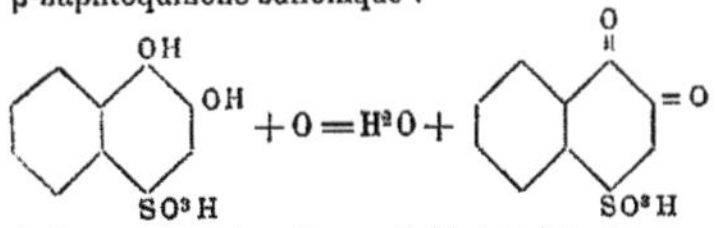

$$(OH, OH, SO^3H) + O = H^2O + (= O, SO^3H)$$

Acide β-naphtohydroqui-<br>none-sulfonique.

Acide β-naphtoquinone-<br>sulfonique.

Le groupe $SO^3H$ de l'acide β-naphtoquinone-sulfonique possède la propriété curieuse d'être extrêmement mobile; sous la simple action de l'aniline, il est éliminé, et il se forme un corps rouge-brique d'après l'équation suivante :

$$(O, = O, SO^3H) + C^6H^5AzH^2$$

$$= (O, OH, Az-C^6H^5) + SO^3H^2.$$

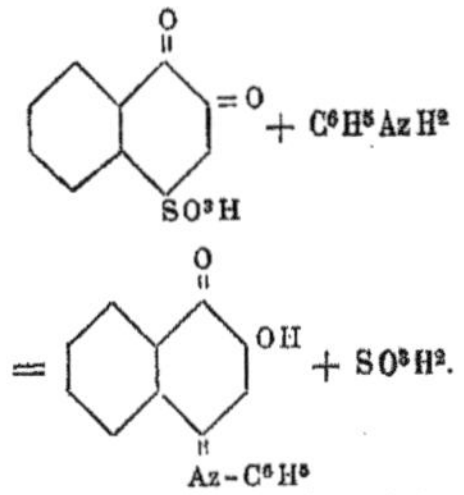

β-oxy-α-phénylnaphtoquinone-imine.

Ce dérivé de la phénylnaphtoquinone-imine se forme donc par transposition ou migration de la double liaison.

B. Examinons maintenant l'action de l'acide thiosulfurique sur la nitrosodiméthylaniline :

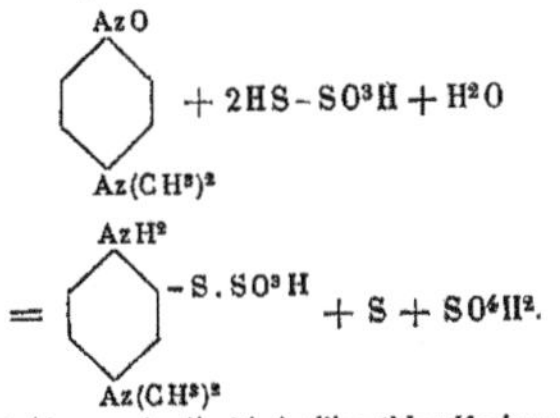

$$(AzO, Az(CH^3)^2) + 2HS-SO^3H + H^2O$$

$$= (AzH^2, -S.SO^3H, Az(CH^3)^2) + S + SO^4H^2.$$

Acide p-aminodiméthylaniline-thiosulfonique.

Comme la réaction ci-dessus le démontre clairement, l'action de l'acide hyposulfureux est double : il réduit d'une part le groupe $AzO$ en $AzH^2$, et d'autre part une molécule d'acide thiosulfurique se fixe sur le noyau de la nitrosodiméthylaniline.

C. Maintenant que nous avons analysé les deux premières phases de la réaction, nous pouvons envisager la dernière, dans laquelle l'acide β-naphtoquinone-sulfonique et l'acide p-aminodiméthylaniline-thiosulfonique vont être mis en présence. Tout d'abord le groupe $SO^3H$ de l'acide β-naphtoquinone-sulfonique, qui est très mobile, comme nous l'avons vu, va réagir sur le groupe $AzH^2$ de l'acide p-aminodiméthylaniline-thiosulfonique, d'après l'équation suivante :

$$(O, = O, SO^3H) + (AzH^2, S-SO^3H, Az(CH^3)^2)$$

$$= (O, OH, Az, S-SO^3H, Az(CH^3)^2) + SO^3H^2$$

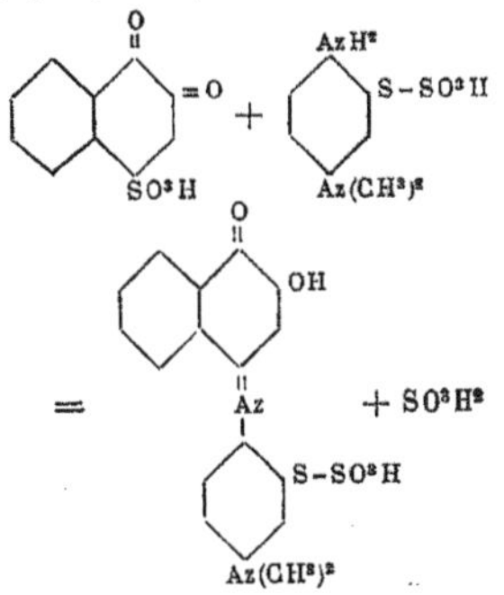

Cette dernière substance, qui, si nous l'examinons de près, n'est pas autre chose qu'un thioxyindophénol, sous l'action de certains agents de condensation, comme l'hyposulfite de soude, l'acide sulfurique concentré, le chlorure de zinc, donne naissance à une chaîne azinique fermée qui n'est autre que le bleu brillant d'alizarine :

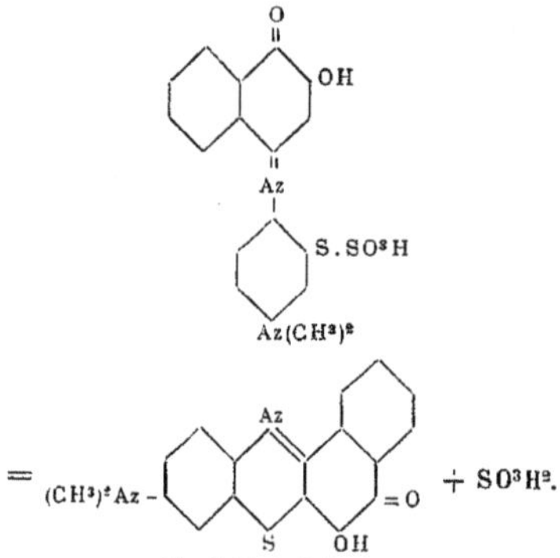

$$(CH^3)^2Az - \cdots = O \;+\; SO^3H^2.$$

Bleu brillant d'alizarine.

2° Le procédé de MM. Bernthsen et Julius consiste dans l'action de l'acide p-aminodiméthylaniline-thiosulfonique (préparé au moyen de la p-aminodiméthylaniline oxydée au moyen du dichromate de potassium en présence d'hyposulfite de sodium) sur l'acide β-naphtoquinone-sulfonique. Ces savants oxydent aussi un mélange équimoléculaire d'acide p-aminodiméthylaniline-thiosulfonique et de β-naphtohydroquinone :

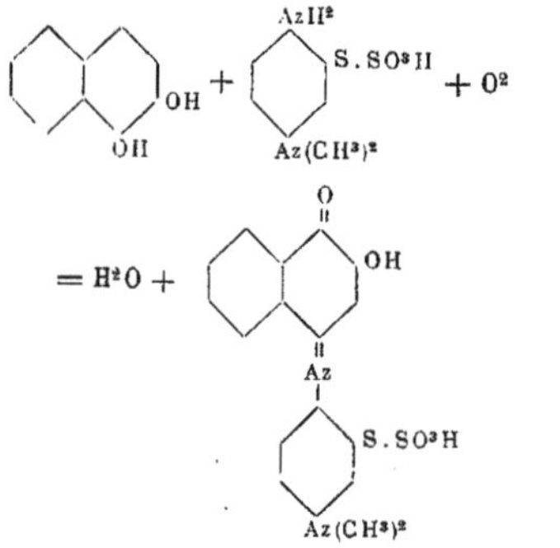

$$= H^2O + \cdots$$

Comme on le voit, dans ce cas on retombe de nouveau sur le thioxyindophénol déjà rencontré plus haut. Pour plus de détails, consulter les brevets suivants : PA-F 6377, PA-F 6476, PA-F 6591, PA-F 6610.

Les différentes marques de bleu brillant d'alizarine servent toutes à la teinture de la laine chromée ; elles donnent des nuances très solides au foulon et à la lumière, qui se rapprochent de celles du bleu d'alizarine, mais toutefois résistent moins bien au chlore que celles-ci.

Certaines marques de bleu brillant d'alizarine sont sulfonées ; elles dérivent de l'acide β-naphtoquinone-disulfonique (Schäffer), et possèdent par conséquent la constitution suivante :

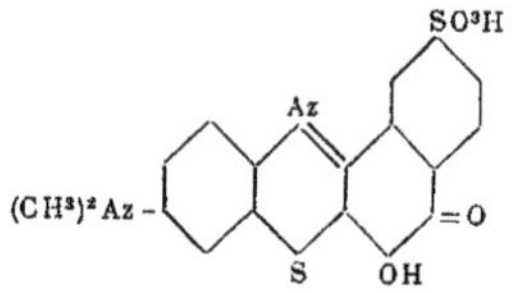

$$(CH^3)^2Az - \cdots = O$$

G.-F. Jaubert.

**GARANCE.** — Depuis la découverte de l'alizarine synthétique et de ses nombreux dérivés, la culture de la garance et ses applications sont entrées dans le domaine des industries déchues. Néanmoins, il nous semble intéressant, au point de vue historique, de compléter l'article de Schützenberger consacré à la garance dans le 1er volume du Dictionnaire, en utilisant pour cela les données très exactes publiées par J. Girardin [*Leçons de Chimie élémentaire appliquée aux arts industriels*], ainsi que le traité de M. Gustave Schultz [*Chemie des Steinkohlentheers*]. Nous donnerons du reste, à la fin de cet article, la bibliographie complète de tous les ouvrages traitant de la garance.

HISTORIQUE DE LA CULTURE DE LA GARANCE.

Cette plante, originaire de l'Asie moyenne et de l'Europe méridionale, a été cultivée dans le Levant dès les temps les plus reculés, surtout aux environs d'Andrinople, de Smyrne, de l'île de Chypre, etc. C'est de là qu'elle vint en Europe, en passant d'abord par la Grèce et l'Italie.

Voici ce que dit Girardin au sujet de son origine : Pline rapporte que les Grecs l'appelaient *erythrodanon*, et les Romains *varantia*, et plus tard *rubia*. On l'employait alors à la teinture des laines et des cuirs. Dioscoride affirme que la meilleure garance était celle de Toscane. Les habitants de la Gaule méridionale, d'après le rapport de Strabon, teignaient leurs étoffes en violet en mélangeant le suc du pastel avec celui de la garance. D'après Guérin, les Celtes cultivaient la même plante sous le nom de *waranche*.

Le nom français *garance* vient de *varantia* ou *verantia*, qu'on donnait au moyen âge à la racine, et qui signifie *couleur rouge* ou *vraie couleur*. Il est remarquable que dans toutes les langues le nom de cette plante rappelle l'usage qu'on en faisait.

Au viie siècle, suivant Doublet, et d'après les chartes de Dagobert et de Childebert, on vendait à la foire de Saint Denis, près Paris, des racines sèches de garance et des étoffes teintes avec elles. Charlemagne en protégea la culture. Elle prit beaucoup de développement dans les environs de Caen, et l'exportation de ses produits constituait au moyen âge une des branches les plus lucratives du commerce de cette ville.

Dès le xiie siècle, les dames italiennes faisaient usage pour leur habillement de l'*écarlate de Caen*, c'est-à-dire de draps et d'étoffes de laine teints en rouge avec la garance cultivée en Basse-Normandie, et la seule ville d'Ypres en Flandre pouvait entrer en concurrence avec celle de Caen pour ce genre de produits.

Vers le milieu du xvie siècle, les Flamands et les Hollandais s'emparèrent de cette branche de l'industrie agricole, qui disparut peu à peu des environs de Caen, où il n'en reste plus le moindre vestige.

Charles-Quint favorisa surtout la culture de la garance dans la province de Zélande, qui en peu de temps en fournit annuellement à l'Angleterre pour près de 5 millions de francs. C'est en 1507 que la même culture fut introduite en Silésie par Jean Huller ; c'est encore en Angleterre qu'on en vendait les produits.

Oubliée pendant de longues années en France, la garance se retrouve en 1729 à Haguenau, en Alsace, où elle fut introduite par Franizen, et où Hoffmann bâtit en 1760 le premier moulin à broyer sa racine. En 1756, un Arménien catholique de Julfa, faubourg chrétien d'Ispahan, Johann Althen, vint s'établir à Avignon, où il fut accueilli par M. de Clausemette, sur les terres duquel il cultiva de la garance sans pouvoir en tirer parti.

Dès 1760, puis sous Louis XVI, le ministre Bertin fit venir de Chypre des graines, qui, distribuées en Provence et en Alsace, donnèrent un tel essor à la production, qu'en 1789 la première de ces provinces en vendait pour 152 000 livres à l'Angleterre, et que la seconde en expédiait au même pays, en 1790, près de 50 000 quintaux.

Pendant les guerres de la République et de l'Empire, on délaissa beaucoup cette culture, et on eut recours aux *poudres de Hollande* pour suffire aux besoins de l'industrie. En l'an IX, il n'y avait en France que 11 moulins à garance, tandis que le seul département de Vaucluse en comptait en 1810 plus de 50, qui fournissaient, année commune, près de 60 millions de kilogrammes de poudre propre à la teinture. Ce ne fut qu'à partir de 1815 que cette industrie agricole se développa d'une manière régulière et normale. La couleur adoptée pour le pantalon et le liséré des habits des troupes contribua surtout à ce remarquable résultat[1].

En France, la culture de la garance était surtout concentrée dans le Comtat d'Avignon, en Provence, en Languedoc, en Alsace et en Auvergne ; depuis 1848, elle s'était développée en Algérie et fournissait des racines de qualité supérieure.

Les garances françaises s'expédiaient dans le monde entier ; mais par contre la France recevait de l'étranger, année commune, pour près de 2 millions de racines entières et de poudre.

Voici, dans l'ordre d'importance, les pays qui nous fournissaient cette précieuse matière : Deux-Siciles, Turquie, Zollverein, Autriche, États Barbaresques, Toscane, Hollande et les deux Amériques. La Russie a vu pendant quelques années se développer considérablement la culture de cette plante dans ses provinces, et le produit, qui se vendait alors sous le nom de *marena*, était sans contredit, au dire de Kaepplin, le plus riche en matières colorantes.

### CLASSIFICATION BOTANIQUE.

La garance appartient à la tribu des Étoilées, de la famille des Rubiacées, famille très riche en plantes tinctoriales. Le genre *Rubia* renferme 53 espèces, parmi lesquelles quatre tout au plus étaient particulièrement cultivées :

*Rubia tinctorum* (garance des teinturiers), dans l'Europe méridionale et moyenne.

*Rubia lucida*, même provenance.

*Rubia peregrina*, même provenance, et en Orient.

*Rubia mungista*, dans les montagnes du Népaul, du Bengale et du Japon.

C'est la *Rubia peregrina* qui est, de toutes, la plus riche en couleur ; c'est toutefois la *Rubia tinctorum* qui était l'objet des cultures les plus

1. D. Kaepplen : GARANCE, son emploi dans la teinture et l'impression des tissus (*Ann. du Génie civil*, année 1871-1872. Paris, Lacroix, édit.).

étendues ; c'était la seule cultivée en France et dans le nord de l'Europe.

Bien que cette plante vivace vienne dans toute espèce de terrain, on la cultivait de préférence dans les terres meubles et légèrement humides, exposées au midi.

On n'employait que la racine, dans laquelle le principe colorant rouge s'était spécialement accumulé ; mais ce n'était qu'après dix-huit mois à trois ans de séjour en terre que ce principe y était en grande proportion ; aussi n'était-ce jamais qu'après trois années qu'on arrachait la racine. À Chypre, à Livadia et dans tout le Levant, la récolte ne se faisait même qu'au bout de cinq à six ans : voilà pourquoi les garances de ces pays étaient plus riches et meilleures que toutes les autres.

La racine se compose de trois parties bien distinctes : un cœur ligneux jaune qui la parcourt dans toute sa longueur ; une partie corticale rouge, et une pellicule légère et rougeâtre, nommée *épiderme*. Comme c'est surtout dans la partie corticale que réside le principe colorant, on cherchait autant que possible à l'isoler des deux autres. C'était là le but de la mouture que l'on faisait subir habituellement à la racine séchée et vannée.

La racine entière était connue dans le commerce sous le nom d'*alizari*. Ce n'est que lorsqu'elle avait été pulvérisée qu'on lui donnait le nom spécial de *garance*.

Les alizaris étaient très peu employés pour les opérations de la teinture, et il n'y avait guère que les alizaris d'Avignon et d'Auvergne qui se trouvaient sur les marchés de France ; les alizaris de Chypre, de Smyrne et de Perse étaient fort rares, celui d'Alsace ne s'y montrait jamais.

Les poudres dites *garances* furent distinguées, d'après leur origine, en garances de Hollande, d'Alsace, d'Avignon ou du Comtat, d'Auvergne, en ajoutant à ces noms d'autres qualifications ou marques qui faisaient connaître la manière dont leur poudre était préparée, la couleur et l'état de cette poudre, enfin le terrain où la plante avait été cultivée.

### FABRICATION DES POUDRES DE GARANCE.

Nous compléterons l'article de Schützenberger en entrant dans quelques détails sur la fabrication des poudres de garance telle qu'elle était exécutée en 1870 dans le département de Vaucluse.

Nous dirons ensuite, d'après les données de Girardin, quelques mots des différentes espèces commerciales.

Après avoir arraché les racines en octobre ou novembre, on les faisait sécher à l'air libre dans le Midi, dans des étuves appropriées en Alsace et en Hollande. On les battait ensuite au fléau, tant pour en détacher le chevelu, une partie de l'épiderme et la terre adhérente, que pour les réduire en fragments de 7 à 8 centimètres environ. On passait le tout au tarare, on tamisait même ou on vannait à la main pour obtenir un triage parfait et la séparation du *billon*, c'est-à-dire l'épiderme et le chevelu.

C'est dans cet état que les cultivateurs livraient aux fabricants de garance le produit de leurs récoltes ; mais comme les racines n'étaient pas également sèches, qu'elles avaient attiré l'humidité et qu'elles n'étaient pas débarrassées de toute matière étrangère, on devait les introduire de nouveau dans des étuves.

Celles-ci, construites en maçonnerie, voûtées et munies de portes en fer, étaient chauffées à 60°. Les racines y restaient deux jours ou deux jours et demi. On les plaçait alors sur un grand tamis mécanique à divers compartiments, dont les mailles plus ou moins serrées servaient, les plus étroites à les purger de la poussière terreuse et du billon que n'avait point enlevés la première opération faite par le cultivateur, intéressé à en laisser le plus possible; les plus larges à séparer les racines faibles des plus fortes, qui étaient les plus estimées. Cette opération, qui effectuait tout à la fois un frottement et un tamisage, s'appelait *robage*.

On retirait ainsi, en moyenne, 3 0/0 de billon terreux, 4 0/0 d'épiderme et 93 0/0 de racines robées. Celles-ci étaient triturées ou moulues à plusieurs reprises sous des meules verticales en pierre, de 1ᵐ,60 à 1ᵐ,80 de haut sur 30 à 40 centimètres de large, qui faisaient de 22 à 25 tours par minute. On séparait les parties les plus fines des plus grossières au moyen de blutoirs et de tamis, et ainsi de suite, jusqu'à ce que le tout fût réduit au même état de division.

Pour les poudres destinées à être employées directement en teinture, on se servait de tamis allant des nᵒˢ 60 à 70; pour celles qui devaient servir à la fabrication de la *garancine*, on employait des tamis nᵒ 50. Pour les unes et pour les autres, on en mélangeait bien toutes les parties, puis on les embarillait. 100 kilogrammes de racines séchées à l'air donnaient de 80 à 83 kilogrammes de poudre.

Les garances ainsi obtenues étaient mises dans le commerce avec des marques particulières, variables pour chaque espèce. Ainsi, toujours d'après Girardin, on appelait :

*Garance O* ou *mulle*, la poudre qui provenait de la mouture du billon du premier étuvage, ou des débris résultant du robage, ou enfin d'un mélange des deux.

*Garance MF* ou *mi-fine*, celle qui provenait des racines menues ou radicelles que l'on retirait des racines employées à la préparation de la garance SF.

*Garance SF* ou *surfine*, celle qui provenait des racines de choix dont on avait enlevé les radicelles, qui avaient moins de cœur ou de parties ligneuses jaunes.

*Garance FF* ou *fine-fine*, celle qui provenait de la mouture des racines en quelque sorte robées, et qui contenait par conséquent toutes les racines, tant fortes que faibles. Cette marque pouvait être considérée comme la poudre normale.

*Garance SFF, EXTF*, ou *surfine fine, extrafine*, celle qui était fabriquée particulièrement avec le cœur ou la partie ligneuse de la racine. Cette marque donnait moins de fond, parce que le ligneux était moins riche en principes colorants que la partie charnue ou l'écorce, mais elle fournissait une couleur beaucoup plus vive. On l'employait pour quelques teintures fines sur laine et sur soie, et pour la préparation de la laque de garance.

À Avignon, la meilleure garance était faite avec les racines des palus.

On donne encore aujourd'hui le nom de *palus* aux terres anciennement couvertes de marécages; ces terres, engraissées de détritus organiques, animaux et végétaux, provenant des êtres vivant jadis dans ces marais, sont éminemment propres à la culture de la garance, et elles fournissaient presque toutes des racines *rouges*, tandis que les autres natures de terre produisaient des racines *rosées*.

Les garances *palus* donnaient en teinture des couleurs rouge-sang ou plus foncées, mais moins brillantes que les garances *rosées*.

La garance moitié *palus*, moitié *rosée*, faisait une poudre brillante, avantageuse à la vente, et dont les résultats étaient très satisfaisants en teinture. Le brillant de la garance rosée se mêlant



au fond riche du palus, il en résultait un rouge tout à la fois fourni et brillant.

Les garances arrivaient d'Alsace en barriques de chêne de 600 kilogrammes et plus; du Midi, en fûts de bois blanc de 900 kilogrammes.

Les poudres de garance avaient toutes pour caractères communs une odeur prononcée et une saveur sucrée avec arrière-goût amer.

La couleur variait suivant les espèces. Elle était jaune ou orangée pour la garance de Hollande, jaune vif pour celles d'Alsace et d'Auvergne, rouge pâle ou rouge foncé pour celle d'Avignon.

La garance de Hollande était triturée grossièrement; celle d'Alsace était un peu plus fine; celles d'Avignon et d'Auvergne étaient en poudre très fine et homogène.

Les garances de Hollande et d'Alsace ne pouvaient être employées jeunes; il leur fallait au moins un ou deux ans de tonneau. A deux ans, celle d'Alsace était dans sa vigueur; au bout de trois à quatre ans, elle se détériorait, surtout à l'air. Pendant sa conservation en tonneau, elle fermentait, se durcissait, se prenait en une seule masse si dure que, pour l'extraire du fût, on était obligé de faire agir le pic ou le ciseau. On disait alors qu'elle était *grappée*.

La garance d'Avignon pouvait être employée au sortir des meules; néanmoins, elle était meilleure après quelques années de tonneau; elle s'y conservait bien et ne subissait que peu au point de fermentation; aussi elle ne se *grappait* jamais. Cependant, après plusieurs années, elle se décomposait avec à peu près les mêmes symptômes que les autres espèces. On pouvait l'utiliser encore dans cet état. Le peu de fermentation qui se manifestait dans cette garance provenait de ce qu'elle renfermait beaucoup moins de substances mucilagineuses, sucrées et amères que les garances de Hollande et d'Alsace. Il est certain que c'est à ces substances qu'il fallait attribuer la fermentation acide qui se développait si énergiquement dans ces dernières poudres.

Les garances d'Avignon, comme celles de Syrie et de Chypre, ayant crû dans des terrains calcaires ou dans d'anciens marais desséchés riches en sel de soude, étaient presque neutres, et lorsqu'on les traitait par l'eau, elles ne lui cédaient pas de pectine ou d'acide pectique et ne la gélatinisaient donc pas.

Les garances de Hollande, d'Alsace et de Silésie, qui provenaient de terrains sablonneux, étaient au contraire fortement acides et contenaient une telle quantité de substances mucilagineuses ou de pectine, que, délayées dans quatre fois leur poids d'eau, elles donnaient à ce véhicule l'aspect d'une gelée qui se coagulait au bout de quelques heures.

De cette différence chimique, il était aisé de conclure que les meilleures garances à employer dans les localités où les eaux étaient pures, étaient celles qui provenaient de terrains calcaires, tandis que pour les eaux calcaires on devait préférer les garances acides ou siliceuses.

Quoique foulée avec force dans les tonneaux, la garance retenait entre ses particules une certaine quantité d'air, qui finissait à la longue par agir dans toute la masse et la colorer uniformément, en dédoublant le principe colorant jaune primitif et en le changeant en principe rouge. Cette théorie, donnée par Decaisne, expliquerait pourquoi les poudres de garance gagnaient dans les tonneaux jusqu'à la troisième année.

COMPOSITION CHIMIQUE DE LA GARANCE.

Schützenberger ayant donné, d'après D. Kœchlin, la composition de la poudre de garance sèche, nous donnerons la composition de la racine fraîche.

Suivant M. Édouard Kœchlin, 100 parties de racines fraîches de garance d'Alsace sont composées de :

|  |  |  |
|---|---|---|
| 90,36 parties charnues. | { Eau........... | 73,42 |
|  | Matière sèche... | 19,94 |
| 9,64 parties ligneuses. | { Eau........... | 4,96 |
|  | Matière sèche... | 4,68 |
| 100,00 |  | 100,00 |

100 parties de racines fraîches se réduisent donc par la dessiccation à 21,62.

D'après M. Kœchlin-Schouch, 100 parties de racines sèches se composent de :

|  |  |  |
|---|---|---|
| Matières solubles | { dans l'eau froide............. | 55 |
|  | dans l'eau bouillante, parmi lesquelles se trouve la matière colorante........... | 3 |
|  | dans l'alcool................. | 1,5 |
| Ligneux. ........................... |  | 58 |

Girardin reconnaissait dans cette racine les principes suivants :

Une matière colorante rouge;
Une matière colorante jaune;
Du ligneux;
Un glucose et du sucre cristallisable;
Des matières mucilagineuses ou gommeuses;
De la pectine et de l'acide pectique;
De la fécule;
Des matières extractives amères;
Des matières albuminoïdes;
Une résine odorante;
Une résine rouge;
Des matières grasses;
Des matières brunes solubles dans la potasse;
Un acide cristallin (*acide rubérythrique*);
Un principe particulier devenant vert par les acides (*chlorogénine* ou *acide rubichlorique*);
Les acides tartrique, citrique, malique, pectique, en partie combinés à la chaux et à la potasse, notamment une quantité notable de tartrates de chaux et de potasse;
Enfin des sels minéraux, tels que des sulfates et phosphates de potasse et de soude; des chlorures de potassium et de sodium; des carbonates et phosphates de chaux, de magnésie, de silice, d'alumine et d'oxyde de fer.

En étudiant la racine à l'état vivant, Decaisne a trouvé que :

1° La racine à l'état vivant ne renferme d'autre principe colorant qu'un liquide jaune, d'autant plus foncé et plus abondant que l'âge de la plante est plus avancé; c'est ce qu'on voit très bien en examinant au microscope une portion du tissu cellulaire au moment où il vient d'être coupé sur une racine fraîche.

2° Ce liquide jaune, en absorbant l'oxygène de l'air (ou plutôt par hydrolyse), se convertit en un principe tinctorial rouge, comme on le voit en observant la même tranche de tissu cellulaire après qu'elle est restée pendant quelques minutes en contact avec de l'eau aérée.

3° Les manipulations qu'on faisait subir à la garance avaient pour résultat de mettre en contact avec l'air les parties remplies du principe jaune; en conséquence, plus la division était complète pour obtenir de belles teintures, plus la conversion du principe jaune en principe rouge était considérable.

Cette opinion sur l'unité du principe colorant dans la racine fut appuyée par les expériences chimiques faites en 1837 par Schwartz, par celles de Girardin et Grelley, ainsi que par les recherches faites en 1852 par MM. Jean Gerber et Edmond Dollfus; mais les travaux ultérieurs de MM. E. Kopp, Schützenberger et Schiffert ont établi qu'il y a, tant dans la garance fraîche que dans la racine moulue conservée depuis

quelque temps, des matières colorantes solubles qui, sous l'influence d'une matière qui joue le rôle de ferment, se dédoublent en glucose et principes colorants divers, tels que :

L'*alizarine*, d'un rouge orangé,
La *purpurine*, d'un rouge pourpre,
La *pseudopurpurine*, d'un rouge brique, teignant les mordants d'alumine en rouge (l'alizarine est la seule qui donne des teintes très solides, résistant aux opérations de l'avivage).
Une matière orange (*acide purpurine-carbonique*), teignant en rouge les mordants d'alumine, se transformant par la sublimation en purpurine.
Une matière jaune (*xanthopurpurine*), distincte de la xanthine de M. Kuhlmann, et teignant en jaune les mordants d'alumine.

Tous ces corps bien définis, extraits de la garance d'Alsace par MM. Schützenberger et Schiffert, forment une série naturelle. Le seul de ces principes qui ait une véritable importance au point de vue pratique est l'*alizarine*.

Avant d'étudier en particulier chacun des principes constitutifs de la poudre de garance, nous donnerons sommairement les caractères chimiques de cette matière colorante.

L'eau froide en contact avec la garance ne lui enlève, pour ainsi dire, qu'une matière colorante jaune, car le principe colorant rouge ne se dissout en quantité un peu considérable qu'à une température comprise entre + 35 et 70°.

La décoction a une couleur rougeâtre qui tire un peu sur le brun. Lorsqu'on se sert de garance épuisée à l'eau froide, la décoction offre une teinte jaune rougeâtre. L'alcool bouillant lui enlève, par plusieurs lavages successifs, toute sa matière colorante, et se colore fortement en brun; la poudre ainsi épuisée est grise, et ne fournit plus en teinture la moindre trace de couleur. L'alcool méthylique a un pouvoir dissolvant de beaucoup supérieur à celui de l'alcool ordinaire.

Voici l'action des principaux réactifs sur la décoction de garance :

Potasse, soude, chaux, ammoniaque. La liqueur devient d'un beau rouge cramoisi foncé.
Craie, carbonates alcalins.     Id.     Id.
Eau de savon. Précipité couleur de chair.
Acides. La liqueur vire au jaune.
Alun. Léger précipité brun rougeâtre. La liqueur reste colorée en jaune rougeâtre brun.
Sel d'étain. Précipité brunâtre. La liqueur reste claire et colorée en jaune brun.
Acétate de plomb. Précipité rouge brunâtre floconneux.
Sulfate de fer. La liqueur passe au brun et donne, au bout de quelques heures, un précipité cramoisi.
Sulfate de manganèse. Précipité rouge ponceau brunâtre.
Nitrate de cuivre. Précipité cramoisi.
Nitrate de mercure. Précipité jaune brunâtre.
Nitrate d'argent. Précipité rouge sale floconneux.

Comme nous venons de le voir, la garance contient six principes bien définis, dont nous allons donner le mode de préparation, renvoyant pour plus de détails aux articles spéciaux du Dictionnaire.

1° ALIZARINE,

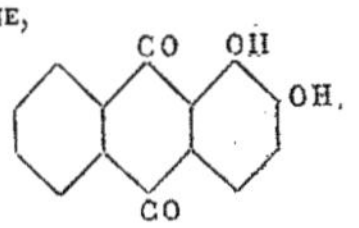

$$\text{CO} \quad \text{OH}$$
$$\diagram$$
$$\text{OH.}$$
$$\text{CO}$$

— L'alizarine libre n'existe pas plus dans la garance que l'indigo dans les diverses variétés d'indigofères.

Rochleder le premier [*Ann. Chem.*, 80. 824],

a isolé à l'état pur le glucoside qui donne par sa décomposition l'alizarine libre ; il lui a donné le nom d'*acide rubérythrique*. L'équation suivante montre le mécanisme de cette décomposition hydrolytique :

$$C^{26}H^{28}O^{25} + 2H^2O = C^6H^{12}O^6 + C^{14}H^8O^4$$

Acide rubérythrique.     Glucose.     Alizarine.

Cette hydrolyse a lieu sous l'action des acides, des alcalis ou de certains ferments.

### *Extraction de l'alizarine de la garance commerciale.*

1° *Procédé de Kopp.* — Les racines fraîchement récoltées sont coupées en morceaux et grossièrement pulvérisées, puis épuisées plusieurs fois, à froid d'abord, puis à chaud, avec une solution étendue d'acide sulfureux. L'acide sulfureux a pour but de retarder la décomposition de l'acide rubérythrique.

L'extrait obtenu est coloré en jaune ; on y ajoute de 3 à 4 0/0 d'acide sulfurique concentré et on le chauffe à 35-40°. L'action de l'acide sulfurique, à cette température, suffit pour décomposer les glucosides de la purpurine et de la pseudo-purpurine. Les matières colorantes se déposent ; on les filtre, et le liquide filtré est porté à l'ébullition pour décomposer l'acide rubérythrique. Il se dépose bientôt une grande quantité d'alizarine mélangée à une matière verte (l'alizarine verte de Kopp) ; le précipité est séparé, traité d'abord par l'acide chlorhydrique étendu, pour éliminer une substance jaune, puis par l'eau, et enfin séché à 70°.

Par cristallisation dans l'alcool ou par sublimation, on obtient de l'alizarine pure.

2° *Procédé de Schwartz.* — On emploie comme matière première un extrait alcoolique de garancine aussi riche que possible et réduit en poudre fine. On en couvre d'une légère couche une feuille de papier à filtrer qu'on place sur une plaque en tôle munie d'un manche, afin de pouvoir l'approcher ou l'éloigner à volonté du feu ; on chauffe de manière à ne pas altérer le papier. Bientôt l'extrait entre en fusion, le papier s'imbibe d'une matière résineuse brune, tandis que l'alizarine très pure vient former à sa surface une belle végétation cristalline de couleur orangée.

3° *Procédé par la vapeur d'eau surchauffée.* — Il consiste à faire passer de la vapeur surchauffée dans et autour de garancine en morceaux de la grosseur d'une noix. On se sert de l'appareil suivant : Un four à surchauffer la vapeur d'eau ayant été porté à 350°, on commence par faire circuler dans le cylindre intérieur de la vapeur à 180°, et lorsque le cylindre contenant la garancine a atteint cette température, on ouvre le robinet qui donne accès dans ce cylindre à la vapeur surchauffée, dont on élève peu à peu la température à 200, 220, 230, et même, vers la fin de l'opération, jusqu'à 240°. L'alizarine se sublime et est entraînée par la vapeur d'eau sous la forme d'une vapeur d'un jaune orangé qui se condense en une poudre de la même couleur. La distillation terminée, on rassemble cette poussière sur un filtre, et l'eau de condensation qui en retient en dissolution peut servir à la teinture.

Le procédé de Kopp a été exploité industriellement par MM. Schaaff et Lauth.

4° *Procédé de M. Rosenstiehl.* — L'alizarine retirée de la garance contient quelquefois jusqu'à 30 0/0 de purpurine. M. Rosenstiehl a trouvé que l'action d'une solution étendue de soude caustique à la température de 200° détruit complètement la purpurine en laissant l'alizarine non transformée. Le résidu, qui consiste en alizarine presque pure, est cristallisé ou sublimé [*Bull. Soc. Chim.*, (2), 23, 157].

L'alizarine est à peine soluble dans l'eau froide, un peu plus dans l'eau bouillante. Sa solubilité croît très lentement de 100 à 200°, et beaucoup plus rapidement lorsqu'on approche des limites de sa volatilisation. D'après MM. Mathieu-Plessy et Schützenberger, 100 grammes d'eau portée à 250° en vase clos en dissolvent 3gr,16, qui se déposent par le refroidissement.

*Solubilité de l'alizarine dans l'eau, d'après Schützenberger et Mathieu-Plessy,*

| Température. | Eau. | Alizarine dissoute. |
|---|---|---|
| 100° | 100 gr. | 0,031 gr. |
| 150° | 100 » | 0,035 » |
| 200° | 100 » | 0,820 » |
| 225° | 100 » | 1,700 » |
| 250° | 100 » | 3,160 » |

Elle se dissout facilement, surtout à chaud, dans l'alcool, l'éther, l'esprit de bois, le benzène, les huiles de goudron, de naphte et de pétrole, l'essence de térébenthine, le sulfure de carbone, la glycérine, le chloroforme, l'acide acétique. Elle colore ces liquides en jaune, et quelques-uns d'entre eux, saturés à chaud, la laissent déposer en cristaux par le refroidissement.

Elle est soluble sans altération dans l'acide sulfurique concentré ; la solution est d'un rouge brun, l'eau en précipite l'alizarine en flocons jaune orange.

Elle se dissout dans les alcalis caustiques et carbonatés en formant des solutions de couleur pensée, dans lesquelles les eaux de chaux et de baryte déterminent la formation d'un précipité bleu et les acides d'un précipité floconneux orange.

Elle ne se dissout pas, ou presque pas, dans l'eau chargée d'alun ; cependant, celle-ci prend à l'ébullition une teinte rouge jaunâtre sans intensité, fait remarquable, car une dissolution d'alun, en agissant sur la garance ou sur un de ses produits, dissout assez du principe colorant rouge pour donner une belle laque lorsqu'on y verse un alcali ; mais dans ce cas c'est à la purpurine qu'est due cette coloration.

L'alizarine donne avec les tissus mordancés toutes les nuances, tous les tons que fournit la garance elle-même, rouges et roses avec les mordants d'alumine, noirs ou violets avec les mordants de fer. Toutes ces couleurs sont entièrement solides à la lumière, résistent aux bains de savon bouillants et à un passage en acide azotique faible. Cette matière colorante pure a un pouvoir tinctorial 95 fois supérieur à celui d'une bonne garance.

Comme l'alizarine se divise très difficilement dans l'eau, il faut, lorsqu'on veut s'en servir pour teindre, la dissoudre préalablement dans très peu d'alcool bouillant et étendre cette solution de la quantité d'eau convenable. On obtient de cette manière un bain laiteux qui cède promptement toute sa matière colorante aux tissus mordancés ; il est bon d'ajouter au bain un peu de craie.

*Caractères de l'alizarine.* — Elle est inodore, insipide, neutre aux réactifs colorés, mais elle se comporte comme un acide faible vis-à-vis des bases.

Elle cristallise très facilement, mais offre deux formes distinctes, suivant qu'elle est hydratée ou anhydre. Dans le premier cas, elle se présente en plaques ou paillettes micacées d'un jaune doré assez semblables à l'or mussif. Dans le second cas, elle est en aiguilles brillantes, prismatiques, terminées par des biseaux aigus, longues et minces, d'une couleur tirant plus ou moins sur le jaune, suivant la grosseur des cristaux.

Elle fond vers 215° et se sublime sans résidu entre 215 et 240° en vases clos. Un courant d'air ou de vapeur d'eau favorise sa vaporisation vers 100°.

2° PURPURINE,

$$\text{CO} \quad \text{OH}$$
$$\text{OH}$$
$$\text{CO} \quad \text{OH}$$

— La purpurine est le second principe constituant de la garance ; elle y a été découverte par Robiquet et Colin en 1826, mais ces savants ne l'isolèrent pas à l'état de pureté. Gaulthier de Claubry et Persoz l'isolèrent plus tard sous le nom de *matière colorante rose*, puis Runge sous le nom de *pourpre de garance*, et Debus sous le nom d'*acide oxyalizarique*. Mais ce n'est que par les travaux de Strecker et enfin de MM. Graebe et Liebermann que la constitution de la purpurine a été établie d'une manière définitive.

La purpurine accompagne l'alizarine dans la racine de garance et s'y trouve probablement sous la forme d'un glucoside analogue à l'acide rubérythrique.

On extrait la purpurine de la garance de la façon suivante : Si la garance est fraîche, on se sert de la méthode de Kopp décrite plus haut pour la préparation de l'alizarine, qui est basée sur la résistance plus ou moins grande qu'offrent les glucosides de l'alizarine et de la purpurine à l'action de l'acide sulfurique étendu. La purpurine que l'on obtient de cette façon n'est pas pure ; elle contient encore de très grandes quantités de pseudopurpurine (acide purpurine-carbonique), que l'on peut néanmoins transformer en purpurine en la chauffant à 120° avec de la glycérine ou de l'acide chlorhydrique étendu, On obtient aussi le même résultat par une ébullition prolongée avec l'eau.

Si la garance est sèche ou si l'on a affaire à des extraits de garance, on emploie le procédé suivant : On délaye la garance ou l'extrait avec 20 ou 30 volumes d'eau, on filtre, on lave à l'eau, puis on extrait par une solution alcaline ; on obtient ainsi une solution rouge d'où l'on précipite la purpurine par un acide ; on recommence cette opération à plusieurs reprises et on finit par faire cristalliser la purpurine dans l'alcool.

Nous renvoyons à l'article PURPURINE pour les réactions de cette matière colorante ; disons seulement qu'elle possède des propriétés très différentes de celles de l'alizarine. Elle se dissout dans l'eau bouillante avec une coloration jaune foncé rougeâtre ; cette solution ne présente aucun spectre d'absorption. Les solutions de purpurine dans l'éther, l'acide acétique, le benzène et le sulfure de carbone présentent par contre un spectre d'absorption contenant deux bandes caractéristiques : l'une coïncidant avec la ligne F de Fraunhofer, et l'autre se trouvant très près de la ligne E du même auteur.

La purpurine se dissout dans l'acide sulfurique concentré avec une coloration rouge rosé ; cette solution présente trois bandes d'absorption : une dans le jaune, les deux autres coïncidant avec les lignes F et E dont il a été parlé plus haut.

3° PSEUDOPURPURINE, $C^{14}H^{14}(OH)^3O^2 . COOH$. — Cette substance est un acide carboxylique, l'acide pseudopurpurine-carbonique. Il a d'abord été trouvé par Schützenberger et Schiffert dans la purpurine du commerce, dont il forme la plus grande partie. MM. Graebe et Liebermann le regardèrent comme une tétroxyanthraquinone [*Ann. Chem.*, **7**, 304] ; mais, d'après les recherches de M. Rosenstiehl [*D. chem. G.*, **7**, 1546 ; **10**, 734] et de MM. Liebermann [*D. chem. G.*, **10**, 616, 1618] et Plath, c'est bien un acide trioxyanthraquinone-carboxylique, c'est-à-dire l'acide carbonique de la purpurine, probablement :

$$\text{COOH} \quad \text{CO} \quad \text{OH}$$
$$\text{OH}$$
$$\text{CO} \quad \text{OH}$$

Pour retirer la pseudopurpurine de la purpurine extraite de la garance par le procédé de Kopp, on commence par traiter l'ancienne purpurine du commerce par l'alcool tiède et on dissout le résidu dans le carbonate de soude à froid. Cette dernière solution, acidulée par l'acide sulfurique, laisse précipiter de l'hydrate de purpurine mélangé à de la pseudopurpurine. On filtre, on lave le résidu avec de l'alcool froid qui dissout l'hydrate de purpurine, et il reste sur le filtre de la pseudopurpurine.

La pseudopurpurine est purifiée par une cristallisation dans le benzène.

On peut encore retirer la pseudopurpurine de la laque de garance du commerce qui est formée en grande partie par la laque d'alumine de la pseudopurpurine.

La pseudopurpurine cristallise dans le chloroforme en petites aiguilles rouges fusibles à 218-220°. En la chauffant seule ou avec de l'alcool, de l'eau, de l'acide chlorhydrique, etc., on la transforme en purpurine par perte de $CO^2$. Elle ne teint les étoffes mordancées que si on l'emploie en solution dans l'eau distillée. Les nuances obtenues sont à peu près les mêmes que celles que donne l'alizarine, mais elles ne résistent pas à un savonnage.

La pseudopurpurine se trouve dans l'ancienne garance du commerce, la fleur de garance, la laque de garance et la purpurine de Kopp ; elle n'a jamais existé dans le garanceux, la garancine et la purpurine solide.

4° HYDRATE DE PURPURINE. — Pour cette combinaison fort peu étudiée, voir la préparation de la pseudopurpurine.

5° PURPUROXANTHINE. — Voyez plus bas.

6° ACIDE PURPUROXANTHINE - CARBONIQUE. — Cette dernière combinaison est, comme son nom l'indique, l'acide carboxylique de la purpuroxanthine. Elle fut isolée d'abord par Stenhouse [*Ann. Chem.*, **130**, 331] dans le *munjeet* et nommée munjistine, avant d'être découverte dans la garance. Plus tard Schunck et Römer [*D. chem. G.*, **10**, 172 et 790] la trouvèrent dans la purpurine naturelle.

M. Rosenstiehl [C. R., **84**, 559], lui aussi, avait bien remarqué sa présence dans la purpurine extraite de la garance et l'avait dénommée ε *purpurine*. D'après ce dernier auteur, elle serait identique à l'orange de garance de Runge.

L'acide purpuroxanthine-carbonique est plus soluble dans l'eau que la purpurine. L'acide acétique cristallisable et froid le dissout difficilement ; à chaud la dissolution est plus facile, ainsi que dans l'alcool. L'acide purpuroxanthine-carbonique cristallise dans ces dissolvants en aiguilles jaunes fusibles à 231°. Il se dissout aussi dans le benzène, le chloroforme et l'éther. L'acide sulfurique le dissout avec une belle coloration jaune.

Chauffé à 232-233°, l'acide purpuroxanthine-carbonique se dédouble en acide carbonique et purpuroxanthine :

$$C^{14}H^8(OH)^2 O^2 . COOH$$

Acide purpuroxanthine-carboxylique.

$$= CO^2 + C^{14}H^{16}(OH)^2 . COOH$$

Pseudopurpuroxanthine.

### DÉRIVÉS ET SUCCÉDANÉS DE LA GARANCE.

1. GARANCINE. — En 1827, Robiquet et Colin désignèrent sous le nom de *charbon sulfurique de garance* le produit brun obtenu en traitant la poudre d'alizari par un poids égal d'acide sulfurique concentré. Ils avaient constaté que cet acide détruit tous les principes immédiats autres que l'alizarine. L'alizarine est alors dans un état qui lui permet de s'unir plus facilement aux tissus mordancés.

Le *charbon sulfurique*, que Lagier, Robiquet et Colin mirent dans le commerce en 1828, eut beaucoup de peine à pénétrer chez les teinturiers et surtout chez les indienneurs; mais, peu à peu, on modifia son mode de préparation, et on arriva à obtenir un produit analogue n'ayant plus les inconvénients du premier; il reçut le nom de *garancine*. Son importance était telle vers 1870, que plus de 10 millions de kilogrammes de garance étaient annuellement employés à sa fabrication, dans les seules usines des environs d'Avignon.

Voici le procédé qui était généralement suivi dans ces usines, d'après M. Girardin :

Dans de grands réservoirs en bois, munis d'un double fond à claire-voie, sur lequel était fixée une toile ou filtre en laine, on introduisait successivement 1000 litres d'eau froide, 2 kilogrammes d'acide sulfurique à 66° et 100 kilogrammes de garance; on brassait le tout et on laissait macérer pendant 12 heures. On faisait alors écouler le liquide au moyen d'un tuyau à robinet placé dans le double fond. La pâte qui restait sur le filtre était enlevée et introduite dans une cuve, où on la délayait avec une quantité suffisante d'eau, de manière à en former une bouillie un peu épaisse; on l'aspergeait, en remuant continuellement, avec 30 kilogrammes d'acide sulfurique concentré; on fermait la cuve et on portait le tout à l'ébullition au moyen d'un jet de vapeur qu'on maintenait pendant 2 ou 3 heures. Le liquide encore chaud était conduit, par un tuyau adapté au fond de la cuve, dans un grand réservoir à filtre, à moitié rempli d'eau froide.

La pâte qui était retenue par le filtre était lavée à plusieurs reprises à l'eau froide, jusqu'à neutralité parfaite.

Les eaux provenant de ces lavages étaient colorées en jaune; elles renfermaient beaucoup d'acide sulfurique et de sulfate de chaux, un dérivé pectique très abondant, de l'acide oxalique et de la matière colorante. On les laissait couler généralement dans les cours d'eau qui se trouvaient à proximité des établissements où l'on fabriquait la garancine. M. Pernod, d'Avignon, avait fait connaître un procédé très simple qu'il employait pour en retirer l'acide oxalique et la matière colorante; cette dernière fournissait en teinture des nuances plus fines, et au moins aussi solides que celles obtenues avec la garance. [*Bull. Soc. industr. de Mulhouse*, août 1870, 414.]

Pour le dernier lavage, on employait dans beaucoup de fabriques de l'eau légèrement alcaline, pour qu'il restât le moins possible d'acide dans la garancine. Celle-ci, bien égouttée, était distribuée dans des sacs en sparterie qu'on sou-

mettait ensuite à l'action d'une presse hydraulique. Les tourteaux qu'on en retirait étaient desséchés complètement dans des étuves, puis passés sous des meules pour être réduits en poudre fine. 100 parties de garance fournissaient de 34 à 37 parties de garancine. Celle-ci avait une couleur brune plus ou moins foncée, n'avait ni odeur, ni saveur bien marquées, et cédait très aisément son principe colorant à l'ammoniaque, à l'eau d'alun bouillante, à l'éther, à l'alcool, au sulfure de carbone, à la benzine, à la glycérine chaude, aux huiles grasses, à l'acide acétique, et surtout à l'esprit de bois bouillants. Tous ces liquides prenaient une belle teinte rouge, qu'ils perdaient en très grande partie par le refroidissement ou par l'addition d'acides minéraux et de sels neutres.

Sous le même poids, la garancine avait un pouvoir colorant 3 ou 4 fois plus fort que les bonnes garances, et, plus facilement que ces dernières, elle abandonnait sa matière colorante aux tissus dans les opérations de la teinture. Les couleurs qu'elle fournissait étaient plus vives, mais un peu moins solides; elle ne pouvait servir à la production des nuances roses, et les violets qu'elle donnait n'étaient jamais aussi beaux que ceux qu'on obtenait avec la garance.

Le manque de solidité des couleurs à la garancine tenait uniquement, d'après M. Ed. Schwartz, à la présence d'une petite quantité d'acide sulfurique que, malgré de nombreux lavages, le ligneux de la garancine retenait avec opiniâtreté dans ses pores.

La garancine avait sur la garance le grand avantage de ne presque pas salir ou colorer les parties des calicots non mordancées, de sorte qu'en sortant des bains de teinture, les pièces n'avaient besoin que d'un simple bain de son ou de savon et d'un léger chlorage pour être blanchies et avivées.

2. GARANCEUX. — Léonard Schwartz, de Mulhouse, avait pris un brevet d'invention pour la fabrication de la garancine avec les résidus de la garance qui avaient déjà servi à la teinture. Cette matière, qu'il avait nommée *garanceux*, avait une valeur tinctoriale beaucoup moindre que la bonne garance d'Avignon. Il en fallait 3 parties et demie et même 4 parties pour en remplacer 1 de cette dernière. M. Steiner avait importé le même mode de fabrication en Angleterre.

Mais ce produit ne remplaçait qu'imparfaitement la garancine; il ne pouvait servir qu'à la fabrication des genres d'impression sans violet et qui ne demandaient pas des couleurs très vives.

3. FLEUR DE GARANCE. — Ce produit, mis dans le commerce par Julian et Roquer, de Sorgues (Vaucluse), n'était autre chose que de la garance lavée à froid avec de l'eau légèrement acidulée pour la débarrasser de toutes ses parties solubles, mucilagineuses, sucrées, etc... qui accompagnaient les principes colorants, et dont la combinaison avec les mordants de fer avait une influence fâcheuse sur les violets, quand elles étaient encore présentes lors de la teinture. Voici comment la *fleur de garance* était fabriquée en grand.

La garance ordinaire était brassée convenablement dans de grandes caisses, semblables à celles qui servaient à la garancine, avec de l'eau additionnée de 1 à 2 parties d'acide sulfurique ou chlorhydrique pour 100 parties de poudre. Après quelques heures de macération, on faisait écouler le liquide dans des réservoirs ou cuviers de fermentation. La pâte restée sur les filtres était lavée à plusieurs reprises, et, lorsqu'elle était suffisamment égouttée, elle était soumise aux presses hydrauliques dans des sacs,

On faisait ensuite sécher à l'étuve, on triturait les tourteaux sous des meules et on embarillait.

Tous les liquides provenant de ce traitement étaient mis à fermenter avec un peu de levure de bière, puis distillés pour en retirer l'alcool. Celui-ci avait une odeur spéciale, piquante, fort désagréable, qui était due à des produits analogues à ceux qui se trouvent dans les esprits de pomme de terre, de betterave et de grains. On était parvenu à l'en dépouiller, au moins en très grande partie, en faisant passer ses vapeurs à travers du charbon de bois ou de la pierre ponce. Dans tous les cas, on ne l'appliquait qu'à la fabrication des vernis, de l'éther et du chloroforme. 100 kilogrammes de bonne garance palus fournissaient près de 10 litres d'alcool à 89°, les qualités inférieures de 7 à 8 litres, et le rendement en *fleur* variait de 45 à 60 kilogrammes. Cette fleur était devenue promptement d'un usage assez général en Normandie et en Alsace en 1870, et on en fabriquait dans le département de Vaucluse plusieurs millions de kilogrammes. 100 kilogrammes de ce produit tinctorial représentaient par leur pouvoir colorant 200 kilogrammes de garance, et donnaient des nuances rouge-rose, plus belles et plus solides; mais les violettes ne l'emportaient sur celles fournies par la garance ordinaire qu'autant que la *fleur* avait été soumise à des lavages à l'eau pure, non calcaire, et avait subi la fermentation alcoolique dans les cuves sans le concours des acides. Ce dernier procédé, suivi dans certaines fabriques, s'exécutait en maintenant la garance délayée dans l'eau, pendant 5 à 6 jours, à une température de 25°. La fermentation ne tardait pas à s'établir, avec ou sans levure de bière, et quand elle était terminée, on laissait la garance se réunir sur les filtres d'où on l'enlevait pour la soumettre à la presse, la sécher et la faire passer sous les meules. Toutes les eaux étaient distillées pour en extraire l'alcool.

La fleur de garance, ainsi préparée, était réservée pour la fabrication des violets, tandis que la première ne servait que pour les rouges et les roses. Non seulement ces couleurs étaient plus belles, mais les blancs étaient moins chargés, l'avivage était ainsi plus facile, et les mordants n'avaient pas besoin d'être aussi concentrés qu'avec la garance ordinaire. En somme, il y avait économie à substituer à celle-ci la fleur de garance.

4° ALIZARINE NATURELLE. — Ce produit, dû à MM. Pincoff et Schunck, de Manchester, qui l'avaient livré les premiers au commerce, n'était autre chose que de la garance soumise en vase clos à l'action de la vapeur d'eau surchauffée. Dans ces conditions, le principe jaunâtre, que MM. Pincoff et Schunck appelaient *vérantrine*, disparaissait, se modifiait ou se détruisait. Certains fabricants remplaçaient la garance par de belles garancines qu'ils surchauffaient au bain d'huile, ou d'alliage fusible, ou de sable, ou même par la vapeur.

Quoi qu'il en soit, la matière ainsi traitée possédait des qualités spéciales; elle fournissait avec les eaux calcaires de belles nuances violettes pour lesquelles il n'y avait nul besoin d'avivages, ce qui permettait d'unir au violet des nuances cachou, que l'action du savon altérait.

L'*alizarine commerciale*, plus connue dans les ateliers sous le nom de *pincoffine*, était donc, sous ce rapport, supérieure à la garance et à la garancine, mais elle ne pouvait fournir, aussi bien que celles-ci, les autres nuances, notamment les roses et les rouges; en outre, elle était un peu moins solide que la garancine, et il en fallait un quart de plus en poids pour saturer un mordant de violet.

5. EXTRAITS DE GARANCE. — Dans l'intérêt des imprimeurs sur tissus, on fit bien des essais pour isoler le mieux possible la matière colorante de la garance, afin de l'appliquer directement, pour rendre ainsi les opérations de l'impression plus rapides et réaliser en même temps de plus beaux effets de coloration. Pour cela, on avait eu recours à l'emploi de divers dissolvants (alcool, esprit de bois, sulfure de carbone, eau d'alun, etc.) qu'on faisait agir sur la garance ou ses dérivés (garancine, garanceux, fleur de garance) dont il vient d'être question.

Mais pendant longtemps les produits livrés au commerce sous le nom d'*extrait alcoolique de charbon sulfurique* (Robiquet et Colin), *colorine* (Lagier et Thomas, Girardin et Greley), *ruberine* (Castellan), *carmin de garance* (Schwartz), *azale* (Gerber et Dollfus), *extrait de garance* (Kœchlin, Verdeil et Michel, Vilmorin, Leitenberger, Rieu, etc.) revenaient à des prix trop élevés pour être adoptés dans la pratique.

La *purpurine commerciale*, l'*alizarine verte*, l'*alizarine jaune* de Schaaff et Lauth, de Strasbourg, l'*alizarine* de Rochleder, les *extraits* de Meissonnier et Pernod, reçurent des imprimeurs un accueil favorable et, quoique d'un prix encore assez élevé, ils servaient en 1875 pour les couleurs d'application sur tissus portant des dessins légers, ou ce qu'on appelait genre *garance-vapeur*.

*Purpurine commerciale.* — Lorsqu'on épuisait la garance par de l'eau chargée de 4 à 5 millièmes d'acide sulfureux, et de 3 à 5 0/0 d'acide sulfurique ou chlorhydrique, et qu'on chauffait les liquides, colorés en jaune orangé, à 50 ou 60°, il se déposait en moins de 20 à 30 minutes des flocons d'un rouge orangé de *purpurine brute*. Cette matière, lavée à l'eau froide jusqu'à élimination de toute trace d'acide et séchée, était à l'état de poudre ou en écailles plus ou moins larges; c'était de la purpurine plus ou moins pure; on l'utilisait dans la teinture des soies et des laines, ainsi que pour la préparation de très belles laques rouges et roses de garance.

Si les eaux mères, d'où cette purpurine avait été enlevée, étaient portées et maintenues à l'ébullition pendant 1 ou 2 heures, il se dégageait de l'acide carbonique et il se précipitait en assez grande abondance une matière pulvérulente vert noirâtre, qui n'était autre chose que de l'alizarine colorée par une substance résineuse d'un noir verdâtre très foncé; celle-ci paraissait être le résultat d'une altération sous l'influence des acides. C'est là ce que Kopp nommait *alizarine verte*, et qui servait de matière première pour la préparation d'un extrait alizarique pur pour violets et lilas d'impression. Elle communiquait, par voie de teinture, aux tissus mordancés une magnifique couleur rouge, en respectant les blancs.

Quant à l'*alizarine jaune* du même chimiste, on l'obtenait en faisant bouillir 1 partie d'alizarine verte avec 15 ou 20 parties d'huile de schiste légère pendant 15 minutes, décantant l'huile devenue claire, la laissant refroidir jusqu'à 100°, et l'agitant très vivement avec 10 à 15 0/0 d'une lessive faible de soude caustique. Celle-ci s'emparait immédiatement de toute l'alizarine en se colorant en un bleu pourpre magnifique. En décantant le liquide alcalin et le sursaturant par de l'acide sulfurique faible, on précipitait un magma cristallin jaune, d'où le nom d'*alizarine jaune*, qu'il ne restait plus qu'à laver et à sécher, ou qu'on laissait à l'état de pâte pour la livrer à la consommation.

Voici par quels chiffres on peut représenter très approximativement, d'après M. D. Kœppelin cité par Girardin, les pouvoirs colorants de ceux de ces produits qui étaient le plus généralement employés, en prenant comme terme de comparaison le pouvoir tinctorial d'une bonne garance d'Avignon :

| | |
|---|---|
| Garance d'Avignon. . . . . . . . . . . . . . . . | 1 |
| Fleur de garance. . . . . . . . . . . . . . . . . . | 2 |
| Pincoffine. . . . . . . . . . . . . . . . . . . . . . . . | 3 à 3,5 |
| Garancine. . . . . . . . . . . . . . . . . . . . . . . | 4 à 4,5 |
| Carmin de Schwartz. . . . . . . . . . . . . . | 8 |
| Extrait de Pernod. . . . . . . . . . . . . . . . | 16 |
| Extrait de Leitenberger. . . . . . . . . . . . | 16 |
| Extrait de Schaaf et Lauth. . . . . . . . . | 16 |
| Alizarine verte de E. Kopp. . . . . . . . . | 40 |
| Colorine Lagier. . . . . . . . . . . . . . . . . . . | 70 |
| Alizarine cristallisée. . . . . . . . . . . . . . . | 90 |

LAQUES DE GARANCE. — C'est en traitant la garance par l'eau d'alun bouillante et précipitant ensuite la liqueur colorée par les alcalis ou les carbonates alcalins, qu'on obtient encore aujourd'hui *les laques de garance*, qui servent dans la peinture à l'huile ou à la gélatine, la peinture à l'aquarelle et la miniature, à la décoration des fleurs artificielles et dans l'impression.

D'après Girardin, le plus ancien procédé, dû à Mérimée, consiste à laver la garance, d'abord avec de l'eau pure, puis avec une eau additionnée de carbonate de soude, et enfin à l'épuiser par une dissolution d'alun; la décoction, d'un beau rouge, est décomposée par l'ammoniaque. On perd ainsi beaucoup de matière colorante, mais la laque obtenue est très belle.

Le procédé de Robiquet et Colin est beaucoup plus économique, tout en fournissant une laque aussi belle. On lave la garance quatre fois de suite avec quatre fois son poids d'eau froide; elle passe alors du jaune au rouge. On broie le résidu avec 1 demi-partie d'alun et 6 parties d'eau; on laisse macérer le tout pendant six heures à la température de 50°; on filtre, on exprime, on précipite la liqueur avec du carbonate de soude, et on recueille la laque sur un filtre pour la laver avec soin.

Dans le procédé de Persoz, on lave d'abord la garance avec de l'eau tenant en dissolution une certaine quantité de sulfate de soude, puis on la fait bouillir pendant 15 ou 20 minutes avec dix fois son poids d'une solution bouillante d'alun renfermant 1 dixième de ce sel. On filtre le tout au travers d'une chausse; la liqueur fortement colorée est mise à refroidir jusqu'à 35 ou 40°; on la neutralise alors par le carbonate de soude et on la porte à l'ébullition; il se forme, dans ce cas, du sulfate d'alumine basique qui entraîne, en se précipitant, la matière colorante et donne naissance à une laque qui n'a plus besoin que d'être lavée pour servir à tous les usages auxquels on la destine. Elle a, sur les autres laques, l'avantage de se présenter sous la forme d'un précipité non gélatineux, prompt à se former, facile à laver et à recueillir; elle a surtout le mérite de se dissoudre très promptement dans l'acide acétique.

ANALYSE DES POUDRES DE GARANCE. — En raison du prix élevé de la garance, et surtout de la facilité d'introduire dans cette poudre des matières étrangères pulvérulentes que l'œil le plus exercé ne pouvait reconnaître, cette racine était l'objet d'une foule de fraudes. Ces fraudes consistaient, d'après Girardin, dans l'emploi de substances terreuses ou minérales et dans celui de substances végétales dont la couleur différait peu de celle de la garance.

Voici les matières qu'on y introduisait souvent :

*Substances minérales.*

Brique pilée.
Ocres rouge et jaune.
Sable jaunâtre.
Argile ou terre argileuse jaunâtre.

*Substances végétales.*

Sciure de bois de chêne.
Coques d'amandes.
Son.
Écorce de pin.
Bois d'acajou, de campêche, de santal, de sapin, du Brésil, bois jaune, etc.
Garance ayant déjà servi.

On reconnaissait les premières au moyen de l'incinération des garances; les secondes étaient suffisamment décelées par un essai de teinture. Voici comment on opérait dans les deux cas :

1° De nombreux essais ayant démontré que la garance bien pure donnait, par l'incinération, 5 0/0 de cendres, il était évident que toute garance qui laissait un poids de cendres plus élevé renfermait des matières terreuses étrangères, provenant soit d'une addition frauduleuse, soit d'un vice de fabrication.

Lorsque l'excédent n'était que de 3 à 4 centièmes, il était probable qu'il résultait d'une mauvaise préparation de la garance, dont le fabricant n'avait pas séparé avec assez de soin, par la mouture, l'épiderme toujours chargé de terre qui entourait la racine. Mais lorsque cet excédent dépassait 4 ou 5 centièmes, c'est qu'à coup sûr il était le résultat d'une fraude.

2° *L'essai par teinture* des garances était tout aussi simple. On prenait comme type de comparaison une bonne garance de même marque que celle dont il s'agissait d'estimer la valeur ou la pureté. On pesait 6 grammes de l'une et de l'autre, au même état de dessiccation, et on teignait comparativement deux morceaux de calicot de 1 décimètre carré de surface, imprimés en mordant de rouge et de noir et bien dégorgés dans un bain de bouse. Voici comment on faisait le garançage :

Dans une grande bassine en cuivre ou en fer-blanc, dont le couvercle présentait deux ou un plus grand nombre d'ouvertures assez larges pour y placer des vases en verre d'un demi à trois quarts de litre de capacité, on mettait de l'eau. On introduisait dans chaque vase 200 ou 300 centimètres cubes d'eau ordinaire chauffée à 30°, le coupon de calicot mordancé et la garance pesée avec soin. On fixait un thermomètre dans le bain-marie et on chauffait celui-ci avec assez de lenteur pour que l'eau ne parvînt à 75° que dans l'espace d'une heure et demie, mais en évitant surtout les alternatives de température. Au bout de ce temps, on mettait un excès de sel marin dans l'eau du bain-marie et on portait à l'ébullition, qu'on entretenait pendant un quart d'heure. On retirait ensuite les échantillons, on les rinçait à l'eau froide et on les séchait.

On partageait chaque coupon teint par moitié. L'une était conservée telle quelle, l'autre était soumise aux avivages suivants. On passait en hypochlorite de chaux à 0°,25, à la température de 35°, pendant 5 minutes. On lavait avec soin, on donnait successivement deux eaux de savon pendant 5 minutes, l'une à 40°, l'autre à 60°, en employant 2gr,5 de savon blanc par litre d'eau. Après rinçage parfait, on avivait dans une eau de savon légère, à laquelle on ajoutait quelques centigrammes de bichlorure d'étain. On terminait par un nouveau savonnage qu'on commençait à 60° et qu'on poussait jusqu'à l'ébullition. On lavait, on rinçait, on séchait avec soin, et alors on comparait. La garance qu'on essayait était d'autant meilleure qu'elle fournissait une nuance plus rapprochée de celle qui était propre à la garance type. Quelles que fussent les poudres végétales qui avaient été introduites par fraude dans les garances, que ce fussent des poudres tinctoriales ou des poudres inertes, elles ne pouvaient jamais induire en erreur sur la véritable valeur tinctoriale du mélange, attendu que les couleurs qu'elles fournissaient et qui saturaient les mordants, en même temps que la matière rouge de la garance, ne pouvaient résister comme celle-ci à l'action des avivages; elles *lâchaient*, comme on dit, dans les bains de savon et de sel d'étain, et il ne restait, en définitive, sur les tissus que la couleur due à la garance. Les avivages étaient donc nécessaires, surtout pour faire connaître la solidité et la vivacité des nuances obtenues.

Quand on procédait à l'essai des garances d'Alsace, de Hollande, de Belgique et de toutes les autres garances jaunes (Silésie, Rhin, mer Caspienne), bien différentes de celles d'Avignon et du Levant, en ce qu'elles ne renfermaient presque pas de carbonate de chaux et avaient une réaction franchement acide, il fallait ajouter dans le bain de teinture de la craie, 1 cinquième environ du poids de la poudre, autrement les couleurs obtenues n'avaient aucune solidité et ne supportaient pas les avivages. Cette addition était indispensable dans les pays où, comme en Alsace, les eaux sont exemptes de carbonate de chaux.

Ce fait fut signalé pour la première fois par Haussmann. Voici dans quelles circonstances curieuses Haussmann découvrit l'influence avantageuse de la craie dans la teinture en garance d'Alsace. Cet industriel avait, en 1773, à Rouen, dans le faubourg Saint-Hilaire et sur la petite rivière de Bolbec, un établissement où il préparait de très beaux rouges d'Andrinople et confectionnait des indiennes dont les couleurs vives et brillantes rivalisaient avec celles de Schüle d'Augsbourg, dont les produits en ce genre étaient les plus renommés à cette époque. Ayant, quelques années après, transporté son industrie au Logelbach, près de Colmar, il éprouva les plus grandes difficultés pour teindre les mêmes rouges, quoiqu'il employât toujours les mêmes mordants. Possédant certaines connaissances chimiques, Haussmann ne tarda pas à trouver la cause de cette singularité. Il reconnut que la nature des eaux du Logelbach diffère beaucoup de celle des eaux de Rouen, en ce que ces dernières contiennent en dissolution du carbonate de chaux dont les premières sont dépourvues. Partant de cette idée que la garance renferme un acide particulier qui s'oppose à la fixation intime de ses parties colorantes sur les tissus chargés d'alumine et d'oxyde de fer, il pensa que le carbonate de chaux des eaux de Rouen a pour effet utile de saturer cet acide sans nuire à la matière colorante de la racine, et, par une conséquence toute naturelle, il songea à restituer aux eaux du Logelbach le principe qui leur manquait en introduisant dans les chaudières de teinture une certaine proportion de craie. Le succès confirma ses prévisions théoriques, et, dès lors, il obtint des couleurs garance aussi belles et aussi solides que celles qu'il avait préparées à Rouen. Cette particularité fut bientôt connue des autres indienneurs, qui profitèrent de la découverte de Haussmann, et l'addition de craie aux bains de teinture a été continuée tant qu'on a fait usage des garances en Alsace [1].

En Normandie, où les eaux sont très calcaires, cette précaution n'était pas nécessaire.

M. Pernod avait un moyen assez prompt de reconnaître la nature des poudres tinctoriales introduites frauduleusement dans les garances et les garancines.

On plongeait, pendant une minute, une feuille

1. Lettre de J.-M. Haussmann à Berthollet, 23 juin 1791 (*Ann. Chim, Phys.*, 10, 326).

de papier blanc de 10 à 15 centimètres de côté dans un bain faible de bichlorure d'étain.

Ce réactif se préparait avec 10 parties d'étain, 25 d'acide azotique et 55 d'acide chlorhydrique. La dissolution était étendue de deux fois son volume d'eau. On posait ensuite cette feuille sur une lame de verre ou sur une assiette et on la saupoudrait, à l'aide d'un tamis, de la garance à essayer. Au bout d'une demi-heure, on remarquait sur tous les points du papier occupés par les parcelles de bois étrangers les colorations suivantes :

Des points rouge-cramoisi avec le bois de Brésil.

Des taches de couleur violette avec le bois de campêche.

Une coloration jaune avec le bois de Cuba, etc., tandis que les parties du papier correspondant à la poudre de garance ne contractaient qu'une légère couleur jaune.

On opérait de la même manière pour reconnaître les substances tannantes, sauf qu'on humectait le papier, non plus avec du bichlorure d'étain, mais avec une dissolution ancienne de sulfate de fer, puis, après dessiccation, avec de l'alcool rectifié. Au bout d'un quart d'heure, on apercevait très bien sur tous les points du papier occupés par les parcelles de la poudre astringente des taches d'un noir bleu, d'autant plus intense que la matière ajoutée était plus riche en tannin. La garance pure ne communiquait au papier qu'une coloration rouille ou brun clair.

Le procédé de M. Pernod n'était qu'une modification de celui qu'on suivait dans les laboratoires de Normandie. Là, d'après Girardin, on pesait 5 grammes de garance ou de garancine, on versait dans 30 grammes d'eau distillée chaude et on laissait infuser jusqu'à refroidissement, en remuant souvent. On filtrait, et dans le liquide clair on cherchait la présence des bois colorants (campêche, lima, bois jaune) au moyen du bichlorure d'étain, celle des matières tannantes (sciure de chêne, extrait de châtaignier surtout) par le sulfate de fer. Cette méthode était peut-être encore plus commode et certaine que celle donnée plus haut.

STATISTIQUE DE L'INDUSTRIE DE LA GARANCE.

Les chiffres suivants, mieux que tout commentaire, feront comprendre quelle lutte acharnée se sont livrées l'industrie de la garance et de l'alizarine artificielle, lutte dans laquelle la première a succombé.

D'après M. H. Perkin, le premier échantillon d'alizarine naturelle fut mis en vente par son usine de Greenfordgreen, près de Londres, le 4 octobre 1869. Voici le chiffre de sa production dans les 5 premières années.

| | |
|---|---|
| 1869...................... | 1 tonne. |
| 1870...................... | 4 — |
| 1871...................... | » — |
| 1872...................... | 300 — |
| 1873...................... | 435 — |

Ces chiffres correspondent à l'alizarine en pâte à 10 0/0. D'après MM. Græbe et Liebermann, cette production serait un peu trop faible; le tableau suivant indique à combien de tonnes ces savants estiment la production de la garance artificielle.

| | |
|---|---|
| 1871................. | 125– 150 tonnes. |
| 1872................. | 400– 500 — |
| 1873................. | 900–1000 — |
| 1874................. | 1250 — |
| 1878................. | 1260 — |

A mesure que l'industrie de l'alizarine s'est développée, le prix de cette dernière a constamment baissé.

| Années. | Prix du kgr. de pâte à 10 0/0. |
|---|---|
| 1870 | 17, » fr. |
| 1871 | 16, » — |
| 1872 | 17, » — |
| 1873 | 6, » — |
| 1874 | 5,50 — |
| 1875 | 4,50 — |
| 1876 | 3, » — |
| 1877 | 2, » — |
| 1878 | 1,50 — |
| 1879 | 2, » — |

D'après M. Lefèvre, le succès de l'alizarine artificielle ne tarda pas à s'affirmer, malgré les efforts désespérés des producteurs de garance qui luttèrent jusqu'au bout en baissant leurs prix, mais qui durent renoncer à la bataille quand la vente de l'alizarine naturelle ne fut plus rémunératrice. Les statistiques sont souvent sujettes à caution ; toutefois celles de l'alizarine artificielle et de la garance sont intéressantes à citer, car elles permettent de suivre la progression rapide de la production de celle-là, et la décroissance non moins rapide de la culture de celle-ci :

| Années. | Alizarine en pâte à 20 0/0. | Prix du kilogramme. | Récolte de la garance dans le département de Vaucluse et les pays limitrophes. | Prix des 100 kilogrammes de racine rosée d'Avignon. |
|---|---|---|---|---|
| | tonnes. | fr. | tonnes. | fr. |
| 1869 | 1 | » | » | » |
| 1870 | 20 | 34, » | 15 900 | 76, » |
| 1871 | 100 | 32, » | 15 850 | 80, » |
| 1872 | 250 | 34, » | 25 000 | 73, » |
| 1873 | 500 | 12, » | 23 150 | 55,20 |
| 1874 | 625 | 11, » | 22 850 | 49, » |
| 1875 | 630 | 9, » | 21 000 | 39, » |
| 1876 | 2000 | 6, » | 14 750 | 27, .» |
| 1877 | 4000 | 4, » | 7 000 | 22,60 |
| 1878 | 4500 | 3, » | 2 500 | 15, » |
| 1881 | 4500 | 4, » | 500 | » |
| 1882 | » | 6, » | » | » |
| 1888 | » | 2,25 | » | » |
| 1892 | 12 500 | 2,10 | » | » |
| 1895 | » | 1,95 | » | » |

[Girardin, *Leçons de Chimie élémentaire*, 4, 200. — Rochleder, *Ann. Chem.*, 80, 324. — Zeuneck, *Pogg. Ann.*, 13, 261. — Decaisne, *Journ. de Pharm.*, 24, 424. — Schunck, *Ann. Chem.*, 66, 174. — Higgin, *J. prakt. Chem.*, 46, 1. — Kopp, *Jahresb.*, 1867, 955. — Rosenstiehl, *Bull. Soc. Chim.*, (2), 23, 157. — Lunge, *Neues Handwörterbuch*, 3, 1138. — Bolley, *Spinnfasern, etc.*, 117. — Auerbach, *Das Anthracen*, 2e édit., 129. — Post, *Grundriss der chem. Technol.*, 2, 457. — Gustav Schultz, *Die Chem. des Steinkohlentheers*, Brunswick, 1887].  G.-F. Jaubert.

**GASTRIQUE (SUC).** — Procédés pour recueillir le suc gastrique (voyez Dict., 1, 1528). — Le procédé aujourd'hui classique des fistules gastriques, imaginé par Blondlot et perfectionné par Claude Bernard, Bidder et Schmidt et d'autres physiologistes, ne donne qu'un suc gastrique mêlé de salive, à moins qu'on ne pratique en même temps la ligature des canaux excréteurs des glandes salivaires (Bidder et Schmidt), ou une fistule œsophagienne (Bardeleben). Depuis que l'on sait, par les expériences de MM. Czerny, Ludwig et Ogata (voyez plus loin), que l'estomac peut être entièrement suprimé chez le chien sans que la nutrition en souffre, on s'est servi de cette opération en vue de l'obtention du suc gastrique pur. On sectionne le tube digestif au niveau du cardia et du pylore, et l'on rétablit la continuité du canal alimentaire en abouchant l'œsophage avec le duodenum. D'autre part, l'estomac, ligaturé à ses deux extrémités, est fixé à la paroi abdominale et mis en communication avec l'extérieur par une fistule. L'animal se rétablit le plus souvent très bien et peut, avec quelques précautions, être conservé en parfaite santé. L'ingestion des aliments détermine par voix réflexe la sécrétion d'un suc gastrique abondant, absolument pur. M. Frémont a pu en recueillir de la sorte 800 centimètres cubes en 24 heures chez un chien de 12 kilogrammes (Frémont, *Acad. de Méd.*, 14 mai 1895). On peut éviter l'aléa que présente toujours l'opération de M. Czerny, en pratiquant, d'après MM. J. Pawloff et Schoumowa-Simanowskaja, à la fois une fistule œsophagienne et une fistule gastrique. De tels animaux ne peuvent plus être nourris que par leur fistule ; 12 ou 15 heures après le dernier repas *réel* fait par l'animal, on lave l'estomac par une injection d'eau tiède, puis on procède au repas *fictif*. L'animal avale avec beaucoup d'avidité la viande qu'on lui présente et la rend aussitôt par l'ouverture œsophagienne, pendant que la sécrétion gastrique, activée par voie réflexe, fournit dans l'espace d'une heure de 200 à 300 centimètres cubes de suc. Cette opération, qui peut être répétée 1 heure par jour sans inconvénient, a fourni à M. Konowaloff, en 45 séances de 1 heure, 10lit,606 d'un suc gastrique parfaitement incolore et limpide [J. Pawloff et Schumowa-Simanowskaja, *Centralbl. f. Physiol.*, juin 1889. — Konowaloff, *Dissert. inaug.*, Saint-Pétersbourg, 1893 ; *Maly's Jahresb.*, 23, 289]. Sur l'emploi du suc gastrique de chien en thérapeutique, voyez Frémont [*loc. cit.*].

On peut aussi employer chez les animaux les divers appareils dont on se sert aujourd'hui couramment pour l'extraction des liquides de l'estomac chez l'homme (pompe de Küssmaul, tube Faucher, etc.). On verra plus loin dans quelles conditions on a étudié par cette méthode la digestion gastrique chez l'homme.

Propriétés et composition du suc gastrique (voyez Dict., 1, 1528). — Le suc gastrique est caractérisé : 1° par sa réaction acide ; 2° par la propriété qu'il possède de transformer les matières albuminoïdes en peptones ; 3° par la propriété de caséifier le lait. On étudiera donc ici :

1° Les substances qui déterminent l'*acidité* du suc gastrique ;

2° Le ferment peptique, la *pepsine* ;

3° Le ferment caséifiant, le *lab* ou *labferment*.

Les produits de la digestion gastrique seront étudiés à l'article Peptone.

## I. LES PRINCIPES ACIDES DU SUC GASTRIQUE.

### A. *Les facteurs de l'acidité du suc gastrique.*

Dans le suc gastrique frais et pur, l'acidité est toujours due à de l'acide chlorhydrique, et non pas à de l'acide lactique. C'est là l'opinion très généralement acceptée aujourd'hui, bien que le débat sur cette question tant agitée se soit prolongé jusqu'à ces dernières années. La démonstration de ce fait, déjà presque complète dans le travail de Prout (1824), a été fournie par les classiques analyses de Bidder et Schmidt. Le procédé de Schmidt est le suivant : 1° 100 centimètres cubes de suc gastrique de chien, recueillis 18 ou 20 heures après le repas, sont acidifiés par l'acide azotique et précipités jusqu'à refus par le nitrate d'argent. Le poids du chlorure d'argent obtenu (lequel était exempt de toute matière organique) donne le poids de chlore total. Le liquide filtré, débarrassé de l'excès d'argent par addition d'acide chlorhydrique, est évaporé, calciné, et l'on dose dans le résidu l'ensemble des bases. Or, dans toutes les analyses, la quantité d'acide chlorhydrique total dépassa nettement l'équivalent en acide chlorhydrique des bases dosées, et cet excès se trouva être sensiblement égal à la quantité d'acide chlorhydrique titrée par voie acidimétrique au moyen de la potasse, de l'eau de chaux ou de l'eau de baryte. Enfin, dans plusieurs cas, le suc gastrique, concentré au quart et additionné de quatre volumes d'alcool absolu, était traité par le chlorure de platine, et l'on dosait l'ammoniaque dans le précipité obtenu. Après déduction de la quantité d'acide chlorhydrique équivalente à l'ammoniaque dosée, il restait encore d'une façon constante un notable excès d'acide chlorhydrique libre [Prout, *Phil. Trans.*, 1824, 45. — Bidder et Schmidt, *Die Verdauungssäfte u. der Stoffwechsel.* Mitau et Leipzig, 1852, 44]. M. Ch. Richet a confirmé ces résultats sur du suc gastrique humain; il a de plus dosé ses bases à l'état de sulfates, et non pas de chlorures, ce qui exclut toute possibilité d'une perte sensible de bases pendant la calcination. Les résultats ont été les mêmes [Ch. Richet, *Du suc gastrique chez l'homme et les animaux*, Thèse de Doctorat ès sciences naturelles, Paris 1878, 32].

En dépit de la démonstration de Schmidt, la théorie de l'acide lactique a conservé des adhérents jusqu'à nos jours. Les partisans de l'acide lactique s'appuyaient surtout sur ce double fait : 1° que Heintz, Lehmann et d'autres observateurs ont pu retirer du suc gastrique du chien de l'acide lactique sous la forme de lactates cristallisés; et 2° que le suc gastrique ne présente pas la réaction d'une dissolution aqueuse d'acide chlorhydrique au même taux d'acidité, et conséquemment que l'acide de ce suc ne peut être qu'un acide organique, comme l'acide lactique. On citera plus loin, à propos d'une autre question, quelques-unes de ces réactions, mais en ce qui concerne l'acide lactique, et en général les acides organiques du suc gastrique, ce débat a perdu tout intérêt depuis que l'on connaît exactement les conditions d'apparition de ces acides dans l'estomac. [Pour plus de détails sur les réactions très nombreuses qui ont été produites de part et d'autre au cours de ce long débat, voyez Maly, *Chem. der Verdauungssäfte u. der Verdauung*, in *Hermann's Handb. d. Physiol.*, Leipzig, 5, (2), 59 et suiv. — Garnier et Schlagdenhauffen, *Encyclopédie chimique; Chimie des liquides et des tissus de l'organisme*, 208 et suiv.].

L'acide lactique, en effet, n'existe pas dans le suc gastrique *frais*; il n'apparaît qu'au bout d'un certain temps, au contact des aliments. La démonstration de ce fait a été fournie d'abord par M. Ch. Richet, à l'aide d'une méthode élégante et ingénieuse, dont le principe revient à M. Berthelot. Lorsqu'on agite la solution aqueuse de divers acides avec de l'éther, on constate que ce dernier véhicule dissout abondamment les acides organiques, tandis qu'il n'enlève que des traces d'acides minéraux. Si l'on veut que chacun des deux dissolvants prenne exactement la moitié de l'acide disponible, on doit faire varier les volumes relatifs des deux véhicules. M. Charles Richet appelle *coefficient de partage* le rapport du volume de l'éther (qui est toujours le plus grand) au volume de la solution aqueuse finale. Ainsi, pour l'acide lactique de fermentation, le coefficient de partage est 10, c'est-à-dire qu'une solution aqueuse de ce corps cédera exactement la moitié de son acide à 10 fois son volume d'éther; il est de 4 pour l'acide sarcolactique. Enfin il est supérieur à 500 pour les acides minéraux.

Or le suc gastrique à l'état frais donne un coefficient de partage de 217, chiffre qui est réduit de moitié (137) au bout de 24 heures, et au quart (60,8) après 6 jours; enfin, après 3 mois, il n'est plus que 16,1. En outre, si l'on traite du suc gastrique frais par du lactate de baryum, l'acide organique est mis en liberté, et l'on voit le coefficient de partage tomber de 137 à 9,9 (au lieu de 10, coefficient de l'acide lactique de fermentation). Ces expériences démontrent clairement que le suc gastrique contient un acide minéral, à coefficient de partage très élevé, auquel s'ajoutent peu à peu, et par voie de fermentation lorsque le suc gastrique est impur, des acides organiques. Et de fait, M. Richet, en abandonnant du suc gastrique à l'étuve à 40° avec des aliments, a constaté que l'acidité augmente rapidement, tandis que le coefficient de partage s'abaisse [Berthelot, *Ann. Chim. Phys.*, (4), 26, 396. — Ch. Richet, *loc. cit.*, 37].

À l'état normal, ces acides organiques sont surtout représentés par de l'acide lactique provenant du dédoublement des hydrates de carbone alimentaires par les micro-organismes introduits en même temps dans l'estomac. MM. Ewald et Boas, et après eux beaucoup d'autres observateurs, ont montré que les liquides extraits de l'estomac d'individus tout à fait bien portants contiennent de l'acide lactique de 10 à 30 minutes après ingestion d'hydrates de carbone. On n'en trouve plus que des traces aussitôt que la proportion d'acide chlorhydrique libre est devenue sensible, sans doute à cause de l'action antifermentative de l'acide libre (voyez plus loin); enfin après ingestion d'albumine pure, c'est-à-dire de substances incapables de fournir de l'acide lactique, cet acide n'apparaît pas [Ewald et Boas, *Virchow's Arch.*, 101, 325; 104, 271. — Ewald, *Berl. klin. Woch.*, 1886, n°⁸ 48 et 49. — Cahn et von Mering, *D. Arch. f. klin. Med.*, 39, 233. — Rothschild, *Dissert. inaug.*, Strasbourg, 1886; *Maly's Jahresb.*, 16, 245]. Ces constatations chimiques sont confirmées par l'examen bactériologique du contenu stomacal, qui renferme d'une façon constante plusieurs espèces bactériennes capables de provoquer la fermentation lactique [voyez notamment : W. Miller, *Maly's Jahresb.*, 15, 509; W. de Bary, *ibid.*, 15, 510].

On comprend combien de contradictions se résolvent en présence de ces résultats. Ajoutons que cette formation d'acide lactique, que Heintz, MM. Richet et Ewald notamment ont démontrée, en isolant l'acide sous la forme de lactates cristallisés, n'est pas constante. Elle est un *fait contingent*, accidentel, et ne représente pas, comme MM. Ewald et Boas l'ont enseigné pendant quelque temps, une première phase *physiologique*, la *phase lactique* de la diges-tion [voyez Heintz, *Canstatt's Jahresb. d. Pharm.*, 1849, 238. — Richet, *loc. cit.*, 36. — Ewald, *Klinik der Verdauungskrankheiten*, 3ᵉ éd., Berlin, 1893, 2, 30. — Martius et Lüttke, *Die Magensäure des Menschen*. Stuttgart, 1892, 10 et 54]. Ajoutons que, pour MM. Martius et Lüttke, cette production d'acide lactique, en quantités notables, ne se rencontre guère que dans des cas pathologiques; à l'état normal elle serait toujours très faible ou nulle [Sur la production de l'acide lactique dans l'estomac des nourrissons, voyez le travail de M. Heuber, *Jahresb. f. Kinderheilk.*, 32, 27; *Maly's Jahresb.*, 21, 233].

A côté de l'acide lactique de fermentation, on a encore signalé dans l'estomac la présence de *l'acide sarcolactique*, qui d'ailleurs peut pro-venir d'aliments comme la viande [Ch. Richet, *loc. cit.*, 47. — Martius et Lüttke, *loc. cit.*, 55]. Notons encore que le contenu stomacal peut ren-fermer d'autres acides organiques, tels que *l'acide butyrique*, *l'acide acétique* et *l'acide formique*. Mais leur formation est un phénomène franchement pathologique (voyez plus loin).

Il nous reste enfin à signaler, comme facteur de l'acidité, le *phosphate acide de calcium*. Blondlot a considéré jadis ce sel comme le principe acide normal du suc gastrique, et a opposé toute une série d'expériences et de remarques ingé-nieuses à la théorie de Prout qui admettait la présence de l'acide chlorhydrique [voyez Garnier et Schlagdenhauffen, *loc. cit.*, 208]. Mais on sait aujourd'hui que le suc gastrique des chiens ne contient de phosphate acide de calcium en quan-tité notable que lorsque ces animaux se sont nourris d'os, et qu'il suffit, d'après M. Schiff, de supprimer pendant cinq jours les os dans la nour-riture d'un chien pour ne plus trouver de phos-phate acide de calcium dans l'estomac de l'animal. Il est probable cependant que le suc gastrique contient d'une manière constante de petites quan-tités de ce sel; Schmidt le signale régulièrement dans ses analyses, et Hoppe–Seyler a calculé, d'après les résultats de la meilleure analyse de Schmidt, une teneur de 1ᵉʳ,305 de phosphate acide de calcium à côté de 1,861 de chlorure de calcium et de 2ᵉʳ,259 d'acide chlorhydrique pour 1000. On verra plus loin que la présence de ce sel constitue une des difficultés de l'analyse du suc gastrique humain [Blondlot, *Traité analy-tique de la digestion*, Paris, 1843. — Hoppe-Seyler, *Physiol. Chem.*, Berlin, 1881, 221].

En résumé, l'acidité du suc gastrique pur est due à de *l'acide chlorhydrique*. Comme l'analyse révèle dans ce suc la présence constante d'un peu d'acide phosphorique et de chaux (cette der-nière en quantité très abondante par rapport à l'acide phosphorique), on peut admettre que le suc gastrique contient en outre, d'une manière constante, un peu de *phosphate acide de cal-cium*. Quant à *l'acide lactique* et autres *acides organiques*, ils ne prennent naissance qu'aux dépens des aliments, et sous l'influence de fer-ments figurés venus du dehors.

B. État de l'acide chlorhydrique dans le suc gastrique.

On a vu qu'en dosant dans le suc gastrique, d'une part, l'acide chlorhydrique total, et, d'autre part, toutes les bases salifiables, Bidder et Schmidt ont montré que, si l'on tient compte de la quantité d'acide chlorhydrique nécessaire à la saturation des bases, il reste toujours dispo-nible un certain excès d'acide, surplus sensible-ment égal à la quantité d'acide indiquée par le dosage acidimétrique.

Doit-on considérer ce surplus d'acide chlorhy-drique comme existant à l'état de liberté dans le suc gastrique? M. Richet, et plus récemment M. Arthus, ont répondu négativement, par la raison que le suc gastrique ne possède pas toutes les propriétés, mais seulement quelques-unes des propriétés d'une dissolution d'acide chlorhydrique dans l'eau [Richet, *loc. cit.*, 48 et suiv. — Arthus, *Éléments de Chimie physiologique*, Paris, 1895, 253 et suiv. — Voyez aussi, dans le même ordre d'idées, Contejean, *Arch. de Physiol.*, 24, 259]. Voici quelles sont les raisons qui permettent d'af-firmer, d'après M. Arthus, que le suc gastrique ne contient pas d'acide chlorhydrique libre, mais des combinaisons chlorées organiques, à réaction acide.

1° Lorsqu'on traite par une *solution aqueuse d'acide chlorhydrique* une solution d'*acétate de sodium*, de telle façon que le mélange contienne un équivalent d'acide chlorhydrique pour un équivalent d'acétate de sodium, les 33/34 de l'acétate de sodium sont transformés en chlorure de sodium. Lorsqu'on traite une solution d'*acé-tate de sodium* par du *suc gastrique*, de façon que le mélange contienne pour un équivalent d'acétate de sodium une quantité de suc gas-trique d'acidité égale à un équivalent d'acide chlorhydrique, la moitié seulement de l'acétate de sodium est transformée en chlorure de sodium.

2° Lorsqu'on soumet à la *dialyse* une solution aqueuse d'*acide chlorhydrique* et de *chlorure de sodium*, le rapport de la quantité d'acide à la quantité de chlorure de sodium est plus grand dans le liquide extérieur que dans le liquide soumis à la dialyse : l'acide chlorhydrique dialyse donc plus vite que le chlorure de sodium. Lorsqu'on soumet à la dialyse du *suc gastrique*, on constate que le rapport du chlore aux bases est plus petit dans le liquide extérieur que dans le liquide soumis à la dialyse : les chlorures du suc gastrique dialysent donc plus vite que les combinaisons acides.

3° Lorsqu'on fait *bouillir* une solution de *sucre de canne* pendant un temps donné avec une *solution chlorhydrique diluée* pure d'une part, et avec un *suc gastrique* de même acidité d'autre part, la quantité de sucre interverti par la solution acide est toujours plus considérable que la quantité intervertie par le suc gastrique (Laborde).

Ces expériences prouvent, dit M. Arthus, que les *combinaisons acides du suc gastrique ne peuvent pas être exclusivement de l'acide chlorhydrique libre*; elles ne permettent pas de savoir si ce sont exclusivement des combinaisons chlorées organiques, ou un mélange de ces com-binaisons avec de l'acide chlorhydrique libre. Les expériences suivantes, la dernière surtout, per-mettent au contraire, d'après cet auteur, de résoudre la question :

4° Lorsqu'on fait *bouillir* une solution d'*empois d'amidon* avec une solution étendue d'acide chlor-hydrique, on transforme l'amidon en dextrine et en sucre réducteur. Lorsqu'on fait *bouillir* une solution d'*empois d'amidon* avec du *suc gas-trique* de même acidité, on ne transforme pas l'amidon.

5° Lorsqu'on fait *bouillir une solution aqueuse d'acide chlorhydrique*, ou lorsqu'on introduit cette solution dans le vide, on provoque un déga-gement de vapeurs chlorhydriques. Lorsqu'on fait *bouillir un suc gastrique* sans le ramener à consistance sirupeuse, ou lorsqu'on le distille dans le vide, on ne provoque aucun dégagement de gaz chlorhydrique.

De ces faits, M. Arthus conclut, à la suite de M. Richet, que le suc gastrique ne contient pas d'acide chlorhydrique libre, mais des combinaisons organiques de cet acide. Quant à la nature des matières organiques qui seraient combinées avec l'acide chlorhydrique, Wasmann, Schwann, Schiff et d'autres physiologistes ont invoqué la pepsine, et M. Richet s'est efforcé de démontrer que le suc gastrique contient une combinaison d'acide chlorhydrique et de leucine.

Avant d'examiner la valeur de ces arguments, il importe de faire remarquer que ce problème des *combinaisons chlorées organiques* du suc gastrique se relie étroitement à la question tant agitée de l'interprétation clinique des dosages d'acidité, non plus dans le suc gastrique pur, mais dans le *contenu stomacal*, c'est-à-dire dans un mélange de suc gastrique avec de la salive, du mucus et surtout des aliments plus ou moins modifiés. En effet, dans ces quinze dernières années, l'étude chimique du contenu stomacal, qui a enrichi — et l'on peut dire aussi encombré — la pathologie de l'estomac, hier encore si délaissée, d'un ensemble si prodigieusement touffu de publications variées, s'est heurtée de bonne heure à ce problème des combinaisons de l'acide chlorhydrique dans le contenu stomacal, et il est même à craindre, en présence de l'extrême confusion qui règne aujourd'hui dans cette question, que l'intérêt des médecins ne se détourne à nouveau de recherches qui ont marqué cependant dans l'étude clinique des maladies de l'estomac une si heureuse transformation.

Nous examinerons ici comment le problème se pose pour les réactions *in vitro*, et comment ces réactions permettent d'interpréter la série d'arguments avancés par M. Richet et M. Arthus. Quant au côté physiologique et clinique de la question, il fera l'objet d'un paragraphe spécial.

L'existence de *combinaisons lâches* de l'acide chlorhydrique avec les matières organiques, et spécialement avec les matières albuminoïdes, se révèle, d'après les auteurs, par des réactions d'ordres divers et qui sont les suivantes :

1° Lorsqu'on prend le titre acidimétrique d'une solution aqueuse d'acide chlorhydrique à l'aide d'une liqueur de soude et d'indicateurs tels que le tournesol, la phénolphtaléine, la tropéoline 00 ou le rouge Congo, on trouve sensiblement le même résultat, à de légères différences près, tenant à la sensibilité variable de ces divers réactifs. Si l'on ajoute au contraire à la dissolution chlorhydrique une solution d'albumine neutre au tournesol, on constate que ces indicateurs se séparent en deux catégories. Les uns, comme le *tournesol*, la *phénolphtaléine*, continuent à donner à peu près les mêmes résultats qu'en l'absence d'albumine ; avec les autres, tels que la *tropéoline 00*, le *violet de méthyle*, le *rouge Congo*, le *réactif de Günzburg* (voyez plus loin), on ne retrouve plus qu'une fraction de l'acide. Le reste a été « couvert » par la matière albuminoïde [voyez notamment : R. von Pfungen, *Maly's Jahresb.*, 19, 242 et 244. — Martius et Lüttke, *Die Magensäure des Menschen*, Stuttgart, 1892, 65]. Si l'on augmente la proportion d'albumine, il arrive un moment où les réactifs de la seconde catégorie n'indiquent plus du tout d'acide libre. Inversement, si l'on ajoute une quantité suffisante d'acide chlorhydrique à un tel mélange, on lui restitue la propriété de réagir sur les colorants de la seconde catégorie. On exprime ces faits en disant que l'acide chlorhydrique contracte avec les matières albuminoïdes des combinaisons lâches, dont la formation est révélée par certains indicateurs, et non point par d'autres. Les peptones exercent une action analogue [Martius et Lüttke, *loc. cit.*, 61. — Endtz, *Maly's Jahresb.*, 16, 241, etc.].

La plupart des auteurs paraissent admettre implicitement qu'il s'agit là de véritables combinaisons. Ainsi, d'après MM. Martius et Lüttke, 5 grammes d'albumine de l'œuf fixent 0$^{gr}$,1825 d'acide chlorhydrique. Une telle dissolution ne réagit pas sur la tropéoline, ni sur le rouge Congo et n'est pas coagulée à 100°. Évaporée au bain-marie, puis desséchée pendant deux heures à l'étuve à 100°, elle abandonne une pellicule transparente à aspect de gélatine, tandis qu'avec un excès d'acide chlorhydrique (vis-à-vis des réactifs précités) le résidu noircit. Un dosage de chlore à l'aide d'une liqueur d'argent montre qu'il n'y a pas eu de perte d'acide chlorhydrique pendant la dessiccation. Si la dissolution renferme un excès d'acide, le résidu noirci retient une quantité d'acide chlorhydrique plus forte que celle qui correspond d'après les résultats ci-dessus au poids d'albumine mis en œuvre. On reviendra sur ces faits à propos de la méthode d'analyse de MM. Hayem et Winter [Martius et Lüttke, *Die Magensäure des Menschen*, Stuttgart, 1892, 61. — Sansoni, *Berl. klin. Wochenschr.*, 1892, 1087].

Il est probable que les diverses matières albuminoïdes fixent des quantités variables d'acide ; c'est du moins ce qui ressort des recherches de M. Blum et de M. Sansoni [Blum, *Zeitschr. f. klin. Med.*, 21, 562, 564. — Sansoni, *Berl. klin. Wochenschr.*, 1892, 1043 et 1084]. Mais des expériences méthodiques, faites avec des matières albuminoïdes autant que possible exemptes de matières minérales et prises en solutions de concentration variable, font encore défaut. En outre, les indicateurs colorés sont loin de donner, au point de vue quantitatif, des indications concordantes. Ainsi M. Tschlenof a montré que, dans une solution chlorhydrique d'albumine, le rouge Congo indique plus d'acide non combiné à l'albumine que le réactif de Günzburg [Tschlenof, *Maly's Jahresb.*, 22, 279]. Les réactions de coloration précitées ne fournissent donc pas des preuves suffisantes de l'existence de véritables combinaisons de l'acide chlorhydrique avec les matières albuminoïdes. On citera plus loin des faits plus démonstratifs, mais il n'en reste pas moins établi que, vis-à-vis d'un réactif coloré déterminé, la phloroglucine-vanilline (réactif de Günzburg) par exemple, une solution d'acide chlorhydrique, additionnée d'une quantité convenable d'albumine, renferme cet acide à deux états, révélés par des réactions très tranchées.

Pour éviter toute confusion, et sous bénéfice des réserves qui viennent d'être faites, nous appellerons dans ce qui suit : 1° *acide chlorhydrique libre*, la portion de cet acide qui n'est pas combinée avec les matières albuminoïdes et qui réagit, par exemple, sur les colorants de la catégorie de la tropéoline ; 2° *acide chlorhydrique combiné*, l'acide en combinaison lâche avec les matières organiques ; 3° *acide chlorhydrique total*, la somme des deux précédents ; 4° *acide chlorhydrique des chlorures*, l'acide combiné avec les bases minérales, ce dernier ne réagissant sur aucun indicateur coloré.

2° L'influence des matières albuminoïdes sur l'acide chlorhydrique se révèle encore par des réactions d'un autre ordre. M. Kossler, en reprenant l'étude d'une méthode d'analyse du suc gastrique donnée par M. A. Hoffmann (voyez plus loin), a montré dans une série d'expériences très précises que la présence de l'albumine (exempte de sel) et de la peptone diminue nettement la quantité de sucre de canne intervertie à 40°, comme aussi la quantité d'acétate de méthyle saponifiée à 35°, pendant un temps donné, par une certaine quantité d'acide chlorhydrique, et, de plus, que l'on peut trouver *des proportions d'albumine et d'acide pour lesquelles toute action d'interversion du sucre de canne ou de saponification de l'acétate de méthyle se trouve supprimée.*

Ici encore on peut donc légitimement distinguer entre un acide chlorhydrique « libre » et un acide « combiné » avec les matières albuminoïdes, mais il convient d'ajouter qu'il n'est pas démontré que l'acide que l'on peut considérer comme « combiné » au regard de la réaction de l'interversion le soit également vis-à-vis de la tropéoline par exemple. Au surplus, M. Kossler a en réalité opéré avec de l'albumine transformée en acidalbumine. En effet, une solution étendue d'albumine exempte de sels a été abandonnée à l'étuve à 40° pendant 15 heures avec une quantité connue d'acide chlorhydrique. Au bout de ce temps, on a ajouté, en se guidant d'après un essai préalable, la quantité de soude titrée exactement nécessaire pour produire un commencement de trouble persistant. A ce moment le liquide ne contient plus d'acide chlorhydrique « libre » vis-à-vis de l'albumine, puisque l'acidalbumine, qui n'est soluble qu'à l'état de combinaison chlorhydrique, commence à se précipiter. Ce liquide, qui contenait, dans un volume total de 85cc,8, 1 gramme d'albumine et 0gr,035 d'acide chlorhydrique, s'est montré sans action vis-à-vis du sucre de canne ou de l'acétate de méthyle, tandis que l'acide chlorhydrique seul, à égale concentration, exerce une action très nette. Il est regrettable que l'auteur n'ait point étudié cette solution d'acidalbumine vis-à-vis des réactifs colorés [Kossler, *Zeit. physiol. Chem.*, 17, 91].

3° Il est probable que les solutions chlorhydriques de matières albuminoïdes se comporteraient de la même manière vis-à-vis de l'*empois d'amidon*. Du moins savons-nous par les expériences déjà anciennes de M. D. Szabo que l'acide chlorhydrique étendu (au millième), additionné de quantités croissantes de peptone, saccharifie de moins en moins d'amidon (à 155°) [D. Szabo, *Zeit. physiol. Chem.*, 1, 140].

4° Enfin des dissolutions chlorhydriques dans lesquelles l'acide est entièrement couvert par de l'albumine, c'est-à-dire qui ne contiennent pas d'acide libre au regard du réactif de Günzburg par exemple, ne gonflent ni ne *digèrent un filament de fibrine* quand on les additionne de pepsine (bien neutre). Mais si l'on ajoute de l'acide chlorhydrique jusqu'à ce que la réaction de Günzburg devienne nettement positive, on obtient la dissolution de la fibrine [Schäffer, *Zeitschr. f. klin. Med.*, 15, 162; *Maly's Jahresb.*, 18, 184. — Tschlenoff, *loc. cit.*]. D'ailleurs de très nombreux essais cliniques montrent que, lorsque le contenu stomacal ne donne pas les réactions colorées de l'acide chlorhydrique libre, il est incapable de digérer de l'albumine cuite, bien que de tels liquides contiennent de l'acide chlorhydrique (décelé par exemple par la méthode de MM. Cahn et von Mering) et de la pepsine [voyez notamment : Korczynski et Jaworski, *Maly's Jahresb.*, 16, 249. — Honigmann et C. von Noorden, *Zeitschr. klin. Med.*, 13, 95. — R. von Pfungen, *Maly's Jahresb.*, 19, 243. — Ewald, *Klinik der Verdauungskrankheiten*, Berlin, 1893, 2, 341. — Voyez aussi plus loin, à propos de l'acidité du *contenu stomacal*].

Rapprochons maintenant les faits que l'on vient d'exposer des arguments avancés plus haut en faveur de la non-existence de l'acide chlorhydrique libre dans le suc gastrique. Remarquons d'abord que peu d'auteurs ont expérimenté avec du suc gastrique exempt de salive (mucine), de produits alimentaires, de débris épithéliaux plus ou moins digérés. Souvent les expériences ont été faites plutôt avec un « contenu stomacal » qu'avec un véritable suc gastrique. Tous ces liquides contiennent évidemment des quantités variables de matières organiques, et notamment de matières albuminoïdes, capables de couvrir une certaine quantité d'acide chlorhydrique. Même le suc gastrique tout à fait pur, recueilli d'après le procédé de MM. Pawloff et Schoumowa-Simanowskaja (voyez au début de cet article), déviait la lumière polarisée à gauche, donnait un anneau d'albumine par l'acide nitrique à froid et la réaction de la xanthoprotéine [Schoumowa-Simanowskaja, *Maly's Jahresb.*, 23, 286].

Les sucs gastriques expérimentés contenaient donc tous des quantités variables de matières albuminoïdes, capables de fournir avec l'acide chlorhydrique, lentement à froid, plus rapidement à chaud, des chlorhydrates d'acidalbumine analogues à celui dont s'est servi M. Kossler dans l'intéressante expérience citée plus haut. Ne voyons-nous pas, d'autre part, renaître l'ancienne hypothèse de Wasmann et Schiff touchant la sécrétion par l'estomac d'une véritable combinaison de pepsine et d'acide chlorhydrique, hypothèse appuyée cette fois sur des expériences précises? On verra plus loin que le suc gastrique contient une pepsine insoluble (A. Gautier), qui se sépare abondamment par le refroidissement. Du suc gastrique, maintenu à 0°, se sépare en trois couches : une supérieure, limpide; une moyenne, trouble; une inférieure, formée par un dépôt abondant. L'acidité et la teneur en chlore vont en augmentant de haut en bas, et le dépôt contient d'une manière constante environ 1 0/0 de chlore. Saturé de sulfate d'ammonium, le suc gastrique abandonne la même combinaison [Schoumowa-Simanowskaja, *Maly's Jahresb.*, 23, 286].

Il est donc très vraisemblable que le suc gastrique contient des combinaisons d'acide chlorhydrique avec des matières organiques, et les différences signalées depuis longtemps entre une solution d'acide chlorhydrique dans l'eau et le suc gastrique s'expliquent par suite assez aisément; mais est-il démontré, comme le veulent MM. Richet et Arthus, que *tout* l'acide chlorhydrique que le suc gastrique contient en sus de celui des chlorures est engagé dans de telles combinaisons, ou bien faut-il admettre au contraire, avec la majorité des physiologistes et des cliniciens, que le suc gastrique contient une partie de son acide à l'état de simple dissolution aqueuse? On verra plus loin que l'interprétation de tous les dosages effectués en clinique sur le contenu stomacal chez l'homme pivote autour de cette question.

L'expérience de la décomposition de l'acétate de sodium par l'acide chlorhydrique, et celle de la dialyse de cet acide, comparée à la dialyse des chlorures, ne nous apprennent rien sur ce point. Ces réactions auraient besoin d'être reprises avec des dissolutions chlorhydriques additionnées de quantités connues et croissantes d'albumine. On verrait ainsi si, au regard de ces réactions, on peut distinguer dans de telles dissolutions deux portions distinctes d'acide chlorhydrique, l'une se comportant comme l'acide libre, et l'autre masquée dans ses réactions par la matière albuminoïde. On s'assurerait aussi jusqu'à quel point les indications *quantitatives* fournies par ces réactions concordent avec celles que donnent les indicateurs colorés.

Il conviendrait d'étudier de même l'influence exercée par les matières albuminoïdes sur la saccharification de l'amidon en présence de l'acide chlorhydrique. Le suc gastrique ne saccharifie pas l'amidon [Arthus, *loc. cit.* — Schoumowa-Simanowskaja, *loc. cit.* — Maly, in *Hermann's Handb. der Physiol.*, 5, 2° partie, 59], assertion qui est cependant contredite par M. Laborde et par M. Szabo; mais on peut objecter, au moins en ce qui concerne les essais de M. Szabo, qu'ils ont été faits à une température beaucoup trop élevée (155°) [Laborde, *Gaz. méd. de Paris*, août 1874. — Szabo, *Zeit. physiol. Chem.*, 1, 140]. Quoi qu'il en soit et en admettant qu'il n'y ait pas saccharification, cette réaction négative ne prouve rien, puisque du suc gastrique neutralisé, puis ramené au degré primitif d'acidité par addition d'acide chlorhydrique, ne saccharifie pas l'amidon à l'ébullition [Maly, *Hermann's Handb. d. Physiol.*, 5, 2° partie, 59].

Pour ce qui regarde la distillation du suc gastrique, les indications sont contradictoires. D'après MM. Arthus et Contejean, la distillation du suc gastrique dans le vide ne donne pas de vapeurs chlorhydriques. M^me E. Schoumowa-Simanowskaja, qui a opéré sur du suc gastrique de chien, recueilli à l'aide de la double fistule gastro-œsophagienne (voyez plus haut), indique au contraire que la distillation dans le vide développe à 20° des vapeurs chlorhydriques. Cette réaction ne permet donc pas plus que les précédentes, de trancher la question à l'heure actuelle. Que les matières organiques, et spécialement les matières albuminoïdes, retiennent une certaine quantité d'acide chlorhydrique au moment de la distillation, c'est là un fait qui ne paraît pas douteux. MM. Martius et Lüttke [*loc. cit.*, 26] ont montré qu'une dissolution étendue d'acide chlorhydrique, additionnée d'une quantité d'albumine telle que le mélange soit sans action sur la tropéoline, ne perd point d'acide chlorhydrique par la dessiccation à 100°. MM. Mizerki et Nencki et M. Paal ont décrit des combinaisons de peptone avec l'acide chlorhydrique non dissociables à 100°. La peptone chlorhydrique décrite par M. Paal peut être portée à l'ébullition en solution aqueuse, pendant un temps quelconque, sans que le résidu de l'évaporation indique une perte sensible dans la teneur en acide chlorhydrique; cette solution, fortement acide au tournesol, est sans action sur le réactif de Günzburg [Paal, *D. chem. G.*, 27]. Au contraire, lorsqu'on dessèche à 100° le résidu d'évaporation d'une dissolution chlorhydrique d'albumine, contenant, au regard de la tropéoline, un excès d'acide *libre*, on constate, d'après MM. Martius et Lüttke, que le résidu ne retient *qu'une partie* de l'acide excédant. Il a donc perdu l'autre partie, et l'on conçoit finalement que, selon leur richesse relative en matières organiques et en acide, les divers sucs gastriques puissent donner des résultats variables lorsqu'on les soumet à la distillation, et que ceux-là seuls donnent des vapeurs chlorhydriques qui contiennent, par rapport aux matières organiques (albuminoïdes), un excès suffisant d'acide chlorhydrique. C'est là du moins une hypothèse acceptable.

Reste enfin la réaction de l'interversion du sucre de canne, qui, rapprochée des expériences de M. Kossler citées plus haut, pourrait être invoquée comme preuve de l'existence dans le suc gastrique d'une certaine quantité d'acide chlorhydrique *libre*, et se comportant comme l'acide en dissolution dans de l'eau.

On ne saurait donc affirmer que le suc gastrique ne contient aucune portion de son acide chlorhydrique à l'état de simple dissolution dans l'eau. Il paraît probable, au contraire, que l'acide que contient ce liquide en sus des chlorures — et qui représente l'acide libre tel que l'entendaient autrefois Bidder et Schmidt — se partage en deux portions différentes au regard d'un certain nombre de réactions, telles que l'action sur les réactifs colorés, l'interversion du sucre de canne, la saponification de l'acétate de méthyle, la peptonisation d'un filament de fibrine, etc., une partie de l'acide se comportant

de la même manière qu'une dissolution aqueuse d'acide chlorhydrique, une autre partie se comportant différemment. Mais la plupart de ces réactions, encore incomplètement étudiées sur des solutions artificielles, ainsi qu'on vient de le montrer, sont *a fortiori* mal connues en ce qui concerne le suc gastrique.

Ce qu'il importe de retenir surtout, c'est que la concordance des indications fournies par ces diverses réactions n'est pas établie du tout, et qu'avant de comparer une méthode à une autre il faut s'entendre sur la définition de l'acide *libre* et de l'acide *combiné* avec les matières organiques. MM. Hayem et Winter appellent acide *libre* celui qui est chassé par la dessiccation à 100°; pour M. Hoffmann, c'est celui qui est capable de saponifier l'acétate de méthyle ou d'intervertir le sucre de canne; pour d'autres enfin, c'est celui qui réagit sur la phloroglucine-vanilline, la tropéoline ou le rouge Congo. Mais la concordance de ces diverses réactions au point de vue *quantitatif* n'a pas été, que nous sachions, établie par des essais méthodiques.

C. *L'acide chlorhydrique dans le contenu stomacal.*

Les faits que l'on vient d'exposer permettent d'interpréter et de classer assez facilement les résultats des observations, parfois si confuses et si contradictoires, qui ont été faites sur l'acidité du contenu stomacal, c'est-à-dire d'un mélange de suc gastrique et d'aliments plus ou moins modifiés.

L'analyse chimique du contenu stomacal chez l'homme n'a été pratiquée pendant longtemps que dans des cas exceptionnels (fistule gastrique accidentelle ou opératoire, mérycisme), et uniquement en vue de recherches physiologiques. Ce n'est qu'à la suite du travail de Küssmaul sur le *Traitement de la dilatation de l'estomac à l'aide de la pompe stomacale* (1869) que se répandit peu à peu la pratique des examens de liquides gastriques, directement puisés dans l'estomac, peu après un *repas d'épreuve* (voyez plus loin). L'élan fut surtout donné par un travail de M. R. von den Velden (1879), qui annonça que, dans les cas de cancer de l'estomac, l'acide chlorhydrique fait défaut d'une manière constante dans le contenu stomacal, extrait un certain temps après l'ingestion du repas d'épreuve. Ce contenu est acide au papier de tournesol, mais il ne réagit pas sur le violet de méthyle, réactif précieux appliqué à l'étude du suc gastrique dès 1877 par M. Laborde, ni sur la tropéoline. Dans d'autres affections au contraire, et notamment dans la dilatation simple de l'estomac, la réaction de l'acide chlorhydrique se produit d'une manière constante, ou bien reparaît rapidement sous l'influence du traitement. La conclusion fut que l'estomac des carcinomateux *ne sécrète plus d'acide chlorhydrique* [Laborde, *Gaz. méd. de Paris*, 1877, 312. — R. von den Velden, *Maly's Jahresb.*, 9, 347].

Pendant quelque temps on se félicita de posséder, pour le diagnostic parfois si difficile du cancer, un moyen d'investigation aussi précieux. M. Riegel et ses élèves firent voir à la vérité que la réaction négative vis-à-vis des colorants se rencontre également dans quelques autres affections (gastrite toxique, dégénérescence amyloïde); mais cette *suppression* de la sécrétion chlorhydrique sous l'influence du cancer n'en restait pas moins un signe important. En réalité, la sécrétion de l'acide chlorhydrique n'est pas supprimée. C'est ce que montrèrent peu après MM. Cahn et von Mehring dans un travail qui vint orienter les idées dans une direction nouvelle. A l'aide de leur méthode à la cinchonine (voyez plus loin), ces auteurs montrèrent que le contenu stomacal des carcinomateux, bien que ne réagissant pas sur le violet de méthyle, n'en contient pas moins de l'acide chlorhydrique, *en quantité souvent aussi considérable qu'à l'état normal*; mais cet acide est masqué dans ses réactions vis-à-vis du violet par suite de l'accumulation de quantités considérables de matières albuminoïdes, et spécialement de peptones (évaluées à l'aide d'un dosage d'azote, d'après Kjeldahl). En conséquence le violet de méthyle se trouvait condamné en tant que réactif permettant de constater l'intégrité de la sécrétion chlorhydrique [Cahn et von Mering, *D. Arch. klin. Med.*, **39**, 233].

Toute une série de substances pouvant ainsi masquer les réactions de l'acide chlorhydrique vis-à-vis des colorants de la catégorie du violet de méthyle furent alors successivement découvertes. M. Klemperer fit voir que le glycocolle, la leucine, la peptotoxine de Brieger, les produits de sécrétion du ferment lactique, la mucine et surtout les matières albuminoïdes, ont plus d'affinité pour l'acide chlorhydrique que le violet, dont le virage se trouve empêché [Klemperer, *Zeit. klin. Med.*, **24**, 147]. Néanmoins ces combinaisons sont acides au tournesol, et leur acide chlorhydrique est exactement titré par la soude en présence de cet indicateur (voyez p. 476).

Ce point une fois établi, le débat clinique changea de terrain. Cet acide chlorhydrique, disait-on, qui est ainsi couvert par les matières organiques, est perdu pour la digestion. Il est *physiologiquement inactif*. Ne sait-on pas, en effet, qu'un suc gastrique naturel ou artificiel, dont l'acide chlorhydrique ne réagit pas sur le violet de méthyle, le rouge Congo, etc., c'est-à-dire dont l'acide n'est pas *libre*, est incapable de digérer l'albumine cuite (voyez p. 476)? Il suit de là que seul l'acide libre, c'est-à-dire capable de réagir sur le violet de méthyle, est important à connaître. C'est lui qui donne la mesure de la puissance digestive du suc gastrique examiné, puisque lui seul est *disponible* pour l'acte digestif [voyez entre autres : Schäffer, *Zeit. klin. Med.*, **15**, 162. — Moritz, *D. Arch. f. klin. Med.*, **44**, 277. — A. Hoffmann, *Centralb. f. klin. Med.*, **11**, 521]. On concluait en conséquence que les colorants indicateurs de l'acide chlorhydrique libre conservent toute leur valeur pour l'étude clinique du suc gastrique.

Cette conception singulière et, comme on va le voir, foncièrement erronée, a été cependant adoptée pendant plusieurs années par la majorité des cliniciens allemands, tandis qu'en France MM. Hayem et Winter notamment n'ont pas cessé d'insister sur l'importance physiologique capitale de l'acide chlorhydrique combiné [Hayem, *Bull. méd.*, 1890, 84].

Examinons en effet, avec MM. Martius et Lüttke [*loc. cit.*, 26 et *passim*], ce que devient l'acide libre sécrété par les glandes au moment où le repas d'épreuve arrive dans l'estomac. Une partie de cet acide peut être immédiatement saturée par les bases minérales ou les sels à réaction alcaline (carbonates alcalins, etc.) apportés par les aliments. Cette portion est évidemment perdue pour le travail physiologique, et c'est pour réduire cette cause d'erreur au minimum qu'il convient de faire choix d'un repas d'épreuve dont la réaction se rapproche autant que possible de la neutralité. Elle est également perdue pour le dosage de l'acide chlorhydrique *total*, puisqu'elle va se confondre avec les chlorures du contenu stomacal.

Une deuxième portion se combine avec les matières organiques fournies par l'estomac lui-même, mucus stomacal (ou salivaire), débris épithéliaux, etc., ainsi que le démontre l'expérience suivante, empruntée à MM. Martius et Lüttke [*loc. cit.* 25] : De l'eau distillée introduite dans un estomac, préalablement bien vidé et lavé, contient déjà après quelques minutes de l'acide chlorhydrique en quantité dosable ; mais le liquide, qui rougit fortement le tournesol, est sans action sur le rouge Congo. C'est encore de l'acide perdu pour le travail physiologique que le repas d'épreuve va imposer à l'estomac, mais cet acide représente assurément une faible portion de l'acide combiné, si l'on compare le poids minime de ces matériaux organiques (mucus, débris épithéliaux) à la masse relativement considérable des matières albuminoïdes apportées par le repas d'épreuve [voyez sur ce point Wagner, *Maly's Jahresb.*, **23**, 292].

Une troisième portion se combine aux matières protéiques du repas d'épreuve, et cette combinaison représente précisément le premier stade de la peptonisation de ces matières. Au moment où l'acide chlorhydrique a saturé toutes les affinités de ces matériaux, l'estomac se trouve avoir terminé, en ce qui concerne la sécrétion de l'acide chlorhydrique, la tâche qui vient de lui être imposée par l'introduction du repas d'épreuve. La peptonisation des matières albuminoïdes ainsi combinées avec l'acide chlorhydrique est assurée. Du moins M. Kossler a-t-il démontré qu'une solution d'acidalbumine préparée comme il a été dit plus haut sans excès d'acide chlorhydrique, fournit à 37°, après addition de pepsine, des quantités considérables de peptone. M. Blum a fait voir d'autre part qu'une dissolution d'acidalbumine, ne contenant aucun excès d'acide chlorhydrique libre (dont l'absence est constatée à l'aide de la phloroglucine-vanilline), fournit de la peptone à 37° après addition de pepsine [Blum, *Zeitschr. klin. Med.* **25**, 463]. La peptonisation en l'absence d'un excès d'acide chlorhydrique libre paraît donc un fait démontré. Il suit de là que l'acide chlorhydrique combiné, bien loin de représenter une portion d'acide physiologiquement inactif, indique au contraire jusqu'à quel point l'estomac a répondu à la tâche qui lui a été imposée; c'est donc bien l'acide combiné, et non point le surplus d'acide libre sécrété par l'estomac, qui donne *la mesure de la puissance digestive de l'estomac vis-à-vis du repas introduit*.

On saisit ici immédiatement pourquoi, dans cet examen des fonctions digestives d'un estomac, l'apparition des réactions colorées de l'acide chlorhydrique libre est la preuve d'un travail de sécrétion d'une *activité très variable selon la composition et la masse du repas d'épreuve choisi*. M. R. von Pfungen a montré que 200 grammes de viande crue fixent environ 1ᵍʳ,68 d'acide chlorhydrique, tandis que le petit pain du repas d'épreuve de M. Ewald (35 grammes) ne couvre que 0ᵍʳ,236 d'acide chlorhydrique. Il est clair aussi qu'avec un repas riche en matières albuminoïdes l'acide chlorhydrique libre apparaîtra beaucoup plus tard dans le contenu stomacal que si l'on n'introduit que de l'eau distillée ou des aliments pauvres en matières protéiques [R. von Pfungen, *Maly's Jahresb.*, **19**, 243. — Voyez aussi les déterminations plus récentes de Blum, *Zeitschr. klin. Med.*, **21**, 564]. Enfin, si les réactions de l'acide chlorhydrique libre font défaut, cela ne prouve pas que l'estomac n'a pas sécrété d'acide, ni même qu'il en a sécrété peu, mais simplement que l'organe n'est pas arrivé à fournir, dans le laps de temps choisi, la quantité d'acide nécessaire pour saturer les affinités des matières protéiques introduites.

Une fois que la saturation des albuminoïdes du repas introduit est assurée, la sécrétion se continue encore, puisque l'analyse révèle le plus souvent dans les contenus stomacaux la présence de quantités variables d'acide chlorhydrique libre ; mais elle finit par s'arrêter au bout d'un certain temps. Il serait d'ailleurs difficile, disent MM. Martius et Lüttke, de se représenter un mécanisme régulateur grâce auquel la sécrétion d'acide par les glandes de l'estomac s'arrêterait exactement au moment où la saturation des matières protéiques par l'acide est complète, et par conséquent leur peptonisation assurée. La nature travaille ici, comme il arrive souvent, avec un certain excès, et il est probable que la sécrétion ne s'arrête, par voie réflexe, que lorsque l'accumulation de l'acide libre atteint un certain degré.

On voit donc que l'acide chlorhydrique combiné, renfermé dans un contenu stomacal après un repas déterminé, représente l'élément le plus important au point de vue physiologique. La présence de l'acide libre, au contraire, n'est intéressante que parce qu'elle est la preuve, facile à obtenir à l'aide des réactifs colorés appropriés, que l'estomac a fait face à sa tâche. Notons encore que c'est de cet acide libre, et non point de l'acide combiné, dont on peut dire qu'il est resté *physiologiquement inactif*, à moins que l'on n'introduise pendant la période d'observation, par l'ingestion d'un second repas, un nouveau contingent de matières albuminoïdes. — Quant au dosage de ce surplus d'acide libre, on conçoit qu'il puisse présenter, dans des cas pathologiques, autant d'intérêt que la détermination de l'acide combiné.

Il ne faut pas se dissimuler que bien des points restent obscurs dans cette question des combinaisons organiques de l'acide chlorhydrique. Que devient notamment la combinaison d'acide chlorhydrique et d'albumine au cours de la peptonisation de cette dernière? D'après M. Blum, *ces combinaisons sont d'autant plus stables qu'on se rapproche de la fin de la peptonisation*. Une solution limpide d'acidalbumine, sans excès d'acide, se trouble par addition d'une solution limpide de peptone ; l'acidalbumine, déplacée de sa combinaison avec l'acide, s'est précipitée [Blum, *Zeitschr. klin. Med.*, 21, 561]. Dans l'acidalbumine elle-même, la combinaison est plus stable que dans un simple mélange d'albumine et d'acide. Une solution chlorhydrique d'albumine, soumise à la dialyse, abandonne la majeure partie de son acide ; cette même dissolution, préalablement chauffée pendant quelque temps à 100-110°, afin de provoquer la transformation en acidalbumine, ne perd une partie de son acide par la dialyse que si le liquide contenait un excès d'acide par rapport à l'albumine, ce que l'on constate en s'assurant que le résidu d'évaporation du liquide a retenu de l'acide chlorhydrique libre (voyez l'expérience de MM. Martius et Lüttke, p. 476).

M. Sansoni et M. Blum ont constaté en outre que *la peptone retient plus d'acide chlorhydrique* (jusqu'à 3 fois plus d'après M. Sansoni) *que l'acidalbumine et la propeptone*. Une digestion pepsique de fibrine, filtrée au bout d'une heure, contient de l'acidalbumine, de la propeptone et de la peptone, avec un excès d'acide chlorhydrique libre constaté à l'aide de la phloroglucine-vanilline. Après 15 heures de digestion, cette liqueur filtrée ne contient plus d'acidalbumine, mais seulement de la peptone et de la propeptone, et ne donne plus la réaction de l'acide libre (Blum). Ce fait est important au point de vue analytique. Comme les acides étendus et chauds transforment l'albumine non seulement en acidalbumine, mais encore en propeptone, et même en peptone d'après M. Sansoni, et que cette peptonisation est d'autant plus active que la propor-

tion d'acide est plus forte, on s'explique pourquoi une même solution d'albumine retient après évaporation d'autant plus de chlore que l'acidité primitive a été choisie plus forte. On reviendra sur ce point à propos de la méthode de MM. Hayem et Winter. Une autre différence entre les combinaisons chlorhydriques de peptone et d'albumine serait la réaction acide des premières vis-à-vis de réactifs tels que la tropéoline, la phoroglucine-vanilline, sur lesquels les combinaisons chlorhydriques d'albumine sont au contraire sans action [Mizerski et Nencki, *Maly's Jahresb.*, 22, 272. — Sansoni, *Berl. klin. Wochenschr.* 1086.] Tous ces faits ont besoin d'être contrôlés et précisés ; mais, dès à présent, ils sont suffisamment nets pour nous donner en partie la clef des contradictions inextricables que l'on constate entre les indications des divers procédés d'analyse (voyez plus loin).

### D. *Dosage des principes acides du contenu stomacal.*

Le problème revient à doser dans un liquide contenant des chlorures et des phosphates acides : 1° l'acide chlorhydrique *libre* ; 2° l'acide chlorhydrique *combiné aux matières organiques* ; 3° les acides *organiques fixes*, qui se réduisent pratiquement à l'acide lactique ; 4° les acides *organiques volatils* (acides acétique, butyrique, etc.). Les méthodes proposées dans ce but sont légion, mais aucune d'elles ne s'est encore imposée d'une manière définitive. La méthode qui pourrait servir à vérifier les autres fait encore défaut.

*Obtention du liquide à analyser.* — Le sujet doit être pris à jeun, et si l'on soupçonne une stagnation des aliments (dilatation stomacale, insuffisance motrice), l'estomac doit être préalablement vidé et lavé. On administre ensuite un repas d'épreuve, qui est très généralement celui qu'ont proposé MM. Ewald et Boas (*Probefrühstück*). Il se compose de 60 grammes de pain blanc et de 250 à 300 grammes de thé sans sucre ni lait. Il peut être intéressant de donner dans certains cas, d'après M. Riegel, un repas plus copieux (*Probemahlzeit*). Celui de M. G. Sée se compose de 60 à 80 grammes de viande finement hachée, de pain blanc (100 à 150 grammes) et d'un verre d'eau [pour plus de détails, voy. G. Lyon, *Thèse de médecine*, Paris, 1890]. On pratique en général l'extraction du liquide au bout de 1 à 2 heures après le repas léger, au bout de 3 heures et demie à 5 heures après le repas copieux de M. Riegel. Les résultats varient bien entendu selon le délai adopté et la composition du repas

Presque tous les auteurs recommandent la filtration préalable du liquide, à cause de la difficulté de manier et de mesurer des liquides contenant des grumeaux souvent volumineux. Mais il résulte de là des erreurs qui proviennent de ce fait que les parties solides retiennent les acides avec énergie et sont par conséquent plus riches en acide que le liquide [voyez, quant à l'importance de cette cause d'erreur, Martius et Lüttke, *Die Magensäure*, etc., p. 53. — Voyez aussi Honigmann, *Berl. klin. Wochenschr.*, 1893, p. 353].

A l'exemple d'Ewald, les auteurs allemands expriment en général les résultats en centimètres cubes de liqueur de soude normale au dixième et par rapport à 100 centimètres cubes de liquide stomacal. Une acidité totale égale à 50 signifie que 100 centimètres cubes de contenu stomacal exigent pour leur neutralisation 50 centimètres cubes de liqueur de soude normale au dixième. Les autres résultats, richesse en acide chlorhydrique libre ou combiné, en acide lactique, etc., s'expriment de la même façon.

Les expressions : *acide chlorhydrique libre, combiné, total...*, ont dans ce qui suit la signification indiquée à la page 476.

*Examen qualitatif préalable.* — 1° On constate d'abord à l'aide du *tournesol* la réaction du liquide. Si elle est acide, cela indique la présence d'acides minéraux ou organiques, libres ou combinés avec des matières organiques (voyez p. 476) ou des sels acides (phosphates acides). La *phénolphtaléine* (solution au 30°) vire également dans ces conditions.

2° Si l'épreuve précédente est positive, on passe au *rouge Congo* (solution aqueuse ou papier), qui vire au bleu au contact des acides (minéraux ou organiques) *libres*, c'est-à-dire non combinés avec des matières organiques. La *tropéoline* ou orangé Poirrier n° 4 (solution au 10° dans l'alcool étendu), le *violet de méthyle* (solution aqueuse étendue), virent dans les mêmes conditions, la première au rouge, le second au bleu.

3° On passe ensuite à la réaction de la *phloroglucine-vanilline* ou *réactif de Günzburg*. Un résultat négatif indique que le liquide ne contient, comme acides libres, que des acides organiques. S'il est positif, on peut conclure à la présence d'un acide minéral libre, non combiné à des matières organiques et qui, dans l'espèce, ne peut guère être que l'acide chlorhydrique. On prépare ce réactif en dissolvant 2 grammes de phloroglucine et 1 gramme de vanilline dans 30 grammes d'alcool. On mouille avec quelques gouttes du réactif le fond d'une petite capsule de porcelaine et on ajoute un égal volume du liquide à examiner. On dessèche ensuite doucement au-dessus d'une très petite flamme et en évitant la carbonisation. Il se produit des stries rouges ou bordées de rouge. La réaction se produit encore avec 0,01 0/0 d'acide chlorhydrique libre. Même avec 0,005 0/0 d'acide la coloration peut encore être perçue. Les acides organiques sont sans action, mais d'après M. v. Mierzynski [*Centralbl. f. klin. Med.*, **13**, 433] une dissolution de phosphate acide de calcium (PO⁴H²)² Ca, absolument exempte de chlore, et sans action sur le rouge congo, la tropéoline ou le violet de méthyle, fait virer le réactif de Günzburg. On peut remplacer la phloroglucine-vanilline par le réactif de Boas (alcool étendu, 100 gr. ; sucre de canne, 3 gr. ; résorcine, 5 gr.), qui vire au rouge dans les mêmes conditions. Le mode opératoire est le même [Boas, *Centralbl. f. klin. Med.*, **9**, 817 ; voyez dans le même recueil, **9**, 41, 185, 235, 841, une discussion sur la valeur des divers réactifs de l'acide chlorhydrique libre].

4° Les réactions de Günzburg et de Boas ne visent qu'*un acide minéral* libre dans le suc gastrique. Si l'on veut caractériser l'*acide chlorhydrique lui-même* (libre ou combiné), on emploiera l'une des méthodes décrites plus bas, celle de MM. Cahn et Mering, de M. Leo, ou celle de M. Lescœur. Citons encore l'essai qualitatif très simple proposé par M. Contejean, qui vise à la fois l'acide libre et combiné. Le liquide est saturé par un excès d'hydrocarbonate de cobalt, agité, puis filtré après plusieurs heures. Le liquide filtré est évaporé à basse température et le résidu sec est repris par de l'alcool absolu, qui laisse insoluble le lactate et dissout le chlorure de cobalt. La solution, rose à froid, devient bleue à chaud et reprend sa couleur rose par le refroidissement. On peut extraire de ce liquide des cristaux de chlorure de cobalt. Un procédé plus rapide consiste à chauffer doucement sur un verre de montre le liquide à examiner, après l'avoir saturé par un excès d'hydrocarbonate de cobalt. S'il s'est formé du chlorure de cobalt, le liquide devient bleu à chaud, tandis qu'en présence de l'acide lactique il reste rose [Contejean, *Contribution à l'étude*



*de la physiologie de l'estomac*, Thèse, Paris, 1892].

5° Pour la recherche de l'*acide lactique*, on s'est servi pendant longtemps du réactif d'Uffelmann [*Deutsch. Arch. f. klin. Med.*, **26**, 431], mélange de 10 centimètres cubes d'une dissolution aqueuse de phénol à 4 0/0 avec 20 centimètres cubes d'eau distillée et une goutte d'une dissolution concentrée de perchlorure de fer. Ce liquide, qui doit toujours être fraîchement préparé, devient jaune serin en présence d'un peu d'acide lactique. La réaction est très sensible, mais on l'obtient avec un grand nombre d'autres matières organiques, telles que les acides oxalique, citrique, tartrique, le glucose, l'alcool, les bicarbonates [Kelling, *Zeit. physiol. Chem.*, **18**, 397]. M. Boas a mis à profit récemment la transformation de l'acide lactique en acide formique et en aldéhyde sous l'influence des oxydants 10 ou 20 centimètres cubes du liquide sont évaporés au bain-marie à consistance sirupeuse ; puis, si le résidu réagit sur le rouge Congo, on le mélange avec un peu de carbonate de baryum ; sinon on ajoute directement quelques gouttes d'acide phosphorique et l'on porte à l'ébullition pour chasser l'acide carbonique. Le liquide refroidi est épuisé par 100 centimètres cubes d'éther *exempt d'alcool*, l'éther décanté est évaporé et le résidu additionné de 45 centimètres cubes d'eau et filtré, s'il y a lieu. Après y avoir ajouté 5 centimètres cubes d'acide sulfurique et un peu de bioxyde de manganèse, on chauffe et on reçoit les vapeurs condensées à l'aide d'un réfrigérant dans 5 à 10 centimètres cubes d'une solution alcaline d'iode ou de réactif de Nessler. Il se produit dès le début de l'ébullition un précipité d'iodoforme dans le premier cas, ou un dépôt jaune rougeâtre d'aldéhyde mercurique dans le second. Ce procédé peut servir au dosage de l'acide lactique. De nombreux essais sur l'homme ont montré que, chaque fois que la réaction d'Uffelmann est nettement positive, le procédé de M. Boas indique la présence de quantités notables d'acide lactique. La réaction en question conserve donc, lorsqu'elle se produit très nettement, une certaine valeur [*D. med. Woch.*, 1893, 940].

6° Pour isoler les *acides volatils*, on distille les deux tiers du liquide, puis on complète avec de l'eau au volume primitif et on recommence la même opération une ou deux fois. Tous les acides volatils se trouvent dans le liquide distillé.

Cet examen préliminaire, qui suffit dans beaucoup de cas, peut être complété par l'analyse quantitative. On ne décrira ici que quelques-unes des nombreuses méthodes qui ont été proposées.

I. MÉTHODES FONDÉES SUR L'EMPLOI DES INDICATEURS COLORÉS. — Ces méthodes, vivement attaquées dans ces dernières années, fournissent, malgré les critiques qu'on peut leur adresser, la solution la plus simple du problème, tel qu'il se pose en clinique. Le clinicien désire savoir, dit M. C. von Noorden, en ce qui concerne la sécrétion de l'acide chlorhydrique, *dans quelle mesure l'estomac est resté apte à fournir la quantité d'acide nécessaire à la digestion d'un repas donné*. On administrera donc le repas léger de M. Ewald, ou le repas plus copieux de M. G. Sée ou de M. Riegel, et, mieux encore, successivement les deux, et on examinera le contenu stomacal à l'aide des réactifs des acides libres (*phloroglucine-vanilline, tropéoline,...*). Plusieurs cas peuvent se présenter : 1° Si les réactions sont faibles, mais nettes, — et il est facile d'acquérir sur ce point une éducation suffisante de l'œil, — on en conclura que la sécrétion de l'acide chlorhydrique est restée normale, c'est-à-dire que l'estomac a fourni la quantité d'acide exigée par le repas, plus encore un faible excès ; 2° si les colorations obtenues sont extraordinairement fortes (ce que l'on reconnaîtra surtout à l'aide du rouge Congo et de la tropéoline), c'est que la sécrétion est exagérée ; 3° enfin si les réactions sont négatives, c'est que la sécrétion a été insuffisante. Le degré de cette insuffisance se mesure aisément en ajoutant à une portion déterminée du liquide une solution d'acide chlorhydrique normale au 10°, jusqu'à ce que la réaction de la phloroglucine-vanilline, par exemple, soit devenue nette. Quant à la détermination quantitative de l'acide chlorhydrique qui a été sécrété, elle n'a, d'après M. C. von Noorden, d'intérêt pratique que dans le cas d'une sécrétion exagérée. Là où la sécrétion est restée normale ou insuffisante, un tel dosage n'a aucun intérêt pratique et ne présente au point de vue théorique qu'une valeur très restreinte [Honigmann, *Berl. klin. Wochenschr.*, 1893, 351, 381 ; C. von Noorden, *ibid.*, 448].

Ce qui donne à cette méthode très simple sa valeur pratique, en dépit des objections dont sont passibles les réactions colorées, c'est ce fait important au point de vue clinique, à savoir qu'un contenu gastrique n'est apte à digérer un surplus d'albumine cuite introduite dans le liquide que si ce dernier présente les réactions des acides libres, celle de la phloroglucine-vanilline par exemple. La réaction de la phloroglucine-vanilline, lorsqu'elle est positive, indique donc bien que l'estomac a sécrété la quantité d'acide nécessaire à la digestion des matières albuminoïdes du repas d'épreuve.

La méthode ci-dessus de M. C. von Noorden peut être complétée en dosant, d'après M. Mintz, l'excès d'acide libre par un procédé analogue à celui qui sert à doser, en cas d'insuffisance, l'acide défaillant. Il suffit d'ajouter, à un volume déterminé du liquide, de la soude normale au 10° jusqu'à ce que la réaction de la phloroglucine-vanilline cesse de se produire. On est ainsi renseigné, avec une exactitude suffisante dans la plupart des cas, sur le degré d'une sécrétion hyperchlorhydrique par exemple. M. Ewald a fait cependant à la méthode de M. von Noorden ce reproche fondé, qu'en cas de réaction négative on reste dans l'ignorance sur ce point très important, à savoir s'il existe encore une sécrétion chlorhydrique, et qu'un dosage d'acide chlorhydrique s'impose dans ce cas. Mais une simple recherche d'acide chlorhydrique par le procédé de M. Contejean donnerait sans doute à la méthode de M. C. von Noorden le complément réclamé par M. Ewald [Mintz, *Wien. klin. Wochenschr.*, 1889, n° 20. — Ewald, *Berl. klin. Wochenschr.*, 1893, 449].

D'autres procédés fondés sur l'emploi des indicateurs colorés ont été proposés encore, et notamment par M. Mörner et M. Boas [Mörner, *Maly's Jahresb.*, 19, 253. — Boas, *Centralbl. f. klin. Med.*, 12, 33], et par M. Jolles [*Mon. f. Chem.*, 11, 472].

Il faut se garder surtout de demander aux méthodes fondées sur l'emploi des indicateurs colorés plus qu'elles ne peuvent donner et ne point les considérer comme de véritables méthodes *quantitatives*. L'essai tel que le prescrit M. C. von Noorden permet de constater si l'acide chlorhydrique a été sécrété en quantité *suffisante*, ou bien au contraire s'il en manque *un peu* ou *beaucoup*. Mais trop de causes influent sur l'apparition des réactions colorées pour qu'on puisse compter sur des résultats numériques précis. On a déjà signalé plus haut les discordances que l'on observe entre les résultats fournis par les divers indicateurs colorés employés pour le dosage des acides libres, et, sur ce point, il conviendrait sans doute de s'en tenir principalement au réactif de Günzburg (voyez p. 477 le travail de M. Tschlenoff). M. Leo a relevé des écarts tout

aussi considérables entre les indications du tournesol, de la phénolphtaléine ou de l'acide rosolique employés pour doser l'*acidité totale* du suc gastrique. Un contenu stomacal est un mélange très complexe de combinaisons chlorhydriques de stabilité très variable. Il arrive là sans doute, et de multiples façons, ce qui se passe, d'après M. Salkowski, pour le chlorhydrate de quinine, lequel est acide vis-à-vis de la phénolphtaléine et alcalin au regard du tournesol et de l'acide rosolique [Salkowski, *Virchow's Arch.*, 123, 307. — Leo, *D. med. Wochenschr.*, 1891, 1146].

II. MÉTHODE PAR INCINÉRATION. — Dans cette catégorie rentrent le procédé de MM. Hehner et Sehmann, celui de M. Sjöqvist, modifié par M. von Jaksch, celui de M. Bourget, enfin les procédés presque identiques de MM. Hayem et Winter et de M. Lüttke et celui de MM. Lescœur et Malibran.

1° *Procédé de M. Hehner et Sehmann.* — Ce procédé, primitivement employé par M. Hehner pour le dosage des acides minéraux du vinaigre, s'applique comme il suit au suc gastrique : On neutralise exactement 10 centimètres cubes de liquide à l'aide d'une dissolution normale décime de soude. On évapore, on calcine et on détermine dans le résidu la proportion de carbonate de sodium à l'aide d'une liqueur titrée d'acide sulfurique. On a ainsi la quantité de soude primitivement neutralisée par les acides organiques. La différence représente la soude fixée par l'acide chlorhydrique (libre et combiné). Ce procédé, qui est très analogue à celui de Braune, a été peu appliqué [Sehmann, *Zeitschr. f. klin. Med.*, 5, 272. — Leube, *Specielle Diagnose der inneren Krankheiten*, 2° édit., Leipzig, 1889, 234. — Leo, *Diagnostik der Krankheiten der Verdauungsorgane*, Berlin, 1890, 113].

2° *Procédé de M. Sjöqvist, modifié par M. R. von Jaksch et par M. Bourget.* — Le principe de ce procédé, dû à M. Mörner, est le suivant : Si l'on évapore du suc gastrique avec un excès de carbonate de baryum et que l'on calcine ensuite le résidu, les acides organiques sont transformés en carbonate de baryum, à peu près entièrement insoluble dans l'eau, tandis que l'acide chlorhydrique reste à l'état de chlorure de baryum soluble. La quantité de baryte que le résidu calciné abandonne à l'eau sous la forme de chlorure de baryum, mesure donc la quantité d'acide chlorhydrique qui existait primitivement dans le liquide. MM. Martius et Lüttke se sont assurés, à l'aide de solutions artificielles, que le carbonate de baryum fixe non seulement l'acide libre, mais encore l'acide combiné aux matières organiques ; cependant il n'est pas certain que dans le suc gastrique la décomposition soit toujours complète [Sjöqvist, *Zeitschr. physiol. Chem.*, 13, 1. — Martius et Lüttke, *Die Magensäure...*, etc., 64].

Le mode opératoire est le suivant : 10 centimètres cubes du contenu stomacal filtré sont légèrement teintés avec un peu de tournesol, puis additionnés de carbonate de baryum jusqu'à ce que le liquide ne soit plus coloré en rouge. On évapore à sec, on carbonise la masse et on la calcine pendant quelques minutes jusqu'à ce que le résidu cesse de brûler avec une flamme éclairante. Une incinération complète n'est pas nécessaire. Après refroidissement, on épuise à plusieurs reprises par l'eau chaude, on filtre et on concentre au bain-marie jusqu'à 100 centimètres cubes. Dans ce liquide M. Sjöqvist dose la baryte à l'aide d'une liqueur de bichromate de potassium, en se servant comme indicateur d'un papier à la tétraméthylparaphénylène-diamine, qu'un excès de bichromate colore en bleu. M. Katz a remplacé ce papier, peu sûr et très coûteux, par une solution ammoniacale d'acétate de plomb, qui, dans une liqueur contenant du chlorure d'ammonium, donne en présence du bichromate de potassium un précipité couleur de chair (de composition inconnue), visible encore pour une dilution de 1 pour 3000. Mais MM. R. von Jaksch, Leo, Boas ont montré qu'il était préférable de doser la baryte dans le liquide filtré en la pesant à l'état de sulfate de baryum [Katz, *Wiener med. Wochenschr.*, 1890, n° 51. — R. von Jaksch, *Diagnostik der inner. Krankh.*, 3° édit., 1892. — Leo, *D. med. Wochenschr.*, 1891, n° 41. — Boas, *Centralbl. f. klin. Med.*, **12**, 33].

M. Bourget précipite la baryte contenue dans le liquide filtré au moyen du carbonate de sodium ; le précipité est lavé jusqu'à cessation de la réaction alcaline, puis dissous dans une quantité connue et en excès d'acide chlorhydrique. L'acide chlorhydrique resté libre est titré à l'aide d'une solution de soude en présence de la phénolphtaléine. Ajoutons que ce qui distingue encore le procédé de M. Bourget de celui de M. Sjöqwist, c'est qu'il dose la quantité absolue d'acide chlorhydrique fournie par l'estomac. Pour cela, il vide l'estomac, le lave avec de l'eau et détermine l'acide chlorhydrique dans une partie aliquote du mélange des eaux de lavage avec le contenu stomacal [Bourget, *Arch. de Méd. exp.*, 1882, 844].

Lorsqu'on veut simplement constater la présence de l'acide chlorhydrique dans le suc gastrique, il suffit, d'après M. Salkowski, de précipiter par le carbonate de sodium le liquide filtré contenant le chlorure de baryum. L'intensité du louche qui se produit et la hauteur du précipité qui se rassemble renseignent en outre approximativement sur le degré d'activité qu'a conservé la sécrétion chlorhydrique [cité d'après Strauss, *Berl. klin. Wochenschr.*, 1893, n° 17].

Le procédé de M. Sjöqwist est entaché de diverses causes d'erreur. D'abord M. Salkowski a montré que même des sels organiques à réaction neutre, comme le chlorhydrate de quinine, et dont l'acide chlorhydrique n'a certainement aucune action peptique, font la double décomposition avec le carbonate de baryum. Il est vrai que la présence de combinaisons de ce genre dans le contenu stomacal n'a pas encore été démontrée. Une cause d'erreur plus grave peut provenir de l'action des chlorures alcalins fixes et plus encore de celle du chlorure d'ammonium sur l'excès de carbonate de baryum pendant la calcination. M. Leo a montré qu'il se forme ainsi par double décomposition un peu de chlorure de baryum. Or le suc gastrique peut contenir, d'après M. Strauss, jusqu'à 0,25 pour 1000 (en moyenne 0,17 pour 1000) de sel ammoniac, dont 30 à 60 pour 100 peuvent, d'après M. Léo, subir la double décomposition en question. Néanmoins l'influence des chlorures reste minime ; on peut au surplus la supprimer, comme l'a montré M. Leo, en se débarrassant par filtration de l'excès de carbonate de baryte avant d'opérer l'incinération [Leo, *D. med. Wochenschr.*, 1891, 1145. — Rosenheim, *Centralbl. f. klin. Med.*, **13**, 817. — Strauss, *Berl. klin. Wochenschr.*, 1893, 398].

Une cause d'erreur plus grave provient de l'action des phosphates du contenu stomacal sur le chlorure de baryum formé. Pendant la calcination, une partie du chlorure de baryum formé est transformée en phosphate de baryum insoluble, d'où résulte naturellement une diminution de la quantité d'acide chlorhydrique trouvée. Sur des solutions artificielles, M. Leo a pu constater de la sorte des pertes allant jusqu'à 70 0/0 de la quantité d'acide chlorhydrique introduite. Avec des dissolutions contenant 0.1 0/0 d'acide chlorhydrique avec 0,1 0/0 de phosphate acide de potassium, M. Kossler n'a pu retrouver par le procédé de Sjöqwist que 66, 71 et 76 0/0 de l'acide employé. C'est surtout avec des mélanges riches

en phosphates, comme le lait, que les pertes sont considérables (Leo). Or le contenu stomacal contient toujours des phosphates. M. Rosenheim a trouvé dans le liquide stomacal, extrait après le repas d'épreuve d'Ewald (pain et thé), de 0,025 à 0,091 0/0 de $P^2O^5$, avec une proportion d'acide chlorhydrique allant de 0,018 à 0,21 0/0. M. Rosenheim conclut à la vérité de ses analyses que l'erreur apportée par ces doses de phosphates a été très faible ; mais, comme il contrôle les chiffres trouvés d'après M. Sjöqwist pour l'acide chlorhydrique en les rapprochant simplement de ceux que donne le dosage de l'acidité totale et de celui de l'acide chlorhydrique libre d'après M. Mintz (voyez p. 482), cette affirmation ne saurait être acceptée [Leo, *D. med. Wochenschr.*, 1891, 1145. — R. von Pfungen, *Zeitschr. f. klin. Med.*, **19**. Suppl., 224, 1891. — Kossler, *Zeitschr. physiol. Chem.*, **17**, 110. — Rosenheim, *D. med. Wochenschr.*, 1891, 1324].

Si, au contraire, on opère sur des mélanges artificiels ne contenant pas de phosphates, comme il arrive souvent dans les expériences de digestions artificielles, on retrouve, d'après M. Kossler, à 1-2 0/0 près l'acide chlorhydrique employé. Ajoutons que ces essais, faits en présence de quantités variables de peptone (et d'acide acétique), montrent que les acides phosphorique et sulfurique qui se forment par l'incinération des matières albuminoïdes et qui pourraient déplacer une certaine quantité d'acide chlorhydrique, n'interviennent pas d'une manière sensible [Bondzywski, *Zeit. anal. Chem.*, **32**, 296].

La méthode de M. Sjöqwist expose donc à des pertes qui peuvent être considérables et il n'est pas surprenant qu'elle donne des résultats beaucoup moins élevés que celle de MM. Hayem et Winter, laquelle donne au contraire, comme on va le voir, un excès d'acide chlorhydrique total.

3° *Procédé de MM. Hayem et Winter.* — Ce procédé, qui se rattache dans une certaine mesure à la méthode employée autrefois par Bidder et Schmidt pour l'analyse du suc gastrique, consiste essentiellement à doser : 1° le *chlore total* du contenu stomacal ; 2° le *chlore des chlorures* ou *chlore fixe*, la différence représentant l'*acide chlorhydrique total*, tant libre que combiné avec les matières organiques ; 3° l'*acide chlorhydrique libre*.

On introduit dans trois capsules *a*, *b*, *c* chaque fois 5 centimètres cubes du liquide stomacal filtré ; *a* est additionné d'un excès de carbonate de sodium, qui transforme en chlorure de sodium l'*acide chlorhydrique total*, puis les trois capsules sont mises au bain-marie jusqu'à évaporation totale du liquide, et le résidu est desséché à l'étuve à 100°. Le résidu de *a* est calciné pendant quelques minutes, le charbon obtenu est épuisé par l'eau bouillante et le liquide filtré, acidifié par l'acide azotique, est exactement neutralisé par le carbonate de sodium. Après l'avoir fait bouillir pour chasser l'acide carbonique, on y dose le chlore à l'aide d'une solution de nitrate d'argent normale au 10° et du chromate de potassium comme indicateur. On obtient ainsi le *chlore total*, T.

Au résidu *b* on ajoute également du carbonate de sodium en dissolution concentrée et, après évaporation, on calcine et l'on termine l'opération comme précédemment par un dosage de chlore. La différence entre *a* et *b* représente l'*acide chlorhydrique libre*, H.

Le résidu *c* est directement calciné et l'opération, terminée comme dessus, donne le *chlore des chlorures* ou *chlore fixe*, F. La différence entre *b* et *c* donne l'acide chlorhydrique combiné avec les matières organiques (et avec l'ammoniaque). C'est ce que les auteurs appellent le *chlore combiné*, C [Hayem et Winter, *Du chimisme stomacal*, Paris, 1891, 72].

En ce qui concerne d'abord le dosage de *l'acide chlorhydrique libre*, on ne peut que renvoyer ici à ce qui a été dit plus haut quant à la définition de l'acide libre. La plupart des auteurs entendent par acide libre celui qui agit sur la phloroglucine-vanilline, qui est apte à gonfler un filament de fibrine et à digérer un morceau d'albumine cuite ajouté au liquide. Ces définitions sont pratiquement concordantes et ont une signification physiologique. Elles concordent aussi, très vraisemblablement, avec celle qu'a donnée M. Kossler (voyez p. 476), qui considère comme acide libre celui qui est capable d'intervertir le sucre de canne ou de saponifier l'acétate de méthyle. Mais la définition adoptée par MM. Hayem et Winter, qui considèrent comme acide libre celui qui est chassé à 100°, apparaît comme tout à fait arbitraire. A la vérité, une solution d'acidalbumine, sans excès d'acide chlorhydrique, ne perd pas d'acide chlorhydrique à 100° (voyez p. 476 et 478), tandis qu'une solution d'albumine contenant un excès d'acide chlorhydrique libre (constaté à l'aide du réactif de Günzburg) abandonne à la même température une partie de son acide. M. Winter a montré d'ailleurs que, chaque fois que le suc gastrique ne donne pas la réaction de la phloroglucine-vanilline, il ne perd pas de chlore par l'évaporation à 100°, et le résidu reste coloré en jaune ; quand la réaction de l'acide libre est au contraire positive, il y a toujours départ d'acide à 100° et coloration du résidu en violet foncé [Winter, *D. med. Wochenschr.*, 1892, 682]. Mais y a-t-il départ de *tout* l'acide libre ou, en d'autres termes, la définition adoptée par MM. Hayem et Winter concorde-t-elle *quantitativement* avec celles qui ont été données plus haut?

M. Winter n'apporte pas la démonstration de cet accord, et, d'autre part, M. Kossler insiste sur ce fait que l'évaporation à 100° fournit bien moins d'acide libre que le dosage d'après la méthode de M. Hoffmann (saponification de l'acétate de méthyle, etc.), laquelle doit être considérée comme une des plus exactes que nous possédions (voyez p. 486). D'autre part, MM. Martius et Lüttke rapportent que l'évaporation à 100° ne chasse qu'une partie de l'acide chlorhydrique libre contenu dans une solution chlorhydrique d'albumine de composition connue ; enfin on a vu que, d'après M. Sansoni, la simple évaporation à chaud d'un liquide albumineux transformant l'albumine en acidalbumine, puis en propeptone et même en peptone, la quantité d'acide chlorhydrique retenu par les matières albuminoïdes augmente, puisque les produits de la digestion (propeptone et peptone) fixent plus d'acide que l'albumine et l'acidalbumine (voyez p. 480).

La légitimité du mode opératoire adopté par M. Winter pour la détermination de l'acide libre reste donc douteuse. Il en va de même pour ce qui regarde le dosage de l'acide combiné (chlore organique) et de l'acide chlorhydrique des chlorures. Il faut tenir compte d'abord de l'objection relative à l'action des phosphates acides qui peuvent déplacer, pendant l'évaporation et la calcination, une certaine quantité d'acide chlorhydrique, d'après l'équation

$$3\,CaCl^2 + 2\,PO^4KH^2 = (PO^4)^2Ca^3 + 2\,KCl + 2\,HCl.$$

M. Kossler s'est assuré de la réalité de cette perte en opérant sur des mélanges artificiels de composition connue [Kossler, *Zeit. physiol. Chem.*, 17, 107]. M. Winter objecte, il est vrai, que le contenu stomacal, examiné une heure après le repas d'Ewald, contient au plus 0,017 0/0

d'anhydride phosphorique (contre 0,044 d'acide chlorhydrique libre et 0,168 de chlore organique). L'influence exercée sur les chlorures se traduirait donc par une perte de 0,008 à 0,009 d'HCl. Il est difficile de se prononcer avec certitude sur ce point. Notons seulement que M. Rosenheim a trouvé dans le contenu stomacal, après le repas d'Ewald, des quantités d'acide phosphorique beaucoup plus considérables (jusqu'à 0,091 0/0 de $P^2O^5$). Mais, même avec ces doses, il faut reconnaître que l'erreur (calculée) resterait de médiocre importance.

D'autres causes d'erreur ont été mises en lumière par M. Lescœur, à l'aide d'un petit appareil permettant de recueillir et de doser les produits abandonnés par le suc gastrique à des températures croissantes [Lescœur et Malibran, *Bull. méd. du Nord*, 1892. — Lescœur, *Bull. Soc. Chim.*, (3), 13, 144]. L'appareil se compose d'un petit ballon muni d'un bouchon à deux trous qui laissent passer un thermomètre et un tube de verre descendant à peu de distance du fond. Le ballon porte une tubulure latérale qui le relie par un caoutchouc avec un flacon barboteur. Ce dernier est mis en communication avec une trompe ou un aspirateur qui détermine le passage d'un courant d'air et l'entraînement, dans le barboteur, des produits volatilisés dans le ballon. On chauffe le ballon par l'intermédiaire d'un bain de sable ou d'huile. Enfin, dans l'eau du barboteur, on dose l'acide chlorhydrique condensé au moyen du nitrate d'argent et du chromate de potassium comme indicateur.

L'expérience montre d'abord qu'à 130° : 1° tout l'acide chlorhydrique d'une solution aqueuse introduite dans le ballon se retrouve intégralement dans le barboteur ; 2° les chlorures dégagent tout leur chlore en présence d'un acide minéral fixe, comme l'acide phosphorique ou l'acide sulfurique ; 3° chauffés seuls d'abord, puis en présence d'acide sulfurique, les mélanges d'acide chlorhydrique et de chlorures abandonnent d'abord tout leur acide chlorhydrique libre, puis l'acide chlorhydrique des chlorures ; 4° les chlorures d'ammonium, de sodium et de calcium ne laissent pas passer d'acide chlorhydrique à la distillation ; le chlorure de magnésium, au contraire, en laisse passer un peu (jusqu'à 12 0/0) ; 5° un mélange de chlorure de sodium et d'acide lactique perd (toujours à 130°) une partie de son acide chlorhydrique (13 0/0 dans une expérience).

M. Lescœur a montré en outre qu'un mélange de 10 centimètres cubes de solution décinormale d'acide chlorhydrique avec 10 centimètres cubes de solution décinormale de sel marin et 5 grammes de sucre candi fournit, de 100 à 130° et au delà, les quantités suivantes de chlore (évaluées en liqueur décime d'argent) :

| | | |
|---|---|---|
| Produit recueilli à 100°................ | 8$^{cc}$,40 |
| —    —   de 100 à 130°.......... | 2$^{cc}$,05 |
| —    —   au-dessus de 130°...... | 2$^{cc}$,05 |
| Chlorure de sodium restant........... | 7$^{cc}$,40 |

Au-dessus de 130° le sucre décompose donc une partie du chlorure de sodium, fait constaté aussi par M. Weber [*Pogg. Annalen*, 81, 405]. En introduisant dans l'appareil 10 centimètres cubes de solution décime d'acide chlorhydrique avec 10 centimètres cubes de solution décime de sel marin et 5 grammes d'albumine, on obtient, en solution décime d'argent :

| | | |
|---|---|---|
| Acide chlorhydrique dégagé à 100°......... | 3$^{cc}$,10 |
| —    —    130°.......... | 7$^{cc}$,10 |
| —    —   à carbonisation totale.. | 4$^{cc}$,80 |
| Chlorure de sodium restant............... | 4$^{cc}$,70 |

L'analyse montre en outre que les produits recueillis contiennent du chlorure d'ammonium, engendré par l'action du sel marin sur la matière albuminoïde pendant la carbonisation.

Le procédé de M. Winter doit donc donner nécessairement des résultats trop faibles pour l'acide chlorhydrique des chlorures (chlore fixe) : ce dont M. Lescœur s'est d'ailleurs assuré par des analyses comparatives de suc gastrique de chien et d'homme, par sa méthode de la distillation fractionnée et celle de M. Winter. Inversement, et pour la même cause, le chlore organique se trouve être trop fort par rapport aux résultats de M. Lescœur (chlore recueilli de 100° à la carbonisation totale), comme le montre l'exemple suivant, qui a trait à un suc gastrique humain recueilli après le repas d'épreuve de MM. Hayem et Winter :

|  | Lescœur et Malibran. |  | Hayem et Winter. |
|---|---|---|---|
| H Cl à 100°....... | 0ᵍʳ,025 | H Cl libre......... | 0ᵍʳ,022 |
| H Cl de 100 à 130°. | 0ᵍʳ,032 |  |  |
| H Cl de 130 à la carbonisation.... | 0ᵍʳ,016 | Chlore organique... | 0ᵍʳ,052 |
| Na Cl restant..... | 0ᵍʳ,084 | Chlorures......... | 0ᵍʳ,080 |
| Total... | 0ᵍʳ,157 | Chlore total... | 0ᵍʳ,154 |

Si l'on admet d'autre part qu'à 100° tout l'acide chlorhydrique libre n'est pas chassé, on voit que le chlore organique de M. Winter est augmenté :, 1° d'une partie de l'acide libre; 2° d'une partie de l'acide chlorhydrique des chlorures [voyez la réplique de M. Winter, *Bull. Soc. Chim.*, (3), 13, 433]. Mais il convient de faire remarquer que les mélanges sur lesquels opère M. Lescœur contiennent des doses *énormes* de matières organiques (250 grammes d'albumine p. 1000). MM. Martius et Lüttke, qui déterminent également le chlore des chlorures par incinération, produisent une série d'analyses qui montrent qu'avec des doses moindres de matières organiques (2 0/0 de peptone, par exemple) la perte subie par les chlorures reste pratiquement négligeable [Martius et Lüttke, *Die Magensäure, etc.*, 108 et 113].

4° *Procédé de MM. Lescœur et Malibran.* — Le point de départ de cette méthode est tout entier dans les expériences qui viennent d'être exposées. On recueille, à l'aide de l'appareil décrit plus haut, l'acide chlorhydrique volatilisé de 100 à 130°, et on le compte comme acide chlorhydrique. Cette fraction représente évidemment la somme de l'acide libre et de l'acide qui est fixé par les matières organiques et qui forme des combinaisons de stabilité variable, se dissociant progressivement jusqu'à 130°. Le résidu est traité par une solution d'acide phosphorique, et l'acide chlorhydrique qui se dégage est compté en chlorure de sodium.

Si l'on a soin de ne pas dépasser 130°, l'influence des matières organiques neutres sur les chlorures ne se fait pas sentir, et les résultats sont suffisamment exacts, ainsi que le démontrent les expériences de M. Lescœur. La seule cause qui puisse vicier notablement les résultats est la présence des acides organiques fixes, c'est-à-dire celle de l'acide lactique. Mais l'élimination des acides organiques au moyen de l'éther, telle que la pratique M. Leo, par exemple (voyez plus loin), est en somme une opération peu compliquée et qui permettrait sans doute de compléter sur ce point la méthode de MM. Lescœur et Malibran. On remarquera que cette méthode ne donne que l'acide chlorhydrique total (libre et combiné avec les matières organiques) et l'acide chlorhydrique des chlorures.

5° *Procédé de MM. Martius et Lüttke.* — Ce procédé, qui ne diffère que fort peu de celui de MM. Hayem et Winter, consiste à déterminer :

1° le *chlore total* contenu dans le liquide stomacal, à l'aide du procédé au sulfocyanate de Volhard ; 2° le *chlore des chlorures*, que l'on dose à l'aide du même procédé dans le résidu de l'incinération du suc gastrique. La différence donne l'*acide chlorhydrique total* (libre et combiné aux matières organiques). D'autre part, on détermine l'*acidité totale* à la phtaléine du phénol et celle des *acides libres* en présence de la tropéoline [Martius et Lüttke, *Die Magensäure, etc.*, 66 et 101]. Les auteurs citent de nombreuses analyses de mélanges artificiels d'acide chlorhydrique, de chlorures, d'acides organiques et de matières organiques (albumine, peptone, jus de viande, etc.), et leurs résultats montrent que les erreurs qui vicient le dosage du chlore total et du chlore des chlorures (et par conséquent leur différence, l'acide chlorhydrique total) restent dans des limites très acceptables. Pour ce qui regarde la détermination de l'acidité totale et celle des acides libres, on ne peut que renvoyer à ce qui a été dit plus haut. Enfin, les auteurs insistent vivement sur la nécessité de n'opérer que sur du suc gastrique non filtré (voyez plus haut, p. 480).

MÉTHODES DIVERSES. — 1° *Méthode de MM. Cahn et von Mering.* — Cette méthode a pour point de départ une intéressante expérience de Rabuteau, qui a démontré la présence de l'acide chlorhydrique dans le suc gastrique en saturant le liquide de quinine fraîchement précipitée, puis épuisant par l'alcool amylique qui ne dissout que le chlorhydrate de quinine et laisse insolubles les chlorures. MM. Cahn et von Mering ont substitué à la quinine la cinchonine, qui est sans action sur les chlorures.

Le mode opératoire est le suivant : 1° 50 centimètres cubes de suc gastrique sont réduits par distillation aux trois quarts de leur volume et le résidu, complété à 50 centimètres cubes, est soumis à une nouvelle distillation. Le liquide distillé contient les *acides organiques volatils*, que l'on dose avec de la soude normale décime ; 2° le liquide restant est agité six fois avec 500 centimètres cubes d'éther (exempt d'alcool), et les liquides éthérés, soumis à la distillation, donnent un résidu dans lequel on dose l'*acide lactique* à l'aide de la liqueur de soude ; 3° le liquide aqueux, ainsi débarrassé des acides organiques volatils et fixes, est traité jusqu'à réaction neutre par un excès de cinchonine fraîchement précipitée, et la masse est épuisée 4 ou 5 fois par du chloroforme pur. Les extraits chloroformiques distillés laissent un résidu dans lequel on précipite le chlore, en milieu nitrique, à l'état de chlorure d'argent.

Cette méthode, longue et dispendieuse en ce qui concerne la séparation des acides organiques, dose en fait d'acide chlorhydrique l'acide total (libre et combiné), mais donne sur ce point des résultats trop faibles, comme l'ont constaté MM. Cahn et von Mering dans leurs expériences de contrôle [Rabuteau, *C. R.*, 80, 61. — Cahn et von Mering, *Arch. f. klin. Med.*, 39, 239. — Voyez aussi plus haut, p. 478].

2° *Méthode de M. Leo.* — Dans cette méthode, les *acides gras volatils* et l'*acide lactique* sont d'abord éliminés en opérant comme le font MM. Cahn et von Mering; puis le liquide restant est traité par le carbonate de calcium. L'*acide chlorhydrique libre* et aussi, comme l'ont montré MM. Martius et Lüttke, l'*acide chlorhydrique combiné*, sont ainsi transformés en chlorure de calcium, surtout si l'on a soin de chauffer *doucement* (Martius et Lüttke). Au contraire, les phosphates acides ne réagissent pas avec le carbonate de calcium. La diminution d'acidité du liquide sous l'influence du carbonate permet donc de mesurer la quantité d'acide chlorhydrique qui a été neutralisée, à la condition toutefois que les deux titrages acidimétriques aient lieu en présence d'un excès de chlorure de calcium. Il faut en effet, pour neutraliser le phosphate acide de potassium en présence d'un excès de chlorure de calcium, deux fois plus de soude qu'en l'absence de ce sel, ainsi que le montrent les formules suivantes :

$$PO^4KH^2 + NaOH = PO^4KNaH + H^2O,$$

$$2PO^4KH^2 + 4NaOH + 3CaCl^2$$
$$= (PO^4)^2Ca^3 + 2KCl + 4NaCl + 4H^2O.$$

Le mode opératoire est le suivant : 1° 10 centimètres cubes de liquide gastrique filtré sont additionnés de 5 centimètres cubes d'une solution de chlorure de calcium, et l'on détermine l'acidité en se servant de la phénolphtaléine et d'une solution normale décime de soude; 2° 15 centimètres cubes de liquide sont additionnés de 1 gramme de carbonate de calcium sec; on mélange intimement et l'on filtre à travers un filtre sec; 10 centimètres cubes du liquide filtré, débarrassé de l'acide carbonique par un courant d'air sec, sont ensuite additionnés de chlorure de calcium, et l'on détermine à nouveau l'acidité. La différence correspond à l'acide chlorhydrique total [Leo, *Centralbl. f. d. med. Wissensch.*, 1889, 481; *Diagnostik der Krankheiten der Verdauungsorgane*, Berlin, 1890. — Martius et Lüttke, *Die Magensäure*, etc., p. 63 et 88].

MM. A. Hoffmann et J. Wagner ont montré qu'en présence de quantités suffisantes de phosphate acide de potassium, ce sel réagit avec le carbonate de calcium et que la perte d'acidité qui peut se produire ainsi s'élève jusqu'à 17,8 0/0. Cette perte est surtout considérable si l'on chauffe fortement le liquide : ce que M. Leo recommande d'éviter. Mais les liquides avec lesquels ont opéré MM. Hoffmann et Wagner contenaient au minimum 1,36 0/0 de $PO^4KH^2$. Or il est peu probable que les liquides gastriques soient habituellement aussi riches en acide phosphorique. Du moins les dosages de M. Rosenheim cités plus haut (p. 484) montrent-ils que leur teneur maxima en $P^2O^5$ correspond à 0,18 0/0 de $PO^4KH^2$. En se maintenant dans ces limites et en opérant sur des mélanges artificiels contenant, pour 100 centimètres cubes, de $0^{gr},1$ à $0^{gr},3$ de phosphate acide de potassium avec $0^{gr},10$ à $0^{gr},75$ d'acide chlorhydrique et des quantités variables de peptone (de 0 à 4 grammes), M. Kossler a montré que les erreurs ne sont que de quelques centièmes et n'atteignent 6 parties pour 100 parties d'acide chlorhydrique que là où la proportion de phosphate a été très élevée [Hoffmann, *Centralbl. f. klin. Med.*, 11, 713. — Wagner, *Pflüger's Arch.*, 50, 375. — Leo et Friedheim, *Ibid.*, 48, 614. — Kossler, *Zeit. physiol. Chem.*, 17, 100].

Le procédé paraît donc recommandable. Il ne présente qu'un inconvénient, qui est la nécessité d'éliminer les acides organiques, et en particulier l'acide lactique. M. Leo ne pratique cette élimination que lorsque la réaction d'Uffelmann donne un résultat positif. Il vaudrait mieux sans doute adopter la réaction de M. Boas (voyez p. 481). Voici comment M. Leo pratique aujourd'hui l'extraction de l'acide lactique : 10 centimètres cubes de suc gastrique sont introduits dans un vase à précipiter d'un demi-litre environ et additionnés de 100 centimètres cubes d'éther. On agite doucement, on décante l'éther et on fait cette opération en tout six fois. Tous les acides organiques sont ainsi éliminés et, sans chasser ce qui reste d'éther avec le liquide aqueux, on procède directement à la détermination acidimétrique [Leo, *D. med. Wochenschr.*, 1893, 536].

*Procédé de M. Hoffmann.* — On a déjà indiqué plus haut le principe de ce procédé, fondé sur l'interversion du sucre de canne ou la saponification de l'acétate de méthyle. En ce qui concerne la première réaction, on peut objecter que les acides organiques possèdent aussi un léger pouvoir inversif, que des substances telles que les chlorures (neutres) activent la formation de glucose, que les phosphates acides ralentissent au contraire ce processus. Enfin le procédé a l'inconvénient d'exiger l'emploi d'un polarimètre très précis [F.-A. Hoffmann, *Centralbl. f. klin. Med.*, 10, 793].

La réaction à l'acétate de méthyle est d'une application plus commode, puisqu'elle se ramène au dosage acidimétrique de l'acide acétique mis en liberté. M. Hoffmann a calculé que l'influence exercée par les acides organiques et les sels est pratiquement négligeable. Pour plus de détails, nous renvoyons le lecteur au mémoire original [F. A. Hoffmann, *Verhandl. d. int. med. Congresses*, 1890, 5° partie, et *Maly's Jahresb.*, 21, 219].

Ce procédé ne fournit, comme on l'a vu, que l'acide libre, tel qu'il est défini par la réaction employée. Il serait intéressant de comparer les résultats qu'il fournit à ceux d'une méthode à indicateur coloré, celle de M. Mintz par exemple, en opérant sur des mélanges connus d'albumine et d'acide chlorhydrique. Comme la saponification de l'acétate de méthyle s'opère par un séjour de quelques heures à l'étuve à 60°, on se heurterait sans doute à cette cause d'erreur déjà signalée, à savoir que, sous l'action de la chaleur et de l'acide, l'albumine va se modifiant et fixe des quantités d'acide à chaque instant variables (voyez plus haut).

On ne fera que rappeler le procédé déjà décrit de Bidder et Schmidt et celui de M. Kasass, fondé sur l'action de l'acide chlorhydrique sur le tartrate acide de potassium, procédé très simple et qui donnerait, d'après l'auteur, des résultats concordant avec ceux de MM. Hayem et Winter [J. Kasass, *Maly's Jahresb.*, 23, 295].

En résumé, il nous semble que le débat sur les méthodes d'analyse du suc gastrique présente aujourd'hui plus d'intérêt au point de vue analytique pur qu'au point de vue clinique. La simple série de réactions telles que les pratique M. C. von Noorden, complétées selon les cas d'après M. Mintz et M. Contejean, donne tous les renseignements utilisables en clinique. Si l'on veut aller plus loin, on se servira des procédés de MM. Martius et Lüttke ou Hayem et Winter, ou de celui de M. Leo, qui donnent la quantité d'acide chlorhydrique total sécrété. Pour la séparation *quantitative exacte* de l'acide libre d'avec l'acide combiné (en s'entendant au préalable sur la définition de l'acide libre), on ne possède encore aucune méthode sûre. Celle de M. Hoffmann paraît être la plus rigoureuse et donnera sans doute le terme de comparaison permettant de vérifier les autres.

E. *Sécrétion et rôle physiologique de l'acide chlorhydrique.*

MM. Hayem et Winter admettent que c'est le chlorure de sodium qui intervient dans l'acte primordial de la peptonisation, l'acide chlorhydrique libre n'apparaissant que comme produit secondaire consécutif à la peptonisation totale [Hayem et Winter, *Chimisme stomacal*, p. 123. — Winter, *D. med. Wochenschr.*, 1892, 681]. Mais dans le suc gastrique tout à fait pur, recueilli chez le chien d'après la méthode de la double fistule gastro-œsophagienne (voyez p. 473), MM. Wagner et Kasass ont trouvé des quantités

considérables d'acide chlorhydrique (de 4 à
5,63 0/0), avec très peu d'acide combiné à des
matières organiques [Wagner, *Maly's Jahresb.*,
23, 291. — Kasass, *Ibid.*, 23, 295].

Lorsqu'on donne à un animal une alimentation
exempte de chlorure, l'excrétion du chlore par les
urines s'arrête presque entièrement au bout de
quelques jours, parce que l'organisme (et principalement le sérum sanguin) retient avec énergie
ses dernières réserves de chlorures. Si par l'administration de diurétiques, tels que le nitrate de
potassium, on soustrait encore aux tissus de nouvelles quantités de chlore, on arrive à un état
tel, que l'estomac ne sécrète plus qu'un suc
*neutre*, même sous l'influence de l'excitation
produite par l'ingestion des aliments, et bien que
les animaux supportent facilement, au moins
pendant quelque temps, cette inanition chlorée.
Le suc gastrique ainsi produit ne digère pas la
fibrine, mais recouvre des propriétés peptiques
énergiques, sitôt qu'on l'additionne d'acide chlorhydrique [Voit, *Sitzungsber. d. Bayer. Akad. d.
Wissensch.*, 1869, 2, 506. — Kahn, *Zeit. physiol. Chem.*, 10, 522]. Ces expériences montrent
que l'acide chlorhydrique du suc gastrique se
produit aux dépens des chlorures, ce qui paraissait évident à priori, et, en outre, qu'on ne saurait admettre la formation intermédiaire d'un
acide organique tel que l'acide lactique, lequel
décomposerait les chlorures à la surface de la
muqueuse, puisque, même en l'absence des chlorures, cet intermédiaire hypothétique aurait communiqué au suc gastrique une réaction acide
[voyez sur cette question : L. de Jager, *Maly's
Jahresb.*, 21, 236 et 239. — Zeehuisen, *ibid.*,
238. — Leo Liebermann, *Pflüger's Arch.*, 50, 25,
et *Maly's Jahresb.*, 22, 260].

Si l'inanition chlorée est poussée très loin, les
animaux deviennent apathiques, puis s'affaiblissent énormément (voyez plus loin), mais ils
se remettent rapidement aussitôt qu'on leur administre du sel. En même temps, on voit l'acide
chlorhydrique reparaître dans le suc gastrique.

Dans la formation de l'acide chlorhydrique du
suc gastrique aux dépens des chlorures, on constate que les glandes stomacales dirigent l'acide
libre vers la surface de la muqueuse, tandis
qu'une quantité correspondante d'alcali est reprise
par le sang, dont l'alcalinité est augmentée. Corrélativement on voit, 4 ou 5 heures après le repas,
l'acidité de l'urine diminuer et parfois même la
réaction se renverser complètement [Drouin,
*Thèse de médecine*. Paris, 1892, p. 84. — Gley et
Lambling, *Revue biolog. du nord de la France*,
1, 12]. Cette décomposition du chlorure de sodium, jadis expliquée par des phénomènes d'électrolyse, est rapportée plus volontiers aujourd'hui
à des phénomènes de diffusion. M. Maly a montré
que si l'on mêle dans un dialyseur une dissolution de phosphate de sodium ordinaire, neutre
au papier, avec du chlorure de calcium, il se produit la double décomposition que voici :

$$2\,PO^4Na^2H + 3\,CaCl^2$$
$$= (PO^4)^2Ca^3 + 4\,NaCl + 2\,HCl\,;$$

mais, l'acide se diffusant 34 fois plus vite que le
sel marin, le liquide extérieur du dialyseur est
bientôt trouvé plus riche en acide chlorhydrique
qu'en chlorures [Maly, *Ann. Chem.*, 173, 250;
*Zeit. physiol. Chem.*, 1, 184. — Voyez aussi *Sitzungsb. d. Wien. Akad.*, 69, 1874].

Une explication plus plausible est celle que
fournissent les *actions de masse*. On sait qu'un
acide, si faible qu'il soit, réagissant sur le sel d'un
acide fort, déplace ce dernier en quantité d'autant plus forte que la masse de l'acide faible est
plus forte [voy. notamment Thomsen, *Pogg. Ann.*,

138-143]. La décomposition du chlorure de sodium par l'acide lactique peut être facilement
mise en évidence par des expériences de diffusion
(Maly). Il est certain que même l'acide carbonique en masse peut opérer un tel déplacement.
Or le sang contient constamment un excès
d'acide carbonique et représente en réalité un
liquide acide (sur l'acidité réelle et l'alcalinité
apparente du sang, et leur mesure, voy. Drouin,
*loc. cit.*). On conçoit donc que l'acide carbonique,
agissant en masse sans cesse renouvelée, puisse
mettre en liberté l'acide chlorhydrique des chlorures, que les phénomènes de diffusion éliminent
immédiatement du champ de la réaction.

Une véritable accumulation d'acide carbonique
a pu être observée d'ailleurs dans les « glandes
salivaires » du *Dolium galea*, grande limace de
la Sicile, du poids de 1 à 2 kilogrammes. Ces
glandes sécrètent un liquide contenant de 30 à
98 grammes d'acide sulfurique libre, à côté de
4 grammes d'acide chlorhydrique 0/00 [Troschel,
*Journ. prakt. Chem.*, 63, 170. — Panceri et de
Luca, *C. R.*, 65, 517 et 712. — Maly, *Wien.
Akad. Sitzungsber. — Math. naturw. Class.*, 81,
2e part., 376]. Ces glandes, extirpées et maintenues
sous l'eau, dégagent des quantités considérables
d'acide carbonique (206cc pour une glande de
75 gr.), et M. Bunge admet que la pression du
gaz dans la glande peut dépasser 4 atmosphères
[Panceri et de Luca, *loc. cit.* — Bunge, *Physiol.
Chem.*, 2e édit. Leipzig, 1889, p. 149]. Dans l'estomac du chien, M. Schierbek a mesuré une tension
d'acide carbonique allant de 30 à 140 millimètres
de mercure et variant dans le même sens que
l'acidité [Schierbeck, *Bull. de l'Acad. royale
danoise*, 1891; *Maly's Jahresb.*, 24, 262. —
*Inaug. Dissert.*, Saint-Pétersbourg, 1893; *Maly's Jahresb.*, 23, 294]. Cette décomposition
des chlorures s'accomplit vers la superficie de la
couche glandulaire, car le fond des glandes est
toujours alcalin [Brücke, *Wiener Akad. Sitzungsber.*, 73, 131].

La formation d'un acide minéral fort dans les
glandes de l'estomac n'est donc pas inexplicable,
mais on s'explique mal pourquoi c'est l'acide
chlorhydrique, et non point l'acide carbonique,
que les phénomènes de diffusion éliminent, et
enfin par quel mécanisme l'acide est dirigé dans
un sens et le carbonate formé vers l'autre pôle
de la glande.

En ce qui concerne le *rôle physiologique de
l'acide chlorhydrique*, on a considéré pendant
longtemps cet acide comme servant uniquement
à la peptonisation, laquelle ne peut s'opérer que
par l'action simultanée de la pepsine et de l'acide
chlorhydrique. Mais il paraît bien démontré aujourd'hui que l'intestin peut suppléer entièrement
l'estomac dans ses fonctions digestives. Dans ses
expériences sur l'inanition chlorée (voy. plus
haut), M. Kahn a pu tarir complètement la sécrétion chlorhydrique chez ses animaux et constater en même temps par des analyses de fèces
l'intégrité des fonctions digestives en ce qui concerne la digestion et la résorption des albuminoïdes. D'autre part, M. Czerny, MM. Ludwig et
Ogata ont pu extirper entièrement l'estomac chez
des chiens, et maintenir néanmoins ces animaux
en parfaite santé pendant des années [Ogata,
*Arch. f. Anat. u. Physiol.*, 1883, 89. — Voy.
aussi au début du présent article].

C'est à la suite de ces observations qu'on en
est arrivé à admettre que le rôle essentiel de
l'acide chlorhydrique est de servir d'antiseptique à
l'origine des phénomènes digestifs. Déjà Spallan-
zani, dans ses « expériences sur la digestion »,
avait signalé, en 1784, que des fragments de
viande arrosés de suc gastrique se conservent
pendant longtemps sans altération et que le suc

gastrique arrête même la putréfaction déjà commencée. Des expériences plus récentes ont montré que la proportion d'acide chlorhydrique contenue dans le suc gastrique suffit pour arrêter la putréfaction de la viande, du bouillon [Sieber, *J. prakt. Chem.*, (2), **19**, 433]. Un certain nombre de bactéries pathogènes, comme le bacille virgule du choléra, la bactéridie du charbon, sont détruits par l'acide chlorhydrique étendu ou le suc gastrique. Ainsi l'introduction d'une culture cholérique dans l'estomac n'infecte pas un animal; l'infection se produit au contraire si l'on neutralise préalablement le suc gastrique par ingestion de carbonate de soude ou si l'on injecte la culture dans l'intestin. D'autres bactéries résistent au contraire au suc gastrique, et notamment le bacille de la tuberculose et les bactéries de la fermentation lactique et butyrique [Frank, *D. med. Wochenschr.*, 1884, n° 24. — Nicati et Rietsch, *Semaine méd.*, sept. 1884. — R. Koch, *D. med. Wochenschr.*, 1884, n° 45]. Le développement de ces dernières est simplement atténué. Cette action antiseptique du suc gastrique peut se prolonger dans l'intestin jusqu'à une grande distance de l'estomac, car la réaction acide du chyme se maintient pendant longtemps et son action antiseptique est soutenue par celle de la bile [voyez à l'article BILE, 2° Suppl., **1**, 697. — Gley et Lambling, *Soc. de Biol.* (10), **1**, 185].

Lorsque la réaction du contenu stomacal devient au contraire faiblement acide, neutre ou même alcaline, les organismes inférieurs pullulent avec une extraordinaire activité, bien que la réaction puisse redevenir acide par suite de la formation d'acides organiques (lactique, butyrique, etc.) aux dépens des hydrates de carbone. Dans ses expériences citées plus haut sur l'inanition chlorée, M. Kahn a fréquemment trouvé dans l'estomac des animaux de la viande en voie de putréfaction, et peut-être faut-il attribuer, au moins en partie, à des intoxications d'origine bactérienne l'état de dépression profonde dans lequel les animaux finissaient par tomber. A la vérité, les chiens de MM. Czerny, Pflüger et Ogota se maintenaient en bonne santé quoique privés d'estomac, mais M. Bunge estime, avec raison sans doute, que, si on leur avait fait ingérer de la viande putréfiée, que des chiens normaux supportent très bien, le rôle antiseptique du suc gastrique eût apparu aussitôt.

Il convient d'ajouter cependant que si l'acide chlorhydrique a surtout un rôle antiseptique, la sécrétion de la pepsine devient incompréhensible, d'autant plus que M. F. Cohn a démontré que ce ferment n'accentue en aucune façon les propriétés antiseptiques de l'acide chlorhydrique [F. Cohn, *Zeit. physiol. Chem.*, **14**, 75. — Voy. aussi Hirschfeld, *Pflüger's Arch.* **47**, 510]. D'autre part, les physiologistes tendent à considérer aujourd'hui le phénomène de la peptonisation des albuminoïdes comme ne jouant qu'un rôle secondaire dans les phénomènes de la digestion et de l'absorption des aliments azotés. Pour que des matières albuminoïdes primitives, telles que l'albumine ou la caséine, soient assimilables, il n'est point nécessaire qu'elles soient peptonisées; une simple transformation en acidalbumine (ou en alcalialbumine) suffit pour qu'elles soient assimilées, et la formation des peptones, que l'on considère de plus en plus comme les produits d'un dédoublement déjà assez profond des matières albuminoïdes, ne serait plus qu'un phénomène secondaire, dont la signification physiologique reste à la vérité très obscure [voy. R. Neumeister, *Physiol. Chem.*, Iena, 1893, 241]. Outre son rôle antiseptique, l'acide chlorhydrique, dont dépend la production de l'acidalbumine, reprendrait donc, dans cette théorie, une importance considérable au point de vue digestif.

## II. LA PEPSINE.

*Pepsine et propepsine* (voyez 1er Suppl., 1144). — La muqueuse stomacale fournit d'après M. Gautier plusieurs sortes de pepsines, que l'on peut séparer de la manière suivante : Des raclures d'estomac de porc sont mises à digérer à la température de 36° dans de l'acide sulfurique à 2 0/0. La liqueur acide décantée (et non filtrée) est traitée par du carbonate de baryum, puis soumise à la dialyse pour séparer en partie les peptones et les sels. La liqueur qui reste est louche; elle ne peut être clarifiée et contient en suspension de 1 à 2 0/00 d'une substance formée de corpuscules très petits de 1,5 à 2 μ de diamètre et qui représente la *pepsine insoluble* de M. Gautier ou *pepsinogène* des Allemands. Ce corps, traité par l'eau distillée, fournit d'une façon presque indéfinie des liqueurs très pauvres en matières organiques non albuminoïdes, aptes à peptoniser la fibrine, sinon complètement, du moins partiellement. Cette peptone insoluble est détruite à 56° et peut rester pendant quelque temps au contact du carbonate de sodium à 1 0/0 sans s'altérer sensiblement.

La liqueur filtrée, traitée par des floches de soie grège préalablement lavées à l'acide chlorhydrique à 1 0/0 et bien rincées, abandonne à la soie un ferment que l'eau ne peut enlever, mais qui se dissout facilement dans l'acide chlorhydrique étendu de 200 volumes d'eau. Ce ferment est une pepsine imparfaite, une *propepsine*, qui ne peptonise jamais complètement la fibrine de bœuf. La liqueur résiduelle séparée de la soie contient la pepsine ordinaire ou *pepsine soluble complète*, jouissant d'un pouvoir peptique complet [Gautier, *Cours de Chimie*, **3**, 545].

En ce qui concerne la *pepsine insoluble*, M. Chandelon a observé aussi qu'une solution chlorhydrique de pepsine, additionnée de fibrine par portions successives jusqu'à ce qu'elle ne puisse plus en dissoudre, donne par filtration un liquide trouble, qui additionné d'acide chlorhydrique à 2 0/00, redevient apte à digérer la fibrine. Si, au lieu de filtrer sur du papier, on se sert d'argile, la liqueur est limpide et l'addition d'acide chlorhydrique ne lui confère plus la propriété de dissoudre la fibrine. Sur le filtre, on trouve des particules insolubles dans l'eau et dans la glycérine, et que l'acide chlorhydrique à 2 0/00 dissout en donnant une solution douée de propriétés digestives [Chandelon, *D. chem. G.*, **18**, 1999; *Bull. Soc. Chim.*, (2), **46**, 871].

La plupart des auteurs ne distinguent qu'une *pepsine* ordinaire et une *propepsine* inactive, mais fournissant un ferment actif au contact des liquides acides. Les muqueuses fraîches ne contiennent, d'après M. W. Podwyssotzki, que très peu de pepsine, à côté de quantités très considérables de propepsine. Elles cèdent en effet à la glycérine neutre beaucoup moins de ferment actif qu'à la glycérine acide ou à l'acide chlorhydrique étendu, ces deux derniers véhicules dissolvant probablement à la fois la pepsine préformée et la propepsine, qu'ils dédoublent ou transforment avec production de ferment actif. Néanmoins la glycérine neutre dissout aussi un peu de propepsine, car, additionnée d'acide chlorhydrique, cette solution glycérinée dissout d'autant plus de fibrine que l'acide chlorhydrique a agi plus longtemps avant l'introduction de la fibrine. Une muqueuse abandonnée à la température de la chambre donne des extraits de plus en plus riches en pepsine. Le maximum est atteint au bout de 24 heures [W. Podwyssotzki, *Pfl. Arch.*, **39**, 62].

M. Langley opère la séparation de la pepsine d'avec la propepsine (ou pepsinogène) en mettant à profit la destruction très rapide (15 secondes) de la pepsine par les dissolutions de carbonate de sodium à 0,5 0/0, lesquelles n'attaquent que très lentement le pepsinogène. La présence de la peptone retarde cette destruction de la pepsine. Au contraire, un courant d'acide carbonique prolongé pendant 1 heure détruit presque tout le pepsinogène (chez la grenouille), surtout en présence de petites quantités de sulfate de magnésium (0,1 0/0), d'acide acétique ou de carbonate de sodium. La peptone (0,25 0/0), l'albumine, la globuline entravent cette destruction. La pepsine résiste beaucoup mieux à l'acide carbonique [Langley et Edkins, *Journ. of Physiol.*, 7, 371].

*Préparation de la pepsine.* — Le procédé suivant s'applique, d'après M. A. Gautier, à la plupart des ferments solubles. Les raclures de muqueuse stomacale, préalablement lavées à l'eau fraîche, sont mises à digérer avec 5 fois leur volume d'eau acidulée de 1,5 0/0 d'acide acétique, en présence d'une trace d'acide cyanhydrique, et en agitant de temps à autre. Après 24 heures, on exprime dans un linge, on neutralise presque la liqueur, on la filtre et on la concentre au cinquième dans le vide, à 40°. On la précipite alors par une grande quantité d'alcool à 95° centésimaux. On redissout le précipité dans l'eau, on filtre, et le liquide, neutralisé par de la craie en excès, est, sans filtration préalable, additionné de sublimé. Quand il ne se fait plus de flocons sensibles et que le louche ne paraît plus augmenter, on filtre, on élimine l'excès de plomb par l'hydrogène sulfuré, on filtre de nouveau et, sans se préoccuper de la couleur plus ou moins brune du liquide, on l'évapore entre 35 et 40° dans un courant d'acide carbonique. On reprend le résidu sec par l'alcool fort, qui enlève de l'acide chlorhydrique et diverses impuretés, puis le résidu, dissous dans l'eau, est débarrassé de chaux à l'aide d'une quantité suffisante d'acide oxalique étendu. On filtre, on soumet pendant deux jours à la dialyse, puis on concentre dans le vide et on précipite par l'alcool absolu qui donne la pepsine pure. Toutes ces opérations doivent se faire dans un courant d'acide carbonique [A. Gautier, *Cours de Chimie*, 3, 543].

Le procédé suivant, dû à M. Kühne, donne plus rapidement un produit très pur et extraordinairement actif. Des muqueuses d'estomac de porc sont hachées et mises à digérer à l'étuve avec beaucoup d'acide chlorhydrique étendu. Lorsqu'on constate que le liquide ne contient plus que peu d'albumoses, et que la digestion devient traînante par suite de l'accumulation des produits, on sature le liquide de sulfate d'ammonium. Le précipité d'albumose qui se produit, et qui entraîne avec lui la pepsine, est exprimé et soumis à une nouvelle digestion avec de l'acide chlorhydrique étendu. Cette opération est renouvelée jusqu'à ce que toutes les albumoses aient été transformées en peptone (au sens que M. Kühne donne à ce mot), laquelle n'est pas précipitable par le sulfate d'ammonium. A ce moment, le sulfate d'ammonium ne précipite plus que la pepsine, que l'on débarrasse de sels à l'aide de la dialyse. On précipite finalement par l'alcool, qui doit être éliminé aussi rapidement que possible [Kühne et Chittenden, *Zeit. f. Biol.*, nouv. série, 4, 428].

Rappelons qu'en refroidissant fortement du suc gastrique tout à fait pur, obtenu par la méthode de la double fistule gastro-œsophagienne (voyez plus haut, p. 477), M^me Schoumow-Simanowsky a obtenu un précipité finement granulé, qui paraît être une pepsine chlorhydrique [*Maly's Jahresb.*, 23, 386].

*Propriétés.* — Les pepsines considérées comme très pures ne donnent plus en général toutes les réactions colorées des matières albuminoïdes. Beaucoup d'auteurs font rentrer néanmoins ce ferment dans la catégorie des matières protéiques. M. Sündberg a préparé dans le laboratoire de M. Hammarsten, et d'après le procédé de Brücke, un produit très actif, qui n'est plus précipité par aucun des réactifs des matières albuminoïdes (tannin, sublimé, iode, chlorure de platine, acétate et sous-acétate de plomb), tandis que le produit de Brücke est précipité par ces trois derniers réactifs. Seul l'alcool absolu donnait un louche se transformant peu à peu en flocons qui, calcinés, développaient une odeur de corne brûlée [Sündberg, *Zeit. physiol. Chem.*, 9, 319]. Ces réactions négatives plaident contre la nature albuminoïde de la pepsine.

D'après M. Chandelon [*loc. cit.*], une solution de pepsine rendue inactive par le carbonate de sodium, recouvre son activité en présence de l'eau oxygénée. L'oxygène libre ne produit pas le même résultat.

Les alcalis caustiques suppriment rapidement le pouvoir digestif de la pepsine ; l'ammoniaque est sans action [Shokizi Nagayo, *Centralbl. f. Physiol.*, 7, 499].

MM. Daccomo et Tommasoli ont isolé un ferment digestif des feuilles de l'*Anagallis arvensis* [*Ann. Chim. e Farm.*, 16, 20].

Les conditions de l'action de la pepsine sur les matières albuminoïdes seront étudiées avec la peptonisation à l'article Peptone.

### III. LE LAB.

La coagulation du lait sous l'influence de la caillette de veau ou de chevreau est un fait d'expérience, utilisé depuis fort longtemps sans doute dans la fabrication des fromages, mais c'est tout près de nous seulement que ce phénomène a été bien étudié. Cette coagulation, d'abord expliquée par la réaction acide de la caillette (voyez Dict., 2, 192), doit être rapportée à un principe spécifique sécrété par la muqueuse, agissant à la manière d'un ferment soluble ou enzyme. Ce ferment coagule la caséine par une action directe, et non point, comme l'avait supposé Liebig, en transformant le lactose en acide lactique. M. Hammarsten a pu coaguler en effet, par la caillette, une sorte de lait artificiel débarrassé de toute trace de sucre [voyez pour cet historique, Maly, *Hermann's Handb. d. Physiol.*, 5, 2° partie, 49. — Arthus, *Coagulation des liquides organiques*, in *Bibliothèque de Chimie pratique*, Paris, 1894, 147]. Cette enzyme a été appelée *lab* ou *labferment* (*chymosine* des auteurs français) par M. Hammarsten, à qui l'on doit les fondements de toutes nos connaissances sur la caséification du lait [Hammarsten, *Maly's Jahresb.*, 2, 118 ; 4, 135 ; 7, 158].

*Préparation des présures brutes et du ferment lab.* — Le ferment sécrété par la muqueuse de la caillette (quatrième estomac) du jeune veau se répand dans toute la masse alimentaire, et imprègne, même après la mort, la tunique musculaire externe. On peut donc se procurer une présure en coupant en morceaux un estomac frais avec son contenu, et laissant macérer le tout pendant 24 heures dans de l'eau fraîche, à laquelle on a ajouté un peu de sel, de façon à éviter une fermentation ou une putréfaction trop rapides. Un des moyens les plus anciennement employés consiste aussi à laver superficiellement et à égoutter les grumeaux qui remplissent la caillette, puis à réintroduire la masse dans la poche stomacale. Le tout est alors desséché à l'air aussi rapidement que possible. Une caillette bien préparée doit avoir une couleur jaune-brun, ne pas présenter de moisissures et ne dégager aucune mauvaise odeur. Pour l'usage, on la coupe en fragments que l'on met à infuser dans l'eau. Au bout d'un an, les propriétés d'une telle préparation sont fort affaiblies, ou même ont complètement disparu.

On obtient un extrait plus pur en lavant l'estomac à grande eau, puis en le gonflant pour le dessécher à l'air pendant quelques semaines. On rend ainsi insoluble une matière muqueuse gluante, qui rend visqueuses les macérations d'estomac frais, et dont les proportions sont très réduites avec l'estomac sec. Il est bon aussi de séparer la région pylorique (reconnaissable à son aspect), qui contient beaucoup de mucus et peu de ferment. Le reste, coupé en petits morceaux, est mis à macérer pendant 2 ou 3 jours dans 10 fois son poids d'une solution à 5 0/0 de sel marin. Au bout de ce temps, on ajoute encore 5 0/0 de sel marin, 10 0/0 d'alcool, ou, ce qui revient au même, 5 0/0 d'acide borique. On décante après avoir laissé déposer, on filtre la partie trouble du liquide, on mélange les deux portions et on conserve au frais [Duclaux, *Ann. de l'Inst. nat. agron.*, 4, 55].

On obtient des solutions plus pures, bien que très actives, en faisant digérer dans de la glycérine l'estomac d'un veau nourri au lait; 100 centimètres cubes de lait sont coagulés à 40° en quelques minutes par une goutte de cet extrait. Si l'on précipite cet extrait par l'alcool, le précipité, dissous dans l'eau, donne un liquide plus pauvre encore en matériaux solides et très actif. On peut aussi faire digérer la muqueuse pendant 24 heures avec 150 ou 200 centimètres cubes d'acide chlorhydrique à 0,1 — 0,2 0/0 (voyez plus bas), filtrer et neutraliser exactement [Maly, *loc. cit.*, 51].

M. Hammarsten s'est efforcé de préparer un ferment aussi pur que possible, et notamment de l'isoler de la pepsine. En précipitant les extraits bruts par du carbonate de magnésium, il a constaté que toute la pepsine passe dans le précipité, tandis qu'une notable partie du lab se trouve dans le liquide. On peut aussi éliminer la pepsine par addition ménagée d'acétate de plomb, puis précipiter le ferment lab à l'aide du sous-acétate. Le précipité plombique est décomposé par l'acide sulfurique étendu, et le ferment précipité du liquide obtenu, soit à la manière de Brücke par une dissolution de cholestérine (1er Suppl.,1146), soit à l'aide d'une solution de savon que l'on ajoute à la solution aqueuse acétique du ferment. Dans les deux cas, le précipité produit entraîne avec lui le ferment.

Une séparation plus facile s'obtient, d'après M. Friedberg, en faisant digérer la muqueuse hachée avec du sel marin à 0,5 0/0, pendant 24 heures, à 30°. On filtre et on ajoute 0,1 0/0 d'acide sulfurique, chlorhydrique ou phosphorique, en maintenant la température à 20-30°. On filtre de nouveau et on porte la proportion d'acide à 0,5 0/0, en saturant en même temps le liquide de sel marin et maintenant la température pendant 2 ou 3 jours à 25-30°, puis pendant 1 jour à 30-35°. Il se précipite des flocons blancs qui sont du lab pur et que l'on dessèche à 28° environ. Le produit obtenu donne avec l'eau une solution limpide et se conserve pendant des années. Quant à la pepsine, on la précipite par neutralisation de la liqueur filtrée. Ainsi préparée, elle est sans action sur le lait [Friedberg, *Journ. of the americ. chem. Soc.*, mai 1888, 15; *Maly's Jahresb.*, 18, 104. — Voyez aussi le procédé de M. Lehner, *Maly's Jahresb.*, 19, 186].

*Propriétés.* — Les solutions aqueuses bien pures préparées par M. Hammarsten ne sont pas coagulées à l'ébullition, ni précipitées par l'alcool, l'acide nitrique, l'iode ou le tannin, mais bien par le sous-acétate de plomb. L'acide azotique ne les colore pas en jaune à chaud.

Le ferment lab ne se dialyse pas à travers le papier parchemin, et traverse difficilement les filtres de porcelaine. Il est plus sensible à l'action de la chaleur que la pepsine. Ainsi, un liquide très riche en lab, additionné de 0,3 0/0 d'acide chlorhydrique, perd tout pouvoir caséifiant si on le maintient pendant 48 heures à 37-40°, tandis que la pepsine conserve toute son action. Mais en solution neutre le lab supporte pendant quelques instants une température de 70°, et peut même être chauffé à l'ébullition sans perdre absolument toute son activité. L'alcool ne l'altère que lentement, les alcalis caustiques le détruisent au contraire très vite, soit déjà en 24 heures pour une dose de 0,02 de Na²O p. 1000, agissant à la température ordinaire [voyez Maly, *loc. cit.*, 52].

L'action caséifiante du lab est très énergique. M. Hammarsten a montré qu'une partie en poids de ferment peut coaguler de 400 000 à 800 000 parties de caséine. Cette propriété est d'ailleurs, comme il arrive pour toutes les enzymes, la seule caractéristique chimique de cette substance. Pour l'étude des phénomènes intimes de la caséification, voyez aux mots CASÉINE et LAIT.

*Répartition et sécrétion du lab.* — Ce n'est que dans la muqueuse du veau ou de l'agneau que l'on trouve du ferment lab tout formé. Ailleurs on n'en trouve que des traces ou pas du tout. Mais M. Hammarsten a reconnu que toutes les muqueuses gastriques renferment une substance soluble dans l'eau, qui n'est pas du lab ferment, mais qui, sous l'influence de l'acide chlorhydrique à 1 0/00 ou de l'acide lactique, donne rapidement du ferment actif. Ainsi une macération de muqueuse donne, au bout de 24 heures, un liquide qui ne coagule pas le lait à 37-40°, même en 8 heures. Mais, si l'on ajoute 1 0/00 d'acide chlorhydrique et si on neutralise au bout de quelques heures par un alcali, on constate que ce liquide neutre coagule le lait. D'autre part, MM. Arthus et Pagès ont montré que le contenu de l'estomac des mammifères renferme toujours du lab lorsqu'il est acide ou qu'il a été acidifié, sinon il peut ne contenir que du proferment. Ce n'est que chez l'animal jeune, nourri au lait, que le contenu de l'estomac et les macérations aqueuses de muqueuses gastriques, même absolument neutres, renferment du lab [Arthus et Pagès, *Mém. de la Soc. de Biol.*, 1890; *Arch. de Physiol.*, 22, 540].

M. Zdzislaw Szydlowski a toujours trouvé du lab dans le contenu stomacal des nourrissons, même quelques heures seulement après la naissance [*Maly's Jahresb.*, 22, 267]. — Voyez aussi G. du Saar [*Maly's Jahresb.*, 24, 252].

Ce proferment existe aussi chez l'homme. Il est remarquable par sa résistance plus grande aux alcalis et aux températures élevées [Boas, *Zeit. f. klin. Med.*, 14, 249. — Klemperer, *ibid.*, 280]. On trouve constamment du lab chez l'homme sain dans le liquide extrait après le repas d'épreuve. Il disparaît quelquefois à l'état pathologique [Boas, *Centralbl. f. d. med. Wissensch.*, 1887, n° 23. — Johnson, *Zeit. f. klin. Med.*, 14, 240. — Rosenthal, *Berl. klin. Wochenschr.*, 1888, n° 45].

M. Grützner a montré que la teneur de la muqueuse gastrique en lab est toujours parallèle à sa teneur en pepsine aux différents stades de la digestion. D'autre part, les glandes pyloriques produisent du lab comme celles du grand cul-de-sac de l'estomac, mais moins abondamment. M. Heidenhain conclut de ces faits que les deux ferments ont vraisemblablement la même origine, à savoir les cellules des glandes pyloriques et les cellules principales (*Hauptzellen* de Heidenhain) des glandes du grand cul-de-sac. Cette conclusion est corroborée par ce fait intéressant, à savoir que chez la grenouille, où la muqueuse gastrique ne contient pas de pepsine, l'estomac ne fournit pas de ferment lab; par contre, ces deux ferments se rencontrent en abondance dans les glandes de l'œsophage, dont les cellules sont très analogues aux cellules principales [cité d'après Arthus, *Coagulation des liquides organiques*, 162. — Voyez aussi Heidenhain, *Hermann's Handb. d. Physiol.*, 5, 1re partie, 135].

On emploie dans l'ouest et le midi de la France des présures végétales, fournies par les semences du *Cynara cardunculus* ou *scolymus*, ou celles du cardon d'Espagne [Pagès, cité d'après Arthus, *loc. cit.*, 164].

Divers micro-organismes sécrètent un ferment caséifiant. Dans ses expériences sur le *Tyrothrix tenuis*, M. Duclaux a constaté que 30 milligrammes de cellules vivantes sécrètent assez de présure pour coaguler 1800 litres de lait [Duclaux, *Ann. de l'Inst. nat. agron.*, 4. 60. — Voyez aussi H.-W. Cohn, *Centralbl. f. Bacteriol.*, etc., 12, 233]. D'après M. C. Gorini, le *Bacillus prodigiosus* sécrète aussi un ferment lab [C. Gorini, *Hygien. Rundschau*, 3, 381]. E. Lambling.

**GASTROLOBINE.** — C'est le nom donné par MM. Muller et Rummel à un glucoside extrait du *Gastrolobium bilobum*. Son étude est demeurée incomplète [*Jahresb.*, 1880, 1032].

**GAULTHÉRINE.** — Procter [*Am. Journ. of Pharm.*, 44, 249] avait annoncé que l'écorce de bouleau (*Betula lenta*) contenait un glucoside. MM. A. Schneegans et J.-E. Gerock ont réussi à isoler cette substance, tant de l'écorce de *Gaultheria procumbens* que de celle de *Betula lenta*. Le procédé d'extraction consiste à épuiser l'écorce pulvérisée au moyen d'une solution alcoolique d'acétate de plomb. L'extrait est précipité par l'éther, et le glucoside purifié par cristallisation dans l'alcool. Le rôle de l'acétate de plomb est de détruire un ferment soluble qui dédouble la gaulthérine en solution alcoolique, en produisant un sucre et du salicylate de méthyle. Ce ferment est soluble dans l'eau. L'action de la chaleur, celle du chlorure mercurique ne l'altèrent pas sensiblement.

La gaulthérine répond à la formule

$$C^{14}H^{18}O^8, H^2O.$$

Elle cristallise en aiguilles solubles dans l'eau et dans l'alcool, insolubles dans l'éther, le chloroforme, l'acétone et le benzène. Elle se décompose vers 140° sans fondre; elle réduit la liqueur de Fehling à chaud, et se dissout en rose dans l'acide sulfurique concentré. Sa saveur est amère. Sa solution aqueuse est lévogyre. Abandonnée dans un dessicateur à acide sulfurique, elle perd une partie de son eau de cristallisation.

L'hydrolyse de la gaulthérine fournit un sucre et du salicylate de méthyle :

$$C^{14}H^{18}O^8 + H^2O = C^6H^{12}O^6 + C^6H^4 \begin{cases} OH \\ CO^2CH^3 \end{cases}$$

Cette hydrolyse s'effectue sous l'action des acides minéraux dilués, de la baryte, de l'eau à 130-140° en vase clos; la diastase, la salive et l'émulsine ne la produisent pas [*Arch. Pharm.*, 232, 437.]

Le travail de MM. Schneegans et Gerock vient confirmer l'exactitude des vues de Procter sur l'élaboration du salicylate de méthyle dans la nature. Il se forme aux dépens de la gaulthérine. J. Dupont.

**GAZ DE L'ÉCLAIRAGE.** — Depuis la rédaction de l'article de Félix Leblanc, écrit il y a un quart de siècle (voyez Dict., 1, 1529), des progrès énormes ont été réalisés dans l'industrie du gaz d'éclairage, et surtout dans la variété de ses applications.

Pendant plusieurs années, les applications du gaz de houille à l'éclairage sont restées stationnaires : c'était la période des essais de laboratoire. D'un côté, M. Auer von Welsbach étudiait l'application de l'incandescence des oxydes des terres rares, étude qui devait conduire au fameux bec Auer, tandis qu'Otto, Lenoir, etc., cherchaient à utiliser dans les moteurs thermiques les mélanges explosifs d'air et de gaz. C'est des recherches de ces derniers que devait sortir l'industrie si importante des moteurs à gaz, puis celle des moteurs à pétrole, des automobiles et enfin des moteurs à gaz pauvre.

Durant cette période, le *gaz de houille* a vu surgir des concurrents : le *gaz d'huile*, qui est fabriqué et employé sur une grande échelle pour l'éclairage des voitures de chemins de fer ; le *gaz à l'eau*, qui, peu répandu en France, a trouvé néanmoins des applications importantes à l'étranger, surtout en Amérique, comme nous le verrons plus loin ; l'*air carburé* ou *gaz de pétrole*, peu employé pour l'éclairage, mais qui a trouvé des applications multiples dans les machines motrices, et enfin le dernier en date, que l'on a baptisé du nom de « gaz de demain », l'*acétylène*.

Ce dernier gaz d'éclairage trouvera peut-être des applications fort intéressantes autres que l'éclairage ; plusieurs pourront donner naissance à des industries considérables : nous citerons la fabrication de l'alcool et de certains produits organiques des séries grasse et aromatique ; c'est ainsi que l'acétylène est employé déjà industriellement pour la fabrication de l'acétylène periodé ou diiodoforme [*Rev. génér. de Chim.*, 1, 223.]

Nous étudierons les différents gaz de l'éclairage et leurs principales applications, en suivant l'ordre indiqué par le tableau ci-après :

1° *Gaz acétylène* ;

2° *Gaz naturel* ;

3° *Gaz à l'air* (air carburé, gaz de pétrole) ;

4° *Gaz à base d'hydrogène et d'oxyde de carbone* :

    *a.* Gaz à l'eau au bois (gaz Riché).

    *b.* Gaz pauvre.

    *c.* Gaz à l'eau (Dowson).

    *d.* Gaz de régénérateur (gaz Siemens).

5° *Gaz obtenus par distillation pyrogénée* :

    *a.* Gaz de bois.

    *b.* Gaz d'huile (gaz Pintsch).

    *c.* Gaz de houille.

### GAZ ACÉTYLÈNE.

(voyez Dict., 1, 43; 1er Suppl., 1, 39; 2e Suppl., 1, 86; 3, 452, ÉLECTROCHIMIE).

En 1892, M. Maquenne [*Bull. Soc. Chim.*, (3), 7, 371] obtint du carbure de baryum en distillant l'amalgame de baryum à 20 0/0 dans un courant d'hydrogène pur et sec, en présence de charbon en poudre. Dans le courant de la même année, se basant sur des expériences de M. Winkler, il l'obtint d'une façon plus aisée, en chauffant en vase clos du carbonate de baryum, du magnésium pulvérisé et du charbon de bois, dans les proportions de 26gr,5 du premier corps, 10gr,5 du second et 4 grammes du dernier. Le carbure de baryum ainsi obtenu était amorphe, friable et sa couleur était d'un gris bleuâtre. Mis en présence de l'eau, il se décomposait et dégageait de l'acétylène ; 100 grammes donnèrent de 5200 à 5400 centimètres cubes de gaz renfermant de 97 à 98 0/0 d'acétylène et de 2 à 3 0/0 d'hydrogène, sans mélange en proportion appréciable d'aucun autre hydrocarbure.

M. Maquenne faisait ressortir l'importance de ce mode de préparation de l'acétylène [*C. R.*, 114, 361 ; 115, 560], et M. Bullier, qui suivait ces recherches, entrevoyait déjà l'importance qu'aurait pour l'industrie de l'éclairage l'application des carbures alcalino-terreux.

La même année, M. Travers, en Angleterre, par un procédé analogue, obtint du carbure de calcium ; il chauffait pendant dix minutes un mélange de sodium, de chlorure de calcium et de charbon de cornue pulvérisé. Le composé ainsi obtenu ne contenait que 16 0/0 de carbure de calcium [Morris W. Travers, *Proc. Chem. Soc.*, 6 février 1893. — R.-T. Plimpton et Travers, *Chem. Soc.*, 65, 264].

Outre les procédés dont nous avons déjà parlé, on obtenait l'acétylène par un grand nombre de réactions : en décomposant le gaz des marais ou le gaz de houille par l'action d'une haute température ou par l'étincelle électrique ; en décomposant par l'étincelle électrique le tétrachlorure de carbone en présence d'hydrogène ; en décomposant une matière organique quelconque par la chaleur, par exemple en faisant passer des vapeurs d'éthylène, d'alcool, d'esprit de bois, etc., dans un tube de porcelaine chauffé au rouge. Le procédé le plus pratique et le plus employé consistait à réaliser la combustion incomplète du gaz d'éclairage à l'intérieur de brûleurs spéciaux (becs de Jungfleisch).

Dans tous les cas, on isolait l'acétylène en faisant passer les gaz dans une solution ammoniacale de sous-chlorure de cuivre et en traitant l'acétylure de cuivre ainsi formé par l'acide chlorhydrique à chaud. Cette manipulation est très délicate, en raison des propriétés explosives de l'acétylure de cuivre.

On conçoit qu'aucun de ces procédés de préparation n'était susceptible d'applications industrielles. Ils étaient même d'une application pénible, étant donné leur faible rendement, quand il s'agissait de se procurer de l'acétylène pour les recherches de laboratoire.

On sait que Davy avait obtenu du carbure de potassium et Wöhler, en 1862, du carbure de calcium amorphe. En 1866, M. Berthelot obtint du carbure de sodium ou acétylure de sodium par le procédé suivant : il chauffait légèrement, dans une atmosphère d'acétylène, du sodium métallique ; ce corps se gonfle en absorbant l'acétylène et forme le composé $C^2HNa$.

La question en était à ce point, lorsque M. Bullier trouva la possibilité de préparer un carbure de calcium de composition bien définie et possédant la propriété de donner sous la simple action de l'eau un volume d'acétylène considérable, ce qui permet son application industrielle. Le nouveau corps obtenu et sa préparation firent l'objet d'un brevet pris par M. Bullier le 9 février 1894, et d'une note présentée par M. Moissan à l'Académie des Sciences le 5 mars 1894.

Dans ce travail, M. Moissan démontrait qu'à la haute température du four électrique il ne pouvait exister qu'un seul composé du carbone et du calcium, que ce composé était cristallisé ; il établissait sa formule par des analyses et, par l'étude de ses propriétés, il faisait voir que ce corps décomposait l'eau à froid en dégageant du gaz acétylène absolument pur.

À ce propos, nous devons dire un mot [des recherches industrielles d'un ingénieur améri-cain, M. Willson [voyez G. Pelissier, l'*Éclairage à l'acétylène*].

À la fin d'un brevet n° 492,377, pris aux États-Unis, sur la préparation des bronzes d'aluminium, brevet rendu public le 21 février 1893, M. Thomas Willson fait une courte allusion à un carbure de calcium indéterminé, ainsi qu'à un grand nombre d'autres corps simples ou composés ; mais cette citation n'a aucune valeur scientifique, ainsi que le fait remarquer M. Pelissier, car M. Willson ne donne pas l'analyse du produit obtenu ; il ne fait même pas remarquer que ce produit décompose l'eau à froid avec un dégagement gazeux quelconque. Comme, d'un autre côté, il évite soigneusement la formation de *tout bain de fusion*, il est difficile de concevoir, dans ces conditions, la production du carbure de calcium, et comme les propriétés de ce corps ne sont pas décrites, on se demande si le produit obtenu par M. Th. Willson n'était pas simplement un mélange de graphite et de chaux fondue, mélange qui se produit quand on ajoute précisément un excès de carbone.

Nous allons commencer par étudier les carbures alcalino-terreux ; ensuite viendra la description des appareils industriels destinés à la production du carbure de calcium, puis celle des générateurs d'acétylène. Enfin nous traiterons des applications diverses de l'acétylène.

### CARBURE DE CALCIUM.

*Préparation du carbure de calcium* (Moissan-Bullier). — On fait un mélange intime de 120 grammes de chaux de marbre et de 70 grammes de charbon de sucre ; on place ce mélange dans le creuset du four électrique (voyez ÉLECTROCHIMIE), et l'on chauffe pendant 15 minutes, avec un courant de 350 ampères et 70 volts.

On obtient, dans ces conditions, un carbure ou acétylure répondant à la formule $C^2Ca$, formé d'après l'équation suivante :

$$CaO + 3C = C^2Ca + CO.$$

On laisse à dessein la chaux en léger excès, puisque le creuset fournit la quantité de charbon nécessaire pour la formation d'un carbure défini. Le rendement est de 120 à 150 grammes environ.

Le carbonate de chaux peut être substitué à la chaux dans ce mélange ; mais ce procédé est moins avantageux, à cause du grand volume de substances qu'il faut employer.

La formule suivante indique, dans ce cas, les proportions de carbonate de calcium et de charbon :

$$CO^3Ca + 4C = C^2Ca + 3CO.$$

Le produit obtenu dans les deux expériences présente le même aspect. C'est une masse noire, homogène, qui a été fondue et qui a pris exactement la forme du creuset.

Dans cette préparation, il est important que le mélange de chaux et de charbon soit bien intime. Il faut éviter aussi d'employer un excès de charbon en poudre, car alors la chaux liquide ne peut réagir convenablement sur le carbone et il ne se produit que très peu de carbure. Si l'on n'obtient pas un bain liquide, la préparation est mauvaise et la poudre que l'on recueille ne donne avec l'eau qu'un très faible dégagement gazeux. Parfois même elle n'en fournit aucun.

En utilisant des courants plus intenses, 1000 ampères et 60 volts, on peut répéter cette expérience sur un kilogramme du mélange de chaux et de charbon.

Si l'on emploie un excès de chaux, il se fait surtout du calcium métallique ; l'expérience suivante le démontre.

Dans la cavité du four électrique en chaux vive, M. Moissan a placé un mélange d'oxyde de calcium et de charbon dans les proportions indiquées par l'équation suivante :

$$CaO + C = CO + Ca.$$

Le four présentait, au milieu d'une face latérale, une ouverture circulaire de 2 centimètres de diamètre à laquelle était ajusté un tube de fer. Ce dernier était recouvert extérieurement d'un serpentin de plomb traversé par un courant d'eau froide.

Le four a été mis en marche (350 ampères et 50 volts) et, après 7 ou 8 minutes de chauffe, il s'est produit un abondant dégagement de vapeurs, tandis que des flammes blanches, très éclatantes, sortaient du four le long des électrodes. Les vapeurs, traversant le tube de fer refroidi, ont abandonné un dépôt gris qui, au contact de l'eau, a fourni une grande quantité d'hydrogène renfermant des traces d'acétylène. Cette eau était devenue laiteuse et contenait de l'hydrate de calcium.

Il a été impossible de réunir ce calcium très divisé et d'en former un lingot.

Dans les premières expériences, on avait employé de la chaux de marbre bien pure. Si la chaux contient des sulfates, des phosphates ou de la silice, les résultats sont un peu différents. Une certaine quantité de ces impuretés peut se trouver dans le gaz acétylène. Le soufre paraît même s'y rencontrer sous forme de produit organique sulfuré.

Pour se rendre compte de l'influence de ces composés, on a chauffé, au moyen de l'arc, un mélange de charbon de sucre et de sulfate de chaux. Ce mélange répondait à la formule $SO^4Ca, 4C$. Après dessiccation complète au four Perrot, on l'a porté au four électrique, dans un tube de charbon fermé à l'une de ses extrémités. On a chauffé pendant cinq minutes avec un courant de 900 ampères et 60 volts.

Le produit, recueilli au fond du tube, était bien fondu ; il possédait une cassure cristalline, mais il ne se décomposait par l'eau que lentement et ne fournissait qu'un très faible rendement. Le gaz analysé renfermait 99,2 0/0 d'acétylène. Ce mélange, traité par l'acide chlorhydrique étendu, a donné un rapide dégagement de gaz, qui, après absorption par la potasse, puis traitement par le sous-chlorure de cuivre ammoniacal, a fourni les chiffres suivants :

|  | 1 | 2 |
|---|---|---|
| Hydrogène sulfuré | 56,20 | 57 » |
| Acétylène | 43,30 | 42,60 |

La même expérience, répétée avec du sulfate de baryum et du charbon, dans les mêmes proportions, a donné une masse cristalline bien fondue qui ne dégageait que très peu d'acétylène par l'action de l'eau. Au contraire, avec l'acide chlorhydrique dilué, il y eut attaque très vive et dégagement d'un mélange gazeux qui renfermait d'après l'analyse :

|  | 1 | 2 |
|---|---|---|
| Hydrogène sulfuré | 88,20 | 86,90 |
| Acétylène | 11,40 | 12,80 |

Enfin, le phosphate de baryum, mélangé d'une quantité de charbon de sucre suffisante pour produire sa réduction complète, a été chauffé pendant trois minutes dans un tube de charbon avec un courant de 950 ampères et 70 volts. Il a produit de même une masse bien fondue, cristalline et de couleur brun foncé.

Cette matière était décomposable par l'eau froide et donnait un abondant dégagement d'un gaz à odeur alliacée. Pour séparer l'hydrogène phosphoré qu'il renfermait, on l'a traité par une solution de sulfate de cuivre. Dans le gaz restant, l'acétylène a été dosé au moyen du sous-chlorure de cuivre ammoniacal. On a obtenu les chiffres suivants :

|  | 1 | 2 |
|---|---|---|
| Acétylène | 89 » | 88,50 |
| Hydrogène phosphoré ($PH^3$) | 10,90 | 11,30 |

La même expérience a été répétée avec les trois sulfates et phosphates alcalino-terreux ; les résultats ont été similaires, bien que le volume du gaz dégagé au contact de l'eau ait été variable. Mais si l'on chauffe ces mélanges au four électrique pendant un temps plus long, ou bien au moyen d'un arc plus puissant, on peut chasser tout le soufre ou le phosphore à l'état de vapeurs et n'obtenir que le carbure alcalino-terreux, seul composé stable à une température très élevée.

Ces expériences établissent que, dans la préparation industrielle du carbure de calcium, on doit éviter surtout les chaux qui renferment des phosphates. Ces derniers sont facilement réduits par le charbon et fournissent un phosphure décomposable par l'eau, avec production d'hydrogène phosphoré.

Enfin il convient de remarquer qu'une chaux mélangée de magnésie ne donne que difficilement du carbure de calcium.

Le fait semble très simple, puisque dans le four électrique Moissan la magnésie ne fournit pas de carbure de magnésium. Elle agit donc comme une matière inerte et empêche la fusion de la masse.

*Propriétés physiques.* — Le carbure de calcium se clive avec une assez grande facilité et présente une cassure nettement cristalline. Les cristaux qui peuvent être détachés ont un aspect mordoré, sont opaques, brillants. Les lamelles minces, examinées au microscope, sont transparentes et ont une couleur rouge foncé. Ces cristaux n'appartiennent point au système cubique. Leur densité, prise dans le benzène à la température de 18°, est de 2,22 ; ce carbure est insoluble dans tous les réactifs, dans le sulfure de carbone, le pétrole et le benzène.

*Propriétés chimiques.* — L'hydrogène n'agit ni à chaud ni à froid sur le carbure de calcium.

Ce composé prend feu à la température ordinaire dans le gaz fluor, avec formation de fluorure de calcium et de fluorure de carbone.

Le chlore sec est sans action à froid. A la température de 245°, le carbure devient incandescent dans une atmosphère de chlore ; il se produit du chlorure de calcium et il reste du charbon, mais le poids de celui-ci est inférieur au poids du carbone de l'acétylure.

Le brome réagit à 350° ; la vapeur d'iode décompose aussi le carbure avec incandescence à 305°.

Le carbure de calcium brûle dans l'oxygène au rouge sombre en fournissant du carbonate de calcium. Dans la vapeur de soufre, l'incandescence se produit vers 500°, avec formation de sulfure de calcium et de sulfure de carbone.

L'azote pur et sec ne réagit pas, même à 1200°. La vapeur de phosphore au rouge transforme le carbure de calcium en phosphure sans incandescence. La vapeur d'arsenic, au contraire, réagit, avec un grand dégagement de chaleur, en produisant de l'arséniure de calcium.

Au rouge blanc, le silicium et le bore sont sans action sur ce composé.

Le carbure de calcium en fusion dissout du carbone, qu'il abandonne ensuite sous forme de graphite.

Le carbure de calcium ne réagit pas sur la plupart des métaux. Il n'est pas décomposable par le sodium et le magnésium à la température de ramollissement du verre. Avec le fer, il n'y a pas d'action au rouge sombre ; mais à haute température il se forme un alliage carburé de fer et de calcium.

L'étain ne paraît pas avoir d'action au rouge, tandis que l'antimoine fournit, à la même température, un alliage cristallin contenant du calcium.

L'action la plus curieuse présentée par le carbure de calcium est celle qu'il exerce sur l'eau. Dans une éprouvette remplie de mercure on fait passer un fragment de carbure, puis on ajoute quelques centimètres cubes d'eau ; il se produit aussitôt un violent dégagement de gaz, qui ne s'arrête que lorsque tout le carbure est décomposé ; enfin il reste dans le liquide de la chaux hydratée en suspension. Le corps gazeux est de l'acétylène pur, entièrement absorbable par le sous-chlorure de cuivre ammoniacal, en ne laissant dans le haut du tube qu'un onglet d'impureté presque imperceptible. Cette décomposition par l'eau se produit avec dégagement de chaleur, mais sans aller jamais jusqu'à l'incandescence. Elle est cependant aussi vive que celle produite par le sodium au contact de l'eau.

D'après le poids de carbure mis en expérience, et d'après le volume gazeux, cette réaction est représentée par la formule suivante :

$$C^2Ca + H^2O = C^2H^2 + CaO.$$

Cette décomposition intervient aussitôt que le carbure se trouve au contact d'un liquide contenant de l'eau.

Le carbure ou acétylure de calcium fournit donc un moyen facile d'obtenir l'acétylène pur.

Le gaz obtenu est bien de l'acétylène pur, car l'analyse eudiométrique a donné à M. Moissan les chiffres suivants :

| | |
|---|---|
| Gaz analysé. | 1,28 |
| Oxygène. | 15,15 |
| Gaz total. | 16,43 |
| Après étincelle. | 14,50 |
| Après potasse. | 11,98 |
| Contraction. | 1,93 |
| $CO^2$ par différence. | 2,52 |

Si le gaz était de l'acétylène $C^2H^2$, on aurait théoriquement comme contraction 1,95, et 2,56 comme volume de l'acide carbonique.

Une autre analyse eudiométrique a donné un résultat identique. Cette preuve est suffisante pour démontrer la pureté du gaz obtenu.

Deux expériences faites pour déterminer la densité de ce carbure gazeux ont fourni les chiffres 0,907 et 0,912. M. Berthelot a indiqué comme densité de l'acétylène 0,92 : la densité théorique est 0,90.

Si l'on fait réagir la vapeur d'eau au rouge sombre sur le carbure de calcium, la réaction se produit avec une énergie beaucoup plus faible. Le carbure ne tarde pas à se recouvrir, en effet, d'une couche de charbon et de carbonate qui limite l'action de la vapeur d'eau, et le dégagement des gaz, formés en grande partie d'hydrogène et d'acétylène, est beaucoup moins rapide.

Les acides réagissent sur le carbure, surtout lorsqu'ils sont étendus. Avec l'acide sulfurique fumant, il se produit un dégagement assez lent, et le gaz paraît s'absorber en grande partie.

L'acide ordinaire produit une décomposition plus vive, et prend une odeur aldéhydique marquée.

Avec l'acide nitrique fumant, il n'y a pas de réaction à froid, et l'attaque est à peine sensible à l'ébullition. L'acide très étendu fournit de l'acétylène.

Une solution étendue d'acide iodhydrique fournit aussi un dégagement d'acétylène pur. Il en est de même d'une solution d'acide chlorhydrique. Au contraire, si l'on chauffe le carbure dans le gaz acide chlorhydrique sec, il se produit au rouge vif une incandescence marquée et il se dégage un mélange gazeux très riche en hydrogène.

Certains oxydants agissent avec une grande énergie sur ce composé. L'acide chromique fondu devient incandescent au contact du carbure de calcium, en dégageant de l'acide carbonique. La solution aqueuse d'acide chromique ne dégage avec le carbure que de l'acétylène. Le chlorate de potassium et l'azotate de potassium en fusion n'attaquent pas sensiblement le carbure de calcium. Il faut les porter au rouge pour que la décomposition se produise avec incandescence et formation de carbonate de calcium. Le bioxyde de plomb l'oxyde avec incandescence au-dessus du rouge sombre, et le plomb provenant de la réduction renferme du calcium.

Broyé avec du fluorure de plomb à la température ordinaire, le carbure de calcium devient incandescent.

Chauffé en tube scellé à 180° avec de l'alcool anhydre, le carbure de calcium fournit de l'acétylène et de l'éthylate de calcium :

$$2(C^2H^5OH) + C^2Ca = C^2H^2 + (C^2H^5O)^2Ca.$$

Le gaz acétylène obtenu dans cette réaction est complètement absorbable par le sous-chlorure de cuivre ammoniacal, mais il fournit un acétylure noir qui semble indiquer l'existence d'autres carbures acétyléniques.

L'action violente exercée par l'acétylène sur le chlore peut être mise en évidence de la façon suivante : Dans un flacon contenant de l'eau froide bien saturée de chlore, on laisse tomber quelques fragments de carbure de calcium. Il se dégage aussitôt des bulles d'acétylène qui prennent feu au contact du chlore, en même temps qu'on perçoit nettement l'odeur des chlorures de carbone. Cette forme de décomposition constitue une belle expérience de cours.

*Analyse.* — Le dosage du calcium a été fait par M. Moissan après décomposition par l'eau du carbure, et en tenant compte, pour les nᵒˢ 3 et 4, d'une petite quantité de graphite insoluble qui restait après l'action de l'eau. Le carbone a été dosé par différence, grâce à la perte de poids de l'acétylène gazeux, dans un petit appareil identique à celui dont on se sert pour analyser les carbonates. Il a été facile de doser aussi directement le carbone en recueillant, sur la cuve à mercure, le gaz dégagé par un poids donné d'acétylure placé dans un tube gradué et additionné ensuite d'une petite quantité d'eau.

Ce deuxième procédé a donné les chiffres suivants :

1° 0,1895 de carbure ont dégagé 64 centimètres cubes de gaz en présence de 4 centimètres cubes d'eau.

Le liquide dissolvant son volume d'acétylène, il s'est produit 68 centimètres cubes de gaz.

Théoriquement, à 15° et à 760 millimètres, 0,1895 du carbure $C^2Ca$ devraient donner 68 centimètres cubes.

2° 0,285 de carbure ont donné 96ᶜᶜ,5 en présence de 4 centimètres cubes d'eau, soit au total 96,5 + 4 = 100,5.

Théoriquement on devrait recueillir 102 centimètres cubes.

Les dosages du carbone et du calcium, dans le composé cristallisé que nous venons de décrire, ont fourni à M. Moissan les chiffres suivants :

|              | 1    | 2    | 3    | 4    | Théorie. |
| ------------ | ---- | ---- | ---- | ---- | -------- |
| Calcium..    | 62,7 | 62,1 | 61,7 | 62 » | 62,5     |
| Carbone..    | 37,3 | 37,8 | »    | »    | 37,5     |

En résumé, aussitôt que la température est assez élevée, le calcium métallique ou ses composés forment avec facilité, au contact du carbone, un carbure ou acétylure de la formule $C^2Ca$.

Cette réaction présente sans doute quelque intérêt en géologie.

Il est vraisemblable que, dans les premières périodes géologiques, le carbone du règne végétal et du règne animal a existé sous la forme de carbures. La grande quantité de calcium répandue à la surface du sol, sa diffusion dans tous les terrains de formation récente ou ancienne, la facilité de décomposition de son carbure par l'eau, peuvent laisser croire qu'il a joué un rôle dans cette immobilisation du carbone sous forme de composé métallique. D'ailleurs l'action de la vapeur d'eau sur les acétylures alcalins ou alcalino-terreux peut démontrer très simplement la génération des carbures et des différentes matières carbonées.

De plus, l'action de l'air sur ce carbure de calcium produisant au rouge de l'acide carbonique permet d'expliquer le passage du carbone d'un carbure solide à la forme gazeuse de l'acide carbonique. Ce dernier peut dès lors être assimilé par le règne végétal.

### CARBURES DE BARYUM ET DE STRONTIUM.

Les deux autres métaux alcalino-terreux, le baryum et le strontium, fournissent, avec facilité, des carbures ou acétylures cristallisés dont les propriétés sont similaires.

*Carbure de baryum.* — On emplit le creuset de charbon du four électrique d'un mélange intime formé de baryte anhydre, 50 grammes, et de charbon de sucre, 30 grammes. On chauffe pendant quinze à vingt minutes avec un courant de 350 ampères et 70 volts. Après refroidissement, on obtient une masse noire fondue, ayant pris la forme du creuset et qui se brise avec facilité, en présentant, suivant la cassure, de grands cristaux lamellaires.

On peut substituer le carbonate de baryum à l'oxyde, lorsque l'on veut éviter la préparation de ce dernier composé à l'état de pureté. Dans ce cas, on ajoute à 150 grammes de carbonate de baryum pur 25 grammes de charbon de sucre, on mélange le tout avec soin et l'on chauffe comme précédemment. Le rendement est un peu plus faible dans cette dernière préparation, mais le produit obtenu est identique et répond à la formule $C^2Ba$.

*Carbure de strontium.* — On obtient le carbure de strontium dans les mêmes conditions et avec la même facilité en chauffant au four électrique le mélange de 120 grammes de strontiane et de 30 grammes de charbon de sucre ou de 150 grammes de carbonate de strontium et 50 grammes de charbon de sucre.

Le carbure de strontium $C^2Sr$ se présente aussi sous la forme d'une masse noire à cassure mordorée. Comme les acétylures alcalino-terreux, il s'effrite à l'air humide en se décomposant.

*Propriétés.* — Le carbure de baryum est le plus fusible des carbures alcalino-terreux; il a pour densité 3,75; le carbure de strontium possède une densité de 3,19.

Ces carbures sont attaqués par le fluor avec incandescence et fusion du fluorure produit.

Ils se décomposent immédiatement au contact de l'eau, comme le carbure de calcium, en donnant de l'oxyde hydraté et du gaz acétylène pur.

Les acides, soit concentrés, soit étendus, ont une action identique à celle que nous avons décrite précédemment à propos du carbure de calcium.

L'action des hydracides est assez énergique. En présence de l'hydracide gazeux, lorsque la température est suffisamment élevée, la réaction se fait avec incandescence. On ne peut mieux comparer ces différents résultats qu'à l'aide des températures, prises à la pince thermo-électrique et au thermomètre, au moment où l'incandescence se produit. On a trouvé :

Température d'incandescence dans

|              | le chlore. | les vapeurs de brome. | les vapeurs d'iode. |
| ------------ | ---------- | --------------------- | ------------------- |
| $C^2Ca$....  | 245°       | 350°                  | 305°                |
| $C^2Sr$....  | 197°       | 174°                  | 182°                |
| $C^2Ba$....  | 140°       | 130°                  | 122°                |

Cette action des hydracides est assez curieuse, puisque l'acétylure de baryum, tout en se combinant facilement avec le chlore, le brome et l'iode, s'unit à ce dernier corps simple à une température plus basse que celle de l'attaque par le brome ou le chlore. C'est l'inverse qui a lieu pour le carbure de calcium.

L'action de l'oxygène est aussi très énergique, mais ne s'exerce qu'à une température beaucoup plus élevée. Il faut atteindre le point de ramollissement du verre, et avec le carbure de baryum l'expérience est très belle. Il se produit une vive incandescence, en même temps qu'il se forme de la baryte fondue.

Le carbure de baryum est décomposé avec incandescence par le soufre, à une température un peu supérieure au point de fusion de ce dernier corps. Il se produit du sulfure de baryum et du sulfure de carbone. La réaction est identique pour le carbure de strontium vers 500°.

Le sélénium réagit de même avec une vive incandescence, en produisant du séléniure de carbone et un séléniure alcalino-terreux.

L'azote ne produit rien à 1200°; mais la vapeur de phosphore exerce une action très vive au rouge sombre; brillante incandescence et formation de phosphure.

Avec l'arsenic, réaction moins vive, mais nécessitant une température plus élevée.

A 1000°, le silicium et le bore n'agissent pas sur les carbures alcalino-terreux.

*Analyses.* — Les dosages du carbone, du baryum et du strontium ont été faits par les méthodes déjà indiquées pour le carbure de calcium.

Ces analyses ont donné les chiffres suivants :

|              | 1     | 2     | Théorie. |
| ------------ | ----- | ----- | -------- |
| Strontium... | 77,96 | 78,32 | 78,47    |
| Carbone..... | 21,55 | 21,41 | 21,52    |
| Baryum...... | 85,30 | 85,10 | 85 »     |
| Carbone..... | 15,10 | 14,87 | 15 »     |

Ces nouveaux composés correspondent bien aux formules $C^2Sr$ et $C^2Ba$.

*Conclusions.* — En résumé, les métaux alcalino-terreux, calcium, baryum et strontium, s'unissent avec facilité au carbone à la température du four électrique et produisent des carbures cristallisés. Ces corps sont immédiatement décomposables par l'eau froide, avec formation d'oxyde hydraté et dégagement d'acétylène pur.

Les métaux alcalins paraissent donner aussi des acétylures, mais ces derniers doivent se former à une température un peu moins élevée. En opérant dans les mêmes conditions que ci-dessus, on a obtenu des mélanges noirs avec excès de charbon, dégageant une petite quantité de gaz acétylène au contact de l'eau, mais ne possédant pas une composition constante et ne présentant pas trace de cristallisation.

Cette nouvelle méthode de préparation des carbures alcalino-terreux au four électrique est déjà entrée dans la pratique industrielle depuis la publication des premières recherches de MM. Moissan et Bullier. Elle permet d'obtenir le gaz acétylène avec facilité ; les premières applications de ce carbure d'hydrogène à l'éclairage semblent donner de bons résultats. La fabrication industrielle du carbure de calcium a été étudiée en France surtout par M. Bullier, et aux États-Unis par M. Willson.

Cette préparation si aisée des carbures alcalino-terreux au four électrique peut amener aussi quelques transformations dans la fabrication de la baryte et de la strontiane. Ces deux oxydes et leurs sels pourront être obtenus rapidement en partant des carbures formés par l'action du charbon sur les carbonates naturels de baryum et de strontium. Ces carbures seront décomposés par l'eau avec production d'acétylène, et ils donneront de la strontiane ou de la baryte hydratée, que l'on pourra transformer en chlorure, en chlorate ou en azotate.

### PRIX DE REVIENT [1].

En l'état actuel des choses, la fabrication industrielle de l'acétylure de calcium n'est possible que si l'on dispose d'une force motrice à très bas prix. En dehors des usines qui sont forcées, par le genre même de leur travail, de laisser perdre de la vapeur, et qui pourraient l'utiliser pour produire de l'acétylure de calcium, il faut évidemment avoir recours aux chutes d'eau pour créer l'énergie nécessaire à la marche des fours électriques.

Le rendement actuel de ces fours est, en moyenne, de 4 kilogrammes de carbure par cheval et par jour ; il atteint rarement 6 kilogrammes. Tout chiffre supérieur, tel que celui qui est annoncé par les fabricants américains, doit, pour le moment (1899), être considéré comme exagéré.

On peut compter sur les chutes d'eau sont payées à raison de 100 francs par cheval-an (à Vallorbe, en Suisse, seulement 50 francs). Avec le rendement moyen qui vient d'être établi, la force motrice nécessaire reviendrait ainsi à 7 fr. 50 par 100 kilogrammes de carbure.

Nous admettrons le même chiffre pour l'achat des matières premières et pour la main-d'œuvre, et nous estimons à cette même somme, soit à 7 fr. 50, l'entretien et l'amortissement du matériel. En effet, les fours ont besoin de réparations fréquentes, les électrodes en charbon s'usent très vite dans les fours employés jusqu'ici, l'entretien des uns et le renouvellement des autres grèvent, dans une proportion notable, le prix de revient du carbure. Ce prix de revient, avec cette estimation approximative, s'établit donc ainsi par 100 kilogrammes :

| | |
|---|---:|
| Force motrice............................ Fr. | 7,50 |
| Matières premières et main-d'œuvre....... | 7,50 |
| Entretien et amortissement des appareils et installations........................ | 7,50 |
| Fr. | 22,50 |

les 100 kilogr., soit 225 francs la tonne de carbure.

Ce prix est certainement susceptible de diminution.

On parviendra à atténuer l'usure des appareils et à réduire les frais d'entretien ; le coût de la force hydro-électrique pourra sans doute être abaissé également. Dans ces conditions, il est permis d'espérer que le prix de revient du carbure descendra au-dessous de 200 francs la tonne, et que le prix de vente, qui est actuellement de 400 francs pour des quantités supérieures à une tonne, s'abaissera également. Pour le commerce, le prix de la tonne est de 550 francs pour moins de 100 kilogrammes et de 500 francs pour plus de 100 kilogrammes.

Le prix de revient du carbure établi plus haut se trouve vérifié par le rapport de MM. Houston, Kennelly et Kinnicutt, publié par le journal *Progressive Age*, du 15 avril 1896. Ce rapport donne les résultats obtenus pour la fabrication du carbure de calcium à l'usine de Spray (North Carolina), installée par la Willson Aluminium Company ; les renseignements qui y sont contenus nous ont paru assez intéressants pour que nous en donnions ici une analyse détaillée.

L'installation comprend essentiellement deux fours électriques destinés à la production du carbure, recevant un courant d'environ 100 volts et 1600 ampères, fourni par deux groupes de huit transformateurs à courant alternatif.

Le courant primaire est fourni à ces transformateurs par deux alternateurs à 14 pôles du type Thomson-Houston, d'une puissance totale de 240 kilowatts, tournant à une vitesse de 1070 tours par minute et donnant, à pleine charge, une tension maximum de 1150 volts.

Chacun de ces alternateurs est excité par une génératrice Thomson-Houston de 110 volts et de 18 ampères, dont la vitesse est de 2500 tours par minute.

Ils sont reliés directement à une turbine pouvant donner 300 chevaux-vapeur sous une chute de 8m,50, à raison de 206 tours par minute.

Le courant secondaire des transformateurs aboutit à chacun des fours au moyen de 16 câbles en cuivre, dont 8 servent pour l'électrode supérieure et 8 pour l'électrode inférieure.

Les deux fours sont placés côte à côte. A leur base se trouve une plaque épaisse de fer sur laquelle reposent deux plaques de charbon, une pour chaque four, qui forment les électrodes inférieures ; leur renouvellement se fait de temps en temps au moyen des électrodes supérieures partiellement consumées.

L'électrode supérieure, pour chaque four, est formée d'un gros bloc de charbon ayant une section de 30 cm. sur 20 cm. et une longueur de 90 cm, constitué par trois paires de charbons ayant chacun une section de 10 cm. sur 10 cm., une longueur de 90 cm. et pesant approximativement 13 kilogrammes. L'électrode est protégée par un cadre en fer. Les interstices entre le cadre et les charbons sont remplis d'un mélange chaud de coke pulvérisé et de poix, de manière que l'électrode forme une masse compacte en contact intime avec le cadre en fer. L'électrode est suspendue verticalement à une tige de cuivre qui traverse le toit du four et qu'on peut faire monter ou descendre au moyen d'un mouflage placé sur le côté du four.

Les matières servant à la fabrication du carbure de calcium sont la chaux, le coke et, incidemment, le charbon des électrodes.

Voici les analyses données dans le rapport précité :

*Analyse de la chaux.*

| | I. | II. |
|---|---:|---:|
| Eau et acide carbonique....... | 4,55 | 4,02 |
| Silice...................... | 0,28 | 0,34 |
| Acide phosphorique.......... | 0,014 | 0,015 |
| Alumine et oxyde de fer...... | 1,580 | 1,64 |
| Chaux...................... | 88,86 | 89,00 |
| Magnésie................... | 4,27 | 4,38 |
| Alcalis, ac. sulfurique, pertes.. | 0,446 | 0,605 |
| | 100,000 | 100,000 |

1. D'après G. Dumont et H. Hubou, *Historique de l'acétylène*.

*Analyse du coke.*

| | | |
|---|---|---|
| Eau..................... | 0,40 | 0,50 |
| Cendres................. | 8,60 | 8,50 |
| Soufre.................. | 0,48 | » |
| Phosphore............... | 0,0055 | » |
| | 9,4855 | 9,00 |

Le coke et la chaux sont préalablement broyés, pulvérisés et mélangés ensuite en proportions convenables.

La chaux est pulvérisée assez finement pour passer à travers un tamis à 20 mailles. Les proportions employées sont celles qui sont indiquées par MM. Moissan et Bullier, conformément à l'équation

$$CaO + 3 C = CaC^2 + CO,$$

c'est-à-dire 56 parties en poids de chaux pour 36 parties de carbone, et dont la combinaison doit produire 64 parties de carbure de calcium. Le mélange théorique doit donc renfermer 60,87 0/0 de chaux et 39,13 0/0 de carbone.

Quelques pelletées du mélange sont jetées sur la sole du four et on établit le courant pour faire jaillir l'arc entre les deux électrodes. Au début, la tension et l'intensité du courant aux bornes du four présentent une grande instabilité; mais, au bout d'un quart d'heure, ils deviennent à peu près constants et se fixent respectivement aux environs de 100 volts et de 1600 ampères.

Deux essais effectués par MM. Houston, Kennelly et Kinnicutt ont donné les résultats suivants :

*Premier essai.* — Le courant primaire était de 1000 volts et de 156 ampères, correspondant approximativement à un courant secondaire de 1560 ampères à la tension moyenne de 100 volts. En fait, l'essai a duré 3 heures; pendant ce laps de temps, l'énergie fournie par le courant primaire a été de 454,8 kilowatts-heure ou de 606,7 chevaux-heure, représentant une puissance de 151,6 kilowatts ou de 202,3 chevaux. En admettant une perte de 5 0/0 aux transformateurs, l'énergie totale fournie au four électrique a été de 432,1 kilowatts-heure ou de 579,2 chevaux-heure, correspondant à une puissance de 144 kilowatts ou de 193,1 chevaux.

*Deuxième essai.* — Dans un deuxième essai ayant duré 2ʰ40ᵐ, l'énergie fournie par le courant primaire des transformateurs a été de 408,9 kilowatts-heure ou 548,1 chevaux-heure, correspondant pour le courant secondaire, à raison de 5 0/0 de perte, à une énergie totale de 388,5 kilowatts-heure ou de 520,7 chevaux-heure, ce qui représente une puissance électrique de 145,7 kilowatts ou de 195,3 chevaux.

Pendant la réaction, l'arc électrique est maintenu à une longueur d'environ 7 à 8 centimètres. Le mélange de chaux et de coke qui est immédiatement au-dessous de l'électrode supérieure est graduellement converti en carbure de calcium fondu. Ce bain de carbure tend à remplir l'espace compris entre les deux électrodes, de sorte que, pour maintenir l'arc électrique, il est nécessaire de relever l'électrode supérieure, ce qui permet à une nouvelle quantité du mélange placée sur les côtés de tomber au centre de l'arc et d'entrer en réaction. De temps en temps, on lance dans le four quelques pelletées de mélange frais.

L'électrode supérieure est entourée de flammes dues à la combustion de l'oxyde de carbone, et colorées par du calcium volatilisé. On continue à relever successivement l'électrode supérieure en se réglant sur les indications du voltmètre et de l'ampèremètre. Quand elle a été relevée sur une longueur d'environ 75 centimètres, on cesse l'addition de nouvelles quantités du mélange et on attend que les dernières portions ajoutées aient subi une réaction suffisante. On interrompt alors



le courant en le dirigeant dans le second four voisin et l'on attend que le premier se soit assez refroidi pour permettre l'extraction du carbure sous forme solide. La masse du carbure a, en gros, la forme d'un prisme vertical de section triangulaire. Sa surface est recouverte d'une croûte formée de charbon, de chaux, de carbonate de chaux et de carbure de calcium. Au-dessous de cette croûte est la masse de carbure, dont l'intérieur reste encore fluide plusieurs heures après la cessation du courant.

Une tonne américaine du mélange (907 kilogrammes) renfermant 544 kilogrammes de chaux et 363 kilogrammes de coke s'est trouvée réduite après le mélange et le transport :

Pour le premier essai, à 864 kilogrammes, contenant :

| | | |
|---|---|---|
| Chaux...................... | 0/0 | 52,32 |
| Carbone.................... | — | 37,30 |
| Résidus, oxydes, $CO^2$, eau, etc.... | — | 10,38 |
| | | 100,00 |

Pour le deuxième essai :

| | | |
|---|---|---|
| Chaux...................... | 0/0 | 54,50 |
| Carbone.................... | — | 35,97 |
| Résidus, oxydes, $CO^2$, eau, etc.... | — | 9,53 |
| | | 100,00 |

RÉSUMÉ DES DEUX ESSAIS.

| | | I. | II. |
|---|---|---|---|
| Poids des matières mélangées.. | kilogr. | 907 » | 907 » |
| Poids introduit dans le four... | — | 864 » | 858 » |
| Poids retiré du four........... | — | 708 » | 745 » |
| Mélange non utilisé........... | — | 605 » | 653 » |
| Carbure brut................. | — | 103 » | 92 » |
| lequel { croûte......... | — | 5 » | 5 » |
| est formé de { carbure net..... | — | 98 » | 87 » |
| Durée de l'essai.............. | | 3 h. | 2ʰ,40 |
| Énergie dépensée au four en chevaux-heure. | | 579,2 | 520,7 |
| Énergie dépensée en chevaux-jour..... | | 24,13 | 21,7 |

D'où, par jour, en moyenne :

| | | | | kilogr. |
|---|---|---|---|---|
| Poids de carbure brut par cheval-heure... | | | | 0,178 |
| — | — | net | — | 0,169 |
| — | — | brut par cheval-jour.... | | 4,270 |
| — | — | net | | 4,050 |

Ces résultats sont des plus intéressants à examiner : ils montrent que la production du carbure de calcium a lieu avec un véritable excès de matière première, puisque, sur 864 kilogrammes de mélange introduit dans le four, on ne retire que 103 kilogrammes, soit 12 0/0 de carbure brut, et 98 kilogrammes, soit 11,3 0/0 de carbure net. La quantité de mélange non converti en carbure s'élève à 70 0/0 et 76 0/0 de la charge. Pour 100 du mélange introduit au four électrique, on obtient :

| | 0/0 | 0/0 |
|---|---|---|
| Mélange non converti en carbure.... | 70 | 76 |
| Perte au four..................... | 18 | 13,3 |
| Carbure brut formé................ | 12 | 10,7 |
| | 100 | 100,0 |

Le mélange non transformé en carbure est enlevé du four. Il peut, il est vrai, servir pour une nouvelle charge; mais, comme une partie du charbon a été oxydée à l'état d'acide carbonique, il faut ajouter une petite quantité de carbone frais, sous forme de charbon de bois pulvérisé, pour maintenir la proportion primitive des éléments.

Ainsi que le montre le tableau précédent, la quantité moyenne de carbure net obtenue par cheval et par jour dans chaque four électrique est de 4 kilogrammes. C'est le rendement qui avait été indiqué par M. Bullier. On est loin du rendement annoncé au début par les ingénieurs américains.

Les échantillons de carbure obtenu, traités par l'eau, ont donné par kilogramme respectivement 290 et 307 litres d'acétylène, mesurés à 15° et sous la pression de 760 millimètres; on sait qu'un kilogramme de carbure donne théoriquement 340 litres à 0° et 760 millimètres. On peut donc compter sur un rendement pratique de 300 litres par kilogramme de carbure.

Pour produire 1 kilogramme de carbure brut, il faut compter sur une consommation de $1^{kgr},125$ de coke et $1^{kgr},335$ de chaux.

Déterminons, d'après ces résultats, ce qu'on aurait à dépenser pour une production journalière d'une tonne de 1000 kilogrammes.

#### 1° *Matières premières.*

|  |  | fr. |
|---|---|---|
| Coke $1000 \times 1,125 = 1125$ kilogr. Soit, à raison de 25 francs la tonne à pied d'œuvre.......... | | 28,10 |
| Chaux $1000 \times 1,335 = 1335$ kilogr. Soit, à raison de 31 fr. 50 la tonne à pied d'œuvre.... | | 42,05 |
| On évalue, en outre, la consommation journalière de charbons, pour les électrodes supérieures, à............................... | | 4,30 |
| Le prix de revient des matières premières, par jour et par tonne de carbure brut, sera de.. | | 74,45 |
| A ce chiffre on ajoute une somme annuelle d'environ 800 francs, représentant l'approvisionnement courant, les déchets, etc., soit par jour................................ | | 2,10 |
| | | 76,55 |

#### 2° *Force motrice.*

La force hydraulique à Spray est comptée à la turbine à raison de 25 francs seulement par cheval-an. Le rendement des alternateurs étant de 88 0/0, celui des transformateurs de 95 0/0, le rendement électrique net est de 83,6 0/0, ce qui établit le prix de revient du cheval électrique, aux bornes du four, à 30 francs. L'énergie développée par le courant primaire était, en moyenne, de 205,2 chevaux; celle qui a été produite à la turbine est de $\frac{203,2}{0,88} = 230,7$. Si on y ajoute la force nécessaire pour les broyeurs, cylindres malaxeurs et les transmissions, etc., évaluée à 15 chevaux, l'énergie totale empruntée à la turbine est de 245,7 chevaux, dont le coût annuel est de $25 \times 245,7 = 6142$ fr. 50 et le coût journalier de $\frac{6147,50}{365} = 16$ fr. 67.

#### 3° *Main-d'œuvre.*

On compte :

| | |
|---|---|
| 1 directeur à 20 francs par jour......... | 20 fr. |
| 3 équipes d'ouvriers travaillant chacune 8 heures par jour................... | 36 — |
| | 56 fr |

#### 4° *Coût de l'usine.*

Le prix compté pour l'usine de Spray serait de 60 000 francs, se décomposant ainsi :

| | | | |
|---|---|---|---|
| Terrain.................... | Fr. | 500 | » |
| Constructions............. | — | 6 200 | » |
| Turbines.................. | — | 14 500 | » |
| Installation électrique..... | — | 30 000 | » |
| Transmissions............. | — | 1 000 | » |
| Broyeur et moulin.......... | — | 5 100 | » |
| Cylindres mélangeurs...... | — | 1 200 | » |
| Fours.................... | — | 800 | » |
| Outillage.................. | — | 500 | » |
| | Fr. | 59 800 | » |

Soit au total 60 000 francs, dont l'amortissement à 5 0/0 représente une dépense de 3000 francs par an, et par jour de.........................Fr. 8,22

On compte comme dépréciations et réparations, pour l'installation électrique et la

A reporter...... Fr. 8,22

Report.......... Fr. 8,22

| | | |
|---|---|---|
| turbine, 5 0/0 de leur valeur, soit par jour............................... | — | 6,10 |
| Pour la construction, les transmissions, les cylindres et broyeurs, 6 0/0, soit par jour................................ | — | 2,25 |
| Pour les fours, 20 0/0, soit par jour...... | — | 0,10 |
| | Fr. | 16,67 |
| A ce chiffre s'ajoute la somme à payer pour les impôts, comptés à raison de 500 fr., soit par jour......................... | — | 1,37 |
| | Fr. | 18,04 |

#### *Récapitulation*

En récapitulant les diverses dépenses évaluées précédemment, on trouve que le prix de revient de la tonne de carbure se décompose de la manière suivante :

| | | |
|---|---|---|
| Matières premières.............. | Fr. | 76,55 |
| Force motrice.................... | — | 16,67 |
| Main-d'œuvre.................... | — | 56, » |
| Intérêts et amortissement de l'installation complète de l'usine.. | — | 18,04 |
| | Fr. | 167,26 |

Ce prix doit être modifié suivant les conditions locales : ainsi la location de la force motrice, comptée ici à 25 fr. le cheval-an, revient, en Suisse, de 50 à 100 francs; la dépense de ce chef serait, par jour, dans le cas de 100 francs, de 67 fr. 40 au lieu de 16 fr. 85, soit une augmentation de 50 fr. 55 par jour et par tonne. Mais le prix des matières premières peut aussi varier considérablement et être notablement inférieur à celui qui a été admis dans le rapport américain.

En résumé, on peut compter que le prix de revient d'une tonne de carbure de calcium, dans les conditions actuelles, est d'environ 200 francs.

#### FOURS INDUSTRIELS POUR LA PRÉPARATION DU CARBURE DE CALCIUM.

*Électrodes.* — Les électrodes sont formées par des cylindres de charbon aussi exempt que possible de matières minérales; elles doivent être faites avec du charbon de cornue réduit en poudre et choisi dans le dôme de la cornue. Cette poussière de charbon est traitée par les acides, pour la débarrasser autant que possible du fer qu'elle contient; elle est ensuite lavée et calcinée et finalement agglomérée au moyen de goudron. Les cylindres sont formés par une pression qui doit être très élevée et très régulière; enfin ils sont séchés avec précaution et calcinés à une très haute température.

On doit rechercher si, pour en faciliter la fabrication, on n'a pas ajouté au charbon soit de l'acide borique, soit des silicates, et refuser tout charbon qui contient ces matières et qui fournit plus de 1 pour 100 de cendres.

Pour les petits fours en chaux vive, on emploie des électrodes de 20 centimètres de longueur et de 12 millimètres de diamètre. Avec les tensions de 120 ampères et de 60 volts, on prend des cylindres de 40 centimètres de longueur et de 16 à 18 millimètres de diamètre. Lorsque l'on marche avec une machine de 40 à 45 chevaux, on emploie des électrodes de 40 centimètres de longueur et de 27 millimètres de diamètre.

Les extrémités des électrodes, entre lesquelles l'arc doit jaillir, sont taillées en cônes pointus. Cette précaution est importante, surtout pour les petites tensions. Vient-on à l'oublier, il est parfois très difficile de rallumer l'arc lorsqu'il s'est éteint au début de l'expérience. Avec les tensions de 350 ampères et 60 volts, on peut n'employer qu'une seule électrode terminée en pointe, la section de l'autre restant plane. D'ailleurs toute difficulté disparaît aussitôt que le four est chaud et qu'il est rempli de vapeurs bonnes conductrices qui permettent de rallumer l'arc avec la plus grande facilité.

Les câbles qui amènent le courant sont réunis au charbon au moyen de mâchoires de cuivre, serrées par des écrous. Ce dispositif est déjà employé depuis longtemps dans l'industrie pour les courants à tension élevée.

*Creusets.* — Pendant la première période des recherches, on a employé des creusets en charbon de cornue qui étaient faits au tour et en un seul morceau. Ces creusets ont la forme d'un cylindre; ils portent deux encoches placées aux extrémités d'un même diamètre, assez grandes pour laisser passer avec facilité les électrodes.

Avec des machines de 4 à 8 chevaux, on a employé des creusets de 3 centimètres de diamètre extérieur et de 2 centimètres de diamètre intérieur. Leur hauteur était de 4 centimètres et l'encoche avait 1$^{cm}$,5 de profondeur.

Ces creusets en charbon de cornue ont l'inconvénient de se gonfler beaucoup lorsqu'ils se transforment en graphite sous l'action calorifique de l'arc; il faut leur préférer des creusets en aggloméré faits au moule, par compression, et d'une seule pièce, qui conservent leur forme sous l'action des températures les plus élevées. Après l'expérience, on les trouve formés par un feutrage assez fin de lamelles de graphite possédant une rigidité suffisante.

Il est utile de maintenir un espace annulaire vide autour du creuset, de façon que les rayons calorifiques réfléchis par le dôme puissent l'envelopper complètement.

Il ne faut pas oublier non plus que la chaux est facilement réduite à ces hautes températures par le carbone pour fournir du carbure de calcium. Lorsque l'on veut chauffer un creuset dans ce four en chaux, il faut donc avoir soin de tasser une couche de magnésie au fond de la cavité du four. L'oxyde de magnésium est, en effet, le seul oxyde irréductible par le charbon. Lorsque l'expérience dure assez longtemps, la magnésie peut fondre, se combiner à la chaux déjà liquide qui existe dans le four, se volatiliser même, mais elle ne fournit pas de carbure.

Lorsque l'on emploie un four en pierre calcaire, il se forme une grande quantité d'acide carbonique. Ce composé, au contact des électrodes portées au rouge et de la vapeur de carbone, produit, d'une façon continue, un dégagement d'oxyde de carbone. Les cylindres de charbon qui constituent les électrodes en fournissent aussi une petite quantité. Ce gaz n'est brûlé qu'incomplètement; si l'on ne prend pas de grandes précautions pour ventiler le local dans lequel se font ces expériences, les opérateurs ne tardent pas à présenter les symptômes de l'empoisonnement par l'oxyde de carbone. On éprouve d'abord des céphalées intenses, des nausées et une lassitude générale. Il est indispensable, dans ces conditions, de se soustraire pendant plusieurs semaines à ce dégagement toxique d'oxyde de carbone, que l'on n'évite jamais complètement.

La difficulté de trouver (surtout en hiver) des blocs de chaux un peu grands, non gercés et bien homogènes, a fait substituer assez rapidement le carbonate de chaux ou pierre à bâtir à la chaux vive.

Cependant on emploie encore aujourd'hui ce modèle de four quand on tient à éviter les dégagements abondants d'acide carbonique.

*Emploi de plaques alternées de charbon et de magnésie.* — Lorsque l'on emploie des courants ayant des constantes de 1200 à 2000 ampères et 100 volts, les fours en chaux, si leur cavité

n'est pas très grande, sont rapidement mis hors d'usage. En enfermant l'arc intense produit par ce courant dans un four en pierre calcaire dont la cavité intérieure mesure 10 centimètres de diamètre, on obtient les résultats suivants : fusion de la chaux qui coule comme de l'eau; volatilisation de cette chaux, qui en quelques instants donne des torrents de fumée; sifflement de vapeur par les ouvertures qui donnent passage aux électrodes; crépitations continues produites par de petits fragments de carbonate de chaux qui tombent dans la masse et sont immédiatement dissociés; projection de chaux fondue, enfin soulèvement du couvercle sous l'action des gaz et des vapeurs surchauffées. Dans ces conditions, l'expérience n'est plus très maniable. Si l'on augmente la cavité du four, l'arc peut alors donner de meilleurs résultats.

Lorsque l'on veut utiliser ces tensions élevées, il est bon de creuser au milieu de la pierre une cavité assez grande qui présente aussi la forme d'un parallélépipède et qu'on garnit de plaques alternées, de 1 centimètre d'épaisseur, d'abord de magnésie et ensuite de charbon. Ces plaques, au nombre de quatre, sont disposées de telle sorte que la magnésie soit toujours au contact de la chaux vive et que la plaquette de charbon soit à l'intérieur du four. L'oxyde de magnésium, étant irréductible par le charbon, ne pourra disparaître que par volatilisation, tandis que, à ces hautes températures, la chaux fondrait au contact du charbon et produirait avec facilité du carbure de calcium liquide. Le dessus de la cavité du four peut se former de même par un ensemble de plaques de magnésie et de charbon; mais le plus souvent on se contente d'un couvercle en pierre portant une cavité de forme ellipsoïdale de 3 à 4 centimètres de profondeur.

Un four, disposé dans ces conditions, peut fonctionner avec facilité pendant plusieurs heures et permet alors de réaliser des expériences de longue durée.

*Préparation de la magnésie.* — La magnésie employée dans ces expériences se prépare d'après les indications de M. Schlœsing. Il faut, en effet, débarrasser cet oxyde des petites impuretés qu'il pourrait contenir et qui abaissent considérablement son point de fusion. Pour obtenir ce résultat, l'hydrocarbonate de magnésie est calciné pendant plusieurs heures au four Perrot. La magnésie obtenue réduite en poudre fine est mise à digérer avec une solution étendue de carbonate d'ammoniaque, puis lavée à grande eau et calcinée à la plus haute température que puisse fournir un bon fourneau à vent. Par addition d'eau, on forme avec cette magnésie une pâte épaisse qui, par compression dans des moules en bois, fournit des plaquettes que l'on abandonne à une dessiccation lente. Ces plaques sont ensuite cuites au moufle.

Ainsi que M. Schlœsing l'a établi, cette magnésie ne présente plus de retrait à la température d'un fourneau à vent, et ne subit aucune action de la part des agents atmosphériques. Il va de soi que, aux températures du four électrique, elle donnera un nouveau retrait. Mais, dans ces nouvelles conditions, tout en restant légère, elle prend un aspect cristallin et sa solidité augmente.

M. Ditte a déjà démontré que, sous l'action de la chaleur, la magnésie se polymérise facilement et que sa densité peut s'élever de 3,193 à 3,569. La magnésie des plaques du four électrique atteint une densité de 3,589 et celle qui a été fondue de 3,654. M. Moissan a démontré précédemment que la chaux fondue ou cristallisée au four électrique a la même densité que la chaux préparée à 800°. L'irréductibilité de la magnésie tient peut-être à ce pouvoir de polymérisation qu'elle possède.

*Four à plusieurs arcs.* — Dans les recherches que l'on peut entreprendre au moyen du four électrique, il y a deux cas bien nets qui peuvent se présenter.

1° S'agit-il d'atteindre une température très élevée, on enfermera un arc puissant dans la plus petite cavité possible. C'est le cas du four en chaux ou du four à creusets que nous venons de décrire. Dans ces conditions, la chaleur porte rapidement son action sur les parois du four, la

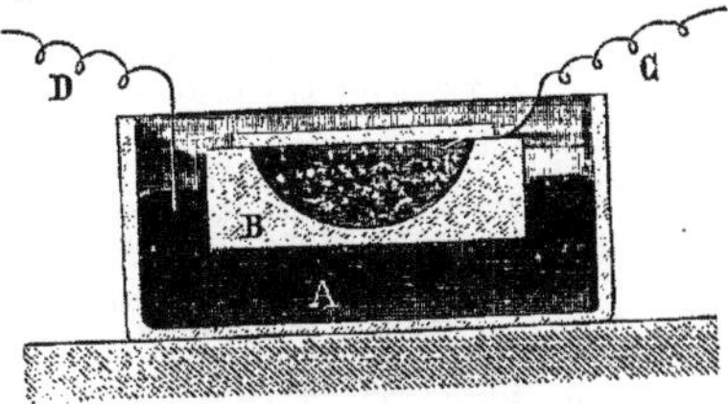

Fig. 436. — Four Grove.

A, bain de mercure dans lequel plonge une électrode D ; B, creuset de charbon ; — C, deuxième électrode.

chaux ou la magnésie fondant et se volatilisant avec rapidité. Avec des courants de 1200 ampères et 110 volts, l'appareil est mis hors d'usage en 10 ou 15 minutes.

2° Au contraire, veut-on produire une notable quantité d'un métal qui se forme à haute température, on doit donner au four électrique une

Fig. 437. — Four électrique de Pichon.

cavité plus grande et utiliser sa chaleur au fur et à mesure qu'elle se produit, en lui fournissant d'une façon continue un travail à effectuer.

Dans ce deuxième cas, on devra employer le four à tube incliné ou le four à sole.

Il est le plus souvent possible de former une sole assez réfractaire pour supporter le métal liquide à obtenir, et, dans ce cas, pour régulariser la chaleur sur une surface plus grande, on divisera le courant en plusieurs arcs.

En employant une sole légèrement inclinée, on peut amener à la partie supérieure le mélange aggloméré d'oxyde et de charbon. Sous l'action d'un ou de deux arcs, le métal se produit, coule sur la sole, s'accumule à la partie inférieure, où un autre arc le maintient liquide pendant que l'affinage se produit. On peut faire écouler le métal liquide par un trou de coulée que l'on débouche à la fin de l'opération. Dans un essai fait en petit, M. Moissan a pu couler ainsi en une fois 10 kilogrammes de chrome en fusion. Dans une autre expérience, on a fondu 12 kilogrammes de molybdène.

La chaleur intense produite par l'arc électrique peut donc être appliquée à un four continu et donner, dans ce cas, une production régulière d'un métal dont le point de fusion peut être bien supérieur à 2000°.

En terminant la description des différents modèles de fours électriques, nous rappellerons qu'il reste un point important à élucider.

Nous ignorons quelle est la température que peut atteindre l'arc électrique, qui, d'après M. Violle, serait de 3500°. On sait que sur ce sujet les physiciens sont peu d'accord. Après des centaines d'expériences réalisées, il a semblé à M. Moissan que dans un four fermé, à petite cavité, la température s'élevait avec l'intensité du courant. Il est vraisemblable que la vaporisation du carbone peut limiter, dans une certaine mesure, la température de l'arc, lorsque l'on emploie des tensions qui ne sont pas très élevées ; il en est de même des phénomènes de dépolymérisation du carbone qui viennent aussi compliquer les conditions thermiques de l'expérience.

Mais de nombreuses recherches faites sur ce sujet, recherches entreprises à des tensions très différentes, ont amené M. Moissan à penser que plus on employait des machines puissantes, plus la température augmentait.

Avec 400 ampères et 70 volts, il a été impossible de réduire l'oxyde de vanadium par le charbon, le creuset étant placé à 1 centimètre de l'arc. Avec un courant de 1000 ampères et 70 volts, cette réduction se fait à quelques centimètres de l'arc et l'on obtient environ 100 gr. de métal en quelques minutes.

La réduction de l'acide titanique par le charbon a fourni un nouvel exemple de l'augmentation de la température en fonction de l'intensité du courant. Avec un arc de 50 ampères et 50 volts, on obtient le protoxyde bleu de titane, quelle que soit la durée de l'expérience ; un arc de 350 ampères et 50 volts donne l'azoture fondu, et rien que l'azoture ; enfin, avec 1000 ampères et 70 volts, cet azoture est complètement dissocié et l'on arrive au titane métallique plus ou moins carburé.

Avant de parler des différents systèmes de fours qui sont employés aujourd'hui, nous dirons quelques mots des appareils qui peuvent être considérés comme leurs précurseurs.

Les premières applications du courant électrique comme agent thermique furent faites par Davy, puis par Children, et enfin par Grove, qui construisit le système de four suivant (fig. 436) :

La substance à traiter était placée dans le creuset de charbon B, plongeant dans un bain de mercure A et recouvert par une plaque de charbon. Le mercure communiquait avec l'une des bornes de la batterie de piles, et le couvercle du creuset avec l'autre. Le creuset et son couvercle se trouvaient ainsi bientôt portés à l'incandescence.

Le four suivant est, lui aussi, un précurseur : En mars 1853, M. Pichon prit un brevet en France pour le four représenté par la figure 437, dans lequel un mélange de minerai et de charbon pulvérisés tombait continuellement entre les électrodes placées à l'intérieur du four.

*Four Siemens.* — En 1874, M. Werdermann proposa d'employer la chaleur de l'arc à la fusion industrielle, mais ce n'est qu'en 1878 que sir W. Siemens fit avec son four électrique de nombreuses expériences qui attirèrent l'attention sur ces procédés.

La figure 438 représente le four ou creuset électrique qu'il employait; il ne faisait, en somme, que rendre industrielle l'expérience réalisée par Davy, Children et Grove.

Le creuset en charbon était encastré dans un bloc de matières réfractaires pour empêcher

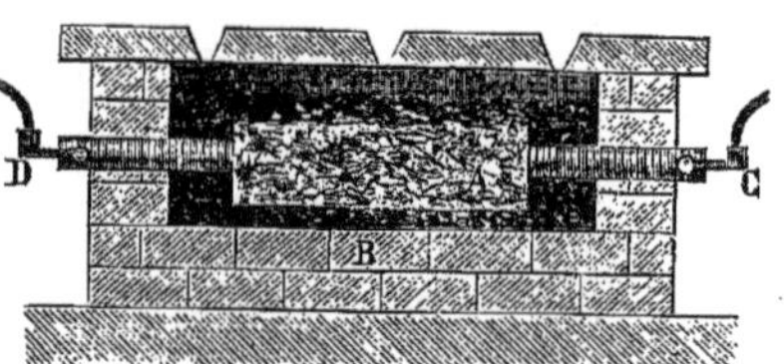

Fig. 439. — Four Cowles.

A, masse à traiter; — B, four en briques réfractaires;
C et D, électrodes en charbon.

centre de cette brasque en charbon chaulé, entre les électrodes, on réserve un espace vide dans lequel on place le mélange à traiter que l'on recouvre de charbon chaulé, et on ferme le four par un couvercle percé d'ouvertures pour l'échappement des gaz produits par la réaction. Lorsque le courant passe, le noyau A s'échauffe et les masses réagissent l'une sur l'autre.

Quoique ces détails sortent du cadre de cet article, disons pourtant que ce procédé a reçu plusieurs applications importantes et que des usines considérables ont été établies pour son exploitation.

D'après M. Pélissier [*loc. cit.*], l'usine de Milton près de Stoke (Angleterre) emploie des électrodes constituées par neuf charbons de 65 millimètres de diamètre; l'intensité du courant atteint 3000 à 3500 ampères et la quantité de matière à traiter dans un seul four s'élève à 1000 kilogrammes.

Les résultats obtenus sont indépendants de la nature du courant, qui peut être continu ou alternatif, ce qui prouve que l'électricité n'intervient que comme source de chaleur (voyez ALUMINIUM, 2ᵉ Suppl., 1, 196.)

*Four Héroult n° 1* (voyez ALUMINIUM, 2ᵉ Suppl., 1, 196). — Le four Héroult n° 1 est destiné à la fabrication de l'aluminium, et nous n'en donnerons la description que pour mieux faire comprendre le four Héroult n° 2, destiné à la fabrication du carbure de calcium.

On commence par verser dans le creuset en charbon A (fig. 440) du cuivre en granules, on abaisse l'anode *f* au contact de ce cuivre et l'on fait passer le courant électrique; le métal fond. On verse alors en A de l'alumine qui se décom-

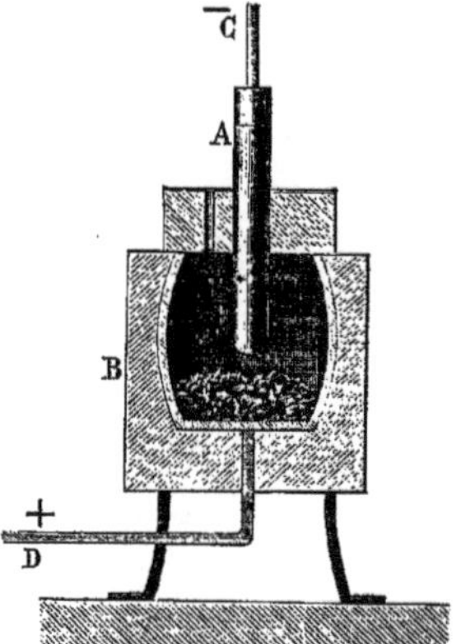

Fig. 438. — Creuset électrique Siemens.

A, charbon en communication avec l'électrode négative C; — B, enveloppe réfractaire; — D, pôle positif.

le rayonnement et, par suite, toute perte de calorique; il était relié au pôle positif et le charbon au pôle négatif. Un couvercle percé d'une ouverture recouvrait le creuset et permettait aux gaz formés dans la réaction de s'échapper, enfin la longueur de l'arc était réglée automatiquement par un électro-aimant en dérivation rappelant le mécanisme de la lampe à arc Siemens.

*Four Cowles.* — Les frères Cowles sont les premiers qui, vers 1885, appliquèrent le four électrique à la fabrication industrielle de l'aluminium.

Le four Cowles, représenté par la figure 439, est basé sur l'échauffement des conducteurs sous l'influence du courant électrique.

Il se compose d'une masse isolante B en briques et terre réfractaires, que traversent les deux électrodes D et C en charbon aggloméré. A l'intérieur de cette sorte de chambre de chauffe, on dispose une couche de charbon de bois trempé dans de l'eau de chaux, puis séché, pour isoler les parois de la chaleur intense du foyer (voir plus haut le four Moissan à sole alternée charbon et magnésie); au

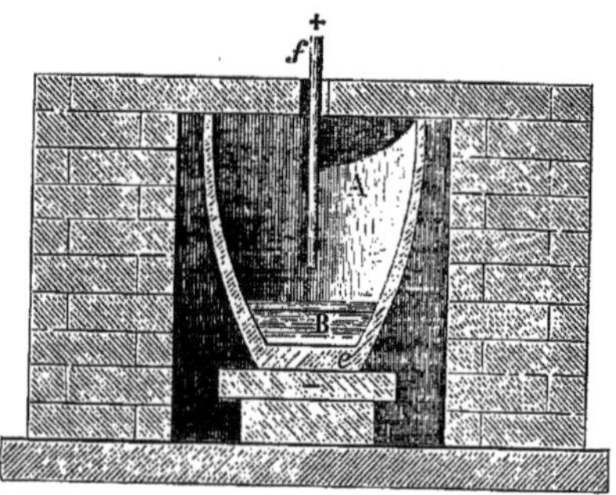

Fig. 440. — Four Héroult n° 1.

pose; l'aluminium forme avec le cuivre un

alliage que l'on recueille, et l'oxygène se combine avec le charbon des électrodes pour former de l'oxyde de carbone.

*Four Héroult n° 2.* — Ce four est employé à Froges par la Société Électro-métallurgique française; nous empruntons sa description au journal *l'Éclairage électrique* du 4 avril 1896 (fig. 441).

Le four Héroult n° 2 est monté sur quatre roulettes; il a la forme d'un parallélépipède de 1ᵐ,80 × 1ᵐ,50 × 1ᵐ,50. Il est formé d'un bloc de graphite B, recouvert d'un revêtement extérieur en fonte et percé d'une cavité C communiquant à sa partie supérieure avec un orifice de chargement D,

On commence par remplir le creuset du mélange de chaux et de coke, puis on abaisse progressivement l'électrode verticale, de manière à échauffer la masse contenue dans le creuset. L'ouvrier règle la position de cette électrode d'après les indications du voltmètre et de l'ampère-mètre, en jugeant de l'état de la réaction par la grandeur et la couleur de la flamme. Quand cette réaction est sur le point d'être terminée, un ouvrier débouche le trou de coulée pendant qu'un autre recharge le creuset.

L'électrode restant plongée dans ce creuset, le courant n'est pas interrompu. La marche du four est donc continue, mais on procède par charges et coulées successives. On fait une coulée toutes les 40 minutes environ.

Chaque four peut donner environ 300 kilogrammes de carbure par jour, si on le fait fonctionner pendant 24 heures.

Les électrodes de charbon étant portées au rouge par le passage du courant s'usent très vite, et leur renouvellement forme une partie notable du prix de revient du carbure.

*Four Willson n° 1.* — Destiné à la préparation de l'aluminium, il se rapproche beaucoup du précédent.

M. Willson dispose au fond du creuset, relié au pôle positif de la dynamo, des morceaux de cuivre surmontés d'alumine; il amène la cathode au contact du cuivre qui fond, puis il la retire un peu pour faire jaillir l'arc électrique. Seulement, pour éviter l'usure rapide de l'électrode et du creuset en charbon, il injecte dans le four un gaz réducteur.

C'est avec ce four et sans aucun changement, sauf dans la qualité de la charge, que M. Willson a fabriqué son premier carbure de calcium amorphe (fig. 442).

*Four Willson n° 2.* — Ce four, dénommé souvent *four Spray*, du nom de l'usine dans laquelle il fonctionne, est identique au précédent comme principe; seulement il est complètement fermé, afin d'éviter que les électrodes ne brûlent au contact de l'oxygène de l'air; l'oxyde de carbone produit pendant la réaction s'échappe par des carneaux dans la cheminée (fig. 443). L'électrode inférieure D est formée d'une plaque de fer sur laquelle on dispose une couche de charbon de 20 centimètres d'épaisseur, formée soit avec les débris des électrodes supérieures, soit avec un mélange de coke et de goudron; l'électrode supérieure est formée de six crayons de charbon e, ayant chacun 10 × 10 centimètres de section droite et 91ᶜᵐ,4 de hauteur; ils sont enfermés dans une gaîne en fer P qui les protège.

La sole du four a 76 × 91ᶜᵐ,5 de surface intérieure; le courant est amené à chaque électrode par seize câbles de 19 millimètres chacun. Le charbon est élevé, au fur et à mesure que le car-

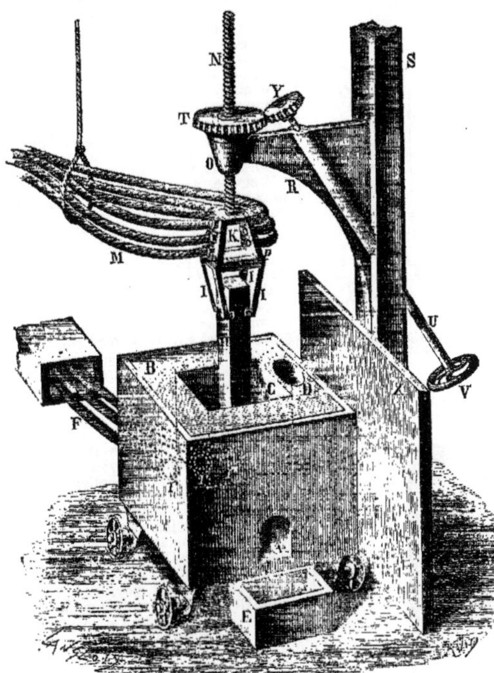

Fig. 441. — Four Héroult n° 2.

et à sa partie inférieure avec un trou de coulée A placé en face d'une cuve E, destinée à recueillir le carbure de calcium fondu. La masse du four forme l'électrode négative, qui est isolée du sol par les roulettes; les conducteurs négatifs sont fixés par des boulons sur la paroi d'arrière du four. L'électrode positive est verticale; elle est formée par une tige de charbon H de 20 centimètres de côté, serrée par quatre griffes d'une mâchoire dont les deux flasques servent de point d'attache aux six câbles du conducteur positif. Cette mâchoire est solidaire d'une tige filetée et peut être soulevée ou abaissée au moyen d'un système d'engrenages TY manœuvré par le volant V.

L'ouvrier qui déplace l'électrode est garanti contre le rayonnement du four par un écran X.

buro de calcium est formé, par une chaîne entraînée par une vis $i$ et un volant taraudé N; ceux-ci servent également à régler l'arc d'après les indications de l'ampère-mètre et du voltmètre.

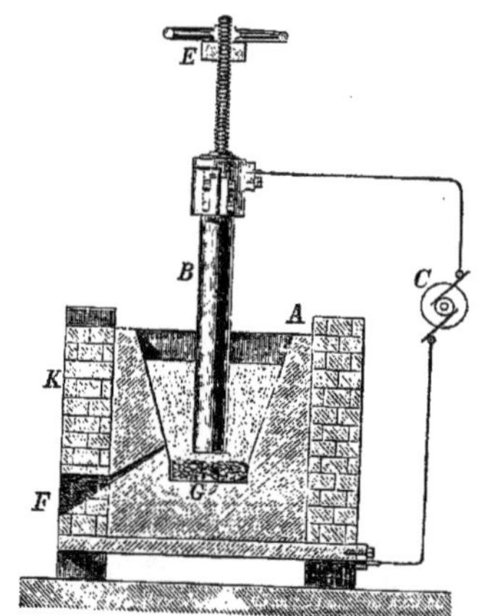

Fig. 442. — Four Willson n° 1.

K, massif réfractaire; — A, creuset relié à l'un des pôles de la dynamo C; — B, charbon mobile.

Il est nécessaire de laisser refroidir le four avant de le vider, ce qui est peu économique.

Voici la marche d'une opération : La chaux et

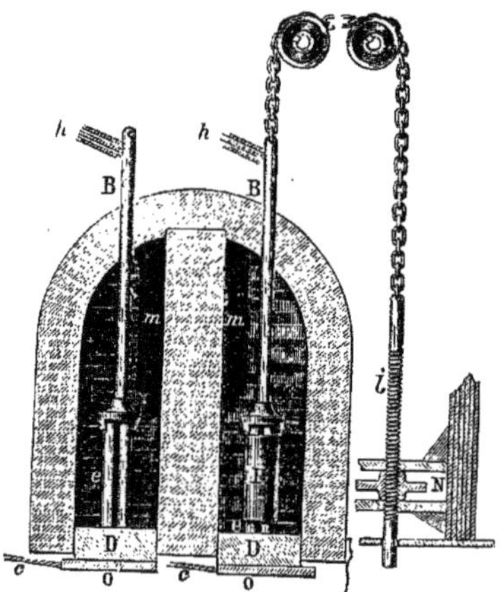

Fig. 443. — Four Willson n° 2.

le coke, convenablement mélangés et formant une poudre homogène, sont transportés près des fours électriques. La charge de ceux-ci s'effectue en jetant quelques pelletées du mélange sur la plaque qui porte l'électrode inférieure; la réaction s'opère en établissant l'arc entre les deux électrodes. La tension et l'intensité du courant, qui au début sont sujettes à de fréquentes variations, deviennent à peu près fixes au bout d'un quart d'heure; leurs valeurs sont alors de 100 volts et de 1600 ampères. Sous l'action de l'arc, dont la longueur est d'environ 8 centimètres, le mélange qui se trouve immédiatement sous l'électrode supérieure est converti en carbure de calcium fondu. Au fur et à mesure que l'on ajoute de nouvelles charges, la masse de carbure de calcium s'élève graduellement et tend à réunir les deux électrodes; on rétablit alors l'arc en remontant l'électrode supérieure au moyen du volant de manœuvre. De temps en temps, on ajoute un peu du mélange de coke et de chaux pour entretenir la réaction.

L'oxyde de carbone en ignition forme des flammes que colorent les vapeurs du calcium et qui enveloppent parfois l'électrode supérieure. On évite autant que possible cet inconvénient par une ventilation énergique.

L'ouvrier chargé de la surveillance du four en activité est placé près du tableau de distribution, à portée du volant servant à élever ou abaisser l'électrode supérieure. Son travail consiste à maintenir l'arc constant, en observant les indications du voltmètre et de l'ampère-mètre et à élever l'électrode supérieure jusqu'à bout de course de la tige de suspension. Quand cette tige est arrivée à ce point, l'opération est presque terminée; on cesse d'ajouter de nouvelles charges, mais on maintient l'arc jusqu'à ce que les portions du mélange ajouté en dernier lieu soient converties en carbure. Le courant est alors supprimé et est envoyé au four suivant dont l'opération commence, pendant que le premier se refroidit et que le carbure de calcium se solidifie. Après solidification, ce carbure de calcium est enlevé du four; le bloc de carbure obtenu possède alors assez grossièrement la forme d'un prisme vertical, de section rectangulaire, dont la partie supérieure se termine un peu en pointe. Une couche de scories recouvre sa surface extérieure; ces scories contiennent du carbone et de l'oxyde, du carbonate et du carbure de calcium. Le carbure renfermé dans ce revêtement demeure en fusion pendant plusieurs heures après la fin de l'opération.

La portion qui n'a pas été convertie varie de 50 à 75 pour 100 de la charge totale. On la retire du four éteint, pour l'employer dans une opération ultérieure; mais, comme une partie du carbone de ce mélange s'est oxydée, on y ajoute un peu de charbon de bois pulvérisé, pour rétablir les proportions originales.

L'électrode inférieure qui forme le fond du four est constituée par une plaque de fer qui porte deux plaques de charbon; l'entretien de ces charbons et leur renouvellement n'exigent que peu de dépenses, car ils peuvent facilement être réparés avec les charbons qui restent de l'électrode supérieure.

D'après MM. Morehead et de Chalmot, les charbons de l'électrode supérieure, si l'on prend les soins nécessaires à leur protection, s'useraient d'environ 1 ou 2 centimètres par heure dans un four ouvert; les gaz non oxydants qui se dégagent du four les protègent très efficacement; aussi s'usent-ils plus pendant les intervalles de repos lorsqu'ils sont encore chauds. Une électrode des dimensions données plus haut durerait 100 heures environ dans un four ouvert à marche continue et suffirait à la production de 3800 à 3900 kilogrammes de carbure.

Dans un four fermé, employé sans arrêt, elle durerait de 200 à 300 heures; la dépense, de ce chef, serait alors d'environ 5 francs par tonne de carbure (Pélissier, *loc. cit.*).

*Four King.* — Ce four a été inventé par MM. Morehead, de Chalmot et King; il est employé aux usines du Niagara (fig. 444).

Le creuset est placé dans un chariot mobile sur une voie ferrée, ce qui permet de retirer le carbure formé aussitôt après que le courant électrique a été interrompu et de le laisser refroidir à l'air libre; en le remplaçant immédiatement par un autre chariot, on peut obtenir un fonctionnement presque continu du four, ce qui est plus économique.

Le four est fermé par une porte en fer qui n'est ouverte que pour le passage des chariots.

Une ouverture supérieure laisse dégager le mélange d'oxyde de carbone et d'air dans les premiers moments de la réaction; dès que l'oxyde de carbone se dégage seul, on ferme cette fenêtre et les gaz sont évacués par des carneaux communiquant avec la cheminée de l'usine.

Le chariot reçoit un mouvement continu de va-et-vient au moyen d'une tige manœuvrée automatiquement de l'extérieur; ce mouvement régularise l'action de l'arc sur le mélange de chaux et de charbon et empêche que ce mélange ne s'agglomère le long des parois du creuset; on obtient ainsi un meilleur rendement.

La caractéristique de ce four, c'est qu'il est alimenté automatiquement de matières à traiter

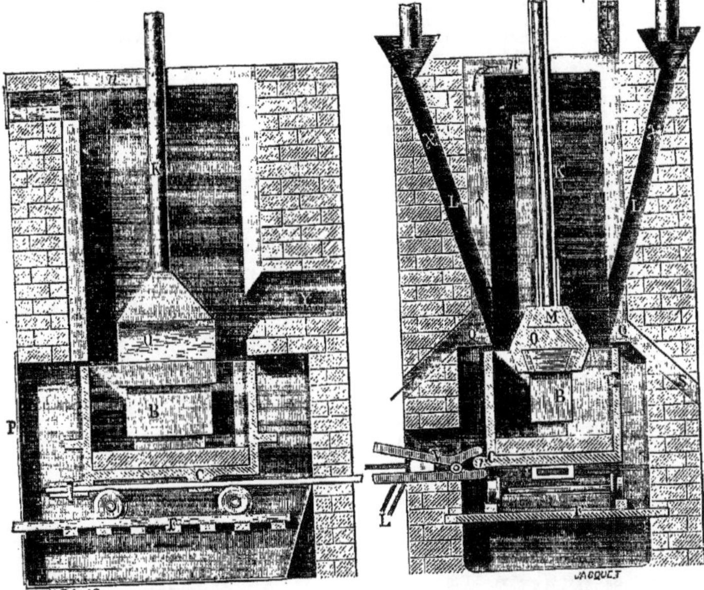

Fig. 444. — Four King.
C, chariot mobile portant le creuset; — B, électrode supérieure; — K, tige de suspension de l'électrode; V, commande du chariot.

par des trémies à conduits, qui sont munies de distributeurs formés par des roues à augets qui tournent plus ou moins vite, suivant la quantité de mélange à fournir.

L'électrode supérieure est formée de douze charbons enveloppés dans une chemise en fer et suspendus à des mâchoires placées à la partie inférieure d'une tige formée de cuivre à l'intérieur et de fer à l'extérieur. L'emploi de ces deux métaux a pour but d'assurer une bonne conductibilité électrique, tout en évitant la fusion de la tige qui supporte tout le poids, assez élevé, de l'électrode inférieure et se trouve placée dans le courant des gaz chauds dégagés par le four. D'ailleurs une enveloppe parcourue par un courant d'air froid entrant par le bas et sortant par le haut abaisse la température de la partie supérieure du four.

*Fours Bullier.* — M. Bullier s'est surtout occupé de simplifier la main-d'œuvre. Les figures 445 et 446 représentent en coupe verticale et en plan une série de fours dont le fond ou sole est horizontal et mobile. Les murs D sont formés de briques réfractaires. La sole S est en métal ou en charbon; elle est articulée et se trouve maintenue en place pendant la réaction par un contrepoids N et par une fermeture à verrou. Cette sole est reliée au pôle négatif du transformateur et constitue l'une des électrodes de l'appareil.

Le charbon vertical G, qui est relié au second pôle du transformateur, forme la seconde électrode; il plonge dans le mélange de chaux et de charbon. Au fur et à mesure que la réaction s'opère, il se produit autour du charbon une cavité V, au fond de laquelle se dépose le carbure fondu; on relève peu à peu le charbon, et la masse de carbure augmente progressivement de volume. A la fin de l'opération, on rompt le circuit électrique. Le four contient un bloc de carbure de calcium. En faisant basculer la sole mobile, ce bloc, ainsi que la matière qui n'est pas entrée en réaction, tombent dans un wagonnet K qui sert à les transporter dans un tamis où la séparation du carbure et de la matière non traitée a lieu. Chaque four peut être alimenté du mélange de coke et de chaux par un conduit mobile T branché sur un collecteur. Dès qu'on a vidé le four, il suffit de refermer le fond, de descendre le charbon, de charger à nouveau et de commencer une nouvelle opération. Les parois du four n'ont donc pas le temps de se refroidir. En outre, l'espace entre les fours est rempli par une matière peu conductrice de la chaleur, telle que de la magnésie pulvérisée, de la chaux, du carbonate de chaux, etc.

*Four Bullier à trois faces.* — Dans ce four, le dispositif particulier est le suivant : c'est qu'il n'y a jamais que trois faces du four qui soient construites. La face d'avant, c'est-à-dire la face antérieure, se bâtit au moment même de la fabrication. Pour cela, le devant du four est fermé au moyen d'un tablier métallique mobile. Au début de l'opération, le tablier est abaissé, puis, au fur et à mesure de la marche, on le relève de façon à empêcher la projection des poussières et des flammes, et, en même temps, on élève, pour le remplacer, un mur en briques réfractaires. On empêche ces briques de tomber en les soutenant par des barres de fer qui viennent s'appliquer sur les côtés du four (fig. 447 et 448).

Avec un four Bullier à trois faces, comme on les emploie journellement à l'importante usine de Notre-Dame de Briançon, on travaille de la façon suivante : On commence par mettre l'appareil en court circuit, c'est-à-dire à faire toucher les deux électrodes, puis on envoie le courant, qui est de 3000 ampères. Immédiatement, un ouvrier qui est placé à la partie supérieure de l'usine, au premier étage, et qui a devant lui

une série de commutateurs électriques qui ont

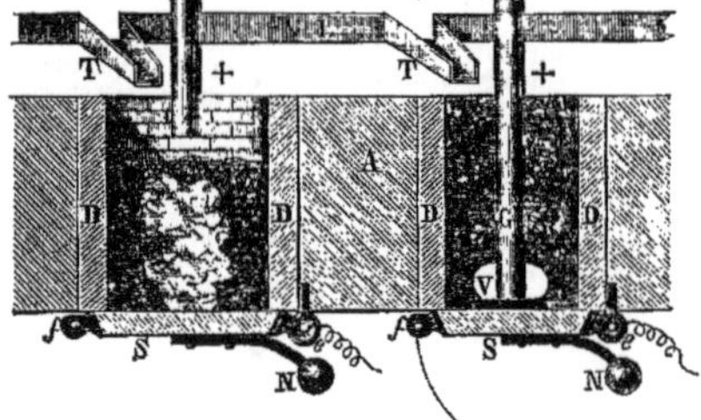

Fig. 445. — Four Bullier.

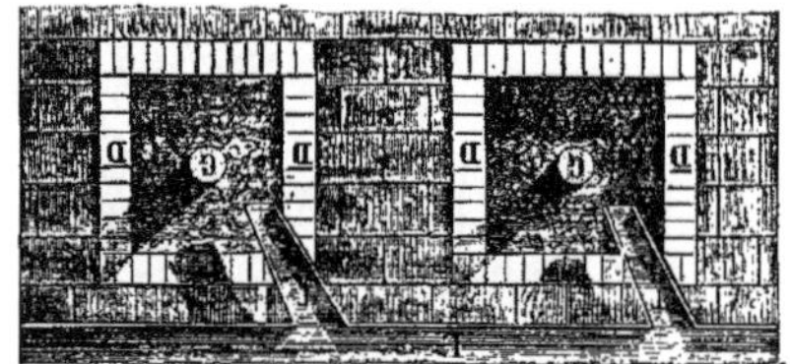

Fig. 446. — Four Bullier.

pour effet, au moyen de dispositifs particuliers,

Fig. 447. — Four Bullier à trois faces, dit *four de boulanger.*
AA, matériaux réfractaires ; — U, sole ; — *k k*, pinces en cuivre tenant dans leurs mâchoires les charbons CC ; S, tablier mobile.

de pouvoir à volonté abaisser ou relever le char- | bon, les fait fonctionner en se guidant sur les indications des ampère-mètres et des voltmètres placés devant lui.

Aussitôt que l'arc a jailli, on jette par la porte le mélange de chaux et de charbon. Immédiatement, la température produite provoque la réac-tion; le charbon réagit sur la chaux, il se forme de l'oxyde de carbone; le carbure de calcium libre fond. Le courant change alors d'allure, parce que le carbure de calcium est conducteur et parce que le travail de l'arc se fait à travers

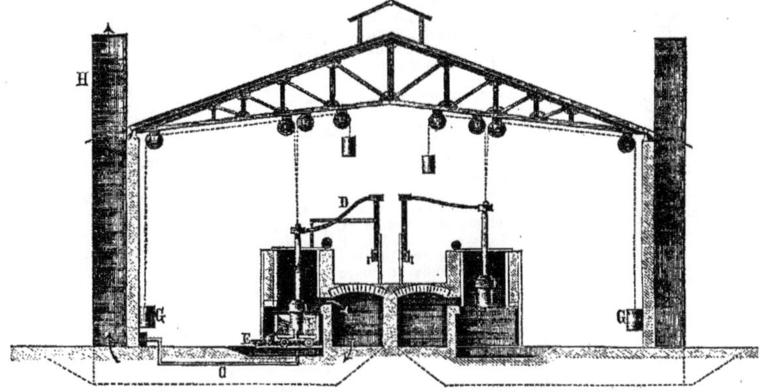

Fig. 448. — Coupe de l'usine de Notre-Dame de Briançon, montrant les fours Bullier à fonctionnement continu.

une atmosphère de vapeurs métalliques. On relève alors le charbon : l'ouvrier agit pour cela sur les commutateurs qui ont pour but de faire fonctionner le treuil qui en actionne le mouvement. Durant toute la durée du tra-

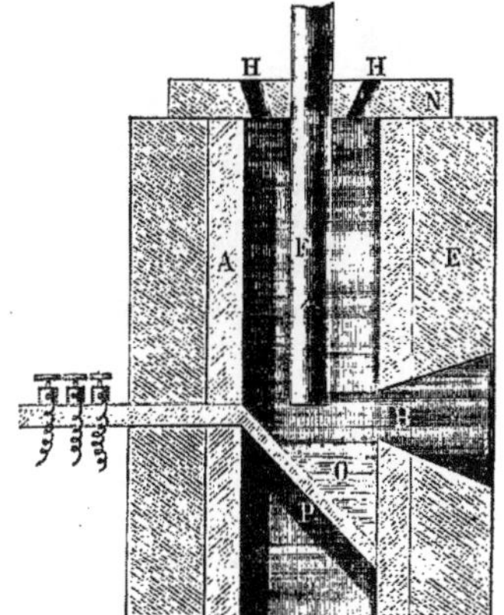

Fig. 449. — Four Bullier à sole inclinée.

vail, l'ouvrier s'arrange de façon que le volt-mètre indique 60 ou 70 volts, suivant le régime que l'on veut établir. Dans ces conditions, l'opé-ration marche rapidement. L'ouvrier placé en avant du four continue à jeter à la pelle le mélange et élève le mur, puis, de temps en temps, il pique la masse en faisant tout autour du charbon des évents, de telle façon que l'oxyde de carbone qui se produit vienne brûler à l'ex-térieur et non contre le charbon, parce que le charbon lui-même brûlerait trop rapidement et devrait être remplacé trop fréquemment. Le four marche dès lors à une bonne allure; cependant il ne faut pas que l'ouvrier le laisse sans soins, parce qu'il pourrait se produire aux environs du charbon une cavité dans laquelle l'oxyde de car-bone se comprimerait, et lorsque l'ouvrier vien-drait à piquer la masse, de façon à faire sortir cet oxyde de carbone, le dégagement de ce gaz prendrait la forme d'une explosion, le four pour-rait être démoli et l'ouvrier, exposé à la projec-tion de produits portés à une haute température, pourrait être victime de graves accidents.

Ce dispositif peut être modifié à volonté. C'est ainsi que M. Bullier a construit un four à sole inclinée représenté par la figure 449.

Dans ce type de four, les murs sont également constitués par des briques en magnésie, en chaux ou en carbonate de chaux, et sont munis d'un revêtement en même matière, qui est maintenu par une armature de briques et de métal.

La partie inférieure forme une chambre O dans laquelle on place préalablement le mélange de chaux et de charbon, sur lequel on amène le charbon F au contact lors de la mise en marche. L'appareil est muni d'un trou de coulée B qui permet d'évacuer le carbure fondu, car, à me-sure que ce dernier se forme, il tend à tomber à la partie inférieure et, dès qu'il arrive au niveau de l'ouverture pratiquée dans le mur, on le fait écouler. Par conséquent, on peut, avec ce four, opérer d'une façon continue.

*Four Borchers.* — M. Borchers a publié, dans la première édition de son ouvrage sur l'électro-métallurgie, paru en 1891, la description du four électrique qu'il employait pour préparer les métaux rares, en chauffant électriquement les oxydes de ces métaux en présence de carbone.

Dans ce four, le mélange à traiter est placé dans la cavité centrale d'un massif de briques réfractaires C C (fig. 450). Les électrodes en charbon A A traversent les parois du four et aboutissent dans la cavité centrale, où elles sont réunies par une mince tige de charbon; cette dernière, s'échauffant sous l'action du courant électrique, engendre, par sa haute température, la réaction qui peut donner naissance au carbure de calcium.

*Four Regnoli.* — MM. Regnoli, Lori, Pignolti, Pantaleoni et Besso ont tenté de remédier aux défauts de la plupart des fours actuels en utilisant une partie de la chaleur perdue et en rendant l'action du four continue.

La figure 451 donne une coupe du dispositif adopté par les savants italiens.

Les gaz combustibles (oxyde de carbone) qui se dégagent du four sont recueillis dans une chambre A, d'où ils se rendent, en passant par l'orifice *b*, à un gazomètre, puis de là ils sont conduits aux brûleurs *c c* qui servent à échauffer le mélange à traiter placé dans la trémie D. Une vis d'Archimède E entraîne ce mélange automatiquement vers le conduit F d'alimentation du four. Lorsqu'une quantité suffisante de carbure en fusion est formée, on ouvre le trou de coulée G au moyen du levier H.

charbons A et A' est plus ou moins grand et maintient ainsi cet écartement d'une façon automatique. Ce système de régulation n'est donc pas autre chose qu'une grande lampe à arc Siemens.

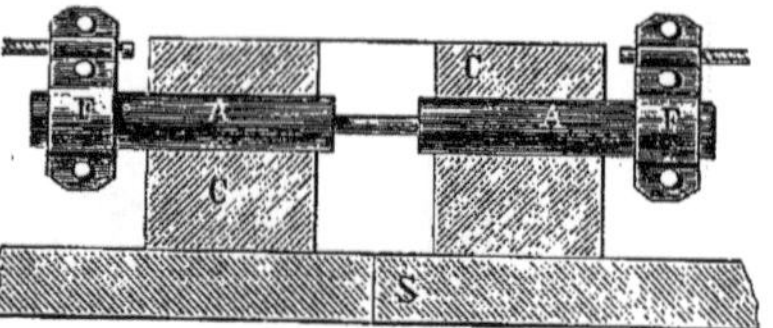

Fig. 450. — Four Borchers.

L'ouverture par laquelle passe le charbon A doit, autant que possible, être fermée complètement par l'armature métallique, afin qu'il n'entre pas d'air dans le four, ce qui aurait pour conséquence d'entraîner une consommation inutile de charbon.

Le mélange de chaux et de charbon finement pulvérisé est placé dans la trémie K; il est amené

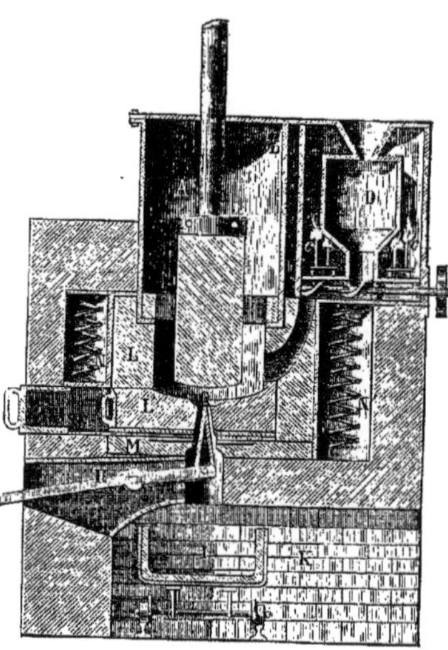

Fig. 451. — Four Regnoli.

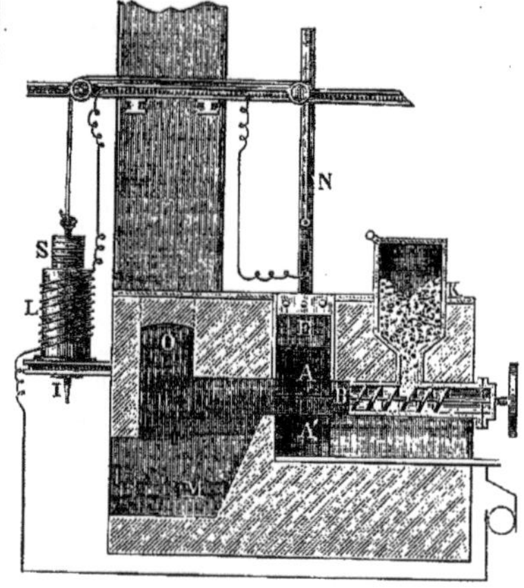

Fig. 452. — Four Vincent.

dans l'arc électrique par une vis d'Archimède B.

Le carbure de calcium est recueilli en M et une cheminée O sert à l'évacuation des produits gazeux de la réaction.

### CHOIX DES MATIÈRES PREMIÈRES.

Avant de terminer le chapitre relatif aux fours électriques employés dans la fabrication industrielle du carbure de calcium, nous dirons quelques mots, d'après l'ouvrage de M. Pélissier, des matières premières nécessaires à l'industrie du carbure de calcium.

Le coke ne doit pas contenir beaucoup de cendres; MM. Morehead et de Chalmot ont obtenu de bons résultats avec du coke contenant 7 0/0 de cendres; à la teneur de 10 et 11 0/0 de cendres, le carbure est de qualité inférieure; avec 27 0/0 de cendres, on n'a pu obtenir un carbure de qualité acceptable.

*Four Vincent.* — Le four de M. J.-A. Vincent de Philadelphie est représenté par la figure 452; il est disposé pour un fonctionnement continu.

Un canal horizontal est muni en A' d'une armature de charbon qui est fixe et joue le rôle de l'une des électrodes de l'arc voltaïque. E est une ouverture verticale communiquant avec ce canal; elle sert à l'introduction de la seconde électrode A, qui est formée de blocs rectangulaires en charbon, reliés par une armature en métal et qui est élevée ou abaissée par une tige N, une corde et un treuil, afin de maintenir à peu près constante la distance entre les deux électrodes. Un solénoïde en série avec les électrodes attire plus ou moins son noyau en fer S, suivant que l'écartement des

Le coke doit être broyé très fin : il doit pouvoir passer dans un tamis de vingt mailles au centimètre.

La chaux n'exige pas un broyage aussi parfait que le coke; les plus gros grains doivent passer dans un tamis de quatre mailles au centimètre. Si la chaux est en grains plus gros, la qualité du carbure devient inférieure. La chaux vive est préférable à la chaux éteinte, ce qui provient sans doute de la perte d'énergie entraînée par la décomposition de la chaux hydratée. La chaux vive a, de plus, l'avantage d'être moins volumineuse que la chaux éteinte. La partie du mélange retirée des fours sans avoir été convertie en carbure refroidit beaucoup plus rapidement lorsqu'on emploie la chaux vive. Les seuls inconvénients de celle-ci, c'est qu'elle doit être broyée et que les mélanges où elle entre doivent être plus souvent tisonnés dans le four électrique; ils peuvent, en effet, former, sans glissement des talus à très forte déclivité le long des parois du four et, par conséquent, laisser un espace vide autour des charbons.

La qualité de la chaux employée présente une importance particulière. La chaux anhydre doit contenir au moins 95 0/0 d'oxyde de calcium et au plus 5 0/0 d'impuretés. La présence de la magnésie influe spécialement sur la qualité du carbure de calcium produit.

Il n'a pas été possible d'obtenir une bonne qualité de carbure avec une chaux de la composition suivante :

| | |
|---|---|
| Partie insoluble..................... | 0,24 |
| Silice............................... | 0,78 |
| Oxydes de fer et d'aluminium........ | 0,68 |
| Oxyde de calcium...... ............. | 92,83 |
| Oxyde de magnésium.............,..... | 5,47 |
| | 100,00 |

Une quantité de magnésie de 2,5 0/0 dans le mélange a une influence marquée sur la production, et en bonne pratique la teneur de 3 0/0 ne doit pas être dépassée. Le rôle de cette substance serait de former comme un voile entre le charbon et la chaux, ce qui empêche leur combinaison. M. Moissan a démontré, en effet, que la magnésie ne s'unit ni à la chaux, ni au carbone [Moissan, C. R., 118, 506].

Parmi les impuretés de la chaux les plus nuisibles, on peut citer encore le phosphate de calcium qui, pendant la réaction, se transforme en phosphure; ce dernier dégage ensuite, pendant le traitement par l'eau, du phosphure d'hydrogène, gaz toxique, qui est en partie cause de l'odeur nauséabonde de l'acétylène impur.

Le coke et la chaux sont d'abord broyés, chacun séparément; ils sont ensuite tamisés, puis mélangés intimement en proportions voulues dans un malaxeur dont l'axe mobile est muni de palettes qui brassent les deux substances.

Il importe que le mélange soit très intime si l'on veut obtenir de bons résultats.

Ces opérations préliminaires, quand elles ne sont pas conduites avec soin ou qu'elles sont effectuées avec des appareils imparfaits, peuvent entraîner des pertes sensibles de matières.

Théoriquement, le mélange devrait contenir, pour obtenir une tonne de carbure de calcium

| | |
|---|---|
| Chaux.................. | 875 kilogrammes. |
| Carbone............... | 562,5 — |

En pratique, d'après MM. Morehead et de Chalmot, le mélange à traiter doit contenir, en moyenne, 100 parties de chaux et 64-65 parties de carbone, c'est-à-dire 900 kilogrammes de chaux et 575 à 590 kilogrammes de charbon, pour donner un carbure dégageant 310 litres de gaz par kilogramme. Si la tension du courant électrique est de 100 volts, il vaut mieux employer un peu plus de charbon, de 66 à 67 parties (595 à 605 kilogrammes). Si la tension est de 65 volts ou moins, 63 à 64 parties de charbon suffisent. Cette influence de la force électromotrice du courant ne s'explique pas très bien.

D'après les mêmes auteurs, lorsqu'on augmente la proportion de charbon, le carbure devient plus pur, mais la partie extérieure du bloc de carbure formé, mélange de parties converties et non converties, est plus considérable.

Il ne faudrait pas pourtant s'écarter trop des quantités théoriques, car, ainsi que M. Moissan l'a montré, le carbure de calcium, de composition nettement définie CaC², qui donne sous l'action de l'eau le maximum d'acétylène le plus pur, ne se forme que dans ces conditions.

Lorsqu'on fait varier les proportions de chaux ou de charbon dans le mélange traité au four électrique, on obtient des carbures de compositions variables, ne donnant plus que de l'acétylène mélangé à d'autres gaz et en moins grande quantité par unité de poids [Pélissier, loc. cit., 75].

### FABRICATION DU GAZ ACÉTYLÈNE

Comme nous l'avons vu plus haut, la réaction fondamentale propre au carbure de calcium est d'être décomposé par l'eau. Lorsqu'on met le carbure de calcium et l'eau en présence, le calcium décompose l'eau pour s'emparer de son oxygène, et le carbone et l'hydrogène ainsi libérés s'unissent pour former de l'acétylène :

$$CaC^2 + 2H^2O = Ca(OH)^2 + C^2H^2.$$

D'après cette formule, 1 kilogramme de carbure de calcium décompose 562 grammes d'eau et produit 115 grammes de chaux hydratée, tandis que 406 grammes d'acétylène se dégagent. Ce poids d'acétylène correspond à environ 340 litres de gaz pur et sec à 0°, et à la pression de 760 millimètres.

La réaction de l'eau sur le carbure engendre une grande quantité de chaleur. On peut s'en assurer, comme l'indique M. Pélissier [loc. cit.], par une expérience très simple, qui consiste à prendre entre les doigts un morceau de carbure, à le plonger brusquement dans l'eau et à le retirer aussitôt; ce carbure s'imprègne d'eau et se décompose à l'air libre; sa température ne tarde pas à être tellement élevée qu'on doit renoncer à le tenir.

Cette expérience nous montre que l'élévation de température se produit toujours quand le carbure, et surtout le carbure de bonne qualité, se trouve en contact avec une quantité d'eau insuffisante.

Quand l'eau arrive par gouttes et en jet mince, la température, ainsi que l'ont démontré MM. Berthelot et Vieille, et comme l'a reproduit M. Lewes de Greenwich (Hubou, Conférence à la Société des Ingénieurs civils de France, février 1899), s'élève très rapidement; elle peut dépasser 400° et en certains points arriver à un degré suffisant pour produire la formation soit de benzène, soit d'hydrocarbures plus condensés, résultant de la polymérisation de l'acétylène. M. Bullier a constaté la polymérisation de l'acétylène brûlant dans un bec en stéatite, sous le simple échauffement du bec [Rev. génér. de Chimie pure et appliquée, 1, 275].

Il n'est certes pas difficile d'imaginer des appareils au moyen desquels on réalise la réaction de l'eau sur le carbure représentée plus haut; mais, étant données les considérations mentionnées tout à l'heure, et relatives à la chaleur dégagée par la réaction du carbure sur l'eau, on comprend que, parmi le nombre très considérable des appareils qui ont déjà paru, il en est bien peu qui présentent des garanties sérieuses de bon fonctionnement. Comme le disait dernièrement M. Hubou, à la Société des Ingénieurs civils, au début de l'industrie de l'éclairage à l'acétylène, des appareils mal conçus et imparfaitement étudiés ont causé des accidents qui ont jeté tout d'abord un certain discrédit sur l'acétylène et auraient pu en compromettre le développement, si cette industrie naissante n'avait pas eu devant elle un réel avenir.

Voici en quelques mots, d'après les auteurs que nous venons de citer, quelles sont les conditions pratiques qu'exige l'emploi de l'acétylène. Il faut avant tout éviter, dans le générateur, une élévation de température supérieure à 50°. On constate en effet, quand la température intérieure du gazogène a été trop élevée, la présence de matières jaunes et pâteuses et du résidu de chaux hydratée. Le premier inconvénient qui en résulte, c'est que, dans les appareils où l'eau n'arrive pas en quantité suffisante et où la décomposition ne s'est pas faite à température suffisamment basse, on obtient un gaz qui a comme propriétés négatives : 1° soit d'être moins éclairant; 2° soit d'être souillé de benzène, ce qui tend à rendre sa flamme fuligineuse.

Ces inconvénients ne sont pas les seuls qui soient dus à ce dégagement considérable de chaleur. L'eau ajoutée se réduit en vapeur et est aussitôt entraînée avec l'acétylène; on en doit donc fournir une plus grande quantité que celle qui répond à l'équation théorique · 36 parties d'eau pour 64 de carbure.

Il en résulte une surproduction inévitable. En effet, quand l'écoulement ou le contact de l'eau a cessé, le dégagement de l'acétylène continue forcément, même pendant un temps assez long. Cela pour les deux raisons suivantes : c'est que la vapeur primitivement formée se condense sur les morceaux non attaqués de carbure pour les attaquer à son tour; c'est qu'ensuite l'eau adhérant mécaniquement à la croûte d'hydrate de chaux déjà formée autour des morceaux de carbure agit à son tour pour en prolonger l'attaque jusqu'au centre du noyau.

Il est donc nécessaire d'éviter toute élévation de température, et le meilleur moyen, c'est de noyer le carbure dans un excès d'eau, et de n'attaquer que strictement la quantité de carbure correspondant à la quantité d'acétylène qu'il faut pour la consommation.

Au point de vue de la sécurité, l'installation des gazogènes doit toujours être faite dans des locaux bien aérés, et ils doivent être munis d'un tuyau de sûreté débouchant au dehors; en tous cas, le gaz doit pouvoir s'évacuer librement dans l'atmosphère si la production devenait exagérée.

Il est nécessaire, en outre, que le gaz, à la sortie des générateurs, soit convenablement lavé et épuré, de manière à le priver de l'ammoniaque, de l'hydrogène sulfuré et surtout du phosphure d'hydrogène. On a constaté en effet à l'Exposition de Berlin en 1897 [nous devons ajouter que le fait ne s'est pas reproduit à l'Exposition de Cannstatt en 1899; voyez *Rev. génér. de Chimie pure et appliquée*, **1**, 281], où seulement deux ou trois appareils étaient en fonctionnement à la fois, que l'air des salles d'exposition était épaissi par des fumées d'acide phosphorique dues à la combustion de ce phosphore, et que les personnes délicates en étaient incommodées.

Le carbure de calcium n'étant pas pur, on conçoit facilement que l'acétylène qu'il engendre soit aussi mélangé d'impuretés. Celles-ci sont variables avec la composition du carbure. Voici, d'après

M. Pélissier [*loc. cit.*], quelques-uns des chiffres publiés.

M. Lewes a trouvé dans une analyse 98 parties d'acétylène, 2 parties d'air et des traces d'hydrogène sulfuré.

M. Dommer a donné la composition suivante :

| | |
|---|---|
| Acétylène | 98,10 0/0 |
| Oxygène | 1,18 — |
| Azote | 0,35 — |
| Hydrogène sulfuré | 0,10 — |
| Hydrogène | 0,27 — |
| | 100,00 0/0 |

M. Pusch a trouvé 65 centimètres cubes d'hydrogène phosphoré dans le gaz dégagé par 1 kilogramme de carbure. M. de Brévans a constaté aussi la présence d'hydrogène prosphoré et croit, de plus, avoir reconnu la présence de l'hydrogène silicié. M. Bullier, par contre, n'a jamais pu reconnaître la présence de ce dernier gaz.

Enfin, M. Girard a publié les résultats d'analyses de l'acétylène dégagé par l'action d'une quantité d'eau aussi faible que possible :

| | I. | II. | III. | IV. |
|---|---|---|---|---|
| | gr. par mètre cube. | | | |
| Hydrogène phosphoré | 0,825 | 1,715 | 1,072 | 0,447 |
| Ammoniaque | 0,425 | 0,481 | 0,060 | 2,790 |
| Hydrogène sulfuré | » | » | » | 1,842 |
| | pour cent. | | | |
| Azote | 0,430 | 2,910 | 1,027 | 1,125 |
| Oxyde de carbone | 0,080 | 1,190 | 1,486 | 0,572 |

La nature exacte des impuretés du carbure n'est pas encore absolument définie; elle a fait cependant l'objet d'intéressantes études de MM. Bullier et de Perrodil, puis plus tard de M. Moissan [*C. R.*, 3 octobre 1898].

La présence de l'hydrogène phosphoré est due à la réduction des phosphates existant dans les cendres du charbon ou dans la chaux elle-même. Le sulfure d'aluminium serait cause de la présence de l'hydrogène sulfuré, car il est décomposable par l'eau. Il est peu probable que l'hydrogène sulfuré provienne de la présence des sulfures alcalino-terreux; ces corps en effet ne devraient pas se former à la haute température du four électrique et, en outre, ils ne dégagent de l'acide sulfhydrique que sous l'action d'un acide. Il semblerait qu'il existe là un nouveau composé contenant du calcium, du charbon et du soufre, et qui aurait comme le carbure de calcium la propriété d'être décomposable par l'eau. La formation de l'ammoniaque devrait être attribuée à la présence d'azotures métalliques plutôt que d'azotures alcalino-terreux; ces derniers en effet se produisent difficilement dans le four électrique, et l'on devrait s'attendre plutôt à rencontrer des cyanures alcalino-terreux qui ne sont pas décomposables par l'eau.

On a cherché aussi à expliquer la présence de l'ammoniaque par l'occlusion de l'air atmosphérique dans le carbure et à sa dissolution dans l'eau, ainsi que celle de l'oxyde de carbone par l'occlusion de ce gaz dans les cristaux de carbure pendant sa fabrication au four électrique. La présence de l'hydrogène silicié est plus difficile à expliquer, car le carbure de silicium est insoluble dans l'eau. En résumé, des impuretés du carbure de calcium les unes sont inattaquables, les autres sont attaquables par l'eau. Les premières, celles que laisse le carbure de calcium après sa décomposition par l'eau, constituent un résidu insoluble dont la proportion peut varier de 3,4 à 5,3 0/0. Elles peuvent renfermer [voyez Hubou, *loc. cit.*] :

1° Souvent du siliciure de carbone ou carborundum, résultant de l'action sur le charbon de la silice contenue dans les électrodes et dans la chaux ;

2° Parfois du siliciure de calcium et de petites sphères creuses contenant du fer, du carbone et du silicium. Les siliciures métalliques ne sont pas décomposables par l'eau : ce n'est que par l'action d'un acide qu'ils peuvent donner un dégagement d'hydrogène silicié spontanément inflammable ;

3° Un peu de sulfure de calcium, indécomposable par l'eau, résultant de la réduction des sulfates que contient la chaux ;

4° Des parcelles riches en chaux ;

5° Du graphite résultant du charbon du mélange qui n'est pas entré en réaction au four électrique : ce graphite retient énergiquement de la silice et du calcium ;

6° Enfin, parfois, des masses métalliques en forme de lingots, qui proviennent le plus souvent de la fusion des mâchoires qui serrent les électrodes.

Les autres impuretés, celles qui sont décomposables par l'eau, sont plus gênantes, parce qu'elles donnent naissance aux impuretés du gaz acétylène, et c'est à ce point de vue qu'elles sont intéressantes. Elles peuvent renfermer :

1° Du sulfure d'aluminium $Al^2S^6$ ; quand la chaux renferme du silicate d'aluminium, le silicium forme avec le carbone du siliciure de carbone, et s'il existe du soufre à l'état de sulfate ou de sulfure, il peut se former du sulfure d'aluminium qui, au contact de l'eau, donne de l'hydrogène sulfuré ;

2° Du phosphure de calcium : il résulte de la réduction des phosphates contenus dans la cendre de charbon ou dans la chaux ; c'est l'impureté la plus gênante du carbure de calcium ; sa décomposition par l'eau donne du phosphure d'hydrogène qui se mêle à l'acétylène, et on trouve dans les produits de combustion de ce dernier le phosphore à l'état de composés oxygénés ;

3° Des azotures métalliques, ainsi que l'ont indiqué MM. Bullier et de Perrodil, notamment quand la chaux est magnésienne ; il se forme au four électrique non du carbure de magnésium, mais du magnésium métallique qui se combine avec l'azote de l'air en donnant un azoture, lequel produit ensuite, sous l'action de l'eau, de l'ammoniaque qui se mélange à l'acétylène ;

4° Enfin, il peut se former du calcium métallique, qui sous l'action de l'eau donne de l'hydrogène, dont le mélange avec l'acétylène vient en diminuer le pouvoir éclairant.

D'après ces considérations, et comme nous l'avons déjà remarqué plus haut, on ne peut employer au four électrique, pour fabriquer un bon carbure, une chaux et un charbon quelconques. La chaux doit être grasse et aussi exempte que possible de silice, d'alumine, de magnésie, de phosphates et de sulfates. Comme charbon, il faut prendre du coke ne renfermant pas plus de 7 0/0 de cendres, ou mieux de l'anthracite qui n'en renferme que 1 à 2 0/0, à la condition qu'il soit bien exempt de pyrites.

Les inconvénients résultant de ces impuretés sont évidents. La présence de l'ammoniaque facilite la formation des acétylures par attaque directe des métaux. L'hydrogène phosphoré, l'hydrogène sulfuré, l'oxyde de carbone sont toxiques. Ce sont ces impuretés qui donnent à l'acétylène du commerce sa mauvaise odeur. Elles nuisent à la combustion éclairante de l'acétylène, et sont une cause du mauvais fonctionnement des becs brûleurs.

On comprend sans peine que plus le carbure de calcium est pur, plus l'acétylène dégagé est pur lui-même. C'est ainsi que M. Bullier a pu obtenir directement, avec du carbure cristallisé, un gaz contenant de 99,5 à 99,6 0/0 d'acétylène.

Le remède radical pour éviter les impuretés serait donc d'employer un carbure assez pur pour qu'elles ne se formassent pas.

On a proposé jusqu'à ce jour de nombreux moyens pour purifier l'acétylène.

Dans son mémoire du 3 octobre 1898, M. Moissan donne l'analyse de carbures commerciaux différents. Sur 7 échantillons provenant de carbures bien fondus, homogènes, à cassure cristalline et à reflets mordorés, il a trouvé que 1 kilogramme de chacun de ces carbures donnait, à la décomposition par un lait de chaux préalablement saturé d'acétylène, des volumes de gaz qui, ramenés à 0° et 760 millimètres, variaient de 293 à 319 litres, dont la moyenne est, par conséquent, de 305 litres à 0° et 760 millimètres.

M. Moissan a trouvé d'autre part que, quand le carbure n'a pas un aspect fondu et cristallisé, s'il est poreux et grisâtre, son rendement en acétylène est beaucoup plus faible. Les trois échantillons qu'il a analysés lui ont donné de 228 à 260 litres, soit en moyenne $246^{lit},5$ à 0° et à 760 millimètres.

Il paraît donc rationnel, ainsi que l'indique M. Hubou, de demander aux usines du carbure capable de fournir par kilogramme 300 litres d'acétylène à 0° et 760 millimètres.

En faisant l'essai d'un carbure à 15° en présence d'un excès d'eau préalablement saturée d'acétylène, on doit, d'après la formule

$$V_0 \times 760 = \frac{V(760 - h)}{1 + \alpha t}.$$

dans laquelle $t = 15°$,

$h$ = tension maxima de la vapeur d'eau, soit $12^{mm},7$.

Pour 1 kgr. de bon carbure, $V = 322$ litres
— 1 kgr. de carbure inférieur, $V = 264,5$ —

Le consommateur perd, en employant ce dernier, $57^{lit},5$ par kilogramme de carbure. Cette perte se traduit pécuniairement :

Supposons une installation moyenne de 100 becs brûlant 20 litres d'acétylène à l'heure, du coucher du soleil à minuit, soit 2200 heures par an ; la consommation sera par an de 4400 mètres cubes, qui nécessiteront :

Dans le premier cas, seulement 13 664 kgr. de bon carbure,
et dans le second cas. . . . . . 16 635 kgr. de carbure inférieur.

On consommera donc du second produit environ 3 tonnes de plus que du premier. En les supposant tous deux achetés au même prix de 650 francs la tonne, on éprouvera ainsi une perte de 1950 francs par an et pour 100 becs. D'où cette conclusion à laquelle nous arrivons avec M. Hubou : qu'il ne faut acheter que le carbure garantissant la production de 300 litres d'acétylène à 0° et 760 millimètres.

L'ammoniaque et une certaine proportion de l'hydrogène sulfuré sont arrêtées par un barbotage des gaz dans l'eau.

Dans l'appareil Bon, que nous décrirons plus loin, le gaz traverse, avant de se rendre aux appareils d'utilisation, une colonne contenant de la pierre ponce imbibée d'une solution de sulfate de cuivre, puis traverse une couche de chlorure de calcium grossièrement pulvérisé qui agit comme desséchant, tandis que le sulfate de cuivre retient l'hydrogène sulfuré et l'hydrogène arsénié quand il s'en trouve. L'ammoniaque est absorbée par l'eau du gazomètre.

M. Ullmann, de Genève, a proposé l'emploi

d'une solution d'acide chromique qui oxyde la plupart des impuretés du gaz acétylène. Ce procédé est utilisé en Allemagne.

M. G.-F. Jaubert (Brevet français, n° 28346) a proposé l'adjonction au carbure d'une certaine quantité d'un peroxyde ou hydrate de peroxyde décomposable par l'eau (peroxyde de sodium par exemple). L'oxygène à l'état naissant qui se forme dans cette réaction oxyde instantanément l'hydrogène sulfuré et l'hydrogène phosphoré; quant à l'ammoniaque elle est transformée en nitrite.

Enfin, M. R. Pictet a proposé l'emploi d'un procédé spécial d'épuration, basé sur la méthode générale des températures critiques, mais ce procédé exige des appareils spéciaux et une main-d'œuvre assez coûteuse. Voici en quoi il consiste : L'acétylène arrivant des générateurs barbote dans un premier bain où des plateaux à rebords perforés, disposés les uns au-dessus des autres, amènent une grande division du gaz et facilitent ainsi un contact plus intime avec la solution. Ce premier bain est formé d'une dissolution concentrée de chlorure de calcium refroidie à la température d'environ — 20° à — 40° par un bain réfrigérant. A cette température, l'acétylène n'est pas affecté, tandis que l'ammoniaque et ses composés sont complètement absorbés. Le gaz ainsi partiellement épuré se rend dans une seconde cuve dont la construction est identique à celle de la première, mais qui contient de l'acide sulfurique à 40 0/0 refroidi à — 20°-40°. Enfin un troisième bain contenant une solution de sels de plomb achève l'épuration du gaz, qui est ensuite desséché sur du chlorure de calcium avant de se rendre aux gazomètres.

Avant d'aborder le côté purement technique de la fabrication de l'acétylène, disons un mot de la question du transport du carbure, quoiqu'elle ne soit pas encore résolue; elle est cependant appelée à jouer un rôle capital dans le développement de cette industrie. La France, ainsi que le rappelle M. Hubou dans la conférence mentionnée plus haut, possède un centre de fabrication admirable : la région des Alpes françaises comprise dans la Savoie et dans l'Isère, d'où ce produit peut facilement s'exporter par les lignes suisses, allemandes, belges et autrichiennes. C'est ainsi que le transport d'une tonne de carbure, de l'Isère à Hambourg par exemple, ne coûte pas plus de 50 francs.

Il est moins facile d'exporter le carbure de calcium de France par mer, à moins de le charger soit sur voiliers, soit sur de petits vapeurs. Les Compagnies françaises de navigation maritime n'en acceptent le transport que par petites quantités d'au plus 100 kilogrammes, et comme marchandises de pont, c'est-à-dire à double tarif, ou bien elles ne l'acceptent pas du tout, contrairement à ce que font les Compagnies maritimes américaines, allemandes et italiennes. C'est ainsi que les ports du Havre, de Liverpool, d'Anvers reçoivent fréquemment des chargements de 50 et de 100 tonnes de carbure américain, dont le fret à New York n'excède pas 30 francs.

Il est donc indispensable que l'emballage du carbure de calcium soit tellement étanche, qu'il ne puisse être soulevé aucune objection au sujet de son transport.

Actuellement, le carbure est transporté dans des tonnelets ou bidons en fer, dont le couvercle est hermétiquement soudé, contenant 50, 100 ou 200 kilogrammes de carbure; les bidons de 50 kilogrammes sont les plus employés, ceux de 200 n'étant pas facilement maniables. Le bidon de fer de 50 kilogrammes, à l'état neuf, coûte 3 fr. 50, celui de 100 kilogrammes coûte 6 francs.

Ces bidons, quant ils sont bien galvanisés, peuvent servir deux ou trois fois.

Ces bidons, avant l'introduction du carbure, sont passés à l'étuve pour être soumis à une dessiccation complète, et ils sont immédiatement soudés après le remplissage.

Dans ces conditions, le carbure est complètement soustrait à l'action de l'air humide, et ne peut subir un commencement d'attaque.

Il est néanmoins indispensable de prendre des précautions au moment d'ouvrir les bidons; ce serait, par exemple, une erreur dangereuse de se servir d'une lampe à souder. Pour retirer le carbure, il suffit de dessouder prudemment le couvercle en opérant par arrachage, comme on le fait pour les boîtes de conserves.

Avant le 1er février 1899, le carbure de calcium était transporté sur les chemins de fer français à 10 0/0 en plus du tarif général, et la tonne payait environ 110 francs de transport des usines de la Savoie à Paris. Elle y revenait donc, en prenant 350 francs comme prix de vente à l'usine même, au minimum de 460 francs. En fait, actuellement les prix sont encore plus élevés. Les consommateurs de carbure devenant de plus en plus nombreux, les usines existantes n'arrivent à leur fournir ce produit qu'au prix d'une fabrication intensive. Comme les demandes sont supérieures à la production, conformément aux lois de l'offre et de la demande, le prix du carbure s'est accru dans ces derniers temps, et il n'est guère possible de s'en procurer, même en quantité notable, à moins de 650 francs la tonne. Nous devons noter que le marché commercial du carbure, actuellement des plus actifs, le deviendra encore davantage lorsque les fabricants d'appareils à acétylène seront certains de trouver toujours les quantités de carbure qui leur seront nécessaires pour répondre aux demandes de leurs clients; ils pourront alors installer ces appareils sans craindre que l'approvisionnement de carbure vienne à leur faire défaut.

Le prix de vente de la tonne de carbure est du reste appelé à baisser sensiblement. En effet, depuis le 1er février 1899, la majoration de 10 0/0 au-dessus du tarif général a été supprimée sur les sept grands réseaux français; les transports de carbure sont donc maintenant taxés uniformément à la première série des tarifs de petite vitesse. Certaines Compagnies ont même introduit dans leur tarif spécial n° 18 des améliorations à ce régime. Ainsi :

La Compagnie de Paris-Lyon-Méditerranée applique son barème 2 aux expéditions d'au moins 5 tonnes, ou payant pour ce poids;

La Compagnie du Nord taxe au barème 1 les envois par wagons complets de 5000 kilogrammes;

La Compagnie de l'Ouest vient de recevoir l'homologation d'un tarif encore plus avantageux, qui consiste à faire payer la 2e série pour les expéditions d'au moins 100 kilogrammes, et la 5e série pour les expéditions d'au moins 5000 kilogrammes.

Enfin, d'après M. Hubou, des pourparlers viennent d'être engagés par la Compagnie P.-L.-M. avec les réseaux voisins de l'Orléans, du Midi, de l'État et de l'Est, pour étendre le bénéfice de son barème 2, par expédition de 5000 kilogrammes, qu'elle applique au tarif intérieur aux envois échangés entre deux gares quelconques desdits réseaux, les taxes étant calculées sur la distance totale du point de départ au point d'arrivée.

Nous allons maintenant passer à la description des appareils générateurs d'acétylène, que l'on peut classer en quatre catégories :

I. Ceux dans lesquels l'acétylène s'obtient à

une pression légèrement supérieure à la pression atmosphérique. Cette catégorie se subdivise elle-même en :

    *a.* Générateurs à écoulement d'eau sur le carbure.

    *b.* Générateurs dans lesquels l'eau en montant vient en contact avec le carbure; autrement dit qui reposent sur le principe du briquet à hydrogène de Gay-Lussac.

    *c.* Générateurs à chute de carbure dans l'eau, le carbure pouvant être employé à l'état granulé, ou à l'état tout venant.

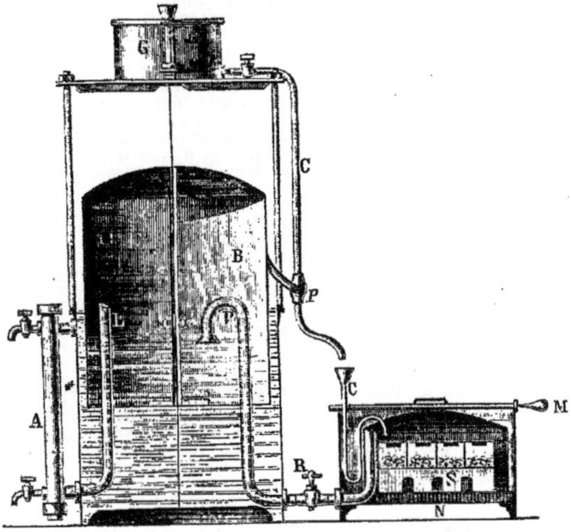

1° Le gazogène N ou appareil produisant le gaz par le contact de l'eau et du carbure de calcium;

2° Le gazomètre B ou réservoir à gaz surmonté d'un autre petit réservoir G, contenant l'eau nécessaire à cette production.

Le gazogène comprend quatre parties s'emboîtant les unes dans les autres :

1° Une cuve ou bassine rectangulaire à fond plat N, ouverte en haut, que l'on remplit d'eau jusqu'au trait indiqué extérieurement (un tiers de la hauteur environ); cette eau sert de joint hydraulique et en même temps d'enveloppe réfrigérante;

2° La boîte à casiers S, divisée en compartiments, dont les dimensions et le nombre varient suivant la grandeur de l'appareil, et contenant chacun de 200 à 2000 grammes de carbure de calcium; ces compartiments étanches ne communiquent de l'un à l'autre que successivement et dans un ordre déterminé;

3° Une plaque posée sur les casiers pour éviter les éclaboussures provenant de la réaction de l'eau sur le carbure;

4° Une cloche rectangulaire aussi, qui se pose entre l'extérieur de la boîte à casiers et la cuve N recouvrant ainsi tous les compartiments.

Cette cloche porte sur l'une de ses parois un tuyau C, muni à l'une de ses extrémités d'un petit entonnoir qui permet de régler *de visu* l'écoulement de l'eau, tout en évitant d'avoir à manœuvrer un joint; l'autre extrémité du tuyau vient déboucher au-dessus du premier casier pour y amener l'eau qui servira à transformer en gaz acétylène le carbure qu'il contient, et qui continuera de là successivement sa marche de compartiment en compartiment, et au fur et à mesure des besoins de la consommation.

Le gazomètre se compose : 1° D'une cuve cylindrique contenant l'eau dans laquelle se meut la cloche, suivant des guides qui servent aussi de support au réservoir d'alimentation G; elle contient aussi les tuyaux d'arrivée et de sortie du gaz et est munie de robinets de réglage et de vidange nécessaires à un parfait fonctionnement;

2° D'une cloche équilibrée par des poids intérieurs montée sur une glissière centrale, servant à emmagasiner et à distribuer automatiquement le gaz qui arrive du gazogène. Cette cloche est d'une contenance telle qu'elle puisse emmagasiner tout le gaz qui peut être produit par la quantité de carbure contenue dans chacun des compartiments pris isolément.

Un robinet *P* à contrepoids, dont la clef repose

Fig. 453. — Coupe du générateur à acétylène système Bon.

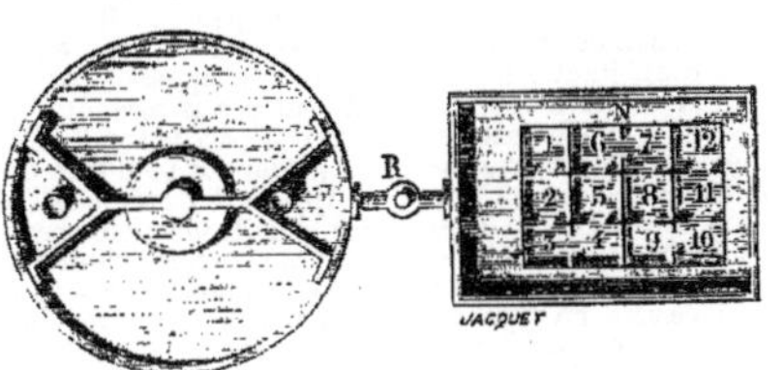

Fig. 454. — Plan du générateur à acétylène système Bon.

II. Ceux dans lesquels l'acétylène s'obtient à toutes pressions jusqu'à la liquéfaction.

III. Ceux qui ont plus spécialement pour but la liquéfaction de l'acétylène.

IV. Ceux qui sont affectés à la préparation de l'acétylène dissous (procédé Claude et Hess).

1<sup>re</sup> CATÉGORIE. — *Appareils fournissant l'acétylène à une pression légèrement supérieure à la pression atmosphérique.*

A. *Générateurs à écoulement d'eau sur le carbure.*

*Appareil Bon.* — L'appareil Bon (fig. 453 et 454) comprend deux parties distinctes :

sur le gazomètre et en suit tous les mouvements, règle automatiquement la distribution de l'eau dans le gazogène, déterminant ainsi la production du gaz. Cette cloche, en montant, ferme le robinet et intercepte graduellement l'arrivée de l'eau. Le gaz produit une fois consommé, la cloche redescend, ouvre le robinet, et une nouvelle admission d'eau dégage le gaz nécessaire pour faire remonter la cloche et refermer le robinet, et ainsi de suite.

On conçoit donc aisément que la marche de cet appareil soit automatique.

Le gaz acétylène produit dans le gazogène entre au gazomètre par le tuyau P, muni d'un robinet R à deux directions : la première pour ouvrir la communication entre le gazogène et le gazomètre ; la deuxième pour interrompre cette communication, et faire communiquer l'intérieur du gazogène avec l'air extérieur.

Le gaz passe au gazomètre par le tuyau P, dont l'extrémité est recourbée en col de cygne. Cette disposition a pour but de faire barboter l'acétylène dans une couche de 3 à 4 centimètres d'eau, de manière qu'il soit à la fois rafraîchi et débarrassé, par lavage, d'une partie de ses impuretés.

Le gaz, emmagasiné entre la cloche et le niveau $xx$ de l'eau, s'échappe du gazomètre par le tuyau L, qui l'amène aux brûleurs en passant par la colonne à dessécher A, remplie de pierre ponce imbibée d'une solution de sulfate de cuivre surmontée par une couche desséchante de carbure de calcium. Il suffit de renouveler tous les deux ou trois mois le contenu de cette colonne d'épuration.

En traversant la solution cuivreuse, l'acétylène abandonne les arséniures et les phosphures d'hydrogène qu'il peut contenir, et son humidité est absorbée par la couche de carbure qui complète la colonne d'épuration. Il en sort donc pur et sec ; de plus, son odeur alliacée est très atténuée et il ne répand aucune odeur en brûlant dans les becs.

Ces résultats, très importants, répondent d'avance à toutes les objections les plus minutieuses des Commissions d'hygiène les plus rigoureuses.

Des dispositions ci-dessus énoncées il résulte deux remarques essentielles : c'est, étant donné le rapport de la contenance de la cloche à celle du casier, qu'on ne peut craindre l'échappement du gaz par surproduction, même si l'un de ces casiers se remplissait complètement d'eau en une seule fois, surproduction qui se produit au contraire dans des appareils moins perfectionnés, dans le cas d'extinction instantanée de tous les becs en service ; et que les casiers ne pouvant communiquer que par l'encoche qui, à chaque cloison, sépare un casier du suivant, l'eau n'entrera dans un compartiment pour y déterminer l'effervescence du carbure qu'après avoir épuisé tout celui qui est contenu dans les précédents.

Ce sont là des points caractéristiques de cet appareil, qui lui assurent un fonctionnement satisfaisant.

*Lampe Gossart et Chevallier.* — Cet appareil, qui peut aussi servir de générateur, est surtout utilisé sous forme de lampe. La figure 455 en donne une coupe montrant clairement son dispositif.

L'eau tombe goutte à goutte du réservoir supérieur R sur le fond de la lampe qui contient le carbure de calcium, en traversant les tubes capillaires TT' plusieurs fois recourbés. Quand la pression du gaz est insuffisante, une goutte d'eau tombe pour former du gaz ; quand au contraire la pression devient suffisante, l'équilibre s'établit entre la somme des pressions hydrostatique et

capillaire de la goutte d'eau d'une part, et la pression du gaz d'autre part, et il y a arrêt de la formation du gaz jusqu'à ce qu'une nouvelle quantité d'eau soit nécessaire.

On évite ainsi tous les mécanismes compliqués, qui donnent d'ailleurs une autorégulation beaucoup moins délicate.

Une lampe contenant 150 grammes de carbure de calcium donne une lumière de 10 bougies pendant 3 heures ; elle ne comprend qu'un seul tube capillaire ; si l'on veut obtenir une lumière de 20 à 30 bougies, l'écoulement de l'eau se fera par 2 ou 3 tubes.

Le réglage de l'arrivée de l'eau par les actions capillaires est excessivement précis et régulier ; le nombre de gouttes d'eau qui tombent dans un temps donné est exactement proportionnel à la consommation de gaz, et il suffit d'allumer la lampe, en tournant le robinet, pour voir immédiatement les gouttes d'eau tomber à intervalles espacés ; lorsqu'on ferme le robinet d'échappement du gaz, l'arrivée de l'eau cesse complètement et instantanément.

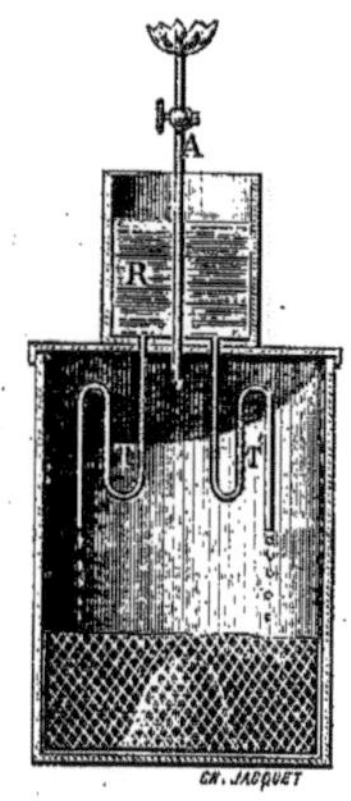

Le carbure étant attaqué par une très faible quantité d'eau, la chaux formée est très sèche ; elle s'effrite et tombe sous la forme de poussière au fond du corps de la lampe, ce qui évite les surproductions par imprégnation de la chaux et rend le nettoyage très commode. La température mesu-

Fig. 455.
Lampe Gossart et Chevalier.

rée à l'intérieur de la lampe en pleine marche n'atteint pas 50°. Il ne peut d'ailleurs s'établir de surpression, car en cas d'accident le gaz formé s'échapperait par les tubes capillaires qui ne sont pas fermés.

Cet appareil serait, d'après M. Pélissier [*loc. cit.*], l'un des meilleurs qui aient été construits.

*Appareil Lebrun et Cornaille.* — Cet appareil, dont le fonctionnement repose sur un artifice nouveau, permet d'éviter les inconvénients inhérents aux trois types généraux d'appareils producteurs d'acétylène. Dans les générateurs à écoulement d'eau sur le carbure, il y a facilement surproduction de gaz ; dans ceux qui reposent sur le principe du briquet à hydrogène, il y a à craindre une élévation de température due à l'action prolongée de l'eau en un même point de la masse de carbure ; enfin, dans les générateurs à chute de carbure dans l'eau, on évite, il est vrai, la surproduction, mais il y a encore de la difficulté dans le dosage, ou bien il faut employer un carbure enrobé, dans du glucose par exemple (procédé Létang et Serpollet).

En somme, c'est à l'excès d'eau dans ces appareils qu'il faut attribuer les inconvénients que nous venons de signaler sommairement. MM. Lebrun et Cornaille évitent cet excès d'eau en agitant mécaniquement le carbure de calcium tandis que l'eau est introduite dans l'appareil. On évite ainsi toute attaque partielle prolongée, en même temps qu'on dépouille le carbure des résidus qui se forment à sa surface. L'appareil est clos ; il porte deux ouvertures, l'une donnant passage à un crible rotatif où se charge le carbure, l'autre à un tiroir cendrier qui reçoit les résidus. L'eau d'alimentation est contenue dans un réservoir indépendant du générateur, placé plus bas que le niveau du carbure. Elle est amenée dans le générateur au moyen d'un élévateur portant un bouchon syphoïde, un régulateur de débit et un trop-plein ramenant au réservoir l'excédent de liquide.

Le mécanisme moteur consiste en un petit treuil à contre-poids qui se remonte à la main quand on charge l'appareil.

Ce treuil produit la rotation du crible contenant le carbure et en même temps introduit la quantité d'eau nécessaire. L'acétylène dégagé se rend dans un petit gazomètre placé latéralement; c'est la cloche de ce gazomètre qui, agissant sur le treuil, règle la production du gaz suivant les besoins de la consommation.

Le réservoir d'eau est muni d'un niveau gradué qui montre approximativement, d'après la hauteur du liquide, la quantité de carbure restant dans l'appareil. On voit qu'il ne peut y avoir surproduction : l'eau ne peut être refoulée quand le mécanisme moteur est au repos, et, de plus, le résidu calcaire est continuellement enlevé et rejeté dans le cendrier.

B. *Générateurs dans lesquels l'eau, en montant, vient en contact avec le carbure; autrement dit, qui reposent sur le principe du briquet à hydrogène de Gay-Lussac.*

*Appareil Deroy.* — M. Deroy a construit plusieurs systèmes d'appareils; nous donnerons seulement la description de son grand générateur,

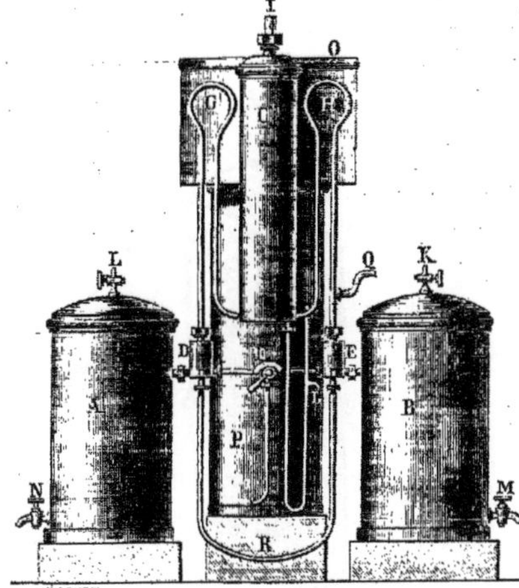

Fig. 456. — Gazogène Deroy.

laissant de côté celle de l'appareil dit « minimus ».

La figure 456 montre l'appareil, composé de deux générateurs A et B, réunis par des nourrices D et E, entre lesquelles est placé le robinet de distribution F, relié au réservoir d'alimentation O par le tuyau d'arrivée de l'eau. Sous les nourrices se raccorde le tuyau cintré R qui les met en communication. Sur les nourrices se fixent des tubes d'échappement du gaz G et H, aboutissant au laveur-épurateur C divisé en deux compartiments. Le laveur-épurateur, portant un bouchon d'emplissage, est divisé en deux parties par une cloison perpendiculaire à son axe. La partie inférieure sert de laveur et la supérieure d'épurateur; aussi cette dernière contient-elle des matières épurantes. Le gaz, après avoir passé

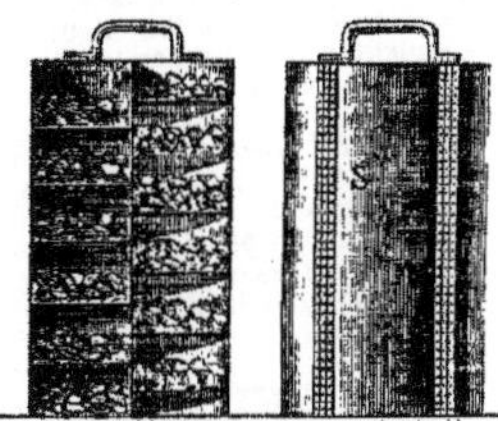

Fig. 457. — Seau à compartiments du gazogène Deroy.

dans le laveur, se rend à l'épurateur en traversant un long serpentin placé dans l'eau froide du réservoir à eau. La majeure partie de la vapeur d'eau se trouve ainsi condensée et le gaz est, de ce fait, complètement refroidi. Quant aux résidus du lavage, de l'épuration et de la condensation, ils s'écoulent dans un récipient (non figuré dans la gravure) s'adaptant au laveur-épurateur.

À la sortie de l'épurateur, le gaz gagne le gazomètre par le tuyau à raccord I.

Le gazogène Deroy est basé sur le même principe que les appareils à épuisement méthodique employés en distillerie et connus sous le nom de *diffuseurs*. Nous allons en examiner le fonctionnement, qui est très régulier.

L'eau venant du réservoir P, alimenté par la bâche O, s'élève par le tube F, et de là passe dans le générateur A. Le carbure est placé dans ce générateur à l'intérieur des cellules d'un seau à compartiments (fig. 457), afin de limiter l'attaque en cas d'arrivée brusque de l'eau. Le gaz qui se dégage passe par la nourrice D, par le tube G, et barbote dans le laveur épurateur avant de se rendre au gazomètre. Sa pression fait bientôt équilibre à la différence de niveau entre le point D et l'orifice Q du trop-plein du réservoir P. À partir de ce moment, l'arrivée de l'eau sur le carbure est réglée automatiquement par les variations de pression du gaz.

Lorsque la pression est égale en G, C, H, le niveau est le même dans ces trois parties; si elle augmente en G, le liquide est chassé en C et H : le gaz peut dès lors passer au gazomètre; si, au contraire, la pression diminue en G, l'eau remonte dans ce tube et fait équilibre à la pression dans le gazomètre, ce qui empêche tout retour du gaz pendant la marche.

Au fur et à mesure que le carbure s'épuise en A, l'eau monte dans ce générateur; lorsqu'elle atteint le niveau supérieur du tube R, elle passe automatiquement dans le générateur B, ce qui permet un fonctionnement continu, puisqu'on peut recharger le premier seau pendant que le second est en service, et cela sans manœuvrer un seul robinet, grâce à l'emploi des joints hydrauliques

Si, pendant que l'un des générateurs est en

service, on laissait pénétrer l'air par le côté correspondant en ouvrant le robinet L, ou en ouvrant complètement le générateur, la pression baissant brusquement, l'eau arriverait en grande quantité sur le carbure, et lorsqu'on refermerait l'appareil, il en résulterait une surproduction notable qui pourrait faire déborder le gazomètre. Cet inconvénient est évité par un dispositif très ingénieux : à une hauteur convenable au-dessus de la cloche du gazomètre est disposé un poids tel, que, lorsque la cloche vient le soulever en montant, la pression à l'intérieur du gazomètre soit augmentée de 1 centimètre d'eau. Dès lors l'arrivée de l'eau est totalement suspendue jusqu'à ce que les conditions normales soient rétablies.

*Appareil Lequeux.* — M. Lequeux a construit plusieurs genres d'appareils; les modèles les plus grands sont à chute de carbure dans l'eau et sont à peu près identiques aux systèmes en usage sur les chemins de fer prussiens, et dont nous donnerons la description plus bas.

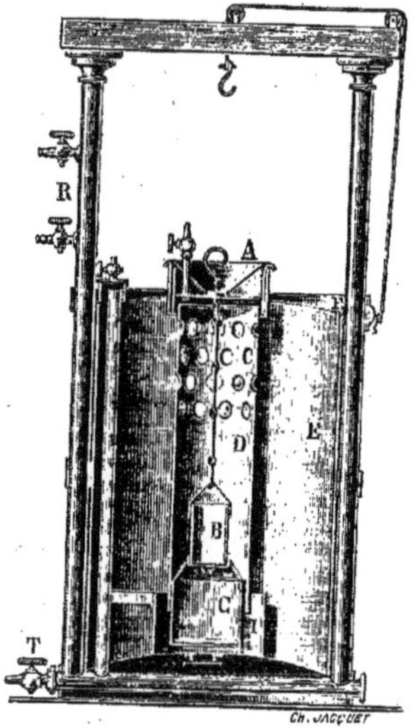

Fig. 458. — Appareil Lequeux.

Le petit appareil représenté figure 458 sert dans les cours pour répéter les expériences sur l'acétylène.

Le bouchon A, le seau à carbure B et le seau C, qui reçoit la chaux formée par l'attaque du carbure, sont solidaires l'un de l'autre; le bouchon A se place sur la cloche du gazomètre par un joint hydraulique. Le montage est donc très rapide. La cuve contient de l'eau; celle-ci attaque le carbure, qui se décompose; la cloche monte, ce qui fait cesser la production du gaz; lorsque celui-ci est consommé, le carbure redescend au contact de l'eau, ce qui renouvelle la provision de gaz. Cette succession d'opérations se renouvelle jusqu'à épuisement de la charge de carbure.

*Appareil d'Arsonval.* — L'appareil d'Arsonval (fig. 459) est caractérisé par l'emploi d'une couche d'huile à la surface de l'eau; le carbure, contenu dans un panier en toile métallique suspendu à la cloche du gazomètre, doit donc,

avant de venir au contact de l'eau, traverser la couche d'huile dont il s'imprègne, ce qui a pour

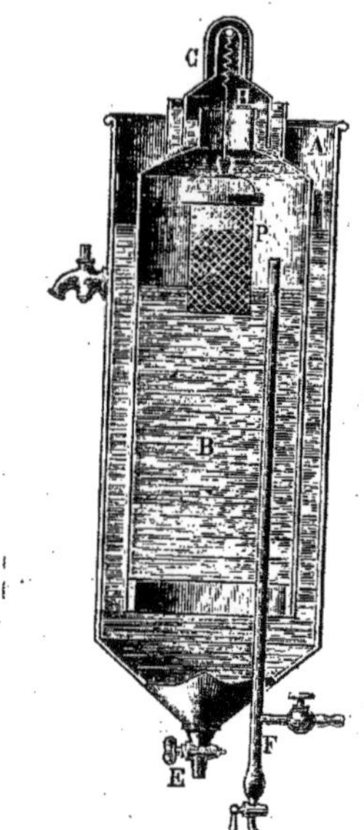

Fig. 459. — Appareil d'Arsonval.

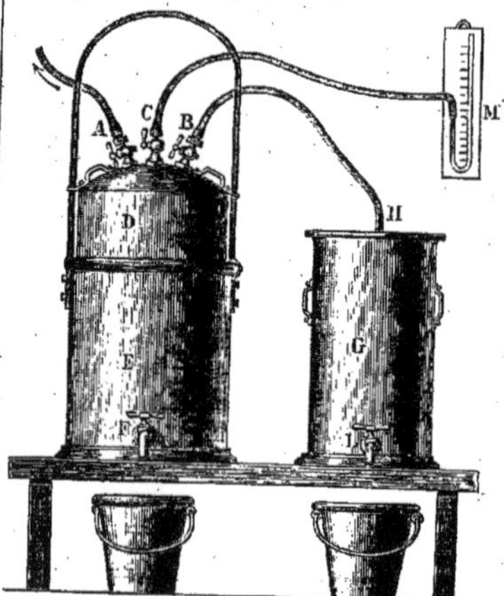

Fig. 460. — Appareil d'Humilly. Vue d'ensemble.

effet de régulariser l'attaque par l'eau. En outre, l'évaporation de l'eau est empêchée par cette couche d'huile, ce qui évite la décomposition continue du carbure de calcium pendant les périodes de repos.

*Appareil d'Humilly.* — L'appareil d'Humilly, qui fut un des premiers construits, se rapproche beaucoup du briquet à hydrogène de Gay-Lussac ; seulement l'eau et le carbure sont mieux séparés du liquide. Le liquide, au lieu d'arriver en grande quantité à la base de carbure, est conduit par un tube (fig. 461) jusqu'au sommet du carbure, et

Fig. 461. — Appareil d'Humilly. Coupe de l'appareil.

un chapeau conique le répand dans toutes les directions. Une masse de plomb C sert à maintenir le récipient à carbure B au fond du réservoir à eau. Le gaz engendré se rend dans un gazomètre qui sert à amortir en partie les irrégularités de l'attaque.

L'eau contenue dans la bâche supérieure sert à la fois à l'alimentation et à la réfrigération, ce qui est nécessaire, car l'eau venant en faible quantité sur une grande masse de carbure, il se produit souvent des échauffements excessifs.

*c. Générateurs à chute de carbure dans l'eau.*

*α. Le carbure devant être employé à l'état granulé.*

*Appareil Cousin.* — L'appareil Cousin a été construit pour répondre aux desiderata exprimés par M. Moissan, dans la préface qu'il a faite à l'ouvrage de M. de Perrodil, *le Carbure de calcium et l'Acétylène.*

Voici ce qu'y dit M. Moissan :

« Les appareils inventés jusqu'ici peuvent se diviser en deux groupes. Dans le premier, l'eau tombe goutte à goutte sur un excès de carbure de calcium. On espère limiter par le volume d'eau introduit la production du gaz acétylène. On a oublié que, dans ces conditions, si une petite quantité d'eau se trouve au contact d'un excès de carbure de calcium, la température s'élève, l'acétylène se polymérise, et l'on obtient ainsi un mélange gazeux riche en benzène et autres polymères, dont le pouvoir éclairant s'affaiblit et varie à chaque instant. Autant vaudrait, en vérité, s'éclairer avec la vapeur de benzène.

« Dans le deuxième groupe d'appareils, le carbure de calcium se trouve, à un moment donné, en présence d'un excès d'eau. Si le carbure est de bonne qualité, le dégagement est régulier, et le gaz est bien suffisamment pur pour être employé immédiatement à l'éclairage. La température ne s'est pas élevée, il n'y a pas eu de polymérisation.

« L'appareil idéal, mais qui, je crois, n'existe pas encore, consisterait en un gazomètre, contenant un excès d'eau, dans lequel un fragment de carbure d'un poids déterminé tomberait automatiquement au moment voulu. Le poids de ce fragment de carbure devrait être tel, qu'il puisse emplir d'acétylène le gazomètre sans produire un excès de gaz. De plus, le fragment de carbure de calcium ne devrait tomber automatiquement dans l'eau qu'au moment où le gazomètre serait à peu près vide. »

L'appareil Cousin existe en plusieurs modèles ; la figure 462 représente l'avant-dernier modèle créé.

Le principe en est fort simple. La cloche I est solidaire de la tige perpendiculaire qui traverse tout le gazomètre pour aboutir au bouchon co-

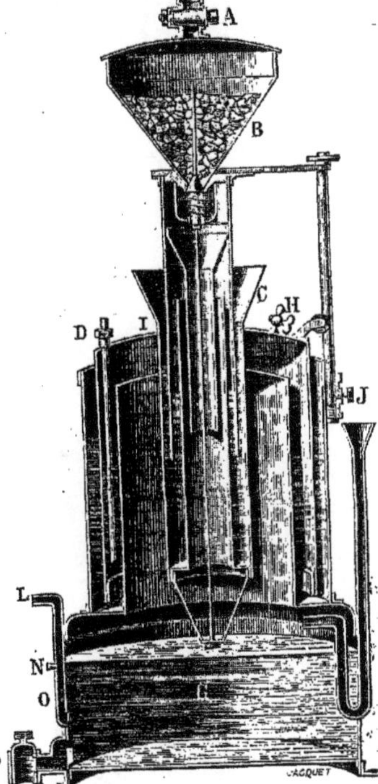

Fig. 462. — Générateur Cousin.

nique, déterminant par son ouverture la chute du carbure dans l'eau. On comprend fort bien rien qu'à l'inspection de la figure ci-dessus, que si la quantité de gaz contenue dans la cloche vient à diminuer, par suite de son emploi, la cloche descendant entraînera le bouchon conique, et qu'une certaine quantité de carbure pourra tomber dans l'eau du gazomètre. L'acétylène engendré faisant immédiatement remonter la cloche, le bouchon conique obstruera à nouveau l'ouverture, et ainsi de suite.

Cet appareil a un fonctionnement fort régulier. Dans un modèle plus récent, le mécanisme commandant le bouchon conique, au lieu de se trouver à l'intérieur du gazomètre, se trouve à l'extérieur, et l'obturateur est ramené automatiquement à sa place par un contre-poids.

Les appareils Cousin possèdent sans contredit certains avantages :

1° Le gaz est produit à froid, et ce point a son importance, car l'acétylène dans ces conditions ne se polymérise pas, tandis que, dans les appareils où le gaz est produit à chaud, le gaz se polymérise et le pouvoir éclairant s'affaiblit et ne dépasse guère en général 10 à 12 fois celui du gaz de houille. Il s'ensuit qu'il y a une économie à fabriquer l'acétylène à froid, puisque

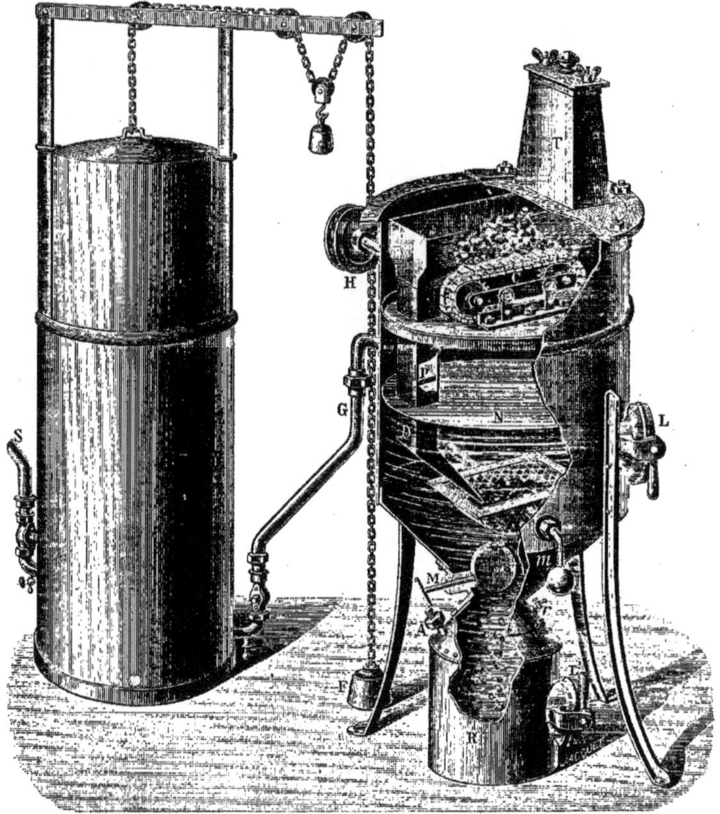

Fig. 463. — Gazogène Reibel.

pour une même consommation de carbure, l'intensité lumineuse produite est plus considérable.

2° Aucune surproduction n'est possible, car la consommation règle rigoureusement la production.

Signalons également, basé sur le même principe et fonctionnant d'une manière analogue, l'appareil construit par M. O. Perrier.

β. *Le carbure pouvant être employé à l'état tout venant :*

*Appareil Reibel.* — L'appareil à chute de car-

bure dans l'eau, de la Société des brevets Reibel, utilise le carbure à l'état de tout venant.

Le carbure, chargé dans la trémie T (fig. 463), tombe dans un distributeur C, dont le fond est constitué par une sorte de tablier sans fin mobile sur deux galets. L'un d'eux est commandé par une poulie H, manœuvrée par une chaîne solidaire des mouvements de la cloche. Quand celle-ci descend, la poulie entraîne par une roue à déclic le tablier sans fin. Quelques morceaux de carbure sont ainsi amenés dans le gazogène par le tuyau de chute D, terminé par un plan incliné aboutissant à un panier treillagé. Le gazogène renferme de l'eau jusqu'à un certain niveau déterminé par des robinets de jauge et, au-dessus, une couche de pétrole P. Ce pétrole empêche l'attaque du carbure tombant dans le tuyau de chute, et isole le distributeur de l'eau ou de la vapeur d'eau du gazogène. La chaux résultant de l'attaque du carbure dans le panier vient tomber dans un récipient R, en passant par un clapet qui est ouvert pendant la marche, et n'est fermé qu'au moment du nettoyage par la clef M. L'acétylène formé se rend par le tuyau de départ G dans le gazomètre.

Quand, par suite de la consommation, la cloche descend, elle entraîne la chaîne en faisant remonter le poids tendeur F. Quand la chaîne est ainsi tendue, elle fait tourner la poulie H qui entraîne, par la roue à déclic, le tablier sans fin et fait tomber quelques morceaux de carbure dans le gazogène. Quand la cloche remonte, le contrepoids inférieur F soulevé vient reposer à nouveau sur le sol en entraînant en sens inverse la poulie devenue folle.

Le nettoyage quotidien se fait en fermant le clapet au moyen de la clef M, isolant le gazogène du réservoir R. On vide ce réservoir par le tampon L' et on le remplit d'eau par la tubulure A, en ouvrant le robinet r pour l'échappement de l'air. Le nettoyage terminé, on ouvre le clapet M; on a ainsi conservé l'eau du gazogène et l'acétylène qu'elle contenait en dissolution. Pour les grands nettoyages mensuels on se sert du tampon L.

Le nettoyage quotidien peut se faire en pleine marche; il n'y a qu'à remettre du carbure dans la trémie pour que cette marche soit continue.

2° CATÉGORIE. — *Générateurs dans lesquels l'acétylène s'obtient à toutes pressions jusqu'à la liquéfaction.*

*Appareils de MM. Ducretet et Lejeune.* — La figure 464 représente un des derniers modèles de ces constructeurs, destiné à fournir du gaz à une pression quelconque.

L'eau contenue dans un réservoir supérieur A peut s'écouler par un tube S sur le carbure placé à la partie inférieure du générateur dans un panier en tôle perforée, enfermé lui-même dans un récipient B, noyé dans l'eau d'un réfrigérateur C qui en empêche les échauffements excessifs.

Un tube S' met en communication la partie inférieure du récipient à carbure, et la partie supérieure du réservoir à eau. La prise de gaz se fait en G, au sommet du réservoir A.

Le tube S peut être obturé par un tampon placé sur un levier qu'un léger ressort r tend à pousser constamment vers le haut; ce levier appuie sur une membrane élastique qui est poussée par une tige O, soumise à l'action d'un ressort à boudin F. La tension de ce dernier est réglable par un écrou F'; elle doit dépasser celle du ressort r d'une valeur proportionnelle à la pression qu'on veut donner au gaz. Quand la pression intérieure en B est nulle, au début, la membrane poussée par le ressort F chasse le levier N vers le bas, le tube S est alors ouvert; de l'eau s'écoule dans le réservoir B et tombe vers le bas de celui-ci, où elle attaque le carbure. L'acétylène se dégage, et la pression augmente jusqu'à ce qu'elle équilibre la poussée du ressort F sur la membrane. A partir de cet instant, un excès de pression fera fermer le tube S et arrêtera la production du gaz, tandis qu'une diminution de pression permettra à l'écoulement de l'eau de s'établir à nouveau.

La figure 465 représente un appareil destiné à fournir de l'acétylène sous une pression un peu moins élevée que le précédent. Il sort aussi des ateliers de MM. Ducretet et Lejeune.

Le principe est exactement le même que dans l'appareil précédent, mais la pression est déterminée par la hauteur du réservoir à eau A, la

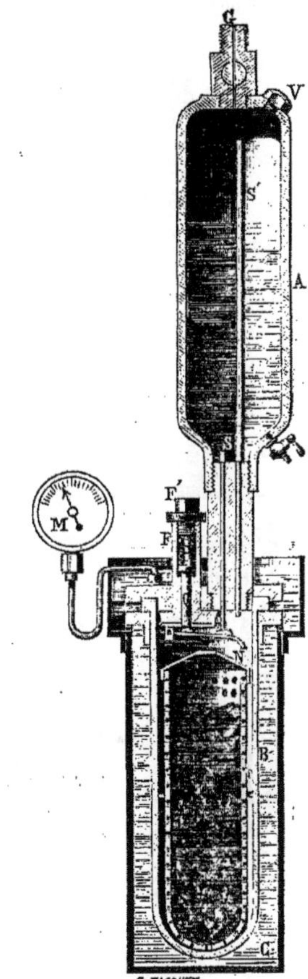



Fig. 464. — Appareil de MM. Ducretet et Lejeune pour la préparation de l'acétylène comprimé ou liquéfié.

pression de l'eau et celle du gaz agissant en sens inverse sur la soupape F, qui admet l'eau sur le carbure de calcium contenu dans le seau G. On voit sur la gauche de la figure le détail de ce panier à carbure, et la manière dont l'eau en atteint la base pour commencer l'attaque du carbure par les couches inférieures.

MM. Ducretet et Lejeune ont construit une lampe représentée par la figure 466, et qui est établie sur le même principe que les deux générateurs que nous venons d'étudier.

Le carbure de calcium est placé à l'intérieur d'un récipient fermé B, dans un panier en tôle perforée P. Ce récipient est placé dans le corps de la lampe, qui est remplie d'eau servant à l'alimentation, et aussi à la réfrigération. L'eau pénètre en P par le tube C qui est muni à sa partie supérieure d'une soupape, laquelle tend à s'ouvrir sous

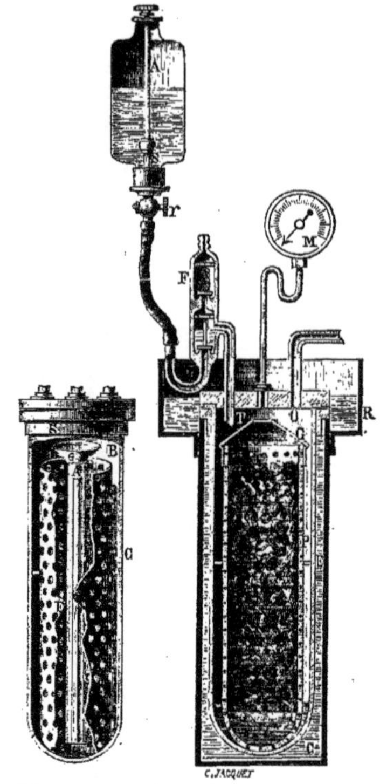

Fig. 465. — Appareil de MM. Ducretet et Lejeune pour la préparation de l'acétylène sous faible pression.

la pression de l'eau provenant de la différence du niveau, et à se fermer par la pression du gaz à l'intérieur du récipient B. Lorsque la pression du gaz est trop faible, la soupape s'ouvre, et de l'eau s'écoule le long des parois extérieures de ce tube pour aller attaquer le carbure de bas en haut.

L'humidité du gaz se condense sur les plateaux H. En T est une soupape de sûreté et en S un régulateur de pression. Cette lampe donne de très bons résultats.

3° CATÉGORIE. — *Générateurs qui ont plus spécialement pour but la liquéfaction de l'acétylène ou sa compression.*

L'acétylène se liquéfie facilement et donne naissance à un liquide transparent, très mobile

et très peu réfringent. Son poids spécifique n'est que de 360 grammes par litre; son coefficient de dilatation est très considérable ; aussi, en fabrique, ne doit-on pas introduire dans les vases destinés à le contenir plus de 300 grammes par litre de capacité. Dans ces conditions, la pression des vapeurs d'acétylène ne dépasse pas 50 à 60 atmosphères dans les températures les plus chaudes de l'été. Cette pression étant à peu près la même que celle de l'acide carbonique dont l'emploi est devenu tout à fait courant dans l'industrie, MM. Dickerson et Suckert et M. Raoul Pictet ont proposé l'emploi industriel de l'acétylène liquide.

Nous allons examiner deux procédés employés pour cette opération.

MM. Dickerson et Suckert préfèrent, par raison

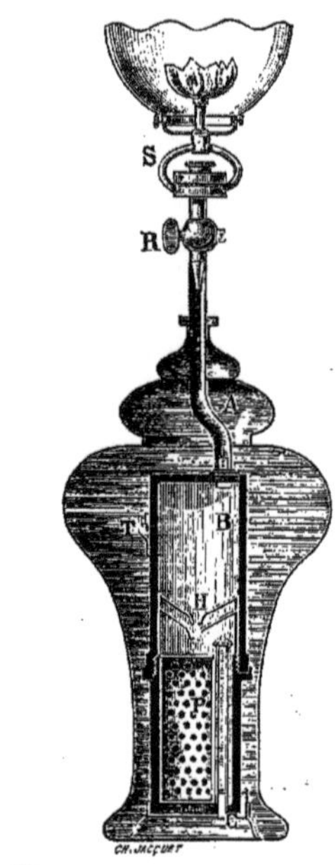

Fig. 466. — Lampe Ducrétet et Lejeune.

d'économie, liquéfier l'acétylène sous l'action de sa propre pression.

M. Raoul Pictet, au contraire, reprend par une pompe de compression l'acétylène préalablement recueilli dans un gazomètre.

*Procédé Dickerson et Suckert.* — Cet appareil, représenté par la figure 467, a pour but de rendre régulier le dégagement du gaz qui, au fur et à mesure de sa liquéfaction, est introduit dans les bouteilles servant au transport. Pour assurer cette liquéfaction, il faut d'abord purger l'acétylène de l'air, des gaz condensables et de l'eau entraînée. Voici les dispositions adoptées à cet effet, telles que les indiquent MM. Dumont et Hubou dans leur ouvrage souvent cité.

Le carbure de calcium est introduit dans les générateurs en fer forgé AA', qui portent des orifices de dégagement et de vidange, et qui sont placés dans des bâches où circule un courant continu d'eau froide.

L'eau servant à la réaction arrive sur le carbure dans les générateurs par les rampes à trous multiples $cc'$; elle y est amenée par des robinets que l'on ouvre graduellement.

L'acétylène mêlé de vapeur d'eau se dégage par le tube $a$, arrive dans le serpentin B, refroidi par un courant d'eau froide contenu dans la bâche qui l'entoure. L'eau de condensation se rend par un tube muni d'un robinet dans le réservoir d'eau C, et le gaz qui s'en sépare passe par le tube $b$ dans le dessiccateur D, à l'intérieur duquel sont des tablettes à larges surfaces recouvertes de carbure de calcium. Les dernières traces d'humidité entraînées par l'acétylène sont absorbées par ce carbure.

Du dessiccateur, le gaz arrive dans le conden-

seur E où il se liquéfie; il est recueilli dans le récipient F qui est entouré d'un réfrigérant, et est de là amené dans la bouteille G.

Pour faire fonctionner cet appareil, on commence par remplir de carbure le générateur A ou le générateur A', ainsi que le dessiccateur. Quand les orifices de chargement ont été bien bouchés, on fait circuler l'eau froide dans les réfrigérants, puis on ferme tous les robinets, sauf le conduit d'échappement, et on enlève la bombonne G. On comprime alors l'eau devant servir à la réaction au moyen de la pompe L, et on envoie cette eau dans le réservoir C. Pour une charge de 45 kilogrammes de carbure dans le générateur A ou A', il faut 255 kilogrammes d'eau dans le récipient G. On ouvre alors graduellement le robinet et l'eau se répand sur le carbure par la rampe C. L'acétylène dégagé tra-

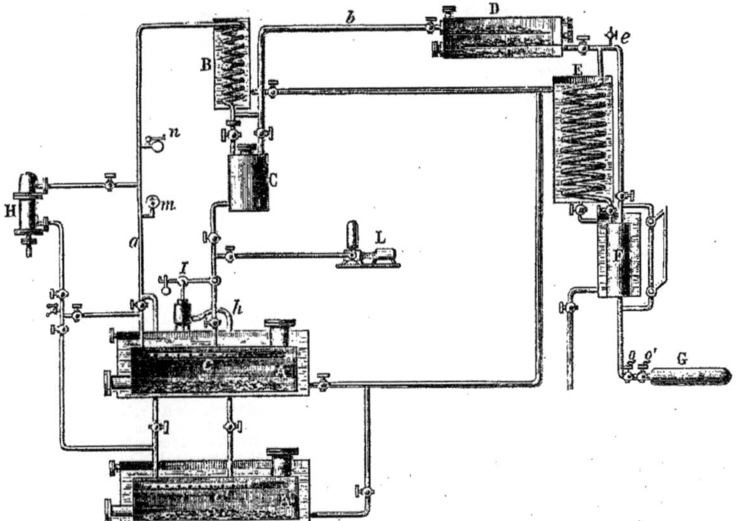

Fig. 467. — Appareil Dickerson et Suckert pour la fabrication industrielle de l'acétylène liquide.

verse tout l'appareil et chasse l'air par le tuyau fixé au fond du récipient F. Quand l'expulsion de l'air est complète, on ferme cette ouverture en y adaptant la bombonne, puis on règle l'arrivée de l'eau sur le carbure de façon à produire une liquéfaction régulière. Le gaz qui a échappé à la liquéfaction dans la bouteille F' revient au condenseur E par le tube $e$.

On se rend compte du commencement de la liquéfaction par l'examen du manomètre et du thermomètre.

Pour que l'opération soit continue, on emploie deux générateurs, A et A'. Pendant que le gaz est produit par l'un d'eux, on charge le second pour que la marche de l'appareil ne subisse pas d'interruption.

*Procédé Raoul Pictet.* — Le procédé Raoul Pictet a été employé en Belgique et à Paris, dans l'usine de la rue Championnet; nous allons en donner une description sommaire.

Le carbure est jeté morceau par morceau dans

un réservoir rempli d'eau et refroidi par un courant d'eau froide qui s'écoule par un déversoir (cet appareil est presque identique à l'appareil en usage sur les chemins de fer prussiens et que nous décrirons plus tard en parlant de la carburation du gaz de houille au moyen de l'acétylène). Le gaz, au fur et à mesure de sa formation, est recueilli dans une cloche. Il passe de cette cloche dans deux séries de bâches renfermant, les premières du chlorure de calcium à 0°, et les secondes de l'acide sulfurique à — 21° (voyez plus haut *Épuration de l'acétylène*). L'acétylène se rend ensuite dans un gazomètre, où il est emmagasiné.

On reprend ensuite ce gaz et on l'amène à l'état liquide au moyen des compresseurs réfrigérants de M. R. Pictet. L'acétylène liquéfié est logé dans des réservoirs en acier nickelé, qui ont été essayés à une pression de 250 atmosphères. La figure 468 représente une de ces bouteilles, d'une capacité de 12 à 13 litres, permettant d'emmagasiner un poids de 4 kilogrammes d'acétylène liquéfié. Le poids de ce réservoir vide est de 19 à 20 kilogrammes.

L'extrémité du réservoir B est fermée par le bouchon à soupape A, dans lequel est vissé le dispositif C pour débiter l'acétylène à l'état de gaz. A cet effet, on agit sur le volant R, qui ouvre la soupape interne ; le gaz s'échappant passe dans le détendeur *a*, destiné à donner un débit régulier, et la pression de sortie est indiquée par le manomètre *m*.

Nous donnerons, à titre de renseignement, le devis de l'installation d'une usine destinée à une production journalière de 1000 kilogrammes d'acétylène liquide. C'est ce devis qui a servi à l'installation de l'usine de la rue Championnet à Paris, usine célèbre par l'explosion d'une bombonne, accident qui coûta la vie à deux ouvriers.

*Terrains.*

Terrain pour bâtir l'usine de fabrication et construction des bâtiments........................... 100 000 fr.

*Matériel d'usine.*

| | |
|---|---|
| Une chaudière tubulaire de 100 chevaux.... | 10 000 » |
| Un moteur de 100 chevaux. ............... | 15 000 » |
| Un concasseur de 300 kilogr. à l'heure...... | 1 500 » |
| Deux cornues complètes de production....... | 6 000 » |
| Un gazomètre de 100 mètres cubes....... | 8 000 » |
| Tuyauterie reliant les cornues au gazomètre. | 1 000 » |
| Trois épurateurs à 1700 francs............ | 5 100 » |
| Un compresseur à 2,5 atmosphères....... | 2 000 » |
| — 8 — ....... | 2 000 » |
| — 50 — ....... | 4 000 » |
| Une pompe pneumatique.................... | 4 500 » |
| Un condenseur........................... | 1 700 » |
| Un condenseur d'acétylène................. | 8 000 » |
| Tuyauterie générale de l'usine............. | 15 000 » |
| Transmissions. ........................ | 6 000 » |
| Courroies................................ | 3 000 » |
| Le même matériel doublé pour éviter toute interruption dans la fabrication en cas d'accident............................. | 92 800 » |

*Matériel d'exploitation.*

250 bombonnes spéciales en acier nickelé, d'une capacité de 12 à 13 litres, pouvant contenir chacune 4 kilogr. d'acétylène liquéfié, poids correspondant approximativement à 4000 litres d'acétylène à l'état gazeux, et prêtes à être expédiées ;
400 bombonnes en magasin ;
50 bombonnes en circulation, chez les consommateurs et en réparation.
_______

700 bombonnes à 35 francs la pièce, soit 24 500 francs.
Ce nombre de bombonnes étant calculé pour une distribution de 100 mètres cubes par jour, pour une distribution de 1000 mètres cubes il faudra donc immobiliser........ 245 000 »

*Matériel pour le transport des bombonnes.*

| | |
|---|---|
| Cinq camions à 1500 francs. .............. | 7 500 » |
| Dix chevaux à 1000 francs................. | 10 000 » |
| Ustensiles d'écurie et harnais............ | 3 000 » |
| Ateliers de réparation (outillage, forge, tours, presse hydraulique)................ | 20 000 » |
| Installation des bureaux.................. | 5 000 » |
| Laboratoire de chimie, de photométrie, etc., et imprévus......................... | 23 000 » |
| Fonds de roulement...................... | 400 000 » |
| Total......... | 1 000 000 fr. |

L'acétylène liquide, d'après le devis ci-dessus, reviendrait à 2ᶠʳ,12 le kilogramme.

_______

L'acétylène liquide n'a pu, jusqu'aujourd'hui, trouver d'emploi industriel, pour deux causes :
1° Le prix de revient élevé ;
2° Le danger auquel son maniement expose.

Le premier inconvénient s'explique de lui-même ; quant au second, nous allons dire quelques mots des expériences qui ont été faites tou-

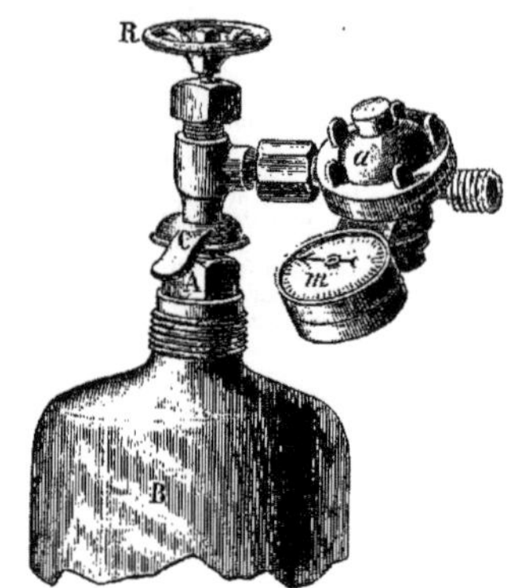

Fig. 468. — Bombonne d'acétylène liquide.

chant l'explosibilité de l'acétylène comprimé ou liquéfié.

M. Berthelot avait observé, dans ses anciennes expériences, que les propriétés explosives des gaz endothermiques augmentent lorsque ces gaz sont comprimés. Il a, depuis, repris ces expériences en collaboration avec M. Vieille et obtenu les résultats suivants, qui s'appliquent à l'acétylène pur, sans mélange d'oxygène ou d'air atmosphérique :

1° Lorsque la pression ne dépasse pas 2 atmosphères, l'acétylène n'est pas explosif.

2° L'explosibilité augmente avec la pression au-dessus de 2 atmosphères et atteint son maximum avec l'acétylène liquide, dont les propriétés explosives sont voisines de celles du coton-poudre. Le tableau suivant renferme les pressions et les durées de réaction observées lors de l'inflammation de l'acétylène au moyen d'un fil métallique rougi au sein de la masse gazeuse, sous diverses pressions initiales.

Dans une bombe en acier de 48ᶜᶜ,96 de capacité, chargée avec 18 grammes d'acétylène liquide, on a obtenu, lors de l'explosion, la pression considérable de 5564 kilogrammes par centimètre carré (mesurée avec un crusher).

3° Il suffit d'introduire un fil métallique chauffé au rouge en un point quelconque du récipient contenant de l'acétylène comprimé ou liquéfié pour provoquer l'explosion de toute la masse.

4° L'explosion est provoquée aussi par la détonation à l'intérieur du récipient d'une amorce de guerre (fulminate de mercure).

5° Le choc par lui-même ne semble pas suffisant pour provoquer la décomposition de l'acétylène comprimé ou liquéfié ; mais, si le récipient est brisé, le gaz qui s'échappe et se mélange avec l'air atmosphérique peut être enflammé par les étincelles résultant de la friction des fragments métalliques les uns contre les autres ou contre les objets extérieurs.

6° D'autres causes de danger dans les opérations industrielles peuvent résulter des phénomènes de compression brusque lors du chargement du gaz, ainsi que des phénomènes de compression adiabatique qui accompagnent l'ouverture d'un récipient à acétylène sur un détendeur ou sur tout autre réservoir de faible

| Numéros des expériences. | Pression initiale absolue en kilogrammes par centimètre carré. | Pression en kilogr. par centimètre carré observée aussitôt après l'explosion. | Durée de l'explosion en millièmes de seconde. | Rapport des pressions initiales et finales. |
|---|---|---|---|---|
| 33 | 2,23 | 8,77 | » | 3,93 |
| 42 | 2,23 | 10,73 | » | 4,81 |
| 28 | 3,50 | 18,58 | 76,8 | 5,31 |
| 31 | 3,43 | 19,53 | » | 5,63 |
| 39 | 5,98 | 41,73 | 66,7 | 6,93 |
| 26 | 5,98 | 43,43 | » | 7,26 |
| 32 | 5,98 | 41,53 | 45,9 | 6,94 |
| 25 | 11,23 | 92,73 | 26,1 | 8,24 |
| 40 | 11,23 | 91,73 | 39,2 | 8,00 |
| 29 | 21,13 | 121,37 | 16,4 | 10,13 |
| 30 | 21,13 | 121,26 | 18,12 | 10,13 |

capacité. On sait, en effet, — comme l'indique M. Pélissier dans l'excellent ouvrage auquel nous empruntons la plus grande partie des renseignements relatifs à l'acétylène liquéfié, — qu'il a été établi par des expériences effectuées sur des bombonnes d'acide carbonique liquide, munies de leur détendeur, que l'ouverture brusque du robinet détermine dans ce détendeur une élévation de température susceptible d'entraîner la carbonisation de copeaux de bois placés dans son intérieur. Dans le cas de l'acétylène, des températures de cet ordre pourraient entraîner une décomposition locale susceptible de se propager, *a retro*, dans le milieu gazeux sous pression et jusqu'à l'intérieur même de la bombonne. Comme le font remarquer MM. Berthelot et Vieille, il peut être remédié à ces inconvénients, qui ne sont pas de nature à compenser les avantages de l'acétylène et à en limiter l'usage. Toutefois, comme le dit M. Pélissier, jusqu'à ce que l'on ait pu remédier aux causes d'accidents résumées dans l'alinéa précédent, il est certain que l'acétylène liquide ne pourra être utilisé pour les usages domestiques, où les appareils doivent être simples, robustes, et avoir un fonctionnement automatique, afin de ne nécessiter aucune connaissance spéciale des propriétaires d'installations. Nous reviendrons plus loin sur ces propriétés explosives de l'acétylène liquide.

Une autre cause d'accidents réside dans le déréglage possible des détendeurs, qui laisseraient passer la pression totale du gaz dans les canalisations et dans les appareils d'utilisation, trop faibles pour supporter cette pression élevée. L'explosion de ces canalisations serait alors inévitable. Il est néanmoins assez facile de s'affranchir de cette cause d'accidents.

En résumé, on voit que l'acétylène liquide ne peut, dans les conditions actuelles, tant par suite de son prix de revient que par suite des dangers qui peuvent résulter de son emploi, prendre dans l'industrie de l'éclairage la place prépondérante qu'on aurait pu espérer lui voir conquérir, en se basant uniquement sur l'opinion de ses avocats. Un supplément d'études est nécessaire.

4° CATÉGORIE. — *Générateurs affectés à la préparation de l'acétylène dissous.*

Dans le but de faciliter l'emmagasinement et le transport de l'acétylène, MM. Claude et Hess ont songé à dissoudre ce gaz sous pression dans certains liquides; ils ont découvert son grand coefficient de solubilité dans l'acétone. Ce corps dissout 25 fois son volume de gaz à la pression atmosphérique, et la quantité de gaz dissoute augmente proportionnellement à la pression, en sorte qu'à 10 atmosphères, par exemple, 1 litre d'acétone contient 250 litres de gaz acétylène.

Un résultat important de ce mode d'emmagasinement, c'est la réduction, dans d'énormes proportions, des dangers d'explosion. Quand la pression ne dépasse pas 10 atmosphères, la dissolution d'acétylène dans l'acétone est pratiquement inexplosible (voyez les notes présentées à l'Académie par MM. Berthelot et Vieille, les 4 et 10 mai 1897), et elle l'est encore à des pressions bien plus élevées quand la dissolution est absorbée dans une matière poreuse (voyez le rapport de M. Vieille au Conseil d'Hygiène, séance du 11 novembre 1898).

Ce procédé est la propriété de la Société française de l'Acétylène dissous, qui exploite le brevet original Claude et Hess du 30 juin 1896, n° 257 679, dont nous allons donner une description sommaire.

*Principe de la fabrication.* — La Société de l'Acétylène dissous utilise la solubilité remarquable de l'Acétylène dans l'acétone, dont l'application à l'éclairage a été brevetée, comme nous venons de le dire, par MM. Claude et Hess. Cette solubilité permet d'emmagasiner pratiquement environ 10 volumes d'acétylène par litre d'acétone et par atmosphère; il en résulte que, sous des pressions modérées ne dépassant pas 10 kilogrammes environ par centimètre carré, il est possible d'emmagasiner 100 volumes d'acétylène par unité de volume du récipient.

Le gaz se dégage régulièrement du liquide lorsque la pression diminue et peut être utilisé, à l'aide d'un détendeur, dans les applications ordinaires de l'éclairage.

Les inventeurs se sont proposé, par cette méthode, d'éliminer les causes du danger redoutable résultant de l'emploi de l'acétylène liquéfié, tout en conservant les avantages de facilité d'installation, de transport et de minimum d'encombrement inhérent à ce mode d'utilisation de l'acétylène.

Les expériences effectuées au Laboratoire central des poudres, en 1897, ont confirmé, dans une large mesure, les prévisions des inventeurs, en montrant qu'à la condition de ne pas dépasser le degré de saturation correspondant à la pression de 10 kilogrammes, à la température de 15° environ, la dissolution d'acétylène dans l'acétone constituait un liquide inerte capable de soustraire l'acétylène qu'il renferme à tous les modes connus d'excitation, c'est-à-dire que ce liquide ne détone ni par le choc, ni par l'amorce au fulminate.

L'atmosphère d'acétylène comprimé qui surmonte le liquide reste explosive, mais l'explosion de cette masse gazeuse, provoquée artificiellement, ne se propage pas au liquide.

Si, au contraire, la pression de saturation atteint 20 kilogrammes à la température ordinaire, la décomposition se propage au liquide et on retombe dans les causes de danger de l'acétylène liquéfié.

Dans cette première phase du développement de l'invention, les conditions de sécurité parfaite d'emploi restaient assez difficiles à déterminer, parce que, s'il était possible de limiter la saturation de façon à maintenir le liquide inerte, l'atmosphère comprimée qui surmontait le liquide restait explosive, et que la résistance du récipient devait correspondre aux pressions d'explosions accidentelles environ décuples des pressions initiales. Or l'influence de la température ambiante sur les tensions mises en jeu par le liquide saturé est considérable. Cette tension double environ pour une variation de 30°; on était donc conduit, en admettant comme possible, en pratique, un accroissement de température de cet ordre, à partir de la température de remplissage, à demander aux récipients une résistance de 200 à 250 kilogrammes par centimètre carré.

La Société de l'Acétylène dissous a cherché à supprimer les inconvénients pratiques évidents qui résultent de l'emploi d'un liquide, en même temps que certaines difficultés industrielles présentées par le rechargement des récipients, en absorbant le liquide dans des briques poreuses, épousant exactement la capacité des récipients et percées de canaux moulés permettant la facile diffusion du gaz. Ces briques, obtenues par des procédés spéciaux, présentent 75 à 80 0/0 de vide; il n'existe plus, à proprement parler, de chambre à gaz dans le récipient, mais de simples canaux collecteurs, de dimensions réduites, répartis dans le système et établissant les communications avec la masse poreuse.

Ces dispositions ont remédié aux inconvénients pratiques que nous venons de signaler, mais, en outre, elles ont eu pour effet de transformer les conditions de sécurité présentées par les récipients chargés d'acétylène dissous.

En effet, l'explosion excitée artificiellement en un point d'un pareil système se propage dans les canaux collecteurs, mais elle y subit des refroidissements tels, que la pression moyenne s'élève à peine au double de la pression initiale, dans les conditions les plus défavorables.

Cette atténuation des effets explosifs avait été mise en évidence au moyen d'expériences plutôt qualitatives que quantitatives, effectuées sur de petits récipients ou timbales de tôle mince qui, sous une tension donnée d'acétylène, éclataient lorsqu'on provoquait l'explosion interne, tandis qu'ils résistaient lorsqu'ils avaient été chargés en briques poreuses mouillées d'acétone et saturées d'acétylène sous la même pression.

Les expériences de M. Vieille ont porté sur des récipients d'une capacité de 3lit,500, en tôle d'acier, formés d'un tube cylindrique terminé à l'une de ses extrémités par une calotte emboutie, et à l'autre extrémité par une large collerette sur laquelle était fixé un couvercle épais par une couronne de huit boulons, avec interposition d'une rondelle de caoutchouc ou de fibre pour faire le joint; le couvercle portait un robinet à pointeau avec ajutage permettant l'introduction du gaz ou la mise en communication avec un manomètre.

Deux blocs d'acier, renfermant des manomètres à écrasement, étaient disposés dans l'intérieur du récipient, l'un près du couvercle et l'autre dans le fond du tube.

Les tubes étaient chargés d'acétylène sous des pressions de 16 à 18 kilogrammes, supérieures de plus de moitié à la pression normale d'emploi. On a provoqué l'allumage interne par deux méthodes :

1° Par un petit récipient auxiliaire muni d'un dispositif électrique d'allumage en communication avec la bouteille par le robinet à pointeau;

dans ce cas, l'inflammation provoquée dans le récipient auxiliaire dardait un jet enflammé dans la bouteille;

2° Par un dispositif électrique d'allumage fixé directement sur le couvercle de la bouteille et portant l'incandescence au sein de la masse. Cette disposition a été reconnue plus sûre en raison des extinctions par brusque détente après le passage du pointeau que pouvait provoquer le premier mode d'allumage.

M. Vieille a comparé les pressions produites à l'intérieur des récipients, en provoquant l'allumage dans les conditions suivantes :

1° La bouteille ne renfermait que de l'acétylène comprimé, sans matière absorbante;

2° La bouteille était garnie de briques poreuses sans acétone;

3° La bouteille était garnie de briques poreuses saturées d'acétone;

Dans ce dernier cas, le récipient renfermait de 600 à 700 litres d'acétylène;

4° La bouteille chargée de briques et d'acétone, et saturée sous la pression de 16 kilogrammes à la température ordinaire, était portée, par immersion dans un bain, à des températures croissantes atteignant 56°.

Les récipients ont résisté dans tous les cas, et les résultats observés sont les suivants :

Dans un récipient sans briques, l'explosion de l'acétylène comprimé à 18 kilogrammes a fourni la masse charbonneuse habituelle, et les crushers ont indiqué des pressions de 146 à 182 kilogrammes, c'est-à-dire de l'ordre des pressions normales déduites d'expériences antérieures.

Dans le récipient garni de briques poreuses sèches, l'explosion s'est étendue à la périphérie des briques et dans les canaux distributeurs, et ne s'est propagée que sur quelques millimètres dans les pores de la brique la plus voisine du point d'inflammation, les pressions enregistrées par les crushers n'atteignant pas le double de la pression initiale.

Dans le récipient garni de briques saturées d'acétone, la propagation se réduit au noircissement superficiel des briques les plus voisines du point d'inflammation; les crushers n'accusent que des élévations de pression à peine appréciables, de l'ordre de quelques kilogrammes.

Les récipients de ce dernier type, chauffés à des températures croissant jusqu'à 55°, ont fourni à l'inflammation des résultats également favorables.

Dans une première expérience, le tube, chargé à la pression de 16 kilogrammes à la température ambiante, a été chauffé par immersion dans un bain à 55-58° jusqu'au moment où la pression, mesurée au manomètre, s'est élevée à 29 kilogrammes environ. A ce moment on a provoqué l'inflammation interne; le récipient a bien résisté et n'a donné lieu qu'à une légère fuite par le joint de caoutchouc du couvercle; l'inflammation s'est propagée dans les canaux d'alimentation du système sans pénétrer d'une façon sensible dans les pores des briques, à l'exception de la première. La pression maxima enregistrée par l'un des crushers est de 60 kilogrammes, soit 4 fois environ la pression de chargement et 2 fois la pression due à la tension gazeuse de la dissolution chauffée.

Dans un deuxième essai, un tube semblable a été maintenu dans le bain à 56°, jusqu'à ce que la tension interne ne variât plus que d'une façon très lente, 1 kilogramme environ en 15 minutes. Cette tension était alors de 37 kilogrammes. La mise de feu n'a déterminé que des fuites sans importance par le fond rivé, fuites qui paraissent plutôt dues à un défaut de fabrication qu'à l'élévation des pressions intérieures; les deux crushers indiquent en effet des pressions maxima de 68 à 69 kilogrammes; l'inflammation s'est propagée dans les canaux d'alimentation et les joints des briques, elle a pénétré profondément dans la brique voisine du point d'inflammation et sur quelques millimètres d'épaisseur dans la deuxième.

En résumé, ces expériences mettent en évidence l'atténuation considérable qu'introduisent la présence des matières poreuses et la suppression des chambres à gaz dans les phénomènes de décomposition de l'acétylène; malgré leur nombre restreint, elles paraissent probantes, parce qu'elles ont été effectuées dans des conditions beaucoup plus dures que celles de la pratique, sous des pressions supérieures de 60 0/0 aux pressions normales.

En second lieu, les résultats obtenus concordent avec ceux qui avaient été antérieurement acquis dans des conditions moins probantes; enfin, la décroissance progressive des phénomènes explosifs par l'introduction des matières poreuses sèches, puis des matières poreuses imbibées d'acétone, montre bien l'influence du milieu sur l'aptitude à la propagation des réactions. On peut encore signaler que les exemples d'extinction spontanée de l'explosion de l'acétylène, par refroidissement résultant d'une simple détente, qui ont été observés récemment dans les installations industrielles, conduisent à considérer comme tout à fait normal le résultat des dispositions adoptées par la Société de l'Acétylène dissous.

*Conditions de résistance des récipients.* — Les données fournies par ces expériences tendraient à faire regarder comme largement suffisante la résistance sans déformation des récipients sous une pression double de la pression normale de chargement; mais il y a lieu de tenir compte de la variation rapide avec la température des pressions fournies par la dissolution saturée d'acétylène.

On peut distinguer, à ce point de vue, deux catégories de récipients : la première catégorie constitue les accumulateurs de la fabrique; ces récipients, soustraits à toute cause rapide d'échauffement, seraient entretenus à une pression sensiblement fixe, et en tout cas maintenue dans d'étroites limites, et il paraît suffisant, pour tenir compte des variations accidentelles, de porter au triple de la pression normale la pression d'épreuve que ces récipients devront supporter sans déformation.

La même condition serait applicable aux récipients chargés sur voiture, abrités et ventilés avec soin, que la Société se propose d'utiliser pour alimenter à la manière du gaz portatif certaines installations particulières. Il résulte, en effet, d'expériences faites par MM. Claude et Hess que la pression, dans des réservoirs ainsi protégés, ne s'est pas élevée de plus de 2 kilogrammes en plein été, après un parcours prolongé effectué pendant la plus chaude partie de la journée.

Un deuxième type de récipient est celui qui serait mis à la disposition des consommateurs ou installé sur des voitures et en contact permanent avec le public. Il est nécessaire d'admettre que ce type de réservoir sera soumis à des variations de température considérables, non seulement en raison de défectuosités d'installation et de l'absence de précautions élémentaires, mais encore parce que ces récipients ne rentrant pas journellement à l'usine seront soumis aux variations de températures extrêmes de notre climat.

Aussi M. Vieille, dans son rapport au Conseil d'Hygiène de la Seine, cité plus haut, a proposé de fixer provisoirement à six fois la valeur de la pression normale de chargement la pression d'épreuve que ces récipients devront supporter sans déformation.

*Installation de l'atelier de chargement.* — Il reste à examiner les conditions de fonctionnement de l'atelier de chargement.

L'installation comprend : Un moteur à gaz ou à pétrole de la force de deux à trois chevaux, actionnant une pompe dont le cylindre présente 1 demi-litre de capacité. Le piston, à marche lente, comprime le gaz par l'intermédiaire d'une couche d'huile. Le corps de pompe est refroidi par des ailettes. Le cuivre et ses alliages sont exclus de toutes les parties de l'appareil. Le gaz est refoulé dans des accumulateurs formés de cylindres en tôle d'acier, entièrement remplis de briques poreuses assemblées par secteurs pour les grands diamètres et épousant la forme intérieure des récipients; les joints sont bourrés à l'amiante, et il ne subsiste dans la masse que les canaux distributeurs percés dans les briques, dont le fonctionnement a été analysé plus haut; ces briques sont saturées d'acétone. Les accumulateurs devaient primitivement être au nombre de deux, d'une capacité de 1 mètre cube chacun. Sur la demande du Conseil d'Hygiène, on a réduit à moitié cette capacité totale, et au quart la capacité individuelle des récipients en la limitant à 250 litres. La pression y est maintenue à 12 kilogrammes par le jeu de la pompe de compression.

L'acétylène est fourni par un gazomètre à basse pression, alimenté par un gazogène permettant la production journalière de 15 mètres cubes, et utilisant 50 kilogrammes de carbure.

Le chargement des réservoirs mobiles est obtenu par leur mise en communication, soit avec les accumulateurs, soit avec la pompe pendant la durée nécessaire à la saturation complète.

*Arrêts de détonation.* — La Société de l'Acétylène dissous s'est proposé de rechercher, indépendamment des conditions générales de sécurité propres au système, un dispositif susceptible de localiser automatiquement une explosion accidentelle, survenant dans un récipient, en l'empêchant de se propager aux autres. Des dispositifs analogues ont déjà été appliqués avec succès à l'isolement automatique, dans un groupe de chaudières, d'un élément qui vient à faire explosion.

L'arrêt d'explosion proposé par la Société de l'acétylène dissous, qui ne présente rien de particulier, se place en un point de la canalisation, et s'oppose à la propagation de l'explosion dans un sens déterminé.

Les expériences effectuées paraissent concluantes, et l'emploi de ce dispositif de sécurité est tout indiqué pour isoler l'appareil de compression des accumulateurs.

### PROPRIÉTÉS PHYSIQUES ET CHIMIQUES DE L'ACÉTYLÈNE.

Après avoir étudié la préparation de l'acétylène, il serait logique de suivre l'ordre adopté pour le carbure de calcium, c'est-à-dire d'en étudier les propriétés. Mais de crainte d'entraîner des répétitions, nous renverrons aux articles déjà parus dans le Dictionnaire et nous ne citerons que les travaux publiés depuis 1892.

L'acétylène, lorsqu'il est impur, est doué d'une odeur désagréable et caractéristique rappelant celle de l'ail. Toutefois, d'après M. Moissan, cette odeur ne serait due qu'aux impuretés qui l'accompagnent; à l'état pur, tout comme le sulfure de carbone, il posséderait, au contraire, une odeur éthérée plutôt agréable.

Chose pratiquement très importante, lorsque le

gaz est complètement brûlé dans un bec, toute odeur disparaît.

L'acétylène se liquéfie à la température de 0° sous une pression de 26 atmosphères. Voici les résultats publiés par M. P. Villard, qui a entrepris ces essais :

| Températures de l'appareil. | Pressions observées. | Résultat. |
| --- | --- | --- |
| — 90° | 0,89 | Acétylène solide. |
| — 85° | 1,00 | — — |
| — 81° | 1,25 | Point de fusion. |
| — 70° | 2,22 | Acétylène liquide. |
| — 60° | 3,55 | — — |
| — 50° | 5,3 | — — |
| — 40° | 7,7 | — — |
| — 23,8 | 13,2 | — — |
| ∓ 0° | 26,05 | — — |
| + 5,8 | 30,3 | — — |
| + 11,5 | 34,8 | — — |
| + 15° | 37,9 | — — |
| + 20,2 | 42,8 | — — |
| + 37° | 68,00 | Point critique. |

Si on laisse l'acétylène liquide s'évaporer librement dans l'air, le refroidissement produit par cette détente est suffisant pour amener la solidification sans le secours d'aucune source de froid.

La neige d'acétylène ainsi produite passe rapidement à l'état gazeux à la température et à la pression ambiantes; l'acétylène qui se dégage peut être enflammé et l'on a alors le curieux spectacle d'un corps brûlant à la température de — 85° environ.

L'acétylène liquide est excessivement mobile, il est très réfringent et très transparent; quand il est renfermé dans un tube en verre, on ne peut s'assurer de sa présence qu'en regardant le ménisque supérieur. C'est le liquide le plus léger que l'on connaisse après l'hydrogène liquide; sa densité est la suivante :

| Température. | | Densité. | |
| --- | --- | --- | --- |
| — | — 7° | — | 0,460 |
| — | ∓ 0° | — | 0,451 |
| — | + 16,4 | — | 0,420 |
| — | + 35,8 | — | 0,364 |

Comme on peut s'en rendre compte par les chiffres précédents, l'acétylène liquide a un coefficient de dilatation très élevé; nous avons, du reste, fait remarquer que les bombonnes à acétylène liquide ne devaient jamais être remplies à plus de 300 grammes par litre de capacité.

L'acétylène, en se solidifiant, se contracte encore; son volume est alors moitié moindre qu'à la température moyenne de + 15°.

L'acétylène liquide dissout la paraffine et les matières grasses.

L'acétylène gazeux se dissout dans un grand nombre de liquides; ainsi l'eau en absorbe à peu près son volume; il est encore plus soluble dans l'alcool et dans l'acétone; il est très peu soluble dans l'eau saturée de sel marin :

*Solubilité de l'acétylène gazeux dans les liquides, à la pression de 760 millimètres et à la température de 0°.*

| | vol. |
| --- | --- |
| Eau saturée de sel marin | 0,05 |
| Eau | 1,00 |
| Sulfure de carbone | 1,00 |
| Pétrole raffiné | 1,50 |
| Essence de térébenthine | 2,00 |
| Chloroforme | 4,00 |
| Benzène | 4,00 |
| Alcool absolu | 6,00 |
| Acétone | 31,00 |

La solubilité de l'acétylène dans les liquides augmente avec la pression et diminue avec la température. Comme l'indique justement M. Pélissier, ces propriétés peuvent être mises à contribution soit pour empêcher l'absorption de l'acétylène dans le liquide des gazomètres que l'on peut, à cet effet, saturer de sel marin, soit pour emmagasiner une grande quantité de gaz sous un faible volume et à des pressions relativement peu élevées; ainsi, un litre d'acétone à la pression de 12 atmosphères et à la température de 0°, absorbe 360 litres d'acétylène, c'est-à-dire autant que l'on pourrait mettre d'acétylène liquide dans un volume égal, bien que la pression, dans ce dernier cas, soit beaucoup plus élevée.

La formation de l'acétylène en partant de ses éléments, hydrogène gazeux et carbone, est endothermique : elle absorbe 58,1 calories si le carbone est à l'état de diamant et 61,4 calories si le carbone est à l'état amorphe.

Son pouvoir calorifique, autrement dit la quantité de chaleur qui se dégage pendant sa combustion dans l'air, est de 14 340 calories par mètre cube et de 12 200 par kilogramme.

Comme on le sait depuis longtemps, l'acétylène se polymérise sous l'action de la chaleur.

L'acétylène est absorbé à froid par le fer, le nickel et le cobalt pyrophoriques, c'est-à-dire obtenus par réduction des oxydes par l'hydrogène à température aussi basse que possible, par le noir de platine, la mousse de platine et l'amiante platiné. Le dégagement de chaleur qui résulte de cette absorption entraîne une polymérisation, ce qui provoque un nouveau dégagement de chaleur, puis une décomposition exothermique. La chaleur produite est telle, que le métal est porté à l'incandescence.

### APPLICATIONS DIVERSES DE L'ACÉTYLÈNE.

Comme nous l'avons dit au commencement de cet article, les applications de l'acétylène sont déjà nombreuses à l'heure actuelle et le deviendront certainement encore davantage quand on aura trouvé le moyen d'utiliser directement le carbure de calcium dans les réactions chimiques. Il est évident, par exemple, que si l'on arrivait à préparer le carbure de sodium en partant du coke et du sel marin, cette découverte aurait une portée énorme, car la décomposition du carbure de sodium par l'eau donne de la soude caustique d'une part et de l'acétylène de l'autre :

$$C^2 Na^2 + 2 H^2 O = 2 Na O H + C^2 H^2.$$

Nous ne pouvons mieux faire que citer ce qu'écrivait récemment à ce sujet M. Maquenne [*Rev. gén. de Chimie*, 1, 223] :

« A la suite de mes premières recherches sur les carbures alcalino-terreux, à la suite surtout des travaux de M. Moissan sur la préparation électrochimique du carbure de calcium pur et du brevet L.-M. Bullier, qui a été le point de départ de sa fabrication industrielle, on aurait pu croire que l'acétylène, désormais facile à obtenir en masse, viendrait prendre rang de matière première dans l'industrie des produits chimiques.

« La merveilleuse plasticité de sa molécule, si magistralement mise en lumière autrefois par M. Berthelot, semblait en effet le prédestiner à quelques-unes de ces réactions typiques qui ont permis à l'illustre savant de faire de ce gaz le point de départ de la synthèse de presque tous les composés du carbone.

« Sept années se sont écoulées depuis le début de ces recherches et l'acétylène n'est point encore entré dans le domaine des grandes applications chimiques; c'est qu'en effet aux indications de la théorie sont venues se joindre des considérations d'ordre économique qui, comme on va le voir, resserrent singulièrement le cercle de ses usages industriels.

« A l'heure qu'il est (1899), l'acétylène revient

à près de 2 francs le kilogramme; la plupart de ses transformations sont limitées par les réactions inverses ou ses tendances à la polymérisation; enfin presque tous les corps qui en dérivent n'ont qu'une valeur commerciale trop faible, en général, pour rendre son emploi rémunérateur.

« Il résulte de là qu'on ne saurait utiliser l'acétylène à la fabrication des produits qui, comme les hydrocarbures aromatiques, ou encore les acides qui résultent de son oxydation, lui empruntent la majeure partie de leur substance, et que ses usages doivent rester limités à l'obtention des corps qui, comme ses produits d'addition, augmentent considérablement de poids au moment où ils prennent naissance sans subir une perte proportionnelle de valeur vénale. »

L'opinion de M. Maquenne est justifiée en tous points par la pratique et, à part son application à l'éclairage, l'emploi de l'acétylène est encore restreint à l'heure actuelle.

Nous diviserons les applications de l'acétylène en :

I. *Applications à l'éclairage :*
   *a.* Éclairage ordinaire ;
   *b.* Éclairage des wagons, des tramways et des gares ;
   *c.* Éclairage des projecteurs et applications à la photographie ;
   *d.* Lampes-étalons (Violle) ;
   *e.* Carburation et enrichissement du gaz de houille, du gaz d'huile et du gaz à l'eau ; dessiccation du gaz de houille.

II. *Applications au chauffage et à la force motrice.*

III. *Applications chimiques :*
   *a.* Carburation du fer, fabrication du plomb ;
   *b.* Fabrication du noir d'acétylène ;
   *c.* Fabrication du diiodoforme, de l'alcool, des peroxydes, etc.

IV. *Applications diverses de l'acétylène et rôle géologique du carbure de calcium.*

### I. APPLICATIONS A L'ÉCLAIRAGE.

*a.* ÉCLAIRAGE ORDINAIRE. — Quand on met quelques fragments de carbure de calcium dans une éprouvette pleine d'eau et qu'on enflamme l'acétylène qui se dégage, on obtient une flamme très éclairante, de couleur jaunâtre et très fuligineuse. Si, au lieu de brûler le gaz directement, on le recueille dans un gazomètre et qu'on le brûle sous la même pression que le gaz de houille (10 millimètres environ) et dans les becs employés ordinairement pour ce gaz, on n'obtient encore qu'une flamme jaune et fumeuse.

Pour obtenir un bon éclairage avec l'acétylène, il faut porter sa pression dans les conduits à 70 ou 80 millimètres d'eau au minimum, et plus de préférence ; il faut, en outre, le brûler dans des becs à fentes ou à trous très fins, ou bien encore le mélanger, avant de l'enflammer, à de l'oxygène ou à un gaz inerte qui lui permet de venir en contact avec une plus grande quantité d'oxygène atmosphérique.

Mais, avant de parler des applications de l'acétylène à l'éclairage, il est nécessaire d'appuyer avec quelques détails sur la constitution de la flamme de l'acétylène et, en particulier, sur les travaux de M. Erdmann, présentés au deuxième Congrès de l'Acétylène tenu à Budapest en 1899. La flamme de l'acétylène est d'un blanc magnifique ; sa lumière chaude et agréable procure, suivant une expression que nous empruntons à M. Pélissier, le « confort rétinien ». La flamme de l'acétylène possède, en outre, la précieuse propriété de ne pas altérer les couleurs ; elle est d'une fixité remarquable, ce qui tient à ce que,

la pression sous laquelle le gaz est brûlé étant très élevée, la flamme est insensible aux courants d'air. Cette flamme dégage très peu de chaleur ; on peut, sans danger, tenir la main à une faible hauteur au-dessus d'un foyer à acétylène, tandis qu'on serait infailliblement brûlé au-dessus d'un bec à gaz ordinaire, même d'intensité lumineuse beaucoup plus faible. Enfin, la combustion de l'acétylène, d'après M. Pélissier, ne produirait pas, comme celle des autres illuminants solides ou liquides, cette fine poussière de charbon qui, se déposant partout, noircit les plafonds, les murs, les tableaux, etc.

Toutes ces qualités font de l'acétylène un agent d'éclairage hors ligne ; aussi, comme nous l'avons rappelé plus haut, l'application de l'acétylène à l'éclairage est-il, à peu de chose près, son seul emploi sérieux.

On peut se rendre compte du pouvoir éclairant de l'acétylène en comparant la quantité de lumière fournie par la consommation d'un même volume de différents gaz.

M. Vivian B. Lewes a donné les chiffres suivants qui rapportent la valeur lumineuse à la candle-étalon anglaise pour une même consommation de 5 pieds cubes, soit $141^{lit},6$ à l'heure. Nous donnons en regard la conversion des chiffres de M. Lewes en carcels et mètres cubes :

| Nature du gaz ayant servi à l'expérience. | Pouvoir lumineux exprimé en : | |
|---|---|---|
| | candles-heures par 5 pieds cubes. | carcels-heures par mètre cube. |
| Méthane $CH^4$ | 5,2 | 3.5 |
| Gaz normal de la Ville de Paris | » | 9.6 |
| Gaz normal de la Ville de Londres | 16,0 | 11,5 |
| Ethane $C^2H^6$ | 35,7 | 25,0 |
| Propane $C^3H^8$ | 56,2 | 40,0 |
| Ethylène $C^2H^4$ | 70,0 | 49,0 |
| Butylène $C^4H^8$ | 123,0 | 86,0 |
| Acétylène $C^2H^2$ | 240,0 | 168,0 |

M. Hempel a comparé entre eux différents systèmes de becs brûleurs à gaz de houille ordinaire et à gaz acétylène. Les chiffres qu'il a obtenus confirment la supériorité de l'acétylène sur le gaz de houille et prouvent, en outre, que la quantité de lumière fournie par mètre cube d'acétylène augmente avec la puissance du foyer. On sait, du reste, qu'il en est de même pour divers agents d'éclairage.

Les chiffres contenus dans ces deux tableaux concordent très bien entre eux, comme le fait remarquer M. Pélissier, ainsi qu'avec ceux obtenus par M. Bullier. En effet, M. Bullier, dont les expériences ont été contrôlées par le laboratoire de la Ville de Paris (service de la vérification du gaz et des compteurs), n'a jamais obtenu la carcel-heure à moins de 8 litres dans des becs de faible débit, 7 litres dans les becs de 5 à 6 carcels et enfin 5 litres dans des foyers intensifs à récupération. Les résultats ont été obtenus avec un gaz presque pur, contenant de 99,5 à 99,6 0/0 d'acétylène.

Il résulte, en somme, de ces différents travaux que l'acétylène a un pouvoir éclairant égal à 15 ou 20 fois celui du gaz de houille, brûlé dans des becs ordinaires, et de 3,5 à 4 fois lorsque ce dernier est brûlé dans des becs Auer.

Outre son grand pouvoir éclairant et sa non-dénaturation des couleurs, l'acétylène possède

| Nature du gaz ayant servi à l'expérience. | Genre du brûleur employé. | Quantité de gaz brûlée à l'heure en litres. | Puissance lumineuse exprimée en carcels | |
|---|---|---|---|---|
| | | | mesurée au photomètre. | par mètre cube. |
| Gaz de houille | Bec bougie | 150,46 | 1,7 | 11,20 |
| — | — Bengel | 160,40 | 2,1 | 13,10 |
| — | — Siemens n° 4 | 200,00 | 4,4 | 22,00 |
| — | — — n° 2 | 501,50 | 17,2 | 28,60 |
| — | — — n° 00 | 2404,40 | 85,8 | 35,70 |
| — | — Auer | 121,30 | 5,9 | 48,60 |
| Acétylène | — papillon | 35,00 | 5,9 | 168,60 |
| — | — — | 67,50 | 12,8 | 190,20 |
| — | — — | 92,20 | 18,9 | 205,00 |

encore une grande qualité : c'est de pouvoir donner des foyers d'une intensité lumineuse quelconque. Avec une ouverture très fine, ne débitant qu'un demi-litre d'acétylène à l'heure, on obtient une flamme éclairante absolument fixe; non seulement le gaz de houille, dans de semblables conditions, ne donnerait qu'une flamme bleue non éclairante, mais encore cette flamme serait soufflée au moindre courant d'air. On peut donc, au moyen de l'acétylène, proportionner à volonté l'intensité des foyers lumineux à l'application en vue, ce que seul permettait jusqu'à présent l'éclairage électrique par lampes à incandescence.

Comme nous l'avons dit plus haut, la flamme de l'acétylène est surtout caractérisée par le fait qu'avec ce mode d'éclairage les couleurs naturelles et artificielles conservent des nuances aussi vives et aussi chaudes qu'à la lumière du soleil. Ce fait provient de la constitution particulière de la flamme de l'acétylène, ainsi que l'a démontré M. Erdmann [*Revue générale de Chimie*, 1, 375] au Congrès de l'Acétylène de Budapest en 1899.

On peut s'assurer que la flamme de l'acétylène diffère totalement de celle du gaz d'éclairage ou de celle d'une lampe à pétrole ou à acétate d'amyle, en mesurant son intensité au moyen du photomètre de Leonhard Weber. Il n'est pas possible de comparer, dans un champ blanc, la flamme d'un blanc pur de l'acétylène avec la lumière brunâtre de la lampe à benzine du photomètre; mais, en introduisant des écrans de verre rouges et verts, on voit de suite que dans la partie verte la flamme de l'acétylène dépasse de beaucoup en intensité la flamme du photomètre, et inversement dans la partie rouge.

On pourrait être tenté de conclure de ce fait que la flamme de l'acétylène, de même que celle de la lumière électrique à arc, est très riche en rayons réfrangibles (bleus, violets et ultra-violets); mais un peu de réflexion montre bientôt que cette conclusion est erronée. Comme on le sait, l'œil ne perçoit que les rayons lumineux dont la longueur d'onde est comprise entre 0,82 et 0,39 μ; mais, en ce qui concerne le pouvoir de distinguer nettement les différences de couleurs, les limites se resserrent encore entre λ = 0,61 — 0,47 μ. Dans ces limites, notre œil nous permet de distinguer certains intervalles, comme l'orangé, le jaune, le vert, le bleu, d'une façon suffisamment exacte pour qu'une très petite augmentation ou diminution de la longueur d'onde accuse à notre œil une différenciation notable de la coloration. En dehors de ces limites, notre œil n'a, en somme, qu'une impression confuse de rouge et de violet. Ces notions une fois établies, on voit que le pouvoir qu'aura une lumière artificielle de ne pas dénaturer les couleurs dépendra surtout, et en première ligne, de la richesse de cette flamme en rayons de réfrangibilité moyenne. D'après les recherches de M. Hugo Erdmann, c'est particu-

lièrement le cas pour l'acétylène. L'appareil qui a servi aux déterminations de ce savant était un spectrophotomètre de Glan [*Wiedemann's Ann.*, 1, 351], et les observations ont été faites dans six régions du spectre; de cette façon, les mesures furent exécutées avec six couleurs différentes du spectre. La fente du spectrophotomètre, qui comprenait une largeur d'environ trois divisions de la graduation de l'instrument, a donné, pour le rouge, l'orangé, le jaune, le vert, le bleu et le violet, les chiffres suivants :

| Couleur observée. | Longueur d'onde. | Graduation du spectrophotomètre de Glan. |
|---|---|---|
| Rouge | 0,650 | 87,2 |
| Orangé | 0,610 | 94,0 |
| Jaune | 0,590 | 100,0 |
| Vert | 0,550 | 114,0 |
| Bleu | 0,490 | 142,2 |
| Violet | 0,470 | 155,4 |

Comme on le voit, le choix des longueurs d'onde adoptées par M. Erdmann permet de comparer les résultats obtenus pour l'acétylène à ceux de M. E. Köttgen [*Wiedemann's Ann.*, 53, 793].

Le bec à acétylène employé dans ces recherches photométriques était un bec à deux trous, avec prise d'air, de M. Schwartz de Nuremberg; il consommait 7 litres d'acétylène par heure, sous une pression de 70 millimètres, et était muni d'un collecteur de poussières de Bucher et Schrade, de façon à éviter toute obstruction des orifices très ténus du bec par des poussières entraînées par l'acétylène. Quant au bec à gaz d'éclairage ayant servi de point de comparaison, c'était un bec en porcelaine, construit sur le principe de celui d'Argand. Le débit du gaz d'éclairage était réglé au moyen d'un régulateur à la pression de 7 millimètres. Le tableau suivant donne les moyennes de six observations d'intensité de la lumière du gaz d'éclairage, l'acétylène étant pris comme unité (la lumière jaune du sodium est prise aussi comme unité) :

| Rayons. | Angle lu. | Intensité lumineuse. |
|---|---|---|
| Rouge | 53°22' | 1,34 |
| Orangé | 55°38' | 1,13 |
| Jaune | 57°15' | 1,00 |
| Vert | 58°50' | 0,93 |
| Bleu | 54°10' | 1,27 |
| Violet | 53°15' | 1,35 |

La simple inspection des chiffres contenus dans ce tableau montre de suite que la supériorité de la lumière de l'acétylène, comparée à celle du gaz d'éclairage, ne provient absolument pas de la prépondérance dans cette lumière des rayons fortement réfrangibles. Au contraire, dans la lumière du gaz de houille ordinaire, non seulement les rayons rouges sont prépondérants, mais aussi les rayons violets. Par contre, dans la flamme du gaz d'éclairage, les rayons de réfrangibilité moyenne, sans faire complètement défaut, sont néanmoins moins richement représentés. La richesse en rayons rouges et violets de la flamme du gaz de houille donne à cette dernière ce ton brunâtre, tandis que dans la flamme de l'acétylène seuls les rayons de réfrangibilité moyenne dominent et permettent une différenciation exacte des couleurs.

Le tableau change d'aspect quand on compare la lumière à incandescence du gaz (Auer) avec la flamme de l'acétylène.

Comme la qualité de la lumière du bec Auer se modifie durant les premiers jours de la combustion, M. Erdmann a employé pour ces essais un bec Auer ayant déjà servi. Voici les chiffres observés par ce savant; ce sont, de nouveau, les moyennes de plusieurs expériences :

| Rayons. | Angle lu. | Intensité lumineuse. |
|---|---|---|
| Rouge. | 37° 20′ | 1,03 |
| Orangé | 37° 48′ | 1,00 |
| Jaune | 37° 48′ | 1,00 |
| Vert | 39° 39′ | 0,86 |
| Bleu | 39° 00′ | 0,92 |
| Violet. | 35° 48′ | 1,73 |

Un coup d'œil jeté sur ce tableau montre de suite combien la lumière Auer se rapproche plus que la flamme du gaz de houille de la lumière de l'acétylène. Les anciens manchons Auer du commerce donnaient une lumière verte, teinte qui provenait probablement de la présence de bandes claires dans les parties vertes du spectre, de même que les bandes violettes de l'azote dans la lumière de l'arc électrique. Les nouveaux manchons Auer n'ont plus ce ton verdâtre, et une détermination quantitative de leur intensité lumineuse, comparée à la flamme de l'acétylène, montre, au contraire, une infériorité marquée des rayons de cette partie du spectre. Cette pauvreté de rayons dans la partie moyenne du spectre, ajoutée à un excès de rayons violets agissant sur l'œil, serait, d'après M. Erdmann, la cause de l'in-fériorité de la lumière Auer dans la restitution de la véritable couleur des nuances.

M. Erdmann rappelle, à l'occasion de ces essais, combien, dans les recherches spectrophotométriques, il est difficile de prendre la lumière du jour comme étalon, étant donné qu'elle varie dans de larges limites, suivant l'heure du jour et l'état du ciel; aussi propose-t-il, après M. Violle (voyez plus bas), de prendre l'acétylène comme étalon, quoique la flamme de ce gaz ne possède pas la constitution de la lumière du soleil; en effet, les ombres portées d'un objet éclairé à l'acétylène, illuminées par la lumière du soleil, prennent une couleur bleuâtre, tandis que l'ombre portée par un objet éclairé par le soleil paraît jaune clair à la lumière de l'acétylène. Néanmoins M. Erdmann constate qu'aucune autre lumière artificielle connue ne rend avec autant de vérité les couleurs d'un objet. Nous allons donner maintenant, toujours d'après M. Erdmann, le rapport existant entre la flamme de la lampe à acétate d'amyle et la flamme de l'acétylène. On sait, en effet, que, à cause de l'inconstance de la lumière du soleil, presque toutes les mesures spectrophotométriques sont exécutées en prenant comme étalon la lampe à acétate d'amyle (étalon Hefner-Alteneck), quoique la flamme brunâtre de cette lampe diffère qualitativement et soit bien inférieure à tous nos modes d'éclairage modernes.

Les essais comparatifs de M. Erdmann ont été exécutés avec le spectrophotomètre de Glan, soit avec le bec à deux trous de Schwartz, déjà décrit, soit avec un bec papillon de Stadelmann, bec plus gros qui brûlait sous une pression de 53 millimètres. La préparation du gaz acétylène était effectuée par projection du carbure dans un grand excès d'eau froide, de façon à éviter toute formation de benzène ou de goudron. Après diverses recherches, le meilleur carbure trouvé fut un carbure à gros cristaux, préparé d'après le procédé Bullier par les établissements de Bitterfeld. Le carbure contenait 95 0/0 de $CaC^2$ et seulement des traces de phosphure d'hydrogène. Dans différents essais, l'acétylène fut purifié par un passage en hypochlorite (Lunge et Cedercreutz); mais cette épuration, qui avait pour effet de rendre la flamme un peu plus brillante, ne changeait absolument rien quant à sa constitution même.

Les essais comparatifs dans le violet furent assez laborieux; il en fut de même dans le vert et le bleu, où l'on observe certains écarts.

Les chiffres résumés dans le tableau suivant, de I à V, sont les chiffres moyens, résultant de cinq essais comparatifs de M. Erdmann sur le rapport de l'étalon de Hefner avec la flamme de l'acétylène :

| Région du spectre. | I. | II. | III. | IV. | V. | Moyenne. |
|---|---|---|---|---|---|---|
| Rouge | 0,77 | 0,68 | 0,74 | 0,52 | 0,73 | 0,69 |
| Orangé | 0,69 | 0,83 | 0,88 | 0,87 | 0,80 | 0,82 |
| Jaune | 1,00 | 1,00 | 1,00 | 1,00 | 1,00 | 1,00 |
| Vert | 1,20 | 1,15 | 1,27 | 1,20 | 0,95 | 1,15 |
| Bleu | 1,30 | 1,26 | 1,25 | 1,69 | 1,40 | 1,38 |
| Violet | 1,23 | 1,20 | 1,25 | 1,35 | 1,47 | 1,30 |

Les deux tableaux ci-après donnent les rapports entre l'acétylène, l'étalon de Hefner, le bec d'Argand et la lumière Auer, en prenant dans un cas la flamme de l'acétylène comme unité, et dans l'autre la flamme de la lampe à acétate d'amyle. Comme on peut s'en rendre compte en se rapportant aux travaux de M. E. Köttgen, la concordance est très satisfaisante.

D'après M. Le Chatelier, les mélanges d'acétylène avec l'air, renfermant moins de 77 0/0 de gaz combustibles, brûlent avec une flamme jaune dont l'éclat croît avec la proportion de gaz. Il se forme exclusivement de l'acide carbonique et de l'eau.

De 7,7 à 17,3 0/0, la flamme est bleue; il se forme de l'oxyde de carbone et de l'hydrogène,

*La flamme de l'acétylène étant prise comme unité.*

| Région du spectre. | Acétylène. | Étalon de Hefner. | Bec d'Argand. | Bec à incandescence d'Auer. |
|---|---|---|---|---|
| Rouge.................... | 1,00 | 1,45 | 1,34 | 1,03 |
| Orangé ..... ............. | 1,00 | 1,22 | 1,13 | 1,00 |
| Jaune.................... | 1,00 | 1,00 | 1,00 | 1,00 |
| Vert..................... | 1,00 | 0,87 | 0,93 | 0,86 |
| Bleu..................... | 1,00 | 0,72 | 1,27 | 0,92 |
| Violet................... | 1,00 | 0,77 | 1,35 | 1,73 |

*La flamme de la lampe à acétate d'amyle (Hefner) étant prise comme étalon.*

| Région du spectre. | Étalon de Hefner. | Acétylène. | Bec d'Argand. | Bec à incandescence d'Auer. |
|---|---|---|---|---|
| Rouge.................... | 1,00 | 0,69 | 0,92 | 0,71 |
| Orangé .................. | 1,00 | 0,82 | 0,93 | 0,82 |
| Jaune.......... ......... | 1,00 | 1,00 | 1,00 | 1,00 |
| Vert..................... | 1,00 | 1,15 | 1,07 | 0,99 |
| Bleu..................... | 1,00 | 1,38 | 1,75 | 1,27 |
| Violet................... | 1,00 | 1,30 | 1,75 | 2,25 |

en même temps que de l'eau et de l'acide carbonique.

Au delà de 17,3 0/0, il se forme de l'oxyde de carbone et de l'hydrogène, en même temps qu'une certaine proportion de gaz reste inaltérée. En outre, il se précipite du carbone non brûlé qui, à partir de 15 0/0, forme un nuage noir absolument opaque.

M. Le Chatelier a calculé que la température de combustion de l'acétylène brûlé avec l'air serait de 2400°, c'est-à-dire supérieure de 500° à la température de combustion du gaz d'éclairage, qui est de 1900°. Ce savant attribue dès lors le pouvoir éclairant considérable de l'acétylène à deux causes :

1° A l'abondant dépôt de carbone qui se produit pendant la combustion et qui suffirait, à lui seul, pour lui donner un pouvoir éclairant quadruple de celui du gaz de houille, comme le montrent les résultats obtenus avec le gaz carburé par la naphtaline.

2° A la température élevée de sa combustion, qui suffirait à elle seule, d'après les résultats obtenus par les récupérateurs, à lui assurer un pouvoir éclairant triple de celui du gaz ordinaire.

La réunion de ces deux causes suffit pour prévoir que le pouvoir éclairant de l'acétylène doit être au moins 12 fois celui du gaz de houille, ce qui est bien d'accord avec les résultats observés.

D'autre part, d'après M. Vivian B. Lewes, la température moyenne de la flamme de l'acétylène, mesurée expérimentalement avec le pyromètre électrique de M. Le Chatelier, serait de 900 à 1000° seulement. M. Lewes a mesuré aussi la température de la flamme de différents gaz et a obtenu les résultats suivants :

| Partie de la flamme. | Acétylène. | Éthylène. | Gaz de houille. |
|---|---|---|---|
| Zone obscure.................... | 459° | 952° | 1023° C. |
| Commencement de la zone lumineuse.............. | 1411° | 1340° | 1658° C. |
| Près du sommet de la zone lumineuse.............. | 1517° | 1865° | 2116° C. |
| Pouvoir éclairant des gaz pour une consommation de 140 litres à l'heure.................... | 240 | 68,5 | 16,8 bougies. |

Comme le fait remarquer M. Pélissier, les températures, loin d'être proportionnelles aux quantités de lumière fournies, seraient au contraire en raison inverse, ce qui est assez généralement le cas. On peut, du reste, se convaincre facilement de la faible température moyenne de la flamme de l'acétylène en y introduisant un fil de fer d'un demi-millimètre de diamètre; il ne fondra pas et son incandescence sera peu intense; il se couvrira d'un abondant dépôt de carbone. Ce fait semble, à première vue, assez difficile à concilier avec l'éclat de la flamme de l'acétylène. Voici l'explication que nous empruntons à M. Pélissier :

Considérons une flamme d'acétylène à son maximum d'éclairement; nous savons que le gaz combustible doit être mélangé à un volume d'air considérable. Lorsqu'on l'enflamme, l'acé-



tylène se décompose, ce qui produit une grande quantité de chaleur; or la chaleur qui provient de la décomposition exothermique se porte presque exclusivement sur les produits de cette décomposition, c'est-à-dire sur les molécules de carbone et d'hydrogène; en effet, lorsqu'on fait exploser l'acétylène par une capsule de fulminate de mercure, on reconnaît que le fin papier qui entourait le fulminate est simplement percé par l'explosion, mais nullement carbonisé, bien que l'acétylène ait été décomposé avec émission de lumière, et que la température ait atteint une valeur à laquelle le papier aurait été détruit.

Les corpuscules de charbon se trouveraient donc portés à une très haute température, et celle-ci, entretenue par la combustion du carbone en présence de l'oxygène, serait la cause du brillant éclat de la flamme; mais ces corpuscules seuls seraient portés à cette haute température, tandis que l'air au milieu duquel ils se trouvent noyés, simplement échauffé par rayonnement et par la combustion de l'hydrogène, serait à une température beaucoup plus basse. On conçoit donc que la température du carbone, qui ne forme qu'une faible partie du volume gazeux constituant la flamme, puisse être très élevée, tandis que la température moyenne, mesurée par le couple thermoélectrique, serait beaucoup plus basse. Il faut remarquer, en outre, que le nombre de corpuscules de charbon portés à l'incandescence est excessivement grand, et que les dimensions de chacun d'eux sont extrêmement réduites. Ils tendent donc à se refroidir par rayonnement avec une très grande rapidité. Il se produirait un effet analogue à celui qu'on observe quand on fait passer un courant électrique dans des fils métalliques : pour un même métal, plus le diamètre du fil est fin, plus il faut que le courant passant par unité de section soit intense pour que le fil soit porté à une même température; à l'intensité du courant par unité de section est constante, la température à laquelle le métal est porté est d'autant plus faible que le diamètre du fil est plus petit : ceci s'explique très facilement par l'action du refroidissement par rayonnement et par convection.

Cette dernière considération permet d'expliquer pourquoi l'acétylène, sans mélange d'une quantité suffisante d'oxygène, produit une flamme jaunâtre et fuligineuse. Si l'on attribuait l'éclat de la flamme exclusivement à la haute température provenant de la décomposition exothermique, cet éclat devrait être à peu près le même dans l'explosion en vase clos, sans la présence de l'oxygène, puisque la température atteindrait 2750° à volume constant, d'après M. Berthelot; mais les molécules de carbone, rayonnant avec une excessive rapidité la chaleur qui leur a été communiquée, ne pourront atteindre une température très élevée; la flamme produite sera donc moins brillante que dans le premier cas, où la température des molécules est entretenue par la chaleur provenant de la combustion du carbone et de l'hydrogène par l'oxygène de l'air.

En résumé, la flamme de l'acétylène ne serait pas comparable à une masse homogène portée à une température uniforme; elle serait composée de substances diverses portées à des températures différentes; les molécules de carbone y seraient soumises à une très haute température, tandis que la température moyenne y serait faible.

Cette théorie permet d'expliquer très aisément tous les faits expérimentaux. On conçoit notamment que l'éclat de la flamme soit peu modifié par la présence de gaz inertes, bien que la température moyenne doive être diminuée, et que, par conséquent, entre certaines limites, la quantité de lumière donnée par un volume déterminé d'acétylène soit constante, ainsi que l'a reconnu M. Bullier.

Cette explication de l'éclat particulier de la flamme de l'acétylène, donnée par M. Pélissier, est en parfaite concordance avec les faits; aussi pouvons-nous nous y rallier.

La découverte d'un bec approprié pour la combustion de l'acétylène a été pendant longtemps la pierre d'achoppement de cette industrie. En effet, si l'on enflamme un jet d'acétylène à la sortie d'un brûleur à air libre, Manchester ou papillon, tel que ceux dont on se sert pour le gaz de houille, on n'obtient qu'une flamme rougeâtre peu éclairante et fuligineuse. C'est que la combustion n'est pas assez complète pour porter à une température élevée le carbone contenu en proportion considérable dans l'acétylène, condition nécessaire pour rendre la flamme éclairante.

Il faut aussi éviter l'échauffement du bec brûleur qui favorise la polymérisation de l'acétylène, les hydrocarbures liquides (benzène) et solides (naphtalène, etc.) ainsi produits se décomposant dans la flamme, et donnant un dépôt de charbon qui encrasse et obstrue l'orifice du bec. Cette obstruction des becs sous l'action de l'élévation de la température a été étudiée par M. Bullier. Il a été amené, en outre, à étudier quelle pouvait être l'influence de la température du bec, et par suite du gaz acétylène, sur le rendement lumineux de ce gaz.

L'essai a été fait sur un bec du type Manchester n° 1 1/2, tête en stéatite saillante. Ce bec était d'un débit faible; le refroidissement était obtenu à l'aide d'un courant d'eau passant d'une façon continue dans une cuvette munie d'un trop-plein, ce trop-plein étant de niveau avec la base de la tête en stéatite Les mesures photométriques ont été faites à l'aide d'un étalon Hefner-Alteneck; le gaz acétylène qui a servi à ces essais était totalement absorbable par le sous-chlorure de cuivre ammoniacal.

| *Premier essai :* | Le bec brûle dans les conditions ordinaires. | Le bec brûle refroidi par un courant d'eau. |
|---|---|---|
| Pression en millimètres d'eau. | | |
| | Intensité en bougies. | |
| 0$^m$,050 | 8,92 | 13,10 |

En présence de cette augmentation considérable du pouvoir éclairant, M. Bullier s'est proposé de rechercher quelle était l'augmentation par bougie. Le dispositif employé était le même que dans l'essai précédent.

Voici les résultats auxquels il est arrivé :

| Pression . 0$^m$,050. | Consommation horaire en litres. | Intensité en bougies. | Litres de gaz acétylène par bougie. |
|---|---|---|---|
| Le bec brûle dans les conditions ordinaires.. | 16,0<br>15,9 | 11,99<br>12,17 | 1,33<br>1,31 |
| Le bec brûle refroidi par un courant d'eau. (Température de l'eau : 14° C.) | 19,1<br>19,0 | 17,10<br>16,64 | 1,12<br>1,14 |

Dans les conditions ordinaires, nous voyons que la consommation est de 1$^{lit}$,31 par bougie, tandis que, dans les conditions spéciales de refroidissement dans lesquelles l'expérimentateur s'est placé, elle est de 1$^{lit}$,13 par bougie. Il est intéressant de signaler que, dans le cas où le bec est refroidi, la consommation horaire augmente. L'augmentation d'intensité lumineuse due au refroidissement correspond à environ 16 0/0. D'après M. Bullier, l'augmentation du pouvoir lumineux est due au retard apporté à la production des polymères de l'acétylène, qui peuvent se former dans la tête du bec type Manchester, phénomène que M. Bullier a déjà expliqué dans une Note présentée à la Société Chimique de Paris, en 1897, et où il a décrit les causes de l'encrassement des becs ordinaires appliqués à la combustion du gaz acétylène. Ces polymères ne peuvent, en effet, jouer dans la production de l'intensité lumineuse de la flamme de l'acétylène le même rôle que ce dernier gaz.

On peut admettre que dans la combustion de l'acétylène il y a une véritable explosion, et que le composé $C^2H^2$ se dédouble, en donnant de l'hydrogène et du carbone. Le carbone pulvérulent résultant de cette décomposition se trouve alors porté à l'incandescence par la température de l'hydrogène et de l'oxyde de carbone, augmentée de la chaleur de décomposition de l'acétylène.

Ce sont ces diverses considérations qui ont conduit M. Bullier à établir le type de bec à flammes conjuguées et à mélange d'air, dont nous parlerons plus loin, dans lequel la suspension de la flamme diminue dans une grande proportion l'échauffement, et où l'admission de l'air évite l'encrassement du bec.

Plusieurs systèmes de brûleurs et plusieurs modes de combustion ont déjà été essayés pour remédier à cet inconvénient, car en somme, ainsi que le fait remarquer avec justesse M. Pélissier, l'acétylène demande, pour donner une flamme très éclairante et non fuligineuse, à être brûlé en présence d'une quantité considérable d'oxygène, et cette condition peut être réalisée de plusieurs manières différentes :

1° En donnant au gaz une forte pression et en le brûlant dans des becs à fente très fine, de façon que la nappe de gaz ainsi formée, ayant une très grande surface et une faible épaisseur, puisse puiser dans l'air atmosphérique la quantité d'oxygène suffisante ;

2° En mélangeant de l'air ou de l'oxygène avec le gaz avant de le brûler. On obtient le même résultat en diluant l'acétylène avec un gaz inerte, ce qui lui permet de venir en contact avec une plus grande quantité d'oxygène atmosphérique.

De là deux classes de brûleurs bien distincts, les brûleurs directs et les brûleurs à mélange.

Les brûleurs de la première classe, le brûleur Lebrun et Cornaille excepté, à cause de sa grande surface de refroidissement, sont en général bien inférieurs aux seconds, car, comme nous l'avons vu plus haut, sous l'action de la chaleur les brûleurs de la première classe ne tardent pas à se boucher, l'orifice d'écoulement du gaz devant être très fin ; la flamme perd alors de son éclat et devient fumeuse ; il en est de même pour les impuretés qu'entraîne l'acétylène et qui tendent au même résultat. On comprend donc qu'à ce point de vue les brûleurs de la seconde classe soient préférables, car ils permettent l'emploi d'ajutages de plus grandes dimensions.

Cependant on peut atténuer cet inconvénient en donnant au brûleur des dimensions et une forme telles, que la chaleur perdue par combustibilité et par rayonnement soit suffisante pour empêcher un échauffement notable des parois en contact avec l'acétylène.

Comme le dit M. Pélissier, il ne faut pas exagérer les inconvénients qui résultent de cet encrassement, car il se produit exclusivement à l'extérieur quand le gaz est pur, et en prenant soin de brosser les becs tous les jours — on pourrait dire moucher les becs — on peut les éviter à peu près complètement. Il vaut cependant mieux, c'est évident, s'affranchir de cette sujétion, d'autant plus que cet encrassement peut se produire en pleine marche, et que les

becs sont quelquefois peu facilement accessibles.

La pression sous laquelle le gaz est brûlé a aussi une grande importance ; elle doit être aussi élevée que possible, afin que la nappe gazeuse s'étende loin dans l'air, ce qui favorise son contact intime avec l'oxygène, et augmente par conséquent la quantité de lumière produite pour un même volume de gaz brûlé. En employant une forte pression, on diminue également la chaleur communiquée au bec, parce que la flamme est éloignée de celui-ci, en d'autres termes parce qu'elle est suspendue. Il serait donc préférable d'établir des brûleurs n'exigeant pas, ou à peine, de réglage par le robinet qui tend à diminuer la pression d'utilisation.

Une autre considération doit intervenir dans la construction des becs à acétylène : c'est la complète opacité de la flamme de cet hydrocarbure. On peut s'en rendre compte par l'expérience suivante, indiquée par M. Raoul Pictet : Si l'on engendre une flamme d'acétylène à quelque distance d'un mur blanc ou d'un écran, et que derrière elle on place un miroir, le mur sera éclairé à la fois par les rayons directs émanant de la flamme et par les rayons réfléchis émanant de la glace ; on verra l'image du foyer se détacher plus sombre que le fond : ce qui prouve que la flamme a arrêté les rayons réfléchis ; elle agit donc comme un écran opaque.

Il faut, par conséquent, s'appliquer à obtenir des flammes aussi minces que possible, afin qu'elles soient tout en surface, et éviter l'emploi de flammes dont la forme serait telle, qu'une partie pût faire ombre aux autres, comme c'est le cas, par exemple, pour les becs ronds, genre Bengel, dans lesquels la surface intérieure ne contribue que peu ou pas à l'éclairage. Il résulte de tout ce qui précède que les becs actuels peuvent recevoir encore quelques perfectionnements.

*Brûleurs à acétylène pur.* — Comme nous l'avons vu plus haut, le plus simple serait encore de brûler l'acétylène pur, comme on le fait pour le gaz de houille. On y est arrivé, plus ou moins bien, en se servant de becs plus fins qui laissent échapper le gaz en une lame extrêmement mince ; la surface de contact avec l'air extérieur pour un volume de gaz déterminé est alors assez grande pour assurer une combustion suffisamment complète. On emploie surtout des becs papillons et des becs Manchester ou becs Bray à tête en stéatite, et quelquefois des becs à un ou plusieurs trous parallèles.

Les becs Manchester sont formés par un chapiteau percé à sa partie supérieure de deux trous inclinés convergents ; les deux jets de gaz enflammé qui s'échappent par ces trous se rencontrent un peu au-dessus de l'ajutage, ce qui les force à s'étaler en une flamme mince en forme de papillon, qui est très éclairante.

Le réglage de ces becs est assez délicat : si la pression est trop faible, ils fument ; si au contraire elle est trop forte, ils brûlent en fer de lance avec une flamme non éclairante. Enfin on ne peut les faire brûler en veilleuses.

Pour une bonne combustion de l'acétylène, ainsi que l'indique M. Pélissier, auquel nous empruntons ces renseignements, il faut que les orifices par lesquels s'échappe le gaz soient très fins, de 1 à 3 dixièmes de millimètre de diamètre, suivant l'importance de la flamme qu'on veut obtenir et la pression du gaz.

MM. de Résener et Luchaire ont recherché expérimentalement quelles sont les meilleures proportions à donner aux becs, et ils ont conclu que les deux jets gazeux doivent se rencontrer sous un angle de 90°, que la pression doit être d'au moins 80 millimètres d'eau, et que, pour des pressions variant de 80 à 100 millimètres d'eau, les orifices de sortie du gaz doivent être éloignés d'autant de millimètres qu'il est dépensé de gaz à l'heure pour les deux jets réunis, soit 30, 35... millimètres, pour des débits de 30, 35... litres à l'heure. MM. de Résener et Luchaire ont imaginé un bec caractérisé par une petite chambre cylindrique ou conique, placée en avant du petit trou par lequel sort le jet gazeux. L'extrémité de cette petite chambre, qui forme l'extrémité du bec lui-même, peut être amincie, évasée ou simplement venue de fraisage.

Le petit trou peut être constitué par un étranglement du tube constituant le bec, ou présenter une disposition semblable à celle d'un bec ordinaire retourné et rapporté à l'extrémité du tuyau d'amenée du gaz.

A partir de la pression de 80 millimètres d'eau, le gaz ne commence à brûler bleu qu'à un demi-millimètre environ de l'extrémité du tube, et cette distance augmente avec la pression. Les deux jets, comme nous l'avons dit, se rencontrent sous un angle de 90°.

Le grand diamètre de l'extrémité du bec facilite le nettoyage, et les parois de la chambre de détente guident l'épinglette de nettoyage que l'on fait passer dans le petit trou.

Comme nous l'avons dit plus haut, il est difficile d'établir en veilleuse un bec à acétylène ; néanmoins les becs bougie à trous très fins permettent de baisser la flamme. Ces becs se construisent soit en aluminium, comme le fait M. Clausolles, soit en opaline, comme le font MM. Lebrun et Cornaille. Ils sont percés d'une ouverture cylindrique à la partie supérieure, ou formés d'un tube capillaire. Pour augmenter l'intensité, on augmente le nombre des flammes. M. Clausolles emploie des becs en forme de pomme d'arrosoir, percés d'un certain nombre de trous, tandis que MM. Lebrun et Cornaille les établissent horizontalement, comme les rayons d'une roue.

D'autres inventeurs ont cherché des dispositifs évitant l'encrassage ou champignonnage. Ainsi M. de Perrodil préfère l'emploi d'un brûleur présentant, comme les becs de M. Bullier, deux branches inclinées, dont les jets se rencontrent et forment, comme dans les becs Manchester, une flamme perpendiculaire au plan des deux branches. La décomposition du gaz ne commençant qu'à une certaine distance des orifices de sortie, les particules de carbone qui tendent à se déposer tombent verticalement et ne viennent pas obstruer les ouvertures.

M. Ragot avait déjà proposé l'emploi de deux ajutages séparés pour la formation de la flamme Manchester. Il y avait été conduit en considérant que les flammes seraient ainsi, sur tout leur trajet, entourées d'air, et qu'il se formerait aussi un appel d'air plus énergique entre les deux lames gazeuses formant la flamme papillon, et que, par conséquent, les meilleures conditions pour brûler l'acétylène avec son maximum d'éclat seraient réalisées. Les becs de ce genre donnent de bons résultats quand ils sont bien réglés ; mais il est très difficile d'obtenir que les deux jets soient bien dirigés l'un contre l'autre, parce que les tiges se déforment sous l'action des chocs et surtout des dilatations et des contractions dues à la chaleur.

M. Ragot, et après lui MM. Lebeau et Hütter, ont employé, pour éviter ce dernier inconvénient, des becs construits en matériaux plus rigides, qui auraient donné des résultats satisfaisants.

Comme nous l'avons dit, les brûleurs ordinaires en forme de dard s'obstruent facilement ; aussi un inventeur, M. Fescourt, a-t-il imaginé un robinet d'arrêt dont la manœuvre fait mouvoir automatiquement des aiguilles servant à nettoyer et à déboucher les orifices.

Dans cet appareil les brûleurs sont formés par une série de trois tubes. Dans chacun de ceux-ci se trouve une petite aiguille qui vient reposer à sa partie inférieure sur une traverse, fixée elle-même sur une tige, et qu'un ressort presse contre un excentrique monté sur la clef qui commande l'arrivée du gaz. Lorsqu'on manœuvre cette clef, les aiguilles sont soulevées et débouchent les orifices de sortie du gaz, puis retombent sous l'action du ressort.

D'autres constructeurs disposent dans les brûleurs de tous systèmes un petit tampon de toile métallique qui arrête en partie les impuretés et diminue l'encrassement des becs ; ce dispositif s'oppose aussi aux retours de flamme.

*Brûleurs automélangeurs.* — Pour éviter l'emploi des becs à ajutages très fins, qui se bouchent trop facilement, M. Bullier a eu l'idée de construire des becs spéciaux dans lesquels l'acétylène se mélange à une proportion convenable d'air immédiatement avant d'être brûlé (Brevet français n° 246 768 du 20 mars 1895, et certificat d'addition du 12 juin 1896). L'invention de M. Bullier est relative à un système de becs constitués par un ou plusieurs conduits centraux d'arrivée du gaz, et des conduits latéraux qui forment appel d'air de façon à déterminer une combustion complète de l'acétylène, et en général des gaz riches en carbone.

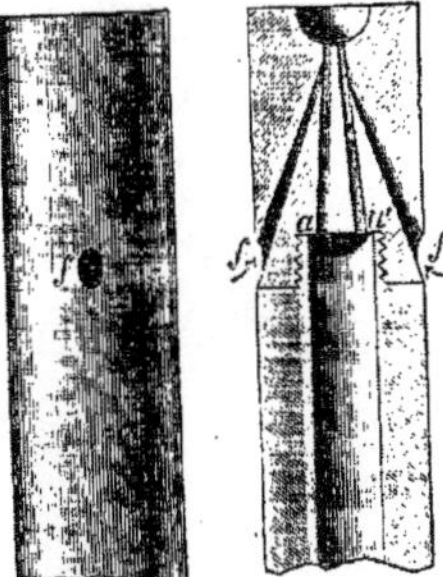

Fig. 469. — Bec Manchester, type Bullier (plan, coupe et élévation).
*a a'*, orifices d'amenée du gaz. — *f f'*, conduits d'appel d'air.

La figure 469 représente un bec de ce système, avec deux jets inclinés comme dans le bec Manchester. Le gaz arrive par les canaux centraux $a$, $a'$, qui se relient chacun respectivement, vers leur partie supérieure, à des conduits inclinés venant aboutir à l'air libre en $f$, $f'$. Il se fait dans ces derniers un vif appel d'air, et celui-ci se mélange avec l'acétylène pour donner une flamme bien éclairante. Les dimensions des conduits sont telles, que le mélange contienne 50 0/0 d'air.

Dans un autre modèle, M Bullier emploie un dispositif analogue à celui du bec Bunsen. Le gaz arrive par un ajutage étroit au bas d'un long tube à l'extrémité duquel se trouve le brûleur, soit pour flamme cylindrique, soit pour flamme plate en papillon. En face de ces ajutages, se trouve percé un orifice communiquant avec l'air libre; l'air, entraîné par le gaz sous pression, se mélange avec celui-ci dans le tube qui joue le rôle de chambre de mélange, en sorte qu'on obtient au brûleur une combustion complète donnant une flamme très éclairante. L'orifice d'admission de l'air est muni d'une virole qui permet de l'obturer plus ou moins pour régler l'arrivée de l'air et obtenir ainsi le maximum d'effet utile.

M. Bullier a eu l'idée de grouper deux ou trois de ces becs Bunsen, de façon à les faire converger en une flamme unique (Manchester); de cette façon, il évite le graphitage, c'est-à-dire le dépôt, à l'orifice du bec, de charbon dur ou de charbon de cornue qui bouche le bec et contribue à rendre la flamme fuligineuse (certificat d'addition du 12 juin 1896).

Pour obtenir ce résultat, M. Bullier dispose de préférence son bec sur deux branches convergentes, de manière que la rencontre des deux jets de gaz détermine leur redressement et leur écrasement et produise une flamme verticale dont le plan soit perpendiculaire au plan passant par les deux branches convergentes. Ce bec rentre donc dans le principe du bec Manchester. De cette façon, la partie éclairante de la flamme est relativement loin des orifices, en raison de l'excès d'air introduit par les ouvertures latérales; en effet, grâce à cet excès d'air, la combustion du carbone est complète entre les orifices et le point d'écrasement, et la flamme est bleue et non éclairante au sortir des orifices.

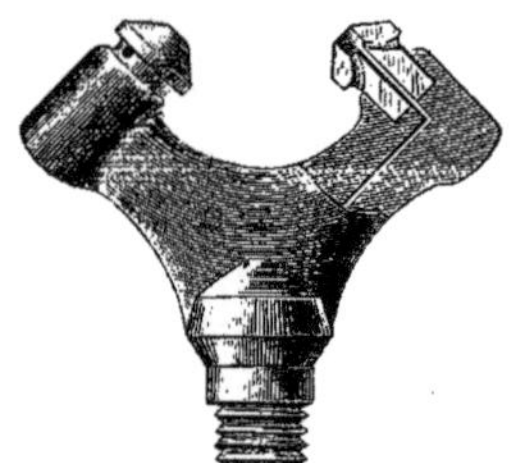

Fig. 470. — Bec Bullier automélangeur, modèle industriel en grandeur naturelle.

Fig. 471. — Bec Bullier automélangeur, modèle ordinaire en grandeur naturelle.

Dans un premier modèle, les prises d'air étaient en nombre quelconque, par rangées de trois ou quatre par exemple; une bague coulissait à frot-tement dur sur chaque branche du bec, de manière à boucher une ou plusieurs rangées de trous, et, par suite, à régler l'admission de l'air; en outre, cette bague empêchait le brûleur de s'allumer par en bas.

Actuellement, M. Bullier construit des becs légèrement différents, mais toujours basés sur le même principe. Les figures 470 et 471 représentent deux modèles de ce bec en grandeur naturelle. Comme on le voit, les deux branches convergent et les jets de gaz se rencontrent sous un angle de 90°. Les branches de droite, dessinées en coupe, montrent clairement le dispositif d'amenée d'air que le courant de gaz entraîne avec lui.

Fig. 472. — Bec Bullier (imitation).

La figure 472 montre une imitation du bec Bullier, fabriquée en Allemagne, en stéatite de Nuremberg. La partie supérieure de ce bec est formée d'un seul morceau de stéatite ayant la forme d'un fer à cheval. Deux trous d'une fraction de millimètre seulement amènent l'acétylène au bas de l'évasement que l'on remarque au milieu des fentes faites dans la masse de stéatite par un trait de scie. Le jet d'acétylène opère un appel d'air dans ces fentes, et l'on obtient exactement le même résultat que dans les deux becs décrits plus haut.

Certains inventeurs, comme MM. Dickerson, Thivert, etc., ont proposé des appareils ayant pour but de former automatiquement un mélange d'acétylène et d'air ou d'un autre gaz, de façon à pouvoir brûler ce mélange dans les becs ordinaires employés pour le gaz de houille. Ce système d'utilisation de l'acétylène est dangereux, car les mélanges d'acétylène et d'oxygène ou d'air peuvent devenir explosibles si les proportions des deux gaz varient par une cause quelconque et viennent à former un mélange détonant. On doit condamner entièrement les mélanges préalables d'air ou d'oxygène et d'acétylène; le mieux est d'employer les becs qui mélangent l'air et le gaz combustible au moment même de l'utilisation.

D'autres inventeurs ont proposé de mélanger l'acétylène à des gaz inertes : M. Bullier emploie un mélange de parties égales d'azote et d'acétylène; MM. Bichel et Schulte ont essayé un mélange d'un tiers d'acétylène, un tiers d'air et un tiers d'acide carbonique; M. Krüger, un mélange de mi-partie acétylène et mi-partie acide carbonique. Tous ces mélanges ne sont pas explosibles, mais ils ne sont pas sans de réels inconvénients. Ils déversent, en effet, dans l'atmosphère des gaz irrespirables ou même toxiques, comme l'oxyde de carbone, proposé aussi par MM. Bichel et Schulte. En outre, il faut engendrer ces gaz inertes séparément, ce qui est peu commode et augmente les dépenses.

M. Jacquet a pensé s'affranchir en partie de ces inconvénients en composant des agglomérés de carbure de calcium et de bicarbonate de soude qui, traités comme dans les gazogènes à eau de Seltz, dégagent un mélange d'acétylène et d'acide carbonique en proportions convenables pour donner une flamme très éclairante. Un aggloméré de la composition suivante :

Carbure de calcium............ 1 kilogr.
Carbonate de chaux.......... 1 —
Bisulfite de soude............ 3 —

dégage, lorsqu'il est traité par l'eau, environ 500 litres d'un gaz contenant 60 0/0 d'acétylène et 40 0/0 d'acide carbonique. M. Jacquet appelle ce gaz *mi-acétylène*.

C'est aussi dans ce même ordre d'idées que M. G.-F. Jaubert a proposé d'ajouter au carbure de calcium un mélange d'un peroxyde alcalin et d'un permanganate alcalin. Ce mélange, dégageant de l'oxygène sous la simple action de l'eau (Brevet français, n° 286 430 du 3 juin 1898), donne ainsi un mélange d'acétylène purifié et d'oxygène, qui en facilite la combustion.

Le volume d'acétylène qu'il faut brûler pour obtenir une lumière égale à celle d'une carcel-heure varie avec l'intensité lumineuse du foyer qu'on désire obtenir. Voici les chiffres qu'indique M. Pélissier pour comparer le prix de revient de l'éclairage à l'acétylène à celui des autres modes d'éclairage :

| Intensité du foyer lumineux. | Consommation d'acétylène par carcel-heure. |
|---|---|
| Moins de 1 carcel............ | 8,50 litres. |
| Entre 1 et 2 carcels......... | 8,00 — |
| — 2 et 5 — ......... | 7,50 — |
| — 5 et 10 — ......... | 7,00 — |
| Au-dessus de 10 carcels...... | 5,56 — |
| Becs intensifs à récupération.. | 5,00 — |

Ces chiffres ont été obtenus par M. Hubou, ingénieur aux chemins de fer de l'Est, ou par M. Bullier ; ils ont été vérifiés par les laboratoires des grandes Compagnies de chemins de fer ou par le Laboratoire de la Ville de Paris (service de la vérification du gaz et des compteurs). Comme le dit M. Pélissier, ils ne peuvent être suspectés de partialité ; ils sont d'ailleurs moins favorables à l'acétylène que tous les chiffres publiés par les commerçants qui exploitent ce procédé d'éclairage.

| Désignation du brûleur. | Prix unitaires. | Dépense par carcel-heure en grammes, litres et centimètres cubes. | | | Chaleur dégagée par carcel-heure en calories. | | Anhydride carbonique dégagé par carcel-heure en litres. | |
|---|---|---|---|---|---|---|---|---|
| | | Quantités. | Divers. | Acétylène. | Divers. | Acétylène. | Divers. | Acétylène. |
| Bougie stéarique........ | 2 fr. le kilogr. | 70 gr. | 14,4 | 1,13 | 700 | 90 | 39 | 17 |
| Lampe à huile.......... | 1 20 — | 42 gr. | 5,04 | 1,06 | 400 | 85 | 58,5 | 16 |
| — à pétrole, petite.. | » 65 le litre. | 44 cc. | 2,86 | 1,06 | 300 | 85 | 37 | 16 |
| — — grande. | » 65 — | 32 cc. | 2,08 | 1,00 | 250 | 79 | 31 | 15 |
| — — province. | » 40 — | 35 cc. | 1,80 | 1,02 | » | » | » | » |
| Gaz de houille : | | | | | | | | |
| Bec bougie.......... | » 30 le mèt. c. | 200 lit. | 6,0 | 1,06 | 1040 | 85 | 140 | 16 |
| — papillon......... | » 30 — | 130 lit. | 3,9 | 1,06 | 560 | 85 | 84 | 16 |
| — Bengel...... | » 30 — | 105 lit. | 3,15 | 1,06 | 520 | 85 | 71 | 16 |
| — parisien........ | » 30 — | — | 1,15 | 0,93 | » | 74 | » | 14 |
| — industriel. ..... | » 30 — | — | 1,45 | 0,93 | » | 74 | » | 14 |
| Lampe Wenham..... | » 30 — | — | 0,77 | 0,67 | » | 53 | » | 10 |
| — Siemens n° 4.. | » 30 — | — | 1,36 | 0,93 | » | 74 | » | 14 |
| — — n° 2.. | » 30 — | — | 1,05 | 0,67 | » | 53 | » | 10 |
| — — n° 00. | » 30 — | — | 0,84 | 0,67 | » | 53 | » | 10 |
| Bec Auer.......... | » 30 — | 20 lit. | 0,70 | 1,00 | 100 | 74 | » | 14 |
| Éclairage électrique : | | | | | | | | |
| Lampe à incandescence | 1 20 le k-w-h. | — | 3,50 | 1,06 | 26 | 85 | » | 16 |
| — à arc, petite... | 1 20 — | — | 1,00 | 0,93 | » | » | » | » |
| — — grande.. | 1 20 — | — | 0,56 | 0,67 | » | » | » | 10 |

Dans le tableau ci-dessus, dont nous empruntons les chiffres, soit à l'ouvrage de M. Bouvier (*Comparaison entre les éclairages usuels*, extrait du compte rendu du 25ᵉ Congrès de la Société technique de l'Industrie du gaz en France), soit au livre de M. Pélissier, que nous avons eu constamment à citer, nous donnons les chiffres relatifs aux frais entraînés par l'éclairage à l'aide de différents systèmes, ainsi que la quantité de chaleur dégagée par heure et le volume d'acide carbonique déversé dans l'atmosphère pendant le même temps. Les dépenses contenues dans ce tableau ont été établies en se basant sur les prix payés à Paris et à Lyon, qui sont plus élevés que dans la plupart des autres villes de la province et de l'étranger.

M. Hubou, dans la conférence dont nous avons parlé à plusieurs reprises, donne des chiffres différant un peu de ceux de M. Pélissier et de M. Bouvier. Il indique d'abord la consommation moyenne des différents agents d'éclairage pour obtenir la carcel-heure :

*Acétylène :*
Bec ordinaire...... ....... 7,5 litres.
— à incandescence....... 3,0 —

*Gaz de houille :*
Bec papillon............. 140,0 —
— Auer n° 1........... 23,0 —

*Pétrole :*
Bec ordinaire........... 30,0 grammes.
— à incandescence....... 18,0 —

*Électricité :*
Lampe à incandescence.... 0,40 hectowatt.

Le prix de revient de la carcel-heure dépend, outre ce débit, du prix de vente de l'unité :

1° Pour l'électricité, M. Hubou admet que l'hectowatt-heure coûte de 15 à 6 centimes ; la carcel-heure revient ainsi :

Avec 0,15 fr. l'hectowatt-heure, à 0,08 fr.
— 0,10 — — 0,04 —
— 0,06 — — 0,024 —

2° Pour le pétrole de bonne qualité, de densité 800, nous admettons, avec M. Hubou, comme prix du litre, 60 centimes à Paris et 35 centimes en province. En le brûlant dans des becs ronds ordinaires donnant 2 carcels, ou dans un bec à incandescence donnant 3 carcels, la carcel-heure revient à :

|  | A Paris. | En province. |
|---|---|---|
| Becs ronds ordinaires. | 0,0225 | 0,0132 |
| — à incandescence.. | 0,0135 | 0,0080 |

3° Pour le gaz de houille, le prix de vente peut varier de 35 à 20 cent. le mètre cube.

Avec le papillon de ville donnant la carcel pour 140 litres à l'heure, celle-ci reviendra, suivant le prix de base :

| De 0,35 fr. à | ............... | 0,048 fr. |
|---|---|---|
| — 0,30 — | ............... | 0,042 — |
| — 0,20 — | ............... | 0,028 — |

Avec les becs à incandescence, M. Hubou établit son prix d'après le tableau suivant, donnant pour les différents types de bec la consommation horaire et le pouvoir éclairant de ces becs à l'état neuf :

| Numéros des becs. | Consommation horaire en litres. | Pouvoir éclairant en carcels. | Débit en litres par carcel. | Prix de revient de la carcel-heure en centimes, le mètre cube de gaz valant : | | |
|---|---|---|---|---|---|---|
|  |  |  |  | 0 fr. 35. | 0 fr. 30. | 0 fr. 20. |
| 0............. | 50 | 2,0 | 25 | 0,875 | 0,750 | 0,500 |
| 1............. | 82 | 3,5 | 23 | 0,820 | 0,700 | 0,460 |
| 2............. | 115 | 5,75 | 20 | 0,700 | 0,600 | 0,400 |
| 3............. | 150 | 10,0 | 15 | 0,525 | 0,450 | 0,300 |

4° Pour l'acétylène, le prix peut varier dans des limites encore plus étendues, selon le prix d'achat du carbure. Le mètre cube d'acétylène revient, tous frais compris (amortissement et entretien), à :

| 3 fr. | avec du carbure à.. | 750 fr. la tonne. |
|---|---|---|
| 2,50 | — | 650 — |
| 1,80 | — | 440 — |

Ce dernier prix serait, d'après M. Hubou, celui auquel revient le carbure pour les chemins de fer de l'État Prussien, et on peut l'admettre également pour les chemins de fer français s'approvisionnant directement aux usines; on peut, par suite, dresser le tableau suivant :

| Débit à l'heure en litres. | Pouvoir éclairant en carcels. | Débit en litres par carcel. | Prix de la carcel-heure en centimes, le mètre cube d'acétylène valant : | | | |
|---|---|---|---|---|---|---|
|  |  |  | 3 francs. | 2 fr. 50. | 2 francs. | 1 fr. 80. |
| 8 | 1,0 | 8,0 |  |  |  |  |
| 12 | 1,5 | 8,0 | 2,4 | 2,0 | 1,6 | 1,44 |
| 16 | 2,0 | 8,0 |  |  |  |  |
| 23 | 3,0 | 7,5 |  |  |  |  |
| 30 | 4,0 | 7,5 | 2,25 | 1,87 | 1,50 | 1,35 |

Des tableaux précédents on peut déduire les considérations suivantes :

1° L'éclairage avec l'acétylène est plus économique qu'avec des lampes électriques à incandescence ;

2° Il ne coûte pas plus cher que l'éclairage au pétrole, et il a l'avantage qu'on n'a pas au-dessus de sa tête, ou près de soi, un foyer de chaleur aussi intense, et que la lumière, de même pouvoir éclairant, est de qualité bien meilleure;

3° Il est plus économique que l'éclairage au gaz de houille brûlant dans des becs papillons. Ce cas est général dans les petites villes ou dans les gares. Avec de l'acétylène à 1<sup>fr</sup>,80 le mètre cube, la carcel-heure revient moitié moins cher qu'avec du gaz de houille à 25 centimes seulement le mètre cube.

Il est néanmoins plus coûteux que l'éclairage au gaz de houille avec becs Auer ; mais nous allons montrer que l'augmentation de la dépense est moindre que celle qu'on affirme souvent, et qu'elle s'abaisse notablement, en même temps que le prix de l'acétylène.

En comparant des becs Auer neufs et des becs à acétylène, *de même pouvoir éclairant*, on voit combien de fois l'acétylène est plus cher. Le tableau suivant donne cette comparaison entre le bec Auer n° 1 et un bec à acétylène débitant 25 litres, ayant tous deux un pouvoir éclairant de 3,5 carcels :

| Prix en centimes de la carcel-heure Auer n° 1. |  | 0,82 | 0,70 | 0,46 |
|---|---|---|---|---|
| Prix en francs du mètre cube d'acétylène. | Prix en centimes de la carcel-heure acétylène. | Nombre de fois où l'acétylène est plus cher : | | |
| 3,00 | 2,25 | 2,74 | 3,2 | 4,5 |
| 2,50 | 1,87 | 2,28 | 2,66 | 4,0 |
| 2,00 | 1,50 | 1,82 | 2,1 | 3,2 |
| 1,80 | 1,35 | 1,64 | 1,92 | 2,9 |

A pouvoir éclairant égal, l'acétylène coûterait donc au plus, selon son prix de revient, de 3 à 4,5 fois plus cher que le gaz de houille brûlé dans un bec Auer et valant 20 centimes le mètre cube.

Mais, ainsi que le fait remarquer M. Hubou, il y a lieu d'observer que les dépenses admises pour la carcel-heure avec des becs Auer correspondent à des becs neufs, tandis que le débit de $7^{lit},5$ admis pour la carcel-heure acétylène correspond à des becs en fonctionnement régulier. On trouve, en effet, que la consommation moyenne par carcel-heure, pour un bec à acétylène, est de $7^{lit},25$ quand il est neuf, et de $7^{lit},75$ quand il est usagé. Il est donc juste de comparer les deux becs en fonctionnement régulier. Or on remarque qu'au bout d'un certain temps d'usage les becs Auer perdent de leur rendement lumineux; il n'est pas exagéré de fixer cette perte à 20 ou 25 0/0. Par suite, un bec n° 1, au lieu de donner 3,5 carcels, ne donnera plus que 2,6 à 2,8 carcels pour la même consommation horaire : la carcel-heure est alors donnée par 30 litres, au lieu de 23. Elle revient donc, avec du gaz à 30 centimes le mètre cube, à $0^{fr},009$, au lieu de $0^{fr},007$, et avec du gaz à 20 centimes le mètre cube, à $0^{fr},006$, au lieu de $0^{fr},0046$.

L'acétylène à 1 fr. 80 le mètre cube n'est donc plus, dans le premier cas, qu'une fois et demie plus cher, et dans le deuxième cas que deux fois un quart.

Il y a, d'autre part, à tenir compte du bris des manchons et des verres, qui est assez fréquent, surtout dans les endroits exposés au vent et à la pluie, ainsi que de la différence du prix des becs. Un bec Auer n° 1 coûte aujourd'hui (1899) 10 francs, tandis qu'un bec Bullier à acétylène ne coûte que 1 fr. 20. On peut compter, d'après M. Hubou, qu'il faut remplacer dans les appareils employés en plein air en moyenne, par an, 4 manchons et 10 verres :

| | |
|---|---|
| 4 manchons à 1 fr. 80 .......... | 7,20 fr. |
| 10 cheminées à 0 fr. 35 .......... | 3,50 — |
| | 10,70 fr. |

Pour un éclairage de 3000 heures, le bec-heure sera donc grevé de ce fait d'un supplément de dépense de $\dfrac{10,70}{3000} = 0,0035$, soit $0^{fr},0035$.

La dépense du bec-heure Auer n° 1 est ainsi en centimes de :

| | 0 fr. 30. | 0 fr. 20. |
|---|---|---|
| 82 litres de gaz....... | 2,46 | 1,64 |
| Manchons et verres. .. | 0,35 | 0,35 |
| | 2,81 | 1,99 |

Le même pouvoir éclairant de 2,6 carcels est donné par un bec à acétylène de 20 litres coûtant :

| | | | |
|---|---|---|---|
| A raison de 2 fr. le mètre cube, | 0,040 le bec-heure. |
| — 1,80 | — | 0,036 | — |

La supériorité du bec Auer sur le bec à acétylène n'est donc en réalité que de 1,33 avec le gaz à 30 cent. et de 1,8 avec du gaz à 20 cent.

Mais cette supériorité disparaît quand, au lieu de comparer l'éclairage au gaz ordinaire par incandescence avec l'éclairage à l'acétylène brûlant à l'air libre, on le compare à l'acétylène brûlant lui-même avec des manchons à incandescence. Ce point de vue est d'autant plus d'actualité, que prochainement la difficulté de se procurer de petits manchons pour becs à acétylène aura disparu, et que la libre concurrence abaissera le prix de ces manchons à un chiffre tout à fait minime. Il est en effet démontré maintenant que l'acétylène brûlant dans un bec à incandescence donne la carcel, non plus avec $7^{lit},5$, mais avec 3 litres seulement à l'heure. Dans ces conditions, on aura l'équivalent du bec Auer n° 1 avec 11 litres d'acétylène, qui, avec le gaz à 1 fr. 80 le mètre cube, amèneront le prix au bec-heure à $0^{fr},00198$. On a donc avec des manchons à incandescence, pour la même quantité de lumière, la même dépense avec de l'acétylène à 1 fr. 80 le mètre cube qu'avec du gaz de houille ne coûtant que 20 cent. le mètre cube.

En résumé, on voit, d'une part, que l'éclairage avec l'acétylène à 1 fr. 80 le mètre cube coûte moitié moins cher qu'avec le gaz de houille à 20 cent. le mètre cube, brûlant dans des papillons; d'autre part, que l'éclairage *par incandescence* coûte le même prix avec des becs à acétylène qu'avec des becs Auer.

Nous pouvons donc en conclure, avec M. Hubou, que l'éclairage à l'acétylène peut avantageusement lutter avec l'éclairage au moyen du gaz de houille, même ne coûtant que 20 centimes le mètre cube, aussi bien qu'avec le pétrole et l'éclairage électrique par lampes à incandescence.

*b.* ÉCLAIRAGE DES WAGONS ET DES TRAMWAYS. — L'acétylène convient bien à l'éclairage des voitures et des wagons de chemins de fer. On peut le préparer sur le véhicule lui-même, ou emporter des récipients remplis d'acétylène comprimé, dissous ou liquéfié. Ce mode d'éclairage est maintenant en usage courant sur les chemins de fer de l'État prussien, qui consomment à cet effet déjà près de 3000 tonnes de carbure par an.

Les premiers essais exécutés en France furent faits dès juin 1895 par M. Chaperon, ingénieur à la Compagnie P.-L.-M., en collaboration avec MM. Bullier et Rodary ; d'autres essais furent faits en janvier 1896 par MM. G. Dumont et E. Hubou à la Compagnie de l'Est, puis sur le chemin de fer de Ceinture, entre la gare Saint-Lazare et Auteuil. Lors du voyage fait par le Président de la République dans le Midi, en janvier 1896, le train présidentiel fut éclairé à l'acétylène. Toutes ces expériences ont donné des résultats très satisfaisants au point de vue de l'économie et de l'éclairage produit; aussi l'éclairage des wagons et des voitures de tramways à l'acétylène est-il devenu d'un usage assez courant.

Voici les procédés employés par MM. Dumont et Hubou à la Compagnie des chemins de fer de l'Est :

Le gaz était engendré à la pression de 10 atmosphères dans l'appareil L.-M. Bullier, puis il était emmagasiné à cette pression dans les cylindres en métal, d'une capacité de 300 litres, placés sur les wagons et qui servent d'ordinaire de réservoirs pour le gaz d'huile comprimé; un détendeur ramenait la pression à la valeur convenable pour la consommation, comme dans le système d'éclairage au gaz d'huile. Les brûleurs qui donnèrent les meilleurs résultats furent les becs Manchester. Chaque bec consommait 12 litres à l'heure et donnait une lumière de 1,5 carcel. Le prix de revient était donc de $0^{fr},018$ environ par bec et par heure : c'est exactement ce que coûte l'éclairage d'un wagon de première classe par le gaz d'huile; mais dans ce dernier cas la puissance obtenue n'est que de 0,7 carcel. L'acétylène coûte donc plus de deux fois meilleur marché. Lorsqu'on emploie les lampes à pétrole, l'éclairage d'un wagon de première classe comporte deux lampes, coûtant chacune par heure $0^{fr},0116$, soit $0^{fr},0232$ pour les deux; enfin l'éclairage électrique, avec une lampe de 10 bougies, revient à la Compagnie du Nord à $0^{fr},028$ par heure.

Le dispositif employé à la Compagnie du P.-L.-M. diffère un peu de celui qui a servi aux essais de MM. Dumont et Hubou. Sous le wagon ou sur le toit de ce dernier se trouvent deux réservoirs en tôle rivée de 5 à 8 millimètres d'épaisseur, de 2 mètres à 3ᵐ,50 de longueur et d'un diamètre qui varie entre 50 et 70 centimètres; ils sont fermés à chaque extrémité par un fond hémisphérique rivé sur le corps du réservoir; ils sont réunis entre eux par un tuyau de 9 millimètres et un deuxième tuyau de 6 à 7 millimètres les met en communication avec un régulateur de pression d'où part la conduite qui alimente les brûleurs. Le régulateur employé, du système de Lamarre, sert à maintenir constante la pression du gaz consommé et à compenser les secousses que subit le wagon; il se compose d'une cuvette ayant une profondeur de 21 à 22 centimètres et un diamètre de 42 à 43 centimètres, fermée à sa partie supérieure par une membrane rendue imperméable au gaz et au centre de laquelle est fixée une tige qui peut se mouvoir autour d'une articulation placée près de son point d'attache. Cette tige est reliée de même à sa partie inférieure à un levier qui sert à l'introduction du gaz. Un ressort antagoniste maintient ce levier, qui se trouve ainsi rendu complètement indépendant des cahots que subit le wagon. Il en résulte qu'il n'y a pas de choc qui soit capable de produire l'extinction des lumières. Ce régulateur est placé à l'abri de tout accident sous la caisse de la voiture.

Les réservoirs de la Compagnie P.-L.-M. ont une capacité de 280 litres; ils étaient chargés d'acétylène sous la pression de 7 kilogrammes. Les becs Manchester à gaz d'huile de 25 litres ont été remplacés par des becs Manchester d'un débit de 13 à 15 litres; les becs à acétylène ont été réglés à une pression différente, en agissant sur la vis de réglage commandant l'ouverture du conduit d'arrivée du gaz de chaque brûleur.

Comme nous l'avons dit en parlant des essais de MM. Dumont et Hubou, l'éclairage obtenu est plus considérable qu'avec le gaz d'huile : il est de 1,5 à 2,0 carcels contre 0,7 carcel environ avec le système précédent, ce qui correspond à 12 litres environ d'acétylène contre 35 litres de gaz riche (F. Dommer).

Les brûleurs qui ont servi aux essais de la Compagnie P.-L.-M. sont des brûleurs à récupération. Voici les résultats qui ont été obtenus :

| | Débit. | Pression. | Pouvoir éclairant. | |
| --- | --- | --- | --- | --- |
| | litres. | millimètres. | bougies. | carcels. |
| Bec fourni par M. Bullier (type Manchester.) | 21,9 | 48 | 18,77 | 2,50 |
| | 21,5 | 48 | 22,74 | 3,03 |
| | 21,5 | 48 | 21,71 | 2,89 |
| Moyenne : 7 lit. 7 par carcel. | | | | |
| Bec Manchester (15 litres) | 14,85 | 15 | 15,67 | 2,08 |
| | 14,85 | 15 | 14,15 | 1,88 |
| | 14,85 | 15 | 14,15 | 1,88 |
| Moyenne : 7 lit. 6 par carcel | | | | |
| Bec Manchester | 17,80 | 28 | 19,84 | 2,64 |
| Moyenne : 6 lit. 7 par carcel. | | | | |
| Bec papillon à fente mince, avec régulateur | 25,00 | 48 | 25,00 | 3,33 |
| Moyenne : 7 lit. 5 par carcel. | | | | |
| Bec Manchester (15 litres) | 18,00 | 21 | 19,62 | 2,61 |
| | 18,00 | 21 | 17,97 | 2,39 |
| | 18,00 | 21 | 19,84 | 2,64 |
| Moyenne : 7 litres par carcel. | | | | |
| Bec Manchester (13 litres) | 13,00 | 14 | 10,79 | 1,43 |
| Soit 9 litres par carcel. | | | | |

Le rendement moins bon dans ce dernier essai s'explique par ce fait que la pression et le débit étaient trop faibles pour le type de bec employé.

La Compagnie P.-L.-M., partant de ce principe qu'elle ne veut pas augmenter ses dépenses d'éclairage, a conclu de ces essais qu'elle ne pourrait employer l'acétylène que si 15 litres de ce gaz ne dépassaient pas le prix de 25 litres de gaz d'huile, prix qui est de 0ᶠ,015, fabrication et compression comprises, ce qui donnerait 1 franc par mètre cube d'acétylène et 300 francs par tonne de carbure.

Cette conclusion, ainsi que le fait remarquer M. Julien Lefèvre, à qui nous empruntons ces renseignements, semble un peu sévère. Il est naturel qu'on demande à l'acétylène, soit une économie, soit un accroissement de lumière, soit même les deux à la fois; mais on pourrait se contenter de doubler l'intensité au lieu de la quintupler pour le même prix, comme le désire la Compagnie P.-L.-M., et alors on aurait dès à présent une économie.

Cet éclairage des trains pourra sans doute se réaliser également avec les procédés de la Société de l'acétylène dissous (brevets Claude et Hess), que M. Vieille a montré être sans danger.

La Compagnie des Tramways de Paris et du département de la Seine a fait l'essai de l'éclairage à l'acétylène sur des voitures des tramways à vapeur Serpollet allant de la Madeleine à Gennevilliers. Le générateur, du type Létang et Serpollet, était installé sous l'escalier de la voiture; son poids total tout chargé est de 12 kilogr. La consommation est de 80 litres à l'heure. La dépense de chacun des becs est la suivante :

| | |
| --- | --- |
| Plate-forme | 15 litres à l'heure. |
| Impériale | 15 |
| Faual | 10 |
| Intérieur | 40 |

L'éclairage obtenu est suffisant pour qu'on puisse lire à toutes les places de la voiture.

La pression sous la cloche du gazogène est de 350 millimètres d'eau; elle est réduite aux becs par un robinet ordinaire.

Les essais de consommation ont montré que la dépense journalière de carbure pour 7 heures d'éclairage ne dépasse pas 1450 grammes, ce qui, d'après la consommation des becs donnée plus haut, indique un rendement de 330 litres par kilogramme de carbure.

Les résultats obtenus ont été très satisfaisants et l'emploi de l'éclairage à l'acétylène a été étendu aux tramways du Sud (Ivry-les-Halles, etc.).

Nous ne rappellerons que pour mémoire l'application des lampes à acétylène aux bicyclettes. Il est absolument certain que cet emploi du gaz nouveau a été un excellent moyen de diffusion, qui a permis aux innombrables cyclistes de se rendre compte de la facilité avec laquelle l'acétylène est engendré et des qualités merveilleuses de sa lumière.

La Compagnie P.-L.-M. éclaire à l'acétylène, depuis le 8 août 1896, la gare de Fourchambault. On s'est d'abord servi de l'appareil Bertolus jusqu'au 25 janvier 1897. Le fonctionnement a été satisfaisant, sauf quelques irrégularités, dues à l'obstruction, par un peu d'eau congelée, du tube reliant le gazogène au gazomètre. Le gazogène était rempli à chaque charge de 18 kilogrammes de carbure de calcium : ce qui correspond à une production d'environ 4$^{mc}$,5 d'acétylène. Le gaz était produit sous une pression de 100 millimètres environ. Les becs employés sont des becs Bray, d'un débit de 12 litres à l'heure environ.

Le nombre des becs en service est de 20. La consommation journalière est d'environ 950 litres.

La moyenne de consommation par bec est d'environ 14$^{lit}$,5, y compris les pertes.

Le second essai a été fait avec l'appareil de MM. de Résener et Luchaire. Cet appareil a été mis en service le 5 avril 1897, et il fonctionne sans interruption depuis ce moment d'une façon satisfaisante.

Cet appareil, comme le précédent du reste, est placé sous un hangar en bois, situé en dehors de la gare et spécialement construit à cet effet.

La charge de carbure est de 28 kilogrammes et le gaz est produit sous une pression de 200 millimètres. Avec cette pression, l'éclairage paraît meilleur que précédemment et les becs ont moins de tendance à se graphiter.

Signalons également l'éclairage des quais de la nouvelle gare de l'avenue du Bois de Boulogne, sur le chemin de fer de Ceinture, par la Société des brevets Reibel.

*c.* ÉCLAIRAGE DES PROJECTEURS ET APPLICATIONS A LA PHOTOGRAPHIE. — Ainsi que l'indique M. Dommer, dans son livre souvent cité, l'intensité de lumière de l'acétylène permettra de l'employer pour les phares, les signaux de chemins de fer, les projecteurs militaires, la photographie.

Pour les appareils à projections, une série d'expériences faites par M. Molteni d'après l'éclairement de l'écran, en représentant la flamme de la bougie par 1, a fourni la comparaison suivante :

| | |
|---|---|
| Lampe à pétrole à 4 mèches.......... | 20 |
| Bec Auer......................... | 20 |
| Acétylène......................... | 80 |
| Lumière oxycalcique................ | 100 |
| Lumière oxhydrique................ | 150-160 |
| Gaz d'éclairage et oxygène.......... | 250 |
| Lumière oxhydrique, hydrogène et oxygène comprimés à 120 kilogr........ | 400 |
| Lumière oxyéthérique, au moins...... | 300 |
| Arc électrique..................... | 1200 |

Ainsi que nous l'avons dit plus haut en citant les travaux de M. Erdmann, la flamme de l'acétylène est absolument blanche et conserve aux objets leur couleur naturelle.

Son éclat extraordinaire permet même de prendre des photographies. On peut obtenir une source lumineuse douée d'un pouvoir photogénique convenable en brûlant un mélange de 40 parties d'acétylène et de 60 parties d'air.

M. Vidal a expérimenté la lumière d'acétylène pour l'impression photographique et a comparé une bougie, un bec Auer et un bec à acétylène.

A ce point de vue, le bec Auer vaut 44 fois la bougie, le bec à acétylène 150 fois environ et le gaz d'éclairage 12 fois.

Le temps de pose pour la lumière oxhydrique serait de 12 secondes et pour l'acétylène de 24 secondes ; mais il est probable que ce nombre de 24 est trop élevé et que l'on peut obtenir un bon résultat dans un laps de temps beaucoup plus court.

Le D$^r$ Dionisio a présenté à l'Académie de médecine de Turin un laryngoscope à acétylène, et l'armée allemande a fait des essais récents avec des projecteurs à acétylène. Ces divers essais ont donné les meilleurs résultats, et il semble certain que les armées de terre et de mer feront dans l'avenir un grand usage du gaz nouveau.

*d.* ÉTALON PHOTOMÉTRIQUE A ACÉTYLÈNE. — Comme on le sait, il est très difficile d'obtenir un bon étalon pratique de lumière ; l'intensité lumineuse de la lampe carcel employée usuellement dans ce but, quoique assez constante, varie constamment ; l'intensité lumineuse des bougies est encore moins fixe. La flamme d'un gaz de composition déterminée, brûlant un volume de gaz constant à l'heure, peut donner de bons résultats ; c'est sur ce principe qu'est basée la lampe à acétate d'amyle de Siemens (Hefner-Alteneck), qui est un très bon étalon, mais dont la teinte est rouge. L'étalon adopté pour la définition de l'unité d'intensité lumineuse a été déterminé par M. Violle : c'est la quantité de lumière rayonnée par une surface de 1 centimètre carré de platine chauffé à son point de fusion. Cette unité est absolument fixe. Mais la fusion du platine étant une opération assez difficile à réaliser couramment, l'étalon Violle devrait surtout servir à déterminer la puissance lumineuse exacte des étalons secondaires employés dans la pratique. M. Violle a fait remarquer que la flamme de l'acétylène convient très bien à l'établissement de ces étalons secondaires, puisque, si l'on brûle ce gaz sous une pression un peu forte et dans un bec qui l'étale en une large lame mince, on obtient une flamme parfaitement fixe très éclairante, d'une blancheur remarquable et d'un éclat sensiblement uniforme sur une assez grande surface.

D'après ces principes, M. Violle a fait construire par M. Carpentier une lampe-étalon d'un emploi commode.

Dans cette lampe, le gaz arrive par un petit orifice conique ; il entraine avec lui la quantité d'air nécessaire, puis il pénètre par un trou étroit dans un tube où se fait le mélange et qui se termine par un bec en stéatite, semblable à ceux dont on se sert pour le gaz d'éclairage.

On peut utiliser toute la surface de la flamme ou seulement une partie. Pour cela, la flamme est placée dans une boîte dont l'une des faces porte un diaphragme à iris, permettant de prendre immédiatement sur la lampe en régime normal le nombre de bougies dont on a besoin, tandis que l'autre face peut recevoir des ouvertures calibrées d'avance et permettant d'utiliser différents régimes. Toutes les pièces ont été réglées pour assurer la constance de composition du mélange d'acétylène et d'air, car un léger changement dans les proportions de ce mélange peut modifier considérablement la nuance de la flamme, sinon son éclat moyen.

Nous avons donné plus haut le résultat des comparaisons de M. Erdmann entre la composition de la flamme de l'acétate d'amyle et celle de l'acétylène ; nous y renvoyons donc le lecteur.

La flamme entière de la lampe Carpentier-Violle donne une intensité supérieure à 100 bougies ou à 10 carcels sous la pression de 300 millimètres d'eau ; sa consommation est d'environ 58 litres par heure.

M. Vautier a présenté au Congrès de la Société technique de l'Industrie du gaz, à Clermont-Ferrand, un bec destiné au même usage. L'acétylène arrive sous pression dans un orifice conique étroit, coiffé d'un tube également conique dans sa partie inférieure. L'air est aspiré entre les deux cônes et se mélange avec le gaz; la flamme est parfaitement fixe et possède un bel éclat.

Les essais ont été effectués avec un bec papillon à tête ronde et fente de 3/10 de millimètre, placé sur un tube de 2 millimètres de diamètre intérieur et de 65 millimètres de longueur. L'intensité varie, suivant la pression, de 5 à 10 carcels, avec une consommation de 7 à 8 litres par carcel-heure. Avec une pression fixe, l'intensité reste parfaitement constante.

M. Vautier a comparé cette flamme avec celle de la lampe carcel au moyen du spectrophotomètre de M. Gouy; il l'a trouvée beaucoup plus riche que cette dernière en radiations comprises entre le jaune et le violet; inversement, elle contient beaucoup moins de rayons rouges et jaunes: elle a donc un pouvoir photogénique beaucoup plus grand.

En résumé, il résulte des expériences de M. Violle que la flamme de l'acétylène, examinée au spectrophotomètre depuis C ($\lambda = 0,656$ micron) jusqu'à F ($\lambda = 0,486$ micron), diffère très peu de la lumière rayonnée par le platine en fusion. L'acétylène peut donc être employé très avantageusement comme étalon secondaire; la facilité avec laquelle on peut obtenir le nouveau gaz le fera certainement adopter très prochainement.

*e.* CARBURATION ET ENRICHISSEMENT DU GAZ DE HOUILLE, DU GAZ D'HUILE ET DU GAZ A L'EAU; DESSICCATION DU GAZ DE HOUILLE. — Une des applications les plus intéressantes de l'acétylène est la carburation du gaz d'huile destiné à l'éclairage des trains. M. Hubou apprend que ce mode d'emploi est maintenant en usage courant sur les chemins de fer de l'Etat prussien, qui consomment, à cet effet, déjà près de 3000 tonnes de carbure par an, comme nous l'avons déjà dit.

M. Dommer, dans l'ouvrage que nous avons déjà eu maintes fois à citer, donne certains renseignements relatifs au prix de revient, que nous allons reproduire.

Il est évident que l'emploi de l'acétylène, conjointement avec celui du gaz de houille, serait une des applications les plus importantes du nouveau gaz. Le prix de revient du gaz de houille est considérablement augmenté par la nécessité de lui donner un pouvoir éclairant déterminé; de là l'emploi de houilles très riches et très chères : cannel-coal, boghead, etc. Par l'adjonction d'acétylène, il serait possible de distribuer un gaz moins riche en carbone, mieux approprié au chauffage et à la force motrice, et qui pourrait être enrichi par l'acétylène pour les applications à l'éclairage.

Depuis longtemps on cherche à utiliser le gaz à l'eau pour l'éclairage, en le saturant avec des huiles de schiste, ce qui présente certains inconvénients, ne serait-ce que la condensation d'hydrocarbures dans les canalisations. Avec la carburation au moyen de l'acétylène, il n'y a rien de semblable à redouter : son odeur alliacée est facile à reconnaître et sa liquéfaction ne peut être obtenue à 0° que sous une pression de 26 kilogrammes.

Des expériences ont été faites à ce sujet par M. Hempel. Les mélanges d'acétylène et de gaz de houille ont été faits dans différentes proportions, depuis 5 0/0 jusqu'à 73 0/0 d'acétylène. Dans ces conditions, l'intensité lumineuse augmente dans des proportions extraordinaires : d'après M. Wilkinson, 2 ou 3 0/0 d'acétylène, mélangés au gaz de houille, portent le pouvoir éclairant de 16 candles à 20 et 23 candles; en outre, la lumière obtenue devient plus blanche.

Avec le gaz à l'eau et 10 0/0 d'acétylène, le gaz brûle encore bleu; avec 20 0/0 d'acétylène, le mélange commence à donner une flamme éclairante; avec 30 0/0, le pouvoir éclairant est inférieur à 20 candles; avec 40 0/0, la lumière est belle.

Dans les appareils à carburation d'air, on emploie 50 0/0 de vapeur de naphte et 50 0/0 d'air; il a suffi de 40 0/0 d'acétylène pour obtenir un haut pouvoir éclairant à flamme libre; mais ce mélange est très explosif.

Différents procédés ont été proposés pour atteindre un résultat pratique :

1° Les gaz peuvent être mélangés, à leur sortie des gazomètres, en proportions variant avec le pouvoir éclairant du gaz de houille et celui que l'on veut obtenir du mélange; cette introduction de l'acétylène à la sortie des gazomètres aurait pour but d'empêcher la formation de couches de densités différentes, l'acétylène étant plus lourd que le gaz d'éclairage.

2° Le gaz de houille serait distribué à l'état pur au consommateur, et ce dernier serait chargé de faire le mélange avec l'acétylène à la sortie du compteur, au moyen d'un appareil à acétylène facile à régler.

L'usine à gaz fournirait jour et nuit un gaz d'un faible pouvoir éclairant, convenant bien pour le chauffage et pour actionner les moteurs.

M. Wedding a exécuté une série d'expériences sur le pouvoir éclairant du gaz d'éclairage mélangé à de l'acétylène.

L'appareil employé pour ces expériences se composait de deux gazomètres, l'un contenant l'acétylène, l'autre le gaz d'éclairage. Deux conduites très courtes partant de ces gazomètres venaient se réunir pour former une conduite unique aboutissant au brûleur.

Des robinets permettaient de régler l'écoulement des deux gaz. Les volumes d'acétylène étaient indiqués par l'échelle du gazomètre, et les volumes de gaz d'éclairage par un compteur très précis placé à la sortie de la cloche. Des manomètres placés à l'origine des conduites permettaient de connaître la pression d'écoulement de chacun des deux gaz.

Les essais de M. Wedding montrent que le volume de gaz de houille dépensé pour obtenir une bougie Hefner décroît très rapidement pour de faibles quantités d'acétylène ajoutées, tant qu'on n'atteint pas des mélanges à pouvoir éclairant très élevé. Ainsi 1 0/0 d'acétylène diminue de 1/5 la dépense de gaz de houille; 2 0/0 d'acétylène diminuent la dépense de 1/3; 4 0/0 d'acétylène diminuent la consommation de gaz de houille de moitié, ce qui correspond à un pouvoir éclairant double.

Lorsque le mélange gazeux formé devient très riche en acétylène, l'action de ce dernier est beaucoup moins marquée; ainsi, en portant de 10 à 20 0/0 la quantité d'acétylène ajoutée, on ne diminue la dépense de gaz de houille que de $4^{\text{lit}},1$ à $3^{\text{lit}},1$, c'est-à-dire d'un quart environ.

Cette observation démontre qu'on pourra enrichir le gaz de houille en y ajoutant de très faibles quantités d'acétylène, ne dépassant pas 5 à 6 0/0, mais qu'il ne faudrait pas, avec ce procédé, vouloir atteindre des pouvoirs éclairants trop élevés.

C'est ainsi que l'adjonction de 1,18 0/0 d'acétylène à un gaz de houille produisant 26,6 bougies Hefner, pour un débit de $393^{\text{lit}},5$, élève le pouvoir éclairant du même brûleur à 34,2 bougies Hefner, donnant un accroissement de pouvoir éclairant de 8,6 bougies Hefner, soit un tiers environ. Si l'on augmente la quantité d'acétylène à 2,64 0/0, par exemple, l'accroissement du pouvoir éclairant est de 4/5, et 4 0/0 d'acétylène ajoutés au même gaz doublent le pouvoir éclairant.

En adoptant le chiffre de 1 0/0 d'acétylène pour enrichir le gaz de houille de 1 candle ou 1,25 bougie Hefner, en supposant le carbure de calcium à 300 francs la tonne, avec un rendement de 300 mètres cubes d'acétylène, la carburation coûterait 1 centime par mètre cube de gaz de houille.

*Comparaison du prix de revient de la carburation du gaz d'éclairage par l'acétylène et le benzène.* — Supposons, avec M. Dommer, qu'il s'agisse d'obtenir 1000 mètres cubes de gaz à 16 bougies en carburant un gaz de houille à 12 bougies au moyen de l'acétylène, donnant 240 bougies pour 141 litres de gaz, soit un pouvoir éclairant égal à 15 fois le pouvoir éclairant du gaz de houille ramené à 16 bougies.

On trouve qu'il faut :

$$982^{m3},5 \text{ de gaz de houille à 12 bougies,}$$
$$17^{m3},5 \text{ d'acétylène.}$$
$$\overline{1000^{m3},0}$$

Pour produire ces $17^{m3},5$ d'acétylène, il faut environ $53^k,5$ de carbure de calcium, qui coûteront, en supposant le prix de 300 francs la tonne, 16 fr. 05.

Par contre, pour enrichir de 4 bougies, par le benzène, 1000 mètres cubes de gaz de houille, il faudrait, en comptant ce benzène brut à 47 fr. 50 les 100 kilogrammes, environ 16 kilogrammes, coûtant 7 fr. 60.

On voit donc que l'égalité de dépense avec le benzène et l'acétylène ne s'obtiendrait qu'avec un prix de 142 francs pour la tonne de carbure de calcium.

Voici, d'après le livre de M. Dommer, et à simple titre de comparaison, le coût d'enrichissement du gaz de houille de 1 candle par mètre cube, par divers procédés usités en Angleterre :

1° Par le cannel-coal, pour 1 candle ....... 1 centime.
2° Par l'essence de pétrole (procédé Clark).. 2 —
3° Par le gaz d'huile (Joung). .............. 0,5 —
4° Par l'acétylène...................... 1 —

Avant de décrire les résultats et les appareils employés sur les chemins de fer de l'État prussien, nous donnerons les tableaux publiés par M. Hempel et M. Vivian B. Lewes, quoiqu'ils diffèrent un peu entre eux.

D'après le travail de M. Hempel, cité plus haut, le pouvoir éclairant du gaz de houille est modifié par le mélange avec l'acétylène à peu près comme il suit :

| Proportions du mélange gazeux. | | Rapport des pouvoirs éclairants. |
|---|---|---|
| Gaz de houille. | Acétylène. | |
| 100 | 0 | 1,00 |
| 90 | 10 | 1,60 |
| 80 | 20 | 3,00 |
| 70 | 30 | 4,00 |
| 60 | 40 | 5,20 |
| 50 | 50 | 6,40 |
| 40 | 60 | 8,50 |
| 30 | 70 | 13,00 |
| 20 | 80 | 20,00 |
| 10 | 90 | 23,00 |
| 0 | 100 | 24,00 |

Comme nous le disions, M. Vivian B. Lewes a obtenu les résultats consignés dans le tableau ci-dessous, résultats qui diffèrent un peu de ceux de M. Hempel.

Le nombre donné ci-dessous pour le rapport des pouvoirs éclairants de l'acétylène et du gaz d'éclairage se rapproche plus que celui du tableau précédent de la valeur que nous avons adoptée dans nos calculs :

| Proportions du mélange gazeux. | | Rapport des pouvoirs éclairants. |
|---|---|---|
| Gaz de houille. | Acétylène. | |
| 100,00 | 0,00 | 1,00 |
| 99,10 | 0,90 | 1,07 |
| 97,90 | 2,10 | 1,16 |
| 96,00 | 4,00 | 1,33 |
| 95,20 | 4,80 | 1,42 |
| 91,00 | 9,00 | 1,81 |
| 89,50 | 10,50 | 1,95 |
| 85,00 | 15,00 | 2,54 |
| 83,25 | 16,75 | 2,78 |
| 66,90 | 33,10 | 4,65 |
| 55,50 | 44,50 | 5,90 |
| 16,70 | 83,30 | 13,46 |
| 0,00 | 100,00 | 18,46 |

Le tableau ci-dessous, que nous empruntons au travail de M. Wedding, donne le rapport des consommations entre le gaz de houille et le gaz carburé à l'acétylène :

| Acétylène pour cent. | Rapport des consommations pour la même intensité entre le gaz de houille, égal à 100 litres, et le même gaz carburé. | |
|---|---|---|
| 0 | 100 | litres. |
| 2 | 63,20 | — |
| 4 | 48,40 | — |
| 6 | 39,30 | — |
| 8 | 33,50 | — |
| 10 | 29,70 | — |
| 12 | 26,50 | — |
| 14 | 24,50 | — |
| 16 | 23,20 | — |
| 18 | 21,90 | — |
| 20 | 20,60 | — |
| 22 | 19,40 | — |

Ce qui importe le plus dans cette carburation, c'est de déterminer dans quelles proportions le mélange est le plus économique pour une intensité donnée.

En admettant $0^{fr},30$ pour le prix du mètre cube du gaz de houille à Paris, et 1 fr. 80 pour le mètre cube d'acétylène, on voit facilement que le prix de 100 mètres cubes du mélange des deux gaz augmente de 3 francs chaque fois que l'on remplace 2 mètres cubes du premier par un même volume du second. On peut ensuite calculer le prix de revient des divers mélanges contenus dans la seconde colonne du tableau ci-dessus, et l'on a les prix correspondant, pour ces mélanges, à une même intensité lumineuse, celle que donne une consommation de 100 litres à l'heure de gaz de houille, soit à peu près une carcel-heure avec un bec Bengel :

| Acétylène pour cent. | Prix relatifs pour une même intensité. |
|---|---|
| 0 | $0^{fr},30$ |
| 2 | 0,2085 |
| 4 | 0,1740 |
| 6 | 0,1534 |
| 8 | 0,1405 |
| 10 | 0,1335 |
| 12 | 0,1270 |
| 14 | 0,1250 |
| 16 | 0,1255 |
| 18 | 0,1250 |
| 20 | 0,1240 |
| 22 | 0,1220 |

Le prix relatif ainsi calculé décroît donc à peu près comme la consommation. Ainsi que le dit M. J. Lefèvre, auquel nous avons emprunté ces prix de revient, la petite augmentation trouvée pour le mélange à 16 0/0 n'infirme pas cette loi : elle est due à un défaut d'approximation.

Les chemins de fer de l'État Prussien emploient,

comme nous l'avons dit, pour l'éclairage de leurs voitures, un mélange de gaz d'huile et d'acétylène. Le gaz mixte est comprimé dans les réservoirs ordinaires des voitures, et ne présente pas plus de danger d'explosion que le gaz d'huile employé seul ; il est brûlé dans les mêmes becs.

La figure 473 donne le plan de l'usine installée à cet effet à Grünewald, près de Berlin, à côté de l'usine à gaz d'huile.

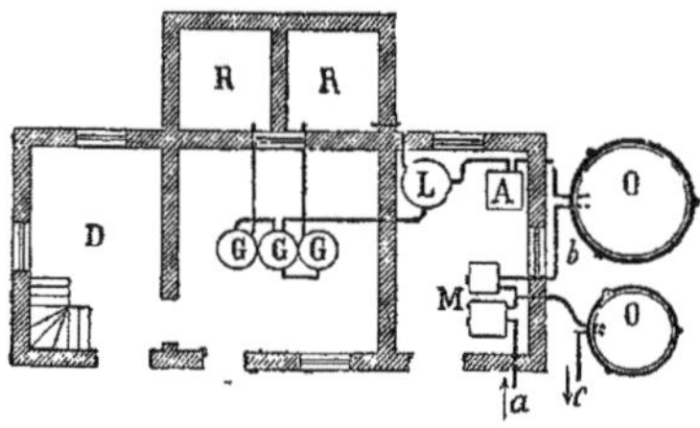

Fig. 473. — Usine à gaz acétylène des chemins de fer de l'État Prussien.

Elle se compose d'un magasin à carbure D, d'une salle où se trouvent deux générateurs d'acétylène GG, séparés par un condenseur G, dans lequel le gaz passe, à sa sortie des générateurs, d'une seconde salle où se trouvent un laveur L, un compteur d'acétylène A, et où se fait en M le mélange de l'acétylène et du gaz d'huile, à raison de 25 0/0 d'acétylène et de 75 0/0 de gaz d'huile. Pour réaliser ces proportions, on interpose, sur les canalisations $a$ et $b$ d'amenée des deux gaz, deux compteurs M conjugués au moyen d'une chaîne Galle qui actionne des roues d'engrenage de diamètres différents, et fixés sur l'axe de rotation du volant à ailettes des compteurs. Les diamètres des deux roues sont dans le rapport déterminé par la proportion des deux gaz.

Le mélange sortant des compteurs se rend dans le petit gazomètre O, d'où il est envoyé par le tube de départ $c$ aux compresseurs.

Les gazogènes G sont calculés de manière à fournir chacun 180 mètres cubes d'acétylène en 10 heures.

La figure 474 représente deux coupes de l'un de ces gazogènes. Il se compose d'un cylindre en fer galvanisé, avec tuyau de trop-plein B et siphon extérieur $b'$.

A une certaine distance du fond du gazogène se trouve un disque perforé C, qui tourne sur un axe $aa'$, et est muni d'un levier à contrepoids à boule et d'un arrêt destinés à le maintenir horizontal.

D est un tuyau de chute portant une ouverture fermée par une porte à glissière $d$, par laquelle on introduit le carbure de calcium, qui tombe sur le disque perforé. A la partie supérieure du générateur se trouve un laveur E muni d'un cône d'adduction $e$ et d'un tube de trop-plein faisant communiquer ce laveur avec l'eau du générateur. Ce laveur est ainsi installé sur les petits générateurs ; il se trouve à part dans une grande installation, telle que celle que nous avons décrite plus haut.

F est un tuyau d'amenée de l'eau destinée à remplir le laveur E et la partie inférieure du générateur. G est le tuyau de départ du gaz, H est un robinet de vidange, et K est un manomètre à colonne d'eau servant en outre de soupape de sûreté.

L'eau est introduite en F dans le laveur et par le tuyau de trop-plein dans le générateur, jusqu'à

ce qu'elle s'écoule par le trop-plein B et le siphon $b'$. Le disque perforé est alors amené à sa position horizontale par son contrepoids à levier $a'$. On jette ensuite le carbure de calcium en quantité voulue par l'ouverture à glissière $d$, et il vient tomber sur le disque perforé. L'acétylène formé traverse le laveur et se rend par le tube de départ G dans le gazomètre, qui est indépendant. Le manomètre K indique la pression intérieure du générateur, et sert de tube de sûreté dans le cas où celle-ci augmenterait trop rapidement. Cette pression ne peut jamais être supérieure à 100 millimètres d'eau.

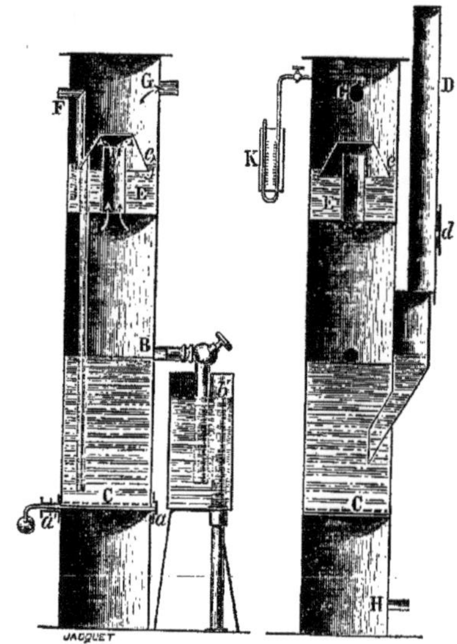


Fig. 474. — Coupe des gazogènes employés sur les chemins de fer de l'État Prussien.

Cet appareil possède le grand avantage d'être d'une construction simple et robuste, et d'utiliser du carbure à l'état tout venant.

Examinons maintenant quelle serait la dépense en appliquant un pareil mélange en France. Le carbure étant compté à 440 francs la tonne (Hubou), le mètre cube d'acétylène revient à 1 fr. 45, auquel il faut ajouter 0$^{fr}$,35 pour l'entretien et la main-d'œuvre, soit un coût de 1 fr. 80 le mètre cube. Le gaz d'huile coûte environ 0$^{fr}$,65 le mètre cube.

Un mètre cube du mélange à 25 0/0 d'acétylène et 75 0/0 de gaz d'huile coûte donc

$$0,250 \times 1,80 + 0,750 \times 0,65 = 0,938 \text{ fr.}$$

L'éclairage des voitures se fait avec des becs à deux trous débitant 25 litres à l'heure. Cette consommation est la même pour le gaz mixte que pour le gaz d'huile, mais le pouvoir éclairant de celui-ci n'est que de 0,6 carcel, tandis que celui du gaz mixte est de 1,8 carcel, soit trois fois plus grand.

En comptant, pour l'entretien et l'amortissement des installations d'éclairage dans les voitures, environ 0$^{fr}$,355 par mètre cube de gaz brûlé, les prix comparatifs sont les suivants :

*Par bec-heure.*

Gaz d'huile (0,65 + 0,355) $0^{mc},025$ = fr. 0,0251
Gaz mixte (0,938 + 0,355) $0^{mc},025$ = fr. 0,0323

*Par carcel-heure.*

Gaz d'huile. ............. $\dfrac{0,0251}{0,6}$ = fr. 0,0420

Gaz mixte. ............. $\dfrac{0,0323}{1,8}$ = fr. 0,0178

On réalise ainsi le même éclairement avec le gaz mixte qu'avec le gaz d'huile pour un prix environ moitié moindre.

Comme nous l'avons vu plus haut, le mélange de l'acétylène peut se faire avec d'autres gaz que le gaz d'huile; on pourrait également employer de l'azote, ou plutôt des gaz pauvres ou du gaz ordinaire (voyez plus haut) servant de diluant à l'acétylène. L'éclairage des trains est donc pratique quand on emploie ce gaz à l'état de mélange. Dans les conditions indiquées plus haut, il n'est pas plus dangereux que le gaz d'huile.

Enfin, on peut encore utiliser l'acétylène pour l'enrichissement des gaz de gazogènes et du gaz à l'eau, qui par eux-mêmes ne sont pas suffisamment éclairants. On peut avoir ainsi dans une même usine la force motrice et l'éclairage à des prix de revient modiques.

*Dessiccation et carburation du gaz de houille.* — M. Willson a fait breveter un procédé pour employer le carbure de calcium à dessécher et à accroître le pouvoir éclairant du gaz de houille.

Comme l'a montré M. Dommer, l'affinité du carbure pour l'eau est si grande, qu'un courant de gaz chargé de vapeur d'eau perd la plus grande partie de cette eau en passant sur une couche de carbure de calcium.

On pourrait ainsi dessécher complètement le gaz de houille, ce qui éviterait les condensations dans les conduites et augmenterait le pouvoir éclairant par l'addition d'acétylène. D'après M. Willson, il suffirait de disposer le carbure à la sortie des gazomètres dans des caisses analogues à celles qui servent pour l'épuration chimique.

M. J. Lefèvre se demande si une telle opération augmenterait d'une manière sensible le pouvoir éclairant.

Supposons le gaz saturé d'humidité et cherchons combien 1 mètre cube peut prendre d'acétylène pour diverses valeurs de la température ambiante.

Les tensions maxima de la vapeur d'eau aux diverses températures, extraites des tables de Regnault, permettent de calculer la quantité de vapeur d'eau contenue dans 1 mètre cube d'air saturé à chaque température. On a

$$P = 1293 \times 0,622 \times \frac{F}{760} \times \frac{1}{1 + 0,00367\,t},$$

P représentant la masse de la vapeur d'eau en grammes, F sa force élastique maxima en millimètres, $t$ la température; 1293 représente en grammes la masse du mètre cube d'air et 0,00367 le coefficient de dilatation des gaz.

Mais il n'est pas nécessaire de calculer P pour avoir le volume d'acétylène produit par l'action de ce poids de vapeur sur le carbure de calcium. En effet, d'après la formule

$$C^2Ca + H^2O = C^2H^2 + CaO,$$
$$\text{2 vol.} \qquad \text{2 vol.}$$

on voit que l'eau considérée à l'état de vapeur donne un volume d'acétylène égal au sien. Or on a 1 mètre cube de vapeur d'eau à la pression F qui, ramené à 760 millimètres, occupera un volume V, donné par la loi de Mariotte et qui sera en litres

$$V \times 760 = 1000 \times F,$$

d'où

$$V = \frac{1000}{760} \times F.$$

Le tableau ci-dessous donne les valeurs de V qui représentent la proportion d'acétylène pour 1000 volumes du mélange, puisque ce gaz a pris exactement la place de la vapeur d'eau et les forces élastiques maxima F :

| Températures. $t$ | Forces élastiques maxima. F | Masses de vapeur d'eau. P | Volume d'acétylène. V |
|---|---|---|---|
| | mm. | gr. | lit. |
| 0° | 4,60 | 4,87 | 6,03 |
| 5 | 6,53 | 6,79 | 8,57 |
| 10 | 9,16 | 9,35 | 12,02 |
| 15 | 12,70 | 12,74 | 16,67 |
| 20 | 17,39 | 17,15 | 22,82 |
| 25 | 23,55 | 22,83 | 30,91 |

Ainsi que le fait remarquer M. Julien Lefèvre, on voit que, même en supposant le gaz d'éclairage complètement saturé de vapeur d'eau et toute cette vapeur absorbée par le carbure de calcium, la proportion d'acétylène introduite serait assez faible et varierait beaucoup avec la saison. En hiver, elle ne dépasserait pas 0,6 à 1,2 0/0, ce qui, d'après les expériences de M. Vivian B. Lewes citées plus haut, n'augmenterait le pouvoir éclairant que dans le rapport de 1 à 1,05 ou 1,10 environ. En été, la proportion d'acétylène atteindrait 2 à 3 0/0, ce qui donnerait un pouvoir éclairant de 1,15 à 1,25 environ. Le résultat serait donc insignifiant.

Nous donnerons encore, à titre de renseignements, les chiffres publiés par M. Dommer et qui sont passablement différents et encore plus au désavantage de ce procédé :

| Températures. | Humidité maxima par mètre cube de gaz en grammes. | Teneur correspondante en acétylène. | |
|---|---|---|---|
| | | grammes. | litres. |
| — 5° | 3,36 | 2,43 | 2,10 |
| — 4 | 3,60 | 2,60 | 2,24 |
| — 3 | 3,90 | 2,82 | 2,43 |
| — 2 | 4,20 | 3,03 | 2,61 |
| — 1 | 4,50 | 3,25 | 2,80 |
| ∓ 0 | 4,89 | 3,53 | 3,04 |
| + 1 | 5,27 | 3,78 | 3,26 |
| + 2 | 5,59 | 4,04 | 3,48 |
| + 3 | 5,98 | 4,32 | 3,72 |
| + 4 | 6,23 | 4,50 | 3,88 |
| + 5 | 6,81 | 4,92 | 4,24 |

Allant plus loin, on a songé à mélanger directement l'acétylène au gaz de houille pour en augmenter le pouvoir éclairant. Nous avons montré plus haut que ce dernier s'accroît régulièrement avec la teneur du mélange en acétylène.

L'augmentation du pouvoir éclairant au moyen de l'acétylène permettrait d'employer un gaz de houille moins riche en carbone, plus approprié que le gaz actuel au chauffage et à la force motrice. Mais les deux gaz ayant des densités très différentes (0,40 et 0,92), il est à craindre que leur mélange n'ait pas une composition bien homogène; en outre, en présence de l'ammoniaque

que contient le gaz de houille, l'acétylène peut attaquer les tuyaux ou les robinets en cuivre et former l'acétylure explosif; il y aurait donc des précautions spéciales à prendre pour la carburation du gaz de houille.

D'autre part, cette carburation n'est intéressante que si elle réalise une notable économie dans l'emploi du gaz de houille. On est ainsi amené à chercher dans quelles proportions il faut constituer le mélange pour atteindre ce résultat; mais les données manquent pour cela.

M. Wedding a cherché, pour un pouvoir éclairant constant, de combien l'enrichissement par l'acétylène réduisait la consommation du gaz de houille.

Il a trouvé que cette réduction augmentait tant que l'acétylène était dans une proportion inférieure à 6 0/0. La dépense du gaz serait diminuée de moitié pour une teneur de 4 0/0 et des 3/5 pour une teneur de 6 0/0 d'acétylène. Au delà de 6 0/0, de 10 à 20 0/0, la diminution du gaz de houille deviendrait insignifiante.

Mais, encore une fois, ce qu'il importe de connaître, c'est moins la dépense en litres de gaz que la dépense argent. Les renseignements que donnent les expériences de MM. Lewes et Wedding ne sont pas suffisants pour nous permettre d'en tirer des déductions fermes au point de vue de la réalisation du mélange le plus économique. Il serait utile que de nouvelles études fussent faites à ce sujet.

### III. Applications de l'acétylène au chauffage et a la force motrice.

D'après M. Aimé Witz (*Traité théorique et pratique des Moteurs à gaz*), Sir William Siemens a proposé, en 1881, de fractionner la distillation de la houille pour fabriquer un gaz spécialement destiné au chauffage; le gaz de la première heure aurait été recueilli séparément et appliqué à l'éclairage.

« Dans l'opinion du savant anglais, le gaz de la dernière heure, plus riche en hydrogène, mais relativement pauvre en carbures, devait posséder un pouvoir calorifique plus considérable. Cette erreur a été partagée par plusieurs chimistes.

« On oublie généralement que, sous un même volume, l'hydrogène est un gaz moins riche que la plupart des carbures. Dans notre gaz type, les trois quarts de la combustion appartiennent aux carbures, et un quart seulement à l'hydrogène, bien que ce dernier gaz forme quelquefois les 52 centièmes en volume du gaz combustible. Un gaz dans lequel la proportion d'hydrogène augmenterait au détriment des carbures aurait donc un pouvoir calorifique moindre.

« L'épreuve calorimétrique confirme entièrement ces vues. Il est impossible de prélever en cours de fabrication un gaz de première et de dernière heure, car il faudrait le recueillir sur le barillet; mais tous les carbures, à partir de l'éthylène, étant absorbables par l'acide sulfurique fumant et le brome, on peut former artificiellement un gaz de dernière heure et le comparer au gaz de consommation. Or le traitement que je viens d'indiquer abaisse le pouvoir calorifique de 5201 calories à 4921 calories, soit de 7 0/0; on doit donc admettre une différence de 14 0/0 entre les gaz de première et de dernière heure, puisque nous avons pris pour terme de comparaison le gaz de consommation, qui est d'une composition moyenne.

« Si l'on voulait fabriquer spécialement du gaz de chauffage, il conviendrait de ne pas le soumettre à l'épuration chimique : les conditions hygiéniques et photogéniques imposées aux Compagnies sont en effet restrictives au point de vue calorifique. L'épreuve calorimétrique démontre qu'un gaz, mauvais par défaut d'épuration, est généralement plus riche qu'un gaz parfaitement épuré; c'est ce qui ressort à l'évidence d'une série d'essais entrepris sur le gaz aux diverses étapes de sa fabrication. J'ai opéré sur un produit qui avait un pouvoir de 5607 calories au sortir du collecteur et avant d'entrer aux condenseurs; après les condenseurs et avant les scrubbers le pouvoir n'était déjà plus que de 5535 calories, il tombait à 5512 après le scrubber, et devenait après épuration égal à 5292. La perte dépasse donc 5 0/0.

« .... Le pouvoir calorifique est lié au pouvoir éclairant d'une manière bien plus étroite qu'on ne le croirait de prime abord. Il me serait aisé de le prouver par de nombreux arguments; mais je me contenterai de citer un très curieux travail de M. Hunt. Ce savant ingénieur s'est proposé de rechercher les variations de consommation correspondant à la production d'un même travail lorsque le pouvoir éclairant varie; il est arrivé aux résultats résumés dans le tableau ci-dessous :

| Pouvoir éclairant du gaz en candles. | Valeur en lumière. | Valeur en travail. | Consommation en pieds cubes par cheval-heure indiqué. |
|---|---|---|---|
| 11,96 | 1,000 | 1,000 | 30,31 |
| 17,20 | 1,435 | 1,338 | 22,70 |
| 26,00 | 2,173 | 1,864 | 16,26 |
| 29,14 | 2,436 | 2,020 | 15,00 |

« L'industriel a donc tout intérêt à employer, pour la production de la force motrice, un gaz doué d'un grand pouvoir éclairant : cela tient à ce que les carbures d'hydrogène qui contribuent le plus à l'intensité de la lumière sont en même temps les agents les plus importants au point de vue calorifique. »

Cette longue citation, empruntée au *Traité* de M. Witz, s'applique en tous points à l'acétylène; aussi ce dernier gaz est-il éminemment propre au chauffage et à l'obtention de la force motrice.

La chaleur dégagée par la combustion d'une molécule d'acétylène comprend :

1° La chaleur due à la combustion de deux atomes de carbone, soit $2 \times 96,96 = 193,92$ calories;

2° La chaleur due à la combustion de 2 volumes d'hydrogène, qui est de $2 \times 44,5 = 69$ calories;

3° La chaleur dégagée par la décomposition de la molécule d'acétylène en ses éléments; nous savons qu'elle s'élève à 60cal,5.

La combustion d'une molécule ou de 26 grammes d'acétylène dégage donc 323cal,42.

Pour 1 kilogramme, la chaleur de combustion sera de

$$323,42 \times \frac{1000}{26} = 12\,439 \text{ calories,}$$

et pour 1 mètre cube, de

$$12\,439 \times 1,293 \times 0,92 = 14\,797 \text{ calories.}$$

La méthode de la bombe calorimétrique a donné pour 1 mètre cube :

| | |
|---|---|
| 1re expérience..................... | 13 953 |
| 2e — .................... | 14 002 |
| 3e — .................... | 14 125 |
| 4e — .................... | 13 742 |
| 5e — .................... | 14 825 |
| Moyenne..... | 14 029 |

La chaleur de combustion de l'acétylène est donc supérieure à 2,5 fois celle du gaz de houille, qui ne dégage que 5500 calories.

Le chauffage à l'acétylène est cependant plus coûteux que le chauffage par le gaz de houille. Pour revenir au même prix, il faudrait qu'il ne coûtât que

$$0^{fr},30 \times 2,5 = 0^{fr},75 \text{ le mètre cube,}$$

c'est-à-dire qu'il fût 2,4 fois moins cher qu'à l'heure actuelle.

Pour réaliser un réchaud à acétylène, il est nécessaire que la flamme soit chauffante, c'est-à-dire qu'elle soit bleue, et non plus blanche et éclairante. Le bec Bunsen ordinaire doit donc être modifié en conséquence, et pour avoir une combustion complète il faut ajouter beaucoup plus d'air à l'acétylène qu'au gaz de houille qui contient moins de carbone. Mais alors il est à craindre qu'on ne forme un mélange explosif pouvant provoquer un retour de flamme.

On construit néanmoins des réchauds où cet inconvénient du retour de flamme n'existe pas, comme dans le type mis en vente par la Compagnie urbaine de l'Éclairage par l'acétylène.

On emploie également ce gaz pour les fers à souder, avec ou sans soufflerie.

On l'a, paraît-il, utilisé pour la fusion des métaux précieux, à l'Hôtel des Monnaies de Berlin.

Dans tous les cas, l'acétylène peut être employé utilement au chauffage dans les laboratoires, où la question de dépense est secondaire, car, d'après les expériences de M. Le Chatelier, on obtiendrait, en le brûlant avec son volume d'oxygène, environ $3000°$, soit 1000 de plus qu'avec la flamme du mélange oxhydrique.

*Applications de l'acétylène aux moteurs.* — L'acétylène paraît susceptible d'être avantageusement utilisé pour les moteurs à gaz. M. Le Chatelier a, en effet, montré que sa température d'inflammation est très basse, que sa flamme a une vitesse de propagation très grande et qu'il forme avec l'air des mélanges facilement explosibles : toutes conditions qui sont favorables à cet emploi.

Divers essais ont déjà été faits au point de vue de cette application de l'acétylène aux moteurs. Dans la première partie du Compte rendu du Congrès de la Société technique de l'Industrie du gaz, qu'a publié *le Génie civil*, se trouve une intéressante communication de M. Ravel à ce sujet.

Ce dernier s'est servi d'un moteur à deux temps de son système, dans lequel il a fait varier la compression de $2^{kgr},25$ à 3 kilogrammes : ces expériences ont été faites comparativement avec l'acétylène et avec le gaz de houille.

M. Ravel a constaté que les détonations produites par le mélange d'air et d'acétylène sont brusques et violentes, que la flamme est d'un blanc jaunâtre éblouissant, au lieu d'être, comme celle du mélange d'air et de gaz de houille, d'une couleur violet foncé, zébrée de filaments blancs et rouges. La chute de pression est immédiate et l'expansion est moins soutenue qu'avec le gaz de houille.

Lorsque la proportion d'acétylène est voisine de 5 0/0, les explosions deviennent brisantes. Le levier de l'indicateur servant à relever les diagrammes éprouve des vibrations qui rendent les indications incertaines. Au début même des essais, la violence des chocs a été telle, que ce levier s'est faussé. En outre, la charge explosive paraît être soumise à des vibrations internes pendant sa combustion.

Au contraire, avec des teneurs en acétylène de 3,20 et de 3,50 0/0 et en abaissant la compression de 3 kilogrammes à $2^{kgr},25$, l'expansion se fait d'une façon plus soutenue et l'on constate un accroissement notable de travail.

Avec son moteur de 2 chevaux, M. Ravel a ainsi obtenu, par litre d'acétylène, un travail de 820 et de 850 kilogrammètres, au lieu de 405 kilogrammètres que donne, en moyenne, un litre de gaz de houille. Pour ce type de petit moteur, la puissance de l'acétylène serait donc plus de deux fois celle du gaz de houille. Pour les grands moteurs, M. Ravel pense que l'effet utile serait sans doute plus grand, mais que la proportion resterait sensiblement la même.

La *Revista Technica* du 30 avril 1898 cite un moteur à l'acétylène dû à M. Pedrotti, de Parme, mais ne donne que des renseignements très incomplets sur cet appareil. Ce moteur fonctionne à quatre temps au moyen d'un mélange composé de 1/16 d'acétylène et de 15/16 d'air ; les deux gaz seraient introduits par des ouvertures distinctes et produiraient un abaissement de température suffisant pour rendre inutile la circulation d'eau ordinairement utilisée avec les moteurs similaires. Dans la seconde phase, le piston comprime l'air ainsi carburé jusqu'au fond de la chambre d'explosion et à fin de course, au point mort, l'explosion se produit sous l'action d'un dispositif spécial en chassant le piston qui, dans son retour, expulse dans l'atmosphère les produits de l'explosion.

Le moteur Pedrotti est à cylindre vertical ; le partie supérieure du cylindre forme une chambre où l'air carburé s'enflamme : cette inflammation ne se produirait ni électriquement ni par flamme extérieure ou intérieure, mais par un procédé très sûr et encore inconnu.

Une soupape effectue l'évacuation des gaz dus à l'explosion ; une autre petite soupape introduit automatiquement la quantité proportionnelle d'acétylène et d'air dans la chambre de carburation du cylindre. Au moment où les produits de la combustion s'échappent, la soupape d'aspiration commence un nouveau cycle. Le moteur est muni d'un régulateur à force centrifuge complètement insensible aux vibrations du moteur et maintenant une vitesse invariable de 600 tours par minute.

Ce petit moteur est destiné à actionner une bicyclette ; son poids total ne dépasse pas 9 kilogrammes. Il pourrait, sans qu'il soit besoin de renouveler sa provision de carbure, fonctionner pendant 15 heures à la vitesse de 600 tours et il développerait une puissance utile de 62 kilogrammètres mesurée au frein ; enfin, la dépense en carbure ne dépasserait pas 5 centimes par heure. Il y a lieu d'attendre la consécration pratique des brillants résultats annoncés pour ce nouveau moteur.

Nous citerons enfin, relativement à l'application de l'acétylène aux moteurs, les calculs donnés dans le *Journal für Gasbeleuchtung* par M. Franck, de Charlottenburg, pour déterminer les poids et les volumes comparatifs de carbure de calcium, d'acétylène liquide et de houille qu'il serait nécessaire d'emmagasiner dans un navire pour assurer pendant 25 jours le fonctionnement d'une machine marine de 1000 chevaux.

En employant la houille, il faut, à raison de $0^{kgr},7$ par cheval-heure, un poids de 420 tonnes, devant occuper un espace de 420 à $430^{m3}$.

En se servant d'acétylène il faudrait, d'après MM. Ihering et Slaby's, 181 grammes d'acétylène par cheval-heure pour les machines à grande puissance, soit 113 tonnes pour les 25 jours.

Si ces 113 tonnes sont fournies par l'acétylène liquide, dont la densité est de 0,364 à 35° (température de l'intérieur du navire), il faudra un volume d'au moins 300 mètres cubes.

Si, au contraire, elles sont produites au fur et à mesure des besoins par du carbure de calcium, comme 1 kilogramme d'acétylène est obtenu au moyen de $2^{kgr},46$ de carbure, il faudra un poids de 280 tonnes de carbure occupant seulement un volume $\frac{280}{2,2} = 128$ mètres cubes, c'est-à-dire une capacité plus de moitié moindre que celle qu'exige l'acétylène liquéfié.

Si les machines étaient alimentées par le pétrole, il faudrait un approvisionnement de 250 tonnes de ce liquide, occupant un volume de 322 mètres cubes.

On peut ajouter que l'emploi de la houille entraîne l'installation de chaudières encombrantes et coûteuses, que l'acétylène liquide exige des récipients en tôle d'acier d'une résistance à toute épreuve, qui seraient, en outre, soumis à des températures voisines du point critique. Le carbure de calcium, au contraire, ne nécessite qu'un appareil de fabrication très simple.

À première vue, le carbure de calcium paraît donc devoir être considéré comme le meilleur accumulateur d'énergie transportable, dans les conditions posées par M. Frank.

Nous avons reproduit cette étude afin de réunir ici tous les documents qui peuvent servir à l'étude de l'application de l'acétylène aux moteurs, mais en en laissant la responsabilité à son auteur.

Il paraît que l'acétylène pourrait être appliqué avantageusement, soit seul, soit mélangé avec d'autres hydrocarbures, dans les moteurs à gaz usuels, aussi bien fixes que mobiles. La question est du reste à l'étude.

Néanmoins l'Exposition d'acétylène de Cannstatt (11 mai au 1er juin 1899) a montré que de grands progrès avaient été réalisés dans cette voie. C'est ainsi que l'on a pu y voir fonctionner, trois semaines durant, un moteur de 2 chevaux, de la maison Hille de Dresde. La Société Gasmotoren-Fabrik, de Deutz, avait exposé aussi un moteur de 4 chevaux à allumage électrique [voyez *Rev. gén. de Chimie pure et appliquée*, 1, 282]. Nous donnerons encore, en terminant, le tableau communiqué par M. Ravel, dans l'étude précitée :

| Tours par minute. | Travail indiqué. | Gaz consommé par heure. | Résultats en kilogrammèt. par neure. | Proportion d'acétylène. | Observations. |
|---|---|---|---|---|---|
| 364 | 158,35 | 728 litres. | 783,00 | 2,77 0/0 | Compression à 3 kgr. |
| 350 | 169,70 | 804 — | 760,00 | 3,18 » | — — |
| 314 | 150,60 | 780 — | 695,00 | 3,45 » | — — |
| 300 | 172,00 | 912 — | 679,00 | 4,20 » | — — |
| 322 | » | 936 — | » | 4,00 » | — — |
| 320 | » | 948 — | » | 4,50 » | — — |
| 314 | 167,60 | 944 — | 811,20 | 3,30 » | Compression à $2^{kgr},25$. |
| 316 | 188,60 | 804 — | 844,40 | 3,50 » | — — |

### III. APPLICATIONS CHIMIQUES DE L'ACÉTYLÈNE.

*a.* MÉTALLURGIE. — M. Otto N. Witt, de Berlin, a proposé l'emploi de l'acétylène pour carburer le fer et le transformer en acier. On a constaté qu'une plaque de fer, chauffée dans un courant d'acétylène, est transformée en acier dur et sans soufflures.

D'après M. Dommer, des essais ont été tentés en Allemagne pour la carburation de l'acier, dans le convertisseur basique, par le carbure de calcium. Il s'agissait, pour les métallurgistes, de savoir si le carbure de calcium, dissocié en ses éléments, ne pourrait pas être employé à la carburation de l'acier dans le convertisseur. Le calcium peut, en effet, comme l'aluminium, remplacer le manganèse du spiegeleisen et du ferromanganèse pour les mêmes usages ; d'autre part, le métal du convertisseur prendrait au carbure de calcium le carbone nécessaire à sa carburation.

Voici les résultats de quelques essais :

*Premier essai.* — 300 grammes de carbure de calcium concassé ont été mélangés à 136 kilogrammes de métal décarburé pendant que l'on coulait le métal du convertisseur dans le creuset d'essai. Des signes évidents de combustion n'ont été observés que vers la fin de l'expérience.

Avant la carburation, le métal renfermait 0,04 0/0 de carbone ; après l'expérience, la partie supérieure du lingot contenait de 0,050 à 0,052 0/0 de carbone, la partie inférieure de 0,052 à 0,050.

Quant à l'essai du métal, il a donné les résultats suivants :

| | Ténacité par mm. carré | Contraction. | Dilatation. |
|---|---|---|---|
| Partie supérieure du lingot. | 38,7 kilogr. | 50,6 0/0 | 23,5 0/0 |
| Partie inférieure du lingot. | 38,7 kilogr. | 53,3 0/0 | 23,1 0/0 |

*Deuxième essai.* — 250 kilogrammes de métal ont été mélangés, pendant la coulée, à 900 grammes de carbure de calcium. Dans cette deuxième expérience, aucune réaction bien nette n'a été observée.

Avant la carburation, le métal contenait 0,045 0/0 de carbone.

Après cette opération, le nouveau lingot du métal obtenu fut laminé et soumis ensuite à l'analyse, qui donna les nombres suivants :

Partie supérieure.... 0,065 0/0 de carbone.
Partie inférieure..... 0,065 0/0 de carbone.

Pour la désoxydation, on avait employé du ferromanganèse.

Quant à l'essai du métal, exécuté comme ci-dessus, il a donné les résultats suivants :

| | Ténacité par mm. carré | Contraction. | Dilatation. |
|---|---|---|---|
| Partie supérieure du lingot. | 39,0 kilogr. | 52,0 0/0 | 23 0/0 |
| Partie inférieure du lingot. | 37,1 kilogr. | 61,1 0/0 | 26 0/0 |

Les auteurs de ces essais en concluent que le carbure de calcium n'a pas d'action sensible pour la carburation de l'acier. Il semble, au contraire, que le calcium, mêlé mécaniquement au fer, aurait une action plutôt nuisible. De ce que du calcium soit resté mélangé mécaniquement au fer dans les essais, il faut conclure qu'il n'y a pas eu formation de scories. D'autre part, le dégagement d'acétylène qui se produit dans les ateliers de fonderie présente de graves inconvénients.

*Préparation du plomb.* — M. L.-M. Bullier, ayant étudié l'action du carbure de calcium sur les chlorures à chaud, a vu que ces derniers sont décomposés, avec formation de chlorure de calcium, de charbon et de métal libre, d'après l'équation générale

$$R^2 Cl^2 + C^2 Ca = C^2 + Ca Cl^2 + R^2;$$

ainsi avec le plomb

$$Pb Cl^2 + C^2 Ca = C^2 + Ca Cl^2 + Pb.$$

Ce procédé, appliqué à la fabrication du plomb, donnerait, paraît-il, de bons résultats. Il a été breveté par son auteur et se trouve à l'étude industriellement.

*Fabrication du peroxyde de sodium.* — On a proposé l'emploi du carbure de calcium pour la fabrication des peroxydes alcalins [*Rev. gén. Chimie pure et appliquée,* 1, 299]. On sait, en effet, depuis longtemps que le carbure de calcium décompose les hydrates alcalins avec formation de l'oxyde correspondant, suivant l'équation

$$Ca C^2 + 2 Na O H = C^2 H^2 + Ca O + Na^2 O.$$

C'est ainsi que M. Dommer dit dans son livre : « En fondant quelques grammes de soude dans une capsule de nickel, et en ajoutant un morceau de carbure de calcium, il se produit une violente réaction et il se dégage sans doute de l'acétylène. »

Ce procédé de fabrication des oxydes a été breveté par MM. Bradley et Jacobs [*Rev. gén. de Chimie,* loc. cit.]. Les oxydes obtenus sont ensuite transformés en peroxydes qui servent au blanchiment des laines.

*b.* PRÉPARATION DU NOIR DE FUMÉE. — Il y a fort peu de temps encore, on n'utilisait, parmi les hydrocarbures gazeux pour la fabrication du noir, que ceux qui possédaient une double liaison (comme le benzène), attendu que les carbures à liaison simple, comme le méthane, ne dégagent pas de carbone libre lors du chauffage, et que les hydrocarbures à liaison triple ne pouvaient être obtenus économiquement. La découverte du carbure de calcium et des moyens d'obtenir facilement l'acétylène en grandes quantités a permis d'utiliser également la propriété que possède cet hydrocarbure de produire du noir de fumée.

Certains inventeurs ont cherché à oxyder l'acétylène pour le transformer en carbone divisé, par exemple au moyen de l'eau oxygénée [Bergmann, *Rev. gén. de Chimie,* 1, 498]; mais le meilleur procédé est sans contredit celui de M. Hubou, qui repose sur la simple décomposition de l'acétylène en carbone et hydrogène sous l'action d'un détonateur. Ce carbone, à l'état divisé, possède des propriétés remarquables : c'est ainsi qu'on a reconnu que le noir obtenu à l'aide de l'acétylène constitue un produit d'un beau noir et d'une finesse exceptionnelle, voire même trop grande pour certains emplois. Le noir d'acétylène se mélange assez bien avec l'eau, l'huile, une solution de gélatine et les vernis en général. Les couleurs fabriquées avec le noir d'acétylène se distinguent par un brillant éclatant et un noir intense, même dans les déliés. L'analyse d'un échantillon a révélé, outre l'absence absolue de corps solubles dans le benzène, l'alcool et une solution alcoolique de potasse, une teneur en carbone de 99,2 0/0 environ. Quant au rendement théorique de 92,3 0/0 de noir, s'il était obtenu en pratique, il serait de quatre fois supérieur à celui obtenu avec le meilleur gaz d'huile et ferait

que la fabrication du noir d'acétylène serait des plus rémunératrices, grâce à la qualité du produit, d'autant plus que le procédé serait théoriquement simple.

Bien entendu, les expériences faites pour trouver un procédé approprié à une exploitation en grand se sont étendues tout d'abord aux méthodes et appareils employés depuis longtemps pour la production du noir de fumée ou du noir de lampe. On a donc expérimenté en premier lieu les systèmes Thalwitzer et Dreyer. Bien que le noir d'acétylène se soit déposé sur le disque ou cylindre à froid, tout comme le noir des autres gaz et hydrocarbures, on n'en a pas moins constaté des inconvénients qui mettent obstacle à l'application de ces procédés. Par suite de sa légèreté, de sa sécheresse et de sa nature floconneuse, le noir, au lieu de tomber, après le raclage dans la trémie réceptrice, se répandait partout. En outre, le choix d'un bec approprié constituait un problème difficile à résoudre. Les becs ordinaires ronds, en stéatite, qui s'étaient bien comportés avec le gaz d'huile, furent, au bout de peu de temps, complètement obstrués par les dépôts charbonneux; ils devinrent incandescents brûlèrent et se fendirent. Les becs à fente ne tardèrent pas non plus à s'obstruer; les becs employés généralement pour la combustion de l'acétylène ne donnèrent pas une quantité suffisante de noir. On fit des expériences avec des becs Bunsen; mais l'inutilité de ces derniers fut bientôt reconnue, car la haute température produite lors d'une rotation lente des récepteurs provoquait un fort échauffement et même une inflammation du noir déposé. Au contraire, dans un mouvement plus rapide, les parcelles de noir se détachaient et s'envolaient sous l'action du courant d'air et de la force centrifuge. Finalement, on est parvenu à surmonter ces difficultés et à utiliser également pour les flammes d'acétylène le procédé de flambage avec certaines modifications.

Dans le système des chambres, l'obstruction des becs, la grande chaleur des flammes d'acétylène constituent certains inconvénients. De plus, la qualité du produit n'est pas aussi bonne qu'avec le premier procédé, parce que les flammes doivent brûler latéralement ou obliquement, d'où il résulte un surchauffage des conduits et une décomposition partielle du gaz avant son inflammation.

Pour l'acétylène, les procédés qui présentent la plus grande importance sont ceux qui, comme les procédés Tighe, Schneller et Wisse, reposent sur la décomposition du gaz sans oxydation. On sait, depuis 1862, par les beaux travaux de M. Berthelot, que l'acétylène, exempt d'air, se décompose à 770° en ses éléments. MM. Berthelot et Vieille ont trouvé depuis que cette décomposition, à une pression supérieure à 2 atmosphères, se répartit dans la masse dès qu'elle a commencé sur un point. Cette dissociation, qui se produit avec augmentation de pression, peut être effectuée, soit par l'échauffement d'un point de la paroi du récipient jusqu'à la température requise, soit au moyen d'un fil de platine porté au rouge par un courant électrique, soit par une décharge électrique entre deux électrodes, soit par l'explosion d'une amorce de guerre dans un récipient d'acétylène comprimé[1]. Des expériences pour obtenir du noir d'acétylène à de basses pressions ont été entreprises par MM. Berger et Wirth, de Leipzig; ces expériences ont démontré que ce

---

[1]. L'arc électrique lui-même amorce aussi cette réaction; mais elle s'arrête bientôt, et, la réaction inverse se produisant, on obtient un état d'équilibre. Comme on sait, c'est au moyen de cette réaction inverse produite par l'arc jaillissant dans de l'hydrogène que M. Berthelot a pu réaliser sa belle synthèse de l'acétylène.

gaz peut être décomposé dans ces conditions par l'étincelle d'un appareil d'induction. La question de la forme appropriée à donner au dispositif a présenté des difficultés, car le fonctionnement continu n'est possible que lorsque le noir de fumée formé à chaque étincelle est immédiatement éliminé et remplacé par une nouvelle quantité de gaz. On obtient également du noir en faisant passer de l'acétylène par des tubes incandescents (Berthelot); toutefois une application industrielle semble interdite à ce procédé, étant donnée la formation de graphite qui obstrue bientôt les conduits.

Avec l'acétylène comprimé et la voie ouverte dès 1896 par MM. Berthelot et Vieille, les expériences parurent de prime abord présenter plus de chances de succès, parce qu'ici un début d'explosion suffit pour décomposer d'un seul coup toute la masse du gaz. Des communications sur ces expériences ont été publiées par M. Hubou[1]. Reprenant les essais faits par MM. Berthelot et Vieille en 1896, M. Hubou estime que, dans la décomposition de l'acétylène comprimé à 2 ou 3 atmosphères, il ne se produit pas, sous l'action d'un fil incandescent, des pressions supérieures à 25 atmosphères, pressions qui peuvent être rendues inoffensives par un choix judicieux du récipient.

Dans ces conditions, la décomposition en hydrogène et en carbone s'effectue rapidement. Comme récipients, M. Hubou propose des cylindres d'acier capables de résister à 200 atmosphères. Des vases de ce genre présenteraient néanmoins l'inconvénient d'une fermeture et d'une vidange difficiles, et il semble, dans ces conditions, préférable d'utiliser, comme divers l'ont proposé, de grandes chaudières ou de grandes chambres d'une solidité suffisante, auxquelles on aurait accès par un trou d'homme. En ce qui concerne la pression qui règne lors de la décomposition, les indications de M. Hubou concordent approximativement avec les données que M. Gerdes a puisées dans la vérification des travaux de MM. Berthelot et Vieille, d'après lesquels la tension doit augmenter dans la proportion de 7 fois 1/2 la pression initiale. Par conséquent, si on emploie de l'acétylène à 3 atmosphères, on aurait à compter avec une pression de 25 atmosphères environ, et les récipients devraient être essayés entre 40 et 50 atmosphères. Parmi les moyens proposés pour déterminer l'explosion, il convient à priori de supprimer, en raison de la diminution de la résistance des récipients produite facilement par le chauffage, celui qui consiste à porter le récipient jusqu'à la température de décomposition de l'acétylène et qui fut employé exclusivement dans les expériences de M. Pintsch; au contraire, rien ne semble s'opposer à l'utilisation du courant électrique et des amorces de guerre. Il est évident néanmoins que, dans la construction d'appareils pratiquement utilisables, on rencontrera toujours de grandes difficultés techniques, et la question se pose de savoir si les frais d'une telle installation sont en rapport avec le bénéfice que l'on peut en tirer. Ces appareils devront, en outre, avoir un volume considérable, étant donnée la légèreté du noir d'acétylène et l'espace énorme qu'il occupe.

Par contre, l'emploi de l'acétylène permet déjà la préparation de sortes variées de noir. C'est ainsi que MM. Berger et Wirth ont obtenu, par la combustion de mélanges d'acétylène et de gaz d'huile dans des proportions variables, différentes sortes de noir, qui varient, par leurs propriétés,

du meilleur noir de gaz d'huile au noir d'acétylène pur.

Enfin, il convient de citer encore quelques expériences tentées en vue d'obtenir du noir d'acétylène par des actions chimiques. C'est ainsi que M. Ludwig, à la suite d'une communication de MM. Moissan et Moureu, a fait agir de l'acétylène sur des métaux finement divisés, tels que du platine spongieux, du fer réduit, etc.; il s'opère à chaud une scission en hydrogène et en dépôts charbonneux; il a, en outre, expérimenté l'action connue du chlore sur l'acétylène. Toutefois, au double point de vue économique et industriel, les résultats, dans ces deux cas, n'ont pas été encourageants.

*c.* PRÉPARATION DU DIIODOFORME. — Ce composé a été entrevu en 1885 par MM. Homolka et Stolz dans l'action du periodure de potassium sur l'acétylure cuivreux ou le dérivé cuivrique du propiolate de potassium [2e Suppl., 3, 616]. M. Moissan l'obtint plus tard en décomposant le tétraiodure de carbone par le sodium, le mercure ou l'argent [*C. R.*, 115, 152]. M. Maquenne réussit à le préparer plus facilement encore en décomposant le carbure de baryum par l'eau, en présence d'une solution benzénique d'iode [*Bull. Soc. Chim.*, (3), 7, 777]; enfin, sa fabrication industrielle a été l'objet d'un brevet datant du commencement de l'année 1894.

Cette fabrication consiste, en principe, à traiter une solution aqueuse d'acétylène par l'iode, en présence d'un excès de potasse : il se forme instantanément un précipité cristallin de diiodacétylène $C^2I^2$, d'une blancheur parfaite, qui, sous l'action d'une nouvelle quantité d'iode, facile à mettre en liberté au sein même des eaux mères par addition d'acide chlorhydrique, se transforme spontanément, dans l'espace de quelques jours, en éthylène periodé $C^2I^4$. Il ne reste plus alors qu'à faire cristalliser le produit brut dans le benzène ou le toluène bouillants.

Dans le mémoire que M. Biltz a consacré, en 1897, aux dérivés iodés de l'acétylène [*D. chem. G.*, 30, 1200], il paraît indispensable de signaler, à propos de cette préparation, quelques inexactitudes qui montrent que cet auteur n'avait pas alors une connaissance précise des recherches antérieures de M. Maquenne.

Ayant reconnu, par exemple, qu'il se forme de l'acétylène iodé quand on projette des fragments de carbure de calcium dans une solution d'iodure de potassium ioduré, M. Biltz admet que la réaction s'accomplit suivant la formule

$$C^2Ca + 4I = C^2I^2 + CaI^2.$$

La réaction de M. Biltz, ainsi d'ailleurs que celle toute semblable que M. Maquenne avait signalée dès 1892, s'accomplit, non pas suivant l'équation ci-dessus, mais en plusieurs phases successives, que l'on peut représenter par les formules

$$2CaC^2 + 4H^2O = 2C^2H^2 + 2Ca(OH)^2,$$
$$2Ca(OH)^2 + 4I = CaI^2 + Ca(IO)^2 + 2H^2O,$$
$$C^2H^2 + Ca(IO)^2 = C^2I^2 + Ca(OH)^2.$$

On voit que la chaux mise en liberté dans la première réaction est insuffisante pour assurer la transformation intégrale de l'acétylène; aussi cette méthode ne permet-elle qu'une utilisation très imparfaite du gaz ou, ce qui revient au même, du carbure initial.

Le même inconvénient ne s'observe plus lorsqu'on part de l'acétylène préparé à l'avance et qu'on le traite immédiatement par un excès d'alcali, en présence d'une quantité d'iode que l'expérience apprend à déterminer : la transformation est alors presque intégrale et l'on obtient

---

[1] M. Hubou s'est réservé par un brevet l'application de la décomposition sous pression de l'acétylène à la fabrication du noir de fumée.

régulièrement 10 kilogrammes de diiodoforme cristallisé et pur par mètre cube de gaz.

Les eaux mères renferment un mélange d'iodure et d'iodate de potassium, d'où il est facile de régénérer l'iode sans pertes sensibles.

Un autre point sur lequel il semble utile d'appeler l'attention est la production exclusive du diiodacétylène, sans mélange d'aucun produit d'addition, dans l'action des hypoiodites sur l'acétylène libre; le mode opératoire indiqué par M. Biltz pour effectuer la séparation du diiodacétylène et du tétraiodéthylène n'a donc pas de raison d'être quand on opère, ainsi que le fait M. Maquenne, en milieu constamment alcalin.

Enfin, le même auteur attribue à MM. Maquenne et Taine un procédé de préparation du diiodoforme qui consisterait à traiter le diiodacétylène par une solution d'iode dans le sulfure de carbone et conseille de remplacer ce solvant par le toluène, dans lequel la combinaison s'effectue instantanément, à chaud. En vérité, M. Maquenne n'a jamais employé ni préconisé l'usage du sulfure de carbone dans la préparation du diiodoforme, d'autant moins que la réaction ayant lieu au sein de l'eau, dans laquelle l'acétylène iodé est notablement soluble, il est absolument inutile de faire intervenir un réactif accessoire quelconque.

Une pareille méthode présenterait d'ailleurs l'inconvénient fort grave de nécessiter l'isolement du diiodacétylène, qui n'est pas maniable en grand, et pourrait même provoquer des accidents sérieux, car on l'a vu parfois détoner avec violence dès la température du bain-marie.

En résumé, la fabrication du diiodoforme constitue une application toute spéciale de l'acétylène, qui a pu naître et prospérer parce qu'elle satisfait aux conditions que l'on a reconnues plus haut nécessaires, en d'autres termes parce que le prix de revient de l'acétylène y est négligeable par rapport à celui du corps auquel il s'ajoute. C'est à ce point de vue surtout qu'il a paru intéressant d'appeler l'attention sur elle.

Le diiodoforme possède toutes les qualités antiseptiques et cicatrisantes de l'iodoforme; il peut par conséquent le remplacer dans toutes ses applications médicales ou chirurgicales, et il présente sur lui l'immense avantage de n'avoir point d'odeur; il s'en distingue d'ailleurs par une moins grande solubilité dans les réactifs usuels, par une plus faible volatilité, et enfin par sa température de fusion qui est de 192°,5, très supérieure par conséquent à celle du triiodométhane.

PRÉPARATION DE L'ALCOOL. — Comme M. Berthelot le rappelait dernièrement [voyez *Rev. gén. de Chim.*, 1, 225], l'histoire de la synthèse de l'alcool au moyen de l'acétylène est présentée dans divers ouvrages sous une forme légendaire, d'après laquelle elle aurait été faite par Hennel en 1828. Cette légende, instituée après coup, est antidatée et erronée. Elle tendrait à substituer, dans l'attribution d'une découverte fondée sur des expériences positives, une conjecture émise en passant, et qui avait été écartée depuis longtemps, après examen, par les auteurs les plus autorisés des traités de Chimie organique publiés de 1835 à 1854, tels que Liebig, Berzélius et Gerhardt, comme ne reposant sur aucune démonstration expérimentale.

Voici les faits que rappelle M. Berthelot.

Hennel, dans le seul Mémoire où il ait publié quelques résultats relatifs à la combinaison du gaz oléfiant avec l'acide sulfurique, n'y consacre qu'une douzaine de lignes [*Ann. Chim. Phys.*, (2), 35, 159]. Il examine une portion d'acide sulfurique à laquelle Faraday avait fait absorber du gaz oléfiant, sans s'en occuper davantage; Hennel en forme un sel de potasse,

dont il se borne à dire, d'une manière vague et en une ligne, que ce sel avait les propriétés de celui qu'il avait déjà obtenu avec l'alcool, c'est-à-dire du sulfovinate, sans définir davantage ses propriétés. Rien de plus, parce que la chose avait à ses yeux peu d'importance. En effet, Hennel n'a fait d'ailleurs aucune analyse, aucune étude sérieuse du sel ainsi obtenu avec le gaz oléfiant et surtout, ce qui est essentiel, il n'a en aucune façon cherché à régénérer de l'alcool avec le gaz oléfiant. Bref, M. Berthelot estime que Hennel n'a jamais fait l'expérience qu'on lui attribue gratuitement et qu'il n'a jamais prétendu l'avoir faite.

Quant au sel dont il parle si brièvement, ni l'origine véritable ni la constitution n'en sont connues; elles ont donné lieu, de la part des chimistes contemporains, à des doutes insolubles en l'absence de tous détails précis. En premier lieu, ils se sont demandé jusqu'à quel point le gaz oléfiant, préparé à cette époque si éloignée, était exempt de vapeur d'éther, auquel cas le sulfovinate, si c'en était, dériverait de l'éther et non du gaz oléfiant; ce doute a été soulevé dans les écrits de Chevreul et de Liebig et il ôte toute valeur concluante aux essais de Hennel. En outre, la constitution même du sel qu'il avait entrevu a été jugée incertaine, parce que Hennel et ses contemporains ignoraient l'existence de plusieurs combinaisons sulfuriques du gaz oléfiant, autres que l'acide sulfovinique, telles que les acides éthioniques découverts et étudiés plus tard par Magnus et Regnault, acides analogues, mais n'ayant pas la propriété de régénérer l'alcool sous l'influence de l'eau.

A la suite de ces recherches plus précises, et de ses propres travaux sur la très faible solubilité du gaz oléfiant dans l'acide sulfurique [*Ann. Chem.*, 9, 8], Liebig supprima dans ses livres toute mention des essais imparfaits de Hennel. Berzélius depuis, et Gerhardt en 1854, en ont fait autant dans leurs Traités classiques. Tel était l'état de la science, lorsque M. Berthelot réussit à faire la synthèse de l'alcool, en s'appuyant sur des faits jusque-là inconnus, tels que les conditions exceptionnelles d'agitation violente et prolongée, qui sont indispensables pour déterminer l'absorption, c'est-à-dire la combinaison du gaz oléfiant pur avec l'acide sulfurique, cet acide absorbant au contraire presque immédiatement la vapeur d'éther. Cette première combinaison étant réalisée dans des conditions certaines, M. Berthelot fit l'expérience décisive, c'est-à-dire qu'il démontra expérimentalement la régénération de l'alcool au moyen du gaz oléfiant pur, et qu'il établit que le corps obtenu par lui avait les mêmes propriétés physiques et chimiques que l'alcool ordinaire, qu'il formait les mêmes éthers, la même aldéhyde, etc.

M. Berthelot le confirma d'une façon plus nette encore par la synthèse directe des combinaisons du gaz oléfiant avec les hydracides, c'est-à-dire des éthers chlorhydrique, bromhydrique et iodhydrique, avec leurs propriétés connues, et il en tira une méthode générale de synthèse d'alcools dérivés de tous les carbures de la même série.

Enfin, la synthèse directe de l'acétylène par ses éléments carbone et hydrogène, puis la synthèse du gaz oléfiant par l'acétylène, lui ont permis de réaliser expérimentalement la synthèse totale de l'alcool par les éléments, objet fondamental de toute cette recherche.

Comme le rappelait M. Berthelot dans l'article précité, toutes ces réactions sont devenues aujourd'hui simples et faciles; elles ne l'étaient ni en théorie ni en pratique à l'époque où elles ont été réalisées expérimentalement.

La méthode de M. Berthelot est la suivante :

L'acétylène est d'abord transformé en éthylène, puis ce gaz est mis sur le mercure avec de l'acide sulfurique concentré; on agite alors violemment pendant 3/4 d'heure (3000 secousses environ), et il se forme de l'acide éthylsulfurique ou sulfovinique, que l'on n'a plus qu'à saponifier.

Le *Moniteur de l'Industrie du Gaz* donne le calcul théorique du prix de revient de l'alcool par ce procédé.

Pour obtenir 100 litres d'alcool, il faudrait employer :

| | |
|---|---|
| Carbure de calcium......... | 139,13 kilogr. |
| Hydrogène................ | 4,35 — |
| Acide sulfurique concentré... | 213,05 — |

En adoptant le chiffre de 0$^{fr}$,20 le kilogramme, soit 200 francs la tonne, qui est à peine le prix de revient actuel, et en supposant le carbure et l'alcool se fabriquant dans la même usine, on a :

| | |
|---|---|
| 140 kilogr. de carbure de calcium à 0$^{fr}$,20.... | 28 fr. |
| 4$^{kgr}$,35 d'hydrogène à 3$^{fr}$,50 .............. | 15,25 |
| Sel absorbant pour régénérer l'acide sulfurique.................................. | 1,50 |
| Main-d'œuvre et combustible................ | 2, » |
| Entretien et réparation du matériel......... | 1,50 |
| Amortissement, frais généraux, intérêts..... | 5, » |
| Total...... | 53,25 |

Comme l'alcool d'industrie vaut actuellement environ 29 à 30 francs l'hectolitre, on voit que ce prix de revient est beaucoup trop élevé; il le serait encore si le prix de la tonne de carbure venait à diminuer de moitié.

En outre, l'application de cette méthode n'est pas sans présenter des difficultés au point de vue de l'exécution et du rendement. M. Julien Lefèvre décrit le dispositif suivant :

On se sert de l'appareil imaginé par M. Sainte-Claire Deville pour la préparation instantanée de l'hydrogène, et qui se compose de deux flacons tubulés à la partie inférieure et réunis par un tuyau de caoutchouc. Dans un de ces flacons, qui est hermétiquement fermé par un bouchon et muni d'un robinet de dégagement, on met, non du zinc comme pour la préparation de l'hydrogène, mais un mélange de zinc et de carbure de calcium dans la proportion de 2$^{kg}$,5 du premier corps pour 2 kilogrammes du second. L'autre flacon, qui est ouvert, reçoit de l'eau acidulée contenant 3$^{kg}$,2 d'acide sulfurique pour 5 litres d'eau. Si l'on élève ce dernier flacon, l'eau acidulée attaque à la fois le zinc et le carbure de calcium : l'hydrogène et l'acétylène naissants se combinent pour former de l'éthylène, qui s'échappe par le robinet susmentionné.

Au lieu de faire agir directement l'acétylène sur l'hydrogène, on a proposé l'emploi de méthodes indirectes, consistant, par exemple, à faire absorber ce gaz par une dissolution de protoxyde de chrome dans l'ammoniaque additionnée de chlorhydrate d'ammoniaque. Le peroxyde de chrome formé serait ensuite réduit en protoxyde par le fer ou le zinc agissant sur l'acide sulfurique.

M. Caro a proposé de transformer l'acétylène en biiodure $C^2H^4I^2$ ou diiodhydrate d'acétylène par l'action d'une solution aqueuse d'acide iodhydrique. Ce liquide, qui bout à 175°, peut être transformé directement en alcool par l'action de l'eau, du zinc et de l'oxyde de zinc :

$$C^2H^4I^2 + Zn + H^2O = Zn\,I^2 + C^2H^3O\,H.$$

*Préparation des corps de la série aromatique.* — En passant dans un tube chauffé au rouge, l'acétylène peut facilement se polymériser et se transformer en benzène, naphtaléne, styrolène, anthracène, etc. Mais il est peu probable que ces réactions soient jamais utilisées industriellement, la fabrication du gaz d'éclairage, et surtout celle du coke métallurgique, étant une source inépuisable de ces hydrocarbures.

IV. APPLICATIONS DIVERSES DU CARBURE DE CALCIUM ET SON RÔLE GÉOLOGIQUE.

*a.* APPLICATION DU CARBURE DE CALCIUM A LA FABRICATION DES LAMPES ÉLECTRIQUES A INCANDESCENCE. — On a essayé en Amérique de remplacer le charbon par le carbure de calcium dans la fabrication des filaments des lampes à incandescence.

D'après M. Bohlm, de New-York (J. Lefèvre), cette substance, tout en étant assez conductrice pour livrer passage au courant, serait plus résistante et par conséquent s'échaufferait davantage, puisque, pour une même intensité, la quantité de chaleur dégagée en un même temps dans un conducteur est proportionnelle à sa résistance. Il est difficile de se prononcer encore sur la valeur de cette application, car le résultat dépend aussi d'autres circonstances, par exemple du pouvoir émissif pour la lumière. Enfin, la grande hygroscopicité du carbure de calcium rendra certainement fort difficiles la fabrication et la manipulation de filaments aussi fins.

*b.* RÔLE GÉOLOGIQUE DU CARBURE DE CALCIUM. — Nous renverrons le lecteur que cette question, mise en relief par MM. Berthelot, Mendeléeff, etc., peut intéresser, au chapitre suivant : *Gaz naturel,* dans lequel elle se trouve traitée avec tous les détails voulus.

Nous ne voudrions pas terminer ce rapide exposé d'une question aussi complexe que celle de l'acétylène sans dire quelques mots des soi-disant inconvénients reprochés à ce mode d'éclairage. Tout d'abord on lui a reproché sa toxicité. L'acétylène est-il seulement irrespirable, comme le sont la plupart des gaz, ou bien est-il capable d'agir sur l'organisme comme un véritable poison? M. Lefèvre présente cette question d'une manière fort claire; aussi lui emprunterons-nous une bonne partie des données ci-dessous.

Il y a plus de trente ans, M. Berthelot et Claude Bernard firent respirer à des moineaux de l'air mélangé avec quelques centièmes d'acétylène pur et constatèrent que ces oiseaux ne paraissaient pas souffrir d'une manière notable.

M. Brociner a repris plus récemment des essais analogues. Il opérait sur des cobayes et employait des mélanges contenant :

| Air. | Acétylène. |
|---|---|
| 99 | 1 |
| 95 | 5 |
| 90 | 10 |
| 80 | 20 |
| 50 | 50 |

L'animal en expérience était installé sur une platine de verre recouverte d'une cloche; le mélange gazeux, contenu dans un gazomètre de Saint-Martin, était introduit dans la cloche par une tubulure placée à la partie supérieure et s'échappait par une ouverture pratiquée dans la platine. Les cobayes pouvaient rester pendant plusieurs heures en expérience sans succomber.

M. Brociner en conclut que l'acétylène n'est pas toxique; il a résumé comme il suit les résultats obtenus :

1° Le sang dissout environ 80 centièmes de son volume d'acétylène.

2° L'examen spectroscopique du sang chargé d'acétylène ne révèle rien de particulier : cette solution se comporte exactement comme le sang oxygéné normal et se réduit de la même façon et avec la même vitesse sous l'influence du sulfhydrate d'ammonium.

3° Sous l'influence du vide, le sang perd l'acétylène qu'il contient. La plus grande partie du gaz se dégage à froid, mais il est nécessaire de chauffer à 60° pour extraire la totalité.

4° Dans les solutions qui ont subi la putréfaction, la dose de l'acétylène qu'on peut extraire dans le vide va en diminuant avec le temps; il est à noter que le volume d'acétylène extrait à froid reste toujours à peu près le même et que c'est le volume du gaz extrait à chaud qui devient plus faible à mesure que la putréfaction est plus complète.

5° S'il existe une combinaison réelle de l'acétylène et de l'hémoglobine, cette combinaison est certainement très instable et n'est nullement comparable, sous ce rapport, à la combinaison que forme l'hémoglobine avec l'oxyde de carbone.

6° L'acétylène, conformément aux conclusions de M. Berthelot, paraît n'exercer qu'une action toxique excessivement faible et qui n'est pas plus marquée que celle des autres carbures d'hydrogène, tels que le formène, l'éthylène et le propylène. Les animaux soumis à l'action de mélanges renfermant des doses considérables d'acétylène ne succombent pas, même au bout de plusieurs heures, si l'on a soin d'opérer en présence d'une quantité d'oxygène suffisante et de renouveler le mélange gazeux de manière à empêcher l'accumulation des produits de la respiration de l'animal.

En 1893, MM. Malvoz et Crismer ont également soumis des cobayes à l'action de l'acétylène préparé par la méthode de M. Maquenne, seule connue à cette époque, c'est-à-dire par l'action du carbure de baryum sur l'eau. Ces animaux pouvaient séjourner assez longtemps sans succomber dans une atmosphère contenant jusqu'à 50 0/0 d'acétylène, pourvu que le gaz fût renouvelé. Dans le cas contraire, l'animal meurt au bout de 1 h. 20, c'est-à-dire un peu plus tôt seulement que dans l'air confiné.

Il résulte de ces observations que l'acétylène ne peut être considéré comme un gaz toxique, au vrai sens du mot, et que, en tous cas, il n'y a pas la moindre assimilation à établir entre le sang d'un animal ayant respiré de l'acétylène et le sang oxycarboné.

L'acétylène, évidemment, est irrespirable, tout comme l'azote et l'hydrogène, mais on ne peut prétendre qu'il produit l'empoisonnement des animaux à la suite de combinaisons du genre de l'oxycarbo-hémoglobine.

M. Gréhant avait observé depuis longtemps que les rongeurs (lapins, cobayes) sont beaucoup plus réfractaires que les autres animaux à l'empoisonnement par l'oxyde de carbone; ainsi il faut 1/60 de ce gaz dans l'air pour tuer un lapin en moins d'une heure et il suffit d'une dose quatre fois moindre, soit 1/250, pour tuer un chien dans le même temps. Il pensa donc qu'il pouvait en être de même pour l'action de l'acétylène, ce qui pouvait infirmer les résultats de toutes les expériences antérieures. Il a donc pensé qu'il était utile d'opérer sur d'autres animaux, et il a choisi le chien et le pigeon.

M. Gréhant s'est servi de mélanges titrés d'air et d'acétylène dans lesquels on maintenait la proportion normale d'oxygène par des additions de ce gaz en proportions convenables. Ces mélanges étaient renfermés dans un gazomètre en laiton, placé à l'air libre, pour éviter les accidents. L'acétylène était préparé avec du carbure de calcium placé dans une bouteille à mercure, ou l'on faisait arriver l'eau peu à peu. On vérifiait la pureté du gaz par sa réaction sur le chlorure cuivreux ammoniacal.

Après chaque expérience, le sang de l'animal était analysé au moyen du grisoumètre de Coquillon, modifié par M. Gréhant. Pour cela, le sang était injecté dans un récipient vide maintenu à 37° et relié à une pompe à mercure. On extrayait alors les gaz du sang au moyen de cette machine et on les faisait passer dans le grisoumètre. Cet appareil, comme nous le verrons avec plus de détails à l'article GRISOU, se compose d'un fil de platine enroulé en spirale, disposé dans une ampoule et communiquant avec les deux pôles d'une source électrique. L'ampoule est munie à la partie supérieure d'un robinet à pointeau et communique à la base avec un tube gradué, également muni d'un robinet. En tournant une manivelle, on peut immerger l'appareil dans un vase où l'on fait passer un courant d'eau pour le maintenir à une température constante. Si l'on introduit dans l'ampoule un mélange d'un gaz combustible, par exemple d'oxyde de carbone, et d'oxygène en excès, et qu'on porte la spirale de platine au rouge par un courant électrique, le mélange brûle peu à peu en diminuant de volume, puisque toute élévation de température est impossible grâce au courant d'eau :

$$CO + O = CO^2.$$
$$\text{2 vol.} \quad \text{1 vol.} \quad \text{2 vol.}$$

Avec l'oxyde de carbone il se forme du gaz carbonique, et il y a contraction d'un tiers du volume total ou de la moitié du volume d'oxyde de carbone. Pour observer cette contraction, on interrompt le courant, on plonge l'appareil dans l'eau et on ouvre le robinet inférieur, pour laisser se rétablir la température et la pression initiales. Si l'on fait ensuite absorber l'acide carbonique par la potasse, il se produit une nouvelle réduction égale au volume primitif d'oxyde de carbone.

Dans un mélange à 20 0/0 d'acétylène, un chien ne paraît ressentir aucun effet : il reste calme, et les mouvements respiratoires offrent beaucoup d'amplitude, bien que 100 centimètres cubes de sang artériel renferment, au bout de 35 minutes, 10 centimètres cubes de ce gaz.

Au contraire, dans un mélange à 40 0/0, l'animal s'agite aussitôt; au bout de 7 minutes, l'agitation devient très vive et le gaz expiré détonne fortement au contact d'une bougie allumée; 51 minutes après le début de l'expérience, le chien étend simultanément les quatre pattes; les mouvements respiratoires s'arrêtent et la mort se produit.

Un pigeon ne résiste pas mieux au même mélange. Après 33 minutes, il présente de la somnolence, avec occlusion fréquente des paupières; après 1 heure 5 minutes, il est couché, endormi, avec les paupières fermées; au bout de 1 heure 20 minutes, la mort se produit par arrêt de respiration.

Enfin, dans un mélange de 79 volumes d'acétylène et 21 volumes d'oxygène, c'est-à-dire de l'air dont tout l'azote a été remplacé par de l'acétylène, un chien présente immédiatement une agitation continuelle, avec des mouvements respiratoires très amples; au bout de 11 minutes, il éprouvait des convulsions générales, et mourait après 27 minutes. Un cobaye placé dans le même mélange tomba sur le flanc au bout de 6 minutes, présentant des convulsions; retiré de la cloche au bout de 39 minutes, il se releva et parut rétabli, mais il mourut la nuit suivante.

L'acétylène est donc certainement toxique à haute dose, 40 0/0 environ. Il est à peu près aussi dangereux que l'acide carbonique, qui, d'après Paul Bert, tue les animaux à la dose de 40 à 45 0/0.

Pour comparer la toxicité de l'acétylène à celle du gaz d'éclairage, M. Gréhant fit composer un mélange de 115 litres d'air, 5,3 d'oxygène et 20 de gaz d'éclairage, mélange qui, d'après la composition connue de ce dernier, devait renfermer 1 0/0 d'oxyde de carbone et 20,8 0/0 d'oxygène. Un chien astreint à respirer ce mélange présentait au bout de 3 minutes une vive agitation ; après 10 minutes, le sang de l'artère carotide contenait 27 centimètres cubes d'oxyde de carbone pour 100 centimètres cubes de sang ; l'animal était très malade et serait mort si l'expérience avait duré quelques minutes de plus.

M. Gréhant en conclut que l'acétylène est beaucoup moins toxique que le gaz d'éclairage.

Une expérience analogue a montré que l'acétylène est dissous dans le plasma du sang, tandis que l'oxyde de carbone se combine avec l'hémoglobine. Pour cela, on a composé dans un gazomètre un mélange d'acétylène, d'air et d'oxygène, contenant en tout 28,8 0/0 de ce dernier gaz et 20 0/0 d'acétylène ; on a ajouté ensuite 1/500 d'oxyde de carbone pur.

On fit respirer ce mélange à un chien, qui commença à s'agiter et à se plaindre au bout de 14 minutes ; au bout de 30 minutes, 70 litres du mélange ont traversé les poumons. On fait une prise de 20 centimètres cubes de sang artériel, qui est rouge vif, et l'on injecte ce liquide dans un ballon vide maintenu à 37°. A l'aide de la pompe à mercure, on extrait 16$^{cc}$,4 de gaz, qui, agités avec de la potasse, se réduisent à 6$^{cc}$,4 : il y avait donc 10 centimètres cubes d'acide carbonique. Les 6$^{cc}$,4 de gaz restants sont introduits dans le grisoumètre, et leur analyse montre qu'il y avait 8$^{cc}$,6 d'acétylène pour 100 centimètres cubes de sang.

Dans le récipient qui renferme le sang, on introduit alors 40 centimètres cubes d'acide acétique à 8°, et l'on fait bouillir au bain-marie. On extrait alors 3$^{cc}$,3 de gaz, qui, agités avec de la potasse, se réduisent à 3 centimètres cubes. Ce résidu, additionné d'air, a fourni dans le grisoumètre une réduction de 13,7 divisions due à la présence d'oxyde de carbone et correspondant à 1$^{cc}$,8 de ce gaz. Il y avait donc 9 centimètres cubes d'oxyde de carbone pour 100 centimètres cubes de sang.

Dans cette expérience, quoique les proportions des deux gaz fussent très différentes (20 0/0 et 0,2 0/0) et dans le rapport de 100 à 1, les volumes introduits dans le sang étaient à peu près égaux.

M. Gréhant a constaté, en outre, que l'acétylène introduit dans le sang, à la suite d'un empoisonnement partiel, s'élimine assez rapidement. C'est ainsi qu'à un chien, ayant respiré en un quart d'heure 86 litres du mélange à 40 0/0 d'acétylène, on a fait dans l'artère carotide 4 prises de sang de 10 en 10 minutes. De chaque échantillon ayant un volume de 10 centimètres cubes, on a extrait les gaz par la pompe à mercure, et on a fait passer ces gaz dans le grisoumètre.

On a obtenu les résultats suivants :

|  | I. | II. | III. | IV. |
|---|---|---|---|---|
| Réduction au grisoumètre... | 47$^{div}$,6 | 3,5 | 1,4 | 0,9 |
| Acétylène dans 100$^{cc}$ de sang. | 20$^{cc}$,8 | 1,5 | 0,6 | 0,4 |

On voit que, au bout d'une demi-heure, l'acétylène est presque complètement éliminé, car il n'en reste que 1/52 du volume primitif.

Dans le cas d'un empoisonnement partiel par l'acétylène, le meilleur traitement consiste à respirer de l'air pur complètement débarrassé de ce gaz ; dans ces conditions, l'acétylène s'élimine rapidement.

On s'est aussi soucié de la toxicité des produits de la combustion de l'acétylène. Deux cas peuvent se présenter : Lorsque la combustion de l'acétylène est complète, nous avons vu qu'il se produit uniquement de l'eau et du gaz carbonique, et, comme la proportion de ce dernier gaz est plus faible qu'avec le gaz d'éclairage, puisque, l'acétylène ayant un pouvoir éclairant plus élevé, on n'en brûle qu'un volume plus faible, les produits de la combustion sont évidemment moins toxiques. Mais, comme le dit M. Lefèvre, la combustion peut être incomplète. M. Le Chatelier a constaté qu'il se produit alors, outre la vapeur d'eau et l'anhydride carbonique, de l'oxyde de carbone et de l'hydrogène. Pour vérifier l'action toxique de ces produits, M. Gréhant a fait brûler par la partie inférieure un bec de Bunsen, alimenté à l'acétylène. Un cône de laiton placé au-dessus du bec, suivi d'un large réfrigérant métallique à eau, de soupapes métalliques et d'une muselière de caoutchouc, permettait de faire respirer à un chien les produits de la combustion mélangés avec l'air entraîné. Avant l'expérience, le sang normal du chien donnait au grisoumètre une réduction de 1$^{div}$,6. Au bout d'une demi-heure, l'animal détaché est très malade, il a la tête renversée en arrière et la respiration presque arrêtée. L'analyse des gaz du sang donne alors une réduction brute de 66$^{div}$,7, correspondant à $\dfrac{76,7 - 1,6}{7,6}$ ou 9$^{cc}$,8 d'oxyde de carbone, soit 23$^{cc}$,2 pour 100 centimètres cubes de sang. C'est une proportion considérable, qui explique bien le danger de mort dans lequel se trouvait l'animal.

La même expérience a été répétée avec le gaz d'éclairage en faisant brûler le même bec de Bunsen par la partie inférieure, et en ayant soin de donner au gaz un faible débit, analogue à celui de l'acétylène. Le sang normal du chien donnait pour 42$^{cc}$,5 une réduction de 1$^{div}$,8. L'animal s'agite vivement au bout de 5 minutes, et succombe après un quart d'heure. L'analyse du sang donne alors une réduction de 77$^{div}$,1, ce qui correspond à $\dfrac{77,1 - 1,8}{7,5}$ ou 9$^{cc}$,90 d'oxyde de carbone, soit 24 centimètres cubes de gaz pour 100 centimètres cubes de sang. Le sang est donc presque entièrement oxycarboné. On voit que les produits de combustion incomplète sont également dangereux, soit avec l'acétylène, soit avec le gaz d'éclairage tiré de la houille. Il faut donc se garder également dans les deux cas des appareils qui réalisent ce mode défectueux de combustion. Avec les becs à acétylène à entraînement d'air, du type du brûleur Bullier, aucun accident de ce genre n'est à craindre, la combustion étant toujours complète.

Outre sa toxicité et la toxicité des produits de sa combustion, le plus grand inconvénient reconnu à l'acétylène est sans contredit son explosibilité. Nous allons voir, de même que pour les deux premiers points incriminés, que l'acétylène n'est pas plus dangereux, au point de vue explosibilité, que le gaz de houille. La première question que l'on s'est posée a été la suivante : En vertu de sa propriété d'être un gaz endothermique, et du grand dégagement de chaleur qui accompagne sa décomposition, l'acétylène seul est-il capable de provoquer des explosions lorsqu'un point de sa masse se trouve porté accidentellement par une cause quelconque à une température élevée? M. Berthelot a répondu par l'affirmative, en faisant détoner l'acétylène à volume constant sous l'action d'une amorce au fulminate de mercure. M. Berthelot s'est servi, pour cette expérience, d'une éprouvette à parois très épaisses, contenant à peu près 20 à 25 centimètres cubes de gaz. Cette éprouvette ayant été remplie sur le mercure, on la ferme avec un bouchon d'acier à baïonnette, au centre duquel on visse un cylindre de même métal portant une petite cartouche chargée d'environ 1 décigramme de fulminate et traversée par les fils qui se rendent à cette amorce. L'appareil ainsi disposé, on fait passer un courant électrique qui fait éclater la cartouche : il se produit une violente explosion, accompagnée d'une grande flamme. Après refroidissement, on trouve l'éprouvette remplie d'un charbon noir et très divisé, et d'hydrogène libre, dont le volume est égal à celui du gaz primitif.

M. Maquenne a également étudié la propagation de l'onde explosive dans l'acétylène, à la pression atmosphérique, et a cherché si la décomposition totale observée par M. Berthelot dans une éprouvette close à volume constant se propagerait également dans un tube de grande longueur.

En se servant d'un tube de plomb de 3 centimètres de diamètre intérieur, à parois épaisses, l'onde déterminée par l'explosion d'une cartouche contenant $0^{gr},5$ de fulminate de mercure ne s'est pas propagée à une distance sensible. Avec des charges de 1 gramme à $1^{gr},5$ de fulminate, la décomposition s'est propagée à plus de 5 mètres sans briser le tube métallique.

M. Maquenne en conclut que l'onde explosive produite dans ces conditions s'arrête en chemin dans une conduite de 3 centimètres de diamètre, et qu'elle est incapable de progresser à l'intérieur d'un tube cinq fois plus étroit; il n'en est pas moins vrai qu'elle est susceptible de propagation en dehors de la zone d'activité du détonateur, et que sur son parcours elle peut donner lieu à des effets destructeurs comparables à ceux des autres explosifs gazeux, notamment du mélange d'hydrogène et d'oxygène.

L'importance industrielle acquise tout récemment par l'acétylène a engagé MM. Berthelot et Vieille à étudier de nouveau les propriétés explosives de l'acétylène. Voici le résumé de leur travail : Sous la pression atmosphérique et à pression constante, l'acétylène ne propage pas à une distance notable la décomposition provoquée en un de ses points. Ni l'étincelle, ni la présence d'un point en ignition, ni même l'amorce au fulminate, n'exercent d'action au delà du voisinage de la région soumise directement à l'échauffement ou à la compression. Il n'en est plus ainsi dès que la pression s'élève un peu et dépasse 2 atmosphères. L'acétylène présente alors les propriétés des mélanges tonnants. Ce phénomène a été observé sous des longueurs de 4 mètres dans des tubes de 20 millimètres.

Nous renverrons le lecteur au tableau publié en parlant des dangers de l'acétylène liquide (p. 522), et on remarquera que la dernière vitesse est encore très inférieure à celle de l'onde explosive dans le mélange oxhydrique. Après la réaction, si l'on ouvre l'éprouvette en acier munie d'un crusher, dans laquelle a été opérée la décomposition, on la trouve entièrement remplie d'un charbon pulvérulent et volumineux, sorte de suie légèrement agglomérée, qui épouse la forme du récipient et peut en être retirée sous la forme d'une masse fragile. Quant au gaz provenant de la décomposition, il a été trouvé formé d'hydrogène pur. Aussi la pression finale, après refroidissement, est-elle exactement égale à la pression initiale.

La décomposition s'effectue donc suivant la formule théorique $C^2H^2 = C^2 + H^2$.

Le tableau dont nous avons parlé montre que, sous des pressions initiales de 21 kilogrammes environ, tensions égales à la moitié de la tension de vapeur saturée de l'acétylène liquide, à la température ambiante de 20°, l'explosion décuple la pression initiale.

Les auteurs ont calculé que la température de la décomposition à volume constant doit être d'environ 2750° et que la pression développée doit être égale à 11 fois la pression initiale; c'est à peu près ce qu'on a observé pour la pression de 21 kilogrammes, qui est sans doute assez forte pour rendre négligeable le refroidissement par les parois. Pour les pressions plus faibles, cette cause d'erreur abaisse la température et, par suite, modifie la durée de la réaction, qui varie assez vite avec celle-ci.

Ainsi, la durée de la décomposition de l'acétylène décroît rapidement à mesure que la pression augmente, et cela non seulement à cause de l'influence moindre du refroidissement, mais aussi par l'effet de la condensation. Observons d'ailleurs que le rapport entre la pression initiale et la pression développée est calculée ici d'après les lois des gaz parfaits. Or ce rapport doit s'élever de plus en plus au delà de la limite précédente, quand ces pressions initiales deviennent plus considérables, en raison de la compressibilité croissante du gaz, celle-ci faisant croître la densité de chargement plus vite que la pression, à mesure que le gaz s'approche de son point de liquéfaction.

En même temps que la pression croît, la vitesse de la réaction, augmente, celle-ci s'accélérant avec la condensation gazeuse, et l'on tend de plus en plus à se rapprocher de la limite relative à l'état liquide. Ce sont là des relations générales, établies par les recherches de M. Berthelot, et notamment par ses expériences sur la formation des éthers. L'acétylène liquéfié en fournit de nouvelles vérifications.

MM. Berthelot et Vieille examinent ensuite la décomposition de l'acétylène liquide :

Dans une bombe d'acier de $48^{cc},96$ de capacité, chargée avec 18 grammes d'acétylène liquide (poids évalué d'après le charbon recueilli), on a obtenu la pression considérable de 5564 kilogrammes par centimètre carré.

Cette expérience conduit à attribuer à l'acétylène une force explosive de 9500, c'est-à-dire voisine de celle du coton-poudre. La bombe renferme un bloc de charbon, aggloméré par la pression, à cassures brillantes et conchoïdales. Ce charbon ne renferme que des traces de graphite, d'après l'examen qu'en a fait M. Moissan. Cette décomposition est relativement lente. Avec une densité de chargement voisine de 0,15, la pression maxima de 1500 kilogrammes a été obtenue en 9,41 millièmes de seconde : le manomètre a montré qu'elle s'était accomplie en deux phases, l'une rapide, l'autre plus lente, correspondant probablement, la première à la décomposition de la partie gazeuse, la seconde à celle du liquide. Il en a été de même dans plusieurs autres expériences.

Il résulte de ce qui précède que toutes les fois qu'une masse d'acétylène gazeuse ou liquide *sous pression*, et surtout à volume constant, sera soumise à une action susceptible d'entraîner la décomposition de l'un de ses points, et par suite une élévation locale de température correspondante, la réaction sera susceptible de se propager dans la masse.

L'acétylène supporte mieux le choc que l'élévation de température. C'est ce qu'ont reconnu MM. Berthelot et Vieille en opérant sur des bouteilles en acier d'environ 1 litre, chargées, les unes d'acétylène gazeux comprimé à 10 atmosphères, les autres d'acétylène liquide à la densité de chargement de 0,3 (300 grammes par litre).

Ainsi un de ces récipients rempli de gaz comprimé à 10 atmosphères a supporté sans explosion le choc d'une balle animée d'une vitesse suffisante pour traverser la première paroi et déprimer la seconde.

La chute réitérée de ces récipients, tombant d'une hauteur de 6 mètres sur une enclume en acier de grande masse, n'a donné lieu à aucune explosion. L'écrasement des mêmes récipients par un mouton de 280 kilogrammes tombant de la même hauteur n'a produit ni explosion ni inflammation avec l'acétylène gazeux.

Pour l'acétylène liquide, le choc a été suivi, à un faible intervalle, d'une explosion que MM. Berthelot et Vieille attribuent, non à la décomposition de l'acétylène pur, mais à l'inflammation d'un mélange de ce gaz et d'air, formé à la suite de la rupture ; cette inflammation avait été déterminée sans doute par les étincelles que produit la friction des pièces métalliques projetées. La bouteille avait été, en effet, simplement rompue, sans fragmentation, et l'on n'observa pas de dépôt charbonneux, ce qui prouve que l'acétylène avait brûlé au contact de l'air.

M. J. Lefèvre, à qui nous empruntons ces renseignements, rappelle que des phénomènes de ce genre ont été souvent observés avec d'autres gaz combustibles, par exemple avec des récipients remplis d'hydrogène sous une pression de plusieurs centaines d'atmosphères.

L'acétylène est, au contraire, très sensible à l'influence d'une cartouche de fulminate de mercure : une bouteille chargée d'acétylène liquide a détoné avec violence sous l'action d'une amorce renfermant 1gr,5 de cette substance et placée au milieu du liquide ; la fragmentation présentait les caractères observés dans l'emploi des explosifs proprement dits, et les débris étaient recouverts de charbon, dû à la décomposition de l'acétylène en ses éléments.

MM. Berthelot et Vieille ont cherché, en outre, à préciser les valeurs limites des pressions à partir desquelles les propriétés explosives de l'acétylène peuvent prendre une importance dangereuse, lorsqu'on excite la décomposition soit par un fil métallique incandescent, soit par une amorce au fulminate de mercure.

Le premier mode correspond, en pratique, à l'échauffement intense et localisé qui peut se produire soit dans l'attaque d'une masse de carbure en excès par de petites quantités d'eau, soit par des frictions énergiques, entre des pièces métalliques en contact avec le gaz (serrage d'écrou ou de pointeaux de fermeture).

Le deuxième mode d'excitation peut se trouver réalisé, d'après les auteurs, par la déflagration de petites quantités d'acétylures très explosifs.

Pour mettre en évidence l'influence du refroidissement, on s'est servi tantôt de vases ayant un diamètre sensiblement égal à la hauteur, tantôt de tubes métalliques.

Il n'a pas été possible, pour un mode d'excitation déterminé, de définir une pression critique absolument fixe, au-dessous de laquelle la propagation serait impossible, tandis qu'immédiatement au-dessus la propagation serait certaine. Le passage se fait progressivement, suivant une échelle de pressions auxquelles correspondent des probabilités croissantes d'explosion.

Ce fait, comme le font ressortir MM. Berthelot et Vieille, n'est d'ailleurs pas particulier à l'acétylène. Pour tous les explosifs, les phénomènes de propagation par choc ou par influence présentent le même caractère, et les conditions qui assurent l'explosion certaine sont toujours va-

guement séparées de celles qui assurent l'insensibilité certaine : dans l'intervalle, il existe des zones dangereuses où l'on ne peut définir autre chose que la probabilité de l'explosion.

Toutefois la loi rapide de décroissance de ces probabilités conduit à regarder comme sans danger probable, dans le cas qui nous occupe, une surpression de 52 centimètres de mercure (7 mètres d'eau) lors de l'inflammation provoquée par un point en ignition, et la surpression de 17 centimètres de mercure (2 m. 30 d'eau) pour l'inflammation provoquée par l'amorce au fulminate. L'un des modes d'excitation est donc ici trois fois plus énergique que l'autre.

Les essais effectués dans un flacon de 25 litres n'ont pas mis en évidence une influence appréciable de la capacité du récipient.

L'inflammation donne lieu, sous toutes les pressions, à la production de volumineux flocons de charbon (voyez plus haut la Fabrication du noir d'acétylène) d'une extrême ténuité, qui tapissent les parois du récipient et le remplissent partiellement. En même temps, le récipient métallique devient brûlant. Lorsque l'inflammation ne se propage pas, on n'observe que des fumées, qui se déposent sous la forme d'une légère buée transparente, visible seulement dans les récipients en verre.

Voilà pour l'acétylène pur.

Examinons maintenant le cas d'une explosion par un mélange d'acétylène et d'air. Cette question a fait l'objet d'études approfondies de la part de MM. Le Chatelier et Gréhant. Ce dernier a comparé l'explosibilité de ces mélanges à ceux que donne le gaz d'éclairage tiré de la houille. Les expériences étaient faites sur l'eau dans des tubes à essais de 50 à 90 centimètres cubes. Les volumes étaient mesurés dans un appareil servant au dosage de l'azote en volume. Les mélanges étaient faits dans une cloche graduée où l'on introduisait l'air d'abord, puis l'acétylène, et l'on agitait au contact de l'eau. A cause de l'absorption d'un peu d'acétylène par le liquide, on ajoutait à la fin une bulle de ce gaz pour rétablir le volume primitif du mélange. L'inflammation était produite avec un fil de platine porté au rouge par une batterie d'accumulateurs. Le tube, fermé par un bouchon, était maintenu par un support dans un bocal plein d'eau, recouvert d'une planche et d'un contrepoids.

Pour l'acétylène, les tubes avaient un diamètre de 1cm,4 et une capacité de 50 centimètres cubes ; pour le gaz d'éclairage, on employait des tubes de 90 centimètres cubes, ayant 2cm,4 de diamètre.

Les résultats sont résumés dans les tableaux suivants :

I. *Mélanges de gaz d'éclairage et d'air.*

| Volumes | | Observations. |
|---|---|---|
| Gaz. | Air. | |
| 1 | 1 | Ne brûle pas. |
| 1 | 2 | Id. |
| 1 | 3 | Détone. |
| 1 | 4 | Détone un peu plus. |
| 1 | 5 | Forte détonation. |
| 1 | 6 | Id.      id. |
| 1 | 7 | Détonation un peu moins forte. |
| 1 | 8 | Id.           id. |
| 1 | 9 | Détonation moindre. |
| 1 | 10 | Id.           id. |
| 1 | 11 | Faible détonation. |
| 1 | 12 | Plus d'inflammation. |

II. *Mélanges d'acétylène et d'air,*

| Volumes | | Observations. |
|---|---|---|
| Acétylène. | Air. | |
| 1 | 1 | Brûle, flamme fuligineuse. |
| 1 | 2 | Id.       id. |
| 1 | 3 | Détonation, dépôt de charbon. |
| 1 | 4 | Détonation plus forte sans dépôt. |
| 1 | 5 | Forte détonation. |
| 1 | 6 | Id.       id. |
| 1 | 7 | Très forte détonation. |
| 1 | 8 | Id.       id. |
| 1 | 9 | Tube brisé. |
| 1 | 10 | Forte détonation. |
| 1 | 11 | Id.       id. |
| 1 | 12 | Id.       id. |
| 1 | 13 | Détonation un peu moins forte. |
| 1 | 14 | Id.       id. |
| 1 | 19 | Faible détonation. |
| 1 | 20 | Inflammation sans détonation. |
| 1 | 25 | Inflammation sans détonation. |

On voit donc que les mélanges d'acétylène et d'air détonent beaucoup plus violemment que les mélanges de gaz et d'air. Le gaz d'éclairage commence a détoner lorsqu'il est additionné de 3 fois son volume d'air, et cesse de détoner lorsqu'il y a plus de 11 volumes d'air. La plus forte détonation a lieu pour 5 à 6 volumes d'air. Avec l'acétylène, l'explosion commence aussi pour 3 volumes d'air, et cesse seulement au delà de 19 volumes; elle est maxima pour 9 volumes et produit alors la rupture du vase. On avait choisi dans ce cas un tube de verre à parois minces, ayant 26 centimètres de longueur, $2^{cent},4$ de diamètre et 5 millimètres d'épaisseur; on y introduisit $8^{cc},8$ d'acétylène pur et 80 centimètres cubes d'air, volume dont le rapport est de 1/9, et l'on immergea le tube fermé et muni de l'excitateur à fil de platine dans un bocal plein d'eau et recouvert d'une planche supportant un poids de 10 kilogrammes. Le passage du courant a déterminé une explosion des plus violentes, qui a brisé le tube et soulevé la planche et le poids.

Les limites entre lesquelles les mélanges sont explosifs sont donc éloignées : de 3 0/0 à 65 0/0 d'acétylène, d'après M. Le Chatelier (*C. R.*, 1897), de 3 0/0 à 72 0/0 d'après M. Bunte, même jusqu'à 80 0/0, au lieu de 8 0/0 à 30 0/0 pour le gaz. D'après M. Gréhant, le mélange est explosif au maximum avec 1 volume d'acétylène pour 9 volumes d'air.

Tandis que l'acétylène pur, à la pression atmosphérique, se décompose à 750°, un mélange contenant 35 0/0 d'air au moins et 65 0/0 d'acétylène au plus se décompose à 480° (Le Chatelier).

La vitesse de propagation de la flamme est très grande; elle varie avec les proportions d'air et de gaz acétylène :

Avec 10 0/0 de $C^2H^2$ et 90 0/0 d'air, elle est de 6 m. par seconde.

Avec 2,9 0/0 de $C^2H^2$ et 97,1 0/0 d'air, elle est de $0^m,10$ par seconde.

Avec 64 0/0 de $C^2H^2$ et 36 0/0 d'air, elle est de $0^m,5$ par seconde.

L'explosibilité diminue, d'après M. Le Chatelier, avec le diamètre intérieur des canalisations; pour un diamètre donné, il indique les teneurs-limites, maxima et minima, d'acétylène dans le mélange, nécessaires pour que ce dernier soit explosif; par exemple :

| Diamètre intérieur. | Teneurs-limites d'acétylène dans le mélange | |
|---|---|---|
| | minima. | maxima. |
| 40 mm..... | de 2,9 0/0 de $C^2H^2$ à | 66 0/0 de $C^2H^2$. |
| 6 mm..... | — 1 0/0 — | 40 0/0 — |
| 2 mm..... | — 5 0/0 — | 15 0/0 — |
| 0,5 mm... | — 0 | 0 |

L'ouverture d'un bec Bray 00000, inférieure à 0,5 millimètre, est trop petite pour laisser passer la flamme du mélange explosif, en tout cas à froid [voir les essais de M. P. Wolf, Berlin, *Journ. Gasbeleuchtung* du 21 mai 1898].

En résumé, le *gaz acétylène pur non comprimé* (c'est-à-dire à une pression inférieure à $1^{atm},5$, limite de sécurité adoptée en France, ou à $1^{atm},2$, limite choisie en Angleterre) peut être dangereux, pour les raisons suivantes :

Il s'enflamme à une température très basse : 480°. D'après M. Würgler et M. Beauregard (Rapport du 3 décembre 1896), la chaleur produite par une lampe à alcool suffit pour provoquer la décomposition du gaz.

On pourrait rallumer une flamme d'acétylène éteinte à l'aide d'une cigarette en combustion. M. Berdenich a constaté qu'un bec Bray 0000 ayant brûlé pendant quatre heures est assez chaud pour rallumer l'acétylène [*Journ. Gasbeleuchtung*, 30 avril 1898].

Les autres gaz inflammables exigent environ 600°. La limite de 480° s'abaisse quand la pression augmente. L'acétylène se serait donc allumé au contact d'un simple fer à souder dans un accident arrivé récemment à un plombier.

Le mélange détonant d'acétylène et d'air présente une grande vitesse de propagation de flamme; d'après MM. Berthelot et Vieille, elle est de 4 à 8 mètres par seconde pour les mélanges contenant de 5 à 15 0/0 de gaz.

Cette vitesse s'accroît avec la pression, surtout à volume constant : d'où la soudaineté des accidents. Le gaz acétylène étant plus riche que le gaz de houille, le mélange avec l'air est explosif dans des limites plus étendues, soit entre 3 0/0 et 7 0/0 d'acétylène. Le mélange se décompose brusquement à 480°.

Le *retour de flamme* dans l'intérieur des canalisations peut être un danger dans les distributions d'acétylène. Les rentrées d'air, le retour de flamme qui les accompagne souvent, ont causé quelques accidents, notamment les explosions de compteurs d'abonnés observées à Totis (Hongrie), en septembre et novembre 1897. L'ingénieur qui a distribué l'installation de Totis (14 kilomètres de voies canalisées, 4 générateurs avec refroidisseurs, épurateurs secs et sécheurs, 2 gazomètres de 6 mètres cubes chacun, 250 abonnés et environ 100 compteurs secs) a longuement insisté [*Gasbeleuchtung* du 30 avril 1898, art. de M. Berdenich] sur la gravité du retour de flamme et construit une « soupape de retour » destinée à en éviter les fâcheux effets. D'après lui, les trop grandes variations dans les pressions de distribution, l'arrêt du compteur pendant l'éclairage, les robinets étant ouverts, ou la fermeture du robinet principal avant les robinets des becs, provoqueront des rentrées d'air et des mélanges explosifs dans les tuyaux : la preuve que ces mélanges explosifs agissent à distance ou après coup, c'est la fine poussière de charbon qu'on retrouve ensuite dans les canalisations. La finesse des trous des brûleurs, la toile métallique du bec Bray 0000, ne suffira pas toujours pour empêcher la propagation de l'inflammation, surtout si le brûleur est chaud. Toute prise sur la canalisation principale peut aussi causer des rentrées d'air.

L'auteur a reproduit ces divers phénomènes par

l'expérience, et insiste sur ce qu'il appelle un danger jusqu'ici peu connu des distributions de gaz acétylène. La densité du gaz étant de 0.91, soit presque égale à celle de l'air, le mélange des deux gaz se fait lentement en cas de fuite. La diffusion est lente. Il en résulte qu'un mélange détonant peut se former dans un coin d'une pièce, même dans la partie inférieure, l'atmosphère ambiante étant d'ailleurs pure et sans odeur révélatrice. M. Jacobus, de New Jersey, fait la même observation quand il parle des « nappes explosives » que l'acétylène peut former.

Des fuites peuvent êtres dues à l'emploi du caoutchouc, qui est très perméable à l'acétylène [*Gaslighting*, 29 mars 1898).

Une cause purement physique, telle que le trop rapide écoulement du gaz comprimé à travers un mince orifice, peut produire, par échauffement local, l'explosion de toute la masse (Berthelot); c'est ce qui est probablement arrivé le 21 janvier 1896 à New Haven, comme à la rue Championnet le 17 octobre de la même année.

MM. Berthelot et Vicille ont insisté sur ces motifs d'explosion, ces causes fortuites qui suffisent à entraîner des sinistres comme celui du mois de décembre dernier à New Jersey : la rupture accidentelle d'un cylindre, une étincelle arrachée à l'acier, etc.

Mentionnons encore les impuretés de l'acétylène : les hydrogènes silicié, phosphoré et arsénié, dangereux à divers titres ou s'enflammant spontanément à l'air, dans certaines conditions (une eau acide ou fortement salée à réaction acide faciliterait, d'après M. de Perrodil, le dégagement de l'hydrogène silicié). Enfin l'ammoniaque, cause intermédiaire de formation des acétylures explosifs. On sait que l'acétylure de cuivre, formé par le contact de l'acétylène avec un sel de cuivre au minimum, en présence de l'ammoniaque, fait explosion à 200° ou sous le choc du marteau.

La présence des hydrogènes phosphorés, auxquels M. J. Vertesse, directeur de l'usine à acétylène de Weszprem en Hongrie, attribue diverses explosions « spontanées » constatées dans les générateurs, fait une nécessité de l'épuration de l'acétylène, absolument comme dans les usines à gaz, quand le carbure est impur et *non cris tallisé*, car la combustion de l'acétylène non épuré, dans les locaux fermés, n'est pas sans inconvénients au point de vue de l'hygiène [*Journ. of Gaslighting* du 24 mai 1898]. L'hydrogène phosphoré s'enflamme à basse température. La question des impuretés, tant dans le carbure (magnésie, phosphure de calcium, etc.) que dans l'acétylène (ammoniac, hydrogènes phosphorés, etc.), constitue une des petites complications de l'industrie qui nous occupe.

La présence des impuretés et de la vapeur d'eau diminue le pouvoir éclairant de la flamme.

Pour éviter ces impuretés, comme pour d'autres raisons, il est préférable de projeter le carbure graduellement dans l'eau et de façon à ne jamais dépasser la température de 40°. C'est à ce moment-là, alors que les affinités chimiques sont le plus puissantes, c'est-à-dire que c'est sur la chaux et l'acétylène à l'*état naissant* qu'il conviendra de faire agir les substances épurantes.

Un excès d'eau, au besoin un courant d'eau continu, paraît être un des meilleurs moyens de remédier aux impuretés du carbure.

Le *carbure* lui-même n'est pas sans quelque danger, à cause de l'énergie de sa réaction sur l'eau. Le 5 octobre 1896, M. Berthelot rappelait à l'Académie des Sciences un accident dû à cette cause, rapporté par M. Raoul Pictet. « Il y a lieu, disait M. Berthelot, de redouter, dans la réaction de l'eau sur le carbure, des élévations de température locales, susceptibles de porter quelques points de la masse à l'incandescence, l'ignition de ces points suffisant, d'après les expériences que nous venons d'exposer, pour déterminer l'explosion de toute la masse du gaz comprimé. » (Il s'agit d'un vase clos, où le gaz se comprime lui-même.) Nous avons vu que M. Willson a fait de cette propriété de compression automatique le principe de l'un de ses brevets. M. Berthelot y voit au contraire un risque d'explosion.

Un accident survenu en Bavière, cité par M. Gerdes [*Journ. Gasbel.*, 13 juillet 1897], apporte un nouvel exemple de ce danger.

Un ouvrier mit en train un appareil à acétylène, en amenant brusquement l'eau en contact avec une charge de carbure en excès; d'où une élévation de température. Puis il souleva la cloche du gazomètre, et fit ainsi rentrer de l'air dans l'appareil. Le mélange d'acétylène et d'air, se trouvant porté en un point à une température de plus de 480°, fit explosion.

M. Lewes cite une explosion survenue dans des circonstances analogues, due à la présence d'un peu d'air dans une cloche de gazomètre, aux parois de laquelle était fixé un panier à carbure. L'attaque du carbure en excès par l'eau — soit l'eau captée d'abord par la chaux, soit la vapeur de l'eau du vase — produisit une élévation de température suffisante pour décomposer le mélange détonant existant. Il y eut donc explosion sans l'intervention d'aucune flamme, au grand étonnement de l'opérateur (*Gaslighting* des 5 et 12 mai 1896; *Journal de l'éclairage au gaz* du 20 mai 1896]. Il convient d'ajouter que ces explosions peuvent être dues aussi aux impuretés du carbure employé.

Nous nous bornerons à mentionner ici les essais d'explosions faits par la maison Pintsch, de Berlin, sous la direction de l'ingénieur Gerdes, et, pour ceux qu'intéresserait l'éclairage des voitures de chemins de fer au mélange d'acétylène et gaz d'huile, en présence de M. Borcks, directeur de chemins de fer [*Journ. Gasbel.*, 27 mars et 3 avril 1897, 17 juillet 1897 et 8 janvier 1898]. Nous en avons déjà parlé à propos de l'éclairage des véhicules.

Citons un de ces essais. Un réservoir fut rempli d'acétylène pur à 6 atmosphères et prolongé d'un tube de fer de 5 millimètres de diamètre intérieur et long de 2 mètres. A une distance de $1^m,5$ du récipient, le tube fut échauffé avec un chalumeau de gaz à l'eau : le récipient fit explosion.

La même maison a mesuré, à l'aide d'un calorimètre spécial, la chaleur dégagée par la réaction de l'eau sur le carbure.

Des chiffres qui précèdent, il résulte que, plus que le gaz liquéfié, le carbure de calcium est le véritable *accumulateur de lumière* : 1 litre de carbure pèse $2^{kg},2$ et contient, sous un emballage peu compliqué, 660 litres environ de gaz[1]; 1 litre de gaz liquéfié, au contraire, ne représente à + 16° que 420 grammes d'acétylène , soit $420 \times 855 = 360$ litres à peine, pratiquement 250 litres de gaz à la pression ordinaire, et au prix de quelles complications !

Des complications analogues, quoique moins importantes, accompagnent l'emploi de l'*acétylène dissous dans l'acétone* sous forte pression; il faudra donc peut-être en revenir au carbure pour le transport du gaz et pour l'éclairage des véhicules, et chercher des moyens nouveaux propres à remédier aux difficultés de la production instantanée du gaz au moyen de carbure — ou bien il faudra employer l'*acétylène dilué*.

1. Un kilogramme de carbure dégage 100 fois plus de lumière que 1 kilogramme d'accumulateurs électriques au plomb.

En résumé, le carbure de calcium tel que nous le connaissons, l'acétylène gazeux, à la pression ordinaire, et les appareils innombrables qui le produisent, présentent des risques appréciables.

*L'acétylène dissous dans l'acétone* constitue un dispositif ingénieux, séduisant à première vue.

Rappelons quelques chiffres.

Un litre d'acétylène gazeux pèse 1ᵍʳ,17 sous la pression absolue de deux atmosphères, un récipient étanche contient donc 3ᵍʳ,34 de gaz et alimentera pendant 5 *minutes environ* un bec au débit horaire de 25 litres à l'heure.

Un litre d'acétylène liquéfié pèse 420 grammes à 16°,4, et suffit pour alimenter le même bec pendant 14ʰ22ᵐ; mais, sans parler de l'excessive dilatabilité du liquide, l'acétylène, à cet état, exerce à + 15° une pression de 38 atmosphères et constitue un véritable explosif des plus dangereux. En pratique, par litre, le récipient du gaz liquéfié contient l'équivalent de 250 litres de gaz, soit de quoi alimenter le même bec pendant *dix heures*.

Un litre d'acétone sous 10 atmosphères de pression dissout 350 grammes d'acétylène, soit 300 litres de gaz, quantité qui serait suffisante pour alimenter pendant 12 heures le bec de 25 litres; le coefficient de dissolution est, à la pression de Pkg, égal en grammes à 32 P par litre d'acétone (Berthelot).

En pratique, d'après M. F. Dommer, sous 12 atmosphères, l'acétone dissout *deux cents litres* utiles (ou 234 grammes) d'acétylène par litre de capacité, quantité suffisante pour alimenter pendant *huit heures* le bec de 25 litres.

Un litre de carbure, nous l'avons vu, peut produire assez de gaz pour alimenter le même bec pendant vingt-six, disons *vingt-quatre heures*.

L'emmagasinage du gaz est donc obtenu par l'acétone dans des conditions largement comparables à l'acétylène liquéfié, tant qu'on ne dépasse pas la pression de 10 atmosphères.

Mais il n'en est plus de même sous 20 atmosphères : la pression élevée facilite l'explosion en augmentant la vitesse de la réaction, dit M. Berthelot, et en abaissant la limite d'inflammabilité. Aussi, en cas d'inflammation interne, se produit-il ici d'abord une explosion due à l'acétylène qui se décompose instantanément; de plus, il y a volatilisation et décomposition de l'acétone, non spontanée mais provoquée par la première : c'est l'« explosion par entraînement », suivant l'expression de M. Berthelot. Néanmoins l'acétylène dissous ne paraît pas devoir — étant donné le poids du récipient nécessaire, et son volume — disputer au carbure de calcium le titre d'accumulateur de lumière.

Un autre mode d'emploi de l'acétylène est l'acétylène dilué par d'autres gaz. La présence d'un autre gaz a plusieurs effets : elle facilite, entre autres, la combustion de l'acétylène par l'air, tout en diminuant les risques inhérents à l'emploi du gaz pur.

Nous croyons qu'il reste beaucoup à faire dans cet ordre d'idées.

On a proposé de faire circuler sur du carbure un courant de gaz d'huile ou de gaz de houille entraîné par un jet de vapeur qui fournirait en même temps l'eau nécessaire à la production de l'acétylène.

Au début, on diluait l'acétylène d'un peu d'air; des conférenciers, aux États-Unis, n'ont pas craint d'apporter, pour leurs expériences publiques, des cylindres remplis de ce dangereux mélange, d'ailleurs presque aussi éclairant que le gaz pur. Jusqu'à moins de 15 ou 18 0/0 d'air, le mélange ne serait d'ailleurs pas explosif.

On a pratiqué la dilution avec l'azote; nous ne sachons pas qu'on ait continué, d'abord en raison du coût de l'azote, probablement aussi à cause des risques : l'on risquait d'introduire ainsi dans l'acétylène un peu d'oxygène ou encore de produire des composés azotés, ou de l'ammoniaque, qui est, en présence de l'eau et de certains métaux, l'intermédiaire de formation des acétylures explosifs.

Au laboratoire de la Ville de Paris (hiver 1895-1896) on a trouvé que 15 à 16 litres d'un mélange à 50 0/0 d'azote donnaient autant de lumière que 7ˡⁱᵗ,5 d'acétylène pur, soit une carcel-heure.

Ensuite, l'on a proposé l'acide carbonique. L'idée nous paraît mériter l'attention. Sans doute l'acide carbonique, surtout en raison de sa haute chaleur spécifique, tend à refroidir la flamme et, par conséquent, à en diminuer le pouvoir éclairant. Mais d'autre part, la dilution de l'acétylène en facilite l'attaque par l'oxygène de l'air au sein de la flamme, et en améliore ainsi le régime de combustion. Tout au moins, les essais faits au laboratoire de la Ville de Paris, en 1896-1897, ont-ils établi que la dilution par 10 0/0 à 20 0/0 d'acide carbonique ne diminue que fort peu (moins de 10 0/0) le pouvoir éclairant de l'acétylène.

Ainsi un bec Bray n° 2, débitant 85 litres à l'heure sous 30 millimètres de pression, a-t-il produit la carcel avec 8ˡⁱᵗ,21 d'un mélange à 20 0/0 d'acide carbonique et 80 0/0 d'acétylène.

Parmi d'autres essais, nous relevons celui du bec Bray n° 0, au débit horaire de 52 litres sous 25 millimètres, qui produisait la carcel avec 7ˡⁱᵗ,9 d'un mélange à 15 0/0 d'acide carbonique et 85 0/0 d'acétylène.

Mentionnons aussi les essais de M. Kruger à Charlottenbourg, de M. Bullier, et récemment de M. Goodwin à Dublin. M. Bullier a étudié un mélange d'acétylène et d'acide carbonique; il a trouvé, pour le mélange à 20 0/0 d'acide carbonique, un pouvoir éclairant de 9 litres par carcel.

Il y a donc en quelque sorte dilution, mais non diminution du pouvoir éclairant. Ou du moins la lumière obtenue « par litre d'acétylène brûlé » n'est-elle pas sensiblement réduite par la présence de 10 à 20 0/0 d'acide carbonique.

L'acide carbonique, inerte dans le mélange, jouerait un peu le même rôle à l'égard de l'acétylène dans la flamme que les 99 0/0 de thorium jouent dans le manchon du bec Auer par rapport au 1 0/0 de cérium, d'après les explications ingénieuses de M. Bunte : en le diluant, en l'étalant, il permet à toutes les molécules de jouer leur rôle et augmente finalement le rendement lumineux de l'ensemble.

Il serait intéressant de constater si l'acétylène dilué doit produire beaucoup moins rapidement *l'encrassement du bec* par le dépôt de carbone dans l'épaisseur même de la stéatite.

L'acide carbonique est à bon marché; sa présence à raison de 20 0/0 du mélange, ou moins encore, paraît être de nature à réduire pratiquement, dans une grande mesure, le danger d'explosion. D'après M. Bullier, elle diminue considérablement la propagation dans le cas d'une cause subite de décomposition spontanée de l'acétylène sous une pression peu élevée.

Enfin, s'il s'agit d'employer l'acétylène comme force motrice, la présence d'un diluant inerte à chaleur spécifique élevée comme l'acide carbonique, serait de nature à rendre l'explosion moins brisante à volume égal de cylindre, et, surtout, à permettre une plus longue détente des gaz de la combustion.

On a proposé de substituer au carbure de calcium pur des mélanges ou *agglomérés* à base de carbure. Le premier en date, si nous ne faisons erreur, auquel son auteur a donné le nom de *miacétylène*, a précisément pour but de produire directement, sous l'action de l'eau, de l'acétylène dilué d'acide carbonique. Avec le carbure concassé en grenaille, on agglomère, par un procédé spécial, un excès de carbonate de chaux et un corps acide, de telle sorte que ces deux derniers corps, sous l'action de l'eau, dégageront de l'acide carbonique, au fur et à mesure du dégagement de l'acétylène, en même temps que lui, dans la même proportion, et conformément à un dosage rigoureusement déterminé à l'avance.

Si l'on devait obtenir ainsi, par une production régulière, de l'acétylène dilué d'acide carbonique, plus facile à brûler, sans fumée ni encrassement des becs (la combinaison avec l'oxygène de l'air étant plus complète), et d'ailleurs produisant une explosion moins brisante dans son application aux moteurs, le *miacétylène* serait appelé à un certain avenir. Quoi qu'il en soit de ce procédé, dont il n'a pas encore été question à notre connaissance dans le commerce, ce n'est pas encore sous cette forme que le nouveau gaz nous paraît appelé à faire au gaz de houille une concurrence redoutable.

On a fait aussi quelques essais pour diluer de l'acétylène avec de l'*hydrogène*, façon d'obtenir un mélange plus léger, se diffusant plus vite dans l'air, en cas de fuites.

Probablement, quand le carbure de calcium sera moins cher, fera-t-on également des essais avec le *gaz pauvre*.

Nous ne reviendrons pas sur les études faites à propos des mélanges avec le *gaz de houille*. Nous nous contenterons de rapprocher des résultats trouvés en France ceux de M. Wedding (1895) sur du gaz au titre de 24,5 bougies, le volume de gaz de houille restant le même dans les divers essais.

Il a trouvé que, par addition au gaz de houille :

1 0/0 d'acétylène diminue la dépense de gaz de houille de 20 0/0 ;

2 0/0 d'acétylène diminuent la dépense du gaz de houille de 33 0/0 ;

4 0/0 d'acétylène diminuent la dépense de gaz de houille de 50 0/0 (?), ce qui correspondrait à un pouvoir éclairant double (d'après M. Guéguen).

D'après la maison Pintsch, le mélange contenant 30 0/0 d'acétylène et 70 0/0 de gaz de houille aurait le même pouvoir éclairant que le gaz d'huile. Ce mélange serait dès aujourd'hui à recommander pour l'éclairage des voitures de chemins de fer, il ne serait ni dangereux ni trop coûteux.

Signalons, en passant, l'intérêt qu'il y aurait, si le carbure de calcium venait à baisser de prix, à enrichir avec 7 à 10 0/0 d'acétylène (1 0/0 au minimum) du gaz de houille relativement pauvre, obtenu en grande quantité et avec un moindre pouvoir éclairant, par le fait d'un rendement exagéré à dessein de houilles à gaz ordinaires « surdistillées ».

Enfin le gaz d'huile, jaloux de s'entendre avec un nouveau concurrent, a su déjà contracter alliance avec l'acétylène. En Allemagne, en Prusse et en Wurtemberg, on a autorisé pour les voitures de chemins de fer, à la suite des expériences minutieuses et concluantes, dont nous avons parlé, de MM. Pintsch, le mélange contenant 25 0/0 et même 50 0/0 d'acétylène.

Le Métropolitain de Berlin a adopté cet éclairage pour ses voitures à partir du 1er mars 1898 : mélange comprimé à 6 atmosphères de 75 0/0 de gaz d'huile et de 25 0/0 d'acétylène.

Un mélange de 20 0/0 d'acétylène et 80 0/0 de gaz d'huile aurait un pouvoir éclairant égal à trois fois celui du gaz d'huile employé pur (*Journ. f. Gasbel.*, 27 mars 1897).

Nous avons décrit et reproduit plus haut l'installation fonctionnant industriellement à la gare de Fürstenwald (à côté des usines Pintsch), près de Berlin. Nous ne relèverons, dans cette description, que la grande simplicité des producteurs d'acétylène, d'une puissance de 180 mètres cubes par jour.

En résumé, l'emploi de l'acétylène gazeux pur exige des précautions multiples et reste actuellement plus dangereux que celui du gaz de houille, surtout dans les petits appareils.

Certaines difficultés existent encore, notamment l'épuration du gaz (phosphure de calcium dans le carbure), la forme du brûleur, etc.

Dans un certain nombre de cas, l'emploi de l'acétylène dilué d'un gaz inerte, l'acide carbonique par exemple, paraît devoir rendre de grands services.

Le mélange de gaz d'huile et d'acétylène est utilisé dans différents services publics d'éclairage de voitures de chemins de fer.

Enfin, au point de vue du public, c'est la *fabrication à domicile* qui est la plus dangereuse. Il faut ajouter que si l'on voulait fabriquer à domicile son gaz ou son courant électrique, on s'exposerait aussi à des dangers. Dans les petits appareils, on est plus exposé au risque de faire réagir l'eau sur un excès de carbure, et les impuretés éventuelles de ce dernier jouent un rôle plus important ; les lampes portatives, l' « acétylène à domicile » peuvent être actuellement considérés comme assez dangereux.

*Bibliographie concernant l'acétylène et les industries qui s'y rattachent.*

Ouvrages de fonds à consulter :

G. Pelissier, *l'Éclairage à l'acétylène*. Paris, 1897. — Julien Lefèvre, *Carbure de calcium et Acétylène*. Paris, 1898. — F. Dommer, *l'Incandescence par le gaz et le pétrole ; l'Acétylène et ses applications*. Paris. — E. Hubou, *l'Acétylène et ses applications*. Extrait des Mémoires de la Société des Ingénieurs civils de France. Paris, 1899. — H. Moissan, *le Four électrique*. Paris, 1897. — Steinheil, Revue de l'Acétylène et des industries qui s'y rattachent, publiée mensuellement par la *Revue générale de Chimie pure et appliquée*. Paris, 1899.

Périodiques à consulter :

*Comptes rendus de l'Académie. — Annales de Chimie et de Physique. — Bulletin de la Société Chimique de Paris. — Revue générale de Chimie pure et appliquée. — Acetylen in Wissenschaft und Industrie* (Carl Marold, à Halle). — *Zeitschrift für Calciumcarbidfabrication und Acetylenbeleuchtung* (Leopold Toporski, Berlin). — *Das Acetylen* (Supplément de *Kraft und Licht* de Dusseldorf). — *Journal für Gas und Wasserfach* (Vienne). — *Das Voran* (Heuking, à Cannstatt). — *Journal für Gasbeleuchtung* (Berlin). — *Journal of Gaslighting* (Londres).

## GAZ NATUREL.

Les gaz naturels sont les gaz d'éclairage les plus anciennement connus. On sait que les anciens habitants des bords de la mer Caspienne, les jours de réjouissances publiques, enflammaient les huiles minérales et les gaz naturels qui s'échappaient des bords de cette mer intérieure. Ce phénomène fut également observé dans d'autres parties du monde. C'est ainsi que, au fond du golfe de Paria, dans l'île de la Trinidad, et sur les bords d'un lac de bitume dont la formation continue est due à des sources gazeuses naturelles, on peut voir de temps à autre une lueur rougeâtre qui court sur cette partie du lac. Ce sont encore les éléments du gaz de l'éclairage qui, en brûlant, produisent cette lueur.

On trouve également en Chine des dégagements gazeux sortant de puits d'eau salée. Les Chinois canalisent ce gaz naturel au moyen de bambous, et l'utilisent pour chauffer et éclairer de grands chantiers où l'on extrait le chlorure de sodium de ces eaux; le gaz en brûlant permet d'évaporer les eaux, et les ateliers sont aussi éclairés par la flamme du même produit [de Mont-Serrat et Brisac, *le Gaz et ses applications*; Paris, 1892].

Chacun connaît enfin les sources de pétrole de Pensylvanie, auprès desquelles se trouvent nombre de dégagements de sources de gaz inflammables qui sont employés à divers travaux.

La découverte des gaz d'éclairage naturels remonte donc à la plus haute antiquité; ils se rencontrent dans toutes les parties du monde, et si, en général, ils sortent mélangés à des hydrocarbures liquides (pétrole), il arrive bien des cas où ces gaz naturels s'échappent seuls du sol, sous une très forte pression. Une application pratique de ces gaz naturels, et à bon marché, est connue depuis des siècles dans la région pétrolifère de Bakou, où de tout temps les fours à chaux ont été alimentés avec des gaz naturels, puis à notre époque les premières chaudières à raffiner le pétrole. Comme M. Imbert [*C. R.*, 22, 665] l'indique, et comme nous l'avons déjà rappelé plus haut, les Chinois en font un usage analogue dans leurs salines [Coldre, *Ann. des Mines*, (8), 19, 441]. Mais toutes ces applications sont certainement modestes en comparaison de celles qui se trouvent réalisées dans la région pétrolifère des Etats-Unis. La première exploitation des gaz naturels aux Etats-Unis remonte à l'année 1821. A cette époque, on découvrit à Fredonia, dans l'Etat de New York, une source de gaz naturels que l'on capta, canalisa, et qui suffit à alimenter 30 becs brûleurs pour l'éclairage public.

Peu de temps après, M. Campbell installa un éclairage avec les gaz naturels au phare de Barcelone, sur le lac Erié, au moyen d'une source de gaz qui se trouvait dans ces parages. Il en fut de même dans le district de Findlay (West Ohio), où M. Daniel Forster éclaira sa maison, à partir de 1838, et pendant plus de 20 ans, au moyen du gaz naturel (d'après Höfer). Depuis cette époque on a trouvé des sources de gaz naturels d'une telle richesse, et en si grande quantité, que dans les Etats de Pensylvanie et Ohio des villes entières sont chauffées et éclairées au gaz naturel.

Tout le monde connaît de nom la ville de Pittsburg, l'ancienne Ville-Fumée (Smoke City), qui à l'heure actuelle ne mérite plus cette épithète, étant entièrement éclairée et chauffée au gaz naturel. Il en est de même de ses usines métallurgiques qui empruntent aussi au gaz naturel leur chauffage et leur force motrice.

Nous donnons, dans le tableau ci-dessous, d'après M. Weeks, la statistique de la production du gaz naturel aux Etats-Unis au 1er janvier 1892 :

| États. | Nombre des usines exploitant le gaz naturel. | Bénéfices pour la vente du gaz naturel en dollars. | Nombre des puits exploités au 1er janvier 1892. | Longueur totale de la canalisation au 1er janvier 1892 en pieds. |
|---|---|---|---|---|
| Pensylvanie | 37 | 3 311 209 | 556 | 8 051 055 |
| Indiana | 93 | 1 482 795 | 305 | 3 874 071 |
| Kentucky | 5 | 28 993 | 38 | 263 500 |
| New York | 8 | 108 161 | 106 | 783 556 |
| Ohio | 36 | 86 238 | 110 | 518 720 |
| Illinois | 2 | 3 434 | 4 | 21 120 |
| Kansas | 2 | 700 | 5 | 8 200 |
| Arkansas | 1 | 250 | 2 | » |
| Missouri | 2 | 1 275 | 3 | 2 030 |
| Californie | 2 | 1 649 | 2 | 100 200 |
| Texas | 1 | » | 1 | 100 |
| West Virginia | 1 | 1 443 | 1 | 2 000 |
| Totaux | 190 | 5 026 147 | 1 133 | 13 625 152 |

Les chiffres ci-dessous indiquent la valeur, non pas seulement de la quantité de gaz naturel vendue par les Sociétés (voyez le tableau ci-dessus), mais la valeur totale du gaz naturel exploité en Amérique au cours de ces dernières années :

| Années | 1882 | 1890 | 1891 | 1892 | 1893 | 1894 |
|---|---|---|---|---|---|---|
| Valeur en dollars | 215 000 | 18 742 715 | 15 500 084 | 14 800 714 | 14 346 250 | 13 954 400 |

L'importance du gaz naturel aux Etats-Unis est considérable et sa valeur intrinsèque très grande. Nous ne saurions mieux faire saisir l'importance de ces deux facteurs qu'en reproduisant, d'après M. Weeks, le tableau ci-dessous, qui indique en tonnes et en dollars les quantités de houille et de bois que l'emploi du gaz naturel épargne chaque année aux Américains :

| Années. | Épargne en houille. | | Épargne en bois. | |
|---|---|---|---|---|
| | en *short tons.* | valeur en dollars. | en *cords.* | valeur en dollars. |
| 1885 | 3 131 600 | 4 587 200 | » | » |
| 1886 | 6 453 000 | 10 012 000 | » | » |
| 1887 | 9 859 000 | 15 817 500 | » | » |
| 1888 | 14 063 830 | 22 629 875 | » | » |
| 1889 | 10 198 930 | 20 932 059 | 69 018 | 165 040 |
| 1890 | 9 774 417 | 18 607 715 | 50 000 | 125 000 |

Ces quelques chiffres montrent que le gaz naturel a remplacé aux Etats-Unis pour plus de 110 millions de francs de houille dans certaines années. Malheureusement les sources sont mal captées, une grande partie des gaz combustibles sont perdus dans l'atmosphère, et, comme les chiffres des tableaux ci-dessus l'indiquent, le moment n'est pas éloigné où les habitants de Pittsburg devront recourir à un autre mode de chauffage et d'éclairage.

Théories relatives a l'origine des gaz naturels. — Les innombrables explications fournies pour justifier par des réactions connues ou des faits dûment constatés la formation des gisements d'hydrocarbures gazeux paraissent pouvoir être rattachées à l'une ou à l'autre des trois théories suivantes :

I. *Formation organique.* — Les gaz naturels seraient le produit de la décomposition de la matière organique, animale ou végétale, contemporaine du terrain où on les rencontre.

L'examen géologique des terrains pétrolifères du Kentucky a conduit, dès 1865, M. T.-S. Hunt à présenter cette théorie, que les gaz naturels et le pétrole, ou tout au moins les substances organiques qui les ont produits, ont été emmagasinés dans les couches où on les trouve actuellement, au moment même de la formation du terrain qui les renferme.

Ces substances se seraient décomposées sous l'action de la matière saline et calcaire qui les entourait, et les hydrocarbures ainsi formés se seraient amassés dans les cavités immédiatement voisines. Cette dernière opération n'a pu d'ailleurs se faire ni par distillation ni par infiltration, car, à côté même des chambres ou cavités pleines d'hydrocarbures gazeux ou liquides, on en trouve qui sont complètement vides.

La production des gaz naturels ne peut être attribuée, ainsi que certains auteurs l'ont supposé, à la distillation des pyroschistes appartenant aux couches moyenne et supérieure du dévonien. Toutes les sources de l'Ontario, qui sont fort riches, ont été creusées dans un terrain où ces pyroschistes ne se présentent que sous la forme d'une bande mince placée à la base de la formation Hamilton. Dans cette contrée, les réservoirs d'hydrocarbures naturels existent soit dans le sable quaternaire, c'est-à-dire au-dessus des pyroschistes, soit dans les cavités de l'argile Hamilton.

M. Krämer est, lui aussi, convaincu de l'analogie des hydrocarbures naturels avec les produits de la distillation sèche des fossiles végétaux. Suivant lui, la matière première des gaz naturels et du pétrole est la même que celle du gaz de houille et de nos goudrons industriels, et c'est sous l'influence des mêmes agents, la chaleur et la pression, que s'opère la décomposition de ces fossiles. Toutefois les méthodes mises en œuvre dans les deux cas présentent des différences capitales.

« Les gisements les plus riches de l'Amérique du Nord, dit M. Krämer, se trouvent dans le dévonien et datent par conséquent de l'époque précarbonique. Comme ces gisements fournissent la plus grande quantité de gaz, ainsi que les huiles les plus pures et les moins résinifiées, on peut admettre que ces substances s'y trouvent encore à leur état et dans leurs lieux de condensation primitifs. C'est donc à l'époque du dévonien, à la fin de la période silurienne, que nous pouvons faire remonter la formation des hydrocarbures naturels. Ce sont les organismes de ces époques, pendant lesquelles la vie végétale offrait un développement qu'elle n'a jamais atteint plus tard, qui ont fourni la matière première des gisements de houille et des réserves de gaz naturels et de pétroles auxquels nous puisons aujourd'hui. Reportons-nous par la pensée à ces époques lointaines : Une température torride règne partout; l'air est chargé de vapeur d'eau et d'acide carbonique; de fréquents orages engendrent des vapeurs ammoniacales et nitreuses, et les eaux sont saturées de phosphates calcaires. Sous l'influence de ces éléments nourriciers, les plantes se développent avec une rapidité et une puissance dont la vie végétale d'aujourd'hui ne nous donne qu'une idée bien imparfaite. Les mers et les marécages se peuplent de milliards et de milliards de mollusques, de crustacés, de poissons : c'est l'âge des trilobites et des amblyptères, que nous ne retrouverons plus dans les mers, sans doute trop froides, de l'époque suivante. Les bouleversements séculaires, les commotions volcaniques ont recouvert, sous des dépôts de sédiments argileux ou calcaires, des forêts puissantes, des lits de tourbe épais, et sur cette flore enfouie, séparée par une couche de terre nouvelle, cette succession de périodes tranquilles où apparaît et se modifie la vie, coupées par des convulsions de l'écorce terrestre qui en interrompent le cours, a formé ces réserves de substances organiques que nous retrouvons aujourd'hui sous forme de gaz naturels combustibles, d'huiles minérales ou de charbons.

« Au commencement, les cataclysmes étaient plus fréquents; les granits, les porphyres se faisaient jour à travers les crevasses béantes du monde encore pâteux; sous l'influence de la chaleur dégagée par les roches fondues se communiquant à travers les couches de sédiment, les débris végétaux ont subi une lente distillation, dont les produits volatils se sont condensés dans les parties les plus froides du terrain. C'est ainsi que nous ne retrouvons que peu de restes de ces premières flores, alors que l'époque carbonifère nous a laissé ces gisements de houille dont la puissance étonne l'imagination. C'est qu'à cette époque, plus rapprochée de la nôtre, les bouleversements étaient devenus moins fréquents et les couches successives sont restées parfois dans leur ordre, nous permettant de suivre l'histoire de notre planète comme à travers les feuillets d'un livre. »

Les théories du savant allemand ont été reproduites pour expliquer la formation des gisements d'hydrocarbures gazeux et liquides en Europe. M. Franz Fölterle suppose que les hydrocarbures de la Galicie occidentale proviennent des schistes de la période éocène, au travers desquels ils arrivent au jour, et attribue en partie la cause de cette distillation à l'influence de la température extérieure et de la décomposition des pyrites. M. Gauldrée-Boileau, ancien consul de France à New York, qui a particulièrement étudié cette question des hydrocarbures gazeux, attribue leur formation à une origine animale en les faisant provenir de la destruction lente des habitants des mers primitives. La composition élémentaire des tissus de ces animaux se rapproche en effet beaucoup de celle des végétaux et permet, en conséquence, de joindre cette hypothèse à la précédente.

La théorie que nous venons d'exposer a été contrôlée expérimentalement par M. C. Engler, professeur à l'Ecole polytechnique de Carlsruhe. Ce savant est arrivé à obtenir de véritables hydrocarbures gazeux et liquides en opérant sous pression la distillation des matières grasses qui, d'après lui, devaient être contenues en grandes quantités dans les organismes des mers paléozoïques. Cette distillation fournit 60 0/0 de véritables hydrocarbures artificiels. M. Engler se croit donc autorisé à considérer comme admissible l'hypothèse de l'origine animale de ces carbures d'hydrogène.

Les expériences de M. Gayon et celles plus récentes de M. Calmette viennent apporter un sérieux appui à la théorie de la formation organique. M. Gayon a montré que le fumier, en vase clos, devient le siège d'une fermentation forménique. La cellulose de la paille se carbonise et il se dégage des hydrocarbures gazeux, mélangés, surtout au début, d'acide carbonique qu'il est aisé d'en séparer.

M. Calmette (*communication particulière*) poursuit l'étude des microbes qui produisent cette fermentation forménique. L'étude de ces phénomènes doit d'ailleurs donner d'excellents résultats pratiques : on pourra établir ces fermentations des fumiers de ferme à l'aide de microbes spéciaux, fournissant des gaz plus purs que ceux qu'on a obtenus jusqu'ici. Ces gaz pourront être utilisés pour mouvoir les machines agricoles et pour l'éclairage.

II. *Formation chimique.* — L'idée de la formation chimique des hydrocarbures naturels a été émise pour la première fois par M. Berthelot, que des études spéciales avaient conduit à s'occuper de la synthèse des carbures d'hydrogène. Voici le résultat de ces recherches [*Ann. Chim. Phys.*, décembre 1866] :

Si l'on admet, conformément à l'hypothèse récente de M. Daubrée, que la masse terrestre renferme à l'intérieur des métaux alcalins libres, et si l'on se rappelle les expériences sur la formation des acétylures, on est forcément conduit, pour ainsi dire, à expliquer de la manière suivante la formation des hydrocarbures naturels :

L'acide carbonique, qui pénètre partout à travers la couche terrestre, arrive au contact des métaux alcalins et, sous l'influence de la température élevée qui règne dans cette région, donne naissance à ces acétylures.

Ceux-ci peuvent d'ailleurs résulter aussi de l'attaque des métaux alcalins par les carbonates terrestres, attaque qui a lieu même au-dessous du rouge sombre. Supposons que l'on mette ces acétylures alcalins en présence de la vapeur d'eau, il se produit de l'acétylène; mais on ne peut obtenir ce corps que si on le soustrait immédiatement à l'influence de la chaleur et de l'hydrogène dégagé simultanément par la réaction de l'eau sur les métaux libres, ainsi qu'à celle des autres substances contenues dans la masse. Cette condition n'étant pas réalisée, l'acétylène disparaît aussitôt.

A sa place on obtient soit les produits de sa condensation, qui se rapprochent des bitumes et des goudrons, soit les produits de la réaction de l'hydrogène sur ces corps déjà condensés, c'est-à-dire des carbures plus hydrogénés. Par exemple, l'hydrogène donne, en présence de l'acétylène, de l'éthylène et de l'hydrure d'éthylène (éthane); une nouvelle réaction de l'hydrogène sur les polymères de l'acétylène ou de l'éthylène produirait des carbures tout à fait semblables à ceux que dégagent les sources américaines. Les différentes réactions qui peuvent prendre ainsi naissance varient d'ailleurs avec la température et la nature des corps en présence, et leur nombre est à peu près illimité.

On peut déduire de cette théorie la production de tous les carbures naturels par une méthode purement minérale. L'intervention de la chaleur, de l'eau et des métaux alcalins et la tendance des carbures à s'unir les uns aux autres pour donner des substances plus condensées suffisent pour rendre compte de la formation de ces curieux produits. Il en résulterait aussi que la formation de ces carbures naturels pourrait s'effectuer d'une manière continue, puisque les réactions qui leur donnent naissance se renouvellent elles-mêmes sans interruption.

Revenant sur cette même question quelques années plus tard, M. Berthelot faisait remarquer que, tout aussi bien que celle de l'origine organique, l'hypothèse de l'origine chimique permettait de concevoir la possibilité d'une formation indéfinie des carbures d'hydrogène. Dans le premier cas, ces carbures étaient dus à la combustion des masses énormes de débris enfouis à des profondeurs inaccessibles; dans le second, ils résulteraient du renouvellement ininterrompu des réactions génératrices.

Une communication de M. H. Byassou [*C. R.*, 1871] vint confirmer la théorie de M. Berthelot. En faisant réagir l'acide carbonique sur l'eau, M. Byassou avait obtenu des gaz et un liquide inflammable à peu près indifférent à l'acide sulfurique et présentant une odeur analogue à celle du pétrole. Il en concluait que le même phénomène devait se passer dans le sol lorsque l'eau salée, pénétrant à travers la croûte terrestre, venait au contact du fer métallique porté à une très haute température.

La théorie la plus complète de la formation chimique des hydrocarbures naturels est due à M. Mendéléef, qui l'a exposée dans son ouvrage l'*Industrie pétrolienne de la Pensylvanie et du Caucase*. Nous allons résumer cette théorie en quelques mots : Admettons, comme on le fait généralement, que l'écorce solide du globe soit très mince par rapport au rayon terrestre, et qu'à l'intérieur de cette enveloppe solide se trouvent des masses plus ou moins liquides, entre autres des métaux carburés. Lorsque le refroidissement ou toute autre cause a amené la formation d'une crevasse, donnant issue à une chaîne de montagnes, l'écorce terrestre s'est plissée et il s'est produit au fond des nouveaux monts des fissures, ou du moins une désagrégation des masses rocheuses, qui ont été, par suite, comme ameublies. L'eau a pu pénétrer profondément dans ces terrains et arriver jusqu'aux métaux carburés. Alors, conséquence forcée, le fer et les autres métaux se sont combinés avec l'oxygène de l'eau et l'hydrogène s'est en partie dégagé et en partie combiné avec le carbone. En un mot, il s'est formé des hydrocarbures volatils. De plus, avec une pression considérable, un excès d'hydrogène et un contact prolongé, il n'a pu se produire autre chose que des carbures riches en hydrogène, tels précisément que le méthane, qui forme la majeure partie des gaz naturels, comme on peut s'en convaincre par les analyses très complètes données plus bas, et le pétrole. L'eau, en arrivant au contact des matières en fusion, s'est réduite en vapeur; une partie de cette vapeur s'est échappée par les crevasses du sol, emportant avec elle les vapeurs des hydrocarbures, qui se sont réunies, accumulées et condensées partiellement dans des cavités déjà préparées pour les recevoir. La fonte blanche, traitée par les acides, donne, il est vrai, des carbures moins riches en hydrogène que les carbures naturels; mais, si ces carbures se formaient sous l'influence d'une haute température et d'une haute pression (conditions réalisées dans les profondeurs du globe), ils ne manqueraient pas, dit M. Berthelot, de se transformer en carbures saturés, analogues à ceux des carbures naturels.

La théorie de Mendéléef, comme le dit justement M. Henry Deutsch, repose sur le *Système du monde* de Laplace et sur des lois physiques indiscutables. L'origine chimique du pétrole et des hydrocarbures gazeux naturels se trouve d'ailleurs confirmée par la disposition de leurs sources, par la proportion probable des métaux à l'intérieur de la terre, par le passage des eaux à travers les fissures et par leur action sur les carbures métalliques.

**III.** *Formation volcanique.* — En observant des sources de pétrole jaillissant des roches métamorphiques dans la baie de Cumana, Humboldt, en 1804, eut le premier l'idée d'attribuer une origine volcanique aux hydrocarbures naturels. Il appuyait son opinion sur ce fait que, à l'est de la baie et près de Curiaco, les couches inférieures des eaux sont assez chaudes et assez abondantes pour modifier la température de la surface. Il n'y a pas à douter, disait-il, que les hydrocarbures gazeux, et liquides ne soient le produit d'une distillation effectuée à une immense profondeur, s'échappant à travers les roches primitives sous l'impulsion d'une commotion volcanique.

Cette opinion a rencontré de nombreux partisans; nous ne citerons que pour mémoire le travail de M. de Chancourtois [*C. R.*, 1863], *Application du réseau pentagonal à la coordination des sources de pétrole et des dépôts bitumineux*, dans lequel cet auteur montre que l'hydrogène et les hydrocarbures gazeux se rencontrent très souvent au milieu des produits gazeux rejetés soit au moment même de l'éruption, soit par les ouvertures formées pendant le cataclysme qui, pendant un temps plus ou moins long, émettent des produits gazeux.

L'odeur particulière qui se dégage dans ces circonstances avait fait pressentir à MM. de Buch, Ferrara et Hofmann la présence des hydrocarbures dans les phénomènes volcaniques. D'autres savants ont trouvé au Vésuve des scories offrant des traces indubitables de naphte. En 1878 et 1879, on a pu constater que l'éruption du Vésuve avait été précédée par des projections de boues chargées de matières salines et de pétrole, dont la température variait de 7 à 33°. Enfin, M. Coquand a remarqué le même phénomène en Sicile, dans les Apennins, dans la péninsule de Taman et dans les plaines de la Roumanie.

La relation voisine qui semble exister entre les gisements des trois espèces de produits naturels, soufre, 'sel et hydrocarbures (gaz, pétrole, bitume), fournit aussi un argument en faveur de la formation volcanique. En effet, comme l'a démontré Sainte-Claire Deville, les émanations volcaniques contiennent successivement, et dans un ordre régulier :

1° Des sels alcalins (chlorure de sodium, sulfate de sodium, etc.);

2° Les acides chlorhydrique et sulfureux, des chlorures de fer, du soufre, de l'acide sulfhydrique et des sels ammoniacaux;

3° De l'acide carbonique, de l'azote, de l'hydrogène et des carbures d'hydrogène.

Le passage de ces produits se trouve marqué dans les cratères des volcans, après la fin de l'éruption, par trois zones distinctes : la première renferme le chlorure de sodium et les sels alcalins; la seconde, le soufre; la troisième, les carbures d'hydrogène. Or l'étude géologique des contrées aux environs desquelles on rencontre des sources d'hydrocarbures naturels, gazeux ou liquides, nous montre presque toujours, dans le voisinage de ces dernières, la présence des deux autres éléments, le sel marin et le soufre. Cette coïncidence conduit naturellement à admettre que les phénomènes volcaniques anciens, auxquels on doit attribuer sans doute la formation de ces dépôts salins et sulfurés, ont pu être également la cause première de l'apparition des amas de carbures d'hydrogène qui les accompagnent.

Quoi qu'il en soit de la théorie volcanique, la solidarité de ces trois espèces de produits naturels est un fait remarquable, que l'on peut constater sur presque tous les points où l'on a trouvé jusqu'ici le gaz naturel et les huiles de pétrole. Lorsqu'on trace, par exemple (Daubrée,

de Chancourtois), les principales lignes de grand cercle qui relient les sources de gaz naturels et les gisements de pétrole, de naphte et de bitume (asphalte), on voit apparaître des rapprochements inattendus, tels que la concordance de ces lignes de grand cercle avec les cours des grands fleuves près de leurs embouchures. C'est ce fait que M. de Chancourtois avait remarqué à propos des gisements de bitume de Seyssel et de ceux des environs de Clermont-Ferrand, qui fournissent un alignement rigoureusement parallèle à la direction du système des Pays-Bas. La même circonstance se retrouve aux États-Unis, où les principales sources de gaz naturel et de pétrole sont situées sur le prolongement du faisceau de fracture qui donne passage au Saint-Laurent et qui, prolongé dans notre hémisphère, vient aboutir à la presqu'île d'Apschéron, près de Bakou, c'est-à-dire dans la contrée de l'Europe la plus riche en hydrocarbures naturels de toutes sortes.

En relevant un grand nombre de gisements dans ces trois régions, M. Félix Foucon a constaté, notamment, que les accumulations d'hydrocarbures se rencontrent de préférence le long des axes anticlinaux vers lesquels convergent les roches soulevées. Dans la Virginie occidentale, par exemple, l'étage du terrain houiller a été soulevé de manière à rejeter à droite et à gauche l'étage moyen, la houille proprement dite, et cela quelquefois à une hauteur considérable. Or les gisements d'hydrocarbures sont échelonnés le long de l'axe de ce soulèvement partiel, et à peu de distance de la roche déchirée. Un peu plus loin, au nord-est et au sud-ouest de cette zone, la roche est soulevée sans être déchirée; aussi les gisements, au lieu d'être alignés à droite et à gauche sur les bords de la zone, sont-ils distribués au milieu, dans l'axe même du soulèvement. C'est d'ailleurs en s'appuyant sur ces remarques que M. Foucon est arrivé à attribuer aux gisements d'hydrocarbures naturels situés en Europe une direction générale parallèle à l'importante ligne de fracture qui va des bouches de l'Oder à celles du Danube. Cette direction se trouve dès lors indiquée par la presqu'île d'Apschéron d'une part, et les gisements bitumineux d'Elgin, en Écosse, de l'autre (on sait que la première source de gaz naturels trouvée en Europe le fut dans le nord de l'Angleterre). Elle traverse la Galicie occidentale parallèlement à la crête correspondante des Carpathes; de plus, elle passe sur les sources pétrolifères du Hanovre. Elle fournit donc quatre stations importantes en ligne droite, et en même temps, par sa direction ouest-nord-ouest et est-nord-est, elle relie sur sa route les gisements de la Galicie.

Cette subordination des gisements d'hydrocarbures naturels aux axes de soulèvement qui sont le résultat de révolutions successives de notre planète, a comme conclusion naturelle que les sources d'hydrocarbures sont des produits d'émanation souterraine. Les éruptions bitumineuses venant de l'intérieur de la terre dégageraient alors des hydrocarbures gazeux qui se liquéfieraient par la compression, s'élèveraient ensuite à travers les roches superposées, et viendraient s'accumuler dans les réservoirs où on les trouve actuellement.

Ces trois théories, émises pour expliquer la formation des hydrocarbures, se trouvent donc confirmées par un certain nombre de faits d'une importance considérable. Par suite, il semble difficile d'adopter l'une d'elles à l'exclusion des deux autres. Il est plus rationnel d'admettre, avec M. Henry Deutsch, qu'elles peuvent être vraies toutes les trois, et que la cause première des gisements d'hydrocarbures varie suivant les regions.

Pour terminer cette étude, nous donnerons les analyses de cinq sources de gaz naturels :

*Analyses de différentes sources de gaz naturels.*

| Gaz naturel de : | Hydrogène. | Méthane. | Éthylène et autres oléfines. | Oxyde de carbone. | Acide carbonique. | Oxygène. | Azote. | Acide sulfhydrique. | Analyses par : |
|---|---|---|---|---|---|---|---|---|---|
| Apschéron .......... | 0,34 | 92,49 | 4,11 | » | 0,93 | » | 2,13 | » | Schmidt [4]. |
|  ............ | 0,98 | 93,09 | 3,26 | » | 2,18 | » | 0,49 | » | — |
| Kerstch et Taman..... | » | 92,24 | 4,29 | » | 3,50 | » | » | » | Bunsen [5]. |
| —   —  .... | » | 95,39 | » | » | 4,61 | » | » | » | — |
| —   —  .... | » | 97,51 | » | » | 2,49 | » | » | » | — |
| —   —  .... | » | 95,56 | » | » | 4,44 | » | » | » | — |
| —   —  .... | » | 97,89 | » | » | 2,11 | » | » | » | Höfer [6]. |
| Ohio et Indiana..... | 1,64 | 93,35 | 0,35 | 0,41 | 0,25 | 0,39 | 3,41 | 0,20 | — |
| —   —  .... | 1,89 | 92,84 | 0,20 | 0,55 | 0,20 | 0,35 | 3,82 | 0,15 | — |
| —   —  .... | 1,74 | 93,85 | 0,20 | 0,44 | 0,23 | 0,35 | 2,98 | 0,21 | — |
| —   —  .... | 2,35 | 92,67 | 0,25 | 0,45 | 0,25 | 0,35 | 3,53 | 0,15 | — |
| —   —  .... | 1,86 | 93,07 | 0,49 | 0,73 | 0,26 | 0,42 | 3,02 | 0,15 | — |
| —   —  .... | 1,42 | 94,16 | 0,30 | 0,55 | 0,29 | 0,30 | 2,80 | 0,15 | — |
| —   —  .... | 1,20 | 93,58 | 0,15 | 0,60 | 0,30 | 0,55 | 3,42 | 0,20 | Stadtler [7]. |
| Pensylvanie. ........ | 6,10 | 75,44 [1] | 18,12 ⎫ | trace. | 0,34 | » | » | » | — |
|  ............ | 13,50 | 80,11 | 5,72 ⎬ éthane. | trace. | 0,66 | » | » | » | — |
|  ............ | 22,50 | 60,27 | 5,80 ⎭ | trace. | 2,28 | 0,83 | 7,32 | » | Engler [8]. |
|  ............ | 4,79 | 89,65 [2] | 4,39 | 0,26 | 0,35 | » | » | » | — |
| Pechelbronn.......... | » | 77,3 | 4,8 | 3,5 | 3,6 | 1,8 | 8,9 [3] | » | — |
|  ............ | » | 77,3 | 4,8 | 3,4 | 3,6 | 2,0 | 9,0 [3] | » |  |

1. Avec une trace de propane. — 2. Hydrocarbures à flamme lumineuse 0,56. — 3. L'azote est obtenu par soustraction de 100 0/0. — 4. *Z. deutsch. geolog. Gesell.*, 3, 45. — 5. *Jahresb.* 1850, 849 ; 1855, 1003. — 6. *Z. B. H.* 1891, 145. — 7. Lunge, *Z. Chem. Industr.*, 1887, 1, 125. — 8. *Gewbfl.* 1887, 765.

Bibliographie. — E. de Montserrat et E. Brisac, *le Gaz et ses applications*. Paris, 1892. — Henry Deutsch (de la Meurthe), *le Pétrole et ses applications*. — D' O. Dammer, *Handbuch der chem. Technologie* (article Erdgas). — Kurt Sorge, *J. Gasbel*, 1887, 196, 1096. — G. Lunge, *Das Vorkommen und die Verwendung von natürlichen Brenngas in Nordamerika, Z. angew. Chem.*, 1887, 125. — J. D. Weeks et D. T. Day, *Mineral resources of United States*, 1891, Washington, 1892. — *Das Naturgas in Amerika nach A. Williams, C. Zincken, C. A. Ashburner, Z. B. H.*, 1887, 215 et 229.

## GAZ A L'AIR
### (AIR CARBURÉ, GAZ DE PÉTROLE).

Le principe de la fabrication du gaz à l'air consiste à faire passer un courant d'air (par aspiration ou par compression) dans une couche de liquide combustible (gazoline, essence minérale) présentant une épaisseur constante ; l'air entraîne les vapeurs combustibles et se rend dans la canalisation qui le conduit aux becs d'éclairage ou aux autres appareils d'utilisation (chauffage, force motrice.)

La couche d'hydrocarbure doit être maintenue uniforme, sinon la carburation de l'air est variable, plus forte au début qu'à la fin de l'opération ; d'ailleurs, malgré la constance de l'épaisseur de la couche liquide, la composition du gaz peut varier au cours de la fabrication, car au début ce sont les produits les plus légers qui se vaporisent.

La question de température intervient en outre : l'évaporation, produisant toujours un abaissement de température qui retarde la volatilisation des hydrocarbures, contribue à faire varier la composition et par suite le pouvoir éclairant du gaz ; aussi, dans beaucoup d'appareils, combat-on cet abaissement de température par un chauffage effectué de différentes façons.

Les premiers essais de carburation furent faits en Angleterre par Beale en 1834, puis repris et perfectionnés en France par son associé, Busson-Dumurier. On employait alors de l'huile de schiste placée au fond d'un brûleur où l'air était envoyé sous une pression de 30 millimètres d'eau. Les expériences faites dans un hôtel de la rue Laffitte à Paris donnèrent une belle lumière ; mais, par suite d'un mauvais réglage, des gouttelettes d'huile entraînées tachèrent les vêtements des personnes assistant à ces essais, et leurs plaintes firent condamner sans appel, dès son origine, l'appareil de Busson-Dumurier.

La question fut reprise en 1860, lors de l'apparition du *photogène* de Montgruel, puis plus tard avec l'appareil Varloud. A l'Exposition universelle de 1889 à Paris, on pouvait étudier une nombreuse et belle collection de carburateurs perfectionnés (M. Ringelmann).

La fabrication de l'air carburé au moyen d'appareils fixes est forcément limitée ; par contre, elle a pris un développement extraordinaire depuis l'apparition des voitures automobiles.

Le fonctionnement des installations fixes doit être surveillé avec toutes les précautions nécessaires, à cause de la nature des hydrocarbures employés, qui en général émettent des vapeurs déjà à la température ordinaire et qui prennent feu au contact d'un corps incandescent.

Aussi est-il bon de placer les carburateurs dans un local spécial isolé des autres bâtiments, et non dans une cave ou dans une pièce quelconque faisant partie d'une maison d'habitation. Il faut, en outre, se servir de lampes avec cheminée en toile métallique, et non de lanternes ordinaires, lorsqu'on doit pénétrer la nuit dans la chambre de l'appareil. Enfin, il faut veiller à ce que la quantité d'air qui passe par l'appareil ne dépasse pas une certaine proportion par rapport aux vapeurs combustibles dégagées, afin que le mélange ne donne pas naissance à un gaz explosif.

Les appareils destinés à la carburation de l'air peuvent se diviser en deux classes : les carburateurs à froid et les carburateurs à chaud (M. Vernaud).

Parmi les premiers, figurent des appareils dans lesquels l'air qui doit être saturé de vapeur d'hydrocarbure est refoulé dans le carburateur par un ventilateur, mû soit par un petit moteur, soit par la descente d'un poids. Les carburateurs de ce système fournissent du gaz à une pression supérieure à la pression atmosphérique; ils peuvent, par conséquent, alimenter une canalisation d'éclairage aussi bien que des moteurs. Les carburateurs Faignot, Lequeux, Alpha, Eclipse, Phébus, etc., sont de ce système.

Dans d'autres, l'air est aspiré dans le carburateur: c'est le cas qui se rencontre exclusivement dans les carburateurs, destinés aux moteurs pour automobiles (de Dion et Bouton, Longuemare, etc.)

Les hydrocarbures employés sont, en général, des pétroles formés de mélanges d'éléments de volatilité très variable, et, si l'on n'y prenait garde, le courant d'air enlèverait d'abord les parties les plus volatiles formant un mélange riche qui irait en s'appauvrissant peu à peu. Pour remédier à cet inconvénient et maintenir aussi constante que possible la composition du mélange, il est préférable d'alimenter peu à peu le carburateur et surtout de faciliter la volatilisation en augmentant autant que possible les surfaces de contact avec l'air.

*Carburateurs fonctionnant à froid.* — En principe, ces carburateurs à froid fonctionnent de la manière suivante : De l'air fourni sous faible pression, par un appareil quelconque, est envoyé à une cloche régulateur avant de passer dans le réservoir dit carburateur, contenant l'hydrocarbure volatil; pendant son passage dans ce carburateur, l'air se sature de vapeurs combustibles, puis s'écoule dans la canalisation ordinaire. Dans certains modèles, l'air traverse la couche de gazoline en barbotant dans le liquide.

Comme le gaz doit se fabriquer au fur et à mesure des besoins de la consommation, la cloche à air joue le rôle de régulateur automatique et les appareils sont disposés de telle façon que, dès que la consommation cesse (voyez la coupe du régulateur Faignot et Duval (fig. 475), la cloche, dépassant une certaine hauteur, arrête automatiquement le fonctionnement du compresseur d'air. Dans certains appareils, on intercale en outre, sur la conduite de départ, un autre petit gazomètre jouant le rôle de régulateur. L'air peut être fourni par une pompe, un gazomètre, un compteur ou par une pression d'eau ou de vapeur. Mais la puissance motrice généralement employée est la pesanteur.

La disposition la plus simple, mais la plus encombrante, consiste à employer une cloche de gazomètre qui se déplace dans une cuve à eau. Le volume libre, lorsque la cloche est au point le plus élevé de sa course, doit être 1,3 fois au moins le volume nécessaire par journée régulière de fonctionnement.

Pour rendre l'appareil moins encombrant, on a généralement recours à un ventilateur rotatif basé sur le principe du volant des compteurs à gaz : les palettes plongent dans l'eau en partie et, à chaque tour, chassent un volume d'air déterminé sous une pression de quelques centimètres d'eau (0ᵐ,02 à 0ᵐ,05).

Le mouvement des palettes est fourni par un poids qui peut descendre d'une certaine hauteur; ce poids est attaché à un moufle à 3 ou 4 poulies; le câble est généralement en fer, et on l'enroule préalablement sur le treuil au moyen d'une manivelle; dès que le poids agit, le treuil tourne en sens contraire et entraîne l'arbre du ventilateur par un train d'engrenages. Un frein ou tout autre dispositif supprime automatiquement le fonctionnement du ventilateur dès que la consommation du gaz s'arrête.

L'appareil Faignot et Duval, représenté par la figure 475, est basé sur ce principe de la chute d'un poids.

Il se compose d'un ventilateur H, d'une cloche à air régulatrice AB et des carburateurs V V'. Le compteur-ventilateur H est pourvu du treuil à manivelle O; le remplissage de la partie inférieure se fait par le bouchon R, comme pour un compteur à gaz ordinaire, jusqu'à ce que l'eau arrive au niveau du bouchon S; le trop-plein est évacué par un bouchon en siphon; en C est la prise d'air et en T le bouchon de vidange.

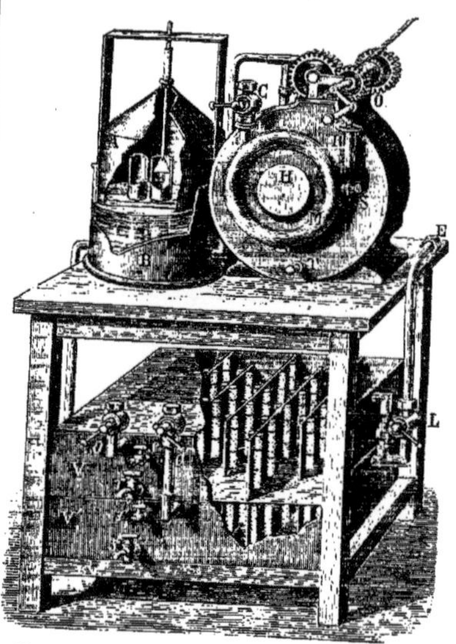

Fig. 475. — Carburateur à froid, système Faignot.

De temps à autre, tous les quinze jours ou tous les mois, on s'assure du niveau de l'eau, en remplaçant la petite quantité perdue par évaporation.

L'air, chassé par le ventilateur H, passe à la cloche régulatrice AB, indiquée en coupe. L'air arrive par le tuyau central, soulève la cloche A et s'échappe par le tuyau figuré sur la gauche de notre figure.

La cloche A est solidaire d'une tringle en cuivre terminée à sa partie inférieure par une soupape conique; dès que la consommation diminue ou cesse, c'est-à-dire lorsque l'air s'écoule peu ou pas du tout, le ventilateur fournissant toujours le même volume, la cloche s'élève et entraîne avec elle dans son mouvement la tringle jusqu'à ce que la soupape conique vienne obturer graduellement l'extrémité du tuyau central servant à l'admission de l'air; à ce moment, la résistance est suffisante pour arrêter automatiquement le mouvement du ventilateur.

L'air fourni par la cloche A se rend ensuite aux deux carburateurs superposés V et V', garnis de mèches perpendiculaires ou d'éponges, ou de toute autre matière destinée à diviser la gazoline; le remplissage s'effectue par les robinets o jusqu'au niveau des robinets de jauge $r$, $s$, les petits robinets inférieurs $r$, $s$ étant des robinets de vidange; en L se trouve le robinet de sortie du gaz, qui se rend par le tuyau E dans la canalisation.

Les carburateurs Faignot utilisent de la gazoline d'une densité de 0,650. En hiver, l'évaporation est moins active qu'en été; elle cesse dès que l'hydrocarbure atteint la densité de 0,665, alors qu'en été l'opération peut se prolonger jusqu'à ce que le liquide ait une densité de 0,680; aussi en hiver, après épuisement, on retire l'hydrocarbure par les robinets $r$, $s$, pour le mélanger par parties égales avec de la gazoline fraîche à 0,650, afin de s'en servir lorsque la température est plus élevée.

Les appareils représentés par la figure ci-dessus sont très ramassés sur une table qui supporte à la fois le ventilateur, la cloche à air et les carburateurs; dans les grands modèles de 300 becs, le ventilateur est séparé et la cloche à air est posée directement sur les carburateurs.

Dans l'appareil Coquerel, l'air est fourni par quatre soufflets, actionnés au moment voulu par un tout petit moteur à air chaud. Ce moteur est chauffé par un bec de gaz dont le tuyau d'amenée est branché sur la canalisation alimentée par l'appareil; le mouvement est communiqué à des poulies et l'embrayage de la courroie a lieu par une fourche à levier actionnée par la cloche à air. Le soufflet envoie l'air sous une faible pression dans ladite cloche; si la consommation est nulle ou très faible, la cloche s'élève et, au delà d'un certain niveau, déplace automatiquement le levier à fourche de telle sorte que, la courroie passant sur une poulie folle, les soufflets sont arrêtés. De la cloche, l'air passe successivement dans trois carburateurs qui sont constitués par des compteurs à gaz ordinaires, dans lesquels l'eau est remplacée par de l'essence minérale à 0,700 provenant d'un réservoir à tube de niveau; l'essence s'écoule automatiquement de ce réservoir dans les carburateurs, où elle se maintient à un niveau constant.

L'ensemble est fixé sur un bâti métallique; l'appareil de 30 becs occupe 1 mètre carré, celui de 300 becs nécessite un emplacement de 2$^{mq}$,10.

Au lieu de faire tourner les palettes du ventilateur dans une couche d'eau et d'employer une cloche à air jouant le rôle de régulateur, on a cherché à réduire l'appareil afin que le ventilateur joue en même temps le rôle de carburateur; tel est l'appareil désigné sous le nom de *Luciole* (Société de la lumière nouvelle).

Nous dirons maintenant quelques mots des carburateurs destinés spécialement aux moteurs à pétrole.

Le carburateur Mignon et Rouart se compose d'un cylindre horizontal tournant à la vitesse d'un tour par cinq minutes. Des cloisons verticales divisent ce cylindre en compartiments, dont trois sont remplis d'étoupes que le mouvement de rotation maintient continuellement humectées par la gazoline qui se trouve à la partie inférieure du cylindre. Le courant d'air aspiré par le moteur traverse ce cylindre dans toute sa longueur. Dans un autre modèle des mêmes constructeurs, le cylindre est muni à l'intérieur d'augets disposés suivant les génératrices qui viennent puiser la gazoline à la partie inférieure pour la déverser en pluie dans le courant d'air. La vitesse de rotation est plus grande que pour l'autre modèle.

Dans un autre dispositif, dû à M. Piéplu, une brosse en poils de sanglier est montée dans l'axe d'un cylindre horizontal traversé par l'air aspiré. Le moteur communique à cette brosse, qui barbote dans la gazoline, un mouvement de rotation continu.

Le carburateur du moteur Simplex est constitué par une brosse hélicoïdale disposée dans un cylindre vertical, sur laquelle coule un filet de gazoline et en même temps un filet d'eau chaude provenant de l'enveloppe du moteur. L'ensemble arrive dans une caisse à la partie supérieure de laquelle aspire le moteur. L'air est, par conséquent, forcé de traverser le cylindre renfermant la brosse, au contact de laquelle il se charge de vapeur de pétrole. La présence de l'eau chaude a pour but de favoriser la vaporisation de la gazoline.

Ce procédé est d'ailleurs employé dans d'autres carburateurs où l'eau qui a servi à refroidir le moteur vient ensuite passer dans une enveloppe du carburateur et combattre le refroidissement produit par l'évaporation.

Tous ces carburateurs fonctionnent d'autant mieux que le pétrole employé est plus volatil. On doit les alimenter de préférence avec la gazoline de densité de 0,650, qui se volatilise vers 75°.

Le carburateur Durand a été étudié de façon à permettre l'utilisation de pétrole de densité de 0,700 environ, qui coûte un peu moins cher que la gazoline. Il se compose d'un récipient clos dans lequel se trouve le pétrole; à la surface flotte un macaron poreux en liège; au milieu de ce macaron débouche un tube amenant l'air à carburer; l'aspiration du moteur se fait à la partie supérieure de la caisse. On peut, lorsqu'on le veut, réchauffer le pétrole en se servant des gaz d'échappement. La partie la moins volatile de l'huile employée se rassemble au bas du récipient, que l'on purge quand c'est nécessaire.

Nous avons encore à signaler parmi les carburateurs à froid cités par M. Vermand, à qui nous empruntons ces renseignements, l'appareil Brayton, qui permet d'employer des huiles lourdes de pétrole de densité 0,800. L'air devant servir à alimenter le moteur est refoulé à travers un réservoir rempli d'étoupes ou d'éponges, à l'intérieur duquel une pompe amène le pétrole nécessaire. Pour favoriser la carburation, une injection d'air à haute pression est faite dans cet espace et sert à faire mousser le liquide que l'air entraîne à l'état de poussières.

On a cherché, notamment en Amérique, et pour certaines industries (métallurgie, etc.), à produire du gaz riche extrait des naphtes, c'est-à-dire des résidus de la distillation du pétrole brut, qu'on trouve à très bas prix dans le commerce. MM. Keichhelm et Machlet ont installé, d'après M. Ringelmann, à l'American Oil Gas C°, un appareil bien conçu en ce qui concerne les précautions prises pour la manutention du pétrole.

La fabrication de ce gaz à l'air doit se faire au fur et à mesure de la consommation, afin d'éviter la construction d'un gazomètre et probablement les condensations obligatoires qui sont fonction du temps. Le naphte, convenablement dosé, est pulvérisé et mélangé avec une certaine quantité d'air, variable suivant la richesse à obtenir; l'air employé doit être sec et le gaz à la sortie de l'appareil doit être envoyé directement aux brûleurs.

Le naphte est logé en sous-sol dans le réservoir métallique A (fig. 476) portant les tuyaux d'arrivée $a$, de vidange $v$ et d'air $b$; au début du travail, on remplit complètement de naphte le réservoir A, afin qu'il n'y reste pas d'air pouvant donner lieu à la formation d'un mélange détonant, puis les robinets $a$ et $b$ sont fermés. Le jaugeage du combustible est très ingénieusement déterminé par un déplacement d'eau; à cet effet, l'eau en charge arrive dans le réservoir jaugeur N muni d'un niveau d'eau et d'un tuyau de trop-plein F, servant au réglage, qui communique avec l'égout V; le volume d'eau, déterminé suivant la richesse du gaz à obtenir, passe par le tuyau $i$ et se rend au fond du réservoir A en chassant au-dessus de lui le naphte, qui s'élève en volume correspondant par le tuyau $u$ dans le réservoir M, muni d'un tube de niveau et d'un flotteur; de ce réservoir le liquide passe au pulvérisateur E par le tuyau $l$.

Le pulvérisateur E est un cylindre vertical contenant une série de toiles métalliques $t$, superposées, dont la finesse est de plus en plus grande; le naphte arrive par $l$ sur la première toile, qui est traversée de bas en haut par un courant d'air venant du conduit E. de sorte qu'il sort à la partie supérieure du cylindre E un mélange parfaitement homogène d'air sec et de naphte pulvérisé, les gouttelettes d'huile étant retenues par les toiles fines et l'air envoyé par D ayant été préalablement chauffé. On obtient ainsi le mélange intime du comburant et du combustible, tout en conservant la possibilité de faire varier les proportions du mélange, afin d'assurer la combustion parfaite du naphte et l'utilisation aussi complète que possible de son pouvoir calorifique.

L'air employé est fourni par un ventilateur volumétrique, représenté schématiquement en C; ce ventilateur est analogue comme principe à un compteur à gaz, chaque palette débitant par tour une quantité d'air déterminée; l'air est réchauffé sur son parcours $m$ et passe dans une chambre de détente D qui permet la condensation de la petite quantité de vapeur qu'il pourrait entraîner; de D, l'air encore chaud passe au pulvérisateur E par un conduit.

Le gaz s'échappe dans la canalisation S, qui doit être aussi courte que possible, et les produits de la condensation (eau et naphte) s'évacuent par les purgeurs $q$, $q'$ dans le cylindre O, d'où, par une pression d'air arrivant en $p$, on les renvoie par le tuyau I à un bac séparateur non représenté sur le dessin.

Cet appareil est surtout établi pour le chauffage; mais il peut trouver des applications pour la production de la force motrice dans les localités où le naphte est à un prix assez bas pour couvrir les frais d'installation du gazogène.

Aux Etats-Unis, il existe de nombreuses installations de gaz à l'eau ou de gaz pauvre carburé par des huiles lourdes de pétrole, et l'on estime que, sur le gaz produit dans ce pays, ainsi qu'au Canada. il y a 62 0/0 de gaz à l'eau carburé.

Sans insister sur le détail de ces installations, car nous y reviendrons plus tard en parlant du gaz à l'eau, nous donnerons néanmoins le principe de l'appareil de l'Economical Gas Apparatus Construction C° de Toronto, qui repose sur le brevet Lowe, et ceux de Merrifield, Westcott et Pearson (d'après Ringelmann, *Revue industrielle*, 2 mai 1896).

Le gaz à l'eau ou le gaz pauvre rencontre un jet qui pulvérise l'huile lourde préalablement chauffée: le mélange de gaz et d'hydrocarbure passe ensuite à un réchauffeur et de là aux appareils scrubber, d'épuration, de condensation des goudrons, et enfin au gazomètre.

Un de ces appareils, produisant 28 mètres cubes de gaz d'une intensité photométrique de 22 bougies anglaises, soit près de 3 carcels, nécessite

de 13 à 15 kilogrammes d'anthracite ou de coke et de 17 à 18 litres d'huile lourde.

Sur un espace de 2 mètres carrés, on pourrait,

Fig. 476. — Appareil pour la carburation par le pétrole lourd.

d'après M. Ringelmann, produire 7000 mètres cubes de gaz par 24 heures avec quatre hommes, qui pourraient au besoin conduire deux installations semblables.

*Carburateurs fonctionnant à chaud.* — On

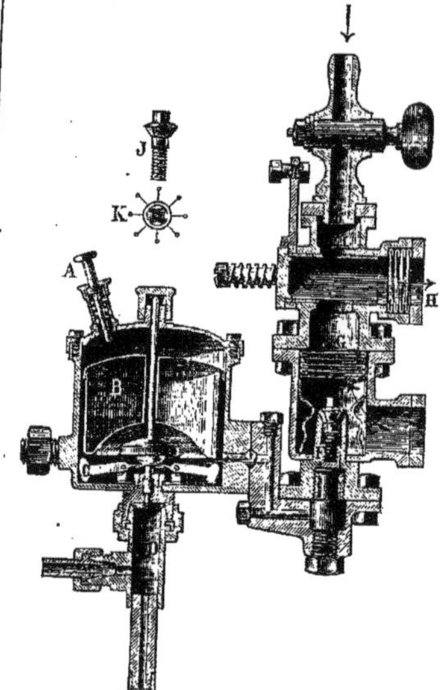

Fig. 477. — Carburateur Longuemare.

emploie, pour l'éclairage, le chauffage ou la production de la force motrice, plusieurs appareils basés sur le principe de la combustion d'une vapeur d'huile lourde qui est produite au fur et à mesure de la consommation.

Nous dirons d'abord quelques mots des carburateurs appliqués aux moteurs.

Le carburateur Ragot se compose de deux cônes en cuivre emboîtés l'un dans l'autre et chauffés, en marche, par les gaz d'échappement, au départ par un brûleur spécial. Entre ces deux cônes coule lentement un filet de pétrole qui se vaporise et se mélange à une faible quantité d'air admise dans l'appareil ; le gaz produit est aspiré par le moteur.

Le carburateur du moteur Sécurité se compose d'un serpentin réchauffé par les gaz d'échappement ; le pétrole coule lentement à l'intérieur et la vapeur formée vient passer dans une sorte d'injecteur, où elle entraîne par aspiration l'air nécessaire. Au début de la marche, il est nécessaire de carburer l'air au moyen de gazoline, jusqu'à ce que le serpentin soit assez chaud pour vaporiser le pétrole.

Au Concours agricole de Paris en 1898, la maison Longuemare présentait un carburateur à essence minérale, permettant de transformer facilement tout moteur à gaz d'éclairage en moteur à pétrole. La figure 477 donne une coupe de cet appareil.

Le combustible, provenant d'un réservoir surélevé, arrive par un tuyau à un récipient A qu'on fixe contre le moteur par une patte. Le récipient est pourvu d'un flotteur B qui est chargé d'agir sur l'arrivée du combustible, afin de maintenir un niveau constant correspondant au niveau d'un clapet F, qui est représenté en détail en J et K ;

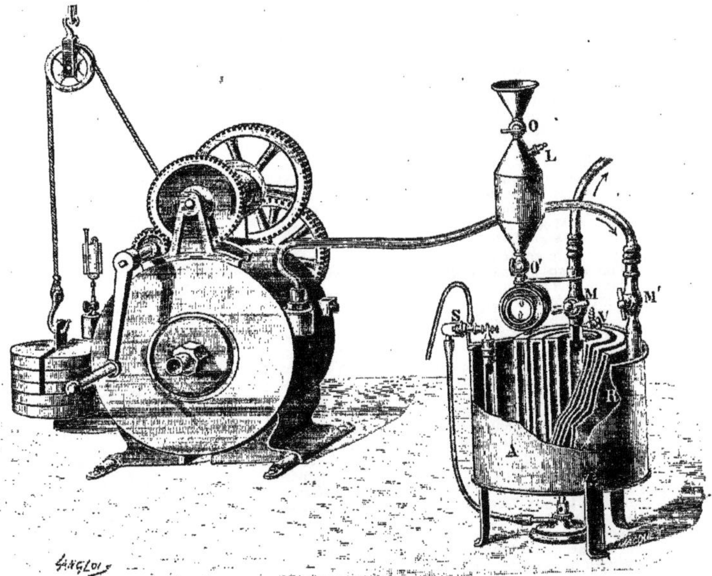

Fig. 478. — Carburateur à chaud Lequeux.

ce clapet conique est pourvu d'un certain nombre d'encoches par lesquelles peut suinter l'essence minérale, qui arrive le conduit à angle droit d. De l'air chaud, chauffé par les gaz de l'échappement ou par le brûleur du tube d'allumage, pénètre en G, passe suivant les flèches par les fenêtres i, entraîne des vapeurs d'essence et se carbure ; l'air carburé traverse des toiles métalliques et se rend au moteur par le conduit d'aspiration H.

L'air carburé se mélange avec une certaine quantité d'air pur qui pénètre dans le robinet par le tuyau supérieur I ; le réglage des volumes d'air pur et d'air carburé s'effectue en manœuvrant le robinet par sa manette ; ce robinet est serré par une plaque appliquée par un ressort. Le réservoir A est muni d'un tube à air et le carburateur d'un tube de trop-plein.

Les carburateurs Jupiter de MM. W.-H. Dorey et Gustave Chauveau sont analogues au précédent, mais dans le dernier l'air à carburer se déplace de haut en bas ; en un mot, l'air aspiré par le moteur à la première période du cycle, réchauffé par contact avec les gaz de l'explosion, se carbure en passant autour d'un ajutage qui laisse échapper une petite quantité d'essence minérale.

Nous terminerons la description de ces différents carburateurs à chaud en disant quelques mots de l'appareil Lequeux (Wiesnegg), représenté en coupe par la figure 478.

La compression de l'air a lieu, comme dans l'appareil Faignot, au moyen d'un compteur à gaz mis en mouvement par la chute d'un poids. Cet appareil est perfectionné en ce sens que le treuil peut être remonté même pendant la marche. La pression de l'air est contrôlée par un petit manomètre à eau placé sur la gauche du compteur. L'air se rend sous faible pression, par le robinet M', au carburateur en spirale R, contenu dans le bain-marie A rempli d'eau, chauffé par un bec de Bunsen visible sous l'appareil. Le carburateur est chauffé à une température déterminée et rendue constante par le régulateur à gaz S. La gazoline est contenue dans le réservoir conique surmontant l'appareil. On remplit ce réservoir par l'entonnoir à robinet O. En O′ se trouve le robinet compte-gouttes à débit visible qui laisse entrer dans le carburateur l'essence nécessaire à la consommation; en L se trouve une soupape de sûreté, en V un purgeur d'air et en M le robinet de départ de l'air carburé.

Cet appareil marche avec la plus grande régularité et permet, tout en laissant le compresseur d'air à l'extérieur sous un hangar, d'avoir le carburateur à l'intérieur de la maison, à l'abri du froid et des intempéries.

En ce qui concerne l'emploi des gaz d'hydrocarbure lourds à l'éclairage, nous ne parlerons que d'un seul appareil employé pour de grands espaces : la lampe Wells. Ainsi que le dit M. Ringelmann, les appareils d'éclairage intensif capables d'être utilisés en plein air, malgré le vent ou la pluie, peuvent rendre des services dans certaines exploitations où l'on est obligé de procéder à des travaux de nuit (forges, ateliers, carrières, chantiers de travaux publics, services de l'armée et de la marine, etc.).

En 1856-1857 Douny, professeur à Gand, avait imaginé une lampe pour les usines et les chantiers, brûlant sans verre ni mèche et pouvant utiliser les huiles de goudron; mais cette invention a été beaucoup perfectionnée par MM. Wallwork et Wells. La lampe, connue sous le nom de *lumière Wells*, se compose d'un récipient cylindrique en tôle, muni d'une pompe à air I, d'un tuyau plongeant et d'un bouchon de vidange L. La pompe I a pour but :

1° D'introduire dans le récipient, par le tuyau K, la charge voulue de combustible;

2° D'introduire de l'air, qu'elle comprime à une pression qui peut varier de 1 à 2 atmosphères.

Sous l'action de cette pression, indiquée par le manomètre Y, le combustible peut s'élever dans le tube vertical Q, protégé à l'extérieur par le gros tube AM; à sa partie supérieure, le tube Q, solidaire de la manivelle F, peut tourner horizontalement grâce au presse-étoupe M, afin de permettre de placer la flamme dans la direction voulue. En ouvrant le robinet inférieur, le liquide s'élève dans le tube Q, traverse le serpentin formé de huit tuyaux rectilignes où il se vaporise; la vapeur se dégage en N, se mélange avec l'air dans l'enveloppe cylindrique W; en B est la vis de nettoyage du brûleur N. En travail, l'ensemble WB est protégé du vent par une enveloppe.

Pour la mise en train, on chauffe préalablement le serpentin avec de l'alcool ou du pétrole qu'on brûle dans la coupelle C pendant 15 minutes environ, après avoir remonté la plaque *c* qui, appuyée contre le vaporisateur, en facilite la chauffe. Pour la mise en train de certains appareils, on envoie par la valve un courant d'air comprimé dans le tube ascendant, en même temps que du combustible; il en résulte une pulvérisation qui peut s'allumer directement en N et chauffer en 3 ou 4 minutes le vaporisateur.

Pour l'arrêt, on ferme le robinet et on vide le tuyau Q par le robinet purgeur R.

Toutes les trois ou quatre heures on rétablit la pression avec quelques coups de la pompe I; la capacité du réservoir n'a pas une très grande importance, car on peut le recharger rapidement en pleine marche sans arrêter le fonctionnement de la lampe.

La puissance d'éclairage de ces becs intensifs varie de 1000 à 3500 bougies, suivant la grandeur des appareils. On en construit de petits modèles portatifs pesant à vide une vingtaine de kilogrammes; pour les types qui pèsent à vide de 55 à 90 kilogrammes, le déplacement s'effectue avec une brouette spéciale qui soulève l'appareil par les poignées. Enfin la lampe peut être fixée à l'extrémité d'un mât de 6 mètres de hauteur, afin d'éclairer de grands espaces. Le mât est

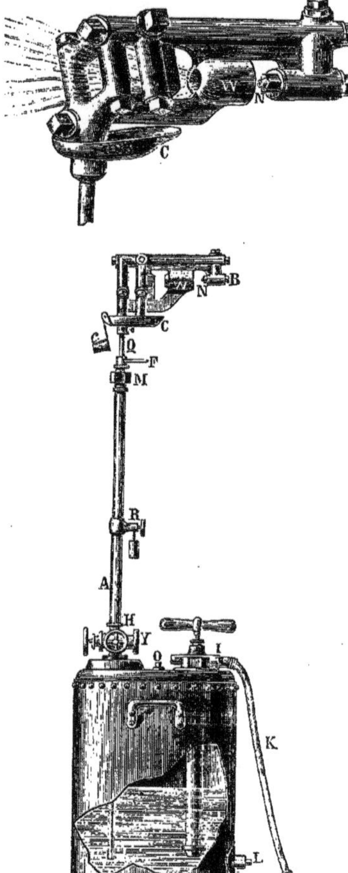

Fig. 479. — Lumière Wells.

constitué par un tube conique en fer soutenu par quatre simples étais; un treuil permet de placer la lampe à la hauteur voulue, et les poulies supérieures sont montées sur une chape tournante afin de pouvoir modifier la direction de la flamme; le réservoir, avec sa pompe à air et les robinets de manœuvre placés sur le sol, sont mis en communication avec la lampe par une conduite souple.

L'huile employée pour ces appareils est ordinairement une huile de houille d'une densité de 1,000, mais on peut également utiliser de l'huile de schiste ou des pétroles lourds. Dans tous les cas, le combustible demande à être filtré avant son introduction dans le réservoir, afin d'éviter l'obstruction du brûleur, qu'on débourre de temps à autre avec une épinglette d'acier.

La consommation horaire est estimée à :

```
3 lit. 500 pour un éclairement de...   1000 bougies.
5  , 500       —       —       ...    2500   —
9  , 500       —       —       ...    3500   —
```

Voici quelques chiffres qui ont été fournis à M. Ringelmann par M. Deroy sur deux brûleurs Wells qui ont été en service dans ses ateliers :

« En 90 jours, on a employé 1763 kilogrammes d'huile de goudron à 14 fr. 50 les 100 kilogr., soit 255 francs pour 255 heures d'éclairage (de 2 h. 3/4 en octobre et novembre à 3 heures en décembre). Les frais d'entretien se sont élevés à 25 francs. La main-d'œuvre pour le nettoyage est d'environ 2 francs par jour ; les frais de camionnage d'huile sont de 2 francs par fût, desquels il faut déduire la reprise des fûts, 1 fr. 50, soit 50 centimes par fût.

« En résumé, les frais occasionnés par une lampe Wells n° 3, pour 255 heures, non compris l'amortissement du capital, sont :

```
4 fûts d'huile de goudron = 882 kilogrammes à
  14 fr. 50 les 100 kilogrammes....  fr.   127,89
Entretien (pièces de rechange et ca-
  mionnage).......................    —     15, »
Main-d'œuvre, nettoyage et allu-
  mage, 90 heures à 0ᶠʳ,40.........    —     36, »
                                          ———
           Total.......  fr.   178,89
```

« Soit 178 fr. 89 pour 255 heures, c'est-à-dire 0ᶠʳ,70 par heure de service. Cette dépense se décompose en 0ᶠʳ,50 pour le combustible (consommation moyenne 3ˡⁱᵗ,45 à l'heure) et 0ᶠʳ,20 pour frais divers d'entretien et de main-d'œuvre. »

La Société des Procédés Adolphe Seigle a mis en vente un modèle de gazéificateur très intéressant. Ce brûleur fonctionne incliné à 45°, et d'après les expériences photométriques rapportées par M. C. Clavenad, ingénieur des ponts et chaussées, directeur des travaux de la Ville de Lyon, avec une huile lourde provenant de la distillation entre 220 et 330° du goudron des usines à gaz, sous une pression de 1ᵏᵍ,4, on obtenait une intensité lumineuse de 77 carcels, avec une consommation horaire de 5ᵏᵍ,005 d'hydrocarbure, ce qui correspond à une production de 15,3 carcels par kilogramme d'huile dépensé.

Le même ingénieur établit ainsi qu'il suit le prix de revient de l'éclairage avec l'appareil Seigle :

*Prix de revient par heure.*

```
1° Amortissement en 9 ans, pour le cas d'une marche
   continue de 10 heures par jour, soit 3000 heures
   par année de 300 jours, soit en totalité
   27 000 heures à 450 francs.......... fr.   0,015
2° Service et entretien par an, 3000 heures
   à 45 francs..............................  —   0,015
3° Main-d'œuvre pour la mise en charge, le
   nettoyage, le remontage et l'allumage,
   1 heure à 0ᶠʳ,35 pour 10 heures.......  —   0,035
4° Amorçage à l'essence de pétrole, 1/4 de
   litre environ, soit 0ᶠʳ,11 pour 10 heures. —   0,011
                                                  ———
        Total des frais d'amortissement
        et d'entretien...............  —   0,076
5° Consommation d'huile, 5 kilogrammes
   par heure à 0ᵏ,105 en moyenne.......  —   0,525
                                                  ———
   Montant total des dépenses par heure. —   0,601
```

Soit environ 0ᶠʳ,60 pour un éclairage de 75 carcels d'intensité moyenne, ou 0ᶠʳ,008 par carcel heure.

Le pétrole étant à très bas prix dans les cen-

tres de production comme l'Amérique ou le Caucase, on a cherché à utiliser le combustible brut en le gazéifiant directement sous les générateurs de vapeur. On a inventé dans ce but un nombre considérable de brûleurs ; nous donnerons, d'après M. Ringelmann, la description du système Burton, appliqué à une chaudière fixe, qui peut donner une idée exacte de ces appareils (fig. 480).

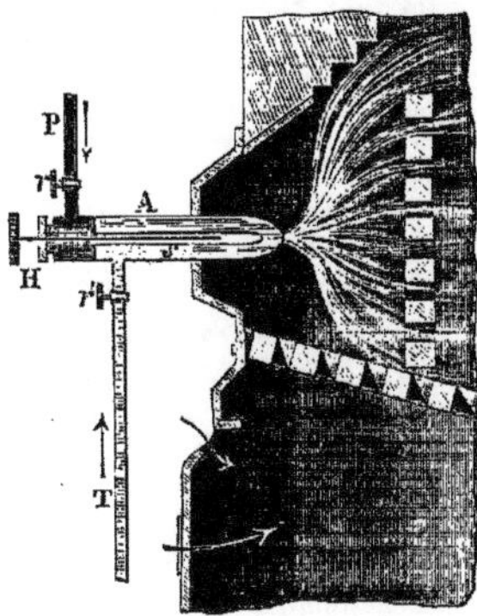


Fig. 480. — Brûleur à pétrole, système Burton.

Le brûleur A traverse le gueulard du foyer, maintenu par la maçonnerie et le cendrier ; en principe, le brûleur se compose de deux tubes concentriques terminés par une partie conique. Le tube intérieur reçoit la vapeur amenée de la chaudière par le tuyau P, muni d'une valve d'arrêt. Le réglage de la vapeur se fait par l'aiguille centrale H. Le pétrole, sous une pression de 0ᵏᵍ,4, arrive par le tuyau T pourvu d'une valve de réglage r′ ; il est pulvérisé par le jet de vapeur et est allumé à l'intérieur du foyer. L'air nécessaire à la combustion pénètre dans le cendrier par des orifices réglables à la volonté du chauffeur ; l'air passe au travers des ouvertures ménagées entre des briques posées sur une sole inclinée à la place de la grille ordinaire. Les parois du foyer sont protégées de l'attaque directe de la flamme par un autel en briques réfractaires, laissant entre elles des vides par lesquels passent les flammes, qui sont alors étalées en éventail, comme l'indique notre figure.

Une application des brûleurs Burton avait été faite en 1893 à la batterie des chaudières de l'Exposition de Chicago. Les 52 chaudières développant une puissance de 25 000 chevaux ont fonctionné pendant six mois, sans accident ni interruption, avec une dépense moyenne d'un kilogramme de pétrole par cheval-heure.

On a cherché à gazéifier, en vue de l'éclairage, du chauffage ou de la production de la force motrice, d'autres substances que le pétrole. C'est ainsi que le goudron brut de houille a été appliqué avec succès, après vaporisage, au chauffage des chaudières à vapeur. On a fait un grand nombre d'essais avec l'alcool, et nous croyons devoir en dire quelques mots, étant donnée l'importance qu'aurait pour l'agriculture la découverte de nouveaux débouchés de l'alcool dénaturé. Voici les pouvoirs calorifiques comparés du pétrole, de l'alcool pur et de l'alcool dénaturé :

```
Pétrole...................  11 356 calories.
Alcool pur...............    7 050    —
Alcool dénature..........    5 800    —
```

Il résulte de l'inspection de ces chiffres que l'alcool dénaturé, le seul employable dans l'état actuel de la législation, ne donne que 50 0/0 environ de la chaleur produite par le pétrole. Pour produire la même puissance calorifique, il faudrait donc en employer une quantité double, et pour que cette substitution ne soit pas onéreuse, le prix de l'alcool ne devrait pas excéder la moitié de celui du pétrole.

On peut donc affirmer qu'à l'heure actuelle l'alcool ne peut être employé à l'éclairage.

---

Nous arrivons maintenant à l'étude des gaz produits par distillation. Avec M. Lencauchez, nous les classerons en :

I. GAZ A BASE D'HYDROGÈNE ET D'OXYDE DE CARBONE.

*Gaz Riché.*
*Gaz de gazogène de houilles diverses* (gaz Siemens).
*Gaz à l'eau, de coke ou d'anthracite* (gaz Dowson).
*Gaz de gazogène mixtes* (coke ou anthracite).
*Gaz de gazogène* (lignite, tourbe ou bois).
*Gaz des hauts fourneaux.*

II. GAZ OBTENUS PAR DISTILLATION PYROGÉNÉE.

*Gaz d'huile* (gaz Pintsch).
*Gaz de bois,* peu employé jusqu'ici.
*Gaz de tourbe,* id.
*Gaz de lignite,* id.
*Gaz de houille,* dit gaz d'éclairage.

Le cadre de cet article ne nous permet pas de parler en détail de chacun de ces gaz. Nous nous occuperons seulement des principaux.

### GAZ RICHÉ.

M. Riché, répétiteur à l'École Centrale, renonçant aux études sur les gaz pauvres qu'il avait d'abord poursuivies, a repris les recherches, depuis longtemps abandonnées, auxquelles avait donné lieu la fabrication du gaz de bois.

Les essais de Lebon, en 1798, n'avaient pas été heureux, non plus que les diverses tentatives faites dans le même sens depuis un siècle. La *thermolampe* de Lebon avait été rapidement délaissée à cause de l'odeur désagréable, de la flamme fuligineuse et peu éclairante du gaz qu'elle produisait. Le gaz, beaucoup plus lumineux, engendré par la distillation de la houille, lui était bientôt préféré. On ne songeait alors à demander au gaz qu'un pouvoir éclairant direct et on ne prévoyait point l'importante utilisation qu'on en devait faire de nos jours pour les moteurs et l'éclairage par incandescence.

En 1869, M. Pettenkoffer, de Munich, produisit, par une carbonisation rapide et à haute température du bois, un gaz dont la flamme avait une intensité lumineuse égale aux 6/5 de celle obtenue avec le gaz de houille. On pouvait dès lors, dans un très grand nombre de pays où le prix de la houille n'est pas inférieur à celui du bois, où il est facile de se procurer de la chaux à bon marché et de tirer des sous-produits, charbon, goudrons, etc., un parti rémunérateur, produire de préférence du gaz de bois.

Le plus gros inconvénient de cette production était la nécessité d'employer, au minimum, 100 kilogrammes de chaux pour épurer 100 mètres cubes de gaz. De plus, le rendement du bois en gaz, bien que supérieur à celui de la houille, n'était encore, au maximum, que de 350 mètres cubes par 1000 kilogr. de bois distillé ; en définitive, l'économie réalisée sur le gaz de houille, quand elle existait, n'était pas considérable.

M. H. Riché a réalisé un progrès énorme et rendu très économique en tout pays l'emploi du gaz de bois, étant arrivé, non seulement à obtenir un rendement sensiblement égal au triple de celui auquel on était parvenu jusqu'alors, mais encore en supprimant toute nécessité d'épuration, une fois la distillation faite, en même temps que tout sous-produit susceptible de dégager de mauvaises odeurs ou de créer des dangers d'incendie (parcs à goudrons, nécessité de revivifier les mélanges épurants dans la fabrication du gaz de ville, etc.).

On sait que la distillation du bois, quels que soient les appareils jusqu'alors employés, fournit trois sortes de produits :

1° Des gaz permanents inflammables, mélanges d'hydrogène, d'oxyde de carbone, d'acide carbonique et d'hydrocarbures, avec une quantité très faible d'azote.

2° Des vapeurs condensables donnant trois couches assez distinctes de produits liquéfiés : la couche supérieure étant formée d'huiles goudronneuses légères renfermant quelques carbures, tels que le benzène, le toluène, le naphtalène ; une faible quantité de phénol et de substances créosotées ; enfin une couche intermédiaire se composant d'un liquide aqueux, mélange de divers liquides de la série grasse : acides formique, acétique, propionique, butyrique, etc., avec l'acétone, de l'acétate de méthyle, de l'alcool méthylique et des matières goudronneuses en dissolution.

3° Un résidu de charbon de bois dont la quantité varie suivant la marche de la distillation [1]. On avait remarqué depuis longtemps que le rendement du bois en gaz était d'autant plus élevé que la distillation était faite à plus haute température, et c'est là un point bien facile à comprendre. En effet, lorsqu'on distille du bois, la chaleur carbonise d'abord partiellement les couches ligneuses externes et ne pénètre que peu à peu dans les couches internes ; elle décompose dès lors les principes immédiats entrant dans la composition du ligneux. Ceux-ci se résolvent en produits volatils assez peu stables ; ces produits se dégageant arrivent à la surface du bois, où règne une température notablement plus élevée que celle qui leur a donné naissance, et se dissocient à leur tour ; ainsi se forment successivement des corps de moins en moins complexes, et par suite de plus en plus stables, à mesure qu'ils subissent une température plus élevée.

L'action réductrice de la couche superficielle de charbon s'ajoute encore à celle de la chaleur et devient prédominante dès que la température atteint une certaine valeur.

Sous ces deux actions, une partie des corps volatils susceptibles de se condenser n'arrive plus à se dégager ; elle subit une série de décompositions et de recompositions chimiques, elles-mêmes suivies d'une réduction par le charbon au rouge, et se transforme en hydrocarbures et oxyde de carbone, d'où l'accroissement du rendement en gaz.

C'est précisément l'étude de cette influence de la couche charbonneuse formée, sur le rendement du bois en gaz, qui a guidé M. Riché dans ses recherches, et l'a conduit au principe même de ses appareils.

*Principe des appareils Riché.* — La distillation renversée, imaginée par cet inventeur,

---

1. Violette a trouvé $18^{kgr},9$ de charbon pour 100 kilogrammes de bourdaine distillé à basse température, et 9 kilogrammes seulement par une distillation rapide à haute température. Karstein, opérant sur onze essences forestières différentes, a obtenu de $25^{kgr},6$ à $14^{kgr},4$ par 100 kilogrammes de bois distillé.

consiste précisément dans le passage sur une colonne de coke ou de charbon de bois, résidu d'une opération précédente, porté au rouge, des produits de la distillation du bois.

Nous décrirons les étapes successives qu'a parcourues ce procédé pour arriver aux appareils

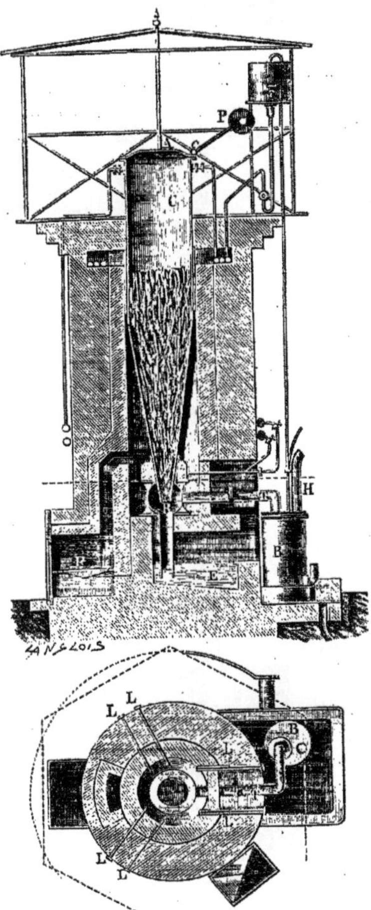



Fig. 481. — Premier gazogène Riché.

actuels, dont le fonctionnement industriel a été soigneusement contrôlé. Disons dès maintenant que l'on obtient, dans les gazogènes Riché, à la sortie de la colonne réductrice, un gaz nullement éclairant, mais vraiment riche, *puisque, produit en vase clos, il ne contient pas trace d'azote atmosphérique.*

Son pouvoir calorifique est de 3000 calories environ, et sa composition chimique, que nous

étudierons plus loin, consiste en hydrogène, oxyde de carbone, méthane et une proportion d'acide carbonique variable avec la marche de la distillation.

Ce gaz n'est donc comparable qu'au gaz de houille et en diffère seulement par l'absence totale de pouvoir éclairant; il se prête, et très avantageusement, comme nous le verrons, aux applications de ce dernier, en grand comme en petit : il peut être utilisé pour la force motrice, pour le chauffage, être soufflé et employé pour le soudage, le brasage et l'obtention des températures les plus élevées. Son pouvoir pyrométrique est considérable : la température de sa flamme atteint 2000° et le rend, par suite, éminemment propre à l'éclairage par incandescence. Enfin, le procédé de distillation employé donne de 80 à 100 mètres cubes de gaz pour 100 kilogr. de bois distillé.

*Description.* — Les premiers appareils construits par M. Riché consistaient, comme l'indique la figure 481, en une cornue verticale en fonte, cylindrique dans sa partie supérieure, tronconique dans sa partie inférieure et ouverte à ses deux extrémités. L'ouverture du haut pouvait se fermer à l'aide d'un couvercle A, articulé sur une charnière e et munie d'un contrepoids P; la partie inférieure s'emboîtait dans un réservoir sphérique R, également en fonte, destiné à rassembler les gaz. Ceux-ci sortaient ensuite par une tubulure latérale T, débouchaient dans un barillet B, où ils étaient refroidis par une pluie d'eau froide, et se rendaient au gazomètre par une tubulure H. De ce gazomètre, une partie du gaz était reprise pour le chauffage extérieur de la cornue gazogène, à l'aide de brûleurs spéciaux; l'autre partie, formant le véritable rendement de l'appareil, restait disponible pour les usages que l'on pouvait avoir en vue : chauffage, éclairage, force motrice, etc.

Le principe du procédé de gazéification consiste, nous l'avons dit, dans la distillation renversée, c'est-à-dire dans le passage des vapeurs et gaz produits par les combustibles crus, introduits à la partie supérieure de la cornue, sur une colonne de charbon incandescent plus ou moins haute et provenant, en marche normale, des résidus des distillations précédentes.

Voici comment fonctionne, avec le bois par exemple, l'appareil primitif que nous venons de décrire :

La cornue étant d'abord chargée de charbon de bois jusqu'aux deux tiers de sa hauteur, on la porte au rouge-cerise en se servant pour cela du foyer latéral F, dans lequel on brûle soit du charbon de terre, soit du bois; puis, ouvrant le couvercle supérieur, on remplit de bois tout le vide de la cornue et on ferme hermétiquement. La distillation commençant alors immédiatement, tous les produits, vapeur d'eau, acide pyroligneux, alcool, goudron, etc., gaz acide carbonique, carbures, etc., sont obligés de traverser la couche inférieure de charbon incandescent et se transforment en oxyde de carbone, hydrogène et méthane.

Du bois chargé au début, il ne reste, en fin de distillation, que du charbon *nouveau*, venant remplacer celui que la vapeur d'eau et l'acide carbonique ont consommé pour leur réduction. Si ce bois que l'on charge est assez humide ou, ce qui revient au même, si l'on y ajoute assez d'eau soit avant, soit pendant sa distillation, l'appareil pourra fonctionner indéfiniment sans qu'il soit nécessaire d'y rien introduire d'autre que les charges successives de bois ni d'en rien retirer, si ce n'est les cendres qui tombent naturellement à la partie inférieure du réservoir R, et de là dans une cuve à eau E, formant à la fois joint hydraulique et soupape de sûreté.

Après un certain temps de marche, la maçonnerie étant à la température de régime, on laisse peu à peu tomber le feu du foyer F, et on continue le chauffage à l'aide d'une partie du gaz produit, comme nous l'avons dit précédemment.

Ce mode de chauffage par le gaz lui-même, qui paraît, à priori, constituer un avantage énorme, était justement le défaut capital de cet appareil primitif. Grâce à ce système, en effet, et quelle que fût la réserve du gazomètre, il était presque impossible de suspendre la marche de l'appareil. Le réglage des brûleurs était d'une grande délicatesse et exigeait une surveillance constante; enfin, pour une production déterminée en gaz utilisable, il fallait sensiblement doubler les dimensions de l'appareil, et par suite sa dépense d'installation; l'amortissement de cette dépense grevait ensuite le prix de revient du gaz beaucoup plus lourdement que ne l'eût fait l'emploi continu d'un combustible ordinaire dans le foyer F.

Pour toutes ces raisons, le chauffage automatique au gaz ne tarda pas à être abandonné par l'inventeur; il dut renoncer en même temps à l'espoir, qu'il avait conçu tout d'abord, d'accroître la puissance de production de ses gazogènes en augmentant les dimensions des cornues, et il fut frappé de l'intérêt qu'il pouvait y avoir à recueillir, pour le mettre en vente ou l'utiliser, le charbon de bois formant résidu. Ce charbon a, dans bien des cas, en effet, une valeur égale, et parfois même supérieure, à celle du bois employé; il était donc naturel de chercher à le produire aussi beau que possible, et ce fut cette préoccupation qui conduisit M. Riché à son second type d'appareils.

M. Riché donna le nom d'*appareil à cornues jumelles* à ce nouveau type de gazogène, obtenu en coupant en deux la cornue primitive et en plaçant les deux cornues plus petites, qui en résultaient, dans deux gaines parallèles d'un même massif de fourneau, l'une devant servir à la distillation, l'autre à la réduction.

Dans ce genre d'appareil, quelle que soit la production journalière, c'est-à-dire la puissance du gazogène, les cornues sont toujours de mêmes dimensions, et seul leur nombre varie, exactement comme dans les usines à gaz ordinaires. Chaque élément de production est constitué par deux cornues de fonte suspendues verticalement dans deux gaines de maçonnerie parallèles et chauffées au rouge par des gaz de combustion qui arrivent d'un foyer ménagé, autant que possible, au centre du massif. Les cornues proprement dites, c'est-à-dire les parties exposées au feu (fig. 482), sont en fonte de première fusion et, par conséquent, d'un prix aussi peu élevé que possible; elles sont réunies, à leur partie supérieure, par une large tubulure S, reliant entre elles les deux têtes qui sont ouvertes dans le prolongement des cornues. C'est par cette ouverture que se fait le chargement, et on peut ensuite les fermer par un couvercle de fonte c, qu'un étrier E à vis V appuie sur un tore d'amiante A formant joint.

Des deux cornues indiquées, l'une C est simplement fermée à sa base par un tampon de fonte K', que serre sur un joint d'argile R un étrier V', analogue à celui des têtes; l'autre, C', se termine par une pièce de fonte spéciale, nommée *pied de cornue*, qui plonge dans un bassin rempli d'eau et, se prolongeant horizontalement par un tube de fer, vient aboutir sous une chambre en tôle B, faisant corps avec le barillet, située au-dessus du bassin, et immergée de 20 à 25 centimètres.

Les deux cornues sont, de la sorte, entièrement libres dans leur dilatation et passent sans frottement au travers d'une sorte de presse-étoupes que constituent deux plaques de tôle et deux dalles réfractaires formant la sole du four dans les gaines de chauffage; le joint est fait d'amiante en fibres sans serrage (voyez fig. 483).

La cornue C est la cornue de distillation, la cornue C' est celle de réduction. Cette dernière est remplie de charbon de bois, retenu à la base

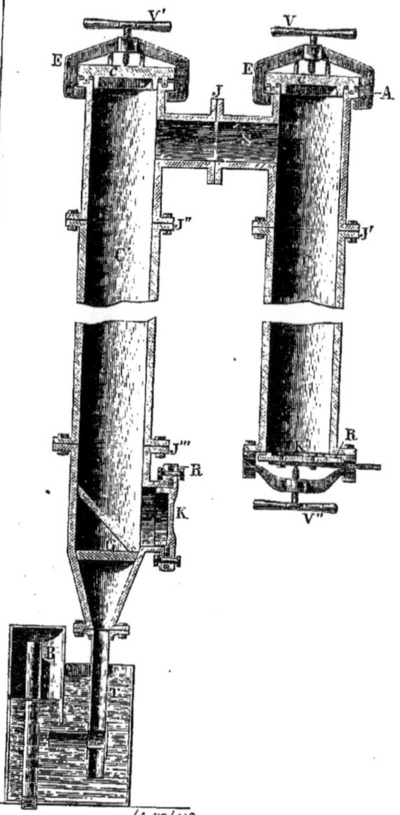


Fig. 482. — Gazogène à cornues jumelles.

par une grille en fonte G, placée dans le pied T; la colonne de charbon, s'élevant jusqu'à 25 centimètres environ au-dessous du niveau supérieur de la maçonnerie du four, doit être rouge sur toute sa hauteur. A l'état de repos ou d'arrêt du gazogène, la cornue C est entièrement vide.

Quel que soit le nombre des éléments, le chauffage se fait par un ou plusieurs foyers Siemens, brûlant des *fines* de houille ou du coke sous une épaisseur de 40 ou 50 centimètres.

Immédiatement au-dessus de la couche de combustible, les gaz formés par ce foyer sont brûlés par l'air, entrant au travers d'un papillon ménagé dans la porte du foyer, et que le chauffeur règle à volonté.

Les carneaux de chauffage sont disposés de façon à retarder l'arrivée des flammes au contact de la fonte jusqu'à combustion complète ; on évite ainsi l'oxydation du métal par l'excès d'oxygène libre des gaz en combustion. Ils viennent déboucher à la base de la gaine contenant la cornue de réduction B (fig. 483) ; les gaz chauds s'élèvent ensuite autour de cette cornue qui, dans toute sa hauteur, doit être chauffée au rouge cerise clair, soit de 950 à 1050° centigrades. La chaleur qu'ils peuvent perdre est compensée en partie par celle qui traverse, grâce à la conductibilité, la paroi interne de la gaine séparant celle-ci de la chambre de combustion C,

placée au centre du massif. Arrivés à la partie supérieure, ils passent dans la gaine voisine au contact de la cornue A, et l'enveloppent en descendant verticalement jusqu'aux carneaux de sortie ménagés à la base, et conduisant à la cheminée.

Grâce à cette disposition, le point le plus chaud est à l'extrémité inférieure de la cornue de réduction B, par laquelle doit s'opérer la sortie du gaz produit, tandis que la cornue de distillation A est seulement chauffée, dans toute sa longueur, par les chaleurs perdues du chauffage de la première ; un registre permet de régler l'allure des foyers.

*Mise en marche et fonctionnement.* — Le four étant en température, c'est-à-dire la base

Fig. 483. — Installation du gazogène à cornues jumelles.

de la cornue de rectification B étant au rouge cerise, la mise en marche est très simple. Un ouvrier monté sur la plateforme supérieure du four enlève le couvercle de tête de la cornue de distillation A ; il charge alors :

1° Environ 5 à 6 litres de fraisil de charbon de bois, pour former faux-fond et empêcher, d'une part, la destruction du joint inférieur par la chute trop brutale du bois qu'il chargera ensuite, d'autre part, la formation de fumerons dans le charbon que l'on retirera comme résidu. Il se produirait, en effet, un défaut de cuisson des parties du bois qui se trouveraient trop bas dans la cornue, en dehors de l'action du chauffage.

2° Après la chute du fraisil, il charge la quantité de bois qu'il juge nécessaire, suivant la température de son appareil, l'état de son gazomètre et les besoins de la consommation. Normalement, si le bois n'est pas trop sec, et disposé par cela même à une distillation trop rapide, l'ouvrier peut remplir entièrement la cornue A et opérer

ainsi une charge de 15 à 20 kilogrammes qui, selon la nature du bois, son état de siccité et la température du four, donnera de 10 à 15, et souvent 20 mètres cubes de gaz. Cette charge faite, il ne reste plus qu'à remettre le couvercle et à le serrer légèrement à l'aide de l'étrier à vis. L'opération du chargement, ainsi longuement décrite, demande tout au plus une minute de travail ; dès qu'elle est terminée, la distillation commence, les gaz et les vapeurs qui se dégagent du bois contenu dans la cornue A passent par la tubulure dans la cornue B, et descendent au travers du charbon incandescent qu'elle contient. Si la vitesse du courant gazeux ainsi produit est bien proportionnée à la hauteur de la colonne de charbon réducteur et aussi à sa température, les gaz se débarrassent non seulement de toutes leurs vapeurs goudronneuses et acides, mais encore de la majeure partie de leur acide carbonique et de tous leurs produits condensables : vapeur d'eau, alcool méthylique, acétone, etc.

ou des principes éclairants (naphtalène, benzène, éthylène, propylène, etc.), considérés jusqu'ici comme indispensables dans la composition d'un bon gaz de ville, mais qui deviennent inutiles pour le chauffage, pour la production de la force motrice et pour l'éclairage par incandescence, c'est-à-dire pour la presque généralité des emplois actuels du gaz.

Ce gaz ainsi complètement épuré, ne contenant ni *azote*, ni acide carbonique en quantité trop forte, ni goudron, ni aucun produit acide ou alcalin, refoule l'eau qui remplit le tube de sortie, et se rend sous la cloche B, où s'établit une pression suffisante pour l'écoulement vers la cloche du gazomètre, qui se soulève en conséquence.

C'est tout; il n'est besoin ni d'épurateurs, ni de laveurs, ni d'extracteurs, tous appareils encombrants et d'un entretien dispendieux; pas de sous-produits autres que le charbon de bois, et suppression par conséquent des parcs à goudrons et des citernes à eaux ammoniacales, des mélanges d'épuration, etc., c'est-à-dire de toutes les parties des usines à gaz de houille qui les ont fait classer au nombre des établissements insalubres et dangereux, à cause des dégagements de mauvaises odeurs et des risques d'incendie qu'ils occasionnent.

Nous verrons un peu plus loin comment M. Riché est parvenu, non point à arrêter les impuretés par une opération chimique ou mécanique, qu'il voulait éviter à tout prix, mais bien à empêcher leur production, grâce à l'introduction dans la cornue A d'une faible quantité d'eau. Selon la nature des bois, leur état de siccité et leur grosseur, la distillation dure de 30 minutes à 1 heure environ. Cette durée est d'ailleurs régulière pour des charges de même nature, de sorte qu'il est facile d'adopter un roulement pour la charge des divers éléments d'un même appareil. La distillation étant terminée, le charbon de bois résidu occupe une place relativement très petite dans la cornue A, et il n'est généralement pas nécessaire de le retirer pour opérer une deuxième charge; le roulement des déchargements est donc espacé à temps double de celui des chargements de bois.

Après deux charges successives de bois, la distillation de la deuxième charge étant terminée, il faut retirer de la cornue de distillation le charbon résidu, afin d'avoir la place nécessaire pour des charges nouvelles. Pour cela, on place sous la cornue A, dans la niche, en prolongement de la gaine de chauffage, un étouffoir H en tôle légère, de dimensions convenables. On retire l'étrier à vis de serrage, puis le tampon en fonte, et on provoque la chute du charbon de bois à l'aide d'une tige de fer recourbée en forme de grand crochet; le charbon tombe d'un seul coup dans l'étouffoir, dont la capacité est calculée pour le recevoir en totalité. On retire cet étouffoir, on le ferme, puis on ferme également la base de la cornue A avec un tampon de rechange, que l'on a d'avance garni d'argile.

*Arrêt de l'appareil.* — Pour arrêter la marche du gazogène, il suffit de cesser les charges; dans ce cas, on doit également réduire aussitôt le chauffage, ce qui se fait en fermant la porte du cendrier le plus hermétiquement possible. Si l'arrêt doit être de plusieurs heures (pour la nuit par exemple), il faut aussi fermer les registres et le papillon d'entrée d'air de la porte du foyer. Autant que possible, au moment de l'arrêt, le foyer doit être plein de charbon bien en feu; de cette façon, même après 10 ou 12 heures, on trouve le gazogène sensiblement en température, et il suffit de décrasser rapidement la grille et d'ouvrir les registres pour rétablir le tirage;

1 heure après, tout au plus, on peut recommencer la distillation.

*Considérations générales sur la réduction.* — La réduction des vapeurs et des gaz par une colonne de charbon incandescent, constituant le côté original de la préparation du gaz Riché, et faisant en quelque sorte la valeur même du procédé, il importe que cette réduction s'opère dans les meilleures conditions possibles.

Toute l'attention de l'ouvrier chargé de la conduite du gazogène doit donc se porter de ce côté, et le seul véritable apprentissage nécessaire aura pour but de lui apprendre à apprécier convenablement la température de ses cornues de réduction. Le rendement en gaz, non seulement comme quantité, mais encore comme qualité et propreté, en dépendra absolument. On peut, en effet, admettre que la réduction des différents composés par le charbon incandescent s'effectue d'une manière sensiblement parallèle à celle de l'acide carbonique. L'influence exercée sur cette réduction par les variations de température ou de qualité du charbon a été étudiée depuis longtemps par un grand nombre de savants. Ledebur faisant passer, sur du charbon de bois chauffé à différentes températures, un courant d'air sec et privé d'acide carbonique et d'oxyde de carbone, obtint, à la sortie, des mélanges gazeux très variables dans lesquels les proportions relatives d'acide carbonique et d'oxyde de carbone formés furent les suivants :

| Température. | $CO^2$ en poids. | CO en poids. |
| --- | --- | --- |
| 350° | 85,2 | 14,8 |
| 440° | 80,4 | 19,6 |
| 520° | 79,6 | 20,4 |
| 700° | 72,4 | 27,6 |
| 1100° | 2,2 | 97,8 |

M. Ackermann a vérifié à nouveau la réduction de $CO^2$ en CO et l'a trouvée presque nulle à température trop basse.

D'autre part, la nature même du charbon a aussi une grande influence, et la décomposition de l'acide carbonique est d'autant plus facile et rapide que le charbon est plus poreux. Le charbon de bois léger et friable, présentant une grande surface de contact, sera donc le meilleur réducteur possible; un charbon dur et compact ne donnerait au contraire qu'une réaction lente et très incomplète.

Ainsi M. Bell, faisant passer de l'acide carbonique au rouge vif sur des charbons de natures différentes, a obtenu les résultats suivants :

| | Coke dur. | Coke poreux. | Charbon de bois. |
| --- | --- | --- | --- |
| $CO^2$ 0/0.. | 94,56 | 69,88 | 35,2 |
| CO 0/0.. | 5,44 | 30,19 | 64,8 |

*Défauts de l'appareil à cornues jumelles.* — Avec l'appareil à deux cornues jumelles que nous venons de décrire, nous avons dit que le charbon de réduction était placé d'avance dans la cornue B, et que l'on devait se contenter de remplacer tous les matins, par une addition plus ou moins forte, la quantité enlevée par les réactions de l'acide carbonique et de la vapeur d'eau. A ce point de vue, l'appareil présente un assez grave inconvénient. D'abord, ce charbon, qui n'est jamais remué, ne tarde pas à se creuser de canaux plus ou moins prononcés, par lesquels une partie des gaz, s'écoulant pour ainsi dire sans contact, échappe à la réduction. Ces gaz non réduits diminuent d'une part le rendement final, et ont, d'autre part, l'inconvénient de souiller toute la masse et de la rendre plus ou moins goudronneuse.

M. Riché, considérant que la formation de ces canaux se trouvait certainement favorisée par la forme cylindrique de la cornue de réduction, ne tarda pas à adopter pour cette dernière une forme cylindro-conique analogue à celle de son appareil primitif (fig. 481). Cette forme oblige, il est vrai, à abandonner la forme commerciale du *tuyau de conduite d'eau*, et à faire fondre spécialement ces pièces; mais on trouve bientôt la compensation de leur prix plus élevé dans leur durée plus longue.

Un autre inconvénient du séjour prolongé du charbon dans la colonne de réduction provient de ce que les goudrons, qui sont en réalité détruits par la haute température de celui-ci, fournissent une forte proportion de carbone naissant qui cémente, pour ainsi dire, les fragments de charbon, s'incruste dans leurs pores et les rend durs comme du coke au bout de quelques jours.

Aussi, conformément au résultat des expériences de M. Bell, citées plus haut, ne tarde-t-on pas à constater que le rendement en gaz diminue. Il faut alors enlever le tampon de fermeture de la tubulure horizontale du pied de cornue, pour retirer par cet orifice le charbon devenu impropre à la réduction. Ce charbon, éteint en étouffoirs et criblé, peut être mêlé au reste de la production ou utilisé séparément; il est dur, sonore, très conducteur de la chaleur et de l'électricité; il donne en brûlant une très haute température. Dans la cornue vide on met du charbon neuf cassé en menus morceaux et convenablement criblé: en peu de temps il est rouge, et l'appareil est prêt à fonctionner à nouveau. Cette opération prend de 20 à 30 minutes environ.

Nous avons dit en outre que la distillation du bois dans les gazogènes Riché, quand elle était bien conduite, fournissait un gaz complètement privé de vapeurs goudronneuses ou autres impuretés. Il en est toujours ainsi, en réalité, lorsque le bois employé est du bois de chauffage ordinaire, n'ayant subi aucune dessiccation, surtout si l'ouvrier chargé du gazogène prend la précaution de changer assez fréquemment le charbon de ses cornues de réduction.

L'humidité du bois favorise en effet singulièrement la réduction de l'acide carbonique et des vapeurs goudronneuses, à la haute température des cornues qui suffit à décomposer en partie la vapeur d'eau elle-même. De plus, cette vapeur contrarie, par une influence à la fois chimique et mécanique, la sorte de cémentation du charbon de bois dont nous avons parlé, et qui tendent à produire les particules de carbone naissant mises en liberté dans la destruction des goudrons.

Avec des bois ou des déchets de fabrication très secs, au contraire, l'absence de vapeur d'eau, qui contribuerait à l'enrichissement du gaz en même temps qu'à sa purification, impose la nécessité de changer très fréquemment le charbon de la cornue de réduction; encore existe-t-il bien des cas où cette mesure est insuffisante, par exemple si l'on doit traiter des déchets recouverts d'une couche épaisse de peinture ou ayant reçu une préparation à la créosote (traverses de chemin de fer). Dans ce dernier cas, la précaution que nous venons d'indiquer, et qui exerce toujours une excellente influence sur la bonne qualité des produits obtenus, est insuffisante: il faut ajouter au bois une quantité d'eau susceptible de lui tenir lieu de l'humidité contenue dans les bois fraîchement coupés, et en effectuer l'addition de telle sorte que la vapeur formée puisse bien produire la même action. Comme nous l'avons dit, on ne peut songer à mouiller les bois avant leur introduction dans la cornue de distillation, car l'eau, immédiatement vaporisée,

fournit du gaz à l'eau si la colonne de réduction est en température et reste sans influence sur les produits de la distillation du bois mis ultérieurement en liberté. L'eau que l'on introduirait dans la cornue de réduction contribuerait bien à la purification, mais elle aurait l'inconvénient de refroidir cette cornue, dont la température doit être aussi élevée que possible, comparativement à celle de la cornue de distillation. L'intérêt considérable qu'il y a au contraire, au point de vue de la pureté et de la richesse des gaz, à ralentir la distillation, de façon à permettre une réduction complète, indiquait naturellement la solution qui consiste à introduire l'eau dans les cornues de distillation. C'est un dispositif destiné à résoudre la question dans ce sens que M. Riché a adopté, et qui lui a permis d'éviter l'emploi de colonnes épuratrices, qui ne seraient plus alors que des appareils de sûreté. L'eau que l'on fait couler dans la cornue de distillation par sa partie supérieure, et en très faible quantité (1 litre par heure et par cornue seulement), fournit bien un peu de gaz à l'eau, mais la proportion de ce dernier dans la quantité totale des gaz obtenus est trop faible pour qu'on ait à redouter ses propriétés brisantes. À aucun moment, du reste, dans l'application du gaz Riché à la force motrice, on n'a à craindre une production presque exclusive de gaz à l'eau, comme dans les gazogènes à gaz pauvre, où l'excès de ce gaz à l'eau peut entraîner des ruptures d'organes des moteurs.

L'eau à introduire dans les cornues de distillation est chauffée par les chaleurs perdues du foyer, et arrive aux cornues par un tube d'écoulement qui constitue en même temps un tube de sûreté. On pourrait même adopter une disposition pratique, parfois intéressante, qui permettrait d'utiliser les chaleurs perdues, non seulement pour chauffer l'eau, mais encore pour la vaporiser et surchauffer la vapeur formée.

La nécessité parfois imposée de changer le charbon de la cornue de réduction à intervalles fréquents, et de faire couler un léger courant d'eau dans les cornues de distillation, n'a pas tardé à faire revenir à la première forme d'appareils, c'est-à-dire à la cornue unique (fig. 484).

Si l'on prend, en effet, le parti de retirer à chaque charge, par en bas et avec certaines précautions, une partie de charbon correspondant, comme volume, à celui qui s'est formé par résidu de la charge précédente, on évite de façon complète toutes ces causes de perturbation dans la bonne marche de l'appareil. Le charbon se trouve bien un peu brisé par la chute des charges de bois et par sa descente graduelle au travers de l'appareil, mais, par ce fait, il devient plus convenable encore pour la réduction; la formation de canaux dans sa masse est impossible, à cause du renouvellement continuel des surfaces en contact; enfin il reste, jusqu'à sa sortie, très suffisamment poreux et léger.

Un autre inconvénient, non moins grave, des appareils à cornues jumelles, consistait du reste dans la grande difficulté de remplacement des cornues et dans leur usure relativement rapide. Dans les nouveaux types que M. Riché construit actuellement de préférence, et qu'il appelle types à éléments simples, ou à cornues superposées, il a cherché et il a réussi, croyons-nous, à rendre aussi pratique que possible cette opération délicate du remplacement des cornues.

On peut se demander en outre pourquoi on n'a pas substitué, dès le début, aux cornues en fonte, fragiles et fusibles, les cornues en terre réfractaire, universellement employées dans les usines à gaz de houille.

Il convient de se rappeler que la fabrication du gaz de houille consiste surtout et presque uniquement en un travail de distillation; si ce travail exige une haute température pour se produire à vitesse convenable, il n'entraîne pas une notable absorption de calorique. Si, au contraire, indépendamment de la distillation proprement dite, il faut, comme dans le cas qui nous occupe, produire la réduction de proportions importantes de vapeur d'eau, d'acide carbonique, etc., les cornues en terre réfractaire, à parois peu conductrices, ne tarderaient pas à noircir à l'intérieur et à donner un travail tout à fait mauvais. Seules les cornues métalliques peuvent avoir des parois suffisamment minces et conductrices pour laisser passer assez vite la grande quantité de chaleur que ces réactions exigent (voyez plus bas). On a souvent parlé de la porosité de la fonte; l'expérience pratique prouve que la perte de gaz, de ce chef, est absolument insignifiante et qu'il en est de même pour l'influence que cette porosité peut avoir sur la composition même du gaz.

On sait, du reste, que les cornues réfractaires ont, de leur côté, l'inconvénient de se fissurer; avec la position verticale imposée par le principe du procédé Riché, la réparation de ces fissures serait presque impossible et par suite les pertes en fabrication seraient bien autrement graves qu'elles ne peuvent l'être avec la fonte.

Le seul véritable inconvénient des cornues métalliques consiste dans leur usure relativement rapide. Nous avons vu comment on a cherché à la retarder en éloignant le plus possible le foyer de chauffage; il restait à rendre facile et rapide le remplacement des cornues usées.

Dans le genre d'appareil à éléments doubles, composé de deux cornues jumelles, que nous venons de décrire, le remplacement des cornues de réduction, qui seules sont susceptibles d'usure, est relativement facile. Il suffit de faire tomber les deux petites murettes de briques formant masque de la niche de chauffe, d'enlever les dalles réfractaires constituant les soles supérieures et inférieures; puis, à l'aide d'un palan fixé sur la charpente d'armure, de soulever la cornue avec sa tête et son pied et de la retirer parallèlement à elle-même. On la remplace par le même moyen, puis il reste à maçonner à nouveau les deux murettes. Ce travail dure environ 6 à 8 heures au total; on ne peut pas se dissimuler qu'il est à la fois long et pénible.

Pour parer à ces divers inconvénients, M. Riché a construit deux types de gazogènes à cornue unique. Nous ne dirons que quelques mots du premier, dit *à pied de cornue droit*, type auquel appartient le gazogène de l'usine de la Marguerite à Ivry-la-Bataille, et nous entrerons avec quelques détails dans la description du second, dit *à pied de cornue coudé.*

Le gazogène d'Ivry-la-Bataille se compose d'un massif de maçonnerie réfractaire habillé de maçonnerie en briques rouges ordinaires et fortement cerclé par une armature de fer. Cette armature supporte une charpente légère qui soutient elle-même un petit toit-abri, en tôle ondulée, servant d'attache pour les palans de montage des cornues proprement dites. Dans ce massif sont ménagés trois vides ou gaines verticales, destinées à recevoir chacune deux des six éléments ou cornues que comporte l'appareil; ces gaines sont chauffées par les gaz provenant de la combustion de petits gazogènes Siemens, à coke ou à charbon de terre, sous une épaisseur de 30 à 50 centimètres.

L'air nécessaire à la gazéification dans les foyers entre par les vides des grilles ou par ceux qui séparent ces grilles de la devanture des foyers. L'air nécessaire à la combustion pénètre au-dessus de la couche de combustible par des trous ménagés dans les portes de chargement des foyers et dont on peut régler l'ouverture par des papillons disposés à cet effet.

Chacun des éléments est formé : 1° d'une pièce en fonte épaisse et spéciale, de forme tronconique, constituant la partie inférieure et renfermant le charbon de réduction ; 2° d'une partie cylindrique de diamètre un peu plus fort, formant tête de cornue et liée à la première pièce par un joint à brides dont l'étanchéité en plein feu est assurée par l'emploi d'un mastic spécial.

Sur cette tête, et dans la rainure ménagée à cet effet, se place un tore d'amiante qui forme joint de la fermeture supérieure. Cette fermeture est assurée par un tampon de fonte, que serre un étrier à vis; au bas de la cornue se fixe un pied de cornue, également en fonte, contenant une grille inclinée, sur laquelle repose le charbon et au travers de laquelle passera le gaz pour atteindre le tuyau de sortie et, par lui, le barillet et le gazomètre. Le pied de cornue porte aussi une ouverture latérale fermée par un tampon à joint d'argile; cette tubulure sert à extraire le charbon de bois produit en excès. L'ensemble de ces diverses pièces forme un élément de distillation; il est suspendu par le joint à bride qui sert à relier les deux parties principales et qui, par l'intermédiaire d'une plaque en fonte, repose sur un rebord de maçonnerie, formé sur trois côtés par une différence de section entre la partie haute et la partie basse de la gaine de chauffage, et sur le quatrième par un pont réfractaire qui traverse cette gaine en son milieu.

De cette façon, la dilatation reste libre par en haut et par en bas au travers des presse-étoupes formés, comme nous l'avons vu déjà, par des dalles réfractaires spéciales; cette dilatation est du reste réduite autant que possible, à cause de la faible longueur des pièces métalliques. Les dalles réfractaires sont supportées par les plaques de tôle reposant elles-mêmes, d'une part sur un redan de maçonnerie et d'autre part sur un sommier en fer.

La devanture des gaines de chauffage est soutenue, à peu près vers la moitié de la hauteur du four, par une voûte en briques et l'ouverture restant libre entre cette voûte et la sole des gaines sert, pendant le montage ou les réparations, à faciliter l'accès des parties basses de la cornue. Pendant la marche, cette ouverture se trouve fermée par une simple murette très légère, constituée soit en briques, soit en dalles spéciales.

Le chauffage se fait, nous l'avons vu, comme dans le dernier type précédemment décrit, par foyers Siemens. Pour éviter tout danger d'arrêt forcé du gazogène, on a disposé ici deux foyers accolés, mais complètement indépendants dans leurs parties susceptibles d'usure. Un seul d'entre eux suffit au chauffage normal de l'appareil; l'autre, pendant ce temps, pourrait être mis en réparation si cela devenait nécessaire.

Les flammes de ces foyers, s'élevant par une cheminée, arrivent dans un carneau horizontal voûté; pendant l'arrêt de l'un des foyers, la cheminée correspondante se trouve fermée par une dalle réfractaire plate que l'on fait glisser sur la sole du carneau; de ce carneau, les flammes s'élèvent dans un autre carneau, également horizontal, mais perpendiculaire au précédent, et pénètrent, par le haut, dans la chambre de combustion placée au centre du massif. Dans cette chambre, la combustion, favorisée déjà par le brassage que produisent les divers changements de direction et de vitesse, s'achève complètement et les gaz rouges, ne contenant plus d'excès d'oxygène libre, passent dans les gaines de chauffage à la base des cornues. Dans chacune de ces gaines, les gaz chauds s'élèvent d'abord autour des deux cornues coniques soutenues par leur partie supérieure à l'aide d'une bride assez large que supporte une plaque de fonte reposant elle-même sur les rebords de maçonnerie produits par l'augmentation de section de la gaine en cet endroit, milieu de sa hauteur. La gaine ayant une section rectangulaire et les cornues une section circulaire, il reste dans les angles un passage plus que suffisant pour les gaz de chauffage, qui arrivent par là dans la partie supérieure de la gaine autour des cornues cylindriques; ils se rendent enfin par d'autres carneaux à la cheminée. Un registre permet de régler le tirage.

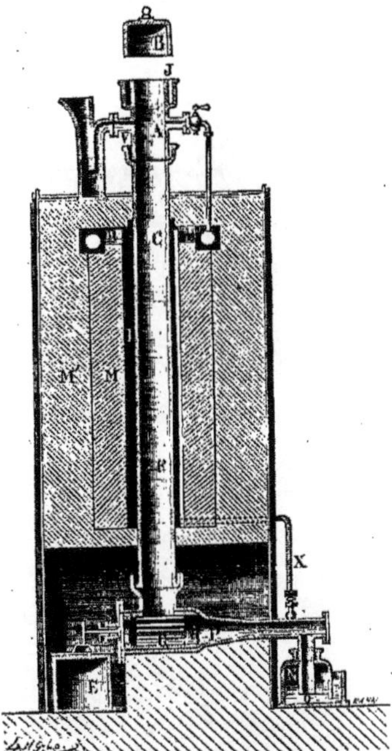

Fig. 484. — Cornue-type de M. Riché à élément unique. C, cornue; — A, tête de cornue; — B, couvercle; — P, pied de cornue; — J, joint hydraulique; — V, tubulure pour l'introduction de vapeur ou de liquide; — G, grille soutenant le charbon; — E, étouffoir; — P, tamis métallique; — O, sortie du gaz; — N, barillet; — X, chalumeau de chauffage; — I, chambre de chauffe; — M, M', massif de briques réfractaires.

Comme on le voit, cet appareil est véritablement, non pas un gazogène fonctionnant comme la majeure partie de ceux qui portent ce nom, mais bien un four d'usine à gaz, et il importait au plus haut point de lui assurer une production régulière sans aucun arrêt. M. Riché a résolu très simplement et très complètement ce problème en disposant dans chaque appareil, en plus du nombre de gaines de chauffage qui assurent sa force nominale de production, une ou plusieurs gaines supplémentaires contenant des cornues de rechange tout installées et prêtes à fonctionner. Dans l'appareil d'Ivry-la-Bataille décrit plus haut, par exemple, le nombre de cornues nécessaires à la production normale est de quatre; il y a une gaine supplémentaire avec deux cornues de rechange. Cette gaine supplémentaire ne doit, naturellement, être chauffée que par la chaleur qui peut passer au travers de la maçonnerie; l'entrée des flammes, qui la met en communication avec la chambre de combustion, se trouve normalement fermée par un bouchon réfractaire que l'on peut manœuvrer du dehors; de même le registre qui commande la communication du carneau de fumée avec la cheminée est abaissé sur son siège.

Supposons maintenant que l'une des cornues en service vienne à se percer; on débouche immédiatement le bouchon réfractaire susmentionné et on lève le registre correspondant; la gaine de secours chauffe rapidement et, dès qu'elle est en température, on met en service les deux cornues qu'elle contient. On ferme alors les registres de la cornue perdue, on débouche le masque inférieur et on écarte légèrement les dalles à la partie supérieure; la gaine alors se refroidit et, au bout de quelques heures, on peut procéder à l'enlèvement de la cornue perdue.

Pour cela, à l'aide d'un palan suspendu à la charpente du four, on saisit la tête de la cornue et on soulève tout l'ensemble jusqu'à ce que le joint à bride vienne affleurer au-dessus du massif du four.

On cale ce joint par-dessous; on fait sauter les boulons et on enlève la tête. Saisissant alors la cornue elle-même avec le même palan, on la sort du four; elle est remplacée par une pièce neuve que l'on cale de même avec bride au-dessus de la maçonnerie; on rapporte la tête, puis, ayant fait le joint, on redescend le tout en place.

L'opération ainsi décrite ne doit pas demander plus de 2 heures de travail, et cela sans interruption ou ralentissement quelconque de la marche du gazogène.

La mise en marche et le fonctionnement ont lieu dans des conditions sensiblement identiques à celles que nous avons étudiées déjà dans l'appareil à cornues jumelles.

La partie inférieure des cornues ayant été remplie de charbon de bois et chauffée au rouge cerise, on enlève le tampon de fermeture de la tête et on charge une quantité de bois convenable, réglée suivant la nature du bois, comme aussi suivant la température du four et suivant l'état du gazomètre.

On replace le tampon et on le serre sur la tête de cornue, à l'aide de la vis et de l'étrier. Cette opération du chargement dure au plus une minute et la distillation commence aussitôt.

Le gaz et les vapeurs produits passent au travers de la couche incandescente de charbon qui remplit la cornue tronconique, s'y réduisent et s'épurent, passent ensuite au travers de la grille dans le tuyau de sortie, en refoulant l'eau qui remplit ce tube, et s'échappent par la tubulure latérale, pour se rassembler sous la cloche du bassin-barillet; sous cette cloche s'établit rapidement une pression capable de vaincre celle de la cloche du gazomètre et les gaz se rendent par la tuyauterie dans cette dernière.

Suivant la nature des bois, la distillation se termine en un temps qui varie de 30 minutes à 1 heure. Nous avons dit tout l'intérêt qu'il y avait à ne la point pousser trop activement si l'on voulait avoir un gaz parfaitement épuré.

Quand cette distillation est achevée, ce dont l'ouvrier s'aperçoit facilement au bruit particulier que font les dernières bulles de gaz passant dans l'eau du barillet, on ouvre à nouveau le tampon et on effectue une nouvelle charge.

Après deux ou trois charges successives, le

charbon résidu laissé par le bois occupe une partie trop importante de la capacité de la cornue de distillation ; on enlève alors le tampon qui ferme latéralement le pied de cornue, et, à l'aide d'un crochet convenable, on fait tomber, dans un étouffoir, une quantité de charbon équivalente à celle qui s'est produite par les distillations précédentes.

L'arrêt de l'appareil demande les mêmes précautions que pour l'appareil à cornues jumelles, mais les dispositions des foyers et des éléments de production du gaz permettent de le remettre en température beaucoup plus rapidement qu'on ne pouvait l'obtenir avec les types antérieurs.

La colonne réductrice de charbon incandescent se renouvelant constamment, on n'a plus à craindre, comme dans l'appareil à cornues jumelles, que le charbon de bois, cémenté par le dépôt des particules de carbone qu'abandonnent les goudrons, devienne impropre à la purification du gaz et à l'enrichissement de son pouvoir calorifique. De plus, la formation au travers de la masse du charbon réducteur, de canaux, dans lesquels les vapeurs goudronneuses passeraient sans subir d'action, est empêchée par le tassement qui se produit à chaque charge nouvelle.

On pourrait donc, sans grands inconvénients, ne pas recourir à l'injection de vapeur d'eau dans les cornues. C'est ce qu'a fait M. Riché dans les gazogènes de ce type qu'il a construits jusqu'à ce jour.

Cependant cette addition de vapeur ne peut présenter que des avantages : elle augmente sûrement le rendement en gaz, tout en favorisant l'épuration par destruction des goudrons ; elle utilise une partie notable des chaleurs perdues ; enfin, la disposition adoptée dès le début par M. Riché dans son appareil décrit plus haut a, en outre, l'avantage de mesurer, pour ainsi dire, et, en tous les cas, de limiter la pression dans la cornue. Cette pression ne peut, en effet, jamais dépasser celle de la colonne d'eau du tube siphon (tube de sûreté) qui sert à l'introduction du filet liquide.

Ainsi que le montre la figure 485, l'extérieur des nouveaux gazogènes, dits *à pied de cornue coudé*, est le même que ceux des gazogènes décrits plus haut. Cette coupe montre néanmoins la modification importante apportée au pied de la cornue. Chaque cornue est formée de trois parties : une pièce métallique B, fermée à sa partie supérieure par un tampon de fonte F, qu'un étrier E à vis V permet de serrer sur la tête de cornue, en écrasant dans la rainure, visible sur le dessin, un tore d'amiante qui forme joint ; une partie en fonte épaisse et spéciale de forme tronconique S renfermant le charbon ; enfin un pied de cornue D. Mais, tandis que dans les premiers appareils le pied de cornue était cylindrique, et que le tube de dégagement du gaz prenait naissance au fond de ce cylindre, ce pied de cornue a, dans les nouveaux appareils, une forme particulière, et les gaz s'échappent par une tubulure horizontale. Dans celle-ci est disposée une sorte de filtre à gaz *f*, formé par des plaques en tôle mince percées de petites ouvertures en quinconce, et fixées normalement à une tige de fer munie d'une boucle, qui permet de les retirer



facilement par l'ouverture de déchargement D, fermée par un tampon avec joint d'amiante, ou simplement d'argile. Cette forme du pied de cornue rend plus facile la descente du charbon de bois, évite l'entraînement par les gaz de poussiers de charbon et de cendre, et enfin diminue, en même temps que le poids du pied de cornue, les risques d'allongement permanent de la partie S, chauffée fortement.

Les parties B et S sont réunies par des joints à bride, dont l'étanchéité en plein feu est assurée par l'emploi d'un mastic formé de silicate et d'amiante. La dilatation des parties B et S s'effectue librement à partir du joint médian

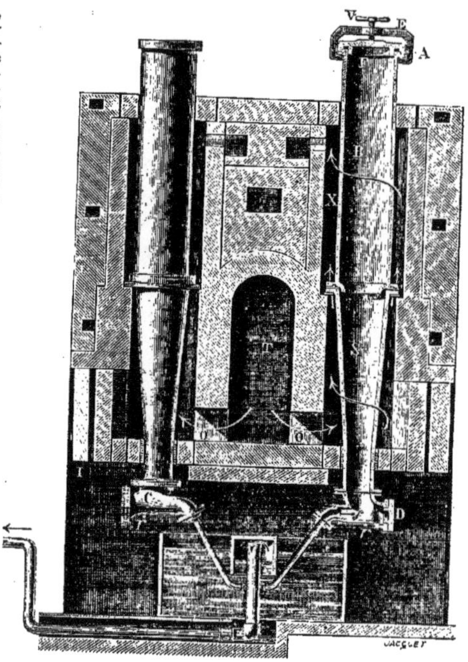

Fig. 485. — Coupe du nouveau gazogène Riché à quatre cornues.

vers le bas et vers le haut, au travers des presse-étoupes formés de fibres d'amiante qui entourent la cornue à la partie supérieure et à la partie inférieure de la maçonnerie.

Une tige de fer *r* fixée dans la maçonnerie sert de soutien aux parties B et S, son élasticité étant suffisante pour, d'une part, ne pas gêner leur libre dilatation, et d'autre part pour contrarier toute tendance de B à contracter des allongements permanents sous l'influence de son propre poids.

Les cornues groupées deux par deux dans chaque gaine pour les appareils importants, avec une gaine ou deux de rechange, sont placées chacune dans sa gaine de chauffage pour les gazogènes moindres, de façon que le remplacement d'une des parties d'un élément n'entraîne la mise hors de service momentanée que de cet élément. Les dispositions de l'appareil permettent d'ailleurs, grâce à la manœuvre d'un simple registre réfractaire, de mettre une ou plusieurs gaines hors de chauffage et de remplacer les parties détériorées sans interrompre le fonctionnement du gazogène et des moteurs.

Le chauffage s'effectue au moyen d'un foyer gazogène dans lequel on brûle généralement de la houille ordinaire. Les flammes s'élèvent par une cheminée, arrivent dans un carneau horizontal voûté, puis pénètrent dans la chambre de combustion T placée au centre du massif. La combustion s'achève complètement dans cette chambre, et les gaz au rouge, ne contenant plus d'oxygène libre, qui eût créé pour les cornues un danger de détérioration rapide, passent par les carneaux horizontaux O dans les gaines de chauffage à la base des cornues. Ils portent d'abord les parties S (charbon de bois réducteur) à 900° environ, puis les parties B (bois de distillation) à 600° environ, et se rendent ensuite à la cheminée par les carneaux X.

Un registre métallique correspond à chaque gaine, permettant de régler son tirage, et par suite le chauffage plus ou moins vif de chaque cornue. Tous les produits de la distillation du bois transformés sur le charbon de bois à 900° en gaz permanents passent au travers du filtre J' dans le tube D, qui les conduit au barillet et de là au gazomètre.

Toute la main-d'œuvre exigée par la conduite de ce nouvel appareil consiste à charger toutes les 40 ou 50 minutes les bois et les déchets à distiller, à entretenir le foyer et à retirer toutes les 2 ou 3 heures le charbon produit en excès.

Dans le cas de mauvaise conduite de l'appareil, quand le chauffeur distille avant que les parties S et le charbon de bois qu'elles contiennent ne soient portés à une température suffisamment élevée, il pourrait se produire des traces de vapeurs goudronneuses dont la condensation serait d'autant plus gênante, que les installations des petites usines à gaz de ce système ont pour principal mérite d'avoir une très faible canalisation.

Les brûleurs et soupapes des moteurs, les chalumeaux et becs de gaz à incandescence seraient susceptibles de s'encrasser à la longue. M. Riché a paré à cet inconvénient en employant un épurateur de sûreté aussi simple qu'efficace. Cet épurateur consiste en un cylindre de tôle de faible diamètre reposant dans un bassin d'eau, à la façon d'un gazomètre de faible capacité, et contenant une certaine quantité de mousse des bois sur laquelle le gaz filtre et s'épure en abandonnant les traces de goudron qu'il pouvait contenir, et dont aucune analyse n'a révélé la présence après cette sorte de filtration.

Pour obtenir une épuration et une filtration régulières il faut, comme il a été dit antérieurement, que le charbon de bois contenu dans les parties S des cornues soit porté à une température de 900°. On pourrait craindre qu'à cette haute température la fonte ne soit attaquée par la distillation des matières jetées dans les cornues, particulièrement par les vapeurs d'acide pyroligneux, le gaz carbonique et la vapeur d'eau.

Des résultats obtenus jusqu'ici, il résulte que ces craintes ne sont pas fondées; ce n'est en effet que tous les 4 ou 5 mois qu'il est nécessaire de procéder au remplacement des parties S des cornues, remplacement peu onéreux (valeur de 130 kilogrammes de fonte) et constituant d'ailleurs les seules dépenses d'entretien des appareils.

Ainsi que l'indique l'*Éclairage électrique*, du 17 juin 1899, auquel nous empruntons ces renseignements, le peu d'action des produits de la distillation pouvait être prévu. D'une part, l'acide pyroligneux doit être décomposé avant d'arriver en contact avec les parois de la cornue. D'autre part, on sait par de nombreuses expériences, en particulier par des expériences de Debray, que les mélanges de vapeur d'eau et d'hydrogène, loin d'être des oxydants, sont au contraire des réducteurs des oxydes de fer dès que la proportion d'hydrogène dans ces mélanges dépasse un tiers; il était donc probable que la vapeur d'eau accompagnée d'un grand excès de gaz réducteurs, comme cela a lieu dans les gazogènes Riché, ne produirait pas l'oxydation de la fonte.

Faisons observer à ce propos que l'emploi de cornues métalliques dans les gazogènes Riché est absolument indispensable au bon fonctionnement de ces appareils. Il faut en effet, pour obtenir non seulement la distillation du bois, mais encore la transformation des produits condensables de la distillation en gaz permanents, faire passer par unité de temps une quantité de chaleur considérable à travers les parois de la cornue. Avec des cornues en terre réfractaire il faudrait, pour réaliser ce passage, porter les parois extérieures à une température extrêmement élevée; avec des cornues métalliques beaucoup plus conductrices de la chaleur, il suffit au contraire d'une faible différence de température entre l'intérieur et l'extérieur des cornues. Il est facile de s'en assurer en appliquant la formule bien connue

$$Q = \frac{C(t - t')S}{e}$$

dans laquelle Q désigne la quantité de chaleur qui doit passer par unité de temps à travers une surface S d'une plaque d'épaisseur $e$ formée d'une substance dont le coefficient de conductibilité calorifique est C et dont les deux faces présentent une différence de température $t - t'$. D'après les calculs de M. Riché, la quantité de chaleur nécessaire pour distiller 12 kilogrammes de bois contenant 25 0/0 d'eau, vaporiser et dissocier l'eau hygrométrique et de constitution, et enfin pour porter à 900° les produits gazeux, est de 29931 calories. Une partie de cette chaleur, 11121 calories environ, étant fournie par la combustion intérieure de 4kgr,5 de carbone, on a $Q = 29931 - 11128 = 18803$. En portant cette valeur de Q dans la formule précédente et faisant $C = 28$ (d'après Péclet), S (surface de chauffe) $= 1,664$ m², $e = 0,02$ m et $t' = 900°$, on trouve $t = 908°$, c'est-à-dire que la température extérieure ne doit dépasser que de 8° la température intérieure, laquelle est bien de 900° d'après les indications d'un pyromètre Maxant. On remarquera que cette température est bien inférieure à celle de la fusion de la fonte grise (1200° d'après les observations de M. Le Chatelier), et que, par suite, il n'est pas à craindre une fusion des cornues, même en cas de surchauffe accidentelle.

*Rendement.* — Nous avons déjà vu que le rendement du bois en gaz, variable suivant la nature du bois et suivant son état de siccité, était compris entre 800 à 1000 mètres cubes pour une tonne. Dans son usine de Lisors, M. Riché a pu faire constater des rendements qui atteignaient jusqu'à 115m,3 de gaz pour 100 kilogrammes de bois, en distillant du rondin de sapin ou des cotrets de chêne.

Au point de vue des produits obtenus, il peut évidemment y avoir intérêt, dans bien des cas, à recueillir un résidu de distillation ayant une valeur marchande importante, ce qui pourra couvrir le prix d'achat de la matière à distiller, et parfois même d'une partie de la houille employée au chauffage. Aussi M. Riché s'est-il efforcé d'obtenir dans les meilleures conditions possibles le charbon de bois résidu. Celui-ci, jeté dans les étouffoirs (sauf la faible quantité qui forme la colonne de réduction et qui doit être renouvelée aussi fréquemment que possible dans l'appareil à cornues jumelles), est un charbon sans fumerons, très léger, très beau et absolument exempt d'humidité, alors que, dans la plupart des marchés, l'on est obligé de tolérer au moins 10 0/0 d'eau.

L'analyse de ce charbon faite, plusieurs jours après sa fabrication, par M. Chavanon, ingénieur chimiste de Saint-Gobain, a donné les proportions suivantes :

Eau........................................ 1,250 0/0
Cendres.................................... 3,750 —
Fer........................................ 0,015 —

100 kilogrammes de bois distillé laissent comme résidu de 18 à 20 kilogrammes de charbon.

*Prix de revient du gaz Riché.* — A la suite de l'intéressante communication qu'il faisait, en décembre 1895, à la Société industrielle de Rouen sur les procédés Riché alors tout nouvellement découverts, M. Lœvenbrück, ingénieur des arts et manufactures, s'exprimait ainsi :

« Et comme prix de revient, si on ne tient pas compte de la main-d'œuvre, qui est pour ainsi dire nulle dans les petites et moyennes installations, et peu sensible dans les grandes, on trouve que le prix de vente des résidus, coke ou charbon, couvre le prix d'achat du combustible, et que le prix du gaz varie de 0ʳ,008 à 0ʳ,012 le mètre cube.

« Le prix de revient des 1000 calories, en partant du chiffre 3000 calories, pouvoir calorifique moyen de ce gaz, est donc un peu plus de 0ʳ,004, ce qui correspond à 0ʳ,012 les 3500 calories ou cheval-vapeur.

« Il est évident que, dans le cas où on utiliserait des chaleurs perdues pour le chauffage des cornues, les chiffres ci-dessus pourraient encore être réduits de moitié. Et si on tient compte que, dans un grand nombre de cas, on pourra employer des combustibles d'un prix moins élevé, il est permis de dire, avec juste raison, que non seulement ce procédé est simple, mais qu'il est encore très économique; il est enfin d'un emploi général.

« Et, en effet, ce gaz peut être employé à produire non seulement de la force motrice par le moyen des moteurs à gaz, d'un usage si universel aujourd'hui, mais encore de la chaleur pour les chauffages industriels et domestiques et de la lumière; il a donc sa place tout indiquée dans les industries, les villes, bourgs et villages, dans les châteaux, dans les fermes, les collèges, etc., et on peut dire qu'il donne la vraie solution du problème : le gaz partout et pour tous. »

Le prix maximum de revient, indiqué par M. Lœvenbrück à 0ʳ,012 le mètre cube, nous semble peut-être un peu faible pour le gaz Riché fabriqué industriellement.

Dans un pays où l'on peut se procurer, au prix de 15 francs la tonne, du bois excellent pour la gazéification, au prix de 20 francs la tonne le charbon de terre destiné au chauffage du foyer, et où la valeur du charbon de bois est de 5 francs les 100 kilogrammes, le prix du mètre cube de gaz Riché est de 0ʳ,016 :

*Dépenses.*

100 kilogrammes de bois.......... 1 fr. 50
40     —     de houille...... » 80
              Total........ 2 fr. 30

*Recettes.*

20 kilogrammes de charbon de bois.. 1 fr.
80 mètres cubes de gaz.

soit dépense nette : 1ʳ,30 pour 80 mètres cubes de gaz.

Dans Paris même, où les prix du bois et de la houille sont très élevés, le prix du mètre cube, calculé comme précédemment, ne saurait dépasser 0ʳ,025. 100 kilogrammes de bois, dont la distillation exige, comme combustible, 40 kilogrammes de houille environ, produisant en moyenne 80 mètres cubes de gaz et laissant un résidu de 18 à 20 kilogrammes de charbon, le prix d'un mètre cube de gaz Riché, naturellement variable suivant les contrées, et qu'il est bien facile de calculer dans chacune d'elles, demeure donc toujours inférieur à 3 centimes, même si l'on ne tient aucun compte de la valeur marchande du charbon de bois résidu.

Ce prix de revient lui-même est donc toujours inférieur ou au plus égal, pour un même pouvoir calorifique, à celui du gaz pauvre, dont la préparation exige souvent des combustibles de qualité supérieure et une dépense en main-d'œuvre au moins aussi élevée.

Au surplus, le prix du gaz Riché peut diminuer jusqu'à devenir nul dans bien des cas, quand on utilise pour sa production des matières autres que le bois dénommé *bois de feu.*.

Il en est sensiblement ainsi dans l'usine de M. Nordin à Calais. Chaque jour, 3000 kilogrammes de déchets de bois étaient perdus dans sa grande scierie mécanique, où l'on débite des bois de sapin du Nord, importés en grume. Le gazogène Riché, qui a été construit récemment dans cette scierie, permet de transformer chaque jour une partie des déchets de bois en 800 mètres cubes de gaz Riché, en attendant sans doute qu'au moyen d'autres appareils identiques, la totalité de ces déchets, jadis perdus, voire même très encombrants, puisse fournir toute la force motrice nécessaire à l'usine.

*Matières employées autres que le bois.* — Outre le bois, le gaz Riché peut d'ailleurs s'obtenir avec une matière absolument quelconque.

Tout composé organique traité par le procédé Riché fournit, en effet, un gaz dont la composition et les propriétés ne diffèrent pas sensiblement de celles du gaz au bois.

Le rendement en gaz, par rapport à la matière distillée, est variable selon sa nature et dépasse souvent celui que l'on atteindrait avec le bois.

Nous pouvons citer un certain nombre d'essais intéressants faits à l'usine Riché, à Lisors, avec un gazogène à cornues jumelles :

1000 kilogr. de tourbe ont donné.. 1000ᵐ³ de gaz.
  53    —    de tannée.............  52   —
 100    —    de sciure de bois.....  127  —
 100    —    de débris de coton...   50   —
  31    —    de papier.............  22,850 —
  11    —    d'entrailles de bœuf...  15   —
2,800   —    (un lapin)............. 4,300 —

On conçoit donc que, dans bien des cas, et en modifiant, suivant les matières à distiller, la disposition des appareils, il soit possible d'obtenir le gaz pour rien. Des essais ont été faits par l'inventeur pour la distillation des gadoues, et s'ils n'ont pas encore, à défaut d'un mode tout à fait pratique de traitement, donné des résultats qui puissent permettre d'exploiter industriellement cette gazéification, il est cependant permis d'espérer que l'on parviendra à une solution satisfaisante.

On peut dès maintenant, et par un mélange avec du bois, tirer parti des déchets, sciures, copeaux, rognures, balayures, tannées, graines nuisibles, etc. C'est ainsi que la Compagnie de l'Ouest, dans son usine de Levallois, utilise actuellement des débris de matériel hors de service et tirera parti de déchets de fabrication, de vieux chiffons, d'huiles et même de vieilles traverses de chemins de fer, etc., et que M. Guille, d'Argentan, emprunte l'éclairage et la force motrice de son usine au gaz que lui fournit la distillation d'un mélange de bois et de tannée.

La houille elle-même peut être traitée par le procédé Riché dans un appareil à cornues jumelles, et fournit alors un rendement en gaz supérieur au double de celui que donne la préparation ordinaire du gaz de ville.

La destruction des goudrons en cours de distillation augmente la quantité de gaz obtenue, et le carbone naissant s'incruste dans les pores du coke résiduel et le rend lourd et dur; ce n'est plus du coke de gaz, friable et léger, utilisable seulement pour usages domestiques, c'est du coke métallurgique, dont le prix est bien supérieur à celui de la houille qui l'a produit, et dont la consommation est presque sans limite.

Enfin, le premier appareil qu'ait fabriqué la Compagnie Riché fonctionne à Tumbez (Pérou) et distille du pétrole fournissant un gaz qui alimente des moteurs d'une puissance totale de 120 chevaux.

*Analyse et pouvoir calorifique du gaz Riché.* — La composition théorique du gaz au bois, déduite en partant de celle du ligneux, et en suivant les réactions qui se produisent dans la distillation par les procédés Riché, n'offrirait pas un très grand intérêt, puisque, d'une part, on devrait supposer tout l'acide carbonique transformé en oxyde de carbone, ce qui n'est jamais rigoureusement exact, et que, d'autre part, on ne saurait déterminer ainsi la proportion d'hydrogène demeurant combinée au carbone à l'état de protocarbure.

M. Riché a du reste effectué ce calcul, et il est à remarquer, au sujet du résultat ainsi obtenu, que le pouvoir calorifique de son gaz, déterminé théoriquement, est notablement inférieur à celui qu'a permis d'évaluer son analyse. Ceci montre bien l'avantage qu'il y a à ne pas opérer la réduction complète des produits de distillation du bois à l'état d'hydrogène et d'oxyde de carbone.

M. Chavanon, ingénieur-chimiste aux glaceries de Saint-Gobain, a analysé le gaz Riché recueilli au cours d'une opération pendant laquelle un gazogène à cornues jumelles fournissait sa production maxima. Ceci explique la forte proportion d'acide carbonique contenue, proportion qui est beaucoup moindre pendant la marche normale et peut devenir presque nulle, surtout avec un appareil à cornue unique.

Cette diminution de la proportion d'acide carbonique n'offre point, du reste, un intérêt trop considérable au point de vue du pouvoir calorifique du gaz, comme nous allons l'établir, et ne nuit en rien, nous le verrons bientôt, à ses diverses applications. Les résultats de l'analyse de M. Chavanon sont les suivants :

| | en volume. | en poids. | Poids du litre. |
|---|---|---|---|
| $CO_2$... | 21,53 | 51,00 | 1gr,965 |
| CO.... | 22,00 | 33,40 | 1 , 251 |
| $CH_4$... | 12,47 | 10,80 | 0 , 716 |
| H..... | 44,20 | 4,80 | 0 , 8955 |

Chaleur dégagée
par gramme de combustible.

| | |
|---|---|
| $CO_2$..... | 0 cal. |
| CO ..... | 2,435 |
| $CH_4$..... | 12,34 |
| H..... | 29,50 |

On en déduit pour la puissance calorifique d'un mètre cube :

| | en volume. | en poids. | Pouvoir calorifique. |
|---|---|---|---|
| $CO_2$... | 213,3 | 419,13 | 0 cal. |
| CO... | 220,0 | 275,22 | 670,16 |
| $CH_4$... | 124,7 | 89,285 | 1191,06 |
| H..... | 422,0 | 39,58 | 1167,61 |

soit 1000 litres pesant 823 grammes et fournissant 3028cal,83.

Voici encore les résultats obtenus par MM. Langlois et Morel d'Arleu, ingénieurs civils des mines, au laboratoire de l'École des Mines (oct. 1899) :

*Analyse de gaz pris à Lisors.*

| | |
|---|---|
| CO.................................... | 29 |
| $CO_2$.................................... | 12 |
| H.................................... | 9 |
| $CH_4$.................................... | 17 |
| Az................ (par différence). | 3 |

*Gaz pris à Levallois (ateliers de l'Ouest); produit de la distillation de débris de wagons.*

| | |
|---|---|
| CO.................................... | 25,80 |
| $CO_2$.................................... | 15,80 |

*Pouvoirs calorifiques mesurés directement à la bombe.*

| | |
|---|---|
| Gaz de Lisors............... | 3395 cal. |
| Gaz de l'Ouest............... | 3497 — |

La transformation de tout l'acide carbonique en oxyde de carbone augmenterait-elle énormément la puissance calorifique du gaz? Non, et en effet de la formule de réduction

$$CO_2 + C = CO$$
$$44 \quad 12 \quad 56$$

il résulte que 420 grammes d'acide carbonique, transformés en oxyde de carbone, en fourniraient

$$\frac{420 \times 56}{44} = 534 \text{ grammes,}$$

soit 425 litres.

La composition et la puissance calorifique de 1 mètre cube de gaz Riché seraient alors :

| | en volume. | en poids. | Pouvoir calorifique. |
|---|---|---|---|
| CO.... | 532 | 665,53 | 1620,56 |
| $CH_4$.. | 103 | 73,748 | 983,80 |
| H..... | 365 | 32,685 | 964,23 |

soit 1000 litres pesant 771gr,963 et dégageant 3568cal,59.

On ne gagne donc ainsi que 539 calories. Ce gain de pouvoir calorifique et la faible augmentation de rendement en gaz du bois employé sont loin de compenser la marche moins rapide et plus surveillée que nécessite la réduction complète de l'acide carbonique.

Cette réduction complète, que permettent d'obtenir les gazogènes Riché dans des conditions particulières de surveillance et de bonne conduite, n'est donc intéressante qu'au point de vue théorique; il n'y aurait aucun avantage et aucune économie à la rechercher dans leur utilisation industrielle.

### APPLICATIONS DU GAZ RICHÉ.

1° *Application aux moteurs à gaz.* — Avec tous les moteurs construits en vue de leur utilisation avec le gaz de houille, on peut obtenir, sans réglage spécial, la puissance pour laquelle ils sont construits, avec une consommation moyenne, à pleine charge, de 1 mètre cube de gaz Riché par cheval-heure.

Avec un moteur Charon, la consommation par cheval-heure a pu être abaissée jusqu'à 807 litres, et ceci avec du gaz Riché qui renfermait 18 0/0 d'acide carbonique.

Les diagrammes obtenus au moyen de l'indi-

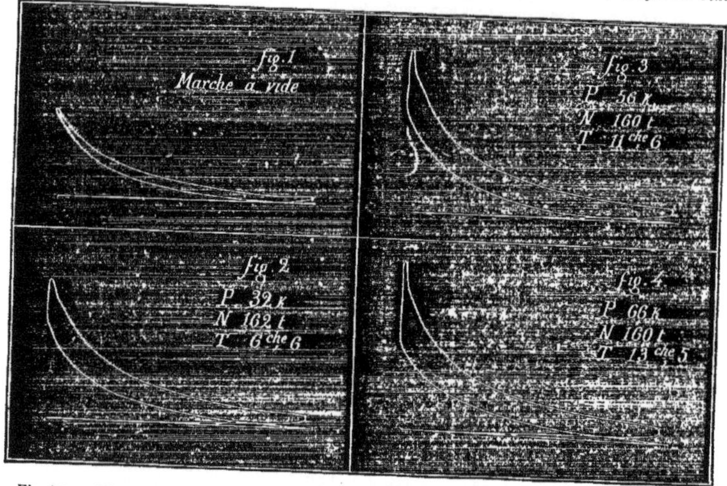



Fig. 486. — Diagrammes obtenus à l'indicateur de Watt sur un moteur Charon type C, n° 304, de 12 chevaux.

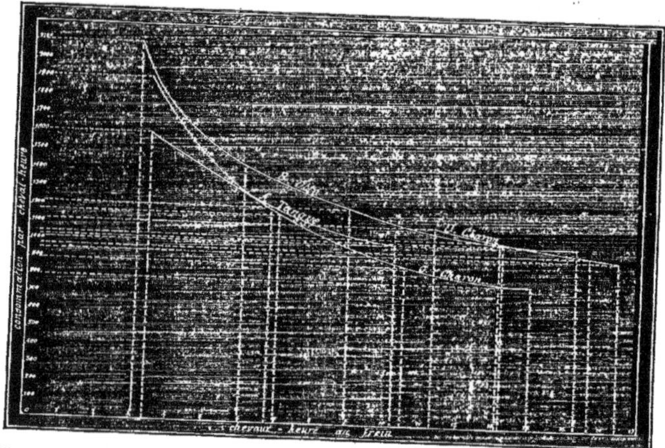



Fig. 487. — Courbes des consommations de divers moteurs actionnés au gaz Riché, et obtenues en faisant varier leur charge.

cateur de Watt sur un moteur à gaz, présentant un très grand intérêt au point de vue de son fonctionnement par le gaz Riché, nous en reproduisons une série que M. H. Riché a bien voulu nous communiquer, et qui a été obtenue aux différentes charges sur le même moteur Charon.

Enfin nous reproduisons, d'après l'étude de MM. Bardolle et Vigreux, la courbe des consommations aux différentes charges pour deux moteurs Charon, un moteur Tangye et un moteur Otto, courbes qui, elles aussi, sont intéressantes.

Le cheval-heure étant produit par une consommation moyenne de 1 mètre cube de gaz Riché, dont le prix de revient est inférieur à 2 cent. 5, il est évident que le cheval-heure obtenu par ce procédé l'est à meilleur compte qu'avec la plupart des gazogènes à gaz pauvre, sauf peut-être avec le gazozène Mond, qui exigent au cheval-heure 650 grammes d'anthracite anglais à 50 francs, soit 0fr,0325 ou 960 grammes de coke de fonderie coûtant de 36 à 40 fr., soit de 0fr,0345 à 0fr,0384.

Le tableau suivant donne le prix de revient comparatif du cheval-heure obtenu avec les différents gaz :

| Nature du gaz. | Pouvoir calori-fique au mètre cube. | Données relatives au calcul du prix de revient du mètre cube. | Prix de revient | | |
|---|---|---|---|---|---|
| | | | du mètre cube. | des 1000 ca-lories. | du cheval-heure (3500 cal.) |
| | cal. | | fr. | fr. | fr. |
| Gaz de houille............. | 5250 | 0fr,10 (prix relativement faible). | 0,10000 | 0,01904 | 0,06666 |
| Gaz Siemens (au coke).... | 773 | Prix du coke, 32 francs la tonne, cendres 10 0/0, rendement de 4900 mètres cubes par tonne sans frais ni main-d'œuvre. | 0,00663 | 0,00858 | 0,03003 |
| Gaz à l'eau.............. | 2884 | Prix de revient variable, toujours supérieur à celui du gaz pauvre (Dowson). | » | » | » |
| Gaz mixte ............. | 1026 | | | | |
| Gaz Dowson : | | | | | |
|   Anthracite anglais..... | 1287 | 1 mètre cube de gaz pour 211 grammes à 50 francs la tonne. | 0,01055 | 0,00811 | 0,02838 |
|   Charbon allemand.... | 1018 | 1 mètre cube de gaz pour 250 grammes à 30 francs la tonne. | 0,00750 | 0,00750 | 0,02625 |
| Gaz Buire-Lencauchez.... (charbon allemand.) | 1262 | Id. | 0,00750 | 0,00600 | 0,02100 |
| Gaz Riché (au bois)....... | 3000 | 100 kilogr. de bois quelconque donnent 20 kilogr. de charbon de bois dont le prix couvre celui du bois ou à peu près. On a donc sensiblement 80 mètres cubes de gaz pour le prix de 40 kilogr. de houille à 20 francs. | 0,01000 | 0,00333 | 0,01166 |
| Gaz Riché à la houille (fabrication du coke métallurgique). | 2650 | Dépenses :<br>  1000 kilogr. de charbon.... fr. 20,00<br>  Main-d'œuvre............. — 10,00<br>       Total..... fr. 30,00<br>Recettes : 760 kilogr. de coke à 35 francs............. fr. 26,60<br>  Soit 796 m. c. de gaz pour fr. 3,40 | 0,00427 | 0,00161 | 0,00563 |
| Gaz Riché (à la tourbe).... | 2883 | Dépenses :<br>  1000 kilogr. de tourbe..... fr. 20,00<br>  Main-d'œuvre............. — 10,00<br>       Total..... fr. 30,00<br>Recettes : 300 kilogr. de charbon à 10 francs............. fr. 30,00 | » | » | » |

2° Le gaz Riché a été appliqué, en outre, à la verrerie et à l'industrie des métaux, au chauffage des chaudières, au chauffage et à l'éclairage domestiques, à la soudure et à la brasure, etc.

BIBLIOGRAPHIE. — *Le Gas Riché et ses applications industrielles*, par MM. Ch. Vigreux et Eug. Bardolle, Paris, 1898 ; voyez en outre les différents *Mémoires* présentés par MM. Lencauchez et Riché à la Société des Ingénieurs civils de France, et aussi la collection de *l'Eclairage électrique*.

### GAZ DE GÉNÉRATEUR (GAZ SIEMENS).

La première application à l'industrie des gaz combustibles qui se forment dans les combustions incomplètes fut faite, de 1809 à 1814, par un Français du nom d'Aubertot, qui se servait des gaz de ses hauts fourneaux pour forger, puddler, pour le grillage des minerais et pour chauffer ses fours à chaux. Ces essais furent repris plus tard par Fabre du Tour en 1837, et en 1839 par Bischof, en Allemagne, dans le Harz. Ces différentes applications se succédèrent et furent soutenues par les recherches scientifiques de Bunsen, Turner et Ebelmen ; c'est ainsi que, le 24 janvier 1842, Ebelmen présentait à l'Académie des Sciences de Paris un mémoire sur le pouvoir calorifique des gaz et les combustions incomplètes, mémoire qui fut la base des recherches de Thomsen, Schinz, etc., et enfin des beaux travaux de MM. Fr. et W. Siemens commencés en 1856.

Le principe de la préparation du « gaz Siemens ou de générateur » est le suivant : Le combustible est placé dans un four, de façon à former une couche épaisse ; l'air arrive par la partie inférieure du combustible, qui brûle complètement. Les produits de la combustion ($CO_2 + H_2O + Az$) passent alors dans la couche incandescente supérieure où ils sont dissociés en partie ou réduits, si bien que l'on doit théoriquement obtenir un mélange d'hydrogène, d'oxyde de carbone et d'azote.

Tous les combustibles se prêtent plus ou moins à cette opération ; néanmoins il est préférable de rejeter les combustibles qui contiennent une trop grande quantité d'eau ou qui formeraient des couches trop denses, comme par exemple la sciure de bois, la tourbe, etc. Les meilleurs résultats sont obtenus naturellement avec les combustibles les plus purs, tels que le coke, l'anthracite, etc.

Le tableau ci-dessous donne les résultats de 12 analyses faites sur des gaz de gazogènes par MM. Fischer, Lencauchez et Scheurer-Kestner :

| Numéros des analyses. | Hydrogène. | Méthane. | Éthylène. | Oxyde de carbone. | Acide carbonique. | Azote. |
|---|---|---|---|---|---|---|
| 1 | 10,30 | 2,99 | » | 22,84 | 6,99 | 56,88 |
| 2 | 8,02 | 2,46 | » | 26,01 | 5,50 | 58,01 |
| 3 | 5,50 | 1,39 | » | 22,61 | 5,89 | 64,61 |
| 4 | 4,83 | 1,63 | » | 24,02 | 3,96 | 65,56 |
| 5 | 3,92 | 0,92 | » | 23,01 | 4,04 | 68,11 |
| 6 | 10,83 | 1,10 | 1,38 | 21,76 | 3,77 | 61,36 |
| 7 | 6,88 | 3,85 | 0,57 | 25,84 | 0,45 | 62,41 |
| 8 | 0,70 | » | » | 34,50 | 11,60 | 53,20 |
| 9 | 1,30 | » | » | 21,20 | 22,00 | 55,50 |
| 10 | 0,20 | » | » | 34,10 | 0,80 | 64,90 |
| 11 | 0,50 | » | » | 22,40 | 14,00 | 63,10 |
| 12 | 0,10 | » | » | 33,80 | 1,50 | 64,80 |

Les analyses n° 1 à 5 donnent la composition des gaz des canaux collecteurs de 8 fours Siemens fonctionnant à l'usine Krupp d'Essen [Fischer, *Taschenbuch für Feuerungstechniker*]. Les analyses 6 et 7 ont été faites par M. Lencauchez sur les gaz des gazogènes de la Société des Métaux de Saint-Denis, l'analyse 6 avec du gaz de coke, l'analyse 7 avec du gaz provenant d'un mélange de charbons gras et maigres. Les cinq dernières analyses ont été faites par Scheurer-Kestner : l'analyse 8, ainsi que la suivante, se rapportent à un gaz sec de gazogène au bois; l'analyse 10 à du gaz de charbon de bois; l'analyse 11 à du gaz de tourbe et l'analyse 12 à du gaz de coke.

La figure 488 montre deux coupes de gazogènes Siemens destinés à gazéifier de la houille ou du coke.

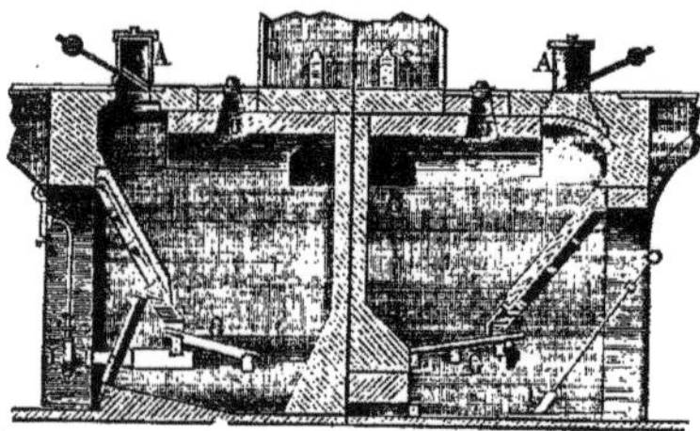

Fig. 488. — Coupes de gazogènes Siemens.

Ces deux gazogènes sont différents en ce sens que celui de droite est à aspiration d'air naturelle, tandis que celui de gauche est à injection d'air sous pression. Cet injecteur est représenté en J. Le gazogène à injecteur est destiné à brûler des gadoues et autres détritus, tandis que le gazogène à aspiration naturelle est destiné à brûler de la houille ou du coke.

Ces types de générateurs servent, en général, au chauffage indirect, en ce sens qu'on les accouple par batteries de 4 ou 8. Les gaz combustibles sont dirigés dans des cheminées verticales, représentées sur nos figures, et aboutissant à un collecteur horizontal qui conduit les gaz à l'endroit où ils doivent être employés.

Certains types de gazogènes sont pourvus, à la place du cendrier, d'une cuvette étanche et remplie d'eau; la chaleur rayonnée évapore cette dernière, et la vapeur d'eau, se mêlant à l'air qui alimente le gazogène, donne un peu de gaz à

l'eau, enrichissant le gaz combustible en hydrogène et oxyde de carbone. Ce système a, en outre, l'avantage de refroidir un peu la grille, ce qui lui assure une plus longue durée, et, d'autre part, empêche les cendres de former un laitier dur, toujours désavantageux dans ces sortes d'installations.

Le problème de l'obtention des hautes températures industrielles fut résolu par MM. Siemens, vers 1860, au moyen des récupérateurs dont nous allons dire quelques mots.

Ces derniers utilisent les chaleurs perdues des fours et servent à réchauffer, avant leur mélange et leur combustion, tant le gaz combustible lui même que le comburant. M. Siemens utilise pour ces récupérateurs (appelés autrefois régénérateurs) deux paires de chambres construites en matériaux réfractaires et arrangées de telle façon que, sans s'opposer au trajet des gaz, elles offrent néanmoins la plus grande surface possible. A chaque extrémité du four, Siemens dispose une paire de ces récupérateurs, qui fonctionnent à tour de rôle, en ce sens qu'une paire de récupérateurs est traversée par les gaz de la combustion encore chauds, qui leur cèdent leur chaleur, et l'autre paire, qui vient d'être chauffée, est traversée par les gaz combustibles relativement froids et l'air destiné à la combustion qui s'échauffent au contact des briques incandescentes des récupérateurs.

Au bout d'un certain temps, une manœuvre de soupapes intervertit les rôles, et ainsi de suite.

En résumé, des deux récupérateurs destinés au réchauffement, l'un est traversé par le gaz combustible et l'autre par l'air, tandis que les deux récupérateurs destinés à la récupération sont traversés également par les gaz de la combustion.

Les figures 489, 490, 491, 492 représentent le plan et trois coupes d'un four Siemens.

La figure 489 montre les récupérateurs VV, TT en plan. Les récupérateurs les plus petits, VV, servent au réchauffement des gaz combustibles, tandis que les plus grands, TT, servent à réchauffer l'air.

Les soupapes c et d (fig. 490) servent à donner au gaz et à l'air des directions différentes, et ceci en les soulevant simplement sur leur siège; c est la soupape de l'air et d est la soupape du gaz. Les deux soupapes (16 soupapes dans une batterie de 8 fours) sont rangées sur deux lignes parallèles et sont mises en mouvement simultanément par un levier et des tringles. La figure 492 montre plus clairement le mode d'action de ces soupapes : le gaz, arrivant par le haut, descend par le canal de gauche l dans le récupérateur A, et l'air dans le récupérateur B.

La réunion et la combustion des gaz ont lieu au-dessus de la sole C (sole d'un four Martin-Siemens, comme l'indique la figure 492), et les gaz

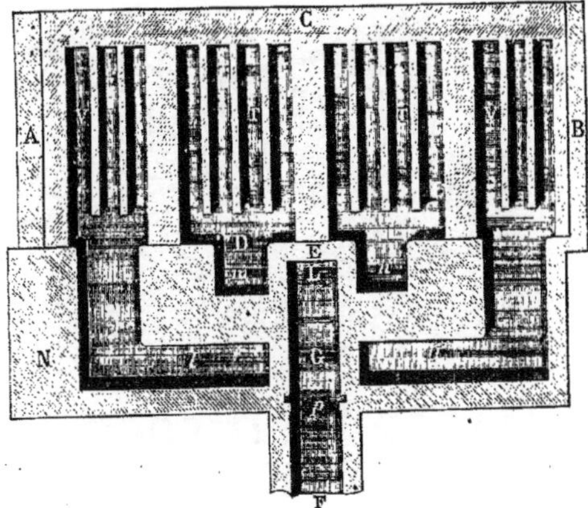

Fig. 489. — Four Siemens; plan.

de la combustion sont évacués sur les autres récupérateurs A et B, passent par les canaux $o$ et $n$ (voyez le plan fig. 489) et les soupapes et se réunissent dans la cheminée commune $p$. Au bout de quelque temps, un simple mouvement du levier tournant de 90° autour de son axe change la position des soupapes; l'air et le gaz sont alors forcés de passer par les canaux de droite $o$ et $n$ dans les récupérateurs chauds A et B, tandis que les produits de la combustion arrivent par la gauche et passent de là dans la cheminée $p$.

La réunion des deux gaz, air et gaz combustible, se déduit clairement de l'inspection de la figure 492. L'air et le gaz combustible arrivent par une série de tuyères parallèles et qui alternent, l'une amenant le gaz, l'autre l'air, la suivante le gaz; de cette façon, on arrive à avoir un mélange homogène et une combustion complète.

M. Siemens [voyez *Ueber den Verbrennungsprozess mit spezieller Berücksichtigung der praktischen Erfordernisse*] préfère, et c'est le cas dans la figure 492, faire arriver le gaz par une tuyère directement juxtaposée sous la tuyère d'amenée de l'air. De cette façon, le mélange se fait facilement, l'air plus lourd tendant à descendre et le gaz plus léger tendant à monter.

Dans d'autres installations (fours à pain Schweitzer, fours de Notre-Dame de Briançon pour la cuisson des électrodes en charbon), l'oxyde de carbone et l'air arrivent par de petits trous percés à même la sole et amenant alternativement de l'air et du gaz; on peut encore faire converger les deux jets d'air et de gaz, qui se pénètrent

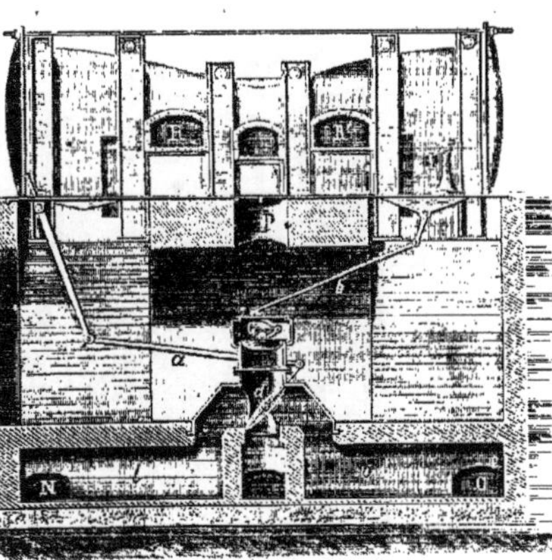

Fig. 490 et 491. — Four Siemens; coupes montrant le fonctionnement des soupapes.

sous un angle de 60° et se mélangent suffisamment.

Le gaz de générateur Siemens, qui permet d'obtenir d'une façon relativement simple et avec une faible dépense de combustible les températures les plus élevées qu'exige la métallurgie, la verrerie, la céramique, etc., a néanmoins un défaut capital. L'installation et l'entretien d'un gazogène Siemens, tel que nous venons de le décrire, coûte extrêmement cher. Aussi, chaque fois que l'on peut se passer d'une température maxima, renonce-t-on à chauffer au préalable le gaz combustible et, dans ce cas, on supprime une des paires de récupérateurs. Les deux récupérateurs servent alors alternativement pour l'air et le gazogène est placé assez près du four pour que son gaz n'ait pas le temps de se refroidir.

C'est sur ce principe qu'est basé le four à gazogène Ponsard. Il est formé d'un gazogène Siemens dont les gaz chauds sont dirigés immédiatement sur la sole du four pour y être brûlés. Les gaz de la combustion sont évacués alors sur un récupérateur spécial, formé d'une série de tubes réfractaires dans lesquels passent les gaz incandescents, tandis qu'une nappe d'air, marchant en sens contraire et constamment renouvelée, les entoure. C'est cet air, chauffé ainsi à 800°, qui alimente le gazogène.

Le gazogène Ponsard a un grand avantage sur le four Siemens décrit plus haut : c'est qu'il ne nécessite pas la manœuvre périodique de soupapes; par contre, il arrive facilement qu'à l'usage les tubes réfractaires se percent, et dans ce cas un mélange des gaz de la combustion et de l'air d'alimentation peut avoir lieu.

Les gazogènes Boétius et Bicheroux sont analogues au gazogène Ponsard; mais l'air n'est pas chauffé dans un récupérateur : il est simplement chauffé par les parois du gazogène, qui est à double enveloppe.

Depuis quelques années, on a cherché non seulement à récupérer la chaleur perdue, mais à récupérer aussi les gaz qui ont échappé à la combustion. Nous ne parlerons ici que des nouveaux fours Siemens perfectionnés par MM. Biedermann et Hœrvey. [Voyez Head et Pouff, *A new*

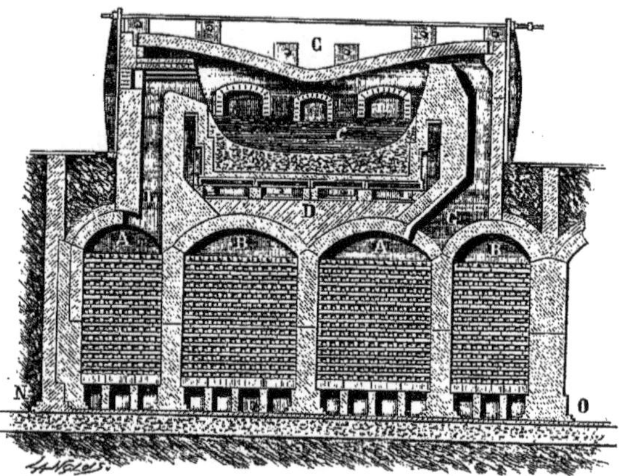

Fig. 492. — Four Martin-Siemens; coupe.

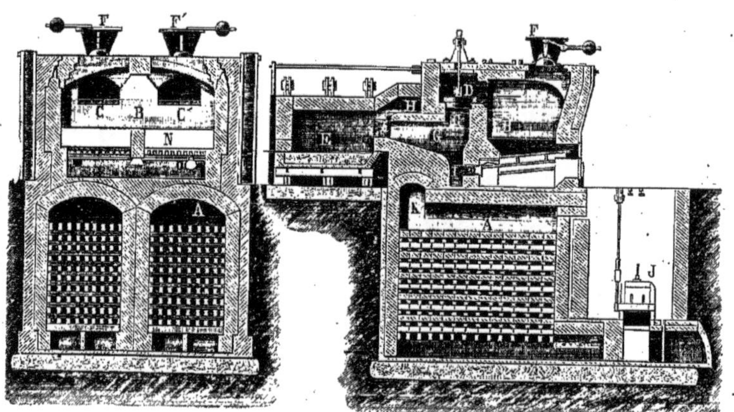

Fig. 493 et 494. — Gazogène Siemens perfectionné; coupes.

*form of Siemens furnace arranged to recover wasts gases as well as wasts heat. A paper read at the meeting of the Iron and Steel Institute, Chem. Soc., 8, 764; — Stahl und Eisen, 1890, 616. — Hempel, Gwbl. Sitzungsberichte, 1891, 77. — Schöffel, Z. B. H., 1891, 212, 225.]*

Ces nouveaux gazogènes, dont nous donnons une coupe dans les figures 493 et 494, ne comportent que deux récupérateurs et les gaz combustibles ne sont pas soumis au réchauffement. Le gazogène se trouve en B et envoie ses gaz sur la sole E, où ils sont brûlés avec de l'air chaud; quant aux gaz de la combustion, ils passent en partie dans le récupérateur de chaleur, mais en partie aussi on les conduit à nouveau au gazogène B.

Tandis que, dans les gazogènes ordinaires, l'oxyde de carbone est produit par la réaction

$$C + O = CO,$$

dans ce nouveau type de gazogène on utilise concurremment la réaction

$$CO_2 + C = 2 CO.$$

Cette réaction nécessite une grande quantité de chaleur (car elle est endothermique) ; aussi a-t-on compté sur la haute température des gaz de la combustion pour entretenir la combustion du carbone. Quant à la vapeur d'eau des gaz de la combustion, elle est transformée en gaz à l'eau et oxyde de carbone. Comme on le voit, dans ce cas particulier, nous n'avons plus affaire à une récupération purement mécanique, mais bien à une récupération chimique.

A et A' sont les deux récupérateurs marchant alternativement, au-dessus desquels est installé le gazogène B. F, F' sont les trémies de chargement pour le combustible, N, N' les grilles. En E se trouve la sole, aussi près que possible du gazogène. C et C' sont les canaux qui conduisent à la sole les gaz combustibles. L'admission des gaz est réglée par deux soupapes fixées au même

Fig. 495. — Détail des soupapes.

levier et de telle façon que l'une est fermée quand l'autre est ouverte (fig. 495). Les gaz de la combustion arrivent de B par la soupape D, les canaux C et C' à la sole E, tandis que les gaz de la combustion passent par H, K et arrivent aux récupérateurs A et A' ; sur leur chemin, ils rencontrent l'injecteur à vapeur I (Körting), qui aspire une partie de ces gaz et les conduit, mélangés à de la vapeur d'eau, sous la grille. J est une soupape que l'on manœuvre alternativement ; elle sert : 1° à diriger l'air froid dans un récupérateur chaud et de là à la sole du four ; 2° à diriger les gaz de la combustion dans le récupérateur refroidi et de là à la cheminée.

O et O' sont des valves rotatives qui permettent ou empêchent alternativement le passage des gaz de la combustion au gazogène. Les valves sont en communication avec les soupapes D dont il a été question plus haut et ont une marche automatique, en ce sens que le même mouvement qui ferme la soupape D ouvre la valve O. Il en

est de même avec D' et O'. En outre, deux ouvertures permettent de piquer le feu et de nettoyer la grille.

Voici la marche des gaz pendant la combustion : Le gaz arrive du gazogène B par le canal C, la soupape D et l'ouverture C dans le four $h'$ E. L'air nécessaire à la combustion passe par le récupérateur A, le canal K et l'ouverture H et arrive en $h'$ E et s'y rencontre avec le gaz qui y est brûlé. Il se forme ainsi une nappe de flamme qui a la forme d'un fer à cheval ; elle tourne tout autour de la sole et ressort en partie par $h$ en passant par H, K et le récupérateur A, puis la cheminée et en partie en passant par l'ouverture C et les aspirateurs I pour être conduite à la grille du gazogène et être de nouveau transformée en gaz combustible.

### GAZ A L'EAU.

C'est un chimiste italien, Felice Fontana (1730-1805), qui observa l'un des premiers la décomposition de la vapeur d'eau en hydrogène et oxygène par le charbon incandescent. C'était en 1780, à l'époque où l'on venait de découvrir que l'hydrogène était un des constituants de l'eau. Cette réaction, étudiée de plus près par Lavoisier et Meusnier, fut mise industriellement en pratique par Vere et Crane. Leur patente anglaise de 1823 revendique la préparation continue d'un gaz combustible par l'action d'un courant d'eau ou de vapeur d'eau sur du charbon, du goudron, de l'huile de goudron ou d'autres matériaux végétaux ou animaux, placés dans une cornue incandescente. L'année suivante, M. J.-H. Ibbetson prit une patente pour la fabrication d'un gaz éclairant, qu'il obtenait en ajoutant du goudron ou de l'huile au mélange incandescent de charbon et de vapeur d'eau. En 1830, Donovan, de Dublin, se servit de la combustion du gaz d'éclairage ordinaire ; mais c'est à Jobard, de Bruxelles, que revient la découverte du premier appareil pratique, réalisant en une double opération la carburation et la préparation du gaz à l'eau. Jobard vendit tous ses droits, y compris son titre d'inventeur, à Selligue, qui s'occupait depuis de longues années déjà de la distillation des schistes d'Autun, et Selligue obtint même un prix de la Société d'Encouragement ainsi qu'une médaille d'or. Néanmoins, l'année suivante, une commission composée de Thénard, Gay-Lussac, Brongniart, d'Arcet, Dumas, Payen, etc., rétablit la vérité et rendit justice à Jobard, en le déclarant le véritable inventeur de l'appareil Selligue. Le gaz à l'eau prenait néanmoins de jour en jour plus d'importance ; en 1846, Gillard tentait de se passer de la carburation, se servant de gaz à l'eau pur qui portait à l'incandescence une corbeille de platine, et les appareils dénommés « cubilot » et « gazogène » basés sur ce principe, furent utilisés régulièrement à Narbonne de 1856 à 1865.

Néanmoins le gaz à l'eau, même à l'heure actuelle, n'a pu lutter victorieusement en Europe contre le gaz de houille, ; par contre, en Amérique il est d'un usage courant, grâce aux puissantes mines d'anthracite et aux puits de pétrole disséminés sur tout le territoire de ce pays ; grâce aussi à l'emploi des procédés perfectionnés de M. Tessié du Motay (1871) et de M. Lowe (1875), qui ont permis à la plupart des grandes villes d'employer en quantités énormes le gaz à l'eau carburé, concurremment avec le gaz d'éclairage.

En Europe, le gaz à l'eau est peu employé ; néanmoins, depuis 1880, des tentatives ont été faites, la plupart par la *Europæische Wassergas Aktien Gesellschaft*, de Dortmund, sous la direction de M. Blass.

La préparation du gaz à l'eau repose sur la réaction suivante :

$$C + H^2O = H^2 + CO$$

et a lieu par deux méthodes principales :

1° Injection de vapeur d'eau dans des cornues chauffées extérieurement et contenant le combustible incandescent. Cette méthode permet une fabrication continue ;

2° Fabrication dans des gazogènes sans chauffage extérieur. Cette méthode comprend deux phases : dans la première un courant d'air passant sur le charbon le porte à l'incandescence, c'est-à-dire à la température de 1000 ou 1200°; dans la seconde on substitue un courant de vapeur au courant d'air, et la décomposition endothermique de l'eau prend naissance, éteignant peu à peu le charbon que l'on porte à nouveau à l'incandescence par l'action d'un nouveau courant d'air, et ainsi de suite.

Cette méthode ne permet une opération continue qu'en utilisant deux appareils en tous points semblables, mais marchant alternativement.

Le premier de ces systèmes est pour ainsi dire complètement abandonné aujourd'hui ; nous ne parlerons donc que de l'appareil de M. Sanders (fig. 496), qui est encore utilisé dans quelques fabriques.

Ce gazogène comprend en principe une cornue en fer ayant la forme d'une L, et remplie de charbon de bois porté à l'incandescence par un four quelconque. De la vapeur d'eau surchauffée arrive par la grande branche de l'L, traverse le charbon incandescent en donnant du gaz à l'eau, et ce dernier, s'échappant par la petite branche, traverse un barillet contenant des hydrocarbures destinés à lui donner le pouvoir éclairant.

Le gaz préparé par ce moyen, et dans lequel les hydrocarbures n'ont pas été « fixés », comme nous le verrons plus loin, est sujet à des condensations qui lui font perdre peu à peu tout son pouvoir éclairant.

Le second système est dû aux travaux de M. Tessié du Motay, à qui revient le mérite d'avoir introduit le principe des gazogènes dans les appareils à gaz à l'eau.

Nous ne décrirons ici que l'appareil de la *Wassergas Actiengesellschaft* usité en Europe, et ceux de Lowe et de la ville de New-York, employés aux États-Unis.

La figure 497 représente une coupe et un plan de l'appareil de la *Wassergas Actiengesellschaft*.

La vapeur arrive en B dans le gazogène rempli de coke, en passant dans la vanne W, et le gaz à l'eau est expulsé dans le bas du gazogène, précisément à l'endroit où se fait l'appel d'air destiné à entretenir la combustion. Il y avait donc à craindre que, la vanne d'échappement S venant à perdre de son étanchéité, un mélange explosif d'air et de gaz à l'eau ne prît naissance. On a remédié à cet inconvénient en refroidissant constamment la vanne S

par un courant d'eau froide, et en s'arrangeant pour que le même mouvement qui ouvre l'admis-

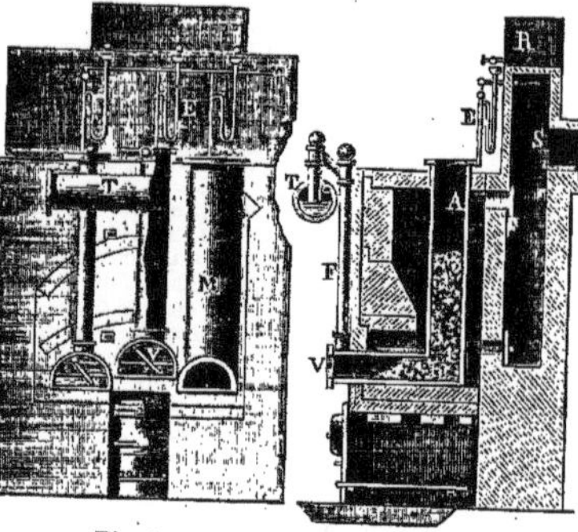

Fig. 496. — Appareil de M. Sanders.
Appareil Sanders pour la préparation du gaz à l'eau.

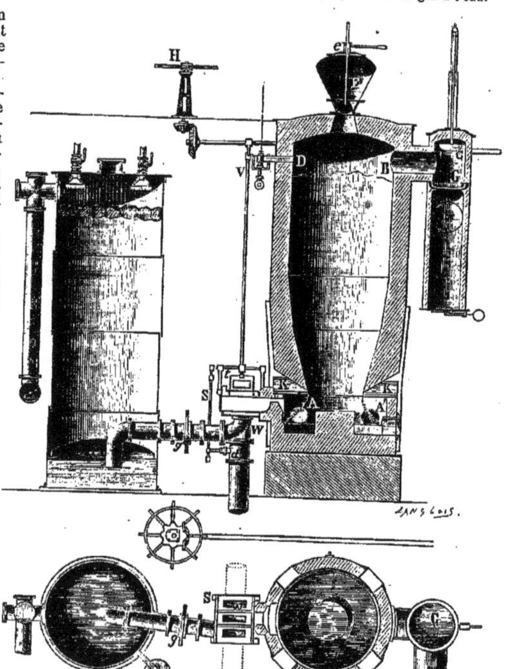

Fig. 497. — Appareil de la *Wassergas Actiengesellschaft*; coupe et plan.

sion du gaz à l'eau au scrubber ferme l'admission d'air au gazogène. L'air sous pression arrive par W, son admission est réglée par la roue de commande H. Pour éviter la formation de laitier, la partie inférieure du gazogène est entourée d'une rigole circulaire K, contenant de l'eau froide constamment renouvelée; de cette façon il ne se forme que des cendres faciles à enlever par 4 portes latérales (voyez le plan).

Le gaz au sortir de l'appareil se rend au scrubber, où il est lavé avant d'être emmagasiné au gazomètre.

Pour mettre cet appareil en marche, on commence par faire un feu de bois dans le générateur, en ayant soin de tenir ouverte la soupape G. On charge alors 700 kilogr. de coke, et on commence à envoyer de l'air en A sous une pression de 50 millimètres. On charge de plus en plus, de façon que le générateur soit entièrement rempli dans l'espace de 1 heure et demie et que la pression de l'air soit montée à 400 millimètres. Les gaz qui s'échappent en G sont formés en grande partie par de l'air pendant les premiers moments de la mise en train; mais au bout d'un certain temps ces gaz deviennent combustibles et servent alors à chauffer les chaudières destinées à alimenter de vapeur le gazogène. On peut alors commencer à faire du gaz, c'est-à-dire que pendant 5 minutes on envoie de la vapeur sur le combustible incandescent, puis pendant 10 minutes on souffle de l'air de façon à le rallumer. Deux générateurs semblables, marchant alternativement, et cubant chacun 10 mètres, consomment en 24 heures 24 160 kilogr. de coke, et donnent 17 760 mètres cubes de gaz à l'eau.

l'éclairage à l'incandescence. Aussi M. Lowe fut-il le premier à construire, en 1875, un gazogène donnant du gaz à l'eau carburé. Le principe de l'invention de M. Lowe, qui a servi depuis à la construction de tous les appareils à gaz à l'eau carburé, est le suivant : Pendant les 10 minutes où l'on souffle de l'air sur le coke pour le rallumer, il se dégage une quantité énorme de chaleur. M. Lowe la récupère dans des récupérateurs Siemens, et s'en sert après coup pour chauffer le gaz à l'eau carburé, de façon à faire subir aux carbures une décomposition qui les fixe. Cette fixation n'est pas autre chose qu'un commencement de distillation; nous y reviendrons du reste plus loin en parlant du gaz d'huile.

L'appareil de M. Lowe (fig. 498) comprend un générateur A, constitué par un cylindre en fer forgé, revêtu à l'intérieur par une épaisseur de briques réfractaires, et un surchauffeur B, constitué, lui aussi, par un cylindre en fer forgé, doublé de briques réfractaires, mais rempli entièrement par des matériaux réfractaires (briques étagées) d'une façon analogue aux récupérateurs Siemens. Ce surchauffeur communique avec un laveur horizontal C, et avec deux tours à condensation D et E.

On commence à remplir le générateur A avec de l'anthracite que l'on introduit par l'ouverture $a$, et on le porte à l'incandescence par l'action d'un courant d'air entrant en $c$ et soufflé par le ventilateur F; les gaz de la combustion s'échappant par le tuyau réfractaire $b$, passent au surchauffeur et de là à la cheminée par l'ouverture $d$. Aussitôt que la température du générateur est assez élevée, et que les gaz brûlent au bleu et sans fumée, on les enflamme dans le surchauffeur B, après les avoir mélangés d'air soufflé par le ventilateur F et arrivant en $c$. Au bout de 15 minutes l'anthracite est au rouge éblouissant dans le générateur, et il en est de même du surchauffeur jusqu'à son sommet en $d$.

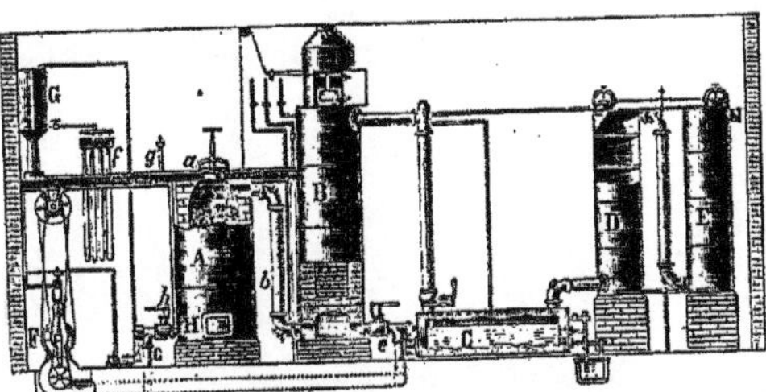

Fig. 498. — Fabrication du gaz à l'eau. Appareil Lowe.

La production de 1 mètre cube de gaz nécessite environ 1 kilogramme de carbone, soit 1<sup>kg</sup>,2 de coke. Le gaz obtenu possède la constitution suivante :

|  | Gaz non purifié. | Gaz purifié. |
|---|---|---|
| Hydrogène | 49,20 | 49,50 |
| Oxyde de carbone | 42,30 | 41,20 |
| Acide carbonique | 3,20 | 4,00 |
| Azote | 4,80 | 5,30 |
| Hydrogène sulfuré | 0,50 | » |
| Hydrogène sélénié | traces. | » |

En plus du mètre cube de gaz à l'eau susmentionné, on obtient encore, pour une dépense de 1 kilogramme de carbone, 4 mètres cubes de gaz de gazogène contenant :

| | |
|---|---|
| Acide carbonique | 2,00 |
| Oxyde de carbone | 28,00 |
| Hydrogène | 2,00 |
| Azote | 68,00 |

L'appareil que nous venons de décrire donne bien du gaz à l'eau, mais ce dernier est inutilisable tel quel pour l'éclairage, à moins d'employer

Aussitôt ce moment atteint, on ferme les vannes en $c$, $l$ et $d$ et on ouvre les robinets $g$ et $h$. Par $h$ arrive de la vapeur d'eau, qui traverse le charbon incandescent en se transformant en hydrogène et oxyde de carbone; par $g$ arrive de l'huile lourde de pétrole ou de houille, provenant du réservoir G, et qui est entraînée par le tube $b$ avec le courant de gaz à l'eau. Ce mélange arrive alors dans le surchauffeur incandescent; l'hydrocarbure est décomposé (fixé), et, après refroidissement et lavage, on obtient un gaz éclairant excellent pour l'emploi direct.

Pendant la fabrication du gaz on laisse marcher le ventilateur à une allure modérée, de façon à avoir une certaine pression aux vannes $c$ et $l$, ce qui fait que, même au cas où ces vannes viendraient à mal fermer, la canalisation d'air ne se remplit jamais de gaz pouvant donner lieu à un mélange explosif. Au bout de 15 ou 20 minutes, on interrompt la fabrication du gaz pour réchauffer à nouveau l'anthracite et recharger le générateur si le besoin s'en fait sentir. Toutes les 6 ou 12 heures, on enlève les cendres du générateur par la porte H.

En général, on se contente de transformer l'anthracite en une espèce de coke de métallurgie, que l'on brûle ensuite sous les générateurs à vapeur : ce mode opératoire est préférable à celui qui consiste à brûler entièrement l'anthracite dans le générateur, car dans ce dernier cas il se forme souvent des laitiers durs et incrustants qui détériorent la grille.

M. Lunge, dans son rapport sur l'Exposition de Chicago en 1893, a décrit l'appareil à gaz à l'eau carburé qui fonctionne à New-York dans la 25ᵉ Avenue. On peut le prendre comme type des appareils américains actuels; aussi en donnerons-nous une description.

Ce gazogène possède deux surchauffeurs (fig. 499) et comprend un générateur A, contenant l'anthracite et dans lequel, pendant 10 minutes, on injecte de l'air, puis pendant 10 minutes de la vapeur d'eau. Ce générateur a 4 mètres de haut et son sommet arrive exactement à ras du plancher de l'usine où l'on exécute toutes les manœuvres. De cette façon, son chargement est facile. Le gaz entre dans le surchauffeur B, haut de 4ᵐ,20, par la partie supérieure, sort par la partie inférieure et entre dans le second surchauffeur C, haut de 5ᵐ,70.

L'emploi de deux surchauffeurs a de grands avantages : tout d'abord, les gaz d'hydrocarbures sont entièrement fixés; en outre, le grand surchauffeur, grâce à sa hauteur, assure un tirage aussi parfait que possible. Ce dernier point est très important, car, au moment où l'on charge l'anthracite dans le générateur, si le tirage n'est pas suffisant, il s'échappe par le gueulard des quantités d'oxyde de carbone suffisantes pour incommoder les ouvriers.

Pour mettre l'appareil en train, on commence par souffler de l'air dans le générateur : il se forme du gaz de gazogène qui brûle dans les surchauffeurs B et C, et dont les produits de la combustion s'échappent dans l'air par la hotte métallique $a$. Au bout de 10 minutes, on arrête l'injection d'air, on ferme en $a$ et on injecte de la vapeur d'eau pendant 2 minutes ; à ce moment, tout en continuant l'injection de vapeur, on fait arriver au haut de B de l'huile lourde de pétrole, qui se gazéifie en B et C. Au bout de 8 minutes, on recommence l'injection d'air, et ainsi de suite.

Si l'on emploie du coke, on souffle à chaud (air) pendant 6 minutes et à froid (vapeur) pendant 8 minutes. L'emploi de deux surchauffeurs a encore un autre avantage : ces deux appareils étant entièrement indépendants, puisqu'ils sont alimentés chacun par une injection d'air différente et réglable à volonté, il est possible de maintenir dans chacun d'eux une température constante et différente. Ce dernier point est très important pour la bonne carburation du gaz à l'eau au moyen d'huiles lourdes qui doivent être volatilisées en B (et non brûlées), puis distillées (fixées) en C. On observe la température, c'est-à-dire l'incandescence des parois réfractaires, au moyen de regards pourvus de vitres en mica.

Le gaz qui sort du premier surchauffeur B possède un pouvoir éclairant de 15 bougies, tandis qu'après le second surchauffeur ce pouvoir éclairant est monté à 28 ou 30 bougies.

En D, E et F se trouvent encore les réfrigérants et les laveurs, qui n'ont rien de particulier.

Avant de parler des propriétés du gaz à l'eau carburé, nous dirons quelques mots de l'installation de Beckton, près de Londres, qui peut donner 500 000 mètres cubes par jour. Cette installation est double, c'est-à-dire que, pendant qu'une moitié des gazogènes est soufflée à chaud, l'autre moitié est soufflée à froid, par conséquent donne du gaz. Le produit qui sert à la carburation est un pétrole lourd de Russie, de densité 0,860, s'enflammant à 54°, et donnant au litre 254 bougies. On en emploie 72ᵐᵗ,2 pour 100 mètres cubes de gaz d'un pouvoir éclairant de 29 bougies 1/2.

D'après M. Diesre [*Chem. Ind.*, 1893, 794], les appareils Wilkinson, usités dans certaines villes de l'Amérique du Nord, produisent journellement :

| | | |
|---|---:|---|
| Usine de Boston | 113 000 | mètres cubes. |
| — New-York | 142 000 | — |
| — Brooklyn | 100 000 | — |
| — Hoboken | 14 000 | — |
| — Baltimore | 113 000 | — |
| — Washington | 113 000 | — |
| — Milwaukee | 85 000 | — |
| Production journalière | 680 000 | — |

M. Hempel [*J. f. Gasbel.*, 1893, 467] a analysé

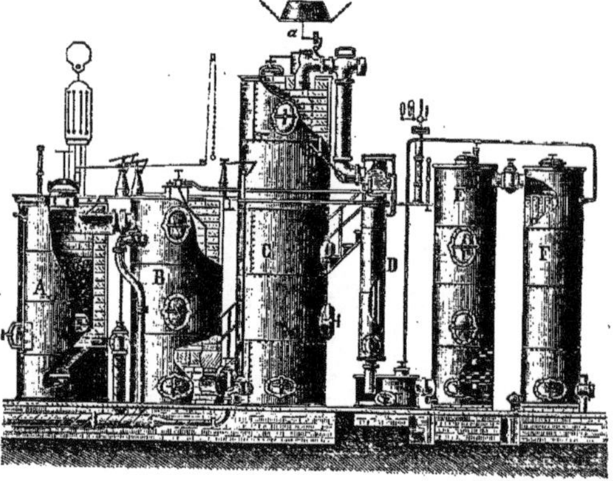



Fig. 499. — Fabrication du gaz à l'eau. Appareil de la ville de New-York.

le gaz à l'eau carburé de l'usine de Jonkers, près de New-York; dans cette usine, le soufflage à froid, c'est-à-dire la période de gazéification, dure 20 minutes. Voici les résultats obtenus :

| | I. | II. | III. |
|---|---:|---:|---:|
| Acide carbonique | 3,2 | 3,3 | 3,0 |
| Hydrocarbures lourds | 13,1 | 25,1 | 24,6 |
| Oxygène | 0,6 | » | 0,2 |
| Oxyde de carbone | 25,7 | 18,3 | 18,8 |
| Hydrogène | 31,8 | 28,1 | 26,5 |
| Méthane | 20,8 | 21,7 | 23,2 |
| Azote | 4,2 | 3,5 | 3,7 |

L'analyse I se rapporte à un échantillon de gaz prélevé 2 minutes après le commencement de l'insufflation de vapeur et de pétrole, l'analyse II après 9 minutes et l'analyse III après 17 minutes.

Dans certaines fabriques, le gaz à l'eau carburé est encore purifié par un traitement à la chaux pour le débarrasser de l'acide carbonique; on obtient alors un gaz de la composition suivante :

| | | | | | |
|---|---:|---|---|---:|---|
| Acide carbon. | 0,3–0,5 | 0/0 | Méthane | 26–25 | 0/0 |
| Ethane | 15–14 | » | Hydrogène | 24–27 | » |
| Ox. de carb. | 27–28 | » | Azote | 3–4 | » |

*Analyses de gaz à l'eau de diverses provenances (Hammer). — Tableau rédigé en partie d'après les travaux de Geitel.*

| Désignation des gaz. | Hydrogène. | Méthane. | Hydrocarbures lourds. | CO. | CO². | Az. | O. | Analyses de : |
|---|---|---|---|---|---|---|---|---|
| Gaz à l'eau (anthracite américain)... | 52,76 | 4,11 | — | 35,38 | 2,05 | 4,43 | 0,77 | Quaglio. *Wassergas als Brennstoff der Zukunft.* |
| Gaz Lowe... | 34,548 | 21,699 | paraffines. 0,869 — illuminants 12,828 | 25,233 | 3,402 | 1,408 | traces. | Morton. |
| Id. | 24,08 | 26,35 | 15,1 | 27,5 | 0,5 | 3,38 | » | W. et E. Geyer. |
| Id. | 27,09 | 25,82 | 14,05 | 28,98 | 0,3 | 3,88 | 0,4 | Id. |
| Gaz municipal de New-York (1877). | 27,29 | 25,47 | 1,14 — 15,12 | 26,18 | 0,21 | 4,45 | 0,14 | Morton. |
| Tessié du Motay (1877)... | | | | | | | | Journ. *für Gasbeleuchtung*, 1880, 677. |
| Id. | 26,25 | 28,91 | 15,81 | 27,12 | » | 1,92 | » | |
| Id. (1881)... | 28,3 | 26,6 | *Hydrocarbures lourds.* 15,6 | 25,2 | 3,1 | 1,2 | » | Hempel. *J. f. Gasbel.*, 1887, 530. |
| Gez Granger... | 37,20 | 18,88 | 15,82 | 28,26 | 0,14 | 2,64 | 0,06 | G. et E. Moore. |
| Id. | 35,88 | 20,95 | 15,43 | 23,58 | 0,30 | 3,85 | 0,01 | Id. |
| Gaz White... | 47,39 | 27,02 | 10,55 | 14,86 | » | » | » | Frankland. |
| Gaz Leprince... | 25,250 | 58,41 | 9,03 | 6,303 | 0,307 | traces. | » | Verver. L'éclairage au gaz à l'eau à Narbonne et l'éclairage au gaz Leprince.— Leyde, 1858. |
| Gaz Gillard (Narbonne 1858)... | 94,08 | 0,38 | Eau. 1,02 | 3,54 | 0,50 | 0,12 | » | Hempel. *J. f. Gasbel.*, 1887, 530. |
| Gaz Hanlon et Leadley... | 42,08 | *Méthane.* 11,6 | *Hydrocarbures lourds.* 6,3 | 31,3 | 2,6 | 5,4 | » | Lewes, *Industries and Iron*, 1890, 306. |
| Gaz van Steenburgh... | 40,33 | 17,08 | 7,59 | 25,00 | 0,50 | 9,33 | 0,17 | |
| Gaz Lowe... | 22,6 | *Méthane et hydrocarbures saturés.* 31,9 | *Hydrocarbures non saturés.* 13,4 | 29,2 | » | 2,3 | 0,6 | Thorne. *J. f. Gasbel.*, 1894, 109. |
| Id. | 40,77 | 29,20 | 14,21 | 15,15 | » | 0,54 | 0,13 | Id. Id. |

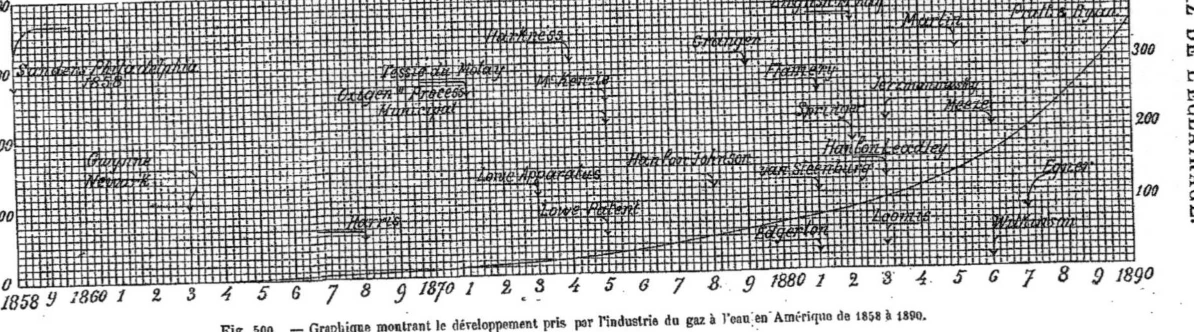


Fig. 500. — Graphique montrant le développement pris par l'industrie du gaz à l'eau en Amérique de 1858 à 1890.

Le tableau ci-contre donne un certain nombre d'analyses de gaz à l'eau de diverses provenances : il est emprunté à Dammer.

Le gaz à l'eau est employé aussi bien pour les besoins du chauffage que pour ceux de l'éclairage. Il peut rendre de grands services aux industries qui ont besoin de températures très élevées (forgeage et fusion des métaux), grâce à sa flamme très riche en hydrogène et fort petite comme longueur, ce qui permet de brûler, dans un temps et un espace donnés, de grandes quantités de gaz à l'eau. Par contre, sa forte teneur en oxyde de carbone et sa propriété de n'avoir pas d'odeur le rendent dangereux. Aussi, en Europe, le gaz à l'eau n'a-t-il pas trouvé d'emploi pour l'éclairage domestique, quoique l'on ait proposé de le rendre odorant avec du mercaptan éthylique. Un demi-litre d'une solution à 10 0/0 de mercaptan éthylique suffirait, paraît-il, pour 35 000 mètres cubes de gaz. En Amérique, par contre, le gaz à l'eau est d'un emploi courant, aussi bien à l'état carburé pour l'éclairage direct qu'à l'état non carburé pour l'éclairage à l'incandescence (Auer, Fahnehjelm). Le gaz carburé, grâce aux gisements de naphte, atteint une production énorme. Le gaz à l'eau non carburé contient souvent du ferrocarbonyle (Mond) ; ce dernier, à la combustion, donne de l'oxyde de fer qui se dépose sur les manchons Auer et les détériore : aussi est-il nécessaire de laver ce gaz dans de l'acide sulfurique concentré qui décompose le ferrocarbonyle [Strache, *J. f. Gasbel.*, 1894, 43].

D'après M. Schelton, les Etats-Unis possédaient, en 1883, 150 fabriques de gaz à l'eau ; en 1890, c'est-à-dire sept ans après, 300 fabriques ; à l'heure actuelle, le nombre de ces usines atteint presque 400 et elles sont de divers systèmes :

9 travaillent avec le procédé Sanders (distillation en cornue),

46 travaillent avec le procédé des générateurs avec carburation distincte.

312 travaillent avec le procédé des générateurs avec carburation simultanée.

A l'heure actuelle, 50 0/0 des usines à gaz de l'Amérique du Nord font du gaz à l'eau ; du reste, le diagramme ci-contre (fig. 500), qui s'arrête malheureusement à l'année 1890, montre la progression croissante de ces installations.

Bibliographie. — Dammer, *Handb. der Chem. Technol.*, 1898, Stuttgart, Enke. — Quaglio, *Das Wassergas als Brennstoff der Zukunft.*, Wiesbaden, 1890. — Naumann et Pistor, *Sur la réduction de l'acide carbonique par le charbon et la production d'oxyde de carbone* [D. chem. G., 18, 1641, 2724, 2894]. — Hempel, *Etudes sur la fabrication du gaz* [J. f. Gasbel., 1887, 521]. — Lunge, *l'Enrichissement du gaz à l'eau* [Chem. Ind., 1887, n° 1]. — Lunge, *la Fabrication du gaz à l'eau en Amérique* [Z. angew. Chem., 1894, 137].

### GAZ PAUVRE.

Lorsqu'on injecte de l'air sur du carbone incandescent, on obtient, comme nous l'avons vu, du gaz de générateur ou gaz Siemens ou *gaz à l'air* (Ringelmann), lequel théoriquement consisterait en 2 volumes d'oxyde de carbone et 4 volumes d'azote : 1 mètre cube de gaz serait capable de donner 1018 calories. En pratique, ce gaz à l'air contient de l'acide carbonique, et 1 mètre cube ne dégage que 700 calories à la combustion.

M. Emmerson Dowson a résolu le problème d'une façon plus économique, et cela de la manière suivante :

Le gaz pauvre (ou gaz Dowson) est obtenu en faisant passer un mélange d'air et de vapeur surchauffée au travers d'une masse incandescente de coke ou d'anthracite.

Le gaz de l'appareil Dowson aurait, d'après M. Aimé Witz, la composition suivante ·

| | |
|---|---|
| Hydrogène | 20 volumes. |
| Oxyde de carbone | 30 — |
| Gaz inertes | 50 — |

mais, d'après M. Forster, ce gaz contiendrait en outre 1 0/0 de carbures d'hydrogène (formène et éthylène), et la proportion des gaz inertes pourrait atteindre 56 à 60 0/0 du volume total.

Voici la composition donnée par M. Forster pour le gaz obtenu avec l'appareil Dowson, en utilisant de l'anthracite de Swansea :

| | En volume. | En poids. |
|---|---|---|
| H | 18,73 lit. | 1,678 gr. |
| CO | 25,07 — | 31,438 — |
| $CH^4$ | 0,31 — | 0,222 — |
| $C^2H^4$ | 0,31 — | 0,388 — |
| Az | 48,98 — | 61,518 — |
| $CO^2$ | 6,57 — | 12,943 — |
| O | 0,03 — | 0,043 — |
| | 100,00 lit. | 108,230 gr. |

Les caractéristiques de ce gaz seraient les suivantes :

| | |
|---|---|
| Poids spécifique | 1,082 |
| Densité par rapport à l'air | 0,833 |
| Pouvoir calorifique par mètre cube. | 1,432 |

Malheureusement la grille de l'appareil Dowson s'encrasse rapidement, ce qui rend difficile l'usage de ce gazogène.

D'après M. Lencauchez, les gazogènes à air libre et à cendrier ouvert, à sole sèche, non arrosée, sont complètement abandonnés par toutes les usines bien montées, possédant tous les perfectionnements pratiques consacrés par dix années d'heureuses applications. Actuellement, tous les gazogènes modernes à gaz pauvre sont fermés et à cendriers arrosés, soufflés par des ventilateurs (Lencauchez) ou des jets de vapeur Körting et autres (Pierson, Mond). Tout bon gazogène fait du gaz mixte en décomposant par kilogramme de combustible depuis 150 gr. jusqu'à 200 gr. et plus de vapeur d'eau, et les gaz en sortent à température relativement basse, soit pour le coke à 850°, pour l'anthracite à 500° et pour les houilles Flénu, longue flamme, à 90° et même à 60°. Par contre, pour les lignites, les tourbes et le bois, le gaz s'échappe absolument froid : donc l'utilisation du calorique est presque totale ; car on a, suivant les cas, des rendements de 75, 88 et même de 96 0/0, alors qu'il y a vingt-cinq ans les gazogènes Siemens ne rendaient que 50 0/0. Quant à la richesse calorifique des gaz de gazogène, elle varie de 3000 calories pour le gaz Riché à 900 calories pour le gaz le plus pauvre, le gaz des hauts fourneaux.

Nous ne décrirons, parmi les nombreux modèles de gazogènes, que trois types bien caractéristiques : le gazogène Buire-Lencauchez, le gazogène Bénier, le gazogène Pierson et le gazogène Pierson-Mond.

La figure 501 représente la coupe du gazogène Buire-Lencauchez, étudié et établi par les chantiers de la Buire, sur les indications de M. Lencauchez ; c'est ce gazogène qui est employé dans les installations de moteurs de la maison Matter et Cⁱᵉ, de Rouen. L'énergie électrique nécessaire au fonctionnement du tramway de l'Exposition de Lyon en 1894 était précisément obtenue au moyen de ce dispositif. La figure 502 est le schéma d'une installation de force motrice.

Le gazogène est formé d'un cylindre en tôle L garni intérieurement d'une chemise en briques réfractaires K, qui sont séparées de l'enveloppe par une couche de sable ; le combustible est versé par la trémie N, munie d'un contrepoids et d'une soupape M. Le charbon tombe à l'intérieur du gazogène et vient porter sur la série de grilles du foyer. Des barreaux obliques DE empêchent ce charbon de tomber dans le cendrier, et laissent filtrer l'air au travers du charbon porté au rouge.

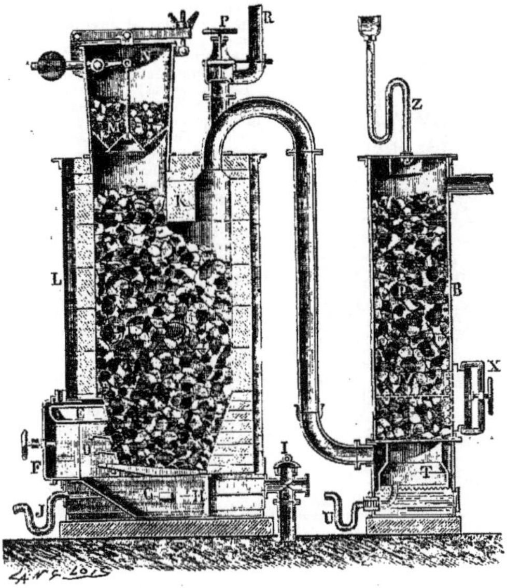

Un robinet laisse couler un filet d'eau par un orifice ménagé à cet effet dans le barreau creux E, et l'eau élevée à une certaine température s'écoule dans le cendrier G, où elle se vaporise sous l'action de la chaleur rayonnante du foyer et de la grille, tandis que le trop-plein peut, par un siphon J, s'échapper à l'extérieur.

Un ventilateur refoulant du système Roots, actionné par le moteur, refoule dans le gazogène une certaine quantité d'air par la conduite I. L'air maintient la combustion de la masse de charbon et entraîne avec lui la vapeur d'eau produite en G. Le gaz s'écoule en S, passe dans le barillet T dont on voit le siphon en U, et traverse le laveur B constitué par une colonne de coke maintenu par la grille V, arrosé par une pluie d'eau tombant du siphon Z sur un disque dentelé ; en X est le trou d'homme pour la vidange du coke.

Du laveur B, le gaz, débarrassé de ses poussières, s'écoule par le tuyau Y dans le gazomètre et de là au moteur ; la cloche du gazomètre est reliée avec le bouchon I par un dispositif spécial, qui empêche la production du gaz lorsque la réserve dépasse une certaine limite ; la fabrication du gaz est donc automatiquement réglée proportionnellement à la consommation.

La charge du gazogène se fait toutes les 4 ou toutes les 6 heures, suivant les dimensions de l'appareil, par le dispositif NM ; toutes les heures on ouvre la porte F pour piquer le feu et retirer les cendres qui s'accumulent en G.

Lorsqu'on arrête la consommation, le dimanche par exemple, on ouvre le bouchon I et la vanne P, qui laissent ainsi s'établir un courant d'air par la chemise R ; ce courant d'air est suffisant pour conserver en ignition la masse de combustible, tout en réduisant la consommation. Le feu peut ainsi se maintenir pendant 1 ou 2 jours consécutifs, et à la mise en route il suffit d'envoyer de

Fig. 501. — Coupe du gazogène mixte Buire-Lencauchez.

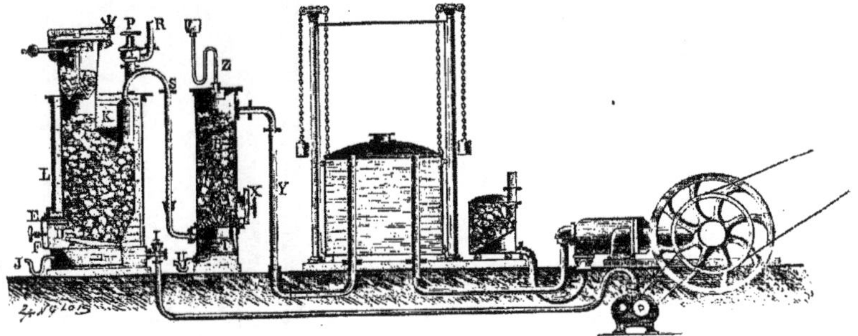

Fig. 502. — Coupe du gazogène Buire-Lencauchez, actionnant un moteur à gaz pauvre de 200 chevaux.

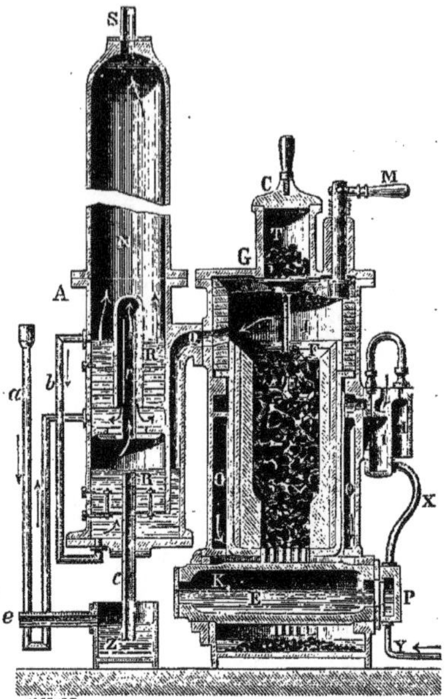

Fig. 503. — Gazogène Bénier, fonctionnant par aspiration.

l'air en H pendant quelques instants pour amener le foyer à la température de régime.

Le coke du laveur B doit être changé tous les 2 ou 3 mois; on l'utilise ensuite en le mélangeant au combustible du gazogène.

L'anthracite anglais (autrefois uniquement employé) n'est pas indispensable : le gazogène Buire-Lencauchez utilise des charbons maigres de Vicoigne-Nœux, d'Anzin, etc. qui sont bien moins coûteux.

L'analyse suivante est celle du gaz employé par l'installation de l'Exposition de Lyon, dont nous avons parlé plus haut; son pouvoir calorifique était de près de 1500 calories :

| | | |
|---|---|---|
| H. | 20,00 | |
| CO. | 21,00 | |
| $C^2H^4$. | 3,50 | 45 0/0 |
| $CH^4$. | 0,50 | |
| O. | 0,50 | |
| $CO^2$. | 5,00 | 55 0/0 |
| Az. | 49,50 | |

Parmi les grandes installations récentes de gazogène Buire-Lencauchez, nous citerons celle de Pantin (*Rev. gén. des Sciences*).

Aux grands moulins de Pantin le moteur à gaz pauvre de 250 chevaux est alimenté par deux gazogènes accouplés, afin qu'ils puissent fonctionner soit ensemble, soit séparément, lors du décrassage des foyers.

La consommation brute y est, par heure, de 368 grammes de charbon maigre par cheval indiqué, ou de 468 grammes par cheval effectif et 1 kilogramme de charbon produit $4^{m3},5$ de gaz pauvre. La consommation d'eau est de 3000 litres à l'heure pour le



laveur et les deux gazogènes réunis, soit environ 14 litres par cheval effectif et par heure.

*Gazogène Bénier.* — Le gazogène Bénier est caractéristique, en ce sens qu'il fonctionne sans gazomètre, et directement par l'aspiration du moteur. Il se compose (fig. 503) de deux corps cylindriques en fonte, un gazogène proprement dit G et un laveur N.

Le gazogène, garni intérieurement de briques réfractaires, se charge de combustible par la trémie T fermée par un couvercle G. Dès que la charge de combustible est placée en G, on ferme la trémie en C et on ouvre à l'aide de la manette M la vanne V, qui laisse tomber le combustible dans le foyer F. La partie inférieure du foyer est constituée par un cylindre creux horizontal K garni d'ailettes, jouant le rôle de grille; ce cylindre peut tourner autour de son axe pour assurer le décrassage du gazogène. L'intérieur du cylindre reçoit une certaine quantité d'eau E, chargée à la fois de le refroidir et de fournir la vapeur nécessaire à la production du gaz. La vapeur se dégage par le presse-étoupe P et se rend par le tuyau X aux chambres de détente I et I'. L'alimentation de l'eau se fait par Y.

Le moteur pourvu d'une pompe à gaz aspire par le tuyau S, et produit une dépression dans l'ensemble de l'appareil; c'est sous l'influence de cette dépression que l'air extérieur est appelé suivant la flèche indiquée sur notre figure entre les deux chambres de détente I et I'; en même temps cet air se mélange à la vapeur de ces deux chambres.

Le mélange entre par O dans le gazogène, tout en se réchauffant dans cette double enveloppe au contact des parois extérieures du

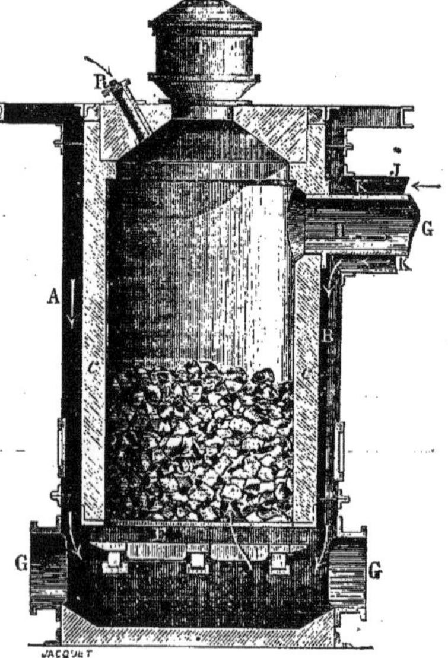

Fig. 504. — Gazogène Pierson.

foyer, puis traverse la couche de combustible en ignition.

Le gaz produit passe alors au laveur N par la tubulure Q. Il y a deux laveurs successifs R et R', le premier ayant surtout pour mission de retenir les poussières.

Du laveur R le gaz passe dans le second par le tuyau r et de là dans la chambre N, d'où il se rend au moteur par la tubulure S.

L'alimentation d'eau des laveurs est faite par le tuyau latéral a; le trop-plein du laveur R' passe au premier laveur R par le tuyau b; enfin le trop-plein de ce dernier s'écoule à l'extérieur par le tuyau c qui plonge dans le vase Z, dont le niveau constant est réglé par le tube e.

*Gazogène Pierson.* — Le gazogène Pierson, représenté par la figure 504, est composé des organes suivants : A, double enveloppe démontable par panneaux avec soufflet de dilatation en haut, permettant la visite intérieure de la chambre de réchauffage du mélange; B, chambre dans laquelle passe le mélange d'air et de vapeur qu'y s'y échauffe par la chaleur rayonnée du gazogène avant son introduction dans la grille; C, paroi réfractaire du gazogène; D, cuve du gazogène dans laquelle est placé le combustible reposant sur la grille E et chargé par la trémie F, placée sur le dessus de l'appareil. Cette trémie possède un clapet et un couvercle; GG, portes à fermeture instantanée, permettant le décrassage journalier; H tuyau de sortie des gaz produits. Ce tuyau est enveloppé d'une double paroi J, laissant entre les deux une chambre K dans laquelle est injecté le mélange. Ce mélange s'échauffe dans la chambre K, puis passe dans la chambre B avant son introduction sous la grille où il arrive à très haute température, réa-

lisant ainsi une économie considérable de combustible en utilisant le rayonnement du gazogène et empêchant son refroidissement : d'où une récupération parfaite et méthodique des chaleurs perdues.

Cet appareil permet l'emploi du charbon maigre à hautes teneurs en matières volatiles et cendres, et ne nécessite plus l'emploi exclusif de l'anthracite anglais.

La figure 505 montre l'élévation, la coupe et le plan d'une installation complète pour la fabrication du gaz pauvre par le gazogène Pierson. Cette installation comprend dans ses organes principaux un gazogène G, identique à celui décrit ci-dessus, alimenté de vapeur et d'air par la chaudière B; le gaz produit se rend à sa sortie du gazogène dans le condenseur-barillet H, puis de là dans une colonne à coke et enfin à l'épurateur E. Cet épurateur est calqué en tous points sur celui des usines à gaz et la masse active, comme dans ceux-ci, est formée de sulfate de fer, de sciure de bois et de chaux. A sa sortie de l'épurateur le gaz se rend au gazomètre, où on l'emmagasine pour les besoins ultérieurs.

C'est une installation de ce genre qui alimente de gaz l'usine Danel, à Loos (Nord). Dans cette usine, le gaz sert soit à l'obtention de la force motrice, soit au chauffage, soit à l'éclairage. Jusqu'à la fin du mois de juin 1898, l'usine était alimentée par le gaz de houille; à cette époque, on remplaça le gaz de houille par du gaz pauvre obtenu par un gazogène Pierson, type C, de 75 à 100 mètres cubes à l'heure (30 à 40 chevaux). Les tableaux ci-dessous montrent l'état comparatif des dépenses annuelles en se servant soit de l'un, soit de l'autre gaz :

| Années. | Mois. | Gaz de houille à 15 centimes le mètre cube. | | | Années. | Mois. | Gaz pauvre (Pierson). Pouvoir calorifique, 1300-1350 calories. | | | |
|---|---|---|---|---|---|---|---|---|---|---|
| | | Moteurs. | Éclairage. | Totaux mensuels. | | | Salaire du chauffeur. | Charbon maigre. | Coke à la chaudière. | Totaux mensuels. |
| | | fr. | fr. | fr. | | | fr. | fr. | fr. | fr. |
| | *Exercice 1896-1897.* | | | | | *Exercice 1898-1899.* | | | | |
| 1896 | Juillet....... | 405,90 | 1,08 | 406,98 | 1898 | Juillet........ | 88, » | 94,45 | 17,42 | 199,87 |
| — | Août......... | 390,30 | 5,39 | 395,69 | — | Août......... | 89, » | 94,30 | 18,23 | 201,53 |
| — | Septembre..... | 348, » | 15,12 | 363,12 | — | Septembre.... | 86, » | 99, » | 19,65 | 204,65 |
| — | Octobre...... | 393,05 | 145,08 | 538,13 | — | Octobre....... | 88, » | 127,60 | 24,15 | 239,75 |
| — | Novembre.... | 370,95 | 263,84 | 634,79 | — | Novembre.... | 86, » | 153,05 | 27,46 | 266,51 |
| — | Décembre..... | 456, » | 498,50 | 954,50 | — | Décembre..... | 89, » | 166,17 | 31,35 | 286,52 |
| 1897 | Janvier....... | 366,60 | 309,59 | 676,19 | 1899 | Janvier...... | 96, » | 131,96 | 27,95 | 255,91 |
| — | Février....... | 351,95 | 131,40 | 484,35 | — | Février....... | 83, » | 126,07 | 28,97 | 243,04 |
| — | Mars......... | 401,70 | 18,72 | 420,42 | — | Mars........ | 98,50 | 112,24 | 28,46 | 239,70 |
| — | Avril........ | 376,55 | 1,62 | 378,17 | — | Avril........ | 92,50 | 96,31 | 23,98 | 212,79 |
| — | Mai......... | 354,30 | 0,36 | 354,66 | — | Mai........ | 98,50 | 96,59 | 21,87 | 211,96 |
| — | Juin......... | 365,30 | 1,08 | 366,38 | — | Juin........ | 95, » | 103,76 | 25,81 | 224,57 |
| | Totaux... | 4581,60 | 1391,78 | 5973,38 | | Totaux... | 1094,50 | 1397, » | 295,30 | 2786,80 |

*Examen comparatif.*

Exercice 1896-1897. — Gaz de houille............................................... Fr. 5973,38

— 1898-1899. — Gaz pauvre.......................................... — 2786,80

Différence en faveur du gaz pauvre.............. Fr. 3186,58

Il est intéressant de faire remarquer, en outre, que dans l'exercice 1896-1897 l'éclairage était fait au gaz de houille et que les moteurs marchaient avec ce même gaz, tandis qu'en 1898-1899, les moteurs marchaient au gaz pauvre et servaient à l'éclairage électrique en même temps qu'à la force motrice de l'usine.

Le charbon maigre employé était de la braisette *la Grange d'Anzin*, criblée à 55×80, dont le prix, déchets compris est de 25 francs la tonne | rendue à l'usine Danel. Les caractéristiques de cette braisette sont les suivantes

Eau hygrométrique............. traces.
Cendres..... .............. . 8-10 0/0 | Matières volatiles. ............. 9-10 0/0

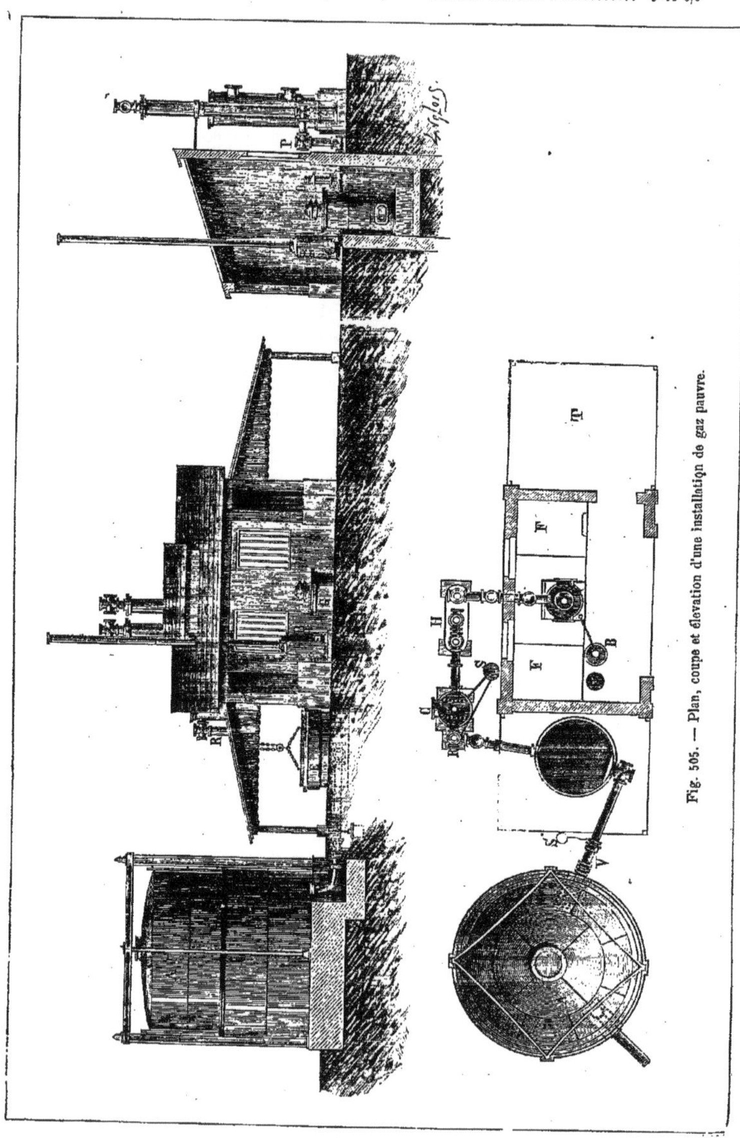

Fig. 505. — Plan, coupe et élévation d'une installation de gaz pauvre.

Le tableau ci-dessous résume les caractéristiques du gaz pauvre de l'usine Danel. Les essais calorimétriques ont été exécutés avec un calorimètre de Junkers :

| | 1 | 2 | 3 | 4 | 5 |
|---|---|---|---|---|---|
| Numéros des essais | 2 heures | 2 h. 1/2 | 3 heures | 3 h. 1/2. | 4 heures |
| Heures des essais | 17° | 16°,9 | 16°,9 | 16°,9 | 16°,9 |
| Température de sortie de l'eau | 12°,8 | 12°,8 | 12°,8 | 12°,75 | 12°,8 |
| Température d'entrée de l'eau | 4°,2 | 4°,1 | 4°,1 | 4°,15 | 4°,1 |
| Élévation de température | 0$^{kgr}$,901 | 0$^{kgr}$,910 | 0$^{kgr}$,906 | 0$^{kgr}$,905 | 1$^{kgr}$,813 |
| Poids d'eau chauffée | 3 litres | 3 litres | 3 litres | 3 litres | 6 litres |
| Volume du gaz au compteur étalon | 14° | 14° | 14° | 14° | 14° |
| Température du gaz essayé | 760$^{mm}$ | 760$^{mm}$ | 760$^{mm}$ | 760$^{mm}$ | 760$^{mm}$ |
| Pression atmosphérique | 15° | 15° | 15° | 15° | 15° |
| Température de la salle d'essais | 15° | 15° | 15° | 15° | 15° |
| Température des gaz de la combustion | | | | | |
| Pouvoir calorifique brut par mètre cube, ramené à 0° et 760$^{mm}$ | 1325 cal. | 1306 cal. | 1301 cal. | 1316 cal. | 1303 cal. |
| Moyenne | 1310 calories. | | | | |

*Gazogène Mond.* — La caractéristique du gazogène Mond est de pouvoir employer les charbons demi-gras à la production industrielle du gaz pauvre. Les divers dispositifs décrits ci-dessous font de cet appareil le modèle du genre au point de vue pratique.

Le gazogène Mond, représenté en coupe par la figure 506, se compose dans ses organes essen-

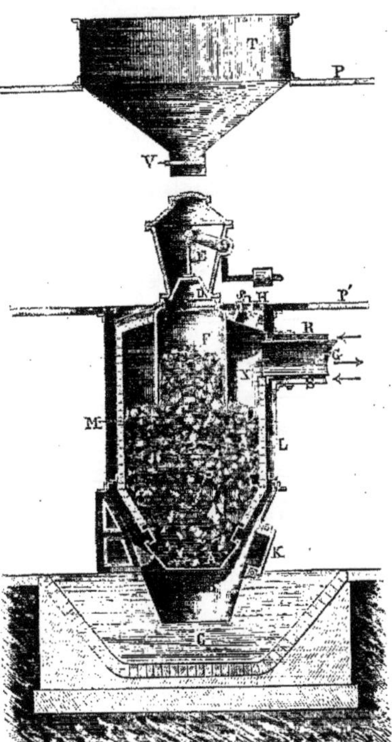

Fig. 506. — Gazogène Mond.

tiels des parties suivantes : A, grille inclinée, complètement ouverte en bas, en B; C, cuve en maçonnerie, destinée à recevoir les cendres et remplie d'eau dans laquelle plonge la base du gazogène pour former joint hydraulique empêchant la sortie du gaz; E, trémie de chargement avec clapet D; F, cloche de distillation préliminaire du charbon au moyen des gaz chauds du gazogène entourant cette cloche. Les gaz et les goudrons provenant de cette distillation préliminaire passent par le bas de cette cloche, lèchent le haut du combustible en ignition, se fixent en partie et s'échappent par le tuyau de sortie général G; H, sphères reposant sur des sièges métalliques étanches, permettant la visite du feu et son piquage en marche sans projection de gaz; K, portes à fermeture instantanée permettant le nettoyage et la visite de la grille inclinée; L, double enveloppe métallique démontable par panneaux, avec soufflet de dilatation libre en haut, permettant la visite intérieure de la chambre M de réchauffage du mélange; M, chambre dans laquelle passe le mélange (air et vapeur) et dans laquelle il s'échauffe par le rayonnement du gazogène, qui est ainsi utilisé, avant son introduction sous la grille; N, paroi réfractaire du gazogène; P, cuve du gazogène dans laquelle est placé le combustible qui repose sur la grille inclinée A. Ce combustible est chargé dans la cloche F au moyen de la trémie E; R, double enveloppe démontable du tuyau de sortie des gaz G, laissant une chambre S entre ce tuyau et la double enveloppe R. dans laquelle est injecté le mélange. Celui-ci s'échauffe dans la chambre S, puis passe dans la chambre M du gazogène avant son introduction sous la grille, à laquelle il arrive à une température très élevée, réalisant ainsi une économie considérable de combustible en utilisant le rayonnement du gazogène et empêchant son refroidissement : d'où une récupération parfaite et méthodique des chaleurs perdues.

Le combustible repose, par l'ouverture B du bas de la grille, sur les cendres qui se déposent en tas dans le bas du gazogène et dans la cuve à eau C, où elles forment une masse qu'on retire de cette cuve, en pleine marche, au moyen d'une raclette; on pique en même temps le feu par les sphères H du haut du gazogène.

Quand on enlève ces cendres, le combustible descend et est remplacé immédiatement par celui en dépôt dans la cloche F. La trémie E remplit à nouveau cette cloche F, dans laquelle on a ainsi toujours du combustible en distillation.

Cette disposition permet l'emploi des charbons demi-gras et gras, puisque à leur sortie de la cloche ils sont débarrassés de leurs matières volatiles et arrivent dans le gazogène presque à l'état de coke, n'obstruant plus l'appareil par le foisonnement de la houille, obstacle empêchant *absolument*

l'emploi des charbons gras dans les autres gazogènes n'appartenant pas au système Mond.
Un des gazogènes Pierson-Mond de 300 chevaux, faisant

partie de l'installation de 1000 chevaux de MM. de Dion et Bouton, à Puteaux, a donné aux essais les résultats suivants :



| | | | 7 août 1899. | | | | 10 août 1899. | | | | 20 septembre 1899. | | |
|---|---|---|---|---|---|---|---|---|---|---|---|---|---|
| Dates des essais.................... | | | | | | | | | | | | | |
| Numéros des essais................. | 7 | 8 | 9 | 10 | 11 | 12 | 13 | 14 | 40 | 41 | 42 | 43 | 44 |
| Heures des essais.................. | 3 heures. | 3 h. 15 | 4 heures. | 5 heures. | 5 h. 30 | 4 h. 30 | 5 heures. | 5 h. 30 | 3 h. 30 | 4 heures. | 4 h. 30 | 5 heures. | 5 h. 30 |
| Combustible employé............. | Grains maigres lavés d'Anzin de 20 × 30. (20 francs la tonne à la mine.) | | | | | Grains maigres lavés d'Anzin de 20 × 30. (20 francs la tonne à la mine.) | | | Grains maigres lavés d'Anzin de 20 × 30. (20 francs la tonne à la mine.) | | | | |
| *Températures.* | | | | | | | | | | | | | |
| Air ambiant............... degrés. | 26 | 26 | 26 | 26 | 26 | 24 | 24 | 24 | 20 | 20 | 20 | 20 | 20 |
| Entrée récupérateur............... | 70 | 70 | 70 | 70 | 70 | 69 | 69 | 69 | 65 | 65 | 65 | 65 | 65 |
| Bas gazogène (près grille).......... | 164 | 164 | 164 | 164 | 164 | 164 | 164 | 164 | 163 | 163 | 163 | 163 | 163 |
| Gaz a la sortie, colonne à coke...... | 27 | 27 | 27 | 27 | 27 | 30 | 30 | 30 | 25 | 25 | 25 | 25 | 25 |
| *Pressions.* | | | | | | | | | | | | | |
| Entrée gazogène............... mm. | 290 | 290 | 290 | 290 | 290 | 270 | 280 | 270 | 260 | 260 | 260 | 260 | 260 |
| Sortie gazogène................... | 190 | 190 | 190 | 190 | 190 | 160 | 160 | 160 | 180 | 180 | 180 | 180 | 180 |
| Entrée condenseur................. | 110 | 110 | 110 | 110 | 110 | 100 | 100 | 100 | 130 | 130 | 130 | 130 | 130 |
| Sortie colonne à coke.. ......... | 100 | 100 | 100 | 100 | 100 | 90 | 90 | 90 | 115 | 115 | 115 | 115 | 115 |
| Sortie épurateur................... | 75 | 75 | 75 | 75 | 75 | 75 | 75 | 75 | 75 | 75 | 75 | 75 | 75 |
| Sortie cloche..................... | 75 | 75 | 75 | 75 | 75 | 75 | 75 | 75 | 75 | 75 | 75 | 75 | 75 |
| Gaz produit à l'heure.......... m. c.. | 765 | 765 | 765 | 765 | 765 | 780 | 780 | 780 | 750 | 750 | 750 | 750 | 750 |
| Epuration (H² S.)................. | complète | complète | complète | complète | complète | complète | complète | complète | complète | complète | complète | complète | complète |
| *Pouvoir calorifique (V. E. C.) :* Par mètre cube à 0° et 0,760..... cal. | 1177 | 1474 | 1464 | 1469 | 1468 | 1471 | 1455 | 1478 | 1400 | 1397 | 1402 | 1397 | 1406 |
| Moyen à 0° et 0,760............... | 1470 calories. | | | | | 1468 calories. | | | 1400 calories. | | | | |
| Eau condensée par M³ à 0° et 0,760.. | 0 kgr. 150 | | | | | 0 kgr. 149 | | | 0 kgr. 135 | | | | |

Le tableau ci-dessous donne les analyses de différents gaz pauvres comparés au gaz de houille :

| Composition des gaz. | Gaz de gazogènes divers : | | | Gaz de houille ordinaire de la ville de Manchester analysé par Bunson. |
| --- | --- | --- | --- | --- |
| | *Pierson* avec charbons maigres d'Anzin. | *Mond* avec charbons demi-gras. | *Siemens* avec charbon à gaz de Courrières. | |
| H | 20,45 0/0 | 24,80 0/0 | 8,80 0/0 | 45,58 0/0 |
| CO | 20,85 » | 13,20 » | 24,40 » | 6,64 » |
| CH$^4$ | 1,00 » | 2,30 » | 2,40 » | 34,90 » |
| C$^2$H$^4$ | — » | — » | — » | 6,75 » |
| CO$^2$ | 2,50 » | 12,90 » | 5,20 » | 3,67 » |
| O | 0,60 » | — » | — » | — » |
| Az | 54,60 » | 46,80 » | 59,40 » | 2,46 » |
| Totaux | 100,00 0/0 | 100,00 0/0 | 100,00 0/0 | 100,00 0/0 |
| Gaz combustibles | 42,30 0/0 | 43,30 0/0 | 35,40 0/0 | 93,87 0/0 |
| Pouvoir calorifique | 1320 calories. | 1370 calories. | 1105 calories. | 6099 calories. |

### GAZ DE HAUTS FOURNEAUX.

Nous allons dire quelques mots d'essais très récents qui montrent d'une façon indubitable. que l'emploi direct des gaz de hauts fourneaux dans les machines est possible, et qu'il est facile de traiter ces gaz comme de véritables *gas pauvres* produits par les gazogènes.

Tout d'abord, voici la composition d'un gaz de haut fourneau, provenant d'une fabrication de fonte Thomas au moyen de minettes, fabrication qui présente un grand intérêt pour nos départements de l'Est. Il s'agit d'une usine consommant 3000 kilogrammes de mélange de minerais et cassine, et 1100 kilogrammes de coke pour produire 1 tonne de fonte :

| | En volume. | Poids de 1$^{m3}$. | En poids. |
| --- | --- | --- | --- |
| | litres. | | kilogr. |
| CO | 275 | 1,25133 | 0,34412 |
| CO$^2$ | 100 | 1,96638 | 0,19663 |
| H | 30 | 0,08952 | 0,00269 |
| Az | 545 | 1,25523 | 0,68410 |
| H$^2$O | 50 | 0,80458 | 0,04023 |
| | 1000 | | 1,26777 |

En ce qui concerne le pouvoir calorifique, M. Ilabert estime que 1 mètre cube de ce gaz, à la température de 15° et avec 1 0/0 d'humidité, est susceptible de dégager par combustion complète de 982 à 1094 calories. A ce point de vue, l'analyse calorimétrique, au moyen de l'obus Mahler, de la bombe eudiométrique de M. Witz ou du calorimètre de M. Junker, donne des résultats bien plus certains. En opérant pendant deux jours sur les gaz provenant des quatre hauts fourneaux de Seraing, et alimentant un moteur à gaz de 200 chevaux, M. Witz a trouvé 978 à 1000 calories.

On sait, en outre, que, sur les 4500 mètres cubes de gaz produits par tonne de fonte, 2500 passent aux appareils à air chaud et dans les fuites, ce qui laisse un minimum de 2000 mètres cubes disponibles pour l'alimentation de moteurs à gaz ou de chaudières à vapeur. Or, dans de bonnes conditions, une machine à vapeur exige 8 mètres cubes de ce gaz par cheval-heure, tandis qu'un moteur à gaz dans les mêmes conditions n'en consomme que 3 1/2. Ceci se comprend au simple examen des rendements comparés des machines à vapeur et des machines à gaz :

#### *Machine à vapeur.*

| | | |
| --- | --- | --- |
| Rendement de la chaudière | 70 0/0 | |
| Rendement maximum du cycle | 26 » | |
| Utilisation du cycle | 65 » | |
| Rendement organique | 85 » | |
| | 10 0/0 | |

#### *Machine à gaz.*

| | | |
| --- | --- | --- |
| Rendement maximum du cycle | 49 0/0 | |
| Utilisation du cycle | 55 » | |
| Rendement organique | 85 » | |
| | 23 0/0 | |

La seule inspection des chiffres qui précèdent explique l'empressement avec lequel les métallurgistes de tous les pays commencent à appliquer dans leurs usines l'utilisation directe des gaz de haut fourneau. Les premiers essais datent de 1894 et furent conduits simultanément en Angleterre et en Westphalie. De son côté, la Société Cockerill, à Seraing, contribua dans une large part à la vulgarisation de l'emploi des machines à gaz de haut fourneau par des essais très méthodiques et prolongés entrepris d'abord sur un moteur de 8 chevaux, et bientôt après sur un moteur de 200 chevaux du type Simplex. Les résultats officiels du fonctionnement de ce dernier moteur ont été relevés par M. Witz. A l'heure actuelle (1900), rien qu'en Europe, 3000 chevaux environ sont produits par les gaz de haut fourneau, et plus de 30 000 chevaux sont en commande. Toute la difficulté réside dans l'épuration du gaz, qui doit être complètement exempt de poussières.

### GAZ D'HUILE.

Le gaz d'huile est obtenu par la distillation, dans des cornues portées au rouge, d'huiles de goudron, de lignite, d'huiles de boghead, de naphte ou de schiste, ou du pétrole brut. On pourrait l'obtenir également, du reste, par la distillation d'autres corps gras : huiles de ricin, d'arachides, de coton, huiles de poisson. Les huiles végétales donnent en général un gaz ayant un pouvoir éclairant moins élevé.

Les huiles de schiste ou de boghead, qui sont le plus fréquemment employées, doivent avoir une densité moyenne de 0,865 à 0,870, et se rangent sous la formule (C$^{12}$H$^{24}$)$^n$, représentant à l'état pur : en carbone de 75 à 80 0/0, et en hydrogène de 13 à 15 0/0.

Le gaz d'huile est un gaz riche, stable; les plus grands froids n'altèrent pas sa qualité, il ne donne pas lieu à des condensations : il n'y a donc pas à craindre l'obstruction des conduites; enfin la compression ne lui fait perdre qu'une faible partie de son pouvoir éclairant, 1/5 environ, tandis que le gaz de houille comprimé, comme il est facile de s'en rendre compte, perd les 9/10, c'est-à-dire la presque totalité de son intensité.

Une moyenne d'analyses faites sur le gaz de houille et sur le gaz d'huile donne les résultats suivants :

| Éléments constitutifs. | Composition moyenne. | |
| --- | --- | --- |
| | Gaz de houille épuré. | Gaz d'huile épuré. |
| Carbures forméniques....... | 44 à 47 | 44 |
| Carbures éthyléniques....... | 9 à 7 | 35 |
| Oxyde de carbone........... | 9 à 10 | 3 |
| Acide carbonique........... | 5 à 6 | 4 |
| Hydrogène................. | 26 à 24 | 11 |
| Azote.................... | 3 à 2 | traces. |
| Acide sulfhydrique.......... | 3 à 2 | traces. |
| Hydrogène et divers. ....... | 1 à 2 | 3 |
| Total........ | 100 | 100 |
| Densité. ...... | 0,50 à 0,55 | 0,80 à 0,85 |

On voit que, dans le gaz de houille, les bicarbures, dont le principal est l'éthylène, élément le plus éclairant, se trouvent en proportion quatre fois moindre que dans le gaz d'huile. Aussi ce dernier a-t-il un pouvoir éclairant quatre fois plus élevé : 26 à 27 litres de gaz d'huile par heure, brûlant dans un bec approprié à ce débit, éclairent autant qu'un bec brûlant 105 mètres de gaz de houille.

27 litres de gaz d'huile non comprimé donnent une carcel ou 7 bougies; ces 27 litres de gaz comprimé donnent 0 carcel 76 ou 5 bougies 30.

Le gaz de boghead obtenu directement par la distillation de cette matière donnerait environ moitié moins.

Enfin, il y a lieu de remarquer qu'avec des appareils appropriés le gaz d'huile donne, par la récupération, des intensités proportionnellement plus grandes.

Le pouvoir calorifique du gaz d'huile, qui présente un certain intérêt au point de vue de l'incandescence, n'est pas tout à fait dans le même rapport: son pouvoir calorifique est de 2,30 par rapport à celui du gaz de houille pris pour unité.

### USINES.

Les usines à gaz d'huile sont peu compliquées; elles occupent une surface très restreinte et sont d'une conduite très facile.

Elles se composent des appareils de fabrication, d'épuration et de compression, ainsi que de certains accessoires, tels que bâche à eau, pompe élévatoire ou pulsomètre, réservoir à huile, etc.

La production d'une usine par vingt-quatre heures dépend de la dimension des deux cornues qui entrent dans la composition d'un four et du nombre de fours.

Une paire de cornues de 260 millimètres produit de 9 à 10 mètres cubes de gaz à l'heure, selon la qualité de l'huile et la conduite du foyer.

Les cornues de 175 millimètres produisent de 6 à 7 mètres cubes de gaz à l'heure, celles de 130 millimètres de 3 à 3$^{mc}$,500; c'est ce dernier modèle qui est employé presque généralement dans les usines affectées au remplissage des bouées et à l'éclairage des phares.

La production en gaz d'un four de 130 milli-

mètres étant d'environ 3 mètres cubes à l'heure, l'usine pourra fabriquer et comprimer environ 60 mètres cubes en vingt-quatre heures de marche. Il y a, en effet, économie à produire le plus de gaz possible dans le temps le plus court, et en continuant la fabrication sans interruption, sauf trois ou quatre heures pour le nettoyage; on évite ainsi l'usure que causent aux cornues le refroidissement et l'élévation de température pour la mise en marche, en même temps qu'on diminue la dépense de charbon nécessaire pour porter les cornues à la température de distillation des huiles.

Les usines ayant deux fours de 130 millimètres peuvent au besoin produire le double, c'est-à-dire 120 mètres cubes en vingt-quatre heures, les conduites et orifices des appareils ayant été calculés en conséquence.

Le nombre ou l'importance des appareils varie suivant la quantité de gaz que l'usine doit produire. Ils sont réduits à leur minimum dans une usine destinée à n'alimenter qu'un petit nombre de bouées ou balises. Pour un phare ou pour les wagons de chemins de fer, lorsque le nombre de feux à alimenter est assez élevé, il est nécessaire de prévoir une installation plus complète.

Nous décrirons successivement ces deux types d'usines. On comprendra aisément qu'ils peuvent se modifier selon les circonstances, en empruntant des appareils de l'un ou de l'autre.

La nomenclature des appareils entrant dans la composition de chaque type d'usine fera mieux voir les différences :

| | Nombre d'appareils ou de pièces pour une usine | |
| --- | --- | --- |
| | à un four de 130$^{mm}$. | à deux fours de 130$^{mm}$. |
| Four composé de deux cornues de 130 millimètres accouplées..... | 1 | 2 |
| Pompe à huile pour le remplissage du réservoir d'alimentation.... | 1 | 1 |
| Réservoir d'alimentation avec un robinet micrométrique pour l'écoulement de l'huile dans la cornue...................... | 1 | 1 |
| Vanne de 100 millimètres pour le condenseur.................. | 1 | 1 |
| Condenseur par surface......... | 1 | 2 |
| Laveur. ...................... | » | 1 |
| Epurateur en fonte. ........... | » | 1 |
| Laveur-épurateur combiné....... | 1 | » |
| Gazomètre de 6 mètres cubes.... | 1 | » |
| Gazomètre de 12 mètres cubes au moins. ...................... | » | 1 |
| Réservoir accumulateur de 5$^{mc}$,500. | » | 2 |
| Têtes d'accumulateurs avec robinets d'entrée et de sortie et robinet de vidange............... | » | 2 |
| Sécheur....................... | 1 | 1 |
| Compteur de fabrication, avec robinet d'entrée................. | 1 | 1 |
| Tableau indicateur de marche des appareils..................... | 1 | 1 |
| Bac à goudron de 1000 litres..... | 1 | 1 |
| Réservoir à huile de 2000 litres... | 1 | 1 |
| Réservoir à eau de 2 mètres cubes. | » | 1 |
| Support du réservoir à eau...... | » | 1 |
| Pulsomètre.................... | » | 1 |
| Pompe murale de compression, comprimant environ 4 mètres cubes à l'heure................ | 1 | » |
| Pompe à volants, comprimant environ 7 à 8 m. cubes à l'heure. | » | 1 |
| Collecteur en tôle soudée pour recueillir les hydrocarbures...... | » | 1 |
| Indicateur de marche de la pompe. | 1 | 1 |
| Générateur de 6 mètres carrés de surface de chauffe............. | 1 | 1 |
| Bouche de chargement avec robinet de prise de gaz et conduite en plomb................... | 1 | 1 |
| Eclairage de l'usine. | | |
| Tuyauterie en fonte, en fer et en plomb. | | |

USINE A UN FOUR DE 130 MILLIMÈTRES.

C'est l'usine la plus simple ; elle ne comprend que les appareils strictement indispensables, en admettant qu'on ait, par ailleurs, le moyen de se procurer, sous une pression minima de 2 mètres à 2ᵐ,50, l'eau nécessaire à la fabrication, à l'alimentation de la chaudière et au refroidissement du cylindre de compression de la pompe.

Les appareils de fabrication et d'épuration comprennent :

Un four qui se compose d'un cendrier en fonte placé dans le carrelage de la salle de fabrication et au-dessus duquel se trouve le foyer construit en briques spéciales réfractaires. Un châssis en fonte muni de deux portes à charnières et sept barreaux de grille mobiles avec leurs sommiers fixes dans la maçonnerie du four complètent le foyer.

Au-dessus du foyer se trouvent deux cornues en fonte horizontales en forme de ⌒ superposées ; des pièces spéciales réfractaires forment plancher et cloisons séparatives avec carneaux de distribution de chaleur. Ces deux cornues sont réunies à l'extrémité, du côté du foyer, par une tête double en fonte munie de deux tampons de fermeture.

Quatre cornières de protection en fonte sont disposées de chaque côté et à chaque extrémité de la cornue inférieure, pour la garantir des coups de feu.

L'huile s'écoule dans une auge en tôle placée sur le fond de la cornue supérieure ; cette disposition facilite le nettoyage et augmente la durée de la cornue. Huit regards en fonte munis de couvercles sont placés sur les deux faces du four, de chaque côté des cornues.

Le tampon de fermeture de la cornue supérieure porte une tubulure qui reçoit un tube de fer recourbé en U formant siphon d'alimentation. Ce siphon est muni d'un robinet et se termine par un entonnoir avec tamis en toile métallique.

Un registre placé au-dessous de la cheminée permet de régler le tirage.

Le massif en maçonnerie est consolidé par des armatures en fer cornière, fer T et fer plat reliées entre elles par des boulons.

Du côté opposé au foyer, la tête de la cornue inférieure est réunie au barillet par un tuyau en fer pourvu de rotules vissées à chaque extrémité. Ce tuyau possède vers le milieu un ajutage sur lequel est vissé un robinet d'épreuve.

Le barillet est fermé par un plateau sur lequel est vissé un tuyau plongeur muni d'un entonnoir et d'un robinet ; il possède en outre un bouchon conique en fonte, maintenu par un étrier en fer et une vis de serrage. Sur la face d'avant du barillet se trouve un tampon de nettoyage.

Un réservoir à huile d'une capacité de 26 litres environ est placé sur le four du côté du barillet ; il contient la quantité d'huile nécessaire à l'alimentation d'un four pendant quatre heures environ ; il est fermé par un couvercle muni d'une poulie sur laquelle passe le fil d'un flotteur avec contrepoids ; une règle graduée en litres est fixée sur le réservoir et permet de se rendre compte du débit de l'huile dans les cornues. L'huile s'écoule par un tuyau de fer qui porte à son extrémité un robinet à vis micrométrique pour régler l'écoulement de l'huile dans le siphon d'alimentation de la cornue.

Une pompe à huile aspirante et foulante, fixée au mur de l'usine, sert à élever l'huile jusqu'au réservoir d'alimentation.

Une boîte à goudron en fonte est réunie au barillet par un tuyau muni d'un tampon de nettoyage. Sur l'une des faces se trouve vissé un siphon pour l'écoulement du goudron.

Une vanne avec volant est montée sur la bride du coude en fonte qui réunit la boîte à goudron au condenseur placé dans la salle d'épuration.

Un condenseur à surface est composé d'un cylindre en tôle étamée. Une sorte de gouttière s'élevant à l'intérieur jusqu'à une faible distance du sommet sert de passage au gaz lorsqu'il sort de l'appareil après y avoir déposé une partie du goudron entraîné ; celui-ci s'écoule par un siphon vissé dans un tampon qui ferme l'ouverture ménagée dans le socle.

*Laveur-épurateur*. — C'est une cuve cylindrique en tôle ayant deux tubulures en fonte diamétralement opposées, qui se prolongent à l'intérieur par deux coudes en fonte ; celui d'entrée s'élève à mi-hauteur au centre de la cuve, celui de sortie se termine au niveau supérieur.

A l'intérieur l'appareil se trouve divisé par une cloison horizontale. La partie inférieure constitue le laveur. Une claie de lavage, disque en tôle percé de trous et pourvu de trois spirales en saillie, repose sur des équerres et se trouve à 22 millimètres en contre-bas du niveau de l'eau qui remplit le fond de la cuve. Le gaz est ainsi amené à barboter et se débarrasse d'une partie de ses impuretés. L'épuration est obtenue dans le compartiment supérieur ; le gaz passant par deux ouvertures ménagées dans la cloison dont il vient d'être parlé, traverse deux claies formées de plateaux en tôle perforée recouverts d'une couche de matière épurante.

Le compteur a surtout pour objet de permettre de se rendre compte de la marche régulière de la fabrication et de la bonne utilisation des matières premières mises en œuvre.

Le gazomètre est placé à l'extérieur ; il a, dans ces petites usines, une capacité de 6 mètres cubes. Les tuyaux d'entrée et de sortie correspondent, celui d'entrée avec le compteur, celui de sortie avec le sécheur. Chacune des tuyauteries d'entrée et de sortie possède un siphon qui plonge dans une cuvette en maçonnerie.

*Tableau indicateur de marche*. — Cet appareil sert à contrôler la pression du gaz dans chacun des appareils. Cette pression est indiquée par la hauteur à laquelle s'élève l'eau dans des tubes de niveau. On peut ainsi se rendre compte immédiatement, si une obstruction venait à se produire, de l'appareil à vérifier, ou, si l'ouverture d'une vanne a été oubliée, y remédier.

La cuve à huile est placée à l'extérieur de l'usine ; il y a intérêt à conserver les huiles employées à la distillation dans un réservoir parfaitement étanche et clos, pour éviter les poussières, etc. L'huile conservée dans les fûts en bois se perdrait très rapidement et aurait encore l'inconvénient d'imprégner le sol.

La cuve à goudron, pour cette dernière raison, doit être une citerne avec un bon enduit au ciment, ou une cuve métallique.

Les appareils de compression comprennent :

Un sécheur : c'est un réservoir cylindrique en tôle étamée fixé contre le pignon de l'usine et interposé entre le gazomètre et la pompe. Son objet est de condenser l'humidité que le gaz pourrait entraîner par suite de son contact avec l'eau contenue dans la cuve du gazomètre. Il est pourvu d'un bouchon de vidange.

*Pompe murale de compression*. — On place la pompe dans la salle d'épuration ; elle doit être très solidement fixée au moyen de fers en U encastrés dans la maçonnerie du pignon.

La pompe est à action directe. Le cylindre à vapeur et le cylindre de compression sont montés sur un bâti en fonte de façon que les tiges de piston se trouvent dans le prolongement l'une de l'autre.

La vanne de prise de vapeur fixée à la partie

supérieure du cylindre de vapeur communique par une tuyauterie en cuivre avec le générateur placé dans la salle de fabrication.

Une tuyauterie spéciale munie de robinets amène l'eau, sous une pression qui ne doit pas être inférieure à 2 mètres, autour de la chemise en acier qui constitue le cylindre de compression. Cette eau, après avoir déterminé par sa circula-

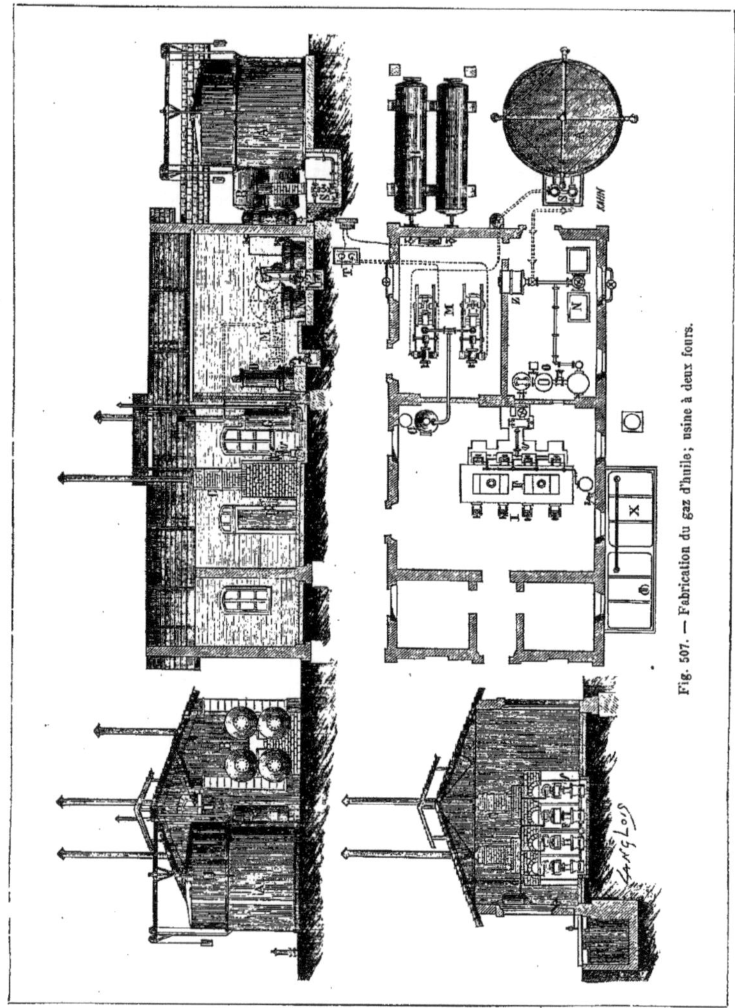

Fig. 507. — Fabrication du gaz d'huile; usine à deux fours.

tion le refroidissement du gaz, s'écoule dans un entonnoir.

Un réservoir de condensation, également refroidi par circulation d'eau, recueille les produits liquides provenant de la compression du gaz (hydrocarbures mélangés d'eau).

Toutes les eaux ayant servi au refroidissement du gaz, du cylindre de compression et du réservoir de condensation peuvent être utilisées à nouveau; on n'a dans ce cas qu'à les conduire dans une citerne.

*Chaudière.* — La chaudière doit toujours être

placée dans la salle de fabrication, le chauffeur pouvant ainsi conduire en même temps les feux du four pour la fabrication du gaz. De plus, il est indispensable, au point de vue de la sécurité, de n'avoir pas un foyer dans la salle où se trouvent les appareils d'épuration et de compression.

La pompe exige une force de 5 à 6 chevaux.

USINE A DEUX FOURS DE 130 MILLIMÈTRES.

Un four a besoin de temps à autre de réparations; les cornues s'usent dans un temps plus ou moins long, suivant les soins apportés à leur chauffage. Lorsqu'il y a lieu de les remplacer, l'usine ne peut fonctionner pendant le temps de la réparation, environ une huitaine de jours, en tenant compte du temps nécessaire au séchage des joints des pièces réfractaires. S'il y a peu de feux à alimenter, il est facile de prendre les précautions voulues pour que l'arrêt de la fabrication n'entrave pas le ravitaillement des appareils; mais dans le cas d'un grand nombre de bouées, de balises, ou pour un phare, il est préférable d'avoir un four de rechange, qui peut être utilisé, en cas d'urgence, pour doubler la production de l'usine.

Outre le second four, l'usine étant susceptible de fabriquer plus de gaz dans le même temps, on a augmenté les appareils d'épuration.

On a donc deux condenseurs, un laveur et un épurateur en fonte distincts, au lieu d'un laveur-épurateur combiné.

*Appareils de compression.* — Cette usine est pourvue d'une pompe à volants comprimant environ 7 à 8 mètres cubes à l'heure, c'est-à-dire le volume de gaz que pourraient produire les deux fours fonctionnant à la fois.

Cette pompe se compose des mêmes organes que la pompe précédemment décrite, mais le cylindre de compression a un diamètre de 100 millimètres au lieu de 80, et une course de 320 millimètres au lieu de 300.

La crosse qui réunit les deux tiges de piston des deux cylindres possède une traverse aux extrémités de laquelle sont deux tourillons réunis par des bielles aux tourillons des volants de la pompe.

Le réservoir de condensation de la pompe à volants ne possède pas de tubulure pour la vidange des hydrocarbures; ceux-ci sont recueillis dans un collecteur en tôle soudée placé dans le sol de l'usine, qui reçoit également les condensations provenant des accumulateurs.

Dans ce but, ce collecteur des hydrocarbures est muni d'une tubulure à trois voies, communiquant au moyen de tuyaux de plomb, l'une avec la pompe, la seconde avec les accumulateurs, et la troisième destinée à la vidange des produits de condensation en dehors du bâtiment de l'usine.

Si l'on juge utile d'avoir une réserve de gaz qui permette de faire plus rapidement le remplissage des accumulateurs mobiles employés au chargement, on dispose dans cette usine un ou plusieurs accumulateurs en tôle de fer soudée ayant de 5 à 7 mètres cubes de capacité, et dans lesquels on comprime le gaz à 11 kilogrammes. Chaque accumulateur est pourvu d'une tête en bronze portant trois robinets, un d'entrée muni d'un clapet, un de sortie avec manomètre, et un troisième qui est affecté à la vidange des hydrocarbures.

Dans les usines destinées à l'éclairage des phares, le gaz est ainsi emmagasiné pour la consommation de plusieurs nuits.

*Distribution d'eau.* — Afin de donner une nomenclature tout à fait complète, nous y avons fait figurer les accessoires, tels que bâche à eau

avec son support, pompe ou pulsomètre, qui doivent être prévus pour tous les types d'usines, lorsqu'il n'existe pas de canalisation d'eau avec une pression minima de 2 mètres.

*Bâtiments.* — Les appareils peuvent être installés dans tout local disponible, car on peut modifier leurs dispositions respectives en changeant la tuyauterie figurée sur les plans d'usine.

Si l'on construit un bâtiment spécial, il est préférable de se tenir dans les limites indiquées, quant aux dimensions intérieures des salles des fours et de compression et d'épuration, mais le mode de construction peut varier selon les ressources locales; toutefois, tout au moins dans la salle des fours, il est préférable de supporter la couverture au moyen de fermes en fer et d'éviter une charpente en bois.

Les bâtiments, tels que ceux que représente la figure 507, sont du modèle que la Société internationale du Gaz d'huile a construit jusqu'à ce jour, en fer et remplissage en briques, fermes en fer et couverture en tuiles.

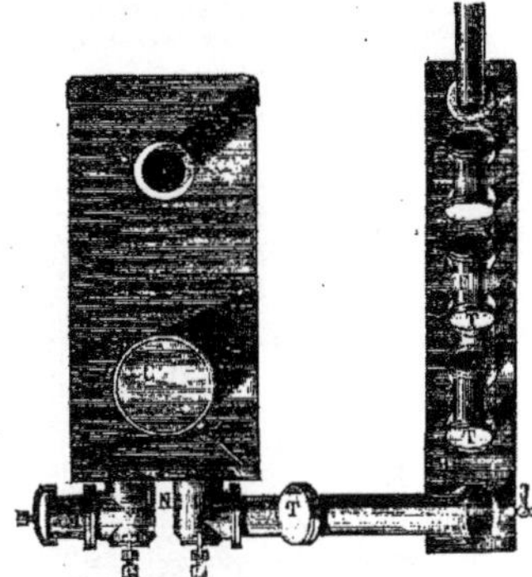

Fig. 508. — Four à gaz d'huile, système Seigle.
(Vu en plan.)

Fig. 509. — Four à gaz d'huile, système Seigle.
(Vu en élévation.)

La Compagnie des Procédés Seigle installe aussi des fours pour la distillation des huiles et la fabrication du gaz d'huile qui ont ceci de particulier, c'est que la chaleur nécessaire à la gazéification (distillation) est empruntée au pétrole, qui alimente des brûleurs intensifs à injection. Ces fours se composent principalement d'un ensemble de cornues formées par quatre cylindres en fonte, communiquant entre eux par des boîtes donnant passage aux gaz, de telle sorte que l'huile à distiller, arrivant dans le premier cylindre par l'intermédiaire du siphon dessiné sur la droite de la figure 510 est obligée de parcourir, d'abord à l'état de vapeur, puis à l'état de gaz, les quatre cylindres avant d'arriver au tuyau de sortie.

Ce tuyau débouche dans le barillet; de là le gaz passe dans une série de tuyaux verticaux, puis dans un épurateur non représenté sur les figures, avant de se rendre au gazomètre. Les cornues, comme nous venons de le dire, sont chauffées à l'aide d'un pulvérisateur à hydrocarbures liquides, analogue comme principe au brûleur Seigle (Lumière Wells), dont nous avons parlé page 567.

Applications du gaz d'huile. — Le gaz d'huile a deux grandes applications :

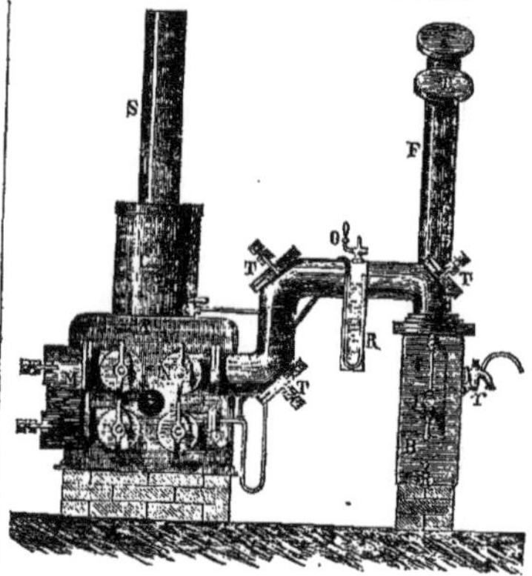

Fig. 510. — Four à gaz d'huile, système Seigle. (Vu de côté.)

Fig 511. — Disposition des réservoirs et de la canalisation.

1° L'éclairage des voitures de chemins de fer;
2° L'éclairage des phares et des balises.

*Éclairage des voitures de chemins de fer.* — Plus de 100 000 voitures sont éclairées aujourd'hui par ce système, adopté par la plupart des Compagnies existantes qui se servent de deux dispositifs principaux. Dans l'un, les réservoirs sont fixés, sous la voiture, aux châssis : c'est celui qui est adopté par presque toutes les Compagnies. Dans l'autre, en usage sur la ligne Paris-Lyon-Méditerranée, les réservoirs sont supportés par la toiture des véhicules (fig. 511 et 512).

Le nombre et la capacité des réservoirs dépendent du nombre de lanternes de la voiture et de la durée de l'éclairage.

Des perfectionnements importants ont été apportés aux lanternes par la création de types intensifs. Ces lanternes permettent en effet de réduire la consommation et de diminuer, par conséquent, la capacité des réservoirs pour un même nombre d'heures d'allumage.

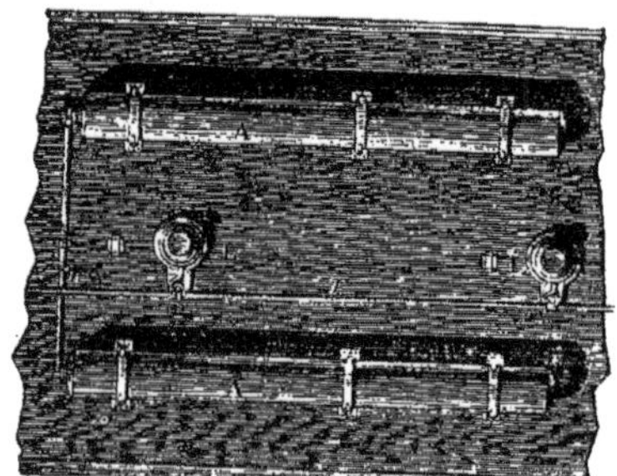

Fig. 512. — Disposition des réservoirs et de la canalisation (vue en plan).

Avec un débit réduit on obtient néanmoins une lumière notablement plus intense.

Avec une dépense de 22 litres on obtient une intensité de 1 carcel, et avec 18 litres on a encore 0,75 carcel, tandis que ces intensités avec des brûleurs ordinaires étaient respectivement de 0,55 et de 0,40.

Les lampes à flamme horizontale du système Delmas, dont la Société internationale d'Éclairage par le gaz d'huile applique le principe, ont une fixité et une blancheur remarquables, bien supérieures à celles des brûleurs ordinaires. On peut également les mettre en veilleuse, à la condition cependant de ne pas réduire le débit au-dessous de 10 à 11 litres.

Pour de plus grandes consommations, la même Société a réalisé une lanterne-lustre qui brûle de 45 à 60 litres de gaz à l'heure, et donne une intensité de 2 à 3 carcels.

La mise en veilleuse automatique par le store constitue une autre amélioration, qui se traduit par une économie dans la consommation du gaz, et par suite dans les dépenses d'éclairage.

Ce système est du reste très rationnel, puisque c'est le voyageur lui-même qui met le bec en veilleuse en fermant les deux branches du store.

Pour les lignes où les trains effectuent de grands parcours, on trouve par l'emploi de la mise en veilleuse automatique une économie moyenne de 25 0/0; le débit des lampes intensives dont nous venons de parler étant plus faible, l'économie est naturellement moins sensible, mais elle permet néanmoins de réduire à 16 ou 17 litres de gaz environ la consommation moyenne d'un bec.

Le gaz pouvant être livré dans les réservoirs au prix de 60 à 65 centimes le mètre cube, il s'ensuit que, de ce chef, la dépense horaire d'éclairage peut être réduite à 1°,04.

L'éclairage des wagons-poste se fait dans beaucoup de pays uniquement par le gaz d'huile, qui présente pour cette application de nombreux avantages : augmentation de lumière, allumage facile et sans pertes de temps; en outre, les lanternes étant fixes ne peuvent se renverser comme les lampes à huile.

On emploie également le gaz d'huile dans les signaux des locomotives et des trains. Ce mode d'éclairage offre plus de sécurité que tout autre, l'intensité des feux restant toujours la même pendant la durée entière des parcours. Voici, d'après la *Revue générale de Chimie pure et appliquée* [1, 518], le nombre des voitures éclairées au gaz d'huile en 1899 :

| | | | |
|---|---|---|---|
| France.... | Etat | 1 142 | 5 169 |
| | P.-L.-M. | 2 908 | |
| | Est | 543 | |
| | Ouest | 252 | |
| | Ceinture | 45 | |
| | Wagons-lits | 270 | |
| | Divers | 9 | |
| Grande-Bretagne. | London et South Western | 2 315 | 16 854 |
| | Great Eastern | 1 330 | |
| | District Metropolitan | 763 | |
| | North British | 1 226 | |
| | North Eastern | 2 570 | |
| | Caledonian | 885 | |
| | Glasgow South Western | 904 | |
| | Great Western | 324 | |
| | Midland | 2 454 | |
| | Dublin Wicklow | 273 | |
| | London et South Eastern | 926 | |
| | London Brighton et South Eastern | 1 647 | |
| | Divers | 1 237 | |
| Allemagne | | | 35 661 |
| Amérique. | États-Unis | 10 809 | 12 892 |
| | Brésil | 980 | |
| | République Argentine | 984 | |
| | Chili | 46 | |
| | Canada | 78 | |
| Italie..... | Méditerranée | 643 | 1 501 |
| | Adriatique | 811 | |
| | Postes | 47 | |
| Autriche | | | 3 105 |
| Danemark | | | 45 |
| Hollande | | | 2 925 |
| Russie | | | 1 705 |
| Serbie | | | 131 |
| Bulgarie | | | 27 |
| Suède | | | 383 |
| Suisse | | | 353 |
| Turquie | | | 94 |
| Indes | | | 6 358 |
| Australie | | | 976 |
| Egypte | | | 26 |
| | | Total | 88 205 |

Depuis quelque temps on a essayé en Allemagne, sous le nom de *gaz mixte*, un mélange de gaz d'huile et d'acétylène qui, à intensité lumineuse égale, coûte moins cher que le gaz d'huile et que l'acétylène. Nous en avons déjà parlé à propos de l'acétylène.

Le gaz d'huile comprimé, en dehors de l'application plus récente qui en a été faite pour l'éclairage des phares au moyen de brûleurs à incandescence, permet d'établir et de conserver en mer, même loin des côtes, des feux permanents restant allumés jour et nuit sans interruption, et dont le fonctionnement reste assuré à la seule condition que les appareils soient rechargés à des intervalles déterminés.

Le temps pendant lequel ces appareils peuvent fonctionner ne dépend que du volume de gaz emmagasiné et du débit du brûleur.

On a donc ainsi les moyens de jalonner les routes à suivre, ou de signaler les dangers avec plus de sûreté qu'on ne le pourrait, en bien des cas, par des phares à terre, que la configuration des côtes oblige souvent à tenir trop éloignés.

Mouillées au large, les bouées constituent les vedettes avancées signalant les premières les approches de la terre.

Ces avantages n'excluent pas, en outre, une économie souvent importante dans les dépenses d'installation et d'entretien.

Les deux types d'usines qui viennent d'être décrits sont ceux qui répondent à la généralité des cas qui se présentent pour l'emploi du gaz à l'éclairage des feux maritimes; mais, par exception, on a établi des usines plus puissantes, lorsqu'elles devaient pourvoir à l'alimentation d'un très grand nombre d'appareils, et lorsqu'il était nécessaire de recharger les réservoirs-accumulateurs des baliseurs dans un temps très court, comme cela a lieu au canal maritime de Suez.

Ces usines ne diffèrent, du reste, que par l'augmentation du nombre des fours ou par l'emploi de cornues plus grandes.

*Bouées.* — Les bouées les plus généralement employées peuvent se rapporter à deux types : les bouées à queue et les bouées tronconiques. Les premières sont celles qui offrent la plus grande stabilité et qui résistent le mieux à la mer.

En examinant la figure 513, on se rendra facilement compte que la queue de la bouée, d'une longueur relativement grande et se terminant par un contrepoids assez lourd, joue le rôle d'une quille profonde qui oppose au roulis un frein résistant en limitant les écarts, et qui, en diminuant les oscillations, donne aux feux une plus grande fixité. Avec une queue suffisamment longue, comme celle que porte la bouée de 18 mètres cubes, le roulis est presque totalement supprimé, et la bouée ne conserve que le mouvement inévitable, vertical, ascensionnel ou plongeant, résultant des dénivellations des vagues.

Le mode d'amarrage de ces bouées, en patte

d'oie, contribue également à assurer leur grande stabilité, les points d'attache des deux bouts de chaîne se trouvant sur un même diamètre, le plus près possible de l'axe de charnière, où les efforts au-dessus et au-dessous de cet axe se compensent.

La chaîne, dont la bouée doit avoir trois fois a profondeur du mouillage, est maintenue sur le fond par un corps mort en fonte dont le poids varie, suivant les circonstances, entre 1000 et 2000 kilogrammes.

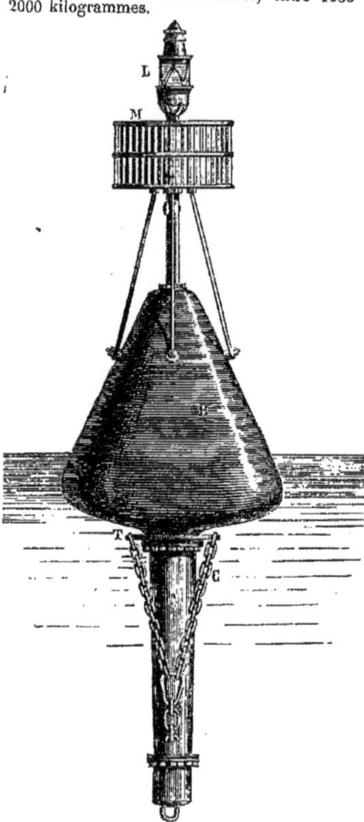

Fig. 513. — Bouée éclairée au gaz d'huile.

La tenue de ces bouées, grâce à ces dispositions, n'a jamais rien laissé à désirer, même dans les conditions les plus difficiles.

A Rochebonne, une bouée de 16 mètres cubes et de 7 mètres de hauteur au-dessus de l'eau a été maintenue sans aucun accident, avec la chaîne 0ᵐ,044 de calibre, par des profondeurs de 50 mètres et à proximité des hauts-fonds du plateau sur lesquels se brise avec violence, en gros temps, la houle de l'Océan.

Pareil résultat a été obtenu aux Minquiers avec des bouées de 11 mètres cubes mouillées sur fond de roche par des profondeurs de 40 mètres environ.

La Société internationale du Gaz d'huile a con-

struit des bouées de ce type ayant de 4 à 18 mètres cubes de capacité; la figure 513 représente une de ces bouées, les plus répandues étant les bouées de 4 mètres cubes, 7ᵐᵉ,500 et 11 mètres cubes.

Toutes ces bouées sont construites en tôle de fer soudée. Ce mode de construction, bien qu'un peu plus dispendieux, doit en effet être préféré à celui des bouées rivées, sur lequel il présente de très grands avantages.

Les bouées étant notablement plus légères, par suite de la suppression du poids des pinces et des rivets, ont plus de flottabilité, et il est plus facile d'augmenter de beaucoup leur stabilité au moyen d'un contrepoids plus lourd, et en abaissant ainsi le centre de gravité de l'appareil. En outre, c'est le seul moyen d'obtenir une étanchéité parfaite; car, après un certain temps de service, le matage des pinces qui assure l'étanchéité des bouées rivées se trouve détruit par la corrosion, principalement dans les parties voisines de la ligne de flottaison, et il se déclare des fuites dont la réparation devient de plus en plus difficile et coûteuse.

La hauteur et la portée du feu, la durée pendant laquelle la provision de gaz contenue dans la bouée doit suffire à l'alimentation du feu, la position plus ou moins exposée où doit se trouver la bouée, sont les facteurs qui déterminent le modèle à adopter.

*Dépenses d'entretien.* — La Société internationale d'Éclairage est restée chargée du service des bouées à gaz qu'elle avait fournies au Gouvernement tunisien pour le balisage des bancs de Kerkennah, depuis le mois d'août 1888 jusqu'au mois de mai 1890.

Il peut être intéressant de se rendre compte des conditions dans lesquelles s'est faite cette exploitation, ainsi que des dépenses qu'elle a occasionnées.

Le balisage des bancs de Kerkennah est assuré au moyen de huit bouées formant autour des bancs une ceinture de 75 milles de développement, divisée en deux groupes : cinq bouées au nord des bancs, trois au sud. Les bouées sont du type à queue de 7ᵐᵉ,500 avec optique de 300 millimètres.

Les bouées nᵒˢ 1, 3, 6, 8 sont à feu fixe rouge ; celles portant les nᵒˢ 2, 5, 7 sont à feu fixe blanc. La bouée nᵒ 4 est à feu blanc scintillant.

Une neuvième bouée à feu fixe vert, portant le nᵒ 0, a été mouillée à la fin de 1890, à l'entrée nord du canal de Kerkennah.

La consommation moyenne de gaz de chaque bouée est de 27ˡⁱᵗ,9 par heure, et l'intensité de 10 becs environ.

Les bouées à feu blanc ont été vues à une distance de 13 à 14 milles, celles à feu rouge à une distance de 10 à 11 milles. En réalité, la portée n'a été que tout à fait exceptionnellement inférieure à 10 milles. Les bouées de chaque groupe étant espacées de 6 à 7 milles, les navigateurs ont donc toujours deux bouées au moins en vue.

Les bouées chargées de gaz à une pression de 7 kilogrammes ont une durée d'éclairage de soixante-dix-huit jours; mais, afin d'éviter tout mécompte pouvant résulter de la consommation d'un bec supérieure à la normale, ou d'une série de temps contraires, l'agent de la Société chargé du service devait procéder au rechargement des bouées après un intervalle de soixante jours au plus.

L'usine destinée au ravitaillement des bouées est établie à Sfax; cette usine pouvant produire et comprimer de 3 à 4 mètres cubes de gaz par heure, tandis que la consommation des huit bouées n'est que de 240 litres dans le même temps, n'a à travailler que pendant un temps relativement restreint. En fait, elle n'a fonctionné pour l'alimentation des bouées en 1889 que pendant quarante-deux jours.

Le gaz est comprimé à 11 kilogrammes dans quatre accumulateurs de 6 mètres cubes.

Pour le remplissage des bouées, on avait, à chaque opération, à charger ces quatre accumulateurs sur une mahonne affrétée chaque fois pour faire la tournée complète. Le volume de gaz disponible ne permettant pas de remplir les huit bouées à la fois, on chargeait à un premier voyage les bouées du Nord 1, 2, 3, 4 et 5; la mahonne revenait à Sfax, où les accumulateurs étaient de nouveau remplis à 11 kilogrammes sans être mis à terre, et on repartait au bout de trois ou quatre jours pour recharger les bouées du Sud 6, 7 et 8.

Cette manière d'opérer était plus économique que celle prévue par la Société en faisant son contrat, et qui consistait à recharger un mois les bouées d'un groupe, et le mois suivant celles de l'autre groupe.

De Sfax à la bouée la plus éloignée, il y a une distance de 45 milles en passant sur les bancs, et de 100 milles si on fait le tour. La tournée des bouées Nord représentait donc un parcours de 145 à 200 milles en ligne directe, la tournée des bouées Sud n'était que de 60 milles.

Le remplissage des bouées donnait donc lieu à un trajet de 260 milles, et comme les mahonnes n'ont qu'une marche modérée et ne naviguent que sous certains vents, la durée du trajet, y compris le temps passé au remplissage et à l'entretien des bouées, a été en moyenne, pour chaque opération, de quatorze jours.

Enfin, entre chaque remplissage, l'agent de la Société faisait une tournée complète des bouées, la nuit, pour se rendre compte du bon fonctionnement des feux, cette inspection étant rendue facile par les bateaux de la Compagnie Transatlantique qui se croisent à Méhédia et qui longent les bancs la nuit, à l'aller et au retour.

Les dépenses d'exploitation pour les huit bouées en service pendant cette année 1889 ont été de 14 197 fr. 04.

On emploie pour le rechargement en pleine mer des bateaux-réservoirs. La figure 514 représente la coupe d'un de ces bateaux baliseurs.

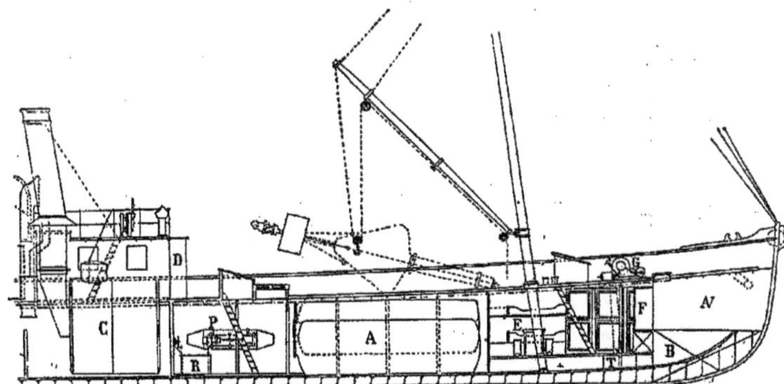

Fig. 514. — Bateau baliseur.

Le bateau qui porte les appareils a les dimensions suivantes :

Il est muni de trois quilles de roulis, dont l'une, dans l'axe, a une saillie de 0ᵐ,600; les deux autres sont latérales et leur saillie est de 0ᵐ,750. Ces quilles ont pour effet d'amortir l'action des lames par la résistance qu'elles opposent au mouvement, et de contribuer ainsi à la réduction d'amplitude du roulis.

La coque est divisée en trois compartiments par deux cloisons étanches.

Le compartiment milieu est, en outre, muni de deux cloisons étanches longitudinales disposées en abord et formant, avec le bordé, des caissons destinés à protéger le bateau-feu contre les abordages.

Un mât militaire s'élève au centre du bateau; il a 0ᵐ,600 de diamètre intérieur; on y accède par une porte à charnière en tôle avec cadre de fermeture en caoutchouc; une échelle conduit à la plate-forme qui supporte la lanterne, dont le plan focal se trouve à 10 mètres au-dessus de la flottaison. Cette plate-forme est formée par une toile métallique en fils d'acier à mailles serrées, formant voyant.

La lanterne est avec optique à neuf éléments, de 0ᵐ,375 de diamètre; elle est suspendue à la Cardan. La suspension, entièrement en fer forgé, se compose d'une lyre et d'un anneau d'oscillation. Les quatre tourillons sont centrés dans des paliers venus de forge, dont les chapeaux, maintenus chacun par deux prisonniers, reçoivent les graisseurs.

Le gaz est amené par un tuyau partant du régulateur et suivant un des bras de la lyre pour pénétrer dans la suspension et dans la lanterne, en traversant les tourillons. Des ressorts à boudin convenablement disposés ont pour objet de s'opposer à des oscillations trop grandes que pourrait prendre la lanterne dans les mouvements de roulis.

Le brûleur, formé d'une couronne en stéatite à fente circulaire de 0ᵐ,040 de diamètre, consomme environ 115 litres par heure, et l'intensité du feu est de quarante becs.

Pour alimenter le feu, on a disposé dans la cale trois réservoirs en tôle soudée ayant chacun 8ᵐᶜ,500 de capacité, avec robinets d'entrée et de sortie, dans lesquels le gaz peut être emmagasiné à 8 kilos; ils contiennent donc une provision de gaz de 8ᵐ,500 × 3 × 8 = 204 mètres cubes de gaz, qui suffisent à la consommation pendant 70 jours. On n'a donc à procéder au rechargement que tous les deux mois environ.

Les trois robinets d'entrée communiquent avec deux bouches placées une de chaque bord pour le remplissage : ces trois robinets de sortie sont reliés à deux régulateurs, dont un de rechange, qui réduisent la pression du gaz pour qu'il brûle dans de bonnes conditions.

La tuyauterie pour amener le gaz à la lanterne passe dans l'intérieur du mât.

Le bateau porte, en outre, une cloche de 150 kilos à boulet, supportée à 5 mètres de hauteur au-dessus de la flottaison par un pylône formé de quatre montants en cornières, reliés par des croix de Saint-André.

L'amarrage est en patte d'oie, la chaîne d'amarrage passant de chaque bord par le travers de la cloison étanche avant par deux écubiers en acier coulé servant de guides.

Le prix de ce bateau a été, en chiffres ronds, de 70 000 francs ; la dépense d'entretien n'est pas sensiblement supérieure à celle d'une bouée, sauf la différence de consommation de gaz. On voit donc que ce système présente une grande économie de premier établissement et d'entretien sur les anciens feux flottants.

*Bateaux baliseurs.* — Les accumulateurs étant à poste fixe dans la cale, on peut augmenter leur nombre et leur capacité. On a installé ainsi, sur différents baliseurs, des accumulateurs dont la capacité totale était de 60 mètres cubes, pouvant transporter, à 11 kilos, 660 mètres cubes de gaz. En se servant d'une ou deux pompes de compression actionnées par la vapeur prise sur la chaudière du baliseur, on peut refaire la pression en recomprimant le gaz aspiré dans les accumulateurs à plus faible pression dans celui se trouvant à la pression la plus forte. Il est donc possible d'utiliser ainsi presque tout le gaz emmagasiné. Pour un grand nombre d'appareils situés à une distance quelquefois considérable de l'usine à gaz, cette disposition offre de grands avantages. Elle a été appliquée sur les baliseurs en France et en Tunisie et sur ceux de la Compagnie universelle du Canal maritime de Suez, etc.

La figure 514 montre une de ces installations, qui comporte cinq accumulateurs donnant une capacité totale de 37 mètres cubes mesurés à la pression atmosphérique. Le volume de gaz à 11 kilos est donc de 407 mètres cubes. Deux pompes de compression sont installées, une de chaque bord. Afin d'activer le remplissage des bouées, on emploie un distributeur placé sur le pont ; il consiste en une tubulure qui porte des robinets communiquant avec chaque accumulateur par une tuyauterie de cuivre sur laquelle est branché un manomètre par accumulateur. Deux autres robinets — un à chaque extrémité — sont reliés aux deux bouches placées une sur chaque bord. L'homme de service peut donc se rendre compte, à chaque opération, de la pression existant dans chaque accumulateur et choisir successivement celui qui convient pour remplir les appareils, sans avoir à toucher au tuyau flexible qui relie le robinet de l'appareil à remplir avec la bouche de chargement sur le bateau.


### GAZ DE HOUILLE.

Depuis la rédaction de l'article GAZ DE L'ÉCLAIRAGE par F. Le Blanc, il y a vingt-huit ans, de nombreux progrès ont été réalisés en France, notamment par la Compagnie parisienne du Gaz. Nous allons les résumer aussi complètement que possible.

La première Compagnie, fondée à Paris en 1821 par Pauwels, avait une usine au faubourg Poissonnière ; la réussite ne fut pas immédiate, ainsi que nous l'apprennent MM. de Mont-Serrat et Brisac, ingénieurs de la Compagnie parisienne du Gaz (*le Gaz et ses applications*) ; mais la constance opiniâtre d'une autre Compagnie fondée en 1824, dans le quartier de Courcelles, par Manby et Wilson, triompha de toutes les résistances, et à partir de cette époque la consommation du gaz augmenta rapidement. Cinq autres Compagnies s'étaient partagé l'éclairage de Paris, mais le voisinage des canalisations aux extrémités des périmètres de ces diverses Compagnies était souvent une source de conflits dont les consommateurs supportaient les conséquences ; aussi jugea-t-on utile de confier à une seule Société les divers réseaux, en même temps que les usines qui les alimentaient, et c'est de cette fusion qu'est née, en 1855, la *Compagnie parisienne d'Éclairage et de Chauffage par le Gaz.*

Cette dernière Compagnie, actuellement chargée de l'important service de l'éclairage de Paris, possède onze usines, dont quelques-unes couvrent jusqu'à 25 et même 40 hectares. Elle peut produire journellement plus de 1 500 000 mètres cubes de gaz, et ses gazomètres permettent d'emmagasiner en totalité près de 1 million de mètres cubes. Son personnel dépasse 8 000 hommes. La consommation annuelle de la Ville de Paris et de sa banlieue, qui était en 1855 de 40 774 400 mètres cubes, s'est rapidement accrue, pour atteindre dans le cours de 1889 le chiffre de 312 258 070 mètres cubes et en 1900 de 1 million par jour.

Le tableau ci-après, p. 608, permet d'apprécier l'accroissement annuel de la consommation parisienne depuis 1855.

On compte en France un millier de villes éclairées au gaz. Ces différentes villes renferment plus de 12 000 000 d'habitants, et leur consommation annuelle est de 628 000 000 de mètres cubes environ. Ce chiffre comprend la consommation de Paris, et montre que la consommation de gaz de la capitale est égale à celle de la France entière.

Voici la consommation à Paris par tête d'habitant :

| | |
|---|---|
| 1855....................... | 33,09 m. c. |
| 1872....................... | 67,79 — |
| 1886....................... | 107,20 — |
| 1889....................... | 108,00 — |

A Paris, la consommation du gaz a plus que triplé en 34 ans. A Lyon, la consommation annuelle par habitant est de 64 mètres cubes, tandis qu'elle est de 55 à Marseille et de 77 à Bordeaux.

La consommation totale annuelle de la ville de Londres, pour une population de 4 764 000 habitants, était de 787 873 000 mètres cubes en 1888, ce qui donnait 165 mètres cubes par habitant ; mais depuis cette époque ce chiffre s'est encore accru très certainement.

Londres brûle donc, à lui tout seul, plus de gaz que toute la France. Quant à la consommation de l'Angleterre, qui atteint en totalité 2 682 489 740 mètres cubes, elle est presque quintuple.

Voici la consommation de quelques villes par tête d'habitant :

| | |
|---|---|
| Edimbourg................... | 99,6 m. c. |
| Glascow.................... | 147 — |
| Liverpool................... | 157 — |
| Manchester ................. | 164 — |
| Birmingham ................. | 260 — |
| Berlin..................... | 80 — |
| Cologne.................... | 103 — |
| Munich.................... | 58 — |
| Dresde ................... | 58 — |
| Stuttgart ..... ........... | 40 — |
| Melbourne.................. | 116 — |

| Années. | Consommations annuelles en mètres cubes. | Augmentations annuelles en mètres cubes. |
|---|---|---|
| 1855 | 40,774,400 | — |
| 1856 | 47,335,475 | 6,561,075 |
| 1857 | 56,042,240 | 8,707,165 |
| 1858 | 62,159,300 | 6,116,660 |
| 1859 | 67,628,116 | 5,468,816 |
| 1860 | 75,518,922 | 7,890,806 |
| 1861 | 84,230,676 | 8,711,754 |
| 1862 | 93,076,220 | 6,845,544 |
| 1863 | 100,833,258 | 7,757,038 |
| 1864 | 109,610,003 | 8,776,745 |
| 1865 | 116,171,727 | 6,561,724 |
| 1866 | 122,334,605 | 6,162,878 |
| 1867 [1] | 136,569,762 | 14,235,157 |
| 1868 | 138,797,811 | 2,228,049 |
| 1869 | 145,199,424 | 6,401,613 |
| 1870 [2] | 114,478,904 | 30,721,520 (en —) |
| 1871 [2] | 87,481,316 | 26,995,558 ( id. ) |
| 1872 | 147,668,331 | 60,186,985 (en +) |
| 1873 | 154,397,118 | 6,728,787 |
| 1874 | 160,652,202 | 6,255,084 |
| 1875 | 175,938,244 | 15,286,042 |
| 1876 | 189,209,789 | 13,271,545 |
| 1877 | 191,197,228 | 1,987,439 |
| 1878 [1] | 211,949,517 | 20,752,289 |
| 1879 | 218,813,875 | 6,864,358 |
| 1880 | 244,345,324 | 25,531,440 |
| 1881 | 260,926,769 | 16,581,445 |
| 1882 | 275,368,705 | 14,441,936 |
| 1883 | 283,864,400 | 8,495,695 |
| 1884 | 287,443,562 | 3,579,162 |
| 1885 | 286,463,999 | 979,563 (en —) |
| 1886 | 286,851,360 | 387,361 (en +) |
| 1887 | 290,774,540 | 3,923,180 |
| 1888 | 297,697,820 | 6,923,280 |
| 1889 [1] | 312,258,070 | 14,560,250 |

1. Exposition universelle. En 1855, à Paris, la consommation annuelle avait été de 40 774 400 mètres cubes ; l'Exposition et les édifices publics, qui n'employaient guère encore que des lampions pour leurs illuminations, ne brûlèrent qu'une très faible partie de ce total. En 1867, la consommation annuelle atteint 136 569 762 mètres cubes, et sur ce chiffre l'Exposition universelle ne consomme pas moins de 14 235 157 mètres cubes en illuminations. En 1878 l'Exposition universelle fait une consommation considérée alors comme fantastique : 20 752 289 mètres cubes, sur 211 949 517 mètres cubes formant le total annuel. En 1889 la consommation annuelle est de 312 258 070 mètres cubes, maximum atteint jusqu'alors ; mais l'Exposition ne brûle de ce total que 14 560 230 mètres cubes. En 1900, on brûlera à peu près 1 million de mètres cubes par jour et l'Exposition entrera dans ce total pour environ 25 millions avec les illuminations et sa consommation extraordinaire.

2. Guerre franco-allemande.

### FABRICATION DU GAZ.

Tout combustible minéral renfermant moins de 28 à 30 0/0 de matières volatiles devant être rejeté comme ne pouvant produire qu'une faible quantité de gaz d'un pouvoir éclairant médiocre, il nous paraît utile de dire tout d'abord quelques mots de l'analyse des houilles, et en particulier de l'appareil Audouin. Cet appareil a pour but d'apprécier, par un essai simple et rapide, la valeur des charbons proposés, et de contrôler de temps à autre la qualité des envois faits par les mines.

Il se compose d'un petit fourneau en terre réfractaire, à double enveloppe, traversé dans toute sa longueur par un tube en fer étiré qui représente la cornue. Il est chauffé par une rampe à gaz dont on règle la puissance au moyen d'un robinet et d'un manomètre à cadran. Au sortir de la cornue, le gaz vient barboter dans un barillet, puis se rend dans deux condenseurs remplis de petits cailloux et complètement immergés dans une caisse pleine d'eau. Un réservoir placé au-dessus permet de renouveler cette eau et de la maintenir constamment à une température convenable.

Le gaz arrive alors dans une cloche gazométrique où il est mesuré, puis il passe par un vase rempli de matière épurante pour être essayé ensuite à l'appareil photométrique.

Le mode d'opérer a une telle influence sur la valeur des résultats, qu'il est nécessaire d'entrer ici dans quelques détails.

Pour représenter convenablement la provenance du charbon qu'il s'agit d'apprécier, l'échantillon doit être au moins d'un hectolitre. On broie le tout jusqu'à la grosseur d'une noisette, après avoir séparé les pierres ou schistes que l'on triture à part en poudre grossière, et que l'on mélange ensuite avec soin dans la masse. On brasse cette masse en tous sens, puis on l'étend sur une faible épaisseur, et l'on y fait une prise d'essai de 1 à 2 kilogrammes, que l'on recueille par petites parties prises en un très grand nombre de points. Cette prise d'essai représente aussi exactement que possible la valeur moyenne de l'échantillon, et c'est sur elle qu'on opère.

On chauffe progressivement l'appareil jusqu'à ce que le tube en fer atteigne le rouge-cerise clair. Pour que tous les essais soient parfaitement comparables, il est nécessaire que la distillation soit toujours faite à la même température, et le meilleur moyen d'arriver à ce résultat est de maintenir une pression constante aux brûleurs : ce qui s'obtient aisément avec le manomètre dont nous avons parlé et que l'on règle de façon à avoir une pression constante de 15 à 20 millimètres.

Le four étant à la température voulue, on tare avec soin une nacelle en tôle et l'on y charge 100 grammes exactement pesés, prélevés par petites parties aux différents points de la prise d'essai. On s'assure, avant de commencer la distillation, que tout est bien en ordre dans l'appareil, que l'eau dans la caisse est à une température convenable, que la cloche gazométrique est à fond et que le curseur marque zéro. On ferme alors le robinet de sortie de la cloche et l'on ouvre celui d'entrée.

On introduit la nacelle dans le tube en fer, dont on ferme vivement l'ouverture au moyen d'un bouchon de liège luté avec un mortier fin de terre à tampon, et on note l'heure du commencement de l'essai. On maintient au moyen du contrepoids la pression sensiblement nulle dans la cloche. Au bout de 15 minutes, si la température du four est convenable, l'essai est terminé, et la cloche ne s'élève plus d'une façon notable. On enlève alors le bouchon de liège, on sort la nacelle qui contient le coke et on porte immédiatement le tout sur la balance ; la tare de la nacelle a été laissée à dessein sur le plateau, ce qui permet d'obtenir directement le poids du coke.

On lit ensuite sur l'échelle graduée de la cloche le nombre de litres de gaz obtenu par la distillation, après avoir ramené la pression de la cloche à zéro.

Il reste à déterminer le pouvoir éclairant, ce qui se fait au moyen des appareils photométriques qui ont été décrits (voyez Dict., 1, 1544).

L'appareil Audouin permet de trouver facilement, pour une houille quelconque, son rendement en coke et en gaz et le pouvoir éclairant de ce dernier. Il donne également, par la différence entre la quantité de houille distillée et le coke obtenu, la proportion en poids des matières volatiles contenues dans la houille y compris le gaz.

Si l'on adjoint à cet appareil la cloche servant à déterminer la densité des gaz (voyez plus bas, appareil Bunsen-Schilling), elle permettra d'en déterminer le poids, et l'on obtiendra par différence celui du goudron et des eaux ammoniacales pris ensemble.

Enfin, avec un petit fourneau à moufle, on trouvera aisément la proportion de cendres qui est contenue dans 100 grammes de coke obtenu par l'appareil Audouin, et par suite dans 100 kilogrammes de houille. On arrivera ainsi à une analyse pratique très suffisante pour un charbon quelconque, et l'on pourra en résumer les résultats comme suit :

*Matières volatiles :*

| | | | |
|---|---|---|---|
| Gaz à 12°, $x$ mètres cubes pesant. | A | } | A + B |
| Goudron et eaux ammoniacales... | B | | |

*Coke :*

| | | | |
|---|---|---|---|
| Carbone fixe ............. | C | } | C + D |
| Cendres .... ............. | D | | |
| | 100,00 | | 100,00 |

| | | |
|---|---|---|
| Densité du gaz.. .............. | A | |
| Pouvoir éclairant ............. | N | bougies. |

En Allemagne, on emploie souvent des appareils de plus grandes dimensions dont la nacelle peut contenir 500 gr. et plus de houille. Tous ces appareils sont imités de celui d'Audouin. Nous donnons ci-contre un dessin de l'appareil de Leybold, construit par la *Berlin-Anhaltener Maschinenfabrik*.

L'estimation des houilles a une grande importance, particulièrement en ce qui concerne la quantité d'oxygène. M. Sainte-Claire Deville a publié en 1889, dans le *Journal des usines à gaz*, les résultats de plus de 1000 essais effectués de 1872 à 1884 à la Villette, avec 59 sortes différentes de charbon, chaque essai étant prélevé sur 36 tonnes.

M. Sainte-Claire Deville divise les charbons en cinq sortes, d'après la quantité d'oxygène y contenue :

| | | | | |
|---|---|---|---|---|
| 1. | 5,0 | à | 6,5 | 0/0 d'oxygène. |
| 2. | 6,5 | à | 7,5 | — |
| 3. | 7,5 | à | 9,0 | — |
| 4. | 9,0 | à | 11,0 | — |
| 5. | 11,0 | à | 13,0 | — |

M. Sainte-Claire Deville observe, en outre, que, tandis que l'oxygène varie de 5 à 13 0/0, les augmentations suivantes se produisent :

| | | |
|---|---|---|
| Parties volatiles de la houille.... | 26,00 | à 40,00 0/0 |
| Poids spécifique du gaz......... | 0,35 | à 0,49 |
| Pouvoir éclairant (par carcel) | 135 l. | à 101 l. |
| Acide carbonique........ ...... | 1,40 | à 3,13 |
| Oxyde de carbone............... | 6,50 | à 12,00 |
| Méthane..................... | 34,00 | à 37,00 |
| Hydrocarbures gras lourds ...... | 2,50 | à 4,80 |
| Goudron.................... | 3,90 | à 5,60 |
| Eau ammoniacale.............. | 4,50 | à 10,00 |

tandis que les diminutions suivantes prennent naissance :

| | | |
|---|---|---|
| Hydrogène..................... | 55 | à 42 0/0 |
| Volume du coke ................ | 2 | à 1,6 hl. |
| Température obtenue par la combustion de ce coke............. | 1330 | à 1220° |



M. Sainte-Claire Deville a trouvé, par contre, que l'oxygène de la houille n'a aucune influence sur la quantité des carbures aromatiques obtenus (voyez plus bas notre article GOUDRON), pas plus que sur la quantité des produits sulfurés ou des cendres du coke.

La quantité d'azote dans les charbons usuels serait, d'après M. Schilling [*J. Gasbel.*, 1887, 661], la suivante :

| | |
|---|---|
| Consolidation .................. | 1,50 0/0 |
| Boldon....................... | 1,45 |
| Königin Luisengrube (Silésie)..... | 1,37 |
| Bohème ................. | 1,36 |
| Zwickau..................... | 1.20 |
| Saar....................... | 1,06 |

La température de la distillation a, en outre, une très grande influence sur les produits obtenus. Plus la température est élevée, plus le volume du gaz est considérable, en même temps que le pouvoir éclairant diminue.

D'après les recherches de M. Wright [*J. Gasbel.*, 1884, 298], 1000 kilogrammes de houille donnent les résultats suivants aux diverses températures :

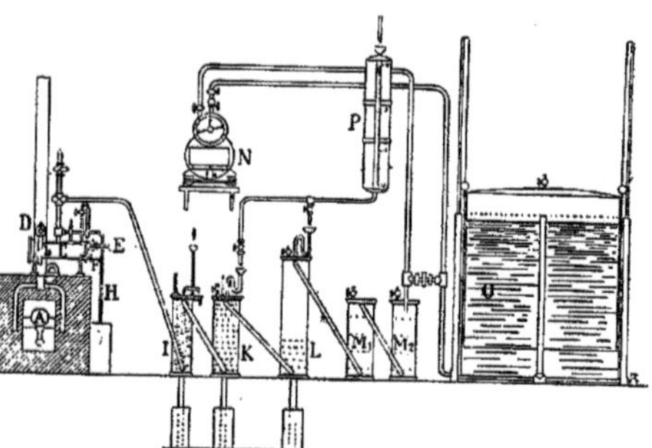

Fig. 515. — Appareil de Leybold.

| | | Gaz en m. c. | Pouv' éclair' en candles. | Produit de ces 2 facteurs. |
|---|---|---|---|---|
| 1. | Rouge sombre. | 233,6 | 20,5 | 4789 |
| 2. | Rouge vif..... | 274,5 | 17,8 | 4886 |
| 3. | | 306,4 | 16,8 | [illegible] |
| 4. | Orange clair... | 339,5 | 15,6 | [illegible] |

L'analyse du gaz obtenu dans les expériences 1, 2, 4 donna les résultats suivants :

| | 1. | 2. | 4. |
|---|---|---|---|
| Hydrogène............ | 38,09 | 43,77 | 48,02 |
| Oxyde de carbone...... | 8,72 | 12,50 | 13,96 |
| Méthane............. | 42,72 | 34,50 | 30 70 |
| Hydrocarbures lourds.. | 7,55 | 5,83 | 4,51 |
| Azote................ | 2,92 | 3,40 | 2,81 |
| | 100,00 | 100,00 | 100,00 |

On peut admettre, en moyenne, que 100 kilogrammes de houille fournissent à la distillation :

| | |
|---|---|
| Coke.................... | 1,85 hectol. |
| Eau ammoniacale......... | 7,50 litres, |
| Goudron................ | 5,50 kilogr. |
| Gaz.................... | 30 mèt. cubes. |

Le tableau suivant donne un résumé des

produits obtenus dans la distillation de la houille :

| Gaz. | Goudron. |
|---|---|
| *Produits éclairants.* | *Produits neutres.* |
| 1° Benzène, toluène et traces d'autres hydrocarbures aromatiques. | Naphtalène. Paraffine. |
| 2° Carbures en $C^nH^{2n}$ et $C^nH^{2n-2}$, éthylène, propylène et traces de naphtalène. | Chrysène. Benzène. Toluène. Cumène, etc. Anthracène. |
| *Produits non éclairants.* | *Produits acides.* |
| Méthane. Hydrogène. Oxyde de carbone. | Phénol. Acide rosolique. |
| *Produits nuisibles ou inutiles.* | *Produits basiques.* |
| Acide carbonique. Hydrogène sulfuré. Ammoniaque. Sulfure de carbone. Cyanogène. Azote. Oxygène. | Aniline. Pyridine. Acridine. |
| Eau ammoniacale. | Coke. |
| Carbonate d'ammoniaque. Sulfhydrate — Sulfocyanure — Cyanure — | Carbone. Matières minérales et terreuses formant les cendres. |

DISTILLATION. — Nous ne dirons rien des anciens appareils à distiller, qui ont été longuement décrits dans le Dictionnaire. Dans les fours à cornues horizontales on s'est arrêté à un type de cornue de 2,80 à 3 mètres de· longueur. Elles sont placées horizontalement, soit seules, soit en plus grand nombre au-dessus les unes des autres, dans un four qui peut renfermer jusqu'à 9 cornues. Le plus souvent les cornues sont au nombre de 7 dans les fours à foyers ordinaires, c'est-à-dire à feu direct. Dans ce cas elles sont disposées de la façon suivante (fig. 516) : .

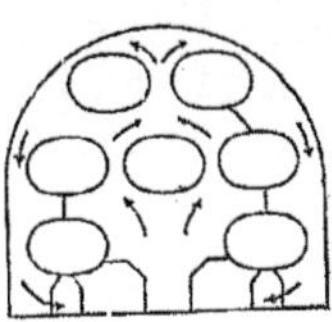

Fig. 516. — Disposition des cornues dans un four.

Dans les fours chauffés au moyen de gazogènes à oxyde de carbone, elles sont au nombre de 9 en général. Ce dernier système de forme est du reste le plus généralement employé à l'heure actuelle.

Les figures 517 et 518 donnent trois coupes d'un four modèle 1899, à 9 cornues et monté en gazogène.

Le four Siemens a déjà été décrit (Dict., 1, 1534), nous n'y reviendrons pas. Les premiers essais ont été faits vers 1864, par M. William Siemens, à l'usine de Vaugirard. Depuis lors on a proposé quelques modifications aux appareils Siemens : MM. Lencauchez, Ponsard, etc., ont

imaginé des appareils analogues qui fournissent des températures très élevées avec une légère économie de combustible; mais on peut dire, d'une manière générale, que si les gazogènes sont excellents au point de vue de la régularité d'allure et de l'égalité de température, l'économie de combustible qu'ils procurent et qui est d'environ 23 0/0 sur les fours à feu direct, est largement compensée par l'excédent de dépenses qu'impose leur construction.

Le service de 8 fours est fait par 8 hommes, soit un homme par four, chacun ayant une fonction spéciale : les uns chargent les cornues, les autres retirent le coke incandescent, d'autres introduisent le combustible dans les foyers, d'autres enfin ferment les cornues au moyen de tampons. La durée de la distillation d'une charge étant de 4 heures, chaque homme a environ 2 heures de travail et 2 heures de repos par charge; par conséquent, dans une journée de 12 heures de présence, le travail effectif est réduit à 6 heures.

Les cornues sont encore chargées au moyen de pelles par des chauffeurs; ceux-ci, avec une certaine habitude qu'ils acquièrent assez rapidement, disposent convenablement un poids donné de houille dans la cornue. Le chargement à la pelle est quelquefois remplacé par le chargement à la *cuiller*. La cuiller est un demi-cylindre de tôle que l'on remplit de charbon; on l'introduit ensuite dans la cornue et on la retourne pour déverser le charbon qu'elle contient.

On a essayé également quelques procédés de chargement mécanique qui jusqu'ici n'ont pas donné des résultats très satisfaisants, et de plus, dans ces dernières années, M. Coze, directeur du Gaz de Reims, a imaginé de se servir d'une cornue inclinée dans laquelle le charbon se répand par son propre poids, tandis que le coke sort à l'extrémité inférieure.

C'est, en somme, la reprise de la cornue inclinée proposée par Murdoch dès sa première installation de Soho. Ceci nous amène à parler des fours à distillation à cornues inclinées de Hasse-Didier, assez employés en Allemagne.

La figure 519 en montre une coupe et une élévation.

Le four Hasse-Didier est chauffé par un gazogène à sole humide, et les cornues inclinées sont chargées au moyen d'un enfonnoir F facile à transporter. En G est le tube de dégagement et en H et L le barillet.

Les fours à cornues inclinées n'ont jusqu'à présent été employés en France que sur une échelle très restreinte, et le chargement, soit à la pelle, soit à la cuiller, reste le mode le plus usité.

Nous dirons encore un mot de la fermeture de cornue système Morton, représentée par la figure 520, qui remplace avantageusement · le tampon usité ordinairement, et que l'on fixait au moyen d'un étrier.

Au début de la distillation, la température doit être assez élevée, afin que la houille soit saisie brusquement par la chaleur, ce qui facilite sa transformation en hydrocarbures gazeux fixes ou peu condensables; mais il ne faut pas que la température soit trop élevée ensuite. afin de ne pas décomposer ces mêmes hydrocarbures. C'est ce qu'on appelle la *distillation par explosion*, genre de distillation que l'on évite totalement quand on a en vue la fabrication de coke métallurgique, car la distillation par explosion ne donne qu'un coke peu dense, friable et boursouflé.

En général, quand on veut produire beaucoup sans diminuer le titre du gaz, il faut distiller à haute température et augmenter l'épaisseur de la couche de combustible dans les cornues. La distillation à température basse d'un combustible en couches minces donnera moins de gaz, mais

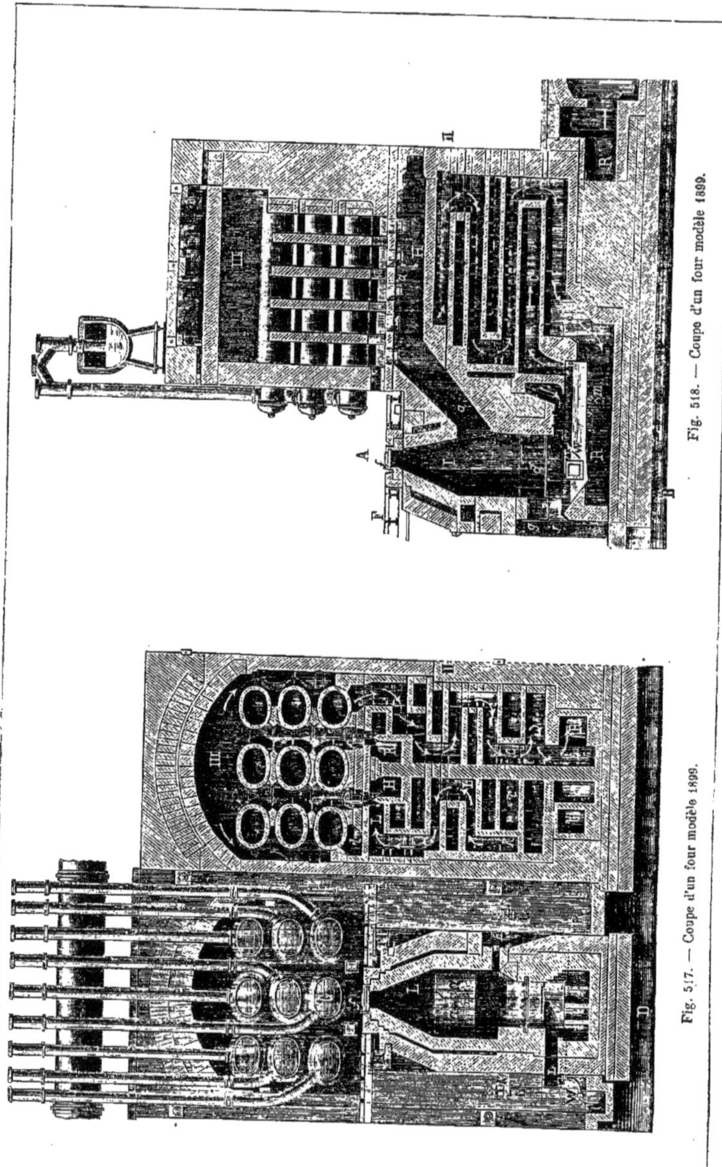

Fig. 518. — Coupe d'un four modèle 1899.

Fig. 517. — Coupe d'un four modèle 1899.

lui conservera un excellent pouvoir éclairant. Les températures de distillation sont comprises entre 800 et 1300°. La quantité de combustible introduite dans la cornue pour une seule opération varie de

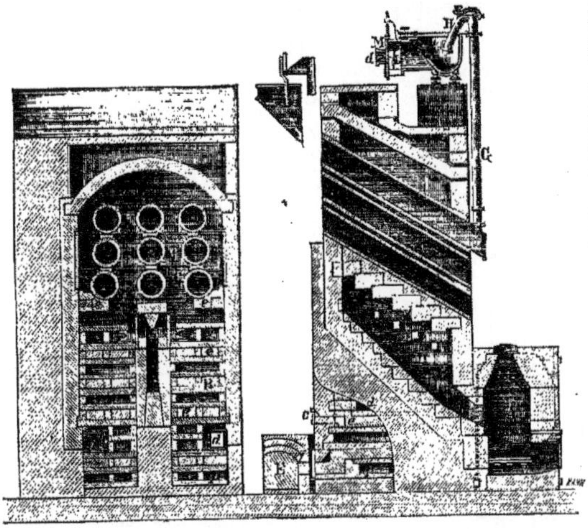

Fig. 519. — Cornues inclinées Hasse-Didier.

110 à 150 kilogrammes. La durée de la distillation est en général de 4 heures, comme nous l'avons vu; il est inutile, et même nuisible, de prolonger outre mesure la distillation, car la

Fig. 520. — Fermeture de cornue (système Morton).

proportion des hydrocarbures riches diminue lorsque la durée de la distillation est trop longue. Il résulte d'expériences directes que c'est dans les deux premières heures de la distillation que la quantité du gaz produit est la plus grande.

ÉPURATION. — Nous n'aurons que peu de chose à ajouter à l'article de Le Blanc en ce qui concerne la condensation, qui s'effectue toujours dans des appareils à colonnes; quant à l'épuration, nous dirons quelques mots de trois appareils qui se sont introduits dans la pratique : l'épurateur Pelouze et Audouin, les scrubbers du genre Chevalet (de Troyes) et le laveur dit *Standard Kirkham*, que l'on emploie surtout à l'étranger.

*Épurateur Pelouze et Audouin.* — Dans les usines d'installation récente, les surfaces de condensation, largement calculées en prévision de l'avenir, peuvent se trouver suffisantes pour débarrasser presque complètement le gaz des particules de goudron qui y sont en suspension; les laveurs peuvent être assez puissants pour retenir la presque totalité de l'ammoniaque, soit libre, soit à l'état de sels ammoniacaux. Malgré toutes ces précautions, dans la généralité des usines, lorsqu'on procède au renouvellement des épurateurs, on remarque que la matière est imprégnée de goudron et l'on trouve au fond des caisses des condensations d'eaux ammoniacales.

L'ammoniaque et le goudron qui arrivent ainsi aux épurateurs sont perdus le plus souvent. La chaux salie, la matière épurante mal revivifiée ne produisent plus toute leur action et il faut les renouveler plus fréquemment, ce qui augmente les frais d'épuration. Pour se débarrasser plus complètement des goudrons, on a eu recours tout d'abord à des condensateurs qui n'étaient autres que des tuyaux disposés en jeux d'orgue et présentant de grandes surfaces. Ces tuyaux étaient disposés horizontalement ou verticalement et exposés à l'air ou même arrosés.

Ces appareils étaient très encombrants et, outre cet inconvénient, donnaient une condensation irrégulière et incomplète, la température extérieure jouant un grand rôle.

C'est pour remédier à ces inconvénients que MM. Pelouze et Audouin construisirent leur *épurateur à choc*.

Le fonctionnement de cet appareil est basé sur le fait suivant : Lorsqu'un courant gazeux, animé d'une certaine vitesse et contenant en suspension des particules liquides, vient frapper contre un obstacle, le gaz est dévié de sa direction, tandis que les particules liquides restent collées sur l'obstacle, s'y réunissent sous forme de gouttes et ruissellent jusqu'au bas.

Pratiquement, on arrive à ce résultat en forçant le gaz à traverser une cloche dont les parois latérales sont formées de quatre plaques de tôle perforée, concentriques et disposées en deux couples. Chaque couple constitue un élément de condensation; il se compose de deux cages en tôle espacées de 1 1/2 à 2 millimètres seulement et percées d'un certain nombre de rangées de trous; ces orifices sont pratiqués sur les deux plaques, de façon que les parties pleines de l'une soient en regard des parties percées de l'autre, et réciproquement. L'une des plaques est percée de trous ronds de 3 millimètres de diamètre et l'autre de trous rectangulaires de 12 millimètres sur 5, ainsi que le montre la figure 521.

Les deux couples sont séparés par un intervalle vide de quelques centimètres, qui varie d'ailleurs avec les dimensions de l'appareil; ils se complètent l'un l'autre, et le second couple achève la condensation commencée par le premier.

L'espace vide dont il vient d'être parlé a pour but de faciliter l'écoulement des condensations produites par le premier couple traversé par le gaz.

L'ensemble de l'épurateur Pelouze et Audouin

est représenté figure 522. Le gaz pénètre dans l'appareil par le tuyau inférieur A et arrive dans une caisse surmontée d'un tuyau vertical débouchant sous la cloche qui baigne en partie dans le goudron; il traverse les deux couples de cylindres perforés B et la section de passage qui lui est offerte varie évidemment avec le nombre de trous mis à découvert par l'émersion de la cloche; puis il quitte l'appareil par le tuyau C.

Le goudron et l'eau ammoniacale abandonnés par le gaz ruissellent le long de la cloche et se joignent au bain, dans lequel elle plonge; l'excès débordant sur l'arête du tuyau central tombe

de ces éprouvettes du papier blanc et d'ouvrir le robinet; le gaz, en s'échappant par l'éprouvette, salit le papier s'il est mal épuré.

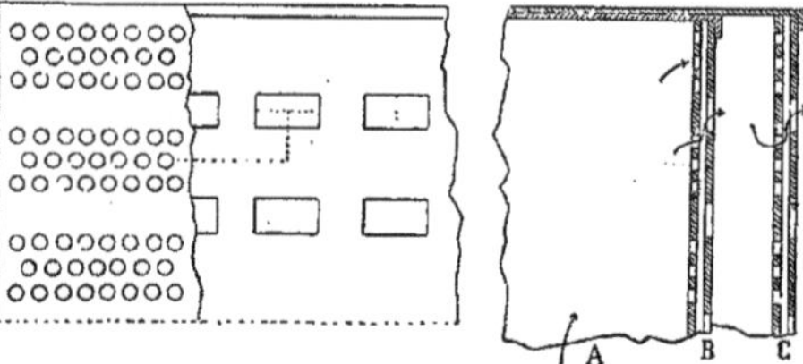

Fig. 521. — Épurateur Pelouze et Audouin. Assemblage des tôles perforées.

Les condensateurs Pelouze et Audouin doivent être installés bien d'aplomb sur un socle solide. Il faut, autant que possible, que la température de l'appareil ne s'abaisse pas au-dessous de 10 à 12 degrés; sous l'action prolongée du froid, il se produirait sur la cloche des dépôts de naphtaline et l'on serait obligé de la nettoyer fréquemment. Il est nécessaire d'arrêter une ou deux fois par an, pour enlever le goudron épais qui a pu se rassembler dans la gorge où se meut la cloche, et de passer celle-ci à l'eau bouillante.

L'épurateur Pelouze et Audouin doit être placé entre les condenseurs par refroidissement et les scrubbers. Dans les usines munies d'extracteur, il est toujours préférable de l'établir sur le refoulement; dans celles qui en sont dépourvues, il faut se contenter d'une perte de pression de 4 à 5 centimètres, pour ne pas trop augmenter dans les cornues l'excès de pression, dont les inconvénients sont signalés plus bas, à propos des extracteurs.

*Scrubbers rationnels.* — M. Chevalet (de Troyes) a imaginé pour l'épuration du gaz d'éclairage deux sortes d'appareils qui méritent une mention spéciale. Ce sont le *laveur condensateur* et le *scrubber rationnel.*

Le laveur condensateur lave les gaz par barbotage. Il se compose essentiellement d'une plaque métallique à trous très petits sur laquelle se trouve une couche d'eau que traverse le gaz à laver en une multitude de bulles. Des tuyaux de trop-plein sont disposés au niveau de chaque plaque pour laisser descendre l'eau d'un plateau sur celui qui lui est inférieur; on obtient ainsi un lavage méthodique.

Grâce à cette extrême division, l'appareil Chevalet convient surtout pour arrêter les poussières et les particules goudronneuses du gaz. Il retient en même temps la plus grande partie des principes solubles dans l'eau, comme l'ammoniaque, l'hydrogène sulfuré, etc.

Pour fonctionner avec efficacité, un laveur à trois plaques de lavage doit absorber au moins une pression de 35 millimètres et recevoir toujours un courant d'eau; avec 50 millimètres de pression, on obtient l'arrêt de la totalité des goudrons ou poussières d'un gaz.

Il existe six modèles de laveur-condensateur pouvant laver de 40 à 800 mètres cubes de gaz à l'heure.

Le scrubber rationnel se compose d'une série de cuvettes en fonte ou en poterie placées à l'intérieur d'anneaux en fonte ou en toute autre matière. Ces cuvettes sont percées d'un grand nombre de trous munis de rebords ou cheminées. On superpose ces anneaux munis de cuvette pour former un scrubber dont l'efficacité dépend

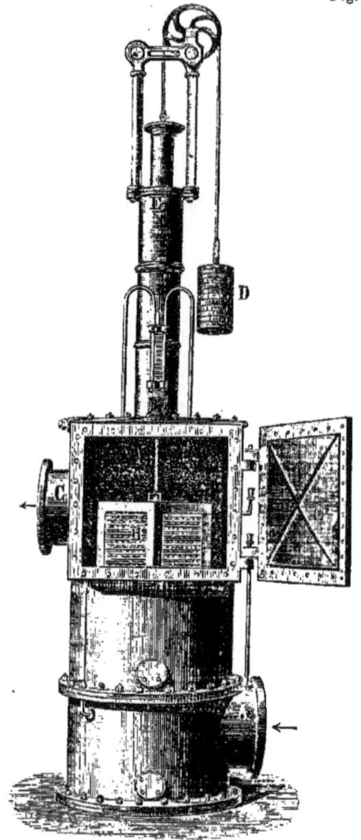

Fig. 522. — Épurateur par choc Pelouze et Audouin.

dans la caisse inférieure et s'écoule au dehors par une tubulure au bas de l'appareil et sur laquelle s'adapte un siphon. Sur les tubulures d'entrée et de sortie sont placés deux robinets d'épreuve permettant de s'assurer que la condensation est complète. Il suffit de placer au-dessus du nombre de ces anneaux. Les joints se font en remplissant les gorges tournées de mastic de vitrier ou de Serbat; la construction des pièces est suffisamment précise et soignée pour que ces appareils puissent tenir le vide, ce qui est important quand on se sert d'extracteurs.

Entre chaque cuvette, on place des matières légères présentant une grande surface, comme des copeaux de bois dur ou de la pierre ponce.

L'eau de lavage entre par l'anneau supérieur, remplit successivement les cuvettes et mouille la matière de lavage par capillarité. Ce sont ces cuvettes, toujours remplies d'eau, qui font l'efficacité de l'appareil et on peut faire couler de l'eau, soit constamment, soit par intermittence, le lavage étant toujours aussi bon.

En faisant couler par un des anneaux intermédiaires, celui du milieu par exemple, de l'eau ammoniacale des barillets, on peut obtenir deux lavages dans le même appareil : le premier, à l'eau ammoniacale, étant le dégrossisseur; le second, à l'eau pure, le finisseur. Dans les usines à gaz, les nombreuses installations de cet appareil ont montré qu'il enlevait parfaitement toute l'ammoniaque et donnait du premier coup des solutions marquant 9° Baumé.

*Laveurs Standard.* — Dans les usines importantes, au delà de 3000 mètres cubes par 24 heures, le lavage complet du gaz de houille exige un grand nombre de scrubbers. Un seul laveur Standard répond à tous ces besoins.

Ce système est entré dans la pratique depuis longtemps déjà pour retirer les produits ammoniacaux du gaz d'éclairage, du gaz de fours à

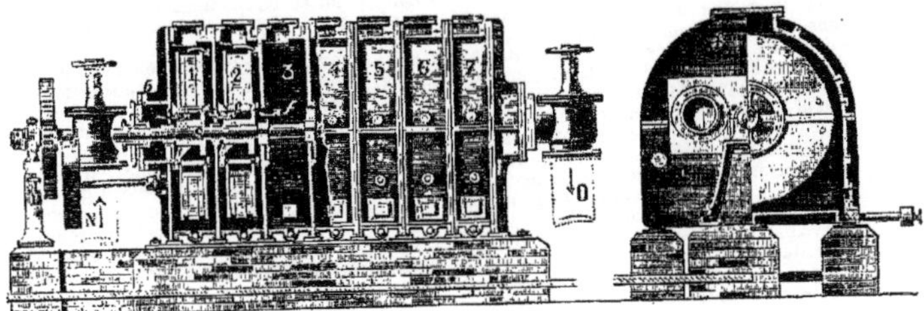

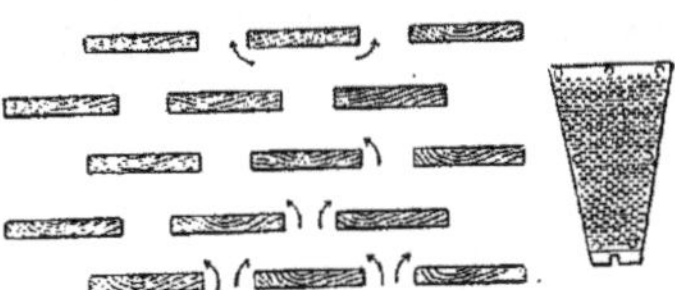

Fig. 523. — Laveur Standard.

coke, de hauts fourneaux, etc. La plupart des grandes usines l'ont adopté successivement et sa construction est simple et rationnelle. Il se compose d'une série de compartiments en fonte (fig. 523), variant en nombre et en grandeur suivant la puissance de l'appareil. Un arbre traverse horizontalement le centre de ces compartiments et est actionné, soit par une petite machine à vapeur spéciale, soit par la transmission de l'usine, soit par un petit moteur à gaz.

Chaque compartiment renferme un certain nombre de disques en tôle qui sont boulonnés ensemble et clavetés sur l'arbre; ces disques sont formés de tôle mince, garnie de mamelons obtenus par emboutissage, pour assurer leur écartement à 2-3 millimètres entre deux plaques. L'eau entre d'un côté de l'appareil et s'écoule en sens inverse du gaz et, après avoir passé à travers les différentes chambres, se charge progressivement de sels ammoniacaux; elle sort de l'autre côté du laveur, réalisant ainsi un lavage méthodique et continu. Il faut de 45 à 55 litres d'eau par tonne de charbon distillé. L'arbre fait de 5 à 10 révolutions par minute, entraînant les plaques de tôle, dont une moitié est dans l'eau et l'autre au-dessus, présentant une surface mouillée assez grande pour absorber tous les produits ammoniacaux du gaz qui traverse le laveur. Cette description succincte permet néanmoins de reconnaître les mérites spéciaux de ce laveur, qui peuvent se résumer ainsi :

1° Il assure l'enlèvement complet de tous les sels ammoniacaux;

2° En enlevant l'ammoniaque, le pouvoir éclairant du gaz est augmenté dans une notable proportion;

3° Le Standard enlève également un tiers de l'acide carbonique, diminuant ainsi les frais d'épuration; on sait, en effet, qu'en lavant le gaz impur avec de l'eau ammoniacale, l'acide carbonique déplace l'hydrogène sulfuré;

4° Cette action de l'acide carbonique permet de réduire l'emploi de la chaux d'épuration;

5° En réglant simplement la quantité d'eau introduite, on peut obtenir des eaux à un degré de concentration qui en rende possible le transport à distance;

6° Il n'est jamais nécessaire de faire passer plus d'une fois l'eau ammoniacale à travers le laveur pour obtenir un degré voulu de concentration;

7° La force employée est de beaucoup inférieure à celle nécessaire pour élever l'eau jusqu'au haut des scrubbers;

8° La valeur de l'ammoniaque produite par le Standard paye toujours les frais d'installation en un an ou deux au plus;

9° Il n'y a pas de dépôts de goudron sur les disques sans cesse lavés par l'eau et, par conséquent, le Standard n'a jamais besoin d'être nettoyé. La perte de charge est de quelques millimètres seulement;

10° Le Standard est mieux protégé contre les variations atmosphériques brusques que les scrubbers en forme de tour et, par suite, son fonctionnement est mieux assuré.

Extracteurs. — Le gaz qui, sous l'action de la chaleur, se dégage de la houille mélangé de vapeurs de goudron et d'eaux ammoniacales, subit, pour s'échapper des cornues, une pression représentant la somme de toutes les résistances semées sur son parcours, depuis la cornue elle-même jusqu'a la cloche du gazomètre. Le poids de cette cloche, qu'il s'agit de remplir en la soulevant, le passage dans les épurateurs, dans les scrubbers, dans les appareils de condensation, le lut des plongeurs dans les barillets, enfin les frottements dans des conduites quelquefois insuffisantes, sont autant d'obstacles qui s'unissent pour s'opposer au départ du gaz hors des cornues. Dans une usine de médiocre importance et sans extracteur, une pression de 150 à 200 millimètres d'eau dans les cornues est tout à fait normale; elle correspond à 150 ou 200 kilogrammes par mètre carré de surface intérieure. Un simple calcul montre que dans ces conditions, et pour une cornue de dimensions courantes, soit une longueur intérieure de $2^m,50$, une largeur de 60 centimètres et une épaisseur de $0^m,065$ à $0^m,070$, la terre de la cornue subit par décimètre carré de section un effort de 8 à 10 kilogrammes, qui n'est certainement pas négligeable, et qui constitue pour la cornue une fatigue permanente.

Mais, en dehors de cette considération, l'absence d'extracteur entraîne d'autres conséquences plus graves :

1° D'importantes fuites de gaz par toutes les fissures des cornues et par les joints voisins des fours;

2° La formation de dépôts plus considérables de graphite ;

3° Une augmentation de dépenses dans le chauffage et la main-d'œuvre ;

4° La destruction plus rapide des fours;

5° L'affaiblissement du pouvoir éclairant;

6° Un rendement moindre pour une même quantité de charbon.

Dans l'intérieur des fours l'effet des fentes est particulièrement grave, parce que ces dernières sont souvent difficiles à découvrir et à réparer, et qu'en outre le vide relatif qui entoure la cornue par le fait du tirage du four, augmente d'autant l'action de la pression intérieure.

La formation des dépôts de graphite est notablement plus considérable dans les usines non pourvues d'extracteurs. On sait comment se produisent ces dépôts : Par un séjour prolongé au contact des parois rouges de la cornue. le gaz et les vapeurs de goudron subissent une décomposition partielle; une portion du carbone qu'ils contiennent se sépare et forme une couche adhérente de graphite qui revêt les parois de la cornue. Peu à peu la capacité intérieure des cornues diminue, et si l'on n'a pas un matériel suffisant pour pouvoir se passer d'un certain nombre d'entre elles mises en décarburation. on se voit obligé de réduire les charges de houille, et cela dans la saison de la plus grande consommation. L'enlèvement du graphite, en outre, de quelque manière que l'on s'y prenne, est toujours une opération désastreuse pour les cornues, car elle détermine le fissurage, et par conséquent des fuites. Que le graphite ait réduit la capacité intérieure des cornues, ou bien que l'on ait un certain nombre d'entre elles en décarburation, il faudra toujours, pour parer à l'un ou à l'autre de ces inconvénients, une dépense supplémentaire de combustible, de main-d'œuvre et d'appareils. Il y a plus : la chaleur traversant moins facilement une cornue intérieurement recouverte de gra-

phite qu'une cornue bien nette, il faut, pour distiller la houille sous la même température, chauffer plus fortement, et l'on arrive encore à une dépense plus grande de combustible et à une destruction plus rapide du matériel.

Un autre inconvénient de ces dépôts, c'est l'affaiblissement du pouvoir éclairant, le graphite n'étant autre chose que le carbone contenu dans le gaz, et qui s'en sépare en partie sous l'action de la chaleur. Or cette séparation est extrêmement fâcheuse au point de vue du pouvoir éclairant. C'est qu'en effet le gaz ne doit sa lumière qu'aux particules charbonneuses qui flottent pour ainsi dire dans la flamme, et y sont chauffées au point de devenir incandescentes.

C'est pour remédier à ces nombreux et graves inconvénients que l'on a imaginé les extracteurs, sortes de pompes qui extraient le gaz des cornues pour le refouler aux épurateurs et aux gazomètres.

Avec ce système on s'arrange pour avoir une pression à peu près nulle dans le barillet : de cette façon les fuites sont supprimées. D'un autre côté, le gaz n'étant plus obligé de se dégager sous pression de la houille, sa production est plus rapide. À charge égale par cornue, les usines sans extracteur ne peuvent guère opérer la distillation complète qu'en 6 heures, alors que les usines pourvues de cet appareil font couramment le même travail en 4 heures : de là un séjour moins prolongé du gaz en contact avec les cornues.

En résumé, l'emploi d'extracteurs donne les résultats pratiques suivants :

1° Augmentation de 10 0/0 en moyenne sur le rendement de la houille en gaz;

2° Distillation plus rapide et diminution notable des dépôts de graphite.

Les systèmes d'extracteurs sont très variés. Une simple énumération donnera une idée des divers appareils employés pour l'extraction du gaz. On peut les classer en deux catégories :

I. *Extracteurs mus par un moteur*,

II. *Extracteurs à jets de vapeur*.

Dans la première de ces subdivisions sont compris :

1° L'extracteur Girardet (cloche animée d'un mouvement de va-et-vient);

2° L'extracteur Beale (tambour à ailettes, animé d'un mouvement rotatif);

3° L'extracteur Gwynne (tambour à ailettes, animé d'un mouvement rotatif).

Dans la seconde subdivision sont compris :

1° L'extracteur Körting;

2° L'extracteur Bourdon.

L'extracteur Girardet se compose d'une cuve dans laquelle plonge une cloche formant piston et dont le joint est hydraulique. Un jeu de clapets fait de cet appareil une pompe à double effet.

Un extracteur Girardet, pour une fabrication de 4000 à 5000 mètres cubes par 24 heures, n'emploie qu'une force de 1 cheval.

L'extracteur Beale est une pompe rotative faisant 70 à 80 tours par minute, et donnant un effet utile de 70 à 80 0/0.

L'extracteur Gwynne ne diffère du précédent qu'en ce que le tambour, au lieu de comporter 2 ailettes en comporte 3. Si, par suite du plus grand nombre d'ailettes, on obtient une régularité plus grande, il faut tenir compte de l'augmentation des chances d'arrêt et de réparation par le fait d'un plus grand nombre d'organes en mouvement.

*Extracteur Körting.* — Cet extracteur est d'une simplicité extrême; il présente une grande analogie avec l'injecteur Giffard, employé depuis longtemps pour l'alimentation des chaudières. Un jet de vapeur lancé par un orifice étroit dans une pièce conique, entraîne avec lui le gaz, sur lequel il produit une véritable aspiration et le refoule dans les appareils placés au delà.

La figure 524 donne une coupe d'un appareil Körting à tuyères multiples.

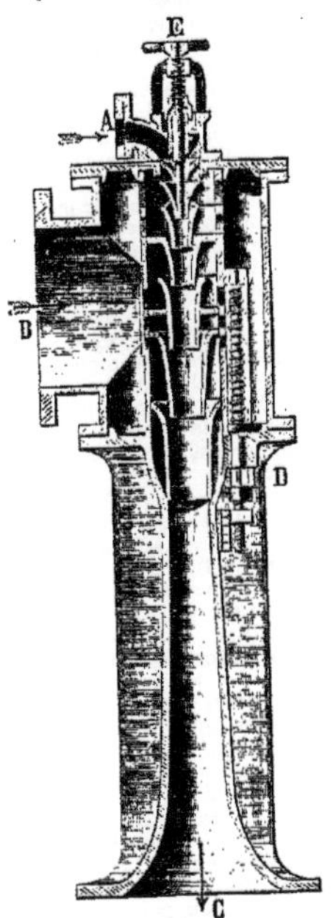

Fig. 524. — Coupe de l'extracteur Körting à tuyères multiples.

La figure 525 représente l'installation d'un extracteur Körting avec sa tuyauterie by-pars, la

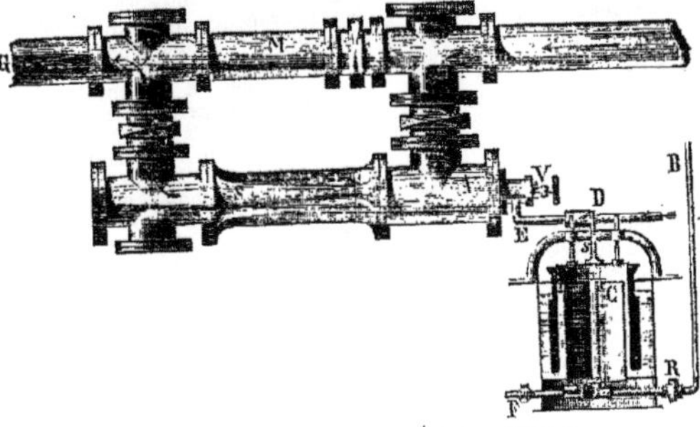

Fig. 525. — Installation de l'injecteur Körting.

valve automatique et le régulateur d'admission de la vapeur.

En AS se trouve la pièce conique reliée aux tuyaux M d'entrée et G de sortie. Le jet de vapeur arrive par le tuyau D; le petit volant V sert à ouvrir ou fermer l'introduction de la vapeur.

Le régulateur C est mis en communication avec les barillets et commande un papillon qui règle l'arrivée de la vapeur, suivant l'énergie d'aspiration que nécessite la production.

L'extracteur Körting se place entre les scrubbers et les cuves d'épuration.

Cet extracteur, de construction robuste, ne demande pas d'entretien, se règle facilement, n'exige pas de grands frais d'installation et est relativement d'un prix peu élevé. Ce sont là des avantages sérieux, qui peuvent compenser sa faiblesse de rendement comparé à celui des autres extracteurs.

L'extracteur Körting, pour fonctionner dans de bonnes conditions, doit travailler sous une pression minima de 4 atmosphères; il est préférable de le faire travailler sous 6 atmosphères et, dans ces conditions, il consomme de 8 à 10 kilogrammes de vapeur par centimètre de contre-pression et par 1000 mètres cubes de gaz extraits.

*Extracteur Bourdon.* — Cet extracteur n'est qu'une modification du précédent en ce qui concerne le régulateur qui est à jet de vapeur.

Nous allons maintenant passer successivement en revue les perfectionnements qui ont été apportés au cours de ces vingt-cinq dernières années dans la distribution régulière du gaz, dans les conduites et l'emploi du gaz dans les brûleurs à incandescence. Nous utiliserons pour cela les ouvrages de MM. E. de Mont-Serrat et E. Brisac, ingénieurs de la Compagnie du Gaz, et de M. Truchot sur l'incandescence par les terres rares.

RÉGULATEUR D'ÉMISSION. — Lorsque les valves des conduites de sortie des gazomètres sont ouvertes, le gaz s'échappe et reçoit de la cloche, à mesure qu'elle descend, une pression qui correspond au poids de cette dernière. Cette pression est souvent trop considérable pour l'alimentation des conduites de ville, et aurait l'inconvénient d'augmenter les fuites dans la canalisation. Afin de la modérer, de la régulariser et de la rendre simplement suffisante pour alimenter convenablement les extrémités les plus lointaines du réseau, on fait passer le gaz dans un régulateur.

Le régulateur d'usine le plus employé est celui qui est dû à Clegg. Il se compose d'une cuve cylindrique en fonte, dans laquelle se meut verticalement une cloche en tôle, bien guidée le long de la cuve par deux rails fixés sur la paroi intérieure. La cloche est équilibrée par une sorte de flotteur, étudié de façon que la cloche flotte dans l'eau lorsqu'elle baigne jusqu'à sa partie supérieure. Le tuyau d'entrée du gaz est concentrique au tuyau de sortie; il porte à sa partie supérieure, qui est évasée, un plateau boulonné muni d'une ouverture dans laquelle peut jouer un obturateur de forme conique, qui augmente ou diminue la section d'écoulement, à mesure qu'il s'abaisse ou qu'il s'élève. Quand le cône est au haut de sa course, il repose sur le plateau et ferme entièrement le tuyau d'adduction du gaz. Le cône est traversé par une tige qui sert à le maintenir et à le guider; cette tige est reliée à la cloche, elle peut monter et descendre avec elle.

On conçoit maintenant que, lorsque la pression est très élevée dans les conduites de ville, et par suite dans la conduite de sortie du régulateur, sous l'action de cette pression la cloche du régulateur est soulevée, entraînant avec elle le cône intérieur qui vient diminuer beaucoup la section de la conduite d'entrée, et la fermer même quelquefois; le gaz ne sort ainsi qu'à la pression exacte qu'on a voulu obtenir et qu'on détermine au moyen de poids disposés sur la cloche. Des manomètres qui sont en communication avec les diverses conduites où circule le gaz, indiquent immédiatement, en millimètres d'eau, la pression du gaz dans ces conduites. Cette question de régularisation de la pression du gaz est excessivement importante. Pendant la journée, dans certaines grandes villes, à Paris par exemple, on obtient une pression variant, dans tout le réseau, de 25 à 30 millimètres d'eau; le soir, au contraire, au moment où l'allumage des becs privés et des lanternes publiques se produit presque partout à la fois, on maintient dans les conduites, a la sortie de l'usine, une pression allant jusqu'à 140 et 150 millimètres d'eau.

Les régulateurs sont souvent installés dans des locaux spéciaux, auxquels on donne le nom de *salles d'émission*. Ces régulateurs sont complétés par des systèmes de valves manœuvrées à la main, permettant de régler en même temps l'écoulement du gaz à la sortie de l'usine. Les conduites d'émission sont, sur ce point, munies de manomètres ou indicateurs de pression qui permettent de constater la pression à tous les moments du service.

Dans beaucoup d'usines, les indications se produisent d'une manière automatique, à l'aide de crayons traçant sur des feuilles dites *feuilles de pression*, disposées pour cet objet, des diagrammes qui sont recueillis avec soin comme contrôle du service journalier. Sur différents points de la ville, à Paris par exemple, dans les bureaux de section établis dans chaque quartier, des indicateurs de pression à crayon automatique permettent de contrôler la pression sur ces points, de manière à suivre, à chaque instant, tous les incidents qui se produisent dans le service.

Ce contrôle de pression simultané, soit à l'usine, soit sur certains points de la canalisation, permet de régler à tous les instants les pressions, en tenant compte des variations de l'éclairage public et privé aux diverses heures de la soirée. On peut ainsi prendre les mesures nécessaires pour rendre l'éclairage aussi régulier que possible.

Ce n'est que par une comparaison attentive des pressions simultanément enregistrées à l'émission et aux principaux centres de consommation, par un rapprochement de ces pressions et de la dépense aux heures correspondantes, enfin par l'observation minutieuse des habitudes des consommateurs, que l'on arrive à être approximativement fixé sur les pressions qu'il faut successivement donner à l'émission, aux différentes heures de la journée.

CANALISATION. — On emploie le plus souvent, à l'heure actuelle, pour les conduites souterraines dans l'intérieur des villes, des tuyaux en tôle plombée recouverte de bitume, dits *tuyaux Chameroy*, du nom de leur inventeur, ou des tuyaux en fonte. Ces derniers sont coulés d'une seule pièce; les autres sont fabriqués au moyen de tôles douces enroulées après avoir été préalablement plombées; leur épaisseur varie de 1 millimètre pour les petits diamètres jusqu'à 4 et 5 millimètres pour les diamètres de 0<sup>m</sup>,700 à 1 mètre. Ils se composent de plusieurs tronçons pouvant s'emboîter les uns dans les autres avec une pénétration de plusieurs centimètres. Les tôles sont rapprochées par des rivets suivant une

génératrice du cylindre, et plongées ensuite dans la soudure. On obtient de la sorte un tuyau cylindrique parfaitement étanche de 4 mètres de longueur, en tôle, qu'on enduit à l'intérieur et à l'extérieur d'une mince couche de plomb, pour le préserver des altérations. La surface extérieure est recouverte d'un revêtement de bitume très adhérent au métal, et l'on goudronne la surface intérieure.

Pour assembler ces divers tuyaux de manière à former la conduite, on élargit légèrement l'extrémité d'un des tuyaux, qui est garnie extérieurement d'une mince bague de plomb rendu plus dur par l'addition d'une petite quantité d'antimoine, et l'on fait pénétrer dans cette ouverture l'extrémité opposée de l'autre tuyau enveloppée d'une seconde bague semblable, dont le diamètre extérieur est égal au diamètre intérieur de la première, en entourant la partie qui emboîte dans l'autre d'une ficelle enduite d'un corps gras. Le joint, ainsi formé, est très suffisamment étanche, car les secousses et les mouvements qui se produisent ont pour effet principalement de déformer la conduite qui n'est pas absolument rigide, et le joint subsiste sans s'ouvrir de côté, comme cela arrive quelquefois dans les tuyaux en fonte.

L'étanchéité parfaite de ces tuyaux a été, notamment, constatée à Paris, sur des conduites de plus de 4 kilomètres de longueur, de 0<sup>m</sup>,70 de diamètre et sous une pression qui peut atteindre jusqu'à 50 millimètres d'eau.

On a reproché à ces tuyaux en tôle une oxydation rapide; mais cette oxydation ne se produit d'une façon désavantageuse que dans des terrains exceptionnellement humides. Si les tuyaux ont été bitumés avec soin, l'oxydation est lente à se produire; quant à l'action destructive intérieure, elle est due souvent à une pose défectueuse, sans pente suffisante, et à de mauvaises dispositions des siphons de condensation.

On a grand soin d'ailleurs, pour éviter la déformation et l'ovalisation des conduites en tôle, de les poser à une certaine profondeur au-dessous du sol, profondeur qui est en moyenne de 1 mètre au-dessous du plan de la chaussée.

Nous avons mentionné quelques inconvénients des tuyaux en tôle qui tendraient à restreindre leur durée; mais ils présentent le grand avantage de coûter moins cher que les tuyaux en fonte, leur pose est incomparablement plus simple et plus prompte; tous les percements pour les raccordements de nouvelles conduites, ou pour de simples branchements, sont d'une exécution facile et rapide. Les coupures nécessitées par les réparations peuvent se faire à la scie, les ouvertures nécessitées pour le placement des ballons obturateurs, afin d'interrompre la circulation du gaz, sont très rapides. S'il y a rupture de conduite, on peut arrêter immédiatement le dégagement du gaz par un simple aplatissement.

Pour le raccordement des conduites entre elles, le défaut de rigidité de la tôle ne permettant pas de faire usage de pièces de raccord en fonte, on y a suppléé au moyen de pièces en plomb fixées à l'aide de colliers; ces raccords en plomb répondent au même besoin que les croix et coudes en fonte, tout en présentant sur eux l'avantage de pouvoir être fabriqués immédiatement dans chaque cas, suivant les positions respectives des conduites à mettre en communication.

La nécessité de tenir le gaz en charge pendant le jour pour le chauffage industriel et domestique a provoqué des modifications importantes dans les travaux de canalisation, qui s'exécutent sur la voie publique dans des conditions souvent difficiles. On a supprimé, autant que possible, l'emploi des soudures et par conséquent du feu dans ces travaux et l'on a pratiqué les ouvertures et percements de tuyaux sans provoquer de dégagements de gaz. La suppression de la soudure a été obtenue en appliquant des pièces faites, pour chaque cas, dans l'atelier, et l'emploi d'outils spéciaux a permis d'ouvrir et de percer la tôle sans donner issue au gaz de la conduite, d'ailleurs isolée par l'introduction, de part et d'autre, de ballons obturateurs en caoutchouc.

Ces perfectionnements ont supprimé un travail insalubre, souvent dangereux, et contribué aux progrès du chauffage domestique et industriel, qui avait besoin pour se développer d'une pression permanente et d'une fourniture de gaz assurée.

A Paris, les conduites en tôle bitumée sont généralement employées : on n'y compte guère que 10 0/0 de conduites en fonte; à Bruxelles, à Londres et dans d'autres villes importantes, au contraire, les conduites en fonte sont presque exclusivement utilisées.

Les tuyaux destinés à former les conduites en fonte ont ordinairement une longueur de 2m,50 à 3 mètres et une épaisseur variable avec le diamètre. Les assemblages de ces tuyaux entre eux se font par emboîtement et aussi au moyen de brides; mais ce dernier mode est peu usité, à cause de la trop grande rigidité de la conduite.

Pour faire un joint, on engage le tuyau à bout droit dans la tubulure jusqu'à ce que le cordon vienne s'appuyer contre le talon de l'emboîtement, puis on introduit dans l'espace libre, entre les deux tuyaux, de la corde imbibée de suif qu'on enfonce à coups de maillet et de matoir, jusqu'à ce qu'elle soit fortement tassée; on remplit ainsi près de la moitié de l'emboîtement, au-dessus, dans l'autre moitié; on verse du plomb fondu, qui vient remplir tout l'espace. On laisse refroidir le plomb et on le comprime aussi fortement que possible dans tous les sens à l'aide d'un matoir. Ce joint, lorsqu'il est bien fait, a une grande durée, mais il présente l'inconvénient d'être très difficile à déboîter et de nécessiter quelquefois le bris de la conduite.

On a essayé, depuis un certain nombre d'années, de substituer au plomb le caoutchouc, qui donne une certaine élasticité au joint, et les systèmes Petit, Lavril, Somzée, etc., sont basés sur ce principe; mais on n'est pas encore bien fixé sur la durée du caoutchouc, qui est plus ou moins altéré par le gaz ou par d'autres causes et dont la qualité est très variable. A Bruxelles cependant, et dans d'autres villes moins importantes, les joints en caoutchouc ont donné d'assez bons résultats.

Les tuyaux en fonte se placent dans le sol à une certaine profondeur, de manière à les soustraire aux chocs provenant de la surface et aux grandes variations de température.

Quel que soit le genre de tuyaux employé pour la canalisation, et malgré les plus grands soins apportés à la confection des joints des tuyaux entre eux, il faut toujours compter sur des pertes de gaz, sur des fuites d'une certaine importance. A Paris, par exemple, où la canalisation est en tuyaux de tôle Chameroy, les fuites par la canalisation correspondent environ à 5 et 6 0/0 du gaz qui circule dans les conduites, tandis qu'à Londres, avec des tuyaux en fonte, les fuites varient de 5,87 à 6,35 0/0. On a remarqué d'ailleurs que les fuites étaient d'autant moins importantes que la masse du gaz circulant par mètre courant de conduite était plus considérable.

Afin d'éviter l'action du gaz provenant des fuites sur les plantations de la voie publique, on a établi des drainages; on a ainsi enveloppé d'un drain concentrique tous les branchements pris sur la conduite maîtresse, en ménageant une issue au gaz, et, de plus, on a placé à la partie supérieure de la conduite une série de drains en terre cuite, communiquant de distance en distance avec l'air extérieur par des évents verticaux; le gaz ne peut pas s'accumuler sous le sol et, au fur et à mesure qu'il se dégage, il se répand librement dans l'atmosphère.



La composition moyenne d'un gaz fabriqué avec les houilles les plus généralement employées est la suivante, qui a été déterminée à l'usine expérimentale de la Villette :

| | |
|---|---|
| Acide carbonique | 1,72 |
| Oxyde de carbone | 8,21 |
| Hydrogène | 50,10 |
| Gaz des marais, azote | 35,03 |
| Benzène | 1,06 |
| Autres carbures | 3,88 |
| | 100,00 |

La densité de ce mélange est de 0,399 et son pouvoir éclairant est de 103 litres pour 1 carcel, c'est-à-dire pour 42 grammes d'huile de colza brûlée à l'heure. La quantité de lumière produite est de 295 carcels-heures pour 100 kilogrammes de houille. La puissance calorifique du gaz est, d'après Péclet, de 10 269 calories pour 1 kilogramme; on a dit dans le Dictionnaire comment on a utilisé cette propriété pour le chauffage. Le gaz est irrespirable et délétère : une bougie plongée dans une atmosphère exclusivement composée de gaz d'éclairage s'éteint immédiatement, et le séjour dans une pièce renfermant seulement 3 0/0 de gaz d'éclairage mélangé à l'air est dangereux. D'autre part, le gaz d'éclairage forme avec l'air des mélanges plus ou moins explosifs, suivant les proportions relatives de gaz et d'air du mélange; MM. Mallard et Le Chatelier ont trouvé que le mélange commençait à être explosif avec une proportion de 6 0/0 de gaz et l'était encore à 28 0/0.

Il est intéressant de comparer la puissance explosive du gaz d'éclairage à celle de certains explosifs.

La puissance dynamique, ou potentiel des explosifs, s'exprime en *tonnes-mètres*; elle est déterminée par le nombre de tonnes que la combustion de 1 kilogramme d'explosif peut élever à 1 mètre de hauteur, en supposant la quantité de chaleur dégagée par la combustion intégralement convertie en travail.

M. Sarrau a indiqué les chiffres suivants pour le potentiel de divers explosifs :

| | Tonnes-mètres. |
|---|---|
| Chlorure d'azote | 148 |
| Poudre de mine ordinaire | 267 |
| Poudre à canon | 347 |
| Picrate de potasse | 366 |
| Nitroglycérine | 778 |

1 kilogramme de gaz, soit 2 mètres cubes, produisant en brûlant 10 269 calories, a par suite un potentiel de $10\,269 \times 0,425 = 4361$ tonnes-mètres.

Ces propriétés explosives du mélange d'air et de gaz ont été utilisées industriellement.

Les usines à gaz sont partout tenues de fournir un gaz de pouvoir éclairant déterminé. Le gaz doit être de qualité telle, que, brûlé dans un bec étalon, consommant un certain nombre de litres à l'heure, il produise une intensité lumineuse indiquée.

Les instructions relatives à la vérification du pouvoir éclairant du gaz doivent donc contenir la description précise du bec étalon. Le rendement lumineux des brûleurs est, en effet, comme nous le verrons plus loin, excessivement variable : le pouvoir éclairant d'un même gaz peut donc paraître d'autant meilleur que le bec type choisi se rapprochera le plus de l'étalon défini par la loi anglaise (Acte dit de la Cité de Londres, art. 43 : *le bec qui donne le maximum de rendement lumineux tout en étant suffisamment pratique pour les consommateurs*).

En France, le bec type adopté est le Bengel à 30 trous, décrit dans l'instruction de Dumas et Regnault (Dict., 1, 1544).

Le gaz de Paris et de la plupart des villes de France doit avoir un pouvoir éclairant tel, que 105 litres donnent l'intensité d'une carcel[1]. En Angleterre, le bec type généralement employé actuellement pour le gaz ordinaire de houille est un brûleur d'Argand, construit par Sugg. 5 pieds cubes ou 141 litres de *common gas* de Londres brûlés dans ce bec doivent donner l'intensité de 16 bougies.

Le pouvoir éclairant réglementaire n'est pas le même pour toutes les villes de la Grande-Bretagne. Le titre s'élève quand on se dirige vers le Nord, c'est-à-dire quand on s'approche des mines de cannel d'Écosse[2].

L'étalon généralement adopté en Allemagne est un bec d'Argand, construit par la maison Elster de Berlin. Le panier qui admet l'air dans ce bec a été établi de manière à régler séparément le courant d'air intérieur et le courant d'air extérieur. Ce bec a été étudié évidemment pour avoir le meilleur rendement lumineux possible, et de manière à donner au gaz un pouvoir éclairant apparent qu'il n'a pas. Ainsi que le font remarquer MM. de Mont-Serrat et Brisac, il est assez piquant de voir la maison Elster vendre ce bec étalon sous le nom de bec Argand de Dumas. Les usines allemandes, administrées pour la plupart directement par les municipalités, bénéficient sans doute de la confusion qui peut s'établir dans l'esprit des consommateurs, en laissant supposer que le bec étalon, qui permet de fournir un gaz inférieur à celui de Paris, a quelque rapport avec le brûleur type prescrit dans l'instruction que Dumas a rédigée pour Paris en collaboration avec Regnault.

Le gaz de Berlin doit avoir un pouvoir éclairant tel, que 150 litres de gaz donnent l'intensité de 16 bougies anglaises.

Il est intéressant de comparer entre eux les différents becs étalons, en leur faisant consommer le même gaz, par exemple le gaz réglementaire de Paris.

L'étalon de Londres donne, pour 141 litres de dépense, un pouvoir de 1.567 carcel, ou (en admettant le chiffre de 9,66 pour le rapport des intensités de la carcel et de la bougie anglaise) 15.14 bougies anglaises.

L'étalon de Berlin donne, pour 150 litres de dépense, un pouvoir éclairant de 1,764 carcel ou 17,04 bougies anglaises.

Le gaz réglementaire de Paris est donc de 6 0/0 inférieur au gaz de Londres, et de 6 0/0 supérieur au gaz de Berlin.

Dans les essais de vérification du gaz à Paris,

1. D'après MM. de Mont-Serrat et Brisac, les essais se font à Paris de la manière suivante : La carcel sur sa balance et le bengel type sont placés d'une façon fixe à 1 mètre de l'écran de Foucault Pendant la durée d'une expérience, on règle la dépense du brûleur en agissant sur un robinet très sensible, de manière que l'écran soit uniformément éclairé.

L'expérience dure le temps que la carcel met à consommer 10 grammes. La dépense du bengel pendant ce temps mesure le pouvoir éclairant du gaz (voyez Dict., 1, 1544).

2. Le bec étalon employé à Londres pour le gaz de cannel est un bec Manchester.

on mesure au compteur, avec des soins particuliers, la consommation du Bengel, mais on ne fait pas, comme à Londres, des corrections pour ramener le volume indiqué par le compteur à une pression et à une température constantes. La méthode française est la plus équitable ; le gaz, en effet, est vendu au mètre cube à un prix déterminé, et pour ce prix les consommateurs doivent pouvoir obtenir une certaine quantité de lumière. Les volumes de gaz facturés ne subissent aucune correction du fait de la pression atmosphérique ou de la température ambiante. Il appartient aux Compagnies de gaz de corriger, par des additions de houilles éclairantes ou de cannel, les effets d'une faible pression ou d'une température élevée, qui sont, du reste, une cause d'augmentation de rendement en gaz par tonne de houille distillée.

UTILISATION DU GAZ.

On a construit des brûleurs d'Argand à deux ou trois couronnes concentriques, dans lesquels on ménage des courants d'air de section convenable entre chacune des couronnes. La transparence presque parfaite des flammes de gaz permet à la lumière des nappes intérieures de traverser, sans perte notable, les nappes extérieures. On arrive ainsi à produire des brûleurs de très forte consommation (le débit horaire peut atteindre 1 mètre cube), mais la chaleur dégagée par ces becs intenses opalise rapidement les verres des cheminées.

On a été obligé, pour les gros becs qui éclairaient le plafond lumineux de la Chambre des Députés à Paris, d'avoir recours au mica, pour éviter les bris fréquents des cheminées.

L'emploi des becs d'Argand, d'une consommation supérieure à 400 litres, est tout à fait exceptionnel.

Un gaz d'éclairage de composition moyenne exige, pour sa combustion complète, 5,5 fois son volume d'air. La masse d'air est donc, au minimum, égale à 14 à 15 fois la masse du gaz. Le mouvement ascensionnel de l'air, sous l'influence du tirage de la cheminée, suffit amplement à assurer la direction et la fermeté de la flamme, et il n'est pas nécessaire, comme dans les becs à air libre, de débiter le gaz sous une certaine pression.

Les orifices de sortie du gaz dans les becs d'Argand peuvent donc être relativement larges : les trous peuvent avoir jusqu'à 1 millimètre de diamètre. Cette forte section est une des causes de la supériorité des brûleurs à verre sur les becs à air libre.

Une autre cause de supériorité réside dans la possibilité de régler la quantité d'air comburant.

Pour éviter les pertes de chaleur, on serait conduit à n'admettre que le volume d'air strictement nécessaire à la combustion, c'est-à-dire à déterminer les orifices du panier pour un brûleur de 100 litres, par exemple, de manière que le tirage produit dans la cheminée par la combustion de 100 litres de gaz ne permette l'introduction que de 550 litres d'air.

Il est facile de voir qu'un pareil brûleur ne serait pas pratique. Le rendement lumineux d'un bec donné, quand on fait varier le débit entre certaines limites, dépend principalement des proportions relatives d'air et de gaz admises aux différents débits. Si l'on prend un brûleur sans excès d'air, son rendement lumineux maximum se produira au débit le plus élevé, quand la flamme, très molle, tendra à être fuligineuse. L'aspect de la flamme est alors tel, que le consommateur sera tenté de serrer légèrement le robinet. La masse d'air admise sous l'influence de la combustion d'un volume de gaz légèrement inférieur au débit maximum est sensiblement la même que pour ce débit maximum. Le rapport entre les volumes d'air et de gaz croît donc assez rapidement quand on diminue le débit, et, par suite, le rendement lumineux du brûleur diminue assez rapidement quand on baisse légèrement la flamme.

Au contraire, dans les becs comme dans le Bengel type, où le volume d'air admis est environ 9 fois celui du gaz, le rapport entre les quantités d'air et de gaz varie peu dans les environs du débit maximum; et, par suite, entre des limites relativement étendues, le pouvoir éclairant du brûleur est proportionnel à la dépense [1]. Le consommateur peut donc serrer légèrement son robinet, tout en conservant au gaz un rendement lumineux avantageux.

Cette variation du rendement lumineux avec la dépense, dans les becs sans excès d'air, est mise en évidence par un essai comparatif de deux brûleurs, le bec Messmer à double couronne et le bec Giroud de 400 litres.

Les becs Messmer, comme les becs Sugg, brûlent sans air en excès, tandis que le bec Giroud admet 9 fois plus d'air que de gaz.

Quand on règle successivement le bec Messmer aux dépenses de 475, 400 et 350 litres, la dépense par carcel varie de 77 litres à 100 et 110 litres. Le bec Giroud donne, pour les débits de 400, 350 et 300 litres, des dépenses par carcel de 92$^{lit}$,2, 95$^{lit}$,5 et 104$^{lit}$,7.

L'aspect de la flamme à 475 litres du bec Messmer est tel, que les consommateurs régleront leur robinet de manière à ne pas dépasser le débit de 400 litres. L'aspect de la flamme du bec Giroud est parfaitement acceptable à 400 litres. En pratique, le bec Giroud est donc préférable au bec Messmer, malgré l'excellent rendement d'une carcel pour 77 litres que peut atteindre ce dernier brûleur.

Les essais indiqués plus haut, à l'occasion de la comparaison des pouvoirs éclairants du gaz à Paris, Londres et Berlin, montrent que l'intensité d'une carcel est obtenue avec le gaz de Paris pour une dépense de :

105 litres dans l'étalon parisien ;
90 litres dans l'étalon anglais ;
85 litres dans l'étalon allemand.

Ce dernier étalon a les inconvénients des becs sans excès d'air.

Il résulte de cette étude sur les becs d'Argand qu'on peut consommer avantageusement, dans des brûleurs de ce type, 100 à 400 litres de gaz, qu'il faut rejeter les brûleurs sans excès d'air, et, par suite, ne pas chercher à obtenir une dépense moindre de 90 à 100 litres par carcel.

Tous les chiffres d'intensité lumineuse indiqués pour les becs bougie, papillons, manchesters et d'Argand s'appliquent à l'intensité de la radiation horizontale. En vertu de la loi sur la transparence des flammes, les radiations obliques ont sensiblement la même intensité que la radiation horizontale dans les becs à flamme libre; mais il convient de se demander ce qui se passe dans les becs d'Argand, où les radiations obliques partant du centre de la flamme rencontrent des parties opaques dans certaines directions voisines de la verticale, et où toutes ces radiations ont à traverser des épaisseurs de verre variables sous des incidences différentes.

M. Em. Sainte-Claire Deville a mesuré l'intensité du Bengel type sous les différents angles. Il a obtenu les résultats portés dans le tableau suivant, que nous reproduisons, toujours d'après MM. de Mont-Serrat et Brisac :

| Angles. | Intensités en carcels. |
|---|---|
| — 60° | 0,963 |
| — 45° | 1,081 |
| — 30° | 1,109 |
| — 15° | 1,165 |
| 0° | 1,000 |
| 15° | 1,015 |
| 30° | 0,988 |
| 45° | 0,876 |
| 60° | 0,454 |
| 67° | 0,213 |

(Les angles précédés du signe — s'appliquent aux radiations au-dessus du plan horizontal.)

L'intensité moyenne sphérique est 0,945 carcel, inférieure seulement d'environ 5 0/0 à l'intensité de la radiation horizontale.

La dépense par carcel pour cette intensité moyenne sphérique est de 111 litres.

La quantité totale de lumière émise par le bec Bengel au-dessous de l'horizon correspond à 43,3 0/0 de la lumière totale produite.

La variation de l'intensité avec l'inclinaison de la radiation dépend de l'importance du panier et de la différence de transparence des cheminées; pour les diverses radiations, il est donc naturel de penser [1] que l'on trouverait des chiffres proportionnels à ceux du tableau ci-dessus si l'on essayait les différents modèles de becs d'Argand. On peut donc énoncer cette loi que, pour les becs à verre ordinaire, l'intensité moyenne sphérique n'est inférieure que de 5 à 6 0/0 à l'intensité horizontale.

La forte proportion de lumière émise au-dessus de l'horizon indique qu'il est avantageux de munir les becs à verre de réflecteurs convenables.

Nous avons vu qu'il ne fallait pas chercher à dépenser plus de 450 litres dans un brûleur à air libre.

Lorsque la lumière électrique, devenue suffisamment pratique, a créé des besoins d'éclairage intense, on a dû reconnaître que le brûleur de 140 litres, presque exclusivement employé dans les lanternes publiques, ne répondait plus aux nécessités créées par une circulation très active; on s'est préoccupé de rechercher si le gaz ne pouvait pas se prêter à l'éclairage de vastes espaces où, comme dans les rues, les carrefours et les places publiques, il est impossible de multiplier le nombre des appareils.

La première idée qui s'est présentée a été de grouper plusieurs papillons dans une même lanterne; mais on a reconnu que la combustion de becs voisins les uns des autres s'effectuait mal si l'on n'aménageait pas convenablement la ventilation de la lanterne.

La Compagnie Parisienne du Gaz a été conduite ainsi à construire le brûleur dit du Quatre-Septembre, ainsi nommé parce que les premiers types ont été placés rue du Quatre-Septembre [2]. Il se compose de 6 becs papillons 6/10; disposés sur une circonférence et ayant leurs fentes tangentes à cette circonférence. Un système de deux coupes en cristal, placé au-dessous de ces becs,

---

1. C'est sur cette proportionnalité du pouvoir éclairant à la dépense qu'est fondée la méthode de vérification du gaz en usage à Paris. Un bec sans excès d'air, comme le sont les types anglais et allemands, peut être employé dans les appareils photométriques où l'étalon est réglé à une dépense déterminée et où l'égalité d'éclairement sur l'écran est obtenue par la variation de la position de cet écran. Il ne serait pas applicable à Paris, où l'on obtient l'égalité d'éclairement en agissant sur la dépense du brûleur étalon.

1. Cette proportionnalité serait absolument exacte si les brûleurs étaient géométriquement semblables.

2. La Ville de Paris avait indiqué en 1879 à la Compagnie Parisienne du Gaz cette rue voisine de l'Opéra, alors éclairée par des foyers Jablochkoff, comme champ d'essai d'éclairage. Elle avait stipulé que la quantité de gaz consommée serait telle, que les prix de revient de l'éclairage électrique et de l'éclairage du gaz, rapportés au mètre carré de surface de rue, seraient les mêmes.

détermine deux courants d'air, l'un intérieur et l'autre extérieur au cercle des flammes. Ces courants d'air maintiennent les flammes assez fixes et verticales; leurs sections ont été déterminées expérimentalement, de manière à donner au brûleur le maximum de rendement lumineux dont il est susceptible.

On a réalisé ainsi une sorte de grand bec d'Argand, dont la cheminée est constituée par les verres de la lanterne.

Un petit bec, constamment en veilleuse, permet l'allumage de la couronne par la manœuvre du robinet à trois eaux, sans qu'on soit obligé d'ouvrir la lanterne. L'appareil est complété par un bec central qui peut, par le simple jeu du même robinet, s'allumer au contact des flammes de la couronne. Ce papillon reste seul en service après minuit.

Le brûleur a été placé dans des lanternes semblables à celles qui existaient aux Champs-Elysées. On a ménagé dans ces lanternes des courants d'air qui lèchent les verres et les refroidissent suffisamment pour empêcher que la pluie ne les brise. Les parties du chapiteau au contact de la flamme se composent de cônes en porcelaine, en contact aussi faible que possible avec les parties métalliques de la lanterne, et, par suite, avec les montants qui retiennent les verres.

On est ainsi parvenu à surmonter la difficulté principale, qui consistait à faire brûler 1400 litres de gaz dans une lanterne de dimensions restreintes, sans qu'on ait à redouter les bris fréquents de verres sous l'influence des intempéries.

Les Anglais, à peu près à la même époque, ont construit des lanternes dans lesquelles ils ont groupé un certain nombre de gros brûleurs à flamme plate. Pour éviter le bris des verres, ils ont donné des dimensions considérables à leurs lanternes, et, pour assurer la ventilation, ils les ont surmontées de cheminées métalliques. Ils sont arrivés à obtenir ainsi des appareils intensifs très satisfaisants au point de vue de l'éclairage qu'ils produisent, mais dont les dimensions exagérées et la forme disgracieuse ne seraient pas acceptées à Paris.

Le brûleur du Quatre-Septembre donne horizontalement une intensité de 13 carcels environ pour une dépense horaire de 1400 litres.

Les radiations obliques au-dessous de l'horizon, ayant à traverser les coupes de verre et étant en partie masquées par des parties métalliques, sont sensiblement moins intenses que la radiation horizontale, comme l'indiquent les chiffres suivants :

| Angle du rayon avec l'horizon. | Intensité en carcels. |
| --- | --- |
| 0 | 13,00 |
| 10° | 12,32 |
| 20° | 9,30 |
| 30° | 8,00 |
| 40° | 6,98 |
| 45° | 6,14 |
| 50° | 4,80 |
| 60° | 3,51 |
| 70° | 1,33 |

Les chiffres ci-dessus montrent que l'intensité moyenne sphérique du bec du Quatre-Septembre est très faible relativement à sa consommation; que, par suite, ce bec a un médiocre rendement lumineux total. Mais la courbe des intensités montre que cet appareil est excellent pour produire, dans une voie ou sur une place publique, un éclairage uniforme.

L'intensité des radiations décroît, en effet, très rapidement avec l'inclinaison sur l'horizontale. De plus, la légère agitation de la flamme produit un assez bel effet décoratif.

Ce type de foyer est encore préféré dans les pays comme la Belgique, où, par suite du voisinage des mines de houille, le prix de revient du gaz est faible et où, par conséquent, on se préoccupe moins de la quantité de gaz consommé par carcel que de l'importance des frais d'entretien. A Paris, et en France en général, on paraît abandonner ces foyers à faible rendement lumineux pour faire usage d'appareils intensifs à récupération.

### BECS A RÉCUPÉRATION.

*Bec Chaussenot.* — En 1836, la Société d'Encouragement accordait à Chaussenot un prix de 2000 francs pour une lampe réalisant les moyens les plus efficaces d'augmenter le pouvoir illuminant des flammes produites par la combustion du gaz d'éclairage.

Les commissaires de la Société avaient constaté qu'avec l'appareil Chaussenot l'augmentation totale de lumière, pour des quantités égales de gaz brûlé, était sensiblement de 33 0/0 si on la comparait à celle produite dans les becs ordinaires.

Le bec Chaussenot était un bec d'Argand avec double cheminée concentrique en verre. La cheminée centrale, plus élevée que la cheminée extérieure, produisait un tirage suffisant pour permettre à l'air de circuler entre les deux verres et de s'échauffer avant de servir à la combustion du gaz [1].

C'est à cet échauffement préalable de l'air par les gaz de la combustion qu'est due l'amélioration du rendement lumineux obtenue par Chaussenot.

Il est intéressant de rechercher dans quelles proportions croît le rendement lumineux quand on augmente la température de l'air.

Après MM. de Mont-Serrat et Brisac, nous ferons observer tout d'abord qu'il est à peu près impossible de chauffer l'air employé à la combustion sans chauffer le gaz. Du reste, comme la masse de gaz représente au plus $1/16^e$ de la masse d'air, l'application du chauffage au gaz seul ne saurait exercer sur le pouvoir éclairant qu'une influence négligeable.

M. Em. Sainte-Claire Deville, dans des essais faits à l'usine expérimentale de la Compagnie Parisienne du Gaz, a mis en relief l'importance de l'emploi de l'air chaud dans les brûleurs. A cet effet, il a entouré la base d'un bec d'Argand d'une enveloppe placée à l'extrémité d'une conduite amenant un courant d'air artificiel, réglable à volonté. Cette enveloppe avait été disposée de telle sorte que l'alimentation d'air se faisait exclusivement par son intermédiaire. La conduite pouvait être chauffée, et des thermomètres indiquaient la température de l'air.

M. Em. Sainte-Claire Deville a reconnu que le rendement lumineux du brûleur était doublé lorsque, au lieu d'introduire dans le brûleur de l'air à la température extérieure, on augmentait de 500° cette température.

(La température de 500° est la température la plus élevée d'admission d'air dans les becs à récupération en usage.)

Il a reconnu également que, au-dessous de 500°, le rendement lumineux varie proportionnellement à l'augmentation de température de l'air, c'est-à-dire que ce rendement lumineux s'améliore de 20 0/0 environ par chaque 100° d'élévation de température.

La complication de deux verres s'est longtemps

1. Le bec Chaussenot a été réédité récemment à Paris sous le nom de bec Missire; il est fort employé en Belgique sous le nom de bec Cardinal. La flamme est très fixe; malheureusement le verre intérieur, très chauffé, s'opalise rapidement.

opposée au développement de l'invention de Chaussenot, qui est resté presque oubliée, jusqu'à ce que la propagation de l'arc électrique eût amené à construire de puissants foyers à gaz.

*Bec Siemens.* — En 1880, M. Frédéric Siemens, de Dresde, l'un des membres de cette famille d'inventeurs qu'ont illustrée ses deux frères, MM. Werner et William Siemens, a appelé l'attention sur les avantages de la récupération en construisant le bec qui porte son nom.

Il se compose de trois compartiments concentriques : le gaz pénètre par le compartiment intermédiaire, d'où il s'élève dans une couronne de tubes. La flamme s'élève verticalement, puis se recourbe et pénètre dans la cheminée qui constitue le compartiment intérieur. Les produits de la combustion descendent dans cette cheminée et sont appelés dans une cheminée latérale, qui les rejette dans l'atmosphère.

L'air comburant s'élève dans la chambre extérieure et s'échauffe au contact des parois de la cheminée intérieure, qui sont portées au rouge.

La flamme est isolée de l'air extérieur par un verre ayant la forme soit d'un cylindre, soit d'une sorte d'œuf. La cheminée en fonte est surmontée d'un petit cylindre qui est porté à l'incandescence.

D'après les essais de Le Blanc, chef du service de la vérification du gaz à Paris, les différents modèles de becs Siemens donnent :

5 à 7 carcels pour 300 litres de gaz, soit 55 à 50 litres par carcel ;

13 à 14 carcels pour 600 litres de gaz, soit 40 à 45 litres par carcel ;

20 à 22 carcels pour 800 litres de gaz, soit 38 à 40 litres par carcel ;

46 à 48 carcels pour 1600 litres de gaz, soit 33 litres par carcel.

Ce type de brûleur, fort remarquable, est assez répandu en Allemagne. Il est peu employé en France, à cause de son prix élevé, de son entretien onéreux (les récupérateurs durent peu) et de son aspect désagréable.

Ces inconvénients ont fait notamment rejeter les becs Siemens pour l'éclairage public à Paris, à la suite d'un essai fait place du Palais-Royal.

L'invention de M. Frédéric Siemens a été suivie de la création d'une série de brûleurs à récupération. Presque tous les constructeurs se sont appliqués à renverser le bec Siemens, à placer le récupérateur à la partie supérieure, à faire jaillir le gaz presque horizontalement, de manière à donner à la flamme du gaz la forme d'une tulipe, à isoler cette flamme de l'air ambiant par une coupe en verre suspendue au récupérateur, et à alimenter la combustion du gaz par de l'air chauffé au contact du récupérateur.

Ces brûleurs, lorsque leur consommation n'est pas supérieure à 200 litres, peuvent s'allumer par le haut. Pour les forts débits, il faut abaisser la verrine ou avoir recours à une étincelle d'induction.

M. Sée a inventé pour ce genre d'appareil un système d'allumage ingénieux. La verrine est percée à sa partie inférieure d'une petite ouverture circulaire fermée par une bille de verre. On peut écarter cette bille de verre avec la tige d'un allumoir et présenter la flamme au brûleur. Quand on retire l'allumoir, la bille retombe sous l'influence de son poids et ferme l'ouverture de la verrine.

Les constructeurs de ces becs ont commencé par faire arriver le gaz à la partie supérieure. M. Danichewski a le premier imaginé un brûleur dans lequel l'entrée du gaz s'effectue à la partie inférieure. Ce brûleur peut être vissé sur des lyres ou lustres ordinaires, et ne nécessite pas le remplacement des anciens appareils. Tous les constructeurs ont suivi l'exemple de M. Danichewski, et l'on peut actuellement trouver dans le commerce un assez grand nombre de becs à récupération, que l'on peut substituer aisément aux anciens becs d'Argand.

Nous allons décrire succinctement quelques-uns de ces brûleurs.

*Bec Wenham.* — L'air pénètre par des canaux horizontaux et s'échauffe au contact des parois intérieures d'une couronne annulaire que viennent lécher, à l'extérieur, les produits de la combustion. Le brûleur proprement dit a la forme d'une couronne analogue à celle du bec Bengel, mais les trous verticaux font sortir le gaz par le bas. Une calotte épanouit la masse gazeuse.

Il existe un grand nombre de types de Wenham, consommant depuis 140 jusqu'à plus de 900 litres à l'heure.

*Bec Cromartie.* — Dans le bec Cromartie, dû à M. Sugg, le récupérateur est en fonte comme dans le bec Wenham. L'air pénètre par de petites fenêtres et parcourt de bas en haut l'espace annulaire, chauffé par les produits de la combustion qui le parcourent de haut en bas . Le brûleur est un petit bouton en stéatite percé de trous horizontaux.

On construit des becs Cromartie depuis la dépense de 100 litres jusqu'à celle de 400 litres.

*Becs Danichewski.* — Les becs Danichewski sont caractérisés par l'orifice de débit du gaz. Le gaz sort à gueule béo d'un tube terminé par un petit cylindre creux en stéatite, et vient s'aplatir contre la section plane d'une tige métallique. La fente par laquelle jaillit le gaz a 5 ou 6 millimètres d'épaisseur ; elle ne nécessite aucun épinglage.

Il existe deux types distincts de brûleurs Danichewski.

Dans ces appareils le récupérateur est en cuivre et a la forme d'une étoile. L'air comburant traverse de haut en bas certains compartiments de cette étoile, et les produits de la combustion montent dans les compartiments contigus. Le récupérateur est terminé à sa partie supérieure par une petite cheminée en verre.

Toute l'enveloppe du bec est en verre. Ce brûleur permet donc, dans une certaine mesure, l'éclairage des plafonds. Il faut remarquer que dans le second type la récupération est moins parfaite que dans le premier. Le rendement lumineux se ressent légèrement de cette imperfection.

M. Danichewski construit des brûleurs de 140 à 200 litres.

*Lampes rouennaise, Sée, Esmos, Gaso multiplex, Desselle, Lebrun.* — Nous ne décrirons pas en détail les nombreux becs à récupération analogues aux précédents ; nous nous contenterons, d'après MM. de Mont-Serrat et Brisac, de signaler la *lampe rouennaise* de M. Grégoire, dans laquelle le gaz pénètre par le haut en traversant un tube en verre concentrique à un tube en fonte. On évite ainsi que les produits de l'oxydation de la fonte ne viennent obstruer les brûleurs ; la *lampe Sée*, analogue à la lampe Wenham, dans laquelle le récupérateur est constitué par un seul morceau de fonte ; la *lampe Esmos*, dans laquelle le récupérateur est en fonte émaillée ; la *lampe Gaso multiplex*, due à M. Brandsept, dans laquelle la flamme, placée relativement bas dans la verrine, laisse dans l'ombre un cône supérieur à angle assez aigu ; Les becs *Desselle* et *Lebrun*, dont les récupérateurs sont peu volumineux et peu coûteux.

La disposition de tous ces brûleurs est telle, que, sauf pour les inclinaisons voisines de la verticale, une partie seule de la flamme est visible. L'autre

GAZ DE L'ÉCLAIRAGE — 623 — GAZ DE L'ÉCLAIRAGE.

partie est cachée, soit par le récupérateur qui forme un écran laissant dans l'ombre un cône supérieur plus ou moins obtus, soit par les parties métalliques qui amènent le gaz et qui guident l'air de la combustion.

Il résulte de cette disposition que l'intensité des radiations est variable avec l'inclinaison sur l'horizon, que le maximum d'intensité a lieu pour des radiations voisines de la verticale, et que si l'on veut se rendre un compte exact du rendement lumineux, il faut déterminer l'intensité sphérique moyenne.

Le jury de la classe 27 à l'Exposition universelle de 1889 a fait faire une série d'expériences sur des becs à récupération de faible consommation.

Les appareils mis à la disposition de l'expert n'ont pas permis l'essai des brûleurs à fort débit, pour lesquels le rendement lumineux aurait été trouvé certainement plus élevé de 20 à 30 0/0; mais, en admettant que pour chaque système les gros brûleurs soient presque géométriquement semblables aux petits, on voit qu'on serait arrivé sensiblement aux mêmes conclusions en ce qui concerne la répartition de la lumière.

Le tableau suivant, emprunté à MM. de Mont-Serrat et Brisac, résume assez exactement toutes les expériences faites sur l'ordre du jury :

| Désignation des brûleurs. | Dépense à l'heure. | 0/0 de la lumière totale émise au-dessous de l'horizon. | Dépense par carcel en intensité sphérique moyenne. | Intensité sphérique moyenne. | Intensité horizontale. | Intensité maxima. | Inclinaison du rayon le plus intense. |
|---|---|---|---|---|---|---|---|
| | litres | | litres | | | | |
| Bengel photométrique | 105 | 43,3 | 111 | 0,945 | 1,00 | 1,665 | — 15° |
| Gaso multiplex | 120 | 76,47 | 108 | 1,11 | 1,444 | 1,638 | 30 |
| Lebrun | 155 | 79,6 | 104 | 1,48 | 1,952 | 2,733 | 60 |
| Cromartie, petit modèle | 88 | 82,91 | 103 | 0,84 | 1,249 | 1,536 | 45 |
| Desselle | 173 | 79,7 | 100 | 1,70 | 2,354 | 8,100 | 45 |
| Wenham étoile | 166 | 86,7 | 100 | 1,59 | 2,438 | 3,007 | 30 |
| Danichewski, nouveau modèle | 162 | 70,84 | 92 | 1,75 | 2,094 | 2,715 | 45 |
| Danichewski, ancien modèle | 179 | 85,7 | 83 | 2,15 | 3,043 | 3,928 | 45 |
| Cromartie, ancien modèle | 126 | 79,88 | 80 | 1,50 | 2,141 | 2,594 | 60 |

Il résulte de l'examen de ce tableau que l'intensité moyenne sphérique est, pour ces becs à récupération, environ la moitié de l'intensité de la radiation maxima, tandis que pour le Bengel photométrique l'intensité moyenne sphérique ne diffère que de 5 0/0 de l'intensité horizontale. On voit donc que l'on a fortement exagéré le rendement lumineux des becs à récupération en indiquant dans les prospectus les chiffres des intensités maxima, au lieu d'indiquer l'intensité moyenne.

Il y a lieu de remarquer que l'intensité maxima se produit pour des radiations très obliques; ce genre de brûleurs ne convient donc pas pour l'éclairage public, mais la répartition de l'éclairement qu'il fournit (environ 80 0/0 de la lumière émise totale, et distribuée en dessous de l'horizon) doit le faire recommander comme bec d'intérieur.

Dans les écoles, les salles à manger, et en général dans toutes les pièces de surface restreinte, les foyers d'éclairage sont placés à des hauteurs telles, que les radiations voisines de la verticale ont une importance prédominante.

Ces becs sont d'autant plus à recommander pour l'intérieur des habitations qu'ils peuvent être facilement disposés pour permettre l'évacuation, à l'extérieur, des produits de la combustion.

On peut reprocher à tous ces brûleurs de présenter les inconvénients que MM. de Montserrat et Brisac signalent pour les becs d'Argand sans excès d'air. Ils ont besoin d'être parfaitement réglés pour avoir un rendement lumineux avantageux. Pour les débits plus faibles, leur pouvoir éclairant diminue rapidement quand on augmente légèrement la dépense; ils fument facilement.

De plus, ils émettent une chaleur rayonnante assez intense. Ils demandent à être placés très haut.

*Brûleurs à récupération appliqués à l'éclairage public.* — On s'est beaucoup préoccupé, dans ces derniers temps, de faire bénéficier l'éclairage public de l'économie de gaz que donne la récupération. Nous avons dit que les brûleurs Siemens avaient été abandonnés en France, à la suite d'un essai fait place du Palais-Royal. Les seuls appareils actuellement employés se composent d'un ou plusieurs becs à flamme plate, enveloppés dans une verrine qui les isole de l'air ambiant et ne permet l'admission de l'air comburant qu'après un passage dans un récupérateur.

Nous ne décrirons que les trois appareils les plus répandus.

*Bec Delmas.* — Il se compose d'un bec papillon en stéatite, placé à l'intérieur d'une tulipe en verre. Cette tulipe a la hauteur de la flamme; elle est surmontée d'une cheminée métallique. Le récupérateur se compose d'un plissé un peu moins élevé que la cheminée et entouré d'une enveloppe. Cette dernière vient s'ajuster sur la tulipe en verre; elle est protégée contre le refroidissement par une garniture métallique qui descend moins bas que l'enveloppe et dont le rebord supérieur est fixé à la cheminée.

L'air comburant s'élève entre les enveloppes et redescend dans l'espace compris entre l'enveloppe et le plissé. Il s'échauffe au contact de ce plissé. On construit deux types de ce brûleur, dont l'un dépense 85 litres et l'autre 140 litres à l'heure.

La ville de Toulouse est éclairée actuellement par 3000 becs Delmas de 85 litres, qui ont une intensité d'une carcel chacun. Comme la lanterne doit être parfaitement close et que la faible consommation du brûleur serait incompatible avec l'emploi d'une veilleuse constamment enflammée, on a été obligé de recourir à une étincelle d'induction pour effectuer l'allumage. Les allumeurs sont munis d'une boîte contenant des piles et une petite bobine de Ruhmkorff [1].

---

1. MM. de Mont-Serrat et Brisac ne pensent pas

*Bec parisien, système Schulke.* — Cet appareil a été breveté en 1882. Il se compose d'une série de becs à fentes en stéatite, montés sur un chandelier. Au centre de la couronne des brûleurs, se trouve disposé un bec de minuit. L'allumage se fait au moyen d'une veilleuse. Le groupe de brûleurs est disposé à l'intérieur d'une coupe en verre fermée hermétiquement et qui a la forme d'un cylindre raccordé avec une demi-sphère. Cette verrine laisse passer, à la partie inférieure, le chandelier porte-becs commandé par un robinet à trois eaux, analogue au robinet du bec du Quatre-Septembre.

La partie essentielle de l'appareil consiste dans le récupérateur. Celui-ci est formé d'une feuille de nickel tronconique plissée. A l'intérieur de ce récupérateur est un obturateur en nickel dont la partie inférieure, exposée à la flamme, peut se changer facilement.

L'air comburant entre dans la lanterne :

1° Par les orifices de l'une des galeries, d'où il parvient aux becs après avoir léché l'extérieur du récupérateur ;

2° Par les orifices de l'autre galerie, où le courant se divise en deux parties. L'une descend aux becs ; l'autre, aspirée par les produits de la combustion, active le tirage de la cheminée. La surface conique du dessus empêche la pluie de pénétrer dans la lanterne.

Le récupérateur est entouré d'une garniture d'amiante qui le protège contre le refroidissement. La verrine est reliée au chandelier par un joint à l'amiante, avec une garniture métallique maintenue par une vis de pression. Quand on veut toucher au bec, on desserre cette vis et la coupe descend le long du chandelier.

Les becs parisiens qui sont placés dans les rues de Paris consomment 225, 350, 550, 750 et 1000 litres à l'heure. Ils comportent 3, 4, 10 et 12 brûleurs, plus un bec de minuit, sauf l'appareil de 225 litres, qui en est dépourvu.

La dépense en carcel varie en sens inverse du débit des brûleurs. Elle est d'environ 94 litres pour le bec de 225 litres et de 51 litres pour le bec de 1000 litres.

Cette dépense se rapporte à la radiation horizontale, qui a une importance spéciale pour l'éclairage public.

*Bec industriel.* — MM. Lacaze et Cordier ont fait breveter, en 1888, un appareil assez analogue au précédent. Le récupérateur, également en nickel, se compose de deux cylindres communiquant entre eux par une série de tubes horizontaux disposés en quinconce.

L'air extérieur pénètre dans la lanterne par l'évidement ménagé entre le chapiteau et la couronne.

Il s'élève entre la paroi extérieure du récupérateur et l'enveloppe de cuivre. Enfin il entre dans le récupérateur par des ouvertures cylindriques et n'arrive à la flamme qu'après s'être échauffé au contact de ces tubes.

Le récupérateur diffère donc notablement de celui du bec parisien ; de plus, la verrine a la forme d'une sphère presque complète : la flamme est plus éloignée du verre, qui casse moins souvent.

La faible hauteur du récupérateur permet de le loger presque complètement dans le chapiteau d'une lanterne ordinaire.

Les orifices d'admission d'air et d'évacuation des produits de la combustion sont protégés par des brise-vent.

que ces brûleurs se répandront pour l'éclairage public. Leur entretien et la difficulté de leur allumage ne compensent pas une économie horaire de quelques litres. On ne changera les becs de 140 litres que pour les remplacer par des becs beaucoup plus intenses.

Le réflecteur, les brûleurs, le mode de liaison de la verrine avec le chandelier porte-bec présentent des dispositions analogues à celles qui existent dans le bec parisien.

Il existe dans les rues de Paris trois modèles de becs industriels, consommant 430, 750 et 1200 litres à l'heure.

La dépense par carcel varie, pour la radiation horizontale, de 80 à 50 litres.

*Albocarbon.* — Nous ne parlerons pas ici des appareils qui ont pour but de mélanger au gaz des vapeurs d'essences légères et qui, par suite, augmentent sensiblement son pouvoir éclairant et qui ont été décrits plus haut (voyez plus haut *Gaz carburé*).

Nous dirons cependant un mot d'un procédé assez répandu de carburation par un corps solide, le naphtalène.

Dans ce système, tombé depuis longtemps dans le domaine public, et dont l'invention paraît due à un Français, M. Barbier, il existe un carburateur par brûleur ou par groupes de brûleurs très rapprochés les uns des autres.

Le naphtalène fond à 79 ou 80°, bout à 218°, mais possède au-dessous de 80°, c'est-à-dire à l'état solide, une tension de vapeur assez élevée.

Dans les becs dits *à albocarbon*, le naphtalène est placé dans une boule métallique chauffée par le brûleur. Le gaz, avant d'arriver au bec, traverse cette boule, où il se charge des vapeurs de naphtalène.

Un bec à albocarbon (on ne construit que des becs à flamme plate, sans verre), dépensant 107 litres à l'heure, donne un pouvoir éclairant de 3,53 carcels et consomme 7 grammes de naphtalène à l'heure. On obtient donc l'éclairage d'une carcel avec une dépense horaire d'environ 30 litres de gaz et 2 grammes de naphtalène.

La lumière des becs à albocarbon est fort belle, très blanche et très fixe. Malheureusement ces brûleurs laissent toujours répandre l'odeur pénétrante et désagréable du naphtalène.

### INCANDESCENCE PAR LE GAZ.

Les premiers essais d'incandescence par le gaz remontent à 1840-1850. Tous ces anciens travaux ont été exhumés lors des procès récents intentés par la Société Auer à ses contrefacteurs, et se trouvent réédités dans les diverses expertises faites sur l'ordre des tribunaux (expertises Friedel, Bardy, de Luynes, L'Hôte, Chautard, Ch. Girard, etc.). C'est dans ces diverses publications, ainsi que dans celle de M. Truchot, que nous puiserons nos renseignements concernant le bec Auer.

*Procédé Auer von Welsbach.* — Ce n'est que dans ces quinze dernières années que l'éclairage à incandescence par le gaz, abandonnant les anciens procédés basés sur l'emploi de masses plus ou moins fortes d'oxydes, entra dans la nouvelle voie où il devait éclipser complètement, et dépasser de très loin, tout ce qui avait été fait jusqu'alors.

L'éclairage au gaz, devant l'électricité, concurrente acharnée, semblait devoir disparaître, lorsque le manchon Auer apparut, et lui donna un nouveau regain de vie. Dans les lignes qui suivent nous donnerons, d'après M. Truchot, l'exposé de la découverte de M. Auer.

Le savant viennois, remontant à l'origine de l'incandescence, sut appliquer et présenter sous une forme absolument pratique et élégante l'invention que M. Frankenstein n'avait pu amener jusqu'au succès. Utilisant la zircone que Tessié du Motay et Bourbouze avaient déjà préconisée comme un des meilleurs oxydes réfractaires incandescents, il commença en 1885 à essayer les premiers manchons incandescents.

Mais les résultats ne furent pas tout d'abord très heureux. La lumière livide que ces manchons émettaient les fit presque complètement rejeter, et ce n'est qu'en 1892 que M. Auer arriva à la solution presque parfaite du problème en employant les oxydes de thorium et de cérium.

Les manchons vendus alors dans le commerce fournissaient une lumière chaude, extrêmement brillante, et dépassant comme tonalité et comme intensité la lumière électrique par incandescence.

Le succès étant venu, de tous côtés surgirent des imitateurs, et de nombreux procès s'engagèrent entre la Société Auer et ceux qui considéraient l'invention d'Auer comme un perfectionnement des procédés antérieurs de Frankenstein, Tessié du Motay, Clamond, Edison, Stokes Williams, etc.

Depuis, de nombreux chercheurs ont tenté de tourner le brevet Auer, à l'aide de moyens plus ou moins ingénieux, destinés à obtenir des manchons lumineux sans passer par le mode d'imprégnation préconisé par le savant viennois.

En Angleterre, on a renoncé à l'emploi d'oxydes rares et quelques Compagnies, comme la Sunlight C°, emploient l'alumine et l'oxyde de chrome comme bases de leurs manchons incandescents, procédé semblable à celui de M. Ludwig Haitinger.

En France, quelques-uns, comme M. Ladureau et M. de Mare, rejetèrent l'emploi du manchon conique et du bec rond, et utilisèrent le bec à flamme plate, dit *papillon*.

D'autres inventeurs tentèrent d'obtenir des filaments de coton imprégnés des sels d'oxydes rares sans passer par l'imprégnation primitive d'Auer. Ils fabriquaient du collodion nitrique ou acétique, additionné de solutions de sels d'oxydes rares, et le transformaient en fils, à l'aide de l'appareil de Chardonnet pour la fabrication de la soie artificielle. Les fils étaient ensuite filés, tissés sous forme de tricot, et le manchon, une fois confectionné, n'avait plus qu'à être brûlé.

Quelques-uns, cherchant à obtenir des manchons plus résistants que les manchons Auer, qui se détériorent et se brisent au moindre choc, utilisèrent comme support des oxydes irradiants, la porcelaine, l'amiante, des fils métalliques, etc. Ce genre de manchons n'a pas eu beaucoup de succès.

Enfin, un des perfectionnements les plus importants, dû aux intéressantes recherches de M. Denayrouse et de M. Bandsept Saint-Paul sur la combustion parfaite et complète du gaz d'éclairage, a permis d'obtenir par l'emploi de brûleurs intensifs un éclairage splendide d'une belle tonalité, et pouvant lutter avec n'importe quel genre d'éclairage actuel.

Le développement de l'éclairage à incandescence par le gaz date de l'apparition du manchon Auer von Welsbach, qui permit d'employer sous une forme parfaite ce mode d'éclairage. C'est donc au professeur Auer que l'on doit la vulgarisation de ce procédé. Mais la propriété que possèdent les terres rares d'émettre la lumière par incandescence était bien connue avant les travaux d'Auer. Elle avait été signalée depuis longtemps. Tessié du Motay appliquait la zircone à la fabrication de ses crayons incandescents. M. Caron avait déjà remarqué l'incandescence extrêmement vive dont jouit la zircone lorsqu'elle est chauffée au chalumeau oxhydrique, et bien d'autres savants avaient signalé la propriété curieuse des oxydes rares de devenir incandescents à haute température.

M. Auer von Welsbach prit, en 1885, une série de brevets en France, en Angleterre, en Allemagne et aux États-Unis, concernant la fabrication de corps lumineux incandescents pour brûleurs à gaz.

Nous donnons ci-dessous les termes du brevet allemand, le brevet français étant moins complet comme description, en ce qui concerne principalement la formule du liquide imprégnant les manchons actuels :

« L'oxyde de lanthane, l'oxyde d'yttrium et d'autres terres rares, mêlés dans les proportions les plus variées à la magnésie ou à la zircone, dès qu'ils sont soumis à l'état de mélanges moléculaires à une calcination intense, se combinent en corps spécifiques, dont les propriétés deviennent inséparables de celles des parties composantes à l'état isolé. Il s'est produit dans ce cas une combinaison chimique des éléments isolés.

« Ces corps sont doués d'une énorme puissance lumineuse et d'une grande force de résistance.

« Les alliages de terres rares et de zircone possèdent ces propriétés à un degré encore plus élevé que les alliages semblables avec la magnésie. Les alliages ou manchons de zircone, ainsi que ceux à base de magnésie, sont tous excellents pour faire des corps incandescents destinés à l'éclairage; tous deux peuvent, à l'état de la plus fine division, être soumis de longues heures à l'incandescence, sans suintement appréciable, sans perte sensible de leur pouvoir d'émission et sans se volatiliser.

« Les composés d'oxyde de lanthane, d'oxyde d'yttrium, de zircone et de magnésie possèdent les propriétés indiquées ci-dessus, qui ne se rencontrent dans leur ensemble dans aucune des matières employées jusqu'ici dans un but d'incandescence, qui même ne se trouvent à un degré comparable dans aucune des parties composantes.

« Les alliages des corps dénommés ci-dessus, deux à deux, ont pourtant en partie les mêmes propriétés que ces composés. Mais, si l'on compare les éléments isolés, il semble que, doués en eux-mêmes d'un pouvoir d'émission d'une certaine valeur, ils l'ont élevé à une plus haute puissance par leur réunion. La composition de ces corps éclairants n'est liée à aucune proportion absolument déterminée des éléments isolés.

« Les quantités proportionnelles pour arriver à la plus avantageuse des combinaisons sont les suivantes :

« 1° Pour les composés magnésiens :

60 0/0 de magnésie (MgO),
20 0/0 d'oxyde de lanthane (La²O³),
20 0/0 d'oxyde d'yttrium (Y²O²).

« 2° Pour les composés zirconiens :

60 0/0 de zircone (ZrO²),
30 0/0 d'oxyde de lanthane (La²O³),
10 0/0 d'oxyde d'yttrium (Y²O³),
ou aussi 50 0/0 de zircone (ZrO²)
et 50 0/0 d'oxyde de lanthane (La²O³).

« Si l'on augmente la quantité d'yttrium, la lumière obtenue devient de plus en plus blanc-jaunâtre, sans toutefois diminuer d'intensité.

« On peut dans ces alliages, à cause du prix élevé des terres rares, abaisser la proportion de celles-ci jusqu'à 20 0/0, sans que les propriétés éclairantes en souffrent beaucoup.

« On peut aussi remplacer l'oxyde d'yttrium par un mélange des terres dites yttriques, et l'oxyde de lanthane par un mélange des terres cériques, contenant peu de cérium et exemptes de didyme.

« Terres yttriques » aussi bien que « terres cériques » sont les désignations employées par les chimistes, et on comprend parmi les terres yttriques les oxydes des éléments du groupe yttrium, comme par exemple l'ytterbium, etc., et parmi les terres cériques, particulièrement les terres du cérium.

« L'alliage de néodyme et de zirconium donne une lumière d'une très vive intensité, d'une magnifique nuance orangée. Par une petite addition de ce produit aux alliages à lumière blanche décrits plus haut, la lumière obtenue parcourt toutes les nuances du blanc au jaune.

« L'alliage d'erbine et de zircone donne une lumière verte très intense.

« L'oxyde de lanthane, en lui-même, chauffé dans la flamme d'un bec Bunsen, donne une lumière jaune. Il se désagrège promptement en dehors de la flamme en une fine poudre blanche.

« L'oxyde de zirconium donne dans les mêmes conditions une lumière d'un blanc mat. Le pouvoir d'émission diminue peu à peu, le tissu demeure, mais sans aucune solidité.

« De la réunion des deux corps, en poids à peu près égaux, résulte une substance qui, chauffée dans les mêmes conditions, donne une lumière blanche, claire comme la lumière du jour, dont l'intensité est telle, que le pouvoir d'émission des éléments considérés isolément est à peu près quintuplé. Même après une calcination de plusieurs centaines d'heures, la puissance d'émission reste encore à peu près la même et la résistance du tissu est considérablement plus grande qu'en présence de zircone seule.

« Le corps produit par la réunion de l'oxyde de lanthane et de la magnésie se comporte également d'une autre manière que lorsque les deux oxydes sont pris séparément.

« Un tissu de magnésie donne une lumière entièrement blanche dans la zone la plus extrême de la flamme. Brûlé dans la partie intérieure de la flamme, il n'éclaire presque pas et suinte très fortement.

« De la réunion des deux oxydes de lanthane et de magnésie, qui tous deux sont blancs, résulte un corps brun foncé, devenant plus clair après de longues journées d'ignition, qui, dans toutes les parties de la flamme, fournit une lumière blanche intense. Il suinte peu et est entièrement fixe.

« Comme conclusion de ces exposés, on peut considérer comme établi que, dans les combinaisons magnésiennes, la magnésie est en quelque sorte la base, tandis que dans les combinaisons zirconiennes ce sont les terres rares qui jouent ce rôle.

« Comme les combinaisons ne peuvent se former qu'après un mélange moléculaire préalable, que, d'autre part, le corps ne peut être porté par le bec de gaz ordinaire à l'état de très haute incandescence que lorsqu'il est très finement divisé, les substances employées, en rapports appropriés, de sels qui sont destructibles à l'incandescence, laissant subsister les terres, sont mises ensemble en solution.

« On imprègne de cette solution les tissus, et ceux-ci sont directement incinérés dans la flamme. Après quelques minutes de forte calcination, le résidu ne change plus de forme. Il est à l'état d'incandescence, flexible et soudable.

« Il importe maintenant, aussi bien pour la force lumineuse du bec incandescent et pour l'utilisation de la chaleur fournie par la flamme que pour la durée du réseau incandescent, de donner au résidu terreux une forme presque sphérique enveloppant la flamme.

« On procède comme il suit : un tissu (de préférence de fibres végétales) purifié d'avance à l'acide chlorhydrique, bien lavé, dont les fils ont une épaisseur d'à peu près 0$^{mm}$,2, est intimement imprégné d'une solution aqueuse à 30 0/0 de nitrates ou d'acétates; il est ensuite bien pressé et séché.

« Les dimensions suivantes conviennent à un bec Bunsen à cône bleu, de 1 centimètre de diamètre d'échappement et d'une consommation de gaz de 70 litres à l'heure.

« Le tissu imprégné est coupé en bandes ayant mêmes dimensions en longueur et en largeur (10 centimètres), puis plié en petits plis dans le sens de la largeur, de sorte que la longueur du tissu plié donne à peu près 4 centimètres. Alors, à travers les mailles, au bord supérieur du réseau ainsi formé, on fait passer un fil de platine d'une épaisseur d'à peu près 0$^{mm}$,2, puis on le courbe en forme annulaire, de façon que le diamètre soit environ de 1 à 1$^{cm}$,5 et on tortille les extrémités.

« On coud avec du fil de coton imprégné les lisières réunies du tissu, qui a dès lors une forme tubulaire, puis on consolide le petit anneau de platine par un fil de platine un peu plus fort, de quelques centimètres de longueur. Ainsi préparé, le manchon tissé est prêt à être employé. Pour la fabrication en grand, il est bon d'employer des tissus tubulaires tissés ensemble à la machine.

« Pour fabriquer le manchon terreux, on fixe le fil de platine plus fort, dont il vient d'être question, à un support latéral au brûleur; on pose le tissu sur le brûleur et le fil de platine est fixé solidement, de façon que le petit anneau se trouve à environ 3 centimètres au dessus de l'ouverture du brûleur. Quand la flamme est allumée, la partie du tissu qui s'y trouve s'incinère rapidement et la terre façonnée dans les « manchons de magnésie » entraîne peu à peu dans la flamme les parties du tissu non consumées. En quelques minutes, sans aucune intervention quelconque, le tissu est incinéré. Le poids du manchon est, pour une hauteur d'environ 3 centimètres et un diamètre d'environ 1 centimètre, d'un peu plus de 0$^{gr}$,5. En pleine incandescence il émet une lumière de 15 à 20 bougies.

« On peut employer, comme support des substances éclairantes, des tissus d'autres formes ou des fils isolés ou des fils réunis en faisceaux, etc.

« Pour protéger les tissus, notamment pour empêcher les déchirures par l'afflux de la flamme du gaz, on peut insérer des fils plus forts préalablement à l'incinération.

« Dans le même but, pour fortifier encore davantage les parties du manchon terminé exposées au premier choc du gaz, on les frotte au moyen d'un petit pinceau avec une solution assez concentrée des sels indiqués, ou on les plonge dans cette solution pour les pourvoir d'une nouvelle couche; après quoi, on calcine à nouveau pendant quelques secondes.

« Pour faire adhérer solidement le manchon dans sa forme achevée au fil de platine qui le supporte, de telle sorte qu'il puisse résister à tout ébranlement, on traite de la même manière toutes les parties du manchon se trouvant en contact avec le fil de platine; dans ce but on se sert de la même solution, ou mieux d'une solution à parties à peu près égales de nitrates de magnésium et d'aluminium, à laquelle on mêle de l'acide phosphorique. On peut aussi employer comme fixatif le nitrate de glucinium.

« On peut enduire le manchon desdites solutions avant ou après l'incinération. Dans la fabrication des « manchons de zirconium », après que la partie supérieure est parvenue à la pleine incandescence, il faut lever peu à peu le manchon.

« A côté des nitrates, les sulfates, les combinaisons organiques, telles que les acétates, etc., sont aussi susceptibles d'emploi pour obtenir le liquide d'imprégnation.

« Il y a deux données qui suffisent pour préciser exactement la possibilité d'emploi de tous les alliages que nous pourrions exposer aujourd'hui ou seraient exposables dans l'avenir :

« 1° *Les alliages doivent être destructibles et abandonner l'oxyde par la chaleur incandescente;*

« 2° *Les alliages doivent être ou des sels solubles, ou des dépôts amorphes gélatineux, ou en cristaux extrêmement fins.*

« Le procédé d'imprégnation est toujours le même que celui précédemment décrit, parce que le dépôt gélatineux amorphe se comporte tout comme une solution épaisse, et ici il n'est besoin que de remarquer que, par une pression répétée, le dépôt doit être finement réparti dans les cellules du tissu.

« Il est à recommander d'employer au moins un des éléments du corps incandescent sous forme de sel soluble; grâce à quoi les tissus sont plus facilement garantis du déchirement pendant l'incinération. »

Dans un certificat d'addition, en date du 17 décembre 1887, M. Auer revendiquait l'addition, dans ses divers mélanges, d'oxyde de thorium, dont la présence accroît d'une manière extraordinaire la puissance lumineuse de ses manchons. D'après l'auteur, un mélange d'oxyde de thorium, d'oxyde de zirconium et d'oxyde de lanthane donne le maximum d'intensité de la lumière émise. $0^{gr},1$ de ce corps incandescent, sous une forme convenable, brûlé dans un bec Bunsen perfectionné, avec une consommation de gaz de 70 litres à l'heure, donne une lumière de 40 bougies, sans qu'une incandescence de plusieurs centaines d'heures y amène un sensible changement.

Ce sont les termes du brevet; mais, contrairement à cette assertion, l'intensité lumineuse décroît assez rapidement. Ces propriétés lumineuses intensives sont, d'après M. Auer, le produit d'une espèce de combinaison chimique des parties composantes.

Ainsi l'oxyde de thorium blanc se combine à haute température avec l'oxyde de lanthane blanc, pour donner un corps rouge-brun foncé à froid. (?)

Voici, d'après M. Auer, la composition des différents corps incandescents pour diverses lumières.

#### Pour lumière blanche.

1° Oxyde de thorium ($ThO^2$).

Ce corps est rigide à la température de l'incandescence.

2° 30 0/0 d'oxyde de thorium ($ThO^2$),
30 0/0 d'oxyde de zirconium ($ZrO^2$),
40 0/0 d'oxyde d'yttrium ($Y^2O^3$).

Ce mélange donne une lumière d'un blanc jaune.

3° 30 0/0 d'oxyde de thorium ($ThO^2$),
30 0/0 d'oxyde de zirconium ($ZrO^2$),
40 0/0 d'oxyde de lanthane ($La^2O^3$).

Ce mélange émet la lumière la plus intense et la plus belle de tous les mélanges incandescents indiqués plus haut; il est flexible à la température de l'incandescence.

4° 40 0/0 d'oxyde de thorium ($ThO^2$),
40 0/0 d'oxyde de lanthane ($La^2O^3$),
20 0/0 de magnésie ($MgO$).

Flexible à la température de l'incandescence.

#### Pour lumière jaune.

5° 50 0/0 d'oxyde de thorium,
50 0/0 d'oxyde de lanthane.

Dans les mélanges ci-dessus, l'oxyde de lanthane peut être remplacé par les oxydes yttriques et par les oxydes cériques contenant peu de cérium et de didyme.

#### Pour lumière orangée.

6° 50 0/0 d'oxyde de thorium ($ThO^2$),
50 0/0 d'oxyde de néodyme ($Nd^2O^2$).

7° 50 0/0 d'oxyde de thorium ($ThO^2$),
50 0/0 d'oxyde de praséodyme ($Pr^2O^3$).

#### Pour lumière verdâtre.

8° 50 0/0 d'oxyde de thorium ($ThO^2$),
50 0/0 d'erbine (tous les éléments d'oxydes du groupe erbique).

Dans tous les corps indiqués à partir du n° 4, l'oxyde de thorium peut être remplacé partiellement par l'oxyde de zirconium. La lumière des corps incandescents contenant du zirconium est d'un blanc plus accentué.

L'auteur discute ensuite la question relative au remplacement dans ses mélanges de l'yttria, qu'il sera difficile d'obtenir pure commercialement, par les terres yttriques.

L'oxyde de scandium et l'oxyde de zirconium produisent une lumière intense d'une blancheur magnifique.

Les combinaisons de l'oxyde d'ytterbium se signalent aussi par leur éclat extraordinaire et leur grande puissance réfractaire.

L'auteur comprend ensuite un groupe d'éléments qui n'a pas encore été l'objet de recherches suffisantes, et qu'il désigne sous le nom d'« éléments de l'erbium ».

Employés de la même manière, ils donnent une lumière colorée.

Dans ces corps sont comprises les combinaisons d'oxyde de thulium et d'oxyde d'erbium à belle lumière verte, ainsi que l'oxyde d'holmium. Les plus importantes de ces substances, en raison de leurs importants gisements, sont les combinaisons d'oxyde de terbium.

L'oxyde de terbium et l'oxyde de zirconium donnent une lumière presque blanche, de très grande intensité.

Les combinaisons d'oxyde de thorium ou d'oxyde de zirconium et d'oxyde de samarium donnent une lumière très intense d'un blanc jaune.

D'après ces différentes considérations, on peut voir que l'oxyde d'yttrium peut être remplacé dans ces diverses combinaisons par certaines terres yttriques.

Tous ces corps incandescents sont doués d'une puissance d'émission lumineuse bien supérieure aux corps dont nous allons actuellement parler.

#### Pour lumière blanche.

9° 60 0/0 d'oxyde de thorium ($ThO^2$),
40 0/0 de magnésie ($MgO$).

Flexible à la température de l'incandescence.

10° 60 0/0 d'oxyde de thorium ($ThO^2$),
20 0/0 de magnésie ($MgO$),
20 0/0 d'oxyde d'alumine ($Al^2O^3$).

Suinte plus fort que les autres, mais est assez flexible à la température de l'incandescence.

Certains mélanges avec l'oxyde de cérium peuvent aussi s'employer avantageusement si l'on emploie des flammes à température plus élevée que celle du brûleur Bunsen.

Ainsi, d'après M. Auer, un mélange d'oxyde de zirconium et d'oxyde de cérium brille avec intensité dans la flamme du gaz à l'eau, tandis que dans la flamme Bunsen il ne conserve qu'une faible puissance d'émission.

M. Auer, dans son brevet, se contente donc de signaler cette propriété de l'oxyde de cérium, disant qu'en substance les combinaisons d'oxyde de cérium découlent déjà, au moins en partie, de son brevet principal. Mais il ne donne qu'une formule de mélange, qui est la suivante :

N° 12. 30 0/0 d'oxyde de cérium,
20 0/0 d'oxyde de lanthane,
10 0/0 d'oxyde d'yttrium,
40 0/0 d'oxyde de zirconium ou de magnésie, ou les deux mélangés.

Or le mélange intéressant, celui qui est employé pour la fabrication industrielle des manchons et qui, seul ou presque seul, donne des résultats, est composé de :

98 à 99 0/0 d'oxyde de thorium,
2 à 1 0/0 d'oxyde de cérium.

Il n'est pas signalé dans le brevet français.

L'auteur indique finalement une série de corps incandescents moins réfractaires, suintant facilement et pouvant être employés avec avantage pour faire adhérer le manchon au fil qui le supporte :

Les niobates des terres rares, y compris les niobates de thorium; en outre, les niobates de zirconium, de magnésium, de glucinium, de calcium, de cérium, d'aluminium, et les tantalates des mêmes oxydes, les silicates des terres rares, le thorium inclusivement, et le silicate de zirconium.

Les titanates des terres rares, l'alumine inclusivement, et enfin les phosphates des terres rares, y compris l'oxyde de thorium et l'oxyde de zirconium, mélangés les uns aux autres. On peut voir, par les formules précédentes, qu'aucun rapport moléculaire n'est observé.

Telle est la description donnée par M. Auer de son invention, qui dérive directement du bec Clamond, comme celui-ci dérive lui-même des procédés de Frankenstein, de Werner et autres.

Il n'en est pas moins vrai que c'est grâce aux savantes recherches de M. Auer que l'incandescence par le gaz a pu prendre le développement prodigieux que tout le monde a pu constater. Jusqu'alors les diverses tentatives que nous avons décrites avaient échoué plus ou moins complètement; M. Auer lui-même, en 1885, n'avait pas encore atteint à la perfection, et ce n'est qu'en 1892 que des manchons réellement pratiques furent lancés dans le commerce. Ils eurent un très grand succès malgré leur prix relativement élevé, la Société exploitant le brevet Auer s'étant réservé complètement la vente du brûleur nécessaire au fonctionnement du manchon.

Les brevets accordés à M. Auer par le Patent-amt de Berlin sont au nombre de quatre : premièrement le brevet principal de 1885 n° 39162, puis le brevet principal de 1886 n° 41945, le brevet de 1888 n° 44016, et enfin le brevet 74745, datant de 1891.

Le brevet n° 44016 porte sur la régénération des oxydes.

Dans le premier de ces brevets, M. Auer revendiquait l'emploi des terres rares, y compris la magnésie et l'oxyde de zirconium : c'est celui que nous avons décrit dans les pages précédentes.

Dans le brevet 41945, il mentionne pour la première fois l'oxyde de thorium, et indique le mélange qui est actuellement employé.

En Allemagne, depuis l'arrêt de nullité prononcé le 7 novembre 1895 par l'Office de Berlin, la fabrication de corps incandescents au moyen d'oxyde de thorium pur est tombée dans le domaine public ; mais l'incandescence produite par de tels manchons est presque nulle.

Enfin, dans le brevet 74745, M. Auer revendique l'addition d'oxyde d'uranium à l'oxyde de thorium, ainsi qu'à tous les oxydes rares énumérés précédemment. L'oxyde d'uranium semble se comporter comme l'oxyde de cérium.

Les brûleurs employés avec les manchons Auer ne présentent rien de bien spécial; aussi nous ne les décrirons pas. Nous parlerons seulement des nombreuses tentatives faites ces derniers temps pour obtenir l'auto-allumage. Tous ces appareils comprennent : 1° un corps allumeur (à base de noir de platine ou de noirs du même groupe) entrant en ignition sous l'action du gaz; 2° une partie destinée à produire l'allumage. La première partie est sensiblement la même dans tous les appareils : seuls les agents déterminant l'allumage diffèrent. On peut les classer en trois catégories, selon que l'allumage est déterminé par : 1° un fil de platine; 2° du platine divisé et des oxydes rares portés à l'incandescence; 3° des oxydes rares seuls.

1° *Allumage par le platine.* — Dans ce système, le corps allumeur entre en ignition sous l'influence du gaz et communique sa chaleur à un fil de platine qui, devenant actif à son tour, provoque la combinaison du gaz et de l'oxygène, atteint le rouge blanc et allume.

La première tentative dans cette voie est celle de Desclle-Gillet (B. F., 239883 du 7 juillet 1894); les inventeurs adaptent au manchon un mélange de noirs de platine et de palladium contenu dans un sachet en toile de platine ou en toile artificielle obtenue en calcinant de la baptiste imprégnée de chlorure platinique. Un autre inventeur, Killing, constitue un tissu en entremêlant du fil de platine de $0^{mm},03$ avec du fil allumeur (mélange de thorine et de noir de platine) et fixe le tout à la partie supérieure du manchon (E. P. 21935, 1897).

2° *Allumage mixte.* — Il est reconnu que le mélange d'air et de gaz amène le noir de platine seulement au rouge sombre, température insuffisante pour l'allumage. Au contraire, un mélange de matériaux réfractaires poreux tenant une faible proportion de platine peut, dans les mêmes conditions, devenir incandescent et entraîner l'inflammation.

M. Sulzbach a appliqué ce principe; il imbibe le manchon d'une solution platinique et dispose contre ce manchon un corps allumeur (D. R. P., 94145, 22 septembre 1895). M. Duke emploie dans ce but un petit bloc d'écume de mer chargé de noir de platine, placé à la partie supérieure du manchon.

Malheureusement, les corps allumeurs connus à cette époque (1897) ne pouvaient résister à l'action prolongée de la chaleur et ne tardaient pas à perdre leurs propriétés.

Afin d'obtenir une plus grande durée, MM. Perl et Cie créèrent, sous le nom de Phénix-Idéal, un manchon muni d'une tache platinique contre laquelle était placée une boulette d'allumage située au bout d'une spirale. Au début, la boulette exposée au courant gazeux rougit et transmet son ignition à la tache; une fois le bec allumé, la spirale, se dilatant, l'entraîne au-dessous de la partie froide de l'appareil.

3° *Allumage par les oxydes du manchon.* — Dans ce cas, on se sert de deux tissus : le premier, jouant le rôle de corps allumeur, contient un mélange de 60 0/0 environ de noir de platine ou analogue et 40 0/0 d'oxyde de thorium ou cérium;

le second, qui, une fois échauffé par le premier, complète l'allumage, contient environ 92 0/0 d'oxyde de thorium, 4 0/0 d'oxyde de cérium et 4 0/0 d'oxyde de néodyme. L'inventeur prévoit, dans certains cas, l'adjonction de 0,1 à 0,2 0/0 de ruthénium.

BIBLIOGRAPHIE. — *Journal des Usines à Gaz.* — *Journal für Gasbeleuchtung.* — *Journal of Gaslighting.* — E. de Montserrat et E. Brisac, *Le Gaz et ses applications.* — P. Truchot, *L'Incandescence par le Gaz; Les Terres rares.* — Dammer, *Handbuch der technischen Chemie.*

### ANALYSE DU GAZ D'ÉCLAIRAGE ET DES GAZ INDUSTRIELS.

La plupart des procédés en usage pour l'analyse du gaz d'éclairage ont déjà été décrits par Le Blanc (voyez Dict., 1, 1544), nous n'y reviendrons pas. Nous nous contenterons donc de signaler quelques méthodes et instruments nouveaux qui se sont introduits dans la pratique industrielle.

*Densité des gaz.* — Un des appareils les plus simples est la burette Bunsen-Schilling, basée sur ce principe que la vitesse d'écoulement d'un gaz est en raison inverse du carré de la densité. On en conclut aisément que les densités elles-mêmes sont proportionnelles aux carrés des temps que met un même volume à s'écouler par un orifice donné et sous une même pression.

L'appareil, représenté par la figure 526, se compose d'un grand vase en verre B, sur le

Fig. 526. — Burette Bunsen-Schilling.

fond duquel repose librement une cloche construite de la façon suivante : Un tube de verre A de fort diamètre, et portant vers ses deux extrémités visibles deux traits de repère CC' marqués au diamant, est emboîté et luté aux deux bouts dans des douilles en bronze. La douille inférieure, ouverte au centre sur le diamètre même du tube, est armée de trois pieds qui permettent de poser la cloche bien d'aplomb dans le vase.

La douille supérieure est fermée par un plateau qui porte trois tubulures communiquant avec l'intérieur du tube A; un tube latéral, muni d'un robinet a, est disposé à son extrémité pour recevoir un tuyau de caoutchouc : il sert à l'introduction du gaz ou de l'air dans l'appareil; la tubulure b pourvue d'un robinet porte, au-dessous de ce robinet, un diaphragme faisant mince paroi, percé d'un trou de très petit diamètre. C'est par cet orifice que s'échappe le gaz pendant la durée de l'essai; enfin une seconde tubulure permet d'ajuster un thermomètre c au moyen d'un bouchon de liège qui traverse la tige.

Voici maintenant comment on opère : Le robinet a étant ouvert, on verse de l'eau dans le vase B, jusqu'à ce que le niveau dans ce vase, et dans le tube A, soit très voisin du plateau supérieur. Cela fait, le robinet b étant fermé, on adapte le caoutchouc en a et on aspire le gaz dans le tube A, en élevant à la main tout l'ensemble mobile jusqu'à ce que le gaz remplisse presque complètement le tube. On ferme alors vivement le robinet a et on redescend tout l'ensemble dans sa première position. On purge l'appareil en ouvrant le robinet b et en laissant le gaz s'échapper; l'eau remonte dans le tube A, et avant qu'elle arrive au même niveau que dans le vase B, on ferme le robinet b de peur de rentrées d'air, puis on ouvre le robinet a; on remplit de nouveau la cloche de gaz, comme il a été dit ci-dessus, et on ramène l'appareil mobile sur le fond du vase après avoir fermé le robinet a. On entr'ouvre un instant avec précaution le robinet b pour laisser échapper un peu de gaz et ramener le niveau de l'eau dans le tube, exactement au trait C. Cela fait, tout est disposé pour l'expérience.

On prend un compte-secondes dont on a ramené au zéro les aiguilles des minutes et des secondes; on ouvre en plein le robinet b, et en même temps on met en marche le chronomètre. Le gaz s'échappe lentement par le petit orifice du diaphragme, et l'eau monte dans le tube A. Au moment précis où l'eau atteint le second trait de repère C', on arrête le chronomètre et l'on note le nombre de minutes et de secondes qu'a duré l'écoulement du volume de gaz compris entre C et C'.

On enlève alors le caoutchouc qui amène le gaz et on recommence la même expérience avec l'air ambiant. On note de nouveau le temps que dure l'écoulement du même volume d'air; on réduit les deux nombres en secondes et on les élève ensuite au carré; le rapport de ces deux carrés est précisément celui qui existe entre la densité du gaz et celle de l'air.

Par exemple, si l'écoulement du gaz a duré 2 minutes 20 secondes, soit 140 secondes, et celui de l'air 3 minutes 33 secondes, soit 213 secondes, on a

$$\frac{140^2}{213^2} = \frac{19,600}{45,369}.$$

Si donc $\Delta g$ est la densité de gaz et $\Delta a$ celle de l'air, on aura

$$\frac{\Delta g}{\Delta a} = \frac{19,600}{45,369} = 0,432.$$

Si, de ce rapport, on veut déduire le poids à une température quelconque d'un mètre cube du gaz essayé, il suffira de calculer le poids d'un mètre cube d'air à la même température, et de multiplier ce poids par le rapport 0,432.

Rappelons à ce propos que :

1 mètre cube d'air à 0° et 760ᵐᵐ pèse    1 kg 293

1 mètre cube d'air à $t$° et 760ᵐᵐ pèse $\dfrac{1\ \text{kg}\ 293}{1 + 0,00367\ t°}$

La burette de Bunsen-Schilling, malgré son extrême simplicité, donne des résultats d'une très grande précision. La masse considérable d'eau que contient le vase a l'avantage d'éviter les changements de température de la cloche pendant l'essai, et l'on peut admettre que le gaz et l'air sont ainsi essayés absolument à la même température. Au surplus, le thermomètre fixé sur le plateau permet de constater qu'il n'y a pas eu de variation.

*Balance à gaz de Lux.* — Un appareil automatique, et qui donne constamment la densité du gaz, est la balance de Lux, représentée par la figure 527 [voyez *J. Gasbel.*, 1887, 251, 786 ; 1890, 100].

Le gaz entre en C, monte dans la colonne sup-

Fig. 527. — Balance à gaz de Lux.

portant le fléau de la balance et ressort par le second robinet après avoir rempli entièrement la boule A. Une lecture directe donne ainsi le poids de la quantité de gaz contenue dans la boule, par rapport à l'air.

*Burettes de Bunte et de Hempel.* — Les analyses de gaz industriels portent en général sur les éléments absorbables par les réactifs chimiques : acide carbonique, oxyde de carbone et oxygène (azote par différence). On se sert pour les effectuer de burettes d'absorption, dont la plus commode est la burette de Bunte, ainsi que celle de Hempel.

Voici le fonctionnement de ces burettes. Celle de Bunte (fig. 528) n'étant qu'un perfectionnement de la burette de Hempel (fig. 529), nous ne décrirons que la première.

La burette de Bunte permet de mesurer 100 centimètres cubes de gaz à une pression exactement constante et toujours identique à elle-même. Elle se compose d'un tube gradué A muni à ses deux extrémités (inférieure et supérieure) de robinets *a* et *b*. Le robinet *b* est surmonté en outre d'un petit entonnoir *c*. Le tube gradué contient environ 113 centimètres cubes, la graduation 100 étant à la partie supérieure, près du robinet, exactement au-dessous de l'élargissement représenté par notre figure. L'élargissement contient environ 60 centimètres cubes, puis

vient le trait 0 et encore une dizaine de graduations complètent ce cube.

Un manchon réfrigérant contient de l'eau et entoure tout l'appareil de façon à fournir une température constante. Le robinet inférieur *a* est un simple robinet ordinaire. Le robinet *b* est un robinet à 3 voies ; en temps ordinaire le bout percé du robinet *b* est fermé par un morceau de tube en caoutchouc muni d'une petite tige de verre. L'entonnoir *c* porte un trait de repère indiquant sa contenance, soit 25 centimètres cubes.

Le robinet *a* communique par des caoutchoucs soit avec le récipient C soit avec le flacon de Woolf S en relation avec une trompe à eau.

Pour mesurer exactement 100 centimètres cubes de gaz à essayer, voici comment l'on procède : On remplit le tube A d'eau au moyen de C, ainsi que *c* jusqu'au trait indiquant 25 centimètres cubes, puis on met le robinet *b* en communication avec la source de gaz à analyser. On enlève alors le caoutchouc de *a* et on ouvre le robinet *b*, puis le robinet *a* ; l'eau s'écoulant de *a* aspire le gaz à analyser. Quand les 100 centimètres cubes sont entrés, c'est-à-dire quand la division 0 est dépassée, on ferme la communication *b* ainsi que *a* que l'on met en relation avec le récipient C. Ceci fait, on rouvre *a*, puis on ouvre lentement *b* en le faisant communiquer avec le petit réservoir *c*. L'excès de gaz s'échappe en traversant toujours la même hauteur de liquide, et, quand l'eau du récipient C arrive au 0 de l'appareil, on ferme les deux robinets et le volume du gaz est mesuré.

On peut alors introduire par l'enton-

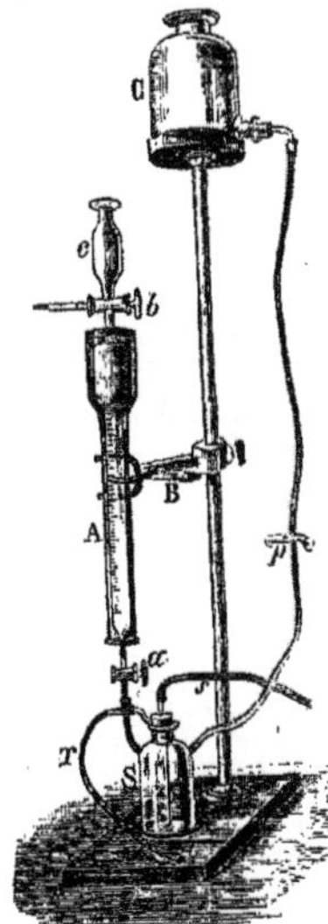

Fig. 528. — Burette de Bunte.

noir *c* les substances absorbantes destinées à l'analyse.

La burette de Bunte a l'avantage de n'exiger

aucun caoutchouc à demeure, d'être entièrement en verre et toujours prête à servir. Elle se prête

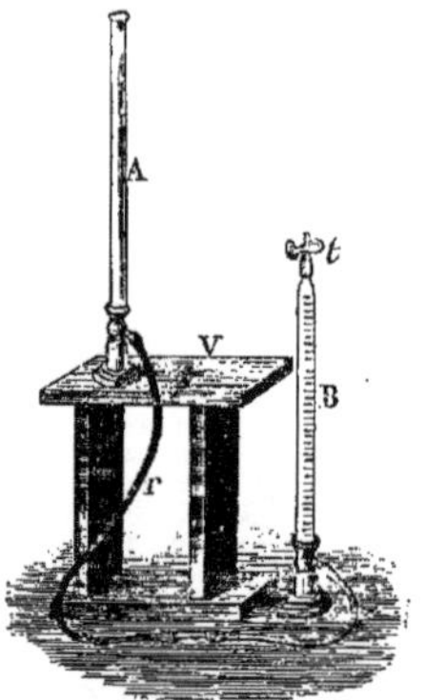

Fig. 529. — Burette de Hempel.

tres commodément aux prises d'essai sur place et aux transvasements de gaz; elle permet de faire les lectures dans les mêmes conditions de température, de pression et de tension de vapeur; enfin elle est très rapide, car les différents réactifs y sont introduits successivement, chacun d'eux s'écoulant par le robinet inférieur, sans mélange avec le nouveau liquide versé par le robinet supérieur.

Le dosage de l'eau dans le gaz n'est pas moins nécessaire que celui de l'acide carbonique, car sa chaleur latente et la chaleur de combustion de l'hydrogène qui l'a formée ont de l'importance. L'appareil permettant de l'effectuer est un aspirateur précédé de tubes absorbants à chlorure de calcium ou à ponce sulfurique, dont on détermine l'accroissement de poids après le passage d'un volume connu du gaz.

L'opération ne peut se faire que sur place au gazomètre même, et en prenant les précautions nécessaires pour que la vapeur d'eau ne se condense pas dans le tube par lequel le gaz est amené à l'appareil.

L'analyse complète se fait en partie avec la burette de Bunte et en partie avec l'eudiomètre.

On commence par absorber l'acide carbonique et l'oxyde de carbone avec les réactifs appropriés, puis on ajoute, dans la burette même, au résidu composé d'azote, d'hydrogène et de formène, éthylène, etc., une quantité d'oxygène suffisante pour assurer la combustion complète. On fait alors passer une partie du mélange dans un eudiomètre à fil de platine où, à l'aide d'une étincelle électrique, on opère la combustion; on termine en absorbant l'acide carbonique par un fragment de potasse. On peut se servir, ainsi que l'indique M. Damour, à qui nous empruntons ces renseignements, comme cuve à mercure, d'un simple mortier en porcelaine, et si l'on se contente d'une approximation de 1 0/0, suffisante pour les analyses industrielles de gaz, on peut faire la lecture des hauteurs de mercure à l'aide d'une règle divisée en millimètres placée à côté de l'eudiomètre.

*Détermination du soufre.* — La présence du soufre dans le gaz d'éclairage a une grande importance; aussi M. Drehschmidt a-t-il imaginé un appareil qui permet de le doser d'une façon très exacte.

Cet appareil, représenté par la figure 530, se compose d'un gazomètre gradué exactement et contenant le gaz à examiner, qui est brûlé dans le brûleur A alimenté par de l'air, lavé en B par de la potasse tombant de H. Les produits de la combustion passent par le tube C, relié au manchon métallique par un joint à mercure, le raccord f,

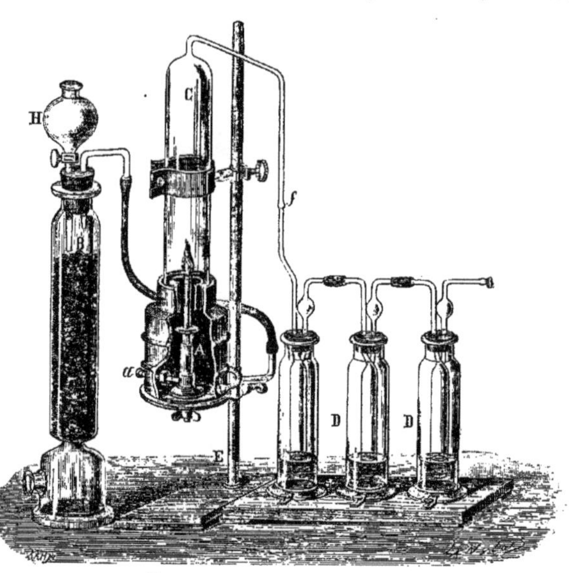

Fig. 530. — Appareil de M. Drehschmidt.

et sont aspirés par une trompe au travers de trois flacons laveurs D, D remplis de carbonate de soude à 5 0/0, additionné de quelques gouttes de brome pour oxyder les traces d'acide sulfureux que contiennent les produits de la combustion du gaz d'éclairage.

Lorsqu'une quantité déterminée de gaz d'éclairage a traversé l'appareil, on réunit les solutions alcalines, on acidifie par de l'acide chlorhydrique pur, on porte à l'ébullition pour chasser le brome et on ajoute à chaud du chlorure de baryum. Le sulfate de baryum qui se précipite est filtré, lavé, séché et pesé. G.-F. Jaubert.

**GAZ COMPRIMÉS ET LIQUÉFIÉS.** — Le premier gaz comprimé industriellement fut l'*air atmosphérique*, le premier liquéfié industriellement fut l'*acide carbonique*. L'accueil que reçurent ces nouveaux produits fut tel, qu'à l'heure actuelle l'industrie des gaz comprimés et liquéfiés est des plus importantes.

Faraday fut le premier, en 1823, et à vrai dire grâce un peu au hasard, à condenser à l'état liquide quelques corps qui n'étaient connus jusqu'alors que sous la forme gazeuse. Son procédé était très simple : il reposait sur l'effet simultané de la pression et de l'abaissement de température. Le premier gaz que liquéfia ce savant fut le cyanogène, et le tube de Faraday est trop connu pour que nous nous y arrêtions.

Douze ans plus tard, Thilorier liquéfiait l'acide carbonique, et ces divers travaux portèrent à croire que tous les gaz sans exception seraient liquéfiables, à condition d'employer une pression suffisante; mais bientôt les expériences de Colladon puis celles de Natterer en 1844, qui atteignit des pressions de 300 atmosphères, montraient que certains gaz, qui furent désignés sous le nom de *gaz permanents*, résistaient même à ces hautes pressions.

Plus tard, Andrews, dans un mémoire célèbre publié en France en 1870, sur la continuité des états liquide et gazeux, vint faire connaître l'existence du point critique et, donnant la forme de quelques isothermes de l'acide carbonique, montra que les gaz réputés permanents étaient tous liquéfiables, à la condition d'adjoindre à la pression l'abaissement de la température. Nous ne rappellerons que pour mémoire les travaux considérables d'Amagat, de Cailletet, de Pictet, Wroblewsky et Olzewski, Dewar, Linde, etc. [Voyez POINT CRITIQUE, 2ᵉ Suppl., 1, 1447.]

A l'heure actuelle, tous les gaz sans exception ont été liquéfiés, et l'hydrogène, qui défiait les expérimentateurs, a même été solidifié en 1899.

Au point de vue industriel, le nombre des gaz liquéfiables est restreint, à cause de leur point critique situé à une température plus élevée que la température ordinaire. C'est ainsi que les gaz suivants ne peuvent qu'être comprimés industriellement, et non liquéfiés, et conservés dans des bombonnes d'acier : l'oxygène, l'ozone, l'azote, l'hydrogène, l'air, l'oxyde de carbone, le protoxyde d'azote, le méthane, l'éthylène. Par contre, l'acide carbonique, l'acétylène, le chlore, l'acide chlorhydrique, l'acide sulfureux, le bioxyde d'azote, l'ammoniaque, le cyanogène, le gaz d'huile, le chlorure de méthyle et les amines du méthane sont liquéfiables industriellement.

Voici la liste des gaz actuellement comprimés ou liquéfiés industriellement :

1º L'air, l'oxygène, l'ozone;

2º L'acide carbonique, l'acide sulfureux, le chlore, l'ammoniaque, le gaz d'huile, l'acétylène, le chlorure de méthyle;

3º L'azote, l'hydrogène, l'oxyde de carbone, l'oxychlorure de carbone, les oxydes de l'azote, le méthane et l'éthylène, l'acide chlorhydrique, le cyanogène.

### AIR LIQUIDE LINDE.

Tous les procédés mécaniques employés pour produire un abaissement de température sont basés sur la dépense de travail *intérieur* ou *extérieur* (mécanique), accompagnée de changements d'état correspondant à une augmentation de volume.

L'équivalent de ce travail intérieur ou extérieur est enlevé au corps mis en œuvre sous forme de chaleur. La classification des machines à froid en « machines à gaz liquéfiables » et en « machines à air froid » est bien connue des techniciens. Dans les premières, c'est principalement l'équivalent du travail intérieur (la chaleur latente) qui est enlevé, tandis que dans les machines à air froid c'est presque exclusivement l'équivalent du travail extérieur. Nous démontrerons plus loin que, dans les machines à air froid également, il y a lieu de tenir compte d'une quantité minime de travail intérieur, et que c'est par l'utilisation de cette petite partie du travail dépensé, négligée jusqu'à présent, que la machine Linde à liquéfier l'air se place entre les machines à gaz liquéfiables et les machines à air froid.

Si l'on passe en revue les moyens employés jusqu'à présent par les physiciens pour atteindre les températures critiques des gaz les plus difficiles à condenser, et même des températures encore plus basses, on remarque qu'ils ont presque toujours commencé par comprimer et condenser un gaz, l'acide carbonique par exemple, dont la température critique peut être atteinte par des moyens simples. Si on permet à ce liquide de s'évaporer sous une pression relativement basse, c'est-à-dire de se détendre suivant un volume spécifique très grand, on obtient un premier abaissement de température, employé généralement pour faire parcourir à un liquide plus volatil, l'éthylène par exemple, un cycle identique qui procure un second abaissement de température. De cette façon, ayant recours à plusieurs cycles de gaz de plus en plus volatils, on parvient à la température désirée ou pouvant être atteinte.

Tandis que la soustraction de la chaleur latente seule est généralement employée pour obtenir un abaissement de température, dans quelques-unes des expériences de liquéfaction les plus connues, le refroidissement est obtenu en laissant le gaz se détendre à une faible pression $p_0$ après qu'il a été comprimé à une pression très élevée $p_1$, puis refroidi jusqu'à la température T par les moyens indiqués plus haut (acide carbonique ou protoxyde d'azote). Le refroidissement peut alors se produire de trois manières :

1º Une détente adiabatique a lieu à l'intérieur du récipient qui contient le gaz; elle est accompagnée d'un abaissement de température qui, pour une pression donnée $p$ (l'influence des parois étant supposée nulle), est donné par la relation connue :

$$\frac{T_1}{T} = \left(\frac{p_1}{p}\right)^{\frac{K-1}{K}};$$

2º Le jet qui s'échappe du récipient contient, sous forme de force vive, un travail de détente adiabatique dont l'équivalent est soustrait au gaz qui s'échappe; il en résulte, au point du jet qui possède la vitesse maximum, un abaissement de température donné par la relation

$$\frac{T}{T_0} = \left(\frac{p}{p_0}\right)^{\frac{K-1}{K}};$$

3º Tandis que l'abaissement de température que nous venons de mentionner, et que nous appellerons refroidissement « dynamique », n'est que transitoire, car il cesse d'être perceptible dès que le jet est revenu à l'état de repos et que sa force vive s'est transformée en chaleur, un refroidissement durable « statique » peut se produire comme conséquence de la force attractive des molécules à vaincre pendant l'augmentation de volume, ce qui exige une dépense de travail

« interne » dont l'équivalent est enlevé à la chaleur que contient le gaz.

Le 24 décembre 1877, M. Cailletet annonçait à l'Académie des Sciences [*C. R.*, 85, 1116] qu'il avait obtenu l'oxygène sous forme de brouillard intense, dans un tube de verre où il l'avait fortement comprimé, puis refroidi à — 29° au moyen de l'acide sulfureux et laissé détendre adiabatiquement. En même temps, un télégramme de M. Raoul Pictet annonçait qu'il était parvenu à obtenir l'oxygène sous forme de jet liquide. Au moyen d'un double cycle d'évaporation (acide sulfureux et acide carbonique), il avait refroidi l'oxygène à une température non déterminée, à laquelle, suivant lui, la liquéfaction aurait eu lieu sous une pression « devenue stationnaire » de plus de 200 atmosphères. Nous savons aujourd'hui que ce n'était pas le cas, la pression critique de l'oxygène n'étant que de 50 atmosphères; la production du jet liquide observé était due plutôt à la détente du gaz qui s'échappait.

Quoique ces premières expériences aient démontré qu'il était possible de liquéfier l'oxygène, les phénomènes de liquéfaction n'en étaient pas moins transitoires (dynamiques), et Jamin avait raison de dire dans cette même séance du 24 décembre 1877 de l'Académie des Sciences : « L'expérience définitive est encore à faire ; elle consistera à maintenir l'oxygène liquide à la température de son ébullition, comme on le fait pour le protoxyde d'azote, ou à l'état solide, comme l'acide carbonique. » Quoique M. Cailletet [*C. R.*, 94, 1224] ait employé plus tard l'éthylène pour refroidir l'oxygène, et que par son évaporation à la pression atmosphérique il ait obtenu une température de — 105°, il ne lui était pas encore possible d'arriver à cette expérience « définitive », car, à cette température, il était toujours au-dessus du point critique, quoiqu'il s'en fût beaucoup rapproché. En 1883 parut le compte rendu des travaux de MM. Wroblewski et Olszewski [*C. R.*, 86, 1140] dans lequel ils annonçaient qu'ils étaient parvenus à obtenir l'oxygène, l'azote et l'oxyde de carbone liquides, à l'état statique, en perfectionnant les méthodes et les appareils de M. Cailletet ; entre autres, ils avaient pu obtenir une température de —139° pour le refroidissement de l'oxygène, en faisant évaporer l'éthylène sous une pression de 2$^{cm}$,5 de mercure. M. Cailletet lui-même décrivit [*C. R.*, 87, 1115], la même année, son appareil à « action continue ».

Tous les appareils employés depuis sont basés, sans exception, sur la condensation et l'évaporation successives de corps volatils, acide carbonique, éthylène, oxygène, et ils ont rendu possibles les nombreuses recherches sur les propriétés physiques des gaz liquéfiés que nous devons particulièrement à M. Olszewski, puis à M. Dewar, qui, depuis l'année 1884, a suivi la même voie que les expérimentateurs que nous venons de citer et, à l'aide des mêmes principes, a certainement obtenu au moyen de ces appareils les plus grandes quantités de gaz liquéfiés qui aient été atteintes jusqu'à présent.

Voici la description de cet appareil, que M. Dewar a donnée en 1884 [*Phil. Mag.*, 18, 211]; il est représenté figure 531 :

« Le réservoir à oxygène ou à air, C, en fer, contient le gaz à expérimenter, sous une pression de 120 atmosphères. A est un robinet qui permet de régler la pression du gaz dans le tube de verre F, suivant les indications du manomètre D, relié au tube ci-dessus par le petit tuyau en cuivre I. L'indicateur du vide est en J; par l'ajutage H, il est réuni à une pompe oscillante à double effet de Bianchi. Le tube de verre G, contenant l'acide carbonique solide, l'éthylène ou le protoxyde d'azote liquides qui doivent

être évaporés dans le vide, est entouré d'un tube plus grand et portant des trous en E, de façon que les vapeurs froides qui se rendent à la pompe à vide enveloppent le vase d'évaporation et le protègent contre la chaleur extérieure. Avec une pression de 2$^{cm}$,5 de mercure, la température de l'éthylène est d'environ — 140°, et il suffit alors d'une pression de 20 à 30 atmosphères pour obtenir l'oxygène liquide dans le tube F.

En juin 1886, M. Dewar décrivit un perfectionnement de cet appareil [*Proc. Roy. Instit.*].

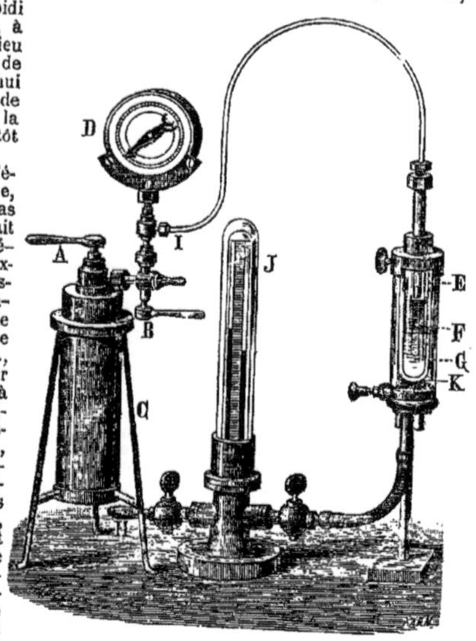

Fig. 531. — Appareil Dewar.

L'éthylène était liquéfié dans un tube de cuivre entouré d'acide carbonique solide et d'éther, puis envoyé dans le récipient communiquant avec la pompe à vide. L'oxygène passait dans un tube de cuivre long de 13$^{m}$,70 dans lequel il était refroidi d'abord par l'éther et l'acide carbonique, puis par l'éthylène évaporé dans le vide; il se liquéfiait alors par quantité jusqu'à 22$^{cc}$ à la fois.

Depuis 1894, M. Dewar s'est servi, pour ses recherches et pour ses démonstrations, d'un appareil encore plus parfait, dont une photographie représentant l'aspect extérieur a été publiée dans le *Proc. Roy. Instit.* [13, 481], et avec lequel il a pu, dit-il, obtenir l'oxygène liquide « par pintes ».

Le dernier pas qui ait été fait dans le domaine de la liquéfaction des gaz au moyen des méthodes et appareils ci-dessus, est dû à M. Olszewski [*Wiedem. Ann.*, 1895], qui en 1895 a déterminé la température critique et le point d'ébullition de l'hydrogène après avoir déduit la pression critique d'expériences précédentes dans lesquelles il avait obtenu l'hydrogène sous la forme d'un brouillard de courte durée.

Toutefois on n'a pas encore pu obtenir jusqu'à présent l'hydrogène à l'état de liquide statique.

Ainsi, à cette seule exception près, le problème de la liquéfaction des gaz a été résolu dans les laboratoires de physique à l'aide de méthodes et de procédés tels, que la répétition des expériences est à la portée de tous ceux qui possèdent les connaissances et les moyens nécessaires. Mais il est à peine besoin de dire que ces méthodes et ces moyens, à cause de leur complication et de leur prix élevé, ne se prêtent guère à l'introduction de la liquéfaction des gaz dans la pratique générale et industrielle. L'appareil employé par MM. Cailletet, Olszewski et Dewar, sous une forme graduellement perfectionnée, dès qu'il est établi sur une grande échelle pour une production continue, se compose de trois machines productrices de froid par évaporation, travaillant, la première avec l'acide carbonique, la seconde avec l'éthylène, la troisième avec l'oxygène, et on comprend sans peine que l'installation et l'exploitation de pareille machines entraînent des frais et des difficultés qui s'opposent à leur emploi dans l'industrie. Pour réaliser une telle application, il faut trouver des moyens beaucoup plus simples et moins coûteux.

Des ingénieurs distingués ont cherché à résoudre le problème. Les efforts tentés dans cette direction sont toutefois peu connus et, jusqu'à ces derniers temps, il n'en a pas été fait mention dans les publications techniques, probablement parce qu'ils n'ont pas eu de succès. En 1885, un brevet fut délivré à M. Ernest Solvay pour un « appareil pour la production des températures « extrêmes ». Au moyen de cet appareil, M. Solvay voulait, entre autres, « produire du froid pour liquéfier les gaz et spécialement l'air atmosphérique »; le procédé qu'il employait est analogue à celui pour lequel, déjà en 1857, M. William Siemens déposait une description provisoire de brevet, contenant ces mots :

« L'invention se rapporte au refroidissement par l'expansion de l'air ou de fluides élastiques. L'air est d'abord comprimé dans un cylindre ou dans une machine quelconque disposée à cet effet, ce qui abaisse sa température. L'air ainsi refroidi est conduit dans un échangeur, où il refroidit l'air comprimé qui arrive en sens inverse. Le principe de l'invention consiste à produire un effet accumulé ou un abaissement indéfini de la température. »

Il s'agit donc ici de la combinaison d'une machine à air froid ordinaire avec un échangeur qui transmet l'abaissement de la température dû à la détente adiabatique dans un cylindre moteur, à l'air comprimé qui doit produire la détente suivante, de sorte que les températures limites du cycle dans le cylindre de détente doivent s'abaisser progressivement. Ce principe a été mis à profit ou découvert à nouveau, non seulement par M. Solvay, mais encore par plusieurs autres inventeurs. Le 23 mai 1895, M. William Hampson a déposé une « provisional specification » disant : « Le cycle usuel de compression, de refroidissement et d'expansion est modifié en utilisant tout le gaz après son expansion pour ramener aussi près que possible de sa propre température le gaz comprimé qui est sur le point de se détendre. »

Théoriquement, l'efficacité de ce procédé pour l'obtention des basses températures jusqu'au point de liquéfaction du gaz en œuvre est indiscutable. Cependant, à l'exception de la communication de M. Solvay, dont nous venons de parler, aucune application pratique n'a été mentionnée jusqu'à présent. Sa réalisation est, du reste, contestable, pour les raisons suivantes :

Supposons que le procédé soit appliqué à l'air atmosphérique, jusqu'à la température qui doit être atteinte avant la liquéfaction; à ce moment, on a en présence tous les corps mélangés à l'air, tels que l'eau, l'acide carbonique, etc., ainsi que tous les restes de matière lubrifiante employée à l'état solide. Dans ces conditions, le fonctionnement d'un cylindre d'expansion avec ses organes de distribution devient presque impossible à réaliser. Tous ceux qui ont travaillé avec ces basses températures savent combien la manipulation d'un simple robinet présente déjà de difficultés. En outre, il serait très difficile, pour ne pas dire impossible, de protéger, comme il le convient pour ces basses températures le cylindre d'expansion et son mécanisme contre l'action de la chaleur extérieure. On ne pourra donc pas du tout atteindre ces températures avec un pareil dispositif. C'est ce qui paraît être confirmé par la communication faite, au nom de M. Solvay, par M. Cailletet, à l'Académie des Sciences [*C. R.*, 124, 1141], au mois de décembre 1895, et dans laquelle il dit :

« Le maximum d'abaissement de la température auquel je réussis à arriver ainsi fut de —95°, les causes de déperdition du froid produit l'emportant ensuite sur la puissance de la production. »

*Nouvelle machine pour la liquéfaction des gaz.* — À la fin de mai 1895, M. Linde a présenté et décrit devant une réunion de physiciens, de chimistes et de techniciens, à Munich, une machine en fonctionnement qui se composait seulement d'un compresseur d'air et de deux échangeurs et qui pouvait fournir plusieurs litres d'air liquide par heure. Cette machine paraît avoir résolu d'une façon simple et économique le problème de la liquéfaction de l'air par grandes quantités; en outre, elle constitue un appareil qui permet d'atteindre, également avec simplicité, les plus basses températures auxquelles la matière peut être soumise.

Le mode d'action de cette nouvelle machine est basé, contrairement à celui des machines de Siemens et de Solvay, sur la production d'un travail intérieur qui enlève de la chaleur au gaz jusqu'à ce que sa température soit descendue au-dessous de la température critique et que la condensation se soit produite. Il repose donc sur l'attraction des molécules qu'il faut vaincre par un travail intérieur à chaque augmentation de volume. Cela peut paraître surprenant et même contradictoire avec l'axiome admis par tous les physiciens et techniciens, suivant lequel les forces internes dans les « gaz permanents » sont infiniment petites.

L'exactitude des lois de Mariotte et de Gay-Lussac repose cependant sur cette supposition et on a déduit de ces lois ce principe, formulé par tous les traités et adopté par tous les techniciens, qu'une machine à air froid dépourvue de cylindre de détente ne pourrait pas produire de froid du tout. Cependant c'était un fait bien connu que ces lois ne peuvent pas s'appliquer d'une manière stricte à l'air, et les expériences faites par Thomson et Joule [*Phil. Trans. Roy. Soc.*, 1862, 579], il y a plus de trente ans, ont démontré que, lorsque l'air sous pression s'écoule à une pression plus basse, il se produit un refroidissement θ (indépendant de l'énergie du jet) dont la relation avec la pression et la température a été donnée par ces physiciens sous la forme suivante :

$$[1] \qquad \theta = 0{,}276\,(p_1 - p_2)\left(\frac{273}{T}\right)^2,$$

où $p_1 - p_2$ représente la différence de pression en atmosphères et T la température absolue du jet.

C'est sur cet abaissement de température, d'abord très faible (1/4 de degré par atmosphère à la température ordinaire de l'eau), que l'action réfrigérante de la nouvelle machine repose exclusivement. Le refroidissement obtenu par un premier écoulement de l'air comprimé, même sous une très forte différence de pression, est relativement faible; mais, d'après le principe appliqué pour la première fois par Siemens, on peut combiner l'action de plusieurs écoulements successifs, de façon que l'abaissement de température produit par un écoulement soit transmis à l'air comprimé qui doit produire l'écoulement suivant.

On pourrait objecter que le travail nécessaire pour comprimer l'air à de si fortes pressions prendra des proportions démesurées; mais M. Linde fait observer que, si la différence de pression $p_1 - p_2$ doit être grande, le travail de compression ne dépend pas de cette différence,

mais bien du rapport de ces pressions $\dfrac{p_1}{p_2}$, et qu'il est possible de tenir ce rapport petit, même avec de grandes différences de pression.

Ainsi furent définies les conditions fondamentales pour la construction de la nouvelle machine que nous allons décrire. La figure 532 en représente la disposition schématique.

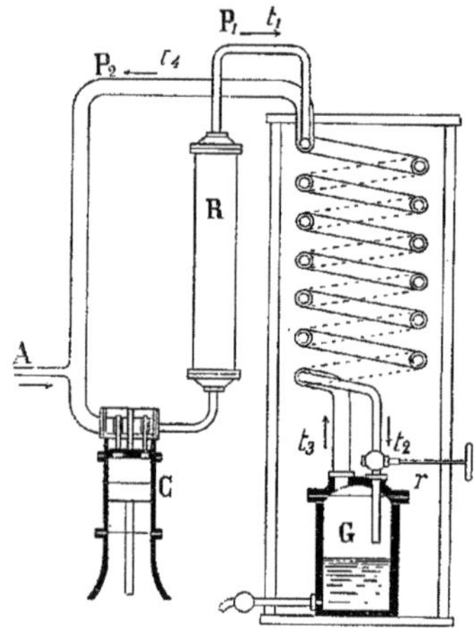

Fig. 532. — Schéma de l'appareil Linde.

Le gaz à liquéfier — nous supposerons qu'il s'agit pour le moment de l'air atmosphérique — est porté de la pression $p_2$ à la pression plus élevée $p_1$ au moyen du compresseur C. La chaleur de compression est enlevée à l'air pendant son passage dans le refroidisseur R, au moyen d'un courant d'eau ou de tout autre corps capable d'enlever cette chaleur à une température convenable, c'est-à-dire de ramener à la température $t_1$ l'air comprimé. Si l'on fait alors passer cet air par un robinet de réglage de façon qu'il se détende de la pression $p_1$ à la pression $p_2$, le refroidissement $\theta$ indiqué par la formule [1] a lieu. Pour transmettre à l'air qui va se détendre l'abaissement de température ainsi obtenu, et pour produire par ce moyen un nouveau refroidissement, un système tubulaire, intercalé entre le refroidisseur et le régleur $r$, est traversé dans un sens par l'air comprimé qui se rend à ce robinet régleur et dans l'autre sens par l'air détendu qui retourne au compresseur où il arrive à la température $t_4$, d'autant plus voisine de la température $t$,

que l'échange de chaleur dans l'appareil à contre-courant est plus parfait.

Comme la température $t_2$ de l'air qui arrive est continuellement abaissée par l'air qui s'échappe à la température $t_5$ et que $t_5$ reste toujours de $\theta$ inférieur à $t_2$, il est évident qu'à partir du moment de la mise en marche de la machine les deux températures $t_2$ et $t_5$ doivent baisser graduellement jusqu'à ce que l'équilibre s'établisse, soit par une introduction compensatrice de la chaleur extérieure, soit par la mise en liberté de la chaleur intérieure. C'est ce dernier cas qui se produit lorsque la liquéfaction de l'air a lieu dans le collecteur G, c'est-à-dire lorsque la température de saturation correspondant à la pression $p$ est atteinte. Pour remplir la machine et pour obtenir les pressions $p_1$ et $p_2$ pendant l'abaissement de la température et la liquéfaction, on introduit de l'air dans le circuit en A, au moyen d'un second compresseur.

Il est facile de réaliser les conditions de l'équilibre thermique lorsque le régime permanent est établi, c'est-à-dire quand se produit la liquéfaction régulière.

La figure 533 représente schématiquement le système. En O est l'arrivée de l'air comprimé à la température $t_1$; sous la pression $p_1$, cet air circule dans le tuyau intérieur de l'échangeur, où il prend une température $t_2$; R est le robinet régleur. L'air détendu prend dans le tuyau extérieur une température qui s'élève de $t_3$, sa température d'entrée, à la température $t_5$ à laquelle il s'écoule par l'orifice de sortie à la pression $p_2$.

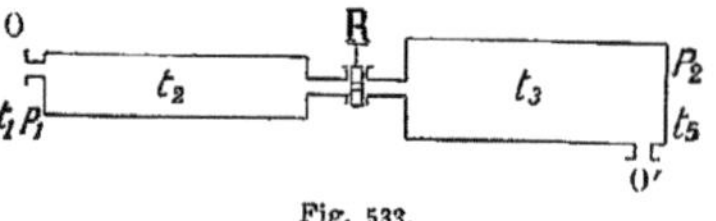


Fig. 533.

Soient $C_1$ la chaleur spécifique de l'air à la la pression $p_1$ et $C_2$ celle de l'air à la pression $p_2$.

Considérons ce qui se passe pour l'unité de poids du gaz traversant le système.

1° De O en R l'air perd une quantité de chaleur $C_1(t_1 - t_2)$;

2° De O en O' s'effectue le travail de détente qui est exprimé par

$$T = p_1 v_1 - p_2 v_2 + T_m,$$

$T_m$ étant le travail intermoléculaire.

Si le gaz suivait exactement la loi de Mariotte, $p_1 v_1$ serait égal à $p_2 v_2$, car les températures $t_1$ et $t_5$ d'entrée et de sortie des gaz sont très peu différentes (fig. 534 et 535). Quoi qu'il en soit, $T_i$ représente le travail interne du gaz; il est équivalent à une quantité de chaleur $\dfrac{T_i}{E}$, E étant l'équivalent mécanique de la chaleur;

3° De R en O' l'air reçoit une quantité de chaleur $C_2(t_5 - t_3)$, qui se compose d'une quantité $C_2(t' - t_3)$ qui lui est fournie par le gaz de O à R, et qui est égale à $C_1(t_1 - t_2)$; d'une seconde quantité $C_2(t_5 - t')$, qui représente la chaleur que fournit le milieu ambiant; enfin, d'une troisième quantité $\varpi l$ cédée par le gaz liquéfié, $\varpi$ étant son poids et $l$ sa chaleur latente de vaporisation.

Pour qu'il y eût égalité entre la chaleur enlevée au gaz et celle qui lui est restituée, il faudrait que le gaz revînt au compresseur à la température $t_1$, et pour cela il faudrait lui fournir une quantité de chaleur $C_2(t_1 - t_5)$. L'équation d'équilibre calorifique serait alors

$$C_1 (t_1 - t_2) + \frac{T_i}{E} - C_2 (t' - t_3) - C_2 (t_5 - t') - \varpi l - C_2 (t_1 - t_5) = 0,$$

d'où

$$\frac{T_i}{E} - C_2 (t_5 - t') - C_2 (t_1 - t_4) = \varpi l.$$

On remarquera que le travail $T_i$, travail intérieur, est celui que fournit l'abaissement de température $\theta$ de la formule [I]. On peut remarquer encore que $\frac{T}{E}$ serait égal à $\varpi l$ si les deux derniers termes du premier membre de l'équation donnaient une somme nulle : la valeur absolue de cette somme constitue un coefficient de perte qu'on ne peut atténuer en ce qui concerne la chaleur fournie par le milieu ambiant en isolant le mieux possible le système. Quant au terme $C_2 (t_1 - t_5)$, on réduit son influence en augmentant la pression initiale $p_1$, ce qui conduit à employer de très fortes pressions.

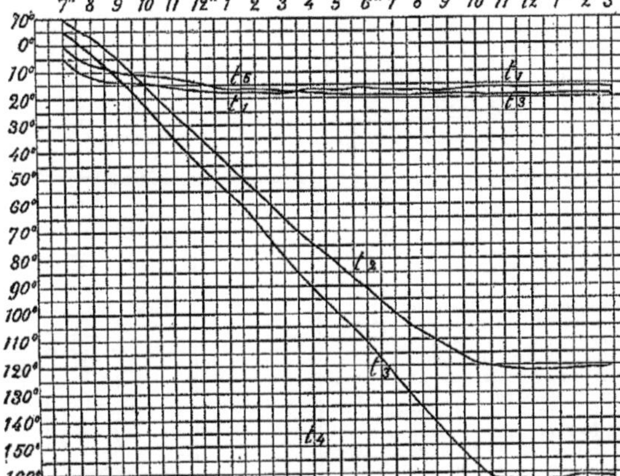


Fig. 534.

Pendant la période d'abaissement de la température jusqu'au point de liquéfaction, il n'y a pas seulement l'air à refroidir. mais aussi la masse de l'appareil tubulaire et son collecteur. Cette période sera plus ou moins longue, suivant le rapport qui existera entre le froid produit, la masse de l'appareil et sa chaleur spécifique (autrement dit « sa valeur en eau »). Lorsque l'on emploie de hautes pressions $p_2$, ce qui est nécessaire si l'on veut obtenir un grand effet utile, la valeur en eau devient naturellement considérable. Si, au contraire, on prend $p_2 = 1$ atmosphère, le tuyau extérieur de l'appareil à contre-courant peut être remplacé par deux surfaces cylindriques de valeur en eau très faible. On peut aussi employer un vase en terre pour recueillir le liquide. De cette façon, on peut réduire presque à volonté la durée de la période de l'abaissement de sa température, surtout si une partie de cet abaissement est obtenu au moyen de l'acide carbonique, par exemple.

*Résultats d'essais.* — Les premiers résultats satisfaisants ont été obtenus avec cet appareil en mai 1895. On se servait pour la compression de l'air du compresseur d'une machine à froid à acide carbonique, disponible à ce moment, et qui fournissait par heure, en moyenne, environ 20 mètres cubes d'air pris à 22 atmosphères et comprimés à 65 atmosphères. La figure 534 représente la marche de l'abaissement de la température jusqu'au point de liquéfaction. L'appareil à contre-courant se composait de deux tuyaux en fer concentriques de 3 et 6 centimètres de diamètre intérieur, et ayant chacun 100 mètres de longueur; ils étaient enroulés en forme de spirale, fixés sur des montants en bois et très bien isolés entre chaque spire et à l'extérieur, avec de la laine brute. Le poids du métal de cet appareil, y compris le collecteur et les accessoires, était d'environ 1300 kilogrammes. A cause de ce poids considérable, la période d'abaissement de la température a duré 15 heures. Le régime une fois obtenu, la production d'air liquide a été d'environ 3 litres à l'heure. L'analyse de ce liquide, dont une partie s'était évaporée au moment de la réduction de la pression de 22 à 1 atmosphère, a donné environ 70 0/0 d'oxygène; il était tout à fait transparent et avait une coloration bleuâtre.

D'autres essais furent exécutés avec un compresseur de Whitehead, qui pouvait comprimer à environ 220 atmosphères 30 mèt. cubes d'air à l'heure, pris à la pression atmosphérique. L'appareil à contre-courant se composait de deux tuyaux de 80 mètres de longueur, de 19 et 40 millimètres de diamètre intérieur et pesant environ 500 kilogrammes. La période d'abaissement de la température dura 5 heures, comme le montre la figure 534. Dans ces essais, la liquéfaction de l'air avait lieu dans un récipient fermé, placé dans le collecteur; on pouvait envoyer dans ce récipient, de l'extérieur, un gaz quelconque à la pression voulue. De l'air introduit dans ce récipient, à la pression de 3 atmosphères, s'y liquéfiait à raison d'un litre par heure. Le liquide obtenu était laiteux, mais par la filtration il devenait transparent et incolore, et avait la même composition que l'air atmosphérique.

Une troisième série d'essais a été faite avec un compresseur Brotherhood, qui fournissait par heure environ 22 mètres cubes d'air pris à la pression atmosphérique et comprimé à une pression moyenne de 190 atmosphères. L'appareil à contre-courant, dont les tuyaux étaient en cuivre, ne pesait que 60 kilogrammes, et la période d'abaissement de la température ne durait que 2 heures environ. Avec un refroidissement préalable au moyen de l'acide carbonique, on réduisait celle-ci à moins d'une heure.

*Séparation des mélanges gazeux. — Extraction de l'oxygène.* — Les physiciens ont toujours observé, pendant la liquéfaction de l'air, que ses éléments — nous n'envisageons ici que

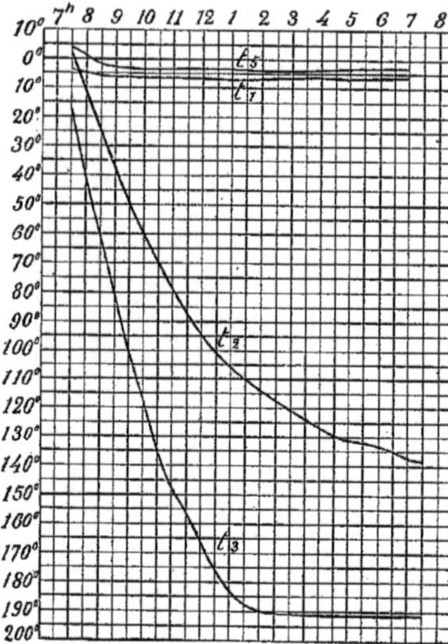

Fig. 535.

l'azote et l'oxygène — passent simultanément à l'état liquide quoique le point d'ébullition de l'azote soit sensiblement plus bas que celui de l'oxygène, mais que, pendant l'évaporation du liquide, l'azote, plus volatil, se dégage le premier, de sorte que, plus l'évaporation dure longtemps, plus le liquide devient riche en oxygène.

Ces observations furent faites alors que l'air était à une pression déterminée (statique), et la condensation était due au contact de cet air avec les parois refroidies extérieurement au moyen d'une évaporation, celle de l'oxygène par exemple, et dont la température correspondait à la pression intérieure. Les essais exécutés avec le nouvel appareil que nous venons de décrire ont donné des résultats analogues, tant que les conditions de liquéfaction ont été les mêmes. Par contre, les essais avec le nouvel appareil, dans lesquels le liquide était extrait directement du courant d'air parcourant le cycle, démontrèrent la présence d'un excès considérable d'oxygène.

On pouvait alors admettre que, par la liquéfaction et l'évaporation subséquente de l'air, il y aurait moyen d'en séparer mécaniquement l'oxygène. Il n'est pas moins évident que l'on ne doit pas laisser sortir de l'appareil les éléments séparés soit à l'état liquide, soit aux basses températures atteintes si on recherche un procédé rationnel, mais que l'azote aussi bien que l'oxygène doivent quitter la machine à l'état de gaz à la température ordinaire, et restituer à l'appareil tout le froid qu'ils ont absorbé pour leur refroidissement et pour leur liquéfaction.

Ce résultat est obtenu par la disposition suivante, indiquée schématiquement sur la figure 536.

L'air comprimé est distribué en $a$ à deux appareils à contre-courant, N et O, se rassemble de nouveau en $b$, s'écoule par un serpentin placé dans le collecteur et arrive enfin, par un robinet $r_1$, dans ce collecteur, où une partie (principalement de l'oxygène) se liquéfie, tandis que l'autre partie

(principalement de l'azote) retourne par l'appareil tubulaire N et quitte la machine en $n$. Au moyen du serpentin placé dans le liquide, l'air comprimé cède de la chaleur à ce liquide et en provoque ainsi l'évaporation d'une plus ou moins grande partie (et d'abord de l'azote qu'il contient encore). Le robinet $r_2$ permet de régler la sortie du liquide du collecteur, de façon à pouvoir varier à volonté le niveau de ce liquide, et par conséquent la surface active du serpentin, suivant la quantité de chaleur nécessaire pour assurer à l'oxygène un certain degré de pureté. Le liquide qui sort en $r_2$ (oxygène plus ou moins pur) passe dans l'appareil à contre-courant O, et enlève à l'air comprimé qui arrive en sens inverse, la chaleur qui lui est nécessaire pour sa réévaporation et pour équilibrer sa température. La division de l'air comprimé en A s'effectue au moyen des deux robinets $c$ et $d$, de façon que la température de sortie des gaz en N et O soit égale, et seulement de quelques degrés inférieure à la température initiale d'arrivée de l'air. De cette façon, la machine n'a à produire que le froid nécessaire pour compenser les pertes dues à l'imperfection des échangeurs et au rayonnement.

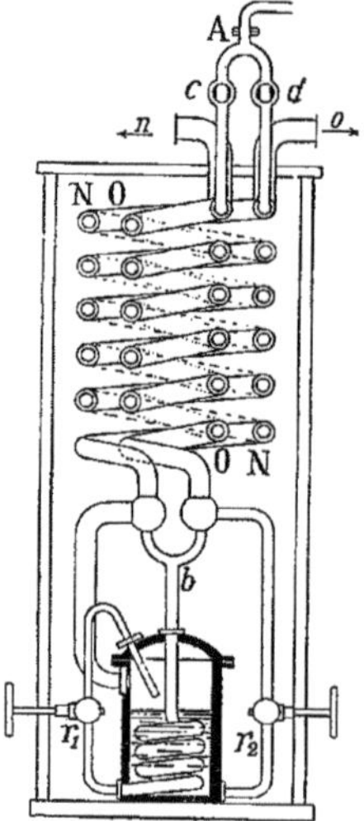

Fig. 536.

Les essais auraient démontré qu'il était possible d'extraire par ces procédés, par cheval et par heure, plus de 5 mètres cubes d'oxygène à la pression atmosphérique et à la température ambiante.

Il va sans dire que d'autres mélanges gazeux peuvent être séparés de la même manière.

#### OXYGÈNE.

L'industrie de l'oxygène a pris, depuis la découverte de Boussingault, mise en valeur par les frères Brin, un essor considérable.

L'oxygène peut être obtenu industriellement par plusieurs procédés.

1° Le *procédé de Tessié du Mottay au man·*

*ganate de soude.* — Procédé remis en honneur il y a peu de temps à Boulogne-sur-Seine par MM. Dutremblay et Lugan et abandonné à nouveau à cause de son prix de revient élevé.

2° Le *procédé électrolytique.* — (Électrolyseurs Dutremblay; R. Lavigne à Oloron dans les Pyrénées; usine installée par la maison Schuckert pour les fondeurs de platine de Hanau, etc.)

Dans le procédé électrolytique le prix de revient de 1 mètre cube d'oxygène et 2 mètres cubes d'hydrogène à 15° est de 1$^{fr}$,62.

3° Le *procédé Linde.* — Procédé dont nous avons parlé au sujet de l'air liquide; il paraît avoir peu d'avenir en ce qui regarde l'oxygène, et voici pourquoi :

Si nous examinons le prix courant de la maison Linde, de Munich (1899) :

| N° de la machine. | I | II | III |
|---|---|---|---|
| Force motrice en chevaux | 3 | 5 | 7 |
| Eau à refroidir en litres. | 200 | 350 | 500 |
| Production en litres d'air liquide par heure. | 0,75 | 1,25 | 2,00 |

nous voyons de suite que, pour produire 1 litre d'air liquide, il faut dépenser 3,5 chevaux-heure. En supposant qu'avec une machine de 100 chevaux le rendement s'élève à 1 litre d'air liquide pour 3 chevaux-heure, on voit que, malgré cela, pour 1 mètre cube d'oxygène pesant 1300 grammes à 15°, il faudra près de 22 chevaux-heure, étant donné que la densité de l'air liquide est voisine de 0,900 (Ladenburg et Krügel. *Revue générale de Chimie*, I, 286) et que 1 litre d'air liquide, soit 900 grammes, contient environ 180 grammes d'oxygène.

En supposant l'azote perdu, le fractionnement parfait et le cheval-heure à 0$^{fr}$,05, on voit que le mètre cube d'oxygène reviendrait à 1$^{fr}$,10, alors qu'il ne coûte que 0$^{fr}$,70 à 0$^{fr}$,80 avec le système Brin-Boussingault. Le procédé Linde paraît avoir plus d'intérêt en ce qui concerne la préparation d'air très oxygéné susceptible de trouver un emploi en métallurgie. Mais quant à remplacer l'oxygène nécessaire pour la fusion du platine, il n'y faut pas songer, car un fondeur de platine reconnaît immédiatement un oxygène contenant ne serait-ce que 5-10 0/0 d'azote.

4° Le *procédé Brin-Boussingault.* — C'est le procédé à la baryte, le seul en somme marchant actuellement si l'on ne tient pas compte des tentatives d'électrolyse. Il donne de l'oxygène qui revient tout comprimé à 0$^{fr}$,70 et 0$^{fr}$,80 le mètre cube, mais qui contient presque toujours 10 0/0 (et même plus) d'azote, un peu d'oxyde de carbone et d'autres produits hydrocarbonés, (voir les analyses de Sigalas, *Bull. Soc. Pharm. de Bordeaux*, 1898).

Nous ne décrirons pas le procédé Tessié du Mottay, qui est abandonné; quant au procédé Linde et au procédé électrolytique ils ont été décrits (voyez Air liquide et Électrochimie, appareil Renard). Nous ne parlerons donc que du procédé Brin.

*Procédé Brin-Boussingault.* — Il y a environ quarante ans, Boussingault constata qu'à une température de 500° environ le protoxyde de baryum absorbait l'oxygène de l'air, formant un bioxyde et qu'à une température de 900° environ l'oxygène ainsi absorbé était libéré, le bioxyde revenant à l'état de protoxyde. Boussingault conclut de cette observation que cette réaction pouvait servir de base à la fabrication industrielle de l'oxygène. Il s'aperçut cependant bientôt que l'oxyde de baryum revenait de plus en plus difficilement à son état primitif et, quoique de nombreux essais eussent été faits, tant par Boussingault que par d'autres chimistes pour obvier à cet inconvénient, personne jusqu'à ces dernières années n'y était arrivé.

On doit à MM. Brin frères d'avoir surmonté toutes les difficultés et d'avoir trouvé ainsi une méthode dont la Continental Oxygen C° a tiré un procédé commercial exploité d'une façon régulière.

*Oxyde de baryum.* — Pour avoir un monoxyde bioxydable, il faut qu'il ait une consistance spongieuse analogue à celle de la pierre ponce. On ne l'obtient que par un seul procédé : la calcination du nitrate de baryte. Tous les procédés basés sur la calcination de l'hydrate de baryte avec le charbon ont échoué.

Voici comment on opère : On établit une série de creusets, d'une contenance de 4 à 5 litres, que l'on chauffe au moyen d'un feu de coke jusqu'à une température de 850° environ. Sans enlever les creusets du feu, on les remplit de nitrate de baryte qui se liquéfie rapidement à la chaleur, et qu'on laisse bouillir pendant trois heures : pendant cette ébullition, les composés oxygénés de l'azote s'échappent à l'état de gaz. Dans certaines fabriques (Bloche et Pelgiani à Aubervilliers) on condense en présence d'eau les vapeurs nitreuses dans des bombonnes en grès et les petites eaux obtenues servent à faire du nitrate de baryte au moyen des déchets de monoxyde. Lorsque le contenu des creusets a cessé de bouillir, on trouve une masse poreuse de protoxyde de baryum à l'état solide, dont le poids est égal environ à la moitié de celui du nitrate employé. Pendant une heure encore on laisse ce monoxyde de baryum chauffer dans les mêmes conditions, afin d'en extraire autant que possible toute trace d'oxyde d'azote; les creusets sont ensuite retirés du feu et placés bien à l'abri de l'air pour refroidir lentement. Quand ils sont froids, on en enlève la baryte, que l'on enferme dans des caisses hermétiquement closes jusqu'au moment de s'en servir.

La baryte ainsi obtenue revient environ à 90 francs les 100 kilogrammes titrant 90 0/0.

*Appareil Brin.* — Cet appareil consiste essentiellement en un générateur automatique d'oxyde de carbone surmonté d'une chambre de combustion, qui communique de l'autre côté avec des chambres contenant des cornues verticales. Le générateur d'oxyde de carbone est semblable à celui employé par M. Valon dans les usines à gaz de Ramsgate et autres; il s'adapte très bien à la fabrication de l'oxygène, où il est de la dernière importance de pouvoir maintenir une température uniforme sous les cornues contenant la baryte, et où il est également utile d'avoir une surveillance facile. Le générateur est rempli de coke toutes les six heures par une porte au niveau du sol; il est nettoyé toutes les douze heures par une porte inférieure.

Un des points à noter dans ces générateurs, c'est qu'ils ne contiennent pas de barreaux fixes pour le feu; un simple jet de vapeur suffit pour empêcher la vitrification sur les parois. L'air destiné à la combustion passe à travers de petits trous de chaque côté de la porte, et l'air qui sert à la transformation de l'oxyde de carbone en acide carbonique, dans la chambre de combustion, est d'abord surchauffé dans les passages ménagés de chaque côté et contre le fond du générateur. Il se rend de là dans la chambre de combustion, juste au-dessus de l'ouverture de la cloche par laquelle entre l'oxyde de carbone. La combustion commence aussitôt. Les gaz chauds s'échappent de la chambre de combustion à travers des manchons en argile, disposés de manière à empêcher les gaz d'agir trop directement sur les cornues.

Ces manchons possèdent en outre des obturateurs en argile, qui peuvent être déplacés à volonté, par des ouvertures disposées sur les côtés, permettant d'exercer ainsi un contrôle parfait sur le chauffage des chambres des cornues. Les gaz sont aspirés de la partie inférieure de chaque chambre, à travers des manchons en argile, jusqu'à des tuyaux communiquant avec une cheminée commune située derrière l'appareil. Le tirage dans chaque chambre de cornues est réglé au moyen d'un registre indépendant. Les gaz peuvent être évacués directement ou amenés par un tuyau quelconque.

Les cornues sont en acier, au nombre de 24, 12 dans chaque batterie. Elles sont placées verticalement et ont 9 pieds de longueur (2$^m$,743), 7 pouces de diamètre extérieur (0$^m$,177), et 1/2 pouce d'épaisseur (0$^m$,012). On fait en ce moment des essais avec des cornues en fonte, en vue d'employer ce métal à la place de l'acier. Les cornues contiennent ensemble environ 952 kilogrammes de baryte en morceaux, comme il a été dit ci-dessus. Ces cornues sont supportées par une traverse en fonte à travers laquelle elles passent, et qui est garantie de l'action du feu par des pièces réfractaires spéciales. Il y a également au fond des chambres des cornues une traverse garantie de la même façon; mais ici, afin de permettre la dilatation des cornues, celles-ci passent à travers un joint d'amiante. Les collets et les fermetures des cornues sont en fonte, et leur joint, qui donne des résultats très satisfaisants, est obtenu en terminant les extrémités des cornues par une surface demi-ronde qui entre à frottement dans une gorge creusée dans les fermetures et en plaçant un mince anneau de cuivre entre les deux parties. La fermeture est vissée et l'anneau de cuivre se trouve moulé entre elle et la cornue, formant ainsi un joint hermétique; cet anneau de cuivre peut servir indéfiniment.

Les tuyaux courbés reliant la partie inférieure des cornues entre elles, ainsi que ceux qui servent à la communication entre les cornues et les tuyaux principaux en fonte à la partie supérieure, sont en acier sans soudure, et sont tous reliés entre eux au moyen de joints coniques. Un plateau en fonte est fixé dans l'intérieur des couvercles pour empêcher que ces tuyaux ne s'obstruent, à la partie inférieure des cornues, par de petits morceaux de baryte ou de la poussière. On peut atteindre tous les joints situés à la partie inférieure des cornues en passant par le cendrier du générateur d'oxyde de carbone. La disposition des tuyaux sur la partie supérieure de l'appareil sera décrite plus loin.

Dans de petites installations, la même pompe sert à la double opération de l'introduction et de l'aspiration de l'air. Il faut, en conséquence, qu'elle soit assez puissante pour produire le vide nécessaire à la désoxydation. La pompe qui a été généralement employée jusqu'à présent est fabriquée par MM. Frank Pearn et C$^o$ de Manchester, et peut, dans les conditions atmosphériques ordinaires, produire un vide de 29 pouces de mercure ou 14 livres par pouce carré (72 centimètres de mercure ou 6$^k$,350 par 6$^{q2}$,451). C'est une pompe verticale à vapeur, à double action, avec deux cylindres à air à la partie supérieure : chaque cylindre peut débiter 1 pied cube d'air (28$^{lit}$,315) par révolution. Pour refroidir ces cylindres, on les

a entourés de réservoirs contenant de l'eau en circulation.

L'épurateur d'air consiste en deux caisses en fer forgé ou en acier d'une capacité de 96 pieds cubes (2$^{mc}$,718) et deux caisses en fonte de 19 pieds cubes (0$^{mc}$,538). Les premières sont à moitié remplies de chaux, afin de laisser la place pour la dilatation de ce corps, produite par son hydratation; les deux autres sont entièrement remplies de soude caustique en morceaux. Ces appareils sont reliés entre eux par des tuyaux en fer, avec soupape, de telle façon que l'air à purifier passe à travers l'une ou les deux caisses contenant la chaux, et seulement à travers l'une des caisses remplies de soude. On charge ces caisses par le haut et on les vide par le bas : l'air passe à travers les épurateurs en sortant de la pompe pour se rendre dans les cornues et, conséquemment, se trouve sous la même pression dans les épurateurs que dans les cornues : il y passe de bas en haut. Cet air passe d'abord à travers l'une ou les deux caisses à chaux, où il se dépouille de la plus grande partie de son acide carbonique et de son humidité, puis dans une des caisses contenant de la soude, où les autres traces d'impureté disparaissent. Aussi le travail qui s'opère dans l'épurateur à soude est-il de peu d'importance.

La quantité d'acide carbonique contenue dans l'atmosphère est insignifiante, environ 0,04 0/0 de son volume, et cette quantité varie peu suivant les différents états atmosphériques. Le degré d'humidité est, au contraire, très variable et on peut dire qu'il oscille entre 0,3 et 3,3 0/0. Dans les conditions normales, l'air contient environ 1,25 0/0 d'humidité. Par conséquent, la chaux dans les caisses absorbe bien plus d'humidité que d'acide carbonique : il est permis de dire, en somme, qu'une tonne de chaux vive peut purifier 3 millions de pieds cubes d'air (85 000 mètres cubes). Dans l'appareil que nous décrivons, 86 000 pieds cubes (2435 mètres cubes) d'air passent par jour à travers les épurateurs, et chacun d'eux, lorsqu'il est chargé, contient environ une tonne de chaux vive. Si donc on faisait travailler la chaux jusqu'à saturation, en négligeant le travail fourni par la soude, chaque épurateur devrait être rechargé toutes les cinq semaines.

Comme la chaux complètement éteinte se présente en une masse compacte qui offre une forte résistance au passage de l'air, dans la pratique le premier des deux épurateurs à chaux cesse d'être employé dès qu'il offre une résistance notable, ce qui, en général, se présente au bout de quatre semaines. Pendant qu'on recharge cette caisse, le deuxième épurateur fonctionne avec l'aide de l'épurateur à soude, et, lorsqu'on remet en marche la caisse fraîchement remplie, on renverse l'action de manière qu'il se trouve toujours en deuxième ligne. La durée de la soude caustique dépend de l'efficacité des épurateurs à chaux. L'une des deux caisses à soude est toujours en marche et, comme son rôle se borne à absorber ce que les épurateurs à chaux ont laissé passer, il n'est pas besoin de les renouveler souvent. La soude caustique absorbe très facilement l'humidité et l'acide carbonique et, à mesure que ce travail s'opère, elle se liquéfie. Ce liquide doit être soutiré de temps en temps par un robinet placé au fond de la caisse. La quantité de liquide ainsi retiré indique bien, non seulement l'efficacité du travail de la chaux, mais aussi la quantité de soude caustique hydratée, la soude liquide pesant à peu près le double de la soude caustique. Lorsque l'on a ainsi soutiré environ la moitié de la soude caustique, l'épurateur doit être rechargé, et pendant ce temps on se sert du second.

En admettant que, après avoir servi dans les

épurateurs, la chaux et la soude ne conservent aucune valeur, le prix de revient pour l'épuration de 1000 pieds cubes (28ᵐᵒ,315) d'oxygène serait d'environ 0ᶠʳ,30; mais ces matières, même après avoir été employées à la complète purification de l'air, ont encore une certaine valeur. La chaux peut être utilisée dans les constructions, où d'ailleurs on la trouve aussi bonne que la chaux éteinte par les procédés habituels. Dans les usines à gaz, il suffit de mettre cette chaux éteinte dans les épurateurs ordinaires et de s'en servir pour l'extraction de l'acide carbonique et du soufre du gaz, d'après la méthode connue.

La soude hydratée, en petite quantité d'ailleurs, se vend à moitié prix. Il en résulte que la dépense occasionnée par la purification de l'air entre pour peu de chose dans la fabrication de l'oxygène.

La méthode qui consiste à purifier l'air après son passage dans la pompe, au lieu de le faire avant, n'a été adoptée que depuis peu. Les avantages qu'offre ce système sur l'ancien sont les suivants : 1° tous les passages d'aspiration communiquant avec l'atmosphère étant libres, la quantité complète d'air est absorbée et refoulée par la pompe; 2° toutes les traces de substances lubrifiantes qui, malgré tous les efforts, se mélangeaient autrefois à la baryte disparaissent aujourd'hui, ces matières étant complètement interceptées par les épurateurs.

*Appareil automatique de changement de marche.* — Cet appareil consiste en quatre robinets fixés à une table et engrenés avec des pistons au moyen desquels ils sont mis en mouvement. La vapeur pénètre dans les cylindres où fonctionnent les pistons, au moyen de clapets pouvant s'ouvrir à volonté grâce à des cames qui y sont attachées. La pompe à air, au moyen de dents d'engrenage, actionne l'arbre de la came.

Pour donner une idée de l'efficacité du procédé et du prix de revient de la fabrication de l'oxygène par les moyens décrits ci-dessus, nous allons décrire l'opération entière en supposant que la pompe marche à raison de 60 révolutions par minute, que l'appareil automatique soit disposé de façon à donner 4 opérations par heure, que la désoxydation vienne de se produire, et enfin que l'appareil automatique vienne de renverser tous les robinets.

L'air atmosphérique arrive dans la pompe à travers un tuyau et le robinet 1, à raison de 120 pieds cubes (3ᵐᵐ,400) par minute. Là, cet air est comprimé à une pression d'environ 10 livres par pouce carré (50ᵐ,135 de mercure); il est chassé à travers le robinet 2 et le tuyau 3 jusqu'aux épurateurs. Lorsqu'il a passé dans ces appareils, il retourne par le tuyau 4 à l'appareil automatique, traverse le double robinet 5 pour se rendre dans le tuyau 6 et de là dans le clapet automatique 7 où la pression exercée sur le diaphragme force la soupape du bas à se fermer et celle du haut à s'ouvrir. L'air, ne pouvant ainsi s'échapper par cette soupape, pénètre dans le distributeur 8, d'où il est forcé d'entrer dans le tuyau 9, dans lequel il est subdivisé, et passe successivement à travers deux cornues où l'oxygène est absorbé par la baryte. En quittant les cornues, l'azote pénètre dans le tuyau 10 et, à travers un autre passage du distributeur 8, dans la chambre supérieure du clapet automatique 7 : la soupape supérieure étant ouverte, il s'échappe à travers l'orifice de dégagement 11 dans l'atmosphère. C'est au moyen de cet orifice de dégagement que la pression dans les cornues est contrôlée. Quand la peroxydation de la baryte a continué pendant 7 minutes 1/2, ou tout autre laps de temps prévu, la came du cylindre 12 soulève une soupape de retenue qui laisse passer de la vapeur, renversant ainsi les robinets 1, 2, 5. De cette manière, les épurateurs

sont interceptés, étant encore sous pression, et ne communiquent plus avec les autres tuyaux. Le robinet d'aspiration 1 est mis en communication avec les cornues et le robinet de décharge 2 avec le robinet 13. L'aspiration étant établie entre les cornues et la pompe, le vide se fait et, agissant sur le diaphragme des clapets automatiques 7, renverse la position de ces clapets, fermant le haut et ouvrant le bas, interceptant ainsi toute communication avec l'atmosphère et ouvrant une communication avec le haut et le bas des cornues, ce qui permet d'établir le vide plus rapidement.

L'oxygène pur n'est obtenu qu'avec un vide de 20 pouces (0ᵐ,65) de mercure dans les cornues; aussi faut-il se débarrasser du gaz libéré avant que ce vide ne soit atteint. On laisse donc le gaz se perdre dans l'atmosphère en passant par le robinet 13, jusqu'à ce que l'oxygène ait atteint le degré de pureté voulu. Le robinet 13 est alors renversé et il dirige l'oxygène dans le gazomètre; ce mouvement se fait automatiquement grâce à la position des cames. Lorsque la désoxydation de la baryte a continué pendant un laps de temps déterminé, l'appareil automatique renverse les robinets et le cycle des opérations recommence indéfiniment. On se sert d'un régulateur pour contrôler la vitesse de la pompe à air, lorsqu'elle marche dans les différentes conditions de peroxydation et de désoxydation. Une soupape de sûreté est placée sur le tuyau de décharge, entre la pompe et l'appareil automatique, de manière à empêcher tout excès de pression sur la pompe pendant que l'on renverse l'opération. Le changement de marche est, en un mot, absolument automatique.

Une autre amélioration d'une égale importance est due à l'appareil automatique : nous voulons parler de la qualité de l'oxygène recueilli. Tant que le robinet de purge était manœuvré à la main, on ne pouvait jamais compter sur la pureté du gaz, car, pour peu qu'un ouvrier fût un peu négligent, il pouvait laisser une certaine quantité d'air pénétrer dans le gazomètre. Avec l'appareil automatique, cette éventualité disparaît; la qualité de l'oxygène recueilli dans le gazomètre dépend entièrement du laps de temps qui s'écoule entre le changement de voie des robinets 1, 2, 5 et du robinet 13. Le degré de pureté le plus élevé que l'on puisse obtenir dans la pratique est de 97 à 98 0/0.

Le prix de l'oxygène varie toujours avec les conditions dans lesquelles il est fabriqué. Ordinairement, la quantité de coke consumée dans le générateur d'oxyde de carbone est de 12 à 15 cwts par jour (600 à 750 kilogrammes). En général, pour les installations appelées à produire de 4000 à 10000 pieds cubes par jour (115 à 283 mètres cubes), la puissance de la pompe doit être d'un cheval-vapeur par 1000 pieds cubes d'oxygène (28ᵐᵒ,315); cette proportion diminue au fur et à mesure que la capacité de l'appareil augmente. Le prix de revient actuel, en tenant compte d'une certaine dépréciation des cornues et de la baryte, varie entre 3ᶠʳ,86 par 1000 pieds cubes (0ᶠʳ,1536 le mètre cube) dans des usines à gaz et 7ˢ 6ᵈ (0ᶠʳ,33 le mètre cube) dans des usines spécialement construites pour la fabrication de l'oxygène seul, car il faut alors tenir compte du loyer et de la main-d'œuvre spéciale.

Quoique, dans ce procédé déjà sensiblement amélioré, il y ait place pour d'autres perfectionnements, notamment au point de vue d'une plus parfaite extraction de l'oxygène de l'air, il n'est pas douteux que les difficultés essentielles n'aient été surmontées, et qu'un procédé de fabrication simple et peu coûteux ne soit aujourd'hui à la disposition des industriels et des chimistes qui ne tarderont pas à trouver de nombreuses applications pour l'emploi de l'oxygène.

Dans le commerce de détail, avec l'oxygène à bon marché, la vente augmente tous les jours : pendant l'année 1887, la Compagnie « Brin's Oxygen » a vendu, à son usine de Horseferry Road, 142 000 pieds cubes d'oxygène (4000 mètres cubes) pour la lumière et autres usages. En 1889 la vente a atteint 1 000 000 de pieds cubes (28 315 mètres cubes) et il faut remarquer que la Compagnie d'oxygène de Manchester a, pendant les derniers mois, enlevé tout le commerce du nord de l'Angleterre.

Toute cette quantité de gaz a été comprimée et livrée dans des cylindres à haute pression qui sont chargés à 120 atmosphères et dont la contenance varie, à cette pression, de 3 à 125 pieds cubes ($0^{mc}$,85 à $3^{mc}$,7); leur diamètre extérieur est de 3 pouces à 5 pouces 1/2 ($0^m$,076 à $0^m$,134). Ces cylindres sont hémisphériques à une extrémité et portent à l'autre extrémité un col allongé dans l'intérieur duquel est vissé et soudé un robinet à haute pression. Le métal employé pour la construction de ces cylindres est l'acier doux, et ils sont, soit étirés, soit soudés à recouvrement.

Les cylindres d'une contenance de 40 pieds cubes (1100 litres) et au-dessous sont étirés; les autres, plus grands, sont soudés à recouvrement. On les construit en prenant une feuille d'acier épaisse, de forme circulaire, qui, chauffée et pressée par une machine hydraulique, est moulée en forme de tube dont l'une des extrémités est hémisphérique. La dernière partie de ce travail se fait à froid, en ayant soin de réchauffer l'acier entre chaque opération. Lorsque l'on a obtenu la dimension voulue, l'extrémité ouverte du cylindre est allongée en forme de col. Le procédé de l'étirage ajoute beaucoup à la solidité du métal. A diamètre égal, l'épaisseur des cylindres sans joints est un peu inférieure à celle des tubes soudés. Cette épaisseur est de 1/8 de pouce ($0^m$,003) pour des cylindres de 3 pouces ($0^m$,076) de diamètre et de 5/16 de pouce ($0^m$,008) pour les cylindres de 5 pouces. L'épreuve hydraulique de ces cylindres est de 2 tonnes par pouce carré (2032 kilogrammes par $7^{mc}$,327).

La Compagnie Brin en a aujourd'hui plusieurs milliers en circulation.

Les compresseurs dont on se sert pour remplir les cylindres sont du type à trois corps de pompe. Le premier cylindre est à double action; son diamètre est de 5 pouces 1/2 ($0^m$,139) avec une course de 9 pouces ($0^m$,228). Le second et le troisième sont à action simple avec une course de 9 pouces ($0^{mc}$,228) et des diamètres de 2 pouces 3/4 ($0^m$,068) et 1 pouce 3/8 ($0^m$,034); ils ont des plongeurs hydrauliques ordinaires au lieu de pistons. Le gaz entre directement du magasin dans le premier cylindre, il est comprimé dans les trois corps, et quitte le dernier pour entrer dans le récipient. Les presse-étoupes sont faits avec des cuirs emboutis ordinaires; une petite quantité d'eau passe en même temps que le gaz et agit comme substance lubrifiante dans le cylindre. L'eau en quittant le compresseur se sépare du gaz par son propre poids et de temps en temps on la soutire. Les trois cylindres à comprimer, pour être maintenus froids, sont entourés de réservoirs d'eau froide en circulation. Le compresseur est actionné par l'arbre coudé d'une machine verticale de 10 chevaux montée sur le même bâti; à la vitesse de 90 tours à la minute, le compresseur peut débiter 1000 pieds cubes ($28^{mc}$,315) de gaz par heure, à une pression de 120 atmosphères.

*Procédé Tessié du Motay.* — Nous ne dirons que quelques mots des procédés au manganate,



qui sont peu employés. Il n'existe en France, à notre connaissance, qu'une seule usine travaillant d'après ce système : c'est celle de Boulogne-sur-Seine (Dutremblay et Lugan), et même le procédé au manganate n'est employé que provisoirement, en attendant que des électrolyseurs (système Flamand) soient installés.

Le procédé au manganate, trouvé vers 1870 par Tessié du Motay, est basé sur les réactions alternées de l'air et de la vapeur d'eau sur un mélange de bioxyde de manganèse et de vapeur d'eau :

1. $$Mn\,O^2 + 2\,Na\,O\,H + O \text{ (air)} = Na^2\,Mn\,O^4 + H^2O ;$$

2. $$2\,Na^2\,Mn\,O^4 + 2\,H^2O \text{ (vapeur)} = Mn^2O^3 + 4\,Na\,O\,H + 3\,O ;$$

3. $$Mn^2O^3 + 4\,Na\,O\,H + 3\,O \text{ (air)} = 2\,Na^2\,Mn\,O^4 + 2\,H^2O, \text{ etc.}$$

Tessié du Motay employait un manganate peu alcalin et infusible à la température de 400 à 500°. Dans le but d'avoir une meilleure utilisation du manganate, le procédé Stuart utilise un manganate très alcalin qui fond entre 375 à 400°. Ce manganate, fondu dans des cornues *ad hoc*, est soumis à un barbotement alternatif de 10 minutes avec de l'air, puis avec de la vapeur d'eau. Le rendement serait, paraît-il, considérablement augmenté.

Browman a proposé de remplacer le manganate par un mélange de soude caustique, de sesquioxyde de manganèse ($Mn^2O^3$) et d'oxyde de cuivre ($Cu\,O$); mais, à notre connaissance, ce mélange n'a jamais été employé industriellement. Il en est de même du procédé de Lawson, qui remplace l'air par de l'air ozonisé, de façon à avoir une meilleure peroxydation; de même pour celui de Fanta, qui cherche à avoir un manganate très poreux; de même encore pour celui de Webb. Le procédé Parkinson n'est pas utilisé non plus : il est une combinaison du procédé Brin et de celui de Tessié du Motay. Le procédé Champaux emploie la soude ordinaire tenant en suspension du bioxyde de manganèse à l'état très divisé.

*Procédé Cassner.* — Le procédé Cassner est basé sur l'action de l'acide carbonique sur le plombate de chaux :

1. $$Pb\,O^4Ca^2 + 2\,C\,O^2 = C\,O^3Ca + Pb\,O + O ;$$

2. $$2\,C\,O^3Ca + Pb\,O + O \text{ (air)} = Pb\,O^4Ca^2 + 2\,C\,O^2.$$

L'opération se fait dans des fours appropriés, à une température de 600 à 850°; elle a lieu en deux phases : dans la première, on fait passer un courant de gaz carbonique pur sur le plombate et dans la seconde on régénère le plombate par l'action d'un courant d'air. Ce procédé aurait été employé à Essen, aux usines Krupp, pour utiliser l'acide carbonique des gaz des fours; mais les essais n'auraient pas abouti, à cause de la haute température nécessaire à la réaction, température à laquelle les cornues, robinets, etc. résistent mal.

### OZONE.

*Ozone comprimé.* — Plusieurs savants ayant démontré que l'ozone peut être employé avec beaucoup de succès dans le traitement de certaines maladies provenant de l'appauvrissement du sang ou du ralentissement des fonctions de la nutrition, on a cherché à livrer à domicile de l'ozone comprimé dans de solides récipients en verre. Nous dirons quelques mots des appareils de M. Marius Otto, qui s'est fait une spécialité des applications de l'ozone.

M. Otto livre à domicile de l'ozone pur (mélangé d'air) soigneusement dosé, comme on livre déjà l'oxygène depuis de nombreuses années.

L'appareil employé consiste en un récipient en verre épais de 10 litres environ; un solide clissage le protège contre les chocs. Le récipient est fermé par une tubulure métallique munie de deux robinets à virole et d'un ajutage sur lequel vient se fixer une poire en caoutchouc.

L'ozone contenu dans l'appareil est chassé en pressant sur la poire. En manœuvrant convenablement les deux viroles qui commandent les robinets d'air et d'ozone, on peut faire varier les proportions relatives de ces derniers.

Le professeur Letulle et le docteur Labbé viennent d'appliquer tout dernièrement l'ozone à l'hôpital Boucicaut, à Paris. Le service actuel est installé pour la fabrication de 1400 mètres cubes d'air ozoné par heure.

*Ozone liquide.* — MM. P. Hautefeuille et J. Chappuis ont les premiers obtenu, en 1882, l'ozone à l'état de liquide bleu foncé. [*C. R.*, 94, 1249.]

Les expériences relatives à la détermination de la température d'ébullition de ce liquide ont été exécutées en 1887 par M. Olszewski. Cet habile expérimentateur, après avoir liquéfié l'ozone dans un tube refroidi à — 184°,4 par l'oxygène liquide en ébullition sous la pression atmosphérique, a constaté [*Mon. f. Chem.*, 8, 69] que l'ozone ne se vaporisait que très lentement lorsqu'on portait le tube dans l'éthylène liquide refroidi à — 140°, mais qu'il se vaporisait très rapidement quand la température de l'éthylène se rapprochait beaucoup de son point d'ébullition. Il en a conclu que la température d'ébullition de l'ozone liquide devait être voisine de — 106°.

M. Troost s'est proposé de fixer cette température avec plus de précision. Pour cette détermination, il a employé comme appareil thermométrique un couple fer-constantan fournissant une courbe donnée par la température de la glace fondante, par les points d'ébullition du chlorure de méthyle, seul ou traversé par un rapide courant d'air, par la température du mélange d'acide carbonique solide et de chlorure de méthyle solide [*Mon. f. Chem.*, 8, 69], par le point d'ébullition du protoxyde d'azote, par celui de l'éthylène liquide, par la température de fusion de l'éthylène liquide sous la pression atmosphérique. On pouvait, à l'aide de cet appareil, apprécier la température à moins d'un demi-degré près.

L'ozone était obtenu à l'aide de l'ozoniseur de M. Berthelot, maintenu aux environs de — 79° par un mélange d'acide carbonique solide et de chlorure de méthyle. La liquéfaction de l'ozone se produisait dans un tube vertical dont la partie inférieure était immergée dans un bain d'oxygène liquide, contenu dans un récipient cylindrique en verre à double paroi, avec espace intermédiaire dans lequel on avait fait le vide de Crookes, comme le recommande M. J. Dewar.

L'ozone se liquéfiait avant d'arriver dans la partie du tube immergée dans le bain d'oxygène liquide, en un point situé à peu près à 2 centimètres au-dessus du niveau de ce bain, grâce à la basse température qu'y entretenait l'oxygène gazeux.

L'ozone liquéfié se rassemblait en gouttelettes d'apparence huileuse, ne mouillant pas le verre, et descendait dans le bas du tube au fond duquel on avait placé d'avance l'une des soudures du couple fer-constantan (une expérience dans laquelle on descendait l'une des soudures du couple, déjà refroidie par l'oxygène gazeux, dans l'ozone préalablement liquéfié et maintenu à — 184°,4 a été interrompue par une violente explosion), l'autre soudure étant maintenue dans la glace fondante. Pour déterminer ensuite la température d'ébullition de l'ozone liquéfié, on abaissait le bain d'oxygène liquide de manière que sa surface libre fût à plus de 3 centimètres au-dessous de l'extrémité inférieure du tube où l'ozone était réuni, et l'on notait les déviations successives indiquées par le galvanomètre Deprez-d'Arsonval. La déviation, après avoir diminué lentement, demeurait fixe pendant la durée de l'ébullition de l'ozone liquide, puis diminuait de nouveau et très rapidement, jusqu'à ce que la soudure du couple eût atteint la température de l'oxygène gazeux en ce point.

La déviation stationnaire, reportée sur la courbe, correspond à une température de — 119°. M. Troost a répété plusieurs fois l'expérience sur des quantités différentes de liquide et il a toujours obtenu le même résultat. On en peut conclure que la température d'ébullition de l'ozone liquide sous la pression atmosphérique est — 119°.

L'oxygène liquide employé dans ces expériences était obtenu à l'aide d'un appareil construit, d'après les indications de M. J. Dewar, par MM. Lennox, Rennold et Pyfe. Cet appareil, utilisant l'oxygène comprimé tel qu'on le trouve dans le commerce de Paris, en détermine la détente après l'avoir refroidi par son passage dans un très long tube qui s'enroule en trois serpentins parallèles et se termine à l'orifice. Ce tube est maintenu à — 79° par un mélange d'acide carbonique solide et d'alcool. On peut, de cette façon, obtenir dans un laboratoire ou dans un amphithéâtre, sans pompe de compression et sans force motrice, environ un quart de litre d'oxygène liquide en moins d'une demi-heure.

## CHLORE.

Le développement de la consommation du chlore pour la préparation des nombreux produits organiques chlorés a appelé l'attention sur le chlore liquide, qui n'attaque pas le fer quand il est parfaitement sec.

MM. Hannay (D. R. P., 49742) et Marx [D. R. P., 56823 ; *Zeit. f. ang. Chem.*, 1890, 184 et 1891, 433] ont breveté des appareils qui reposent sur la préparation préalable de l'hydrate de chlore, lequel est ensuite chauffé pour la mise en liberté du chlore dans un appareil clos, où le gaz se liquéfie sous la pression développée naturellement par le chauffage.

La « *Badische Anilin- und Sodafabrik* », qui a mis le chlore liquide dans le commerce, a breveté (D. R. P., 50329) deux appareils, grâce auxquels on peut éviter la préparation de l'hydrate, qui n'est pas sans inconvénients pratiques. Ces procédés ont été essayés, croyons-nous, chez MM. Péchiney et Cⁱᵉ, à Salindres (Gard).

Dans l'un de ces appareils, les deux récipients A et B (fig. 537) sont réunis à leur partie inférieure; le récipient A est rempli d'acide sulfurique concentré qui arrive en B; la partie supérieure du récipient B contient du pétrole qui surnage au-dessus de l'acide sulfurique et occupe environ les trois quarts de la hauteur du cylindre.

On remplit le récipient A avec du chlore gazeux; pour cela, on ferme le robinet *f* et on met le récipient A en communication avec un appareil à dégagement par le robinet *g*; on ouvre *d*. Le chlore déplace un volume correspondant de pétrole qui s'écoule dans le récipient D; on ferme alors les robinets *d* et *g*, et on rétablit la communication en *f*. On pompe le pétrole dans le récipient B, en même temps qu'on chauffe A à l'aide d'un bain-marie à la température de 50-80°, pour empêcher l'absorption du chlore par l'acide sulfurique. Le chlore se liquéfie dans le serpentin K et se rend dans la bouteille L. En E se trouve un indicateur de niveau qui permet d'arrêter le refoulement du pétrole lorsque l'acide sulfurique est arrivé à la partie supérieure du cylindre A. On recommence alors le cycle d'opérations.

L'autre appareil à liquéfier le chlore (fig. 538) est basé également sur l'emploi simultané du pétrole et de l'acide sulfurique, l'acide sulfurique étant en contact avec le chlore, tandis que le pétrole est employé pour toutes les parties mobiles de l'appareil.

Il consiste en un récipient en forme d'U, dont la partie gauche renferme un corps de pompe $a$ plongé dans du pétrole $c$. Tout le reste de l'appareil $d, e, f$ renferme de l'acide sulfurique concentré. Au point de contact des deux liquides en $c, d,$ le diamètre du cylindre est considérablement élargi pour diminuer la course de la couche de séparation et par là éviter les émulsions. La partie de droite de l'appareil est en communication avec le réservoir $m$ par une soupape $k$ et un petit orifice $e$ réglable par le robinet $p$. Le réservoir $m$ porte un indicateur de niveau $u$ et un tube $o$, par lequel le chlore comprimé est refoulé dans un serpentin et un récipient disposés comme dans l'appareil précédent. En $f$ se trouve un tuyau $h$ avec une soupape d'aspiration $i$, par lequel est aspiré le chlore gazeux quand le piston $a$ s'élève; $g$ est un bain-marie pour le chauffage à 50-80°. L'appareil fonctionne de la manière suivante : Quand le piston $a$ s'élève, le chlore entre en $i$; à la descente du piston, il est refoulé en $m$ par la soupape $k$. Si toutefois il restait une petite bulle de chlore en $f$, il y aurait à la prochaine ascension du piston un espace nuisible considérable. Pour éviter cet inconvénient, on a établi le petit conduit $e$ par lequel arrive, à chaque aspiration, une petite quantité d'acide sulfurique; le volume du chlore aspiré se trouve réduit d'autant; il en résulte qu'en même temps que le chlore on refoule en $m$ une quantité d'acide correspondante à celle introduite à l'aspiration et que l'espace nuisible est supprimé.

D'après les auteurs de l'appareil, ne sont pas attaqués par le chlore sec, même en présence de l'acide sulfurique concentré, les métaux suivants : fonte, tôle, acier, bronze phosphoreux, laiton, cuivre, zinc, plomb. Les récipients A et B sont en tôle, la bouteille en acier, le serpentin en cuivre et la robineterie en bronze phosphoreux; comme joints, on emploie le plomb, le caoutchouc et l'amiante.

Le chlore liquide peut être transporté dans des récipients en tôle, ou de fer ou d'acier qu'on peut revêtir de plomb, de cuivre ou de laiton pour éviter l'attaque par l'air humide après la vidange. L'emploi du chlore liquide s'est beaucoup développé en Allemagne dans ces derniers temps.

Le transport du chlore liquide a nécessité la fabrication de bombonnes particulières. Nous avons vu plus haut que dans les commencements la liquéfaction s'opérait dans la bombonne même; on se servait alors de récipients à deux soupapes :

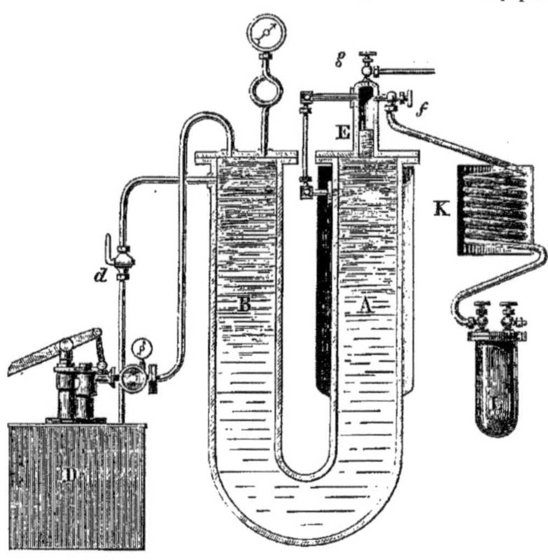

Fig. 537. — Appareil pour la liquéfaction du chlore.

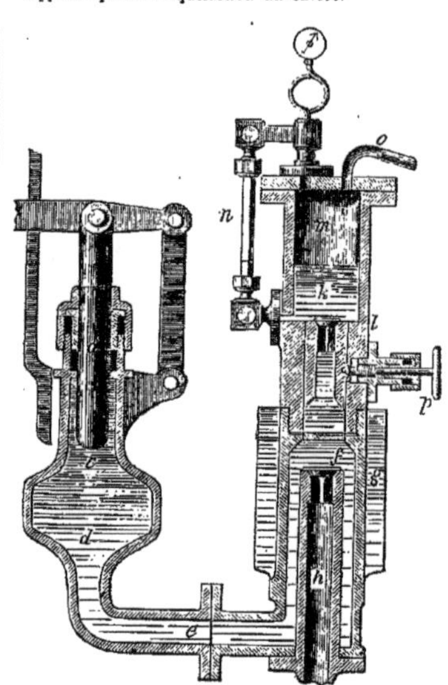

Fig. 538. — Appareil pour la liquéfaction du chlore.

l'une pour laisser entrer le chlore sous pression, l'autre pour éliminer tout d'abord l'air, l'acide chlorhydrique, etc., puis extraire le chlore liquide suivant les besoins. Actuellement, on se sert couramment de deux modèles en acier étiré sans soudure. L'un est à une seule soupape, c'est le modèle industriel; il contient environ 50 kilogrammes de chlore et pèse à vide 70 kilogrammes; l'autre est à deux tubulures pour permettre deux chlorurations en même temps, c'est le modèle de laboratoire; il contient 10 kilogrammes de chlore.

Dans toutes ces bombonnes à chlore, la tubulure de sortie est munie d'un tuyau court, recourbé en arc de cercle, de façon à affleurer presque la paroi verticale du récipient. Ce tuyau, pénétrant de 10 centimètres environ dans la bombonne, évite toute charge par trop considérable du récipient, ce qui serait dangereux à cause de la grande dilatation du chlore liquide; en outre, il permet, en couchant la bombonne sur le côté, de façon que le tuyau plonge dans le chlore liquéfié, de soutirer du chlore liquide.

Par suite de la décomposition électrolytique des chlorures alcalins, l'industrie du chlore liquide est entrée dans une ère nouvelle. En effet, jusqu'alors le chlore le meilleur marché se fabriquait d'après le procédé de Deacon, qui fournissait un chlore très dilué et dont la liquéfaction était impossible. L'électrolyse donne, par contre, du chlore à un prix plutôt inférieur à celui de Deacon et à l'état concentré : c'est celui qu'on liquéfie industriellement.

Il faut tenir compte, en outre, que la soude caustique qui résulte de l'électrolyse trouve dans l'industrie un débit beaucoup plus grand que le chlore lui-même; le chlore finira donc par être un sous-produit de l'industrie de la soude, ce qui en amènera la baisse d'ici peu. Le chlore présente des avantages sur le chlorure de chaux dans certains cas, par exemple dans l'industrie du papier, dans l'extraction de l'or, etc.; en outre, il trouve un emploi considérable dans l'industrie des produits organiques et des matières colorantes.

Comme nous l'avons rappelé plus haut, on s'est efforcé en France d'introduire le chlore liquide dans l'industrie; mais les efforts de la maison Péchiney et C<sup>ie</sup> de Salindres, qui exploitait le procédé de la Badische Anilin- und Sodafabrik, ont échoué grâce aux difficultés que les administrations de chemins de fer (le Paris-Lyon-Méditerranée en particulier) ont opposées à l'expédition du chlore; ce mauvais vouloir des compagnies françaises est d'autant moins justifié, qu'en Allemagne le chlore circule librement et qu'on en expédie même en Amérique.

La détermination des propriétés physiques et chimiques du chlore liquide n'a pu être faite que du jour où l'industrie mit à la disposition des savants de grandes masses de chlore liquéfié. Regnault, lors des grands travaux sur les gaz comprimés, s'était déjà proposé l'étude du chlore liquide, mais il ne put atteindre son but, parce que, comme il le dit lui-même, il ne trouva pas moyen d'empêcher le chlore d'attaquer le mercure de la cuve sur laquelle il faisait ses mesures.

M. Knietsch, le même qui imagina les appareils que nous avons décrits plus haut, est arrivé à supprimer l'attaque du mercure en interposant entre le chlore et le mercure une couche d'acide sulfurique concentré. Voici le résultat de ses recherches (R. Knietsch, *Ann. Chem.*, 259, 100) :

| Température | Pression | Poids spécifique | Coefficient moyen de dilatation |
|---|---|---|---|
| — 102° | Solide | — | — |
| — 88 | 37,5 <sup>mm</sup> Hg | 1,6602 | — |
| — 70 | 118,0 » » | 1,6382 | |
| — 50 | 350,0 » » | 1,5945 | } 0,001 409 |
| — 33,6 | 760,0 » » | 1,5575 | |

| Température | Pression | Poids spécifique | Coefficient moyen de dilatation |
|---|---|---|---|
| — 30° | 1,2 atm. | 1,5485 | |
| — 20 | 1,84 | 1,5230 | } 0,001 793 |
| — 10 | 2,63 | 1,4965 | |
| ∓ 0 | 3,66 | 1,4690 | |
| + 10 | 4,95 | 1,4405 | 0,001 978 |
| + 20 | 6,62 | 1,4118 | 0,002 030 |
| + 30 | 8,75 | 1,3815 | 0,002 190 |
| + 40 | 11,5 | 1,3510 | 0,002 260 |
| + 60 | 18,6 | 1,2830 | 0,002 690 |
| + 80 | 28,4 | 1,2000 | 0,003 460 |
| + 100 | 41,7 | — | — |
| + 146 | 93,5 | Point critiq. | — |

## ACIDE SULFUREUX.

Depuis 1883, l'acide sulfureux liquide, qui n'était préparé jusqu'alors que par le procédé Raoul Pictet, fondé sur le refroidissement, est fabriqué en grand par la méthode de Hänisch et Schröder. Cette méthode, basée sur la compression, nécessite un gaz concentré. On peut l'obtenir de plusieurs manières : On fait agir sur du soufre, contenu dans une cornue en fonte et chauffée à 400°, de l'acide sulfurique concentré. La réaction suivante prend alors naissance :

$$2\,H^2SO^4 + S = 3\,SO^2 + 2\,H^2O.$$

L'acide sulfureux qui se dégage est séché sur de l'acide sulfurique, puis filtré sur un filtre d'ouate pour le débarrasser du soufre sublimé. Ce procédé est peu employé, de même que celui de Hart, qui fait agir à chaud de l'acide sulfurique sur des pyrites.

Le procédé de Hänisch et Schröder est tout à fait différent, car il passe par l'intermédiaire d'une solution aqueuse d'acide sulfureux [D. R. P., 26181, 1883; 27581, 1883; 36721, 1886. — *Berg- und Huttenmännische Z.*, 1883, 459; 1886, 428, 541, 552; 1887, 358; 1888, 36]. Ce procédé est employé à Oberhausen (Provinces rhénanes) dans l'usine de zinc de Wilhelm Grillo (Hamborn). Le gaz sulfureux est produit par le grillage de blendes dans des fours Eichhorn et Liebig; ce gaz impur est conduit au pied d'une tour à coke de 20 mètres, à l'intérieur de laquelle ruisselle de l'eau froide qui le dissout. Les gaz qui sortent à l'extrémité supérieure de cette tour ne contiennent plus que 0,005 vol. 0/0 de $SO^2$ et ne sont pas nuisibles à la végétation. La solution d'acide sulfureux qui titre 10-15 0/0 est portée à l'ébullition dans de grandes chaudières de plomb chauffées par les chaleurs perdues des fours; elle perd presque totalement son anhydride sulfureux, ainsi que le montre le tableau suivant :

*Titre des solutions aqueuses d'acide sulfureux suivant la température.*

| Température. | $SO^2$ |
|---|---|
| degrés. | 0/0 |
| 20 | 8,6 |
| 30 | 7,4 |
| 40 | 6,1 |
| 50 | 4,9 |
| 60 | 3,7 |
| 70 | 2,6 |
| 80 | 1,7 |
| 90 | 0,9 |
| 100 | 0,1 |

L'acide sulfureux qui se dégage des chaudières passe d'abord dans un serpentin où il est refroidi pour le débarrasser de son eau, puis séché sur de l'acide sulfurique et comprimé au moyen d'une pompe ordinaire de compression.

L'acide sulfureux liquide est emmagasiné dans de solides bouteilles en fer forgé d'une contenance de 100 kilogrammes. Ces bouteilles sont essayées à la pression de 30 kilogrammes.

Le tableau suivant donne l'augmentation de pression à l'intérieur des bonbonnes suivant la température :

| | | |
|---|---|---|
| — 10° | .................. | 0,00 atm. |
| ± 0° | .................. | 0,53 — |
| + 10° | .................. | 1,26 — |
| + 20° | .................. | 2,24 — |
| + 30° | .................. | 3,51 — |
| + 40° | .................. | 5,15 — |

On expédie aussi quelquefois, sous le nom de « Liquide désinfectant Pictet », l'acide sulfureux liquide dans de fortes bouteilles en verre, qui doivent pouvoir résister au moins à la pression de 8 atmosphères.

Dans l'industrie, on transporte l'acide sulfureux liquide dans des wagons-citernes pouvant en contenir 10 000 kilogrammes.

L'acide sulfureux liquide a une densité de 1,40 à 1,45; il bout à — 10°. A 38°,65, 1 kilogramme d'acide sulfureux liquide occupe $0^{lit},754$.

Voici, d'après Dammer, les quantités d'acide sulfureux liquide qui ont été fabriquées par les seules usines de Oppeln de 1888 à 1891. Ces chiffres ne représentent qu'une faible partie de la production mondiale :

| Années | $SO^2$ liquide en kilogr. | Valeur | Prix des 100 kgs |
|---|---|---|---|
| 1888 | 1,141,121 | 51,370 mk | $4^{mk}$, 52 |
| 1889 | 1,519,201 | 66,635 — | 4 , 38 |
| 1890 | 1,758,000 | 80,798 — | 4 , 59 |
| 1891 | 1,585,000 | 79,386 — | 5 , 00 |

L'acide sulfureux liquide trouve de nombreux emplois dans l'industrie. Il sert :

1° A la préparation de certains sulfites et hyposulfites.

2° A la préparation de l'acide hydrosulfureux.

3° A l'extraction de l'or et de l'argent de certains résidus.

4° A la fabrication de certains extraits de garance pour laques (E. Kopp).

5° Dans la fabrication du papier.

6° Dans le blanchiment des fibres animales (soie, laine, éponges, plumes, colle, cordes à boyaux, vessies), où il n'est pas possible d'utiliser le chlore, qui au lieu de décolorer les matières les jaunit; de même pour le blanchiment de la paille, des fournitures pour la sparterie, de la gomme arabique, etc.

7° Pour la conservation (soufrage) ou pour le blanchiment de certains produits alimentaires, vin, sucre. Dans l'industrie du sucre, l'acide sulfureux joue un rôle considérable, car il est un des rares acides qui ne convertissent pas rapidement le saccharose en glucose.

8° Comme antiseptique (liquide désinfectant Pictet).

9° Comme moyen d'éteindre le feu (grenade Harden).

10° Dans les machines à glace Pictet, on mélange avec l'acide carbonique.

11° Pour l'extraction des graisses et des huiles, l'acide sulfureux liquide dissolvant ces corps avec la plus grande facilité (D. R. P., 50360).

### ACIDE CARBONIQUE.

L'industrie de l'acide carbonique liquide est relativement moderne; nous renverrons néan-

moins au *Dictionnaire* pour la description des appareils de Thilorier, Natterer, etc., et ne parlerons que des appareils qui ont été utilisés industriellement.

1° *Liquéfaction au moyen du tube de Faraday.* — Beins, en 1877 (D. R. P., 1765), essaya d'appliquer la décomposition du bicarbonate de soude, en vase clos, à la fabrication d'acide carbonique liquide; ce procédé n'eut guère d'applications.

2° *Liquéfaction par compression mécanique.* — L'appareil qui est aujourd'hui universellement employé est une pompe à deux cascades, c'est-à-dire une pompe double à deux cylindres dont les pistons ont exactement la même course, mais un diamètre différent. L'acide carbonique purifié arrive dans le premier cylindre, qui le comprime à 6-7 atmosphères; de là il passe dans un serpentin réfrigérant qui le refroidit et condense une partie de l'eau qu'il contenait; il arrive alors dans le second cylindre qui le comprime à 50-60 atmosphères et le refoule dans un réfrigérant où il se condense à l'état liquide et coule de là dans les bonbonnes où on le conserve pour la consommation.

L'acide carbonique nécessaire à la condensation peut être préparé artificiellement ou être d'origine naturelle.

1° *Acide carbonique naturel.* — En Allemagne, dans les Provinces rhénanes, on utilise les gaz naturels qui sortent de terre mélangés aux eaux gazeuses. On établit dans ce cas autour du puits un bassin muni d'un déversoir et on recouvre l'orifice du puits par une cloche analogue à celle d'un gazomètre, que l'on équilibre par des contrepoids. On a breveté aussi des appareils applicables aux sources sèches, ne donnant que du gaz carbonique et pas d'eau (Rommenhöller et Luhmann, D. R. P., 42487). Une des sources d'acide carbonique naturel les plus importantes est celle de Burgbrohl, dans l'Eifel. Ce gaz carbonique est très pur; on l'utilise en partie pour la fabrication de la céruse et en partie pour la liquéfaction. Le puits de Burgbrohl a 83 mètres de profondeur et débite 430 litres d'eau par minute et 1500 litres de gaz carbonique, c'est-à-dire 2 160 000 litres par 24 heures, soit 4325 kilogrammes. On en liquéfie environ 1000 kilogrammes par jour.

En Allemagne et en France, on utilise aussi les gaz de la fermentation alcoolique qui prennent naissance en quantités considérables dans les distilleries d'alcool. Néanmoins ces gaz, qui sont excellents pour les besoins de la liquéfaction, ont peu d'intérêt pour l'industrie des eaux gazeuses, limonades, etc., car il est difficile de les débarrasser complètement de leur odeur. Quand on les recueille en vue de les liquéfier, on commence par les laver soigneusement, par exemple dans un scrubber rationnel Chevalet, comme c'est le cas à l'usine des produits antiseptiques de Villers.

2° *Acide carbonique artificiel.* — On l'obtient par la décomposition des carbonates que l'on décompose, soit par la chaleur, soit par un acide ($HCl$, $H^2SO^4$, $PO^4H^3$, etc.); on prépare encore l'acide carbonique par la combustion d'anthracite très pur. Les gaz de la combustion sont absorbés par une solution de carbonate de soude, puis le bicarbonate obtenu est décomposé à son tour dans des chaudières spéciales (appareils de Kindler, Luhmann, de Bechi).

*Propriétés de l'acide carbonique liquide.* — L'acide carbonique liquide est mobile et incolore, sa densité est de 0,947 à 0°; il se dilate fortement sous l'influence de la chaleur. Il est peu soluble dans l'eau, soluble dans l'alcool et dans l'éther. Il bout à — 78°,2 sous 760 millimètres.

Le tableau suivant donne les pressions corres·
pondantes aux températures d'observation :

| Température en degrés C. | Pression en atmosphères. |
|---|---|
| — 78°,2 | 1 |
| — 25 | 17,11 |
| — 15 | 23,13 |
| — 5 | 30,84 |
| + 5 | 40,46 |
| + 15 | 52,16 |
| + 25 | 66,02 |
| + 35 | 82,17 |
| + 45 | 100,41 |

L'acide carbonique liquide s'évapore rapidement à l'air, en produisant un abaissement de température tel, que la partie encore non évaporée se solidifie. Le point critique est à 30°,9.

L'acide carbonique solide se prépare facilement en recevant de l'acide carbonique liquide dans un sac en laine ; celui-ci se remplit bientôt de flocons blancs qui s'évaporent assez vite. Par contre, si on les presse et qu'on en forme des cylindres par moulage, l'évaporation est beaucoup retardée ; c'est ainsi qu'un cylindre de 41 millimètres de diamètre et de 53 millimètres de hauteur (environ 71 centimètres cubes) prend 5 heures pour se liquéfier [Landolt, *D. Chem. G.*, 17, 309]. La densité de l'acide carbonique solide est de 1,2.

L'acide carbonique liquide est emmagasiné, comme nous l'avons dit, dans des bombonnes en acier d'une contenance de 10 litres et plus. Une bouteille de 10 litres ne peut contenir que 8 kilogrammes, soit 9lit,5 d'acide carbonique, à cause du coefficient de dilatation qui est très élevé. En Allemagne, on pousse même les précautions plus loin : on ne met qu'un kilogramme d'acide carbonique dans 1lit,34. Il est absolument nécessaire, dans tous les cas, que la bombonne ne soit jamais complètement remplie à la température de 20°. Les bombonnes de 8 kilogrammes contiennent 4360 litres de gaz et celles de 10 kilogrammes, 5450 litres. La bombonne de 8 kilogrammes pèse vide 37 kilogrammes. Rien qu'en Allemagne, où il est vrai que l'industrie de l'acide carbonique est de beaucoup le plus développée, il y a plus de 150 000 bombonnes en circulation, représentant une valeur de 7 500 000 francs. Ces bombonnes sont essayées à la pression de 250 atmosphères, pression de beaucoup supérieure à celle qu'elles ont à supporter, même dans les cas les plus défavorables ; aussi les Compagnies de chemins de fer les acceptent-elles par tous les trains.

Le prix de l'acide carbonique liquide est de 0fr.25 le kilogramme. L'Allemagne possède 23 fabriques, qui en 1891 ont produit un total de 3 millions de kilogrammes d'acide carbonique liquide.

L'acide carbonique liquide a trouvé de nombreuses applications ; nous ne citerons que les plus importantes :

1° Fabrication des eaux minérales.

2° Fabrication des limonades, vins mousseux, etc.

3° Pressions à bière, pour empêcher la décomposition de la bière dans les tonneaux en vidange.

4° Extincteurs contre l'incendie. Dans ces appareils, l'acide carbonique agit de deux façons : comme moteur, pour chasser l'eau de l'appareil, et comme gaz impropre à la combustion.

5° Comme agent moteur (sans résultat) dans les machines à glace.

6° Pour durcir l'acier fondu par compression (Krupp). L'acier fondu, contenu dans des moules solides, est soumis à une très haute pression qui le comprime.

7° Pour des usages médicaux (anesthésique par refroidissement).

8° Pour renflouer les bateaux submergés.

En 1892, l'Allemagne a exporté 933 tonnes d'acide carbonique liquide.

## AMMONIAQUE.

Le gaz ammoniac se liquéfie à la pression ordinaire, à une température de — 33°,7 et à 16° sous la pression de 7 atmosphères.

L'ammoniaque liquide est préparée industriellement sur une assez grande échelle, car elle est utilisée dans les machines à glace de Fixary, de Linde ; on la liquéfie dans des appareils analogues à ceux qui servent à préparer l'acide carbonique liquide : aussi n'en parlerons-nous pas. Le gaz ammoniac est séché au préalable sur de la chaux vive.

L'ammoniaque liquide a une densité de 0,6234 et se solidifie à — 75° en une masse blanche *inodore*.

Les principales sources, pour la préparation de l'ammoniaque liquide, sont les suivantes :

1° Eaux ammoniacales du gaz de houille ;

2° Masses d'épuration du gaz (Laumming) ;

3° Gaz de hauts fourneaux ;

4° Gaz des cokeries ;

5° Résidus de la fabrication de la soude ;

6° Matières fécales et urine ;

7° Mélasses de betteraves.

La source la plus importante est, de beaucoup, celle des eaux ammoniacales du gaz.

## PROTOXYDE D'AZOTE.

Le protoxyde d'azote est employé en thérapeutique ; aussi le fabrique-t-on industriellement. On le prépare par décomposition du nitrate d'ammoniaque, à la température de 170°, d'après la réaction connue :

$$Az O^3 Az H^4 = Az^2 O + 2 H^2 O.$$

La chose importante dans cette préparation est de régler la température de façon qu'il ne se forme ni ammoniaque ni bioxyde d'azote $Az O$, qui est dangereux. On y arrive en chauffant au gaz les cornues dans lesquelles se fait la réaction.

Le protoxyde d'azote brut est lavé avec du sulfate ferreux, de la potasse caustique et enfin avec un lait de chaux. Le sulfate ferreux retient le bioxyde, les acides sont retenus par la potasse et le lait de chaux absorbe l'acide carbonique qui n'aurait pas été absorbé. Un kilogramme de nitrate d'ammoniaque donne 182 litres de protoxyde d'azote.

MM. Smith et Elmore [D. R. P., 71279, du 15 juin 1892] ont proposé de chauffer un mélange de salpêtre sec et de sulfate d'ammoniaque. Le dégagement gazeux commence à 230° et est terminé vers 300°.

Le protoxyde d'azote, soumis à une pression de 50 atmosphères, passe à l'état liquide. Le protoxyde d'azote liquide bout à — 88°, il se solidifie à — 115°. Un mélange de protoxyde d'azote et de sulfure de carbone, évaporé dans le vide, permet d'obtenir une température de — 140°.

*Solubilité du protoxyde d'azote dans l'eau et l'alcool.*

| Température | Eau | Alcool |
|---|---|---|
| 2°,3 | — | 4,0207 |
| 2°,5 | 1,1962 | — |
| 7°,0 | 1,0210 | 3,7192 |
| 8°,2 | 0,9791 | — |

| Température | Eau | Alcool |
|---|---|---|
| 11°,6................. | — | 3,4501 |
| 12°,0................. | 0,8588 | — |
| 16°,2................. | 0.7489 | 3,1092 |
| 18°,2................. | — | — |
| 20°,0................. | 0,6700 | — |
| 23°,0................. | — | 2,8944 |
| 24°,0................. | 0,6082 | — |

Le protoxyde d'azote est employé en thérapeutique comme anesthésique (gaz hilarant); on le mélange, en général, avec 10 0/0 de son volume d'air quand il doit être administré pendant un temps assez long. Les dentistes l'emploient aussi. Pour atteindre l'insensibilisation dans l'extraction d'une dent, il faut environ de 22 à 26 litres de gaz.

Le protoxyde d'azote industriel est expédié à l'état comprimé dans des bombonnes d'acier [Hasenclever, *Chem. Ind.*, 1893, 373].

La consommation exacte est inconnue; d'après Liebreich, voici les quantités produites à Londres de 1871 à 1873, en gallons (4$^{lit}$,543) :

| 1871 | 1872 | 1873 |
|---|---|---|
| — | — | — |
| 146211 | 214478 | 202252 |

G.-F. Jaubert.

**GEIKIELITE** (Min.). (A. Dick). — Bititanate de magnésium, $MgO.TiO^2 = TiO^3Mg$, avec 4 0/0 environ d'oxyde ferreux. Masses bleu-noirâtre ou brun-noirâtre, rouge-pourpre par transmission en lames très minces, éclat adamantin, trouvées à Itakwana, Ceylan.

*Caractères.* — Légèrement attaquable par l'acide chlorhydrique avec dépôt d'acide titanique; complètement décomposé, même à froid, par l'acide fluorhydrique. Pour ces attaques, le minéral doit être réduit en poudre fine. Infusible au chalumeau. Dureté = 6 environ. Densité = 3,98 à 4.

*Forme cristalline.* — L'auteur n'a pu la déterminer, mais il a reconnu la double réfraction uniaxe négative. Il est probable que cette forme cristalline est le rhomboèdre, par comparaison avec des cristaux artificiels de $TiO^3Mg$, obtenus par M. L. Bourgeois [*Bull. Soc. Min.*, 15, 194], par fusion de l'anhydride titanique au sein du chlorure de magnésium. La geikielite se rangerait alors dans la famille de l'ilzénite, de l'oligiste, etc.

L. Bourgeois.

**GEISSOSPERMINE.** — Alcaloïde extrait par M. Hesse de l'écorce de Pereiro. Voyez PEREIRINE.

**GÉLATINE** (voyez Dict., 1, 1552 et Suppl., 1, 860). — *Origine.* — Contrairement aux assertions de Hoppe-Seyler (Suppl., 1, 860), les tissus de l'amphioxus fournissent de la gélatine par ébullition avec l'eau [Krukenberg, *Maly's Jahr.*].

*Préparation.* — La gélatine du commerce, même très belle, contient toujours un peu d'albumine dont la présence peut modifier considérablement les réactions de précipitation de la solution, et que l'on peut éliminer presque entièrement en laissant le produit solide se gonfler dans l'eau, puis lavant soigneusement avec de l'eau froide et salée [Neumeister, *Lehrb. d. physiol. Chem.*, 1, 47, Iéna, 1893]. Même après ce traitement, la gélatine donne encore faiblement la réaction de Millon, laquelle doit être attribuée à des traces d'albumine. L'élimination totale de cette dernière n'est possible, d'après Krukenberg, que si l'on s'adresse à du tissu conjonctif que l'on a laissé macérer pendant longtemps à la température ordinaire dans une solution de soude à 5-10 0/0. Cette matière collagène, soigneusement lavée, fournit par ébullition avec l'eau une gélatine qui ne donne ni la réaction de Millon, ni celle d'Adamkiewicz, ni enfin la réaction à l'acide chlorhydrique (voyez Suppl., 1, 134).

Quant aux matières minérales, on les élimine presque entièrement en lavant la gélatine solide avec de l'eau pendant plusieurs semaines. M. O. Nasse a obtenu ainsi un produit qui ne renfermait plus que 0,6 0/0 de cendres, tandis que la gélatine ordinaire en contient 3,12 0/0 et la gélatine pure du commerce 2,43 0/0 (Weiske).

Le lavage à l'acide chlorhydrique à 1 p. 1000 n'est pas avantageux, car l'élimination de l'acide est alors interminable et ne peut être obtenue entièrement qu'en neutralisant par un peu d'ammoniaque, ce qui semble indiquer qu'il s'est formé une combinaison chlorhydrique. Cette gélatine déminéralisée paraît modifiée dans ses propriétés, tout comme l'albumine exempte de cendres (Suppl., 1, 124). La faculté de gélification diminue en effet au fur et à mesure que le taux des cendres diminue. Ainsi, avec 3,1 0/0 de cendres, une gélatine donne une gelée sensible (à 17°) au taux de 1,7 0/0; avec 0,6 0/0 de cendres, la gelée n'apparaît plus qu'avec 3,7 0/0 de gélatine. Enfin, d'après M. Weiske, la gélatine à 0,62 0/0 de cendres n'est précipitée par le tannin que si l'on ajoute à la solution une trace d'un sel ($NaCl$, $CaCO^3$, $CaSO^4$) [O. Nasse, *Maly's Jahresb.*, 19, 31, 1889. — Weiske, *Zeit. physiol. Chem.*, 7, 460, 1883].

*Propriétés.* — Les solutions de gélatine sont, à peu de chose près, précipitées par la même série de sels que les globulines [Suppl., 2, 136. — F. Hofmeister, *Arch. f. exp. Path.*, 25, 1; *Maly's Jahresb.*, 19, 3].

Les concentrations pour lesquelles la précipitation commence varient selon que la gélatine a été soumise pendant un temps plus ou moins long à l'action de l'eau. Le sulfate d'ammonium précipite la gélatine $\alpha$ (gélatine ordinaire) à 12,4 0/0 de sel; la gélatine $\beta$ (gélatine chauffée jusqu'à perte de la faculté de gélifier) à 16,9 0/0; les gélatines $\beta'$ et $\beta''$ (gélatine chauffée pendant plusieurs jours) à 19 et 19,8 0/0 de sulfate [Nasse, *Pflüger's Arch.*, 41, 506; *Maly's Jahresb.*, 14, 5].

On sait que le chauffage des solutions de gélatine en tube scellé à 150° pendant quelques instants (Mülder), ou à l'air libre pendant plusieurs heures (Hofmeister) liquéfie la gélatine d'une façon définitive. Cette action est d'autant plus rapide que l'on part d'une gélatine plus pauvre en matières minérales [Nasse, *Maly's Jahresb.*, 19, 32]. La modification commence déjà lorsqu'on stérilise à l'autoclave pendant une heure, à 110-120°, les bouillons de culture à la gélatine, ainsi qu'en témoignent l'abaissement du point de gélification, l'augmentation de la durée du phénomène, la diminution de consistance. Il est probable que le simple contact avec l'eau chaude modifie déjà la gélatine.

Pour MM. Dastre et Floresco, le corps qui se produit ainsi est la *gélatose* ou *protogélatose*, identique au premier produit de la digestion gastrique et pancréatique de la gélatine (voyez plus loin) et caractérisé par l'absence de la faculté de gélification et l'absence de précipitation par le sel marin à saturation. C'est encore ce produit qui apparaîtrait au début de l'action des microbes liquéfacteurs, ou bien lorsque la gélatine est mise en contact pendant 24 à 48 heures avec des solutions de sels neutres tels que les iodures et les chlorures alcalins, à la température de 40°. Cette transformation fait presque complètement défaut dans le cas de chauffage passager (une heure) à une température plus haute, 100-120°. Elle peut être totale avec certains sels (chlorures, iodures), partielle seulement avec d'autres (fluorures). Avec 1 0/0 de sel, la transformation est faible, il y a seulement retard de la gélification et diminution de consistance de la gelée; avec 10 0/0, elle est totale, quelle que soit la proportion de gélatine employée (solution à 1 0/0, 2,5 0/0, 5 0/0). C'est ce que MM. Dastre et Floresco appellent la *digestion saline* de la gélatine [*C. R.*, **124**, 615]. Un grand nombre de microbes qui liquéfient la gélatine opèrent cette réaction par l'intermédiaire d'un ferment soluble. Tels sont le vibrion de Koch, le *micrococcus prodigiosus*, le *bacillus pyocyaneus*, les spirilles du fromage, le *trychophyton tonsurans*, etc. [Cl. Fermi, *Arch. f. Hygiene*, 10, 1; *Maly's Jahresb.*, 20, 451. — Lander Brunton et A. Macfadyen, *Proc. roy. Soc.*, **46**, 542; *Maly's Jahresb.*, 20, 453].

Parmi les agents qui précipitent les matières albuminoïdes (Suppl., **2**, 134), les suivants sont sans action sur les solutions *pures* de gélatine : l'acide azotique et les autres acides minéraux (en exceptant l'acide métaphosphorique), le mélange de ferrocyanure de potassium et d'acide acétique, les sels de métaux lourds (plomb, cuivre, etc.). Néanmoins le sublimé précipite en présence de l'acide chlorhydrique (et non de l'acide acétique). Tous les autres réactifs précipitants des matières albuminoïdes précipitent aussi la gélatine [Neumeister, *Lehrb. d. physiol. Chem.*, 1, 47. Iéna, 1893].

L'acide métaphosphorique, ou le métaphosphate de soude et l'acide chlorhydrique, donnent avec les solutions de gélatine (ou de gélatose) des précipités renfermant environ 6 à 8 0/0 de $P^2O^5$ [R. Lorenz, *Pflüger's Arch.*, 47, 189, 1890]. D'après M. Obermayer, l'acide trichloracétique précipite la gélatine plus complètement que l'acide métaphosphorique [Obermayer, *Maly's Jahresb.*, **19**, 7]. Le précipité que donne le tannin avec la gélatine, desséché à 100°, contient de 10,73 à 11,08 0/0 d'azote; la gélatine employée renfermant 16,5 0/0 d'azote, il suit de là que la combinaison en question renferme environ 34 0/0 de tannin. Avec le tannin de l'écorce de chêne, le précipité contient de 9,4 à 9,5 0/0 d'azote, donc 42,7 0/0 de tannin [Böttinger, *Ann. Chem.*, 244, 227]. Les acides biliaires précipitent quantitativement la gélatine, mais le précipité retient des quantités très variables d'acide [Emich, *Mon. f. Chem.*, **6**, 95].

Une solution de gélatine dissout beaucoup plus de chaux ou de phosphate de calcium qu'un égal volume d'eau. De même, il est impossible de précipiter d'un mélange d'eau de baryte et de gélatine tout le baryum à l'aide d'un courant d'acide carbonique. M. O. Nasse a étudié une série de combinaisons de baryte et de gélatine; elles sont d'autant plus riches en baryum que la gélatine dont on part a été plus complètement débarrassée des matières minérales [O. Nasse, *Maly's Jahresb.*, **19**, 30].

On sait que Maly a signalé l'acide benzoïque parmi les produits de l'action du permanganate de potassium sur la gélatine, avec fusion subséquente au contact de la potasse, réaction dont l'intérêt théorique est considérable (Suppl., 2, 132). D'après M. Neumeister, cette assertion mériterait peu de créance, par la raison que Maly s'est servi de gélatine commerciale, laquelle contient toujours un peu d'albumine [Neumeister, *Lehrb. d. physiol. Chem.*, 1, 46]. Le dédoublement de la gélatine sous l'action de la baryte à chaud a été étudié précédemment (Suppl., 2, 128).

Traitée par l'acide chlorhydrique bouillant,

avec addition de chlorure stanneux, la gélatine fournit, comme la caséine, deux bases que l'on précipite par l'acide phototungstique, la *lysine*, $C^6H^{14}Az^2O^2$, et la *lysatinine*, $C^6H^{11}Az^3O$, ou $C^9H^{13}Az^3O^2$. La lysatinine, traitée par l'eau de baryte à chaud, fournit par dédoublement de l'urée [Drechsel, *Maly's Jahresb.*, **21**, 7].

La gélatine est facilement dissoute par l'alcool chlorhydrique ou sulfurique. Si l'on traite de la gélatine, gonflée avec très peu d'eau, par de l'alcool absolu, et si l'on fait passer dans la liqueur un courant de gaz chlorhydrique, on obtient une dissolution complète. Après distillation de l'alcool, il reste un sirop qui, traité par le nitrite de sodium, fournit une combinaison diazoïque que l'éther abandonne sous la forme d'une huile d'un brun jaunâtre, facilement distillable avec l'eau, bouillant à 141-142°. Si l'on traite cette huile en solution éthérée par de l'iode jusqu'à coloration jaune, et qu'on traite ensuite par l'ammoniaque, on obtient une masse cristalline, formée de prismes jaunâtres, solubles dans l'eau, contenant $C^2H^3AzI^2$, et que MM. Buchner et Curtius considèrent comme de la *diiodovinylamine* [*D. chem. G.*, **19**, 850].

La gélatine pure, digérée à 40° avec du suc gastrique artificiel, se dissout presque entièrement, sauf un résidu très faible, que M. Ferd. Klug appelle *apogélatine*, qui représente 5,6 0/0 de la masse et que l'acide sulfurique seul dissout entièrement. Cette apogélatine renferme :

$$C, 48,39; H, 7,50; Az, 14,2; O \text{ et } S, 30,09;$$
$$\text{cendres, } 5,2 \; 0/0.$$

MM. Chittenden et Solley signalent également ce résidu insoluble, qu'ils rangent dans le groupe des antialbumides. Ce qui passe en dissolution se compose en majeure partie de *gélatoses*, premiers produits de la digestion gastrique de la gélatine (Suppl., **2**, 141), accompagnées d'un peu de gélatine-peptone non précipitable par le sulfate d'ammonium. Ces gélatoses, qui sont au contraire précipitées par ce sel, sont constituées par un mélange d'une *protogélatose*, précipitable par saturation au moyen du sel marin avec addition d'acide acétique et d'une *deutérogélatose*, présentant toutes deux une composition centésimale très rapprochée de celle de la gélatine primitive. La digestion avec le suc pancréatique artificiel donne les mêmes produits [Klug, *Centralb. f. Physiol.*, 4, 181, 1890. — Chittenden et Solley, *Journ. of Physiol.*, **12**, 23, 1891].

*Valeur alimentaire.* — Depuis l'époque où Papin (1682) a montré la manière d'amollir et de cuire les os à l'aide du digesteur qui porte son nom, et plus spécialement depuis l'époque où Proust, d'Arcet, Pelletier et Cadet de Vaux perfectionnèrent à la fin du siècle dernier les procédés d'extraction de la gélatine des os, la valeur nutritive de cette substance a été l'objet de longues controverses. Par deux fois au cours du siècle, l'Académie des Sciences chargea une commission d'étudier cette importante question. Dans plusieurs hôpitaux de Paris, dans les ateliers, notamment à la Monnaie des médailles, la gélatine fut employée à l'alimentation sur une vaste échelle ; enfin un grand nombre d'expérimentateurs : Donné, Gannal, William Edwards, Magendie (qui fut rapporteur de la deuxième commission de la gélatine) s'appliquèrent à l'étude de ce problème. Il serait trop long de dire ici pourquoi toutes ces expériences échouèrent et quelles étaient les notions de physiologie générale dont la méconnaissance empêchait de donner au problème expérimental sa véritable position [voyez Voit, *Physiol. d. allg. Stoffwechsels*; Hermann's *Handb. d. Physiol.* Leipzig, 1881, 4, 1re partie, 19]. C'est seulement par les recherches de Bischoff et Voit, et surtout par celles de Voit, que la valeur nutritive spéciale de la gélatine fut bien démontrée.

Un premier fait capital est celui-ci : c'est que *la gélatine ne peut entièrement remplacer l'albumine*, qu'on la donne seule ou accompagnée d'aliments ternaires. Ainsi, en donnant à un chien 50 grammes de graisse et 357 grammes d'osséine sèche (qui dans l'espèce a la même signification que la gélatine, son produit d'hydratation), Voit a vu l'excrétion d'urée portée jusqu'à 113 grammes par jour, et pourtant l'animal sacrifiait encore de son albumine corporelle.

Mais l'expérience montre que *la gélatine peut suppléer une partie importante de l'albumine.* Ainsi un chien reçoit en 24 heures 500 grammes de viande, il en détruit 522, soit donc une perte de 22 grammes de chair musculaire. On lui donne dans une seconde expérience 500 grammes de viande et 200 grammes de gélatine. Cette fois il ne détruit plus que 446 grammes de viande, soit un bénéfice de 54 grammes. Un chien reçoit 2000 grammes de viande, il en détruit 1970 gr., bénéfice 30 grammes. On lui donne ensuite 2000 grammes de viande et 200 grammes de gélatine, il détruit 1624 grammes de viande, et le bénéfice de chair musculaire fait par l'organisme s'élève de 30 à 376 grammes. L'*épargne* de l'albumine par la gélatine est donc sensible. (On a conservé ici le mode de calcul de Voit qui exprime les gains ou pertes d'azote de l'organisme en poids de viande, de chair musculaire. Celle-ci contenant à l'état humide 3,4 0/0 d'azote, chaque perte ou gain de 3gr,4 d'azote peut être exprimé par la perte ou le gain de 100 grammes de *chair musculaire* ou de *viande*.)

Pratiquement, les quantités de gélatine que l'on peut faire entrer dans l'alimentation de l'homme sans provoquer de dégoût peuvent être comptées, dans les expériences sur la nutrition, comme de l'albumine.           E. Lambling.

**GÉLATINE ET COLLES ANIMALES (INDUSTRIE).** — En terminant l'intéressant article qu'il a consacré autrefois à la GÉLATINE (Dict., 1, 557), M. Ch. Lauth disait : « Nous avons essayé, dans les pages qui précèdent, de donner une idée de l'industrie de la gélatine et des colles fortes; nous regrettons de n'avoir pu contrôler tous les faits que nous avons signalés, mais les fabricants de ces produits s'entourent de mystère et sont peu disposés à donner des renseignements ».

Le présent article n'aurait pas sa raison d'être si l'état de choses que décrivait M. Lauth subsistait actuellement dans son intégralité; nous pouvons donner ici certains renseignements nouveaux concernant cette intéressante industrie.

Notre travail a été naturellement poursuivi dans deux directions parallèles; nous avons cherché à décrire : 1° les procédés et 2° l'outillage actuels de l'industrie des colles et gélatines. En ce qui concerne l'outillage, nous avons pu réunir un certain nombre de descriptions d'appareils perfectionnés que les constructeurs nous ont obligeamment communiquées. Pour ce qui touche aux procédés, la besogne était plus ardue. Chaque fabricant, pour ainsi dire, a sa manière de faire, qui lui constitue une sorte de secret de fabrication. Chercher à pénétrer ces secrets n'était pas dans notre rôle, et nous n'avons pas la prétention d'y avoir réussi, n'ayant pas un instant pensé à le tenter. Mais, à côté de ces modes de fabrication gardés avec un soin jaloux, il y a les phases générales qui se reproduisent chez tous les fabricants et que nous pouvons décrire. D'ailleurs, s'il nous est permis d'exprimer une opinion personnelle, nous pensons que dans tous les cas un industriel bien outillé, surveillant

bien sa fabrication, ne saurait manquer d'obtenir, au bout de peu de temps, de très bons produits.

*Classification commerciale des colles et gélatines.* — Une de nos premières préoccupations, en abordant notre travail, a été de chercher à définir d'une manière précise la nature exacte et les propriétés des substances désignées dans le commerce sous le nom de *gélatines* et de *colles*. Les auteurs qui ont déjà écrit sur ce sujet sont, en effet, bien loin de s'accorder. Le seul point bien établi, c'est que les colles sont de la gélatine plus ou moins impure. Mais, sorti de cette définition assez vague, ce qui est gélatine pour tel auteur est colle pour tel autre.

Nous avons interrogé des commerçants sans pouvoir obtenir d'eux cette définition qui caractérise d'une façon absolue, au point de vue commercial bien entendu, la gélatine et les colles.

D'après l'un des plus autorisés, il conviendrait d'appeler *gélatine* toute matière préparée par extraction à l'air libre, et *colle forte* toute matière extraite en autoclave.

D'une manière générale, on nomme *gélatines* les produits coupés en feuilles minces comme du papier et que l'on vend en barriques, en caisses et plus souvent en paquets de 500 grammes ou d'une livre anglaise, lorsqu'ils sont destinés à l'exportation en Angleterre ou dans les deux Amériques; sous le nom de *colles-gélatines*, on désigne celles qui sont découpées en feuilles plus épaisses et longues; enfin les *colles fortes* d'os et celles de matières sont vendues en feuilles carrées et épaisses.

M. Malepeyre, dans un ouvrage (*Encyclopédie des Manuels Roret*, 1876) qui constitue un document intéressant pour l'histoire de cette industrie, et auquel les quelques auteurs qui ont écrit sur la question ont fait de fréquents emprunts, mentionnait 16 variétés de colles et gélatines du commerce. Parmi les colles de peau ou de matières et les colles d'os il distinguait :

1° La *grenetine*, colle blanche diaphane dont la préparation et les propriétés se trouvent indiquées dans l'article du Dictionnaire;

2° La colle claire ou *colle de duché*, peu colorée, très résistante et à cassure nerveuse. C'était une colle de première cuite, plus forte que toutes les autres colles du commerce, convenant en général pour tous les ouvrages qui doivent présenter une grande solidité;

3° La *colle forte d'os*, obtenue par le traitement acide, comparable aux meilleures colles obtenues avec le parchemin et les peaux minces, et servant aux mêmes usages (c'est en réalité une *colle-gélatine*);

4° La *colle de Flandre*, blonde, très mince et assez transparente, se présentant en feuilles minces, offrant des festons ou dentelures latérales qui proviennent de leur adhérence aux filets de séchage. Elle est employée principalement pour les apprêts ordinaires des étoffes et pour la peinture en détrempe;

5° La *colle de Hollande*, présentant les mêmes caractères que la précédente, mais possédant une teinte d'un assez beau jaune;

6° La *colle anglaise*, plus colorée que les précédentes, ce qui n'est plus exact actuellement;

7° La *colle de Givet*, transparente, rougeâtre, fragile, à cassure nette. C'est une des variétés dont on consomme le plus; elle sert principalement dans l'ébénisterie, pour les peintures communes. Elle est préparée surtout avec les matières provenant de Buenos-Ayres;

Puis la colle des chapeliers, la colle d'os extraite en autoclave, la colle au baquet, la colle forte liquide, la colle à bouche, la colle de parchemin, enfin la colle de poisson.

On voit que, suivant les matières premières employées, suivant les modes de fabrication, on obtient des produits possédant des propriétés différentes, et par cela même propres à des emplois divers.

D'ailleurs nous ne reproduisons cette classification ancienne qu'uniquement au point de vue documentaire, car elle n'a guère d'intérêt aujourd'hui. Ainsi la grenetine a depuis longtemps disparu du marché, et la quantité qu'on en produisait était infime comparée à celles que fabriquent actuellement les usines de France, de Suisse et d'Allemagne. De plus, les modes de fabrication se sont unifiés, et on ne trouve pas actuellement de produits présentant des différences aussi tranchées suivant leur origine.

Nous dirons en terminant cet article quelques mots des applications innombrables de la gélatine; les unes nécessitent des produits incolores ou peu colorés, les autres des gélatines élastiques, d'autres des produits plus « nerveux ». Les colles fortes employées par la menuiserie et l'ébénisterie doivent se distinguer par une grande force adhésive. La multiplicité de ces emplois fait que l'industrie est obligée de préparer des produits présentant spécialement les qualités requises. Nous allons exposer dans leur généralité les méthodes de travail, quitte à signaler à la suite les variantes apportées en vue de l'obtention de produits doués de propriétés spéciales.

Comme on l'a exposé dans l'article du Dictionnaire, la fabrication de la gélatine et des colles comprend deux phases essentielles. Dans une première phase, on transforme, par l'action de l'eau chaude, la matière collagène en gélatine, laquelle entre en solution dans l'eau. On obtient ainsi un bouillon gélatineux. Nous séparerons naturellement, pour cette première phase, le traitement des colles-matières de celui des os. Dans la seconde phase, le bouillon gélatineux est amené à concentration convenable, décoloré, clarifié, coulé dans des moules; les pains ainsi obtenus sont découpés, séchés, lustrés et marqués. Ces opérations sont, sauf quelques variantes, analogues, quelle que soit l'origine du produit. Nous n'en ferons qu'un seul chapitre.

## I. — OBTENTION DU BOUILLON GÉLATINEUX.

### A. *Traitement des colles-matières.*

MATIÈRES PREMIÈRES. — On sait que les *colles-matières* sont les tissus animaux, peau, cartilages, tendons, qui, par chauffage avec l'eau, se transforment en gélatine. Elles sont de diverses provenances. M. Lauth les a énumérées dans son article, en donnant, d'après Dumas, leur rendement en colle. Nous complétons ici ces renseignements.

La plus abondante de ces matières premières est la *carnasse*. On désigne sous ce nom les résidus des tanneries et des mégisseries.

On sait (TANNAGE, Dict., **3**, 188) que les peaux destinées à être tannées, après avoir été complétement épilées, sont travaillées sur le chevalet avant d'aller au tannage proprement dit. On les *écharne* d'abord, c'est-à-dire qu'on enlève toute la chair restée adhérente à la peau lors de l'écorchage. En enlevant cette chair, l'ouvrier enlève en même temps les lanières de peau (*brochettes*) qui y restent attachées. Ensuite on rogne les portions de peau défectueuses et les bords, qui donneraient un cuir inutilisable. Comme c'est la substance tannante qui coûte cher, on a intérêt à ne soumettre à son action que les parties de la peau qui donneront du bon cuir.

Sous le nom de *Buenos-Ayres*, on désigne plus spécialement les débris provenant du travail des peaux que la République Argentine expédie à l'état vert en France, pour y être tannées. Il vient en même temps d'autres débris, des tendons, des verges de taureaux. C'est surtout avec ces matières que se fabrique la colle de Givet.

Les peaux d'animaux que la tannerie et la chamoiserie n'emploient pas, celles de lapin, de lièvre, de chat, de rat, subissent un traitement spécial. Après en avoir séparé le poil, on les découpe mécaniquement en minces lanières. Il en est de même pour les débris de peaux de gants et pour les vieux gants. Le produit ainsi obtenu porte le nom de *vermicelle*. Le vermicelle est employé, notamment à Paris, pour la fabrication de la colle au baquet.

A côté des matières fournies par les industries qui travaillent la peau, se placent celles qui proviennent des abattoirs. Les *patins* sont les gros tendons des jambes de bœuf. On y ajoute ordinairement le reste des abats, ainsi que les matières tendineuses, communément appelés *nerfs*, fournies par les équarrisseurs. Ces dernières matières servent notamment à la fabrication de la colle de chapelier.

Il faut citer encore les rognures de peau épaisse qui proviennent de l'emballage des *surons* d'indigo; les tendons des pieds de bœuf qu'on extrait avant la fabrication de l'huile dite de pied de bœuf; les rognures de parchemin.

Le rendement en colle de ces différentes matières est très variable. D'après M. Malepeyre, les têtes de veau rendent jusqu'à 60 0/0, les déchets de tannerie de 36 à 40 0/0, les Buenos-Ayres de 60 à 66, les patins 36, les brochettes bien dépouillées de graisse et de chair, les vieux gants de 45 à 50 0/0, les surons d'indigo de 50 à 55 0/0.

Le rendement n'est pas le seul facteur variable suivant les matières employées. La qualité du produit varie beaucoup également. Les carnasses de veau et de chevreau donnent les meilleurs produits. C'est avec ces matières, employées à l'état frais, notamment les têtes de veau, qu'on fabrique les gélatines fines, alimentaires et autres. Les carnasses de bœuf et de mouton donnent des produits de moins bonne qualité; moins bons encore sont les produits fournis par le cheval.

Les déchets de tannerie employés à l'état vert fournissent des colles molles, qu'on livre en feuilles minces, et qui portent le nom de *collettes*. Celles de veau sont les meilleures; ensuite viennent celles de mouton et enfin celles de cheval.

M. Cadet (cité par M. Malepeyre) a examiné autrefois des colles préparées spécialement avec des produits de même espèce. La colle de veau était très transparente, de la couleur de l'écaille blonde; la colle de bœuf était également transparente, d'un jaune rougeâtre; la colle de mouton translucide, d'une couleur un peu terne, tirant sur le rouge; la colle de cheval presque opaque, d'un brun rouge assez foncé; la colle de poisson, d'une teinte pareille à celle de la colle de bœuf, mais plus transparente; la colle de volaille était translucide, couleur de bistre terne.

La couleur des colles mélangées varie naturellement suivant les espèces employées et les proportions de chacune. On peut dire que les recettes de ces mélanges constituent le principal secret des fabricants de colle. On conçoit aisément qu'on doive obtenir le meilleur résultat en n'employant dans une même fabrication que des matières de même espèce, ayant la même solubilité et fournissant par conséquent la même gélatine. A cette condition viennent s'ajouter celles de bonne surveillance et de propreté parfaite qui se trouvent remplies dans les usines bien installées et bien conduites.

TRAITEMENT CHIMIQUE DES COLLES-MATIÈRES. — Les matières animales, avant d'être soumises à l'action de l'eau chaude, doivent subir un traitement chimique qui remplit un double but :

1° Il prévient ou arrête la fermentation putride, très prompte à se développer dans ces tissus animaux ;

2° Il débarrasse la matière collagène des tissus musculaires et adipeux, du sang, des poils qui l'enrobent. Il prépare ainsi cette matière à subir complètement l'action de l'eau chaude.

On a autrefois avancé qu'en laissant s'établir dans les matières la fermentation putride, on facilitait l'extraction de la gélatine. Cette méthode a même fait l'objet d'un ancien brevet pris en 1839 par Piau-Dawling. Il n'est pas besoin de dire qu'un pareil procédé ne pouvait s'implanter en France. Son emploi dans une fabrique aurait suffi pour rendre inhabitable un vaste territoire. D'ailleurs l'insalubrité et l'incommodité résultant des usines qui traitent les déchets animaux ont depuis longtemps préoccupé l'Administration. Le rapport présenté à l'Institut le 26 frimaire an XIII par Guyton de Morvau et Chaptal attirait l'attention des pouvoirs publics sur cette question, et le décret du 15 octobre 1810 rangeait la fabrication de la colle forte dans la première classe des industries insalubres, incommodes ou dangereuses.

*Chaulage.* — Le traitement chimique que l'on fait subir aux colles-matières a été décrit sommairement dans l'article du Dictionnaire. Il consiste en un *chaulage* ou *échaudage*. Suivant les usines, on se trouve en présence de deux manières d'opérer. Ou bien la fabrique de gélatine est proche des tanneries et des abattoirs qui lui fournissent les matières premières; celles-ci lui sont alors amenées fraîches ou vertes; ou bien, et c'est le cas le plus général, les matières sont traitées dans des établissements spéciaux, séchées et expédiées aux fabriques de colles, prêtes pour l'extraction.

Il y a de nombreux avantages à cette manière de faire. D'abord, en faisant voyager des matières desséchées, on économise sur le transport et on élude des difficultés toujours à craindre avec les Compagnies de transport. De plus, il vaut mieux que ces opérations se fassent loin des centres habités, et elles nécessitent un outillage spécial.

Les voitures et les vases qui servent au transport des matières animales à l'état vert, les locaux où ces matières sont traitées et emmagasinées doivent être entretenus en parfait état de propreté, à l'aide d'abondants lavages à l'eau additionnée de chlorure de chaux ou de phénol.

La concentration des laits de chaux employés, la durée de l'immersion varient suivant l'espèce des peaux employées. Lorsqu'elles ont déjà été chaulées à la tannerie, on emploie des laits de chaux ayant déjà travaillé et on les y laisse environ 30 jours, en les remuant de temps en temps. Ce temps est suffisant pour les carnasses de veau ; celles de bœuf, qui sont plus épaisses, exigent un temps de macération plus prolongé. Les déchets de peau de mouton sont traités par un lait de chaux très alcalin ; ils y séjournent de deux à trois mois. C'est de cette manière qu'on prépare la *colle franche*, que fabriquaient autrefois les chamoiseurs et les parcheminiers.

Si l'on a affaire à des peaux épaisses, fraîches, après les avoir mises à dégorger pendant 24 à 30 heures dans de l'eau pure, on les fait macérer dans un lait de chaux faible pendant environ 30 jours; elles restent ensuite dans un lait plus faible de moitié environ 50 à 60 jours, et enfin de 8 à 10 jours dans une eau calcaire très faible.

L'Administration prescrit d'opérer ce chaulage dans des cuves en maçonnerie et non en bois, munies de couvercles.

M. Depérais, ingénieur français qui a établi une fabrique en Italie, a présenté à l'Institut d'encouragement de Naples un Mémoire *Sulla fabricazione della colla-forte di pelle.* Dans cette publication, une des très rares qui aient paru sur la question, il préconise le chaulage non pas en cuves, mais en tas. On imbibe les carnasses avec un lait de chaux très épais et on les dispose en tas qu'on abandonne pendant un temps variant de six semaines à deux mois. L'action de la chaux sur les tissus non collagènes s'effectue plus rapidement que dans les cuves, et elle est complète. Les tas peuvent être ensuite abandonnés à eux-mêmes pendant plusieurs mois, sans que le tissu collagène présente d'altération sensible.

Il est probable que ce mode opératoire ne va pas sans quelque incommodité et ne serait pas toléré à proximité des centres habités.

*Carbonatation et lavage.* — L'action de la chaux étant achevée, il importe de débarrasser les matières de la chaux caustique qui les imprègne. On sait en effet (1er Suppl., 861) que l'ébullition de la gélatine avec une eau alcaline a pour effet de la *peptoniser*, c'est-à-dire de lui enlever sa propriété spécifique de se prendre en gelée par le refroidissement.

Le procédé généralement indiqué pour obtenir cette neutralisation de la chaux, le plus simple, consiste à exposer les matières pendant longtemps à l'air soit en les suspendant, soit en les étendant sur des aires où on les retourne fréquemment. La chaux se trouve ainsi peu à peu carbonatée. Ce résultat atteint, il faut procéder à un lavage à fond, destiné à éliminer le plus possible le carbonate de chaux, les sels solubles dans l'eau et les matières étrangères restées adhérentes au tissu collagène. Ce lavage peut s'effectuer par simple immersion dans une eau courante; mais il exige alors des quantités d'eau considérables. Pour l'effectuer avec une faible dépense d'eau, on a imaginé et construit des machines à laver.

La figure 539 représente une de ces machines, imaginée par M. Baux. Elle se compose de deux compartiments dans lesquels une masse d'eau est introduite continuellement par le haut et s'écoule en bas par une grille ou une tôle perforée. L'agitation est produite par des palettes montées sur un arbre quadrangulaire en bois possédant une âme en fer, mû par une poulie et une courroie de transmission. Cet arbre est animé d'une vitesse qui peut varier entre 100 et 200 tours par minute. Afin que les matières ne soient pas projetées par la force centrifuge sur les parois, où elles pourraient rester appliquées, des lames inclinées sont disposées de façon à les ramener continuellement sur les palettes. Les matières sont chargées par une ouverture placée à la partie supérieure; on les extrait par une porte à contrepoids. Elles tombent dans une cuve dont le fond est formé d'une tôle perforée qui laisse égoutter l'eau dont elles sont imprégnées.

On a songé à neutraliser la chaux en employant d'autres agents que l'acide carbonique atmosphérique. C'est ainsi que Fleck a conseillé, lorsqu'on a à sa disposition des solutions de tan épuisées, d'y faire macérer les matières chaulées. La saturation de la chaux s'effectue alors par les acides organiques provenant des fermentations qui se sont développées dans ces solutions. On lave ensuite à fond.

M. Depérais, dans le mémoire déjà cité, recommande de terminer le lavage à fond dans une eau légèrement acidulée par l'acide chlorhydrique, et de faire suivre cette opération d'un lavage avec une solution très faible de carbonate de soude. Le même auteur emploie aussi à cet effet le chlorure d'aluminium, dont nous parlerons tout à l'heure.

*Autres procédés d'épuration.* — M Depérais (*loc. cit.*) a relaté les essais qu'il a faits en vue de remplacer la chaux par la soude dans le traitement de la carnasse.

Ce procédé a été proposé il y a déjà longtemps par Fleck. M. Depérais a étudié l'influence de la soude sur la carnasse et constaté qu'elle produit une épuration bien plus rapide et bien plus complète que la chaux. La gélatine obtenue, en partant des mêmes matières, est plus belle, la cuisson prend moins de temps et le rendement est meilleur. Tous les avantages seraient donc en faveur de ce procédé; cependant il ne semble pas qu'il se soit implanté dans la pratique. Cela tient sans doute à l'énorme difficulté que l'on éprouve à se débarrasser complètement de l'alcali.

M. Depérais indique, dans son mémoire, un moyen qu'il a employé avec succès pour atteindre ce but. Ce moyen, déjà breveté antérieurement par Huët, est également utilisable dans le cas général où il s'agit d'éliminer la chaux. Il consiste à plonger les matières alcalines dans une solution de chlorure d'aluminium, qu'on prépare aisément par double décomposition entre des solutions de chlorure de calcium et de sulfate d'alumine. Dans ces conditions, la soude ou la chaux se trouve éliminée à l'état de chlorure soluble, tandis que de l'alumine gélatineuse se précipite et reste en suspension dans le bain. Toute trace d'alcalinité disparaît en quelques heures. On n'a plus qu'à faire suivre cette opération d'un lavage à fond.

Si la fabrication le permet, on mène les carnasses aux chaudières d'extraction lorsqu'elles sont encore humides. Sinon, on les laisse sécher complètement et on les emmagasine. Mais il faut alors les mettre à tremper dans l'eau quelque temps avant de procéder à l'extraction.

D'après Dullo, la colle dite de Cologne est

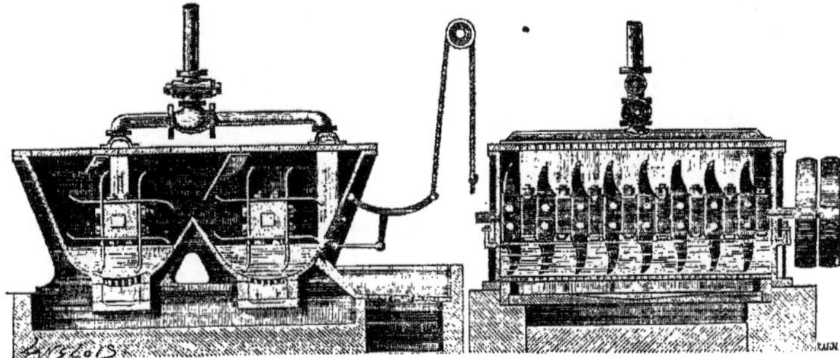

Fig. 539. — Laveur Baux.

obtenue avec des matières qui ont été, à leur sortie du lait de chaux, traitées par un bain de chlorure de chaux qui les blanchit. Les colles, fabriquées avec des carnasses ainsi traitées sont plus claires.

Nous devons mentionner deux modes de traitement des carnasses qui ont été proposés; nous ne pouvons malheureusement dire jusqu'à quel point ils sont entrés dans la pratique. Il s'agit du traitement par l'*eau chlorée* et du traitement par l'*acide sulfureux.*

La première méthode consiste à abandonner pendant quelque temps les carnasses en macération avec de l'eau froide, jusqu'à commencement de fermentation. Alors on les enlève et on les soumet dans des cuves closes à l'action d'une solution de chlorure de chaux additionnée d'acide chlorhydrique : pour 1000 kilogrammes de carnasse, on emploie 100 litres d'eau, 5 kilogrammes de chlorure de chaux et 40 kilogrammes d'acide chlorhydrique. On brasse énergiquement, puis on laisse reposer pendant 24 heures. Au bout de ce temps, on sort les matières et, après un lavage à fond, on les transporte dans une cuve où on les arrose d'eau bouillante ; on maintient la température de la masse à 50° pendant 24 heures. On obtient ainsi un bouillon gélatineux. On épuise de la même manière une deuxième, puis une troisième fois. Enfin on réunit les bouillons obtenus et on les concentre.

L'emploi de l'acide sulfureux a été indiqué par Terne, qui se servait d'une solution aqueuse saturée, obtenue en faisant passer un courant de gaz provenant de la combustion du soufre dans une colonne de coke parcourue par un courant d'eau. Il observa une décoloration très accentuée des matières, lesquelles fournissaient ensuite un bouillon presque incolore.

L'emploi de l'acide sulfureux est, croyons-nous, pratiqué dans quelques fabriques. On utilise l'anhydride sulfureux liquide que l'industrie livre aujourd'hui abondamment. Comme précédemment, on traite les carnasses ayant séjourné quelque temps dans l'eau; après lavage on les immerge dans une solution d'acide sulfureux. Au bout de 24 heures, l'odeur de l'acide a disparu; on lave à fond et on immerge dans une solution neuve d'acide. Celle-ci achève le traitement; les matières sont lavées et envoyées à l'extraction.

Ces procédés présentent, du moins en théorie, un double avantage : l'emploi d'agents tels que les composés oxygénés du chlore ou l'acide sulfureux a pour effet la destruction des ferments qui agiraient ultérieurement sur les matières, les bouillons gélatineux obtenus sont beaucoup moins colorés que ceux que fournissent les matières chaulées.

Mac Dougall a appelé autrefois l'attention sur l'intérêt qu'il y aurait à tirer parti des résidus du chaulage, qui ne sont pas sans valeur. Ils se composent de chaux, de graisse, de savons calcaires, de débris de poils, de sang et d'autres matières azotées. On peut les traiter de manière à classer ces matières, mettre par exemple à part le savon calcaire et le décomposer par l'acide chlorhydrique de manière à obtenir les acides gras. Restent les matières azotées, qui sont susceptibles d'être utilisées comme engrais.

CUISSON DES COLLES-MATIÈRES. — C'est dans cette délicate opération que réside la principale difficulté de la fabrication ; elle constitue un des tours de mains qui sont la propriété des fabricants. Aussi n'aurons-nous que peu de détails à donner ; d'ailleurs les principes généraux de l'opération ont été exposés dans l'article du Dictionnaire.

L'appareil classique est constitué essentiellement par trois cuves encastrées dans un même massif : l'une est la cuve d'extraction proprement dite, chauffée directement par la flamme du foyer ; une cuve placée au-dessus sert au chauffage, au moyen des gaz circulant dans un carneau, de l'eau d'alimentation de la chaudière d'extraction ; enfin une troisième cuve, placée en contre-bas, sert à la clarification : elle est chauffée par un foyer indépendant.

Le mode de chauffage direct se trouve le plus souvent remplacé par un chauffage au moyen de vapeur sous pression circulant soit dans un double fond, soit dans un serpentin.

Deux méthodes sont employées, qui donnent des produits de valeur différente :

Dans la méthode des *produits fractionnés*, décrite dans l'article du Dictionnaire, on cherche à soustraire, dès sa formation, la solution gélatineuse à l'action de la chaleur.

Nous allons donner un exemple de ce mode de travail, emprunté à M. Bourdiliat.

On détermine au préalable la quantité de matières nécessaires pour une opération. En général, on travaille avec au moins 500 kilogrammes. On commence par mettre les matières à macérer pendant deux jours dans l'eau froide, afin de les ramollir et de les rendre plus aptes à subir l'action de l'eau chaude. Deux ouvriers les transportent alors sur une toile métallique, où ils éliminent les matières étrangères qui peuvent s'y trouver mêlées, en même temps qu'ils coupent les morceaux trop grands.

Sortant de là, les matières sont mises de nouveau à macérer dans l'eau froide, à laquelle on ajoute de l'acide nitrique, environ 25 kilogrammes pour 500 kilogrammes de matières brutes. Ce passage en bain acide a pour effet de neutraliser les traces de chaux qui peuvent subsister ; de plus il produit un gonflement très notable des matières. On le fait suivre d'un lavage à l'eau, à la suite duquel les matières sont introduites dans la chaudière à cuire. Les dimensions de cette chaudière doivent être telles, qu'elle ne contienne que les trois quarts environ des matières à traiter. Le reste est entassé au-dessus en forme de pyramide. Afin que les matières ne viennent pas en contact avec le fond chauffé de la chaudière, un faux-fond percé de trous est placé à quelque distance de celui-ci. Il retient les matières, tout en laissant libre la circulation du liquide.

La chaudière étant ainsi garnie, on y amène l'eau et on commence à chauffer. Comme on l'a déjà dit, le but à atteindre est d'extraire le plus de produit possible dans le moins de temps, et à aussi basse température que possible. La qualité du produit diminue, en effet, avec le temps et la température de chauffe. Or, si l'on se renferme dans ces deux conditions, on est obligé de n'extraire qu'une partie de la gélatine à chaque opération, et pour cela de fractionner l'extraction, en soutirant le bouillon à des intervalles qu'indique l'expérience. La qualité du produit extrait va en diminuant à mesure que l'opération avance.

Afin de ne pas avoir des produits fractionnés à l'extrême, on profite de ce que, dès le premier soutirage, les matières partiellement épuisées ont beaucoup diminué de volume. On charge alors des matières neuves qu'on a préparées entre temps ; la deuxième fraction qu'on obtient ainsi est peu différente de la première, pourvu que la température ne se soit pas trop élevée. On peut même faire, en ajoutant de nouvelles matières, une troisième extraction donnant un produit de bonne qualité, toujours en travaillant à une température modérée. Les trois bouillons ainsi obtenus sont limpides, à condition que la température ait été maintenue vers 44° pour les deux premières extractions, vers 38° pour la troisième.

On peut faire ensuite trois cuites en opérant respectivement à 63, 56 et 50° ; on obtient alors un produit coloré en jaune.

Enfin, en poussant jusqu'à l'épuisement des matières, et en montant jusqu'à 75°, on obtient un produit inférieur, fortement coloré en brun.

La durée de l'extraction est d'environ 48 heures, ainsi réparties : 18 heures pour les premières cuites, 6 heures pour les secondes, 24 heures pour la troisième.

Tel est le procédé classique d'extraction de la gélatine. On était obligé d'opérer ainsi à cause de la nécessité d'obtenir du premier coup des bouillons assez concentrés pour faire prise par le refroidissement, car on ne pouvait songer à les concentrer par évaporation sous peine de les colorer et de les altérer. Nous verrons qu'avec les appareils à évaporation sous pression réduite, tels que le Yaryan, on n'est plus astreint à cette nécessité.

On travaille plus généralement pour la fabrication des colles fortes par la seconde méthode, qui consiste à extraire dans une seule opération toute la gélatine que peuvent fournir les matières.

En voici un exemple emprunté au mémoire déjà cité de M. Depérais, où ce fabricant donne la description des appareils et de la méthode de cuisson employés dans son usine. L'appareil, en tôle galvanisée, est établi sur le principe des appareils dits *lessiveuses*. C'est une cuve cylindrique sur le fond de laquelle est placé un serpentin parcouru par de la vapeur à environ 2 kilogrammes. Au-dessus du serpentin se trouve un faux-fond bombé, en tôle percée de trous de large diamètre, du centre duquel part un tube vertical également percé de trous sur toute sa hauteur. Le faux-fond et le tube vertical sont recouverts d'un grillage en fil de fer à mailles serrées, qui joue le rôle de filtre et qui remplace avantageusement la paille qu'on employait autrefois. Sur le faux-fond vient reposer un second serpentin, celui-ci amovible et percé de trous, qui joue le rôle de barboteur.

Pour opérer avec cet appareil, on commence par emplir avec de l'eau de condensation, aussi chaude que possible, l'espace compris entre le fond et le faux-fond, puis on charge par-dessus celui-ci la carnasse purifiée. Quand la chaudière est garnie au tiers de sa hauteur, on met en action le barboteur ; on continue la charge et on entasse les matières en chapeau aussi haut que possible. Alors on envoie la vapeur dans le serpentin inférieur. L'eau du double-fond entre en ébullition et se trouve refoulée par le tube central d'où elle se déverse dans toute la masse. La transformation de la matière collagène en gélatine s'opère peu à peu et celle-ci se dissout dans l'eau chaude. La masse devient de plus en plus plastique, gluante, et se tasse ; alors un ouvrier la brasse de manière à répartir les matières en contact avec l'eau. La température, vers la fin de l'opération, atteint les environs de 95°. A la surface montent des écumes et des corps gras, qu'on enlève soigneusement.

On fait trois épuisements, le troisième bouillon de l'opération précédente passant sur les marcs de la suivante après soutirage du premier bouillon. Les marcs du deuxième bouillon sont ensuite traités par de l'eau de condensation neuve et fournissent un troisième bouillon qui sert à la seconde cuite du lendemain, et ainsi de suite.

Les bouillons ainsi obtenus sont réunis et évaporés. M. Depérais travaille avec le serpentin tournant Droux, et emploie l'acide sulfureux comme décolorant. Le produit obtenu par cette méthode de travail rentre dans la catégorie des *collettes*.

### D. — *Traitement des os.*

L'industrie du travail des os est, de beaucoup, plus importante que celle des colles-matières. L'extraction de la gélatine n'est pas, d'ailleurs, le seul objet de ce traitement, qui peut être donné comme un exemple de l'état de perfection où a été portée de nos jours l'industrie chimique. Le travail d'une matière résiduaire d'une valeur infime, telle que les os, occupe, rien qu'en France, plusieurs usines prospères, produisant par milliers de tonnes des produits de première nécessité.

La composition chimique des différents os a été donnée par M. Armand Gautier, dans le Dictionnaire (3, 656); nous ne reviendrons pas sur ce sujet.

M. Lauth, dans son article, a classé les différentes sortes d'os qu'emploie l'industrie qui nous occupe. En les plaçant d'après leur rendement en gélatine, ce sont :

1° La *dentelle des boutonniers*. Cette matière première est aujourd'hui d'importance négligeable, l'industrie des boutons d'os se trouvant presque abandonnée; 2° les *caboches*, os de la tête du bœuf, de la vache et du cheval; 3° les *cornillons*, os très poreux garnissant l'intérieur des cornes des ruminants; 4° les *caboches* de moutons; les os minces de moutons.

Ces sortes d'os sont celles qui présentent le moins de résistance à l'action des agents physiques ou chimiques. Aussi viennent-elles en première ligne. Mais elles ne sont pas les seules employées. Grâce à des traitements mécaniques appropriés, le fabricant sait utiliser toutes les parties du squelette des animaux.

Trois produits utilisables existent dans les os tels qu'ils sont livrés à l'industrie :

1° Les matières grasses;

2° Le phosphore;

3° La matière organique azotée, l'osséine.

Le mode de travail varie suivant les produits dont on a en vue l'obtention. D'après M. Lindet (Engrais, 2° Suppl., 2, 471), la quantité d'os fournie annuellement par l'abatage des animaux peut être évaluée à 300 000 tonnes. Sur cette quantité, l'industrie reçoit environ 100 000 tonnes. 90 000 tonnes sont employées, soit à la fabrication de la poudre d'os verts, soit à la fabrication des colles et gélatines qui fournit, comme produits accessoires, soit des os dégélatinés, soit du phosphate précipité, suivant le mode de traitement employé; enfin 2000 tonnes environ servent à la fabrication du phosphore.

Le prix moyen des os gras de cuisine est d'environ 9 fr. 50 les 100 kilogr.; celui des os d'équarissage, propres et secs, de 9 francs.

Nous ne pouvons mieux faire, pour donner une idée de l'importance de cette industrie, que de reproduire les chiffres cités par M. Adrian, dans son *Rapport sur l'Exposition de Chicago* (1893). Il s'agit, il est vrai, de la plus importante maison française, la maison Coignet et Cᵉ, dont la fondation remonte à 1818. Les produits fabriqués par cette Société sont : les colles et gélatines, suif d'os, os dégélatinés, noir animal, phosphore ordinaire, phosphore amorphe, phosphure de cuivre, acide phosphorique pour la sucrerie, phosphate précipité, superphosphates et engrais.

Comme on le voit, elle extrait, et sous les formes les plus variées, la totalité des éléments constitutifs des os.

La valeur des produits fabriqués annuellement s'élève à la somme de 8 millions de francs, représentée par les quantités suivantes des divers produits : colles et gélatines, 3 600 000 kilogrammes; phosphore, 2 500 000 kilogrammes; suif d'os, 600 000 kilogrammes; os dégélatinés, phosphates, superphosphates et engrais, 25 millions de kilogrammes. L'écoulement de ces produits s'effectue par moitié en France, par moitié dans les pays étrangers.

A côté de cette importante entreprise, celle de M. Tancrède mérite une mention spéciale. Installée en 1836, pour fabriquer le noir animal, elle adjoignit en 1865, à cette industrie, celle de la colle forte où elle a brillamment réussi. Pour donner une idée de l'importance de cette maison, nous dirons qu'elle fabrique elle-même, dans son usine d'Aubervilliers, l'acide sulfurique nécessaire à sa consommation. Ses colles fortes sont exportées aux États-Unis, en Belgique, en Égypte, en Turquie, en Allemagne, et surtout en Angleterre.

Trois procédés peuvent être employés pour extraire la gélatine des os :

1° *Procédé par ébullition avec l'eau, à l'air libre.* — Ce procédé ne présente qu'un intérêt industriel restreint; il n'est pratiqué que sur une faible échelle pour préparer des gélatines très pures qui sont réservées aux usages culinaires. Il ne se sert que d'os de boucherie très frais;

2° *Procédé par la vapeur sous pression.* — C'est le procédé de Papin, repris plus tard par d'Arcet. Il ne fournit qu'une partie de la gélatine contenue dans les os; celle-ci n'est, en quelque sorte, que le produit secondaire de l'opération, le rendement ne dépassant guère 15 0/0. Les os dégélatinés qui restent après l'extraction de la gélatine sont éminemment propres à la préparation du superphosphate d'os et du noir animal. D'après M. Lindet [*loc. cit.*], l'analyse d'os ainsi dégélatinés a fourni les chiffres suivants :

| | |
|---|---|
| Eau | 7,90 0/0 |
| Phosphate de chaux | 69,31 — |
| Carbonate — | 12,93 [— |
| Osséine | 9,37 — |
| Matière grasse | 1,22 — |

Comme on le voit, l'extraction de la matière organique est loin d'être complète;

3° *Procédé à l'acide chlorhydrique.* — C'est celui qui fournit la gélatine la plus pure, on obtient comme résidu des solutions acides qui, additionnées de chaux, fournissent du phosphate bicalcique entièrement soluble dans le carbonate d'ammoniaque, très apprécié par l'agriculture. La fabrication du phosphore utilise également ce procédé.

Nous allons entrer dans le détail des deux derniers procédés, les seuls présentant un intérêt industriel sérieux. Nous parlerons d'abord des opérations préliminaires : lavage des os verts, broyage et dégraissage.

Lavage et concassage des os verts. — Les os verts arrivant à l'usine doivent avant tout être amenés à un état de division qui permette leur traitement ultérieur. On conçoit aisément, en effet, que l'action des agents employés : eau chaude sous pression, acide chlorhydrique ou autre, s'effectuera bien plus rapidement et plus efficacement sur des os convenablement fragmentés que sur les os en vrac.

On fait souvent précéder cette opération d'un lavage destiné à débarrasser les os des matières étrangères qui les souillent. On construit à cet effet des machines à laver telles que celle que représente schématiquement la figure 540. Elle est due à MM. Laurent et Collot, de Dijon. Elle se

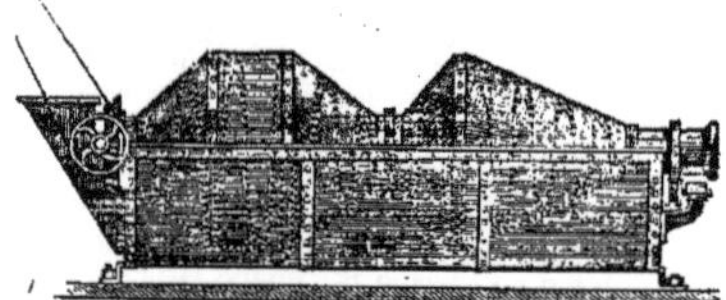

Fig. 540. — Machine à laver les os.

compose de deux tambours en tôle perforée, l'un cylindro-conique, l'autre conique, juxtaposés. Ils tournent dans un bac en tôle contenant de l'eau, et sont mis en mouvement par un arbre intermédiaire avec engrenages cônes et poulies folle et fixe. Les os sont introduits par la trémie figurée à la gauche de la figure. Une hélice intérieure les oblige à circuler méthodiquement vers la sortie. Le déchargement est ainsi automatique. En même temps que les os, on introduit de l'eau chauffée à 40-60°. A la sortie, les os tombent sur une tôle perforée arrosée d'une pluie d'eau froide tombant d'un robinet constamment ouvert, et qui termine le lavage.

Les os lavés sont ensuite concassés. L'industrie met à la disposition du fabricant un grand nombre d'appareils destinés à effectuer la division des corps solides. Nous allons en décrire quelques-uns au cours de cet article. On doit, parmi ces types variés, choisir le plus convenable pour accomplir le travail qu'on a en vue. Les os verts doivent être non pas réduits en poudre plus ou moins fine, mais seulement concassés en fragments dont la grosseur moyenne est celle d'une noix. Ce concassage s'effectue sur de puissants appareils, descendants directs du balancier de la Monnaie qu'employait d'Arcet lors de ses premiers essais industriels d'extraction de la gélatine des os. Ce sont généralement des broyeurs-concasseurs très puissants à cylindres dentés. La figure 541 représente celui que construisent spécialement pour cet usage MM. Laurent et Collot.

Fig. 541. — Concasseur pour os verts Laurent et Collot.

Cet appareil est constitué essentiellement par deux cylindres formés de disques dentés en fonte dure, montés sur des arbres carrés. Leurs dents se pénètrent de façon à saisir les os et à les rompre en tous sens. Les cylindres sont munis de pignons à dents de fonte et mis en mouvement par une transmission intermédiaire avec poulies folle et fixe, volant et engrenages. L'ensemble du mécanisme est monté sur un très robuste bâti de chêne.

Un homme, placé en tête de l'appareil, jette à la pelle les os sur un tablier en tôle perforée qui élimine les poussières. Une femme ou un enfant armé d'un râteau rejette les débris étrangers qui peuvent être mélangés aux os. Au fur et à mesure du triage, les os sont poussés sur une toile sans fin, marchant dans un couloir en bois et les amenant aux cylindres. Une fois concassés, ils tombent sur une tôle perforée inclinée qui sépare les poussières. Le rendement de cet appareil est d'environ 600 kilogrammes à l'heure.

La figure 542 représente un autre type de concasseur construit par M. Fr. Krupp (*Grusonwerk*, Magdebourg). Cet appareil comporte deux paires de cylindres dentés ayant 40 centimètres de diamètre et 40 centimètres de longueur. Ils sont en fonte spéciale très dure coulée en coquille. Avec une puissance absorbée de 6 à 8 chevaux, cette machine produit un travail moyen de 1500 kilogrammes à l'heure.

EXTRACTION PAR LA VAPEUR SOUS PRESSION. — Comme on le sait, ce mode d'extraction remonte à l'année 1681, où Papin fit connaître son *digesteur*. C'est à l'autoclave primitif de Papin qu'on

Fig. 542. — Concasseur Gruson pour os verts.

Fig. 543. — Autoclave pour le traitement des os par la vapeur sous pression.

est, en somme, revenu, après avoir cherché des dispositifs plus compliqués, tels que ceux de d'Arcet et Puymaurin, installés à la Monnaie de Paris et à l'hôpital Saint-Louis, pour la production de la gélatine alimentaire, et dont M. Malepeyre a décrit une forme perfectionnée. Ce dernier appareil se composait essentiellement d'un cylindre horizontal en fonte, dans lequel on pouvait injecter à volonté de la vapeur et de l'eau. Les os étaient chargés dans un panier en toile métallique, portant des galets roulant sur des rails permettant de le faire entrer dans le cylindre et de l'en retirer.

On se sert aujourd'hui d'autoclaves, tels que ceux que représentent les figures 543 et 544, et dont M. Sloan a bien voulu nous communiquer la description. Ce sont des cylindres verticaux en fonte dont les dimensions sont telles qu'on y peut traiter 1000, 1500 ou 2000 kilogrammes d'os à l'heure. Dans le premier de ces modèles, l'introduction des os a lieu par le haut du cylindre, qui se ferme avec un couvercle à charnière; le joint est assuré par des boulons à fermeture rapide qui ne sont pas figurés sur le dessin. A la partie inférieure se trouve un obturateur semblable qui sert à l'évacuation des os traités. Une tubulure supérieure donne passage à la vapeur; les produits liquides sont extraits par une tubulure inférieure. L'appareil est complété par un manomètre et par une soupape de sûreté.

L'appareil représenté par la figure 544 ne diffère de celui-ci que par le mode de chargement et de déchargement. Ils s'effectuent par une ouverture latérale fermée par une plaque de fonte maintenue au moyen de boulons.

Pour économiser la vapeur, on revêt les autoclaves d'une garniture de bois ou de substances calorifuges qui s'oppose à la perte de chaleur par rayonnement.

On peut à volonté, avec ces appareils, ou bien effectuer un simple dégraissage, ou bien extraire la gélatine. Il suffit de régler la pression de la vapeur, et par suite la température de l'enceinte. On admet généralement qu'il ne faut pas dépasser la température de 130 à 135°, correspondant à une pression de 2,5 à 3 kilogrammes.

On travaille généralement en scindant les deux opérations. On charge les os verts soit tels qu'ils arrivent, après toutefois un nettoyage sommaire destiné à enlever les matières étrangères, soit après un concassage préalable, et on les traite par la vapeur sous une pression faible, voisine de 1 kilogramme. On recueille un liquide graisseux qu'on abandonne au refroidissement. Le suif monte à la surface où il se solidifie. Il est alors aisé de l'extraire. Les os ainsi dégraissés ou *débouillis* sont de nouveau soumis à l'action de la vapeur, cette fois à une pression de $2^{k},5$ environ. A cette température se produit la solubilisation de l'osséine. On extrait de l'appareil un bouillon de colle qu'on n'a plus qu'à concentrer, clarifier, traiter en un mot comme nous allons le dire plus loin.

On conçoit que nous n'avons pas la prétention de décrire exactement toutes les phases de cette fabrication, chaque fabricant apportant à ce mode général de travail les variantes que lui suggère l'expérience.

Nous avons donné plus haut une analyse d'os dégélatinés, analyse qui montre que l'extraction de la matière azotée est loin d'être complète quand on travaille par ce procédé.

*Broyage des os dégraissés ou dégélatinés.* — Les os dégélatinés, une fois sortis des autoclaves et séchés, sont réduits en poudre plus ou moins fine. M. Lindet a décrit à l'article ENGRAIS (2, 471) un dispositif de moulin à meules verticales. Voici d'autres types de broyeurs remplissant

bien le but, qui est d'obtenir une division aussi parfaite que possible.

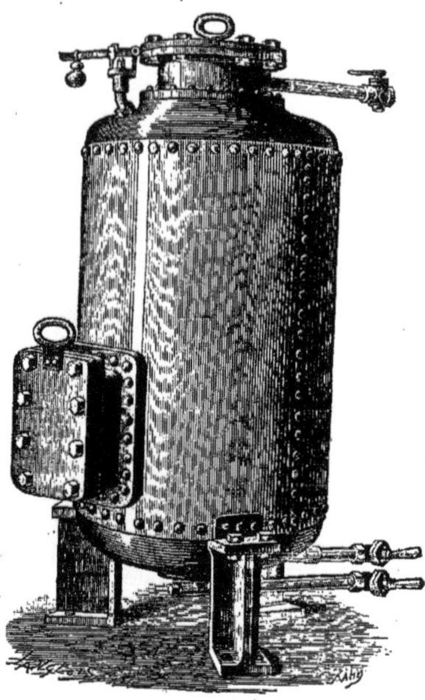

Fig. 544. — Autoclave pour le traitement des os par la vapeur sous pression.

Fig. 545. — Moulin à cône pour os dégélatinés.

La figure 545 représente un *moulin à cône* construit par M. Fried. Krupp de Magdebourg. Les appareils de ce type se distinguent par un grand rendement, mais ils ne font pas l'impalpable. Ils peuvent traiter des os en fragments depuis la grosseur du poing jusqu'à celle de la tête; le produit le plus fin obtenu est de la grosseur d'un pois, mélangé de farine. Ils se composent d'un cône cannelé en fonte durcie qui tourne dans un anneau cannelé également en fonte durcie. Ces deux pièces sont figurées à une plus grande échelle en avant, à droite de la figure. On peut se rendre compte de la disposition des cannelures. La commande a lieu soit

Fig. 546. — Désintégrateur Carr (Grusonwerk, Magdebourg). Vue de l'appareil désemboîté.

en dessus, soit en dessous, comme dans l'appareil que représente la figure. La finesse du produit est réglée par un petit volant qui permet d'approcher ou d'éloigner à volonté le cône de l'anneau.

domaine public, du *désintégrateur Carr* et du *broyeur Carter*.

La figure 546 représente un broyeur Carr ou *désintégrateur* construit par M. Fried. Krupp. Il consiste en un système de barreaux d'acier disposés en cercles concentriques autour de deux arbres moteurs et réunis par des disques et des anneaux verticaux en fer forgé, de manière qu'ils forment des tambours concentriques. Les cages constituées par ces tambours sont fixées sur les arbres moteurs établis en ligne droite et s'emboîtent de manière que les tambours d'une cage puissent tourner dans les intervalles annulaires qui existent entre les tambours de l'autre cage. Un système de deux ou de trois cages est solidaire d'un arbre, tandis que les deux ou trois autres cages sont fixées à un manchon qui emboîte le premier arbre. L'arbre et le manchon, par l'intermédiaire de deux poulies et de deux courroies, dont l'une est croisée, reçoivent des mouvements de rotation très rapides et de sens inverse.

Pour plus de clarté, la figure représente les deux cages désemboîtées.

Les cages sont revêtues d'une enveloppe en tôle que l'on peut enlever facilement. A la partie supérieure de cette enveloppe se trouve une trémie destinée à

Fig. 547. — Broyeur Carter-Sloan.

Les parties travaillantes, qui sont soumises à l'usure, sont montées de façon à pouvoir être remplacées facilement.

Nous devons décrire deux autres dispositifs qui donnent d'excellents résultats pour le broyage des os dégélatinés. Ce sont des appareils appartenant aux types, aujourd'hui tombés dans le

l'alimentation du broyeur. Les os dégélatinés tombent dans la cage centrale, sont projetés vers l'extérieur par la force centrifuge et tendent à passer entre les barreaux qui tournent en sens inverse. Ce faisant, ils reçoivent un grand nombre de chocs qui ont pour effet de les réduire en poudre fine. La poudre amenée au degré de finesse voulue tombe et passe à travers les barreaux d'une grille d'écartement convenable.

Le *broyeur Carter* mérite une mention toute spéciale tant à cause de l'originalité de son principe que de son haut rendement lorsqu'on l'applique au cas présent. L'appareil que nous décrivons et que représentent les figures 547 et 548, est construit par M. Sloan, à Paris.

Le broyeur Carter produit le broyage et la pulvérisation en évitant toute friction de la matière en œuvre avec les organes de l'appareil. Le travail est produit simplement par des chocs répétés,

sans frottement. Il se compose d'un arbre en acier A (fig. 548) portant un disque en fonte B, muni de quatre battoirs en acier C. Cet arbre tourne à grande vitesse, au moyen d'un tambour U et d'une courroie, dans une chambre dont les parois sont formées de plaques de fonte trempée. A la partie inférieure de cette chambre de broyage sont deux grilles DD, qu'on peut changer à volonté et qui permettent la sortie des produits suffisamment broyés. Les os sont introduits par la trémie V sur le côté de l'appareil ; ils sont frappés par les battoirs et projetés violemment contre les

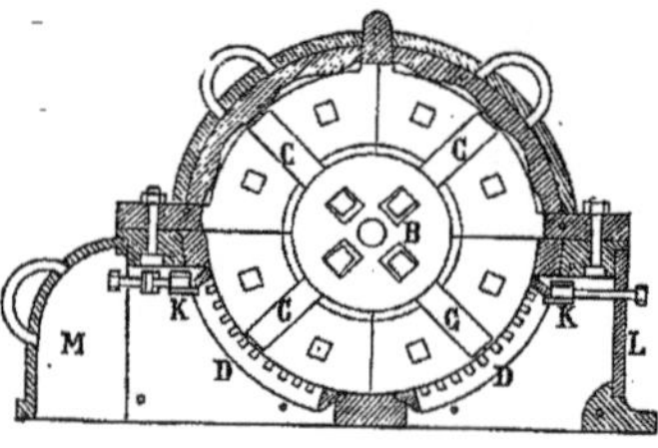
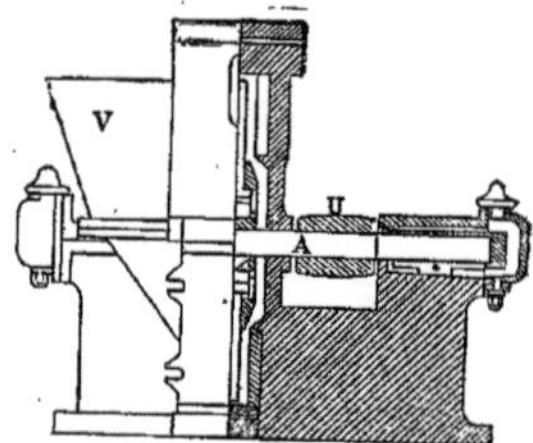

Fig. 548. — Détails du broyeur Carter.

parois de la chambre jusqu'à ce qu'ils soient réduits en fragments assez petits pour passer par les grilles. C'est donc en réglant l'écartement de ces grilles qu'on obtient un produit broyé à la finesse voulue.

La vitesse de l'appareil du type moyen est d'environ 3000 tours par minute. Cette vitesse énorme exige que les paliers aient une portée très longue comme l'indique la figure. Ils doivent être très soigneusement graissés. On assure une alimentation régulière, et, par suite, un bon rendement

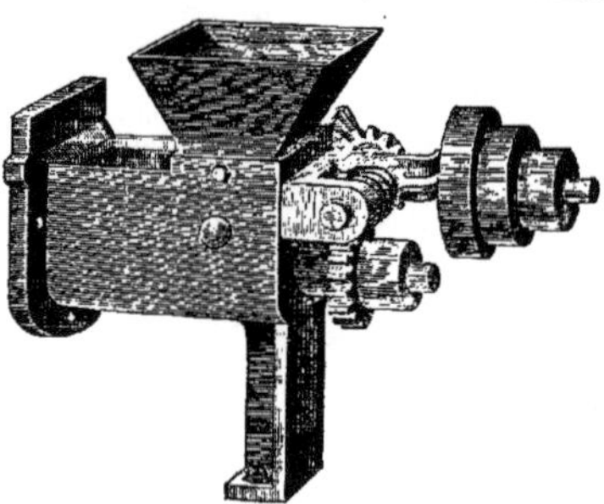

Fig. 549. — Appareil d'alimentation automatique.

du broyeur, en l'alimentant automatiquement au moyen de l'appareil représenté par la figure 549 qui suffit à en faire comprendre le fonctionnement.

M. Fried. Krupp, de Magdebourg, construit sous le nom de *moulin à croisillon percuteur* un appareil qui ne se différencie du précédent que par quelques points de détail. Le croisillon est constitué par un disque de fonte muni de 4 ou 6 bras en acier. La paroi supérieure de la cage est munie de barreaux en acier qui font saillie à l'intérieur et reçoivent le choc des matières projetées par les bras.

Le rendement d'un tel appareil, prenant de 4 à 6 chevaux, pour des os dégraissés, avec un

écartement des barreaux de grille de 2 millimètres, est de 500 kilogrammes par heure en moyenne.

*Dégraissage au benzène.* — Nous venons de voir qu'on pouvait extraire les corps gras contenus dans les os en traitant ceux-ci par la vapeur sous une pression modérée. On a essayé, avec succès, de pratiquer cette extraction en épuisant les os par des dissolvants volatils, tels que le sulfure de carbone ou les hydrocarbures. Le prix actuel du benzène de houille rend cette opération possible à des conditions rémunératrices. M. Tancrède emploie avec succès ce procédé depuis plusieurs années.

On conçoit aisément les dispositions à donner à un appareil monté pour ce travail. M. Otto Ruf, de Prague, qui a installé de ces appareils, a bien voulu nous en donner la description. Il se compose de l'extracteur, récipient en tôle où se placent les os, d'un réservoir de benzène en charge, muni d'un séparateur d'eau, d'un réfrigérant à reflux surmontant le réservoir, enfin d'un appareil distillatoire où s'opère la séparation du dissolvant et des corps gras.

L'extracteur est un cylindre vertical en tôle, muni d'un faux fond en tôle perforée et pourvu d'ouvertures pour le chargement et le déchargement des os. Le réservoir à benzène est également en tôle. On y charge la quantité de carbure nécessaire à l'extraction. A la partie inférieure se trouve un petit réservoir cylindrique qui joue le rôle de séparateur d'eau. Au-dessus du réservoir à benzène est installé un appareil de sûreté constitué par une série de condenseurs verticaux. Grâce à cette disposition, on évite toute perte de benzène en même temps que tout danger d'explosion, qui serait à redouter si l'atmosphère de l'atelier venait à se saturer de vapeur de benzène.

L'appareil pour l'évaporation du dissolvant est une chaudière cylindrique en tôle, munie d'un trou d'homme et d'une tubulure de vidange pour l'évacuation de la graisse privée de dissolvant. Il est chauffé de préférence à la vapeur. Le benzène qui distille se rend par une tuyauterie de fer dans un réfrigérant puissant où il se condense, et de là se rend au réservoir à benzène. La tuyauterie de l'appareil est complétée par des tubes reliant le réservoir à benzène à l'extracteur, et celui-ci à l'alambic où s'effectue la distillation du solvant. Les os sortent de l'extracteur complètement secs et inodores.

D'après M. Ruf, la perte de benzène du fait de la manipulation ne dépasse pas 0,5 0/0 du poids des os traités ; la quantité de matière soluble restant dans les os est d'environ 0,4 0/0. On voit combien minime est le prix de revient afférent à ce traitement. La durée d'une opération est de 6 à 8 heures.

Le prix moyen des os dégélatinés entiers, tout venant, est de 8 francs les 100 kilogrammes, celui des os dégélatinés moulus de 9 francs.

EXTRACTION PAR LES ACIDES. — Nous n'avons que peu de chose à ajouter à ce qui a été dit sur ce sujet dans l'article de M. Lauth et dans l'article PHOSPHORE (Dict., 2, 987). Tous les moyens qui ont été soit proposés, soit appliqués pour amener la dissolution du squelette minéral et la mise en liberté de la matière organique de l'os se trouvent décrits dans ces deux articles. Ce procédé, qui donne des produits d'excellente qualité, gélatines et colles-gélatines, a de plus l'avantage de fournir accessoirement des phosphates d'une haute valeur pour l'agriculture.

C'est toujours à l'acide chlorhydrique qu'on s'adresse généralement. Pour économiser l'acide, on fait le traitement d'une manière méthodique, au moyen d'une série de bacs ou de cuves disposés en cascade. On travaille de façon à traiter le maximum d'os avec le minimum d'acide.

Un procédé autrefois breveté en Angleterre semble très séduisant en théorie. Il consiste à faire agir l'acide sur les os dans des vases où l'on fait le vide ; on extrait ainsi tout l'air qui se trouve contenu dans les cavités infiniment petites des os. Cet air se trouve remplacé par de l'acide, ce qui permet une attaque beaucoup plus rapide. De plus, on supprime ainsi les bulles d'acide carbonique qui restent à la surface de l'os, empêchant le contact parfait avec le liquide.

Sortant des bacs d'attaque, l'osséine se présente sous la forme d'une matière élastique, translucide, ayant conservé la forme de l'os. Elle est accompagnée d'un peu de graisse et de tissu élastique.

Il est nécessaire de la débarrasser des traces d'acide qu'elle retient. On y arrive soit par un simple lavage en eau courante, soit plutôt par un véritable chaulage analogue à celui qui a été décrit pour les colles-matières. On l'immerge dans un lait de chaux clair, contenu dans des cuves en bois ou dans des citernes en béton. Le temps nécessaire pour arriver à la saturation complète de l'acidité est d'environ trois semaines. On peut, au cours de l'opération, renouveler le lait de chaux si cela est nécessaire.

Une fois chaulée, l'osséine est lavée à grande eau. Il est commode d'employer pour cela des tambours horizontaux tournant à une faible vitesse, dans lesquels on fait arriver un rapide courant d'eau.

L'osséine ainsi préparée et purifiée peut être cuite immédiatement, ou bien séchée et conservée en attendant l'emploi.

*Solubilisation de l'osséine.* — La solubilisation de l'osséine s'opère toujours par cuisson à l'air libre. En effet, elle s'effectue avec la plus grande facilité et fournit des produits supérieurs à ceux qu'on obtient par le traitement en autoclave, lesquels ont toujours moins de force adhésive. On emploie des cuves en bois cerclé de fer ou en tôle, chauffées par un serpentin de cuivre dans lequel circule de la vapeur sous pression.

L'osséine purifiée est chargée avec la quantité d'eau nécessaire, et celle-ci amenée jusqu'à l'ébullition au moyen du serpentin. Lorsqu'on veut faire des feuilles de gélatine, on coule le bouillon tel quel. Si on veut obtenir des colles-gélatines en feuilles plus épaisses, on l'évapore par un des procédés que nous allons décrire.

## II. — TRAITEMENT DU BOUILLON GÉLATINEUX.

ÉVAPORATION. — L'évaporation des bouillons gélatineux, surtout lorsqu'il s'agit des bouillons extraits de la carnasse, est une opération fort délicate. Il est en effet nécessaire de ne pas dépasser une température de 70 à 75°. On sait, en effet, qu'une température plus élevée a pour effet de peptoniser et d' « énerver » la colle. Aussi a-t-on abandonné partout les évaporateurs formés d'un bac plat, sur le fond duquel se trouvait un serpentin de vapeur.

On a appliqué des appareils réalisant une évaporation rapide à une température aussi basse que possible. De tels appareils sont en service depuis longtemps dans des industries où se posait le même problème : tels sont les appareils à serpentin tournant des glucoseries [Payen, *Traité de Chimie industrielle*, 1867], les appareils à cuire à effets multiples des sucreries. Nous allons en décrire quelques-uns.

Les trois premiers appartiennent au type du serpentin tournant. Ils se composent d'une bâche en tôle dans laquelle on amène le bouillon dès sa sortie des appareils où on l'a préparé. Dans cette bâche tourne lentement un organe creux, présentant une large surface et parcouru par un courant de vapeur à faible pression. Par suite de la rotation, le bouillon se trouve entraîné à l'état de couche mince, l'évaporation de l'eau se produit rapidement par l'action combinée de la chaleur et du courant d'air. Voici quelques détails sur ces appareils.

*Évaporateur Chenaillier.* — L'évaporateur Chenaillier, que représente la figure 550, se compose d'une série de lentilles creuses, en cuivre ou en fer, montées sur un axe creux, légèrement incliné sur l'horizontale, animé d'un mouvement

Fig. 550. — Évaporateur Chenaillier.

lent de rotation. Les lentilles communiquent avec cet axe qui sert en même temps de distributeur de vapeur. A l'intérieur de chacune des lentilles se trouvent disposées deux cuillères reliées à l'axe par des tiges creuses, et qui servent à enlever l'eau de condensation qui s'écoule à l'extrémité de l'axe.

*Évaporateur Droux.* — De même que le précédent, il est construit en cuivre ou en fer. Il se compose (fig. 551) d'un cylindre AB de dimensions variables, construit d'une seule pièce sans rivures et monté sur deux axes creux $ss$ servant à l'entrée et à la sortie de la vapeur. Une série de lames disposées parallèlement sur toute la circonférence du cylindre augmente considérablement la surface évaporatoire. L'extraction de l'eau condensée se fait automatiquement ; cette eau sort en Z et la vapeur non condensée en $x$.

*Évaporateur Morane aîné* — Il ne diffère des deux précédents que par l'emploi d'un serpentin, ou plutôt d'une série de serpentins disposés autour d'un axe creux (fig. 552).

Le sens de l'enroulement de ces serpentins est différent de deux en deux. La vapeur arrive à gauche de l'appareil, circule du centre à l'extérieur dans le premier serpentin et de l'extérieur au centre dans le deuxième, et ainsi de suite. L'eau de condensation s'évacue automatiquement au fur et à mesure qu'elle se produit, par la rotation de l'appareil qui l'amène dans l'arbre creux d'où elle s'échappe à droite.

Si l'appareil comporte plus de quatre spires, la vapeur est introduite directement dans des serpentins, le premier et le cinquième. Pendant la rotation, un certain nombre de godets fixés sur les serpentins viennent déverser sur eux le liquide à évaporer. Ces appareils se construisent avec 4, 6 et 8 spires :

4 spires évaporent 7 mètres cubes d'eau en 24 heures.
6 — — 10 — — —
8 — — 15 — — —

Tous ces appareils peuvent se chauffer avec de la vapeur directe, ou mieux encore avec des vapeurs perdues provenant d'un échappement de machine ou de toute autre source.

Comme appareils à évaporation sous pression réduite, nous décrirons l'appareil Yaryan qui,

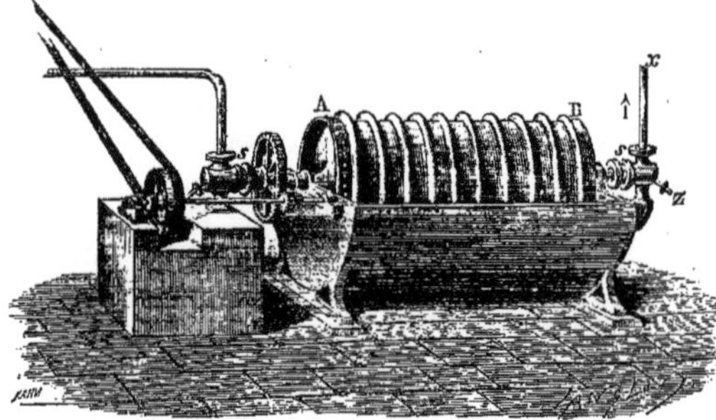

Fig. 551. — Évaporateur Droux.

appliqué d'abord en Amérique, a fait récemment son apparition en France avec un vif succès. C'est évidemment celui qui résout le mieux le problème qui se pose lorsqu'il s'agit d'évaporer le bouillon de gélatine. Il a reçu d'ailleurs bien d'autres applications dans diverses branches de l'industrie chimique. C'est pour cette raison que nous devons le décrire avec quelques détails. Les figures 553 et 554 en feront comprendre aisément le fonctionnement.

*Appareil Yaryan.* — L'appareil Yaryan, comme les triples effets ordinaires de sucrerie,

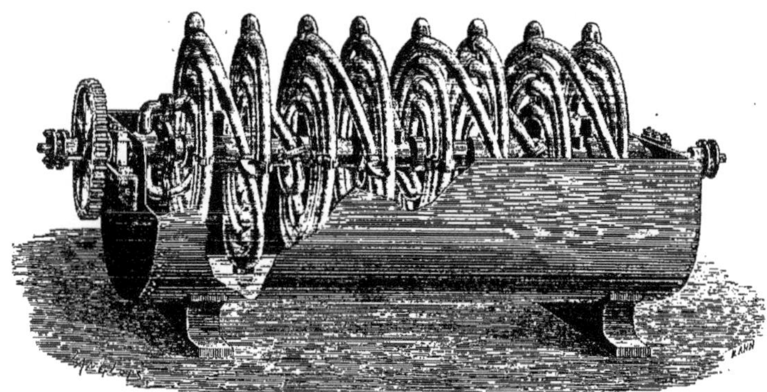

Fig. 552. — Évaporateur Morane aîné.

utilise la chaleur latente de la vapeur provenant de liquides bouillant sans pression ou sous un vide peu avancé, pour produire l'ébullition dans la chaudière suivante travaillant sous une pression plus réduite.

Voici le trait caractéristique de l'invention de M. Yaryan : tandis que dans les appareils d'évaporation ordinaires les liquides se trouvent en grande masse, y séjournent pendant un temps relativement fort long et sans guère de circulation méthodique, le déplacement du liquide étant surtout dû à l'ébullition, dans le Yaryan, au contraire, il y a circulation continue et rapide.

Le liquide faible est refoulé au moyen d'une pompe en un petit courant continu, qui, dès le premier tube, commence à bouillir violemment et suit méthodiquement sa route à travers l'appareil pour sortir déjà, 3 ou 4 minutes après, en un filet de concentration voulue. Ces conditions présentent de grands avantages et constituent très souvent un point de la plus grande importance, comme nous le verrons plus loin après avoir donné la description de l'appareil et de sa marche.

Pris dans son ensemble, le Yaryan se compose de quatre caisses cylindriques de 5 mètres de long et de 0^m,50 de diamètre, munies chacune de 10 tubes longitudinaux en cuivre ou en fer, suivant les produits à évaporer, lesquels peuvent être réunis par leurs extrémités en serpentins à l'intérieur desquels circule le produit à concentrer, et qui sont chauffés extérieurement par les vapeurs répandues entre les tubes et les parois des caisses.

À chacune de celles-ci correspond un séparateur muni d'un diaphragme, qui assure la séparation du liquide et de la vapeur en résultant, destinée à chauffer la caisse suivante.

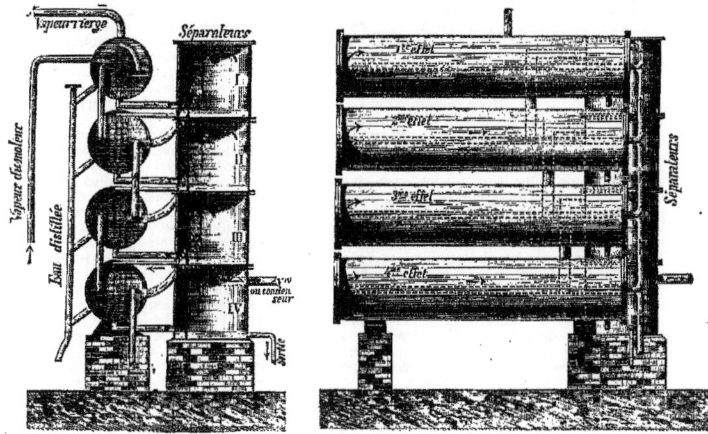


Fig. 553. — Évaporateur Yaryan.

Les différentes caisses sont disposées horizontalement, les unes à côté des autres, ou quelquefois les unes au-dessus des autres. Quant aux quatre séparateurs, ils sont superposés et ne forment qu'une seule colonne verticale.

Un condenseur, muni d'un vase de sûreté qui arrête les entraînements, produit un vide progressif dans l'appareil. Enfin trois pompes déterminent l'entrée des eaux à concentrer et la sortie des liqueurs concentrées et de l'eau distillée produite dans les divers espaces intertubulaires.

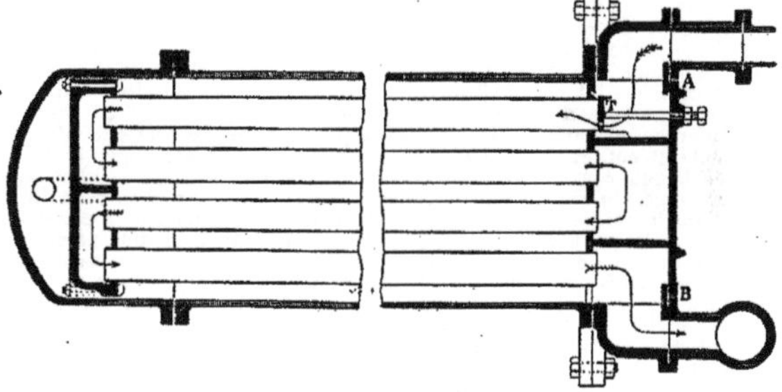


Fig. 554. — Coupe d'un effet du Yaryan.

Voici comment fonctionne l'appareil : le liquide faible arrive dans un bac à niveau constant, où la pompe, à vitesse réglable à volonté, le prend pour l'envoyer en un courant continu dans le bas de l'appareil.

De là il passe de caisse en caisse dans deux tubes spéciaux, et commence à s'échauffer pour atteindre le point d'ébullition en arrivant dans la dernière caisse, qui est la plus chaude puisque c'est elle qui reçoit la vapeur directe du générateur préalablement réglée à la pression nécessaire.

Dans cette caisse le liquide chaud entre alors dans le serpentin d'ébullition proprement dit. Il y commence instantanément à bouillir par suite de sa faible masse, se transformant en une émulsion qui, dans sa marche rapide à travers les tubes chauffés, contient une quantité croissante de vapeur qui finit par se déverser dans la chambre du premier séparateur du haut. Là, le liquide réduit se sépare dans le fond en un filet qui pénètre dans les tubes de la deuxième caisse, tandis que sa vapeur passe outre par le haut pour aller se répandre autour de ces mêmes tubes qu'il maintient en ébullition, grâce à la pression moindre qu'y entretient le condenseur.

Il en est de même pour la troisième et la quatrième caisse, et à la sortie du quatrième séparateur du bas, nous trouvons le liquide concentré à point voulu, qu'aspire la pompe *ad hoc* pour le renvoyer aux réservoirs d'emploi, tandis que sa vapeur, la dernière, traverse le vase de sûreté retenant les entraînements et va se perdre dans l'eau du condenseur actionné par une machine spéciale.

La vapeur d'échappement de celle-ci est utilisée elle-même, car au lieu de la perdre dans l'atmosphère, on a soin de la faire entrer dans celle des caisses qui se trouve à la même pression qu'elle.

Quant à l'eau distillée qui provient de la condensation de toutes ces vapeurs successives dans les différentes caisses, elle se réunit dans le bas de la dernière, d'où elle est extraite à mesure par sa pompe spéciale pour tels emplois que l'on désire, ou, s'il y a lieu, refoulée dans les générateurs pour leur alimentation.

Pour la conduite de l'appareil, tout se réduit, d'après le degré de sortie du liquide, à régler sa vitesse d'entrée et, par les tiroirs T, l'écoulement d'une caisse à l'autre. Quant aux pressions et dépressions dans l'appareil, elles sont réglées par le vide du condenseur et par le détendeur, qui, à l'entrée, admet la vapeur des générateurs à telle pression que l'on souhaite.

Le nombre d'effets, les pressions aux différentes caisses, leur grandeur, et par suite la puissance des divers appareils Yaryan sont d'ailleurs très variables suivant les cas.

Le plus grand Yaryan construit jusqu'à ce jour, et qui fonctionne avec de la vapeur initiale à basse pression, vaporise par heure 25 000 kilogrammes d'eau, c'est-à-dire infiniment plus que les appareils évaporatoires précédents.

Comme nombre de caisses, grâce surtout au principe du ruissellement que nous avons indiqué, l'alimentation en couche mince qui n'encombre pas les tubes, la circulation du liquide et de la vapeur se trouve facilitée, elle réduit la chute d'une caisse à l'autre et permet de multiplier beaucoup les effets. On a été jusqu'à 10 effets combinés, et on aurait pu aller théoriquement même jusqu'à 15, mais l'économie n'est plus alors proportionnelle à la dépense de premier établissement, et en général c'est aux sextuples effets qu'il convient de s'arrêter.

Les avantages du Yaryan sont nombreux. Très ramassé sur lui-même, cet appareil occupe peu de place et n'exige que de faibles fondations. Fort simple comme dispositions mécaniques des pompes et du condenseur, il est, une fois réglé, pour ainsi dire automatique, ce qui assure la régularité parfaite du degré à la sortie.

Grâce à un système de portes facilement démontables, il suffit, à l'arrêt, de défaire quatre écrous pour ouvrir en woodite qui ferme chaque caisse, et pour découvrir ainsi par bout tous les tubes. Ceux-ci étant droits, on peut aisément les visiter, les nettoyer en y faisant passer une brosse métallique ou un jet de vapeur. Si le liquide que l'on concentre est susceptible de donner des incrustations de sulfate de chaux ou autres, une simple ébullition avec 1 ou 2 hectolitres de soude caustique, ou un peu d'acide faible, permet d'éliminer les dépôts. À la rigueur tout le faisceau tubulaire peut être même retiré d'une pièce et réparé. Par suite du système de matage adopté, les fuites sont d'ailleurs très rares.

Aucun débordement ni entraînement ne peut avoir lieu, ce qui permet d'obtenir une eau distillée très pure, soit pour l'alimentation des générateurs, soit pour tous autres usages industriels.

Comme prix, enfin, et c'est toujours la grande considération, c'est un des appareils les plus avantageux par mètre cube d'évaporation produite [J. Hochstetter, *Bull. Soc. Chim. du nord de la France*, 1893].

Dans le cas particulier de l'évaporation des bouillons gélatineux, on emploie des Yaryan à double ou à triple effet; on ne monte pas plus haut afin de ne pas atteindre une température qui pourrait nuire au produit.

Les avantages de cet appareil sur les précédents sont considérables. L'évaporation s'accomplit avec une grande rapidité, et les bouillons sont traités en vase clos, ce qui rend impossible leur ensemencement par les germes de l'air.

CLARIFICATION ET DÉCOLORATION. — Le bouillon gélatineux, quel que soit le procédé employé pour le préparer, est plus ou moins coloré, plus ou moins trouble. Il contient en suspension des débris de matières fibreuses provenant des tissus étrangers. Lors de l'épuration chimique, ces matières ont été plus ou moins profondément transformées, mais sont restées mélangées à la matière collagène. Outre ces matières d'origine animale, le bouillon renferme encore des sels minéraux, notamment du carbonate de chaux.

Pour apprécier le degré de limpidité du bouillon obtenu, on en prélève une petite quantité que l'on verse dans une éprouvette, sorte de caisse plate dont les deux faces opposées les plus larges sont constituées par deux lames de verre distantes de $1^{cm},5$. Le volume de bouillon contenu dans cette caisse contient sensiblement la quantité de matière constituant une feuille de gélatine desséchée. En interposant cette lame de bouillon entre l'œil et la lumière du jour, on se rend compte aisément de sa limpidité.

Tant qu'il ne s'agit pas d'obtenir des produits d'une grande limpidité, par exemple dans le cas des colles-fortes, le moyen le plus simple et le meilleur de clarifier le bouillon consiste à l'abandonner simplement au repos. Naturellement, plus le bouillon sera fluide, mieux s'effectuera le dépôt des matières en suspension.

Cette opération s'effectue dans des clarificateurs spéciaux, qu'il est tout indiqué de construire hauts et étroits, afin de faciliter la décantation. On les construit ordinairement en bois doublé intérieurement de plomb. La paroi externe est protégée contre le refroidissement par un revêtement calorifuge. Comme il est nécessaire de maintenir le bouillon aux environs de 60-65° pendant plusieurs heures, un serpentin de vapeur est installé à la partie supérieure de l'appareil. Cette disposition permet d'éviter les mouvements de convection que déterminerait dans le bouillon le chauffage de la partie inférieure, mouvements qui rendraient imparfait le dépôt des matières étrangères.

Pour opérer, on commence par échauffer, au moyen du serpentin, le clarificateur, puis on y envoie le bouillon chaud. Avant de tomber dans la cuve de clarification, le liquide passe, soit par un filtre grossier, constitué ordinairement par un panier garni de paille, soit par un tamis portant une toile de grosseur moyenne.

Lorsque le bouillon se trouve chargé dans le clarificateur, on couvre celui-ci et on abandonne au repos, en envoyant dans le serpentin assez de vapeur pour maintenir la température de la masse aux environs de 60°.

Bien que ce procédé de clarification physique soit le plus simple, on a préconisé et employé d'autres procédés basés sur des actions chimiques. C'est ainsi qu'on emploie l'*acide sulfureux*. M. Depérais, dans le mémoire déjà cité, le recommande comme lui ayant donné de bons résultats.

L'*alun* également est un agent énergique de

clarification des bouillons. Mais il ne peut être employé qu'avec ceux qui présentent une réaction alcaline. La chaux qu'ils renferment et qui contribue, pour sa part, à les rendre louches, réagit sur l'alun avec production de sulfate de chaux et d'alumine gélatineuse. Par le repos, celle-ci descend lentement au fond de la cuve, emprisonnant et entraînant avec elle toutes les matières en suspension.

La proportion de sel à employer varie entre 0$^{gr}$,5 et 1 gramme par litre de bouillon. On le pulvérise, on le dissout à chaud dans un peu de bouillon, et on ajoute cette solution à la masse en agitant de manière à la répartir également. On couvre et on abandonne au repos.

Ce procédé présente un avantage et un inconvénient. On a reconnu, en effet, que les bouillons clarifiés à l'alun donnaient un produit beaucoup moins sujet aux accidents qui surviennent lors de la dessiccation. Mais, en revanche, on a affirmé que la force adhésive de la colle obtenue se trouvait diminuée.

On a aussi employé pour la clarification l'*albumine* d'œuf, dans le cas où l'on se trouve en présence d'un bouillon à réaction neutre, ce qui est rare. On bat rapidement des blancs d'œuf avec de l'eau et on verse l'émulsion dans le bouillon, en agitant. L'albumine coagulée monte à la surface en entraînant les impuretés.

Ce procédé ne donne pas de très bons résultats, car il faut ne l'employer qu'avec un bouillon très fluide, c'est-à-dire peu concentré et porté à une température élevée. Ces deux conditions sont fort désavantageuses.

Wagner, qui a traité cette question de la clarification des bouillons gélatineux, a pensé à éliminer la chaux au moyen de l'acide oxalique, puis à précipiter les matières étrangères de nature animale en utilisant des extraits tanniques, tels que les décoctions d'écorce de chêne ou de houblon. Il annonçait que des essais de laboratoire avaient donné de bons résultats. Nous ne savons s'ils sont entrés dans la pratique.

Widmer [D. R. P., 48160] employait un procédé de blanchiment chimique consistant à traiter le bouillon par un mélange de poudre de zinc et d'acide oxalique dans la proportion de 1 0/0 de chacun de ces réactifs.

S'il est nécessaire d'obtenir des produits tout à fait limpides et incolores, une filtration s'impose. On emploie alors des filtres à noir semblables à ceux des raffineries de sucre et d'alcool. Ces filtres sont naturellement munis d'une double enveloppe dans laquelle circule de la vapeur.

M. Ileuze laisse le bouillon en contact pendant 12 heures avec un mélange de charbon de bois et de charbon animal. Au bout de ce temps, il le filtre au moyen d'un filtre-presse chauffé.

Depuis quelques années, on a appliqué avec succès le filtre Philippe. Cet appareil a été décrit avec détails à l'article FILTRATION, nous n'en referons pas ici la description. On le fait fonctionner, dans le cas présent, avec une pression de 2$^m$,50 à 3 mètres. Le bac alimentaire est placé à cette hauteur au-dessus du filtre. Le débit varie avec les procédés de fabrication, l'état et la température des bouillons à filtrer; néanmoins, on peut compter sur un débit moyen de 25 litres à l'heure par mètre carré de surface filtrante. Un serpentin de vapeur placé à l'intérieur du filtre permet de maintenir la température convenable pour une bonne filtration.

MOULAGE. — Le bouillon étant amené à la concentration voulue, on procède à l'*entonnage* ou *moulage*. Cette opération consiste à verser le bouillon dans des bacs ou des caisses où on le laisse se solidifier par le refroidissement. Les bacs s'emploient pour les colles-fortes; pour les géla-

tines, concentrées à 8 ou 10° B. seulement, on se sert simplement de caisses en bois.

Les bacs métalliques sont maintenant substitués partout aux bacs en bois que l'on employait autrefois. Il est, en effet, beaucoup plus facile de les tenir en parfait état de propreté, condition indispensable à l'obtention d'un produit qui ne se pique pas, par suite de la formation de moisissures. Le bois se laisse imprégner par les germes putrides, et il est impossible de le nettoyer à fond. De plus, le bloc de colle solidifié se sépare bien plus facilement du bac en métal.

La figure 555 représente un de ces bacs en tôle galvanisée construit par MM. Laurent et Collot.

Fig. 555. — Bac à colle.

Ils portent deux poignées aux extrémités. Leurs dimensions intérieures sont 70$^{cm}$ × 22$^{cm}$ × 14$^{cm}$; leur poids est de 11 kilogrammes environ; ils contiennent environ 25 kilogrammes de colle. Par conséquent, pour une production de 1000 kilogrammes de colle par jour, il faut 40 de ces bacs. Mais en raison du temps pris par le refroidissement, ce nombre doit être doublé, soit 80 bacs.

Pour l'emplissage, on les dispose sur un sol bien horizontal, et, au moyen d'un dispositif approprié, on y fait couler le bouillon limpide, de manière à les emplir jusqu'au bord. L'atelier est disposé de telle façon que le bouillon qui pourrait couler en dehors soit recueilli et rentre en fabrication. Les bacs ainsi remplis sont disposés sur le fond dallé d'un grand réservoir en maçonnerie, dans lequel on fait circuler de l'eau froide, en maintenant le niveau de l'eau aux deux tiers de la hauteur des bacs. Le séjour dans ce *rafraîchissoir* doit être de 12 à 14 heures pour que la colle prenne la consistance voulue.

Au bout de ce temps, on démoule la colle solidifiée; il suffit, pour cela, de culbuter les bacs, le bloc de colle tombe de lui-même.

Comme nous l'avons dit, on se sert, pour les gélatines, de caisses en bois, pin, sapin ou peuplier, ayant généralement 72$^{cm}$ × 25$^{cm}$ × 11$^{cm}$, contenant environ 22 kilogrammes de gélatine. Comme l'étanchéité de ces caisses n'est pas suffisante pour qu'on puisse les refroidir dans un courant d'eau, on les abandonne dans des caves fraîches. 12 heures sont, en général, suffisantes pour que la gélatine ait pris la consistance voulue.

Le démoulage se fait ici moins aisément qu'avec les bacs métalliques. Aussi emploie-t-on un petit appareil qui porte le nom de *déboîteur*.

DÉCOUPAGE. — Les colles et gélatines sortant des moules doivent être découpées avant d'être soumises à la dessiccation. Les blocs sont d'abord soumis à l'action d'un *diviseur* à bras. Cet appareil est constitué par un cadre en fer à poignée; oscillant autour d'un axe. Le diviseur que représente la figure 556 porte deux lames; il divise le bloc de colle en trois parties. Pour les gélatines, le nombre de lames est plus grand, par exemple sept, coupant le bloc en huit parties. La matière est placée sur une assise en bois; il suffit d'abattre le cadre pour opérer la division.

Les blocs fournis par le diviseur doivent être de nouveau découpés pour donner aux produits les dimensions commerciales. On emploie pour cela des machines mues soit à bras, soit plutôt au moteur.

Les figures 557 et 558 représentent des types de ces machines construites par MM. Laurent et Collot. Le principe des découpeuses, qu'elles servent pour la colle ou pour la gélatine, est le suivant : Une caisse en fonte, dans laquelle on place le bloc venant du diviseur, n'a que deux flancs verticaux réunis par une traverse avant supérieure et deux traverses inférieures formant œil, dans lequel passe la vis motrice de la machine. Dans l'une de ces traverses se trouve l'écrou actionné par ladite vis. Le fond de la caisse est formé par une longue platine rabotée pénétrant juste en largeur entre les flancs de la caisse, cette platine étant seulement maintenue à ses extrémités sur le bâti-socle de la machine. Un tampon, dont la tige est maintenue dans un œil en fonte fixé à la table rabotée, porte un patin de bois formant juste le bout de la caisse, ce patin portant des traits de scie permettant aux lames coupantes de disparaître entièrement dans ceux-ci. Les lames coupantes sont montées à l'autre extrémité de la caisse, extrémité avant, sur deux peignes qui les portent, ces peignes pouvant être, au moyen de vis, écartés à volonté, de façon à tendre les lames très fortement pour éviter leur déformation pendant le travail. Le dessous de la caisse est fermé par un couvercle en tôle coulissant dans deux rainures intérieures correspondantes au haut des deux flancs verticaux. Le couvercle, repoussé en arrière par une poignée ad hoc, se maintient dans cette position, dont on ne peut le sortir qu'en exerçant un certain effort.

Si l'on considère la boîte tout entière amenée en avant par la vis motrice, le couvercle en tôle repoussé en arrière, on a, entre les lames et le tampon arrière en bois, la place pour déposer le bloc sur la platine du fond; cela fait, on amène la porte en tôle pour fermer le dessus, et le bloc est ainsi enfermé de toutes parts. En actionnant la vis pour faire reculer la boîte, le bloc se trouve buté contre le tampon en bois et les lames viennent le pénétrer dans toute sa longueur jusqu'à ce qu'elles aient disparu elles-mêmes dans les rainures dudit tampon. A ce moment, on a sur la platine le bloc complètement accessible, la caisse étant derrière lui, et l'ouvrier n'a qu'à détacher les feuilles de colle empilées les unes sur les autres et à les donner aux femmes qui les étendent sur les claies de séchage.

Une fois le bloc divisé en feuilles, on n'a qu'à ramener la caisse en avant; le couvercle d'en haut s'étant accroché de lui-même pendant la course arrière, la caisse est prête pour un nouveau chargement.

Dans la machine à couper la gélatine, c'est un grand levier coudé qui actionne la caisse par côté, l'effort à produire étant faible, étant donné le peu de consistance de la matière. Dans la machine à couper les colles, c'est la vis centrale au bâti qui actionne la caisse, comme on vient de le dire.

Dans la machine mue à bras, c'est un arbre suivant le socle extérieurement qui est actionné par la manivelle. Cet arbre est relié à chaque extrémité à la vis centrale par des engrenages droits d'un rapport différent. Suivant que l'on pousse ou que l'on tire sur la manivelle, on embraye une des batteries pendant qu'on débraye l'autre. Cette manœuvre se fait pendant la rotation au besoin. Cela permet, pendant la coupe du bloc, de faire avancer lentement la caisse et de la faire reculer rapidement après cette opération quand on veut procéder à un autre chargement.

Dans la machine commandée par moteur, la vis motrice porte deux poulies folles à l'arrière,

actionnées en sens inverse l'une de l'autre par la transmission de l'usine. Un système de man-

Fig. 556. — Diviseur

Fig. 557. — Machine à couper les gélatines, mue à bras (Laurent et Collot).

Fig. 558. — Machine à couper les colles, mue au moteur (Laurent et Collot.)

chon à friction manœuvré par le levier qui est en avant de la machine, fait embrayer la vis avec l'une ou l'autre des deux poulies. Comme elles marchent à des vitesses très différentes, on a, comme précédemment, une faible vitesse de la caisse pendant la coupe du bloc, et un retour rapide de celle-ci à vide. Des taquets disposés convenablement et actionnés par la caisse elle-même font arrêter la machine dans les deux positions extrêmes de cette caisse, évitant ainsi toute rupture possible.

Pour les colles, la dimension des feuilles obtenues est de 220 millimètres sur 235 et 9 millimètres d'épaisseur. Après séchage sur filet, elles se réduisent à 208 millimètres sur 185, et 6 millimètres d'épaisseur, dimensions ordinaires du commerce. Le poids moyen de ces feuilles est de 300 grammes. Une machine telle que celle que représente la figure 558 comporte un peigne de 14 lames, la vitesse des deux poulies est de 180 et 170 tours; sa production est de 1000 à 1100 kilogrammes à l'heure, avec un enfant pour le service et un homme pour la manœuvre.

Pour les gélatines et les collettes, le peigne porte jusqu'à 30 et 35 lames, et donne des feuilles d'épaisseurs différentes, depuis 1$^{mm}$,5 jusqu'à 4 et 5 millimètres. La production par heure est de 400 kilogrammes environ.

Séchage. — Les colles et gélatines découpées sont ensuite envoyées au séchoir. Cette partie de la fabrication est une de celles où les plus importants progrès ont été réalisés. Les accidents, tels que le *piquage*, le *coulage*, attribués à des causes plus ou moins mystérieuses, n'existent plus qu'à l'état de souvenir, du moins dans les fabriques bien montées et bien dirigées. Ces accidents étaient évidemment, pour la plus grande part, le résultat de fermentations putrides spéciales, dues à l'infection des bouillons. En empêchant le développement de ces fermentations, simplement en tenant les appareils propres, on fait disparaître les accidents.

On emploie toujours comme supports pour les feuilles de gélatine ou les plaques de colle des filets en ficelle, tendus sur des cadres en bois. Dans les séchoirs le plus généralement employés, on charge ces cadres sur des étagères également en bois. La pièce affecte la forme d'un long couloir aux murs duquel sont fixées les étagères, alternées en chicane, de telle façon que la circulation de l'ouvrière chargée de la surveillance du séchoir se fasse commodément. Avec un semblable séchoir, le travail est naturellement intermittent. Lorsque la dessiccation est reconnue suffisante, on procède à l'enlèvement des produits desséchés, et on les remplace par des produits neufs.

On doit surtout s'attacher à produire une dessiccation lente et progressive. Une gélatine contenant 80 0/0 d'eau, ce qui est la moyenne, ne peut guère, sans se ramollir suffisamment pour que le filet pénètre dans la matière, supporter une température supérieure à 15°. D'ailleurs un séchage trop rapide aurait pour résultat la formation d'une couche superficielle dure et sèche qui emprisonnerait l'eau dans la masse et s'opposerait à un séchage complet. A la fin de l'opération, on peut sans inconvénient porter la température jusqu'à 70-75°. La lenteur de la dessiccation est un facteur important de la beauté des produits.

Pour effectuer un travail continu, on se sert de séchoirs à circulation, sorte de tunnels dans lesquels circulent, en sens inverse, un courant d'air chaud et les colles à sécher.

Il y a déjà longtemps, Péclet avait indiqué ce dispositif. Son séchoir se compose d'un couloir de 50 mètres de longueur sur 6 mètres de largeur et 2 mètres de hauteur.

Le couloir est ouvert à ses deux extrémités; au huitième de sa longueur environ se trouve une cloison dans laquelle sont percées deux ou-

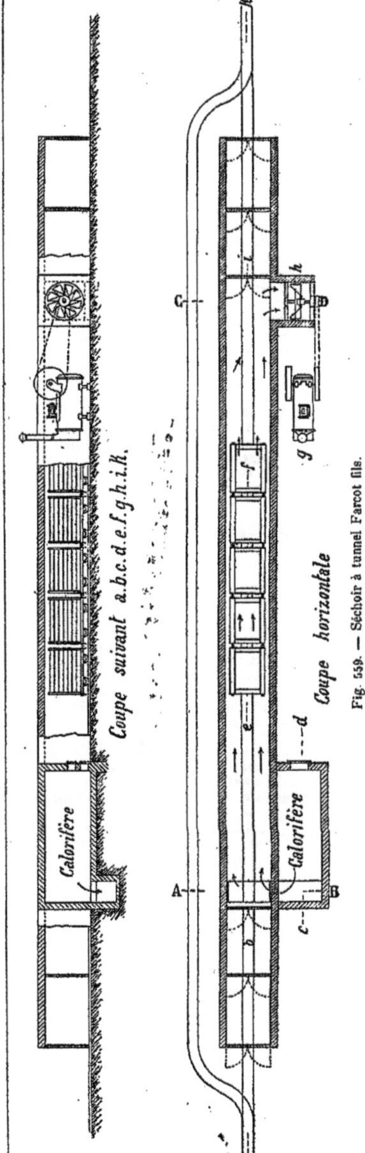



Fig. 559. — Séchoir à tunnel Farcot fils.

vertures de 2 mètres de diamètre où tournent deux hélices mues par une transmission et dont le mouvement détermine le déplacement d'un grand volume d'air à faible vitesse. Cet air se trouve échauffé par un puissant calorifère à vapeur alimenté par les vapeurs d'échappement de l'usine. A 6 mètres de la cloison, se trouve une cheminée en maçonnerie ayant une largeur de 4 mètres, laissant par conséquent de chaque côté un passage de 1 mètre, soit en tout une section de passage de 4 mètres pour l'air appelé de la première chambre. Sur la face de cette cheminée opposée au calorifère, sont pratiquées deux ouvertures de 2 mètres de diamètre, munies également de deux hélices prenant l'air extérieur à la partie haute de la cheminée, et le refoulant dans la chambre suivante, où il se mélange avec l'air chaud provenant de la première chambre.

A une distance de 12 mètres de cette cheminée s'en trouve une seconde exactement semblable. Enfin, la dernière chambre, dont la longueur est d'environ 25 mètres, communique librement avec l'extérieur. Les colles à sécher sont introduites dans ce dernier compartiment, dont la température est de 15 à 20°. Elles y séjournent 3 jours. Puis on les fait passer dans la chambre suivante, dont la température est d'environ 40°, et où elles séjournent 4 jours. Enfin, elles entrent dans la première chambre, chauffée à environ 60°, et y restent 3 jours. Comme on le voit, l'air chaud et les colles circulent en sens inverse : l'air le plus chaud est en contact avec la colle la plus sèche. Les dimensions indiquées sont établies pour une production de 1000 kilogrammes de colle sèche par jour. La dessiccation durant 10 jours, le séchoir se trouve contenir la production de ces 10 jours, soit 10 000 kilogrammes de colle.

Donnons, à titre de document, le prix de revient afférent au séchage de 1000 kilogrammes de colle par 24 heures, c'est-à-dire à l'évaporation d'environ 3000 kilogrammes d'eau au moyen de cet appareil. 3000 kilogrammes d'eau à évaporer exigent environ $3000 \times 600 = 1\,800\,000$ calories; en admettant que 1 kilogramme de houille fournisse 2000 calories, la consommation de charbon sera de 900 kilogrammes.

La force motrice prise par les hélices étant d'environ 10 chevaux pendant 15 heures, en prenant par cheval-heure une consommation de 2 kilogrammes de houille, on a de ce chef une dépense de $10 \times 2 \times 15 = 300$ kilogrammes. La dépense totale sera donc de 1200 kilogrammes de houille, soit, à 25 francs la tonne, 30 francs, et, par kilogramme d'eau évaporée, 0 fr. 01 ou 3 centimes par kilogramme de colle.

M. E. Farcot fils, constructeur à Paris, qui s'est fait une spécialité de ces questions de séchage rationnel, a bien voulu nous communiquer les plans d'un séchoir rationnel à tunnel (fig. 559 et 560).

Comme dans le dispositif de Péclet, la colle et l'air chaud circulent en sens inverse, l'air chaud étant en contact avec la matière la plus sèche. Pour produire le mouvement de l'air, on se sert d'un *ventilateur déplaceur d'air* spécial, fonctionnant à faible vitesse et produisant une dépression de 10 à 20 millimètres d'eau. Un ventilateur dont l'hélice a un diamètre de $1^m.20$ sous une vitesse de 500 tours, donne un débit de 40 000 mètres cubes à l'heure; le plus grand modèle, dont l'hélice a 2 mètres de diamètre, déplace par heure 115 000 mètres cubes en tournant à 200 tours. Le ventilateur est placé à une extrémité de la galerie, à l'autre extrémité pénètre l'air chauffé par le calorifère C. La colle est chargée sur des châssis montés sur des wagonnets attelés les uns aux autres et roulant sur des rails. Ils circulent du ventilateur vers le calorifère.

Le plan montre la disposition des portes hermétiques qui s'ouvrent pour laisser circuler les wagonnets, ainsi que celle de la voie ferrée, du ventilateur. Le calorifère est constitué par une batterie de tuyaux Grouvelle, dans lesquels circule de la vapeur d'échappement.

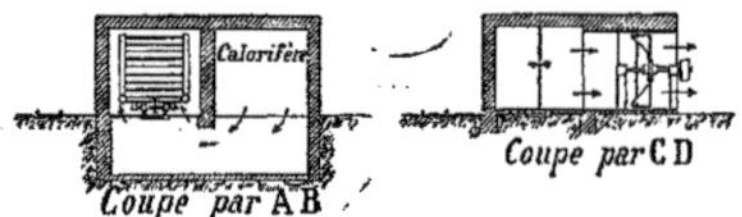


Fig. 560. — Séchoir à tunnel.

Le prix d'établissement d'un semblable séchoir est assez élevé, étant donné le prix du matériel roulant nécessaire. Mais les avantages qu'il présente ne doivent pas tarder à en compenser l'amortissement. En effet, le travail devient continu, le séchage est absolument méthodique, tout à fait indépendant des variations atmosphériques.

Nous n'avons rien de particulier à dire sur les dernières opérations, *lustrage* et *marquage*. Le lustrage s'opère toujours en trempant les plaques dans l'eau chaude, les frottant avec une brosse mouillée et les remettant ensuite au séchoir pendant un jour environ. C'est alors qu'on imprime la marque propre à chaque fabricant, au moyen de machines mues soit à bras, soit au moteur. La description de ces machines serait sans intérêt et nous entraînerait trop loin.

STATISTIQUE. — Pour avoir une idée de l'importance de l'industrie des colles fortes et gélatines, il suffira de jeter un coup d'œil sur les tableaux suivants, établis d'après les chiffres officiels de la Direction générale des Douanes, concernant l'importation et l'exportation pour les trois dernières années :

*Importation.*

| Désignation | Quantités livrées à la consommation | | | Valeurs | | |
|---|---|---|---|---|---|---|
| | 1899 | 1898 | 1897 | 1899 | 1898 | 1897 |
| | kgr. | kgr. | kgr. | fr. | fr. | fr |
| Colle forte................ | 1 540 800 | 1 240 622 | 1 363 000 | 1 109 376 | 893 248 | 920 029 |
| Gélatine. ................ | 101 500 | 92 227 | 82 920 | 243 600 | 221 346 | 199 008 |

*Exportation.*

| Désignation | 1899 | 1898 | 1897 | 1899 | 1898 | 1897 |
|---|---|---|---|---|---|---|
| | kgr. | kgr. | kgr. | fr. | fr. | fr. |
| Colle forte : | | | | | | |
| Angleterre............. | 4 196 300 | 4 459 801 | 4 483 237 | .... | .... | .... |
| Belgique............. | 1 218 600 | 1 241 253 | 1 064 325 | .,.. | .... | .... |
| Allemagne............. | 781 200 | 751 637 | 821 216 | .... | .... | .... |
| Autres pays........... | 1 925 500 | 1 602 486 | 1 500 157 | .... | .... | .... |
| Totaux........ | 8 121 600 | 8 055 177 | 7 868 935 | 5 847 552 | 5 799 727 | 5 311 532 |
| Gélatine. ................ | 207 100 | 195 767 | 210 092 | 615 087 | 582 407 | 625 023 |

Pour l'Allemagne, les chiffres donnés par M. O.-N. Witt pour l'année 1898 sont, d'après le *Catalogue de l'Exposition collective de l'industrie chimique de l'Allemagne* (1900) :

*Importation.*

| Désignation | Quantités | Valeur de la tonne | Valeur totale |
|---|---|---|---|
| | kgr. | fr. | fr. |
| Colle forte sèche, colle forte en gelée........ | 3 439 000 | 850 | 2 923 750 |
| Gélatine. ........................... | 94 000 | 2875 | 268 750 |

*Exportation.*

| Désignation | Quantités | Valeur de la tonne | Valeur totale |
|---|---|---|---|
| | kgr. | fr. | fr. |
| Colle forte sèche, colle forte en gelée....... | 4 844 000 | 1037,50 | 5 026 250 |
| Gélatine. ................................ | 711 000 | 3125, » | 2 122 500 |

Le tableau suivant donne, pour la colle forte, le chiffre des exportations de la France pour les dix dernières années :

| Années | Quantités | Valeurs |
|---|---|---|
| | kgr. | fr. |
| 1890................. | 7 524 900 | 3 710 000 |
| 1891................. | 7 219 100 | 3 682 000 |
| 1892................. | 6 901 100 | 3 520 000 |
| 1893................. | 7 301 000 | 3 943 000 |
| 1894................. | 7 177 100 | 3 876 000 |
| 1895................. | 7 429 800 | 4 012 000 |
| 1896................. | 8 060 900 | 4 716 000 |
| 1897................. | 7 868 900 | 5 312 000 |
| 1898................. | 8 055 200 | 5 800 000 |
| 1899................. | 8 121 600 | 5 848 000 |

#### APPLICATIONS DE LA GÉLATINE

Un certain nombre d'applications des colles et des gélatines ont été citées dans l'article du Dictionnaire. Plusieurs d'entre elles ont disparu ou, tout au moins, ont diminué d'importance, tandis que des débouchés nouveaux et considérables se sont ouverts; par exemple, la fabrication des rouleaux d'imprimerie, des plaques photographiques, etc., et, comme le montrent les chiffres indiqués plus haut, la fabrication, dans son ensemble, croît sans cesse.

Les gélatines fines, dites Nelson, sont toujours employées pour l'alimentation, le collage des vins, la clarification des liquides alcooliques, concurremment avec les colles de Flandre et la colle de poisson de Russie. On fabrique spécialement pour cet usage des gélatines en poudre.

Certains fabricants peu scrupuleux emploient même, pour la fabrication du réglisse, des colles fortes de basse qualité, dont ils masquent le goût et l'odeur par l'addition d'essence d'anis.

Les gélatines pures sont employées pour la préparation des bouillons de culture des ferments et des microbes.

L'apprêt des tissus, le collage du papier, l'industrie des papiers peints, les fleurs artificielles, les perles fausses, la colle à bouche, le vernissage des lithographies, l'imperméabilisation de certaines étoffes, le taffetas d'Angleterre et la confection des capsules pharmaceutiques emploient les mêmes produits qu'auparavant : il n'y a donc pas à y revenir.

Il faut signaler cependant les perfectionnements apportés dans la fabrication des capsules pharmaceutiques : La gélatine, en solution tiède de consistance voulue, est coulée mécaniquement en feuilles planes dont l'épaisseur varie avec la destination; on applique une de ces feuilles sur la partie inférieure du capsulier où sont creusées des alvéoles de la forme des capsules à fabriquer; on verse dessus le liquide à capsuler que l'on recouvre d'une seconde feuille de gélatine, et on applique par-dessus un cadre mobile. Une double pression, d'abord avec le cadre mobile, ensuite avec une matrice, colle les bords des deux feuilles, puis enferme le liquide dans les capsules, qui sont ainsi emplies et découpées mécaniquement. Il ne reste plus qu'à les sécher, vernir et mettre en flacons.

Dans la fabrication de l'écaille artificielle, la gélatine est remplacée aujourd'hui par le celluloïd.

Les feuilles de gélatine ne sont plus colorées avec des extraits de plantes tinctoriales, mais avec des couleurs du goudron solubles, ajoutées au bouillon avant la coulée. Ces feuilles, employées pour la fabrication des images de piété, des couvertures de certains genres de lithographies, et surtout découpées en rondelles pour la passementerie (paillettes), sont insolubilisées avec du bichromate de potassium ou de l'aldéhyde formique. On emploie de préférence cette dernière, qui ne donne aucune coloration et dont l'action est assez lente pour permettre de l'incorporer au bouillon et de couler les feuilles avant que la coagulation soit complète.

Les colles fortes sont utilisées par les menuisiers, les ébénistes, les relieurs, les chapeliers, etc., mais peut-être en quantité moins forte qu'autrefois, la dextrine les remplaçant avec avantage dans certains cas, ayant la propriété de rester liquide à froid, alors que les colles fortes ne peuvent être employées qu'en solution chaude. La colle de poisson, additionnée ou non d'acide acétique, sert à coller le bois, la porcelaine, etc.

L'ébénisterie fine, la fabrication des pianos, emploient les qualités supérieures des colles gélatines Givet. Les ornemanistes s'en servent également pour constituer les moules en creux destinés à la reproduction des ornements en staff. Pour la préparation de cette dernière matière, ainsi que pour celle du stuc, on se sert de colles fortes de bonne qualité.

Les pâtes chromographiques ou autographiques, dites pâtes à polycopie, formées d'un mélange de colle et de glycérine, servent à la reproduction, à un certain nombre d'exemplaires, de manuscrits tracés avec une encre spéciale sur un papier quelconque, puis décalqués sur cette pâte. La colle doit être nerveuse; on préfère le type genre Cologne.

Voici une formule qui donne de bons résultats :

Colle gélatine............. 150 grammes.
Glycérine. ,.............. 550 —
Eau..................... 360 —

On effectue le mélange à la température du bain-marie et on coule dans des plateaux en zinc de 1 à 2 centimètres de profondeur. L'addition de kaolin, d'oxyde de zinc, permet l'usage de colles plus ordinaires et plus colorées, dont on masque l'odeur par un peu d'essence de géranium. L'encre employée est une dissolution à 10 0/0 de violet B B B.

Les rouleaux d'imprimerie, fabriqués autrefois avec de la colle et de la mélasse, avaient le grave inconvénient de sécher et ne prenaient plus l'encre ; l'adjonction de la glycérine a permis de constituer une pâte élastique conservant indéfiniment le *preneur*, recherché en imprimerie. La formule suivante :

Colle gélatine............. 25 parties.
Sucre ou glucose........... 25 —
Glycérine à 28°............. 50 —

peut être considérée comme un type normal, dans lequel on fait varier les proportions de sucre et de gélatine suivant le genre d'impression et la saison, de façon à obtenir des pâtes fortes, moyennes ou faibles. On se sert de colles gélatines, que l'on fait fondre au bain-marie, avec la glycérine et le sucre, en agitant d'une façon lente et continue. On a soin de faire gonfler dans l'eau la colle avant de l'ajouter aux autres produits. Une fois le mélange bien homogène, on la coule dans des moules cylindriques du diamètre des rouleaux à obtenir. Dans l'axe du moule, on a

disposé et bien centré un mandrin, tige de fer garnie de bois, qui sert de support à la matière refroidie. Les rouleaux usés ou déformés peuvent être refondus plusieurs fois.

La photographie, dans ces vingt-cinq dernières années, a pris une importance énorme, due à l'emploi de la gélatine pour la fabrication des plaques sensibles, proposé déjà en 1850 par Poitevin, mais qui ne devait entrer dans la pratique qu'à la suite des travaux de Maddox, en 1878, sur la *maturation* du bromure d'argent. Les procédés photomécaniques, basés pour la plupart sur les propriétés de la gélatine bichromatée, ont fait de la photographie, qui n'était autrefois qu'un art, une véritable industrie. Actuellement, l'industrie photographique et ses différentes branches occupent, en France, de 20 à 25 000 personnes. Nous allons donc énumérer brièvement les emplois de la gélatine dans cette industrie.

Une fabrication spéciale a été créée pour livrer les quantités considérables do gélatine utilisées aujourd'hui, et les maisons Coignet, Heinrich, Nelson, Dreschser, livrent des produits d'une grande régularité et absolument exempts de toutes matières grasses. L'industrie allemande, notamment, a depuis plusieurs années porté ses efforts vers ce débouché important. On les divise en trois classes : gélatines dures, gélatines semi-dures, gélatines tendres, suivant leur pouvoir d'absorption pour l'eau et leur dissolution plus ou moins rapide dans ce liquide. Une bonne gélatine photographique ne doit être que très légèrement colorée, absorber au moins 6 fois son volume d'eau à la température de 15°, enfin, même en solution à 1 0/0, elle doit faire prise et se conserver vingt-quatre heures sans altération : des mélanges convenables des trois qualités, dure, semi-dure et tendre, sont faits en vue du résultat à obtenir.

Pour préparer les plaques au gélatino-bromure d'argent, on forme, dans une solution de gélatine, du bromure d'argent par double décomposition ; on élimine ensuite les azotates alcalins et on donne la sensibilité par la maturation, c'est-à-dire la transformation du bromure d'argent, floconneux, peu sensible, en bromure grenu, mat ou brillant, très sensible ; enfin on coule sur plaques (A. Londe, *La photographie moderne*).

Par des procédés similaires, on fabrique les plaques au gélatino-chlorure d'argent.

Dans les préparations pelliculaires, on substitue la gélatine ou le celluloïd au verre, comme support de la couche sensible.

La gélatine est employée dans les différents papiers sensibles : albuminés, platinés, au ferrocyanure, etc., pour les encoller et empêcher l'image de pénétrer dans la pâte. Les papiers au gélatino-bromure d'argent, dont l'usage se généralise, sont recouverts d'une émulsion semblable à celle des plaques.

Le procédé au charbon est basé sur la propriété que possède la gélatine bichromatée, sous l'influence de la lumière, de s'insolubiliser dans l'épaisseur de la couche et proportionnellement à l'intensité de la lumière qui l'a frappée.

Les procédés photomécaniques se divisent en trois classes :

1° Impression sur surfaces planes;
2° Impression sur surfaces en creux;
3° Impression sur surfaces en relief.

La photocollographie ou phototypie, appliquée par Tessié du Motay et Maréchal en 1867, est basée sur la propriété qu'a la gélatine bichromatée, après insolation, de devenir apte à retenir l'encre d'imprimerie, tandis qu'elle la repousse dans les parties non insolées.

La photolithographie est un procédé d'impression, sur pierre lithographique ou sur zinc, d'un dessin au trait seulement, reproduit photographiquement sur une feuille de papier recouverte de gélatine bichromatée, puis décalquée.

La photoplastographie ou photoglyptie, qui appartient à la seconde des classes ci-dessus, consiste à obtenir par compression, sur un relief en gélatine bichromatée, un moule creux en plomb dans lequel on coule, en guise d'encre, une solution tiède de gélatine colorée. Une feuille de papier appliquée sur le moule en plomb enlève, après refroidissement, la gélatine figée, dont l'épaisseur variable forme l'image.

La phototypographie, qui constitue la dernière classe, n'emploie pas de gélatine.

La gélatine en feuilles est utilisée dans la fabrication des dégradateurs photographiques.

EXAMEN DES GÉLATINES ET DES COLLES FORTES. — Les méthodes proposées ou employées pour l'examen de ces produits sont de deux espèces : chimiques ou mécaniques. Elles trouvent leur application suivant les produits à examiner.

*Examen chimique.* — La méthode rationnelle, proposée depuis longtemps déjà par Grœger, consiste à déterminer la quantité des matières autres que la gélatine contenues dans le produit. On doit, en effet, admettre que la présence de ces matières diminue la ténacité et la force adhésive de la colle. Cependant il convient de remarquer que la présence de petites quantités de matières minérales est nécessaire, et qu'en les enlevant complètement on modifie sensiblement les propriétés de la gélatine (voyez, p. 647, les travaux de Nasse et Weiske).

Une autre propriété peut être utilisée pour l'étude de la gélatine, c'est la faculté qu'elle possède de retenir énergiquement l'eau. La présence des corps étrangers restreint en effet sa force d'absorption pour l'eau.

On pèse une certaine quantité de colle et on la sèche à l'étuve à 120°, jusqu'à poids constant. Pour atteindre ce résultat, il faut environ 6 heures. La quantité d'eau éliminée donne une indication sur la valeur du produit examiné.

Connaissant la teneur en eau, on dissout un poids connu de colle dans 20 parties d'eau bouillante. On laisse refroidir la liqueur et on y ajoute une solution aqueuse à 5 0/0 de tannin. Le tannate de gélatine se précipite à l'état floconneux. On le filtre, on le sèche, on le détache du filtre, et enfin on le sèche avec précaution à l'étuve à 120° jusqu'à poids constant. Du poids de tannate on déduit le poids de gélatine pure, sachant que le précipité ainsi desséché renferme 45 0/0 de gélatine.

On détermine par les méthodes ordinaires la teneur en sels minéraux.

Des analyses pratiquées par cette méthode sur de nombreux échantillons de colles de diverses provenances, ont donné des chiffres variant dans les limites suivantes :

| | |
|---|---|
| Eau...................... | de 5 à 14 0/0 |
| Gélatine.............. | — 68 à 81 — |
| Matières étrangères ... | — 7 à 24 — |

On peut aussi opérer par liqueurs titrées, suivant la méthode de M. Risler Beunat. On emploie deux liqueurs renfermant, l'une 10 grammes de tannin pur par litre, l'autre 10 grammes de colle de poisson et 20 grammes d'alun. On détermine le titre de la première solution par rapport à la seconde, puis on étend la solution de tannin de la quantité d'eau voulue pour que les deux liqueurs se saturent exactement.

Pour opérer, on dissout 10 grammes de colle et 20 grammes d'alun dans 1 litre d'eau ; le mélange est chauffé jusqu'à l'ébullition ; puis on prend 10 centimètres cubes, on ajoute 10 centimètres cubes de la solution tannique et on agite fortement. Au bout de quelques minutes il se forme un précipité. On ajoute 1 centimètre cube de la solution de colle à essayer, et on filtre. On ajoute encore 1 centimètre cube, on filtre, et ainsi de suite jusqu'à ce qu'il ne se produise plus de trouble. Le nombre de centimètres cubes ajoutés indique finalement la proportion de gélatine.

M. Ferdinand Jean [*Congrès de chimie appliquée*, 1896] préfère précipiter la gélatine en employant un excès de tannin, puis titre l'excès de précipitant au moyen d'une solution d'iode. Nous donnons, avec quelques détails, son mode opératoire, qui est très pratique.

On fait gonfler dans l'eau froide 1 gramme de la gélatine à essayer, on achève la dissolution au bain-marie et on étend d'eau de manière à faire un volume de 100 centimètres cubes, à la température de 35° ; 10 centimètres cubes de cette liqueur sont additionnés de 10 centimètres cubes d'une solution de tannin *pur* à 1 0/0, et le tout est agité avec 5 grammes de chlorure de sodium et 1 gramme de bicarbonate de soude pour insolubiliser le tannate de gélatine. On filtre sur un filtre sans plis en papier à filtration rapide, et on recueille le liquide filtré dans un becherglass portant deux traits de jauge, l'un à 45 centimètres cubes, l'autre à 60 centimètres cubes. Le précipité et le filtre sont lavés avec de l'eau salée marquant 23° Baumé, jusqu'à ce que le liquide arrive au premier trait de jauge. On verse alors goutte à goutte une solution d'iode titrée, contenant 4 grammes d'iode par litre, jusqu'à ce qu'une goutte du mélange iodo-tannique, portée sur un double de papier frotté avec de l'amidon en poudre, laisse une trace bleue. On ajoute alors de l'eau distillée jusqu'au second trait de jauge, et on continue de verser la solution d'iode jusqu'à ce qu'une nouvelle touche produise une tache légèrement bleue.

Connaissant le titre de la solution d'iode par rapport à 0$^{gr}$,01 de tannin pur, on calcule le tannin en excès qu'on retranche du tannin total employé pour la précipitation, et l'on a ainsi la quantité de tannin précipité par la gélatine.

D'après les expériences de l'auteur sur une gélatine type, 100 parties de tannin correspondent à 88$^{p}$,5 de gélatine, ou 100 parties de gélatine à 112$^{p}$,9 de tannin.

*Examen mécanique.* — Les modes d'essai mécanique, encore que présentant des causes très appréciables d'erreur, fournissent des résultats utiles lorsqu'il s'agit d'examiner des colles fortes.

Les appareils proposés appartiennent à deux catégories : ou bien on mesure la charge nécessaire pour séparer deux pièces collées, ou bien, comme le fait M. Lipowitz, on mesure le poids dont il faut charger une capsule convexe pour qu'elle pénètre dans une gelée préparée d'une manière déterminée. Nous ne nous arrêterons pas à décrire les appareils qui ont été imaginés, et qui remplissent plus ou moins heureusement le but proposé. Nous dirons seulement quelques mots d'une méthode excessivement simple qui est, paraît-il, employée dans les arsenaux allemands. On porte à l'ébullition 500 grammes d'eau et on y dissout 250 grammes de colle. On attend que le mélange ait perdu la moitié de son poids, puis on colle, au moyen de la colle ainsi préparée, deux petites baguettes de bois obtenues en coupant par le milieu un morceau de bois ayant une longueur de 420 millimètres sur 40 millimètres de côté. Quand les baguettes sont collées ensemble, on les laisse sécher pendant 72 heures à 20° ; puis, dans l'un des morceaux, on perce un trou suivant l'axe, à une distance de 180 millimètres de la soudure. Par ce trou on passe un boulon supportant un plateau de balance. La pièce est fixée par l'autre extrémité, et le plateau chargé de poids jusqu'à produire la rupture au point collé. Le poids de rupture doit être d'au moins 70 kilogrammes. Sa grandeur donne évidemment une indication suffisante sur la valeur de la colle.

Nous ne voulons pas terminer ces lignes sans remplir un devoir qui nous est très agréable : celui d'exprimer notre reconnaissance aux personnes qui ont bien voulu faciliter notre tâche. Que MM. Tancrède, Laurent et Collot, Fr. Krupp, Farcot fils, Sloan, Philippe, veuillent bien trouver ici l'expression de nos sincères remerciements.

J. Dupont et G. Demoussy.

**GÉLOSE** (voyez Dict., **1**, 1557). — La solution de gélose dans l'eau bouillante acidifiée ne donne plus de gelée par le refroidissement [Morin, *Jahresb. über die Fortschritte der Chem.*, 1880, 1010]. Dissoute dans de l'eau acidifiée froide, elle est lévogyre et devient dextrogyre lorsqu'on chauffe longtemps ce liquide. Chauffée à 150-160° avec de l'eau, elle donne un corps humique et un composé lévogyre à pouvoir réducteur prononcé [Porumbaru, *ibid.*, 1880, 1011]. Enfin, d'après M. R. Bauer, l'agar-agar chauffé avec de l'acide sulfurique étendu donne du galactose.

E. Lambling.

**GELSÉMINE** — (Voyez 1er Suppl., 862). M. Gerrard [*Pharm. Journ.*, 1883], attribue à ce corps la formule : $C^{12}H^{14}AzO^2$; il dit l'avoir obtenu pur en employant le procédé suivant: La racine de jasmin sauvage (*Gelsemium sempervirens*) est épuisée par l'alcool : le liquide se sépare en deux couches dont la supérieure est additionnée d'acide chlorhydrique et mélangée ensuite à l'inférieure d'où on a préalablement précipité la résine par addition d'eau : le chlorhydrate de gelsémine ainsi formé est traité par l'ammoniaque d'abord et ensuite par l'éther, qui dissout l'alcaloïde mis en liberté : cette dissolution éthérée, qui est fluorescente, est traitée par l'acide chlorhydrique jusqu'à disparition de la fluorescence c'est-à-dire jusqu'à précipitation complète de l'acide gelsémique (esculine); après évaporation, le chlorhydrate de gelsémine est repris par l'alcool bouillant qui le laisse déposer sous la forme de petits cristaux blancs. Pour en séparer l'alcaloïde, on les traite par la potasse et puis par l'éther ou par le chloroforme qui l'abandonne par évaporation.

La gelsémine ainsi obtenue se présente en petites masses cristallines, fusibles à 45°; quand elle est pure, elle ne donne pas de réaction colorée avec l'acide azotique.

Les sels de gelsémine, *chlorhydrate*, *bromhydrate*, *sulfate* et *azotate*, ont été obtenus blancs et cristallisés [Gerrard, *loc. cit.*].

M. Cushny [*D. chem. G.*, **26**, 1725] attribue à la gelsémine la formule $C^{40}H^{63}Az^5O^{14}$ : d'après cet auteur elle cristallise très facilement, se dissout dans l'eau et très peu dans l'alcool.

Le *chloraurate* et le *chloroplatinate* cristallisent dans l'eau chaude. Cette base agit sur les grenouilles comme la strychnine et plus tard comme la curarine, en paralysant les extrémités des nerfs moteurs.

GELSÉMININE. — $C^{24}H^{28}Az^2O^4$ ou $C^{22}H^{26}Az^2O^3$. [Spiegel, *D. chem. G.*, **26**, 1054]. Se trouve à côté de la gelsémine dans la racine de *Gelsemium sempervirens* : on l'obtient d'abord sous la forme de poudre légère, amorphe, brun clair, de saveur amère, soluble dans l'alcool, l'éther, le chloroforme, peu soluble dans l'eau; purifiée par précipitation de ses sels, elle constitue une poudre blanche, amorphe, qui se ramollit vers 105° et fond, en se décomposant vers 120°; elle se dissout sans coloration dans l'acide sulfurique concentré. Si l'on ajoute à cette dissolution un cristal de dichromate de potassium, il se développe une

coloration d'abord rouge puis violette et qui passe ensuite au brun et au vert.

Le *chlorhydrate* cristallise facilement : il ne fond pas à 330°.

Le *bromhydrate* et l'*iodhydrate* sont très instables et difficiles à obtenir purs.

Le *sulfate* ne cristallise pas.

L'*azotate* cristallise très bien; il fond, en se décomposant, à 180°.

Le *chloroplatinate* et le *chloraurate* sont amorphes et peu stables.

La gelséminine se combine avec l'iodure de méthyle pour donner un *iodométhylate* bien cristallisé, fusible à 285° en se décomposant partiellement.

M. Cushny (*loc. cit.*) indique pour la gelséminine la formule $C^{42}H^{47}Az^3O^{14}$. D'après lui, M. Spiegel aurait attribué à cette base les propriétés et les caractères d'un de ses produits de décomposition.

La gelséminine est vénéneuse même pour les mammifères : 1 milligramme suffit pour tuer un lapin.

E. Bürcker.

**GENISTÉINE.** — Le genêt des teinturiers contient plusieurs matières colorantes qui ont été étudiées par MM. A.-G. Perkin et F.-G Newbury. L'une d'entre elles est identique avec la lutéoline extraite du réséda lutéola.

La *genistéine*, $C^{14}H^{10}O^5$, se distingue de la lutéoline par sa solubilité plus grande dans l'alcool.

*Préparation.* — Pour isoler la genistéine, on coupe 1 kilogramme de genêt en petits morceaux et on les met digérer pendant 6 heures avec 10 kilogrammes d'eau bouillante. L'extrait est additionné de 10 centimètres cubes d'acide acétique cristallisable et ensuite d'un excès de solution d'acétate de plomb. Il se produit un précipité visqueux jaune pâle qu'on sépare et qu'on lave à l'eau. La liqueur filtrée contient la plus grande partie de la genistéine. Le précipité contient un mélange de lutéoline et de genistéine qu'on peut séparer comme il suit:

Le précipité, délayé avec un peu d'eau, est décomposé par ébullition avec de l'acide sulfurique étendu. Le précipité de sulfate de plomb est séparé et la liqueur filtrée est abandonnée au refroidissement. Le précipité qui se produit est alors recueilli et dissous dans un peu d'alcool. La solution alcoolique est additionnée d'éther qui détermine la séparation d'une substance résineuse noirâtre. Celle-ci est séparée et le liquide lavé à l'eau jusqu'à ce que les eaux de lavage soient incolores. A ce moment, la couche d'éther tient en dissolution un mélange de lutéoline et de genistéine. On évapore à sec et on reprend par l'alcool étendu; on sépare les deux produits par cristallisation fractionnée.

On arrive au même résultat beaucoup plus rapidement en se basant sur la propriété de la lutéoline de donner avec l'acide sulfurique, en présence d'acide acétique, un sulfate très peu soluble. Dans les mêmes conditions la genistéine ne réagit pas et reste en solution.

Pour extraire la genistéine de la liqueur filtrée primitive, au liquide bouillant on ajoute de l'ammoniaque et le précipité obtenu est séparé, lavé à l'eau et décomposé par ébullition avec de l'acide sulfurique étendu. Le liquide, séparé du sulfate de plomb, est alors traité par l'éther. La solution éthérée est évaporée à sec, puis le résidu est traité par l'alcool comme ci-dessus.

Les produits ainsi obtenus sont alors dissous dans l'acide acétique bouillant. La genistéine cristallise par refroidissement.

*Propriétés.* — Après plusieurs purifications, la genistéine se présente sous la forme de longues aiguilles brillantes et incolores, solubles dans l'alcool chaud et dans l'acide acétique, presque insolubles dans l'eau. La solution alcoolique donne avec l'acétate basique de plomb un précipité jaune citron ; avec le sel neutre, à moins d'en employer un grand excès, on obtient seulement une légère précipitation. La genistéine se dissout dans les alcalis et à chaud dans l'acide sulfurique en donnant des solutions jaune pâle. La solution dans l'acide azotique de densité 1,42 est d'un brun sombre. L'acétate de potassium en solution alcoolique ne donne pas de sel de potassium, et par l'addition d'acides minéraux, en présence d'acide acétique, il ne se sépare aucun composé acide. La solution de chlorure ferrique dans l'alcool donne une coloration violet rougeâtre sombre, qui vire un peu à l'olive par un excès de réactif.

Elle donne un *dérivé tétrabromé*, $C^{14}H^6Br^4O^5$, un *dérivé triacétylé*, $C^{14}H^7O^5(C^2H^3O)^3$, un *éther diméthylique*, $C^{14}H^8O^3(OCH^3)^2$ et un *dérivé mixte*, $C^{14}H^7O^3(C^2H^3O)(OCH^3)^2$.

Fondue avec les alcalis à 240° la genistéine fournit de la phloroglucine et de l'acide parahydroxybenzoïque.

La genistéine est un colorant faible. Elle teint la laine mordancée à peu près comme le font l'apigénine et la vitexine. Elle donne sur mordant de chrome une teinte jaune verdâtre, sur mordant d'alumine un jaune très pâle, et sur mordant de fer des bruns chocolat. Elle ne teint pas les mordants d'étain.

Il est probable que sa formule de constitution peut être représentée par le schéma

*Tétrabromogenistéine.* — Pour la préparer, on traite la genistéine par un excès de brome en présence d'acide acétique. On abandonne le tout pendant trois jours, en prenant soin d'agiter fréquemment le mélange. Le produit est séché sur une plaque poreuse, lavé à l'alcool bouillant, puis cristallisé d'abord dans l'acide acétique, finalement dans le nitrobenzène.

Aiguilles brillantes et incolores, fusibles vers 290°, solubles en jaune pâle dans les alcalis, très difficilement solubles à l'ébullition dans l'alcool ou l'acide acétique, se dissolvant bien dans le nitrobenzène. Elle ne tire pas sur coton mordancé.

*Genistéine diméthylée.* — La genistéine est dissoute dans une solution de potasse caustique dans l'alcool méthylique, puis traitée pendant trois jours à l'ébullition par un excès d'iodure de méthyle. On concentre ensuite à un faible volume. La liqueur devient semi-solide en même temps qu'il se sépare des cristaux qu'on essore à la trompe. On les lave d'abord à l'alcool dilué, ensuite avec une solution aqueuse de potasse. La majeure partie des cristaux obtenus fondent à 137°-139° ; cependant quelques-uns ne fondent qu'à 187°-190°.

Les cristaux fondant à 137-139° représentent l'éther diméthylique. Ils sont facilement solubles dans l'alcool, insolubles dans les solutions aqueuses d'alcalis.

Soumis à l'ébullition en présence d'anhydride acétique et d'acétate de sodium, le dérivé diméthylé fournit le composé $C^{14}H^7O^3(C^2H^3O)(CH^3O)^2$ qui se présente sous la forme d'aiguilles incolores fondant à 202-204°.

Quant aux cristaux fondant à 187-189°, il est probable qu'ils représentent également un dérivé méthylique ; l'analyse conduit en effet à leur assi-

gner la même formule qu'aux précédents [*Chem. Soc.*, 1899, 830].      V. Thomas.

**GENTIANINE.** — Synonyme de gentisine, éther méthylique de la gentiséine. — Voyez plus bas le mot GENTISINE.

**GENTIANINE.** — La gentianine est une matière colorante bleue, de la série des thiazines. Elle a été découverte par M. Ed. Greppin en 1885 [J.-R. Geigy, brevet français n° 180478].

La gentianine est un produit intermédiaire entre le violet de Lauth et le bleu méthylène. On l'obtient par oxydation de quantités équimoléculaires de p-phénylène-diamine et de p-aminodiméthylaniline en présence d'hydrogène sulfuré ; elle répond par conséquent à la formule suivante :

$$Cl.(CH^3)^2Az = \text{[structure]} - AzH^2$$

La gentianine est un produit homogène, dont la nuance n'était obtenue auparavant qu'au moyen de mélanges de violet avec du bleu méthylène. La gentianine conserve sa nuance même à la lumière artificielle, ce qui n'est pas le cas pour les mélanges, qui paraissent rouges à la lumière du gaz.

**GENTIANOSE.** — Matière sucrée qui se trouve dans la racine de la *Gentiana lutea* et qui ressemble beaucoup au sucre de canne ; on lui attribue la formule $C^{36}H^{66}O^{31}$. Découvert en 1881 par M. A. Meyer, le gentianose a été étudié récemment par MM. Bourquelot et Nardin [*Journ. Pharm. et Chim.*, 6, 7, 289, 369].

Pour le préparer, on met dans un ballon de l'alcool à 95°, et on chauffe au bain-marie jusqu'à l'ébullition. La racine de gentiane fraîche est découpée en tranches minces que l'on fait tomber au fur et à mesure dans l'alcool bouillant ; on relie ensuite le ballon à un réfrigérant ascendant, et on continue à faire bouillir pendant 20 à 25 minutes : on est assuré, en opérant ainsi, de détruire le ferment qui pourrait hydrolyser le gentianose ; après refroidissement, on exprime, on filtre et on distille pour chasser l'alcool ; on agite ensuite avec un peu de carbonate de chaux, on filtre de nouveau, on évapore à consistance d'extrait que l'on dissout ensuite dans la plus petite quantité d'eau possible, et on y ajoute, toujours à chaud, de l'alcool à 95° (environ 4 fois 1/2 le poids de l'extrait) ; on laisse reposer pendant 15 heures et on décante ; le gentianose ne tarde pas à cristalliser ; on le purifie en le faisant cristalliser de nouveau dans l'alcool à 95° : 1 kilogramme de racine fraîche peut donner de 25 à 30 grammes de produit. Cristaux lamelleux, blancs, anhydres, solubles dans l'eau, fusibles à 207-209°, dextrogyres : $[\alpha]_D = +31, 27$ ; ils ne présentent pas le phénomène de la birotation. Le gentianose ne réduit pas la liqueur cupropotassique ; après traitement par les acides minéraux étendus, il devient lévogyre et réducteur. Comme le sucre de canne, il est dédoublé par certains ferments solubles tels que l'invertine ; le liquide qui a séjourné pendant trois jours sous une culture pure d'*Aspergillus niger* agit dans le même sens et plus complètement. L'action de l'invertine n'est en effet que partielle et plus lente que sur le saccharose ; il paraît donc vraisemblable que les glucoses se trouvent dans la molécule du gentianose, en partie sous forme de saccharose que dédouble l'invertine, et pour le reste sous forme d'un polyglucose que seul peut hydrolyser l'un des ferments solubles de l'*Aspergillus*. La

diastase, la salive et l'émulsine, n'agissent pas sur le gentianose.
E. Burcker.

**GENTIOL**, $C^{30}H^{48}O^3$. — Ce corps a été extrait par MM. G. Goldschmiedt et R. Jahoda (*Mon. f. Chem.*, **12**, 479) des pétales de *Gentiana verna*. Ces pétales, séchés au soleil cèdent à l'alcool à 80 0/0 bouillant une substance épaisse d'un brun rougeâtre. L'extrait ainsi obtenu a été lavé à l'eau, puis soumis à un grand nombre de cristallisations fractionnées dans l'alcool. Il a fourni, dans ces conditions :

1° Un composé répondant à la formule $C^{38}H^{64}O^3$, ne renfermant pas le groupement méthoxyle et se présentant sous la forme de lamelles blanches, fusibles à 115-117°, solubles dans l'alcool, l'éther, le benzène ;

2° Une poudre jaunâtre, amorphe, fusible vers 240°, non analysée ;

3° Une poudre blanche, amorphe, fusible à 215-219°, répondant à la formule $C^{30}H^{48}O^3$. C'est ce corps que MM. Goldschmiedt et Jahoda ont désigné sous le nom de *gentiol*.

Le gentiol est peu soluble dans l'éther et dans le benzène, assez soluble dans l'alcool bouillant qui, par refroidissement, l'abandonne en flocons gélatineux. Il est insoluble dans la potasse, même bouillante, ne renferme pas de groupement méthoxyle, ne se combine ni avec la phénylhydrazine, ni avec l'hydroxylamine.

Il fournit un *dérivé triacétylé*,

$$C^{30}H^{45}(OCO\,CH^3)^3,$$

fusible à 175-180°, lorsqu'on le chauffe avec l'anhydride acétique et l'acétate de sodium. Ce dérivé triacétylé est amorphe et très soluble dans l'alcool.

Oxydé par l'acide chromique en solution acétique, le gentiol donne un *acide* fondant à 127°.

L'acide nitrique le convertit en un *dérivé nitré*. Enfin, il se transforme en un produit huileux, passant presque entièrement à 210° sous 22 millimètres, lorsqu'on le distille sur de la poudre de zinc dans un courant d'hydrogène.
Eug. Charabot.

**GENTISÉINE**, $C^{13}H^8O^5$ (voir aussi article GENTISINE). — Hlasiwetz et Habermann avaient constaté [*Ann. Chem.*, **175**, 62 ; **180**, 343] que la gentisine, sous l'influence de l'acide chlorhydrique, fournissait du chlorure de méthyle, mais c'est M. de Kostanecki qui, le premier, put isoler le produit de la réaction auquel il donna le nom de *gentiséine*. Par la méthode de M. Zeisel, la gentisine se laisse facilement dédoubler d'après l'équation :

$$C^{14}H^{10}O^5 + HCl = C^{13}H^8O^5 + CH^3Cl$$
Gentisine. \quad\quad Gentiséine.

*Propriétés.* — La gentiséine se dissout bien dans l'alcool, d'où elle se dépose en petits groupements d'aiguilles jaune paille, renfermant $2H^2O$. Elle fond à 315° et se dissout en jaune pur dans les alcalis. La solution, traitée par l'amalgame de sodium, prend une coloration rouge de sang, tandis que dans les mêmes circonstances la gentisine donne une coloration verte. Si la réduction est poussée plus avant, les solutions de gentisine et de gentiséine donnent toutes deux un précipité rouge foncé.

Traitée par l'anhydride acétique en présence d'acétate de sodium, la gentiséine donne un *dérivé triacétylé* en aiguilles blanches fusibles à 226°.

On obtient la *gentiséine diméthylique* en chauffant la gentiséine avec 2 molécules de potasse et un peu plus de 2 molécules d'iodure de méthyle en présence d'alcool méthylique. Cet éther



ne donne aucune réaction avec l'amalgame de sodium. Il est très peu soluble dans les alcalis. Il réagit avec le chlorure de benzoyle pour donner le composé

$$C^{13}H^5O^2(OCH^3)^2(O\,.\,CO\,.\,C^6H^5).$$

Sous l'influence des alcalis, la gentiséine se dédouble en acide oxysalicylique (gentisique) et phloroglucine. Cette observation permet de fixer sa constitution, qui est celle d'une trioxyxanthone. Le dédoublement sous l'influence des alcalis est représenté par la formule suivante :

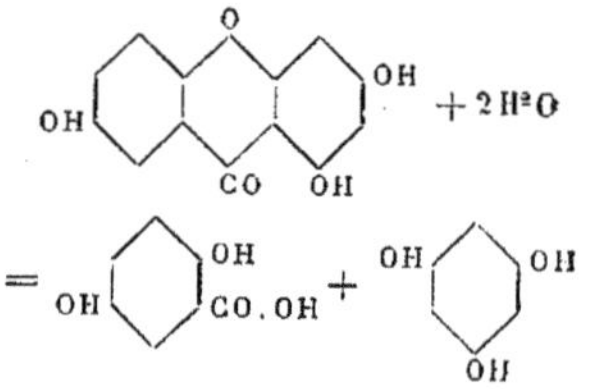

$$\text{[trioxyxanthone]} + 2H^2O = \text{[acide oxysalicylique (OH, OH, CO.OH)]} + \text{[phloroglucine (OH, OH, OH)]}$$

C'est ce qu'ont vérifié MM. de Kostanecki et Tambor. Ils ont préparé synthétiquement la gentiséine en distillant en présence d'anhydride acétique un mélange équimoléculaire d'acide oxysalicylique et de phloroglucine [*Mon. f. Chem.*, **12**, 205, 318 ; **15**, 1 ; **16**, 919].
V. Thomas.

**GENTISINE**. — La gentisine est une matière colorante jaune que l'on retire de la racine de gentiane (*Gentiana lutea*). Les procédés d'extraction ont été donnés précédemment (*Dict.*, **1**, 1558 ; 1er Suppl., 862). Comme on vient de le dire, on peut l'obtenir en méthylant la gentiséine qui a été elle-même préparée synthétiquement.

*Préparation synthétique.* — D'après MM. de Kostanecki et Tambor [*Mon. f. Chem.*, **15**, 7], on chauffe 1 molécule de gentiséine avec 1 molécule de potasse caustique, 1 molécule d'iodure de méthyle et de l'alcool méthylique. Ce mode de préparation permet d'assigner à la gentisine la formule $C^{13}H^7O^5$ . $CH^3$.

*Propriétés.* — La gentisine se présente sous la forme de longues aiguilles soyeuses, de couleur jaune pâle. Elle fond à 267° et se sublime entre 300 et 400° avec une notable décomposition. La gentisine se dissout dans 3630 parties d'eau à 16°. 100 parties d'alcool à 40° Baumé dissolvent à froid $0^p,22$ et à l'ébullition $1^p,6$. 100 parties d'éther ne dissolvent que 1/20 de partie. La gentisine se dissout facilement dans les alcalis avec une couleur d'un jaune d'or. Par fusion alcaline, la gentisine se décompose en acide acétique, phloroglucine et acide oxysalicylique. L'amalgame de sodium la transforme en un corps $C^{13}H^{10}O^7$. La gentisine réduit les solutions d'argent, se combine aux bases et donne des sels qui sont décomposés en général par l'acide carbonique.

### DÉRIVÉS DE LA GENTISINE.

*Éther diméthylique 3.7*, $C^{13}H^{12}O^5$ ou

$$OH\,.\,C^{13}H^5O^2(OCH^3)^2.$$

— S'obtient par méthylation soit de la gentisine, soit de la gentiséine [Kostanecki et Schmidt, *Mon. f. Chem.*, **12**, 318].

Ce diéther se forme en même temps que la trioxyxanthone 1.3.7 dans la distillation de l'éther méthylique (5) de l'acide hydroquinone-carbonique avec la phloroglucine et l'anhydride acétique [Kostanecki et Tambor, *Mon. f. Chem.*, 46, 922]. Cet éther se présente sous la forme d'aiguilles d'un jaune clair, peu solubles dans l'alcool et fusibles à 167°. Il donne un *acétate*

$$CH^3CO . OC^{13}H^{13}O^2(OCH^3)^2,$$

fusible à 189°.

La gentisine donne plusieurs acétates : Le *diacétate* $C^{18}H^{14}O^7$ ou $C^{14}H^8(C^2H^3O)^2O^5$, s'obtient par l'action du chlorure d'acétyle sur la gentisine à chaud [*Ann. Chem.*, 175, 74]. Il cristallise en petites aiguilles fusibles à 196°.

Le *dibenzoate* fond à 192° [*Mon. f. Chem.*, 15, 8].

*Nitrogentisines.* — La gentisine, sous l'action de l'acide nitrique, donne deux dérivés nitrés : la dinitrogentisine, $C^{14}H^8(AzO^2)^2O^5,H^2O$, et la trinitrogentisine, $C^{14}H^7(AzO^2)^3O^5$ [Baumert, *loc. cit.*].

*Gentisine-diazobenzène,*

$$C^{14}H^8O^5 . (C^6H^5Az . Az)^2.$$

— Traitée par le sulfate de diazobenzène, la gentisine fournit un dérivé diazobenzénique. Il forme une masse brillante composée de fines aiguilles écarlates fondant à 251-252° avec décomposition et presque insolubles dans l'alcool. Les solutions alcalines les dissolvent à chaud en se colorant en orangé.

La gentisine-diazobenzène, traitée par l'anhydride acétique, fournit un *dérivé acétylé*,

$$C^{14}H^6O^5(C^2H^3O)^2(C^6H^5-Az^2)^2,$$

en aiguilles rouge orangé fusibles à 218-220°, moyennement solubles dans l'acide acétique bouillant, très difficilement solubles dans l'alcool [Perkin, *Chem. Soc.*, 73, 672].

La gentisine-diazobenzène contient deux groupes oxhydryles libres ; il s'ensuit que ceux-ci ne peuvent être en position ortho par rapport aux groupes diazobenzènes. Or, un éther de la formule

(I)

semblerait, d'après M. Perkin, devoir se comporter comme la chrysine, c'est-à-dire fournir un composé diazoïque n'ayant plus d'OH libres :

tandis qu'un éther de la formule

(II)

se comporterait comme l'euxanthone et donnerait

composé qui renfermerait 2 OH libres.

Si la gentisine correspond bien à la formule II, il est intéressant de noter que, par suite de l'introduction des groupes $Az^2 . C^6H^5$, et en dépit de leur éloignement des groupes OH, la gentisine-diazobenzène est dépourvue de propriétés tinctoriales.

G.-F. Jaubert.

**GENTISIQUE (ACIDE).** — Cet acide a été décrit dans le Dictionnaire sous le nom d'ACIDE OXYSALICYLIQUE. Nous lui conserverons ce nom. Voyez plus loin ce mot.

**GENTISIQUE (ALDÉHYDE).** — Voyez OXYSALICYLIQUE.

**GEOFFROYINE,** $C^{10}H^{13}AzO^3$. — La geoffroyine est un alcaloïde contenu dans l'écorce de *Geoffroya.* On l'extrait de la façon suivante : on concentre l'extrait alcoolique préparé à chaud, puis on ajoute de l'eau ; du rouge cinchonique se précipite dans ces conditions ; on filtre et on additionne de sous-acétate de plomb la liqueur filtrée pour en éliminer le tannin, on précipite le plomb en excès par l'hydrogène sulfuré et on évapore. La geoffroyine se dépose. Pour la purifier, on la dissout dans l'acide chlorhydrique, on filtre et on remet l'alcaloïde en liberté par addition de carbonate de sodium. En répétant plusieurs fois ce traitement et terminant la purification par des lavages à l'eau et à l'alcool, on obtient un produit fusible à 257° avec décomposition.

La geoffroyine est très peu soluble à froid dans l'eau, l'alcool méthylique et l'acide acétique cristallisable, insoluble dans l'éther de pétrole, le benzène, le chloroforme, l'éther, l'acétate d'éthyle, l'alcool amylique, l'acétone, le sulfure de carbone. Elle est insipide, optiquement inactive, neutre au tournesol.

Elle donne un *chlorhydrate*, $C^{10}H^{13}AzO^3,HCl$, ainsi que des sels cristallisables avec les acides sulfurique, tartrique, iodhydrique. L'acide nitrique la transforme en acide picrique. Avec les alcalis, elle fournit des dérivés cristallisés. Avec l'eau de brome on obtient le composé $C^{10}H^{11}Br^2AzO^3$, amorphe, orangé.

Chauffée avec l'anhydride acétique, la geoffroyine se transforme en *dérivé acétylé*, incristallisable ; on connaît également le *dérivé benzoylé* qui, lui aussi, est amorphe.

M. Hiller-Bombien [*Arch. der Pharm.*, 230, 513], à qui l'on doit cette étude, envisage la geoffroyine comme identique avec l'*angéline* de Gintl et avec la *ratanhine* décrite par M. Kreitmair. Ce serait, d'après lui, une *méthyl-tyrosine.*

Eug. Charabot.

**GÉRANIAL.** [Syn. *Citral, lémonal, licaréal, diméthyl* 2.6-*octadiène* 2.6-*al* 8], $C^{10}H^{16}O$,

$$CH^3-C=CH . CH^2-CH^2 . C=CH . CHO$$
$$\qquad\ |\qquad\qquad\qquad\qquad\quad |$$
$$\qquad CH^3\qquad\qquad\qquad\qquad CH^3$$

Le citral ou géranial est un mélange de deux aldéhydes isomériques, le citral *a* et le citral *b*, ce dernier pouvant être aisément transformé en citral *a*. Nous insisterons plus loin sur la nature de cette isomérie, mais nous rendrons compte d'abord des travaux effectués sur le mélange qui a reçu le nom de citral. L'une des deux aldéhydes se transformant facilement en l'autre, dans la plupart des circonstances le mélange des deux isomères agit comme l'aurait fait le plus stable des deux : il en résulte que les expériences faites sur le mélange ont suffi pour établir la constitution de l'isomère stable, le citral *a*.

Le citral a été découvert en 1888 par MM. Schimmel et C^ie, qui le retirèrent de l'essence de citron par l'intermédiaire de sa combinaison bisulfitique. Ils reconnurent que cette essence devait son odeur caractéristique à ce composé, qui s'y trouve dans la proportion de 7 a 8 0/0.

La présence du citral a encore été constatée dans les essences suivantes :

Essence de bay (*Pimenta acris* Wright. Myrtacées).
— de cédrat (*Citrus medica* Risso. Rutacées).
— de citron (*Citrus limonum* Risso. Rutacées).
— de citronnelle (fruits) (*Andropogon nardus* L. Graminées).
— d'eucalyptus (feuilles) (*Backousia citriodora* F. v. M. Myrtacées).
— d'eucalyptus (*Eucalyptus staigeriana.* F. v. M. Myrtacées).
— de lemon grass (*Andropogon citratus* D. C. Graminées).
— de limette des Indes Orientales (*Citrus medica*, var. *acida*. Rutacées).
— de mandarines (*Citrus madurensis* Loureiro. Rutacées).
— de mélisse (*Melissa officinalis* L. Labiées).
— d'oranges douces (zestes) (*Citrus aurantium* Risso. Rutacées).
— de piment (*Pimenta officinalis* Lindl. Myrtacées).
— de poivre du Japon (*Xanthoxylum piperitum.* Piperacées).
— de roses (*Rosa damascena* Miller. Rosacées).
— de sassafras (feuilles) (*Sassafras officinalis* Nees. Laurinées).
— de tetranthera (fruits) (*Tetranthera citrata* Nees. Laurinées).
— de verveine (*Verbena triphylla* L. Verbénacées).

De toutes ces essences, c'est celle de lemon grass qui en renferme le plus ; elle en contient en effet jusqu'à 82 et 84 0/0, en même temps que de petites quantités de citronnellal.

Pour isoler le citral de son mélange avec les terpènes, il suffit d'agiter les essences avec une solution concentrée de bisulfite de sodium, de séparer la combinaison bisulfitique et de la décomposer par une solution de carbonate de sodium (voir plus loin les différents composés hydrosulfonés du citral).

M. Semmler a constaté que, lorsqu'on oxyde le géraniol, il se forme une aldéhyde, le *géranial*, qui est identique au citral. Les relations de cette aldéhyde avec le géraniol ont conduit à donner au citral le nom de *géranial* :

$$\begin{array}{c} CH^3 \\ CH^3 \end{array}\!\!> C = CH.CH^2.CH^2 - C = CH - CH^2OH$$
$$| \atop CH^3$$

Géraniol.

$$\begin{array}{c} CH^3 \\ CH^3 \end{array}\!\!> C = CH.CH^2.CH^2 - C = CH.CHO$$
$$| \atop CH^3$$

Géranial.

Pour opérer cette oxydation, M. Semmler conseille d'ajouter, en une fois, 15 grammes de géranial à une solution de 10 grammes de dichromate de potassium dans 12gr,5 d'acide sulfurique concentré étendu de 100 grammes d'eau. On agite, en ayant soin de refroidir le mélange, jusqu'à ce que l'oxydation soit effectuée, ce qui arrive au bout d'une demi-heure environ. On distille ensuite dans un courant de vapeur d'eau. L'huile qui se sépare est agitée avec une solution concentrée de bisulfite, et le mélange est abandonné à lui-même pendant 24 heures. Les cristaux de combinaison bisulfitique sont recueillis, pressés et décomposés par une solution de carbonate de sodium [*D. chem. G.*, 23, 2965 ; 24, 201].

Le géranial se produit également quand on oxyde, dans les mêmes conditions, le linalol (licaréol), quelle que soit son origine [Bertram et Wahlbaum, *J. prakt. Chem.*, (2), 45, 590].

M. P. Barbier [*C. R.*, 116, 117], en oxydant le licaréol (alcool extrait de l'essence de *Licari kanali*, et qu'il croyait différent du linalol), a obtenu une aldéhyde $C^{10}H^{16}O$, le *licaréal*, qu'il considéra d'abord comme différent du géranial ou citral, mais que Tiemann et M. Semmler, à la suite de MM. Bertram et Wahlbaum, regardèrent comme identique à cette aldéhyde. Ces derniers savants l'identifièrent d'ailleurs avec celle contenue dans l'essence de citron, au moyen de la réaction de Dœbner (voir plus loin) [*D. chem. G.*, 26, 2713. — *Bericht* Schimmel, octobre 1894, 35].

Plus tard, MM. Barbier et Bouveault maintinrent l'existence du *licaréal*, en se basant sur la différence de point de fusion qui existe entre la combinaison que donne le licaréal avec le p-aminophénol (123°,5), et celle que forme le citral dans les mêmes conditions (116°) [*C. R.*, 118, 1208].

En 1895, les deux savants français obtinrent et séparèrent les semicarbazones cristallisées du citral. Elles leur permirent de reconnaître l'identité des aldéhydes extraites de l'essence de citron et de l'essence de lemon grass avec le licaréal (du linalol) et le géranial [*C. R.*, 121, 1159 ; 122, 84].

Il est à remarquer que l'oxydation du linalol fournit un moindre rendement en citral que celle du géraniol. Tiemann explique le mécanisme de cette réaction en admettant que le linalol, alcool tertiaire, se convertit d'abord en géraniol, alcool primaire, qui fournit alors, par oxydation, le géranial :

$$CH^3 - C = CH.CH^2.CH^2.COH - CH = CH^2$$
$$| \qquad\qquad\qquad\qquad | \atop CH^3 \qquad\qquad\qquad\qquad CH^3$$

Linalol.

$$CH^3 - C = CH.CH^2 - CH^2 - C = CH.CH^2OH$$
$$| \qquad\qquad\qquad\qquad\quad | \atop CH^3 \qquad\qquad\qquad\qquad\quad CH^3$$

Géraniol.

C'est la répétition du fait observé dès 1877 par M. Boutleroff : l'alcool butylique tertiaire, oxydé, fournit de l'acide isobutyrique correspondant à l'alcool isobutylique primaire [*Bull. Soc. Chim.*, (3), 19, 625].

Le citral a enfin été obtenu par synthèse directe, à la suite d'une série de réactions découvertes par MM. Barbier et Bouveault, Verley et Tiemann.

MM. Barbier et Bouveault d'abord [*C. R.*, 122, 1423], et M. Verley ensuite [*Bull. Soc. Chim.*, (3), 17, 191], ont effectué par deux voies différentes la synthèse de la méthylhepténone, produit de dédoublement très net du citral sous l'influence du carbonate de potassium (Verley). Ils en ont ainsi confirmé la constitution.

Cette cétone a ensuite servi à MM. Barbier et Bouveault à réaliser la synthèse de l'acide géranique (voir cet acide). Or le sel de chaux de cet acide, mélangé à du formiate de calcium et à du sable, fournit, par distillation sous pression réduite, le citral.

Le mélange de formiate et de géraniate de calcium se prépare facilement, en pesant des proportions équivalentes de formiate et d'hydrate de calcium, ajoutant la proportion correspondante d'acide géranique en solution dans l'alcool, et évaporant le tout à siccité : on ajoute finalement du sable, en remuant fréquemment [*D. chem. G.*, 34, 817 ; *Bull. Soc. Chim.*, (3), 19, 530].

PROPRIÉTÉS PHYSIQUES. — Le géranial constitue une huile à peu près incolore, possédant une densité de 0,8972 à 15° et 0,8844 à 22°, un indice

$n_D = 1,9431$ pour certaines préparations et pour d'autres 1,486116. Il distille de 110 à 112° sous 12 millimètres; de 117 à 119° sous 20 millimètres; de 120 à 122° sous 23 millimètres; de 228 à 229° à la pression ordinaire.

Il est optiquement inactif, comme le géraniol, et possède tous les caractères d'une aldéhyde : il réduit en effet les solutions ammoniacales d'azotate d'argent, colore la fuchsine décolorée par l'acide sulfureux et se combine avec le bisulfite de sodium. Cette dernière combinaison, abandonnée à elle-même avec un excès de bisulfite, entre de nouveau en dissolution pour donner naissance à un sel qui n'est plus susceptible de fournir du citral quand on le traite par le carbonate de sodium. Il est probable qu'il se forme, dans ces conditions, des produits analogues à ceux qui ont été observés avec certaines aldéhydes et cétones non saturées, et en particulier avec l'acroléine [Muller, *D. chem. G.*, 6, 141], et aussi avec l'aldéhyde cinnamique, combinaison que M. Heusler [*D. chem. G.*, 24, 1805] a spécialement étudiée [F. Tiemann et Semmler, *D. chem. G.*, 26, 2708].

Action des déshydratants. — Quand on chauffe à 170°, pendant 20 minutes environ, du géranial avec le double de son poids de bisulfate de potassium, on le transforme nettement en cymène [Semmler, *D. chem. G.*, 23, 2965; 24, 291].

Action des halogènes. — Comme le géraniol, le citral additionne 4 atomes d'élément halogène pour donner une huile non distillable sans décomposition.

Action des agents oxydants. — M. Semmler [*loc. cit.*], en chauffant du citral avec de l'oxyde d'argent humide, l'a transformé en acide géranique.

Quand on oxyde le géranial avec le mélange chromique ou une solution d'acide chromique dans l'acide acétique cristallisable, on obtient, quand on opère à bonne température, de la méthylhepténone, cétone non saturée identique avec celle que M. Wallach a obtenue dans la distillation sèche de l'anhydride cinéolique. L'identification de ces deux cétones, ainsi que leur synthèse, ont été faites par Tiemann et M. Semmler [*loc. cit.*], Barbier et Bouveault [*C. R.*, 122, 1423], Verley [*Bull. Soc. Chim.*, (3), 17, 122].

Cette même cétone s'obtient d'ailleurs également quand on oxyde le géraniol, et se trouve parmi les produits de l'action de la potasse alcoolique sur le nitrile géranique (T. S.). C'est également un produit de dédoublement du géranial sous l'influence de la soude caustique [Verley, *loc. cit.*].

Oxydée, la méthylhepténone se scinde en acétone et acide lévulique [Tiemann et Semmler, *D. chem. G.*, 28, 2126]. Nous y reviendrons plus bas.

Comme produit secondaire, on obtient dans l'oxydation du géranial au moyen de l'acide chromique, un acide sirupeux qui, à la distillation sèche, fournit également de la méthylhepténone.

Cet acide est sans doute identique avec l'acide méthylhepténone-carbonique, que MM. Barbier et Bouveault ont obtenu, en même temps que de l'acide acétique et de l'acide formique, quand ils ont oxydé le géranial avec ménagement au moyen du mélange chromique; une oxydation plus énergique a fourni à ces savants, outre de l'acide carbonique, de l'acide formique, de l'acide acétique et de l'acide térébique [*C. R.*, 118, 1050].

Action des réducteurs. — Différents essais tentés pour transformer le citral en géraniol sont restés sans succès. Mais lorsqu'on traite 500 grammes de citral dissous dans 1250 gram-

mes d'un mélange à parties égales d'acide acétique cristallisable et d'alcool, par assez d'eau pour qu'il y ait un commencement de trouble, et qu'on ajoute 400 grammes de zinc, il se forme, au bout de 3 heures, un dépôt huileux qu'on dissout de nouveau au moyen de 500 grammes du mélange acéto-alcoolique. Le lendemain, le dépôt huileux qui s'est reformé est encore dissous par une nouvelle addition de la solution d'acide acétique et d'alcool. Si, au bout du troisième jour, on précipite le tout par l'eau, on obtient une huile qui, desséchée et rectifiée, fournit un glycol auquel M. Verley attribue la formule du *tétraméthyl* 2.6.11.15 – *octodécatétrène* 2.6. 10.14 – *diol* 8.9,

$$(CH^3)^2 C = CH.CH^2.CH^2.\underset{\underset{CH^3}{|}}{C} = CH.CHOH.CHOH.CH =$$

$$= C(CH^3) - CH^2 - CH^2 - CH = C \underset{CH^3}{\overset{CH^3}{<}}$$

Ce corps bout à 203-205° sous 15 millimètres [*Bull. Soc. Chim.*, (3), 21, 408].

Action des alcalis. — Quand on agite pendant une heure du citral avec une solution à 5 0/0 de soude, on obtient environ 23 0/0 d'un produit résineux possédant l'odeur de la méthylhepténone. Le restant, soumis à l'action du sulfite et du bicarbonate de sodium, fournit du citral pur [Tiemann, *D. chem. G.*, 32, 107].

En outre, Tiemann a constaté que le citral se polymérise complètement et avec la plus grande facilité sous l'action de la potasse alcoolique, en fournissant une résine non volatile avec la vapeur d'eau. Il utilise cette propriété pour éliminer le citral de produits renfermant des substances volatiles [*Bull. Soc. Chim.*, (3), 19, 895].

M. Labbé [*Bull. Soc. Chim.*, (3), 21, 407] croit pouvoir déduire du fait que ce produit de polymérisation présente un point de fusion fixe, qu'il s'agit d'un individu chimique.

Quand on chauffe le citral pur pendant 12 heures, à l'ébullition, dans un appareil à reflux, avec une solution de carbonate de potassium, dans les proportions de 500 grammes de citral, 500 grammes de carbonate de potassium et 5 litres d'eau, on observe, pendant toute la durée de la réaction, un dégagement d'aldéhyde éthylique qu'on recueille dans une fiole refroidie par de la glace. L'huile restante (410 gr.), rectifiée, donne un produit bouillant à 84° sous 26 millimètres, et constitué par de la méthylhepténone, et un liquide passant à 119°, à la même pression, qui n'est autre chose que du citral non attaqué. Il reste dans le ballon une certaine quantité de matières résineuses.

L'équation de la décomposition peut s'écrire :

$$C^{10}H^{16}O + H^2O = C^8H^{14}O + CH^3.CHO$$

[Verley, *Bull. Soc. Chim.*, (3), 17, 176].

Action des acides. — Si l'on fait passer un courant d'acide sulfureux dans du citral étendu d'éther, la majeure partie de l'aldéhyde est résinifiée et on obtient environ 20 0/0 de cymène. Quand on traite de la même manière un mélange de géraniol et de citral, on obtient encore du cymène, qu'on peut séparer du géraniol au moyen de la combinaison au chlorure de calcium. Ce procédé permet de reconnaître la présence du géraniol dans le citral brut.

Sous l'influence de l'acide sulfurique, le citral se résinifie partiellement, donne du cymène, tandis qu'une autre portion reste inaltérée sans se convertir en un isomère. Il en est de même quand on traite un excès de géranial par le mélange chromique. Dans aucun de ces cas, Tiemann n'a pu observer la transformation de cette aldéhyde en une combinaison isomérique [*D. chem. G.*, **32.** 107].

En agitant du citral, dissous dans l'éther acétique, avec de l'acide sulfurique, M. Verley a isolé un alcool cyclique, le *méthylisopropène-hexénol*, qui bout à 96-97° sous 12 millimètres et dont la densité = 0,94612 et l'indice $n_{DII}$ = 1,397. Ce corps possède une odeur rappelant celle d'orange et de bergamote. Soumis à l'action d'une solution de chlorure de zinc, d'acide iodhydrique ou d'acide sulfurique, cet alcool fournit, par hydratation préalable et perte d'eau subséquente, du cymène :

$$(CH^3)^2 = C = C < \frac{CH^3 - CH^2}{CHOH - CH} \gtrless C - CH^3$$

$$\longrightarrow (CH^3)^2 CH.COH < \frac{CH^2 - CH^2}{CHOH.CH^2} > COH.CH^3$$

$$\longrightarrow (CH^3)^2.CH - C < \frac{CH \cdot CH}{CH - CH} > C.CH^3$$

[*Bull. Soc. Chim.*, (3), **21**, 408].

ACTION DE L'AMMONIAQUE ET DES COMPOSÉS AMMONIACAUX. — L'ammoniaque sèche se combine avec le géranial pour donner une huile qui ne distille pas sans décomposition même dans le vide. (T. et S.)

*Géranialoxime (citraloxime)*, $C^{10}H^{16} = AzOH$. — Tiemann et M. Semmler ont préparé ce composé en faisant agir sur le citral une solution de chlorhydrate d'hydroxylamine additionnée d'une quantité équivalente de carbonate de sodium. MM. Barbier et Bouveault ont obtenu la même oxime en partant du produit d'oxydation du géraniol de l'essence de palmarosa [*C. R.*, **118**, 1159; **119**, 281, 234].

Huile jaune, distillant de 143 à 145° sous 12 millimètres, possédant une densité de 0,9386 à 20° et un indice $n_0$ = 1,51433. Soumise à la distillation à la pression ordinaire, la citraloxime se scinde en eau et nitrile géranique,

$$C^{10}H^{16}AzOH = C^9H^{15}.CAz + H^2O.$$

*Action de la semicarbazide sur le géranial.* — Le premier auteur qui ait fait réagir la semicarbazide sur le citral est M. Wallach [*D. chem. G.*, **28**, 1955]; il n'obtint pas de produits définis (point de fusion 150-160°) et en conclut que le citral donnait naissance à un mélange de semicarbazones isomériques et qu'il y avait là une stéréo-isomérie due à l'azote. Tiemann et M. Semmler [*D. chem. G.*, **28**, 2183], en effectuant la même réaction, obtinrent des résultats expérimentaux différents (point de fusion 130-135°), mais adoptèrent des conclusions identiques.

La même année [*C. R.*, **121**, 1159], MM. Barbier et Bouveault publièrent les résultats de leurs travaux sur le même sujet. Ils annoncèrent que le citral ne bouillait pas à point fixe : une première portion, moins abondante, bout à 107-110° sous 10 millimètres; la portion principale bout à 110-112° sous la même pression. Le citral de la portion supérieure, traité par le chlorhydrate de semicarbazide et l'acétate de sodium, leur a fourni un produit brut que la cristallisation fractionnée leur a permis de séparer en trois semicarbazones isomériques, fondant à 171°, 160°, 135°, cette dernière de beaucoup la plus abondante. Le citral de la portion inférieure leur a fourni plus abondamment la semicarbazone fondant à 171°.

La semicarbazone fondant à 171° est décomposée par l'acide sulfurique étendu principalement en cymène et en une certaine quantité d'aldéhyde qui a fourni exclusivement la semicarbazone fondant à 135°. La semicarbazone fondant à 160°, trop peu abondante, n'a pu être examinée.

Les auteurs ont conclu de leurs expériences que le citral était un mélange d'au moins deux aldéhydes isomériques : l'une, qui correspond à la semicarbazone fondant à 171°, a un point d'ébullition plus bas et est transformée par l'acide sulfurique étendu en un isomère dont la semicarbazone fond à 135°. Ils attribuèrent les phénomènes observés par eux à une isomérie maléo-fumarique due à l'une des deux doubles liaisons du citral.»

Ils constatèrent, peu de temps après [*C. R.*, **122**, 84], que les citrals de toute origine (lemon grass, citron, oxydation du linalol et du géraniol) fournissent ces deux semicarbazones caractéristiques.

Ces résultats ont été contestés par Tiemann et M. Krüger [*D. chem. G.*, **34**, 821]. Ces savants ont bien obtenu des points de fusion semblant se fixer vers 135, 168 et 171° quand on faisait cristalliser le produit dans un même dissolvant, mais quand on changeait de dissolvant les points de fusion recommençaient à varier. Les auteurs en concluaient qu'il n'y avait aucune conséquence à tirer de l'étude de ces semicarbazones, que le citral constituait un corps unique donnant plusieurs semicarbazones stéréo-isomériques par l'azote.

La même année, cependant, Tiemann et M. Semmler [*D. chem. G.*, **34**, 3333] parvinrent à obtenir à l'état de pureté deux semicarbazones du citral, d'abord celle fondant à 171°, déjà décrite par MM. Barbier et Bouveault, et une seconde fondant à 164° qui n'est autre, à un degré de purification plus avancé, que l'isomère fondant à 160° des deux auteurs français. Ce produit s'obtient aisément en traitant le citral par le chlorhydrate de semicarbazide en solution dans l'acide acétique cristallisable. Tiemann et M. Semmler remarquèrent de plus que le mélange des deux semicarbazones fondant à 171° et à 164° reproduit l'isomère fondant à 135°. Cette observation, rapprochée du travail de MM. Barbier et Bouveault, montre que la semicarbazone qui doit correspondre au *lémonal stable* est non celle fusible à 135°, qui est un mélange, mais bien celle qui fond à 164°.

Malgré ces faits, Tiemann maintint que le citral était une seule aldéhyde et que l'isomérie de ses semicarbazones était due à une stéréo-isomérie de l'azote.

Peu de temps après, M. Bouveault [*Bull. Soc. Chim.*, (3), **21**, 419] reprit à nouveau l'étude de cette question. Il prépara les semicarbazones du citral par des procédés différents et sur des citrals soumis au préalable à l'action de réactifs alcalins ou acides. Il constata que la nature des produits obtenus variait non seulement avec le mode de préparation, mais aussi avec le traitement auquel le citral avait été préalablement soumis. Il en conclut que ce corps est bien, comme il l'avait précédemment annoncé avec M. Barbier, formé d'un mélange de deux isomères transformables l'un dans l'autre, et dont les proportions varient suivant le traitement auquel il a été soumis.

Ces conclusions ont été entièrement confirmées par Tiemann dans un mémoire posthume [*D. chem. G.*, **33**, 872]. Tiemann a même réussi à séparer l'un de l'autre le *citral a* ou *stable*, dont la semicarbazone fond à 164°, et le *citral b* (citral instable de Barbier et Bouveault), dont la semicarbazone fond à 171° et qui bout, en effet, plus bas que l'autre. Nous rendons compte plus loin de ce travail.

*Semi-oxamazone du géranial*,

$$C^9H^{15} - CH = Az.AzH.CO.CO.AzH^2.$$

— On l'obtient en faisant agir à 30° une solution de semi-oxamazide sur le citral :

$$Az\,H^2 . CO . CO . Az\,H . Az\,H^2 + C^{10}\,H^{16}\,O$$
$$= C^{10}\,H^{16} . Az . Az\,H . CO . CO . Az\,H^2.$$

Masse spongieuse et blanche, insoluble dans l'alcool, l'eau et l'éther. Elle fond à 190-191° [Wilhelm Kerp et Ch. Unger, *D. chem. G.*, 30, 835].

L'*anilide*, $C^{10}\,H^{16} = Az\,C^6\,H^5$, prend naissance quand on chauffe à 150° un mélange d'aniline et de citral. C'est une huile jaunâtre, bouillant à 200° sous 20 millimètres.

*Combinaison du citral avec le p-aminophé-nol.* — MM. Barbier et Bouveault [*C. R.*, 118, 1208] ont obtenu une combinaison fondant à 116°.

*Phénylhydrazone*, $C^{10}\,H^{16} . Az^2\,H . C^6\,H^5$.—Huile qui ne distille pas sans décomposition dans le vide (Tiemann et Semmler).

COMBINAISONS HYDROSULFONÉES DU CITRAL. — On sait depuis longtemps que beaucoup de composés organiques qui possèdent une double liaison sont susceptibles de s'unir aux éléments de l'acide sulfureux pour donner des acides sulfonés. Il en est ainsi des aldéhydes non saturées, comme l'acroléine, l'aldéhyde crotonique, l'aldéhyde cinnamique, etc.

Tiemann [*D. chem G.*, 34, 3197] a montré que le citral peut former quatre combinaisons de ce genre.

1. *Combinaison normale du citral avec le bisulfite de sodium,*

$$(CH^3)^2 - C = CH - CH^2 - CH^2 - C = CH . CH \overset{CH^3}{\underset{\underset{SO^3Na}{|}}{\Big\langle{}^{OH}}}$$

— Elle s'obtient quantitativement quand on agite 100 grammes de citral avec une solution de 100 parties de sulfite neutre de sodium cristallisé $SO^3Na^2 + 7\,H^2O$, dans 200 parties d'eau et 25 parties d'acide acétique cristallisable. On exprime la masse cristalline qui s'est formée, on la lave en la malaxant avec un mélange d'alcool et d'éther, et on la fait cristalliser dans l'alcool méthylique légèrement acidulé par de l'acide acétique. On peut aussi la faire cristalliser dans les eaux mères où elle a pris naissance.

Cette combinaison se dissocie facilement, quand on la dissout dans l'eau pure, en donnant du citral. Quand on la traite par le carbonate de sodium, elle se décompose en mettant en liberté du citral, mais cette décomposition n'est jamais totale, une partie de l'aldéhyde, 10 à 15 0/0, étant convertie en dérivé hydrosulfoné.

2. *Combinaison dihydrosulfonée stable du citral*, $C^9\,H^{18}\,(SO^3Na)^2\,CHO$. — Ce dérivé prend naissance lorsqu'on délaye la combinaison normale dans l'eau et qu'on la traite par un courant de vapeur d'eau. On peut aussi opérer la transformation en chauffant le dérivé normal avec du chloroforme dans un appareil à reflux. Dans ces conditions, la moitié du citral est convertie en sel de sodium de l'acide citryldihydrosulfonique :

$$2\,C^9\,H^{15} - CH \overset{OH}{\underset{SO^3Na}{\Big\langle}}$$
$$= C^9\,H^{15} . CHO + C^9\,H^{18}\,(SO^3Na)^2 . CHO.$$

Ce corps est très soluble dans l'eau quand il est exempt de citral libre et n'est pas décomposé par les alcalis et les carbonates alcalins, même à 100°. Il s'unit facilement à la phénylhydrazine, sans qu'on ait toutefois réussi à obtenir une combinaison cristallisée à l'état pur.

On n'est pas encore fixé sur la forme que, sur les quatre possibles. cette combinaison affecte.

3. *Combinaison dihydrodisulfonique instable* (*labile*) *du citral*, $C^9\,H^{17} . (SO^3Na)^2 . CHO$. — Cette combinaison se forme quand on agite le citral avec une solution aqueuse de sulfite neutre de sodium. Or, comme le sulfite neutre du commerce est toujours alcalin, il faut avoir soin, dans la préparation de l'acide sulfoné labile, de neutraliser l'alcali devenu libre par un courant d'acide carbonique ou par l'acide acétique, quand elle doit servir à la préparation du citral pur. Le meilleur procédé d'obtention de cette combinaison consiste à agiter 1 molécule de citral brut avec 2 molécules de sulfite neutre et 2 molécules de bicarbonate de sodium :

$$C^9\,H^{15}\,CHO + 2\,SO^3Na^2 + 2\,CO^3NaH$$
$$= C^9\,H^{17}\,(SO^3Na)^2 . CHO + 2\,CO^3Na^2.$$

La formation pour ainsi dire quantitative de ce dérivé permet, dans une certaine mesure, le dosage du citral en se basant sur l'équation

$$C^9\,H^{15}\,CHO + 2\,SO^3Na^2 + SO^4H^2$$
$$= C^9\,H^{17} . (SO^3Na)^2 . CHO + SO^4Na^2.$$

Traité par la soude caustique, le sel labile se décompose en citral pur et sulfite neutre de sodium. Ce sel est assez stable vis-à-vis des acides, mais, abandonné à lui-même, il se transforme spontanément au bout d'un certain temps, à froid, rapidement à chaud, en la modification stable.

Il se combine à la semicarbazide pour donner naissance à une poudre blanche constituée par la *semicarbazone*

$$C^9\,H^{17}\,(SO^3Na)^2 . CH = Az . Az\,H . CO\,Az\,H^2.$$

La solution de cette semicarbazone, évaporée en présence d'un peu d'alcali, laisse déposer du sulfite de sodium.

Les relations d'isomérie de la forme instable avec la forme stable peuvent être attribuées à des différences de structure du genre suivant :

$$1°\quad (CH^3)^2 = \underset{\underset{SO^3Na}{|}}{C} - CH^2 - CH^2 - CH^2 - \overset{\overset{CH^3}{|}}{\underset{\underset{SO^3Na}{|}}{C}} - CH^2 - CHO$$

$$2°\quad (CH^3)^2 = CH - \underset{\underset{SO^3Na}{|}}{CH} - CH^2 - CH^2 - \overset{\overset{CH^3}{|}}{\underset{\underset{SO^3Na}{|}}{CH}} - CH - CHO$$

La combinaison labile, agitée avec du citral, s'y combine en donnant le sel suivant.

4. *Citrylhydrosulfonate de sodium,* $C^9\,H^{16}\,(SO^3Na)\,CHO$ :

$$C^9\,H^{17}\,(SO^3Na)^2 . CHO + C^9\,H^{15} . CHO$$
$$= 2\,(C^9\,H^{16}\,SO^3Na\,CHO).$$

— Ce sel est plus soluble dans l'alcool méthylique que le sel disulfonique. Traité par la soude, il se décompose instantanément en citral et sulfite de sodium. On peut donc le considérer comme un sel labile. Ajoutons enfin que la combinaison normale du citral avec le bisulfite se dissout également dans le sulfite neutre de sodium ; mais on n'a pas réussi à isoler un corps de la formule

$$C^9\,H^{17}\,(SO^3Na)^2 . CH \overset{OH}{\underset{SO^3Na}{\Big\langle}}$$

CONSTITUTION DU CITRAL. — La constitution du citral découle de celle de l'acide correspondant, l'acide géranique, et de la méthylheptènone, que l'un et l'autre fournissent à l'oxydation.

Cette cétone, qui a été obtenue pour la première fois en partant du citral, par Tiemann et M. Semmler [*D. chem. G.*, **26**, 2719], a reçu d'eux une constitution inexacte, basée sur ce que ces savants avaient cru obtenir de l'acide valérianique dans son oxydation, tandis qu'en réalité il ne s'en forme point.

Peu de temps après, MM. Barbier et Bouveault découvrirent que cette cétone se trouve naturellement dans l'essence de lemon grass et parvinrent à l'en extraire. Ils étudièrent son oxydation chronique qui ne fournit que les acides acétique et formique et lui assignèrent la formule

$$\frac{CH^3}{CH^3}\Big\rangle C=CH-CH^2-CH^2-CO-CH^3$$

qui a été depuis adoptée par tout le monde [*C. R.*, 1894, **118**, 198].

Dans la suite, Tiemann et M. Semmler confirmèrent cette constitution en montrant que l'oxydation manganique de cette acétone fournit de la diméthylcétone et de l'acide lévulique [*D. chem. G.*, **28**, 2126].

Notons encore, à propos de la méthylhepténone, la synthèse qui en a été réalisée par MM. Barbier et Bouveault [*C. R.*, **122**, 1422] par condensation du dibromhydrate d'isoprène et de l'acétylacétone et saponification par les alcalis de la dicétone ainsi obtenue :

$$\frac{CH^3}{CH^3}\Big\rangle CBr-CH^2-CH^2Br + 2CHNa\Big\langle\frac{CO-CH^3}{CO-CH^3}$$

$$= NaBr + CH^2\Big\langle\frac{CO-CH^3}{CO-CH^3}$$

$$+ \frac{CH^3}{CH^3}\Big\rangle C=CH-CH^2-CH\Big\langle\frac{CO-CH^3}{CO-CH^3}$$

$$\frac{CH^3}{CH^3}\Big\rangle C=CH-CH^2-CH\Big\langle\frac{CO-CH^3}{CO-CH^3} + KOH$$

$$= C^2H^3O^2K + \frac{CH^3}{CH^3}\Big\rangle C=CH-CH^2-CH^2-CO-CH^3$$

Enfin, M. Verley [*Bull. Soc. Chim.*, (3), **17**, 191] a réussi aussi à effectuer la synthèse de cette même cétone par un procédé différent.

S'appuyant sur la constitution de la méthylhepténone, Tiemann et M. Semmler donnèrent au citral la constitution suivante :

$$\frac{CH^3}{CH^3}\Big\rangle C=CH-CH^2-CH^2-\overset{\overset{\textstyle CH^3}{|}}{C}=CH-CHO.$$

Cette formule fut quelque temps combattue par MM. Barbier et Bouveault, puis définitivement adoptée par eux dès qu'ils eurent réalisé la synthèse de l'acide géranique (voyez plus loin ACIDE GÉRANIQUE), qui en est la démonstration irréfutable [*C. R.*, **122**, 393].

Le dédoublement, observé ensuite par M. Verley [*Bull. Soc. Chim.*, (3), **17**, 176], du citral en aldéhyde ordinaire et méthylhepténone, en constitue aussi une démonstration très élégante (voyez plus haut, *Action des alcalis*) :

$$\frac{CH^3}{CH^3}\Big\rangle C=CH-CH^2-CH^2-\overset{\overset{\textstyle CH^3}{|}}{C}=CH-CHO + H^2O$$

$$= \frac{CH^3}{CH^3}\Big\rangle C=CH-CH^2-CH^2-\overset{\overset{\textstyle CH^3}{|}}{C}O + CH^3-CHO.$$

ISOMÉRIE DU CITRAL. — Nous avons vu plus haut, à propos des semicarbazones, que le citral est un mélange de deux aldéhydes ; nous exposerons plus loin les tentatives qui ont été faites pour les séparer et les obtenir l'une et l'autre à l'état de pureté, mais nous voulons, au préalable, indiquer comment le chapitre précédent n'est pas en contradiction avec l'existence de deux citrals et donner quelques explications sur la nature de cette isomérie.

Dès leur premier mémoire sur les semicarbazones du lémonal, MM. Barbier et Bouveault songèrent à expliquer l'isomérie qu'ils avaient découverte par un déplacement de double liaison [*C. R.*, **121**, 1159]; plus tard, quand la formule du citral fut définitivement établie, comme cette formule admet la stéréo-isomérie maléofumarique, ils pensèrent que telle devait être la nature de l'isomérie des deux citrals [*C. R.*, **122**, 844]. Quand Tiemann et ses élèves eurent reconnu l'existence des deux citrals, ils acceptèrent également cette explication.

Plus récemment, M. Bouveault [*Bull. Soc. Chim.*, (3), **21**, 423] est revenu à sa première idée sur le déplacement de la double liaison et propose de donner au seul citral *a* la constitution que nous avons indiquée plus haut, réservant pour le citral *b* la formule isomérique de position :

$$\frac{CH^3}{CH^3}\Big\rangle C=CH-CH^2-CH=\overset{\overset{\textstyle CH^3}{|}}{C}-CH^2-CHO.$$

L'isomérisation du nitrile du citral au moyen de l'acide sulfurique à 70 0/0 donne naissance à un nitrile isomérique, le nitrile isogéranique ou isolémonitrile [Barbier et Bouveault, *Bull. Soc. Chim.*, (3), **15**, 1002]. Or, ce composé est un mélange, car, hydraté par la potasse alcoolique, il donne naissance à deux amides cristallisées différentes. Ces composés, dont la constitution est connue (voyez plus loin, COMPOSÉS ISOGÉRANIQUES), ne se prêtant pas à la stéréo-isomérie, il faut que l'isomérie de ces amides soit due à un déplacement de double liaison. Or, si les deux citrals et, par suite, les deux nitriles ont la même formule de constitution et constituent des stéréo-isomères, la stéréo-isomérie disparaissant lors de la fermeture de la chaîne, leur isomérisation ne devra donner naissance qu'à un seul corps : or, c'est le contraire qui a lieu, ce qui, si les deux aldéhydes sont de constitution différente, s'explique très aisément par les schémas suivants :

Isomérisation du nitrile du citral *b*.

Isomérisation du nitrile du citral *a*.

Quant à M. Barbier, il semble toujours considérer les deux lémonals comme des stéréo-isomères.

A la suite de recherches exécutées sur l'essence de lemon grass et dans le but de défendre un brevet conférant le droit de produire une « essence de violettes artificielle », qu'on a reconnue être de l'ionone (voyez ce mot), M. Stiehl a affirmé que l'aldéhyde $C^{10}H^{16}O$, extraite de cette essence, est constituée par un mélange de trois isomères auxquels il donne les noms suivants :

$$(CH^3)^2 C = CH . CH^2 . CH^2 . C (CH^3) = CH . CHO \quad \text{inactif}$$
Aldéhyde citriodorique.

$$(CH^3)^2 C = CH . CH^2 . CH = C (CH^3) - CH^2 . CHO \quad \text{inactif}$$
Géranial (citral).

$$(CH^3)^2 C = CH - CH = CH - CH (CH^3) CH^2 . CHO \quad \text{lévogyre.}$$
Allolémonal.

D'après M. Stiehl, l'aldéhyde citriodorique serait identique au produit découvert par M. Dodge dans l'essence de citronnelle [*Ann. Chem. Journ.*, 13, 456], tandis que le géranial ou citral serait l'aldéhyde de Tiemann et Semmler [*D. chem. G.*, 24, 201; 26, 2708; 122, 795], et l'allolémonal, le lévolicarhodal de MM. Barbier et Bouveault [*C. R.*, 118, 983, 1050, 1154; 121, 1159].

M. Stiehl admet en outre que, sous l'influence des acides et d'une solution concentrée et très acide de bisulfite de sodium, l'aldéhyde citriodorique et l'allolémonal sont convertis en géranial; inversement, le citral pur se transformerait en un mélange d'aldéhyde citriodorique, d'allolémonal et de citral, quand on le fait bouillir avec une solution à 20 0/0 d'acétate de sodium [*J. prakt. Chem.*, (2), 58, 51].

L'auteur donne enfin un ensemble de constantes physiques des trois aldéhydes, en prépare les semicarbazones, les acides naphtocinchoniques, les combinaisons bisulfitiques et les produits de condensation avec l'acétone, dont il donne également les constantes physiques.

Nous ne croyons pas devoir citer ces constantes, dont beaucoup ont été par la suite infirmées, et nous nous bornons à ajouter que, dans un mémoire ultérieur, M. Stiehl arrive aux conclusions suivantes : 1° l'essence de lemon grass ne renferme que de l'aldéhyde citriodorique; 2° dans l'extraction de cette aldéhyde par le bisulfite de sodium très acide, elle subit une transformation en géranial ou citral; 3° dans le cours du traitement de l'aldéhyde citriodorique par le bisulfite, c'est par l'intermédiaire d'une des doubles liaisons que la transposition stéréo-isomérique a lieu; aussi l'auteur représente-t-il les deux aldéhydes par les deux formules .

$$(CH^3)^2 . C = CH . CH^2 . CH^2 . C . CH^3$$
$$\overset{\|}{OHC-CH}$$
Géranial.

$$(CH^3)^2 . C = CH . CH^2 . CH^2 . C (CH^3)$$
$$\overset{\|}{HC . CHO}$$
Citriodoral.

formules qui sont exactement celles données par MM. Barbier et Bouveault [*C. R.*, 122, 844].

Ajoutons, enfin, que l'auteur persiste à croire à l'existence de son allolémonal, qu'il considère comme identique au citral *b* de Tiemann, bien qu'il ne l'ait pas obtenu à l'état de pureté [*J. prakt. Chem.*, (2), 59, 497].

L'importance du sujet, tant au point de vue théorique qu'au point de vue des conséquences d'ordre pratique, a amené Tiemann, MM. Semmler et Dœbner à vérifier les premières conclusions de M. Stiehl.

M. Semmler commence d'abord par démontrer que le citral ou géranial, quelle que soit son origine, est toujours identiquement le même corps et que le soi-disant allolémonal actif de M. Stiehl était du géranial souillé de terpènes [*D. chem. G.*, 31, 3001]. M. Dœbner arrive aux mêmes résultats en se servant de la réaction de l'acide cityl-β-naphtocinchonique [*D. chem. G.*, 31, 3195].

Quant à Tiemann, il entreprend l'étude des citrals de toute provenance, en prépare les différents composés, qu'il compare entre eux, élucide la délicate question des multiples combinaisons du citral avec le sulfite et le bisulfite de sodium et termine l'ensemble de ses recherches par la fixation nette et précise de la nature des semicarbazones du citral. Ce dernier travail le conduit à trouver une méthode de séparation des deux citrals isomériques *a* et *b* et à montrer comment ils peuvent se transformer l'un en l'autre. Il se range ainsi implicitement à l'opinion émise par les savants français, MM. Barbier et Bouveault, sur la stéréo-isomérie probable des deux modifications du citral.

*Citral a (lémonal stable).* — Tiemann prépare ce citral de la façon suivante : 1 kilogramme de la combinaison bisulfitique normale du citral est introduit dans 1 litre d'eau additionné de 1 litre d'éther et de 500 grammes de carbonate de sodium sec. On agite le mélange de temps à autre et, au bout d'une heure, on décante la couche éthérée. Par évaporation du liquide éthéré, on obtient environ 300 grammes de citral au lieu des 590 grammes contenus dans la combinaison bisulfitique. Ce citral, desséché et rectifié, constitue un liquide bouillant à 118-119° sous 20 millimètres, dont la densité $D_{20} = 0,8898$, l'indice $n_D = 1,4891$.

*Citral b (lémonal b).* — Un citral très riche en dérivé *b* peut être obtenu en traitant par la soude caustique la solution aqueuse bisulfitique ayant servi à préparer le citral *a*, combinant de nouveau le produit avec du bisulfite et soumettant celui-ci au même traitement que ci-dessus. Malgré ces traitements réitérés, on n'arrive pas à obtenir un composé *b* complètement exempt de citral *a*.

On réussit à préparer l'isomère *b* en agitant 200 grammes de citral, extrait de l'essence de lemon grass par une des méthodes ordinaires, avec 110 grammes d'acide cyanacétique dissous dans une solution de 80 grammes de soude caustique et 600 grammes d'eau. Au bout de 3 minutes, à la température ordinaire, on épuise à l'éther, on décante et on lave l'éther avec de l'eau. On obtient ainsi, par évaporation de l'éther, de 7 à 8 0/0 de citral non combiné à l'acide cyanacétique et que l'on peut considérer comme du citral *b* pur. Ce citral est distillé dans un courant de vapeur d'eau, desséché et rectifié.

Le citral *b* bout à 102-104° sous 12 millimètres (quelques degrés plus bas que le citral *a*, qui bout à 112-114° sous la même pression), ce qui correspond avec le point d'ébullition du lémonal instable de MM. Barbier et Bouveault [*C. R.*, 121, 1159].

La densité du citral *b*, $D_{10} = 0,888$; $nd = 1,49001$; $α_D = 0°$.

*Caractères communs des deux citrals.* — Oxydés au moyen du permanganate ou au moyen du mélange chromique, les deux isomères fournissent de l'acétone et de l'acide lévulique.

La potasse bouillante les dédouble tous deux en aldéhyde et méthylhepténone.

Il en résulte que la double liaison marquée de l'astérisque * existe dans les deux citrals :

$$\overset{CH^3}{\underset{CH^3}{>}} C = CH . CH^2 . CH^2 . C \overset{*}{=} CH . CHO$$
$$\underset{CH^3}{|}$$

Vis-à-vis du bisulfite, ils se comportent de la

même façon et les combinaisons ainsi obtenues régénèrent l'une et l'autre des deux aldéhydes avec leurs propriétés primitives, quand on les soumet à l'action d'une lessive de soude. En présence du sulfite neutre et du bicarbonate de sodium, ils fournissent tous deux des combinaisons dihydrosulfoniques que la soude dédouble en sulfite et citral donnant des semicarbazones fondant à 135-140°. On voit donc que la formation de l'acide dihydrosulfonique a pour effet de transformer partiellement le citral $a$ en citral $b$ et inversement.

Les deux citrals donnent, avec l'acide pyruvique et la naphtylamine (réaction de Dœbner), des acides citrylidène-naphtocinchoniques fondant à 200° et qui ne paraissent pas être différents l'un de l'autre.

*Caractères différentiels des deux citrals.* — L'*oxime* du citral $a$ bout à 143-145° sous 12 millimètres, tandis que celle du citral $b$ distille à 136-138° sous 11 millimètres.

Le citral $a$, traité par le chlorhydrate de semicarbazide, fournit une semicarbazone fondant à 164°, tandis que le citral $b$ donne, dans les mêmes conditions, une semicarbazone dont le point de fusion est situé à 171°. Ces semicarbazones, chauffées dans un courant de vapeur d'eau avec de l'anhydride phtalique, donnent toutes deux, avec un rendement d'environ 70 0/0 et sans formation de cymène, du citral qui, combiné de nouveau à la semicarbazide, fournit le mélange des semicarbazones fondant à 135°. Ce dédoublement entraîne donc encore une transformation partielle de l'un des citrals en son isomère et inversement.

Il est admis que la pseudo-ionone (voyez plus bas) possède deux doubles liaisons qui peuvent provoquer des isoméries cis-trans :

$$\underset{CH^3}{\overset{CH^3}{>}}C=CH.CH^2.CH^2.\overset{*}{C}=CH.CH\overset{*}{=}CH.COCH^3$$
$$\vert$$
$$CH^3$$

Un composé de cette structure doit donc pouvoir exister sous quatre formes stéréo-isomériques, et la pseudo-ionone préparée avec le citral ordinaire (mélange de $a$ et de $b$) peut être constituée par le mélange des quatre formes. Deux de ces isomères sont nécessairement déterminés par la stéréo-isomérie des citrals. Or, quand on prépare la semicarbazone avec la pseudo-ionone provenant du citral $a$, on obtient un produit fondant à 142°; la pseudo-ionone préparée, d'autre part, avec le citral $b$ fournit une semicarbazone fondant à 143-144° et qui est différente de celle dérivée du produit $a$. Mélangées, ces deux semicarbazones donnent un composé qui se comporte comme la semicarbazone provenant de la pseudo-ionone ordinaire, c'est-à-dire qu'il fond entre 110 et 115°. De ce mélange on peut, d'ailleurs, extraire par une série de cristallisations successives la semicarbazone fondant à 142°, tandis que celle qui fond à 143-144° reste dans les eaux mères.

On n'a pas encore réussi à mettre en évidence les deux autres formes de la pseudo-ionone.

L'isomérie dans l'espace de la pseudo-ionone n'exerce aucune influence sur sa transformation en ionone. Les deux pseudo-ionones provenant des citrals $a$ et $b$, isomérisées par l'acide sulfurique étendu, fournissent une ionone où l'isomère α domine, tandis qu'elles donnent naissance à une ionone où le dérivé β domine, lorsque la condensation est effectuée par l'intermédiaire de l'acide sulfurique concentré. L'acide citrylidène-cyanacétique $a$ fond à 122°, tandis que l'isomère $b$ fond à 94° quand il est pur [Tiemann, *D. chem. G.*, **32**, 115; Tiemann et Kerschbaum, *D. chem. G.*, **33**, 877].

ACIDE GÉRANYLIDÈNE- OU CITRYLIDÈNE-ACÉTIQUE,

$$\overset{CH^3}{\underset{\vert}{}}$$
$$\underset{CH^3}{\overset{CH^3}{>}}C=CH.CH^2.CH^2.C=CH-CH=CH.CO^2H.$$

— Ce composé prend naissance, en même temps que l'acide citrylidène-malonique, quand on chauffe à 100-110° un mélange équimoléculaire de citral et d'acide malonique, additionné de pyridine. La réaction a lieu avec dégagement d'acide carbonique. Pour séparer les deux acides formés, on traite la masse par l'éther et l'acide sulfurique : il se forme immédiatement une bouillie de petits cristaux blancs qui sont recueillis sur filtre et lavés avec de l'éther, dans lequel ils sont insolubles. La solution, débarrassée des cristaux (acide citrylidène-malonique), est alors épuisée par une lessive alcaline qui dissout l'acide citrylidène-acétique. Cet acide, précipité de sa solution alcaline, est extrait par l'éther; il bout vers 170° en se résinifiant en partie.

L'*éther éthylique* a été préparé en chauffant à 95-100° un mélange équimoléculaire de citral et d'éther malonique acide avec 1 molécule de pyridine. Le contenu du ballon est agité avec de l'éther, et la solution éthérée, lavée d'abord avec une solution d'acide sulfurique pour enlever la pyridine, puis avec une lessive de soude faible, est concentrée au bain-marie. Le résidu de la distillation de l'éther, fractionné dans le vide, donne un corps passant de 160 à 162° sous 24 millimètres. Si on le fait bouillir au réfrigérant ascendant avec une solution d'acide sulfurique étendu, l'éther se saponifie et on n'obtient pas l'isomère cyclique correspondant [Verley, *Bull. Soc. Chim.*, (3), **24**, 417].

ACIDE GÉRANYLIDÈNE- OU CITRYLIDÈNE- CYANACÉTIQUE

$$\underset{CH^3}{\overset{CH^3}{>}}C=CH.CH^2.CH^2.C=CH.CH=C\underset{CAz}{\overset{CO^2H}{<}}$$
$$\vert$$
$$CH^3$$

— Cet acide a été préparé pour la première fois par M. Strebel, qui en a fait l'objet d'une demande de brevet, mais il a surtout été étudié par Tiemann [*D. chem. G.*, **34**, 3329] et par Tiemann et M. Kerschbaum [*Ibid.*, **33**, 877]. Comme il existe deux citrals, il peut aussi exister deux acides citrylidène-cyanacétiques.

L'*acide citrylidène-cyanacétique a* se prépare facilement en agitant pendant 3 minutes un mélange de 110 grammes d'acide cyanacétique, 200 grammes de citral pur commercial, 60 grammes de soude caustique et 600 grammes d'eau, agitant la liqueur avec de l'éther et séparant les deux solutions. Le liquide alcalin, après avoir été lavé avec de l'éther, est acidulé et l'acide cyanacétique est enlevé à la solution au moyen de l'éther. Après évaporation, on obtient une masse cristalline qu'on fait cristalliser dans le benzène. Cristaux jaunâtres, durs, fondant à 122°.

L'*acide citrylidène-cyanacétique b* s'obtient par le même procédé en partant du citral $b$.

Cet acide est insoluble dans l'eau, facilement soluble dans la ligroïne, et notablement plus soluble dans le benzène que l'isomère $a$.

Au sein de la ligroïne, il cristallise en aiguilles réunies en houppes, fondant vers 84°; mais quand on soumet le produit à une cristallisation fractionnée, on finit par avoir des cristaux fusibles à 94-95°.

Comme nous l'avons vu plus haut, l'acide cyanacétique peut servir à séparer l'un de l'autre les deux citrals isomériques. Il peut, de même, servir à doser approximativement cette aldéhyde dans une essence.

GÉRANYLIDÈNE- OU CITRYLIDÈNE-ACÉTONITRILE,

$$(CH^3)^2 \; C=CH \, . \, CH^2 \, . \, CH^2 \, . \, \underset{\underset{CH^3}{|}}{C}=CH \, . \, CH=CH^2 \, . \, CAz$$

— Ce composé prend naissance quand on chauffe à 100-105° un mélange de 100 grammes de citral, 65 grammes d'acide cyanacétique et 52 grammes de pyridine; il se dégage de l'acide carbonique et il se forme une huile à odeur de pseudo-ionone, bouillant de 150 à 155° sous 25 millimètres, et ne fournissant pas de combinaison cyclique se rapprochant de l'ionone quand on la traite par l'acide sulfurique [Verley, *Bull. Soc. Chim.*, (3), 21, 413].

ACIDE GÉRANYLIDÈNE-MALONIQUE,

$$\genfrac{}{}{0pt}{}{CH^3}{CH^3}\!\!\searrow\!\!C=CH \, . \, CH^2 \, . \, CH^2 \, . \, \underset{\underset{CH^3}{|}}{C}=CH \, . \, CH=C\!\!\genfrac{}{}{0pt}{}{\nearrow COOH}{\searrow COOH}$$

— Il prend naissance en même temps que l'acide citrylidène-acétique, quand on chauffe pendant quelque temps à 100-110° un mélange de 104 grammes d'acide malonique, 152 grammes de citral et 79 grammes de pyridine. Le produit de la réaction est additionné d'acide sulfurique et d'éther; la solution éthérée, décantée, fournit par évaporation des cristaux d'acide citrylidène-malonique. Rendement : 62 grammes de cristaux et 50 grammes d'acide huileux.

Ces cristaux fondent à 191°, sont peu solubles dans l'éther, insolubles dans l'éther de pétrole, solubles dans l'alcool et dans l'eau.

L'acide sulfurique et la potasse concentrés sont sans action à froid sur cet acide. Chauffé au-dessus de son point de fusion, il perd de l'acide carbonique et se transforme en acide citrylidène-acétique.

En raison du peu de solubilité de cet acide dans l'éther, sa préparation peut être recommandée par l'identification du citral [Verley, *Bull. Soc. Chim.*, (3), 21, 414].

COMBINAISONS DU GÉRANIAL OU CITRAL AVEC L'É-THER ACÉTYLACÉTIQUE. — La condensation du citral avec l'éther acétoacétique a été effectuée par M. Paul Sehler [*Thèse inaug.*, Heidelberg, 1897] et M. Wilhelm Stötzner [*Thèse inaug.*, Heidelberg, 1898], qui ont fait leurs recherches sous la direction de M. Knoevenagel.

*α-Citrylidène-acétylacétate d'éthyle*, $C^{16}H^{24}O^3$,

$$\genfrac{}{}{0pt}{}{CH^3}{CH^3}\!\!\searrow\!\!C=CH\!-\!CH^2\!-\!CH^2\!-\!\underset{\underset{CH^3}{|}}{C}=CH\!-\!CH=\underset{\underset{CO.OC^2H^5}{|}}{C}\!-\!CO\!-\!CH^3$$

— A un mélange équimoléculaire de citral (200 grammes) et d'éther acétylacétique (171 grammes), préalablement bien refroidi par de la glace et du sel, on ajoute par petites portions 1 à 2 0/0 de pipéridine. Pour avoir un bon rendement, il faut éviter que la température ne s'élève au-dessus de 0°. On abandonne ensuite le produit pendant 36 heures dans un mélange réfrigérant, on épuise avec de l'éther, on agite la solution éthérée avec de l'acide sulfurique étendu pour éliminer la pipéridine, et on dessèche la solution sur du sulfate de soude anhydre. Après distillation de l'éther et fractionnement dans le vide, on obtient finalement un liquide d'un jaune clair, de faible odeur, bouillant à 186° sous 12 millimètres. Sa densité = 0,9835, son indice $n_D = 1,50845$, d'où l'on calcule la réfraction moléculaire 76,93, alors que la formule admise plus haut exige 76,63.

L'éther citrylidène-acétylacétique se combine avec l'acide bromhydrique pour donner naissance au *produit d'addition* $C^{16}H^{25}O^3HBr$ :

$$\genfrac{}{}{0pt}{}{CH^3}{CH^3}\!\!\searrow\!\!CBr\!-\!CH^2\!-\!CH^2\!-\!CH^2\!-\!\underset{\underset{CH^3}{|}}{C}=CH\!-\!CH=\underset{\underset{CO.OC^2H^5}{|}}{C}\!-\!CO\!-\!CH^3$$

La combinaison s'effectue avec dégagement de chaleur, quand on ajoute à l'éther citrylidène-acétylacétique un peu plus que la quantité théorique d'une solution d'acide bromhydrique dans l'acide acétique cristallisable. Le liquide brunâtre est repris par l'éther et lavé avec une solution de carbonate de sodium, pour éliminer l'acide acétique. Abandonné à lui-même, il fournit après évaporation, parfois seulement au bout de quelques jours, une masse cristalline qu'on purifie par expression. Le rendement peut aller jusqu'à 60 0/0 de la quantité théorique si l'on évite toute élévation de température dans la réaction (W. Stötzner).

Cristallisé dans l'alcool étendu, ce produit se présente sous la forme d'aiguilles blanches, fusibles à 93°, très solubles dans l'éther, l'alcool, le benzène, la ligroïne, le chloroforme, le sulfure de carbone et l'acide acétique cristallisable, insolubles dans l'eau. En ajoutant 2 molécules d'acide bromhydrique l'auteur n'a pas réussi à obtenir de cristaux.

Les essais tentés pour préparer des produits d'addition cristallisés avec les acides chlorhydrique et iodhydrique, en solution acétique, n'ont abouti qu'à la préparation de composés huileux, incristallisables. Si, au lieu de faire cristalliser le produit d'addition bromé, on soumet la masse à la distillation dans le vide, il se dégage de l'acide bromhydrique, tandis qu'il passe entre 140 et 170°, sous 17 millimètres, une huile jaune renfermant encore du brome. Après un traitement à la potasse alcoolique, pour éliminer le brome, et sursaturation du produit par l'acide sulfurique étendu, on obtient un liquide jaune qu'on distille d'abord dans un courant de vapeur d'eau puis, après dessiccation sur du sulfate de sodium anhydre, dans le vide. On isole finalement une huile incolore, distillant à 127° sous 17 millimètres, et se résinifiant facilement au contact de l'air. Par sa composition, $C^{13}H^{18}$, elle se rapproche de l'ionène et de l'irène de Tiemann, carbures dont elle est un isomère. L'éther bromé se comporte différemment quand on le chauffe directement avec de la potasse à 2 0/0; on obtient, dans ces conditions, un isomère de l'éther citrylidène-acétylacétique.

*Acide α-géranylidène-* ou *α-citrylidène-acétylacétique.* — On fait bouillir pendant 2 heures, au réfrigérant ascendant, 10 grammes d'éther α-citrylidène-acétylacétique avec 30 grammes de potasse caustique dissoute dans 50 grammes d'alcool. On chasse l'alcool par distillation, on reprend le résidu par l'eau et on sursature par l'acide sulfurique. On obtient un précipité soit solide, soit huileux, qu'on enlève au moyen de l'éther. La solution, desséchée sur du sulfate de soude calciné, fournit, par évaporation, environ 6 grammes d'acide brut, fondant à 113-119°. On fait cristalliser dans l'alcool à 80 0/0 et on obtient finalement des cristaux blancs, se dissolvant facilement dans l'alcool, l'éther, la ligroïne, le benzène et l'acide acétique, et qui fondent à 138° en dégageant de l'acide carbonique. Dans ces conditions prend naissance une huile distillant à 127° sous 12 millimètres et à laquelle l'auteur attribue la même constitution que Tiemann donne à la pseudo-ionone. Ce composé, dénommé « α-ionone » par M. P. Sehler, bien qu'il n'ait pas l'odeur de violettes de l'ionone de Tiemann, se forme suivant l'équation

$$\frac{CH^3}{CH^3}\!\!>\! C=CH-CH^2-CH^2-\underset{\underset{CH^3}{|}}{C}=CH\quad CH=\underset{\underset{COOH}{|}}{C}-CO-CH^3$$

$$=\frac{CH^3}{CH^3}\!\!>\! C=CH-CH^2-CH^2-\underset{\underset{CH^3}{|}}{C}=CH-CH=CH-COCH^3+CO^2$$

La *semicarbazone* de cette « ionone », dont la formule répond à celle de la pseudo-ionone de Tiemann, fond à 152°.

Chauffe-t-on 1 gramme d'acide citrylidène-acétylacétique avec 5 gouttes d'acide sulfurique à 25 0/0 et 5 centimètres cubes d'alcool, pendant 2 heures, au bain-marie, on obtient, par addition d'eau, une huile qui se solidifie quand on la traite par la soude. Repris par l'éther, ce composé peut finalement être obtenu sous la forme d'une masse cristalline, soluble dans l'éther, l'alcool, la ligroïne, le benzène, l'acide acétique cristallisable et le chloroforme. Ce corps fond entre 88-96° et n'a pas été étudié davantage par l'auteur (voyez *Acide γ-géranylidène-acétylacétique*).

β-*Géranylidène-acétylacétate d'éthyle*,

```
          CH3   CH3
            \   /
             C
      H2C  /   \  C-CH=C-CO.CH3
      H2C  \   /  C-CH3     COOC2H5
             CH2
```

Des tentatives faites pour transposer l'éther α-géranylidène-acétylacétique en son isomère β, en employant la méthode qui a réussi à Tiemann pour la transformation de la pseudo-ionone en ionone, action d'une solution glycérique étendue d'acide sulfurique, n'ont pas donné de résultats. L'auteur est arrivé au but cherché en chauffant l'éther au bain-marie pendant 24 heures, après l'avoir additionné de 50 gouttes d'acide sulfurique à 30 0/0 par 100 grammes de produit mis en œuvre. On laisse refroidir et on dissout le liquide dans l'éther. La solution, débarrassée de l'acide sulfurique par des lavages répétés à l'eau, est desséchée sur du sulfate de sodium anhydre et distillée dans le vide. On recueille ce qui passe de 163 à 167°, et on laisse cristalliser. Rendement 30 0/0.

On arrive au même résultat, en chauffant le produit d'addition bromé avec la quantité voulue de potasse alcoolique à 2 0/0, épuisant à l'éther, desséchant sur du sulfate de sodium anhydre, et rectifiant. Il passe d'abord, en petite quantité, une huile entre 140 et 160°, mais la majeure partie distille de 160 à 169° sous 12 millimètres, en donnant un produit d'un jaune clair, possédant une odeur agréable et se prenant au bout de quelque temps en une masse de cristaux blancs qui, après purification, fondent à 63-65°. Quand ils sont purs, ces cristaux sont inodores, très solubles dans l'éther, l'alcool, le benzène, le chloroforme, le sulfure de carbone et la ligroïne, insolubles dans l'eau. Cristallisé au sein de l'alcool à 75 0/0, le produit se présente sous la forme de très beaux cristaux fondant à 68°.

Cette transformation isomérique de l'éther α en éther β est assimilable à celle de la pseudo-ionone en ionone de Tiemann, et peut se traduire par l'équation suivante :

$$\frac{CH^3}{CH^3}\!\!>\! C=CH.CH^2.CH^2-\underset{\underset{CH^3}{|}}{C}=CH.CH=\underset{\underset{COOC^2H^5}{|}}{C}-CO.CH^3+HOH$$

$$=\frac{CH^3}{CH^3}\!\!>\! \underset{\underset{OH}{|}}{C}-CH^2.CH^2.CH^2.\underset{\underset{CH^3}{|}}{C}=CH-CH=\underset{\underset{COOC^2H^5}{|}}{C}-CO.CH^3.$$

Ce dernier, subissant ensuite une condensation avec perte d'eau, en donnant l'éther β,

```
          CH3   CH3
            \   /
             C
      H2C  /   \  C-CH=C-CO.CH3
      H2C  \   /  C-CH3     COOC2H5
             CH2
```

*Acide β-géranylidène-* ou β-*citrylidène-acétylacétique*, $C^{14}H^{20}O^3$,

```
          CH3   CH3
            \   /
             C            COOH
      H2C  /   \  C-CH=C-CO.CH3
      H2C  \   /  C-CH2
             CH2
```

5 grammes d'éther β-citrylidène-acétylacétique, additionnés de 5 grammes de potasse dissoute dans 20 grammes d'alcool, sont chauffés pendant 4 heures, en tube scellé, à 150°. Après élimination de l'alcool et sursaturation par l'acide sulfurique on obtient un acide cristallisé, très soluble dans l'éther, l'alcool, la ligroïne, le chloroforme, le sulfure de carbone et l'acide acétique cristallisable, mais insoluble dans l'eau. Les cristaux fondent à 175° en dégageant de l'acide carbonique, et en donnant une huile incolore, distillant à 122° sous 23 millimètres. Cette huile, à laquelle l'auteur donne le nom de « β-ionone », a pour densité 0,950 à 22°, pour indice $n_D = 1,5021$ à la même température, d'où l'on tire pour la réfraction moléculaire 59,61, alors que la théorie donne 59,23. Ce composé, $C^{13}H^{20}O$, est un isomère de l' « α-ionone » obtenue par le même auteur, en partant de l'acide α-citrylidène-acétylacétique, mais il aurait pour constitution :

```
          CH3   CH3
            \   /
             C
      H2C  /   \  C-CH=CH-CO.CH3
      H2C  \   /  C-CH3
             CH2
```

Sa *semicarbazone* fond à 205° en se décomposant.

*Acide γ-géranylidène-* ou *citrylidène-acétylacétique*, $C^{14}H^{20}O^3$. — En reprenant le travail de M. Sehler, et en opérant dans des conditions un peu différentes, M. W. Stözner est arrivé à isoler un troisième acide de la formule $C^{14}H^{20}O^3$. Pour préparer l'éther de cet acide, l'auteur opère de la façon suivante : des proportions équivalentes de citral (60 grammes) et d'éther acétylacétique (50gr,6), disposées dans un mélange réfrigérant, sont additionnées peu à peu de 10 gouttes de pipéridine. On abandonne ensuite le mélange à lui-même pendant six jours, à une température de 15 à 20°, en ayant soin d'y ajouter tous les jours de 5 à 6 gouttes de pipéridine. L'opération s'effectue dans un flacon bien bouché, et rempli autant que possible. Après la condensation, on traite par l'éther, on agite avec de l'acide sulfurique concentré pour enlever la pipéridine, on lave à l'eau et on dessèche sur du sulfate de sodium anhydre. Après avoir éliminé l'éther, on distille dans le vide et on obtient, après de nombreux fractionnements, un liquide épais, jaunâtre, qui passe de 170 à 171° sous 12 millimètres. Ce composé, auquel l'auteur donne aussi le nom d'éther *α-citrylidène-acétylacétique*, diffère de celui de M. Sehler par un point d'ébullition qui est de 16° plus bas, et par l'acide qui en dérive. Sa densité à 16° est égale à 1,0193, et sa réfraction moléculaire à 76,915.

Chauffé à 180° avec de l'ammoniaque alcoolique, cet éther ne fournit pas d'amide. L'aniline est également sans action sur lui à la température ordinaire.

Traité par la quantité moléculaire d'acide bromhydrique dissous dans l'acide acétique cristallisable, il donne naissance, après un traitement approprié, au même produit d'addition bromé fondant à 93-94° que M. Sehler a obtenu avec l'éther qu'il a préparé.

10 grammes d'éther α-citrylidène-acétylacétique de M. W. Stötzner, chauffés pendant 4 à 6 heures au réfrigérant ascendant, à une température de 150-160°, avec 40 grammes de potasse caustique et 10 centimètres cubes d'eau, fournissent un sel de potassium cristallisé, souillé d'un peu de résine, duquel, après purification préalable, l'auteur a réussi à isoler un acide qui cristallise, dans l'alcool étendu, en beaux cristaux blancs fondant à 130°.

*Éther géranylidène-* ou *citrylidène-acétylacétique*, $C^{16}H^{24}O^3$. — Ainsi qu'il est dit plus haut, M. Sehler, en ajoutant à un mélange d'alcool et d'acide α-citrylidène-acétylacétique, quelques gouttes d'acide sulfurique concentré, a obtenu une huile neutre qui ne tarde pas à cristalliser en un produit qui fond alors entre 88 et 96°.

En chauffant 2 grammes d'acide γ-citrylidène-acétylacétique, 20 grammes d'alcool et 5 gouttes d'acide sulfurique à 25 0/0, pendant 3 heures au bain-marie, à une température de 60°, M. Stötzner a de son côté obtenu une huile qui, après lavage à la soude et à l'acide sulfurique étendu, finit par cristalliser. Le produit se dissout facilement dans l'alcool, l'éther, le chloroforme et l'acétone, mais difficilement dans le benzène et dans la ligroïne. Dans ce dernier dissolvant, il cristallise toutefois en gros cristaux fusibles entre 99 et 100°. Le corps ainsi obtenu a la composition de l'éther citrylidène-acétylacétique. Quand on le saponifie, il régénère l'acide γ-citrylidène-acétyl-

acétique avec les propriétés qui le caractérisent.

De l'ensemble des recherches que nous venons d'exposer, il semble, en résumé, qu'il existe en réalité trois éthers citrylidène-acétylacétiques, α, β et γ, engendrant le premier un acide α dont les propriétés ne s'éloignent guère de celles de l'acide γ et qui pourrait bien lui être identique, et le second un acide β qui se différencie nettement des deux autres acides. De plus l'acide γ donne par éthérification l'éther γ, dont les constantes physiques se différencient de la façon la plus nette de celles des deux autres isomères. Il n'est pas encore possible de se prononcer sur la nature de l'isomérie des corps α et γ, mais il est probable qu'elle réside dans un changement de position des doubles liaisons de la chaîne du citral.

ACIDE CITRYL- β-NAPHTOCINCHONIQUE. — Ce dérivé caractéristique du citral s'obtient en chauffant, pendant 3 heures, dans un appareil à reflux, 40 gr. de citral, 24 gr. d'acide pyruvique et 40 gr. de β-naphtylamine, dissous dans 200 centimètres cubes d'alcool absolu. On obtient ainsi un mélange de 40 grammes d'acide β-citryl-β-naphtocinchonique avec de petites quantités d'acide β-citronnellyl-β-naphtocinchonique contenant des traces d'un isomère de l'acide β-citryl-β-naphtocinchonique fondant au-dessus de 197° :

$$C^9H^{15}.CHO + CH^3.CO.CO^2H + \beta.C^{10}H^7AzH^2$$

$$= 2H^2O + H^2 + C^{10}H^6 \begin{array}{l} \diagup Az = C.C^9H^{15} \\ \quad\quad\quad | \\ \diagdown C = CH \\ \quad\quad | \\ \quad\quad CO^2H \end{array}$$

Cette réaction du citral a permis à M. Dœbner de caractériser ce composé dans un certain nombre d'essences.

Cet acide cristallise dans l'alcool en feuilles jaune-citron, contenant une demi-molécule d'eau de cristallisation. Il fond à 197°, et fournit avec l'acide chlorhydrique un *sel*, $(C^{23}C^{23}AzH^2)HCl$, qui se dépose de sa solution alcoolique en aiguilles d'un jaune orangé fondant à 215°.

Il se combine aussi avec le brome, en solution acétique, pour donner d'abord un *dérivé dibromé* $C^{23}H^{23}AzO^2Br^2$, fondant à 143°, puis, en présence d'un excès de brome, un *composé tétrabromé* fondant entre 98 et 100°.

M. Schröder assigne à ces deux dérivés halogénés les formules suivantes :

(I)
$$C^{10}H^6 \begin{array}{l} \diagup Az = C - CH \diagless\!\!{}^{Br}_{Br}\!\!\diagdown C - CH^2 - CH^2 - CH = C \diagless{}^{CH^3}_{CH^3} \\ \quad\quad\quad\quad\quad | \\ \diagdown C = CH \quad\quad\quad CH^3 \\ \quad\quad | \\ \quad\quad COOH \end{array}$$

(II)
$$C^{10}H^6 \begin{array}{l} \diagup Az = C - CH \diagless\!\!{}^{Br}_{Br}\!\!\diagdown C - CH^2 - CH^2 - CH \diagless\!\!{}^{Br}_{Br}\!\!\diagdown C \diagless{}^{CH^3}_{CH^3} \\ \quad\quad\quad\quad\quad | \\ \diagdown C = CH \quad\quad\quad CH^3 \\ \quad\quad | \\ \quad\quad COOH \end{array}$$

Chauffé, l'acide perd de l'acide carbonique et fournit une huile d'un jaune foncé, qui se dissout dans l'alcool et dans l'éther, en donnant des liqueurs présentant une faible fluorescence verte. Cette huile, à odeur terpénique, constitue la base fondamentale de l'acide, la *citrylnaphtoquinoléine* :

$$C^{10}H^6 \begin{array}{l} \diagup Az = C - CH = C - CH^2 - CH^2 - CH = C \diagless{}^{CH^3}_{CH^3} \\ \quad\quad\quad\quad | \quad\quad\quad | \\ \diagdown CH = CH \quad\quad CH^3 \end{array}$$

Calciné avec de la chaux vive, l'acide citryl-

β-naphtocinchonique donne naissance à la même quinoléine, mais fournit en outre une *base* $C^{17}H^{15}Az$, qui cristallise en feuilles brillantes, d'un vert jaune, qui fondent à 200°.

Oxydé à froid au moyen du permanganate de potassium, cet acide se convertit en un mélange de plusieurs acides, parmi lesquels on a pu caractériser l'*acide β-naphtoquinoléine-α-γ-dicarbonique*, dont le *chlorhydrate* $(C^{16}H^9AzO^4).HCl$ fond à 287-288°. Oxydé à chaud, il fournit le même acide $C^{16}H^9AzO^4$ [A. Schröder, *Dissert. inaug.*, Wiesbaden, 1899].

PSEUDO-IONONE. — Une autre réaction très caractéristique du citral, est celle qu'ont découverte F. Tiemann et M. P. Krüger [*D. chem. G.*, 26, 2691 ; *Bull. Soc. Chim.*, (3), 9, 993]. Quand on traite 65 centimètres cubes d'acétone par 50 centimètres cubes de citral, et qu'on ajoute au mélange 1 litre d'eau de baryte saturée à froid, on obtient, au bout de quelques jours d'agitation, un produit résultant de la condensation d'une molécule de diméthylcétone et d'aldéhyde géranique :

$$CH^2-C=CH.CH^2.CH^2-C=CH.CHO + CH^3.CO.CH^3$$
$$| \qquad\qquad\qquad | $$
$$CH^3 \qquad\qquad\qquad CH^3$$

$$= H^2O$$

$$+ CH^3-C=CH.CH^2.CH^2.C=CH.CH=CH.CO.CH^3$$
$$| \qquad\qquad\qquad\qquad | $$
$$CH^3 \qquad\qquad\qquad\qquad CH^3$$

Pseudo-ionone.

Quand la réaction est terminée, on neutralise exactement l'alcali et on élimine par un courant de vapeur d'eau l'excès d'acétone et de citral. L'huile peu volatile qui reste est recueillie et chauffée avec une solution alcoolique de chlorhydrate de semicarbazide et de l'acétate de sodium. En ajoutant de l'eau, les semicarbazones se précipitent, en général sous forme huileuse ; on chasse par un violent courant de vapeur d'eau les impuretés volatiles, et on régénère les cétones non saturées par l'acide sulfurique, employé sans excès en solution alcoolique, et sans trop élever la température.

La pseudo-ionone bout à 143-145° sous 12 millimètres, possède une densité de 0,9044 et un indice $n_D = 1,5275$.

Traitée à l'ébullition par de l'acide sulfurique étendu et de la glycérine, la pseudo-ionone subit la condensation cyclique et se transforme en ionone :

$$
\begin{array}{c}
CH^3 \; CH^3 \\
\diagdown \; C \; \diagup \\
| \\
HC \qquad CH.CH=CH.COCH^3 \\
|| \qquad\qquad || \\
H^2C \qquad C-CH^3 \\
\diagdown \; \diagup \\
CH^2
\end{array}
\longrightarrow
$$

Pseudo-ionone.

$$
\begin{array}{c}
CH^3 \; CH^3 \\
\diagdown \; C \; \diagup \\
| \\
\longleftarrow \; H^2C \qquad C-CH=CH.COCH^3 \\
| \qquad\qquad || \\
H^2C \qquad C-CH^3 \\
\diagdown \; \diagup \\
CH^2
\end{array}
$$

Ionone.

L'ionone constitue un liquide incolore, bouillant à 126-128° sous 12 millimètres, ayant une densité de 0,9351 à 20°.

Un article spécial sera du reste consacré à cet intéressant composé (Voyez IONONE).

DOSAGE DU CITRAL CONTENU DANS UNE ESSENCE. — Pour doser le citral dans une essence, en particulier dans l'essence de lemon grass, on peut mettre à profit : 1° la propriété qu'il possède de se combiner à l'acide cyanacétique pour donner les acides citrylidène-cyanacétiques $a$ et $b$ ; 2° la combinaison bisulfique normale ; 3° la combinaison qu'il forme avec le sulfite de sodium et le bicarbonate de sodium en solution aqueuse (voyez plus haut).

Des essais comparatifs effectués par F. Tiemann [*D. chem. G.*, 13, 3324] sur une essence de lemon grass ont donné les résultats suivants :

| | Méthode à l'acide cyanacétique | Méthode au bisulfite | Méthode au sulfite + bicarbonate sodique |
|---|---|---|---|
| | Pour 100 | Pour 100 | Pour 100 |
| Corps non aldéhydiques..................... | 18 | 24 | 20 |
| | exempt de citral | contient encore un peu de citral | contient encore un peu de citral |
| Citral { *a.* Par différence................... | 82 | 76 | 80 |
| { *b.* Détermination directe............ | 73,44 | 65 | 77,5 |
| Perte de citral dans la détermination directe. | 6,56 | 11 | 2,5 |

Il résulte de ces essais que la méthode à l'acide cyanacétique donne les résultats les plus exacts. La méthode au sulfite et bicarbonate de sodium est à recommander quand on veut isoler directement le citral, et cela d'autant plus qu'elle permet de le séparer du citronnellal quand l'essence en contient, cette dernière aldéhyde passant à l'état de citronnellylhydrosulfonate de sodium non décomposable par les alcalis.

*Séparation du citral et du citronnellal.* — Ces deux aldéhydes, qui ne diffèrent l'une de l'autre que par 2 atomes d'hydrogène, étant souvent mélangées dans les essences, on a cherché des procédés qui permettent de les séparer :

1° Le premier proposé est celui de MM. Flatau et Labbé [*Bull. Soc. Chim.* (3), 19, 1012]. Il consiste à extraire les aldéhydes des essences en les agitant pendant 2 ou 3 heures avec une solution saturée de bisulfite de sodium et 1/3 de volume d'éther, séparant les combinaisons bisulfitiques, les dissolvant dans l'eau et ajoutant

une solution de chlorure de baryum. Dans ces conditions, la combinaison citronnellique se précipiterait sous la forme de sel de baryum $C^{20}H^{33}O^6S^2Ba$, tandis que le dérivé du citral resterait en dissolution.

Pour régénérer le citronnellal, on traite le précipité par une solution alcoolique de potasse à 10 0/0, on filtre, on fait passer un courant d'acide carbonique dans la solution, on étend d'eau et on enlève l'aldéhyde précipitée au moyen de l'éther. Quant au citral, on l'isole de sa combinaison par le procédé ordinaire.

Tiemann en vérifiant ce procédé a reconnu qu'il ne donnait pas les résultats annoncés, les combinaisons bisulfitiques du citral, de l'aldéhyde benzoïque et de la méthylhepténone fournissant également des précipités avec le chlorure de baryum. Il a proposé les procédés suivants :

2° Agite-t-on pendant 6 heures un mélange de 10 grammes de citral et 10 grammes de citronnellal avec une solution contenant 70 grammes le sulfite neutre de sodium et 25 grammes de bicarbonate sodique dans 700 grammes d'eau, on peut extraire de ce mélange, au moyen de l'éther, 9gr,8 de citronnellal bouillant à 203°, non combiné, et de la solution aqueuse on peut précipiter 9gr,7 de citral bouillant à 114°,5 (sous 17 millimètres) par l'intermédiaire de la soude. Ce procédé a permis à M. Kuster de séparer 4gr,8 de citronnellal contenu dans un mélange de 5 grammes de cette aldéhyde avec 95 grammes de citral.

3° En traitant un mélange des deux aldéhydes par une solution concentrée de sulfite de sodium et de bicarbonate, on transforme le citral en dihydrosulfonate de sodium *labile*, tandis que le citronnellal donne naissance à la combinaison normale presque insoluble dans les solutions concentrées. Un mélange de 40 grammes de citral et de 10 grammes de citronnellal est additionné de 350 grammes de sulfite de sodium ($Na^2SO^3 + 7H^2O$) et 125 grammes de bicarbonate dissous dans 1800 grammes d'eau et agité pendant 6 heures. On filtre et on obtient 14 grammes de la combinaison de citronnellaldisulfite de sodium, soit 8 grammes ou 84 0/0 du citronnellal ajouté. En ajoutant de la soude au liquide aqueux, on retire 38 grammes soit 95 0/0 du citral mis en œuvre.

4° Quand on agite le mélange avec le sulfite tout en y faisant passer un courant d'acide carbonique, le citral passe à l'état de citraldihydrosulfonate de sodium *labile*, par conséquent décomposable par des alcalis caustiques, tandis que le citronnellal se transforme en citronnellalhydrosulfonate de sodium stable et non décomposable. En opérant dans ces conditions, il n'est pas possible d'isoler cette dernière aldéhyde.

5° Le citral peut être séparé d'un mélange de terpènes, d'alcools terpéniques et de citronnellal en agitant le liquide avec une solution de sulfite cristallisé dans 10 parties d'eau contenant du bicarbonate et décantant. La liqueur privée de citral est ensuite agitée avec 350 parties de sulfite cristallisé et de 62g,5 de bicarbonate dans 1 litre d'eau ; dans ces conditions, le citronnellal se sépare à l'état de combinaison sulfitique normale.

À l'aide de ce procédé, on a pu déceler dans l'essence de lemon grass 0,2 0/0 et dans l'essence de citron 0,4 0/0 de citronnellal.

*Séparation du citral, du citronnellal et de la méthylhepténone.* — Pour séparer le citral et le citronnellal du mélange, on opère exactement comme il vient d'être dit. Le résidu contenant la méthylhepténone est enlevé par l'éther. Si le produit primitif contenait des terpènes, ils se trouvent mélangés à la méthylhepténone. On agite le tout avec une solution, maintenue froide au moyen de glace, de bisulfite de sodium dans 1lit,5 d'eau, et on sépare la combinaison bisulfitique de la méthylhepténone qui s'est formée. Cette combinaison est traitée par le carbonate de sodium et l'acétone mise en liberté est caractérisée au moyen de sa semicarbazone, fusible à 136-138° [*D. chem. G.*, 32, 812]. A. Haller.

**GÉRANIOL** [Syn. *Lémonol, diméthyl 2.6-octadiène 2.6-ol 8*],

$$\begin{matrix} CH^3 \\ CH^3 \end{matrix} \Big\rangle C = CH . CH^2 . CH^2 - C = CH . CH^2OH.$$
$$\underset{CH^3}{\mid}$$

— Les nombreux travaux dont ce corps a fourni le sujet dans ces dernières années, les controverses dont ils ont été l'objet, nous obligent à faire l'histoire détaillée du géraniol, depuis le moment où il a été découvert jusqu'à nos jours.

Le géraniol a été découvert en 1871 par M. Jacobsen, en soumettant à la distillation fractionnée l'essence dite de géranium turque (essence de palma rosa), extraite de l'*Andropogon schœ-*

nanthus, de la famille des Graminées. M. Jacobsen démontra que ce composé était un alcool $C^{10}H^{18}O$ qui, sous l'influence des agents déshydratants, anhydride phosphorique ou chlorure de zinc, donnait naissance à un carbure $C^{10}H^{16}$, le *géraniène*. Il montra également que cet alcool se combinait avec le chlorure de calcium pour donner naissance à un produit solide que l'eau décompose [*Ann. Chem.*, 157, 232]. Quelques années plus tard, M. Gintl fit voir que l'essence de *Pelargonium radula* contenait également du géraniol, $C^{10}H^{18}O$, que le chlorure de zinc déshydratait en donnant du *géraniène*, $C^{10}H^{16}$ [*Jahresb.* 1879, 941].

En 1890, M. Semmler montra que le géraniol est un composé à chaîne ouverte, et qu'il renferme deux liaisons éthyléniques. Il fit voir, en outre, que ce composé fournit par déshydratation un corps à chaîne fermée, et par oxydation une aldéhyde $C^{10}H^{16}O$, appelée *géranial*, qu'une oxydation plus avancée transforme en acide géranique, $C^{10}H^{16}O^2$. [*D. chem. G.*, 23, 1098, 2965, 3556].

Peu de temps après, M. Eckart, en étudiant les essences de roses turque et allemande, isola un alcool $C^{10}H^{18}O$, auquel il donna le nom de *rhodinol*. Oxydé au moyen de l'acide chromique, cet alcool fournit une aldéhyde, $C^{10}H^{16}O$, le *rhodinal*. Traité par l'anhydride phosphorique, le rhodinol donna naissance à du dipentène, $C^{10}H^{16}$, que l'auteur caractérisa par son tétrabromure fusible à 124°. M. Eckart fit remarquer la ressemblance qui existe entre le géraniol et le rhodinol, mais conclut à la non-identité de ces deux alcools, en se basant sur les différences existant dans leurs constantes physiques [*Arch. Pharm.*, 229, 355 ; *D. chem. G.*, 24, 4205 ; *Monit. scient.*, 1891. 1146].

MM. Markownikoff et Reformatsky isolèrent à leur tour de l'essence de roses bulgare un alcool auquel ils donnèrent le nom de *roséol*. Cet alcool se combinait avec 2 atomes de brome, fournissait par oxydation à froid, au moyen du permanganate de potassium, un alcool triatomique $C^{10}H^{22}O^3$, et se déshydratait sous l'influence de l'anhydride phosphorique, en donnant un carbure dont l'analyse répondait mieux à la formule $C^{10}H^{18}$ qu'à $C^{10}H^{16}$. Les auteurs arrivaient à cette conclusion, que le roséol a pour formule $C^{10}H^{20}O$. Ils observèrent, en outre, qu'au contact de l'air humide il absorbe de l'eau et s'oxyde facilement [*J. prakt. Chem.*, (2), 48, 293 ; *D. chem. G.*, 23, 3191].

M. Semmler démontra peu après que l'aldéhyde $C^{10}H^{16}O$, obtenue par oxydation du géraniol, était identique à celle que MM. Schimmel et Cie [*Bericht*, octobre 1888, 17] avaient retirée des essences de citron, de lemon grass et de différentes essences d'eucalyptus, et à laquelle ils avaient donné le nom de *citral* [*D. chem. G.*, 24, 203].

En 1893, M. Barbier [*C. R.*, 116, 1200], en chauffant le licaréol (linalol), $C^{10}H^{18}O$, avec l'anhydride acétique, obtint un alcool isomérique à point d'ébullition plus élevé, auquel il donna le nom de *licarhodol*. Ce nouvel alcool fournit par oxydation la même aldéhyde (citral) que le licaréol. En reprenant cette étude, M. Bouchardat montra que ce licarhodol était identique avec le géraniol, le linalol extrait par lui de l'essence d'aspic ayant fourni, par le traitement à l'anhydride acétique, du géraniol [*C. R.*, 116, 1252].

M. Barbier ne convint pas de cette identité, et soutint que le licarhodol différait de son isomère le géraniol [*C. R.*, 117, 120]. Il étudia le géraniol de l'essence de géranium de l'Inde, prépara son éther acétique, ainsi que son dichlorure $C^{10}H^{18}Cl^2$. Ce dernier lui fournit, avec l'acétate de potassium à chaud, du dipentène $C^{10}H^{16}$.

Tiemann et M. Semmler déterminèrent les constantes du géraniol et établirent que le rhodinal de M. Eckart était identique avec le citral. En oxydant le citral par le permanganate de potassium, ils obtinrent de la méthylhepténone, composé qui est identique avec celui que M. Wallach avait préparé par distillation sèche de l'anhydride cinéolique. Comme M. Bouchardat, Tiemann et M. Semmler furent d'avis que le licarhodol de M. Barbier était du géraniol impur [*D. chem. G.*, 26, 2708]. D'autre part, du moment que le rhodinol (de l'essence de rose) fournit, par oxydation au moyen du mélange chromique, du citral $C^{10}H^{16}O$, il devenait impossible de conserver la formule $C^{10}H^{20}O$ que MM. Markownikoff et Reformatsky avaient assignée à leur rhodinol (roséol) et, selon Tiemann et M. Semmler, c'était la formule $C^{10}H^{18}O$ qui lui revenait.

Sur ces entrefaites, M. Barbier établit à son tour que la formule $C^{10}H^{18}O$ revient au rhodinol de l'essence de roses. Comme le géraniol, ce composé fournit, sous l'influence de l'acide chlorhydrique, un chlorure $C^{10}H^{18}Cl^2$, qui se transforme en dipentène, $C^{10}H^{16}$, quand on le chauffe avec de l'acétate de potassium. Dans une communication postérieure, MM. Monnet et Barbier annoncèrent qu'ils avaient extrait de l'essence de pélargonium d'Algérie et de France, un alcool identique, par ses propriétés physiques et chimiques, avec le rhodinol existant dans l'essence de roses. Cet alcool fournissait par oxydation du rhodinal et de l'acide rhodinolique. L'acide chlorhydrique le convertissait en *chlorhydrate*, $C^{10}H^{18}Cl^2$, que l'acétate de potassium transformait en dipentène [*C. R.*, 117, 177, 1092].

MM. Schimmel et $C^{ie}$ isolèrent bientôt le géraniol de l'essence de citronnelle (*Andropogon nardus*) [*Bericht*, octobre 1894, 23]. Quelque temps après, MM. Bertram et Gildemeister, dans une étude comparative des géraniols, montrèrent que les corps à fonction alcoolique des essences de roses allemande et turque, de l'essence de palma rosa, de l'essence de géranium française et de l'essence de citronnelle, se combinent avec le chlorure de calcium pour donner un composé solide qui, lavé avec de l'éther, donne par addition d'eau une huile qui avait les propriétés du géraniol. Ils en conclurent que toutes ces essences renferment surtout du géraniol, à côté de petites quantités d'une substance à odeur de miel [*J. prakt. Chem.*, (2), 49, 185. — Voyez aussi *Essence de roses*, 2ᵉ Suppl., 535]. La même constatation fut faite en 1896 sur l'essence de roses de France par MM. Dupont et Guerlain [*C. R.*, 123, 750].

Le licarhodol de M. Barbier se comportait, dans les mêmes circonstances, aussi comme du géraniol.

MM. Markownikoff et Reformatsky admirent, peu après, que l'essence de roses allemande renferme du géraniol, mais continuèrent à penser que l'essence de roses bulgare, étudiée par eux, contenait du roséol, $C^{10}H^{20}O$, et non du géraniol [*D. chem. G.*, 27, 625].

Vers la même époque, M. Döbner trouva qu'on peut transformer le citral en une combinaison cristallisable, l'acide citryl-β-naphtocinchonique fondant à 197°, qui permet de caractériser avec certitude cette aldéhyde et partant de l'alcool correspondant [*D. chem. G.*, 27, 353].

Dans une série de communications, MM. Barbier et Bouveault exposèrent leurs études comparatives sur le géraniol de l'essence de palma rosa (qu'ils appelaient *lémonol*), et le rhodinol de l'essence de pelargonium.

Le géraniol, oxydé énergiquement au moyen du mélange chromique, fournit de l'acide carbonique, de l'acétone, les acides formique, acétique et térébique, tandis qu'une oxydation ménagée le convertit en citral (lémonal), méthylhepténone identique avec celle provenant de l'oxydation de l'essence de lemon grass mais différente de celle de M. Wallach, cymène et acide méthylhepténonecarbonique. Dans les mêmes conditions, le rhodinol de pelargonium fournit, par oxydation énergique, de l'acétone et de l'acide α-méthyladipique fondant à 100°, et, par oxydation ménagée au moyen de l'acide chromique, une aldéhyde, $C^{10}H^{16}O$, et un acide liquide $C^{10}H^{16}O^2$. On ne peut isoler l'aldéhyde $C^{10}H^{16}O$, mais on prépare son oxime bouillant à 140-145° sous une pression de 11 millimètres, et son nitrile $C^{10}H^{15}Az$, dont le point d'ébullition est situé entre 112 et 113° sous une pression de 11 millimètres. Remarquons que Tiemann et M. Semmler [*D. chem. G.*, 26, 2716] attribuèrent le point d'ébullition 143-145° sous une pression de 12 millimètres à la citraloxime, et celui de 110° sous une pression de 11 millimètres au nitrile de l'acide géranique.

L'acide chlorhydrique gazeux réagit déjà à froid sur le géraniol, pour donner un bichlorure que l'acétate de potassium convertit en dipentène.

Le rhodinol de pélargonium ne donne par contre, à froid, aucune combinaison avec l'acide chlorhydrique. Celui-ci ne se combine qu'à chaud, et le chlorure obtenu ne fournit pas de dipentène avec l'acétate de potassium, mais de l'acétate de rhodinol.

MM. Barbier et Bouveault en conclurent que l'alcool de l'essence de pélargonium différait totalement du géraniol, et le considérèrent comme un alcool cyclique primaire de la formule $C^{10}H^{18}O$ [*C. R.*, 118, 1154; 119, 281, 334].

MM. Schimmel, en réponse à MM. Barbier et Bouveault, maintiennent que toutes les essences envisagées, l'essence de rose, celles de palma rosa, de géranium d'Afrique et de la Réunion, ainsi que le licarhodol, renferment du géraniol qu'on peut isoler par l'intermédiaire de sa combinaison avec le chlorure de calcium. Le géraniol extrait de chacune de ces essences, soumis à une oxydation ménagée, fournit une aldéhyde $C^{10}H^{16}O$ (le géranial ou citral) qu'on peut caractériser par ses constantes physiques, et la propriété qu'elle possède de se combiner avec l'acide pyruvique et la β-naphtylamine pour donner de l'acide citryl-β-naphtocinchonique fondant à 197°.

Les mêmes ajoutent qu'outre le géraniol, les essences de géranium d'Afrique et de la Réunion contiennent de notables quantités d'un autre alcool qui possède à peu près le même point d'ébullition que le géraniol, mais qu'il est difficile de séparer de ce dernier. Le *rhodinol de pélargonium* de MM. Barbier et Bouveault est considéré par eux comme un mélange de géraniol et de cet alcool inconnu [*Bericht* de Schimmel, octobre 1894, 23].

Sur ces entrefaites, M. Hesse arrive à isoler de l'essence de géranium de la Réunion, par l'intermédiaire de l'éther camphorique acide, un alcool $C^{10}H^{18}O$ ou $C^{10}H^{20}O$, auquel il donne le nom de *réuniol*. Cet alcool diffère du géraniol, bout à une température moins élevée (225,5°–226°), a pour densité 0,865 à 20°, est actif ($+1°,45'$ pour un tube de 100 millimètres), et ne donne pas de combinaison solide avec le chlorure de calcium. Ce même réuniol existerait aussi dans les essences de géranium de France, d'Espagne et d'Algérie, ainsi que dans l'essence de roses, mais ne peut être extrait à l'état pur de ces essences, mélangé qu'il est avec le géraniol [*J. prakt. Chem.*, (2), 50, 474].

Dans leur *Bulletin* du mois d'avril 1895 (p. 37 et 61) MM. Schimmel montrent que le réuniol de M. Hesse est en tous points identique avec le rhodinol de MM. Barbier et Bouveault, avec cette seule différence que le réuniol, à raison de son mode de préparation, est complètement exempt de composés non alcooliques. Ils font également voir que ce réuniol contient encore de notables quantités de géraniol, qu'ils ont pu séparer grâce à sa combinaison avec le chlorure de calcium.

Ce n'est qu'à la suite de ces dernières recherches, qui permettent d'extraire du réuniol l'alcool inconnu qu'il contient, qu'il fut possible de confirmer les dires de M. Hesse, que l'essence de roses renferme du réuniol et du géraniol.

A partir de ce moment, il reste établi que le géraniol constitue la majeure partie du produit alcoolique contenu dans l'essence allemande de roses, comme dans celle de Bulgarie.

En 1896, Tiemann et M. Krüger [*D. chem. G.*, 29, 901] et M. A. Haller [*C. R.*, 108, 1308] proposèrent simultanément un procédé d'extraction des alcools terpéniques contenus dans les essences, et en particulier dans celles de géranium et de citronnelle, procédé basé sur la propriété que possèdent les acides succinique et phtalique, ainsi que leurs anhydrides, de former avec les alcools des éthers acides solubles dans les liqueurs alcalines.

Cette méthode, déjà employée jadis par M. A. Haller pour séparer le bornéol du camphre [*C. R.*, 108, 1308], facilita considérablement les recherches sur ces alcools.

Dans une dissertation publiée à Göttingen en 1896, M. Naschold soumit à une étude approfondie le réuniol et le géraniol. En chauffant les deux alcools à 240-250° en autoclave avec de l'eau, il réussit à détruire l'un d'eux (le géraniol), tandis que l'autre, auquel il conserve le nom de réuniol, $C^{10}H^{20}O$, resta inattaqué.

Vers la même époque, MM. Erdmann et Huth [*J. prakt. Chem.*, (2), 53, 42] isolent à nouveau les parties alcooliques des essences de roses allemande et turque et de l'essence de géranium de la Réunion, soumettent ces alcools, ainsi que ceux contenus dans le géranium, réuniol et rhodinol du commerce, à une étude comparative, et, se basant sur la propriété qu'ils possèdent tous de donner une diphényluréthane fusible à 82°,2, ils concluent que tous ces produits renferment le même alcool $C^{10}H^{18}O$, auxquels ils maintiennent le nom de rhodinol.

Peu de temps après la publication du travail précédent, MM. Barbier et Bouveault ont constaté qu'en chauffant à 140-160° le rhodinol de l'essence de pélargonium avec du chlorure de benzoyle, on détruit le géraniol (lémonol) et on obtient un benzoate qui, par saponification, fournit du rhodinol pur, $C^{10}H^{20}O$. Ils proposent alors de réserver à ce composé $C^{10}H^{20}O$ ce nom de rhodinol, qu'ils avaient attribué précédemment à son mélange avec le géraniol (lémonol) [*C. R.*, 122, 529].

Dans la même année, Tiemann et M. Schmidt [*D. chem. G.*, 29, 903] affirment que l'alcool obtenu jadis par M. Dodge, par réduction du citronnellal, aldéhyde contenue dans l'essence de citronnelle, est identique avec le rhodinol de MM. Barbier et Bouveault et le réuniol de M. Hesse. Ils font en outre voir que le citronnellol de l'essence de roses est lévogyre (— 4°,2′ pour $l = 100^{mm}$), et que celui provenant de la réduction du citronnellol est dextrogyre (+ 4°,0′ pour $l = 100^{mm}$).

Selon les mêmes auteurs, les alcools extraits des essences suivantes renferment :

| Alcools | Géraniol. | Citronnellol. |
|---|---|---|
| de l'essence de roses | 75 0/0 | 25 0/0 |
| — géranium d'Afrique | 80 — | 20 — |
| — — d'Espagne | 65 — | 35 — |
| — — de la Réunion | 50 — | 50 — |

Dans quatre mémoires successifs [*J. prakt. Chem.*, (2), 56, 1], MM. H. Erdmann, Huth et Erdmann reviennent sur la question du rhodinol, dont ils décrivent un certain nombre d'éthers phtaliques bien caractérisés, ainsi que sur celle du citronnellol. Ils persistent à attribuer à l'alcool de la formule $C^{10}H^{20}O$ le nom de rhodinol, réservant à l'alcool $C^{10}H^{20}O$ celui de citronnellol. Ils préparent les sels d'argent caractéristiques des éthers géranylphtalique et citronnellylphtalique.

M. Poleck se range à l'avis de MM. Erdmann et Huth, et revendique pour l'alcool $C^{10}H^{18}O$ (géraniol) le nom de rhodinol [*J. prakt. Chem.*, (2), 56, 515].

Plusieurs mois après que les savants allemands eurent publié leur étude, MM. Flatau et Labbé firent paraître une note sur le même sujet. Grâce à la différence de solubilité à basse température des phtalates acides de géranyle et de citronnellyle, ils affirmèrent avoir réussi à séparer le géraniol du citronnellol. Ils auraient pu ainsi déterminer les quantités respectives de ces alcools contenues dans les essences de citronnelle, de géranium de Bourbon, de géranium de l'Inde, de roses de Bulgarie et de mélisse [*C. R.*, 126, 1725].

MM. Schimmel et $C^{ie}$, en vérifiant cette méthode, ont trouvé qu'elle se prêtait à la préparation du géraniol pur, mais non pas à celle du citronnellol, qui retient toujours du géraniol. Elle ne peut donc être préconisée comme méthode de dosage [*Bulletin*, octobre 1898, 61].

Dans un nouveau mémoire [*Bull. Soc. Chim.*, (3), 19, 532], Tiemann revient de nouveau sur la question de nom, et maintient ses propositions premières, de conserver au composé $C^{10}H^{18}O$ le nom de géraniol que lui avait donné M. Dodge, et d'attribuer à l'alcool $C^{10}H^{20}O$ le nom de citronnellol. Il ajoute : « Le citronnellol, et en général le mélange des citronnellols droit et gauche, se rencontre comme le géraniol dans beaucoup d'essences. L'essence de roses est caractérisée par le fait qu'elle ne renferme que du citronnellol gauche. Ce motif pourrait être invoqué pour assigner au citronnellol gauche un nom particulier, celui de rhodinol par exemple. Personnellement je n'y vois aucun intérêt, et je me déclare absolument porté à faire disparaître de la littérature chimique le nom de *rhodinol* qui est devenu inutile, et qui pourrait causer des confusions. »

Nous nous rangeons à l'avis de Tiemann, qui est aussi celui de MM. Bertram et Gildemeister, et conserverons à l'alcool $C^{10}H^{18}O$ le nom de géraniol ; mais de nouveaux travaux de M. Bouveault sur la transformation en menthone du rhodinal (obtenu par oxydation du rhodinol des essences de roses et de pélargonium), tandis que le citronnellal est converti en isopulégol, nous obligent à considérer le rhodinol et le citronnellol comme deux corps différents [*Bull. Soc. Chim.*, (3), 23, 463].

Pour bien éclairer le lecteur, nous croyons devoir résumer le débat, et donnons encore une fois les différents noms sous lesquels ces alcools ont été désignés dans la littérature chimique :

Des différents alcools dont nous venons de parler, trois seulement constituent des espèces chimiques :

1° Le *géraniol*,

$$\underset{1}{\overset{\displaystyle CH^3}{\underset{\displaystyle CH^3}{}}}\!\!\!>\underset{2}{C}=\underset{3}{C}H-\underset{4}{C}H^2-\underset{5}{C}H^2-\underset{6}{\overset{\displaystyle \overset{\displaystyle CH^3}{|}}{C}}=\underset{7}{C}H-\underset{8}{C}H^2OH$$

Diméthyl 2.6-octadiène 2.6-ol 8.

alcool inactif, découvert par M. Jacobsen dans l'essence de géranium turque. Ce même corps a été désigné par MM. Barbier et Bouveault, sous le nom de *lémonol*, par MM. Erdmann, Huth et Poleck, sous le nom de *rhodinol*;

2° Le *citronnellol*, alcool actif droit, obtenu par Tiemann et M. Semmler en réduisant l'aldéhyde citronnellique. MM. Barbier et Leser [*C. R.*, **124**, 1208] lui ont attribué la constitution suivante, qui semble maintenant démontrée :

$$CH^2=\overset{\overset{\textstyle CH^3}{|}}{C}-CH^2-CH^2-CH^3-\overset{\overset{\textstyle CH^3}{|}}{CH}-CH^2-CH^2OH$$

Diméthyl 2.6-octène 1-ol 8.

3° Le *rhodinol*, alcool actif gauche, découvert par MM. Barbier et Bouveault, simultanément dans l'essence de pélargonium de la Réunion et dans l'essence de roses [*C. R.*, **122**, 529]. Ces deux auteurs ont établi sa constitution, aujourd'hui adoptée par tout le monde :

$$\overset{\overset{\textstyle CH^3}{}}{\underset{\textstyle CH^3}{}}\Big\rangle C=CH-\overset{\overset{\textstyle CH^3}{|}}{CH^2}-CH^2-CH-CH^3-CH^2OH$$

Diméthyl 2.6-octène 2-ol 8.

Se fondant sur ce que le citronnellol qui est droit et le rhodinol qui est gauche ont des pouvoirs rotatoires presque égaux, Tiemann et ses élèves les ont confondus l'un et l'autre sous le nom de citronnellol M. Bouveault a montré dans un travail récent [*Bull. Soc. Chim.*, (3), **13**, 458, 463] que ces deux alcools avaient des propriétés chimiques différentes, et ne pouvaient pas, par conséquent, être des inverses optiques. Le *rhodinol* de M. Eckart [*Arch. Pharm.*, **229**, 355], le *roséol* de MM. Markownikoff et Reformatsky [*J. prakt. Chem.*, (2), **48**, 293], le *réuniol* de M. Hesse [*J. prakt. Chem.*, (2), **50**, 474] sont des mélanges de géraniol et de rhodinol. Le réuniol de M. Hesse est très riche en rhodinol; celui de M. Naschold [*Inaug. dissert.*, Göttingen, 1896] semble être du rhodinol pur.

Le *licarhodol*, obtenu par M. Barbier dans l'isomérisation du licaréol ou linalol, qui, à côté des réactions du géraniol, en donnait d'autres qui empêchaient d'admettre son identité avec cet alcool, est un mélange de géraniol et de terpinéol [*Bulletin* Schimmel, avril 1898, 39].

ORIGINE DU GÉRANIOL. — Le géraniol a été trouvé, à l'état libre et sous la forme d'éthers, dans les essences suivantes :

Essence de cananga (*Cananga odorata*. Anonacées).
— de citronnelle (*Andropogon nardus* L. Graminées).
— de citron de Messine et de Palerme (*Citrus lemonum* Risso. Rutacées).
— de géranium de France (*Pelargonium sp.* Géraniacées).
— de géranium de Bourbon     *Id.*       Id.
— de géranium d'Afrique     *Id.*       Id.
— de géranium d'Espagne     *Id.*       Id.
— de lemon grass (*Andropogon citratus* D. C. Graminées).
— de linaloé de Guyane (*Ocotea caudata?* Mez. Laurinées).
— de linaloé du Mexique (*Bursera Delpechiana* Poisson, ou *Bursera Alœxylon* Engl. Burseracées).
— de néroli (*Citrus bigaradia* Risso. Rutacées).
— de néroli (*Citrus aurantium* Id.   Id.   ).
— de palmarosa (*Andropogon schœnanthus* L. Graminées).
— de petits grains (*Citrus Bigaradia* Risso. Rutacées).
— de roses (*Rosa damascena* Mill. Rosacées).
— de feuilles de sassafras (*Sassafras off.* Necs. Laurinées).
— d'ylang-ylang (*Cananga odorata.* Anonacees).

On l'a également signalé, sans toutefois l'avoir suffisamment caractérisé, dans les essences d'as-



pic, d'*Eucalyptus maculata*, variété *citriodora* (Herit) et de lavande.

MODES DE FORMATION. — Le géraniol peut s'obtenir en réduisant le citral au moyen de l'amalgame de sodium en solution alcoolique faiblement acétique, comme l'ont indiqué F. Tiemann et M. R. Schmidt à propos de l'hydrogénation du citronnellal. On distille ensuite le produit brut dans un courant de vapeur d'eau, après l'avoir chauffé avec un alcali (pour détruire le citral inaltéré) et on rejette les dernières portions qui passent [*Bull. Soc. Chim.*, (3), **19**, 530].

Quand on chauffe du linalol pur, gauche, $[\alpha]_D=-12°,45$, pendant 8 heures entre 150 et 180°, avec un peu d'anhydride acétique, on obtient, selon M. Barbier, l'éther acétique d'un nouvel alcool, le licarhodol, isomère du linalol et aussi du géraniol [*C. R.*, **116**, 1200].

Selon M. Bouchardat [*C. R.*, **117**, 1253], cet alcool est identique au géraniol, opinion combattue par M. Barbier [*C. R.*, **117**, 120].

MM. Bertram et Gildemeister [*J. prakt. Chem.*, (2), **49**, 185], mettant à profit la propriété que possède le géraniol de se combiner avec le chlorure de calcium, démontrèrent la présence de cet alcool dans le licarhodol.

Dans une publication subséquente, MM. Barbier et Leser revenant sur la question, admettent à leur tour la présence de géraniol (lémonol) dans leur licarhodol, mais maintiennent que cet alcool est mélangé à un autre isomère $C^{10}H^{18}O$, qu'ils considèrent toujours comme du licarhodol. Ils basent leur affirmation sur les produits, méthylhepténone 35 0/0, citral (géranial, lémonal) 7 à 8 0/0, acide méthylhepténone-carbonique 2 à 3 0/0, obtenus par oxydation ménagée du licarhodol, et surtout sur ceux qui prennent naissance quand on oxyde d'abord cet alcool au moyen du permanganate (méthode de Wagner), puis avec le mélange chromosulfurique. Dans ces conditions, il se forme abondamment de l'acide térébique,

$$\overset{\overset{\textstyle COOH}{|}}{\underset{\textstyle CH^3}{\underset{\textstyle CH^3}{}}\Big\rangle C}-\overset{\overset{\textstyle}{|}}{CH}-\overset{\overset{\textstyle CH^2}{|}}{\underset{\textstyle}{}}$$
$$O\text{———}CO$$

et de l'acide lévulique.

En tenant compte de ces faits et en observant que le licarhodol est actif ($[\alpha]_D=+4°,8$) et possède deux liaisons éthyléniques, les auteurs attribuent à cet alcool la constitution suivante :

$$CH^2=\overset{\overset{\textstyle CH^3CH^2OH}{|\quad\,|}}{C}-CH-CH^2-CH=C\Big\langle{\overset{\textstyle CH^3}{\textstyle CH^3}}$$

(*Bull. Soc. Chim.*, (3), **17**, 590].

Les chimistes de la maison Schimmel [*Bulletin*, avril 1898, 37] pensent que l'acide térébique isolé par les savants français peut provenir de l'acide terpénylique, dont il est l'homologue inférieur, comme l'ont montré Tiemann et M. Mahla [*D. chem. G.*, **29**, 928]. Or l'acide terpénylique est aussi un produit d'oxydation du terpinéol, dont la présence expliquerait la densité élevée du licarhodol, 0,904 à 0°, ainsi que son point d'ébullition, 112 à 114°, sous une pression de 9 millimètres. La possibilité de la présence de terpinéol dans ces conditions ressort des recherches de MM. Tiemann et Schmidt [*D. chem. G.*, **28**, 1781].

Ces auteurs ont montré que le linalol peut facilement être converti par les acides minéraux en terpine et hydrate de terpine, lesquels, par soustraction d'eau, se transforment nettement en terpinéol. De semblables réactions, conduisant au terpinéol et respectivement à son acétate, peuvent se produire dans l'action de l'anhydride acétique sur le linalol. L'expérience a confirmé cette hypothèse, car les auteurs, en opérant dans les conditions signalées par MM. Barbier et Leser, ont obtenu un produit constitué par un mélange de géraniol et de terpinéol. Le terpinéol a été caractérisé dans le mélange par sa transformation en nitrosochlorure, qui, traité par la pipéridine, a fourni la terpinéolnitrolpipéridine caractéristique, fondant à 159-160°.

M. Stephan [*J. prakt. Chem.*, (2), **58**, 109] a réussi à démontrer directement que le licarhodol est un mélange de géraniol et de terpinéol. Il a réussi à les séparer par la distillation fractionnée dans le vide, répétée un très grand nombre de fois. La portion bouillant à 107-109° sous 10 millimètres, refroidie, a abandonné du terpinéol fusible à 33-35°, et possédant un pouvoir rotatoire de + 16°12′.

Le licarhodol gauche, obtenu aussi par M. Barbier, en partant du coriandrol (linalol droit), est également un mélange de géraniol et de terpinéol. Cette transformation de linalol en terpinéol est due à une réaction spéciale de l'acide acétique; elle se produit surtout bien sous l'influence de l'acide formique. M. Stephan a réussi à transformer, au moyen de cet acide, 50 0/0 du linalol employé en terpinéol. On peut expliquer cette transformation par une hydratation suivie d'une déshydratation :

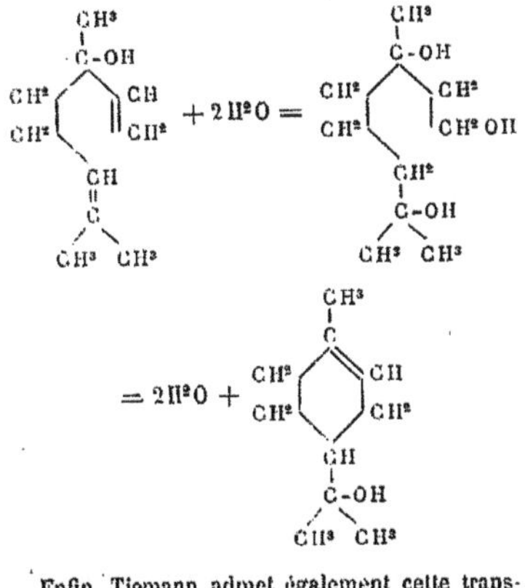

$$CH^3 \text{—} \underset{\underset{CH^3}{|}}{C}\text{-OH} \cdots + 2\,H^2O = \cdots + 2\,H^2O + \cdots$$

Enfin, Tiemann admet également cette transformation du linalol en géraniol sous l'influence de l'anhydride acétique, à une température de 140-150°. Il fait de plus observer que c'est surtout le linalol gauche qui subit cette transformation, en même temps qu'il se convertit en linalol droit. Il l'explique par la formation d'eau ou des éléments d'un acide organique en un point de la molécule du linalol et élimination concomitante d'eau (ou d'un acide organique) en un autre point. Il traduit ces réactions de la façon suivante :

$$CH^3.C\!=\!CH.CH^2.CH^2.COH\!-\!CH\!=\!CH^2 + H^2O$$
$$\underset{CH^3}{|} \qquad\qquad \underset{CH^3}{|}$$
Linalol.

$$= CH^3.C\!=\!CH.CH^2.CH^2.COH\!-\!CH^2.CH^2OH - H^2O$$
$$\underset{CH^3}{|} \qquad\qquad \underset{CH^3}{|}$$

$$= CH^3.\underset{\underset{CH^3}{|}}{C}\!=\!CH.CH^2.CH^2.\underset{\underset{CH^3}{|}}{C}\!=\!CH-CH^2OH$$
Géraniol.

[*D. chem. G.*, **34**, 836].

PRÉPARATION. — On peut extraire le géraniol des essences signalées plus haut, en les saponifiant d'abord au moyen de la potasse alcoolique, lavant avec de l'eau et soumettant l'huile ainsi obtenue à une série de rectifications fractionnées. On recueille ce qui passe de 229 à 230°.

On recueille ce qui passe à 229-230° quand on opère la distillation à la pression ordinaire, mais il est bien préférable d'opérer dans le vide; on prend alors ce qui passe à 110-115° sous 10 millimètres. L'essence qui convient le mieux pour la préparation du géraniol est celle d'*Andropogon schœnanthus* (palma rosa), qui en est presque exclusivement formée. L'essence de citronnelle (*Andropogon nardus*), quoique beaucoup moins riche, est aussi avantageuse à cause de son bas prix.

On peut aussi extraire le géraniol d'autres essences, notamment de celle de roses et de celle de pélargonium de la Réunion, où il est mélangé au rhodinol; mais cette opération n'est avantageuse dans aucun des deux cas, et ne présente qu'un intérêt scientifique.

Pour effectuer la purification, MM. Schimmel recommandent l'emploi de la réaction signalée autrefois par M. Jacobsen. Le géraniol brut, sec, est incorporé avec son poids de chlorure de calcium finement pulvérisé et exempt d'acide chlorhydrique. Le mélange est ensuite refroidi de — 4° à — 6°, et abandonné pendant 12 à 16 heures sous l'exsiccateur. La masse plus ou moins solide ou visqueuse est divisée, puis épuisée avec de l'éther anhydre ou du benzène sec, et finalement essorée. Le produit qui reste sur l'entonnoir est encore lavé à plusieurs reprises avec du benzène, puis décomposé avec de l'eau chaude. On sépare l'huile qui surnage, on la traite par l'eau et on la rectifie. Le produit pur distille entre 228 et 230° à la pression ordinaire. Cette méthode n'est applicable que lorsque le mélange d'alcools renferme au moins 1/4 de géraniol.

Suivant MM. Bertram et Gildemeister, on peut substituer dans cette préparation le chlorure de magnésium, les azotates de calcium et de magnésium au chlorure de calcium [*Bericht* Schimmel avril 1895, 38; *J. prakt. Chem.*, (2), 53, 233].

MM. Erdmann et Huth, et après eux MM. Flatau et Labbé, ont préconisé l'emploi du géraniolphtalate d'argent pour obtenir le géraniol pur. Ce sel est décomposé par le chlorure de sodium, et le produit ainsi obtenu est ensuite saponifié [*J. prakt. Chem.*, (2), 56, 17; *Bull. Soc. Chim.*, (3), 19, 88].

Au lieu de passer par le sel d'argent, MM. Flatau et Labbé se servent du procédé de M. A. Haller et de Tiemann et Krüger, qu'ils emploient de la façon suivante : L'essence (géranium de l'Inde, géranium de Bourbon, citronnelle, roses) saponifiée par la potasse alcoolique à 5 0/0 est rectifiée dans le vide. La portion 120-140° sous 30 millimètres est dissoute avec son poids d'anhydride phtalique dans un volume égal de benzène cristallisable.

Après 1 heure d'ébullition au réfrigérant ascendant, on évapore le benzène et l'on fait le sel sodique des éthers formés. La masse gélatineuse obtenue est dissoute dans l'eau tiède et la solution lavée à l'éther jusqu'à complet enlèvement des impuretés; on met en liberté les éthers par l'acide chlorhydrique étendu de son volume d'eau. Le mélange des éthers purs ainsi obtenus est traité par la ligroïne, qui les dissout entre 20 et 25°; on refroidit ensuite la solution vers — 5°.

L'éther géranylphtalique, insoluble dans la ligroïne à cette température, se sépare sous la forme de cristaux, dont on peut hâter le dépôt par addition d'un cristal pur; on sépare les cristaux, on les lave à la ligroïne, puis on évapore la solution restante, qui abandonne l'éther citronnellylphtalique pur sous la forme d'une huile d'un jaune d'or, épaisse, qui ne cristallise pas par un énergique refroidissement. Les deux éthers sont ensuite saponifiés séparément par ébullition, pendant 1 heure environ au réfrigérant ascendant, avec la quantité convenable de potasse alcoolique à 5 0/0. On purifie ensuite par rectification ou entraînement dans un courant de vapeur d'eau. [*C. R.*, **126**, 1725.] Nous avons indiqué plus haut les réserves qu'il convient de faire quant à l'obtention du citronnellol pur par cette méthode.

Propriétés physiques. — Le géraniol est un liquide incolore, possédant une odeur faible rappelant un peu la rose. Densité à 15° = 0,8801 à 0,8834 suivant son origine; à 0° sa densité = 0,8965 (Fl. et L.); il bout à 229-230° à la pression ordinaire (Schimmel), à 110,5-111° sous 16 millimètres (Erd.), à 122° sous 29 millimètres (thermomètre entièrement plongé dans la vapeur). Son indice $n_D = 1,4766$ à 1,4786.

Exposé à l'air, il absorbe l'oxygène, et sa densité augmente rapidement.

Action des agents déshydratants. — Cette action a été étudiée par différents auteurs sur des mélanges d'abord, puis finalement sur des produits purs. Nous avons déjà vu plus haut que M. Jacobsen a obtenu un carbure $C^{10}H^{16}$ par déshydratation du géraniol au moyen de l'anhydride phosphorique ou du chlorure de zinc. M. Gintl isola le même carbure, qu'il nomma *géraniène*, en traitant le géraniol de l'essence de *Pelargonium radula* par le chlorure de zinc [*loc. cit.*].

Dans ses recherches sur le rhodinol de l'essence de roses, rhodinol qu'on sait maintenant être un mélange de géraniol et de citronnellol, M. Eckart a constaté que ce composé fournit du dipentène quand on le traite par l'anhydride phosphorique [*Arch. Pharm.*, **229**, 382].

M. Semmler a réussi à déshydrater le géraniol en le chauffant avec du bisulfate de potassium, et a obtenu un carbure aliphatique $C^{10}H^{16}$, auquel il a donné le nom d'*anhydrogéraniol* [*D. chem. G.*, **24**, 682]. L'auteur a, par contre, observé qu'en faisant agir l'anhydride phosphorique sur le géraniol, on obtient des terpènes et polyterpènes à structure cyclique.

En traitant le géraniol par l'acide chlorhydrique, puis soumettant le dichlorhydrate obtenu à l'action d'une solution d'acétate de potassium dans l'acide acétique cristallisable, M. Barbier réussit à isoler, parmi les produits de la réaction, du dipentène [*C. R.*, **117**, 177]. Par contre, MM. Bertram et Gildemeister observèrent la formation de terpinène parmi les produits de l'action à chaud de l'acide formique concentré sur le géraniol. Ce terpinène fut caractérisé au moyen de son nitrite [*J. prakt. Chem.*, (2), **49**, 195].

Les mêmes auteurs reprirent plus tard cette réaction en opérant sur du géraniol aussi pur que possible, qu'ils agitèrent avec de l'acide formique moyennement concentré, à la température ordinaire, en ayant soin d'éviter tout échauffement du mélange. Ils purent ainsi isoler un carbure bouillant entre 175-185°, qu'ils traitèrent à plusieurs reprises par le mélange chromique de Beckmann, qui oxyde le terpinène, tandis que le dipentène n'est pas attaqué dans ces conditions. Celui-ci a été caractérisé par sa transformation en tétrabromure fusible à 123°.

La déshydratation, dans les conditions indiquées, du géraniol par l'acide formique donne donc naissance à du terpinène et à du dipentène [*J. prakt. Chem.*, (2), **53**, 237].

Quand on introduit peu à peu du géraniol dans de l'acide sulfurique concentré maintenu à 0°, on observe que le mélange se colore en jaune et qu'il dégage une odeur d'acide sulfureux. Versé dans l'eau glacée, il fournit une résine jaunâtre et insoluble. Cette réaction permet de distinguer et même de séparer le géraniol du citronnellol [Naschold, *Dissert. inaug.*, Göttingen, 1896, 36].

Chauffe-t-on, au contraire, du géraniol au bain-marie, dans un appareil à reflux, avec de l'acide sulfurique à 10 0/0, on le déshydrate et on le transforme en terpènes $C^{10}H^{16}$.

La même déshydratation s'effectue d'ailleurs quand on chauffe à 240-250°, pendant 6 à 8 heures, un mélange de géraniol et d'eau, dans des autoclaves en cuivre. Parmi les carbures terpéniques obtenus, on peut isoler et caractériser le dipentène.

M. Naschold traduit la réaction de la façon suivante :

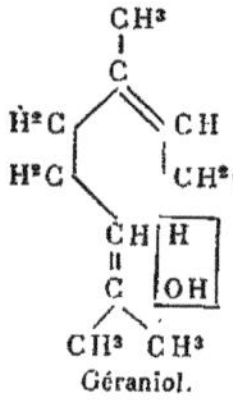

Géraniol.

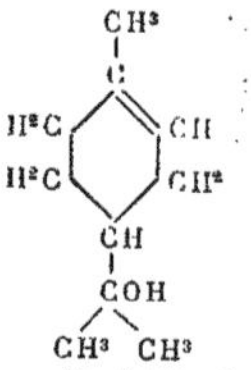

Terpinéol.

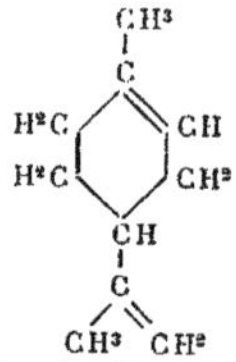

Limonène (dipentène).

Comme on le voit, cette transformation du géraniol en dipentène nécessite la formation d'un composé intermédiaire, le terpinéol, qui dans les conditions de l'expérience perd ensuite une molécule d'eau pour fournir du dipentène. M. Naschold a démontré directement qu'en chauffant le terpinéol à 250° avec de l'eau, on obtient de notables quantités de dipentène [*loc. cit.*, 43].

Tiemann et M. Semmler [*D. chem. G.*, **28**, 2137] ont d'ailleurs fait voir qu'en agitant le géraniol, pendant quelques jours, avec de l'acide sulfurique à 5 0/0, on donne naissance à de l'hydrate de terpine. Or on sait, d'après les recherches de MM. Bouchardat et Voiry [*C. R.*, **104**, 996], que l'hydrate de terpine, traité par l'acide sulfurique étendu (1/1000) fournit du terpinéol. La présence de cet alcool, comme produit intermédiaire dans la réaction signalée, s'explique ainsi tout naturellement.

Quand on chauffe pendant 8 heures, à l'ébullition, du géraniol avec une solution de bisulfite de sodium, on obtient une *combinaison*,

$$C^{10}H^{20}S^2O^7Na^2,$$

qui se présente sous la forme d'un sel blanc déliquescent, très soluble dans l'eau, soluble dans l'alcool et dans l'alcool méthylique. Rendement

15 0/0 [H. Labbé, *Bull. Soc. Chim.*, (3), **21**, 1077).

ACTION DES AGENTS OXYDANTS. — Oxydé à froid au moyen du mélange sulfochromique, le géraniol donne naissance à une aldéhyde, le géranial, $C^{10}H^{16}$, qui a été reconnue identique avec le citral [Semmler, *D. chem. G.*, 23, 2965 ; 24, 201].

Soumis à une oxydation plus avancée, le géraniol a donné, entre les mains de MM. Barbier et Bouveault, du citral, de la méthylhepténone, de l'acide méthylhepténone-carbonique et du cymène, ce dernier provenant sans doute de l'action de l'acide sulfurique sur le citral.

Quand on fait agir le mélange chromique d'une façon plus énergique, il se forme de l'acide carbonique, de l'acétone, les acides acétique, formique, et térébique, mais point d'acide valérianique [Barbier et Bouveault, *C. R.*, **118**, 1159 ; **119**, 281, 334].

En oxydant le géraniol à une basse température, en présence d'une solution étendue de permanganate (70 grammes pour 50 grammes de géraniol), on obtient d'abord un alcool polyatomique non isolé par les auteurs; si l'on débarrasse ce produit de l'oxyde de manganèse, et qu'on traite ensuite au moyen d'un mélange d'acide chromique et d'acide sulfurique, la molécule se dédouble nettement en donnant naissance à de l'acétone, de l'acide lévulique et de l'acide oxalique. Cette réaction a permis à Tiemann et à M. Semmler d'établir d'une façon définitive la formule de constitution du géraniol :

$$\begin{array}{c} CH^3 \\ | \\ \frac{CH^3}{CH^3} > C = CH . CH^2 . CH^2 - C = CH - CH^2OH + O^3 \end{array}$$

$$= \frac{CH^3}{CH^3} > CO + HO^2C . CH^2 . CH^2 . CO . CH^3$$

Acétone.    Acide lévulique.

$$+ COOH - COOH + H^2O$$

Acide oxalique.

[*D. chem. G.*, **28**, 2126].

Ces auteurs émettent des doutes sur l'existence de l'acide méthylhepténone-carbonique trouvé par MM. Barbier et Bouveault, et pensent que cet acide pourrait bien être de l'acide lévulique impur.

Ils expliquent aussi la présence de l'acide térébique, trouvé par les mêmes savants dans les produits d'oxydation du géraniol, par la transformation du géraniol en terpine, sous l'influence de l'acide sulfurique du mélange oxydant, terpine qui, dans les conditions de l'expérience, se convertit en terpinéol, lequel fournit, comme on sait, par oxydation de l'acide térébique.

ACTION DES HALOGÈNES. — Selon M. Semmler, le géraniol absorbe 4 atomes de brome, ainsi que 4 atomes d'iode.

Le géraniol obtenu par isomérisation de l'acétate de linalyle fournirait, d'après M. Bouchardat, une combinaison cristalline, quand on le traite à froid par le brome [*C. R.*, **116**, 1253].

M. Naschold a cherché à reproduire ce corps en faisant agir pendant des semaines, durant les froids de l'hiver, le brome sur du géraniol chimiquement pur. Il a constaté que cet alcool absorbait en réalité 4 atomes de l'élément haloïde, pour donner naissance à une huile incolore, épaisse, qu'il a été impossible de faire cristalliser [*loc. cit*].

MM. Flatau et Labbé ont obtenu le même tétrabromogéraniol en bromurant l'alcool au sein de l'acide acétique. Ils le décrivent comme une huile jaune épaisse, incristallisable, ayant une densité de 1,424 [*Bull. Soc. Chim.*, (3), **19**, 83].

ACTION DES ACIDES. — En saturant le géraniol ou lémonol d'acide chlorhydrique gazeux, M. Barbier [*C. R.*, **117**, 120], puis M. Reychler [*Bull. Soc. Chim.*, (3), **15**, 364], enfin MM. Barbier et Bouveault [*Ibid.*, (3), **15**, 594], ont obtenu une huile passant de 120 à 125° sous 10 millimètres, et dont la composition se rapproche de la formule $C^{10}H^{18}Cl^2$. Ce produit, qui renfermait encore un peu de géraniol, porté à l'ébullition avec une solution acétique d'acétate de potassium, a fourni :

1° Un hydrocarbure $C^{10}H^{16}$, bouillant de 170 à 180°, qui semble un mélange de divers terpènes tétratomiques.

2° Une partie constituée par l'éther acétique du lémonol, $C^{10}H^{17}(C^2H^3O^2)$, qui par saponification régénéré du géraniol pur, complètement inactif et bouillant à 114-116° sous 10 millimètres.

D'après les auteurs, cette réaction montre nettement que le gaz chlorhydrique engendre avec le géraniol deux combinaisons chlorhydriques, un dichlorhydrate de terpène et du chlorhydrate de chlorure de géraniol.

Les mêmes corps se forment quand on sature le linalol (licaréol) d'acide chlorhydrique, car le produit de la réaction, chauffé avec une liqueur acétique d'acétate de potassium, donne encore un terpène et de l'acétate de géranyle.

Quand on dissout peu à peu, à froid, 50 gr. de géraniol dans une solution d'acide acétique cristallisable renfermant 35 0/0 d'acide bromhydrique, et qu'on abandonne le mélange à lui-même pendant 12 heures, on obtient, après traitement par l'eau, une huile qui est dissoute dans l'éther et desséchée sur du chlorure de calcium.

Ce composé, isolé de sa dissolution, constitue un produit huileux, rougeâtre, dont la composition se rapproche de celle d'un tribromure $C^{10}H^{19}Br^3$. Soumis à la distillation fractionnée sous pression réduite (10 mm.), ce corps perd de l'acide bromhydrique et tend à donner un dibromhydrate, $C^{10}H^{18}Br^2$, se rapprochant du dichlorhydrate obtenu par M. Barbier.

L'action du méthylate de sodium, comme celle d'une solution acétique d'acétate de sodium, ne donnèrent point de produits bien définis avec le tribromure. Dans le premier cas, il se forma sans doute des terpènes ainsi que de l'éther méthylgéranylique, mélangés encore de combinaisons bromées.

Il n'en fut pas de même quand on traita le tribromure par l'acétate d'argent. On isola, parmi les produits de la réaction, de l'acétate de géranyle, reconnaissable à son odeur, un éther diacétique d'un glycol, $C^{10}H^{18}(OCOCH^3)^2$, passant de 140 à 150° sous 11 millimètres, mais renfermant encore du brome, de sorte que l'auteur pense qu'on pourrait peut-être aussi attribuer à ce corps la formule $C^{10}H^{19}O(OCOCH^3)$, enfin un produit passant à une température plus élevée en perdant de l'acide acétique, de sorte que M. Naschold croit à la présence d'un éther triacétique d'une glycérine $C^{10}H^{19}(OH)^3$.

L'auteur a constaté que plus on chauffe le mélange d'acétate d'argent et de tribromure, plus la quantité d'acétate de géranyle augmente et plus celle des combinaisons à point d'ébullition plus élevé diminue.

La saponification, au moyen de la potasse caustique, de la portion passant de 140 à 150° a fourni une huile qui distillait à 145-149° sous 8 millimètres, et qui possède la composition d'un glycol $C^{10}H^{18}(OH)^2$ [W. Naschold, *Dissert. inaug.* Göttingue, 1896, 24].

M. Stephan a étudié la transformation du géraniol en terpinéol et a constaté que la fermeture de la chaîne aliphatique en chaîne cyclique s'effectue plus difficilement qu'avec le linalol.

Traité par l'acide formique, le géraniol ne

fournit que de l'éther formique quand on opère entre 0° et 5°; entre 15° et 20°, on obtient, au bout de 10 à 12 jours, du formiate de terpinéol; quand on chauffe, enfin, il ne se produit que du terpinène.

L'acide ou l'anhydride acétique ne transforme pas le géraniol en son isomère le terpinéol, même après une ébullition prolongée de plusieurs heures; mais la transposition isomérique s'effectue quand on chauffe entre 60 et 70° un mélange d'acide acétique et de géraniol additionné de 2 0/0 d'acide sulfurique. D'après M. Stephan, il se formerait un produit d'hydratation intermédiaire (II) qui donnerait du terpinéol :

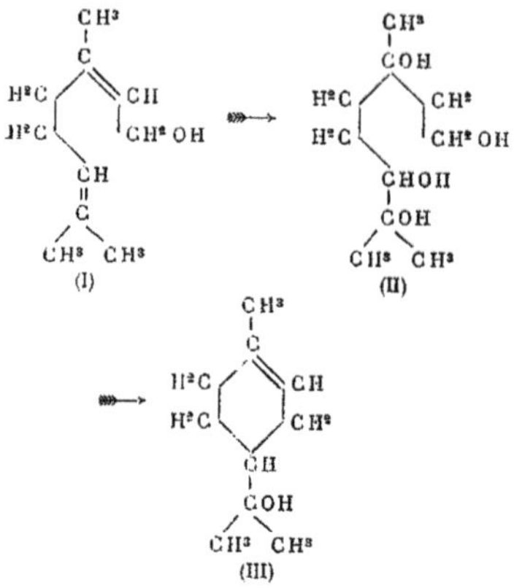

$$
\begin{array}{ccc}
CH^3 & & CH^3 \\
| & & | \\
C & & COH \\
H^2C \quad CH & & H^2C \quad CH^2 \\
H^2C \quad CH^2 OH & \longrightarrow & H^2C \quad CH^2 OH \\
CH & & CHOH \\
\| & & | \\
C & & COH \\
CH^3 \quad CH^3 & & CH^3 \quad CH^3 \\
(I) & & (II)
\end{array}
$$

$$
\longrightarrow \quad
\begin{array}{c}
CH^3 \\
| \\
C \\
H^2C \quad CH \\
H^2C \quad CH^2 \\
CH \\
| \\
COH \\
CH^3 \quad CH^3 \\
(III)
\end{array}
$$

Le terpinéol obtenu par saponification de l'acétate et du formiate est solide et fond à 35°. Il est inactif.

Traite-t-on, au contraire, le géraniol par de l'acide sulfurique à 5 0/0, on le convertit d'abord en hydrate de terpine, lequel, par ébullition avec l'acide sulfurique étendu, donne naissance à du terpinéol liquide identique avec celui qu'on obtient en partant de l'hydrate de terpine dérivé du pinène [*J. prakt. Chem.*, (2), 60, 244].

ACTION DE LA POTASSE. — Quand on chauffe pendant longtemps du géraniol avec de la potasse alcoolique, on obtient, suivant M. Barbier [*C. R.*, 126, 1423], un nouvel alcool tertiaire, bouillant à 79° sous 10 millimètres, le *diméthylhepténol*, $C^9H^{18}O$, dont l'odeur rappelle celle de la méthylhepténone. Oxydé par l'acide chromique, ce composé est converti en acétone, méthylhepténone et acide lévulique. L'acide sulfurique étendu le transforme en un liquide à odeur de menthe poivrée, qui bout à 132-133° et que l'auteur considère comme l'*oxyde de diméthylheptényle*. M. Barbier a également trouvé le même alcool dans l'essence de linaloé.

Les chimistes du laboratoire Schimmel, en reprenant cette étude, sont arrivés à la conclusion que le diméthylhepténol de M. Barbier est, en réalité, du *méthylhepténol*, $C^8H^{16}O$, dont la formation aux dépens du géraniol se comprend aisément [*Bulletin* Schimmel, octobre 1898, 62].

Tiemann, en comparant les propriétés de l'alcool obtenu dans l'action de la potasse sur le géraniol avec celles du méthylhepténol préparé jadis par M. Wallach, arrive aux mêmes conclusions [*D. chem. G.*, 31, 2089].

Cependant M. Barbier a préparé synthétiquement le *diméthylhepténol* en faisant agir l'iodure de méthyle sur la méthylhepténone en présence du

magnésium et le produit ainsi obtenu est tellement comparable avec celui provenant du dédoublement du géraniol sous l'influence de la potasse caustique, qu'il ne peut, d'après lui, subsister aucun doute sur leur identité [*C. R.*, 128, 110].

M. Stephan a enfin observé que le géraniol était converti en linalol inactif, quand on distille dans un courant de vapeur d'eau une solution faiblement alcaline de phtalate acide de géranyle.

ETHERS SIMPLES DU GÉRANIOL. — Ces éthers ont déjà été signalés par M. Jacobsen, qui pensa les avoir obtenus en faisant agir les hydracides sur le géraniol.

Le chlorure, le bromure et l'iodure de géranyle sont décrits par cet auteur comme des huiles non distillables, dont l'halogène peut être remplacé par de l'oxygène, du soufre, des radicaux acides [*Ann. Chem.*, 157, 232].

Mais il a été démontré par M. Barbier [*C. R.*, 117, 120], puis par M. Reychler [*Bull. Soc. Chim.*, (3), 15, 364], que, traité par l'acide chlorhydrique, le géraniol en absorbe 2 molécules, pour donner un composé $C^{10}H^{18}Cl^2$, liquide, qu'une solution acétique bouillante d'acétate de potassium décompose en donnant du dipentène.

M. Reychler a essayé de préparer le chlorure de géranyle et a fait bouillir dans un appareil à reflux ce dichlorhydrate avec 10 fois son volume d'eau, en ayant soin de faire passer un courant de vapeur dans le mélange pour éviter les soubresauts. N'ayant pas réussi à obtenir un produit pur, il a fait passer dans un poids déterminé de géraniol la quantité de gaz chlorhydrique nécessitée par l'équation :

$$C^{10}H^{18}O + HCl = C^{10}H^{17}Cl + H^2O.$$

L'huile obtenue dans ces conditions renfermait encore trop de chlore; mais, traitée par une solution alcoolique de potasse, elle a fourni du géraniol.

Rappelons enfin que Tiemann et M. Semmler, en reproduisant la combinaison chlorhydrique de M. Jacobsen et la traitant ensuite par la potasse alcoolique, ont obtenu un mélange d'alcools qui renfermait environ 50 0/0 de *linalol inactif* à côté du géraniol régénéré et des produits de transformation de celui-ci. C'est là un nouveau moyen commode de passer du géraniol, alcool primaire, au linalol, alcool tertiaire [*Bull. Soc. Chim.*, (3), 19, 532].

Cette transformation du géraniol en linalol s'effectue d'ailleurs aussi en chauffant le géraniol à 200° dans un autoclave avec de l'eau [*Bulletin* Schimmel, avril 1898].

ÉTHER-OXYDE DU GÉRANIOL,

$$\left.\begin{array}{c} C^{10}H^{17} \\ C^{10}H^{17} \end{array}\right\rangle O.$$

— Ce composé a été signalé par MM. Barbier et Bouveault [*C. R.*, 122, 51, 529] parmi les produits de la réaction du chlorure de benzoyle sur le *rhodinol de pélargonium*, mélange de géraniol (lémonol) et de rhodinol. Dans les conditions de la réaction, une partie du géraniol est transformée en terpène, une autre en éther oxyde ($C^{10}H^{17})^2O$, tandis que le rhodinol est éthérifié à l'état de benzoate de rhodinol.

ETHERS COMPOSÉS DU GÉRANIOL. — Un certain nombre d'éthers composés du géraniol (acétique, caproïque, tiglique, etc.) existent tout formés, en même temps que l'alcool libre, dans certaines essences. D'autres ont été obtenus artificiellement.

MM. Schimmel et C^{ie} ont préparé le *formiate de géranyle*, liquide incolore, doué d'une odeur agréable spéciale, qui bout à 104-105° sous 10 millimètres.

L'*acétate de géranyle*, $C^{10}H^{17}OC^2H^3O$, fait partie constituante des essences de géranium, de lemon grass, de lavande. Il a été obtenu en faisant agir à basse température l'acide acétique sur le géraniol, en présence d'acide sulfurique (Bertram), ou en chauffant du géraniol avec de l'anhydride acétique [Monnet et Barbier, *C. R.*, 147, 1092], ou en faisant agir le chlorure d'acétyle sur un mélange de pyridine et de géraniol [H. Erdmann, *J. prakt. Chem.*, (2), 56, 14]. Il prend encore naissance quand on traite la combinaison bichlorhydrique du linalol ou du géraniol, ou le tribromure de ce dernier, respectivement par un mélange d'acétate potassique et d'acide acétique cristallisable, ou par l'acétate d'argent (Barbier et Bouveault, Naschold). Dans toutes ces réactions, il se forme en même temps des composés terpéniques.

Liquide incolore, à odeur de lavande, qui en distillant à la pression ordinaire se scinde en acide acétique et terpène; il bout sans se décomposer entre 127 et 129° sous 16 millimètres, et à 111-116° sous 10 millimètres (B. et G.). Sa densité $= 0,9174$ à 15°; son indice $n_D = 1,4628$.

M. E. Erdmann a obtenu un certain nombre d'éthers composés du géraniol (rhodinol selon l'auteur) en faisant agir les chlorures d'acides sur l'alcool en présence de pyridine sèche, méthode préconisée par M. H. Erdmann [*J. prakt. Chem.*, (2), 56, 14]. Dans cette réaction, il se forme d'abord une combinaison cristalline entre la base et le chlorure d'acide, combinaison qui se dissocie ensuite en donnant du chlorhydrate de pyridine et un éther composé.

Pour les chlorures des acides gras à poids moléculaire peu élevé, il suffit de chauffer au bain-marie; mais avec le dérivé palmitique il est nécessaire d'opérer à une température plus haute. L'auteur a ainsi obtenu :

Le *butyrate de géranyle*, bouillant à 142-143° sous 13 millimètres.

L'*isobutyrate de géranyle*, bouillant à 135-137° sous 13 millimètres.

L'*isovalérianate de géranyle*, distillant à 135-138° sous 7 millimètres. 24 grammes de chlorure d'isovaléryle sont introduits dans un mélange refroidi de 22gr,5 de géraniol et de 18 grammes de pyridine sèche. Il se dépose une masse cristalline rougeâtre. On chauffe pendant 2 heures au bain-marie dans un appareil à reflux, on traite par l'eau et on extrait à l'éther. La solution éthérée est lavée avec une liqueur acide, puis avec une solution alcaline, enfin évaporée et rectifiée [*D. chem. G.*, 31, 357].

MM. Flatau et Labbé ont préparé le même éther en chauffant le géraniol avec un excès d'acide valérianique en présence d'acétate de sodium. Leur produit distille de 130 à 132° sous 30 millimètres [*Bull. Soc. Chim.*, (3), 19, 638].

Le *palmitate de géranyle* distille à 260° sous 12 millimètres et constitue une huile inodore (E. E.). M. Erdmann a d'ailleurs remarqué que l'odeur de ces éthers composés des acides gras diminue avec l'augmentation du poids moléculaire des acides.

Le *benzoate de géranyle* a été préparé par M. H. Erdmann d'après sa méthode et constitue un liquide d'une odeur spéciale, qui distille à 194-195° sous 12 millimètres [*J. prakt. Chem.*, (2), 56, 14].

ÉTHER PHTALIQUE ACIDE DU GÉRANIOL. — Cet éther phtalique a été obtenu en premier lieu simultanément par Tiemann et M. Krüger, d'une part, et par M. A. Haller d'autre part, en employant la méthode préconisée par ce dernier dans ses recherches sur le camphre de romarin [*D. chem. G.*, 29, 901; *C. R.*, 122, 865]. Ces auteurs n'ont toutefois pas isolé cet éther à l'état de pureté et se sont bornés à l'utiliser pour séparer des produits qui l'accompagnent le géraniol contenu dans les essences.

Cet éther,

$$C^6H^4 \diagdown \begin{matrix} COOC^{10}H^{17} \\ COOH \end{matrix}$$

a été préparé à l'état pur par la méthode décrite d'abord par M. H. Erdmann [*J. prakt. Chem.*, (2), 56, 16] qui l'appelle *acide rhodinolphtalique*, ensuite par MM. Flatau et Labbé [*Bull. Soc. Chim.*, (3), 19, 83, 634, 637].

Comme nous l'avons vu plus haut, au chapitre *Préparation du géraniol*, ces auteurs sont arrivés à séparer le phtalate acide de géraniol de l'éther analogue correspondant au citronnellol. Grâce à cette méthode de séparation qui ne permet, il est vrai, d'obtenir à l'état pur que le phtalate acide de géranyle, MM. Flatau et Labbé ont réussi à obtenir cet éther à l'état cristallisé, tandis que M. Erdmann le décrit sous la forme d'une huile.

L'éther géranylphtalique s'obtient, par plusieurs cristallisations dans la ligroïne, en jolies tables rhombiques, brillantes, susceptibles d'acquérir d'assez grandes dimensions; il fond à 47°, est facilement soluble dans tous les solvants à froid : chloroforme, alcool, benzène, acétone, éther, éther acétique. Dans la ligroïne, il est facilement soluble à 25°. Il commence à se précipiter à 10·12°, et à + 5° il est tout à fait insoluble.

Son *sel d'argent*,

$$C^6H^4 \diagdown \begin{matrix} COOC^{10}H^{17} \\ COOAg \end{matrix}$$

s'obtient par double décomposition entre le sel ammoniacal neutre et l'azotate d'argent en quantité calculée. Poudre blanche, très stable, fondant à 133° (Erdmann), à 138°,8 (Fl. et L.). Il se dissout difficilement dans l'eau froide et dans l'eau chaude, plus facilement dans l'alcool et dans l'alcool méthylique, très bien dans le chloroforme et dans le benzène. 15 grammes de ce carbure en dissolvent 20 grammes, et si l'on ajoute à la solution benzénique étendue de l'alcool méthylique, le sel se dépose à l'état cristallisé.

La poussière du sel à l'état sec détermine de violents éternuements (E.).

L'*éther méthylique*,

$$C^6H^4 \diagdown \begin{matrix} CO^2C^{10}H^{17} \\ COOCH^3 \end{matrix}$$

obtenu au moyen du sel d'argent et de l'iodure de méthyle en présence du benzène, est liquide et absorbe 4 atomes de brome (E.).

L'*éther éthylique*,

$$C^6H^4 \diagdown \begin{matrix} CO^2C^{10}H^{17} \\ COOC^2H^5 \end{matrix}$$

a été obtenu de la même façon en présence d'alcool absolu. Liquide se décomposant à la distillation en donnant de l'anhydride phtalique (E.).

L'*éther benzylique*,

$$C^6H^4 \diagdown \begin{matrix} CO^2C^{10}H^{17} \\ CO^2C^7H^7 \end{matrix}$$

a été préparé en faisant agir le chlorure de benzyle sur le sel d'argent, au sein du benzène. Huile incolore qui, chauffée avec de l'aniline, donne du phtalanile. La solution chloroformique de cet éther absorbe également 4 atomes de brome pour donner naissance à un composé incristallisable (E.).

*Éther tétrabromogéranylphtalique*,

$$C^6H^4 \diagdown \begin{matrix} CO^2C^{10}H^{17}Br^4 \\ COOH \end{matrix}$$

— On le prépare en faisant agir 2 molécules de brome sur le phtalate acide de géranyle en dissolution dans l'éther ou l'acide acétique. La réaction est faite à froid. Pour obtenir le produit à l'état de pureté, on le fait cristalliser en le précipitant de sa solution benzénique au moyen de la ligroïne. Ainsi préparé, il fond à 114-115° [Fl. et L., *loc. cit.*).

*Sel de baryum,*

$$\left[ C^6H^4 < {}^{CO^2C^{10}H^{17}Br^4}_{COO} \right]^2 Ba, 4 H^2O.$$

— Obtenu en faisant agir une quantité calculée d'hydrate de baryum sur une solution du sel ammoniacal. Poudre blanche, insoluble dans l'eau bouillante, difficilement soluble dans l'alcool bouillant et facilement dans le chlorotorme à froid (Fl. et L.).

Des tentatives faites pour préparer des éthers analogues avec les anhydrides dichloro-, tétrachloro- et tétrabromophtalique n'ont donné aucun résultat.

L'anhydride camphorique n'agit qu'à 130° et ne fournit pas de combinaisons cristallisées.

Les anhydrides succinique, citraconique et pyrocinchonique réagissent facilement, mais ne sont pas susceptibles de donner des combinaisons se prêtant à la cristallisation [Erdmann, *loc. cit.*].

PSEUDO-OPIANATE DE GÉRANYLE,

$$(CH^3O)^2 - C^6H^2 < {}^{CH-O\ C^{10}H^{17}}_{\quad CO} > O \qquad (?)$$

— On chauffe pendant 20 à 30 minutes, à une température de 130-135°, 20 grammes d'acide opianique avec 20 grammes de géraniol. La masse, lavée avec une solution de carbonate de sodium à 5 0/0, est mise à cristalliser dans l'alcool ou la ligroïne.

Dans le premier dissolvant, l'éther cristallise en fines aiguilles, et dans la ligroïne en prismes blancs fusibles à 48°,5, très solubles dans l'éther et dans le benzène, solubles dans leur volume d'alcool bouillant, peu solubles dans la ligroïne.

Saponifié avec une solution alcoolique de potasse, cet éther fournit du géraniol pur. Chauffé pendant longtemps à 90°, il perd de son poids et se transforme en une huile incristallisable. Cet éther ne se prête point à l'extraction du géraniol des essences, mais plutôt à son identification.

Le linalol se combine également avec l'acide opianique, mais l'éther qu'on obtient est incristallisable [E. Erdmann, *D. chem. G.*, 31, 356].

DIPHÉNYLCARBAMATE DE GÉRANYLE,

$$ {}^{C^6H^5}_{C^6H^5} > Az . CO^2 . C^{10}H^{17} $$

— Cette combinaison caractéristique du géraniol se prépare en traitant 1 gramme de géraniol par 1ᵍʳ,50 de chlorure de diphénylurée et 1ᵉʳ,35 de pyridine, et chauffant le tout au bain-marie pendant 2 heures et demie. Le produit se prend en masse par le refroidissement. On le distille dans un courant de vapeur d'eau, pour éliminer de la diphénylamine qui a pris naissance, et on fait cristalliser dans l'alcool [H. Erdmann et P. Huth, *J. prakt. Chem.*, (2), 56, 8].

Suivant F. Tiemann, le meilleur mode opératoire pour obtenir cette uréthane consiste à faire agir le chlorure de diphénylurée sur le dérivé sodé du géraniol, en suspension dans l'éther [*D. chem. G.*, 31, 830].

La géranyldiphényluréthane est insoluble dans l'eau, peu soluble dans l'alcool froid, facilement soluble dans les principaux solvants organiques.

Elle fond à 82°,2 et absorbe 4 atomes de brome en donnant des composés difficiles à purifier.

Les alcalis la dédoublent en diphénylamine et géraniol, qu'il n'est pas facile de séparer l'un de l'autre à l'état pur, par suite de l'action des acides sur le géraniol.

On a préparé de la même manière, mais avec plus de difficultés :

Le *di-β naphtylcarbamate de géranyle*, ou *géranyle-di-β-naphtyluréthane,*

$$ {}^{C^{10}H^7}_{C^{10}H^7} > Az . CO^2 . C^{10}H^{17}, $$

cristaux fondant à 105-107° ;

La *géranylphénylbenzyluréthane,*

$$ {}^{C^7H^7}_{C^6H^5} > Az . CO^2 . C^{10}H^{17}, $$

huile à odeur d'aldéhyde benzoïque, qu'il n'a pas été possible de faire cristalliser (H. Erdmann et P. Huth).

IDENTIFICATION DU GÉRANIOL DANS LES ESSENCES. — Les meilleurs moyens d'isoler cet alcool consistent à le transformer en éther phtalique acide, d'après la méthode de M. A. Haller et de MM. Tiemann et Krüger. Lorsqu'il est mélangé avec du citronellol, on peut opérer la séparation : 1° en mettant à profit la réaction au chlorure de calcium, préconisée par MM. Bertram et Gildemeister. Ce procédé n'est toutefois avantageux et pratique que lorsque le mélange est riche en géraniol ; 2° en se servant du mode opératoire imaginé par MM. Flatau et Labbé.

L'alcool pur une fois obtenu peut être identifié par l'intermédiaire de son éther opianique ou par celui de sa diphényluréthane, qui peut se préparer avantageusement en suivant les indications de Tiemann.

MM. Erdmann et Huth ont réussi à caractériser le géraniol, dans les essences mêmes, en chauffant directement, dans un appareil à reflux, 5 gr. d'huile essentielle avec 6 gr. de chlorure de diphénylurée et 3ᶜᶜ,5 de pyridine.

La diphényluréthane est purifiée dans un courant de vapeur d'eau et mise à cristalliser dans l'alcool ; elle doit fondre à 82°,2.     A. Haller.

**GÉRANIOL (ANHYDRO-)**, $C^{10}H^{16}$. — Carbure aliphatique que M. Semmler a obtenu en faisant agir à 170° du bisulfate de potassium sur du géraniol, dans la proportion de 2 parties de bisulfate pour 1 partie d'alcool. Le produit de la réaction est entraîné par un courant de vapeur d'eau, séché et soumis à la rectification sur du sodium. Huile à odeur spéciale, bouillant de 172 à 176°, possédant le poids spécifique 0,8232 à 20°, l'indice $n_D = 1,4835$ à 20°.

Ce carbure fixe par addition 6 atomes de brome, de sorte qu'il est permis de conclure qu'il renferme trois doubles liaisons. Le même composé se forme, d'après M. Semmler, quand on déshydrate le linalol dans des conditions identiques [*D. chem. G.*, 24, 682].

**GÉRANIOLÈNE.** — Voyez ACIDE GÉRANIQUE.

**GÉRANIQUE (ACIDE)** (*acide licarique, acide lémonique*), $C^9H^{15}.COOH$. — Obtenu d'abord par M. Semmler [*D. chem. G.*, 23, 2965 ; 24, 201] par oxydation du citral au moyen de l'oxyde d'argent humide, cet acide se prépare plus facilement en chauffant le nitrile géranique avec une solution alcoolique de potasse jusqu'à cessation de dégagement d'ammoniaque.

Les rendements, bien que satisfaisants, ne sont jamais quantitatifs, l'action des alcalis sur le nitrile géranique engendrant toujours une certaine quantité de méthylhepténone, d'acide acétique et d'acétonitrile.

M. Ph. Barbier l'a également obtenu en 1893 [*C. R.*, **116** et **117**] en oxydant l'aldéhyde (licaréol) provenant du licaréol droit (linalol droit) extrait de l'essence de coriandre. Il lui a donné le nom d'*acide licarique*.

MM. Barbier et Bouveault en ont réalisé la synthèse en faisant agir l'un sur l'autre l'iodacétate d'éthyle, le zinc et la méthylhepténone :

$$\begin{matrix} CH^3 \\ CH^3 \end{matrix} > C = CH.CH^2.CH^2.CO.CH^3 + ICH^2.CO^2C^2H^5$$

$$+ \; Zn$$

$$= \begin{matrix} CH^3 \\ CH^3 \end{matrix} > C = CH.CH^2.CH^2 - \underset{\underset{CH^3}{|}}{C}(OZnI) - CH^2.CO^2C^2H^5$$

[*C. R.*, **122**, 393].

Dans cette réaction, on peut remplacer avantageusement l'éther iodacétique par l'éther bromé, et opérer de la façon suivante [Tiemann, *D. chem. G.*, **31**, 825] : 55ᵖ,7 d'éther bromacétique, 42 parties de méthylhepténone et 1 partie de zinc en limaille sont introduits dans un appareil à reflux et chauffés au bain-marie jusqu'à ce que le zinc entre en réaction et se dissolve. On enlève le ballon du bain-marie, on y ajoute une nouvelle portion de zinc et on agite jusqu'à dissolution complète. On répète l'opération jusqu'à introduction de la quantité théorique (21ᵖ,8) de zinc, on maintient au bain-marie pendant environ 3 heures, et on verse ensuite le produit dans une dissolution d'acide sulfurique au 1/10. Le mélange est finalement agité pendant 12 heures, puis épuisé à l'éther. La liqueur éthérée, après avoir été lavée avec de l'acide sulfurique étendu, est séchée sur du sulfate de magnésium anhydre, distillée et fractionnée.

Le produit principal de la réaction est l'*éther oxyhydrogéranique* (*diméthyl* 2.6-*octène* 2-ol 6-oate 8 *d'éthyle*),

$$\underset{\underset{CH^3}{|}}{CH^3.C} = CH.CH^2.CH^2.\underset{\underset{CH^3}{|}}{COH} - CH^2.COOC^2H^5$$

qui, lorsqu'il est pur, constitue un liquide incolore, bouillant à 150° sous 25 millimètres (125-135° sous 7 millimètres, selon MM. Barbier et Bouveault).

| | |
|---|---|
| Indice de réfraction $n_D$ | 1,45759 |
| Poids spécifique à 17°,5 | 0,9621 |
| Réfraction moléculaire pour $C^{12}H^{22}O^3$ | 60,33 |
| — — trouvée | 60,65 |

Saponifié, cet éther fournit l'*acide oxyhydrogéranique* correspondant, liquide huileux, jaune clair, bouillant à 168° sous 8 millimètres.

| | |
|---|---|
| Poids spécifique à 16° | 1,020 |
| Indice de réfraction $n_D$ | 1,46998 |
| Réfraction moléculaire pour $C^{10}H^{18}O^3$ | 50,96 |
| — — trouvée | 50,87 |

Agité avec de l'acide sulfurique à 75 0/0, cet acide se transforme avec la plus grande facilité en *acide cyclogéranique*.

Pour transformer l'acide oxyhydrogéranique en acide géranique, il faut le chauffer pendant 5 ou 6 heures, à l'ébullition, avec son poids d'anhydride acétique et le tiers de son poids d'acétate de sodium. Après purification, on obtient un produit bouillant à 157°,5-159°5 sous 18 millimètres, tandis qu'on indique comme point d'ébullition de l'acide pur 153° sous 13 millimètres. L'acide géranique a pour densité 0,964 à 20° et possède l'indice $n_D = 1,4797$.

Soumis à la distillation sèche, à la pression ordinaire, il se décompose en acide carbonique et *géraniolène*, $C^9H^{16}$, carbure liquide bouillant

entre 142 et 143°, possédant la densité 0,757 et l'indice $n_D = 1,4368$ à 20°. Le géraniolène se combine avec 4 atomes de brome pour donner naissance à un *tétrabromure*, $C^9H^{16}Br^4$, liquide.

Distillé à sec sous pression réduite, un mélange en parties équimoléculaires de géraniate et de formiate de calcium, additionné d'un peu de sable, fournit des quantités notables de *citral*. Donc on peut préparer par voie synthétique non seulement l'acide géranique, mais encore le citral [*Bull. Soc. Chim.*, (3), **19**, 529].

Le citral pouvant être reproduit à l'aide de l'acide géranique, et ce dernier l'étant lui-même à partir de la méthylhepténone dont la synthèse totale a été réalisée par MM. Barbier et Bouveault, puis par M. Verley, il en résulte que le citral et ses nombreux dérivés sont des composés synthétiques.

Parmi ces produits, nous signalerons l'hydrate de terpine, au moyen duquel il est aisé de passer aux terpinéol, dipentène, terpinène, terpinolène; d'autre part, le dipentène permet de préparer la carvone, puis la dihydrocarvone et la carvomenthone; la dihydrocarvone conduit enfin à la carvone et à la carvénone.

En réduisant par le sodium (20 grammes) une solution bouillante de 20 grammes d'acide géranique dans 200 grammes d'alcool amylique, M. F. Tiemann [*D. chem. G.*, **31**, 2899] a réussi, d'autre part, à convertir cet acide en *acide citronnellique* :

$$\begin{matrix} CH^3 \\ CH^3 \end{matrix} > C = CH.CH^2.CH^2.\overset{\overset{CH^3}{|}}{C} = CH.COOH + H^2$$

$$= \begin{matrix} CH^3 \\ CH^3 \end{matrix} > C = CH.CH^2.CH^2.\underset{\underset{CH^3}{|}}{CH}.CH^2.COOH,$$

qui possède les mêmes propriétés que l'acide obtenu par oxydation du citronnellal. Son sel de calcium, mélangé à du formiate de calcium, a fourni par calcination l'*aldéhyde citronnellique*, qui fut caractérisée par sa transformation en acide citronellyl-β-naphtocinchonique fondant à 225°. Comme le citronnellal est facilement réduit en citronnellol, il en résulte que les combinaisons cycloterpéniques qui dérivent du citronnellal, comme l'isopulégol, l'isopulégone, le pulégol, la pulégone, le menthol, la menthone et les corps qui s'y rattachent, peuvent être rangées parmi les composés susceptibles d'être reproduits synthétiquement.

GÉRANIONITRILE (*lémononitrile*),

$$\begin{matrix} CH^3 \\ CH^3 \end{matrix} > C = CH.CH^3 - CH^2 - \underset{\underset{CH^3}{|}}{C} = CH.CAz.$$

— Obtenu d'abord par M. Barbier par déshydratation de la lémonaloxime, ce composé a été aussi préparé par Tiemann et M. Semmler en traitant à chaud une partie de géranaloxime par 2 parties d'anhydride acétique [*D. chem. G.*, **26**, 2708].

Le produit de la réaction, purifié par distillation fractionnée dans le vide, constitue une huile bouillant à 110° sous 10 millimètres. Sa densité $= 0,8709$ à 20° et son indice $n_D = 1,459$. Chauffé avec une solution d'alcoolate de potassium, il se convertit en acide géranique; en même temps, il se forme une certaine quantité de méthylhepténone et d'acide acétique ou d'acétonitrile.

Traité par l'acide sulfurique à 70 0/0, il donne naissance à de l'*isogéranionitrile* et à deux produits d'hydratation, $C^{10}H^{15}Az + H^2O$, dont l'un, solide, fond à 115° et constitue un *hydroxyisogéranionitrile*, et l'autre, liquide, qui est envisagé comme un *hydroxygéranionitrile*,

$$\frac{CH^3}{CH^3} > COH - CH^2 - CH^2 - CH^2 - \underset{\underset{CH^3}{|}}{C} = CH - CAz$$

Ce dernier bout à 152° sous 10 millimètres et se convertit en isolémononitrile quand on le traite par de l'acide sulfurique à 65-66 0/0 [*D. chem. G.*, **31**, 888; Barbier et Bouveault, *Bull. Soc. Chim.*, (3), **15**, 1002].

Réduit en solution alcoolique par le sodium, le géranionitrile fournit une *amine aliphatique* dont les propriétés se rapprochent de celles de la menthylamine de M. Wallach ]*Ann. Chem.*, **277**, 164]. Cette amine bout à 95-96° sous 10 millimètres, et à 214° à la pression ordinaire. Sa densité $= 0,843$ à 15°.

Son *chloroplatinate* et son *oxalate* sont bien cristallisés.

L'oxalate, traité par l'azotite de sodium, se convertit en un alcool aliphatique à odeur agréable rappelant le linalol, et qui bout à 97-100° sous 8 millimètres. Sa densité $= 0,863$ à 15° et son indice $n_D = 1,45788$ à 17° [*Bericht* Schimmel, avril 1894, 62].

ACIDE ISOGÉRANIQUE,

$$(CH^3)^2 . CH . CH^2 . CH = CH . C(CH^3) = CH . CO^2H.$$

— Ce nom d'acide isogéranique avait été donné primitivement à l'acide provenant d'une transposition isomérique de l'acide géranique en dérivé cyclique et pour lequel nous adoptons maintenant le nom d'acide *cyclogéranique* (voyez plus loin).

L'acide isogéranique a été préparé par F. Tiemann en chauffant au bain-marie un mélange de 31gr,5 d'α-isométhylhepténone, 41gr,75 d'éther monobromoacétique, auquel on ajoute peu à peu de la limaille de zinc. En acidulant, on obtient l'*éther oxydihydro-isogéranique*, bouillant entre 125-135° sous 20 millimètres de pression, et dont la densité $d_{17} = 0,9385$ et l'indice $n_D = 1,45579$, d'où réfract. mol. $= 61,91$, calculée $= 60,33$ :

$$(CH^3)^2 . CH . CH^2 . CH : CH . CO . CH^3 + BrCH^2 . CO^2C^2H^5 + Zn$$

$$= (CH^3)^2 . CH . CH^2 . CH : CH . C(CH^3)(OZnBr) . CH^2 . CO^2C^2H^5;$$

$$(CH^3)^2 . CH . CH^2 . CH : CH . C(CH^3)(OZnBr) . CH^2 . CO^2C^2H^5 + H^2O$$

$$= (CH^3)^2 . CH . CH^2 . CH : CH . C(OH)(CH^3) . CH^2 . CO^2C^2H^5 + Zn \diagdown^{OH}_{Br}$$

Chauffe-t-on, pendant 3 heures, dans un appareil à reflux, 40 grammes de cet éther avec 40 grammes de potasse à 33 0/0 et 60 grammes d'alcool, on obtient un sel de potassium qu'il suffit de sursaturer par un acide pour isoler le dérivé oxydihydro-isogéranique, qu'on distille ensuite dans le vide. Dans ces conditions, il perd de l'eau et donne naissance à l'acide isogéranique.

Cet acide bout à 151-154° sous 14 millimètres; $d_{17} = 0,959$; $n_D = 1,49194$. Il se distingue de l'acide géranique en ce qu'il n'est pas transformé en acide cyclogéranique quand on le traite par l'acide sulfurique. Oxydé, il fournit de l'acide isovalérianique.

Dans la distillation de l'acide oxydihydro-isogéranique, il se produit aussi un carbure, l'*isogéraniolène*

$$(CH^3)^2 . CH . CH^2 . CH : CH . C(CH^3) : CH^2,$$

carbure bouillant à 140-142°, $d_{17} = 0,7610$, $n_D = 1,45409$, et qui possède une odeur de géraniolène.

A. Haller.

**GÉRANIQUES (COMPOSÉS CYCLO-).** — CYCLOGÉRANIOLÈNE. — Si l'on chauffe le géraniolène (voyez plus haut) pendant 4 heures, au bain-marie, avec de l'acide sulfurique à 60 0/0, on le transforme en un hydrocarbure isomérique bouillant à 138-140°, ayant une densité de 0,7978 à 22°, un indice de réfraction $n_D = 1,4434$, qui, au lieu de deux doubles liaisons que renfermait l'hydrocarbure primitif, n'en présente plus qu'une seule. Il y a eu fermeture de la chaîne, comme l'expliquent les schémas suivants :

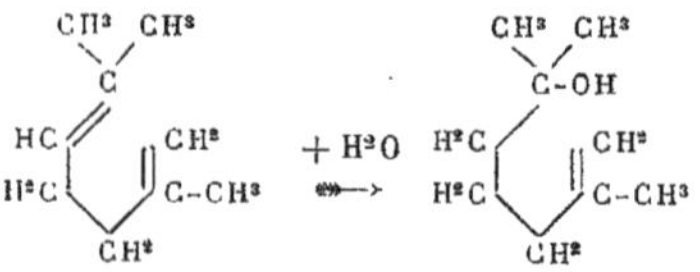

Géraniolène.

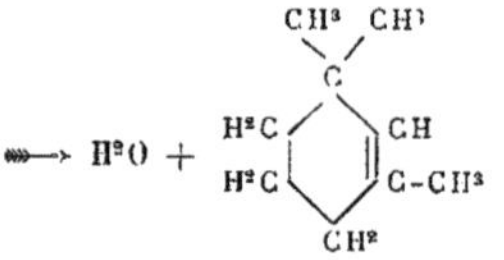

$$\xrightarrow{} H^2O +$$

Cyclo-géraniolène.

Cet hydrocarbure avait d'abord reçu le nom d'isogéraniolène [F. Tiemann et Semmler, *D. chem. G.*, **26**, 2788]; d'après la nouvelle nomenclature, c'est le *cyclohexène 2-triméthyle* 1.1.3.

Il possède un grand nombre de produits de substitution intéressants, car presque tous les dérivés du citral et de l'acide géranique subissent l'isomérisation cyclique que nous venons d'exposer. Nous les décrirons dans cet article.

*Transformation du cyclogéraniolène en dérivés du triméthylbenzène.* — Quand on mélange du cyclogéraniolène (I, voir plus bas le tableau), étendu d'acide acétique cristallisable, avec une solution saturée d'acide bromhydrique dans le même acide acétique, et qu'on refroidit au moyen de glace, il se forme un *bromhydrate* liquide et huileux; si à cette huile on ajoute 10 parties de brome et 1/10 d'iode, il se forme, au bout de dix jours, une masse cristalline constituée par un mélange des deux triméthylbenzènes tétrabromés (Ia, Ia'), qui cristallisent au sein de l'éther acétique en aiguilles fusibles à 137-139°, peu solubles dans l'alcool et dans l'éther, plus facilement solubles dans le benzène et le chloroforme. Traités par l'acétate d'argent, ces dérivés donnent naissance à des acétates qui, saponifiés par la potasse alcoolique, fournissent les alcools correspondants. Cristallisés au sein de l'éther acétique, ceux-ci fondent à 227-228°,5. Le mélange de ces alcools est soumis à l'action hydrogénante de l'amalgame de sodium et de l'alcool, et les produits obtenus sont transformés en aldéhydes correspondantes au moyen du mélange chromique, puis en acides sous l'influence du permanganate de potassium. On obtient, dans ces conditions, à côté de petites quantités d'un acide dicarboné non volatil dans un courant de vapeur d'eau, un mélange d'acides *paraxylylique* (Ib′) et d'acide *α-hémellithylique* (Ib), qui sont entraînés par la vapeur d'eau et qu'on sépare par l'intermédiaire de leurs sels de baryum. Le premier de ces acides, cristallisé au sein de l'alcool, constitue des prismes fondant à 163-165° et peut être transformé en acide trimellique (Ic′) par une oxydation ultérieure. L'acide Ib, dont le sel de baryum est soluble dans l'eau, se dépose, au sein de l'alcool, en prismes brillants fondant à 144°. Cet acide α-hémellithylique est facilement oxydé par le permanganate de potassium au bain-marie : il se forme ainsi, d'une façon intermédiaire, un acide dicarboné, soluble dans l'eau, cristallisant en aiguilles, et qui, dans le cours d'une oxydation subséquente, est totalement transformé en acide hémimellique soluble. Cet acide a été purifié et caractérisé par la méthode de Græbe.

Cette identification des acides Ib et Ib′ permet d'élucider la constitution des produits intermédiaires et en même temps de montrer que le groupe diméthyle du cyclogéraniolène subit une migration et se scinde de telle sorte que l'un des méthyles va occuper l'une ou l'autre des deux positions en ortho disponibles par rapport au méthyle restant. Il en résulte des dérivés de l'hémellithène et du pseudocumène.

On peut traduire toutes ces réactions par les schémas suivants :

$$\text{I cyclogéraniolène.} \qquad \text{Ia} \qquad \text{Ib} \qquad \text{Ic}$$
$$\text{Ia′} \qquad \text{Ib′} \qquad \text{Ic′}$$

[A. von Baeyer et V. Villiger, *D. chem. G.*, 32, 2429].

**ACIDE CYCLOGÉRANIQUE** (*acide cyclolémonique, acide géranique cyclique*),

$$\begin{array}{c}
CH^3 \; CH^3 \\
| \\
C \\
H^2C \diagup \quad \diagdown C\text{-}COOH \\
H^2C \diagdown \quad \diagup C\text{-}CH^3 \\
CH^2
\end{array}$$

— Cet isomère cyclique de l'acide géranique a été obtenu par Tiemann et M. Semmler en agitant l'acide géranique avec de l'acide sulfurique à 65-70 0/0 [*D. chem. G.*, 26, 2725]. Suivant MM. Barbier et Bouveault, on obtient dans cette réaction une portion très importante d'un acide très visqueux, bouillant aux environs de 160° sous 10 millimètres [*Bull. Soc. Chim.*, (3), 15, 1006]. Quoi qu'il en soit, le produit de la réaction est ensuite étendu d'eau et la solution est agitée avec de l'éther, qui dissout l'acide cyclogéranique qu'on purifie par cristallisation dans l'eau.

L'acide cyclogéranique cristallise dans l'eau et dans la ligroïne en aiguilles qui fondent à 103°,5 ; il distille à 138° sous 11 millimètres. On peut le distiller à la pression ordinaire sans qu'il se décompose.

Traité en solution chloroformique par le brome, l'acide donne un dérivé dibromé, l'*acide dibromodihydro-cyclogéranique*, fusible à 121° (T. et S.).

Oxydé à froid au moyen d'une solution étendue de permanganate de potassium, il fournit l'*acide dioxydihydro-cyclogéranique*,

$$C^9H^{13}(OH)^2 \cdot COOH,$$

qui fond à 195-196°. Si, au lieu d'isoler cet acide, on l'oxyde au moyen de la quantité théorique d'acide chromique (2 molécules de $CrO^3$ pour une molécule d'acide cyclogéranique) et qu'on chauffe au bain-marie en présence d'acide sulfurique étendu, on obtient un nouvel acide, l'*acide isogéronique* ou *diméthyl 2-heptanone 6-oïque*,

$$CH^3.CO.CH^2.CH^2\text{-}CH^2.C.COOH.$$
$$\diagup \quad \diagdown$$
$$CH^3 \quad CH^3$$

Comme on le verra plus loin, quand on oxyde le sel de sodium de cet acide au moyen d'une solution alcaline de brome, on le transforme en acide α-diméthyladipique asymétrique.

Si, au lieu d'arrêter l'oxydation de l'acide cyclogéranique au moyen du permanganate au moment de la formation de l'acide dioxydihydro-cyclogéranique, on la pousse plus loin, on obtient finalement les acides α-diméthylglutarique et α-diméthylsuccinique asymétriques.

Toutes ces réactions ont conduit Tiemann et M. R. Schmidt à modifier la formule de constitution que M. Semmler et l'un d'eux avaient primitivement donnée à l'acide cyclogéranique en se basant sur des formules inexactes du géraniol et du citral. La formule qu'ils ont admise découle de celle qui a été établie par MM. Barbier et Bouveault pour la cyclogéranionitrile (nitrile isolémonique), et cela dès 1896 [*Bull. Soc. Chim.*, (3), 15, 1002].

Les différents stades que parcourt l'oxydation

de l'acide isogéranique, ainsi que la constitution des produits obtenus, sont formulés de la façon suivante par les auteurs allemands :

Acide cyclogéranique.

Ac. dioxydihydro-cyclo-géranique.

Acide isogéronique.

Ac. α-diméthyladipique asymétrique.

Ac. α-diméthylglutarique asymétrique.

Ac. diméthylsuccinique asymétrique.

[F. Tiemann et R. Schmidt, *D. chem. G.*, 34, 881].

AMIDES DE L'ACIDE CYCLOGÉRANIQUE,

$$C^9H^{15}.COAzH^2.$$

— En chauffant le cyclogéranionitrile (isolémono-nitrile) à 170° avec de la potasse alcoolique concentrée, dans un autoclave de bronze, pendant 10 heures, chassant le nitrile non attaqué et l'alcool par distillation avec la vapeur d'eau, MM. Barbier et Bouveault ont réussi à isoler deux amides de l'acide cyclogéranique [*Bull. Soc. Chim.*, (3), 15, 1003].

MM. Tiemann et Schmidt ont également observé la formation de l'une de ces amides en chauffant pendant plusieurs jours, à 160°, le nitrile cyclogéranique avec de la potasse aqueuse. Ils ont encore rencontré le même composé parmi les produits de la réaction de l'acide sulfurique sur le nitrile géranique.

La première de ces amides est très soluble dans l'éther et dans le benzène, bout à 208° sous 10 millimètres et forme des cristaux blancs fusibles à 121°.

La seconde, très peu soluble dans ces deux dissolvants, fond à 202° (201°, T. et Sch.) en se sublimant rapidement. Chauffée sous la pression de 10 millimètres, elle se sublime, le thermomètre restant fixé à 165°.

Ces deux isomères, traités par l'acide nitreux en solution sulfurique, dégagent de l'azote comme de véritables amides.

La formation de ces deux amides aux dépens du nitrile cyclogéranique a conduit MM. Tiemann et Schmidt à admettre l'existence de deux formes isomériques de ce nitrile, isomères auxquels ils

donnent respectivement les deux formules

[*D. chem. G.*, 34, 890].

Cette opinion est partagée par M. Bouveault [*Bull. Soc. Chim.*, (3), 21, 423], qui conclut à l'existence d'une isomérie chimique et non stéréochimique pour le géranionitrile et le citral qui lui a donné naissance.

CYCLOGÉRANIONITRILE (*nitrile isogéranique* ou *isolémonique*). — Ce composé a été décrit par Tiemann et M. Semmler [*D. chem. G.*, 26, 726]. mais ils ne semblent pas l'avoir obtenu à l'état de pureté. MM. Barbier et Bouveault l'ont préparé avec un très bon rendement et ont établi le mécanisme de sa formation et, par l'étude de ses produits d'oxydation, sa constitution. d'où découle celle de l'acide cyclogéranique [*Bull. Soc. Chim.*, (3), 15, 1002].

Quand on introduit le nitrile géranique dans de l'acide sulfurique à 70 0/0, refroidi à 0°, il fixe une molécule d'eau. On obtient le nouveau produit en versant dans l'eau glacée, agitant avec de l'éther et distillant dans le vide le résidu de l'épuisement.

Le produit obtenu constitue un liquide sirupeux, bouillant à 152° sous 10 millimètres et fixant une molécule de brome. Ce n'est pas une amide, mais bien un nitrile, car, chauffé avec de l'acide sulfurique à 70 0/0, à 60-70°, il perd une molécule d'eau et fournit le *cyclogéranionitrile*. Les schémas suivants expliquent la réaction :

Géranionitrile.

Nitrile bouillant à 152°.

Cyclogéranionitrile.

On peut directement obtenir le cyclogéranionitrile si, au lieu de verser la liqueur sulfurique dans l'eau glacée, on la porte au préalable, pendant quelques instants, à 60-70°.

Le cyclogéranionitrile constitue un liquide incolore, bouillant à 97° sous 10 millimètres (87-88°

suivant Tiemann et Semmler). La préparation de ce nitrile s'effectue avec un excellent rendement; on obtient cependant une faible quantité d'un produit supérieur, bouillant à 135° sous 10 millimètres et donnant de beaux cristaux fondant à 115° (118° suivant Tiemann et Semmler); ce produit est le résultat de la fixation d'une molécule d'eau sur le cyclogéranionitrile, il a conservé cependant la fonction nitrile; nous en reparlerons plus loin.

Chauffé avec de la potasse concentrée en solution alcoolique, pendant 10 heures, à 170°, le nitrile isogéranique donne naissance à deux *amides* de l'acide cyclogéranique, l'une fondant à 121° et l'autre à 201°.

On n'a pas réussi à réaliser la transformation du cyclonitrile en acide cyclogéranique.

Oxydé au moyen du mélange chromique, le cyclolémononitrile donne naissance : 1° à une petite quantité de nitrile hydraté fondant à 115°; 2° à de l'acide $\alpha\alpha$-diméthylsuccinique; 3° à de l'acide $\alpha\alpha$-diméthylglutarique identique avec celui obtenu par M. Béhal et par Tiemann dans l'oxydation de l'acide campholénique; 4° à de l'acide cyanhydrique et de l'acétone.

Ce sont les résultats de cette oxydation qui ont permis aux deux auteurs français de déduire pour le cyclogéranionitrile la formule de constitution que nous avons donnée plus haut. Il est facile de se rendre compte qu'étant donné ces produits d'oxydation et la formule de constitution du géranionitrile, il est impossible de donner une autre formule à son isomère.

Quant à la constitution du *nitrile hydraté* saturé, dérivé du cyclogéranionitrile, elle est représentée par l'un ou l'autre des schémas

```
    C H³                        CH³
    |                           |
    C O H                       C H
H²C /‾‾\ CH.CAz        H³C /‾‾\ COH.CAz
    |    |   CH³    ou      |    |   CH³
H²C \__/ C< CH³        H²C \__/ C< CH³
    C H²                        C H²
```

Tiemann et M. Schmidt optent pour la première.

ACIDES DIOXYDIHYDROCYCLOGÉRANIQUES,

$$C^{10}H^{18}O^4.$$

— Il existe deux acides de cette formule. L'un a été préparé par Tiemann et M. Semmler en oxydant à froid l'acide cyclogéranique avec une solution étendue de permanganate de potassium. A cet acide, qui fond à 195-196°, Tiemann et M. Schmidt attribuent la formule de constitution :

```
        CH³   CH³
          \   /
           C
      H²C /‾‾\ C< OH
          |    |  COOH
      H²C \__/ C< OH
           |      CH³
          CH²
```

[*D. chem. G.*, **26**, 2726; **34**, 886].

Quand on l'oxyde au moyen du permanganate de potassium, il donne naissance aux acides $\alpha$-diméthylglutarique et diméthylsuccinique asymétriques. Oxydé au moyen de l'acide chromique, il se convertit en acide isogéronique, ou acide diméthyl-2-heptanone-6-oïque.

Le second de ces acides prend naissance quand on traite l'oxyionolactone, $C^{10}H^{16}O^3$, par l'acide bromhydrique et qu'on fait bouillir la bromolactone obtenue, $C^{10}H^{15}BrO^2$, avec une solution alcoolique de potasse (Voyez IONONE).

Comme le montre sa manière d'être vis-à-vis du brome et du permanganate de potassium, cet acide est saturé. Il se dissout facilement dans l'éther acétique, moins dans le benzène, et cristallise au sein de sa solution aqueuse bouillante en cristaux durs et transparents fusibles à 177°,5. Tiemann et M. Schmidt lui attribuent la formule de constitution suivante :

```
        CH³   CH³
          \   /
           C
      H²C /‾‾\ CH.COOH
          |    |
      H²C \__/ COH.CH³
          CH-OH
```

[*D. chem. G.*, **31**, 858].

ACIDE GÉRONIQUE (*acide diméthyl 4-heptanone 6-oïque*),

$$CH^3.CO.CH^2.C-CH^3.CH^2-COOH.$$
$$\overset{\diagup\diagdown}{CH^3 \quad CH^3}$$

— 50 grammes d'ionone sont émulsionnés par agitation avec 2 litres d'eau glacée et oxydés par addition successive de 100 grammes de permanganate de potassium. Après oxydation, on filtre et on distille dans un courant de vapeur d'eau pour séparer l'ionone non attaquée. Le liquide, après avoir été lavé à l'éther, est sursaturé par l'acide sulfurique et la solution est épuisée avec de l'éther. On évapore; l'huile restante ne tarde pas à cristalliser partiellement. On la traite à froid par une solution de bicarbonate de sodium et on épuise la liqueur au moyen de l'éther, qui dissout de l'oxyionolactone, $C^{10}H^{16}O^3$. La solution aqueuse est de nouveau acidulée et traitée par l'éther. Après avoir chassé ce dissolvant, on obtient un mélange d'acides qu'on fait bouillir pendant une demi-heure avec 2 parties d'acétate de cuivre dissous dans 15 à 20 parties d'eau. Il se forme un précipité qu'on sépare par filtration. La liqueur est épuisée à l'éther et la solution éthérée est agitée à plusieurs reprises avec de l'acide sulfurique étendu, puis évaporée. L'huile ainsi obtenue contient un peu d'acide acétique : on la dissout dans l'eau et on l'additionne d'acétate de sodium et de chlorhydrate de semicarbazide.

La *semicarbazone*, $C^{10}H^{19}Az^4O^3$, ne tarde pas à se déposer (elle fond à 164° quand elle a été purifiée à plusieurs reprises par cristallisation dans l'éther acétique); on la dissout dans l'alcool et on la décompose par l'acide sulfurique étendu.

Après un traitement approprié, on obtient une huile épaisse, incolore, qui constitue l'acide géronique et qui, traitée par la semicarbazide, régénère la semicarbazone avec ses propriétés premières.

Quand on traite un géronate alcalin par une solution alcaline de brome, on obtient du bromoforme ou du tétrabromure de carbone et de l'acide diméthyladipique, qu'une oxydation subséquente transforme en acide $\alpha$-diméthylglutarique asymétrique.

La production de ces différents corps aux dépens de l'ionone est interprétée de la façon suivante par Tiemann [*D. chem. G.*, **34**, 864] :

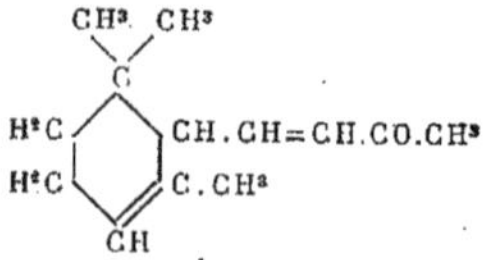

Ionone.

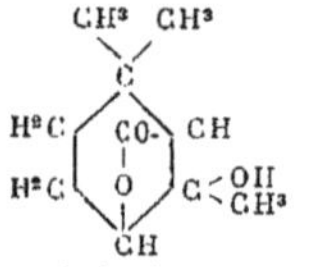

Oxyionolactone.

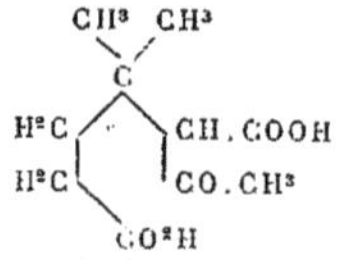

Ac. méthyl-β-cétone-dicarbo-
nique hypothétique.

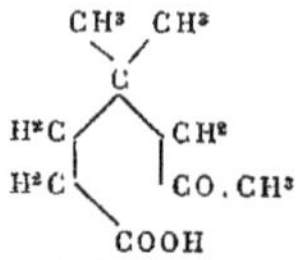

Acide géronique.

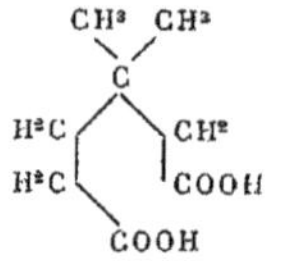

Ac. β-diméthyladipique
asymétrique.

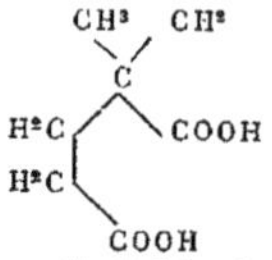

Ac. α-diméthylglutarique
asymétrique.

ACIDE ISOGÉRONIQUE (*acide diméthyl 2-hepta-*
*none 6-oïque*),

$$CH^3 . CO . CH^2 - CH^2 . CH^2 . C - COOH.$$
$$CH^3 \quad CH^3$$

— Il a été obtenu par Tiemann et M. Semmler
en agitant à froid de l'acide cyclogéranique avec
une solution étendue de permanganate de potassium et continuant à oxyder l'acide dioxydihydro-
cyclogéranique obtenu avec de l'acide chromique
(2 molécules de $CrO^3$ pour 1 molécule d'acide
cyclogéranique) et de l'acide sulfurique étendu.
L'oxydation se fait au bain-marie et dure environ
une heure. L'acide formé est isolé au moyen
de l'éther. On évapore la liqueur éthérée et le
résidu huileux est traité par de l'acétate de sodium et du chlorhydrate de semicarbazide.

La solution alcoolique de l'acide *semicarbazone-isogéronique* ainsi formé est chauffée à
l'ébullition pendant quelques minutes avec de
l'acide sulfurique étendu, et le liquide, après refroidissement, est épuisé par l'éther. On obtient
ainsi une huile épaisse, incolore, assez soluble
dans l'eau, l'alcool et l'éther.

Le sel de sodium, oxydé au moyen du brome en
solution alcaline, donne du bromoforme ou du
tétrabromure de carbone, et la solution renferme
de l'acide α-diméthyladipique asymétrique fondant à 87°.

L'acide *semicarbazone-isogéronique* est presque insoluble dans l'éther acétique et cristallise
au sein de l'alcool bouillant en feuilles fondant

à 198°. Il se dédouble plus difficilement en semicarbazide et acide isogéronique que son isomère,
quand on le traite par les acides étendus [Tie-
mann et Schmidt, *D. chem. G.*, **34**, 883].

A. Haller.

**GERHARDTITE.** — (Min.) (Brush-Wells-Pen-
field). — Azotate basique de cuivre hydraté,

$$4CuO . Az^2O^5 . 3H^2O \quad \text{ou} \quad AzO^3Cu^2(OH)^3.$$

Petits cristaux transparents, vert foncé, avec malachite sur cuprite, trouvés à la mine J rôme,
United Verde Copper Mines, Arizona (États-Unis).
Identique avec le sous-nitrate de cuivre artificiel
(voyez CUIVRE, 2ᵉ Suppl., 2, 1477).

*Caractères.* — Insoluble dans l'eau, mais très
soluble dans les acides. Au chalumeau, noircit et
colore la flamme en vert. Donne de l'eau et des
vapeurs nitreuses dans le tube. Réactions du
cuivre. Densité = 3,426.

*Forme cristalline.* — Prisme orthorhombique :
$a : b : c = 0,9217 : 1 : 1,1562$. Faces

$$p\ m\ a^{1/2}\ b^1\ b^{10/13}\ b^{3/4}\ b^{5/7}\ b^{2/3}\ b^{8/14}\ b^{1/2}\ b^{1/4}\ b^{1/10}.$$

Clivages $p$ parfait, $h^1$ moins facile.

L. Bourgeois.

**GERMANIUM.** — Cet élément, dont l'existence a été prévue par Newlands en 1864 et
par M. Mendelejeff en 1872 (l'ékasilicium) fut découvert en 1886 par M. Clemens Winkler [*D.
chem. G.*, **19**, 210 ; *J. prakt. Chem.*, (2), **34**,
177 ; **36**, 177], qui l'a trouvé dans l'argyrodite,
$3Ag^2S, GeS^2$, de Freiberg. M. Krüss [*D. chem. G.*,
**21**, 131], prétend avoir trouvé le germanium
dans l'euxénite.

EXTRACTION. — On chauffe au rouge l'argyrodite pulvérisée avec son poids d'un mélange de
parties égales de soude et de soufre. Après fusion,
on réduit en poudre la masse, encore chaude, et
on l'épuise avec de l'eau bouillante. On décante
la solution du résidu, qui contient un peu de germanium et qui doit être encore une fois fondu
avec du soufre et de la soude. On ajoute à la solution de l'acide sulfurique étendu, en quantité
exactement suffisante pour la neutralisation. Il se
précipite des sulfures (d'arsenic, etc.), qu'on sépare. On ajoute au liquide clair un excès d'acide
chlorhydrique et on sature avec de l'hydrogène
sulfuré. On obtient un précipité blanc de sulfure de germanium qu'on lave avec de l'eau acidulée par l'acide chlorhydrique et saturé d'hydrogène sulfuré, puis avec de l'alcool saturé du
même gaz.

On peut aussi faire détoner en petites portions
le mélange de 5 parties d'argyrodite, 6 parties de
nitre et 3 parties de carbonate de potassium. Il se
sépare de l'argent métallique et on obtient une
scorie, qui renferme la totalité du germanium.
On la réduit en poudre, et on la chauffe avec
de l'eau à l'ébullition. Au liquide filtré, on ajoute
7 parties d'acide sulfurique et on évapore pour
chasser l'acide azotique complètement. On traite
le résidu salin avec un peu d'eau, qui laisse
l'oxyde de germanium. Il reste dans la solution
une petite quantité de germanium, qu'on peut
séparer à l'aide de l'hydrogène sulfuré.

L'oxyde est dissous dans l'acide fluorhydrique
et on ajoute à la solution du fluorure potassique.
Il se sépare du fluogermanate potassique, peu
soluble, qu'on transforme en sulfosel, soit par
fusion avec du soufre et de la potasse, soit par
digestion avec du sulfure d'ammonium. De la
solution du sulfosel on précipite le sulfure par
un excès d'acide, comme il a été décrit plus haut.

Le sulfure parfaitement sec doit être calciné à
l'air. On traite le résidu par l'acide azotique,
on évapore à siccité et on calcine fortement.

On réduit l'oxyde restant, soit par un courant

d'hydrogène, soit par calcination avec 10 à 15 0/0 de fécule. Par fusion avec du borax, on amène le métal pulvérulent à l'état de culot.

PROPRIÉTÉS PHYSIQUES. — Le germanium possède un éclat métallique et une couleur gris-noirâtre. Densité 5,469 à 20°4. Point de fusion 900°. Le métal est facilement réduit en poudre. Il possède une aptitude remarquable à cristalliser en octaèdres réguliers. Chaleur spécifique : 0,0737 (à 100°) ou 0,0772 (à 211°) [Nilson et Pettersson, *Zeit. physik. Chem.*, **1**, 27].

Le métal ne s'altère pas à l'air à la température ordinaire, mais, chauffé au rouge, il s'oxyde. Le germanium ne paraît pas volatil, du moins V. Meyer [*D. chem. G.*, **20**, 498] n'a pu le volatiliser à 1350°.

POIDS ATOMIQUE. — Par l'analyse du chlorure, M. Winkler a trouvé le nombre 72,32, qui s'accorde admirablement avec le nombre 72,28, déduit par Lecoq de Boisbaudran de la longueur d'onde des raies spectrales (*C. R.*, **102**, 1291; **103**, 452] et le nombre 72, déduit par M. Mendelejeff pour son élément hypothétique, l'ékasilicium.

La chaleur atomique est 5,33 (à 100°) ou 5,58 (à 211°). La densité de la vapeur du chlorure s'accorde avec le poids atomique (trouvée 7,43 à 301°,5 et 7,44 à 739°, calculée pour Ge Cl⁴ 7,40). L'iodure, Ge I⁴, chauffé dans la vapeur de soufre, a donné pour densité 20,43, calculée 20,02 (Nilson et Pettersson).

PROPRIÉTÉS CHIMIQUES. — L'acide chlorhydrique n'attaque pas le métal, l'eau régale le dissout avec facilité, l'acide azotique le transforme en oxyde blanc. Chauffé avec de l'acide sulfurique, il dégage de l'anhydride sulfureux et donne un sulfate blanc, soluble dans l'eau. Il n'est pas attaqué par la solution de potasse caustique, mais la potasse en fusion l'oxyde avec détonation, ce qui est aussi le cas avec l'azotate et le chlorate de potassium.

COMPOSÉS DU GERMANIUM DIATOMIQUE. — *L'oxyde*, Ge O, est une masse d'un gris noirâtre, qu'on obtient par la calcination de l'hydrate dans un courant d'acide carbonique. Il est insoluble dans l'acide sulfurique étendu, soluble dans l'acide chlorhydrique.

*L'hydrate*, Ge (OH)² (?), s'obtient par la précipitation de la solution du chlorure par la potasse caustique ou par le carbonate de sodium. Le précipité, d'abord jaune, devient orangé et brunâtre lorsqu'on chauffe le liquide. On ne peut pas le laver à l'eau parce qu'il donne des solutions colloïdales. A l'état humide, il s'oxyde à l'air.

*Sels*. — On ne connaît pas d'oxysels fixes du protoxyde, à l'exception d'un *phosphate* blanc, mentionné par M. Winkler. Les solutions ont des propriétés réductrices très prononcées et donnent avec les alcalis des précipités jaunes, avec le ferrocyanure un précipité blanc et avec l'hydrogène sulfuré un précipité brun-rougeâtre.

Le *chlorure*, Ge Cl², s'obtient en chauffant le métal dans un courant de gaz chlorhydrique. Liquide volatil (point d'ébullition 72°). L'eau le décompose en donnant, suivant la quantité, un oxychlorure ou l'oxyde rougeâtre.

Le *fluorure* paraît se former lorsqu'on chauffe le fluogermanate potassique dans un courant d'hydrogène.

Le *sulfure*, Ge S, peut être obtenu par la calcination du disulfure dans un courant d'acide carbonique ou mieux dans un courant d'hydrogène. Cristaux rhombiques ou monosymétriques, doués de l'éclat métallique et d'une couleur noirâtre, transparents pour la lumière rouge. Chauffés, ils fondent et se volatilisent. Le protosulfure se dissout avec facilité dans une solution de potasse caustique, et cette solution, renfermant un sulfosel, donne avec les acides un précipité très orangé, soluble dans l'acide chlorhydrique concentré et bouillant ainsi que dans le sulfhydrate d'ammonium.

Le sulfure hydraté forme avec l'eau pure une solution colloïdale, 1 partie du sulfure exigeant 402,9 parties d'eau pour la solution.

COMPOSÉS DU GERMANIUM TÉTRATOMIQUE. — *L'oxyde*, Ge O², s'obtient soit par le grillage du sulfure à l'air, soit à l'état de pureté par la décomposition du chlorure par l'eau. Poudre blanche; densité 4,703 (à 18°); chaleur spécifique 0,1293 entre 0° et 100° (Nilson et Pettersson). L'oxyde forme avec l'eau pure une solution colloïdale et opalescente, qui devient claire lorsqu'on la chauffe. Une partie de l'oxyde exige pour se dissoudre 247,1 parties d'eau à 20°, mais à 100° seulement 95,3 parties d'eau.

Par évaporation spontanée, la solution dépose des cristaux microscopiques, en apparence rhombiques ou rhomboédriques. Chauffé avec du magnésium, l'oxyde est réduit à l'état de protoxyde [Winkler, *D. chem. G.*, **27**, 1891, 691].

*L'hydrate* ne paraît pas exister. Par l'action de l'acide carbonique sur une solution alcaline de germanium il ne se forme pas [van Bemmelen, *Rec. des trav. chim.*, **6**, 1887, 205].

L'oxyde est très peu soluble dans les acides et on ne connaît pas de sels définis. Fondu avec les alcalis, il donne des produits solubles, sans doute renfermant des germanates, qu'on n'a pas cependant isolés.

*L'hydrure de germanium* ne paraît pas exister.

*Tétrachlorure*, Ge Cl⁴. — Le métal s'enflamme dans un courant de chlore, lorsqu'on le chauffe. Le chlorure est un liquide mobile; sa densité = 1,887 à 18°; son point d'ébullition, 86°, il ne se solidifie pas à —100°. L'eau le décompose avec lenteur. Par l'évaporation d'une solution de chlorure dans l'acide chlorhydrique, le germanium se volatilise complètement.

Le *chloroforme*, Ge H Cl³, se forme lorsqu'on chauffe le germanium dans un courant de gaz chlorhydrique. C'est un liquide mobile, qui s'oxyde à l'air avec formation d'oxychlorure.

*Oxychlorure*, Ge O Cl². — Liquide huileux, non fumant à l'air, qui entre en ébullition au-dessus de 100°.

Le *bromure*, Ge Br⁴, obtenu par l'union directe des éléments, est un liquide réfringent, fumant à l'air, qui se solidifie en cristaux à 0°.

*Iodure*, Ge I⁴. — Poudre orangée, souvent cristalline. Point de fusion 144°; point d'ébullition 350-400°. Très hygroscopique.

*Fluorure*. — L'oxyde se dissout aisément dans l'acide fluorhydrique et la solution dépose, par évaporation au-dessus de l'acide sulfurique, une masse cristalline et hygroscopique, ayant pour formule Ge F⁴ + 3 H² O.

Chauffé, le fluorure entre en fusion et dégage des vapeurs de gaz fluorhydrique, puis plus tard du fluorure de germanium. Lorsqu'on chauffe un mélange d'oxyde de germanium, de fluorure de calcium et d'acide sulfurique, on obtient des vapeurs de fluorure qui, dirigées dans l'eau, donnent une solution fortement acide, contenant de l'*acide fluogermanique*. Cet acide fournit avec la potasse un sel peu soluble, ayant pour formule K² Ge F⁶. C'est une poudre, composée de cristaux hexagonaux microscopiques. Le sel exige pour se dissoudre 173,98 parties d'eau à 18° ou 34,07 parties d'eau bouillante (Winkler). MM. Krüss et Nilson ont trouvé les nombres 184,61 et 38,76 [*D. chem. G.*, **20**, 1696]. Chauffé avec l'acide sulfurique, le fluosel dégage d'abord de l'acide fluorhydrique, puis du fluorure de germanium.

*Disulfure*, Ge S². — Les solutions de l'oxyde de germanium ne sont pas précipitées par l'hydrogène sulfuré, mais bien par l'addition d'un acide fort. On obtient le sulfure sous la forme d'un précipité blanc et volumineux par l'addition des acides aux solutions alcalines, saturées d'hydrogène sulfuré. Ce précipité forme avec l'eau et avec les solutions salines des solutions colloïdales.

Le *germanium-éthyle*, $Ge(C^2H^5)^4$, se forme par l'action du tétrachlorure sur le zinc-éthyle. Liquide insoluble dans l'eau, non oxydable à l'air à la température ordinaire. Enflammé, il brûle avec une flamme sombre et rougeâtre, en émettant une fumée blanche. La densité paraît se rapprocher du nombre 0,96 et le point d'ébullition de 160°. La densité de la vapeur a été trouvée de 8,50 au lieu de 6,51, nombre calculé (V. Meyer).

ANALYSE. — Chauffés dans le bec de Bunsen, les composés du germanium ne produisent ni coloration ni raies spectrales. A l'étincelle, le germanium produit un spectre de plusieurs raies [Kobb, dans le mémoire de Winkler]. Les plus fortes ont les longueurs d'onde 6020 et 5832.

Au chalumeau sur le charbon, l'oxyde se réduit avec difficulté en produisant un enduit blanc, comme l'antimoine. Les perles de borax et de métaphosphate dissolvent l'oxyde sans coloration. La solution du cobalt ne produit aucune coloration de l'oxyde. Chauffé sur le charbon avec du soufre et de l'iodure de potassium, l'oxyde ne produit aucun enduit coloré.

*Caractères microchimiques.* — Le sulfure sublimé présente une forme caractéristique, et donne avec l'acide azotique des cristaux rhombiques [Haushofer, *Sitzungsb. der Acad. zu München*, 1887, (1), 133].

Le courant électrique produit dans une solution de germanium, contenant du tartrate d'ammonium, sur le platine de la cathode, un dépôt brunâtre.

*Séparation.* — La séparation du germanium de l'arsenic, de l'antimoine et de l'étain, s'effectue par la neutralisation exacte de la solution contenant des sulfosels par l'acide sulfurique. Après 12 heures, on sépare par filtration le dépôt des sulfures desdits métaux, on réduit la solution par évaporation à un petit volume, on ajoute de l'ammoniaque et du sulfhydrate d'ammoniaque, puis un excès d'acide sulfurique. On sature avec de l'hydrogène sulfuré, on lave et on calcine comme il a été décrit plus haut (voyez EXTRACTION).

P. T. Clève.

**GÉRONTINE.** — En 1877, M. Marchand a trouvé dans le noyau des cellules du rein, chez un vieux chien intoxiqué par le chlorate de potasse, des cristaux qu'il a considérés comme étant une globuline cristallisée. Plus tard, M. Grandis et M. G. Lapeyre ont retrouvé ces cristaux dans le foie; mais tandis que M. Lapeyre envisageait ce composé comme un produit de dégénérescence pathologique, M. Grandis fit voir, au contraire, que ces cristaux, qui font défaut chez le jeune chien, apparaissent d'une manière constante chez l'animal adulte et augmentent en quantité avec l'âge. En même temps, on constate que l'organe s'enrichit en corps xanthiques et en phosphates solubles et s'appauvrit en nucléine [Marchand, *Arch. f. exp. Path.*, 23, 361. — Grandis. *Atti d. r. Accad. d. scienze d. Torino*, 14, 466. — Lapeyre, *Du processus histologique qué développent les lésions aseptiques du foie*, Montpellier, 1889].

Ces cristaux peuvent être isolés et purifiés de la manière suivante, d'après M. Grandis. Le foie, débarrassé du sang par lavage, est traité par une solution de sel marin à 10 0/0 qui enlève les matières albuminoïdes, puis par une solution de phosphate de soude qui dissout les nucléines.

Les cristaux qui n'ont subi aucune altération se déposent peu à peu avec le reste des substances non dissoutes. Le dépôt, mis en suspension dans de l'eau, est traité par de l'éther; les débris cellulaires passent alors dans l'éther, tandis que la majeure partie des cristaux reste en suspension dans l'eau. On évapore la partie aqueuse à basse température jusqu'à siccité et on traite par l'acide acétique à 50 0/0 qui dissout les cristaux. De cette solution acétique, M. Grandis a pu extraire des acides gras, de la leucine et une base nouvelle donnant les réactions alcaloïdiques des bases cadavériques de Selmi et des leucomaïnes de M. A. Gautier, et à laquelle il a donné le nom de *gérontine* pour rappeler sa formation sous l'influence de la sénilité.

Le *chloroplatinate de gérontine* renferme $C^5H^{14}Az^2(HCl)^2, PtCl^4$; la base a donc la même composition que la cadavérine ou pentaméthylène-diamine de M. Brieger, la neuridine et la saprine du même savant, et la β-méthyltétraméthylène-diamine synthétique de M. H. Öldach. Mais l'étude des sels doubles de mercure a permis à M. Grandis d'affirmer que la gérontine est différente de ces quatre bases. Elle s'en sépare d'ailleurs nettement au point de vue physiologique par son action paralysante sur les centres nerveux [Grandis, *R. Accad. d. Lincei*, 6, 213, 230; *Maly's Jahresb.*, 20, 276. — Oldach, *D. chem. G.*, 20, 1654].

E. Lambling.

**GERSBYITE** (Min.) (Igelström). — Phosphate d'aluminium, de calcium, fer, manganèse, hydraté, $(PO^4)^2M^3, 3(PO^4)^2R^2, 17H^2O$, voisin de la lazulite. Grains bleus, atteignant 1 millimètre, non clivables, appartenant au système hexagonal ou orthorhombique, trouvés avec disthène dans des schistes à damourite à Dicksberg près Gersby, paroisse de Ransäter, Wermland (Suède).

**GIBBSITE** (Min.). — Voyez HYDRARGILLITE (2° Suppl.) et WAVELLITE (Dict., 3, 721).

**GINGEROL.** — Principe actif du gingembre de la Jamaïque, et que l'on a retiré de l'extrait éthéré du rhizome de la plante. Liquides visqueux, de couleur jaune paille, sans odeur, de saveur amère et piquante : soluble dans l'alcool, le sulfure de carbone, les huiles essentielles, les alcalis, l'acide acétique, ne donne pas de glucose par l'acide sulfurique; l'acide azotique le convertit en une substance résineuse rouge sang : sa densité $=1,09$. Ce n'est probablement pas un produit pur [Thresk, *Pharm. Journ.*, août 1879].

**GLAGÉRITE** (Min.) (Breithaupt). — Silicate d'aluminium hydraté voisin de l'halloysite,

$$2Al^2O^3 . 3SiO^2, 6H^2O,$$

en masses blanches à Bergnerreuth, près Wunsiedel (Suède).

**GLAUCOHYDROELLAGIQUE.** — Voyez FLUORÈNE-HEPTOL-MÉTHYLOÏQUE.

**GLAUCONIQUES (ACIDES).** — Le nom d'acides glauconiques (de *glaucos*, bleuâtre) a été donné par M. O. Dœbner, à une série de colorants acides formés par action réciproque de l'aniline ou de ses dérivés p-alcoylés, de l'acide pyruvique et de l'aldéhyde formique.

L'acide glauconique dérivé de l'aniline présente, avec la para-rosaniline :

$$OH - C \equiv (C^6H^4 Az H^2)^3,$$

les mêmes rapports que le rouge de quinoléine avec le vert malachite; il est produit par l'union du groupe carbinol $\equiv C - OH$ avec trois résidus d'acide dihydro-α-méthylcinchoninique, et se représente par la formule suivante :

$$HO-C\equiv\left[C^6H^3 \diagup\begin{matrix} AzH-CH-CH^3 \\ | \\ C=CH \\ | \\ CO^2H \end{matrix}\right]^3$$

L'acide libre est un anhydride·de ce corps; on verra tout à l'heure de quelle manière se fait l'élimination de la molécule d'eau.

La réaction entre l'acide pyruvique, l'aniline et la formaldéhyde se passe en deux phases :

Dans la première, l'acide pyruvique réagit sur l'aniline pour donner l'acide dihydro-α-méthylcinchoninique :

$$2\,CH^3-CO-CO^2H + C^6H^5AzH^2$$
$$= C^6H^4\diagup\begin{matrix} AzH-CH-CH^3 \\ | \\ C=CH \\ | \\ CO^2H \end{matrix} + 2\,H^2O + CO^2.$$

Dans la seconde phase, 3 molécules d'acide dihydro-α-méthylcinchoninique se condensent avec 1 molécule de formaldéhyde, 1 atome d'oxygène intervenant, d'après la réaction :

$$CH^2(OH)^2 + 3\,C^6H^4\diagup\begin{matrix} AzH-CH-CH^3 \\ | \\ C=CH \\ | \\ CO^2H \end{matrix}$$
$$= CH\equiv\left[C^6H^3 \diagup\begin{matrix} AzH-CH-CH^3 \\ | \\ C=CH \\ | \\ CO^2H \end{matrix}\right]^3 + 3\,H^2O.$$

On obtient ainsi l'acide hydroglauconique.

Cet acide, traité à l'ébullition par la potasse à 10 0/0 au contact de l'air, se transforme en sel alcalin bleu de l'acide glauconique $C^{34}H^{29}Az^3O^6$. Cet acide est l'anhydride du composé dont la formule développée a été donnée plus haut.

La séparation de la molécule d'eau se fait selon toutes probabilités aux dépens du groupe OH de l'atome de carbone central, et de 1 atome d'hydrogène lié à l'azote. La formule de l'acide glauconique serait d'après cela :

$$\left[\begin{matrix} CH^3-CH-AzH \\ | \\ HC= \\ | \\ CO^2H \end{matrix}>C^6H^3\right]^2 =C\!\!-\!\!\!-\!\!\!-\!\!Az-CH-CH^3$$

Il est établi, avec certitude, que la liaison à l'atome de carbone central se fait par les groupes phényles et non par les groupes méthyles, par ce fait que les homologues supérieurs de l'aniline ne donnent d'acides glauconiques que si les deux positions ortho, par rapport à l'azote, sont libres. Ainsi l'o-toluidine et l'α-naphtylamine ne donnent pas d'acides glauconiques. Au contraire la para- et la m-toluidine, la p-anisidine et la p-phénétidine en fournissent avec de bons rendements.

*Propriétés.* — Les acides hydroglauconiques sont en général des poudres cristallines incolores ou jaunâtres, peu solubles dans l'eau, l'éther et l'acétone, plus solubles dans l'alcool bouillant. Ils sont également solubles dans les alcalis, mais ces solutions sont peu stables et s'oxydent, surtout à chaud, en donnant l'acide glauconique correspondant.

Cette oxydation se fait mieux par l'intermédiaire de la formaldéhyde ou du ferricyanure de potassium en solution alcaline. L'emploi de ce dernier oxydant est moins avantageux, car il dissout facilement du sel colorant lorsqu'il est ajouté en excès.

Les acides glauconiques sont cristallisés en aiguilles bleu foncé, à éclat métallique, peu solubles dans les dissolvants. Leurs sels alcalins sont bleus ou violets, peu solubles dans l'eau. Les acides glauconiques, aussi bien que les acides hydroglauconiques, chauffés avec de la chaux sodée, donnent la dihydroquinaldine correspondante.

*Acide hydroglauconique.* — Dans une capsule spacieuse, on dissout 50 grammes d'aniline dans 150 centimètres cubes d'alcool absolu, on chauffe au bain-marie et on ajoute 100 grammes d'acide pyruvique; il se produit un vif dégagement d'acide carbonique qui cesse au bout d'un quart d'heure, on introduit alors 50 grammes de formaldéhyde à 40 0/0; de l'acide carbonique se dégage à nouveau, on chauffe encore 1 heure et on laisse refroidir. La masse sirupeuse est additionnée de beaucoup d'acétone qui précipite l'acide en petites boules jaunes; on lave à l'éther et on sèche. Le rendement est de 90 grammes. L'acide hydroglauconique se présente sous la forme d'une poudre cristalline fusible à 192° avec décomposition, soluble dans l'alcool bouillant.

*Acide glauconique*, $C^{34}H^{29}Az^3O^6$. — On chauffe 10 grammes d'hydro-acide avec 10 grammes d'alcool et 100 grammes de soude à 10 0/0. On ajoute 15 grammes de formaldéhyde et on fait bouillir une minute. Au bout d'une heure le sel se sépare en aiguilles bleu foncé. Rendement 5 grammes. L'acide est isolé en dissolvant le sel dans l'acide chlorhydrique concentré et en précipitant par l'eau. Il est formé d'aiguilles bleu foncé, insolubles dans l'eau, l'alcool et l'éther.

*Acide hydro-p-éthoxyglauconique.* — Il se prépare comme le précédent à partir de la p-phénétidine. C'est une poudre jaune fusible à 190°, avec décomposition.

*Acide p-éthoxyglauconique*, $C^{40}H^{41}AzO^9$. — Aiguilles bleu foncé, insolubles dans l'alcool, solubles dans l'acide acétique.

*Acide hydro-β-naphtoglauconique.* — Forme des prismes incolores perdant 5 H²O de cristallisation à 110°, fusible à 231° avec décomposition.

*Acide β-naphtoglauconique.* — Aiguilles bleues.

*Acide hydro-p-méthylglauconique.* — Dérivé de la p-toluidine, fond à 272°.

*Acide p-méthylglauconique*, $C^{37}H^{35}Az^3O^6$. — Insoluble dans l'eau, soluble dans l'acide acétique.

*Acide p-méthoxyhydroglauconique.* — Dérivé de la p-anisidine, fond à 228-230°.

*Acide p-méthoxyglauconique*, $C^{34}H^{35}Az^3O^9$. [O. Dœbner, *D. chem. G.*, 31, 686; 33, 677].

R. Marquis.

**GLIADINE.** — Voyez GLUTEN.

**GLOBINE.** — M. F.-N. Schultz a donné ce nom à la matière albuminoïde produite par le dédoublement de l'oxyhémoglobine (de cheval) et qu'il isole de la manière suivante :

La solution aqueuse du pigment est légèrement acidifiée par l'acide chlorhydrique très étendu. Il se produit ainsi un précipité floconneux brun, soluble dans le moindre excès d'acide. Le liquide contient à ce moment les produits de décomposition de l'oxyhémoglobine. On ajoute un cinquième du volume d'alcool, et on extrait à l'éther qui dissout la matière colorante, tandis que, de la solution alcoolique aqueuse, l'ammoniaque précipite la matière albuminoïde, la *globine*. On essore, on lave rapidement à l'eau, et sitôt que celle-ci commence à dissoudre des quantités notables du précipité, on dissout ce dernier dans de l'eau acidulée d'acide acétique et on soumet à la dialyse. On obtient ainsi des dissolutions à 2 0/0 de globine.

Cette dissolution se trouble à peine par l'ébullition et redevient claire par la moindre trace d'acide acétique. Des traces d'ammoniaque, de soude, de carbonate de sodium, produisent un épais précipité, très soluble dans un excès de réactif. L'acide azotique donne un précipité soluble à l'ébullition et se reformant par refroidissement. Les acides chlorhydrique et sulfurique déterminent aussi des précipités, mais non point l'acide phosphorique. Le ferrocyanure acétique, les acides phosphotungstique et phosphomolybdique, l'iodure double de mercure et de potassium, les acides picrique et trichloracétique précipitent aussi la globine; l'acide métaphosphorique est sans action. Sont positives les réactions du biuret, de l'acide xanthoprotéïque, de Millon et d'Adamkiewicz (ces trois dernières faiblement); négatives les réactions de l'α-naphtol de Mölisch et de l'oxyde de plomb en solution alcaline. La pepsine chlorhydrique fournit de la vraie peptone.

La globine a la composition des matières albuminoïdes. Elle renferme : C, 54,97; H, 7,20; Az, 16,89; S, 0,42 0/0. Ses réactions la rapprochent des *histones* décrites par M. Kossel et par M. Lichenfeld, mais la globine n'a pas les propriétés anticoagulantes de ces corps. Injectée en petite quantité dans le sang, elle disparaît; en grandes quantités, elle passe dans les urines.

Le sang de chien fournit une globine très semblable à celle de l'oxyhémoglobine du sang de cheval. La globine du sang d'oie s'éloigne, au contraire, de ce type et représente, d'après M. Schultz, une *nucléo-histone* [Fr. N. Schultz, *Zeit. physiol. Chem.*, 29, 449]. E. Lambling.

**GLOBULARINE** (Voyez Dict., **1**, 1554). — MM. Heckel et Schlagdenhaufen [*Ann. Chim. Phys.*, (5), **28**, 67] ont repris le travail de Walz sur la globularine du *Globularia alypum* et *G. vulgaris*. Ils ont employé les rameaux et les feuilles de ces plantes; les feuilles fournissent le plus fort rendement en globularine. On a épuisé d'abord celles-ci par le sulfure de carbone, qui leur enlève 2,85 % de substances formées de graisses, cires, chlorophylle. Ensuite, l'éther a enlevé 2,44 % de matières colorantes, tannins, globularine, acide cinnamique et chlorophylle; cette dernière en forte proportion. Un épuisement au chloroforme a ensuite fourni 11,36 % de tannins, matières colorantes, acide cinnamique et globularine. On a fait suivre ces traitements d'un épuisement à l'alcool bouillant qui a donné une solution dont l'extrait, repris à l'eau et précipité au sous-acétate de plomb, a fourni un précipité de tannin et cinnamate de plomb, et une solution contenant de la mannite. Enfin les feuilles, épuisées une dernière fois à l'eau, ont fourni une solution contenant des sels minéraux (cinnamates alcalins) des gommes, dextrines, et des matières brunes.

La globularine purifiée est une substance soluble dans l'eau, l'alcool, le chloroforme et l'éther. En solution aqueuse, elle peut être séparée des tannins et des principes colorants qui l'accompagnent par l'acétate de plomb qui les précipite. Elle peut être précipitée elle-même de sa solution aqueuse par l'acide tannique pur. C'est une substance incristallisable; l'iode, le brome fournissent des précipités dans sa solution aqueuse. Les sels métalliques ne la précipitent pas; l'analyse élémentaire conduit à la formule $C^{16}H^{20}O^8$. L'ébullition avec les acides dilués la scinde en sucre et *globularétine*, substance insoluble, résineuse, répondant à la formule brute $C^6H^6O$, soluble dans les alcalis et précipitée en flocons



par les acides. Cette dernière substance est altérée par ébullition avec les alcalis et fournit de *l'acide cinnamique* en fixant une molécule d'eau. V. Auger.

**GLOBULINES** (voyez Dict., **1**, 1564; 1ᵉʳ Suppl., 61). — Les globulines sont des matières albuminoïdes insolubles dans l'eau, mais solubles dans les dissolutions étendues des sels neutres, NaCl, AzH⁴Cl, NaFl, etc. Ces dissolutions sont coagulées par la chaleur. Diluées avec de l'eau, elles abandonnent, en partie, la matière albuminoïde primitive inaltérée. Par une dialyse prolongée, on peut obtenir une précipitation presque complète. Les globulines sont solubles dans l'eau additionnée d'un peu d'acide ou d'alcali ou d'un carbonate alcalin. Par neutralisation, la globuline est reprécipitée, mais incomplètement, car le sel neutre formé en retient une partie en dissolution. La dissolution d'une globuline dans le minimum d'alcali nécessaire est précipitée par un courant d'acide carbonique, mais un excès de gaz dissout en général une partie du précipité. Les globulines dissoutes dans les solutions des sels neutres sont précipitées, en partie ou en totalité, selon la nature de la globuline, lorsqu'on introduit dans le liquide, à la température ordinaire, du sel marin ou du sulfate de magnésium à saturation. Le sulfate d'ammonium à saturation les précipite toutes, et d'une manière complète (voyez pour cette action des sels, 2ᵉ Suppl., **1**, 135).

Il est difficile, d'après M. Hammarsten, d'établir une ligne de démarcation nette entre les globulines d'une part et les alcali-albumines d'autre part. Ces dernières sont, à la vérité, insolubles en général dans une dissolution étendue de sel marin, mais, par l'action de lessives alcalines fortes, on obtient des alcali-albumines qui, immédiatement après leur précipitation, sont solubles dans les dissolutions de chlorure de sodium. D'autre part, beaucoup de globulines deviennent insolubles dans la même dissolution, après qu'elles ont été conservées pendant quelque temps sous l'eau [Hammarsten, *Lehrb. physiol. Chem.*, 3ᵉ édit., Wiesbaden, 1895, 26. — Voyez aussi le travail de Nikoljukin, 2ᵉ Suppl., **1**, 143].

On a montré à l'article FIBRINE comment, par une extension très légitime de la définition des globulines, M. Arthus a introduit dans cette classe des globulines une famille naturelle nouvelle, la famille des fibrines, comprenant le fibrinogène et la fibrine.

On sépare d'ordinaire les globulines d'*origine animale* des globulines *végétales*, sans qu'on puisse établir d'ailleurs une différence d'ordre chimique entre ces deux catégories. D'ailleurs les globulines végétales, comme toutes les matières albuminoïdes d'origine végétale, sont encore fort mal connues.

#### I. GLOBULINES ANIMALES.

1. SÉRUM-GLOBULINE. — La question du nombre et de la nature des matières albuminoïdes que l'on rencontre dans le sérum sanguin a été longtemps controversée, et s'est encombrée d'une nomenclature si touffue, que quelques brèves indications historiques sont nécessaires ici.

Le sérum sanguin n'a fourni jusqu'à présent que deux matières albuminoïdes nettement caractérisées, la sérum-albumine, qui est la sérine de Denis, et la sérum-globuline. Cette globuline a été décrite d'abord par Panum, qui l'obtenait en traitant le sérum étendu d'eau par de l'acide acétique étendu, et qui l'a appelée *sérum-caséine*. Une *sérum-caséine* a été également décrite par MM. Kühne et Eichwald, mais l'un et l'autre considéraient ce corps comme une *alcali-albumine*. Néanmoins, M. Hammarsten a démontré clairement que ces auteurs avaient eu en mains des fractions plus ou moins importantes de la sérum-globuline contenue dans le sérum. Plus tard, la sérum-caséine de Panum fût rangée par Al. Schmidt et Lehmann dans la catégorie des *globulines*, que Berzélius venait de créer ; mais pour marquer la part que, d'après lui, cette globuline prend au phénomène de la coagulation du sang, Al. Schmidt lui appliqua la dénomination de *substance fibrinoplastique*, tandis que M. Kühne, lui, maintenait celle de *para-globuline*.

Il vaut mieux, comme l'ont proposé MM. Weyl et Hoppe-Seyler, adopter la dénomination de *sérum-globuline*, qui rappelle à la fois l'origine de la matière albuminoïde, et la catégorie de matières protéiques à laquelle elle appartient : car, d'une part, la sérum-globuline n'est pas une *caséine*, et, d'autre part, le nom de *substance fibrinoplastique* est lié à une théorie de la coagulation qui, dans ces dernières années, a dû se modifier considérablement. Enfin, le nom de *paraglobuline* est évidemment moins bien choisi que celui de *sérum-globuline* [Panum, *Arch. f. path. Anat.*, 4, 17. — Kühne, *Lehrb. physiol. Chem.*, Leipzig, 1866, 175. — Eichwald, *Beiträge z. Chem. d. gewebebildenden Substanzen*, Berlin, 1873. — Al. Schmidt, *Arch. Anat. Physiol.*, 1862, 48. — Lehmann, *Lehrb. Physiol.*, 1862, 428. — Hoppe-Seyler, *Physiol. Chem.*, Berlin, 1882.]

*Préparation.* — On étend le sérum sanguin de 10 fois son volume d'eau et on fait passer un courant d'acide carbonique ; ou bien on neutralise par de l'acide acétique étendu le sérum dilué, et on soumet à la dialyse. Mais on n'obtient par ce procédé qu'une fraction de la sérum-globuline contenue dans le sérum. Il vaut mieux saturer cette liqueur en nature par du sulfate de magnésium, à la température de 30°. On filtre à la même température et on lave le précipité avec une solution saturée de sulfate de magnésium. On dissout ensuite la masse en ajoutant une quantité d'eau suffisante, et on recommence la précipitation et les lavages jusqu'à ce que le filtrat ne contienne plus d'albumine (sérum-albumine). On redissout ensuite dans très peu d'eau et on soumet à la dialyse. A mesure que s'effectue le départ du sel magnésien, la sérum-globuline se précipite [Hammarsten, *Pflüger's Arch.*, 18, 423].

M. Burkhardt a soutenu que la sérum-globuline ainsi préparée est accompagnée d'une albumine particulière, se précipitant par le sulfate de magnésium. Mais M. Hammarsten a clairement démontré que cette prétendue albumine n'est que de la sérum-globuline [Burkhart, *Arch. f. exp. Path.*, 16, 332. — Hammarsten, *Zeit. physiol. Chem.*, 8, 467].

On peut aussi appliquer à la préparation de la sérum-globuline le procédé employé par M. Michaïloff pour la séparation de l'albumine et des globulines du blanc d'œuf. Le sérum, étendu de 2 à 3 volumes d'eau, est saturé par du sulfate d'ammonium en poudre qui précipite la totalité des matières albuminoïdes. La masse est lavée à l'aide d'une solution saturée de sulfate d'ammonium, puis dissoute dans de l'eau et soumise à une dialyse énergique qui précipite la globuline. Signalons enfin le procédé de MM. Hofmeister et Kunder, qui consiste à ajouter au sérum un égal volume d'une dissolution saturée de sulfate d'ammonium. A ce degré de concentration, le sulfate précipite complètement la sérum-globuline, tandis que la précipitation de la sérum-albumine ne commence que pour une teneur de sel beaucoup plus élevée (Michaïloff, *Maly's Jahresb.*, 14, 7. — Kunder, *Arch. f. exp.*

*Path.*, 20, 411. — Voyez aussi 2e Suppl., 1, 136].

Les procédés de préparation dans lesquels la précipitation des globulines est obtenue à l'aide des sels, fournissent rapidement de grandes quantités de produits, mais la dialyse de cette masse considérable de sel est longue et fastidieuse. Si l'on veut éviter cet inconvénient, il vaut mieux avoir recours à la précipitation par dilution du sérum et passage d'un courant d'acide carbonique, bien que le rendement soit beaucoup moins bon. Ajoutons que, même dans ce cas, la sérum-globuline est toujours mêlée à un peu de lécithine et de ferment de la fibrine. On ne peut éviter cette dernière impureté qu'en s'adressant à certains transsudats, tels que le liquide d'hydrocèle, qui en sont parfois exempts.

*Propriétés.* — Fraîchement précipitée et encore humide, la sérum-globuline est une masse blanche, en flocons très fins, et n'ayant en aucune façon la consistance élastique du fibrinogène. Elle dévie à gauche le plan de polarisation. Pour les solutions dans l'eau salée, M. Frédéricq a trouvé pour $[\alpha]_D$ de — 47°,8 à — 48°,2, pour la globuline du sérum de sang de bœuf, de cheval, de lapin et de chien. M. Hammarsten indique, d'autre part, $[\alpha]_D = $ — 47°, et M. Haas, — 59°,8 (pour la sérum-globuline dissoute dans le carbonate de sodium étendu). La sérum-globuline ne dialyse pour ainsi dire pas à travers le papier parchemin.

La sérum-globuline est insoluble dans l'eau, soluble dans les dissolutions salines. L'action des sels dépend de la concentration de la solution et de la nature du sel. La sérum-globuline se dissout facilement dans les dissolutions de sel marin à 5-10 0/0, moins facilement dans les dissolutions plus étendues ou plus concentrées. Il suit de là que la dilution d'une solution de globuline dans de l'eau salée à 5-10 0/0, ou l'introduction du sel marin en nature, provoquent également une précipitation de globuline. Dans une dissolution de sérum-globuline tout à fait pure, la précipitation par le sel marin pourra être complète. Mais dans les liquides de l'économie (sérum, transsudats, etc.) la présence d'autres matériaux empêche une précipitation totale.

Un grand nombre d'autres sels agissent d'une façon analogue sur la globuline du sérum, et l'on constate que la précipitation de la matière albuminoïde *commence* pour des concentrations très variables quand on passe d'un sel à l'autre (voyez 2e Suppl., 1, 136). Pour ce qui regarde la précipitation *complète* de la sérum-globuline (dans le sérum), trois sels seulement entrent en ligne de compte : le sulfate d'ammonium, l'acétate de potassium et le sulfate de magnésium (*ibid.*). Notons encore que, par leur contact prolongé, les sels modifient les propriétés physiques de la sérum-globuline. L'évaporation lente (dans le vide) d'une dissolution de sérum-globuline dans de l'eau salée fournit un résidu qui ne se dissout plus qu'incomplètement dans la solution de sel marin. Le contact prolongé avec l'eau pure ou les lavages prolongés sur filtre avec des dissolutions salines produisent le même effet.

La sérum-globuline se dissout dans les alcalis étendus, dans les solutions étendues des carbonates alcalins ou des phosphates alcalins bimétalliques. Les acides la précipitent de ces dissolutions, mais incomplètement, parce que le sel formé maintient en dissolution une partie de la matière. On conçoit même que, pour des proportions convenables d'alcali et de globuline, la neutralisation par un acide puisse ne produire aucun précipité. Ces solutions alcalines sont également précipitées par le gaz carbonique, et le produit est soluble dans l'eau salée. Si l'on continue à faire agir le courant, une partie de la globuline repasse en dissolution, puis se précipite lorsqu'on abandonne le liquide à l'air ; mais alors le précipité n'est plus soluble dans l'eau salée, car il est formé d'acidalbumine.

La globuline du sérum se dissout dans les acides étendus (et même dans l'eau chargée d'acide carbonique), mais moins facilement que dans les alcalis. Un contact prolongé avec les acides la transforme facilement en acidalbumine, qui n'est pas soluble dans les solutions salines. Ce phénomène peut se produire si l'on précipite la globuline par un courant longtemps prolongé d'acide carbonique (voyez plus haut). Les acides (même l'acide carbonique) précipitent la globuline de sa dissolution dans l'eau salée ; mais le précipité est alors de l'acidalbumine.

Le tableau suivant donne les quantités des divers sels nécessaires pour tenir en dissolution dans 100 grammes d'eau 1 gramme de sérum-globuline [Al. Schmidt, *Maly's Jahresb.*, 2, 59]. Ces nombres n'ont qu'une exactitude approchée, mais ils donnent une idée de l'action relative de ces divers dissolvants :

|  | gr. |
|---|---|
| Soude | 0,002 |
| Carbonate de sodium | 0,017 |
| Bicarbonate de sodium | 0,034 |
| Acide acétique | 0,046 |
| Phosphate de sodium | 0,092 |
| Sel marin | 1,974 |

La température de coagulation des solutions de sérum-globuline oscille entre 68 et 80°, les températures élevées se rapportant aux dissolutions les plus étendues.

2. Fibrine et fibrinogène (voyez 2ᵉ Suppl., **1**, 130).

3. Myosine (voyez Dict., 2, 480 et 483). — Cette globuline apparaît sous la forme d'une gelée, au moment de la coagulation spontanée du plasma musculaire. Comme la mort du muscle provoque la même coagulation, tout muscle en état de rigidité cadavérique contient de la myosine, qui représente la masse principale des albuminoïdes du muscle mort. D'après M. Danilewski, les muscles des différents animaux en contiennent de 30 à 110 pour 1000. La myosine formerait aussi, d'après beaucoup d'auteurs, la masse principale de tout protoplasma contractile ; mais toutes les indications touchant sa présence dans d'autres tissus que dans le muscle sont, d'après M. Hammarsten, sujettes à revision [voyez Danilewski, *Zeit. physiol. Chem.*, 7, 124. — Treskin, *Pflüger's Arch.*, 5, 122. — Hammarsten, *Lehrb. physiol. Chem.*, 3ᵉ édit., Wiesbaden, 1893, 323].

Il est probable que dans le plasma musculaire la myosine prend naissance aux dépens d'un *myosinogène*, et sous l'influence d'un ferment de la myosine, tout comme la fibrine provient du fibrinogène du sang en présence du ferment de la fibrine. En maintenant pendant plusieurs mois du plasma musculaire en contact avec de l'alcool fort, puis extrayant la masse coagulée par de l'eau, M. Halliburton a montré qu'il passe en dissolution une diastase qui provoque la coagulation du plasma musculaire, et qui ressemble beaucoup au ferment de la fibrine [Halliburton, *Lehrb. chem. Physiol.*, trad. allemande de Kayser, Heidelberg, 1893, 431]. L'identité des deux ferments a même été soutenue [Halliburton, *Journ. of Physiol.*, 8, 169]. Les recherches de M. Cavazzani ont, en outre, rendu très vraisemblable ce fait, que les sels de chaux participent au phénomène de la coagulation du myosinogène [Cavazzani, *Maly's Jahresb.*, 22, 333). M. Halliburton admet, en outre, que la production de la myosine aux dépens du myosinogène est accompagnée de la production d'un acide ; mais toute cette question est encore fort obscure [voyez

Hammarsten, *Lehrb. physiol. Chem.*, 3ᵉ édit.; Wiesbaden, 1895, 325].

Le myosinogène est accompagné par d'autres globulines (*musculine* ou *para-myosinogène, myoglobuline*), qui sont décrites plus loin.

*Préparation.* — M. Halliburton [*loc. cit.*] traite le muscle haché par une solution à 5 0/0 de sulfate de magnésium, et le liquide filtré est additionné d'une quantité de ce même sel, telle que 100 centimètres cubes du liquide en contiennent 50 grammes. Le para-myosinogène ou musculine se précipite, et on ajoute au filtrat une nouvelle quantité de sulfate, telle que 100 centimètres cubes du liquide contiennent 94 grammes du sel cristallisé ordinaire. La myosine qui se dépose est recueillie sur filtre, dissoute dans de l'eau distillée (grâce au sel resté adhérent), puis reprécipitée par l'addition d'un excès d'eau distillée. On la purifie, s'il y a lieu, en la dissolvant dans de l'eau contenant un peu de sulfate, et en la reprécipitant par dilution avec de l'eau.

L'ancienne méthode de M. Danilewski, qui est sans doute la plus fréquemment employée, consiste à extraire le muscle par une solution de sel ammoniac à 5-10 0/0 et à précipiter, par addition d'eau, le filtrat obtenu. La myosine recueillie est dissoute dans une solution étendue de sel ammoniac, puis précipitée de nouveau, soit par dilution, soit par dialyse [Danilewski, *Zeit. physiol. Chem.*, 5, 158. — Voyez aussi Chittenden et Cummins, *Maly's Jahresb.*, 20, 298].

On peut aussi, d'après M. Danilewski, délayer le muscle haché avec une petite quantité d'eau, ajouter à la moitié de la masse de l'acide chlorhydrique étendu, jusqu'à ce que la tropéoline 00 donne une réaction positive, mélanger les deux moitiés et filtrer. Cette solution peut être chauffée jusqu'à 35° sans altération de la myosine. Par neutralisation au moyen de la soude ou de l'eau de chaux, on précipite la myosine.

*Propriétés.* — La myosine extraite des muscles de bœuf, de veau et de mouton présente la composition moyenne que voici : C, 52,82 ; H, 7,11 ; Az, 16,77 ; S, 1,27 ; O, 21,90 [Chittenden et Cummins, *loc. cit.*].

Elle est insoluble dans l'eau, soluble dans les solutions salines étendues, d'où elle est précipitée par le sel marin introduit à saturation, ou par le sulfate de magnésium (voyez plus haut). La température de coagulation des solutions dans le sel marin est de 56° environ ; mais elle varie d'une espèce animale à l'autre, et pour la même espèce d'un sel à l'autre. Dans le sel ammoniac à 5 0/0, elle est située à 11° plus bas que dans le sel marin à 5 0/0 (Chittenden et Cummins).

La myosine est soluble dans les alcalis et les acides étendus. Dans le premier cas, on ne constate pas de diminution sensible de l'alcalinité du liquide ; mais avec une solution d'acide chlorhydrique normal au 10ᵉ, l'acidité vis-à-vis de la tropéoline 00 peut être entièrement supprimée, et le liquide, évaporé à basse température, fournit une myosine à 3,1-4,8 0/0 de HCl. A une température plus élevée (40-50°), ou en présence d'un acide plus concentré, la myosine se transforme facilement en syntonine. Si l'on dissout cette syntonine dans le minimum d'eau de chaux nécessaire, et si l'on sature par du sel ammoniac sec, on obtient par filtration un liquide épais, opalescent. Si l'on ajoute de l'acide acétique étendu, jusqu'à ce que du tournesol violet ne donne plus de réaction alcaline, le liquide opalescent ainsi préparé donne toutes les réactions d'une solution de myosine (Danilewski).

La myosine abandonne à la calcination des cendres alcalines, contenant Ca, Mg, P²O⁵ et SO³. Si l'on abandonne pendant quelque temps de la myosine sous l'eau, elle devient insoluble dans la solution de sel ammoniac, puis insoluble dans l'eau de chaux et dans les acides étendus. Ceux-ci ne font plus que la gonfler en la transformant en une masse vitreuse. Cette myosine modifiée fournit des cendres neutres.

4. MUSCULINE. — Cette globuline, que M. Halliburton appelle *para-myosinogène* (voyez plus haut), est surtout caractérisée par sa température de coagulation qui est très basse (environ 45°). On a dit plus haut comment on la sépare de la myosine, d'après M. Halliburton. Au moment de la coagulation du plasma musculaire, la musculine se séparerait en même temps que la myosine, et se trouverait par conséquent dans le caillot avec cette dernière. Mais une solution de musculine exempte de myosine n'est pas coagulée par le ferment de la myosine, tandis qu'une solution de myosine dans du sulfate de magnésium à 5 0/0 peut être amenée à coagulation dans ces conditions, avec production d'un acide libre (voyez plus haut). Lorsqu'on traite le muscle rigide par de l'eau, une partie de la musculine passe en dissolution (Halliburton).

5. MYOGLOBULINE. — Lorsque, dans la préparation de la myosine, on a précipité successivement, au moyen du sulfate de magnésium, la musculine, puis la myosine, le filtrat, additionné du même sel jusqu'à saturation, fournit un précipité que M. Halliburton considère comme une *myoglobuline*. Elle est analogue à la sérum-globuline et est coagulée à 63°.

6. CRISTALLINE. — Lorsqu'on traite le cristallin par des dissolutions salines étendues, il reste comme résidu insoluble une substance que M. Mörner appelle *albumoïde*, et qui représente 170 pour 1000 de la substance fraîche, tandis qu'il passe en dissolution deux globulines, une *cristalline* α (68 pour 1000) et une *cristalline* β (110 pour 1000), non précipitées par le sel marin à saturation, mais précipitées par le sulfate de sodium et le sulfate de magnésium. La première contient 16,68 0/0 d'azote et 0,56 0/0 de soufre et est coagulée à 72°; la seconde renferme 17,04 0/0 d'azote et 1,27 0/0 de soufre, et est coagulée à 63°. La cristalline α est plus abondante dans les couches extérieures de l'organe [Mörner, *Zeit. physiol. Chem.*, **18**, 1er fascicule]. M. Béchamp distingue aussi plusieurs matières albuminoïdes dans le cristallin [*C. R.*, **90**].

M. Hoppe-Seyler considère la cristalline comme très analogue à la vitelline. Toutes deux seraient peut-être à ranger dans la classe des nucléo-albumines.

7. VITELLINE (voyez Dict., **3**, 718). — On décrit toujours sous cette dénomination la vitelline du jaune de l'œuf de poule ou *ovovitelline*. L'œuf des poissons et celui de certains amphibies contient aussi des vitellines (sous la forme de plaquettes semi-cristallines), qui sont analogues, peut-être identiques, à l'ovovitelline, mais sur la vraie nature desquelles on est aussi mal renseigné que sur celle de la vitelline elle-même. Il est probable, en effet, que la vitelline doit être séparée des globulines et rangée, comme on va le voir, dans la classe des nucléo-albumines.

Le procédé employé pour la préparation de la vitelline (épuisement du jaune par l'éther et dissolution de la vitelline dans la solution de sel marin à 10 0/0) ne donne pas un produit bien constant. Hoppe-Seyler a trouvé dans la vitelline ainsi obtenue 25 0/0 de lécithine. Cette lécithine peut être éliminée à l'aide de l'alcool bouillant, mais ce traitement modifie visiblement la vitelline, et il est probable que dans le jaune la lécithine est chimiquement combinée avec la vitelline.

Cette vitelline, plus ou moins exactement privée

de lécithine, a certainement des analogies avec les globulines. Elle est soluble dans la solution étendue de sel marin, dans les acides et les alcalis étendus; mais le sel marin, introduit jusqu'à saturation, ne la précipite pas de ses dissolutions salines, et, fait capital, la pepsine chlorhydrique la dissout en laissant insoluble une nucléine ferrugineuse, étudiée par Bunge sous le nom d'*hématogène* (voyez ce mot et le mot NUCLÉINE). Cette nucléine, qui appartient à la catégorie des *pseudo-nucléines*, paraît bien être un produit de décomposition de la vitelline, et cette réaction doit faire ranger cette matière protéique dans la classe des nucléo-albumines [Bunge, *Zeit. physiol. Chem.*, **9**, 49].

L'*ichtuline* et l'*ichtidine* des œufs de carpes sont sans doute aussi des *nucléo-albumines* et non des *globulines* (voyez NUCLÉINES).

GLOBULINES DIVERSES. — Les glandes séminales des rongeurs (cobaye, rat, souris) contiennent une masse semi-liquide, transparente, renfermant environ 29 0/0 de matières albuminoïdes. On peut extraire de ce liquide une globuline entièrement précipitable par le sel marin en poudre, mais non précipitée par dilution avec une solution étendue du même sel. Diluée avec une solution de sel marin à 8 0/0, cette masse n'est précipitée ni par un courant d'acide carbonique, ni par l'eau; la chaleur ne produit de coagulation qu'après addition d'un peu d'eau de chaux, et à 56°. Si on la touche avec une trace de sérum sanguin, elle se prend en une masse solide se comportant absolument comme la fibrine [Landwehr, *Pflüger's Arch.*, **23**, 538]. La même coagulation se produit lorsqu'on mélange ce produit de sécrétion séminale avec une goutte du liquide prostatique du même animal. Ainsi s'explique la production du bouchon vaginal que l'on observe chez ces espèces au moment de la copulation. Cette globuline est donc très analogue au fibrinogène du sang, mais le ferment de la fibrine est sans action sur elle, et la coagulation en question n'est pas suspendue en présence des oxalates [pour plus de détails, voyez Camus et Gley, *Soc. de Biol.*, **48**, 787].

La matière albuminoïde provenant du dédoublement de l'oxyhémoglobine est généralement rangée parmi les globulines. M. Fr. N. Schulz a étudié, sous le nom de *globine* (voy. p. 704), celle qui provient du sang de cheval et qui se rapprocherait, par ses réactions, des histones décrites par MM. Kossel et Lilienfeld, tandis que celle du sang d'oie serait plutôt une *nucléo-histone* [Fr. N. Schulz, *Bull. Soc. Chim.*, (3), **20**, 686].

M. A.-P. Griffiths a extrait du sang de plusieurs invertébrés des globulines qui paraissent posséder un pouvoir respiratoire. Ainsi le sang incolore de *Pinna squamosa* fournit une globuline incolore, la *pinnaglobuline*, qui fixe, à 0° et 760 millimètres de pression, 162 centimètres cubes d'oxygène par 100 grammes de substance. Elle donne aussi, avec le méthane, l'acétylène, l'éthylène, des combinaisons qui sont colorées et dissociables dans le vide; [α]ᴅ = — 61°. Le sang de *Patella vulgata* contient de même une globuline, l'*achroglobine*, qui fixe pour 100 grammes, à 0° et 760 millimètres de pression, 132 centimètres cubes d'oxygène et 315 centimètres cubes d'acide carbonique. En solution magnésienne étendue, [α]ᴅ = — 48°. Enfin du sang des chitons, de celui de *Ascidia*, *Molgula*, *Cynthia*, M. Griffiths a retiré une β-*achroglobine* et une γ-*achroglobine* qui rempliraient également des fonctions respiratoires [Griffiths, *C. R.*, **114**, 840; **115**, 259, 474, 738].

**II. GLOBULINES VÉGÉTALES.**

Voyez 1er Suppl., 64, et 2e Suppl., **1**. 133.

Les globulines végétales sont un peu solubles dans l'eau distillée. Elles sont précipitées de cette dissolution par de petites quantités de sel marin, et dissoutes par des solutions plus concentrées (5-20 0/0 de Na Cl).

On doit faire rentrer dans cette classe des globulines végétales la conglutine des amandes douces et amères, précédemment décrite avec les caséines végétales, ainsi que les cristalloïdes (granules de protéine) de la noix de Para, des semences de courge, etc. (1er Suppl., 66).

1. GLOBULINE DES SEMENCES DE COURGE. — M. Grübler a obtenu cette globuline, à l'état cristallisé, par le procédé suivant : La matière albuminoïde, extraite d'après le procédé de M. Maschke (voyez plus loin) et entièrement dégraissée, est dissoute dans une solution de sel marin à 10 0/0, et le filtrat, neutralisé par quelques gouttes d'ammoniaque, est saturé de sel marin. Le léger précipité qui se produit est séparé par le filtre, et le liquide, additionné d'un excès d'eau, abandonne la globuline, que l'on lave d'abord par décantation et ensuite sur filtre. On dissout alors le produit dans la quantité minima d'eau salée à 20 0/0, on filtre après quelque temps et on ajoute de l'eau jusqu'à ce qu'il se produise un trouble laiteux, disparaissant lorsqu'on chauffe à 30°. On ajoute maintenant assez d'eau à 30° pour que le liquide devienne louche, on fait disparaître ce trouble en chauffant à 40°, et, disposant la solution dans un grand vase contenant de l'eau à 40°, on abandonne le tout au refroidissement lent. La majeure partie de la globuline se dépose en cristaux microscopiques, durs et assez nets. Ce sont, d'après M. Schimper, des octaèdres réguliers, isotropes, susceptibles d'imbibition et de gonflement, et fixant très facilement l'iode et les matières colorantes. Ils se comportent vis-à-vis des dissolvants comme les cristalloïdes naturels. Les solutions plus concentrées abandonnent souvent des cristaux de la grosseur d'une tête d'épingle, mais leur consistance est alors butyreuse, et ils s'écrasent quand on les détache des parois du vase.

Une solution de cette globuline dans l'eau salée à 1 pour 3 est coagulée à 95°, et, dans de l'eau salée à 1 pour 12, à 78°. Par un contact prolongé avec l'eau, et plus vite encore avec l'eau chargée d'acide carbonique, la globuline devient insoluble.

Voici quelles sont les moyennes d'une série très concordante d'analyses élémentaires de ces cristaux ·

|  | Cristaux sortant d'une solution de | | |
|---|---|---|---|
|  | Sel marin. | Sel ammoniac. | Sulfate de magnésium. |
| Carbone. ... | 53,21 | 53,55 | 53,29 |
| Hydrogène.. | 7,22 | 7,31 | 6,99 |
| Azote....... | 19,22 | 19,17 | 18,99 |
| Soufre...... | 1,07 | 1,16 | 1,13 |
| Oxygène. .. | 19,10 | 18,70 | 19,47 |
| Cendres..... | 0,18 | 0,11 | 0,13 |

Les cendres étaient composées d'alcalis, de chaux, de magnésie, de fer et d'acide phosphorique [voyez aussi les analyses de Chittenden et Hartwell, *Journ. of Physiol.*, **11**, 435].

M. Grübler a préparé, en outre, une combinaison cristallisée de cette globuline et de magnésie, dont l'étude est intéressante au point de vue de la détermination du poids moléculaire minimum de ces albuminoïdes. En laissant refroidir lentement une dissolution aqueuse, faite à 40°, de la matière protéique avec de la magnésie, il a obtenu des cristaux contenant : C, 52,60; H, 7.20; Az, 18.92; S, 0,96; O, 19.74: cendres, 0, 52, MgO, 0.45, ce qui donne les formules : $C^{1170} H^{1920} Az^{300} O^{332} S^8 Mg^3$ pour la combinaison

magnésienne, et $C^{292} H^{481} Az^{90} O^{83} S^2 = 6637$ pour la globuline libre, en admettant avec M. Bunge que les trois atomes de magnésium réunissent quatre molécules de l'albuminoïde, dont chacune ne contiendrait que deux atomes de soufre [Grübler, *J. prakt. Chem.*, (2), **23**, 97. — Schimper, *Dissert. inaug.*, Strasbourg, 1878. — Bunge, *Lehrb. physiol. Chem.*, 2e édit., Leipzig, 1889, 52].

2. GLOBULINE DE LA NOIX DE PARA. — Les cristalloïdes de la noix de Para, isolés par décantation, sont dissous dans une petite quantité d'eau à 40°. En évaporant avec précaution, on provoque la cristallisation de la globuline [Maschke, *Bot. Zeit.*, 1859, 441].

MM. Schmiedeberg et Drechsel ont préparé des combinaisons cristallisées de cette globuline avec diverses bases alcalines ou alcalino-terreuses. En faisant digérer le produit préparé d'après M. Maschke avec de la magnésie en excès et de l'eau à 30-35°, on obtient une dissolution qui, filtrée et évaporée doucement, abandonne des cristaux brillants, bien nets, et de la grosseur d'une graine de pavot [Schmiedeberg, *Zeit. physiol. Chem.*, **1**, 205]. Ces cristaux sont à peu près insolubles dans l'eau; ils renferment, d'après M. Drechsel, après dessiccation à 110°, 1,40 0/0 de MgO, ce qui donnerait, pour la matière albuminoïde, un poids moléculaire minimum de 2817.

On obtient ces cristaux plus facilement en introduisant la solution magnésienne de l'albuminoïde dans un dialyseur que l'on fait plonger dans de l'alcool absolu. Les cristaux ainsi préparés par M. Drechsel contenaient, à l'état sec, 1,43 0/0 de MgO, ce qui conduit à un poids moléculaire de 2757. Une dissolution tiède de la globuline magnésienne, traitée par un peu d'une dissolution de chlorure de baryum ou de calcium, fournit par refroidissement la combinaison barytique en cristaux très fins, solubles dans un excès du chlorure employé (Schmiedeberg).

Par le même procédé à l'alcool, on peut préparer une combinaison sodique renfermant, à l'état sec, 3,98 0/0 de $Na^2O$.

Une dissolution de la globuline isolée d'après M. Maschke, traitée par un courant d'acide carbonique, donne un précipité en paillettes microscopiques, mais sans formes cristallines précises. Ce produit, lavé à l'alcool, puis à l'éther, et séché dans un courant d'air sec, est une poudre blanche, brillante, se dissolvant facilement dans les solutions de sel marin ou de sel ammoniac, même après plusieurs années, mais devenant insoluble par contact prolongé avec l'eau. La dissolution dans le sulfate de magnésium ou dans le sel marin à 10 0/0 n'est pas précipitée par l'introduction de ces sels en nature, même à saturation (Drechsel).

D'après M. Weyl, la solution saturée de cette globuline dans le sel marin à 10 0/0 est coagulée à 75° [Weyl, *Zeit. physiol. Chem.*, **1**, 72].

3. GLOBULINES DU RICIN ET DU CHANVRE. — Elles ont été extraites, par M. Ritthausen, des tourteaux des graines de ricin et de chanvre et ne se distinguent guère des précédentes que par leur facile solubilité dans l'eau distillée ou dans la glycérine concentrée [*Pflüger's Arch.*, **16**, 15 et **21**, 81. — *J. prakt. Chem.*, (2), **23**, 481 et 25, 130].

4. GLOBULINES DIVERSES. — M. Vines a étudié les globulines de *Pæonia officinalis*, celles du lupin bleu, et M. S. Martin a décrit celles de la farine de froment et du jequirity. Cette dernière rentre dans la catégorie encore mal connue des globulines toxiques. Notons, à ce sujet, que le pouvoir bactéricide du sérum sanguin a été rapporté à l'action d'une globuline et que M. Halliburton affirme avoir extrait des leucocytes des

glandes lymphatiques une cyto-globuline à pouvoir bactéricide marqué [Vines, *Proc. roy. Soc.*, 28, 218; 30, 387 et 31, 62. — Martin, *Brit. Med. Journ.*, 1889, 184. — Hankin, *Proc. roy. Soc.*, 48, 93].

Des *myosines* végétales ont été trouvées par M. S. Martin dans les grains de froment, de seigle et d'orge. Le suc de *Carica papaya*, le manioc, un grand nombre d'apocynées, de composées, etc., renferment aussi des globulines [Martin, *loc. cit.* — Green, *Proc. roy. Soc.*, 41, 446].

E. Lambling.

**GLOBULOSES** (voyez 2ᵉ Suppl., 4, 141). — L'histoire chimique des globuloses est demeurée très confuse, comme d'ailleurs celle de toutes les albumoses (protéoses). Bien que l'ancien point de vue de Maly et de Herth, qui ne plaçaient à côté de chaque matière albuminoïde qu'une seule albumose, soit aujourd'hui abandonné par la majorité des physiologistes, la séparation des diverses globuloses, telles que les distingue l'école de MM. Kühne, Neumeister et Chittenden, paraît encore bien arbitraire dans ses méthodes et sans grande portée dans ses résultats. On n'ajoutera donc rien ici à ce qui a été dit à l'article ALBUMOSES (2ᵉ Suppl., 4, 141), que l'indication sommaire de quelques travaux nouveaux.

MM. Kühne et Chittenden ont préparé, en partant de la myosine de la viande de bœuf, une *protomyosinose* dont la composition centésimale est presque identique à celle de la myosine primitive, et une *deutéromyosinose*, un peu moins riche en carbone (50,97 au lieu de 52,79 0/0) [*Zeit. f. Biol.*, 25, 358]. MM. Chittenden et Goodwin [*Journ. of Physiol.*, 12, 34] ont obtenu des résultats analogues. Les mêmes globuloses ont été obtenues dans la digestion protéolytique de la myosine en présence de la *broméline*, ferment soluble retiré de l'ananas [Chittenden, *Journ. of Physiol.*, 15, 249]. Les globulines végétales fournissent la même série de globuloses [Chittenden et L.-B. Mendel, *Ibid.*, 17, 48].

E. Lambling.

**GLUCINIUM.** — MM. G. Krüss et H. Moraht ont préparé le glucinium métallique en réduisant le fluorure glucinopotassique pur, $GlFl^2K^2$, par le sodium, dans un creuset d'acier, au four Perrot, pendant une demi-heure. En reprenant le produit par l'eau, on trouve le glucinium en partie pulvérulent, mais en plus grande partie cristallisé en lamelles hexagonales [*Ann. Chem.*, 260, 161; *D. chem. G.*, 23, 727].

M. P. Lebeau prépare le glucinium par l'électrolyse du fluorure pur, rendu conducteur par addition de fluorure de sodium ou de potassium. L'opération s'exécute dans un creuset de nickel servant d'électrode positive, l'électrode négative étant constituée par une baguette de charbon. La masse étant fondue, on fait passer le courant et on cesse de chauffer; le produit se maintient fondu. Il ne faut pas dépasser le rouge naissant. On obtient ainsi, avec un courant de 6 à 7 ampères et 35 à 40 volts, dans la partie moyenne du creuset, un feutrage métallique cristallin, non adhérent, qu'on isole par un traitement à l'eau bouillante [*C. R.*, 126, 744; voir le Mémoire complet de M. Lebeau, *Ann. Chim. Phys.*, (7), 16, 457].

Le même auteur a cherché à extraire le glucinium directement de l'émeraude, en soumettant celle-ci, mélangée de charbon, au four électrique à l'action d'un courant de 1500 ampères; il n'a pas obtenu de glucinium, mais beaucoup de silicium. Dans d'autres conditions, il a obtenu le carbure de glucinium (voyez plus loin). Ce carbure de glucinium n'est pas attaqué par l'oxyde de glucinium, mais en présence d'oxyde de cuivre

il fournit des alliages de cuivre et de glucinium. Par contre, M. Lebeau est parvenu à isoler le glucinium en chauffant de même l'émeraude pulvérisée avec du carbure de calcium, puis en exposant le produit à l'air humide. Après un traitement à l'acide fluorhydrique et à l'acide sulfurique, on parvient à isoler le glucinium. Le rendement est de 90 à 95 0/0 du glucinium contenu dans l'émeraude [Lebeau, *C. R.*, 126, 1202].

Quand on chauffe de l'oxyde de glucinium avec du magnésium dans un courant d'hydrogène, il se produit une légère incandescence. Le produit obtenu est une masse grise, mélange de glucine, de magnésie, de glucinium et de magnésium, accompagné d'hydrogène fixé. L'interprétation des analyses conduit M. Cl. Winkler à admettre la présence d'hydrure de glucinium $(GlH)^x$. Voici, par exemple, quelle est la composition d'un de ces produits :

| | |
|---|---|
| Hydrure de glucinium | 3,33 |
| Oxyde de glucinium | 45,40 |
| Oxyde de magnésie | 45,03 |
| Magnésium | 6,21 |

[Cl. Winkler, *D. chem. G.*, 24, 1972].

M. L. Liebmann prépare le glucinium par l'électrolyse de la glucine en présence de fluorure de calcium et d'un chlorure alcalin ou alcalino-terreux, au rouge blanc [*D. R. P.*, 101 326].

PROPRIÉTÉS PHYSIQUES. — La chaleur spécifique du glucinium augmente avec la température et reste assez constante entre 400 et 500° et égale à 0,62, ce qui, avec le poids atomique 9,1, conduit à la chaleur atomique 5,64. Ainsi disparaît la contradiction entre les conclusions à tirer de la chaleur spécifique, déterminée à basse température, et les densités de vapeur des combinaisons volatiles du glucinium [T.-S. Humpidge, *Chem. News*, 54, 121; *Proceed. Roy. Soc.*, 39, 1].

Le glucinium cristallise dans le système hexagonal, avec les faces $p$, $m$, $h^1$, plus celles de la pyramide hexagonale. L'inclinaison de ces dernières sur la base $p$ est de 118° 43′ ½; rapport des axes $= 1 : 1,8502$. Les cristaux sont prismatiques ou tabulaires, suivant la base; ils sont microscopiques et d'un gris d'acier. Leur forme est holoédrique comme celle du zinc [G. Flink, *D. chem. G.*, 17, 849].

POIDS ATOMIQUE ET VALENCE DU GLUCINIUM. — MM. G. Krüss et H. Moraht ont déterminé le poids atomique du glucinium par l'analyse du sulfate, d'après le procédé suivi par MM. Nilson et Pettersson, mais en partant d'une glucine qu'ils regardent comme ayant été purifiée plus complètement. Ils sont arrivés au nombre 9,028 (pour $O = 15,96$ et pour le métal *bivalent*). MM. Nilson et Pettersson avaient obtenu le nombre 9,081 [*D. chem. G.*, 23, 2552].

La question de la valence du glucinium a continué à être débattue. La bivalence du métal paraît aujourd'hui définitivement établie par la détermination du poids moléculaire d'un certain nombre de composés, parmi lesquels le chlorure et le bromure (voir plus loin) et le *dérivé glucinique de l'acétylacétone* étudié par A. Combes [*Bull. Soc. Chim.*, (3), 13, 3]. Ce sel est un corps fusible à 108° et distillant à 270°, très soluble dans l'alcool et cristallisant dans le système orthorhombique. Sa densité de vapeur, prise d'après la méthode de déplacement, dans la vapeur de diphénylamine et dans la vapeur de mercure, a été trouvée égale à 7,26-7,12, ce qui correspond à la formule

$$(C^5H^7O^2)^2Gl''$$

(théorie $= 7,16$; la formule $(C^5H^7O^2)^3Gl'''$ avec $Gl = 13,5$ exigerait 10,75).

La discussion relative à la composition de divers sels conduit certains auteurs à adopter la trivalence et d'autres la bivalence du glucinium. Ainsi, M. J. Philipp, par l'étude de l'oxalate glucinopotassique conclut à la trivalence [*D. chem. G.*, **16**, 752], tandis que MM. Arth. Rosenheim et P. Woge tirent une conclusion opposée de l'étude des oxalates et des tartrates [*Z. anorg. Chem.*, **15**, 283]. Les mêmes auteurs s'appuient encore sur la composition du *molybdate de glucinium* qui est représenté par le seul sel cristallisé,

$$Mo\,O^4\,Gl\,.\,2\,H^2O,$$

tandis que les sesquioxydes fournissent des paramolybdates complexes bien définis. Enfin, ces sesquioxydes ne donnent pas de *sulfites doubles*, tandis que la glucine donne les sels

$$(SO^3)^3\,Gl^2\,K^2,9\,H^2O \quad et \quad (SO^3)^3\,Gl^2\,(Az\,H^4)^2,4\,H^2O.$$

L'analogie du carbure de glucinium avec celui d'aluminium lui a fait assigner la formule $C'''^3\,Gl^4$, par M. P. Lebeau; mais la formule $C\,Gl''^2$ plus simple, rend aussi bien compte de ses propriétés.

Parmi les arguments qu'on a fait valoir en faveur de la bivalence du glucinium, citons encore le spectre du chlorure, qui a de l'analogie avec celui du chlorure de calcium (W.-N. Hartley).

Les propriétés de la glucine comme mordant en teinture, comparées à celle de l'alumine, sont plutôt celles d'un protoxyde que celles d'un sesquioxyde [M. Prudhomme, *Bull. Soc. Chim.*, (3), **13**, 509].

Toutes les formules qu'on trouvera plus loin, sauf le cas où il en sera autrement spécifié, se rapportent au glucinium bivalent.

ALLIAGES DE GLUCINIUM. — *Bronze de glucinium.* — M. P. Lebeau a obtenu de semblables alliages par l'action du four électrique pendant 5 minutes, avec un courant de 900 ampères et 60 volts. En employant un mélange de 25 parties de glucine, 50 parties d'oxyde de cuivre et 100 parties de charbon, on obtient un alliage fragile, à cassure rosée, fusible, non homogène, qui, par liquation donne un alliage liquide à 5 0/0 de glucinium et un résidu solide à 15 0/0 de glucinium.

Avec un mélange de 25 parties de glucine, 100 parties d'oxyde de cuivre et 25 parties de charbon, il se produit un alliage à 5 0/0, limable et polissable, martelable à chaud et à froid. Un autre alliage à 0,5 0/0 de glucinium a la couleur de l'or et est très sonore, ainsi que l'alliage à 1,33 0/0, qui est d'un jaune d'or [P. Lebeau, *C. R.*, **125**, 1172].

CHLORURE DE GLUCINIUM. $Gl\,Cl^2$. — Préparé par l'action du gaz chlorhydrique sur le glucinium métallique chauffé dans un tube de platine après expulsion de l'air, il constitue une masse blanche composée de petits cristaux, quelquefois transparents. Il fond plus bas que ne l'a indiqué M. Carnelley, soit entre 585 et 617° [Nilson et Pettersson, *D. chem. G.*, **17**, 987]. M. Carnelley fait remarquer à cet égard [*ibid.*, 1357] que le point de fusion du chlorure est très voisin du point d'ébullition, et qu'il paraît même se volatiliser avant de fondre.

La densité de vapeur du chlorure de glucinium, observée par la méthode de V. Meyer, dans un appareil de platine (le verre et la porcelaine sont attaqués) a été trouvée, entre 686 et 812°, égale à 2,831 (moyenne de 4 observations avec les nombres extrêmes 2,926 et 2,753); théorie $= 2,770$.

MM. Arthur Rosenheim et P. Woge ont confirmé le poids moléculaire du chlorure de glucinium par la méthode ébullioscopique : ébullition de la solution dans la pyridine. Les nombres trouvés sont 77,84 et 81,20; la théorie pour $Gl\,Cl^2$ est 79,77 (pour $Gl = 9$), et pour $Gl'''\,Cl^3$, 119,62 (avec $Gl = 13,5$) [*Z. anorg. Chem.*, **15**, 283].

Le spectre du chlorure de glucinium dans l'étincelle offre 5 raies, ayant pour longueurs d'onde 3320; 3130,2; 2649,4; 2493,2 et 2477,7 [W.-N. Hartley, *Chem. Soc.*, **43**, 316].

Le chlorure de glucinium donne, avec l'éther, de grands prismes transparents fondant à la température d'ébullition de l'éther, et renfermant $Gl\,Cl^2\,.\,2\,C^4H^{10}O$ [A. Atterberg, *Bull. Soc. Chim.*, (2), **24**, 358].

La solution du chlorure de glucinium abandonne, par l'évaporation sur l'acide sulfurique, des cristaux tabulaires ou des masses dendritiques très déliquescentes, ayant pour composition $Gl\,Cl^2,4\,H^2O$; ils perdent leur eau à 100° en même temps que de l'acide chlorhydrique [Atterberg, *Bull. Soc. Chim.*, (2), **24**, 160].

*Chlorure basique*, $Gl\,(OH)\,Cl$. — Composé très soluble, obtenu en solution sirupeuse par dissolution de la glucine dans le chlorure neutre; mais la solution se trouble bientôt en abandonnant un chlorure très basique,

$$Gl\,Cl^2\,.\,12\,Gl\,O^2\,H^2,10\,H^2O,$$

tandis que la solution retient le sel

$$3\,Gl\,Cl^2\,.\,2\,Gl\,O^2\,H^2 \quad soit \quad Gl\,Cl^2\,.\,4\,Gl\,(OH)\,Cl,$$

(Atterberg).

*Chloraurate de glucinium*, $Au\,Cl^3\,.\,Gl\,Cl^2$. Cristaux bien formés, qui, par une nouvelle cristallisation, donnent des tables allongées paraissant renfermer l'or et le glucinium dans le rapport de 2 : 1 (Atterberg).

*Chlorostannate*, $Sn\,Cl^6\,Gl\,.\,8\,H^2O$, gros cristaux hygroscopiques perdant $4\,H^2O$ sur l'acide sulfurique (Atterberg).

*Chloroplatinate*. — Se présente sous le microscope en tables quadratiques ou hexagonales très nettes (Haushofer).

BROMURE DE GLUCINIUM, $Gl\,Br^2$. — Obtenu par l'action de la vapeur de brome sur un mélange de glucine et de charbon, il se sublime à 447° sans fondre. Le point de fusion est situé entre 585 et 617° [T. Carnelley, *D. chem. G.*, **17**, 1359].

La densité de vapeur du bromure de glucinium a été trouvée égale à 6,276 — 6,245; théorie pour $Gl\,Br^2 = 5,847$ [T.-S. Humpidge, *loc. cit.*].

IODURE DE GLUCINIUM, $Gl\,I^2$. — M. P. Lebeau l'a préparé en faisant passer un courant de gaz acide iodhydrique sur du carbure de glucinium, dans un tube porté au rouge cerise. Il se sublime dans les parties les moins chaudes du tube, en cristaux qu'on peut purifier par sublimation dans un courant de gaz carbonique. Sa densité à 15° est environ 4,20; il fond vers 510° et bout entre 585 et 595°. Insoluble dans le benzène et dans l'essence de térébenthine, il se dissout dans le sulfure de carbone. Sa réaction avec l'eau est énergique et fournit un hydrate soluble. Le chlore et le fluor le décomposent à froid avec production de lumière. Traité au rouge par le cyanogène, il donne un produit peu volatil, soluble dans l'eau, offrant les caractères d'un cyanure.

Chauffé au-dessous du rouge dans l'oxygène, l'iodure de glucinium prend feu; sa vapeur brûle dans l'air.

Il est décomposé à 350–450° par les métaux alcalins et par le magnésium, avec mise en liberté de glucinium. L'aluminium, l'argent, le cuivre sont sans action sur lui.

L'hydrogène sulfuré décompose à chaud l'iodure de glucinium avec production d'un sulfure décomposable par l'eau.

L'iodure de glucinium absorbe à froid le gaz ammoniac, et se transforme en une poudre blanche ayant pour composition $2GlH^2 . 3AzH^3$.

Il donne des combinaisons cristallisées avec l'alcool et avec l'éther; de même avec l'aniline et la pyridine [*C. R.*, **126**, 1272].

FLUORURE DE GLUCINIUM. — En dissolvant la glucine dans l'acide fluorhydrique, comme l'avait fait Berzelius, évaporant la solution et calcinant le résidu, on obtient une combinaison blanche, soluble dans l'eau, ayant une densité de 2,01 à 15°, constituant un *oxyfluorure*, $5GlFl^2 . 2GlO$. Mais en opérant la dessiccation dans un courant d'acide fluorhydrique, on obtient le *fluorure anhydre*, $GlFl^2$, qu'on prépare plus facilement en décomposant le fluorure double

$$GlFl^2 . 2AzH^4Fl$$

dans un courant de gaz carbonique sec. C'est une masse vitreuse, ayant une densité de 2,1, ou un sublimé de petits cristaux. Il fond et se sublime à 800°. Il est soluble en toutes proportions dans l'eau, peu dans l'alcool absolu, soluble dans l'alcool éthéré.

Il est réduit au rouge par le potassium, le sodium, le lithium; à 650° par le magnésium, mais non par l'aluminium [P. Lebeau, *C. R.*, **126**, 1418].

M. E. Peterson a trouvé pour la chaleur de neutralisation de $GlO^2H^2$ par $2HFl$. Aq le nombre $19^{cal},683$ [*Z. physik. Chem.*, **5**, 258].

*Fluosilicate de glucinium.* — L'acide fluosilicique donne avec la glucine une masse semi-transparente perdant $FlH$ et $SiFl^4$ à 100° (Atterberg). M. Chabrié confirme cette indication; mais il a obtenu, en outre, par l'action de l'acide fluosilicique concentré et bouillant, un sel bien cristallisé, dont il n'indique pas la composition [*Bull. Soc. Chim.*, (2), **46**, 284].

OXYDE DE GLUCINIUM. — *Extraction de l'émeraude.* — M. J. Gibson calcine l'émeraude pulvérisée avec 6 parties de fluorure d'ammonium au-dessous du rouge sombre, puis reprend le produit par l'eau bouillante qui dissout le fluorure de glucinium et laisse le fluorure d'aluminium. On se débarrasse du fer et du reste de l'aluminium par un peu de sulfure ammonique [*Chem. Soc.*, 63, 909].

M. P. Lebeau fond l'émeraude avec du fluorure de calcium dans un creuset de plombagine; le produit, étonné et pulvérisé, est ensuite chauffé avec de l'acide sulfurique tant qu'il se dégage du fluorure de silicium; on sèche alors au bain de sable jusqu'à expulsion de tout l'acide sulfurique; on traite par l'eau et, après filtration, on neutralise la solution par du carbonate de potassium qui donne naissance à de l'alun. Après cristallisation de celui-ci, on sursature par le carbonate ammonique et l'on fait bouillir après quelques jours la solution. Il se précipite ainsi du carbonate glucino-ammonique impur. M. Lebeau le purifie en le dissolvant dans l'acide azotique, précipitant le fer par le ferrocyanure de potassium, puis l'excès de celui-ci par le sulfate de cuivre, et enfin ce dernier par l'hydrogène sulfuré [*C. R.*, **121**, 641; *Bull. Soc. Chim.*, (3), **15**, 160].

Pour purifier la glucine, M. Edw. Hart la fond avec du carbonate de sodium, lave le produit à l'eau, puis le fait digérer et évaporer avec de l'acide sulfurique concentré, pour rendre la silice insoluble. Après avoir séparé une partie de l'alumine à l'état d'alun, il suroxyde le fer de la solution, puis précipite fractionnellement par le carbonate de sodium, de manière à précipiter les hydrates ferrique et d'aluminium et à laisser la glucine dissoute à l'état de sulfate basique [*Am. Chem. Soc.*, **17**, 604; *Bull. Soc. Chim.*, (3), **16**, 226].

*Traitement de la leucophane.* — MM. G. Krüss

et H. Moraht traitent le minéral pulvérisé par l'acide sulfurique concentré et, après plusieurs évaporations à sec avec cet acide, reprennent la masse par l'eau qui laisse le silice et le sulfate de calcium. La solution est alors versée dans une solution de carbonate ammonique en excès suffisant pour redissoudre le précipité. La solution est ensuite additionnée d'ammoniaque et, après dix jours, filtrée et portée à l'ébullition. La glucine qui se précipite renferme un peu de fer et d'aluminium. On la purifie en la dissolvant dans l'acide chlorhydrique, la précipitant par l'ammoniaque et la faisant digérer de nouveau avec du carbonate ammonique. Après plusieurs traitements semblables, la glucine est blanche après calcination, mais elle se dissout encore dans l'acide chlorhydrique avec une couleur jaune verdâtre. L'impureté qui reste, et dont la nature n'est pas établie, peut être séparée en faisant digérer la solution dans le carbonate ammonique avec du sulfure ammonique. Après quelques jours, il se sépare un faible précipité noir, et la glucine isolée ensuite de la solution se dissout sans coloration dans l'acide chlorhydrique concentré [*Ann. Chem.*, **260**, 161; *D. chem. G.*, 23, 927].

*Propriétés.* — M. Schafgotsch a annoncé que la glucine décompose à chaud les carbonates alcalins avec déplacement d'anhydride carbonique. Le fait est erroné d'après M. Atterberg, et la perte de poids est due à une volatilisation partielle du carbonate. L'oxyde de glucinium ne se dissout même pas dans la potasse en fusion [*Bull. Soc. Chim.*, (2), **24**, 158].

HYDRATE DE GLUCINIUM. — L'hydrate précipité par l'ammoniaque a pour composition

$$3GlO^2H^2, 7H^2O;$$

ces $7H^2O$ sont éliminés à 100° (Atterberg).

M. J.-M. van Bemmelen distingue deux modifications de la glucine, la modification *grenue* α et la modification *gélatineuse* β. Le précipité produit par l'ammoniaque dans une solution de sulfate de glucinium est la modification β. Elle doit être lavée à l'eau froide, à l'abri de l'air, et séchée dans un courant d'air *exempt d'anhydride carbonique*, puis dans le vide sec. C'est alors une poudre fine renfermant $GlO . 1,47H^2O$ et toujours de petites quantités d'anhydride carbonique (2 0/0 environ). Mais, comme pour tous les hydrates colloïdes, sa composition n'est pas constante. Exposée à l'air humide, elle prend jusqu'à $4H^2O$; à 50°, elle retient $1,4H^2O$; à 75° $1,3$; à 100°, 1,18 et à 125°, $1,08H^2O$. La composition normale $GlO^2H^2$ n'est atteinte qu'entre 150 et 200°. Au delà, cette modification se comporte comme la modification α.

Celle-ci s'obtient en précipitant le sulfate de glucinium par la potasse jusqu'à redissolution, puis faisant bouillir. Lavée et séchée à l'abri de l'anhydride carbonique, c'est une poudre fine ressemblant à la magnésie, renfermant $GlO^2H^2$, inaltérable jusqu'à 200°, mais perdant les 4/5 de son eau à 215-220°, et le reste au rouge blanc [*J. prakt. Chem.*, (2), **26**, 227; *Bull. Soc. Chim.*, (2), **39**, 514].

GLUCINATE DE POTASSIUM. — Cette combinaison a été obtenue en dissolvant dans la potasse étendue la glucine fraîchement précipitée à l'abri de l'acide carbonique de l'air. La solution, évaporée dans le vide en présence d'acide sulfurique et de potasse, abandonne après quelques semaines une masse soyeuse, blanche, très déliquescente et avide d'acide carbonique. On peut opérer aussi avec une solution alcoolique de potasse. Le produit paraît constituer le glucinate $GlO^2K^2$, mais l'analyse a toujours donné un excès de potasse [Krüss et Moraht, *loc. cit.*],

Azotate de glucinium. — Il se décompose déjà à 100° [Atterberg, *Bull. Soc. Chim.*, (2), **21**, 160].

Perchlorate de glucinium, $(ClO^4)^2Gl, 4H^2O$. — Obtenu par double décomposition entre le perchlorate de baryum et le sulfate de glucinium, il cristallise par la concentration en aiguilles déliquescentes (Atterberg).

Periodate de glucinium, $(IO^5)^2Gl^3, 11H^2O$. — Croûtes cristallines dures, insolubles dans l'eau, obtenues par dissolution du carbonate glucique dans l'acide periodique. Il perd $6H^2O$ à 100°; on obtient le même sel avec $13H^2O$ par l'addition de sulfate basique à l'eau mère du précédent (Atterberg).

Sulfate de glucinium. — Le sel neutre se présente sous le microscope en étoiles groupées en forme de feuilles de fougère; l'étoile s'irise lorsqu'on fait tourner le nicol de 90° [H. Reinsch, *D. chem. G.*, **14**, 2325].

Le sulfate de glucinium n'est pas isomorphe avec les sulfates de zinc, de magnésium, etc. Le fait qu'il peut cristalliser en toutes proportions avec ceux-ci, avancé par M. Klatzo, n'est pas exact; il avait du reste déjà été nié par Marignac [J.-W. Retgers, *Z. physik. Chem.*, **20**, 481]. M. Atterberg [*Bull. Soc. Chim.*, (2), **24**, 358], était arrivé à la même conclusion que M. Retgers.

*Sulfates basiques.* — Lorsqu'on dissout le carbonate de glucinium dans une solution sirupeuse de sulfate neutre, on obtient, après évaporation, une masse gommeuse qui, séchée à 100°, renferme $SO^4Gl.2GlO^2H^2, 2H^2O$. Reprise par l'eau elle se dédouble en *sel polybasique*,

$$SO^4Gl.7GlO^2H^2, 6H^2O,$$

insoluble, et *sulfate basique*,

$$SO^4Gl.GlO^2H^2, 2H^2O.$$

Le sel à $7GlO^2H^2$ est entièrement décomposé par des lavages à l'eau [Atterberg, *loc. cit.*].

Sulfites de glucinium. — *Le sel normal* anhydre, $SO^3Gl$, a été obtenu par MM. G. Krüss et Moraht (*loc. cit.*) par dissolution de la glucine, récemment précipitée et lavée à l'alcool, dans une solution saturée d'anhydride sulfureux dans l'alcool absolu. Il se présente en lamelles hexagonales, décomposables par l'eau.

La solution de la glucine dans l'acide sulfureux aqueux donne, par évaporation dans le vide sec, une masse gommeuse offrant le rapport

$$2GlO : SO^2.$$

Ce sel se dissout en grande partie dans l'alcool, et le résidu dans le vide de la solution alcoolique, encore gommeux, présente la composition

$$4GlO : 3SO^2.$$

Hyposulfate de glucinium. — M. K. Klüss a obtenu le *sel basique* $2S^2O^6Gl.3GlO^2H^2, 11H^2O$ par digestion de l'hydrate de glucinium avec de l'acide hyposulfurique en excès. C'est, après évaporation dans le vide, une masse gommeuse soluble dans l'eau et dans l'alcool [*Ann. Chem.*, **246**, 179].

Sélénite. — Le *sel basique*, obtenu par l'addition d'ammoniaque à la solution de glucine dans l'acide sélénieux, renferme

$$SeO^3Gl.GlO^2H^2, 2H^2O;$$

les $2H^2O$ éliminables à 100° [Atterberg, *loc. cit.*].

Phosphates de glucinium, $(PO^4)^2Gl^3, 7H^2O$. — Telle est la composition du précipité obtenu par double décomposition entre le phosphate disodique et le sulfate de glucinium. Il perd $4H^2O$ à 100°. En ajoutant de l'acétate de sodium à la solution chlorhydrique de ce précipité, on obtient le même composé avec $6H^2O$ (Atterberg).

En ajoutant de l'alcool à une solution de glucine dans l'acide phosphorique, on obtient une masse visqueuse qui se concrète en un produit blanc et grenu renfermant $PO^4GlH, 3H^2O$ [A. Atterberg, *Bull. Soc. Chim.*, (2), **24**, 358].

Le précipité de phosphate de glucinium est un peu soluble dans l'acide acétique dilué (1$^{gr}$,725 dans 1 litre d'acide à 10 0/0). Chauffée, cette solution abandonne un précipité blanc qui renferme $(PO^4)^2Gl^3, 4H^2O$; il perd $H^2O$ à 100° [Sestini, *Gazz. Chim. ital.*, **20**, 313].

*Phosphates doubles.* — En ajoutant du carbonate de glucinium à du métaphosphate, du pyro- ou de l'orthophosphate de potassium en fusion, on obtient un seul et même sel, $PO^4GlK$, en prismes orthorhombiques, à bissectrice aiguë, avec l'angle des axes $= 30°$ environ.

Avec le pyrophosphate de sodium, on obtient le sel double $P^2O^7GlNa^2$, identique avec la *béryllonite*. L'orthophosphate de sodium donne le sel double $(PO^4)^2GlNa^4$ en lamelles nacrées, à axes optiques très écartés [L. Ouvrard, *C. R.*, **110**, 1333].

M. S.-N. Penfield [*Am. Journ.*, (3), **32**, 107] considère l'*herdérite* comme un mélange isomorphe de

$$PO^4 \lesseqgtr \frac{CuFl}{Gl} \quad et \quad PO^4 \lesseqgtr \frac{CuOH}{Gl}$$

Hypophosphate de glucinium, $P^2O^6Gl^2, 3H^2O$. — C'est la composition du précipité produit par l'hypophosphate tétrasodique dans une solution de sulfate de glucinium [Rammelsberg, *J. prakt. Chem.*, (2), **45**, 135].

Arséniates de glucinium. — L'*arséniate normal*, $(AsO^4)^2Gl^3, 6H^2O$, est un précipité gélatineux. Le *sel* $AsO^4GlH$ ressemble au phosphate correspondant. Ces sels s'obtiennent comme les phosphates [A. Atterberg, *Bull. Soc. Chim.*, (2), **24**, 358].

Carbonate de glucinium. — L'hydrate de glucine se dissout notablement dans l'eau saturée d'acide carbonique, en se transformant d'abord en carbonate neutre insoluble, puis en bicarbonate. La solution se trouble par l'ébullition [Sestini, *Gazz. chim. ital.*, **20**, 313].

*Carbonate glucino-ammonique.* — M. Humpidge lui assigne la composition

$$2CO^3Gl.GlO^2H^2.CO^3(AzH^4)^2, 2H^2O,$$

soit

$$Gl \lessgtr \frac{CO^3Gl(OH)}{CO^3Gl(OH)} . CO^3(AzH^4)^2, 2H^2O$$

[*Proceed. Roy. Soc.*, **39**, 1].

Borates de glucinium. — Le précipité fourni par le borax et le chlorure de glucinium est un borate offrant les rapports $5GlO.Bo^2O^3$ [G. Krüss et Moraht].

Silicates de glucinium. — MM. S.-N. Penfield et D.-N. Harpen assignent à l'*émeraude* la composition $Si^{12}O^{37}Al^4Gl^6H^2$, soit

$$(SiO^3)^6(Al^2)^2(SiO^3)^6Gl^6 . H^2O$$

[*Am. Journ.*, (3), **32**, 107]. Ils ont trouvé en outre que certaines émeraudes renferment des alcalis. Ils en ont trouvé jusqu'à 6 0/0, dont 2,92 $Cs^2O$ et 1,17 $Li^2O$, dans l'émeraude d'Hébron (Maine); 1,66 $Cs^2O$ et 0,84 $Li^2O$ dans celle de Norway (Maine) [*Loc. cit.*, (3), **28**, 25]. L'analyse d'une émeraude de Limoges a fourni à M. P. Lebeau les résultats suivants [*C. R.*, **121**, 601] :

| $SiO^2$ | $Al^2O^3$ | $Fe^2O^3$ | $GlO$ | $MgO$ | $CaO$ |
|---|---|---|---|---|---|
| 66,43 | 16,25 | 1,05 | 14,27 | 0,58 | 0,15 |

| $P^2O^5$ | Alcalis | Perte au feu | Total |
|---|---|---|---|
| 0,10 | 0,10 | 1,43 | 100,48 |

composition qui répond à peu près à celle d'un heptasilicate $(SiO^2)^7 (Al^2)Gl^4$. Certains cristaux paraissent renfermer du fluor libre, ou au moins un perfluorure, car ils répandent l'odeur de l'ozone quand on les broie. — MM. P. Haute-feuille et A. Perrey ont obtenu un certain nombre de ces silicates doubles, cristallisés, par la fusion, avec du vanadate de sodium en excès, d'un mélange en diverses proportions de glucine, de soude et de silice. Ils admettent que dans ces silicates la glucine se comporte plutôt comme l'alumine que comme un protoxyde. Voici les composés qu'ils ont obtenus (nous donnons leurs formules ainsi que les formules transformées correspondant à l'oxyde Gl O) :

*Silicates glucino-sodiques.*

1° $3 SiO^2 . Gl^2O^3 . Na^2O$, soit $3 SiO^2 . 3 GlO . Na^2O$ ;

prismes hexagonaux pyramidés.

2° $6 SiO^2 . Gl^2O^3 . Na^2O$, ou $6 SiO^2 . 3 GlO . Na^2O$ ;

prismes clinorhombiques.

3° $\qquad 2 SiO^2 . Gl^2O^3 . 0,5 Na^2O,$

ou $\qquad 4 SiO^2 . 6 GlO . Na^2O$ ;

est formé par un mélange du n° 1 et du silicate $15 SiO^2 . 2 Gl^2O^3 . 3 Na^2O$, ou $5 SiO^2 . 2 GlO . Na^2O$

4° $\qquad 18 SiO^2 . 2 Gl^2O^3 . 3 Na^2O,$

ou $\qquad 6 SiO^2 . 2 GlO . Na^2O$

[*C. R.*, **110**, 344].

ALUMINATE DE GLUCINIUM, $Al^2O^4Gl$. — MM. P. Hautefeuille et A. Perrey ont reproduit la *cymophane* en chauffant durant 4 heures, à la température de fusion du cuivre, un mélange de 100 parties d'alumine, 40 parties de glucine, 650 parties de sulfate de potassium et 150 parties de charbon, reprenant la masse par l'acide sulfurique et calcinant à l'air pour brûler le charbon. Avec un grand excès de glucine, la *cymophane* est accompagnée de glucine cristallisée ; c'est ce qui a lieu aussi lorsqu'on fait intervenir un carbonate alcalin et qu'on chauffe moins fort [*C. R.*, **106**, 487].

CARBURE DE GLUCINIUM, $Gl^2C$ (ou $Gl^4C^3$). — M. P. Lebeau l'a obtenu en chauffant au four électrique, dans un tube de charbon avec un courant de 950 ampères et 40 volts, un mélange de glucine pure avec la moitié de son poids de charbon de sucre et aggloméré avec un peu d'huile. Le produit obtenu est une masse fondue, à cassure cristalline, de couleur rougeâtre, qui est le carbure de glucinium recouvert de graphite.

Le carbure de glucinium se présente en cristaux microscopiques d'un jaune brun, transparents, à facettes hexagonales. Il raie le quartz, sa densité $= 1,9$ à 15°. Le chlore et le brome l'attaquent au rouge en laissant un résidu de charbon. Il ne brûle que superficiellement dans l'oxygène. L'acide fluorhydrique l'attaque au-dessous du rouge avec incandescence, en donnant du charbon et du fluorure de glucinium soluble dans l'eau bouillante. Le gaz acide chlorhydrique agit moins vivement.

L'eau décompose le carbure de glucinium avec dégagement de *méthane*. Cette réaction, lente en liqueur acide, est rapide en présence d'un alcali. L'acide chlorhydrique concentré et bouillant ne l'attaque que lentement ; il en est de même de l'acide azotique fumant. Les mêmes acides étendus le dissolvent plus rapidement. La potasse fondue le détruit avec incandescence. Le chlorate et l'azotate de potassium sont sans action ; le permanganate de potassium et le peroxyde de plomb l'oxydent avec énergie.

L'analogie de ce carbure avec celui d'aluminium conduit M. P. Lebeau à envisager le glucinium comme trivalent avec le poids atomique 13,8 (moitié de celui de Al) [*C. R.*, **121**, 496]. La composition du carbure est alors exprimée par la formule $Gl^4C^3$.

M. L. Henry combat la conclusion tirée par M. Lebeau relativement à la valence du glucinium [*C. R.*, **121**, 600]. Avec le glucinium bivalent, la composition du carbure devient $Gl^2C$. Il est à remarquer que cette formule conduit normalement à la production de méthane par l'action de l'eau.

BOROCARBURE DE GLUCINIUM, $Gl^4Bo^6Gl^6$, soit $Gl Bo^6 . 3 C Gl^2$. — M. P. Lebeau a obtenu ce composé en chauffant au four électrique pendant 6 à 7 minutes, avec un courant de 950 ampères et 45 volts, un mélange de 75 parties de glucinium et de 45 parties de bore, placé dans une nacelle de charbon. Le produit a, en grande partie, une densité de 2,4. Il est inattaquable par l'eau. Chauffé vers 700° dans un courant d'oxygène, il donne un peu d'anhydride carbonique, mais l'anhydride borique formé en même temps protège le reste du produit. Celui-ci brûle dans le chlore à 450° en laissant un résidu de charbon. Le brome agit de même, mais l'iode est sans action. Les acides minéraux, surtout l'acide azotique, le dissolvent rapidement [*C. R.*, **126**, 1347].

SELS ORGANIQUES DE GLUCINIUM. — *Cyanure.* — Le précipité formé par le cyanure de potassium dans les sels de glucinium n'est pas du cyanure.

*Ferrocyanure.* — Le ferrocyanure de potassium, avec une solution très concentrée d'un sel de glucinium, donne une masse butyreuse d'un blanc verdâtre, verdissant à l'air. L'addition d'ammoniaque à la solution donne un précipité qui renferme $FeCAzGl^2 . 4 GlO^2H^2, 7 H^2O$.

Le *sulfocyanate* cristallise mal [A. Atterberg, *Bull. Soc. Chim.*, (2), **21**, 157].

Le *formiate* et l'*acétate* sont incristallisables.

*Oxalate neutre*, $C^2O^4Gl$, $3 H^2O$, et *oxalate acide*, $2 C^2O^4Gl . C^2O^4H^2, 6 H^2O$. — Ils ont été obtenus par MM. Ar. Rosenheim et P. Woge en saturant l'acide oxalique par la glucine. M. Atterberg avait obtenu ainsi, par dissolution de la glucine dans l'acide oxalique concentré, étendant d'eau et évaporant, une masse vitreuse constituant le sel basique

$$C^2O^4(GlOH)^2, 2 H^2O ;$$

l'eau avait séparé un sel plus basique,

$$C^2O^4(GlOH)^2 5 GlO^2H^2, 6 H^2O.$$

L'ébullition des oxalates alcalins neutres avec la glucine fournit des sels doubles basiques qui, d'après MM. Rosenheim et Woge, ont pour composition :

$$4 C^2O^4 {<}^{K}_{GlOH} + 3 H^2O,$$

$$4 C^2O^4 {<}^{AzH^4}_{GlOH} + 3 H^2O,$$

$$C^2O^4 {<}^{Na}_{GlOH} + 2 H^2O.$$

Avec les bioxalates, on obtient les sels doubles $(C^2O^4)^2Gl'M^2$. Cependant M. J. Philipp, en saturant de glucine une solution d'oxalate acide de potassium, a obtenu le sel double basique décrit par MM. Rosenheim et Woge (voyez ci dessus), mais avec une hydratation un peu différente, soit $5 H^2O$ pour $6 C^2O^4K(GlOH)$ ; ce sel cristallise par évaporation en cristaux brillants [*D. chem. G.*, **16**, 752].

*Succinate de glucinium*, $C^4H^4O^4Gl, 2 H^2O,$ —

Il se dépose de sa solution sirupeuse en petits cristaux. L'addition de succinate d'ammonium à la solution de sulfate basique de glucinium fournit le *sel basique* $C^4H^4O^4(GlOH)^2$, $2H^2O$ (A. Atterberg).

*Tartrates de glucinium.* — Le *sel neutre*, $C^4H^4O^6Gl$, $3H^2O$, se dépose de sa solution sirupeuse en cristaux microscopiques, perdant $2H^2O$ à 100° [A. Atterberg].

MM. Rosenheim et Woge ont décrit les *tartrates basiques* doubles

$$
\begin{array}{ccc}
CO^2K & CO^2K & KO^2C \\
| & | & | \\
CHO\!\diagdown & CHOH & HOHC \\
| & \!\!\!\!\!\!Gl \quad \text{et} & | & | \\
CHO\!\diagup & CHOH & HOHC \\
| & | & | \\
CO^2.GlOH & CO^2Gl - O - GlO^2C &
\end{array} + H^2O.
$$

Ce dernier est une masse vitreuse. Sa composition rappelle celle que M. Kahlenberg assigne au sel de cuivre contenu dans la liqueur de Fehling [*Z. anorg. Chem.*, **15**, 283].

Séparation du glucinium. — Pour séparer le glucinium de l'aluminium, M. F.-S. Havens se fonde sur l'insolubilité du chlorure d'aluminium hydraté dans un mélange à volumes égaux d'éther et d'acide chlorhydrique. Les chlorures de glucinium et de fer restent dissous [*Am. Journ.*, 4, 111].

*Glucinium et fer.* — MM. E.-A. Atkinson et E.-F. Smith se fondent sur la précipitation du fer (*ferricum*) par le nitroso-β-naphtol. Ils emploient une solution acétique de nitrosonaphtol à 50 0/0. Le composé ferrique se dépose complètement après 24 heures. On le lave avec de l'alcool méthylique étendu de son volume d'eau, puis avec de l'eau. Le glucinium reste dissous [*Amer. Chem. Soc.*, **17**, 688].　Ed. Willm.

**GLUCOCOUMARIQUE**. — L'alcool et l'aldéhyde glucocoumarique ont été décrits précédemment. Voyez Alcool o-coumarique, 2° Suppl., 1, 1385 ; et Aldéhyde o-coumarique, *ibid.*, 1405,

**GLUCOFÉRULIQUE (ALDÉHYDE)**,

$$C^{16}H^{20}O^8 + 2H^2O$$

$$C^6H^{11}O^6 \bigcirc CH = CH - CHO.$$
$$OCH^3$$

— Ce corps prend naissance par la condensation de la glucovanilline et de l'aldéhyde acétique. On dissout 6 parties de glucovanilline dans 70 parties d'eau maintenue à 70°, on ajoute peu à peu une dissolution de 1 partie d'aldéhyde acétique dans 20 parties d'eau, puis de la soude à 5 0/0 jusqu'à réaction faiblement alcaline. On sursature ensuite avec précaution par l'acide sulfurique dilué, puis on laisse refroidir. Une partie de l'aldéhyde glucoférulique se dépose par concentration du liquide filtré et exactement neutralisé. On purifie par cristallisation dans l'eau bouillante.

On obtient finalement des aiguilles d'un jaune clair, renfermant $2H^2O$, fondant à 200-202°, très solubles à chaud dans l'eau et dans l'alcool, insolubles dans l'éther, le chloroforme et le benzène, solubles sans altération dans l'acide sulfurique concentré.

Ce corps perd son eau de cristallisation à 100°.

Il ne réduit pas la liqueur de Fehling ; il donne une coloration rouge avec les solutions sulfureuses de rosaniline ; il dévie à gauche le plan de polarisation de la lumière. L'émulsine le dédouble en glucose et aldéhyde férulique.

Avec la *phénylhydrazine*, on obtient une combinaison fusible à 212°, soluble dans l'alcool, insoluble dans l'éther et dans l'eau,

$$
C^6H^3\!
\begin{array}{l}
\diagup CH = CH - CH = Az^2HC^6H^5 \\
- OCH^3 \\
\diagdown OC^6H^{11}O^5
\end{array}
$$

L'*aldoxime* est en aiguilles blanches, fondant à 163°, insolubles dans l'éther, peu solubles dans l'alcool et dans l'eau froide.

*Réduction de l'aldéhyde glucoférulique.* — On obtient cette réduction en abandonnant l'aldéhyde pendant plusieurs jours, à la température ordinaire, avec 100 fois son poids d'eau, et en ajoutant peu à peu de l'amalgame de sodium, de façon à maintenir un dégagement lent d'hydrogène pendant toute la durée de l'opération. Lorsqu'une prise d'essai, sursaturée par l'acide sulfurique, donne une coloration rouge, la réduction est terminée. On neutralise alors la liqueur par l'acide sulfurique faible, on concentre fortement, et on précipite le sulfate de sodium par l'alcool éthéré ; on filtre, on évapore, on reprend par l'eau, on décolore par le noir animal, et on concentre dans le vide ; on obtient finalement un sirop incolore, qui commence au bout de quelques mois à donner des cristaux. Ce produit, qu'on n'a pu obtenir absolument pur, diffère de la conifé-rine, mais s'en rapproche beaucoup par sa constitution.

-Cétone méthylglucoférulique,

$$
C^6H^3\!
\begin{array}{l}
\diagup CH = CH - CO - CH^3 \\
- OCH^3 \\
\diagdown OC^6H^{11}O^5
\end{array}
$$

— On mélange la glucovanilline avec 6 ou 8 fois son poids d'acétone pure, et on ajoute peu à peu de la soude à 2 0/0 jusqu'à alcalinité bien nette. On abandonne à la température ordinaire jusqu'à dissolution complète de la glucovanilline, puis on fait bouillir ; après refroidissement, on ajoute un peu d'eau et on épuise par l'éther le liquide acidulé par l'acide sulfurique. La solution aqueuse est enfin neutralisée et évaporée au bain-marie. La cétone se dépose en aiguilles d'un jaune clair, fondant à 207°, et renfermant $2H^2O$. Ce corps est insoluble dans l'éther, peu soluble dans l'eau froide, très soluble dans l'eau bouillante et dans l'alcool. Il dévie à gauche le plan de polarisation. Il donne des combinaisons cristallisées avec la phénylhydrazine et l'hydroxylamine.

Dédoublée par l'émulsine, la cétone-méthylglucoférulique donne du glucose et la *cétone-méthylférulique*,

$$
C^6H^3\!
\begin{array}{l}
\diagup CH = CH - CO - CH^3 \\
- OCH^3 \\
\diagdown OH
\end{array}
$$

en aiguilles jaunes, fondant à 130°, très solubles dans l'alcool, l'éther, le benzène, peu solubles dans l'eau [Tiemann, *D. chem. G.*, **18**, 3461 ; *Bull. Soc. Chim.*, (2), **46**, 609].　Paul Adam.

**GLUCOHEPTITE**. — Combinaison α,

$$
\begin{array}{ccccc}
& H & H & OH\ H & H \\
CH^2OH - & C - & C - & C - C - & C - CH^2OH. \\
& OH & OH & H & OH\ OH
\end{array}
$$

*Préparation.* — Cet alcool résulte de la réduction ultime de l'heptose au moyen de l'amalgame de sodium [Fischer, *Ann. Chem.*, **270**, 70].

On dissout dans l'eau, à la température ordinaire, 10 grammes de sucre, et, après avoir ajouté 4 centimètres cubes d'acide sulfurique à 20 0/0, on y projette 300 grammes d'amalgame de sodium à 2.5 0/0. Pour accélérer la réaction, on agite fortement d'une manière continue et, de plus, on maintient légèrement acide la réaction de la solution en y ajoutant par petites portions de l'acide sulfurique étendu pendant la durée de l'absorption de l'hydrogène. Lorsque ce gaz commence à se dégager en quantité notable, on laisse la réaction devenir alcaline et on continue l'opération de la même manière. Il est cependant avantageux de tempérer l'alcalinité en ajoutant de temps en temps de l'acide sulfurique. La réaction peut être terminée en 2 ou 3 heures en se servant de 500 grammes d'amalgame. Le liquide ne réduit plus alors la liqueur de Fehling. On sépare le mercure, on neutralise exactement par l'acide sulfurique, on ajoute un peu de noir animal et l'on filtre. On ajoute de l'alcool à chaud jusqu'à ce que le mélange en renferme 85 0/0; on filtre après refroidissement et on évapore au bain-marie la solution alcoolique jusqu'à consistance sirupeuse. Par refroidissement, ce sirop se prend en une masse cristalline, qui est soigneusement broyée avec de l'alcool et filtrée. Le rendement est presque quantitatif.

Après purification par cristallisation dans l'alcool méthylique ou éthylique, l'alcool fond à 127-128°, et est inactif sur la lumière polarisée, même en présence de borax.

D'après M. J. Fogh [*C. R.*, **114**, 920], la chaleur de combustion de la glucoheptite pour 1 gramme est de 3966°,5, ce qui correspond pour la chaleur de formation d'une molécule au nombre 370°,9 à partir des éléments (carbone diamant, hydrogène et oxygène).

*Benzalglucoheptites*, $C^7H^{14}O^7 = CH - C^6H^5$. — La glucoheptite se combine, comme la plupart des alcools polyatomiques, avec l'aldéhyde benzylique, molécule à molécule. Elle donne avec elle deux combinaisons isomériques : l'une instable à la lumière, et sous beaucoup d'autres causes se transforment en l'autre.

La forme stable se prépare sans précautions, en ajoutant 2 grammes d'aldéhyde benzylique et 1 gramme de glucoheptite dissoute dans 1cc,5 d'acide sulfurique à 50 0/0; au bout de peu de temps, tout se prend en masse.

La combinaison, purifiée par lavage à l'eau et à l'éther et par cristallisation dans l'alcool absolu chaud, fond à 214°; elle est peu soluble dans l'eau froide et dans l'alcool, mais soluble à chaud dans ces dissolvants d'où elle cristallise par refroidissement.

La combinaison isomérique instable fond à 155-156°; pour la préparer il faut prendre des précautions : ne point admettre de lumière solaire et opérer à basse température.

Elle est un peu soluble dans l'eau froide, soluble dans 4 parties d'eau bouillante; elle ne s'altère pas à la lumière lorsqu'elle est parfaitement sèche, mais en présence de l'humidité elle se transforme rapidement en l'autre combinaison; la cristallisation dans l'alcool chaud produit cette transformation instantanément [Fischer, *D. chem. G.*, **27**, 1533].

Les acides étendus dédoublent à l'ébullition les combinaisons benzyliques en leurs composants.

On peut employer, dans la préparation de la combinaison stable, l'acide chlorhydrique fumant au lieu de l'acide sulfurique.

*Triacétone-α-glucoheptite*, $C^7H^{10}O^7(C^3H^6)^3$. — Cette combinaison se produit par l'action condensante de l'acide chlorhydrique sur la dissolution d'heptite dans l'acétone.

C'est un sirop épais, jaunâtre, de saveur amère, relativement soluble dans l'eau froide, très soluble dans les solvants organiques, très peu soluble dans l'eau chaude, volatil avec la vapeur d'eau, décomposé en ses constituants par l'acide chlorhydrique étendu. [Arthur Speier, *D. chem. G.*, **28**, 2534].

*Heptacétylglucoheptite*, $C^7H^9O^7(C^2H^9O)^7$. — Cette combinaison se produit par l'action de l'anhydride acétique en présence de chlorure de zinc. Le produit, purifié par de nombreuses cristallisations dans l'eau, fond à 113-115°.

L. Simon.

**GLUCOHEPTONIQUE (ACIDE).** — COMBINAISON α (*acide dextrose-carbonique* de K.-liani),

$$CH^2OH - \overset{\overset{\displaystyle H}{|}}{\underset{\underset{\displaystyle OH}{|}}{C}} - \overset{\overset{\displaystyle H}{|}}{\underset{\underset{\displaystyle OH}{|}}{C}} - \overset{\overset{\displaystyle OH}{|}}{\underset{\underset{\displaystyle H}{|}}{C}} - \overset{\overset{\displaystyle H}{|}}{\underset{\underset{\displaystyle OH}{|}}{C}} - \overset{\overset{\displaystyle H}{|}}{\underset{\underset{\displaystyle OH}{|}}{C}} - CO^2H.$$

P. Schützenberger [*Bull. Soc. Chim.*, (2), **36**, 144], en chauffant à 100° en vase clos, pendant quelques heures, une solution de sucre interverti avec de l'acide cyanhydrique, obtint un acide, l'acide carboglucosique, que nous savons aujourd'hui être un mélange d'acides; parmi ceux-ci se trouvait l'acide glucoheptonique.

M. Maquenne [*Bull. Soc. Chim.*, (2), **43**, 530] a retrouvé cet acide dans la fermentation amygdalique. En présence d'acide prussique, l'amygdaline, dédoublée par la synaptase, donne l'acide dextrose-carbonique.

*Préparation* [Kiliani, *D. chem. G.*, **19**, 767]. — On dissout 100 grammes de glucose cristallisé dans 30 grammes d'eau, et on ajoute au sirop ainsi obtenu la quantité équivalente d'acide cyanhydrique en solution à 60 0/0. On place le mélange dans un vase bien fermé et on l'abandonne à la température ordinaire. Au bout de 8 jours, la masse se colore brusquement en rouge foncé; en même temps il se produit un dégagement de chaleur considérable; on achève alors la réaction en chauffant à 35°, pendant 24 heures. On peut également chauffer immédiatement le mélange de glucose et d'acide cyanhydrique à 35°, mais il faut alors prendre des précautions minutieuses, à cause du brusque dégagement de chaleur qui se produit.

Lorsqu'on a bien opéré, le produit de la réaction ne renferme plus trace d'acide cyanhydrique, mais il sent fortement l'ammoniaque. On l'étend d'eau, on ajoute la quantité d'hydrate de baryte équivalente à l'acide cyanhydrique employé et on évapore au bain-marie jusqu'à ce qu'il ne se dégage plus d'ammoniaque. On précipite alors la baryte par l'acide sulfurique, on évapore à consistance sirupeuse et on ajoute 10 volumes d'alcool à 92 0/0 : il se dépose une résine noirâtre très adhérente au verre. On filtre et on concentre. On obtient finalement des cristaux orthorhombiques de la formule $C^7H^{12}O^7$ : c'est la *lactone glucoheptonique*,

$$CH^2OH - CHOH - CHOH - CH - CHOH \overset{\displaystyle |}{CHOH} - CO$$
$$\underline{\hspace{6cm}} O$$

Chauffée avec de la chaux, cette lactone donne un sel gommeux de la formule $(C^7H^{12}O^8)^2Ca$.

Elle fournit, par réduction au moyen de l'acide iodhydrique fumant et du phosphore rouge, un mélange d'un acide heptylique normal et de sa lactone : ce qui démontre que l'acide glucoheptonique doit être envisagé comme un acide hexaoxyheptylique normal [Kiliani, *D. chem. G.*, **19**, 1128]. Il se forme en outre, dans cette réaction, de l'acide œnanthique bouillant à 222°, en proportion correspondante à la moitié du rendement théorique.

La préparation de Kiliani est peu avantageuse : par suite de la forte concentration, la réaction est trop vive et donne naissance à beaucoup de produits accessoires. M. Fischer l'a modifiée en employant des solutions étendues: il est alors bon d'ajouter une petite quantité d'ammoniaque [*Ann. Chem.*, **270**, 71].

Dans un grand ballon de 25 litres, on dissout 5 kilogrammes de dextrose américain dans une dissolution aqueuse d'acide cyanhydrique à 3 0/0, à laquelle on ajoute 10 centimètres cubes d'ammoniaque ordinaire. Le mélange est maintenu à 25° pendant 6 jours, jusqu'à ce qu'il se colore graduellement en brun et qu'il perde notablement l'odeur de l'acide prussique. On chauffe alors le mélange rapidement jusqu'à l'ébullition et on fait ensuite bouillir avec $6^k,7$ d'hydrate de baryum cristallisé dissous dans 20 litres d'eau, jusqu'à disparition de l'ammoniaque. Cette opération exige plusieurs heures. On ajoute alors au liquide chaud assez d'acide sulfurique pour que la liqueur prenne une réaction fortement acide, on chasse l'excès d'acide prussique par une ébullition prolongée, on précipite quantitativement la baryte par l'acide sulfurique et on évapore la liqueur filtrée dans une capsule plate jusqu'à consistance sirupeuse. Au bout de quelques jours, ce sirop commence à cristalliser, et en quelques semaines la lactone de l'acide α-heptonique se sépare. Pour séparer les cristaux de leur eau mère épaisse et noirâtre, on broie la masse avec de l'alcool à 80 0/0 et on filtre à la trompe, ou mieux encore on l'agite dans un centrifugeur.

$18^k,5$ de sucre de raisin donnent $6^k,5$ de ce produit. On retire encore de l'eau mère, par évaporation et repos prolongé, une seconde cristallisation de 850 grammes. Dans les dernières eaux mères se trouve l'acide β-heptonique, dont l'extraction sera décrite plus tard.

La lactone α est purifiée par dissolution dans l'eau bouillante et précipitation par l'alcool.

On peut enfin préparer l'acide α-glucoheptonique à partir de l'α-glucoheptose :

On dissout une partie de sucre dans 5 parties d'eau chaude, on refroidit à 20° et on ajoute 2 parties de brome; par agitation constante, le brome est absorbé en quelques heures. Au bout de 3 jours, on chasse l'excès de brome, on précipite l'acide bromhydrique par l'oxyde d'argent et on élimine l'excès d'argent par l'hydrogène sulfuré. Le liquide, décoloré à chaud par un peu de noir animal et refroidi, cristallise par addition d'alcool.

La lactone α-glucoheptonique fond à 145-148°; elle est neutre au tournesol, très soluble dans l'eau, peu soluble dans l'alcool, insoluble dans l'éther.

*Pouvoir rotatoire de la lactone α-glucoheptonique.* — La rotation spécifique est d'après Kiliani —53°,3 à 17°,5; d'après MM. Van Ekenstein, Jorrisson et Reicter —52°,2 à —52°,6 [*Zeit. physik. Chem.*, 21, 383]; d'après MM. Weber et Tollens —49°,8. Cette lactone présente le phénomène de la multirotation (Weber et Tollens, *Ann. Chem.*, 299, 329]. Pour le sel de sodium de l'acide α-glucoheptonique, on a trouvé $[\alpha]_\text{D} = 7,2$ (V. R., J. R.).

*Chaleur de combustion moléculaire.* — D'après M. J. Fogh [*C. R.*, 114, 920], la chaleur de combustion pour 1 gramme est de $3494^c,8$, ce qui conduit au nombre $+347^c,5$ pour la chaleur de formation de la molécule à partir des éléments (carbone diamant, hydrogène et oxygène).

La lactone fournit très facilement une *hydraxide*, $C^7H^{13}O^7Az^2H^2C^6H^6$, cristallisant par refroidissement de sa solution en fines aiguilles très solubles dans l'eau chaude, bien moins dans l'alcool, fondant à 171-172° en se décomposant lorsqu'on les maintient pendant quelque temps à cette température [Fischer et Passmore, *D. chem. G.*, 22, 2732].

Soumise à l'oxydation par un poids égal d'acide azotique (D = 1,2) à la température de 40°, la lactone fournit la lactone d'un acide pentoxypimélique (voy. ce mot), $CO^2H-(CHOH)^5-CO^2H$, dont M. Kiliani a étudié les sels [Kiliani, *D. chem.*

*G.*, 19, 1919], et dont M. Fischer a montré l'inactivité optique [*Ann. Chem.*, 270].

Soumise à la réduction par l'amalgame de sodium, la lactone est transformée en *α-glucoheptose* [Fischer, *D. chem. G.*, 23, 930].

*Lactone diméthylène α-glucoheptonique.* — On chauffe des poids égaux (283 gr. par exemple) de lactone glucoheptonique, d'aldéhyde formique à 40 0/0 et d'acide chlorhydrique d'une densité de 1,19. Il se produit un dépôt. Le lendemain, on étend la bouillie obtenue sur une plaque poreuse; une fois sèche, on la reprend par l'eau bouillante. On sépare ainsi deux substances isomériques répondant à la formule $C^9H^{12}O^7$ ou $C^7H^8(CH^2)^2O^7$.

L'une des lactones fond à 280° et son pouvoir rotatoire $[\alpha]_\text{D} = -69°,52$; l'autre fond à 230° et son pouvoir rotatoire $[\alpha]_\text{D} = -101°,01$. Les deux isomères sont bien des lactones; par l'action de la potasse titrée, à chaud, on peut déterminer leur grandeur moléculaire. Par évaporation de ces solutions on peut, du moins pour la lactone fondant à 280°, obtenir un sel bien cristallisé. On a obtenu de même le sel de sodium et celui de baryum [Weber et Tollens, *Ann. Chem.*, 299, 332].

COMBINAISON β,

$$CH^2OH - \overset{\overset{\displaystyle H}{|}}{\underset{\underset{\displaystyle OH}{|}}{C}} - \overset{\overset{\displaystyle H}{|}}{\underset{\underset{\displaystyle OH}{|}}{C}} - \overset{\overset{\displaystyle OH}{|}}{\underset{\underset{\displaystyle H}{|}}{C}} - \overset{\overset{\displaystyle H}{|}}{\underset{\underset{\displaystyle OH}{|}}{C}} - \overset{\overset{\displaystyle OH}{|}}{\underset{\underset{\displaystyle H}{|}}{C}} - CO^2H.$$

—Cet acide est renfermé dans le sirop brun qui reste après cristallisation de la lactone α-glucoheptonique.

Pour l'isoler, on a recours à son sel de brucine : on dissout des poids égaux de sirop et de brucine dans 15 fois leur poids d'eau, on chauffe avec du noir animal, et la liqueur filtrée, encore un peu brune, est évaporée jusqu'à consistance sirupeuse.

Par refroidissement, le sel de brucine cristallise; on l'essore, on le lave à l'eau, ensuite on le purifie par cristallisation dans l'eau chaude, puis dans l'alcool.

Le sel une fois purifié est dissous dans l'eau et décomposé par un excès de baryte, on dissout dans l'eau chaude et on filtre après refroidissement. L'eau mère est évaporée jusqu'à consistance sirupeuse pour éliminer complètement la brucine, et le résidu est broyé avec de l'alcool froid.

La combinaison barytique reste sous la forme d'une masse solide, grenue, un peu jaunâtre. On la filtre à chaud et on précipite exactement la baryte par l'acide sulfurique.

La lactone se sépare de l'eau mère à réaction faiblement acide sous forme d'aiguilles : un germe accélère la rapidité du dépôt. (Le rendement, calculé d'après le sel de brucine, est quantitatif.)

La lactone, purifiée par cristallisation dans l'alcool absolu chaud, a une réaction neutre et une saveur faiblement sucrée. Elle fond à 151-152° sans dégagement gazeux.

Elle est très soluble dans l'eau, assez dans l'alcool chaud, très peu dans l'alcool froid; elle est insoluble dans l'éther.

Elle ne réduit pas la liqueur de Fehling; elle est fortement lévogyre : $[\alpha]_{\text{D}\,20} = -67°,7$ et ne présente pas le phénomène de la birotation.

*Les sels de baryum, de calcium et de cadmium* sont extrêmement solubles dans l'eau. Jusqu'à présent, le sel de cadmium a été seul obtenu cristallisé. Il se sépare très lentement de sa solution sirupeuse en aiguilles très fines. Ce n'est qu'au bout d'un certain temps que la solution froide de lactone donne un précipité avec l'acétate basique de plomb. Mais à chaud le sel basique de plomb se sépare aussitôt sous la forme d'un précipité gélatineux.

Sa *phénylhydrazide*, $C^7H^{13}O^7Az^2H^2C^6H^5$, se prépare en chauffant au bain-marie, pendant 1 heure, un mélange de lactone (1 partie), de phénylhydrazine (1 partie) et d'eau (3 parties); le mélange se colore en jaune orangé; on ajoute de l'alcool absolu qui précipite l'hydrazide en lamelles jaunâtres, qu'on purifie par cristallisation dans l'alcool absolu.

L'hydrazide fond entre 150 et 152°. Elle est beaucoup plus soluble dans l'eau froide que l'hydrazide de l'acide α-glucoheptonique, et peut par conséquent être employée à isoler l'acide de sa solution aqueuse.

Par oxydation au moyen d'acide azotique d'une densité de 1,2, l'acide β-glucoheptonique est transformé en un acide pentoxypimélique actif (voyez ce nom),

$$CO^2H - \overset{\overset{\textstyle H}{|}}{\underset{\underset{\textstyle OH}{|}}{C}} - \overset{\overset{\textstyle H}{|}}{\underset{\underset{\textstyle OH}{|}}{C}} - \overset{\overset{\textstyle OH}{|}}{\underset{\underset{\textstyle H}{|}}{C}} - \overset{\overset{\textstyle H}{|}}{\underset{\underset{\textstyle OH}{|}}{C}} - \overset{\overset{\textstyle OH}{|}}{\underset{\underset{\textstyle H}{|}}{C}} - CO^2H.$$

La monolactone de cet acide fond à 177° et a un pouvoir rotatoire tel que $[\alpha]_{D\,20} = + 68°,5$.

*Transformation de l'acide β-glucoheptonique en combinaison α.* — Le mode de synthèse des deux acides α et β-glucoheptoniques établit bien que leurs formules ne peuvent différer que par la configuration autour du dernier atome de carbone asymétrique. Nous avons donc dans leur transformation mutuelle une vérification du principe suivant, souvent employé dans la stéréochimie des matières sucrées:

*Deux acides sont transformables l'un dans l'autre sous l'action de la chaleur, lorsque leurs formules ne diffèrent que par la configuration autour du carbone asymétrique le plus voisin du groupement fonctionnel acide.*

Dans le cas actuel, la transformation s'effectue comme dans les cas analogues, en chauffant le sel de pyridine: On chauffe 4 grammes de lactone pure à 140°, en tube scellé, pendant 3 heures, avec 4 grammes de pyridine et 20 grammes d'eau. La solution brune est chauffée à l'ébullition avec un excès d'hydrate de baryum jusqu'à complet départ de la pyridine. La baryte est précipitée exactement par l'acide sulfurique et la liqueur est filtrée sur du noir animal. Par évaporation de la solution, il reste un sirop qui ne fournit quelques cristaux qu'au bout d'une semaine.

On peut d'ailleurs, dans les eaux mères, caractériser l'acide α-heptonique au moyen de son hydrazide, bien moins soluble que son isomère, et fondant beaucoup plus haut, à 172°.

L. Simon.

**GLUCOHEPTOSE.** — COMBINAISON α,

$$CH^2OH - \overset{\overset{\textstyle H}{|}}{\underset{\underset{\textstyle OH}{|}}{C}} - \overset{\overset{\textstyle H}{|}}{\underset{\underset{\textstyle OH}{|}}{C}} - \overset{\overset{\textstyle OH}{|}}{\underset{\underset{\textstyle H}{|}}{C}} - \overset{\overset{\textstyle H}{|}}{\underset{\underset{\textstyle OH}{|}}{C}} - \overset{\overset{\textstyle H}{|}}{\underset{\underset{\textstyle OH}{|}}{C}} - CHO.$$

— On dissout 50 grammes de lactone glucoheptonique dans 500 grammes d'eau placée dans un flacon à parois épaisses, d'un litre et demi de capacité, et le tout est refroidi dans un mélange réfrigérant jusqu'à ce qu'il se forme de la glace. On ajoute alors 4 centimètres cubes d'acide sulfurique étendu, et ensuite 250 grammes d'amalgame de sodium, le plus pur possible, à 2 1/2 0/0. On agite le mélange vivement et on y ajoute à courts intervalles de l'acide sulfurique par fractions de 4 à 5 centimètres cubes, jusqu'à conserver d'une façon permanente la réaction acide. Il est avantageux de maintenir le liquide le plus froid possible par des immersions répétées dans le mélange réfrigérant.

L'amalgame est employé en 10 ou 15 minutes environ; on utilise la pause pour refroidir la solution jusqu'à formation de glace; on ajoute alors de nouveau 250 grammes d'amalgame et on opère comme précédemment. On interrompt l'opération quand on a employé en tout de cette manière 750 grammes d'amalgame. Cela exige environ 50 minutes. La lactone inaltérée est transformée en sel de sodium au moyen d'une lessive de soude, puis on neutralise et on clarifie avec du noir.

On élimine le sulfate de sodium en le précipitant de la solution aqueuse chaude par un excès d'alcool chaud à 96 0/0 et en laissant refroidir pendant une douzaine d'heures.

La solution est alors filtrée, l'alcool chassé par distillation et le résidu évaporé à consistance sirupeuse.

Le sucre cristallise par refroidissement, on l'essore et on lave à l'alcool absolu [*Ann. Chem.*, 270, 71].

*Propriétés.* — Ce sucre est un des plus beaux du groupe: il se distingue par sa faible solubilité (1 partie de sucre exige 10,5 d'eau à 14° pour se dissoudre) et son aptitude à la cristallisation.

Les cristaux ne s'altèrent pas à 100°, ils fondent à 180-190° et possèdent une saveur légèrement sucrée. Le sucre n'est pas fermentescible [Fischer, *D. chem. G.*, 27, 2034].

Il présente faiblement le phénomène de la birotation; $[\alpha]_{D\,20} = - 19°,7$ est la valeur limite.

D'après M. J. Fogh [*C. R.*, 114, 920], la chaleur de combustion du glucoheptose est pour 1 gramme 3732°,8, ce qui, pour la chaleur de formation moléculaire, correspond au nombre 359°,2 à partir des éléments (carbone diamant, hydrogène, oxygène).

Ce sucre réduit la liqueur de Fehling, un peu moins énergiquement que le glucose; chauffé avec l'acide sulfurique et l'acide chlorhydrique étendu, il donne du furfurol comme les sucres moins riches en carbone.

L'oxydation par le brome fournit l'acide ou plutôt la lactone α-glucoheptonique (voyez ce nom).

La réduction par l'amalgame de sodium fournit l'α-glucoheptite (voyez ce nom).

L'acide cyanhydrique se fixe facilement sur l'α-glucoheptose et fournit un mélange de deux nitriles α et β-gluco-octoniques (voyez ce nom).

*Phénylhydrazone*, $C^7H^{13}O^6 - Az^2H - C^6H^5$. — Elle se prépare à l'aide de solutions concentrées, car elle est très soluble dans l'eau. 1 partie d'heptose est dissoute dans 1 partie et demie d'eau chaude; on refroidit alors vivement et on ajoute 1 partie de phénylhydrazine. L'hydrazone se sépare sous la forme d'une bouillie épaisse de cristaux qu'on lave à l'éther.

Elle fond à 170° par une chauffe rapide. Elle est très soluble dans l'eau, peu soluble dans l'alcool froid et presque insoluble dans l'éther.

*Osazone*, $C^7H^{12}O^6(Az^2H\,C^6H^5)^2$. — Elle se sépare en fines aiguilles jaunes lorsqu'on chauffe au bain-marie une solution aqueuse de sucre ou de phénylhydrazone avec un excès d'acétate de phénylhydrazine.

L'osazone se présente sous la forme de fines aiguilles jaunes, très souvent groupées en touffes; par une chauffe rapide elle brunit à 190° et fond à 195° en se décomposant. Elle ressemble beaucoup à la glucosazone, dont elle se distingue seulement à l'analyse. L'acide chlorhydrique la dédouble en phénylhydrazine et heptosone.

*α-Glucoheptose hexanitrique.* — Par nitration directe du glucoheptose, MM. Will et Lenz [*D. chem. G.*, 34, 68] ont obtenu l'α-glucoheptose hexanitrique, $C^7H^8O(AzO^3)^6$; on le purifie par cristallisation dans l'alcool.

Ce sont des aiguilles transparentes, fondant à 100°. $[\alpha]_D = + 104°,8$ en solution alcoolique à 3 ou 4 0/0. Ce corps réduit à chaud la liqueur de Fehling.

*Hexacétylglucoheptose.* — D'après MM. Erwig et Königs, le sucre de raisin est transformé en dérivé pentacétylé par l'anhydride acétique en présence d'un peu de chlorure de zinc. Dans les mêmes conditions, l'heptose fournit un dérivé hexacétylé, $C^{40}H^{26}O^{13}$, qui fond à 156°; il est très peu soluble dans l'eau froide, et au contraire soluble dans l'eau chaude, l'alcool, l'éther et le chloroforme.

*Décacétyldiglucoheptose,* $C^{34}H^{46}O^{23}$. — Cette combinaison correspond à l'octacétyldiglucose de Schützenberger, obtenu cristallisé par M. Franchimont. Pour le préparer, on dissout à chaud 1 partie d'acétate de sodium sec dans 4 parties d'anhydride acétique, et l'on ajoute au mélange 1 partie de sucre finement pulvérisé. Il en résulte une vive réaction. Après dissolution de l'heptose, on chauffe encore pendant un quart d'heure au réfrigérant ascendant et on précipite le tout dans 10 fois son poids d'eau. Il se sépare alors une huile brune qui se prend en masse par refroidissement, tandis que la solution aqueuse se sépare une autre partie de la combinaison acétylée sous la forme de flocons blancs.

Le produit, purifié par de nombreuses cristallisations dans l'eau chaude, fond à 131-132°.

*α-Glucoheptose-éthylmercaptal,*

$$C^{7}H^{14}O^{6}(SC^{2}H^{5})^{2}.$$

— Ce produit s'obtient en dissolvant, à chaud, le sucre dans 2 fois son poids d'acide chlorhydrique fumant, et agitant vivement le liquide rougeâtre avec un poids de mercaptan égal au poids du sucre. Par évaporation sur un verre de montre, on obtient des cristaux fondant à 152-154° [Fischer, *D. chem. G.*, 27, 678].

*Méthylglucoheptoside,* $C^{7}H^{13}O^{7}.CH^{3}$. — Le sucre finement pulvérisé, mélangé à 12 fois son poids d'alcool méthylique renfermant 0,8 0/0 d'acide chlorhydrique, est chauffé au réfrigérant ascendant pendant 1 heure et demie jusqu'à solution claire, puis en tube scellé pendant 40 heures à 100°.

On débarrasse le liquide jaune obtenu de l'excès d'acide chlorhydrique au moyen de carbonate d'argent, on broie la masse avec de l'alcool méthylique, on clarifie au noir, on filtre et on évapore à consistance de sirop.

Le sirop, additionné d'alcool absolu et abandonné sous une cloche à l'évaporation, fournit une abondante cristallisation du glucoside.

Ce corps fond à 168-170°. Il est lévogyre,

$$[\alpha]_{D\,20} = -74,9;$$

il est soluble dans 20 fois son poids d'alcool absolu chaud; il est très soluble dans l'eau, peu soluble dans l'acétone chaude et presque insoluble dans l'eau. Il a une saveur sucrée et ne se dédouble pas sous l'influence de l'émulsine ou de la levure de bière.

COMBINAISON β,

$$CH^{2}OH - \overset{H}{\underset{OH}{C}} - \overset{H}{\underset{OH}{C}} - \overset{OH}{\underset{H}{C}} - \overset{H}{\underset{OH}{C}} - \overset{OH}{\underset{H}{C}} - CHO.$$

— On réduit la lactone β-glucoheptonique en solution aqueuse à 10 0/0, refroidie à 0° par 12 fois son poids d'amalgame de sodium à 2 1/2 0/0, en présence de la quantité correspondante d'acide sulfurique. Le liquide séparé du mercure est neutralisé à la soude, de façon qu'il ait encore une réaction alcaline au bout d'une demi-heure; on filtre, on neutralise à l'acide sulfurique et on ajoute à la solution chaude une quantité d'alcool absolu chaud telle que le mélange en renferme 85 0/0. Après refroidissement, les sels de sodium sont séparés par filtration et l'eau mère alcoolique

est évaporée. Le sucre reste alors comme un sirop jaunâtre qu'on n'a pas réussi jusqu'ici à faire cristalliser.

La *phénylhydrazone,* $C^{7}H^{14}O^{6}Az^{2}HC^{6}H^{5}$, se sépare cristallisée, au bout de quelques heures, d'un mélange froid de 2 parties de sucre sirupeux et de 1 partie et demie de phénylhydrazine pure.

La combinaison, purifiée, se colore vers 190° et fond à 192° en se décomposant; elle est soluble dans l'eau et peu soluble dans l'alcool.

La *phénylosazone* est identique à tous égards, comme on pouvait le prévoir, avec celle de l'α-glucoheptose.  **L. Simon.**

**GLUCONIQUE (ACIDE)**, $C^{6}H^{12}O^{7}$. — Voyez 1er Suppl., 623 et 865.

ACIDE D-GLUCONIQUE,

$$CH^{2}OH - \overset{H}{\underset{OH}{C}} - \overset{H}{\underset{OH}{C}} - \overset{OH}{\underset{H}{C}} - \overset{H}{\underset{OH}{C}} - CO^{2}H.$$

— L'acide gluconique se forme par l'oxydation du dextrose, du saccharose, du maltose, de la dextrine ou du glycogène [Chittenden, *Ann. Chem.*, 172, 206] par le brome ou le chlore en présence de l'eau. Les produits obtenus sont identiques dans tous les cas [Herzfeld, *D. chem. G.*, 16, 2763].

L'acide gluconique se forme également dans l'action du *Mycoderma aceti* sur le dextrose [Boutroux, *C. R.*, 86, 605].

Enfin M. Herzfeld [*Ann. Chem.*, 245, 27] et M. Heffter [*D. chem. G.*, 22, 1049] ont observé la formation d'acide gluconique dans l'action de l'oxyde de mercure sur le dextrose, avec ou sans addition de baryte. D'après le dernier de ces auteurs, si l'on fait bouillir une solution de dextrose à 10 0/0 avec un excès d'oxyde jaune de mercure jusqu'à ce qu'il ne se produise plus de réduction, puis qu'on filtre le liquide encore chaud, on voit se former par le refroidissement des aiguilles brillantes, à éclat soyeux, de gluconate mercureux $(C^{6}H^{11}O^{7})^{2}Hg^{2}$, qui peuvent atteindre jusqu'à 2 centimètres de longueur. Les rendements sont très satisfaisants.

L'acide *d*-gluconique a été obtenu par M. Fischer en chauffant l'acide *d*-mannonique à 140° avec un excès de quinoléine. Cette réaction constitue la synthèse totale de l'acide *d*-gluconique [*D. chem. G.*, 23, 801].

L'acide paragluconique de Hönig (Suppl., *loc. cit.*) et l'acide zymogluconique de M. Boutroux sont identiques à l'acide gluconique ordinaire [Volpert, *D. chem. G.*, 19, 2621. — Boutroux, *C. R.*, 91, 236; 104, 369].

*Préparation.* — On dissout 100 grammes de dextrose (le glucose ordinaire du commerce convient parfaitement) dans un demi-litre d'eau froide, et on ajoute 150 grammes de brome. La réaction s'effectue peu à peu, d'autant mieux que l'on agite plus souvent, et après quelques heures la dissolution du brome est complète. On laisse encore le mélange réagir pendant une trentaine d'heures, et on chauffe dans une capsule, de manière à volatiliser tout l'excès de brome resté libre; le liquide doit présenter alors une teinte jaune clair.

Après refroidissement, on étend d'eau de manière à avoir un volume bien déterminé de liquide, par exemple le volume initial; on dose le brome contenu à l'état d'acide bromhydrique dans une fraction connue de ce volume, et on ajoute au reste une quantité de carbonate de plomb équivalente au brome dosé; on évapore ensuite jusqu'à moitié environ, on laisse reposer pendant 24 heures; on filtre pour séparer le bromure de plomb précipité, on étend d'eau encore une fois et on ajoute par petites portions de l'oxyde d'argent fraîchement préparé, qui sépare les dernières traces de brome encore présent. On filtre, on élimine le plomb et l'argent du liquide par l'hydrogène sulfuré; on fait bouillir jusqu'à saturation avec du carbonate de calcium ou du carbonate de baryum, et on abandonne le liquide à lui-même : bientôt il se sépare de fines aiguilles de gluconate que l'on purifie par une seconde cristallisation. 100 grammes de dextrose donnent ainsi jusqu'à 70 grammes de sel de calcium brut.

Le gluconate de calcium est enfin décomposé par l'acide oxalique [Kiliani et Kleemann, *D. chem. G.*, **17**, 1296].

L'acide gluconique est un liquide sirupeux à réaction fortement acide. Lorsqu'on maintient le sirop pendant quelque temps au bain-marie, on obtient, au bout de 8 à 14 jours, une masse formée d'aiguilles, qu'on purifie par plusieurs cristallisations dans l'eau chaude, puis par lavage à l'alcool froid. C'est la lactone *d*-gluconique, $C^6H^{10}O^6$; elle est encore légèrement acide, fond à 130-135 et se distingue de la lactone *d*-mannonique par sa plus grande solubilité dans l'alcool chaud et par sa rotation plus forte vers la droite :

$$[\alpha]_D = + 68°,2$$

[E. Fischer, *D. chem. G.*, **23**, 2625].

L'acide gluconique lui-même est très soluble dans l'eau; il se dissout difficilement dans l'alcool; ses solutions ne réduisent pas la liqueur de Fehling.

L'acide gluconique est dextrogyre, d'après M. Herzfeld [*Ann. Chem.*, **220**, 335] : $[\alpha]_D = 5°$ environ pour les dissolutions à 2 0/0.

D'après M. Fischer $[\alpha]_D = 6°,66$ [*D. chem. G.*, **23**, 2614]; peut-être est-il légèrement lévogyre, et la rotation droite est-elle due à la formation, sensible même à froid, de sa lactone fortement dextrogyre?

Les *gluconates alcalins* cristallisent difficilement dans l'eau, plus aisément dans l'alcool étendu.

Le *sel de potassium* renferme 3 molécules d'eau de cristallisation.

Le *gluconate de calcium* cristallise anhydre ou avec 2 molécules d'eau; 100 parties d'eau en dissolvent 3°,5 à la température de 15°.

Le *gluconate de baryum* renferme, d'après MM. Herzfeld et Kiliani, $(C^6H^{11}O^7)^2Ba, 3H^2O$; sa solubilité est voisine de celle du composé précédent.

Les *sels de plomb* et *d'argent* sont des précipités amorphes que l'on obtient en ajoutant de l'alcool à leurs solutions aqueuses.

Le *sel de cadmium*, $(C^6H^{11}O^7)^2Cd$, est incristallisable, ce qui permet de distinguer aisément l'acide gluconique de son isomère l'acide galactonique.

Les *sels de cobalt* et *de manganèse* cristallisent en aiguilles microscopiques. Le premier retient 1 molécule d'eau de cristallisation à 100°.

Le *sel de zinc* renferme $(C^6H^{11}O^7)^2Zn, 5H^2O$.

Tous les gluconates métalliques neutres sont solubles dans l'eau et précipitables par l'alcool.

Hlasiwetz et Habermann ont décrit des *sels basiques*

$$C^6H^8O^7Ca, \quad C^6H^8O^7Ba \quad et \quad C^6H^8O^7Pb^2.$$

Ce dernier s'obtient en précipitant une solution de gluconate de calcium par le sous-acétate de plomb.

Le *gluconate de brucine* est soluble dans l'alcool absolu, ce qui permet de le séparer facilement du mannonate isomérique.

Le *gluconate de cinchonine* est peu soluble dans l'alcool et fond à 187° (Fischer).

*Action des oxydants.* — L'oxyde d'argent transforme l'acide gluconique en acide glycolique.

L'acide azotique donne de l'acide saccharique, de l'acide cassonique (?), de l'acide tartrique et de l'acide oxalique.

Le brome en excès détruit également l'acide gluconique et forme, entre autres produits, de l'acide oxalique, de l'acide bromacétique et du bromoforme [Habermann, *Ann. Chem.*, **162**, 297].

En oxydant le gluconate de calcium par le brome, M. Walter Tiemann [*Zeitschrift für d. Rübenzuckerind. des deutschen Reiches*, **40**, 787] avait obtenu un sirop réduisant la liqueur de Fehling et qu'il croyait être de l'acide oxygluconique.

M. Otto Ruff [*D. chem. G.*, **32**, 2269, 1899] a montré que cette assertion était inexacte et que, vraisemblablement, M. Tiemann avait eu affaire surtout à de l'acide gluconique souillé d'impuretés parmi lesquelles se trouvaient peut-être des acides oxycétoniques.

Sous l'influence d'un ferment spécial, l'acide gluconique peut se transformer en un *acide oxygluconique*, $C^6H^{11}O^8$ [Boutroux, *C. R.*, **102**, 924].

En soumettant l'acide gluconique à l'action de la bactérie du sorbose, M. Bertrand a constaté la formation d'un acide qui lui semble identique à l'acide oxygluconique de M. Boutroux [*Bull. Soc. Chim.*, (3), **19**, 947].

M. Otto Ruff, en soumettant à l'oxydation le gluconate de calcium, a obtenu du *d*-arabinose et, en outre, dans les eaux mères, un acide qui doit être identique à l'acide oxygluconique de M. Boutroux.

Nous indiquerons un peu plus loin, à propos de l'acide oxygluconique, le détail de son isolement dans cette réaction.

M. Otto Ruff [*D. chem. G.*, **34**, 1574], en oxydant le gluconate de calcium par l'acétate de fer à la lumière solaire, a obtenu une solution réductrice fournissant un mélange d'osazones parmi lesquelles il a cru discerner celle d'un pentose. Il a répété l'expérience en employant comme oxydant le brome et le carbonate de plomb, puis l'eau oxygénée en présence d'acétate de fer [méthode Fenton, *Chem. News*, **73**, 194] et il a pu isoler ainsi l'arabinosoxime du sirop obtenu.

Il a répété ces essais avec d'autres oxydants (persulfate de potassium avec ou sans addition de sel de fer, bioxyde de plomb et acide phosphorique, sels de manganèse). La méthode qui lui a donné les meilleurs résultats est celle qui consiste à traiter le gluconate de calcium par l'eau oxygénée en présence d'acétate de fer. Voici comment elle l'a conduit au *d*-arabinose [*D. chem. G.*, **32**, 550].

On dissout à chaud 500 grammes de gluconate de calcium dans $1^{lit} 1/2$ d'eau, puis on refroidit à 35° et on fait digérer pendant quelques heures cette solution, additionnée d'eau oxygénée en quantité nécessaire pour fournir 1 atome 1/2 d'oxygène actif, et, en outre, de 100 centimètres cubes d'acétate ferrique. Il se produit un dégagement d'anhydride carbonique. Au bout de 6 heures, ce dégagement est terminé et la liqueur ne renferme plus d'eau oxygénée. On filtre l'oxyde de fer et l'acétate de calcium précipités, puis on évapore dans le vide jusqu'à consistance sirupeuse.

Pour éliminer complètement les sels de calcium du sirop, on le triture avec 2 litres environ d'alcool à 95 0/0 jusqu'à ce que le résidu soit grenu. Ce résidu grenu est placé dans un flacon de 2 litres et agité fortement, pendant une douzaine d'heures, avec 1 kilogramme de rognures de plomb et 1 litre d'alcool à 90 0/0. Les sels de calcium insolubles sont, de cette manière, finement broyés et cèdent à l'alcool les dernières traces d'arabinose. On filtre, on ajoute cette liqueur à la précédente, on passe au noir à chaud, puis on laisse refroidir en agitant; on filtre et on évapore jusqu'à réduire la liqueur à un quart de litre. Cette solution, ensemencée avec un cristal de $d$-arabinose, fournit l'arabinose déjà sensiblement pur (75 à 85 grammes). Le résidu des sels de calcium, riche encore en gluconate, soumis à la répétition du traitement, fournit une nouvelle portion d'arabinose (20 grammes). Enfin, l'évaporation des eaux mères en donne encore une dizaine de grammes après reprise à l'alcool additionné d'éther. On purifie le tout par cristallisation dans l'eau additionnée de noir. Le rendement est ainsi d'environ 25 à 30 0/0 du rendement théorique. Cette réaction permet donc de passer régulièrement du glucose à l'arabinose, ce que M. Wohl avait déjà fait par une autre méthode, moins avantageuse au point de vue du rendement.

L'arabinose ainsi obtenu a été l'objet d'études pour lesquelles nous renvoyons au mémoire original [*D. chem. G.*, 32, 554]. Ce n'est pas le lieu de le faire ici.

*Agents réducteurs.* — L'amalgame de sodium réduit la lactone gluconique, lorsqu'on a soin de rendre le liquide légèrement acide au moyen d'additions répétées d'acide sulfurique, et la ramène d'abord à l'état de $d$-glucose, puis de $d$-sorbite (alcool hexatomique correspondant au $d$-glucose) [Fischer, *D. chem. G.*, 22, 2204; 23, 930].

L'acide iodhydrique et le phosphore rouge, au réfrigérant ascendant, attaquent lentement l'acide gluconique : l'opération dure environ 7 heures. Si alors on distille dans un courant de vapeur d'eau, on obtient un produit huileux qui renferme de l'iode; on élimine ce dernier par un traitement au zinc et à l'acide chlorhydrique. Si on distille de nouveau le liquide purifié, on recueille une lactone bouillant à 220°, non solidifiable dans un mélange réfrigérant et identique à la lactone $\gamma$-oxycaproïque normale, $C^6H^{10}O^2$, déjà décrite par M. Fittig et Hjelt [*Ann. Chem.*, 208, 67]. Par ébullition avec le carbonate de baryum, ce corps donne l'oxycaproate neutre, $(C^6H^{11}O^3)^2Ba$, substance gommeuse, soluble dans l'eau et dans l'alcool, extrêmement hygroscopique.

Une action plus prolongée de l'acide iodhydrique sur cette lactone la transforme en acide caproïque normal, mais d'une façon très incomplète [Kiliani et Kleemann, *loc. cit.*].

*Action de la chaleur en présence de quinoléine.* — L'acide $d$-gluconique en solution sirupeuse se transforme en acide $d$-mannonique quand on le chauffe avec 2 fois son poids de quinoléine, au bain d'huile, en élevant peu à peu la température de manière à maintenir le mélange pendant 40 minutes à 140° après que l'excès d'eau s'est évaporé.

Pour séparer les deux acides, on ajoute un excès de baryte hydratée, on distille dans un courant de vapeur d'eau pour éliminer la quinoléine, puis on précipite exactement la baryte par l'acide sulfurique, on décolore par le noir et on évapore jusqu'à consistance sirupeuse. Le résidu dépose au bout de quelques jours des cristaux de lactone mannonique, qu'on purifie par cristallisation dans l'alcool.

Dans les conditions indiquées, l'acide $d$-gluconique donne environ 38 0/0 de son poids d'acide $d$-mannonique [E. Fischer, *D. chem. G.*, 23, 800].

*Gluconate d'éthyle*, $C^6H^{11}O^7 . C^2H^5$. — Substance cristalline, que l'on obtient en faisant passer un courant d'acide chlorhydrique dans une bouillie alcoolique de gluconate de calcium : il se forme ainsi des cristaux de la combinaison $2(C^6H^{11}O^7 . C^2H^5), CaCl^2$, que l'on dissout dans l'eau et que l'on décompose par le sulfate de sodium.

L'alcool enlève l'éther devenu libre au produit

évaporé dans le vide sec [Hlasiwetz et Habermann, *Ann. Chem.*, 155, 123].

Le chlorure d'acétyle donne avec le gluconate d'éthyle un *dérivé pentacétylé* fusible à 103°,5, très soluble dans l'alcool et dans l'éther.

*Phénylhydrazide gluconique*, $C^{12}H^{18}Az^2O^6$. — Lamelles blanches, brillantes, peu solubles dans l'eau, fusibles à 208-209° comme le dérivé correspondant de l'acide galactonique. S'obtient en chauffant pendant 2 heures à 100° une solution concentrée d'acide gluconique ou de gluconate de baryum avec un excès d'acétate de phénylhydrazine : l'hydrazide se dépose à l'état cristallisé pendant le refroidissement de la liqueur [Fischer et Passmore, *D. chem. G.*, 22, 2730].

*Anilide gluconique*, $C^6H^{11}O^6 . AzH . C^6H^5$. — Elle fond à 171° et est très soluble dans l'eau.

COMBINAISONS DE L'ACIDE GLUCONIQUE AVEC LES GLUCOSES. — L'acide gluconique se combine, sous l'action condensante du gaz chlorhydrique, avec les sucres (glucose, galactose, arabinose), pour donner des glucosides de synthèse.

*Acide glucosido-gluconique*, $C^6H^{11}O^6 . C^6H^{11}O^6$. — On chauffe ensemble, jusqu'à solution complète, 7 grammes de glucose et 10 grammes d'acide gluconique sirupeux renfermant encore 5 0/0 d'eau ; puis on refroidit à 40° et on fait passer d'une manière continue un courant de gaz chlorhydrique dans le liquide visqueux agité. On prolonge l'action du gaz chlorhydrique jusqu'à ce qu'une prise d'essai ne réduise plus la liqueur de Fehling, ce qui demande de 5 à 6 jours.

On dissout alors le sirop dans l'eau glacée et on neutralise rapidement avec du carbonate de plomb fraîchement précipité. On élimine le plomb par l'acide sulfurique et l'excès de chlore par l'oxyde d'argent, puis l'excès d'argent par la quantité exacte d'acide chlorhydrique, enfin l'acide sulfurique par la baryte caustique.

On filtre, on décolore et on concentre dans le vide sans dépasser 50°.

On précipite de ce sirop l'acide glucosido-gluconique au moyen d'acide acétique anhydre; le précipité floconneux obtenu est essoré, lavé à l'éther et séché dans un dessiccateur.

La poudre amorphe ainsi obtenue est un mélange d'acide et de lactone; elle est très soluble dans l'eau, insoluble dans l'alcool et dans l'éther.

La solution aqueuse précipite par l'acétate et le nitrate basiques de plomb.

Les sels neutres sont, au contraire, solubles et amorphes.

Le *sel de calcium* ne fermente pas sous l'influence de la levure de bière et n'est pas dédoublé par l'invertine.

La réduction de ce glucoside en sucre aldéhydique correspondant a pu être réalisée, en sorte que l'on est pas encore fixé sur la nature de l'isomérie de ce composé avec l'acide maltobionique.

Les combinaisons avec le galactose et l'arabinose se préparent de la même manière; la dernière n'a pu être obtenue que sous forme d'un sirop visqueux [E. Fischer et Leo Beensch, *D. chem. G.*, 27, 2485].

*Nitrile gluconique pentacétylé*,

$$CH^2O . COCH^3 (CHO . COCH^3)^4 CAz.$$

— Ce produit s'obtient en traitant la glucosoxime par un mélange d'anhydride acétique et d'acétate de sodium, selon la méthode d'acétylation de M. Liebermann.

Ce corps fond à 80-81°; il est très soluble dans l'alcool chaud, très peu soluble au contraire dans l'alcool froid, un peu soluble dans l'eau froide, un peu plus dans l'eau chaude, soluble dans l'éther, le sulfure de carbone, le chloroforme.

Dissous à chaud dans une lessive alcaline faible, il donne les réactions de l'acide cyanhydrique.

Le nitrate d'argent ammoniacal n'est pas réduit, même en présence d'un alcali fixe, mais il se forme du cyanure d'argent, lentement à froid, plus vite à chaud, que l'on précipite en acidifiant par l'acide azotique.

Ce corps est un des corps intermédiaires qui ont permis de passer du glucose au *l*-arabinose [A. Wohl, *D. chem. G.*, 26, 732].

Acide diméthylène-gluconique, $C^8H^{12}O^7$,

$$COOH-CHOH-CH-CH-CH-CH^2$$

— Cet acide s'obtient à partir de l'acide gluconique ou du gluconate de calcium, par l'action de l'aldéhyde formique en présence d'acide chlorhydrique.

On chauffe le mélange pendant 1 heure, au bain de glycérine à 110°, dans un petit ballon dont le bouchon porte un tube droit de 50 centimètres.

Les proportions sont les suivantes : poids égaux (20 ou 50 grammes) de gluconate de calcium, d'aldéhyde formique à 40 0/0 et d'acide chlorhydrique à 38 0/0.

Si l'on emploie l'acide gluconique débarrassé de la chaux par l'acide oxalique, on emploie pour 50 grammes de gluconate de calcium 35 grammes d'aldéhyde à 40 0/0 et 30 grammes d'acide chlorhydrique.

Le liquide, qui a été chauffé à 110°, est ensuite évaporé au bain-marie dans des capsules plates, puis abandonné au refroidissement. Il se prend peu à peu en une bouillie cristalline, qu'on essore et qu'on purifie par un traitement au noir. Les eaux mères fournissent encore un peu du produit, soit directement par évaporation ultérieure, soit en répétant le traitement à l'aldéhyde formique et à l'acide chlorhydrique.

50 grammes de gluconate de calcium fournissent de 10 à 15 grammes d'acide diméthylènegluconique.

Cet acide se présente en petites aiguilles fines et brillantes, anhydres, fusibles à 220° Il est peu soluble dans l'eau (1 0/0 environ à la température ordinaire). Il est peu soluble dans l'alcool, l'éther et le chloroforme. Les acides étendus n'ont pas d'action sensible sur lui, même à chaud.

On a préparé ses sels en le saturant, soit à froid, soit à chaud, par les bases libres ou carbonatées et en faisant évaporer les solutions sur l'acide sulfurique. Parmi ces sels, les uns cristallisent facilement, les autres sont obtenus par précipitation au moyen d'alcool :

*Sel de sodium*, $C^8H^{11}O^7Na + 1,5 H^2O$ ou $2 H^2O$, longues aiguilles.

*Sel de potassium*, $C^8H^{11}O^7K + 2 H^2O$, cristaux épais.

*Sel d'ammonium*, $C^8H^{11}O^7AzH^4 + 2 H^2O$, beaux cristaux.

*Sel de magnésium*, $[C^8H^{11}O^7]^2Mg + 6 H^2O$, précipité par l'alcool.

*Sel de calcium*, $[C^8H^{11}O^7]^2Ca + 4 H^2O$, précipité par l'alcool.

*Sel de strontium*, $[C^8H^{11}O^7]^2Sr + 7 H^2O$, fines aiguilles.

*Sel de baryum*, $[C^8H^{11}O^7]^2Ba + 4 H^2O$, octaèdres.

*Sel de cuivre*, $[C^8H^{11}O^7]^2Cu + 2 H^2O$, précipité par l'alcool en une masse bleue qui cristallise peu à peu en fines aiguilles.

*Sel de zinc*, $[C^8H^{11}O^7]^2Zn + 3 H^2O$ ou $3,5 H^2O$, cristaux.

*Sel de plomb*, $[C^8H^{11}O^7]^2Pb + 3 H^2O$, précipité par l'alcool.

On n'a pas réussi à obtenir son sel d'argent ou son éther éthylique. Dans la formule de constitution, la position des groupes méthyléniques reste indéterminée [Henneberg et Tollens, *Ann. Chem.*, 292, 33].

Acide oxygluconique,

$$C^6H^{14}O^9 \text{ ou } C^6H^{10}O^7, 2 H^2O$$

(desséché à froid dans le vide). — Ce corps a été obtenu à l'état de sel de calcium en faisant agir un ferment particulier, très voisin du *Micrococcus oblongus*, sur le gluconate de calcium ou sur une solution de dextrose additionnée de craie et d'eau de levure. L'oxygluconate de calcium se dépose sous la forme de petits cristaux qui s'attachent aux parois des vases et recouvrent bientôt toute la surface du liquide.

L'acide libre, isolé de son sel de cadmium par l'hydrogène sulfuré, est à peu près incolore, sirupeux, très soluble dans l'eau et dans l'alcool, peu soluble dans l'éther, doué d'une réaction fortement acide.

Extrêmement altérable, il noircit par la chaleur ou par le contact d'un excès d'alcali. Ses solutions doivent, par suite, être concentrées à froid dans le vide sec.

L'acide oxygluconique est lévogyre :

$$[\alpha]_D = -14°,5$$

pour des solutions à 10 0/0.

Les *sels alcalins* et *de thallium* sont sirupeux; leurs solutions concentrées donnent, avec l'acétate de plomb neutre ou basique, un précipité blanc cristallin, soluble dans l'acide acétique ou dans un excès d'acétate neutre de plomb.

Le *sel de calcium*, $(C^6H^9O^7)^2Ca, 3 H^2O$, cristallise en petits prismes clinorhombiques très peu solubles dans l'eau froide : 100 centimètres cubes d'une solution saturée à 14° renferment seulement $0^{gr},079$ de sel.

La solution saturée à chaud présente une grande tendance à la sursaturation.

En solution chlorhydrique, l'oxygluconate de calcium est lévogyre.

Le *sel de strontium*, également peu soluble dans l'eau, se présente sous la forme de prismes microscopiques enchevêtrés; il renferme aussi 3 molécules d'eau de cristallisation.

Le *sel de cadmium*, $(C^6H^9O^7)^2Cd, 2 H^2O$, forme de petits cristaux très brillants, peu solubles à froid, très solubles à chaud. Leur dissolution se décompose à l'ébullition en se colorant en brun.

Le *sel de plomb*, $(C^6H^9O^7)^2Pb, 2 H^2O$, est en petits cristaux microscopiques très peu solubles dans l'eau.

Les oxygluconates réduisent à chaud la liqueur de Fehling, ainsi que le nitrate mercureux; ils donnent un miroir métallique avec le nitrate d'argent ammoniacal; enfin ils décolorent le permanganate de potassium en solution alcaline [Boutroux, *C. R.*, 102, 924; 104, 369; 111, 185].

L'acide oxygluconique peut être comparé soit à l'acide glycuronique de M. Thierfelder, soit au composé obtenu par M. E. Fischer dans la réduction de l'acide *d*-saccharique; il est distinct de l'acide de Thierfelder, car celui-ci est dextrogyre, donne facilement une lactone bien cristallisée, fondant à 167°, et des sels de potassium et de sodium bien cristallisés; au contraire les sels de cadmium et de calcium n'ont pu être obtenus cristallisés.

Malgré ces différences, l'acide glycuronique se rapproche beaucoup de l'acide oxygluconique par sa double fonction d'acide monobasique et d'aldéhyde. M. Boutroux pense que son acide pourrait bien être identique avec l'acide de Fischer.

On peut également penser que c'est un stéréo-isomère de celui de M. Fischer, qui serait avec lui dans le même rapport que l'acide gulonique est avec l'acide gluconique. Ces deux corps auraient alors les deux formules

$$\begin{array}{ccccccccc} & H & & H & & OH & & H & \\ CHO - & C & - & C & - & C & - & C & - CO^2H \\ & OH & & OH & & H & & OH & \end{array}$$

Acide de Boutroux.

$$\begin{array}{ccccccccc} & OH & & H & & OH & & OH & \\ CHO - & C & - & C & - & C & - & C & - CO^2H \\ & H & & OH & & H & & H & \end{array}$$

Acide de Fischer.

Cette hypothèse est parfaitement d'accord avec leur mode respectif de préparation et leurs pro-priétés.

Dans l'oxydation du gluconate de calcium par l'eau oxygénée en présence d'acétate ferrique, M. Ruff [*D. chem. G.*, 32, 2270] a obtenu un mélange de sels de calcium dont il a pu retirer, par une suite de dissolutions dans l'eau suivies de précipitations par l'alcool, un sel de calcium $(C^6H^9O^7)^2Ca + 3H^2O$ qui paraît être identique avec celui de M. Boutroux.

Il est très soluble à chaud, peu soluble à froid (1 partie de ce sel exige, pour se dissoudre, 600 parties d'eau), mais il présente une grande aptitude à fournir des solutions sursaturées.

Sa forme cristalline, ainsi que les propriétés des sels de plomb et de cadmium, s'accordent avec les données de M. Boutroux; il en est de même du pouvoir rotatoire de l'acide libre.

D'après le pouvoir réducteur de la liqueur d'où on l'a extrait, comparé à celui de l'oxygluconate de calcium, il en reste beaucoup dans celle-ci qu'on ne peut isoler.

M. Ruff attribue à cet acide la formule cétonique

$$\begin{array}{ccccccc} & & H & & OH & & H \\ CH^2OH - CO - & C & - & C & - & C & - COOH, \\ & & OH & & H & & OH \end{array}$$

qui paraît plus conforme à ses modes de produc-tion biochimiques que la formule aldéhydique.

*Constitution.* — La constitution de l'acide *d*-gluconique résulte immédiatement de celle du *d*-glucose,

$$\begin{array}{ccccccccc} & H & & H & & OH & & H & \\ CH^2OH - & C & - & C & - & C & - & C & - CHO, \\ & OH & & OH & & H & & OH & \end{array}$$

par la substitution du groupe carboxyle au groupe aldéhydique :

$$\begin{array}{ccccccccc} & H & & H & & OH & & H & \\ CH^2OH - & C & - & C & - & C & - & C & - CO^2H. \\ & OH & & OH & & H & & OH & \end{array}$$

L'antipode optique de cet acide aura donc pour formule la formule symétrique de la précédente :

$$\begin{array}{ccccccccc} & OH & & OH & & H & & OH & \\ CH^2OH - & C & - & C & - & C & - & C & - CO^2H. \\ & H & & H & & OH & & H & \end{array}$$

Ce produit a été préparé synthétiquement.
ACIDE L-GLUCONIQUE,

$$\begin{array}{ccccccccc} & OH & & OH & & H & & OH & \\ CH^2OH - & C & - & C & - & C & - & C & - CO^2H. \\ & H & & H & & OH & & H & \end{array}$$

1° *Préparation à partir de l'arabinose.* — L'acide *l*-gluconique se produit, en même temps que l'acide *l*-mannonique, par fixation d'acide cyanhydrique sur l'arabinose,

$$\begin{array}{ccccccc} & OH & & OH & & H & \\ CH^2OH - & C & - & C & - & C & - CHO, \\ & H & & H & & OH & \end{array}$$

par la méthode de Kiliani et saponification des nitriles ainsi formés. L'acide mannonique est éli-miné à l'état de lactone peu soluble, et l'acide gluconique est isolé sous la forme de sel de calcium.

On dissout 50 grammes d'arabinose commer-cial dans 55 grammes d'eau chaude, et, après refroidissement, on ajoute 10 grammes d'acide cyanhydrique anhydre. On abandonne le mélange dans un vase refroidi par de l'eau à la tempéra-ture ambiante; au bout de cinq ou six jours, sui-vant cette température, le tout est transformé en une masse cristalline d'amides qu'on saponifie avec 100 grammes de baryte cristallisée pure dissoute dans 250 grammes d'eau. On fait bouillir jusqu'à ce qu'il ne se dégage plus d'am-moniaque, puis on étend d'eau, on précipite la baryte exactement par l'acide sulfurique et on décolore au noir animal. La liqueur, évaporée à consistance sirupeuse, laisse déposer la lactone mannonique.

Les eaux mères renferment alors l'acide *l*-glu-conique souillé d'un peu d'acide mannonique. Pour éliminer ce dernier, on transforme le tout en hydrazides, et pour cela on dissout 20 grammes dans le double d'eau, on y ajoute 20 grammes de phénylhydrazine, 15 grammes d'acide acétique et on chauffe pendant une heure au bain-marie. L'hydrazide impure ainsi obtenue est lavée à l'eau, à l'alcool et à l'éther, puis purifiée par cristallisation dans 10 fois son poids d'eau chaude. Le produit ainsi obtenu renferme encore une petite quantité d'hydrazide mannonique.

On décompose alors l'hydrazide en la faisant bouillir avec de la baryte (30 fois son poids de baryte à 10 0/0 d'hydrate cristallisé); on enlève la phénylhydrazine au moyen d'éther; on précipite la baryte quantitativement par l'acide sulfurique, on passe au noir et on concentre.

Le sirop est alors neutralisé par du carbonate de calcium pur, puis dissous dans une petite quantité d'eau chaude, d'où l'alcool précipite le sel de calcium de l'acide gluconique, sous la forme d'un sirop qui se concrète au bout de quelques jours; on le purifie par une nouvelle cristalli-sation.

Dès qu'on a un germe de ce sel de calcium, il devient inutile de passer par l'intermédiaire de l'hydrazide; il suffit d'ensemencer le sirop pri-mitif, neutralisé au carbonate de calcium et passé au noir animal pour le décolorer. Au bout de 24 heures, on obtient une masse cristalline, qu'on purifie en la lavant à l'eau froide et en la faisant cristalliser dans un peu d'eau chaude. 50 grammes d'arabinose fournissent ainsi 20 grammes de lac-tone *l*-mannonique, et 8 à 9 grammes de *l*-gluco-nate de calcium pur.

Le sel de calcium, traité par l'acide oxalique et filtré, fournit la lactone gluconique sous la forme d'un sirop incristallisable fortement lévo-gyre.

Le *sel de calcium* est soluble dans l'eau chaude (3 ou 4 parties); il ressemble beaucoup au sel de l'acide *d*-gluconique, mais il s'en distingue par ce qu'il est anhydre. Son pouvoir rotatoire $[\alpha]_{D\,20} = -6°,64$.

L'acide *l*-gluconique fournit, comme son iso-mère, un *sel de calcium basique*, qu'on obtient à l'état de précipité floconneux en traitant la solution tiède du sel neutre par la chaux.

Les *sels de baryum, de strontium et de cad-mium* n'ont pu être obtenus à l'état cristallin.

L'*hydrazide* cristallise en petits prismes ou en lamelles incolores, qui fondent en se décomposant vers 200°.

L'acide *l*-gluconique, oxydé par l'acide azo-tique, se transforme en acide *l*-saccharique, dont le sel acide de potassium est très facile à caractériser : c'est là le meilleur procédé pour identifier l'acide *l*-gluconique. Pour voir s'il renferme de l'acide mannonique, on le réduit au contraire à l'état de sucre aldéhydique dont on prépare l'hydrazone ; s'il y a des traces de mannose, son hydrazone se précipite au bout de quelques heures à l'état cristallin.

2° *Préparation au moyen de l'acide l-mannonique.* — L'acide *l*-mannonique,

$$\begin{array}{ccccccc} & OH & OH & H & H & \\ CH^2OH - & C - & C - & C - & C - & CO^2H, \\ & H & H & OH & OH & \end{array}$$

ne peut différer, d'après la préparation précédente, de l'acide gluconique que par la configuration autour du dernier atome de carbone asymétrique ; aussi ces deux acides peuvent-ils se transformer l'un en l'autre.

Cette transformation se produit comme il a été indiqué antérieurement [Fischer, *D. chem. G.*, 23, 800], en chauffant à 140° avec de la quinoléine. On obtient finalement un sirop, dont des traitements répétés par l'alcool à 96 0/0 éliminent l'excès de lactone *l*-mannonique.

L'acide gluconique reste dans les eaux mères et peut être caractérisé soit par son sel de calcium, soit par sa transformation en acide saccharique au moyen d'acide azotique.

Inversement, d'ailleurs, l'acide *l*-gluconique se transforme dans les mêmes circonstances en acide *l*-mannonique qu'on caractérise à l'aide de sa lactone.

ACIDE *i*-GLUCONIQUE. — Il présente les mêmes propriétés que ses composants. Son *sel de calcium* est bien cristallisé, très peu soluble dans l'eau et semble renfermer une molécule d'eau. Il se distingue de ses isomères actifs par sa faible solubilité : il n'est soluble que dans 16 à 20 fois son poids d'eau chaude. De plus il est inactif.

L'*hydrazide* cristallise assez bien et fond à 188°-190°, c'est-à-dire 10° plus bas que ses isomères.

Cet acide résulte également de la transformation de l'acide *i*-mannonique sous l'action de la chaleur en présence de quinoléine.  L. Simon.

**GLUCONONIQUE (ACIDE),**

$$\begin{array}{ccccccccc} & H & H & OH & H & H & \\ CH^2OH \cdot & C & C - & C - & C - & C - CHOH - CHOH - CO^2H. \\ & OH & OH & H & OH & OH & (?) & & (?) \end{array}$$

— Ce corps se prépare par fixation d'acide cyanhydrique sur l'α-glucooctose : il se forme d'abord l'amide de cet acide, qui ultérieurement se transforme en sel ammoniacal. On élimine l'ammoniaque par la baryte : il reste les sels de baryum de deux acides stéréoisomériques, qu'on sépare par solubilité.

Le *sel de baryum* le moins soluble a été purifié par cristallisation dans l'eau chaude : on peut en libérer, par l'action de l'acide sulfurique, un mélange constitué par l'un des acides nononiques et sa lactone sous forme de sirop incristallisable.

A l'aide de ce mélange, on a pu préparer les *sels de cadmium* et *de calcium* sous la forme de gommes incristallisables, et la *phénylhydrazide* fondant à 234°, bien cristallisée, peu soluble dans l'eau, même à chaud et facile à dédoubler par l'eau de baryte, très apte à l'identification et à l'isolement de l'acide nononique.

Les eaux mères du sel de baryum peu soluble renferment l'isomère stéréochimique de celui-ci : on l'a caractérisé au moyen de son *hydrazide* très soluble dans l'eau chaude, et fondant à 40° plus bas que l'hydrazide isomérique.

Le mélange de lactone et d'acide nononique donne par réduction le gluconose.  L. Simon.

**GLUCONONITE,**

$$\begin{array}{ccccccccc} & H & H & OH & H & H & \\ CH^2OH - & C - & C - & C - & C - & C - CHOH - CHOH - CH^2OH. \\ & OH & OH & H & OH & OH & & & \end{array}$$

— On prépare cet alcool par réduction du nonose sirupeux ; il faut avoir égard, dans la séparation des sels de sodium au moyen de l'alcool, à la faible solubilité de la nonite dans ce dissolvant.

Ce corps fond à 194° sans se décomposer ; il est très soluble dans l'eau chaude et y cristallise en lames ou prismes incolores ; il est très peu soluble dans l'alcool absolu, et ne réduit pas la liqueur de Fehling [Fischer, *Ann. Chem.*, 270, 104].

**GLUCONONOSE,**

$$\begin{array}{ccccccccc} & H & H & OH & H & H & \\ CH^2OH - & C - & C - & C - & C - & C - CHOH - CHOH - CHO. \\ & OH & OH & H & OH & OH & (?) & & (?) \end{array}$$

— Le gluconononose résulte de la réduction du mélange sirupeux d'acide et de lactone nononique, au moyen d'amalgame de sodium (voyez GLUCOHEPTOSE, GLUCOOCTOSE).

La *phénylhydrazone* est très peu soluble dans l'eau froide et dans l'alcool ; elle fond entre 195° et 200°.

La *phénylosazone* est très peu soluble dans l'eau et dans l'alcool ; elle se colore en brun vers 210° et fond entre 220 et 223° en se décomposant complètement.

Le gluconononose n'est pas fermentescible : ce qui établit que ce n'est pas à la présence d'un nombre d'atomes de carbone multiple de 3 qu'est due la fermentescibilité des sucres aldéhydiques (polymères du glycérose fermentescible).

Les relations de fermentescibilité sont d'ordre stéréochimique et ne dépendent pas du nombre d'atomes de carbone présents dans la molécule (voyez GLUCOSES, GÉNÉRALITÉS).  L. Simon.

**GLUCOOCTITE,**

$$\begin{array}{ccccccc} & H & H & OH & H & H & \\ CH^2OH - & C - & C - & C - & C - & C - CHOH - CH^2OH. \\ & OH & OH & H & OH & OH & (?) \end{array}$$

COMBINAISON α. — Elle se produit par réduction de l'octose, comme la glucoheptite (voyez ce mot) par réduction de l'heptose.

Ce sont des aiguilles blanches, fusibles vers 141°, très solubles dans l'eau et très peu solubles dans l'alcool absolu.

Ce corps est dextrogyre : $[\alpha]_{n=0} = 2°,0$ ; la rotation est triplée par addition d'un poids de borax égal à celui de l'octite.

Il s'unit à l'aldéhyde benzylique, en présence d'acide sulfurique, pour donner un produit de condensation fondant à 185-187° après avoir suinté à 170°.

MM. C. Vincent et J. Meunier [*C. R.*, 127, 760] ont trouvé dans les eaux mères de préparation de la sorbite une octite, $C^8H^{18}O^8$, qu'ils ont caractérisée par son acétal benzylique.

**GLUCOOCTONIQUES (ACIDES),**

$$\begin{array}{ccccccc} & H & H & OH & H & H & \\ CH^2OH - & C - & C \rightarrow C & C - & C - & CHOH - CO^2H. \\ & OH & OH & H & OH & OH & (?) \end{array}$$

— L'acide cyanhydrique s'unit à l'α-glucoheptose pour donner deux acides α et β-glucooctoniques. La combinaison dite α est toujours le produit prépondérant de la réaction : la quantité d'acide β qui se forme dépend de la température à laquelle se fait la fixation d'acide cyanhydrique.

COMBINAISON α. — Pour la préparer, on dissout 50 grammes de glucoheptose pur dans 350 gr. d'eau chaude dans un flacon bien bouché ; on additionne le mélange, refroidi à 25°, de 14 centimètres cubes d'acide cyanhydrique, et on abandonne le tout à cette température. La liqueur se colore en jaune, puis en rouge brun ; le léger excès de pression du début disparaît pour faire place à une légère dépression : on est ainsi averti de la fin de la réaction.

On chauffe avec un excès d'hydrate de baryum au réfrigérant ascendant jusqu'à disparition de l'odeur ammoniacale ; on dissout le sel de baryum précipité en faisant passer dans la solution diluée un courant de gaz carbonique qui entraîne en même temps l'excès d'acide cyanhydrique.

La solution filtrée à chaud renferme les sels de baryum des acides octoniques.

Le sel de baryum de la combinaison α, moins soluble, se dépose le premier en bouillie de cristaux ; on l'essore et on le lave à l'eau froide, puis à l'alcool et à l'éther (rendement en sel de baryum : 123 0/0 du poids de l'heptose employé).

Le sel de baryum de la combinaison β reste dans les eaux mères.

*Propriétés.* — La lactone bien cristallisée de l'acide glucooctonique s'obtient, soit par évaporation de la solution de l'acide, soit à partir du sel de baryum, en précipitant quantitativement la baryte par l'acide sulfurique et évaporant la solution filtrée, d'abord à feu nu, puis au bain-marie.

La lactone, purifiée par cristallisation dans l'alcool méthylique, fond à 145-147° ; elle est très peu soluble dans l'alcool absolu, un peu dans l'alcool méthylique, au contraire très soluble dans l'eau. Elle possède une réaction neutre et a un pouvoir rotatoire droit correspondant à $[\alpha]_{D_{20}} = + 45°,9$.

On a préparé à partir de la lactone les sels de baryum, de calcium et de cadmium, et la phénylhydrazide.

Le *sel de baryum* cristallise par refroidissement des solutions chaudes en fines aiguilles incolores qui, séchées à 110°, ont la composition $(C^8 H^{13} O^9)^2 Ba$.

Le *sel de calcium* est également cristallisé en fines aiguilles flexibles, incolores, très solubles dans l'eau chaude.

Le *sel de cadmium* est également très soluble dans l'eau chaude, et cristallise par refroidissement de sa solution concentrée.

L'*hydrazide* se prépare en chauffant au bain-marie, en solution aqueuse concentrée, parties égales de lactone et de phénylhydrazine. Filtrée, lavée à l'eau, à l'alcool et à l'éther, puis cristallisée de nouveau dans l'eau chaude additionnée de noir animal, elle forme de fines aiguilles incolores fondant par une chauffe rapide vers 215° en se décomposant.

Chaleur de combustion pour 1 gramme = 3518°,7 ; chaleur de formation moléculaire à partir des éléments, 400°,2 ; chaleur de combustion moléculaire, 837°,5 [J. Fogh, *C. R.*, **116**, 922].

COMBINAISON β. — Cette combinaison reste sous la forme de sel de baryum gommeux par évaporation des eaux mères du sel de baryum α ; le rendement s'élève lorsqu'on opère la fixation d'acide à une température de 40°.

On reprend la gomme par l'eau, on sature la baryte par l'acide sulfurique, on filtre et on évapore. On obtient ainsi la *lactone β-glucooctonique* cristallisée. On la purifie par cristallisation dans l'alcool méthylique. Elle fond plus haut que son isomère : à 186-188°.

Le pouvoir rotatoire, $[\alpha]_{D_{20}} = + 23°,6$, ne varie pas avec le temps.

La *phénylhydrazide* est très soluble, même dans l'eau froide. Pour l'obtenir, on chauffe au bain-marie 1 partie de lactone, 1 partie de phénylhydrazine et 2 parties d'eau ; l'addition d'alcool détermine la formation d'une bouillie de

cristaux. Purifiée par cristallisation dans l'alcool chaud, elle forme de fines aiguilles brillantes et flexibles, qui fondent en se décomposant par une chauffe rapide à 170-172°.

L'amalgame de sodium la réduit à l'état de sucre aldéhydique qui est le β-glucooctose.

*Transformation de la combinaison α en combinaison β.* — Comme il résulte de leur synthèse, les deux acides α et β-glucooctoniques ne diffèrent que par la configuration autour du dernier atome de carbone asymétrique : aussi sont-ils transformables l'un en l'autre sous l'action de la chaleur en présence de quinoléine ou de pyridine.

On chauffe pendant 3 heures en tube scellé, à 140°, 15 grammes de lactone α avec 50 grammes d'eau et 4 grammes de pyridine ; on fait bouillir la solution brune ainsi obtenue avec un excès d'hydrate de baryum pour éliminer la pyridine. On élimine l'excès de baryte au moyen d'un courant d'acide carbonique, on passe au noir et on filtre.

La solution évaporée fournit l'α-glucooctonate de baryum ; dans les eaux mères, on élimine la baryte au moyen d'acide sulfurique, on filtre et on évapore : on obtient ainsi la lactone β formée aux dépens de la lactone α ; on l'a caractérisée par le point de fusion après cristallisation. Rendement 0ᵍʳ,9.

L. Simon.

**GLUCOOCTOSE.** — COMBINAISON α,

$$CH^2OH - \overset{H}{\underset{OH}{C}} - \overset{H}{\underset{OH}{C}} - \overset{OH}{\underset{H}{C}} - \overset{H}{\underset{OH}{C}} - \overset{H}{\underset{OH}{C}} - CHOH \cdot CHO. \quad (?)$$

— On obtient ce corps comme le glucoheptose (voyez ce mot).

Le glucooctose cristallise dans l'eau avec deux molécules d'eau de cristallisation ; il est très peu soluble dans l'alcool absolu chaud, un peu plus soluble dans l'alcool méthylique.

Il est lévogyre et présente le phénomène de la birotation. On a observé

Au bout de quelques minutes...  — 4°,08
Au bout de 6 heures...........  — 2°,91,

d'où  $[\alpha]_{D_{20}} = $  — 43°,9 pour le sucre hydraté ;
— 50°,5 pour le sucre anhydre.

La *phénylhydrazone*, $C^8 H^{16} O^7 Az^2 H C^6 H^5$, est peu soluble dans l'eau froide et cristallise très rapidement. Elle fond à 190° et est dédoublée en sucre et phénylhydrazine sous l'action de l'acide chlorhydrique concentré et froid.

La *phénylosazone*, $C^8 H^{14} O^6 (Az^2 H C^6 H^5)^2$, est presque insoluble dans l'eau, mais assez soluble dans l'alcool méthylique ou l'alcool éthylique chauds pour qu'on puisse l'y faire cristalliser. Ce sont des aiguilles jaunes qui brunissent vers 200°, et fondent vers 210-212°.

Le glucooctose donne par réduction la glucooctite.

L. Simon.

**GLUCOSAMINES**, $C^6 H^{11} O^5 - Az H^2$. — La glucosamine a été découverte par M. Ledderhose [*Zeit. physiol. Chem.*, **2**, 214] dans les produits de l'action de l'acide chlorhydrique bouillant sur la chitine ; M. Winterstein a montré depuis qu'il s'en forme lorsqu'on traite par l'acide chlorhydrique à 40 0/0 la cellulose des membranes de champignons (*Agaricus campestris, Boletus edulis*, etc.) [*D. chem. G.*, **27**, 3114 ; **28**, 617] ; il s'en forme également lorsqu'on traite le chitosane par le même réactif [Hoppe-Seyler, *D. chem. G.*, **27**, 3329].

Le produit obtenu dans ces différents traitements a reçu également le nom de *chitosamine* ; il est dextrogyre.

M. Fischer a préparé, par réduction de la diphényllhydrazone du glucose, une autre glucosamine, l'*isoglucosamine*, qui est lévogyre [*D. chem. G.*, 19, 1920].

Enfin, la réduction de la phényl-α-acrosazone donne une troisième substance de la formule $C^6H^{11}O^5AzH^2$, l'*α-acrosamine*, inactive [Fischer et Tafel, *D. chem. G.*, 20, 2573].

D'autre part, MM. Lobry de Bruyn et Franchimont [*Rec. Trav. Chim. des Pays-Bas*, 12, 286] ont préparé, par l'action de l'ammoniaque sur le glucose en solution dans l'alcool méthylique, un corps auquel ils ont donné le nom de *glucosamine*; mais il n'est pas identique à la chitosamine, car ce dernier corps donne des sels bien cristallisés, alors que le corps dérivé du glucose perd de l'ammoniaque sous l'action des acides [voyez aussi Lobry de Bruyn, *D. chem. G.*, 28, 3082].

*d*-GLUCOSAMINE ou CHITOSAMINE,

$$COH - CH - (CHOH)^3 - CH^2OH \quad (?)$$
$$| \atop AzH^2$$

*Préparation.* — Des carapaces de homard, bien débarrassées de chair, sont traitées d'abord par l'acide chlorhydrique froid pour enlever la partie calcaire. Le résidu est ensuite chauffé jusqu'à dissolution; cette dissolution est évaporée pour chasser l'acide chlorhydrique, puis étendue d'eau et décolorée par le noir animal; la liqueur est ensuite abandonnée à la cristallisation. On obtient ainsi le chlorhydrate de glucosamine [Ledderhose, *Zeit. physiol. Chem.*, 4, 141. — Tiemann, *D. chem. G.*, 17, 243]. Pour obtenir ce dernier complètement exempt de sulfate de chaux, on le dissout dans l'alcool à 80° [Tiemann, *loc. cit.*].

La base libre se prépare, à partir du chlorhydrate, de diverses manières. MM. Lobry de Bruyn et Ekenstein traitent le chlorhydrate par une solution de méthylate de sodium dans l'alcool méthylique absolu et précipitent la base, restée en dissolution, par l'éther [*Rec. Trav. Chim. des Pays-Bas*, 18, 77].

D'après M. R. Breuer [*D. chem. G.*, 34, 2193], 5 grammes de chlorhydrate sec sont délayés dans 60 centimètres cubes d'alcool absolu, on ajoute $2^{gr},5$ de diéthylamine et on abandonne pendant 24 heures en vase clos en agitant. Le précipité, essoré, est traité à nouveau par un peu de diéthylamine, puis lavé à l'alcool, au chloroforme et à l'éther. Le rendement est de 90 0/0.

*Propriétés physiques.* — La *d*-glucosamine se présente en cristaux extrêmement fins, blancs, fondant à 110°. Elle est très soluble dans l'eau; cette solution est alcaline; elle se dissout dans 38 fois son poids d'alcool méthylique bouillant. Son pouvoir rotatoire est $[\alpha]_D = +44°$ [Lobry de Bruyn et Ekenstein, *loc. cit.*], $[\alpha]_D = +48°$ [R. Breuer, *loc. cit.*].

*Propriétés chimiques.* — La glucosamine est une base donnant avec les acides des sels bien cristallisés; elle se conserve bien lorsqu'elle est sèche; mais ses solutions aqueuses s'altèrent rapidement, en perdant de l'ammoniaque.

Elle réduit les sels d'argent, de cuivre et de bismuth tout comme le glucose; une molécule de glucosamine réduit d'ailleurs autant de cuivre qu'une molécule de glucose. Elle ne fermente pas sous l'influence de la levure. Par oxydation au moyen de l'acide azotique, la glucosamine fournit de l'acide isosaccharique [Tiemann, *D. chem. G.*, 17, 243].

Une réaction intéressante de la glucosamine est celle que donne l'acide azoteux. Il se forme un sucre, $C^6H^{12}O^6$, non fermentescible qui a reçu le nom de *chitose* [Fischer et Tiemann, *D. chem.*

*G.*, 27, 138]. Le chitose, oxydé par l'eau de brome, fournit l'*acide chitonique*, $C^6H^{12}O^7$, monobasique.

La glucosamine ou son bromhydrate, oxydé par l'eau de brome, donne l'*acide chitamique*, $C^6H^{13}AzO^6$; ce dernier, traité par l'acide azoteux, fournit l'*acide chitarique*, $C^6H^{10}O^6$, qui est peutêtre un anhydride de l'acide chitonique.

Lorsqu'on abandonne à elle-même une solution méthylique de glucosamine, il se dépose des cristaux de fructosamine, identiques à ceux que l'on obtient en traitant une solution de fructose dans l'alcool méthylique par l'ammoniaque [Lobry de Bruyn et Ekenstein, *loc. cit.*].

D'après M. Sjollema [*Rec. Trav. Chim. des Pays-Bas*, 18, 192], en faisant bouillir la glucosamine avec de l'alcool méthylique, on obtient une substance cristalline, $C^{12}H^{23}AzO^{10},2H^2O$, fondant à 132-134°.

*Chlorhydrate de glucosamine,*

$$C^6H^{13}AzO^5, HCl.$$

— On a vu sa préparation plus haut; il forme des cristaux monocliniques solubles dans l'eau, peu solubles dans l'alcool froid. Quand on traite ce sel par le chlorhydrate de phénylhydrazine, en présence d'acétate de sodium, il se forme de la phénylglucosazone [Tiemann, *D. chem. G.*, 19, 49].

Le pouvoir rotatoire du chlorhydrate de glucosamine a été déterminé par plusieurs auteurs : M. Ledderhose avait trouvé $[\alpha]_D = +67°,6$ à $+70°,2$. Tiemann [*D. chem. G.*, 19, 49] a montré que ce pouvoir rotatoire variait avec la concentration : pour une solution à 5,1584 0/0, $[\alpha]_D = +74°,64$ à 20°; pour une solution à 2,5926 0/0, $[\alpha]_D$ à 20° $= +70°,61$.

D'après M. Tanret (*Bull. Soc. Chim.*, (3), 27, 802], il existe deux modifications du chlorhydrate de glucosamine. La *modification α* constitue le sel ordinaire; son pouvoir rotatoire pris immédiatement après la dissolution est $[\alpha]_D = +100°$ à 20°; elle se transforme en *modification β* par un repos prolongé de la solution aqueuse. Le pouvoir rotatoire du sel β est $[\alpha]_D = +72°,50$ à 20°; il est indépendant de la concentration.

Pour isoler le sel β, on fait une solution concentrée à 60° du sel ordinaire, on refroidit et on verse dans 10 volumes d'alcool absolu. On obtient ainsi des cristaux microscopiques formés de lamelles hexagonales.

Le chlorhydrate de glucosamine, chauffé avec de l'acétate de sodium et de l'anhydride acétique, donne un mélange de deux *pentacétates* : l'un α, peu soluble, fusible à 183°,5; l'autre β, plus soluble, fusible à 133° [Lobry de Bruyn et Ekenstein, *loc. cit.*].

*Bromhydrate de glucosamine,*

$$C^6H^{13}AzO^5, HBr.$$

— Il se prépare en traitant directement les carapaces de homard par l'acide bromhydrique [Tiemann, *D. chem. G.*, 19, 155] ou bien en saturant la base libre par l'acide [Breuer, *loc. cit.*]. Il est clinorhombique, très soluble dans l'eau, peu soluble dans l'alcool. Son pouvoir rotatoire peut être représenté par la formule

$$[\alpha]_D = 55°,21 + 0,053053\,q,$$

$q$ étant la quantité de sel contenue dans 100 centimètres cubes de solution [Tiemann, *loc. cit.*].

*Iodhydrate,* $C^6H^{13}AzO^5,HI.$ — Il brunit à 135° et se décompose à 165° [Breuer].

*Oxalate.* — Cristaux solubles dans l'eau, insolubles dans l'alcool et dans l'éther, brunissant vers 145°, fondant à 153° [Breuer].

*Oxime de la glucosamine.* — Elle se prépare

en chauffant à l'ébullition la glucosamine avec une solution d'hydroxylamine dans l'alcool méthylique. Elle forme des cristaux prismatiques fondant à 127° en se décomposant (Breuer).

Son *chlorhydrate* se prépare de la façon suivante : 15 grammes de chlorhydrate d'hydroxylamine sont traités par une solution de $4^{gr},6$ de sodium dans 80 centimètres cubes d'alcool absolu ; on sépare le chlorure de sodium par le filtre et on ajoute une solution aqueuse concentrée de 20 grammes de chlorhydrate de glucosamine. Après un repos d'une nuit, on concentre à 40-50° ; le liquide cristallise par refroidissement en aiguilles fusibles à 166° [Winterstein, *D. chem. G.*, 29, 1372]. La soude concentrée en sépare de l'acide cyanhydrique. On peut préparer l'oxime libre à partir du chlorhydrate au moyen de la diéthylamine (Breuer).

*Semicarbazone de la glucosamine.* — Elle se prépare en traitant par la diéthylamine la semicarbazone du chlorhydrate de glucosamine ; elle fond à 165°.

La *semicarbazone du chlorhydrate de glucosamine* se prépare suivant un procédé analogue à celui qui permet de préparer l'oxime de ce chlorhydrate ; elle forme de petites aiguilles incolores, fusibles à 160-180° (Breuer).

*Diphénylhydrazone.* — Elle cristallise en longues aiguilles incolores, fusibles en se décomposant à 162°.

*Glucosamine monacétylée.* — Elle se prépare en abandonnant à froid une solution méthylique de glucosamine additionnée d'anhydride acétique. Le produit est précipité par l'éther ; il se décompose sans fondre à 190° (Breuer, *loc. cit.*).

*Glucosamines pentacétylées.* — Voyez plus haut.

*Glucosamine tétrabenzoylée.* — On prépare ce corps en agitant 5 grammes de chlorhydrate de glucosamine, dissous dans 20 centimètres cubes d'eau, avec 20 centimètres cubes de chlorure de benzoyle et 140 centimètres cubes de soude à 10 0/0. Le magma de cristaux obtenu est traité par l'alcool froid et le résidu cristallisé dans l'alcool bouillant.

On obtient ainsi de longues aiguilles fusibles à 197-198° en brunissant, insolubles dans l'eau, difficilement solubles dans l'alcool et dans l'éther, très solubles dans le chloroforme.

La tétrabenzoylglucosamine se combine avec l'iodure de méthyle ; elle donne avec les acides des sels peu stables que l'eau décompose ; les alcalis en séparent de l'acide benzoïque et de l'ammoniaque [E. Baumann, *D. chem. G.*, 19, 3220].

L'acide azotique fumant saponifie partiellement la tétrabenzoylglucosamine en donnant la *dibenzoylglucosamine* [I. Kueny, *Zeit. physiol. Chem.*, 14. 330].

*Glucosamine pentabenzoylée.* — Elle se prépare de la même façon que le dérivé tétrabenzoylé et forme des aiguilles blanches fusibles à 203°, solubles dans 200 parties d'eau froide [G. Pum, *Mon. f. Chem.*, 12, 435].

ISO-GLUCOSAMINE,

$$AzH^2 - CH^2 - CO - (CHOH)^3 - CH^2OH.$$

*Préparation.* — 1 partie de diphénylhydrazone du glucose est mise en suspension dans un mélange de 6 parties d'alcool absolu et de 2 parties d'eau. On chauffe à 40-50° et on ajoute peu à peu $2^p,5$ de zinc en poudre et 1 partie d'acide acétique, en agitant.

La phénylosazone ayant disparu, on filtre et on précipite le zinc par l'hydrogène sulfuré. On concentre ensuite dans le vide à consistance de sirop, en évitant de chauffer au-dessus de 50°. Le sirop est dissous dans l'alcool et additionné

d'éther ; le sirop qui se précipite cristallise presque complètement au bout de quelque temps et constitue l'acétate de glucosamine. Rendement, 10 à 12 0/0 du poids de phénylhydrazone [E. Fischer, *D. chem. G.*, 19, 1920].

La base libre peut être préparée par transformation de l'acétate en oxalate, et traitement de ce dernier par la chaux.

C'est un sirop incristallisable, qui réduit la liqueur de Fehling, perd de l'ammoniaque par l'action des alcalis chauds, et que la phénylhydrazine transforme en osazone du glucose.

Les solutions de ses sels sont lévogyres.

*Acétate d'iso-glucosamine.* — Il forme de fines aiguilles, solubles dans l'eau, peu solubles dans l'alcool. Il fond à 153° en se décomposant.

*Oxalate d'iso-glucosamine.* — Il se précipite lorsque l'on mélange une solution aqueuse concentrée d'acétate avec une solution alcoolique d'acide oxalique, et que l'on ajoute un grand excès d'alcool absolu. Il fond en se décomposant à 140-145°. Une molécule de ce sel, traitée à 0° par de l'acétate de sodium en quantité équivalente, laisse dégager tout son azote et il se forme la quantité théorique de lévulose [Fischer et Tafel, *D. chem. G.*, 20, 2569].

α-ACROSAMINE ou *i*-ISOGLUCOSAMINE,

$$C^6H^{13}AzO^5.$$

— Cette glucosamine se prépare en réduisant l'α-phénylacrosazone de la même façon que la phénylglucosazone.

Elle est réductrice, inactive et donne de l'α-acrose par l'action de l'acide azoteux [Fischer et Tafel, *loc. cit.*]. R. Marquis.

**GLUCOSANES.** — Hydrates de carbone plus ou moins complexes donnant par hydrolyse un glucose : dextrose, galactose, mannose, etc. (Voir les articles AMIDON, DEXTRINE, GALACTANE, LÉVULOSANE, MANNANE, etc. Voir également le mot PENTOSANES, hydrates de carbone fournissant un pentose à l'hydrolyse.)

**GLUCOSES.**

### I. — STÉRÉOCHIMIE.

I. — C'est une propriété générale des aldéhydes de fixer une molécule d'acide cyanhydrique en donnant le nitrile d'un oxyacide :

$$R - CHO + CAzH = R - CHOH - CAz.$$

Cette réaction, découverte par M. Maxwell Simpson, a été étudiée par M. Kiliani, et M. E. Fischer en a montré toute la généralité dans le groupe des matières sucrées. En outre, il l'a transformée en une méthode récurrente en indiquant la façon de passer du nitrile à l'aldéhyde contenant un atome de carbone en plus. Pour cela, il saponifie le nitrile et réduit l'amalgame de sodium la lactone correspondante :

$$R - CHOH - CO^2H$$

$$R - CHOH - CO$$
$$\underline{\qquad\qquad} O$$

$$R - CHOH - CHO$$

Cette aldéhyde peut à son tour subir la même suite de transformations. C'est ainsi que le mannose a fourni le mannoheptose ; celui-ci a donné le mannooctose, qui lui-même a permis d'obtenir le mannononose.

Au point de vue stéréochimique, on voit que la fixation d'acide cyanhydrique dans la molécule de l'aldéhyde est corrélative de la naissance d'un atome de carbone asymétrique et par suite de la production de deux nitriles, d'où on peut passer à deux aldéhydes stéréoisomériques.

A l'aldéhyde R–CHO correspondront donc les deux formes

$$R - \overset{\text{H}}{\underset{\text{OH}}{\text{C}}} - CHO$$

$$R - \overset{\text{OH}}{\underset{\text{H}}{\text{C}}} - CHO$$

C'est ainsi que l'arabinose en $C^5$ a fourni deux aldéhydes en $C^6$, le *l*-mannose et le *l*-glucose ; que le xylose, également en $C^5$, a fourni le *d*-glucose et le *d*-idose ; que le glucose ordinaire a fourni deux glucoheptoses en $C^7$, etc.

Si l'on applique cette manière de voir à la première aldéhyde–alcool, l'aldéhyde glycolique, on obtient les deux glycéroses

$$CHOH - CHO \begin{cases} CH^2OH - \overset{\text{H}}{\underset{\text{OH}}{\text{C}}} - CHO, \\ \\ CH^2OH - \overset{\text{OH}}{\underset{\text{H}}{\text{C}}} - CHO. \end{cases}$$

En opérant de la même manière sur ceux-ci, on obtient les quatre tétroses ; puis ceux-ci donneront les huit pentoses, et enfin ces derniers conduiront aux seize hexoses.

D'une manière générale, le nombre d'isomères est représenté par $2n$, $n$ étant le nombre des atomes de carbone asymétrique renfermés dans la molécule.

C'est ainsi qu'a été établi le tableau n° I (p. 734) chaque stéréoisomère correspondant à une disposition déterminée des atomes d'hydrogène et des hydroxyles autour des carbones asymétriques, disposition résultant d'ailleurs de celle que présente l'aldéhyde renfermant un atome de carbone en moins de laquelle il provient expérimentalement.

Les acides monobasiques provenant de l'oxydation modérée d'un aldose (aldéhyde-alcools, olols) s'appellent acides *aldoniques* (oloïques) et leur correspondent d'une manière univoque, en sorte qu'il n'est point besoin d'un tableau spécial pour les représenter ; il suffit de substituer $CO^2H$ à $CHO$.

II. — Les aldoses et les acides aldoniques monobasiques renferment des groupes distincts aux deux extrémités de la chaîne : pour eux le nombre des stéréoisomères est bien indiqué par la formule $N = 2^n$.

Mais ce nombre s'abaisse lorsque les deux extrémités de la chaîne sont constituées par deux groupes fonctionnels identiques, deux groupes $CO^2H$ ou deux groupes $CH^2OH$.

Le nombre des acides bibasiques

$$CO^2H - (CHOH)^n - CO^2H$$

ou des alcools polyatomiques

$$CH^2OH - (CHOH)^n - CH^2OH$$

n'atteindra jamais le nombre $N = 2^n$.

Lorsque $n$ est impair, on voit immédiatement que l'atome médian cesse dans ces conditions d'être asymétrique, en sorte que le nombre des isomères est représenté par $N_1 = 2^{n-1}$ ; par exemple, les acides bibasiques du groupe des pentoses ou des alcools pentatomiques correspondants seront au nombre de 4 et non pas de 8.

Lorsque $n$ est pair, la loi est moins simple, l'abaissement moins considérable : le nombre d'isomères est donné par la formule

$$N' = 2^{n-1} + 2^{\frac{n}{2}-1}.$$

Par exemple, il y aura trois acides bibasiques en $C^4$ (acides tartriques), il y aura dix acides bibasiques en $C^6$ (acides sacchariques), trois érythrytes et dix alcools hexatomiques, tels que la mannite.

Cet abaissement, dû à l'existence possible d'un plan de symétrie dans certaines des molécules en question, est donc corrélatif de l'existence d'isomères inactifs sur la lumière polarisée : *Malgré l'accumulation des atomes de carbone asymétrique, et précisément à cause de cette accumulation, il peut donc y avoir des isomères stéréochimiques inactifs* : c'est ce que nous savons d'un des acides tartriques, de l'acide mucique et de la dulcite en $C^6$. A ces corps correspondront des édifices moléculaires symétriques, et par suite des schémas représentatifs symétriques.

Le tableau n° II (p. 735) a donc été disposé dans le but de montrer l'abaissement dans le cas des acides bibasiques.

A chaque aldose correspond bien un de ces acides, mais le numérotage est fait de telle manière que l'on voit l'identité de certains de ces acides deux à deux : par exemple, pour les sucres en $C^6$, les aldoses 3 et 3 *bis* fournissent le même acide bibasique 3,3.

Il n'y a qu'à faire pivoter de 180° *dans le plan du papier* l'acide 3 pour l'amener à se superposer à l'acide 3 ; ils sont donc bien identiques.

Pour les alcools hexatomiques, il n'y a qu'à remplacer les groupes $CO^2H$ par $CH^2OH$, sans autre modification.

Est-il besoin de remarquer que, par la formation même du tableau, deux formules placées symétriquement par rapport à la ligne médiane horizontale dans chacun des deux tableaux correspondent à deux corps actifs inverses l'un de l'autre.

III. — M. E. Fischer a montré la généralité du principe suivant relatif à la transformation, sous l'action de la chaleur, des isomères stéréochimiques les uns dans les autres : *Deux acides stéréoisomériques sont transformables l'un dans l'autre sous l'action de la chaleur d'une manière réversible, et par conséquent limitée, lorsque leurs formules ne diffèrent que par la disposition des radicaux monovalents autour du carbone asymétrique le plus voisin du groupement fonctionnel acide.*

L'arabinose permet d'obtenir à la fois, par la méthode Kiliani-Fischer à l'acide cyanhydrique, deux acides : les acides mannonique et gluconique, qui ne peuvent nécessairement différer que par la disposition, autour du dernier atome de carbone asymétrique créé, de l'atome d'hydrogène et du radical hydroxyle :

$$CH^2OH - (CHOH)^3 - CHO \dots \quad \text{Arabinose.}$$

$$\left. \begin{array}{l} CH^2OH - (CHOH)^3 - \overset{\text{H}}{\underset{\text{OH}}{\text{C}}} - CO^2H \\ \\ CH^2OH - (CHOH)^3 - \overset{\text{OH}}{\underset{\text{H}}{\text{C}}} - CO^2H \end{array} \right\} \begin{array}{l} \text{Acides} \\ \text{gluconique} \\ \text{et mannonique.} \end{array}$$

M. Fischer a montré qu'effectivement l'acide mannonique ou l'acide gluconique se transforment, lorsqu'on les chauffe, en un mélange des deux.

De même pour les acides idonique et gulonique

qui dérivent du xylose; de même encore pour les deux acides glucoheptoniques en $C^7$ qui dérivent du glucose par application de la même méthode de synthèse.

L'exactitude de ce principe est donc rigoureusement démontrée; il peut inversement servir à fixer les formules stéréochimiques des corps de ce groupe.

Étendu aux acides bibasiques, il nous explique la transformation, observée déjà par Pasteur, d'un quelconque des tartrates actifs de cinchonine en un mélange des tartrates inactifs par nature et par compensation.

IV. — Occupons-nous maintenant de fixer les formules qui conviennent aux différentes matières sucrées : nous comprenons dans cette appellation les aldoses, les acides monobasiques et bibasiques qui leur correspondent par oxydation, et les alcools polyatomiques provenant de leur réduction.

Les corps de ce groupe actuellement connus sont :

En $C^3$,

les glycéroses, la glycérine et l'acide tartronique.

En $C^4$,

les érythrites et les acides tartriques

En $C^5$,

| | |
|---|---|
| Arabinoses ($d$ et $l$) | et acide $d$-arabonique. |
| Ribose | acide ribonique. |
| Xylose | acide xylonique. |
| Lyxose | acide lyxonique. |

| | |
|---|---|
| Acide trioxyglutarique du | $d$-arabinose (actif). |
| — — | $l$-arabinose (actif). |
| — — | ribose (inactif). |
| | xylose (inactif). |
| Arabites ($d$ et $l$) | actives. |
| Ribite ou adonite | inactive. |
| Xylite | inactive. |
| Lixite | (?). |

En $C^6$,

| | |
|---|---|
| Glucoses ($d$ et $l$). | Ac. gluconiques ($d$ et $l$). |
| Mannoses ($d$ et $l$). | — mannoniques ($d$ et $l$). |
| Guloses ($d$ et $l$). | — guloniques ($d$ et $l$). |
| Idoses ($d$ et $l$). | — idoniques ($d$ et $l$). |
| Galactoses ($d$ et $l$). | — galactoniques ($d$ et $l$). |
| Taloses ($d$ et $l$). | — taloniques ($d$ et $l$). |

| | |
|---|---|
| Ac. sacchariques ($d$ et $l$). | Sorbites ($d$ et $l$). |
| — mannosacchariques ($d$ et $l$). | Mannites ($d$ et $l$). |
| — idosacchariques ($d$ et $l$). | Idites ($d$ et $l$). |
| — talomuciques ($d$ et $l$). | Talites ($d$ et $l$). |

Acides muciqua et allomucique, tous deux inactifs, ainsi que l'alcool correspondant à l'acide mucique, la dulcite.

Le $d$-glucose et le $d$-gulose fournissent à l'oxydation le même acide $d$-saccharique et à la réduction la même $d$-sorbite. (De même pour les dérivés $l$.)

Les deux galactoses fournissent à l'oxydation le même acide mucique et à la réduction la même dulcite : tous deux inactifs.

*Joignons à ces corps un autre sucre en $C^6$, le rhamnose (méthylpentose), $CH^3-(CHOH)^4-CHO$, sur lequel nous allons faire pivoter la détermination de la configuration stéréochimique de toutes ces substances.*

V. — En effet :

1° L'oxydation du rhamnose conduit à un acide trioxyglutarique, $CO^2H-(CHOH)^3-CO^2H$, identique à celui qui résulte de l'oxydation de l'arabinose.

2° On peut passer du rhamnose à un méthyltétrose, $CH^3-(CHOH)^3-CHO$, par une méthode élégante due à M. Wohl et appliquée par M. Fischer à ce cas particulier; ce méthyltétrose fournit à l'oxydation l'acide tartrique droit.

3° Enfin l'acide rhamnohexonique,

$$CH^3 - (CHOH)^4 - CHOH - CO^2H,$$

dérivé du rhamnose par la méthode Kiliani-Fischer, fournit à l'oxydation l'acide mucique,

$$CO^2H - (CHOH)^4 - CO^2H,$$

et d'autre part l'acide rhamnohexonique, soumis à l'action de la chaleur, fournit un stéréoisomère (ne pouvant différer que par la configuration autour du carbone asymétrique voisin du carboxyle) qui, à l'oxydation, donne l'acide $l$-talomucique.

L'acide $d$-talonique provenant de l'action de la chaleur sur l'acide $d$-galactonique donne à l'oxydation l'acide $d$-talomucique inverse, isomère optique du précédent.

*Hypothèse.* — Nous admettrons comme postulat que, dans ce processus d'oxydation de corps méthylés, le groupe méthyle disparaît, et que le groupe carboné le plus voisin est transformé en carboxyle.

Sous cette réserve, qui sera justifiée ultérieurement, les faits énoncés vont nous permettre de résoudre le problème de la configuration des matières sucrées.

VI. — *Formules des acides tartriques.* — L'acide tartrique inactif a pour formule le schéma symétrique

$$CO^2H - \overset{H}{\underset{OH}{C}} - \overset{H}{\underset{OH}{C}} - CO^2H;$$

les acides actifs ont donc pour formules

$$CO^2H - \overset{OH}{\underset{H}{C}} - \overset{H}{\underset{OH}{C}} - CO^2H,$$

$$CO^2H - \overset{H}{\underset{OH}{C}} - \overset{OH}{\underset{H}{C}} - CO^2H.$$

Nous choisissons *arbitrairement* la première pour représenter l'acide tartrique droit usuel; la seconde représentera l'acide gauche

Pour les alcools tétratomiques correspondants, voyez ci-après la formule du xylose.

*Formule du rhamnose.* — La formule du méthyltétrose qui fournit l'acide $d$-tartrique à l'oxydation sera donc

$$CH^3 - CHOH - \overset{OH}{\underset{H}{C}} - \overset{H}{\underset{OH}{C}} - CHO;$$

il reste encore une indécision relativement à la disposition de H et OH autour du premier atome de carbone asymétrique; mais il est inutile de la lever pour la suite du raisonnement. De ce méthyltétrose dérivent par la méthode Kiliani-Fischer deux méthylpentoses, dont l'un sera le rhamnose,

$$CH^3 - CHOH - \overset{OH}{\underset{H}{C}} - \overset{H}{\underset{OH}{C}} - \overset{H}{\underset{OH}{C}} - CHO,$$

$$CH^3 - CHOH - \overset{OH}{\underset{H}{C}} - \overset{H}{\underset{OH}{C}} - \overset{OH}{\underset{H}{C}} - CHO.$$

Par oxydation, ces deux méthylpentoses fourniront deux acides bibasiques représentés par les formules

$$I \qquad CO^2H - \overset{OH}{\underset{H}{C}} - \overset{H}{\underset{OH}{C}} - \overset{H}{\underset{OH}{C}} - CO^2H,$$

$$II \qquad CO^2H - \overset{OH}{\underset{H}{C}} - \overset{H}{\underset{OH}{C}} - \overset{OH}{\underset{H}{C}} - CO^2H.$$

La première est dissymétrique et correspond à une substance optiquement active; la seconde est symétrique et correspond à un corps inactif.

Or le rhamnose donne à l'oxydation un corps actif, l'acide trioxyglutarique, correspondant à l'arabinose.

Celui-ci aura donc pour formule la formule I, et le rhamnose sera représenté par

```
              OH H   H
CH³ - CHOH -  C - C - C - CHO,
              H  OH  OH
```

*Formule de l'acide mucique et des acides talomuciques.* — Du rhamnose dérivent, par la méthode à l'acide cyanhydrique, deux acides rhamnohexoniques, transformables l'un en l'autre par la chaleur :

```
              OH H   H   H
I   CH³ - CHOH - C - C - C - C - CO²H,
              H  OH  OH  OH
```

```
              OH H   H   OH
II  CH³ - CHOH - C - C - C - C - CO²H,
              H  OH  OH  H
```

qui, par oxydation, fourniront les acides bibasiques

```
        OH H   H   H
CO²H -  C - C - C - C - CO²H
        H  OH  OH  OH
```

et

```
        OH H   H   OH
CO²H -  C - C - C - C - CO²H.
        H  OH  OH  H
```

La seconde de ces formules est symétrique[1]; elle correspond à un acide inactif : *elle représentera donc l'acide mucique,* produit d'oxydation de l'acide rhamnohexonique; la première formule représentera l'*acide talomucique,* qui résulte de l'oxydation de l'isomère de l'acide rhamnohexonique fourni par l'action de la chaleur sur celui-ci.

L'acide *d*-talomucique aura donc pour formule

```
        H   OH OH OH
CO²H -  C - C - C - C - CO²H.
        OH  H  H  H
```

*Formule de l'arabinose.* — La formule de l'acide trioxyglutarique de l'arabinose fixée plus haut,

```
        OH H   H
CO²H -  C - C - C - CO²H,
        H  OH  OH
```

1. Remarquons en passant que nous avons ici une preuve expérimentale de l'exactitude de l'hypothèse faite sur le processus d'oxydation des dérivés méthylés.

En effet, pour l'acide rhamnohexonique II, l'oxydation doit bien se porter sur CH²-CHOH-, car sans cela on n'aurait point de produit symétrique, et pour l'acide rhamnohexonique I, si l'oxydation, au lieu de se porter sur le groupe CH³-CHOH-, se portait sur CHOH-CO²H, on aurait un corps de la formule

```
               OH H   H
CO²H - CHOH -  C - C - C - CO²H;
               H  OH  OH
```

on pourrait donc hésiter entre les formules

```
        H   OH H  H
CO²H -  C - C - C - C - CO²H
        OH  H  OH OH
```

et

```
        OH OH H  H
CO²H -  C - C - C - C - CO²H,
        H  H  OH OH
```

ce qui est incompatible avec la transformation de l'acide *d*-talomucique en acide mucique sous l'action de la chaleur.

nous laisse hésiter pour l'arabinose entre les deux formules

```
             OH H   H
I   CH²OH -  C - C - C - CHO,
             H  OH  OH
```

```
             OH OH H
II  CH²OH -  C - C - C - CHO,
             H  H  OH
```

qui correspondraient toutes deux au même acide bibasique.

Pour lever l'indécision, retournons aux aldoses en C⁶ qui dériveraient des pentoses représentés par ces deux formules :

Au premier correspondraient deux aldoses,

```
           OH H   H   H
CH²OH -  C - C - C - C - CHO
           H  OH  OH  OH
```

et

```
           OH H   H   OH
CH²OH -  C - C - C - C - CHO.
           H  OH  OH  H
```

Des dérivés d'oxydation de ces aldoses,

```
        OH H   H   H
CO²H -  C - C - C - C - CO²H
        H  OH  OH  OH
```

```
        OH H   H   OH
CO²H -  C - C - C - C - CO²H,
        H  OH  OH  H
```

l'un d'eux, le second, ayant une formule symétrique, serait inactif.

Au contraire, à la seconde formule correspondent deux aldoses,

```
           OH OH H   H
CH²OH -  C - C - C - C - CHO    ⎱ Formule 10.
           H  H   OH  OH        ⎰ (Tabl. I.)
                                  A.
           OH OH H   OH
CH²OH -  C - C - C - C - CHO    ⎱ Formule 5 bis.
           H  H   OH  H .        ⎰ (Tabl. I.)
```

pour lesquels les acides bibasiques sont représentés par des schémas dissymétriques

```
        OH OH H   H
CO²H -  C - C - C - C - CO²H    ⎱ Formule 10.
        H  H   OH  OH            ⎰ (Tabl. II.)
                                  A'.
        OH OH H   OH
CO²H -  C - C - C - C - CO²H    ⎱ Formules 5 et 5
        H  H   OH  H             ⎰ (Tabl. II.)
```

Or l'arabinose donne, comme on le sait, naissance au *l*-glucose (inverse optique du glucose ordinaire) et au *l*-mannose, dont les dérivés d'oxydation, acides *l*-saccharique et *l*-mannosaccharique, sont tous deux actifs.

C'est donc la formule II qui conviendra à l'arabinose.

En outre, l'ensemble des deux formules A représentera le *l*-glucose et le *l*-mannose, les deux formules A' représenteront les acides bibasiques correspondants.

*Formules des glucoses, mannoses, guloses et idoses.* — Il s'agit maintenant de préciser, celle des deux formules A qui convient au glucose, ou, ce qui revient au même, celle des deux formules A' qui appartient à l'acide *l*-saccharique.

On sait que l'acide *d*-saccharique provient de l'oxydation de deux aldoses, le *d*-glucose et le *d*-gulose; symétriquement, l'acide *l*-saccharique provient de l'oxydation du *l*-glucose et du *l*-gu-lose. Au contraire, l'acide mannosaccharique provient de l'oxydation d'un seul aldose, le mannose.

Cette différence nous impose le choix de la première des deux formules A′ pour représenter l'acide *l*-mannosaccharique, et de la seconde pour représenter l'acide *l*-saccharique.

Les formules du *l*-glucose et du *l*-mannose en résultent immédiatement, ainsi que celles de leurs antipodes optiques, le *d*-glucose (formule 3, tabl. I) et le *d*-mannose (formule 4, tabl. I).

Faut-il ajouter que les produits d'hydrogénation, les deux sorbites, *d* et *l*, seront représentés nécessairement par les formules

$$CH^2OH - \underset{OH}{C} - \underset{OH}{C} \cdots \underset{H}{C} - \underset{OH}{C} - CH^2OH$$

et

$$CH^2OH - \underset{H}{C} - \underset{H}{C} - \underset{OH}{C} - \underset{H}{C} - CH^2OH,$$

et les deux mannites par les formules

$$CH^2OH - \underset{OH}{\overset{H}{C}} - \underset{OH}{\overset{H}{C}} - \underset{H}{\overset{OH}{C}} \cdot \underset{H}{\overset{OH}{C}} - CH^2OH$$

et

$$CH^2OH - \underset{H}{\overset{OH}{C}} - \underset{H}{\overset{OH}{C}} - \underset{OH}{\overset{H}{C}} - \underset{OH}{\overset{H}{C}} - CH^2OH.$$

Le *d*-gulose fournissant à l'oxydation le même acide *d*-saccharique que le *d*-glucose, sa formule correspond au n° 3 *bis* du tableau I.

Le *l*-gulose sera en conséquence représenté par la formule 5 du tableau I.

Le *l*-gulose et le *l*-idose dérivent tous deux du même pentose, le xylose : ils ne peuvent donc différer que par la configuration autour du dernier atome de carbone asymétrique ; l'idose aura donc pour schéma représentatif la formule 6, tableau I, et tout naturellement le xylose sera représenté par le schéma

$$CH^2OH - \underset{OH}{\overset{H}{C}} - \underset{H}{\overset{OH}{C}} - \underset{OH}{\overset{H}{C}} - CHO.$$

*Vérification.* — Les produits d'oxydation et de réduction du xylose sont bien inactifs, comme cela résulte de la formule à laquelle nous venons d'arriver, indépendamment de ces faits :

$$CO^2H - \underset{OH}{\overset{H}{C}} - \underset{H}{\overset{OH}{C}} - \underset{OH}{\overset{H}{C}} - CO^2H,$$

$$CH^2OH - \underset{OH}{\overset{H}{C}} - \underset{H}{\overset{OH}{C}} - \underset{OH}{\overset{H}{C}} - CH^2OH.$$

En outre, MM. Fischer et Ruff [*D. chem. G.*, **33**, 2413] ont pu passer de l'acide *l*-gulonique au *l*-xylose :

$$CH^2OH - \underset{OH}{\overset{H}{C}} - \underset{H}{\overset{OH}{C}} - \underset{OH}{\overset{H}{C}} - \underset{OH}{\overset{H}{C}} - CO^2H,$$

$$CH^2OH - \underset{OH}{\overset{H}{C}} - \underset{H}{\overset{OH}{C}} - \underset{OH}{\overset{H}{C}} - CHO.$$

Les formules des idoses étant établies, celles des idites et des acides idosacchariques en découlent sans ambiguïté.

*Formules des érythrites.* — On connaît actuellement les trois érythrites que prévoit la théorie.

L'érythrite naturelle est inactive, indédou-

blable ; elle a donc à priori pour schéma représentatif

$$CH^2OH - \underset{OH}{\overset{H}{C}} - \underset{OH}{\overset{H}{C}} - CH^2OH.$$

L'érythrite dextrogyre en solution aqueuse, obtenue par M. Maquenne [*Bull. Soc. Chim.*, (2), **23**, 591], dérive du xylose par l'intermédiaire d'un tétrose ; on en déduit sa formule :

$$CH^2OH - \underset{OH}{\overset{H}{C}} - \underset{H}{\overset{OH}{C}} - \underset{OH}{\overset{H}{C}} - CHO$$

$$CH^2OH - \underset{OH}{\overset{H}{C}} - \underset{H}{\overset{OH}{C}} - CHO$$

$$CH^2OH - \underset{OH}{\overset{H}{C}} - \underset{H}{\overset{OH}{C}} - CH^2OH;$$

elle correspond donc à l'acide tartrique gauche.

L'érythrite lévogyre de M. Bertrand a la formule symétrique

$$CH^2OH - \underset{H}{\overset{OH}{C}} - \underset{OH}{\overset{H}{C}} - CH^2OH$$

et correspond à l'acide tartrique droit.

L'expérience n'a pas encore vérifié que par oxydation ces érythrites fournissent bien les acides tartriques correspondants.

*Formules des galactoses et des taloses.* — Nous avons vu, dès le début, que l'acide mucique a pour formule

$$CO^2H - \underset{H}{\overset{OH}{C}} - \underset{OH}{\overset{H}{C}} - \underset{OH}{\overset{H}{C}} - \underset{H}{\overset{OH}{C}} - CO^2H,$$

Formules 7 et 7. (Tabl. II.)

et l'acide *l*-talomucique pour formule

$$CO^2H - \underset{H}{\overset{OH}{C}} - \underset{OH}{\overset{H}{C}} - \underset{OH}{\overset{H}{C}} - \underset{OH}{\overset{H}{C}} - CO^2H.$$

Formules 8 et 8. (Tabl. II.)

La réduction de l'acide mucique fournit les deux galactoses

$$CH^2OH - \underset{OH}{\overset{H}{C}} - \underset{H}{\overset{OH}{C}} - \underset{H}{\overset{OH}{C}} - \underset{OH}{\overset{H}{C}} - CHO$$

Formule 7. (Tabl. I.)

et

$$CH^2OH - \underset{H}{\overset{OH}{C}} - \underset{OH}{\overset{H}{C}} - \underset{OH}{\overset{H}{C}} - \underset{H}{\overset{OH}{C}} - CHO,$$

Formule 7 *bis*. (Tabl. I.)

auxquels les deux taloses

$$CH^2OH - \underset{OH}{\overset{H}{C}} - \underset{H}{\overset{OH}{C}} - \underset{H}{\overset{OH}{C}} - \underset{H}{\overset{OH}{C}} - CHO$$

Formule 2 *bis*. (Tabl. I.)

et

$$CH^2OH - \underset{H}{\overset{OH}{C}} - \underset{OH}{\overset{H}{C}} - \underset{OH}{\overset{H}{C}} - \underset{H}{\overset{H}{C}} - CHO$$

Formule 8. (Tabl. I.)

correspondent par modification de la configuration autour du dernier atome de carbone asymétrique, puisque l'acide talonique provient de l'action de la chaleur sur l'acide galactonique.

La formule de l'acide *d*-talomucique, produit d'oxydation du *d*-talose ou de l'acide *d*-talonique, étant connue, la formule du $d$-talose en résulte (formule 2 *bis*), et par ricochet celle du $d$-galactose (formule 7).

Également, les formules des alcools hexatomiques, dulcite et talites ($d$ et $l$), en résultent sans incertitude.

*Formule de l'acide allomucique.* — L'acide allomucique est le dixième et dernier acide bibasique du groupe : c'est un corps inactif, qui provient de l'action de la chaleur sur l'acide mucique. Or, par exclusion, nous sommes obligé de lui donner la formule 11, tabl. II, qui est symétrique : c'est là encore une heureuse vérification de cette théorie, complètement en dehors des faits invoqués.

*Formules du ribose et du lyxose.* — Le ribose ne diffère de l'arabinose que par la disposition autour du dernier atome de carbone asymétrique, puisque l'acide ribonique provient de l'action de la chaleur sur l'acide arabonique ; sa formule sera, par conséquent,

```
        OH OH OH
CH²OH - C - C - C - CHO.
        H   H   H
```

Ses produits d'oxydation et de réduction seront donc inactifs, puisque leurs schémas représentatifs auront un plan de symétrie : c'est bien ce que l'on sait sur l'acide bibasique d'oxydation comme sur la ribite ou adonite de l'*Adonis vulgaris* : nouvelles vérifications sur lesquelles il est bon d'insister.

Le lyxose ne diffère du xylose que par la configuration autour du dernier atome de carbone asymétrique, puisque l'acide lyxonique provient de l'action de la chaleur sur l'acide xylonique ; sa formule sera donc

```
        H   OH OH
CH²OH - C - C - C - CHO.
        OH H   H
```

Cet aldose devra permettre de passer au $d$-galactose et au $d$-talose : M. E. Fischer a obtenu par sa méthode un mélange des acides monobasiques dans les produits d'oxydation duquel on a pu déceler la présence d'acide mucique.

Depuis lors, MM. Fischer et Ruff [*D. chem. G.*, 33, 2146] ont transformé, par l'action de l'acide cyanhydrique, le $d$-lyxose en un mélange d'acides $d$-galactonique et $d$-talonique.

À l'aide de la méthode déjà citée, M. Wohl a pu passer du $d$-galactose au $d$-lyxose ; nous ne laisserons pas passer sans l'indiquer cette vérification de la théorie [Wohl, *D. chem. G.*, 30, 5105].

*Conclusion et remarques.* — 1° Au total nous voyons que, parmi les aldoses en C⁶, il nous reste à en connaître 4, correspondant aux formules 1 et 1 *bis*, 2 et 8 *bis* du tableau I.

Les aldoses 1 et 1 *bis* résulteront vraisemblablement de la réduction de l'acide allomucique, de même que les galactoses ont été obtenus à partir de l'acide mucique.

Quant aux aldoses 2 et 8 *bis*, les acides monobasiques correspondants ne différant de 1 et 1 *bis* que par la configuration autour du dernier atome de carbone asymétrique des acides monobasiques 1 et 1 *bis*, ils en dériveront par l'action de la chaleur.

D'ailleurs, vérification nouvelle, l'application de la méthode Kiliani-Fischer au ribose fournira à la fois 1 *bis* et 8 *bis*.

Les alcools hexatomiques s'obtiendront par réduction des aldoses.

*Toutes les formules se trouvent donc fixées à partir de celle de l'acide tartrique droit, sans aucune hypothèse inaccessible à l'expérience.*

*Formules des cétoses.* — *a.* Il y a peu de temps encore, on ne connaissait qu'un glucose cétonique, le lévulose. Aujourd'hui on connaît, outre le lévulose ou $d$-fructose, son inverse optique, le $l$-fructose, les deux sorboses, le $d$-tagatose, le pseudo-fructose, le glutose et le galtose.

On sait que le lévulose est un cétose qui fournit par réduction deux alcools hexatomiques, la $d$-mannite et la $d$-sorbite :

```
        H   H   OH H
CH²OH - C - C - C - C - CH²OH,
        OH OH H   OH
            d-sorbite.
```

```
        H   H   OH OH
CH²OH - C - C - C - C - CH²OH.
        OH OH H   H
            d-mannite.
```

Il a donc pour formule de constitution

```
        H   H   CO
CH²OH - C - C - C - CO - CH²OH.
        OH OH H
```

Corrélativement, il donne la même osazone que le $d$-glucose, et le $d$-mannose ; d'une manière générale, il en est de même chaque fois que deux glucoses ne diffèrent que par le carbone asymétrique voisin du groupe aldéhydique.

On pourrait en conclure inversement pour préciser quels sont les atomes de carbone qui sont intéressés dans la formation des osazones ou des hydrazones.

*b.* Le $l$-fructose, qui est l'antipode optique du lévulose ou $d$-fructose, a pour constitution

```
        OH OH H
CH²OH - C - C - C - CO - CH²OH.
        H   H   OH
```

*c.* Le $d$-sorbose, que M. Bertrand a obtenu par voie biochimique à partir de la $d$-sorbite, donne inversement par réduction un mélange de $d$-sorbite et de $d$-idite :

```
        H   H   OH H
CH²OH - C - C - C - C - CH²OH,
        OH OH H   OH
            d-sorbite.
```

```
        OH H   OH H
CH²OH - C - C - C - C - CH²OH.
        H   OH H   OH
            d-idite.
```

Ce cétose aura donc pour constitution

```
        H   OH H
CH²OH - CO - C - C - C - CH²OH,
        OH H   OH
```

ou encore, par retournement,

```
        OH H   OH
CH²OH - C - C - C - CO - CH²OH.
        H   OH H
```

Il donne d'ailleurs la même osazone que le $d$-gulose et le $d$-idose :

```
        OH H   OH H
CH²OH - C - C - C - C - CHO,
        H   OH H   OH
            d-idose.
```

```
        OH H   OH OH
CH²OH - C - C - C - C - CHO.
        H   OH H   H
            d-gulose.
```

*d*. Son inverse optique, le *l*-sorbose, a pour constitution

```
           H   OH  H
CH²OH  -  C - C - C - CO - CH²OH;
          OH  H   OH
```

il est identique au ψ-tagatose (pseudo-tagatose), obtenu par M. Lobry de Bruyn, dans l'action des alcalis dilués sur le galactose.

*e*. Le *d*-tagatose, obtenu dans cette même réaction, fournit une osazone identique avec celles du *d*-galactose et du *t*-talose; il est donc avec ces aldoses dans les mêmes relations que le *d*-fructose (lévulose) avec le *d*-glucose et le *d*-mannose; sa formule est, par conséquent,

```
           H   OH OH  H
CH²OH  -  C - C - C - C - CHO,
          OH  H   H   OH
```
d-galactose.

```
           H   OH OH OH
CH²OH  -  C - C - C - C - CHO,
          OH  H   H   H
```
d-talose.

```
           H   OH OH
CH²OH  -  C - C - C - CO - CH²OH.
          OH  H   H
```
d-tagatose.

*f*. Le ψ-fructose (pseudo-fructose) est, d'après sa formation, l'analogue du ψ-tagatose. Le ψ-tagatose, étant identique au *l*-sorbose, ne diffère du *d*-tagatose que par la configuration autour du carbone asymétrique voisin du groupe cétonique. Par une légitime analogie, que l'avenir confirmera ou infirmera, on peut d'ores et déjà attribuer au ψ-fructose la formule

```
           H   H   H
CH²OH  -  C - C - C - CO - CH²OH.
          OH  OH  OH
```

Son osazone a été isolée; mais, comme les aldoses correspondants sont encore inconnus, on n'a pu l'identifier.

*g*. Enfin, quant aux deux autres cétoses, le glutose et le galtose entrevus par MM. Lobry de Bruyn et Alberda van Ekenstein, leur étude est trop peu avancée pour permettre aucune hypothèse sur leur constitution.

Ainsi voilà le lévulose, corps lévogyre comme son nom l'indiquait, qui prend le nom de *d*-fructose, parce qu'il est en relation directe avec le *d*-glucose, etc.

L'acide *d*-galactonique provenant du galactose usuel est également lévogyre.

Il y a là quelque chose de troublant, contre quoi il faut bien se mettre en garde. Peut-être vaudrait-il mieux, pour éviter toute ambiguïté, remplacer ces lettres *d* et *l* par d'autres, α et β, n'ayant aucune signification intrinsèque.

Le glucose ayant pour formule

```
           H   H   OH  H
CH²OH  -  C - C - C - C - CHO,
          OH  OH  H   OH
```

les deux glucoheptoses qu'on peut en dériver ont pour formules

```
           H   H   OH  H   H
CH²OH  -  C - C - C - C - C - CHO,
          OH  OH  HO  H   OH
```

```
           H   H   OH  H   OH
CH²OH  -  C - C - C - C - C - CHO.
          OH  OH  H   OH  H
```

Les acides bibasiques correspondants auront :

le premier une formule symétrique, le second une formule dissymétrique.

L'expérience apprend que l'un est actif, tandis que l'autre est inactif : accord remarquable des faits et de la théorie.

Du galactose résulteront au contraire deux acides bibasiques actifs, comme on peut le prévoir en regardant les formules : l'expérience l'a confirmé.

## II. — MÉTHODES GÉNÉRALES DE SYNTHÈSE.

### I. — PASSAGE D'UN SUCRE A UN AUTRE SUCRE PLUS RICHE EN CARBONE.

1° Le mécanisme de toutes les méthodes qui permettent de passer d'un sucre à un autre plus riche en carbone est le même. C'est le mécanisme de l'aldolisation, qui a été si nettement éclairci par Wurtz dans son remarquable mémoire sur l'aldol.

Deux molécules d'aldéhyde ordinaire se soudent : l'oxygène aldéhydique de l'une se transforme en oxhydryle en s'emparant d'un atome d'hydrogène du radical méthyle de l'autre, et les valences devenues libres se saturent mutuellement :

$$CH^3 - CHO + CH^3 - CHO$$
$$= CH^3 - CH(OH) - CH^2 - CHO.$$

Ce mécanisme, appliqué un nombre quelconque de fois à l'aldéhyde formique, H.CHO, explique la formation de tous les aldoses, c'est-à-dire de tous les sucres aldéhydiques :

$$n(H - CHO) = CH^2OH - (CHOH)^{n-2} - CHO.$$

M. Boutleroff, en ajoutant avec précaution de l'eau de chaux à une solution bouillante de trioxyméthylène, polymère de l'acide formique, a en effet produit une condensation de celle-ci, et obtenu un sirop jaunâtre, à saveur douce, présentant les réactions habituelles des sucres, mais optiquement inactif et non fermentescible.

C'est ce travail qui a conduit M. von Baeyer à émettre le premier l'hypothèse que c'était là l'origine des matières sucrées naturelles; Wurtz a essayé en vain de la vérifier.

M. Löw est arrivé plus récemment à de meilleurs résultats, en provoquant la condensation de l'aldéhyde formique en milieu alcalin (chaux ou magnésie), comme l'avait fait M. Boutleroff, au lieu d'opérer comme Wurtz en milieu acide (voyez FORMOSE).

2° Une autre méthode dont le mécanisme est le même, et qui a conduit M. Fischer à ses belles synthèses dans la série de la mannite, consiste à condenser l'aldéhyde glycérique avec la dioxy-acétone :

$$CH^2OH - CHOH - CHO + CH^2OH - CO - CH^2OH$$
$$= CH^2OH - CHOH - CHOH - CHOH - CO - CH^2OH.$$

Pour cela, on prépare le mélange de glycérose et de dioxyacétone par l'action du brome en présence de carbonate de sodium sur la glycérine, et on provoque la condensation en abandonnant, pendant 2 jours à 0°, la solution à l'action d'une lessive caustique de soude.

Ceci fait, on purifie et on isole les produits de la réaction au moyen de leurs osazones. C'est ainsi que M. Fischer a obtenu les deux acroses (α et β); l'α-acrose est le point de départ de la synthèse de la mannite, car, par réduction de l'α-acrose, on obtient un alcool hexatomique,

$$CH^2OH - CHOH - CHOH - CHOH - CHOH - CH^2OH,$$

qui est identique à la mannite, à cette différence près qu'il est inactif; il est clair en effet que ces

TABLEAU I.

| | | TÉTROSES | PENTOSES | HEXOSES | NUMÉRO correspondant au texte | NOM DES ALDOSES | NOM DES ACIDES monobasiques correspondants |
|---|---|---|---|---|---|---|---|
| $CH^2OH$ - CHO | Glycéroses ........<br>H<br>$CH^2OH$ - C - CHO<br>OH | H H<br>$CH^2OH$ - C - C - CHO<br>OH OH | H H H<br>$CH^2OH$ - C - C - C - CHO<br>OH OH OH | H H H H<br>$CH^2OH$ - C - C - C - C - CHO<br>OH OH OH OH | 1 | | |
| | | | | H H H OH<br>$CH^2OH$ - C - C - C - C - CHO<br>OH OH OH H | 2 | | |
| | | | d-arabinose.<br>H H OH<br>$CH^2OH$ - C - C - C - CHO<br>OH OH H<br>Acide monobasique correspondant : acide d-arabonique. | H H OH H<br>$CH^2OH$ - C - C - C - C - CHO<br>OH OH H OH | 3 | *d*-glucose. | *d*-gluconique. |
| | | | | H H OH OH<br>$CH^2OH$ - C - C - C - C - CHO<br>OH OH H H | 4 | *d*-mannose. | *d*-mannonique. |
| | | H OH<br>$CH^2OH$ - C - C - CHO<br>OH H | l-xylose.<br>H OH H<br>$CH^2OH$ - C - C - C - CHO<br>OH H OH<br>Acide monobasique correspondant : acide xylonique. | H OH H H<br>$CH^2OH$ - C - C - C - C - CHO<br>OH H OH OH | 5 | *l*-gulose. | *l*-gulonique. |
| | | | | H OH H OH<br>$CH^2OH$ - C - C - C - C - CHO<br>OH H OH H | 6 | *l*-idose. | *l*-idonique. |
| | | | d-lyxose.<br>H OH OH<br>$CH^2OH$ - C - C - C - CHO<br>OH H H<br>Acide monobasique correspondant : acide lyxonique. | H OH OH H<br>$CH^2OH$ - C - C - C - C - CHO<br>OH H H OH | 7 | *d*-galactose. | *d*-galactonique. |
| | | | | H OH OH OH<br>$CH^2OH$ - C - C - C - C - CHO<br>OH H H H | 2 *bis* | *d*-talose. | *d*-talonique. |
| | OH<br>$CH^2OH$ - C - CHO<br>H | OH H<br>$CH^2OH$ - C - C - CHO<br>H OH | l-lyxose.<br>OH H H<br>$CH^2OH$ - C - C - C - CHO<br>H OH OH<br>Acide monobasique correspondant : acide l-lyxonique. | OH H H H<br>$CH^2OH$ - C - C - C - C - CHO<br>H OH OH OH | 8 | *l*-talose. | *l*-talonique. |
| | | | | OH H H OH<br>$CH^2OH$ - C - C - C - C - CHO<br>H OH OH H | 7 *bis* | *l*-galactose. | *l*-galactonique. |
| | | | d xylose.<br>OH H OH<br>$CH^2OH$ - C - C - C - CHO<br>H OH H<br>Acide monobasique correspondant : acide d-xylonique. | OH H OH H<br>$CH^2OH$ - C - C - C - C - CHO<br>H OH H OH | 9 | *d*-idose. | *d*-idonique. |
| | | | | OH H OH OH<br>$CH^2OH$ - C - C - C - C - CHO<br>H OH H H | 3 *bis* | *d*-gulose. | *d*-gulonique. |
| | | OH OH<br>$CH^2OH$ - C - C - CHO<br>H H | Arabinose.<br>OH OH H<br>$CH^2OH$ - C - C - C - CHO<br>H H OH<br>Acide monobasique correspondant : acide arabonique. | OH OH H H<br>$CH^2OH$ - C - C - C - C - CHO<br>H H OH OH | 10 | *l*-mannose. | *l*-mannonique. |
| | | | | OH OH H OH<br>$CH^2OH$ - C - C - C - C - CHO<br>H H OH H | 5 *bis* | *l*-glucose. | *l*-gluconique. |
| | | | Ribose.<br>OH OH OH<br>$CH^2OH$ - C - C - C - CHO<br>H H H<br>Acide monobasique correspondant : acide ribonique. | OH OH OH H<br>$CH^2OH$ - C - C - C - C - CHO<br>H H H OH | 8 *bis* | | |
| | | | | OH OH OH OH<br>$CH^2OH$ - C - C - C - C - CHO<br>H H H H | 1 *bis* | | |

| ACIDE OXALIQUE | ACIDE TARTRONIQUE | ACIDES TARTRIQUES | ACIDES TRIOXYGLUTARIQUES | ACIDES TÉTRAOXYADIPIQUES | NUMÉRO correspond<sup>t</sup> au texte | NOM DES ACIDES | NOM DES ALCOOLS correspondants |
|---|---|---|---|---|---|---|---|
| CO²H – CO²H | H<br>CO²H – C – CO²H<br>OH | H H<br>CO²H – C – C – CO²H<br>OH OH | **1**<br>H H H<br>CO²H – C – C – C – CO²H<br>OH OH OH | H H H H<br>CO²H – C – C – C – C – CO²H<br>OH OH OH OH | 1 | allomucique. | allite. |
| | | | | H H H OH<br>CO²H – C – C – C – C – CO²H<br>OH OH OH H | 2 | d-talomucique. | d-talite. |
| | | | **2**<br>H H OH<br>CO²H – C – C – C – CO²H<br>OH OH H | H H OH H<br>CO²H – C – C – C – C – CO²H<br>OH OH H OH | 3 | d-saccharique. | d-sorbite. |
| | | | | H H OH OH<br>CO²H – C – C – C – C – CO²H<br>OH OH H H | 4 | d-mannosaccharique. | d-mannite. |
| | | H OH<br>CO²H – C – C – CO²H<br>OH H<br>Acide tartrique inactif<br>Érythrite naturelle<br>(inactive). | **3** Acide trioxyglutarique inactif du xylose.<br>H OH H<br>CO²H – C – C – C – CO²H<br>OH H OH<br>Alcool correspondant : xylite. | H OH H H<br>CO²H – C – C – C – C – CO²H<br>OH H OH OH | 5 | l-saccharique. | l-sorbite. |
| | | | | H OH H OH<br>CO²H – C – C – C – C – CO²H<br>OH H OH H | 6 | l-idosaccharique. | l-idite. |
| | | | **4**<br>H OH OH<br>CO²H – C – C – C – CO²H<br>OH H H | H OH OH H<br>CO²H – C – C – C – C – CO²H<br>OH H H OH | 7 | mucique. | dulcite. |
| | | | | H OH OH OH<br>CO²H – C – C – C – C – CO²H<br>OH H H H | 2 | d-talomucique. | d-talite. |
| | OH<br>CO²H – C – CO²H<br>H | OH H<br>CO²H – C – C – CO²H<br>H OH<br>Acide tartrique gauche<br>Érythrite droite<br>(Maquenne). | **5**<br>OH H H<br>CO²H – C – C – C – CO²H<br>H OH OH | OH H H H<br>CO²H – C – C – C – C – CO²H<br>H OH OH OH | 8 | l-talomucique. | l-talite. |
| | | | | OH H H OH<br>CO²H – C – C – C – C – CO²H<br>H OH OH H | 7 | mucique. | dulcite. |
| | | | **6**<br>OH H OH<br>CO²H – C – C – C – CO²H<br>H OH H | OH H OH H<br>CO²H – C – C – C – C – CO²H<br>H OH H OH | 9 | d-idosaccharique. | d-idite. |
| | | | | OH H OH OH<br>CO²H – C – C – C – C – CO²H<br>H OH H H | 3 | d-saccharique. | d-sorbite. |
| | | OH OH<br>CO²H – C – C – CO²H<br>H H<br>Acide tartrique droit<br>Érythrite gauche<br>(Bertrand). | **7** Acide trioxyglutarique actif du l-arabinose.<br>OH OH H<br>CO²H – C – C – C – CO²H<br>H H OH<br>Alcool correspondant : arabite. | OH OH H H<br>CO²H – C – C – C – C – CO²H<br>H H OH OH | 10 | l-mannosaccharique. | l-mannite. |
| | | | | OH OH H OH<br>CO²H – C – C – C – C – CO²H<br>H H OH H | 5 | l-saccharique. | l-sorbite. |
| | | | **8** Acide trioxyglutarique inactif du ribose.<br>OH OH OH<br>CO²H – C – C – C – CO²H<br>H H H<br>Alcool correspondant : adonite. | OH OH OH H<br>CO²H – C – C – C – C – CO²H<br>H H H OH | 8 | l-talomucique. | l-talite. |
| | | | | OH OH OH OH<br>CO²H – C – C – C – C – CO²H<br>H H H H | 1 | allomucique. | allite. |

*Note.* — Les acides trioxyglutariques sont au nombre de quatre : deux inactifs et deux actifs inverses. Les formules sont identiques deux par deux par simple retournement, ainsi qu'il est facile de le vérifier ; 1 et 8, 2 et 4, 3 et 6, 5 et 7 sont ainsi superposables. — Il en serait de même des alcools correspondants.

diverses réactions peuvent s'effectuer en amenant la production de plusieurs isomères stéréochimiques, et en particulier de deux corps actifs inverses dont le mélange est inactif.

Il restera donc à réaliser le dédoublement des composés inactifs par compensation.

M. Fischer a encore effectué une condensation du même genre en employant le bromure d'acroléine, $C^3H^4OBr^2$, et la baryte comme condensant, mais ce procédé ne vaut pas le précédent.

3° *Condensation d'un aldose avec l'acide cyanhydrique.* — Cette méthode, très régulière, permet de passer d'un aldose à l'aldose contenant 1 atome de carbone de plus :

$$R - CHO + CAzH = R - CHOH - CAzH.$$

La réaction, due à M. Maxwell Simpson, a été appliquée surtout par M. Kiliani, et depuis par M. Fischer, qui a montré toute sa généralité.

On obtient ainsi un nitrile qui, saponifié, donne un acide ou sa lactone, c'est-à-dire un anhydride interne.

L'arabinose, par exemple,

$$CH^2OH - CHOH - CHOH - CHOH - CHO,$$

fournit l'acide arabinose-carbonique

$$CH^2OH - CHOH - CHOH - CHOH - CHOH - COOH,$$

dont la lactone

$$CH^2OH - CHOH - \underset{O}{CH} - \underset{\phantom{x}}{CHOH} - \underset{CO}{CHOH},$$

réduite par l'amalgame de sodium en présence d'acide sulfurique, donne l'aldose en $C^6$ :

$$CH^2OH - CHOH - CHOH - CHOH - CHOH - CHO.$$

Cet exemple a ceci d'intéressant, qu'il a permis à M. Kiliani de démontrer que l'arabinose contenait 5 atomes de carbone : ce corps était donc le premier exemple d'un sucre réducteur contenant moins de 6 atomes de carbone.

En général, il se forme simultanément deux isomères dans cette série d'opérations : dans l'exemple cité, on a pu isoler l'acide *l*-mannonique et l'acide *l*-gluconique, et par suite faire dériver le *l*-mannose et le *l*-glucose de l'arabinose.

» Le *d*-glucose a fourni 2 glucoheptoses; l'un des glucoheptoses a donné 2 glucooctoses, etc.

Dans le cas du mannose, on n'a jamais constaté la production simultanée de deux isomères.

Le rhamnose ou isodulcite a servi de point de départ à une série récurrente de synthèses de ce genre; le galactose également.

II. — PASSAGE D'UN SUCRE A UN DE SES ISOMÈRES<br>CONTENANT<br>LE MÊME NOMBRE D'ATOMES D'CARBONE.

1° *Méthode d'oxydation et de réduction successives.* — Considérons le *d*-galactose :

$$\begin{array}{c}\quad\ H\ \ \ OH\ OH\ \ H \\ CH^2OH - C - C - C - C - CHO. \\ \quad\ OH\ \ H\ \ \ H\ \ \ OH\end{array}$$

Son oxydation conduit à l'acide mucique,

$$\begin{array}{c}\quad\ H\ \ \ OH\ OH\ \ H \\ CO^2H - C - C - C - C - CO^2H. \\ \quad\ OH\ \ H\ \ \ H\ \ \ OH\end{array}$$

Ce corps est inactif : il a une structure symétrique; par réduction de cet acide ou plutôt de sa lactone, on obtient à la fois le *d*-galactose qui

a servi de point de départ, et son isomère, l'inverse optique, le *l*-galactose,

$$\begin{array}{c}\quad\ OH\ \ H\ \ \ H\ \ \ OH \\ CH^2OH - C - C - C - C - CHO. \\ \quad\ H\ \ OH\ OH\ \ H\end{array}$$

On a donc un mélange de ces deux aldoses qu'il restera à séparer.

Autre exemple. Considérons le glucose ordinaire, le *d*-glucose :

$$\begin{array}{c}\quad\ H\ \ \ H\ \ \ OH\ \ H \\ CH^2OH - C - C - C - C - CHO\ ; \\ \quad\ OH\ OH\ \ H\ \ \ OH\end{array}$$

l'oxydation par l'eau bromée fournit l'acide *d*-gluconique,

$$\begin{array}{c}\quad\ H\ \ \ H\ \ \ OH\ \ H \\ CH^2OH - C - C - C - C - CO^2H; \\ \quad\ OH\ OH\ \ H\ \ \ OH\end{array}$$

l'oxydation par l'acide azotique, d'une densité de 1,2, permet d'aller plus loin et d'obtenir l'acide *d*-saccharique :

$$\begin{array}{c}\quad\ H\ \ \ H\ \ \ OH\ \ H \\ CO^2H - C - C - C - C - CO^2H. \\ \quad\ OH\ OH\ \ H\ \ \ OH\end{array}$$

Traitons cet acide par l'amalgame de sodium à 2,5 0/0, en solution acide d'abord : on obtiendra

$$\begin{array}{c}\quad\ H\ \ \ H\ \ \ OH\ \ H \\ CO^2H - C - C - C - C - CHO, \\ \quad\ OH\ OH\ \ H\ \ \ OH\end{array}$$
Acide glycuronique.

puis en solution faiblement alcaline, par réduction plus complète,

$$\begin{array}{c}\quad\ H\ \ \ H\ \ \ OH\ \ H \\ CO^2H - C - C - C - C - CH^2OH, \\ \quad\ OH\ OH\ \ H\ \ \ OH\end{array}$$
Acide *d*-gulonique.

et enfin en solution acide, on a en définitive

$$\begin{array}{c}\quad\ H\ \ \ H\ \ \ OH\ \ H \\ CHO - C - C - C - C - CH^2OH. \\ \quad\ OH\ OH\ \ H\ \ \ OH\end{array}$$
*d*-gulose.

Le maintien de la réaction acide dans les phases extrêmes de la réduction s'explique par la nécessité d'avoir un mélange d'acide et de lactone, sans lequel la réduction ne pourrait se produire.

La réaction alcaline dans la phase moyenne a pour but de faire porter la réduction sur le groupement aldéhydique.

Finalement on se débarrasse, à l'aide d'alcool absolu, des sels de sodium, et par évaporation de la solution alcoolique on obtient le sucre. Et ce sucre est différent de celui qui a servi de point de départ. Comme dans le premier exemple, on passe de cette façon d'un sucre aldéhydique à un autre, fournissant par oxydation le même acide bibasique.

2° *Méthode à l'osazone.* — Un aldose quelconque,

$$\begin{array}{c}\quad H \\ R - C - CHO, \\ \quad OH\end{array}$$

s'unit à 2 molécules de phénylhydrazine pour donner une osazone ou dihydrazone :

$$\begin{array}{c}\quad\quad\ R - C - CH \\ \quad\quad\ \ \|\quad\ \| \\ C^6H^5\!>\!Az - Az\quad Az - Az\!<\!^H_{C^6H^5}\end{array}$$

De cette osazone on peut régénérer un sucre, mais ce sucre n'est pas celui qui a servi de point de départ, c'est un cétose,

$$R - CO - CH^2OH.$$

De ce cétosé on peut, par réduction au moyen de l'amalgame de sodium, revenir à deux alcools,

$$R - \underset{\underset{\displaystyle OH}{|}}{\overset{\overset{\displaystyle H}{|}}{C}} - CH^2OH, \qquad R - \underset{\underset{\displaystyle H}{|}}{\overset{\overset{\displaystyle OH}{|}}{C}} - CH^2OH,$$

qui, oxydés par l'eau bromée, fourniront deux aldoses,

$$R - \underset{\underset{\displaystyle OH}{|}}{\overset{\overset{\displaystyle H}{|}}{C}} - CHO, \qquad R - \underset{\underset{\displaystyle H}{|}}{\overset{\overset{\displaystyle OH}{|}}{C}} - CHO.$$

Cette méthode permet de passer d'un aldose à un autre n'en différant que par la configuration autour du dernier atome de carbone asymétrique.

On peut ainsi passer du *d*-glucose au *d*-mannose, ou inversement. par l'intermédiaire du *d*-fructose (lévulose ordinaire) et des deux alcools hexatomiques, la *d*-mannite et la *d*-sorbite.

3° *Méthode de transformation par la chaleur.* — Cette méthode, dont il a déjà été parlé au chapitre précédent, consiste à chauffer un acide en présence d'une base organique ne donnant pas d'amides, un alcaloïde par exemple, vers 140 ou 150°.

Quand l'acide est soluble dans la quinoléine, on opère en vase ouvert à l'aide de cette base.

Quand l'acide y est trop peu soluble, on est obligé d'opérer avec des solutions aqueuses, et par conséquent en autoclave : on peut alors remplacer avec avantage la quinoléine par la pyridine. Cette méthode permet de passer d'un acide à un autre, ne différant du premier que par la disposition autour du dernier atome de carbone asymétrique.

L'acide arabonique donne ainsi l'acide ribonique, et inversement.

L'acide xyllonique donne ainsi l'acide lyxonique, et inversement.

L'acide gluconique (*d, l, i*) donne ainsi l'acide mannonique (*d, l, i*), et inversement.

L'acide gulonique donne ainsi l'acide idonique, et inversement.

L'acide galactonique (*d, l, i*) donne ainsi l'acide talonique (*d, l, i*), et inversement.

Les acides rhamnohexoniques α et β se transforment l'un en l'autre ; il en est de même des acides α et β-glucoheptoniques, etc.

Si maintenant l'on fait entrer en considération les acides bibasiques du groupe des sucres qui renferment deux carboxyles, on voit qu'il y a deux atomes de carbone asymétrique qui peuvent jouir de cette mobilité singulière dans leur configuration. Eu égard à cette particularité, on peut classer les acides bibasiques en $C^6$ en trois groupes :

| | |
|---|---|
| Ac. *d*-saccharique. | Ac. *l*-saccharique. |
| — *d* mannosaccharique. | — *l*-mannosaccharique. |
| — *d*-idosaccharique. | — *l*-idosaccharique. |

| |
|---|
| Acide mucique. |
| — *d*-talomucique. |
| — *l* — |
| — allomucique. |

Dans chacun de ces groupes on peut passer de l'un des acides à l'autre, mais on ne peut passer de l'un des acides de l'un des groupes à l'un des acides de l'autre, *sans l'intermédiaire d'une matière sucrée renfermant moins d'atomes de carbone.*

4° *Méthode biochimique de M. Gabriel Bertrand.* — Elle consiste à oxyder par un ferment



spécial, le ferment du sorbose, une solution étendue d'un alcool polyatomique ; il se forme alors un cétose qui, par réduction, fournira un ou deux alcools polyatomiques ; l'un de ceux-ci pourra être un alcool polyatomique différent de celui qui a servi de point de départ.

Examinons, par exemple, ce qui se passe à partir de la mannite ordinaire, la *d*-mannite :

$$CH^2OH - \underset{\underset{\displaystyle OH}{|}}{\overset{\overset{\displaystyle H}{|}}{C}} - \underset{\underset{\displaystyle OH}{|}}{\overset{\overset{\displaystyle H}{|}}{C}} - \underset{\underset{\displaystyle H}{|}}{\overset{\overset{\displaystyle OH}{|}}{C}} - \underset{\underset{\displaystyle H}{|}}{\overset{\overset{\displaystyle OH}{|}}{C}} - CH^2OH.$$

Sous l'action de la bactérie du sorbose, une solution de peptone à 0,5 0/0, convenablement minéralisée et renfermant 3 0/0 de mannite, a fourni du lévulose — *d*-fructose — qu'on a caractérisé par son osazone, ainsi que par l'accord de son pouvoir réducteur avec son pouvoir rotatoire [C. Vincent et Delachanal, *C. R.*, 125, 716] :

$$CH^2OH - \underset{\underset{\displaystyle OH}{|}}{\overset{\overset{\displaystyle H}{|}}{C}} - \underset{\underset{\displaystyle OH}{|}}{\overset{\overset{\displaystyle H}{|}}{C}} - \underset{\underset{\displaystyle H}{|}}{\overset{\overset{\displaystyle OH}{|}}{C}} - CO - CH^2OH.$$

On sait que par réduction du lévulose on peut obtenir à la fois les deux alcools polyatomiques, *d*-mannite et *d*-sorbite, dont l'isomérie tient au carbone cétonique, qui devient asymétrique par la création du carbinol. Le lévulose réduit régénère donc l'alcool dont il dérive sous l'action de la bactérie et un nouvel alcool, la *d*-sorbite :

$$CH^2OH - \underset{\underset{\displaystyle OH}{|}}{\overset{\overset{\displaystyle H}{|}}{C}} - \underset{\underset{\displaystyle OH}{|}}{\overset{\overset{\displaystyle H}{|}}{C}} - \underset{\underset{\displaystyle H}{|}}{\overset{\overset{\displaystyle OH}{|}}{C}} - \underset{\underset{\displaystyle OH}{|}}{\overset{\overset{\displaystyle H}{|}}{C}} - CH^2OH.$$

Le ferment du sorbose transforme régulièrement la sorbite ou les jus qui en renferment, le jus de sorbes par exemple, en un nouveau cétose, le sorbose [Bertrand, *C. R.*, 122, 900 ; *Bull. Soc. Chim.*, (3), 15, 627] :

$$CH^2OH - CO - \underset{\underset{\displaystyle OH}{|}}{\overset{\overset{\displaystyle H}{|}}{C}} - \underset{\underset{\displaystyle H}{|}}{\overset{\overset{\displaystyle OH}{|}}{C}} - \underset{\underset{\displaystyle OH}{|}}{\overset{\overset{\displaystyle H}{|}}{C}} - CH^2OH$$

[Lobry de Bruyn et Alberda van Ekenstein, *Rec. des P.-B.*, 19, 8, 1900].

La réduction de ce sucre cétonique conduit à un mélange de deux alcools hexatomiques, dont l'isomérie tient également à l'asymétrie du carbone alcoolique provenant du carbone cétonique. L'un de ces alcools est naturellement la *d*-sorbite. Le second est la *d*-idite,

$$CH^2OH - \underset{\underset{\displaystyle H}{|}}{\overset{\overset{\displaystyle OH}{|}}{C}} - \underset{\underset{\displaystyle OH}{|}}{\overset{\overset{\displaystyle H}{|}}{C}} - \underset{\underset{\displaystyle H}{|}}{\overset{\overset{\displaystyle OH}{|}}{C}} - \underset{\underset{\displaystyle OH}{|}}{\overset{\overset{\displaystyle H}{|}}{C}} - CH^2OH.$$

On peut donc passer de la *d*-mannite à la *d*-sorbite, puis à la *d*-idite, par l'intermédiaire du *d*-fructose et du *d*-sorbose.

Il résulte des expériences de M. G. Bertrand [*C. R.*, 126, 762] que :

1° L'atome de carbone, sur lequel porte l'oxydation, est voisin de l'atome de carbone terminal ;

2° Seuls sont attaqués les alcools renfermant un atome de carbone autour duquel la disposition stéréochimique de l'atome d'hydrogène et du groupe oxhydryle est identique à la disposition autour de l'atome de carbone voisin.

Le glycol, la xylite, la dulcite résistent à la bactérie du sorbose : la glycérine, l'érythrite, l'arabite, la mannite, la sorbite, la perséite, la volémite sont oxydées.

La glycérine a ainsi fourni la dioxyacétone [*Bull. Soc. Chim.*, (3), 19, 371, 502 ; *C. R.*, 129, 341, 422].

L'érythrite inactive naturelle a fourni l'érythrulose, sucre cétonique, qui par réduction a fourni l'érythrite droite [*C. R.*, 730, 1330, 1472].

On peut ranger à cet égard les alcools pentatomiques dans l'ordre suivant :

$$\begin{array}{ccccccccc} & & H & & H & & H & & \\ CH^{2}OH & - & C & - & C & - & C & - & CH^{2}OH, \\ & & OH & & OH & & OH & & \end{array}$$

Ribite.

$$\begin{array}{ccccccccc} & & H & & H & & OH & & \\ CH^{2}OH & - & C & - & C & - & C & - & CH^{2}OH, \\ & & OH & & OH & & H & & \end{array}$$

*d*-arabite.

$$\begin{array}{ccccccccc} & & OH & & H & & H & & \\ CH^{2}OH & - & C & - & C & - & C & - & CH^{2}OH, \\ & & H & & OH & & OH & & \end{array}$$

*l*-arabite.

$$\begin{array}{ccccccccc} & & OH & & H & & OH & & \\ CH^{2}OH & - & C & - & C & - & C & - & CH^{2}OH. \\ & & H & & OH & & H & & \end{array}$$

Xylite.

On doit pouvoir passer, par la méthode biochimique, du premier terme aux autres, de l'une des arabites à la xylite par l'intermédiaire des cétoses :

$$\begin{array}{ccccccccc} & & H & & H & & & & \\ CH^{2}OH & - & C & - & C & - & CO & - & CH^{2}OH, \\ & & OH & & OH & & & & \end{array}$$

$$\begin{array}{ccccccccc} & & & & H & & H & & \\ CH^{2}OH & - & CO & - & C & - & C & - & CH^{2}OH, \\ & & & & OH & & OH & & \end{array}$$

$$\begin{array}{ccccccccc} & & & & H & & OH & & \\ CH^{2}OH & - & CO & - & C & - & C & - & CH^{2}OH, \\ & & & & OH & & H & & \end{array}$$

$$\begin{array}{ccccccccc} & & OH & & H & & & & \\ CH^{2}OH & - & C & - & C & - & CO & - & CH^{2}OH. \\ & & H & & OH & & & & \end{array}$$

Quant aux hexites, elles se rangent à ce point de vue en trois groupes :

| ↓ | | ↓ | | ↓ | |
|---|---|---|---|---|---|
| | *d*-mannite | | *l*-mannite | | allite inconnue. |
| | *d*-sorbite | | *l*-sorbite | | *d*- et *l*-talite |
| | *d*-idite | | *l*-idite | | dulcite |

On ne peut passer d'une hexite d'un groupe à une hexite de l'autre. Dans chaque groupe, on ne peut passer indifféremment de l'une quelconque à l'autre ; on ne peut réaliser une transformation que si elle a lieu dans le sens indiqué par la flèche.

Nous retrouvons ici, pour les hexites, le même groupement que nous avons signalé plus haut pour les acides monobasiques, avec une restriction en plus.

*Vérification.* — Signalons en passant une vérification que l'avenir nous permettra peut-être de constater.

Le *d*-idose, soumis à la réaction, doit vraisemblablement donner deux heptoses :

$$\begin{array}{cccccccccccccc} & & & OH & & H & & OH & & H & & H & & \\ \text{I} & CH^{2}OH & - & C & - & C & - & C & - & C & - & C & - & CHO, \\ & & & H & & OH & & H & & OH & & OH & & \end{array}$$

$$\begin{array}{cccccccccccccc} & & & OH & & H & & OH & & H & & OH & & \\ \text{II} & CH^{2}OH & - & C & - & C & - & C & - & C & - & C & - & CHO. \\ & & & H & & OH & & H & & OH & & H & & \end{array}$$

On voit que les formules de ces deux aldoses seront fixées, dès qu'on pourra les obtenir, par cette circonstance que, par oxydation, l'un (I) doit donner un acide bibasique actif, et l'autre (II) un acide bibasique inactif.

Or, des deux alcools hexatomiques correspondants, l'un, d'après la règle de M. Bertrand, doit résister à la bactérie du sorbose (alcool correspondant à II), et l'autre subir une oxydation permettant de passer au premier par réduction ultérieure. D'où une double vérification possible.

*Remarque I.* — D'après M. O. Emmerling [*D. chem. G.*, **32**, 541], la bactérie du sorbose est le *Bacterium xylinum* de Brown, qui intervient dans la fabrication du vinaigre.

*Remarque II.* — Les sucres aldéhydiques, sous l'action de la bactérie du sorbose, passent à l'état d'acides monobasiques : le xylose passe à l'état d'acide xylonique, l'arabinose à l'état d'acide arabonique, le dextrose à l'état d'acide gluconique, le galactose à l'état d'acide galactonique [Bertrand, *C. R.*, **127**, 124, 728].

5° *Méthode de transformation par l'action des alcalis étendus.* — Il résulte des expériences de MM. Lobry de Bruyn et Alberda van Ekenstein [*Rec. P.-B.*, **14**, 156, 203 ; **15**, 92 ; **16**, 257, 262, 274 ; **18**, 147 ; **19**, 1] que, *sous l'action des alcalis étendus, un glucose se transforme en quatre autres glucoses isomériques, un aldose et trois cétoses.*

Laissons pour le moment de côté l'un de ces cétoses dont la constitution est mal déterminée, et ne considérons que les trois autres corps. (Les cétoses laissés ainsi de côté sont ceux qui ont reçu de M. Lobry de Bruyn les noms de galtose, provenant du galactose, et de glutose, provenant du glucose). Deux d'entre eux sont l'aldose et le cétose qui fournissent la même osazone, c'est-à-dire qui ne diffèrent que par l'avant-dernier atome de carbone :

$$\begin{array}{cccc} & H & & \\ - & C & - & CHO \\ & OH & & \end{array}$$

étant l'aldose primitif,

$$- C - CHO \qquad \text{et} \qquad - CO - CH^{2}OH$$

seront les deux autres isomères.

*Ce sera donc là déjà un moyen nouveau de passer d'un isomère à l'autre, n'en différant que par le dernier atome de carbone asymétrique s'il est aldéhydique, possédant un groupe carbonyle à la place s'il est cétonique.*

Mais, chose plus intéressante, le troisième corps est un cétose différant du précédent par la configuration autour du carbone asymétrique voisin du carbonyle cétonique :

$$\begin{array}{cccccc} & OH & & & & \\ - & C & - & CO & - & CH^{2}OH \\ & H & & & & \end{array}$$

étant par exemple le cétose dont il a été parlé plus haut,

$$\begin{array}{cccccc} & H & & & & \\ - & C & - & CO & - & CH^{2}OH \\ & OH & & & & \end{array}$$

sera le nouveau.

*On voit donc par là que l'on a un moyen de passer d'un glucose à un autre, en différant par la configuration stéréochimique autour du carbone asymétrique placé deux rangs après le carbone aldéhydique.*

C'est ainsi que le *d*-galactose donne le *d*-talose et le *d*-tagatose :

$$\begin{array}{ccccccccccc} & & H & & OH & & OH & & H & & \\ CH^{2}OH & - & C & - & C & - & C & - & C & - & CHO, \\ & & OH & & H & & H & & OH & & \end{array}$$

*d*-galactose.

$$\begin{array}{ccccccccccc} & & H & & OH & & OH & & OH & & \\ CH^{2}OH & - & C & - & C & - & C & - & C & - & CHO, \\ & & OH & & H & & H & & H & & \end{array}$$

*d*-talose.

$$CH^2OH - \overset{H}{\underset{OH}{C}} - \overset{OH}{\underset{H}{C}} - \overset{OH}{\underset{H}{C}} - CO - CH^2OH,$$

d-tagatose.

et en outre le ψ-tagatose,

$$CH^2OH - \overset{H}{\underset{OH}{C}} - \overset{OH}{\underset{H}{C}} - \overset{H}{\underset{OH}{C}} - CO - CH^2OH,$$

d'où l'on peut passer, par réduction, aux deux alcools hexatomiques représentés par les formules

$$CH^2OH - \overset{H}{\underset{OH}{C}} - \overset{OH}{\underset{H}{C}} - \overset{H}{\underset{OH}{C}} - \overset{H}{\underset{OH}{C}} - CH^2OH$$

et

$$CH^2OH - \overset{H}{\underset{OH}{C}} - \overset{OH}{\underset{H}{C}} - \overset{H}{\underset{OH}{C}} - \overset{OH}{\underset{H}{C}} - CH^2OH$$

Le premier de ces alcools n'est autre que la *l*-sorbite, correspondant au *l*-glucose et au *l*-gulose ; le second est la *l*-idite, correspondant au *l*-idose.

Le ψ-tagatose est donc identique au *l*-sorbose, cétose du groupe du *l*-glucose.

On a donc pu passer du groupe du galactose à celui du glucose.

A partir du *d*-glucose, par la même méthode, on a obtenu le *d*-mannose et le *d*-fructose; en outre, un cétose, le ψ-fructose, qui, selon toute vraisemblance, aura la formule

$$CH^2OH - \overset{H}{\underset{OH}{C}} - \overset{H}{\underset{OH}{C}} - \overset{H}{\underset{OH}{C}} - CO - CH^2OH.$$

La réduction doit donc conduire aux deux alcools

$$CH^2OH - \overset{H}{\underset{OH}{C}} - \overset{H}{\underset{OH}{C}} - \overset{H}{\underset{OH}{C}} - \overset{H}{\underset{OH}{C}} - CH^2OH,$$

$$CH^2OH - \overset{H}{\underset{OH}{C}} - \overset{H}{\underset{OH}{C}} - \overset{H}{\underset{OH}{C}} - \overset{OH}{\underset{H}{C}} - CH^2OH.$$

Le second de ces alcools est la *d*-talite; le premier serait l'allite, le second alcool hexatomique inactif encore inconnu.

*Remarque I.* — Les transformations dont il vient d'être question sont, dans une certaine mesure, réversibles, c'est-à-dire que, dans les conditions où le glucose est transformé en mannose, fructose, pseudofructose et glutose, on a vérifié que le fructose était également transformé en glucose et mannose; il en est de même du mannose. Si le galactose fournit le ψ-tagatose ou *l*-sorbose, le *l*-sorbose fournit inversement le *d*-galactose; dans des conditions analogues, le *d*-sorbose fournit le *l*-galactose, etc.

Cependant ces considérations ne sont pas absolues, ni quant à la proportion, ni même quant à la nature des produits formés. De même il semble que le glutose et le galtose, soumis à l'action des alcalis, ne régénèrent aucun des glucoses qui peuvent les produire.

Quoi qu'il en soit, en ne tenant compte que de ceux de ces corps qui sont bien définis, et dont la formule de constitution paraît fixée, la réaction a un certain caractère de réversibilité que nous allons utiliser dans la remarque suivante.

*Remarque II.* — Puisque l'on peut, par cette méthode, modifier la configuration autour des deux atomes de carbone asymétrique voisins du groupe aldéhydique, on voit qu'on peut à cet égard classer les hexoses en quatre groupes, qui se formeront très facilement, dans le tableau I, en prenant les quatre premiers, puis les quatre suivants. Dans chacun de ces groupes, on pourra théoriquement passer de l'un à l'autre par l'action de la potasse aqueuse :

| | | | |
|---|---|---|---|
| | *l*-gulose | *l*-gulose | |
| | *l*-idose | *d*-idose | |
| *d*-glucose | *d*-galactose | *l*-galactose | *l*-glucose |
| *d*-mannose | *d*-talose | *l*-talose | *l*-mannose |

On voit d'abord que ces groupes sont composés autrement que ceux que nous avons constitués, en tenant compte de la transformation par la chaleur (voyez 3°). L'association des deux méthodes pourra donc permettre de passer d'un hexose à un autre. Bien plus, si l'on tient compte de ce fait que, dans la réduction des cétoses intermédiaires, il se fait généralement deux alcools hexatomiques, et que l'un d'entre eux, même les deux, peut être à cheval sur deux groupes, on voit que cette méthode se suffit à elle-même pour *permettre de passer d'un hexose à un autre hexose quelconque, sans passer par l'intermédiaire de glucoses moins riches en carbone*. Cette remarque s'applique naturellement aux aldoses en $C^6$; mais pour les aldoses en $C^7$ il y aurait lieu de procéder à un examen plus attentif.

### III. — PASSAGE D'UN SUCRE A UN AUTRE RENFERMANT 1 ATOME DE CARBONE DE MOINS.

1° M. Wohl [*D. chem. G.*, 26, 731] a imaginé une méthode très curieuse qui permet de passer d'un aldose à l'aldose renfermant 1 atome de carbone de moins; c'est d'ailleurs l'atome de carbone aldéhydique qui disparaît régulièrement. Cela ressort de la méthode elle-même.

On prépare les oximes de l'aldose considéré : l'une d'elles,

$$R - CHOH - CH = AzOH,$$

est stable sous l'action de l'anhydride acétique; l'autre perd de l'eau en donnant un nitrile

$$R - CHOH - C \equiv Az,$$

qui perd facilement de l'acide cyanhydrique en donnant l'aldose

$$R - CHO.$$

Cette méthode, dont le détail sera décrit à propos du glucose (voyez ce mot), a permis de passer régulièrement du glucose ordinaire au *l*-arabinose, inverse optique de l'arabinose naturel; on a pu ainsi réaliser la synthèse totale de ce pentose.

On peut donc considérer actuellement comme résolue la synthèse de tous les pentoses : en effet, par la combinaison des méthodes indiquées dans le paragraphe II, on voit qu'il est possible, du moins théoriquement, de passer de l'un quelconque des pentoses à un autre quelconque. La synthèse de tous les pentoses étant effectuée, celle des hexoses non synthétisés en résulte immédiatement par la méthode Kiliani-Fischer, indiquée au paragraphe I; cela nous permet de considérer comme réalisée la synthèse des sucres du groupe de l'acide mucique et de la dulcite (galactoses, taloses, etc.), qui étaient restés complètement indépendants de la synthèse des corps du groupe de la mannite et de la sorbite.

Cette méthode de rétrogradation, d'une si haute importance, a d'ailleurs reçu une autre confirmation de la part de M. Emile Fischer [*D. chem. G.*, 29, 1377], qui a pu passer du rhamnose (méthylpentose) à un méthyltétrose.

M. Wohl a fourni lui-même d'autres confirmations de la généralité de sa méthode, en montrant qu'on peut passer du galactose au lyxose [*D. chem. G.*, **39**, 3105] et du *l*-arabinose au *l*-xylose [*Ibid.*, **32**, 3666].

Enfin M. Maquenne [*C. R.*, **130**, 1402] a pu effectuer par la même méthode le passage du xylose à la *l*-érythrite (dextrogyre).

Elle constitue, au point de vue stéréochimique, une confirmation intéressante de la théorie, et au point de vue synthétique un complément absolument indispensable à l'achèvement de l'édifice total.

2° *Méthode de rétrogradation par oxydation.* — M. Otto Ruff [*D. chem. G.*, **31**, 1573; **32**, 551] a indiqué une méthode d'oxydation (eau oxygénée en présence d'un sel de fer) qui permet de passer régulièrement du gluconate de baryum au *d*-arabinose. Si cette méthode faisait dans l'avenir ses preuves de généralité, elle permettrait de passer régulièrement d'un aldose en $C^n$ à l'aldose d'où il dérive en $C^{n-1}$ :

$$CH^2OH - \overset{H}{\underset{OH}{C}} - \overset{H}{\underset{OH}{C}} - \overset{OH}{\underset{H}{C}} - \overset{H}{\underset{OH}{C}} - CHO,$$
*d*-glucose.

$$C\,H^2OH - \overset{H}{\underset{OH}{C}} - \overset{H}{\underset{OH}{C}} - \overset{OH}{\underset{H}{C}} - CHO.$$
*d*-arabinose (inverse de l'arabinose naturel).

M. Ruff [*D. chem. G.*, **32**, 3672] a pu passer de la même manière du *d*-arabinose au *d*-érythrose,

$$CH^2OH - \overset{H}{\underset{OH}{C}} - \overset{H}{\underset{OH}{C}} - CHO,$$

qui, par oxydation, lui a donné l'acide *d*-érythronique, identique à l'acide trioxybutyrique, que MM. Börnstein et Herzfeld [*D. chem. G.*, **18**, 3353. — Herzfeld et Winter, *D. chem. G.*, **19**, 390] ont obtenu par oxydation du fructose (lévulose).

Par réduction, le *d*-érythrose fournit un alcool tétratomique identique à l'érythrite inactive naturelle.

M. Ruff continue ses recherches en appliquant sa méthode au xylose en vue d'arriver aux glycéroses

$$CH^2OH - \overset{H}{\underset{OH}{C}} - CHO \quad et \quad CH^2OH - \overset{OH}{\underset{H}{C}} - CHO.$$

La même méthode, appliquée au *d*-galactose, l'a conduit au *d*-lyxose (*D. chem. G.*, **33**, 1798) :

$$CH^2OH - \overset{H}{\underset{OH}{C}} - \overset{OH}{\underset{H}{C}} - \overset{OH}{\underset{H}{C}} - \overset{H}{\underset{OH}{C}} - CHO,$$
*d*-galactose.

$$CH^2OH - \overset{H}{\underset{OH}{C}} - \overset{OH}{\underset{H}{C}} - \overset{OH}{\underset{H}{C}} - CHO,$$
*d*-lyxose.

Appliquée au sucre de lait, la méthode l'a conduit à un sucre aldéhydique en $C^{11}$, le galacto-arabinose, ce qui lui a permis d'affirmer que dans la molécule du lactose le groupement aldéhydique est incorporé dans la partie glucose de l'association galactose-glucose. Enfin, en commun avec M. E. Fischer [Fischer et Ruff, *D. chem G.*, **33**, 2142], M. Ruff a préparé le *l*-xylose à partir de l'acide *l*-gulonique et le *d*-xylose à partir de l'acide *d*-gulonique :

$$CH^2OH - \overset{H}{\underset{OH}{C}} - \overset{OH}{\underset{H}{C}} - \overset{H}{\underset{OH}{C}} - \overset{H}{\underset{OH}{C}} - CO^2H,$$
Acide *l*-gulonique.

$$CH^2OH - \overset{H}{\underset{OH}{C}} - \overset{OH}{\underset{H}{C}} - \overset{H}{\underset{OH}{C}} - CHO.$$
*l*-xylose.

### IV. — MODES DE DÉDOUBLEMENT DES COMPOSÉS INACTIFS PAR COMPENSATION.

Il nous faut enfin ajouter, pour être complet, comment l'on peut séparer l'un de l'autre deux composés actifs inverses l'un de l'autre dans le mélange, que nous fournit soit la synthèse totale à partir des corps ne renfermant pas de carbone asymétrique, soit la synthèse partielle à partir des corps à structure symétrique renfermant des atomes de carbone asymétrique.

Il n'y a pour cela aucune méthode absolument générale.

On a actuellement à sa disposition trois procédés particuliers pour essayer de réaliser ce dédoublement : ils sont dus tous les trois à Pasteur.

1° *Procédé de dédoublement spontané.* — Il peut arriver que l'évaporation d'une solution d'un composé inactif par compensation amène la cristallisation indépendante de deux isomères. On peut alors les trier en se fondant sur la dissymétrie de leurs cristaux, conséquence de la dissymétrie moléculaire.

C'est ainsi que Pasteur a pu. dédoubler, au-dessous d'une température donnée, le tartrate sodico-ammonique, et que M. Fischer a dédoublé la lactone gulonique.

M. Le Bel a indiqué, sans l'avoir essayé, un procédé qui consisterait à opérer les synthèses en lumière polarisée circulaire. On conçoit en effet que des vibrations circulaires d'un sens déterminé puissent favoriser la production de l'un des isomères au détriment de l'autre.

Ces modes de dédoublement présentent ce puissant intérêt de ne point faire intervenir les phénomènes vitaux, comme l'exigent directement ou indirectement les méthodes suivantes.

2° *Procédé de fermentation.* — Pasteur a remarqué que si l'on ensemençait des organismes inférieurs dans un milieu fermentescible inactif par compensation, l'un des isomères était généralement détruit plus rapidement que l'autre. On peut arriver à isoler celui des deux isomères qui résiste le mieux. Ce procédé a été utilisé par M. Fischer pour dédoubler le galactose inactif en ses deux composants, ou plutôt pour isoler le *l*-galactose isomère du galactose naturel.

Cette méthode ne peut s'appliquer qu'à un mélange fermentescible, ce qui en limite singulièrement l'emploi, et a en outre l'inconvénient de faire disparaître, en le détruisant, l'un des constituants, ce qui est parfois onéreux.

3° *Procédé de dédoublement à l'aide des composés actifs.* — Quand on combine le composé inactif dédoublable avec un composé actif connu, celui-ci s'unit généralement avec une aptitude inégale aux deux isomères actifs du composé inactif, et, en outre, les produits qui en résultent peuvent avoir des propriétés physiques, solubilités, températures de fusion, différentes. Pour ces deux causes on peut réaliser la séparation des deux composés. Il ne reste plus qu'à se débarrasser du composé actif auxiliaire pour avoir effectué le dédoublement désiré.

S'agit-il d'un acide, on emploie une base active fournie par la nature, la cinchonine par exemple, comme a fait Pasteur pour dédoubler l'acide tartrique; la strychnine comme a fait M. Fischer pour dédoubler l'acide mannonique.

S'agit-il au contraire d'une base, on emploie un acide actif, l'acide tartrique, qui a permis à

M. Ladenburg de dédoubler la conicine, le premier alcaloïde de synthèse totale.

### III. — PROPRIÉTÉS GÉNÉRALES DES GLUCOSES.

Nous avons divisé ce chapitre en différents paragraphes :

I. *Définition, classification, symbolisme.*
II. *Constitution.*
III. *Multirotation.*
IV. *Modifications isomériques*
V. *Hydrogénation.*
VI. *Oxydation.*
VII. *Action des acides et éthers* (dérivés acétylés, benzoylés, nitrés).
VIII. *Action des alcalis.*
IX. *Action de l'ammoniaque, de l'hydroxylamine et des amines aromatiques.*
X. *Action de l'hydrazine, de la phénylhydrazine et de l'aminoguanidine.*
XI. *Action des alcools, des mercaptans et des phénols* (réactions colorées).
XII. *Action des aldéhydes, du chloral, de l'acétone.*
XIII. *Fermentescibilité des glucoses; hydrolyse des glucosides.*

#### I. — DÉFINITION, CLASSIFICATION, SYMBOLISME.

*Définition.* — Sous le terme générique de *glucoses*, on réunit un certain nombre de substances provenant du règne végétal ou animal, ou même créées de toutes pièces dans le laboratoire, et qui possèdent un certain nombre de propriétés communes.

En 1887, M. E. Fischer [*D. chem. G.*, **20**, 833] a proposé la définition suivante :

*Les glucoses sont des alcools-aldéhydes ou des alcool-cétones réduisant la liqueur de Fehling, et fournissant des osazones avec la phénylhydrazine.*

En réalité, M. Fischer avait considéré seulement les glucoses en $C^6H^{12}O^6$. A cette époque, on ne connaissait pas d'autres glucoses que ceux-ci, sauf l'arabinose, auquel M. Kiliani venait d'assigner la formule $C^5H^{10}O^5$. Depuis lors, le nombre des composés analogues au glucose s'est considérablement élevé, et la teneur en carbone varie depuis $C^3$ jusqu'à $C^9$.

Les remarquables progressions synthétiques de M. Fischer dans la série du mannose et du glucose ont conduit à des corps entièrement analogues, dont les formules sont :

$$C^7H^{14}O^7, \quad C^8H^{16}O^8, \quad C^9H^{18}O^9.$$

Il n'y a donc aucune raison de restreindre la définition des glucoses en la limitant à la formule générale $C^6H^{12}O^6$.

Il n'y a pas lieu non plus de considérer comme des glucoses tous les corps possédant cette formule : à aucun égard l'inosite et les corps similaires ne peuvent prétendre à rentrer dans le groupe des glucoses. Il serait mauvais d'accorder une trop grande importance au terme d'hydrate de carbone pour ces corps, dont la formule renferme en effet les éléments de l'eau et du carbone : on connaît enfin de véritables glucoses, le rhamnose par exemple, $C^6H^{12}O^5$, qui ne présentent pas cette particularité.

Les glucoses sont tous actifs, c'est-à-dire qu'ils dévient tous le plan de polarisation de la lumière; s'ils sont inactifs, ils sont au moins dédoublables en deux isomères actifs inverses; on sait que cette propriété est due à la présence des groupements alcools secondaires liés à des radicaux différents (voyez plus haut, STÉRÉOCHIMIE).

Cette propriété est donc renfermée dans les termes de la définition. Parmi les corps cétoniques de la formule symétrique

$$CH^2OH - (CHOH)^n - CO - (CHOH)^n - CH^2OH,$$

il pourrait cependant s'en rencontrer d'inactifs indédoublables; mais on n'en connaît encore qu'un de ce type : la dioxycétone,

$$CH^2OH - CO - CH^2OH.$$

Les glucoses en $C^6H^{12}O^6$, soumis à l'action des alcalis, présentent une réaction qui a longtemps servi à les caractériser : il serait prématuré de la considérer comme entièrement générale avant de savoir comment se comportent à cet égard les autres termes.

On sait, par exemple, que la formation d'acide lévulique sous l'action des acides étendus n'est pas générale, et ne s'étend pas aux glucoses en $C^5$, et qu'au contraire pour ceux-ci la formation de furfurol est caractéristique.

Enfin, la fermentescibilité, qui semblait appartenir à tous les glucoses, est particulière à un nombre très restreint d'entre eux.

*Classification.* — Les glucoses se divisent en deux catégories, les alcools-aldéhydes ou *aldoses*, et les alcools-cétones ou *cétoses*.

On les désigne sous les noms de *tétroses, pentoses, hexoses, heptoses,* etc., suivant qu'ils renferment 4, 5, 6, 7, etc., atomes de carbone :

Les érythroses sont des tétroses.

L'arabinose, le xylose, le ribose, le lyxose sont des pentoses;

Les glucoses, les mannoses, les galactoses, les guloses, les idoses, les taloses, sont des hexoses;

Le glucoheptose, le galaheptose, le mannoheptose, etc. sont des heptoses. On leur rattache des matières ayant les mêmes propriétés, mais renfermant en outre un groupe $CH^3$ à la place d'un atome d'hydrogène du groupe alcoolique primaire terminal : le méthyltétrose, les méthylpentoses (rhamnose, fucose, quinovose, isorhamnose, antiarose), les méthylhexoses (rhamnohexose), etc.

On désigne sous le nom de *bioses* et de *trioses* les sucres hydrolysables fournissant par hydrolyse deux ou trois glucoses, identiques ou différents.

Le maltose, l'isomaltose, le lactose, le saccharose, le mélébiose, le tréhalose, le turanose, sont des *hexobioses* en $C^{12}H^{22}O^{11}$.

Le mélézitose, le raffinose, le stachyose, sont des *hexotrioses* en $C^{18}H^{32}O^{16}$.

On connaît également un *pentobiose* (arabinobiose, arabane, arabinone) donnant à l'hydrolyse deux molécules d'un pentose : l'arabinose.

La synthèse a conduit également à un *biose mixte* (galacto-arabinose), dédoublable en galactose et arabinose.

Le mode de liaison des molécules de glucoses dans ces composés complexes est encore mal déterminé; pour les uns, la fonction aldéhydique est respectée; pour d'autres, elle disparaît. Leur synthèse n'a pour ainsi dire pas été abordée.

*Symbolisme.* — Le glucose est un alcool-aldéhyde, et dans la nouvelle nomenclature il prend le nom d'*hexane-pentol-al*; de même l'arabinose prendrait celui de *pentane-tétrol-al* et le glucoheptose celui d'*heptane-hexol-al*. Il est inutile, si l'on s'en tient à la chimie de structure, de préciser la position des groupes alcooliques par un numérotage des atomes de carbone.

Lors de l'apparition des idées stéréochimiques, la question s'est posée de la représentation symbolique des différents isomères prévus par cette théorie. Comment distinguer entre eux, par exemple, les différents hexoses prévus par la théorie pour la formule

$$CHO-CHOH-CHOH-CHOH-CHOH-CH^2OH$$

qui renferme 4 atomes de carbone asymétrique?

Dans la brochure d'Herrmann et van 't Hoff, *Die Lagerungen der Atome im Raume*, les différents corps du groupe des glucoses sont distingués par des signes + ou — affectés à chacun des atomes de carbone asymétriques.

M. Fischer a d'abord utilisé ce symbolisme dans l'exposé de ses recherches, puis il ne lui a pas paru commode, et il l'a remplacé par des schémas projectifs, résultant de la projection sur le papier des modèles tétraédriques représentant l'enchaînement des atomes de carbone, projection dans laquelle on supprime ensuite les arêtes des tétraèdres. Ceci se comprendra mieux par l'exemple du *d*-glucose :

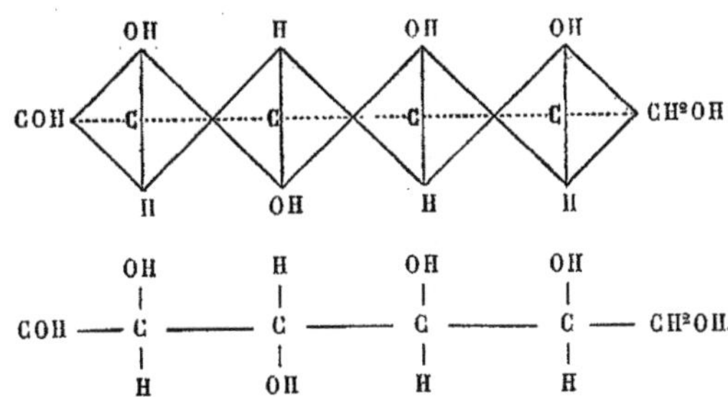

C'est le mode de représentation que nous avons utilisé au chapitre STÉRÉOCHIMIE; il est très clair et se prête bien à l'intelligence du sujet; mais au point de vue typographique il est peut-être un peu compliqué, il tient une place considérable, et il peut être utile de le simplifier en vue de l'impression. M. R. Lespieau [*Bull. Soc. Chim.*, (3), **13**, 105] a proposé dans ce but un mode de numérotage des fonctions alcooliques indiquant du même coup la configuration stéréochimique autour du carbone considéré. Pour cela, il écrit tout d'abord les chiffres correspondants aux atomes de carbone pour lesquels l'oxhydryle est à la partie supérieure, puis, séparés par une virgule, les chiffres correspondants aux atomes pour lesquels a lieu l'inverse. Ainsi le *d*-glucose schématisé précédemment s'écrirait l'*hexane-pentol* 245,36 *al*, en convenant que, pour tout oxhydryle placé dans la chaîne, le chiffre (6) sera écrit comme si l'oxhydryle correspondant était à la partie supérieure.

Cela revient, en somme, à représenter l'ensemble des oxhydryles par un nombre décimal, dans lequel la partie entière correspond aux oxhydryles supérieurs et la partie décimale aux oxhydryles inférieurs.

M. Maquenne (*Les sucres et leurs principaux dérivés*) a proposé une modification de cette notation qui la rend encore plus expressive. Il donne au symbole la forme fractionnaire; au numérateur se placent les chiffres correspondants aux oxhydryles supérieurs, au dénominateur ceux qui correspondent aux oxhydryles inférieurs. Le *d*-glucose s'écrira alors : hexane-pentolal $\frac{245}{3} \cdot 6$.

Ces notations ont l'avantage de pouvoir s'exprimer oralement. En outre, les symboles de M. Maquenne rendent facilement compte des particularités stéréochimiques les plus importantes des glucoses et de leurs dérivés alcooliques ou acides :

1° Deux inverses optiques se représenteront par des fractions inverses :

*d*-glucose : hexane-pentolal $\frac{245}{3} \cdot 6$.

*l*-glucose : hexane-pentolal $\frac{3}{245} \cdot 6$.

2° Deux hexoses proviendront du même pentose lorsque les deux fractions qui les symbolisent diffèrent en ce que le premier chiffre de l'un des termes devient, dans l'autre fraction, le premier chiffre de l'autre.

Ainsi, si le *d*-glucose est l'hexane-pentolal $\frac{245}{3} \cdot 6$, le *d*-mannose, qui provient comme lui de l'arabinose, sera l'hexane-pentolal $\frac{45}{23} \cdot 6$.

3° En général, par oxydation ou par réduction, les hexoses fournissent des acides *bibasiques* ou des alcools hexatomiques actifs. Cependant il peut arriver qu'ils soient inactifs. On le reconnaît par la règle suivante : Lorsque la somme des chiffres du numérateur de la fraction symbolique est 0, 7 ou 14, l'hexose donne des dérivés inactifs (acide bibasique ou alcool hexatomique).

Ici, il est facile de voir que les deux hexoses inverses optiques sont dans le même cas, et donnent tous deux le même dérivé inactif;

4° Il peut arriver que deux hexoses donnent un même dérivé d'oxydation ou de réduction actifs. On reconnaît que deux hexoses sont dans ce cas par la règle suivante : En additionnant la somme des chiffres du numérateur de l'une des fractions et du dénominateur de l'autre, on obtient un multiple de 7.

5° Enfin, il peut arriver qu'un alcool hexatomique ne provienne que d'un seul hexose; on reconnaît les hexoses qui sont dans ce cas par la règle suivante : Les deux termes de la fraction symbolique renferment chacun 2 chiffres, et en les additionnant en croix on obtient 7.

Par exemple : $\frac{4 \cdot 5}{2 \cdot 3}, \frac{2 \cdot 3}{4 \cdot 5}, \frac{3 \cdot 5}{2 \cdot 4}, \frac{2 \cdot 4}{3 \cdot 5},$ sont dans ce cas; ce qui correspond bien à ce que nous savons sur les mannoses. Par exemple :

Le *d*-mannose, hexane-pentolal $\frac{4 \cdot 5}{2 \cdot 3} \cdot 6$, donne l'acide *d*-mannosaccharique et la *d*-mannite, et il est le seul hexose qui les donne.

## II. — CONSTITUTION.

L'étude de la constitution du glucose a fait et fait encore l'objet de nombreux travaux. Cependant les savants les plus autorisés ne se sont point montrés complètement affirmatifs à son sujet, et il en résulte que la question n'est point exempte d'une certaine indécision.

Les propriétés aldéhydiques du glucose sont bien représentées par la formule linéaire (Berthelot, Fittig, Kiliani) :

$$CH^2OH-CH(OH)-CH(OH)-CH(OH)-CH(OH)-CHO.$$

Cette formule est bien d'accord avec la réduction à l'état de sorbite (Meunier) par l'amalgame de sodium, d'iodure d'hexyle normal par l'acide iodhydrique; elle rend compte de la production par oxydation des acides gluconique (monobasique) et saccharique (bibasique), elle explique très naturellement la fixation d'acide cyanhydrique réalisée par M. Kiliani, et enfin elle encadre admirablement les recherches stéréochimiques de M. Fischer : les 4 atomes de carbone asymétrique qu'elle renferme permettent d'interpréter toutes les particularités des recherches.

Par contre, cette formule laisse dans l'ombre un certain nombre de points intéressants :

1° La stabilité des sucres réducteurs à l'état libre, la disparition des caractères de la fonction aldéhydique dans les pentacétates (Franchimont, Erwig et Königs, Tanret), dans le pentabenzoate (Skraup), dans les glucosides de synthèse (Fischer), ainsi que dans certains glucosides naturels (Marchlewski); le fait que les glucoses ne se comportent pas comme des aldéhydes dans la réaction de Döbner (acides naphtocinchoniques);

2° L'apparition d'une nouvelle isomérie pour les phénylhydrazones (Skraup), pour les oximes (Wohl), pour les pentacétates (Franchimont, Tanret), pour les pentanitrates (Will et Lenze), pour les chloraloses (Heffter, Hanriot), et surtout pour les glucosides (Fischer);

3° La découverte des modifications particulières du glucose, du galactose et des autres glucoses aldéhydiques qui a permis à M. Tanret de donner l'explication décisive de la multirotation.

Sollicitée par l'une ou l'autre de ces particularités, l'attention des savants s'est, depuis longtemps, portée sur la formule du glucose et on en a proposé plusieurs modifications.

M. Colley [C. R., 70, 401], en chauffant du glucose sec (1 molécule) avec du chlorure d'acétyle (5 molécules), a obtenu un éther acétochlorhydrique de la formule $C^6H^7(C^2H^3O)^4O^5Cl$.

« Les expériences décrites dans ce mémoire prouvent que la glucose dextrogyre est un composé pentatomique, c'est-à-dire qu'elle contient cinq restes OH (oxhydryles), capables d'être échangés contre des restes acides. Mais, comme la glucose contient 6 atomes d'oxygène, il en résulte que le sixième atome d'oxygène n'y est pas contenu sous forme d'oxhydryle. On pourrait supposer que cet atome d'oxygène est lié par ses deux atomicités à un seul et même atome de carbone. Il en serait ainsi si la glucose contenait le groupe aldéhydique CHO ou le groupe cétonique CO. Mais les réactions de la glucose excluent une semblable hypothèse. Il semble donc rationnel d'admettre que l'atome d'oxygène dont il s'agit joint ensemble 2 atomes différents de carbone, et qu'en conséquence la glucose possède une constitution analogue à celle des dialcools (alcools di-éthyléniques). Seulement, comme le nombre d'atomes d'hydrogène non contenus dans la molécule $C^6H^7(OH)^5O$ sous forme d'oxhydryle est impair (7), il en résulte que les deux hydrocarbures formant le radical complexe de la glucose ne seraient pas identiques comme dans les di-alcools, mais différents. »

Ainsi, M. Colley n'adopte pas de formule aldéhydique ou cétonique, mais une formule qu'il ne précise pas d'ailleurs, mais qui renfermerait une liaison *oxydique*.

M. Tollens [D. chem. G., 16, 921] propose la formule suivante :

$$\underset{\displaystyle \qquad\qquad\quad \mid__________O__________\mid}{CH^2-CHOH-CHOH-CHOH-CHOH-CHOH.}$$

Cette formule rend compte de la disparition des propriétés réductrices ou aldéhydiques dans un certain nombre de dérivés du glucose; de plus, un simple mécanisme d'hydratation et de déshydratation permet de passer à la formule aldéhydique : on a ainsi, par une sorte de tautomérie, l'explication des propriétés aldéhydiques :

$$CH^2OH-(CHOH)^4-CH\diagup_{\displaystyle OH}^{\displaystyle OH}$$

$$CH^2OH-(CHOH)^4-CHO+H^2O.$$

M. Tollens avait d'ailleurs proposé aussi la formule analogue :

$$\underset{\displaystyle \qquad\qquad\quad \mid________O________\mid}{CH^2OH-CHOH-CH-CHOH-CHOH-CHOH.}$$

Cette formule a été reprise par MM. Erwig et Königs [D. chem. G., 22, 2207] pour expliquer l'absence des propriétés aldéhydiques dans les pentacétates du glucose et du galactose, par M. Sorokine [J. prakt. Chem., (2), 37, 312] pour rendre compte de l'action de l'aniline et de ses homologues sur les glucoses, et enfin par M. E. Fischer [D. chem. G., 26, 2406] à propos de ses glucosides synthétiques.

Cependant, pour ce dernier savant, ni les pentacétates, ni les glucosides ne paraissent conduire à rejeter définitivement la formule aldéhydique. Enfin, M. Skraup [Mon. f. Chem., 10, 401] a proposé, pour expliquer la disparition du pouvoir réducteur dans le pentabenzoate, la formule du même genre :

$$\underset{\displaystyle \qquad\qquad\qquad\qquad\qquad\qquad \diagdown_{\displaystyle O}\diagup}{CH^2OH-CHOH-CHOH-CHOH-CH-CHOH.}$$

Cette formule a été adoptée par M. Marchlewski [D. chem. G., 26, 2928; 28, 1622] pour expliquer l'inertie de la phénylhydrazine vis-à-vis des glucosides, et par M. Lobry de Bruyn pour faire comprendre le mécanisme de la transformation du glucose en un mélange de fructose et de mannose, ou inversement, sous l'action d'un alcali étendu. Sur ces entrefaites, M. Tanret a publié ses intéressantes recherches sur l'isomérie des glucoses et la multirotation : il a mis en évidence l'existence de deux modifications α et γ des glucoses instables, en solution aqueuse étendue, et se transformant alors en une troisième forme β. M. Tanret s'est fondé sur ces résultats pour expliquer la multirotation, mais il s'est refusé à tirer une conclusion quelconque quant à la cause de l'isomérie qu'il a découverte : d'autres l'ont fait depuis.

MM. Lobry de Bruyn et A. van Ekenstein [D. chem. G., 28, 3078], remarquant que la formule du genre oxyde d'éthylène renfermait 1 atome de carbone asymétrique de plus que la formule aldéhydique, ont rapproché cette particularité des isoméries observées par M. Tanret; ils ont conclu que le composé β correspondait à l'une des configurations de la formule oxydique, tandis que l'isomère α correspondait à la formule aldéhydique (anhydre ou hydratée)

$$-\text{CHO} \quad \text{ou} \quad -\text{CH} \Big\langle \begin{matrix} \text{OH} \\ \text{OH} \end{matrix}$$

Quant à la forme γ, ils ne parlent pas de sa constitution et ne s'expliquent pas sa transformation en composé β.

M. O. von Lippmann [*D. chem. G.*, 29, 203] est venu réclamer la priorité de cette manière de voir; d'ailleurs, dans le détail, la sienne est légèrement différente : il pense, en effet, qu'il faut attribuer les deux configurations stéréoisomériques de la formule oxydique aux deux modifications α et β de M. Tanret, tandis que l'isomère γ pourrait bien avoir la formule aldéhydique.

M. L. J. Simon [*Bull. Soc. Chim.*, (3), 17, 97] a fait une troisième hypothèse relativement à l'attribution de formules aux modifications du glucose. Pour lui, la modification β, stable en solution aqueuse, correspond à la formule aldéhydique ; les deux autres modifications constituent les stéréoisomères correspondant à l'asymétrie supplémentaire de la formule oxydique :

$$\text{R} - \text{CHO} \qquad \begin{matrix} \text{H} \\ | \\ \text{C} \\ / \quad | \\ \quad \text{OH} \\ -\text{O} \end{matrix} \qquad \begin{matrix} \text{OH} \\ | \\ \text{C} \\ / \quad | \\ \quad \text{H} \\ -\text{O} \end{matrix}$$

$$\beta \qquad\qquad \alpha \qquad\qquad \gamma$$

Considérons en effet les glucosides de M. Fischer ; il paraît naturel de penser qu'ils doivent leur isomérie à l'apparition d'un atome de carbone asymétrique en quelque sorte surnuméraire. D'après M. Fischer lui-même, il convient de leur attribuer les formules stéréochimiques

$$\begin{matrix} \text{H} \\ | \\ \text{C} \\ / \quad | \\ \quad \text{OCH}^3 \\ -\text{O} \end{matrix} \qquad \begin{matrix} \text{O-CH}^3 \\ | \\ \text{C} \\ / \quad | \\ \quad \text{H} \\ -\text{O} \end{matrix}$$

Or nous trouverons au paragraphe du présent chapitre où il est question de ces glucosides (action des alcools), la remarque suivante :

Les pouvoirs rotatoires de deux glucosides stéréoisomériques α et β, provenant du même glucose et du même alcool, comprennent toujours entre eux le pouvoir rotatoire du glucose générateur stable en solution aqueuse étendue (forme β) ; il est assez naturel d'imaginer qu'il en sera de même, par une sorte de continuité, si l'on remplace $\text{OCH}^3$ par OH, c'est-à-dire si, des formules des glucosides, on passe aux formules des glucoses. Autrement dit, les glucoses qui doivent correspondre à la formule (ou aux formules) oxydique devront, corrélativement, posséder des pouvoirs rotatoires comprenant entre eux celui du glucose aldéhydique. Or c'est précisément le cas pour les modifications α et γ par rapport à la modification β, ainsi que cela résulte du tableau suivant :

| | α | β | γ |
|---|---|---|---|
| Glucose..... | 106° | 52°,5 | 22°,5 |
| Galactose ... | 135° | 81°,6 | 53° |
| Arabinose... | 175° | 104°-105° | <75°,5 |
| Rhamnose... | —6°,5 | 10°,1 | 22°,8 |
| Lactose..... | 88° | 56° | <32° |

De ce raisonnement on peut donc conclure : *La modification β, stable en solution aqueuse étendue, correspond à la formule aldéhydique ;*

*les deux autres, α et γ, correspondent aux formules oxydiques stéréoisomériques.*

Ce qui distingue cette manière de voir des précédentes, celles de M. Lobry de Bruyn et de M. von Lippmann, c'est qu'on attribue la formule aldéhydique à la modification β, c'est-à-dire à la modification stable en solution aqueuse étendue. Le glucose n'aurait ainsi son caractère d'aldéhyde proprement dit qu'en solution aqueuse étendue, et encore au bout du temps nécessaire à la tautomérisation. Cette tautomérisation est facilitée par l'action de petites quantités d'alcalis et d'ammoniaque, par la présence d'acides étendus ; elle est au contraire arrêtée par la présence d'alcool ou des acides forts.

On s'explique ainsi que l'on ne rencontre les propriétés nettement aldéhydiques du glucose que lorsque les réactions se produisent en solution aqueuse, et surtout en milieu légèrement alcalin.

Les glucoses sont stables à l'état solide ; ils ne réduisent et ne sont réduits qu'en milieu alcalin ou neutre. Ils ne se comportent pas comme les autres aldéhydes lorsque la réaction se produit en milieu alcoolique (réaction de Döbner, dérivés naphtocinchoniques) ou en milieu acide (pas d'acétals en présence d'acide chlorhydrique, mais des glucosides). Pour la même raison, l'acide cyanhydrique se fixe mieux sur les glucoses en présence d'une trace d'ammoniaque.

Les glucosides, les phénylhydrazones, les oximes, les dérivés des amines aromatiques, les pentacétates, les chloraloses dérivent de la formule oxydique ; on s'explique ainsi et leur isomérie particulière et l'absence chez eux des propriétés aldéhydiques. [L. J. Simon, *C. R.*, 132, 487 ; L. J. Simon et H. Besnard, *ibid.*, 132, 564.]

Une fois admise cette manière de voir, de représenter les propriétés des glucoses par l'ensemble de deux formules tautomériques, l'une aldéhydique, l'autre oxydique, il reste à préciser pour celle-ci la position de la liaison oxydique.

Il y a une foule de schémas imaginables pour la formule oxydique ; nous allons examiner ceux qui ont été proposés.

M. Skraup [*loc. cit.*] a admis, pour expliquer l'absence de propriétés aldéhydiques du pentabenzoate et l'existence des deux phénylhydrazones du glucose, que le glucose peut réagir sous deux formes différentes qui correspondent aux deux formules :

$$\text{CH}^2\text{OH}-(\text{CHOH})^4-\text{CHO}$$

$$\text{et} \quad \text{CH}^2\text{OH}-(\text{CHOH})^3-\text{CH}-\text{CHOH}.$$
$$\underset{\text{O}}{\diagdown \quad \diagup}$$

M. Marchlewski s'est rallié à cette formule pour expliquer comment les glucosides naturels ou synthétiques ne réagissent pas sur la phénylhydrazine. Comme le processus de l'action de la phénylhydrazine sur le glucose et le lévulose intéresse les deux derniers atomes de carbone, c'est entre eux que doit se trouver la liaison oxydique.

M. Fischer [*D. chem. G.*, 28, 1045] réfute cette opinion en rappelant que, dans le processus de formation des osazones, le carbone n° 2 n'intervient que dans les hydrazones déjà formées ou dans les corps chez lesquels le carbone n° 1 sert de pivot à une fonction aldéhydique. L'argument de M. Marchlewski, en faveur d'une liaison oxydique entre les deux premiers atomes de carbone tombe de lui-même.

MM. Lobry de Bruyn et Alberda van Ekenstein [*D. chem. G.*, 28, 3878] ont également admis l'existence de cette liaison 1.2 à la suite de leurs recherches concernant l'action des alcalis sur les glucoses, qui modifie tout d'abord la configuration stéréochimique autour du deuxième atome de carbone. Si l'on accepte l'hypothèse qu'en solution aqueuse alcaline on n'a plus affaire à une molécule oxydique, mais à une molécule aldéhydique, cet argument n'a pas de valeur. Et même, dans l'autre hypothèse, comme la liaison oxydique ne peut que donner plus de stabilité à la configuration stéréochimique, il faudrait au contraire en tirer logiquement la conclusion contraire, à savoir que la liaison oxydique ne peut porter ni sur le second, ni sur le troisième atome de carbone qui sont intéressés par l'action des alcalis.

M. Tollens a tout d'abord proposé la formule oxydique à liaison 1 — 4 :

$$CH^2OH-CHOH-CH-CHOH-CHOH-CH(OH).$$

M. Sorokine l'a admise pour expliquer la formation des anilides et des corps similaires :

$$CH^2OH-CHOH-CH-CHOH-CHOH-CH-AzHC^6H^5$$

(ces corps se forment par action directe de la base aromatique sur le glucose, en l'absence de l'eau).

MM. Erwig et Königs [*D. chem. G.*, **22**, 2207] ont également admis cette formule pour expliquer que les pentacétates n'ont plus les propriétés du glucose (action du brome, du permanganate, de la phénylhydrazine, de l'hydroxylamine, de la toluidine, du perchlorure de phosphore).

Enfin, M. Fischer s'est rallié également à cette formule à propos de ses recherches sur les glucosides.

Il y a cependant une objection à lui faire : nous avons vu que cette liaison oxydique peut se rompre dans les glucoses eux-mêmes (passage des modifications α et γ à la modification β) et dans leurs dérivés (glucosides, hydrazones, oximes, anilides, pentacétines), lorsqu'on revient de ces dérivés au glucose générateur. Lorsque cette rupture s'effectue, il devrait pouvoir se produire autour du carbone 4 deux configurations distinctes. Autrement dit, on devrait pouvoir passer ainsi d'un glucose à un autre glucose stéréoisomérique, du glucose au galactose par exemple. Or cela n'a jamais été observé expérimentalement. M. Fischer est toujours revenu d'un glucoside au glucose générateur, d'une hydrazone au glucose qui l'avait fournie ; M. Tanret, en régénérant des trois pentacétines le glucose correspondant, est toujours revenu au dextrose générateur, etc.

Il serait facile de lever cette objection en adoptant la formule oxydique 1 — 6 proposée en même temps que la précédente par M. Tollens :

$$CH^2-(CHOH)^4-CHOH.$$

On voit en effet que, dans ce cas, l'atome de carbone 6 n'étant jamais asymétrique, l'on n'a pas à s'attendre à passer d'un glucose à un autre. D'autre part, il ne faut pas perdre de vue que la stéréoisomérie particulière créée par la liaison oxydique et superposée à la stéréoisomérie générale des glucoses n'a pas le même caractère que celle-ci. C'est ce que l'on peut indiquer en considérant le dernier atome de carbone comme un carbone asymétrique surnuméraire. Sur la première isomérie s'en greffe une autre ; à la première correspondent des équilibres primaires, et pour chacun de ceux-ci deux équilibres secondaires (isomérie oxydique), tels que, de chacun de ces derniers, on ne peut jamais — du moins jusqu'ici — retomber que sur un seul état d'équilibre primaire.

Rien ne nous autorise donc actuellement à choisir la position exacte de la liaison oxydique, ou du moins le second atome de carbone sur lequel elle doit porter ; nous accepterons la formule où la liaison est en 1 — 4 comme dans les lactones, et qui a été adoptée par MM. Tollens, Sorokine, Erwig et Königs, Fischer, etc.

Quant au lévulose, pour lequel il y a moins de raisons d'admettre la formule oxydique — à part la multirotation, — il aura, dans le même ordre d'idées, la formule

$$CH^2OH-CH-CHOH-CHOH-C(OH)-CH^2OH.$$

Enfin, pour les bioses, M. E. Fischer imagine que les différentes molécules de glucoses sont reliées entre elles à la manière des glucosides synthétiques. Dans le maltose, un groupe aldéhydique serait encore libre pour expliquer les propriétés réductrices ; dans le saccharose au contraire, le groupe aldéhydique aurait disparu :

$$\text{Maltose} \begin{cases} CH^2OH-CHOH-CH-CHOH-CHOH-CH-O-CH^2-CHOH-CHOH-CHOH-CHOH-CHO \\ CH^2OH-CHOH-CH-CHOH-CHOH-CH-O-CH^2-CHOH-CH-CHOH-CHOH-CHOH \end{cases}$$

$$\text{Saccharose} \quad CH^2OH-CHOH-CH-CHOH-CHOH-CH-O-\underset{|}{\overset{CH^2OH}{C}}-CHOH-CHOH-CH-CH^2OH.$$

### III. — MULTIROTATION.

Ce phénomène a été découvert en 1846 par Dubrunfaut [*C. R.*, **25**, 42 ; *Ann. Chim. Phys.*, (3), **18**, 105].

« Si l'on dissout rapidement dans l'eau, à une température de 12 à 15°, le sucre $C^6H^{14}O^7$, et qu'on observe de suite son action sur un faisceau polarisé, on trouve qu'il possède un pouvoir rotatoire presque double de celui qui a été assigné par M. Biot à cette substance. Si l'on chauffe le tube, on voit le plan de polarisation tourner rapidement vers le zéro pour se fixer définitivement au pouvoir du glucose dissous, qui diffère peu du nombre donné par M. Biot. Cet effet se produit aussi à la température ordinaire, mais il faut alors plusieurs heures pour qu'il soit complet. Cette observation n'est évidemment que complémentaire de celle qui a été faite par M. Biot pour le sucre de raisin. Cette propriété est commune aux glucoses de toute origine, et elle est tellement caractéristique pour cette sorte de sucre qu'elle pourra sans doute servir à constater la proportion de cette matière pure contenue soit dans les glucoses du commerce, soit dans les mélanges frauduleux auxquels elle peut donner naissance. »

Dubrunfaut avait en même temps indiqué le nombre 66/35 pour représenter le rapport des deux rotations. Ce rapport ne comprenait pas l'effet qui doit se produire pendant le temps que réclame la dissolution, c'est-à-dire avant que l'observation optique soit possible. En tenant compte par le calcul de ce retard à l'observation directe, Dubrunfaut en a conclu que la rotation du glucose mamelonné est double de celle du glucose modifié par la dissolution. Et c'est pourquoi il a d'abord distingué ces deux états du glucose sous les noms de *monorotatoire* et de *birotatoire* [*C. R.*, 42, 228]. Cependant, dans le même travail, il étend au sucre de lait l'observation faite sur le glucose. Il constate pour ce sucre une rotation plus grande au moment de sa dissolution, et une vitesse de transformation variant avec la densité de la solution et augmentant avec la température. Le rapport des pouvoirs est 8/5.

« Il n'y a donc plus ici, comme pour le glucose, de rapport simple entre les deux rotations; mais les différences qu'elles accusent sont de même ordre de grandeur et de même sens. »

Pasteur, en 1851 [*Ann. Chim. Phys.*, (3), 31, 95], montra que le phénomène observé par Dubrunfaut sur le glucose se retrouve dans sa combinaison avec le sel marin.

E. O. Erdmann, en 1855. [*Dissertatio de saccharo lactico et amylaceo.* Berolini, 1855, *Jahresb.*, 672], confirme les expériences de Dubrunfaut sur le glucose, et celles de Pasteur sur le glucosate de sel marin, et montre que le sucre de lait présente le même phénomène. Il montre l'action de la température en indiquant que 2 minutes d'ébullition à 100° suffisent pour amener la rotation finale, et il signale également l'action accélératrice des acides.

M. Béchamp [*C. R.*, 42, 640, 896], en déshydratant le glucose sans précautions — avec fusion partielle ou totale — obtient un glucose qui prend immédiatement après sa dissolution le pouvoir rotatoire final.

Dubrunfaut [*C. R.*, 42, 739], en reprenant l'expérience de M. Béchamp, constate que si la déshydratation est faite soigneusement, sans fusion, le glucose anhydre se comporte au point de vue de la rotation comme le glucose hydraté; au contraire, s'il y a fusion, le phénomène de la birotation ne se produit plus, que la déshydratation soit complète ou partielle.

Si l'on néglige quelques travaux particuliers, il faut passer de l'année 1856 à 1890, pour trouver un travail de généralisation du phénomène découvert par Dubrunfaut.

MM. Parcus et Tollens [*Ann. Chem.*, 257, 160] ont repris à cet égard, et en opérant plus rapidement, l'étude du glucose, du lévulose, du galactose, du maltose, du lactose, du xylose et de l'arabinose. Voici leurs résultats :

| Sucres. | Rotation initiale maxima. | Rotation finale. |
| --- | --- | --- |
| Dextrose........ | 105° | 52°,6 |
| Lévulose........ | — 104° | — 92° |
| Galactose ....... | 117°,5 | 80°,4 |
| Lactose......... | 82°,9 | 52°,5 |
| Maltose anhydre. | 118°,7 | 137°,0 |
| Arabinose....... | 156°,6 | 104°,5 |
| Xylose.......... | 78°,6 | 19°,2 |

On voit, d'après ces nombres, qu'il faut renoncer à l'expression de birotation. MM. Parcus et Tollens ont proposé le nom de *multirotation*, que nous adoptons.

M. Hammerschmidt [*Zeit. d. Ver. Rübenzückerind.*, 50, 939; *Zeit. physik. Chem.*, 9, 232] a déterminé par le calcul la rotation initiale pour les sucres examinés par MM. Parcus et Tollens. Voici ses résultats :

| | Moyenne de la rotation initiale. | Rapport approximatif de la rotation initiale à la rotation finale. |
| --- | --- | --- |
| Dextrose..... | 112°,5 | $\frac{2}{1}$ |
| Galactose ... | 121°,6 | $\frac{3}{2}$ |
| Lactose..... | 86°,2 | $\frac{5}{3}$ |
| Maltose ..... | 118°,2 | $\frac{5}{6}$ |
| Arabinose... | 175°,1 | $\frac{5}{3}$ |
| Xylose...... | 94°,4 | $\frac{5}{1}$ |

On doit à MM. Parizek et Sule [*D. chem. G.*, 26, 1408; 27, 594] des expériences relatives au pouvoir rotatoire du rhamnose en solution dans divers alcools (méthylique, éthylique, isopropylique) et sur la grandeur moléculaire que permettent de lui attribuer des expériences tonométriques faites dans les mêmes solvants.

*Explications de la multirotation.* — I. D'après Dubrunfaut [*C. R.*, 42, 228], les observations faites sur le glucose et le lactose ne permettent pas de douter que le glucose cristallisé ait une constitution moléculaire différente de celle qu'il affecte à l'état de dissolution dans l'eau, et la rotation que l'on observe au moment de cette solution n'est qu'une suite du groupement moléculaire créé par la cristallisation, groupement qui, par une propriété spéciale du glucose, persiste assez longtemps après la dissolution pour que le phénomène soit observable.

Il répète quelques mois plus tard cette explication [*C. R.*, 42, 739] : « On peut légitimement conclure que les deux rotations du glucose proviennent de modifications moléculaires profondes, produites successivement et alternativement par la cristallisation et la dissolution ».

Pour M. Hammerschmidt [*loc. cit.*], la cause du phénomène est également dans la destruction de complexes moléculaires.

M. Landolt [*Optisches Drehungsvermögen*, 58] a émis une opinion analogue.

II. Pour M. Béchamp [*C. R.*, 42, 640, 896], « le sucre de fécule cristallisé est une combinaison qui ne peut exister indéfiniment qu'à l'état solide, mais qui en dissolution se détruit, perd son eau en présence de l'eau, lentement à froid, rapidement sous l'influence de la chaleur, absolument comme l'hydrate de (bi-)oxyde de cuivre qui se déshydrate instantanément dans l'eau bouillante, ou bien encore comme l'hydrate de peroxyde de fer qui se déshydrate lentement dans l'eau froide et immédiatement ou rapidement à la température de 100° ».

Le pouvoir rotatoire observé immédiatement est celui de l'hydrate; le pouvoir final est celui du glucose anhydre.

Pasteur avait déjà envisagé cinq ans auparavant cette hypothèse, mais avait été conduit à la rejeter à la suite de l'expérience suivante [*Ann. Chim. Phys.*, (3), 31, 95] : « Si l'on dessèche du glucose à 100° de manière à lui faire perdre son eau de cristallisation, et qu'on le dissolve alors dans l'eau, la solution varie de pouvoir rotatoire avec le temps comme si l'on n'avait pas chauffé à 100° ».

Ultérieurement [*C. R.*, 42, 347] il s'exprime de la manière suivante :

« Je suis porté à penser que ces différences dans les pouvoirs rotatoires sont dues à des proportions différentes de chaleurs latentes dans le corps dissous et dans le corps cristallisé. Mais il est bien difficile de donner des preuves à l'appui de cette manière de voir ».

Erdmann [*loc. cit.*, 1855] envisage également l'hypothèse de la déshydratation, et la rejette pour la même raison que Pasteur. Il montre que le glucose fondu, dissous de nouveau, a cependant un pouvoir moindre que le glucose hydraté dissous et examiné immédiatement : « Dans le glucose comme dans le sucre de lait, les atomes constituants peuvent, suivant la quantité de chaleur de combinaison, se grouper de deux manières, en sucre cristallisé ou en sucre amorphe ; le premier aurait un pouvoir rotatoire plus élevé que le second ».

Dubrunfaut [*C. R.*, **42**, 739] est revenu sur la question pour rejeter l'hypothèse de M. Béchamp par des expériences analogues à celles de Pasteur et d'Erdmann.

M. Béchamp a modifié alors son hypothèse de la manière suivante : C'est bien à un phénomène de déshydratation qu'est due la birotation : le glucose séché au-dessous du point de fusion peut seul reprendre *immédiatement*, au contact de l'eau, son eau de cristallisation ; le glucose fondu ne le peut pas. Ultérieurement, pour le premier, il se produira *peu à peu* une déshydratation au sein de l'eau.

M. Béchamp, dans une publication beaucoup plus récente [*Bull. Soc. Chim.*, (3), **9**, 511], a de nouveau développé la même idée, et M. Tollens [*D. chem. G.*, **26**, 1799] s'est rallié à son hypothèse pour des raisons thermochimiques.

III. À l'encontre de M. Béchamp, M. Fischer [*D. chem. G.*, **23**, 2626] attribue le phénomène de la multirotation à un processus d'hydratation. Le glucose se dissout d'abord dans l'eau comme glucose anhydre, $C^6H^{12}O^6$, et se transforme peu à peu en alcool heptavalent, $C^5H^{11}O^5CH(OH)^2$, ayant un pouvoir rotatoire moindre.

Pour M. Lévy [*Zeit. Physiol. Chem.*, **17**, 301], c'est dans un processus d'hydratation qu'il faut chercher la cause du phénomène.

M. Ostwald [*Zeit. Physik. Chem.*, **9**, 233] a également exprimé la même idée en analysant le travail de M. Hammerschmidt.

MM. Brown et Pickering [*Chem. Soc.*, **71**, 769] ont apporté à cette hypothèse l'appui d'expériences thermochimiques.

IV. L'explication complète, et qui paraît définitive, résulte des recherches de M. Tanret qui seront décrites plus loin (*modifications des glucoses*). M. Tanret a isolé, pour le glucose proprement dit et quelques corps similaires, la modification cristallisée qui correspond au pouvoir rotatoire stable, c'est-à-dire une modification qui communique à sa solution aqueuse, aussitôt qu'elle est effectuée, un pouvoir rotatoire invariable, celui que l'on avait observé pour la modification comme antérieurement.

En outre, il a pu isoler une troisième modification possédant un pouvoir rotatoire différent des deux autres, et ses expériences permettent de se rendre compte de toutes les particularités des phénomènes observés par lui, ou avant lui par différents expérimentateurs. Il n'y a donc pas à imaginer, pour expliquer la multirotation, d'hydratation ou de déshydratation ; on a affaire à trois corps différents qui peuvent, suivant les circonstances, se transformer les uns dans les autres plus ou moins rapidement, plus ou moins complètement. Le pouvoir rotatoire observé est celui qui correspond à l'équilibre. En solution aqueuse étendue, c'est une des modifications qui est seule stable (modification β de Tanret), c'est son pouvoir rotatoire propre qui sera observé : en solution aqueuse concentrée ou en solution alcoolique, les autres modifications pourront

coexister avec elle et modifier le pouvoir rotatoire observé.

<h3 align="center">IV. — MODIFICATIONS ISOMÉRIQUES<br>DES GLUCOSES.</h3>

En modifiant les circonstances de cristallisation des glucoses, ou en les obtenant par précipitation de leur solution aqueuse par l'alcool, M. Tanret a pu les isoler sous trois modifications cristallines différant par leurs propriétés physiques, et en particulier par leur pouvoir rotatoire. L'une de ces modifications a un pouvoir rotatoire invariable après sa dissolution : c'est la modification β. Quant aux deux autres, α et γ, leur pouvoir rotatoire déterminé immédiatement après leur dissolution n'est pas invariable, et il tend vers une valeur fixe qui correspond au pouvoir rotatoire de la modification β. La modification α est d'ailleurs la modification connue avant les recherches de M. Tanret [Tanret, *Bull. Soc. Chim.*, (3), **15**, 195, 349].

Ces trois modifications sont isomériques, car la cryoscopie conduit à leur attribuer le même poids moléculaire.

M. Tanret a donné les valeurs suivantes pour les pouvoirs rotatoires des trois modifications, dans le cas d'un certain nombre de glucoses :

| | α | β | γ |
|---|---|---|---|
| Glucose ......... | 106° | 52°,5 | 22°,5 |
| Galactose........ | 135° | 81°,6 | 53° |
| Arabinose ....... | 175° | 104°-105° | < 75°,5 |
| Xylose .......... | 78° | 18°,9 | — |
| Rhamnose........ | —6°,5 | 10°,1 | 22°,8 |
| Lactose hydraté.. | 88° } | 56° | < 32° |
| — anhydre.. | 92°,6 { | | |

Les pouvoirs rotatoires des modifications α et γ comprennent toujours le pouvoir rotatoire de la modification β, c'est-à-dire de la modification à pouvoir rotatoire invariable.

La modification γ met à peu près le même temps pour atteindre la valeur constante de β que la modification α met à y descendre (glucose, lactose). Cependant, pour le galactose, la modification γ prend en solution la valeur constante en un temps trois fois moindre que la modification α.

On peut passer à volonté d'une modification à l'une quelconque des autres ; M. Tanret n'a jamais observé qu'on pût transformer un glucose déterminé en un stéréoisomère, le glucose en mannose par exemple.

La vitesse de transformation au sein de la solution est influencée par la température ; l'addition d'une trace d'alcali ou d'ammoniaque amène immédiatement le pouvoir rotatoire à sa valeur finale.

Le pouvoir rotatoire limite est modifié par la concentration et par la présence d'alcool.

Pour le détail de ce qui est relatif au glucose, voyez l'article GLUCOSE (DEXTROSE).

Les trois modifications des glucoses correspondent vraisemblablement, d'une part à la formule aldéhydique,

$$CH^2OH-CHOH-CHOH-CHOH-CHOH-CHO.$$

et d'autre part aux deux stéréoisomères correspondant à la formule oxydique,

$$CH^2OH-CHOH-CH-CHOH-CHOH-CHOH$$
$$\underline{\hspace{2cm} O \hspace{2cm}}$$

Dans cette formule, le dernier atome de carbone devient asymétrique sans que les autres cessent de l'être ; il y a donc là possibilité pour expliquer l'existence de deux stéréoisomères qui devront disparaître si, par une tautomérie facile à comprendre, la molécule, au lieu d'être représentée par la formule oxydique, devait correspondre à la formule aldéhydique.

### V. — HYDROGÉNATION.

Sous l'action de l'amalgame de sodium, les glucoses sont réduits à l'état d'alcools polyatomiques; la dioxacétone fournit la glycérine : l'érythrulose, l'érythrite; l'arabinose, l'arabite; le glucose, la sorbite, etc.

Les glucoses aldéhydiques ne donnent jamais par réduction qu'un alcool polyatomique; cependant, si l'on opère en liqueur alcaline, il peut se produire, de ce chef, une isomérisation du glucose, auquel cas on peut observer l'apparition simultanée de l'alcool ou même des alcools polyatomiques qui correspondent à cette réaction secondaire. Inversement, deux glucoses aldéhydiques peuvent donner naissance par hydrogénation à un même alcool polyatomique. C'est ainsi que les deux galactoses donnent la même dulcite, que le $d$-glucose et le $d$-gulose donnent tous deux la $d$-sorbite, que l'arabinose et le lyxose donnent le même alcool pentatomique, etc.

En outre, ces alcools polyatomiques peuvent s'obtenir encore à partir des glucoses cétoniques, qui sont encore en petit nombre, mais dont la théorie prévoit un grand nombre de termes.

Les glucoses cétoniques peuvent donner, par réduction, naissance à *deux* alcools polyatomiques. C'est ainsi que, réduit par l'amalgame de sodium, le $d$-fructose (lévulose) peut fournir la $d$-mannite et la $d$-sorbite [Fischer, *D. chem. G.*, 23, 3684]; c'est ainsi que le $d$-sorbose fournit simultanément la $d$-sorbite et la $d$-idite. Il en est de même du $l$-sorbose [Lobry de Bruyn et A. van Ekenstein, *Rec. P.-B.*, 19, 9]. La remarque relative à l'isomérisation des glucoses sous l'action des alcalis s'applique également aux glucoses cétoniques (voyez *Action des alcalis*).

### VI. — OXYDATION.

Sous l'action du brome en présence de l'eau, les glucoses aldéhydiques sont transformés en acides monobasiques correspondants (acides aldoniques).

Le glucose, le mannose, le galactose, le xylose, le lyxose, l'arabinose, le rhamnose, etc., sont ainsi transformés en acides gluconique, mannonique, galactonique, xylonique, lyxonique, arabonique, rhamnonique, etc.

Les glucoses cétoniques résistent beaucoup mieux à l'action des halogènes — chlore ou brome — en présence de l'eau; cependant le fructose, maintenu pendant plusieurs semaines au contact du brome, a fourni un mélange d'acide oxalique et d'acide trioxybutyrique dextrogyre, sans acide formique ni acide glycolique [Hönig, *D. chem. G.*, 19, 171. — Herzfeld et Winter, *D. chem. G.*, 19, 390].

M. Romgin [*Zeit. analyt. Chem.*, 36, 349] a constaté qu'en présence d'une petite quantité d'alcali ou d'un sel alcalin, l'iode agit sur le glucose en donnant de l'acide gluconique, et cela sensiblement d'après l'équation

$$CH^2OH - (CHOH)^4 - COH + 2I + 3NaOH$$
$$= CH^2OH - (CHOH)^4 - CO^2Na + 2NaI + 2H^2O.$$

Il a pu même en déduire un procédé de dosage du glucose.

Le choix de la substance alcaline est important; M. Romgin s'est arrêté au borax.

La réaction s'applique à tous les glucoses aldé-hydiques (galactose, mannose, arabinose, xylose, rhamnose); au contraire l'iode est sensiblement sans action sur les glucoses cétoniques (fructose et sorbose), de sorte qu'on peut doser par ce procédé le glucose en présence de ses isomères cétoniques.

Les polyoses, tels que le lactose et le maltose, se comportent comme les glucoses aldéhydiques; il en est autrement du saccharose, du raffinose et du stachyose.

L'eau oxygénée en présence d'une petite quantité de sulfate ferreux oxyde les glucoses (glucose, lévulose, rhamnose, arabinose) et les fait passer à l'état d'*osones* (aldéhydes-cétones) :

$$CH^2 - (CHOH)^3 - CO - CHO.$$

Le persulfate de potassium agit sur le glucose en présence du sulfate ferreux comme l'eau oxygénée (Robert, Selby Morrel et James Murray Crofts, *Chem. Soc.*, 75, 786; 77, 1219.

Sous l'action de l'acide azotique, l'oxydation des glucoses aldéhydiques est plus complète que sous l'action du brome. Il se forme généralement les acides bibasiques correspondant aux glucoses.

Le glucose, le mannose, le galactose, l'arabinose, le xylose, le ribose, donnent ainsi naissance aux acides saccharique, mannosaccharique, mucique, trioxyglutariques, etc.

Les glucoses en $C^7$ fournissent de même les acides pentoxypiméliques, etc.

Sous l'action de l'acide azotique, les glucoses cétoniques sont oxydés avec production d'acides moins riches en carbone.

Le fructose fournit ainsi un peu d'acide formique et d'acide glycolique, et surtout de l'acide tartrique inactif [Kiliani, *Ann. Chem.*, 205, 145; *D. chem. G.*, 14, 2529].

Le sorbose ne donne pas non plus d'acide en $C^6$, mais l'acide trioxyglutarique identique à celui que fournit l'arabinose (?) [Kiliani et Scheibler, *D. chem. G.*, 21, 3276]. Pelouze avait obtenu de l'acide tartrique ordinaire.

M. Bertrand [*C. R.*, 127, 728] a montré que, sous l'influence de la bactérie du sorbose (*Bacillum xylinum*), les glucoses aldéhydiques (glucose, galactose, arabinose) étaient transformés en acides monobasiques (gluconique, galactonique, arabonique) [Voyez l'article GLUCOSE (DEXTROSE) et l'article GLUCONIQUE (ACIDE)].

*Remarque.* — Il n'est pas inutile de remarquer encore ici que les acides monobasiques correspondant aux glucoses par oxydation leur correspondent d'une manière univoque, tandis que, pour les acides bibasiques, à un acide bibasique peuvent correspondre plusieurs glucoses. C'est ainsi que le lyxose et l'arabinose donnent le même acide trioxyglutarique actif; les deux galactoses, le même acide mucique inactif; le $d$-glucose et le $d$-gulose, le même acide $d$-saccharique.

### VII. — ACTION DES ACIDES.

Les acides agissent de plusieurs façons différentes sur les glucoses. Il convient d'abord de ranger à part ceux de ces acides qui peuvent avoir une action spéciale. L'acide azotique, par exemple, joue le rôle d'oxydant (voyez *Oxydation*). L'acide cyanhydrique se fixe sur tous les glucoses pour donner un nitrile d'acide-alcool,

$$R - CHO + CAzH = R.CHOH - CAz.$$

Cette réaction est très importante; on en peut voir le détail à l'article GLUCOHEPTONIQUE (ACIDE).

Les acides peuvent agir dans quatre directions différentes :

1° Ils ont une influence accélératrice sur le phénomène de la multirotation des glucoses aldéhydiques ;

2° Ils peuvent déterminer la condensation des glucoses en molécules plus complexes ;

3° Au contraire, ils peuvent produire une dislocation de la molécule des glucoses : c'est par une action de ce genre que les hexoses fournissent l'acide lévulique, et les pentoses le furfurol ;

4° Enfin, ils peuvent donner des éthers.

C'est surtout pour la troisième de ces réactions que nous allons entrer dans quelques détails, en renvoyant pour les autres à l'article GLUCOSE (DEXTROSE).

MM. Conrad et Guthzeit ont étudié l'action des acides sulfurique et chlorhydrique sur les glucoses [*D. chem. G.*, 18, 439, 2905; 19, 2569, 2575, 2844].

De leurs recherches ils ont déduit les résultats suivants :

| | Substances humiques. | Glucose inaltéré. | Acide lévulique. | Acide formique. |
|---|---|---|---|---|
| Sucre de canne (100) ........ | 18,9 | 20,6 | 33,2 | 13,8 |
| Lactose anhydre (100) ........ | 18,0 | 27,7 | 31,2 | 12,1 |
| Dextrose (105) ........ | 9,5 | 29,0 | 31,1 | 13,1 |
| Lévulose (105) ........ | 21,3 | — | 39,6 | 17,6 |
| Galactose (105) ........ | 16,8 | 33,2 | 28,4 | 10,8 |
| Arabinose (105) ........ | 43,0 | — | 12,4 | 4,2 |

Si l'on chauffe pendant 17 heures les différents sucres avec l'acide chlorhydrique dilué à 9 ou 10 0/0, l'analyse permet de constater que les proportions des acides formique et lévulique formés se rapprochent d'une manière assez satisfaisante de ce qu'exigerait l'équation

$$C^6 H^{12} O^6 = C^5 H^8 O^4 + C H^2 O^2 + H^2 O.$$

Au contraire, il ne paraît y avoir aucun lien entre la production d'acide humique et celle des deux autres acides.

Les sucres hydrolysables, tels que le saccharose et le lactose, se comportent comme un mélange de leurs constituants.

Le lévulose donne, par ébullition avec les acides étendus, plus de matières humiques que le dextrose.

L'acide chlorhydrique dilué à 7 ou 10 0/0 fournit plus de substances humiques que l'acide sulfurique de même dilution.

Plus la concentration des acides s'élève, plus s'élève aussi la proportion des substances humiques.

La composition centésimale de la matière humique oscille pour le carbone entre 62,3 et 66,5, pour l'hydrogène entre 3,7 et 4,6, la teneur en carbone s'élevant avec la concentration de l'acide qui a formé la substance humique.

*Remarque.* — D'après M. Tollens, l'arabinose ne fournit pas d'acide lévulique (voyez plus loin).

On doit à M. Tollens, et à ses collaborateurs, d'intéressantes recherches relatives à l'action des acides sur les glucoses.

Les plus importantes ont porté sur les pentoses et les substances capables d'en fournir : elles ont démontré d'une part l'absence d'acide lévulique, et d'autre part la présence, en quantité notable, de furfurol dans les produits de la réaction [Stone et Tollens, *Ann. Chem.*, 249, 227; *D. chem. G.*, 21, 2150. — Wheler et Tollens, *Ann. Chem.*, 254, 304, 320; *D. chem. G.*, 22, 1046].

D'après MM. de Chalmot et Tollens [*D. chem. G.*, 24, 694] l'arabinose fournit 52,7 0/0 de furfurol lorsqu'il est employé en petite quantité (0gr.2), et de 47,7 à 50,2 0/0 lorsqu'on opère sur des quantités plus grandes (0gr.5). Le xylose fournit de 56 à 59 0/0 de furfurol.

Comme on possède des méthodes très sensibles pour reconnaître qualitativement la présence du furfurol, et d'autres assez précises pour le doser quantitativement, on a pu fonder sur ces observations des méthodes pour découvrir les pentoses dans les végétaux, et pour apprécier les quantités qu'ils en peuvent contenir.

Dans les mêmes conditions, le rhamnose et les méthylpentoses donnent du méthylfurfurol. Voyez sur ce sujet le dosage des pentoses (*Sucres et principaux dérivés*, Maquenne, p. 312).

A l'aide de la réaction de Maquenne (coloration verte avec l'acide sulfurique et l'alcool) on a pu caractériser le méthylfurfurol à côté du furfurol dans un grand nombre de substances, et par suite constater la grande diffusion dans les végétaux, non seulement des pentoses, mais aussi des méthylpentoses (rhamnose, fucose) [Widtsœ et Tollens, *D. chem. G.*, 33, 133, 143].

Sous l'action des acides étendus et bouillants, le sorbose donne des substances humiques et de l'acide lévulique avec des traces de furfurol [Wehmer et Tollens, *D. chem. G.*, 19, 707. — Stone et Tollens, *D. chem. G.*, 24, 2128].

L'acide oxalique sous pression attaque le sorbose de la même manière que le lévulose et le convertit en oxyméthylfurfurol, qui ultérieurement peut être transformé en acide lévulique [Kiermayer, *Chem. Zeit.*, 19, 1003; Düll, *Chem. Zeit.*, 1895, 216].

MM. Berthelot et André ont étudié l'action des acides étendus sur un certain nombre de glucoses : lévulose, galactose, maltose, comparativement au dextrose [*Ann. Chim. Phys.*, (7), 11, 171] et sur l'arabinose [*Id.*, 181] :

1° Avec l'acide chlorhydrique concentré, ces corps fournissent tous, presque exclusivement, l'acide humique.

On a chauffé 1 gramme de sucre et 5 centimètres cubes d'acide chlorhydrique concentré en tube scellé rempli de gaz chlorhydrique, à 100° pendant 24 heures. On a trouvé pour 100 :

| | Lévulose. | Galactose. | Maltose. | Glucose. |
|---|---|---|---|---|
| $CO^2$ ........ | 1,53 | 1,20 | 1,04 | 1,3 |
| $CO$ ........ | 3,10 | 3,26 | 3,05 | 2,8 |
| $H.CO^2H$ ... | 0,00 | 1,00 | 1,30 | 0,4 |
| Ac. humique | 56,40 | 49,30 | 54,70 | 54,3 |

2° Avec l'acide chlorhydrique étendu, la proportion d'acide humique est moindre.

On a chauffé avec 25 centimètres cubes d'acide chlorhydrique à 12,5 0/0 à 100°, en tube scellé, pendant 24 heures, et on a trouvé :

| | Lévulose. | Galactose. | Maltose. |
|---|---|---|---|
| $CO^2$ ........ | 0,29 | 1,0 | 0,4 |
| $CO$ ........ | 0,10 | 0,3 | 0,0 |
| $H.CO^2H$ .... | 8,10 | 9,4 | 10,0 |
| Ac. humique . | 14,60 | 9,3 | 7,1 |

L'acide humique se produit donc, dans ces conditions, plus abondamment avec le lévulose qu'avec les autres sucres, comme l'ont déjà remarqué MM. Tollens et Grote.

3° En opérant par distillation dans un courant d'air ou d'hydrogène, on observe la production constante d'une notable quantité de gaz carbonique et d'une petite dose de furfurol,

On a chauffé 5 grammes de sucre avec 55gr,88 d'acide phosphorique et 200 centimètres cubes d'eau, au bain d'huile à 120°, pendant 475 heures, et on a trouvé pour 100 :

|  | Lévulose. | Galactose. | Maltose. | Glucose (278h). |
| --- | --- | --- | --- | --- |
| $CO_2$........ | 7,30 | 6,80 | 6,70 | 9,30 |
| Ac. humique | 14,70 | 10,40 | 9,40 | 9,60 |
| Furfurol.... | 0,46 | 0,56 | 0,35 | 0,43 |

La présence constante de petites doses de furfurol ne peut être attribuée à une impureté des glucoses expérimentés, mais semble indiquer que « quelque trace de pentoses tend à être régénérée directement dans la décomposition des hexoses ».

4° L'arabinose se comporte, jusqu'à un certain point, de la même manière que les autres glucoses; cependant, comme on le sait, les pentoses donnent très facilement naissance au furfurol, qui, sous l'action des acides en tube scellé, se polymérise en donnant très facilement des matières humiques.

Chauffé en tube scellé à 100°, pendant 24 heures, avec de l'acide chlorhydrique concentré, l'arabinose donne pour 100 :

|  |  |
| --- | --- |
| CO.................. | 1,12 |
| $CO_2$.................. | 1,60 |
| H.$CO_2$H............. | 1,00 |
| Matière humique....... | 55,37 |

Chauffé en tube scellé avec de l'acide chlorhydrique étendu à 12,5 0/0, l'arabinose donne moins d'acide humique, mais plus d'acide formique et d'acides fixes.

Chauffé pendant beaucoup plus longtemps (168 heures et 601 heures) avec de l'acide phosphorique, l'arabinose donne surtout de l'acide humique. On a vérifié que, dans les mêmes conditions, le furfurol est transformé presque intégralement en acide humique.

Enfin, l'arabinose soumis à l'ébullition avec de l'acide phosphorique, au bain d'huile à 110°, a fourni régulièrement de l'anhydride carbonique et du furfurol.

Pour 5 grammes d'arabinose on a recueilli, au bout de 590 heures de chauffe, 0gr,2999 de $CO_2$, c'est-à-dire 6 0/0, et 1gr,9632 de furfurol, c'est-à-dire 39,26 0/0.

Ce qui caractérise donc l'arabinose, c'est la production abondante de furfurol en vase ouvert, et corrélativement de matière humique en tube scellé. Comme pour les autres glucoses, il se produit une quantité notable de gaz carbonique dans les expériences de distillation.

*Action de l'acide bromhydrique en solution éthérée.* — 1° Les cétohexoses et leurs générateurs, soumis à l'acide bromhydrique en solution éthérée, fournissent une couleur pourpre qui devient très intense.

2° Les aldohexoses donnent des colorations jaunes, brunes et rouges qui deviennent pourpres au bout d'un temps assez long.

3° Les sucres moins riches en carbone fournissent seulement des colorations jaunes ou brunes. Cependant avec le xylose la coloration finit par devenir pourpre.

La solution éthérée pourpre obtenue à partir du lévulose fournit, par un traitement convenable, un produit cristallisé en prismes orangés solubles dans l'éther, le chloroforme, l'alcool et la benzine, fondant à 59-60°,5, solubles dans l'eau bouillante et les alcalis et réduisant la liqueur de Fehling. Cette combinaison a la composition $C^6H^5BrO^2$ et résulte d'une réaction correspondant à l'équation

$$C^6H^{12}O^6 + HBr = 4H^2O + C^6H^5BrO^2.$$

Cette substance est *l'aldéhyde bromométhyl-pyromucique,*

$$\begin{array}{c} CH-CH \\ \| \quad\ | \\ CH^2BrC \quad C-COH \\ \diagdown\ \diagup \\ O \end{array}$$

La combinaison réagit sur la phénylhydrazone; l'oxydation chromique fournit l'acide bromométhylpyromucique; l'oxyde d'argent donne l'oxyacide correspondant [Henry, J. Horstman Fenton et Miss Mildred Gostling, *Chem. Soc.*, 75, 422.]

*Éthers benzoïques.* — M. Berthelot [*Ann. Chim. Phys.*, (3), 60, 101] a signalé des dérivés benzoylés du dextrose et du tréhalose, obtenus à l'aide de l'acide benzoïque.

M. E. Baumann [*D. chem. G.*, 29, 3219] fait réagir le chlorure de benzoyle en présence d'alcalis sur le glucose, le saccharose et un certain nombre de dérivés de ce groupe.

M. H. Skraup [*D. chem. G.*, 22, *Ref.*, 668] a appliqué la méthode de benzoylation de Baumann aux alcools polyatomiques et aux hydrates de carbone.

Les alcools polyatomiques, sous l'action du chlorure de benzoyle en présence de soude, fixent autant de groupes benzoylés qu'ils renferment d'oxhydryles alcooliques :

Le dextrose a fourni un *pentabenzoate* fondant à 179°.
Le galactose      —      —      —      165°.
Le lévulose donne un *tétrabenzoate*      —      108°.
Le saccharose — *hexabenzoate* amorphe — vers 109°.
Le lactose      —      —      cristallisé — à 130-136°.
Le maltose      —      —      fondant à 120°
et un *pentabenzoate* fondant à 110-115°.

*Éthers acétiques.* — Sauf le glucose proprement dit, les glucoses n'ont pas été très étudiés au point de vue de leurs dérivés acétylés.

MM. Erwig et Königs [*D. chem. G.*, 22, 2207 ; 23, 672] ont obtenu un *pentacétylgalactose* cristallisé, en acétylant le galactose au moyen d'anhydride acétique et d'acétate de sodium, et un autre, amorphe, par l'emploi du chlorure de zinc; ils ont préparé de même le *pentacétyllévulose* [voyez GLUCOSE (DEXTROSE)].

*Éthers nitriques des glucoses.* — Cette question, qui intéresse la préparation des explosifs, a fait l'objet d'un travail d'ensemble de MM. W. Will et F. Lenze [*D. chem. G.*, 34, 68].

Le glucose est dissous dans l'acide nitrique (D = 1,52) refroidi à 0°; dans cette solution refroidie, on fait couler goutte à goutte de l'acide sulfurique concentré (D = 1,84). Au bout de quelque temps, il se fait un dépôt huileux, parfois un précipité solide (rhamnose). La vitesse de précipitation dépend du glucose étudié. Généralement on opérait sur 1 gramme de sucre, 10 centimètres cubes d'acide azotique et 20 centimètres cubes d'acide sulfurique. Le liquide, séparé du mélange acide à l'aide d'un entonnoir à décantation, est lavé à l'eau jusqu'à ce que celle-ci n'enlève plus d'acide. A ce stade de l'opération, et au-dessous de 0°, les produits sont généralement solides et pulvérisables. Quelques-uns d'entre eux restent solides lorsque la température s'élève; d'autres deviennent visqueux. Ces produits nitrés sont solubles dans l'acétone, l'acide acétique et l'alcool (au moins à l'ébullition), insolubles dans l'eau et la ligroïne. Ils sont solubles dans l'acide azotique concentré; l'acide sulfurique les précipite de cette solution sous forme huileuse. L'acide chlorhydrique concentré et froid ne les dissout pas; à chaud, il les décompose avec dégagement de chlore. L'eau bouillante, les alcalis, les décomposent. Ils réduisent la liqueur de Fehling et dévient le plan de polarisation de la lumière; le tétranitroarabinose présente le phénomène de la multirotation. Les expériences ont porté sur des pentoses (arabinose et xylose) et sur le méthylpentose, sur des hexoses aldéhydiques (glucose, mannose, galactose) et cétoniques (lévulose, sorbose), sur des glucoheptose, sur des glucosides (méthylglucoside et méthylmannoside), sur des bioses (saccharose, lactose, maltose, tréhalose), sur un triose (raffinose), sur

l'amidon et la gomme de bois. Dans certains cas, on a obtenu plusieurs dérivés nitrés renfermant des groupes nitrés en nombre différent; dans le cas du galactose, on a même isolé deux pentanitrogalactoses isomériques. Il est à remarquer que, dans ce cas, le pouvoir rotatoire du galactose $\beta$ est compris entre les pouvoirs rotatoires de deux pentanitrogalactoses. En général, sauf le cas des cétoses, le nombre de groupes nitrés introduits correspond au nombre maximum prévu par la théorie, aussi bien pour les monoses (pentoses, hexoses, heptose) que pour les glucosides et que pour les bioses et le triose. Sous l'action de la chaleur, les éthers nitriques fondent, puis se décomposent brusquement aux environs de 135°; maintenus pendant longtemps aux environs de 50°, ils se décomposent peu à peu, sauf quelques rares individus (trinitroanhydrolévulose, tétranitrorhamnose).

| | | Point de fusion. | Point de décomposition. | $[\alpha]_D^{20}$ |
|---|---|---|---|---|
| Rhamnose | tétranitré | 135° | 136° | —68°,4 |
| Arabinose | tétranitré | 85° | 120° | —101°,3 |
| Xylose (anhydre) | binitré | 75° | — | — |
| | trinitré (?) | 141° | — | — |
| Glucose | pentanitré | 10° | 135° | +98°,7 |
| Galactose | pentanitré $\alpha$ | 115–116° | 126° | +124°,7 |
| | pentanitré $\beta$ | 72–73° | 125° | —57° |
| d-mannose | pentanitré | 81–82° | 124° | +93°,3 |
| Lévulose (anhydre) | trinitré $\alpha$ | 137–139° | 145° | +62° |
| | trinitré $\beta$ | 48–52° | 135° | +20° |
| Sorbose (anhydre) | trinitré | 40–45° | — | — |
| α-glucoheptose | hexanitré | 100° | — | +104°,8 |
| α-méthylglucoside | tétranitré | 49–50° | 135° | +140° |
| Méthyl-d-mannoside | (?) | 36° | — | +77° |
| Saccharose | octonitré | 28–29° | 135° | +52°,2 |
| Lactose | octonitré | 145–146° | 135° | +74°,2 |
| Maltose | octonitré | 163–164° | 163–164° | +128°,6 |
| Tréhalose | octonitré | 124° | 136° | +173°,8 |
| Raffinose | ennéanitré | 55–65° | 136° | +94°,9 |

## VIII. — ACTION DES ALCALIS SUR LES GLUCOSES.

L'action des alcalis sur les glucoses est assez complexe :

1° Tous les chimistes savent que les lessives caustiques colorent en jaune et en brun un grand nombre de sucres;

2° Quelques sucres, le saccharose, le lactose, le glucose, le fructose, se transforment en acides, notamment en acide lactique sous l'influence des alcalis concentrés.

D'après MM. Nencki et Sieber [*J. prakt. Chem.*, (2), 24, 498], le galactose, le lactose et le maltose sont fortement brunis par les alcalis avec formation d'acide lactique, même à basse température (35-40°). Dans les mêmes conditions, le saccharose est inaltéré. Avec le lactose, le rendement en acide lactique est plus faible qu'avec le glucose.

3° Sous l'influence d'alcalis moins forts, il se forme des acides sacchariniques ou leurs anhydrides, les saccharines. [Kiliani et Sanda (action de la chaux sur le galactose), *D. chem. G.*, 26, 1649] (voyez 1er Suppl., SACCHARINE).

4° Sous l'influence de petites quantités d'alcali, le pouvoir rotatoire est modifié; tout d'abord la présence d'une petite quantité d'alcali modifie en quelque sorte physiquement la solution, en ce sens qu'elle fait apparaître, dans le cas de la multirotation, la rotation définitive. Les modifications $\alpha$ et $\gamma$ se transforment en modification $\beta$.

5° Ultérieurement, il se produit une action

plus profonde qui se traduit par une modification plus marquée de la valeur du pouvoir rotatoire. Ce phénomène, ou plutôt ces transformations, ont été étudiées dans ces dernières années par MM. Lobry de Bruyn et Alberda van Ekenstein. Nous allons résumer les conclusions de leurs travaux, en choisissant comme exemple le cas du galactose, qui leur a donné des résultats assez nets.

On chauffe à 70°, pendant 3 heures environ, une solution aqueuse de galactose à 20 0/0, avec 3 0/0 environ de potasse. Au bout de ce temps, le pouvoir rotatoire est tombé à +37°,5 et le pouvoir réducteur à 80 0/0. A ce moment le liquide renferme, outre le galactose, une petite quantité de d-talose et trois sucres cétoniques : le premier, le d-tagatose, en très petite quantité, qui fournit avec la phénylhydrazine la même osazone que le d-galactose et le d-talose; le second, isomère stéréochimique du précédent, le pseudo- ou ψ-tagatose, produit en assez grande quantité, et fournissant une osazone différente de la précédente, identique à la $\beta$-sorbosazone ou à la l-gulosazone; enfin un autre cétose incristallisable, le galtose.

Pour les séparer, on commence par récupérer la plus grande partie du galactose par cristallisation, puis on extrait le sirop, auquel on a ajouté de l'alcool méthylique, avec de l'acétone. L'évaporation du solvant fournit un sirop renfermant un peu de galactose et les autres sucres. On élimine le galactose soit par fermentation, car il est à peu près le seul à être fermentescible, soit au moyen de sa méthylphénylhydrazone. La masse qui reste fournit par cristallisation d'abord le $\psi$-tagatose, puis le tagatose en petite quantité. Ces deux cétoses se séparent très difficilement par cristallisation ; on arrive à les séparer en les faisant cristalliser dans l'aniline alcoolique ; le $\psi$-tagatose cristallise d'abord, puis le $d$-tagatose.

Enfin, après élimination des tagatoses, il reste le $d$-talose et le galtose. Le $d$-talose est éliminé au moyen de la naphtylhydrazine ou de la nitrophénylhydrazine 1.4. Le galtose se forme d'ailleurs en petite quantité avec la potasse.

Les proportions de ces différents sucres varient beaucoup avec les alcalis employés. MM. Lobry de Bruyn et Alberda van Ekenstein ont montré que la potasse, la soude, les bases alcalino-terreuses, l'hydrate de plomb, opèrent les mêmes transformations. Ils ont étudié la variation des proportions des isomères formés par le glucose, lorsque l'on fait varier la quantité d'alcali, la température, ou la nature de cet alcali.

C'est ainsi qu'ils ont constaté que le galtose, ou, pour le cas du glucose, le glutose, se forment surtout avec l'oxyde de plomb.

En outre, il y a un parallélisme entre la nature des produits formés avec un glucose ou avec un autre. C'est ainsi que le galactose et le glucose se comportent d'une manière analogue, en donnant naissance à quatre produits dont trois sont des cétoses. Mais quant à la prépondérance de l'un de ces produits, l'analogie cesse, le pseudo-tagatose qui correspond au pseudo-fructose se produit en plus grande quantité ; au contraire, le mannose et le talose se produisent en quantités similaires, le premier étant beaucoup plus facile à isoler.

Enfin, des expériences faites sur le xylose [*Rec. des P. B.*, 14, 163] permettent de penser que ces considérations s'appliquent aux aldoses renfermant un nombre d'atomes de carbone différent de 6.

*Constitution.* — Un glucose quelconque étant donné, le $d$-galactose par exemple,

$$\overset{\displaystyle H \quad\; OH \;\; OH \;\; H}{CH^2OH - C - C - C - C - CHO,}\underset{\displaystyle OH \;\; H \quad H \;\; OH}{}$$

il se produit le glucose aldéhydique qui ne diffère de celui-ci que par la configuration stéréochimique autour du carbone asymétrique voisin du groupe aldéhydique : ici ce sera le $d$-talose,

$$\overset{\displaystyle H \quad\; OH \;\; OH \;\; OH}{CH^2OH - C - C - C - C - CHO,}\underset{\displaystyle OH \;\; H \quad H \quad H}{}$$

puis le cétose, dont le groupe cétonique se trouve précisément à la place de cet atome de carbone : en sorte que ces trois sucres ont la même osazone ; dans le cas actuel ce sera le $t$-tagatose,

$$\overset{\displaystyle H \quad\; OH \;\; OH}{CH^2OH - C - C - C - CO - CH^2OH,}\underset{\displaystyle OH \;\; H \quad H}{}$$

puis le cétose, qui ne diffère du précédent que par la configuration autour du carbone asymétrique, voisin du groupe cétonique ; le pseudo-tagatose aura la constitution

$$\overset{\displaystyle H \quad\; OH \;\; H}{CH^2OH - C - C - C - CO - CH^2OH,}\underset{\displaystyle OH \;\; H \quad OH}{}$$

et enfin le galtose, autre cétose, de constitution encore inconnue.

## IX. — ACTION DE L'AMMONIAQUE, DE L'HYDROXYLAMINE, DES AMINES AROMATIQUES.

ACTION DE L'AMMONIAQUE. — MM. Lobry de Bruyn et van Leent [*Rec. P.-B.*, 14, 134] ont étudié l'action de l'ammoniaque méthylalcoolique sur les glucoses. MM. Lobry de Bruyn et Franchimont ont tout d'abord étudié la réaction sur le dextrose (voyez ce mot). Les expériences ultérieures ont porté sur le lactose, le maltose, le galactose, le xylose, l'arabinose, le rhamnose, et enfin le lévulose [Lobry de Bruyn, *loc. cit.*, 18, 72].

Le lactose donne une sorte d'*aldéhyde-ammoniaque* très instable, $C^{12}H^{22}O^{11} \cdot AzH^3$.

Le maltose donne une *maltosamine* plus stable, fondant à 165° en se décomposant,

$$C^{12}H^{20}O^{10} \; AzH^3.$$

Le galactose donne deux substances : une *galactosamine* assez stable, isomère de la glucosamine, $C^6H^{10}O^5AzH^3$, et une combinaison moléculaire de celle-ci avec une molécule d'ammoniaque, $C^6H^{10}O^5 - 2AzH^3$.

C'est cette dernière combinaison qui se dépose la première ; mais elle ne se produit plus si l'on ajoute une petite quantité d'eau au mélange d'alcool ammoniacal et de galactose.

Le xylose et l'arabinose fournissent des *osamines* $C^5H^8O^4AzH^3$.

Le rhamnose donne une osamine avec une demi-molécule d'alcool de cristallisation,

$$(C^6H^{10}O^4AzH^3)^2, CH^3OH.$$

Le mannose sirupeux et le glucoheptose n'ont rien fourni de cristallisé.

Le lévulose se comporte tout différemment ; il fournit une substance cristallisée, soluble dans l'eau chaude, peu soluble dans l'eau froide, et présentant la composition élémentaire

$$C^6H^9AzO^4;$$

elle se formerait donc d'après l'équation suivante :

$$C^6H^{12}O^6 + AzH^3 = C^6H^9AzO^4 + 2H^2O + H^4$$

Cette substance n'a pas de propriétés basiques ; les acides étendus n'ont pas d'action, l'acide nitreux ne réagit pas : elle ne renferme donc plus de groupe amidogène. L'anhydride acétique en présence d'acétate de sodium fournit un *dérivé tétracétylé*, $C^6H^5Az^4(COCH^3)^4$.

Le glucose et le rhamnose peuvent réagir sur l'ammoniaque en solution alcoolique, en présence d'éther acétylacétique.

D'après MM. B. Rayman et K. Chodounsky [*D. chem. G.*, 22, 304], la combinaison se fait pour le rhamnose d'après l'équation

$$C^6H^{12}O^5 + 2AzH^3 + 2C^6H^{10}O^3$$
$$= C^{18}H^{32}O^8Az^2 + 3H^2O.$$

La combinaison cristallise au bout de quelques jours, sous la forme de fines aiguilles longues et flexibles. Elle fond à 186°. Elle donne avec l'acide chlorhydrique alcoolique un sel de la formule $C^{14}H^{22}Az^2O^7 \cdot 2HCl$ [Rayman et Pohl, *D. chem. G.*, 22, 324].

On peut remplacer l'ammoniaque par une autre base, et le rhamnose par un autre glucose. Dans ce dernier cas, les combinaisons ne cristallisent pas.

Cette combinaison répondrait à la formule

$$C^5H^{11}O^4 \cdot CH\left(Az = C\begin{subarray}{l} CH^3 \\ CH^2 - CO^2C^2H^5 \end{subarray}\right)^2$$

ACTION DE L'HYDROXYLAMINE. — Déjà en 1884 V. Meyer avait constaté l'aptitude de l'hydroxylamine à se combiner au glucose, et il en avait même tiré cette conclusion, que c'était peut-être là une origine des matières azotées végétales; mais il n'avait obtenu qu'un sirop non cristallisé [*D. chem. G.*, 17, 1554].

M. Rieschbieth [*D. chem. G.*, 20, 2673] reprit cette réaction, dans le but d'utiliser l'hydroxylamine pour la détermination du nombre de carbonyles présents dans une molécule. Il traitait la solution aqueuse de glucose par le chlorhydrate d'hydroxylamine en présence de la quantité calculée de carbonate de sodium. Il n'obtint aucun produit cristallisé avec le glucose, le lévulose, l'arabinose. Le galactose, au contraire, lui fournit très facilement, et avec un rendement presque quantitatif, la *galactosoxime*, belle substance blanche, cristallisée, fusible à 175-176° en se décomposant, presque insoluble dans l'éther et dans l'alcool absolu, très soluble à chaud dans l'eau froide et dans l'alcool étendu.

M. Reiss [*D. chem. G.*, 22, 619] prépara l'oxime du *séminose* qu'il venait d'isoler. Ce corps assez soluble dans l'eau, et fondant comme la galactosoxime vers 176°, fut identifié avec la *mannosoxime* par MM. E. Fischer et Hirschberger [*D. chem. G.*, 22, 1155]; ceci leur permit d'affirmer l'identité du mannose et du séminose.

M. Jacobi [*D. chem. G.*, 24, 696], pensant que c'était l'extrême solubilité dans l'eau des oximes du glucose et du rhamnose qui causait la difficulté de leur séparation à l'état cristallisé, fit réagir sur le sucre la base libre obtenue en précipitant son sulfate par l'eau de baryte.

Grâce à cette modification il put obtenir la *glucosoxime* (fondant à 136-137° sans décomposition) et la *rhamnosoxime* (fondant à 126-127°). Comme les autres oximes de ce groupe, elles sont très solubles dans l'eau, peu solubles dans l'alcool absolu chaud, insolubles dans l'éther. M. Jacobi détermina également le pouvoir rotatoire de ces oximes :

Galactosoxime (solution à 5 0/0) $[\alpha]_D^{20} =$    14°,5 — 15°,0
Mannosoxime   ( — 5 0/0) $[\alpha]_D^{20} =$    3°,2 — 3°,1
Glucosoxime   ( — 10 0/0) $[\alpha]_D^{20} = -$ 2°,2 — 2°,2
Rhamnosoxime ( — 10 0/0) $[\alpha]_D^{20} =$    13°,7 — 13°,5

Il constata ce fait intéressant, qu'elles présentent le phénomène de la multirotation, et qu'on peut même se servir de cette propriété pour suivre au polarimètre la marche de leur production.

M. A. Wohl [*D. chem. G.*, 24, 993], à la même époque, reprit également la question, en modifiant la préparation : il opère en solution non plus aqueuse, mais alcoolique. La solution alcoolique d'hydroxylamine est préparée par la méthode de M. Volhard : on triture avec un peu d'eau le mélange de chlorhydrate d'hydroxylamine et de la quantité correspondante de potasse, on reprend par l'alcool absolu commercial, puis on filtre le chlorure de potassium.

Le glucose anhydre se dissout dans cette solution alcoolique et fournit la glucosoxime, identique au produit de M. Jacobi; le lévulose fournit également la *lévulosoxime*, fondant à 118°, plus fortement lévogyre que la glucosoxime; l'arabinose [*D. chem. G.*, 26, 731] fournit ainsi l'*arabinosoxime*, fondant à 132-133°.

Enfin, ultérieurement, M. Wohl [*D. chem. G.*, 26, 731] modifia encore son procédé; il traite alors le chlorhydrate d'hydroxylamine en solution concentrée par la quantité calculée de sodium dissous dans l'alcool (voyez le détail de l'opération à l'article GLUCOSE (DEXTROSE).



Le point le plus marquant du travail de M. Wohl est la remarque qu'il fit, que les oximes des sucres perdent sous l'action des alcalis une molécule d'acide cyanhydrique, en fournissant le sucre réducteur possédant un atome de carbone de moins :

$$R - CHOH - CH = AzOH = R - CHOH - C \equiv Az + H^2O,$$
$$R - CHOH - C \equiv Az = R - CHO + CAzH.$$

Cette méthode de rétrogradation a fourni de nombreuses vérifications de la théorie du carbone asymétrique appliquée aux matières sucrées, et le passage du glucose à l'arabinose par cette voie a conduit à la synthèse totale de ce pentose, et par suite de tous les autres.

La même méthode a permis de passer de l'arabinose à l'un des glucoses en C⁴, et du galactose au lyxose [*D. chem. G.*, 30, 3101]; du rhamnose à l'un des méthyltétroses : elle est donc générale.

Il faut encore signaler que, dans la préparation de la glucosoxime M. Wohl a obtenu en même temps deux isomères : l'un qui lui a permis de passer à l'arabinose en perdant facilement CAzH sous l'action de l'anhydride acétique (caractéristique des synoximes de M. Hantzsch), et l'autre fournissant au contraire, dans ces conditions, un dérivé hexacétylé stable (antioxime fondant à 107-110°). L'auteur n'est point encore revenu sur cette combinaison.

ACTION DES BASES AROMATIQUES. — M. Schiff a montré en 1866 [*Ann. Chem.*, 140, 123; 154, 30] que l'aniline pouvait s'unir au glucose : il a obtenu une masse vitreuse très facilement décomposable.

M. Sachsse [*D. chem. G.*, 4, 834] a isolé une combinaison cristallisée du lactose avec l'aniline.

On doit à M. Sorokine [*J. prakt. Chem.*, (2), 37, 291] une série de recherches relatives à l'action de l'aniline et de la paratoluidine sur le glucose, le galactose, le lévulose et le lactose.

Les combinaisons obtenues sont cristallisables, fondent en se décomposant vers 147°; l'anilide du glucose se décompose même au-dessous de 140°. Elles sont peu solubles à la température ordinaire dans l'eau et dans l'alcool.

Leur composition est exprimée par la formule $C^{12}H^{17}AzO^5$. M. Sorokine pense que leur constitution est la suivante :

$$CH^2OH - CHOH - CH - CHOH - CHOH - CH - AzH\,C^6H^5$$
$$\underline{\qquad\qquad O \qquad\qquad}$$

et non pas celle indiquée par M. Schiff,

$$CH^2OH - (CHOH)^4 - CH = Az - C^6H^5$$

M. Sorokine a déterminé les pouvoirs rotatoires de ces corps en solution alcoolique (méthylique et éthylique). Les anilides du glucose et du galactose sont lévogyres (— 44° et — 31°,4), c'est-à-dire de sens inverse des sucres générateurs; l'anilide du lévulose est encore plus lévogyre que le sucre (— 185° en solution concentrée, — 217°,7 en solution plus étendue).

L'anhydride acétique et l'acétate de sodium, le chlorure d'acétyle ne donnent pas de réaction nette. Le chlorure de benzoyle enlève l'aniline; il se forme de la benzanilide.

Le brome fournit de la tribromaniline et régénère le sucre.

L'acide azotique fournit l'acide bibasique correspondant au glucose (acide saccharique) ou au galactose (acide mucique), et les produits d'oxydation de l'aniline.

Les alcalis décomposent les anilides en aniline et glucose, en même temps qu'il se forme les produits de l'action des alcalis sur les sucres, en particulier l'acide lactique.

L'acide chlorhydrique régénère l'aniline et les glucoses ; on a caractérisé l'acide lévulique comme produit de l'action de l'acide chlorhydrique sur le glucose.

### X. — ACTION DE L'HYDRATE D'HYDRAZINE, DE LA PHÉNYLHYDRAZINE, ETC.

ACTION DE L'HYDRAZINE. — Au sucre finement pulvérisé, on ajoute la quantité calculée d'hydrate d'hydrazine en léger excès, et on chauffe pendant longtemps le mélange avec de l'alcool méthylique sec. au bain-marie. On opère sur 4 grammes de sucre, ce qui nécessite environ 30 grammes d'alcool pour la dissolution. Au bout d'un quart d'heure environ, cette solution est effectuée. On continue alors à chauffer pendant 2 heures et on laisse refroidir. Sur les parois du ballon, il se dépose une masse visqueuse. On décante la solution alcoolique et on la fait tomber goutte à goutte, en agitant constamment, dans de l'éther absolu additionné d'acétone. La réaction est exprimée par l'équation

$$2\,(C^6H^{12}O^6) + Az^2H^4 \cdot H^2O$$
$$= C^{12}H^{24}Az^2O^{10} + 3H^2O.$$

L'aldazine se sépare sous la forme d'une poudre blanche ; on l'essore sur un filtre, on lave à l'éther et on dessèche dans le vide. L'acétone a pour rôle de former avec l'excès d'hydrazine une cétazine soluble dans l'éther. Cette réaction s'applique aux aldoses et aux cétoses. Elle a été effectuée sur le glucose, l'arabinose et le fructose [E. Davidis, *D. chem. G.*, 29, 2308].

ACTION DE LA PHÉNYLHYDRAZINE. — L'action de la phénylhydrazine sur les glucoses a été d'une importance capitale dans l'histoire de leur synthèse. Sans elle, ce chapitre de la science, qui aujourd'hui est, on peut le dire, parachevé, ne serait même pas ébauché. A d'autres points de vue, les combinaisons que donnent les glucoses avec la phénylhydrazine ou ses produits de substitution rendent et rendront encore de signalés services dans la recherche scientifique.

La phénylhydrazine peut donner avec les glucoses deux catégories de combinaisons : les *hydrazones* et les *osazones* ou *dihydrazones* [Fischer, *D. chem. G.*, 23, 2117] :

1° Lorsqu'on traite *à froid* un glucose par la phénylhydrazine, il se produit, quelquefois immédiatement, le plus souvent au bout de quelque temps, un précipité d'*hydrazone* cristallisée ou huileuse.

La réaction qui lui donne naissance est représentée par l'équation

$$R-CHO + H^2Az \cdot AzHC^6H^5$$
$$= R-CH=Az-AzHC^6H^5 + H^2O.$$

L'opération se fait généralement en employant une solution aqueuse concentrée du glucose ; dans certains cas (ribose, xylose) on ajoute de l'alcool [Fischer et Piloty, *D. chem. G.*, 24, 4221]. Quant à la phénylhydrazine, elle est employée à l'état libre. Cependant, pour le mannose et ses dérivés (mannoheptose, mannooctose, mannononose), ainsi que pour les dérivés du rhamnose, on peut employer l'acétate de phénylhydrazine.

2° Lorsqu'on fait réagir un glucose *à chaud*, au bain-marie, sur la phénylhydrazine, ou si l'on réitère sur la phénylhydrazone l'action du réactif en solution acétique, on obtient un autre corps, beaucoup moins soluble dans l'eau que le précédent : l'*osazone* ou *dihydrazone*.

Ce corps doit sa formation à la réaction suivante :

$$R-CHOH-CHO + (C^6H^5HAz \cdot AzH^2)^2$$
$$= R-\underset{\underset{Az-AzHC^6H^5}{\|}}{C}-CH=Az-AzHC^6H^5 + H^2 + 2H^2O,$$

ou encore, si l'on part de l'hydrazone déjà formée,

$$R-CHOH-CH=Az-AzHC^6H^5 + C^6H^5HAz-AzH^2$$
$$= R-\underset{\underset{Az-AzHC^6H^5}{\|}}{C}-CH=Az-AzHC^6H^5 + H^2 + H^2O.$$

La formation d'hydrazones n'est pas spéciale aux glucoses ; elle appartient à presque tous les corps de nature aldéhydique et cétonique. La formation d'osazones est moins générale ; elle appartient sans doute aux dialdéhydes ou aux aldéhydes-cétones, c'est ce qui leur a valu le nom de *dihydrazones*. Elle fait intervenir en outre l'oxhydryle voisin du groupe alcoolique : de ce chef, elle se retrouvera à propos des aldéhydes et des cétones qui présenteront, à côté de leur groupe fonctionnel, un groupement alcoolique oxydable, c'est-à-dire primaire ou secondaire. La production de l'osazone est due, en effet, à un processus d'oxydation qui est traduit dans l'équation ci-dessus par l'apparition d'hydrogène. En réalité, cet hydrogène ne se dégage pas, il réagit sur la phénylhydrazine qu'il dédouble en aniline et ammoniaque.

Pour les glucoses cétoniques, le mécanisme est le même, et l'on obtient la même osazone pour les deux corps

$$R-CHOH-CHO \quad \text{et} \quad R'-CO-CH^2OH,$$

à condition que R et R' soient identiques au point de vue de la structure et de la configuration stéréochimique. Quant aux hydrazones, on n'en a pas signalé de cristallisées pour les glucoses cétoniques.

*Propriétés physiques des hydrazones.* — Les hydrazones sont des corps cristallisés, généralement solubles dans l'eau, parfois même très solubles, moins solubles dans l'alcool et insolubles dans l'éther [Fischer, *D. chem. G.*, 20, 832 ; 24, 1805].

Par exemple, les hydrazones du xylose, de l'arabinose, du rhamnose, du galactose, du glucose, du lévulose, du sorbose, du lactose, du maltose sont très solubles dans l'eau.

Il n'en est pas de même du mannose ; sa phénylhydrazone est très peu soluble dans l'eau et se précipite de la solution froide du sucre lorsqu'on y ajoute l'acétate de phénylhydrazine. Avec une solution de mannose à 10 0/0, au bout d'une ou deux minutes il commence à se produire de fins cristaux presque incolores qui remplissent bientôt la masse du liquide.

M. Lobry de Bruyn a utilisé cette insolubilité dans ses travaux sur l'action de la potasse sur les glucoses.

Les isomères optiques du mannose et les sucres artificiels en $C^7$, $C^8$ et $C^9$ qui en dérivent se comportent de même. Les hydrazones du galaheptose et du galaoctose sont également peu solubles dans l'eau.

Dans ce cas, la précipitation de l'hydrazone est de beaucoup le meilleur procédé, non seulement pour caractériser, mais aussi pour isoler et purifier le sucre. Il est en effet facile de le régénérer de l'hydrazone au moyen de l'acide chlorhydrique (D = 1.19).

La mannose-phénylhydrazone, finement pulvérisée, est traitée à la température ordinaire par

4 fois son poids d'acide chlorhydrique; elle se dissout rapidement lorsqu'on agite, en donnant un liquide brun clair, en même temps qu'il se forme du chlorhydrate de phénylhydrazine. Au bout de quèlques minutes la réaction est terminée : on filtre le chlorhydrate et, du liquide filtré, on sépare aisément le sucre.

On peut également régénérer un glucose de l'une de ses hydrazones en enlevant l'hydrazine à l'aide d'aldéhyde benzylique ou d'aldéhyde formique.

Les constantes spécifiques (point de fusion, solubilités, pouvoir rotatoire) des hydrazones rendent de précieux services lorsqu'on veut caractériser les glucoses aldéhydiques. Nous trouverons les points de fusion des phénylhydrazones à côté de ceux de leurs osazones, dans un tableau ultérieur.

Au même point de vue, il est utile de ne pas se limiter à l'emploi exclusif de la phénylhydrazine proprement dite. L'emploi simultané de ses dérivés de substitution peut fournir des renseignements souvent plus précis.

M. A. Raschen [*Ann. Chem.*, 239, 223] a étudié les *tolylhydrazines*. MM. Fischer et Wohl ont préconisé l'emploi de la *parabromophénylhydrazine* [*D. chem. G.*, 24, 4221; 25, 1025; 27, 2490].

M. Stahel [*Ann. Chem.*, 258, 245] a étudié quelques dérivés de la *diphénylhydrazine*,

$$(C^6H^5)^2 Az - Az H^2.$$

On doit à M. Müller [*D. chem. G.*, 27, 3105] quelques renseignements relatifs à l'emploi du *p-hydrazinodiphényle*, $C^6H^5 - C^6H^4 Az H - Az H^2$, isomère du corps précédent.

Enfin, dans un travail d'ensemble, MM. A. van Ekenstein et C. A. Lobry de Bruyn [*Rec. des P.-B.*, 15, 97, 225] ont préparé les hydrazones substituées d'un certain nombre de sucres. De leur étude ressortent un certain nombre de résultats intéressants :

La *méthylphénylhydrazine* peut servir à isoler et séparer le galactose. La *benzylphénylhydrazine* et la *naphtylhydrazine* sont préférables au benzhydrazide de M. Wolff pour séparer le glucose du fructose. L'*allylphénylhydrazine* permet d'obtenir pour le mélibiose une hydrazone insoluble dans l'eau, d'où l'on peut revenir au sucre pur en la décomposant au moyen d'aldéhyde benzylique. Les différences de solubilité de ces hydrazones dans l'eau, dans les alcools méthylique et éthylique à chaud et à froid, sont quelquefois assez considérables pour permettre la séparation des différents sucres. D'autre part, on peut suivre ces séparations au polarimètre, la différence des pouvoirs rotatoires étant parfois assez notable pour être utilisée à cet effet.

Dans les tableaux suivants, nous avons réuni d'une part les points de fusion indiqués par MM. Lobry de Bruyn et Ekenstein, Stahel et Müller, d'autre part les pouvoirs rotatoires pour des solutions à 0,5 0/0 dans l'alcool méthylique.

| Sucres. | Méthyl-phénylhydrazone. | Éthyl-phénylhydrazone. | Amyl-phénylhydrazone. | Allyl-phénylhydrazone. | Benzyl-phénylhydrazone. | β-naphtyl-phénylhydrazone. | Diphényl-hydrazone. | Hydrazino-diphényl. |
|---|---|---|---|---|---|---|---|---|
| *Points de fusion.* | | | | | | | | |
| Arabinose | 161° | 153° | 120° | 145° | 170° | 141° | » | 138°-140° |
| Xylose | » | » | » | » | » | 70° | » | » |
| Rhamnose | 124° | 123° | 99° | 135° | 121° | 170° | 134° | » |
| Glucose | » | » | 128° | 155° | 150° | 95° | 161°-162° | 143°-144° |
| Mannose | 178° | 159° | 134° | 142° | 165° | 157° | 155° | v |
| Galactose | 180° | 169° | 116° | 157° | 154° | 167° | 157° | 157°-158° |
| Lactose | » | » | 123° | 132° | 128° | 203° | » | » |
| Maltose | » | » | » | » | » | 176° | » | » |
| Mélibiose | » | » | » | 197° | » | 135° | » | » |
| *Pouvoirs rotatoires* (solutions méthyliques à 0,5 0/0). | | | | | | | | |
| Arabinose | +4°,3 | 0 | 0 | 0 | —14°,6 | +22°,5 | | |
| Xylose | » | » | » | » | » | +18°,6 | | |
| Rhamnose | —0°,3 | —11°,6 | —6°,4 | 0 | —6°,4 | +8°,4 | | |
| Glucose | » | » | —6°,4 | —5°,3 | —33°,0 | +40°,2 | | |
| Mannose | +8°,0 | +14°,6 | +9°,2 | +25°,7 | +29°,8 | +16°,8 | | |
| Galactose | » | 0 | +4°,4 | —8°,6 | —17°,2 | +24°,8 | | |
| Lactose | » | » | —8°,6 | —14°,6 | —25°,7 | 0 | | |
| Maltose | » | » | » | » | » | +10°,6 | | |
| Mélibiose | » | » | » | +21°,2 | » | +15°,9 | | |

M. Jacobi [*Ann. Chem.*, 272, 170] a examiné quelques hydrazones au point de vue de la multirotation. La glucose-phénylhydrazone (modification fondant à 113-115°) présente le phénomène de la birotation :

$$[\alpha]_D^{20} \text{ au bout de 10 minutes} = -15°,3$$
$$\qquad\qquad 18 \text{ heures} = -46°,9$$

Au contraire, les hydrazones du galactose et du rhamnose ne présentent pas cette particularité.

A la suite de ces recherches optiques, l'auteur a examiné la vitesse de formation des hydrazones, suivant qu'on emploie une solution de sucre fraîchement préparée ou faite à l'avance, et il a constaté que l'hydrazone se produisait plus rapidement dans le premier cas que dans le second. (Voir aussi L. J. Simon et Bénard [*C. R.*, 132, 564].)

*Propriétés physiques des osazones.* — Les osazones des glucoses sont des substances cristallisées en fines aiguilles jaunes, généralement insolubles dans l'eau, dans l'alcool et dans l'éther, un peu solubles dans l'acide acétique, assez pour qu'on puisse déterminer cryoscopiquement leur poids moléculaire. Cependant les osazones des glucoses en $C^4$ et en $C^5$ et du rhamnose sont un peu solubles dans l'eau et très solubles dans l'alcool. Il en est de même dans une certaine mesure pour celles du maltose, de l'isomaltose, du lactose, du mélibiose et du turanose. L'insolubilité des osazones en fait, pour la recherche des sucres, des combinaisons incomparablement plus précieuses que les hydrazones. On peut citer comme applications la fixation de la formule brute de l'arabinose [Kiliani, *D. chem. G.*, 20, 345], du sorbose [Fischer, *D. chem. G.*, 20, 827], du xylose [Tollens et Wheeler, *Ann. Chem.*, 254, 315]; la démonstration que le rhamnose est un méthyl-pentose [Fischer et Tafel, *D. chem. G.*, 20, 1091. — Maquenne, *C. R.*, 109, 603] la fixation de la constitution du lactose [Fischer, *D. chem. G.*, 21, 2633]. Elles se distinguent par leurs constantes spécifiques (points de fusion, solubilité et, quand la solubilité le permet, pouvoir rotatoire). (Voyez à ce sujet Fischer, *D. chem. G.*, 23, 2119].)

La température de fusion des osazones dépend à un haut degré de la vitesse de chauffe; généralement, la température de fusion instantanée est plus élevée que celle que l'on observe en portant lentement la matière à la température où elle fond.

Dans le tableau suivant, nous donnons, pour les principaux sucres, la température de fusion des phénylhydrazones et des phénylosazones, et pour celles-ci nous indiquons, lorsqu'elle est connue, la température de fusion instantanée (G. Bertrand). — Voyez à ce propos Maquenne [*Conf. de la Soc. Chim. de Paris*, 1887-1888, 22. — Beythien et Tollens, *Ann. Chem.*, 255, 217].

| Glucoses. | Point de fusion de l'hydrazone. | Point de fusion de l'osazone. | Point de fusion instantané. |
|---|---|---|---|
| Glycérose | » | 131-132° | 142° |
| Erythrose | » | 166-168° | 174° |
| Arabinose d | » | 159-160° | » |
| Arabinose l | » | 158-160° | 143° |
| Arabinose i | » | 166-167° | » |
| Lyxose | » | identique à celle du xylose. | |
| Ribose | 154-155° | — | de l'arabinose. |
| Xylose l | 116° | 166° | » |
| Quinovose | » | 193-194° | » |
| Rhamnose | 150° | 180° | 190-192° |
| Galactose d | 158° | 193-194° | 214° |
| Galactose l | 158° | 192-195° | » |
| Galactose i | 158° | 206° | » |
| Glucose d | 145° | 205° | 230-232° |
| Glucose l | » | 205° | » |
| Glucose i | » | 217-218° | » |
| Gulose d | » | » | » |
| Gulose l | 143° | 156° | » |
| Gulose i | 143° | 157-159° | » |
| Idose d | » | identique à celle du d-gulose. | |
| Idose l | » | — | l — |
| Mannose d | 185-190° | — | d-glucose. |
| Mannose l | 185-190° | — | l — |
| Mannose i | 185-190° | — | i — |
| Talose d | » | — | galactose. |

| Glucoses. | Point de fusion de l'hydrazone. | Point de fusion de l'osazone. | Point de fusion instantané. |
|---|---|---|---|
| Fructose d | » | identique à celle du d-glucose. | |
| Fructose l | » | — | l — |
| Fructose i | » | — | i — |
| Galtose | » | 182° | » |
| Glutose | » | 165° | » |
| Sorbose | » | 164° | 159° |
| Ψ-Fructose | » | 160° | » |
| Ψ-Tagatose | » | 140° | » |
| Ramnohexose | » | 200° | » |
| Galaheptose α | 205° | 224° | » |
| Glucoheptose α | 170° | 198° | » |
| Glucoheptose β | 192° | identique à la précédente. | |
| Mannoheptose d | 197-200° | 200° | » |
| Mannoheptose l | 197-200° | 203° | » |
| Mannoheptose i | 175° | 200° | » |
| Rhamnoheptose | 200° | 200° | » |
| Galaoctose | 205-210° | 222-231° | » |
| Glucooctose α | 190° | 210° | » |
| Mannooctose | 212° | 223° | » |
| Gluconose | 195-200° | 222-223° | » |
| Mannononose | 223° | 217° | » |
| Maltose | » | 206° | » |
| Isomaltose | » | 150-153-158° | » |
| Lactose | » | 200° | » |
| Mélibiose | 145° | 176-178° | » |
| Turanose | » | 215-220° | » |

M. Maquenne [*C. R.*, 122, 729] a proposé de caractériser les sucres par le poids d'osazone fourni dans des conditions comparables.

On chauffe, par exemple, pendant 1 heure à 100°, 1 gramme de sucre avec 100 centimètres cubes d'eau et 5 centimètres cubes d'une solution renfermant 40 grammes de phénylhydrazine et 40 grammes d'acide acétique cristallisable pour 100 centimètres cubes; après refroidissement du liquide, l'osazone est recueillie sur un filtre taré, lavée avec 100 centimètres cubes d'eau, séchée à 100° et pesée. Il a pu ainsi dresser le tableau suivant :

| Sucre. | Poids d'osazone. | Observations. |
|---|---|---|
| Sorbose | 0gr,82 | trouble après 12 minutes. |
| Levulose | 0,70 | précipité — 5 — |
| Xylose | 0,40 | — — 13 — |
| Glucose (anhydre) | 0,32 | — — 8 — |
| Arabinose | 0,27 | trouble — 30 — |
| Galactose | 0,23 | précipité — 30 — |
| Rhamnose | 0,15 | — — 25 — |
| Lactose | 0,11 | ne précipite qu'à froid. |
| Maltose | 0,11 | — — |

Avec une dilution plus grande, les différences s'accentuent encore, les sucres se rangeant à peu près dans le même ordre. Les polyglucoses intervertis préalablement se comportent à cet égard comme des mélanges des glucoses constituants.

RETOUR DES OSAZONES AUX GLUCOSES. — Les osazones résultent d'un processus d'oxydation; il est dès lors plus difficile que pour les hydrazones de revenir au sucre générateur. Il n'y a même pas de méthode qui permette de revenir directement aux glucoses aldéhydiques. Par contre, M. E. Fischer a indiqué deux méthodes qui permettent de résoudre ce problème en passant par l'intermédiaire des sucres cétoniques. Ce serait même là le moyen d'arriver à la connaissance des cétoses, dont on ne connaît encore qu'un petit nombre, quoiqu'il se soit accru notablement dans ces derniers temps.

*Méthode de réduction* [E. Fischer, *D. chem. G.*, 17, 579; 19, 1920]. — On réduit l'osazone au moyen de poudre de zinc et d'acide acétique; elle est alors transformée en une substance basique azotée. La glucosazone fournit ainsi une combinaison isomère de la glucosamine de M. Ledderhose, et qui a reçu le nom d'*isoglucosamine* (voy. GLUCOSAMINES). Son acétate est bien cristallisé et correspond à la formule de structure

$$CH^2OH - CHOH - CHOH - CHOH - CO - CH^2 - AzH^2.$$

Ainsi, dans l'osazone. un groupe hydrazinique est complètement éliminé et remplacé par 1 atome d'oxygène; l'autre groupe hydrazinique est disloqué par l'hydrogène naissant. Il se sépare, de l'aniline, et le second atome d'azote reste fixé à la molécule de sucre sous la forme d'amidogène.

Si maintenant la base est traitée à froid par l'acide nitreux, par un processus général, elle perd le groupe $AzH^2$, qui est remplacé par $OH$. et l'on obtient très régulièrement le fructose,

$$CH^2OH - CHOH - CHOH - CHOH - CO - CH^2OH.$$

Malheureusement cette réaction, qui donne d'excellents résultats avec le glucose ordinaire (voy. GLUCOSE [DEXTROSE]), n'est pas d'une application générale; car pour les autres glucoses on n'a pas obtenu, sous forme cristallisable, les bases correspondantes [*D. chem. G.*, 20, 2569].

*Méthode des osones.* — Une méthode d'un emploi plus général est la suivante [Fischer, *D. chem. G.*, 21, 2631; 22, 87] :

Sous l'action de l'acide chlorhydrique fumant, les osazones du groupe des sucres sont dédoublées en phénylhydrazine et osones, comme l'exprime l'équation suivante :

$$C^6H^{10}O^4(Az^2HC^6H^5)^2 + 2H^2O$$
$$= 2C^6H^5Az^2H^3 + C^6H^{10}O^6.$$

Pour le détail voyez l'article GLUCOSE (DEXTROSE).

L'osone n'a pas été obtenue cristallisée, mais d'après ses réactions elle doit être considérée comme l'aldéhyde-cétone,

$$CH^2OH - (CHOH)^3 - CO - CHO.$$

Sa solution aqueuse, traitée à froid par l'acétate de phénylhydrazine, fournit, au bout de quelques minutes, un précipité d'osazone. Avec les o-diamines, l'osone se condense pour donner des dérivés quinoxaliques cristallisables.

Enfin, réduite par le zinc et l'acide acétique, l'osone est complètement transformée en fructose.

On passe donc régulièrement d'une osazone au sucre cétonique qui peut la fournir. Quant aux sucres aldéhydiques qui lui correspondent également, on les obtiendra indirectement à partir du cétose, en le transformant en alcool et en oxydant ultérieurement celui-ci.

Cette méthode ne s'applique ni au glycérose, ni à l'érythrose.

*Autres propriétés chimiques des osazones.* — Pour être complet, il faut encore ajouter que les osazones réduisent la liqueur de Fehling (érythrosazone, rhamnosazone, glucosazone, lactosazone).

Les osazones des polyglucoses (lactose, maltose, mélibiose, acrodextrose) sont décomposées par les alcalis à l'ébullition, et il se forme alors l'osazone du glyoxal; dans les mêmes circonstances, l'osazone du glucose n'est pas attaquée [Lintner, *Zeit. Chem.*, 20, 763].

ACTION DE L'AMINOGUANIDINE. — Les glucoses se combinent avec les sels de l'aminoguanidine. Il y a condensation équimoléculaire avec perte d'une molécule d'eau, suivant l'équation

$$AzH = C <^{AzH - AzH^2}_{AzH^2} + CHO - (CHOH)^4 - CH^2OH$$

$$= AzH = C <^{AzH - Az = CH - (CHOH)^4 - CH^2OH}_{AzH^2}$$

La réaction s'effectue de deux manières, suivant que le point de fusion de la substance finale est moins élevé que celui du sucre en expérience, ou inversement.

Dans le premier cas, on opère en solution alcoo-lique au bain-marie; dans le second, on fond ensemble directement les deux substances.

Les essais ont porté sur le dextrose, le galactose et le lactose d'une part, le chlorhydrate, le sulfate et l'azotate d'aminoguanidine d'autre part [H. Wolff et Herzfeld, *Zeitschr. für Rüb. Zuck. Ind.*, 1893, 743. — Wolf, *D. chem. G.*, 27, 971; 28, 2613].

XI. — ACTION DES ALCOOLS, DES MERCAPTANS, DES PHÉNOLS (RÉACTIONS COLORÉES), ACTION DES ALCOOLS ET DES CORPS A FONCTION ALCOOLIQUE, SYNTHÈSE DES GLUCOSIDES.

ACTION DES ALCOOLS. — Le glucose en solution dans un alcool quelconque est transformé, par le gaz chlorhydrique à froid, en une substance tout à fait analogue aux glucosides et provenant de l'élimination d'une molécule d'eau entre le sucre et l'alcool :

$$C^6H^{12}O^6 + R - CH^2OH$$
$$= C^6H^{11}O^6CH^2 . R + H^2O.$$

Cette réaction s'applique à tous les alcools primaires ou secondaires (méthylique, éthylique, propylique, isopropylique, allylique, benzylique), aux alcools polyatomiques (glycol, glycérine), et même aux acides-alcools (acides glycolique, lactique, glycérique, gluconique, galactonique). D'autre part, les autres sucres se comportent comme le glucose, ainsi qu'on l'a vérifié avec le mannose, le galactose, le glucoheptose, l'arabinose, le rhamnose, le xylose, le fructose et le sorbose. La seule restriction dans l'application de cette méthode vient de l'insolubilité du sucre dans l'alcool; on a recours alors à l'acétochlorhydrose de M. Colley (soluble dans le benzène, l'éther et le chloroforme), que M. Michaël a déjà employée pour les glucosides du phénol, ou aux pentacétylglucoses.

Les glucosides ainsi formés, dont quelques-uns ont été obtenus cristallisés, ont les propriétés suivantes :

1° Au point de vue physique. ce sont des corps généralement solubles dans l'eau et insolubles dans l'éther; dans l'alcool, la solubilité varie dans toute l'échelle, suivant les cas particuliers. Ces corps sont actifs sur la lumière polarisée, leur pouvoir rotatoire est de l'ordre de grandeur de celui des glucoses eux-mêmes, mais ils ne présentent pas le phénomène de la birotation. Les uns ont une saveur sucrée; les autres, une saveur amère;

2° Ils ne réduisent pas la liqueur de Fehling, et ne réagissent pas, même à 100°, sur la phénylhydrazine;

3° Ils résistent à l'action des alcalis bouillants. mais sont dédoublés par les acides étendus et, pour certains d'entre eux, par l'invertine;

4° Ils ne fermentent qu'en présence d'une levure assez vivace, capable de produire auparavant leur dédoublement;

5° On a pu isoler, pour un certain nombre de glucoses, deux glucosides stéréoisomériques, distincts par leur point de fusion, leur solubilité dans les solvants habituels, leur pouvoir rotatoire, et surtout par l'aptitude de l'invertine à les dédoubler.

Pour fixer leur formule de constitution, il suffit de tenir compte des propriétés précédentes : le groupe aldéhydique du glucose est intéressé dans leur production, puisque les propriétés caractéristiques de cette fonction ont disparu; d'autre part, comme une seule molécule d'alcool intervient, on n'a pas affaire à un acétal; enfin, l'apparition de deux stéréoisomères, c'est-à-dire d'une isomérie nouvelle se greffant sur les phénomènes stéréoisomériques déjà connus du sucre, exige l'asymétrie d'un nouvel atome de carbone. Ces différentes considérations amènent à admettre les formules suivantes pour les produits de condensation stéréoisomériques du glucose avec l'alcool méthylique :

$$O \diagdown \begin{array}{c} CH-OCH^3 \\ | \\ CHOH \\ | \\ CHOH \\ | \\ CH \\ | \\ CHOH \\ | \\ CH^2OH \end{array} \qquad O \diagdown \begin{array}{c} CH^3O-CH \\ | \\ CHOH \\ | \\ CHOH \\ | \\ CH \\ | \\ CHOH \\ | \\ CH^2OH \end{array}$$

*Remarque.* — Considérons les pouvoirs rotatoires des glucosides isomériques, et comparons-les à celui du glucose correspondant examiné en solution aqueuse étendue (pouvoir rotatoire invariable) :

| | Méthyl-glucoside. | Méthyl-galactoside. | Méthyl-xyloside. |
|---|---|---|---|
| | — | — | — |
| α | 157°,5 | 178°,8 | 153°,2 |
| β | — 31°,85 | + ε | — 65°,8 |
| | Glucose 52°,5 | Galactose 80°,4 | d-xylose 19°,2 |

On voit que le pouvoir rotatoire du glucose générateur est intermédiaire entre les deux autres.

Pour la nomenclature de ces corps, M. Fischer a adopté la convention suivante :

1° Le produit de condensation de l'alcool méthylique avec le glucose s'appellera *méthylglucoside*; celui de l'alcool benzylique avec l'arabinose, *benzylarabinoside*, etc.;

2° Le produit de condensation du glucose avec l'acide gluconique, fonctionnant comme acide-alcool, se dénommera *acide glucosidogluconique*, etc.

On a obtenu les corps suivants :

*Méthylglucosides*, $C^6H^{11}O^6 . CH^3$. — Isomère α fond à 164°, isomère β fond à 104°.

*Éthylglucoside*, $C^6H^{11}O^6 . C^2H^5$ (diglucose de M. Armand Gautier). — Fond à 113-114°.

*Propylglucoside, benzylglucoside, glycolglucoside, glycérine-glucoside. Acides glucosidoglycolique, glucosido-lactique, glucosido-glycérique, glucosido-gluconique, galactosido-gluconique, arabinosido-gluconique.*

*Méthylgalactosides*, $C^6H^{11}O^6 . CH^3$. — Isomère α fond à 111-112°, isomère β fond à 173-175°.

*Éthylgalactoside*, $C^6H^{11}O^6 . C^2H^5$. — Fond à 135-136°.

*Méthylarabinoside*, $C^5H^9O^5 . CH^3$. — Fond à 169-171°.

*Éthylarabinoside*, $C^5H^9O^5 . C^2H^5$. — Fond à 132-135°.

*Benzylarabinoside*, $C^5H^9O^5 . C^7H^7$. — Fond à 172-173°.

*Méthylxylosides*, $C^5H^9O^5 . CH^3$. — Isomère α fond à 90-91°, isomère β fond à 156-157°.

*Méthylrhamnoside*, $C^6H^{11}O^5 . CH^3$. — Fond à 108-109°. — *Éthylrhamnoside* (Fischer). — *Amylrhamnoside* [Raymann, *D. chem. G.*, 21, 2040].

*Méthylfructoside.* — Incristallisable.

*Méthylsorboside.* — Fond à 120-122°.

*Méthylglucoheptoside*, $C^7H^{13}O^7 . CH^3$. — Fond à 168-170°.

*Méthyl-l-glucoside* et *méthyl-i-glucoside.*

Pour les préparations de ces corps, M. Fischer en a donné deux types distincts, suivant qu'on utilise l'acide chlorhydrique concentré ou étendu; nous en indiquerons le détail dans le cas particulier du dextrose (voy. GLUCOSE [DEXTROSE]). [E. Fischer, *D. chem. G.*, 26, 2400; 27, 2478; 28, 1145.]

ACTION DES MERCAPTANS. — Les alcools s'unissant très facilement avec les glucoses sous l'action du gaz chlorhydrique, M. Fischer [*D. chem. G.*, 27, 673] a été amené à voir si les mercaptans se comportent de même.

Il se produit, en effet, dans ce cas comme dans l'autre, une condensation, mais la combinaison n'est pas de même nature; au lieu de glucosides sulfurés, de *thioglucosides*, on n'obtient que des acétals sulfurés, des *thiacétals*, suivant l'équation suivante :

$$C^6H^{12}O^6 + 2R . SH = H^2O + C^6H^{12}O^5(RS)^2.$$

On a là une série de mercaptals analogues à ceux découverts par M. Baumann. Ce sont généralement des *substances bien cristallisées et pouvant servir à caractériser et à isoler les glucoses*; les mercaptals amyliques se prêtent particulièrement à ces applications.

On a préparé les *mercaptals éthyliques* des sucres réducteurs suivants :

| | | |
|---|---|---|
| Glucose | point de fusion | 125-128° |
| Galactose | — | 140-142° |
| Mannose | — | 132-134° |
| Arabinose | — | 124-126° |
| Xylose | non cristallisé. | |
| α-Glucoheptose | point de fusion | 152-156° |
| Maltose | non cristallisé. | |
| Lactose | — | |
| Rhamnose | point de fusion | 135-137° |

Deux problèmes nouveaux se posent donc pour des recherches ultérieures :

1° Obtention des thioglucosides analogues aux glucosides obtenus avec les alcools et les sucres;

2° Obtention avec les alcools et les sucres d'acétals analogues aux mercaptals.

D'ailleurs, chose remarquable, l'hydrogène sulfuré n'agit pas sur les sucres dans ces conditions.

(Pour les détails de la préparation, on se reportera à la préparation du glucose-éthylmercaptal, voyez GLUCOSE (DEXTROSE).)

RÉACTIONS COLORÉES DES GLUCOSES. — *Action des phénols polyatomiques.* — M. Molisch a indiqué deux réactions colorées décelant les hydrates de carbone; par addition au liquide à examiner (1/2 à 1 centimètre cube) de 2 gouttes d'une solution alcoolique à 15 ou 20 0/0 d'α-naphtol, il se produit un trouble, résultant de la séparation d'un peu d'α-naphtol. Si alors on ajoute au liquide une ou deux fois son volume d'acide sulfurique concentré et qu'on agite, il se produit instantanément une coloration d'un violet foncé, tirant sur le pourpre. Si on étend d'eau, il se sépare un précipité bleu violacé qui se dissout dans l'alcool, l'éther ou les alcalis, en leur communiquant une coloration jaune.

Les hydrates de carbone et les glucosides donnent cette réaction plus ou moins rapidement; on peut l'appliquer à des recherches microchimiques relatives aux tissus végétaux. D'après M. Molisch, cette réaction serait assez sensible pour déceler 0,00001 0/0 de sucre.

En remplaçant l'α-naphtol par le thymol, on a une réaction analogue; la coloration est rouge cinabre, carmin par dilution [Molisch, *Mon. f. Chem.*, 6, 198; *Zeit. analyt. Chim.*, 26, 369; Lindo, *Chem. News.*, 55, 239].

Suivant M. Ihl [*Chem. Zeit.*, 9, 231; *D. chem. G.*, 18, 128], on peut remplacer l'acide sulfurique par l'acide chlorhydrique concentré; seulement il faut chauffer, surtout si l'on a affaire au dextrose. M. Molisch a recommandé d'une manière générale cette réaction pour la recherche du sucre dans l'urine normale ou pathologique [*Zeit. analyt. Chem.*, 26, 402]. M. Seegen se montre au contraire opposé à son emploi, en faisant remarquer que la réaction se produit aussi avec l'albumine [*Zeit. analyt. Chem.*, 26, 402; *Chem. Zeit.*, 11, 52].

La réaction avec l'α-naphtol en présence d'acide sulfurique concentré, utilisée par MM. Ihl et Molisch pour la recherche des sucres, a été perfectionnée par M. von Udranski [*Zeit. physiol. Chem.*, **12**, 355, 377], et présentée sous le nom d'*essai au naphtol* ou *au furfurol* ; car le furfurol en solution aqueuse, même très étendue, fournit cette coloration violette en présence d'α-naphtol et d'acide sulfurique concentré. Comme, en outre, d'après M. Schiff, il se produit toujours du furfurol lorsqu'on chauffe des solutions sucrées avec de l'acide sulfurique concentré, la réaction a pris le nom de *réaction du naphtol-furfurol*. Pour l'effectuer, on met dans un verre une goutte de solution sucrée, ou d'urine, etc., avec deux gouttes d'une solution alcoolique à 1 0/0 d'α-naphtol, et on fait couler au fond du verre 1 à 2 centimètres cubes d'acide sulfurique tout à fait pur et concentré, de telle sorte que celui-ci se rassemble au-dessous du liquide trouble qui le surmonte. Sur le plan de contact des deux couches se montre un anneau vert, et au-dessous une zone rouge qui, si l'on refroidit et qu'on agite un peu, passe au rouge cramoisi avec une pointe de bleu.

M. Ihl [*Chem. Zeit.*, **2**, 196] a constaté que l'arabine donne une belle coloration rouge-cerise quand on la chauffe avec la phloroglucine et l'acide chlorhydrique concentré. MM. Gans et Stone ont trouvé que l'arabinose est la cause de cette coloration : ce fait a été vérifié par MM. Wheeler et Tollens [*Ann. Chem.*, **254**, 314]. La réaction a alors été essayée pour le xylose ; elle se manifeste très lentement lorsqu'on chauffe une trace de xylose avec le réactif contenant parties égales d'acide chlorhydrique (D = 1,19) et d'eau, et un peu de phloroglucine.

Le liquide rouge-cerise qu'on obtient en chauffant le xylose avec le réactif phloroglucique, montre au spectroscope une bande sombre très visible, à côté du jaune dans le commencement du vert, et assez exactement entre les raies D et G. Cette bande très caractéristique permet de reconnaître le xylose et l'arabinose, même quand la coloration rouge-cerise est masquée par des couleurs jaunes et brunes.

MM. Reichl, Wiesner et Reinitzer ont employé un autre réactif pour le xylose et l'arabinose : c'est l'orcine en solution chlorhydrique. On dissout 0$^{gr}$,5 d'orcine dans 50 centimètres cubes d'un mélange à parties égales d'acide chlorhydrique fumant (D = 1,18) et d'eau, et on emploie ce réactif orcique exactement comme le réactif phloroglucique. La cellulose, le papier de bois, un copeau qu'on arrose avec le réactif orcique froid se colorent en bleu foncé, mais cette couleur se forme plus lentement que celle produite par le réactif phloroglucique. Si l'on chauffe un peu de xylose ou d'arabinose avec le réactif orcique, la liqueur se colore, devient rougeâtre, et bientôt il apparaît un trouble bleu-violacé. Quand la liqueur se refroidit, il se dépose des flocons d'un bleu verdâtre qui restent sur le filtre, et sont solubles dans l'alcool. La solution bleu-verdâtre (ou vert-jaunâtre s'il y a des impuretés) présente une bande très caractéristique entre C et D, près de D et en partie sur D [Wiessner, *Sitzungsb. d. k. Akad. d. Wissensch.*, **92**, 140. — Reichl, *Ber. d. österr. Ges. zur Ford. d. Chem. Ind.*, **1**, 74. — Reinitzer, *Zeit. physiol. Chem.*, **14**, 453. — Tollens, *Bull. Soc. Chim.*, (3), **6**, 161].

D'après M. Bertrand [*Bull. Soc. Chim.*, (3), **6**, 259], quand on chauffe doucement un *glucose* avec de l'acide chlorhydrique concentré, tenant en solution une petite quantité de phloroglucine (1 ou 2 gouttes de solution aqueuse saturée de ce corps pour quelques centimètres cubes d'acide), on voit se développer une coloration jaune, qui passe rapidement au rouge orangé. En continuant

à chauffer, on observe la formation d'un précipité rouge sale, et on voit la liqueur se décolorer en partie. Cette réaction se produit à froid également, mais alors elle exige plusieurs heures.

L'interprétation de ces réactions était nulle, ou quelquefois fausse ; c'est ainsi que M. Wiessner attribuait la coloration violette donnée par la gomme arabique en présence de l'orcine et de l'acide chlorhydrique à la présence d'une diastase. (Il est néanmoins exact que les ferments solubles se comportent ainsi, soit qu'ils renferment un groupement hydrocarboné en $C^5$, soit que les procédés de préparation connus ne permettent pas de les obtenir purs.) Reprenant toutes ces expériences, M. Bertrand a reconnu que la coloration rouge observée s'obtient avec tous les glucoses et les matières susceptibles d'en fournir par hydrolyse. Seulement l'acide doit être concentré (densité voisine de 1,18) ; sans cette précaution, le nombre des corps ayant la faculté de colorer le réactif diminue avec la dilution de l'acide ; à cet égard, une assez grande différence sépare des autres les hydrates de carbone à hexoses, puisqu'ils ne donnent plus la coloration rouge lorsque l'acide est étendu de son volume d'eau.

La plupart des phénols peuvent être substitués à la phloroglucine. Avec quelques-uns, mais surtout avec l'orcine, la réaction devient même plus instructive, la coloration variant avec la condensation moléculaire du sucre essayé. Si on emploie l'orcine, cette coloration est d'un violet bleu avec l'arabinose et le xylose qui sont en $C^5$, et d'un rouge orangé avec les glucoses en $C^6$.

Les mannites ne donnent rien, ni les sucres à chaîne fermée. Au contraire, tous les glucosides, d'une façon générale, donnent la réaction correspondant aux divers glucoses qui peuvent entrer dans leur molécule. Ainsi le saccharose, le lactose, l'amidon, l'amygdaline, etc., donnent une coloration rouge ; la gomme de cerisier, le produit de dédoublement de la matière de composition variable connue sous le nom de *gomme de bois*, *gomme de paille*, donnent une coloration violet-bleu. Avec les gommes arabiques et du Sénégal, combinaisons de galactose et d'arabinose, la coloration est intermédiaire, violet-rouge, etc.

On peut également se servir de la solution chlorhydrique d'orcine pour caractériser les membranes liquéfiées dans les recherches microchimiques relatives aux végétaux (Allen et Tollens, Guignard). Ces membranes prennent à froid une coloration violette très accentuée. C'est là une variante du procédé de Wiessner (voyez plus haut), qui indiquait dans le même but l'emploi successif d'une solution alcoolique de phloroglucine et d'acide chlorhydrique : les tissus liquéfiés apparaissaient en rouge.

Ayant vérifié la généralité de ces réactions, M. Bertrand a cherché à en définir le mécanisme. Elles sont produites par certains dérivés furfuriques différant les uns des autres comme le groupe de corps qui les engendrent, et que les mannites et les hydrates de carbones aromatiques sont incapables de donner. Le furfurol (voyez plus haut) et le méthylfurfurol (de l'isodulcite) se comportent ; le premier comme le glucose en $C^5$, le second comme les glucoses en $C^6$, avec la phloroglucine et l'orcine en solution chlorhydrique, sans autres différences que l'apparition plus rapide des colorations, et peut-être une plus grande stabilité.

M. Bertrand donne ensuite la liste des corps essayés avec l'orcine chlorhydrique :

1° Donnent une liqueur rouge-orangé : glucose (procédé Soxhlet), glucose (de la cellulose), galactose, mannose, lévulose, sorbine, saccharose, lactose, maltose, raffinose, mélézitose, stachyose, tréhalose, isodulcite, glycogène, inuline, lévuline, fécule (de pomme de terre), amidon (de riz), dextrine (du commerce), achrodextrine, amygdaline, salicine, hespéridine ;

2° Ont donné un mélange violet-bleu : arabinose, xylose, gomme du pays (cerisier), gomme de paille (blé, avoine), gomme de bois (pin), gomme arabique et du Sénégal (coloration violet-rouge) ;

3° Pas de coloration : xylite, sorbite, dulcite, mannite, perséite, inosite, pinite, berginite, saccharine (de Péligot).

*Réaction de la fuchsine décolorée* [Villiers et Fayolle, *C. R.*, 119, 75]. — La fuchsine décolorée soigneusement, sans excès d'acide sulfureux, permet de différencier les aldoses des cétoses. Le glucose, le sucre interverti, le galactose rougissent le réactif, ainsi que les aldéhydes. Il est bon d'opérer avec une quantité de sucre assez grande : 1 gramme pour 10 à 12$^{cc}$ du réactif. Dans ces conditions, la recoloration de la solution de fuchsine est aussi intense qu'avec les aldéhydes ordinaires, bien qu'elle se produise plus lentement. Les cétoses au contraire (lévulose, sorbose) donnent un résultat tout à fait négatif. Les hexobioses (saccharose, maltose, lactose) ne donnent pas de coloration, même après plusieurs heures : ce n'est qu'au bout de quelques jours que la coloration se développe, accusant ainsi un commencement d'hydrolyse.

ACTION DES PHÉNOLS POLYATOMIQUES[1]. — Les phénols monatomiques ne s'unissent pas aux glucoses sous l'action condensante de l'acide chlorhydrique. Il n'en est pas de même des phénols polyatomiques : ceux-ci se combinent avec les aldoses et même avec les cétoses sous l'action de l'acide chlorhydrique, mais la nature de la réaction varie essentiellement avec le phénol employé. Au contraire, la nature du sucre ne paraît pas avoir une influence considérable.

MM. E. Fischer et Walter Jennings [*D. chem. G.*, 27, 1355] ont étudié la condensation pour les phénols suivants : résorcine, pyrocatéchine, orcine, pyrogallol et phloroglucine.

*Résorcine.* — La résorcine s'unit facilement aux aldoses que l'on a examinés à ce point de vue : arabinose, xylose, glucose, galactose, α-glucoheptose ; elle a également une action, mais différente, sur les deux cétoses, le fructose et le sorbose : elle conduit alors à un produit insoluble dans l'eau, déjà rencontré par MM. Ihl et Séliwanoff.

Nous allons décrire en détail la réaction dans les cas de l'arabinose. Il faut distinguer deux cas, suivant que l'on fait réagir les corps en proportion équimoléculaire, ou que l'on emploie un excès de résorcine.

Si l'on prend des proportions équimoléculaires, la réaction se passe d'après l'équation

$$C^5 H^{10} O^5 + C^6 H^6 O^2 = C^{11} H^{14} O^7 + H^2 O.$$

On refroidit le mélange d'eau (6 parties), d'arabinose (5 parties), et de résorcine (3$^{p}$,7) ; puis on fait passer dans la solution un courant de gaz chlorhydrique jusqu'à saturation. La solution, abandonnée à elle-même pendant 15 heures, devient rougeâtre et visqueuse. Par précipitation dans un grand excès d'alcool absolu, on obtient un produit floconneux incolore, qu'on filtre et qu'on lave à l'alcool et à l'éther. Ce corps, qu'on n'a pu obtenir nettement cristallisé, est très soluble dans l'eau, insoluble dans la plupart des solvants organiques (alcool, éther, benzène, chloroforme, éther acétique) ; il se décompose à 275° en se carbonisant. Les caractères aldéhydiques de l'arabinose ont disparu ; le corps n'est plus altéré à l'ébullition par les alcalis ; l'acétate de phénylhydrazine ne fournit pas d'osazone. En revanche,

---

1. Il ne faut pas confondre ces réactions avec les réactions connues depuis longtemps (réactions de Ihl, Molisch, etc.), et qui viennent d'être signalées.

ce composé se rapproche davantage de la résorcine : il fournit avec le chlorure ferrique en solution aqueuse une coloration d'un bleu violacé, et avec l'eau bromée un produit bromé insoluble ; en outre, traité en solution chlorhydrique par l'aldéhyde benzylique, il fournit un produit de condensation insoluble ; l'acide diazobenzène-sulfonique donne avec une solution neutre du composé résorcinique, une matière colorante rouge très soluble.

Fondu avec la potasse, ce composé régénère 75 0/0 de la résorcine primitive. Il donne une réaction caractéristique avec la liqueur de Fehling : si l'on traite 5 centimètres cubes d'une solution au dix-millième d'arabinose-résorcine par deux gouttes de liqueur de Fehling et une goutte de soude, il se développe une belle coloration d'un rouge violet. Cette réaction, qui rappelle celle de Molisch à l'aide de l'α-naphtol, est presque aussi sensible qu'elle, et peut s'appliquer dans un certain nombre de cas où celle-ci est en défaut ; on en a apprécié la généralité en l'appliquant à tous les aldoses simples, aux dextrines, gommes, glycogène, amidon, cellulose, etc. Il suffit d'ajouter, à 2 centimètres cubes de la solution aqueuse à examiner, environ 0$^{gr}$,2 de résorcine, et de saturer de gaz chlorhydrique. Au bout de quelque temps on étend d'eau, on neutralise avec la soude et on ajoute la liqueur de Fehling.

Si dans la réaction entre la résorcine et l'arabinose on emploie 2 molécules au lieu de 1 de phénol, il se forme un produit *soluble dans l'alcool*, et M. Fischer en donne deux procédés de préparation, suivant que l'on désire avoir un bon rendement ou une matière propre à l'analyse ; cependant on n'a jamais affaire qu'à un mélange du produit précédent avec un autre, se formant d'après l'équation

$$C^5 H^{10} O^5 + (C^6 H^6 O^2)^2 = H^2 O + C^{17} H^{20} O^8.$$

Avec le glucose, on observe les mêmes apparences qu'avec l'arabinose : la seule différence consiste dans un dédoublement hydrolytique plus difficile du produit de condensation.

*Pyrocatéchine et orcine.* — La pyrocatéchine agit sur les aldoses plus lentement que la résorcine. Le produit de condensation avec l'arabinose se prépare comme celui de la résorcine et se présente sous la forme d'une poudre grise, *soluble dans l'eau et insoluble dans l'alcool*, présentant avec le chlorure ferrique la coloration verte de la pyrocatéchine.

L'orcine, au contraire, s'unit très rapidement avec les aldoses. Avec le glucose, la réaction est terminée en quelques heures. Mais le produit est *insoluble dans l'eau et très soluble dans l'alcool*.

*Pyrogallol.* — Le pyrogallol se comporte comme la résorcine et la pyrocatéchine ; il donne avec l'arabinose une poudre incolore, soluble dans l'eau, peu soluble dans l'acide acétique et insoluble dans l'alcool, l'éther, le benzène et l'éther acétique. Le produit se décompose sans fondre vers 240°, et se comporte avec les alcalis et le perchlorure de fer comme le pyrogallol.

*Action de la phloroglucine.* — M. Fischer n'a pas réussi à isoler de produits solides dans l'action de la phloroglucine sur les sucres, en présence de gaz chlorhydrique. M. C. Councler [*D. chem. G.*, 28, 24] a été plus heureux, et a obtenu une série de produits de condensation, en opérant toujours à froid et utilisant comme agent de condensation un courant lent de gaz chlorhydrique.

La réaction paraît s'appliquer à tous les sucres, mais la condensation s'effectue avec départ d'un nombre de molécules d'eau variable, suivant les cas.

Les produits obtenus sont insolubles dans l'eau et présentent l'allure de la phloroglucine dans la plupart des réactions. Ce sont des substances amorphes, mais qui paraissent définies.

Si l'on fait agir à molécules égales (3, par exemple) la phloroglucine sur le sucre, on obtient :

Avec l'arabinose et le xylose, départ de 6 molécules d'eau
— le galactose et le mannose — 8 —
— le dextrose — 9 —
— le lévulose — 10 —

Il ne paraît pas impossible à l'auteur qu'il existe un sucre présentant dans ces conditions un départ de 7 molécules d'eau, mais il n'en a pas encore rencontré.

### XII. — ACTION DES ALDÉHYDES, DU CHLORAL, DE L'ACÉTONE, ACTION SUR LES ALDÉHYDES ET LES CÉTONES.

M. H. Schiff [*Ann. Chem.*, **244**, 19, 28; *D. chem. G.*, **21**, *Ref.*, 297] a préparé, par l'action des aldéhydes ou des cétones sur le glucose en solution acétique, des sortes de combinaisons moléculaires très instables, hygroscopiques et décomposables par l'eau.

Les aldéhydes et les cétones employées sont les aldéhydes benzylique et salicylique, l'aldéhyde cuminique, l'essence de rue, l'aldéhyde ordinaire et, avec le saccharose, l'œnanthol et le furfurol. L'acétone et les aldéhydes propionique, butyrique, valérique, anisique, cinnamique, se comportent de même; l'éther acétylacétique et le camphre également.

Les alcools polyatomiques (glycérine, érythrite, mannite), les acétylglucoses, les glucosides, le lactose ne donnent rien de semblable, à de très rares exceptions près.

ACTION DU CHLORAL [Hefter, *D. chem. G.*, **22**, 1050. — Hanriot, *C. R.*, **116**, 63; **117**, 734; **120**, 153; **122**, 1127; *Bull. Soc. Chim.*, (3), **11**, 37, 258, 303; **13**, 227; **15**, 626. — Petit et Polonowski, *Bull. Soc. Chim.*, (3), **11**, 125. — J. Meunier, *C. R.*, **122**, 144].

Chauffé avec un glucose à 100°, soit seul, soit en présence d'une trace d'acide chlorhydrique, le chloral s'y combine en donnant naissance à deux combinaisons isomériques, d'après la réaction suivante :

$$C^6H^{12}O^6 + CCl^3CHO = H^2O + C^8H^{11}Cl^3O^6.$$

L'une des combinaisons (*combinaison* α, *d-gluco-chloral*, α-*chloralose*) est peu soluble dans l'eau froide, assez soluble dans l'eau chaude et dans l'alcool; elle distille sans décomposition. La combinaison β est difficilement soluble, même dans l'eau chaude.

1° Les propriétés réductrices des glucoses ont disparu, ou du moins si des chloraloses réduisent la liqueur de Fehling à l'ébullition (Petit et Polonowski), cela tient à une action préalable de l'alcali; les propriétés caractéristiques du glucose (action de la phénylhydrazine et de l'hydroxylamine) ont également disparu;

2° D'après MM Petit et Polonowsky, l'acide sulfurique dilué (200 grammes par litre) scinde le chloralose en ses constituants : chloral qu'on peut entraîner par la vapeur d'eau et glucose qu'on caractérise par son osazone. L'acide chlorhydrique étendu produit un dédoublement analogue; la déviation polarimétrique de la solution obtenue permet d'évaluer la fraction du glucose ainsi régénérée;

3° D'après les mêmes auteurs, les alcalis produisent tout d'abord le même dédoublement, puis ultérieurement le chloral est transformé en acide formique et le glucose en produits résultant de l'action des alcalis sur ce corps;

4° Les chloraloses donnent des éthers sulfurique, acétique et benzoïque; le glucochloral fournit un tétracétylchloralose et un tétrabenzoylchloralose; le galactochloral fournit un dérivé tétracétylé et un dérivé tribenzoylé de la combinaison β (la combinaison α n'a pas été isolée); l'arabinochloral et le xylochloral donnent des dérivés triacétylés et dibenzoylés;

5° Par oxydation, les chloralo-hexoses donnent des acides monobasiques en $C^7H^9Cl^3O^6$, isomériques avec l'acide arabinochloralique que fournit l'arabinochloral;

6° Le lévulochloral ne se produit que sous une forme, et fournit par oxydation un acide bibasique. D'après M. Hanriot, il y aurait peut-être là un critère nouveau pour distinguer entre les aldoses et les cétoses;

7° La combinaison α, soluble, jouit seule de propriétés physiologiques; c'est une substance hypnotique qui n'offre ni inconvénients ni danger, à des doses variant entre 0ᵍʳ,20 et 0ᵍʳ,75 (glucochloral);

8° Les corps ainsi obtenus sont :

| | | | |
|---|---|---|---|
| α-glucochloral | fond à 187°, | l'acide chloralique à | 212° |
| β — | — 227° | — | 202° |
| β-galactochloral | — 203° | — | 307° |
| α-arabinochloral | — 124° | | |
| β — | — 183° | — | 257° |
| β-xylochloral | — 132° | | |
| lévulochloral | — 228° | | |

Le bromal peut donner naissance à des composés analogues; toutefois les combinaisons obtenues, les *bromaloses*, sont moins stables et moins faciles à obtenir que les chloraloses. On n'a pas réussi à obtenir celui qui correspond au glucose; mais avec l'arabinose, on a obtenu l'*arabino-bromal*, $C^7H^9Br^3O^5$, en petits cristaux fusibles à 210°, un peu solubles dans l'alcool bouillant, insolubles dans les autres solvants, se décomposant par une ébullition prolongée en solution alcoolique.

*Constitution.* — M. Hanriot a proposé pour ces substances les formules suivantes :

$$CCl^3 - CH \underbrace{\phantom{xxxxxx} O \phantom{xxxxxx}}$$
$$CH^2OH - C(OH) - CH - CH - CH(OH),$$
$$\underbrace{\phantom{xx}}_{O}$$

Arabinochloral.
Xylochloral.

$$CCl^3 - CH \underbrace{\phantom{xxxxxx} O \phantom{xxxxxx}}$$
$$CH^2OH - CHOH - C(OH) - CH - CH - CH(OH),$$
$$\underbrace{\phantom{xx}}_{O}$$

Glucochloral.
Galactochloral.

$$CCl^3 - CH \underbrace{\phantom{xxxxxx} O \phantom{xxxxxx}}$$
$$CH^2OH - C(OH) - CH - CH - C(OH) - CH^2OH,$$
$$\underbrace{\phantom{xx}}_{O}$$

Lévulochloral.

dans lesquelles la position de l'oxygène anhydridique est indéterminée, et d'après lesquelles l'oxydation porterait sur les chaînes latérales et fournirait, pour les aldoses un acide monobasique, pour les cétoses un acide bibasique :

$$CCl^3 - CH \underbrace{\phantom{xxxxxx} O \phantom{xxxxxx}}$$
$$CO^2H - C(OH) - CH - CH - CH(OH),$$
$$\underbrace{\phantom{xx}}_{O}$$

Acides glucochloralique, $C^7H^7O^6Cl^3$.
galactochloralique
arabinochloralique

```
CCl³ - CH ┌────────── O ──────────┐
CO²H - C(OH) - CH - CH - C(OH) - CO²H.
                 └─ O ─┘
```

Acide lévulochloralique, $C^8H^7O^8Cl^3$.

MM. Petit et Polonowsky ont proposé des formules très peu différentes, ne différant en somme que par la position de l'oxygène anhydrique :

```
CHl³-CH ┌────────── O ──────────┐
CH²OH - C - CH(OH) - CH(OH) - CH,
            └────── O ──────┘
```

Glucochloral.

```
CCl³ - CH ┌────────── O ──────────┐
CO²H - C - CHOH - CHOH - CH.
           └────── O ──────┘
```

Acide glucochloralique, $C^6H^7O^6Cl^2$.

Ces formules, aussi bien celles de M. Hanriot que ces formules modifiées, rendent un compte suffisant des faits.

Ce mode de liaison commun aux deux formules rend asymétrique l'atome de carbone aldéhydique, et par suite justifie l'apparition d'une nouvelle isomérie pour le glucochloral et l'arabinochloral, comme dans les glucosides de M. Fischer ; le second support de cette liaison est, dans les deux formules, le quatrième atome de carbone, et explique les résultats de l'oxydation, qui conduit à des acides chloraliques isomériques.

Quant à la liaison anhydridique, on en disposera suivant que l'on adoptera, pour le glucose lui-même, une des formules oxydiques qui ont été proposées (voyez plus haut). La liaison oxydique admise dans la formule de MM. Petit et Polonowsky cadre mieux avec les formules admises actuellement pour les glucosides.

Quant aux acides chloraliques, leur formule, d'après les analyses de M. Hanriot, est $C^7H^9O^6Cl^3$, et non pas $C^7H^7O^6Cl^3$, à laquelle conduisent les schémas précédents. *Ces formules de constitution des acides chloraliques indiquées plus haut sont donc inexactes.* Il ne nous appartient pas de décider jusqu'à quel point cette erreur compromet la solidité de l'ensemble du raisonnement.

Enfin, M. J. Meunier a obtenu, par l'action du chloral sulfurique sur le glucose, trois produits dont l'un est le *chloralose*, le second est un *monochloralglucosane*, $C^6H^9O^4(OC^2Cl^3)$, et le troisième un *dichloralglucose*, $C^6H^{10}O^4(OC^2Cl^3)^2$ (voyez GLUCOSE [DEXTROSE]).

ACTION DE L'ACÉTONE. — Sous l'action de l'acide chlorhydrique étendu, les acétones se combinent avec les sucres. Les recherches ont porté sur les combinaisons de l'acétone ordinaire avec le rhamnose, l'arabinose, le fructose et le glucose.

Le rhamnose s'unit molécule à molécule à l'acétone, pour donner une sorte de glucoside que M. E. Fischer [*D. chem. G.*, 28, 1146] a appelé *acétone-rhamnoside*. Les autres sucres se combinent avec 2 molécules d'acétone, en même temps que s'éliminent 2 molécules d'eau, pour donner des combinaisons qui ont reçu le nom d'*arabinose-diacétone*, *fructose-diacétone*, *glucose-diacétone*. Ces quatre corps ont une grande similitude de propriétés : ils ne réagissent plus avec la liqueur de Fehling et la phénylhydrazine, et sont facilement dédoublés en leurs composants.

Le glucose et le galactose ne s'unissent pas directement à l'acétone, dans laquelle ils sont trop peu solubles. La même difficulté se présente, même avec les autres sucres, lorsqu'on tente de les combiner avec des cétones plus éle-

vées dans la série. Dans ce cas, on forme d'abord l'acétate du glucose, qui est généralement plus soluble, et on le combine avec l'acétone renfermant 0,5 O/O d'acide chlorhydrique. On n'a pas réussi à combiner avec les glucoses les aldéhydes simples, par suite de leur tendance à la polymérisation et à la condensation.

Quant aux constitutions de ces corps, voici celles que leur attribue provisoirement M. Fischer :

```
                    CH³ - C - CH³
                        /       \
                       O         O
                       |         |
CH³-CHOH-CHOH-CHOH-CH ──── CH²
```

Acétone-rhamnoside.

```
   CH³-C-CH³   CH³-C-CH³
     /     \     /     \
    O       O   O       O
    |       |   |       |
  CH²-CH - CH - CH ──── CH
      └──────── O ──────┘
```

Arabinose-diacétone.

[Hugo Schiff, *Ann. Chem.*, 244, 19].

*Action de la β-naphtylamine en présence d'acide pyruvique.* — En chauffant ensemble de l'acide pyruvique, de la β-naphtylamine et une aldéhyde, M. O. Dœbner [*D. chem. G.*, 27, 352 et 2020] a obtenu un acide β-naphtocinchonique alcoylé, d'après la réaction

$$R - CHO + CH^3 - CO - CO^2H + C^{10}H^7AzH^2$$

$$= C^{10}H^6 \begin{array}{c} Az = C - R \\ | \\ C = CH \\ | \\ COOH \end{array} + 2H^2O + H^2.$$

Cette réaction, très générale, ne s'applique pas aux glucoses (dextrose, galactose, etc.), et l'auteur explique cette exception par l'accumulation dans la molécule d'oxhydryles alcooliques, et surtout par la présence d'un oxhydryle en position α.

XIII. — FERMENTESCIBILITÉ DES GLUCOSES.

M. E. Fischer [*D. chem. G.*, 23, 3114; *Zeit. physiol. Chem.*, 26, 60; *Mon. Quesneville*, 1899, 385] a étudié l'action des levures sélectionnées pures sur les différents sucres naturels ou artificiels, et, après avoir adjoint à ses observations celles précédemment faites par d'autres savants dans des conditions semblables, il a disposé le tout en un tableau que nous ne reproduisons pas, mais d'où il résulte que :

1° *Un sucre déterminé présente à peu près la même allure vis-à-vis de toutes les levures employées* : Saccharomyces Pastorianus I, II, III; Saccharomyces Marxianus, cerevisiæ, ellipsoideus I, II; levure de brasserie et de distillerie, Saccharomyces productus, levure du sucre de lait. Seul le Saccharomyces membranæfaciens paraît se comporter d'une façon différente : il est inactif.

2° *Les seuls sucres fermentescibles directement sont le d-mannose, le d-glucose, le d-fructose et le d-galactose.* Le saccharose et le maltose fermentent également sous l'action de ces levures, parce qu'ils sont préalablement dédoublés par une diastase. Le d-galactose fermente notablement moins facilement que les autres. Les résultats ont été négatifs pour les suivants : $d$-talose, mannose, gulose, sorbose, $l$-arabinose, rhamnose, $\alpha$-glucoheptose, $\alpha$-glucoöctose, glucose-résorcine, glucose-pyrogallol, glucose-éthylmercaptal. Le méthylglucoside et l'éthylglucoside de synthèse fermentent, mais plus péniblement.

*Le glycérose en $C^3$ et le mannononose sont fermentescibles*; par contre, le gluconose ne l'est pas.

3° Le sucre de lait ne fermente que sous l'action de quelques levures spéciales.

*Remarque.* — Les trois glucoses éminemment fermentescibles, le $d$-glucose, le $d$-mannose et le $d$-fructose, renferment le même groupe stéréochimique :

$$CH^2OH - \overset{\displaystyle H}{\underset{\displaystyle OH}{C}} - \overset{\displaystyle H}{\underset{\displaystyle OH}{C}} - \overset{\displaystyle OH}{\underset{\displaystyle H}{C}} -$$

C'est ce groupement qui constitue la formule du $d$-arabinose; on n'a d'ailleurs rien publié sur la fermentescibilité de ce pentose. Néanmoins M. E. Fischer a cru pouvoir conclure de cette coïncidence que :

*Les cellules de levure ne peuvent faire fermenter que les matières sucrées dont la configuration ne s'écarte pas beaucoup de celle du glucose.*

*Les cellules de levure ne peuvent agir que sur les sucres dont la configuration est analogue à la leur.*

M. Büchner [*D. chem. G.*, **30**, 117; 1110; **31**, 568] a montré que la fermentation alcoolique pouvait être produite, en dehors de tout organisme vivant, par le produit de sécrétion qu'on peut retirer de ceux-ci sous l'action d'une forte pression. La levure, broyée avec du sable quartzeux ou du kieselguhr (terre d'infusoires) et un peu d'eau, cède, sous l'action d'une pression considérable, un liquide qui détermine la fermentation du glucose, du lévulose, du saccharose et du maltose avec les apparences qui l'accompagnent habituellement.

HYDROLYSE DES GLUCOSIDES. — M. E. Fischer [*D. chem. G.*, **27**, 2985, 3479; **28**, 1429, 1508] a préparé artificiellement un certain nombre de glucosides : par exemple, le méthyl-$d$-glucoside et le méthyl-$l$-glucoside. Ces deux composés résultent de la condensation de l'alcool méthylique avec le $d$-glucose ou le $l$-glucose. Ils ne diffèrent donc pas plus entre eux que les deux glucoses eux-mêmes. Cependant, si l'on fait agir sur ces deux glucosides une diastase, l'invertine ou l'émulsine, l'un d'eux est en grande partie dédoublé au bout de 24 heures, alors que l'autre reste inaltéré. L'influence de la configuration sur le dédoublement diastasique est donc manifeste. Il y a mieux encore. Le méthyl-$d$-glucoside se présente sous deux modifications stéréoisomériques :

$$
\begin{array}{ccc}
H-C-OCH^3 & & CH^3O-CH \\
\quad\diagdown\quad | & & \diagup\quad | \\
O\quad H-C-OH & & O\quad H-C-OH \\
\diagdown\; OH-C-H & \text{et} & OH-C-H \\
\quad | & & | \\
CH & & CH \\
| & & | \\
H-C-OH & & H-C-OH \\
| & & | \\
CH^2OH & & CH^2OH
\end{array}
$$

L'introduction du groupe méthoxylé rend asymétrique le carbone asymétrique qui servait de pivot à la fonction aldéhydique, sans faire disparaître simultanément l'asymétrie du quatrième atome de la chaîne. Les deux méthylglucosides ne diffèrent donc pas par la configuration de l'aldose, mais uniquement par la disposition autour du carbone aldéhydique devenu asymétrique. Ces deux modifications ont été isolées à l'état cristallisé, l'une par M. Fischer, l'autre par M. Alberda van Ékenstein [*Rec. des P.-B.*, **13**, 183]. La modification $\alpha$ seule subit sous l'action de l'invertine le dédoublement hydrolytique. Par le seul fait que la disposition est différente autour d'un atome de carbone asymétrique, l'invertine exerce ou non son pouvoir diastasique sur la molécule.

L'émulsine présente la même particularité, mais au lieu de dédoubler la combinaison $\alpha$, c'est à la combinaison $\beta$ qu'elle s'attaque sans toucher à la première.

L'invertine et l'émulsine sont d'ailleurs toutes deux impuissantes à dédoubler le méthylglucoside du $l$-glucose, que l'on ne connaît d'ailleurs que sous la forme du mélange sirupeux des deux isomères stéréochimiques.

Elles ne dédoublent pas davantage, ni l'une ni l'autre, les méthyl- et éthylgalactosides, les méthyl-, éthyl- et benzylarabinosides, quoique ces corps soient bien cristallisés, ni les rhamnosides.

Enfin, sur le benzylglucoside et sur la glycérine-glucoside les deux diastases agissent toutes deux partiellement; mais, comme ces glucosides sont des mélanges de deux stéréoisomères, on ne peut dire si l'émulsine et l'invertine agissent parallèlement ou contradictoirement.

Pour les polysaccharides, on constate une différence du même genre. Le maltose est dédoublé par l'invertine préparée d'une manière déterminée, et reste insensible à l'action de l'émulsine. Au contraire, le lactose est dédoublé par l'émulsine alors que l'invertine ne l'altère pas.

Les glucosides aromatiques, tels que la salicine, la coniférine, l'arbutine et le phénolylglucoside de M. Michaël, sont, comme on le sait, dédoublés par l'émulsine; inversement, l'invertine ne les modifie pas; elle fait bien subir à l'amygdaline un dédoublement, mais d'une nature très spéciale, car on ne constate la formation ni d'essence d'amandes amères, ni d'acide cyanhydrique.

Ces phénomènes, et pour ne parler que des plus nets, les exemples des deux méthylglucosides d'une part, et d'autre part du lactose et du maltose vis-à-vis de l'émulsine et de l'invertine, montrent bien l'influence de la configuration sur les dédoublements diastasiques. Or les diastases sont des substances ayant beaucoup de similitude avec les matières protéiques et possédant des molécules à structure asymétrique; de la constatation des faits à l'hypothèse qu'il y a une corrélation entre l'édifice géométrique d'une molécule et celui de la diastase qui l'attaque, il n'y a qu'un pas M. Fischer l'a franchi : il compare les 2 molécules réagissantes (sucre et levure ou diastase) à une serrure et à sa clef; il poursuit même cette comparaison en assimilant à des passe-partout les levures faisant fermenter plusieurs sucres, et les autres, plus spéciales, à des clefs de sûreté.

L. J. Simon.

**GLUCOSE (DEXTROSE).** — L'étude de ce corps a été partagée en un certain nombre de chapitres, classés dans l'ordre suivant :

I. *Modifications du glucose.*
II. *Action de la chaleur et de l'électricité.*
III. *Hydrogénation.*
IV. *Oxydation.*
V. *Action des acides; éthers du glucose* (dérivés nitrés, acétylés, benzoylés).
VI. *Action des alcalis.*

VII. *Action de l'ammoniaque, de l'hydroxyl-*
  *amine, des amines aromatiques.*
VIII. *Action de l'hydrazine, de la phénylhy-*
  *drazine, des hydrazides, de l'amino-*
  *guanidine.*
IX. *Action des alcools, des mercaptans.*
X. *Action du chloral, de l'acétone.*
XI. *Fermentation.*

### I. — MODIFICATIONS DU GLUCOSE ORDINAIRE.

Lorsqu'on dissout dans l'eau du glucose cristallisé et qu'on examine la solution au polarimètre, le nombre lu immédiatement correspond à un pouvoir rotatoire plus élevé, — double environ — que celui qu'il prend définitivement, au bout de plusieurs heures s'il est maintenu à la température ordinaire, au bout de quelques minutes s'il est porté à l'ébullition, instantanément si on l'additionne d'une très petite quantité de potasse ou d'ammoniaque. C'est le phénomène signalé par Dubrunfaut [*C. R.*, 23, 38; *Ann. Chim. Phys.*, (3), 18, 99], et auquel on a donné le nom de birotation ou plus justement de *multirotation*. Le pouvoir rotatoire tombe de $[\alpha]_D = 106°$ à $[\alpha]_D = 52°,5$, calculé pour la molécule de glucose anhydre, $C^6H^{12}O^6$. Le résidu amorphe de l'évaporation, dissous de nouveau dans l'eau froide, a le pouvoir rotatoire $[\alpha]_D = 52°,5$ [Béchamp, *C. R.*, 42, 640, 896. — Dubrunfaut, *C. R.*, 42, 739. — Hesse, *Ann. Chem.*, 176, 89. — Schmidt, *id.*, 119, 92].

M. Tanret [*Bull. Soc. Chim.*, (3), 13, 728] a pu isoler à l'état cristallisé la modification à pouvoir rotatoire constant qu'il désigne sous le nom de modification β, en réservant le symbole α pour la modification habituelle à pouvoir rotatoire élevé. Il a en outre découvert une modification nouvelle, γ, à pouvoir rotatoire faible $[\alpha]_D = 22°,5$ analogue à α, en ce sens que la rotation lue immédiatement correspond à $22°,5$, mais ne tarde pas à s'élever jusqu'à la valeur constante $52°,5$ de la modification β. On peut passer à volonté de l'une à l'autre de ces modifications isomériques. (La cryoscopie leur attribue en effet la même grandeur moléculaire.)

GLUCOSE α. — C'est sous cette forme que le glucose cristallise toujours *à froid* de sa solution aqueuse, soit par dépôt de sa solution sursaturée, soit par évaporation spontanée.

En solution aqueuse, il se transforme en glucose β.

La vitesse de transformation dépend de la température : la transformation demande plus de 30 heures à 0°, de 7 à 8 heures à 15°, quelques minutes à l'ébullition.

La vitesse de transformation dépend également de la concentration de la solution, et la rotation limite ne correspond plus, pour des solutions concentrées, à la valeur de $52°,5$. Si l'eau renferme en solution au moins le tiers de son poids de glucose, le pouvoir rotatoire limite est supérieur de quelques degrés à $52°,5$. En diluant les liqueurs, le pouvoir rotatoire stationnaire diminue de nouveau pour prendre la valeur limite $52°,5$.

*La transformation du glucose α en glucose β n'est donc pas complète dans les solutions concentrées*; on a dans ce cas affaire à des mélanges des modifications α et β.

L'alcool absolu froid dissout très difficilement le glucose, mais si l'on porte de l'alcool fort (90 ou 95°) à l'ébullition, et qu'on l'agite pendant quelques instants avec un excès de glucose déshydraté, par filtration et refroidissement il se dépose du glucose α anhydre et cristallisé; mais si l'on prolonge l'ébullition, le glucose α se transforme en glucose β, et le pouvoir rotatoire baisse jusqu'à atteindre la limite $[\alpha]_D = 52°$. De cette solution

on peut retirer, par concentration, des mélanges des modifications α et β à pouvoir rotatoire variable, de 70 à 102°.

De l'alcool absolu à 99°,4, maintenu à l'ébullition pendant 2 ou 3 heures avec du glucose anhydre, en dissout 1/30 de son poids, et le sucre qui se dépose cristallisé au bout de quelques jours a le pouvoir rotatoire $[\alpha]_D = 64$-$66°$ : c'est encore un mélange des modifications α et β.

Dissous dans l'eau, ces mélanges finissent par donner la rotation correspondant à $[\alpha]_D = 52°,5$.

*L'alcool absolu et l'alcool concentré transforment donc à l'ébullition la modification α en modification β*; la transformation est incomplète et n'est pas instantanée [Comparer avec Horsin Déon, *Bull. Soc. Chim.*, (2), 32, 121. — Trey, *Zeit. physiol. Chem.*, 18, 193].

Si maintenant on opère sur de l'alcool plus étendu, on remarque d'abord que la transformation est moins rapide que dans l'eau, et que la rotation limite varie avec le titre alcoolique.

*L'élévation du titre alcoolique agit comme agissait la concentration en solution aqueuse.*

La transformation s'effectue, pour un alcool à 60°, en deux jours à la température de 15° et la rotation limite est $[\alpha]_D = 66°,25$ (solution à 6,5 0/0).

A l'ébullition, la rotation limite est $[\alpha]_D = 56°$ (solution à 22 0/0).

Dans l'alcool à 90°, chauffé en tube scellé, on obtient $[\alpha]_D = 60°,1$.

Dans l'alcool à 95°, chauffé en tube scellé, on obtient $[\alpha]_D = 61°,8$.

L'addition d'alcool à une solution aqueuse étendue de glucose élève peu à peu le pouvoir rotatoire de la valeur $52°,5$ à une valeur supérieure, celle qui correspond à la valeur limite pour une solution de même titre alcoolique.

*L'alcool transforme donc en solution la modification β en modification α*; mais cette transformation n'est ni complète, ni instantanée.

GLUCOSE β. — Pour obtenir le glucose β cristallisé on peut opérer soit à chaud dans les environs de 100°, mais au-dessous, soit à froid par précipitation au moyen d'alcool.

On chauffe au bain-marie bouillant, et en agitant constamment, une solution de glucose; la cristallisation commence dès qu'il ne reste plus qu'un dixième d'eau : le sirop se trouble, prend une consistance de miel grenu, et se transforme en une masse friable qu'on dessèche complètement à l'étuve chauffée à 92° [Tanret, *Bull. Soc. Chim.*, (3), 15, 358]. Il faut s'attacher à opérer l'évaporation et la dessiccation dans le voisinage de cette température. On peut encore introduire un germe de glucose β dans du glucose surfondu et refroidi vers 100°. En maintenant la température dans les environs de 95 à 98°, le glucose β cristallise.

Pour l'obtenir à froid, on dissout le glucose β obtenu à chaud dans son poids d'eau froide, et on ajoute peu à peu de l'alcool absolu en excès, en agitant vivement avec une baguette de verre, de façon à provoquer la cristallisation sur les parois du vase.

Dans ces conditions, le dépôt des cristaux est effectué en 10 ou 30 minutes, en sorte que l'action transformatrice de l'alcool n'a pas le temps de se manifester. Les cristaux sont essorés à la trompe; séchés sur l'acide sulfurique, puis à 100°, pour éliminer l'alcool.

On peut, enfin, opérer de la même manière sur une solution aqueuse concentrée, et encore tiède, de glucose ordinaire.

Préparé à chaud, le glucose β peut être souillé d'un peu de glucose γ si la température a été trop élevée, et avoir par suite un pouvoir rotatoire un peu faible; il peut être souillé d'un peu de glucose $\alpha$, et avoir un pouvoir rotatoire trop élevé s'il a été préparé à une température trop basse.

Voici les pouvoirs rotatoires obtenus pour des glucoses préparés à chaud, à des températures comprises entre 75 et 97° :

| 97° | $[\alpha]_D =$ | 39°,6 | 90° | $[\alpha]_D =$ | 55-56°,3 |
|---|---|---|---|---|---|
| 95° | | 45°,3 | 84° | | 59°,1 |
| 93° | | 51°,3 | 80° (à l'étuve) | | 62°,8 |
| 92° | | 52°,2 | 75° | | 84° |

La température optime de l'opération est donc 92°.

Préparé à froid, le glucose $\beta$ peut être souillé d'un peu de glucose $\alpha$ dû à l'action de l'alcool, et avoir un pouvoir rotatoire un peu fort, mais dans ce cas les écarts ne dépassent 1°.

Il peut également renfermer un peu de glucose $\gamma$ [Tanret, *Bull. Soc. Chim.*, (3), **15**, 359].

Le glucose $\beta$ se dissout rapidement à 19° dans la moitié de son poids d'eau ; mais au bout d'une heure il se fait un dépôt cristallin de la modification $\alpha$. Tout se passe comme si dans la solution concentrée il y avait transformation de $\beta$ en $\alpha$, puis dépôt de la modification $\alpha$ beaucoup moins soluble. Ce qui semble prouver que cette transformation est due à une rupture d'équilibre qui fait sortir l'un des corps du champ de la transformation, c'est qu'elle peut s'effectuer en présence d'une quantité d'eau insuffisante pour dissoudre la modification $\beta$.

Si, en effet, dans la préparation à chaud du glucose $\beta$ on arrête l'opération quand le produit commence à cristalliser — il renferme alors un dixième d'eau — on trouve, après refroidissement, $[\alpha]_D = 56°,3$, puis les jours suivants 58°,6, 75°,3, 94°,5, 103°,7, phénomène inverse de celui qui se produit lors de la dissolution dans l'eau du glucose $\alpha$.

*Solubilité du glucose $\beta$.* — Nous venons de voir ce qui se passe quand on dissout dans l'eau à saturation le glucose $\beta$ ; si on agite dans l'eau froide un grand excès de glucose ordinaire ou glucose $\alpha$, l'eau se sature de ce glucose ; mais le glucose $\alpha$ se transforme en glucose $\beta$ plus soluble ; une nouvelle quantité de glucose $\alpha$ se dissout, se transforme en glucose $\beta$, et ainsi de suite, jusqu'à ce que la liqueur soit complètement saturée de ce dernier, ce qui demande un temps assez long, comme la pratique l'a montré depuis longtemps. D'après ce que nous avons vu à propos du glucose $\alpha$, il existe dans la solution concentrée du glucose $\beta$ une certaine quantité de la modification $\alpha$. Le dosage du glucose dans la solution obtenue donne donc *approximativement* la solubilité du glucose $\beta$.

On a obtenu dans une opération effectuée aux environs de 15°, et qui a duré 12 jours, le résultat suivant :

1 partie de glucose hydraté se dissout dans 1,09 d'eau ; ou bien 1 partie de glucose anhydre se dissout dans 1,32 d'eau, en se transformant en glucose $\beta$ (100 p. d'eau dissoudraient d'après cela 75$^p$,75 de glucose anhydre).

D'après M. Anthon [*Dingl. Journ.*, **151**, 213 ; **168**, 456], 100 parties d'eau dissolvent 81$^p$,68 de glucose anhydre.

Pour la solubilité dans l'alcool, on se heurte aux mêmes difficultés que pour l'eau.

Dans l'alcool à 60°, par exemple, la modification $\beta$ se dissout rapidement dans 1 partie et demie à froid ; mais la liqueur ne tarde pas à se troubler et à déposer la modification $\alpha$.

On a alors opéré autrement : on dissout à chaud 5 grammes de glucose anhydre dans 10 grammes d'alcool à 60° ; il se produit une cristallisation. Au bout d'un mois on a recueilli les eaux mères ;

le polarimètre a montré qu'elles renfermaient 7 parties de glucose $\beta$ pour 1 partie de glucose $\alpha$ ; d'autre part, on a évaporé à siccité 5 centimètres cubes de la liqueur à 100°, le résidu pesait 0$^{gr}$,884.

Le glucose $\beta$, ou plutôt le mélange qui en renferme 7 huitièmes, se dissout à froid dans 4$^p$,49 d'alcool à 60°.

De même il se dissout dans

| 24$^p$ d'alcool à 90° | et à l'ébullition dans | 3$^p$,5 |
|---|---|---|
| 62 — 93° | — | 7 |
| 140 — 99° | — | 30 |

GLUCOSE $\gamma$. — Le glucose fond à 144° ; si après l'avoir fondu on le maintient à 100°, la masse amorphe cristallise généralement au bout de quelques heures.

Les cristaux obtenus sont différents des deux modifications précédentes ; si on prend leur pouvoir rotatoire en solution aqueuse, on trouve qu'il est notablement inférieur à $[\alpha]_D = 52°,5$ pour une lecture immédiate du polarimètre. Mais peu à peu la rotation augmente et se fixe à la valeur qui correspond à 52°,5. Cette variation est accélérée par la chauffe ; elle est immédiate si l'on ajoute une petite quantité de potasse.

Cette modification n'est pas profonde, car par cristallisation on revient au glucose ordinaire $\alpha$, dont le pouvoir rotatoire est $[\alpha]_D = 106°$.

Une fois qu'on a entre les mains un échantillon de la nouvelle modification $\gamma$, on peut régulariser la préparation en ensemençant le glucose surfondu avec un germe de glucose $\gamma$.

On peut encore partir d'une solution très concentrée de glucose qu'on porte dans une étuve à 110°. Lorsque la masse a été agitée et ensemencée, elle est complètement séchée au bout de 7 à 8 heures ; on a alors un mélange des modifications $\beta$ et $\gamma$, qu'on sépare en utilisant leur différence de solubilité dans l'alcool.

Le produit dissous dans son poids d'eau froide et décoloré au noir est précipité par l'alcool absolu, de façon à amener la solution à avoir un titre alcoolique de 90 à 95° ; on agite vivement avec une baguette de verre ; le glucose $\gamma$, moins soluble dans l'alcool, se précipite en cristaux microscopiques qu'on essore à la trompe, qu'on sèche sur l'acide sulfurique, puis à l'étuve à 100°. En répétant ce traitement, on arrive à avoir un produit à pouvoir rotatoire minimum $[\alpha]_D = 22°,5$.

Le glucose $\gamma$ se transforme complètement dans l'eau en glucose $\beta$, dans les mêmes conditions que le glucose $\alpha$, et son pouvoir rotatoire s'élève à la valeur 52°,5 à peu près dans le même temps que celui du glucose $\alpha$ met à y descendre. Il se dissout dans les trois quarts de son poids d'eau à 19°, en donnant une solution sursaturée. L'action de l'alcool sur le glucose $\gamma$ est la même que sur le glucose $\beta$, de sorte que si l'on a chauffé suffisamment des solutions au même titre alcoolique des trois glucoses, elles finissent par présenter le même pouvoir rotatoire.

La transformation du glucose $\gamma$ dissous en glucose $\beta$ ne permet pas de fixer exactement sa solubilité. Elle peut cependant être estimée à la moitié ou aux trois quarts de celle du glucose $\beta$, d'après la quantité de glucose $\gamma$ qui se dissout quand on en agite un excès pendant 1 ou 2 heures avec de l'eau ou de l'alcool.

Le glucose $\gamma$ se produit déjà en petite quantité quand on chauffe pendant longtemps à 100° le glucose amorphe (obtenu par fusion ou évaporation à chaud).

M. Tanret [*Bull. Soc. Chim.*, (3), **15**, 358] a observé qu'il se forme même à partir de 92°. En cherchant la température la plus favorable pour l'obtention du glucose $\beta$, il a constaté que dès cette température les échantillons de cette modification β présentaient des pouvoirs rotatoires graduellement décroissants :

| | |
|---|---|
| 92° | $[\alpha]_D = 52°,2$ |
| 93° | 51°,3 |
| 95° | 45°,3 |
| 97° | 39°,6 |

Ce qu'il fallait attribuer à la formation de la variété γ.

Il se produit également cette variété en petite quantité lors de la précipitation par l'alcool des solutions concentrées de glucose. Les premières portions précipitées ont un pouvoir rotatoire immédiat inférieur à 52°,5, et ces portions, traitées par l'eau et ensuite par l'alcool, fournissent la variété γ (1 quinzième environ de la modification β est ainsi transformé). Pour que la variété γ se produise, ou du moins pour qu'on puisse observer cette allure du pouvoir rotatoire, il faut opérer relativement lentement. Si la précipitation est rapide, le glucose garde le pouvoir rotatoire qu'il avait en solution.

*Glucose fondu.* — Le glucose fondu, avec ou sans perte d'eau, dissous dans l'eau, n'a pas immédiatement le pouvoir rotatoire le plus faible 52°,5, auquel le glucose ordinaire arrive peu à peu. Le pouvoir rotatoire est d'environ 59° immédiatement après la solution, puis il descend peu à peu jusqu'à 52°,5. Ceci se produit, qu'on parte soit du glucose déshydraté fondu, soit du glucose hydraté chauffé à 100°, fondu à 128° en tube ouvert, soit de glucose γ fondu à 150°.

Le glucose fondu est donc un mélange des autres modifications, à moins qu'il ne constitue un quatrième état isomérique.

### II. — ACTION DE LA CHALEUR ET DE L'ÉLECTRICITÉ.

Soumis avec précaution à l'action de la chaleur, le glucose hydraté perd 1 molécule d'eau sans s'altérer. Cependant il subit des modifications que l'observation du pouvoir rotatoire permet d'observer et qui viennent d'être décrites. Il fond vers 144-146°. Quoi qu'il en soit, repris par l'eau, il régénère toujours le glucose hydraté initial.

Vers 170°, il perd 1 molécule d'eau et se transforme en *glucosane*, $C^6H^{10}O^5$, qui, traité par l'eau, est susceptible de reprendre la molécule d'eau qu'on lui a fait perdre.

Au-dessus de 200°, le glucose se décompose, noircit, dégage des gaz et des vapeurs; la matière noire obtenue est encore soluble dans l'eau, elle possède un goût amer et est utilisée sous le nom de *caramel* ou de sucre brûlé; ce caramel est analogue à celui qu'on obtient avec le sucre ordinaire [Gelis, *Ann. Chim. Phys.*, (3), 52, 352; 65, 496]. Par distillation sèche du glucose, on obtient des gaz, de l'oxyde de carbone, de l'acide carbonique, des hydrocarbures, des aldéhydes telles que l'aldéhyde ordinaire et le furfurol, des acétones, des dérivés du furfurane et des acides gras (formique, acétique, propionique) [Schiff, *D. chem. G.*, 20, 540]. Chauffé en tube scellé, le glucose engendre un liquide qui absorbe l'oxygène et l'azote [Thenard, *C. R.*, 52, 795]. M. Munk a obtenu, par l'action de l'eau sous pression, un corps réducteur non fermentescible et de la pyrocatéchine [*Zeit. physiol. Chem.*, 1, 357]. Chauffé en présence d'alcali, le glucose donne de la pyrocatéchine [A. Gautier, *Bull. Soc. Chim.*, (2), 31, 530], de l'acétol $CH^2-CO-CH^2OH$ [Emmerling et Loges, *D. chem. G.*, 14, 1005] et de l'acétone [Rochleder et Kavalier, *J. prakt. Chem.*, 94, 403].

*Oxydation du glucose par électrolyse.* —

Dissous dans l'eau acidulée au vingtième d'acide sulfurique, dans la proportion de 6 à 7 0/0, et soumis à l'électrolyse, le glucose a donné des produits se rapprochant beaucoup de ceux fournis par la mannite dans les mêmes conditions.

Au pôle négatif se dégage de l'hydrogène.

Au pôle positif, on recueille un mélange gazeux ayant la composition suivante :

| | |
|---|---|
| Acide formique | 22,8 |
| Oxyde de carbone | 18,2 |
| Oxygène | 59,0 |

Quant à la liqueur oxydée, elle renferme du trioxyméthylène facile à isoler par distillation, de l'acide formique et de l'acide saccharique [A. Renard, *Ann. Chim. Phys.*, (5), 17, 321].

### III. — HYDROGÉNATION.

Les seules expériences relatives à l'hydrogénation du glucose ont été effectuées au moyen d'amalgame de sodium. Il y a lieu de distinguer entre le cas où on laisse la réduction se produire en liqueur alcaline et celui où l'on neutralise la soude formée au fur et à mesure de sa production.

Les premiers auteurs qui se sont occupés de la question ne se sont pas préoccupés de neutraliser la liqueur.

Linnemann [*Ann. Chem.*, 123, 136] a fait réagir l'amalgame sur le sucre *interverti* et a obtenu de la mannite.

M. Bouchardat [*C. R.*, 73, 1008; *Ann. Chim. Phys.*, (4), 27, 68] a vérifié le résultat précédent. En outre, il a constaté que le glucose soumis à l'action du même réducteur fournit de la mannite, de l'acide lactique et des produits volatils, un alcool hexylique secondaire, l'alcool isopropylique et l'alcool ordinaire. Le rendement en mannite est toujours très faible.

M. Brown [*Chem. Soc.*, 54, 638], en répétant l'expérience de M. Dewar sur la même question [*Zeitschr. f. Chem.*, 1870, 413], évalue le rendement à 7 0/0. M. Bouchardat a également isolé de la mannite dans l'hydrogénation du sucre de lait, où elle provient du glucose, le galactose ne lui ayant jamais fourni que de la dulcite.

M. Scheibler [*D. chem. G.*, 16, 3010] avait émis, en 1874, la supposition que la mannite obtenue par Linnemann dans la réduction du sucre interverti provenait du lévulose; à la suite du travail de M. Krüsemann (Harlem, 1876), qui a montré que la mannite se formait par hydrogénation du glucose et du lévulose, il a changé d'avis.

Cependant l'hydrogénation se fait beaucoup plus facilement avec le lévulose qu'avec le glucose; l'hydrogène n'est sensiblement absorbé qu'au bout d'un certain temps, et le rendement en mannite est toujours faible (M. Krüsemann indique 40 grammes pour 500 grammes de glucose et de lévulose). Il en conclut que l'hydrogénation ne se porte pas directement sur le glucose, mais sur un produit d'altération provenant sans doute de l'action de l'alcali.

MM. Fischer et Hirschberger [*D. chem. G.*, 22, 376] ont également observé la difficulté d'obtenir la mannite à partir du glucose comparée à celle qu'on obtient à partir du mannose.

La question a été éclaircie par les recherches de M. Meunier [*C.R.*, 111, 49]. M Meunier a d'abord opéré en neutralisant la liqueur alcaline à mesure qu'il faisait réagir l'amalgame, et il n'a rien obtenu. Ensuite il a opéré, au contraire, sans neutraliser. Dans ces conditions, il a pu isoler, au moyen de son acétal benzylique, un alcool hexatomique isomère de la mannite, la sorbite de Boussingault, avec un rendement de 35 à 40 0/0. *L'hydrogénation du glucose par l'amalgame de sodium fournit donc, comme produit principal, la sorbite.*

Quant à la mannite produite dans les expériences antérieures, sa formation devait être due à l'hydrogénation du mannose ou du fructose provenant de l'isomérisation du glucose sous l'action des alcalis (voir *Action des alcalis*).

### IV. — OXYDATION.

Le glucose ne s'oxyde pas à l'air; l'ozone n'agit pas sensiblement [Renard, *Ann. Chim. Phys.*, (5), **17**, 333], si ce n'est en présence d'agents alcalins (Gorup-Besanez, *Dict.*, **3**, 28) qui agissent préalablement sur lui.

Dans le 1er Suppl., on indique qu'en présence d'éponge de platine à 140° le glucose cède de l'eau et de l'anhydride carbonique; qu'à 250° il est complètement décomposé [Millon et Reiset, *Ann. Chim. Phys.*, (3), **8**, 280].

M. O. Löw [*D. chem. G.*, **23**, 865] a montré qu'en présence d'une mousse de platine séchée à l'air et très active, le glucose fixe l'oxygène de l'air en donnant naissance à une odeur rance due à la présence d'acides gras. Le dosage du sel d'argent correspond à l'acide valérianique sans qu'on puisse toutefois écarter l'hypothèse d'un mélange d'acides comprenant, par exemple, les acides butyrique et caproïque. En présence de craie, l'odeur ne se manifeste pas, probablement par suite de formation d'acide gluconique transformé en gluconate de calcium. L'auteur s'est assuré que l'on n'avait pas affaire à un phénomène de fermentation. L'eau oxygénée n'agit pas sur le glucose [Renard, *loc. cit.*].

Le chlore sec transforme le glucose en produits bruns qui n'ont pas été étudiés; en présence de l'eau, il le transforme en acide gluconique monobasique [Hlasiwetz et Habermann, *Ann. Chem.*, **155**, 120; Herzfeld, *Ibid.*, **220**, 335]. Le brome agit de la même manière, mais donne en outre un peu d'acide saccharique bibasique. L'iode, en présence des alcalis ou des bicarbonates alcalins, donne de l'iodoforme [Millon, *C. R.*, **24**, 828; Lieben, *Ann. Chem.*, 7e Suppl., 228]. MM. Herzmann et Tollens [*D. chem. G.*, **18**, 1335] ont confirmé ce fait et l'attribuent à la formation préalable, sous l'action des alcalis, d'acide lactique.

L'iode, en présence de borax, oxyde le glucose en le transformant en acide gluconique; la réaction est assez régulière pour qu'on ait pu l'utiliser au dosage du glucose [Romjin, *Zeit. analyt. Chem.*, **36**, 349].

L'acide azotique étendu et froid fait passer le glucose à l'état d'acide gluconique; à chaud, le glucose est oxydé plus complètement, il se forme de l'acide saccharique et, en outre, d'autres produits, parmi lesquels on a signalé l'anhydride carbonique, l'acide cyanhydrique, l'acide formique, l'acide oxalique et l'acide tartrique droit [Liebig, *Ann. Chem.*, **113**, 1; Heintz Pogg, *Ibid.*, **51**, 183; Hornemann, *J. prakt. Chem.*, (1), **89**, 304].

M. Kiliani [*Ann. Chem.*, **205**, 145] n'a pas pu isoler d'acide tartrique dans l'action de l'acide azotique, mais 53 grammes de glucose, chauffés avec 160 grammes d'acide azotique (D = 1,2) pendant 12 heures à 40°, puis 59 heures à 50°, et enfin 9 heures à 60°, lui ont fourni 6gr,8 d'oxalate de calcium et 35 grammes de saccharate de calcium.

MM. Gans, Stone et Tollens [*D. chem. G.*, **24**, 2148] se sont servis de cette réaction pour caractériser le glucose dans les bioses, les trioses et les glucosides sous forme de saccharate de potassium et de saccharate d'argent.

Par l'action de l'acide azotique concentré en présence d'acide sulfurique, il se produit un nitro-glucose [Lea, *Zeitschr. f. Chem.*, 1868, 532; Will et Lenze, *D. chem. G.*, **31**, 68].

L'acide chromique donne de l'acide formique, de l'aldéhyde et de l'acroléine [Liebig, *Ann. Chem.*, **113**, 16]. Il en est de même du mélange d'acide sulfurique et de bioxyde de manganèse.

Le permanganate de potassium, même en solution neutre, détruit complètement le glucose à l'ébullition; à froid, avec un excès d'oxydant, on peut isoler un peu d'acide oxalique, et si l'on diminue la quantité de caméléon, un peu d'acide formique [Smolka, *D. chem. G.*, **20**, 167].

Le glucose s'enflamme au contact d'un excès d'oxyde puce de plomb [Böttger, *Ann. Chem.*, **34**, 88].

Les oxydes des métaux lourds oxydent le glucose.

L'oxyde d'argent fournit, d'après M. Kiliani, de l'acide glycolique. La solution ammoniacale d'oxyde d'argent donne de l'acide formique, et, en outre, de l'acide oxalique et peut-être de l'acide glycolique [Tollens, *D. chem. G.*, **16**, 920].

L'oxyde rouge de mercure, avec ou sans eau de baryte, donne de l'acide gluconique [Herzfeld, *Ann. Chem.*, **245**, 27; Herzfeld et Bruhns, *Zeitschr. d. Ver. für d. Rub. Zuck. Ind.*, **36**, 110]. Il ne se forme pas trace d'acides trioxybutyrique et glycérique, contrairement à ce qu'avaient affirmé MM. Habermann et Hönig.

L'oxyde jaune de mercure est réduit à l'ébullition; après filtration, il se produit par refroidissement un dépôt de cristaux de gluconate mercureux [Heffter, *D. chem. G.*, **21**, 1049].

L'hydrate cuivrique, à chaud, donne de l'anhydride carbonique, de l'acide formique, de l'acide glycolique et un mélange d'acides qu'on n'a pas réussi à séparer [Habermann et Hönig, *Mon. f. Chem.*, **3**, 651; *D. chem. G.*, **15**, 2624].

MM. Worm Müller et J. Hagen [*Pflüger's Arch.*, **22**, 325, 374, 391; **23**, 220] ont étudié l'action de l'hydrate cuivrique sur le glucose en solution acide, neutre et alcaline.

D'après Reichardt [*Ann. Chem.*, **127**, 147] et Claus [*ibid.*, **147**, 114; *J. prakt. Chem.*, (2), **4**, 63], il se produit, dans l'action de l'hydrate cuivrique en présence de potasse, surtout de l'acide tartronique, $CO^2H-CHOH-CO^2H$, à côté d'acide formique, d'acide oxalique, d'acide acétique et d'autres acides. M. Gaud [*C. R.*, **119**, 604] a signalé la formation de produits aromatiques dans cette réaction.

Les sels de cuivre, de mercure et d'argent sont également réduits par le glucose.

L'azotate d'argent ammoniacal donne le miroir caractéristique des aldéhydes.

Le nitrate mercureux, le chlorure et le cyanure de mercure sont réduits [Wilson, *Chem. News*, **65**, 169].

Le sulfate de cuivre est réduit à l'état de cuivre microcristallin [Monnet, *Bull. Soc. Chim.*, (3), **1**, 83]. L'acétate de cuivre est réduit à l'état d'oxyde cuivreux. Le sulfate de cuivre, en présence d'un acétate alcalin, est partiellement réduit à l'état d'oxyde cuivreux [Alvaro Reynoso, *C. R.*, **44**, 278]. En présence du glucose, l'hydrate cuivrique précipité du sulfate de cuivre est maintenu en solution; la liqueur bleue limpide fournit alors, si on la chauffe, ou même à froid au bout d'un certain temps, un dépôt d'oxyde cuivreux, jaune, orangé, puis rouge. C'est le principe des méthodes de dosage du glucose [Trommer, *Ann. Chem.*, **39**, 361; Fehling, *ibid*, **72**, 106; Barreswill, *J. de Pharm.*, (3), **6**, 301, etc.].

Les sels ferriques sont réduits à l'état de sels ferreux.

Le sous-nitrate de bismuth est réduit en présence de carbonate de sodium [Böttger, *J. prakt. Chem.*, **70**, 432].

Le ferricyanure de potassium oxyde le glucose à l'état d'acide gluconique en solution étendue, plus profondément en solutions moyennement concentrées, en passant lui-même à l'état de ferrocyanure [Tarugi et Nicchiotti, *Gazz. chim. ital.*, **27**, 131].

Le glucose réduit l'acide picrique à l'état d'acide picramique, l'acide o-nitrophénylpropiolique à l'état d'indizotine; il décolore le bleu d'alizarine et le tournesol.

Enfin les organismes inférieurs oxydent le glucose : en particulier, le *Mycoderma aceti* [Brown, *Chem. Soc.*, **49**, 172] et le *Bacterium xylinum* [Bertrand, *C. R.*, **127**, 728] fournissent l'acide gluconique; le *Micrococcus oblongus* a donné à M. Boutroux l'acide gluconique et l'acide oxygluconique [*C. R.*, **102**, 924].

### V. — ACTION DES ACIDES.

L'action des acides peut s'exercer de plusieurs manières :

1° Les acides étendus agissent sur une solution fraîche de glucose pour accélérer le phénomène de la multirotation, c'est-à-dire pour hâter la transformation des modifications α et γ en modification β.

Cette observation, faite il y a déjà longtemps par M. Erdmann, a été depuis l'objet de recherches systématiques [Lévy, *Zeit. physiol. Chem.*, **17**, 301]. La conclusion en est que l'accélération du phénomène due à l'action propre des acides, indépendamment de celle de l'eau, dépend à la fois de leur concentration et de leur nature. Cette accélération peut même servir à mesurer leur grandeur d'affinité, comme on l'a déjà fait par l'inversion du sucre de canne, la catalyse de l'acétate de méthyle et la conductibilité électrique. Le classement des acides au moyen de ces différents critères est le même, au moins qualitativement.

2° Les acides étendus ou concentrés et *froids* peuvent produire une sorte de polymérisation du glucose qui se traduit à la fois par une diminution du pouvoir réducteur, et une élévation du pouvoir rotatoire.

Musculus [*Bull. Soc. Chim.*, (2) **18**, 66] a obtenu par l'action de l'acide sulfurique concentré un produit analogue aux dextrines de formule

$$(C^6 H^{10} O^5)^n ;$$

ce produit ne réduit plus sensiblement la liqueur de Fehling, ne fermente pas sous l'action de la levure de bière et régénère le glucose par hydrolyse sous l'action de l'acide sulfurique étendu [Musculus et Meyer, *C. R.*, **92**, 528. — Hönig et Schubert, *Mon. f. Chem.*, **7**, 455].

Grimaux et M. Lefèvre [*C. R.*, **103**, 146; *Bull. Soc. Chim.*, (2), **46**, 241 et 250] ont étudié l'action de l'acide chlorhydrique faible sur le glucose.

On dissout le glucose pur dans 8 fois son poids d'acide chlorhydrique (D = 1,026), et on distille cette solution au bain-marie dans le vide. Le résidu est repris par l'eau et précipité par l'alcool. Après purification, on obtient une sorte d'achrodextrine dont le pouvoir réducteur est de 17,8 0/0 évalué en glucose, et le pouvoir rotatoire + 97°,48. Elle se rapproche de la substance décrite par Musculus, mais s'en distingue par la grandeur des pouvoirs réducteur et rotatoire. En outre, Grimaux et M. Lefèvre ont émis l'hypothèse que dans les eaux mères alcooliques se trouvait un biose, peut-être le maltose; la phénylhydrazine leur a donné une osazone, qu'ils pensent être identique à la maltosazone.

M. Fischer [*D. chem. G.*, **23**, 3687] a obtenu par l'action de l'acide chlorhydrique concentré sur le glucose un biose, l'isomaltose, dont il a préparé l'osazone.

M. Wohl [*D. chem. G.*, **23**, 2084] a étudié l'action de l'acide chlorhydrique sur le glucose, et a constaté l'élévation du pouvoir rotatoire et l'abaissement du pouvoir réducteur. Il a donné à ce phénomène le nom de *réversion* et l'attribue à la production de dextrines qu'il a précipitées par l'alcool.

M. Ost [*Chem. Zeit.*, **19**, 1501] a soumis le glucose à l'action de l'acide chlorhydrique fumant, et a obtenu au bout de quelques jours une solution identique à celle que fournit l'amidon dans les mêmes circonstances.

3° L'action des acides étendus et chauds peut produire une destruction plus complète du glucose, avec formation d'acides formique et lévulique et de substances humiques.

MM. Grote et Tollens [*Ann. Chem.*, **175**, 181; **206**, 207] ont étudié l'action des acides sur le saccharose, et à ce propos sur ses constituants, le glucose et le lévulose.

Ils en ont conclu que la formation d'acide lévulique qu'ils ont observée était due à l'action des acides sur le lévulose, et que le glucose ne participait que pour une fraction très faible à cette production.

Dans l'action de l'acide sulfurique étendu sur le saccharose, on constate à la fin de l'expérience l'existence d'une notable quantité de glucose, alors que le lévulose a entièrement disparu.

D'autre part, l'action de l'acide sulfurique étendu ou de l'acide chlorhydrique *concentré* sur le glucose ne leur a fourni que des traces d'acide lévulique.

50 grammes de dextrose chauffés pendant 6 jours avec 50 grammes d'acide sulfurique et 450 grammes d'eau ont donné 0ᵍʳ,0377 de lévulate d'argent.

30 grammes de dextrose chauffés pendant un jour au bain-marie, avec 100 grammes d'acide chlorhydrique concentré, ont donné 0ᵍʳ,85 de lévulate de zinc.

MM. Conrad et Guthzeit [*D. chem. G.*, **19**, 2571] ont repris ces expériences. Il résulte de leurs recherches relatives au glucose qu'effectivement l'acide sulfurique étendu agit notablement moins vite sur le glucose que sur le lévulose en particulier, pour la production des acides lévulique et formique, mais qu'il n'en est plus de même avec l'acide chlorhydrique *étendu*. Celui-ci fournit avec le dextrose et avec le lévulose des quantités tout à fait voisines d'acides lévulique et formique, liées entre elles par l'équation

$$C^6 H^{12} O^6 = C^5 H^8 O^3 + C H^2 O^2 + H^2 O.$$

Quant à l'acide chlorhydrique concentré, il agit d'une tout autre manière sur le glucose : celui-ci, chauffé en tube scellé au bain-marie, pendant 17 heures, avec 10 fois son poids d'acide chlorhydrique concentré, n'a pas fourni trace d'acide lévulique, mais des substances humiques en abondance.

MM. Berthelot et André [*Ann. Chim. Phys.*, (7), **11**, 173] ont publié sur l'action des acides d'intéressants résultats.

Ils ont étudié l'action des acides chlorhydrique, sulfurique et phosphorique sur le glucose en variant les conditions de l'expérience : concentration et nature de l'acide, durée et température de chauffe, vase clos ou distillation dans l'air ou dans l'hydrogène :

1° Les produits de la réaction sont l'acide humique et les acides formique et lévulique, et accessoirement le furfurol et les gaz carbonique et oxyde de carbone.

2° Avec l'acide chlorhydrique concentré et à 100°, le produit principal de la réaction est l'acide humique.

Par exemple, 1 gramme de glucose et 5 centimètres cubes d'acide chlorhydrique concentré, chauffés en tube scellé rempli de gaz chlorhydrique, pendant 24 heures à 100°, ont fourni pour 100 :

| | |
|---|---|
| $CO^2$ | 1,3 |
| $CO$ | 2,8 |
| $H.CO^2H$ | 6,4 |
| Acide humique | 54,3 |

3° Avec les acides dilués, il se produit, à côté de l'acide humique, les acides formique et lévulique, qui doivent leur formation à une réaction que traduit très suffisamment l'équation

$$C^6H^{12}O^6 = C^5H^8O^3 + CH^2O^2 + H^2O.$$

La proportion des acides formique et lévulique observés correspond bien au rapport de leurs poids moléculaires ; il y a cependant un léger déficit en acide formique, mais qui s'atténue considérablement si l'on tient compte de l'oxyde de carbone formé simultanément. Si l'on fait, en outre, intervenir dans le même sens la teneur en gaz carbonique, la proportion devient tout à fait théorique. Des expériences spéciales ont d'ailleurs démontré que l'acide formique pouvait fournir des quantités sensibles d'oxyde de carbone dans les conditions de l'expérience, et qu'au contraire l'acide lévulique ne donnait jamais d'oxyde de carbone sous l'action de l'acide phosphorique ou de l'acide chlorhydrique concentré.

Il y a donc, dans l'action des acides étendus, production simultanée et concomitante des acides formique et lévulique.

4° Avec les acides dilués, il se produit également de l'acide humique ; mais, si sa formation est simultanée avec celles des acides formique et lévulique, elle n'est pas liée avec la leur ; elle est due à une autre réaction du glucose. Elle n'est pas consécutive à la formation d'acide lévulique, car en aucun cas l'acide lévulique chauffé avec les acides ne fournit d'acide humique.

Au contraire, si l'on examine le résultat d'expériences faites dans des temps différents, on constate que la production totale d'acide humique est plus rapidement atteinte que celle d'acide lévulique.

5° Le glucose, en même temps qu'il est décomposé dans les deux directions différentes que l'on vient d'indiquer, passe sous une forme non réductrice, — glucosane par exemple, — et il semble que sous cette forme il se transforme plus volontiers en acide lévulique qu'en acide humique ; c'est ce qui expliquerait pourquoi la production de l'acide lévulique, d'abord moins favorisée, finit par prédominer au bout d'un grand nombre d'heures de chauffe.

6° Le furfurol ne se manifeste pas en tubes scellés, dans ces conditions il se polymérise ; on l'observe quand on opère par distillation soit dans un courant d'air, soit dans un courant d'hydrogène.

Même dans ces conditions, il ne se produit qu'en très petite quantité. 5 grammes de glucose et 61gr,8 d'acide phosphorique sont dissous dans 200 centimètres cubes d'eau et chauffés au bain d'huile au-dessous de 120° pendant 278 heures, en remplaçant l'eau au fur et à mesure qu'elle distille (courant lent d'hydrogène).
On a trouvé pour 100 :

| | |
|---|---|
| $CO^2$ | 9,3 |
| $H.CO^2H$ et analogues | 8,9 |
| Acide humique | 9,6 |
| Furfurol | 0,43 |



7° Dans les différentes expériences qui ont été faites, il se produit les gaz carbonique et oxyde de carbone.

Voici, par exemple, l'analyse des produits formés dans l'action de l'acide phosphorique étendu sur le glucose, en tube scellé à 100°, au bout de 168 et de 644 heures. On a, pour 100 de glucose :

| | | |
|---|---|---|
| $CO^2$ | 1,40 | 2,07 |
| $CO$ | 0,59 | 1,19 |
| $H.CO^2H$ | 10,70(?) | 11,90 |
| $C^5H^8O^3$ | 37,10 | 39,88 |
| Acide humique | 23,10 | 23,60 |

Les quantités de gaz sont relativement faibles ; l'oxyde de carbone provient vraisemblablement de la décomposition de l'acide formique ; on s'est assuré par des expériences spéciales que ces gaz ne provenaient pas de l'acide lévulique, mais peut-être d'une décomposition lente de l'acide humique formé d'abord.

Si on opère en vase ouvert par distillation, la production d'acide carbonique et d'oxyde de carbone s'accentue. Elle peut même devenir tout à fait comparable à la production des acides volatils et des matières humiques, comme on peut facilement s'en rendre compte en se reportant à l'expérience citée plus haut à propos du furfurol. D'après les auteurs, l'origine de l'acide carbonique serait vraisemblablement due à la décomposition de l'acide formique en acide carbonique et hydrogène, l'hydrogène se portant sur les composés présents, par exemple sur l'acide humique.

Quoi qu'il en soit, il est nécessaire de rapprocher ce dégagement de gaz carbonique de celui qui résulte du dédoublement du glucose dans la fermentation alcoolique.

4° ÉTHERS DU DEXTROSE. — *Éther nitrique.* — M. Carey Lea [*Zeit. Chem.*, **186**, 532] a décrit un nitroglucose obtenu par l'action de l'acide nitrosulfurique sur le glucose. Ce serait un produit blanc, pulvérulent, explosif, insoluble dans l'eau, soluble au contraire en toute proportion dans l'alcool et dans l'éther.

MM. W. Will et F. Lenze [*D. chem. G.*, **31**, 73] n'ont pas réussi à obtenir par leur méthode générale de nitration des glucoses un produit cristallisé stable à la température ordinaire. Si l'on précipite par l'acide sulfurique une solution nitrique de glucose, on obtient un dépôt huileux qui, après purification, se présente sous la forme d'une matière visqueuse limpide. Dans l'eau glacée, cette substance devient dure et pulvérisable, mais reprend le même aspect lorsque la température s'élève, et cela malgré de nombreux fractionnements alcooliques.

Ce *glucose pentanitré*, $C^6H^7O^6(AzO^2)^5$, est très soluble dans l'alcool, insoluble dans l'eau et dans la ligroïne ; il réduit la liqueur de Fehling à chaud. Son pouvoir rotatoire $[\alpha]_D^{20} = 98°,7$ en solution alcoolique à 6 0/0. C'est une substance peu stable ; on a observé dans un tube à point de fusion le point de décomposition 135°. Un échantillon maintenu à 50° perd 38 0/0 de son poids en 24 heures.

*Éthers sulfuriques.* — Il faut se reporter pour ce point au mémoire de M. Claesson [*J. prakt. Chem.*, (2), **20**, 1] (1er Suppl.).

*Acétochlorhydrose*, $C^6H^7OCl(C^2H^3O^2)^4$ (*éther chlorotétracétique*) (1er Suppl.). — A l'aide de l'acétochlorhydrose, M. Michaël a pu réaliser la synthèse de l'hélicine (glucoside salicylique) [*C. R.*, **89**, 355 ; *D. chem. G.*, **12**, 2260 ; **14**, 2100 ; **15**, 1922, — Schiff, *D. chem. G.*, **14**, 2559] Le phénate de potassium, l'hydroquinone potassique, le thymol et l'α naphtol sodés ont donné des produits similaires à M. Drouin [*Bull. Soc. Chim.*, (3), **13**, 5].

*Acétobromhydrose* [W. Kœnigs et E. Knorr,

*Sur quelques dérivés du glucose, Sitz.-ber.,* Vienne, 1900, cah. 1].

DÉRIVÉS ACÉTYLÉS DU DEXTROSE. — M. Berthelot [*Ann. Chim. Phys.*, (3), 60, 98], chauffant à 100°, pendant 50 heures, du glucose déshydraté ou du sucre de canne, avec l'acide acétique cristallisable, obtint une petite quantité d'un liquide neutre, huileux, incolore, soluble dans l'éther, l'alcool et l'eau, doué d'une amertume extraordinaire, et dont l'analyse correspondait à la formule $C^{18}H^{22}O^{11}$, c'est-à-dire

$$C^6H^6O^6(COCH^3)^6 — H^2O.$$

Schützenberger [*C. R.*, 68, 814; *Bull. Soc. Chim.*, (2), 12, 294; *Ann. Chim. Phys.*, (4), 21, 249] chauffe aux environs de 120° le glucose pur cristallisé, séché à 100°, avec l'anhydride acétique. La nature des produits varie avec la proportion et la concentration de l'anhydride, qui peut être souillé d'acide. Si on emploie 1 partie de glucose sec et $2^p,5$ d'anhydride, en chauffant en vase ouvert, il se produit une vive réaction très terminée; on étend d'eau et on chasse au bain-marie l'acide acétique. On sépare du résidu de l'évaporation, au moyen de benzène bouillant, deux produits : le *triacétylglucose*, $C^6H^9(COCH^3)^3O^6$, soluble dans ce véhicule, et le *diacétylglucose*, $C^6H^{10}(COCH^3)^2O^6$, qui ne s'y dissout pas.

En chauffant le triacétylglucose avec un grand excès d'anhydride à 160° pendant 6 heures, on obtient, après un traitement convenable, un corps solide d'un jaune clair, possédant la composition

$$C^{12}H^{14}(COCH^3)^8O^{11} = 2[C^6H^6(COCH^3)^4O^6] — H^2O.$$

C'est ce produit qui a été retrouvé plus tard par d'autres expérimentateurs et caractérisé comme un *pentacétylglucose*.

M. Franchimont [*D. chem. G.*, 12, 1939] appliqua au glucose la méthode d'acétylation proposée par MM. Liebermann et Hörmann [*D. chem. G.*, 11, 1619], c'est-à-dire le traitement par l'anhydride acétique en présence d'acétate de sodium fondu, et obtint avec un rendement avantageux un produit qui cristallise dans l'éther chaud, se présente en cristaux durs, blancs, brillants, réunis en choux-fleurs. Ce corps fond à 100° et est dextrogyre. M. Franchimont l'identifia avec l'*octacétyldiglucose* de Schützenberger.

M. Herzfeld [*D. chem. G.*, 13, 265] appliqua également la méthode de Liebermann à un certain nombre d'hydrates de carbone, et obtint un corps présentant une composition identique à celui de M. Franchimont, mais fondant à 134°. Il le considéra également comme un octacétyldiglucose sur la foi de sa composition centésimale et de sa teneur en groupes acétyles (titrage de l'acide acétique).

M. Franchimont [*D. chem. G.*, 12, 2059] indique une variante à la méthode d'acétylation de Liebermann : il propose l'emploi de quelques fragments de chlorure de zinc fondu, ajoutés à l'anhydride acétique. Ce procédé permet, d'après lui, d'obtenir, *sans crainte de migration*, les dérivés les plus acétylés, et il donne comme exemple la production de l'hexacétylmannite.

MM. Erwig et Königs [*D. chem. G.*, 22, 1463] ont employé concurremment pour le glucose la méthode de M. Liebermann et la dernière méthode de M. Franchimont.

Avec la première, ils ont obtenu, comme produit fondamental, l'octacétyldiglucose fondant à 134°; avec la seconde, ils indiquent la production du *pentacétyldextrose* fondant à 111-112°. Ils reconnurent que ce corps se forme surtout lorsque la réaction est rapide et violente. En opérant d'une façon plus modérée, ils obtinrent surtout l'octacétyldiglucose, mais ils ne reconnurent pas l'isomérie des deux produits; cependant ils observaient que l'octacétyldiglucose se transforme en pentacétylglucose lorsqu'on le chauffe pendant une demi-heure avec l'anhydride acétique et le chlorure de zinc.

M. Franchimont [*Rec. des P.-B.*, 11, 106] revint sur cette question, et établit avec le secours des méthodes cryoscopique et tonométrique l'isomérie des deux corps précédents; en reprenant la saponification de l'octacétyldiglucose il montra que c'était un pentacétylglucose, comme le corps de MM. Erwig et Königs, dont il diffère par un point de fusion plus élevé, par un pouvoir rotatoire dextrogyre moindre, et par une solubilité plus faible dans l'eau et dans l'alcool.

Enfin, M Tanret [*Bull. Soc. Chim.*, (3), 13, 266] est venu définitivement mettre la question au point, et découvrit un troisième isomère, une troisième pentacétine du glucose.

*Pentacétine α.* — Ce composé s'obtient presque quantitativement par la méthode de Liebermann : 3 grammes de glucose déshydraté, $1^{gr},5$ d'acétate de sodium et 15 grammes d'anhydride acétique donnent 5 grammes de pentacétine α et, en outre, 1 gramme de pentacétine β, dont on se débarrasse par cristallisation dans l'alcool, où cette dernière est plus soluble.

En employant la méthode de M. Franchimont (anhydride acétique et traces de chlorure de zinc) on n'obtient qu'un faible rendement en acétine α, et si l'on exagère la dose de chlorure de zinc on obtient un produit souillé d'une forte proportion des isomères γ et β. Cette pentacétine n'est autre que l'ancien octacétyldiglucose de Schützenberger, caractérisé comme pentacétine par M. Franchimont. Elle fond à 130°; elle est peu soluble dans l'eau froide, un peu plus dans l'eau bouillante; elle est soluble dans 76 parties d'alcool froid, 47 d'éther et 7 de benzène, et en toutes proportions dans le chloroforme.

$[α]_D = +3°,66$ dans le chloroforme.
$[α]_D = +2°,8$ dans le benzène.

Cette pentacétine peut être sublimée quand on la chauffe dans le vide un peu au-dessus de son point de fusion, vers 150°.

*Pentacétine β.* — C'est le produit principal de l'éthérification par la méthode de Franchimont. On emploie $0^{gr},30$ de chlorure de zinc pour 3 grammes de glucose déshydraté; la réaction commence vers 80°; si à ce moment on suspend la chauffe, le thermomètre continue à monter jusqu'à 132°; on chauffe alors jusqu'à dissolution complète du sel de zinc et on précipite par l'eau. On a alors un mélange où prédomine la nouvelle acétine, souillée des deux autres isomères. On l'isole à l'état de pureté en profitant de sa plus grande solubilité dans l'alcool. On peut encore préparer l'acétine β par la méthode de Liebermann avec des doses massives d'acétate de sodium. Qu'elle soit préparée par l'une ou l'autre de ces deux méthodes, il est pénible de la séparer complètement des dernières traces des isomères α ou γ.

La pentacétine β cristallise en fines aiguilles fondant à 86°.

$[α]_D = 59°$ en solution chloroformique (souillée du produit α).
$[α]_D = 61°,8$ en solution chloroformique (souillée du produit γ).
$[α]_D = 57°$ en solution benzénique (souillée de produit α).

La pentacétine β est soluble dans $21^p,8$ d'alcool froid, $12^p,7$ d'éther, $2^p,3$ de benzène et dans le chloroforme en toutes proportions. Elle est sublimable dans le vide sans décomposition.

*Pentacétine γ.* — Les pentacétines α et β se

transforment en pentacétine γ lorsqu'on les chauffe en présence de chlorure de zinc.

Elle fond à 111°;

$$[\alpha]_D = +101°,75 \text{ en solution chloroformique.}$$
$$[\alpha]_D = +99° \quad \text{en solution benzénique.}$$

Les solubilités sont intermédiaires entre celles des deux isomères α et β : 2 0/0 à 15° dans l'alcool, un peu plus dans l'éther, le benzène ou l'acide acétique, moins dans le sulfure de carbone et la ligroïne, en toutes proportions dans le chloroforme.

Les trois pentacétines ont le même poids moléculaire, qui a été déterminé par M. Tanret par la cryoscopie dans l'acide acétique; elles renferment toutes trois le même nombre de groupes acétyles. Elles réduisent toutes trois la liqueur de Fehling. Saponifiées au moyen d'acide sulfurique étendu, les acétines régénèrent toutes trois le dextrose habituel.

L'acétine γ ne colore pas la fuchsine décolorée par l'acide sulfureux et ne donne pas d'osazone. Le brome ne l'oxyde pas; le permanganate et le mélange chromique la brûlent complètement sans qu'on puisse isoler d'acide gluconique.

Il reste à préciser la nature de l'isomérie de ces pentacétines; il faut écarter l'idée d'une isomérie de structure, puisque l'on ne peut revenir par saponification qu'au glucose initial. L'existence de ces isomères ne peut donc s'accommoder de la formule aldéhydique du glucose. M. Franchimont [*Rec. des P.-B.*, **12**, 310] a déjà discuté cette question alors que M. Tanret n'avait pas découvert l'isomère β; il a fait l'hypothèse que l'on pourrait avoir affaire, pour les acétines α et γ, à des isomères stéréochimiques provenant du carbone asymétrique surnuméraire qui existe dans la formule oxydique du glucose.

COMBINAISONS BENZOYLÉES DU DEXTROSE. — M. Berthelot, en chauffant dans le voisinage de 100° pendant 50 heures le glucose avec l'acide benzoïque, obtint un dérivé benzoylé possédant la formule $C^{20}H^{18}O^7$ ou $C^6H^{10}(COC^6H^5)^2O^6 — H^2O$, sous la forme d'un liquide huileux, neutre, doué d'un goût piquant et un peu amer, soluble dans l'éther et dans l'alcool, un peu soluble dans l'eau. Il réduisait la liqueur de Fehling et était dédoublé par l'acide chlorhydrique alcoolique [*Ann. Chim. Phys.*, (3), **60**, 160].

E. Baumann [*D. chem. G.*, **19**, 3218] traite le glucose en solution alcoolique par le chlorure de benzoyle alcalin; 5 grammes de glucose sont dissous dans 15 grammes d'eau et additionnés de 210 centimètres cubes d'une lessive de soude à 10 0/0. On ajoute *en une fois* 30 centimètres cubes de chlorure de benzoyle et on agite jusqu'à ce que l'on ne perçoive plus l'odeur de ce dernier. On obtient ainsi environ 13 grammes d'un produit présentant la composition d'un *tétrabenzoyldextrose*, $C^6H^8O^6(COC^6H^5)^4$. Il est cristallin, fusible à 60-64°, insoluble dans l'eau, très soluble dans l'éther, l'alcool et le benzène.

Si l'on ajoute le chlorure de benzoyle *peu à peu* à la solution alcaline de glucose, on obtient des produits liquides ou visqueux qui paraissent très analogues au dibenzoate de M. Berthelot.

Les polybenzoates du glucose sont très stables vis-à-vis des acides et des alcalis, et réduisent d'autant moins la liqueur de Fehling qu'ils renferment plus de groupes benzoylés.

*Pentabenzoyldextrose*, $C^6H^7O^6(COC^6H^5)^5$. — M. Skraup [*Mon. f. Chem.*, **10**, 389, 401 : *Chem. Cent. Bl.*, 1889. 2, 443 ; *D. chem. G.*, **22**, *Ref.* 668] a obtenu ce corps en traitant le glucose ordinaire par le chlorure de benzoyle et la soude, par la méthode de Baumann. Le produit de la réaction est dissous dans l'éther, celui-ci distillé et le résidu repris par l'alcool pour détruire l'excès de chlorure de benzoyle. La solution alcoolique est additionnée d'un petit excès de soude et précipitée par l'eau ; on chauffe alors dans un courant de vapeur d'eau, de manière à chasser l'alcool et l'éther benzoïque ; enfin le résidu, qui a un aspect résineux, est soumis à une série de cristallisations dans l'alcool et l'acide acétique cristallisable jusqu'à ce que le point de fusion ne s'élève plus. Le produit n'est plus soluble dans l'éther, il fond à 179°.

Le pentabenzoyldextrose, dissous dans l'alcool ou en suspension dans l'éther, n'est pas attaqué par la phénylhydrazine à la température ordinaire ; mais en présence de benzène chaud la réaction s'accomplit aisément : il se sépare par le refroidissement et un repos de quelques jours de jolis prismes dont le poids représente environ le quart de l'éther employé, et qui ne sont autres que la *benzoylphénylhydrazine* de M. Fischer,

$$C^6H^5 . AzH . AzH . COC^6H^5.$$

Il ne se forme pas davantage d'hydrazone lorsqu'on chauffe une solution acétique d'éther benzoïque avec de la phénylhydrazine au bain-marie ; on ne peut, d'autre part, transformer par oxydation ce corps en acide benzoylgluconique ; M Skraup en conclut que ce dérivé benzoylé ne renferme plus le groupe fonctionnel aldéhyde. Il est facilement dédoublé par l'éthylate de sodium [Kuény, *Zeit. physiol. Chem.*, **19**, 330 ; Baisch, *ibid.*, **19**, 339].

Enfin nous rapprocherons de ces dérivés benzoylés les dérivés de l'acide phénylacétique dont M. Hinsberg [*D. chem. G.*, **23**, 2963] a signalé l'obtention par une réaction parallèle à celle de Baumann.

## VI. — ACTION DES ALCALIS ET DES TERRES ALCALINES.

Les alcalis peuvent agir sur le glucose de plusieurs manières, comme nous l'avons vu pour les acides. Mais, en général, cette action le dédouble en produits plus simples plutôt qu'elle ne le complique.

1° On peut considérer comme une première action celle de l'éthylate de sodium sur le glucose en solution alcoolique, qui fournit le glucosate de sodium, $C^6H^{11}O^6Na$ [Hönig et Rosenfeld, *D. chem. G.*, **10**, 871]. D'après M. Marchlewski [*D. chem. G.*, **26**, 2928 et **28**, 1622], ce glucosate de sodium en solution concentrée ne réagit pas sur la phénylhydrazine et doit par suite avoir une formule oxydique.

On peut donc lui attribuer la formule

$$CH^2OH - CHOH - CH - CHOH - CHOH - CH(ONa)$$
$$\underline{\qquad\qquad O \qquad\qquad}$$

2° Une trace d'alcali transforme immédiatement le glucose α, en solution aqueuse, en glucose β (voir *Modifications du glucose* ou *Multirotation*). Ceci correspond aux observations déjà anciennes relatives à la modification du pouvoir rotatoire des glucoses sous l'action des alcalis ou des terres alcalines [Jodin, *C. R.*, **58**, 613, 1864 ; Maumené, *C. R.*, 1869 ; Urech, *D. chem. G.*, **15**, 2130 ; Schulze et Tollens, *Ann. Chem.*, **271**, 49].

3° Une troisième action est celle qui réalise la transformation d'un glucose en un mélange de plusieurs isomères (aldéhydique et cétoniques). Cette action a été découverte par M. Lobry de Bruyn [*Rec. des P.-B.*, **14**, 156], qui en a fait, avec M. Alberda van Ekenstein, l'objet de recherches intéressantes que nous allons développer [*loc. cit.*, **14**, 203 ; **15**, 92 ; **16**, 257, 262, 274 ; **18**, 147 ; **19**, 1].

La première action de la potasse diluée sur une solution fraîche de glucose est de faire apparaître la rotation finale, c'est-à-dire d'accélérer le phénomène de la multirotation.

Si l'action de la potasse se prolonge, le pouvoir rotatoire de la solution se modifie et prend une valeur finale qui dépend d'un certain nombre de facteurs : concentration de la solution sucrée et de la teneur en alcali, de la nature de l'alcali, de la température, etc. Au bout d'un temps plus ou moins long, la solution jaunit ou brunit et, en même temps, on peut constater la présence d'acides.

Ces colorations sont celles que les chimistes connaissent bien, qui ont été et qui sont encore considérées comme caractéristiques des glucoses. Quant à l'apparition des acides, c'est un phénomène intermédiaire qui est parent de la formation des acides sacchariniques et de l'acide lactique signalée depuis longtemps et que nous retrouverons plus loin. Si maintenant on se préoccupe de savoir quelle est la composition chimique de la solution lorsqu'elle a pris un pouvoir rotatoire invariable, on constate la présence d'un certain nombre d'isomères du glucose. Outre le glucose et les produits acides, on peut déceler la présence de mannose et de fructose et, en outre, de deux autres sucres réducteurs cétoniques, le glutose et le ψ-fructose (pseudo-fructose). Indiquons tout d'abord comment on est arrivé à caractériser ces différentes substances.

1° Le mannose est facile à caractériser au moyen de son hydrazone très peu soluble; de l'hydrazone, on peut revenir au sucre en enlevant la phénylhydrazine à l'aide d'aldéhyde benzylique et enfin le mannose peut être transformé en méthylmannoside.

2° Le fructose peut être extrait du mélange au moyen de l'éther acétique alcoolisé; le résidu évaporé est extrait à l'éther ordinaire, puis à l'acétone. Finalement le fructose est caractérisé au moyen du réactif de Seliwanoff (résorcine et acide chlorhydrique) et précipité sous la forme de fructosate de calcium, d'où l'on peut repasser au fructose.

Le mannose, le fructose et le glucose donnent, comme on le sait, la même osazone fondant à 208°.

3° Le glutose n'a pu être obtenu à l'état cristallisé, mais on peut le séparer du mélange de ses isomères par fermentation, car il est le seul à être infermentescible. Son osazone fond à 165° et est distincte de la phénylglucosazone.

4° Le ψ-fructose est encore moins bien caractérisé que le glutose; cependant son existence paraît certaine. Il est fermentescible comme le glucose, le mannose et le fructose, ce qui le distingue du glutose, mais il ne donne pas l'osazone fondant à 208°, ce qui le distingue des trois premiers.

*Expériences faites sur la potasse.* — Prenons, par exemple, 20 grammes de glucose dissous dans 500 centimètres cubes d'eau et additionné de 10 centimètres cubes de potasse normale, c'est-à-dire 2,8 0/0, et chauffons vers 3-66°.

Le pouvoir rotatoire diminue graduellement; au bout de 2 heures, la rotation est sensiblement nulle; la solution était légèrement colorée en jaune, assez pour rendre incertaine la dernière lecture polarimétrique. La solution était encore alcaline; 3 centimètres cubes de potasse environ avaient disparu pour neutraliser les acides formés.

En opérant avec une quantité plus petite, 1 centimètre cube de potasse normale à l'ébullition, on arrive à une rotation finale correspondant à $[\alpha]_D = 32°$; la solution est alors devenue légèrement acide, on la neutralise au moyen d'un centimètre cube de potasse; on ajoute un nouveau centimètre cube, on chauffe de nouveau à l'ébullition; au bout de 3 heures, $[\alpha]_D = 18°,5$ et reste fixe. La liqueur est alors colorée et ne se prête plus à une expérience nouvelle.

On prend alors une solution plus concentrée de potasse en opérant à froid (5 grammes de glucose anhydre, 25 centimètres cubes de potasse normale, le tout amené à 50 centimètres cubes).

Au bout de  97 heures la rotation est — 0°,26
  —    117    —       —        — 0°,40

la solution étant devenue lévogyre et brunâtre.

L'opération est alors reprise en plus grand pour rechercher le glucose dans la solution; on constate qu'elle en renferme encore.

Mais la solution renferme d'autres sucres; on peut constater facilement la présence du mannose et également celle du fructose.

Les proportions de ces différents sucres varient d'ailleurs avec l'alcali employé, la concentration, la température, etc. [Voir le tableau, *Rec. des P.-B.*, 14, 207]. Mais le pouvoir rotatoire est limité et toujours sensiblement nul.

Inversement, si on soumet à la même action le mannose et le glucose, on arrive toujours à un mélange en proportions variables des trois sucres, mais toujours à un pouvoir rotatoire sensiblement nul. Cette constance dans le résultat est d'ailleurs fortuite, ainsi que l'inactivité du sirop final.

*Action d'alcalis autres que la potasse.* — La potasse n'est pas la seule base qui puisse réaliser ces transformations; la soude, la chaux, l'oxyde de plomb humide agissent d'une manière analogue.

C'est précisément en étudiant l'action de l'oxyde de plomb qu'on a pu isoler le glutose. Dans ce cas, en effet, le glucose se transforme bien en mannose, mais dans une première étude on n'avait pas pu isoler de fructose dans cette réaction; inversement, le fructose ne semblait pas donner de glucose et de mannose sous l'action de l'hydrate de plomb; c'est que, précisément, le fructose, dans ces conditions, est transformé surtout en glucose infermentescible. Le glutose se produit bien également dans le cas de l'emploi de la potasse, mais il avait passé inaperçu parce qu'on n'avait pas soumis le sirop obtenu à la fermentation.

Quant au ψ-fructose, il se produit par l'emploi de la potasse, mais en très petite quantité, et ce n'est que par des suggestions fondées sur les apparences polarimétriques et sur d'autres que nous ne résumerons pas ici, qu'on est arrivé à se convaincre de son existence. Cette existence n'avait d'ailleurs été supposée que par suite du parallélisme entre l'action de la potasse sur le glucose et sur le galactose. Des produits de cette dernière action, on avait isolé le pseudotagatose dont il a été question dans l'article GLUCOSES (GÉNÉRALITÉS).

Le glucose a pour formule stéréochimique

$$CH^2OH - \overset{\overset{\textstyle H}{|}}{\underset{\underset{\textstyle OH}{|}}{C}} - \overset{\overset{\textstyle H}{|}}{\underset{\underset{\textstyle OH}{|}}{C}} - \overset{\overset{\textstyle OH}{|}}{\underset{\underset{\textstyle H}{|}}{C}} - \overset{\overset{\textstyle H}{|}}{\underset{\underset{\textstyle OH}{|}}{C}} - CHO;$$

le mannose et le fructose diffèrent par la disposition autour du dernier carbone asymétrique :

$$CH^2OH - \overset{\overset{\textstyle H}{|}}{\underset{\underset{\textstyle OH}{|}}{C}} - \overset{\overset{\textstyle H}{|}}{\underset{\underset{\textstyle OH}{|}}{C}} - \overset{\overset{\textstyle OH}{|}}{\underset{\underset{\textstyle H}{|}}{C}} - \overset{\overset{\textstyle OH}{|}}{\underset{\underset{\textstyle H}{|}}{C}} - CHO,$$

$$CH^2OH - \overset{\overset{\textstyle H}{|}}{\underset{\underset{\textstyle OH}{|}}{C}} - \overset{\overset{\textstyle H}{|}}{\underset{\underset{\textstyle OH}{|}}{C}} - \overset{\overset{\textstyle OH}{|}}{\underset{\underset{\textstyle H}{|}}{C}} - CO - CHO.$$

Quant au glutose, sa formule est encore inconnue; c'est un cétose dont le groupe cétonique doit être plus près du centre de la molécule.

Pour le ψ-fructose, il est peut-être prématuré

de tirer des conséquences trop précises d'une analogie pour un composé encore hypothétique ; mais enfin on peut penser qu'il sera dans les mêmes relations avec le glucose que le $\psi$-tagatose avec le galactose, c'est-à-dire qu'il aura pour formule

$$CH^2OH - CO - \underset{H}{C} - \underset{H}{C} - \underset{H}{\overset{OH\ OH\ OH}{C}} - CH^2OH,$$

ce qui relierait le groupe du glucose et celui de l'acide allomucique, encore inexploré ; par réduction, il devrait alors donner un mélange de deux alcools :

$$CH^2OH - \underset{H}{C} - \underset{H}{C} - \underset{H}{C} - \underset{H}{\overset{OH\ OH\ OH\ OH}{C}} - CH^2OH$$

$$CH^2OH - \underset{OH}{C} - \underset{H}{C} - \underset{H}{C} - \underset{H}{\overset{OH\ OH\ OH}{C}} - CH^2OH.$$

Le premier serait inactif, il est inconnu ; le second serait actif et identique avec la *d*-talite.

*Conséquences pratiques.* — MM. Lobry de Bruyn et Alberda van Ekenstein ont insisté à plusieurs reprises sur l'intérêt que présentaient leurs recherches pour l'industrie de la sucrerie. C'est ainsi que dans l'un de leurs premiers mémoires [*loc. cit.*, **14**, 215] ils appellent l'attention sur l'influence de la chaux sur les sirops de sucre de canne intervertis qui sont à peu près inactifs, au lieu d'être lévogyres. A cette époque, ils constataient déjà dans les sirops exotiques la présence de mannose, en quantité très peu notable d'ailleurs. M. Prinsen Geerligs [*Archief v. d. Java Suikerindustrie*, 1897, n° 7 ; *Bull de l'Assoc. d. Ch.*, **17**, 1080] est venu confirmer cette indication.

Après leur découverte du glutose, ces savants l'ont recherché et l'ont trouvé également dans le résidu infermentescible des mélasses exotiques. Les échantillons examinés en renfermaient 4,8 0/0 pour une mélasse provenant de la Louisiane, 2,6 0/0 pour une mélasse provenant d'Alexandrie, 1 0/0 environ pour une mélasse provenant des Indes Occidentales [*loc. cit.*, **16**, 281].

4° Un autre mode d'action sur le glucose est celui qu'exercent les terres alcalines et qui conduit à l'obtention de la saccharine de Peligot :

$$CH^3 - \underset{CO}{\underset{|}{C}}(OH) - CHOH - \underset{\underline{\quad\quad\quad}}{CH} - CH^2OH$$

(voir SACCHARINE, 2° Suppl.).

Cette substance ne se forme pas avec la potasse [Scheibler, *D. chem. G.*, **16**, 2434].

5° Sous l'action des alcalis, il peut se former des acides, et en particulier de l'acide lactique.

Hoppe Seyler [*D. chem. G.*, **4**, 346] chauffe au bain-marie du glucose avec la moitié de son poids d'une lessive de soude (D = 1,34) et un égal volume d'eau. Il se produit, à 96°, une réaction très vive, dans laquelle il se forme de l'acide lactique, de la pyrocatéchine et d'autres produits. Le rendement en acide lactique est de 15 à 20 0/0.

Schützenberger [*Bull. Soc. Chim.*, (2), **25**, 289] a brièvement indiqué qu'en chauffant à 150-160° du sucre candi avec de la baryte, on obtient environ 60 0/0 d'acide lactique.

Enfin MM. Nencki et Sieber [*J. prakt. Chem.*, (2), **24**, 502] ont démontré que l'acide lactique se produisait à température très notablement plus basse et en solution très diluée.

On dissout dans 200 centimètres cubes d'eau 20 grammes de dextrose pur, on ajoute 40 grammes d'hydrate de potasse et on maintient au bain-marie à 35-40°. La solution brunit rapidement pendant quelques heures, puis au bout de quelques jours le liquide est redevenu clair. Au bout de 24 heures, le glucose a disparu ; la liqueur ne réduit plus qu'à peine la liqueur cupropotassique. On neutralise exactement avec de l'acide sulfurique, on évapore à sec ; on acidifie le résidu avec le même acide et on extrait à plusieurs reprises à l'éther.

Le résidu de l'évaporation de l'éther, acide et sirupeux, donne, avec l'oxyde de zinc, du lactate de zinc. Cet acide lactique correspond à la moitié environ du sucre disparu. Le reste est constitué, en grande partie, par un acide insoluble dans l'éther, qu'on extrait du résidu au moyen d'alcool et qu'on isole sous forme de sel de baryum, soluble dans l'eau et insoluble dans l'alcool.

On peut augmenter la dilution du glucose, pourvu qu'on élève la teneur en alcali ; il se forme toujours de l'acide lactique. L'action est plus lente, non pas au début, mais à la fin, pour faire disparaître les dernières traces de glucose.

La soude agit de la même manière ; la névrine et l'hydrate de tétraméthylammonium donnent également de l'acide lactique. Au contraire, l'ammoniaque et les carbonates alcalins n'en produisent pas à cette température, même si l'on prolonge la durée du contact.

Cette production d'acide lactique peut servir à expliquer la formation de la saccharine, surtout pour faire comprendre l'apparition d'une chaîne latérale dans sa constitution. Il suffit, pour cela, de supposer qu'il y a d'abord scission de la molécule de glucose en deux autres · plus simples, acide lactique et glycérose :

$$C^6H^{12}O^6$$
$$= CH^3 - CHOH - CO^2H + CH^2OH - CHOH - CHO ;$$

il y a ensuite aldolisation entre les deux molécules par le carbone aldéhydique de l'une et le carbone alcoolique de l'autre :

$$CH^3 - \underset{\underset{CO^2H}{|}}{C}(OH) - CHOH - CHOH - CH^2OH$$

et enfin la liaison lactonique se forme à la manière ordinaire.

· M. Pinkus [*D. chem. G.*, **34**, 31] a constaté, lors de l'action de la benzhydrazide sur le glucose en solution alcaline, la formation de benzoylosazones, de glyoxal et de méthylglyoxal, combinaisons qui avaient été prises pour d'autres par M. Davidis [*D. chem. G.*, **29**, 2310]. Il a conclu à la formation du glyoxal et du méthylglyoxal dans l'action de la potasse sur le glucose en ces circonstances, ou plutôt à la formation d'aldéhyde glycolique et d'acétol, $CH^3 - CO - CH^2OH$.

6° Enfin si l'on élève la température, les alcalis agissent d'une façon plus profonde. M. A. Gautier [*Bull. Soc. Chim.*, (2), **34**, 530], en chauffant du glucose avec de la baryte en tube scellé à 240°, a obtenu, entre autres produits, les acides oxalique, acétique et formique, un peu de pyrocatéchine et de l'acide protocatéchique.

Par distillation avec la potasse fondante, le glucose donne un peu d'acétol ou alcool pyruvique, $CH^3 - CO - CH^2OH$, dont c'est le moyen de préparation [Emmerling et Loges, *D. chem. G.*, **14**, 1005 ; **16**, 837], et de l'acétone ordinaire [Rochleder et Kawalier, *J. prakt. Chem.*, **94**, 403].

VII. — ACTION DE L'AMMONIAQUE,<br>DE L'HYDROXYLAMINE ET DES AMINES<br>AROMATIQUES.

L'ammoniaque se comporte de deux manières différentes, suivant que l'on opère à chaud et en solution aqueuse, ou à froid et en solution alcoolique :

1° On chauffe pendant 30 ou 40 heures à 100°, en tubes scellés, un mélange de 60 parties de glucose et 200 parties d'ammoniaque pure à 25°. Du sirop noirâtre qui résulte de cette opération, on a isolé 1,5 0/0 de bases azotées. Pour cela on agite ce sirop avec du chloroforme; l'extrait chloroformique renferme d'une part de l'ammoniaque et des alcaloïdes très basiques, qu'on enlève en agitant avec de l'acide sulfurique dilué au dixième, et d'autre part des corps de basicité faible qui restent dans le chloroforme. On dessèche celui-ci et on distille au bain-marie; le résidu est formé d'un mélange de bases solides et de bases liquides (2/3). On distille à feu nu jusqu'à 175-180°, puis on fractionne. Le liquide qui bout entre 136 et 160° est constitué par deux corps auxquels M. Tanret a donné le nom de *glucosines* α et β [*C. R.*, 100, 1541; *Bull. Soc. Chim.*, (2), 44, 102].

La *glucosine* α, $C^6H^8Az^2$, a pour densité à 0° 1,038, et bout à 136°.

La *glucosine* β, $C^7H^{10}Az^2$, a pour densité à 0° 1,012, et bout à 160°.

Ce sont des liquides volatils très fluides, incolores, très réfringents, à odeur vive et particulière, sans action sur la lumière polarisée.

Leurs propriétés chimiques sont semblables.

En solution acide, elles précipitent par les réactifs des alcaloïdes (iodomercurate de potassium, iodure ioduré, tannin, eau bromée). Leur réaction est légèrement alcaline; comme d'autres bases faibles, le *chloroforme les enlève à leurs solutions acides*. Elles ne précipitent aucun oxyde métallique, elles semblent déplacer l'oxyde de cuivre et les oxydes de fer, car elles bleuissent la solution de sulfate de cuivre, jaunissent celle de sulfate ferrique, brunissent celle de chlorure ferrique.

Avec le sublimé, elles donnent un précipité peu soluble à froid, mais qui se dépose en belles aiguilles de sa solution bouillante.

Avec l'acide chlorhydrique, les glucosines donnent des *monochlorhydrates* cristallisés très hygrométriques; avec le chlorure d'or, des précipités jaune serin répondant aux formules

$$C^6H^8Az^2AuCl^3, \quad C^7H^{10}Az^2AuCl^3,$$

avec un léger excès d'or, et un déficit de carbone provenant, d'après M. Tanret, de l'altérabilité de ces chlorures doubles.

Le chlorure de platine donne à froid, au bout d'un temps assez long, un mélange de sels qui n'ont pu être séparés. A chaud, la précipitation est plus rapide, et il semble se former un *chloroplatinate* comme pour les bases pyridiques.

Les glucosines se combinent avec l'éther iodhydrique.

Chauffées en tube scellé à 100° avec l'acide chlorhydrique ou avec une solution de potasse, elles ne donnent pas d'ammoniaque.

L'hypobromite de sodium ne dégage pas d'azote; l'acide nitreux ne réagit pas.

L'acide chromique et l'oxyde de mercure n'ont pas d'action; le ferrocyanure de potassium est réduit lentement; le permanganate de potassium en solution sulfurique produit un dégagement d'acide carbonique, et il reste du sulfate d'ammoniaque. L'acide azotique agit violemment avec formation de vapeurs nitreuses, de gaz carbonique, d'acide cyanhydrique et d'acide oxalique.

M. Morin [*C. R.*, 106, 360] ayant annoncé la présence dans les flegmes d'alcools d'industrie de bases volatiles, et en particulier d'une base de composition $C^7H^6Az^2$, bouillant à 171-172°, et de densité 0,9826, M. Tanret [*Bull. Soc. Chim.*, (2), 49, 322] a rappelé que l'une de ses glucosines offrait la même composition.

MM. Brandes et Stoehr [*J. prakt. Chem.*, (2), 54, 486] chauffent pendant 35 heures à 100° 6 parties de glucose et 10 parties d'ammoniaque à 25 0/0. Le produit de la réaction est un liquide homogène, épais, d'un brun presque noir. On le distille d'abord seul, puis en présence d'alcool; le liquide aqueux provenant de cette distillation renferme l'ammoniaque et toutes les bases volatiles. On élimine l'ammoniaque en ajoutant un alcali caustique. Au-dessus de la couche aqueuse surnage une huile basique jaune qu'on décante; en extrayant la couche aqueuse à l'éther, on obtient une nouvelle quantité d'huile qu'on ajoute à la première (en tout 2,5 0/0 de poids de glucose). Cette huile passe à la distillation entre 100 et 155°; on fractionne de 10 en 10° ou même de 5 en 5°, et ensuite on soumet ces portions à des fractionnements chimiques au moyen des combinaisons des bases avec le sublimé.

Les auteurs ont ainsi obtenu, pour 1 kilogramme de glucose :

2 grammes de *pyridine*, dont la combinaison mercurique est la plus soluble; des traces de *pyrazine*, $C^4H^4Az^2$, caractérisée par son chloroaurate et sa combinaison avec le sulfate de cuivre.

Environ 10 grammes d'une base bouillant à 135-137° ayant une densité de 1,0444, qui a été identifiée par ses combinaisons avec la *méthylpyrazine*, $C^5H^6Az^2$; quelques décigrammes d'une *diméthylpyrazine*, $C^6H^8Az^2$, bouillant à 155°, solidifiable en cristaux prismatiques brillants fondant à 47-48°.

Les auteurs de ce travail prétendent que la glucosine α de M. Tanret n'a pas la composition $C^6H^8Az^2$ que lui assigne ce savant, mais la composition $C^5H^6Az^2$, et qu'elle est identique avec la méthylpyrazine, et d'autre part que la β-glucosine n'a pas la composition $C^7H^{10}Az^2$, mais qu'elle est identique avec la diméthylpyrazine, $C^6H^8Az^2$; enfin, que la base de M. Morin n'est pas identique, comme l'a cru M. Tanret, avec sa β-glucosine, mais que c'est une triméthylpyrazine.

M. Tanret [*Bull. Soc. Chim.*, (3), 17, 801] pense que la différence des résultats obtenus par les auteurs précédents et lui-même tient au mode opératoire; dans son procédé, l'extraction de la solution chloroformique des bases par l'acide sulfurique étendu enlève toutes les bases fortes comme la pyridine et ne laisse que des corps faiblement basiques, tels que les glucosines qu'il a décrites. S'il y avait erreur dans les analyses, elle ne pourrait provenir que de la présence de pyridine qui se serait trahie par son action sur les sels métalliques, ou de la présence de pyrazine qui aurait diminué la teneur en carbone au lieu de l'élever.

2° MM. Lobry de Bruyn et Franchimont ont fait réagir le glucose sur l'ammoniaque en solution alcoolique.

Le glucose anhydre est presque insoluble dans l'ammoniaque éthylalcoolique, mais il se dissout aisément dans la solution du gaz ammoniac dans l'alcool méthylique absolu. On peut faire dissoudre en quelques heures 100 grammes de glucose dans un demi-litre d'alcool méthylique saturé d'ammoniaque à 15° (21 0/0 Az H³). Le glucose hydraté est plus soluble encore (10 grammes de glucose hydraté dans 10 centimètres cubes d'ammoniaque méthylalcoolique).

Ces solutions laissent déposer au bout de quelques semaines de petites aiguilles presque blanches, qui se transforment en agrégats hémisphériques. On décante, on lave le dépôt en le faisant séjourner dans l'alcool méthylique, puis on sèche dans un dessiccateur. Rendement : 58 grammes environ. On peut faire cristalliser cette substance avec précaution dans l'alcool méthylique; elle fond à 127-128° en se boursouflant et en brunissant.

Cette substance a une composition exprimée par la formule $C^6H^{13}AzO^5$; elle provient donc de l'élimination d'une molécule d'eau entre une molécule de glucose et une d'ammoniaque. M. Lobry de Bruyn lui a donné le nom de *d-glucosamine*; elle est isomère avec la chitosamine, l'isoglucosamine et l'acrosamine de Fischer. Ce n'est pas une base stable; on n'a pas obtenu de sels; au contact d'acide sulfurique dilué, toute l'ammoniaque est peu à peu éliminée, à tel point qu'on peut titrer l'azote de cette manière.

Le pouvoir rotatoire de la *d*-glucosamine est en solution aqueuse $[\alpha]_D = 19°,65$; il se modifie avec le temps, et par suite accuse une décomposition; la solution exposée à l'air cède de l'ammoniaque. Cette dissociation au sein de l'eau se manifeste aussi par les mesures cryoscopiques. La glucosamine attire à l'air l'humidité et se fluidifie en perdant de l'ammoniaque; la solution aqueuse perd à l'ébullition une partie de son ammoniaque, le résidu est coloré en brun et a l'odeur du caramel et des bases pyridiques. En présence d'acide dilué, la rotation augmente et parvient à la valeur correspondant à celle du glucose en un temps d'autant plus court que la solution est plus diluée.

Il semble que la *d*-glucosamine puisse se produire au sein de l'eau. Quand on dissout du glucose dans de l'ammoniaque aqueuse concentrée, la solution se colore un peu en brun, et la rotation s'abaisse lentement, jusqu'à prendre au bout de 9 jours la valeur qui correspond à la glucosamine. Cependant on n'a rien pu extraire de cristallisé de cette solution [Lobry de Bruyn, *Rec. des P.-B.*, **14**, 98].

M. Stone [*Amer. chem. Journ.*, **17**, 191] a préparé, par l'action du gaz ammoniac sur le glucose en suspension dans l'alcool méthylique, un dérivé ammoniacal vraisemblablement identique à celui-ci, quoiqu'il lui attribue une formule différente, $C^6H^{12}O^6 \cdot AzH^3$, qui en ferait une aldéhyde-ammoniaque.

M. Biginelli [*Gazz. chim.*, **19**, 215, 217] a fait réagir le glucose et l'ammoniaque en solution alcoolique sur l'éther acétylacétique.

On dissout 10 grammes de glucose dans 35 grammes d'alcool à 75 0/0, et on y ajoute 15 grammes d'éther acétylacétique et 1 gramme d'ammoniaque dissous dans l'alcool à 94 0/0. Au bout de quelques jours, il se produit un dépôt constitué par un mélange de glucose et d'une combinaison ammoniacale de glucose, puis un deuxième dépôt peu soluble dans l'eau et dans l'alcool qui, cristallisé dans l'alcool, forme des aiguilles très blanches, brillantes, fondant à 189-190°. Il réduit très difficilement la liqueur de Fehling. Ce corps s'obtient plus facilement si l'on chauffe pendant 1 heure au réfrigérant ascendant le mélange initial, et si l'on évapore ensuite l'alcool sous pression réduite.

Le corps possède la composition $C^{16}H^{20}AzO^8$. Sa réaction est neutre; il colore en rouge le perchlorure de fer et se dissout dans les acides et dans les alcalis. Si l'on chauffe à 100-110° en tube scellé le mélange initial, on obtient un autre produit fondant à 130-131°, et possédant la composition $C^{10}H^{16}AzO^5$ [*D. chem. G.*, **22**, Ref. 689].

ACTION DE L'HYDROXYLAMINE. — L'hydroxylamine fournit avec le glucose une *oxime* isolée par M. H. Jacobi, puis par M. Wohl. Celui-ci [*D. chem. G.*, **26**, 731] recommande d'opérer exactement comme il suit, si l'on ne veut pas obtenir un sirop épais retenant de l'eau et un excès de glucose : On dissout à chaud 77 grammes de chlorhydrate d'hydroxylamine dans 25 centimètres cubes d'eau; on y ajoute une solution encore chaude de 25 grammes de sodium dans 300 centimètres cubes d'alcool absolu commercial, lentement au début, plus rapidement ensuite, de façon

que le mélange se maintienne chaud, sans cependant bouillir. Au bout de quelques minutes, l'alcoolate de sodium a complètement réagi, et une goutte de solution ne colore plus en rouge la phénolphtaléine; on laisse refroidir, on élimine par essorage le chlorure de sodium qu'on lave avec 300 centimètres cubes d'alcool absolu. Dans la liqueur filtrée, portée au voisinage de l'ébullition, on introduit, en agitant, 100 grammes de glucose pur finement pulvérisé qui se dissout instantanément. Le liquide, placé en vase couvert dans une enceinte à température moyenne, se refroidit peu à peu; on y ajoute un germe qui détermine la cristallisation d'environ 110 grammes d'oxime. Des eaux mères on peut encore récupérer par évaporation 46 grammes d'oxime.

Le rendement est donc d'environ 80 0/0 du rendement théorique calculé sur le poids du glucose.

ACTION DES AMINES AROMATIQUES. — *Glucose-anilide*, $C^{12}H^{17}AzO^5$. — M. H. Schiff [*D. chem. G.*, **4**, 908; *Ann. Chem.*, **140**, 92; **54**, 1], en traitant le glucose par l'aniline bouillante, a obtenu un composé amorphe de composition $C^6H^7(OH)^5AzC^6H^5$. En opérant à plus basse température, M. Sorokine [*D. chem. G.*, **19**, 513] a pu faire cristalliser l'anilide du glucose, qui alors ne se décompose plus au contact de l'alcool comme le produit de M. Schiff. Il suffit pour cela de chauffer le glucose (10 grammes) avec l'aniline (26 grammes) et 150 centimètres cubes d'alcool à 98° jusqu'à ce que le mélange soit réduit de moitié; par refroidissement, et surtout par addition d'éther, l'anilide se dépose; on la purifie par cristallisation dans l'alcool.

L'anilide est lévogyre; en solution méthylique $[\alpha]_D = -48°,7$, en solution éthylique $= -44°,1$. Elle brunit dès 140° et fond à 147°. Elle réduit les solutions alcalines de cuivre, de mercure et d'argent.

Les acides étendus et bouillants dédoublent l'anilide en aniline et glucose.

L'acide cyanhydrique en excès se fixe à froid sur une solution aqueuse saturée de glucose-anilide [Miller et Plöchl, *D. chem. G.*, **27**, 1281]. Le nitrile ainsi obtenu en quelques heures,

$$CH^2OH - (CHOH)^4 - CH \diagdown\hspace{-1em}\diagup \begin{matrix} AzHC^6H^5, \\ CAz \end{matrix}$$

se présente sous la forme de cristaux qu'on lave à l'alcool et qu'on fait cristalliser dans l'alcool faible.

Ce sont des aiguilles fusibles à 166-168°, peu solubles à froid dans l'eau ou l'alcool, plus solubles à chaud, insolubles dans les autres solvants organiques (éther, chloroforme, benzène, ligroïne). Ce corps, décomposé par la chaleur, perd de l'acide cyanhydrique; les alcalis bouillants développent une odeur de carbylamine; la potasse étendue saponifie le nitrile et fournit l'*acide* correspondant

$$CH^2OH - (CHOH)^4 - CH \diagdown\hspace{-1em}\diagup \begin{matrix} AzHC^6H^5 \\ CO^2H \end{matrix}$$

corps très instable dont l'hydrazide fournit très nettement la réaction de Bülow avec l'acide sulfurique et le perchlorure de fer.

MM. Miller et Plöchl en concluent que la glucose-anilide doit avoir la formule indiquée par M. Schiff, $CH^2OH - (CHOH)^4 - CH = AzC^6H^5$, tandis que M. Sorokine préfère la formule oxydique

$$\underset{\rule{6em}{0.4pt}\ O\ \rule{2em}{0.4pt}}{CH^2OH - CHOH - CH - CHOH - CHOH - CH - AzHC^6H^5.}$$

[*J. prakt. Chem.*, (2), **37**, 291]. M. Marchlewski [*J. prakt. Chem.*, (2), **50**, 95] a émis une opinion analogue.

*Glucose p-toluide.* — La p-toluidine donne avec le glucose une combinaison cristalline,

$$C^6 H^{12} O^5 Az\, C^7 H^7,$$

ressemblant à l'anilide. Elle fond à 110° et possède en solutions méthylique et éthylique les pouvoirs rotatoires respectifs $[\alpha]_D = -41°,5$ et $-38°,4$.

L'acide cyanhydrique se fixe également sur ce corps pour donner un *nitrile* fondant à 128° qui, par saponification, fournit un *acide toluide-glucoside-carbonique*, dont l'hydrazide est cristallisé ei fond à 211-212°.

L'o-toluidine ne paraît pas réagir sur le glucose.

*Digluco-o-diamino-benzène,*

$$C^6 H^4 \left\langle \begin{array}{l} Az = C^6 H^{12} O^5 \\ Az = C^6 H^{12} O^5 \end{array} \right. + 2\,H^2 O.$$

— On chauffe au bain-marie une solution aqueuse de glucose avec une demi-molécule de phénylène-diamine jusqu'à consistance sirupeuse; on précipite la combinaison par l'alcool fort sous forme cristalline; on purifie par cristallisation dans l'eau chaude. On obtient alors de fines aiguilles blanches douées d'une saveur amère, solubles dans l'eau, insolubles dans l'alcool et dans l'éther. Leur solution aqueuse est fortement lévogyre; elle réduit la liqueur de Fehling et se colore en rouge au contact du perchlorure de fer.

Ce corps se décompose sans fondre; les alcalis et les acides le détruisent [Griess et Harrow, *D. chem. G.*, 20, 281, 2205].

*Anhydrogluco-o-diaminobenzène,*

$$C^6 H^4 \left\langle \begin{array}{l} Az = CH \\ Az = C\text{-}(CHOH)^3\text{-}CH^2OH \end{array} \right. + 2\,H^2 O.$$

— Aiguilles blanches, brillantes, solubles à chaud dans l'alcool, d'où elles cristallisent facilement, insolubles dans l'éther. Cette substance est amère comme la précédente; elle réduit la liqueur de Fehling, mais ne se colore pas au contact du perchlorure de fer; elle possède une réaction faiblement basique.

On obtient ce produit en abandonnant à lui-même, pendant plusieurs semaines et à une température voisine de 30°, un mélange de glucose en solution concentrée et d'acétate d'ortho-phénylène-diamine; il s'en forme aussi lorsqu'on chauffe le diglurodiaminobenzène avec de l'acide acétique très étendu.

Ces réactions et la formule de ce corps le rapprochent des osazones; comme pour celles-ci, l'hydrogène qui devient libre au cours de la réaction ne se dégage pas, et doit donner naissance à des réactions secondaires qui n'ont pas été étudiées [Griess et Harrow, *loc. cit.*].

*Gluco-o-diaminobenzène,*

$$C^6 H^4 \left\langle \begin{array}{l} Az \\ AzH \end{array} \right\rangle C\text{-}(CHOH)^4\text{-}CH^2OH$$

[Hinsberg et Funcke, *D. chem. G.*, 26, 3092]. — Ce corps se trouve dans les eaux mères de la préparation précédente, et s'en sépare par la concentration, sous la forme de lamelles blanches, assez solubles dans l'eau et dans l'alcool froid, qui possèdent encore une saveur amère et donnent avec les acides minéraux des sels cristallisables. L'acide chlorhydrique bouillant et la liqueur de Fehling sont sans action (Griess et Harrow).

*Digluco-m-p-diamino-toluène,*

$$CH^3 . C^6 H^3 \left\langle \begin{array}{l} Az = C^6 H^{12} O^5 \\ Az = C^6 H^{12} O^5 \end{array} \right.$$

— Il se prépare [Hinsberg, *D. chem. G.*, 20, 495]

en traitant le glucose ordinaire par l'o-crésylène-diamine en solution alcoolique. Ce corps, semblable au composé correspondant de l'o-phénylène-diamine, forme de fines aiguilles blanches soyeuses, qui se colorent un peu au-dessus de 100° et fondent vers 160° en se décomposant. Assez soluble dans l'eau, il se dissout à peine dans l'alcool et dans l'éther; sa solution aqueuse rougit au contact du perchlorure de fer; les alcalis n'agissent pas sur lui, mais les acides forts le décomposent à chaud en régénérant la base et sans doute aussi le glucose.

*Gluco-m-p-diaminotoluène.* — Griess et Harrow [*loc. cit.*] ont obtenu, avec l'acétate de la diamine précédente, un composé cristallin, légèrement amer, soluble dans l'eau, et dont la constitution, d'après MM. Hinsberg et Funck, est

$$CH^3 - C^6 H^3 \left\langle \begin{array}{l} Az \\ AzH \end{array} \right\rangle C\text{-}(CHOH)^4\text{-}CH^2OH.$$

*Acide gluco-o-m-diamino-benzoïque,*

$$CO^2 H - C^6 H^3 \left\langle \begin{array}{l} Az \\ AzH \end{array} \right\rangle C\text{-}(CHOH)^4\text{-}CH^2OH.$$

— Cet acide s'obtient en chauffant à 90° pendant plusieurs heures un mélange de glucose et d'acide o-m-diaminobenzoïque; on purifie par cristallisation dans l'eau. Lamelles brillantes, de forme triangulaire ou hexagonale, peu solubles dans l'eau chaude, insolubles dans l'alcool et dans l'éther. Ce composé ne peut être fondu sans décomposition, il ne possède pas de saveur et a une réaction légèrement acide. Très stable vis-à-vis des réactifs, il résiste à l'action de l'acide chlorhydrique et de l'eau de baryte à l'ébullition. Il s'unit aux bases et aux acides; son *sel de baryum* est amorphe; son *chlorhydrate* cristallise en petites lamelles indistinctes, très solubles dans l'eau et dans l'alcool. Tous ces composés sont dextrogyres et sans action sur la liqueur de Fehling [Griess et Harrow, *loc. cit.*]

### VIII. — ACTION DE L'HYDRATE D'HYDRAZINE, DE LA PHÉNYLHYDRAZINE, ETC.

L'hydrate d'hydrazine réagit sur le glucose pour donner une aldazine; c'est une poudre microcristalline blanche, très hygrométrique. Elle est très soluble dans l'eau et dans l'alcool méthylique, insoluble dans l'éther, le benzène et le chloroforme. Elle suinte vers 80° en se décomposant. Cette combinaison est stable dans l'eau froide, même en présence d'alcali étendu. Les acides étendus la dédoublent en glucose et hydrazine.

M. Davidis [*D. chem. G.*, 29, 2308] lui attribue la formule

$$\begin{array}{l} CH^2 OH - (CHOH)^4 - CH = Az \\ CH^2 OH - (CHOH)^4 - CH = Az \end{array}$$

Peut-être vaudrait-il mieux adopter la formule oxydique

$$\begin{array}{c} \overline{\qquad O \qquad} \\ CH^2 OH - CHOH - CH - (CHOH)^2 - CH - AzH \\ CH^2 OH - CHOH - CH - (CHOH)^2 - CH - AzH \\ \underline{\qquad O \qquad} \end{array}$$

#### ACTION DE LA PHÉNYLHYDRAZINE

La phénylhydrazine donne, avec le dextrose, deux combinaisons : l'*hydrazone* et l'*osazone*.

GLUCOSE-PHÉNYLHYDRAZONE,

$$CH^2 OH - (CHOH)^4 = Az^2 H\, C^6 H^5.$$

— On dissout 2 parties de dextrose pur dans 1 partie d'eau chaude, et après refroidissement on ajoute 2 parties de phénylhydrazine pure. Le mélange devient jaunâtre et dépose des cristaux au bout de deux ou trois jours. On décante alors, on lave le produit à l'éther, en ayant soin de broyer les cristaux au sein même du liquide; on dissout dans une petite quantité d'alcool chaud et on précipite par l'éther, à deux reprises différentes.

Cette hydrazone est très soluble dans l'eau et dans l'alcool, elle se dissout à peine dans l'éther, le chloroforme et le benzène; de ses solutions alcooliques concentrées, elle se dépose en petits cristaux fusibles à 145°, doués d'une saveur fortement amère.

L'acide chlorhydrique en sépare la phénylhydrazine sous forme de chlorhydrate et régénère le dextrose. Il en est de même des aldéhydes benzylique et formique. L'acétate de phénylhydrazine transforme à chaud l'hydrazone en osazone; la poudre de zinc et l'acide acétique la réduisent en donnant de l'aniline et de l'isoglucosamine [Fischer, *D. chem. G.*, 20. 821].

En traitant le glucose par 1 partie de phénylhydrazine en présence d'une 1/2 partie d'eau, M. Skraup a obtenu une hydrazone isomérique de la précédente, ne s'en distinguant que par son point de fusion moins élevé, 115-116°, et par sa forme cristalline. Cette hydrazone est très soluble dans l'eau et dans l'alcool chaud, insoluble dans l'éther. Les solutions alcooliques sont précipitées par l'éther à l'état amorphe. Comme son isomère, cette hydrazone se transforme en osazone fondant à 215° quand on la chauffe avec l'acétate de phénylhydrazine. M. Skraup la désigne sous le nom d'*hydrazone* β [*Mon. f. Chem.*, 10, 406].

L'hydrazone α est lévogyre et présente le phénomène de la multirotation. Pour une solution aqueuse à 9,1814 0/0, $[\alpha]_D^{20} = -15°,3$ au bout de 10 minutes; elle est constante au bout d'une douzaine d'heures: $[\alpha]_D^{20} = -46°,8$. L'hydrazone peut être régénérée sans altération de sa solution [Jacobi, *Ann. Chem.*, 272, 172]. On peut suivre au polarimètre la vitesse de formation de l'hydrazone. En comparant ces vitesses pour une solution de sucre toute fraîche et pour une solution préparée 24 heures à l'avance, M. Jacobi a pu constater que la vitesse était plus grande dans le premier cas que dans le second.

MM. L. J. Simon et H. Bénard [*C. R.*, 132, 564] ont repris l'étude de la multirotation des hydrazones du glucose.

1° *Phénylhydrazone de M. Skraup.*

D'après leurs expériences, la multirotation de cette hydrazone en solution aqueuse (4 grammes dans 100cc) peut s'exprimer par la formule exponentielle $[\alpha]_D^{20} = -52°,9 + 53°,67\,e^{-0,0044133\,t}$, où $t$ est exprimé en minutes de temps. La valeur la plus basse qu'ait été observée est —6°,34 et la limite —52°,9. En solution alcoolique, la rotation paraît sensiblement constante (—8°) pendant les premières heures, puis s'élève lentement, pour atteindre au bout de 36 heures la limite —22°,5 (pour l'alcool à 95°). Cette multirotation est probablement due à l'eau renfermée dans l'alcool. La potasse, comme pour les glucoses, accélère la multirotation sans changer la limite.

L'acide chlorhydrique a deux actions : suivant la quantité d'acide, l'une ou l'autre peut devenir prépondérante; à doses très faibles, l'acide agit comme la potasse pour amener la multirotation à sa valeur limite; à doses plus fortes, il provoque le dédoublement de l'hydrazone et la régénération du glucose, ce qui tend à changer le sens de la rotation.

2° *Phénylhydrazone de M. Fischer.*

M. Skraup n'a pas réussi (*loc. cit.*) à reproduire systématiquement cette modification. Les auteurs cités n'ont pas été plus heureux. Cependant, dans quelques préparations, des fractionnements répétés leur ont fourni cette hydrazone mélangée à son isomère. Elle fondait alors vers 125°. Examinée au polarimètre en solution à 4 0/0, elle a fourni les résultats suivants : $[\alpha]_D = -66°,57$ après 25 minutes, $[\alpha]_D = -52°$ après 36 heures.

L'hydrazone de M. Fischer possède donc la multirotation ; la limite est la même que pour l'hydrazone de M. Skraup : les deux rotations initiales sont de part et d'autre de la limite commune et pour y arriver les deux hydrazones mettent des temps du même ordre de grandeur.

Les auteurs en concluent que les deux hydrazones correspondent aux schémas stéréoisomériques de la formule oxydique

$$CH^2OH - CHOH - CH - (CHOH)^2 - CH - AzH - AzHC^6H^5$$
$$\underline{\qquad\qquad O \qquad\qquad}$$

réservant la formule

$$CH^2OH - (CHOH)^4 - CH = Az - AzHC^6H^5$$

pour l'hydrazone dissoute à pouvoir rotatoire invariable.

*Allylphénylhydrazone.* — Corps jaune clair, fondant à 155°, $[\alpha]_D = -5°,3$ en solution méthylique, obtenu par l'action de l'allylphénylhydrazine sur le glucose [Lobry de Bruyn et A. van Ekenstein, *Rec. des P.-B.*, 15, 225].

*Amylphénylhydrazone.* — Corps brun clair, fondant à 128°, $[\alpha]_D = -6°,4$ en solution méthylique, peu soluble dans l'alcool [Lobry de Bruyn et A. van Ekenstein].

*Benzylphénylhydrazone.* — Corps jaune clair, fondant à 150°, peu soluble dans l'alcool, $[\alpha]_D = -33°$ en solution méthylique et —20° en solution acétique [Lobry de Bruyn et A. van Ekenstein].

β-*Naphtylhydrazone.* — Corps brun, fondant à 95°, très soluble dans l'alcool méthylique, soluble dans l'alcool éthylique : $[\alpha]_D = -40°$ en solution méthylique. Inactif en solution acétique [Lobry de Bruyn et A. van Ekenstein].

*Diphénylhydrazone.* — Fond à 161-162°, soluble dans l'eau chaude et l'alcool, insoluble dans l'éther, le chloroforme et le benzène [Stahel, *Ann. Chem.*, 258, 242].

*Biphénylhydrazone.* — Isomère du précédent, obtenu avec l'hydrazinobiphényle. Fond à 143-144°, peu soluble dans l'eau froide, l'éther et la ligroïne; assez soluble dans l'eau chaude et dans l'alcool.

PHÉNYLGLUCOSAZONE,

$$CH^2OH - (CHOH)^3 - C - CH = Az - AzHC^6H^5.$$
$$\qquad\qquad\qquad\qquad \| $$
$$\qquad\qquad\qquad\qquad Az - AzHC^6H^5$$

— Ce corps se produit lorsqu'on chauffe au bain-marie une solution, même étendue, de glucose avec un excès d'acétate de phénylhydrazine ou, ce qui revient au même, avec un mélange de chlorhydrate de phénylhydrazine et d'acétate de sodium; il se précipite peu à peu sous forme d'aiguilles microscopiques d'un beau jaune, groupées en aigrettes.

La phénylglucosazone se forme de même avec la plupart des dérivés du glucose, du lévulose et du mannose et avec le saccharose interverti par le réactif lui-même. L'osazone fond vers 205° ou vers 230°, suivant que la fusion s'effectue lentement ou instantanément; la matière brunit et cède des gaz. L'osazone est peu soluble dans l'eau et dans l'alcool absolu bouillants, plus soluble dans l'alcool à 60° chaud, où on peut la faire cristalliser, insoluble dans l'éther.

M. Hugounenq purifie l'osazone en la faisant

cristalliser successivement dans l'anisol et dans l'alcool étendu [*J. de Pharm.*, (6), 4, 447].

La phénylglucosazone est faiblement lévogyre en solution acétique. Elle réduit énergiquement la liqueur de Fehling.

En présence de soude, la phénylhydrazine donne, avec les solutions étendues de glucose, un précipité de méthylglyoxalphénylosazone,

$$CH^3 - C - CH = Az - AzH C^6H^5$$
$$\parallel$$
$$Az - AzH C^6H^5$$

[Pinkus, *D. chem. G.*, 31, 31].

Il est impossible de régénérer le glucose de son osazone, mais on peut passer de cette osazone au lév. lose par deux procédés :

Réduite par la poudre de zinc et l'acide acétique, l'osazone est transformée en aniline, ammoniaque et isoglucosamine, que l'acide nitreux transforme en lévulose.

Traitée par l'acide chlorhydrique fumant, l'osazone est dédoublée en phénylhydrazine et *osone* qui, par réduction, fournit encore le lévulose.

*Préparation de l'osone.* — On projette la glucosazone finement pulvérisée dans 10 fois son poids d'acide chlorhydrique fumant ; elle se colore en rouge foncé et se dissout avec la même teinte. Elle se transforme alors en chlorhydrate, qui est immédiatement décomposé par l'eau. Si on chauffe rapidement le mélange à 40°, en agitant énergiquement, la solution s'éclaircit. On la maintient pendant une minute à 40° et on refroidit à 25° ; il se produit une abondante cristallisation de chlorhydrate de phénylhydrazine, ce qui montre le dédoublement de l'osazone. En même temps, la couleur rouge du liquide passe au brun. La réaction est terminée en 10 minutes. On élimine l'acide chlorhydrique, et de la liqueur filtrée on précipite l'osone sous la forme de combinaison plombique. L'osone n'a pas été obtenue cristallisée, par conséquent on ne l'a pas analysée, mais ses réactions (action sur la phénylhydrazine, l'o-phénylène-diamine, etc.) permettent de lui attribuer la formule

$$CH^2OH — (CHOH)^3 — CO — CHO.$$

*Méthylphénylglucosazone,*

$$CH^2OH - (CHOH)^3 - C - CH = Az - Az\begin{cases} CH^3 \\ C^6H^5 \end{cases}$$
$$\parallel$$
$$Az - Az\begin{cases} CH^3 \\ C^6H^5 \end{cases}$$

— Obtenue en chauffant à 70° la méthylphénylhydrazine en solution acétique avec la glucosone précédente ; le liquide devient rougeâtre, puis se trouble et laisse déposer une matière huileuse ; pendant le refroidissement, l'osazone cristallise sous forme d'aiguilles que l'on purifie par des lavages à l'eau et à l'éther, et enfin par cristallisation dans le benzène chaud.

Cette osazone est insoluble dans l'eau et très peu soluble dans l'éther ; elle fond, par une chauffe rapide, à 152° en dégageant des gaz. Elle est décomposée par l'acide chlorhydrique en hydrazine et glucosone. D'après sa formule, on voit qu'il ne peut y avoir migration avec formation du groupement azoïque, — Az = Az —. Comme elle est plus foncée encore que les autres osazones, la coloration de ces corps ne peut être attribuée à un groupement azoïque [Fischer, *D. chem. G.*, 22, 91].

*Tolylglucosazones*, $C^{20}H^{26}Az^4O^4$. — S'obtiennent comme la phénylosazone, en chauffant une solution de glucose avec l'acétate de tolylhydrazine ; le dérivé para fond à 193°, le dérivé ortho à 210° [Raschen, *Ann. Chem.*, 239, 229].

*Acide phénylglucosazone - métacarbonique*, $C^{20}H^{22}Az^4O^6$. — Fines aiguilles jaunes, fondant à 206-208° en se décomposant, solubles dans l'acide acétique chaud et dans l'acétate d'ammonium. Il s'obtient en chauffant le glucose (1 partie) avec le chlorhydrate de l'acide m-hydrazinobenzoïque (1 partie) en présence d'acétate de sodium (1p,5 dans 10 fois son poids d'eau) [Koder, *Ann. Chem.*, 236, 164].

*Action du benzhydrazide et du benzène-sulfone-hydrazide.* — M. Rudenhausen a obtenu la combinaison de l'arabinose avec le nitrobenzhydrazide [*Zeitschr. d. Ver. f. d. Rübenzuckerind.*, 44, 718, 1894 ; 45, 117 ; 46, 270].

M. Heinrich Wolff [*D. chem. G.*, 28, 160, 1895] a étudié l'action sur le dextrose du benzhydrazide et du benzène-sulfone-hydrazide. La réaction a lieu comme l'indiquent les équations suivantes :

$$C^6H^5 - CO - AzH - AzH^2 + C^6H^{12}O^6$$
$$= C^6H^5 - CO AzH - Az = C^6H^{12}O^5 + H^2O,$$

$$C^6H^5 - SO^2 - AzH - AzH^2 + C^6H^{12}O^6$$
$$= C^6H^5 - SO^2AzH - Az = C^6H^{12}O^5 + H^2O.$$

On place dans un vase d'Erlenmeyer le dextrose finement pulvérisé et l'hydrazide en léger excès, puis on ajoute de l'alcool et on chauffe 5 ou 6 heures au réfrigérant ascendant. Si l'on a employé la quantité juste suffisante d'alcool, tout se dissout ; un léger excès précipite la combinaison formée et détermine la production de soubresauts. On évapore ensuite au bain-marie, ce qui complète la réaction ; la substance se précipite en aiguilles, qu'on recueille et qu'on fait cristalliser.

Le *dextrose-benzène-sulfone-hydrazide* se présente sous la forme d'aiguilles blanches, fondant vers 154-155° en se décomposant. Cette substance est assez peu soluble dans l'eau ; on peut l'y faire cristalliser en ayant soin de ne pas dépasser la température de 70°, au delà de laquelle se produirait une décomposition. Elle est lévogyre, assez soluble dans l'alcool chaud, peu soluble dans l'alcool froid et insoluble dans l'éther.

Le *dextrobenzhydrazide* se présente également sous la forme d'aiguilles blanches fondant à 171-172° en se décomposant. Il est lévogyre et a à peu près la même solubilité que le corps précédent dans les solvants.

Sous l'action de l'eau, cette combinaison est dédoublée en ses constituants : dextrose et benzhydrazide. On réalise régulièrement ce dédoublement en employant l'aldéhyde benzylique, qui s'empare du benzhydrazide à mesure qu'il est mis en liberté.

On dissout le dextrose-benzhydrazide dans l'eau chaude, on y ajoute la quantité calculée d'aldéhyde benzylique et on fait bouillir pendant 5 minutes en agitant constamment. On laisse refroidir, on essore le benzalbenzhydrazide, puis on soumet la liqueur à l'action d'une petite quantité d'aldéhyde pour se convaincre que le dédoublement est complet. On évapore à sec, on reprend par l'eau froide, on évapore de nouveau ; on reprend par l'alcool et on précipite par l'éther pour éliminer l'acide benzoïque et l'aldéhyde benzylique. Le dextrose reste alors pur et, par ce moyen, on peut l'extraire des sirops de sucre interverti.

Quant à la cause de ce dédoublement, l'auteur pense qu'il se forme tout d'abord un dibenzhydrazide intermédiaire.

Pour la formule à attribuer aux hydrazides du glucose, on doit choisir entre les schémas

$$CH^2OH - (CHOH)^4 - CH = Az - AzH - CO - R$$

et

$$CH^2OH-CHOH-CH-(CHOH^2)-CH-AzH-AzH-CO-R.$$
$$\underset{O}{\underline{\qquad\qquad}}$$

Comme pour les hydrazones, le dédoublement facile et la formation en l'absence d'eau peuvent faire préférer la seconde.

M. Davidis [*D. chem. G.*, 29, 2310] a obtenu dans l'action du dextrose sur le benzhydrazide en présence d'une grande quantité d'eau un corps auquel il a donné le nom de *glucose-benzosazone* et qui n'est pas autre chose qu'un mélange des benzoylosazones du glyoxal et du méthylglyoxal [G. Pinkus, *D. chem. G.*, 31, 31].

ACTION DE L'AMINOGUANIDINE. — L'aminoguanidine (chlorhydrate, sulfate, azotate) agit sur le glucose comme l'indique l'équation

$$AzH = C < {}^{AzH - AzH^2}_{AzH^2} + C^6H^{12}O^6$$

$$= H^2O + AzH = C < {}^{AzH-Az=CH-(CHOH)^4-CH^2OH}_{AzH^2}$$

Dans une capsule chauffée au bain-marie, on place 18 grammes de dextrose, 100 centimètres cubes d'alcool à 96 0/0, et assez d'eau pour que la moitié du sucre se dissolve; on ajoute ensuite, en agitant, la quantité correspondante de chlorhydrate d'aminoguanidine, 11gr,05. Tout se dissout assez vite et on cesse de chauffer. On recueille au bout de 24 heures le dépôt cristallin formé, on le pulvérise et on le lave deux fois avec de l'alcool à 96°, puis on le fait cristalliser dans ce solvant. Le composé obtenu, séché à 111° dans le vide, fond à 165°; il est assez hygroscopique, très soluble dans l'eau et dans l'alcool chaud, assez soluble dans l'alcool froid, insoluble dans l'alcool absolu, et presque insoluble dans l'éther. Son pouvoir rotatoire $[\alpha]_D = -15°,8$ [*D. chem. G.*, 28, 2615].

Par ébullition avec les acides ou les alcalis étendus, les deux constituants sont régénérés; le nitrate de dextrose-aminoguanidine traité par l'acétate de sodium et l'anhydride acétique fournit un dérivé hexacétylé, dans lequel cinq groupes acétyles sont fixés sur la molécule de glucose, et le sixième intéresse le groupe aminé intact de l'aminoguanidine; mais ce dernier ne reste pas intact : il intervient dans la formation d'un groupe dicyané : le corps a finalement la composition :

$$AzH = C < {}^{Az-Az=CH-(CHOCOCH^3)^4-CH^2-OCO-CH^3.}_{Az=C-CH^3}$$

Par l'action des acides ou des alcalis cinq des groupes acétyles sont saponifiés, et on obtient le composé

$$AzH = C < {}^{Az-Az=CH-(CHOH)^4-CH^2OH.}_{Az=C-CH^3}$$

Ce corps cristallise avec 2 molécules d'eau, il est très soluble dans l'eau chaude, moins soluble dans l'eau froide. Il est presque insoluble dans l'alcool absolu. Il possède une réaction neutre, ou du moins très faiblement basique; sa saveur est faiblement sucrée. Cette substance est stable vis-à-vis des acides et des alcalis; et après ébullition avec l'acide chlorhydrique elle réduit la liqueur de Fehling [Wolff, *D. chem. G.*, 27, 971].

### IX. — ACTION DES ALCOOLS ET DES MERCAPTANS.

Sous l'action condensante de l'acide chlorhydrique concentré et étendu, les alcools s'unissent au glucose pour donner, par perte d'une molécule d'eau, de véritables glucosides [Fischer, *D. chem. G.*, 26, 2406; 27, 2478; 28, 1145].

MÉTHYLGLUCOSIDE, $C^6H^{11}O^6 . CH^3$. — On dissout 2 parties de glucose pur dans 1 partie d'eau chaude, et après refroidissement on y mélange 12 parties d'alcool méthylique saturé de gaz chlorhydrique. Le liquide clair est abandonné à la température ordinaire jusqu'à ce qu'une prise d'essai étendue d'eau ne réduise plus la liqueur de Fehling, ce qui arrive au bout de quelques heures. On verse alors le tout dans deux volumes d'eau glacée, on neutralise avec du carbonate de baryum, on filtre et on évapore à consistance sirupeuse dans le vide, à 40 ou 50°, la liqueur filtrée. On élimine par addition d'alcool les substances minérales, et on fait cristalliser. Le rendement total en glucoside pur s'élève à environ 50 0/0 du glucose employé. Dans les eaux mères, se trouve le *méthylglucoside isomère stéréochimique*.

C'est M. Alberda van Ekenstein qui le premier l'a isolé à l'état cristallisé; il se sert d'une solution dans l'alcool méthylique d'acide chlorhydrique, mais bien plus diluée (28 0/0 d'HCl). Si après disparition du pouvoir réducteur on neutralise immédiatement la solution au moyen de carbonate de plomb, et qu'on précipite le chlorure de plomb dissous au moyen de sulfate d'argent, on obtient une solution qui contient des quantités à peu près égales des deux isomères. En la faisant cristalliser lentement, le second isomère se dépose le premier. Il cristallise en octaèdres et contient 1/2 molécule d'eau de cristallisation, qui disparaît par un échauffement lent jusqu'à 100°. Exposée à l'air, la substance anhydre fusible à 104° absorbe de nouveau cette eau. A la température ordinaire, le nouvel isomère (β) se transforme sous l'influence de l'acide chlorhydrique méthylalcoolique en celui de M. Fischer (α), ce qui explique l'insuccès de celui-ci [Alberda van Ekenstein, *Rec. des P.-B.*, 13, 185].

Les constantes physiques de ces deux glucosides sont :

| | α | β |
|---|---|---|
| Point de fusion................. | 164° | 104° (anhydre) |
| [α]<sub>D</sub> en solution à 8 0/0........ | +157°,6 ⎱ Pas de birotation. | −31°,85 ⎱ β + ½H²O |
| — 1 —........ | +158°,2 ⎰ | −32°,25 ⎰ |
| Solubilité à 17° ⎰ 100°........ | 0°,5 | 1°,5 ⎱ |
| dans de l'alcool à ⎰ 90°........ | 1°,6 | 4°,2 ⎰ anhydre. |
| 80°........ | 7°,3 | 8°,5 ⎰ |
| Solubilité dans l'eau............. | 63°,0 | 58°,0 ⎰ |

La saveur du glucoside α est sucrée, il ne réduit la liqueur de Fehling qu'à chaud, à la façon du saccharose, et ne se combine pas avec la phénylhydrazine. L'acide sulfurique à 5 0/0 le dé-

double, mais beaucoup plus lentement que le sucre de canne, l'acide chlorhydrique opère le dédoublement un peu plus vite. L'invertine ou l'eau de levure produit le dédoublement vers 50°.

La levure de bière produit, au bout de 45 minutes à 30°, une fermentation sensible (nous reviendrons d'ailleurs plus loin sur ce point).

Il résulte des observations de M. van Ekenstein que l'isomère β se dédouble bien plus rapidement sous l'influence des acides dilués; une solution à 4 0/0 d'isomère β, chauffée à l'ébullition avec 8 0/0 d'acide chlorhydrique à 30 0/0, était totalement transformée après 15 minutes, tandis que, dans les mêmes circonstances, 40 0/0 de l'isomère α restaient inattaqués. L'acide sulfurique à 5 0/0 décompose l'isomère α en 3 heures à 100°, et l'isomère β en moins d'une heure.

Il résulte des observations de M. Fischer que sous l'influence des diastases, au contraire, l'isomère β reste inaltéré, tandis que l'isomère α subit le dédoublement hydrolytique.

M. Fischer est revenu sur la préparation de ce glucoside [*D. chem. G.*, 28, 1145] en employant, non pas l'acide chlorhydrique concentré, mais l'acide chlorhydrique dilué. Voici comment il opère :

On dissout, par ébullition au réfrigérant ascendant, 1 partie de glucose anhydre finement pulvérisé dans 4 parties d'alcool méthylique exempt d'acétone, séché sur de la chaux et renfermant 0,25 0/0 de gaz chlorhydrique. Cette opération dure entre 1 demi-heure et 1 heure. La solution jaunâtre renfermerait, d'après M. Fischer, le diméthylacétal du glucose. Quoi qu'il en soit, on chauffe soit en tube scellé, soit à l'autoclave, pendant 50 heures au bain-marie, puis on évapore au tiers du volume. Au bout d'un certain temps, le glucoside se dépose en petites aiguilles incolores; on peut accélérer le dépôt en introduisant un germe (Rendement 45 0/0 du sucre employé, après 12 heures). Les eaux mères renferment encore une certaine quantité de la combinaison α et l'isomère β. On opère d'une façon différente, suivant que l'on veut avoir l'un ou l'autre isomère; si on se préoccupe surtout d'avoir l'isomère α, on recommence plusieurs fois le même traitement sur la solution méthylalcoolique d'acide chlorhydrique : le rendement total dépasse alors 80 0/0; si, au contraire, on veut isoler l'isomère β, on évapore l'eau mère et on fait cristalliser; on a alors un mélange des deux isomères, qu'on sépare en utilisant les données fournies par M. Alberda van Ekenstein sur la solubilité des deux combinaisons dans l'alcool. On se sert simultanément du polarimètre pour apprécier les proportions des deux isomères dans le mélange (rendement en isomère β, 10 0/0).

D'après M. Fischer, la préparation du glucoside méthylique est l'une des plus simples parmi celles qui fournissent des dérivés synthétiques du glucose.

ÉTHYLGLUCOSIDE, $C^6H^{11}O^6C^2H^5$. — L'éthylglucoside se prépare également par les deux méthodes qui fournissent le méthylglucoside; mais on n'a pas encore isolé l'isomère β. L'éthylglucoside n'est autre chose que le *diglucose* préparé par M. Armand Gautier [*Bull. Soc. Chim.*, (2), 22, 145], par l'action du gaz chlorhydrique sur la solution alcoolique du glucose. (Voy. DIGLUCOSE, 2ᵉ suppl., 2, 197).

M. Fischer [*D. chem. G.*, 26, 2410] signale que la préparation de l'éthylglucoside est plus délicate que celle du glucoside méthylique. [*D. chem. G.*, 27, 2479]. Voici comment il convient d'opérer :

On dissout 2 parties de glucose pur dans 1 partie d'eau chaude; on y ajoute, en refroidissant, 12 parties d'alcool absolu saturé à froid de gaz chlorhydrique. Au bout de 3 heures, à la température ordinaire, le liquide a pris une coloration brune et perdu son action sur la liqueur de Fehling. On verse alors dans un volume triple d'eau glacée, de façon que la température

ne s'élève pas au delà de 0°; on neutralise avec du carbonate de baryum et on évapore dans le vide à une température inférieure à 50°. On élimine le chlorure de baryum au moyen d'alcool absolu et on reprend par l'éther absolu la solution alcoolique du sirop obtenu. Après traitement au noir, on fait bouillir à plusieurs reprises avec de l'éther acétique (40 parties). On évapore et on dissout le sirop obtenu dans un peu d'alcool absolu, puis on abandonne à la cristallisation lente au-dessus d'acide sulfurique. Le gâteau cristallin est broyé à froid avec de l'éther acétique, puis dissous à chaud dans le même véhicule et abandonné à la cristallisation : le corps obtenu est alors pur. L'emploi d'éther acétique humide aurait pu conduire à l'obtention d'un produit amorphe. Dès qu'on possède un échantillon cristallisé, on est en mesure d'accélérer notablement l'opération en faisant cristalliser le premier sirop obtenu par l'éther acétique. Le rendement en produit cristallisé s'élève à 30 0/0, et en produit chimiquement pur à 10 0/0 du sucre employé.

M. Fischer [*D. chem. G.*, 28, 1143] a ultérieurement modifié cette préparation en employant une solution étendue de gaz chlorhydrique; on opère comme pour le méthylglucoside, mais on chauffe pendant 72 heures. Le glucose disparaît presque complètement. La solution alcoolique est évaporée jusqu'à ce que le poids soit le double du poids do glucose employé : on fait alors bouillir au réfrigérant ascendant le sirop brun avec 25 fois son poids d'éther acétique. On évapore ensuite l'éther acétique, on reprend par l'alcool et on fait cristalliser. Le rendement est de 17 0/0. On purifie par cristallisation dans 30 parties d'acétone chaude.

Le glucoside éthylique fond vers 113-114° et n'est pas hygroscopique. Le pouvoir rotatoire, déterminé par deux expériences, correspond à $[\alpha]_D^{20} = + 150°,3$. Ce corps est très soluble dans l'eau et dans l'alcool chaud, insoluble dans l'éther. Les acides étendus et chauds le dédoublent; il en est de même de l'invertine à 50°. Il appartient donc à la série α, mais l'isomère β n'a pu être isolé.

PROPYLGLUCOSIDE. — Ce corps a été obtenu comme les précédents à partir du glucose et de l'alcool propylique normal, et purifié comme l'éthylglucoside. Par évaporation de sa solution dans l'éther acétique au-dessus d'acide sulfurique, il reste sous la forme d'une masse amorphe, incolore, dure, qui ne réduit pas la liqueur de Fehling [*D. chem. G.*, 27, 2488].

BENZYLGLUCOSIDE. — Comme le glucose est insoluble dans l'alcool benzylique, on ne peut que le mettre en suspension dans ce liquide, on fait ensuite passer un courant de gaz chlorhydrique jusqu'à saturation. Le sucre se dissout par agitation au bout de 4 à 5 heures. On verse dans l'eau, on neutralise au carbonate de baryum, on filtre, puis on extrait à l'éther l'excès d'alcool benzylique, enfin on reprend à l'alcool et on précipite par l'éther (rendement 70 0/0) [*D. chem. G.*, 26, 2410].

Le *glycolglucoside* [*D. chem. G.*, 26, 244] a été obtenu sous forme sirupeuse par la méthode précédente : action du gaz chlorhydrique sur le mélange de glycol éthylénique et de glucose en solution aqueuse, neutralisation au moyen de carbonate de baryum, filtration, évaporation, traitement par l'alcool, puis précipitation par l'éther.

GLYCÉRINE-GLUCOSIDE [*D. chem. G.*, 27, 2683]. — On dissout le glucose dans deux fois son poids de glycérine pure commerciale, et après le passage du gaz chlorhydrique on continue le traitement comme précédemment.

Les alcools polyatomiques supérieurs sont plus difficiles à combiner avec le glucose, d'une part parce que les solvants manquent, d'autre part parce qu'il est difficile de séparer le glucoside de l'excès d'alcool polyatomique.

GLUCOSIDES DES ACIDES-ALCOOLS. — *Acide glycolique* [*D. chem. G.*, 27, 2486] ; *acide lactique* [*D. chem. G.*, 26, 2411] ; *acide glycérique* [*D. chem. G.*, 27, 2486] ; *acide gluconique* [*D. chem. G.*, 27, 2484]. — Ces combinaisons s'obtiennent par les mêmes méthodes ; l'acide glucosidogluconique présente l'intérêt d'être isomère avec l'acide maltobionique ; on n'a pu préciser si cette isomérie était structurale ou stéréochimique, car il n'a pas été possible de passer de cet acide à l'aldose correspondant qui aurait été vraisemblablement l'isomaltose, qui, comme on le sait, se prépare de la même manière à partir du glucose (voyez *Action des acides*).

ACTION DES MERCAPTANS. — La préparation du *glucose-éthylmercaptal*, $C^6H^{12}O^5(SC^2H^5)^2$, s'effectue comme il suit : On dissout 70 grammes de glucose pulvérisé pur dans un poids égal d'acide chlorhydrique fumant (densité : 1,19) à la température ordinaire. Ceci fait, on refroidit à 0°, et on ajoute par portions 40 grammes de mercaptan, en agitant énergiquement. Le mercaptan se dissout peu à peu, en même temps que le mélange s'échauffe. Par refroidissement, le mercaptal cristallise au bout de quelques heures ; on essore à la trompe, on lave avec un peu d'alcool et on exprime soigneusement la masse. Le rendement brut est de 59 grammes ; il se réduit à 47 grammes pour le produit cristallisé dans l'alcool absolu chaud.

Le mercaptal a une saveur amère ; il est très soluble dans l'eau et dans l'alcool chauds et cristallise par refroidissement de ces dissolvants en fines aiguilles feutrées ou en lamelles très minces. Il est très peu soluble dans l'éther, le benzène et l'eau froide.

Le pouvoir rotatoire en solution aqueuse tiède (50°) correspond à $[\alpha]_D^{50°} = -29°,8$. Soumis à l'action de la chaleur, il fond à 127-128° et distille à une température plus élevée en se décomposant en un corps huileux volatil avec la vapeur d'eau, très soluble dans l'éther et possédant l'odeur des oignons brûlés.

Le mercaptal est un acide faible ; il est soluble dans les alcalis ; les acides le précipitent de ses solutions alcalines, si elles ne sont pas trop étendues. On peut obtenir la combinaison sodée, $C^6H^{11}O^5Na(SC^2H^5)^2$, sous la forme de fines aiguilles, en dissolvant le mercaptal dans 5 fois son poids d'alcool, et ajoutant un petit excès de sodium à une douce chaleur ; on refroidit ensuite fortement, les cristaux se déposent. Ce sel de sodium est très soluble dans l'alcool chaud ; l'eau le décompose partiellement en régénérant le mercaptal.

L'iodure de méthyle, chauffé pendant plusieurs heures avec une solution méthylalcoolique du mercaptal sodé, ne produit rien autre chose que le mercaptal ; mais si l'on ajoute un petit excès d'iodure de méthyle à une solution fortement alcaline du sel de sodium, on obtient une huile épaisse, insoluble dans l'eau et dans l'éther, dont on n'a pas encore déterminé la composition.

Le mercaptal ne possède plus les propriétés caractéristiques de la fonction aldéhyde : il ne réduit plus la liqueur de Fehling et résiste, même à chaud, à l'action de la phénylhydrazine.

Les acides étendus le dédoublent en mercaptan et glucose ; le chlorure mercurique et l'azotate d'argent fournissent les sels correspondants du mercaptan.

Le brome et l'acide nitreux le décomposent en donnant une huile sulfurée.

Le permanganate l'oxyde en donnant un acide sulfuré dérivé du glucose.

L'acide chlorhydrique concentré le décompose lentement en produisant une huile sulfurée non réductrice.

Enfin, il n'est pas vénéneux et paraît passer à travers l'organisme sans subir de décomposition.

Dans sa préparation, on peut remplacer l'acide chlorhydrique par l'acide bromhydrique (D = 1,49) ou par l'acide sulfurique à 50 0/0. L'acide chlorhydrique étendu, l'acide azotique et même le chlorure de zinc en fournissent également, mais avec un rendement beaucoup moins avantageux.

Le *glucose-amylmercaptal* se prépare de même, fond vers 140° et se recommande tout particulièrement par son aptitude à la cristallisation [Fischer, *D. chem. G.*, 27, 674].

X. — ACTION DU CHLORAL ET DE L'ACÉTONE.

CHLORALOSE. — Dans l'action du glucose sur le chloral, il y a élimination d'une molécule d'eau entre deux molécules des corps réagissants, d'après la réaction suivante :

$$C^6H^{12}O^6 + CCl^3 . CHO = H^2O + C^8H^{11}Cl^3O^6.$$

On mélange dans un matras quantités égales de chloral anhydre et de glucose sec et on chauffe à 100° pendant 1 heure. Le tout se prend, par refroidissement, en une masse épaisse qu'on traite par un peu d'eau, puis par l'éther bouillant. En reprenant les parties solubles dans l'éther et les additionnant d'eau, puis en distillant cinq ou six fois avec de l'eau jusqu'à ce que tout le chloral ait été chassé, on obtient finalement un résidu dont on peut séparer, par des cristallisations successives, un corps α peu soluble dans l'eau froide, assez soluble dans l'eau chaude et dans l'alcool, et un corps β difficilement soluble, même dans l'eau chaude. Le rendement en corps α est d'environ 3 0/0 [Hanriot et Richet, *C. R.*, 106, 63].

*Corps α (chloralose, α-glucochloral)*,

$$C^8H^{11}Cl^3O^6.$$

— C'est un corps un peu soluble dans l'eau et dans l'éther, soluble dans l'alcool :

100cc d'alcool à 95° dissolvent à 21°  6gr,559
100cc de chloroforme    —    21°  0gr,0673
100cc d'eau..........    —    15°  0gr,864

Le pouvoir rotatoire de la solution à 5 0/0 dans l'alcool à 98° est de 19°,4 à 20 ou 22°. Il fond à 187°.

Sa solution aqueuse ne réduit ni le nitrate d'argent, ni la liqueur de Fehling, même à l'ébullition [Hanriot et Richet, *Bull. Soc. Chim.*, (3), 11, 37]. Au contraire, MM. Petit et Polonowsky ont constaté que cette réduction a lieu rapidement, mais par suite d'un dédoublement dû à l'action des alcalis. Le chloralose ne se combine ni à la phénylhydrazine, ni à l'hydroxylamine, et n'est pas réduit par l'amalgame de sodium.

Sous l'action des alcalis étendus ou des acides moyennement étendus, le chloralose fournit les produits de décomposition du glucose et du chloral [Petit et Polonowsky, *Bull. Soc. Chim.*, (3), 11, 129].

On a pu obtenir les éthers acétique, benzoïque et sulfurique du chloralose.

*Tétracétylchloralose*, $C^8H^7Cl^3O^2(C^2H^3O^2)^4$. — On dissout le chloralose dans le chlorure d'acétyle, on chauffe à 100° et on ajoute une trace de chlorure de zinc. Quand la réaction est terminée, on chasse l'excès de chlorure d'acétyle, puis on lave à l'eau et on fait cristalliser dans l'éther. On obtient des cristaux fondant à 145°, insolubles dans l'eau, solubles dans l'éther et dans l'acétone, peu solubles dans la ligroïne.

*Tétrabenzoylchloralose*, $C^8H^7Cl^3O^2(C^7H^5O^2)^4$. — On chauffe une solution potassique de chloralose avec du chlorure de benzoyle. On fait cristalliser la masse insoluble dans du chloroforme bouillant. Ce sont des cristaux prismatiques fondant a 138°, très solubles dans l'alcool et dans l'éther, peu solubles dans le chloroforme froid.

*Acide chloralose-disulfurique*,

$$C^8H^9Cl^3O^4(SO^4H)^2.$$

— On dissout le chloralose dans l'acide sulfurique concentré et on ajoute de l'acide sulfurique fumant. Au bout de 24 heures de contact, on étend d'eau, on sature par le carbonate de baryum, on filtre, on concentre dans le vide et on fait cristalliser le résidu dans l'alcool bouillant. Le *sel de baryum* est soluble dans l'eau et dans l'alcool bouillants, il est instable et sa solution laisse déposer à froid du sulfate de baryum. Le *sel de sodium* cristallise en fines aiguilles. L'acide n'a pu être isolé.

*Acide chloralique*, $C^7H^9Cl^3O^6$. — Par oxydation au moyen d'acide azotique, puis de permanganate de potassium, le chloralose perd une molécule de gaz carbonique et se transforme en un acide qui cristallise en fines aiguilles fusibles à 212°, solubles dans l'alcool et l'éther, peu solubles dans l'eau. Ses sels alcalins sont solubles dans l'eau; ils précipitent la plupart des solutions métalliques.

Tous ces dérivés du chloralose se sont montrés inactifs au point de vue physiologique, tandis que le chloralose lui-même est un hypnotique utilisable à des doses comprises entre $0^{gr},20$ et $0^{gr},75$.

*Corps β* (*parachloralose*, *β-glucochloral*), $C^8H^{11}Cl^3O^6$. — Celui-ci se distingue de son isomère par son insolubilité dans la plupart des solvants; il fond à 227° et se sublime si l'on chauffe lentement. Comme le chloralose, il s'est montré inactif vis-à-vis de l'hydroxylamine, de la phénylhydrazine et des acides étendus (?); les alcalis l'attaquent à l'ébullition, mais fort lentement. Il donne, comme son isomère, des acides di- et tétrasubstitués avec les acides concentrés et les chlorures d'acides.

Le *tétracétylparachloralose*,

$$C^8H^7Cl^3O^2(C^2H^3O^2)^4,$$

forme de longues aiguilles fusibles à 106°, bouillant vers 250° sous la pression de 25 millimètres. Il distille également à la pression atmosphérique, mais en se colorant en jaune.

Le *tétrabenzoylparachloralose* n'a pas été obtenu cristallisé.

L'oxydation du parachloralose le convertit en *acide parachloralique*, $C^7H^9Cl^3O^6 \cdot 2H^2O$, avec départ de gaz carbonique. Cet acide, fusible à 202°, est peu soluble dans l'eau froide, très soluble dans l'alcool et dans l'éther; il cristallise en lames efflorescentes.

Le parachloralose fournit avec l'orcine chlorhydrique une coloration rouge.

*Constitution*. — D'après M. Hanriot, elle serait représentée par le schéma

$$CCl^3-CH \overline{\qquad\qquad O \qquad\qquad}$$
$$CH^2OH-CHOH-C(OH)-CH-CH-CH(OH).$$
$$\underline{\quad O \quad}$$

D'après MM. Petit et Polonowsky, ce serait le schéma peu différent

$$CCl^3-CH \overline{\qquad\qquad O \qquad\qquad}$$
$$CH^2OH-CHOH-C-CHOH-CHOH-CH.$$
$$\underline{\qquad\qquad O \qquad\qquad}$$

En tout cas, les acides chloraliques ne peuvent être représentés par aucune des deux formules

$$CCl^3-CH \overline{\qquad\qquad O \qquad\qquad}$$
$$CO^2H-C(OH)-CH-CH-CH(OH),$$
$$\underline{\quad O \quad}$$

$$CCl^3-CH \overline{\qquad\qquad O \qquad\qquad}$$
$$CO^2H-C-CHOH-CHOH-CH,$$
$$\underline{\qquad\qquad O \qquad\qquad}$$

qui correspondraient à la formule $C^7H^7Cl^3O^6$ et non à $C^7H^9Cl^3O^6$, qui résulte des analyses de M. Hanriot [*Bull. Soc. Chim.*, (3), 11, 37].

CHLORALGLUCOSANE ET DICHLORALGLUCOSE [J. Meunier, *C. R.*, 122, 144]. — On triture dans un mortier 85 grammes d'hydrate de chloral avec 130 centimètres cubes d'acide sulfurique à 66° B. L'acide s'empare de l'eau et met le chloral en liberté. On ajoute 100 grammes de glucose réduit en poudre fine et on malaxe le tout. Le glucose prend tout d'abord une teinte brune, qui s'éclaircit ensuite. C'est l'indice que la réaction s'accomplit, ce qui se manifeste par le dégagement de chaleur et la disparition rapide des fragments de glucose qui ne s'étaient pas encore dissous. Le mélange ne tarde pas à former un tout d'apparence homogène et visqueuse. Après quelques minutes, on verse le contenu du mortier dans un vase rempli d'eau afin de séparer l'acide sulfurique et l'excès des produits qui ne sont pas entrés en combinaison. Le résidu insoluble, lavé à plusieurs reprises, présente une teinte grise : il est recueilli et égoutté sur filtre. On le fait cristalliser dans l'alcool bouillant additionné d'un peu de noir animal. Ce produit est un mélange de trois corps différents : le premier est séparé par l'alcool froid, le second par l'éther et le troisième n'est soluble que dans l'alcool bouillant.

Le premier cristallise en aiguilles fusibles à 185-187°; il possède les propriétés que les auteurs assignent au chloralose. Comme il est soluble dans l'eau, les lavages répétés n'en laissent qu'une faible proportion.

Le second produit fond à 225°; il cristallise en aiguilles blanches, insolubles dans l'eau, solubles dans 300 parties d'alcool et dans 45 parties d'éther. Il résiste à l'action des acides. D'après le dosage du chlore, c'est un *dichloralglucose*,

$$C^6H^{10}O^4(OC^2Cl^3)^2.$$

Le troisième produit se présente en lamelles nacrées fondant également à 225°, insolubles dans l'eau et dans l'alcool froid, solubles dans l'alcool bouillant. Ce produit exige 1000 parties d'éther pour se dissoudre. Il est inattaquable par les acides et, d'après le dosage du chlore, c'est un *monochloralglucosane*, $C^6H^9O^4(OC^2Cl^3)$. Le zinc et l'acide acétique bouillant lui enlèvent du chlore et laissent une matière réduisant la liqueur de Fehling.

ACTION DE L'ACÉTONE. — L'acétone s'unit, sous l'action condensante de l'acide chlorhydrique, avec le glucose pour donner la *glucose-diacétone* :

$$C^6H^{12}O^6 + 2CH^3 - CO - CH^3$$
$$= 2H^2O + C^6H^8O^6[C(CH^3)^2]^2.$$

On opère comme il suit :

On agite vivement le glucose finement pulvérisé (30 grammes) avec de l'alcool méthylique (400 grammes) renfermant 1 0/0 d'acide chlorhydrique; au bout de 6 à 8 heures, tout est dissous. La liqueur perd peu à peu ses propriétés réductrices; au bout de 40 heures, on élimine l'acide chlorhydrique au moyen de carbonate d'argent, on évapore dans le vide à 30 ou 35°, on dissout dans 100 centimètres cubes d'acétone et on évapore à consistance de sirop pour chasser l'alcool méthylique. Ce qui reste est constitué par du glucose inaltéré et par son acétal. On y ajoute alors 350 centimètres cubes d'acétone renfermant 1/2 0/0 d'acide chlorhydrique et on agite violemment pendant 10 heures. La liqueur filtrée est abandonnée à elle-même pendant 1 jour 1/2 à la température de 33°; le pouvoir réducteur est devenu alors insignifiant On élimine l'acide chlorhydrique comme il a été dit plus haut, on filtre au noir et on évapore. On reprend à l'éther pour séparer le glucoside méthylique insoluble dans ce véhicule; on précipite ensuite la solution éthérée, réduite à 50 centimètres cubes, par l'éther de pétrole et on fait cristalliser l'eau mère. On obtient ainsi 6 grammes de glucose-diacétone, qu'on purifie en la faisant cristalliser soit dans l'éther de pétrole bouillant (200 parties), soit dans l'éther chaud (4 à 5 parties).

La glucose-diacétone, soit cristallisée dans l'éther, soit sublimée, fond vers 108°; elle est très soluble dans l'alcool, l'acétone, le chloroforme et l'éther chaud; l'éther de pétrole bouillant la dissout un peu (1/200), l'eau bouillante un peu mieux (1/7). Elle a une saveur amère, peut être sublimée et a un pouvoir rotatoire correspondant à $[\alpha]_D^{20} = -18°,5$.

Les acides étendus et chauds, la levure de bière et l'émulsine la dédoublent en ses composants [*D. chem. G.*, **28**, 1165].

### XI. — FERMENTATION.

Le glucose est fermentescible et, suivant la nature des organismes auxquels il est offert, il se transforme en produits distincts.

La levure de bière et certains mucors (*Mucor racemosus, Mucor mucedo, Mucor circinelloides, Mucor spinosus*) transforment le glucose, sans modification préalable, en alcool et gaz carbonique. Cette action de la levure de bière peut même, dans une certaine mesure, servir à caractériser et à doser le glucose; pour le doser, il faut alors doser l'alcool ou mesurer le volume d'anhydride carbonique formé. Le *Mucor circinelloides*, qui ne fait pas fermenter le saccharose, est alors préférable à la levure [Gayon, *Ann. Chim. Phys.*, (5), **14**, 258].

D'après M. Büchner, la fermentation alcoolique serait due à une diastase renfermée dans la levure et qui ne se diffuse pas à l'extérieur de la cellule. En broyant celle-ci, on peut en extraire le suc diastasique qui peut remplacer l'organisme vivant.

Le glucose peut fournir, dans d'autres circonstances, des produits divers.

L'acide gluconique se produit dans l'action du *Mycoderma aceti* et, d'une manière générale, de tous les ferments acétiques sur le glucose en solution étendue (2 0/0) en présence de carbonate de calcium [Brown, *Chem. Soc.*, **49**, 172; Henneberg, *Central Bl.*, 1898, **1**, 747]. Il se forme encore dans l'action de la bactérie du sorbose de M. G. Bertrand (*Bact. xylinum*) [Brown. *Chem. Soc.* **49**, 432; Bertrand, *C. R.*, **127**, 728; *Bull. Soc. Chim.*, (3), **19**, 999].

L'acide oxygluconique de M. Boutroux se produit à côté de l'acide gluconique sous l'action du *Micrococcus oblongus* [*C. R.*, **102**, 924].

L'acide acétique se produit en même temps qu'un peu d'acide formique, par l'action du *Bacillus ethaticus* [Frankland et Lumsden, *Chem. Soc.*, **61**, 432].

L'acide citrique peut être préparé industriellement à l'aide de certains micro-organismes (*Citromyces, pfeifferianus glaber*) (11 kilogrammes de glucose fournissent 6 kilogrammes d'acide ci-

trique) [Wehmer, *C. R.*, **117**, 332; *D. chem. G.*, 26, *Ref.*, 696; 27, *Ref.*, 78; *Chem. Zeit.*, **21**, 1022].

La fermentation lactique du glucose se produit dans un certain nombre de cas et donne alors tantôt l'acide actif, tantôt l'acide ordinaire.

Voir à ce sujet [Tate, *Chem. Soc.*, **63**, 1263; Nencki et Sieber, *Sur le Micrococcus acidi paralactici, Mon. f. Chem.*, **10**, 532; Kerry et Frankel, *Bacille de l'œdème malin, Mon. f. Chem.*, **11**, 263; **12**, 350; Péré, *Ann. de l'Institut Pasteur*, **7**, 737].

Le pneumobacille de Friedländer donne des traces d'alcool, de l'acide acétique et de l'acide lactique gauche [Grimbert, *C. R.*, **121**, 698; *Bull. Soc. Chim.*, (3), **15**, 52, 87; Frankland, Stanley et Frew, *Chem. Soc.*, **59**, 253].

Le coli-bacille donne un mélange d'acide lactique ordinaire et d'acide gauche [Péré, *Ann. de l'Institut Pasteur*, **12**, 63], un mélange d'acide ordinaire et d'acide droit [Hugounenq et Doyon, *Ann. Chim. Phys.*, (7), **15**, 145].　L.-J. Simon.

**GLUCOSE (INDUSTRIE).** — Voyez Dict., 3, 37 (SUCRES).

Vers 1870, ainsi que le rappelle le Dictionnaire, la production du glucose s'élevait à environ 20 millions de kilogrammes; elle a, depuis cette époque, doublé d'importance, et atteint annuellement le chiffre de 35 à 40 000 tonnes.

En outre, de grandes améliorations ont été faites dans le travail; la saccharification en autoclave, l'emploi du noir en grande quantité, l'évaporation des sirops dans le vide, ont donné des produits beaucoup plus purs que ceux dont la consommation se contentait autrefois.

Les glucoseries livrent aujourd'hui leurs produits sous deux formes : *le glucose massé*, ou *massé*, d'une part, qui, comme l'indique l'analyse ci-dessous due à M. Lindet, peut être considéré comme du dextrose presque pur; d'autre part, un sirop renfermant à peu près autant de dextrose que de dextrine, et qui porte le nom de *sirop de dextrine, sirop de glucose, sirop cristal* ou *sirop impondérable.*

| | Glucose massé | Sirop cristal | |
| --- | --- | --- | --- |
| | — | I | II |
| Eau .............. | 20,44 | 20,63 | 16,66 |
| Dextrose (anhydre). | 73,43 | 35,35 | 37,01 |
| Dextrine .......... | 5,78 | 43,83 | 46,14 |
| Cendres. .......... | 0,35 | 0,19 | 0,19 |
| | 100,00 | 100,00 | 100,00 |

Le développement de la fabrication et l'amélioration apportée à la qualité des produits résultent des exigences des nombreuses industries qui les recherchent.

Le glucose massé est pour la presque totalité vendu aux brasseurs, qui l'emploient pour remonter le degré alcoolique des bières et spécialement des petites bières; la petite quantité de dextrine que ce glucose massé apporte à la cuve donne à la bière *de la bouche.* Les vignerons emploient également ce produit pour sucrer les vins et les marcs; il donne, dans ce cas, de moins bons résultats que le sucre de betteraves. Le glucose massé est utilisé par les fabricants de pain d'épices comme succédané du miel, utilisé enfin comme épaississant par les teinturiers et les fabricants de couleurs.

Le sirop cristal est réservé à des usages encore plus nombreux. Les fabricants de bonbons et sucres d'orge le recuisent *jusqu'au cassé* et le rendent ainsi dur et cassant; les fabricants de liqueurs, sirops de gomme, de groseille, etc., d'anisette, de curaçao, etc., le préfèrent souvent au sucre, parce qu'il donne plus de viscosité. Dans le même ordre d'idées, on le recherche pour la fabrication des confitures; dans la pâtisserie, pour lier les pâtes et les crèmes, glacer certains gâteaux, certains fruits. Il sert encore dans l'apprêt et l'impression des étoffes.

FABRICATION. — Depuis l'élévation des droits de douane sur le maïs (1891), et depuis l'établissement (1896) d'une taxe, à l'entrée en glucoserie, de l'amidon de maïs destiné à la saccharification, la fécule est presque exclusivement utilisée à la fabrication du glucose massé et du sirop cristal.

Cette fécule est employée soit à l'état vert, c'est-à-dire égouttée, contenant 48 à 50 0/0 d'eau, soit à l'état sec, c'est-à-dire étuvée et n'en renfermant que 18 à 20 0/0. L'emploi de la fécule verte est plus avantageux, puisque la fécule doit être délayée dans l'eau avant de subir la saccharification, et que l'on économise ainsi les frais de séchage; mais, comme la fécule verte est d'une conservation difficile, elle ne peut être traitée en glucoserie que pendant la campagne de féculerie, c'est-à-dire du mois d'octobre au mois de février ou de mars.

*a. Saccharification.* — La saccharification, qui se faisait toujours autrefois en cuve ouverte, se fait toujours aujourd'hui en autoclave. Les autoclaves sont en cuivre, de façon à résister à l'action des acides; leur forme est en général cylindrique : leur capacité est de 25 à 30 hectolitres. Ils sont munis à la partie supérieure d'une ouverture par laquelle on introduit l'eau acidulée, puis le lait de fécule, d'un manomètre, d'une soupape de sûreté; à la partie inférieure est placé un serpentin barboteur destiné à l'introduction de la vapeur; l'autoclave porte en outre un tuyau de départ pour le sirop saccharifié, et un trou d'homme qui permet le nettoyage.

L'agent de la saccharification est en général l'acide sulfurique, quelquefois l'acide oxalique, qui offre l'avantage de donner par la saturation à la chaux un composé insoluble.

Le travail de saccharification que l'on fait subir à la fécule ne diffère pas essentiellement, que l'on se propose de faire du sirop ou du massé. La seule préoccupation du fabricant est de pousser moins loin la saccharification dans le premier cas que dans le second. Il peut même, s'il n'est pas pressé par le temps, employer la même dose d'acide et chauffer à la même pression. Mais en général il double la dose d'acide et il augmente la pression lorsqu'il veut rendre la saccharification complète.

La fécule est tout d'abord introduite dans des cuves munies d'agitateurs et délayée dans l'eau, de façon à former un lait qui marque 24-25° à l'aréomètre Baumé.

L'autoclave est ouvert à sa partie supérieure, et on recouvre d'eau acidulée le serpentin barboteur. Cette eau acidulée doit contenir toute la dose nécessaire à la saccharification de la fécule que l'on va ajouter. Cette dose représente, suivant que l'on veut faire du sirop ou du massé, de 5 à 10 kilogrammes d'acide sulfurique par 1000 kilogrammes de fécule supposée sèche. L'eau acidulée est portée à l'ébullition et on fait arriver peu à peu le lait de fécule; l'introduction de la fécule doit durer environ 10 minutes. Quand tout le liquide est en ébullition, on ferme l'autoclave, on monte à la pression de 3 à 4 atmosphères et l'on s'y maintient pendant un temps qui varie entre une demi-heure et une heure. L'ouvrier se rend compte de l'état d'avancement de la saccharification en essayant de temps à autre le liquide au moyen de l'iode d'abord, de l'alcool ensuite. S'il ne doit pas pousser trop loin la saccharification afin d'obtenir du sirop, il arrête la vapeur quand l'iode lui fournit une certaine intensité de coloration, qui lui est familière; il continue au contraire à chauffer jusqu'à ce que l'alcool ne précipite plus le liquide, s'il doit fabriquer du massé.

*b. Saturation.* — Le liquide saccharifié, marquant de 24 à 27° Baumé, est dirigé vers des cuves en bois où il est additionné d'un lait de craie tamisé, en quantité suffisante pour le neutraliser. Le produit est alors passé au filtre-presse dans le but de séparer la plus grande partie du sulfate de chaux.

La présence du sulfate de chaux dans les liquides constitue pour la fabrication un inconvénient sérieux. Le sulfate de chaux se dépose pendant l'évaporation et la petite quantité qui reste dissoute se retrouve dans les produits fabriqués; si du sirop cristal, par exemple, renferme du sulfate de chaux, et si on l'additionne de de l'alcool pour obtenir une liqueur, cette liqueur devient louche au refroidissement.

C'est pour éviter cet inconvénient que l'on substitue, ainsi que nous l'avons dit plus haut, à l'acide sulfurique l'acide oxalique. C'est dans le même but que certains fabricants ajoutent aux liquides ordinaires de saturation renfermant du sulfate de chaux une petite quantité d'oxalate de soude ou de baryte. L'emploi de ce dernier sel présente l'avantage de produire par double décomposition deux sels insolubles, le sulfate de baryte et l'oxalate de chaux. Après l'addition d'oxalate de soude ou de baryte, le liquide est chauffé à l'ébullition, puis passé au filtre-presse.

*c. Clarification.* — La clarification des liquides saturés se fait au moyen du noir animal. En général on procède à trois filtrations successives; les deux premières sont faites sur le liquide avant son évaporation, la dernière sur les sirops avant leur cuisson. Pour filtrer les sirops, on emploie du noir neuf ou du noir revivifié sur lequel on fait passer ensuite d'abord des liquides de seconde filtration, puis des liquides de première filtration sortant de la saturation.

Les filtres à noir sont ceux dont on faisait usage autrefois en sucrerie. Ils sont en tôle, tantôt ouverts, tantôt fermés à leur partie supérieure.

*d. Évaporation.* — Le liquide saturé et clarifié est soumis à une première évaporation, soit dans une chaudière à cuire dans le vide, semblable à celles qui sont employées en sucrerie, soit dans un appareil d'évaporation à caisses horizontales (Yaryan, Voy. GÉLATINE) et amené à marquer 30° B. environ.

Il sort de cet appareil à l'état de sirop chaud à 65-70° et passe, comme nous l'avons dit plus haut, sur le noir neuf.

Il ne reste plus qu'à cuire le sirop, c'est-à-dire achever son évaporation. Dans une chaudière à cuire dans le vide, on l'amène à la concentration que l'expérience a déterminée pour chacun des produits : si le sirop doit être transformé en massé, l'évaporation sera poussée jusqu'à 38° B., chaud (soit 40° B., froid); s'il doit fournir au contraire du sirop cristal, l'évaporation ne sera arrêtée que quand il marquera 42° B., chaud (soit 44°,5 B., froid).

Quand le liquide qui s'écoule de la chaudière à cuire est destiné à être transformé en massé, il est coulé dans une cuve munie d'agitateurs où, grâce à la présence des cristaux provenant d'une opération précédente, il cristallise peu à peu; le liquide se trouble, devient laiteux, puis pâteux. Il est alors coulé soit dans des tonneaux, soit dans des moules en forme de pains de sucre, et abandonné au refroidissement. Au bout de 24 heures, le produit est pris en masse et on procède au dépotage. Les formes sont trempées dans l'eau chaude, puis renversées; les pains se ressuient à l'air et peuvent être expédiés après quelques jours d'exposition à l'air.

Quant au sirop cristal, il est coulé chaud dans

des tonneaux où il ne tarde pas, du fait du refroidissement, à prendre une compacité et une
viscosité toutes particulières.          L. Lindet.

**GLUCOSIDES**. — On a désigné d'abord sous
le nom de *glucosides* des principes immédiats
extraits des plantes et susceptibles de se dédoubler, sous l'influence des acides étendus, des
ferments solubles ou même des alcalis, en glucose et composés très variés (alcools, phénols, etc.)

Plus tard on a étendu cette désignation à
d'autres principes immédiats, fournissant par
dédoublement d'autres aldoses que le glucose :
galactose, rhamnose, etc. Déjà dans sa *Chimie
organique fondée sur la synthèse* M. Berthelot
prévoyait, en 1860, l'existence de glucosides
dérivant du glucosane, et M. Tanret est venu
montrer dans ces derniers temps que la salicine,
la coniférine, la picéine fournissent directement
par hydrolyse le lévoglucosane $C^6H^{10}O^5$ [*Bull.
Soc Chim.*, (3), **11**, 949]. Le même savant [*C.
R.*, **129**, 725] a trouvé dans la xanthorhamnine un
glucoside dérivé d'un saccharose, le rhamninose. Cette matière sucrée se dédouble en effet
par hydrolyse en 2 molécules de rhamnose et
1 molécule de galactose.

Il est probable que beaucoup de glucosides,
parmi ceux qui fournissent par dédoublement
plusieurs molécules d'aldoses, sont aussi des dérivés des saccharoses ou même des polyoses, bien
qu'on les regarde encore aujourd'hui comme
des dérivés de ces aldoses.

Enfin, se rattachent aux glucosides les saccharoses et les polyoses comme le sucre de canne,
la dextrine, l'amidon, les gommes, qui produisent
des aldoses ou des cétoses quand on les traite par
les acides étendus ou par des ferments appropriés.

Comme on le voit, la classe des glucosides est
loin d'avoir des limites nettement établies; pourtant on réserve plus particulièrement le nom de
*glucosides* aux principes naturels que l'hydrolyse
dédouble en aldoses et en composés très variés,
différant des matières sucrées.

Tous les glucosides naturels sont envisagés
depuis longtemps comme les éthers-oxydes des
aldoses ou des cétoses, et si l'on n'est encore
parvenu à faire la synthèse d'aucun d'eux, cette
manière de voir a reçu un solide appui par les
travaux de M. Berthelot et de M. E. Fischer. Ce
dernier savant, en particulier, a préparé toute
une série de véritables glucosides artificiels en
combinant les aldoses ou les cétoses avec les
alcools ou les phénols. Ces glucosides artificiels
se rapprochent singulièrement des glucosides
naturels : ils se dédoublent comme eux par hydrolyse, sous l'influence des acides étendus ou de
certains ferments solubles, et, comme eux aussi,
ils sont sans action sur la liqueur de Fehling ou
l'acétate de phénylhydrazine (Voy. GLUCOSES).

Ces deux derniers caractères montrent nettement que les glucosides artificiels ne possèdent
plus la fonction aldéhydique des glucoses générateurs, et il est vraisemblable qu'ils renferment
l'un des groupements caractéristiques

$$-CH\cdot CH(OH)^3\cdot CHOR$$
$$\underline{\qquad O \qquad}$$

ou

$$-CH-CH(OR).$$
$$\diagdown\diagup$$
$$O$$

On peut penser que les glucosides naturels possèdent une structure analogue, car eux non plus
ne réduisent pas la liqueur de Fehling.

Puisque l'on n'a pu jusqu'ici faire la synthèse



d'aucun de ces derniers composés, il faut, pour
se renseigner sur leur nature intime, étudier les
sucres résultant de leur dédoublement sous l'influence des acides étendus ou des ferments solubles. Mais ces agents hydrolysent aussi les saccharoses, les polyoses, transforment en glucose
le glucosane; il sera donc souvent bien difficile
de savoir si certains glucosides dérivent directement des sucres produits par l'hydrolyse.

D'ailleurs le dédoublement des glucosides par
les ferments solubles ne donne pas toujours naissance aux mêmes produits que le dédoublement
par les acides. Ceux-ci poussent en effet plus loin
l'hydrolyse et l'on obtient toujours avec eux des
aldoses, tandis que les ferments solubles fournissent parfois des saccharoses. Souvent aussi les
acides altèrent les composés qui prennent naissance en même temps que les sucres. C'est ainsi
que la salicine, en présence de l'émulsine, donne
du glucose et de la saligénine, tandis que son
dédoublement par les acides produit du glucose
et de la salirétine, anhydride polymérisé et résineux de la saligénine. De même, la coniférine
traitée par l'émulsine donne l'alcool coniférylique
cristallisé, tandis qu'en présence des acides
étendus ce composé devient résineux et incristallisable.

Les ferments solubles ne dédoublent pas indifféremment tous les glucosides, et M. Fischer, qui
a étudié le dédoublement des glucosides artificiels, a pu ranger ceux-ci en deux séries : les
glucosides de la série $\alpha$ sont hydrolisés seulement par l'invertine (mélangée de maltase), ceux
de la série $\beta$ ne sont dédoublés que par l'émulsine.

Si l'on étend cette classification aux glucosides
naturels, on trouve que la salicine, la coniférine,
l'arbutine, la phloridzine, appartiennent à la
série $\beta$ : ils résistent en effet à l'action de l'invertine et sont dédoublés par l'émulsine. L'amygdaline peut être rangée à la fois dans les deux
séries, car elle est complètement dédoublée par
l'émulsine en acide cyanhydrique, aldéhyde
benzoïque et 2 molécules de glucose et, sous
l'influence de l'invertine, elle perd seulement
1 molécule de glucose sans qu'il se produise ni
acide cyanhydrique, ni aldéhyde benzoïque.

Il peut arriver que certains ferments solubles
ne poussent pas le dédoublement des glucosides
jusqu'aux aldoses; c'est ainsi que la rhamninase,
ferment des graines de Perse [Tanret, *loc. cit.*], ne
pousse le dédoublement de la xanthorhamnine
que jusqu'au rhamninose, $C^{18}H^{32}O^{14}$, saccharotriose que les acides étendus dédoublent en
2 molécules de rhamnose et 1 molécule de galactose.

On peut diviser les glucosides naturels suivant
la nature des matières sucrées produites par leur
dédoublement.

1° *Glucosides dérivés des pentoses.* — L'an-
tiarine fournit l'*antiarose* $C^6H^{12}O^5$, la quinovine
produit le *quinovose* $C^6H^{12}O^5$. La datiscine, la
fisétine, la franguline, la glycyphylline, l'oua-
baïne, le quercitrin, la robinine, la rutine, la so-
phorine, produisent du *rhamnose*, $C^6H^{12}O^5$.

2° *Glucosides dérivés des hexoses.* — L'arbutine, l'amygdaline, l'apiine, l'asébotine, les glucosides du Boldo, la cerbérine, la picrotoxine, la
daphnine, la diosmine, l'esculine, la fraxine,
l'elléboréine, l'elléborine, l'iridine, la jalapine,
la loganine, la lupinine, la ményanthine, la mur-
rayine, la phyllyrine, la phloridzine, la prophé-
tine, l'acide rubérythrique, la rubiadine, a salicine, la sapotine, la sinalbine, la tampicine, la
leucrine, la thévétine, la turpéthine, produisent
du *glucose*, $C^6H^{12}O^6$.

La digitonine fournit du *galactose*, $C^6H^{12}O^6$.

La phrénosine donne du *cérébrose*, qui serait

identique au galactose, d'après M. Thierfelder [*Zeit. physiol. Chem.*, **14**, 209].

La scammonine et l'ipoméine donnent du *mannose*, $C^6H^{12}O^6$.

La β-digitoxine produit du *digitoxose*, $C^6H^{12}O^6$.

Enfin, la chitine fournit par dédoublement la *chitosamine*, $C^6H^{13}AzO^5$, que l'acide azoteux transforme en *chitose*, $C^6H^{14}O^6$, sucre très voisin du glucose.

*3° Glucosides dérivés à la fois des pentoses et des hexoses.* — L'hespéridine, l'isohespéridine, fournissent à la fois 1 molécule de *rhamnose*, $C^6H^{12}O^5$ et 2 molécules de *glucose*, $C^6H^{12}O^6$.

*4° Glucosides dérivés du lévoglucosane*, $C^6H^{10}O^5$. — Ce sont la salicine, la coniférine, la picéine.

*5° Glucosides dérivés d'un saccharose.* — La xanthorhamnine produit un saccharotriose, le *rhamninose*, $C^{18}H^{32}O^{14}$, dédoublable par les acides en 2 molécules de *rhamnose* $C^6H^{12}O^5$, et une de *galactose* $C^6H^{12}O^6$.

*6° Glucosides dérivés d'une matière sucrée encore indéterminée.* — Adonine, agoniadine, aphrodescine, argyrescine, bryonine, caïncine, camelline, colocynthine, convallamarine, convolvuline, coriamyrtine, cyclamine, danaïne, digitaléine, dulcamarine, éricoline, fragarianine, gentiopicrine, globularine, gratioline, ononine, paridine, parilline, pinipicrine, rhinanthine, saponine, skimmine, solanine, téloescine, thujine, vincétoxine.

Depuis la publication des premiers fascicules du 2° Suppl., la bryonine et la datiscine ont été l'objet de travaux qu'il y a lieu de résumer.

BRYONINE (voyez Dict., **1**, 675). — La bryonine, glucoside extrait de la racine de bryone (*Bryonica alba* et *dioica*), n'est connue qu'à l'état amorphe. Suivant M. Masson [*Journ. de Pharm. Chim.*, (5), **27**, 300; *Bull. Soc. Chim.*, (3), **9**, 1054], le composé extrait sous ce nom par Dulong [*Journ. Pharm. Chim.*, **12**, 158] et par MM. Brandes et Frieshaber [*Arch. Pharm.*, **3**, 356] serait mélangé de résine.

Pour obtenir la bryonine à l'état de pureté, on épuise par l'acide chlorhydrique à 3 0/00 la racine de bryone séchée et pulvérisée, on précipite par le tannin la solution obtenue, et le gâteau résineux qui se forme est lavé, séché, pulvérisé et épuisé par l'alcool à 90°. On filtre la solution, puis on l'additionne d'oxyde de zinc et l'on épuise par l'eau froide la masse qui en résulte. On évapore la liqueur obtenue et l'on reprend le résidu par l'acide chlorhydrique à 3 0/00. Enfin, on soumet à la dialyse la dissolution tant qu'elle renferme de l'acide chlorhydrique et qu'elle laisse des cendres à la calcination. On l'évapore ensuite à siccité et l'on reprend le résidu par le moins possible d'alcool absolu. On précipite enfin par un excès d'éther anhydre. Le précipité lavé à l'éther constituerait, d'après l'auteur, la bryonine pure.

Elle est blanche, amorphe, très amère, soluble dans l'eau et l'alcool, complètement insoluble dans l'éther anhydre et le chloroforme. En solution alcoolique à 5 0/0, son pouvoir rotatoire est $[\alpha]_D = +41°,25$; il ne varie pas avec la concentration.

La bryonine précipite par le tannin, l'acétate de plomb ammoniacal, mais non par le sousacétate de plomb. Sa solution alcoolique est troublée par les moindres traces d'alcali, ses combinaisons alcalines étant insolubles dans l'alcool. L'acide sulfurique la dissout avec une coloration brun-rouge qui disparait par addition d'eau. La couleur bleue, puis verte, indiquée comme caractéristique, ne se produit jamais avec la bryonine pure [Masson, *loc. cit.* — Johannson, *Zeit. analyt. Chem.*, **24**, 157].

L'ébullition avec les acides étendus la dédouble en une résine soluble dans l'alcool, insoluble dans l'éther, la *bryorésine*, et une matière sucrée que l'auteur croit être le glucose, sans qu'il ait vérifié aucune des constantes de cette aldose.

L'analyse assigne à la bryonine la formule $C^{34}H^{48}O^9$ et à la bryorésine $C^{28}H^{38}O^4$. Le dédoublement serait exprimé par l'équation

$$C^{34}H^{48}O^9 + H^2O = C^6H^{12}O^6 + C^{28}H^{38}O^4.$$

DATISCINE, $C^{21}H^{24}O^{11}, 2H^2O$ (voyez Dict., **1**, 1134). — La datiscine a été découverte en 1816 par Braconnot [*Ann. Chim. Phys.*, 1816, 277], dans les feuilles du *Datisca cannabina*; elle fut étudiée plus tard par Stenhouse [*Ann. Chem.*, **98**, 167]. Enfin, MM. Schunck et Marchlewski [*ibid.*, **277**, 261] montrèrent que ce glucoside, contrairement à ce que l'on croyait jusque-là, donnait du rhamnose par hydrolyse. Ils fixèrent en même temps quelques points de sa constitution.

D'après eux, le meilleur mode de préparation consiste à épuiser par l'alcool étendu les racines de *Datisca cannabina*. On évapore ensuite l'alcool et l'on reprend le résidu par l'eau bouillante. La datiscine cristallise impure par refroidissement. Pour la séparer des résines qui la souillent, on ajoute à sa solution aqueuse une petite quantité d'acétate de plomb, on filtre, on se débarrasse du plomb et l'on concentre la solution. La datiscine cristallise; on achève sa purification en répétant encore deux fois le traitement à l'acétate de plomb. Enfin, on la fait cristalliser dans l'eau bouillante.

La datiscine se présente en cristaux un peu jaunes, très solubles dans l'alcool, assez solubles dans l'eau bouillante et dans l'acide acétique, très peu dans l'éther. Elle fond à 190°. Les alcalis la dissolvent facilement en donnant des solutions jaune foncé, brunissant lentement à l'air.

Desséchée à l'air, la datiscine répond à la formule $C^{21}H^{24}O^{11}, 2H^2O$; quand elle a été desséchée à 130°, sa formule est $C^{21}H^{24}O^{11}, H^2O$.

Les acides la dédoublent en *datiscétine*, $C^{18}H^{12}O^6$, et *rhamnose*, $C^6H^{12}O^5$.

*Datiscétine.* — La datiscétine qui résulte ainsi de l'hydrolyse de la datiscine cristallise dans l'alcool en belles aiguilles d'un jaune clair. L'acide sulfurique concentré la dissout en donnant une solution jaune qui acquiert bientôt une magnifique fluorescence bleue.

Elle fond à 237°, se dissout assez facilement dans les dissolvants organiques; elle est au contraire presque insoluble dans l'eau. Avec l'acétate de plomb, sa solution alcoolique donne un *sel de plomb* jaune foncé, répondant à la formule $C^{18}H^{10}PbO^6$.

Fondue avec les alcalis, elle donne naissance à l'acide salicylique. L'oxydation par l'acide nitrique produit, suivant la concentration de l'acide, soit de l'acide picrique, soit de l'acide nitrosalicylique fondant à 226°.

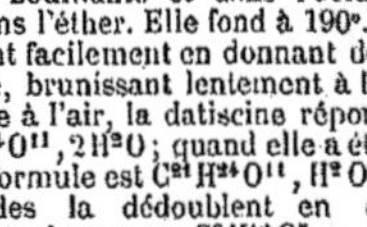

Distillée sur la poudre de zinc, la datiscétine donnerait naissance, suivant MM. Schunck et Marchlewski, à du méthylène-diphénylène-oxyde que ces auteurs n'ont cependant pas isolé. L'acide iodhydrique concentré la transforme en un corps de la formule $C^{13}H^8O^6$, fondant à 260°, qu'ils regardent comme une *tétraoxyxanthone*, ils en déduisent pour la datiscétine la formule

$$CO,\ OCH^3,\ OCH^3,\ OH,\ O,\ OH$$

M. Guerbet.

**GLUCOVANILLINE.** — La glucovanilline, $C^{14}H^{18}O^8$, $2H^2O$, s'obtient en soumettant la coniférine, $C^{16}H^{22}O^8$, à une oxydation ménagée [Tiemann, *D. chem. G.*, **18**, 1595]. On dissout 10 grammes de coniférine dans 200 grammes d'eau, et l'on ajoute peu à peu une solution de 8 grammes d'acide chromique dans 100 grammes d'eau. On abandonne pendant plusieurs jours à la température ordinaire, puis on fait bouillir, après addition de carbonate de baryum qui précipite le chrome à l'état d'hydrate chromique. La solution filtrée est décolorée par le noir animal, puis concentrée. La glucovanilline se dépose en aiguilles fusibles à 142°, solubles dans l'eau en assez fortes proportions, peu solubles dans l'alcool et insolubles dans l'éther. Elle est lévogyre : $[\alpha]_D = -88°,63$ pour la molécule supposée anhydre.

Les acides étendus et l'émulsine la dédoublent en glucose et vanilline; sa formule de constitution est donc

$$C^6H^3(CHO)_{(1)}\,OCH^3_{(3)}\,OC^6H^{11}O^5_{(4)} + 2H^2O.$$

En présence de soude étendue, la glucovanilline se condense avec les autres aldéhydes. Avec l'éthanal, en particulier, on obtient l'*aldéhyde glucoférulique* (voyez ce mot).

A la glucovanilline, considérée comme aldéhyde, correspondent un acide et un alcool.

ACIDE GLUCOVANILLIQUE. — L'acide glucovanillique, $C^{14}H^{18}O^9$, $H^2O$, s'obtient à l'état de sel de baryum, soluble dans l'eau, dans la préparation même de la glucovanilline; mais il est préférable de traiter la coniférine par le permanganate de potassium [Tiemann et Reimer, *D. chem. G.*, **8**, 515]. En évaporant au dixième de son volume le produit de l'oxydation, on obtient, par addition d'acide dilué, une bouillie de cristaux, se distinguant de l'acide vanillique par leur insolubilité dans l'éther.

Cet acide est purifié par transformation en sel de plomb que l'on décompose par l'hydrogène sulfuré; on fait ensuite cristalliser dans l'eau bouillante. On obtient ainsi des prismes blancs et brillants, fusibles à 211-212°, et renfermant une molécule d'eau de cristallisation qu'ils perdent à 100°. L'acide glucovanillique est soluble dans l'alcool et dans l'eau, mais insoluble dans l'éther. Tous ses sels, sauf le sel de plomb, sont solubles dans l'eau; l'émulsine et les acides étendus le dédoublent en glucose et acide vanillique; ce dernier acide prend également naissance, et se sublime, quand on chauffe l'acide glucovanillique en tube fermé.

ALCOOL GLUCOVANILLIQUE. — L'alcool glucovanillique ou glucovanillylique s'obtient en traitant par l'amalgame de sodium une solution de glucovanilline à 6 0/0.

Au bout de quelques jours, on neutralise par l'acide chlorhydrique, on concentre, on précipite les sels de sodium par l'alcool et l'éther, on évapore à sec et, finalement, on fait cristalliser le résidu dans l'alcool absolu.

On obtient ainsi de belles aiguilles blanches, fusibles à 120°, solubles dans l'eau et dans l'alcool, insolubles dans l'éther.

Cet alcool,

$$C^6H^3\,CH^2OH_{(1)}\,OCH^3_{(3)}\,OC^6H^{11}O^5_{(4)} + H^2O,$$

ne réduit pas directement la liqueur de Fehling. Cette réduction ne s'observe qu'après le traitement par l'émulsine, qui le dédouble en glucose et alcool vanillique,

$$C^6H^3\,CH^2OH_{(1)}\,OCH^3_{(3)}\,OH_{(4)},$$

fusible à 115°.

L'acide sulfurique concentré dissout l'alcool glucovanillique en prenant une coloration rouge-violacé.

Cet alcool est lévogyre comme l'aldéhyde correspondante [Tiemann, *loc. cit.*]  Ch. Cloëz.

**GLUTACONIQUE (ACIDE),**

$$\begin{array}{l} CH - CH^2 - CO^2H \\ \| \\ CH - CO^2H \end{array} \quad \text{en position maléique ?}$$

[*Acide pentène 2-dioïque* 1.5]. — Cet acide a été préparé pour la première fois par MM. Conrad et Guthzeit [*Ann. Chem.*, **222**, 253]. L'éther malonique disodé réagit sur le chloroforme en fournissant l'éther dicarboxylglutaconique sodé :

$$\begin{array}{l} CO^2C^2H^5 \\ | \\ CNa^2 \quad + CHCl^3 \\ | \\ CO^2C^2H^5 \end{array}$$

$$= NaCl + \begin{array}{l} CO^2C^2H^5 \\ | \\ CNa \\ | \\ CO^2C^2H^5 \end{array} - CH = C \begin{array}{l} CO^2C^2H^5 \\ | \\ CO^2C^2H^5 \end{array}$$

et celui-ci, saponifié par de la soude, perd de l'alcool et $2CO^2$ et fournit le sel de sodium de l'acide glutaconique,

$$NaO^2C - CH = CH - CH^2\,.\,CO^2Na.$$

La saponification peut se faire par l'ébullition de l'éther avec l'acide chlorhydrique concentré ou la lessive de soude, en présence d'alcool. Ce dernier procédé est préférable.

On l'obtient encore par ébullition de l'éther éthoxypyrone-dicarbonique avec un acide ou un alcali :

$$\begin{array}{l} C^2H^5O^2C\,.\,C =\!=\!= C\,.\,OC^2H^5 \\ \quad\quad | \quad\quad\quad | \\ \quad\quad CH \quad\quad O \quad\quad + 4H^2O \\ \quad\quad \| \quad\quad\quad | \\ C^2H^5O^2C\,.\,C =\!=\!= CO \end{array}$$

$$= 3\,C^2H^5OH + 2\,CO^2 + C^5H^6O^4$$

[Guthzeit et Dressel, *D. chem. G.*, **22**, 1421].

L'acide coumalique en fournit aussi lorsqu'on le fait bouillir avec la baryte [Pechmann, *Ann. Chem.*, **264**, 301].

L'acide β-oxyglutarique, distillé dans le vide ou soumis à l'ébullition avec l'acide sulfurique à 60 0/0, perd $H^2O$ et fournit l'acide avec de bons rendements.

On obtient son éther diméthylique, en même temps que celui de l'acide triméthylène-dicarbonique fumaroïde, en distillant le pyrazoline 1.2-dicarboxylate de méthyle.

En distillant le diazoéther, qu'on prépare en faisant réagir l'éther diazoacétique sur l'éther acrylique, on obtient une huile qui, à la saponification, fournit un mélange de ces mêmes acides [Büchner, *D. chem. G.*, **23**, 701, 703].

*Propriétés.* — L'acide glutaconique cristallise en prismes incolores fusibles à 132° (C. et G.) 136-138° (B.); il est soluble dans l'eau, l'alcool et l'éther. Ses solutions neutres précipitent les sels de plomb et d'argent, et le chlorure ferrique. Le *sel de zinc* possède la propriété de se dissoudre plus facilement à chaud qu'à froid. Le *sel d'argent* est très peu soluble, même dans l'eau bouillante.

L'amalgame de sodium réduit sa solution alcaline diluée, en fournissant l'acide glutarique.

L'acide bromhydrique, en solution aqueuse concentrée, réagit à 100°, en tube scellé, sur l'acide glutaconique en fournissant de l'*acide β-bromoglutarique*, $HO^2C.CH^2.CHBr.CH^2.CO^2H$.

*Éther diéthylique*, $C^5H^4O^4(C^2H^5)^2$. — C'est une huile bouillant à 236-238°, qu'on a obtenue en éthérifiant l'acide par l'alcool et l'acide sulfurique. M. F. Henrich [*Mon. f. Chem.*, 20, 539] donne les constantes suivantes : point d'ébullition 143-145° sous 36 millimètres et 239-240° sous 733 millimètres. Densité à 20° $= 1,0499$. $n_D = 1,44747$. Il possède une odeur éthérée piquante; la soude le saponifie facilement. Il renferme un atome de carbone dont les atomes d'hydrogène ont des propriétés acides par suite du voisinage des groupes

$$CO^2C^2H^5 \quad \text{et} \quad CH=CH.CO^2C^2H^5.$$

Aussi l'éthylate de sodium fournit-il une solution jaune dont l'éther précipite un *dérivé sodé* jaune qui, par l'iodure de méthyle, fournit les éthers mono- et di-méthylglutaconique; l'acide azoteux fournit un dérivé isonitrosé, et le chlorure de diazobenzène un dérivé azoïque (F. Henrich). Les indones et quinones halogénées réagissent sur cet hydrogène acide en produisant des colorations violettes et bleues [C. Liebermann, *D. chem. G.*, 32, 916].

*Isonitrosoglutaconate d'éthyle*,

$$C^2H^5O^2C-CH=CH-C-CO^2C^2H^5.$$
$$\parallel$$
$$AzOH$$

Aiguilles fusibles a 81-83°, obtenues par l'action de l'acide azoteux sur l'éther sodé. C'est un acide puissant, qui décompose les carbonates.

*Anhydride*,

$$\begin{array}{l} CH-CO \\ \parallel \qquad\quad \diagdown \\ C \qquad\qquad O. \\ \mid \qquad\quad \diagup \\ CH^2-CO \end{array}$$

— Il a été obtenu en faisant bouillir, pendant 40 minutes au réfrigérant ascendant, l'acide et le chlorure d'acétyle (8 p.). Il cristallise en aiguilles plates, fusibles à 87° [C. et G., B., *loc. cit.*]

*Acide glutaconique dimoléculaire.* — M. H. von Pechmann [*D. chem. G.*, 32, 2301] l'a obtenu en essayant de condenser l'éther formique avec l'éther glutaconique, à l'état d'*éther éthylique* bouillant à 224° sous 22 millimètres. L'acide obtenu par saponification de l'éther est fusible à 207° ou se décomposant.

DÉRIVÉS DE SUBSTITUTION.

*Acide chloro 3-glutaconique*,

$$HO^2C.CH^2.CCl=CH.CO^2H.$$

— On l'obtient sous la forme d'éther éthylique, en versant peu à peu 50 grammes d'éther acétonedicarbonique sur 160 grammes de perchlorure de phosphore :

$$CO(CH^2CO^2C^2H^5)^2 + PCl^5$$
$$= C^5H^3ClO^4(C^2H^5)^2 + POCl^3 + HCl.$$

Le produit de la réaction est décomposé par l'eau, extrait par l'éther, puis saponifié par ébullition avec 20 parties d'acide chlorhydrique, pendant 2 à 3 heures. L'acide pur cristallise dans l'eau en aiguilles fusibles à 129°. Il est insoluble dans le benzène. L'amalgame de sodium le transforme en acide glutarique; la potasse alcoolique, en *acide glutinique*, $C^5H^4O^4$ [Burton et Pechmann, *D. chem. G.*, 20, 143].

*Acide tétrachloroglutaconique.* — L'acide trichloracétyltétrachlorocrotonique, dissous dans le carbonate de sodium, puis additionné de soude, se décompose en chloroforme et acide tétrachloré :

$$C^6HCl^7O^3 + H^2O = C^5H^2Cl^4O^4 + CHCl^3.$$

Il cristallise en tables minces, dans un mélange de ligroïne et d'éther, et fond à 109-110°.

*Acide phénylazoglutaconique*,

$$C^6H^5Az=Az\cdot\cdot CHCO^2H$$
$$\mid$$
$$CH=CH-CO^2H$$

— On l'obtient en aiguilles jaunes, fusibles à 162°,5 après cristallisation dans l'acide acétique. Il se forme à l'état d'*éther éthylique* lorsqu'on fait réagir le chlorure de diazobenzène sur l'éther glutaconique sodé. Si on l'éthérifie, on peut obtenir l'*éther éthylique acide*, fusible à 153° [F. H., *loc. cit.*].

*Acide éthylglutaconique*,

$$HCO^2-CH-CH=CH-CO^2H.$$
$$\mid$$
$$C^2H^5$$

— On l'obtient par saponification de l'éther dicarboxylé correspondant, par départ de $2CO^2$ [Guthzeit et Dressel. *loc. cit.*]. Cristaux fusibles à 118-120°; il fournit un *sel d'argent* insoluble dans l'eau. L'ammoniaque le transforme en β-éthyl-αα'-dihydroxypyridine fusible à 175°.

*Acide benzylglutaconique*,

$$HCO^2-CH-CH=CH-CO^2H.$$
$$\mid$$
$$CH^2.C^6H^5$$

— Obtenu par MM. Conrad et Guthzeit comme l'acide méthylique, il fond à 145° et sa solution neutre précipite les sels de plomb, d'argent, de cuivre et le chlorure ferrique. Le *sel d'argent* est un peu soluble dans l'eau bouillante.

*Acide αγ-dicyanoglutaconique*,

$$\begin{array}{l} CH-CH^* \diagup ^{C\,Az}_{CO^2C^2H^5} \\ \parallel \\ C \diagup ^{C\,Az}_{CO^2C^2H^5} \end{array}$$

*Éther éthylique.* — On l'obtient à l'état de *dérivé sodé* (sodium en $H^*$) en faisant réagir le cyanacétate d'éthyle sodé sur le chloroforme :

$$2CAz.CH^2.CO^2C^2H^5 + CHCl^3 + 4C^2H^5ONa$$
$$= C^5HNa(CAz)^2(OC^2H^5)^2 + 5NaCl.$$

La réaction, aussitôt commencée a une douce chaleur, se continue violemment, et se termine au bout d'une demi-heure au bain-marie. La solution alcoolique bouillante, filtrée et évaporée, fournit un sel de sodium jaune, cristallisant dans l'eau avec $2H^2O$. Cet éther sodé cristallise en aiguilles d'un jaune clair, fusibles à 265°. Le *sel calcique* correspondant cristallise avec $4H^2O$. L'acide chlorhydrique décompose ces sels en fournissant l'*acide* sous la forme d'un précipité jaune soluble à chaud dans le benzène et cristallisant par refroidissement en lamelles d'un jaune d'or, fusibles à 179°. L'alcool, à chaud, dissout lentement cet acide, mais en lui faisant subir une profonde altération; on obtient en effet, après évaporation de l'alcool, des aiguilles blanches fusibles à 160°, que M. Errera a cru être une amide, et que, plus tard, M. Guthzeit a identifiées avec le sel ammoniacal de l'*acide dioxy-2.6-dinicotinique* :

$$
\begin{array}{c}
CO^2C^2H^5 \\
| \\
HC - CAz \\
\diagup \\
HC \qquad\qquad + 2\,H^2O \\
\diagdown\!\diagdown \\
C - CAz \\
| \\
CO^2C^2H^5
\end{array}
$$

$$
= \begin{array}{c}
CO^2C^2H^5 \\
| \\
C = C.OH \\
HC \qquad Az \qquad + AzH^3 \\
C - C.OH \\
| \\
CO^2C^2H^5
\end{array}
$$

[Errera, *D. chem. G.*, **31**, 1241 ; Guthzeit, *ibid.*, **32**, 779].

HOMOLOGUES DE L'ACIDE GLUTACONIQUE.

ACIDE MÉTHYLGLUTACONIQUE,

$$
\begin{array}{c}
CH^3 \\
| \\
HO^2C - CH = CH - CH \\
| \\
CO^2H
\end{array}
$$

— MM. Conrad et Guthzeit (*loc. cit.*) l'ont obtenu en traitant à 150° l'éther sododicarboxylglutaconique par l'iodure de méthyle, et en saponifiant l'éther méthylé obtenu. Il cristallise dans l'eau en mamelons fusibles à 137°. Son éther, traité par l'ammoniaque à 100°, fournit par condensation la β-méthyl-αα-dihydroxypyridine, fusible à 190°.

ACIDE α-DIMÉTHYLGLUTACONIQUE,

$$
HO^2C - CH = CH - C \underset{CO^2H}{\overset{(CH^3)^2}{<}}
$$

— M. Henrich (*D. chem. G.*, **32**, 668) l'a obtenu en saponifiant l'éther obtenu par l'action de l'iodure d'éthyle en excès sur le dérivé sodé de l'éther glutaconique. Il cristallise dans le toluène en aiguilles fusibles à 132° : le toluène laisse non dissous un produit fusible à 172°, formé en même temps. La constitution de cet acide est fixée par son oxydation au permanganate, car il donne de l'acide diméthylmalonique.

ACIDE αγ-DIMÉTHYLGLUTACONIQUE,

$$
\begin{array}{cc}
CH^3 & CH^3 \\
| & | \\
HO^2C . CH - CH = C - CO^2H
\end{array}
$$

[Reformatzky, *Journ. Soc. Phys. Chim. russe*, **30**, 230, 453]. — L'acide αα-diméthyl-β-oxyglutarique,

$$
\begin{array}{cc}
CH^3 & CH^3 \\
| & | \\
HO^2C - CH - CH(OH) - CH - CO^2H,
\end{array}
$$

soumis à l'ébullition avec le chlorure d'acétyle, fournit, en même temps que l'anhydride de l'acide, le produit non saturé aux dépens du groupe hydroxyle. L'acide sulfurique agit de même sur l'oxyacide, et, chose curieuse, on obtient encore le produit par saponification de l'iodure correspondant à l'oxyacide. Il cristallise en aiguilles fusibles à 147°.

DÉRIVÉS CARBOXYLÉS DE L'ACIDE GLUTACONIQUE.

ACIDE CARBOXYLGLUTACONIQUE OU ISACONITIQUE. — On ne le connaît que sous forme d'éthers, car il n'est pas stable à l'état libre et perd $CO^2$ en fournissant l'acide glutaconique.

*Éther triéthylique,* $C^3H^3(CO^2C^2H^5)^3$. — Cet éther existe sous deux formes, la forme énolique et la forme cétonique [Guthzeit et Dressel, *D. chem. G.*, **22**, 1413 ; Max. Guthzeit, *ibid.*, **31**, 2753].

*Forme énolique,*

$$
\begin{array}{c}
C \diagup CO^2C^2H^5 \\
\diagdown\!\diagdown\; C \diagup O.C^2H^5 \\
| \qquad\quad \diagdown OH \\
CH \\
\| \\
CH - CO^2C^2H^5
\end{array}
$$

— C'est la plus anciennement connue; c'est celle du corps qui prend naissance lorsqu'on fait bouillir l'éther dicarboxylglutaconique avec l'acide chlorhydrique concentré (Conrad et Guthzeit, *loc. cit.*); il y a saponification d'un groupe $CO^2C^2H^5$ et départ de $CO^2$. On l'obtient encore en dissolvant dans la soude diluée l'éther éthoxyl-pyrone-dicarbonique (Guthzeit et Dressel, *loc. cit.*). C'est une huile bouillant à 178-179° sous 20 millimètres, à 248° sous 760 millimètres. Densité $= 1,1291$ à 70°. Le chlorure ferrique colore en bleu sa solution aqueuse alcoolique. Les alcalis produisent immédiatement une coloration jaune et l'acétate de cuivre donne un sel bleu soluble dans le benzène et dans l'éther. Une préparation examinée au bout de six années a été trouvée transformée en un isomère possédant la forme cétonique. Cette transformation peut être réalisée immédiatement en employant la méthode curieuse de M. Schiff pour transformer l'éther acétylacétique en forme cétonique [*D. chem. G.*, **31**, 601]. On chauffe l'éther avec quelques gouttes de pipéridine : il s'épaissit et se transforme aussitôt en la forme suivante :

*Forme cétonique,*

$$
\begin{array}{c}
CH \underset{\diagdown CO^2C^2H^5}{\overset{\diagup CO^2C^2H^5}{<}} \\
| \\
CH \\
\| \\
CH - CO^2C^2H^5
\end{array}
$$

— On a vu plus haut sa préparation : c'est une huile épaisse dont la densité $= 1,1432$ à 0°, qui se décompose à l'ébullition ; elle ne fournit aucune coloration avec le chlorure ferrique ; l'acétate de cuivre ne fournit pas le sel cuprique soluble dans le benzène, et le carbonate de sodium ne le colore que lentement en jaune, en le dissolvant. Il n'absorbe pas les ondes électriques, ce que fait facilement l'énol. Si on le dissout dans la soude à froid, et que l'on acidule la solution, c'est la forme énolique qui se précipite.

ACIDE α-CYANOCARBOXYLGLUTACONIQUE. — On connaît un éther triéthylique sodé de cet acide, obtenu par l'action de l'éther éthoxyméthylène-malonique sur l'éther cyanacétique sodé :

$$
\begin{array}{cc}
CO^2C^2H^5 & CAz \\
| & | \\
C = CH - O\,C^2H^5 + & CHNa \\
| & | \\
CO^2C^2H^5 & CO^2C^2H^5
\end{array}
$$

$$
= \begin{array}{cc}
CO^2C^2H^5 & CAz \\
| & | \\
C = CH - & CNa \\
| & | \\
CO^2C^2H^5 & CO^2C^2H^5
\end{array}
$$

ACIDE DICARBOXYLGLUTACONIQUE, $C^7H^6O^8$. — On ne connaît que les éthers de cet acide.

Le *dérivé sodé de l'éther tétréthylique* a été obtenu par MM. Conrad et Guthzeit (*loc. cit.*) en additionnant de chloroforme (12 grammes) une solution de 32 grammes d'éther malonique et de $9^{gr},2$ de sodium dans 200 centimètres cubes d'alcool absolu. Après avoir chauffé au réfrigérant ascendant, on filtre la solution alcoolique bouillante et on fait cristalliser par refroidissement le sel sodique :

$$4\ \underset{\displaystyle CO^2C^2H^5}{\overset{\displaystyle CO^2C^2H^5}{CNa-H}} + CHCl^3 = \underset{\displaystyle CO^2C^2H^5}{\overset{\displaystyle CO^2C^2H^5}{CNa-CH}} = \underset{\displaystyle CO^2C^2H^5}{\overset{\displaystyle CO^2C^2H^5}{C}}$$

$$+\ 3\,NaCl + 2\,CH^2(CO^2C^2H^5)^2.$$

Celui-ci, décomposé par l'acide chlorhydrique étendu de son volume d'eau, en présence d'éther, lui cède l'éther tétréthylique. On peut aussi obtenir d'autres éthers en faisant réagir à froid l'alcool sur l'éther éthoxypyrone-dicarbonique, $C^{13}H^{16}O^5$ [Guthzeit et Dressel, *loc. cit.*].

*Éther tétréthylique.* — Il existe sous deux formes, énolique et cétonique. La première est celle sous laquelle on l'a connu tout d'abord ; la forme cétonique a été découverte bien plus tard par M. Guthzeit.

*Forme énolique,*

$$\underset{\underset{\displaystyle C\,<^{\displaystyle CO^2C^2H^5}_{\displaystyle CO^2C^2H^5}}{\overset{\displaystyle \|}{CH}}}{\overset{\displaystyle C<^{\displaystyle CO^2C^2H^5}_{\displaystyle C<^{\displaystyle OC^2H^5}_{\displaystyle OH}}}{C}}$$

— Liquide d'une densité de 1,131 à 15°, bouillant à 270-280° avec une faible décomposition ; mais, chose extrêmement remarquable, le produit se décompose assez rapidement par distillation dans le vide, et, sous 15 millimètres de pression, il fournit, avec perte d'alcool, un composé lactonique, l'éthoxypyrone-dicarbonate d'éthyle (voir plus bas). Le chlorure ferrique, en solution alcoolique, le colore en bleu intense ; la soude froide le dissout en jaune, avec formation du sel sodique déjà vu. A chaud, il y a saponification, départ de $2CO^2$ et formation de glutaconate alcalin. L'acide chlorhydrique concentré, à l'ébullition, fournit d'abord, par saponification partielle et départ de $CO^2$, l'éther carboxylglutaconique, puis l'acide glutaconique, avec départ de $2CO^2$. Conservé pendant quelques années, il fournit une petite quantité de cristaux de la forme cétonique. La pipéridine produit immédiatement cette transformation, mais d'une façon assez incomplète (Guthzeit). L'amalgame de sodium le transforme, par réduction de la solution alcaline, en acide dicarboxylglutarique.

*Action des bases ammoniacales sur l'éther dicarboxylglutaconique.* — L'ammoniaque aqueuse concentrée fournit de l'amide malonique, de l'éther aminoéthylène-dicarbonique, un peu d'amide dioxydinicotinique et aminoéthylène-dicarbonique,

$$H^2Az\,.\,CH = C <^{\displaystyle CO\,Az\,H^2}_{\displaystyle CO^2C^2H^5}$$

A chaud, on obtient avec l'ammoniaque de l'éther malonique et le sel ammoniacal de l'éther pyrazolone 5-carbonique. La méthylamine réagit comme l'ammoniaque en donnant l'éther méthylaminoéthylène-dicarbonique fusible à 34°. L'acétamide, au bain-marie, fournit du dioxydinicotinate d'éthyle. L'aniline réagit comme l'ammoniaque ; en étudiant de près la réaction, on observe d'abord la formation d'un *anile*,

$$\underset{\underset{\displaystyle C^6H^5}{\overset{\displaystyle |}{CO - Az - CO}}}{C^2H^5O^2C - CH - CH = C - CO^2C^2H^5,}$$

fusible à 147°, qui fournit spontanément, ou par ébullition avec l'alcool, le Az-phényl-α-céto-α'-oxydihydropyridine-$\Delta^{4,5}$-ββ-dicarbonate d'éthyle,

$$\underset{\underset{\displaystyle C^6H^5}{\overset{\displaystyle |}{HO - C - Az - CO}}}{C^2H^5O^2C - C\cdots CH = C - CO^2C^2H^5,}$$

fusible à 107° [G. Band, *Ann. Chem.*, 285, 108].

La phénylhydrazine réagit d'abord comme l'ammoniaque, avec formation du composé

$$C^6H^5 - AzH - AzH - CH = C(CO^2C^2H^5)^2 ;$$

mais ce produit perd de l'alcool en donnant du phénylpyrazolone-carbonate d'éthyle, fusible à 118°,

$$\underset{\displaystyle HC = C - CO^2C^2H^5.}{\underset{\displaystyle HAz\quad CO}{\overset{\displaystyle Az\,.\,C^6H^5}{\diagup\!\diagdown}}}$$

L'hydrate d'hydrazine donne aussi de l'éther malonique, l'éther éthylique isopyrazolone-carbonique et son sel d'hydrazine, en même temps que de l'hydrazide malonique [Ruehmann, *Chem. Soc.*, 1891 (1), 745 ; 1892 (1), 791 ; 1895 (1), 1002 ; *D. chem. G.*, 27, 1658 ; 28, 822].

L'éther dicarboxylglutaconique possède un atome d'hydrogène à fonction acide remplaçable par un métal ; aussi les alcalis réagissent-ils facilement sur la solution alcoolique de l'éther en fournissant des sels. Par l'action des iodures alcoylés, à 160° environ, on remplace le métal par le résidu alcoylé.

*Sel de sodium.* — On a vu sa préparation plus haut ; il cristallise en prismes jaunes, solubles dans l'eau et dans l'alcool à chaud, insolubles dans l'éther, fusibles à 260°.

*Sel de calcium,* précipité cristallin jaune, presque insoluble dans l'eau.

Les *sels de baryum, de zinc, de cuivre,* précipitent en jaune la solution aqueuse du sel de sodium ; le chlorure ferrique développe une belle coloration violette.

Le *sel d'argent* est soluble et est réduit à l'ébullition.

*Forme cétonique,*

$$\underset{\underset{\displaystyle C = (CO^2C^2H^5)^2}{\overset{\displaystyle \|}{CH}}}{HC = (CO^2C^2H^5)^2}$$

— La forme énolique se transforme lentement et incomplètement en forme cétonique, soit sous l'influence du temps, mieux en présence de pipéridine. On obtient des cristaux incolores fusibles à 101-102°, ne produisant aucune coloration en présence des sels ferriques, ne se colorant que lentement en jaune avec la soude et ne produisant pas de sel cuprique soluble dans le benzène. On n'a encore que peu étudié ce produit [Max. Guthzeit, *D. chem. G.*, 31, 2753].

*Éther triéthylpropylique,*

$$(C^2H^5O^2C)^2 = CH - CH = C <^{\displaystyle CO^2C^2H^5}_{\displaystyle CO^2C^3H^7}$$

— On l'obtient en traitant l'éther éthoxypyrone-dicarbonique par l'alcool propylique [Guthzeit et Dressel, *loc. cit.*] C'est un liquide qui à l'ébullition fournit le produit primitif; il est réduit par le zinc et l'acide acétique en éther glutarique correspondant.

*Éther tétréthylbutylique* (C⁴H⁹ remplace C³H⁷) obtenu comme le précédent. Il possède des propriétés analogues.

*6-Éthoxyl-α-pyrone-3.5-dicarbonate d'éthyle* (*lactone de l'énol-dicarboxyglutaconate diéthylique*),

$$CO^2C^2H^5 - C = CH - C - CO^2C^2H^5.$$
$$CO - O - COC^2H^5$$

— En soumettant à une ébullition douce et prolongée 20 à 30 grammes d'éther dicarboxylglutaconique, sous une pression de 15 millimètres, on provoque le départ d'une molécule d'alcool. La réaction ne s'explique bien qu'en admettant la forme énolique de l'éther :

$$C \begin{cases} CO^2C^2H^5 \\ C \begin{cases} OC^2H^5 \\ OH \end{cases} \end{cases}$$
$$CH$$
$$C \begin{cases} CO - OC^2H^5 \\ CO^2C^2H^5 \end{cases}$$

qui permet de comprendre immédiatement le départ de C²H⁵OH avec formation d'un composé lactonique. Le résidu, pulvérisé et lavé à l'éther, est ensuite cristallisé dans la ligroïne. On l'obtient, avec 70 0/0 du rendement théorique, sous la forme d'aiguilles soyeuses fusibles à 94°, facilement solubles dans l'acétone, le benzène, le chloroforme, peu solubles dans l'éther et dans la ligroïne froide. Ce composé, insoluble dans l'eau, se décompose après un long contact et fournit de l'anhydride carbonique et l'éther carboxylglutaconique ou isaconitique. La soude caustique, à froid, provoque immédiatement cette décomposition; à l'ébullition, la saponification complète fournit l'acide glutaconique. L'acide chlorhydrique bouillant agit de même. Les alcools éthylique, propylique, butylique, agissant à froid sur cet anhydride interne, et au bout d'un jour de contact environ forment un composé d'addition correspondant : dicarboxylglutaconate d'éthyle, ou triéthylpropylique, etc. L'ammoniaque aqueuse diluée le transforme en *acide éthoxyloxydinicotique*,

$$C^2H^5O \cdot C^5HAz(OH)(CO^2H)^2.$$

HOMOLOGUES DE L'ACIDE DICARBOXYLGLUTACONIQUE.

ACIDE MÉTHYLDICARBOXYLGLUTACONIQUE. — On a obtenu son *éther tétréthylique* en traitant à 160° l'éther dicarboxylglutaconique sodé par l'iodure de méthyle. Il réagit tout comme l'éther tétréthylique qui lui a donné naissance [Conrad et Guthzeit, *loc. cit.*; Ruehmann, *Chem. Soc.*, 1893, (1), 1874].

ACIDE ÉTHYLDICARBOXYLGLUTACONIQUE. — On a obtenu son *éther tétréthylique* comme le précédent, en chauffant à 170-180°. Il bout à 195-202° sous 11 millimètres (G.D.), sous 35 millimètres à 243-245°. La potasse alcoolique le scinde en anhydride carbonique et acide éthylglutaconique.

V. Auger.

**GLUTAMINE** (voyez 1ᵉʳ Suppl., 868). — La glutamine,

$$CO^2H - CH^2 - CH^2 - CH(AzH^2) - CO - AzH^2,$$

s'obtient en précipitant le suc de betterave par l'acétate de plomb, filtrant, et précipitant à nouveau par l'azotate de mercure aussi neutre que possible Le dernier précipité est décomposé par l'hydrogène sulfuré; on filtre, on neutralise par l'ammoniaque et on concentre la solution [Schulze et Bosshard, *D. chem. G.*, 16, 312]. Cristallise dans l'eau en fines aiguilles, et se dissout dans 5ᵖ,25 d'eau à 16°. Ce corps est insoluble dans l'alcool. La solution aqueuse est inactive, mais les solutions acides (acide oxalique, sulfurique) sont légèrement dextrogyres [*D. chem. G.*, 18, 390]. Le *sel de cuivre* a pour formule Cu(C⁵H⁹Az²O³)² [Planta et Schulze, *D. chem. G.*, 23, 1706].

**GLUTAMIQUES (ACIDES)** (voyez Dict. 1, 1576). — L'acide glutamique ou α-aminoglutarique,

$$CO^2H - CH^2 - CH^2 - CH(AzH^2) - CO^2H,$$

existe sous deux formes optiquement inverses, et sous une forme inactive.

ACIDE GLUTAMIQUE INACTIF. — Cet acide se forme lorsqu'on chauffe l'acide dextrogyre avec de l'eau de baryte à 160°, pendant 5 heures [Menozzi et Appiani, *Gazz. chim. ital.*, 24, 1, 383]. Il se produit encore lorsqu'on chauffe l'amide pyroglutamique avec 1/2 molécule de baryte en solution aqueuse. L'acide glutamique inactif fond à 198°; sa densité = 1,511. Il est plus soluble dans l'eau que l'acide dextrogyre et se dédoublerait [Menozzi et Appiani] en acides droit et gauche par cristallisations répétées [voyez cependant E. Fischer, *D. chem. G.*, 32, 2451]. Le *Penicillium glaucum* cultivé sur la solution du racémique détruit l'isomère droit.

L'acide glutamique racémique, chauffé à 150°, se transforme en acide pyroglutamique inactif. Son *éther éthylique*, C⁵H⁸AzO⁴.C²H⁵, fond à 185°.

ACIDE *d*-GLUTAMIQUE. — Se forme dans la décomposition de la caséine par l'acide sulfurique [Kirtscher et Hoppe-Seyler, *Zeit. phys. Chem.*, 28, 127]. On l'obtient en hydratant l'acide benzoyle-*d*-glutamique par l'acide chlorhydrique à 10 0/0, à 100° [E. Fischer, *D. chem. G.*, 32, 2469].

Cet acide fond à 215° en se décomposant. Sa densité = 1,538 [Walden, *D. chem. G.*, 29, 1700].

$[\alpha]_D^{20} = +30°,85$ en solution chlorhydrique équimoléculaire. Il se décompose à 150-160° en eau et acide pyroglutamique gauche; à 180° on obtient l'acide pyroglutamique inactif.

Le *sel d'argent* a pour formule AgC⁵H⁸O¹¹Az.

ACIDE *l*-GLUTAMIQUE. — On l'obtient soit par hydratation de l'acide benzoyl-*l*-glutamique [E. Fischer, *loc. cit.*], soit par action du *Penicillium glaucum* sur l'acide racémique [Menozzi et Appiani, *loc. cit.*].

Mêmes constantes que pour l'isomère droit: $\alpha_D = -12°,9$, en solution aqueuse à 4 0/0.

ACIDES PYROGLUTAMIQUES,

$$CO^2H - CH - CH^2 - CH$$
$$AzH \underline{\qquad} CO$$

*Acide inactif.* — Le racémique se forme lorsqu'on chauffe les acides actifs à 180°, ou lorsqu'on les mélange [Menozzi et Appiani, *loc. cit.*]. Il se forme encore par ébullition de l'amide pyroglutamique inactive avec 1/2 molécule de baryte en solution aqueuse. Avec une molécule de baryte, on obtient l'acide glutamique racémique.

*Acide gauche.* — Se forme, en même temps qu'un peu d'acide racémique, par chauffage de l'acide glutamique droit à 150-160°; cristallise dans l'eau en tables et fond à 162°; il se dissout à 13° dans 2ᵖ,1 d'eau. $[\alpha]_D = -7°,21$ (solution aqueuse; 6ᵍʳ,36 d'acide pour 50 centimètres cubes d'eau). L'acide pyroglutamique gauche, chauffé à 180°, se transforme en acide inactif.

*Acide droit.* — On l'obtient en faisant bouillir l'amide pyroglutamique droite avec 1/2 molécule de baryte en solution aqueuse. Mêmes constantes que pour l'isomère gauche.    E.-E. Blaise.

**GLUTARIQUES (ACIDES).** — Les acides glutariques sont caractérisés par la présence dans leur molécule de deux carboxyles en position 1,5. Ces acides ont acquis actuellement une certaine importance, par le fait qu'on a constaté leur présence dans les produits d'oxydation de divers composés naturels ou de leurs dérivés (camphre, etc.)

La synthèse des acides glutariques peut être réalisée par les méthodes suivantes :

1° *Hydratation des dinitriles correspondants.* — Le cyanure de triméthylène fournit ainsi l'acide glutarique.

2° *Condensation des aldéhydes avec le malonate d'éthyle sous l'influence d'une trace d'amine secondaire (diéthylamine, pipéridine)* :

$$\mathrm{H\cdot CHO} + 2\,\mathrm{CH^2(CO^2R)^2}$$
$$= \mathrm{H^2O} + \mathrm{CH^2}{<}^{\mathrm{CH(CO^2R)^2}}_{\mathrm{CH(CO^2R)^2}}$$

La saponification de l'éther tétracarboxylé, puis la décomposition par la chaleur de l'acide qui en résulte, fournissent le dérivé glutarique.

3° *Action de l'iodure de méthylène sur les éthers maloniques sodés* :

$$\mathrm{CH^2I^2} + 2\,\mathrm{CHNa(CO^2R)^2}$$
$$= 2\,\mathrm{NaI} + \mathrm{CH^2}{<}^{\mathrm{CH(CO^2R)^2}}_{\mathrm{CH(CO^2R)^2}}$$

On procède ensuite comme dans le cas précédent.

Il est bon de remarquer que cette méthode, appliquée au dibromo-2.2-propane, ne conduit à aucun résultat.

4° *Réduction des acides glutaconiques.* — La réduction de ces acides, qui répondent à la formule

$$\mathrm{CO^2H - C(R_1) = C(R_2) - C(R_3R_4) - CO^2H},$$

présente en général de très grandes difficultés. L'acide iodhydrique donne de mauvais résultats, et la seule méthode utilisable est la réduction au moyen du sodium et de l'alcool absolu bouillant. Il faut employer un poids de sodium égal à 5 fois celui de l'acide, et répéter plusieurs fois l'opération.

5° *Réduction des acides α-oxyglutariques.* — Ces acides existent, à l'état libre, sous la forme olidique.

$$\mathrm{CO^2H - CH - CH^2 - CH^2},$$
$$\mathrm{O \underline{\hspace{2em}} CO}$$

et la réduction s'effectue au moyen de l'acide iodhydrique récemment distillé, à la température de l'ébullition et en présence d'un peu de phosphore.

Les acides β-oxyglutariques ne peuvent être réduits directement, à l'exception des dérivés tétralcoylés en 2.2.4.4; en effet, l'acide iodhydrique les transforme d'abord en dérivés glutaconiques correspondants, et l'on sait que la réduction de ces acides au moyen de l'acide iodhydrique ne conduit à aucun résultat.

6° *Action du cyanure de potassium sec sur les olides à 280°.* — La réaction s'effectue en tubes scellés et exige de 5 à 6 heures. On obtient ainsi un nitrile acide qu'il suffit d'hydrater :

$$\begin{array}{l}\mathrm{CH^2 - CH^2 - CH^2}\\ \mathrm{O \underline{\hspace{1.5em}} CO}\end{array} + \mathrm{KCAz} = \begin{array}{l}\mathrm{CH^2 - CH^2 - CH^2}\\ \mathrm{CAz \qquad CO^2K}\end{array}$$

Mais lorsque la fonction alcoolique d'où dérive l'olide est tertiaire, il se produit une transposition moléculaire; dans ce cas, en effet, l'olide se transforme en acide non saturé correspondant, et l'acide cyanhydrique, se fixant sur la double liaison, fournit un nitrile acide correspondant à un acide alcoylsuccinique :

$$\mathrm{^{CH^3}_{CH^3}{>}C - CH^2 - CH^2} \longrightarrow \mathrm{^{CH^3}_{CH^3}{>}C = CH - CH^2}$$
$$\mathrm{O \underline{\hspace{2em}} CO} \qquad\qquad \mathrm{CO^2H}$$
$$\longrightarrow \mathrm{^{CH^3}_{CH^3}{>}CH - CH - CH^2}$$
$$\mathrm{CAz \quad CO^2H}$$

7° *Action de l'argent réduit sur les éthers des acides gras bromés.* — La formation des acides glutariques est due, dans ce cas, à une réaction secondaire. L'éther bromo-isobutyrique, par exemple, se dédouble d'abord en éther méthacrylique et acide bromhydrique, puis celui-ci se fixe sur la double liaison, en sens inverse :

$$\mathrm{^{CH^3}_{CH^3}{>}CBr - CO^2R}$$
$$= \mathrm{^{CH^3}_{CH^2}{>}C - CO^2R + HBr} = \mathrm{^{CH^3}_{CH^2Br}{>}CH - CO^2R};$$

enfin, la condensation s'effectue entre l'éther bromé isomérique et le bromo-isobutyrate d'éthyle :

$$\mathrm{^{CH^3}_{CH^2Br}{>}CH - CO^2R} + \mathrm{^{CH^3}_{CH^3}{>}CBr - CO^2R} + \mathrm{Ag^2}$$
$$\mathrm{^{CH^3}_{CH^3}{>}C - CO^2R}$$
$$= 2\,\mathrm{AgBr} + \mathrm{CH^2}$$
$$\mathrm{CH^3 - CH - CO^2R}$$

Cette méthode ne peut évidemment s'appliquer qu'à des cas très particuliers, et fournit en même temps des acides alcoylsucciniques difficiles à séparer du dérivé glutarique.

8° *Condensation des acides non saturés α.β avec le malonate d'éthyle sodé* :

$$\mathrm{^{CH^3}_{CH^3}{>}C = CH - CO^2R} + \mathrm{CHNa(CO^2R)^2}$$
$$\mathrm{CHNa - CO^2R}$$
$$= \mathrm{^{CH^3}_{CH^3}{>}C}$$
$$\mathrm{CH}{<}^{\mathrm{CO^2R}}_{\mathrm{CO^2R}}$$

— On saponifie ensuite l'éther tricarboxylé par la potasse, et on décompose l'acide correspondant par l'action de la chaleur; on peut également effectuer la saponification au moyen des acides chlorhydrique ou sulfurique étendus : on obtient alors directement le dérivé glutarique.

Cette condensation s'effectue parfois très difficilement; il y aura alors avantage à remplacer le sodium par le potassium et l'éther malonique par le cyanacétate d'éthyle; il est recommandable de n'opérer que sur de petites quantités, en milieu alcoolique, en vases scellés et à une température qui ne dépasse pas 100°.

Certains éthers dérivés d'acides gras α bromés réagissent également sur le malonate d'éthyle sodé en donnant un dérivé glutarique. C'est ainsi que l'éther bromo-isobutyrique fournit un peu d'acide α-méthylglutarique, à côté d'une forte proportion d'acide 2.2-diméthylsuccinique :

$$\mathrm{^{CH^3}_{CH^3}{>}CBr - CO^2R} \longrightarrow \mathrm{^{CH^3}_{CH^2}{>}C - CO^2R}$$

$$CH^3-CNa-CO^2R \quad\longrightarrow\quad CH^3-CH-CO^2H$$
$$\begin{array}{c} | \\ CH^2 \\ | \\ CH^2\!<^{CO^2R}_{CO^2R} \end{array} \quad\longrightarrow\quad \begin{array}{c} | \\ CH^2 \\ | \\ CH^2-CO^2H \end{array}$$

9° Enfin, l'oxydation des dihydrorésorcines au moyen de l'hypobromite de potassium fournit encore des acides glutariques :

$$\begin{array}{c} CO \\ \diagup\;\diagdown \\ H^2C \quad CH^2 \\ CH^3\diagdown \;|\quad| \\ CH^3\diagup C\quad CO \\ \diagdown\;\diagup \\ CH^2 \end{array} + O^4 = CO^2 + \begin{array}{c} CH^2-CO^2H \\ | \\ C(CH^3)^2 \\ | \\ CH^2-CO^2H \end{array}$$

[Komppa, *Bull. Soc. Chim.*, (3), **22**, 817; Vorlænder et Kohlmann, *Bull. Soc. Chim.*, (3), **22**, 818.]

Aux méthodes précédentes il faut joindre celles qui conduisent aux acides α et β-oxyglutariques :

1° *Les acides α-oxyglutariques s'obtiennent par condensation des acides γ-cétoniques avec l'acide cyanhydrique et hydratation du nitrile obtenu* :

$$CH^3-CO-CH^2-CH^2-CO^2H + HCAz$$

$$= CH^3-\underset{|}{\overset{|}{\underset{CAz}{\overset{OH}{C}}}}-CH^2-CH^2-CO^2H \longrightarrow$$

$$\longrightarrow CH^3-\underset{|}{\overset{O————CO}{\underset{CO^2H}{C}}}—CH^2-CH^2.$$

2° *Les acides β-oxyglutariques se forment par condensation des éthers des acides gras bromés avec le formiate d'éthyle, en présence du zinc* :

$$2CH^3-CHBr-CO^2R + Zn^2 + H-CO^2R$$

$$= \begin{array}{c} CH^3-CH-CO^2R \\ | \\ CH-OZnBr + Zn<^{Br}_{O-C^2H^5} \\ | \\ CH^3-CH-CO^2R. \end{array}$$

On décompose ensuite le dérivé bromozincique par l'acide sulfurique au 1/10, et on saponifie l'éther en tenant compte des propriétés des acides β-oxyglutariques (voir plus loin).

Une méthode qui n'est qu'une variante de la précédente, consiste à *condenser au moyen du zinc les éthers acétylacétiques avec les éthers des acides gras bromés* :

$$CH^3-CO-CH^2-CO^2R + Zn + CH^3-CHBr-CO^2R$$

$$= \begin{array}{c} CH^3-CH-CO^2R \\ | \\ CH^3-C-O-ZnBr. \\ | \\ CH^2-CO^2R \end{array}$$

On les obtient encore en réduisant par l'amalgame de sodium les acides acétone-dicarboniques.

Quant aux *acides acidylglutariques*, ils se forment :

1° *Par action des éthers des acides gras β-halogénés sur les éthers β-cétoniques sodés.*

2° *Par condensation des éthers β-cétoniques avec les aldéhydes en présence d'une trace*

*d'une amine secondaire* :

$$2CH^3-CO-CH^2-CO^2C^2H^5 + CH^2O$$

$$= H^2O + \begin{array}{c} CH^3-CO-CH-CO^2C^2H^5 \\ | \\ CH^2 \\ | \\ CH^3-CO-CH-CO^2C^2H^5 \end{array}$$

3° *Par saponification des éthers β-acidyltricarballyliques au moyen des acides* :

$$\begin{array}{c} CH^2-CO^2C^2H^5 \\ | \\ CH^3-CO-C-CO^2C^2H^5 \\ | \\ CH^2\quad CO^2C^2H^5 \end{array} + 3H^2O$$

$$= 3C^2H^5OH + CO^2 + \begin{array}{c} CH^2-CO^2C^2H^5 \\ | \\ CH^3-CO-CH \\ | \\ CH^2-CO^2C^2H^5 \end{array}$$

PROPRIÉTÉS PHYSIQUES. — Les acides glutariques sont des corps cristallisés, fusibles à une température peu élevée. Ils sont en général très solubles dans l'eau et dans les solvants organiques, sauf l'éther de pétrole.

Les acides glutariques ne sont pas sensiblement entraînés par la vapeur d'eau, mais ils deviennent légèrement entraînables en présence d'acide sulfurique; dans ces conditions, la volatilité croît avec le degré de la substitution, mais reste toujours inférieure à celle des dérivés succiniques [Auwers, *Ann. Chem.*, **292**, 159; *Bull. Soc. Chim.*, (3), **18**, 16].

PROPRIÉTÉS CHIMIQUES. — *Anhydrides.* — Les acides glutariques, soumis à l'action de la chaleur, perdent de l'eau et se transforment en anhydrides; cependant l'acide glutarique est susceptible de distiller dans le vide sans décomposition. L'anhydrisation est d'autant plus facile que l'acide est plus substitué; aussi les acides alcoylglutariques ne peuvent-ils être distillés, même dans le vide, sans déshydratation.

La déshydratation sous l'influence de la chaleur n'est jamais totale, et les anhydrides purs s'obtiennent par l'action du chlorure d'acétyle, au bain-marie.

Parfois cependant l'anhydrisation peut se produire en milieu aqueux, légèrement alcalin, en présence d'anhydride acétique [Auwers, *Bull. Soc. Chim.*, (3), **22**, 85]. L'inégale facilité que présente la déshydratation permet dans certains cas particuliers la séparation des isomères (voyez *Acides αα'-diméthylglutariques*).

*Sels.* — Les glutarates métalliques cristallisent en général assez difficilement; les sels acides présentent plus de tendance à la cristallisation. Les sels alcalins sont extrêmement solubles; les sels terreux le sont moins et les autres sels possèdent des solubilités faibles ou nulles.

*Éthers.* — Les *éthers neutres* s'obtiennent facilement par les procédés ordinaires; les *éthers acides* se préparent le plus facilement en traitant l'anhydride par la quantité théorique d'éthylate de sodium à 0°, et en présence d'un grand excès d'alcool absolu. Dans certains cas, le sel de l'éther acide ainsi obtenu cristallise très bien; traité par un acide minéral, il fournit l'éther acide. Lorsque la molécule de l'acide d'où l'on part est dissymétrique, on obtient un *ortho-éther*, la fonction acide la plus énergique étant éthérifiée :

$$\begin{array}{c} CH^3 \\ CH^3 \end{array}\!\!>C—CO\diagdown \\ \begin{array}{c} | \\ CH^2 \\ | \\ CH^2-CO \end{array}\diagup O + C^2H^5ONa$$

$$\begin{array}{c} CH^3 \\ CH^3 \end{array}\!\!> C - CO^2Na$$
$$= \quad CH^2$$
$$CH^2 - CO^2C^2H^5.$$

Ces ortho-éthers peuvent encore être obtenus en chauffant pendant 10 minutes 1 partie de l'acide avec 10 parties d'alcool absolu renfermant 1 0/0 d'acide chlorhydrique gazeux.

Les *allo-éthers*, dans lesquels la fonction acide faible est éthérifiée, s'obtiennent en saponifiant à froid les éthers neutres des acides glutariques dissymétriques par la quantité théorique d'éthylate de sodium étendu, additionné de la quantité d'eau nécessaire à la saponification.

Les éthers acides sont des liquides épais, solubles dans l'eau ; soumis à l'action de la chaleur, ils se transforment en un mélange d'éther neutre et d'acide qui s'anhydrise lui-même partiellement :

$$2 \begin{bmatrix} CH^2 - COO.C^2H^5 \\ CH^2 \\ CH^2 - CO^2H \end{bmatrix}$$

$$= \begin{array}{c} CH^2 - CO^2H \\ CH^2 \\ CH^2 - CO^2H \end{array} + \begin{array}{c} CH^2 - CO^2.C^2H^5 \\ CH^2 \\ CH^2 - CO^2.C^2H^5. \end{array}$$

*Chlorures.* — Les dichlorures d'acides s'obtiennent aisément par l'action du perchlorure de phosphore sur les anhydrides ; ils sont liquides et bouillent sans décomposition dans le vide.

Les chlorures-éthers se préparent par l'action du trichlorure de phosphore à 65-70° sur les éthers acides. Ces dérivés sont instables ; sous l'influence de la chaleur, ils se transforment partiellement en dichlorure et di-éther, tandis qu'une autre partie se décompose en anhydride et chlorure d'alcool :

$$\begin{array}{c} CH^2 - CO^2C^2H^5 \\ CH^2 \\ CH^3 \\ CH^3 \end{array}\!\!> C - COCl$$

$$= C^2H^5Cl + \begin{array}{c} CO^2 - CO \\ CH^2 \\ CH^3 \\ CH^3 \end{array}\!\!> C - CO\;\;O.$$

*Amides.* — Les diamides glutariques, obtenues par l'action des dichlorures sur l'ammoniaque, sont des corps difficilement cristallisables, solubles dans l'eau, qu'on ne peut isoler qu'en évaporant à sec, reprenant par l'alcool absolu, filtrant et précipitant par l'éther. Soumises à l'action de la chaleur, elles se transforment en *imides*, qu'on obtient plus aisément en faisant passer un courant de gaz ammoniac sec dans l'anhydride maintenu en fusion. Ces amides cristallisent aisément dans l'eau ou dans l'alcool étendu.

En traitant les anhydrides glutariques par les amines, en solution benzénique, on obtient des *acides glutaramiques*,

$$CO^2H - CH^2 - CH^2 - CH^2 - CO - AzH.R.$$

Ces dérivés cristallisent bien et sont utilisés pour l'identification des acides glutariques ; chauffés, ou soumis à l'action du chlorure d'acétyle, ils perdent une molécule d'eau et se transforment

en imides correspondantes. Lorsqu'on opère sur un acide dissymétrique, on peut obtenir deux acides glutaramiques ; mais, en général, le groupe $-AzH.R$ se fixe sur la fonction acide la plus énergique.

L'action de la chaleur sur les acides glutaramiques conduit parfois à des imides polymoléculaires à point de fusion très élevé et mal défini.

Enfin, l'action des bases aromatiques sur les anhydrides bromés fournit des *lactones-anilides* :

$$\begin{array}{c} CH^3 - CH - CO \\ CH^2 \quad\quad\quad O + 2 C^6H^5 - AzH^2 \\ CH^3 - CBr - CO \end{array}$$

$$= \begin{array}{c} CH^3 - CH - CO \\ CH^2 \quad O \\ C - CO - AzH - C^6H^5 \end{array} + C^6H^5AzH^2HBr$$

[Auwers, *Bull. Soc. Chim.*, (3), 18, 23).

*Oxydation.* — Les acides glutariques résistent en général énergiquement à l'oxydation nitrique ; on peut cependant les transformer parfois en dérivés succiniques par oxydation au moyen du mélange sulfonitrique.

*Condensations.* — Les éthers glutariques se condensent avec les aldéhydes en présence de l'éthylate de sodium [*Bull. Soc. Chim.*, (3), 14, 522] ; on obtient ainsi les acides mono- et dialcoylidène-glutariques, la condensation s'effectuant d'ailleurs en α par rapport aux carboxyles.

Les éthers des acides glutariques β-alcoylés se condensent également avec l'éther oxalique au moyen de l'éthylate de sodium, ce qui fournit les éthers des acides alcoyldicétopentaméthylènedicarboniques [Dieckmann, *Bull. Soc. Chim.*, (3), 22, 1076]. Enfin, les éthers αα'-dibromoglutariques, traités par les alcalis, fournissent des acides triméthylène-dicarboniques (voir *Acide ββ-diméthylglutarique*).

*Acides oxyglutariques.* — Les acides α-oxyglutariques ne sont stables qu'à l'état d'acides lactoniques ; lorsqu'on éthérifie ces derniers au moyen de l'alcool et de l'acide chlorhydrique, la fonction lactonique ne s'ouvre généralement pas et l'on obtient une lactone-éther.

Les acides β-oxyglutariques se déshydratent très facilement et donnent alors naissance aux acides glutaconiques correspondants.

*Acides acidylglutariques.* — Les éthers correspondants aux acides α-acidylglutariques possèdent les propriétés générales des éthers β-cétoniques. Ceux qui sont diacidylés en α α' subissent une condensation particulière lorsqu'on les saponifie par les acides étendus :

$$\begin{array}{c} CH^3 - CO - CH - CO^2C^2H^5 \\ CH^2 \\ CH^3 - CO - CH - CO^2C^2H^5 \end{array} \longrightarrow$$

$$\begin{array}{c} CH - CO^2C^2H^5 \\ CH^3 - C \quad\quad CH^2 \\ CH \quad CH - CO^2C^2H^5 \\ CO \end{array}$$

$$\longrightarrow \begin{array}{c} CH - CO^2C^2H^5 \\ CH^3 - C \quad\quad CH^2 \\ CH \quad CH^2 \\ CO \end{array} \longrightarrow \begin{array}{c} CH^2 \\ CH^3 - C \quad\quad CH^2 \\ CH \quad CH^2 \\ CO \end{array}$$

Enfin, les acides β-acidylés fournissent des anhydrides particuliers, les *cétodilactones* :

$$CH^2-CO$$
$$|\quad\ \ \ >O$$
$$CH^2-C-CH^3$$
$$|\quad\ \ \ >O$$
$$CH^2-CO$$

IDENTIFICATION. — Il n'existe pas de méthode certaine qui permette de différencier les acides glutariques des acides succiniques. En effet, les acides succiniques se transforment en anhydrides par l'action de l'anhydride acétique, en liqueur aqueuse et alcaline, mais il en est de même pour les acides alcoylglutariques. Les acides succinamiques se transforment parfois plus aisément en imides que les acides glutaramiques, mais cela est encore sous la dépendance du degré de substitution de l'acide considéré. Par contre, les acides glutariques sont moins entraînables que les acides succiniques par la vapeur d'eau, en présence d'acide sulfurique.

La détermination de la nature symétrique ou dissymétrique d'un acide alcoylglutarique peut être déterminée par éthérification. Dans le premier cas, le rapport *éther acide — éther neutre* est inférieur à l'unité; il lui est très supérieur dans le second.

### ACIDE GLUTARIQUE.
### (*Pentane-dioïque*),

$$CO^2H-CH^2-CH^2-CH^2-CO^2H.$$

Cet acide se trouve dans les eaux de lavage de la laine (A. et P. Buisine, 1888).

Il se forme par hydratation du cyanure de triméthylène ; par réduction de l'acide β-oxyglutarique au moyen de l'acide iodhydrique à 180° [Pechmann et Jennisch, *D. chem. G.*, **24**, 3252]; par réduction de l'acide glutaconique au moyen de l'amalgame de sodium [Conrad et Guthzeit, *Ann. Chem.*, **222**, 254]; par oxydation des acides sébacique, stéarique et oléique [Carette, *Bull. Soc. Chim.*, (2), **45**, 270; **46**, 65]; enfin, par oxydation de la pipéridine au moyen de l'eau oxygénée [Wolffenstein, *D. chem. G.*, **25**, 2777].

PRÉPARATION. — On le prépare par condensation de l'aldéhyde formique et de l'éther malonique en présence d'une petite quantité de diéthylamine, ce qui fournit l'éther

$$(CO^2C^2H^5)^2CH-CH^2-CH(CO^2C^2H^5)^2,$$

et saponification de celui-ci par l'acide sulfurique étendu [*Bull. Soc. Chim.*, (3), **12**, 1370; *D. chem. G.*, **27**, 2346].

PROPRIÉTÉS. — Prismes clinorhombiques fondant à 97°,5 ; bout presque sans décomposition à 302-304°. Il bout à 200° sous 20 millimètres [Auger, *Ann. Chim. Phys.*, (6), **22**, 317]. Soluble dans 1ᵖ,20 d'eau à 40°, très soluble dans l'alcool et dans l'éther. Chaleur de neutralisation par la potasse : 44,21 [Massol, *Bull. Soc. Chim.*, (3), **19**, 828].

Sels. — M. Reboul [*Ann. Chim. Phys.*, (5), **14**, 501] a préparé la série des sels neutres et acides :
Sels *d'ammonium*,

$$AzH^4C^5H^7O^4 \quad et \quad (AzH^4)^2C^5H^6O^4;$$

Sels *de sodium*,

$$NaC^5H^7O^4,2H^2O \quad et \quad Na^2C^5H^6O^4,0,5H^2O;$$

Sels *de potassium*,

$$KC^5H^7O^4 \quad et \quad K^2C^5H^6O^4,H^2O;$$

Sel *de magnésium*, $MgC^5H^6O^4,3H^2O$;
Sel *de baryum*, $BaC^5H^6O^4,5H^2O$, très soluble dans l'eau, insoluble dans l'alcool;
Sel *de zinc*, $ZnC^5H^6O^4$, soluble dans 102 parties d'eau à 18°;
Sel *de plomb*, $PbC^5H^6O^4,H^2O$;
Sel *de cuivre*, $CuC^5H^6O^4,0,5H^2O$;
Sel *d'argent*, $Ag^2C^5H^6O^4$.

*Éthers.* — L'*éther-acide*, $C^5H^7O^4.C^2H^5$, s'obtient en traitant l'anhydride par l'alcool absolu à froid. C'est un liquide sirupeux, insoluble dans l'eau [Markownikoff, *Journ. Soc. chim. russe*, **9**, 283].

L'*éther diéthylique*, $C^5H^6O^4(C^2H^5)^2$, bout à 236-237° (Reboul). Sa densité à 21° = 1,025.

L'*éther diisobutylique*,

$$C^5H^6O^4\left(CH^2-CH<{CH^3 \atop CH^3}\right)^2,$$

bout à 270° [Pinner, *D. chem. G.*, **23**, 2943].

*Chlorure d'acide*, $C^5H^6O^2Cl^2$, bout à 216-218° (Reboul).

*Anhydride*. $C^5H^6O^3$. — On l'obtient en traitant le sel d'argent par le chlorure d'acétyle en solution éthérée, puis distillant le résidu. On doit pouvoir l'obtenir par l'action directe du chlorure d'acétyle sur l'acide. Cet anhydride fond à 56-57°; il bout à 286-288° sous la pression normale, à 150° sous 10 millimètres, et à 118° sous 15 millimètres; peu soluble dans l'éther froid.

*Amide*, $CH^2(CH^2-CO-AzH^2)^2$. — On l'obtient en chauffant le glutarate d'éthyle avec une solution alcoolique d'ammoniaque à 100°. Elle fond à 176° en perdant de l'ammoniaque. Cette amide est assez soluble dans l'eau et dans l'alcool; elle est insoluble dans l'éther.

*Imide*,

$$CH^2<{CH^2-CO \atop CH^2-CO}>AzH.$$

— Cette imide prend naissance quand on chauffe le nitrile glutarique avec l'acide glutarique ou l'acide acétique, ou encore, l'acide glutarique avec l'acétonitrile [Seldner, *Bull. Soc. Chim.*, (3), **14**, 1287].

On la prépare en distillant le glutarate d'ammoniaque, ou en saturant de gaz ammoniac l'anhydride fondu, puis distillant. Aiguilles brillantes, fusibles à 151-152°; se sublime facilement. Cette imide est presque insoluble dans l'éther; distillée sur la poudre de zinc, elle fournit une petite quantité de pyridine. On connaît les sels

$$C^5H^6AzO^2Na,0,5H^2O; \quad C^5H^6AzO^2K,0,5H^2O;$$
$$Hg(C^5H^6AzO^2)^2; \quad AgC^5H^6AzO^2.$$

L'*imide éthylée* s'obtient en distillant le glutarate d'éthylamine, elle bout à 250-260°.

### DÉRIVÉS HALOGÉNÉS.

*Acide β-bromoglutarique*,

$$CO^2H-CH^2-CHBr-CH^2-CO^2H.$$

— On l'obtient en fixant HBr sur l'acide glutaconique [Semenoff, *Bull. Soc. Chim.*, (3), **22**, 575, 862]; on chauffe au bain-marie à 40°, en tubes scellés. Cet acide possède plusieurs formes, suivant les conditions de cristallisation; il fond à 139-140°. Chauffé avec les alcalis, il se transforme en *acide β-oxyglutarique* (rendement : 80 0/0). Avec 1 mol. 1/2 de soude, il se forme en même temps un acide $C^4H^6O^2$ (vinylacétique ?)

*Acide pentachloroglutarique*,

$$CO^2H-CCl^2-CHCl-CCl^2.CO^2H,H^2O.$$

— On l'obtient par l'action de la soude à 10 0/0

sur l'acide trichloracétylpentachlorobutyrique [Zincke, *D. chem. G.*, 25, 2226]. Cet acide cristallise en aiguilles; séché à 100°, il fond à 165°; il est facilement soluble dans l'eau, l'alcool et l'éther. Son *éther diméthylique* fond à 61-62°.

*Acide dibromoglutarique*,

$$CO_2H - CHBr - CH_2 - CHBr - CO_2H.$$

— Il se prépare en chauffant l'acide glutarique avec un très grand excès de brome et de l'eau à 100° [Bourgoin, *Bull. Soc. Chim.*, (2), 27, 348]. Prismes fusibles à 169-170°; insoluble dans le chloroforme, le benzène et la ligroïne [Auwers et Bernhardi, *D. chem. G.*, 24, 2230]. Son *éther diéthylique* bout à 160° sous 21 millimètres.

*Acide isonitrosoglutarique*,

$$CO_2H - C(Az - OH) - CH_2 - CH_2 - CO_2H.$$

— On l'obtient en chauffant pendant 2 heures et demie 1 partie d'acide nitrosocyanobutyrique ou d'acide furazane-propionique avec 2 parties de potasse et 6 parties d'eau [Wolff, *Ann. Chem.*, 260, 112]. On acidifie par l'acide sulfurique étendu et on epuise à l'éther. Il fond à 102° en se décomposant, est peu soluble dans l'eau froide, l'éther, le chloroforme et le benzène. Par l'action de la chaleur, il se décompose en anhydride carbonique et acide succinnamique. Son *sel de baryum*,

$$C_5H_5AzO_5Ba, 1.5H_2O,$$

est presque insoluble dans l'eau bouillante.

#### DÉRIVÉS OXHYDRYLÉS.

ACIDE α-OXYGLUTARIQUE,

$$CO_2H - CHOH - CH_2 \cdot CH_2 - CO_2H.$$

— On trouve cet acide dans les mélasses de betterave et dans les produits de l'action de la baryte sur l'éther dicarboxylglutaconique [*Bull. Soc. Chim.*, (3), 18, 333]. Il se forme par l'action de l'acide azoteux sur l'acide glutamique [Wolff, *Ann. Chem.*, 260, 128], et c'est par ce procédé qu'on le prépare. Cet acide est cristallisable, mais instable; il se transforme en lactone à 100°.

Le *sel de magnésium*, $MgC_5H_6O_5 + 4H_2O$, est peu soluble dans l'eau; on a décrit également les sels $CaC_5H_6O_5 + 0.5H_2O$, $PbC_5H_6O_5 + 0.5H_2O$, $Ag_2C_5H_6O_5$.

L'*acide lactonique*,

$$\begin{array}{ccc} CO_2H - CH - CH_2 - CH_2 \\ | \qquad\qquad\quad | \\ O \rule{2cm}{0.4pt} CO \end{array}$$

cristallise en aiguilles fusibles à 49-50°. Il est très soluble dans l'eau et dans l'alcool, peu soluble dans l'éther, le chloroforme, le benzène et le sulfure de carbone. La réduction par l'acide iodhydrique le transforme en acide glutarique.

ACIDE β-OXYGLUTARIQUE,

$$CO_2H - CH_2 - CHOH - CH_2 - CO_2H.$$

— On le prépare en réduisant à 0° l'acide acétone-dicarbonique (100 grammes) en solution aqueuse (1200 centimètres cubes) par l'amalgame de sodium à 4 0/0 (900 à 1000 grammes); on neutralise au préalable l'acide au moyen de la soude et on opère dans un courant d'acide carbonique [Pechmann et Jennisch, *D. chem. G.*, 24, 3250]. Cet acide cristallise en aiguilles fusibles à 95°. Il est facilement soluble dans l'eau et dans l'alcool; par ébullition avec l'acide sulfurique à 60 0/0, il se transforme en acide glutaconique,

$$CO_2H - CH = CH - CH_2 - CO_2H.$$

Son *éther diéthylique* bout à 150° sous 11 millimètres [Anschütz, *D. chem. G.*, 25, 1976].

L'*éther méthyléthylique*,

$$CH_3 - O - CH(CH_2CO_2C_2H_5)_2,$$

se prépare en oxydant le méthoxydiallylméthane par le permanganate de potassium [*J. prakt. Chem.*, (2), 23, 274]. L'*acide* correspondant constitue un liquide huileux qui ne se solidifie que partiellement.

ACIDE αβ-DIOXYGLUTARIQUE,

$$CO_2H - CHOH - CHOH - CH_2 - CO_2H.$$

— On l'obtient en fixant le brome sur l'acide glutaconique, puis faisant bouillir le produit obtenu avec de l'eau et du carbonate de calcium [Kiliani, *D. chem. G.*, 18, 2517]. Cet acide cristallise en tables hexagonales et fond à 155-156°; il est très soluble dans l'eau et moins soluble dans l'alcool.

ACIDE αγ-DIOXYGLUTARIQUE,

$$CO_2H - CHOH - CH_2 - CHOH - CO_2H.$$

— On le prépare en chauffant l'acide dioxypropényltricarbonique à 120° pendant 4 heures [Kiliani, *D. chem. G.*, 18, 2516]. Très soluble dans l'eau, insoluble dans l'éther; il commence à se déshydrater vers 106°.

Le *sel de calcium*, $CaC_5H_6O_6 + 3H_2O$, est peu soluble dans l'eau.

ACIDE *l*-TRIOXYGLUTARIQUE,

$$CO_2H - CHOH - CHOH - CHOH - CO_2H.$$

— Cet acide se forme dans l'oxydation du sorbose, de la quercite ou du rhamnose par l'acide azotique.

On fait digérer l'arabinose (1 partie) avec de l'acide azotique (2,5 p.; $D = 1,2$) à 35°, on chasse l'acide azotique et on reprend par l'eau. On fait bouillir avec du carbonate de calcium, on filtre bouillant et on décompose le sel de calcium par l'acide oxalique [Kiliani, *D. chem. G.*, 24, 3007]. Feuillets microscopiques; fond à 127°. $[\alpha]_D^{20} = -22°,7$ (solution à 9,59 0/0) [E. Fischer, *D. chem. G.*, 22, 1845]. Cet acide ne réduit pas la liqueur de Fehling.

Le *sel de potassium*, $K_2C_5H_6O_7$, a un pouvoir rotatoire $[\alpha]_D = 9°,13 - 9°,58$; le *sel de calcium* a pour formule $CaC_5H_6O_7 + 3H_2O$; le *sel de baryum* est anhydre; le *sel de plomb* cristallise avec une molécule d'eau; le *sel d'argent* est anhydre et fond à 173° en se décomposant. [Will et Peters, *D. chem. G.*, 22, 1698].

ACIDE TRIOXYGLUTARIQUE RACÉMIQUE. — On l'obtient par digestion à 40° du xylose (1 partie) avec l'acide azotique (2,5 p.; $D = 1,2$) [E. Fischer, *D. chem. G.*, 24, 1482]. Cristallise dans l'acétone en longues tables et fond à 152° en se décomposant [E. Fischer et Piloty, *D. chem. G.*, 24, 4224]. Extrêmement soluble dans l'eau, presque insoluble dans l'éther et dans le chloroforme; ne réduit pas la liqueur de Fehling, mais réduit le nitrate d'argent ammoniacal. — $KC_5H_6O_7 + 2H_2O$.

Un autre acide trioxyglutarique inactif se prépare en évaporant au bain-marie la lactone ribonique (10 grammes) avec de l'acide azotique (25 grammes) [*D. chem. G.*, 24, 4222]. Par évaporation de sa solution aqueuse, ce corps se transforme en lactone; celle-ci cristallise en aiguilles fusibles à 170-171° avec décomposition; elle est insoluble dans l'éther.

Il s'en forme encore : par oxydation de l'acide oxygluconique au moyen de l'acide azotique [*C. R.*, 127, 1225], et par chauffage de la lactone isorhamnonique avec l'acide azotique [*D. chem. G.*, 29, 1965].

On a décrit les *sels de calcium*,

$$CaC^5H^6O^7 + 3H^2O \quad \text{et} \quad CaC^5H^6O^7 . 2H^2O.$$

ACIDE *d*-TRIOXYLGLUTARIQUE. — Il se forme en petite quantité dans l'oxydation de l'arabinose par l'acide azotique [Ruff, *D. chem. G.*, **32**, 558]. Fond à 128°. $[\alpha]_D^{20} = + 22°,8$. Soluble à 5,127 0/0. [Voir Lippmann, *D. chem. G.*, **26**, 3060 ; **32**, 1213.]

DÉRIVÉS ACIDYLÉS.

ACIDE α-ACÉTYLGLUTARIQUE,

$$CO^2H - CH(CO - CH^3) - CH^2 - CH^2 - CO^2H.$$

— Son *éther diéthylique* se forme par l'action de l'éther acétylacétique sodé sur l'éther β-iodopropionique [Wislicenus et Limpach, *Ann. Chem.*, **192**, 128] ou sur l'éther α-bromopropionique [Emery, *D. chem. G.*, **24**, 285], ou enfin sur l'acrylate d'éthyle [Vorlænder et Knötzsch, *Ann. Chem.*, **294**, 317]. L'α-acétylglutarate d'éthyle bout à 271-272° et 162° sous 11 millimètres. $D_{20}^{40} = 1,07115$. La potasse alcoolique concentrée le décompose en acides acétique et glutarique ; la saponification par l'acide chlorhydrique fournit l'acide γ-acétobutyrique. En réduisant l'éther par l'amalgame de sodium, on obtient l'acide δ-caprolactone-γ-carbonique [Fichter, *Bull. Soc. Chim.*, (3), **18**, 219].

ACIDE β-ACÉTYLGLUTARIQUE,

$$CO^2H - CH^2 - CH(CO - CH^3) - CH^2 - CO^2H.$$

— L'anhydride correspondant se forme quand on saponifie par l'acide chlorhydrique l'éther β-acétyltricarballylique [Emery, *Bull. Soc. Chim.*, (3), **16**, 2028 ; **18**, 742]. Cet anhydride est, en réalité, une *cétodilactone*,

$$
\begin{array}{ccccc}
CH^2 & \!\!\!-\!\!\! & CH & \!\!\!-\!\!\! & CH^2 \\
| & & | & & | \\
CO & \!\!-O-\!\! & C & \!\!-O-\!\! & CO \\
& & | & & \\
& & CH^3 & &
\end{array}
$$

Par chauffage prolongé avec l'eau, la cétodilactone fournit l'acide β-acétylglutarique, qui cristallise en aiguilles mamelonnées déliquescentes, fusibles à 47-50°.

On a préparé les *sels de sodium*, $C^7H^8O^5Na^2$ ; *de baryum*, $C^7H^8O^5Ba + H^2O$ ; *de strontium*, $C^7H^8O^5Sr + 2H^2O$.

Le *β-acétylglutarate d'éthyle*, obtenu par l'action de l'acide chlorhydrique sur la solution alcoolique de la dilactone, bout à 154° sous 12 millimètres ; sa densité à 20° = 1,0798 ; l'*éther diméthylique* bout à 144° sous 12 millimètres ; $D_{20}^{} = 1,1441$. L'*éther monométhylique*, qui se forme par l'action de 1 molécule de méthylate de sodium sur la dilactone, cristallise en aiguilles fusibles à 99°. L'*éther diméthylique* fournit un *dérivé phénylhydrazinique*, $C^{15}H^{20}Az^2O^4$, qui fond à 84°.

*Cétodilactone*. — L'acide β-acétylglutarique, chauffé avec de l'acide chlorhydrique, se transforme en dilactone ; celle-ci constitue une masse cristalline, peu soluble dans l'eau et l'alcool froids. Elle fond à 101-102° et bout à 205° sous 12 millimètres.

*Acide β-acétylglutaramique*. — L'action de l'ammoniaque alcoolique à 0° sur la dilactone fournit l'acétylglutaramate d'ammonium,

$$
CH^3 - CO - CH \Big\langle \begin{array}{l} CH^2 - CO - AzH^2 \\ CH^2 - CO^2 - AzH^4 \end{array}
$$

Ce sel fond à 140°. Chauffé à 150-160°, il se transforme en *cétolactonimide*,

$$
\begin{array}{l}
CH^2 - CO \diagdown \\
| \qquad\qquad\; AzH \\
CH - C \diagup\!\!\diagdown CH^3 \\
| \qquad\qquad\; \diagdown \\
CH^2 - CO \diagup\; O
\end{array}
$$

fusible à 144-145° et donnant avec la phénylhydrazine le composé $C^{13}H^{15}Az^3O^2$, fusible à 228-229°.

*Cétodiimide glutarique*,

$$
\begin{array}{l}
CH^2 - CO \diagdown \\
| \qquad\qquad\; AzH \\
CH - C \diagup\!\!\diagdown CH^3 \\
| \qquad\qquad\; \diagdown \\
CH^2 - CO \diagup\; AzH
\end{array}
$$

— Cette imide se forme lorsqu'on chauffe la lactonimide dans un courant de gaz ammoniac ; elle fond à 275° et fournit un *dérivé monoacétylé* fusible à 142-144°.

*Cétolactonanile*, $C^{13}H^{13}AzO^3$. — On l'obtient en traitant la dilactone par l'aniline ; elle fond à 154°. L'*o-toluide* correspondant fond à 138°, la *p-toluide* à 135°, la *naphtalide* α à 153° et la *naphtalide* β à 186°.

*Anhydride cétobisphénylhydrazinique*,

$$C^5H^8(CO)^2(Az^2H - C^6H^5)^2.$$

— On l'obtient en traitant la cétodilactone par la phénylhydrazine. Elle fond à 222-223° et donne un dérivé diacétylé fusible à 243°.

MM. Conrad et Guthzeit ont obtenu, en chauffant l'acide α-carboxyl-β-acétylglutarique à 160°, un acide β-acétylglutarique, fusible à 109° (?) [*D. chem. G.*, **19**, 44].

ACIDE αβ-DIACÉTYLGLUTARIQUE,

$$CO^2H - CH(CO - CH^3) - CH(CO - CH^3) - CH^2 - CO^2H.$$

— L'éther diéthylique correspondant s'obtient en faisant réagir l'éther acétylacétique sodé sur l'éther β-bromolévulique. Cet éther bout à 240-250° sous 140 millimètres, en se décomposant légèrement. Traité par l'ammoniaque, il fournit l'éther de l'acide carboxyldiméthylpyrrol-acétique.

ACIDE αα'-DIACÉTYLGLUTARIQUE,

$$CO^2H - CH(CO - CH^3) \cdot CH^2 - CH(CO - CH^3)CO^2H.$$

— On obtient l'éther diéthylique de cet acide en condensant la formaldéhyde et l'éther acétylacétique en présence d'une petite quantité de diéthylamine [Knœvenagel, *Ann. Chem.*, **288**, 321]. Par saponification au moyen des acides, cet éther se transforme en *méthyl-3-cyclohexène-$\Delta_1$-one*.

ACIDE β-BUTYRYLGLUTARIQUE. — L'acétodilactone correspondante se forme par l'action de l'anhydride butyrique, à 120-130°, sur le tricarballylate de sodium. Elle fond à 55° [Fittig et Guthrie, *D. chem. G.*, **30**, 2145].

ACIDE α-BENZOYLGLUTARIQUE. — L'éther diéthylique correspondant s'obtient en traitant l'éther benzoylacétique sodé par le β-iodopropionate d'éthyle ; il bout à 200-210° sous 12 millimètres. Saponifié par les acides, cet éther fournit l'acide γ-benzoylbutyrique ; la saponification alcaline le dédouble en acides benzoïque et glutarique.

Réduit par l'amalgame de sodium, l'éther benzoylglutarique fournit l'acide δ-phényl-δ-valérolactone carbonique fusible à 161°, et qui par distillation se décompose en acides phényl γδ-penténique et benzalglutarique [Fichter et A. Bauer, *D. chem. G.*, **31**, 2001].

ACIDE αα₁-DIBENZOYLGLUTARIQUE,

$$CO^2H - CH(CO - C^6H^5) - CH^2 - CH(CO - C^6H^5) - CO^2H.$$

— L'éther correspondant à cet acide se prépare en faisant réagir l'iodure de méthylène sur l'éther benzoylacétique sodé [Kuhn, *Bull. Soc. Chim.*, (3), **22**, 153]. Cet éther existe sous deux formes tautomériques : l'une solide, fusible à 150°,5, l'autre huileuse ; cette dernière est colorée en rouge par le perchlorure de fer. La saponification de l'éther fournit le dibenzoylpropane.

### DÉRIVÉS ALCOYLIDÉNIQUES.

#### ACIDE ÉTHYLIDÈNE-GLUTARIQUE,

$$CO^2H \cdot C(= CH \cdot CH^3) - CH^2 - CH^2 - CO^2H.$$

— Cet acide ne se forme pas par condensation directe de l'aldéhyde et de l'acide glutarique ; on l'obtient [Fichter, *Bull. Soc. Chim.*, (3), **22**, 16], en même temps que l'acide γδ-hexénoïque, par distillation sèche de l'acide δ-caprolactone-γ-carbonique :

$$\begin{array}{c} CO^2H \\ | \\ CH^3 - CH - CH - CH^2 - CH^2. \\ | \qquad\qquad\qquad | \\ O \rule{2cm}{0.4pt} CO \end{array}$$

Son anhydride fond à 87°. Par ébullition avec la soude, il se transforme en *acide vinylglutarique*

$$\begin{array}{c} CH^3 = CH - CH - CO^2H \\ | \\ CH^2 - CH^2 - CO^2H. \end{array}$$

#### ACIDE ISOVALÉRALGLUTARIQUE,

$$CO^2H - C(= C^5H^{10}) - CH^2 - CH^2 - CO^2H.$$

— Cet acide se prépare en chauffant à 150° un mélange équimoléculaire de valéral, de glutarate de sodium et d'anhydride acétique ; il se forme également, en même temps que l'acide diisovaléralglutarique, quand on condense le valéral et le glutarate d'éthyle au moyen de l'éthylate de sodium.

Ce corps est peu soluble dans l'eau froide ; il fond à 75° [Bronnert, *Bull. Soc. Chim.*, (3), **14**, 448].

On a préparé son *sel de baryum*,

$$C^{10}H^{14}O^4Ba + H^2O.$$

ACIDE DIISOVALÉRALGLUTARIQUE. — On le prépare en condensant l'éther glutarique et le valéral au moyen de l'éthylate de sodium. Les sels de baryum et de calcium étant presque insolubles, il est facile de le séparer de l'acide isovaléralglutarique. Cet acide cristallise en aiguilles dans l'alcool étendu ; il fond à 220° et se décompose à 240° ; l'eau chaude n'en dissout que des traces.

Cet acide donne un *dibromure* qui fond à 185-186° en se décomposant et régénère l'acide diisovaléralglutarique par l'action de l'amalgame de sodium [Bronnert, *loc. cit.*].

#### ACIDE α-BENZYLIDÈNE-GLUTARIQUE,

$$CO^2H - C(= CH - C^6H^5) - CH^2 - CH^2 - CO^2H.$$

— On l'obtient en condensant l'aldéhyde benzylique et l'acide glutarique en présence de l'anhydride acétique (Rœdel, *Bull. Soc. Chim.*, (3), **14**, 523] ; on isole l'acide par transformation en sel de calcium.

### ACIDES GLUTARIQUES SUBSTITUÉS.

#### ACIDE α-MÉTHYLGLUTARIQUE.

*Méthyl 2 pentane-dioïque,*

$$CO^2H - CH(CH^3) \quad CH^2 - CH^2 - CO^2H.$$

— Cet acide se forme par saponification de l'éther α-méthylacétylglutarique au moyen de la potasse alcoolique concentrée [Wislicenus et Limpach, *Ann. Chem.*, **192**, 134] ; par hydratation de l'acide γ-cyanovalérianique [*Ann. Chem.*, **233**, 115] ; par réduction de l'acide α-méthyloxyglutarique au moyen de l'acide iodhydrique et du phosphore [Kreckeler, *D. chem. G.*, **19**, 3270] et par oxydation de la phorone du camphre au moyen du permanganate de potassium [Königs et Eppens, *D. chem. G.*, **25**, 266]. Son anhydride s'obtient, mélangé d'anhydride αα-diméthylsuccinique, par saponification de l'éther isobutényltricarbonique et évaporation du produit obtenu avec l'acide chlorhydrique concentré [Bischoff et Jaunsnicker, *D. chem. G.*, **23**, 3400].

*Préparation.* — On fait réagir l'éther β-iodopropionique sur l'éther méthylmalonique sodé ; on obtient ainsi, avec un rendement de 65 0/0, l'éther α-méthylcarboxylglutarique bouillant à 164-165° sous 15 millimètres, $D_{10°} = 1,074$, qu'on saponifie par ébullition avec l'acide chlorhydrique étendu de son volume d'eau. Le résidu est distillé dans le vide, après évaporation. Le rendement est de 81 0/0 [Auwers, *Bull. Soc. Chim.*, (3), **18**, 21].

Cet acide fond à 77-78° et bout à 212° sous 61 millimètres ; il est très soluble dans l'eau, moins soluble dans le benzène.

*Anhydride.* — On l'obtient par l'action du chlorure d'acétyle sur l'acide ; il bout à 272-275°.

L'*acide phénylamidé*, obtenu par l'action de l'aniline sur l'anhydride en solution benzénique, semble être un mélange des deux isomères possibles. Par cristallisation dans le benzène, on peut séparer le produit brut en deux fractions, fondant l'une à 114-115°, l'autre vers 100°. Chauffé à 170°, l'acide phénylamidé se transforme en *anile dimoléculaire*, fusible à 175-176°.

L'*acide p-tolylamidé* existe sous deux formes : l'une fusible à 98-99°, l'autre à 126° et moins soluble ; le *tolyle dimoléculaire* fond à 170°. L'*acide β-naphtylamidé* fond à 115-119° ; le *naphtyle* correspondant fond à 166-169°.

*Acide αβ-dibromé.* — Se forme par l'action du brome sur l'acide iso-α-méthylglutaconique [Smoluchowski, *Mon. f. Chem.*, **15**, 62]. Fond à 160° en se décomposant. Très soluble dans l'eau, l'alcool et l'éther, presque insoluble dans le benzène et dans la ligroïne.

*Acide δ-chloro-α-méthylglutarique.* — Son *éther diéthylique* s'obtient à partir de l'oxyacide correspondant [Weidel, *Mon. f. Chem.*, **11**, 504]. Il bout à 184° sous 60 millimètres.

#### ACIDE α-MÉTHYL-x-OXYGLUTARIQUE,

$$\begin{array}{c} CH^3 - C(OH) - CO^2H \\ | \\ CH^2 \quad CH^2 - CO^2H \end{array}$$

— La lactone de cet acide se forme par oxydation de l'isocaprolactone au moyen de l'acide azotique [Bredt, *Ann. Chem.*, **208**, 62].

On fait réagir l'acide cyanhydrique sur l'acide lévulique, puis on hydrate l'oxynitrile formé au moyen de l'acide chlorhydrique [Kreckeler, Tollens et Block, *Ann. Chem.*, **238**, 287].

L'acide n'existe pas à l'état de liberté.

Le *sel de calcium* a pour formule

$$CaC^6H^8O^5 \cdot 7H^2O ;$$

celui *de baryum*, $BaC^6H^8O^5 \cdot 4H^2O$, est presque insoluble dans l'eau bouillante ; celui *de strontium* cristallise avec $H^2O$.

*Lactone,*

$$\begin{array}{c} CO^2H \\ | \quad O - CO \\ |/ \qquad | \\ CH^3 - C - CH^2 - CH^2 \end{array}$$

— Cristallise en aiguilles fusibles à 68-70°. Bout

dans le vide à 200-215°. Très soluble dans l'eau, l'alcool et l'éther. L'acide sulfurique à 100° la décompose en oxyde de carbone et acide lévulique.

Le *sel de calcium* a pour formule

$$Ca(C^6H^7O^4)^2 + 4\text{-}5H^2O.$$

— L'*éther méthylique*, $C^6H^7O^4CH^3$, bout à 252° et l'*éther éthylique* à 262°.

ACIDE α-MÉTHYL-δ-OXYGLUTARIQUE,

$$CO^2H - CH(CH^2OH) - CH^2 - CH^2 - CO^2H.$$

— Cet acide se produit, en même temps que la lactone, dans la réduction de l'acide nicotique par l'amalgame de sodium [Weidel, *Mon. f. Chem.*, **11**, 503].

La *lactone* bout à 222-226° sous 6 millimètres.

L'*éther éthylique*, $C^6H^7O^4C^2H^5$, se forme en même temps que l'acide δ-chloro-α-méthylglutarique par éthérification de la lactone au moyen de l'alcool et de l'acide chlorhydrique. Cet éther bout à 245-247° sous 16 millimètres.

ACIDE α-MÉTHYL-α-ACÉTYLGLUTARIQUE,

$$CH^3\text{-}CO \overset{\textstyle CH^3}{\diagdown} \begin{array}{l} C - CO^2H \\ | \\ CH^2 - CH^2 - CO^2H \end{array}$$

— Son éther diéthylique s'obtient par l'action de l'éther β-iodopropionique sur l'éther méthylacétylacétique sodé [Wislicenus et Limpach, *Ann. Chem.*, **192**, 133]. Cet éther bout à 280-281°; sa densité à 17°,5 (par rapport à l'eau à 20°) = 1.043. La potasse concentrée le dédouble en acides acétique et α-méthylglutarique.

### ACIDE β-MÉTHYLGLUTARIQUE

*Méthyl-3-pentane-dioïque*,

$$CO^2H - CH^2 - CH(CH^3) - CH^2 - CO^2H.$$

— L'anhydride correspondant à cet acide se forme quand on chauffe pendant plusieurs heures au bain-marie un mélange d'acide malonique (100 grammes), de paraldéhyde (88 grammes) et d'anhydride acétique (100 grammes) [Komnenos, *Ann. Chem.*, **218**, 150].

On peut encore condenser le crotonate d'éthyle (25 grammes) avec le malonate d'éthyle (35 grammes) sodé (5 grammes); puis saponifier l'éther et décomposer l'acide tricarboxylé par la chaleur [Auwers, Kübner et Meyenberg, *D. chem. G.*, **24**, 2888].

L'*acide* cristallise en tables dans un mélange de sulfure de carbone et de chloroforme. Il fond à 85-86°. Le *sel de calcium* a pour formule $CaC^6H^8O^4$ (à 150°).

On a préparé également les sels

$$Pb\,C^6H^8O^4, 0,5H^2O \quad \text{et} \quad Ag^2C^6H^8O^4.$$

L'*anhydride* fond à 46° et bout à 282-284°; il est très peu soluble dans la ligroïne.

Le β-méthylglutarate d'éthyle se condense avec l'éther oxalique, en présence de l'éthylate de sodium, en donnant naissance au *4-méthyl-1.2-dicétopentaméthylène-dicarbonate d'éthyle-3.5*, fusible à 108° :

$$CH^3 - CH \begin{array}{l} CH - CO^2 - C^2H^5 \\ \diagdown CO \\ | \\ CO \\ CH - CO^2 - C^2H^5 \end{array}$$

[*Bull. Soc. Chim.*, (3), **22**, 1077].

ACIDE DIBROMOÉTHYLIDÈNE-DIACÉTIQUE,

$$CO^2H - CH^2 - CBr(CH^3) - CHBr.CO^2H.$$

— L'éther correspondant se forme par l'action du brome sur l'acétylcrotonate d'éthyle [Genvresse, *Ann. Chim. Phys.*, (6), **24**, 120].

ACIDE ββ-MÉTHYLOXYGLUTARIQUE,

$$CO^2H - CO^2 - C(OH)(CH^3) - CH^2 - CO^2H.$$

— Cet acide résulte de l'oxydation du méthyldiallyl-carbinol au moyen du permanganate de potassium à 4 0/0. On transforme les acides obtenus en sels de plomb pour éliminer de l'acide oxalique et de l'acide succinique (?) formés en même temps [Sorokine, *J. prakt. Chem.*, (2), **23**, 276].

Cet acide est huileux et ses sels sont en général amorphes. On a décrit les sels

$$CaC^6H^8O^5 - ZnC^6H^8O^5$$
$$- 2CuC^6H^8O^5, Cu(OH)^2, 5H^2O - Ag^2C^6H^8O^5.$$

### ACIDE αα-DIMÉTHYLGLUTARIQUE.

*Diméthyl-2.2-pentane-dioïque*,

$$CO^2H - C(CH^3)^2 - CH^2 - CH^2 - CO^2H.$$

— Cet acide a été obtenu par M. Béhal en oxydant l'acide β-campholénique [*Bull. Soc. Chim.*, (3), **13**, 755, 785; *C. R.*, **121**, 213, 465. — C.-F. Tiemann, *Bull. Soc. Chim.*, (3), **14**, 469; **18**, 914]. Tiemann l'a également rencontré dans les produits d'oxydation de l'oxyionolactone au moyen du permanganate de potassium [*Bull. Soc. Chim.*, (3), **19**, 848].

On le prépare par oxydation de l'acide isolauronolique [G. Blanc, *Bull. Soc. Chim.*, (3), **15**, 1191] au moyen de l'acide azotique. On évapore la solution obtenue pour chasser l'acide azotique, on reprend par le benzène et on transforme en anhydride au moyen du chlorure d'acétyle. On distille l'anhydride dans le vide, puis on transforme en acide par ébullition avec l'eau [E.-E. Blaise, *Bull. Soc. Chim.*, (3), **21**, 623].

*Propriétés.* — Cet acide cristallise dans le benzène en lamelles fusibles à 84°. Il est très soluble dans les dissolvants usuels, sauf l'éther de pétrole.

Oxydé par le mélange sulfonitrique, il fournit de l'acide αα-diméthylsuccinique; chauffé avec l'acide sulfurique, il donne de l'isocaprolactone [Tiemann, *Bull. Soc. Chim.*, (3), **18**, 914].

Les *sels* $C^7H^{11}O^4K$, $C^7H^{11}O^4AzH^4$, $C^7H^{11}O^4Ca$, $3H^2O$ ont été décrits [Béhal. *C. R.*, **121**, 213]; $C^7H^{10}O^4Pb$, $C^7H^{10}O^4Cu$ [Blaise, *Bull. Soc. Chim.*, (3), **21**, 624].

*Éthers.* — $C^7H^{10}O^4(CH^3)^2$, bout à 215-216°. $C^7H^{10}O^4(C^2H^5)^2$, bout à 235-236°. $C^7H^{10}O^4(C^5H^{11})^2$, bout à 287-291° avec légère décomposition.

*Anhydride.* — On l'obtient par l'action du chlorure d'acétyle sur l'acide [Béhal, *loc. cit.*]. Cet anhydride fond à 38-39° et bout à 158-160° sous 25 millimètres.

Le *chlorure d'acide* correspondant bout à 135-137°.

L'*amide*, $C^7H^{10}O^2(AzH^2)^2$, fond à 169-172°; elle est très soluble dans l'eau.

L'*imide*, $C^7H^{10}O^2.AzH$, s'obtient en saturant l'anhydride fondu d'ammoniac; elle cristallise en aiguilles et fond à 150°; elle bout à 262-265°.

L'*amide-acide*, $C^7H^{11}O^3AzH^2$, se forme par l'action de l'ammoniaque alcoolique sur l'anhydride; oxydée par l'hypobromite de sodium, elle se transforme en ββ-diméthyl-α-pyrrolidone [Blaise, *Bull. Soc. Chim.*, (3), **21**, 629].

L'acide *phénylamidé* fond à 146°, et l'*anile* correspondant à 121°; l'acide *p-tolylamidé* à 151-152°, et l'acide β-naphtylamidé à 151-152°.

**ACIDE $\alpha\alpha$-DIMÉTHYL-$\beta$-OXYGLUTARIQUE,**

$$CO^2H - C(CH^3)^2 - CHOH - CH^2 - CO^2H.$$

— L'*éther chloré* qui en dérive,

$$CO^2C^2H^5 - C(CH^3)^2 - CHOH - CHCl - CO^2C^2H^5,$$

s'obtient en saturant d'acide chlorhydrique la solution alcoolique du $\gamma$-cyano-$\alpha\alpha$-diméthylacétyl-acétate de méthyle [Lawrence, *Chem. Soc.*, 75, 418]. Il bout à 148-150° sous 40 millimètres. Chauffé avec l'acide chlorhydrique, il fournit la lactone de l'acide diméthyldioxyglutarique. La réduction de l'acide iodhydrique le transforme en lactone de l'acide $\alpha\alpha$-diméthyl-$\alpha'$-oxyglutarique.

**ACIDE $\alpha\alpha$-DIMÉTHYL-$\alpha'$-OXYGLUTARIQUE,**

$$CO^2H - C(CH^3)^2 - CH^2 - CHOH - CO^2H.$$

— La *lactone* correspondante se forme par l'action de l'acide iodhydrique fumant sur la lactone de l'acide $\alpha\alpha$-diméthyl-$\alpha'\beta$-dioxyglutarique [Conrad et Gast, *D. chem. G.*, 32, 144]. Prismes fusibles à 153°

Le *sel de baryum* a pour formule $Ba(C^7H^9O^4)^2$. En même temps on obtient un acide fusible à 176°.

**ACIDE $\alpha\alpha$-DIMÉTHYL-$\alpha'\beta$-DIOXYGLUTARIQUE,**

$$CO^2H - CHOH - CHOH - C(CH^3)^2 - CO^2H.$$

— L'*acide lactonique* correspondant se forme quand on chauffe l'éther $\gamma$-cyano-$\alpha$-diméthylacétyl-acétique avec de l'acide chlorhydrique concentré a 130-140° [Conrad et Gast, *D. chem. G.*, 32, 141]. Prismes fusibles à 214°. Bout à 320-330° avec décomposition. L'acide iodhydrique à 130° le transforme en la lactone de l'acide $\alpha\alpha$-diméthyl-$\alpha'$-oxyglutarique.

*Sel de calcium*, $Ca(C^7H^9O^3)^2 4H^2O$. Les *sels de baryum* et *d'argent* sont anhydres. L'*éther méthylique* fond à 104°; il bout à 285°. L'*éther éthylique* fond à 49° et bout à 169-170° sous 18 millimètres [Lawrence, *Chem. Soc.*, 75, 420]. Le *dérivé acétylé* de l'acide lactonique fond à 135°.

### ACIDE $\beta\beta$-DIMÉTHYLGLUTARIQUE.

*Diméthyl-3.3-pentane-dioïque*,

$$CO^2H - CH^2 - C(CH^3)^2 - CH^2 - CO^2H.$$

— Cet acide se forme par décomposition au moyen de la chaleur de l'acide $\alpha$-carboxyl-$\beta\beta$-diméthylglutarique. Ce dernier s'obtient lui-même par condensation du malonate d'éthyle sodé avec le $\beta\beta$-diméthylacrylate d'éthyle [Goodwin et Perkin, *Chem. Soc.*, 67, 64. — Avery et Auwers, *D. chem. G.*, 28, 1130]. L'acide-nitrile correspondant à l'acide $\beta\beta$-diméthylglutarique se produit d'autre part lorsqu'on chauffe la diméthyl-2.2-butanolide-1.4 avec le cyanure de potassium à 280° [E.-E. Blaise, *Bull. Soc. Chim.*, (3), 19, 560].

On le prépare : 1° par condensation du malonate d'éthyle potassé avec l'éther $\beta\beta$-diméthylacrylique, puis décomposition de l'acide tricarboxylé ainsi obtenu au moyen de la chaleur [Auwers, *Bull. Soc. Chim.*, (3), 16, 424. — Perkin, *Bull. Soc. Chim.*, (3), 18, 103]; 2° par oxydation de la diméthyldihydrorésorcine au moyen de l'hypobromite de potassium [Komppa, *Bull. Soc. Chim.*, (3), 22, 817; voyez aussi Vorlænder et Kohlmann, *Bull. Soc. Chim.*, (3), 22, 818].

*Propriétés.* — L'acide $\beta\beta$-diméthylglutarique fond à 101°; il est très soluble dans l'eau, l'alcool et l'éther, mais cristallise bien dans le benzène.

*Sels* : $C^7H^{10}O^4Ba$, $C^7H^{10}O^4Zn$, $C^7H^{10}O^4Cu$.

*Éthers* : $C^7H^{20}O^4(CH^3)^2$. Bout à 103-104° sous 15 millimètres. $D^{20°}_{20°} = 1,0385$. $C^7H^{10}O^4(C^2H^5)^2$, bout à 237°.

*Anhydride.* — Obtenu par l'action du chlorure d'acétyle sur l'acide, cet anhydride cristallise en aiguilles dans un mélange de benzène et d'éther de pétrole; il fond à 124° et bout à 220°.

*Chlorure d'acide*, $C^7H^{10}O^2Cl^2$. — Bout à 132-135° sous 37 millimètres.

*Amide*, $C^7H^{10}O^2(AzH^2)^2$. — Grains sphérocristallins; fond à 166-169°. Cette amide est très soluble dans l'eau.

*Imide*, $C^7H^{10}O^2.AzH$. — On l'obtient en saturant de gaz ammoniac l'anhydride fondu. Cette amide cristallise dans l'eau en longues aiguilles et fond à 146-147°.

*Acide phénylamidé*, $C^7H^{11}O^3-AzH.C^6H^5$. — On l'obtient par l'action de l'aniline sur l'anhydride; il fond à 134° et se transforme à chaud en *anile*, $C^7H^{10}O^2.Az-C^6H^4$, fusible à 156-157°.

L'*acide p-tolylamidé* fond à 145-146°, et l'acide $\beta$-naphtylamidé à 181-183° [E.-E. Blaise, *loc. cit.* — Perkin, *Bull. Soc. Chim.*, (3), 18, 103. — Perkin et Thorpe, *Bull. Soc. Chim.*, (3), 22, 449].

L'éther $\beta\beta$-diméthylglutarique, par condensation avec l'éther oxalique au moyen de l'éthylate de sodium, fournit le 4.4-diméthyl-1.2-dicétopentaméthylène-dicarbonate d'éthyle-3.5, fusible à 96°.

**ACIDE $\alpha$-BROMO-$\beta\beta$-DIMÉTHYLGLUTARIQUE,**

$$CO^2H - CHBr - C(CH^3)^2 - CH^2 - CO^2H.$$

— On l'obtient par l'action du brome sur le chlorure de l'acide $\beta\beta$-diméthylglutarique. L'*éther diéthylique* correspondant bout à 181° sous 20 millimètres; l'*éther diméthylique* à 172° sous 20 millimètres; enfin l'*éther éthylique acide* à 240° sous 35 millimètres.

L'éther bromé, traité par la potasse alcoolique, fournit un mélange d'acide cis- et d'acide transcaronique,

$$CO^2H - CH - CH - CO^2H$$
$$CH^3 - C - CH^3$$

**ACIDE $\alpha$-OXY-$\beta\beta$-DIMÉTHYLGLUTARIQUE.** — La *lactone* correspondant à cet acide,

$$CO^2H - CH - C(CH^3)^2 - CH^2$$
$$O \underline{\qquad\qquad} CO$$

se forme en même temps que les acides caroniques par action de la potasse sur l'éther $\alpha$-bromo-$\beta\beta$-diméthylglutarique. Cette lactone fond à 112°, elle est insoluble dans l'éther de pétrole [Perkin et Thorpe, *loc. cit.*].

### ACIDES $\alpha\alpha'$-DIMÉTHYLGLUTARIQUES.

*Diméthyl-2.4-pentane-dioïque*,

$$CO^2H - CH(CH^3) - CH^2 - CH(CH^3) - CO^2H.$$

— L'acide $\alpha\alpha'$-diméthylglutarique, renfermant deux atomes de carbone asymétriques, peut exister sous deux formes inactives : l'une inactive par nature, et l'autre racémique. Les diverses méthodes synthétiques fournissent un mélange des deux isomères; ce mélange fond en général vers 100 à 105°; parfois cependant l'isomère fumaroïde prédomine.

Les méthodes d'obtention sont les suivantes : Action de l'éther $\alpha$-cyanopropionique sur l'iodure de méthylène en présence de l'éthylate de sodium, et saponification par l'acide chlorhydrique du produit obtenu [Zelinsky, *D. chem. G.*, 22, 2824; *Bull. Soc. Chim.*, (3), 4, 407]; action de l'iodure de méthylène sur le méthylmalonate d'éthyle sodé, puis saponification au moyen de l'acide sulfurique étendu; action de l'éther bromo-isobutyrique sur le méthylmalonate d'éthyle sodé, puis saponification du produit à l'aide de l'acide sulfurique étendu [Bischoff et Mintz, *D. chem. G.*, **23**, 649; **24**, 1046), ce qui fournit en même temps de l'acide triméthylsuccinique ; condensation de l'éther métacrylique et du méthylmalonate d'éthyle en présence de l'éthylate de sodium, et saponification de l'éther formé par l'acide chlorhydrique étendu [Auwers et Köbner, *D. chem. G.*, **24**, 1936]; réduction de l'acide $\alpha\alpha'$-diméthyl-$\beta$-oxyglutarique au moyen de l'acide iodhydrique et du phosphore [Reformatsky, *Bull. Soc. Chim.*, (3), **16**, 852. 1358].

*Préparation*. — L'action du bromo-isobutyrate d'éthyle sur le malonate d'éthyle sodé fournit un mélange des deux éthers

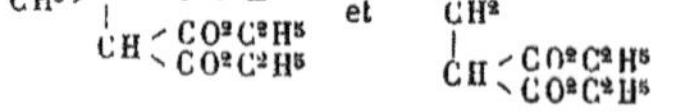

$$\begin{matrix} CH^3 \\ CH^3 \end{matrix}\!\!> C - CO^2C^2H^5 \qquad\qquad CH^3 - CH - CO^2C^2H^5$$

$$\qquad\qquad\Big|\qquad\qquad\qquad\qquad\qquad\Big|$$

$$\qquad CH <\!\!\begin{matrix} CO^2C^2H^5 \\ CO^2C^2H^5 \end{matrix} \quad \text{et} \quad CH^2$$

$$\qquad\qquad\qquad\qquad\qquad\qquad\qquad CH <\!\!\begin{matrix} CO^2C^2H^5 \\ CO^2C^2H^5 \end{matrix}$$

Lorsqu'on traite ce mélange par l'éthylate de sodium et l'iodure de méthyle, le second éther se transforme en $\alpha\alpha$-diméthylcarboxylglutarate d'éthyle. On saponifie alors par la potasse, et on fractionne le mélange d'acides dans le vide [Bischoff et Jaunsnicker, *D. chem. G.*, **23**, 3402].

On pourrait opérer de même avec avantage en partant de l'éther dicarboxylglutarique obtenu par la méthode de M. Knœvenagel (voyez Acide glutarique).

La séparation des deux isomères s'effectue par transformation en sels de calcium ou par l'action du chlorure d'acétyle (voyez ci-dessous).

Acide fumaroïde,

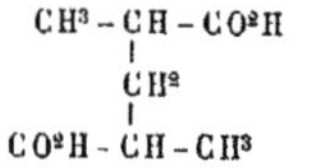

$$CH^3 - CH - CO^2H$$
$$\Big|$$
$$CH^2$$
$$\Big|$$
$$CO^2H - CH - CH^3$$

— Cet acide cristallise dans l'eau chaude en larges aiguilles; il fond à 140-141°; 100 centimètres cubes d'eau en dissolvent $4^{gr},4$ à 17° et $5^{gr},6$ à 25°. $K = 0.0593$. Cristaux clinorhombiques. Il n'est pas volatil avec la vapeur d'eau en présence d'acide sulfurique, et distille dans le vide sans altération. Le chlorure d'acétyle ne l'attaque que très lentement à 100° en tube scellé. L'acide chlorhydrique, à 170-200°, le transforme en un mélange des deux isomères fusible vers 100°. Son *sel de calcium* est très peu soluble :

$$(C^7H^{11}O^4)^2 Ca.$$

Acide maléinoïde,

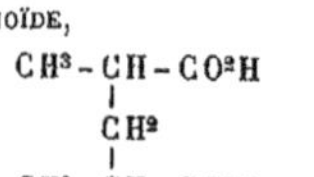

$$CH^3 - CH - CO^2H$$
$$\Big|$$
$$CH^2$$
$$\Big|$$
$$CH^3 - CH - CO^2H$$

— Cet acide se forme par hydratation de l'anhydride ; il fond à 127-128°; 100 centimètres cubes d'eau en dissolvent $4^{gr},1$ à 17° et $4^{gr},9$ à 25°. $K = 0.054$. Cristaux anorthiques. Il est volatil avec la vapeur d'eau en présence d'acide sulfurique. Distillé sous pression très réduite, il se transforme en l'isomère fumaroïde; à la pression ordinaire il fournit l'anhydride; le chlorure d'acétyle le transforme à froid en anhydride. L'acide chlorhydrique à 170-200° réagit sur l'acide maléinoïde comme sur l'isomère fumaroïde. Le sel de calcium de l'acide maléinoïde est soluble dans l'eau [Auwers, *Bull. Soc. Chim.*, (3), **14**, 786. — Auwers et Thorpe, *Bull. Soc. Chim.*, (3), **14**, 1126].

*Anhydride*. — Cet anhydride fond à 93°,5 et correspond à la forme maléinoïde; il bout à 180-185° sous 40 millimètres. Les cristaux appartiennent au système clinorhombique.

*Imide*. — Elle cristallise en longues aiguilles et fond à 173-174°.

L'anhydride, traité par les amines, fournit des dérivés amidés : l'*acide phénylamidé* fond à 157°, son *anile* fond à 208-209°; l'*acide p-tolylamidé* fond à 179°, il fournit un *toluide monomoléculaire*, qui fond à 120°, et un *toluide dimoléculaire*, qui fond à 233° [Auwers, *D. chem. G*, **28**, 263]; l'*acide $\beta$-naphtylamidé* fond à 151°; l'*imide* correspondante fond à 231-232°; l'*acide $\alpha$-naphtylamidé* fond à 155°; l'*$\alpha$-naphtylimide* fond à 199° [Auwers, *Bull. Soc. Chim.*, (3), **14**, 981].

*Anhydride dibromé*,

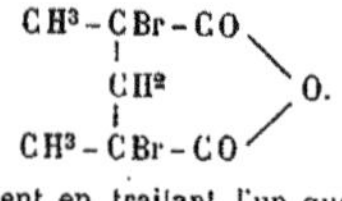

$$\begin{matrix} CH^3 - CBr - CO \\ \Big| \qquad\qquad\quad \\ CH^2 \qquad\qquad \\ \Big| \qquad\qquad\quad \\ CH^3 - CBr - CO \end{matrix}\!\!\!\Big\rangle O.$$

— On l'obtient en traitant l'un quelconque des deux isomères par le phosphore et le brome. Il fond à 94-95° [*D. chem. G.*, **23**, 1614; **25**, 3233]. Traité par l'aniline, cet anhydride dibromé fournit l'*anilide*,

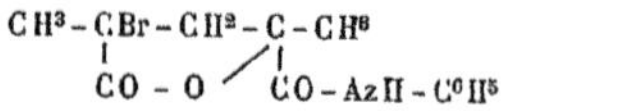

$$CH^3 - CBr - CH^2 - C - CH^3$$
$$\Big|\qquad\qquad\qquad\quad\Big|$$
$$CO - O \diagdown CO - AzH - C^6H^5$$

qui cristallise en prismes fusibles à 137-138°. Le dérivé *p-tolylé* correspondant fond à 172°, et le dérivé $\beta$-naphtylé à 186°.

Acide $\alpha\alpha'$-diméthyl-$\beta$-oxyglutarique,

$$CO^2H - CH(CH^3) - CH(OH) - CH(CH^3) - CO^2H.$$

— On obtient son éther éthylique en traitant un mélange d'éther $\alpha$-bromopropionique et de formiate d'éthyle par le zinc [S. Reformatsky, *Bull. Soc. Chim.*, (3), **16**, 851].

L'*acide* cristallise dans l'acétone et fond à 136-141°; il est insoluble dans le benzène, la ligroïne et le sulfure de carbone. Cet acide est évidemment un mélange d'isomères stéréochimiques. Traité par le chlorure d'acétyle, il fournit un dérivé fusible à 109-110°, l'*anhydride acétylé*, qui par hydratation donne un nouvel *acide (acide acétylé)* fusible à 120-121°. $K = 0,0200$.

L'anhydride acétylé, traité par la p-toluidine, fournit un *acide tolylamidé* fusible à 129-130°. Dans les eaux mères de l'acide diméthyloxyglutarique, on trouve un isomère huileux, dont l'*anhydride acétylé* fond à 131°,5-132°,5. L'*acide acétylé* correspondant fond à 82°,5-83°,5. L'anhydride acétylé donne un *acide p-tolylamidé* fusible à 181°,5-182°.

Acide $\alpha\alpha'$-dioxydiméthylglutarique,

$$CO^2H - C(OH)CH^3 - CH^2 - C(OH)CH^3 - CO^2H.$$

— Cet acide a été préparé par condensation de l'acétylacétone avec l'acide cyanhydrique, puis hydratation du dinitrile formé [Zelinsky, *D. chem. G.*, **24**, 4014]. Il se produit encore par l'action de la soude sur l'acide $\alpha\alpha'$-dibromodiméthylglutarique [Auwers, Jackson et Kauffmann, *D. chem. G.*, **23**, 1614; **25**, 3244]. Il appartient au système triclinique et fond à 98-99°.

Il est soluble dans l'alcool et dans l'eau, plus difficilement dans l'éther; le *sel de baryum* a pour formule $BaC^7H^{10}O^6,2,5H^2O$.

L'*acide lactonique* correspondant cristallise en tables et fond à 189-190°; il est peu soluble dans l'eau et dans l'alcool, mais facilement soluble dans l'éther. Son *sel de baryum* cristallise avec 2 molécules d'eau, $(C^7H^9O^5)^2Ba,2H^2O$. Cet acide lactonique, traité par les alcalis à chaud, ne fournit pas les sels de l'acide dioxydiméthylglutarique. Distillé, il fournit la *dilactone* (?), $C^7H^8O^5$.

#### ACIDES αβ–DIMÉTHYLGLUTARIQUES

Ces acides (il peut exister deux racémiques) n'ont été obtenus qu'à l'état très impur [Montemartini, *Bull. Soc. Chim.*, (3), **16**, 1874].

ACIDES αβ–DIMÉTHYL-α–OXYGLUTARIQUES. — Les acides lactoniques racémiques cis et trans s'obtiennent en condensant l'acide β-méthyllévulique avec l'acide cyanhydrique, puis hydratant par l'acide chlorhydrique le nitrile lactonique formé.

*Acide lactonique cis.* — Liquide bouillant à 193-195° sous 15 millimètres. Le *sel de plomb* cristallise avec 1 mol. d'eau et fond à 140-145°; anhydre, il fond à 181-183°. L'acide se transforme en isomère trans par chauffage avec de la quinoléine et de l'eau à 180°.

*Acide lactonique trans.* — Fond à 142°. Son *sel de plomb* est anhydre et fond à 212-214° [E.-E. Blaise, *Bull. Soc. Chim.*, (3), **24**, 918].

#### ACIDE α–ÉTHYLGLUTARIQUE,

$$CO^2H - CH(C^2H^5) - CH^2 - CH^2 - CO^2H$$

*Préparation.* — On condense l'éthylmalonate d'éthyle sodé avec l'éther β-iodopropionique; on obtient ainsi l'*éther tricarboxylé*,

$$(CO^2C^2H^5)^2C(C^2H^5) - CH^2 - CH^2 - CO^2C^2H^5,$$

qui bout à 180° sous 25 millimètres et à 192° sous 35 millimètres. L'éther tricarboxylé est ensuite saponifié par ébullition avec l'acide chlorhydrique étendu de son volume d'eau; on évapore à sec et on distille le résidu dans le vide [Auwers et Titherley, *Bull. Soc. Chim.*, (3), **18**, 22; *Ann. Chem.*, **292**, 144, 213].

On pourrait encore partir de l'éther éthylacétylacétique et du β-bromopropionate d'éthyle [Hell et Glöckler, *Ann. Chem.*, **218**, 167].

L'acide α-éthylglutarique cristallise aisément dans un mélange de benzène et d'éther de pétrole. Il fond à 65°,5 et bout à 194-196° sous 30 millimètres. K = 0,005852.

*Anhydride.* — On l'obtient par l'action du chlorure d'acétyle sur l'acide; il bout à 275°.

*Acide phénylamidé.* — En traitant l'anhydride par l'aniline, on obtient un mélange de deux acides phénylamidés isomériques, dont l'un fond à 154°,5 et cristallise en aiguilles.

L'*anile* fond à 167-168°.

L'*acide p-tolylamidé* cristallise en feuillets et fond à 145°,5; dans les eaux mères on trouve un isomère fusible à 120°; le *p-tolile* fond à 94-95°.

*Acide β-naphtylamidé.* — Il en existe deux isomères, fusibles l'un à 142-143°, l'autre à 129°,5; le *β-naphtile* fond à 127°,5.

*Acide α-brom[é]thylglutarique,*

$$CH^3 - CHBr - CH - CO^2H$$
$$|$$
$$CH^2 - CH^2 - CO^2H$$

— On l'obtient par fixation de l'acide bromhydrique sur l'acide éthylidène-glutarique; il fond à 88-89°; l'eau bouillante le décompose en acide carbonique, acide bromhydrique et acide γδ-hexénoïque.

*Acide dibromo-α-éthylglutarique,*

$$CH^3 - CHBr - CBr - CO^2H$$
$$|$$
$$CH^2 - CH^2 - CO^2H$$

— Cet acide se forme par l'action du brome sur l'acide éthylidène-glutarique; il fond à 157-160°. L'eau le décompose, en donnant naissance à l'acide γ-bromo-γδ-hexénoïque [Fichter, *Bull. Soc. Chim.*, (3), **22**, 16].

ACIDE α–OXÉTHYLGLUTARIQUE,

$$CH^3 - CHOH - CH(CO^2H) - CH^2 - CH^2CO^2H.$$

— On obtient sa lactone en réduisant l'acide α-acétylglutarique par l'amalgame de sodium [Fichter, *D. chem. G.*, **29**, 2368]. Cette lactone fond à 107-108° et se transforme partiellement à l'air en oxyacide. Distillée, elle fournit les acides γδ-hexénique et α-éthylidène-glutarique.

#### ACIDE β–ÉTHYLGLUTARIQUE,

$$CO^2H - CH^2 - CH(C^2H^5) - CH^2 - CO^2H.$$

— L'acide β-éthylglutarique se forme par réduction de la cétodilactone de l'acide β-acétylglutarique (voyez ci-dessus) au moyen de l'acide iodhydrique et du phosphore à 180° [Emery, *Bull. Soc. Chim.*, (3), **18**, 746]. On l'obtient encore par condensation du propanal avec l'acide malonique en présence d'acide acétique [Komnenos, *Ann. Chem.*, **218**, 167].

Cet acide cristallise bien dans le chloroforme et fond à 66-67° (73° d'après M. Emery); il est facilement soluble dans l'eau, l'alcool et l'éther.

ACIDE β–OXÉTHYLGLUTARIQUE,

$$CO^2H - CH^2 - CH(-CHOH - CH^3) - CH^2 - CO^2H.$$

— On obtient ce corps, ou plutôt l'acide lactonique correspondant, en réduisant l'acide β-acétylglutarique ou sa cétodilactone par l'amalgame de sodium [Emery, *Bull. Soc. Chim.*, (3), **18**, 746].

L'acide lactonique cristallise dans l'éther, par évaporation, en aiguilles fusibles à 76°; il bout à 225° sous 20 millimètres, et se dissout facilement dans l'eau, l'alcool et le chloroforme. Son *sel d'argent*, $C^7H^9O^4Ag$, cristallise en aiguilles microscopiques.

#### ACIDE ααʹ–TRIMÉTHYLGLUTARIQUE,

$$CO^2H - C(CH^3)^2 - CH^2 - CH(CH^3) - CO^2H.$$

— Cet acide se forme, en même temps que l'acide tétraméthylsuccinique, quand on chauffe l'éther α-bromo-isobutyrique avec la poudre d'argent à 120-130°. On saponifie le produit obtenu, puis on sépare les deux acides par entraînement au moyen de la vapeur d'eau; l'acide tétraméthylsuccinique est seul volatil [Auwers et Meyer, *D. chem. G.*, **23**, 293].

L'acide ααʹ-triméthylglutarique s'obtient encore en réduisant par l'acide iodhydrique et le phosphore la lactone correspondant à l'acide ααʹ-triméthyl-αʹ-oxyglutarique [Auwers, *Bull. Soc. Chim.*, (3), **18**, 23].

Cet acide cristallise dans l'eau en feuillets fusibles à 96-97°. K = 0,00352. Il est facilement soluble dans l'eau, très soluble dans l'alcool et dans l'éther, et un peu moins soluble dans le sulfure de carbone et dans la ligroïne.

*Éther diéthylique.* — Bout à 230-231°.

*Anhydride.* — Cristallise dans la ligroïne bouillante en aiguilles fusibles à 95-96°. Bout à 262°.

L'*acide phénylamidé* correspondant cristallise en aiguilles fusibles à 165°.

*Anhydride bromé,* $C^8H^{11}BrO^3$. — Cet anhydride s'obtient par l'action du brome et du phosphore sur l'acide; il est peu soluble dans la ligroïne et fond à 114°. Traité par la soude, il fournit l'acide lactonique,

$$CH^3 - C - CH^2 — C(CH^3)^2$$
$$CO^2H \quad O-CO$$

(voyez ci-dessous).

ACIDE ααα'-TRIMÉTHYL-α'-OXYGLUTARIQUE,

$$CO^2H - C(OH) - CH^2 - C(CH^3)^2 - CO^2H.$$
$$CH^3$$

— L'*acide lactonique* qui correspond à cet acide se forme par l'action de la soude sur l'anhydride ααα'-triméthyl-α'-bromoglutarique. On l'obtient encore par condensation de l'acide mésitonique avec l'acide cyanhydrique, puis par hydratation de l'oxynitrile ainsi formé [Auwers, *Bull. Soc. Chim.*, (3), **18**, 23].

L'acide lactonique fond à 103-104°.

*Anilide,*

$$C^6H^5 - AzH - CO - C - CH^2 - C(CH^3)^2.$$
$$H^3C \quad O-CO$$

— On l'obtient en traitant l'anhydride bromotriméthylglutarique ααα'α' par l'aniline. Aiguilles fusibles à 97°.

*Amide,*

$$AzH^2 - CO - C - CH^2 - C(CH^3)^2.$$
$$H^3C \quad O-CO$$

— Obtenue de même, mais par l'action du gaz ammoniac; elle fond à 184-185° [Auwers, *loc. cit.*].

ACIDE ααβ-TRIMÉTHYLGLUTARIQUE,

$$CO^2H - C(CH^3)^2 - CH(CH^3) - CH^2 - CO^2H.$$

— Cet acide a été obtenu en réduisant par le sodium et l'alcool absolu bouillant l'acide triméthylglutaconique correspondant (voyez ci-dessous) [Perkin et Thorpe, *Bull. Soc. Chim.*, (3), **20**, 140]. Il fond à 112°. — Son *anhydride* fond à 39° et fournit un *acide phénylamidé* fusible à 155°.

*Acide ααβ-triméthyl-β-chloroglutarique,*

$$CO^2H - CH^2 - CCl(CH^3) - C(CH^3)^2 - CO^2H.$$

— On obtient son éther en traitant l'éther de l'acide β-hydroxylé (voyez ci-dessous) par le perchlorure de phosphore. Cet éther bout à 139° sous 30 millimètres. L'éther de l'*acide β-bromé* bout à 145° sous 18 millimètres.

*Acide ααβ-triméthyl-βα'-dibromoglutarique.*

— Cet acide se forme lorsqu'on traite l'acide triméthylglutaconique par le brome. Il fond à 169° en se décomposant et se dissout dans la plupart des solvants, sauf le benzène et la ligroïne.

ACIDE ααβ-TRIMÉTHYL-β-OXYGLUTARIQUE. — Son *éther diéthylique* se prépare en condensant l'acétylacétate d'éthyle et l'éther bromo-isobutyrique en présence du zinc; on peut également partir de l'éther diméthylacétylacétique et de l'éther bromacétique [Perkin et Thorpe, *loc. cit.*].

L'acide s'obtient en saponifiant l'éther précédent par l'acide chlorhydrique étendu. Il fond à 128°. Son *éther diéthylique* bout à 168° sous 38 millimètres. Saponifié par l'acide chlorhydrique concentré, cet éther fournit l'acide triméthylglutaconique correspondant,

$$CO^2H - C(CH^3)^2 - C(CH^3) = CH - CO^2H,$$

qui fond à 148°. (Il existe également un isomère fusible à 133°.)

ACIDE αββ-TRIMÉTHYLGLUTARIQUE,

$$CO^2H - CH(CH^3) - C(CH^3)^2 - CH^2 - CO^2H.$$

— Cet acide s'obtient en réduisant par l'acide iodhydrique bouillant à 127° et le phosphore rouge l'acide $C^8H^{12}O^5$ (voyez ci-dessous), qu'on obtient dans l'oxydation de l'acide camphorique au moyen du permanganate de potassium [Balbiano, *Bull. Soc. Chim.*, (3), **14**, 596]. En même temps se forme un acide $C^8H^{12}O^4$ (acide lactonique correspondant à l'acide αββ-triméthyl-α'-oxyglutarique : voir plus loin). Les deux acides sont séparés par transformation en sels de calcium; le *sel* $C^8H^{12}O^4Ca + 2,5H^2O$ se précipite à l'ébullition.

La synthèse de l'acide αββ-triméthylglutarique a été réalisée par condensation du diméthylacrylate d'éthyle avec l'éther cyanacétique sodé: le cyanodiméthylglutarate d'éthyle ainsi obtenu est alors transformé en éther cyanotriméthylglutarique par l'action de l'iodure de méthyle en présence de l'éthylate de sodium. Enfin l'hydrolyse de ce dernier éther fournit l'acide αββ-triméthylglutarique [Perkin et Thorpe, *Bull. Soc. Chim.*, (3), **22**, 451].

*Propriétés.* — L'acide αββ-triméthylglutarique fond à 88-89°; il est très soluble dans l'eau chaude, mais beaucoup moins soluble à froid; il est peu soluble dans le benzène et presque insoluble dans le sulfure de carbone et la ligroïne.

Le *sel de calcium*, $C^8H^{12}O^4Ca + 2H^2O$, est presque insoluble dans l'eau bouillante, mais soluble dans l'eau froide.

*Anhydride.* — Cristallise dans un mélange d'éther acétique et de ligroïne, et fond à 82°. Il cristallise dans l'eau chaude et retient 0.5 H²O; cet hydrate fond à 61°.

*Imide.* — L'imide constitue le produit direct de l'hydrolyse de l'éther cyanotriméthylglutarique et fond à 126°; elle n'est transformée en acide que par chauffage à 200° avec de l'acide chlorhydrique.

L'*acide phénylamidé* cristallise dans l'alcool méthylique en aiguilles fusibles à 150-151°.

*Anhydride α'-bromo-αββ-triméthylglutarique.* — On l'obtient en chauffant l'anhydride triméthylglutarique avec du brome, au bain-marie [Balbiano, *Acc. d. Lincei*, (5), **57** ; **8**, 425]. Aiguilles fondant à 186-188°, très solubles dans le benzène, insolubles dans l'éther de pétrole. Traité par l'alcool absolu, il fournit l'acide lactonique αββ-triméthyl-α'-oxyglutarique.

ACIDE αββ-TRIMÉTHYL-α'-OXYGLUTARIQUE. — L'*acide lactonique* correspondant,

$$CH^3 - CH - C(CH^3)^2 - CH - CO^2H,$$
$$CO \underline{\qquad} O$$

se forme, en même temps que l'acide αββ-triméthylglutarique, par réduction de l'acide $C^8H^{12}O^5$ au moyen de l'acide iodhydrique (voyez ci-dessus).

Cet acide, peu soluble dans l'eau froide, le benzène et l'éther de pétrole, fond à 163-164° [Balbiano, *Bull. Soc. Chim.*, (3), **14**, 598; **16**, 306]. Traité par le permanganate de potassium, il régénère l'acide $C^8H^{12}O^5$; chauffé avec l'acide sulfurique, il perd de l'acide carbonique et fournit la lactone correspondante.

*Sels.* — Le *sel de calcium*, $Ca(C^{11}H^8O^4)^2 + 2H^2O$, est soluble dans l'eau bouillante.

$(C^8H^{11}O^4)^2Ba + 4H^2O$ cristallise en aiguilles; très peu soluble dans l'eau.

$C^8H^{11}O^4Ag$ est soluble dans l'eau.

L'acide lactonique, chauffé avec le brome, fournit le *dérivé bromé*

$$CO - CH(CH^3) - C(CH^3)^2 - CBr - CO^2H,$$

qui cristallise en prismes dans le benzène. Ce corps se ramollit à 120° et fond à 142-145°; il est très instable.

Acide $C^8H^{12}O^5$,

$$CH^3 - C - C(CH^3)^2 - CH - CO^2H$$
$$CO^2H \quad O$$

[Balbiano, *loc. cit.*],

ou
$$CH^3 - CH - C(CH^3)^2 - CO - CO^2H$$
$$CO^2H$$

[Mahla et Tiemann, *Bull. Soc. Chim.*, (3), 16, 465].
— On obtient cet acide en oxydant l'acide camphorique à froid par le permanganate de potassium en liqueur alcaline [Balbiano, *Acc. d. Lincei*, 1894, 1, 278; 2, 240; — *Bull. Soc. Chim.*, (3), 16, 597]; on entraîne les acides volatils par la vapeur d'eau, puis on neutralise par la soude et on précipite une petite quantité d'acide oxalique au moyen du chlorure de calcium. On filtre, on ajoute un excès de chlorure de calcium et on porte à l'ébullition. On obtient ainsi un précipité constitué par le *sel* $C^8H^{10}O^5Ca + 2H^2O$.

L'*acide* $C^8H^{12}O^5$ fond à 120°; il est très soluble dans l'eau, l'alcool et l'éther; chauffé à 170-220°, il se transforme en oxyde de carbone et anhydride triméthylsuccinique [Mahla et Tiemann, *loc. cit.*].

*Sel de calcium*, $C^8H^{10}O^5Ca + 2H^2O$.

*Éther diméthylique*. — Bout à 164-165° sous 20 millimètres; il possède une odeur résineuse et une saveur amère. Cet éther donne un *dérivé acétylé* bouillant à 165-166° sous 22 millimètres et un *dérivé benzoylé* qui bout vers 200° sous 20 millimètres.

L'acide $C^8H^{12}O^5$ donne enfin une *bromophénylhydrazone* fusible à 161-162° (Mahla et Tiemann).

L'acide obtenu par oxydation est inactif, mais constitue un racémique. Par transformation en sel de quinine, on obtient d'abord le sel de l'acide droit, fusible à 205-206°; l'acide correspondant fond à 119°; $[\alpha]_D = + 5°,48$.

L'*acide gauche* extrait des eaux mères fond à 117-119°; $[\alpha]_D = - 3°,35$.

ACIDE $\alpha\beta\alpha'$-TRIMÉTHYL-$\alpha\alpha'$-DIOXYGLUTARIQUE,

$$CH^3 - C(OH) - CH(CH^3) - C(OH) - CH^3.$$
$$CO^2H \qquad\qquad CO^2H$$

— Le dinitrile correspondant à cet acide se forme par condensation de la méthylacétylacétone avec l'acide cyanhydrique [Zelinsky et Tschugaeff, *Bull. Soc. Chim.*, (3), 16, 496]. Ce dinitrile fond à 124-125°; hydraté par l'acide chlorhydrique fumant, il fournit un mélange d'acide dihydroxylé et d'acide lactonique; on sépare ces deux corps par cristallisation fractionnée dans un mélange de ligroïne et d'éther acétique.

L'acide triméthyldioxyglutarique cristallise en aiguilles fusibles à 83-84°.

L'*acide lactonique* fond à 119-120°.

L'acide dioxhydrylé, distillé rapidement, se transforme en dilactone correspondante.

ACIDE $\alpha\alpha'$-MÉTHYLÉTHYLGLUTARIQUE,

$$CO^2H - CH(CH^3) - CH^2 - CH(C^2H^5) - CO^2H.$$

— Ce corps s'obtient par saponification de l'éther méthyléthylcarboxylglutarique,

$$CH^3 - CH(CO^2CH^5) - CH^2 - C(C^2H^5)(CO^2C^2H^5)^2,$$

qui se forme (en même temps que l'éther éthylisobutényltricarbonique) par l'action de l'éther bromo-isobutyrique sur l'éthylmalonate d'éthyle sodé. Il existe deux isomères [Bischoff, *D. chem. G.*, 23, 652; 24, 1054].

*Acide para*. — Aiguilles fusibles à 105°, peu solubles dans l'eau froide et la ligroïne.

*Acide méso*. — Fond à 61°; plus soluble que son isomère.

ACIDE $\alpha\alpha$-MÉTHYL-ÉTHYL-$\alpha'\beta$-DIOXYGLUTARIQUE,

$$CO^2H - CH(OH) - CH(OH) - C(CH^3)(C^2H^5)CO^2H.$$

— L'acide lactonique correspondant fond à 165° [Lawrence, *Chem. Soc.*, 75, 422].

ACIDE $\alpha$-ISOPROPYLGLUTARIQUE,

$$CO^2H - CH(C^3H^7) - CH^2 - CH^2 - CO^2H.$$

— 1° On fait réagir l'éther isopropylmalonique sodé sur l'éther $\beta$-iodopropionique; l'éther obtenu, bouillant à 228-230° sous 100 millimètres, est saponifié, puis l'acide résultant chauffé à 200°.
— 2° On condense l'éther isopropylacrylique avec le malonate d'éthyle sodé et on opère comme précédemment.

L'acide $\alpha$-isopropylglutarique fond à 94-95°; il est soluble dans l'alcool et dans l'éther, mais peu soluble dans le benzène.

L'*éther éthylique* bout à 158-160° sous 45 millimètres.

L'*anhydride* fond à 53° et cristallise dans la ligroïne bouillante; il distille à 217-222° sous 200 millimètres.

L'*acide phénylamidé* fond à 158-159° [Perkin, *Bull. Soc. Chim.*, (3), 18, 102, 107].

ACIDE $\alpha$-ISOPROPYL-$\alpha$-OXYGLUTARIQUE.

— Pour obtenir l'acide lactonique correspondant,

$$\begin{array}{c} CH^3 \\ CH^3 \end{array} > CH - C \underline{\quad\quad} CO^2H$$
$$CH^2 \quad O$$
$$CH^2 \underline{\quad\quad} CO$$

ou *acide isopropylglutolactonique*, on condense l'acide $\delta$-diméthyllévulique avec l'acide cyanhydrique, puis on hydrate le nitrile alcool obtenu au moyen de l'acide chlorhydrique [Fittig et Wolff, *Bull. Soc. Chim.*, (3), 16, 567]. L'acide glutolactonique cristallise bien dans un mélange d'éther et de ligroïne; il fond à 67-68° et se dissout très facilement dans l'eau. On a décrit les *sels* $(C^8H^{11}O^4)^2Ba + 2H^2O$ et $(C^8H^{11}O^4)^2Ca + 2,5H^2O$.

L'*isopropyloxyglutarate de calcium* a pour formule $C^8H^{12}O^5Ca + 3H^2O$. On l'obtient par l'action de la chaux à l'ébullition.

*Isopropylglutolactonamide*. — C'est le produit intermédiaire de l'hydratation du nitrile. Cette amide cristallise dans l'eau en prismes clinorhombiques, fusibles à 148°,5.

*Acide $\beta$-oxyisopropylglutarique*. — Voyez ACIDE TERPÉNYLIQUE.

ACIDE $\beta$-ISOPROPYLGLUTARIQUE.

— Cet acide se forme lorsqu'on réduit l'acide terpénylique par l'acide iodhydrique fumant, à

180-200° [Schryver, *Chem. Soc.*, 63, 1343]. On le prépare en condensant l'éther cyanacétique sodé avec l'éther β-isopropylacrylique, puis saponifiant l'éther obtenu. La saponification fournit l'imide qu'on fait bouillir avec de l'acide sulfurique à 50 0/0 [Howles et Thorpe, *Proc. Chem. Soc.*, n° 208]. Aiguilles fusibles à 100°. L'éther diéthylique bout à 250°. L'anhydride est liquide et bout à 171° sous 30 millimètres.

ACIDE $\alpha\alpha'\alpha'$-TÉTRAMÉTHYL-β-OXYGLUTARIQUE.

— On obtient l'éther diéthylique correspondant à cet acide en condensant l'éther bromo-isobutyrique (2 molécules) avec le formiate d'éthyle (1 molécule) en présence du zinc.

L'*acide*,

$$(CH^3)^2 C \underset{\underset{CO^2H}{|}}{\;\rule{2em}{0.4pt}\;} CHOH - C(CH^3)^2,\;\underset{CO^2H}{|}$$

obtenu par saponification de l'éther, cristallise lentement dans un mélange de benzène et d'éther acétique en lamelles hexagonales fusibles à 169-170°; il est très soluble dans l'eau, l'alcool et l'acétone, peu soluble dans le benzène et le chloroforme. $K = 0,0133$.

L'*anhydride acétyle*,

$$(CH^3)^2 C - CH(O - CO - CH^3) - C(CH^3)^2,\qquad \underset{CO \rule{2em}{0.4pt} O \rule{2em}{0.4pt} CO}{| \qquad\qquad |}$$

obtenu par l'action du chlorure d'acétyle sur l'acide, cristallise en prismes fusibles à 90°; traité par l'aniline, il donne l'*acide phénylamidé* correspondant qui fond à 158-159° et qui, chauffé à 180°, fournit l'*anile*, fusible à 178°.

L'*acide acétylé*, obtenu par hydratation de l'anhydride, fond à 170-171° [E. E. Blaise, *Bull. Soc. Chim.*, (3), 19, 546; — Mikhaïlenko, *Bull. Soc. Chim.*, (3), 22, 271].

ACIDE $\alpha\alpha'$-DIÉTHYLOXYGLUTARIQUE,

$$CO^2H - CH(C^2H^5) - CH^2 - CH(C^2H^5) - CO^2H.$$

— Cet acide peut exister sous deux formes inactives (racémique et inactif par nature). On obtient le mélange des isomères : par l'action de l'iodure de méthylène sur l'éther α-cyanobutyrique sodé, puis hydratation du dinitrile formé et par l'action de l'iodure de méthylène sur l'éthylmalonate d'éthyle sodé, ensuite saponification de l'éther tétracarboxylé auquel cette condensation donne naissance [Dressel, *Ann. Chem.*, 256, 187].

On le prépare par l'action de l'iodure d'éthyle sur l'éther dicarboxylglutarique disodé [Auwers, *Bull. Soc. Chim.*, (3), 18, 21]; on saponifie ensuite l'éther obtenu au moyen de l'acide sulfurique étendu.

*Propriétés.* — Par cristallisation du produit brut dans l'eau et dans la ligroïne, alternativement, on obtient l'*isomère le moins soluble*; il fond à 118-119°. Sa solubilité dans l'eau, à la température ordinaire, est de 1 0/0. $K = 0,005802$. — Dans les eaux mères, on trouve l'*isomère le plus soluble*, fusible à 76-78°. $K = 0,00595$. La séparation des deux isomères au moyen du chlorure d'acétyle (voir ACIDE $\alpha\alpha'$-DIMÉTHYLGLUTARIQUE) ne fournit aucun résultat.

*Anhydride.* — Cet anhydride a été obtenu à partir de l'acide brut; il est huileux et bout à 282-284°.

*Acide p-tolylamidé.* — Il a été préparé à partir de l'anhydride, par l'action de la p-toluidine; il cristallise dans le chloroforme et fond à 179-180°.

*Acide phénylamidé.* — Fond à 133-134°.
*p-Tolile monomoléculaire.* — Fond à 76-82°.
*p-Tolile dimoléculaire.* — Il cristallise dans le chloroforme en aiguilles fusibles à 176-178°.

ACIDE $\alpha\alpha$-DIÉTHYL-$\alpha'\beta$-DIOXYGLUTARIQUE,

$$CO^2H - C(C^2H^5)^2 - CHOH - CHOH - CO^2H.$$

— L'acide lactonique correspondant fond à 159° [Lawrence, *Chem. Soc.*, 75, 423].

ACIDE $\alpha$-ISOBUTYL-$\alpha'$-MÉTHYL-$\alpha'$-OXYGLUTARIQUE,

$$(CH^3)^2CH - CH^2 - CH(CO^2H) - CH^2 - C(CH^3)(OH) - CO^2H.$$

— Le nitrile lactonique correspondant se forme en condensant l'acide isobutyllévulique avec l'acide cyanhydrique. L'acide chlorhydrique transforme le nitrile en éther lactonique qu'on saponifie. L'acide fond à 134° en se décomposant. L'éther diéthylique obtenu à partir du sel d'argent est liquide; distillé, il fournit l'éther de l'acide lactonique. L'acide lactonique s'obtient en traitant l'oxyacide par le chlorure d'acétyle; il fond à 80° et son éther éthylique bout à 290°.

ACIDE $\alpha\alpha'$-MÉTHYL-ISOPROPYLGLUTARIQUE,

$$CO^2H - CH(CH^3) - CH^2 - CH(C^3H^7) - CO^2H.$$

— On obtient deux isomères correspondant à cet acide en chauffant à 168° l'acide propylisobutényltricarbonique [Bischoff et Tigerstedt, *D. chem. G.*, 23, 194].

*Acide α.* — Aiguilles fusibles à 44-52°.
*Acide β.* — Masse cristalline confuse; fond à 101-102°.

ACIDE β-ISOBUTYLGLUTARIQUE,

$$C^4H^9 - CH(CH^2 - CO^2H)^2.$$

— On l'obtient en faisant bouillir l'éther isoamylidène bismalonique avec 8 parties d'acide chlorhydrique à 20 0/0. Aiguilles fusibles à 48°. Très soluble dans l'éther, l'alcool, le benzène, l'eau; assez soluble dans le sulfure de carbone et la ligroïne, $Ag^2(C^9H^{14}O^4)$. L'*éther diéthylique* bout à 262-263° [Knœvenagel, *D. chem. G.*, 34, 2590].

ACIDE $\alpha$-ISOAMYLGLUTARIQUE.

— On ne connaît que les dérivés halogénés de cet acide.

*Acide bromo-isoamylglutarique*,

$$(CH^3)^2 CH - CH^2 - CHBr - CH - CO^2H.\qquad \underset{CH^2 - CH^2 - CO^2H}{|}$$

— On l'obtient par l'action de l'acide bromhydrique en solution acétique sur l'acide isovaléral-glutarique (voir ACIDE GLUTARIQUE); il cristallise dans l'éther par addition de ligroïne et fond à 105°. Par ébullition avec l'eau, il fournit la δ-lactone correspondante (?) qui fond à 117°,5, en même temps que l'acide γ-isovaléral-butyrique.

*Acide dibromo-isoamylglutarique*,

$$C^5H^{10}Br \cdot C^3H^4Br(CO^2H)^2$$

— Il résulte de la fixation du brome sur l'acide valéral-glutarique. Ce corps cristallise dans le chloroforme par addition de ligroïne et fond à 148° [Bronnek, *Bull. Soc. Chim.*, (3), 14, 448].

ACIDE $\alpha\alpha$-DIISOAMYLGLUTARIQUE.

— On n'en connaît que les dérivés bromés.
*Acide dibromo-$\alpha\alpha'$-diisoamylglutarique.* —

Cet acide se forme par fixation de l'acide bromhydrique sur l'acide diisovaléral-glutarique (voir ACIDE GLUTARIQUE); il cristallise en aiguilles fusibles à 174°.

*Acide tétrabromo-αα'-diisoamylglutarique.* — On obtient ce composé par fixation du brome sur l'acide αα-diisovaléral-glutarique; il cristallise en longues aiguilles fusibles à 172° avec décomposition [Bronnert, *Bull. Soc. Chim.*, (3), 14, 450].

### ACIDE β-PHÉNYLGLUTARIQUE.

$$CO^2H - CH^2 - CH(C^6H^5) - CH^2 - CO^2H.$$

— On obtient cet acide en condensant le benzylidène-malonate d'éthyle avec le malonate de sodé. L'éther benzylidène dimalonique ainsi formé (non distillable, même dans le vide) est alors saponifié par l'acide bromhydrique concentré, à l'ébullition [S. Avery, *Bull. Soc. Chim.*, (3), 20, 766]. Il se forme encore en condensant l'éther cinnamique et la méthylanilide malonique sodée [Vorlaender et Herrmann, *Bull. Soc. Chim.*, (3), 20, 803].

L'acide β-phénylglutarique cristallise en lamelles brillantes, fusibles à 140° et solubles dans les dissolvants organiques, sauf l'éther de pétrole. On a préparé les *sels*, $C^{11}H^{10}O^4Ag^2$, $C^{11}H^{10}O^4Ba + 2H^2O$ et $C^{11}H^{10}O^4Cu + 2H^2O$.

*Éther méthylique.* — Prismes fusibles à 87°.

*Anhydride.* — Obtenu par l'action du chlorure d'acétyle sur l'acide; lamelles fusibles à 105°.

*Acide phénylamidé.* — Il fond à 168° et l'*anile* correspondant à 223°.

L'*acide p-tolylamidé* fond à 154-155°.

L'éther β-phénylglutarique, condensé avec l'éther oxalique, en présence d'éthylate de sodium, fournit le 4-phényl-1.2-dicéto-pentaméthylène-dicarbonate d'éthyle-3.5, fusible à 160-161° [Dieckmann, *Bull. Soc. Chim.*, (3), 22, 1077].

ACIDE α-MÉTHYL-β-PHÉNYLGLUTARIQUE,

$$CO^2H - CH(CH^3) - CH(C^6H^5) - CH^2 - CO^2H.$$

— Il résulte de la condensation de l'α-méthylcinnamate de méthyle avec l'éther malonique sodé, ce qui fournit l'acide méthylphénylpropanetricarbonique, qu'on décompose ensuite par distillation.

Cet acide cristallise dans le benzène en lamelles fusibles à 122°; il est soluble dans les solvants organiques, sauf l'éther de pétrole [S. Avery et L. Fossler, *Bull. Soc. Chim.*, (3), 20, 767].

### ACIDE α-BENZYLGLUTARIQUE,

$$CO^2H - CH(CH^2 - C^6H^5) - CH^2 - CH^2 - CO^2H.$$

— Cet acide a été obtenu par réduction de l'acide benzoylglutarique (voir ACIDE GLUTARIQUE) au moyen de l'amalgame de sodium [Rœdel, *Bull. Soc. Chim.*, (3), 14, 523].

Il est liquide et peu soluble dans l'eau. Les *sels* $C^{13}H^{12}O^4Ca + 1,5H^2O$, $C^{13}H^{12}O^4Ba + 2,5H^2O$ et $C^{13}H^{12}O^4Ag^2$ ont été préparés.

*Acide bromo-α-benzylglutarique.* — Se forme par fixation, à 100°, de l'acide bromhydrique sur l'acide α-benzalglutarique; il fond à 158-159°, et il est à peu près insoluble dans tous les dissolvants.

*Acide dibromo-α-benzylglutarique.* — Cet acide résulte de la fixation du brome sur l'acide benzylglutarique; il fond à 191-192° et ne se dissout guère que dans l'acétone [Rœdel, *loc. cit.*].

### ACIDE αα'-ÉTHYLBENZYLGLUTARIQUE,

$$CO^2H - CH(C^2H^5) - CH^2 - CH(CH^2 - C^6H^5) - CO^2H.$$

—Cet acide résulte de la décomposition de l'acide éthylbenzyldicarboxylglutarique sous l'influence de la chaleur [Guthzeit et Dressel, *D. chem. G.*, 23, 3685]. Il est liquide.

### ACIDE TRIPHÉNYLGLUTARIQUE.

— Le *nitrile* correspondant s'obtient en condensant l'aldéhyde benzylique (1 mol.) avec le cyanure de benzyle (2 mol.) au moyen de l'éthylate de sodium [*D. chem. G.*, 34, 3059].

Ce nitrile fond à 137-138° et les eaux mères semblent renfermer un isomère fusible à 153-155°. Hydraté par l'action de l'acide chlorhydrique fumant, à 180°, pendant 6 heures, le nitrile fournit l'acide correspondant. Celui-ci fond à 236-237°. En solution alcoolique, les cristaux retiennent 1 molécule d'alcool.

L'*anhydride* fond à 198-109°; par cristallisation dans l'acétone, le point de fusion s'abaisse à 178-180°. L'*éther diéthylique* fond à 110°.

E.-E. Blaise.

**GLUTAZINE.** — L'ammoniaque aqueuse réagit sur l'acétone-dicarbonate d'éthyle à basse température en donnant un composé cristallisé en aiguilles fondant à 15° et ne cristallisant plus par refroidissement. Ce composé, qui est instable, constitue le β-*oxyaminoglutazate d'éthyle*,

$$H^2AzC(OH) \begin{cases} CH^2 - CO^2C^2H^5 \\ CH^2 - CO^2C^2H^5 \end{cases}$$

Si l'on introduit l'éther dans un excès d'ammoniaque aqueuse saturée, refroidie par un mélange réfrigérant, le corps précédent commence par se former, puis disparaît ensuite en donnant naissance à une masse d'aiguilles incolores qu'on purifie par lavage à l'éther et cristallisation dans l'eau bouillante; il faut avoir soin de ne pas prolonger trop longtemps l'ébullition. Le nouveau corps forme de longues aiguilles incolores, fondant à 86° et fournissant à une température plus élevée de l'ammoniaque et de l'eau. Il est peu soluble dans l'eau froide, assez soluble dans l'eau chaude et dans l'alcool, dans le chloroforme chaud, peu soluble dans l'éther. Ce produit constitue le β-*oxyaminoglutazamate d'éthyle*,

$$H^2Az - C(OH) \begin{cases} CH^2 - CO^2C^2H^5 \\ CH^2 - CO - AzH^2 \end{cases}$$

Les alcalis et les carbonates alcalins sont sans action à froid sur ce corps; le chlorure ferrique le colore en rouge foncé. L'éther enlève à la solution dans l'acide chlorhydrique étendu une petite quantité d'une substance cristallisable fondant à 61° qui donne une coloration pourpre avec le chlorure ferrique. Cette solution chlorhydrique donne avec le nitrite de sodium un *dérivé isonitrosé* qui fond à 178° en perdant l'acide cyanhydrique.

Les carbonates alcalins bouillants dissolvent le nouveau corps, en le modifiant suivant l'équation

$$C^7H^{14}Az^2O^4 = C^5H^6Az^2O^2 + C^2H^6O + H^2O.$$

Les expériences dont le détail suit montrent que la réaction est représentée par le schéma

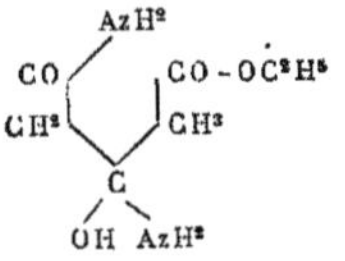

$$\begin{array}{c} AzH^2 \\ CO \diagup \quad \diagdown CO - OC^2H^5 \\ CH^2 \diagdown \quad \diagup CH^3 \\ C \\ \diagup \quad \diagdown \\ OH \quad AzH^2 \end{array}$$

$= C^2H^6O + H^2O +$ 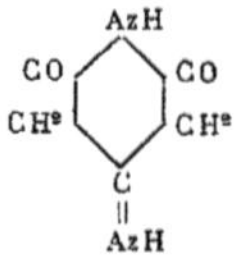

Glutazine.

La *glutazine*, qui se trouve dans la solution à l'état de sel alcalin, est mise en liberté par l'acide acétique, puis cristallisée dans l'eau bouillante. Elle forme une poudre blanche microcristalline, en petites tables rectangulaires, qui fondent vers 300° tout en se décomposant. Elle est peu soluble dans l'eau froide, assez soluble dans l'eau bouillante, presque insoluble dans l'alcool et insoluble dans les autres dissolvants organiques neutres. Sa réaction est acide, elle ne dégage pas d'ammoniaque par l'action des alcalis concentrés. Elle se dissout aussi dans les acides ; les acides minéraux forts la dédoublent en ammoniaque et *trioxypyridine* ou en *anhydride* de ce dernier corps, ce qui fixe sa constitution.

Le *chlorhydrate* cristallise dans l'acide chlorhydrique concentré avec une molécule d'eau ; son *sulfate* est en prismes incolores assez solubles.

Les *sels de sodium, ammonium* et *baryum* sont extrêmement solubles dans l'eau et verdissent à l'air ; le *sel d'argent* forme des lamelles incolores cristallisant avec 4 molécules d'eau [H. von Pechmann et H. Stokes, *D. chem. G.*, **18**, 2291 ; *Bull. Soc. Chim.*, (2), **46**, 345 ; H. Stokes et H. von Pechmann, *D. chem. G.*, **19**, 2696].

La trioxypyridine donne naissance au même corps.

L'eau de brome réagit sur la glutazine d'une manière très caractéristique. En solution chlorhydrique, elle produit des cristaux blancs qui sont formés de *pentabromacétylacétamide*,

$$CBr^3-CO-CBr^2-CO-AzH^2 :$$

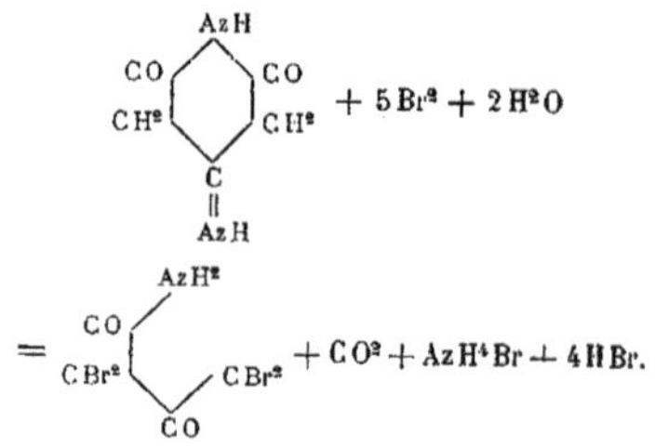

Le *pentabromacétylacétamide* est un corps très instable qui fond à 148° en dégageant du brome et de l'acide bromhydrique. Chauffée à l'ébullition avec de l'eau, au réfrigérant ascendant, elle se décompose en acide carbonique, bromoforme et *dibromacétamide*, fusible à 154°,

$$CBr^3-CO-CBr^2-COAzH^2 + H^2O$$
$$= CHBr^3 + CO^2 + CHBr^2-COAzH^2.$$

L'ammoniaque alcoolique la décompose au contraire en donnant la *dibromomalonamide*, fusible à 206°,

$$CBr^3-CO-CBr^2-COAzH^2 + AzH^3$$
$$= CHBr^3 + H^2Az-CO-CBr^2-CO-AzH^2.$$

Le chlorure d'acétyle fournit avec la glutazine un *dérivé acétylé* cristallisé, fusible à 285-290°. Ce dérivé est un acide plus énergique que la glutazine ; son *sel ammoniacal* est peu soluble dans l'alcool ; il cristallise avec une molécule d'eau ; l'acétylglutazine doit donc être représentée par la formule

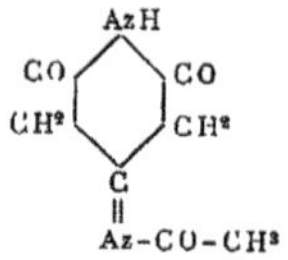

Au contraire, le chlorure de benzoyle en excès donne naissance à un *dérivé dibenzoylé*, peu soluble dans l'alcool, insoluble dans les alcalis et fondant à 215-216° [H. von Pechmann, *D. chem. G.*, **20**, 2658 ; *Bull. Soc. Chim.*, (2), **49**, 175].

*Action des acides.* — Les acides faibles sont sans action sur la glutazine, mais les acides forts, à l'ébullition, la dédoublent en ammoniaque et *trioxy*-1.3.5-*pyridine*, accompagnée de son anhydride :

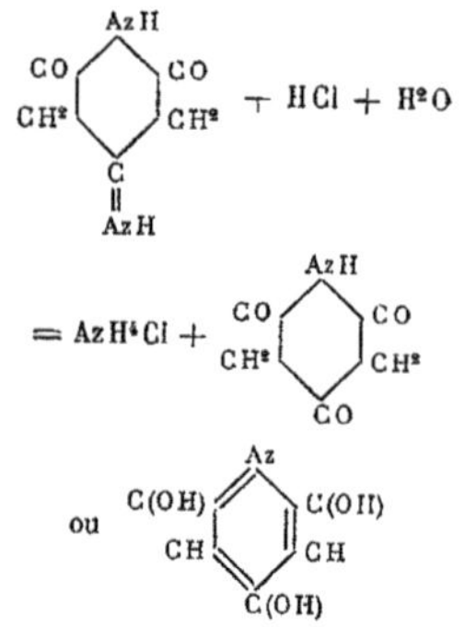

Cette trioxypyridine constitue une poudre sableuse jaune et lourde, microcristalline ; elle fond à 220-230° en perdant de l'eau. Elle est un peu soluble dans l'eau froide, très soluble dans l'eau bouillante et presque insoluble dans les dissolvants organiques neutres. On ne peut pas la purifier par cristallisation dans l'eau bouillante ; on l'obtient par évaporation de celle-ci à l'état d'*anhydride*, $C^{10}H^{18}Az^2O^5$, mélangé à d'autres substances.

La *trioxypyridine* fournit des sels cristallisés avec l'ammoniaque et la baryte. Le *chlorhydrate* est en aiguilles solubles dans l'eau et dans l'alcool. Chauffée avec de la poudre de zinc, la trioxypyridine dégage une odeur de pyridine, mais on n'a pu isoler ce produit.

La *trioxypyridine* réagit sur une molécule d'hydroxylamine pour donner une *monoxime* qui ne peut avoir que la formule

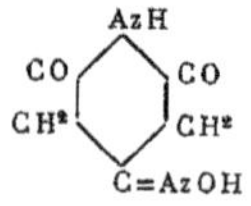

et qui cristallise avec une molécule d'eau, qu'elle perd à 100°. Elle forme de petites tables hexagonales qui fondent à 194-196°, avec une décomposition brusque. Elle est peu soluble dans l'eau froide, soluble dans les acides et les alcalis.

Cette même oxime prend naissance dans l'action de l'hydroxylamine sur la glutazine; il y a alors mise en liberté d'ammoniaque.

La phénylhydrazine fournit avec ces deux substances une *hydrazone* identique, en tables incolores, fusibles avec décomposition à 220-230°. Inversement, l'ammoniaque transforme la trioxypyridine en glutazine.

L'*anhydride* de la trioxypyridine se prépare le plus aisément par décomposition de la glutazine par l'acide sulfurique étendu. On sature la solution acide par la baryte en excès et on concentre la solution filtrée, qui, additionnée d'acide acétique, laisse déposer un *sel acide de baryum*, cristallisé en prismes jaunes, présentant la composition $(C^{10}H^7Az^2O^5)^2Ba + 4H^2O$.

Pour obtenir l'anhydride lui-même, on reprend le sel de baryum par l'acide chlorhydrique concentré et bouillant et l'on évapore à siccité, puis on reprend le résidu par l'alcool, qui dissout le chlorhydrate. La solution alcoolique évaporée, le résidu est repris par l'eau, qui à l'ébullition décompose le chlorhydrate; l'eau est évaporée à plusieurs reprises jusqu'à ce que l'acide chlorhydrique soit chassé. On obtient finalement l'anhydride sous la forme d'une poudre cristalline très stable, fondant avec décomposition à une haute température.

Ce composé donne des sels instables avec les acides et des sels stables avec les bases.

*Dérivés chlorés de la glutazine.* — Par l'action du pentachlorure de phosphore sur la glutazine, on obtient quatre dérivés chlorés distincts:

la *dichlorodioxyaminopyridine*,

$$C^5Cl^2(OH)^2(AzH^2)Az = C^5H^4Cl^2O^2Az^2 ;$$

la *trichloroxyaminopyridine*,

$$C^5Cl^3(OH)(AzH^2)Az = C^5H^3Cl^3Az^2O ;$$

la *trichloraminopyridine*,

$$C^5HCl^3(AzH^2)Az = C^5H^3Cl^3Az^2 ;$$

la *tétrachloraminopyridine*,

$$C^5Cl^4(AzH^2)Az = C^5H^2Cl^4Az^2.$$

On emploie un grand excès de pentachlorure de phosphore dissous dans l'oxychlorure; on distille l'oxychlorure au bain d'huile, puis on reprend le résidu par l'eau qui laisse la *trichloroxyaminopyridine* et la *tétrachloraminopyridine*, qu'on sépare l'une de l'autre par les alcalis étendus, dans lesquels la première seule est soluble. Chacun de ces deux corps est ensuite cristallisé dans l'alcool. La solution aqueuse chlorhydrique contient la *dichlorodioxyaminopyridine* et la *trichloraminopyridine*; on alcalinise, ce qui précipite la dernière et laisse la première en solution. On la met ensuite en liberté par l'acide acétique.

La *2.4-dichloro-1.6-dioxy-3-aminopyridine* ou *dichloroglutazine* cristallise dans l'eau en aiguilles incolores qui fondent en se décomposant à 241°,5. Elle est peu soluble dans l'eau chaude ou l'alcool, soluble dans les alcalis et les acides étendus; elle décolore lentement le brome en donnant un composé cristallisé. Sa constitution est représentée par les formules

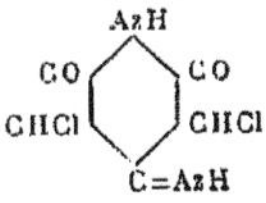

AzH       Az

CO   CO     C(OH)   C(OH)

         ou

CHCl   CHCl    CCl     CCl

C=AzH       C-AzH²

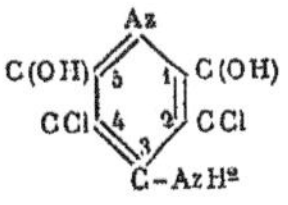

La *trichloro-1.2.5-amino-3-pyridine* cristallise dans l'eau en aiguilles incolores fondant à 157°,5 et sublimables sans décomposition; elles sont très solubles dans l'alcool et fournissent avec l'eau de brome un précipité cristallin formé d'aiguilles fusibles à 233°. Sa formule est

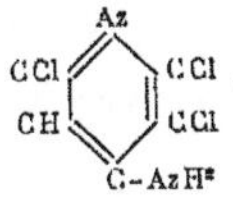

Az

CCl     CCl

CH     CCl

C-AzH²

La *trichloro-1.2.4-oxy-5-amino-3-pyridine*,

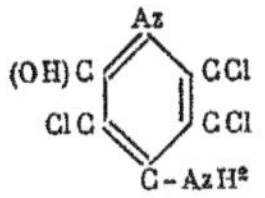

Az

(OH)C     CCl

ClC     CCl

C-AzH²

cristallise dans l'alcool en longues aiguilles fusibles à 282°, presque insolubles dans l'eau froide, très solubles dans l'eau bouillante. Ce corps est sans action sur l'hydroxylamine et sur la phénylhydrazine; le pentachlorure de phosphore à 150° le transforme en *tétrachloro-aminopyridine*. Son *sel de sodium* est cristallisé et soluble dans l'eau; son *sel ammoniacal* se dissocie facilement.

La *tétrachloro-1.2.4.5-amino-3-pyridine*,

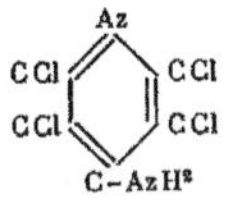

Az

CCl     CCl

CCl     CCl

C-AzH²

forme des lamelles incolores, ou des cristaux presque cubiques fondant à 212° et se sublimant sans décomposition. Ce corps est insoluble dans l'eau, assez soluble dans l'alcool et dans le benzène bouillant. Il se dissout dans l'acide sulfurique concentré et sa solution peut être chauffée sans qu'elle s'altère. L'acide iodhydrique bouillant le transforme en une *dichloraminopyridine* qui fond à 158°. Ce même acide, à 300-350° en tube scellé, le transforme en un mélange de pyridine et d'une *pyridine monochlorée*.

L'éthylate de sodium remplace un atome de chlore par un groupe éthoxyle; la *trichloro-1.2.4-éthoxy-5.4-amino-3-pyridine* forme des aiguilles incolores qui fondent à 83°, que l'acide chlorhydrique étendu en tube scellé transforme en chlorure d'éthyle et *trichloroxyaminopyridine*, fusible à 282°.

L'éthylate de sodium, employé à 190° en tube scellé, fournit *deux dérivés diéthoxylés et dichlorés* fusibles à 98° et à 161°,5 [Stokes et von Pechmann, *D. chem. G.*, 19, 2710].

*Dérivés nitrés de la glutazine.* — Quand on fait passer un courant d'acide nitreux dans une solution aqueuse de glutazine refroidie par de la glace, il se dépose une substance orangée qui se redissout rapidement. Abandonnée à elle-même, la solution laisse séparer des cristaux qui, par de nombreuses cristallisations, se laissent dédoubler en deux composés distincts:

La *nitroglutazine*, $C^5H^5(AzO^2)Az^2O^2$, cristallise dans l'eau en lamelles orangées, fusibles à 170-180°; la *dinitroglutazine*, $C^5H^4(AzO^2)^2Az^2O^2$, cristallise aussi en lamelles jaunes, qui se décomposent sans fondre

Ces deux composés, traités par les réducteurs, donnent des solutions incolores qui se colorent à l'air.

La glutazine dissoute dans la soude est additionnée de son poids de nitrite de sodium; on ajoute ensuite de l'acide acétique étendu; il se dépose un magma orangé qui passe au gris, puis au violet; il est formé d'aiguilles possédant la composition d'une *nitronitrosoglutazine*; avec un grand excès de nitrite, on obtient une *dinitronitrosoglutazine* [H. von Pechmann, *D. chem. G.*, 20, 2655; *Bull. Soc. Chim.*, (2), 49, 175].

L. Bouveault.

**GLUTEN** (voyez Dict., 1, 1576 et 1ᵉʳ Suppl., 67]. — D'après MM. Osborne et Voorhees, on peut retirer du grain de froment cinq matières albuminoïdes : une *globuline*, une *albumine*, une *protéose*, de la *gliadine* et de la *gluténine*, ces deux dernières représentant les constituants albuminoïdes du gluten [*Am. chem. Soc.*, 15, nº 6; 16, nº 8; *Maly's Jahresb.*, 23, 24; 24, 19].

L'eau salée à 10 0/0 enlève d'abord à la farine une albumine, la *leucosine*, une globuline, l'*édestine*, et une *protéose*. Le grain de froment contient respectivement 0,3-0,4 0/0, 0,6-0,7 0/0 et 0,3 0/0 de ces trois composés. La masse restante (ou la farine primitive) abandonne à l'alcool étendu et chaud de la *gliadine*, qui doit être considérée comme identique avec la gélatine végétale, la gluten-fibrine, la mucédine et la phytalbumose des auteurs. Enfin le carbonate de potassium à 0,2 0/0 enlève la *gluténine*, identique avec la zymone, la fibrine végétale, la glutencaséine, la myosine végétale, la gluten-fibrine de divers auteurs.

GLIADINE. — Elle est insoluble dans l'alcool absolu, soluble dans l'alcool étendu et chaud, d'où elle se dépose partiellement par le refroidissement. Elle est soluble dans l'eau, mais de minimes quantités de sel marin l'en précipitent aussitôt. Les acides et les alcalis étendus la dissolvent facilement, et elle est précipitée par neutralisation de la solution. L'acide chlorhydrique concentré, l'acide sulfurique chaud à 50 0/0 la dissolvent avec une coloration violette. L'analyse de 25 préparations a donné en moyenne : C, 52,72; H, 6,86; Az, 17,66; S, 1,14 0/0.

GLUTÉNINE. — Elle est soluble dans les acides et les alcalis étendus et elle est précipitée par neutralisation. Après dessiccation sur l'acide sulfurique, elle est soluble aussi dans le carbonate de sodium à 0,5 0/0. Sa solution dans l'acide chlorhydrique concentré, d'abord jaune, devient peu à peu violette. Le grain de froment contient environ 4 0/0 de gluténine. La gluténine renferme : C, 52,34; H, 6,83; Az, 17,49; S, 1,08 0/0.

Le grain de seigle fournit une *gliadine*, une *édestine* et une *leucosine* identiques avec celles du grain de froment, mais on n'y trouve pas de *gluténine*, et, corrélativement, la farine de seigle ne donne pas de gluten (voyez plus bas). Dans le grain d'orge on trouve une gliadine différente, que M. Osborne appelle *hordéine* et qui renferme : C, 54,29; H, 6,80; Az, 17,21; S, 0,83 0/0 [*Am. chem. Soc.*, 17, 539].

*Formation et constitution du gluten.* — D'après MM. Weyl et Bischoff, la farine de froment contient une matière albuminoïde analogue à la myosine musculaire, la myosine végétale, que ces auteurs considèrent comme la substance mère du gluten, puisque la farine ne renferme, à côté de cette myosine, que des quantités insignifiantes d'autres matières protéiques. D'ailleurs la farine, débarrassée de la myosine au moyen de l'eau salée, ne donne plus de gluten. Quant à la transformation de la myosine en fibrine, les auteurs l'assimilent à celle du fibrinogène en fibrine sous l'influence du ferment de la fibrine; mais ils n'ont pu isoler de la farine aucune enzyme coagulante, et les quelques expériences qu'ils citent à l'appui de leur théorie ne sont point univoques [Weyl et Bischoff, *D. chem. G.*, 13, 367].

Pour MM. Osborne et Voorhees, la production du gluten ne saurait être un phénomène fermentatif, puisque, d'après eux, le gluten est uniquement composé de gliadine et de gluténine qui peuvent être extraites, avec toutes leurs propriétés, aussi bien de la farine que du gluten. Des sels solubles sont, en outre, nécessaires à la formation du gluten, car l'un des composants, la gliadine, est très soluble dans l'eau; mais en présence de sels solubles elle se gonfle en une masse poisseuse, semi-liquide, qui confère précisément au gluten son élasticité particulière. La gluténine, au contraire, par son insolubilité dans l'eau, forme en quelque sorte le noyau solide auquel vient adhérer la gliadine. L'un et l'autre sont indispensables à la formation du gluten, ainsi que MM. Osborne et Voorhees s'en sont assurés par l'expérience.

E. Lambling.

**GLUTINE**. — Synonyme de GÉLATINE.

**GLUTINOÏDE**. — Nom donné par M. Danilewski à un produit de dédoublement de la peptone [*Bull. Soc. Chim.*, (2), 41, 255].

**GLYCÉRINE** [Syn. *Propane-triol*],

$$CH^2OH . CHOH . CH^2OH.$$

— Nous ne parlerons dans cet article que des propriétés de la glycérine et de ses dérivés. La préparation industrielle ainsi que les méthodes analytiques s'y rapportant vont être plus loin l'objet d'articles spéciaux. Quant aux dérivés nitrés, leur étude a été faite d'une façon complète à l'article EXPLOSIFS.

M. Piloty a effectué la synthèse totale de la glycérine, en réduisant la dioxyacétone par l'amalgame de sodium à 2,5 0/0 en présence d'une solution de sulfate d'aluminium. On sait que la dioxyacétone est elle-même un produit synthétique [*D. chem. G.*, 30, 3161].

La glycérine prend naissance dans un certain nombre d'oxydations. Il s'en forme, par exemple, lorsqu'on fait agir le permanganate sur l'allylméthyléthylcarbinol ou le butylallylméthylcarbinol [Pokrovsky, *J. Soc. russe*, 32, 65; Galantsef, *ibid.*, 32, 69].

Il convient de rappeler ici les travaux de M. Laborde sur la formation de la glycérine dans la fermentation du sucre. Cette formation paraît être en raison inverse de l'activité de la levure. Elle est favorisée par la concentration des solutions sucrées, par la présence de matières azotées, par l'acidité du milieu, etc. [*C. R.*, 129, 344].

PROPRIÉTÉS PHYSIQUES DE LA GLYCÉRINE.

Voyez Dict., 1, 1592; 1ᵉʳ Suppl., 869.

D'après M. Scheij, la glycérine pure bout à 162-163° sous une pression de 10 millimètres; sa densité à 20° est égale à 1,2604 (rapportée à l'eau à 4°), et son indice de réfraction à la même température est $n_D = 1,47289$ [*Rec. P.-B.*, 18, 169].

MM. Scholl et van Rijn ont étudié l'influence de l'eau, des alcools méthylique et éthylique et de l'acétone sur la viscosité de la glycérine. Ils ont constaté qu'il existe, conformément à la théorie de Jaeger, une relation entre la variation de la viscosité et l'abaissement du point de congélation [*Zeit. physik. Chem.*, 23, 329].

La chaleur de formation de la glycérine à partir des éléments est de 1364 calories [W. Ramsay, *D. chem. G.*, 12, 1359].

La chaleur latente de fusion à 13° est de —3ᶜᵃˡ,91 [Berthelot, *Bull. Soc. Chim.*, (2), 32, 386], et la chaleur de combustion moléculaire est de 397ᶜᵃˡ,1 [F. Stohmann et H. Langbein, *J. prakt. Chem.*, (2), 42, 361].

La chaleur spécifique moléculaire moyenne de

la glycérine est égale à 54,4 entre 14° et 100°, et à 61,1 entre 20° et 195° [Berthelot, *loc. cit.*; de Forcrand, *C. R.*, 130, 1758]. La constante diélectrique de la glycérine est égale à 16,5 et son indice d'absorption est R $=$ 0,42 à la température de 20° [Drude, *Zeit. physik. chem.*, 23, 267. — Voy. aussi Dewar et Fleming, *Proceed. Roy. Soc.*, 62, 250].

*Solutions aqueuses de glycérine.* — On trouvera à la p. 853 un tableau comprenant les densités, points d'ébullition et tensions de vapeur des solutions aqueuses de glycérine.

Le tableau suivant renferme les indices de réfraction des solutions aqueuses de glycérine entre 50° et 100° :

| Glycérine 0/0. | $n_D$. |
|---|---|
| 100 | 1,4727 |
| 90 | 1,4579 |
| 80 | 1,4432 |
| 70 | 1,4274 |
| 60 | 1,4099 |
| 50 | 1,3969 |

[F. Strohmer, *Mon. f. Chem.*, 5, 55].

D'autres auteurs ont construit des tables analogues dans le but de déterminer par une seule mesure de densité ou d'indice de réfraction la composition d'une solution de glycérine aqueuse [W. J. Nicol, *Pharm. Journ. Trans.*, 187, 302. — W. Lenz, *Zeit. anal. Chem.*, 19, 297].

Si l'on représente par $n$ la proportion en poids de glycérine pour 100 parties d'eau, l'équation empirique

$$x = 100 + \frac{n}{(n + 0,00526316) + 19}$$

donnera le point d'ébullition de cette solution.

Lorsqu'on mélange de la glycérine et de l'eau, il y a échauffement et contraction. Le maximum d'échauffement (4°,9) et de contraction correspond sensiblement à la proportion de 57 parties de glycérine pour 43 parties d'eau [Gerlach, *loc. cit.* — A. Emo, *Wiedemann's Ann.*, 1883, 349].

La glycérine aqueuse peut être déshydratée complètement si on la chauffe pendant 5 heures à 90°; elle se volatilise ensuite régulièrement dans la proportion de 0$^{gr}$,00317 par heure et par centimètre carré de surface. Cette volatilisation peut être accélérée par l'adjonction de sable [G. Couttolenc, *Bull. Soc. Chim.*, (2), 36, 135].

M. Struve a montré que la glycérine déshydratée est très hygroscopique; par simple exposition à l'air, elle fixe 17,46 0/0 d'eau. Le produit commercial le plus pur contient encore 6-8 0/0 d'eau, et il en conserve encore 1,5 0/0 après dessiccation dans le vide. La glycérine est quelque peu entraînée par la vapeur d'eau [*Zeit. anal. Chem.*, 39, 95].

*Électrolyse de la glycérine.* — L'électrolyse de la glycérine en solution légèrement acide fournit de l'acroléine, de l'acide formique, de l'acide glycérique et du trioxyméthylène [Bartoldi et Papasogli, *Gazz. chim. ital.*, 13, 287].

*Action physiologique de la glycérine.* — M. L. Arnschink a constaté que la glycérine possède des propriétés nutritives. Elle augmente l'élimination des matières azotées et de l'acide carbonique [*Zeit. f. Biol.*, 23, 413]; on n'en retrouve pas la moindre trace dans l'urine, qui renferme, par contre, de notables proportions d'acétone et de produits cétoniques [Cotton, *Bull. Soc. Chim.*, (3), 21, 179]. Des injections de glycérine activent également la respiration. Absorbée en grande quantité, elle provoque des phénomènes d'ivresse tout comme l'alcool [J. Munk, *Arch. f. d. Ges. Physiol.*, 46, 303].

ACTION DES FERMENTS. — MM. Berthelot et Redtenbacher ont signalé parmi les produits de la fermentation de la glycérine l'alcool et l'acide acétique (voyez Dict., 1, 1593).

Depuis lors divers auteurs, et en particulier M. Fitz, ont repris cette étude et ont soumis la glycérine à l'action de différents ferments [Fitz, *D. chem. G.*, 9, 1348; 10, 2226. 2276; 11, 1892; 12, 480; 13, 1311. — Hoppe-Seyler, *ibid.*, 12, 2250. — A. Freund, *Mon. f. Chem.*, 2, 636 — E. Schulze, *D. chem. G.*, 15, 64. — Ross, *Ann. Chem.*, 57, 174. — Armstrong et Brown, *Chem. Soc.*, 29, 651. — Agostino Vigna, *D. chem. G.*, 16, 1439. — E.-C. Morin, *C. R.*, 105, 816. — P.-C. Frankland et J. Fox, *Chem. News*, 60, 187. — O. Emmerling, *D. chem. G.*, 29, 2726. — Grimbert, *Bull. Soc. Chim.*, (3), 15, 95]. Les résultats de ces recherches seront résumés rapidement ici.

Le *ferment alcoolique* n'agit pas sur la glycérine. Les Schizomycètes (*Bacillus subtilis*, *B. butylicus*, *B. boocopricus*) provoquent une fermentation énergique, qui s'arrête au bout de quelques jours. Les produits de cette fermentation sont : les *alcools éthylique*, *propylique normal*, *butylique normal*, *amylique normal*; l'*hydrogène* et l'*acide carbonique*; l'*acide formique*, l'*acide acétique*, l'*acide butyrique*, l'*acide caproïque* et l'*acide succinique*. On obtient aussi quelquefois du *glycol triméthylénique* (Freund) et de la *phlorone* (Schulze).

Les proportions dans lesquelles se forment ces divers produits sont extrêmement variables; elles dépendent du ferment, de la concentration et de la composition des liqueurs. Le *Bacillus subtilis* donne surtout de l'alcool éthylique et des acides succinique et butyrique, tandis qu'avec les micrococcus de l'eau de foin on obtient principalement de l'alcool butylique (7,2 0/0 du poids de la glycérine employée).

Le *Bacillus boocopricus* provenant des eaux de purin dédouble une faible partie de la glycérine en alcool méthylique, acide acétique et acide butyrique. La fermentation s'arrête dans ce cas en peu de temps.

Avec le pneumobacille de Friedländer, M. Grimbert a obtenu principalement de l'alcool éthylique et les acides acétique, lactique gauche et succinique.

M. Bertrand a montré que la bactérie du sorbose agit sur la glycérine, en la transformant en dioxyacétone [*C. R.*, 126, 762].

Lorsqu'on laisse de la glycérine se putréfier à l'abri de l'air, on peut isoler les produits de décomposition suivants : alcools éthylique, butylique normal et hexylique normal; acides formique, acétique, butyrique et caproïque. On obtient des résultats analogues en soumettant la glycérine à l'action des alcalis dans des conditions de durée identiques [Hoppe-Seyler, *D. chem. G.*, 12, 2250].

### PROPRIÉTÉS CHIMIQUES DE LA GLYCÉRINE.

*Action des oxydants* (voyez Dict., *loc. cit.*). — Lorsqu'on traite une solution faiblement alcaline de glycérine par le permanganate de potassium à froid (2°), on obtient de l'acide carbonique, de l'acide oxalique, de l'acide formique, de l'acide acétique, de l'acide propionique et de petites quantités d'acide tartronique [G. Campani et D. Bizzarri, *Gazz. chim. ital.*, 12, 1].

Si l'on opère à la température de 20-25° et en solution fortement alcaline, la glycérine est transformée quantitativement en acide oxalique,

$$C^3H^8O^3 + 3O^2 = C^2H^2O^4 + CO^2 + 3H^2O$$

[Benedikt et Zsigmondy, *Chem. Zeit.*, 9, 975].

M. Perdrix a montré par contre que l'oxydation de la glycérine par le permanganate dilué, en solution sulfurique tiède, fournissait quantitativement deux molécules d'acide formique pour une molécule d'acide carbonique, selon l'équation

$$C^3H^8O^5 + 5O = CO^2 + 2CH^2O^2 + 2H^2O$$

[*C. R.*, **123**, 945].

Le noir de platine agit sur la glycérine sèche en donnant une certaine quantité d'aldéhyde glycérique [E. Grimaux, *C. R.*, **104**, 1276].

MM. E. Fischer et J. Tafel sont arrivés au même résultat en chauffant de la glycérine (50 parties) avec de l'acide azotique d'une densité de 1,18 (100 parties) au bain-marie pendant 10 minutes. On peut également faire agir les vapeurs de brome sur du glycérate de plomb ou traiter la glycérine aqueuse (1 : 6) par l'hypobromite de sodium [E. Fischer et J. Tafel, *D. chem. G.*, **20**, 1088, 3384; **21**, 2634].

M. P. Cazeneuve transforme presque quantitativement la glycérine en acide glycérique en la traitant par le chlorure d'argent en présence de soude :

$$C^3H^8O^3 + 4AgCl + 4NaOH$$
$$= C^3H^6O^4 + 4Ag + 4NaCl + 3H^2O$$

[*C. R.*, **122**, 1206].

La glycérine réduit facilement les solutions ammoniacales d'azotate d'argent en présence de soude et d'alcool ou d'éther. On peut obtenir par ce procédé des miroirs très brillants, à condition d'opérer dans l'obscurité et à la température de 40-45° environ. M. Palmieri se propose d'utiliser cette réaction pour argenter le verre [*Gazz. chim. ital.*, **12**, 206].

Lorsqu'on chauffe de la glycérine avec un alcali fixe ou avec de la chaux et de l'oxyde puce de plomb, on la transforme quantitativement en acide formique :

$$C^3H^8O^3 + O^4 = H^2O + 3CH^2O^2$$

[M. Gläser et Th. Morawski, *Mon. f. Chem.*, **10**, 578].

L'eau oxygénée ne réagit pas sur la glycérine à la température ordinaire; mais si l'on ajoute une trace de sulfate ferreux au mélange des deux produits, il se déclare une réaction très vive qui donne naissance à une certaine quantité de glycérine et de dioxyacétone [Fenton et H. Jakson, *Chem. News*, **78**, 187].

*Action des déshydratants.* — Les agents déshydratants réagissent d'une manière générale sur la glycérine, en lui enlevant 1 molécule d'eau et en la transformant en acroléine.

MM. Wohl et Neuberg ont proposé d'employer l'acide borique anhydre dans cette réaction. En distillant rapidement un mélange de 40 parties de glycérine et de 12p,5 d'acide borique pulvérisé, ils obtiennent 51,8 0/0 d'acroléine sensiblement pure.

D'autre part, M. Grunhot utilise la même réaction pour rechercher la glycérine; il distille le produit suspect avec 2 parties de bisulfate de potassium, et caractérise ensuite l'acroléine par son odeur piquante [*Zeit. anal. Chem.*, **38**, 37].

*Action des halogènes.* — M. J. Žaharia a cherché à préparer des glycérines chlorées en saturant de chlore sec de la glycérine (1000 parties) renfermant de l'iode en dissolution (50 parties). Les produits volatils de la réaction étaient constitués par de l'acide chlorhydrique et par de l'*hexachloropropanone*, CCl³.CO.CCl³, bouillant à 199-201°.

Les produits non volatils renfermaient de l'acide trichlorolactique, de l'acide oxalique, de

l'acide formique et une substance réductrice qui donnait avec la phénylhydrazine une combinaison cristallisée en paillettes jaunes fusibles à 225° [Al. J. Zaharia, *Bull. Soc. Chim.*, (3), **16**, 233].

En présence d'aluminium, l'iode réagit sur la glycérine à chaud en donnant de l'iodure d'allyle,

$$2C^3H^5(OH)^2 + Al^2 + I^2$$
$$= 2C^3H^5I + Al^2O^3 + 3H^2O$$

[*Chem. News*, **35**, 337].

M. H. Malbot a obtenu de l'iodure de propyle et de l'iodure de propylène en traitant la glycérine aqueuse par de l'iode et du phosphore blanc [*Bull. Soc. Chim.*, (2), **50**, 210].

*Action des acides.* — L'action des hydracides sur la glycérine donne naissance aux éthers correspondants, qui seront décrits plus loin.

Lorsqu'on dissout de la glycérine dans un grand excès d'acide sulfurique concentré, qu'on chauffe à 125°, et qu'on ajoute peu à peu du brome et de l'acide bromhydrique d'une densité de 1,49 jusqu'à ce que la coloration rouge soit permanente, on obtient un mélange d'*aldéhyde* et d'*acides* α et β-*tribromopropionique*, qu'on peut séparer par un entraînement à la vapeur d'eau. Cette réaction s'explique facilement si l'on admet la formation intermédiaire de dérivés sulfonés de la glycérine [L. Niemilowicz, *Mon. f. Chem.*, **11**, 87].

*Action du soufre.* — Lorsqu'on chauffe de la glycérine et du soufre à 300° environ, on constate qu'il se dégage de l'acide sulfhydrique, de l'acide carbonique et de l'éthylène. Le résidu est constitué par un mélange d'eau, de soufre, de glycérine, de mercaptan allylique et d'un composé répondant à la formule $C^6H^{10}S^6$, auquel M. Keutgen a attribué la composition d'un hexasulfure de diallyle :

$$CH^2 = CH.CH^2.S.S.S.S.S.S.CH^2.CH = CH^2.$$

Ce composé cristallise en prismes brun-rougeâtre, solubles dans l'éther, peu solubles dans l'alcool et insolubles dans l'eau. Il fond à 76°,6 et se volatilise vers 180°. Il forme avec le chlorure mercurique et le chlorure de platine des combinaisons cristallisées qui possèdent respectivement les formules

$$(C^3H^5)^2.S^6.(HgCl^2)^2 \quad \text{et} \quad (C^3H^5)^2.S^6.PtCl^4.$$

Les agents de réduction dédoublent cet hexasulfure en un mélange de sulfure d'allyle et de mercaptan allylique. Les oxydants le transforment en un *dérivé thionylé*, $(C^3H^5)^2SO$, qui se présente sous la forme d'une masse amorphe fusible à basse température et qui est soluble dans l'alcool et dans l'eau [C. H. Keutgen, *Arch. Pharm.*, **228**, 1].

*Action des alcalis et des terres alcalines.* — Parmi les produits de l'action de la soude sur la glycérine à haute température, on a signalé la présence du propylglycol et des alcools méthylique, éthylique et propylique normal (1ᵉʳ Suppl., 869). M. L. Raisonnier a repris l'examen de ces produits et a reconnu, d'une part, qu'il se forme principalement de l'alcool méthylique, et de l'autre que ce qu'on a considéré comme de l'alcool propylique est en réalité de l'alcool allylique [*Bull. Soc. Chim.*, (3), **7**, 554].

Lorsqu'on distille de la glycérine sur de la chaux, on obtient de l'acétone, un composé bouillant à 160° répondant à la formule $C^6H^{12}O$, et divers carbures saturés [Tawildaroff, *D. chem. G.*, **12**, 1487].

*Action de la poudre de zinc.* — La pyrogénation de la glycérine sur un excès de poudre

de zinc fournit un mélange de propylène, d'acroléine, d'alcool allylique, et de deux produits de
condensation plus complexes. L'un de ceux-ci
répond à la formule $C^6H^{10}O$, bout à 140° et
possède une fonction alcoolique, car il fournit
un *dérivé acétylé* bouillant à 126°; on peut également le transformer en un *iodure* $C^6H^9I$, dont
le point d'ébullition est 135°.

L'autre produit bout à 200°; il ne donne pas de
dérivé acétylé et possède la formule $C^{12}H^{20}O^2$.
Les oxydants transforment l'une et l'autre substance en acide propionique [Claus, *D. chem. G.*,
18, 2931].

*Action de la glycérine sur les oxydes et sur
les sels métalliques.* — La glycérine jouit de la
propriété remarquable de dissoudre une grande
variété de composés organiques ou minéraux
(voyez Dict., *loc. cit.*), et en particulier certains
oxydes métalliques.

Ainsi elle peut dissoudre jusqu'à 35,94 0/0 de
baryte, 41,74 0/0 de strontiane et 51,25 0/0 de
chaux.

C'est aussi le cas des oxydes de plomb, de fer,
d'urane, de cuivre, de bismuth et d'antimoine.

En particulier, la glycérine dissout l'hydrate
de cuivre précipité par la potasse, en donnant
une liqueur colorée en bleu foncé [Muter, *Analyst*, 6, 51].

Ces dissolutions d'oxydes présentent des stabi-
lités extrêmement variables; celles qui renferment du plomb, du fer ou de l'urane se décomposent très rapidement. La dissolution d'oxyde
de cuivre, lorsqu'elle a été préparée comme il
vient d'être dit, est au contraire très stable; elle
renferme en effet un *glycérylate de cuivre et de
potassium* qui cristallise en petites aiguilles
solubles dans l'eau et insolubles dans l'alcool
absolu.

Vis-à-vis de certains oxydes, la glycérine se
comporte comme un agent de réduction. Ainsi,
elle ramène à l'état métallique les oxydes d'*or*,
de *mercure*, de *palladium*, de *platine*, de *rhodium* et d'*argent*. Les réductions s'effectuent
très facilement en solution alcaline, à chaud ou
quelquefois à froid.

Dans les mêmes conditions, l'oxyde de thallium $Tl^2O$ est transformé en *oxyde thalleux* $Tl^2O$,
l'acide bismuthique $Bi^2O^5$ en *hydrate* $BiO^2H$, le
sesquioxyde de nickel $Ni^2O^3$ en *protoxyde* $NiO$,
et l'acide osmique en *protoxyde*.

Par contre, la glycérine ne paraît pas avoir
d'action sur le bioxyde de manganèse, l'oxyde
ferrique, l'oxyde cobaltique, ni sur les sels d'iridium et de ruthénium [Friedr. Bulnheimer. *Chem.
Centralblatt*, 1897, 522, 773].

La glycérine peut empêcher dans certains cas
la précipitation des sels métalliques par les réactifs usuels. Ainsi, lorsqu'on ajoute de la glycérine
aux sels de chrome ou de cuivre, il est impossible de précipiter ceux-ci par la potasse ou par
l'ammoniaque en présence de chlorure d'ammonium. Il en est de même pour les composés du
titane, de l'aluminium, du fer et du plomb. Dans
le cas du nickel et du cobalt, les précipités se
forment bien, mais ils restent en suspension
dans la liqueur.

La dilution ne suffit pas à détruire l'influence
de la glycérine. Pour réaliser la précipitation des
hydrates, il est indispensable d'aciduler fortement et d'ajouter ensuite un grand excès d'ammoniaque [Guyard, *D. chem. G.*, 12, 2084].

*Action des sels ammoniacaux.* — Lorsqu'on
chauffe la glycérine avec des sels ammoniacaux,
tels que le chlorhydrate, le carbonate, le sulfate
et le phosphate, on obtient de petites quantités
d'acroléine et un mélange de bases pyridiques,
dont les principales sont la *β-méthylpyridine*
bouillant à 145°, la *β-éthylpyridine* bouillant à

165°, et la *glycoline* ou *diméthyldiazine* décrite,
2° Suppl., 2, 105 :

$$\begin{array}{ccc}
 & AzH & \\
CH^3.C & & CH \\
\| & & \| \\
HC & & C.CH^3 \\
 & AzH &
\end{array}$$

On obtient également de la *diméthyl-2.5-pyra-
zine*, de la *diméthyl-2.5-éthyl-3-pyrazine* bouillant à 179° [Etard, *Bull. Soc. Chim.*, (2). 38,
408. — L. Storch, *D. chem. G.*, 19, 2456. —
C. Stoehr, *J. prakt. Chem.*, (2). 43, 153; 45, 20;
47, 439. — M. Dennstedt, *D. chem. G.*, 25. 259.
— Bayer et C°, Elberfeld, *D. R. P.*, 73704,
75298].

L'ammoniaque aqueuse ou alcoolique ne réagit
pas sur la glycérine, même à 150° sous pression.

Avec l'oxalate d'ammonium, on obtient un mélange de cyanogène, de cyanure d'ammonium,
de carbonate et de formiate d'ammonium
(Storch).

M. Stoehr a constaté qu'en chauffant la glycérine avec un mélange de phosphate et de chlorure d'ammonium on obtient un composé fusible
à 112-113°, peu soluble dans l'alcool froid et
dans l'eau, plus soluble dans les liquides organiques. Ce composé répond à la formule

$$C^6H^{10}O^2Cl^2,$$

et paraît identique au produit décrit par MM. Fauconnier et Sanson (Dict. et Suppl., *loc. cit.*). On
l'obtient également en distillant la glycérine
dans un courant de gaz chlorhydrique. Il se présente sous la forme de prismes clinorhombiques
et distille vers 232-233° sous la pression normale.
L'auteur attribue à ce corps la constitution suivante :

$$\begin{array}{ccc}
 & O & \\
CH^2Cl-CH^2 & & CH^2 \\
CH^2 & & CH-CH^2Cl \\
 & O &
\end{array}$$

Le *dérivé iodé* correspondant s'obtient en faisant agir l'iodure de potassium sur le corps
chloré; il fond à 160°. L'ammoniaque aqueuse
concentrée réagit à 120° sur ces deux composés
en donnant naissance à un *dérivé diaminé* liquide qui bout à 225-260°. Ce dernier se dissout
dans l'eau en formant un *hydrate*.

Le *chlorhydrate* est peu soluble dans l'eau;
le *chloroplatinate* cristallise en prismes clinorhombiques renfermant 2 molécules d'eau.

Le *chloromercurate* répond à la formule

$$C^6H^{10}O^2(AzH^2)^2 2HCl, 4HgCl^2.$$

Le *picrate* fond à 260-261°, et le *dérivé dibenzoylé* à 229° [Stoehr, *J. prakt. Chem.*, (2),
55, 78].

*Action de la glycérine sur les albuminoïdes
et sur les hydrates de carbone.* — M. V. Grandis a remarqué que, lorsqu'on chauffe de la glycérine avec de l'albumine, cette dernière est
transformée en une matière sucrée qu'on peut
précipiter par un mélange d'alcool et d'éther
[*Atti dei Lincei*, 1890, 138].

Plus récemment, M. Donath a obtenu une certaine quantité de sucres réducteurs en chauffant
du saccharose, du lactose ou du raffinose à 130°
avec de la glycérine. Si celle-ci renferme de 10
à 20 0/0 d'eau, l'interversion augmente dans
de notables proportions [*J. prakt. Chem.*, (2),
49, 546].

L'amidon peut être dédoublé par la glycérine à chaud comme par la diastase. M. Zulkowsky a réussi à isoler tous les termes de passage entre l'amidon et les sucres réducteurs, c'est-à-dire l'amidon soluble, l'érythrodextrine, l'acrodextrine et le maltose ou l'isomaltose.

Pour préparer l'amidon soluble, on chauffe 100 parties de glycérine avec 6 parties d'amidon broyé, en laissant la température monter graduellement jusqu'à 190°; la réaction est terminée lorsque la masse se dissout complètement dans l'eau. On laisse alors refroidir, on étend d'eau, et on précipite l'amidon soluble au moyen de l'alcool [Karl Zulkowsky, *D. chem. G.*, **13**, 1395; 23. 3295].

*Action de l'isosulfocyanate de phényle.* — Ce réactif ne réagit pas plus sur la glycérine que sur les autres alcools polyatomiques pour donner naissance à une uréthane. Il se décompose à haute température, en donnant simplement de la diphénylurée [Orndorff et Richmond, *Am. Journ.*, **22**. 458].

*Condensations quinoléiques.* — M. Wikander a effectué la condensation de la glycérine avec la pseudocumidine en présence d'acide sulfurique et de nitrobenzène; il a obtenu ainsi de l'*o-p-ana-triméthylquinoléine* [*D. chem. G.*, **33**, 646].

Une réaction analogue effectuée avec l'*a*-aminophénylbenzimidazol a donné naissance à l'*o-quinoléine-benzimidazol* [*D. chem. G.*, **32**, 1456].

*Combinaisons moléculaires.* — MM. Petrenko-Kritschenko et Kasanezky ont signalé l'existence de combinaisons moléculaires de la glycérine et des oximes de divers composés dicétoniques (benzile, biacétyle, etc.) ou pyroniques. Ainsi, l'*oxime de la diphényltétrahydropyrone* s'unit à la glycérine en donnant naissance au composé

$$C^{17}H^{17}O^2Az, C^3H^8O^3,$$

qui fond à 147° [*D. chem. G.*, **33**, 744, 854].

*Applications spéciales.* — La glycérine peut être employée à la place de la mannite dans le dosage volumétrique de l'acide borique [Copaux, *C. R.*, **127**, 756].

M. Flavitsky a proposé d'appliquer la glycérine à la préparation de mélanges réfrigérants. Il a constaté que la température d'un mélange à poids égaux de glycérine cristallisée et de neige s'abaisse au delà de — 40°. Le maximum d'abaissement correspond à l'hydrate $C^3H^8O^3, 3H^2O$, dont le point de fusion est d'environ — 41° [*Journ. Soc. russe*, **30**, 339].

DÉRIVÉS DE LA GLYCÉRINE.

GLYCÉRYLATES.

Un certain nombre de glycérylates ont été déjà décrits (voyez 1er Suppl., 870).

M. de Forcrand a repris l'étude des glycérylates alcalins monobasiques dans le but de déterminer leurs constantes thermiques. Ces composés s'obtiennent facilement en faisant réagir l'éthylate de sodium ou de potassium sec sur une solution de glycérine dans l'alcool absolu. Ils se précipitent sous la forme de poudres blanches, hygroscopiques, qui absorbent avec avidité l'acide carbonique de l'air et qu'on dessèche à 130° dans un courant d'hydrogène.

La chaleur de dissolution du glycérylate de sodium est de + 1$^{cal}$,07; celle du dérivé potassique est égale à + 0$^{cal}$,18. Ces constantes sont intermédiaires entre celles des alcoolates et celles des phénates.

Les glycérylates alcalins jouissent de la propriété de former des combinaisons moléculaires avec l'alcool au sein duquel ils prennent nais-sance. Ainsi, en traitant la glycérine anhydre par le propylate de sodium en solution dans l'alcool propylique normal, on obtient le corps suivant :

$$CH^2OH.CHOH.CH^2ONa + C^3H^7OH.$$

Ces combinaisons sont rarement cristallisées. Elles se dissocient complètement à 120° dans un courant d'hydrogène.

La *combinaison de glycérylate de sodium et d'alcool méthylique*, $C^3H^7O^3Na, CH^4O$, se présente sous la forme d'aiguilles déliquescentes; sa chaleur de dissolution est égale à — 2 calories. 100 parties d'alcool méthylique à 15° dissolvent 12 parties de ce composé.

La *combinaison avec l'alcool éthylique*,

$$C^3H^7O^3Na, C^2H^6O,$$

se dissout à raison de 1,3 0/0 dans l'alcool éthylique à 15°; sa chaleur de dissolution est de — 1$^{cal}$,08.

La *combinaison propylique*,

$$C^3H^7O^3Na, C^3H^8O,$$

possède une chaleur de dissolution égale à — 0$^{cal}$,57; 100 parties d'alcool propylique n'en dissolvent que 0,7 0/0 à 15°.

La solubilité de la *combinaison avec l'alcool isobutylique* est encore moindre (0,46 0/0); sa chaleur de dissolution est de + 1$^{cal}$,23.

La *combinaison amylique*,

$$C^3H^7O^3Na, C^5H^{12}O$$

possède une chaleur de dissolution égale à + 0$^{cal}$,99. Sa solubilité dans l'alcool amylique est de 2,8 0/0.

Le glycérylate de potassium forme des combinaisons moléculaires analogues, sauf avec l'alcool isobutylique.

Celle avec l'*alcool méthylique* cristallise en paillettes blanches. Elle se dissout à raison de 40 0/0 dans l'alcool méthylique et possède une chaleur de dissolution égale à — 1$^{cal}$,48.

La *combinaison éthylique*, $C^3H^7O^3K, C^2H^6O$, se présente sous la forme de lamelles orthorhombiques. Sa solubilité dans l'alcool éthylique à 15° est de 18,7 0/0 et sa chaleur de dissolution est égale à — 0$^{cal}$,06.

La *combinaison avec l'alcool propylique*, $C^3H^7O^3K, C^3H^8O$, possède une chaleur de dissolution égale à — 0$^{cal}$,67. 100 parties d'alcool propylique en dissolvent 15°.7 à 15°.

La *combinaison amylique* se dissout à raison de 4 0/0 dans l'alcool amylique à 15°; sa chaleur de dissolution est égale à + 1$^{cal}$,05 [R. de Forcrand, *Ann. Chim. Phys.*, (6), **11**, 483].

Le *glycérylate de plomb* s'obtient en chauffant un mélange de glycérine à 85 0/0 (100 parties) et d'oxyde de plomb pur, fraîchement précipité (50 parties). Lorsque la liqueur est devenue limpide, on la laisse refroidir et l'on précipite le glycérylate par un excès d'alcool froid. Le précipité est ensuite essoré, lavé à l'alcool et à l'éther et séché au bain-marie.

Le glycérylate de plomb se présente sous la forme d'une poudre blanche amorphe; il détone lorsqu'on le chauffe et s'enflamme au contact du chlore ou du brome [E. Fischer et J. Tafel, *D. chem. G.*, **21**, 2634].

La glycérine s'unit au chlorure ferrique et à l'acétate d'urane en donnant naissance à des combinaisons amorphes ou colloïdales extrêmement instables.

Le glycérylate de cuivre s'obtiendrait sous la forme d'une poudre verte en mélangeant des solutions de glycérylate de sodium et de chlorure cuivrique dans l'alcool méthylique [J. Puls, *J. prakt. Chem.*, (2), **15**, 83].

M. Bullnheimer a obtenu des glycérylates doubles de cuivre et de sodium ou de lithium, en dissolvant de l'oxyde cuivrique dans une solution de monoglycérylate alcalin en présence d'alcool.

Le composé $(C^3H^5O^3CuNa)^2, C^2H^5OH, 9H^2O$ se présente sous la forme de prismes aciculaires hexagonaux, d'un bleu clair, qui se déshydratent dans le vide en donnant une masse violette soluble dans l'eau, insoluble dans l'alcool. Ce sel est décomposé par les acides minéraux, et même par l'acide carbonique de l'air qui le transforme peu à peu en carbonate. Chauffé à 100°, le même sel perd 6 molécules d'eau et 1 molécule d'alcool.

Le composé $C^3H^5O^3CuNa, 3H^2O$ a été obtenu par le procédé indiqué plus haut, mais en présence d'un peu d'azotate de sodium. Il cristallise en tables hexagonales hygroscopiques qui fixent l'acide carbonique de l'air. Ce sel perd de l'eau, puis déflagre lorsqu'on le chauffe; ses solutions aqueuses se décomposent à l'ébullition en laissant déposer de l'oxyde de cuivre.

Le sel $C^3H^5O^3CuLi, 6H^2O$ a été préparé d'une façon analogue. Il cristallise en paillettes bleues peu solubles dans l'eau, et prend une teinte outremer lorsqu'on le chauffe [*D. chem. G.*, **31**, 1453].

### ÉTHERS-SELS DE LA GLYCÉRINE.

**FLUORHYDRINES.** — Les fluorhydrines de la glycérine ne sont pas connues. Par contre, M. Meslans a réussi à préparer une *dibromofluorhydrine* en faisant agir le brome sur le fluorure d'allyle :

$$CH^2Fl.CH=CH^2 + Br^2 = CH^2Fl.CHBr.CH^2Br.$$

La réaction étant assez violente, on refroidit énergiquement le brome, dans lequel on fait passer un courant très lent de fluorure d'allyle.

La dibromofluorhydrine constitue un liquide limpide, doué d'une odeur agréable et d'une saveur sucrée et brûlante. Elle distille à 162-163° et n'attaque pas le verre. Sa densité à 18° est égale à 2,09.

La dibromofluorhydrine est soluble dans l'alcool et dans l'éther et insoluble dans l'eau. Elle n'est pas combustible, mais sa vapeur brûle lorsqu'elle est surchauffée, en donnant de l'acide bromhydrique et de l'acide fluorhydrique.

La *dichlorofluorhydrine*,

$$CH^2Fl.CHCl.CH^2Cl,$$

s'obtient par un procédé analogue : On fait arriver dans un ballon refroidi des courants de fluorure d'allyle et de chlore, ce dernier en léger excès. Le ballon est refroidi à 15°.

La dichlorofluorhydrine se condense sous la forme d'un liquide mobile qui est coloré en vert par du chlore dissous. On la décolore en prolongeant un peu le courant de fluorure d'allyle.

Elle bout à 122-123° et possède une odeur et une saveur analogues à celles du dérivé bromé. Sa densité à 18° est égale à 1,327.

L'iode ne réagit pas sur le fluorure d'allyle. Le fluor le décompose violemment, en donnant un dépôt de charbon [*C. R.*, **114**, 763].

**CHLORHYDRINES** (voy. Dict. et 1er Suppl., *loc. cit.*). — MM. Fauconnier et Sanson ont amélioré notablement la préparation des monochlorhydrines et dichlorhydrines de la glycérine. Au lieu de saturer cette dernière de gaz chlorhydrique à froid et de la chauffer ensuite sous pression pendant quelques jours, on effectue la saturation à la température de 120-130° dans une cornue munie d'un réfrigérant descendant. On peut de cette façon faire passer le gaz assez rapidement pour entraîner la majeure partie de l'eau qui se forme dans la réaction.

Lorsque l'absorption est devenue à peu près nulle, on arrête l'opération et l'on distille le produit dans le vide. On recueille ainsi les fractions suivantes :

Au-dessous de 80°, de l'eau acide avec un peu de dichlorhydrine entraînée;

À 80-120°, la dichlorhydrine brute;

À 120-150°, la monochlorhydrine brute;

À 150-165°, une petite quantité de produits chlorés, qu'on traitera ensuite de nouveau avec la monochlorhydrine par le gaz chlorhydrique.

Il reste dans la cornue un résidu très faible constitué par des polyglycérides.

La transformation est donc totale, et l'on peut par ce procédé transformer de 4 à 5 kilogrammes de glycérine en dichlorhydrine (3-4 kilogrammes), cela dans l'espace de 30 à 40 heures.

Si l'on effectue la saturation au-dessus de 135°, il se forme une certaine quantité de polyglycérides visqueux qui diminuent le rendement et qui rendent la distillation dans le vide très malaisée.

La dichlorhydrine brute peut être fractionnée sous la pression normale. 3 kilogrammes de produit brut contiennent en moyenne 70 grammes d'eau, 2620 grammes de dichlorhydrine (170-178°) et 310 grammes de monochlorhydrine.

La dichlorhydrine obtenue par la méthode de MM. Fauconnier et Sanson ne renferme que du composé symétrique, car elle ne donne par oxydation que de l'acide monochloracétique [Ad. Fauconnier et J. Sanson, *Bull. Soc. Chim.*, (2), **48**, 236; **50**, 212].

*α-Monochlorhydrine*, $CH^2Cl.CHOH.CH^2OH$. — L'α-monochlorhydrine peut être préparée facilement par le procédé de M. Fauconnier.

Lorsqu'on fait agir le sodium sur une solution de monochlorhydrine dans l'éther anhydre, en refroidissant continuellement et en employant un seul morceau de sodium pour éviter une action trop vive, on constate qu'il ne se dégage que de l'hydrogène. Le contenu du ballon renferme du chlorure de sodium et un mélange de glycide (voyez plus loin), de monochlorhydrine inaltérée et d'un liquide visqueux qui bout vers 180° en se décomposant [Bigot, *Ann. Chim. Phys.*, (6), **23**, 433].

D'après M. M. Ballo, l'action du sodium sur une solution de monochlorhydrine dans l'éther anhydre donne naissance à un produit de condensation visqueux auquel cet auteur donne le nom de *glycérythrine*.

Ce composé se serait formé d'après l'équation suivante :

$$
\begin{array}{c}
CH^2OH \\
| \\
CHOH \\
| \\
CH^2Cl \\
| \\
CH^2Cl \\
| \\
CHOH \\
| \\
CH^2OH
\end{array}
\; + 2Na \; = \;
\begin{array}{c}
CH^2OH \\
| \\
CHOH \\
| \\
CH^2 \\
| \\
CH^2 \\
| \\
CHOH \\
| \\
CH^2OH
\end{array}
\; + 2NaCl.
$$

Il est soluble dans l'alcool et dans l'eau, insoluble dans l'éther. Sa saveur est fortement amère [M. Ballo, *D. chem. G.*, **16**, 12].

M. Verley a préparé le *formal* de l'α-monochlorhydrine,

$$CH^2 - CH - CH^2Cl$$
$$\quad | \qquad \quad |$$
$$\quad O \qquad \quad O$$
$$\qquad \diagdown \quad \diagup$$
$$\qquad \quad CH^2$$

en chauffant celle-ci avec de l'aldéhyde formique et de l'anhydride phosphorique. Ce formal est liquide. Il bout à 126° sous 750 millimètres et possède une odeur de rhum [*Bull. Soc. Chim.*, (3), **21**, 276].

β-*Monochlorhydrine.* — Ce composé prend naissance par fixation de l'acide hypochloreux sur l'alcool allylique :

$$ClOH + CH^2 = CH . CH^2OH$$
$$= CH^2OH . CHCl - CH^2OH.$$

Le produit ainsi obtenu fournit de l'acide oxalique par oxydation et du pyrogallol biprimaire par réduction au moyen de l'amalgame de sodium. Sa constitution est donc parfaitement démontrée [Henry, *Bull. Acad. roy. Belg.*, (3), **33**, 110].

*Dichlorhydrine symétrique,*

$$CH^2Cl . CHOH . CH^2Cl.$$

— L'action du sodium sur la dichlorhydrine symétrique en présence d'éther anhydre donne naissance à du chlorure de sodium, à de l'alcool allylique (8 0/0) et à de l'épichlorhydrine (14 0/0). Il reste une assez forte proportion de dichlorhydrine inaltérée, et de plus il se dégage de l'hydrogène et du propylène. L'épichlorhydrine paraît être ici le produit intermédiaire de la réaction :

$$CH^2Cl \qquad\qquad\qquad CH^2Cl$$
$$\;| \qquad\qquad\qquad\qquad\quad |$$
$$CHOH + Na = NaCl + H + CH \diagdown$$
$$\;| \qquad\qquad\qquad\qquad\qquad\qquad | \qquad O$$
$$CH^2Cl \qquad\qquad\qquad CH^2 \diagup$$

$$CH^2 \diagdown \qquad\qquad\qquad\qquad CH^2OH$$
$$\;| \qquad O + Na + H = NaCl + \;|$$
$$CH \diagup \qquad\qquad\qquad\qquad\quad CH$$
$$\;| \qquad\qquad\qquad\qquad\qquad\qquad \;||$$
$$CH^2Cl \qquad\qquad\qquad\qquad CH^2$$

[Bigot, *loc. cit.*].

La *dichlorhydrine dissymétrique* a été obtenue, en même temps qu'un peu d'acroléine, par M. Tornoë en faisant agir le chlore sur l'alcool allylique anhydre :

$$CH^2OH . CH = CH^2 + Cl^2$$
$$= CH^2OH . CHCl . CH^2Cl.$$

En chauffant ces deux dichlorhydrines à 180° avec du phosphore rouge et de l'acide iodhydrique, on obtient de l'iodure d'isopropyle.

La dichlorhydrine dissymétrique fournit de l'alcool allylique et de l'épichlorhydrine lorsqu'on la traite par le sodium en présence d'éther anhydre. On ne peut admettre que la formation d'épichlorhydrine précède celle de l'alcool, car on n'obtient que des traces d'alcool allylique lorsqu'on fait agir le sodium sur une solution éthérée d'épichlorhydrine [H. Tornoë, *D. chem. G.*, **24**, 2670].

Les dichlorhydrines, de même que l'épichlorhydrine, jouissent de la propriété de dissoudre les nitrocelluloses. Elles peuvent être substituées aux dissolvants plus inflammables qu'on emploie actuellement dans la préparation des laques et du celluloïd [H. Flemming, *Chem. Zeit.*, **21**, 97 ; — Valenta, *Phot. Korr.*, **1899**, 2].

L'action du sulfocyanure de potassium sur les chlorhydrines et les acétochlorhydrines sera décrite plus loin (Dérivés sulfurés).

Bromhydrines (voyez Dict. et Suppl., *loc. cit.*).
— *Monobromhydrine*, $CH^2Br . CHOH . CH^2OH$ (voyez Dict., **1**, 1580). — La monobromhydrine peut être obtenue très facilement en saturant de gaz bromhydrique la glycérine anhydre. On lave ensuite le produit avec de la potasse concentrée et on le distille sous pression réduite.

La monobromhydrine bout à 160° sous 66 millimètres. Elle ne se solidifie pas à — 15° et possède une densité de 1,717 à 15°. Elle est soluble dans l'éther et insoluble dans l'eau.

Les agents d'oxydation la transforment en acide bromacétique ; lorsqu'on la traite par l'amalgame de sodium, on obtient de l'acroléine, mais pas la moindre trace du glycol correspondant [V.-H. Veley, *Chem. News*, **47**, 39].

*Dibromhydrines.* — On obtient de bons rendements en α-*dibromhydrine* (ou bromhydrine symétrique) en laissant tomber par petites portions 350 grammes de brome sur un mélange intime de glycérine (300 grammes) et de phosphore rouge (25 grammes). Les rendements sont de 35 0/0 de la glycérine employée.

La dibromhydrine doit être distillée par petites portions.

*Action de l'acide azotique.* — Lorsqu'on dissout de la β-dibromhydrine (1 vol.),

$$CH^2Br . CHBr . CH^2OH,$$

dans de l'acide azotique froid d'une densité de 1,6 (2 vol.), on obtient au bout de quelques instants un précipité huileux qui constitue un *éther nitrique*, $CH^2Br . CHBr . CH^2O . AzO^2$. Cet éther se présente sous la forme d'un liquide visqueux qui bout sans décomposition à 106–107° sous 26 millimètres.

Si l'on effectue la même opération avec l'α-dibromhydrine, on n'observe pas le même phénomène ; la solution azotique reste claire ; elle ne renferme que des produits d'oxydation, qu'on peut précipiter par addition d'eau.

L'oxydation de la dibromhydrine dissymétrique au moyen de l'acide azotique chaud fournit principalement de l'acide α-β-dibromopropionique (1er Suppl., 871).

Lorsqu'on chauffe la dibromhydrine symétrique au bain-marie pendant 10 heures avec le double de son poids d'acide nitrique d'une densité de 1,48, on obtient un mélange de deux produits qu'on peut séparer par simple distillation ; ces produits sont l'*acide bromacétique*, qui reste dans la cornue, et un *dérivé nitré* ; ce dernier se présente sous la forme d'un liquide jaunâtre, facilement entraînable par la vapeur d'eau. Il bout à 78–79° sous 17 millimètres, mais il se décompose lorsqu'on cherche à le distiller sous la pression normale.

Lorsqu'on traite cette substance par une solution de potasse alcoolique, on obtient un précipité jaune clair qui constitue le *dérivé potassique* du bromodinitrométhane, $CBrK(AzO^2)^2$.

Ce dernier cristallise en prismes rhomboïdaux. solubles dans l'eau, insolubles dans l'alcool absolu, qui se décomposent vers 200°. Le bromodinitrométhane n'a pas pu être isolé [Ossian Aschan, *D. chem. G.*, **23**, 1826].

En traitant la dibromhydrine symétrique par l'anhydride phosphorique, M. Lespieau a obtenu de la β-*épidibromhydrine*, suivant l'équation

$$CH^2Br - CHOH - CH^2Br$$
$$= H^2O + CHBr = CH - CH^2Br$$

[Lespieau, *C. R.*, **123**, 1072].

L'α-*dibromhydrine* s'unit à chaud à la pipéridine en présence de potasse aqueuse, en donnant naissance à la *triméthylénol-dipipéridine*,

$$C^5 H^{10} Az - CH^2 - CHOH - CH^2 - C^5 H^{10} Az.$$

Ce composé constitue un liquide dont la densité égale 0,9812 à 15°, et qui bout à 170-171° sous la pression de 15 millimètres.

La β-dibromhydrine fournit dans les mêmes conditions de la *méthylol-éthylène-dipipéridine*,

$$C^5 H^{10} Az - CH^2 - CH - C^5 H^{10} Az,$$
$$\vert$$
$$CH^2OH$$

sous la forme d un liquide bouillant à 178-180° sous la pression de 23 millimètres, et dont la densité est égale à 0,9877 à 15°.

Ces deux composés ne forment pas d'hydrates. Leurs chloroplatinates sont bien cristallisés [André, *Bull. Soc. Chim.*, (3), **24**, 311].

*Tribromhydrine*, $CH^2Br . CHBr . CH^2Br$. — Ce composé, qui a été préparé en faisant agir le perbromure de phosphore sur la dibromhydrine (1er Suppl., *loc. cit.*), peut être obtenu aussi en chauffant du bromure de triméthylène à 120° pendant 9 heures avec la quantité calculée de brome.

On peut également chauffer à 100° pendant 2 heures du bromure de propyle, ou d'isopropyle ou d'allyle, avec 1 ou 2 molécules de brome, en présence de fer métallique. On emploiera de préférence du fil de clavecin. Cette réaction intéressante peut être généralisée [Abraham Kronstein, *D. chem. G.*, **24**, 4245].

La tribromhydrine s'unit au sulfure de carbone et au bromure d'aluminium en donnant naissance à une combinaison liquide qui répond à la formule $CS^2, Al Br^3, C^3 H^5 Br^3$ [Konovalof et Plotnikof, *J. Soc. russe*, **31**, 1020].

L'action du sulfocyanate de potassium sur les bromhydrines sera décrite plus loin (DÉRIVÉS SULFURÉS).

αβ-DI-IODHYDRINE. — MM. Charon et Paix-Séailles ont constaté que lorsqu'on chauffe la di-iodhydrine dissymétrique avec de la potasse, on la transforme en aldéhyde β-iodopropionique ou en un polymère de celle-ci :

$$CH^2I - CHI . CH^2OH + KOH$$
$$= CH^2I - CH = CH . OH + KI + H^2O,$$
$$CH^2I - CH = CHOH = CH^2I - CH^2 - CHO$$

[*C. R.*, **130**, 1631].

CHLORO-IODHYDRINES. — La chloro-iodhydrine, $CH^2Cl . CHI . CH^2OH$, a été obtenue par M. Reboul et par M. Henry en faisant agir l'acide iodhydrique fumant sur le glycide ou en fixant le chlorure d'iode sur l'alcool allylique (voyez Dict. et 1er Suppl., *loc. cit.*).

M. Bigot a repris de très près l'étude de cette dernière réaction. Il a fait réagir le chlorure d'iode sur un mélange d'alcool allylique et de glace pilée, et il a obtenu un produit rougeâtre, huileux, presque insoluble dans l'eau, qui constitue un mélange de deux chloro-iodhydrines,

$$CH^2Cl . CHI . CH^2OH \text{ et } CH^2I . CHCl . CH^2OH,$$

qui bouillent aux environs de 140°. Les eaux mères aqueuses contiennent une certaine quantité d'acide iodique et d'iode libre.

Il est impossible de séparer par fractionnement les deux chloro-iodhydrines.

Lorsqu'on traite leur mélange en solution éthérée bouillante par de la soude anhydre pulvérisée, on obtient quatre produits qu'il est alors facile d'isoler par des distillations au tube Le Bel.

Ces produits sont, en partant de 1 kilogramme de chloro-iodhydrine :

1° L'*alcool allylique*, bouillant à 96° (50 grammes) ;

2° L'*épichlorhydrine ordinaire*, qui bout à 116° (50 grammes) ;

3° Un *isomère de l'épichlorhydrine*, bouillant à 132-134° (40 grammes) ;

4° L'*épiiodhydrine ordinaire*, bouillant à 160-162° (15 grammes) ;

5° Un *isomère de l'épiiodhydrine*, bouillant à 172-174° (10 grammes).

La formation de ces divers produits, qui seront décrits plus loin, ne peut s'expliquer que si l'on admet l'existence des deux chloro-iodhydrines isomériques dans le produit de l'action du chlorure d'iode sur l'alcool allylique. L'action de la soude pourra être représentée par l'équation suivante :

$$
\begin{array}{l}
CH^2Cl \\ \vert \\ CHI \\ \vert \\ CH^2OH
\end{array}
+ NaOH =
\begin{array}{l}
CH^2Cl \\ \vert \\ CH \\ \vert \\ CH^2
\end{array} \!\!\! O
+ NaI + H^2O,
$$

$$
\begin{array}{l}
CH^2Cl \\ \vert \\ CHI \\ \vert \\ CH^2OH
\end{array}
+ NaOH =
\begin{array}{l}
CH^2 \\ \vert \\ CHI \\ \vert \\ CH^3
\end{array} \!\!\! O
+ NaCl + H^2O,
$$

$$
\begin{array}{l}
CH^2I \\ \vert \\ CHCl \\ \vert \\ CH^2OH
\end{array}
+ NaOH =
\begin{array}{l}
CH^2 \\ \vert \\ CH \\ \vert \\ CH^3
\end{array} \!\!\! O
+ NaCl + H^2O,
$$

$$
\begin{array}{l}
CH^2I \\ \vert \\ CHCl \\ \vert \\ CH^2OH
\end{array}
+ NaOH =
\begin{array}{l}
CH^2 \\ \vert \\ CHCl \\ \vert \\ CH^3
\end{array} \!\!\! O
+ NaI + H^2O.
$$

Il résulte des proportions indiquées plus haut que les deux chloro-iodhydrines se forment en quantités à peu près égales, mais que la soude enlève plus facilement une molécule d'acide iodhydrique qu'une molécule d'acide chlorhydrique [Bigot, *loc. cit.*].

La troisième chloro-iodhydrine,

$$CH^2Cl . CHOH . CH^2I,$$

a été obtenue par M. Reboul en faisant agir l'acide iodhydrique sur l'épichlorhydrine ordinaire (voyez Dict., *loc. cit.*).

ÉTHER TRIAZOTEUX DE LA GLYCÉRINE. — La glycérine absorbe avec avidité les vapeurs nitreuses, en donnant lieu à un dégagement de chaleur très notable. Si l'on ne prend pas soin de refroidir, la réaction devient très violente, et l'on n'obtient que des produits d'oxydation de la glycérine.

Lorsqu'on opère à basse température, la masse se colore peu à peu en brun, puis en vert, et elle se sépare finalement en deux couches, dont l'une, la plus considérable, constitue un *éther tri azoteux*,

$$CH^2O . AzO$$
$$\vert$$
$$CHO . AzO$$
$$\vert$$
$$CH^2O . AzO$$

L'autre couche renferme de . eau, les acides azoteux et azotique, et des produits d'oxydation.

On sépare immédiatement l'éther azoteux et on l'introduit dans un appareil distillatoire dans lequel on fait passer un courant d'hydrogène. Lorsque l'excès des vapeurs nitreuses a été chassé, on chauffe graduellement au bain-marie, et l'éther distille peu à peu, entraîné mécaniquement par le courant gazeux. Deux nouvelles distillations fournissent un produit à peu près pur.

L'éther trinitreux de la glycérine se présente sous la forme d'un liquide mobile, d'une couleur jaunâtre, qui se volatilise déjà à la température ordinaire. Il bout vers 150-154° en se décomposant légèrement, et possède une densité de 1,291 à 10°. Sa vapeur brûle avec une flamme blanchâtre, mais il n'est pas explosif. Il est soluble dans les dissolvants organiques, sauf dans le sulfure de carbone.

L'acide acétique dissout cet éther en le décomposant et en se colorant en vert. L'acide sulfurique agit de la même façon. L'hydrogène sulfuré le réduit en donnant un dépôt de soufre. Les carbonates alcalins le dédoublent en nitrite, glycérine et bioxyde d'azote; l'urée agit sur lui suivant l'équation

$$3\,CO \left\langle {Az\,H^2 \atop Az\,H^2} \right. + 2\,C^3H^5.(O\,Az\,O)^3$$

$$= 6\,Az^2 + 3\,CO^2 + 2\,C^3H^5(OH)^3 + 6\,H^2O.$$

L'alcool absolu le décompose en donnant du nitrite d'éthyle et de la glycérine :

$$C^3H^5(O\,Az\,O)^3 + 3\,C^2H^5OH$$

$$= C^3H^5(OH)^3 + 3\,C^2H^5\,O\,Az\,O.$$

L'action de l'eau sur l'éther triazoteux dépend des proportions qu'on emploie. Une petite quantité d'eau le dédouble en acide azotique, bioxyde d'azote et glycérine :

$$C^3H^5(O\,Az\,O)^3 + 2\,H^2O$$

$$= C^3H^5(OH)^3 + Az\,O^3H + 2\,Az\,O.$$

Avec un excès d'eau, il se forme de l'acide glycérique. L'éther se décompose spontanément à l'air en donnant une certaine quantité d'acide oxalique [Orme Masson, *D. chem. G.*, **16**, 1697].

M. G. Bertoni s'est servi avec succès du triazotite de la glycérine, au lieu de nitrite d'éthyle, pour transformer certains alcools ou glycols en leurs éthers azoteux [*Gazz. chim. ital.*, **24**, 20].

ÉTHERS NITRIQUES DE LA GLYCÉRINE (voy. EXPLOSIFS). — M. Auzenat a établi que plus l'acide azotique employé pour la préparation de la nitroglycérine renferme de peroxyde d'azote, plus il se fait d'éther disubstitué [*Mon. Scient.*, (4), **12**, 635].

L'action des alcalis sur la nitroglycérine donne naissance à une certaine quantité d'aldéhyde glycérique, en même temps qu'à de l'azotite et à de l'azotate de potassium [Berthelot, *C. R.*, **131**, 519].

ACIDE GLYCÉROPHOSPHORIQUE (Dict., **1**, 1589). — *L'acide glycérophosphorique,*

$$CH^2OH.CHOH.CH^2.O.PO \left\langle {OH \atop OH} \right.$$

se rencontre dans l'urine normale. On peut le déceler en précipitant d'abord l'acide phosphorique libre à l'état de phosphate, et en faisant ensuite bouillir la liqueur filtrée avec de l'acide sulfurique. On décompose ainsi l'acide glycérophosphorique, et l'on peut ensuite précipiter une nouvelle quantité d'acide phosphorique [Solnitschewsky, *Zeit. physiol. Chem.*, **4**, 214].

MM. Thudichum et Kingzett ont obtenu de l'acide phosphoglycérique en saponifiant la céphaline, $C^{42}H^{79}Az\,PO^{13}$, au moyen de l'eau de baryte [*Chem. News*, **33**, 198].

L'acide glycérophosphorique et ses sels constituent actuellement des produits pharmaceutiques

importants, car on peut introduire dans l'organisme, sous cette forme qui est assez soluble, une quantité d'acide phosphorique bien supérieure à celle qui peut être absorbée sous la forme de phosphates ou de produits phosphatés.

L'action de l'acide phosphorique sur la glycérine a été soumise à de nombreuses études, et cependant l'on peut dire qu'elle n'est connue encore qu'au point de vue empirique.

Il est certain, à l'heure actuelle, que cette réaction donne naissance à d'autres produits que l'acide glycérophosphorique ordinaire, celui auquel correspond le sel de calcium du commerce. Toutefois la solubilité de ces produits accessoires, leur peu de stabilité et leur neutralité aux indicateurs n'ont pas encore permis de les isoler à l'état de pureté.

L'existence de ces produits accessoires, qui est actuellement démontrée d'une façon directe, explique de prime abord les faibles rendements que l'on obtient dans la fabrication industrielle des glycérophosphates [Adrian et Trillat, *Journ. Pharm. Chim.*, (6), **7**, 226; *Bull. Soc. Chim.*, (3), **19**, 266].

Les recherches qui ont conduit à l'obtention de plusieurs glycérophosphates ou acides glycérophosphoriques n'étant pas encore terminées, nous nous bornerons ici à résumer les différents travaux qui ont eu pour objet l'action de l'acide phosphorique sur la glycérine, bien que les résultats puissent être interprétés un peu plus étroitement qu'ils ne l'ont été.

MM. Imbert et Belugou ont fait agir l'acide phosphorique sur la glycérine à diverses températures et à divers états d'hydratation, et ils ont déterminé au bout de temps variables la quantité d'acide phosphorique éthérifié, en utilisant à cet effet la méthode qui sera décrite plus loin, et qui permet en réalité de doser l'acide phosphorique libre en présence d'acides glycérophosphoriques.

Nous ne reproduirons pas ici le détail des expériences des auteurs. Ces expériences ont toujours été faites avec des quantités équimoléculaires d'acide phosphorique et de glycérine; dans les premières séries, effectuées à 15°, à 50° et à 105°, on a employé des produits parfaitement anhydres; dans les dernières, on s'est servi de matières renfermant de 6 à 23 0/0 d'eau. Les conclusions résultant de ces expériences sont celles-ci :

Quand on chauffe de l'acide phosphorique avec de la glycérine, le coefficient d'éthérification s'abaisse rapidement au bout de quelques heures, passe par un minimum, puis finit par remonter et par atteindre une limite qui dépend de la température et de l'état d'hydratation. Ainsi, en opérant à 105°, on trouve immédiatement après le mélange, 22,74 0/0 d'acide éthérifié, au bout de 1 heure, 4,78 0/0 seulement, au bout de 5 heures 14,70 0/0, et enfin, au bout de 75 heures, 43 0/0 environ.

Ces résultats, fort intéressants, montrent bien que le phénomène est plus complexe qu'on ne se le représente généralement [Imbert et Belugou, *Bull. Soc. Chim.*, (3), **23**, 935].

M. Bardet a étudié spécialement l'action physiologique des glycérophosphates acides de calcium et de sodium. Les sels acides, étant plus solubles, sont plus actifs que les sels neutres. Ils n'augmentent pas l'acidité des urines ni leur teneur en phosphate, mais seulement la teneur relative en urée [*C. R.*, **130**, 956].

*Fabrication industrielle des glycérophosphates.* — Pour préparer l'acide phosphoglycérique, on procède de la façon suivante : On mélange 3 parties d'acide phosphorique à 60 0/0 avec 3ᵖ,6 de glycérine à 90 0/0, et l'on chauffe la masse à 110-120° pendant 5 ou 6 jours, en l'agitant fréquemment. Au bout de ce temps, on laisse refroidir et on traite le produit, qui est fortement coloré en brun, par un lait de carbonate de chaux préparé en broyant 1 partie de craie dans 2 parties d'eau. On laisse reposer pendant quelques heures, puis on ajoute un second lait de carbonate de chaux identique au premier. Enfin, on achève la neutralisation par un lait de chaux, en se servant de phtaléine comme indicateur, on filtre, et on précipite le glycérophosphate par un excès d'alcool à 90 0/0. Le précipité est ensuite essoré, lavé à l'alcool et séché à 130°.

Ce procédé est, paraît-il, quelque peu modifié dans certaines usines : le mélange de 150 kilogrammes de glycérine (à 94 0/0, soit 28° B) et de 180 kilogrammes d'acide phosphorique (à 60°, soit 66 0/0 d'anhydride) est chauffé dans une marmite émaillée à 150° pendant 1 jour, puis à 115-125° pendant 3 jours. Après refroidissement, on étend de 2 volumes d'eau, on décolore au noir animal, et on neutralise d'abord par le carbonate de chaux, puis par un lait de chaux. Le liquide filtré est d'abord concentré dans le vide, puis additionné d'alcool. Le précipité est enfin lavé et séché.

On obtient ainsi 33 kilogrammes de glycérophosphate de chaux (15 kilogrammes de produit exigent 2 jours de travail et 300 kilogrammes de charbon).

On voit que les rendements en glycérophosphate de chaux sont loin de correspondre aux quantités d'acide phosphorique éthérifiées.

*Propriétés de l'acide glycérophosphorique.* — L'acide glycérophosphorique libre n'est pas connu. Les solutions commerciales d'acide renferment, outre la glycérine, de l'acide phosphorique, peut-être d'autres éthers, et souvent des glycérophosphates acides.

Lorsqu'on cherche à isoler l'acide de ses sels par un acide minéral, on obtient, ainsi que l'ont montré MM. Imbert et Astruc, un *sel acide*, et ce dernier se décompose alors très facilement en phosphate acide et en glycérine.

Par conséquent, toutes les réactions qui ont été attribuées à l'acide glycérophosphorique appartiennent en réalité à ses sels neutres ou acides.

MM. Cavalier et Pouget ont déterminé (probablement en se servant des solutions commerciales) la vitesse de décomposition de l'acide glycérophosphorique par l'eau à 88°. Cette vitesse augmente notablement avec la température [*Bull. Soc. Chim.*, (3), 23, 365].

*Sels de l'acide glycérophosphorique.* — Le *glycérophosphate de calcium* se présente sous la forme d'une poudre blanche, grenue, qui répond sensiblement à la formule

$$\begin{array}{l} CH^2OH \\ | \\ CHOH \\ | \\ CH^2 - O . PO \diag< \begin{smallmatrix} O \\ O \end{smallmatrix} \diagup Ca , H^2O. \end{array}$$

Il se dissout dans environ 20 parties d'eau froide, mais il est presque insoluble dans l'eau bouillante et dans l'alcool [Portes et Prunier, *Journ. de Pharm.*, (5), 29, 393].

Voici, d'après MM. Cavalier et Pouget, les solubilités du sel à diverses températures :

|  |  | Sel anhydre |
|---|---|---|
| 16° | renferment | 7$^{gr}$,9 |
| 36° | — | 4$^{gr}$,4 |
| 100 parties d'eau à  51° | — | 2$^{gr}$,3 |
| 77° | — | 1$^{gr}$,3 |
| 86° | — | 1$^{gr}$,25 |
| 100° | — | 1$^{gr}$,15 |

D'autres auteurs indiquent des chiffres plus faibles.

Les glycérophosphates purs ne précipitent pas par les réactifs ordinaires de l'acide phosphorique, à moins qu'on ne les chauffe au préalable avec de l'acide azotique. Ils possèdent une réaction alcaline et constituent d'excellents bouillons de culture. Ils donnent avec l'acétate de plomb un précipité blanc, insoluble dans l'acide acétique, mais qui se dissout facilement dans l'acide azotique ou dans l'acétate d'ammonium. Lorsqu'on les calcine, ils se transforment en pyrophosphates.

Pour analyser les glycérophosphates commerciaux, qui sont plus ou moins humides, on commencera par les dessécher à 130°, puis on les fondra avec du carbonate de potasse sodé, et on dosera l'acide phosphorique par l'acétate d'urane. On peut également calciner le glycérophosphate avec quelques gouttes d'acide azotique et peser le résidu comme pyrophosphate.

MM. Imbert, Astruc et Belugon ont proposé un autre procédé de dosage des phosphates et phosphoglycérates ; ce procédé convient parfaitement lorsqu'il s'agit uniquement de ces deux sels. Il est basé sur le fait suivant : L'acide glycérophosphorique est acide à l'héliantine. Ses sels acides sont neutres à l'héliantine et acides à la phtaléine, et ses sels neutres sont neutres à la phtaléine. Il est donc comparable à l'acide phosphorique, et cette analogie résulte également des chaleurs de neutralisation des oxhydryles (14$^{cal}$,9 pour le premier, 13$^{cal}$,7 pour le second, 0$^{cal}$,1 pour le troisième) [Imbert et Belugou, *C. R.*, **125**, 1040. — Imbert et Pagès, *Journ. de Pharm.*, (6), **7**, 378].

Lorsqu'on fait tomber dans une solution de glycérophosphate additionnée d'héliantine de l'acide sulfurique titré, le virage s'effectue lorsqu'on a ajouté 1 molécule de l'acide titré par 2 molécules de sel. C'est ce qu'exprime l'équation

$$2 C^3 H^5 (OH)^2 . OPO . O^2 Ca + SO^4 H^2$$
$$= CaSO^4 + \left[ C^3 H^5 (OH)^2 . OPO \diagup< \begin{smallmatrix} OH \\ O \end{smallmatrix} \right]^2 Ca.$$

Les phosphates se comportent de la même façon. On dose ainsi la totalité des phosphates et glycérophosphates.

Si à cette solution on ajoute du chlorure de calcium en excès, et qu'on revienne à la neutralité en présence de phtaléine, la quantité de soude à ajouter sera dans le cas du phosphate acide double de celle exigée dans le cas du phosphoglycérate :

$$2 PO \diagup< \begin{smallmatrix} OK \\ OH \end{smallmatrix} + 3 CaCl^2 + 4 KOH$$
$$= 6 KCl + 4 H^2O + (PO^4)^2 Ca^3,$$

$$2 PO \diagup< \begin{smallmatrix} OK \\ OH \\ OC^3 H^5 (OH)^2 \end{smallmatrix} + 2 CaCl^2 + 2 KOH$$
$$= 4 KCl + 2 H^2O + 2 PO \diagup< \begin{smallmatrix} O \\ O \\ OC^3 H^5 (OH)^2 \end{smallmatrix} \diagup Ca$$

En résumé, on dosera d'abord la totalité des phosphates et glycérophosphates en présence d'héliantine, puis, après avoir ajouté du chlorure de calcium, on titrera par la potasse en présence de phtaléine, et l'excès du nombre de molécules d'alcali employé sur le nombre de molécules (volumétriques) d'acides sera égal au nombre de molécules de phosphate existant dans le mélange.

Ce procédé ne donne de bons résultats que lorsqu'il n'y a pas de silicates et que la proportion de phosphate dépasse 5 0/0.

MM. Cavalier et Pouget ont indiqué un autre procédé qui consiste à précipiter l'acide phosphorique à l'état de sel dibarytique à chaud, en liqueur diluée. La méthode paraît être un peu moins exacte que la précédente [*Bull. Soc. Chim.*, (3), **23**, 365].

Le glycérophosphate de calcium pur s'obtient en chauffant à 60-70° une solution aqueuse saturée du produit brut. Dans ces conditions, il renferme 2 molécules d'eau, dont il perd l'une à 130° et l'autre à 170°. Il précipite incomplètement par l'acide oxalique, par l'acide phosphorique et par les sels de plomb. Traité par l'acétate d'urane à froid, il forme une *combinaison moléculaire* gélatineuse qui se dépose peu à peu.

Le *sel de strontium*, desséché à 130°, répond à la formule

$$CH^2OH \cdot CHOH \cdot CH^2O \cdot P{<}^O_O{>}Sr \cdot H^2O.$$

C'est une poudre blanche, amorphe, qui se dissout à raison de 8,8 0/0 dans l'eau froide. Il est moins soluble dans l'eau chaude. Ses solutions aqueuses ne donnent rien avec l'acétate d'urane, mais elles sont précipitées par l'acide oxalique, l'acide carbonique, l'acide phosphorique, l'acide sulfurique et les sels de plomb.

Le *sel de baryum* se prépare comme celui de calcium et possède des propriétés analogues.

Toutefois il est moins stable, et la chaleur le précipite incomplètement de ses solutions [Cavalier et Pouget, *loc. cit.*].

Les sels suivants ont été obtenus par double décomposition entre le glycérophosphate de calcium ou de baryum et les sulfates correspondants.

Le *sel de magnésium*,

$$CH^2OH \cdot CHOH \cdot CH^2O \cdot PO{<}^O_O{>}Mg, 2H^2O,$$

(à 100°) se présente sous la forme d'une poudre cristalline blanche qui se dissout dans environ 5 parties d'eau froide. Cette solution ne se trouble pas par l'ébullition, mais elle précipite par l'acide oxalique, l'acide carbonique, l'acide phosphorique et les sels de plomb.

Le *sel de lithium* est anhydre. Il précipite en solution concentrée par les mêmes réactifs que le sel de magnésium. Sa solubilité dans l'eau froide est de 44,6 0/0 ; elle s'accroît avec la température.

Les *sels de potassium* et de *sodium*,

$$CH^2OH \cdot CHOH \cdot CH^2O \cdot PO{<}^{ONa}_{ONa}, H^2O,$$

constituent des masses blanches, vitreuses, très déliquescentes, qui sont solubles dans l'eau en toutes proportions.

Le *sel de plomb* se présente sous la forme d'une poudre blanche amorphe [J.-L.-W. Thudichum et C.-T. Kingzett, *Chem. News*, **33**, 198].

Le *sel ferreux*,

$$CH^2OH \cdot CHOH \cdot CH^2O \cdot PO{<}^O_O{>}Fe, 2H^2O,$$

se présente sous la forme d'une poudre grisâtre qui se dissout à raison de 17,7 0/0 dans l'eau froide. Cette solution est colorée en brun et ne précipite pas par l'ébullition ; elle est précipitée par contre par les alcalis et les carbonates alcalins, par les sels de plomb et l'acide phosphorique [A. Petit et Polonowski, *Journ. Pharm.*, (5), **30**, 193].

On a décrit également un sel ferreux cristallisé en paillettes orangées : ce sel s'obtiendrait en faisant digérer une solution d'acide glycérophosphorique sur de la tournure de fer à 60° ;

mais il n'a pas été analysé, de sorte que l'on est en droit de douter de sa constitution : tous les glycérophosphates minéraux connus sont amorphes, sauf celui de calcium qui est microcristallin lorsqu'il est hydraté.

MM. Adrian et Trillat ont préparé et décrit un certain nombre de sels neutres et acides, de bases fixes et de bases organiques (quinine, cocaïne, phénylhydrazine, aniline, quinoléine). Ces composés ont été préparés par double décomposition, et précipitation par l'alcool ou l'alcool éthéré. Ils sont amorphes, peu solubles dans l'eau, insolubles dans l'éther. Toutefois la solubilité des sels acides dans l'eau chaude est plus considérable que celle des sels neutres, et la précipitation par ébullition des solutions est fort incomplète [*Bull. Soc. Chim.*, (3), **19**, 864].

On a décrit un glycérophosphate de quinine, cristallisé en grandes aiguilles et répondant soi-disant à la formule

$$PO{<}^{O\,C^3H^5(OH)^2}_{(OH)^2} \cdot 2C^{20}H^{24}Az^2O^2, 4H^2O$$

Ce composé est en réalité l'un des nombreux phosphates de quinine, celui qui s'obtient, par exemple, par évaporation du mélange des solutions aqueuses des deux composants, et qui se forme également avec la plus grande facilité lorsqu'on chauffe une solution de glycérophosphate de quinine. D'autres sels de quinine ont été également indiqués comme se présentant sous la forme de poudres cristallines ; leur existence est tout au moins plus vraisemblable.

Beaucoup d'expérimentateurs qui se sont occupés de ces sels organiques ont oublié de tenir compte de deux phénomènes : la décomposition extraordinairement facile des solutions d'acide glycérophosphorique libre (ou combiné à des bases organiques faibles), et la faculté de la glycérine de favoriser la dissolution et la cristallisation d'une foule de substances qui se présentent généralement à l'état amorphe ou microcristallin (sulfate de chaux, etc.).

Il en résulte que l'existence de glycérophosphates *bien cristallisés* doit n'être admise qu'avec beaucoup de réserves.

ÉTHER ARSÉNIEUX. — L'anhydride arsénieux, chauffé avec un poids égal de glycérine, s'y dissout en formant un éther arsénieux,

$$\begin{matrix} CH^2O \\ | \\ CHO \\ | \\ CH^2O \end{matrix}{\Big>}As,$$

qui se prend par refroidissement en une masse amorphe, de couleur ambrée, qu'on purifie par des lavages à l'eau et à la potasse diluée.

Ce composé fond à 100° et se décompose au-dessus de 290° en donnant naissance à de l'hydrogène arsénié et à d'autres produits volatils à odeur très désagréable. Il se dissout facilement dans l'eau, l'alcool et la glycérine, mais il est peu soluble dans les autres dissolvants organiques. Sa solution aqueuse se décompose rapidement en régénérant la glycérine et l'acide arsénieux [H. Schiff, *Bull. Soc. Chim.*, (2), **8**, 99. — Herbert Jackson, *Chem. News*, **49**, 298].

ÉTHERS BORIQUES. — L'action de l'acide ou de l'anhydride borique sur la glycérine donne naissance à un mélange d'éthers qu'il est impossible de séparer, et que l'eau décompose rapidement. En chauffant la bromhydrine β pendant quelque temps au réfrigérant ascendant avec de l'acide borique et du carbonate de potassium, MM. Wohl et Neuberg ont obtenu le sel de potassium d'un éther borique stable, qui n'est pas dissocié par l'eau. La réaction peut être représentée par l'équation

$$4\,CH^2OH.CHBr.CH^2OH + 3\,K^2CO^3 + 2\,BoO^3H^3$$
$$= 4\,KBr + 3\,CO^2 + 3\,H^2O + 2\left[\begin{matrix}(CH^2OH)^2\text{-}CHO\text{-}\\(CH^2OH)^2\text{-}CHO\text{-}BoOK\end{matrix}\right]$$

[*D. chem. G.*, **32**, 3488].

### GLYCÉRIDES.

SAPONIFICATION DES GLYCÉRIDES NATURELS. — On admet encore assez généralement que la saponification des glycérides s'effectue d'un seul coup, suivant l'équation

$$C^3H^5O^3(COR)^3 + 3\,H^2O = C^3H^5O^3 + 3\,RCO^2H,$$

et sans qu'il y ait formation de composés intermédiaires, tels qu'un éther mono- ou disubstitué.

Cette opinion, déjà combattue par M. Geitel, est actuellement complètement réfutée par les travaux de M. Lewkowitsch.

Ce chimiste a soumis des quantités déterminées de divers glycérides à l'action de la potasse pendant des temps variables, de façon à produire une saponification incomplète. Le résidu insoluble a été ensuite lavé à l'eau et à la soude, séché et examiné au point de vue des chiffres d'acétylation et de saponification et du chiffre de Hehner (titrage des acides insolubles).

Si la saponification s'effectuait intégralement, selon l'équation ci-dessus, le résidu aurait été constitué uniquement par le triglycéride non attaqué; d'où constance du chiffre de Hehner et du chiffre de saponification, celui d'acétylation étant nul. Or l'expérience a montré précisément le contraire : le chiffre d'acétylation n'est pas nul, et les trois indices varient nettement avec la durée de la saponification et les conditions dans lesquelles celle-ci s'opère. Il résulte de là que les monoglycérides et les diglycérides prennent naissance dans la saponification des triglycérides [Lewkowitsch, *D. chem. G.*, **33**, 89].

FORMINES. — L'action de l'anhydride acétoformique sur la glycérine donne naissance à un mélange de formines et d'acétoformines. On n'a pu isoler de ce produit qu'une *acétodiformine* $C^3H^5O^3(COCH^3)(COH)^2$, qui est liquide et qui distille à 157° sous la pression de 27 millimètres [Béhal, *Bull. Soc. Chim.*, (3), **23**, 755].

ACÉTINES. — M. N. Mentschoutkine a déterminé la vitesse d'éthérification de la glycérine (1 mol.) par l'acide acétique (3 mol.). Il a trouvé en moyenne les chiffres suivants :

|  Vitesse initiale. | Limite. |
| --- | --- |
| 36,26 | 45,4 |

[*D. chem. G.*, **13**, 1814].

M. Franchimont a tenté d'améliorer la préparation des acétines en chauffant la glycérine avec un excès d'anhydride acétique en présence de chlorure de zinc; mais la réaction devient très violente et impossible à régler [*D. chem. G.*, **12**, 2059].

De meilleurs résultats ont été obtenus par M. Geitel. Ce chimiste chauffe la glycérine avec de l'acide acétique pendant un temps prolongé; de plus, il enlève de temps en temps l'acide aqueux par distillation et le remplace par de l'acide neuf.

Le produit de la réaction est constitué par un mélange de monacétine, de diacétine, de triacétine, de monacétyldiglycérine et de triacétyldiglycérine [*J. prakt. Chem.*, (2), **55**, 417].

Ces divers produits sont ensuite séparés, grâce à leur différence de solubilité dans le benzène et dans l'alcool.

*Monacétines* (voy. Dict. et 1er Suppl., *loc. cit.*).

— La monacétine, préparée par la méthode de M. Geitel, constitue un liquide visqueux peu soluble dans l'éther et dans le benzène, soluble dans l'alcool et dans l'eau. Elle bout à 130-132° sous 23 millimètres, et possède une densité égale à 1,2212 à 15°.

Si l'on soumet la monacétine à une série de distillations sous la pression de 30 à 40 millimètres, on la transforme peu à peu en *diacétyldiglycide*.

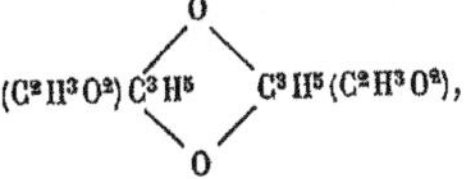

$$(C^2H^3O^2)\,C^3H^5 \;\underset{O}{\overset{O}{\diamondsuit}}\; C^3H^5(C^2H^3O^2),$$

que l'on sépare en utilisant sa solubilité dans le benzène et dans l'éther. Ce diacétyldiglycide est un liquide d'une densité de 1,2025 à 15°. Il bout vers 182-183° sous 40 millimètres [Geitel, *loc. cit.*].

L'oxydation de la diacétine par l'acide azotique fournit de l'acide mésoxalique.

*Diacétines*. — Pour préparer la *diacétine symétrique*,

$$CH^2(OCOCH^3).CHOH.CH^2(OCOCH^3),$$

M. Seelig emploie le procédé suivant : Il chauffe au réfrigérant ascendant, pendant 8 heures, de la glycérine à 95 0/0 (400 parties) avec de l'acide acétique cristallisable (1000 parties); puis il chasse ensuite par la distillation l'eau et l'acide acétique aqueux, et chauffe le résidu avec une nouvelle quantité d'acide cristallisable pendant 15 heures. Le produit est ensuite fractionné dans le vide.

La diacétine bout à 172° sous 40 millimètres et à 259-261° sous 760 millimètres. Sa densité est égale à 1,178. Elle est soluble dans l'alcool et dans l'eau, peu soluble dans l'éther et dans le benzène, insoluble dans la ligroïne et dans le sulfure de carbone [*D. chem. G.*, **24**, 3466].

D'après M. Geitel, la densité de la diacétine serait de 1,1769 à 1,1788 à 15° et sa température d'ébullition de 175-176° sous 40mm [*loc. cit.*].

*Triacétine*, $C^3H^5(OCOCH^3)^3$. — On obtient facilement la triacétine de la glycérine en mélangeant à froid 50 parties de bisulfate de potasse, 20 parties de glycérine et 10 parties d'anhydride acétique; lorsque la première réaction violente est passée, on ajoute 20 parties d'anhydride acétique; on chauffe pendant quelques heures au bain-marie et l'on précipite le produit par l'eau. La triacétine est ensuite isolée au moyen de l'éther et fractionnée. Elle est mélangée d'un peu de diacétine [Böttinger, *Ann. Chem.*, **263**, 529].

M. E. Seelig prépare la triacétine en chauffant pendant 16 heures au bain d'huile un mélange de diacétine symétrique (200 parties), d'anhydride acétique (150 parties) et d'acétate de sodium fondu (60 parties). Après refroidissement, on agite le produit avec un mélange à parties égales d'éther et d'eau, on décante la couche éthérée, on la sèche et on la fractionne.

La triacétine bout à 171° sous 40 millimètres et à 258-259° sous 760 millimètres. Sa densité est égale à 1,155. Elle est soluble dans les dissolvants organiques, à l'exception de la ligroïne et du sulfure de carbone, mais elle est peu soluble dans l'eau [E. Seelig, *D. chem. G.*, **24**, 3466].

M. Geitel indique des constantes quelque peu différentes : la densité à 15° serait égale à 1,1606 et le point d'ébullition 172-172°,5 sous 40mm.

40 parties d'eau froide dissoudraient 7,17 parties de triacétine [*J. prakt. chem.*, (2), **55**, 417].

*Chloracétines* (voyez Dict., **1**, 1587 ; 1er Suppl., 873). — La constitution des chloracétines de la glycérine est très mal connue. M. Seelig a cherché à l'élucider en étudiant l'action de l'acide chlorhydrique sur les acétines ; malheureusement les points d'ébullition des composés qu'il a obtenus ont été déterminés dans le vide, de sorte qu'il est impossible de relier ses travaux à ceux qui ont été faits antérieurement.

Lorsqu'on sature de gaz chlorhydrique une solution aqueuse saturée de diacétine symétrique, et qu'on chauffe ensuite la masse à 100° pendant 2 heures, on obtient les produits suivants :

1° De la *dichlorhydrine* et de la *trichlorhydrine* ;

2° De la *dichloracétine dissymétrique*,

$$CH^2Cl.CHCl.CH^2(OCOCH^3),$$

bouillant à 102-104° sous 40 millimètres de pression ;

3° De la *chlorodiacétine*,

$$CH^2(OCOCH^3).CHCl.CH^2(OCOCH^3),$$

bouillant à 137-140° sous 40 millimètres.

Si l'on sature de gaz chlorhydrique un mélange de diacétine symétrique (190 grammes) et d'anhydride acétique (130 grammes), et qu'on chauffe le tout à 110° pendant 4 heures, on obtient :

1° De la *dichloracétine symétrique* bouillant à 101-107° sous 40 millimètres et à 189-199° sous 760 millimètres ;

2° De la *chlorodiacétine symétrique* ;

3° De la *diacétine inaltérée*.

La *chlorodiacétine dissymétrique*,

$$CH^2Cl.CH(OCOCH^3).CH^2(OCOCH^3),$$

peut s'obtenir en saturant de la triacétine bouillante par un courant de gaz chlorhydrique pendant 70 heures. Sa densité est égale à 1,204.

Elle n'est pas altérée lorsqu'on la chauffe avec de l'anhydride acétique à 170-180° pendant 15 heures.

En résumé, on a décrit :

Une chlorodiacétine symétrique qui bout à 137-144° sous 40 millimètres ;

Une chlorodiacétine dissymétrique préparée au moyen du chlorure d'acétyle et de la glycérine [Truchot, Dict., *loc. cit.*] ;

Une dichloracétine symétrique bouillant à 101-107° sous 40 millimètres et à 189-199° sous 760 millimètres ;

Une dichloracétine dissymétrique bouillant à 112-114° sous 40 millimètres et à 205° sous 760 millimètres [voyez Dict., *loc. cit.* ; E. Seelig, *D. chem. G.*, **24**, 3466].

L'action du sodium sur une solution éthérée de la monochloracétine

$$CH^3(OCO.CH^3)CHCl.CH^2OH$$

donne naissance à l'éther acétique du glycide.

Le sodium n'agit pas sur la chlorodiacétine dissymétrique, mais il transforme la chlorodiacétine symétrique en acétate d'allyle [Bigot, *Ann. Chim. Phys.*, (6), **23**, 433].

*α-Acétodibromhydrine*,

$$CH^2Br.CH(OCOCH^3).CH^2Br.$$

— L'anhydride acétique réagit sur la dibromhydrine symétrique à froid, ou mieux à 120°, en donnant de l'acétodibromhydrine symétrique.

Celle-ci se présente sous la forme d'un liquide réfringent doué d'une odeur éthérée, qui brunit rapidement à l'air. Elle bout à 227-228° et possède une densité de 1,8248 à 16°.

La *β-acétodibromhydrine dissymétrique*,

$$CH^2Br.CHBr.CH^2(OCOCH^3),$$

se prépare d'une façon analogue à partir de la β-dibromhydrine. Elle bout aussi à 227-228° sous la pression normale. Sa densité à 16° est égale à 1,8281 [Ossian Aschan, *D. chem. G.*, **23**, 1826].

GLYCÉRIDES DES ACIDES SUPÉRIEURS. — M. Scheij a préparé et étudié un certain nombre de glycérides trisubstitués dérivés des acides gras supérieurs. Le mode de préparation consistait à chauffer la glycérine avec l'acide correspondant en enlevant l'eau par un courant d'air sec. Le produit était ensuite purifié par cristallisation ou par distillation fractionnée.

Nous résumons ici les constantes physiques de ces divers glycérides, qui se présentent, suivant les cas, sous la forme de liquides plus ou moins visqueux ou de masses cireuses ou cristallines.

La *tributyrine*, $C^3H^5O^3(CO.C^3H^7)^3$, est liquide. Elle distille à 184-186° sous la pression de 10 millimètres, et possède une densité égale à 1,0324 et un indice $n_D = 1.48587$ à 20°.

La *tricaproïne* est également liquide. Sa densité est égale à 0,9867 et son indice de réfraction à 1,44265.

La *tricapryline* fond à 8-8°,3. Elle possède une densité égale à 0,9540 et un indice égal à 1,44817 à 20°.

La *tricaprine* fond à 31°,1. Sa densité est égale à 0,9205, et son indice à 1,4461 à 40°.

La *trilaurine* fond à 46°,4. Sa densité est égale à 0,8944 et son indice de réfraction à 1,44039 à 60°.

La *trimyristine* fond à 56°,6, et possède une densité égale à 0,8848 et un indice égal à 1,44285 à 60°.

La *tripalmitine* fond à 65°,1 ; sa densité est égale à 0,8657 et son indice à 1.43807 à 80° [Scheij, *Rec. des Pays-Bas*, **18**, 169].

STÉARINES. — La *monostéarine de la glycérine*, $CH^2OH.CHOH.CH^2O.COC^{17}H^{35}$, déjà décrite, s'obtient facilement en chauffant pendant 40 heures à 220° un mélange d'acide stéarique (1 partie) et de glycérine (2 parties).

La *distéarine*,

$$C^3H^5 \underset{(OCOC^{17}H^{35})^2}{\overset{OH}{\lessgtr}}$$

s'obtient en chauffant à 150-180° des quantités équimoléculaires d'acide stéarique et de monostéarine. Elle fond à 76°,5 et cristallise en paillettes solubles dans l'alcool et dans l'éther.

Lorsqu'on sature de gaz ammoniac une solution éthérée de cette distéarine, on obtient une *combinaison ammoniacale* qui répond à la formule

$$C^3H^5(OCOC^{17}H^{35})^2(OAzH^4).$$

Cette substance cristallise en prismes. Elle perd de l'ammoniaque à 100°.

Le sodium transforme la distéarine en un *dérivé sodé*, amorphe.

Lorsqu'on chauffe à 120° un mélange de distéarine, d'acide métaphosphorique, d'acide et d'anhydride acétique, on obtient l'*acétodistéarine* correspondante,

$$C^3H^5 \underset{(OCOC^{17}H^{35})^2}{\overset{OCOCH^3}{\lessgtr}}$$

sous la forme d'aiguilles fusibles à 28°.

L'anhydride phosphorique réagit sur la distéarine en donnant naissance à *l'acide distéaryl-glycérophosphorique*,

$$C^3H^5 \Big\langle\begin{array}{l} (OCOC^{17}H^{35})^2 \\ O.PO\langle\begin{array}{l} OH \\ OH \end{array} \end{array}$$

Il suffit pour cela de chauffer à 110° pendant quelques heures des poids égaux des deux substances. On lave ensuite le produit avec de l'alcool froid et on l'épuise par l'alcool bouillant. L'extrait alcoolique est saturé à chaud par de la soude caustique.

Le *sel de sodium* se dépose par refroidissement sous la forme de prismes fusibles vers 200°, peu solubles dans l'eau, l'éther et le benzène. On décompose ensuite ce sel par l'acide sulfurique dilué en solution acétique.

L'acide distéarylglycérophosphorique constitue une masse cireuse fusible à 62°,5; il se dissout dans l'eau chaude, l'acide acétique, les alcalis, l'alcool, l'éther et le benzène, mais il est insoluble dans les acides minéraux.

Lorsqu'on traite le sel neutre de sodium par l'acide acétique, on obtient un sel acide peu stable.

Le *sel de potassium* se présente sous la forme de lamelles microscopiques. Il en est de même du *sel d'ammonium*, qui fond vers 150° en se décomposant.

Le *sel de calcium* constitue un précipité cristallin, insoluble dans l'eau, l'alcool et l'éther. Le *sel ferreux* est brun, le *sel ferrique* est blanc; tous deux sont amorphes. Celui *de cuivre* est cristallisé et d'un bleu verdâtre.

Le *sel de plomb* se présente sous la forme de flocons blancs; ceux *d'argent* et de *mercure* sont cristallins.

Le sel acide de *névrine*,

$$C^3H^5 \Big\langle\begin{array}{l} (OCOC^{17}H^{33})^2 \\ O.PO\langle\begin{array}{l} OH \\ OAz.(CH^3)^3 \\ \ \ | \\ CH^2.CH^2OH \end{array} \end{array}$$

constitue une masse cireuse soluble dans l'alcool chaud. Le *sel neutre* est cristallisé.

Lorsqu'on chauffe un mélange d'oxychlorure de phosphore (1 partie) et de distéarine (4 parties), on obtient le *chlorure d'acide* correspondant :

$$C^3H^5 \Big\langle\begin{array}{l} (OCOC^{17}H^{33})^2 \\ O.P\langle\begin{array}{l} OCl \\ OCl \end{array} \end{array}$$

Celui-ci cristallise dans un mélange d'alcool et d'éther en lamelles microscopiques fusibles à 240°, solubles dans l'éther et dans le benzène. L'eau le dédouble en acide distéarylglycérophosphorique et en acide chlorhydrique.

En chauffant à 120-150° pendant 8 heures un mélange d'acide métaphosphorique (1 partie) et de distéarine (2 parties), on obtient un composé qui n'a pas été analysé et qui cristallise en lamelles fusibles à 35°. Cette substance est détruite par l'eau. Elle fournit un dérivé sodé cristallisé.

L'acide éthylphosphinique réagit également sur la distéarine à 120°.

En chauffant pendant plusieurs jours à 230-250° de la glycérine avec de l'acide stéarique, on obtient une *monostéaryldiglycérine*,

$$C^3H^3(OH)^2.O.C^3H^5(OH)^2.OCOC^{17}H^{35},$$

qui se présente sous la forme de lamelles microscopiques fusibles à 30°, solubles dans l'alcool et dans l'éther [F. Hundeshagen, *J. prakt. Chem.*, (2), 28, 219].

La *tristéarine* fond à 71°,6. Sa densité est 0,8621 et son indice de réfraction égale 1,43987 [Scheij, *loc. cit.*].

CÉROTINES — *Monocérotine*,

$$C^3H^5 \Big\langle\begin{array}{l} (OH)^2 \\ OCOC^{25}H^{51} \end{array}$$

— Ce glycéride a été obtenu par M. Marie en chauffant pendant 10 heures en vase clos, à 178-180°, un mélange d'acide cérotique (10 grammes) et de glycérine pure (10 grammes). Après refroidissement, on lave le produit avec de l'eau et de l'alcool froid pour éliminer la glycérine, puis on chauffe le résidu avec un poids égal de chaux éteinte à 100-110° pendant une demi-heure, de façon à combiner tout l'excès d'acide libre. Le même traitement doit être répété deux ou trois fois; on extrait ensuite la monocérotine par l'éther bouillant, on la fait cristalliser dans de l'alcool à 95 0/0 et enfin dans le benzène.

La monocérotine de la glycérine cristallise dans ce dernier dissolvant en lamelles ou en aiguilles arborescentes fusibles à 78°,7. Elle est peu soluble dans l'alcool et dans l'éther bouillant, mais elle se dissout facilement dans le benzène.

On peut aussi la préparer en chauffant à 180° pendant 10 heures un mélange de monochlorhydrine (1ᵖ,5) et de cérotate d'argent (5 parties). On la purifie par le procédé indiqué plus haut.

La *dicérotine*,

$$C^3H^5 \Big\langle\begin{array}{l} OH \\ (OCOC^{25}H^{51})^2 \end{array}$$

s'obtient en chauffant à 220° pendant 6 heures des poids égaux de glycérine et d'acide cérotique. La purification du produit se fait comme dans le cas précédent.

La dicérotine cristallise en aiguilles fusibles à 79°,5; elle est soluble dans le benzène chaud, mais elle se dissout difficilement dans l'éther et est presque insoluble dans l'alcool bouillant.

La *tricérotine*, $C^3H^5(OCOC^{25}H^{51})^3$, résulte de l'action de l'acide cérotique en excès (25ᵖ,5) sur la dicérotine (1ᵖ,5). On chauffe le mélange pendant 10 heures à 200°, et l'on traite le produit comme dans le cas de la monocérotine.

La tricérotine cristallise en fines aiguilles fusibles à 76°,5. On ne peut pas la préparer en faisant agir la trichlorhydrine sur le cérotate d'argent [T. Marie, *Bull. Soc. Chim.*, (3), 15, 498].

MÉLISSINES. — Les mélissines de la glycérine se préparent de la même façon que les cérotines correspondantes. On les purifie également au moyen de la chaux.

La *monomélissine*,

$$C^3H^5 \Big\langle\begin{array}{l} (OH)^2 \\ OCOC^{29}H^{59} \end{array}$$

fond à 91°,5-92°. Elle est soluble dans le benzène bouillant, peu soluble dans l'alcool.

La *dimélissine*,

$$C^3H^5 \Big\langle\begin{array}{l} OH \\ (OCOC^{29}H^{59})^2 \end{array}$$

possède les mêmes propriétés. Elle fond à 93°.

La *trimélissine*, $C^3H^5(OCOC^{29}H^{59})^3$, est mal cristallisée. Elle fond à 89° [T. Marie, *loc. cit.*].

BENZOÏNES (ou *benzoïcine*) (voyez Dict., *loc. cit.*). — Lorsqu'on traite la glycérine par le chlorure de benzoyle, à froid, en présence de soude à 10 0/0, on obtient un mélange de *dibenzoïne*

$$C^3H^5 \Big\langle\begin{array}{l} OH \\ (OCOC^6H^5)^2 \end{array}$$

et de *tribenzoïne* $C^3H^5(OCOC^6H^5)^3$.

Si l'on effectue la réaction en ajoutant le chlorure de benzoyle à une solution de glycérine dans de la pyridine, on obtient uniquement de la tribenzoïne [Einhorn et Hollandt, *Ann. Chem.*, **301**, 95].

Le chlorure de benzoyle, employé en quantité suffisante, enlève complètement la glycérine à ses solutions aqueuses, de sorte que M. Baumann propose de doser la glycérine à l'état d'éther benzoïque.

La dibenzoïne se présente sous la forme d'aiguilles incolores, fusibles à 70°. Elle est insoluble dans l'eau, mais elle se dissout dans l'alcool, l'éther et le chloroforme [E. Baumann, *D. chem. G.*, **19**, 3218].

La tribenzoïne, déjà décrite par M. Berthelot, cristallise en prismes blancs, fusibles à 76°,5 [H. Skraup, *Mon. f. Chem.*, **10**, 389]. On l'obtient également en chauffant à 180-200° un mélange de *dichlorobenzoïne* (1 mol.)

$$C^3H^5 \diagdown^{Cl^2}_{OCOC^6H^5}$$

et de benzoate de sodium ou de potassium (2 mol.) [P. Fritsch, *D. chem. G.*, **24**, 775].

Cette dichlorobenzoïne (ou benzoyldichlorhydrine) se prépare en saturant de gaz chlorhydrique un mélange d'acide benzoïque (1 partie) et de glycérine (2 parties) chauffé à 100°. On précipite ensuite le produit par l'eau, on le lave avec une solution diluée de carbonate de sodium, puis avec de l'eau bouillante, et on le fractionne sous pression réduite.

La dichlorobenzoïne de la glycérine se présente sous la forme d'un liquide incristallisable dont la densité est égale à 1.28 à 15°. Elle bout à 230-235° sous 150 millimètres [Fritsch, *loc. cit.*].

OXYBENZOÏNES. — La *trisalicyline*,

$$C^3H^5(OCOC^6H^4 . OH)^3,$$

a été obtenue par M. Fritsch en chauffant à 200° une molécule de dichlorosalicyline avec 2 molécules de salicylate de sodium. On lave ensuite le produit avec de l'eau bouillante, on extrait la salicyline au moyen de l'éther, et on la fait cristalliser dans l'alcool.

La trisalicyline se présente sous la forme d'aiguilles soyeuses, fusibles à 79°.

Pour préparer la *dichlorosalicyline* correspondante

$$C^3H^3 \diagdown^{Cl^2}_{O . CO . C^6H^4OH},$$

on sature de gaz chlorhydrique une solution d'acide salicylique dans de la glycérine. On chauffe ensuite la masse à 110° pendant 9 heures, et on purifie le produit comme dans le cas de la dichlorobenzoïne.

La dichlorosalicyline cristallise en prismes fusibles à 44°. Elle est soluble dans la plupart des dissolvants organiques, mais elle l'est très peu dans l'eau. Sa densité est égale à 1,331.

La soude et la potasse tièdes la dédoublent en acide salicylique et dichlorhydrine ; avec un excès de potasse à 100° on obtient de la β-épichlorhydrine [Christian Goetting, *D. chem. G.*, **24**, 508].

La *dichloro-p-oxybenzoïne* se prépare comme le dérivé ortho. Elle cristallise en aiguilles fusibles à 76°, solubles dans l'alcool, le benzène et l'éther [Christian Goetting, *D. chem. G.*, **25**, 811].

En traitant la dichlorobenzoïne (1 mol.) par le salicylate de sodium (2 mol.), M. Fritsch a obtenu une *benzoyldisalicyline*,

$$C^3H^5 \diagdown^{O . COC^6H^5}_{O . COC^6H^4 . OH,} \atop{O . COC^6H^4 . OH}$$

sous la forme d'aiguilles fusibles à 95°, solubles dans l'alcool.

La *dibenzoylsalicyline*,

$$C^3H^5 \diagdown^{O . COC^6H^5}_{O . COC^6H^5} \atop{O . COC^6H^4 . OH}$$

est visqueuse. On la prépare en chauffant à 200° de la dichlorosalicyline (1 mol.) avec du benzoate de sodium (2 mol.). Elle est insoluble dans l'eau et peu soluble dans l'alcool, mais elle se dissout facilement dans les autres dissolvants organiques [Fritsch. *loc. cit.*].

ANISINES. — La *trianisine*,

$$C^3H^5 . (O . COC^6H^4 . OCH^3)^3,$$

s'obtient par le procédé indiqué plus haut, en faisant agir l'anisate de sodium sur la *dichloroanisine*. Elle cristallise en aiguilles soyeuses fusibles à 103°,5.

La *dichloroanisine*,

$$C^3H^5 \diagdown^{Cl^2}_{(O . COC^6H^4 . OCH^3)}$$

se présente sous la forme de paillettes solubles dans l'alcool ; elle fond à 81°.

p-CRÉSOTINES. — La *tricrésotine*,

$$C^3H^5 \left( O . COC^6H^3 \diagdown^{OH}_{CH^3} \right)^3,$$

constitue une masse cristalline fusible à 118°.

La *dichlorocrésotine*,

$$C^3H^5 \diagup^{Cl^2}_{\diagdown \left( O . COC^6H^3 \diagdown^{OH}_{CH^3} \right)}$$

cristallise en fines aiguilles fusibles à 45°,5. On l'obtient en saturant de gaz chlorhydrique un mélange chauffé à 100° d'acide p-crésotique et de glycérine.

M. Fritsch attribue à la dichlorobenzoïne et à ses homologues supérieurs une constitution symétrique. Il base cette assertion sur une simple analogie avec les dérivés acétylés. Il a fait breveter le procédé de préparation de ces corps qui a été décrit plus haut [*D. chem. G.*, **24**, 775].

ÉTHERS OXYDES DE LA GLYCÉRINE.

M. Zunino a indiqué un procédé général de préparation des oxydes dialcoylés du type

$$CH^2OR - CHOH - CH^2OR.$$

Ce procédé consiste à chauffer l'épichlorhydrine avec une solution à 10 0/0 de potasse dans l'alcool approprié :

$$\begin{array}{l} CH^2 \diagdown \\ \quad\ \ \diagup O \\ CH \diagup \quad + KOH + 2C^2H^5OH \\ CH^2Cl \end{array}$$

$$= KCl + 2H^2O + \begin{array}{l} CH^2 - O - C^2H^5 \\ CHOH \\ CH^2 - O - C^2H^5 \end{array}$$

Voici les constantes physiques des éthers oxydes qui ont été préparés par cette méthode :

| | Densité | Point d'ébullition |
|---|---|---|
| Diméthyline | 0,915 à 21° | 169° |
| Diéthyline | 0,920 — | 190-101° |
| Dipropyline | 0,912 — | 215-217° |
| Di-isoamyline | — | 269-270° |
| Di-isopropyline | 0,917 à 15° | 112-113° (sous 30ᵐᵐ) |

|                     | Densité      | Point d'ébullition        |
|---------------------|--------------|---------------------------|
| Dibutyline (tert.). | 0,921 à 15°  | 209-210° (sous 100$^{mm}$) |
| Dihexyline......    | 0,987   —    | 180°    (sous 30$^{mm}$)  |
| Dioctyline......    | 0,990   —    | 224°      —               |
| Dibenzyline......   | 0,918   —    | 157-158° (sous 15$^{mm}$) |

La dibenzyline doit être préparée en ajoutant goutte à goutte le chlorure de benzyle à une solution chaude d'épichlorhydrine dans la potasse.

La dibutyline tertiaire est solide et fond à 28° [Zunino, *Atti di Lincei*, (5), 6, 348 ; 9, 309].

DIALLYLINE,

$$C^3H^3 - \begin{cases} OH \\ O\,C^3H^5 \\ O\,C^3H^5 \end{cases}$$

— Cet éther a été obtenu en faisant agir le sodium sur une solution éthérée d'épichlorhydrine ordinaire. Il se forme en même temps de l'alcool allylique.

La diallyline se présente sous la forme d'un liquide mobile qui bout à 225-227°, et dont la densité est égale à 0,9972 à 0° et à 0,9835 à 15°. Elle se polymérise avec facilité.

Cette diallyline fixe le brome, à froid, pour donner un tétrabromure huileux ; l'anhydride acétique la transforme en un *dérivé monoacétylé*,

$$C^3H^3 - \begin{cases} O\,.\,COCH^3 \\ O\,C^3H^5 \\ O\,C^3H^5 \end{cases}$$

qui bout à 240-242°, et dont la densité est de 0,9996 à 20° [N. Kijner, *Journ. Soc. russe*, 4, 31].

GLYCÉRYLINE, $C^6H^{10}O^3$. — Ce composé a été déjà mentionné (voyez 1$^{er}$ Suppl., 875).

On le retire principalement des résidus de préparation de l'alcool allylique. Ceux-ci sont d'abord saturés de carbonate de potassium, puis épuisés à l'éther. L'extrait éthéré est ensuite évaporé, puis fractionné.

On obtient de plus grandes quantités de glycéryline en distillant à aussi haute température que possible un mélange de glycérine (1 partie) et de chlorure d'ammonium (2 parties). Le produit de la distillation est neutralisé par le carbonate de potassium et traité comme il a été dit plus haut.

La glycéryline constitue un liquide visqueux qui bout à 170° ; elle dissout de petites quantités d'eau, bien qu'elle soit précipitée par un excès de ce liquide. Elle est insoluble dans les carbonates alcalins.

La glycéryline ne possède pas de propriétés réductrices ; mais lorsqu'elle a été chauffée avec de l'acide chlorhydrique, elle réduit la liqueur de Fehling, et elle précipite, en les réduisant également, les sels d'argent et de bismuth.

L'iode ne l'attaque pas, mais il transforme en iodoforme le produit de dédoublement résultant de l'action de l'acide chlorhydrique.

Le brome agit sur la glycéryline en donnant naissance à des produits de substitution. Les chlorures d'acétyle ou de benzoyle sont sans action.

Lorsqu'on traite la glycéryline par l'amalgame de sodium en présence d'acide sulfurique, on obtient un composé cétonique qui bout entre 68 et 70°.

MM. Tollens et A. Sol ont attribué à la glycéryline l'une des constitutions suivantes :

$$\begin{array}{cccc}
CH^3 & CH^3 & & CH^3 \qquad CH^3 \\
| & | & & | \qquad\quad | \\
CO & CO & \text{ou} & C\!<\!\!\begin{smallmatrix}O\\O\end{smallmatrix}\!\!>\!C \\
| & | & & | \qquad\quad | \\
CH^2-O-CH^2 & & & CH^2-O-CH^2
\end{array}$$

[*D. chem. G.*, 14, 1946].

M. Stoehr a obtenu un composé répondant à la même formule $C^6H^{10}O^3$ en fractionnant les portions bouillant au-dessus de 190° du produit qui résulte de l'action du phosphate d'ammonium sur la glycérine.

Ce composé est tout à fait différent de celui de MM. Tollens, Linnemann, etc. (voy. Dict. et 1$^{er}$ Suppl., *loc. cit.*). Il cristallise en prismes tricliniques, fondant à 124-125°, peu solubles dans l'éther et le sulfure de carbone, solubles dans les autres liquides organiques et dans l'eau. Ce corps ne renferme ni oxhydryle, ni groupement cétonique, ni groupement oxyde d'éthylène. Il fixe le brome en donnant naissance à un *dérivé bromé* peu stable, et forme un *chloromercurate* fusible à 223°. On l'obtient également en distillant de la glycérine en présence d'acide phosphorique [Stoehr, *J. prakt. Chem.*, (2), 55, 78].

On connaît des éthers-oxydes dérivant de 2 molécules de glycérine par perte de 1 molécule d'eau seulement.

Ainsi, M. Geitel a isolé, parmi les produits de l'action de l'acide acétique sur la glycérine, une *monoacétyldiglycérine* et une *triacétyldiglycérine* :

$$C^3H^5\,(OH)^2 - O - C^3H^5\,(OH)\,(C^2H^3O^2)$$

et

$$C^3H^5\,(C^2H^3O^2)^2 - O - C^3H^5\,(OH)\,(C^2H^3O^2).$$

La préparation de ces composés a déjà été décrite (voy. ACÉTINES).

Le premier se trouve renfermé dans les portions qui sont le plus solubles dans l'alcool et l'eau, et le moins solubles dans l'éther. Il se présente sous la forme d'un liquide incolore dont la densité est égale à 1,2323 à 15°.

Le dérivé triacétylé est plus soluble dans l'éther et l'est moins dans l'eau. Il bout à 178-179° sous 40 millimètres. Sa densité est égale à 1,1912 à 15° [Geitel, *J. prakt. Chem.*, (2), 55, 417].

DIPHÉNYLINE

$$\begin{array}{l}
CH^2\,.\,O\,.\,C^6H^5 \\
| \\
CHOH \\
| \\
CH^2\,.\,O\,.\,C^6H^5
\end{array}$$

— Ce composé a été préparé de la façon suivante : On introduit 60 grammes de potasse dans 100 grammes de phénol fondu, et l'on ajoute par petites portions à la masse encore chaude 70 gr. de dichlorhydrine. Pour terminer la réaction, on chauffe au bain-marie pendant une demi-heure. On précipite ensuite le produit par l'eau, et l'on extrait au moyen de l'éther.

La diphényline de la glycérine se présente sous la forme de paillettes nacrées, fusibles à 80-81° ; elle est très soluble dans l'eau et peu soluble dans l'alcool froid, mais elle se dissout facilement dans les autres solvants organiques. On peut la sublimer sans décomposition.

La potasse saponifie difficilement la diphényline. Lorsqu'on fait agir le sodium sur une solution benzénique de ce composé, on obtient un *dérivé sodé*,

$$C^3H^5\!<\!\begin{smallmatrix}(O\,C^6H^5)^2\\O\,Na\end{smallmatrix}$$

qui se dépose sous la forme d'une masse cristalline lorsqu'on évapore la solution.

En chauffant la diphényline avec du chlorure d'acétyle au réfrigérant ascendant, on la transforme en un *dérivé acétylé*,

$$\begin{array}{l}
CH^2\,.\,O\,.\,C^6H^5 \\
| \\
CHO\,.\,COCH^3 \\
| \\
CH^2\,.\,O\,.\,C^6H^5
\end{array}$$

qu'on précipite par l'eau et qu'on fait cristalliser dans l'alcool. Ce dérivé se présente sous la forme de prismes fusibles à 70-71°, qui sont insolubles dans l'eau, mais solubles dans la plupart des dissolvants organiques.

Lorsqu'on chauffe la diphényline avec un excès de chlorure d'acétyle (4-5 parties), au réfrigérant ascendant, pendant 2 heures, on obtient un produit jaune, incristallisable, qui répond à la formule d'un *dérivé triacétylé*, $C^{21}H^{22}O^6$. La constitution de ce corps n'a pas été établie.

Le *dérivé monobenzoylé*,

$$\begin{array}{l} CH^2 . O . C^6H^5 \\ | \\ CH . O . COC^6H^5, \\ | \\ CH^2 . O . C^6H^5 \end{array}$$

se prépare en chauffant la diphényline avec un léger excès de chlorure de benzoyle. Il cristallise en tables clinorhombiques, fusibles à 66-67°, solubles dans les dissolvants organiques et insolubles dans l'eau.

Avec un excès de chlorure de benzoyle (6-7 parties) et à une température plus élevée, on obtient un *dérivé tribenzoylé*, $C^{36}H^{28}O^6$, sous la forme d'une huile incristallisable, insoluble dans l'eau et dans les carbonates alcalins.

Lorsqu'on chauffe la diphényline avec de l'acide sulfurique concentré, elle s'y dissout avec une coloration rouge foncé, en se transformant en un *acide m-disulfonique*,

$$\begin{array}{l} CH^2 . O . C^6H^4 . SO^3H \\ | \\ CHOH \\ | \\ CH^2 . O . C^6H^4 . SO^3H \end{array}$$

La réaction est terminée lorsque la masse se dissout complètement dans l'eau. On ajoute alors un excès d'eau, on sature par le carbonate de baryum, on filtre et on évapore.

Le *sel de baryum* se dépose sous la forme d'une masse cristalline qu'on peut ensuite décomposer par l'acide sulfurique dilué, mais l'acide disulfonique lui-même est peu stable et n'a pu être obtenu qu'à l'état visqueux.

Son *sel ammoniacal* présente les caractères suivants : il précipite en blanc l'acétate de plomb et l'azotate d'argent; avec le sulfate de cuivre, il donne d'abord une coloration verdâtre, puis un précipité vert pâle ; avec l'azotate mercureux, la solution se colore en brun et finit par laisser déposer une poudre rougeâtre. Le chlorure ferrique donne d'abord une coloration violette, puis un précipité d'un jaune rougeâtre.

Les sels alcalins et alcalino-terreux de l'acide disulfonique cristallisent en lamelles solubles dans l'eau.

Le *sel de potassium*,

$$C^3H^5 \Big\langle \begin{array}{l} OH \\ (OC^6H^4SO^3K)^2 \end{array}, 2H^2O,$$

devient anhydre à 150°. Lorsqu'on chauffe ce sel à 150° pendant 10 heures avec une solution concentrée de potasse, on obtient de la résorcine et de la glycérine, suivant l'équation :

$$\begin{array}{l} CH^2 . O . C^6H^4 . SO^3K \\ | \\ CHOH \qquad\qquad + 2KOH + 2H^2O \\ | \\ CH^2 . O . C^6H^4 . SO^3K \end{array}$$

$$= \begin{array}{l} CH^2OH \\ | \\ CHOH \\ | \\ CH^2OH \end{array} + 2C^6H^4 \Big\langle \begin{array}{l} OH \\ OH \end{array} + 2K^2SO^3.$$

Les éthers de l'acide disulfonique de la diphényline ne paraissent pas susceptibles d'existence. Du moins, il a été impossible de les préparer au moyen du gaz chlorhydrique ou des iodures alcooliques [Adelbert Rössing, *D. chem. G.*, 19, 63].

DÉRIVÉS AMMONIACAUX DE LA GLYCÉRINE.

Les glycéramines ont été décrites complètement (Dict. et 1er Suppl., *loc. cit.*).

En chauffant pendant 12 heures au bain-marie un mélange de monochlorhydrine de la glycérine et de triméthylamine à 33 0/0, M. Hanriot a obtenu du *chlorhydrate de triméthylglycérammonium*, $C^3H^7O^2 . (CH^3)^3Az . Cl$.

Si l'on additionne le produit brut de chlorure de platine, on obtient, par évaporation de la liqueur filtrée, des tables orangées appartenant au système orthorhombique qui constituent le *chloroplatinate* correspondant,

$$[C^3H^7O^2 . (CH^3)^3AzCl]^2PtCl^4.$$

Ce sel est soluble dans l'eau et insoluble dans l'alcool; il perd facilement de l'acide chlorhydrique dans le vide.

Le *chlorhydrate* n'a pu être obtenu à l'état cristallisé [M. Hanriot, *C. R.*, 86, 1335].

*Tricarbamate de la glycérine,*

$$C^3H^5 . (CO^2AzH^2)^3.$$

— Ce composé a été obtenu en faisant réagir la chlorocarbamide sur une solution alcoolique de glycérine à la température du bain-marie :

$$C^3H^5(OH)^3 + 3Cl . COAzH^2$$
$$= C^3H^5(OCOAzH^2)^3 + 3HCl.$$

Il cristallise dans l'acide acétique bouillant en aiguilles fusibles à 215° [L. Gattermann, *Ann. Chem.*, 244, 29].

DÉRIVÉS CYANÉS ET SULFURÉS.

L'action du sulfocyanate de potassium sur les chlorhydrines et les acétodichlorhydrines ne donne naissance qu'à des produits instables.

Par contre, si l'on chauffe vers 110-115° des quantités équimoléculaires de β-dibromhydrine et de sulfocyanate en présence d'alcool, on obtient la *disulfocyanhydrine* correspondante,

$$\begin{array}{l} CH^2 . SCAz \\ | \\ CH . SCAz \\ | \\ CH^2OH \end{array}$$

Celle-ci se présente sous la forme d'un liquide à odeur alliacée, insoluble dans l'eau, soluble dans l'alcool et dans l'éther. La réduction de ce composé par l'étain et l'acide chlorhydrique fournit de l'*alcool iminométhane-dithioprovylique*.

$$\begin{array}{l} CH^2 - S \diagdown \\ | \qquad\quad CAzH \\ CH - S \diagup \\ | \\ CH^2OH \end{array}$$

dont le *chlorhydrate* cristallise en prismes quadratiques solubles dans l'alcool, peu solubles dans l'eau, insolubles dans l'éther et dans le chloroforme.

Si, dans la réaction précédente, on remplace la dibromhydrine par l'acétodibromhydrine correspondante, on obtient l'*α-acétodisulfocyanhydrine*,

$$C^3H^5(SCAz)^2(OCOCH^3),$$

sous la forme d'un liquide rougeâtre insoluble dans l'eau [Engle, *Am. Soc.*, **20**, 668].

### COMBINAISONS DE LA GLYCÉRINE AVEC LES ALDÉHYDES ET AVEC LES CÉTONES.

**COMBINAISONS DE LA GLYCÉRINE ET DE L'ALDÉHYDE FORMIQUE.** — La formaldéhyde s'unit à chaud avec la glycérine pour donner naissance à une *combinaison méthylénique* (formal de la glycérine),

$$CH^2-O\diagdown$$
$$\quad | \qquad\ CH^2$$
$$CH-O\diagup$$
$$\quad |$$
$$CH^2OH$$

qui a été étudiée par M. Henry. Ce composé a été décrit à l'article FORMIQUE (ALDÉHYDE).

L'*éther benzoïque* de ce formal,

$$CH^2-O\diagdown$$
$$\quad | \qquad\ CH^2$$
$$CH-O\diagup$$
$$\quad |$$
$$CH^2-O.COC^6H^5$$

cristallise en paillettes fusibles à 70°, solubles dans l'éther, peu solubles dans l'eau [M. Schulz et B. Tollens, *D. chem. G.*, **27**, 1894].

**COMBINAISON DE LA GLYCÉRINE AVEC L'ALDÉHYDE BENZOÏQUE.** — La glycérine s'unit à une molécule d'aldéhyde benzoïque pour donner un composé répondant à la formule

$$C^3H^5\diagup\!\!\!\genfrac{}{}{0pt}{}{O}{O}\diagdown CH.C^6H^5$$
$$\diagdown OH$$

et auquel M. E. Fischer a donné le nom de *benzylidène-glycérine*.

Pour préparer cette benzylidène-glycérine, on sature de gaz chlorhydrique un mélange refroidi à 0° de glycérine déshydratée (5 parties) et d'aldéhyde benzoïque pure (8 parties). On abandonne ensuite la masse à elle-même pendant quelques jours en la maintenant toujours à basse température. La benzylidène-glycérine cristallise peu à peu. On la purifie en la dissolvant dans de l'éther tiède et en la précipitant par de la ligroïne. Les premières portions sont à rejeter, car elles contiennent principalement un produit de condensation moins riche en carbone.

La benzylidène-glycérine pure se présente sous la forme d'aiguilles fusibles à 66°, qui sont solubles dans l'alcool, l'éther et l'eau bouillante, et insolubles dans l'eau froide. Elle possède une saveur amère et astringente. On peut la distiller sans décomposition dans le vide. Les acides dilués bouillants la dédoublent très rapidement en aldéhyde benzoïque et glycérine [E. Fischer, *D. chem. G.*, **27**, 1536].

**COMBINAISON DE LA GLYCÉRINE AVEC L'ACÉTONE.** — Cette combinaison s'obtient en mélangeant 1 partie de glycérine déshydratée avec 5 parties d'acétone renfermant environ 1 0/0 de gaz chlorhydrique. On laisse reposer le tout pendant 20 heures à la température ordinaire, puis on élimine l'acide chlorhydrique au moyen de carbonate de plomb finement pulvérisé; on filtre, on concentre la liqueur au bain-marie et on distille le résidu sous pression réduite.

La combinaison d'acétone et de glycérine bout à 82-83° sous 10-11 millimètres, et à 104-106° sous 51 millimètres. Elle répond à la formule

$$C^3H^6O^3 = C(CH^3)^2.$$

M. E. Fischer lui assigne une des deux constitutions suivantes :

$$CH^3\diagdown\qquad\diagup O-CH^2$$
$$\qquad C\qquad\qquad |$$
$$CH^3\diagup\ \diagdown O-CH$$
$$\qquad\qquad\qquad\quad |$$
$$\qquad\qquad\qquad CH^2OH$$

ou

$$\qquad\qquad\qquad\diagup O-CH^2$$
$$CH^3\diagdown\ \diagup\qquad |$$
$$\qquad C\qquad\quad CHOH$$
$$CH^3\diagup\ \diagdown\qquad |$$
$$\qquad\qquad\quad O-CH^2$$

Elle se présente sous la forme d'un liquide épais, inodore, soluble en toutes proportions dans l'eau et dans les dissolvants organiques, à l'exception de la ligroïne. Elle est insoluble dans les alcalis. Sa densité à 20° est égale à 1,064.

Les acides minéraux dilués bouillants dédoublent facilement cette combinaison en glycérine et acétone. Le chlorure de benzoyle en présence d'un alcali la transforme en un mélange d'acétone et de tribenzoïne de la glycérine [E. Fischer, *D. chem. G.*, **28**, 1167].

**COMBINAISON DE LA GLYCÉRINE ET DU GLUCOSE,** $C^6H^{11}O^5.C^3H^4(OH)^2$. — Cette combinaison s'obtient en chauffant au bain-marie 1 partie de glucose pulvérisé avec 2 parties de glycérine pure jusqu'à ce que la dissolution soit limpide. On refroidit ensuite la masse et on la sature de gaz chlorhydrique, en répétant cette dernière opération jusqu'à ce qu'une prise d'essai du mélange ne réduise plus la liqueur de Fehling.

On dissout alors le produit dans 2 parties d'eau froide, on sature par le carbonate de baryum, puis par de l'eau de baryte, et l'on précipite au bout de quelques heures l'excès de baryte par un courant de gaz carbonique. La liqueur filtrée est ensuite évaporée à 50° dans le vide, le résidu est épuisé par l'alcool absolu bouillant, et le glucoside précipité par l'éther. En répétant plusieurs fois cette opération, on obtient un sirop visqueux, soluble dans l'eau et dans l'alcool, presque insoluble dans l'éther, qui constitue le glucoside absolument pur.

Ce glucoside ne réduit pas la liqueur de Fehling; il est dédoublé très facilement par les acides minéraux en glycérine et glucose [E. Fischer et Leo Beensch, *D. chem. G.*, **27**, 2478].

**ACTION DE LA GLYCÉRINE SUR L'ACIDE GALLIQUE.** — En fondant un mélange d'acide gallique et de glycérine avec du bisulfate de potasse, M. C. Bœttinger a obtenu deux combinaisons. L'une est soluble dans l'alcool et répond à la formule $C^{14}H^{10}O^8, H^2O$; l'autre est insoluble dans l'alcool. Elle possède la formule $C^{12}H^{14}O^9, 2H^2O$ [*Arch. Pharm.*, **232**, 545].

### ANHYDRIDES DE LA GLYCÉRINE.

GLYCIDE,

$$CH^2\diagdown$$
$$\quad |\qquad O$$
$$CH\diagup$$
$$\quad |$$
$$CH^2OH$$

Le glycide constitue l'un des anhydrides internes de la glycérine; l'autre, qui devrait posséder la formule symétrique, n'est pas connu. M. Bigot en a cependant préparé des dérivés chlorés, bromés et iodés qui correspondent exactement à l'α-épichlorhydrine et à l'α-épiiodhydrine,

$$CH^2\diagdown\qquad\qquad CH^2\diagdown$$
$$\quad |\qquad O\qquad\qquad |\qquad O$$
$$CH\diagup\qquad\qquad CHCl$$
$$\quad |\qquad\qquad\qquad |$$
$$CH^2Cl\qquad\qquad CH^2\diagup$$

α-Épichlorhydrine.  β-Épichlorhydrine.

On a déjà décrit la préparation et les propriétés

du glycide et d'un certain nombre de ses dérivés (Dict., **1**, 1597 ; 1er Suppl., 874).

M. Breslauer a obtenu de très faibles quantités de glycide en chauffant l'épichlorhydrine α avec de l'acétate de potassium et en traitant par la soude concentrée l'acétine ainsi obtenue. Cet auteur a montré que lorsqu'on emploie la potasse, on n'obtient pas de glycide [*J. prakt. Chem.*, (2), **20**, 192].

Le procédé de M. Hanriot (*loc. cit.*) ne donne que des rendements médiocres, car le glycide qui s'est formé se trouve en contact avec de l'eau provenant de la réaction, et il s'hydrate aussitôt.

M. Bigot a obtenu de meilleurs résultats en faisant agir le sodium sur la monochlorhydrine en présence d'éther anhydre :

$$\begin{matrix} CH^2OH \\ | \\ CHOH \\ | \\ CH^2Cl \end{matrix} + Na = NaCl + H + \begin{matrix} CH^2OH \\ | \\ CH \\ | \\ CH^2 \end{matrix}\!\!\Big\rangle O$$

Le mode opératoire est le suivant : On introduit dans un ballon, surmonté d'un réfrigérant ascendant et plongé dans l'eau tiède, 350 grammes de monochlorhydrine pure dissoute dans trois fois son volume d'éther anhydre. On ajoute ensuite 70 grammes de sodium en trois morceaux, de façon à diminuer autant que possible la surface de contact, et on abandonne la masse à elle-même pendant trois jours. Au bout de ce temps, le contenu du ballon est constitué par du chlorure de sodium baigné d'un liquide visqueux et par une couche éthérée qui surnage. On décante l'éther, on lave le résidu avec de l'éther anhydre, puis on le reprend par un mélange d'éther et d'alcool absolu pour dissoudre complètement la substance visqueuse.

La solution éthérée est constituée par un mélange de glycide et de monochlorhydrine inaltérée, qu'on peut séparer par fractionnement dans le vide. L'extrait alcoolique renferme surtout de la monochlorhydrine et une substance chlorée, visqueuse, insoluble dans l'éther, qui bout vers 180° sous 15 millimètres en se décomposant partiellement. 1 kilogramme de monochlorhydrine pure fournit par ce procédé environ 200 grammes de glycide absolument pur.

Le glycide pur constitue un liquide assez épais, qui bout presque sans décomposition à 75° sous la pression de 15 millimètres, et à 160-161° sous la pression normale. Dans ce dernier cas, il s'altère notablement en se transformant en une masse visqueuse et en dégageant des vapeurs d'acroléine.

Le glycide pur ne se polymérise pas à la température ordinaire, même au bout de plusieurs mois. Il est doué d'une faible odeur et ne mouille pas le verre. Il fixe l'eau à froid en donnant de la glycérine.

L'ammoniaque aqueuse à 25 0/0 réagit sur le glycide en le transformant en *amino-β-propyl-glycol* :

$$\begin{matrix} CH^2 \\ | \\ CH \\ | \\ CH^2OH \end{matrix}\!\!\Big\rangle O + AzH^3 = \begin{matrix} CH^2-AzH^2 \\ | \\ CH-OH \\ | \\ CH^2-OH \end{matrix}$$

[L. et E. Knorr, *D. chem. G.*, **32**, 750].

Le gaz chlorhydrique s'unit avec énergie au glycide en donnant de la monochlorhydrine. Il en est de même des acides bromhydrique et iodhydrique.

Avec l'acide acétique on obtient, suivant les conditions dans lesquelles on opère, un mélange à proportions variables de monacétine, de diacétine et de triacétine de la glycérine. Mais la trans-

formation en triacétine n'est jamais totale, même lorsqu'on chauffe le mélange de glycide et d'acide acétique à 180° pendant 15 heures.

L'anhydride acétique se comporte comme l'acide acétique lorsqu'on opère à 100° ; mais si l'on chauffe le glycide avec un excès d'anhydride acétique pendant 12 heures à 170°, on obtient principalement de la triacétine bouillant à 268°.

L'action du chlorure d'acétyle sur le glycide est très énergique. Si l'on opère en présence d'éther sec et à froid, on obtient deux *chloracétines* isomériques qui bouillent, l'une à 218-220° et l'autre à 228-230°. La formation de ces deux chloracétines peut être représentée par les équations suivantes :

$$\begin{matrix} CH^2 \\ | \\ CH \\ | \\ CH^2OH \end{matrix}\!\!\Big\rangle O + CH^3.COCl = \begin{matrix} CH^2Cl \\ | \\ CH.O.CO.CH^3, \\ | \\ CH^2OH \end{matrix}$$

$$\begin{matrix} CH^3 \\ | \\ CH \\ | \\ CH^2OH \end{matrix}\!\!\Big\rangle O + CH^3.COCl = \begin{matrix} CH^2.O.CO.CH^3 \\ | \\ CHCl \\ | \\ CH^2OH \end{matrix}$$

Le second de ces composés a été déjà décrit par M. Henry, qui l'a obtenu en fixant l'acide hypochloreux sur l'alcool allylique.

La troisième chloracétine possible a été préparée par M. Reboul en chauffant à 100° l'épichlorhydrine avec de l'acide acétique :

$$\begin{matrix} CH^2 \\ | \\ CH \\ | \\ CH^2Cl \end{matrix}\!\!\Big\rangle O + CH^3.CO^2H = \begin{matrix} CH^2.O.CO.CH^3 \\ | \\ CHOH \\ | \\ CHCl \end{matrix}$$

Elle bout à 240°. On obtient dans cette réaction une certaine quantité de chloracétine bouillant à 218°

Le sodium réagit sur la chloracétine de M. Henry en donnant l'éther acétique du glycide :

$$\begin{matrix} CH^2.O.CO.CH^3 \\ | \\ CHCl \\ | \\ CH^2OH \end{matrix} + Na = NaCl + \begin{matrix} CH^2.O.CO.CH^3 \\ | \\ CH \\ | \\ CH^2 \end{matrix}\!\!\Big\rangle O + H.$$

Le chlorure de soufre $S^2Cl^2$ attaque facilement le glycide ; lorsqu'on chauffe les deux substances à 110°, on obtient principalement de la dichlorhydrine symétrique :

$$2\begin{matrix} CH^2 \\ | \\ CH \\ | \\ CHH^2O \end{matrix}\!\!\Big\rangle O + 2S^2Cl^2 = 3S + SO^2 + 2\begin{matrix} CH^2Cl \\ | \\ CHOH \\ | \\ CH^2Cl \end{matrix}$$

[A. Bigot, *Ann. Chim. Phys.*, (6), **22**, 482].

Le glycide s'unit facilement à la glycérine pour donner naissance à des polyglycérides. Il posséderait la propriété de réduire l'azotate d'argent ammoniacal à la température ordinaire [Breslauer, *loc. cit.*].

La plupart des éthers du glycide ont été décrits.

Le *pyruvate de glycide*,

$$\begin{matrix} CH^2 \\ | \\ CH \\ | \\ CH^2-O-CO \end{matrix}\!\!\Big\rangle O\ \begin{matrix} CH^3 \\ | \\ CO \end{matrix}$$

a été obtenu par M. Bœttinger en chauffant pendant quelque temps un mélange d'acide pyruvique (3 grammes), de glycérine (3 grammes) et de bisulfate de potassium (5 grammes).

Il se présente sous la forme de paillettes brillantes, solubles dans l'éther et dans l'alcool bouillant, insolubles dans l'eau [*Ann. Chem.*, **263**, 246].

### α-ÉPICHLORHYDRINE,

$$\begin{array}{l} CH^2 \diagdown \\ | \qquad \diagup O \\ CH \diagup \\ | \\ CH^2Cl \end{array}$$

*Préparation.* — M. Fauconnier a perfectionné la préparation de l'épichlorhydrine en modifiant la méthode de M. Reboul de la façon suivante :

On chauffe à 110° de la dichlorhydrine symé·· trique (650 grammes) et l'on ajoute peu à peu une solution saturée de soude renfermant 250 grammes de soude caustique. Lorsque la réaction est terminée, on filtre pour éliminer le chlorure de sodium, on décante la couche éthérée qui s'est séparée, et on la fractionne dans le vide. La portion passant au-dessous de 75° est lavée à l'eau et fractionnée de nouveau sous la pression normale, sans avoir été desséchée sur du chlorure de calcium, car ce sel se combine avec l'épichlorhydrine en donnant une combinaison qu'il est très difficile de décomposer.

L'épichlorhydrine pure bout à 116°. Ses propriétés physiques ont déjà été décrites (Dict., 1, 1598 : 1ᵉʳ Suppl.. 875).

*Action du chlore sur l'épichlorhydrine.* — Le chlore réagit très lentement sur l'épichlorhydrine à la lumière diffuse. Lorsqu'on fractionne le produit de la réaction, on obtient un liquide huileux qui bout d'une façon assez constante vers 170°, et auquel M. Cloëz attribue la constitution d'une épichlorhydrine chlorée (voyez plus loin),

$$\begin{array}{l} CHCl^2 \\ | \\ CH \diagdown \\ | \qquad \diagup O \\ CH^2 \diagup \end{array}$$

A froid, le chlore se dissout simplement dans l'épichlorhydrine en la colorant en vert. Si l'on chauffe cette solution à 100° en continuant la saturation, il se dégage de l'acide chlorhydrique et l'on obtient l'épichlorhydrine chlorée mentionnée plus haut, ainsi que des produits d'oxydation peu stables.

Lorsqu'on fait agir sur cette épichlorhydrine chlorée de l'amalgame de sodium à 5 0/0, on obtient deux produits, qui sont l'alcool allylique et l'épichlorhydrine.

D'autre part, si l'on chauffe l'épichlorhydrine chlorée avec de l'eau ou avec de l'acide chlorhydrique à 100° en vase clos, on la transforme en dichlorhydrine symétrique, tandis que lorsqu'on la distille avec de la soude, on obtient de l'épichlorhydrine.

M. Fauconnier conclut de là que l'épichlorhydrine chlorée de M. Cloëz est constituée par de la dichlorhydrine symétrique, puisqu'elle se comporte de la même façon vis-à-vis de l'eau, du sodium et des alcalis. Cette dichlorhydrine serait mélangée d'un peu de dichloracétine symétrique qu'on peut enlever au moyen du bisulfite de soude.

L'action du chlore sur l'épichlorhydrine se-

rait représentée par les équations suivantes :

$$\begin{array}{l} CH^2Cl \qquad\qquad CH^2Cl \\ | \qquad\qquad\qquad\quad | \\ CH \diagdown \qquad + Cl^2 = CO \quad + HCl, \\ | \quad \diagup O \qquad\qquad | \\ CH^2 \diagup \qquad\qquad CH^2Cl \end{array}$$

$$\begin{array}{l} CH^2Cl \qquad\qquad CH^2Cl \\ | \qquad\qquad\qquad\quad | \\ CH \diagdown \qquad + HCl = CHOH. \\ | \quad \diagup O \qquad\qquad | \\ CH^2 \diagup \qquad\qquad CH^2Cl \end{array}$$

Cette hypothèse de M. Fauconnier paraît en désaccord avec deux faits : le dégagement abondant de gaz chlorhydrique pendant la réaction, et l'action de l'ammoniaque qui transforme l'épichlorhydrine en un composé défini, insoluble dans l'alcool et dans l'eau, qui répond à la formule $C^6H^{11}Cl^2AzO^2$.

*Action du brome.* — En chauffant l'épichlorhydrine avec du brome à 100° pendant 4 heures, M. Cloëz a obtenu un *dérivé bromé* répondant à la formule $C^3H^2ClBr^3O$, qui est différent de la chlorotribromacétone ordinaire. Cette substance se présente sous la forme d'un liquide visqueux, plus dense que l'eau. Il se décompose à la distillation et forme un *hydrate* qui fond à 55° [Cloëz, *Ann. Chim. Phys.*, (6), **9**, 170].

*Action de l'acide hypochloreux.* — M. Carius a décrit sous le nom de *propylphylcite* un alcool tétratomique en $C^3$ qu'il aurait obtenu en faisant agir l'acide hypochloreux sur l'épichlorhydrine, et en saponifiant ensuite par la potasse alcoolique la chlorhydrine résultant de ce traitement (voyez 1ᵉʳ Suppl., *loc. cit.*)

M. Fauconnier a repris l'étude de cette réaction, et il a pu identifier la chlorhydrine de la propylphylcite avec la monochlorhydrine de la glycérine, d'où il résulte que la propylphylcite n'est que de la glycérine impure.

L'action de l'acide hypochloreux sur l'épichlorhydrine se borne à une hydratation :

$$\begin{array}{l} CH^2Cl \qquad\qquad CH^2Cl \\ | \qquad\qquad\qquad\quad | \\ CH \diagdown \qquad + H^2O = CHOH^2. \\ | \quad \diagup O \qquad\qquad | \\ CH^2 \diagup \qquad\qquad CH^2OH \end{array}$$

*Action de l'ammoniaque.* — Lorsqu'on sature l'épichlorhydrine par du gaz ammoniac, qu'on l'abandonne à elle-même pendant 24 heures et qu'on répète quatre ou cinq fois de suite le même traitement en refroidissant constamment, on obtient un liquide visqueux qui finit par laisser déposer des cristaux blancs de forme octaédrique qu'on ne peut purifier qu'en les dissolvant dans l'acide acétique dilué. On sursature ensuite par l'ammoniaque, on filtre pour éliminer une matière résineuse qui se précipite, et on abandonne la liqueur à la cristallisation spontanée.

Le produit ainsi purifié fond à 92-93°; il se décompose vers 150° en donnant de l'acroléine. Sa composition répond assez bien à la formule $C^9H^{18}AzCl^3O^3$. On a donc affaire à une combinaison de 1 molécule d'ammoniaque avec 3 molécules d'épichlorhydrine. M. Fauconnier lui a donné le nom de *trichloroxypropylamine*, et il lui assigne l'une des constitutions suivantes :

$$\left(\begin{array}{l} CH^2Cl \\ | \\ CHOH \\ | \\ CH^2 — \end{array}\right)^3 Az \quad ou \quad \left(\begin{array}{l} CH^2Cl \\ | \\ CH — \\ | \\ CH^2OH \end{array}\right)^3 Az.$$

La trichloroxypropylamine est très altérable. Les dissolvants neutres la décomposent à chaud.

Elle possède une saveur amère et s'unit aux acides dilués pour former des sels difficilement cristallisables.

Le *chlorhydrate*, $C^9H^{18}AzCl^3O^3$, HCl, a été obtenu par évaporation lente de la solution chlorhydrique. Il fond à 173° et cristallise en fines aiguilles solubles dans l'eau, peu solubles dans l'alcool froid.

Le *chloroplatinate*,

$$(C^9H^{18}AzCl^3O^3, HCl)^2 PtCl^4,$$

se présente sous la forme de fines aiguilles jaunes, insolubles dans l'alcool éthéré.

Une solution acétique de trichloroxypropylamine précipite en blanc par le phosphotungstate de sodium et par le réactif de Nessler, en jaune citron par le phosphomolybdate de sodium, et en brun clair par l'iodure de potassium ioduré. On n'obtient aucun précipité avec l'iodomercurate et l'iodocadmiate de potassium, pas plus qu'avec les chlorures d'or, de platine et de mercure.

Les solutions alcooliques de trichloroxypropylamine réduisent lentement l'azotate d'argent ammoniacal à froid.

Lorsque l'on chauffe la trichloroxypropylamine avec l'ammoniaque ou avec les alcalis caustiques, on la transforme en une masse blanche, gélatineuse, insoluble dans les réactifs.

Les eaux mères de la préparation de la trichloroxypropylamine renferment une autre *base*, qui donne un précipité blanc avec le chlorure mercurique. Cette base est incristallisable ainsi que ses sels. Elle ne peut être distillée sans se décomposer avec violence (A. Fauconnier).

*Action de l'aniline.* — M. von Hörmann a reconnu que l'aniline et l'épichlorhydrine se combinent soit à la température ordinaire, soit plus facilement en vase clos, à chaud, en donnant naissance à des produits sirupeux qui possèdent la propriété de se colorer en violet sous l'influence des oxydants [*D. chem. G.*, 15, 1541].

La combinaison de l'aniline avec l'épichlorhydrine s'effectue avec explosion lorsqu'on chauffe à 100° un mélange équimoléculaire des deux substances. En présence d'un dissolvant tel que l'alcool ou le benzène, on obtient un produit basique incristallisable, qui se décompose brusquement lorsqu'on cherche à le distiller. Cette base se forme aussi par contact prolongé de l'épichlorhydrine et de l'aniline à la température ordinaire. Sa solution chlorhydrique réduit les chlorures d'or et de platine à froid; elle précipite en blanc le chlorure mercurique, le phosphomolybdate et le phosphotungstate de sodium, le réactif de Nessler, l'iodomercurate, l'iodocadmiate et le ferrocyanure de potassium; elle donne un précipité jaune avec l'acide picrique, un précipité brun avec l'iodure de potassium ioduré et un précipité verdâtre peu stable avec le ferricyanure de potassium.

Une ébullition prolongée avec la potasse alcoolique transforme cette base en un *nouveau composé basique* qui répond à la formule $C^9H^{13}AzO^2$ et qui distille sans décomposition à 190-200° sous une pression de 20 millimètres. Cette base cristallise dans l'eau bouillante en prismes fusibles à 62°, solubles dans l'alcool. Elle se dissout dans les acides minéraux sans donner de sels cristallisés. Les alcalis et les carbonates alcalins la précipitent de ces dissolutions. Elle présente les mêmes réactions que la base primitive avec les réactifs énoncés précédemment, sauf qu'elle ne précipite pas par le chlorure mercurique, ni par le ferrocyanure.

L'eau de brome et les hypochlorites sont sans action sur la base $C^9H^{13}AzO^2$. Le bichromate de potassium précipite sa solution chlorhydrique en noir.

M. Fauconnier représente l'action de l'aniline sur l'épichlorhydrine par l'équation suivante :

$$\begin{array}{l} CH^2Cl \\ | \\ CH \diagdown \\ | \quad\quad O \\ CH^2 \diagup \end{array} + AzH^2 . C^6H^5 = \begin{array}{l} CH^2Cl \\ | \\ CH . AzH . C^6H^5 . \\ | \\ CH^2OH \end{array}$$

La potasse enlève à ce composé un atome de chlore pour lui substituer un oxhydryle en donnant naissance à la base cristallisée :

$$\begin{array}{l} CH^2Cl \\ | \\ CH.AzH.C^6H^5 \\ | \\ CH^2OH \end{array} + KOH = \begin{array}{l} CH^2OH \\ | \\ CH.AzH.C^6H^5 \\ | \\ CH^2OH \end{array} + KCl.$$

Si la base primitive possédait une structure dissymétrique, elle devrait se transformer en un dérivé phénylamidé du glycide sous l'influence de la potasse :

$$\begin{array}{l} CH^2Cl \\ | \\ CHOH \\ | \\ CH^2 . AzH . C^6H^5 \end{array} + KOH$$

$$= \begin{array}{l} CH^2 \diagdown \\ | \quad\quad O \\ CH \diagup \\ | \\ CH . AzH . C^6H^5 \end{array} + KCl + H^2O.$$

Or on a vu qu'il n'en est rien : cette dernière hypothèse doit donc être rejetée.

*Oxypropyldiphénylamine.* — Lorsqu'on verse de l'aniline dans de l'épichlorhydrine bouillante, la réaction peut devenir explosive, et il se forme des traces de diphénylamine, ainsi que d'autres produits impossibles à purifier.

En opérant de la façon inverse, c'est-à-dire en laissant tomber goutte à goutte de l'épichlorhydrine (1 mol.) dans de l'aniline (3 mol.) chauffée à 140°, on obtient un *dérivé dianilidé*, auquel M. Fauconnier a donné le nom d'*oxypropyldiphénylamine* :

$$\begin{array}{l} CH^2Cl \\ | \\ CH \diagdown \\ | \quad\quad O \\ CH^2 \diagup \end{array} + 3 AzH^2 . C^6H^5$$

$$= C^6H^5 . AzH^2 . HCl + \begin{array}{l} CH^2 . AzH . C^6H^5 \\ | \\ CH . AzH . C^9H^5 \\ | \\ CH^2OH \end{array}$$

Lorsque la réaction est terminée, on précipite la base par l'eau, et on fait cristalliser son chlorhydrate dans l'alcool bouillant.

L'*oxypropyldiphénylamine* se présente sous la forme de longues aiguilles incolores, fusibles à 53-54°, qui se colorent peu à peu en violet à la lumière. Elle se décompose en donnant de l'aniline dès qu'on la chauffe avec l'acide chlorhydrique.

M. Claus a déjà préparé le composé isomérique symétrique, auquel il a donné le nom de *dianiline-hydrine* (voyez 2e Suppl.. 2, 58).

Les sels de l'oxypropylphénylamine sont bien cristallisés.

Le *chlorhydrate* se présente sous la forme d'aiguilles blanches, solubles dans l'eau et dans l'alcool bouillant, insolubles dans l'éther. Il fond vers 201-202° en se décomposant. Sa solution aqueuse précipite en blanc par le phosphotungstate et le phosphomolybdate de sodium, par le réactif de Nessler, par l'iodomercurate de potassium, par le chlorure mercurique en présence des carbonates alcalins. Elle réduit le chlorure d'or et le ferricyanure de potassium. Elle précipite en jaune par l'acide picrique, en vert sale par l'eau de brome et les hypochlorites, et elle donne des colorations violettes ou noires avec le bichromate et le permanganate de potassium.

Le *chloroplatinate*,

$$(C^{18}H^{18}Az^2O, 2\,HCl) . PtCl^4, 3\,H^2O,$$

cristallise en lamelles d'un jaune d'or.

L'*oxalate*, $C^{18}H^{18}Az^2O . C^2H^2O^4, 1{,}5\,H^2O$, se précipite sous la forme d'aiguilles feutrées lorsqu'on agite une solution éthérée de la base avec une solution aqueuse d'acide oxalique. Il fond à 149-150° et se dissout facilement dans l'eau et dans l'alcool bouillant.

Le *dérivé acétylé*, $C^{18}H^{17}Az^2O . C^2H^3O, H^2O$, s'obtient en chauffant la base avec un excès d'anhydride acétique pendant 8 heures. Il cristallise dans l'alcool en lamelles blanches, fusibles à 99-100°.

Le *dérivé dinitrosé*, $C^{18}H^{16}Az^2O (A. O)^2$, prend naissance lorsqu'on mélange des solutions aqueuses de chlorhydrate de la base (1 mol.) et de nitrite de sodium (2 mol.); il se précipite sous la forme d'une résine rougeâtre qu'on reprend par l'éther. Il cristallise dans l'alcool en aiguilles orangées, fusibles à 108-109°.

La réduction de ce dérivé nitrosé par le zinc et l'acide acétique donne naissance à des produits peu nets.

*Phényldichloroxypropylamine.* — Lorsqu'on abandonne à lui-même pendant 15 jours un mélange d'épichlorhydrine (2 mol.) et d'aniline (1 mol.), on obtient peu à peu des croûtes cristallines qui constituent le chlorhydrate d'une nouvelle base :

$$2 \begin{pmatrix} CH^2Cl \\ | \\ CH \diagdown \\ | \phantom{xx} O \\ CH^2 \diagup \end{pmatrix} + AzH^2 . C^6H^5$$

$$= \underset{CH^2OH}{\overset{CH^2Cl}{CH}} - \underset{C^6H^5}{Az} - \underset{CH^2OH}{\overset{CH^2Cl}{CH}}$$

Pour isoler cette base, on décompose le sel par l'ammoniaque.

La phényldichloroxypropylamine se présente sous la forme de lamelles prismatiques, fusibles à 74-75°.

Le *chlorhydrate*, $C^{18}H^{17}Cl^2AzO^2, HCl$, cristallise en petits prismes qui fondent vers 157-159° en se décomposant.

Les réactions de ce sel sont sensiblement les mêmes que celles du chlorhydrate d'oxypropyldiphénylamine. Avec le chlorure d'or toutefois on obtient un précipité d'un rouge cerise qui se réduit immédiatement, avec l'eau de brome un précipité rouge, et avec le ferrocyanure de potassium un précipité blanc (A. Fauconnier).

*Action du sodium sur l'épichlorhydrine.* — On a signalé parmi les produits de l'action du sodium sur l'épichlorhydrine ordinaire un liquide bouillant vers 220-225°, qui répondrait à la formule $C^6H^{10}O^2$, et qui formerait avec le chlorure de sodium une combinaison $C^6H^{10}O^2 . 2\,NaCl$, ressemblant par sa consistance à du caoutchouc (1er Suppl., *loc. cit.*).

Cette dernière substance prend naissance avec explosion lorsqu'on fait agir directement le sodium sur l'épichlorhydrine. Si l'on prend soin de diluer cette dernière dans son volume d'éther, d'ajouter le sodium en un seul morceau et de plonger le ballon dans un bain d'eau à 40°, on peut éviter toute explosion et toute formation de produit solide. Au bout de 4 heures, la réaction est terminée. On traite le produit par l'eau et on épuise le résidu au moyen de l'éther. L'extrait éthéré est ensuite fractionné dans le vide. On obtient ainsi successivement de l'alcool allylique, de l'épichlorhydrine inaltérée, un composé bouillant à 152-153° sous la pression normale et répondant à la formule $C^6H^{10}O^2$. A partir de 160°, la température monte progressivement jusqu'à 200°, et à ce moment le résidu se transforme brusquement en la résine mentionnée plus haut. Entre 160 et 200°, passe une petite quantité d'un composé qui distille sans avoir de point d'ébullition fixe, et qui se polymérise partiellement chaque fois qu'on le fractionne. La nature de ce produit n'a pu être déterminée.

Avec l'épibromhydrine et l'épiiodhydrine, on arrive aux mêmes résultats. La substitution de l'amalgame de baryum au sodium n'a pas été plus avantageuse.

Le seul produit intéressant de cette réaction est le corps $C^6H^{10}O^2$, qui passe à la distillation avec l'épichlorhydrine, et dont il ne peut être séparé que par un grand nombre de fractionnements. 2 kilogrammes d'épichlorhydrine peuvent donner 200 grammes de produit pur bouillant à 153°. M. Bigot lui a donné le nom de *dioxyde hexylénique*.

Ce dioxyde se présente sous la forme d'un liquide incolore doué d'une odeur agréable, insoluble dans l'eau froide, peu soluble dans l'eau chaude. Il se combine avec le bisulfite de sodium et avec le chlorure de magnésium et réduit l'azotate d'argent ammoniacal et la liqueur de Fehling. La chaleur le polymérise à la longue.

Le dioxyde hexylénique ne se combine pas avec l'eau à froid. A 100°, par contre, il s'hydrate complètement en 5 ou 6 heures. En présence d'une trace d'acide, la réaction est immédiate; elle donne naissance à un liquide visqueux qui bout à 145° sous 20 millimètres, et qui est soluble dans l'eau, l'alcool et l'éther.

Cet *hydrate* répond à la formule $C^6H^{10}O (OH)^2$. Il possède une saveur sucrée et n'est pas susceptible de fixer une deuxième molécule d'eau. Il a pris naissance d'après l'équation

$$C^6H^{10}O^2 + H^2O = C^6H^{10}O (OH)^2.$$

Lorsqu'on chauffe le dioxyde à 180° pendant 15 heures avec un excès d'anhydride acétique, on obtient une *diacétine*, $C^6H^{10}O (OCOCH^3)^2$, sous la forme d'un liquide épais, insoluble dans l'eau, soluble dans les dissolvants organiques. Cette diacétine bout à 141° sous 15 millimètres. Elle n'est pas susceptible de réagir de nouveau sur l'anhydride acétique.

L'acide acétique se comporte comme l'anhydride vis-à-vis du dioxyde.

Avec le *chlorure d'acétyle*, on obtient une *chloracétine*, $C^6H^{10}OCl . (OCOCH^3)$, qui bout à 115° sous 16 millimètres.

Le gaz chlorhydrique sec transforme le dioxyde à froid en un liquide visqueux, plus lourd que l'eau, qui bout à 104-105° sous 20 millimètres, et qui répond à la formule d'une *chlorhydrine*,

$$C^6H^{10}O \begin{cases} Cl \\ OH \end{cases}$$

La *bromhydrine* correspondante distille à 120° sous 20 millimètres, et l'*iodhydrine* à 128-130°. L'action prolongée des hydracides sur ces trois corps les détruit complètement. La potasse les décompose en régénérant le dioxyde primitif.

Si l'on cherche à réduire ce dioxyde par le zinc et par l'acide acétique, on n'obtient qu'une *acétine*,

$$C^6H^{10}O \Big\langle \begin{matrix} OH \\ OCOCH^3 \end{matrix}$$

bouillant à 137° sous 25 millimètres.

Avec l'amalgame de sodium et en présence d'alcool dilué ou absolu, il se forme un mélange de plusieurs produits d'hydrogénation bouillant dans le vide sans point fixe entre 110 et 150°. Les dérivés acétylés correspondants n'ont pu non plus être séparés.

Le chlore et le brome réagissent sur le dioxyde hexylénique en donnant naissance à des produits liquides ou solides, incristallisables, qu'il est impossible de distiller même dans le vide.

M. Bigot a représenté l'action du sodium sur l'épichlorhydrine par l'équation suivante :

$$
\begin{matrix}
CH^2 \\ | \quad\searrow \\ CH \quad O \\ | \quad\nearrow \\ CH^2Cl \\ \\ CH^2Cl \\ | \\ CH \\ | \quad\searrow \\ \quad\quad O \\ CH^2 \quad\nearrow
\end{matrix}
\;+\; Na^2 \;=\; 2\,NaCl \;+\;
\begin{matrix}
CH^2 \\ | \quad\searrow \\ CH \quad O \\ | \quad\nearrow \\ CH^2 \\ | \\ CH^2 \\ | \\ CH \\ | \quad\searrow \\ \quad\quad O \\ CH^2 \quad\nearrow
\end{matrix}
$$

On voit d'après ce qui précède que le dioxyde hexylénique ne renferme qu'une fois la fonction glycidique, puisqu'il ne donne qu'une acétine. qu'un glycol, etc.

La formule ci-dessus ne paraît pas par conséquent complètement justifiée. M. Bigot l'a d'ailleurs fait remarquer lui-même.

*Action de l'acide cyanhydrique.* — A 60°, en vase clos, l'épichlorhydrine fixe 1 molécule d'acide cyanhydrique en donnant naissance au *nitrile γ-chloro-β-oxybutyrique,*

$$
\begin{matrix}
CH^2 \\ | \quad\searrow \\ CH \quad O \\ | \quad\nearrow \\ CH^2Cl
\end{matrix}
\;+\; CAzH \;=\;
\begin{matrix}
CH^2-CAz \\ | \\ CHOH \\ | \\ CH^2Cl
\end{matrix}
$$

Ce nitrile se présente sous la forme d'un liquide bouillant à 140° sous 20 millimètres [Lespieau, *C. R.*, **127**, 965].

*Condensation avec divers dérivés sodés.* — L'épichlorhydrine réagit sur les dérivés sodés des éthers malonique, cyanacétique, benzoylacétique. acétylacétique, etc. Ainsi, avec l'éther benzoylacétique, M. Haller a obtenu un composé répondant à la formule $C^{12}H^{11}ClO$, auquel ce savant attribue la constitution

$$C^6H^5.CO-CH \Big\langle \begin{matrix} CO-O \\ | \\ CH^2-CH-CH^2Cl \end{matrix}$$

Ce corps cristallise en aiguilles fondant à 85° [*Bull. Soc. Chim.*, (3), **21**, 564].

De même, MM. Traube et Lehmann ont obtenu avec l'éther malonique le *sel de sodium* de l'*acide*

$$
\begin{matrix}
CH^2Cl \\ | \\ CHOH \\ | \\ CH^2.CH \end{matrix} \Big\langle \begin{matrix} CO^2H \\ CO^2H \end{matrix}
$$

La *diamide* correspondante se présente sous

la forme de cristaux durs, fusibles à 117-118°, solubles dans l'alcool absolu [*D. chem. G.*, **32**, 720].

APPLICATIONS. — M. Flemming a proposé d'employer l'épichlorhydrine et la dichlorhydrine comme dissolvants des nitrocelluloses dans la fabrication du celluloïd [*Chem. Zeitung*, **21**, 97].

M. Valenta utilise les mêmes produits pour dissoudre les résines et le copal nécessaires à la préparation des laques [*Phot. Korr.*, 1899, 2].

POLYMÈRE DE L'ÉPICHLORHYDRINE. — Lorsqu'on sature de gaz chlorhydrique de la glycérine chauffée à 180-200°, on obtient en même temps que la monochlorhydrine un produit très peu abondant qui cristallise dans l'alcool bouillant en aiguilles soyeuses, fusibles à 109°,5. Cette substance se dissout très facilement dans le benzène, l'éther, le chloroforme, le sulfure de carbone et l'eau bouillante. Il bout à 133-134° sous 10 millimètres et à 235° sous la pression normale. Sa formule brute est la même que celle de l'épichlorhydrine, $C^3H^5ClO$, mais son poids moléculaire, déterminé en solution benzénique ou acétique, est double de celui de l'épichlorhydrine. Il se dissocie complètement à l'état de vapeur.

L'action de l'eau à 180° sur ce dimère donne naissance à un produit cristallisé, fusible à 92-92°,5, qui a pu être identifié avec le pyroglycide de M. Lourenço. Cette dernière réaction a conduit MM. Fauconnier et Sanson à attribuer au dimère de l'épichlorhydrine la constitution suivante :

$$
\begin{matrix}
CH^2Cl & & CH^2Cl \\ | & & | \\ CH & -O- & CH \\ | & & | \\ CH^2 & -O- & CH^2
\end{matrix}
$$

ÉPICHLORHYDRINE CHLORÉE. — En oxydant la dichlorhydrine symétrique par un mélange de bichromate de potasse et d'acide sulfurique, MM. Grimaux et Adam ont obtenu un composé dichloré répondant à la formule $C^3H^4Cl^2O$, qu'ils ont considéré comme étant la dichloracétone symétrique.

M. Cloëz a repris l'étude de ce composé, que peut représenter l'une des deux formules suivantes :

$$
\begin{matrix}
CHCl^2 \\ | \\ CH \\ | \quad\searrow \\ \quad\quad O \\ CH^2 \quad\nearrow
\end{matrix}
\qquad
\begin{matrix}
CH^2Cl \\ | \\ CH \\ | \quad\searrow \\ \quad\quad O \\ CHCl \quad\nearrow
\end{matrix}
$$

Il le prépare en ajoutant peu à peu de l'acide sulfurique dilué (240 grammes d'acide et 300 grammes d'eau) à un mélange refroidi de dichlorhydrine (200 grammes) et de bichromate de potassium pulvérisé. Au bout de quelques heures, la masse est étendue d'eau et épuisée par l'éther. L'extrait éthéré est agité avec une solution saturée de bisulfite de soude, et la combinaison bisulfitique est décomposée ensuite par l'acide phosphorique en présence d'éther. On obtient ainsi en produit pur 24 0/0 de la quantité théorique.

Cette pseudodichloracétone symétrique cristallise en lamelles ou en prismes fusibles à 43-44°, solubles dans l'alcool et dans l'éther. Elle bout à 170°.

Le gaz ammoniac la transforme en un produit blanc cristallisé en paillettes très altérables.

Les raisons pour lesquelles M. Cloëz assigne à ce composé la formule d'une épichlorhydrine chlorée sont les suivantes :

Lorsqu'on le traite par le brome à 100°, on obtient un *dérivé dibromé* qui ne peut répondre qu'à l'une des formules suivantes, s'il dérive de la dichloracétone symétrique,

$$CHClBr \qquad\qquad CClBr^2$$
$$| \qquad\qquad\qquad |$$
$$CO \quad ou \quad CO$$
$$| \qquad\qquad\qquad |$$
$$CHClBr \qquad\qquad CH^2Cl$$

En faisant agir le chlorure mercurique sur ce dérivé dibromé, on devrait le transformer en l'une des tétrachloracétones connues,

$$CHCl^2 \qquad\qquad CCl^3$$
$$| \qquad\qquad\qquad |$$
$$CO \quad ou \quad CO$$
$$| \qquad\qquad\qquad |$$
$$CHCl^2 \qquad\qquad CH^2Cl.$$

Or on obtient dans cette réaction un liquide visqueux qui bout à 180°, qui ne se combine pas avec le bisulfite, et qui renferme bien moins de chlore que ne l'exige la formule $C^3Cl^4H^2O$. Le produit primitif n'est donc pas de la dichloracétone symétrique, et il ne peut avoir que l'une des constitutions qui ont été indiquées plus haut.

En second lieu, lorsqu'on fait agir le chlore sur la pseudodichloracétone (que M. Cloëz appelle épichlorhydrine chlorée), on obtient un *composé pentachloré* qui est absolument différent de la pentachloracétone ordinaire, et qui doit posséder la formule suivante :

$$CCl^3 \qquad\qquad CCl^3$$
$$| \qquad\qquad\qquad |$$
$$CCl\!\diagdown \qquad\quad CH\!\diagdown$$
$$\qquad\quad >O \quad ou \qquad\quad >O$$
$$CClH\!\diagup \qquad CCl^2\!\diagup$$

L'épichlorhydrine chlorée. ne se combine pas avec l'acide acétique à 100° ; elle s'unit avec violence à l'acide chlorhydrique, mais le produit ainsi obtenu est peu stable.

Lorsqu'on la traite par l'ammoniaque à chaud, on obtient de la dichloracétamide, tandis que l'aniline donne dans les mêmes conditions de la dichloracétanilide.

Ces réactions s'interprètent fort bien si l'on admet la formule proposée par M. Cloëz.

Le brome agit sur l'épichlorhydrine chlorée. à froid. en donnant un *dérivé dibromé*, $C^3H^2Cl^2Br^2O$, qui a été déjà mentionné, qui bout à 135° sous 40 millimètres. et qui ne s'unit pas aux bisulfites alcalins. Ce dérivé bromé s'unit facilement à l'eau en donnant naissance à un hydrate qui cristallise en prismes fusibles à 53-54°, et qui répond à la formule $C^3H^2Cl^2Br^2O , 4H^2O$.

Cet hydrate ne distille pas sans se dissocier.

Il est donc différent de celui qu'on obtient en faisant agir le brome sur la dichlorhydrine symétrique à la température du bain-marie. Celui-ci répond, il est vrai, à la même formule

$$C^3H^2Cl^2Br^2O , 4H^2O,$$

mais il fond à 55-56° et bout à 140-150° sous 20 millimètres, presque sans se décomposer. Il dérive probablement d'une dichlorodibromacétone symétrique,

$$CClBrH$$
$$|$$
$$CO$$
$$|$$
$$CClBrH.$$

*L'épichlorhydrine tétrachlorée* ou *pseudopentachloracétone*

$$CCl^3$$
$$|$$
$$CCl\!\diagdown$$
$$\qquad >O$$
$$CHCl\!\diagup$$

qui a été mentionnée plus haut, se présente sous la forme d'un liquide fumant à l'air. qui bout à 185° sous 40 millimètres. Sa densité à 0° est égale à 1,617. Lorsqu'on la traite par l'ammoniaque, on obtient de la trichloracétamide fusible à 139°, mais jamais de chloroforme comme dans le cas de la pentachloracétone ordinaire [Ch. Cloëz, *Ann. Chim. Phys.*, (6), 9, 170].

β-ÉPICHLORHYDRINE,

$$CH^2\!\diagdown$$
$$| \qquad\diagdown$$
$$CHCl \quad\ O$$
$$| \qquad\diagup$$
$$CH^2\!\diagup$$

— Cet isomère de l'épichlorhyarine ordinaire a été obtenu par M. Bigot en faisant agir la potasse ou la soude sur le mélange des chloro-iodhydrines résultant de la fixation du chlorure d'iode sur l'alcool allylique.

Cette opération a été décrite plus haut (voyez p. 816). Elle donne naissance simultanément à de l'alcool allylique, aux épichlorhydrines α et β et aux épiiodhydrines correspondantes. On sépare ces différents corps par des fractionnements dans le vide.

La formation des épichlorhydrines sera représentée par les équations suivantes :

$$CH^2OH \qquad\qquad CH^2\!\diagdown$$
$$| \qquad\qquad\qquad\qquad | \qquad >O$$
$$CHI \quad + KOH = \quad CH\!\diagup \quad + KI + H^2O,$$
$$| \qquad\qquad\qquad\qquad |$$
$$CH^2Cl \qquad\qquad\quad CH^2Cl$$

$$CH^2OH \qquad\qquad CH^2\!\diagdown$$
$$| \qquad\qquad\qquad\qquad | \qquad\diagdown$$
$$CHCl \quad + KOH = \quad CHCl \quad >O + KI + H^2O;$$
$$| \qquad\qquad\qquad\qquad | \qquad\diagup$$
$$CH^2I \qquad\qquad\qquad CH^2\!\diagup$$

les épiiodhydrines correspondantes prendront naissance au contraire par suite de l'élimination du chlorure de potassium :

$$CH^2OH \qquad\qquad CH^2\!\diagdown$$
$$| \qquad\qquad\qquad\qquad | \qquad\diagdown$$
$$CHI \quad + KOH = \quad CHI \quad >O + KCl + H^2O,$$
$$| \qquad\qquad\qquad\qquad | \qquad\diagup$$
$$CH^2Cl \qquad\qquad\quad CH^2\!\diagup$$

$$CH^2OH \qquad\qquad CH^2\!\diagdown$$
$$| \qquad\qquad\qquad\qquad | \qquad >O$$
$$CHCl \quad + KOH = \quad CH\!\diagup \quad + KCl + H^2O.$$
$$| \qquad\qquad\qquad\qquad |$$
$$CH^2I \qquad\qquad\qquad CH^2I$$

1 kilogramme du mélange de chloro-iodhydrines fournit 40 grammes d'épichlorhydrine β.

Pour séparer celle-ci de son isomère, on dissout la portion qui bout entre 120 et 135° dans de l'eau acidulée chauffée à 100°. L'épichlorhydrine α se transforme dans ces conditions en monochlorhydrine qui reste dissoute, tandis que l'isomère β n'est pas altéré et se précipite par refroidissement. Il suffit alors de neutraliser par le carbonate de potassium, de reprendre par l'éther, et de fractionner le résidu de l'extrait éthéré.

L'épichlorhydrine β constitue un liquide limpide, plus dense que l'eau, qui bout à 132-134°. Elle ne fixe ni l'eau ni les acides chlorhydrique, bromhydrique ou iodhydrique lorsqu'on la chauffe avec ces différents réactifs à 100° pendant plusieurs heures.

Le cyanure de potassium en solution aqueuse ne réagit pas davantage sur l'épichlorhydrine β, même au bout de 6 heures.

L'acétate de potassium réagit à la longue sur l'épichlorhydrine, mais on n'obtient que des produits à point d'ébullition très élevé, et non pas l'acétine du glycide β, comme on aurait pu s'y attendre.

La réaction normale aurait été en effet

$$O \diagdown \begin{array}{c} CH^2 \\ | \\ CHCl + CH^3.CO^2K \\ | \\ CH^2 \end{array}$$

$$= KCl + O \diagdown \begin{array}{c} CH^2 \\ | \\ CH.O.CO.CH^3. \\ | \\ CH^2 \end{array}$$

L'iodure de potassium se comporte d'une façon analogue.

Lorsqu'on traite l'épichlorhydrine β par le perchlorure de phosphore, on obtient *l'épidichlorhydrine* de Friedel et Silva :

$$O \diagdown \begin{array}{c} CH^2 \\ | \\ CHCl \\ | \\ CH^2 \end{array} + PCl^5 = \begin{array}{c} CH^2Cl \\ | \\ CCl \\ || \\ CH^2 \end{array} + HCl + POCl^3.$$

Le gaz chlorhydrique sec se dissout dans l'épichlorhydrine β sans s'y combiner. Si l'on chauffe cette solution, elle se polymérise, et l'on n'obtient que des produits à point d'ébullition élevé.

L'hydrogène naissant (amalgame de sodium et eau) transforme l'épichlorhydrine β en alcool allylique :

$$O \diagdown \begin{array}{c} CH^2 \\ | \\ CHCl \\ | \\ CH^2 \end{array} + H^2 = \begin{array}{c} CH^2OH \\ | \\ CH \\ || \\ CH^2 \end{array} + HCl$$

Le sodium l'attaque difficilement en donnant également de l'alcool allylique et des produits de polymérisation.

L'épichlorhydrine β est donc bien moins susceptible de réaction que son isomère. Ceci s'explique fort bien par la présence de l'atome de chlore secondaire.

Il est d'ailleurs impossible de donner à ce composé la formule d'un alcool allylique chloré,

$$CH^2 = CCl.CH^2OH,$$

puisqu'il ne fixe pas le brome. La constitution ci-dessus paraît devoir être acceptée définitivement.

β-ÉPIIODHYDRINE,

$$\begin{array}{c} CH^2 \\ | \\ CHI \\ | \\ CH^2 \end{array} \diagdown O.$$

Cette épiiodhydrine se forme en petite quantité dans l'action de la potasse sur les chloroiodhydrines. Pour la séparer de son isomère α, M. Bigot a été réduit à utiliser la distillation fractionnée.

On obtient ainsi à partir de 1 kilogramme de chloroiodhydrine, 15 grammes d'épiiodhydrine α, bouillant à 160-162°, et 10 grammes d'épiiodhydrine β, dont le point d'ébullition est de 172-174°.

La potasse n'agit pas à 100° sur ces composés.



α-ÉPITHIOCYANHYDRINE,

$$\begin{array}{c} CH^2 \\ | \\ CH \\ | \\ CH^2SCAz \end{array} \diagup \begin{array}{c} \\ O \\ \end{array}$$

Ce composé s'obtient en faisant réagir le sulfocyanate de potassium à 40-50° sur l'épichlorhydrine ou l'épibromhydrine.

Il se présente sous la forme d'un liquide rougeâtre non volatil, insoluble dans l'eau, soluble dans les liquides organiques.

L'épithiocyanhydrine s'unit à 100° à l'iodure de méthyle en donnant naissance au composé

$$\begin{array}{c} CH^2 \\ | \\ CH \\ | \\ CH^2.S.(CH^3)^2.I. \end{array} \diagup \begin{array}{c} \\ O \\ \end{array}$$

Ce dernier cristallise dans l'eau sans altération et se décompose sans fondre à 195° [Engle. *Am. Soc.*, **20**, 668]. P. Freundler.

**GLYCÉRINE (INDUSTRIE).** — Au point de vue industriel, la glycérine provient uniquement de deux sources : la fabrication des bougies stéariques et celle des savons.

Jusqu'à ces dernières années, la quantité de glycérine de stéarinerie était de beaucoup supérieure à celle que fournissait la savonnerie; aujourd'hui ces productions se balancent.

Il n'y a pas eu, à proprement parler, une diminution de la production de la glycérine de stéarinerie, mais bien une augmentation de la fabrication de glycérine de savonnerie. Ceci résulte d'une évolution qui s'est produite depuis quelques années en savonnerie : en effet, si une usine de bougies stéariques exige un matériel assez considérable en même temps que des appareils compliqués, il n'en est pas de même de la savonnerie, où certains petits fabricants ont tout au plus un ou deux chaudrons, et c'est à peu près tout. Aussi pour eux l'installation d'un appareil à concentrer la glycérine, si simple soit-il, est tout de suite une grosse dépense, et ils laissent les eaux glycérineuses s'écouler au ruisseau, tandis que les stéariniers, par le fait même de l'importance des usines, ont recueilli la glycérine et l'ont amenée à une forme commerciale dès que celle-ci a fait son apparition. Les emplois de la glycérine prenant chaque jour de l'extension, certains industriels virent le parti qu'il y avait à tirer de ces eaux glycérineuses jusque-là perdues; ils les recueillirent et les concentrèrent. Actuellement on peut dire qu'il ne s'en perd presque plus.

En outre, la diminution constante de la fabrication du savon marbré bleu, qui fournissait une glycérine absolument impropre à être purifiée, et son remplacement par le savon blanc, ont beaucoup contribué à l'augmentation de la quantité de glycérine pouvant être utilisée. D'autre part, pour la France, la localisation de la presque totalité des savonniers à Marseille a permis l'établissement d'usines centrales où l'on peut concentrer toutes les eaux glycérineuses que les petits savonniers ne peuvent traiter chez eux. Il en est de même pour l'Espagne, où Barcelone se trouve à peu près dans les mêmes conditions que Marseille et fournit aujourd'hui une quantité très importante de glycérine de savonnerie, alors qu'il y a trois ou quatre ans à peine elle n'en produisait pas du tout.

Enfin, comme dernière cause de l'augmentation de la quantité de ces glycérines, il faut citer l'emploi de procédés et d'appareils plus perfectionnés qui permettent d'extraire 5, 6 et même

7 0/0 de glycérine d'une huile, alors que l'on n'en retirait précédemment que 3 ou 4 0/0.

La production globale annuelle est d'environ 50 000 tonnes de produits bruts, la France et l'Angleterre venant en tête comme quantités fabriquées.

La France, l'Espagne, l'Italie, la Belgique et la Hollande produisent presque exclusivement toute la glycérine de stéarinerie ; dans ces trois derniers pays, la fabrication du savon est peu importante, mais par contre celle des bougies stéariques est considérable.

L'Angleterre et les États-Unis d'Amérique ne font guère que de la glycérine de savonnerie. Enfin l'Allemagne, l'Autriche et la Russie livrent au commerce les deux qualités.

La glycérine est employée quelquefois à l'état brut, mais presque toujours il faut la raffiner ou la purifier.

En dehors de son mode de production, la glycérine de savonnerie diffère de la glycérine de stéarinerie par les impuretés qui la souillent en bien plus forte proportion.

La glycérine provenant de la fabrication des bougies se divise en deux grandes classes : la première, dite *glycérine de saponification*, obtenue dans la saponification calcaire des corps gras ; la seconde, dite *glycérine de distillation*, résultant de la saponification sulfurique.

Il y a d'autres subdivisions : nous les verrons à mesure que nous entrerons dans l'étude détaillée de ces produits.

La glycérine de savonnerie se divise également en deux classes : la première, dite *glycérine de lessives*, extraite des eaux de rélargage des fabriques de savon ; la seconde, dite *glycérine de déglycérination* provenant du traitement préalable des corps gras en autoclave pour en retirer la glycérine avant de les saponifier pour en faire le savon.

Dans la suite de cet article, pour éviter toute confusion, nous désignerons toujours ces différentes sortes par leur nom technique.

GLYCÉRINES BRUTES.

A. *Glycérines de stéarinerie :*
    1° Glycérine de saponification ;
    2° Glycérine de distillation.

B. *Glycérines de savonnerie :*
    1° Glycérine de lessives ;
    2° Glycérine de déglycérination.

Enfin les glycérines raffinées sont au nombre de quatre :

GLYCÉRINES RAFFINÉES.

    1° Glycérine chimiquement pure ;
    2° Glycérine à dynamite ;
    3° Glycérine blanche industrielle ;
    4° Glycérine demi-blanche ou blonde industrielle.

GLYCÉRINES BRUTES.

A. GLYCÉRINES DE STÉARINERIE.

1. Glycérine de saponification.

EXTRACTION. — Sans entrer dans le détail de l'industrie stéarique, il est cependant nécessaire de passer en revue les différents modes opératoires employés et d'expliquer comment se fait l'extraction de la glycérine dans chaque cas.

Jusqu'en 1870, la saponification des corps gras se faisait en vase ouvert chauffé à feu nu et contenant le suif à l'état fondu, auquel on ajoutait 14 0/0 de son poids de chaux grasse réduite à l'état de lait.

Du savon calcaire on séparait l'eau glycérineuse très diluée, titrant 2 à 3° B., et on la purifiait ; la glycérine produite de cette façon renferme en effet une assez forte proportion de savon calcaire qui s'y trouve dissous ou suspendu mécaniquement.

L'élimination du savon en suspension n'offre aucune difficulté ; on filtre les eaux à travers une chausse en feutre ou une étoffe de laine.

Il est plus difficile de se débarrasser du savon dissous. Pour cela, il faut traiter les eaux par de l'acide sulfurique étendu, qu'on ajoute, en agitant constamment, jusqu'à ce que la masse, qui est d'abord devenue laiteuse et trouble, coule assez claire lorsqu'on la filtre, et que, par l'addition d'une solution de chlorure de baryum à une prise d'essai, il se forme un trouble accusant un excès d'acide sulfurique. L'acide gras en combinaison avec la chaux dans ce savon calcaire monte à la surface, où on le recueille. On le sépare par décantation, tandis que le sulfate de chaux se précipite.

Il y a donc alors dans l'eau glycérineuse un léger excès d'acide sulfurique qu'il s'agit de neutraliser. On y arrive au moyen de craie en poudre, que l'on ajoute tant qu'il y a effervescence. La neutralisation terminée, on laisse déposer le sulfate de chaux qui s'est formé en maintenant la liqueur à une température de 40°, puis on filtre de nouveau à la chausse pour séparer complètement les particules de craie restées en suspension (F. Malepeyre).

On avait proposé à cette époque d'ajouter aux eaux, après la neutralisation par la craie, un peu d'alcool pour précipiter une petite quantité de chaux qui reste encore en dissolution ; mais cette addition est dispendieuse, et si l'on voulait recueillir l'alcool, il faudrait compliquer les appareils d'évaporation sans pouvoir en tirer des avantages bien réels.

On a tenté, dans la décomposition du savon calcaire contenu dans les eaux brutes de glycérine, de remplacer l'acide sulfurique par l'acide chlorhydrique, qui est d'un prix moins élevé ; mais le chlorure de calcium étant bien plus soluble que le sulfate, il en reste toujours dans les eaux, et il est impossible de l'éliminer, même par addition d'alcool.

Un moyen que l'on applique aussi pour débarrasser les eaux glycérineuses de la chaux qu'elles renferment est d'y faire passer un courant d'acide carbonique, qui la précipite à l'état de carbonate. On précipite bien ainsi la chaux en suspension, mais non celle combinée avec les acides gras. D'ailleurs ce procédé, pas plus que les précédents, ne contribue à enlever au produit une odeur peu agréable, qu'il est cependant nécessaire de faire disparaître pour l'application de la glycérine brute à divers usages. Après ces purifications préalables, le produit est concentré (F. Malepeyre).

À ce procédé primitif, on substitua la méthode préconisée par M. Uroux, qui consistait à saponifier les corps gras en vase clos sous une faible pression, 4 ou 5 atmosphères, et avec une proportion de 9 à 10 0/0 de chaux. Le rendement en glycérine était supérieur, la perte par évaporation étant plus faible que dans la saponification en vase ouvert ; et d'autre part, il y en avait moins d'entraînée par les savons calcaires. Au point de vue de l'extraction de la glycérine, c'était un pas considérable.

Aujourd'hui deux procédés seulement sont appliqués : la saponification en autoclave avec 2 à 3 0/0 de chaux et sous une pression de 8 à 9 atmosphères ; ou bien la saponification aqueuse sans aucune adjonction de chaux et sous une pression de 14 à 15 atmosphères.

La décomposition par l'eau seule exige une température de 190 à 200°, mais elle a l'avantage de fournir des eaux glycérineuses renfermant moins de sels de chaux. Cette dernière méthode est employée s'il s'agit seulement d'extraire la glycérine; l'acide gras peut renfermer encore une certaine proportion de matières neu-

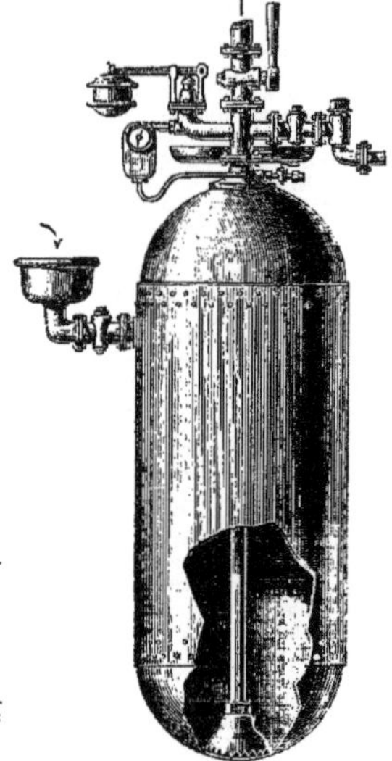

Fig. 561. — Autoclave pour la déglycérination.

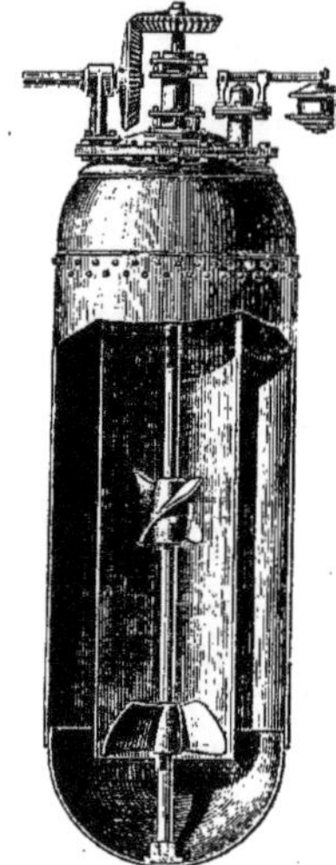

Fig. 562. — Autoclave pour la déglycérination, avec agitateur.

tres, qui seront décomposées dans l'acidification qu'il est nécessaire de lui faire subir ensuite. On termine par la distillation.

La saponification à 3 0/0 de chaux est aussi complète que possible et donne un acide stéarique de première qualité, blanc, dur et à point de fusion élevé.

Les autoclaves où a lieu cette décomposition sont de formes diverses. Ils peuvent être cylindriques, comme ceux de M. Morane aîné, qui ont un diamètre de 1ᵐ,20 à 1ᵐ,30 et une hauteur de 3 à 6 mètres.

Ces appareils sont quelquefois munis d'un agitateur pour brasser plus énergiquement la matière et obtenir un contact plus parfait entre les corps gras et l'eau.

Les figures 561 et 562 montrent deux dispositifs d'autoclave avec et sans agitateur.

MM. Droux et Doucet, que l'on peut considérer comme les véritables créateurs de la fabrication industrielle de la glycérine, ont adopté la forme sphérique, qui présente une égale résistance dans toutes ses parties.

Leur autoclave (fig. 563) se compose de deux calottes hémisphériques embouties, d'un seul morceau de cuivre, et assemblées à doubles rivures par deux larges bandes de cuivre, l'une à l'intérieur, l'autre à l'extérieur de l'appareil.

La sphère est traversée par un arbre en cuivre maintenu dans deux presse-étoupes doubles, de construction spéciale, ne permettant aucune fuite. Cet arbre est armé de trois bras en bronze recevant chacun trois godets perforés de trous, et il est mis en mouvement par une transmission extérieure.

Pendant toute la durée de l'opération, ces godets vont constamment puiser l'eau glycérineuse au fond de l'appareil pour la déverser en pluie sur la matière en traitement, condition indispensable au dédoublement complet de la matière neutre en glycérine et acide gras.

Une fois l'opération terminée (elle dure en moyenne de 7 à 8 heures). un robinet placé à la partie inférieure de l'appareil permet de refouler la matière saponifiée dans un bassin de dépôt, ou d'envoyer directement d'une part l'eau glycérineuse dans l'appareil de concentration, et d'autre part la matière grasse saponifiée dans les bassins de dépôt.

L'eau glycérineuse, qui sort à une densité moyenne de 3° B., est toujours parfaitement séparée de la matière grasse.

Dans la saponification calcaire, l'eau glycérineuse marque de 3 à 5° B.; dans le traitement par l'eau surchauffée, elle a une densité de 4 à 6° B.

Nous citerons enfin un autoclave breveté par M. Marix en 1888, et où l'agitation est produite au moyen de la circulation du liquide glycérineux. Il se compose (fig. 564) d'un autoclave A combiné avec un appareil de chasse à vapeur B, communiquant entre eux par la partie supérieure au moyen d'un tube C qui pénètre à l'intérieur de A et se termine en pomme d'arrosoir D ; les deux vases communiquent également à la partie inférieure par l'intermédiaire d'un tube E, muni à son point

Fig. 563. — Autoclave sphérique Droux et Doucet.

de raccord avec B d'une soupape à boulet F. A l'intérieur de B se trouve un serpentin de vapeur dont la spire supérieure est à un niveau légèrement inférieur à celui de l'extrémité du tube C.

Le chauffage de l'autoclave et des matières qui s'y trouvent contenues s'obtient soit par communication directe avec une chaudière à haute pression, soit par circulation de vapeur surchauffée à travers le serpentin H, cette vapeur pouvant pro-

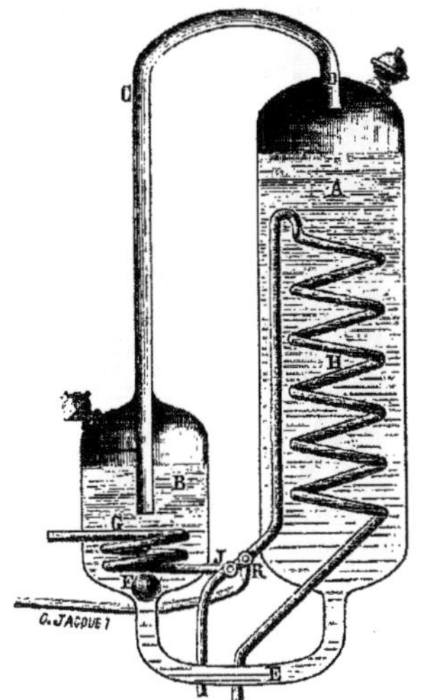

Fig. 564. — Appareil Marix.

venir d'un surchauffeur ou du serpentin G, après avoir chauffé B au moyen du jeu des robinets J et R.

Voici comment fonctionne l'appareil : L'autoclave est rempli de la quantité d'eau nécessaire à l'extraction de la glycérine, les niveaux en A et B s'égalisent, on purge l'air de B.

Les corps gras sont ensuite introduits dans l'autoclave, et l'on fait passer un courant de vapeur surchauffée dans le serpentin G.

Dans ces conditions, la température et la pression montent dans B, et le boulet F s'applique hermétiquement sur son siège; l'eau monte dans le tube C pour venir se déverser en pluie fine sur les corps gras contenus dans l'autoclave.

Le liquide de B baisse progressivement jusqu'au moment où il atteint l'orifice inférieur du tube C. A ce moment, il y a équilibre de pression dans les deux vases, et, par suite du poids de la matière contenue dans A, le boulet F est soulevé, et une nouvelle quantité de liquide repasse en B, et la circulation se renouvelle et continue tant que la température de l'autoclave n'est pas arrivée au degré convenable pour la saponification.

Une fois l'opération terminée, on fait écouler les produits comme dans les autres appareils décrits ci-dessus.

ÉPURATION. — Quelle que soit l'origine des eaux glycérineuses, il faut d'abord les filtrer, puis les évaporer jusqu'à la densité de 7 à 8° B.

Par le refroidissement, la séparation des matières grasses entraînées s'opère facilement. On se débarrasse ensuite des acides gras fixes qui ne sont pas déposés, et des acides gras volatils en faisant bouillir la glycérine avec un excès de chaux, qui saponifie les uns et précipite partiellement les autres.

Les matières grasses combinées sont écumées et l'on précipite finalement les sels de chaux encore dissous par l'acide carbonique, l'acide oxalique, ou mieux l'acide sulfurique; l'acide oxalique présente des inconvénients si la glycérine doit être ensuite distillée.

Certains industriels, dans le but de diminuer la proportion de chaux pouvant rester en dissolution dans la glycérine, la précipitèrent par de l'oxalate d'ammoniaque. L'opération se faisait aisément, et, à la place des sels de chaux donnant un résidu fixe à l'incinération, on avait des sels ammoniacaux volatils, et qui ne comptaient pas comme cendres lors de l'analyse. Mais les sels ammoniacaux sont absolument nuisibles pour les raffineurs, par suite de la formation de produits odorants pendant la distillation. Il y a certainement production de corps semblables à la base $C^6H^9AzO$ décrite par M. Étard [*Bull. Soc. Chim.*, 1881], et obtenue par la distillation de la glycérine en présence du chlorhydrate d'ammoniaque. Ces bases pyridiques se forment entre 95 et 230°, d'après M. L. Storch [*D. chem. G.*, **19**, 2456], qui a constaté qu'il se produisait des mousses très abondantes et qu'il passait un liquide légèrement ammoniacal.

Ces mêmes phénomènes se reproduisent dans l'industrie; la glycérine mousse abondamment et les produits ont une coloration légèrement verdâtre, qu'on doit attribuer à l'attaque du cuivre des appareils par les produits alcalins qui se forment pendant l'opération; aussi une deuxième et quelquefois même une troisième distillation sont-elles nécessaires pour obtenir une glycérine pure. En présence de la défaveur dont jouissent les glycérines de saponification précipitées par l'oxalate d'ammoniaque, les stéariniers ont à peu près complètement renoncé aujourd'hui à ce procédé d'élimination des sels de chaux.

Dans quelques usines, on substitue à la chaux un autre oxyde métallique, la magnésie ou la baryte, mais surtout la magnésie. Ce procédé n'a cependant rien de nouveau, puisque Melsens et Tilghmann l'employaient déjà en 1855; mais il a l'avantage de n'exiger qu'une très faible quantité de magnésie et une pression de 8 à 9 kilogrammes. L'eau glycérineuse n'est pas chargée de sels de magnésie, et la séparation de l'acide gras s'opère par un simple repos. Les glycérines saponifiées à la magnésie présentent néanmoins des difficultés assez grandes pour le distillateur, qui préfère les saponifications calcaires.

CONCENTRATION. — Les eaux glycérineuses titrant 7 à 8° B., et obtenues par l'un quelconque des procédés décrits ci-dessus, doivent être ensuite concentrées à 28° B., ce qui correspond à la densité de 1,24 à 15°.

Pendant la concentration, il n'y a pas de chaux précipitée, la quantité que peut en dissoudre la glycérine étant, dans la presque totalité des cas, plus forte que la proportion qui s'y trouve contenue, de même pour le sulfate de calcium.

Voici le tableau donné par M. J. Puls [*J. prakt. Chem.*, **15**, 83] :

| 100 parties de la solution glycérique contiennent $C^3H^8O^3$. | Poids de CaO dissoute. | CaO dissoute pour 1 molecule de glycérine. |
|---|---|---|
| 51,15 | 1,434 | 2,5 |
| 37,91 | 0,852 | 1,9 |
| 26,97 | 0,595 | 1,7 |
| 10,00 | 0,370 | 2,1 |
| 5,00 | 0,240 | 1,8 |
| 2,86 | 0,196 | 1,7 |
| 2,50 | 0,192 | 1,8 |
| 2,00 | 0,186 | 1,9 |
| 0,00 | 0,148 | 0,0 |

Ce tableau comprend et complète celui du Dict., 1, 1592.

La baryte et la strontiane sont beaucoup plus solubles; ainsi une solution à 35,94 0/0 de glycérine dissout 12,71 de baryte, et une solution à 41,74 0/0 dissout 5,230 de strontiane.

Bien que la glycérine ne distille qu'entre 275 et 280°, elle est facilement entraînable par la vapeur d'eau à des températures beaucoup plus basses. Cet entraînement se produit même au-dessous de 100°.

M. G. Couttolène [*Bull. Soc. Chim.*, (2), **36**, 123] a vérifié le fait d'abord en chauffant de la glycérine pure à 90°, et il a constaté que la perte, après 5 heures de chauffe, était de 10,42 0/0; après 41 heures et demie de 21,13 0/0. Si on divisait la matière avec du sable, la perte était bien plus considérable: après 5 heures, 20,14 0/0; après 41 heures et demie, 64 0/0. Enfin, avec de l'eau la perte après 10 heures était de 15,84 0/0, toujours en opérant aux environs de 90°.

Il concluait en résumé que l'évaporation entraîne environ 7 milligrammes de glycérine pour 1 centimètre cube d'eau évaporée, et par rapport à la surface évaporatoire, 3$^{mgr}$,17 par centimètre carré et par heure.

Les proportions d'eau contenues dans la glycérine font varier la perte de telle façon qu'à une plus grande quantité d'eau correspond un poids plus fort de glycérine entraînée, sans que cependant cet entraînement soit proportionnel à la quantité d'eau ajoutée.

Il ne faut donc pas s'étonner si la concentration à feu nu dans des bassines donne, au point de vue du rendement final, un résultat à peu près analogue à celui obtenu par les appareils rotatifs à grande surface d'évaporation.

Le premier appareil employé pour la concentration des eaux glycérineuses consistait en un simple chaudron sans aucune dimension arrêtée, et que l'on chauffait à feu nu, jusqu'à ce que la glycérine fût arrivée à 28° B.; l'alimentation se faisait à la main.

On reconnut très vite qu'il fallait un temps considérable pour évaporer peu de liquide, aussi on adjoignait bientôt au chaudron un système d'ailettes à cuillères, qui, en tournant, proje-

taient le liquide en l'air, multipliant ainsi les surfaces d'évaporation.

Ce procédé est encore employé dans certaines usines et donne d'assez bons résultats.

*Appareil Pérutz.* — En dehors des appareils à feu nu, un des premiers systèmes employés pour la concentration de la glycérine est celui de

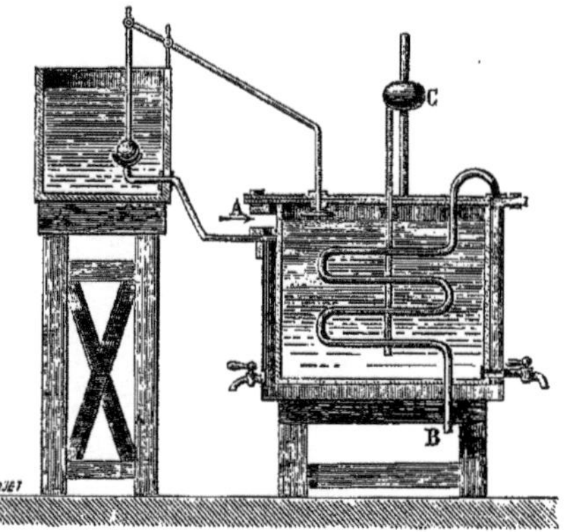

Fig. 565. — Appareil Pérutz.

M. Pérutz, mis en application vers 1867, et qui paraît avoir donné satisfaction à cette époque.

Il se compose d'une caisse en cuivre enfermée dans une enveloppe en tôle formant double fond. L'entrée de la vapeur a lieu en A (fig. 565), la sortie se faisant en B par un serpentin traversant le liquide et permettant une meilleure utilisation de la vapeur. Deux robinets sont placés à la partie inférieure, l'un pour l'écoulement de l'eau de condensation du double fond, l'autre pour la vidange de la glycérine une fois l'opération terminée, ou pour opérer des prises d'échantillon et juger de temps à autre du degré de concentration.

Pour éviter le contact de l'air qui viendrait brunir la glycérine, M. Pérutz fermait la partie supérieure de la caisse, ne laissant qu'un tube C de

Fig. 566. — Bac à concentrer chauffé à la vapeur.

25 millimètres de diamètre pour l'échappement des vapeurs aqueuses. A peu près aux deux tiers de la longueur de ce tuyau, vient se fixer, par l'intermédiaire d'un renflement, un tube qui descend presque jusqu'au fond de la caisse et qui a pour objet de ramener les quelques portions de glycérine chassées par une trop forte ébullition ou entraînées mécaniquement par la vapeur d'eau.

L'alimentation se fait par un tube reliant la caisse au réservoir contenant les petites eaux

prêtes à être concentrées; une soupape à boulet commandée par un flotteur disposé dans la caisse, en règle automatiquement l'arrivée.

Tous les systèmes connus d'évaporation ont été employés: les appareils à double fond, les bacs avec serpentin de vapeur disposé à la partie inférieure (système Bonnefous) (fig. 566); enfin des systèmes combinés à feu nu avec serpentins, etc. Mais les plus en usage sont les appareils rotatifs dans lesquels l'évaporation se fait en couches minces sans ébullition.

Les appareils les plus usités :
1° L'évaporateur Chenaillier,
2° L'évaporateur Droux,
3° L'évaporateur Morane,
laissent perdre pendant la concentration le moins de glycérine, par suite d'une évaporation à basse température de couches minces mises au contact de l'air sur des surfaces convenablement chauffées et constamment renouvelées.

La description de ces appareils a été donnée, avec figures à l'appui, à l'article GÉLATINE. On est prié de s'y reporter.

A signaler un curieux procédé d'évaporation, consistant à faire couler la glycérine en couche mince sur des gradins, ou plutôt sur les marches d'un escalier métallique chauffé en dessous par de la vapeur. Le débit en haut des marches est réglé de telle façon qu'en arrivant en bas la glycérine ait acquis la densité voulue. Ce procédé est excellent, car il réunit l'évaporation sous faible épaisseur à une agitation continuelle.

Tout dernièrement M. Hennebutte a inventé un nouveau concentrateur fonctionnant à l'air libre, et plus particulièrement appliqué à l'évaporation des glycérines de lessives; aussi sa description sera-t-elle donnée à ce paragraphe. Il convient également pour les glycérines de saponifications, mais dans ce cas on le simplifie en diminuant le nombre de bacs concentrateurs.

Il en est de même pour l'appareil Scott, qui sera décrit au même endroit. Cet appareil peut fonctionner dans le vide.

Nous ne parlerons pas des triples effets ordinaires de sucrerie, qui n'ont jamais été employés à notre connaissance pour la concentration de la glycérine. On a essayé depuis quelque temps avec succès l'appareil à concentration sous pression réduite Yaryan. Cet appareil a été également décrit en détail à l'article GÉLATINE.

### II. Glycérine de distillation.

SAPONIFICATION AQUEUSE. — Dans un mémoire publié en 1854, M. Berthelot a démontré que si on chauffe pendant 6 heures 1p,3 d'huile avec 1 partie d'eau à la température de 200 à 252°, on décompose la majeure partie de l'huile en acide gras et en glycérine qui se trouve à un état de pureté parfaite.

Quelques usines emploient ce procédé de saponification par l'eau sous une pression de 15 à 18 atmosphères, et distillent ensemble dans le vide les acides gras et la glycérine. Cette méthode ne paraît cependant pas applicable sur une très grande échelle, car la glycérine ainsi produite est partiellement décomposée avec formation d'acroléine.

Cependant la fabrique anglaise de bougies Price et Cⁱᵉ, dont la glycérine a joui pendant longtemps et jouit encore, aujourd'hui d'une réputation bien justifiée, a pu surmonter les difficultés inhérentes à ce procédé.

Price se servait d'huile de palme, dont il introduisait une certaine quantité dans un appareil distillatoire et chauffait entre 285 et 315°.

Les acides gras ainsi que la glycérine s'emparent de leur équivalent d'eau, et la masse distillée est reçue dans un récipient où la glycérine condensée, ayant une densité plus élevée que les acides, tombe au fond et est enlevée au fur et à mesure. On la concentre si elle n'a pas la densité voulue, ou même on la distille à nouveau si elle est colorée.

Fabriquée de cette façon, la glycérine est très pure et n'est pas souillée par les impuretés ordinaires, comme c'est le cas pour celle qui provient de la fabrication des bougies, la distillation entraînant toujours mécaniquement les sels minéraux qui peuvent se trouver dans le produit brut.

La méthode ci-dessus était employée par MM. Price et Cⁱᵉ vers 1870; nous ne pourrions dire s'ils travaillent encore ainsi.

SAPONIFICATION SULFURIQUE. — Si, dans le procédé précédent, on substitue à l'eau pure de l'eau acidulée, il n'est plus nécessaire d'opérer à température aussi élevée; on évite ainsi la production d'acroléine. En traitant d'abord les corps gras par l'acide sulfurique et en faisant bouillir le mélange avec de l'eau avant de distiller dans un courant de vapeur, il n'y a pas d'altération de la glycérine et, bien que les acides gras soient un peu inférieurs comme qualité à ceux obtenus par la saponification aqueuse, le rendement est de 25 0/0 plus élevé, par suite de la transformation de l'acide oléique en acide isooléique. C'est le *procédé d'acidification et de distillation*; la glycérine obtenue ainsi, bien que n'étant nullement distillée, porte le nom de *glycérine de distillation* pour rappeler son origine. Cette méthode est principalement employée par les stéariniers hollandais et belges, d'où vient la désignation quelquefois employée de *glycérine de distillation hollando-belge*.

Voici comment cette glycérine est extraite : On fait couler les corps gras fondus dans des bacs où on les laisse reposer pour éliminer les impuretés; on les pompe ensuite dans des réservoirs doublés de plomb, où on les fait bouillir en injectant de la vapeur, et de là on les fait passer à l'acidification.

L'acidificateur se compose d'un vase en cuivre très solide fixé sur un massif en maçonnerie; il est muni de la tuyauterie nécessaire à l'entrée et à la sortie de la vapeur, à l'introduction des matières grasses et à l'écoulement des produits saponifiés; il porte les appareils de sûreté réglementaires.

On y fait chauffer les corps gras pendant quelque temps avec une proportion d'acide sulfurique variant de 3 à 6 0/0 suivant les usines; on introduit alors de la vapeur à la température de 176° provenant d'un surchauffeur généralement placé à côté de l'appareil. On abandonne au repos pendant 5 ou 6 heures, et le contenu est déchargé dans des bacs de lavage en plomb pourvus de serpentins de vapeur en cuivre. On fait alors bouillir le mélange pendant 2 heures avec de l'acide sulfurique dilué. On laisse reposer à nouveau pendant 24 heures; les corps gras surnageants sont envoyés à la distillation; la partie inférieure, qui contient la glycérine, est neutralisée par la chaux, filtrée, puis concentrée au moyen d'appareils analogues à ceux employés pour la glycérine de saponification.

La glycérine ainsi obtenue est livrée au commerce à la densité de 1,240. Elle est généralement blonde, quelquefois brunâtre, et possède toujours une odeur très forte; elle renferme, suivant la fabrication, de 76 à 86 0/0 de glycérol et une très forte proportion de composés organiques.

### B. GLYCÉRINES DE SAVONNERIE.

Jusqu'à ces dernières années, l'industrie des savons ne fournissait qu'une seule qualité de glycérine : c'est celle que l'on retrouve dans les lessives salées que surnage le savon; d'où le nom de *glycérine de lessives*. Depuis 1893, un certain nombre de savonneries de Marseille décomposent en autoclave les corps gras en acides gras servant à la fabrication du savon, et en glycérine dite *de déglycérination*, à peu près identique à la glycérine de saponification.

### I. Glycérine de lessives.

La glycérine de lessives a été extraite pour la première fois par Reynolds en 1858, mais cette extraction avait été abandonnée. Ce procédé a été profondément modifié depuis, et il n'y a guère qu'une quinzaine d'années que l'extraction de la glycérine des lessives épuisées est passée dans la pratique industrielle.

Après l'empâtage des corps gras, c'est-à-dire après le premier traitement par l'alcali, on obtient une lessive assez riche en glycérine; mais il y a lieu d'ajouter du sel marin, qui fait monter le savon, laissant au-dessous la lessive glycérineuse, que l'on décante.

Suivant la quantité d'alcali employée et la nature des corps gras, ces petites eaux sont plus ou moins riches. Certains fabricants en extraient directement la glycérine; d'autres se servent de ces lessives, et comme elles renferment encore une certaine quantité de soude caustique, ils les enrichissent en les faisant repasser sur des alcalis plus ou moins riches. Ces nouvelles lessives servent de nouveau ensuite pour l'empâtage ou pour une autre opération. Les savonniers arrivent ainsi à établir un roulement méthodique, et n'extraient la glycérine qu'après épuisement complet de la lessive en alcali utile.

Voici la composition moyenne de ces lessives usées :

| | | |
|---|---|---|
| Soude caustique | 1 à 2 | 0/0 |
| Carbonate de sodium | 2 à 3 | — |
| Sulfure de sodium | 1 à 2 | — |
| Chlorure de sodium | 8 à 10 | — |
| Sulfate de sodium | 3 à 4 | — |
| Hyposulfite de sodium | 2 à 4 | — |
| Matières organiques gélatineuses. | 6 à 8 | — |
| Eau | 60 à 70 | — |
| Glycérine | 4 à 5 | — |

Dans ce travail, on a détruit une grande partie de la glycérine. Il convient de remarquer que cette analyse indique une forte proportion d'hyposulfite et de sulfure de sodium, due à l'emploi des soudes brutes produites par le procédé Leblanc.

Les glycérines de lessives peuvent se subdiviser en plusieurs variétés, suivant la nature des produits employés à la fabrication du savon.

*Lessives de savons marbrés.* — Ces lessives sont extrêmement sulfureuses et noirâtres, par suite de l'emploi tel quel du mélange de sulfate de soude, de craie et de charbon à sa sortie du four à réverbère. La fabrication du savon bleu, localisée à Marseille, tend à disparaître; d'ailleurs les lessives de ce savon étaient à peu près inutilisables.

*Lessives de savon fabriqué à la soude Leblanc.* — Ces lessives sont encore sulfureuses, mais à un degré moindre que les précédentes, et il est possible de les traiter pour obtenir des produits à peu près exempts de ces composés. Cette fabrication est également localisée à Marseille.

*Lessives de savon fabriqué à la soude Solvay ou à la soude caustique.* — Ce sont les meilleures lessives, faciles à neutraliser et à concentrer, et qui donnent d'excellents produits à la distillation. En Angleterre, on travaille presque exclusivement à la soude caustique; aussi les glycérines de lessives anglaises ont-elles acquis une réputation méritée.

Les lessives provenant de savons fabriqués avec des soudes exemptes de composés sulfurés ne sont pas toutes également bonnes, suivant que l'on emploie dans la fabrication du savon des corps gras purs ou des produits différents, tels que les huiles de pulpe, des huiles de tourteaux extraites au sulfure de carbone, des résines, etc. Dans ce cas, on a des glycérines brutes se distillant assez mal et donnant des rendements variables, mais inférieurs à la quantité réelle de glycérol contenue.

La proportion de glycérine varie beaucoup,

suivant la nature des corps gras employés; le tableau suivant indique le quantum qu'on peut extraire industriellement :

| | | |
|---|---|---|
| Huile d'olive | 7 à 9 | 0/0 |
| — de sésame | 6 à 7 | — |
| — d'arachides | 6 à 7 | — |
| — de lin | 6 à 8 | — |
| — de colza | 6 à 7 | — |
| — de coton | 7 à 9 | — |
| — de palme | 5 à 10 | — |
| — de palmiste | 6 à 10 | — |
| — de coco | 7 à 8 | — |
| — de suif ordinaire | 9 à 10 | — |
| — de saindoux | 6 à 9 | — |

Voici, par contre, la teneur en glycérol de quelques corps gras, déterminée par MM. Benedikt et Zsigmondy :

| | |
|---|---|
| Olive | 10,15 0/0 |
| Huile de lin | 9,45 — |
| Coco | 14,5 — |
| Suif | 10,21 — |
| Beurre | 11,29 — |

En pratique, on retire à peine les deux tiers de la quantité théorique.

Un grand nombre de méthodes ont été proposées pour extraire la glycérine des petites eaux; toutes ont été abandonnées et on se borne, après les avoir purifiées le plus possible, à les concentrer de telle sorte qu'elles renferment 80 0/0 de glycérol; elles contiennent en outre 10 0/0 de sels, principalement du chlorure de sodium et un peu de sulfate de sodium, le reste étant de l'eau, des polyglycérides et des savons.

Les procédés de purification sont nombreux : nous ne citerons que pour mémoire celui consistant à neutraliser les petites eaux par de l'acide sulfurique dont l'excès est saturé par du carbonate de baryte. On filtre, on évapore et l'on fait digérer le produit sirupeux pendant quelques jours avec de l'alcool; le sulfate de sodium cristallise. On évapore, on reprend par de l'alcool fort, on filtre à nouveau et on évapore au bainmarie. Inutile de dire que ce procédé très ancien est absolument impraticable, à cause du peu de valeur du produit. M. Ruch a néanmoins pris récemment un brevet pour un procédé analogue.

En 1881, M. G. Payne, de Londres, brevetait le procédé suivant : On saturait l'alcali libre des petites eaux par de l'acide chlorhydrique et on ajoutait du tannin pour précipiter les matières gélatineuses ou albuminoïdes. Le liquide filtré était concentré.

Cette même année, la Société Petit frères brevetait un procédé d'extraction par l'osmose. Les osmogènes employés étaient identiques à ceux en usage dans les sucreries pour la mélasse. Les lessives étaient au préalable concentrées à une densité de 25° B. et portées à une température de 70 à 75°; l'eau était introduite dans l'osmogène à la même température. Les liquides cheminaient dans les compartiments avec une lenteur suffisante pour permettre à l'endosmose de s'accomplir. Il s'établissait deux courants, dont l'un, très énergique, allait de l'eau vers la lessive, l'autre, plus faible, de la lessive dans l'eau. C'est ce dernier courant qui entraînait dans l'eau la plus grande partie des sels contenus dans la lessive, laissant la glycérine à peu près épurée. Des robinets permettaient de régler la marche des liquides. La glycérine était alors concentrée à nouveau jusqu'à la densité de 28° B.

Ce procédé fut employé par M. Hugo Flemming, à Kalk près Cologne; on faisait passer plusieurs fois la glycérine dans l'osmogène en concentrant chaque fois. Ce procédé a été abandonné, car on ne pouvait parvenir à une épuration suffisante pour obtenir la glycérine pure et on était obligé de terminer l'opération par la distillation.

En 1881 également, MM. Benno Jaffé et Darmstaedter brevetaient l'emploi du sulfate acide de sodium pour la neutralisation des petites eaux.

MM. Depoully, Droux et Doucet ont employé, pour purifier la glycérine des lessives, un procédé industriel très curieux, basé sur la synthèse chimique indiquée par M. Berthelot en 1854. Le voici tel qu'ils le décrivent : La glycérine est combinée avec un acide capable de former des glycérides insolubles dans l'eau. Cette combinaison est effectuée à l'aide de la chaleur et en présence des impuretés contenues dans le magma en traitement. De simples lavages à l'eau bouillante enlèvent tous les sels et autres matières étrangères. Il ne reste plus pour obtenir la glycérine qu'à saponifier les glycérides.

Voici comment on opère industriellement : La liqueur salée, contenant environ 60 0/0 de glycérine et ayant une densité de 36° B., est mélangée avec de l'acide oléique du commerce, dans la proportion de 1 de lessive glycérineuse salée pour 4 d'acide oléique du commerce, puis soumise à un brassage mécanique dans un cylindre en fonte dénommé *combinateur*, placé horizontalement sur un foyer et muni d'un second cylindre à enveloppe de vapeur. La température est maintenue d'une façon fixe entre 170 et 175°.

L'eau que renferme le mélange est d'abord éliminée, la combinaison s'effectue ensuite peu à peu, puis l'eau dégagée pendant la réaction de la glycérine sur l'acide gras s'échappe à son tour, et quand le dégagement n'est plus sensible, la reconstitution du corps gras neutre est effectuée.

L'opération exige de 12 à 15 heures. Selon les proportions de glycérine et d'acide oléique en présence, il se forme des mélanges de monoléine, de dioléine et de trioléine. Dans le but de soustraire les matières au contact de l'air, l'appareil combinateur reçoit un courant d'acide carbonique qui favorise en outre l'élimination de la vapeur d'eau engendrée dans la réaction.

La combinaison étant achevée, le corps gras neutre reconstitué (glycéride insoluble) est lavé à l'eau bouillante et débarrassé de tous les sels et de toutes les matières organiques. Dans une opération bien conduite, on parvient à combiner avec l'acide oléique jusqu'à 20 0/0 de glycérine.

Il ne reste plus qu'à saponifier le produit, comme on le fait dans la fabrication de l'acide stéarique, pour obtenir d'une part la glycérine en dissolution dans l'eau, et d'autre part l'acide oléique régénéré, qui est de nouveau employé à d'autres réactions.

*Procédé marseillais.* — Le procédé aujourd'hui employé par la savonnerie marseillaise consiste simplement à ajouter de l'acide sulfurique en excès en faisant passer un courant d'air qui détruit en partie les hyposulfites et les autres composés sulfurés; le liquide est ensuite neutralisé avec de la chaux, filtré et concentré jusqu'à la densité de 1,300.

Les appareils employés à la concentration sont généralement du type rotatif; le sel se dépose pendant toute l'opération sur les tambours ou lentilles et il est nécessaire de les râcler assez fréquemment, faute de quoi l'évaporation se ralentirait rapidement.

Ces appareils rotatifs, quel que soit leur système, sont défectueux en ce sens qu'il est nécessaire, pour avoir un bon fonctionnement, que la cuve soit toujours pleine; pour cela, on les alimente d'une façon continue avec des petites eaux. Au début de l'opération le rendement est excellent, mais à mesure que la concentration s'achève, il faut un espace de temps beaucoup plus considérable pour enlever les dernières portions d'eau,

l'addition des petites eaux diluant sans cesse le produit déjà concentré pour n'y apporter que très peu de glycérine. Dans la dernière phase de la concentration, qui est très longue, la perte est assez considérable, car c'est de la glycérine relativement concentrée qui vient se chauffer en nappes minces sur les pièces en rotation.

*Appareil Scott.* — En Angleterre, on utilise l'appareil de M. Scott (brevet n° 224242, 9 septem-

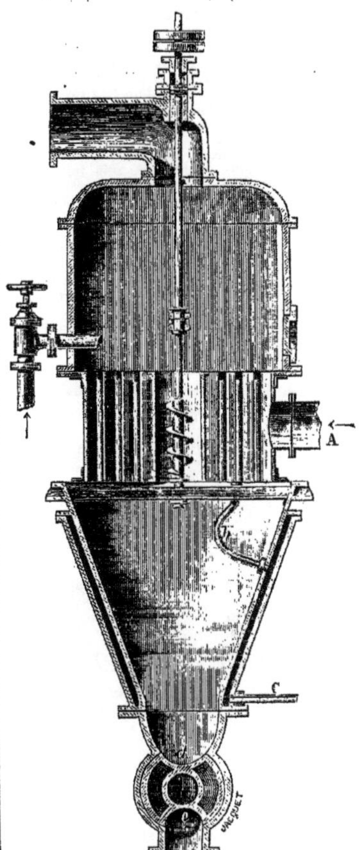

Fig. 567. — Appareil à concentrer Scott.

bre 1893). C'est un appareil à simple effet, pouvant fonctionner avec le vide (fig. 567); il se décompose en trois parties : la partie supérieure cylindrique, au milieu une boîte à tubes, et la partie inférieure conique. Une chemise métallique disposée autour de la partie conique ménage un espace dans lequel la vapeur, qui est ici l'agent de chauffage, pénètre par un tube *b* après avoir circulé dans la boîte à tubes, l'entrée de la vapeur se faisant en A. On obtient ainsi une meilleure utilisation de la chaleur, et la vapeur sort presque complètement condensée par le tube C. Un agitateur d'une forme spéciale se meut dans un tube d'un diamètre plus fort, ménagé dans la partie centrale de la boîte à tubes, et active l'évaporation.

L'appareil, construit spécialement pour la concentration des glycérines de savonnerie, possède un dispositif assez original pour l'élimination des sels.

De ce fait que la partie tubulaire est continuellement baignée par le liquide, il n'y a pas d'incrustation de sels dans les tubes : ils se précipitent en glissant le long des parois inclinées du vase conique. A la partie inférieure se trouve placé un robinet d'un très gros diamètre et dont la noix, au lieu d'être percée de part en part, possède deux cavités *d* et *e* diamétralement opposées.

Si donc on vient à faire tourner ce robinet, une certaine quantité de sels logés dans la cavité supérieure va pouvoir, après une rotation d'un demi-tour, être expulsée au dehors ; pendant ce temps, la cavité inférieure se sera mise en contact avec l'intérieur de l'appareil, puis remplie de sels qu'une nouvelle rotation viendra rejeter à l'extérieur.

Le mouvement de rotation est continu et est communiqué à la clef par l'intermédiaire d'une vis sans fin.

La figure 568 montre ce robinet en coupe. Ce robinet peut être remplacé par une glissière ani-

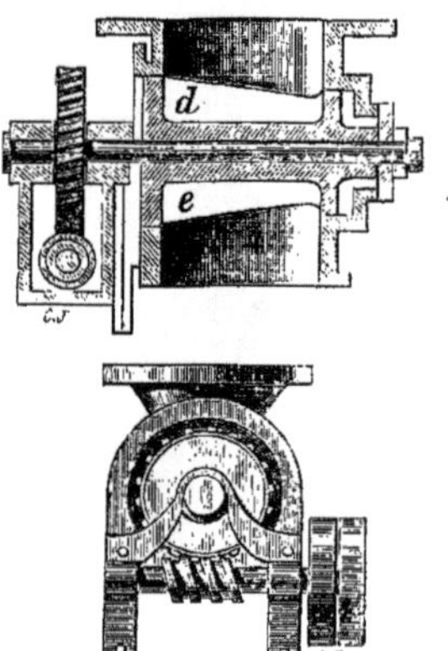

Fig. 568. — Robinet à boisseau ovidé de l'appareil Scott.

mée d'un mouvement de va-et-vient et entraînant avec elle une certaine quantité de sels.

Un dispositif auxiliaire permet de maintenir dans l'appareil un niveau constant.

*Procédé d'extraction Haguemann.* — En 1889, M. O. Haguemann prenait un brevet pour le procédé suivant : On réunit les petites eaux brutes dans un récipient et on ajoute un peu de chaux caustique, de baryte, de silicate d'alumine ou un autre oxyde ou hydrate métallique susceptible de se combiner avec les corps savonneux ou gras contenus dans la lessive. Ces corps produisent un précipité insoluble qui se dépose rapidement au fond du vase et que l'on peut séparer par filtration.

Dans les cas ordinaires, il suffit d'ajouter 2 ou 3 kilogrammes de chaux pour environ 100 litres de lessives. Pour vérifier si cette quantité a suffi, on verse dans un flacon une certaine portion de liquide filtré et on agite vivement. L'écume qui se forme ne doit pas persister ; s'il n'en était pas ainsi, il faudrait ajouter à nouveau de la chaux et continuer les essais jusqu'à ce qu'il se produise un affaissement rapide de l'écume.

On concentre la liqueur claire jusqu'à ce que du sel commence à se déposer, et on neutralise par l'acide chlorhydrique. Dans ces conditions, il se sépare des matières albumineuses. On ajoute alors du sulfate ou du chlorure de fer, ou bien un sel de manganèse ou de zinc, pour dédoubler les substances savonneuses par double décomposition. Pour la vérification, on filtre un échantillon du liquide ; il faut qu'après y avoir ajouté un excédent d'acide la liqueur ne se trouble pas, même après un certain temps. Finalement, on ajoute à la lessive des oxydes métalliques, de fer, de manganèse, de chrome, ou de la bauxite, qui réagissent sur les matières savonneuses dont les acides et les sels métalliques sont plus ou moins solubles, tels que les caproates, les caprylates, les laurates. Cette addition d'oxydes doit être faite en une seule fois. Le mélange, agité pendant un certain temps, est filtré, puis concentré. Un dispositif mécanique spécial permet d'exécuter toutes ces opérations d'une façon méthodique.

*Procédé d'extraction Jobbins et van Ruymbeke.* — MM. Jobbins et van Ruymbeke (brevet 1894) emploient le procédé suivant : On ajoute aux petites eaux, débarrassées de savon, 3 à 4 0/0 de chaux, sans déterminer la quantité d'une façon rigoureuse. On titre alors la quantité d'alcali libre ou carbonaté qui se trouve dans la liqueur et on ajoute la quantité de sulfate de fer nécessaire pour précipiter ces alcalis, en laissant toutefois, de ces derniers, un petit excédent de 0,02 à 0,06 0/0. Le sulfate de fer, dissous à part, doit être ajouté en une seule fois. On agite bien et on filtre ; l'opération se passe dans des conditions plus favorables si la liqueur est tiède.

La solution renferme quelques sels de fer solubles, que l'on précipite avec un peu de soude caustique. On filtre à nouveau et on concentre. Pendant cette opération, il se dépose en premier lieu du sulfate de sodium, puis du chlorure de sodium. La proportion de ce dernier n'est que de 20 0/0 de la totalité des sels précipités. En arrêtant la concentration à temps, on peut recueillir séparément ces deux sels, que l'on purifie par cristallisation.

Il est intéressant de remarquer que, dans ce procédé, on n'emploie aucun acide, à l'encontre de toutes les autres méthodes.

*Procédé d'extraction Hennebutte.* — A citer enfin le procédé Hennebutte (1897), basé également sur la précipitation des matières organiques par des sels métalliques, et qui utilise un moyen de concentration tout particulier permettant la séparation des sels.

Dans un cuvier en bois, on neutralise la lessive par un acide, chlorhydrique ou sulfurique, et on continue l'addition de réactif jusqu'à franche acidification. A ce moment, on ajoute à la masse de 2 à 5 millièmes de sulfate ou de chlorure de zinc en solution concentrée, puis assez de carbonate de soude pour précipiter nettement le zinc à l'état de carbonate. Sous l'influence de cette précipitation, les matières étrangères contenues se séparent complètement des liqueurs.

Si, au lieu d'employer des lessives de savonneries, on se trouve en présence de liqueurs glycériques provenant de stéarineries, l'épuration des matières étrangères s'obtient par l'addition de

3 millièmes de silicate d'alumine aussi pur que possible, qui élimine très suffisamment les matières en suspension. Les liquides ainsi traités ne donnent plus lieu à la formation de dépôts adhérents pendant la concentration, et finalement, lorsqu'on distille la glycérine sirupeuse obtenue par cette méthode, on ne constate jamais une formation appréciable de goudron.

L'évaporation s'effectue d'une façon continue, le liquide étant traité en couches minces et étant soumis à une agitation modérée, mais constante, dès qu'il tend à devenir sirupeux.

L'appareil (fig. 569) se compose de trois éléments, soit trois bacs plats cylindriques, $c_1$, $c_2$, $c_3$, disposés en gradins et protégés contre les dépôts salins (non adhérents du reste) par une plaque annulaire mobile.

Les liquides, épurés dans le cuvier A et emmagasinés pour l'usage dans le bac de charge B, arrivent d'une façon continue dans le premier élément $c_1$, pour passer successivement par des trop-pleins dans les bacs $c_2$ et $c_3$. Sur les fonds de ces derniers reposent des tamis mobiles à pied $D_1$ et $D_2$, servant au lavage méthodique des sels recueillis dans les deux bacs inférieurs $c_3$ et $c_2$.

Dans le bac $c_1$, la lessive saline se concentre jusqu'au point de saturation. Dans le bac $c_2$, elle abandonne la plus grande partie de ses sels. Dans le bac $c_3$, où s'achève la concentration, les dépôts salins sont moins importants. Enfin, sur le fond du bac inférieur $c_3$ repose une cloche dite *d'agitation* E, mobile, munie d'une tubulure d'aspiration $e$, reliée à un éjecteur F, et d'un tube plongeur $e'$, plus court que le corps de la cloche lui-même.

Une légère dépression étant maintenue d'une façon constante dans le corps de cloche à l'aide d'un courant continu de vapeur traversant l'éjecteur, le liquide tend à remonter en E; mais dès que le tube plongeur $e'$ se trouve dénivelé, l'air rentre dans l'appareil et le liquide retombe dans la masse qu'il agite.

Ces alternances d'aspiration et d'expulsion se succèdent très rapidement et produisent une sorte de mouvement de vagues qui renouvelle incessamment les surfaces du liquide.

Dans ces conditions, les liqueurs s'enrichissent graduellement en glycérine par leur passage de bac en bac, tandis que les sels, lavés méthodiquement dans des solutions salines saturées, mais de plus en plus pauvres en glycérine, abandonnent tout ce qu'ils pouvaient en retenir mécaniquement.

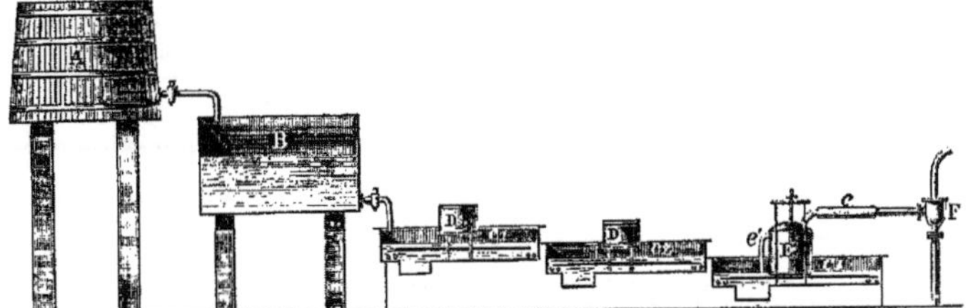

Fig. 569. — Bacs à concentration de l'appareil Hennebutte.

Tous les organes de l'appareil étant mobiles, leur nettoyage peut s'effectuer en quelques instants, et d'ailleurs, en raison de l'épuration préalable subie par la lessive, ainsi que cela a été indiqué, il ne se produit jamais de dépôts adhérents.

S'il existe un grand nombre de procédés et de brevets pour la purification des lessives, dont seulement quelques-uns ont été décrits, les autres ayant de trop nombreux points d'analogie, il n'en est pas de même pour la désulfuration des lessives, et la littérature à ce sujet est pour ainsi dire nulle. Le mode opératoire qui semble avoir donné les meilleurs résultats, consiste à traiter les petites eaux par de l'acide sulfurique et de la tournure de fer en présence d'un courant d'air ou de vapeur. Il faut ensuite précipiter le fer en solution par du carbonate de soude, mais alors la quantité de sels en présence, et par suite le volume des précipités est si considérable, que la perte en glycérine devient très grande. Ce procédé trop coûteux a été abandonné.

Comme il a été dit ci-dessus, on préfère obtenir un résultat moins parfait, mais plus économique, en acidulant fortement les lessives par de l'acide sulfurique ou chlorhydrique, et en faisant passer un courant d'air ou de vapeur.

M. E. Terrier propose de détruire les composés sulfurés par l'addition d'hypochlorite de calcium. Un excès d'hypochlorite attaquerait la glycérine; c'est pourquoi il ne faut employer que la proportion strictement nécessaire. On prépare donc une solution concentrée d'hypochlorite de calcium en quantité convenable pour l'emploi industriel. On mesure le pouvoir oxydant de cette solution au moyen de l'hyposulfite de soude, en versant dans une quantité de liqueur normale connue, chauffée à 80 ou 90°, un volume déterminé d'hypochlorite de calcium insuffisant pour oxyder tout l'hyposulfite. Puis on détermine, au moyen de la liqueur d'iode, la quantité d'hyposulfite en excès, ce qui permet de connaître la proportion de la solution chlorée qui doit être employée pour convertir en sulfate les hyposulfites et les sulfites contenus dans la glycérine. Par ce traitement, on n'introduit dans la glycérine aucun élément nouveau, et l'on peut opérer dans les récipients ordinaires, qu'il convient pourtant de doubler de plomb. Si l'on veut éviter d'introduire des sels de chaux dans la glycérine, on peut employer l'hypochlorite de sodium [E. Terrier, *Moniteur scientifique*, janvier 1893].

### II. Glycérine de déglycérination.

La déglycérination des corps gras, préalable à la fabrication du savon, présente de grandes analogies avec les procédés employés en stéarinerie. Cette opération s'effectue en autoclave et présente certaines difficultés. La saponification aqueuse exige de hautes pressions, et par suite des températures élevées; aussi les acides gras sortent-ils fortement colorés. Si donc on n'a recours qu'à l'eau pour opérer la dissociation en travaillant à basse pression, on n'obtient qu'une partie de la glycérine et on ne recueille pas les avantages d'une installation coûteuse.

D'après M. Hugues, le problème de la déglycérination se poserait de la façon suivante :

1° Opérer par l'autoclave seul, de sorte que les acides gras soient utilisables dès leur sortie du vase clos ;

2° Employer une température assez peu élevée, pour éviter d'altérer et de colorer la matière grasse ;

3° Obtenir des produits identiques à ceux de la stéarinerie comme quantité et qualité.

Cet ensemble de conditions fait écarter la saponification aqueuse à haute pression, qui donne des matières grasses fortement colorées, et à plus forte raison la saponification usitée en stéarinerie à 2, 3 et 4 0/0 de chaux, suivie de la décomposition du savon calcaire par un acide énergique, ces opérations étant longues et dispendieuses.

La solution serait donc une méthode réunissant les avantages des deux systèmes sans en avoir les inconvénients ; en résumé, il faut réaliser l'opération dans des conditions de température et de pression identiques à celles de la saponification calcaire des stéariniers, sans employer de fortes proportions de réactifs.

Certaines modifications dans le fonctionnement des autoclaves débarrassés des accessoires encombrants ou inutiles permettent d'y arriver pratiquement. On s'est servi des appareils de MM. de Roubaix, Wright et Touché, Renner, basés sur une circulation ou une agitation des masses en traitement, condition indispensable à l'accomplissement des réactions devant séparer la glycérine des matières neutres ; mais ces appareils exigent des pressions de 15 à 18 kilogrammes et les opérations durent de 15 à 20 heures.

Actuellement, voici le mode opératoire le plus fréquemment suivi :

Après avoir introduit dans l'autoclave la quantité de corps gras à décomposer, soit par simple aspiration, soit à l'aide d'un monte-jus ou par superposition de bassins à décharge, et ajouté ensuite la proportion d'eau voulue et 1/2 ou 1/4 0/0 de chaux, on ouvre la conduite de vapeur. Sous l'action de l'eau, en maintenant la température de 160 à 170°, suivant la nature des corps gras, la décomposition ne tarde pas à s'effectuer, et au bout de 6 heures environ elle est complètement terminée.

Un robinet placé au-dessous de l'appareil permet de refouler la matière décomposée dans un réservoir où l'on sépare l'eau glycérineuse qui est traitée et concentrée comme les petites eaux de stéarinerie.

Aujourd'hui, presque toutes les savonneries importantes de France font l'extraction préalable de la glycérine, et beaucoup d'entre elles, pour favoriser la décomposition des corps gras, ont recours à un oxyde métallique ou à un acide quelconque. Outre la chaux et les alcalis, soude et potasse, on peut encore employer les oxydes métalliques, tels que ceux de fer ou de zinc, ou même les métaux facilement oxydables par l'eau à haute température, comme le zinc à l'état métallique. MM. Poullain et Michaud frères ont fait breveter en 1882 un procédé qui consiste à soumettre les corps gras dans un autoclave à l'action de la vapeur sous la pression de 8 à 9 kilogrammes par centimètre carré, en présence de 25 à 30 0/0 de leur poids d'eau et de 1/100 à 1/150 de leur poids de blanc de zinc, de poussière de zinc, ou de gris de zinc.

L'autoclave et les réservoirs sont disposés de la même façon que ceux employés d'ordinaire pour la saponification calcaire. La pression indiquée ci-dessus doit être maintenue pendant 3 ou 4 heures, suivant la nature des corps gras neutres traités et suivant la quantité d'oxyde de zinc ou de poudre de zinc employée. Voici les proportions industrielles : On place dans un autoclave 3000 kilogrammes de corps gras avec 750 kilogrammes d'eau et 10 kilogrammes de poudre de zinc ; on chauffe le tout pendant 3 ou 4 heures à la pression indiquée précédemment. Le rendement est d'environ 6 0/0 de glycérine.

On peut sans inconvénient faire usage directement des acides gras mélangés d'oxyde de zinc sans éliminer celui-ci par un acide. Aussitôt que l'on commence l'empâtage avec la soude caustique, ce dernier corps décompose immédiatement la petite quantité de savon de zinc en savon de soude et oxyde de zinc ; or, comme l'oxyde de zinc est très soluble dans un excès de soude caustique, il est éliminé en dernier lieu à l'état de zincate de soude dans les eaux de relargage.

La proportion de poudre de zinc peut être diminuée, et on arrive à n'en employer que 0,20 0/0 du corps gras à traiter.

M. Foex, dans un brevet pris en 1893 pour la déglycérination des huiles, publie un tableau donnant les quantités de corps gras décomposées en fonction de la température, du temps et de la base ou de l'oxyde employé :

| Base p. 100 d'huile | | | Température | Temps en heures | Coefficient de décomposition |
|---|---|---|---|---|---|
| CaO | ZnO | Gris de zinc | | | |
| *1° Hautes pressions, supérieures à 8 kilogr.* | | | | | |
| Quantités quelconques | | | 175° et au-dessus. | 4 h. | 89 |
| *2° Basses pressions, inférieures à 8 kilogr.* | | | | | |
| 2,5 | 0,25 | 0,5 | 170 | 4 | 89 |
| 3 | 0,5 | 1,0 | 164 | 6 | 87 |
| 1 | 0,2 | 0,4 | 164 | 8 | 87 |
| 5 | 0,75 | 1,5 | 164 | 5 | 86 |
| 5 | 0,75 | 1,5 | 158 | 8 | 85 |
| 5 | 0,5 | 1,0 | 158 | 9 | 84 |
| 5 | 0,5 | 1,0 | 158 | 8 | 83 |
| 4 | 0,4 | 0,8 | 158 | 9 | 82 |
| 5 | 0,5 | 1,0 | 155 | 9 | 80 |
| 5 | 0,5 | 1,0 | 158 | 7 | 78 |
| 4 | 0,4 | 0,8 | 158 | 7 | 74 |
| 5 | 0,5 | 1,0 | 151 | 9 | 72 |
| 3 | 0,3 | 0,6 | 158 | 7 | 70 |
| 5 | 0,5 | 1,0 | 155 | 7 | 70 |
| 2,5 | 0,25 | 0,5 | 158 | 9 | 68 |
| 3 | 0,3 | 0,6 | 143 | 9 | 65 |
| 3 | 0,3 | 0,6 | 151 | 4 | 65 |
| 5 | 0,5 | 1,0 | 151 | 7 | 59 |
| 1 | 0,1 | 0,2 | 158 | 9 | 56 |
| 1 | 0,1 | 0,2 | 143 | 9 | 50 |
| 3 | 0,3 | 0,6 | 151 | 5 | 50 |
| 0 | 0 | 0 | 158 | 9 | 45 |

Jusqu'à présent les savonniers anglais se montrent rebelles à la déglycérination, prétendant que les savons obtenus sont plus colorés que ceux obtenus par l'empâtage direct des corps gras.

### PURIFICATION DES GLYCÉRINES BRUTES.

#### Glycérine chimiquement pure.

La glycérine chimiquement pure doit avoir une densité de 1,26, être parfaitement blanche et exempte de toutes impuretés.

Les matières premières employées à sa fabrication sont les glycérines de saponification et de distillation ; celles de lessives peuvent également en fournir par des distillations répétées, mais il vaut mieux les employer pour la fabrication de la glycérine à dynamite.

Un seul procédé permet d'arriver à la pureté absolue : c'est la distillation. L'osmose, telle qu'elle a été décrite à propos de la concentration de la glycérine de lessives, ne peut que purifier plus ou moins imparfaitement cette dernière sans enlever complètement la couleur et les dernières traces de chlorure de sodium.

Une usine du continent avait essayé de faire cristalliser la glycérine pour la purifier ; nous ne savons si le procédé, tenu secret, est pratique. Nous avons constaté que l'on peut faire cristalliser des glycérines de densités variables, pouvant aller de 1,21 à 1,26 et même relativement impures, de saponification par exemple. Le liquide se prenait en masse et il était à peu près impossible d'en séparer des cristaux ; par un refroidissement très lent on y arrivait parfois, mais dans ce cas l'analyse montrait que le pro-

Cette vapeur, à 220° environ, se rend dans un tube en spirale placé au fond de l'alambic. Un certain nombre de trous percés à la partie inférieure de la spirale permettent à la vapeur de s'échapper, de traverser la glycérine et de venir aider la distillation en entraînant mécaniquement la vapeur de glycérine distillée qui se trouve entre la surface du liquide et le couvercle de l'appareil. Ce couvercle présente plusieurs ouvertures, dont l'une laisse passage au tuyau de vapeur surchauffée dont nous venons de parler ; sur deux autres sont rivées des gaines en cuivre contenant les thermomètres indiquant la température à la partie supérieure et à la partie inférieure de la glycérine. Ces gaines sont remplies d'huile de navette ou de palme. Enfin les deux derniers trous servent, l'un au remplissage, et l'autre, par l'intermédiaire d'un tuyau d'un diamètre assez fort, au départ du produit distillé.

Un tuyau traversant le foyer permet d'effectuer la vidange des goudrons, une fois la distillation terminée.

À la suite de cet alambic sont installés des flacons de Woolff servant de réfrigérants, généralement au nombre de quatre.

Ces flacons sont constitués par des bassines en cuivre étamé plongées dans des rafraîchissoirs en bois remplis d'eau ; dans chacun de ceux-ci est placé un thermomètre, afin que l'on puisse régler la température à volonté. Le premier et le second rafraîchissoir sont remplis avec de l'eau chaude, et les deux suivants avec de l'eau froide. Enfin, du dernier rafraîchissoir part un tube qui conduit à une cheminée tirant bien, dans laquelle s'échappent les gaz et les vapeurs non condensés.

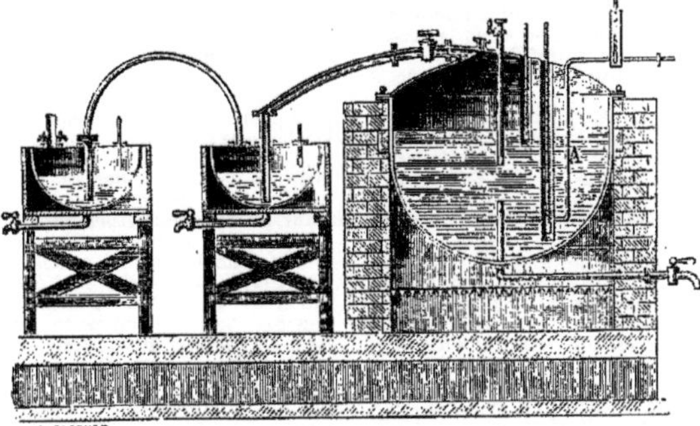

Fig. 570. — Appareil à feu nu et à air libre.

duit fondu avait très approximativement la même composition que la glycérine initiale. La même glycérine peut subir un nombre indéfini de cristallisations en amorçant avec un cristal, contrairement à ce qu'ont affirmé un certain nombre d'auteurs.

La glycérine entre en ébullition vers 275° à la pression atmosphérique ; en même temps elle se décompose et donne de l'acroléine. Autant pour abaisser son point d'ébullition que pour empêcher une oxydation, il est nécessaire d'opérer dans le vide. Cette précaution n'est cependant pas indispensable, car d'une part les solutions de glycérine commencent à émettre des vapeurs vers 110°. vapeurs dont la richesse et l'abondance croissent avec la température, et d'autre part la glycérine est très facilement entraînable par la vapeur d'eau. Ces deux propriétés ont permis de distiller sans altération la glycérine à l'air libre au moyen de la vapeur.

DISTILLATION SOUS LA PRESSION ATMOSPHÉRIQUE. — L'alambic ou chaudière en cuivre est chauffé à feu nu ; il est encastré dans un massif en briques constituant le fourneau dont la grille a pour largeur le diamètre de l'alambic, produisant ainsi un chauffage intense (fig. 570).

Un tube A amène la vapeur surchauffée provenant d'un surchauffeur constitué simplement par un serpentin en fer placé à l'intérieur d'un four et traversé par la vapeur provenant du générateur.

Chaque bassine porte un robinet de décharge permettant d'évacuer la glycérine condensée, qui la plupart du temps se trouve dans les deux premières à un degré de concentration assez avancé, 22 à 28° B., tandis que dans les deux dernières elle ne marque pas plus de 3 à 4° B., et a besoin d'être concentrée, puis distillée à nouveau.

Nous devons dire que cet appareil fonctionnant tel quel, sans l'adjonction du vide, fournit une glycérine parfaitement pure et sans aucune odeur, surtout si les glycérines brutes ont été préalablement filtrées sur du noir animal.

Malgré l'existence d'appareils distillatoires perfectionnés travaillant tous dans le vide, certaines usines en France et à l'étranger continuent encore à l'heure actuelle à se servir de ce système et produisent une glycérine qui ne le cède en rien comme blancheur et pureté à celles produites par ces nouveaux procédés.

C'est M. Bouquet, ancien préparateur à l'École des Mines, qui installa en 1864, à l'Île Saint-Denis, la première distillerie de glycérine en France.

DISTILLATION SOUS PRESSION RÉDUITE. — L'appareil à distiller dans le vide se compose d'un alambic, d'une série de condenseurs, de réfrigérants et d'une pompe à vide.

L'alambic, de dimensions très variables, peut contenir comme espace utile, de 2000 à 5000 kilogrammes de matière; ordinairement en fer, de forme cylindrique, à fond plat, il est d'une épaisseur suffisante pour résister à la pression atmosphérique et est muni d'appareils de sûreté, d'indicateurs de pression et de température, d'un orifice pour le remplissage et d'un trou d'homme pour le nettoyage. Il est chauffé à feu nu et est placé sur un foyer à retour de flamme; quelquefois il est entouré d'un double fond à enveloppe de vapeur surchauffée.

Afin de diminuer le temps nécessaire pour amener la glycérine à la température de distillation, on l'introduit déjà chaude dans l'alambic en la chauffant à feu nu sur un foyer spécial dans un vase appelé *préparante*, d'où elle est aspirée par le vide dans l'alambic.

A la suite de l'alambic sont disposés les condenseurs en cuivre rouge au nombre de 6 à 8, ayant de 1$^m$,20 à 1$^m$,40 de hauteur sur 0$^m$,30 à 0$^m$,40 de diamètre, reliés entre eux par des tubes en cuivre rouge mettant en communication la partie supérieure de l'un avec la partie inférieure du suivant, et ainsi de suite.

Chaque condenseur communique par sa partie inférieure avec un petit cylindre clos appelé *barillet*, disposé horizontalement, qui permet, par un jeu de robinets, d'isoler la glycérine accumulée dans le bas du condenseur et de la laisser écouler au dehors sans introduire d'air dans celui-ci. Pendant la distillation, on procède à cette opération environ toutes les heures. Pour cela, on ouvre le robinet qui met en communication le condenseur avec le barillet; une fois la glycérine écoulée dans ce dernier, on referme le robinet et on laisse rentrer de l'air dans le barillet par un robinet placé à la partie supérieure. La glycérine s'écoule alors facilement au dehors par un robinet de vidange. Les dimensions généralement données au barillet sont 50 centimètres de longueur sur 35 de diamètre. Le réfrigérant placé entre les condenseurs et la pompe à vide est destiné à recueillir les dernières traces de glycérine; de forme variable, c'est le plus souvent un simple serpentin refroidi par un courant d'eau; d'autres fois, c'est un faisceau tubulaire où circule de l'eau froide. Ces systèmes sont également bons et conduisent au même résultat.

Pour faire le vide, on se sert d'une pompe à vide à double effet qui, tout en aspirant l'air, refoule au dehors la vapeur condensée provenant de l'eau contenue dans la glycérine brute, et aussi la vapeur introduite pour l'entraînement. Cette dernière entre dans l'alambic par un serpentin disposé à la partie inférieure et percé de trous, ce qui lui permet de traverser le liquide et d'en opérer le brassage.

Afin de contribuer à élever la température de la glycérine, on surchauffe la vapeur en la faisant circuler dans une série de tubes en fer disposés dans un foyer spécial ou dans un bain métallique, du plomb fondu par exemple. La chaleur perdue de ce foyer est généralement employée à chauffer la préparante.

D'ailleurs, que l'on opère dans le vide ou à l'air libre, il y a un grand avantage à distiller avec un fort courant de vapeur surchauffée; mais si on opère sans l'adjonction du vide, on n'obtient plus dans les condenseurs que des glycérines très diluées, mélangées parfois à des produits condensés à la même température; c'est encore là un des nombreux avantages de la distillation et de la condensation dans le vide, en ce qu'elles fournissent directement des glycérines au maximum de concentration.

La glycérine étant introduite dans l'alambic, on la chauffe jusque vers 150-160° et on commence à faire le vide; il se produit immédiatement un abaissement de température considérable d'en-

viron 80°. La distillation commence vers 160-170° et la température se maintient aux environs de 210° pendant toute l'opération. Suivant les dimensions de l'appareil, il faut de 6 à 12 heures pour l'amener au point de distillation, et de 10 à 24 heures pour achever complètement l'opération.

La condensation a lieu aux températures suivantes :

| | | |
|---|---|---|
| Dans le premier condenseur ..... | 180 à 170° |
| — le deuxième — ..... | 160 à 150 |
| — le troisième — ..... | 145 à 135 |
| — le quatrième — ..... | 125 à 120 |
| — le cinquième — ..... | 115 à 110 |
| — le sixième — ..... | 105 à 100 |
| —. le septième — ..... | 95 à 90 |
| et enfin dans le réfrigérant....... | 20 à 30 |

Ces températures sont naturellement variables suivant la saison et l'emplacement des appareils.

Le premier condenseur renferme une glycérine de densité élevée, mais elle est moins pure que celle des condenseurs suivants, par suite d'entraînements qu'il est presque impossible d'éviter.

Les deuxième, troisième et quatrième condenseurs fournissent des produits d'une densité se rapprochant sensiblement de 1,260; le cinquième 1,250, le sixième 1,230, et le réfrigérant des petites eaux seulement.

*Décoloration.* — Les produits recueillis dans les condenseurs sont quelquefois suffisamment purs pour les besoins du commerce, mais jamais incolores, la distillation la mieux conduite n'enlevant pas totalement la couleur. Pour les décolorer, on les fait passer sur du noir, soit tels qu'ils sortent des condenseurs, soit en les diluant, les décolorant et les reconcentrant ensuite.

Un grand nombre de noirs ont été proposés; le noir animal bien lavé semble donner de bons résultats; d'autres noirs sont décrits à la fabrication de la glycérine blanche industrielle. En tous cas, quel que soit le noir employé, il convient de s'assurer de sa pureté absolue, la glycérine dissolvant facilement toutes les impuretés.

La glycérine obtenue après une première distillation est rarement assez pure ou suffisamment inodore pour pouvoir être livrée à la consommation; il est nécessaire de la distiller une seconde fois. Lorsque l'on travaille des glycérines de saponification calcaire de bonne qualité, ne renfermant pas plus de 0,2 0/0 de cendres, une seule distillation suffit, mais des matières premières plus impures obligent à redistiller. Cette opération est indispensable si l'on opère avec de la glycérine de distillation (saponification sulfurique), et même avec cette précaution il est très difficile d'obtenir des produits qui ne deviennent pas nuageux ou floconneux au bout d'un certain temps, cette propriété leur étant pour ainsi dire inhérente.

Dans une distillation hâtive ou mal conduite, les glycérines prennent de l'odeur, et il faut les redistiller. On peut enlever partiellement cette odeur en y ajoutant, au détriment de la pureté, un peu de permanganate de potassium.

Une fois la distillation achevée, il reste au fond de l'alambic des goudrons que l'on fait écouler pendant qu'ils sont encore chauds. On peut, soit les jeter, soit les traiter, après dilution, par l'acide sulfurique qui fait remonter à la surface toute la partie goudronneuse que l'on décante. On neutralise le liquide avec de la chaux et on concentre à nouveau. Ces produits peuvent être joints à une distillation ultérieure, mais il vaut mieux les transformer en glycérine à dynamite.

Une fois la distillation terminée, on achève la concentration des produits distillés dans un appareil sphérique appelé *boule à vide*, chauffé par un serpentin intérieur (fig. 571). La glycérine doit être amenée à la densité de 1,260.

Un passage au filtre-presse en présence de noir

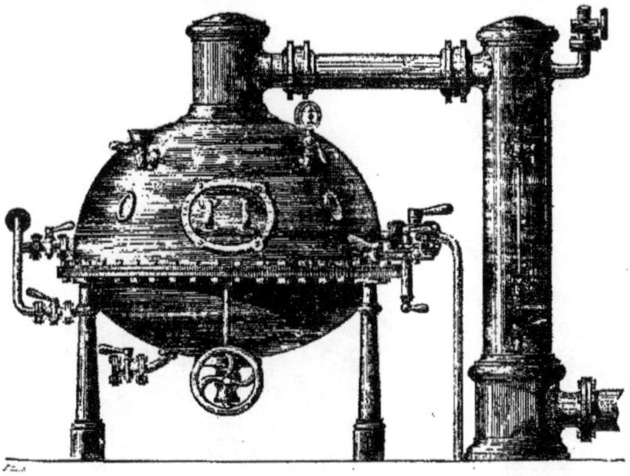

ment, détendue puis réchauffée, est introduite à la même température que celle du serpentin.

Ce procédé offre l'avantage de n'exiger qu'une chaudière à plus basse pression que celle qu'il faudrait si l'on faisait arriver directement la vapeur dans la glycérine. En effet, on a remarqué que de la vapeur introduite dans l'alambic perd, par suite de la détente, environ 100° à la température où s'effectue la distillation. Si donc on fait d'abord détendre la vapeur et qu'on la réchauffe au moyen de la vapeur de la chaudière, cette perte est évitée et il n'est utile que d'avoir une chaudière susceptible de donner de la vapeur à une température légèrement supérieure à celle nécessaire à la distillation.

L'appareil (fig. 572) se compose de deux vases cylindriques, dont l'un E sert de réchauffeur et l'autre A d'alambic ; les tuyaux $f$, $g$ et $d$ communiquent directement avec la chaudière, fournissant la vapeur à une pression déterminée ; $h$ et $h'$ sont des robinets disposés pour l'écoulement de l'eau de condensation.

La vapeur passe par le tube de diamètre étroit $d$ et arrive dans le serpentin C en se détendant, et par suite en se refroidissant ; elle se réchauffe sensiblement à la même température que primitivement en circulant à travers ce serpentin C. qui est baigné par de la vapeur venant directement de la chaudière par le tuyau $f$. Cette vapeur non saturée pénètre dans l'alambic par le tuyau $c$. vient s'échapper par le serpentin horizontal $b$ et

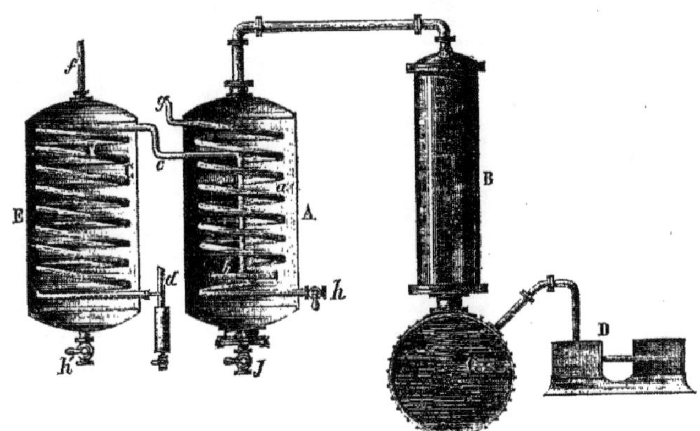

Fig. 571. — Boule à vide pour la concentration des produits distillés.

en poudre achève la décoloration en donnant du brillant.

*Appareil distillatoire de Jobbins et van Ruymbeke.* — A côté de l'appareil qui vient d'être décrit, il convient de citer l'appareil distillatoire de MM. Jobbins et van Ruymbeke, dont les brevets continentaux datent de 1894 et qui est employé dans un certain nombre d'usines aux États-Unis.

Le principe est le suivant : La glycérine, renfermée dans un vase, est chauffée par un serpentin de vapeur à une température déterminée, pendant que la vapeur nécessaire à l'entraîne-



Fig. 572. — Appareil distillatoire Jobbins et van Ruymbeke.

entraîne la glycérine ; le serpentin $a$ ne sert qu'à chauffer la glycérine. B représente un condenseur avec son barillet C ; D est la pompe à vide.

La figure 573 donne les détails de construction du réchauffeur de vapeur et de l'alambic. La

vapeur arrive par un seul tuyau $p$ et est distribuée dans les directions nécessaires par un raccord à quatre voies ; un thermomètre $u'$ indique la température de la vapeur détendue à l'entrée de l'alambic. Le condenseur et l'alambic sont supportés par des colonnes en fonte reliées par des entretoises en fer.

Cet appareil a été spécialement construit pour la distillation des lessives; aussi est-il nécessaire

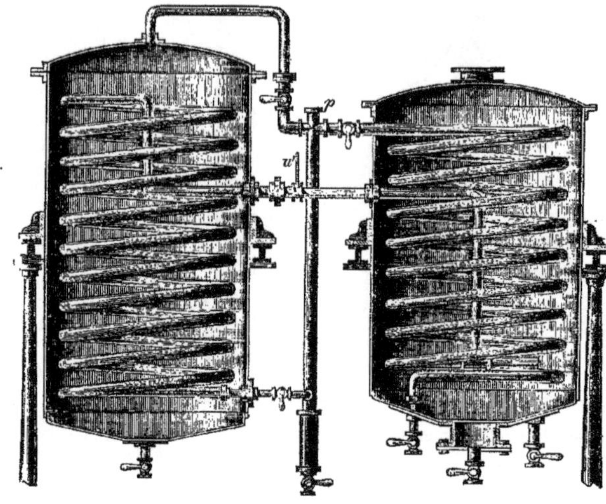

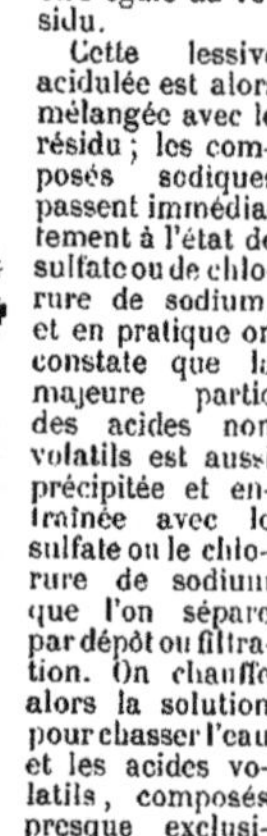

Fig. 573. — Appareil Jobbins et van Ruymbeke. — Détails du réchauffeur et de l'alambic.

de redistiller les produits obtenus pour éliminer les dernières traces de chlorure de sodium.

Dans la distillation de la glycérine de lessives, le chlorure et le sulfate de sodium, ainsi que quelques autres impuretés, se séparent facilement des résidus obtenus dans les appareils Jobbins et van Ruymbeke; mais certains sels organiques de sodium ne se précipitent pas, et, une fois la distillation achevée, le résidu contient encore une forte quantité de glycérine, 33 0/0 et quelquefois davantage.

Ce résidu ne peut pas être distillé d'après les procédés ordinaires; en effet, outre la glycérine, il contient encore 5 0/0 de sel marin, 20 à 30 0/0 d'acétate de sodium, 10 à 15 0/0 de sels de sodium à acides organiques non volatils et quelques autres impuretés en moins forte proportion. En convertissant ces composés en sels à acides minéraux, tels que l'acide sulfurique ou l'acide chlorhydrique, le sulfate et le chlorure de sodium se précipiteront facilement: on peut alors chasser l'acide acétique par volatilisation et on obtiendra une liqueur claire ayant un quantum élevé de glycérol et facile à distiller.

Voici comment les inventeurs opèrent : On détermine la proportion de carbonate de soude

obtenue par incinération d'un poids donné de résidu et on calcule la quantité d'acide sulfurique ou chlorhydrique nécessaire à sa saturation. Cet acide est mélangé avec des petites eaux purifiées, concentrées jusqu'à ce qu'elles commencent a laisser déposer du sel; la quantité de petites lessives à employer doit être égale au résidu.

Cette lessive acidulée est alors mélangée avec le résidu; les composés sodiques passent immédiatement à l'état de sulfate ou de chlorure de sodium, et en pratique on constate que la majeure partie des acides non volatils est aussi précipitée et entraînée avec le sulfate ou le chlorure de sodium que l'on sépare par dépôt ou filtration. On chauffe alors la solution pour chasser l'eau et les acides volatils, composés presque exclusivement d'acide acétique. On peut recueillir cet acide dans des appareils appropriés, ou le faire passer sur de la chaux pour le convertir en acétate de calcium.

Les liqueurs claires sont concentrées jusqu'à ce qu'elles aient une teneur de 80 0/0 de glycérol et distillées à nouveau. En pratique, il faut arrêter la distillation lorsque le résidu contient encore 50 à 60 0/0 de glycérine, car à ce degré de concentration il est encore fluide et peut être enlevé facilement de l'alambic, tandis que si on pousse la distillation plus avant, la masse devient trop épaisse; le résidu est solide quand il ne contient plus que 30 0/0 de glycérine. D'ail-

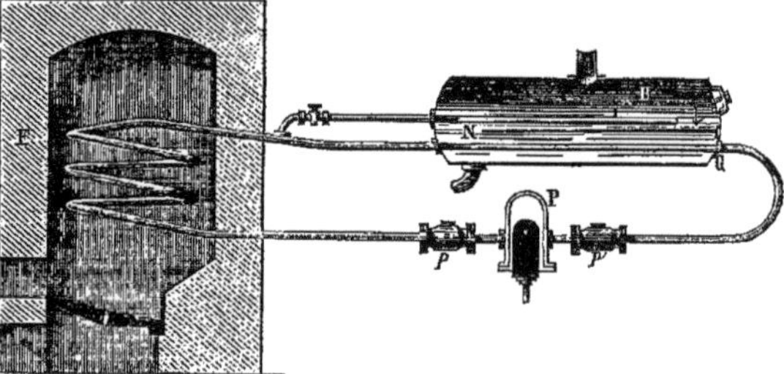

Fig. 574. — Appareil à distiller Hennebutte.

leurs, dans cet état la distillation devient très lente et coûteuse.

*Appareil distillatoire Hennebutte.* — Dans le même ordre d'idées, il faut citer le brevet tout récent de M. Hennebutte; la distillation a lieu sans chauffage direct par un foyer, mais uniquement avec le concours de la vapeur surchauffée.

Voici le texte du brevet : « La distillation s'effectue dans le vide dans un cylindre métallique placé de préférence horizontalement (fig. 574). Cet alambic B, dans lequel la distillation est continue, est muni : 1° d'un faux fond N, servant à isoler la plus grande masse des sels; 2° d'un petit tube d'injection de vapeur surchauffée I; 3° d'un serpentin plat G, dont une partie se développe dans un fourneau F. La partie de ce serpentin développée en spirale au-dessus d'un foyer sert donc de surchauffeur de vapeur, tandis que par sa partie plate s'effectue dans l'alambic l'échange de calorique avec la glycérine à distiller.

« Un appareil à déplacement P, formé de deux cloches renversées, glissant l'une dans l'autre sous l'action d'un moteur, et en communication avec deux soupapes $p$ et $p'$, détermine une circulation continue d'avant en arrière entre les deux parties du susdit serpentin. Il s'ensuit qu'en principe, et sauf quelques pertes compensées par un générateur, la même vapeur sert de véhicule, empruntant successivement du calorique complémentaire au foyer pour le transmettre au liquide à distiller. Dans ces conditions, l'emploi de la vapeur surchauffée par serpentin devient pratique et économique, et on a la possibilité de régler d'une façon invariable la température de la masse à distiller. Avec ce système, le petit tube d'injection directe de vapeur surchauffée n'intervient que pour produire de l'entraînement. Quant à la vapeur surchauffée circulant dans le serpentin, elle peut avec avantage être maintenue sous une assez forte tension. » Nous ne savons encore quels sont les résultats obtenus avec cet appareil.

On a essayé de remplacer la vapeur d'eau pour l'entraînement par un courant de gaz inerte.

*Appareil distillatoire Jaffé et Darmstaedter.* — MM. Benno Jaffé et Darmstaedter, de Charlottenbourg, ont pris, le 19 janvier 1893, un brevet pour distiller la glycérine dans un courant de gaz permanent, se basant sur ce que la vapeur d'eau en contact avec la glycérine convertit les particules de substance à distiller en vapeur, les entoure, les entraîne, et par suite la distillation se fait au-dessous du point d'ébullition. D'après eux, la glycérine ne subirait pas de décomposition en arrivant au contact de l'air à une température élevée. Il est connu que les substances volatiles dégagent déjà des vapeurs bien au-dessous de leur point d'ébullition. Ces vapeurs ne peuvent se condenser par suite de leur peu d'étendue; si donc on vient à balayer la surface du liquide avec un courant de gaz inerte, toutes ces vapeurs seront entraînées et viendront se condenser dans un réfrigérant. De nouvelles vapeurs se formeront et seront entraînées à leur tour, produisant ainsi une vive distillation de la glycérine. En employant l'air comme gaz inerte, la distillation commence à 120° et devient très vive à 170 et 180°. Le produit obtenu serait plus pur qu'en employant la vapeur d'eau, et le rendement plus élevé. Dans ce procédé, le dernier condenseur doit renfermer un peu d'eau pour absorber les dernières traces de glycérine.

On a également tenté d'appliquer à la distillation de la glycérine des colonnes genre Savalle. M. Oscar Unglaub a fait breveter en 1891 une colonne de ce genre qui se divise en trois parties (fig. 575). A est une série de tubes concentriques fermés alternativement par le bas et par le haut; au-dessous sont disposés en B un certain nombre de plaques appelées *plaques de résistance*,

sur lesquelles la glycérine vient se condenser en partie; enfin au-dessus, en C, la colonne proprement dite, qui a trop de points d'analogie avec les colonnes à alcool pour avoir besoin d'être décrite.

Cet appareil doit offrir certains inconvénients, lorsque pendant la distillation la glycérine vient à mousser, le nettoyage devant en être difficile; en outre, la perte de chaleur doit être très sensible. Cette formation de mousses pendant la distillation se produit avec certaines glycérines de saponification contenant des sels de soude, ou inversement des glycérines de lessives contenant de la chaux. On y remédie en faisant tomber le vide; certains auteurs préconisent l'emploi de la paraffine.

Comme rendement à la distillation, 100 kilogrammes de glycérine 28° B. de saponification peuvent fournir de 82 à 84 kilogrammes de glycérine chimiquement pure à 30° B.

### Glycérine à dynamite.

En général la glycérine à dynamite est fabriquée avec des lessives de savonnerie; une certaine quantité cependant est produite avec de la saponification ou de la distillation, par suite de la proximité de stéarineries avec certaines raffineries éloignées de centres savonniers. Cette dernière est de qualité supérieure.

La glycérine à dynamite est obtenue par une seule distillation; les appareils employés sont les mêmes que ceux servant à la fabrication de la glycérine chimiquement pure, mais la distillation peut être conduite plus rapidement et avec moins de soins, une certaine latitude de pureté étant laissée à cette qualité.

D'ailleurs, on peut pour ainsi dire obtenir

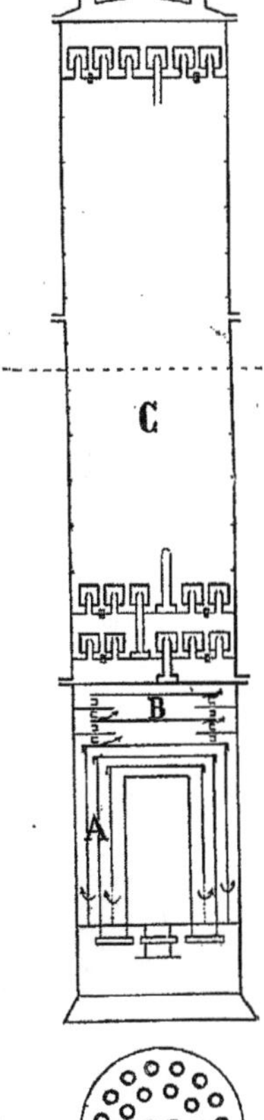


Fig. 575. — Colonne Unglaub.

la qualité que l'on désire en recueillant d'une part les cœurs, et d'autre part les têtes et queues, et les mélangeant en proportions convenables.

Les têtes et queues sont les produits que l'on recueille au commencement et à la fin de la distillation, et ils sont plus impurs que le reste appelé cœur.

Ces produits distillés sont alors concentrés comme les glycérines chimiquement pures, mais poussés jusqu'à ce qu'ils atteignent une densité de 1,262. Pendant cette concentration, la perte est assez considérable, surtout pour monter de 1,260 à 1,262.

On termine en faisant passer le produit sur un filtre-presse contenant du noir en poudre. La glycérine à dynamite a toujours une teinte paille.

Suivant les appareils employés et l'habileté du distillateur, la glycérine de saponification peut fournir de 80 à 85 0/0 de glycérine à dynamite ; celle de lessive en donne de 66 à 74 0/0.

#### Glycérine blanche industrielle.

En dehors des glycérines distillées ou purifiées par l'osmose, il existe une qualité spéciale, qui est simplement de la glycérine de saponification décolorée par le noir animal ou par des réactifs chimiques. Cette glycérine est très employée dans toutes les industries où il est simplement nécessaire d'avoir un produit blanc, sans tenir à une pureté parfaite : d'où son nom de glycérine *blanche industrielle*. En Allemagne elle est désignée sous le nom de *raffinée blanche*.

Sa densité est toujours de 28° B., comme celle de la glycérine brute de saponification.

Dès l'origine, ces procédés ont été appliqués à la glycérine pour la décolorer. Déjà en 1853 M. Bruère-Perrin indiquait la méthode suivante, que nous extrayons du livre de M. F. Malepeyre, *Les bougies stéariques*, 1869 :

On détermine au moyen de l'acide oxalique la quantité de chaux existant dans le liquide que l'on veut purifier ; cette proportion de chaux étant connue, on ajoute au liquide en traitement une quantité d'acide sulfurique suffisante pour convertir la chaux en sulfate de chaux ; on concentre ensuite dans une bassine de cuivre étamée en agitant vivement au moyen d'un agitateur muni de palettes, mis en mouvement par une manivelle ; pendant la concentration, il y a dégagement de vapeurs ayant une odeur désagréable et décoloration partielle de la liqueur.

Lorsque le liquide a atteint une densité de 10° à l'aréomètre, on laisse refroidir et on passe au travers d'un tissu de toile pour séparer le sulfate de chaux ; on sature l'excès d'acide qui aurait pu être ajouté à l'aide du sous-carbonate de potasse ; on fait évaporer de nouveau en agitant. Lorsque la liqueur marque 24° B., il se dépose une certaine quantité de sulfate de potasse sous la forme d'une masse gélatineuse ; on laisse refroidir, on passe au travers d'une toile et on lave le dépôt avec une petite quantité d'eau légèrement alcoolisée. On fait évaporer une troisième fois, toujours en agitant, et on amène la liqueur à 28° B. à chaud (30° à froid) ; on laisse refroidir. Par suite de ce refroidissement, il y a encore précipitation d'une petite quantité de sulfate de potasse, qu'on sépare par la filtration. Le produit résultant de ces opérations a une couleur ambrée et il est sans odeur marquée ; sa saveur est douceâtre, il est onctueux au toucher ; en cet état, on le traite à froid par le charbon animal, on le filtre et on obtient la glycérine incolore, sans odeur marquée, ayant une consistance sirupeuse.

Depuis cette époque, un grand nombre de produits chimiques, oxyde de plomb, chlorure de chaux, silicate d'alumine, etc., ont été essayés pour la décoloration des glycérines brutes ; mais aucun n'a donné de résultats satisfaisants, tant au point de vue de la fabrication qu'à celui du rendement économique. Seul l'emploi du noir a prévalu, mais son application peut être faite de plusieurs façons.

Certains usiniers diluent la glycérine de saponification, qui est le point de départ de cette fabrication, jusqu'à une densité de 16 à 18° B.,



décolorent ensuite à fond, puis concentrent à nouveau jusqu'à 28° B., pour finir par un passage sur du noir en poudre pour enlever les traces de coloration que la glycérine aurait pu reprendre pendant la concentration.

D'autres fabricants passent la glycérine brute à 28° sur du noir et répètent cette opération jusqu'à ce qu'elle soit parfaitement blanche.

Tous les noirs ont été essayés ; le charbon de bois, le noir animal, le noir provenant des résidus de la fabrication du cyanure de potassium, le noir de sang (sang calciné) ; M. Charles Perutz parle même du résidu charbonneux qu'on recueille dans les cornues où on distille le phosphore, résidu qui est mélangé à un phosphate basique de chaux.

Parmi ces divers noirs et aussi un grand nombre d'autres, le noir animal lavé, en grains, paraît donner les meilleurs résultats ; on peut terminer la décoloration en filtrant la glycérine sur du noir animal en poudre. Le noir animal, en dehors de son pouvoir décolorant, jouit jusqu'à un certain point de la propriété de débarrasser la glycérine des savons calcaires qui peuvent y exister.

Les appareils dont on se sert pour effectuer cette décoloration sont en général très simples : des bacs où on laisse la glycérine tiède ou chaude avec du noir en grains, pour terminer par un passage au filtre-presse.

Si on dilue la glycérine avant de la décolorer, il est nécessaire d'avoir un appareil évaporateur.

Le système le plus employé pour la fabrication de la glycérine blanche industrielle consiste en une série de cylindres en fer pourvus d'enveloppes de vapeur permettant de maintenir continuellement la glycérine chaude. Les dimensions de ces cylindres sont extrêmement variables ; en général on adopte les dimensions de 2 mètres de hauteur sur 60 à 80 centimètres de diamètre. Leur nombre varie de 6 à 8, suivant la pureté et la coloration des produits qu'on désire travailler.

Ces cylindres ou filtres sont remplis presque complètement de noir ; ce noir est maintenu par des toiles métalliques recouvertes de tissu, afin d'empêcher qu'il ne soit entraîné par la glycérine.

Une tuyauterie assez compliquée relie tous les filtres entre eux de telle sorte que la glycérine arrive toujours par en bas, et on établit une circulation lente, mais continue, en s'arrangeant de façon que le dernier filtre renferme le noir le moins épuisé. On isole successivement chaque filtre de la batterie pour le nettoyer et le remplir de noir frais, à mesure qu'il est épuisé ; il devient alors le filtre de tête, et ainsi de suite. Ce mode opératoire est trop connu pour que nous le décrivions ; il est employé dans une foule d'appareils analogues, appareils à épuisement, etc.

La circulation de la glycérine est obtenue soit par la pression, soit par le vide, mais le plus généralement c'est ce dernier mode que l'on emploie, pour éviter que la glycérine ne brunisse.

---

### ANALYSE DE LA GLYCÉRINE

De tous les produits de la grosse industrie chimique, la glycérine est un de ceux dont la valeur commerciale est la plus élevée. Il donne lieu à des transactions nombreuses, la production se trouvant en effet répartie dans un grand nombre de mains, stéariniers et savonniers, pour lesquels ce n'est qu'un sous-produit, il est vrai, mais dont la valeur intrinsèque est une source de bénéfices importants. Enfin, le producteur n'étant que rarement le raffineur de sa matière brute, les glycérines ont à passer par plusieurs mains avant d'arriver à la consommation. Cet ensemble de raisons ferait aisément croire que toutes les conditions de qualités sont bien définies, comme pour les sucres, par exemple, et que des méthodes analytiques précises, acceptées par tout le monde, viennent aplanir les difficultés, si parfois il s'en élevait. Il n'en est malheureusement rien, et si, comme le dit fort justement M. Hehner, un grand nombre de méthodes pour l'estimation de la glycérine ont été plus ou moins bien étudiées, l'accord entre elles ou dans différents laboratoires est fréquemment si peu satisfaisant, que des discussions s'élèvent sans cesse entre les fabricants et les acheteurs, causant des pertes pécuniaires aux négociants et discréditant les analystes des deux parties intéressées. Il serait donc tout à fait désirable qu'il survînt une espèce d'accord en vue d'éliminer les procédés qui ne répondent pas aux desiderata actuels.

Diverses tentatives infructueuses ont été faites, notamment en 1881, où les différents modes opératoires furent examinés et discutés sans arriver à aucun résultat, chaque chimiste s'en tenant rigoureusement à sa méthode.

Pour montrer les différences qui peuvent exister entre plusieurs analystes opérant par des méthodes différentes, nous citerons cet exemple typique, datant de quelques années, où le même échantillon fut examiné par cinq chimistes qui font autorité. Il s'agissait d'un lot de glycérine brute expédié d'Angleterre à Hambourg.

Voici les résultats trouvés :

|  | Glycérine 0/0 | Cendres 0/0 | Eau 0/0 |
|---|---|---|---|
| 1° Chimiste de l'acheteur. | 71,9 | 11,3 | 8,00 |
| 2° Dr Fresenius......... | 73,74 | 10,48 | 4,43 |
| 3° Schalkwyk et Peanink. | 76,63 | 10,81 | 6,82 |
| 4° N. Tate.............. | 77,24 | 10,80 | – |
| 5° Hehner.............. | 80,32 | 10,63 | — |

Pour le dosage de la glycérine anhydre, le chimiste n° 1 se servait de l'extraction par l'éther et l'alcool, le Dr Fresenius de la méthode au permanganate, MM. Schalkwyk et Tate du procédé à l'oxyde de plomb, et M. Hehner de l'oxydation par le bichromate. Le dosage des cendres et de l'eau offre aussi des différences assez considérables.

Par suite de ces faits, il devient pour ainsi dire indispensable de donner, dans la suite de cet article, les diverses méthodes employées actuellement, assez nombreuses malheureusement, mais ayant toutes leurs défenseurs acharnés.

*Analyse qualitative.* — Très peu de procédés sont connus pour rechercher qualitativement la glycérine. Si le liquide supposé contenir de la glycérine est très dilué, on peut le concentrer au bain-marie, puis éliminer autant que possible les impuretés par des réactifs appropriés, essentiellement variables suivant la nature du produit, enfin le mettre en liqueur neutre, achever de concentrer le plus possible et épuiser par une solution éthéro-alcoolique (1 partie d'éther pour 2 parties d'alcool); après évaporation de l'éther et de l'alcool, on étudie si le produit obtenu a les propriétés de la glycérine, ce qui est facile (G. Demoussy).

Ce procédé n'est en somme qu'une application de l'extraction directe permettant d'obtenir quantitativement la proportion de glycérine contenue dans les saponifications et les lessives.

M. Charles A. Kohn [*Journ. of the Soc. of chem. Ind.*, 9, 148; *Mon. scient.*, **1891**, 716] se base sur les deux réactions suivantes :

1° Formation de l'acroléine lorsqu'on distille la glycérine avec du bisulfate de potassium ;

2° L'acroléine fait reparaître la coloration rouge d'une solution de rosaniline décolorée par l'acide sulfureux (réactions de Schiff et Caro).

Pour effectuer l'essai, on concentre la solution de glycérine dans une petite capsule de porcelaine ; lorsque le volume se trouve ramené entre 10 et 5 centimètres cubes, on ajoute environ 1 gramme de sulfate acide de potassium pulvérisé ; on mêle bien le tout ensemble et on évapore au bain-marie jusqu'à siccité. On introduit le résidu dans un tube de verre vert de 8 à 10 centimètres de longueur, on ferme au moyen d'un bouchon muni d'un tube de dégagement qu'on fait plonger dans un tube à essai contenant de l'eau. On chauffe ; l'acroléine ne tarde pas à se dégager, elle se dissout dans l'eau du tube à essai. On ajoute quelques gouttes du réactif de Schiff. Il faut, avant de verser ce réactif et après l'avoir versé, agiter la solution contenue dans le tube d'essai. La coloration ne se développe que lentement ; elle n'atteint son maximum qu'après 15 à 20 minutes de repos. Si la solution aqueuse vient à s'échauffer par condensation de la vapeur, il faut la refroidir avant d'ajouter le réactif, car ce dernier devient rouge par la chaleur en l'absence de toute aldéhyde.

La mannite, le sucre de canne, le glucose, le sucre de lait, l'amidon, la dextrine, l'albumine, la gélatine, l'acide stéarique et l'acide oléique ne donnent pas de réaction semblable, mais les hydrates de carbone diminuent la sensibilité de ce mode d'essai, parce que les produits de leur distillation avec le sulfate acide de potassium empêchent la coloration rouge de se produire. Lorsque la solution contient du sucre, il faut commencer par éliminer ce corps ; à cet effet on évapore la solution en présence d'hydrate de calcium et de sable, ou d'hydrate et de carbonate de calcium, et on reprend le résidu par un mélange de 2 parties d'alcool pour 1 partie d'éther. On évapore l'extrait avec du sulfate acide de potassium et on distille le résidu.

On opère d'une façon analogue pour rechercher la glycérine dans le vin et la bière. Lorsqu'on veut rechercher la glycérine dans le lait, il faut commencer par éliminer la caséine, l'albumine et le sucre. La présence des acides gras ne diminue pas la sensibilité de la réaction.

Pour déterminer la présence de petites quantités de glycérine dans une substance, MM. Semer et Loëve ajoutent au liquide de la soude jusqu'à réaction faiblement alcaline, y plongent une perle de borax, et après quelques instants la chauffent au chalumeau ; la coloration verte de la flamme décèle la présence de la glycérine.

Cette réaction permet de caractériser assez nettement 2,5 0/0 de glycérine dans une solution alcaline [*Chem. Soc.*, sept. 1878, 438].

M. Woodkock a fait remarquer que les sels ammoniacaux partagent avec la glycérine la propriété de mettre en liberté l'acide borique des borates ; cette dernière propriété est quelquefois employée pour la caractériser.

M. Semer indique que la réaction est plus sensible en mélangeant dans un verre de montre de la poudre de borax avec le liquide à examiner (le mélange devient acide), puis à l'aide d'un fil de platine disposé en boucle on introduit une parcelle dans la flamme. La coloration verte apparaît plus ou moins distincte s'il y a une quantité suffisante de liqueur.

Enfin M. Reichl signale les deux réactions colorimétriques suivantes :

1° Dans un tube à essai sec, on verse 2 gouttes de glycérine auxquelles on ajoute 2 gouttes de phénol et la même quantité d'acide sulfurique ; on chauffe avec précaution à 120°. Si l'on ajoute un peu d'eau et quelques gouttes d'ammoniaque, la coloration jaune-brun disparaît et l'on obtient un rouge carminé magnifique. Toutefois on n'observe pas cette réaction s'il se trouve en présence des corps susceptibles de donner avec l'acide sulfurique des produits charbonneux qui masquent la couleur rouge de la solution.

2° Ajouter à la solution de glycérine diluée une petite quantité d'acide pyrogallique et quelques gouttes d'acide sulfurique étendu et faire bouillir. Il se produit une coloration rouge virant au violet par l'addition de tétrachlorure d'étain. Comme les hydrates de carbone et certains alcools donnent une réaction semblable, il faut avoir soin d'éliminer ces substances [*Journ. Soc. chem. Ind.*, **1882**, 202; **1883**, 356].

Si l'on chauffe de la glycérine avec une solution de chlorure de platine renfermant un excès de soude, il se dépose du platine métallique.

### GLYCÉRINE CHIMIQUEMENT PURE.

La glycérine chimiquement pure, comme son titre l'indique, doit être pure, et par suite inodore et incolore; elle se vend à deux degrés de concentration, 28° B. et 30° B. Il faudrait rechercher toutes les substances étrangères qui peuvent se trouver ajoutées à la glycérine, ce qui serait trop long; aussi se borne-t-on à la recherche des impuretés pouvant provenir des matières brutes employées à la fabrication des glycérines pures, des produits provenant de son altération et enfin des adultérations possibles.

Dans la première catégorie se rangent les chlorures, les sulfates, la chaux, la magnésie, le fer, le plomb, le cuivre, l'ammoniaque, l'arsenic, les acides gras, les cendres en général; en outre la glycérine doit être neutre.

Dans la seconde classe, l'acroléine, l'acide acétique, l'acide oxalique, l'acide formique, l'acide butyrique, les composés thioniques et pyridiques.

Dans la dernière catégorie, le sucre, le glucose, etc.

*Odeur.* — La glycérine doit être sans odeur; on s'en rend compte en frottant quelques gouttes dans les mains, l'odeur se développant par la chaleur.

*Goût.* — Le goût doit être franchement sucré et donner une impression de fraîcheur à la bouche sans communiquer de sensation de brûlure à l'arrière-gorge.

*Couleur.* — La glycérine ne doit avoir aucune coloration et posséder la transparence de l'eau. Pour l'examiner, le mieux est d'en remplir une éprouvette de 30 centimètres de haut, en se plaçant devant une fenêtre, et de regarder au-dessus, de façon à voir une feuille de papier blanc maintenue à environ 5 centimètres au-dessous du fond de l'éprouvette; la plus faible nuance se perçoit facilement. On peut également remplir un tube de 50 centimètres de long, construit comme les tubes saccharimétriques, et au travers de ce tube regarder un mur blanc éloigné de quelques mètres. Ce dernier procédé est certainement moins bon, la glycérine pouvant paraître plus ou moins blanche suivant la transparence de l'air et l'intensité de l'éclairage.

*Chlorures.* — Pour tous les produits qui vont suivre, l'essai quantitatif est inutile, car la plus minime proportion de matière étrangère doit faire rejeter la glycérine comme impure.

On recherche les chlorures en versant dans un tube à essai 2 ou 3 centimètres cubes de glycérine, et en ajoutant au-dessus sans mélanger une solution de nitrate d'argent additionnée de quelques gouttes d'acide azotique; on laisse pendant une demi-heure et on examine par réflexion sur un fond noir; la plus faible trace d'un chlorure se décèle par la formation d'un anneau blanc à la surface de séparation des deux liquides.

*Sulfates.* — Les sulfates se recherchent avec du chlorure de baryum, en opérant de la même manière que pour les chlorures.

*Chaux.* — Même façon de procéder, en employant l'oxalate d'ammonium.

*Magnésie.* — Pas de réactif suffisamment sensible pour déceler d'une façon absolument certaine les faibles traces de magnésie pouvant être entraînées pendant la distillation.

*Fer.* — Certaines préparations pharmaceutiques étant à base de tannin et de glycérine, la recherche du fer a une grande importance, car la moindre trace de ce corps fait noircir rapidement les médicaments.

Tous les procédés de recherche étant basés sur des réactions colorimétriques, il est essentiel d'employer dans chaque cas un tube témoin où figurent les réactifs sans la glycérine et de comparer les colorations obtenues.

L'addition d'une solution alcoolique de tannin et l'observation après quelques heures semblent donner le meilleur résultat. L'action du sulfhydrate d'ammonium est nette, mais il faut attendre au moins 12 heures.

Le ferrocyanure et le sulfocyanure de potassium, surtout ce dernier, donnent des résultats sujets à caution, et il est nécessaire de les contrôler par le tannin ou le sulfhydrate. Tous ces essais se font en mélangeant complètement la glycérine avec les réactifs.

Pour le ferrocyanure, il faut oxyder le fer par une goutte d'acide azotique, chauffer et n'ajouter le réactif qu'après refroidissement.

*Plomb et cuivre.* — Le plomb peut provenir des bacs employés pour la neutralisation des produits bruts, et le cuivre des appareils à concentrer ou à distiller. On détermine leur présence par le sulfhydrate d'ammoniaque, sans chercher d'ailleurs à les différencier. Il est extrêmement rare d'en rencontrer.

*Ammoniaque.* — Jusqu'à présent il n'est pas prouvé qu'il y ait de l'ammoniaque libre ou des sels ammoniacaux; il est plus probable que ce sont des bases pyridiques. Ces produits se décèlent par l'odeur; le réactif de Nessler ne semble pas produire d'effet.

*Acides gras.* — Se reconnaissent de suite à l'odeur qu'ils communiquent. Le meilleur procédé pour les rechercher consiste à peser 1 ou 2 grammes de glycérine dans une capsule tarée et à évaporer dans une étuve à 160°; il ne doit rester aucun résidu, déduction faite des cendres. Ce résidu n'est pas forcément un indice d'acide gras, il peut également indiquer d'autres impuretés organiques; en tous cas sa présence doit faire rejeter cette glycérine comme impure. Un autre moyen consiste, après avoir chauffé légèrement la glycérine dans une capsule de platine, à y mettre le feu; elle doit entièrement brûler sans laisser de résidu charbonneux qui serait l'indice de la présence d'acides gras.

*Arsenic.* — Si en France on admet la présence de l'arsenic dans les glycérines officinales, à faible dose, il est vrai, il n'en est pas de même en Angleterre et en Allemagne [*Pharm. Germanica*, 3], où l'on exige un produit absolument exempt de cette impureté.

Il est fort rare de rencontrer plus de 1/1 000 000 d'arsenic, et à cette dose il est sans aucune importance; néanmoins il est utile d'avoir une méthode donnant une indication sur la proportion d'arsenic que peut contenir une glycérine.

Pour la recherche de ces faibles quantités, la forme ordinaire de l'appareil de Marsh ne donne aucun résultat, et il est nécessaire d'avoir recours à d'autres procédés.

On emploie une modification de la méthode de Gutzeit, consistant à faire agir sur du papier à filtrer imbibé d'une solution saturée d'azotate d'argent le gaz dégagé par du zinc et de l'acide sulfurique mis en contact avec la liqueur supposée contenir de l'arsenic. On coiffe le tube où se fait l'expérience avec le papier-filtre et l'on examine la tache jaune produite par l'hydrogène arsénié.

Pour l'application à la glycérine, MM. Vulpuis, Flückiger et Siebold ont modifié la méthode de la façon suivante : L'acide sulfurique est remplacé par l'acide chlorhydrique, l'azotate d'argent par le bichlorure de mercure. Dans un long tube à essai, on place 2 centimètres cubes de glycérine, 5 centimètres cubes d'acide chlorhydrique dilué au 1/7 et 1 gramme de zinc pur. Le tube est recouvert avec un disque de papier imprégné de 1 ou 2 gouttes de bichlorure de mercure et que l'on a préalablement fait sécher. S'il y a de l'arsenic, après un temps plus ou moins long il se fait une tache jaune qui devient de plus en plus foncée.

Cette méthode étant essentiellement comparative, il est nécessaire d'opérer toujours dans les mêmes conditions; or, quand on verse l'acide chlorhydrique sur la glycérine, par suite de la différence de densité, variable suivant la température, le mélange se fait plus ou moins bien. Pour parer à ces inconvénients, on se sert de l'appareil de G. Demoussy. Il se compose (fig. 576) d'un tube en verre portant à la partie inférieure deux traits, l'un indiquant 2 centimètres cubes, l'autre 5 centimètres cubes. Ce tube est fermé à la partie supérieure par un bouchon rodé à robinet, surmonté d'une ampoule et se terminant par un petit entonnoir. Dans l'ampoule on place du coton pour éviter les projections et les entraînements, sur l'entonnoir on place le papier à filtrer et on le fixe par un caoutchouc.

5 c.c.
2 c.c.
Fig. 576.

Pour faire un essai, on remplit jusqu'au premier trait avec la glycérine, jusqu'au deuxième avec l'acide sulfurique, et on ajoute 1 gramme de zinc; on met le bouchon coiffé du papier mercurique en fermant le robinet, on agite vivement, on ouvre le robinet et l'on note le temps que met la tache à apparaître.

M. Siebold considère que si aucune tache n'apparaît en 15 minutes, l'essai est suffisant, et c'est à peu près le temps adopté par tout le monde.

Il arrive fréquemment que le zinc contient du soufre qui, éliminé par l'acide à l'état d'hydrogène sulfuré, vient troubler l'essai. Dans ce cas, la proportion de ce gaz est si généralement faible, que la tache produite sur le papier mercurique n'est pas noire, mais presque de la même couleur que celle de l'hydrogène arsénié; aussi une glycérine parfaitement exempte d'arsenic peut-elle paraître en contenir.

Pour cette raison, il est préférable de répéter l'expérience en ajoutant au mélange de glycérine et d'acide, avant l'addition du zinc, quelques gouttes d'empois d'amidon et une très petite quantité d'une solution d'iode, de façon à avoir une légère teinte bleue; on empêche ainsi la formation de l'hydrogène sulfuré.

Comme précaution, il est indispensable d'opérer à blanc, afin de s'assurer que les réactifs ne contiennent pas d'arsenic.

Voici le tableau adopté pour les proportions d'arsenic :

| Arsenic. | Glycérine. | Couleur de la tache. | Temps. |
|---|---|---|---|
| — | — | — | — |
| 1 | moins de 50 000 | Noire | 5 minutes |
| 1 | 50 000 | Jaune | 5 — |
| 1 | 100 000 | Jaune | 20 — |
| 1 | 1 000 000 | Jaune | 16 heures |

Au-dessus de 16 heures, la glycérine est considérée comme théoriquement exempte d'arsenic.

*Neutralité.* — La glycérine pure doit présenter une neutralité parfaite avec tous les réactifs : tournesol, phtaléine, etc.

*Cendres.* — On chauffe dans un creuset de platine 4 à 5 grammes de glycérine, que l'on enflamme dès qu'elle est suffisamment chaude et exempte d'eau pour pouvoir brûler sans projections. On achève la calcination sur un bec Bunsen à la plus basse température possible. En principe, le résidu doit être nul ; industriellement, on considère la glycérine comme pure quand elle ne renferme pas plus de 0,01 0/0 de résidu fixe.

*Acroléine.* — Peut se reconnaître par le réactif de Schiff et Caro ; mais il est bien plus aisé de sentir, la moindre trace se décelant par son odeur : c'est une des impuretés les plus fréquentes. M. Coblentz, de New-York, déclare que l'on peut reconnaître la plus faible proportion d'acroléine en ajoutant 1 centimètre cube de fuchsine décolorée par l'anhydride sulfureux ; s'il y a de l'acroléine, le mélange prendra une coloration pourpre[1].

*Acide acétique et acide oxalique.* — N'existent pour ainsi dire jamais dans les glycérines pures, ou en tout cas à si faible dose, qu'il est presque impossible de les caractériser.

*Acide formique.* — M. Hager indique l'azotate d'argent, qui donne à froid, après quelque temps de repos, un précipité brillant d'argent métallique. Il recommande également d'opérer à chaud en ajoutant du nitrate d'argent et une goutte d'ammoniaque. Ces deux réactions ne sont pas suffisantes à notre avis pour caractériser nettement l'acide formique, et il reste encore à prouver si la glycérine seule, ne peut pas, au bout d'un temps plus ou moins long, réduire l'azotate d'argent, surtout en présence d'ammoniaque, comme certains auteurs l'indiquent, entre autres M. J. Palmieri [*Gazz. chim. ital.*, 12, 206].

En tout cas, si à froid, par addition simplement d'azotate d'argent, il y a une légère coloration de la glycérine après 2 heures, on peut conclure sinon à la présence d'acide formique, tout au moins à celle de corps réducteurs étrangers à la glycérine.

1. La *Pharmacopœia Germanica*, édit. III, prescrit de faire un essai à l'argent de la façon suivante : On chauffe à l'ébullition 1 centimètre cube de glycérine avec 1 centimètre cube d'ammoniaque et on ajoute 3 gouttes d'une solution de nitrate d'argent. Il ne doit y avoir aucune coloration en 5 minutes.

Cet essai était destiné, à l'origine, à la recherche de l'arsenic, mais était absolument impropre à cet usage. Il est également sans valeur pour la recherche des autres impuretés et dépend beaucoup du mode opératoire, car si, même avec une glycérine brute n'ayant subi aucune distillation, il ne donne aucune réaction, il peut faire rejeter une glycérine parfaitement pure. A 100°, un mélange de glycérol et de nitrate d'argent est réduit de suite par l'addition d'ammoniaque. Si un très grand excès d'ammoniaque est ajouté à la glycérine suivant les indications de la pharmacopée, l'ébullition peut avoir lieu au-dessous de 100° C. et le nitrate d'argent n'est pas réduit.

Cette méthode doit être abandonnée; d'ailleurs un certain nombre de raffineurs allemands ont opposé la plus grande résistance à cet essai et ont déclaré dans une circulaire qu'ils étaient incapables de fournir de la glycérine répondant aux conditions de la pharmacopée.

*Acide butyrique.* — On fait bouillir 5 centimètres cubes de glycérine avec 3 centimètres cubes d'acide sulfurique dilué; l'odeur d'éther butyrique se perçoit immédiatement s'il y a la plus faible quantité de cet acide; sa présence est très fréquente.

*Composés thioniques et pyridiques.* — Se reconnaissent facilement à l'odeur de brûlé qu'ils communiquent à la glycérine.

*Sucre, glucose,* etc. — Ce sont des fraudes vraiment trop grossières pour qu'on s'y arrête; sur plus de quinze mille échantillons de glycérine passés dans nos mains, jamais cette adultération ne s'est rencontrée. Aussi pensons-nous qu'il est complètement inutile de décrire les nombreuses méthodes indiquées pour rechercher et doser ces corps.

D'ailleurs, quelles que soient la nature et la pureté de la glycérine à analyser, il faut déterminer le résidu à 160°; la présence de sucre ou de glucose se reconnaîtrait immédiatement, ces corps n'étant pas volatils.

*Densité.* — La glycérine chimiquement pure, comme nous l'avons dit, se vend à deux densités différentes, 28, et 30° B.

Des difficultés sans nombre se sont élevées à ce sujet. En effet, d'après l'aréomètre de Baumé, le degré 28 correspond au poids spécifique de 1,240715 ou, en arrondissant les chiffres, 1,241, et le degré 30 à 1,262421, ou très approximativement 1,262. De plus, un usage commercial adopté par quelques fabricants avait établi que 28° B. devaient correspondre à 1,240 et 30° B. à 1,260. Enfin en Allemagne, où l'aréomètre Baumé est également employé, il y a des différences considérables, 28° B. correspondant au poids spécifique de 1,230 et 30° B. à 1,250; d'où nouvelle source de confusion.

En 1873, ennuyés de cette situation, un groupe de stéariniers français demandèrent à M. Berthelot de bien vouloir vérifier l'aréomètre de Baumé. M. Berthelot s'adjoignit MM. Coulier et d'Alméida, et le 7 juillet 1873 ils publièrent une nouvelle table où aux nouveaux degrés 28 et 30 correspondaient les poids spécifiques 1,230 et 1,251. Ces chiffres étaient si peu en rapport avec les usages industriels qu'ils ne furent pas adoptés, et on prit définitivement le parti par lequel on aurait dû commencer, celui de traiter toutes les transactions commerciales en se servant uniquement du poids du litre ou poids spécifique à 15° C.

Si l'on parle encore couramment aujourd'hui de degrés Baumé, ce n'est qu'une commodité de langage, toutes les transactions, tous les contrats se faisant sur la base de 1,240 et 1,260 à 15° C.

Le travail de MM. Berthelot, Coulier et d'Alméida a été contesté en 1893 par M. Moride [*Étude sur l'aréomètre de Baumé*].

Tous les procédés employés pour la détermination du poids spécifique des liquides sont en usage pour la glycérine; le densimètre divisé en grammes est l'instrument le plus courant. M. Hehner recommande le tube de Sprengel, que l'on emplit à la température de 15°, ou de 15°,5 en Angleterre, en le plongeant dans l'eau jusqu'à ce qu'il ait atteint cette température. La densité devant toujours être indiquée à 15° centigrades, il y a lieu de faire une correction si l'on n'opère pas à cette température.

La formule suivante a été indiquée par M. Battandier [*Journ. Pharm. Chim.*, (4), 25] :

$$p' = p + 0{,}0006\ (t - 15);$$

$p$ est la densité trouvée à $t°$, le chiffre 0,0006 est la diminution de densité de la glycérine pour 1°, et $p'$ sera le poids spécifique à $+ 15°$.

Naturellement $t - 15$ peut être positif ou négatif et on l'ajoute ou on le retranche de $p$. Aujourd'hui cette formule est légèrement modifiée et la suivante est universellement adoptée :

$$p' = p + 0{,}0006666\ (t - 15),$$

ce qui correspond à une différence de 2 grammes pour 3 degrés de température. Ces chiffres ne sont exacts que si la proportion d'eau ne dépasse pas 20 0/0.

Dans les glycérines pures, la densité suffit pour connaître immédiatement la teneur en glycérine. De nombreuses tables ont été dressées à cet effet; malheureusement elles sont loin de concorder entre elles et il est difficile de savoir à laquelle il faut accorder la préférence. Nous en indiquerons deux : 1° celle de Schweikert [*Dingl. Journ.*, 110, 318], qui paraît préférable à celle de W. Fuchs, dont elle ne diffère que très peu; 2° celle de Lenz [*Bull. Soc. Chim.*, (2), 35, 402]. Cette dernière, revue par Richemond, paraît être la plus exacte de toutes, et si la densité de 1,2674 est discutable pour le point 100, comme étant très légèrement faible, les autres chiffres semblent être absolument exacts, rapportés à cette densité de 1,2674.

*Table de Schweikert.*

| Densité. | Proportion d'eau 0/0. | Densité. | Proportion d'eau 0/0. |
|---|---|---|---|
| 1,267 | 0 | 1,185 | 26 |
| 1,260 | 2 | 1,179 | 28 |
| 1,254 | 4 | 1,173 | 30 |
| 1,247 | 6 | 1,167 | 32 |
| 1,240 | 8 | 1,161 | 34 |
| 1,234 | 10 | 1,156 | 36 |
| 1,228 | 12 | 1,150 | 38 |
| 1,221 | 14 | 1,145 | 40 |
| 1,215 | 16 | 1,139 | 42 |
| 1,209 | 18 | 1,134 | 44 |
| 1,203 | 20 | 1,128 | 46 |
| 1,197 | 22 | 1,123 | 48 |
| 1,191 | 24 | 1,118 | 50 |

*Table de Lenz avec les indices de réfraction.*

| Glycérine 0/0 | Densité à 14° | Indice de réfraction à 12°,8 | Glycérine 0/0 | Densité à 14° | Indice de réfraction à 12°,8 |
|---|---|---|---|---|---|
| 100 | 1,2691 | 1,4758 | 50 | 1,1320 | 1,4007 |
| 99 | 1,2664 | 1,4744 | 49 | 1,1293 | 1,3993 |
| 98 | 1,2637 | 1,4729 | 48 | 1,1265 | 1,3979 |
| 97 | 1,2610 | 1,4715 | 47 | 1,1238 | 1,3964 |
| 96 | 1,2584 | 1,4700 | 46 | 1,1210 | 1,3949 |
| 95 | 1,2557 | 1,4686 | 45 | 1,1183 | 1,3935 |
| 94 | 1,2531 | 1,4671 | 44 | 1,1155 | 1,3921 |
| 93 | 1,2504 | 1,4657 | 43 | 1,1127 | 1,3906 |
| 92 | 1,2478 | 1,4642 | 42 | 1,1100 | 1,3890 |
| 91 | 1,2451 | 1,4628 | 41 | 1,1072 | 1,3875 |
| 90 | 1,2425 | 1,4613 | 40 | 1,1045 | 1,3860 |
| 89 | 1,2398 | 1,4598 | 39 | 1,1017 | 1,3844 |
| 88 | 1,2372 | 1,4584 | 38 | 1,0989 | 1,3829 |
| 87 | 1,2345 | 1,4569 | 37 | 1,0962 | 1,3813 |
| 86 | 1,2318 | 1,4555 | 36 | 1,0934 | 1,3798 |
| 85 | 1,2292 | 1,4540 | 35 | 1,0907 | 1,3785 |
| 84 | 1,2265 | 1,4525 | 34 | 1,0880 | 1.3772 |
| 83 | 1,2238 | 1,4511 | 33 | 1,0852 | 1,3758 |
| 82 | 1,2212 | 1,4496 | 32 | 1,0825 | 1,3745 |
| 81 | 1,2185 | 1,4482 | 31 | 1,0798 | 1,3732 |
| 80 | 1,2159 | 1,4467 | 30 | 1,0771 | 1,3719 |
| 79 | 1,2122 | 1,4453 | 29 | 1,0744 | 1,3706 |
| 78 | 1,2106 | 1,4438 | 28 | 1,0716 | 1,3692 |
| 77 | 1,2079 | 1,4424 | 27 | 1,0689 | 1,3679 |
| 76 | 1,2042 | 1,4409 | 26 | 1,0663 | 1,3666 |
| 75 | 1,2016 | 1,4395 | 25 | 1,0635 | 1,3652 |
| 74 | 1,1999 | 1,4380 | 24 | 1,0608 | 1,3639 |
| 73 | 1,1973 | 1,4366 | 23 | 1,0580 | 1,3626 |
| 72 | 1,1945 | 1,4352 | 22 | 1,0553 | 1,3612 |
| 71 | 1,1918 | 1,4337 | 21 | 1,0525 | 1,3599 |
| 70 | 1,1889 | 1,4321 | 20 | 1,0498 | 1,3585 |
| 69 | 1,1858 | 1,4304 | 19 | 1,0471 | 1,3572 |
| 68 | 1,1826 | 1,4286 | 18 | 1,0446 | 1,3559 |
| 67 | 1,1795 | 1,4267 | 17 | 1,0422 | 1,3546 |

| Glycérine o/o | Densité à 14° | Indice de réfraction à 12°,8 | Glycérine o/o | Densité à 14° | Indice de réfraction à 12°,8 |
|---|---|---|---|---|---|
| 66 | 1,1764 | 1,4249 | 16 | 1,0398 | 1,3533 |
| 65 | 1,1733 | 1,4231 | 15 | 1,0374 | 1,3520 |
| 64 | 1,1702 | 1,4213 | 14 | 1,0349 | 1,3507 |
| 63 | 1,1671 | 1,4195 | 13 | 1,0322 | 1,3494 |
| 62 | 1,1642 | 1,4176 | 12 | 1,0297 | 1,3480 |
| 61 | 1,1610 | 1,4158 | 11 | 1,0271 | 1,3467 |
| 60 | 1,1582 | 1,4140 | 10 | 1,0245 | 1,3454 |
| 59 | 1,1556 | 1,4126 | 9 | 1,0221 | 1,3442 |
| 58 | 1,1530 | 1,4114 | 8 | 1,0196 | 1,3430 |
| 57 | 1,1505 | 1,4102 | 7 | 1,0172 | 1,3417 |
| 56 | 1,1480 | 1,4091 | 6 | 1,0147 | 1,3405 |
| 55 | 1,1455 | 1,4079 | 5 | 1,0123 | 1,3392 |
| 54 | 1,1430 | 1,4065 | 4 | 1,0098 | 1,3380 |
| 53 | 1,1403 | 1,4051 | 3 | 1,0074 | 1,3367 |
| 52 | 1,1375 | 1,4036 | 2 | 1,0049 | 1,3355 |
| 51 | 1,1348 | 1,4022 | 1 | 1,0025 | 1,3342 |

Ces densités ont été prises à 12-14°. M. H.-D. Richemond les a calculées à 15°,5 en se servant du coefficient de correction 0,00058.

*Table de H.-D. Richemond.*

| Glycérine o/o. | Densité à 15°,5. | Glycérine o/o. | Densité à 15°,5. |
|---|---|---|---|
| 100 | 1,2674 | 87 | 1,2327 |
| 99 | 1,2647 | 86 | 1,2301 |
| 98 | 1,2620 | 85 | 1,2274 |
| 97 | 1,2594 | 84 | 1,2248 |
| 96 | 1,2567 | 83 | 1,2222 |
| 95 | 1,2540 | 82 | 1,2196 |
| 94 | 1,2513 | 81 | 1,2169 |
| 93 | 1,2486 | 80 | 1,2143 |
| 92 | 1,2460 | 79 | 1,2117 |
| 91 | 1,2433 | 78 | 1,2090 |
| 90 | 1,2406 | 77 | 1,2064 |
| 89 | 1,2380 | 76 | 1,2037 |
| 88 | 1,2353 | 75 | 1,2011 |

Signalons le tableau d'hydratation de la glycérine adopté par le syndicat anglais et allemand, qu'il faut considérer comme inexact.

D'après ce tableau, on déduit que la glycérine pure devrait avoir une densité de 1,278, ce qui est inadmissible. En outre, une différence de 10 grammes dans le poids spécifique correspondrait à 3,20 0/0 d'eau, tandis qu'il est aujourd'hui reconnu que cette différence de densité correspond à une différence de 3,66 à 3,83 0/0 d'eau. Ce dernier chiffre paraît être le plus exact et devrait être adopté.

Ce tableau étant quelquefois cité dans les discussions, nous le donnons en entier.

*Tableau d'hydratation*
*adopté par le syndicat anglais et allemand.*

| Degré Baumé à 15° | Densité | En volume | | En poids | |
|---|---|---|---|---|---|
| | | Glycérine | Eau | Glycérine | Eau |
| 4 | 1,028 | 100 | 899,90 | 12,00 | 88,00 |
| 6 | 1,043 | » | 551,15 | 18,40 | 81,60 |
| 8 | 1,056 | » | 382,75 | 24,80 | 75,20 |
| 10 | 1,074 | » | 278,40 | 31,20 | 68,80 |
| 12 | 1,091 | » | 207,70 | 37,60 | 62,40 |
| 14 | 1,107 | » | 161,70 | 44,00 | 56,00 |
| 16 | 1,125 | » | 124,00 | 50,40 | 49,60 |
| 18 | 1,142 | » | 97,20 | 56,80 | 43,20 |
| 20 | 1,161 | » | 74,50 | 63,20 | 36,80 |
| 22 | 1,180 | » | 55,50 | 69,60 | 30,40 |
| 24 | 1,200 | » | 40,00 | 76,00 | 24,00 |
| 26 | 1,220 | » | 27,25 | 82,40 | 17,60 |
| 28 | 1,241 | » | 16,20 | 88,80 | 11,20 |
| 30 | 1,263 | » | 6,50 | 95,20 | 4,80 |

*Tension de vapeur.* — On peut également déterminer par la tension de vapeur la quantité de glycérine contenue dans une solution.

M. Gerlach s'est servi dans ce but d'un vaporimètre composé d'un cylindre creux en cuivre A brasé sur le plat en métal B. Le cylindre de verre G est relié en A par un fort tube en caoutchouc. Par la tubulure C passe l'extrémité d'un manomètre D' D" (fig. 577).

Pour se servir de l'instrument, on détache le cylindre G et la bouteille F, on retire le robinet et on le suspend par l'anneau fixé à la partie inférieure. F est rincé avec l'échantillon de glycérine à essayer et rempli de mercure jusqu'à une marque tracée sur le col, puis rempli complètement avec de la glycérine.

On laisse reposer pendant quelques instants pour permettre aux bulles d'air de s'échapper, et

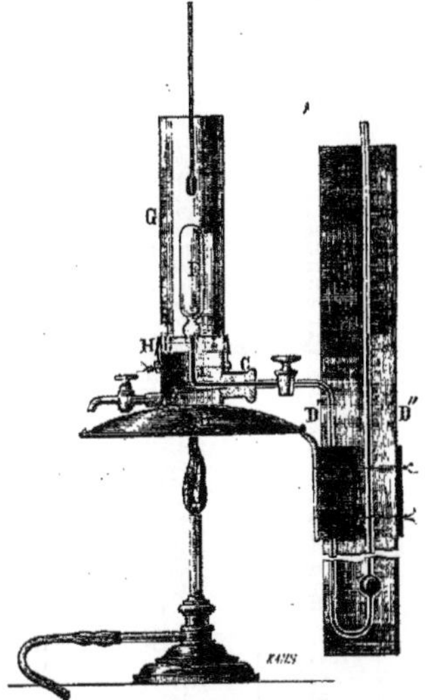

Fig. 577. — Vaporimètre de Gerlach.

on attache la bouteille à l'extrémité, celle-ci étant bien rodée. On remet le robinet en place, on relie à A et on emplit le cylindre d'eau. On élève cette dernière à la température d'ébullition, la glycérine émet de la vapeur qui chasse le mercure dans le manomètre D' D". Une courte colonne de glycérine précède le mercure ; par un arrangement convenable, en retirant le robinet un instant, on rend la colonne égale dans toutes les expériences.

Si la bouteille F a été remplie d'eau dans une expérience à blanc, le mercure s'élèvera dans D" au même niveau que dans la bouteille, puisque la tension de la vapeur d'eau à son point d'ébullition est égale à la pression atmosphérique. Ce point déterminé, le zéro de l'échelle est invariable quelle que soit la pression atmosphérique, puisqu'une différence de cette dernière influe également sur le point d'ébullition de l'eau en G et la tension de vapeur en F.

A partir du zéro, au-dessus et au-dessous, l'échelle est divisée en millimètres.

En examinant la glycérine dans le vaporimètre, le zéro ne sera naturellement pas atteint. Le nombre lu sur l'échelle exige une correction, le niveau dans la bouteille F étant plus élevé que dans l'expérience à blanc. L'augmentation de hauteur doit être ajoutée à la lecture. Chaque instrument est pourvu d'une table de correction de 0 à 500 millimètres.

Si, par exemple, la correction pour un point entre 0 et 500 millimètres est donnée pour 21 millimètres et que dans l'expérience en cours avec la glycérine on lise 492 millimètres sur l'échelle, la correction sera calculée d'après la formule

$$500 : 21 = 492 : x, \quad \text{d'où} \quad x = 20{,}6.$$

Par suite, la diminution de la tension de vapeur sera

$$492 + 20{,}6 = 512{,}6,$$

et, d'après le tableau suivant, on voit que l'échantillon contenait 90 0/0 de glycérol [Dr. J. Lewkowitsch, *Chimie analytique des huiles*].

*Poids spécifique, point d'ébullition et tension de vapeur d'une solution aqueuse de glycérine* (Gerlach).

| Glycérol | Parties de glycérol par rapport à 100 parties d'eau | Poids spécifique | | Point d'ébullition à la pression de 760 millim. | Diminution de la tension de vapeur comparée avec l'eau à 100° C. et 760 millim. de pression | Tension de vapeur a 100° C. et 760 millim. de pression |
|---|---|---|---|---|---|---|
| | | à 15° C. (eau à 15° C. = 1) | à 20° C. (eau à 20° C. = 1) | | | |
| 0/0 | | | | degré C. | millim. | millim. |
| 100 | Glycérine | 1,2653 | 1,2620 | 290 | 696 | 64 |
| 99 | 9900 | 1,2628 | 1,2594 | 239 | 673 | 87 |
| 98 | 4900 | 1,2602 | 1,2568 | 208 | 653 | 107 |
| 97 | 3233,333 | 1,2577 | 1,2542 | 188 | 634 | 126 |
| 96 | 2400 | 1,2552 | 1,2516 | 175 | 616 | 144 |
| 95 | 1900 | 1,2526 | 1,2490 | 164 | 598 | 162 |
| 94 | 1566,666 | 1,2501 | 1,2464 | 156 | 580 | 180 |
| 93 | 1328,571 | 1,2476 | 1,2438 | 150 | 562 | 198 |
| 92 | 1150 | 1,2451 | 1,2412 | 145 | 545 | 215 |
| 91 | 1011,111 | 1,2425 | 1,2386 | 141 | 529 | 231 |
| 90 | 900 | 1,2400 | 1,2360 | 138 | 513 | 247 |
| 89 | 809,090 | 1,2373 | 1,2333 | 135 | 497 | 263 |
| 88 | 733,333 | 1,2346 | 1,2306 | 132,5 | 481 | 279 |
| 87 | 669,231 | 1,2319 | 1,2279 | 130,5 | 465 | 295 |
| 86 | 614.286 | 1,2292 | 1,2252 | 129 | 449 | 311 |
| 85 | 566,666 | 1,2265 | 1,2225 | 127,5 | 434 | 326 |
| 84 | 525 | 1,2238 | 1,2198 | 126 | 420 | 340 |
| 83 | 488,235 | 1,2211 | 1,2171 | 124,5 | 405 | 355 |
| 82 | 455,555 | 1,2184 | 1,2144 | 123 | 390 | 370 |
| 81 | 426,316 | 1,2157 | 1,2117 | 122 | 376 | 384 |
| 80 | 400 | 1,2130 | 1,2090 | 121 | 364 | 396 |
| 79 | 376,190 | 1,2102 | 1,2063 | 120 | 352 | 408 |
| 78 | 354,500 | 1,2074 | 1,2036 | 119 | 341 | 419 |
| 77 | 334,782 | 1,2046 | 1,2009 | 118,2 | 330 | 430 |
| 76 | 316,666 | 1,2018 | 1,1982 | 117,4 | 320 | 440 |
| 75 | 300 | 1,1990 | 1,1955 | 116,7 | 310 | 450 |
| 74 | 284,615 | 1,1962 | 1,1928 | 116 | 300 | 460 |
| 73 | 270,370 | 1,1934 | 1,1901 | 115,4 | 290 | 470 |
| 72 | 257,143 | 1,1906 | 1,1874 | 114,8 | 280 | 480 |
| 71 | 244,828 | 1,1878 | 1,1847 | 114,2 | 271 | 489 |
| 70 | 233,333 | 1,1850 | 1,1820 | 113,6 | 264 | 496 |
| 65 | 185,714 | 1,1710 | 1,1685 | 111,3 | 227 | 553 |
| 60 | 150 | 1,1570 | 1,1550 | 109 | 195 | 565 |
| 55 | 122,222 | 1,1430 | 1,1415 | 107,5 | 167 | 593 |
| 50 | 100 | 1,1290 | 1,1280 | 106 | 142 | 618 |
| 45 | 81,818 | 1,1155 | 1,1145 | 105 | 121 | 639 |
| 40 | 66,666 | 1,1020 | 1,1010 | 104 | 103 | 657 |
| 35 | 53,846 | 1,0885 | 1,0875 | 103,4 | 85 | 675 |
| 30 | 42,857 | 1,0750 | 1,0740 | 102,8 | 70 | 690 |
| 25 | 33,333 | 1,0620 | 1,0610 | 102,3 | 56 | 704 |
| 20 | 25 | 1,0490 | 1,0480 | 101,8 | 43 | 717 |
| 10 | 11,111 | 1,0245 | 1,0235 | 100,9 | 20 | 740 |
| 0 | 0 | 1,0000 | 1,0000 | 100 | 0 | 760 |

Tous ces tableaux ne peuvent servir que pour la glycérine chimiquement pure; essayer de les appliquer à la détermination de la glycérine anhydre dans un produit brut ou même raffiné serait s'exposer à de grossières erreurs.

M. A. Vogel indique la formule suivante pour déterminer la proportion d'eau mélangée à la glycérine pure :

$$x = \frac{100\,(p - 1{,}266)}{p\,(1000 - 1{,}266)},$$

dans laquelle 1,266 représente la densité de la glycérine anhydre, $p$ le poids spécifique de celle que l'on considère, et $x$ la proportion d'eau renfermée dans cette glycérine.

Pour être exact, il faudrait adopter aujourd'hui la formule suivante :

$$x = \frac{100\,(p - 1{,}2675)}{p\,(1000 - 1{,}2675)}.$$

En résumé, étant donnée une glycérine pure à analyser, il faut prendre la densité, déterminer les proportions de cendres et de résidu fixe à 160°, rechercher les chlorures, les sulfates, la chaux, le fer, l'arsenic et l'acide butyrique; enfin examiner l'odeur et voir comment le produit se comporte en présence de nitrate d'argent. Si la glycérine résiste à ces essais, elle est considérée comme pure; dans le cas contraire, il devient utile de rechercher les impuretés qui peuvent s'y trouver.

### GLYCÉRINE OFFICINALE.

Obtenue toujours par une seule distillation de la glycérine brute, on est plus tolérant sur sa pureté. Jusqu'à quel point cette tolérance peut-elle aller? Il est difficile de le dire. D'ailleurs c'est une qualité mal définie et certainement appelée à disparaître prochainement.

Elle ne se trouve dans le commerce qu'à la densité de 1,240.

### GLYCÉRINE A DYNAMITE.

S'il est facile, pour la glycérine pure, de se rendre compte si elle répond bien à son titre, il n'en est pas de même pour la glycérine à dynamite. Le nombre de documents analytiques que l'on possède sur ce sujet est à peu près nul, et pourtant cette qualité représente à elle seule les trois quarts environ de la production totale. Seul jusqu'à ces dernières années, le texte d'un règlement fixant les conditions de pureté que devait remplir une glycérine à dynamite, dressé par la Compagnie Nobel, servait à régler les différends qui étaient irréglables par le fait que ce texte ne précise rien. Le voici *in extenso* :

« Le poids spécifique de la glycérine ne doit pas être inférieur à 1,263, mais il peut être de 1,265; plus il sera élevé, mieux cela vaudra, à la condition toutefois que cette élévation ne soit pas due à des sels métalliques, du sucre, de la mélasse, ou à d'autres impuretés.

« La glycérine diluée avec le double de son poids d'eau distillée ne doit donner aucun précipité avec l'ammoniaque, même après un certain temps. Le nitrate d'argent ne doit pas la rendre laiteuse. Un courant de peroxyde d'azote ne doit pas la troubler. L'odeur, s'il y en a une, ne doit pas être désagréable, ni la couleur foncée. La glycérine ne doit contenir ni sucre, ni glucose, ni aucun sel. » (*Compagnie des explosifs Nobel*, 1883.)

Si ces conditions sont muettes sur bien des points et trop vagues pour rien indiquer, il ne faut pas tomber dans le défaut contraire, c'est-à-dire le rigorisme excessif, et par exemple prétendre, comme le fait M. Allen [*Commerc. organic Analyses*, 2], qu'une bonne glycérine à dynamite doit être exempte de chlorures et de fer, alors que toutes en contiennent, et cependant se nitrent très bien en donnant un excellent rendement.

Il convient de prendre un juste milieu, et en tout cas d'établir comme principe que c'est la nitration et le rendement à la nitration qui doivent jouer le principal rôle dans l'analyse, dont les autres facteurs d'un ordre secondaire peuvent, jusqu'à un certain point, ne pas remplir les conditions exigées.

*Essai de nitration.* — Deux procédés sont indiqués : On verse dans un vase de 20 centimètres de hauteur et 10 centimètres de largeur 47 centimètres cubes d'un mélange composé de 500 grammes d'acide sulfurique de densité 1,838 et 300 grammes d'acide nitrique d'une densité de 1,52. On y plonge un thermomètre sensible portant une marque au degré 25. Ce vase est placé dans un autre où circule un courant d'eau froide à 8 ou 10° si possible. On verse dans le mélange d'acides, en agitant doucement le vase, 10 grammes de glycérine goutte à goutte (environ 220 gouttes) en réglant l'opération pour que

la température reste toujours comprise entre 20 et 25°. Quand toute la glycérine est ajoutée, on transvase le tout dans un tube de verre de 15 centimètres de haut et de 3 centimètres de diamètre, généralement gradué. La séparation de la nitroglycérine d'avec les acides se fait d'autant plus rapidement que la glycérine est meilleure; le temps peut varier de 5 à 30 minutes. On considère une glycérine comme excellente lorsque la séparation se fait distinctement en 5 à 7 minutes sans formation de matière floconneuse.

On mesure le volume de nitroglycérine surnageante et on multiplie ce chiffre par 1,6 pour avoir le rendement en poids.

On sépare les acides d'avec la nitroglycérine, on lave celle-ci à l'eau et on la détruit en la versant sur de la silice et en la faisant brûler par petites portions. Les eaux acides, versées sur de la silice ou de la terre, doivent être enterrées.

Actuellement, on ne se rapporte plus à la densité des acides et on emploie de l'acide sulfurique contenant de 96 à 97 0/0 de monohydrate et de l'acide nitrique titrant de 94 à 95 0/0 de monohydrate et ne renfermant pas plus de 2 0/0 de gaz nitreux.

Le deuxième procédé [*Monit. scient.*, (4), 11, 18] ne diffère que par les quantités mises en jeu. L'essai de nitration porte sur 10 grammes de glycérine que l'on verse lentement dans un mélange de 27ᵖ,5 d'acide nitrique (d = 1,5) et 72ᵖ,5 d'acide sulfurique (d = 1,84), en ayant soin de refroidir continuellement le vase qui sert à cette expérience. Dès que l'opération est terminée, on verse le tout dans de longues burettes et on abandonne au repos pendant une demi-heure. La nitroglycérine doit se séparer complètement du mélange acide en 10 minutes au maximum sans entraîner avec elle de matière floconneuse. Après une demi-heure de repos, on fait écouler la petite quantité d'acide qui s'est rassemblée au fond des burettes et l'on mesure le volume total de nitroglycérine obtenue. En multipliant ce volume par 1,6, on a le poids de nitroglycérine, qui doit être au moins double de celui de la glycérine employée.

On peut admettre qu'une glycérine rendant 20 grammes de nitroglycérine pour 10 grammes de matière employée est propre à la fabrication de la dynamite; mais encore faudrait-il que cela fût admis par tous les dynamitiers comme un principe fixe et immuable. Quant aux autres conditions, elles peuvent se résumer ainsi :

*Nuance.* — Peut aller du blanc au jaune paille.

*Odeur.* — Sans aucune importance.

*Densité.* — Doit être au moins de 1,261 à 1,262 à 15°.

*Cendres.* — Peser 5 à 6 grammes de glycérine dans un creuset de platine, chauffer avec précaution jusqu'à ce que la glycérine s'enflamme, la laisser brûler d'elle-même et achever la calcination à la plus basse température possible en couvrant le creuset.

Quelques dynamitiers n'admettent pas plus de 0,075 0/0 de cendres; le chiffre de 0,1 0/0 devrait être toléré et accepté par tout le monde.

*Neutralité.* — Une glycérine peut être considérée comme neutre lorsque 50 centimètres cubes, additionnés de 100 centimètres cubes d'eau distillée et de quelques gouttes d'une solution alcoolique de phénolphtaléine, n'exigent pas plus de 0ᶜᶜ,3 d'acide chlorhydrique normal ou de soude normale pour que le changement de couleur se produise [G.-E. Barton, *Journ. Am. Soc.*, avril 1895; *Monit. scient.*, janvier 1896]. Le même auteur recommande de déterminer l'équivalent acide total et les acides gras supérieurs.

*Équivalent acide total.* — On place 100 centimètres cubes de glycérine dans un becherglass avec environ 200 centimètres cubes d'eau distillée, quelques gouttes d'une solution de phénolphtaléine à 1 0/0 et 10 centimètres cubes de soude caustique normale. On fait bouillir pendant quelques instants et on titre l'excès de soude par l'acide chlorhydrique normal. Les résultats sont exprimés en grammes de soude caustique par 100 centimètres cubes de glycérine.

*Acides gras supérieurs.* — Dans une portion de l'échantillon, étendue de 2 fois son volume d'eau distillée, on fait passer un courant de peroxyde d'azote, puis on chauffe au bain-marie pendant 2 heures. S'il ne se forme aucun précipité, soit par dilution avec de l'eau, soit en attendant davantage, la glycérine peut être considérée comme exempte d'acides gras supérieurs. La glycérine destinée à la préparation de la nitroglycérine doit répondre à cette condition.

M. Barton indique également de déterminer le *résidu charbonneux* en enflammant dans une capsule 4gr,5 à 5gr,5 de glycérine, la laissant brûler librement et pesant le résidu. Du chiffre obtenu il y a lieu de déduire les cendres. L'auteur omet toutefois de dire quelle doit être la proportion maxima de résidu charbonneux.

Nous croyons que les essais précédents peuvent être plus avantageusement et plus simplement remplacés par le dosage du résidu organique à 160° dans l'étuve et non dans le vide, et en spécifiant que ce résidu ne doit dans aucun cas être supérieur à 0,25 0/0.

On pèse 2 à 3 grammes de glycérine dans une capsule de platine ayant environ 6 à 7 centimètres de diamètre, que l'on place dans une étuve, sur un triangle de platine, de façon que l'air chaud puisse circuler librement. On commence à évaporer vers 110-120°, puis on élève progressivement la température, et quand le résidu commence à être noir et pâteux, on ajoute un peu d'eau et l'on continue l'évaporation; on refait cette opération trois ou quatre fois et l'on termine à 160°. Du chiffre obtenu on retranche les cendres. Cette méthode est due à M. Schalkwyk, directeur de la Chemische Fabriek de Rotterdam.

Quant aux autres impuretés, chaux, sulfates, fer, chlorure de sodium, la glycérine ne doit en contenir que de faibles traces des trois premières, que l'on recherche par les procédés décrits à l'analyse de la glycérine chimiquement pure. En ce qui concerne le chlorure de sodium, c'est en général le principal élément des cendres; on admet donc sa présence. On peut le doser de la manière suivante (Barton) : On place 100 centimètres cubes de glycérine dans une capsule de porcelaine après avoir étendu à 300 centimètres cubes au moyen d'eau distillée, on neutralise toute trace d'acide libre avec du carbonate de soude et on ajoute une solution normale de chromate de potasse jusqu'à ce que le contenu de la capsule présente une coloration nettement jaune. On titre ensuite au moyen d'une solution décinormale de nitrate d'argent. Après avoir retranché 0cc,2 (quantité nécessaire pour obtenir une coloration nette), on calcule le reste en chlorure de sodium. Le poids de la glycérine est calculé d'après le volume sur lequel on opère et la densité que l'on détermine à la température du laboratoire.

*Essai à l'argent.* — Une grande importance est attachée à l'essai à l'argent, mais il est douteux qu'il justifie toute la confiance qu'on lui a accordée jusqu'à présent.

Dans un tube à essai bouché à l'émeri, bien lavé au bichromate de potasse et à l'acide sulfurique, puis à l'eau distillée, on introduit environ 5 centimètres cubes de glycérine et autant d'une solution de nitrate d'argent à 4 0/0; on mélange

en agitant. On place le tube dans un endroit obscur, on l'examine après 5 minutes, puis après 10 minutes. L'échantillon ne doit être que très légèrement coloré en 5 minutes et ne pas être noir en un quart d'heure; c'est ce que l'on exprime en disant que l'essai à l'argent est bon.

Nous avons vu des glycérines à dynamite dont l'essai à l'argent était médiocre et la nitration très bonne; mais ces cas sont assez rares.

Nous signalerons un dernier essai qu'indique M. Barton :

*Densité permanente.* — L'échantillon est chauffé pendant 2 heures dans une fiole de 250 centimètres cubes à la température de 225-230°. On laisse alors refroidir la glycérine dans la fiole que l'on a munie d'un bouchon percé d'une fine ouverture, et on détermine la densité comme précédemment. Le résultat représente la densité permanente de la glycérine à 15°; en effet, certains hydrocarbures plus légers peuvent influer sur la densité apparente de la glycérine.

En résumé, une glycérine propre à la fabrication de la dynamite devrait répondre aux conditions suivantes :

1° Densité 1,261 à 1,262 à 15°;

2° Avoir une nitration bonne et une séparation rapide (en moins d'un quart d'heure) sans matière floconneuse;

3° Posséder un rendement en nitroglycérine au moins égal au double du poids de la glycérine employée;

4° Cendres totales maxima 0,10 0/0;

5° Matières organiques totales maxima 0,25 0/0;

6° Essai à l'argent bon après 5 minutes;

7° Pouvoir contenir du chlorure de sodium;

8° Ne renfermer que de faibles traces de chaux, de sulfates et de fer.

Il ne s'est pas encore établi d'entente entre les fabricants et les dynamitiers pour l'adoption de ces conclusions.

### GLYCÉRINE BLANCHE INDUSTRIELLE.

Toute glycérine blanche qui n'est pas chimiquement pure est une glycérine blanche industrielle, et sa valeur dépend de son degré de pureté.

Néanmoins on est convenu de donner plus particulièrement cette dénomination à une glycérine ne renfermant pas plus d'impuretés qu'une glycérine de pure saponification, c'est-à-dire environ 0.5 0/0 de cendres et 0,5 0/0 de matières organiques. Elle ne doit également pas renfermer d'impuretés autres que celles afférentes à la saponification. Comme analyse, ce sera celle de la glycérine de saponification que nous décrivons ci-dessous. Elle se trouve dans l'industrie à la densité de 1,240.

### GLYCÉRINE DE SAPONIFICATION ET DE DÉGLY-CÉRINATION.

Au point de vue de l'analyse, ces deux produits se comportent de la même façon.

Les principaux éléments à déterminer sont la densité, les cendres, les matières organiques et la teneur en glycérine anhydre.

*Densité.* — Doit être de 1,240 à 15°. Rien de particulier au point de vue de sa détermination. La formule de correction pour la température, en appliquant le coefficient 0,000666, convient parfaitement.

*Cendres.* — Chauffer dans un creuset de platine 4 à 5 grammes de glycérine pendant une demi-heure sur la plus petite flamme possible d'un bec Bunsen, ou encore au bain-marie, pour chasser l'eau. On peut ensuite l'enflammer et activer la calcination jusqu'à ce que les cendres soient blanches. Elles restent quelquefois roses lorsque la glycérine contient beaucoup de fer.

Les cendres se composent presque toujours de chaux et de fer, et ne renferment que très rarement de la soude. Quelquefois on y trouve de la magnésie et du zinc, si la saponification ou la déglycérination ont été opérées avec l'adjonction de ces corps.

La proportion de cendres est variable et peut aller de 0,08 0/0 à 1 0/0. Il serait utile de déterminer jusqu'à quel point une glycérine peut contenir des cendres pour pouvoir être qualifiée de pure saponification. Il y a lieu de prendre une moyenne et d'adopter 0,5 0/0, et dans le cas où cette proportion de cendres serait dépassée, d'accorder, s'il y a consentement mutuel, une bonification proportionnelle au triple de l'excédent de cendres. En effet, à la distillation, les matières salines retiennent une quantité de glycérine au moins égale à leur poids, et de plus un excédent de cendres élève la densité au détriment de la glycérine contenue.

*Matières organiques.* — On opère comme pour la dynamite, sur 2 à 3 grammes, en adoptant la méthode de M. Schalkwyk. La proportion est variable, mais ne doit pas dépasser 1 0/0. La même bonification que pour les cendres, appliquée de la même manière, pourrait régler l'excédent de matières organiques.

On peut faire leur recherche au moyen du sous-acétate de plomb dans la glycérine additionnée de son volume d'eau, à condition qu'il n'y ait pas de chlorures ni de sulfates qui viendraient masquer la réaction.

*Glycérine anhydre.* — Son dosage sera étudié d'une façon spéciale à l'analyse des glycérines de lessives. Les méthodes qui y seront décrites peuvent s'appliquer à la saponification en donnant des résultats beaucoup plus précis.

Les glycérines de saponification peuvent contenir de 88 à 90 0/0 de glycérine anhydre.

En dehors de ces quatre facteurs, les plus importants pour l'analyse des glycérines de saponification, on peut déterminer la *neutralité*, comme cela a été décrit pour la glycérine à dynamite. Toutes les glycérines sont généralement acides; on rencontre cependant quelques rares produits de déglycérination qui ont une réaction alcaline.

*Sels ammoniacaux.* — Ils proviennent de la précipitation des sels de chaux par l'oxalate d'ammonium dans le but de diminuer la proportion de cendres.

On emploie la méthode classique en versant quelques centimètres cubes de glycérine dans un tube à essai, ajoutant 5 à 6 gouttes de potasse et chauffant, après avoir coiffé le tube à essai d'une bande humide de tournesol rouge.

Cet essai, si simple en apparence, paraît absolument défectueux. A diverses reprises, des analystes indiquèrent par ce procédé la présence de sels ammoniacaux parfaitement caractérisés, alors que les stéariniers dignes de foi certifièrent qu'il n'était jamais entré de sels ammoniacaux dans leurs usines.

Il faut en conclure qu'il existe dans ces glycérines des produits azotés provenant des huiles ou des suifs qui, par fermentation ou en rancissant, ont donné naissance à des amines qui viennent réagir sur le papier de tournesol. Les glycérines brutes qui contiennent ces amines se comportent assez mal à la distillation, presque aussi mal que s'il s'y trouvait des sels ammoniacaux. Si donc cette réaction ne donne pas le résultat exact, elle fournit tout au moins une indication.

Il n'existe jusqu'à présent aucun procédé permettant de doser ces différents corps, amines ou

sels ammoniacaux, qui se combinent plus ou moins partiellement à la glycérine dès qu'on la chauffe.

Pour les autres impuretés, *chaux, chlorures, sulfates,* on peut les rechercher, mais il est tout à fait inutile de les doser.

*Fer.* — Une trop forte proportion de fer est nuisible, une certaine quantité étant toujours entraînée à la distillation.

GLYCÉRINE DE DISTILLATION.

On fait les mêmes essais pour la glycérine de distillation que pour la glycérine de saponification, en opérant de la même façon.

*Densité.* — Elle doit être de 1,240 à 15°.

*Cendres.* — Elles sont toujours constituées par des sels de chaux et varient de 1 à 2 0/0. Une bonne distillation ne doit pas renfermer plus de 1,5 0/0 de cendres.

*Matières organiques.* — La teneur en matières organiques peut aller jusqu'à 10 0/0. Rien n'est spécifié à cet égard et il n'y a aucun point de repère sur lequel on puisse se baser en cas de discussion.

*Glycérine anhydre.* — Il en est de même pour la glycérine anhydre, qui varie de 76 à 82 0/0. Aussi toutes les transactions en glycérine de distillation se font-elles sur une marque connue ou sur un échantillon déterminé.

Rien de particulier pour les autres impuretés, qui sont les mêmes que dans la saponification.

GLYCÉRINE DE LESSIVES DE SAVONNERIE.

Au point de vue analytique, il y en a trois sortes, ne différant entre elles que par le degré de concentration : les petites eaux ayant une teneur en glycérine de 4 à 8 0/0, les eaux glycérineuses à 40 0/0 et la lessive concentrée à 80 0/0.

Dans les deux premières, on titre exclusivement la glycérine, ces produits se vendant au degré de glycérine anhydre. Le dosage se fait comme pour la lessive concentrée.

Les difficultés pour l'analyse des lessives ont été si nombreuses, qu'il a bien fallu convenir de certaines conditions de qualité. Voici la formule adoptée : La glycérine de lessives doit être concentrée à 80 0/0 minimum, avoir une densité au moins égale à 1,300 à 15°, ne pas renfermer plus de 10 0/0 de cendres, et être blonde, loyale et marchande. En Angleterre, on tolère toutefois 10,5 0/0 de cendres.

Cette formule est muette sur deux autres points, les matières organiques et les composés sulfurés, qui jouent un rôle souvent plus important que ne le font la densité ou les cendres.

Il n'y a pas encore très longtemps que l'on exigeait que la glycérine bouille à la température de 150°, ce qui était une indication que le produit devait contenir 80 0/0 de glycérine. Cette indication est erronée. Comme l'a démontré M. Vizern [*Journ. Pharm. Chim.*, (6), **21**], cette température est surtout fonction des impuretés renfermées. Ainsi un produit fait de toutes pièces et renfermant 80 0/0 de glycérine, 10 0/0 d'eau et 10 0/0 de sels, bout à 136°.

Voici d'ailleurs un tableau montrant le peu de foi qu'il faut ajouter à la température d'ébullition :

| Glycérine 0/0. | Densité à 15°. | Point d'ébullition. |
|---|---|---|
| 74,55 | 1,285 | 133° |
| 74,75 | 1,287 | 130° |
| 78,80 | 1,289 | 142° |
| 80,00 | 1,291 | 137° |
| 80,75 | 1,293 | 144° |
| 81,10 | 1,297 | 148° |
| 81,75 | 1,318 | 150° |

Certains fabricants retardataires exigent encore le point d'ébullition

Ce tableau indique qu'il n'y a aucune corrélation entre la densité et la proportion de glycérine, tout dépendant des matières organiques et des sels que renferme le produit à examiner.

*Dosage de la glycérine par extraction directe.* — Après avoir pris la densité de l'échantillon, on neutralise 20 centimètres cubes par de l'acide sulfurique dilué si la liqueur est alcaline (ce qui est généralement le cas). On évapore le liquide au bain-marie jusqu'à consistance sirupeuse. Après refroidissement, on ajoute un mélange de 1 partie d'éther pour 2 parties d'alcool et l'on remue bien le précipité salin avec un fil de platine; on filtre dans un becherglass taré, et on lave le précipité à fond avec le mélange éthéro-alcoolique. On évapore le solvant au bain-marie, et on chauffe le résidu à 110° jusqu'à l'obtention d'un poids aussi constant que possible. Il faut déterminer les cendres dans ce résidu et le retrancher du poids total, le reste étant considéré comme de la glycérine pure.

Il y a deux défauts capitaux dans cette méthode. Le mélange éthéro-alcoolique n'extrait pas seulement la glycérine, mais une portion considérable des impuretés organiques qui souillent l'échantillon et qui sont comptées comme glycérine. Les matières grasses et résineuses sont dans ce cas. D'autre part, on ne peut éviter la perte par volatilisation, qui vient contrebalancer plus ou moins l'erreur précédente, mais généralement en la dépassant, et les résultats sont toujours trop faibles, comme d'ailleurs dans toute méthode d'extraction directe.

Au sujet de la volatilité de la glycérine, voici quelques résultats obtenus par M. Hehner [*Analyst*, **12**, 65] :

« Il n'y a aucun doute sur la volatilité de la glycérine, car si on chauffe des solutions concentrées au bain-marie, on voit se dégager des fumées blanches, épaisses, et le poids de la glycérine diminue d'une façon considérable et constante. On croit généralement que les solutions diluées de glycérine perdent beaucoup par l'ébullition et qu'en fait la glycérine est entraînable par la vapeur d'eau. Cette croyance est erronée; il n'y a aucune perte de glycérine après 2 heures d'ébullition de solutions contenant jusqu'à 50 0/0, si on a soin de remplacer continuellement l'eau qui s'évapore. Même une solution à 74 0/0 ne subit dans ces conditions qu'une perte insignifiante, s'élevant seulement à 1 ou 2 0/0.

« La volatilisation commence quand les solutions sont plus concentrées et à des températures supérieures, à 100-110° par exemple, comme on prescrit de le faire dans certaines fabriques de dynamite à l'étranger, et dans ce cas la perte peut être aussi forte que le désire l'analyste.

« A moins que l'évaporation finale de l'éther, de l'alcool et de l'eau ne soit faite dans le vide, cette méthode d'extraction directe est sans aucune valeur, mais le temps matériel nécessaire pour exécuter ce perfectionnement rend le procédé impraticable » [Hehner, *Soc. Chem. Ind.*, 31 janvier 1889].

*Dosage par la litharge.* — Ce procédé est basé sur la réaction suivante :

$$C^3H^8O^3 + PbO = C^3H^6PbO^3 + H^2O.$$

Cette combinaison de la glycérine avec la litharge n'est pas volatile à 130°. La quantité de matières non volatiles à 160°, déterminée sur une nouvelle prise de l'échantillon, retranchée du poids de la combinaison avec la litharge à 130° multiplié par le coefficient 1,243 (quotient de $C^3H^8O^3$ par $C^3H^6O^2$), donne la quantité de glycérine anhydre.

On opère de la façon suivante : 1° 2 grammes de l'échantillon à examiner et un peu d'alcool sont mélangés avec 40 grammes de litharge pure et chauffés à l'étuve à 130° jusqu'à poids constant. Il faut avoir une litharge exempte d'autres composés de plomb, tels que les carbonates, qui pourraient influencer le résultat ; l'étuve ne doit pas contenir d'acide carbonique. 2° On détermine d'autre part sur 2 grammes portés à 160° dans une étuve le résidu non volatil à cette température. La différence entre les deux résultats obtenus, multipliée par 1,243, puis divisée par 2, donne la teneur en glycérine.

M. Hehner fait observer que dans les glycérines assez pures, ne contenant exclusivement que du chlorure de sodium, de la glycérine et une faible proportion de matières organiques, cette méthode donne de bons résultats. Il en est tout autrement si l'échantillon renferme de l'alcali libre, des sulfates ou des matières résineuses.

Dans de tels produits, il devient à peu près impossible de chasser complètement la glycérine à 160°, même en chauffant très longtemps : on obtient donc des chiffres trop faibles. Comme d'autre part il est très difficile d'avoir une étuve exempte d'acide carbonique, ce gaz est absorbé par l'alcali libre contenu naturellement dans l'échantillon ou produit par l'action de l'oxyde de plomb sur les sulfates : on obtient un nombre trop fort.

Il y a donc en jeu trop d'éléments contradictoires pour qu'on puisse se baser avec sûreté sur les résultats fournis par cette méthode.

*Dosage par le permanganate de potassium.* — La méthode de MM. William Fox et Wanklyn repose sur le principe suivant : Si à une solution alcaline de glycérine on ajoute du permanganate de potassium, la décomposition a lieu quantitativement d'après l'équation suivante :

$$C^3H^8O^3 + 6O = C^2O^4H^2 + CO^2 + 3H^2O,$$

et c'est l'acide oxalique que l'on déterminera.

Hâtons-nous de remarquer que cette réaction n'a lieu qu'en solution assez fortement alcaline, l'acide oxalique formé étant oxydé lui-même, dans le cas contraire, par le permanganate.

La glycérine étendue, qui ne doit pas contenir plus de $0^{gr}$,25 de glycérine, est rendue franchement alcaline par l'addition de 5 grammes de potasse, puis mélangée avec du permanganate en poudre jusqu'à coloration rouge persistante et chauffée à l'ébullition pendant une demi-heure. L'excès de permanganate est détruit par de l'acide sulfureux que l'on introduit soit en solution, soit à l'état gazeux, jusqu'à décoloration complète. On filtre, on acidule avec de l'acide acétique et on précipite l'acide oxalique avec de l'acétate de chaux. On recueille le précipité et on le lave soigneusement avec de l'eau chaude. Comme ce n'est pas un oxalate de chaux complètement pur, les auteurs proposent, au lieu de le peser, de le titrer avec le permanganate d'après la méthode connue. Une molécule d'acide oxalique ainsi trouvé correspond à une molécule de glycérine.

Si cette méthode est employée pour déterminer la glycérine contenue dans les lessives provenant de la saponification des corps gras, on doit, dans le cas où l'on emploierait une solution alcoolique, avoir bien soin, avant d'opérer, de chasser tout l'alcool, lequel se trouverait lui-même converti en acide oxalique par le permanganate de potassium.

Les auteurs précités font remarquer que les acides gras homologues de l'acide acétique ne donnent pas d'acide oxalique avec le permanganate, ce qui a lieu au contraire avec les acides de la série acrylique.

MM. Rudolf Benedict et Richard Zsimondy sont arrivés, avec cette méthode, à déterminer des quantités de glycérine trop faibles pour influer sur la densité ou l'indice de réfraction. Néanmoins, si la proportion est inférieure à 1 de glycérine pour 2000 de solvant, il faut concentrer les liqueurs.

Les auteurs font sur la méthode ci-dessus les remarques suivantes :

1° L'oxydation de la glycérine en acides oxalique et carbonique n'est pas quantitative si l'on opère sur un liquide neutre ou peu alcalin.

2° On a un résultat un peu moins élevé que le résultat théorique si on se sert du permanganate en dissolution chaude.

3° La réaction est quantitative si on fait l'oxydation dans un milieu fortement alcalin et si on se sert d'une dissolution de permanganate à la température ordinaire.

4° L'acide oxalique en solution alcaline peut être porté à l'ébullition sans qu'il se produise un trouble [Fresenius, *Journ. anal. Chem.*, 25; 587].

Malgré tout, cette méthode ne semble pas donner des résultats absolument concordants, et il n'est pas rare qu'un même opérateur, avec le même échantillon, obtienne des résultats pouvant différer entre eux de 1,5 à 2 0/0.

Cette méthode, très estimée en Allemagne, ne semble pas devoir jouir de la vogue qui lui est accordée.

*Dosage par la triacétine.* — Ce procédé, de MM. Benedikt et Cantor, repose sur la transformation quantitative de la glycérine en triacétine et la saponification de ce corps, de telle façon que ce dosage se réduit à un titrage alcalimétrique. On chauffe à l'ébullition 1ᵍʳ,5 de glycérine avec 7 grammes d'anhydride acétique et 3 à 4 grammes d'acétate de soude anhydre. Après une heure et demie d'ébullition au réfrigérant à reflux, on laisse refroidir, on ajoute 50 centimètres cubes d'eau et on chauffe le mélange jusqu'à ce que toute la triacétine soit dissoute. Il est préférable de ne pas faire bouillir, ainsi que le décrivent les auteurs, afin d'éviter la décomposition.

On filtre dans un assez grand becherglass en lavant le filtre. Lorsque le filtratum est bien refroidi, on ajoute quelques gouttes de phénolphtaléine et on neutralise exactement avec une solution diluée de soude caustique (2 à 3 0/0) dont on n'a pas besoin de connaître le titre.

On ajoute alors 25 centimètres cubes d'une solution de soude à 10 0/0 dont on connaît exactement le titre, on fait bouillir la liqueur pendant 10 minutes pour saponifier la triacétine, et on titre l'excès d'alcali par de l'acide normal. 1 centimètre cube d'acide normal correspond à 0ᵍʳ,03067 de glycérine. Cette méthode est rapide et simple. On obtient des résultats assez concordants en prenant les précautions suivantes :

1° Chaque fois que l'on chauffe, il faut employer un réfrigérant à reflux, la triacétine étant volatile ou tout au moins entraînable par la vapeur d'eau.

2° L'acétate de soude doit être parfaitement déshydraté, et il est nécessaire qu'il ait été chauffé récemment. C'est ainsi que M. Hehner a constaté des différences de 30 à 32 0/0 en employant de l'acétate contenant des traces d'humidité.

3° La triacétine se décompose au contact de l'eau ; donc, dès que la transformation est finie, les opérations doivent être conduites très rapidement. Ainsi, après un quart d'heure les résultats sont trop faibles d'environ 2,5 0/0 et de 4 à 5 0/0 après une heure.

4° Enfin l'action des alcalis est encore plus énergique ; aussi la neutralisation doit-elle être faite avec les plus grands soins en agitant rapidement, de façon qu'à aucun moment il ne se trouve un excès d'alcali en un point quelconque du flacon. Si la neutralité était dépassée, il est inutile de revenir en arrière : les résultats seraient absolument faux.

En résumé, cette méthode qui fournit de bons résultats en employant toutes les précautions indiquées, donne en général un chiffre faible, toutes les erreurs tendant à abaisser le rendement, et pour être exacte elle ne devrait être employée que comme le contrôle du dosage au bichromate. On ne peut employer la triacétine dans des solutions contenant moins de 50 0/0 de glycérine : aussi est-il plus simple de titrer par le bichromate de potasse que de concentrer les liqueurs.

*Dosage par le bichromate de potassium.* — La glycérine traitée par du bichromate de potassium et de l'acide sulfurique est oxydée quantitativement et transformée en acide carbonique [Hehner, *Analyst*, 12, 44].

Si on se trouve en présence de glycérines concentrées et pures, on peut peser ou mesurer l'acide carbonique dégagé, comme l'ont proposé MM. Cross, Bevan et Legler ; mais il serait nécessaire de purifier les glycérines brutes, et la méthode deviendrait alors trop compliquée.

Il est plus simple d'ajouter un excès de bichromate de potassium, de titrer par le sulfate de fer ammoniacal la quantité non employée et par différence le bichromate employé, et par suite la teneur en glycérine.

Il est nécessaire d'avoir trois solutions :

1° Solution contenant 74ᵍʳ,86 de bichromate et 150 centimètres cubes d'acide sulfurique par litre : 1ᶜᶜ = 0ᵍʳ,01 de glycérine anhydre ;

2° Solution décime à 7ᵍʳ,486 de bichromate ;

3° Solution contenant environ 240 grammes de sulfate de fer ammoniacal par litre.

Tous les auteurs recommandent de titrer soigneusement la solution de bichromate par le fil de clavecin.

Cette précaution est absolument inutile ; en pesant 74ᵍʳ,86 de bichromate de potassium pur du commerce, bien sec (on le fait sécher à l'étuve), l'erreur que l'on peut commettre est nulle par rapport au degré d'exactitude de la méthode par elle-même (un même opérateur obtenant des différences pouvant varier de 0,25 à 0,50 0/0 sur deux essais faits en même temps sur le même échantillon).

La solution décime est obtenue en pesant 7ᵍʳ,486 de bichromate.

On opère de la façon suivante : On pèse environ 1ᵍʳ,5 de l'échantillon de glycérine, et on le verse dans une fiole de 100 centimètres cubes avec une dizaine de centimètres cubes d'eau distillée et un peu de carbonate d'argent pour précipiter les chlorures et les aldéhydes.

Cet emploi du carbonate d'argent remonte à janvier 1897, et il est important que tout le monde accepte de s'en servir en place de l'oxyde d'argent, qui présentait certains inconvénients.

On prépare le carbonate d'argent en précipitant une solution de nitrate par le carbonate de sodium et lavant le précipité à plusieurs reprises ; on le conserve sous l'eau dans un endroit obscur. On verse quelques gouttes du mélange dans la solution de glycérine.

On laisse en contact pendant 10 minutes, puis on ajoute du sous-acétate de plomb tant qu'il y a précipitation ; on en met même 1 ou 2 gouttes en excès et on complète à 100 centimètres cubes. Par convention, on ajoute en plus 3 gouttes d'eau pour compenser le volume du précipité. On filtre une certaine quantité de la liqueur sur un filtre sec. 25 centimètres cubes du filtratum sont versés dans une fiole conique, et on y ajoute 40 ou 50 centimètres cubes de la solution concentrée de bichromate, puis 15 centimètres cubes environ d'acide sulfurique. On chauffe pendant 2 heures au bain-marie en recouvrant la fiole avec un verre de montre et en agitant de temps en temps pour favoriser le dégagement de l'acide carbonique.

Comme la solution de bichromate est concentrée, les quantités doivent être mesurées très exactement. M. Hehner ajoute qu'il est nécessaire de tenir compte de la température, la solution augmentant de volume de 0,05 0/0 par degré centigrade.

Une fois cette opération terminée, on ajoute un excès de la solution de fer ammoniacal, mais en quantité connue et en opérant par portions de 50 centimètres cubes à la fois. Soit B la quantité de liqueur ferreuse ajoutée. On se sert comme indicateur de touches au ferricyanure de potassium.

On titre alors l'excès de fer par le bichromate au 1/10 en se servant du même indicateur. Soit $a$ le nombre de centimètres cubes employés.

D'autre part, on a déterminé la force de la solution de fer en fonction du bichromate au 1/10, en opérant sur 50 centimètres cubes de la solution de fer, afin de simplifier les calculs. Soit $b$ le nombre de centimètres cubes de liqueur de bichromate au 1/10 correspondant à 1 centimètre cube de fer.

Si nous représentons par A le nombre de centimètres cubes de la solution de bichromate introduits au début de l'opération, et par C la quantité en grammes de glycérine employée pour l'essai, nous voyons que le nombre de centimètres cubes de bichromate à 74$^{gr}$,86 employé à oxyder la glycérine est exprimé par la formule

$$\left(A + \frac{a}{10}\right) - B\frac{b}{10},$$

cette liqueur étant telle, que 1 centimètre cube corresponde à 0,01 de glycérine. La glycérine anhydre contenue dans 100 de l'échantillon sera donc

$$X = \frac{\left(A + \frac{a}{10} - B\frac{b}{10}\right)}{C} \times 4,$$

coefficient 4 provenant de ce que l'on n'a opéré que sur 1/4 seulement (25$^{cc}$) de la liqueur préparée.

Cette méthode est rapide et donne des résultats concordants à 0,25 ou 0,50 0/0 près. On peut objecter que dans la précipitation par le plomb les impuretés ne sont pas complètement enlevées et que ce qui en reste est oxydé et compté comme glycérine. Mais tous les acides gras élevés, les albuminoïdes, les sulfocyanates et les aldéhydes, sont complètement éliminés, tandis que les acides gras inférieurs, comme l'acide butyrique et l'acide acétique, ne sont pas attaqués par le bichromate. Les produits filtrés après la précipitation sont incolores.

Le sulfate de cuivre et la potasse peuvent également précipiter les matières organiques étrangères, mais le plomb a été adopté.

Il est indispensable d'enlever les chlorures; faute de cette précaution, il n'est pas rare de percevoir l'odeur de chlore, surtout si on opère à feu nu. Suivant que l'on emploie ou non de l'oxyde d'argent, les résultats peuvent varier de 1 0/0 (Hehner). Comme nous l'avons dit plus haut, on remplace actuellement l'oxyde d'argent par le carbonate.

Jusqu'à présent cette méthode est la seule paraissant devoir réunir tous les suffrages, et tant qu'on n'aura pas trouvé de procédés plus précis ou plus simples, nous croyons que tous les dosages de glycérine sans exception doivent être faits par le bichromate.

*Dosage par le phénol.* — MM. Émile et Charles Deiss ont indiqué tout récemment une nouvelle méthode analytique [Ferdinand Jean, *Chimie des matières grasses*].

Le procédé repose sur l'absorption de l'eau par un poids constant de glycérine et d'acide phénique pur mélangés, absorption qui est en raison directe du degré de concentration de la glycérine employée.

Pour opérer, on pèse exactement dans un matras de 100 centimètres cubes environ 10 grammes de glycérine à essayer et 6 grammes d'acide phénique pur cristallisé, préalablement liquéfié à la chaleur du bain-marie. On mélange le tout et on laisse refroidir; ceci fait, on remplit une burette de Mohr à diamètre étroit de la liqueur d'essai (acide phénique pur cristallisé 25 gr., eau distillée 1000 gr.; agiter jusqu'à dissolution). On fait tomber le liquide de la burette dans le matras avec précaution, centimètre par centimètre, jusqu'à trouble blanc laiteux, semblable à un précipité chimique et disparaissant par l'agitation; on ajoute de la liqueur jusqu'à trouble persistant et prononcé. Il suffit de deux gouttes pour obtenir ce résultat.

En opérant sur de la glycérine anhydre pure à 100 0/0, il faudra employer 28$^{cc}$,15 de la liqueur d'essai. Les auteurs ont constaté qu'une diminution de glycérine de 1 0/0 correspond à une diminution de 0,39 de la liqueur d'essai. Ce chiffre de 0,39 serait invariable.

Le titre N de la glycérine serait

$$N = \frac{28,15 - 9}{0,39},$$

9 étant le nombre de centimètres cubes de la liqueur d'essai employée pour obtenir la précipitation.

Cet essai doit être fait à la température de 11°, et il faut refroidir le ballon.

D'après les auteurs, cette méthode conviendrait à toutes les glycérines brutes; seule la glycérine influerait sur la dissolution du phénol. Ce procédé est nouveau; nous ne savons comment il se comporte vis-à-vis des différentes glycérines brutes.

En dehors de ces procédés de dosage, il en existe plusieurs permettant de déterminer la glycérine par différence : en voici deux.

*Méthode par différence.* — On détermine l'eau en mettant dans une capsule de platine 0$^{gr}$,7 à 0$^{gr}$,8 de glycérine mélangée avec du sable bien sec; on laisse dans une cloche à vide sur de l'acide sulfurique pendant 2 jours, puis pendant 2 autres jours sur de l'anhydride phosphorique. Les matières non volatiles (résidu salin, matières organiques) sont déterminées à 160° sur 0$^{gr}$,7 à 0$^{gr}$,8. L'eau et les matières non volatiles retranchées de 100 donnent la teneur en glycérine. Cette méthode, très longue, fournit des résultats précis, et nous croyons qu'elle devrait être employée en cas d'arbitrage concurremment à la méthode au bichromate.

*Méthode par calcul.* — Parmi tous ces procédés donnant des résultats si différents, nous avons employé le suivant : On détermine la densité et les cendres, puis les matières organiques que l'on précipite par le fluorure de chrome (ce sel a l'avantage de précipiter les matières organiques, mais non les sulfates, ni les chlorures, ni les carbonates). La précipitation n'est complète qu'après 2 heures de digestion au bain-marie. Le précipité est filtré, lavé, incinéré, et le résidu pesé.

En se servant de ces trois données, la quantité de glycérine G est calculée d'après la formule

$$G = 4,72 \left[ 100 \left( \frac{d-1}{d} \right) - 0,6173\, p - 1,072\, p' \right],$$

dans laquelle $d$ représente la densité à 15°, $p$ les cendres pour 100, $p'$ le poids du résidu de chrome incinéré.

Cette méthode n'est applicable qu'aux lessives à 80 0/0 et n'a plus aujourd'hui qu'un intérêt historique.

*Détermination des cendres.* — Les sels contenus dans la glycérine de lessives se composent en première ligne de chlorure de sodium, puis en moindre quantité de sulfate, de carbonate, d'acétate, d'hyposulfite, de sulfite et de sulfure de sodium, et d'autres sels organiques en très faible quantité. Un certain nombre de ces sels minéraux et organiques sont décomposables par la chaleur; de plus, le charbon qui se forme pendant l'incinération des cendres peut agir sur le sulfate, de sorte que la façon de chauffer fait varier d'un opérateur à l'autre la quantité de cendres trouvée, d'autant plus que le chlorure de sodium est volatil au rouge. Le quantum de cendres n'est donc qu'une indication ne représentant nullement les sels renfermés dans la glycérine brute.

Trois méthodes sont proposées pour le dosage des cendres.

1° *Incinération simple.* — On place 1 à 2 gr. de l'échantillon dans un creuset que l'on met au-dessus de la plus petite flamme d'un bec Bunsen; on l'y laisse jusqu'à ce que le résidu soit sec. On couvre alors le creuset et on chauffe un peu plus fort, en ayant soin de ne pas donner trop de flamme, sans quoi la volatilisation du chlorure de sodium devient importante. On s'arrête lorsque les cendres sont blanches ou grises et qu'il n'y a plus de trace de charbon.

Les cendres sont quelquefois roses par suite de la présence de fer.

2° *Méthode de M. H.-D. Richmond.* — On opère comme pour les cendres de mélasse, en ajoutant quelques gouttes d'acide sulfurique aux cendres, terminant l'incinération et multipliant le résultat par 0,8. On évite ainsi la volatilisation du chlorure; malheureusement ce procédé, qui donne de très bons résultats au point de vue comparatif pour un même produit, n'est pas applicable pour la totalité des glycérines de lessives, dont la composition saline varie d'une façon considérable de l'une à l'autre.

Le coefficient théorique à employer serait 0,824.

3° *Méthode de M. Vixern.* — Brûler complètement dans une capsule de platine 10 grammes de l'échantillon, de manière à avoir une masse charbonneuse sèche. Reprendre le résidu par un peu d'eau et jeter sur un filtre, laver le filtre avec quelques gouttes d'eau, puis incinérer le filtre dans la capsule de platine. Le charbon, dépouillé de la presque totalité des sels, brûle alors très bien. Après refroidissement de la capsule, y verser le liquide provenant de la filtration, en ayant soin de rincer avec quelques gouttes d'eau distillée le vase où était le liquide. Placer la capsule sur un bain de sable dont on ménage la température afin d'éviter l'ébullition; après dessiccation, on augmente la flamme afin de chasser complètement l'eau. Il ne reste plus qu'à peser le résidu et à retrancher du poids obtenu celui des cendres du filtre [*Journ. Pharm. Chim.*, nov. 1889].

Aujourd'hui l'incinération simple, en employant les précautions indiquées, est adoptée par tout le monde.

*Détermination de l'eau.* — On mélange 0$^{gr}$,7 à 0$^{gr}$,8 de l'échantillon avec 10 à 12 grammes de sable séché et on le place dans un exsiccateur où se trouve de l'acide phosphorique anhydre; on l'y laisse jusqu'à poids constant. On arrive plus vite au résultat en opérant dans le vide, et, si possible, à une température de 30°.

*Détermination des matières organiques.* — Il n'existe aucune méthode pour déterminer ce facteur important et qui joue un si grand rôle dans la distillation des glycérines.

Il y a un procédé en usage, consistant à déterminer le résidu fixe à 160° à l'étuve et à en retrancher les cendres; mais le résultat est forcément inexact. En effet, comme il a été dit à la détermination des cendres, les sels qui se trouvent dans le résidu fixe sont à l'état de produits décomposables au rouge; une fois l'incinération faite, on a un résultat différent du véritable chiffre. Par suite, le nombre trouvé pour les matières organiques est trop fort ou trop faible.

Une méthode exacte de dosage rendrait les plus grands services.

On admet que la proportion de matières organiques ne doit pas dépasser 2 0/0 dans les bonnes lessives.

*Dosage des sulfures alcalins, des hyposulfites et des sulfites.* — De toutes les impuretés, les sulfures alcalins et, à un degré moindre, les hyposulfites et les sulfites sont les plus redoutées; c'est pourquoi les distillateurs ont depuis quelque temps fait exclure de leurs marchés les glycérines qui contiennent des proportions appréciables de ces divers composés du soufre. Ces exigences sont très gênantes pour les savonniers encore nombreux qui emploient la soude Leblanc.

M. C. Ferrier indique le procédé de dosage suivant : On pèse 50 grammes de glycérine et on l'étend de 10 fois son poids d'eau bouillie. Si cette solution n'est pas complètement neutre, on la neutralise avec de l'acide chlorhydrique pur étendu. On y ajoute un peu de bicarbonate de soude et on complète avec de l'eau bouillie pour avoir 500 centimètres cubes. On ajoute à cette solution 2 ou 3 0/0 de noir pour décolorer la glycérine.

1° *Recherche des sulfures alcalins.* — On dépose une goutte de cette solution glycérique sur du papier humecté de nitrate de plomb. Un dix-millième de sulfure dans la glycérine produit une tache très apparente.

Pour découvrir les traces les plus faibles de sulfure, on met dans un petit ballon 20 ou 30 centimètres cubes de liqueur, on y ajoute quelques gouttes d'acide chlorhydrique pur et une pincée de bicarbonate de soude en poudre. On chauffe légèrement, après avoir placé sur le goulot un morceau de papier humecté de nitrate de plomb. On peut découvrir ainsi les sulfures alcalins dans la proportion de quelques cent-millièmes.

2° *Recherche des hyposulfites et des sulfites.* — On prend une petite quantité de liqueur glycérique; on précipite les sulfures par la liqueur alcaline de plomb.

On prépare la liqueur alcaline de plomb en dissolvant dans l'acide azotique 13$^{gr}$,3 de carbonate de plomb desséché à l'étuve et ajoutant une solution de potasse caustique concentrée en quantité suffisante pour dissoudre le précipité d'hydrate de plomb, puis complétant un litre.

Après addition de cette liqueur, on filtre. On ajoute assez de chlorure de baryum pour précipiter les carbonates, les sulfates et les sulfites et laisser un excès de baryte dans la liqueur. Lorsqu'on a obtenu une liqueur claire, on ajoute quelques gouttes de permanganate de potasse. Il se forme un trouble très apparent si la glycérine contient seulement un dix-millième d'hyposulfite.

Pour rechercher les sulfites, on reprend le précipité qui restait sur le filtre, on le lave abondamment avec de l'eau bouillante, on le délaye dans un peu d'eau distillée et on y ajoute quelques gouttes de solution d'amidon. Une goutte de liqueur d'iode doit produire une couleur bleue, qui disparaît très rapidement.

Si 2 ou 3 gouttes de la même solution ne produisent pas une couleur bleue permanente, c'est que la glycérine contient des sulfites.

*Dosage des sulfures alcalins.* — On prend 25 centimètres cubes de solution glycérique, on y verse goutte à goutte de la liqueur normale d'azotate de plomb. On prépare cette liqueur en dissolvant 13$^{gr}$,3 de carbonate neutre de plomb pur dans une quantité suffisante d'acide azotique étendu. On neutralise avec du carbonate de soude et on complète à un litre. 1 centimètre cube de cette liqueur équivaut à 0$^{gr}$,0039 de sulfure de sodium Na$^2$S.

Après addition de la liqueur de plomb, on agite vivement. Il se forme un dépôt de sulfure de plomb qui tombe presque instantanément au fond de la capsule. On dépose de temps en temps une goutte du liquide clair sur une bande de papier imprégné de céruse. On arrête l'opération lorsqu'il ne se produit plus de taches jaunes sur le papier indicateur. Le volume de liqueur employé donne la proportion des sulfures alcalins.

*Dosage des hyposulfites et des sulfites.* — On prend la liqueur qui a servi au précédent titrage; on la filtre; on y ajoute une pincée de bicarbonate de soude en poudre et quelques gouttes de solution d'amidon.

On verse la solution d'iode goutte à goutte, en agitant, jusqu'à ce qu'il se produise une coloration bleue persistante. On obtient ainsi, en bloc, le titre des hyposulfites, des sulfites et des autres corps réducteurs qui peuvent se trouver dans la solution : on note ce premier résultat.

On prend de nouveau 25 centimètres cubes de solution glycérique que l'on traite comme la première fois par le nitrate de plomb. On filtre pour séparer le sulfure et l'on ajoute à la liqueur claire quelques centimètres cubes de solution concentrée de chlorure de strontium. Les sulfites sont précipités à l'état de sulfite de strontium.

On laisse reposer pendant 8 ou 10 minutes, on filtre et on titre le liquide clair par la liqueur d'iode : la différence entre le premier titrage et le second donne la quantité de sulfite. Si la glycérine ne contenait pas de cyanures, d'azotites, de sels ferreux, d'arsénites et d'autres corps réducteurs, l'opération serait terminée par ce second titrage; mais il est toujours possible de rencontrer quelques-uns de ces composés dans la glycérine. Il faut donc, dans un troisième essai, éliminer les hyposulfites et faire un dernier titrage qui ne laissera plus aucune incertitude.

On prend encore 25 centimètres cubes de solution glycérique dont on sépare les sulfures alcalins par la liqueur alcaline de plomb. On sépare le sulfure de plomb par filtration. On verse la liqueur claire dans un petit ballon, on y ajoute quelques centimètres cubes d'acide chlorhydrique pur, on chauffe à 100° au bain de sable; l'acide hyposulfureux se décompose en soufre qui se précipite et en acide sulfureux qui se volatilise en partie. On laisse refroidir, on ajoute un peu d'eau bouillie et de carbonate de soude pour neutraliser l'acide en excès. On ajoute enfin quelques centimètres cubes de chlorure de baryum ou de strontium pour précipiter le sulfite, on filtre de nouveau et sur le liquide clair on fait un dernier titrage par l'iode. La différence entre le deuxième et le troisième titrage repré-

sente la quantité d'hyposulfite [*Monit. scient.*, janv. 1893].

Par convention spéciale on a beaucoup simplifié cette méthode, en dosant en bloc tous les composés réducteurs et en les calculant comme hyposulfite. On pèse 10 grammes de glycérine que l'on dissout dans environ 100 centimètres cubes d'eau, on neutralise par une solution d'acide borique dont on met un excès. On ajoute 2 ou 3 gouttes de solution d'amidon et on titre par la liqueur décime d'iode (12$^{gr}$,7 d'iode et 30 grammes d'iodure de potassium par litre). Le nombre de centimètres cubes obtenu est multiplié par 0,0158; on compte donc ainsi tout en hyposulfite de soude anhydre. En outre on recherche les sulfures en versant, dans le tube décrit à la recherche de l'arsenic dans la glycérine pure, 2 centimètres cubes de glycérine et 2 centimètres cubes d'eau, 4 centimètres cubes d'acide chlorhydrique au 1/3 et 0$^{gr}$,5 de zinc. On coiffe le tube avec un papier imprégné de sousacétate de plomb. Il ne doit se produire aucune tache après un quart d'heure.

On peut déterminer de très faibles quantités de glycérine en solution dans l'eau en se servant de la méthode de M. Nicloux pour le dosage de l'alcool éthylique en solution très diluée, appliquée à la glycérine par MM. Bordas et de Raczkowski. Ces derniers avaient indiqué le chiffre de 48 gr. de bichromate de potassium pour la liqueur type, mais M. Nicloux a rectifié ce nombre, et il faut prendre 37$^{gr}$,28 ou mieux la solution dédoublée, 18$^{gr}$,64.

Voici comment on opère : Si à une solution très diluée de glycérine (1 gr. par litre par exemple) on ajoute une solution de bichromate de potasse étendue, puis de l'acide sulfurique, la glycérine est oxydée et le bichromate passe à l'état de sel de chrome. Si le bichromate n'est pas en excès, la solution est vert-bleuâtre; si au contraire il est en petit excès, elle est vert-jaunâtre. On fait une série d'essais avec des quantités progressivement croissantes de bichromate en prenant chaque fois 5 centimètres cubes de solution glycérineuse auxquels on ajoute 4 à 5 centimètres cubes d'acide sulfurique concentré. On fait chauffer pendant 1 minute, on attend 5 minutes et on regarde si la solution est vert-bleuâtre ou vert-jaunâtre. 2 centimètres cubes de bichromate à 18,64 par litre correspondent à 1 gramme de glycérol par litre en opérant sur 5 centimètres cubes de solution. La réaction est sensible à 1/10 de centimètre cube de bichromate. Il est utile d'employer des tubes témoins préparés avec des quantités connues de glycérol.

*Dosage du glycérol dans le savon.* — La très faible quantité de glycérol qui reste dans les savons durs ne peut être déterminée avec précision qu'en opérant sur une grande quantité de savon. Sa détermination dans certains cas peut indiquer qu'un savon dur a été fabriqué par le procédé à froid; il y a alors 5 0/0 et quelquefois davantage de glycérol. Son absence dans les savons mous indique que l'acide oléique a servi de base pour leur fabrication.

Dans certains savons de toilette, on trouve des quantités considérables de glycérol introduites à l'aide de machines spéciales, les propriétés adoucissantes du glycérol étant très précieuses pour ces produits.

On peut doser le glycérol en dissolvant le savon dans l'eau, séparant les acides gras par l'addition d'acide sulfurique ou d'acide chlorhydrique et filtrant. Le produit filtré est neutralisé par du carbonate de baryum délayé dans un peu d'eau, puis épuisé par un mélange de 3 parties d'alcool et de 1 partie d'éther. La solution alcoolique est filtrée, évaporée au bain-marie et placée dans un exsiccateur. Le glycérol est dosé par le procédé à la triacétine de préférence à celui au permanganate, car il est possible que dans ces opérations certaines matières organiques aient pu être converties en acide oxalique. Si on se trouve en présence de sucre, comme dans les savons transparents à bon marché, il est nécessaire de l'éliminer auparavant [Benedikt et Lewkowitsch, *Chimie analyt. des huiles et graisses*].

DOSAGE DE LA GLYCÉRINE DANS LES CORPS GRAS.

Pour la détermination de la proportion de glycérol qu'un corps gras est susceptible de rendre à la saponification, plusieurs méthodes ont été proposées.

Les anciens procédés, basés sur la séparation du glycérol en substance, comme dans la méthode originale de Chevreul, conviennent seulement comme méthodes qualitatives; pour des déterminations quantitatives, on ne peut s'y rapporter, car les résultats sont trop faibles, par suite de la volatilisation de petites quantités de glycérol à 100°. Cette source d'erreur est évitée dans le procédé de David, dans lequel on ne pousse pas trop avant la concentration de la solution de glycérol; mais on introduit une autre erreur, par suite de la nécessité de saponifier par l'hydrate de baryte.

M. David opère de la façon suivante : On fond, dans une capsule de porcelaine d'au moins 20 centimètres de diamètre, 100 grammes de suif, et on ajoute, une fois la masse fondue, 65 gr. d'hydrate de baryte. L'hydrate fond dans son eau de cristallisation et la vapeur d'eau se dégage au travers de la couche de suif. On remue énergiquement, et lorsque la majeure partie de l'eau de l'hydrate s'est dégagée, on éteint le feu et on verse sur le mélange 80 centimètres cubes d'alcool à 95° en remuant toujours.

La saponification se fait alors immédiatement; l'alcool se dégage en vapeur à mesure que l'on agite, et la masse saponifiée se durcit rapidement. On ne saurait trop insister sur la nécessité d'agiter jusqu'à ce que la masse soit durcie; c'est la condition nécessaire pour obtenir une bonne saponification. On ajoute alors un litre d'eau distillée, on rallume le feu et on laisse bouillir pendant une heure. Le savon de baryte, insoluble, se dépouille de sa glycérine qu'il cède à l'eau, ainsi qu'une faible quantité de baryte en excès. On décante l'eau glycérineuse, on ajoute un peu d'eau froide et on broie avec un pilon le savon de baryte pour que le lavage se fasse bien. On recommence une seconde fois ce lavage, on réunit les eaux, que l'on filtre, et on les sature par de l'acide sulfurique étendu, ajouté goutte à goutte, en ayant soin de dépasser légèrement le point de saturation, ce qui se voit aisément, en ajoutant une goutte de teinture de tournesol dans le liquide. On fait bouillir, on réduit le volume du liquide à moitié, on ajoute une petite quantité de carbonate de baryte précipité, pour saturer la goutte d'acide en excès, puis on filtre, on lave et on évapore les eaux acquérineuses.

Ici se présente une petite difficulté : La glycérine, arrivée à un certain degré de concentration, ne peut plus se déshydrater davantage sans perdre, en même temps que l'eau, des vapeurs glycérineuses entraînées mécaniquement. Il faudrait, pour avoir un résultat exact, finir l'évaporation dans le vide et à très basse pression, et peser successivement jusqu'à ce qu'on n'observe plus de perte de poids. M. David conseille de n'évaporer la masse qu'à 50 centimètres cubes environ, puis, après refroidissement à 15°, de porter le volume du liquide à 60 centimètres cubes dans un vase gradué. La solution, introduite alors dans un flacon à densité, est pesée comparativement au même volume d'eau, ce qui en donne la densité. D'un autre côté, avec de la glycérine commerciale à 28° B., pesant 1$^{kgr}$,240 le litre, M. David a fait une table ainsi conçue :

10$^{gr}$ de glycérine étendus d'eau et amenés au vol. de 60 cc.
10$^{gr}$,5 — — — 60 cc.

La densité de tous ces mélanges étant prise, il n'y a plus qu'à comparer la densité trouvée à sa correspondante du tableau on a, sans calcul, la quantité de glycérine contenue dans le suif, puisqu'on a opéré sur 100 grammes et que les suifs contiennent généralement de 10 à 12 0/0 de glycérine à 28° B.

On peut déterminer la quantité de glycérol en traitant directement par la potasse caustique. En effet, si on appelle R un radical d'acide gras, on a

$$C^3H^5(RO)^3 + 3KOH = C^3H^8O^3 + 3R.OK;$$

donc, pour chaque 168$^{gr}$,3 de KOH employée, on obtiendra 92 grammes de glycérol ; par suite, 1 gramme de KOH est équivalent à 0$^{gr}$,54664 de glycérol. Cette méthode, étant une méthode indirecte, a naturellement tous les défauts de cette classe de procédés.

*Procédé Bénédikt et Zsigmondy.* — On saponifie 2 ou 3 grammes de corps gras par la potasse caustique et l'alcool méthylique pur, on évapore ce dernier, on dissout le savon dans l'eau chaude et on le décompose par de l'acide chlorhydrique dilué. On chauffe alors jusqu'à ce que les acides gras se séparent en couche claire; au cas où ils seraient liquides, on ajoute un peu de paraffine pour obtenir un gâteau solide. On sépare les acides gras et, dans le liquide neutralisé, on titre la glycérine par le permanganate de potasse, comme nous l'avons décrit à cette méthode.

*Procédé Hehner.* — On saponifie 3 grammes de corps gras avec la potasse alcoolique, on chasse l'alcool, mais pas complètement, de façon à éviter les pertes de glycérol, on étend à environ 200 centimètres cubes et on décompose le savon par de l'acide sulfurique dilué. On enlève les acides gras par filtration et on fait bouillir énergiquement le liquide filtré jusqu'à ce qu'il soit réduit de moitié, de façon à faire évaporer complètement l'alcool. On titre alors la glycérine par la méthode au bichromate de potasse telle qu'elle a été décrite.

DOSAGE DE LA GLYCÉRINE DANS LE VIN.

Le dosage de la glycérine dans les vins joue un rôle considérable dans l'analyse de ce produit, en ce sens que, joint à celui de l'acide succinique, il permet de déterminer jusqu'à un certain point le degré de mouillage.

Néanmoins il ne faudrait pas s'y rapporter d'une façon absolue, car nombre de maîtres de chais ajoutent aux vins de la glycérine pour leur faire acquérir le goût et le bouquet de vins vieux et pour les préserver en même temps de certaines maladies, telles que le piquage, le filage, etc.

De toutes les méthodes de dosage proposées, celle de Pasteur [*Ann. Chim. Phys.*, (3), **58**, 334] semble donner les meilleurs résultats.

250 centimètres cubes de vin sont décolorés avec du noir animal et évaporés doucement entre 60° et 70° jusqu'à ce que le volume soit réduit à 100 centimètres cubes; on ajoute quelques grammes de chaux ou d'hydrate de baryte et l'on termine la dessiccation dans le vide sec. Le résidu est repris par un mélange de 1 partie d'alcool à

92° pour 1ᵖ,5 d'éther à 60°. La liqueur filtrée est recueillie dans une capsule tarée, et évaporée dans le vide sur l'acide sulfurique, puis sur l'anhydride phosphorique. On pèse le résidu, qui est de la glycérine presque pure.

Voici, d'après Pasteur, les proportions relatives, par litre, de glycérine et d'acide succinique qui devraient exister en fonction de l'alcool :

| Alcool 0/0. — | Glycérine par litre. | Ac. succinique par litre. |
|---|---|---|
| 11 | 4ᵍʳ,980 | 0ᵍʳ,924 |
| 12 | 5ᵍʳ,430 | 1ᵍʳ,086 |
| 13 | 5ᵍʳ,882 | 1ᵍʳ,176 |
| 14 | 6ᵍʳ,425 | 1ᵍʳ,250 |

La teneur en glycérine des vins naturels, d'après M. Ch. Girard, ne dépasserait pas 8 gr. par litre.

M. Chancel préconise la façon suivante de doser la glycérine : 100 centimètres cubes de vin sont saturés par de la chaux vive délitée, et il est nécessaire de dépasser un peu la saturation, puis évaporés au bain-marie. Le résidu est repris par dix lavages successifs de 5 centimètres cubes d'un mélange de 1 partie d'alcool à 85° et 2 parties d'éther. Le produit est évaporé, puis versé, en lavant avec de l'eau, dans une capsule tarée, et on termine l'évaporation au-dessous de 100°. On pèse la glycérine et on multiplie par 1,07 pour compenser les pertes.

M. Macagno, en 1875, a proposé le moyen suivant : On fait digérer un litre de vin avec un excès d'hydroxyde de plomb fraîchement préparé et l'on évapore au bain-marie. Le résidu est repris par de l'alcool absolu, et on fait passer un courant d'acide carbonique dans la solution alcoolique pour précipiter le plomb ; on évapore le liquide filtré et l'on obtient ainsi de la glycérine presque pure que l'on pèse.

Les deux méthodes ci-dessus ont l'inconvénient de donner des résultats un peu faibles, par suite d'une évaporation plus ou moins grande de la glycérine.

Si les vins sont plâtrés, tous ces procédés deviennent inapplicables, par suite de la solubilité dans la glycérine du sulfate de potasse qui se trouve toujours dans ces vins, solubilité relativement assez grande, même en présence des liqueurs éthéro-alcooliques.

Pour parer à cet inconvénient, M. Raynaud (1880) a indiqué le procédé suivant : 250 centimètres cubes de vin sont évaporés au 1/5 de leur volume, additionnés d'un léger excès d'acide hydrofluosilicique, puis d'alcool ; les sels alcalins sont précipités à l'état de fluosilicates. Le liquide filtré est additionné d'un léger excès d'eau de baryte et évaporé dans le vide sur du sable quartzeux, enfin repris par 300 centimètres cubes

d'un mélange à volumes égaux d'alcool et d'éther pur et anhydre.

Le liquide est évaporé et le résidu maintenu pendant 24 heures dans le vide sec sur l'anhydride phosphorique. La glycérine pure ainsi obtenue est pesée.

On peut opérer plus rapidement en neutralisant le vin par une solution alcaline et évaporant le tout dans le vide sec à la température ordinaire.

L'extrait neutre est pesé, puis chauffé à 180° dans le vide sec ; la différence de poids représente la glycérine. M. O. Friedberg a constaté que les procédés par extraction fournissaient une glycérine impure, souillée par des sels et des matières azotées ; de plus, en opérant avec des solutions titrées de glycérine, on a toujours une perte qui peut aller jusqu'à 40 0/0.

Aussi propose-t-il le procédé suivant : 100 centimètres cubes de vin sont amenés à 30 centimètres cubes au bain-marie, puis additionnés de quelques gouttes d'acide sulfurique et de 6 centimètres cubes d'une solution à 5 0/0 d'acide phosphotungstique. Le liquide est filtré et réduit à 10 centimètres cubes au bain-marie ; on y incorpore un lait de chaux en excès et 15 grammes de sable quartzeux, et on dessèche complètement la matière. La masse divisée est introduite dans un appareil de Soxhlet ; on lave la capsule avec un peu d'eau distillée, que l'on réunit à la portion principale.

On épuise pendant 6 heures avec 50 centimètres cubes d'alcool à 96 0/0, on concentre le liquide à consistance sirupeuse dans le ballon de l'appareil. On y ajoute 25 centimètres cubes d'un mélange de 2 parties d'alcool absolu et 3 parties d'éther, on agite et on laisse reposer. Le liquide clair est décanté dans un ballon de 50 centimètres cubes à long col, on lave le résidu avec 10 centimètres cubes du mélange éthéro-alcoolique et on évapore ces liquides au bain-marie. On sèche pendant 2 ou 3 heures à l'étuve et on pèse la glycérine, qui est pure [*Chem. Centr. Blatt.*, 1890, 639].

G. Demoussy.

**GLYCÉRIQUE (ACIDE).** — M. Zinno (*Il Piria*, 1897, 65) a donné une nouvelle préparation de l'acide glycérique. Dans une grande capsule, et en ayant soin que la température ne dépasse pas 100°, on chauffe 200 grammes de glycérine, 200 grammes d'eau et 100 grammes de minium, en ajoutant de temps à autre quelques gouttes d'acide azotique. Dès que le minium est entièrement décoloré, on filtre bouillant, on lave à l'eau chaude et on concentre au bain-marie. Le plomb est éliminé par un léger excès d'acide sulfurique, que l'on sature exactement par l'eau de baryte. La liqueur est concentrée dans le vide.

D'après MM. Fenton et Jones [*Chem. Soc.*, **77**, 69], lorsqu'on oxyde 1 molécule d'acide glycé-

TABLEAU I

| Glycérates. | Inactifs. | | Actifs. | |
|---|---|---|---|---|
| | Solubilité dans 100 p. d'eau à 20°. | | Solubilité dans 100 p. d'eau à 20° | Pouvoir rotatoire spécifique pour la raie D rapporté aux sels anhydres. |
| Calcium.................... | 3,85 | | 9,32 | — 13°,34 |
| Baryum.................... | 6,60 | | 50,15 | — 10°,01 |
| Strontium ................. | 6,17 | | déliquescent | — 11°,91 |
| Lithium ................... | déliquescent | | déliquescent | — 20°,66 |
| Sodium.................... | incristallisable | | incristallisable | — 16°,03 |
| Magnésium................. | 22,78 | | 43,05 | — 20°,08 |
| Zinc...................... | 3,87 | | 39,03 | — 23°,63 |
| Cadmium .................. | 4,43 | | 85,00 | — 15°,29 |

rique par une quantité d'eau oxygénée représentant 1/4 d'atome d'oxygène, en présence de 1/8 d'atome de fer sous forme de sulfate ferreux, on obtient de l'acide hydroxypyruvique.

ACIDE GLYCÉRIQUE DROIT. — L'acide glycérique, $CH^2.OH-CHOH-CO^2H$, possédant 1 atome de carbone asymétrique, doit exister sous deux formes stéréo-isomériques; le mélange de ces deux formes constitue l'acide ordinaire inactif.

MM. Frankland et Frey [*Chem. Soc.*, 59, 81] sont parvenus à dédoubler l'acide inactif sous l'action du *Bacillus ethaceticus*, qui oxyde de

TABLEAU II

| $d$-Glycérates. | Densités 15°/15°. | $[\alpha]_D^{15}$ | Points d'ébullition. |
|---|---|---|---|
| Méthylique | 1,2798 | — 4°,80 | 119–120° s/14ᵐᵐ |
| Éthylique | 1,1921 | — 9°,18 | 120° s/14ᵐᵐ |
| Propylique normal | 1,1448 | — 12°,94 | » |
| Isopropylique | 1,1303 | — 11°,82 | 114–116° s/13ᵐᵐ |
| Butylique normal | 1,1084 | — 13°,19 | » |
| Isobutylique | 1,1051 | — 14°,23 | » |
| Amylique (butylméthyl-) sec | 1,0786 | — 14°,12 | » |
| Heptylique normal | 1,0390 | — 11°,30 | » |
| Octylique | 1,0263 | — 10°,00 | » |

préférence .a forme gauche en laissant subsister l'acide dextrogyre.

Ce dédoublement s'opère le mieux dans les conditions suivantes : on fait une solution de 60 grammes de glycérate de calcium, 2 grammes de peptone dans 200 grammes de solution saline, et on ajoute 10 grammes de carbonate de calcium (la solution saline contient : 1 gramme de phosphate de potassium, 0ᵍʳ,2 de $SO^4Mg + 7H^2O$, 0ᵍʳ,1 de $CaCl^2$ fondu). On ensemence alors avec le *Bacillus ethaceticus* et on abandonne la culture dans un flacon à une température de 38°. Au bout de 26 jours l'action est terminée; l'acide gauche a été détruit en donnant de l'alcool, de l'acide acétique et de l'acide formique; ces corps, éliminés par distillation, laissent en résidu l'acide

TABLEAU III

| Éthers. | Densités 15°/15°. | $[\alpha]_D^{15}$. | Produits d'asymétrie P × 10⁶. | Volumes moléculaires à 15° | | Points d'ébullition. |
|---|---|---|---|---|---|---|
| | | | | Calculés. | Observés. | |
| *Diacétylglycérates* [Frankland et Mac Gregor, *Chem. Soc.*, 63, 1419; 65, 750]. | | | | | | |
| Méthylique | 1,1998 | —12°,04 | 0 | 175,3 | 170,0 | 141–142° ⎫ dans |
| Éthylique | 1,1574 | —16°,31 | 0 | 191,4 | 188,4 | 144–146° ⎬ le |
| Propylique normal | 1,1263 | —19°,47 | + 17,4 | 207,5 | 206,0 | 165° ⎭ vide |
| Isopropylique | 1,1193 | —17°,97 | + 17,4 | 207,5 | 207,3 | » |
| Isobutylique | 1,0090 | —20°,48 | + 41,9 | 223,6 | 223,8 | » |
| Amylique (butylméthyl-) | 1,0824 | —19°,44 | + 67,3 | 239,7 | 240,2 | » |
| Heptylique normal | 1,0537 | —16°,63 | + 110,4 | 271,9 | 273,3 | 174° s/10ᵐᵐ |
| Octylique normal | 1,0408 | —15°,87 | + 126,2 | 288,0 | 290,2 | 185–186° s/11ᵐᵐ,5 |
| *Dimonochloracétylglycérates* [Frankland et Patterson, *Chém. Soc.*, 73, 183]. | | | | | | |
| Méthylique | 1,4263 | —12°,91 | + 42 | 195,5 | 191,4 | 197° s/15ᵐᵐ |
| Éthylique | 1,3693 | —16°,80 | + 16 | 211,6 | 209,6 | 198° s/15ᵐᵐ |
| *Didichloracétylglycérates* [Frankland et Patterson, *loc. cit.*]. | | | | | | |
| Méthylique | 1,5290 | —13°,96 | + 64 | 215,7 | 223,7 | 207° s/15ᵐᵐ |
| Éthylique | 1,4667 (16°,8) | -18°,33(16°,8) | + 35 | 231,8 | 242,7 (16°,8) | 203° s/15ᵐᵐ |
| *Ditrichloracétylglycérates* [*Ibid.*]. | | | | | | |
| Méthylique | 1,6118 (12°) | —14°,17(12°) | + 69 | 235,9 | 255,0 (12°) | 199–200° s/15ᵐᵐ |
| Éthylique | 1,5502 (12°) | —18°,66(12°) | + 53 | 252,0 | 274,1 (12°) | 202° s/15ᵐᵐ |
| *Dibenzoylglycérates* [Frankland et Mac Gregor, *Chem. Soc.*, 69, 104]. | | | | | | |
| Méthylique | 1,2211 | +26°,89 | + 61,8 | 273,5 | 268,6 | Fusion 58–59° |
| Éthylique | 1,2010 | +26°,58 | + 37,4 | 289,6 | 284,8 | — 25° |
| Propylique normal | 1,1807 | +21°,00 | + 19,1 | 305,7 | 301,5 | Éb. 267–269° (dans le vide) |
| Amylique (butylméthyl-) | 1,1461 | +18°,31 | + 1,2 | 337,9 | 335,0 | » |

glycérique droit sous forme de liquide sirupeux.

Le *sel de calcium* de cet acide cristallise fort bien et possède la formule $(C^3H^5O^4)^2Ca, 2H^2O$; il est lévogyre : $[\alpha]_D = — 12°,09$.

Les autres sels sont également lévogyres. Dans le tableau I, p. 865, sont réunies les déterminations physiques effectuées sur ces sels [Frankland et Appleyard, *Chem. Soc.*, 63, 296]; on y a joint, à titre de comparaison, les solubilités des glycérates inactifs.

La solution aqueuse d'acide $d$-glycérique, chauffée pendant longtemps au bain-marie, laisse déposer une poudre blanche peu soluble, fortement lévogyre, qui paraît être un *anhydride*.

*Éthers de l'acide glycérique droit.* [Frankland et Mac Gregor, *Chem. Soc.*, **63**, 511]. — La préparation de ces éthers se fait en chauffant à 180-190° l'acide *d*-glycérique sirupeux (préparé en traitant son sel de calcium par l'acide oxalique) avec l'alcool. L'éther est séparé par fractionnement dans le vide. Le tableau II réunit leurs principales constantes physiques.

ACIDES ACIDYL-*d*-GLYCÉRIQUES. — M. Percy Frankland et ses collaborateurs ont préparé un certain nombre de dérivés acidylés des éthers de l'acide glycérique actif, dans le but d'étudier sur eux la loi du produit d'asymétrie [Percy Frankland, *Chem. Soc.*, **75**, 347]. Disons en passant qu'il semble résulter de cette étude, ainsi que de celle d'un grand nombre d'autres corps, éthers acidylmaliques, acidyllactiques, etc., que les pouvoirs rotatoires observés ne sont pas en harmonie avec la loi du produit d'asymétrie, et qu'il n'existe qu'une relation toute fortuite entre l'existence d'un maximum de pouvoir rotatoire et celle du maximum de produit d'asymétrie. En comparant, d'autre part, les volumes moléculaires des corps étudiés avec les volumes moléculaires calculés par la formule de Traube, on trouve que, pour les premiers termes d'une série, le volume moléculaire expérimental est plus faible que celui que donne le calcul. M. Frankland en conclut que les molécules de ces corps sont associées, et que là est la cause de la variation du pouvoir rotatoire d'un terme à l'autre d'une même série.

Tous ces acides acidylglycériques ont été uniformément préparés par l'action du chlorure d'acide sur l'éther glycérique, et purifiés par fractionnement.

Le tableau III réunit leurs propriétés physiques.

*Toluylglycérates* [Percy Frankland et Aston, *Chem. Soc.*, **75**, 493].

*Di-p-toluylglycérate méthylique.* — Point de fusion 102° :

$$[\alpha]_D^{20} = + 41°,21, \quad [\alpha]_D^{100} = + 25°,09.$$

*Di-p-toluylglycérate méthylique.* — Point de fusion 69° :

$$[\alpha]_D^{20} = + 42°,41, \quad [\alpha]_D^{100} = + 26°,18.$$

*Di-m-toluylglycérate méthylique.* — Huileux :

$$[\alpha]_D^{20} = + 26°,40, \quad [\alpha]_D^{100} = + 16°,45.$$

*Di-m-toluylglycérate éthylique.* — Huileux :

$$[\alpha]_D^{20} = + 26°,89, \quad [\alpha]_D^{100} = + 17°,40.$$

*Di o-toluylglycérate méthylique.* — Huileux :

$$[\alpha]_D^{20} = + 20°,19, \quad [\alpha]_D^{100} = + 13°,08.$$

*Di-o-toluylglycérate éthylique.* — Huileux :

$$[\alpha]_D^{20} = + 21°,64, \quad [\alpha]_D^{100} = + 13°,80.$$

R. Marquis.

**GLYCÉRIQUE (ALDÉHYDE),**

$$CH^2.OH - CH.OH - CHO.$$

*Modes de formation.* — L'aldéhyde glycérique a été préparée, à l'état de mélange avec la dioxyacétone, par Grimaux, en oxydant la glycérine par le noir de platine; il obtenait ainsi un sirop réducteur, auquel M. Fischer a donné le nom de *glycérose* [*C. R.*, **104**, 1276; *Bull. Soc. Chim.*, (2), **45**, 481]. MM. Fischer et Tafel préparent le glycérose par un procédé plus pratique qui consiste à oxyder la glycérine, soit par l'acide azotique d'une densité de 1,18, soit par le brome et la soude : à 10 parties de glycérine, 35 parties

de soude caustique et 60 parties d'eau, on ajoute peu à peu 15 parties de brome [*D. chem. G.*, **20**, 3384]; ou bien on oxyde le glycérate de plomb par le brome à l'état de vapeur [*D. chem. G.*, **21**, 2634].

D'après MM. Hortsmann, Fenton et H. Jackson [*Chem. Soc.*, **75**, 1], la glycérine, oxydée par l'eau oxygénée en présence de sulfate ferreux, donne un liquide qui contiendrait de l'aldéhyde glycérique.

Mentionnons, enfin, que M. Lobry de Bruyn [*Rec. des Pays-Bas*, **17**, 259], en chauffant l'acroléine bibromée avec un grand excès d'eau, a obtenu une huile brune, réduisant la liqueur de Fehling et donnant une hydrazone, qu'il a considérée comme l'aldéhyde glycérique, mais qui était évidemment impure.

*Préparation.* — M. A. Wohl [*D. chem. G.*, **34**, 2394] a obtenu l'aldéhyde glycérique à l'état de pureté en décomposant son acétal diéthylique par l'acide sulfurique au 1/10. Ce dernier étant exactement précipité par la baryte, on évapore la solution dans le vide jusqu'à consistance sirupeuse; on reprend par l'acool absolu et on additionne d'éther, qui précipite quelques impuretés; l'éther étant évaporé, on abandonne le résidu dans un endroit froid jusqu'à cristallisation. Les cristaux sont séchés, d'abord sur une plaque poreuse, puis dans le vide sur l'acide phosphorique.

*Propriétés.* — L'aldéhyde glycérique est une poudre blanche, cristalline, soluble dans l'eau froide, l'alcool et l'éther; elle n'est pas hygroscopique. Son point de fusion est situé vers 132°.

Elle réduit la liqueur de Fehling et se combine avec la phénylhydrazine. Grimaux avait signalé que la glycérine fermentait sous l'influence de la levure de bière [*Bull. Soc. Chim.*, (2), **49**, 251]. M. D. Emmerling [*D. chem. G.*, **32**, 542] a montré récemment que l'aldéhyde glycérique n'est pas fermentescible, et ne le devient qu'après s'être condensée en donnant un sucre en $C^6$. Cette condensation a été réalisée d'ailleurs par MM. Fischer et Tafel [*D. chem. G.*, **20**, 3384], qui, en additionnant le glycérose de 1 0/0 de soude et abandonnant pendant 4 à 5 jours à 0°, ont obtenu un mélange d'acroses $\alpha$ et $\beta$.

*Acétal diéthylique* (Wohl, *D. chem. G.*, **34**, 1796]. — L'acétal de l'acroléine,

$$CH^2 = CH - CH(OC^2H^5)^2,$$

est oxydé par le permanganate à 1 0/0, suivant la méthode de M. Wagner, et donne ainsi directement l'acétal de l'aldéhyde glycérique,

$$CH^2.OH - CH.OH - CH(OC^2H^5)^2,$$

que l'on sépare de sa solution aqueuse en saturant celle-ci de carbonate de potassium. Le rendement est de 30 0/0.

L'acétal de l'aldéhyde glycérique est un liquide sirupeux, bouillant à 130° sous 21 millimètres, miscible en toutes proportions à l'eau, à l'alcool et à l'éther.

*Phénylglycérosazone.* — L'aldéhyde glycérique et la dioxyacétone donnant la même osazone, on peut préparer celle-ci à partir du glycérose. Il suffit d'additionner ce dernier d'acétate de phénylhydrazine pour voir se séparer peu à peu des cristaux de l'osazone. Celle-ci se présente en lamelles jaunes fondant à 131-132° [Fischer et Tafel, *D. chem. G.*, **20**, 1088], à 142° [Bertrand, *Bull. Soc. Chim.*, (3), **19**, 504], peu solubles dans l'eau, solubles dans l'alcool, l'éther, le benzène, l'acétone et l'acide acétique. R. Marquis.

**GLYCÉROTANNIN.** — On désigne, dans l'industrie de l'impression sur étoffes des matières colorantes, sous les noms de *glycérotannin* et de *glucotannin*, des combinaisons facilement solubles dans l'eau et dans l'acide acétique, et que l'on obtient en faisant réagir à chaud la glycérine ou le glucose sur le tannin ou l'acide gallique. Ces corps sont des éthers; ainsi le glycérotannin est représenté par la formule suivante :

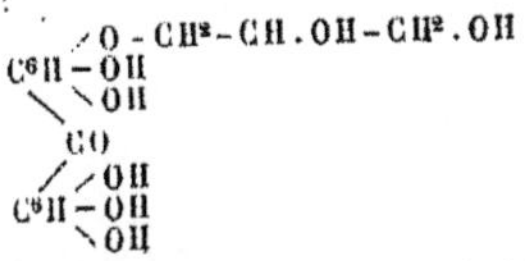

$$C^6H \begin{cases} O - CH^2 - CH.OH - CH^2.OH \\ OH \\ OH \end{cases}$$
$$CO$$
$$C^6H \begin{cases} OH \\ OH \\ OH \end{cases}$$

Ils possèdent la propriété de se dédoubler au vaporisage (chauffage à 100-110° en présence de vapeur d'eau, avec ou sans pression) en leurs constituants : tannin, glycérine ou glucose. On obtient ainsi le tannin pour ainsi dire à l'état naissant, et l'on comprend que sous cette forme il puisse se combiner avec plus de facilité aux colorants basiques.

Tous les colorants basiques (safranine, bleu méthylène, etc.) qui sont fixés par le tannin le sont aussi par le glycérotannin. En outre, l'action de la chaleur décompose le glycérotannin avec mise en liberté de glycérine. Cette dernière, étant un excellent dissolvant des matières colorantes, aide puissamment à la fixation du colorant sur la fibre. Ainsi avec certaines indulines à poids moléculaire élevé, qui sont insolubles dans l'eau et dans les dissolvants ordinaires, on obtient de bons résultats en les imprimant sur coton en présence de glycérotannin. Au moment du vaporisage, la glycérine mise en liberté dissout l'induline, et au même instant le tannin la fixe à l'état insoluble sur la fibre végétale.

Le glycérotannin prend naissance dans les conditions suivantes : On mélange 50 kilogr. de tannin et 30 kilogr. de glycérine, puis on chauffe le tout à 100-110° aussi longtemps qu'il se dégage de l'eau. On obtient ainsi un sirop épais, quelquefois brunâtre si l'on a chauffé trop haut, et qui constitue le glycérotannin à l'état impur. Il est apte à être employé pour l'impression.

Le glucotannin se prépare dans des conditions identiques : On chauffe à 100-110° un mélange de 50 kilogr. de tannin et de 30 kilogr. de glucose. Aussitôt que l'élimination d'eau est terminée, on obtient par refroidissement une masse dure et cassante qui se dissout facilement dans l'eau, et qui constitue à l'état brut le glucotannin.

Ces deux éthers du tannin ne se décomposant pas à froid, permettent de préparer d'avance et de conserver pendant des mois, sans aucune décomposition, des mélanges pour l'impression.

G.-F. Jaubert.

**GLYCÉRYTHRINE.** — Voy. GLYCÉRINE, p. 809.

**GLYCIDE.** — Voy. GLYCÉRINE, p. 809.

**GLYCIDIQUE (ACIDE),**

$$\begin{array}{l} CH^2 \\ | \\ CH \\ | \\ CO^2H \end{array} \Big\rangle O$$

— Cet acide a été obtenu presque simultanément par MM. Melikoff et Erlenmeyer en faisant agir la potasse sur les acides chlorolactiques. Quelques-unes de ses propriétés ont été déjà décrites (1er Suppl., 876).

La constitution de l'acide glycidique est fixée par les réactions suivantes :

Il fixe les éléments de l'eau à 100° pour donner de l'*acide glycérique* :

$$CH^2 - CH . CO^2H + H^2O$$
$$\diagdown O \diagup$$
$$= CH^2OH . CHOH . CO^2H.$$

Lorsqu'on le sature de gaz chlorhydrique ou bromhydrique, on le transforme en *acide β-chlorolactique* ou en *acide β-bromolactique* :

$$CH^2 - CH . CO^2H + HBr$$
$$\diagdown O \diagup$$
$$= CH^2Br . CHOH . CO^2H.$$

En chauffant à 120° pendant 4 heures une solution d'acide glycidique saturée d'ammoniaque, on obtient de l'*acide β-aminolactique* :

$$CH^2 - CH . CO^2H + AzH^3$$
$$\diagdown O \diagup$$
$$= CH^2AzH^2 - CHOH - CO^2H$$

[Melikoff, *D. chem. G.*, 13, 95, 1265; 14, 937. — Erlenmeyer, *ibid.*, 13, 1077].

Le *glycidate d'ammonium*,

$$CH^2 - CH . CO^2AzH^4,$$
$$\diagdown O \diagup$$

s'obtient en saturant de gaz ammoniac sec une solution éthérée d'acide glycidique. Il cristallise en prismes blancs, solubles dans l'eau.

Le *sel de zinc*,

$$(CH^2 - CH . CO^2)^2Zn , H^2O,$$
$$\diagdown O \diagup$$

se présente sous la forme d'une masse granuleuse, soluble dans l'alcool et dans l'eau. Il devient anhydre à 100°.

Le *sel d'argent*, obtenu par double décomposition, constitue un précipité cristallin. Lorsqu'on le chauffe avec de l'iodure d'éthyle et de l'éther au bain-marie, pendant quelques heures, on obtient du *glycidate d'éthyle*,

$$CH^2 - CH . CO^2C^2H^5,$$
$$\diagdown O \diagup$$

sous la forme d'un liquide mobile, insoluble dans l'eau, qui bout à 161-163°. Cet éther est doué d'une faible odeur qui rappelle celle du malonate d'éthyle. Sa densité à 21°,6 est égale à 1,0968. La potasse le saponifie facilement. Il n'est pas coloré en violet par le chlorure ferrique [Melikoff, *D. chem. G.*, 14, 937. — Melikoff et N. Zelinsky, *ibid.*, 21, 2052].

ACIDE α-MÉTHYLGLYCIDIQUE,

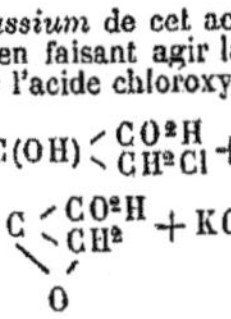

$$\begin{array}{l} CH^2 \\ CH^3 - C \\ | \\ CO^2H \end{array} \Big\rangle O$$

Le *sel de potassium* de cet acide a été obtenu par M. Melikoff en faisant agir la potasse alcoolique à froid sur l'acide chloroxyisobutyrique :

$$CH^3 . C(OH) \Big\langle {CO^2H \atop CH^2Cl} + KOH$$
$$= CH^3 . C \Big\langle {CO^2H \atop CH^2} + KCl + H^2O.$$
$$\diagdown O \diagup$$

On décompose ensuite ce sel par de l'acide sulfurique dilué, en quantité exactement calculée, et l'on extrait l'acide méthylglycidique au moyen de l'éther.

L'acide α-méthylglycidique se présente sous la forme d'un sirop très acide, soluble dans l'eau, dans l'alcool et dans l'éther. Il se transforme en acide α-méthylglycérique lorsqu'on le chauffe pendant 1 heure à 100° avec de l'eau. Il fixe les hydracides et l'ammoniaque aussi facilement que l'acide glycidique en donnant naissance aux acides oxyisobutyriques chlorés, bromés et amidés correspondants :

$$CH^2 - C\,(CH^3)\,.\,CO^2H + AzH^3$$
$$\diagdown\!\!\diagup$$
$$O$$

$$= CH^2AzH^2\,.\,C\,(OH)\,(CH^3)\,.\,CO^2H.$$

Pas plus que l'acide glycidique, l'acide méthylglycidique ne donne de dérivé isonitrosé lorsqu'on le traite par l'hydroxylamine [V. Meyer, *D. chem. G.*, **16**, 169].

Le *sel de potassium*,

$$CH^2 - C\,(CH^3)\,.\,CO^2K\,,\,0,5\,H^2O,$$
$$\diagdown\!\!\diagup$$
$$O$$

cristallise en paillettes blanches qui deviennent anhydres à 75°. Il est peu soluble dans l'alcool froid, mais il se dissout facilement dans l'eau et dans l'alcool bouillant.

Le *sel d'argent*, $C^4H^5AgO^3$, cristallise en aiguilles peu solubles dans l'eau froide, solubles dans l'eau bouillante avec réduction partielle.

L'*α-méthylglycidate d'éthyle*, $C^4H^5O^3\,.\,C^2H^5$, s'obtient en faisant agir l'iodure d'éthyle sur le sel d'argent en présence d'éther. Il constitue un liquide mobile, qui bout à 162-164°. Sa densité est égale à 1,0546 à 15° et à 1,0686 à 0° [P. Melikoff, *Journ. Soc. russe*, **3**, 517; *D. chem. G.*, **15**, 2586; **16**, 1268; *Ann. Chem.*, **234**, 204. — P. Melikoff et N. Zelinsky, *D. chem. G.*, **21**, 2052].

Acide β-méthylglycidique,

$$CH^3$$
$$|$$
$$CH\diagdown$$
$$|\quad\quad O.$$
$$CH\diagup$$
$$|$$
$$CO^2H$$

— Cet acide s'obtient de la même façon que l'isomère α, mais en partant de l'acide β-chlorooxybutyrique :

$$CH^3\,.\,CHCl\,.\,CH\,(OH)\,CO^2H + KOH$$
$$= CH^3\,.\,CH - CH\,.\,CO^2H + KCl + H^2O.$$
$$\diagdown\!\!\diagup$$
$$O$$

Il cristallise en prismes rhombiques fusibles à 84°, solubles dans l'eau, peu solubles dans l'éther.

L'acide β-méthylglycidique s'unit à l'acide chlorhydrique saturé à 0° pour régénérer l'acide chloroxybutyrique qui a servi à le préparer. Il s'unit également à l'acide bromhydrique, à l'acide iodhydrique et à l'ammoniaque concentrée en donnant respectivement naissance aux acides oxybutyriques bromés, iodés et aminés correspondants.

L'acide β-méthylglycidique diffère notablement de l'acide glycidique et de l'acide α-méthylglycidique par le fait qu'il faut le chauffer pendant 16 heures avec de l'eau, à 100°, pour le transformer complètement en acide β-méthylglycérique, $CH^3\,.\,CHOH\,.\,CHOH\,.\,CO^2H$. Une heure suffit pour les deux autres acides (Melikoff).

Le *β-méthylglycidate de potassium*,

$$CH^3\,.\,CH - CH\,.\,CO^2K\,,\,0,5\,H^2O,$$
$$\diagdown\!\!\diagup$$
$$O$$

devient anhydre à 75°. Il est insoluble dans l'éther.

Le *sel d'argent*, $C^4H^5AgO^3$, se précipite sous la forme d'une poudre cristalline blanche lorsqu'on traite le sel de potassium par une quantité équivalente d'azotate d'argent. Il cristallise dans l'eau chaude en prismes blancs qui détonent lorsqu'on les chauffe. Les solutions aqueuses se réduisent facilement.

Le *β-méthylglycidate d'éthyle*, $C^4H^5O^3\,.\,C^2H^5$, obtenu en traitant le sel d'argent par l'iodure d'éthyle, bout à 172-174°. C'est un liquide mobile, insoluble dans l'eau, dont la densité est égale à 1,0534 à 15° et à 1,0658 à 0° [Melikoff et Zelinsky, *D. chem. G.*, **21**, 2052; *Ann. Chem.*, **234**, 204].

Acide αβ-diméthylglycidique,

$$CH^3$$
$$|$$
$$CH\diagdown$$
$$|\quad\quad O.$$
$$CH^3 - C\diagup$$
$$|$$
$$CO^2H$$

— Cet acide s'obtient comme les précédents, en faisant agir la potasse alcoolique sur une solution alcoolique chaude d'acide chloroxyisovalérianique

$$CH^3\,.\,CHCl\,.\,C\,(OH)\diagup\!\!\!\!{}^{CH^3}_{CO^2H} + KOH$$

$$= CH^3\,.\,CH - C\diagup\!\!\!\!{}^{CH^3}_{CO^2H}$$
$$\diagdown\!\!\diagup$$
$$O$$

On transforme ensuite le sel de potassium ainsi préparé en sel de calcium, puis on décompose ce dernier par l'acide sulfurique dilué.

L'acide αβ-diméthylglycidique cristallise en aiguilles soyeuses, fusibles à 62°. Il est doué d'une odeur piquante. L'eau, l'alcool et l'éther le dissolvent facilement.

Pour transformer complètement cet acide en acide diméthylglycérique,

$$CH^3\,.\,CHOH$$
$$|$$
$$CH^3\,.\,COH$$
$$|$$
$$CO^2H$$

il est nécessaire de le chauffer en vase clos avec de l'eau à 100°, pendant 14 heures.

La fixation d'acide chlorhydrique s'effectue déjà à froid. Elle donne naissance à de l'acide chloroxyisovalérianique fusible à 75° :

$$CH^3\,.\,CHCl\,.\,C\,(OH)\diagup\!\!\!\!{}^{CH^3}_{CO^2H}$$

Le *sel de potassium*, $C^5H^7O^3K\,,\,0,5\,H^2O$, cristallise dans l'alcool bouillant en paillettes nacrées, solubles dans l'eau, peu solubles dans l'alcool froid. Il n'est pas hygroscopique et devient anhydre à 80°.

Le *sel d'argent*, $C^5H^7O^3Az$, se présente sous la forme de tables microscopiques que l'eau bouillante dissout en les décomposant peu à peu.

Le *sel de baryum*, $(C^5H^7O^3)^2Ba$, et celui de

*calcium*, $(C^5H^7O^3)^2$ Ca, sont solubles dans l'alcool et dans· l'eau, et insolubles dans l'éther. Ils sont amorphes.

L'*éther éthylique*, $C^5H^7O^3.C^2H^5$, constitue un liquide mobile qui bout à 177-178°. Il est insoluble dans l'eau et possède une densité égale à 1,0250 à 15° et à 1,0377 à 0° [Melikoff, *Ann. Chem.*, 234, 204].
P. Freundler.

**GLYCINE.** — Synonyme de GLYCOCOLLE.

**GLYCIPHYLLINE**, $C^{24}H^{24}O^7, 3H^2O$. — Cette substance est le principe doux du *Smilax glyciphylla*. Elle a été isolée par M. E.-H. Rennie [*Chem. Soc.*, 49, 857].

Pour l'extraire, on fait macérer les feuilles et les tiges pendant plusieurs jours dans l'alcool fort, puis, après distillation du solvant, on épuise l'extrait résiduel à l'éther; on chasse ce dernier au bain-marie; par refroidissement, l'extrait éthéré se prend en une masse brune visqueuse contenant des cristaux. Les résines sont séparées de la partie cristallisable par un traitement à l'alcool faible qui les laisse non dissoutes. La solution alcoolique laisse déposer des cristaux jaunes qu'on dissout dans l'eau chaude; la solution est décolorée par addition d'acétate de plomb; l'excès de ce dernier étant enlevé par l'hydrogène sulfuré, le liquide est filtré chaud, et la glyciphylline cristallise par refroidissement de la solution aqueuse. On l'obtient ainsi en petits prismes à quatre pans qui s'altèrent vers 110-115° et se décomposent à 175-180°. Cette substance est peu soluble dans l'eau froide et dans l'éther, insoluble dans le benzène, le chloroforme, l'éther de pétrole. L'alcool la dissout bien, le sous-acétate de plomb la précipite. La solution aqueuse, soumise à l'ébullition avec l'acide sulfurique dilué, fournit un trouble, puis un dépôt cristallin de *phlorétine*, $C^{15}H^{14}O^5$. Le liquide filtré étant neutralisé au carbonate de baryum, puis la solution évaporée à sec, fournit des cristaux d'*isodulcite*.

**GLYCOCHOLIQUE.** — Voyez BILE.

**GLYCOCHOLONIQUE.** — Voyez BILE.

**GLYCOCOLLE.** — Voyez Dict., 4, 1601, et 1ᵉʳ Suppl., 876.

*État naturel.* — Le glycocolle a été trouvé en petite quantité dans le tissu musculaire du *Pecten irradians*. Il forme l'amide principale de la canne à sucre, représentant de 0,02 à 0,08 0/0 de l'azote qu'elle contient; il est très probable que les graminées en contiennent aussi et que ce soit là l'origine de l'acide hippurique [E. C. Shorey, *Am. Chem. Soc.*, 19, 881]. Pour déterminer la quantité de glycocolle formée dans l'organisme sous l'influence de la nourriture végétale, M. H. Wiener [*Arch. d'Exp. path. et pharm.*, 40, 313, Prag] a fait ingérer à des lapins une quantité suffisante de benzoate de sodium pour transformer le glycocolle en acide hippurique; il a constaté que l'urine renfermait 0ᵍʳ,8 d'acide au kilogramme, correspondant à 0ᵍʳ,33 de glycocolle formé.

*Préparation.* — On a proposé un très grand nombre de méthodes pour la préparation du glycocolle : celle qui est la plus généralement employée a été indiquée par M. Kraut [*Ann. Chem.*, 266, 292]. Elle consiste à faire réagir sur l'acide monochloracétique un grand excès d'ammoniaque aqueuse : on verse, à froid, et en agitant bien, le mieux au moyen d'une turbine, une solution de 1 kilogramme d'acide monochloracétique dans 1 litre d'eau, dans 13 litres d'ammoniaque à 26,5 0/0. Après 24 heures de contact, on enlève l'ammoniaque par un violent courant de vapeur d'eau et on fait bouillir la liqueur avec un excès d'oxyde de cuivre fraîchement précipité et bien lavé.

La liqueur bleue obtenue est évaporée à sec au bain-marie et reprise par un mélange de 2 litres d'eau et de 2 litres d'alcool à 96°. On filtre, et on lave le glycocollate de cuivre avec de petites quantités d'alcool à 60, 80, 90 0/0, jusqu'à ce que le chlore ait disparu des alcools de lavage. On met ensuite le glycocollate de cuivre en suspension dans l'eau, avec une petite quantité d'alumine fraîchement précipitée, et on fait passer, à chaud, un courant d'hydrogène sulfuré qui précipite le cuivre à l'état de sulfure, facile à filtrer à cause de la présence de l'alumine. Les liqueurs filtrées, évaporées au bain-marie, fournissent le glycocolle pur, avec un rendement de 50 à 55 0/0 de la théorie.

M. Bourcet et M. Auger ont donné une méthode de préparation qui consiste à faire réagir l'hexaméthylène-amine sur l'acide monochloracétique, de façon à éviter complètement la formation d'acides di- et triglycolaminique. Le composé formé avec l'hexaméthylène-amine est saponifié par le gaz chlorhydrique en solution alcoolique par la méthode de M. Délépine et fournit le chlorhydrate de glycocolle ou son éther éthylique. M. Bourcet [*Bull. Soc. Chim.*, (3), 19, 1005] opère avec le chloracétate d'éthyle, qui, chauffé avec l'hexaméthylène-amine, fournit le composé

$$C^6H^{12}Az^4 - \underset{\underset{\displaystyle Cl}{|}}{C}H - \underset{\underset{\displaystyle C^6H^{12}Az^4}{|}}{C}O$$

La saponification a lieu suivant l'équation

$$C^6H^{12}Az^4Cl . CH - C^6H^{12}Az^4 + 7HCl$$
$$\underset{\displaystyle CO}{|}$$
$$+ 24C^2H^6OH + H^2O$$
$$= 12CH^2(OC^2H^5)^2 + 7AzH^4Cl$$
$$+ CH^2(AzH^2)CO^2H . HCl.$$

Le procédé de M. Auger [*Bull. Soc. Chim.*, (3), 21, 5] consiste à faire réagir une solution concentrée de monochloracétate de potassium sur une solution d'hexaméthylène-amine obtenue en saturant l'aldéhyde formique du commerce par l'ammoniaque : on emploie 1 mol. $+ \frac{1}{14}$ environ de cette dernière pour 1 molécule d'acide monochloracétique. Le mélange est distillé à sec au bain-marie dans le vide, le résidu est repris par l'alcool à 96°, environ 15 molécules. On sature le mélange de gaz chlorhydrique, en terminant l'action au réfrigérant ascendant, puis on filtre le chlorure d'ammonium formé et on le lave à l'alcool. Les solutions alcooliques sont distillées au bain-marie; le résidu, bien desséché dans le vide, est repris par l'alcool absolu bouillant, en petite quantité, et fournit par évaporation le chlorhydrate de glycocollate d'éthyle, qui cristallise et qu'on lave à l'alcool absolu. Pour obtenir le glycocolle, on dissout cet éther dans l'eau, on fait bouillir avec un léger excès d'oxyde de cuivre et de carbonate de calcium, on filtre et on fait cristalliser le glycocollate de cuivre. Les rendements atteignent 70 0/0 de la théorie. Les réactions qui se produisent peuvent être exprimées par les formules

$$ClCH^2CO^2K + C^6H^{12}Az^4$$
$$= C^6H^{12}Az^4ClCH^2CO^2K \longrightarrow$$
$$+ 13C^2H^6OH + 4HCl$$
$$= 6CH^2(OC^2H^5)^2 + 3AzH^4Cl$$
$$+ HClAzH^2 . CH^2 . CO^2C^2H^5 + KCl + H^2O.$$

Cette préparation est surtout très avantageuse pour l'obtention du glycocollate d'éthyle. MM. S. Gabriel et K. Kroseberg [*D. chem. G.*, 22, 426] ont proposé de traiter par l'acide chlorhydrique, au réfrigérant ascendant, l'acide glycocolle-phtaloylique, qui se saponifie facilement en fournissant de l'acide phtalique et du chlorhydrate de glycocolle avec des rendements théoriques (voyez GLYCOCOLLE-PHTALOYLIQUE),

M. Eschweiler [*Ann. Chem.*, 278, 229] obtient le glycocolle par transformation de la méthylène-cyanhydrine en aminoacétonitrile, puis saponification de ce dernier :

$$CH^2O + CAzH = CH^2{<}^{CAz}_{OH}$$

$$CH^2{<}^{CAz}_{OH} + AzH^3 = CH^2{<}^{CAz}_{AzH^2} + H^2O$$

$$et \quad \begin{matrix} CAz \\ | \\ CH^2 \\ | \\ AzH^2 \end{matrix} + 2H^2O = \begin{matrix} CO^2H \\ | \\ CH^2 \\ | \\ AzH^2 \end{matrix} + AzH^3.$$

On fait passer un courant de gaz cyanhydrique dans la solution commerciale d'aldéhyde formique, qui devra rester en léger excès, et on laisse la solution pendant quelques heures au bain-marie; on y ajoute 5 volumes d'ammoniaque à 30 0/0 et on laisse pendant 12 heures à la température ordinaire, puis on ajoute un léger excès de solution de baryte caustique, on chasse l'ammoniaque et on précipite la baryte par l'acide carbonique. On obtient ainsi le glycocolle avec un bon rendement. Si l'on cherche à éviter l'emploi de l'acide cyanhydrique, en employant par exemple un mélange de cyanure de potassium et de sulfate d'ammonium avec l'aldéhyde formique, les rendements tombent à 20 0/0 de la théorie.

MM. R. Jay et Curtius [*D. chem. G.*, 27, 67] ont proposé de saponifier le méthylène-aminoacétonitrile, formé lui-même en partant de l'aldéhyde formique :

$$2CH^2O + AzH^4Cl + KCAz$$
$$= CH^2{=}Az - CH^2 - CAz + KCl + 2H^2O$$

et

$$CH^2AzCH^2CAz + H^2O$$
$$= CH^2O + H^2Az.CH^2.CAz \longrightarrow$$
$$+ 2H^2O + AzH^3 + H^2Az.CO^2H.$$

On dissout dans le moins d'eau possible 1 mol. de cyanure de potassium pur et 1 mol. de chlorure d'ammonium; après addition de 2 mol. d'aldéhyde formique en solution, on remarque un échauffement, et après 3 heures de contact on acidule la solution faiblement à l'acide acétique. Après 12 heures de repos, on trouve de beaux cristaux de méthylène-aminoacétonitrile; le rendement laisse un peu à désirer : il n'est que de 35 0/0. L'acide chlorhydrique alcoolique fournit immédiatement, à froid, un précipité de chlorhydrate d'aminoacétonitrile; à l'ébullition la saponification est complète. Ainsi, 2 grammes de méthylène-aminoacétonitrile étant chauffés au réfrigérant ascendant avec 50 centimètres cubes d'alcool saturé de gaz chlorhydrique, la solution chaude filtrée abandonne par refroidissement 5 grammes de chlorhydrate de glycocollate d'éthyle :

$$CH^2{=}Az.CH^2.CAz + 2H^2O + HCl + C^2H^5OH$$
$$= HCl.H^2Az.CH^2.CO^2C^2H^5 + AzH^4Cl + CH^2O.$$

*Extraction et dosage du glycocolle.* — M. Ch. S. Fischer [*Zeit. physiol. Chem.*, 19, 167] a proposé d'extraire le glycocolle des liqueurs qui le contiennnent en agitant celles-ci, après les avoir alcalinisées à la soude, avec du chlorure de benzoyle (méthode Schotten-Baumann); on le

transforme ainsi en acide hippurique par benzoylation. Ce dernier est extrait à l'éther acétique, et, après évaporation du solvant, lavé au chloroforme, qui n'en dissout que des traces, 0,001 environ. Du poids d'acide hippurique obtenu, on déduit celui du glycocolle. On a ainsi trouvé, par exemple, que la gélatine, traitée par l'acide chlorhydrique, fournit de 3,5 à 4 0/0 de glycocolle.

On a obtenu de petites quantités de glycocolle par l'action de l'hydrogène naissant sur l'éther cyanoformique, en solution alcoolique :

$$CAz.CO^2C^2H^5 + H^4 + H^2O$$
$$= AzH^2CH^2CO^2H + C^2H^5OH$$

[Wallach, *Ann. Chem.*, 184, 13]. Le glyoxal, traité par le cyanure d'ammonium, puis par l'acide sulfurique dilué, en fournit aussi :

$$C^2H^2O^2 + H^2O = HCO^2H + H^2CO,$$

$$H^2CO + CAzH + H^2O = C^2H^5O^2Az$$

[Liubawine, *Journ. Soc. Chim. russe*, 13, 329; 14, 281].

*Propriétés* — Le glycocolle brunit à 220° et fond à 232-236° avec dégagement de gaz et coloration pourpre foncé. Sa densité est 1,1607. Il est soluble dans 930 parties d'alcool d'une densité de 0,828. Sa chaleur de combustion moléculaire est de 235 calories [Berthelot et André, *Bull. Soc. Chim.*, (3), 4, 226]; sa solution aqueuse alcalinisée précipite de l'acide hippurique sous l'action du chlorure de benzoyle (Fischer, *loc. cit.*). Chauffé dans un courant de gaz chlorhydrique, il fournit un peu d'anhydride. L'acide iodhydrique de densité 1,98 le réduit, à 220°, en acide acétique et ammoniaque. Le chlorure de nitrosyle AzOCl transforme le glycocolle en acide chloracétique [Tilden et Forster. *Chem. Soc.*, 1891, (1), 489].

L'aldéhyde benzylique et la soude diluée agissent en donnant des produits très complexes. Dans une première phase on obtient

$$\begin{matrix} CO^2H \\ | \\ CH^2AzH^2 \end{matrix} + C^6H^5CHO = \begin{matrix} CO^2H \\ | \\ CH{=}Az - CH^2C^6H^5 \end{matrix}$$

qui se condense avec une nouvelle molécule d'aldéhyde en donnant le composé

$$\begin{matrix} C^6H^5 - CH - Az{=}CH - CO^2H \\ | \\ CHOHC^6H^5 \end{matrix}$$

puis avec une nouvelle molécule d'aldéhyde il se forme

$$\begin{matrix} C^6H^5 - C {\longrightarrow} C(OH) - C^6H^5 \\ \| \qquad | \\ AzH \quad CHC^6H^5 \end{matrix} + \begin{matrix} CO^2H \\ | \\ COH \end{matrix}$$

[E. Erlenmeyer, *Ann. Chem.*, 307, 70; *D. chem. G.*, 28, 1866].

Le cyanate de phényle fournit avec le glycocolle l'*acide phényluréidoacétique*,

$$H^2Az - CH^2.CO^2H + COAzC^6H^5$$
$$= CO{<}^{AzH.C^6H^5}_{AzH.CH^2.CO^2H}$$

[C. Paal, *D. chem. G.*, 27, 974].

Le phénylsénevol donne de la phénylthiohydantoïne, à froid; l'o-tolylsénevol agit de même [W. Markwald, M. Neumarck et R. Stelzner, *D. chem. G.*, 24, 3280].

La monométhylurée, chauffée pendant longtemps à 140° avec le glycocolle, fournit la γ-méthylhydanthoïne; la phénylurée, les o- et p-tolylurées fournissent les dérivés correspondants (J. Guareschi, *Giorn. R. Accad. Med.*, 1891).

L'acide acétophénone-o-carbonique,

$$C^6H^4 \diagdown_{CO^2H}^{CO-CH^3}$$

fournit, à 160°, l'*acide méthylène-phtalimidylacétique,*

$$C^6H^4 \diamondsuit \begin{array}{c} C = CH^2 \\ CO \end{array} Az . CH^2 . CO^2H;$$

l'acide propiophénone-o-carbonique fournit de même l'*acide éthylidène-phtalimidylacétique* [S. Gabriel et Graebe, *D. chem. G.*, 32, 958; Gottlob, *ibid.*, 32, 958].

Sels. — Ils ont été étudiés spécialement par Horsford [*Ann. Chem.*, 60, 1], Dessaignes [*ibid.*, 82, 235] et M. Kraut [*ibid.*, 266, 299].

*Chlorhydrate*, $C^2H^5AzO^2$, HCl.—MM. J. Walker et E. Astor ont déterminé par inversion d'une solution de sucre de canne la constante d'hydrolyse de ce sel en solution aqueuse. Ils ont trouvé, pour une solution $\frac{N}{30}$ à 60°,

$$[C = 0,00327$$

et 29 0/0 d'hydrolysé [*Chem. Soc.*, 67, 576].

*Sel de magnésium*, $Mg(C^2H^4AzO^2)^2$, $2H^2O$ (K).
*Sel de calcium*, $Ca(C^2H^4AzO^2)^2$, $H^2O$.
*Sel de strontium*, $Sr(C^2H^4AzO^2)^2$, $1\,1/2\,H^2O$ (K).
*Sel de baryum*, $Ba(C^2H^4AzO^2)^2$, $4H^2O$.
*Sel de zinc*, $Zn(C^2H^4AzO^2)^2$, $H^2O$; celui-ci cristallise en lamelles et se décompose vers 70° en déposant de l'oxyde de zinc (Curtius).
*Sel double : glycolate-glycocollate de zinc*, $C^2H^4AzO^2.Zn.C^2H^3O^3$, $2H^2O$. — Très peu soluble dans l'eau (K).
*Sel de cuivre*, $(C^2H^4AzO^2)^2Cu$, $H^2O$. — Il se dissout, à 15°, dans 173,8 parties d'eau (Liubawine).
*Sel d'argent*, $C^2H^4AzO^2$. Ag. — On l'obtient en traitant à chaud le glycocolle par l'oxyde d'argent fraîchement précipité et laissant refroidir rapidement, dans l'obscurité, la solution filtrée presque bouillante. On décante la solution mère, on la réchauffe avec l'oxyde d'argent non dissous, et on répète cette manipulation plusieurs fois.
*Sel de palladium*, $Pd(C^2H^4AzO^2)^2$. — Cristallise en longues aiguilles jaunes, très peu solubles dans l'eau [Drechsel, *J. prakt. Chem*, (2), 20, 475].
*Sel de nickel*, $(C^2H^4AzO^2)^2Ni$, $2H^2O$. — On l'a obtenu par saturation du glycocolle avec le carbonate de nickel; il est très soluble à chaud, et 3p,3 se dissolvent dans 100 p. d'eau, à froid [N. Orloff, *Pharm. Zeit. f. Russ.*, 38, 285].
*Bisulfite d'œnantholglycocolle*,

$$C^7H^{14}O, C^2H^5AzO, H^2SO^3.$$

— Ce produit est obtenu sous forme de sirop ou de masse amorphe très soluble dans l'eau et insoluble dans l'éther, lorsqu'on fait réagir l'œnanthol sur une solution aqueuse de glycocolle, saturée de gaz sulfureux. Les acides et les alcalis le décomposent en régénérant les produits primitifs [Schiff, *Ann. Chem.*, 210, 125].

*Carbonate de glycocolle-guanidine*,

$$C^2H^5AzO^2(CH^6Az^3)^2CO^3 + H^2O.$$

— On l'obtient en tables rhombiques par simple addition de carbonate de guanidine au glycocolle (Nencki et Sieber, *J. prakt. Chem.* (2), 17, 480].

Anhydride du glycocolle,

$$CH^2 \diagdown_{CO-AzH}^{AzH-OC} \diagup CH^2.$$

— On l'obtient en petite quantité par l'action du gaz chlorhydrique, à chaud, sur le glycocolle. On le prépare en agitant de temps en temps pendant 24 heures une solution aqueuse de chlorhydrate de glycocollate d'éthyle ou de méthyle avec de l'oxyde d'argent; on filtre et on extrait l'anhydride par l'eau chaude [Curtius et Göbel, *J. prakt. Chem.*, (2), 37, 173]. Il cristallise dans l'eau bouillante en tables allongées, solubles dans l'alcool, fusibles à 275°, en noircissant fortement déjà vers 245°. Chauffé rapidement et en petite quantité, cet anhydride se sublime sans décomposition en aiguilles. Sa réaction est neutre. Il fournit un *chlorhydrate*, $C^4H^6Az^2O$, HCl, cristallisé en aiguilles, peu soluble dans l'alcool chaud, fusible à 130°.

Le *chloroplatinate*,

$$(C^4H^6Az^2O^2HCl)^2PtCl^4, 3H^2O,$$

peu soluble dans l'alcool, assez soluble dans l'eau, forme des cristaux jaune-orangé.

*Sulfate*, $C^4H^6Az^2O^2H^2SO^4$. — Cristallise en longs prismes minces lorsqu'on additionne d'acide sulfurique concentré une solution alcoolique de glycocolle [Horsford, *Ann. Chem.*, 60, 21); il est soluble dans l'eau et insoluble dans l'alcool absolu.

Éthers du glycocolle [Curtius et Göbel, *loc. cit.*; 38, 399].

*Éther méthylique*, $H^2Az.CH^2.CO^2CH^3$. — On agite le chlorhydrate avec 6 parties d'éther absolu et 1 partie d'oxyde d'argent. La solution, déshydratée à fond sur la baryte anhydre, est distillée dans le vide; l'éther passe à 54° sous 59 millimètres; à la pression ordinaire il distille à 130° environ, en se décomposant. Conservé en tube scellé, il se polymérise au bout de quelques jours, en fournissant une masse solide blanche. Il attire l'acide carbonique de l'air; il fournit, par distillation avec le carbonate de sodium sec, de l'ammoniaque et de l'éthylamine.

*Chlorhydrate*, $HCl, H^2Az.CH^2.CO^2CH^3$. — On l'obtient en faisant passer un courant de gaz chlorhydrique sec dans 500 centimètres cubes d'alcool méthylique renfermant 100 grammes de chlorhydrate de glycocolle en suspension, jusqu'à solution complète. Après évaporation d'une partie du solvant, on obtient le produit cristallisé en gros prismes fusibles à 175°, facilement solubles dans l'alcool.

*Éther éthylique*, $H^2Az.CH^2.CO^2C^2H^5$. — On le prépare en agitant 50 grammes de chlorhydrate sec avec 300 centimètres cubes d'éther absolu et 41gr,5 d'oxyde d'argent sec. La solution filtrée, séchée sur la baryte et distillée, fournit une huile bouillant à 65° sous 40 millimètres et à 749° sous 748 millimètres; il se forme en même temps un composé $C^8H^{13}Az^5O^4$ qui reste dans le ballon et qui cristallise dans l'eau bouillante en aiguilles soyeuses. Cet éther ne cristallise pas, même à —20°, et possède une odeur de cacao; il se dissout en toutes proportions dans tous les solvants ordinaires. Sa solution aqueuse se décompose lentement en alcool et anhydride. Conservé en tube scellé, il se polymérise et forme une masse blanche fusible à 160-178° en se décomposant. Cette substance est difficilement soluble dans l'eau froide et possède une forte réaction alcaline; sa solution aqueuse se colore en violet foncé avec la liqueur de Fehling. L'acide chlorhydrique, ou l'oxyde de cuivre à l'ébullition, le transforme en anhydride du glycocolle et en une gelée presque insoluble.

*Chlorhydrate*, $HCl$, $H^2Az.CH^2.CO^2C^2H^5$. — On le prépare comme l'éther méthylique en partant du glycocolle. On a vu que, dans la préparation du glycocolle par les procédés Auger et Jay et Curtius, on obtient directement ce sel. M. Curtius a donné une méthode très simple de préparation [*D. chem. G.*, **29**, 1681]. On évapore et on dessèche complètement à 100°, puis à 115-120°, la solution brute de glycocolle obtenue par la méthode de Kraut; on pulvérise bien la masse obtenue et on la laisse encore plusieurs jours sous le dessiccateur pour enlever toute trace d'eau; on ajoute alors 500 grammes d'alcool absolu pour 150 gr. de produit sec et on fait passer un courant de gaz chlorhydrique, sans refroidir; quand la saturation est atteinte, on chauffe la solution à l'ébullition, et on filtre. Par refroidissement on obtient le chlorhydrate éthylique. L'alcool séparé des cristaux, remis sur le précipité insoluble, est de nouveau saturé de gaz chlorhydrique et fournit une seconde cristallisation représentant environ un tiers de la première ; en tout on obtient plus de 50 0/0 en poids de l'acide monochloracétique employé.

Il cristallise en aiguilles blanches déliquescentes, peu solubles dans l'alcool absolu froid, très solubles dans l'alcool à 95°. Il fond à 144°. Distillé sur le carbonate de sodium sec, il fournit de la propylamine et de l'acide carbonique. Chauffé avec précaution, il se sublime sans décomposition.

*Azotite*, $C^4H^9AzO^2$, $AzO^2H$. — Le chlorhydrate de glycocollate d'éthyle sec et bien pulvérisé, suspendu dans l'éther absolu, est agité avec 1 mol. d'azotite d'argent; on enlève l'éther et on lave le résidu à l'alcool absolu froid qui enlève l'azotite. Le solvant, évaporé dans le vide sulfurique, laisse déposer ce sel en gros cristaux se décomposant vers 40° et fournissant de l'éther diazoacétique et de l'eau.

*Éther isoamylique*, $H^2Az.CH^2.CO^2C^5H^{11}$. — On ne l'a préparé qu'à l'état de chlorhydrate par le procédé qui a déjà fourni les éthers méthylique et éthylique (C. et G.) Il fournit avec l'azotite de sodium l'éther isoamyldiazoacétique.

*Éther allylique*, $H^2Az.CH^2.CO^2C^3H^5$ —Obtenu, comme les précédents, à l'état de chlorhydrate fusible à 170-180°, difficilement soluble dans l'alcool.

*Anilides du glycocolle.* — M. W. Majert a pris deux brevets pour la fabrication de ces dérivés. D.R.P., 25121 et 59874. Ils consistent à faire réagir l'ammoniaque sur les anilides chloro- ou bromacétique, ou bien à faire réagir un éther ou l'amide du glycocolle, à 150° pendant 6 heures, sur l'aniline ou sur l'o-, m-, ou p-toluidine, l'anisidine, la phénétidine, etc.

*Acide benzène-sulfaminacétique*,

$$C^6H^5.SO^2.HAz.CH^2.CO^2H.$$

— Ce produit a été obtenu par M. H. Ihrfelt [*D. chem. G.*, **22**, 692] en ajoutant à une solution potassique de glycocolle un excès de sulfochlorure de benzène :

$$C^6H^5SO^2Cl + H^2AzCH^2CO^2H + KOH$$
$$= KCl + H^2O + C^6H^5.SO^2HAz\ CH^2.CO^2H.$$

Il cristallise, par refroidissement de la solution aqueuse bouillante, en longues lamelles plumeuses. L'auteur en a préparé les *sels de potassium, sodium, ammonium, calcium, baryum, magnésium, zinc, cadmium, plomb, cuivre et argent*. Il en a préparé le *chlorure*, composé solide instable, $C^6H^5SO^2AzHCH^2COCl$, et ensuite l'*amide*, $C^6H^5SO^2AzH.CH^2COAzH^2$, qui est fusible à 142°.

*L'éther éthylique*,

$$C^6H^5SO^2HAz\ CH^2.COOC^2H^5,$$

est fusible à 66°. Par l'action de l'acide azotique fumant on a obtenu avec cet acide un *dérivé nitrosé*,

$$C^6H^5.SO^2.Az\!\!<\!\!\begin{array}{l}Az=O\\CH^2-CO^2H\end{array}$$

qui est fusible à 142° et dont on a préparé quelques sels. Enfin, par nitration du noyau benzénique en méta, on obtient l'*acide métanitrobenzène-sulfaminacétique*, et par réduction l'*acide métamidobenzène-sulfaminacétique*, dont on a décrit des sels.                    V. Auger.

**GLYCOCOLLE-PHTALOYLIQUE (ACIDE)**,

$$\text{C}_6\text{H}_4\!\!\begin{array}{l}-CO-AzH.CH^2.CO^2H\\-CO^2H\end{array}$$

[Reese, *Ann. Chem.*, **242**, 1. — Gœdeckemeyer, *D. chem. G.*, **21**, 2688. — S. Gabriel et Kroseberg, *ibid.*, **22**, 426].

Cet acide est un produit de saponification partielle de l'acide phtalimidoacétique,

$$\text{C}_6\text{H}_4\!\!\begin{array}{l}-CO\\-CO\end{array}\!\!>Az-CH^2-CO^2H,$$

obtenu par M. Drechsel [*D. chem. G.*, **16**, 1500] en fondant de l'anhydride phtalique et du glycocolle. Il suffit d'ajouter à une solution chaude de soude ou de potasse de l'acide phtalimidoacétique jusqu'à cessation d'alcalinité, pour que la saponification ait lieu; les sels étudiés par M. Reese sont bien cristallisés.

On a obtenu l'acide libre en décomposant par l'acide chlorhydrique la solution concentrée du sel de sodium. Ce dernier peut être préparé soit comme on l'a vu plus haut, soit en faisant bouillir pendant quelque temps au réfrigérant ascendant 1 molécule d'éther phtalimidoacétique avec 2 molécules de soude ou de potasse à 10 0/0. Cet éther a été préparé en chauffant à 140° pendant 1 heure 100 grammes de phtalimide potassique et 65 grammes d'éther monochloracétique :

$$(1) \quad C^6H^4(CO)^2AzK + ClCH^2CO^2C^2H^5$$
$$= C^6H^4(CO)^2Az.CH^2CO^2C^2H^5,$$

$$(2) \quad C^6H^4(CO)^2Az.CH^2.CO^2C^2H^5 + 2NaOH$$
$$= C^6H^4\!\!<\!\!\begin{array}{l}COAzHCH^2CO^2Na\\CO^2Na\end{array}\!\! + C^2H^5OH.$$

Ces opérations fournissent un rendement de 97 0/0. L'acide, cristallisé dans l'eau tiède, se présente en feuillets à 6 pans, fusibles à 106°, peu solubles dans l'eau glacée.

SELS. — *Sel de sodium*, $C^{10}H^7O^5Na^2$. — On ne l'a pas obtenu cristallisé; sa solution aqueuse, précipitée par l'alcool, donne une masse dure, amorphe.

*Sel de potassium*, $C^{10}H^7O^5K^2$. — Cristallise en aiguilles.

*Sel de baryum*, $C^{10}H^7O^5Ba$. — Tables rhombiques.

*Sel de cuivre*, $C^{10}H^7O^5Cu$. — Aiguilles d'un bleu vert groupées autour d'un centre.

*Sel d'argent*, $C^{10}H^7O^5Ag^2$. — Aiguilles blanches, très peu solubles dans l'eau froide, cristallisant de la solution bouillante en petites tablettes rhombiques.                    V. Auger.

**GLYCOCYAMINE.** — Voy. Dict., **1**, 1605 et plus loin, GUANIDINE.

**GLYCODYSLYSINE.** — Voyez BILE.

**GLYCOGÈNE** (voyez Dict., **1**, 1606 et 1er Suppl., 879). — L'extrême diffusion du glycogène dans toute la série animale montre que la glycogénie est une fonction très générale du protoplasme cellulaire. Chez les vertébrés il est surtout accumulé dans le foie et les muscles. M. C. von Noorden dit qu'on peut évaluer à quelques centaines de grammes la quantité de glycogène qu'un adulte tient en réserve. Mais on a encore trouvé cette substance dans le sang, chez l'homme, le chien, le cheval et le bœuf (Kauffmann), à raison de 10 à 25 milligrammes par litre (le sang diabétique en contient jusqu'à 500 milligrammes pour 1000), dans la lymphe (lymphe thoracique de la vache), qui en donne 0,097 pour 1000 (Dastre). Ce sont les éléments cellulaires seuls qui sont porteurs du glycogène; les humeurs n'en renferment pas. M. Cramer en a trouvé dans la peau et dans le cartilage d'un nouveau-né. MM. Langhans et Brault ont signalé sa présence dans un grand nombre de tumeurs. D'après M. Brault, les tumeurs bénignes ne contiennent pas de glycogène; ce corps serait au contraire la caractéristique chimique des tumeurs malignes. Enfin, MM. Reichard et Leube ont retiré de l'urine diabétique une substance qui est de l'érythrodextrine ou du glycogène [C. von Noorden, *Lehrb. Path. des Stoffwechsels*, Berlin, 1893. — Kauffmann, *Soc. de Biol.*, **47**, 153; *C. R.*, **120**, 567. — Dastre, *Soc. de Biol.*, **46**, 130. — Cramer, *Zeit. f. Biol.*, **24**, 67. — Langhans, *Maly's Jahresb.*, **20**, 404. — Brault, *Le pronostic des tumeurs basé sur la recherche du glycogène (Œuvre médico-chirurgicale)*, Paris, 1899. — Reichardt, *Arch. Pharm.*, (3), **5**, 502. — W. Leube, *Virchow's Arch.*, **113**, 391].

Le glycogène a été rencontré aussi dans le règne végétal, et notamment dans un grand nombre de champignons. M. Cremer a isolé celui de la levure de bière, et l'a trouvé en tout semblable à celui du foie des vertébrés [Cremer, *Maly's Jahresb.*, **24**, 371].

*Extraction et dosage.* — Lorsqu'il s'agit simplement de préparer une certaine quantité de glycogène, le procédé de M. Brücke donne de bons résultats et un produit suffisamment pur. Si l'extraction doit être totale et constituer un dosage, il convient de suivre la méthode de M. Brücke modifiée par M. Külz [*Zeit. f. Biol.*, **22**, 161].

L'eau bouillante n'enlève pas aux tissus la totalité du glycogène, même lorsqu'on opère dans une marmite de Papin, comme l'a fait M. Böhm [*Pflüger's Arch.*, **23**, 44]. M. Panormoff a montré que lorsque le foie n'abandonne plus de glycogène à l'eau bouillante, il en cède encore à une solution étendue et chaude de potasse, et parfois plus qu'il n'en avait donné à l'eau [Panormoff, *Maly's Jahresb.*, **17**, 305]. M. Külz emploie donc pour l'extraction du glycogène une solution étendue de potasse. Les alcalis étendus et chauds altèrent un peu, à la vérité, le glycogène pur [von Vingtschgau et Dietl, *Pflüger's Arch.*, **13**, 253], mais les choses se passent autrement au cours de la destruction d'un tissu, où l'alcali rencontre en même temps des quantités considérables de matières albuminoïdes. En effet, du glycogène ajouté à du muscle dont la richesse en glycogène avait été déterminée, a pu être retrouvé sans pertes sensibles à l'aide de la potasse (Külz). Un autre écueil est la difficulté d'enlever les dernières traces de glycogène au précipité albumineux produit par le réactif de M. Brücke; mais M. Panormoff a montré que des lavages

soignés de la masse réduisent cette perte au minimum. Finalement on opérera ainsi, d'après M. Külz : Les organes, extraits aussitôt après la mort de l'animal, sont coupés en gros morceaux et jetés dans l'eau bouillante (environ 400 grammes d'eau pour 100 grammes d'organes). On maintient l'ébullition pendant une demi-heure. S'il s'agit du foie, on écrase les fragments au mortier, on remet dans l'eau bouillante la purée obtenue et on ajoute, pour 100 grammes de tissu, 3 à 4 grammes de potasse. On évapore ensuite au bain-marie jusqu'à 200 centimètres cubes, et si tout ne s'est pas dissous, on chauffe encore pendant 2 à 3 heures dans un vase couvert. On opère de même avec le muscle, mais en continuant la chauffe pendant 6 à 8 heures. La solution obtenue est neutralisée après refroidissement; on en précipite l'albumine par l'acide chlorhydrique et l'iodure double de mercure et de potassium (réactif de Brücke), on jette sur filtre, et lorsque tout est égoutté, on reprend le précipité avec une spatule, on le délaye dans de l'eau chargée d'un peu d'acide chlorhydrique et de réactif de Brücke, on filtre et on recommence cette opération 3 fois. Les filtrats réunis sont mélangés avec 2 fois leur volume d'alcool à 96° et, après 12 heures, le glycogène précipité est recueilli sur filtre et lavé avec de l'alcool à 62°, puis à 96°. Le produit encore humide est dissous dans un peu d'eau chaude, la solution est additionnée après refroidissement d'un peu d'acide chlorhydrique et de réactif de Brücke, qui précipite les derniers restes de matière albuminoïde. On filtre et on précipite le liquide par l'alcool. Le glycogène obtenu est lavé sur filtre taré avec de l'alcool à 62°, puis avec de l'alcool absolu, avec de l'éther et finalement encore avec de l'alcool absolu. Ce dernier lavage à l'alcool rend le glycogène pulvérulent et permet de le détacher facilement du filtre. On dessèche à 110° et on pèse. Le poids des cendres doit toujours être défalqué.

Pendant la précipitation des matières albuminoïdes, il arrive parfois que les dernières portions d'albumine se séparent sous la forme d'un trouble laiteux qu'on ne peut éliminer ni à l'aide du filtre, ni par neutralisation, comme le propose M. Külz. Dans ce cas, M. Pflüger additionne le liquide de 2 volumes d'alcool à 96-98°, et attend que le précipité se soit complètement déposé. On décante l'alcool, on recueille le précipité, on le dissout dans de la potasse à 2 0/0 et, après avoir neutralisé, on recommence la précipitation des matières albuminoïdes, laquelle s'opère maintenant avec facilité. M. Pflüger ajoute toujours le réactif de Brücke aussi longtemps qu'il se produit encore un trouble, puis de l'acide chlorhydrique aussi longtemps qu'il provoque un précipité. On ajoute de nouveau ensuite du réactif de Brücke, et ainsi de suite jusqu'à ce que le filtrat limpide ne soit plus troublé ni par l'acide chlorhydrique ni par le réactif. M. Gulewitsch a proposé un autre tour de main [Pflüger, *Pflüger's Arch.*, **53**, 491. — Gulewitsch, *ibid.*, **55**, 392. — Pflüger, *ibid.*, **55**, 394].

Le procédé de MM. Brücke-Külz a été adopté par la grande majorité des physiologistes. M. Cramer a montré qu'en opérant d'après M. Külz on trouve dans les muscles similaires des deux moitiés du corps des quantités égales de glycogène, ce qui peut être considéré comme une vérification indirecte de la méthode [Cramer, *Zeit. f. Biol.*, **24**, 67]. M. F. Kratschmer a fait également une série d'expériences de contrôle relatives à la précipitation du glycogène par l'alcool, à l'emploi du réactif de Brücke et à l'action de l'acide chlorhydrique [F. Kratschmer, *Pflüger's Arch.*, **24**, 134].

D'autres procédés se sont néanmoins maintenus

à côté de celui de MM. Brücke-Külz. En ce qui concerne d'abord l'extraction du glycogène, M. W.-Th. Kistjakowski a pu extraire, par simple ébullition avec l'eau, tout le glycogène contenu dans le foie et les muscles de l'embryon de veau. La masse restante n'abandonnait plus de glycogène à une solution étendue de potasse. On obtient ainsi des liquides d'extraction qui sont bien moins riches en matières albuminoïdes que le liquide alcalin de M. Külz, et la précipitation et le lavage de ces matières sont moins fastidieux [Kistjakowski, *Maly's Jahresb.*, **26**, 461].

Dans le but d'éviter l'action de la chaleur, M. S. Fränkel emploie pour 100 grammes d'organe 250 centimètres cubes d'une solution d'acide trichloracétique à 2-4 0/0, qui coagule les matières albuminoïdes à la température ordinaire. Mais d'après M. Weidenbaum l'extraction serait très incomplète, et le glycogène obtenu toujours fortement azoté. M. Saake estime que le procédé est utile pour préparer, mais non pour doser le glycogène [S. Fränkel, *Pflüger's Arch.*, **52**, 125 et **55**, 378. — Weidenbaum. *ibid.*, **54**, 319; **55**, 380. — Saake, *Zeit. f. Biol.*, **29**, 429]. M. Huizinga a proposé de remplacer l'acide trichloracétique par un mélange à parties égales d'une solution concentrée de sublimé et de réactif citropicrique de M. Esbach ; on obtiendrait ainsi des liquides exempts d'albumine, mais l'extraction du glycogène n'est pas complète [Huizinga, *Pflüger's Arch.*, **61**, 32].

Notons encore la méthode de M. Landwehr qui extrait le glycogène d'après MM. Brücke-Külz, mais qui le précipite en ajoutant au liquide bouillant du perchlorure de fer et de la soude. La combinaison ferrique qui se précipite est lavée et décomposée à 0° par l'acide chlorhydrique concentré. On filtre dans de l'alcool à 96° qui précipite le glycogène.

Enfin, tout récemment, M. A. Gautier et M. Garnier sont revenus, l'un à la précipitation au moyen des sels mercuriques, et l'autre à la coagulation à froid des matières albuminoïdes au moyen de l'acide trichloracétique.

Voici comment opère M. A. Gautier : On divise grossièrement la matière brute dont on veut extraire le glycogène, et on la jette dans une fois et demie son poids d'eau bouillante. On la broie ensuite finement et on fait bouillir avec de l'eau pendant 30 ou 40 minutes. On met sur une toile, on exprime, on épuise par l'eau (2 à 3 litres pour 500 grammes de matière). On évapore à moitié, puis le dixième environ du liquide est trituré avec de l'acétate mercurique neutre mêlé d'un peu d'acétate de potassium. On ajoute, en agitant, le magma ainsi obtenu au reste de la liqueur (20 à 25 grammes d'acétate de mercure par litre de liquide). On abandonne pendant 12 heures le liquide à lui-même en l'agitant souvent, ou on le centrifuge. Le précipité est lavé avec de l'acétate mercurique à 1 0/0 et le liquide filtré, acidulé par l'acide acétique, est versé dans son volume d'alcool à 85 centièmes. On lave le précipité qui se forme avec de l'alcool à 33 0/0 acidulé d'acide acétique, pour dissoudre un peu d'oxyde mercurique entraîné. Le glycogène brut précipité est dissous dans l'eau, la solution est filtrée, acidulée par l'acide acétique et mêlée de 2 0/0 de sel marin. Dès que la liqueur contient 36 0/0 d'alcool, elle ne dissout plus de glycogène en présence d'une trace de sel. On lave le glycogène à l'alcool à 40 0/0, puis à 90 0/0 et enfin à l'alcool éthéré et on sèche à l'air ou dans le vide.

Le glycogène ainsi obtenu ne doit pas brunir par l'hydrogène sulfuré, ni donner d'ammoniaque par fusion avec la potasse. Séché à 100°, il répond à la formule $(C^6H^{10}O^5)^n$. Ce procédé de préparation, suivi comme il vient d'être dit, est

aussi un procédé de dosage ; ni le précipité mercurique, ni la liqueur alcoolique ne renferment de glycogène [A. Gautier, *C. R.*, **129**, 701; *Bull. Soc. Chim.*, (3), **23**, 236].

D'autre part, M. Garnier, reprenant le procédé de M. Fränkel, a montré que l'acide trichloracétique à 4 0/0 fournit un glycogène exempt de matières albuminoïdes, et permet une extraction au moins aussi complète que celle du procédé Brücke-Külz. Voici comment opère M. Garnier : 20 grammes de foie sont mélangés dans un mortier de 400 centimètres cubes de sable quartzeux (à grains d'un demi-millimètre de diamètre), arrosés de 10 centimètres cubes d'acide trichloracétique à 4 0/0 et triturés rapidement jusqu'à la pulpe fine. On ajoute alors peu à peu 40 centimètres cubes de la solution trichloracétique en continuant la trituration. Après une demi-heure de contact, on verse sur un filtre à plis de 16 centimètres de diamètre placé sur un entonnoir à succion et on laisse égoutter. On lave le mortier avec 10 centimètres cubes d'acide que l'on ajoute sur le filtre, puis le filtre et son contenu sont placés dans la concavité d'un presse-citron en porcelaine, garni au préalable d'un carré de flanelle mince de 12 centimètres de côté. On rabat les angles sur la matière solide et on exprime progressivement au-dessus d'une assiette, en maintenant et en graduant la pression au moyen d'une petite pince à vis photographique, analogue aux presses des menuisiers. Quand le gâteau ne donne plus de liquide, d'une part, on verse le liquide sur un petit filtre neuf de 11 centimètres; d'autre part, on sort le gâteau de la flanelle, on le triture à nouveau avec 5 centimètres cubes de la solution trichloracétique et on recommence l'expression à l'aide de la flanelle et du presse-citron. On refait encore trois fois cette opération en versant chaque fois les liquides d'expression sur le petit filtre. On obtient ainsi finalement 140 centimètres cubes de filtrat, que l'on additionne, en remuant, de 2 volumes d'alcool à 95 0/0. Après 12 heures, on recueille le précipité sur filtre taré, on lave à l'alcool à 60 0/0 jusqu'à disparition d'acidité, puis à l'alcool à 90 0/0, puis à l'éther, on sèche à 105° et on pèse. M. Garnier montre par des dosages comparatifs que l'extraction est aussi complète d'après Brücke-Külz, et elle est manifestement plus facile [Garnier, *Journ. de Physiol. et de Path. gén.*, 1899, n° 2].

Au lieu de peser le glycogène obtenu, on peut le doser par saccharification [Kratschmer, *Pflüger's Arch.*, **24**, 134. — Chittenden et Lambert, *Maly's Jahresb.*, **15**, 310. — Delprat. *ibid.*, **11**, 321. — Panormoff, *ibid.*, **17**, 305]. La méthode polarimétrique a été préconisée aussi par M. Cramer, mais l'opalescence des solutions de glycogène en rend l'application difficile [Cramer, *Zeit. f. Biol.*, **24**, 67].

PROPRIÉTÉS. — D'après les analyses concordantes de MM. Külz et Bornträger, de MM. Fränkel et Huppert, le glycogène desséché à 100° contient $6(C^6H^{10}O^5)$, $H^2O$, tandis que les déterminations cryoscopiques de M. Sabanejeff conduisent à la formule $10(C^6H^{10}O^5)$, $H^2O$ [E. Külz et A. Bornträger, *Pflüger's Arch.*, **24**, 26. — Fränkel, *ibid.*, **52**, 128. — Huppert, *Zeit. physiol. Chem.*, **18**, 138].

C'est une poudre blanche, amorphe, pulvérulente (et non hygroscopique et gluante comme l'érythrodextrine). D'après M. A. Gautier, le glycogène, quand il est resté pendant 12 heures au contact de l'air séché par l'acide sulfurique, retient des doses variables d'eau (de 4,8 à 1,93 0/0) suivant son origine. Elle est sans odeur et sans saveur, et se dissout dans l'eau en donnant une solution opalescente. Évaporée au bain-marie, cette solution se recouvre d'une membrane qui disparaît par refroidissement. Le pouvoir rotatoire du glycogène est de $[\alpha]_D = +226,7°$ d'après M. Külz, de $[\alpha]_D = 213°,3$ d'après M. Landwehr, de $[\alpha]_D = 200°,2$ d'après M. Cramer, et de $[\alpha]_D = 196°,6$ d'après M. Huppert. D'après M. Külz, il est indépendant de la concentration et n'est pas influencé à froid par l'acide chlorhydrique, la soude ou la potasse, l'iodure double de mercure et de potassium [Külz, *Pflüger's Arch.*, 24, 35. — Landwehr, *Zeit. physiol. Chem.*, 8, 170; *Zeit. f. Biol.*, 24, 100. — Huppert, *Zeit. physiol. Chem.*, 18, 138].

L'iode colore le glycogène en brun châtaigne, coloration que les sels neutres ($SO^4Na^2$, $NaCl$, $ClAzH^4$, etc.) accentuent, d'après M. Nasse, 'et que l'iodure de potassium fait disparaître. Par l'acétate de sodium, la couleur passe au bleu violet. La dissolution rouge ne donne pas de spectre caractéristique, mais seulement un obscurcissement de l'extrémité violette [Nasse, *Pflüger's Arch.*, 37, 585. — Brücke, *Sitzungsber. d. k. Akad. d. Wiss.*, 63, 2e part., 216. — Huppert, *loc. cit.*, 143].

La solution aqueuse de glycogène est précipitée par l'alcool; mais si le glycogène est exempt de cendres, il est nécessaire d'ajouter une trace de chlorure de sodium ou d'un acétate alcalin. Il est insoluble dans l'acide acétique cristallisable (Bizio), qui le précipite, d'après M. Lehmann, de ses solutions concentrées. Les acides propionique et butyrique agissent de même, d'après M. Nasse. L'acide trichloracétique étendu ne le précipite point [*C. R.*, 62, 675. — Lehmann, *Handb. physiol. Chem.*, 2e édit., 1859, 152. — Nasse, *op. cit.*, 352]. La solution aqueuse de glycogène est en outre précipitée par l'eau de baryte. Lorsque la précipitation est incomplète, le précipité a la formule $5(C^6H^{10}O^5),Ba(OH)^2$; lorsqu'elle est complète, la formule du produit varie avec la concentration de l'eau de baryte jusqu'à une richesse maxima en baryte répondant à la formule

$$5(C^6H^{10}O^5),2Ba(OH)^2$$

(Nasse). Ces précipités sont insolubles dans l'eau de baryte, mais solubles dans l'eau pure, et ils sont décomposés par l'acide carbonique en glycogène et carbonate de baryte.

La solution de glycogène est en outre précipitée par l'eau de chaux, le sous-acétate de plomb, la solution alcaline d'oxyde de plomb ou d'oxyde stanneux, le sulfate de cuivre ammoniacal, le tannin, et ces précipités sont une combinaison avec l'agent précipitant. Le précipité par le tannin présente, comme celui que donne l'amidon soluble (Payen et Persoz), la remarquable propriété de se dissoudre à chaud et de reparaître par refroidissement (O. Nasse). Additionnée de perchlorure de fer, puis de carbonate de soude, la solution de glycogène abandonne une combinaison de ce corps avec l'hydrate ferrique (procédé de dosage de M. Landwehr). L'acide phosphotungstique le précipite de sa solution chlorhydrique (Huppert). En agitant une solution de glycogène avec du chlorure de benzoyle et de la soude, d'après le procédé général de Baumann, on obtient un précipité blanc, granuleux, qui est un benzoylglycogène [Wedenski, *Zeit. physiol. Chem.*, 13, 125].

Le glycogène en solution alcaline maintient l'oxyde cuivrique en dissolution, mais à chaud il n'y a pas réduction.

*Hydrolyse du glycogène.* — Les alcalis à la température du bain-marie n'altèrent pas le glycogène, mais en présence des acides minéraux, il se forme une série de produits que l'on peut, par analogie avec ce qui se passe pour l'amidon, dé-

signer sous le nom de *glycogène soluble, érythrodextrine* et *acrodextrine* [Chr. Tebb, *Journ. of Physiol.*, 22, 423]. Les sucres qui apparaissent ensuite seraient l'*isomaltose* (et non le maltose) et le *glucose*, que M. Cremer a isolés, sous la forme de leurs osazones, du produit de la saccharification du glycogène par l'acide oxalique à 1 0/0, pendant 25 minutes, à 3 atmosphères [Cremer, *Zeit. f. Biol.*, 31, 181].

Chauffé pendant 3 heures à 100°, en autoclave, avec de l'acide acétique à 5 0/0, le glycogène n'est pas hydrolysé, tandis qu'avec un acide minéral à 5 ou 6 0/0, et à 115-120° l'hydrolyse est complète en 5 ou 6 heures : 97,8 de glycogène du foie de lapin agissent sur la liqueur cupropotassique après hydrolyse comme 100 de glucose anhydre. Le pouvoir réducteur n'est pas le même pour tous les glycogènes [A. Gautier, *loc. cit.*].

Soumis à l'action de la diastase amylolytique de la salive, du suc pancréatique ou du malt, le glycogène fournirait presque uniquement, d'après M. Chr. Tebb, de l'acrodextrine, accompagnée d'une très petite quantité d'érythrodextrine [Chr. Tebb, *loc. cit.*]. Ensuite apparaissent les sucres, que MM. Külz et Vogel ont isolés et analysés sous la forme de leurs osazones. La salive parotidienne de l'homme et le pancréas de bœuf transforment le glycogène (du foie) en dextrose (glucose), maltose et isomaltose, tandis que, dans les mêmes conditions, l'empois d'amidon ne fournit que de l'isomaltose. Avec le glycogène du muscle et de petites quantités de salive parotidienne de l'homme, on voit apparaître de même ces trois sucres, tandis qu'avec des doses massives de salive le dextrose et le maltose se produisent seuls. Enfin, le pancréas de bœuf et l'extrait de malt transforment le glycogène du foie et du muscle en dextrose et isomaltose [Külz et Vogel, *Zeit. f. Biol.*, 31, 108].

MM. Külz et Vogel considèrent l'isomaltose comme la substance mère du maltose et du dextrose; mais il est possible aussi que ces trois sucres prennent naissance parallèlement, l'isomaltose produisant encore secondairement une partie des deux autres sucres. Si l'on rapproche d'ailleurs ces résultats des recherches de M. Fischer, on arrive à cette conclusion que la ptyaline, par exemple, est formée de plusieurs diastases, ce qui complique sans doute le tableau chimique de toutes ces hydrolyses [voyez L. Heine, *Fortschritte d. Med.*, 13, 789].

La diastase hépatique fournit des produits analogues. La proportion d'érythrodextrine trouvée dans les premiers stades de la réaction est toujours notable. Le produit ultime est le dextrose [Tebb, *Maly's Jahresb.*, 25, 322; *Journ. of Physiol.*, 22, 423].

Par l'action prolongée des diverses diastases, il se forme toujours, aux dépens du glycogène, une acrodextrine (la dystropodextrine de M. Seegen) inattaquable par ces diastases (Tebb).

E. Lambling.

**GLYCOL** [Syn. *Éthane-diol*]. — La préparation du glycol, par le procédé de MM. Zeller et Huffner (1er Suppl., 880), donnant parfois d'assez mauvais rendements, plusieurs savants ont cherché à améliorer ceux-ci, et ont repris méthodiquement l'étude de cette préparation dans laquelle, d'après M. Bouchardat [*C. R.*, 100, 452], un quart environ du bromure d'éthylène employé se transforme en éthylène bromé.

M. Stempnewsky [*Ann. Chem.*, 192, 240], en traitant le bromure d'éthylène (188 grammes) par la potasse (112 grammes) en dissolution dans l'eau (1 litre), a constaté qu'il ne se forme pas trace de glycol, mais uniquement de l'éthylène bromé; avec le carbonate de potassium il y a également formation de ce dérivé bromé; il semble donc que le carbonate de potassium se décompose suivant l'équation

$$CO^3K^2 + H^2O = 2KOH + CO^2.$$

Le carbonate de sodium, au contraire, donne une notable proportion de glycol.

MM. Beilstein et Wiegand [*D. chem. G.*, **15**, 1368], en chauffant des proportions équivalentes d'hydrate d'argent et de bromure d'éthylène en présence de l'eau (6 0/0 de $C^2H^4Br^2$), ont obtenu uniquement de l'aldéhyde. Remplace-t-on l'hydrate d'argent par le sulfate, on obtient le corps

$$(CH^2Br . CH^2Br)^2SO^4,$$

qui, par l'eau, donne l'*acide* $(C^2H^4Br) . HSO^4$, dont le sel de baryum, bien cristallisé, se décompose sous l'action de l'eau tiède en glycol et sulfate de baryum. En apportant quelques modifications peu importantes à la méthode de MM. Zeller et Huffner, MM. E. Haworth et W.-H. Perkin [*Chem. Soc.*, **69**, 175] ont pu obtenir un rendement de plus de 60 0/0. Ce rendement a été encore atteint par M. Niederist [*Ann. Chem.*, **196**, 349], qui conseille de chauffer le bromure d'éthylène avec 26 fois son poids d'eau, soit au réfrigérant ascendant, soit dans une simple bouteille de verre épais (bouteille à champagne) : il ne se forme pas de corps plus volatil que le glycol. Enfin, M. Grosheintz [*Bull. Soc. Chim.*, (2), **31**, 293] obtient des rendements satisfaisants et évite la formation d'éthylène bromé en chauffant le bromure d'éthylène au réfrigérant ascendant, avec une solution très étendue de carbonate de potassium; il recommande d'employer les proportions suivantes

| | |
|---|---|
| Bromure d'éthylène....... ... | **320** gr. |
| Carbonate de potassium.... | **250** — |
| Eau.................... | **3500** — |

MM. L. et P. Henry [*Bull. Acad. roy. de Belgique*, (3), **32**, 402] ont complètement modifié la préparation du glycol. Ils traitent le bromure d'éthylène par l'acétate de potassium en présence d'alcool méthylique et d'une petite quantité d'eau; il se forme de l'acétate de méthyle bouillant à température peu élevée, et par suite très facile à séparer du glycol : on prend 300 grammes d'acétate de potassium et 300 grammes d'alcool méthylique; on ajoute 25 grammes d'eau et 290 grammes de bromure d'éthylène. On chauffe pendant 2 heures en autoclave à 150° (pression 20 atmosphères). On mélange les produits de la réaction, on chauffe encore 1 heure, puis on filtre; on épuise la masse saline par l'alcool méthylique, et l'on chauffe de nouveau la solution pendant une dizaine d'heures à 165°. On fractionne les produits volatils et l'on obtient en glycol 92 0/0 du rendement théorique. On peut diminuer de moitié le temps total de chauffe en augmentant d'un tiers environ la quantité d'alcool méthylique employé.

Cet excellent procédé a été simplifié par M. L. Henry [*Rec. des Pays-Bas*, **19**, 221]. On transforme en hydrate $Ca(OH)^2$ une molécule de chaux vive, et on l'incorpore peu à peu à une molécule de diacétine. On obtient ainsi une masse demi-solide, que l'on distille directement sous pression réduite. Le rendement en glycol pur s'élève à 93 0/0 de la quantité théorique.

*Point de fusion.* — Le glycol fond à — 17°,4 [Ladenburg et Krugel, *D. chem. G.*, **32**, 1818]; à — 11°,5 [Bouchardat, *loc. cit.*]; de très petites quantités d'eau abaissent notablement le point de fusion.

*Thermochimie.* — Chaleur de combustion [Louguinine, *C. R.*, **90**, 367] :

$$C^2H^6O^2 \text{ liq.} + 5O \text{ gaz} = 3H^2O \text{ liq.} + 2CO^2 \text{ gaz} + 283293 \text{ cal.}$$

Chaleur de dissolution [Berthelot, *C. R.*, **93**, 120]; 1 partie de glycol et 90 parties d'eau à 19°,5 :

$$C^2H^6O^2 \text{ liq.} + \text{eau} \quad \text{dégagent} \quad + 1°,74.$$

Chaleur de formation (Berthelot) à partir des éléments :

$$C^2 \text{ (diamant)} + H^6 + O^2 = C^2H^6O^2 \text{ liquide} + 111°,7.$$

*Action des agents oxydants.* — Si l'on traite le glycol par le permanganate de potassium en solution acide et bouillante [L. Perdrix, *Bull. Soc. Chim.*, (3), **17**, 102], l'oxydation se fait suivant la réaction

$$C^2H^6O^2 + 4O = CO^2 + H^2O^2 + 2H^2O.$$

D'après MM. Horstmann, Fenton et H. Jackson [*Chem. Soc.*, **75**, 1], les alcools polyatomiques ne sont pas attaqués par l'eau oxygénée seule, mais s'oxydent rapidement sous l'influence d'un mélange de ce réactif et de sulfate ferreux. Dans ces conditions le glycol se transforme en aldéhyde glycolique.

En présence du *Bacterium aceti* [A.-J. Brown, *Chem. Soc.*, **51**, 638] le glycol s'oxyde en donnant de l'acide glycolique.

M. Renard [*C. R.*, **84**, 352; *Ann. Chim. Phys.*, (5), **17**, 289] a étudié l'action de l'oxygène électrolytique sur une solution aqueuse de glycol (10 parties de glycol, 100 parties d'eau acidulée au 1/20 par l'acide sulfurique). Le courant était fourni par quatre éléments Bunsen. Au pôle négatif il se dégagea de l'hydrogène pur, mais au pôle positif on obtint un mélange gazeux qui possédait la composition :

| | |
|---|---|
| $CO^2$........ .......... | 5 |
| $CO$.....¡............. | 57,15 |
| $O$.................... | 37,85 |

L'action fut arrêtée au bout de 36 heures; le liquide acide, saturé par du carbonate de calcium, fut filtré et distillé. En même temps que de l'eau, il passa un liquide qui présentait les réactions de l'aldéhyde glycérique (?). Le résidu contenait du formiate et du glycolate de calcium, du glycol non altéré, et un corps analogue au glucose, mais non fermentescible.

*Action du sodium.* — Par l'action du sodium sur le glycol monosodé, on n'a jamais pu obtenir le dérivé disodé; ce corps, d'après M. de Forcrand [*C. R.*, **113**, 1048], s'obtient en dissolvant du glycol dans un excès de soude en solution aqueuse saturée. Par évaporation lente sur l'anhydride phosphorique, on obtient l'*hydrate*

$$C^2H^6Na^2O^2, 10H^2O,$$

qui, chauffé à 150° dans un courant d'hydrogène sec, perd ses 10 molécules d'eau et donne le glycol disodé sous la forme d'une masse poreuse et presque blanche. On obtient ce même corps, avec un bien meilleur rendement, en chauffant pendant 2 ou 3 heures au réfrigérant ascendant un mélange de glycol et d'éthylate de sodium, puis distillant au bain d'huile à 135° dans un courant d'hydrogène.

Chaleur de dissolution (1 molécule dans 6 litres) + 21°,49. Chaleur de formation :

$$C^2H^6O^2 \text{ liq.} + Na^2 \text{ sol.}$$
$$= H^2 \text{ gaz} + C^2H^4Na^2O^2 \text{ sol.} + 66^{cal},68.$$

D'après M. de Forcrand [*C. R.*, **114**, 123], lorsque l'on fait réagir du sodium sur un alcool primaire, la substitution de Na à H dégage 32 calories. Or, dans le glycol, la substitution de Na à H dans le 1er groupe $CH^2OH$ dégage $+ 36^{cal},34$, et dans le second groupe $+ 27^{cal},67$ seulement. Il faut admettre qu'il y a là une superposition de réaction, et que les deux fonctions du glycol ont la même valeur : qu'il se dégage pour chacune d'elles $+ 32$ calories dans la substitution de Na à H. En effet, 2 molécules d'alcool méthylique réagissant sur 1 atome de sodium dégagent $+ 42^{cal},03$, parce que le méthylate de sodium se combine avec l'alcool méthylique en dégageant $+ 8^{cal},84$; un second atome de sodium réagissant sur la combinaison $CH^3ONa, CH^4O$ ne donne plus que $24^{cal},35$. Par analogie, on peut admettre que, dans l'action du sodium sur le glycol, le premier groupe alcool primaire substitué $(CH^2ONa)$ se combine avec le second encore intact, et cette combinaison produit une quantité de chaleur supérieure à 32 calories.

Si l'on prend la moyenne $\dfrac{36,34 + 27,67}{2} = 32$, on retrouve le nombre de calories dégagé par tous les alcools primaires. On peut donc admettre que la substitution de Na à H dégage toujours la même quantité de chaleur, que l'alcool soit poly- ou mono-atomique.

*Action de divers réactifs*. — En faisant passer un courant de gaz chlorhydrique sec dans une solution éthérée d'un mélange de glycol et d'acide cyanhydrique, M. Pinner [*D. chem. G.*, **16**, *passim*] a obtenu une huile lourde se solidifiant à la longue et constituant le *chlorhydrate*

$$CH(AzH)O \ C^2H^4O \ CHAzH, 2HCl.$$

A.-W. Hoffmann [*D. chem. G.*, **17**, 1905] a obtenu une collidine en chauffant pendant 7 à 8 heures à 180-190° un mélange de 3 parties de glycol et 1 partie de sel ammoniac. En admettant la réaction

$$4\,C^2H^6O^2 + AzH^4Cl = C^8H^{11}AzHCl + 8H^2O,$$

le rendement atteint 15 à 20 0/0 du rendement théorique.

Le glycol (62 grammes) mélangé avec du chloral anhydre ($147^{gr},5$) donne, d'après M. de Forcrand [*C. R.*, **108**, 618], un liquide homogène et visqueux qui se transforme au bout de quelques jours en une masse de cristaux durs et transparents, fusibles à $+ 42°$.

C'est une combinaison moléculaire des deux corps. Chaleur de dissolution (1 molécule dans 10 litres) $= -1^{cal},79$ :

$$C^2HCl^3O \ liq. + C^2H^6O^2 \ liq.$$
$$= (C^2HCl^3O + C^2H^6O^2) \ sol. + 15^{cal},40.$$

*Éthérification*. — M. Villiers [*Ann. Chim. Phys.*, (5), **21**, 72] a déterminé les coefficients d'éthérification du glycol dans des conditions déterminées de température et de durée. Les recherches faites sur le mélange de 1 molécule de glycol avec $1/2\,HCl$ peuvent se résumer dans le tableau suivant :

| Température ordinaire. | | A 44°. | | A 100°. | |
|---|---|---|---|---|---|
| Au début............ | 1,5 | Après 142 jours ..... | 70,8 | Après 30 minutes.... | 13,9 |
| Après  8 jours ..... | 34,4 | —    221  —  ..... | 73,3 | —   1 h. 1/2........ | 63,5 |
| —   83  —  . ... | 48,1 | | | —   96 heures...... | 87,7 |
| —  330  —  ..... | 53,2 | | | | |

CHLORHYDRINE. — En faisant passer un courant très lent d'acide chlorhydrique sec dans du glycol chauffé d'abord à 148°, puis peu à peu à 160°, M. Ladenburg [*D. chem. G.*, **16**, 1407] a obtenu 60 0/0 de chlorhydrine éthylénique pure, bouillant à 128-131°; pour 100 grammes de glycol, le courant doit passer pendant 16 heures. En chauffant à 100° le glycol avec un excès d'acide chlorhydrique, on le transforme intégralement en chlorure d'éthylène. [Schorlemmer, *Chem. Soc.*, **39**, 143].

Les oxydes de plomb et de zinc en réagissant sur la monochlorhydrine donnent de l'aldéhyde acétique [Kaschirsky, *Bull. Soc. Chim.*, (2), **28**, 350]. A 160-180° la potasse, au contraire, régénère du glycol.

Chancel [*C. R.*, **128**, 313] a obtenu les trois *oxyéthylamines* par l'action de l'ammoniaque en solution aqueuse concentrée et froide sur la monochlorhydrine. On sépare les chlorhydrates par l'alcool absolu qui ne dissout ni celui d'ammoniaque, ni celui de trioxyéthylamine.

MONOBROMHYDRINE. — Le meilleur procédé de préparation consiste à unir directement l'éthylène à l'acide hypobromeux.

Si l'on fait réagir l'acide bromhydrique sur le glycol, on obtient des cristaux

$$C^2H^4(OH)^2, HBr,$$

fusibles à 50°, se détruisant rapidement à l'air ou dans une atmosphère de gaz carbonique, mais stables en présence de l'acide bromhydrique [Mokievsky, *Journ. Soc. russe*, **30**, 901].

La poudre de zinc réagissant sur la monobromhydrine en solution alcoolique donne de l'éthylène,

$$CH^2Br - CH^2OH = CH^2 = CH^2 + HOBr.$$

Cette réaction semble générale : la poudre de zinc enlèverait $HOBr$ aux monobromhydrines de tous les glycols (*loc. cit.*, 328).

CARBONATE. — M. Nemirowsky [*J. prakt. Chem.*, (2), **28**, 439] obtient le carbonate, $CO(OCH^2)^2$, par l'action de l'oxychlorure de carbone sur le glycol en tube scellé; cet éther est soluble dans l'eau et dans l'alcool, très peu dans l'éther. Il fond à 38°,5-39° et cristallise sans décomposition à 236°.

AZOTATE. — M. Demianoff [*Journ. Soc. russe*, **30**, 187], en faisant réagir l'anhydride azotique sur l'éthylène, obtient un produit liquide contenant l'éther azotique de l'éthane-diol, que l'on peut séparer par distillation dans un courant de vapeur d'eau. Cet éther, traité par la potasse, régénère le glycol.

OXYDES MIXTES. — Ces éthers ont été obtenus par M. Walther Lippert [*Ann. Chem.*, **276**, 148] et M. Henry [*C. R.*, **100**, 1007].

*Éther diméthylique*, $C^2H^4(OCH^3)^2$. — Liquide d'odeur éthérée, bouillant à 82-83° sous 717 millimètres, sa densité à 0° $= 0,8914$, à 20° $= 0,8732$.

*Éther diéthylique*, $C^2H^4(OC^2H^5)^2$. — Bouillant à 121-122°.

*Éther dipropylique*, $C^2H^4(OC^3H^7)^2$. — Bouillant à 159-160° sous 724 millimètres; $D_0 = 0,8486$, $D_{20} = 0,8389$.

*Éther di-isobutylique*, $C^2H^4(OC^4H^9)^2$. — Bouillant à 181° sous 733 millimètres; $D_0 = 0,8349$, $D_{20} = 0,8245$.

Tous ces éthers, traités à basse température par l'acide iodhydrique, donnent du glycol et un iodure alcoolique : l'iode se porte sur le radical monovalent.

Combinaisons avec les aldéhydes, acétals [Lochert, *Ann. Chim. Phys.*, (6), 16, 26; *Bull. Soc. Chim.*, (2), 48, 337 et 716. — Verley, *Bull. Soc. Chim.*, (3), 21, 275].

Pour les procédés de préparation, voyez Glycols, 2° Suppl.

En chauffant pendant 3 heures, au bain-marie, un mélange équimoléculaire de glycol et de trioxyméthylène, MM. Trillat et Cambier [*Bull. Soc. Chim.*, (3), 11, 759] ont obtenu le corps

$$CH^2 \begin{cases} OC^2H^4OH \\ OC^2H^4OH \end{cases}$$

C'est un liquide mobile, d'odeur poivrée, soluble dans l'eau et décomposable par les acides; il bout à 74-75°; $D_{25} = 1,0534$.

*Acétal méthylénique* (Verley),

$$CH^2 \begin{cases} O - CH^2 \\ \quad\quad | \\ O - CH^2 \end{cases}$$

— Liquide d'odeur éthérée et poivrée, bouillant à 78°.

*Acétal éthylidénique* (Lochert),

$$CH^3 . CH = [OCH^2 . CH^2O].$$

— Bouillant à 82°,5 sous 765°,8; $D_0 = 1,0002$. Les acétals suivants ont également été préparés :

$$CH^3CH^2CH = [OCH^2 . CH^2O],$$

bouillant à 106° sous 753°,2; $D_0 = 0,9797$;

$$(CH^3)^2CH . CH = [OCH^2 . CH^2O],$$

bouillant à 125° sous 747$^{mm}$,3 (L.), à 122-123° (V.); $D_0 = 0,9641$ (L.), $D_{15} = 0,9459$ (V.);

$$(CH^3)^2CH . CH^2 . CH = [OCH^2 . CH^2O],$$

bouillant à 145° sous 758$^{mm}$,4; $D_0 = 0,9437$.

Enfin, avec l'aldéhyde œnanthylique, on obtient un acétal bouillant à 200°; $D_0 = 0,9327$.

Tous ces acétals sont solubles en toutes proportions dans l'alcool et dans l'éther; leur solubilité dans l'eau diminue à mesure que le poids moléculaire augmente.

L'eau chaude, les acides et les alcalis étendus les décomposent en glycol et aldéhyde; les hydrates alcalins purs et secs ne les attaquent pas à froid.

Le pentachlorure de phosphore à froid les décompose en chlorure d'éthylène et aldéhyde.

Ch. Cloëz.

**GLYCOLIQUE (ACIDE)** [Syn. *Éthanoïque*],

$$\begin{matrix} CH^2OH \\ | \\ CO^2H \end{matrix}$$

— On a signalé l'existence de l'acide glycolique dans certains végétaux, en particulier dans les raisins avant la maturité [Erlenmeyer, *Zeit. f. Chem.*, 1866, 639], et dans les feuilles de la vigne sauvage ou *Ampelopsis hederacea* [Gorup, *Ann. Chem.*, 161, 229]. M. O. von Lippmann a retiré de l'acide glycolique du jus des betteraves non mûres [*D. chem. G.*, 24, 3299]. D'après MM. A. et P. Buisine, les eaux de suint de la laine de mouton en renferment jusqu'à 1 0/0 [*C. R.*, 107, 789].

M. Shorey a rencontré de notables quantités d'acide glycolique dans le sucre de canne (75 à 80 0/0 de l'acidité totale). Il attribue à la présence de cet acide certains phénomènes qui se produisent pendant le traitement des mélasses (mousse soudaine débordant des bassines, brunissement des matières, odeur désagréable, etc.) et qui résulteraient de la décomposition brusque de l'acide glycolique en acide formique [*Am. Chem. Soc.*, 21, 45].

Un certain nombre de synthèses de l'acide glycolique ont déjà été décrites (voyez Dict., 2, 1614; 1er Suppl., 881). Voici celles qui ont été signalées depuis cette époque :

1° L'acide glycolique prend naissance lorsqu'on chauffe de l'acide diazo–acétique avec de l'eau pendant un certain temps. Les éthers éthylglycoliques et acétylglycoliques peuvent être préparés par un procédé analogue, en remplaçant l'eau par l'alcool ou par l'acide acétique [Curtius, *J. prakt. Chem.*, (2), 38, 423].

2° Lorsqu'on traite l'acide tartrique (1 partie) par de l'acide sulfurique renfermant 80 0/0 d'anhydride (6 à 7 parties), à une température de 50° environ, on obtient un mélange d'acides glycolique et pyruvique, et il se dégage de l'acide carbonique, de l'oxyde de carbone et de l'anhydride sulfureux :

$$C^4H^6O^6 = 2CO + H^2O + C^2H^4O^3,$$
$$C^4H^6O^6 = CO^2 + C^3H^4O^3 + H^2O$$

[Bouchardat, *C. R.*, 89, 99].

3° M. Demarçay a obtenu de l'acide glycolique en faisant agir la potasse sur l'éther isobutylacétylacétique bromé, au-dessous de —5° :

$$C^2H^5CO^2 . \underset{\underset{C^4H^9}{|}}{CH} . CO . CH^2Br + 2H^2O$$
$$= C^2H^5CO^2 . CH^2 . C^4H^9 + HBr$$
$$+ CO^2H . CH^2OH$$

[*Bull. Soc. Chim.*, (2), 34, 513].

4° L'acide glycolique constitue l'un des produits de l'oxydation du dextrose, du lévulose, du galactose, de l'acide gluconique et de la saccharine [H. Kiliani, *D. chem. G.*, 13, 2307; 15, 701].

On en obtient des quantités assez notables en chauffant pendant 4 heures, à 60°, une solution aqueuse de glycérine (10 grammes de glycérine à 85 0/0 et 200 centimètres cubes d'eau) avec de l'oxyde d'argent fraîchement précipité (40 grammes) et de la chaux éteinte (6 grammes). Pour isoler l'acide, on sature la liqueur d'acide carbonique, on filtre et l'on évapore. Par refroidissement le glycolate de calcium cristallise avec un peu de formiate. 10 grammes de glycérine fournissent 4$^{gr}$,6 de glycolate [Kiliani, *D. chem. G.*, 16, 2414].

M. de Forcrand prépare l'acide glycolique en réduisant l'acide oxalique (2 parties dans 16 parties d'eau) par le zinc en poudre (1 partie) à froid. Au bout de 4 à 5 jours on filtre, on neutralise par la chaux, on filtre et on évapore. Le sel de calcium qui cristallise est ensuite décomposé par l'acide oxalique. Le rendement est de 10 0/0 de l'acide oxalique employé [*Bull. Soc. Chim.*, (2), 39, 310].

5° Le principal procédé de préparation de l'acide glycolique est actuellement celui qui consiste à hydrater l'acide monochloracétique ou ses sels :

$$CH^2Cl . CO^2H + H^2O = CH^2OH . CO^2H.$$

D'après M. Thomson, on transforme quantitativement l'acide monochloracétique en le chauffant pendant 8 jours avec de l'eau, à l'ébullition. Au bout de 30 heures, la moitié seulement de l'acide est hydratée [*Ann. Chem.*, 200, 75].

D'après M. A. Hölzer, on obtient de mauvais résultats en chauffant l'acide monochloracétique avec de l'eau ou des alcalis, ou encore avec de la chaux. La séparation des sels alcalins est en effet assez difficile, et si l'on opère avec de la chaux, il se forme de l'acide diglycolique. L'auteur propose de chauffer au bain-marie pendant 2 ou 3 jours une solution d'acide monochloracétique (500 gr.) dans 4 litres d'eau avec 560 grammes de marbre concassé. La réaction est terminée lorsqu'il ne se dégage plus d'acide carbonique. Par refroidissement, la liqueur se prend en deux couches cristallines; la moins dense est constituée par du glycolate de calcium hydraté, qui cristallise en fines aiguilles, $(C^2H^3O^3)^2Ca,4H^2O$. La couche inférieure est composée d'octaèdres qui répondent à la formule $ClCaC^2H^3O^3,3H^2O$. Quelquefois on obtient aussi du glycolate de calcium anhydre sous la forme de prismes allongés.

Pour isoler l'acide glycolique, on commence par dissoudre la masse dans l'eau chaude de façon à tout transformer en sel hydraté, celui-ci cristallise par refroidissement. On l'essore, on le lave avec un peu d'eau froide, et on le décompose par la quantité calculée d'acide oxalique en solution concentrée bouillante. On filtre et on évapore jusqu'à commencement de cristallisation. 500 grammes d'acide monochloracétique fournissent 215 grammes d'acide glycolique pur (rendement 50 0/0 environ) [A. Hölzer, *D. chem G.*, 16, 2954].

MM. J. Mauthner et W. Suida obtiennent 75 0/0 de la quantité théorique d'acide glycolique en chauffant au bain-marie, pendant 3 ou 4 heures, des quantités équimoléculaires de carbonate de sodium et d'acide monochloracétique [*Mon. f. Chem.*, 9, 717].

M. Colman a perfectionné ce procédé de la façon suivante : On chauffe pendant 25 à 30 heures, au réfrigérant ascendant, une solution aqueuse concentrée de monochloracétate de potassium; on chauffe ensuite la masse dans le vide à 60-70°, de façon à éliminer la plus grande partie de l'eau, puis l'on traite le résidu par un excès d'acétone, de façon à précipiter le chlorure de potassium. On filtre et on évapore jusqu'à cristallisation. Rendement, 85 0/0 de la théorie [H.-G. Colman, *Proc. Chem. Soc.*, 1892, 72].

L'acide glycolique peut encore être obtenu en chauffant avec de l'eau les sels alcalins ou argentiques des acides monochloracétique et monobromacétique. La nature du métal paraît avoir peu d'influence sur la vitesse d'hydratation. Dans le cas du monochloracétate d'argent, cette vitesse croît notablement avec la concentration; ce fait concorde avec les variations de la constante d'affinité de l'acide monochloracétique, qui est plus forte en solution décinormale qu'en solution normale [J.-H. Kastle et A.-B. Kaiser, *Am. Journ.*, 14, 586; 15, 471].

L'acide glycolique prend naissance en petite quantité dans l'oxydation du lévulose par l'acide azotique [Smith et Tollens, *D. chem. G.*, 33, 1277].

Il s'en forme également dans la réduction électrolytique de l'acide oxalique [Avery et Dales, *D. chem. G.*, 32, 2233].

L'oxydation de l'acide bromoxyéthane-sulfonique au moyen de l'oxyde d'argent en fournit également une certaine quantité :

$$CH^2OH.CHBr(SO^3H) + O^2 + H^2O$$

$$= CH^2OH.CO^2H + HBr + SO^4H^2$$

[E.-P. Kohler, *Am. Journ.*, 21, 349].

On obtient encore de l'acide glycolique à l'état de sel de potassium en faisant réagir avec précaution le cyanure de potassium sur l'aldéhyde formique. Si l'on opère en présence de chlorure de calcium, c'est le glycolate de ce dernier métal qui prend naissance [Kohn, *Mon. f. Chem.*, 20, 903].

M. Berthelot a constaté que lorsqu'on fait absorber de l'acétylène par de l'acide sulfurique réel ou par l'hydrate $SO^4H^2,H^2O$, il se fait un peu d'acide glycolique et d'aldéhyde crotonique [*C. R.*, 128, 333].

Enfin, M. Pinner a obtenu un mélange d'acide glycolique et d'acide oxalique en faisant agir la potasse alcoolique bouillante sur le composé

$$CCl^3.CHOH.O.CH^2.O.CHOH.CCl^3,$$

résultant de la condensation de l'aldéhyde formique et de l'hydrate de chloral en présence d'acide sulfurique concentré [A. Pinner, *D. chem. G.*, 31, 1926].

*Propriétés physiques.* — L'acide glycolique paraît être dimorphe. On l'a décrit comme cristallisé en prismes clinorhombiques [1er Suppl., *loc. cit.*]; d'après M. Colman, on peut l'obtenir aussi en cristaux orthorhombiques dont les paramètres ont pour valeurs respectives

$$a:b:c = 0,774:1:0,368$$

[Colman, *loc. cit.* — Henniges, *D. chem. G*, 16, 2956].

L'acide glycolique fond à 79°. Il est soluble dans l'eau, l'alcool et l'éther; ce dernier dissolvant n'enlève que très peu d'acide aux solutions aqueuses. L'acide glycolique est difficilement entraînable par un courant de vapeur.

La *chaleur de combustion moléculaire* de l'acide glycolique est égale à 166 calories; la *chaleur de formation* à partir de l'acide acétique est égale à $+40^{cal},2$ [Berthelot, *C. R.*, 115, 393], et à partir du glyoxal à $+6^{cal},05$ [de Forcrand, *Bull. Soc. Chim.*, (2), 41, 244]. La *chaleur de dissolution* du même acide est égale à $-2^{cal},76$ [de Forcrand, *C. R.*, 96, 582]. La *conductibilité électrique* des solutions d'acide glycolique a été déterminée dans diverses conditions par M. Ostwald [*Zeit. physik. Chem.*, 3, 183].

L'acide glycolique présente des anomalies cryoscopiques lorsqu'on détermine sa grandeur moléculaire en solution dans l'acide acétique. Il forme avec ce dernier une combinaison solide [Garelli et Calzolari, *Gaz. ital. chim.*, 29, 357].

*Propriétés chimiques* [voyez Dict., *loc. cit.*]. — L'acide glycolique est acide à la phtaléine et au bleu Poirrier; les virages sont nets en présence de ces indicateurs [Imbert et Astruc, *C. R.*, 130, 35]. Le coefficient d'acidité de l'acide glycolique est égal à 87,37 [de Forcrand, *C. R.*, 131, 36].

Les oxydants transforment généralement l'acide glycolique en acide oxalique, les réducteurs en acide acétique [Claus, *Ann. Chem.*, 145, 256]. Toutefois MM. Fenton et Jones ont pu isoler le produit d'oxydation intermédiaire, l'acide glyoxylique, en faisant agir à 0° sur l'acide glycolique l'eau oxygénée, en présence de sulfate ferreux. Pour 1 molécule d'acide, il faut employer 1/8 molécule de sel ferreux et de l'eau oxygénée en quantité telle qu'il reste 1/4 d'atome d'oxygène disponible, une fois le fer oxydé [*Chem. Soc.*, 77, 69].

L'acide sulfurique le décompose vers 180°, en donnant du trioxyméthylène $(CH^2O)^n$. La chaleur seule le transforme partiellement ou totalement en glycolide.

L'anhydride acétique bouillant réagit d'une façon analogue : en distillant le produit de la réaction, on obtient successivement de l'*acide glycolylglycolique* bouillant vers 235°, et plus haut du *glycolide* fusible à 78° (voyez plus loin) [Bœttinger, *Chem. Zeit.*, 24, 619].

En chauffant un mélange de glycolate de calcium et de chaux éteinte, M. Hanriot a obtenu de l'hydrogène et du méthane, mais peu d'alcool méthylique [*Bull. Soc. Chim.*, (2), 45, 80].

Les glycolates ne paraissent pas susceptibles de fermenter sous l'influence des schizomycètes [Fitz, *D. chem. G.*, 11, 46].

La condensation des glycolates neutres alcalins avec les dérivés diacétylés, dibenzoylés, etc., de l'éthylène-diamine donne naissance à la pipérazine. Cette réaction est employée industriellement [E. Schering, Berlin. D. R. P., 67 811, du 13 juillet 1892].

*Électrolyse de l'acide glycolique.* — D'après M. J.-H. Walker, l'électrolyse du glycolate de sodium fournirait exclusivement de l'aldéhyde acétique [*Chem. Soc.*, 69, 1278].

Ce résultat est absolument contradictoire avec ceux qu'ont obtenus MM. von Miller et Hofer; ces auteurs n'ont pu déceler en effet que de l'aldéhyde formique et de petites quantités d'acide formique et d'anhydride carbonique. Avec le méthylglycolate de sodium (45 grammes de sel dans 30 grammes d'eau), on obtient les mêmes produits, ainsi qu'une trace d'alcool méthylique [*D. chem. G.*, 27, 467; 28, 2437].

D'autre part, la réduction électrolytique de l'acide glycolique fournit du charbon. Ce fait explique la présence de carbone dans le fer déposé électrolytiquement en présence d'acide oxalique. puisque ce dernier fournit lui-même de l'acide glycolique par réduction [Balbiano et Alessi, *Gazz. ital.*, 11, 190. — Avery et Dales, *D. chem G.*, 32, 2233].

GLYCOLATES MÉTALLIQUES. — Plusieurs sels de l'acide glycolique ont déjà été décrits [Dict. et 1er Suppl., *loc. cit.*].

L'acide glycolique forme normalement des sels neutres du type

$$CH^2OH$$
$$|$$
$$CO^2M$$

On a isolé cependant des sels acides et basiques. mais ceux-ci ne sont stables qu'en présence d'un excès de base; l'eau les décompose en solution diluée. La dilution a une influence très faible sur la chaleur de formation des glycolates alcalins. L'acide glycolique est donc un acide fort, intermédiaire entre l'acide acétique et l'acide oxalique.

La *chaleur de formation* des glycolates alcalins est égale en moyenne à — 14,4-17cal,7, à partir de l'acide libre et de l'oxyde solide. Elle est égale à 7,5-7cal,6 pour les sels de plomb et de cuivre, et à 10cal,4 pour celui de zinc. La chaleur de transformation du glycolide en glycolates est d'environ 11cal,96 [de Forcrand, *C. R.*, 96, 582, 710; *Bull. Soc. Chim.*, (2), 39, 401; 40, 57. — D. Tommasi, *C. R.*, 96, 789].

*Sels d'ammonium.* — Le *sel acide*,

$$C^2H^3O^3AzH^4, C^2H^4O^3,$$

s'obtient en évaporant une solution d'acide glycolique neutralisée par l'ammoniaque. Sa chaleur de formation à l'état solide est égale à + 25cal,39, et sa chaleur de dissolution à — 9cal,66.

Le *sel neutre* se prépare en saturant de gaz ammoniac une solution aqueuse concentrée d'acide glycolique. Il se présente sous la forme de grands cristaux hygroscopiques. Sa chaleur de formation est égale à + 21cal,51, et sa chaleur de dissolution à — 3cal,23 [de Forcrand, *loc. cit.*: voy. aussi Sabanéieff, *Journ. Soc. russe*, 31, 375].

*Sels de sodium.* — Le *sel neutre* cristallise



en prismes orthorhombiques anhydres par refroidissement de sa solution aqueuse concentrée; l'évaporation lente d'une solution saturée fournit des lamelles transparentes qui répondent à la formule $C^2H^3O^3Na, H^2O$. La chaleur de formation du sel anhydre est égale à + 24cal,4, et sa chaleur de dissolution à — 2cal,52.

Le *sel acide*, $C^2H^3O^3Na, C^2H^4O^3$, s'obtient sous la forme d'aiguilles soyeuses, hygroscopiques, lorsqu'on évapore une solution aqueuse renfermant des quantités équimoléculaires d'acide glycolique et de glycolate neutre. Sa chaleur de formation est égale à + 27cal,52, et sa chaleur de dissolution à — 8cal,02.

En mélangeant des solutions bouillantes de glycolate de sodium (1 molécule) et de soude caustique (2 molécules), on obtient un *sel basique*, $C^2H^2Na^2O^3, 2H^2O$, qui cristallise en aiguilles déliquescentes [de Forcrand, *C. R.*, 96, 1728].

Le *sel de potassium*, $C^2H^3O^3K, 0.5H^2O$, cristallise en aiguilles soyeuses. La chaleur de formation du sel anhydre solide est égale à 26cal,52, et sa chaleur de dissolution à — 1cal,64.

Le *sel de baryum* peut cristalliser en prismes clinorhombiques anhydres.

Celui *de calcium* cristallise habituellement avec 4 molécules d'eau; après dessiccation à l'air, il n'en renferme plus que 3 molécules [Boettinger, *D. chem. G.*, 12, 464].

M. Hölzer a décrit des sels moins hydratés, ainsi qu'un sel double répondant à la formule $C^2H^3O^3CaCl, 3H^2O$ (voy. p. 880).

Un *sel de plomb* de constitution analogue a été obtenu par M. Engel en chauffant de l'acide glycolique avec du chlorure de zinc et de l'oxyde de plomb, ou en dissolvant du chlorure de plomb dans du glycolate neutre d'ammonium. Ce sel, qui répond à la formule $CH^2OH . CO^2PbCl$, cristallise en aiguilles; il est dissocié par l'eau [*Bull. Soc. Chim.*, (2), 44, 424].

M. Jazukowitsch a obtenu un *sel double*,

$$CH^2OH . CO^2HgCl,$$

en faisant agir de l'oxyde de mercure sur l'acide monochloracétique [*Zeit. Chem. Pharm.*, 1864, 882].

M. de Forcrand a déterminé les chaleurs de dissolution et de formation à l'état solide d'un certain nombre de glycolates déjà connus. Ces constantes sont réunies dans le tableau suivant :

| | Chaleur de formation. | Chaleur de dissolution. |
|---|---|---|
| | cal. | cal. |
| $(C^2H^3O^3)^2Ba$ | + 20,22 | — 2,54 |
| $(C^2H^3O^3)^2Sr$ | + 18,08 | — 0,60 |
| $(C^2H^3O^3)^2Ca, 4H^2O$ | » | — 3,90 |
| $(C^2H^3O^3)^2Ca, 3H^2O$ | » | — 3,53 |
| $(C^2H^3O^3)^2Ca$ | + 13,49 | — 0,81 |
| $(C^2H^3O^3)^2Mg, 2H^2O$ | » | — 0,76 |
| $(C^2H^3O^3)^2Mg$ | + 9,46 | + 2,20 |
| $(C^2H^3O^3)^2Zn, 2H^2O$ | » | — 2,03 |
| $(C^2H^3O^3)^2Zn$ | + 7,99 | + 0,33 |
| $(C^2H^3O^3)^2Pb$ | + 8,41 | — 2,90 |
| $(C^2H^3O^2)^2Cu$ | + 6,37 | — 0,80 |

Le *sel de magnésium* devient anhydre à 140°; celui *de cuivre* cristallise en prismes bleus [de Forcrand, *Bull. Soc. Chim.*, (2), 39, 310]. D'après M. H. Ley et Kissel, le *sel mercurique* est fortement hydrolysé en solution aqueuse [*D. chem. G.*, 32, 1357].

On a décrit quelques glycolates de bases organiques..

Le *glycolate d'urée*, $COAz^2H^4, C^2H^4O^3$, s'obtient en chauffant un mélange finement pulvérisé d'urée et d'acide glycolique. Il se présente sous la forme d'une masse feutrée d'aiguilles blanches.

La chaleur de formation de ce sel est égale à + 2$^{cal}$ [Matignon, *Bull. Soc. Chim.*, (3), **11**, 575].

Les sels suivants ont été obtenus en chauffant au bain-marie des solutions alcooliques équimoléculaires d'acide glycolique cristallisé et de base :

Le *glycolate d'o-anisidine*, C$^9$H$^{13}$Az O$^4$, cristallise en tablettes hexagonales fusibles à 77-78°, solubles dans l'eau froide. Si l'on chauffe à 160° pendant 5 heures un mélange d'acide glycolique et d'anisidine, on obtient l'*anisidide correspondante*, C$^9$H$^{11}$Az O$^3$, sous la forme d'aiguilles fusibles à 103°.

Le *glycolate de p-anisidine* fond à 85-86°, et la *p-anisidide* à 97°.

Le *glycolate de p-phénétidine*, C$^{10}$H$^{15}$Az O$^4$, fond à 95-96°.

La *p-phénétidide* cristallise dans l'alcool en aiguilles blanches fusibles à 160°, insolubles dans l'eau froide [C. Boettinger, *Arch. d. Pharm.*, **234**, 158].

### ÉTHERS GLYCOLIQUES.

L'acide glycolique peut donner naissance à trois séries d'éthers qui se rattachent aux types suivants :

$$
\begin{array}{lll}
CH^2.OH & CH^2.O.COR & CH^2.OR \\
| & | & | \\
CO^2R & CO^2H & CO^2H
\end{array}
$$

M. N. Mentschoutkine a comparé les vitesses de formation des trois types d'éthers en chauffant l'acide glycolique seul, puis avec de l'alcool isobutylique, et enfin avec de l'acide acétique. Dans le premier cas il se forme un anhydride interne, le glycolide. Les trois mélanges ont été maintenus à 155° jusqu'à production d'un état d'équilibre. Les limites d'éthérification ainsi déterminées sont les suivantes :

| | |
|---|---|
| Glycolide | 32,40 0/0 |
| Glycolate d'isobutyle | 67,67 0/0 |
| Acide acétylglycolique | 49,22 0/0 |

[*D. chem. G.*, **15**, 162].

A. GLYCOLATES ALCOOLIQUES. — La plupart de ces éthers ont été décrits (Dict., **3**, 1617 ; 1$^{er}$ Suppl., 881).

Le *glycolate d'éthyle*, CH$^2$OH.CO$^2$C$^2$H$^5$, a été obtenu, avec un rendement de 66 0/0, en chauffant pendant 4 heures au réfrigérant ascendant une solution d'acide glycolique (10 grammes) dans de l'alcool absolu (30 grammes) renfermant 0$^{gr}$,3 de gaz chlorhydrique [Emil Fischer et Arthur Speier, *D. chem. G.*, **28**, 3252].

Le pouvoir rotatoire moléculaire du *glycolate d'amyle* est M$_D$ = + 3°,67 [Walden].

B. ACIDES ACIDYLGLYCOLIQUES (voyez Dict., **3**, 1618 ; 1$^{er}$ Suppl., 883]. Les éthers de ces acides s'obtiennent en général en chauffant à 160-175°, pendant plusieurs heures, des mélanges équimoléculaires d'éther monochloracétique et du sel de sodium d'un acide gras :

$$
CH^3\ CH^2.CO^2Na + \overset{CH^2Cl}{\underset{CO^2C^2H^5}{|}}
$$

$$
= \overset{CH^2.OCO.CH^2.CH^3}{\underset{CO^2C^2H^5}{|}} + NaCl.
$$

L'*acide acétylglycolique*,

$$CH^3CO.OCH^2.CO^2H,$$

peut être préparé en chauffant en vase clos, pendant 24 heures, un mélange d'acide glycolique cristallisé (3 parties) et d'anhydride acétique (4 parties). On neutralise ensuite par le carbonate de calcium, on filtre, on évapore à siccité et l'on fait cristalliser l'acétylglycolate de calcium dans de l'alcool à 95 0/0 [Senff, *Ann. Chem.*, **208**, 270]. En chauffant à 100° pendant 40 heures des proportions équimoléculaires de glycolate et d'acétate de sodium avec de l'alcool absolu, on n'obtient que du glycolate d'éthyle.

Le *propionylglycolate d'éthyle*,

$$C^3H^5CO.OCH^2.CO^2C^2H^5,$$

s'obtient en chauffant à 175°, pendant 30 heures, un mélange équimoléculaire d'éther monochloracétique et de propionate de sodium anhydre. On décante ensuite la partie liquide, on la lave et on la fractionne.

Cet éther constitue un liquide réfringent, doué d'une odeur éthérée, qui bout vers 200-201° ; il est soluble dans l'eau bouillante, presque insoluble dans l'eau froide. Sa densité = 1,0052 à 22°.

Le *butyrylglycolate d'éthyle*,

$$C^4H^9.CO.OCH^2.CO^2C^2H^5,$$

a déjà été décrit. Il possède une densité égale à 1,0288 à 22°,5. L'*isobutyrylglycolate d'éthyle* bout à 197-198° ; sa densité = 1,0240 à 22°.

Le *benzoylglycolate d'éthyle*,

$$C^6H^5.CO.OCH^2.CO^2C^2H^5,$$

qui peut être préparé à partir de l'acide hippurique, s'obtient aussi en chauffant à 180° du benzoate de sodium avec de l'éther chloracétique. Il ne bout pas sans décomposition, et constitue un liquide visqueux. Le *salicylglycolate* et le *phtalyldiglycolate d'éthyle*,

$$C^6H^4 \Big\langle \begin{array}{l} CO.OCH^2.CO^2C^2H^5 \\ CO.OCH^2.CO^2C^2H^5 \end{array}$$

sont doués de propriétés analogues.

Les acides correspondant à ces éthers sont très difficiles à isoler, car ils sont saponifiés par les alcalis à froid, et par l'eau à l'ébullition. L'acide chlorhydrique concentré chaud dédouble ces éthers suivant l'équation

$$
\overset{CH^2.O.COR}{\underset{CO^2C^2H^5}{|}} + HCl + H^2O
$$

$$
= C^2H^5Cl + \overset{CH^2OH}{\underset{CO^2H}{|}} + R\ CO^2H.
$$

Si on les chauffe en vase clos après les avoir saturés de gaz chlorhydrique ou bromhydrique, on obtient également de l'acide monochloracétique :

$$
\overset{CH^2.O.COR}{\underset{CO^2C^2H^5}{|}} + 2HCl
$$

$$
= \overset{CH^2Cl}{\underset{CO^2H}{|}} + R.CO^2H + C^2H^5Cl
$$

[Senff, *loc. cit.*].

M. Curtius a indiqué un procédé de préparation plus général de ces composés ; ce procédé consiste à faire réagir un acide monobasique ou bibasique sur le diazoacétate d'éthyle.

Ainsi, on obtient de l'oxalylglycolate d'éthyle en introduisant par petites portions de l'acide oxalique déshydraté dans la quantité équivalente d'éther diazoacétique :

$$CO^2H.CO^2H + Az^2HC.CO^2C^2H^5$$
$$= CO^2H.CO^2.CH^2.CO^2C^2H^5 + Az^2.$$

On chauffe ensuite pendant quelques minutes pour terminer la réaction.

L'*oxalylglycolate d'éthyle*,

$$CO^2H . CO^2 . CH^2 . CO^2C^2H^5,$$

cristallise en aiguilles fusibles à 58°, solubles dans l'éther et dans l'alcool.

Le *succinylglycolate d'éthyle*,

$$CO^2H . CH^2 . CH^2 . CO^2 . CH^2 . CO^2C^2H^5,$$

s'obtient d'une façon analogue. Il fond à 72°,5. L'hydrate d'hydrazine le dédouble à 100°, en vase clos, en succinylhydrazide et glycolylhydrazide.

L'*hippurylglycolate d'éthyle*,

$$C^6H^5 . CO . AzH . CH^2 . CO^2 . CH^2 . CO^2 . C^2H^5,$$

se prépare de la même façon à partir de l'acide hippurique. Il est soluble dans l'éther [Curtius et Schwan. *J. prakt. Chem.*, (2), **51**, 353].

Le *chlorocarbonate d'éther glycolique*,

$$\begin{array}{l} CO^2C^2H^5 \\ | \\ CH^2 . O . COCl \end{array}$$

a été obtenu en faisant agir, à 60° sous pression, l'oxychlorure de carbone sur le glycolate d'éthyle. C'est un liquide incolore qui distille à 113° sous 80 millimètres et à 182-183° sous 714 millimètres. Traité par le gaz ammoniac en solution benzénique, il se transforme en *carbamate* correspondant,

$$\begin{array}{l} CO^2C^2H^5 \\ | \\ CH^2 . O . CO . AzH^2 \end{array}$$

Ce dernier cristallise dans le benzène en prismes fusibles à 61°, solubles dans l'eau, l'alcool et l'éther, insolubles dans la ligroïne.

Le *nitrocarbamate d'éther glycolique*,

$$\begin{array}{l} CO^2C^2H^5 \\ | \\ CH^2 . O . CO . AzH . AzO^2 \end{array}$$

s'obtient en faisant agir le nitrate d'éthyle à 0° sur le carbamate préalablement dissous dans de l'acide sulfurique concentré. Il se présente sous la forme de lamelles incolores, fusibles à 80°, solubles dans l'eau, l'alcool et l'éther, peu solubles dans le benzène bouillant. Il fournit un *dérivé argentique*, $C^5H^7Az^2O^6Ag$, qui cristallise dans l'eau en lamelles transparentes.

Le *nitrocarbamate de glycolate de potassium*,

$$\begin{array}{l} CO^2K \\ | \\ CH^2 . O . CO . AzH . AzO^2 \end{array}$$

s'obtient en saponifiant le dérivé précédent par une solution de potasse dans l'alcool méthylique; il constitue un précipité cristallin soluble dans l'eau, insoluble dans l'alcool [Thiele et Dent, *Ann. Chem.*, **302**, 245].

Le *phénylcarbamate du glycolate d'éthyle*,

$$\begin{array}{l} CO^2C^2H^5 \\ | \\ CH^2 . O . CO . AzH . C^6H^5 \end{array}$$

a été préparé en chauffant à 125° un mélange d'isocyanate de phényle et d'éther glycolique. Il cristallise dans un mélange d'éther et de ligroïne en prismes fusibles à 65°, solubles dans l'alcool et dans l'eau bouillante. La soude le saponifie en donnant naissance à l'*acide* correspondant, qui fond à 134-135°. Si l'on chauffe ce dernier avec de l'eau, on le transforme en une sorte d'anhydride interne,

$$\begin{array}{l} CH^2 - O - CO \\ \diagdown \\ CO \longrightarrow Az - C^6H^5 \end{array}$$

qui cristallise en aiguilles fusibles à 121°, insolubles dans le carbonate de sodium à froid [Lambling, *C. R.*, **127**, 64, 188].

*C.* Acides alcoylglycoliques. — Ces acides ou leurs éthers s'obtiennent facilement en chauffant dans une atmosphère d'hydrogène des quantités équimoléculaires d'un alcoolate cristallisé et d'éther monochloracétique. On sature ensuite le produit brut par un courant de gaz carbonique, et l'on extrait l'éther glycolique par l'éther anhydre.

Plusieurs de ces éthers ont été déjà décrits [*loc. cit.*].

Le *méthylglycolate de méthyle*,

$$\begin{array}{l} CH^2 . OCH^3 \\ | \\ CO^2CH^3 \end{array}$$

bout à 127°; celui *d'éthyle* à 131°.

L'*éthylglycolate de méthyle* bout à 228°, et celui *d'éthyle* à 235°.

Lorsqu'on sature ces éthers de gaz bromhydrique à froid, on constate qu'une molécule d'éther absorbe une molécule de gaz. En chauffant le produit à 100° en vase clos, on obtient de l'acide glycolique substitué et du bromure alcoolique :

$$C^2H^5O . CH^2 . CO^2C^2H^5 + HBr$$
$$= C^2H^5O . CH^2 . CO^2H + C^2H^5Br.$$

Il est nécessaire de chauffer l'acide éthylglycolique avec une nouvelle quantité d'hydracide pour le transformer complètement en acide glycolique et bromure d'éthyle [A. Fölsing, *D. chem. G.*, **47**, 484. — Lothar Meyer, *ibid.*, 669].

L'*acide trichloréthylglycolique*,

$$CCl^3 . CH^2O . CH^2 . CO^2H,$$

s'obtient, en même temps qu'une certaine quantité d'acide monochloracétique, en chauffant de l'alcool trichloréthylique avec une lessive de potasse d'une densité de 1,25 :

$$2CCl^3 . CH^2OH + 4KOH$$
$$= CCl^3 . CH^2O . CH^2 . CO^2K + 3KCl + 3H^2O.$$

Après refroidissement, on précipite le produit par l'acide chlorhydrique.

L'acide trichloréthylglycolique cristallise en paillettes rhombiques fusibles à 69°,5, solubles dans l'eau bouillante, dans l'alcool et dans l'éther. Il forme des sels bien cristallisés, qui se décomposent peu à peu lorsqu'on fait bouillir leurs solutions aqueuses.

Le *sel de calcium*, $Ca(C^4H^4Cl^3O^3)^2 . 3H^2O$, se présente sous la forme de prismes solubles dans l'eau.

Le *sel d'argent*, $AgC^4H^4Cl^3O^3$, cristallise en fines aiguilles; il s'altère très rapidement à la lumière [Garzarolli, *Ann. Chem.*, **240**, 71].

Le *benzylglycolate d'éthyle*,

$$C^6H^5 . CH^2O . CH^2 . CO^2C^2H^5,$$

a été préparé par M. Curtius en chauffant modérément un mélange d'éther diazoacétique et d'alcool benzylique :

$$C^6H^5 . CH^2OH + Az^2HC . CO^2C^2H^5$$
$$= C^6H^5 . CH^2O . CH^2 . CO^2C^2H^5 + Az^2.$$

Il se présente sous la forme d'un liquide limpide, bouillant à 153-154° sous 12 millimètres [Th. Curtius et N. Schwan, *J. prakt. Chem.*, (2), **51**, 351].

L'*éther glycolique du glycol*,

$$\begin{array}{l} CH^2 . O - CH^2 \\ | \\ CO^2 . O - CH^2 \end{array}$$

qui rentre dans cette catégorie d'éthers, a été obtenu par MM. Bischoff et Walden en faisant réagir le glycol monosodé sur l'éther monochloracétique en solution alcoolique, ou mieux en solution benzénique (on emploie 23 grammes de sodium, 62 grammes de glycol, 122 grammes de monochloracétate d'éthyle et 100 grammes de benzène).

On filtre ensuite pour séparer le chlorure de sodium, et l'on fractionne le résidu de la solution benzénique.

L'éther éthylénique de l'acide glycolique cristallise en longues aiguilles fusibles à 31°, solubles dans l'eau et dans les dissolvants organiques, sauf dans la ligroïne. Il bout à 214° sous 750 millimètres [*D. chem. G.*, 27, 2944].

L'acide glycolique se combine avec le glucose en donnant un *acide glucosido-glycolique* amorphe. Pour préparer celui-ci, on chauffe au bain-marie un mélange d'acide glycolique (2 parties) et de glucose (1 partie), après l'avoir préalablement saturé de gaz chlorhydrique. Pour purifier le produit, on le dissout dans l'alcool, et on le précipite par l'éther. L'acide glucosido-glycolique est très hygroscopique. Il a pour formule

$$C^6H^{11}O^6 . C^2H^3O^3$$

[Emil Fischer et Leo Beensch, *D. chem. G.*, 27, 2478].

CHLORURE DE GLYCOLYLE, $CH^2OH . COCl$. — Ce composé a été obtenu par M. Fahlberg, en faisant réagir un mélange de pentachlorure de phosphore sur l'acide glycolique. Il constitue un liquide visqueux, non volatil, qui se transforme en chlorure de chloracétyle lorsqu'on le chauffe à 200° avec un excès de perchlorure de phosphore [*J. prakt. Chem.*, (2), 7, 343].

### DÉRIVÉS AZOTÉS DE L'ACIDE GLYCOLIQUE.

GLYCOLAMIDE (voyez Dict., 1, 1613; 1er Suppl., 880). — M. W. Eschweiler a préparé récemment un isomère de l'amide glycolique, auquel il attribue la constitution suivante :

$$CH^2OH . C{<}^{AzH}_{OH}$$

Ce composé a été obtenu en chauffant à 130°, en vase clos, des solutions aqueuses de nitrile glycolique (voyez plus loin), pendant des temps variant entre 3 et 15 heures. Les produits de la réaction sont constitués par un mélange de nitrilo-acétonitrile $Az(CH^2 . CAz)^3$, d'acide glycolique, et de l'isomère de la glycolamide. Celui-ci cristallise en paillettes blanches, fusibles avec décomposition vers 161°, solubles dans l'alcool. Il précipite à froid les solutions de chlorure de calcium, et se distingue en cela de la glycolamide isomérique.

La constitution adoptée par l'auteur paraît être suffisamment démontrée par le fait que, lorsqu'on chauffe le chlorhydrate de l'éther iminoglycolique, on obtient non pas la glycolamide ordinaire, mais l'isomère fusible à 161°, suivant l'équation

$$CH^2OH . C{<}^{AzH}_{OC^2H^5} + HCl$$

$$= CH^2OH . C{<}^{AzH}_{OH} + C^2H^5Cl.$$

Une pareille isomérie n'avait pas encore été signalée à propos des amides; il en existe, paraît-il, d'autres cas dans la série grasse [Eschweiler, *D. chem. G.*, 30, 998].

HYDRAZIDES ET AZIDES GLYCOLIQUES. — L'*hydrazide glycolique*,

$$\begin{array}{l}CH^2OH\\ |\\ CO . AzH . AzH^2\end{array}$$

a été obtenue d'abord en faisant agir l'hydrate d'hydrazine (2 molécules) sur le benzoylglycolate d'éthyle :

$$C^6H^5 . CO . CH^2 . CO^2C^2H^5 + 2Az^2H^4 . H^2O$$
$$= C^6H^5 . CO . AzH . AzH^2 + 2H^2O$$
$$+ CH^2OH . CO . AzH . AzH^2 + C^2H^5OH$$

[*D. chem. G.*, 23, 3029] On peut aussi faire réagir l'hydrate d'hydrazine sur l'éther oxalylglycolique en présence d'alcool :

$$CO^2H . CO . O . CH^2 . CO^2C^2H^5 + 3Az^2H^4 . H^2O$$
$$= \begin{array}{l}CO . AzH . AzH^2\\ |\\ CO . AzH . AzH^2\end{array} + \begin{array}{l}CH^2OH\\ |\\ CO . AzH . AzH^2\end{array}$$
$$+ C^2H^5OH + 3H^2O.$$

L'hydrazide glycolique cristallise en tables transparentes, fusibles à 93°, solubles dans l'eau froide et dans l'alcool, insolubles dans l'éther. Elle possède une saveur douceâtre, se dissout dans le sulfate de cuivre ammoniacal avec une coloration violette, et donne avec le chlorure ferrique une coloration rouge. Les acides la dédoublent en hydrazine et acide glycolique.

En saturant sa solution éthérée de gaz chlorhydrique, on obtient un *chlorhydrate* bien cristallisé, soluble dans l'eau. L'acide chlorhydrique concentré la dédouble par contre en hydrazine et acide glycolique.

Lorsqu'on maintient l'hydrazide glycolique à 170-175° pendant 12 heures environ, on la transforme en *hydraziglycolide* :

$$\begin{array}{l}CH^2 . OH\\ |\\ CO . AzH . AzH^2\end{array} + \begin{array}{l}AzH^2 . AzH . CO\\ |\\ HO . CH^2\end{array}$$
$$= \begin{array}{l}CH^2 - AzH - AzH - CO\\ |\qquad\qquad\qquad |\\ CO - AzH - AzH - CH^2\end{array} + 2H^2O.$$

Cette hydraziglycolide cristallise dans l'alcool en aiguilles fusibles à 205-206°. Elle possède des propriétés basiques et donne un chlorhydrate cristallisé. Les alcalis et les acides ne l'attaquent pas.

L'hydrazide glycolique s'unit facilement aux aldéhydes et aux cétones aromatiques pour donner naissance à des combinaisons cristallisées. Celles des aldéhydes o- et p-oxybenzoïques fondent respectivement à 220 et à 216°; la combinaison avec l'éther acétylacétique fond à 112°.

L'*azide glycolique*,

$$\begin{array}{l}CH^2OH\\ |\qquad\quad {\nearrow}Az\\ CO - Az\quad\|\\ \qquad\quad {\searrow}Az\end{array}$$

s'obtient par le procédé usuel, en traitant une solution aqueuse de l'hydrazide par le nitrite de sodium en présence d'acide acétique. Elle cristallise en octaèdres, que l'eau bouillante décompose en azote, acide azothydrique et acide carbonique.

L'alcool transforme cette azide en uréthane éthylique fusible à 198° :

$$CH^2OH . CO - Az{<}^{{\nearrow}Az}_{{\searrow}Az}\| + C^2H^5OH$$
$$= CH^2OH . AzH . CO^2C^2H^5 + Az^2$$

[Th. Curtius et N. Schwan, *J. prakt. Chem.*, (2), **54**, 353; **52**, 210].

Tous les acides acidylglycoliques se comportent vis-à-vis de l'hydrate d'hydrazine comme l'oxalylglycolate d'éthyle.

Par contre, l'*éther benzylglycolique* fournit une *hydrazide*,

$$C^6H^5 . CH^2 . O . CH^2 . CO . AzH . AzH^2,$$

lorsqu'on le chauffe à 120° pendant 8 heures avec de l'hydrate d'hydrazine ($1^{mol},25$) :

$$C^6H^5 . CH^2O . CH^2 . CO^2C^2H^5 + Az^2H^4 . H^2O$$
$$= C^6H^5 . CH^2O . CH^2 . CO . AzH . AzH^2$$
$$+ C^2H^5 . OH + H^2O.$$

Cette hydrazide forme avec l'aldéhyde benzylique une combinaison cristallisée, qui fond vers 95°.

GLYCOLYLANILINE, $CH^2OH . CO AzH . C^6H^5$. — Ce composé s'obtient en chauffant avec de l'aniline soit du glycolide, soit de l'acide glycolique déshydraté partiellement.

Il cristallise dans l'eau bouillante en prismes fusibles à 96-97°.

Si l'on cherche à déshydrater cette anilide au moyen de l'anhydride phosphorique, on n'obtient qu'un *éther phosphorique* cristallisé, qui répond à la formule $PO(OCH^2CO . AzH . C^6H^5)^3$, et qui cristallise en aiguilles fusibles à 196° [H.-G. Colman, *Proceed. Chem. Soc.*, 1892, 72].

L'action du perchlorure de phosphore sur l'anilide glycolique, à froid, donne naissance à un *composé chloré* qui cristallise dans l'alcool et dans l'acétone en aiguilles jaunes, fusibles avec décomposition vers 212°. Ce composé aurait la formule suivante :

$$CH^2Cl . C(=AzC^6H^5) . CHCl . CCl(=Az . C^6H^3).$$

Le carbonate de sodium lui enlève une molécule d'acide chlorhydrique en le transformant en une *base*, le *dianile* 1.4-*dichloro* 2.3-*cyclobutane*,

$$C^6H^5 . Az = C - CHCl$$
$$C^6H^5 . Az = C - CHCl$$

Cette base cristallise en aiguilles solubles dans l'alcool et dans le chloroforme. Elle fond vers 133-134°.

L'*o-toluide glycolique*,

$$CH^2OH . CO . AzH . C^6H^4 . CH^3,$$

s'obtient comme l'anilide. Elle fond à 67°.

L'anhydride phosphorique la transforme en un mélange des deux composés

$$PO(OCH^2CO . AzHC^7H^7)^3$$

et

$$PO . OH(OCH^2CO . AzHC^7H^7)^2,$$

qui fondent le premier à 143° et le second à 168-170°.

La *p-toluide glycolique* fond à 144° et l'*éther phosphorique trisubstitué* correspondant à 188°.

En traitant cette p-toluide par le perchlorure de phosphore, on la transforme en un *dérivé chloré* répondant à la formule

$$CH^2Cl . C(AzC^6H^4 . CH^3)CHCl . CCl(AzC^6H^4 . CH^3).$$

Ce dernier fond à 270° en se décomposant; le carbonate de sodium lui enlève de l'acide chlorhydrique, en donnant naissance au *ditolyl* 1.3-*dichloro* 2.4-*cyclobutane*, fusible à 133° [C.-A. Bischoff et P. Walden, *Ann. Chem.*, **279**, 45].



$$CH^2OH$$
$$|$$
$$CAz$$

— Ce composé a été obtenu par M. L. Henry, en chauffant un mélange d'aldéhyde formique à 40 0/0 et d'acide cyanhydrique à 16 0/0 (voyez CYANHYDRIQUE, p. 1533, et FORMIQUE, p. 288).

Il se présente sous la forme d'un liquide mobile, doué d'une saveur douceâtre, soluble dans l'eau, dans l'alcool et dans l'éther, insoluble dans le sulfure de carbone, le benzène et le chloroforme.

Le nitrile glycolique se solidifie dans un mélange de neige carbonique et d'éther et fond alors à —67°. Il bout à 119° sous 24 millimètres et à 183° sous la pression normale en se décomposant légèrement. La chaleur de combustion de ce nitrile est égale à $257^{cal},1$ à volume constant et à $257^{cal}$ à pression constante. Sa chaleur de formation à partir des éléments est égale à $36^{cal},1$ et sa chaleur de dissolution à $9° = 0^{cal},11$ [Berthelot et André, *C. R.*, **128**, 957].

Les alcalis et les sels alcalins l'altèrent rapidement : le carbonate de potassium le transforme en une masse résineuse brunâtre au bout de quelques heures seulement. L'acide chlorhydrique fumant (33 0/0) le décompose avec violence, à chaud, en donnant de l'acide glycolique et du chlorure d'ammonium [L. Henry, *C. R.*, **110**, 759].

Le *dérivé acétylé* du nitrile glycolique a été obtenu par M. Fenton, en faisant réagir un mélange d'anhydride acétique et d'acétate de sodium fondu sur l'oxime de l'aldéhyde glycolique. Il fond à 177° [*Proceed. Chem. Soc.*, **16**, 148].

Le *phénylcarbamate*,

$$CAz$$
$$|$$
$$CH^2 . O . CO . AzH . C^6H^5,$$

se prépare en chauffant à 130° un mélange de nitrile glycolique et d'isocyanate de phényle; il cristallise dans un mélange d'alcool et d'éther de pétrole en prismes fusibles à 74-75° [Lambling, *C. R.*, **127**, 64].

ACIDES GLYCOLAMIDIQUES (voyez Dict., **1**, 1267; **3**, 509]. — On a donné ce nom à des dérivés azotés de l'acide glycolique qu'on peut considérer comme des dérivés de l'ammoniaque dans lesquels on a remplacé 1, 2 ou 3 atomes d'hydrogène par le résidu $CH^2 . CO^2H$ :

$$Az \begin{cases} H \\ H \\ CH^2 . CO^2H \end{cases} \qquad Az \begin{cases} H \\ CH^2 . CO^2H \\ CH^2 . CO^2H \end{cases}$$

$$Az \begin{cases} CH^2 . CO^2H \\ CH^2 . CO^2H \\ CH^2 . CO^2H \end{cases}$$

L'acide *monoglycolamidique* n'est autre chose que le glycocolle. Les *acides diglycolamidique* et *triglycolamidique* ont été préparés par M. Heintz [*loc. cit.*].

A ces trois acides correspondent trois nitriles : l'*amino-acétonitrile*, l'*imino-acétonitrile* et le *nitrilo-acétonitrile* :

$$Az \begin{cases} H \\ H \\ CH^2 . CAz \end{cases} \qquad Az \begin{cases} H \\ CH^2 . CAz \\ CH^2 . CAz \end{cases} \qquad Az \begin{cases} CH^2 . CAz \\ CH^2 . CAz \\ CH^2 . CAz \end{cases}$$

Ces nitriles s'obtiennent facilement à partir de l'aldéhyde formique (voy. p. 288), et permettent de passer ensuite aux acides correspondants.

M. Eschweiler a obtenu l'*acide diglycolami-*

*dique* (ou *aminodiglycolique*) en chauffant l'iminoacétonitrile avec de l'hydrate de baryum. Il élimine ensuite l'excès de baryte par un courant de gaz carbonique, et précipite dans la liqueur filtrée le *diglycolamidate de baryum* au moyen de l'alcool. Ce sel est ensuite décomposé par l'acide sulfurique dilué.

L'acide diglycolamidique cristallise en rhomboèdres fusibles à 225°, solubles dans l'eau, presque insolubles dans l'alcool et dans l'éther. Ses sels ont été déjà décrits.

La saponification du nitrilo-acétonitrile par la baryte donne de l'acide triglycolamidique, dont le sel de baryum se précipite déjà pendant la saponification.

Si l'on chauffe le nitrilo-acétonitrile avec de l'acide chlorhydrique au réfrigérant ascendant, on obtient un mélange d'acides diglycolamidique et triglycolamidique, tandis qu'à 150°, en vase clos, l'acide diglycolamidique est le produit unique de la saponification [W. Eschweiler, *Ann. Chem.*, 279, 29].

MM. F. Stohmann et H. Langbein ont déterminé les chaleurs de combustion de ces divers composés; ils ont obtenu les chiffres suivants :

| | cal. | |
|---|---|---|
| Glycocolle.............. | 234,6 | (à pression constante). |
| Acide diglycolamidique. | 396,3 | |
| Acide triglycolamidique. | 560,0 | |
| Imino-acétonitrile ...... | 590,8 | |
| Nitrilo-acétonitrile ..... | 846,2 | |

[*J. prakt. Chem.*, (2), 49, 483].

### ANHYDRIDES DE L'ACIDE GLYCOLIQUE.

On connaît trois anhydrides de l'acide glycolique, qui répondent respectivement aux formules suivantes :

$$O<\begin{array}{l} CH^2 \\ | \\ CO \end{array} \qquad O<\begin{array}{l} CH^2.CO^2H \\ CO.CH^2OH \end{array}$$

Glycolide.      Acide glycolylglycolique.

$$O<\begin{array}{l} CH^2.CO^2H \\ CH^2.CO^2H \end{array}$$

Acide diglycolique.

Le glycolide a été décrit complètement (Dict., 1, 1613; 1er Suppl., 881].

ACIDE GLYCOLYLGLYCOLIQUE,

$$CH^2OH.CO.O.CH^2.CO^2H.$$

— Ce composé, dont l'existence n'est pas absolument certaine, s'obtiendrait en chauffant, pendant un temps assez long, l'acide glycolique à la température du bain-marie [Drechsel, *Ann. Chem.*, 127, 154].

M. Fahlberg l'aurait préparé également en soumettant l'acide glycolique à l'action des vapeurs d'anhydride sulfurique, à froid [*J. prakt. Chem.*, (2), 7, 343].

Cet acide se présente sous la forme d'une poudre fusible à 130°, insoluble dans l'éther, dans l'alcool et dans l'eau froide. Il se transforme en glycolide lorsqu'on le chauffe au-dessus de son point de fusion, et se dissout dans l'eau bouillante en régénérant l'acide glycolique.

ACIDE DIGLYCOLIQUE,

$$O<\begin{array}{l} CH^2.CO^2H \\ CH^2.CO^2H \end{array}$$

— Cet acide a été décrit, ainsi que ses sels, ses éthers et ses dérivés amidés (Dict. et 1er Suppl., *loc. cit.*).

La réfraction moléculaire de l'acide anhydre est égale à 42,86 [Kannonikoff, *J. prakt. Chem.*, (2), 31, 347]. Sa conductibilité électrique a été déterminée par M. Ostwald [*Zeit. physik. Chem.*, 3, 186].

Le brome réagit sur l'acide diglycolique en donnant naissance à de l'acide monobromacétique.

*Anhydride diglycolique,*

$$O<\begin{array}{l} CH^2-CO \\ CH^2-CO \end{array}>O.$$

— Cet anhydride peut être préparé en chauffant l'acide diglycolique sous pression à 200°; mais on l'obtient plus facilement au moyen du perchlorure de phosphore (1 molécule) à froid, ou du chlorure d'acétyle à chaud. Il cristallise dans le chloroforme en prismes fusibles à 97°, peu solubles dans l'éther. Il bout à 120° sous 12 millimètres de pression et fixe facilement 1 molécule d'eau en régénérant l'acide diglycolique.

En mélangeant des solutions éthérées d'anhydride et d'aniline, on obtient l'*acide diglycolanilique*,

$$O<\begin{array}{l} CH^2.CO.AzH.C^6H^5 \\ CH^2.CO^2H \end{array}$$

sous la forme d'aiguilles fusibles à 118° [Anschütz, *Ann. Chem.*, 259, 187].

*Chlorure de diglycolyle,*

$$O<\begin{array}{l} CH^2.COCl \\ CH^2.COCl \end{array}$$

— Ce chlorure résulte de l'action du perchlorure de phosphore (2 molécules) sur l'acide diglycolique (1 molécule). La réaction, qui commence à froid, est terminée au bain-marie.

Le chlorure de diglycolyle constitue un liquide réfringent assez mobile, qui bout à 116° sous 12 millimètres et qui possède une odeur analogue à celle du chlorure de succinyle.

Il est décomposé par l'eau, et réagit sur l'alcool méthylique à froid, en donnant du *diglycolate diméthylique*, $O(CH^2CO^2CH^3)^2$. Cet éther cristallise en tables incolores, fusibles à 36°. L'*éther diéthylique*, qui peut être préparé de la même façon, s'obtient aussi en saturant de gaz chlorhydrique une solution alcoolique d'acide diglycolique; il est liquide et bout à 130° sous 12 millimètres.

Si l'on fait réagir l'aniline sur une solution du chlorure dans l'éther anhydre à — 10°, on obtient une *dianilide*, $O(CH^2.COAzH.C^6H^5)^2$, qui cristallise dans un mélange d'éther et d'alcool en aiguilles fusibles à 152°.

L'*anile,*

$$O<\begin{array}{l} CH^2.CO \\ CH^2.CO \end{array}>Az.C^6H^5,$$

prend naissance lorsqu'on chauffe l'acide diglycolanilique décrit plus haut avec du chlorure d'acétyle. Il se présente sous la forme de prismes, solubles dans le chloroforme, qui fondent à 111°.

Le chlorure de diglycolyle réagit sur le benzène en présence de chlorure d'aluminium, en donnant naissance à de l'acétophénone et à des produits résineux [Anschütz et Biernaux, *Ann. Chem.*, 273, 64].

### ACIDE DICHLOROGLYCOLIQUE,

$$\begin{array}{l} CCl^2.OH \\ | \\ CO^2H \end{array}$$

Les éthers disubstitués de cet acide se préparent en chauffant au bain d'huile, pendant des temps variables (2 à 18 heures) à 130-135°, un mélange équimoléculaire d'éther oxalique et de perchlorure de phosphore :

$$\begin{matrix} CO^2R \\ | \\ CO^2R \end{matrix} + PCl^5 = \begin{matrix} CCl^2 . OR \\ | \\ CO^2R \end{matrix} + POCl^3.$$

Lorsque la température dépasse 135°, le dichloroglycolate se décompose suivant l'équation

$$\begin{matrix} CCl^2 . OR \\ | \\ CO^2R \end{matrix} = RCl + \begin{matrix} COCl \\ | \\ CO^2R \end{matrix}$$

On purifie ensuite le produit par des fractionnements dans le vide. La durée de chauffe diminue à mesure que le radical alcoolique R devient plus grand.

Le *dichloroglycolate de méthyle*,

$$\begin{matrix} CCl^2 . OCH^3 \\ | \\ CO^2CH^3 \end{matrix}$$

constitue un liquide incolore qui bout à 72° sous 12 millimètres et à 179-180° sous la pression normale. Sa densité à 20° est égale à 1,35911.

L'*éther diéthylique* bout à 85° sous 10 millimètres, et possède une densité égale à 1,231545 à 20°.

Le *dichloroglycolate de propyle normal* est doué d'une odeur assez agréable. C'est un liquide mobile, qui bout à 107° sous 10 millimètres et dont la densité est égale à 1,152255 à 20°.

Le *dichloroglycolate diisobutylique*,

$$\begin{matrix} CCl^2 . OC^4H^9 \\ | \\ CO^2C^4H^9 \end{matrix}$$

est assez altérable. On le prépare en faisant réagir par petites portions le perchlorure de phosphore sur l'éther oxalique, et en distillant au bout d'une heure l'oxychlorure de phosphore qui s'est formé.

Cet éther est un liquide incolore, qui bout à 128° sous 14 millimètres; sa densité est égale à 1,09482 à 20°

L'*éther diamylique* est doué d'une odeur faible. Il bout à 157° sous 14 millimètres et sa densité est égale à 1,08045 à 20°.

Lorsqu'on chauffe les éthers dichloroglycoliques au-dessus de 200°, on les décompose en chlorure alcoolique et en *chlorure d'acide alcoyloxalique*,

$$\begin{matrix} CCl^2 . OCH^3 \\ | \\ CO^2CH^3 \end{matrix} = \begin{matrix} COCl \\ | \\ CO^2CH^3 \end{matrix} + CH^3Cl.$$

Si on les traite par de l'acide oxalique anhydre, la réaction s'effectue violemment à 50°, suivant l'équation

$$\begin{matrix} CCl^2 . OC^2H^5 \\ | \\ CO^2 . C^2H^5 \end{matrix} + \begin{matrix} CO^2H \\ | \\ CO^2H \end{matrix}$$

$$= \begin{matrix} CO^2C^2H^5 \\ | \\ CO^2C^2H^5 \end{matrix} + CO^2 + CO + 2HCl.$$

Les alcoolates de sodium transforment les éthers dichloroglycoliques en *semi-ortho-oxalates* :

$$\begin{matrix} CCl^2 . OCH^3 \\ | \\ CO^2CH^3 \end{matrix} + 2CH^3 . ONa$$

$$= \begin{matrix} C(OCH^3)^3 \\ | \\ CO^2CH^3 \end{matrix} + 2NaCl$$

[Anschütz, *Ann. Chem.*, **254**, 12].

<br>



Il existe trois acides thioglycoliques, qui sont les suivants :

$$\begin{matrix} CH^2 . SH \\ | \\ CO^2H \end{matrix} \qquad \begin{matrix} S - CH^2 . CO^2H \\ S - CH^2 . CO^2H \end{matrix}$$

Acide thioglycolique.    Acide dithioglycolique.

$$S \begin{matrix} CH^2 . CO^2H \\ CH^2 . CO^2H \end{matrix}$$

Acide thiodiglycolique.

**ACIDE THIOGLYCOLIQUE.** — Cet acide a été déjà décrit, ainsi que ses sels (Dict., 3, 76, 397; 1er Suppl., 1550). Il se forme généralement dans la décomposition des sulfocyanacétylurées [Frerichs et Beckurts, *Arch. Pharm.*, **238**, 9].

PRODUITS D'ADDITION DE L'ACIDE THIOGLYCOLIQUE. — L'acide thioglycolique se combine avec la plus grande facilité avec les aldéhydes, avec les cétones et avec les acides cétoniques. La réaction s'effectue tantôt à froid, tantôt à chaud, quelquefois directement, d'autres fois en présence d'un agent de condensation, tel que le gaz chlorhydrique ou le chlorure de zinc.

Les produits de condensation ont en général la formule suivante :

$$\begin{matrix} R \\ R \end{matrix} C \begin{matrix} S . CH^2 . CO^2H \\ S . CH^2 . CO^2H \end{matrix}$$

Ils sont cristallisés et se dissolvent assez facilement dans l'eau froide ou chaude et dans les dissolvants organiques, sauf le benzène et la ligroïne. L'acide chlorhydrique concentré les décompose; l'acide sulfurique les dissout avec une coloration rougeâtre et dégagement d'acide sulfureux; l'acide azotique fumant les oxyde avec violence, en donnant un mélange d'acide sulfurique, d'acide acétique et d'acide carbonique. Le brome attaque ces composés en solution chloroformique, en donnant naissance à des produits amorphes qui se décomposent en fondant. Les iodures alcooliques n'agissent pas sur eux. Ils forment des sels alcalins et alcalino-terreux assez stables; les premiers sont hygroscopiques. Les sels des métaux lourds se réduisent immédiatement.

La combinaison d'acide thioglycolique et d'aldéhyde acétique se fait directement, suivant l'équation

$$CH^3 . CHO + 2CH^2 . SH . CO^2H$$

$$= CH^3 . CH \begin{matrix} S . CH^2 . CO^2H \\ S . CH^2 . CO^2H \end{matrix} + H^2O.$$

Cet *acide éthylidène-dithioglycolique* cristallise dans le chloroforme en prismes fusibles à 107-108°.

L'*acide benzylidène-dithioglycolique*,

$$C^6H^5 . CH \begin{matrix} S . CH^2 . CO^2H \\ S . CH^2 . CO^2H \end{matrix}$$

se présente sous la forme d'aiguilles fusibles à 124°, solubles dans l'eau bouillante.

L'*acide o-nitrobenzylidène-dithioglycolique* cristallise en prismes fusibles à 123°, solubles dans le chloroforme et dans l'eau bouillante, le *dérivé m-nitré* en aiguilles fusibles à 130°, et le *dérivé p-nitré* en paillettes jaunâtres solubles dans l'acide acétique, peu solubles dans l'eau bouillante.

L'*acide o-oxybenzylidène-dithioglycolique*, $OH . C^6H^4 . CH(SCH^2CO^2H)^2$, ne prend naissance que sous l'influence du chlorure de zinc. Il cristallise dans l'eau en aiguilles fusibles à 148°, solubles dans l'alcool et dans l'éther, insolubles dans le benzène, la ligroïne et le chloroforme.

L'*acide cinnamylidène-dithioglycolique* se présente sous la forme de paillettes blanches solubles dans l'eau bouillante, et qui fondent à 143°. Lorsqu'on le traite par le zinc, en solution fortement alcaline, à froid, on le dédouble en acide thioglycolique et acide *phénylallylthioglycolique*, suivant l'équation

$$C^6H^5 . CH = CH . CH < {S . CH^2 . CO^2H \atop S . CH^2 . CO^2H} + H^2$$

$$= C^6H^5 . CH = CH . CH^2 . S . CH^2 . CO^2H$$
$$+ CH^2 . SH . CO^2H.$$

Ce dernier acide cristallise en paillettes blanches, fusibles à 76-77°, solubles dans l'alcool, insolubles dans l'eau et dans les acides.

La combinaison de l'*acide thioglycolique* et du *furfurol* fond à 105°.

Lorsqu'on traite les composés qui viennent d'être décrits par le permanganate très dilué (2 à 4 0/00), on les transforme en *diméthylsulfones* correspondantes :

$$C^6H^5 . CH < {S . CH^2 . CO^2H \atop S . CH^2 . CO^2H} + O^2$$

$$= C^6H^5 \ CH < {SO^2 . CH^3 \atop SO^2 . CH^3} + 2 CO^2.$$

L'acide thioglycolique s'unit aux cétones, en présence du gaz chlorhydrique sec ou du chlorure de zinc seulement, en donnant naissance à des combinaisons analogues aux précédentes :

$$CH^3 . CO . CH^3 + 2 CH^2 . SH . CO^2H$$

$$= {CH^3 \atop CH^3} > C < {S . CH^2 . CO^2H \atop S . CH^2 . CO^2H} + H^2O.$$

L'*acide acétone-dithioglycolique* cristallise en prismes incolores, fusibles à 127°, solubles dans le chloroforme.

L'*acide acétophénone-dithioglycolique*,

$$ {CH^3 \atop C^6H^5} > C < {S . CH^2 . CO^2H \atop S . CH^2 . CO^2H}$$

se présente sous la forme d'aiguilles incolores, solubles dans le chloroforme, dans l'eau et dans l'acide acétique bouillant. Il fond à 136°.

L'*acide benzophénone-dithioglycolique* est analogue au précédent. Il fond à 175° et ne se dissout pas dans l'eau bouillante.

Ces trois composés sont complètement détruits par le permanganate de potassium.

L'acide thioglycolique s'unit aux acides ou aux éthers cétoniques, soit directement à chaud, soit en présence de gaz chlorhydrique sec.

Avec l'acide pyruvique, on obtient à chaud le *composé d'addition* suivant :

$$ {CH^3 \atop CO^2H} > C < {S . CH^2 . CO^2H \atop OH}$$

qui cristallise en aiguilles fusibles à 110°, solubles dans l'éther bouillant, dans l'eau froide et dans l'alcool, insolubles dans l'éther froid. L'eau bouillante le dissocie complètement en acides pyruvique et thioglycolique. L'acide chlorhydrique le transforme à 100° en *acide pyruvyldithioglycolique* et acide pyruvique :

$$ 2 {CH^3 \atop CO^2H} > C < {S . CH^2 . CO^2H \atop OH}$$

$$= {CH^3 \atop CO^2H} > C < {S . CH^2 . CO^2H \atop S . CH^2 . CO^2H}$$
$$+ CH^3 . CO . CO^2H + H^2O.$$

Ce dernier cristallise en paillettes fusibles à 162°,

solubles dans l'eau. C'est un acide fort. Lorsqu'on le chauffe au-dessus de son point de fusion, il se décompose en donnant de l'anhydride carbonique et du mercaptan.

La combinaison d'*acide thioglycolique* et d'*éther acétylacétique* constitue une poudre cristalline fusible à 96°, soluble dans l'eau bouillante et dans l'alcool, presque insoluble dans la ligroïne. Elle est décomposée par la soude à 100°, et répond à la formule

$$ {CH^3 \atop C^2H^5 . CO^2 . CH^2} > C < {S . CH^2 . CO^2H \atop S . CH^2 . CO^2H}$$

La combinaison d'*acide thioglycolique* et d'*acide lévulique* cristallise en aiguilles fusibles à 154°. Elle est soluble dans l'eau bouillante et résiste à l'action des alcalis [J. Bongartz, *D. chem. G.*, 19, 1931; 21, 478].

ACIDES THIOGLYCOLIQUES SUBSTITUÉS. — Le méthylthioglycolate d'éthyle, $CH^3S . CH^2 . CO^2C^2H^5$, a été obtenu par MM. Letts et Collie, en faisant agir le sulfure de méthyle sur l'iodacétate d'éthyle :

$$(CH^3)^2S + CH^2I . CO^2C^2H^5$$
$$= CH^3S . CH^2 . CO^2C^2H^5 + CH^3I$$

[*Jahresb.*, 1878, 685].

*Acide éthylthioglycolique* ou *éthylsulfacétique*,

$$ {CH^2 . S . C^2H^5 \atop | \atop CO^2H}$$

L'*éther éthylique* de cet acide a été obtenu en traitant une solution de monochloracétate d'éthyle dans l'alcool absolu par l'éthylmercaptide de sodium :

$$C^2H^5SNa + CH^2Cl . CO^2C^2H^5$$
$$= C^2H^5S . CH^2 . CO^2C^2H^5 + NaCl.$$

On précipite ensuite par l'eau, on décante la couche éthérée et on la fractionne.

L'éther éthylthioglycolique est liquide; il bout à 187-189°, et possède une densité égale à 1,0469 à 4°. Il est attaqué par le brome, mais non par l'iode.

Pour préparer l'acide correspondant, on saponifie l'éther en le chauffant en vase clos avec de la baryte, et l'on décompose ensuite le sel de baryum par l'acide sulfurique dilué.

L'*acide éthylthioglycolique* se présente sous la forme d'un liquide incristallisable, soluble dans l'eau, dans l'alcool et dans l'éther. Il est volatil avec la vapeur d'eau. Ses *sels* sont solubles dans l'eau et dans l'alcool.

Celui *de potassium* cristallise en paillettes déliquescentes. On le prépare par double décomposition entre le sel de baryum et le sulfate de potassium.

Le *sel d'argent*, $C^4H^7SO^2Ag, H^2O$, constitue un précipité cristallin qui ne se déshydrate pas dans le vide sec.

Le *sel de baryum*, $(C^4H^7SO^2)^2Ba$, et celui *de calcium*, $(C^4H^7SO^2)^2Ca$, se présentent sous la forme d'aiguilles solubles dans l'eau et dans l'alcool.

Le *sel de plomb* est amorphe; celui *de magnésium*, $(C^4H^7SO^2)^2Mg, 3H^2O$ et celui *de zinc*, $(C^4H^7SO^2)^2Zn, 2H^2O$, constituent des masses cristallines très solubles dans l'eau et dans l'alcool.

Le *sel de cadmium*, $(C^4H^7SO^2)^2Cd, H^2O$, cristallise en prismes fusibles à 85°; il est peu soluble dans l'eau. Le *sel de manganèse* est analogue au précédent.

Le *sel de cobalt*, $(C^4H^7SO^2)^2Co, 2H^2O$, se présente sous la forme de prismes d'un rouge violacé, très solubles dans l'eau, qui fondent en se déshydratant vers 90°. Le *sel de nickel*,

$$(C^4H^7SO^2)^2Ni,2H^2O,$$

est verdâtre; celui *de cuivre*,

$$(C^4H^7SO^2)^2Cu,2H^2O,$$

cristallise en tables rhombiques fusibles vers 91°. Il est assez altérable à l'air.

L'*amide*, $C^2H^5S.CH^2.COAzH^2$, s'obtient en faisant agir l'ammoniaque sur l'éther éthylique. Elle se présente sous la forme de prismes solubles dans l'alcool et dans l'eau; elle fond à 44°. L'oxydation de l'acide éthylthioglycolique au moyen du permanganate de potassium en solution alcaline fournit de l'*acide éthylsulfone-acétique*, $C^2H^5SO^2.CH^2.CO^2H$; on purifie ce dernier en le transformant en sel de zinc et en décomposant ensuite ce sel par l'hydrogène sulfuré. L'acide éthylsulfone-acétique est incristallisable; il est soluble dans l'eau; ses sels se dissolvent dans l'alcool et dans l'eau.

Le *sel de potassium* cristallise en tables incolores hygroscopiques, et celui *de baryum* en paillettes blanches.

Le *sel de cuivre*, $(C^4H^7SO^4)^2Cu,2H^2O$, se présente sous la forme de tables bleuâtres qui deviennent anhydres vers 140°. Le *sel de plomb* est cristallisé en tables, et celui *d'argent* en aiguilles.

Lorsqu'on chauffe en vase clos, à 120°, un mélange équimoléculaire d'iodure d'éthyle et d'éther éthylthioglycolique, on obtient une *combinaison* répondant à la formule

$$(C^2H^5)^2.SI.CH^2.CO^2C^2H^5,$$

qui cristallise en aiguilles jaunâtres; l'oxyde d'argent transforme cette substance en une base ternaire.

*Acide amylthioglycolique*,

$$CH^2.SC^5H^{11}$$
$$|$$
$$CO^2H$$

— Cet acide s'obtient comme le dérivé éthylique; il est incristallisable et forme des sels qui sont peu solubles dans l'eau.

Les *sels de plomb, de zinc* et *de cadmium* constituent des précipités blancs; celui *de cuivre* est cristallisé en aiguilles bleues.

L'*éther éthylique* bout à 230° et possède une densité égale à 0,9797 à 4°.

*Acide phénylthioglycolique* (ou *phénylsulfacétique*), $C^6H^5.S.CH^2.CO^2H$. — L'éther de cet acide se prépare par le même procédé que l'éthylthioglycolate d'éthyle. On isole par fractionnement la portion qui bout vers 275-285°, on la saponifie par la potasse alcoolique et on précipite ensuite par l'acide chlorhydrique.

L'acide phénylthioglycolique se présente sous la forme de lamelles fusibles à 43°,5; il se décompose lorsqu'on cherche à le distiller.

Il se dissout en toutes proportions dans l'alcool et dans l'éther, mais il est peu soluble dans l'eau, surtout à froid. Il est volatil avec la vapeur d'eau.

Les acides dilués et la potasse fondante sont sans action sur l'acide phénylthioglycolique.

Ses sels sont peu solubles ou insolubles dans l'alcool et dans l'eau; ils se décomposent vers 200°.

Le *sel de potassium*, $C^6H^5.S.CH^2.CO^2K$, cristallise en aiguilles soyeuses, solubles dans l'eau bouillante; celui *de sodium* se présente sous la forme de croûtes cristallines. On peut l'obtenir directement en faisant réagir le monochloracétate

de sodium sur le phénylmercaptide de sodium. Le *sel d'ammonium* fond en se décomposant au-dessus de 100°.

Le *sel d'argent*, $C^6H^5.S.CH^2CO^2.Ag,H^2O$, constitue un précipité cristallin. Celui *de baryum* cristallise en aiguilles minces, et celui *de calcium* en tables obliques, solubles dans l'eau chaude.

Le *sel de plomb* est un précipité amorphe, qui fond à 60°.

Le *sel de magnésium*,

$$(C^6H^5.S.CH^2.CO^2)^2Mg,3H^2O,$$

se présente sous la forme d'écailles brillantes; celui *de zinc*, $(C^6H^5.S.CH^2.CO^2)^2Zn,2H^2O$, cristallise en longues aiguilles, qui fondent en se déshydratant vers 100°. Le *sel de cadmium*,

$$(C^6H^5.S.CH^2.CO^2)^2Cd,H^2O,$$

ressemble à celui de magnésium.

Le *sel de manganèse*,

$$(C^6H^5.S.CH^2.CO^2)^2Mn,5H^2O,$$

est cristallisé en tables obliques; celui *de cuivre* est anhydre et constitue un précipité amorphe verdâtre assez altérable; les solutions ammoniacales de ce sel laissent déposer par évaporation des prismes d'un bleu foncé.

Les *sels de nickel, de cobalt, d'aluminium*, les *sels ferriques* et *chromiques* sont des poudres amorphes.

Le *phénylthioglycolate d'éthyle*,

$$C^6H^5S.CH^2.CO^2C^2H^5,$$

est liquide; il bout à 276-278° et possède une densité égale à 1,136 à 4° et à 1,1260 à 15°. Il est insoluble dans l'eau, mais il se dissout dans tous les dissolvants organiques.

Lorsqu'on fait agir le brome sur une solution sulfocarbonique de cet éther, on obtient un *dérivé bromé* répondant à la formule

$$C^6H^4Br.S.CH^2.CO^2C^2H^5.$$

L'*acide* correspondant cristallise en aiguilles brillantes, fusibles à 112°.

L'*amide*, $C^6H^5.S.CH^2.COAzH^2$, se présente sous la forme d'aiguilles solubles dans l'alcool, peu solubles dans l'eau et dans l'éther. Elle fond à 104°.

Lorsqu'on oxyde l'acide phénylthioglycolique par un excès de permanganate de potassium, on le transforme en *acide phénylsulfone-acétique*,

$$C^6H^5.SO^2.CH^2.CO^2H;$$

celui-ci se présente sous la forme de petits cristaux qui fondent à 109° et qui sont solubles dans l'alcool et dans l'éther.

Les sels de cet acide se dissolvent facilement dans l'eau et dans l'alcool. Ceux *de potassium* et *de zinc* constituent des croûtes déliquescentes.

Le *sel d'argent* cristallise en aiguilles blanches, et celui *de cuivre*,

$$(C^6H^5.SO^2.CH^2.CO^2)^2Cu,2H^2O,$$

en tables verdâtres.

Si dans l'oxydation de l'acide phénylthioglycolique on n'emploie que la moitié du permanganate théoriquement nécessaire, on obtient de l'*acide phénylthionylacétique*,

$$C^6H^5.SO.CH^2.CO^2H,$$

sous forme de cristaux fusibles à 74°. Le *sel de cuivre* de cet acide constitue un précipité verdâtre [J.-P. Claesson, *Bull. Soc. Chim.*, (2), 23, 441].

*Acide vinylthioéthylène-thioglycolique,*

$$CH^2 = CH.S.CH^2.CH^2.S.CH^2.CO^2H.$$

— Ce composé a été obtenu en faisant réagir le sulfhydrate de potassium sur la *diéthylène-dithiothétine,*

$$S \left\langle {}^{CH^2-CH^2}_{CH^2-CH^2} \right\rangle S \left\langle {}^{CH^2}_{O} \right\rangle CO.$$

Il fond à 122°. Ses sels de potassium et de baryum sont amorphes [Stroemholm, *D. chem. G.*, 33. 823].

DÉRIVÉS AZOTÉS DE L'ACIDE THIOGLYCOLIQUE. — L'acide chloracétique se combine, à la température du bain-marie, au thiocarbamate d'éthyle en donnant naissance à l'*acide carbamylthioglycolique,*

$$CH^2Cl.CO^2H + CS \left\langle {}^{AzH^2}_{OC^2H^5} \right.$$

$$= C^2H^5Cl + AzH^2.CO.S.CH^2.CO^2H.$$

La réaction est accompagnée d'une isomérisation du dérivé thionique en dérivé thiolique. Il se forme en même temps une certaine quantité d'acide thioglycolique.

L'acide carbamylthioglycolique fond en se décomposant vers 135-136° [Wheeler et Barnes, *Am. Journ.*, 24, 60].

Le benzoylthiocarbamate de méthyle et l'acide chloracétique s'unissent dans les mêmes conditions pour donner l'*acide benzoylcarbamylthioglycolique,* $C^6H^5.CO.AzH.CO.S.CH^2.CO^2H$, sous la forme d'aiguilles incolores, fusibles à 169-170°, solubles dans l'alcool [Wheeler et Johnson, *Am. Journ.*, 24, 189].

La condensation de la phénylhydrazine et de l'acide sulfocyanacétique donne naissance à l'acide *aniliminocarbamylthioglycolique,*

$$C^6H^5.AzH.AzH^2 + CO^2H.CH^2.SCAz$$

$$= {}^{C^6H^5.AzH-Az}_{CO^2H.CH^2S} \gtrless C.AzH^2.$$

Pour obtenir ce corps, il suffit de mélanger des solutions éthérées des deux composants. Le produit cristallise en paillettes blanches, fusibles à 149°, solubles dans l'eau bouillante, les acides concentrés, les alcalis et l'alcool, insolubles dans les autres liquides organiques. Il précipite les sels métalliques à l'état de sulfures, et il est décomposé par les alcalis concentrés bouillants. La chaleur le transforme en *phénylaminopyrithiazinone* (voyez ce mot).

Avec la méthylphénylhydrazine, on obtient de même l'*acide méthylaniliminocarbamylthioglycolique,*

$$C^6H^5.Az(CH^3).Az \gtrless C.AzH^2,$$
$$CO^2H.CH^2.S$$

sous la forme de cristaux fusibles à 146°, solubles dans les alcalis, l'eau et l'alcool bouillants.

L'hydrate d'hydrazine réagit également sur l'acide sulfocyanacétique en donnant naissance à l'*acide diamidocarbamylthioglycolique,*

$$AzH^2.Az \gtrless C.AzH^2.$$
$$CO^2H.CH^2.S$$

Ce dernier cristallise en aiguilles blanches, fusibles à 92°, solubles dans l'eau, insolubles dans les liquides organiques. L'acide sulfurique le décompose. La chaleur le transforme en *aminopyrithiazinone* [Harries et Klamt, *D. chem. G.*, 33, 1152].

ACIDE DITHIOGLYCOLIQUE,

$$S - CH^2 - CO^2H$$
$$|$$
$$S - CH^2 - CO^2H$$

— M. Andreasch a signalé le premier le fait que les solutions des thioglycolates alcalins se colorent rapidement en violet lorsqu'on les additionne de chlorure ferrique [*Dict.*, *loc. cit.*]. M. Claesson a montré qu'il se formait dans ces conditions de l'acide dithioglycolique,

$$2CH^2.SH.CO^2H + O = (S.CH^2.CO^2H)^2 + H^2O.$$

L'acide dithioglycolique peut être préparé de plusieurs façons :

1° En ajoutant la quantité calculée d'iode à une solution aqueuse de thioglycolate de potassium.

2° En additionnant le même sel de chlorure ferrique jusqu'à ce qu'il ne se produise plus de coloration. On précipite alors le fer par l'ammoniaque, on filtre, on évapore, on sursature par l'acide chlorhydrique, et on extrait l'acide dithioglycolique au moyen de l'éther.

3° On peut aussi chauffer au bain-marie une solution concentrée de thioglycolate de potassium renfermant un excès d'alcali ; on neutralise ensuite par l'acide sulfurique dilué, on évapore à sec et l'on épuise le résidu au moyen de l'alcool bouillant. Le *sel de potassium* cristallise par refroidissement.

4° Enfin l'acide dithioglycolique s'obtient en chauffant de l'acide rhodanique avec de l'eau ou de la potasse en tube scellé. Il y a oxydation de l'acide thioglycolique formé d'abord, d'après l'équation

$$CH^2.SH.COSCAz + 3H^2O$$
$$= CO^2 + H^2S + AzH^3 + CH^2.SH.CO^2H$$

[J. Ginsburg et S. Bondzynski, *D. chem. G.*, 19, 113].

L'acide dithioglycolique cristallise en prismes ou en paillettes qui fondent à 110°. Il est soluble dans l'eau et dans les dissolvants organiques. Sa conductibilité électrique a été déterminée par M. Ostwald [*Zeit. physik. Chem.*, 3, 188].

L'acide dithioglycolique n'est pas coloré par le chlorure ferrique. Le zinc et les acides minéraux le réduisent à chaud en régénérant l'acide thioglycolique, tandis que le permanganate de potassium le transforme en acide sulfoacétique.

Les sels de l'acide dithioglycolique sont assez solubles dans l'eau.

Le *sel acide de potassium*, $C^4H^5S^2O^4K, H^2O$, cristallise dans l'alcool en aiguilles blanches.

Le *sel neutre*, $C^4H^4S^2O^4K^2, 1,5H^2O$, constitue une poudre cristalline, soluble dans l'eau.

Le *sel de baryum*, $BaC^4H^4S^2O^4, 4H^2O$, est un précipité microcristallin, insoluble dans l'alcool.

Le *sel d'argent*, $C^4H^5AgS^2O^4$, s'obtient sous la forme d'une poudre blanche amorphe, lorsqu'on traite le sel de potassium par l'azotate d'argent.

Le *sel de plomb* est également amorphe.

L'*éther éthylique*, $C^4H^4S^2O^4(C^2H^5)^2$, constitue un liquide visqueux, doué d'une odeur désagréable, qui bout à 280° en se décomposant partiellement. On le prépare en saturant de gaz chlorhydrique une solution alcoolique de l'acide [Claesson, *D. chem. G.*, 14, 450 ; *Ann. Chem.*, 187, 113. — Ginsburg et Bondzynski, *D. chem. G.*, 19, 115].

ACIDE THIODIGLYCOLIQUE (ou *sulfodiacétique*),

$$S \left\langle {}^{CH^2.CO^2H}_{CH^2.CO^2H} \right.$$

— Cet acide a déjà été décrit en partie (voyez *Dict.*, 3, 76, 398).

M. Loven l'a préparé facilement en mélangeant des solutions concentrées et fraîchement préparées de monochloracétate de sodium et de sulfhydrate de sodium. On décompose ensuite par l'acide sulfurique dilué, et l'on extrait l'acide thiodiglycolique au moyen de l'éther.

On obtient également de l'acide thiodiglycolique en chauffant le sulfure de l'éther acétylacétique, $C^{12}H^{18}SO^6$, avec une solution aqueuse concentrée de potasse [Schönbrodt, *Ann. Chem.*, 253, 200], ou en chauffant à l'ébullition pendant 3 heures du monochloracétate de calcium avec un excès de lait de chaux saturé d'hydrogène sulfuré; pendant l'opération, l'appareil doit être traversé par un courant de gaz sulfhydrique. On précipite ensuite l'excès de chaux par un courant de gaz carbonique, et on purifie le sel de calcium par des cristallisations dans l'alcool bouillant. On transforme ensuite ce sel de calcium en sel de plomb, et on décompose celui-ci par l'hydrogène sulfuré.

Le *sel neutre d'ammonium* cristallise en prismes déliquescents, solubles dans l'eau, insolubles dans l'alcool; le *sel acide* se présente sous la forme d'octaèdres.

Le *sel de calcium*, $C^4H^4SO^4Ca$, cristallise en paillettes qui se dissolvent dans $48^p,6$ d'eau à $21^o$ [Schreiber, *J. prakt. Chem.*, (2), 13, 472].

Le *thiodiglycolate de plomb* constitue un précipité cristallin peu soluble dans l'eau.

Le chlorure d'acétyle réagit à chaud sur l'acide thiodiglycolique, en donnant naissance à l'*anhydride* correspondant :

$$S\diagup\overset{CH^2-CO}{\underset{CH^2-CO}{}}\diagdown O.$$

Celui-ci cristallise en aiguilles fusibles à $102^o$, peu solubles dans le chloroforme et dans l'éther à froid. Il bout à $158^o$ sous 10 millimètres et fixe facilement une molécule d'eau en régénérant l'acide.

On peut l'obtenir, par contre, en distillant plusieurs fois de suite l'acide thiodiglycolique.

Le *chlorure*, $S(CH^2.COCl)^2$, s'obtient en traitant une solution chloroformique de l'acide par le perchlorure de phosphore (2 molécules). Il est liquide et peut être distillé dans le vide.

Ce chlorure réagit sur l'alcool méthylique, en donnant naissace à l'*éther diméthylique*,

$$S(CH^2CO.CH^3)^2,$$

qui se présente sous la forme d'un liquide réfringent, bouillant à $135^o$ sous 11 millimètres.

Lorsqu'on mélange des solutions équimoléculaires d'anhydride thiodiglycolique et d'aniline dans le chloroforme, on obtient l'*acide anilé*,

$$S\diagup\overset{CH^2.COAz.C^6H^5}{\underset{CH^2.CO^2H}{}}$$

sous la forme de prismes fusibles à $103^o$.

L'*acide p-tolilé* cristallise en aiguilles blanches qui fondent à $95^o$.

La *dianilide*, $S(CH^2.CO.AzHC^6H^5)^2$, s'obtient en faisant agir de l'aniline sur le chlorure d'acide; elle se présente sous la forme d'aiguilles fusibles à $168^o$, solubles dans l'alcool, peu solubles dans l'éther [Anschütz et Biernaux, *Ann. Chem.*, 273, 64].

Les éthers thiodiglycoliques ne sont pas attaqués par les iodures alcooliques en présence d'alcool sodé.

M. Loven a préparé un dérivé de l'acide thiodiglycolique répondant à la formule

$$C^6H^5.CH=C.CO^2H$$
$$S\diagdown$$
$$C^6H^5.CH=C.CO^2H$$

Cet *acide dibenzylidène-thiodiglycolique* s'obtient en chauffant pendant 1 heure au bain-marie un mélange d'acide thiodiglycolique (1 gramme), d'aldéhyde benzoïque (20 grammes), d'anhydride acétique (40 grammes) et d'acétate de sodium fondu (5 à 10 grammes). On précipite ensuite par l'eau, on essore le précipité, et on le purifie par des cristallisations dans l'alcool. Cet acide se présente sous la forme d'aiguilles jaunâtres, insolubles dans l'eau, solubles dans les dissolvants organiques; il se décompose sans fondre et forme un *sel de sodium*,

$$C^{18}H^{12}SO^4Na^2, 2,5H^2O,$$

qui cristallise en tables brillantes.

Le brome réagit sur l'acide dibenzylidène-dithioglycolique à $100^o$, en présence de chloroforme, en donnant naissance à un *dérivé bromé*, $C^{18}H^{12}Br^2SO^4$, qui cristallise en aiguilles ou en prismes d'un jaune d'or. Ce dérivé n'est pas attaqué par le permanganate de potassium [J.-M. Loven, *D. chem. G.*, 18, 3243].

Lorsqu'on oxyde à froid par le permanganate à 5 0/0 une solution neutre de thiodiglycolate de sodium, on obtient de l'*acide sulfone-diacétique*, en même temps que de petites quantités d'acide thioacétique et d'acide oxalique :

$$3S(CH^2.CO^2Na)^2 + 4KMnO^4 + 2H^2O$$
$$= 3SO^2(CH^2.CO^2Na)^2 + 4KOH + 4MnO^2.$$

Pour isoler l'acide sulfone-diacétique, on filtre, on sursature par l'acide sulfurique dilué, on évapore, et on épuise le résidu au moyen de l'éther.

On évite la formation d'acide oxalique en oxydant d'abord le tiers de l'acide thiodiglycolique, et en ajoutant ensuite alternativement, et par petites portions, le restant de l'acide et du permanganate.

Pour purifier l'acide sulfone-diacétique, on le transforme en sel de baryum, qu'on décompose ensuite par l'acide sulfurique dilué.

L'*acide sulfone-diacétique*, $SO^2(CH^2.CO^2H)^2$, cristallise en tables rhombiques solubles dans l'alcool et dans l'eau, peu solubles dans l'éther. Il fond à $182^o$ et se décompose vers $200^o$ en anhydride carbonique et diméthylsulfone.

Le *sel de baryum*, $SO^2(CH^2.CO^2)^2Ba, 5H^2O$, se présente sous la forme de fines aiguilles qui perdent facilement 4 molécules d'eau. Le sel $SO^2(CH^2.CO^2)^2Ba$ cristallise en prismes peu solubles dans l'eau; il se décompose vers $150^o$ suivant l'équation

$$SO^2(CH^2.CO^2)^2Ba, H^2O$$
$$= BaCO^3 + CO^2 + (CH^3)^2SO^2.$$

Le même phénomène se passe lorsqu'on chauffe le sel de baryum avec de l'eau de baryte à 130–140° en vase clos.

L'*éther diéthylique*, $SO^2(CH^2.CO^2C^2H^5)^2$, s'obtient en chauffant l'acide avec de l'alcool et de l'acide sulfurique. On précipite ensuite le produit par l'eau. Cet éther constitue un liquide visqueux peu soluble dans l'eau, qui ne distille pas sans décomposition. La baryte le saponifie à froid, et l'ammoniaque le transforme en amide. Il s'unit à l'éthylate de sodium pour donner une combinaison amorphe, décomposable par l'eau, qui répond à la formule $(C^2H^5O.CO.CHNa)^2SO^2$. En traitant cette combinaison sodée par l'iodure de méthyle, on la transforme en un *dérivé méthylique*, $SO^2[(CH^3)CH.CO^2C^2H^5]^2$, que la baryte décompose en acide thiodilactylique (voyez ce mot).

Si l'on emploie un excès d'iodure de méthyle

et qu'on chauffe au réfrigérant ascendant, on obtient un *dérivé diméthylique*,

$$SO^2[(CH^3)^2 . C . CO^2C^2H^5]^2.$$

L'acide correspondant fond à 188°; son *sel de baryum*, $SO^2[(CH^3)^2 . C . CO^2]^2Ba, 2,5H^2O$, cristallise en aiguilles solubles dans l'eau bouillante.

Avec l'iodure d'éthyle à 130° en vase clos, on obtient une combinaison analogue,

$$SO^2[(C^2H^5) . CH . CO^2C^2H^5]^2,$$

qui se présente sous la forme d'octaèdres fusibles à 152°.

L'*amide*, $SO^2(CH^2 . COAzH^2)^2$, cristallise en paillettes solubles dans l'eau bouillante; elle se décompose vers 200°.

Lorsqu'on introduit par petites portions de l'acide sulfone-diacétique (1 molécule) dans une solution concentrée, froide, de nitrite de sodium (2 molécules), l'acide se décompose quantitativement, suivant l'équation

$$SO^2(CH^2 . CO^2H)^2 + 2AzO^2H$$
$$= 2H^2O + 2CO^2 + SO^4H^2 + 2CAzH$$

[J.-M. Loven, *D. chem. G.*, 17, 2817; 18, 3241].

Le sulfhydrate de potassium réagit sur les dérivés chloracétylés des uréthanes et des urées en donnant naissance à des dérivés de l'acide thiodiglycolique appartenant aux types suivants :

$$CH^2 - CO - AzH - CO^2C^2H^5$$
$$\diagdown S$$
$$CH^2 - CO - AzH - CO^2C^2H^5$$

et

$$CH^2 - CO - AzH - CO - AzH^2$$
$$\diagdown S$$
$$CH^2 - CO - AzH - CO - AzH^2.$$

Ces composés sont généralement amorphes, infusibles, à peu près insolubles dans les dissolvants usuels et ne présentent pas grand intérêt [Beckurts et Frerichs, *Arch. Pharm.*, 237, 285].

P. Freundler.

**GLYCOLIQUE (ALDÉHYDE)** [Syn. *Éthanol-al*].

$$\begin{array}{c} CH^2OH \\ | \\ CHO \end{array}$$

— La substance qui a été considérée par M. Abeljanz comme de l'aldéhyde glycolique impure, est en réalité un composé éthéré (1er Suppl., 882).

L'aldéhyde glycolique peut être obtenue assez pure en partant de l'*aldéhyde monobromée*. Pour préparer cette dernière, MM. Fischer et Landsteiner procèdent de la façon suivante : On fait tomber goutte à goutte du brome (136 grammes) dans de l'acétal pur (100 grammes) additionné de carbonate de calcium fraîchement précipité (42 grammes). L'opération doit être faite à froid. On décante ensuite la couche éthérée, on la lave avec une solution diluée de carbonate de sodium, puis avec de l'eau, on la sèche et on la fractionne. On obtient ainsi 50 0/0 du rendement théorique en *monobromacétal*,

$$CH^2Br . CH^2 \diagup \substack{OC^2H^5 \\ OC^2H^5}$$

Celui-ci bout à 165-170°.

Ce monobromacétal est chauffé ensuite pendant 5 heures au bain d'huile, à 135-150°, avec un excès d'acide oxalique anhydre. Il se décompose dans ces conditions en donnant de l'aldéhyde monobromée, $CH^2Br . CHO$ (rendement 35 0/0 du bromacétal employé). L'*aldéhyde monobromée* se présente sous la forme d'un liquide visqueux bouillant vers 105°; elle se dissout dans l'eau et s'unit directement à la phénylhydrazine.

Pour transformer l'aldéhyde monobromée en aldéhyde glycolique, on la traite (10 parties) par de l'eau de baryte (250 parties) renfermant en suspension 13 parties d'hydrate et refroidie à 0°. Au bout d'une demi-heure on précipite le baryum par un léger excès d'acide sulfurique, on élimine cet excès au moyen de carbonate de plomb, on filtre, et l'on évapore la liqueur dans le vide. On obtient ainsi une solution aqueuse assez concentrée d'aldéhyde glycolique (rendement 70 0/0) [E. Fischer et K. Landsteiner, *D. chem. G.*, 25, 2550].

MM. Marckwald et Ellinger ont préparé de l'aldéhyde glycolique en chauffant l'acétal correspondant (voyez 1er Suppl., 882) avec son volume d'eau additionnée de quelques gouttes d'acide chlorhydrique ou d'acide sulfurique. L'opération est terminée lorsque la masse ne précipite plus par addition d'eau. On chasse ensuite l'alcool par distillation, puis on recueille la portion bouillant vers 100-110°, qui est constituée par un mélange d'aldéhyde glycolique et d'eau. Il faut arrêter le fonctionnement dès que le résidu commence à se décomposer. L'aldéhyde ainsi obtenue est pure, mais elle est très diluée [W. Marckwald et Al. Ellinger, *D. chem. G.*, 25, 2984].

M. Fenton a montré que l'oxydation de l'acide tartrique en présence de sels ferreux donne naissance à un acide cristallisé dont la formule est $C^4H^4O^6, 2H^2O$ [*Chem. Soc.*, 56, 890]. Les solutions aqueuses de cet acide se décomposent lentement à la température ordinaire, plus rapidement à 60°, en perdant de l'acide carbonique et en donnant de l'aldéhyde glycolique :

$$C^4H^4O^6 = 2CO^2 + C^2H^4O^2.$$

Si on laisse cette solution s'évaporer lentement à froid, on obtient un liquide visqueux qui ne renferme plus que des traces d'alcool, et qui constitue de l'aldéhyde glycolique presque pure [J.-H. Fenton, *Chem. Soc.*, 67, 774].

Le même auteur a montré, en collaboration avec M. H. Jackson, que l'aldéhyde glycolique prenait naissance dans l'oxydation du glycol par l'oxygène atmosphérique à la lumière, ou mieux encore par l'eau oxygénée en présence de sulfate ferreux [*Chem. Soc.*, 75, 1].

Des synthèses fort intéressantes de l'aldéhyde glycolique ont été réalisées à partir de l'aldéhyde formique d'une part, de l'aldéhyde glycérique et des sucres d'autre part.

Ainsi, M. von Pechmann a obtenu une certaine quantité de l'osazone du glyoxal en faisant agir la phénylhydrazine sur une solution fortement acétique d'aldéhyde formique maintenue à 70°.

Cette réaction ne peut s'expliquer que par la formation intermédiaire d'aldéhyde glycolique résultant d'une aldolisation :

$$2CH^2O = CH^2OH . CHO.$$

On sait en effet que l'aldéhyde glycolique donne naissance à l'osazone du glyoxal lorsqu'on la chauffe avec de la phénylhydrazine [*D. chem. G.*, 30, 2459).

L'action de la phénylhydrazine sur certains dérivés des sucres fournit également la même osazone (voyez GLYOXAL).

MM. Wohl et Neuberg ont passé de l'aldéhyde glycérique à l'aldéhyde glycolique par le procédé suivant : L'oxime de l'aldéhyde glycérique a été broyée avec de la potasse solide, et le mélange a été chauffé rapidement jusqu'à formation d'une écume. Le produit a ensuite été dissous dans de l'acide acétique à 50 0/0, maintenu à 0°. La solution acide, neutralisée par le carbonate de sodium, a fourni une certaine quantité d'aldéhyde glycolique, que l'on a caractérisée encore au moyen de son osazone [*D. chem. G.*, 33, 3095].

PROPRIÉTÉS. — L'aldéhyde glycolique est soluble dans l'eau et dans l'alcool, mais elle ne se dissout pas dans l'éther. Lorsqu'on la chauffe, elle se polymérise et donne naissance à des substances amorphes solubles dans l'eau. A 160-170°, en particulier, on obtient un produit qui répond à la formule $C^6H^{10}O^5$ [J.-H. Fenton et N. Jackson, *Chem. News*, 80, 277]. Elle est difficilement volatile avec la vapeur d'eau.

L'aldéhyde glycolique réduit la liqueur de Fehling, mais elle ne se combine pas à froid avec l'acétate de phénylhydrazine; à 40°, il se forme un précipité de paillettes brunâtres qui constituent la *dihydrazone du glyoxal*. L'eau de brome transforme l'aldéhyde glycolique en acide correspondant.

Lorsqu'on additionne de soude caustique (1 0/0) une solution refroidie à 0° d'aldéhyde glycolique, on constate qu'au bout de quelques heures cette solution ne réduit plus la liqueur de Fehling à froid. Si l'on acidule par l'acide acétique, et qu'on ajoute ensuite de la phénylhydrazine, on obtient une *dihydrazone* cristallisée en paillettes jaunes fusibles à 168°. Cette dihydrazone est identique à la *phénylérythrosazone* (Fischer et Landsteiner).

D'après M. Jackson, lorsqu'on maintient à 0°, pendant 15 heures, une solution à 3 0/0 d'aldéhyde glycolique additionnée de 1 0/0 de soude, on obtient un mélange de tétrose et d'$\alpha$- et de $\beta$-acrose. Au bout de 2 jours, la proportion de tétrose a diminué sensiblement, et au bout de 6 jours elle est devenue insignifiante [H. Jackson, *Chem. Soc.*, 77, 129].

DÉRIVÉS DE L'ALDÉHYDE GLYCOLIQUE. — Les *osazones* seront décrites à l'article GLYOXAL.

L'*oxime* a été préparée en mélangeant des solutions alcooliques d'aldéhyde et d'hydroxylamine; elle se présente sous la forme d'un sirop incristallisable qu'il a été possible de transformer successivement en nitrile glycolique et aldéhyde formique par la réaction de M. Wohl [Fenton, *Proceed. Chem. Soc.*, 16, 148].

POLYMÈRE DE L'ALDÉHYDE GLYCOLIQUE. — MM. J.-H. Fenton et H. Jackson ont obtenu un *dimère* cristallisé de l'aldéhyde glycolique, en chauffant l'acide dihydroxymaléique avec de l'eau :

$$C^4H^4O^6 = C^2H^4O^2 + 2CO^2.$$

Après avoir neutralisé la masse par le carbonate de calcium, on évapore dans le vide le liquide filtré, et on extrait le résidu par l'alcool absolu. Celui-ci abandonne par évaporation un sirop qui cristallise peu à peu en tables fusibles à 95-97°. Ce composé se volatilise facilement dans le vide. Il fournit une *osazone* qui fond vers 169°. Son poids moléculaire, déterminé immédiatement après la dissolution, correspond à la formule $(C^2H^4O^2)^2$; mais si la solution est abandonnée à elle-même pendant quelque temps, elle finit par ne plus renfermer que des molécules simples.

Ce dimère n'est pas fermentescible. Il réduit la liqueur de Fehling dans la proportion de 2 atomes de cuivre pour 1 molécule d'aldéhyde [J.-H. Fenton et H. Jackson, *Chem. Soc.*, 75, 575].

P. Freundler.

**GLYCOLS.** — M. Fossek [*Mon. f. Chem.*, 5, 119] a remarqué qu'en traitant l'aldéhyde isobutyrique soit par la potasse alcoolique, soit par l'amal-

game de sodium, on obtenait un glycol qu'il considérait comme le *diisopropylglycol*,

$$C^3H^7 . CHOH . CHOH . C^3H^7.$$

Généralisant cette réaction, il a étudié, soit seul, soit en collaboration avec M. Swoboda [*Mon. f. Chem.*, 11, 383], l'action de la potasse alcoolique sur un mélange d'aldéhyde isobutyrique et d'une autre aldéhyde.

La manière d'opérer est la suivante : On verse le mélange équimoléculaire des aldéhydes dans un excès de potasse alcoolique; on abandonne pendant quelques heures, puis on chasse l'alcool; on ajoute de l'eau et on épuise par l'éther, qui s'empare du glycol formé. D'après M. Fossek, les glycols ainsi obtenus sont tous bisecondaires.

L'étude de cette réaction a été reprise par M. Lieben [*Mon. f. Chem.*, 17, 68] et M. Keik [*Mon. f. Chem.*, 18, 598], qui ont constaté que, pour qu'il y ait formation d'un glycol, il faut que l'aldéhyde soumise à l'action de la potasse alcoolique renferme un groupe CH à côté du groupement fonctionnel – CHO; de plus, la réaction donnant naissance au glycol se passe en deux phases. Ainsi l'aldéhyde

$$\frac{CH^3}{CH^3}\!\!>\!CH - CHO$$

commencera par s'aldoliser en donnant

$$\frac{CH^3}{CH^3}\!\!>\!CH - CHOH - C\!\!\begin{array}{c} <CH^3 \\ <CH^3 \\ | \\ COH \end{array}$$

et cet aldol fixera 2 atomes d'hydrogène sous l'action de la potasse alcoolique pour donner le glycol

$$\frac{CH^3}{CH^3}\!\!>\!CH - CHOH - C\!\!\begin{array}{c} <CH^3 \\ <CH^3 \\ | \\ CH^2OH \end{array}$$

Les glycols obtenus par M. Fossek ne sont donc pas, comme il le croyait, des glycols bisecondaires, mais des glycols primaires-secondaires.

Un autre mode très général et très intéressant d'obtention d'alcools polyatomiques en général, et de glycols en particulier, a été donné par M. G. Wagner [*D. chem. G.*, 21, 1230] et consiste dans l'oxydation des oléfines (alkylènes) et des alcools de la série allylique. On dissout dans l'eau l'alcool ou l'hydrocarbure et l'on ajoute peu à peu une dissolution de permanganate de potassium à 1 0/0, de manière à faire réagir un atome d'oxygène sur une molécule de carbure ou d'alcool; on filtre, on entraîne par un courant de vapeur d'eau les produits aldéhydiques qui ont pu prendre naissance, et du résidu on extrait le glycol par des solvants appropriés.

Par ce procédé, 11 litres d'isobutylène

$$\frac{CH^3}{CH^3}\!\!>\!C = CH^2$$

ont pu donner 22 grammes du glycol

$$\frac{CH^3}{CH^3}\!\!>\!C = CH^2.$$

*Oxydation des glycols.* — D'après M. Mariutza [*Journ. Soc. russe*, 26, 1, 11], le premier degré d'oxydation des glycols secondaires-tertiaires par une solution étendue de permanganate est une cétone-alcool.

En traitant par 4 atomes de brome le glycol $CH^3 . CHOH . CHOH . C^2H^5$, M. von Pechmann [*D. chem. G.*, 23, 2427] a obtenu la dicétone,

$$CH^3 . CO . CO . C^2H^5.$$

Le brome doit être naturellement employé en solution aqueuse et l'oxydation se fait par une exposition de 24 heures à la lumière solaire.

D'après l'auteur, ce procédé d'oxydation paraît susceptible de généralisation pour tous les composés renfermant deux groupes alcooliques voisins l'un de l'autre.

*Action du sodium.* — D'après M. de Forcrand [*C. R.*, 114, 123], la substitution du sodium à l'hydrogène dans l'oxhydryle dégage la même quantité de chaleur (+ 32 calories), que l'alcool soit diatomique ou simplement monatomique.

ACÉTALS. — Les acétals des glycols ont été étudiés par plusieurs auteurs.

M. Lochert [*Bull. Soc. Chim.*, (2), 48, 337, 716; *Ann. Chim. Phys.*, (6), 16, 26] les obtient en chauffant pendant 6 à 8 jours, en tubes scellés, un mélange de 1 molécule d'aldéhyde et de 2 molécules de glycol. La température de chauffe doit dépasser de 40 à 50° le point d'ébullition de l'aldéhyde employée. Ces acétals sont volatils et, traités par l'eau, régénèrent les composants. Traités par le brome, ils donnent un dérivé bromé dans le radical aldéhydique. Ces dérivés bromés ne sont distillables que sous pression réduite; l'acide sulfurique étendu les dédouble en glycol et aldéhyde monobromée.

Ces mêmes acétals se forment, d'après M. Verley [*Bull. Soc. Chim.*, (3), 24, 275], très facilement, et souvent en quantité théorique, quand on chauffe un mélange d'aldéhyde et de glycol en présence d'acide phosphorique sirupeux additionné d'une petite quantité d'eau.

MM. Trillat et Cambier [*Bull. Soc. Chim.*, (3), 11, 759] ont obtenu les éthers méthyléniques

$$CH^2 \begin{matrix} HO \\ \diagdown O \diagup \\ \diagup O \diagdown \\ HO \end{matrix} \begin{matrix} R'' \\ \\ R'' \end{matrix}$$

en chauffant au bain-marie des mélanges équimoléculaires de glycol et de trioxyméthylène en présence de 2 0/0 de chlorure ferrique. Ce sont des liquides d'odeur poivrée, que les acides décomposent avec formation de trioxyméthylène.

Ces mêmes *formals* peuvent s'obtenir [Delépine, *Bull. Soc. Chim.*, (3), 23, 915] en chauffant ensemble le produit de l'évaporation de la solution d'aldéhyde formique (paraformaldéhyde) et le glycol en présence de quelques centièmes d'acide chlorhydrique pur. Les rendements sont très satisfaisants.

*Vitesse d'éthérification.* — M. Mentchoutkine [*D. chem. G.*, 13, 1812] a étudié la vitesse et la limite d'éthérification de différents glycols : il démontre que les glycols primaires s'éthérifient plus vite et plus complètement que les glycols secondaires, et ceux-ci plus vite que les glycols tertiaires. Ses recherches ont porté sur les éthers acétiques et peuvent se résumer dans le tableau suivant :

| | | Vitesse initiale. | Limite. |
|---|---|---|---|
| Glycols primaires............... { | éthylénique............... | 42,93 | 53,86 |
| | triméthylénique............ | 42,29 | 60,07 |
| Glycol primaire-secondaire........ | propylénique.............. | 36,43 | 50,83 |
| Glycol secondaire............... | pseudobutylénique ........ | 17,79 | 32,79 |
| Glycols tertiaires .... ........... | Pinacone............... | 2,58 | 5,85 |
| | Résorcine............... | 0 | 7,08 |

Il faut remarquer que les glycols tertiaires se transforment en hydrocarbures par l'action de l'acide acétique à 155°.

S'il contenait de plus nombreux exemples, s'il était plus généralisé, ce tableau pourrait servir à déterminer la constitution des glycols.

*Action de la potasse sur les chlorhydrines.* — En réagissant sur les monochlorhydrines des glycols, la potasse leur enlève HCl et il se forme des oxydes analogues à l'oxyde d'éthylène.

D'après W.-P. Evans [*Zeit. physik. Chem.*, 7, 327], plus l'atome de chlore est voisin de l'oxhydryle, plus la réaction sera facile, et plus grande en sera la vitesse, celle-ci étant mesurée par la quantité de chlorure de potassium formé dans l'unité de temps.

A une température de 43°, la vitesse, à l'origine, est 0,03 pour la chlorhydrine

$$CH^2Cl \cdot CH^2 \cdot CH^2OH,$$

45 pour $CH^3-CHOH-CH^2Cl$, et 1600 pour le composé

$$(CH^3)^2 CCl \cdot CH^2OH.$$

Ces relations pourraient, dans certains cas, être utiles pour déterminer les formules stéréochimiques des chlorhydrines. Ch. Cloëz.

**GLYCOLYL-PHÉNYLGUANIDINE.** — Voyez GUANIDINE.

**GLYCURONIQUE (ACIDE)** (voyez 1er Suppl., 882). — *Préparation.* — L'extraction de l'acide glycuronique de ses combinaisons conjuguées, telles qu'on les retire de l'urine après ingestion d'un grand nombre de substances (voyez plus loin), est accompagnée de pertes considérables. M. Spiegel et, après lui, M. H. Thierfelder ont montré que le jaune indien ou *purree* fournit des rendements bien supérieurs [Spiegel, *D. chem. G.*, 15, 1964. — H. Thierfelder, *Zeit. physiol. Chem.*, 11, 388; 13, 275]. L'acide euxanthique qui se trouve dans le jaune à l'état de sel de calcium ou de magnésium (de 9 à 34 0/0), se décompose, en présence de l'eau à 120°, en euxanthone et acide glycuronique; 23 parties d'acide euxanthique donnent 11 parties d'acide glycuronique calculé en anhydride (Thierfelder).

10 parties d'acide euxanthique, triturées avec 100 à 200 parties d'eau, sont chauffées à l'autoclave, d'abord ouvert, de façon à chasser l'oxygène atmosphérique. On ferme ensuite et on maintient la température pendant 1 heure à 120-125°. On laisse refroidir, on filtre, et la partie restée encore insoluble est soumise encore deux fois au même traitement. Les liquides filtrés réunis sont évaporés à 40°, le mieux dans le vide, jusqu'à consistance de sirop liquide, puis abandonnés à cristallisation. On obtient ainsi des cristaux brunâtres d'anhydride glycuronique, et les eaux mères, portées à l'ébullition pendant 10 minutes, puis refroidies, fournissent, lorsqu'on répète cette opération, toute une série de cristallisations d'anhydride. Une nouvelle cristallisation dans l'eau chaude, avec addition de noir, donne finalement l'anhydride tout à fait pur. Ce composé, traité par la baryte, se transforme en glycuronate de baryum, d'où l'acide peut être aisément séparé

au moyen de l'acide sulfurique. Cet anhydride sera décrit plus loin.

PROPRIÉTÉS. — L'acide libre, $C^6H^{10}O^7$, est un sirop soluble dans l'eau et dans l'alcool. Il est dextrogyre. Par ébullition avec l'eau, il se transforme en une lactone, la *glycurone* ou *anhydride glycuronique*, $C^6H^8O^6$ (voyez plus loin), mais cette transformation est limitée. En 1 heure, il ne se produit que 20 0/0 d'anhydride, quantité qu'une plus longue ébullition n'augmente pas davantage : d'où les chauffes successives nécessaires dans la préparation de l'anhydride. Mais l'action prolongée de l'eau chaude décompose l'acide et l'anhydride avec formation de produits bruns (Thierfelder).

Chauffé avec de l'acide chlorhydrique étendu (12 0/0), l'acide glycuronique et son anhydride fournissent, comme les pentoses, de grandes quantités de furfurol, d'après l'équation

$$C^6H^8O^6 = C^5H^4O^2 + 2H^2O + CO^2$$

[Mann et Tollens, *Ann. Chem.*, 290, 157. — Gunther, de Chalmot et Tollens, *D. chem. G.*, 23, 1751; 25, 2569]. M. Thierfelder a montré que dans cette décomposition il ne se produit pas d'acide lévulique, $C^5H^8O^3$, mais un peu d'acide formique et un acide en $C^5H^8O^3$, qui n'est identique avec aucun des isomères de cette formule. Cet acide cristallise en prismes jaunâtres, fond à 197°, et réduit instantanément à froid la solution alcaline d'oxyde de cuivre.

Le brome transforme l'acide glycuronique en acide saccharique, $COOH.(CHOH)^4.COOH$, de même que le glucose fournit, d'après M. Kiliani, de l'acide gluconique, $CH^2OH.(CHOH)^4.COOH$ [Thierfelder, *Zeit. physiol. Chem.*, 11, 401; *D. chem. G.*, 19, 3148].

L'acide chromique le décompose en acides carbonique et formique et acétone [Flückiger, *Zeit. physiol. Chem.*, 9, 351].

L'amalgame de sodium le réduit à l'état d'acide gulonique, $COOH.(CHOH)^4.CH^2OH$ (voyez, plus loin, synthèse de l'acide glycuronique) [Thierfelder, *Zeit. physiol. Chem.*, 15, 71; — E. Fischer et Piloty, *D. chem G.*, 24, 521].

L'acide glycuronique donne les réactions de réduction du glucose. Son pouvoir réducteur vis-à-vis de la liqueur de Fehling est égal à celui du glucose (Thierfelder). L'oxyde de bismuth en solution alcaline, le nitrate d'argent ammoniacal, l'indigo en solution alcaline sont de même réduits. Chauffé avec de la potasse concentrée, l'acide glycuronique donne, comme le glucose, une solution brune, en même temps qu'il se forme de la pyrocatéchine et de l'acide protocatéchique; mais l'acide lactique que fournit le glucose est ici remplacé par l'acide oxalique. Il suit de là que l'acide glycuronique donne, comme le sucre, avec l'hydrate de plomb la réaction de M. Rubner, c'est-à-dire qu'en formant par l'acétate de plomb et l'ammoniaque un précipité de glycuronate de plomb, puis faisant bouillir, on voit le précipité prendre une couleur chair ou rosée [Rubner, *Zeit. f. Biol.*, 20, 397. — Moritz, *Archiv. f. klin. Med.*, 46, 265].

Si l'on agite une molécule d'acide glycuronique avec 9 molécules de chlorure de benzoyle et 12 molécules de soude, on obtient un précipité d'*acide dibenzoylglycuronique*, $C^6H^8O^7(C^7H^5O)^2$, insoluble dans l'eau, facilement soluble dans l'alcool chaud et fusible à 107° (Thierfelder).

Le glycuronate de potassium (1 partie), chauffé au bain-marie avec du chlorhydrate de phénylhydrazine (2 parties) et de l'acétate de sodium (3 parties) dans 20 parties d'eau, donne une combinaison qui est en aiguilles jaunâtres, brunissant facilement et fusibles à 114-115° (Thierfelder,

*Zeit. physiol. Chem.*, 11, 395. — Geyer, *Wiener med. Presse*, 1889, 1686. — Hirschl, *Zeit. physiol. Chem.*, 14, 381].

Le glycuronate de potassium se combine, d'après M. Thierfelder, avec 1 molécule d'aniline, avec élimination de 1 molécule d'eau, et 2 molécules de glycuronate se combinent avec 1 molécule de toluylène-diamine, avec élimination de 2 molécules d'eau. Ces combinaisons sont tout à fait semblables aux composés analogues que donne le glucose (Thierfelder). Elles sont *lévogyres* comme les combinaisons conjuguées de l'acide glycuronique (voyez plus loin).

L'acide glycuronique ne fermente pas avec la levure de bière. En présence de la vase des rivières, il donne d'abord de l'acide carbonique et de l'hydrogène, et plus tard du méthane, puis uniquement de l'acide carbonique et du méthane. M. Thierfelder explique ces faits en admettant que l'acide glycuronique est décomposé d'abord en acides carbonique, acétique et lactique, que l'acide lactique donne ensuite de l'acide acétique, de l'acide carbonique et de l'hydrogène, et que finalement l'acide acétique subit la transformation bien connue en gaz des marais et acide carbonique.

L'acide glycuronique donne avec la phloroglucine où l'orcine les *réactions de coloration* des pentoses. On chauffe un peu d'acide avec une solution de 0gr,5 d'orcine dans 100 centimètres cubes d'acide chlorhydrique de densité 1,09. Le liquide devient rougeâtre, puis rouge-bleu et abandonne des flocons vert-bleu, lesquels se dissolvent dans l'alcool avec une belle couleur vert-bleu. La solution présente une forte bande d'absorption entre D et E, en contact avec D. Avec la phloroglucine, le liquide est rouge-cerise [Allen et Tollens, *Ann. Chem.*, 260, 305. — Tollens, *Versuchstat*, 39, 450].

SELS DE L'ACIDE GLYCURONIQUE. — Une solution de glycuronate de potassium à 10 0/0 n'est pas précipitée par des solutions également concentrées des sulfates de zinc, de cadmium, de cuivre, par le perchlorure de fer, l'acétate de mercure, les nitrates de strontium et d'argent (Thierfelder).

Le *sel de potassium*, $C^6H^9O^7K$ (à 100°), cristallise en aiguilles incolores, fortement réfringentes, ou en choux-fleurs. Il brunit à l'air, mais reste inaltéré au-dessus de l'acide sulfurique. Le sel dévie le plan de la lumière polarisée autant que l'anhydride qu'il contient.

Le *sel de sodium* cristallise en aiguilles associées en dendrites.

Les *sels de calcium, de baryum, de zinc, d'argent, de cadmium* et *de cuivre* n'ont été obtenus qu'à l'état amorphe.

Le *sel de plomb* a été obtenu une fois par MM. Schmiedeberg et Meyer en aiguilles incolores [*Zeit. physiol. Chem.*, 3, 422].

SYNTHÈSE ET CONSTITUTION DE L'ACIDE GLYCURONIQUE. — L'acide saccharique,

$$COOH-(CHOH)^4-COOH,$$

se transforme par l'évaporation de ses solutions en une lactone, $C^6H^8O^7$, qui, traitée par l'amalgame de sodium en milieu sulfurique, se transforme en acide glycuronique. La synthèse de l'acide glycuronique se trouve donc réalisée par cette réaction [E. Fischer et O. Piloty, *D. chem. G.*, 24, 521].

Les réactions aldéhydiques de l'acide glycuronique, sa transformation en acide saccharique par l'action du brome, sa production par réduction de la lactone de l'acide saccharique, permettent de lui attribuer la formule ci-dessous. L'acide gulonique auquel il donne naissance par réduction, et le sucre correspondant ou gulose, sont des stéréoisomères de l'acide gluconique et du glucose. Les formules suivantes rendent compte de ces relations [Fischer et Piloty, *loc. cit.*] :

Glucose . . . . . . . . . . . . . $CH^2OH-(CHOH)^4-COH$
Acide gluconique . . . . . $CH^2OH-(CHOH)^4-COOH$
Acide saccharique . . . . . $COOH-(CHOH)^4-COOH$
Acide glycuronique . . . . $COOH-(CHOH)^4-COH$
Acide gulonique . . . . . . $COOH-(CHOH)^4-CH^2OH$
Gulose . . . . . . . . . . . . . . $COH-(CHOH)^4-CH^2OH$

L'acide gluconique ordinaire est donc l'acide d-glycuronique.

Anhydride glycuronique. — La préparation de l'anhydride a été indiquée plus haut, en même temps que celle de l'acide.

La *glycurone* ou anhydride glycuronique est en épaisses tablettes monocliniques, transparentes, fusibles à 167° d'après M. Thierfelder, à 170-175° avec coloration brune et décomposition d'après MM. Mann et Tollens. Elle est très soluble dans l'eau et insoluble dans l'alcool. Sa saveur est sucrée et un peu amère. Elle dévie à droite. Pour 5 à 14 0/0 de substance, et à 18°, $[\alpha]_D$ est, d'après M. Thierfelder, de 19°,4 ; pour 3 0/0, également 19°,4, d'après M. Külz ; pour 2 0/0 et à 22°,6, 18°,17, d'après MM. Mann et Tollens. D'après M. Thierfelder la rotation spécifique paraît diminuer un peu pour des concentrations croissantes. Elle s'accroît avec la température [Thierfelder. *Zeit. physiol. Chem.*, **11**, 388. — Mann et Tollens, *Ann. Chem.*, **290**, 1896. — Külz, *Zeit. f. Biol.*, **23**, 475].

A l'état sec, la glycurone est stable ; mais l'humidité et des traces d'acides minéraux brunissent les cristaux et les rendent diffluents. Ses solutions aqueuses sont stables à froid, mais à la température du bain-marie une partie de la lactone se transforme en acide. Les alcalis, les carbonates alcalins ou alcalino-terreux opèrent la même transformation. Ainsi le carbonate de baryum est dissous par la lactone, avec effervescence et production du sel de baryum.

Elle n'est pas précipitée par l'acétate de plomb, mais bien par le sous-acétate.

### DÉRIVÉS CONJUGUÉS DE L'ACIDE GLYCURONIQUE.

On sait que c'est par l'étude de ces composés qu'a débuté l'histoire de l'acide glycuronique (1er Suppl., 882). Ce sont des sortes de glucosides résultant de la combinaison de l'acide glycuronique avec des alcools gras ou des phénols, et l'on peut admettre que la liaison de la copule variable se fait par l'un des deux hydroxyles de l'hydrate hypothétique de l'acide glycuronique, le groupement aldéhydique -CHO devenant, dans cet hydrate, -CH(OH)². Au moment du dédoublement, ce n'est pas l'hydrate, mais l'anhydride (c'est-à-dire l'acide glycuronique ordinaire) qui prend naissance. Ainsi s'explique ce fait sur lequel M. Græbe a attiré le premier l'attention, à savoir que ce dédoublement s'opère pour l'acide euxanthique, par exemple, sans fixation d'eau [E. Fischer, *D. chem. G.*, **26**, 2400. — Græbe, *Ann. Chem.*, **254**, 278]. Toutefois la formule de la plupart des dérivés conjugués dont la description suit, rapprochée de celle des produits de dédoublement, conduit à admettre qu'il y a fixation d'eau.

Jusqu'à présent, la préparation de ces dérivés conjugués n'a été faite que par l'intermédiaire de l'organisme de l'homme, du chien et du lapin, lesquels ne se comportent pas de la même manière dans ces synthèses. Seul M. E. Fischer a abordé la synthèse des glucosides de l'acide glycuronique (E. Fischer, *loc. cit.*).

*Propriétés générales.* — Tous ces dérivés conjugués de l'acide glycuronique ont cette propriété commune de dévier à gauche le plan de la lumière polarisée. Ils se dédoublent en acide glycuronique, avec mise en liberté de l'alcool ou du phénol correspondant, soit par ébullition en présence des acides étendus ou par surchauffe avec de l'eau, soit par simple chauffage de leur solution aqueuse au bain-marie (acide bromo-phénylmercapturo-glycuronique, par exemple). L'acide terpène-glycuronique se décompose déjà à la température ordinaire. Quelques-uns, comme les acides uro-chloralique, nitrotoluolurique, bromo-phénylmercapturo-glycuronique, paramidophénol-glycuronique, réduisent l'oxyde de cuivre et les autres oxydes métalliques en solution alcaline, tout comme le glucose ; d'autres, au contraire, comme les acides butylchloralique, triméthylcarbinol-glycuronique, diméthyléthylcarbinol-glycuronique, phénol-glycuronique, ne réduisent pas l'oxyde cuivrique, bien que quelques-uns d'entre eux le dissolvent en milieu alcalin. Les acides urochloraliques, les acides conjugués glycuroniques du phénol, du naphtol, du menthol et du bornéol sont précipités par le sous-acétate de plomb, tandis que ceux du triméthylcarbinol, du diméthyléthylcarbinol et l'acide camphoglycuronique ne le sont pas [Huppert, *Analyse des Harns*, 10e édit, 1898, 197].

Ceux d'entre les alcools qui ont la propriété de fixer l'acide glycuronique dans l'organisme entrent directement en combinaison avec lui. Les carbures sont d'abord transformés en alcools par oxydation, et les aldéhydes ramenées par réduction à l'état d'alcool. La manière dont se comportent les cétones est encore fort mal connue. Beaucoup de corps alcooliques, comme le phénol, la kairine, n'apparaissent dans l'urine, à l'état de dérivés glycuroniques, que lorsque tout l'acide sulfurique disponible a été transformé en phényl-sulfates ; d'autres, au contraire, comme le naphtol et l'indol, sont éliminés d'emblée sous la forme de conjugués glycuroniques (Huppert, *loc. cit.*).

I. Conjugués glycuroniques a copule grasse. — Voici, d'après M. Huppert, la liste des corps gras qui donnent lieu, après ingestion, à une élimination de dérivés conjugués de l'acide glycuronique par les urines.

Les alcools gras qui se comportent de la sorte sont tous plusieurs fois substitués, comme les *alcools éthylique trichloré* et *butylique trichloré*,

$$CCl^3 \cdot CH^2OH \text{ et } CH^3-CHCl-CCl^2-CH^2OH,$$

qui se transforment, dans l'organisme, respectivement en *acides urochloralique* et *urobutylchloralique*. Les alcools ordinaires, primaires ou secondaires, ne donnent pas de dérivés de ce genre, sans doute parce qu'ils subissent plus facilement la combustion complète et qu'ils échappent ainsi à la fixation. Se comportent respectivement comme les deux alcools chlorés cités plus haut, leurs aldéhydes correspondantes, l'*hydrate de chloral* et l'*hydrate de butylchloral*. Les alcools tertiaires, tels que le *triméthylcarbinol* et le *diméthyléthylcarbinol*, donnent, chez le lapin (mais pas chez le chien ou l'homme), les *acides triméthylcarbinol-glycuronique* et *diméthyléthylcarbinol-glycuronique*. La pinacone donne aussi un dérivé conjugué, avec pouvoir rotatoire gauche, mais qui n'a pas été isolé [Thierfelder et von Mering, *Zeit. physiol. Chem.*, **9**, 511]. La *dichloracétone* et l'*éther acétylacétique* fournissent respectivement de petites quantités d'un composé glycuronique que M. Sundvik envisage comme des dérivés des *alcools isopropylique dichloré* et *isopropylique* [Sundvik, *Maly's Jahresb.*, **16**, 76].

Enfin, après l'anesthésie par le *chloroforme*, l'urine réduit la liqueur de Fehling et dévie à gauche, sans doute par l'effet d'un dérivé glycuronique de l'alcool méthylique trichloré [Kast, *Maly's Jahresb.*, 18, 158].

Nous donnons ci-après la description de quelques-uns de ces dérivés.

*Acide urochloralique* ou *trichloréthylglycuronique*, $C^8H^{11}Cl^3O^7$. — On administre à des chiens en une fois, par la sonde, 20-25 grammes d'hydrate de chloral et on recueille l'urine pendant les 15 ou 20 heures qui suivent [E. Külz, *Pflüger's Arch.*, 28, 506]. On évapore au bain-marie, on agite le sirop obtenu, pendant plusieurs heures, avec un mélange de 600 centimètres cubes d'éther, 300 centimètres cubes d'alcool à 90° et 30 centimètres cubes d'un mélange à parties égales d'eau et d'acide sulfurique. Pour enlever 130 grammes d'acide urochloralique, il faut trois épuisements par le mélange précité. On chasse ensuite l'alcool et l'éther et on précipite par l'acétate, puis par le sous-acétate de plomb. Ce dernier précipité, mis en suspension dans l'eau, est décomposé par l'hydrogène sulfuré, et le liquide filtré, débarrassé du gaz sulfhydrique par la chaleur, est neutralisé par la baryte, concentré, puis exactement décomposé par l'acide sulfurique étendu. On filtre, on concentre à une douce chaleur et on achève de dessécher sous une cloche. La masse cristalline obtenue est ensuite épuisée par 1,5 à 2 litres d'éther, aussi longtemps que le résidu dévie encore à gauche. On concentre ces extraits jusqu'à 200-300 centimètres cubes pour trois épuisements, et on abandonne au froid. L'acide se dépose en fins cristaux tout à fait blancs. Les eaux mères concentrées en fournissent encore autant, mais le produit est un peu coloré.

L'acide urochloralique est en aiguilles soyeuses, fusibles à 142°; 1 gramme d'acide se dissout dans 234 centimètres cubes d'éther anhydre. Il est très soluble dans l'eau et dans l'alcool, et ses dissolutions sont franchement acides. Il est lévogyre. L'acide acétique ne le déplace pas de ses sels. L'acide azotique ne l'attaque qu'après une longue ébullition et le transforme en acides carbonique, oxalique et formique. Chauffé au réfrigérant ascendant avec de l'acide sulfurique à 7 0/0, il est dédoublé en acide glycuronique et en un produit chloré, que l'on peut enlever par l'éther, et qui est de l'alcool éthylique trichloré [von Mering, *Zeit. physiol. Chem.*, 6, 480. — E. Külz, *Pflüger's Arch.*, 28, 586. — R. Külz, *Ibid.*, 33, 221].

Le dédoublement ne peut être exprimé qu'en admettant, contrairement à ce qui a été dit plus haut, une fixation d'eau :

$$C^8H^{11}Cl^3O^7 + H^2O = C^6H^{10}O^7 + C^2H^3Cl^3O.$$

L'acide urochloralique n'est pas précipité par l'acétate, mais par le sous-acétate de plomb. On peut donc, pour la recherche polarimétrique de l'acide, clarifier l'urine par l'acétate de plomb. S'il existe en même temps du glucose, on l'élimine par la fermentation. Une urine ainsi préparée réduit la liqueur de Fehling, donne la réaction de Moore (coloration avec la potasse à chaud), se comporte comme le sucre vis-à-vis de l'indigo, mais ne donne pas la réaction de Böttger (réduction de l'oxyde de bismuth). Après une dose ordinaire de chloral, la déviation polarimétrique de l'urine est d'environ —1° [Bornträger, *Zeit. analyt. Chem.*, 20, 314].

Les sels sont presque tous solubles dans l'eau et insolubles dans l'alcool absolu. Ils sont lévogyres comme l'acide. Le *sel de potassium* est obtenu en décomposant par le sulfate de potassium le sel de baryum préparé en vue de l'acide.

On évapore à sec le liquide filtré, on déshydrate le résidu par l'alcool absolu et on épuise par l'alcool à 90°, qui donne par refroidissement le sel tout à fait pur, en aiguilles soyeuses. Le *sel de sodium* est aussi en aiguilles soyeuses (von Mering), et le *sel de baryum* en aiguilles satinées (E. Külz).

*Acide urobutylchloralique* ou *trichlorobutyl-glycuronique*, $C^{10}H^{15}Cl^3O^7$. — Le procédé de M. R. Külz peut encore servir, mais ne fournit ici qu'un sirop incolore qui ne cristallise qu'au bout d'un temps assez long. Il faut ajouter que l'hydrate de butylchloral est beaucoup moins bien supporté par les animaux que l'hydrate de chloral.

L'acide est en aiguilles associées en étoiles. Il est facilement soluble dans l'eau et dans l'alcool, difficilement soluble dans l'éther. Il est lévogyre. Le sous-acétate de plomb le précipite. Son *sel de sodium* cristallise très bien [E. Külz, *loc. cit.*]. Il se dédouble, dans les mêmes conditions que l'acide urochloralique, en acide glycuronique et alcool $\alpha\alpha\beta$-trichlorobutylique,

$$CH^3 - CHCl - CCl^2 - CH^2OH$$

[Rich. Külz, *loc. cit.*]. Il ne réduit la liqueur de Fehling qu'après ébullition avec un acide étendu. Son *sel de potassium* cristallise dans l'alcool éthéré en aiguilles soyeuses (Külz). Le *sel d'argent* est cristallisé (von Mering).

*Acide triméthylcarbinolglycuronique*,

$$C^{10}H^{18}O^7.$$

— On fait ingérer à des lapins, par doses de 3 à 10 grammes, environ 30 centimètres cubes de triméthylcarbinol; on recueille leur urine (qui dévie fortement à gauche et réduit, après ébullition avec un acide étendu, la liqueur de Fehling) et on la concentre fortement. On acidifie par l'acide sulfurique, on épuise plusieurs fois par de grandes quantités d'éther pour éliminer l'acide hippurique, puis on enlève l'acide cherché au moyen de l'alcool éthéré. On chasse la majeure partie du dissolvant, on neutralise par la baryte, on concentre, et, après avoir acidifié par l'acide sulfurique, on épuise encore une fois par l'éther pour achever l'élimination de l'acide hippurique. Finalement, on neutralise par la baryte, on filtre, on décompose exactement par le sulfate de sodium, on concentre le liquide filtré jusqu'à consistance de sirop, et, après avoir trituré plusieurs fois la masse avec de l'alcool absolu froid pour enlever de l'urée, on épuise par l'alcool absolu bouillant, qui abandonne par refroidissement des aiguilles cristallines blanches groupées en faisceaux. En traitant les eaux mères alcooliques par l'éther, on obtient un nouveau précipité.

Le *sel de potassium*, $C^{10}H^{17}O^7K$, est facilement soluble dans l'eau, difficilement soluble dans l'alcool absolu froid. Il est lévogyre. Chauffé avec de l'acide sulfurique étendu, il se dédouble en triméthylcarbinol, acide glycuronique et sulfate acide de potassium [Thierfelder et von Mering, *Zeit. physiol. Chem.*, 9, 511].

*Acide diméthyléthylcarbinolglycuronique*, $C^{11}H^{20}O^7$. — On le prépare comme le précédent. Le *sel de potassium*, $C^{11}H^{19}O^7K$, se comporte comme celui de l'acide du triméthylcarbinol. Il est lévogyre. Les acides étendus et chauds le dédoublent en diméthyléthylcarbinol, acide glycuronique et sulfate acide de potassium [Thierfelder et von Mering, *Zeit. physiol. Chem.*, 9, 511].

II. Conjugués glycuroniques a copule aromatique. — Le nombre des corps aromatiques qui donnent naissance, dans l'organisme animal, à des dérivés glycuroniques, est très considérable.

En voici l'énumération d'après M. Huppert [*loc. cit.*] :

Le *phénol* et le *benzène* donnent l'*acide phénolglycuronique*, les *naphtols* donnent les acides α- et β-naphtolglycuroniques, l'*euxanthone* fournit l'*acide euxanthique* [St. von Kostanecki, *D. chem. G.*, 19, 2918; E. Külz, *Zeit. f. Biol.*, 23, 475] et le *menthol* et le *bornéol* donnent deux acides différents, étudiés par M. Pellaconi [*Arch. f. exp. Path.*, 17, 388]. D'autres composés subissent une oxydation préalable : le *camphre* se transforme en camphérol $C^{10}H^{16}O^2$ et donne ensuite l'*acide camphoglycuronique* (voyez 1er Suppl., 282).

La *quinone* et l'*hydroquinone* sont transformées par l'organisme en *acide hydroquinone-glycuronique*, le *chloranile* ou *tétrachloroquinone* en *acide tétrachlorohydroquinone-glycuronique* [Külz, *Zeit. f. Biol.*, 27, 250. — Schulz, *Maly's Jahresb.*, 22, 77]. Le *phénétol*, $C^6H^5.OC^2H^5$, s'oxyde probablement à l'état de p-oxyphénétol et donne ensuite l'*acide quinéthonique* de M. Kossel. L'*o-nitrotoluène* se transforme en alcool o-nitrobenzylique, et est éliminé à l'état d'*acide o-nitrotoluolurique* (Jaffé). Le *thymol*, l'*acétophénone*, la *résacétophénone*, la *p-oxypropiophénone* fournissent également des dérivés glycuroniques [Külz, *Zeit. f. Biol.*, 27, 252. — F. Blum, *Deutsche med. Woch.*, 1891, 186; *Zeit. physiol. Chem.*, 16, 514. — Nencki, *Arch. des sciences biol.*, 3, 120]. Après l'ingestion d'*acétanilide*, MM. Jaffé et Hilbert ont constaté que l'urine du lapin contient un dérivé glycuronique donnant par dédoublement du *p-amidophénol*; chez le chien, on obtient, dans les mêmes conditions, de l'o-oxycarbanile,

$$C^6H^4 \big\langle {}^{Az}_{O} \big\rangle C.OH$$

résultant de la déshydratation de l'acide o-phénolcarbamique

$$C^6H^4 \big\langle {}^{AzH.COOH}_{OH}$$

tandis que chez l'homme il se forme probablement, d'après M. Mörner, le conjugué glycuronique du p-amidophénol ou de l'acétyl-p-amidophénol [Jaffé et Hilbert, *Zeit. physiol. Chem.*, 12, 295. — Mörner, *Ibid.*, 13, 23].

Les *benzènes monochloré, monobromé* et *monoiodé* se comportent d'une façon toute particulière. Ils se transforment en p-phénols, puis en acides *chloro-, bromo-* et *iodophénylmercapturiques*, dérivés de la cystine (voyez 2e Suppl., 1, 1581). C'est cet acide mercapturique qui fournit ensuite le conjugué glycuronique. Ce dérivé conjugué est lévogyre, réducteur, et n'est pas précipité par l'acétate de plomb. L'acide glycuronique qu'on en sépare est, non pas dextrogyre, mais lévogyre, comme aussi l'acide provenant de l'acide o-nitrotoluolurique, et il ne donne pas avec la baryte de sel basique difficilement soluble [Baumann, *Zeit. physiol. Chem.*, 8, 193].

On connaît, en outre, un très grand nombre de substances dont l'ingestion provoque l'excrétion d'urines lévogyres, contenant sans doute des dérivés conjugués de l'acide glycuronique. Tels sont le *crésol*, le *gaïacol*, la *pyrocatéchine*, l'*orcine*, les *chlorophénols*, l'*o-* et le *p-nitrophénol*, le *xylène*, le *cumène*, l'*aniline*, l'*azobenzène*, l'*indol*, le *scatol*, etc. Les acides *benzoïque* et *salicylique* donnent aussi des urines lévogyres et réductrices [pour les indications bibliographiques, voyez Huppert, *loc. cit.*, 200].

Nous donnons ci-après la description de quelques-uns de ces dérivés conjugués.

*Acide phénolglycuronique*, $C^{12}H^{14}O^7$. — Cet acide a été extrait par M. Külz de l'urine des lapins après ingestion de 40 grammes de phénol. L'urine, évaporée à consistance de sirop, est agitée avec un mélange de 1000 centimètres cubes d'éther, 500 centimètres cubes d'alcool et 30 centimètres cubes d'acide sulfurique dilué de moitié. Le résidu laissé par les extraits éthéro-alcooliques est neutralisé par la baryte, et le liquide filtré est traité par le sous-acétate de plomb, puis, avec précaution, par l'acétate de plomb. Ce dernier précipité, lavé, est décomposé par l'hydrogène sulfuré et le liquide filtré est abandonné à la cristallisation.

L'acide cristallise dans l'eau en longues aiguilles, à aspect d'amiante, sublimables, fusibles à 148° avec décomposition (Külz, *Pflüger's Arch.*, 30, 485; *Zeit. f. Biol.*, 27, 248].

*Acide thymolglycuronique*. — Le thymol s'unit, dans l'organisme de l'homme (Blum) et du lapin (Katsuyma et Hata), à l'acide glycuronique pour donner un dérivé conjugué dont le produit de substitution chloré peut être isolé en traitant l'urine par le tiers de son volume d'acide chlorhydrique concentré et autant d'une solution étendue d'hypochlorite de soude. Après 96 heures, les cristaux qui se sont déposés sont dissous dans du carbonate de sodium; on épuise par l'éther, qui enlève du thymol et de la thymo-hydroquinone chlorés, puis on précipite par l'acide sulfurique.

L'*acide dichlorothymolglycuronique*,

$$C^{16}H^{22}Cl^2O^8,$$

est en fines aiguilles blanches, insolubles dans l'eau froide, un peu solubles dans l'eau bouillante, facilement solubles dans l'alcool, l'éther, l'acétone, le benzène, les alcalis. Il fond à 125-126° d'après M. Blum, à 118° d'après MM. Katsuyma et Hata; $[\alpha]_D = -66°$ 11'. Chauffé avec de l'acide sulfurique à 5 0/0, il se dédouble en acide glycuronique et dichlorothymol [F. Blum, *Zeit. physiol. Chem.*, 16, 514. — H. Katsuyma et Hata, *D. chem. G.*, 31, 2583].

*Acides naphtolglycuroniques*, $C^{16}H^{16}O^7$, $2H^2O$. — Les deux naphtols, ingérés, sont éliminés par l'urine en partie à l'état d'acide naphtolsulfurique, mais la plus forte proportion est excrétée sous la forme d'acides α- et β-naphtolglycuroniques. Pour isoler ces acides, on précipite l'urine par le sous-acétate de plomb, et le précipité plombique, lavé et séché à l'air, est délayé avec de l'acide chlorhydrique (D = 1,12) et épuisé par l'éther. L'éther abandonne un sirop qui, dans le cas de l'α-naphtol, cristallise en quelques minutes, par addition d'un peu d'eau. Pour le β-naphtol, la cristallisation ne s'achève qu'au bout de 24 heures. On lave les cristaux avec un peu de chloroforme et on fait cristalliser dans l'eau bouillante.

L'*acide α-naphtolglycuronique* est en longues aiguilles, fusibles à 202-203°, solubles dans l'eau. Les acides minéraux étendus le dédoublent en α-naphtol et acide glycuronique. Ses solutions sont colorées en vert émeraude par l'acide sulfurique concentré.

L'*acide β-naphtolglycuronique* est en longues aiguilles, fusibles à 150°, moins solubles dans l'eau que l'acide α, solubles dans l'alcool, l'éther, difficilement solubles dans le chloroforme; α = — 88°. Les acides minéraux le dédoublent comme l'acide α. Traité par l'acide sulfurique concentré, il donne à la limite de séparation des deux liquides une coloration vert-bleu. Son *sel de calcium*,

$$(C^{16}H^{15}O^7)^2Ca, 4H^2O,$$

est soluble dans l'eau et perd à 100° la moitié de son eau de cristallisation.

*Acide oxyquinoléine-glycuronique,*

$$C^{15}H^{15}AzO^7.$$

— Cet acide se dépose souvent spontanément à l'état cristallisé dans l'urine des chiens et surtout dans celle des lapins, auxquels on a fait ingérer du *quinosol*, composé vendu comme étant un oxyquinoléine-sulfonate de potassium, mais qui est en réalité un mélange de sulfate d'oxyquinoléine et de sulfate de potassium.

L'acide oxyquinoléine-glycuronique se dissout dans 815 parties d'eau froide. Il est facilement soluble dans l'eau chaude, insoluble dans l'alcool, l'éther et le chloroforme. Il cristallise avec deux molécules d'eau, qu'il perd dans le vide.

Le *sel de potassium*, $C^{15}H^{14}AzO^7K$, est en pyramides transparentes, très solubles dans l'eau froide, insolubles dans l'alcool absolu.

Le *sel de baryum*, $(C^{15}H^{14}AzO^7)^2Ba, 2H^2O$, est en aiguilles feutrées, facilement solubles dans l'eau, insolubles dans l'alcool.

Le *sel de cadmium*, $(C^{15}H^{14}AzO^7)^2Cd$, est en fines aiguilles facilement solubles dans l'eau.

Les *sels de zinc, de plomb* et de *nickel* cristallisent aussi aisément.

Le pouvoir rotatoire du sel de potassium diminue avec la concentration ; il est de $[\alpha]_D = -76^\circ,59$ pour une solution à 1,8674 0/0.

*Acide o-nitrotoluolurique,* $C^{13}H^{15}AzO^9$. — Cet acide a été trouvé dans l'urine de chien après ingestion d'o-nitrotoluène. Le sirop obtenu par l'évaporation de l'urine est épuisé par l'alcool et le résidu de l'extrait alcoolique est acidifié par l'acide sulfurique et extrait par l'éther, qui enlève de l'acide o-nitrobenzoïque, tandis que le résidu aqueux abandonne par cristallisation l'acide cherché en combinaison avec l'urée. Ce composé, chauffé à l'ébullition avec de l'eau et du carbonate de baryum, donne un liquide dont l'alcool précipite le sel de baryum de l'acide cherché.

L'acide libre est une masse cristalline à aspect d'amiante, très soluble dans l'eau et dans l'alcool, lévogyre et doué de propriétés réductrices marquées. Chauffé avec de l'acide sulfurique à 20 0/0, il se dédouble en alcool o-nitrobenzylique et en un sirop acide, fortement réducteur et déviant à gauche (voyez plus haut, à propos de l'*acide phénylmercapturo-glycuronique*).

Le *sel d'urée*, $COAz^2H^4, C^{13}H^{15}AzO^9, 2,5H^2O$, est en longues aiguilles, fusibles à 148-149° [Jaffé, *Zeit. physiol. Chem.*, 2, 47].

*Acide quinéthonique,* $C^{14}H^{18}O^8$. — L'urine de chien, ayant reçu des doses de phénétol de 8 à 10 centimètres cubes, est évaporée à consistance de sirop. On acidifie par l'acide sulfurique et on épuise par l'éther acétique. Le liquide éthéré, additionné de carbonate de baryum, est distillé, et le résidu, chauffé avec de l'eau, donne, après filtration et concentration, des cristaux qui sont un mélange de sels doubles de baryum de l'acide quinéthonique et d'acides sulfoconjugués de l'urine. On traite avec précaution par une solution de sulfate de potassium, on évapore à sec le liquide filtré et on épuise par l'alcool. Le quinéthonate de potassium cristallise d'abord.

L'acide libre est une masse blanche, légère, fusible à 146°, facilement soluble dans l'eau et dans l'alcool, difficilement soluble dans l'éther. Il est lévogyre. Il ne réduit pas les solutions alcalines d'oxyde de cuivre. L'acide sulfurique étendu le dédouble avec production de p-oxyphénétol, $OH. C^6H^4. OC^2H^5$. Avec l'acide iodhydrique, il y a production d'hydroquinone ; les oxydants donnent de la quinone. L'acide doit donc être représenté, d'après M. Lehmann, par la formule

$$C^2H^5O . C^6H^4 . C^6H^9O^7.$$

Le *sel de potassium*, $C^{14}H^{17}O^8K, H^2O$, est en tables monocliniques ; il cristallise dans l'alcool absolu en aiguilles anhydres.

Le *sel de baryum*, $(C^{14}H^{17}O^8)^2Ba$, cristallise difficilement.

Le *sel d'argent*, $C^{14}H^{17}O^8Ag + H^2O$, est en petites aiguilles.

En outre, l'acide quinéthonique a une grande tendance à former des *sels doubles de baryum*, cristallisés, avec l'acide phénylsulfurique,

$$C^{14}O^{17}O^8 . Ba(C^6H^5SO^4) + H^2O,$$

avec l'acide crésolsulfurique,

$$C^{14}H^{17}O^8 . Ba(C^7H^7SO^4) + H^2O$$

et avec l'acide indoxylsulfurique,

$$C^{14}H^{17}O^8 . BaC^8H^6AzSO^4$$

[Kossel, *Zeit. physiol. Chem.*, 4, 297 ; 7, 292. — G. Hoppe, *Ibid.*, 7, 424. — Lehmann, *Ibid.*, 13, 181].

*Acide euxanthique.* — Cet acide se dépose à l'état de sel de calcium et de magnésium de l'urine des vaches nourries (aux Indes) de feuilles de manguier. Ce précipité constitue le jaune indien du commerce (voyez 2e Suppl., 2, 696, et au début de cet article). E. Lambling.

**GLYCUVIQUE (ACIDE).** — M. Böttinger a donné ce nom à un corps cristallisé qu'il a obtenu en distillant l'acide glycérique ou un mélange d'acide pyruvique, de glycérine et de bisulfate de potassium. M. Erhart a montré que ce composé est en réalité l'*éther pyruvique du glycide*,

$$CH^3 - CO . CO . O . CH^2 - CH - CH^2$$
$$\diagdown O \diagup$$

[Böttinger, *D. chem. G.*, 10, 266 ; 14, 316. — Erhart, *Mon. f. Chem.*, 6, 511].

Les glycuvates décrits par M. Böttinger sont, en réalité, des sortes d'alcoolates, l'éther pyruvique du glycide donnant très facilement des dérivés métalliques tels que

$$CH^3 - CO . CO . O . CH^2 - CHOK - CH^2OH.$$

E. Lambling.

**GLYCYRRHIZINE** (voyez Dict., 1, 1625 ; 1er Suppl., 883). — La glycyrrhizine a été trouvée, non seulement dans les légumineuses, mais aussi dans les rhizomes du *Polypodium vulgare* (France) et du *Polypodium semi-pennatifidum* (Colombie) [Guignet, *C., R.*, 100, 151].

**GLYOXAL** [Syn. *Éthane-dial*],

$$\begin{array}{c}CHO\\|\\CHO\end{array}$$

— Voyez Dict., 1, 1625 ; 1er Suppl., 833.

PRÉPARATION. — Le procédé de M. Liubawine [Dict., *loc. cit.*] a subi un certain nombre de modifications destinées à augmenter la pureté du produit.

M. L. Spiegel propose d'effectuer l'oxydation comme l'indique M. Liubawine ; mais, au lieu d'évaporer ensuite la solution aqueuse de glyoxal au bain-marie, il la concentre en la chauffant dans le vide (20-25 millimètres) à une température qui ne dépasse pas 25°. On obtient ainsi une solution aqueuse de glyoxal qui ne renferme ni acide azotique ni acide oxalique [*Chem. Zeit.*, **19**, 1423].

M. de Forcrand prépare le glyoxal à partir de la paraldéhyde. Il dispose successivement dans une éprouvette en couches superposées, au moyen d'un entonnoir à robinet, un mélange de paraldéhyde (25 grammes) et d'eau (25 grammes), puis au-dessous 20 centimètres cubes d'acide azotique d'une densité de 1,37, et enfin, tout au fond du récipient, 1 centimètre cube d'acide azotique fumant. Lorsque la masse est devenue homogène (après 7 à 8 jours), on neutralise par le carbonate de chaux, puis on réduit la liqueur à 40-50 centimètres cubes par évaporation; on précipite ensuite les produits acides par une solution concentrée d'acétate de plomb, on filtre et on précipite exactement la chaux par de l'acide oxalique. La solution filtrée est ensuite évaporée au bain-marie dans le vide. On obtient ainsi du glyoxal à peu près pur, renfermant 1/6 de son poids d'eau. Ce glyoxal paraît être partiellement polymérisé, car il est vitreux, peu déliquescent et lentement soluble dans l'eau [de Forcrand, *Bull. Soc. Chim.*, (2), **41**, 242].

Le glyoxal prend naissance dans la décomposition d'un certain nombre de produits plus complexes. Ainsi, M. Hinsberg l'a isolé, sous la forme de dérivé bisulfitique, parmi les produits de l'action du bisulfite de sodium en solution chaude et concentrée sur le dioxytartrate ou sur le dinitrotartrate de sodium. Les rendements sont d'ailleurs assez mauvais [O. Hinsberg, *D. chem. G.*, **24**, 3235].

Certains dérivés du glyoxal (glycosine, glyoxime, glyoxaldiphénylhydrazone, etc.) s'obtiennent en faisant réagir l'ammoniaque, l'hydroxylamine, la phénylhydrazine, etc., sur l'acide trichlorolactique. Dans le cas de l'hydroxylamine en particulier, les rendements s'élèvent jusqu'à 50 0/0 de la théorie [A. Pinner, *D. chem. G.*, **17**, 2001].

D'après M. Causse, le glyoxal prendrait naissance dans la décomposition de l'hydrate de chloral par la phénylhydrazine, et il s'unirait ensuite à cette dernière pour donner naissance au diphénylglyoxazol,

$$C^6H^5 . AzH . Az \underset{\diagdown CH \diagup}{\overset{\diagup CH \diagdown}{\big|}} Az . AzH . C^6H^5$$

[Causse, *C. R.*, **124**, 1029].

Enfin, l'eau bouillante agissant sur le dibromure d'éthène-pyrocatéchine décompose ce dernier en glyoxal et pyrocatéchine,

$$C^6H^4 \underset{\diagdown O - CHBr}{\overset{\diagup O - CHBr}{\big<}} + H^2O$$

$$= C^6H^4(OH)^2 + \underset{CHO}{\overset{CHO}{\big|}} + 2HBr$$

[Moureu, *Bull. Soc. Chim.*, (3), **21**, 297].

PROPRIÉTÉS. — Le glyoxal n'a été obtenu jusqu'à présent qu'à l'état impur, c'est-à-dire mélangé d'eau et d'un peu d'acide oxalique, d'acide formique, etc. Il est très soluble dans l'eau, l'alcool et l'éther.

Lorsqu'on le chauffe à 160-180°, il se transforme partiellement en glycolide. Il se polymérise complètement à 150° en présence d'eau ou d'un acide organique tel que l'acide benzoïque.

La soude diluée le transforme, déjà à froid, en acide glycolique,

$$CHO - CHO + H^2O = CH^2OH . CO^2H$$

[de Forcrand, *Bull. Soc. Chim.*, (2), **41**, 242; *C. R.*, **98**, 295].

Le glyoxal est doué d'une grande faculté de condensation et de réaction.

*Action de l'ammoniaque.* — L'ammoniaque seule réagit sur le glyoxal, en donnant naissance à la glyoxaline.

Si l'on opère en présence d'autres aldéhydes grasses, on obtient les *glyoxalines substituées.* La *méthylglyoxaline* ou glyoxalméthylène se forme, par exemple, lorsqu'on sature de gaz ammoniac un mélange refroidi d'aldéhyde acétique et de glyoxal :

$$\underset{CHO}{\overset{CHO}{\big|}} + 2AzH^3 + CH^3 . CHO$$

$$= \underset{CH - AzH}{\overset{CH - Az}{\parallel}} \!\!\diagdown\!\!\underset{\diagup}{} C . CH^3 + 3H^2O$$

[Br. Radziszewski, *D. chem. G.*, **15**, 2706; **16**, 487, 747, etc.].

Pour la description de ces composés, voy. β-PYRAZOL.

*Action de l'hydrazine.* — Lorsqu'on mélange des solutions aqueuses de sulfate d'hydrazine et de glyoxal, on obtient, d'après MM. Curtius et Jay, une combinaison cristalline qui répond à la formule $C^8H^{14}Az^6O^8$ [*J. prakt. Chem.*, (2), **39**, 51].

*Action sur l'acide cyanhydrique et les cyanures.* — Le glyoxal s'unit directement à l'acide cyanhydrique pour donner les nitriles des acides tartriques indédoublables et racémiques. Le premier se présente sous la forme de prismes clinorhombiques, fusibles avec décomposition vers 131°. La réaction s'effectue en solution alcoolique à 80-90° :

$$\underset{CHO}{\overset{CHO}{\big|}} + 2CAzH = \underset{CHOH . CAz}{\overset{CHOH . CAz}{\big|}}$$

[F. Pollak, *Mon. f. Chem.*, **15**, 469].

L'action du cyanure d'ammonium sur le glyoxal donne naissance, non pas à l'acide diamidosuccinique (voyez 1er Suppl.), mais au glycocolle. Pour expliquer cette réaction, M. Liubawine admet que le glyoxal se décompose au préalable en aldéhyde formique :

$$CHO . CHO + H^2O = CH^2O + CH^2O^2.$$

$$CH^2O + AzH^4 . CAz + H^2O$$
$$= AzH^3 + CH^2 . AzH^2 . CO^2H.$$

Il a obtenu, suivant les conditions, de 12 à 21 grammes de glycocollate de cuivre en partant de 100 grammes de glyoxal [*Journ. Soc. russe*, **14**, 161, 281].

*Action de l'éthylène-diamine.* — Le glyoxal se condense à froid avec l'éthylène-diamine en donnant naissance à un composé fusible à 145-146°, soluble dans l'eau et dans l'alcool; ce corps répond à la formule $C^8H^{14}Az^4O$, et résulte par conséquent de la condensation de 2 molécules de chacun des composants :

$$2C^2H^2O^2 + 2C^2H^8Az^2 = 3H^2O + C^8H^{14}Az^4O$$

M. Kolda lui assigne la constitution suivante :

$$\underset{CH = Az . CH^2 - CH^2 - AzH}{\overset{CH = Az . CH^2 - CH^2 - AzH}{\big|}} \!\!\diagdown\!\!\!\!\diagup\!\! CH . CHO.$$

Ce composé fournit un *chloroplatinate* bien cristallisé, $C^8H^{14}Az^4O . 2HCl . PtCl^4$ [*Mon. f. Chem.*, **19**, 609].

*Condensation avec les amines aromatiques et les hydrazidines.* — La condensation du glyoxal avec les *amines aromatiques* s'effectue généralement en chauffant l'amine avec le dérivé bisulfitique. Elle donne naissance à des combinaisons du type·

$$R . AzH . CO . CH^2 . AzHR',$$

et principalement à des dérivés du pyrrol ou de l'indol. C'est ainsi que l'éthyl-β-naphtylamine s'unit au dérivé bisulfitique pour donner de l'acide β-éthylnaphtindolsulfonique :

$$C^2H^5\!\!-\!\!\langle\text{naphtalène}\rangle\!\!-\!\!AzH^2 + \begin{matrix}CHO\\ |\\ CHO\end{matrix}, SO^3NaH$$

$$= C^2H^5\!\!-\!\!\langle\text{naphtalène}\rangle\!\!\begin{matrix}AzH\\ \\ CH\end{matrix}\!\!>\!\!C . SO^3Na + 2H^2O$$

[O. Hinsberg, *D. chem. G.*, **24**, 110 ; **27**, 3254. — W. Autenrieth et O. Hinsberg, *ibid.*, **25**, 2545].

M. V. Kulisch a obtenu de la quinoléine en chauffant à 150° un mélange de glyoxal, d'o-toluidine et de soude diluée :

$$C^6H^4\begin{matrix}\diagup CH^3\\ \diagdown AzH^2\end{matrix} + \begin{matrix}CHO\\ |\\ CHO\end{matrix} = C^6H^4\begin{matrix}\diagup CH=CH\\ \diagdown Az=CH\end{matrix}\!\!\!| + 2H^2O$$

[*Mon. f. Chem.*, **15**, 276].

La condensation du glyoxal avec les *diamines aromatiques* donne naissance principalement à des bases de la série des quinoxalines. Ainsi, en chauffant un mélange de la combinaison bisulfitique avec de l'éthoxy-o-phénylène-diamine, on obtient de la *p-éthoxyquinoxaline,*

$$C^2H^5O . C^6H^3\begin{matrix}\diagup AzH^2\\ \diagdown AzH^2\end{matrix} + \begin{matrix}CHO\\ |\\ CHO\end{matrix}$$

$$= C^2H^5O . C^6H^3\begin{matrix}\diagup Az=CH\\ \diagdown Az=CH\end{matrix}\!\!\!| + 2H^2O$$

[G. Körner, *Atti dei Lincei*, **8**, 219. — W. Autenrieth et O. Hinsberg, *D. chem. G.*, **25**, 492].

Le glyoxal s'unit aux *hydrazidines* pour donner naissance, non pas à des triazines, comme on pourrait s'y attendre, mais à des combinaisons plus complexes se rapportant au type suivant :

$$R . C\begin{matrix}\diagup AzH\\ \diagdown AzH\end{matrix}\!\!-\!Az=CH-CH=Az-\begin{matrix}HAz\\ AzH\end{matrix}\!\!>\!C . R$$

[A. Pinner, *D. chem. G.*, **27**, 995, 3277].

*Action sur les mercaptans.* — Le glyoxal s'unit à chaud aux mercaptans, en donnant naissance à des produits de condensation qui ont pu être isolés dans certains cas.

Avec le mercaptan éthylique, on obtient un produit liquide, insoluble dans l'eau, qui ne distille pas sans décomposition et qui n'est pas volatil avec la vapeur d'eau. L'oxydation du produit brut ne fournit que de la diéthylsulfone.

Le phénylmercaptan, par contre, donne naissance à un produit cristallisé,

$$\begin{matrix}CH(SC^6H^5)^2\\ |\\ CH(SC^6H^5)^2\end{matrix}$$

qui se présente sous la forme de paillettes blanches, fusibles à 115°, solubles dans l'alcool bouillant, le chloroforme, le sulfure de carbone

et le benzène, insolubles dans l'eau et dans les alcalis. Ce corps se dissout dans l'acide sulfurique concentré avec une coloration rouge. L'acide azotique l'oxyde en donnant de l'acide sulfurique, de l'acide oxalique et de l'acide benzène-sulfonique. Le brome le transforme en un *dérivé bromé* incristallisable [Ernst Stuffer, *D. chem. G.*, **23**, 3241].

Avec le mercaptan éthylénique on obtient également une combinaison cristallisée,

$$\begin{matrix}CH^2-S\\ |\\ CH^2-S\end{matrix}\!\!>\!CH-CH\!\!<\begin{matrix}S-CH^2\\ |\\ S-CH^2\end{matrix}$$

Celle-ci se présente sous la forme de paillettes blanches, fusibles à 133°, solubles dans l'éther et dans l'alcool, insolubles dans l'eau. Elle se sublime aisément. L'acide azotique l'oxyde en donnant de l'acide éthylène-disulfonique [H. Fasbender, *D. chem. G.*, **24**, 1476].

*Condensations avec les urées substituées.* — Le glyoxal s'unit à chaud à la méthylurée en donnant naissance au *glycol-diméthylurile* fusible à 260°,

$$CO\begin{matrix}\diagup AzH\!-\!\!-\!\!CH-Az(CH^3)\\ \diagdown Az(CH^3)-CH-AzH\!-\!\!-\end{matrix}\!\!CO + 2H^2O.$$

Avec la diméthylurée, on obtient de même le *glycoltétraméthylurile symétrique* fusible à 217°,

$$2CO\begin{matrix}\diagup AzH . CH^3\\ \diagdown AzH . CH^3\end{matrix} + \begin{matrix}CHO\\ |\\ CHO\end{matrix}$$

$$= CO\begin{matrix}\diagup Az(CH^3)-CH-Az(CH^3)\\ \diagdown Az(CH^3)-CH-Az(CH^3)\end{matrix}\!\!CO$$

[A.-P. Franchimont et E. Klobbie, *Rec. des Pays-Bas*, 7, 12, 236].

En chauffant un mélange de glyoxal, d'urée et d'éther acétylacétique, M. P. Biginelli a obtenu principalement de l'*éther acétylène-di-uramido-crotonique,* fusible à 139°, ainsi qu'une petite quantité d'acétylène-urée et de diacétylène-urée [*Gazz. chim. ital.*, **23**, 360].

*Condensations avec l'éther acétylacétique et l'éther malonique.* — Le glyoxal se combine avec l'éther malonique en présence d'une solution aqueuse concentrée de chlorure de zinc, pour donner naissance à l'*éther dioxybutane-tétra-carbonique* :

$$\begin{matrix}CHO\\ |\\ CHO\end{matrix} + 2CH^2\begin{matrix}\diagup CO^2C^2H^5\\ \diagdown CO^2C^2H^5\end{matrix}$$

$$= \begin{matrix}CHOH-CH(CO^2C^2H^5)^2\\ |\\ CHOH-CH(CO^2C^2H^5)^2\end{matrix}$$

La condensation du glyoxal et de l'éther acétylacétique fournit un mélange d'*acide* et d'*éther sylvane-carboxylacétique,*

$$\begin{matrix}CO^2H . C \!\!-\!\! CH\\ \| \quad\quad \|\\ CH^3 . C \quad C . CH^2 . CO^2H\\ \diagdown \;\; O \;\; \diagup\end{matrix}$$

[M. Polonowski, *Ann. Chem.*, **246**, 1].

*Condensation avec l'aldéhyde isobutyrique.* — La condensation du glyoxal et de l'aldéhyde isobutyrique donne naissance à divers produits, suivant les conditions dans lesquelles elle s'effectue.

Si l'on emploie 1 molécule du premier pour

2 molécules de la seconde, et qu'on opère en solution neutre, on obtient :

1° Un liquide incolore, visqueux, bouillant à 210° sous 21 millimètres;

2° Un produit solide répondant à la formule $C^{10}H^{18}O^4$, qui fond à 54° et qui bout à 139° sous 21 millimètres. L'oxydation de ce composé au moyen de permanganate en solution neutre fournit un mélange d'acides diméthylmalonique et de diisopropylcétone.

Si l'on effectue la condensation des deux aldéhydes en présence de potasse alcoolique, on obtient un produit incolore, cristallisé, fusible à 123-124° et bouillant à 184° sous 16 millimètres. Ce corps se forme aussi par réduction du précédent [Hornbostel et Siebner, *Mon. f. Chem.*, 20, 835].

DÉRIVÉS DU GLYOXAL. — HYDRATE,

$$(CHO - CHO)^6, H^2O.$$

— Ce composé aurait été obtenu en saturant de gaz chlorhydrique une solution de glyoxal dans l'acide acétique. Lorsqu'on dilue la liqueur, il se précipite sous la forme d'une poudre blanche insoluble dans l'eau froide et dans la plupart des dissolvants organiques, à peine soluble dans l'alcool bouillant.

L'action prolongée de l'eau bouillante transforme cet hydrate en acide glycolique.

En le chauffant avec un excès d'anhydride acétique pendant plusieurs heures, on obtient un *dérivé acétylé*, qui répond à la formule

$$C^{12}H^{13}O^{13}(C^2H^3O).$$

Cette substance est également amorphe et insoluble dans l'eau. Les alcalis bouillants la décomposent complètement.

Un *dérivé benzoylé* analogue,

$$C^{12}H^{13}O^{13}(COC^6H^5),$$

s'obtient en chauffant l'hydrate primitif avec du chlorure de benzoyle [Schiff, *Ann. Chem.*, 172, 1).

DÉRIVÉS BISULFITIQUES. — Plusieurs de ces dérivés ont déjà été décrits [Dict. et 1er Suppl., *loc. cit.*].

Le *dérivé ammoniacal*,

$$CHO - CHO, 2SO^3(AzH^4)^2, H^2O,$$

se présente sous la forme de prismes aplatis. Sa chaleur de dissolution est égale à $10^{cal},91$ et sa chaleur de formation à $14^{cal},22$.

M. de Forcrand a déterminé également les chaleurs de formation et de dissolution des dérivés sodique, potassique et barytique :

| | Chaleur de formation. | Chaleur de dissolution. |
|---|---|---|
| Dérivé sodique..... | $11^{cal},03$ | — $9^{cal},66$ |
| — potassique,. | 14 , 96 | — 13 , 4 |
| — barytique... | 10 , 69 | — 8 , 7 |

On en déduit que la chaleur de dissolution du glyoxal dans l'eau est égale à $1^{cal},25$ [de Forcrand, *C. R.*, 98, 824, 1537; 100, 642, 748].

DIACÉTAL DU GLYOXAL,

$$CH(OC^2H^5)^2$$
$$CH(OC^2H^5)^2$$

— M. Pinner a préparé ce diacétal d'une façon indirecte, en faisant agir l'éthylate de sodium sur une solution alcoolique de dichloracétal. Le produit de la réaction est ensuite précipité par l'eau.

Le diacétal du glyoxal se présente sous la forme d'un liquide doué d'une odeur éthérée, qui bout vers 180°. Il est insoluble dans l'eau. Les

acides minéraux le décomposent complètement [Pinner, *D. chem. G.*, 5, 151].

GLYOXIME,

$$CH = AzOH$$
$$CH = AzOH$$

— La dioxime du glyoxal s'obtient en chauffant au bain-marie une solution aqueuse de glyoxal (1 mol.) avec du chlorhydrate d'hydroxylamine (2 mol.) et un excès de carbonate de sodium. Elle se forme également lorsqu'on traite l'aldéhyde dibromacétique ou l'un de ses hydrates par le chlorhydrate d'hydroxylamine [Vittorf, *Journ. Soc. russe*, 31, 490]. Elle cristallise en tables rhombiques incolores, fusibles à 178°, solubles dans l'eau, l'alcool, l'éther et l'ammoniaque. Elle se sublime assez facilement.

Son *dérivé argentique*, $C^2Az^2O^2H^3Ag$, se précipite sous la forme d'une poudre cristalline blanche lorsqu'on verse de l'azotate d'argent dans la solution ammoniacale de la glyoxime [M. Wittenberg et V. Meyer, *D. chem. G.*, 16, 505].

Le *dérivé diacétylé*,

$$CH(=AzOCOCH^3).CH(=AzOCOCH^3),$$

prend naissance lorsqu'on chauffe la glyoxime avec un excès d'anhydride acétique. Il fond à 120° et se transforme totalement en cyanogène lorsqu'on le soumet à l'action prolongée de l'anhydride acétique [B. Lach, *D. chem. G.*, 17, 1575].

La glyoxime s'unit directement à la phénylhydrazine, à chaud, en donnant naissance à la combinaison suivante

$$CH = AzOH$$
$$CH = AzOH$$
$$, AzH^2.AzH.C^6H^5.$$

Celle-ci cristallise en paillettes blanches, fusibles à 110°, solubles dans l'alcool et dans l'éther, insolubles dans l'eau. Elle est décomposée par les alcalis et par les acides minéraux [M. Polonowsky, *D. chem. G.*, 21, 183].

M. Miolati a remarqué que lorsqu'on fait agir l'hydroxylamine en solution acide sur le glyoxal, on obtient, outre la glyoxime, des proportions assez variables d'un corps explosif qui répond à la formule $C^4H^5Az^3O^3$. Le meilleur procédé de préparation de cette substance consiste à mélanger des solutions aussi concentrées que possible de chlorhydrate d'hydroxylamine (3 mol.) et de glyoxal (2 mol.), et à évaporer la liqueur jusqu'à ce qu'elle commence à cristalliser. On neutralise alors par le carbonate de sodium, et on fait cristalliser le précipité dans l'eau bouillante.

Le composé en question se présente sous la forme d'aiguilles blanches, fusibles avec décomposition vers 176°. Il détone lorsqu'on le chauffe brusquement.

Le *chlorhydrate* correspondant,

$$C^4H^5Az^3O^3, HCl,$$

cristallise en aiguilles solubles dans l'alcool et dans l'eau. Le *chloroplatinate* se présente sous la forme de prismes jaunes.

La constitution de cette substance n'a pas encore été élucidée. La réaction qui lui donne naissance peut être représentée par l'équation

$$2CHO - CHO + 3AzH^2.OH$$
$$= C^4H^5Az^3O^3 + 4H^2O$$

[A. Miolati, *Atti dei Lincei*, 1895, 387].

ÉTHERS DE LA GLYOXIME SUBSTITUÉS A L'AZOTE. — M. von Pechmann a montré que le diazométhane réagit sur les dérivés nitrosés aromatiques en solution éthérée, en donnant naissance à des composés que l'on peut considérer comme des éthers de la glyoxime :

$$R - AzO - CH - CH - AzO - R.$$

(avec les liaisons O au-dessus de chaque Az)

Cette constitution est justifiée par le mode d'hydratation de ces produits; on obtient du glyoxal et une hydroxylamine :

$$R . AzO = CH - CH = AzO . R + 2 H^2 O$$
$$= CHO . CHO + 2 R . AzHOH.$$

Inversement, les hydroxylamines aromatiques se condensent avec le glyoxal pour donner naissance aux mêmes éthers de la glyoxime.

De plus, l'anhydride acétique isomérise ces derniers en les transformant en oxamides aromatiques :

$$R - Az - CH - CH - Az - R$$
$$= R . AzH . CO - CO - AzH . R$$

[Pechmann, *D. chem. G.*, **28**, 860; **30**, 2461, 2871].

L'action du diazométhane sur les dérivés nitrosés est assez complexe : il se produit un dégagement d'azote et on retrouve ensuite dans les eaux mères une certaine quantité d'hydroxylamine. Voici comment M. von Pechmann interprète la réaction dans le cas du nitrosobenzène, par exemple :

Il y a d'abord formation d'un produit d'addition :

$$CH^2 Az^2 + C^6 H^5 AzO = C^6 H^5 . Az \begin{array}{l} O - CH^2 \\ | \\ Az = Az \end{array}$$

ce dernier perd ensuite 1 molécule d'azote :

$$C^6 H^5 . Az \begin{array}{l} O - CH^2 \\ | \\ Az = Az \end{array} = Az^2 + C^6 H^5 - Az \begin{array}{l} O \\ | \\ CH^2 \end{array}$$

Enfin, ce dernier produit est oxydé par l'excès de nitrosobenzène, qui se transforme lui-même en phénylhydroxylamine :

$$2 C^6 H^5 - Az \begin{array}{l} O \\ | \\ CH^2 \end{array} + C^6 H^5 . AzO$$

$$= C^6 H^5 . AzHOH + C^6 H^5 - Az - CH - CH - Az - C^6 H^5.$$

La phénylhydroxylamine formée s'unit partiellement au nitrosobenzène en donnant de l'azoxybenzène.

M. Bamberger a obtenu ces mêmes éthers de la glyoxime dans l'action prolongée des hydroxylamines sur l'aldéhyde formique, ou mieux en chauffant avec de l'aldéhyde formique à 40 0/0 les méthylène-dihydroxylamines correspondantes :

$$CH^2 \begin{array}{l} Az . OH . C^6 H^5 \\ Az . OH . C^6 H^5 \end{array} + CH^2 O + O$$

$$= \begin{array}{l} CH = AzO . C^6 H^5 \\ | \\ CH = AzO . C^6 H^5 \end{array} + 2 H^2 O$$

[*D. chem. G.*, **33**, 941].

Ces éthers de la glyoxime sont des corps assez peu stables. L'action des hydratants a déjà été mentionnée. Les oxydants régénèrent les dérivés nitrosés primitifs. La phénylhydrazine les décompose en donnant naissance à la dihydrazone du glyoxal. L'action des alcalis aqueux ou alcooliques fournit un mélange d'amine et de dérivé azoxyque.

L'*éther diphénylique*,

$$(C^6 H^5 . AzO = CH) . (CH = AzO . C^6 H^5),$$

cristallise en aiguilles d'un jaune d'or, solubles dans les dissolvants usuels, à l'exception de l'eau, de la ligroïne, des alcalis et de l'acide chlorhydrique. Il fond à 182-183° en se décomposant, et brunit à l'air en se transformant partiellement en phénylcarbylamine. L'anhydride acétique le transforme en vinylidène-oxanilide, et l'anhydride propionique en méthylvinylidène–oxanilide [Pechmann et Bamberger, *loc. cit.*].

Le *dérivé di-p-chloré* se présente sous la forme de paillettes d'un jaune d'or, qui sont assez solubles dans l'alcool et dans le benzène.

Le *dérivé di-p-bromé* peut être obtenu, soit au moyen du nitroso-p-bromo-benzène, soit en faisant réagir le brome (2 molécules) sur l'éther diphénylique (1 molécule); il se fait d'abord un produit d'addition cristallisé en aiguilles rouges, auquel on enlève ensuite 2 molécules d'acide bromhydrique par des lavages à l'alcool ou au carbonate de sodium. Ce dérivé cristallise en aiguilles jaunes fusibles à 278°; il fournit du p-dibromazoxybenzène fusible à 172°, lorsqu'on le chauffe avec un alcali. L'acide acétique le dédouble en corps azoxyque et en p-bromaniline.

Le *dérivé di-tribromophénylé-1.3 5*,

$$C^6 H^2 Br^3 . AzO = CH . CH = AzO . C^6 H^2 Br^3,$$

fond vers 249°,5 en se décomposant. Il cristallise en aiguilles jaunâtres, solubles dans le chloroforme, l'éther et le benzène bouillant; il se dissout également dans la potasse alcoolique en formant une solution d'un rouge foncé. Les acides concentrés bouillants le dédoublent en tribromaniline [Pechmann et Nold, *D. chem G.*, **31**, 55].

L'*éther di-o-tolylique* est cristallisé en aiguilles jaunes, fusibles à 198°.

L'*isomère para* se présente sous la forme de paillettes d'un jaune d'or, fusibles à 218°, solubles dans le chloroforme, le benzène bouillant et la pyridine, peu solubles dans les autres dissolvants organiques. La potasse le transforme en p-azoxytoluène, l'acide chlorhydrique bouillant en p-toluidine et l'acide sulfurique dilué chaud en *toluhydroquinone* fusible à 125° [Pechmann et Bamberger, *loc. cit.*].

En chauffant cet éther avec un mélange d'anhydride acétique et d'acétate de sodium, MM. von Pechmann et Ansel l'ont transformé en *vinylidène-p-oxaltoluide*,

$$\begin{array}{l} CO - Az(C^6 H^4 . CH^3) \\ \quad\quad\quad > C = CH^2 \\ CO - Az(C^6 H^4 . CH^3) \end{array}$$

[*D. chem. G.*, **33**, 613].

L'*éther dixylylique-1.2.3* cristallise en aiguilles orangées, qui fondent vers 203°,5 en se décomposant.

L'*isomère 1.3.4* se présente sous la forme de prismes jaunes, fusibles à 198°. Chauffé avec de l'anhydride acétique, il se transforme en *vinylidène–oxalxylide* [Pechmann, Nold et Ansel, *loc. cit.*].

**Peroxydes de glyoxime.** — Voyez **Nitrosacyle.**

**Chloroglyoximes.** — La chloroglyoxime se présente sous deux modifications stéréoisomériques, susceptibles de se transformer réciproquement l'une en l'autre sous l'influence du gaz chlorhydrique ou des alcalis :

$$\underset{\text{Amphichloroglyoxime.}}{\overset{\text{Cl C ——— C H}}{\underset{\text{Az O H} \quad \text{Az O H}}{\|\qquad\|}}} \qquad \underset{\text{Antichloroglyoxime.}}{\overset{\text{Cl C — C H}}{\underset{\text{HO Az} \quad \text{Az O H}}{\|\quad\|}}}$$

L'*amphichloroglyoxime* s'obtient en traitant une solution aqueuse froide d'hydrate de chloral par le chlorhydrate d'hydroxylamine (3 mol.), en présence de carbonate de sodium (1$^{mol}$,5). On abandonne la masse à elle-même pendant quelques heures, puis on ajoute un excès de soude (4 mol.) en maintenant la température à 0°. La liqueur est ensuite neutralisée par l'acide sulfurique dilué et épuisée à l'éther.

L'amphichloroglyoxime cristallise dans l'eau en aiguilles soyeuses, renfermant 1 molécule d'eau, fusibles à 114°. Elle est soluble dans l'alcool et dans l'éther, et peu soluble dans le chloroforme et dans le benzène. Le gaz chlorhydrique la transforme en isomère anti.

Le *dérivé diacétylé,*

$$\underset{\text{Az O . CO CH}^3 \quad \text{Az O . CO CH}^3}{\overset{\text{Cl - C ——————— C H}}{\|\qquad\qquad\quad\|}}$$

s'obtient en dissolvant la chloroglyoxime dans de l'anhydride acétique refroidi. Il cristallise en tables fusibles à 114°, solubles dans le chloroforme et dans le benzène, peu solubles dans l'alcool et dans l'éther. L'eau bouillante le saponifie difficilement.

L'*antichloroglyoxime* se forme lorsqu'on sature de gaz chlorhydrique sec une solution éthérée de l'isomère amphi. Elle cristallise en paillettes qui fondent vers 161° en se décomposant.

La soude diluée dissout l'antichloroglyoxime en l'isomérisant, tandis que les alcalis concentrés et l'ammoniaque la décomposent complètement.

L'électrolyse d'une solution aqueuse concentrée d'antichloroglyoxime donne naissance à de l'acide hypochloreux. Ce phénomène ne s'observe pas dans le cas du dérivé amphi. C'est cette réaction, ainsi que la différence des points de fusion, qui a conduit M. Hantzsch à attribuer aux deux isomères les configurations indiquées ci-dessus.

Le *dérivé monacétylé,*

$$\overset{\text{Cl C — C H}}{\underset{\text{HO . Az} \quad \text{Az . O COCH}^3}{\quad}}$$

s'obtient en dissolvant à froid la chloroglyoxime dans un excès d'anhydride acétique. Il cristallise en paillettes blanches, fusibles à 163°, solubles dans l'alcool.

Le *dérivé diacétylé,*

$$\overset{\text{Cl C — C H}}{\underset{\text{CH}^3 . \text{CO . O Az} \quad \text{Az . O CO . CH}^3}{\quad}}$$

se prépare en chauffant l'amphichloroxime avec du chlorure d'acétyle, ou en saturant de gaz chlorhydrique sec une solution éthérée du dérivé diacétylé correspondant [A. Hantzsch, *D. chem. G.,* 25, 705].

DIHYDRAZONE DU GLYOXAL,

$$\begin{array}{l} \text{C H} = \text{Az . Az H . C}^6\text{H}^5 \\ | \\ \text{C H} = \text{Az . Az H . C}^6\text{H}^5 \end{array}$$

— Ce composé, qui est identique à l'osazone de l'aldéhyde glycolique, a été préparé directement par M. E. Fischer en chauffant des solutions aqueuses ou alcooliques de glyoxal (1 mol.) et de phénylhydrazine (2 mol.) [*D. chem. G.,* 17, 572].

On l'obtient également en faisant agir la phénylhydrazine sur un sel de l'acide trichlorolactique [Pinner, *D. chem. G.,* 17, 2001], sur le chloracétal, sur l'aminoaldéhyde ou sur l'hydrazidoaldéhyde en présence d'acétate de sodium et d'acide acétique [E. Fischer, *D. chem. G.,* 26, 95; 27, 182].

La glyoxaldihydrazone prend encore naissance lorsqu'on agite les solutions aqueuses des dihydrazones des sucres avec de la soude diluée [C.-J. Lintner, *Chem. Zeit.,* 20, 763].

M. von Pechmann en a obtenu en soumettant l'aldéhyde formique à l'action de la phénylhydrazine en solution fortement acétique (voy. ALDÉHYDE GLYCOLIQUE), ou en faisant agir la phénylhydrazine sur les éthers substitués de la glyoxime (voy. plus haut).

La même osazone a encore été obtenue par MM. Wohl et Neuberg à partir de l'oxime de l'aldéhyde glycérique (voy. ALDÉHYDE GLYCÉRIQUE, p. 892).

Elle cristallise en aiguilles ou en paillettes brunâtres appartenant au système clinorhombique. Elle fond vers 179° et se dissout facilement dans l'éther, l'alcool et le benzène bouillants, difficilement dans la ligroïne [Pinner et E. Fischer, *loc. cit.*].

L'oxydation de cette dihydrazone fournit une *osotétrazone,* $\text{C}^{14}\text{H}^{12}\text{Az}^4$, qui cristallise dans l'alcool ou l'acétone en paillettes noires, fusibles à 152° [von Pechmann, *D. chem. G.,* 21, 2756; 30, 2459].

La *p-bromophényldihydrazone,* préparée au moyen des éthers de la glyoxime et de la p-bromophénylhydrazine, se présente sous la forme de cristaux jaunes, fusibles à 241°, solubles dans l'alcool [Pechmann, *D. chem. G.,* 30, 2871].

La *p-nitrophényldihydrazone* fond à 311° en se décomposant; elle cristallise en aiguilles rouges qui ne se dissolvent guère que dans le toluène, l'aniline, la pyridine, le nitrobenzène et le nitrile benzoïque [Wohl et Neuberg, *loc. cit.*].

La *méthylphényldihydrazone,*

$$\text{C}^2\text{H}^2(\text{Az}^2 . \text{C}^6\text{H}^4 . \text{CH}^3)^2,$$

a été obtenue par M. Kohlrausch en chauffant le glyoxal avec de la méthylphénylhydrazine [*Ann. Chem.,* 253, 15]. Elle cristallise en aiguilles jaunes, fusibles à 217-218° [*Ann. chem.,* 253, 15].

Elle se forme aussi dans l'action de la méthylphénylhydrazine sur les éthers azotés de la glyoxime. Ainsi préparée, elle cristallise en aiguilles d'un jaune pâle, fusibles à 221-222°, solubles dans le benzène et dans l'alcool. Sa dissolution dans l'acide sulfurique concentré vire au violet par addition de chlorure ferrique et au bleu en présence de chromate de potassium [Pechmann, *D. chem. G.,* 30, 2871].

La *diphénylosazone,*

$$\begin{array}{l} \text{C H} = \text{Az} - \text{Az} (\text{C}^6\text{H}^5)^2 \\ | \\ \text{C H} = \text{Az} - \text{Az} (\text{C}^6\text{H}^5)^2, \end{array}$$

cristallise dans l'alcool ou dans la pyridine en aiguilles jaunâtres, fusibles à 207°; elle se dissout avec une coloration verte dans l'acide acétique aqueux, et avec une coloration violet foncé dans l'acide sulfurique concentré [Wohl et Neuberg, *loc. cit.*].

La *phénylbenzylosazone* a été obtenue par MM. Ruff et Ollendorff en faisant agir la benzylphénylhydrazine sur le produit d'oxydation des acides lactobionique et galactosidogluconique par l'eau oxygénée en présence de sels ferreux [*D. chem. G.,* 32, 3234; 33, 1798].

*Benzosazone.* — M. Pinkus a donné ce nom au composé

$$\begin{array}{l} \text{C H} = \text{Az . Az H . CO C}^6\text{H}^5 \\ | \\ \text{C H} = \text{Az . Az H . CO C}^6\text{H}^5 \end{array}$$

Ce corps se forme, en même temps que le dérivé correspondant du méthylglyoxal, dans l'action des alcalis dilués chauds sur un mélange de glucose et de benzoylhydrazine. On le sépare de son homologue supérieur par des lavages à l'alcool bouillant, dans lequel il est moins soluble. On peut également l'obtenir synthétiquement à partir du glyoxal et de la benzoylhydrazine. Cette glyoxalbenzosazone cristallise en aiguilles presque incolores, à peu près insolubles dans l'alcool. Elle se ramollit au-dessus de 300° et se décompose vers 380° [Pinkus, *D. chem. G.*, 34, 31].

P. Freundler.

**GLYOXALINES.** — Voy. β-Pyrazol.

**GLYOXYLIQUE (ACIDE).** — Voy. Dict., 1, 1626; 1er Suppl., 885.

*Préparation.* — D'après Grimaux, on prépare l'acide glyoxylique par action de l'eau à 135-140° sur l'acide dibromacétique [*Bull. Soc. Chim.*, (2), 26, 483].

M. Bœttinger a étudié à nouveau le mode de préparation de l'acide glyoxylique par oxydation de l'alcool. Il a trouvé, parmi les produits secondaires de cette oxydation, les acides oxalique et acétique, le glyoxal, l'aldéhyde acétique et le nitrate d'éthyle. Les proportions les plus convenables pour obtenir principalement l'acide glyoxylique sont les suivantes : acide azotique d'une densité de 1,48, 100 centimètres cubes; eau, 44 centimètres cubes; alcool absolu, 50 centimètres cubes. Il convient de maintenir dans de l'eau à basse température l'éprouvette où se fait la réaction [*Arch. Pharm.*, 232, 65].

Propriétés physiques. — La conductibilité électrique a été mesurée par M. Ostwald [*Zeit. physik. Chem.*, 3, 188]; la chaleur de neutralisation, par M. de Forcrand [*C. R.*, 1885].

*Réactions colorées de l'acide glyoxylique.* — M. Bœttinger caractérise l'acide glyoxylique par un certain nombre de réactions colorées.

Quand on abandonne à la température ordinaire une solution alcoolique de diméthylaniline et d'acide glyoxylique, il se forme un produit de condensation cristallin, soluble sans altération dans la soude caustique. Chauffé avec une solution aqueuse de chlorure mercurique, ce produit fournit une solution d'un bleu d'azur.

L'acide glyoxylique se combine à chaud, en solution alcoolique, avec la résorcine. Par addition d'ammoniaque au liquide, on obtient une coloration d'abord bleu foncé, puis rouge-écarlate; avec la soude, la coloration est rouge-cerise. Si on chauffe pendant quelque temps, le produit de condensation devient insoluble dans la soude. Il en est de même lorsqu'on ajoute un peu d'acide sulfurique. Dans ce dernier cas, la masse se colore spontanément en rouge à l'air.

Avec la β-amido-alizarine, l'acide glyoxylique fournit, en présence d'acide sulfurique concentré, un composé qui se dissout dans l'ammoniaque avec une coloration violet foncé.

Une solution alcoolique renfermant des poids égaux d'α-naphtylamine et d'acide glyoxylique se colore rapidement en brun et laisse déposer une poudre cristalline brunâtre [*Arch. Pharm.*, 232, 1].

Le même auteur utilise, pour séparer l'acide glycolique de l'acide glyoxylique, les différences de propriétés de leurs sels de calcium. Le glyoxylate de calcium se décompose assez facilement par l'eau à chaud, de sorte qu'après évaporation on peut extraire l'acide glyoxylique par l'alcool. Le résidu possède sensiblement une composition exprimée par la formule

$$(C^2H^3O^4)Ca, 2C^2H^4O^4.$$

La chaux le transforme en un mélange de glycolate et de glyoxylate de calcium.

Constitution. — De nouveaux dérivés de l'acide glyoxylique ont été préparés, qui viennent militer en faveur de la formule aldéhydique

$$CO^2H - CHO.$$

1° *Hydrazone.* — En soumettant l'acide glyoxylique, en solution aqueuse ou faiblement acide, à l'action de la phénylhydrazine, M. E. Fischer a obtenu la *phénylhydrazone*,

$$C^6H^5AzH.Az = CH.CO^2H.$$

Ce composé constitue de fines aiguilles jaunes, solubles dans les alcalis: cristallisé dans l'eau bouillante ou dans l'alcool, il fond à 137°, après s'être coloré vers 130° [*D. chem. G.*, 17, 572].

2° *Acide oximidacétique.* — M. Cramer [*D. chem. G.*, 25, 713], en laissant agir à froid une solution concentrée de chlorhydrate d'hydroxylamine sur l'acide glyoxylique, a préparé ce composé, qui répond à la formule

$$HC = AzOH.CO^2H.$$

On extrait le produit à l'éther, et on le purifie par cristallisation dans l'eau, ou mieux dans l'alcool. Il cristallise avec 1 molécule d'eau, qu'il perd dans l'air sec. L'*hydrate* est cristallisé en aiguilles incolores. L'acide anhydre fond à 137-138°, et se décompose alors en eau, acide carbonique et acide cyanhydrique. Sa solution neutre précipite les sels d'argent et de mercure.

L'acide chlorhydrique et le chlorure d'acétyle sont sans action sur ce composé; l'anhydride acétique donne un produit acétylé sirupeux.

L'*éther éthylique* de l'acide oximidacétique, $H.C = AzOH.CO^2C^2H^5$, a été préparé par l'action de l'iodure d'éthyle sur l'oximidacétate d'argent au bain-marie. C'est une huile épaisse, très soluble dans les solvants usuels, aisément saponifiée en régénérant l'acide oximidacétique.

3° *Acide dithiophénylacétique.* — MM. Otto et Troger ont essayé d'appliquer à l'acide glyoxylique la réaction des mercaptans sur les aldéhydes, découverte par Baumann. Il y a condensation et formation d'un *mercaptal*, d'après l'équation

$$R.CHO + 2RSH = R.CH(SR)^2 + H^2O.$$

Avec l'acide glyoxylique et le thiophénol, MM. Otto et Troger ont bien obtenu un semblable composé, l'*acide dithiophénylacétique*,

$$CO^2H - CHO + 2C^6H^5.SH$$
$$= H^2O + CO^2H.CH(SC^6H^5)^2.$$

On ajoute peu à peu 10 grammes de glyoxylate de potassium à un grand excès de thiophénol, en faisant passer un courant lent de gaz chlorhydrique. Lorsque la masse cesse de s'échauffer, on étend d'eau, on distille pour éliminer l'excès de thiophénol. Le résidu se prend en masse; on l'épuise par le carbonate de sodium et on sursature par l'acide chlorhydrique. Il se dépose un corps cristallin blanc, qu'on purifie par deux cristallisations dans l'alcool. Il fond à 104-106° et répond bien à la formule $CO^2H - CH(SC^6H^5)^2$. Oxydé en solution acide par le permanganate de potassium, cet acide se transforme en *diphénylsulfone-méthane*,

$$CO^2H - CH(SC^6H^5)^2 + O^4$$
$$= CO^2 + CH^2(SO^2C^6H^5)^2,$$

cristallisant dans l'alcool en fines aiguilles fusibles à 120-121°.

On a obtenu avec l'éthylmercaptan une combinaison analogue [*D. chem. G.*, 25, 3425].

4° M. Hantzsch, en faisant agir l'uréthane sur l'acide glyoxylique, a obtenu un composé dont la formule

$$CO^2H - CH(AzH.CO^2C^2H^5)^2$$

rentre dans la formule générale des produits de condensation de l'uréthane avec les aldéhydes [*D. chem. G.*, 27, 1248].

ACIDE THIOGLYOXYLIQUE, $C^2H^2SO^2, H^2O$. — M. Bœttinger a obtenu cet acide en saturant à froid une solution ammoniacale concentrée de dichloracétate d'ammonium par l'hydrogène sulfuré. On élimine le chlorure d'ammonium formé, et on précipite par petites fractions au moyen de l'acétate de plomb. Il se dépose d'abord de l'oxalate de plomb, puis un précipité floconneux qu'on lave à l'eau acidulée, enfin un troisième sel de plomb qui ne se dépose qu'au bout d'un certain temps.

Les deux derniers sels sont décomposés séparément par l'hydrogène sulfuré. Le premier fournit un sirop acide renfermant un peu d'acide oxalique qu'on élimine facilement, et qui se décompose à l'air en perdant de l'hydrogène sulfuré. Ce sirop finit par se prendre en une masse cristalline qu'on purifie par cristallisation dans l'éther et qui fond à 88-89°. C'est l'*acide thioglyoxylique*, $C^2H^2SO^2, H^2O$.

Le sel qu'il fournit par réaction sur l'acétate de plomb a pour formule $C^2HPbSO^2$.

Le *sel d'argent*, $C^2HAgSO^2$, est une poudre jaune peu stable. Le *sel de cuivre* est un précipité vert-noir. Tous deux se décomposent facilement avec formation de sulfure métallique.

Éthérifié à froid au moyen de l'alcool et de l'acide sulfurique, l'acide thioglyoxylique s'éthérifie et fournit un *éther* huileux non volatil.

L'acide que fournit le traitement à l'hydrogène sulfuré du second sel est bien cristallisé, en aiguilles blanches, fusibles à 94-95°. Il semble constituer une *combinaison d'acide glycolique et d'acide thioglyoxylique*, $C^2H^4O^3, C^2H^2SO^2$.

Son *sel d'argent*, insoluble dans l'ammoniaque, a pour formule

$$C^2H^4O^3, C^2HAgSO^2, H^2O.$$

L'acide se dédouble facilement en acide glycolique. Il précipite en blanc par l'acétate de plomb, en noir par le sulfate de cuivre.

DÉRIVÉS DE L'ACIDE GLYOXYLIQUE. — On est arrivé, par une voie détournée, en partant de l'acétylacétanilide, à préparer des composés intéressants se rattachant à l'acide glyoxylique.

En faisant agir la phénylhydrazine sur la solution alcoolique de la phénylhydrazone de la céto-méthyl-isoxazolone, MM. Knorr et Reuter [*D. chem. G.*, 27, 1169] ont obtenu un corps dont la formule est celle de la *diphénylhydrazone de l'acide acétylglyoxylique*,

$$CH^3 - \overset{\overset{\displaystyle Az-AzHC^6H^5}{\|}}{C} \underline{\hspace{2cm}} \overset{\overset{\displaystyle Az-AzHC^6H^5}{\|}}{C} - COOH.$$

Ce composé cristallise en petites aiguilles fusibles à 212°.

La *diphénylhydrazone de l'acétylglyoxylanilide*,

$$CH^3 - \overset{\overset{\displaystyle Az-AzHC^6H^5}{\|}}{C} \underline{\hspace{2cm}} \overset{\overset{\displaystyle Az-AzHC^6H^5}{\|}}{C} - COAzHC^6H^5,$$

obtenue soit en partant de la phénylhydrazone de l'acétylacétanilide, soit en partant de la cétophénylhydrazone de l'acétylacétanilide, fond à 173-175°.

L'isonitroso-acétylacétanilide, traitée par la phénylhydrazine, a fourni l'*oxime-phénylhydrazone de l'anilide acétylglyoxylique*,

$$CH^3 - \overset{\overset{\displaystyle Az-AzHC^6H^5}{\|}}{C} \underline{\hspace{2cm}} \overset{\overset{\displaystyle AzOH}{\|}}{C} - COAzHC^6H^5,$$

fusible à 168-169°.

Le composé isomérique, la *phénylhydrazone-oxime de l'acétylglyoxylacétanilide*,

$$CH^3 - \overset{\overset{\displaystyle AzOH}{\|}}{C} \underline{\hspace{1.2cm}} \overset{\overset{\displaystyle Az-AzHC^6H^5}{\|}}{C} - COAzHC^6H^5,$$

préparé par action de l'hydroxylamine sur la cétohydrazone de l'acétylglyoxylanilide, fond à 175°.

Chauffée avec une lessive de potasse, pendant quelques heures, à 140-150°, l'oxime-phénylhydrazone de l'acétylglyoxylanilide se saponifie. En même temps l'oxime-hydrazone devenue libre perd une molécule d'eau et ferme sa chaîne en donnant l'*acide phényl-méthyl-osotriazolcarbonique*,

$$CH^3C \overset{\displaystyle C^6H^5-AzH}{\underset{\displaystyle Az \qquad\qquad AzOH}{\diagup\diagdown}} C-COOH$$

$$= CH^3-C \overset{\displaystyle C^6H^5-Az}{\underset{\displaystyle Az \qquad\qquad Az}{\diagup\diagdown}} C-COH \; + \; H^2O.$$

Le chlorure de diazobenzène, agissant sur l'acide pyruvique ou sur le pyruvate d'éthyle en solution alcaline, fournit l'*acide diphénylformazylglyoxylique*, qui a été décrit précédemment [voy. FORMAZYLIQUES (COMPOSÉS), 2° Suppl., 3, 253].

Agissant sur l'éther cyanacétique, le chlorure de diazobenzène fournit l'*hydrazone de l'éther cyanoglyoxylique*,

$$CAz - \overset{\overset{\displaystyle}{}}{C} - CO^2C^2H^5$$
$$\overset{\displaystyle \|}{Az - AzHC^6H^5}$$

[F. Kruckeberg, *J. prakt. Chem.*, (2), 49, 321].

Il existe un grand nombre de dérivés substitués de l'acide glyoxylique. Ils ont déjà été ou seront dans la suite l'objet d'articles spéciaux.

*Rôle de l'acide glyoxylique dans la physiologie végétale.* — MM. Brunner et Chuard ont mis en évidence l'existence de l'acide glyoxylique dans les végétaux : ils l'ont caractérisé notamment dans le jus du raisin non encore mûr, dans le suc extrait de divers autres fruits, pommes, groseilles, prunes, dans la rhubarbe avant la maturité. L'acide existe également dans les feuilles des mêmes végétaux, et s'y trouve encore après qu'il a disparu des fruits par suite de la maturation.

Ce fait a été contesté par M. Ordonneau [*Bull. Soc. Chim.*, (3), 6, 261], qui s'appuyait sur des expériences faites avec des jus de raisins verts de la Vendée. D'après cet auteur, les acides extraits par traitement au carbonate de chaux seraient un mélange d'acide tartrique et d'un acide spécial dénommé par M. Ordonneau *acide tartro-malique*. La formule du tartro-malate de chaux serait $C^4H^4O^6Ca + C^4H^4O^5Ca + 6H^2O$. L'acide glycolique trouvé par M. Erlenmeyer et l'acide glyoxylique trouvé par MM. Brunner et Chuard dans le jus de raisins verts ne seraient pas autre chose que de l'acide tartro-malique. Cette assertion a été réfutée par MM. Brunner et Chuard [*D. chem. G.*, 19, 592; *Bull. Soc. Chim.*, (2), 47, 649; (3), 13, 126].

L'acide glyoxylique s'extrait des fruits incomplètement mûrs, non seulement au moyen de la chaux, mais encore par extraction à l'éther du jus des fruits. L'action réductrice de l'acide glyoxylique sur la solution de nitrate d'argent permet de suivre sa diminution au fur et à mesure que le fruit se développe, et finalement d'observer sa disparition avant la maturité complète.

La formation des premiers produits d'assimilation des végétaux, et en particulier des acides organiques, s'explique, d'après MM. Brunner et Chuard, par la série des termes suivants :

$$CO(OH)^2 + H^2 = CH^2O^2 + H^2O,$$
$$\text{Ac. formique.}$$

$$2CO(OH)^2 + H^2 = C^2H^2O^4 + 2H^2O,$$
$$\text{Ac. oxalique.}$$

$$C^2H^2O^4 + H^2 = C^2H^2O^3 + H^2O,$$
$$\text{Ac. glyoxylique.}$$

$$C^2H^2O^3 + H^2 = C^2H^4O^3,$$
$$\text{Ac. glycolique.}$$

$$2C^2H^3O^2 + 3H^2 = C^4H^6O^4 + 2H^2O,$$
$$\text{Ac. succinique.}$$

$$2C^2H^2O^3 + 2H^2 = C^4H^6O^5 + H^2O, \quad \text{etc.,}$$
$$\text{Ac. malique.}$$

en admettant l'idée de M. Erlenmeyer que la molécule d'eau, sous l'influence de la lumière solaire et sous l'action de la chlorophylle, se scinde en hydrogène et eau oxygénée, cette dernière se dédoublant elle-même en eau et oxygène expiré.     J. Dupont.

**GOLDSCHMIDTITE** (Min.) [W. H. Hobbs].— Tellurure d'or et d'argent, $Au^2AgTe^6$, intermédiaire entre la calavérite et la sylvanite. Petits cristaux friables, blanc d'argent, éclat métallique, sur calcédoine, à la mine Gold Dollar, Arequa Gulch, Cripple Creek district (Colorado). Dureté $= 2$. Poussière gris-noir foncé. Prisme clinorhombique : $a:b:c = 1,8562:1:1,2981$; $\beta = 89°11'$. Macles $h^1$, clivage $g^1$ parfait.

**GOMMES** (voyez Dict., 4, 1629).— On comprend sous le nom de *gommes* un grand nombre d'exsudats végétaux d'origines diverses, qui tous possèdent la propriété de se dissoudre ou de se gonfler dans l'eau, en communiquant à ce liquide une consistance visqueuse.

Au point de vue chimique, ce sont des mélanges d'*arabanes*, de *galactanes* et peut-être d'*arabinogalactanes*. Elles s'hydrolysent, en effet, par l'ébullition avec les acides sulfurique ou chlorhydrique étendus, en donnant naissance à de l'arabinose et à du galactose en proportions extrêmement variables. Certaines gommes arabiques ne donnent que des traces d'arabinose et sont, par conséquent, formées à peu près exclusivement de galactanes; les gommes de cerisier et de pêcher donnent au contraire beaucoup d'arabinose, et sont constituées surtout par des arabanes.

Les gommes ne réduisent pas la liqueur de Fehling, mais acquièrent cette propriété après qu'on les a chauffées avec les acides étendus, réaction due aux glucoses formés par hydrolyse.

Elles peuvent donner des éthers avec les acides, et par conséquent renferment des oxhydryles alcooliques comme les sucres proprement dits. Elles peuvent même parfois fournir des dérivés métalliques, dont l'analyse renseigne sur leur grandeur moléculaire.

La cryoscopie ne leur est pas applicable, parce qu'elles n'abaissent que d'une quantité insignifiante la température de congélation de l'eau. Leur poids moléculaire paraît être très élevé et voisin de celui des dextrines (Maquenne, *les Sucres et leurs principaux dérivés*).

Les gommes, fournissant par hydrolyse de l'*arabinose* et du *galactose*, donnent les mêmes réactions colorées que ces sucres. En particulier, elles donnent des produits de condensation colorés en *rouge*, *violet* ou *bleu*, quand on les fait bouillir avec l'acide chlorhydrique concentré et la plupart des phénols, notamment avec les naphtols, la résorcine, la phloroglucine, le pyrogallol et l'orcine [Ihl, *Chem. Zeit.*, 9, 231; *D. chem. G.*, 18, *Ref.*, 128]. Ces colorations sont différentes suivant la nature de la gomme.

D'ailleurs, lorsqu'on distille les gommes avec l'acide chlorhydrique concentré, il passe à la distillation du *furfurol*, provenant du dédoublement des pentosanes qu'elles renferment, et le produit distillé donne les réactions caractéristiques de ce corps avec l'orcine, la phloroglucine, etc.

*Origine.* — On ne sait encore rien de positif sur la manière dont se forme la gomme dans les végétaux; elle paraît avoir deux origines :

1° Tantôt la gomme se rencontrerait en dissolution dans le suc cellulaire, et pourrait alors être déversée dans les espaces intercellulaires à travers les parois des cellules, ou après gélification de ces parois. Elle pourrait alors prendre naissance aux dépens des sucres que renferme la sève, par un mécanisme analogue à celui qui a permis à M. Hill [*Trans. Chem. Soc.*, 1898, 634] de reproduire le maltose avec le glucose, en faisant réagir sur une dissolution de ce sucre la maltase de la levure de bière.

2° Tantôt, au contraire, et cela paraît être le cas le plus général, la gomme provient de la gélification des membranes cellulaires [Trécul, *Journ. de l'Institut*, 1862, 248; Prillieux, *Ann. des Sciences nat. (Bot.)*, 1875, 176; Lutz, *Thèse de l'Ecole de Pharm. de Paris*, 1895]. La gomme proviendrait alors d'une hydrolyse partielle de la cellulose ou des matières pectiques qui composent ces membranes [Wigand, *Pringsheim's Jahresb.*, 3, 55 et 115. — Franck, *ibid.*, 5, 454]. M. Wiessner [*Sitzsungsber. d. K. Ac. d. Wiss.*, 92, 40] essaye de mettre cette formation sous la dépendance d'un ferment spécial et caractéristique, se rapprochant des ferments diastasiques, et qui existerait dans les gommes et dans les tissus en voie de métamorphose gommeuse. Ce ferment transformerait la cellulose en gomme. Mais M. Reinitzer [*Zeit. physiol. Chem.*, 24, 453] affirme que ce ferment n'est pas la cause de la formation de la gomme; il aurait seulement la propriété de transformer l'amidon en sucre réducteur et vraisemblablement en dextrine. Les petites quantités de matières sucrées que renferme presque toujours la gomme arabique devraient être attribuées à l'action de ce ferment. Celui-ci n'a encore été rencontré avec certitude que dans les gommes fournies par des arbres du genre Acacia, et dans la gomme de cerisier. Il paraît s'y trouver en proportion d'autant plus grande que la gomme est plus colorée.

*Classification.* — Dans l'état actuel de nos connaissances, les gommes ne peuvent être classées méthodiquement d'après leur composition chimique, puisqu'on ne sait seulement qu'elles sont constituées par des mélanges d'arabanes et de galactanes à des degrés divers de condensation.

On peut cependant les partager en trois groupes, qui correspondent précisément aux trois variétés les plus importantes et les mieux connues.

1° Les gommes du premier groupe, principalement constituées par de l'*arabine*, se dissolvent entièrement dans l'eau; ce sont : les gommes d'*acacia* (gomme arabique, gomme de l'Inde, du Cap, d'Australie, du Brésil), les gommes de l'*Agnoscissus latifolia*, du *Feronia elephantum* et du *Grevillea robusta*.

2° Les gommes du second groupe sont constituées par un mélange d'*arabine* et de *bassorine* (*cérasine* de Guérin); elles se gonflent dans l'eau et lui abandonnent seulement un peu d'arabine. Ce groupe comprend les *gommes nostras* ou *de pays* (gommes de cerisier, de prunier, de pêcher, d'amandier).

3° Enfin, les gommes du troisième groupe, constituées presque entièrement de *bassorine*, et renfermant parfois de l'amidon, sont insolubles dans l'eau, dans laquelle elles se gonflent en formant des mucilages épais. Telles sont : la *gomme adragante*, les *gommes de Bassora*, de *Chagual*, d'*Acajou*, de *Moringa*, de *Cyclospermum gossipium*.

Parmi ces gommes, nous n'étudierons ici que les espèces qui ont été l'objet de recherches d'ordre chimique.

GOMME ARABIQUE. — On désigne sous le nom de *gomme arabique* les diverses sortes de gommes produites par un grand nombre d'espèces d'Acacia, qui croissent depuis la Nubie jusqu'à la Sénégambie à travers le Soudan (Planchon et Collin, *les Drogues simples d'origine végétale*). Ces gommes portent différents noms qui rappellent leur pays d'origine; on les divise en *gommes du Soudan* (gomme du Kordofan, gomme dure de Kartoum, gomme de Souakim) et *gommes du Sénégal* (gommes du bas du fleuve ou de Podor, gomme du haut du fleuve ou de Galam, gomme Salabreda, etc ).

Quelle qu'en soit l'origine, la gomme arabique se dissout complètement dans l'eau, en donnant un liquide épais à réaction acide.

Le pouvoir rotatoire de la solution varie de grandeur, et même de sens, suivant la sorte de gomme considérée. M. Pietro Palladino [*Bull. Soc. Chim.*, (3), 9, 578], qui a mesuré le pouvoir rotatoire d'un grand nombre de gommes, trouve qu'il varie entre $[\alpha]_D = -28°,5$, rotation que lui a donnée une gomme du Sénégal du bas du fleuve, et $[\alpha]_D = +62°$, rotation propre à une gomme d'Australie. Les gommes de Salabreda et de Barbarie, suivant M. Guichard [*Bull. Soc. Chim.*, (3), 9, 19], seraient dextrogyres et auraient respectivement des pouvoirs rotatoires égaux à $+45°$ et $+84°$. M. Béchamp affirme, au contraire, d'accord avec M. O'Sullivan [*Chem. Soc.*, 59, 1029], que les gommes d'acacia, c'est-à-dire les véritables gommes arabiques, sont toujours lévogyres; il ajoute que l'*arabine* (acide gummique), qui en dérive par dissolution dans l'acide acétique et précipitation par l'alcool, possède un pouvoir rotatoire à peu près constant, toujours voisin de —35° [*Bull. Soc. Chim.*, (3), 7, 587; 9, 484].

La gomme dissoute dans l'eau en faible proportion abaisse à peine le point de congélation et la tension de vapeur de ce liquide. Au contraire, ses solutions concentrées restent liquides jusqu'à — 18° à cause de leur viscosité [Lüdeking, *D. chem. G.*, 24, *Ref.*, 774]. M. Linebarger [*Am. Journ.*, 3, 426], se fondant sur la mesure du pouvoir osmotique, attribue à la gomme une formule en $C^{84}$.

La gomme arabique renferme un ferment soluble qui fluidifie et saccharifie l'empois de fécule en donnant naissance à des dextrines et à du glucose; ce ferment ne saccharifie pas le sucre de canne [Béchamp, *Bull. Soc. Chim.*, (3), 9, 45. — Reinitzer, *Zeit. physiol. Chem.*, 24, 453].

D'après M. Bourquelot [*Journ. Pharm. et Chim.*, (6), 5, 164], la gomme arabique, quelle qu'en soit l'origine, est toujours riche en ferment oxydant. On sait depuis longtemps, en effet (Guérin), que sa solution aqueuse colore en bleu la teinture de gaïac; de plus, elle détermine l'oxydation d'un certain nombre de phénols et d'amines, en produisant des colorations diverses : pyrogallol,

gaïacol et acétylgaïacol (précipité rouge-grenat), créosol (précipité jaune-rougeâtre), naphtol α (précipité bleu-mauve), naphtylamine α (précipité bleu-violacé), vératrylamine (coloration rouge-violet), etc. [Bourquelot, *Soc. biol.*, 1897, 25]. Ce savant pense que la coloration des gommes est due à l'action du ferment oxydant sur les substances analogues au tannin que peut dissoudre la gomme, lorsque, étant encore molle ou ramollie par l'humidité, elle se trouve au contact des parties mortifiées de l'écorce qu'elle traverse.

La maltase et la levure de bière n'agissent pas sur la gomme; le suc gastrique l'attaque au contraire en produisant un glucose [Fudakowski, *D. chem. G.*, 11, 1069].

Les acides chlorhydrique et sulfurique étendus et bouillants transforment la gomme en un mélange d'*arabinose* et de *galactose*, dans lequel ce dernier domine ordinairement beaucoup; parfois même il se produit une telle proportion de galactose, qu'il est impossible d'isoler l'arabinose [Scheibler, *D. chem. G.*, 1, 58, 6612; 17, 1729. — Kiliani, *ibid.*, 13, 2304, 1534. — Von Lippmann, *ibid.*, 17, 2238]. Cependant certaines gommes arabiques fournissent par hydrolyse une proportion d'arabinose assez grande pour que M. Bourquelot [*Assoc. française*, 1887; *Journ. Pharm. et Chim.*, (5), 16, 425] en ait conseillé l'emploi pour la préparation de ce sucre.

L'oxydation des diverses sortes de gomme arabique par l'acide nitrique produit de l'*acide mucique* en proportions variables (14 à 38 0/0). Celles qui en fournissent le plus sont naturellement les plus riches en galactanes.

Lorsqu'on distille la gomme arabique avec l'acide chlorhydrique concentré, il se produit du *furfurol*; aussi donne-t-elle, lorsqu'on la chauffe avec l'acide chlorhydrique en présence d'orcine ou de phloroglucine, les réactions colorées des pentoses [Ihl, *Chem. Zeit.*, 1887, 2. 19. — Reichl, *Zeit. analyt. Chem.*, 19, 357; *Bull. Soc. Chim.*, (2), 36, 268. — Reitnitzer, *Zeit. physiol. Chem.*, 24, 450]. Ces colorations sont un peu différentes les unes des autres, suivant les sortes de gomme arabique en expérience, et il est probable que ces différences dans les colorations proviennent de la diversité des proportions d'arabanes et de galactanes que ces gommes renferment. On sait en effet que les hexoses, comme les pentoses, colorent l'orcine en présence de l'acide chlorhydrique, mais d'une manière différente, et l'on conçoit que la coloration résultante dépende des proportions d'hexoses et de pentoses fournies par l'hydrolyse de la gomme en expérience.

On falsifie parfois la gomme arabique avec de la gélatine; les pastilles de gomme du commerce en renferment souvent. M. Trillat [*Bull. Soc. Chim.*, (3), 19, 1017] se fonde, pour caractériser et doser la gélatine, sur la propriété que possède l'aldéhyde formique de l'insolubiliser, tandis que ce réactif n'agit pas sur la gomme arabique.

GOMME D'AUSTRALIE. — Les gommes d'Australie sont fournies par les *Acacia decurrens, dealbata, homophylla, pycnantha*, qui croissent en Océanie. Elles se rapprochent beaucoup des gommes arabiques par leurs caractères, et M. Naudin [*Journ. d'hygiène*, 11 avril 1889] décrit une gomme d'*Acacia dealbata*, que M. Cloëz a trouvée identique à la gomme arabique.

M. Stone [*Am. Chem. Journ.*, 17, n° 3] a tiré de la gomme d'*Acacia decurrens* une galacto-arabane qui fournit à l'hydrolyse du *galactose* et de l'*arabinose*.

D'après l'auteur, par ses caractères et ses propriétés, elle est en quelque sorte intermédiaire entre les gommes de pays et la gomme arabique.

GOMME DE GREVILLEA ROBUSTA. — Le *Grevillea*

*robusta* (protéacées) est un arbre originaire d'Australie; il s'est acclimaté sur le littoral de l'Algérie, où il fournit une gomme qui a été étudiée par M. Fleury [*Journ. Pharm. Chim.*, (5), **9**, 1884] et par MM. Rœser et Puaux [*Ibid.*, (6), **10**, 398]. Au contact de l'eau, cette gomme commence par se gonfler, puis se dissout entièrement au bout de quelque temps, en donnant une solution visqueuse, blanchâtre, neutre au tournesol. L'apparence laiteuse de la solution est due à la présence d'une petite quantité de résine soluble dans l'alcool. Le perchlorure de fer ne la précipite pas; mais vient-on à additionner la gomme, seulement gonflée par l'eau, d'une petite quantité de potasse, de chaux ou de carbonate de potasse, elle donne immédiatement une solution fluide, qui se prend en gelée au contact du perchlorure de fer. Cette réaction permettrait, d'après M. Fleury, de la distinguer de toute autre espèce de gomme. La solution alcaline est lévogyre et ne réduit pas le tartrate cupropotassique; elle donne un précipité blanc avec l'acétate tribasique de plomb et un précipité bleu gélatineux avec le sulfate de cuivre. Elle n'a aucune action sur la teinture de gaïac.

La gomme de *Grevillea robusta* donne 3 0/0 de cendres, principalement composées de carbonate de chaux et ne contenant pas de potassium.

Hydrolysée au moyen de l'acide sulfurique étendu, elle fournit de l'arabinose et du galactose. L'oxydation par l'acide nitrique produit les acides mucique et oxalique.

Gomme de Djedda. — La gomme que l'on trouve sous ce nom dans le commerce a l'aspect des gommes arabiques de qualité inférieure; elle a été étudiée par M. O. Sullivan [*Chem. Soc.*, **59**, 1029], qui en a examiné plusieurs échantillons. Tous se sont montrés dextrogyres et l'auteur les a trouvés constitués par une petite quantité de matière protéique associée aux sels de potasse, de chaux et de magnésie des acides suivants :

*Acide monoarabinane-trigalactane-geddique,*

$$C^{10}H^{16}O^8 . 3\,C^{12}H^{20}O^{10} . C^{23}H^{30}O^{18};$$

*Acide diarabinane-trigalactane-geddique,*

$$2\,C^{10}H^{16}O^8 . 3\,C^{12}H^{20}O^{10} . C^{23}H^{30}O^{18};$$

*Acide triarabinane-trigalactane-geddique,*

$$3\,C^{10}H^{16}O^8 . 3\,C^{12}H^{20}O^{10} . C^{23}H^{30}O^{18};$$

*Acide tétrarabinane-trigalactane-geddique,*

$$4\,C^{10}H^{16}O^8 . 3\,C^{12}H^{20}O^{10} . C^{23}H^{30}O^{18};$$

*Acide triarabinane-tétragalactane-geddique,*

$$3\,C^{10}H^{16}O^8 . 4\,C^{12}H^{20}O^{10} . C^{23}H^{30}O^{18};$$

*Acide pentarabinane - tétragalactane - geddique,*

$$5\,C^{10}H^{16}O^8 . 4\,C^{12}H^{20}O^{10} . C^{23}H^{30}O^{18};$$

*Acide heptarabinane - tétragalactane - geddique,*

$$7\,C^{10}H^{16}O^8 . 4\,C^{12}H^{20}O^{10} . C^{23}H^{30}O^{18};$$

*Acide nonarabinane - tétragalactane - geddique,*

$$9\,C^{10}H^{16}O^8 . 4\,C^{12}H^{20}O^{10} . C^{23}H^{30}O^{18};$$

*Acide hexarabinane - pentagalactane - geddique,*

$$6\,C^{10}H^{16}O^8 . 5\,C^{12}H^{20}O^{10} . C^{23}H^{30}O^{18};$$

*Acide heptarabinane - pentagalactane - geddique,*

$$7 . C^{10}H^{16}O^8 . 5\,C^{12}H^{20}O^{10} . C^{23}H^{30}O^{18}.$$

Ces différents acides sont dédoublés, par ébullition avec l'acide sulfurique très étendu, en *arabinone* $C^{10}H^{18}O^9$ et acides de poids moléculaires plus faibles qui sont les suivants :

*Acide trigalactane-geddique,*

$$3\,C^{12}H^{20}O^{10} . C^{23}H^{32}O^{19};$$

*Acide tétragalactane-geddique,*

$$4\,C^{12}H^{20}O^{10} . C^{23}H^{32}O^{19};$$

*Acide pentagalactane-geddique,*

$$5\,C^{12}H^{20}O^{10} . C^{23}H^{32}O^{19}.$$

Ces derniers acides sont assez stables et ne sont dédoublés par l'acide sulfurique étendu qu'au bout de plusieurs heures d'ébullition. On peut alors isoler du produit de la réaction l'*acide geddique* $C^{23}H^{36}O^{22}$ et le *galactose*.

*Arabinone.* — Ce composé, qui se forme lorsqu'on fait bouillir la gomme de Djedda pendant un quart d'heure avec de l'acide sulfurique très étendu (1/3 à 1/2 0/0), est à l'arabinose ce qu'est le maltose au glucose ordinaire. L'acide sulfurique à 2 0/0 le dédouble en effet très rapidement, à l'ébullition, en 2 molécules d'arabinose.

L'arabinone a pour formule $C^{10}H^{18}O^9$, comme l'a montré la détermination cryoscopique de son poids moléculaire.

Elle est amorphe, d'apparence vitreuse, très soluble dans l'eau et insoluble dans l'alcool, qui la précipite de ses dissolutions aqueuses. Elle est dextrogyre : $[\alpha]_D = +198°$, et fond de 75° à 80°. Elle réduit la liqueur de Fehling.

Gommes de pays. — Appelées encore *gommes nostras*, ces gommes paraissent avoir une composition identique, qu'elles proviennent du cerisier, du prunier, du pêcher, de l'abricotier ou de l'amandier [Guérin, *Ann. Chim. Phys.*, (2), **49**, 277. — Bauer, *J. prakt. Chem.*, (2), **34**, 46; *Landw. Versuchsst.*, **35**, 33, 215. — Kiliani, *D. chem. G.*, **19**, 3029. — Stone, *ibid.*, **23**, 2574; *Bull. Soc. Chim.*, (3), **5**, 787; *Landw. Versuchsst.*, **23**, 2574].

Toutes ces gommes se gonflent dans l'eau sans s'y dissoudre entièrement; la partie soluble est de l'*arabine*, la partie qui se gonfle a été appelée *cérasine* par Guérin; elle paraît identique à la *bassorine* de la gomme adragante.

Cependant, pour M. Garros [*Thèse de la Faculté des Sciences de Paris*, 1894; *Bull. Soc. Chim.*, (3), **7**, 625], la partie soluble de la gomme de cerisier serait différente de l'arabine; il la nomme *cérabine*. Ce même auteur croit avoir obtenu dans l'hydrolyse de la gomme de prunier un nouveau pentose, qu'il nomme *prunose* [*Ibid.*, (3), **11**, 595]. Ce sucre ne paraît pas être un corps défini et n'est vraisemblablement que de l'arabinose impure (Maquenne), bien que M. Hanriot ait annoncé qu'il donne avec le chloral une combinaison différente de l'arabino-chloralose [*Bull. Soc. Chim.*, (3), **13**, 227].

Tous les auteurs qui ont étudié la gomme de pays ont, en effet, trouvé qu'elle fournit à l'hydrolyse un peu de *galactose* et une très forte proportion d'*arabinose*.

C'est à la gomme de cerisier que l'on s'adresse d'ordinaire pour la préparation de l'arabinose.

Gomme adragante. — La gomme adragante se récolte surtout en Asie Mineure, dans le Kurdistan, en Perse et en Grèce où elle est produite par divers *Astragales*. D'après Hugo Mohl [*Bot. lect.*, 1857, **36**, 55], sa production est due à une maladie endémique appelée *gommose*, qui consiste dans la métamorphose des parois cellulaires des parties parenchymateuses des astragales.

Elle se gonfle considérablement au contact de l'eau : 1 partie de cette gomme donne, avec

50 parties d'eau, un mucilage épais; si on double la proportion de liquide, on obtient une solution qui précipite abondamment par l'acétate de plomb, le sulfate d'ammoniaque, et reste limpide avec une dissolution de perchlorure de fer ou de borax. Elle n'a aucune action sur la teinture de gaïac. Ces caractères la distinguent de la gomme arabique.

Chauffée à 40 ou 50°, elle se réduit plus facilement en poudre qu'à la température ordinaire (Guérin).

Sa partie soluble dans l'eau est identique à l'*arabine*, sa partie insoluble est formée de *bassorine* (cérasine de Guérin). Elle renferme de l'*amidon*, qui se présente au microscope sous la forme de petits grains arrondis [Guérin, *Ann. Chim. Pharm.*, (2), 49, 269].

Elle se dissout à chaud dans les alcalis [Frémy, *Journ. Pharm. Chim.*, (3), 37, 81].

L'hydrolyse par l'acide sulfurique étendu la dédouble avec formation d'*arabinose* et de *galactose* (Sandersleben) et l'oxydation par l'acide azotique fournit de l'*acide mucique* (Guérin).

GOMME DE CHAGUAL. — Elle est produite par une sorte de *Puya*, monocotylédone de la famille des Broméliacées, qui croît au Chili.

L'eau chaude la dissout en partie et l'alcool concentré la précipite de sa dissolution. Elle est faiblement dextrogyre et ne réduit pas la liqueur de Fehling.

Oxydée par l'acide azotique (densité = 1,15), elle fournit 21,25 0/0 de son poids d'*acide mucique*. Distillée avec l'acide chlorhydrique, elle produit du *furfurol*.

L'acide sulfurique à 5 0/0 l'hydrolyse en formant du *xylose*, d'après M. Winterstein [*D. chem. G.*, 31, 1571; *Journ. Pharm. Chim.*, (6), 9, 306]. Cet auteur a caractérisé ce sucre par son pouvoir rotatoire et par la réaction des pentoses.

L'hydrolyse fournit en même temps un autre sucre dont l'osazone fond à 204° et l'hydrazone à 158°. Oxydé par l'acide nitrique, ce sucre fournit 74 0/0 d'acide mucique. Comme les diverses fractions obtenues en faisant cristalliser ce sucre sont faiblement dextrogyres et d'une quantité variable, M. Winterstein en conclut qu'il est constitué par un mélange de *galactose* i et de *galactose* d. Des expériences de fermentation paraissent confirmer cette hypothèse.

GOMME DE LEVURE. — Schutzenberger [*Bull. Soc. Chim.*, (2), 21, 194] est le premier qui ait signalé dans la levure de bière la présence d'une matière gommeuse qui, suivant lui, fournirait de l'acide mucique à l'oxydation.

Comme la levure se colore en rouge brun par l'iode, MM. Errera, Laurent, Cremer admirent qu'elle renferme du glycogène, qui donne en effet cette réaction, et M. Cremer [*München. Med. Woch.*, 1893, n° 16] attribuait au glycogène de la levure le pouvoir rotatoire $[\alpha]_D = + 198°,9$. Cette même matière fut retrouvée par M. Wagner [*Zeit. d. Ver. f. d. Ruebenzuckind.*, 1890, 789]; mais cet auteur la confondit avec le dextrane des champignons de sucrerie et lui attribua le pouvoir rotatoire $[\alpha]_D = + 285°$.

Plus tard, M. Hessenland [*Ibid.*, 1892, 671] la prépara en faisant bouillir les levures hautes ou basses avec un lait de chaux, précipitant la chaux par l'acide oxalique et séparant la gomme par l'alcool. Son pouvoir rotatoire varie, d'après l'auteur, entre $[\alpha]_D = + 98$ et $[\alpha]_D = + 99°,5$. Elle ne se combine pas à la phénylhydrazine et ne réduit pas la liqueur de Fehling; mais elle donne avec ce réactif un précipité bleu répondant à la formule

$$2\,C^6H^{10}O^5 . CuO . H^2O$$

Traitée par un mélange d'acides sulfurique et nitrique, elle donne un *éther nitrique* de la formule $C^6H^7O^2(AzO^3)^3$; de même l'anhydride acétique et l'acétate de soude la transforment en *éther triacétique*, $C^6H^7O^2(C^3H^3O^2)^3$. Oxydée par l'acide nitrique, elle fournit très peu d'*acide saccharique*, et principalement de l'*acide mannosaccharique*. L'hydrolyse par l'acide sulfurique étendu fournit surtout du mannose avec un peu de pentose, que l'on met facilement en évidence au moyen de la réaction du furfurol.

M. Salkowski [*D. chem. G.*, 27, 497, 925; *Zeit. physiol. Chem.*, 13, 506] a extrait de la levure de bière une matière gommeuse qu'il croit être différente de la gomme de levure de M. Hessenland; elle répondrait à la formule $C^{12}H^{22}O^{11}$.

Il la prépare de la manière suivante : On fait bouillir pendant une demi-heure 500 grammes de levure pressée, exempte d'amidon, avec 5 litres d'eau tenant en dissolution 150 grammes de potasse; on laisse déposer jusqu'au lendemain, on filtre et on chauffe au bain-marie les liqueurs alcalines avec 750 centimètres cubes de liqueur de Fehling. Il se forme un précipité bleuâtre qu'on broie avec de l'eau aiguisée d'acide chlorhydrique, et l'on traite par 3 ou 4 fois son volume d'alcool à 90° la solution trouble obtenue. La gomme est ensuite dissoute dans l'eau, puis précipitée de nouveau par l'alcool, enfin elle est lavée avec de l'alcool absolu, puis avec de l'éther. On achève de la purifier en la dissolvant dans l'acide chlorhydrique étendu et la précipitant encore par l'alcool. On lave finalement le précipité avec de l'alcool, de l'éther et on le sèche dans le vide.

La gomme ainsi obtenue est une poudre blanche, très soluble dans l'eau, répondant à la formule $C^{12}H^{22}O^{11}$. Elle est dextrogyre : $[\alpha]_D = + 90°,1$. Les solutions ne précipitent ni par les acétates de plomb, ni par le perchlorure de fer; elles donnent, au contraire, un précipité bleuâtre avec la liqueur de Fehling, ce qui distingue cette gomme de la gomme arabique; celle-ci ne fournit, en effet, un précipité avec le réactif qu'après addition de soude.

Les acides forts transforment, à l'ébullition, la gomme de levure, préparée comme il est dit plus haut, en un sucre qui n'a pas encore été étudié; mais ni la gomme, ni le sucre ne donnent les réactions des pentoses comme le fait la gomme de levure de M. Hessenland.

GOMME DE VIN (voyez Dict., 1, 1030). — Pasteur, puis M. Béchamp [*C. R.*, 80, 967], ont signalé dans le vin la présence d'une gomme fournissant de l'acide mucique lorsqu'on l'oxyde par l'acide azotique; le rendement serait de 70 à 75 0/0 de son poids d'après les recherches de MM. Nivière et Hubert. Hydrolysée par l'acide sulfurique étendu, elle donne du *galactose* et les agents réducteurs la changent en *dulcite*. Elle paraît donc être formée surtout de *galactane*. Son pouvoir rotatoire est $[\alpha]_D = + 23°$.

Elle est soluble dans l'eau, insoluble dans l'alcool et donne, avec les sels métalliques en solution alcoolique, des précipités insolubles dans l'alcool et solubles dans l'eau [Nivière et Hubert, *C. R.*, 121, 977].　　　　M. Guerbet.

**GONNARDITE** (Min.) (Alf. Lacroix). — Zéolite voisine du mésole, de composition

$$2\,[Ca, Na^2]O . Al^2O^3 . 5\,SiO^2 + 5,5\,H^2O,$$

en fibres probablement orthorhombiques, groupées en mamelons sphérolithiques de la grosseur d'un pois, avec christianite, chabasie, aragonite, etc., dans les vacuoles d'un basalte doléritique, à la Chaux de Bergonne, près Gignat, et au Puy de Chalus, près Cournon (Puy-de-Dôme). Dureté = 4,5-5. Densité = 2,246-2,357.

**GORDAÏTE** (Min.). — Voyez FERRONATRITE.

**GOSSYPÉTINE**, $C^{16}H^{12}O^8$. — C'est une nouvelle matière colorante, que M. Arthur George Perkin a extraite des fleurs du cotonnier. Elle se trouve dans la plante presque complètement à l'état de glucoside.

Voici comment il convient de l'extraire : On épuise complètement les fleurs par l'alcool bouillant, et la liqueur, concentrée à un faible volume, est traitée par l'eau, puis par l'éther, de façon à éliminer la chlorophylle et la cire. La solution aqueuse de couleur brune qui contient le glucoside est traitée à l'ébullition pendant une demi-heure par un peu d'acide sulfurique. La matière colorante se sépare par refroidissement sous la forme de flocons d'un jaune verdâtre, qu'on recueille et qu'on sèche sur une plaque poreuse. Pour purifier la gossypétine, on la dissout dans un peu d'alcool, on ajoute de l'éther qui précipite les matières goudronneuses, et le liquide filtré est lavé à l'eau jusqu'à ce que les eaux de lavage ne soient plus colorées. On évapore alors à sec, et le résidu est mis de nouveau à cristalliser dans l'alcool dilué.

La gossypétine forme des aiguilles jaunes brillantes, ressemblant à la quercétine, facilement solubles dans l'alcool, mais se dissolvant très mal dans l'eau. Les solutions concentrées d'alcali la dissolvent en donnant des solutions rouge-orangé, qui par dilution deviennent vertes, puis prennent finalement une teinte brun foncé. L'ammoniaque se comporte de même. L'acétate de plomb donne à froid un précipité rouge foncé, qui devient brun sombre à l'ébullition. Le chlorure ferrique en solution alcoolique donne une liqueur vert-olive sombre. L'acide sulfurique la dissout en donnant une solution rouge-orangé.

Par fusion avec les alcalis à 200-220°, la gossypétine se dédouble en phloroglucine et acide protocatéchique.

Elle teint la laine mordancée en donnant les colorations suivantes :

| Mordants d'alumine. | Brun-orangé pâle. |
| — d'étain. | Rouge-orangé. |
| — de chrome. | Brun sombre. |
| — de fer. | Olive foncé sombre. |

Le coton mordancé avec l'alumine se teint en jaune-olive ; en présence d'acide acétique, la coloration est brun-orangé.

La gossypétine est susceptible de se combiner avec les acides et d'échanger un atome d'hydrogène contre un atome de métal alcalin. Elle donne également un dérivé hexacétylé.

La formule suivante

$$\text{rend compte de ses propriétés.}$$

rend compte de ses propriétés.

*Sulfate de gossypétine*, $C^{16}H^{12}O^8 . SO^4H^2$. — On l'obtient en ajoutant de l'acide sulfurique à de l'acide acétique bouillant contenant de la gossypétine en suspension. La liqueur se colore en orangé et laisse déposer des cristaux qu'on recueille et qu'on lave à l'acide acétique.

Ce sont des aiguilles brillantes, de couleur rouge-orangé, qui sont décomposées par traitement à l'eau en gossypétine et acide sulfurique.

*Chlorhydrate de gossypétine*. — On le prépare comme le sulfate. Il forme des aiguilles orangées, décomposables lentement en leurs éléments à 100°. Il n'a pas été analysé.

*Iodhydrate de gossypétine*, $C^{16}H^{12}O^8 . HI$. —

Fines aiguilles rouge-orangé, obtenues comme précédemment. Ce sel est plus stable que le chlorhydrate.

*Gossypétine monopotassique*, $C^{16}H^{11}O^8K$. — On l'obtient en ajoutant de l'acétate de potassium à une solution acétique bouillante de gossypétine. Il se produit un précipité jaune-orangé, qui prend rapidement une teinte vert sombre par suite d'une oxydation au contact de l'air. On le sépare rapidement et on le lave à l'alcool.

C'est une poudre cristalline, insoluble à froid dans l'alcool absolu, très difficilement soluble dans l'eau. La solution aqueuse est du reste décomposée à l'ébullition ; il se forme un précipité de gossypétine et la liqueur reste colorée en brun orangé.

*Gossypétine hexacétylée* $C^{16}H^6O^8(C^2H^3O)^6$. — On l'obtient en faisant digérer pendant 6 heures de la gossypétine dans l'anhydride acétique bouillant. Le dérivé se précipite par addition d'alcool, sous forme de cristaux qu'on recueille et qu'on laisse à nouveau digérer avec de l'anhydride acétique pendant 3 heures. On les fait ensuite cristalliser dans un mélange d'alcool et d'acide acétique.

La gossypétine hexacétylée forme des cristaux incolores fondant à 222-224°, facilement solubles dans l'acide acétique, mais se dissolvant mal dans l'alcool [*Chem. Soc.*, 1899, 825].

V. Thomas.

**GOSSYPOSE**. — Synonyme de RAFFINOSE.

**GOYAZITE** (Min.) (Damour). — Phosphate de calcium et aluminium hydraté,

$$3CaO . 5Al^2O^3 . P^2O^5 , 9H^2O.$$

Petits grains arrondis de quelques millimètres, blanc-jaunâtre, plus ou moins transparents, optiquement uniaxes, possédant un clivage ; trouvés dans les terrains diamantifères de Minas Geraes (Brésil).

*Caractères*. — Inattaquable aux acides. Au chalumeau, blanchit et devient opaque ; donne de l'eau dans le tube. Difficilement fusible sur les bords. Bleuit quand on le chauffe avec du nitrate de cobalt. Dureté = 5. Densité = 3,26.

**GRAMININE** $(C^6H^{10}O^5)^n$. — La graminine a été trouvée dans les rhizomes d'un certain nombre de graminées des genres *Agrostis*, *Calamagrostis*, *Fetuca*, *Avena* ; elle est surtout abondante dans le *Trisetum alpestre* [Elkstrand et Johannson, *D. chem. G.*, **24**, 594]. M. Harlay [*C. R.*, **132**, 423] a rencontré dans les rhizomes de l'*Arrhenaterum elatius*, var. *bulbosum*, une matière de propriétés si voisines, qu'il la croit identique à la graminine.

Pour la préparer, on broie les rhizomes de *Trisetum alpestre*, récoltés en décembre ou janvier, avec de la poudre de verre ; on mouille la masse avec de l'eau et l'on presse fortement le tout après un jour de contact. Le suc est alors précipité par l'acétate neutre de plomb, filtré, puis débarrassé du plomb par l'hydrogène sulfuré ; enfin on chasse le gaz dissous par un courant d'acide carbonique et on ajoute un excès d'alcool qui précipite la graminine [Elkstrand et Johannson].

M. Harlay [*loc. cit.*] préfère laisser macérer pendant 18 heures, dans 300 centimètres cubes d'une dissolution à 5 0/0 d'acétate neutre de plomb, 250 grammes de rhizomes d'*Arrhenaterum bulbosum*, préalablement broyés, presser le tout et laisser déposer. On filtre après 24 heures, on élimine le plomb par l'acide oxalique, puis l'excès de celui-ci par le carbonate de chaux ; enfin, après filtration, on précipite par 6 volumes d'alcool à 90°. Le précipité, d'abord visqueux, se réunit en un gâteau solide, que l'on dessèche dans le vide. On le pulvérise ensuite, on le lave à l'alcool et on le sèche de nouveau. Le rendement est de 4,80 0/0 des tubercules frais.

La graminine se présente sous l'aspect d'une poudre blanche, composée de sphérocristaux biréfrigents, insoluble dans l'alcool, soluble dans l'eau. 100 parties de sa solution aqueuse à 10° renferment 22,8 0/0 de matière sèche.

La graminine contient 1/6 de molécule d'eau pour la formule $C^6H^{10}O^5$. Son poids moléculaire d'après la cryoscopie correspondrait à la formule $C^{48}H^{80}O^{40} = 1296$. Sa densité, prise dans le benzène, est 1,522.

Les graminines du *Trisetum alpestre* et de l'*Arrhenaterum bulbosum* présentent quelques différences dans leurs points de fusion (209° pour la première, 212° pour la seconde) et dans leurs pouvoirs rotatoires, qui sont respectivement $[\alpha]_D = -38°,89$ et $[\alpha]_D = -44°,7$. La graminine de l'*Arrhenaterum bulbosum* ne présente pas le phénomène de la birotation.

Qu'elle soit extraite de l'une ou de l'autre de ces plantes, la graminine a toujours les mêmes propriétés chimiques : sa solution aqueuse ne bleuit pas par l'iode, ne réduit pas la liqueur de Fehling, mais bien le nitrate d'argent ammoniacal. Elle précipite l'eau de baryte et le précipité se redissout dans un excès de graminine; elle ne précipite pas l'acétate neutre de plomb.

L'acide sulfurique étendu hydrolyse la graminine en produisant du lévulose.

La graminine de l'*Arrhenaterum bulbosum* est inaltérable par la salive et par la diastase; les ferments sécrétés par l'*Aspergillus niger* l'hydrolysent au contraire, comme ils le font pour l'inuline. Il en est de même pour le suc cellulaire que renferment les parties souterraines des jeunes pousses de la plante.

La graminine est très voisine de l'inuline; elle est peut-être identique aux composés décrits sous les noms de *sinistrine*, *iridine*, *phléine*, *triticine* [Maquenne, *les Sucres et leurs dérivés*].
M. Guerbet.

**GRANATAL** (*Dihydrogranatanone, tétrahydro-acétophénone*),

$$CH^2 <{CH^2 - CH^2 \atop CH = CH}> CH.CO.CH^3.$$

— Ce composé s'obtient en distillant l'iodométhylate de n-méthylgranatanine avec de la potasse solide et quelques gouttes d'eau. Il prend naissance d'après l'équation suivante :

$$C^9H^{15}Az.CH^3I + KOH$$
$$= C^8H^{12}O + AzH(CH^3)^2 + KI.$$

C'est un liquide huileux, bouillant à 200-201°, facilement soluble dans l'alcool; il réduit la solution ammoniacale de nitrate d'argent et par oxydation donne de l'acide adipique.

Le *dibromure*, $C^8H^{12}Br^2O$, est en aiguilles fusibles à 100°.

**GRANATANINE.** — Préparée par MM. Ciamician et Silber [*D. chem. G.*, 26, 2750; 27, 2851; 29, 489], cette matière s'obtient sous forme d'*iodhydrate* en chauffant à 260°, pendant 7 heures, $2^{gr},5$ de n-méthylgranatoline avec 1 gramme de phosphore amorphe et 10 centimètres cubes d'acide iodhydrique. On sursature par la potasse caustique, on distille et on extrait par l'éther le liquide distillé. L'extrait éthéré est séché sur de la potasse, puis on fait barboter un courant d'anhydride carbonique qui ne précipite que la granatanine. Petites aiguilles à odeur très pro-

noncée, fusibles à 50-60°, répondant à la formule développée

$$CH^2 <{CH^2 - CH - CH^2 \atop \quad\ CH^2} > CH^2,\ \atop{AzH - CH - CH^2}$$

ce qui en fait un *hexanohexazane-2.4*.

La granatanine est très avide d'acide carbonique. Par oxydation avec le permanganate en solution alcaline, il se forme de l'*oxygranatanine* (voy. plus bas). Si on distille le chlorhydrate de granatanine avec de la poudre de zinc, il se forme de la *propylpyridine* $\alpha$.

Le *chloroplatinate*, $(C^8H^{15}Az.HCl)^2PtCl^4$, cristallise dans l'acide chlorhydrique étendu en feuillets jaunes, infusibles à 255°.

Le *chloraurate*, $C^8H^{15}AzHCl.AuCl^3$, se présente sous la forme de feuillets d'un jaune clair, fusibles à 225°, et facilement solubles dans l'eau chaude.

*Nitrosogranatanine*, $C^8H^{14}Az.AzO$. — Cristallise dans l'éther de pétrole en houppes fusibles à 148° et facilement solubles dans l'éther, le benzène et l'eau chaude [Ciamician et Silber, *D. chem. G.*, 27, 2852].

*Benzoylgranatanine*, $C^8H^{14}Az.CO.C^6H^5$. — Cristallise dans l'éther de pétrole en aiguilles fusibles à 111° [Ciamician et Silber, *loc. cit.*].

*n-Méthylgranatanine*, $C^8H^{14}AzCH^3$. — Prend naissance, en même temps que la granatanine, quand on chauffe la n-méthylgranatoline à 140° avec de l'acide iodhydrique (bouillant à 127°) et du phosphore amorphe [Ciamician et Silber, *D. chem. G.*, 26, 2750]. On distille dans un courant de vapeur d'eau, on ajoute au résidu un peu de potasse en excès, et on distille à nouveau dans un courant de vapeur d'eau. Le liquide distillé est alors additionné de potasse et extrait par l'éther et la n-méthylgranatanine est précipitée sous forme de carbamate par un courant d'anhydride carbonique. La n-méthylgranatanine est une masse ressemblant au camphre et sentant la conicine. Elle fond à 49-50°, bout à 192-193°, est soluble dans l'eau, très soluble dans l'alcool, l'éther, l'éther de pétrole et le benzène.

Le *chloraurate*, $C^9H^{17}Az.HCl.AuCl^3$, cristallise dans l'eau en aiguilles jaunes et fond à 229°.

*Méthyliodogranatanine* $C^9H^{16}IAz$. — Se forme lorsqu'on chauffe la n-méthylgranatoline avec l'acide iodhydrique, bouillant à 127°, et le phosphore [Ciamician et Silber, *D. chem. G.*, 26, 2744].

L'*iodhydrate*, $C^9H^{16}IAz.HI$, est en cristaux fondant avec décomposition vers 200°, difficilement solubles dans l'eau froide et dans l'alcool. La soude caustique les dédouble en n-méthylgranatanine, $C^9H^{15}Az$, et acide iodhydrique.

*Oxygranatanine*, $C^8H^{15}AzO$. — Se prépare en versant 200 centimètres cubes de permanganate à 2 0/0 dans une solution de 2 grammes de carbonate de granatanine et de 4 grammes de potasse caustique dans 20 centimètres cubes d'eau [*D. chem. G.*, 29, 483]. On agite, on filtre après quelques heures et on évapore. On sursature alors par la potasse caustique et on extrait par l'éther. La granatanine non transformée est précipitée par l'acide carbonique. L'oxygranatanine se présente en cristaux fusibles à 146°; sa solution réduit la liqueur de Fehling.

*Chlorhydrate*, $C^8H^{15}AzO.HCl$. — Fines aiguilles, fusibles à 225°, avec décomposition. — Le *chloroplatinate* se décompose à 230°. — Le *dérivé benzoylé* fond à 69-70°. — G.-F. Jaubert.

**GRANATANNIN** (*Acide granatannique*). — Se rencontre dans l'écorce de la racine du grenadier. On le prépare en faisant une décoction aqueuse et précipitant partiellement par l'acétate de plomb ; du tannin ordinaire se sépare tout d'abord, on filtre et on précipite ensuite le grana-tannin. C'est une poudre amorphe, jaune-ver-dâtre, répondant à la formule $C^{20}H^{16}O^{13}$, inso-luble dans l'alcool et dans l'éther. Sa solution réduit les solutions d'argent et de cuivre (Fehling), et est précipitée par une solution de gélatine. Elle donne avec le chlorure ferrique une dissolu-tion couleur d'encre et un précipité noir. Elle se décompose par hydrolyse avec l'acide sulfurique étendu et chaud en donnant de l'acide ellagique et un sucre sirupeux, d'après la formule

$$C^{20}H^{16}O^{13} + H^2O = C^6H^{12}O^6 + C^{14}H^6O^8.$$

**GRANATÉNINE.** — L'*iodhydrate* de cette base se forme quand on chauffe à 140°, pendant 20 heures, 4 grammes de granatoline avec 20 cen-timètres cubes d'acide iodhydrique et 1 gramme de phosphore amorphe. Il fond à 260°. Le *chlorau-rate* fond à 186°.

**GRANATOLINE**, $C^8H^{15}AzO$. — Se prépare en versant 550 centimètres cubes de solution de permanganate à 2 0/0 dans 5 grammes de n-mé-thylgranatoline (voy. plus bas) dissous dans 200 centimètres cubes d'eau et 5 grammes de potasse caustique dissous dans 50 centimètres cubes d'eau [Ciamician et Silber, *D. chem. G.*, **27**, 2855]. On filtre, on évapore et on extrait par l'éther. On obtient ainsi des aiguilles ou des prismes, fusibles à 134°, assez solubles dans l'eau et dans l'alcool, difficilement solubles dans l'éther chaud. Par distillation du chlorhydrate avec la poudre de zinc, on obtient de la pyridine. En chauffant avec de l'acide iodhydrique, on obtient de la *granaténine*, $C^8H^{13}Az$. — Le *chloraurate*, $C^8H^{15}AzO.HCl.AuCl^3$, se présente sous la forme d'aiguilles jaunes, fusibles à 215°.

Le *dérivé nitrosé*, $C^8H^{14}AzO.AzO$, fond à 125°.

N-MÉTHYLGRANATOLINE, $C^9H^{17}AzO$. — Ce com-posé répond à la formule développée suivante :

$$CH^3.Az \begin{cases} CH^2 \underline{\qquad\qquad} CH^2 \\ CH^2 - CH^2 - CH(OH) \underline{\qquad} CH. \\ CH^2 \underline{\qquad\qquad} CH^2 \end{cases}$$

On l'obtient en traitant 10 grammes de n-méthyl-granatonine dissous dans 200 centimètres cubes d'alcool par du sodium, d'abord à froid, ensuite à la température de l'ébullition [Ciamician et Silber, *D. chem. G.*, **26**, 2741]. Ce sont des cristaux en arêtes de poisson, fusibles à 100°, bouillant à 251°. Chauffés à 140° avec de l'acide iodhydrique et du phosphore, ils se transforment en méthyl-iodogranatanine, $C^9H^{16}IAz$; à 240° on obtient de la n-méthylgranatanine et de la gra-natanine. Une solution alcaline de permanganate les oxyde en donnant de la granatoline, $C^8H^{15}AzO$; l'acide chromique donne de l'acide granatique.

Le *chloraurate* fond à 213°.

L'*iodométhylate* [Negri, *Gazz. chim. ital.*, **24**, I, 124] fond à 307°.

Le *dérivé benzoylé* est une huile donnant un chloroplatinate cristallin.

N-MÉTHYLGRANATÉNINE, $C^9H^{15}Az$. — Ce corps se forme lorsqu'on traite la méthyliodogranata-nine par la potasse aqueuse. On chauffe à 140°, pendant 15 heures, 5 grammes de n-méthyl-granatoline avec 15 centimètres cubes d'acide iodhydrique bouillant à 127° et 1 gramme de phosphore rouge. On dilue avec de l'eau, on ajoute de la potasse et on extrait à l'éther [*D. chem. G.*, **26**, 2745]. Liquide huileux, bouillant à 186° sous 751 millimètres. Le *chloraurate* fond à 220°.

L'*iodométhylate*, $C^9H^{15}Az.CH^3I$, par distilla-

tion avec de la potasse, donne de la diméthylgra-naténine, qui se dédouble bientôt en granatal et diméthylamine.

G.-F. Jaubert.

**GRANATONINE (N-MÉTHYL-)** [Syn. *Pseu-dopelletiérine*], $C^9H^{15}AzO + 2H^2O$. — Se ren-contre dans l'écorce de racine de grenadier [Tanret, *Bull. Soc. Chim.*, (2) **32**, 466] Elle se forme par oxydation à 50-55° du sulfate de n-méthylgranatoline avec l'acide chromique. On traite la racine de grenadier par un lait de chaux, on l'épuise par le chloroforme et on extrait les alcaloïdes par un acide étendu. L'extrait acide est alors traité par le carbonate de sodium et épuisé au chloroforme. Le chloroforme est évaporé et la pseudopelletiérine cristallise d'a-bord. Ce sont des prismes droits, fusibles à 48°, bouillant à 246°, solubles dans l'eau, l'alcool, l'éther, le chloroforme. C'est une base très forte, qui déplace l'ammoniaque de ses sels.

Par réduction avec le sodium et l'alcool, on obtient la n-méthylgranatoline, $C^9H^{17}AzO$.

Le *chloraurate* fond à 162° avec décomposition.

L'*iodométhylate*, $C^9H^{15}AzO.CH^3I$, ne fond pas encore à 280°; il donne de la diméthylamine par distillation avec de la baryte.

L'*oxime*, $C^9H^{15}Az = AzOH$, fond à 128-129°.

G.-F. Jaubert.

**GRAPHITE.** — Le graphite a acquis dans ces dernières années une telle importance in-dustrielle, surtout par suite de son utilisation en électrochimie, que le besoin s'est fait sentir de réunir ici, dans un article spécial, nos connais-sances actuelles sur cette importante variété de carbone.

Nous subdiviserons cet article en deux parties : la première comprenant l'historique, l'état na-turel, l'étude et l'analyse des graphites naturels, les modes de formation artificielle et de prépa-ration, l'étude des graphites artificiels et les propriétés du graphite.

La fabrication du graphite et ses applications industrielles feront l'objet de la deuxième partie.

### HISTORIQUE.

On a longtemps confondu sous les noms de graphite, plombagine, plomb noir, mine de plomb, molybdène, un certain nombre de minéraux, tels que les sulfures de plomb, de molybdène, pré-sentant quelques ressemblances par leur aspect extérieur, et possédant tous la propriété com-mune de laisser des traces sur le papier. Cepen-dant, dès le commencement du XVIIIe siècle, des noms spéciaux sont donnés à quelques-uns de ces produits, en raison de quelques différences observées dans leurs propriétés. Des essais sont tentés pour reconnaître leur véritable nature. En 1740 [Kopp, *Geschichte der Chem.*, **3**, 290], Pott montre que l'un de ces minéraux, désignés sous le nom de *plombagine*, ne renferme pas de plomb. Ce résultat est confirmé par Quist en 1754.

En 1778, Scheele établit que la variété dé-signée sous le nom de *molybdène* contient du soufre et une nouvelle espèce de terre à fonction acide, qu'il désigne sous le nom d'acide de la molybdène [Scheele, *Mémoires de Chymie*, tra-duction française, 1re partie, 236]. L'année sui-vante, il étudia la variété de plombagine dési-gnée par Cronstaedt sous le nom de *molybdena lextura micacea granulata* (Cronstaedt, *Miné-ralogie*, traduction française), et montra que ce minéral se différenciait nettement de la mo-lybdène sulfurée et possédait notamment la propriété de donner par l'action du nitre (et non par l'action de l'acide azotique, comme on le mentionne ordinairement) de l'acide carbonique. Il recueillit le gaz carbonique produit dans la



IV — 58

réaction, et put également mettre en évidence la formation de carbonate de potassium. Scheele a dû obtenir aussi du graphite à peu près pur en traitant la plombagine naturelle par les acides minéraux.

Après une intéressante série d'essais, Scheele conclut que la plombagine est « une espèce de soufre ou de charbon minéral, composé d'acide méphitique uni à une grande quantité de phlogistique » La petite quantité de fer qui accompagne le graphite était, d'après lui, une impureté mêlée mécaniquement et due à la présence de pyrite.

Dans le même mémoire, Scheele identifie à la plombagine le résidu noir que l'on obtient en dissolvant la fonte de fer dans l'acide sulfurique étendu. « Ce produit, dit-il, est noir et luisant, tache les doigts comme la plombagine, et ne pèse pas plus de 3 drachmes et demie. Hielm a traité le résidu dans le moufle, et a observé qu'il se calcinait un peu plus promptement que la plombagine, et qu'il ne laisse qu'une cendre blanche en petite quantité. »

L'influence exercée alors sur les esprits par la théorie du phlogistique a empêché Scheele de reconnaître la véritable nature du graphite. Après lui, des opinions très diverses furent émises sur sa composition. Il est le plus souvent mentionné dans les ouvrages de chimie sous le nom de *carbure de fer* ou de *plombagine*. Guyton de Morveau [*Ann. Chim. Phys.*, (1), 31, 101] le considère comme un oxyde de carbone; mais c'est surtout l'idée que le graphite est un carbure de fer qui subsistera le plus longtemps. En 1827, Thénard, dans son *Traité de Chimie*, considère la plombagine pure comme un carbure de fer renfermant 92 parties de carbone et 8 parties de fer. Cependant un certain nombre d'expériences avaient déjà été faites et avaient donné des résultats suffisamment probants pour faire disparaître cette opinion. Ainsi, en 1800, Mackenzie constata que le graphite donnait une quantité de gaz carbonique égale à celle fournie par un même poids de charbon. En 1802, Clément et Desormes, effectuant la combustion de diverses variétés de charbon, et ne considérant pas les matières alcalines ou terreuses qui peuvent varier suivant l'échantillon, démontrent que ces diverses variétés, y compris la plombagine, exigent pour leur combustion complète la même quantité d'oxygène. En 1809, Théodore de Saussure [*Ann. Chim. Phys.*, (1), 74, 285] montre que la plombagine de Cornouailles renferme 4 0/0 de fer; mais dans beaucoup de cas les produits naturels analysés renfermaient une grande quantité de matières étrangères. Ces impuretés, considérées presque toujours comme des parties constituantes du graphite, empêchaient d'établir sa véritable nature. Davy opéra en 1814 la combustion du graphite de Borrowdale [Davy, *Ann. Chim. Phys.*, (2), 1, 25], et reconnut la présence d'une petite quantité d'hydrogène susceptible d'être isolée, soit à l'état d'eau, soit à l'état d'acide chlorhydrique par l'action du chlore. Guyton de Morveau avait antérieurement annoncé la présence de l'hydrogène dans le graphite de Keswick (Cumberland) et le graphite de Villars (Piémont) [Guyton de Morveau, *Ann. Chim. Phys.*, (1), 84, 237].

Cette idée que le graphite est un corps composé se retrouve dans le premier mémoire de Karsten [Scherer's *Journ. der Chem.*, 10, 291], qui le considère comme un produit formé de carbone, d'oxygène et de fer, produit cristallisable dans la fonte. Cependant les connaissances sur la véritable nature du graphite deviennent plus précises, et Berzélius l'envisage dans son *Traité de Chimie* comme un état allotropique du carbone. Il désigne sous le nom de *graphite*

le graphite naturel ou mine de plomb, le graphite artificiel renfermé dans le résidu de la dissolution de la fonte grise dans les acides, et aussi le coke et le charbon obtenus dans certaines pyrogénations, par exemple dans la préparation du gaz d'éclairage (charbon de cornue), ou bien en faisant tomber lentement une huile épaisse, empyreumatique, dans un vase distillatoire chauffé au rouge. L'action d'une chaleur rouge intense sur le noir de fumée ou le charbon de noir suffisait, d'après Berzélius, pour convertir le charbon en cette variété allotropique. L'idée de ce savant, qui considérait le graphite comme une variété allotropique du carbone, est bien admise à cette époque (1845), bien qu'il y ait encore une grande incertitude dans la définition, et des inexactitudes dans la liste des produits cités comme s'y rattachant.

En 1860, Brodie remarqua que le graphite, mélangé intimement avec du chlorate de potasse, et chauffé au bain-marie avec de l'acide nitrique, se transforme, après plusieurs traitements successifs, en une matière de couleur jaune clair, formée de petites lamelles transparentes renfermant du carbone, de l'oxygène et de l'hydrogène, et répondant à la formule $C^{11}H^4O^5$, corps auquel il donna le nom d'*acide graphitique*.

Cette curieuse propriété du graphite, observée par Brodie sur le graphite naturel, fut appliquée par M. Berthelot à la définition chimique des diverses variétés de carbone [Berthelot, *Ann. Chim. Phys.*, (4), 19, 392]. Après avoir soumis à l'action des mélanges oxydants plus d'une centaine de variétés de carbone, ce savant est arrivé aux conclusions suivantes :

1° Le diamant n'est pas oxydé sensiblement, même par des traitements réitérés et prolongés, soit qu'il s'agisse du diamant noir ou du diamant transparent ordinaire ;

2° Les diverses variétés de carbone amorphe sont changées entièrement en acides humoïdes, d'un brun jaunâtre, solubles dans l'eau; les propriétés de ces acides varient suivant les carbones qui les fournissent ;

3° Les diverses variétés de graphite vrai sont changées en oxydes graphitiques correspondants ; les propriétés de ces oxydes varient notablement avec la nature des graphites qui les fournissent, mais tous sont caractérisés par leur insolubilité d'une part, et surtout par leur propriété d'être décomposés brusquement et avec déflagration sous l'influence de la chaleur.

D'après l'étude de ces différents produits d'oxydation, M. Berthelot a constaté plusieurs variétés distinctes de graphite, parmi lesquelles il signale :

1° Le graphite de la plombagine naturelle ;

2° Le graphite de la fonte ;

3° Le graphite électrique, obtenu par la transformation des diverses variétés de carbone sous l'influence de l'arc électrique.

Chacune de ces variétés fournissant des dérivés d'oxydation différents.

Les recherches de M. Berthelot ont éliminé un certain nombre de produits confondus jusque-là avec les divers graphites, notamment le charbon appelé *charbon métallique*, et résultant de la décomposition des vapeurs d'hydrocarbures dans un tube de porcelaine chauffé; le charbon des cornues à gaz, l'anthracite, etc. Ces carbones possèdent l'éclat de la plombagine, tachent le papier, mais ne donnent pas d'acide graphitique par oxydation. Elles ont, en outre, permis à M. Berthelot de définir le graphite par la formation d'acide par oxydation.

En 1891, M. Luzi [*D. chem. G.*, 24, 4085] remarqua que certains graphites, grossièrement pulvérisés, placés sur une lame de platine, et humectés d'acide azotique fumant chargé de vapeurs nitreuses, foisonnaient d'une manière remarquable lorsqu'ils étaient chauffés à la flamme d'un brûleur Bunsen. M. Luzi, en examinant un grand nombre de graphites de différentes provenances, constata cette réaction sur un certain nombre d'entre eux. Il proposa de subdiviser les graphites en deux groupes :

1° Les graphites foisonnants, auquel il réserve le nom de *graphite* ;

2° Les graphites non foisonnants, qu'il appelle des *graphitites*.

Nous reviendrons plus loin sur ces recherches.

Dans ces dernières années, l'histoire du graphite s'est encore enrichie à la suite des travaux de M. Henri Moissan sur les diverses variétés de carbone, travaux sur lesquels nous aurons d'ailleurs souvent l'occasion de revenir dans le courant de cet article.

ÉTAT NATUREL. GISEMENTS.

Le graphite se trouve généralement dans les terrains anciens, dans les granits, les gneiss, les micaschistes, les calcaires, etc. Il a de plus été signalé dans la mine de platine, dans certains fers natifs, dans des météorites. En somme, il est assez répandu à la surface du globe ; cependant le nombre des gisements où il se rencontre en quantité et dans un état de pureté suffisant pour permettre une exploitation avantageuse, est assez limité.

L'un des principaux gisements de graphite se trouve à Ceylan, où il existe en grande abondance dans les provinces du sud, de l'ouest, de Sabaragamurva, et du nord-ouest. On le rencontre à des distances de la mer variant de 5 à 50 milles, dans des gneiss décomposés (latérites), et atteignant parfois 10 à 12 centimètres.

Entre Ratnapura et Kaltara, on trouve ces gneiss à une profondeur de 12 mètres ; l'épaisseur de la couche est de 12 à 22 centimètres. D'après M. J. Walther, l'aspect et la structure du graphite, ainsi que la présence de gaz, permettraient d'attribuer à ce minéral une origine organique très ancienne [J. Walther, *Zeit. für Deutsch. Geol. Gesells.*, 44, 359 ; *Chem. Centralblatt*, 1890, 20].

Le meilleur minerai de Ceylan se tire d'une mine ayant une assez grande profondeur ; quelquefois cette profondeur atteint 310 mètres et il faut employer des pompes d'épuisement. Le graphite existe dans 1600 puits, mais il n'y en a guère qu'un tiers en activité, l'extraction dépendant de l'état de l'atmosphère (le travail est interrompu pendant les fortes pluies) et de l'abondance des commandes.

Dans le tableau suivant nous avons résumé la production annuelle des dix dernières années :

| Années | Production en unités cwt | Observations |
| --- | --- | --- |
| 1890............. | 335 754 | |
| 1891............. | 400 268 | L'unité cwt |
| 1892............. | 430 667 | (hundred weights) |
| 1893............. | 332 168 | est telle, |
| 1894............. | 335 168 | que 100 kilogr. |
| 1895............. | 326 754 | valent |
| 1896............. | 361 061 | 1,9684 unités |
| 1897............. | 379 415 | cwt. |
| 1898............. | 478 318 | |
| 1899............. | 616 385 | |

L'exploitation s'est accrue d'une façon presque continue depuis environ cinquante ans, et donne lieu à une exportation importante dans le monde entier.

Pour l'année 1898, par exemple, la production totale, qui était de 478 318 cwts, a été répartie dans une exportation de 189 000 cwts pour les Etats-Unis d'Amérique, 169 000 pour le Royaume-Uni, et 118 500 pour l'Europe.

Un impôt frappe toute exportation de plombagine ; il est de 5 roupies par tonne ou de 25 cents par 100 livres.

La valeur de la plombagine exportée en 1898 a atteint 11 479 682 francs. L'exploitation du graphite comprenant un certain nombre d'opérations, extraction, charroi, triage, emballage, etc., occupe environ 6000 personnes, hommes, femmes et enfants.

M. Diersche a donné quelques indications nouvelles sur les gisements de Ceylan [Diersche, *Jahrbuch Geol. Reichanstalt Wien*, 48, 231].

A Ragedara et Kurungola, le graphite est parfois très pur. Un échantillon analysé renfermait 99,5 0/0 de carbone et des traces d'hydrogène.

La présence du graphite a été signalée dans les Indes anglaises, dans le Neduvengand District et le Mudalay District. Certains échantillons ont figuré à l'Exposition universelle de 1900. Le graphite de Singbhom près Calcutta serait, d'après M. Breithaupt [*Berg und Hutten*, 1859, 358], une nouvelle modification allotropique du carbone.

En Amérique, le graphite se rencontre en Californie et dans quelques autres régions. Le principal gisement californien, connu sous le nom d'*Eureka Black Lead Mine*, est situé à l'ouest de Tennessee Gulch, à environ 1 mille et demi de Senora. Le graphite s'y rencontre en un filon de 20 à 30 pieds de large et de profondeur variable et irrégulière. La direction du filon est nord-est — sud-ouest. Il est exploité sur une longueur de 3900 pieds, ce qui paraît être sa véritable étendue. Le graphite est inclus dans un calcaire particulier à cette région. A la surface, il est souillé d'argile, ce qui retarda longtemps l'exploitation ; mais, par une purification consistant en une lévigation, qui n'augmente pas beaucoup le prix de revient, on parvient à le rendre utilisable.

Les parties plus profondes renferment des masses de graphite beaucoup plus pur, ne nécessitant aucune manipulation ; mais ces masses sont parfois séparées les unes des autres par des argiles graphitiques qui doivent être soumises au lavage. Cette mine était déjà exploitée en 1868, et sa production à cette époque atteignait 1000 tonnes par mois [*Chem. News*, 17, 209].

Dans une notice sur les minéraux rencontrés à Port Henry (New-York), M. J.-F. Kemp signale un calcaire renfermant du graphite en lames hexagonales [J. Kemp, *Silliman's Amer. Journ.*, (3), 40, 62].

Au Canada, le graphite semble assez répandu. D'intéressants renseignements nous ont été fournis sur la présence de ce minéral dans ce pays, par une Notice de M. G.-M. Dawson sur les ressources minérales du Canada.

D'après cet auteur, on extrait le graphite de certaines variétés de roches cristallines dans les provinces de Québec et d'Ontario ; mais cette extraction n'a pas encore atteint toute l'importance qu'elle peut comporter. La production pour 1899 a été de 1220 tonnes.

Dans la Nouvelle-Écosse, en plusieurs endroits de Cap-Breton, on a signalé des schistes graphitiques, et plusieurs essais d'exploitation ont été tentés. Un échantillon de graphite provenant de l'île Christmas (comté de Cap-Breton) a donné à l'analyse :

| | | |
| --- | --- | --- |
| Carbone graphitique............ | 50, | 0/0 |
| Gangue pierreuse............... | 43,37 | » |
| Eau........................... | 6,50 | » |

On a en outre reconnu la présence du graphite dans le comté Saint John, à l'embouchure de la rivière de ce nom. Les calcaires renferment ce minéral en paillettes disséminées, mais souvent en telle quantité que l'extraction devient possible.

Les gisements de la province de Québec sont parmi les plus importants; on les rencontre surtout le long de la rivière Ottawa, à l'ouest de Greenville. La présence du graphite y est connue depuis 1845-1846. Les principales mines sont près d'Ottawa, dans le canton de Buckingham. Le graphite s'y rencontre généralement disséminé en paillettes dans un gneiss grisâtre et quelquefois en veines de graphite columnaire. Ce minéral est très abondant dans le district.

Il existe actuellement, d'après M. Dawson, trois mines distinctes bien exploitées.

On trouve d'autres dépôts importants sur la rive est de la rivière Le Lièvre, dans le canton de Lochaber. Mais actuellement c'est de la province d'Ontario qu'on extrait la presque totalité du graphite. On l'exploite en un seul endroit, dans le canton de Brougham (comté de Renfrew). Le gisement est considérable : il a une épaisseur de 6 pieds environ, et on l'a suivi sur une distance de plusieurs centaines de pieds. Le graphite extrait appartient à la variété amorphe.

En 1887, M. Emerson Mac Ivor a indiqué l'existence de quantités notables de graphite à Pakavan Bay, dans la Golden Bay (Nouvelle-Zélande).

D'après ses analyses, la teneur en carbone et en cendres serait, sur deux échantillons différents :

|  |  |  |
|---|---|---|
| Carbone........ | 34,49 0/0 | 51,45 0/0 |
| Cendres........ | 65,01 » | 48,55 » |

Le graphite se rencontre dans quelques régions de la Russie et de la Sibérie.

Dans le gouvernement d'Irkoutsk, M. Kreutz [*Anz. der Acad. der Wissenschaften Krakau*, 1890, 22] a trouvé du graphite dans les roches de Jozcfowka et Samezik en Volhynie. Le minéral contenant le graphite est un mélange de feldspath, de quartz, de biotite et de grenat.

Les grandes mines de Sibérie ont été découvertes en 1847 par Alibert.

Le célèbre gîte Mariinski est situé sur le Botogolsky-goletz, qui fait partie de la chaîne des monts Tounkinsky (gouvernement d'Irkoutsk). Les dernières recherches ont démontré que ce gisement (exploité de 1848 à 1858) est associé à des syénites, remarquables par les mêmes imprégnations de graphite qu'elles renferment et qui augmentent progressivement dans le voisinage des vrais gîtes.

Il existe des indices de gisements de graphite près de la rivière de Korgoï, tributaire du lac Baïkal, ainsi qu'en plusieurs autres points de cette région.

Du schiste graphiteux s'observe aux alentours du village Arkia et près du village Tchiren, sur la rive droite de la Boudumkan. Certaines variétés contiennent le graphite en telle proportion, qu'elles peuvent être employées pour la fabrication de crayons de qualité inférieure.

Du graphite mou se rencontre sous forme de nids dans ces schistes, au sein de la diorite.

A une distance de 7 à 8 kilomètres en amont de la station Soïouznaïa, sur la rive abrupte de l'Amour, des roches graphitiques constituent tout le versant escarpé de la montagne que le fleuve baigne en ce lieu. Le graphite existe en grande quantité dans une puissante assise stratifiée au milieu de gneiss micacés, de micaschistes et de grès schisteux à mica.

Ces renseignements ont été recueillis dans l'aperçu des explorations géologiques et minières le long du Transsibérien, publié par le Comité géologique de Russie.

L'Allemagne et l'Autriche possèdent plusieurs mines de graphite.

On en a rencontré dans le pays de Montabaur en Nassau, à Wirges. Des nodules renfermaient jusqu'à 37 0/0 de carbone [Casselmann, *Jahresb.*, 1860, 742 ; *Ann. Chem.*, **115**, 346].

Dans le district de Wiederwiese (au-dessous de Röhrthal, Wesphalie), il se trouve intercalé avec du spath calcaire dans les crevasses d'un calcaire dévonien [Rath, *Jahresb. Min.*, 1874, 521].

Les graphites de la Bohême méridionale forment des gîtes importants, dont M. Bonnefoy a publié une description en 1879 [*Annales des Mines*, **15**, 157]. Le graphite se rencontre surtout aux environs de Kruman et de Schwartzbach. On le trouve en outre près de Mies et de Kuttenberg, sur la frontière de la Bohême et de la Moravie, à Svojanov (Moravie), où ses gisements sont très nombreux; dans la Basse-Autriche, surtout dans la partie de cette province qui est au nord du Danube et aussi dans la région de Mäutern et de Saint-Polten. Le Mémoire de M. Bonnefoy comporte une étude géologique, et aussi d'intéressants documents sur l'exploitation à cette époque.

A Bergbau, dans le sud de la Bohême, le graphite se trouve entre Eggetschlag et Prisnitz, sur une longueur de 23 kilomètres et sur une largeur de 16 kilomètres. Le gneiss qui se trouve en contact avec le graphite est très siliceux, et ce graphite contient de l'argile imprégnée d'oxyde de fer. Il renferme une assez forte proportion de carbone, et dans le cas où l'oxyde de fer manque, il est mélangé de kaolin.

On rencontre aussi dans l'intérieur du graphite des gneiss, de l'oxyde de fer et de la pyrite [Th. Andrée, *Chem. Centralblatt*, **11**, 322].

Près de Passau, on trouve une terre graphitique d'où on isole le graphite. D'après M. H. Putz, cette terre est traitée par le pétrole et l'eau : le pétrole retient les feuillets de graphite, tandis que la gangue va au fond de l'eau [*Jahresb. der Naturhistorischen Verein Passau für die Jahre* 1883-1885].

D'après M. V. John [*Zeit. Kristall. und Min.*, **24**, 647], le graphite se rencontre en Styrie, dans la vallée de l'Ems, à Muhrthal.

La présence du graphite a été signalée également dans plusieurs endroits de l'Italie; il se trouve dans la vallée du torrent Chisone, au nord-ouest de Pinerolo, dans la province de Turin. Il se présente en masses intercalées dans le gneiss, les micaschistes et autres formations cristallines plus ou moins graphitiques. L'épaisseur de ces couches est variable dans des proportions allant de quelques centimètres à plusieurs mètres.

Un autre gisement se trouve dans une vallée secondaire d'un affluent du Chisone, le torrent Risagliardo, et à Germanasca. On y rencontre le minerai le plus pur. La teneur en carbone varie de 50 à 80 0/0. A Germanasca, les produits extraits sont moins purs.

Dans la vallée du Gellici on trouve la mine de Comba Oscura.

Le graphite se rencontre encore en Italie sur quelques autres points. Nous donnerons plus loin quelques analyses de graphites italiens, dues à M. Sestini.

En Angleterre, dans le Cumberland, existe à Borrowdale, près de Keswick, un gisement maintenant épuisé, mais qui fut longtemps un des plus importants.

En Suède, il existe des gîtes de graphite, mais leur teneur en carbone est assez peu élevée. On les trouve principalement dans la province de Westmanland (mines de Skrammelfall, de Sillkjörn, de Altfall); le graphite forme des couches irrégulières dans la granulite, traversée de raies fines de quartz et de muscovite. On les trouve aussi sur la côte de la province Angermanland et dans l'île Hernon dans les gneiss.

On l'a signalé encore dans les provinces de Westerbotten et de Norrbotten.

L'exploitation industrielle du graphite en Suède se fait dans la province de Westmanland. La Société anonyme de Fagersta traite des minerais contenant environ 28 0/0 de graphite, et le produit résultant titre de 50 à 55 0/0 de carbone.

La production, qui a été de 100 000 kilogrammes en 1897 et 1898, a atteint 500 000 kilogrammes en 1899.

En dehors des gisements de graphite proprement dit, on a reconnu la présence d'une certaine quantité de graphite dans un grand nombre de minéraux.

La présence du graphite dans la mine de platine a été signalée en 1801 par Louis Proust, dans une mine provenant de Don Pedro d'Avilé [*Ann. Chim. Phys.*, (1), **38**, 161].

M. Berthelot a rencontré du graphite dans la météorite de Craubourne [*C. R.*, **73**, 494].

M. Henri Moissan a également trouvé du graphite dans un fragment de la météorite de Cañon Diablo.

Ce savant a aussi caractérisé cette variété de carbone dans la terre bleue du Cap et dans les sables diamantifères du Brésil.

Le graphite a été trouvé, associé avec le fer et les basaltes, dans les minéraux accompagnant le fer natif du Groenland [L. Smith, *Ann. Chim. Phys.*, (5), **16**, 481].

M. Lawrence Smith, en recherchant sous quelle forme se trouve le carbone dans les météorites carbonifères, a reconnu la présence du graphite dans un certain nombre d'échantillons (fer de Servici County et de Dekalb County, météorite d'Alais et d'Orgeuil [L. Smith, *Ann. Chim. Phys.*, (5), **9**, 265].

MODES DE FORMATION ARTIFICIELLE DU GRAPHITE.

Ainsi que nous l'avons signalé plus haut, c'est à Scheele que remonte la constatation de la production artificielle du graphite dans la fonte. Cette formation de carbone cristallisé par dissolution du carbone dans la fonte de fer et cristallisation pendant le refroidissement a été étendue à d'autres métaux et étudiée d'une façon complète par M. Henri Moissan. Nous y reviendrons à propos des propriétés des différents graphites artificiels.

La production de graphite par voie de dissolution peut encore être réalisée en utilisant des substances non métalliques; c'est ainsi que le carbone peut se dissoudre dans le sulfure de manganèse, le sulfure de calcium, le carbure de calcium, et se déposer pendant le refroidissement à l'état de graphite.

L'action de la chaleur sur toute autre variété de carbone donne également lieu à la production de graphite. Le fait ressort nettement des expériences de M. Berthelot concernant l'action de l'arc électrique sur le carbone amorphe, et des recherches de M. Moissan, qui a réussi à généraliser cette formation par l'action d'une température élevée, établissant d'une façon rigoureuse que le graphite est la forme stable du carbone à haute température.

La formation du carbone graphitique dans l'action de l'arc électrique sur le carbone amorphe a été constatée par de nombreux expérimentateurs.

D'après Döbereiner, du graphite se formerait quand on chauffe 1 partie de terre brune et 1 partie de noir de fumée dans un creuset à la température du rouge blanc [Schweiggers, *J. für Chem. und Physik*, **16**, 97].

Sainte-Claire Deville a observé la formation du graphite en faisant passer du tétrachlorure de carbone sur de la fonte en fusion; il se forme en même temps du chlorure ferrique [*Ann. Chim. Phys.*, (3), **49**, 72].

La décomposition des composés carbonés sous diverses influences a été minutieusement étudiée par M. Berthelot, qui a pu caractériser les différentes variétés de carbone qui se produisaient.

Il a reconnu la présence du graphite dans la décomposition des hydrocarbures sous l'influence de l'étincelle [Berthelot, *C. R.*, **68**, 448]. Lorsqu'on fait passer de l'éther iodhydrique dans un tube au rouge, il se forme une notable proportion de graphite. Le même fait se produit si l'on remplace l'éther iodhydrique par du chlorure ou du sulfure de carbone [Berthelot, *loc. cit.*].

Le carbone résultant de la décomposition de l'acide carbonique ou des carbonates par le sodium ou le phosphore est un mélange de carbone amorphe et de graphite [Berthelot, *loc. cit*].

M. Henri Moissan a observé la présence du graphite dans les produits de condensation de la vapeur de carbone au four électrique sur un tube de cuivre traversé par un courant d'eau froide.

M. Gruner a montré que l'oxyde de fer réagit sur l'oxyde de carbone à 500° et donne lieu à un dépôt de charbon d'apparence graphitique [Gruner, *C. R.*, **73**, 30]. M. Berthelot, en soumettant ce carbone spécial à l'action du mélange d'acide azotique et de chlorate de potassium, a en effet obtenu un peu d'acide graphitique [Berthelot, *C. R.*, **73**, 495]. Cette réaction présente un certain intérêt au point de vue des circonstances naturelles qui ont pu amener la formation de cette variété de carbone.

M. R. Wagner a indiqué la formation du graphite en partant des combinaisons cyanées. Cet auteur pense que certaines variétés de graphite ont eu une origine analogue [R. Wagner, *Chem. Centralb.*, 1870, 106].

D'après M. F. G. Bergmann, le graphite peut être obtenu en chauffant l'acétylène avec une solution aqueuse d'eau oxygénée à 150° sous une pression de 5 atmosphères. Il se formerait du graphite et de l'eau, d'après l'équation :

$$C^2H^2 + H^2O^2 = C^2 + 2H^2O.$$

On peut remplacer l'acétylène par un autre carbure d'hydrogène [Bergmann, *Patent Blatt*, 270; D.R.P., 96 427; *Zeit. Acétylène in Wissenschaft Industrie*, 1898].

MM. Hugo Erdmann et Paul Kötner ont observé la présence du graphite dans les produits de décomposition de l'acétylène par le cuivre réduit vers 400-500° [*Zeit. anorg. Chem.*, **18**, 48].

Pour ces derniers modes de préparation artificielle du graphite, préparations ayant fait l'objet de brevet, nous ne pouvons affirmer que les propriétés caractéristiques du graphite ont été reconnues pour les graphites obtenus.

Enfin, M. Moissan a démontré que le diamant soumis à l'action du tube de Crookes se recouvrait de graphite. Ce savant a en outre observé la présence du graphite dans les filaments de lampe à incandescence.

PRÉPARATION DU GRAPHITE.

1° *Purification des graphites naturels.* — Brodie a indiqué le procédé suivant de purification du graphite naturel. Le graphite, réduit en poudre grossière, est mélangé avec environ 1/14 de son poids de chlorate de potassium. Il est introduit dans un vase en fer et uniformément délayé dans de l'acide sulfurique concentré, dont on prend un poids double de celui du graphite. On peut employer l'acide d'une densité de 1,8, tel qu'il sort des chambres de plomb. Le mélange est ensuite chauffé sur un bain-marie jusqu'à ce que les vapeurs chlorées cessent de se dégager. On le jette dans l'eau après refroidissement et on le lave convenablement. Le graphite, lavé et séché, est chauffé ensuite au rouge. Pendant cette opération, il augmente considérablement de volume et se réduit en une poudre très divisée. Pour le purifier complètement, on le soumet à la lévigation. Ce procédé s'applique très bien au graphite de Ceylan. Lorsque le graphite renferme des matières siliceuses, on peut le purifier en le traitant par l'acide sulfurique additionné de chlorure de sodium, et en faisant ensuite des lavages prolongés.

Brodie avait remarqué, et nous insisterons sur ce point, que le graphite obtenu était en partie oxydé. Ce fut le point de départ de ses travaux sur les oxydes graphitiques. Cette méthode ne fournit donc pas un graphite chimiquement pur, mais plutôt un produit débarrassé de matières minérales [Brodie, *Ann. Chim. Phys.* (3), **45**, 351].

Plus tard, Brodie indiqua un autre procédé de purification, consistant à traiter le graphite par les acides, puis à le soumettre à l'action d'hydrate de potassium fondu au creuset d'argent. Ce procédé, appliqué au graphite de Ceylan, lui a donné un produit renfermant 99,96 0/0 de carbone [Brodie, *Ann. Chim. Phys.*, (3), **59**, 466].

Dumas et Stas, qui ont utilisé du graphite pur pour la détermination du poids atomique du carbone, le purifiaient de la façon suivante : Le graphite était d'abord chauffé au rouge avec de la potasse, puis délayé dans l'eau et lavé. Le produit restant, lavé à l'acide chlorhydrique, était ensuite soumis à l'action de l'eau régale bouillante. On lavait et on séchait de nouveau, puis on l'exposait à la chaleur blanche, dans un tube de porcelaine, à l'action du chlore pendant 18 heures, jusqu'à ce qu'il ne se dégageât plus de chlorure de fer et de chlorure de silicium. Le graphite était ensuite rougi à l'air. Ce graphite ne laissait qu'une trace siliceuse après la combustion, trace dont le poids atteignait au maximum 6 0/0 [Dumas et Stas, *Ann. Chim. Phys.*, (3), **1**, 26].

MM. Berthelot et Petit ont obtenu du graphite pur en traitant le graphite cristallisé de la fonte par l'acide chlorhydrique concentré, pour en séparer les parcelles de fer qu'il pouvait contenir. Il était ensuite lavé et séché, puis repris par l'acide fluorhydrique concentré pour séparer la silice. Le produit était lavé de nouveau, puis séché à l'étuve [Berthelot et Petit, *Ann. Chim. Phys.*, (6), **20**, 22].

2° *Préparation des graphites artificiels.* — Industriellement, les procédés actuellement en usage pour la préparation du graphite sont plutôt basés sur l'action calorifique de l'arc électrique sur les différentes variétés de carbone, ou encore sur la dissociation de composés carbonés, que sur la solubilité, toujours relativement faible, du carbone dans les métaux en fusion. Dans les laboratoires on a recours le plus souvent à la solubilité du carbone dans le fer.

M. Moissan extrait le graphite de la fonte au moyen du chlore au rouge sombre, et il élimine le carbone amorphe par un traitement prolongé à l'acide nitrique fumant. Ce savant fait remarquer que, dans le cas où le graphite est retiré du métal par dissolution de la fonte dans l'eau régale, même très chlorhydrique, on obtient bien un produit présentant l'aspect du graphite, mais qui renferme seulement 80 à 85 0/0 de carbone, 1,30 de cendres et 0,15 à 0,80 d'hydrogène. M. Moissan pense qu'il s'est formé pendant l'action

des acides un corps complexe contenant du carbone, de l'hydrogène, de l'oxygène et même de l'azote, corps assez stable pour résister à une température de 400°.

On sait depuis longtemps que le silicium diminue la solubilité du carbone dans le fer, et tend à déplacer cet élément. M. Moissan a utilisé cette propriété pour préparer le graphite. Il a en outre obtenu un résultat analogue avec le bore.

On prépare d'abord au four électrique une fonte riche en carbone, au moyen de fer et de charbon de sucre. Puis sur le bain liquide on projette du silicium fondu. Après refroidissement, on trouve un culot lisse à la surface, ayant l'aspect d'une fonte siliciée à cassure blanche et brillante. Cette fonte ne renferme que très peu de carbone combiné et pas de graphite ; mais au milieu du culot, le séparant presque en deux parties, il y a généralement une cavité remplie de graphite très brillant et très bien cristallisé.

3° *Préparation du graphite foisonnant.* — M. Moissan a reconnu la présence de graphite foisonnant, donnant la réaction de M. Luzi d'une façon très nette, dans quelques-unes des variétés artificielles de graphite qu'il a préparées dans ses nombreuses expériences sur la solubilité du carbone dans les métaux. Le carbone fourni notamment par la fonte brusquement refroidie est un mélange de graphite et de graphitite.

Pour isoler un graphite foisonnant pur, M. Moissan utilise la solubilité du carbone dans le platine à haute température. On fond au four électrique un culot de platine d'environ 400 grammes maintenu dans un creuset de charbon (450 ampères, 60 volts). Le platine entre rapidement en fusion, et après quelques minutes il distille et vient se condenser, sous forme de gouttelettes fondues, sur la partie la moins chaude des électrodes. On laisse le platine liquide se saturer pendant quelques instants de carbone à cette haute température, puis, après 6 ou 8 minutes, on arrête l'expérience.

Le métal se refroidit lentement dans le creuset de charbon. Il s'est effectué dans ces conditions une dissolution de carbone dans le platine et l'excès de charbon a cristallisé dans la masse sous forme de graphite. Le culot métallique est ensuite traité par l'eau régale à plusieurs reprises ; enfin le résidu est lavé à l'eau bouillante et séché. Le rendement est de 1,45 0/0.

Nous reviendrons plus tard sur les propriétés de cette variété de graphite à propos de l'étude des principaux graphites artificiels.

#### ÉTUDE ET ANALYSE DES GRAPHITES NATURELS.

Nous avons indiqué précédemment les principaux gisements de graphite sans insister sur le côté géologique proprement dit, ni sur les origines probables du graphite. Cette question, d'ailleurs assez complexe, a été l'objet de nombreuses et longues discussions. Il nous paraît plus logique de résumer ici nos connaissances acquises sur les variétés de graphites naturels les plus particulièrement étudiées dans les laboratoires.

Depuis l'emploi de la réaction de Brodie par M. Berthelot pour reconnaître le graphite, il n'y a plus aucun doute dans les recherches et on peut facilement le caractériser dans un mélange des diverses variétés de carbone. La réaction fournie par l'acide azotique fumant, appliquée plus spécialement par M. Luzi, permet, en outre, de distinguer les graphites en graphites foisonnants et graphites non foisonnants.

L'étude de la température de combustion et de la plus ou moins grande facilité d'attaque des différents graphites par les mélanges oxydants, étude faite par M. Moissan sur des échantillons de provenances très différentes, fournira des renseignements précieux pour les discussions futures.

D'intéressants documents sur la reproduction de certaines variétés naturelles nous sont fournis par les conditions de formation artificielle de certaines variétés : telle est, par exemple, la préparation du graphite foisonnant artificiel due à M. Moissan.

L'étude d'un graphite comporte actuellement un certain nombre d'essais : la formation et la rapidité de la transformation en oxyde graphitique, la température de combustion, l'essai de la réaction de Luzi, qui permet de les classer dans les groupes graphites ou graphitites, et aussi les essais ordinaires de l'analyse, teneur en carbone, en cendres, analyse des cendres, densité, etc.

Un grand nombre de savants, parmi lesquels il convient de citer, en première ligne, M. Berthelot, Brodie et M. Luzi, ont étudié un certain nombre de graphites naturels ; mais c'est surtout M. Moissan qui a fait une étude d'ensemble des principales variétés naturelles et artificielles.

Avant de résumer les résultats obtenus avec les différents graphites étudiés, il convient de rappeler les conditions les plus favorables employées par M. Moissan pour obtenir, dans l'application des réactifs, des résultats comparables. L'oxyde graphitique se prépare le plus souvent par la méthode de Brodie, qui consiste à soumettre à chaud le graphite à l'action oxydante d'un mélange de chlorate de potassium et d'acide azotique. Il se forme un composé presque toujours coloré et d'apparence cristalline, qui a la propriété de déflagrer quand on le chauffe. Il augmente ainsi considérablement de volume et donne un résidu noir d'oxyde pyrographitique.

L'action du mélange d'acide azotique et de chlorate de potassium se produit même à la température ordinaire, mais d'une façon très lente.

M. Berthelot, qui a également appliqué cette réaction à l'étude des graphites [Berthelot, *C. R.*, 68, 185], a décrit avec soin les phases de l'oxydation. Lorsqu'on emploie l'acide azotique fumant et le chlorate de potassium dans les conditions décrites par ce savant, la couleur de l'oxyde graphitique produit peut varier du vert ou du marron foncé au jaune, et l'oxydation complète demande parfois de six à huit attaques successives. Il n'en est plus de même si on emploie de l'acide azotique fumant, préparé au moyen d'azotate de potassium récemment fondu et d'acide sulfurique bouilli, employé en grand excès.

Dans ces conditions, en ajoutant à l'acide azotique concentré le graphite bien sec, puis le chlorate de potassium sec par petites quantités, l'oxydation se produit beaucoup plus rapidement, et pour les graphites naturels elle commence à apparaître dès la fin de la première attaque. On doit employer un poids de chlorate bien supérieur à celui du graphite à transformer. L'attaque doit durer 12 heures et se terminer à la température de 60°.

M. Moissan recommande de ne jamais porter tout d'abord le mélange de chlorate de potassium, d'acide azotique et de carbone à une température de 60°, sous peine d'avoir des explosions, souvent très violentes. On doit éviter aussi dans ce mélange les moindres traces de matières organiques. A la fin de l'oxydation, l'oxyde graphitique, qui a conservé plus ou moins nettement l'aspect cristallin du graphite, est toujours d'une couleur jaune clair ; dans quelques cas, on obtient un oxyde graphitique presque incolore.

Pour obtenir rapidement la transformation du graphite, il est nécessaire d'employer, ainsi qu'il est dit plus haut, un acide azotique très concentré. Lorsque cet acide a été bien préparé, il doit présenter la réaction suivante : Quelques fragments de chlorate de potassium bien secs, projetés dans l'acide, doivent s'y dissoudre instantanément, en produisant une coloration rouge-orangé. La plus petite trace d'humidité empêche cette coloration de se produire.

La température de combustion des graphites dans l'oxygène est facilement indiquée par l'apparition de l'acide carbonique dans un laveur à eau de baryte ; la température peut être mesurée par un pyromètre Le Châtelier.

La réaction de Luzi s'effectue de la façon suivante : Quelques fragments du graphite à essayer sont disposés sur un couvercle de creuset de platine ; au moyen d'un tube effilé, on les recouvre de quelques gouttes d'acide nitrique fumant, et on observe, en élevant progressivement la température, s'il se produit le phénomène du foisonnement.

*Graphite de Ceylan.* — Le graphite de Ceylan a fait l'objet de nombreuses analyses, dont quelques-unes sont consignées dans le tableau que nous donnons plus loin (p. 921). M. Luzi a établi qu'il était foisonnant ; M. Moissan a étudié sa transformation en oxyde graphitique.

Traité par le chlorate de potassium non desséché et l'acide azotique monohydraté du commerce, ce graphite donne, à la septième attaque, un oxyde graphitique vert foncé, et à la neuvième attaque un oxyde coloré en jaune pâle, dont les fragments deviennent irréguliers. Le même graphite, traité par le chlorate sec et l'acide azotique concentré, fournit de l'acide graphitique dès la première attaque.

Voici le détail de cette dernière expérience :

*Première attaque.* — Le graphite devient vert foncé, avec des reflets mordorés. Au microscope, on reconnaît des pointements nombreux d'oxyde graphitique.

*Deuxième attaque.* — Masse vert clair paraissant homogène. Il ne reste plus de graphite.

*Troisième attaque.* — Masse jaune renfermant encore des fragments verts.

*Quatrième attaque.* — L'oxyde graphitique est jaune très pâle, d'aspect brillant. Au microscope, il est nettement cristallisé (fig. 578).

*Graphite de Borrowdale (Cumberland).* — Graphite en fragments compacts, d'une structure amorphe, non lamelleuse, ne foisonnant pas. Il donne, après sept attaques par les mélanges oxydants, un oxyde graphitique jaune pâle. Chauffé dans un tube à essai, il déflagre et se brise en morceaux. M. Moissan attribue ce fait à la pression de gaz occlus. Il a pu d'ailleurs en

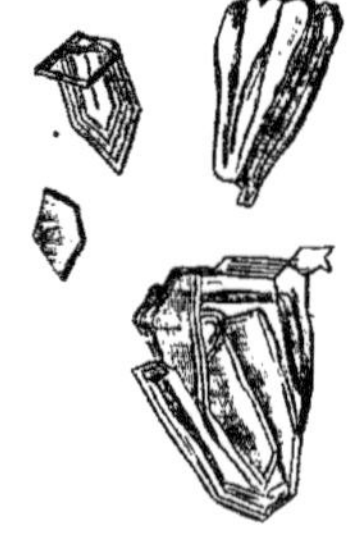

Fig. 578.

extraire un mélange de carbures d'hydrogène et d'hydrogène. Ce graphite renferme 3,12 0/0 de cendres. Les cendres contiennent du fer, de l'alumine, du manganèse, de la chaux, de la silice.

*Graphite de Ticonderoga.* — Se présente en lamelles brillantes, possédant de nombreuses stries rectilignes. Il foisonne nettement sous l'action de l'acide azotique. Le mélange oxydant le transforme, dès la septième attaque, en oxyde vert clair ; à la neuvième attaque, l'oxyde est jaune pâle et a conservé la forme des cristaux de graphite.

Dans ses recherches sur la rapidité d'attaque

des graphites, M. Moissan a employé l'acide azotique monohydraté commercial et le chlorate de potassium non desséché.

*Graphite de Greenville.* — Graphite en petits cristaux imprégnés d'une gangue calcaire. Ce graphite est foisonnant, ainsi que l'ont montré MM. Moissan et Luzi.

*Graphite d'Omenask (Groenland).* — Graphite d'aspect amorphe, perdant 0,009 0/0 au rouge et donnant 21,04 de cendres. Ces cendres, presque blanches, sont très riches en alumine et renferment, de plus, de la chaux et de la magnésie. Ce graphite est en petits cristaux microscopiques et n'est pas foisonnant (H. Moissan).

*Graphite de Mugrau (Bohême).* — Masse de graphite ne présentant pas à la loupe de cristaux réguliers. En l'examinant au microscope, M. Moissan y a reconnu de très petits cristaux.

Par son aspect, ce graphite rappelle les graphites qu'on obtient en faisant agir une température élevée sur un carbone amorphe. Il n'a vraisemblablement pas été produit dans un bain liquide de métaux ou de matières en fusion. Il perd 9,21 0/0 au rouge et donne 37,32 de cendres. Ces cendres renferment une notable quantité de silice, de l'alumine, de l'oxyde de fer et des traces de manganèse. Ce graphite ne foisonne pas; l'oxyde graphitique qu'il forme est d'apparence amorphe [H. Moissan, *loc. cit.*].

*Graphite de Schwarzbach.* — Graphite assez tendre, ayant le même aspect que celui de Mugrau. Perte au rouge, 6,82; cendres, 44,27. L'analyse des cendres nous montre qu'elles contiennent de la silice, du fer, de l'alumine, de la chaux, du manganèse.

Ce graphite n'est pas foisonnant; il donne un oxyde graphitique jaune et amorphe. La température de combustion est de 640° (H. Moissan).

*Graphite de South (Australie).* — Graphite très impur, sans cristallisation apparente, non foisonnant, donnant un oxyde graphitique amorphe et de couleur jaune (H. Moissan).

*Graphite de Karsok (Groenland).* — Échantillon rapporté par M. Nordenskjold. Fragments compacts à texture cristalline peu nette, lamelleuse. Teneur en cendres, 17,9 0/0. Non foisonnant et donnant un oxyde graphitique amorphe (H. Moissan).

*Graphite de la terre bleue du Cap.* — M. Henri Moissan a pu reconnaître la présence du graphite dans la terre bleue du Cap. Ce graphite se présente en beaux cristaux brillants, hexagonaux ou lamelleux, ayant parfois l'apparence de petites cupules. On rencontre aussi parfois des fragments plus volumineux ayant une certaine épaisseur et présentant en creux des impressions triangulaires.

Ce graphite fournit un oxyde graphitique de couleur verdâtre, qui devient finalement jaune après des attaques répétées au chlorate de potassium et à l'acide azotique fumant. En même temps que ce graphite, on rencontre une autre variété qui présente la propriété de se désagréger dans l'acide sulfurique à 200°, en produisant un foisonnement considérable.

Ce résidu graphitique a pu être obtenu en partant de 2 kilogrammes de terre bleue. Cette terre, divisée par portions de 250 grammes, a été traitée à chaud par l'acide sulfurique; après refroidissement et lavage à l'eau, on a attaqué par l'eau régale. Après un nouveau lavage, les résidus, formant environ 100 grammes, ont été soumis à des traitements répétés à l'acide fluorhydrique et à l'acide sulfurique. Le résidu très faible, 0gr,094, est constitué par le graphite, le diamant et une petite quantité de produits inattaqués, d'une densité inférieure à 2,9.

La quantité de graphite contenue dans la terre bleue du Cap est certainement supérieure à la quantité de diamant qu'on peut y rencontrer. Les cristaux de graphite sont séparés très nettement les uns des autres. La première variété se présente en cristaux réguliers (fig. 579 *a*), la seconde en masses arrondies à feuillets superposés

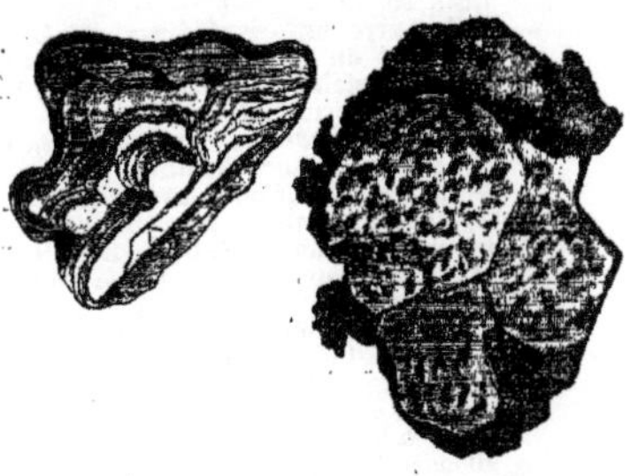

Fig. 579.

(fig. 579 *b*). Ces graphites sont foisonnants; ils se transforment nettement en oxydes graphitiques par le mélange oxydant, en s'ouvrant comme les feuillets d'un livre et conservant leur forme [H. Moissan, *C. R.*, **116**, 292].

*Graphite des sables diamantifères du Brésil.* — Les sables diamantifères du Brésil, comme la terre bleue du Cap, contiennent de petites quantités de graphite se présentant en cristaux noirs brillants qui se transforment aussi en oxyde graphitique (H. Moissan).

*Graphite d'une pegmatite.* — M. H. Moissan a examiné un graphite renfermé dans une pegmatite d'Amérique que lui avait remis M. Damour. Ce graphite, séparé de la roche par l'acide fluorhydrique concentré (50 0/0), se présentait en beaux cristaux lamellaires ayant souvent plus de 1 centimètre de diamètre. La teneur en graphite de cette pegmatite était de 12,77 0/0. Les belles lamelles ainsi obtenues sont flexibles, miroitantes et présentent une surface portant des stries et des impressions triangulaires caractéristiques.

La température de combustion est de 690°. Les cendres, constituées de silice, de chaux, de fer et d'alumine, forment environ 5 0/0.

Ce graphite est très foisonnant. Il présente, en outre, la propriété d'augmenter de volume d'une façon considérable sous l'action du mélange de chlorate et d'acide azotique fumant. L'examen microscopique des fragments de quartz et de feldspath dans lesquels étaient implantés les cristaux, a montré à M. Moissan des impressions donnant l'image exacte de la surface des cristaux, possédant les mêmes stries et les mêmes figures triangulaires, qu'un frottement très énergique ne peut effacer. Il en résulterait, d'après ce savant, que le graphite préexistait avant les roches qui, par leurs cristallisations, ont donné naissance à la pegmatite. Par certaines propriétés caractéristiques, ce graphite rappelle entièrement les échantillons obtenus dans les métaux en fusion au moyen du four électrique. Il a dû se produire dans des conditions analogues. Au moment où la pegmatite s'est formée, le graphite a été moulé à sa surface et il a laissé sur les cristaux de quartz et de feldspath les empreintes et les détails d'impression qu'on peut remarquer à sa surface [H. Moissan, *C. R.*, **121**, 538].

*Graphite du mont Pisano.* — Ce graphite a

été étudié en 1895 par M. Sestini, qui en a fait l'analyse. Il renferme une assez grande quantité de matières étrangères. Il se transforme bien en oxyde graphitique, mais ne donne pas la réaction de Luzi. M. Sestini a également analysé d'autres graphites d'Italie ; nous indiquons plus loin les résultats qu'il a publiés [Sestini, *Gazz. chim. ital.*, 25, 121].

GRAPHITE DES MÉTÉORITES. — M. Moissan a rencontré du graphite dans quelques météorites, et quelquefois en quantité suffisante pour en étudier les principales propriétés.

*Fer de Newstead de Roxurgshine*, trouvé en 1827 en Écosse ; échantillon du British Museum. — Le graphite qu'on trouve dans cette météorite, mélangé de carbone amorphe, donne un oxyde graphitique jaune après trois attaques au mélange oxydant. Cet oxyde est de forme contournée, sans aspect cristallin (H. Moissan).

*Déésite*, découverte en 1866 dans la Sierra de Deesa, au Chili. — Graphite abondant, donnant un oxyde vert dès la première attaque par l'acide azotique et le chlorate de potassium. Il devient jaune à la troisième et présente des fragments allongés transparents, fusiformes ou contournés, qui déflagrent lorsqu'ils sont chauffés, en donnant de l'oxyde graphitique (H. Moissan).

*Fer d'Ovifack*. — Ce fer donne un graphite qui foisonne dans l'acide sulfurique bouillant (H. Moissan).

*Météorite de Cañon Diablo*. — Outre le diamant, M. Moissan a rencontré dans cette météorite du graphite sous forme de petits amas possédant un aspect gras et donnant un oxyde graphitique facilement reconnaissable au microscope et déflagrant par une élévation de température [H. Moissan, *le Four électrique*, 142].

Nous avons résumé ci-après les différentes variétés de graphite étudiées, en les groupant, suivant M. Luzi, en graphites proprement dits et graphitites.

**Classification des graphites** [W. Luzi, *D. chem. G.*, 24, 4085 ; 25, 214].

*Graphites proprement dits.* — Donnent la réaction due à l'acide azotique, c'est-à-dire le foisonnement :

Graphite de Bamla (Norvège).
—   Marbach (Basse-Autriche).
—   Argenteuil (Canada).
—   Pfaffenreuth (Massachusetts), gneiss.
—   Amity (New York), salites.
—   Greenville (Ontario), wollastonite.
—   Skutterud (Norvège), gneiss.
—   Ticonderoga (New York).
—   Pfaffenreuth (Massachusetts), chaux granulée.
—   Ceylan, en fines écailles et fibreux.
—   — commercial.
—   Buckingham (Québec, Canada).

*Graphitites.* — Ne donnent pas la réaction due à l'acide azotique :

Graphitites d'Alstadt.
—   de Storgard (Finlande).
—   d'Irkoutsk (Sibérie).
—   de Karsok (Groenland).
—   de Wake County (Nord de la Caroline).
—   de Takaschimiza (Japon, province d'Etschin).
—   de Levigliani (Apennins).
—   de Diedelkopf (Tyrol).
—   de Passau.

*Tableau des analyses de Mène* [C. R., 14, 1091].

| Provenances | Densités | Matières volatiles | Carbone | Cendres | Composition des cendres o/o | | | | |
|---|---|---|---|---|---|---|---|---|---|
| | | | | | Silice | Aluminium | Fer | Chaux, Magnésie | Alcalis, Pertes |
| Graphite de Cumberland (Angleterre) : | | | | | | | | | |
| 1° Echantillon très beau | 2,3455 | 1,10 | 91,65 | 7,35 | 0,525 | 0,283 | 0,120 | 0,060 | 0,012 |
| 2° — ordinaire | 2,2379 | 3,10 | 80,85 | 16,05 | » | » | » | » | » |
| 3° En morceaux | 2,5857 | 2,62 | 84,38 | 13,00 | 0,620 | 0,250 | 0,100 | 0,026 | 0,004 |
| 4° En poudre | 2,4092 | 6,10 | 78,10 | 15,80 | 0,585 | 0,305 | 0,075 | 0,035 | » |
| Graphite de Passau | 2,3032 | 7,30 | 81,08 | 11,62 | 0,537 | 0,356 | 0,068 | 0,017 | 0,022 |
| — Idem | 2,3108 | 4,20 | 73,65 | 22,15 | 0,695 | 0,211 | 0,055 | 0,020 | 0,019 |
| — de Mugrau | 2,1197 | 4,10 | 91,05 | 4,85 | 0,618 | 0,285 | 0,080 | 0,007 | 0,010 |
| — Idem | 2,2279 | 2,85 | 90,85 | 6,30 | » | » | » | » | » |
| — de Fagerita | 2,1092 | 1,55 | 87,65 | 10,80 | 0,586 | 0,315 | 0,072 | 0,005 | 0,022 |
| — de Ceylan, cristallisé | 2,3501 | 5,10 | 79,40 | 15,50 | » | » | » | » | » |
| — — commercial | 2,2659 | 5,20 | 68,30 | 26,50 | 0,503 | 0,415 | 0,082 | » | » |
| — d'Australie du Sud (Spencero Gulf) | 2,3701 | 2,15 | 25,75 | 72,10 | » | » | » | » | » |
| — Idem | 2,2852 | 3,00 | 50,80 | 46,20 | 0,631 | 0,285 | 0,045 | ? | 0,039 |
| — Fonte du Creusot | 2,5823 | » | 90,80 | 9,20 | 0,225 | 0,175 | 0,375 | 0,255 | 0,005 |
| — Idem | 2,3981 | 0,30 | 81,90 | 17,80 | 0,425 | 0,090 | 0,080 | 0,405 | » |
| — de Givors | 2,4571 | » | 84,70 | 15,30 | 0,559 | 0,155 | 0,120 | 0,155 | 0,001 |
| — de Vienne | 2,5830 | 0,15 | 88,30 | 11,55 | » | » | » | » | » |
| — Fontes de Terrenoire | 2,4309 | » | 83,50 | 16,50 | 0,500 | 0,160 | 0,105 | 0,200 | 0,035 |
| Charbons de cornue | 1,8853 | 0,25 | 95,25 | 4,50 | 0,720 | 0,243 | 0,030 | » | 0,007 |
| — Idem | 1,6980 | 0,10 | 90,60 | 9,30 | 0,648 | 0,330 | 0,020 | » | 0,002 |
| Graphite d'Alstad (Moravie) | 2,3272 | 1,17 | 87,58 | 11,25 | » | » | » | » | » |
| — de Zaptan (Autriche) | 2,2179 | 2,20 | 90,63 | 7,17 | 0,550 | 0,300 | 0,143 | » | 0,007 |
| — d'Hoback (Prague) | 2,3309 | 2,07 | 82,68 | 15,25 | » | » | » | » | » |
| — de Ceara (Brésil) | 2,3865 | 2,55 | 77,15 | 20,30 | 0,790 | 0,117 | 0,078 | 0,015 | » |
| — de Canada (Buckingham) | 2,2865 | 1,82 | 78,48 | 19,70 | 0,650 | 0,251 | 0,062 | 0,005 | 0,012 |
| — de Madagascar | 2,4085 | 5,18 | 70,69 | 24,13 | 0,596 | 0,596 | 0,068 | 0,012 | 0,006 |
| — de Pissie (Hautes-Alpes) | 2,4572 | 3,20 | 59,67 | 37,13 | 0,687 | 0,687 | 0,081 | 0,015 | 0,009 |
| — Idem | 2,3280 | 2,17 | 72,68 | 25,15 | » | » | » | » | » |
| — Brussin (Francheville, Rhône) | 2,2029 | 0,28 | 92,00 | 7,72 | » | » | » | » | » |
| — de Vaugnesay (Rhône) | 2,1050 | 0,13 | 94,30 | 5,57 | » | » | » | » | » |
| — de Sainte-Paule (Rhône) | 2,3656 | 0,17 | 92,50 | 7,83 | » | » | » | » | » |
| — de Suzarbock (Bohème) | 2,3438 | 1,05 | 88,05 | 10,90 | 0,620 | 0,285 | 0,063 | 0,015 | 0,017 |
| — de l'Oural (Alibert) | 2,1759 | 0,72 | 94,03 | 5,25 | 0,642 | 0,247 | 0,100 | 0,008 | 0,003 |
| Graphite produit en calcinant l'anthracite remis par M. Dumas à l'Académie en mon nom | 1,6371 | 1,00 | 96,80 | 2,20 | » | » | » | » | 0,005 |
| | 1,6658 | 0,82 | 95,63 | 3,55 | » | » | » | » | » |
| | 1,7008 | 1,15 | 95,05 | 3,80 | 0,703 | 0,277 | 0,012 | 0,003 | » |

*Analyses de différents graphites.*

| Provenances | Matières volatiles | Carbone | Cendres | Composition des cendres o/o | | | | |
|---|---|---|---|---|---|---|---|---|
| | | | | $SiO^2$ | $Al^2O^3$ | $Fe^2O^3$ | CaO MgO | Alcalis, Pertes |
| Graphite de l'Oural (mont Alibert). | 0,72 | 94,03 | 5,25 | 0,642 | 0,247 | 0,100 | 0,008 | 0,003 |
| — de Borrowdale | » | 88,37 | 9,8 | 5,1 | 1,0 | 3,6 | » | H 1,23 |
| — de Bustletown (Pensylvanie).. | » | 94,4 | 5,0 | » | » | 1,4 | » | eau 0,6 |
| — de Mugrau | » | 65,75 | » | 15,30 | 8,86 | 2,28 | FeS²1,89 | 1,89 |
| — Idem | » | 61,65 | » | 14,64 | 8,38 | 12,30 | FeS²6,06 | 6,06 |
| — de Schwarzbach | » | 57,35 | » | 21,07 | 8,57 | 6,19 | 0,79 | CuO 0,01 |
| — Idem | » | 49,90 | » | 26,92 | 9,65 | 4,94 | 0,65 | — traces |
| — de Rastbach (Basse-Autriche) | eau 0,7 | 66,4 | 32,9 | non déterminé | | | » | » |
| — de Saint-Lorenz (Steiermark) | eau | 54,8 | 45,2 | | | | » | » |
| — de Saint-Michael à Leoben... | 2,0 | 66,1 | 31,12 | 16,95 | 2,43 | 10,81 | 0,93 | » |
| — de Leims | 1,2 | 83,4 | 15,20 | 11,71 | 0,24 | 3,06 | 0,19 | » |
| — de Müglitz | 2,4 | 84,4 | 53,2 | » | » | » | » | » |
| — de Bagouthalbergen (Sibérie). | » | 38,16 | » | 39,22 | 14,20 | 4,72 | 2,23 | » |
| — Idem | » | 38,09 | » | 39,37 | 13,91 | 4,10 | 3,01 | » |
| — Idem | » | 40,31 | » | 38,00 | 13,21 | 5,15 | 2,07 | » |
| — Idem | » | 39,09 | » | 38,73 | 14,04 | 4,10 | 1,19 | » |
| — Stepanowski Grule (Sibérie).. | 3,20 | 36,06 | traces de soufre | 37,72 | » | 4,02 | 1,20 | eau 17,80 |
| — Idem | 4,03 | 33,20 | S 0,04 | 43,20 | | 3,05 | 1,06 | 15,42 |

*Analyses de différents graphites de Bohême.*

| Provenances | Carbone | Cendres | Pertes et divers |
|---|---|---|---|
| Graphite de Mokra | 33,308 | 65,985 | 0,707 |
| — de Schüttenhofen | 8,868 | 89,722 | 1,410 |
| — dur de Schwarzbach | 51,629 | 47,255 | 1,116 |
| — tendre — | 66,021 | 32,904 | 1,075 |
| — naturel, 1ᵉ marque | 87,597 | 11,315 | 1,088 |
| Graphites purifiés. — I. Mokra 1 | 96,125 | 2,605 | 1,270 |
| — — 2 | 84,388 | 15,192 | 0,420 |
| — — 3 | 66,150 | 33,717 | 0,133 |
| — — 4 | 60,927 | 38,493 | 0,580 |
| — — 5 | 59,212 | 40,612 | 0,176 |
| — — 6 | 59,089 | 40,473 | 0,438 |
| — — 7 | 48,395 | 50,930 | 0,775 |
| — II. Schwarzbach 1 | 64,181 | 35,002 | 0,817 |
| — — 2 | 56,547 | 42,941 | 0,512 |
| Graphite de Mugrau | 83,75 | 14,35 | 1,40 d'eau |
| — — | 48,7 | 45,1 | 6,2 — |
| Les graphites de Mugrau ont été analysés par L. Schneider et F. Lipp | 35,1 | 40,6 | 4,4 — |

*Analyses de graphites italiens.* Sestini [*Gazz. chim. ital.*, 25, 121].

| Provenances | Eau à 105° | | Graphite brut par différence | Résidus terreux | Observations |
|---|---|---|---|---|---|
| Échantillon de Pizzo Bianco (monte Rosa) diffuse dans du quartz | 0,87 | | 57,10 | 42,03 | Ces graphites ont été isolés au moyen de l'acide fluorhydrique. |
| Calabre | 0,67 | | 80,03 | 19,30 | |
| Premolle, près Pinerolo | 0,64 | | 79,20 | 20,16 | |
| Graphite du mont Pisano, Lucca, près Santa Maria del Giudice | 5,41 | | 51,36 | 43,23 | Les graphites des monts Pisano et Amiata sont des graphitites et ne donnent pas la réaction de Luzi. |
| Idem | 1,96 | | 20,34 | 77,70 | |
| Graphite du mont Amiata, à Santa Fiora... | 0,54 | | 15,04 | 84,42 | |
| Mont Amiata, près Castel del Piano | 1,25 | | 21,96 | 76,79 | |
| | Eau hygroscopique | Eau combinée | | | |
| Graphite du mont Pisano 1 | 5,52 | 2,65 | 48,88 | 42,95 | Ces graphitites présentent une dureté spéciale, due à la cristallisation des silicates terreux qui les accompagnent. |
| — — 2 | 1,95 | 1,83 | 18,67 | 77,55 | |

Graphitites de Sibérie (Iénisséi, à 600 verstes de Turu
　　　　　chansk).
—　　　　　Sibérie, provenance inconnue.
—　　　　　Colfat County (Nouveau-Mexique).
—　　　　　Burkhardt's Wald (Saxe).
—　　　　　Idar.
—　　　　　Montagne des Pins.
—　　　　　électrique.

BIBLIOGRAPHIE. — *Mémoires et publications sur le
graphite naturel :* Analyse d'un graphite en fines lamelles de Borrowdale (Karsten). — Analyses de graphites
[Ch. Mène, *C. R.*, 14, 1091]. — Graphite de Karsok,
Groenland [Nordstrom, *Jahresb.*, 1871, 1130]. — Graphite des gneiss de Bohème [J. Woldrich, *Jahresb.*,
1871, 1130]. — Graphite de la vallée de l'Enns [J.
Fingle, *Jahresb.*, 1871, 1130]. — Le graphite de Rotten-
mann (Steiermark) contenait une assez forte proportion
de soufre [C. v. Hauer et C. John, *Jahresb.*, 1875,
1193; *Journ. Geol. Reichanstalt*, 25; 159]. — Graphite
de Sibérie [S. Kern, *Jahresb.*, 1875, 1193]. — Graphite
de Mugrau (Bohème). *Jahresb.*, 2, 2036]. — Graphite
de Schwarzbach, *Jahr.*, 2, 2064]. — Graphite de Nouvelle-Zélande [Mac Ivor, *Chem. News*, 55, 125]. — Graphite de Bagouthalbergen en Sibérie [W. Hepworth-
Colling, *Chem. News*, 57, 36].

### ÉTUDE DES GRAPHITES ARTIFICIELS.

A part quelques observations isolées sur la solubilité du carbone dans les métaux autres que
le fer, et aussi sur la transformation du carbone
amorphe en graphite sous l'action de la chaleur,
il n'existait aucun travail d'ensemble avant les
recherches méthodiques de M. Moissan. Nous ne
pouvons mieux faire que de résumer ici l'ensemble
de ses travaux sur les différents graphites artificiels. Nous adopterons l'ordre même qu'il a
choisi dans l'exposé de ses recherches, contenu
dans son ouvrage *le Four électrique.*

I. Graphite produit par simple élévation de
température. — *Diamant.* — Le diamant a été
transformé en graphite à la température de l'arc
électrique pour la première fois par M. Jacquelain.
M. Moissan a répété cette expérience. Le graphite
qu'on obtient affecte une forme cristalline irrégulière ; il se présente en cristaux d'un noir brillant,
possédant quelques facettes planes, se transformant complètement en oxyde graphitique après
trois attaques par le mélange oxydant. Ce graphite renfermait :

Carbone........................... 99,88
Cendres...... .................... 1,016

*Charbon de sucre.* — Le charbon de sucre,
purifié par chauffage dans un courant de chlore,
se transforme en graphite quand on le soumet
pendant 10 minutes, dans un creuset fermé, à
l'action du four électrique (350 ampères sous
70 volts). Le graphite obtenu n'est nullement cristallisé ; il prend sous la pression du doigt l'éclat
particulier de ce corps. A 660°, il brûle dans l'oxygène et a une densité de 2,19. Il a donné à l'analyse :

Carbone........................... 99,87
Cendres.......................... 0,110
Hydrogène...................... 0,032

*Charbon de bois.* — Le charbon de bois purifié, placé dans un creuset de charbon muni de
son couvercle, a été chauffé au four électrique
pendant 5 minutes avec un courant de 2200 ampères sous 60 volts. Ce charbon a conservé
l'aspect primitif ; sous l'action du plus léger frottement, il prend une couleur grise et devient
brillant.

Il est difficilement attaquable par le mélange
oxydant. Son oxyde graphitique est d'un jaune

très pâle, formé le plus souvent de rectangles
allongés et présentant une texture fibreuse
(fig. 580).

*Carbone sublimé.* — Le carbone, volatilisé dans
l'arc, est condensé ensuite sur un tube de cuivre

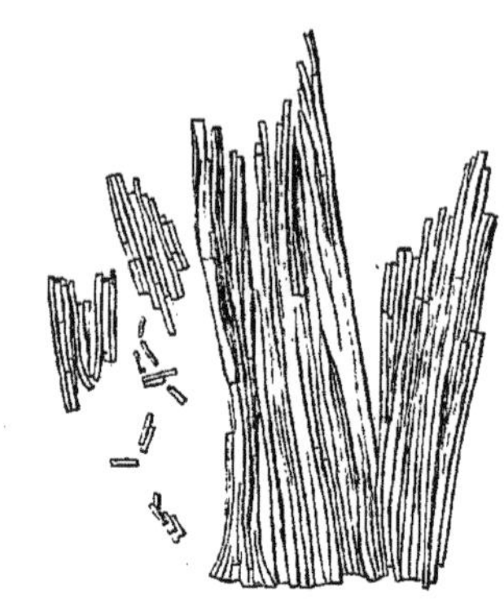

Fig. 580.

traversé par un courant d'eau froide, disposé
dans le four électrique. Ce carbone donne un
oxyde graphitique jaune en fragments transparents, d'aspect contourné. Il contient :

Carbone........................... 99,90
Cendres.......................... 0,017
Hydrogène.......................... 0,031

*Carbone des extrémités d'électrodes.* —
La transformation du carbone des électrodes
sous l'influence de l'arc a été étudiée par
Fizeau, Foucault, Despretz, M. Berthelot et M. H.
Moissan. Le graphite qui se forme dans ces
conditions donne un oxyde graphitique jaune
(H. Moissan).

II. Graphite obtenu par dissolution du carbone dans différents métaux. — La production
du graphite à l'aide des métaux peut avoir lieu
de deux façons distinctes : soit par déplacement
de carbone combiné à un métal en fusion par
un autre corps simple ; soit en utilisant les différences de solubilité du carbone dans le métal
liquide à très haute et à moins haute température.

D'une façon générale, M. H. Moissan a obtenu
les graphites des différents métaux en préparant
le carbure du métal, puis dans une nouvelle opération en saturant ce composé de carbone à la
température du four électrique.

Le culot obtenu était attaqué par les acides ou
chauffé au rouge dans un courant de chlore pur
et sec. Le résidu, formé dans certains cas par un
mélange de graphite et de charbon amorphe, était
mis à digérer dans l'acide nitrique fumant à la
température de 40°, qui détruisait le carbone
amorphe. Le graphite restant était traité par
l'acide fluorhydrique bouillant, puis par l'acide
sulfurique tiède et enfin lavé et séché.

Nous ajouterons que certains métaux qui ne
fournissent pas de carbure à haute température
peuvent cependant dissoudre le carbone et l'abandonner par refroidissement sous la forme de graphite. Au contraire, certains métaux volatils possèdent des carbures stables et fusibles à tem-

pérature élevée et susceptibles de dissoudre le carbone. Après son importante découverte de la préparation au four électrique du carbure de calcium cristallisé, M. Moissan, dans l'étude complète qu'il a faite de ce nouveau composé, a reconnu que ce corps possédait la propriété de dissoudre le carbone. Il en est de même pour les carbures de baryum et de strontium, ainsi que pour les carbures des métaux des terres rares.

*Aluminium.* — L'aluminium, chauffé en présence de charbon au four électrique, commence par se carburer et fournit le composé $C^3Al^4$, découvert et étudié par M. Moissan. Si on continue à chauffer, l'aluminium se volatilise, et le culot restant après refroidissement renferme, outre le carbure d'aluminium, des cristaux de graphite qui communiquent à la masse une couleur grisâtre.

En traitant par l'acide chlorhydrique étendu, puis par l'acide sulfurique et l'acide fluorhydrique, on obtient du graphite très pur, en petits cristaux très brillants, présentant quelques filaments noirs.

La densité de ce graphite est de 2; il n'est pas foisonnant et se convertit rapidement en un oxyde graphitique jaune.

*Argent.* — La solubilité du carbone dans l'argent est très faible, même à la température d'ébullition. Les culots d'argent, refroidis lentement dans le four électrique, sont généralement recouverts d'une mince pellicule de graphite. Les lamelles sont formées de cristaux confus ne présentant pas la réaction de Luzi, et se transformant facilement en oxyde graphitique.

*Manganèse.* — A la température du four à vent, le manganèse ne contient pas de graphite, ainsi que l'a montré M. Berthelot; mais à la température du four électrique le carbure de ce métal dissout abondamment le carbone et donne une cristallisation abondante de graphite. Le graphite est en lames brillantes, présentant de beaux

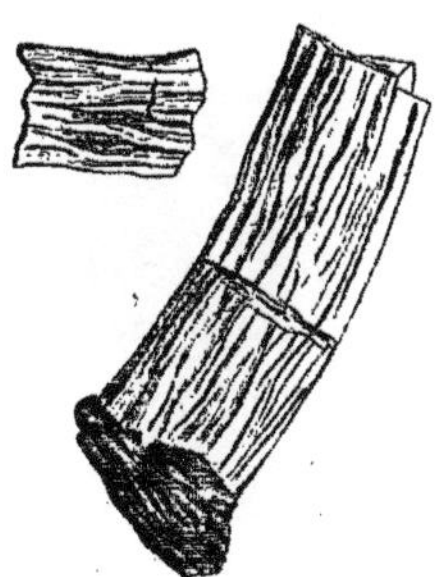

Fig. 581.

hexagones réguliers; il donne un oxyde graphitique jaune d'apparence cristalline.

*Nickel.* — Le graphite du nickel rappelle celui de la fonte de fer.

*Chrome.* — Le chrome carburé dissout très bien le carbone; il donne un graphite en cristaux beaucoup plus petits que celui du manganèse. Les cristaux sont irréguliers et s'attaquent plus difficilement que les graphites du fer ou du manganèse. Par le mélange oxydant, la transformation ne commence nettement qu'à la troisième attaque. Il fournit un oxyde graphitique

volumineux, jaune pâle, en masses irrégulières (fig. 581).

*Tungstène.* — Le graphite du tungstène se présente en petits cristaux noirs, d'une forme régulière. Il est moins attaquable que le précédent.

*Molybdène.* — Le graphite obtenu par la dissolution du carbone dans le carbure de ce métal forme des amas de petits cristaux noirs, brillants, constituant soit un véritable feutrage, soit des cristaux arrondis. Il se transforme encore moins rapidement que les précédents en oxyde graphitique. L'oxyde graphitique est jaune et irrégulier.

*Uranium.* — Cristaux noirs, brillants, difficilement oxydables et donnant un oxyde graphitique jaune de forme irrégulière.

*Zirconium.* — Le graphite du zirconium constitue une sorte de feutrage de petites masses

Fig. 582.

tourmentées offrant des surfaces perforées, entourées le plus souvent de filaments plus ou moins longs (fig. 582). Il s'attaque difficilement,

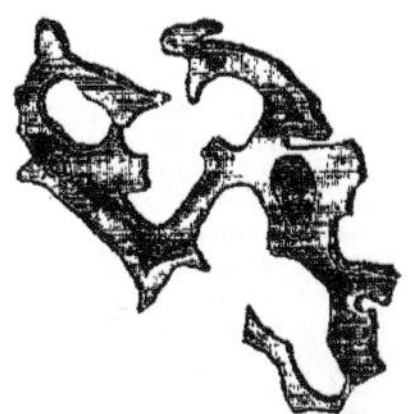

Fig. 583.

en donnant un oxyde graphitique jaune rappelant la forme du graphite (fig. 583).

*Vanadium.* — Le vanadium donne un graphite rarement cristallisé et très peu attaquable.

*Titane.* — Le carbure de titane dissout le carbone et fournit un graphite comparable au graphite du vanadium. Son oxyde graphitique, marron au début de l'attaque, passe rapidement au jaune pâle.

*Silicium.* — Le silicium fondu dissout le carbone à la température du four à vent et donne par refroidissement du graphite et parfois un peu de siliciure de carbone; au four électrique, il se produit surtout du siliciure de carbone cristallisé (H Moissan).

*Glucinium.* — Le carbure de glucinium dissout le carbone et donne un graphite très brillant, bien cristallisé et relativement peu attaquable (P. Lebeau).

De l'étude de ces différents graphites, M. Moissan a déduit les conclusions suivantes :

En résumé, les graphites artificiels peuvent être amorphes ou cristallisés. Leur densité varie entre 2,10 et 2,25. Leur température de combustion dans l'oxygène est voisine de 660°.

Il existe plusieurs variétés de graphite, comme il existe plusieurs variétés de carbone amorphe.

La stabilité du graphite s'élève avec la température à laquelle il a été porté. Ce fait est mis en évidence par la résistance plus ou moins grande que présente le graphite à la transformation en oxyde graphitique. Du reste, au fur et à mesure que s'élève le point de fusion du métal dans lequel le graphite s'est formé, sa difficulté d'oxydation augmente avec netteté.

L'influence de la température sur la stabilité du graphite peut être démontrée par une expérience très simple. Prenons du graphite naturel de Ceylan : il se transforme dès la première attaque par le mélange oxydant privé d'eau. Chauffons ce graphite au four électrique pendant 10 minutes, avec un courant de 1200 ampères et 70 volts : c'est à peine si à la troisième attaque nous verrons apparaître quelques pointements jaunes d'oxyde graphitique.

Une simple élévation de température rend donc le graphite plus difficilement attaquable.

*Graphite du fer.* — M. Moissan a complété l'étude des différentes variétés de graphite en examinant les changements qui peuvent intervenir dans les propriétés de cette variété de car-

Fig. 584.

bone lorsqu'on la produit pour un même métal dans des conditions différentes de température et de pression. Il s'est adressé au fer : c'est en effet le métal qui présentait le plus d'intérêt pour cette étude. Il a fait comparativement l'étude du graphite de la fonte grise, du graphite de la fonte fortement chauffée, de la fonte refroidie dans l'eau, et aussi du graphite produit par l'action du silicium sur la fonte.

*Graphite de la fonte grise (fonte grise de Saint-Chamond).* — Le mélange de carbone amorphe et de graphite retiré de cette fonte par l'action du chlore au rouge sombre a été traité plusieurs fois par l'acide azotique fumant, puis par l'acide fluorhydrique. Après lavage et dessiccation, le graphite obtenu se présente en très petits cristaux groupés, possédant des pointements hexagonaux, ou en masses irrégulières brillantes à arêtes vives (fig. 584). Le mélange d'acide azotique monohydraté ordinaire et de chlorate de potassium donne, dès la deuxième attaque et complètement à la troisième, un oxyde graphitique vert assez bien cristallisé. Avec l'acide très concentré, en évitant avec soin l'humidité, il se forme, à la première attaque, un oxyde graphitique vert clair, qui devient jaune à la deuxième. La densité de ce graphite est de 2,17; il brûle dans l'oxygène à 670°.

*Graphite de la fonte fortement chauffée.* — Un fragment de fer doux a été chauffé au four électrique (2000 ampères, 60 volts, 10 minutes) dans un creuset de charbon en présence d'un excès de charbon de sucre. Dans ces conditions, le fer dissout des quantités de charbon assez grandes et devient pâteux. On peut même retourner le creuset sans que le métal s'écoule;

pendant le refroidissement, le métal redevient fluide et perd du carbone. Après refroidissement à l'abri de l'air, on trouve dans le creuset un culot cassant recouvert d'une grande quantité de graphite en cristaux très brillants, pouvant atteindre plusieurs millimètres de diamètre.

Fig. 585.

On attaque ce culot par le chlore au rouge, et le résidu est traité ensuite par l'acide azotique fumant tiède, pour détruire le carbone amorphe qui peut exister.

Il reste alors des cristaux très nets, d'une belle couleur noire, accompagnés aussi de cristaux très petits formant une espèce de feutrage, et paraissant résulter de la condensation de la vapeur de carbone pendant le refroidissement. La densité de ce graphite est de 2,18; il brûle dans l'oxygène à 650° et renferme :

| | |
|---|---|
| Carbone | 99,15 0/0 |
| Cendres | 0,17 — |
| Hydrogène | 0,28 — |

Il est donc plus pur que le graphite de la fonte ordinaire. Sa résistance au mélange oxydant est aussi beaucoup plus grande; à la troisième

Fig. 586.

attaque seulement, il se forme un oxyde graphitique légèrement teinté, ayant l'apparence d'un verre enfumé. L'oxyde se présente en hexagones réguliers (fig. 585). Avec l'acide concentré, il est nécessaire d'effectuer au moins quatre attaques pour avoir une transformation complète.

*Graphite de la fonte refroidie dans l'eau.* — Le refroidissement brusque de la fonte correspond à une production de pression interne qui a permis à M. Moissan de réaliser ainsi la cristallisation du carbone sous forte pression, et d'arriver à la synthèse du diamant. En refroidissant

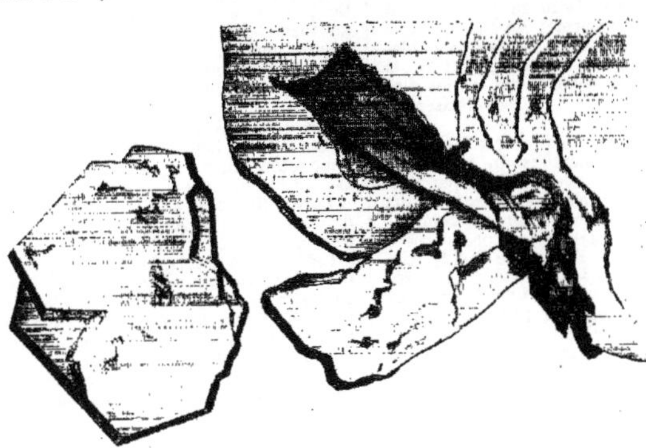

Fig. 587.

une fonte riche en carbone, il a pu produire un graphite cristallisé sous pression, dont l'étude est particulièrement intéressante. Ce carbone se présente en cristaux trapus dont les angles sont souvent émoussés, et en masses irrégulières dont la forme arrondie semble indiquer un commencement de fusion (fig. 586). Il rappelle le graphite de la terre bleue du Cap.

Sa densité est de 2,26, sa température de combustion de 660°. Il contient 1,29 0/0 de cendres et 0,64 d'hydrogène; il s'attaque, comme le précédent, assez lentement par le mélange oxydant.

*Graphite produit par l'action du silicium sur la fonte.* — Ce graphite, dont la préparation a été indiquée plus haut, possède une belle couleur noire et est en cristaux parfois très réguliers, parfois en masses contournées d'un bel éclat (fig. 587). Sa densité est de 2,20.

Il contient :

| | |
|---|---|
| Carbone | 98,82 |
| Cendres | 0,85 |
| Hydrogène | 0,20 |

Il se détruit avec facilité par le mélange oxydant. Dès la première attaque il s'entr'ouvre, et après trois attaques l'oxyde graphitique produit conserve d'une façon remarquable la forme primitive du graphite. La figure 588 représente cette transformation : on voit, déjà à la première attaque, que les parties transparentes qui bordent les fragments conservent nettement les contours primitifs.

A la suite de cette étude, M. Moissan a été amené aux conclusions suivantes :

« Si l'on étudie les conditions de formation du graphite dans un même métal, le fer, en faisant varier la température et la pression, on obtient les résultats suivants :

1° A la pression ordinaire, le graphite est d'autant plus pur qu'il est formé à une température plus élevée;

2° Ce graphite est d'autant plus stable en présence d'acide nitrique et de chlorate de potassium qu'il a été produit à une plus haute température;

3° Sous l'influence de la pression, les cristaux et les masses de graphite prennent l'aspect d'une matière fondue;

4° La petite quantité d'hydrogène que renferment toujours les graphites diminue nettement à mesure que leur pureté augmente. Un graphite qui n'est traité par aucun réactif, et qui est chauffé au préalable dans le vide, ne fournit plus d'eau par sa combustion dans l'oxygène;

5° Il se produit, dans l'attaque de la fonte par les acides, des composés hydrogénés et oxygénés qui résistent à la température du rouge sombre et qui, comme le graphite, se détruisent par la combustion.

III. GRAPHITES FOISONNANTS. — *Graphite foisonnant du platine.* — Nous avons donné plus haut sa préparation. Ce graphite est d'un gris ardoisé moins noir que celui de la fonte. Au microscope, les lames hexagonales portent des stries parallèles et parfois des impressions triangulaires n'ayant pas le relief de celles observées dans l'étude du diamant.

La densité du graphite du platine varie de 2,06 à 2,18. Comme il a subi un traitement à l'eau régale pour être séparé du platine, il suffit de le chauffer pour le voir foisonner abondamment.

Dès la température de 450°, il se gonfle à la façon du sulfocyanure de mercure. La masse légère obtenue, traitée par le mélange oxydant, donne un oxyde graphitique d'une belle couleur verte, qui devient jaune clair à la seconde attaque.

Le nitrate de potassium, à la température de

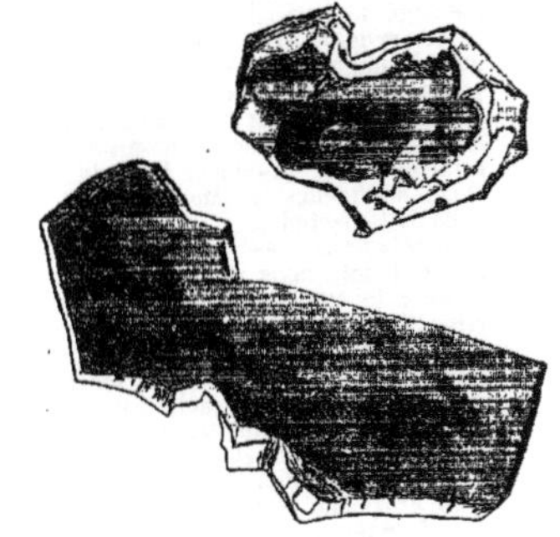

Fig. 588.

fusion, est sans action sur ce graphite; mais un peu au-dessus il foisonne et se détruit assez vite, mais rarement avec incandescence. L'acide chromique ne l'attaque pas sensiblement; au contraire l'acide iodique légèrement chauffé fournit rapidement un dégagement d'acide carbonique. La composition de ce carbone est la suivante :

    Carbone.................  99,02    98,84
    Cendres.................   1,10     1,02

Dans ces analyses faites par combustion du graphite dans l'oxygène, l'eau en poids n'était que de $0^{gr},0015$, ce qui permet de conclure que le graphite ne contient que des traces très faibles d'hydrogène. Les cendres avaient l'aspect de la mousse de platine et il a été facile, en les dissolvant dans l'eau régale, de caractériser ce métal.

*Graphites foisonnants des autres métaux.* — A la suite de ses recherches, M. Moissan a reconnu que tous les graphites obtenus par l'action seule d'une température très élevée sur une variété quelconque de carbone, ou par condensation de la vapeur de carbone, ne présentaient pas de foisonnement sous l'action de l'acide azotique. Au contraire, tous les graphites préparés à haute température par dissolution du carbone dans un métal quelconque en fusion sont foisonnants. Ainsi le zirconium, le vanadium, le molybdène, le tungstène, l'uranium, le chrome, fournissent des graphites foisonnants. Il en est de même de l'aluminium, qui ne dissout le carbone qu'à haute température.

La production d'un graphite foisonnant ne dépend pas seulement de la nature du métal, mais encore de la température à laquelle il a été porté. Le graphite de la fonte de Saint-Chamond ne se gonfle nullement sous l'action de l'acide azotique, tandis que le graphite de la même fonte, fortement chauffée au four électrique (2000 ampères, 60 volts), est très foisonnant.

Dans le cas de graphites obtenus à haute température, la température du foisonnement est relativement peu élevée. Elle oscille entre 165 et 175°.

M. Moissan attribue le foisonnement du graphite à un dégagement gazeux brusque, dû peut-être à l'attaque d'une petite quantité de carbone amorphe par l'acide azotique fumant, ou encore à la décomposition pyrogénée d'un composé organique produit par cet acide. Par exemple, une trace d'oxyde graphitique résultant de l'attaque d'une petite quantité de graphite amorphe mélangé au graphite cristallisé est plus facilement oxydable. On recueille en effet, au moment du foisonnement, des vapeurs nitreuses et une petite quantité d'acide carbonique.

Nous ne pouvons mieux faire, pour terminer cet exposé des principales variétés de graphites artificiels, que de donner les principales conclusions auxquelles M. Moissan s'est arrêté à la suite de leur étude.

*Conclusions.* — D'après la définition de M. Berthelot, nous donnerons le nom de *graphite* à la variété de carbone, le plus souvent cristallisée, dont la densité est voisine de 2,2 et qui, par le mélange oxydant de chlorate de potassium et d'acide azotique, fournit de l'oxyde graphitique facile à caractériser.

On trouve ces graphites à la surface de la terre et dans certaines météorites. On peut les diviser, comme l'a conseillé M. Luzi, en graphites foisonnant et graphites non foisonnant lorsqu'on les chauffe légèrement en présence d'une trace d'acide azotique.

Nous avons rencontré, dans une pegmatite d'Amérique, un graphite d'un foisonnement exagéré. Le fer d'Ovifack et la terre bleue du Cap nous ont fourni aussi des graphites foisonnants.

Certains de ces graphites, comme ceux de Borrowdale, sont gorgés de gaz, qu'ils retiennent avec une grande énergie.

Les graphites obtenus dans le four électrique par une simple élévation de température ne sont point foisonnants.

Au contraire, tous ceux qui sont obtenus dans un métal liquide à haute température, soit par différence de solubilité, soit par réaction chimique, ont la propriété de foisonner avec facilité. Ce graphite foisonnant se prépare très facilement au four électrique en maintenant du platine à l'ébullition dans un creuset de charbon.

Le foisonnement de cette variété de graphite doit être attribué à un dégagement brusque de gaz.

Les graphites artificiels peuvent être amorphes ou cristallisés. Leur densité oscille entre 2 et 2,25. Leur température de combustion dans l'oxygène est voisine de 660°.

Lorsqu'ils sont purs, ils ne renferment pas d'hydrogène. Un graphite obtenu au four électrique, qui n'est traité par aucun réactif et qui est chauffé au préalable dans le vide, ne fournit plus d'eau par sa combustion dans l'oxygène. Au contraire, la fonte ordinaire, traitée par les acides étendus, donne des composés hydrogénés et oxygénés qui sont indestructibles à la température du rouge sombre.

Lorsque l'on prépare un graphite au four électrique, sa résistance à l'oxydation est proportionnelle à l'élévation de température à laquelle il a été soumis.

Un graphite facilement attaquable, comme le graphite de Ceylan, peut être rendu difficilement attaquable en le chauffant fortement. Ce fait établit l'existence de plusieurs variétés de graphite, analogues aux diverses variétés de carbone amorphe.

### PROPRIÉTÉS PHYSIQUES DES GRAPHITES.

Le graphite se présente sous la forme d'une substance d'un gris de fer, à éclat métallique luisant et laissant une trace sur le papier. Il cristallise dans le système hexagonal rhomboédrique [Kenngott, *Wiener Annalen*, **13**, 469]. Cependant, d'après M. Nordenskjold, les graphites trouvés à l'Ersby et à Storgard en Finlande seraient monocliniques [Nordenskjold, *Poggendorff Annalen*, **96**, 100].

La densité du graphite, qui varie suivant la provenance des échantillons, et même leur préparation, est voisine de 2,2. Pour les graphites naturels, il faut remarquer que les impuretés sont souvent difficiles à éliminer complètement et ne permettent pas, par suite, de considérer les déterminations comme absolument rigoureuses.

Dans le tableau suivant (p. 928), nous avons réuni la plupart des résultats publiés jusqu'ici.

Le graphite ne paraît pas subir de modification sous l'action de la chaleur. A une température très élevée, il se volatilise lentement, sans présenter de phénomène apparent de fusion, du moins à la pression ordinaire, quand on emploie du graphite très pur. M. Moissan a, en effet, démontré qu'une petite baguette de charbon purifié, reposant seulement sur ses extrémités et portée à la température la plus élevée d'un four électrique actionné par un courant de 1000 ampères et 50 volts, se transformait intégralement en graphite sans présenter de traces de fusion.

La volatilisation du graphite dans ces conditions a été mise hors de doute par M. Moissan, par l'expérience suivante : En chauffant pendant 15 à 20 minutes, avec un courant de 370 ampères et 80 volts, un petit creuset renfermant du graphite ou une autre variété de carbone, on recueille sur un tube de cuivre, traversé par un courant d'eau et placé au-dessus du creuset, un dépôt de charbon provenant de la condensation des vapeurs de carbone [H. Moissan, *le Four électrique*, 47].

*Densité des graphites.*

| Provenances | Densités | Indications bibliographiques |
|---|---|---|
| Graphite de Ticonderoga (New York) | 2,229 | Kenngott, *Jahresb.*, 1854, 806. *Wiedmann's Ann.*, 13, 469. |
| — de Ceylan purifié par la potasse au creuset d'argent | 2,25 | Brodie, *Jahresb.*, 1859, 69; 114, 6. |
| | 2,26 | |
| Graphite pur | 2,14 | Fuchs, Graham Otto, 2, II, 687. |
| Graphite purifié au carbonate de potassium et lavé à l'acide chlorhydrique | 1,802 | Lœve, *Jahresb.*, 1855, 266. |
| | 1,844 | |
| Graphite pur : Ceylan | 2,257 | |
| — Borrowdale | 2,286 | |
| — Ienisséi inférieur | 2,275 | |
| — Uperniwick | 2,298 | Rammelsberg, *Jahresb.*, 1873, 239. *D. chem. G.*, 6, 188. |
| — Arendale | 2,321 | |
| — Ticonderoga | 2,17 | |
| — Ceylan | 2,246 | |
| — de haut fourneau | 2,30 | |
| Graphite obtenu avec le charbon de sucre | 2,19 | H. Moissan. |
| — de l'aluminium | 2,11 | H. Moissan. |

Le coefficient de dilatation linéaire du graphite a été déterminé par Fizeau [*C. R.*, 68, 1125]. Les résultats qu'il a publiés sont consignés dans le tableau suivant :

*Coefficient de dilatation linéaire des différentes variétés de carbone.*

| Désignation | Coefficient de dilatation linéaire | Variations pour 1° de température | Allongement de l'unité de longueur entre 0 et 100 |
|---|---|---|---|
| Carbone (diamant) | 0,000 001 18 | 1,44 | 0,000 132 |
| — des cornues à gaz | 0,000 005 40 | 1,10 | 0,000 551 |
| Graphite de Bagouthal | 0,000 007 86 | 1,01 en cent-millionièmes. | 0,000 796 |

La chaleur spécifique du graphite est plus élevée que celle du diamant. Elle a été déterminée par Regnault.

*Déterminations nouvelles des chaleurs spécifiques.* — Le charbon de cornue donne un graphite ayant une chaleur spécifique de 0,20360,

*Chaleur spécifique du graphite.*
Déterminations de Regnault [*Ann. Chim. Phys.*, (3), 1, 202].

| Provenances | Chaleur spécifique | Composition | | | |
|---|---|---|---|---|---|
| | | Carbone | Hydrogène | Cendres | Azote et pertes |
| Graphites naturels du Canada | 0,1936 | 86,8 | 0,50 | 12,6 | » |
| | 0,2019 | 76,35 | 0,70 | 23,4 | » |
| | 0,1911 | 98,56 | 1,34 | 0,2 | » |
| Graphite naturel de Sibérie | 0,2000 | 89,51 | 0,60 | 10,4 | » |
| Graphite provenant de houille décomposée à haute température | 0,1968 | 96,97 | 0,76 | 0,4 | 1,87 |
| Graphite naturel | 0,2019 | » | » | » | » |
| — des hauts fourneaux | 0,1970 | » | » | » | » |

l'anthracite de Philadelphie un graphite de chaleur spécifique 0,201 en moyenne. La chaleur spécifique du diamant est en moyenne de 0,14687.

En 1875, M. Weber a également déterminé la chaleur spécifique de diverses variétés de carbone. Ses résultats sont consignés dans le tableau ci-contre [*Ann. Chim. Phys.*, (5), 7, 141] :

| Température | Graphite lamellaire | Charbon amorphe doux | Charbon de bois |
|---|---|---|---|
| De 0 à 22° | 0,1605 | » | 0,1653 |
| De 0 à 99° | 0,1904 | 0,1906 | 0,1935 |
| De 0 à 225° | 0,2350 | 0,2340 | 0,2385 |

Il a aussi indiqué les chiffres suivants correspondant aux températures de

```
—  50°,3.....................  0,1138
—  10°,7.....................  0,1437
+ 10°,8.....................  0,1604
    61°,3.....................  0,1990
  138°,5.....................  0,2542
  201°,6.....................  0,2966
  249°,3.....................  0,3250
  641°,9.....................  0,4454
  822°,0.....................  0,4539
  977°,0.....................  0,4670
```

M. Dewar admet que de 19 à 1040° la chaleur spécifique du graphite varie de 0,3 à 1,0.

*Chaleur de combustion.* — La chaleur de combustion du graphite a été déterminée par Favre et Silbermann sur deux échantillons différents. L'un était un graphite des hauts fourneaux purifié par Regnault et qui lui avait servi à déterminer la chaleur spécifique ; l'autre était un graphite naturel de Ceylan remis par Dumas. Les résultats moyens furent les suivants :

Graphite des hauts fourneaux : 7787$^{cal}$,5 et 7737$^{cal}$,1.

Graphite de Ceylan : 7811$^{cal}$,5 et 7781$^{cal}$,7 [*Ann. Chim. Phys.*, (3), **34**, 423].

### PROPRIÉTÉS CHIMIQUES.

Les recherches effectuées dans ces dernières années sur les propriétés chimiques du graphite se rattachent surtout aux produits d'oxydation de cette variété de carbone, produits qui sont désignés sous les noms les uns d'oxyde ou d'acide graphitique, d'oxyde pyrographitique, pseudographitique, etc., et dont la formation a été signalée par Brodie. M. Berthelot en a fait une étude très détaillée.

Des travaux plus récents ont été effectués par M. Staudenmayer [*D. chem. G.*, **30**, 1481], qui a apporté quelques modifications à la préparation de ces dérivés et en poursuit l'étude.

La réaction signalée par M. Luzi, et dont nous avons parlé plus haut, est l'une des plus curieuses. Nous la décrirons avec détails, car elle peut maintenant être avantageusement employée comme un moyen de différenciation des graphites, ainsi que l'ont fait remarquer MM. Luzi et Moissan.

*Action de l'acide azotique fumant sur le graphite.* — *Réaction de Luzi.* — Plusieurs savants, Schafhäutl, Marchand et Brodie, ont observé que le graphite finement pulvérisé et complètement pur, chauffé avec certaines substances, comme l'acide sulfurique concentré, puis entièrement lavé et séché, se gonfle et foisonne. Le graphite est alors réduit en parties très fines qui présentent un aspect vermiculaire.

Les substances signalées par ces auteurs comme produisant cette curieuse réaction sont l'acide sulfurique concentré, un mélange d'acide sulfurique et d'acide azotique concentré, un mélange de bichromate de potassium ou de chlorate de potassium et d'acide sulfurique.

M. Luzi a trouvé que le foisonnement de certains graphites se produisait aussi avec l'acide azotique concentré seul, ou encore par l'action d'une solution de permanganate dans l'acide sulfurique.

Si on prend, par exemple, du graphite de Ticonderoga, même grossièrement pulvérisé, qu'on le mette sur une lame de platine et qu'on l'humecte, au moyen d'un tube de verre effilé, d'acide azotique fumant chargé de vapeurs nitreuses et très concentré, qu'on évapore cet acide, et qu'on expose ensuite la lame de platine à l'action de la flamme d'un brûleur Bunsen, on observe immédiatement un foisonnement remarquable.

Après le foisonnement, le produit est encore gris, à éclat métallique, d'une texture caractéristique, très léger, et se mouillant difficilement par l'eau, l'alcool ou l'éther. Il surnage indéfiniment sur ces liquides. L'ensemble de ce graphite est formé d'un enchevêtrement de cristaux empilés les uns sur les autres.

Cette réaction a été faite avec un grand nombre d'échantillons de graphite d'origines différentes, et a permis à M. Luzi, ainsi que nous l'avons dit plus haut, de diviser les graphites en deux groupes :

Les *graphites proprement dits* ;
Les *graphitites.*

C'est un caractère qui peut s'observer au microscope sur une très petite parcelle de graphite.

Les graphites non foisonnants, traités par l'acide

*Analyses de graphites.*
Teneur en hydrogène des graphites étudiés par M. W. Luzi [*D. chem. G.*, **24**, 4085].

| Provenances | Carbone | Hydrogène | Remarques |
|---|---|---|---|
| Ticonderoga (New York)........ | 99,87 | 0,11 | La combustion avait lieu dans un courant d'oxygène ; le graphite proprement dit brûlait plus difficilement que la graphitite. — Les graphites de Ceylan et de Ticonderoga doivent être bien pulvérisés ; ils ne brûlent qu'à haute température et sont aussi peu combustibles que le diamant. |
| —          ........ | 99,89 | 0,08 | |
| —      Graphite cristallisé.. | 99,86 | 0,12 | |
| Graphite de Ceylan............ | 99,82 | 0,17 | |
| —      Ecailles terreuses.... | 99,75 | 0,20 | |
| —      Lamelles fibreuses... | 99,95 | traces | |
| Graphitite de Passau........... | 99,93 | 0,05 | Le graphite de Passau et les autres du second groupe brûlent en une demi-heure à la soufflerie. |
| —          ........... | 99,99 | traces | |
| —      de Sibérie .......... | 99,70 | 0,18 | |
| Schistes chiastolithiques........ | 99,89 | 0,10 | |
| —      Burkhardt's Wald...... | 98,84 | 0,21 | La teneur de 0,21 o/o d'hydrogène peut être incertaine, car il y avait en outre des combinaisons hydrogénées. |
| Graphitite électrique........... | 99,00 | 0,30 | |

azotique dans les mêmes conditions, ne subissent aucune augmentation de volume, même après une ébullition prolongée avec cet acide. De plus, le produit reste plus lourd que l'eau, se mouille assez facilement et tombe au fond de ce liquide. Cette observation a conduit M. Luzi à essayer la séparation des deux variétés de graphite. Pour cela on chauffe avec de l'acide azotique et on reprend par l'eau. Le graphite non foisonnant reste au fond, alors que l'autre surnage et peut être facilement séparé.

Cette différence très nette, résultant de l'action de l'acide azotique sur les deux groupes de graphites, a fait supposer à M. Luzi qu'il devait, de plus, exister des différences d'ordre chimique ou physique, ou tout au moins que la réaction était due à la présence d'une impureté constante pour l'un des deux groupes. Ce savant ne put observer de différences dans la forme cristallographique et dans les densités, qui étaient comprises entre 1,8 et 2,3. Il pensa alors à attribuer le foisonnement à l'hydrogène; mais les analyses qu'il fît pour vérifier cette hypothèse lui montrèrent indifféremment la présence de cet élément dans les deux variétés.

Nous avons résumé dans le tableau ci-dessus (p. 929) ces résultats analytiques.

### PRÉPARATION INDUSTRIELLE DU GRAPHITE.

Les procédés de préparation industrielle du graphite employés jusqu'ici par M. Acheson en Amérique et par MM. Girard et Street en France sont basés sur la transformation du carbone amorphe en graphite sous l'action de la température élevée obtenue dans les fours électriques. Nous ferons observer toutefois qu'une différence essentielle existe entre les deux procédés : alors que MM. Girard et Street opèrent la graphitation avec des agglomérés purs ou ne renfermant que peu de matières étrangères, M. Acheson emploie au contraire des produits renfermant, outre le charbon, une quantité notable d'impuretés. Nous examinerons successivement les deux procédés, et nous reviendrons plus loin sur le rôle des substances étrangères dans la graphitation.

*Procédé Acheson.* — La formation du graphite a été obtenue par M. Acheson dans les fours servant à la préparation du siliciure de carbone. Cette production de graphite fut observée dès le début dans les parties de la matière avoisinant les cylindres de charbon qui formaient l'âme du four; le cylindre était lui-même plus ou moins profondément transformé en graphite, suivant qu'il était formé de coke de bitume ou de coke de pétrole. En étudiant de plus près cette question, M. Acheson trouva que le graphite entourant l'âme était formé par la décomposition du siliciure de carbone, et que la transformation de l'âme même du four était due à la décomposition de carbures résultant de l'action du carbone sur les impuretés du charbon. Les observations suivantes avaient en effet été faites :

1° Le coke de pétrole, relativement pur, ne donne que peu de graphite;

2° Le coke de bitume, impur, en donne une quantité beaucoup plus grande;

3° La quantité de graphite produit augmente avec la quantité d'impuretés que contient ce dernier coke;

4° Une partie seulement de l'âme en charbon peut être convertie en graphite, même en répétant l'opération à plusieurs reprises.

Le graphite formé par destruction du carborundum est remarquable en ce sens qu'il conserve la forme des cristaux dont il provient, tout en ayant la couleur caractéristique du graphite naturel. Le graphite formé dans le charbon est moins nettement cristallisé, mais on retrouve dans chaque grain du charbon primitif une quantité plus ou moins grande de graphite. Quelquefois le grain est transformé complètement.

Ces deux modes de formation du graphite en partant du coke et du carborundum sont donc comparables. Dans les deux cas il y a successivement formation, puis décomposition d'une combinaison carbonée. Il résulte de ces expériences, pour M. Acheson, que la transformation du carbone en graphite serait due à la présence indispensable des impuretés. Nous avons décrit plus haut les

expériences de M. Moissan, desquelles il résulte nettement que toute variété de carbone peut être transformée en graphite à la température du four électrique. La théorie de M. Acheson n'est donc pas rigoureusement vraie; sur ce point, M. Moissan a montré en effet que, si on place du charbon de sucre, préparé avec soin et purifié dans le chlore, dans un creuset de graphite très pur, lequel est lui-même déposé dans un autre creuset plus grand, l'intervalle entre les deux étant également rempli de charbon de sucre, puis qu'on chauffe le creuset au four électrique pendant 15 minutes avec un courant de 1000 ampères sous 50 volts, on obtient une transformation totale du charbon de sucre en graphite. Cette expérience se répétant exactement pour toutes les variétés de carbone amorphe, la présence des impuretés ne fait que faciliter la transformation par voie de combinaison et de décomposition des carbures métalliques ou métalloïdiques, mais n'est nullement nécessaire. Au point de vue pratique, elle rend de réels services en abaissant la température de transformation.

C'est ce rôle des impuretés initiales qui est utilisé par M. Acheson, qui prépare le graphite en partant de cokes ou d'anthracites renfermant une proportion considérable de cendres, jusqu'à 25 et 30 0/0, ou encore en décomposant les résidus de préparation du carborundum.

*Procédé Girard et Street.* — MM. Girard et Street ont bien reconnu dans leurs essais que la transformation du carbone en graphite variait avec la composition des mélanges constituant le carbone aggloméré; ils ont en effet observé qu'un charbon fait avec du coke de cornue aggloméré au goudron est, après traitement au four électrique, moins transformé en graphite qu'un charbon contenant soit 2 0/0 de silice, soit 2 0/0 d'acide borique. Du fer porphyrisé mélangé au coke de cornue dans les mêmes proportions donne les mêmes résultats. On voit par ces chiffres que la quantité d'impuretés nécessaire pour obtenir un effet utile dans la transformation est toujours très faible.

Le four électrique employé par MM. Girard et Street est formé d'un bloc en matière réfractaire, consolidé par une enveloppe extérieure (fig. 589 et 590). Au centre du bloc se trouve une cavité qui constitue la chambre de chauffe. Les parois de cette chambre sont formées par une garniture en charbon en une ou plusieurs pièces. Cette garniture est percée de quatre orifices, suivant deux directions perpendiculaires, et dont deux sont destinées au passage des électrodes, les deux autres au passage de la pièce à graphiter. Si nous prenons pour exemple la graphitation d'une barre destinée à la fabrication d'électrodes, cette barre de charbon, guidée par des glissières, traverse la chambre de chauffe entre les deux électrodes et servira d'électrode commune à deux arcs en série qui jaillissent entre elle et les deux électrodes. Les deux arcs ainsi produits restent fixes malgré le mouvement de translation de la pièce à graphiter.

La vitesse avec laquelle la barre de charbon à graphiter traverse la chambre de chauffe dépend évidemment de ses dimensions.

Les glissières qui servent à guider les pièces sont des sortes de chambres placées à l'entrée et à la sortie du four et qui ont, en outre, pour but d'en permettre l'échauffement et le refroidissement graduel.

Ces fours utilisent du courant alternatif. L'usure faible des électrodes en facilite le réglage. Cette usure est de 0ᵐ,005 pour un courant de 300 ampères et des électrodes de 40 millimètres de section.

Le charbon graphitique obtenu par le procédé

Girard et Street a une conductibilité beaucoup plus grande que celle des cylindres ordinaires. La proportion est de 4 à 1. Il en est de même de la conductibilité calorifique. On constate aussi une augmentation de densité.

Ces charbons sont employés avantageusement comme électrodes dans les lampes à arc, comme anodes dans les opérations électrolytiques, ou encore comme balais dans les collecteurs de courant des machines électriques.

Ils présentent, dans leur emploi comme charbons négatifs de lampes à arc, une usure moitié moindre que celle des charbons ordinaires. Dans leur utilisation comme anodes de cuves électrolytiques, ils ont l'immense avantage de ne pas se désagréger pendant le travail électrolytique. Ils

Face.                                          Profil.

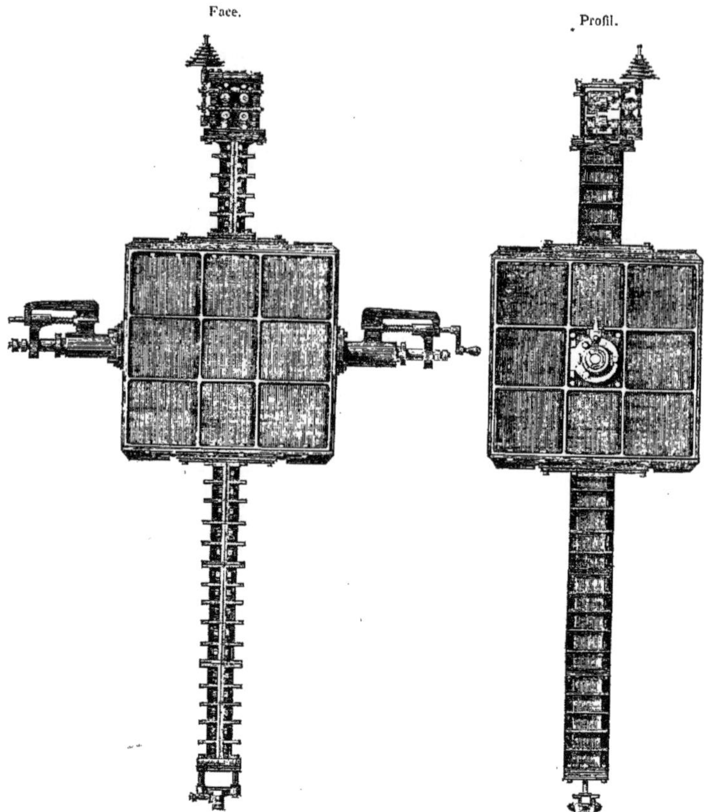

Fig. 589. — Four à graphitation de MM. Girard et Street.

peuvent donc rendre de très grands services dans cette application spéciale.

Par leur faible résistivité et leur faible résistance au contact, ils se prêtent admirablement à la construction des balais de dynamo.

La densité de courant admissible pour une bonne marche peut atteindre 15 et 20 ampères pour un charbon graphitique de bonne qualité.

Le charbon électrographitique possède un grain très fin ; il peut se tourner, s'ajuster, se tarauder, en un mot se travailler avec la même précision qu'un métal, ce qui permet d'en multiplier les usages, par exemple pour la distribution du courant dans les lignes de tramways à contact superficiel, pour les touches de rhéostats, etc.

Il est vraisemblable que cette industrie des graphites artificiels atteindra un grand développement.

La Société « le Carbone », qui exploite en France les brevets de MM. Girard et Street, a dû songer à installer une usine importante en Savoie, comprenant une batterie de fours à graphiter actionnés chacun par un courant de 1000 ampères. Un four absorbe à lui seul 400 kilowatts et permet de graphiter des charbons de 150 millimètres de côté, fréquemment utilisés pour l'électrolyse.

Usages du graphite. — Le graphite naturel est utilisé depuis fort longtemps pour la confection des crayons, sous le nom de mine de plomb; il sert à enduire les surfaces métalliques, telles que les parois extérieures des tuyaux de fonte.

On l'emploie beaucoup en galvanoplastie pour

Coupe.

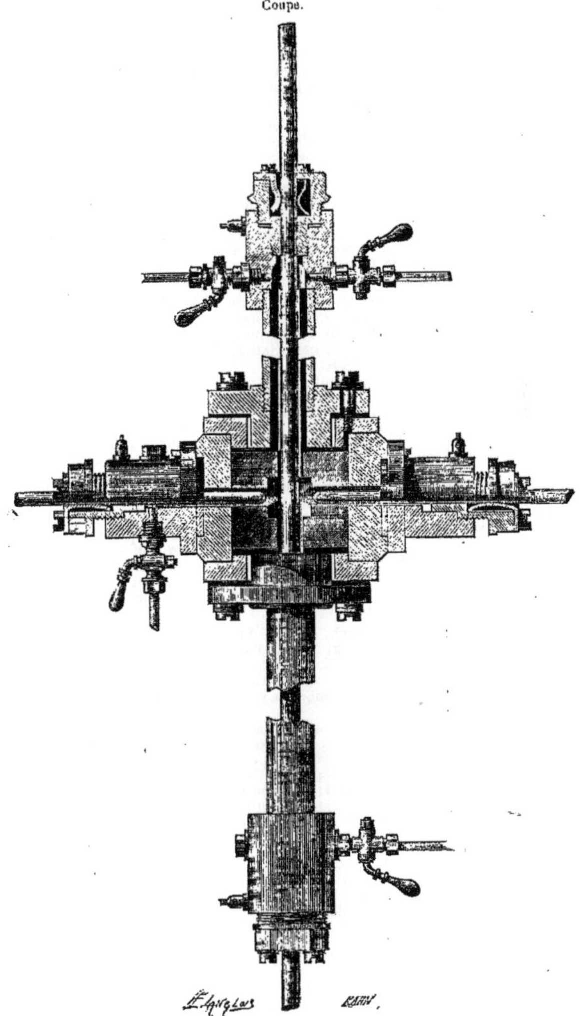

Fig. 590. — Four à graphitation de MM. Girard et Street.

rendre conductrices les surfaces des moules.

Mélangé d'argile, le graphite donne de bons creusets réfractaires, utilisés en métallurgie. On peut également en confectionner des briquettes.

Le graphite forme aussi un excellent lubrifiant, que l'on peut employer pour certaines pièces à friction métal sur métal.

On l'emploie encore pour la fabrication des

pianos et des orgues, pour le lustrage des chapeaux de feutre.

Le graphite artificiel a été plus particulièrement réservé jusqu'ici à la fabrication des électrodes et de creusets ou de tubes qu'on peut considérer comme étant formés de charbon pur.

Ces creusets, tubes et électrodes sont très utiles dans l'industrie et le laboratoire, et il est certain que les applications du charbon graphitique vont s'étendre notablement en raison du développement que prendront bientôt les industries électrochimiques et électrothermiques. **P. Lebeau.**

**GRAPHITITE** (Min.) (Luzi). — Certaines variétés de graphite offrent la particularité de se boursoufler considérablement lorsqu'on les calcine après les avoir humectées pendant un instant avec de l'acide azotique fumant ; d'autres au contraire ne présentent nullement cette réaction. M. Luzi propose [*D. chem. G.*, 24, 4085 ; *Bull. Soc. Chim.*, (3), 8, 536] de conserver pour les premières le nom de *graphite* proprement dit et d'attribuer aux secondes le nom de *graphitite*. Voyez du reste plus haut GRAPHITE.

**GRIPHITE** (Min.) (Headden). — Phosphate hydraté très complexe de manganèse, aluminium, fer, sodium, en rognons souvent énormes, dans le granite de Riverton Lode, près Harney City. Dureté = 5,5. Densité = 3,401.

**GRODDECKITE** (Min.) (Arzruni). — Variété de gmélinite, riche en magnésie et oxyde ferrique, de Saint-Andreasberg (Harz).

**GRÜNLINGITE** (Min.) (W. Muthmann et E. Schröder). — Sous-sulfure de bismuth BiS, où le bismuth est bivalent et le quart environ du soufre remplacé par du tellure, soit Bi(S.Te) ou $3\,BiS$, $BiTe$ (à rapprocher comme formule de la karélinite, $3\,BiO$. $BiS$). Minéral du Cumberland, analysé en 1853 par Rammelsberg et regardé comme une variété de tétradymite. Masses grises irrégulières avec un clivage parfait, sur lequel on observe des cassures à 60°, ce qui indique une forme rhomboédrique, ainsi que dans la tétradymite $Bi^2Te^2S$. Densité = 7,321.

**GUANAMINES** (voyez 1er Suppl., 889). — En employant la méthode de M. Nencki (action d'un acide gras monobasique sur un sel de guanidine) légèrement modifiée, M. Haaf [*J. prakt. Chem.*, (2). 43, 75] a préparé un certain nombre de guanamines substituées.

C'est ainsi que la *propioguanamine*, $C^5H^9Az^5$, a été obtenue en chauffant pendant une heure à 230° le propionate de guanidine ; la masse est épuisée par l'eau bouillante et la liqueur filtrée est alcalinisée. La propioguanamine se dépose par refroidissement en cristaux blancs, qui brunissent sans fondre vers 300° ; ils sont solubles dans l'eau chaude et dans l'alcool, insolubles dans les alcalis et solubles dans les acides minéraux avec formation de sels cristallisés.

L'*œnanthoguanamine*, $C^9H^{17}Az^5$, est préparée comme la précédente ; elle forme des cristaux anhydres, fusibles à 130°, peu solubles dans l'eau, solubles dans l'alcool ; la soude la précipite de sa solution aqueuse ; elle se dissout dans les acides avec formation de sels cristallisés solubles dans l'eau et dans l'alcool.

La formation des guanamines à l'aide de cette méthode peut être représentée par la formule générale

$$R.CO^2H + 2\left(AzH = C\begin{array}{l}AzH^2\\AzH^2\end{array}\right)$$

$$= 2H^2O + R-C\begin{array}{l}Az-C(AzH)-AzH^2\\AzH-C(AzH)-AzH^2\end{array}$$

La *pipérylformoguanamine*, $C^8H^{13}Az^5$, a été

obtenue par MM. Bamberger et Seeberger [*D. chem. G.*, 25, 525] en abandonnant pendant longtemps une solution de pipéridyldiguanide dans le chloroforme, et neutralisant ensuite par le carbonate de potassium :

$$C^7H^{15}Az^5 + CHCl^3 = C^8H^{13}Az^5 + 3HCl.$$

On peut encore l'obtenir en remplaçant le chloroforme par l'acide formique et chauffant en tube scellé à 190-200°. Aiguilles soyeuses, fusibles à 194°, peu solubles dans l'eau et dans l'alcool à froid, très solubles à chaud, peu solubles dans l'éther, assez solubles dans le chloroforme ; ses dissolutions aqueuses ont une réaction neutre.

*Chlorhydrate*, B, HCl. — Petites aiguilles jaunes, fusibles à 200°, très solubles dans l'eau et dans l'alcool.

*Sulfate*, $B^2$, $SO^4H$, $H^2O$. — Cristaux fusibles à 221-222°, peu solubles dans l'alcool froid.

*Picrate*. — Fusible à 188°.

*Chloroplatinate*. — Fusible à 219°.

*Chloraurate*. — Fusible à 145°.

La base forme avec l'azotate d'argent un sel double insoluble dans l'alcool.

Les mêmes auteurs ont essayé de préparer les guanamines en faisant agir le chloroforme et les acides gras sur le diguanide ; ils ont ainsi obtenu l'*isoamylformoguanamine*, en partant du diguanide et de l'acide caproïque de fermentation ou isopropylpropionique ; cette base fond à 177-178°.

Ils pensent que, lors de la formation des guanamines par le procédé de M. Nencki, il se fait d'abord du diguanide par condensation de 2 molécules de guanidine et départ de 1 molécule d'ammoniaque, et que le diguanide réagit ensuite sur l'acide pour former la guanamine.

*Propriétés*. — La plupart des guanamines connues présentent la propriété de cristalliser, d'être peu solubles et de se produire facilement ; aussi peut-on utiliser leur formation pour caractériser les acides gras. Ainsi, par exemple, la guanamine dérivée de l'acide butyrique normal est soluble dans 7 parties d'eau bouillante et dans 53 parties d'eau à 15°, tandis que celle qui provient de l'acide isobutyrique se dissout dans 48°,6 d'eau bouillante et dans 176 parties d'eau à 15°. **E. Burcker.**

**GUANIDE (DI-)** [Syn. *Biguanide, guanylguanidine*]. — Le diguanide, $C^2H^7Az^5$, est à la guanidine ce que le biuret est à l'urée ; on peut donc le représenter par la formule

$$\begin{array}{l}H^2Az\\HAz\end{array}\!\!\!\!> C-AzH-C <\!\!\!\!\begin{array}{l}AzH^2\\AzH\end{array} \quad\text{ou}\quad \begin{array}{c}H^2Az-C=AzH\\|\\AzH\\|\\H^2Az-C=AzH\end{array}$$

Il se forme par l'action de la cyanamide sur les sels de guanidine [Rathke, *D. chem. G.*, 12, 776]. On le prépare d'ordinaire en partant du sulfate double de cuivre et de diguanide, que l'on obtient en saturant une dissolution concentrée de sulfate de cuivre dans de l'ammoniaque à 19 0/0 avec de la dicyanamide. Après quelque temps on filtre et, lorsque la liqueur ne se trouble plus, on remplace l'ammoniaque volatilisée et on chauffe en tube scellé à 105-110° pendant environ 12 heures. Par refroidissement, le sel double se dépose en cristaux rouges, insolubles dans l'eau froide et répondant à la formule $[(C^2H^6Az^5)^2 Cu]SO^4H^2$. Ce composé, dissous dans l'acide sulfurique étendu, laisse déposer, par évaporation de la dissolution, des rhomboèdres incolores de sulfate de diguanide ; ce dernier, traité par la baryte, donne le diguanide.

La dicyanodiamide (dérivé cyané de la guanidine) fixe de l'ammoniaque et se transforme en diguanide.

Lorsqu'on chauffe la dicyanodiamide avec une solution ammoniacale d'hydrate de cuivre exempte de sulfate, la dissolution violette laisse déposer par refroidissement des cristaux rouges de cuprodiguanide, $(C^2H^6Az^5)^2Cu, H^2O$, presque insolubles dans l'eau froide. Lorsqu'elle est anhydre, cette combinaison présente des reflets violets; elle se dissout dans les acides avec une coloration bleue.

Lorsqu'on traite ce cuprodiguanide par un acide, puis par l'hydrogène sulfuré, on obtient les sels de diguanide.

*Chlorhydrate*, $C^2H^6Az^5$, 2 HCl. — Aiguilles cristallines, facilement solubles dans l'eau.

*Azotate.* — Fines aiguilles, solubles dans l'eau.

*Chloroplatinate.* — Cristallise avec $2H^2O$; il est facilement soluble dans l'eau.

*Sulfate* $+ 2H^2O$. — Cristaux rhomboédriques. C'est ce dernier qui, traité par la baryte, fournit le diguanide [Herth, *Mon. f. Chem.*, 1, 88].

Le sulfate acide de diguanide, soumis à l'ébullition avec 20 fois son poids d'eau et 3 fois son poids de baryte, se décompose en urée et carbonate de guanidine [Emich, *Mon. f. Chem.*, 12, 5].

La dicyanodiamide en solution alcoolique, traitée à 105° par le chlorhydrate d'ammoniaque, se transforme encore en sel de diguanide, suivant l'équation

$$C^2H^4Az^4 + AzH^4Cl = C^3H^7Az^5, HCl$$

[Smolka et Friedreich, *Mon. f. Chem.*, 9, 227].

Le diguanide est, d'après M. Emich [*Mon. f. Chem.*, 4, 409], une base monacide qui forme deux séries de sels; elle est amorphe, incolore ainsi que ses sels, à réaction alcaline; elle déplace l'ammoniaque de ses combinaisons. Chauffée avec de l'acide sulfurique d'une densité de 1,47, elle est décomposée en ammoniaque et acide carbonique :

$$C^2H^7Az^5 + 4H^2O = 2CO^2 + 5AzH^3$$

[Emich, *loc. cit.*].

### DIGUANIDES SUBSTITUÉS.

Méthyldiguanide, $C^3H^6Az^5(CH^3)$. — La base est obtenue en traitant le sulfate neutre décrit ci-dessous par l'eau de baryte et en concentrant la dissolution dans le vide. Sirop épais, très alcalin, qui attire rapidement l'acide carbonique de l'air; comme le diguanide, il forme des sels neutres et des sels acides.

*Sulfate neutre*, $(C^3H^9Az^5)^2, SO^4H^2$. — Prismes rhomboïdaux, très solubles dans l'eau. Obtenu par l'action de l'hydrogène sulfuré sur une dissolution de sulfate de cuprométhyldiguanide.

*Sulfate acide.* — Masses soyeuses, très solubles dans l'eau, que l'on prépare en ajoutant de l'acide sulfurique à une dissolution de sulfate neutre. Soumis à l'ébullition avec 20 fois son poids d'eau et 3 fois son poids de baryte, il se décompose en ammoniaque, méthylamine, urée, méthylurée et carbonate de guanidine [Emich, *loc. cit.*].

*Azotate, chlorure.* — Obtenus par double décomposition entre le sulfate et les sels de baryum correspondants; ils sont cristallisés, ainsi que le *chloroplatinate*, le *chromate* et le *picrate*.

*Sulfate de cuprométhyldiguanide*,

$$(C^3H^8Az^5)^2Cu, SO^4H^2, 2,5H^2O.$$

— On traite à la température ordinaire, par une dissolution de méthylamine à 20 0/0, un mélange en quantités équivalentes de dicyanodiamide et de sulfate de cuivre en poudre fine; le liquide bleu foncé que l'on obtient ainsi laisse déposer, au bout de quelques jours, des aiguilles rouges de sulfate de cuprométhyldiguanide. La réaction se produit plus rapidement si on chauffe en tube scellé à 100-110°; les cristaux sont purifiés par des lavages à l'eau froide.

*Cuprométhyldiguanide.* — On dissout le sulfate dans l'acide sulfurique faible, on ajoute une lessive de soude chaude jusqu'à dissolution du précipité formé d'abord et l'on filtre à chaud; on obtient, par refroidissement, la base sous la forme d'aiguilles d'un beau rose foncé renfermant $3,5H^2O$ [Reibenschuh, *Mon. f. Chem.*, 4, 388].

Éthyldiguanide. $C^2H^6Az^5(C^2H^5)$. — Ce corps a été obtenu par l'action de l'eau de baryte sur l'un de ses sulfates décrits plus loin. La dissolution est concentrée dans le vide. Il se présente sous la forme d'une masse cristalline blanche, déliquescente, à réaction fortement alcaline, facilement soluble dans l'alcool, insoluble dans l'éther; elle attire l'acide carbonique de l'air et déplace l'ammoniaque de ses sels. Sous l'action de la chaleur, elle se décompose en ammoniaque, éthylamine et acide cyanhydrique, avec résidu de charbon. C'est une base monacide, qui forme des sels acides et des sels neutres [Emich, *Mon. f. Chem.*, 4, 395].

On peut encore la préparer en chauffant au bain-marie, en tube scellé, un mélange de dicyanodiamide et de chlorhydrate d'éthylamine [Smolka et Friedreich, *loc. cit.*].

*Sulfate neutre*, $(C^4H^{11}Az^5)^2SO^4H^2$, $1,5H^2O$. — Il se forme par l'action de l'hydrogène sulfuré sur le sulfate de cupréthyldiguanide (voyez plus bas). Cristaux solubles dans l'eau, insolubles dans l'alcool et dans l'éther.

*Sulfate acide.* — Se produit par l'action de l'acide sulfurique sur une dissolution du sel précédent.

*Chlorhydrate neutre.* — Lamelles hexagonales très solubles dans l'eau et dans l'alcool.

*Chlorhydrate acide.* — Il est analogue au sel neutre.

*Picrate neutre.* — Grands cristaux brunâtres.

*Picrate acide.* — Aiguilles soyeuses jaune citron, presque insolubles dans l'eau froide.

*Nickeléthyldiguanide*, $(C^4H^{10}Az^5)^2Ni$. — On fait bouillir l'éthyldiguanide avec de l'hydrate de nickel et on filtre à chaud. Petits cristaux jaunes.

Le *sulfate* correspondant constitue de petits cristaux orangés, obtenus soit par l'action d'un excès d'éthyldiguanide sur une dissolution de sulfate de nickel, soit par la digestion prolongée de l'hydrate de nickel avec une dissolution de sulfate d'éthyldiguanide.

*Sulfate de cupréthyldiguanide*,

$$(C^4H^{10}Az^5)^2Cu, SO^4H^2.$$

— On le prépare en dissolvant un mélange de 7 parties de sulfate de cuivre cristallisé et de 8 parties de dicyanodiamide dans une dissolution aqueuse d'éthylamine à 20 0/0 et en chauffant ensuite en tube scellé à 100° pendant quelques heures. Cristaux rouges, presque insolubles dans l'eau. On l'obtient encore en faisant agir l'hydrate de cuivre sur le sulfate d'éthyldiguanide, ou bien le sulfate de cuivre sur l'éthyldiguanide.

*Cupréthyldiguanide.* — Se prépare facilement en dissolvant le sulfate dans l'acide sulfurique dilué et traitant à l'ébullition par un excès de solution de soude. Aiguilles rouges, peu solubles dans l'eau froide; la dissolution, de couleur rouge-violet, possède une réaction alcaline, attire facilement l'acide carbonique de l'air et déplace la soude et la potasse de leurs sulfates [Emich, *loc. cit.*].

DIÉTHYLDIGUANIDE, $C^6H^{15}Az^5(C^2H^5)^2$. — On fond un mélange à parties égales de chlorhydrate de diéthylamine et de diguanide, puis on chauffe la masse à 130° pendant quelques heures ; on reprend par le chloroforme, on évapore, on dissout le résidu dans l'eau et on précipite par le sulfate de cuivre et la potasse. On obtient ainsi un composé cuivrique rose, que l'on dissout dans l'acide sulfurique étendu et dont on élimine le cuivre à l'aide de l'hydrogène sulfuré ; on forme ainsi le *sulfate de diéthyldiguanide*, que l'on précipite par l'alcool : il est constitué par de petits prismes blancs, fusibles à 197° en se décomposant ; pour en séparer la base, on le chauffe pendant 3 ou 4 heures à 100° avec 3 parties de baryte et 8 parties d'eau [Emich, *loc. cit.*].

ISOBUTYLDIGUANIDE, $C^2H^6Az^5(C^4H^9)$. — On obtient cette base en décomposant à chaud son sulfate par la baryte. C'est un liquide sirupeux, incristallisable, à réaction fortement alcaline ; il attire rapidement l'acide carbonique de l'air et déplace de leurs sels l'alumine, la magnésie, la chaux, la strontiane, la baryte et l'ammoniaque. Chauffé avec du chloroforme et de la soude alcoolique, il paraît se comporter comme une base primaire et fournir une carbylamine. Les alcalis concentrés le dédoublent à chaud en isobutylamine et dicyanodiamide.

*Sulfate neutre*, $(C^6H^{15}Az^5)^2 SO^4H^2$, $1,5 H^2O$. — On le prépare en faisant passer, à la température du bain-marie, un courant d'hydrogène sulfuré dans une suspension aqueuse de *sulfate de cuproisobutyldiguanide*. Lamelles incolores, solubles dans l'eau.

*Sulfate acide*. — Obtenu par l'action de l'acide sulfurique dilué sur le sulfate neutre. Grandes lames transparentes, peu solubles dans l'alcool.

*Chlorhydrate neutre*. — Par double décomposition entre le sulfate et le chlorure de baryum. Prismes incolores, solubles dans l'eau, fusibles à 216°.

*Chlorhydrate acide*. — Déliquescent, fusible à 194°.

*Chloroplatinate* renfermant $H^2O$. — Aiguilles jaunes, très solubles dans l'eau.

*Chromate*. — Cristallise avec $H^2O$.

*Oxalate neutre*. — Lamelles anhydres.

*Sulfate de cuproisobutyldiguanide*

$$(C^6H^{14}Az^5)^2 Cu , SO^4H^2.$$

— On sature par la dicyanodiamide un mélange de sulfate de cuivre et de solution d'isobutylamine à 20 0/0. Anhydre, il se présente en cristaux rouges, solubles dans l'eau ; hydraté, il est rose.

*Chlorhydrate* $+ 0,5 H^2O$. — Par le chlorure de baryum et le sulfate. Aiguilles roses, solubles dans l'eau ; la solution est violette.

*Azotate*. — On l'a préparé par double décomposition.

*Cuproisobutyldiguanide*. — On fait dissoudre le sulfate ci-dessus dans de l'acide sulfurique faible, et on fait bouillir la dissolution avec de la soude. Fines aiguilles roses, solubles en violet dans l'eau bouillante. Base énergique, qui attire vivement l'acide carbonique de l'air et déplace de leurs sels l'alumine et la magnésie (Smolka, *Mon. f. Chem.*, 4, 815).

ALLYLDIGUANIDE, $C^5H^{11}Az^5$. — On l'obtient soit en traitant son sulfate neutre par la baryte, soit en décomposant le *cuproallyldiguanide* par l'hydrogène sulfuré. Sirop épais, incristallisable, soluble dans l'alcool et dans l'eau, à réaction fortement alcaline ; ses dissolutions attirent l'acide

carbonique de l'air et précipitent les oxydes métalliques.

*Sulfate neutre*. — Formé par l'action de l'hydrogène sulfuré sur le *sulfate de cuproallyldiguanide*. Prismes incolores, très solubles dans l'eau.

*Sulfate acide*. — Lamelles incolores, très déliquescentes.

*Chlorhydrate neutre*. — Prismes incolores, solubles dans l'eau.

*Chlorhydrate acide*. — Petits prismes déliquescents.

*Sulfate de cuproallyldiguanide*. — On l'obtient en chauffant pendant 5 heures, à 100°, en tube scellé, un mélange de dicyanodiamide, de dissolution de sulfate de cuivre et de dissolution d'allylamine à 40-45 0/0. Aiguilles roses quand il est hydraté (1 molécule $H^2O$) ; anhydre, il est rouge-carmin ; peu soluble dans l'eau.

*Chlorhydrate*. — Aiguilles roses.

*Azotate*. — Cristallisé.

*Cuproallyldiguanide*. — Il se prépare en traitant par la soude une solution bouillante de sulfate. Aiguilles roses ; base énergique [Smolka, *Mon. f. Chem.*, 8, 379].

PHÉNYLDIGUANIDE, $C^8H^6Az^5(C^6H^5)$. — On l'obtient en chauffant à 100° un mélange de dicyanodiamide et de chlorhydrate d'aniline, ou bien encore en décomposant à chaud la guanylphénylsulfo-urée par les oxydes de mercure et d'argent, par le chlorure mercurique, l'azotate d'argent. Paillettes blanches, solubles dans l'eau et dans l'alcool.

*Azotate*. — Cristaux fusibles à 208-209°, solubles dans l'eau et dans l'alcool ; la dissolution aqueuse est précipitée par la soude.

*Chlorhydrate*. — Prismes brillants, très réfringents, solubles dans l'eau et dans l'alcool, obtenus par l'action du chlorure mercurique sur la guanylphényl-sulfo-urée. En traitant sa dissolution par de l'oxyde d'argent fraîchement précipité, on met la base en liberté ; c'est le meilleur procédé pour la préparer.

*Sulfate*. — Cristaux blancs, formés en traitant le chlorhydrate par le sulfate d'argent [Bamberger, *D. chem. G.*, 13, 1580].

*Phénylcuprodiguanide*,

$$(C^8H^{10}Az^5)^2 Cu , 1,5 H^2O.$$

— On obtient le chlorhydrate de cette base quand on fait digérer de l'hydrate de cuivre avec une dissolution de chlorhydrate de phényldiguanide : il se dépose en cristaux rouge carmin, dont la dissolution, traitée à chaud par la soude, donne par refroidissement la base en cristaux roses. Cette dernière est peu soluble dans l'eau froide, se décompose à 130-135° et se carbonate rapidement à l'air.

*Sulfate*. — Aiguilles microscopiques.

*Chromate*. — Poudre cristalline d'un jaune verdâtre.

*Phénylnickelodiguanide*, $(C^8H^{10}Az^5)^2 Ni$. — Il se prépare comme le précédent. Poudre jaune, insoluble dans l'eau.

*Chlorhydrate*. — Cristaux jaunes, solubles dans l'eau, décomposables vers 150°.

*Sulfate*. — Poudre orangée.

*Phénylcobaltodiguanide*. — Obtenu comme les précédents. Poudre cristalline rose, qui se décompose vers 145°.

*Chlorhydrate*. — Lamelles rouges, solubles dans l'eau, se décomposant vers 140°.

*Sulfate*. — Aiguilles soyeuses, d'un rouge carmin, qui se décomposent vers 150° [Smolka et Friedreich, *loc. cit.*].

β-DIPHÉNYLDIGUANIDE. — On chauffe pendant 3 heures à 100° un mélange de 1 molécule de dicyanodiamide, de 1 molécule de chlorhydrate de diphénylamine et d'alcool à 95° : le corps se dépose par refroidissement en fines aiguilles blanches à réaction fortement alcaline, très solubles dans l'alcool dilué et fusibles à 160-162° en se décomposant.

*Azotate.* — Prismes incolores, à réaction neutre, fusibles à 201-203° en se décomposant.

*Sulfate.* — Aiguilles. Chauffé avec la chaux, il donne de la diphénylamide et de la cyanamide [Emich, *loc. cit.*].

Le diphényldiguanide est encore obtenu lorsqu'on traite la guanylphénylsulfo-urée par les oxydes de mercure et d'argent en présence de l'aniline [Bamberger, *loc. cit.*].

Pentaphényldiguanide,

$$C^6H^5 . HAz \gtrless C - Az(C^6H^5) - C \lessgtr Az \quad C^6H^5$$
$$C^6H^5 . Az \qquad \qquad \qquad AzH . C^6H^5$$

— Il se forme en abondance lors de la préparation de la triphénylguanidine, à l'aide de la diphénylcyanamide et de l'aniline en excès en dissolution alcoolique froide. A peine soluble dans l'alcool froid, il se dissout facilement dans l'acétone, l'éther, la ligroïne.

Ce corps prend naissance également par la désulfuration de la sulfocarbanilide fusible à 160° [Scholl, *J. prakt. Chem.*, (2), **55**, 416].

*Chlorhydrate.* — Cristallisé, fusible à 213°.

Tétraphényl-p-crésyldiguanide,

$$C^6H^5 . Az \gtrless C - Az(C^7H^7) - C \lessgtr Az . C^6H^5$$
$$C^6H^5 . HAz \qquad \qquad \qquad AzH . C^6H^5$$

— On le prépare facilement en mélangeant des dissolutions alcooliques de diphénylcyanamide (2 molécules) et de p-toluidine (1 molécule). Petits cristaux fusibles à 150°, peu solubles dans l'alcool absolu. Il se produit aussi lors de la formation de la diphényl-p-crésylguanidine. Ses sels sont solubles dans l'alcool, insolubles dans l'eau.

*Chlorhydrate.* — Fusible à 156°.

*Chloroplatinate.* — Amorphe, fusible à 136°.

Tétra-o-crésylphényldiguanide,

$$C^7H^7 . HAz \gtrless C - Az(C^6H^5) - C \lessgtr AzH . C^7H^7$$
$$C^7H^7 . Az \qquad \qquad \qquad Az . C^7H^7$$

— Formé lors de l'action de 1 molécule d'aniline sur 2 molécules de di-o-crésylcyanamide. Aiguilles (dans l'alcool) fusibles à 111°.

*Chlorhydrate.* — Précipité cristallin peu soluble dans l'eau et dans l'alcool.

*Chloroplatinate.* — Amorphe [Marckwald, *Ann. Chem.*, **286**, 343].

Pipéryldiguanide. — De même que l'ammoniaque, les bases secondaires se combinent avec la dicyanodiamide pour former des combinaisons analogues au diguanide. C'est ainsi que la pipéridine donne le pipéridyldiguanide,

$$AzH \gtrless C - AzH - C \lessgtr AzH . C^5H^{10}$$
$$AzH^2 \qquad \qquad AzH$$

Pour l'obtenir, on prépare d'abord le *cupropipéridyldiguanide*; on chauffe en tube scellé à 100-120°, pendant quelques heures, un mélange de dicyanodiamide, de sulfate de cuivre et de pipéridine en solution aqueuse concentrée; par refroidissement il se dépose des lamelles rouges, que l'on décompose par la soude. La base cuivrique que l'on obtient ainsi est très peu soluble dans l'eau à froid, plus soluble à chaud; elle forme des sels cristallisés. En lui enlevant le cuivre à l'aide de l'hydrogène sulfuré, on obtient le pipéridyldiguanide, qui cristallise en aiguilles incolores fusibles à 163°. C'est une base énergique.

*Chlorhydrate.* — Fusible à 217°.

*Sulfate acide.* — Fusible à 173°.

*Sulfate neutre.* — Fusible à 219°.

*Chloroplatinate.* — Fusible à 252° [Bamberger et Seeberger, *D. chem. G.*, **24**, 899].

o-phénylène-diguanide. — Les diamines réagissent également sur la dicyanodiamide pour donner naissance à des diguanides substitués. C'est ainsi que l'o-phénylène-diamine donne naissance à l'*o-phénylène-diguanide* qui se forme avec dégagement d'ammoniaque, selon l'équation

$$C^6H^4 \lessgtr \begin{matrix} AzH^2 \\ AzH^2 \end{matrix} + \begin{matrix} C Az \\ > AzH \\ C = AzH \\ | \\ AzH^2 \end{matrix}$$

$$= AzH^3 + C^6H^4 \lessgtr \begin{matrix} AzH - C = AzH \\ > AzH \\ AzH - C = AzH \end{matrix}$$

Pour l'obtenir, on chauffe à l'ébullition au bain-marie une solution alcoolique de chlorhydrate d'o-phénylène-diamine et de dicyanodiamide; il se dépose, par refroidissement, du chlorhydrate d'ammoniaque, et le nouveau corps reste dans les eaux mères à l'état de chlorhydrate; on l'en sépare sous forme d'azotate en y ajoutant de l'acide azotique.

*Azotate acide,* $(C^8H^9Az^5)^2 , 5AzO^3H + 3H^2O$. — Cristaux jaune clair, se décomposant à 160°, peu solubles dans l'eau froide, solubles dans l'eau bouillante.

L'o-phénylène-diguanide s'obtient en traitant la dissolution aqueuse de l'azotate par l'ammoniaque ou par un carbonate alcalin.

Lamelles soyeuses et nacrées, stables à l'air, fusibles à 242° en se décomposant. Peu soluble dans l'eau froide, soluble dans l'eau bouillante, très soluble dans l'alcool et l'acétone, peu soluble dans l'éther, insoluble dans le benzène; les dissolutions sont alcalines et colorées en jaune. Base monacide, donnant des sels bien cristallisés. Le *chlorhydrate neutre* est en aiguilles incolores, très solubles dans l'eau et dans l'alcool. Le *chloroplatinate* forme de longues aiguilles jaunes peu solubles. Le *sulfate acide* est peu soluble dans l'eau froide, très soluble dans l'eau bouillante. Le *sulfate neutre* est très soluble dans l'eau. Le *chromate* est en lamelles jaune d'or peu solubles.

La *combinaison cobaltique,*

$$(C^8H^8Az^5)^3 Co , 3,5 H^2O,$$

est en petits cristaux rouge-grenat, peu solubles dans l'eau, solubles dans les acides.

La *combinaison nickélique,* $(C^8H^8Az^5)^2Ni$, forme de petites aiguilles de couleur chocolat [Ziegelbauer, *Mon. f. Chem.*, **17**, 648.]

E. Bürcker.

**GUANIDINE** [Syn. *Diamino-imino-méthane*] (1er Suppl., 890). — La guanidine,

$$HAz = C \lessgtr \begin{matrix} AzH^2 \\ AzH^2 \end{matrix}$$

se rencontre parmi les produits d'oxydation des matières albuminoïdes lorsqu'on les traite par le permanganate de potassium [Lossen, *Ann. Chem.*, **204**, 369]. Elle a été trouvée dans certains végétaux, par exemple dans les germes étiolés de la vesce [Schultze, *D. chem. G.*, **25**, 658].

La guanidine paraît être infermentescible et imputrescible.

*Recherche de la guanidine.* — On transforme la base en guanylurée,

$$HAz = C \lessgtr \begin{matrix} AzH^2 \\ AzH - CO - AzH^2 \end{matrix}$$

en la fondant avec l'urée ou par le procédé de

Bamberger [*D. chem. G.*, **20**, 68]. Pour cela, on chauffe à 160°, dans un appareil distillatoire, un mélange intime de 1 molécule de carbonate de guanidine et de 2 molécules d'uréthane ; ou bien on chauffe à 180° un mélange de cyanate de potassium et de chlorhydrate de guanidine. On forme ensuite l'azotate de guanylurée, qui cristallise en aiguilles blanches, peu solubles et caractéristiques.

On peut encore transformer la guanidine en picrate, que l'on reconnaît à ses caractères décrits plus loin. L'acide picrique a du reste été indiqué par M. Prelinger comme le réactif général de toutes les guanidines [*Mon. f. Chem.*, **13**, 97].

Le réactif de Nessler peut facilement aussi servir à caractériser la guanidine : tous les sels de cette base fournissent avec ce réactif un précipité floconneux, blanc ou légèrement jaunâtre ; une dissolution à 0,05 0/0 d'azotate de guanidine donne encore un précipité assez abondant [Schultze, *loc. cit.*].

Un des sels les plus caractéristiques de la guanidine est le *cyanurate*, $(CAzOH)^3 . CH^5Az^3$. On l'obtient en aiguilles soyeuses, longues de plusieurs centimètres, en chauffant du carbonate de guanidine avec une solution d'acide cyanurique tant qu'il se dégage de l'acide carbonique, et laissant refroidir [Bamberger, *D. chem. G.*, **20**, 68].

Soumise à l'action de l'hypobromite de sodium, la guanidine perd sensiblement les deux tiers de son azote ; il se forme en même temps de l'acide cyanique,

$$HAz = C \underset{AzH^2}{\overset{AzH^2}{\diagdown}} + O^3 = Az^2 + 2H^2O + COAzH$$

[Emich, *Mon. f. Chem.*, **12**, 23].

SELS DE GUANIDINE. — *Azotate.* — Ce composé se forme lorsqu'on électrolyse le charbon de cornue purifié au chlore dans une solution ammoniacale à 50 0/0 d'ammoniaque liquide.

Les dosages d'acide azotique dans ce corps ne peuvent pas être effectués par les méthodes ordinaires. On obtient au contraire des résultats absolument précis par le dosage à l'état d'azotate de cinchonamine [Millot, *Bull. Soc. Chim.*, (2), **46**, 244].

*Azotite.* — Obtenu en faisant agir l'acide azoteux sur les amidines. Beaux cristaux inaltérables à l'air, insolubles dans l'éther, fusibles à 76-78° [Lossen, *Ann. Chem.*, **265**, 129].

*Sulfocyanate.* — D'après les observations de M. Engel [*Bull. Soc. Chim.*, (2), **44**, 424], ce corps n'est pas déliquescent ; il est onctueux au toucher et très soluble dans l'eau ; 100 parties d'eau en dissolvent 73 parties à 0° et 134°,9 à 15° ; à l'ébullition, la solubilité est illimitée et le point d'ébullition du liquide bouillant dépasse bientôt le point de fusion du sel, qui est de 120°. En se dissolvant dans l'eau, le sulfocyanate de guanidine détermine un abaissement considérable de la température : de l'eau à 30°,5 est ramenée à 4° en se saturant de ce sel ; de l'eau à 15°,5 descend à 3°, la solubilité du sel étant moindre à cette température.

La solubilité du sulfocyanate de guanidine pur dans les alcalis permet de le substituer à la guanidine dans tous les emplois de cette base ; ainsi il réagit sur l'éther acétylacétique en donnant de l'*imino-méthyluracile* (voir plus loin) [Michaël, *J. prakt. Chem.*, (2), **49**, 26].

*Picrate.* — Ce sel est obtenu en ajoutant de l'acide picrique à une solution aqueuse d'un sel de guanidine ; il se présente sous la forme d'un précipité cristallin jaune, soluble dans 2°,5 d'eau froide, peu soluble dans l'alcool et dans l'éther, à réaction neutre. On a vu plus haut que l'on utilisait sa formation pour le dosage approximatif de la guanidine dans un liquide [Emich, *loc. cit.*].

DÉRIVÉS DE LA GUANIDINE.

PRODUITS DE CONDENSATION.

1° *Avec l'acétylacétone.* — En faisant réagir des quantités équivalentes d'acétylacétone (pentane-dione 2.4) et de carbonate de guanidine, on observe un dégagement d'acide carbonique, et il se forme après refroidissement une masse cristalline très soluble à chaud, à peu près insoluble à froid, fusible à 153°. C'est une *amino 2-diméthyle 4.6-pyrimidine* ou β-*diazine* :

$$CH^3 - C \underset{Az}{\overset{CH}{\diagup\diagdown}} C - CH^3$$
$$Az \qquad Az$$
$$C - AzH^2$$

[Combes, *Bull. Soc. Chim.*, (3), **7**, 791].

D'après M. Evans, l'acétylacétone ne se combinerait pas directement avec la guanidine.

2° *Avec les éthers des acides* β-*cétoniques.* — En chauffant 8 grammes de carbonate de guanidine avec 12 grammes d'éther acétylacétique et 25 centimètres cubes d'alcool, on obtient un précipité qui cristallise en longs prismes ; c'est l'*iminométhyluracile*,

$$HAz = C \overset{\diagup AzH - C - CH^3}{\underset{\diagdown AzH - CO}{\phantom{xxx}\geqslant CH}}$$

déjà cité plus haut. Ce corps fond à 270° en se décomposant ; il est assez soluble dans l'eau bouillante, très peu dans l'eau froide et dans l'alcool, insoluble dans l'éther.

Son *chlorhydrate* est en cristaux fusibles à 295° ; son *sulfate acide* fond à 180° ; son *azotate* est en aiguilles détonant à 120°. Le *dérivé monobromé* est une poudre jaune. En présence de l'eau, le brome donne le *dibromoximidométhyluracile*, fusible à 160°.

Le carbonate de guanidine et le méthylacétylacétate d'éthyle donnent, dans les mêmes conditions, naissance à l'*iminodiméthyluracile*, $C^6H^9Az^3O$, fusible à 320°.

De même la guanidine et l'éther benzoylacétique donnent l'*iminophényluracile*, $C^{10}H^9Az^3O$, fusible à 294° [Jaeger, *Ann. Chem.*, **262**, 365].

La guanidine en solution acétique se condense avec 2 molécules d'éther oxalacétique en donnant un composé cristallisé, fusible à 147° :

$$HAz = C \overset{\diagup Az = C \diagdown CO^2 . C^2H^5}{\underset{\diagdown Az = C \diagdown CH^2 - CO^2 . C^2H^5}{\phantom{xx}}}$$

[Muller, *J. prakt. Chem.*, (2), **56**, 475].

Ce composé est saponifié par l'acide chlorhydrique bouillant ; il est soluble dans l'acide acétique, l'alcool et l'eau, insoluble dans le benzène et dans l'éther. On peut l'obtenir aussi en maintenant pendant longtemps à 100° le mélange d'oxalacétate d'éthyle et de carbonate de guanidine.

3° *Avec les dicétones.* — En faisant bouillir dans un appareil à reflux un mélange de 1 molécule de phénanthrène-quinone en solution alcoolique et de 2 molécules de carbonate de guanidine en solution aqueuse, on obtient le *phénanthrène-quinone-diguanyle*,

$$C^6H^4 - C = Az - CAzH - AzH^2$$
$$\big| \qquad \big|$$
$$C^6H^4 - C = Az - CAzH - AzH^2$$

Prismes jaunes, décomposables vers 200°.

Le *chlorhydrate* est en longues aiguilles.

Le *benzylmonoguanyle*,

$$C^6H^5 - C = Az\,C - Az\,H - Az\,H^2$$
$$\;\;\;|\qquad\qquad |$$
$$C^6H^5 - C = 0$$

est obtenu en faisant agir 1 molécule de carbonate de guanidine sur 1 molécule de benzyle. Lamelles blanches, insolubles dans l'eau, solubles dans l'alcool.

Le *benzyldiguanyle* se prépare de même en employant une proportion double de carbonate de guanidine. Longues aiguilles, très solubles dans l'eau, dans l'alcool et dans l'acide chlorhydrique.

Le *chloroplatinate* forme des cristaux cubiques [Wense, *D. chem. G.*, **19**, 761].

La *benzoylacétonylguanidine*,

$$C^6H^5 - C = Az$$
$$\qquad\qquad|\qquad\qquad\searrow$$
$$\qquad C\,H^2\qquad C = Az\,H,$$
$$\qquad\qquad|\qquad\nearrow$$
$$C\,H^3 - C = Az$$

a été obtenue en chauffant à 120° un mélange de benzoylcétone et de carbonate de guanidine. Elle fond à 173°.

*Chloroplatinate*. — Aiguilles jaunes.

Les *sulfates*, le *chlorhydrate*, l'*azotate*, le *chromate* sont cristallisés.

Le *dérivé monacétylé* est fusible à 146°.

La phénylacétylcétone se combine également avec la guanidine vers 115-120° en formant la *phénylacétylacétonylguanidine*, $C^{12}H^{13}Az^3$, qui cristallise en aiguilles fusibles à 108° et fournit un *chloroplatinate* cristallisé [Evans, *J. prakt. Chem.*, (2), 48, 489].

En traitant, en présence de l'ammoniaque alcoolique, la diacétone-phénylthio-urée par l'oxyde jaune de mercure, puis par l'acide acétique cristallisable, on obtient une guanidine cyclique, l'*anhydrodiacétone-phénylguanidine* ou *triméthylphénylamino - dihydropyrimidine*. Cette substance, qui ne renferme pas d'oxygène, est douée de propriétés basiques énergiques [Traube et Schall, *D. chem. G.*, **32**, 3174].

NITROGUANIDINE, $Az\,H = C\,(Az\,H^3)\,Az\,H$, $Az\,O^2$. — D'après M. Thiele [*Ann. Chem.*, 270, 1], ce corps serait le même que la nitrosoguanidine de Jousselin (voyez 1er Suppl.) Il se prépare en dissolvant le sulfocyanate de guanidine dans l'acide sulfurique et en y ajoutant ensuite de l'acide sulfurique fumant; après refroidissement, on y mélange de l'acide azotique fumant et on précipite dans l'eau froide. La nitroguanidine est soluble dans l'eau bouillante, très peu au contraire dans l'eau froide; elle fond à 236° et fonctionne comme un acide, grâce à la présence de $Az\,H - Az\,O^2$ dans sa molécule; elle se dissout dans les alcalis; l'acide carbonique la précipite de ses dissolutions.

La nitroguanidine donne des *composés monoet diargentiques*; parmi les *sels*, l'*azotate* est cristallisé et fond à 147°; le *chlorhydrate* cristallise en prismes.

NITROSOGUANIDINE, $C\,H^4\,Az^4\,O$. — M. Thiele [*Ann. Chem.*, 273, 133] a obtenu ce corps lors de la réduction de la nitroguanidine en aminoguanidine (voyez plus bas). Aiguilles jaunes, que l'on obtient surtout lorsqu'on se sert, pour opérer la réduction, de zinc et d'acide sulfurique, plutôt que d'acide acétique.

Ce corps détone à 160-165° sans fondre; il est insoluble dans l'alcool et dans l'éther, soluble dans les alcalis et dans les acides étendus. Sa dissolution acide est dédoublée à chaud en acide azoteux et en guanidine. Par ébullition avec de l'eau, il se décompose en cyanamide, eau et azote.

*Chlorhydrate*, $C\,H^4\,Az^4\,O$, $H\,Cl$. — Poudre jaune, très altérable.

*Combinaison argentique*. — Précipité blanc, explosible.

*Combinaison cuivrique*. — Précipité brun. Oxydée à l'aide du permanganate de potassium, la nitrosoguanidine se transforme en nitroguanidine.

L'hydrate d'hydrazine réagit sur ce corps molécule à molécule, vers 40-45°, en donnant naissance à de l'aminoguanidine. Avec 1 molécule d'hydrazine et 2 molécules de nitrosoguanidine, on obtient un produit intermédiaire, l'*hydrazodicarbonamidine*, qui est dû à la réaction de la nitrosoguanidine sur l'aminoguanidine d'abord formée.

AMINOGUANIDINE,

$$H\,Az = C\;\underset{\textstyle Az\,H^2}{\overset{\textstyle Az\,H - Az\,H^2}{\big\langle}}$$

— Obtenue, comme il a été dit ci-dessus, par réduction de la nitroguanidine à l'aide de la poudre de zinc et de l'acide acétique ou de l'acide sulfurique. Ce corps est soluble dans l'eau et dans l'alcool, insoluble dans l'éther. Par ébullition avec les acides étendus ou avec les alcalis, il se dédouble en carbonate d'ammonium et hydrazine.

*Chlorhydrate*. — Cristaux très solubles dans l'eau, fusibles à 163°.

*Chloroplatinate*. — Cristaux jaunes.

L'*azotate* est, avec le *picrate*, le moins soluble des sels d'aminoguanidine. Lamelles cristallines, fusibles à 144°

*Sulfate neutre*. — Aiguilles fusibles à 207-208° en se décomposant.

*Sulfate acide*. — Tables fusibles à 161°.

*Picrate*. — Aiguilles jaunes.

*Azotate d'aminocuproguanidine*,

$$(C\,H^5\,Az^4)^2\,Cu\,.\,(Az\,O^3\,H)^2.$$

— Précipité cristallin violet, qui se forme par l'action de l'acétate de guanidine sur l'azotate de cuivre mélangé d'acétate de sodium.

*Azotate d'acétylaminoguanidine*,

$$C^3\,H^8\,Az^4\,O\,,\,Az\,O^3\,H\,,\,H^2\,O.$$

— Ce composé est obtenu lorsqu'on chauffe une solution d'azotate d'aminoguanidine avec de l'acide acétique cristallisable. Prismes fusibles à 142-143°.

L'aminoguanidine et ses sels réagissent avec les aldéhydes. On a préparé ainsi la *benzalaminoguanidine*,

$$H\,Az = C\;\underset{\textstyle Az\,H^2}{\overset{\textstyle Az\,H - Az = C\,H\,.\,C^6\,H^5}{\big\langle}}$$

Lamelles argentées, fusibles à 178°, à réaction alcaline.

*Chlorhydrate*. — Aiguilles blanches.

*Chloraurate, chloroplatinate*. — Cristallisés.

*Azotate, azotite*. — Lamelles fusibles à 137°.

En condensant l'aldéhyde salicylique avec l'azotate d'aminoguanidine, on obtient l'*oxybenzylidène-aminoguanidine*,

$$O\,H - C^6\,H^4 - C\,H = Az - Az\,H = C\;\underset{\textstyle Az\,H^2}{\overset{\textstyle Az\,H}{\big\langle}}$$

Aiguilles incolores, fusibles à 192°, solubles dans l'eau bouillante et dans l'alcool, peu solubles dans les dissolvants organiques. [Wedekind, *D. chem. G.*, **31**, 942.]

En chauffant l'acétophénone avec l'aminoguanidine en solution dans l'alcool faible, en présence de la potasse, on obtient l'*acétophénone-aminoguanidine*,

$$C^6\,H^5 - C\,(C\,H^3) = Az - Az\,H - C\,(Az\,H^2) = Az\,H.$$

Lamelles incolores, brillantes, fusibles à 182°,5, solubles dans les dissolvants organiques, sauf la ligroïne ; la solution alcoolique est précipitée par l'azotate d'argent [Wedekind et Bronstein, *Ann. Chem.*, 307, 293].

Combinaisons azoïques et hydrazoïques de l'aminoguanidine. — *Azotate d'azodicarbonamidine*,

$$\text{Az H}^2 - \text{C} - \text{Az} = \text{Az} - \text{C} - \text{Az H}^2 + 2 \text{ Az O}^3 \text{H}$$
$$\underset{\text{Az H}}{\overset{\parallel}{}} \qquad \underset{\text{Az H}}{\overset{\parallel}{}}$$

— Obtenu par oxydation du diazotate d'aminoguanidine en solution acide, à l'aide du permanganate de potassium. Poudre cristalline jaune, détonant vers 180-184° ; les agents réducteurs ($H^2S$) le transforment en *azotate d'hydrazodicarbonamidine* : cristaux fusibles à 138°.

*Azotate de diazoguanidine*,

$$\text{H Az} = \text{C} < \overset{\text{Az H} - \text{Az} = \text{Az}, \text{Az O}^3}{\text{Az H}^2}$$

— Ce composé se forme par l'action de l'azotite de sodium sur l'azotate d'aminoguanidine additionné d'acide azotique ; très soluble dans l'eau, fusible à 129°.

*Chlorhydrate.* — Cristallisé ; s'obtient comme l'azotate.

La soude ou l'azotate d'argent ammoniacal agissant sur un sel de diazoguanidine donnent naissance à l'acide azothydrique. Par ébullition des sels de diazoguanidine avec les acides étendus on obtient, en même temps que l'acide azothydrique, l'*acide amidotétrazotique*,

$$\text{H}^2 \text{Az} - \text{C} < \overset{\text{Az H} - \text{Az}}{\underset{\text{Az} - \text{Az}}{\overset{\parallel}{}}}$$

en cristaux fusibles à 203°. Cet acide forme des sels cristallisés [Thiele, *loc. cit.*].

Une dissolution alcoolique d'azotate d'aminoguanidine additionnée de potasse alcoolique fixe le cyanogène : il se forme un *composé*

$$\text{C}^4 \text{H}^{10} \text{Az}^{12} \text{O}^6,$$

cristallisé en aiguilles incolores, fusibles à 223° [Muller, *loc. cit.*].

Combinaisons de l'aminoguanidine avec les sucres. — Le dextrose, le galactose et le lactose se combinent avec l'aminoguanidine, avec élimination d'une molécule d'eau, pour donner des combinaisons cristallines. En partant des aldoses, on peut employer deux procédés pour leur préparation :

1° On chauffe au bain-marie les composants placés en solution alcoolique ;

2° On les fond ensemble.

Ce dernier procédé est préférable au premier lorsque le point de fusion de la combinaison est plus élevé que celui du sucre dont elle provient.

*Chlorhydrate de dextrosaminoguanidine.* — Obtenu en faisant agir le chlorhydrate d'aminoguanidine sur le dextrose :

$$\text{C}^6 \text{H}^{12} \text{O}^6 + \text{C Az}^4 \text{H}^6, \text{H Cl}$$
$$= \text{C}^7 \text{H}^{16} \text{Az}^4 \text{O}^5, \text{H Cl} + \text{H}^2 \text{O}.$$

Cristaux fusibles à 165°, très solubles dans l'alcool, presque insolubles dans l'éther. Pouvoir rotatoire $[\alpha]_D = + 15°,8$. A l'ébullition, les alcalis et les acides le scindent en dextrose et chlorhydrate d'aminoguanidine.

Le *sulfate neutre de dextrosaminoguanidine* s'obtient comme le chlorhydrate. Cristaux lévogyres.

L'*azotate* cristallise en aiguilles fusibles à 180°.

Le *dérivé acétylé* cristallise avec une molécule

d'eau ; il est peu soluble dans l'eau, mais se dissout facilement dans le benzène bouillant, l'acide acétique, l'alcool. Lévogyre.

*Chlorure de galactosaminoguanidine*,

$$\text{C}^7 \text{H}^{16} \text{Az}^4 \text{O}^5, \text{H Cl}, 0,5 \text{H}^2 \text{O}.$$

— Ce composé a été obtenu par le premier procédé de préparation indiqué ci-dessus. Il perd son eau de cristallisation à 125° dans le vide, en fondant en une masse vitreuse incolore. Faiblement dextrogyre.

*Sulfate de galactosaminoguanidine*,

$$(\text{C}^7 \text{H}^{16} \text{Az}^4 \text{O}^5)^2, \text{S O}^4 \text{H}^2, 3 \text{H}^2 \text{O}.$$

— Ce corps a été obtenu à l'aide du premier procédé. Il se forme d'abord une huile qui, au bout d'un certain temps, se prend en une masse de cristaux solubles dans l'eau, peu solubles dans l'alcool, insolubles dans l'éther. Faiblement dextrogyre.

*Sulfate de lactosaminoguanidine*,

$$(\text{C}^{12} \text{H}^{22} \text{O}^{10})^2 (\text{C Az}^4 \text{H}^4)^2, \text{S O}^4 \text{H}^2, 7 \text{H}^2 \text{O}.$$

— Dextrogyre. Ce composé perd son eau à 133° dans le vide.

*Azotate de lactosaminoguanidine*,

$$(\text{C}^{12} \text{H}^{22} \text{O}^{10}) (\text{C Az}^4 \text{H}^4), \text{Az O}^3 \text{H}.$$

— Il a été obtenu par le deuxième procédé, en fondant ensemble, vers 150°, des quantités équimoléculaires des composants. Par cristallisation dans l'alcool, on obtient des aiguilles microscopiques qui fondent vers 200° en se décomposant. Dextrogyre.

Toutes ces bases, isolées des sulfates par traitement à la baryte, sont fortement alcalines, se colorent en jaune dans l'air sec à la température ordinaire, et se prennent en une masse amorphe [Wolff, *D. chem. G.*, 27, 971 ; 28, 2613].

Acide guanidine-acétique (*glycocyamine*),

$$\text{H Az} = \text{C} < \overset{\text{Az H}^2}{\underset{\text{Az H} - \text{CH}^2 - \text{CO}^2 \text{H}}{}}$$

Ce composé, identique à celui qu'obtint Strecker en faisant agir l'ammoniaque sur le phénylglycocolle et la cyanamide, prend naissance quand on chauffe le glycocolle avec le carbonate de guanidine :

$$2 \text{C}^2 \text{H}^5 \text{Az O}^2 + (\text{C}^8 \text{H}^6 \text{Az}^3)^2 \text{C O}^3$$
$$= 2 \text{C}^3 \text{H}^7 \text{Az}^3 \text{O}^2 + (\text{Az H}^4)^2 \text{C O}^2$$

[Nencki et Sieber, *J. prakt. Chem.*, (2), 17, 477].

Dérivés guanidiques d'acides bibasiques. — — La guanidine agit à la température ordinaire sur les éthers oxalique et malonique ; il y a dans cette réaction départ d'alcool et formation de corps voisins des acides parabanique et barbiturique. Au lieu du groupement uréique de ces acides, il y a ici un groupement guanidique plus basique. Ces corps sont solubles dans les acides concentrés.

L'*oxalylguanidine*,

$$\text{H Az} = \text{C} < \overset{\text{Az H} - \text{C O}}{\underset{\text{Az H} - \text{C O}}{\overset{\mid}{}}} + \text{H}^2 \text{O},$$

est obtenue en faisant agir 2 molécules de guanidine sur 1 molécule d'oxalate d'éthyle, ou bien encore en traitant le sulfocyanate de guanidine et l'éthylate de sodium, en solution dans l'alcool absolu, par l'oxalate d'éthyle. On peut en chasser l'eau sans la décomposer ; elle fond à 266-268°. Sous l'influence des alcalis, elle se transforme en acide oxalique et guanidine.

La *malonylguanidine*,

$$\mathrm{H\,Az} = \mathrm{C} < {\begin{array}{c} \mathrm{Az\,H - CO} \\ \mathrm{Az\,H - CO} \end{array}} > \mathrm{CH^2} + \mathrm{H^2O},$$

se prépare comme la précédente, en employant le malonate d'éthyle. Aiguilles fusibles à 310°, facilement solubles dans les alcalis. A l'ébullition, cette dissolution se décompose en guanidine et acide malonique.

Cette guanidine se comporte comme un acide monobasique.

Son *sel de baryum* cristallise avec $8\,\mathrm{H^2O}$. Sa dissolution possède une réaction alcaline.

Elle fournit un *dérivé dibromé*, cristallisé en fines aiguilles légèrement jaunâtres, et un *dérivé nitré*, obtenu en introduisant la malonylguanidine dans l'acide azotique fumant. Poudre cristalline jaune.

Le *dérivé isonitrosé* se forme en ajoutant peu à peu de l'acide chlorhydrique dilué à une dissolution ammoniacale de malonylguanidine renfermant de l'azotite de potassium. Aiguilles violettes. Ce corps forme des sels qui, traités par l'acide sulfurique dilué, donnent un précipité gris-verdâtre d'isonitrosomalonylguanidine, qui devient rouge quand on le fait bouillir à l'air.

L'*aminomalonylguanidine* se forme lorsqu'on fait agir l'hydrogène sulfuré sur une solution chlorhydrique du corps précédent, ou bien en introduisant la dissolution ammoniacale de malonylguanidine dans une dissolution de bisulfite d'ammonium. Elle se combine avec les acides pour former des sels qui se colorent en rouge à l'air.

Son *chlorhydrate* est en longues aiguilles soyeuses.

Avec le succinnate d'éthyle et la guanidine on obtient de même la *succinnylguanidine*,

$$\mathrm{H\,Az} = \mathrm{C} {\begin{array}{l} \diagup \mathrm{Az\,H - CO - CH^2} \\ \qquad\qquad\quad | \\ \diagdown \mathrm{Az\,H - CO - CH^2} \end{array}}$$

fusible à 190-191° [Traube, *D. chem. G.*, **26**, 2551].

Par l'action des chlorures de diazoïques sur la *benzylidène-aminoguanidine*, on obtient des dérivés analogues aux dérivés formazyliques, dans lesquels un groupement $\mathrm{C^6H^5}$ est remplacé par le radical guanyle

$$- \mathrm{C} < {\begin{array}{l} \mathrm{Az\,H} \\ \mathrm{Az\,H^2} \end{array}}\cdot$$

Par exemple,

$$\mathrm{C^6H^5} - \mathrm{C} < {\begin{array}{l} \diagup\!\!\diagup \mathrm{Az - Az\,H - C} < {\begin{array}{l}\mathrm{Az\,H}\\\mathrm{Az\,H^2}\end{array}} \\ \diagdown \mathrm{Az = Az - C^6H^5} \end{array}}$$

Phénylguanazylbenzène.

Ces *dérivés guanazyliques* s'obtiennent facilement en mélangeant à froid des dissolutions aqueuses ou alcooliques d'un chlorure diazoïque et de benzylidène-aminoguanidine. Ce sont des corps bien cristallisés et colorés en rouge orangé, d'une grande stabilité. Ils ont été décrits plus haut (2e Suppl., **4**, 264). Leurs dérivés nitrés sont facilement transformés en dérivés amidés; ils résistent à l'action des oxydants; ils sont faiblement basiques et se dissolvent dans les acides sous forme de sels. L'acide azoteux gazeux les transforme à chaud en dérivés du tétrazol. L'acide azotique concentré agit de même.

L'acide pyruvique donne avec l'aminoguanidine un produit de condensation, l'*acide aminoguanidine-pyruvique*,

$$\mathrm{CH^3} - \mathrm{C} {\begin{array}{l} \diagup \mathrm{CO^2H} \\ \diagup\!\!\diagup \\ \diagdown \mathrm{Az - Az\,H - C} < {\begin{array}{l}\mathrm{Az\,H}\\\mathrm{Az\,H^2}\end{array}} \end{array}}$$

que l'on obtient sous la forme d'une poudre cris-

talline fusible au delà de 360°, en saturant à chaud son azotate par l'acétate de sodium.

L'*azotate* cristallise en petites aiguilles incolores renfermant $1,5\,\mathrm{H^2O}$; anhydre, il est fusible à 206°. Le *chlorhydrate* forme des lamelles brillantes, fusibles à 245-246°. Le sel de sodium de cet acide réagit sur les chlorures de diazonium, notamment sur celui de m-nitrophényldiazonium, pour donner le *m-nitrophénylguanazylméthane*,

$$\mathrm{CH^3} - \mathrm{C} < {\begin{array}{l} \mathrm{Az = Az\,H - C\,(Az\,H^2) = Az\,H} \\ \mathrm{Az - Az - C^6H^4 - Az\,O^2} \end{array}}$$

Ce corps se forme avec dégagement d'acide carbonique; il se dissout dans la plupart des dissolvants, sauf dans la ligroïne et dans l'eau; il cristallise dans l'alcool en prismes rouges, fusibles à 222° [Wedekind, *D. chem. G.*, **30**, 444. — Wedekind et Bronstein, *loc. cit.*].

L'acide *aminoguanidine-glyoxylique* donne avec le chlorure de m-nitrodiazonium une combinaison $\mathrm{C^9H^{13}Az^7O^6}$, qui cristallise dans l'acide acétique en aiguilles rouges, fusibles à 172°, solubles dans l'alcool, l'acétone, le benzène [Wedekind et Bronstein, *loc. cit.*]

### GUANIDINES SUBSTITUÉES.

MÉTHYLGUANIDINE. — La méthylguanidine a été rencontrée dans la chair et le bouillon fermentés, ainsi que dans les cultures du bacille cholérique. Elle est très toxique.

DIMÉTHYLGUANIDINES, $\mathrm{C^3H^9Az^3}$. — Par l'action du chlorure de diméthylammonium sur la cyanamide, on obtient une diméthylguanidine non symétrique, tandis que la diméthylguanidine symétrique se forme par l'action de la méthylamine sur l'iodure de cyanogène.

Le *chlorhydrate* de la première base cristallise dans le système orthorhombique; celui de la deuxième est très hygrométrique.

Les *chloroplatinates* des deux bases sont cristallisés; ils diffèrent l'un de l'autre par leurs propriétés optiques [Erlenmeyer, *D. chem. G.*, **14**, 1867].

DIÉTHYLGUANIDINES, $\mathrm{C^5H^{13}Az^3}$. — La diéthylguanidine non symétrique a été obtenue par M. Erlenmeyer de la même façon que le composé précédent.

Le *chlorhydrate* et le *chloroplatinate* sont cristallisés.

La diéthylguanidine ordinaire se produit, en même temps que du méthylmercaptan, lorsqu'on chauffe à 100° pendant plusieurs heures la diéthylméthylsulfo-urée avec une solution alcoolique d'ammoniaque. Huile jaune, soluble dans l'alcool et dans l'éther [Noah, *D. chem. G.*, **23**, 2195].

TRIÉTHYLGUANIDINE,

$$\mathrm{C^2H^5} - \mathrm{Az} = \mathrm{C} < {\begin{array}{l} \mathrm{Az\,H - C^2H^5} \\ \mathrm{Az\,H - C^2H^5} \end{array}}$$

— Cette base est obtenue en chauffant la diéthylsulfo-urée avec une solution alcoolique d'éthylamine en présence d'oxyde de mercure. Liquide.

TRIPHÉNYLGUANIDINE, $\mathrm{C^{19}H^{17}Az^3}$. — Ce corps se forme lorsqu'on chauffe à 220°, dans un courant d'hydrogène, un mélange d'éthylate de sodium et de diphénylurée; il se forme en même temps de l'aniline et de l'éthylcarbonate de sodium, suivant l'équation

$$2\left(\mathrm{CO} < {\begin{array}{l}\mathrm{Az\,H - C^6H^5}\\\mathrm{Az\,H - C^6H^5}\end{array}}\right) + \mathrm{C^2H^5O\,Na}$$

$$= \mathrm{C^6H^5} - \mathrm{Az\,H^2} + \mathrm{CO} < {\begin{array}{l}\mathrm{O\,Na}\\\mathrm{O\,C^2H^5}\end{array}}$$

$$+ \mathrm{C^6H^5} - \mathrm{Az} = \mathrm{C} < {\begin{array}{l}\mathrm{Az\,H - C^6H^5}\\\mathrm{Az\,H \cdot C^6H^5}\end{array}}$$

Si dans cette réaction on substitue à l'éthylate de sodium un mélange d'éthylate et de phénate, on obtient en plus un mélange d'alcool et d'aniline, et il se forme en outre du salicylate de sodium.

La fusion de la diphénylurée avec de la soude fournit également de l'aniline et de la triphénylguanidine [Hentschel, *J. prakt. Chem.*, (2), **27**, 498].

La triphénylguanidine peut être obtenue encore en chauffant la diphénylurée pendant quelques heures à 237° [Barr, *D. chem. G.*, **19**, 1765].

La *tri-p-tolylguanidine* est obtenue dans les mêmes conditions à l'aide de la di-p-tolylurée [Barr, *loc. cit.*].

Lorsqu'on chauffe dans un appareil à reflux un mélange de benzène et de triphénylguanidine, et qu'on y ajoute peu à peu du chlorure éthoxalique, on observe une vive réaction, avec dégagement d'acide chlorhydrique; il se dépose peu après des aiguilles blanches, fusibles à 190°, qui constituent le *chlorhydrate de carbonyltriphénylguanidine*, $C^{20}H^{15}Az^3O$, HCl. Lorsqu'on le traite par une solution alcoolique d'azotate d'argent, il se dépose du chlorure d'argent, et il se forme de l'*azotate de carbonyltriphénylguanidine*, que l'on sépare facilement à l'aide de l'éther, dans lequel il est insoluble [Stojentin, *J. prakt. Chem.*, (2), **32**, 1].

L'*α-triphénylguanidine*, obtenue à l'aide de la diphénylsulfo-urée symétrique et de l'aniline, fond à 143°; elle reste facilement en surfusion. Une fois fondue, si on la refroidit rapidement, sa viscosité augmente petit à petit, et elle passe insensiblement à l'état solide sans présenter aucun indice de cristallisation. Cet état est comparable à celui que prend le soufre par la trempe [Giraud, *Bull. Soc. Chim.*, (2), **46**, 506].

Cette guanidine, comme la phénylguanidine et la méthylguanidine, est précipitée par l'acide picrique, qui, ainsi qu'on l'a déjà dit plus haut, peut servir de réactif général pour les guanidines.

*Picrate.* — Précipité cristallin jaune, peu soluble dans l'eau froide, l'éther, le benzène, le sulfure de carbone, insoluble dans la ligroïne, soluble dans l'alcool à chaud. L'acide picrique peut précipiter en quelques secondes une dissolution de 1/10000 de triphénylguanidine.

Le *picrate de phénylguanidine* se présente sous la forme de fines aiguilles jaunes, fusibles à 208-210°, peu solubles dans l'eau, solubles dans l'acétone [Prelinger, *loc. cit.*].

Lorsqu'on traite une dissolution benzénique de triphénylguanidine par un courant de gaz phosgène jusqu'à saturation, on obtient la *triphénylguanidine-urée*,

$$C = \begin{cases} Az\,C^6H^5 \\ Az\,C^6H^5 \\ Az\,C^6H^5 \end{cases} CO.$$

Cette base cristallise en gros cristaux fusibles à 134°. Chauffée à une température élevée avec de l'acide chlorhydrique, elle se décompose en acide carbonique et aniline.

L'*hydrate*, $B,H^2O$, cristallise en belles aiguilles fusibles à 141°. Pour l'obtenir, on additionne d'acide chlorhydrique la dissolution benzénique de triphénylguanidine saturée par le gaz phosgène; l'hydrate se dépose dans la liqueur [Michler et Keller, *D. chem. G.*, **14**, 2181].

*Iodhydrate de m-nitrotriphénylguanidine*,

$$C = \begin{cases} AzH - C^6H^4 \cdot AzO^2 \\ Az - C^6H^5 \\ AzH - C^6H^5 \end{cases}, IH.$$

— Il se forme lorsqu'on fait agir l'iode sur une dissolution alcoolique de m-nitrodiphénylcarbamide. Lamelles jaunes, fusibles à 159°.

*Iodhydrate de m-trinitrotriphénylguanidine*,

$$C = \begin{cases} AzH - C^6H^4 \cdot AzO^2 \\ Az - C^6H^4 \cdot AzO^2 \\ AzH - C^6H^4 \cdot AzO^2 \end{cases}, IH.$$

— Ce corps a été obtenu en traitant une solution alcoolique chaude de diphénylsulfocarbamide m-dinitrée par un excès d'iode. Lamelles jaunes, fusibles à 189°, solubles à chaud dans l'alcool [Losanitsch, *D. chem. G.*, **16**, 49].

*Dipropylphénylguanidine*,

$$H\,Az = C \begin{cases} AzH - C^6H^4 \cdot C^3H^7 \\ AzH - C^6H^4 \cdot C^3H^7 \end{cases}$$

— Cette base se forme lorsqu'on chauffe la sulfo-urée correspondante avec de l'oxyde de plomb et un excès d'ammoniaque alcoolique; par addition d'eau, on sépare de petites aiguilles blanches, fusibles à 113°.

*Phényldipropylphénylguanidine*,

$$C^6H^5\,Az = C \begin{cases} AzH - C^6H^4 \cdot C^3H^7 \\ AzH - C^6H^4 \cdot C^3H^7 \end{cases}$$

— On obtient ce corps comme le précédent, en remplaçant l'ammoniaque par l'aniline. Résine jaune incristallisable, soluble dans l'alcool, l'éther, le benzène. On obtient de même la *tripropylphénylguanidine*,

$$Az - C^6H^4 \cdot C^3H^7 = C \begin{cases} AzH - C^6H^4 \cdot C^3H^7 \\ AzH - C^6H^4 \cdot C^3H^7 \end{cases}$$

en remplaçant, dans la préparation précédente, l'aniline par l'amidopropylbenzène. Incristallisable. Le sulfure de carbone à 190-200° la scinde en dipropylphénylsulfo-urée et en propylphénylsénevol [Francksen, *D. chem. G.*, **17**, 1225].

La *diisobutylphénylguanidine*,

$$H\,Az = C \begin{cases} AzH - C^6H^4 \cdot C^4H^9 \\ AzH - C^6H^4 \cdot C^4H^9 \end{cases}$$

se prépare par la même méthode que la précédente, en traitant la sulfo-urée correspondante par l'oxyde de plomb et l'ammoniaque. Elle cristallise dans l'alcool en lamelles fusibles à 173°.

La *triisobutylphénylguanidine*,

$$Az \cdot C^6H^4 \cdot C^4H^9 = C \begin{cases} AzH - C^6H^4 \cdot C^4H^9 \\ AzH - C^6H^4 \cdot C^4H^9 \end{cases}$$

a été obtenue en chauffant à reflux la diisobutylphénylsulfo-urée en dissolution alcoolique avec de l'amido-isobutylbenzène et de l'oxyde de plomb. La base se sépare par refroidissement en petites aiguilles, fusibles à 162-164°. Vers 160°, le sulfure de carbone la scinde en sénevol et sulfo-urée [Pahl, *D. chem. G.*, **17**, 1232].

GLYCOLYLPHÉNYLGUANIDINE. — Ce composé se forme au bout d'un temps assez long (3 semaines environ) par l'action de la phénylcyanamide sur le glycocolle, dissous tous les deux dans l'alcool très étendu et additionnés d'ammoniaque jusqu'à réaction alcaline. C'est un produit d'addition, formé suivant l'équation

$$CH^2 - AzH^2 - CO - OH + CAz - AzH \cdot C^6H^5$$

$$= Az \cdot CH^2 \cdot CO^3H = C \begin{cases} AzH^2 \\ AzH \cdot C^6H^5 \end{cases}$$

Il brunit au-dessus de 240° et fond vers 260° en se décomposant [Berger, *D. chem. G.*, **13**, 992].

DIPHÉNYLANILGUANIDINE. — On la prépare en faisant agir l'aniline sur les α- et β-diphénylsulfosemicarbazides en solution alcoolique bouillante en présence de l'oxyde de plomb. Elle forme des cristaux fusibles à 160°.

Le *chloroplatinate* et le *picrate* sont bien cristallisés. Par oxydation, cette guanidine donne un composé azoïque fusible à 111° [Marckwald et Wolff, *D. chem. G.*, **25**, 3116].

PHÉNYLAMINOGUANIDINE,

$$C = \begin{cases} AzH - AzH - C^6H^5 \\ AzH \\ AzH^2 \end{cases}$$

et AMINOPHÉNYLGUANIDINE,

$$C = \begin{cases} Az(C^6H^5) - AzH^2 \\ AzH \\ AzH^2 \end{cases}$$

— Ces composés ont été obtenus en traitant à l'ébullition la cyanamide par le chlorhydrate de phénylhydrazine en présence de l'alcool. La première combinaison cristallise d'abord ; dans les eaux mères on précipite la seconde sous la forme de combinaison benzylidénique à l'aide de l'aldéhyde benzoïque ; on la transforme en azotate à l'aide de l'azotate de potassium.

L'*azotate* est en aiguilles blanches, fusibles à 219°.

Le *picrate*, en cristaux jaunâtres, fusibles à 242°.

En décomposant l'azotate par la potasse, on obtient la base sous la forme de gros cristaux incolores, fusibles à 133°, très solubles dans l'alcool, le benzène et l'éther, peu solubles dans l'eau. En traitant ensuite à chaud l'azotate de cette benzylidène-aminophénylguanidine par un acide étendu, évaporant et reprenant par l'alcool, on obtient l'azotate d'aminophénylguanidine $C^7H^{10}Az^4$, $Az O^3H$, fusible à 143°.

*Picrate*, fusible à 179°.

*Sel de cuivre*, prismes violets.

AMINO-P-TOLYLGUANIDINE. — S'obtient par le même procédé. Gros cristaux, fusibles à 110°, solubles dans l'eau et dans l'alcool. — *Sel de cuivre*, cristaux violets, peu solubles dans l'eau [Pellizari, *Gaz. chim. ital.*, **26**, 179].

O-CRÉSYLGUANIDINE, $C^8H^{11}Az^3$. — Formée par l'action du chlorhydrate d'o-toluidine sur la cyanamide [Erlenmeyer, *loc. cit.*].

En faisant agir l'acide azotique d'une densité de 1,5 sur la *di-p-crésylguanidine*, $C^{15}H^{17}Az^3$, on obtient la *dinitro-p-crésylguanidine*,

$$[Az^3(C^7H^6AzO^2)^2CH^3],$$

qui cristallise en prismes orangés, fusibles vers 197°, facilement solubles à chaud dans l'alcool, et qui, par l'action prolongée de l'acide azotique, se transforment en *dinitro-p-crésylurée*, $C^{15}H^{14}Az^4O^5$, fusible à 233° [Perkin, *Bull. Soc. Chim.*, (2), **37**, 129].

DICYANO-TRI-P-CRÉSYLGUANIDINE, $C^{24}H^{23}Az^5$. — — Cette base se forme lors de l'action du cyanogène sur la p-toluidine ; elle se présente sous la forme d'aiguilles jaunes, fusibles à 182°, très solubles dans l'alcool, insolubles dans l'eau. Ses sels sont rouges ou orangés.

*Chlorhydrate*. — Cristallise en aiguilles orangées avec $3H^2O$.

*Sulfate, azotate*. — Précipités orangés, amorphes [Bladin, *Bull. Soc. Chim.*, (2), **41**, 127].

DI-P-PHÉNÉTHYLGUANIDINE,

$$CAzH(C^6H^4 - C^2H^5 - AzH)^2.$$

— On l'obtient en chauffant avec de l'oxyde de plomb une dissolution alcoolique ammoniacale de di-p-phénéthylsulfo-urée ; on filtre, on évapore et on purifie le produit par cristallisation dans l'alcool étendu. Lamelles fusibles à 137-138°.

*Chloroplatinate*. — Lamelles brillantes [Pancksch, *D. chem. G.*, **17**, 2800].

DIPHÉNYL-P-CRÉSYLGUANIDINE. — Le dérivé à *structure symétrique*,

$$C = \begin{cases} AzH - C^6H^5 \\ Az - C^7H^7 \\ AzH - C^6H^5 \end{cases}$$

a été obtenu par l'action de la p-toluidine sur la sulfocarbanilide en présence de l'oxyde de plomb. Il fond à 120-121° et se dissout facilement dans l'alcool, l'éther et le benzène.

*Chloroplatinate*. — Amorphe.

La *diphényl-p-crésylguanidine non symétrique*,

$$C = \begin{cases} AzH - C^6H^5 \\ Az - C^6H^5 \\ AzH - C^7H^7 \end{cases}$$

se produit par l'action de l'aniline sur la carbophényl-p-crésylimide.

*Chloroplatinate*. — Poudre rouge.

PHÉNYL-DI-O-CRÉSYLGUANIDINES. — Le dérivé *symétrique*,

$$C = \begin{cases} AzH - C^7H^7 \\ Az - C^6H^5 \\ AzH - C^7H^7 \end{cases}$$

est fusible à 102° et soluble à chaud dans les dissolvants organiques.

*Chloroplatinate*. — Tables jaune-orangé.

La *di-o-crésylphénylguanidine non symétrique*,

$$C = \begin{cases} AzH - C^7H^7 \\ Az - C^7H^7 \\ AzH - C^6H^5 \end{cases}$$

est obtenue par l'action de l'o-toluidine sur la carbophényl-p-crésylimide. Elle fond à 112° ; elle forme un chloroplatinate cristallisé [Huhne, *D. chem. G.*, **49**, 2404].

D'après M. Marckwald [*Ann. Chem.*, **286**, 343], il n'existe qu'une seule diphényl-p-crésylguanidine ; les deux corps obtenus ci-dessus ont le même point de fusion (128-129°).

Le *chlorhydrate* est en cristaux microscopiques, peu solubles dans l'eau, solubles dans l'alcool, et fusibles à 221-222°.

D'après le même auteur, il n'existe aussi qu'une seule phényl-di-o-crésylguanidine de formule

$$C^7H^7 . AzH - C = \begin{cases} AzC^7H^7 \\ H \\ AzC^6H^5 \end{cases}$$

Elle fond à 97-98°, et sa formation est toujours accompagnée de celle de la *tricrésylguanidine*, fusible à 130-131°

DIPHÉNYL-O-CRÉSYLGUANIDINE,

$$C^6H^5 . AzH - C = \begin{cases} AzC^7H^7 \\ H \\ AzC^6H^5 \end{cases}$$

— C'est le produit unique de la réaction de l'o-toluidine sur la diphénylcyanamide. Cristaux solubles dans l'alcool chaud, fusibles à 112°.

*Azotate*. — Cristaux fusibles à 172°.

*Chloroplatinate*. — Petits cristaux orangés, fusibles à 210° [Marckwald, *loc. cit.*].

PHÉNYL-O-PHÉNYLÈNE-GUANIDINE,

$$C^6H^4 \begin{cases} Az - CO . AzH . C^6H^5 \\ > C = AzC^6H^5 \\ Az - CO . AzH . C^6H^5 \end{cases}$$

— On l'obtient en chauffant à 210-220°, pendant quelques minutes, un mélange équimoléculaire d'o-phénylène-diamine et de carbodiimide. Petites aiguilles incolores fusibles à 190°, bouillant entre 440-450°.

*Chlorhydrate.* — Aiguilles blanches.
*Chloroplatinate.* — Poudre jaune.
*Sulfate acide.* — Longues aiguilles.
*Dérivé monacétylé.* — Fusible à 160°.
*Dérivé bibenzoylé.* — Fusible à 171°.
*Dérivé nitrosé.* — Amorphe.

Avec 2 molécules de phénylcarbimide, elle forme la *phényliminodicarbonylphényl-o-phénylène-guanidine*,

$$C^6 H^4 \underset{\displaystyle \diagdown \; Az \text{———} CO}{\overset{\displaystyle \diagup \; Az \text{———} CO}{\diagup \diagdown}} \; C\,Az\,C^6 H^5 \; \diagdown \atop \diagup \; Az\,C^6 H^5.$$

Elle se combine facilement à la carbodiphénylimide pour former la *diphénylaminométhylène-phényl-o-phénylène-guanidine*. Cristaux fusibles à 188°.

Elle donne de même avec la carbodi-p-crésylimide la *di-p-crésylamidométhylène-phényl-o-phénylène-guanidine*. Prismes incolores, fusibles à 187°.

P-CRÉSYL-O-PHÉNYLÈNE-GUANIDINE. — On la prépare en chauffant l'o-phénylène-diamine avec la carbo-di-p-crésylimide. Tables brunes, fusibles à 209°.

*Chlorhydrate.* — Aiguilles blanches.
*Chloroplatinate*, $+ 3 H^2 O$.
*Sulfate acide*, $+ 3 H^2 O$.
*Dérivé acétylé.* — Aiguilles blanches, fusibles à 152°.
*Dérivé bibenzoylé.* — Prismes transparents, fusibles à 191°.
*Dérivé nitrosé.* — Précipité floconneux, fusible a 150-160°, en se décomposant.

Cette base se combine avec 2 molécules de phénylcarbimide pour former la *phénylimidodicarbonyl-p-crésyl-o-phénylène-guanidine*. Aiguilles fusibles à 254°.

En chauffant la base primitive avec une nouvelle molécule de carbo-di-p-crésylimide, on obtient la *di-p-crésylaminométhylène-p-crésylo-phénylène-guanidine*, fusible à 187-188°.

PHÉNYL-O-CRÉSYLÈNE-GUANIDINE,

$$C^7 H^6 \underset{\diagdown Az\,H}{\overset{\diagup Az\,H}{\diagup \diagdown}} C = Az\,C^6 H^5.$$

— On l'obtient en combinant la carbo-diphénylimide et l'o-crésylène-diamine. Cristaux incolores, fusibles à 166°.

*Chlorhydrate.* — Aiguilles blanches.
*Chloroplatinate*, $+ 3 H^2 O$.
*Dérivé nitrosé.* — Fusible à 125°.
*Dérivé monacétylé.* — Fusible à 147°.
*Dérivé dibenzoylé.* — Fusible à 222°.

La phényl-o-crésylène-diamine avec la carbodiphénylimide donne la *diphénylaminométhylène-phényl-o-phénylène-guanidine*, fusible à 199-200°.

Avec la carbo-di-p-crésylimide et la même diamine, on obtient la *di-p-crésylaminométhylène-phényl-o-crésylène-guanidine*, fusible à 193°.

P-CRÉSYL-O-CRÉSYLÈNE-GUANIDINE,

$$C^7 H^6 \underset{\diagdown Az\,H}{\overset{\diagup Az\,H}{\diagup \diagdown}} C = C^7 H^7.$$

— Cette base est obtenue par la combinaison de proportions équimoléculaires de crésylène-diamine et de carbo-di-p-crésylimide. Cristaux fusibles à 197-198°.

Le *chlorhydrate* est en aiguilles soyeuses. Le *chloroplatinate* cristallise avec $5 H^2 O$ en aiguilles orangées. Le *sulfate acide* cristallise avec $5 H^2 O$. Le *dérivé monacétylé* est fusible à 149°. Le *dérivé bibenzoylé* à 201°. Le *dérivé nitrosé* se décompose à 140°.

Cette guanidine se combine avec 2 molécules de phénylcarbimide pour donner la *phényliminocarbonyl-p-crésyl-o-crésylène-guanidine*, fusible à 232-233°.

Elle se combine également avec une nouvelle molécule de carbo-diphénylimide pour former la *diphénylaminométhylène-p-crésyl-o-crésylène-guanidine*, fusible à 176° [Keller, *D. chem. G.*, **24**, 2498].

DICYANO-DI-O-CRÉSYLPHÉNYLGUANIDINE. — Le chlorhydrate de cette base a été préparé en faisant bouillir la dicyano-di-o-crésylguanidine avec l'aniline, en présence d'acide chlorhydrique. Fines aiguilles d'un brun rouge à reflets violacés, difficilement solubles dans l'alcool bouillant [Berger, *loc. cit.*].

THYMYLÉTHYLGUANIDINE,

$$C^{10} H^{13} Az - C \underset{\diagdown Az\,H \,.\, C^2 H^5}{\overset{\diagup Az\,H^2}{\diagup \diagdown}}$$

— Ce composé se forme lorsqu'on traite l'éthylisothymylurée en solution alcoolique ammoniacale par l'oxyde de plomb; elle ne cristallise pas [Kelbe et Warth, *Ann. Chem.*, **221**, 157].

TRIBENZOYLISOTHYMYLÉTHYLGUANIDINE,

$$C^7 H^5 O\,Az - C \underset{\diagdown Az - (C^{10} H^{13})\,(C^7 H^5 O)}{\overset{\diagup Az - (C^{10} H^{13})\,(C^7 H^5 O)}{\diagup \diagdown}}$$

— On l'obtient en traitant la thymyléthylguanidine par le chlorure de benzoyle. Aiguilles cristallines.

SULFO-P-CRÉSYLDIPHÉNYLGUANIDINE,

$$S \left( C^7 H^6 . Az\,H - C \underset{\diagdown Az\,H}{\overset{\diagup Az\,H\,.\,C^6 H^5}{\diagup \diagdown}} \right)^2.$$

— Ce composé a été obtenu par l'action de la chaleur sur un mélange de sulfo-p-crésyldiphényl-sulfo-urée, d'ammoniaque alcoolique et d'oxyde de mercure. Petites aiguilles blanches, fusibles à 152-153°.

DISULFO-P-CRÉSYLDIPHÉNYLGUANIDINE,

$$C^6 H^5 . Az = C\,(Az\,H\,.\,C^7 H^6 S\,.\,C^7 H^6\,.\,Az\,H)^2\,C = Az\,.\,C^6 H^5.$$

— Préparée en chauffant la disulfo-p-crésyldisulfo-urée avec un excès d'aniline et de l'oxyde de mercure. Résine fusible à 118-119°.

DISULFO-P-CRÉSYLDIGUANIDINE,

$$H\,Az = C\,(Az\,H\,.\,C^7 H^6 S\,.\,C^7 H^6\,.\,Az\,H)^2\,C = Az\,H.$$

— Cette base est obtenue lorsqu'on chauffe la disulfo-p-crésyldisulfo-urée avec de l'ammoniaque et de l'oxyde de mercure. Poudre blanche amorphe, fusible à 194-196°.

*Chloroplatinate.* — Brun amorphe.

SULFO-P-CRÉSYLTÉTRAPHÉNYLDIGUANIDINE,

$$S \left( C^7 H^6 . Az\,H - C \underset{\diagdown Az\,.\,C^6 H^5}{\overset{\diagup Az\,H\,.\,C^6 H^5}{\diagup \diagdown}} \right)^2.$$

— Elle se forme par l'action de l'aniline et de l'oxyde de mercure sur la sulfo-p-crésyldiphényl-sulfo-urée. Poudre grise, fusible à 106°, très soluble dans l'alcool et dans le benzène [Truhlar, *D. chem. G.*, **20**, 664].     E. Bürcker.

**GUANINE** (voyez Dict., **2**, 1644). — La guanine existe dans le pancréas, dans la peau des amphibies et des reptiles, dans la levure de bière, dans les ligaments, dans les cartilages, et en général dans tous les organes riches en noyaux cellulaires; elle se trouve également dans le sucre de canne dans la proportion de 0,0025 0/0 et dans la mélasse dans la proportion de 0,066 0/0 [Shorey, *Amer. Chem. Soc.*, **21**, 609].

Elle peut être obtenue cristallisée en dissolvant 1 gramme de guanine amorphe dans 2 litres de soude très étendue, ajoutant le tiers du volume d'alcool, puis sursaturant par l'acide acétique.

La guanine cristallise en choux-fleurs analogues aux cristaux de zinc et de créatinine [Horbaczenski, *Zeit. phys. Chem.*, 23, 226].

*Synthèse de la guanine.* — En chauffant à 150° un mélange d'oxy-6-dichloropurine-2-8 et de solution alcoolique d'ammoniaque saturée à 0°, on obtient de la chloroguanine. Ce produit brut, traité par l'acide iodhydrique et l'iodure de phosphore, fournit de la guanine [Emile Fischer, *D. chem. G.*, 30, 2251].

La guanine, traitée à chaud par l'acide azotique, additionnée ensuite de potasse, puis évaporée de nouveau à siccité, donne la coloration bleu-indigo que produit la xanthine dans les mêmes conditions; cette coloration passe ensuite au rouge et au jaune.

La guanine n'est pas toxique; elle traverse l'économie en se transformant en partie en acide urique et en urée. La constitution de la guanine peut être représentée par la formule suivante :

$$\begin{array}{ccc} H\,Az & — & C\,O \\ | & & | \\ H^2Az - C & & C - Az\,H \\ \| & & \| \; \diagdown C\,H \\ Az & — & C\,Az \end{array}$$

C'est l'*amino* 2-*oxy* 6-*purine*.

ÉPIGUANINE. — L'épiguanine, $C^6H^7Az^5O$, est une méthylguanine qui a été retirée de l'urine, où elle se trouve dans la proportion de 3 à 4 dixièmes de milligramme par litre. L'acide azotique la transforme en hétéroxanthine ou 7-méthylxanthine, ce qui fixe la position du groupe méthylique.

L'étude de cette méthylguanine a montré qu'elle constituait la *méthyl* 7-*amino* 2-*oxy* 6-*purine*, c'est-à-dire le dérivé méthylé de la guanine naturelle [Krüger et Salomon, *Zeit. physiol. Chem.*, 26, 350].
E. Bürcker.

**GUANOVULITE** (Min.) (F. Wibel). — Sulfate acide de potassium et d'ammonium hydraté, $(SO^4)^2\,[K, Az\,H^4]^3\,H, \frac{4}{3}\,H^2O$, trouvé dans des œufs d'oiseau au milieu du guano.

**GUANYLE**. — On désigne sous ce nom le groupement

$$-C \diagup^{Az\,H}_{\diagdown Az\,H^2}$$

**GUANYLGUANIDINE**. — Voyez GUANIDINE.

**GUANYLURÉE**. — Voyez URÉE.

**GUITERMANITE** (Min.) (Hillebrand). — Sulfarsénite de plomb, $10\,PbS\,.\,3As^2S^3$, gris-bleu, à éclat faiblement métallique, avec de zunyite, à la mine Zuni. Anvil Mountain, près Silverton, comté de San Juan (Colorado). Dureté = 3. Densité = 5,94.

**GULONIQUE (ACIDE)**, $C^6H^{12}O^7$. — L'acide gulonique correspond au gulose, comme l'acide gluconique au glucose. On s'est déjà occupé de ces composés aux articles GLUCOSES et GLYCURONIQUE. Leurs formules de constitution ont été élucidées et discutées à l'article GLUCOSES, où on a montré également les relations étroites du gulose avec les autres hexoses. On se bornera donc ici à la description pure et simple des corps.

L'acide gulonique existe sous trois formes : droite, gauche et inactive.

ACIDE D-GULONIQUE. — C'est celui qui prend naissance dans la réduction de l'acide glycuronique, engendré lui-même par réduction de l'acide *d*-saccharique [Thierfelder, *Zeit. Physiol. Chem.*, 15, 71. — Fischer et Piloty, *D. chem. G.*, 24, 525]. Tant que la réaction de la liqueur est acide, c'est l'acide glycuronique qui prend naissance;

dès que la réaction devient alcaline, on arrive à l'acide gulonique.

On opère sur la lactone *d*-saccharique (20 grammes) qu'on dissout dans 150 grammes d'eau légèrement acidulée par l'acide sulfurique. On ajoute en trois fois, par portions de 100 grammes, 300 grammes d'amalgame de sodium à 2,5 0/0 à cette solution refroidie, en maintenant toujours la réaction faiblement acide. Alors on laisse l'alcalinité se produire, et on ajoute en 4 heures 400 grammes d'amalgame. Le pouvoir réducteur sur la liqueur de Fehling disparaît, ce qui indique la fin de la réaction. On filtre, on évapore la solution, on la neutralise par l'acide sulfurique et on la verse dans 8 parties d'alcool absolu chaud. On filtre, on concentre le liquide filtré au 1/10 de son volume, on étend ensuite avec de l'eau et on sature avec de l'hydrate de baryte. On neutralise la solution alcaline par l'acide carbonique, on sépare par filtration le carbonate de baryum et on obtient un sirop qu'on dissout dans l'eau froide.

Dans cette solution on précipite exactement la baryte par l'acide sulfurique, on filtre et on évapore le liquide filtré.

La lactone *d*-gulonique, $C^6H^{10}O^6$, ainsi préparée, cristallise dans l'eau en prismes ou en tables fusibles à 180-181°, très facilement solubles dans l'eau, difficilement solubles dans l'alcool froid. Son pouvoir rotatoire $[\alpha]_D = +56°,1$ (Thierfelder), $+55°,1$ (Fischer et Piloty). Elle ne présente pas le phénomène de la multirotation.

L'*acide libre*, fourni par la décomposition du sel de calcium, est faiblement *lévogyre*, ainsi que la solution du *sel de calcium*, qui cristallise amorphe.

Les *sels de baryum* et de *potassium* ne cristallisent pas. L'acide libre se transforme en lactone avec une extrême facilité.

La *phénylhydrazide*, obtenue en chauffant au bain-marie 1 partie de lactone, 1 partie de phénylhydrazine et 3 parties d'eau, fond à 147-149°. Elle est plus soluble dans l'eau que les hydrazides gluconique, mannonique et galactonique.

Réduite par l'amalgame de sodium et l'acide sulfurique, la lactone *d*-gulonique fournit le *d*-gulose. Par oxydation, elle fournit l'acide *d*-saccharique.

ACIDE L-GULONIQUE. — La lactone *l*-gulonique a été préparée par MM. Fischer et Stahel à partir du xylose [*D. chem. G.*, 24, 529]. Une solution de 100 grammes de xylose dans 200 grammes d'eau est additionnée d'acide cyanhydrique (1 molécule) et de quelques gouttes d'ammoniaque. On laisse ce mélange en repos pendant deux jours à basse température, et au bout de ce temps on le fait bouillir avec une solution de 200 grammes d'hydrate de baryte cristallisé dans 1200 centimètres cubes d'eau. Dans les eaux mères, reste l'*acide idonique*.

La lactone *l*-gulonique cristallise en grands prismes, très solubles dans l'eau chaude, moins solubles dans l'eau froide. La réaction de la solution est d'abord neutre. Elle fond à 179-180°; son pouvoir rotatoire $[\alpha]_D = -55°,4$. Sa saveur est faiblement sucrée.

Le *sel basique de baryum*, $C^6H^{11}O^7, BaOH$, cristallise dans l'eau chaude en fines aiguilles.

Le *sel neutre* est très soluble dans l'eau.

Le *sel de calcium* cristallise avec $3,5\,H^2O$, en aiguilles qui se déposent lentement au sein de la solution sirupeuse.

La *phénylhydrazide*, préparée comme celle de la lactone droite, fond comme elle à 147-149°.

Réduit par l'amalgame de sodium en liqueur acide, l'acide *l*-gulonique fournit le *l*-gulose. Par oxydation, il fournit l'acide *l*-saccharique.

ACIDE I-GULONIQUE. — MM. Fischer et Curtius

*D. chem. G.*, **25**, 1028] ont préparé cet acide en portant à l'ébullition, avec du carbonate de calcium, une solution d'un mélange équimoléculaire des lactones *d-* et *l-*guloniques.

La *lactone* fond à 160°, 20° plus bas que les isomères actifs.

Le *sel de calcium*, desséché à 108°, est anhydre et cristallise en fines aiguilles.

D'après M. Van 't Hoff, la lactone *i-*gulonique n'est pas un corps défini, mais un mélange de ses composants.　　　　　　　　　**J. Dupont.**

**GULOSE**, $C^6H^{12}O^6$. — Pour la constitution des guloses, voyez GLUCOSES.

D-GULOSE. — MM. Fischer et Piloty l'ont obtenu par réduction en milieu acide de la lactone *d-*gulonique. C'est un sirop incolore, très difficilement soluble dans l'alcool absolu, qui ne fermente pas avec la levure.

Oxydé par l'acide azotique, il se transforme en *acide d-saccharique.*

L-GULOSE. — Ce sucre a été obtenu par les mêmes auteurs, en réduisant la lactone *l-*gulonique. C'est un sirop à saveur faiblement sucrée, *faiblement dextrogyre* (voyez GLUCOSES), non fermentescible.

Réduit par l'amalgame de sodium, il engendre la *l-sorbite.*

Sa *phénylhydrazone* fond à 143°.

Sa *phénylosazone*, obtenue par action d'un excès de phénylhydrazine, fond à 156° [Fischer et Piloty, **24**, 521. — Fischer et Stahel, *ibid.*, 528].

I-GULOSE. — D'après M. Fischer et Curtius [*D. chem. G.*, **25**, 1829], ce sucre prend naissance dans la réduction par l'amalgame de sodium de la solution à 10 0/0 du mélange des lactones *d-* et *l-*guloniques. C'est un sirop incristallisable.

Sa *phénylhydrazone* cristallise en fines aiguilles incolores, fusibles à 143°, très peu solubles dans l'eau froide. Il n'est pas démontré que ce produit ne soit pas simplement un mélange mécanique des deux dérivés actifs.

La *phénylosazone* cristallise dans l'éther acétique en aiguilles jaunes, fusibles à 157-159°, moins solubles dans l'eau chaude que la *l-*gulosazone.

La *p-bromophénylhydrazone* est en fines aiguilles jaunes, solubles à 180-183°.　**J. Dupont.**

**GUVACINE**, $C^6H^9AzO^2$. — La guvacine est un alcaloïde contenu dans la noix d'arec.

Pour l'extraire, on pulvérise grossièrement la noix d'arec [Jahns, *Arch. Pharm.*, **229**, 669] et on l'épuise ensuite au moyen de l'acide sulfurique étendu et froid ; la solution acide est précipitée par l'iodure double de bismuth et de potassium, et le précipité formé est décomposé par ébullition avec de l'eau et du carbonate de baryum. On évapore la liqueur obtenue jusqu'à consistance sirupeuse, on l'additionne d'un excès de baryte en solution concentrée et on l'épuise au moyen de l'éther. On obtient ainsi une première base, l'*arécoline*, $C^8H^{13}AzO^2$.

La liqueur alcaline débarrassée d'arécoline est étendue d'eau, neutralisée par l'acide sulfurique et additionnée de carbonate d'argent pour éliminer la totalité de l'iode ; on filtre et on se débarrasse, d'une part, de l'excès d'argent par l'hydrogène sulfuré, d'autre part de l'excès d'acide sulfurique par l'eau de baryte, enfin on évapore à sec et on extrait du résidu la *choline* au moyen de l'alcool absolu et froid.

La portion insoluble dans l'alcool contient encore trois alcaloïdes : l'arécaïne, l'arécaïdine et la guvacine. On pulvérise ce mélange, on le met en suspension dans l'alcool méthylique et on le traite à refus par de l'acide chlorhydrique gazeux : l'*arécaïdine*, $C^7H^{11}AzO^2,H^2O$, est ainsi transformée en arécoline qui se dissout, alors que



l'*arécaïne*, $C^7H^{11}AzO^2,H^2O$, et la *guvacine*, $C^6H^9AzO^2$, restent à l'état de chlorhydrates insolubles.

On essore ces sels, on les dissout dans l'eau, on les décompose par le carbonate d'argent et l'on sépare finalement les deux bases, mises en liberté, au moyen de l'alcool étendu et bouillant qui dissout plus aisément l'arécaïne que la guvacine.

La guvacine se présente sous la forme de cristaux incolores et brillants, très solubles dans l'eau, insolubles dans l'alcool, l'éther, le chloroforme et le benzène.

Sa solution aqueuse est neutre et se colore en rouge foncé par addition de chlorure ferrique.

Chauffée vers 265°, elle se colore en brun et fond à 271-272° en se décomposant.

La guvacine donne, avec les acides, des sels cristallisés qui possèdent une réaction acide.

*Chlorhydrate*, $C^6H^9AzO^2,HCl$. — Prismes assez solubles dans l'eau, peu solubles dans l'acide chlorhydrique.

*Sulfate.* — Lamelles brillantes.

*Nitrate.* — Prismes brillants.

*Chloroplatinate,*

$$(C^6H^9AzO^2 . HCl)^2PtCl^4, 4H^2O.$$

— Lamelles hexagonales se déshydratant à 100°, se colorant en brun à 210°, et fusibles avec décomposition un peu au-dessus de cette température.

*Chloraurate*, $C^6H^9AzO^2 . HCl . AuCl^3$. — Prismes aplatis, fusibles à 194-195°.

M. Jahns considère la guvacine comme une amine secondaire. Elle donne en effet une *combinaison nitrosée*, $C^6H^8O^2Az . AzO$ (fusible à 167-168°), et un *dérivé acétylé*, $C^6H^8AzO^2 . CO . CH^3$ (fusible à 189-190°).

Distillée sur de la poudre de zinc, la guvacine fournit de la β-*picoline*. On peut alors l'envisager comme une base pyridique.

Sous l'action du méthylate de sodium, du méthylsulfate de potassium et de l'alcool méthylique, elle fournit deux dérivés, dont l'un en quantité prédominante, la *méthylguvacine*,

$$C^6H^8AzO^2 . CH^3, H^2O,$$

cristallise avec 1 molécule d'eau. La méthylguvacine est identique avec l'arécaïne (fusible à 214-215° en se décomposant).

Sa formation s'exprime par l'équation

$$C^6H^8O^2 . AzH + SO^2\big\langle{}^{OCH^3}_{OK} + CH^3ONa$$
Guvacine.

$$= C^6H^8O^2 . Az . CH^3 + SO^2\big\langle{}^{ONa}_{OK} + CH^3OH.$$
Arécaïne.

La méthylguvacine ne réagit pas avec l'acide iodhydrique, et ne renferme dès lors aucun groupement méthoxylique, de sorte que le radical $CH^3$ se trouve rattaché à l'azote.

Cet ensemble de propriétés a permis de représenter la guvacine et la méthylguvacine (arécaïne) par les formules suivantes

Guvacine.

Arécaïne.

　　　　　　　　　　　　　**E. Charabot.**

# ERRATA

---

GLUCOSES. — Tableau, p. 735 :

Formules des acides tartriques.

Au lieu d'*acide tartrique inactif*, lire *acide tartrique gauche*.

Au lieu d'*acide tartrique gauche*, lire *acide tartrique droit*.

Au lieu d'*acide tartrique droit*, lire *acide tartrique inactif*.

Formules des érythrites correspondantes.

Au lieu d'*érythrite naturelle inactive*, lire *érythrite droite* (Maquenne).

Au lieu d'*érythrite droite* (Maquenne), lire *érythrite gauche* (Bertrand).

Au lieu d'*érythrite gauche* (Bertrand), lire *érythrite naturelle inactive*.

GLYCOL. — Page 879, lignes 14 et suivantes.

D'après M. L. Henry [*C. R.*, 420, 107], le produit de l'action du glycol sur le trioxyméthylène est le *méthylal éthylénique*,

$$CH^2 \begin{cases} OCH^2 \\ OCH^2 \end{cases}$$

liquide miscible en toutes proportions avec l'eau, distillant à 78° sous 750$^{mm}$, ayant une densité de 1,0828 à 3°.

Les analyses et les densités de vapeur du corps obtenu s'accordent beaucoup mieux avec la formule proposée par M. Henry qu'avec celle que MM. Trillat et Cambier ont adoptée.

FIN DU QUATRIÈME VOLUME

34 642. — Imprimerie LAHURE, 9, rue de Fleurus, à Paris.